HANDBUCH DER LICHTTECHNIK

BEARBEITET VON

E. ALBERTS · W. ARNDT · A. BECKMANN · E. BESSER · F. BORN · A. DRESLER
W. DZIOBEK · H. EWEST · W. GANZ · W. HAGEMANN · E. HIEPE · G. JAECKEL
R. KELL · H. KORTE · F. KRAUTSCHNEIDER · H. KREFFT · J. KURTH · K. LACKNER
K. LARCHÉ · G. LAUE · E. LAX · H. LOSSAGK · H. LUX · G. MEYER · A. PAHL
W. PETZOLD · R. PFLEIDERER · O. REEB · M. REGER · M. RICHTER · H. RIEDEL
R. ROMPE · A. RÜTTENAUER · H. SCHERING · H. SCHÖNBORN · R. SEWIG
R. STEPPACHER · M. WERNER · K. WIEGAND · E. WITTIG · E. ZEISS

HERAUSGEGEBEN VON

RUDOLF SEWIG

MIT 1204 ABBILDUNGEN UND 59 TABELLEN IM ANHANG

ERSTER TEIL

GRUNDLAGEN · LICHTQUELLEN
LICHTMESSUNG · BAUSTOFFE

Springer-Verlag Berlin Heidelberg GmbH
1938

ISBN 978-3-642-50384-9   ISBN 978-3-642-50693-2 (eBook)

DOI 10.1007/978-3-642-50693-2

Vorwort.

Die erste Idee zu diesem Handbuch entstand, als ich vor sechs Jahren meine lichttechnische Lehrtätigkeit begann und den Mangel eines Lehr- und Handbuches auf Schritt und Tritt zu spüren bekam. Vorzügliche Sonderwerke existierten über Photometrie, zum Teil allerdings etwas veraltet (LIEBENTHAL), zum Teil in englischer Sprache (WALSH). Das einzige, die gesamte Lichttechnik umfassende, seinerzeit von BLOCH herausgegebene Sammelwerk ist heute in entscheidenden Punkten veraltet. Grundlagen zu moderner synoptischer Darstellung der Lichttechnik geben die einschlägigen Artikel der großen Handbücher der Physik (GEIGER-SCHEEL, WIEN-HARMS, GEHLHOFF); sie sind indes meist betont vom Standpunkt des Physikers geschrieben. Besonders unangenehm empfand ich den Mangel eines Sammelwerkes der *Beleuchtungstechnik*. Das umfangreiche Buch von JOLLEY, WALDRAM und WILSON bringt zwar anerkennenswert viel Material, läßt aber bezüglich der Systematik, der Trennung zwischen Wichtigem und Nebensächlichem manches zu wünschen übrig. Wer nicht die vielen beleuchtungstechnischen Erfahrungen, Methoden und Ergebnisse, welche namentlich die letzten beiden Jahrzehnte wissenschaftlicher Durchdringung der lichttechnischen Arbeit uns beschert haben, immer wieder aus den in zahlreichen Fachzeitschriften des In- und Auslandes zerstreuten Veröffentlichungen herausziehen wollte — Zeitschriften, die zum Teil schwer erhältlich sind —, konnte seiner Arbeit so manches wertvolle Resultat nicht zunutze machen. Es fehlte das *Handbuch der Lichttechnik*.

Dieses Handbuch haben wir zu schaffen versucht. Ich will im folgenden einige Bemerkungen vorausschicken, um zu erläutern, warum manches darin so und nicht anders gemacht wurde. Herausgeber und Mitarbeiter sind sich darüber klar, daß manches hätte anders aufgefaßt und angeordnet werden können, haben aber in gemeinsamer Arbeit die Richtlinien gefunden, denen das Buch folgt.

Zunächst fällt der unverhältnismäßig große Stab von 41 Mitarbeitern auf. Das war aus zwei Gründen nötig: einmal hätte die Zeit von rund $1^{1}/_{2}$ Jahren zwischen der Gewinnung der ersten Mitarbeiter und dem Erscheinen des Buches nicht eingehalten werden können, wenn der Stoff von einer wesentlich geringeren Zahl von Autoren hätte bewältigt werden müssen; zum anderen habe ich mich bemüht, für jeden Abschnitt möglichst denjenigen[1] Mann oder einen derjenigen zu gewinnen, die auf dem betreffenden Gebiet aus eigener produktiver Arbeit als am besten unterrichtet anzusehen sind. Dies ist zu meiner Freude in den meisten Fällen gelungen. Daß es nicht überall so ist, und daß der kundige Leser in der Liste der Mitarbeiter den Namen der einen oder anderen Autorität vermißt, die ihr Arbeitsgebiet um Wesentliches gefördert hat, ist nicht Schuld des Herausgebers. Nicht unerwähnt bleiben soll, daß einzelne Herren ihre fest zugesagten Beiträge trotz mehrfach zugestandener Verlängerung der Ablieferungstermine am Ende doch nicht geliefert haben, dadurch dem

---

[1] Fast sämtliche Mitarbeiter sind Mitglieder, ein großer Teil Amtsträger der Deutschen Lichttechnischen Gesellschaft e. V. (DLTG.).

Herausgeber und anderen Kollegen, die in die Bresche gesprungen sind, erhebliche zusätzliche Arbeit gemacht und das Erscheinen des Buches stark verzögert haben.

Bezüglich des *sachlichen Aufbaues* wird besonders auffallen, daß gewisse Gebiete hier verhältnismäßig kurz weggekommen sind, die während der in den letzten Jahren dankenswerterweise von den berufenen Stellen unternommenen Aufklärungs- und Propagandafeldzüge besonders in den Vordergrund gerückt wurden; dazu gehören z. B. die Beleuchtung von Wohnräumen, gewerblichen Räumen und Arbeitsplätzen, sowie Fragen der Lichtwirtschaft. Im Gegensatz hierzu wurden bewußt sehr breit behandelt die Probleme und Aufgaben der optischen Lichttechnik, die physikalischen und psycho-physiologischen Grundlagen der Lichterzeugung, Lichtmessung und Beleuchtungstechnik, sowie die Grundlagen für Konstruktion und Projektierung. Der Grund dafür ist, daß jene, zuerst genannten Dinge heute zum notwendigen und meist auch vorhandenen Rüstzeug des mit der Lichttechnik beruflich beschäftigten Ingenieurs gehören, und daß sie überdies einfach zu begreifen und zu erlernen sind. Dagegen steht es mit der Kenntnis der anderen, hier bevorzugten Gebiete nicht immer gleich gut. Auf Schritt und Tritt sehen wir z. B. lichttechnisch unzureichende, physiologisch falsche Leuchten und Beleuchtungsanlagen; gute und erprobte Methoden des Entwurfes von Leuchten und Anlagen werden vielfach deshalb nicht verwendet, weil sie noch nicht Allgemeingut des schaffenden Lichttechnikers geworden sind. An dieser Stelle einzusetzen, habe ich von vornherein als unsere Hauptaufgabe betrachtet. Mit Freude kann ich feststellen, daß die meisten Mitarbeiter diese Anregung verständnisvoll aufgegriffen und mit Eleganz und Nachdruck in ihren Beiträgen verwirklicht haben. Hiermit zusammen hängt das reichliche, in Form von Tabellen und Kurven gebrachte Zahlenmaterial und die Vereinigung der wichtigeren Tabellen im Anhang. Zahlreiche Verweisungen auf andere Artikel, ausgiebige Zitierung der Original-Literatur, sowie das Sachverzeichnis sollen die Benutzung des Buches erleichtern. Gelegentliche Überschneidungen in Artikeln, die verwandte Gegenstände behandeln, sind absichtlich nicht gestrichen worden, um dem Leser das allzuhäufige „Wälzen" zu ersparen.

Aus dem vorstehend Gesagten ergibt sich der Leserkreis, an den sich das Buch wendet. Es sollte kein Lehrbuch im eigentlichen Sinne werden, setzt also in den meisten Kapiteln gewisse Elemente wissenschaftlicher Schulung und fachlicher Kenntnisse in Mathematik, Physik und Elektrotechnik voraus. Dennoch sind oft Ableitungen, die für das Verständnis und die Anlernung zum eigenen Weiterarbeiten didaktisch wichtig erschienen, gelegentlich sogar in voller Breite, aufgenommen. So glauben wir, daß nicht nur der Hoch- und Fachschulstudent das Buch mit Nutzen zur Hand nehmen wird, sondern jeder in der Lichttechnik tätige Ingenieur und Praktiker, der sich die wissenschaftlichen Grundlagen zu seinem Werk erarbeiten will. Ich hoffe, das Buch wird einen nützlichen Beitrag zur wissenschaftlichen Durchdringung des lichttechnischen Schaffens liefern, zur Verdrängung roher empirischer Methoden in Konstruktion und Entwurf durch exaktes, ingenieurmäßiges Arbeiten helfen, und damit auf seinem kleinen Feld zur Durchsetzung jenes Kurses beitragen, welcher der deutschen Technik und Industrie zu ihrer Weltgeltung verholfen hat.

Herausgeber und Mitarbeiter sind für jede produktive Kritik ihrer Arbeit, Hinweise auf Verbesserungen und etwaige Richtigstellungen dankbar. Für solche Fälle findet man in dem nachstehenden Verzeichnis alle gegenwärtigen Anschriften.

Die Gemeinschaftsarbeit, die das vorliegende Buch hat entstehen lassen, wäre nicht möglich gewesen ohne zum Teil ungewöhnliche Opfer einzelner Mitarbeiter, die fast durchweg unter begreiflicher stärkster Anspannung beruflich tätig sind und ihre knappe Freizeit in den Dienst der Sache gestellt haben. Mehreren Mitarbeitern verdanke ich über ihre eigentlichen Beiträge hinaus noch manchen guten Rat in organisatorischer und sachlicher Beziehung, der dem Buch zugute kam, insbesondere Frl. LAX und den Herren ARNDT, BORN, DRESLER, DZIOBEK, HAGEMANN, LUX und REEB. — Mein früherer Schüler und Mitarbeiter Dr.-Ing. WERNER KLEINSCHMIDT wurde aus vollem Schaffen in seinem Beruf und am Handbuch durch einen allzufrühen Tod abberufen.

Zu Dank verpflichtet bin ich ferner den Firmen, die in vollem Verständnis für die Wichtigkeit unseres Sammelwerkes die Bekanntgabe zum Teil bisher unveröffentlichten Materiales gestatteten und ihre Druckstöcke hergaben, sowie — nicht zuletzt — der Verlagsbuchhandlung und ihren Mitarbeitern, die ungewöhnlich viel Arbeit ordnender und organisatorischer Arbeit mit dem Buch hatten und keine Mühe gescheut haben, es in guter Form herauszubringen.

Dresden, Januar 1938.

R. SEWIG.

Mitarbeiter-Verzeichnis.

ALBERTS, E., Oberingenieur und Direktor der Ehrich u. Graetz A. G., Berlin-Frohnau, Artuswall 31.

ARNDT, W., Dr.-Ing., a. o. Professor an der Technischen Hochschule Berlin, Berlin-Charlottenburg, Berliner Str. 171.

BECKMANN, A., Dipl.-Ing., Baurat (Hamburger Gaswerke G. m. b. H.), Volksdorf b. Hamburg, Waldstr. 12.

BESSER, E., Dipl.-Ing., Reichsbahnoberrat, Dresden-A 16, Haydnstr. 17.

BORN, F., Dr. phil. (Osram G. m. b. H., Komm.-Ges.), Berlin-Tempelhof, Schulenburgring 5.

DRESLER, A., Dr.-Ing. (Osram G. m. b. H., Komm.-Ges.), Berlin-Dahlem, Selchowstr. 8.

DZIOBEK, W., Oberregierungsrat, Berlin-Steglitz, Am Eichgarten 12.

EWEST, H., Dr. phil., Geschäftsführer der Studiengesellschaft für Elektrische Beleuchtung m. b. H., Berlin-Lichterfelde-Ost, Ahornstr. 30.

GANZ, W., Dipl.-Ing., Reg.-Baumstr. a. D. (Robert Bosch A. G.), Stuttgart O, Schubartstr. 31.

HAGEMANN, W., Dipl.-Ing. (Julius Pintsch Komm.-Ges.), Berlin-Teltow, Sebastian-Bach-Str. 11.

HIEPE, H., Dr.-Ing. (Badischer Revisionsverein), Mannheim, Richard-Wagner-Str. 2.

JAECKEL, G., Dr. phil., Direktor der Sendlinger Optischen Glaswerke, Berlin-Zehlendorf, Goerzallee.

KELL, R., Dipl.-Ing., Hamburg 20, Heilwigstr. 16.

KORTE, H., Dr. phil., Berlin-Charlottenburg 2, Fraunhoferstr. 15.

KRAUTSCHNEIDER, F., Physiker, Dresden-A. 16, Krenkelstr. 17.

KREFFT, H., Dr. phil. (Studiengesellschaft für Elektrische Beleuchtung m. b. H.), Berlin-Friedrichshagen, Gilgenburgerstr. 16.

KURTH, J., Reg.-Baurat, Berlin-Frohnau, Forstweg 42.

LACKNER, K., Dipl.-Ing. (Siemens-Schuckert-Werke A. G.). Berlin-Siemensstadt, Jungfernheideweg 28.

LARCHÉ, K., Dr. phil. (Studiengesellschaft für Elektrische Beleuchtung m. b. H.), Berlin-Tempelhof, Renate-Privatstr. 12.

LAUE, G., Dipl.-Ing., Technischer Direktor der Körting u. Mathiesen A. G., Leipzig W 35, Pfingstweide 4a.

LAX, E., Dr. phil., Berlin-Tempelhof, Kleineweg 91.

LOSSAGK, H., Dr.-Ing. habil., Unfallklärungs-Sachverständiger, zugel. b. d. Deutschen Rechtsfront, Berlin SW 61, Immelmannstr. 32.

LUX, H., Dr.-Ing., Patentanwalt, Berlin W 57, Bülowstr. 91.

MEYER, G., Dr.-Ing., E. h., Geh. Oberbaurat, Ministerialrat a. D., Berlin-Lichterfelde-West, Drakestr. 40.

PAHL, A., Ing. (Siemens-Schuckert-Werke), Berlin-Siemensstadt, Rieppelstr. 1.

PETZOLD, W., Dipl.-Ing. VDI, Braunschweig, Gliesmaroderstr. 101.

PFLEIDERER, H., Dr. med. habil., Dozent an der Universität, Leiter der Bioklimatischen Forschungsstelle, Kiel, Tirpitzstr. 12.

REEB, O., Dr. phil. (Osram G. m. b. H., Komm.-Ges.), Berlin-Baumschulenweg, Kiefholzstr. 258.

REGER, M., Dr. phil. (Studiengesellschaft für Elektrische Beleuchtung m. b. H.), Berlin-Charlottenburg, Hardenbergstr. 4/5.

RICHTER, M., Dr.-Ing., Berlin-Lichterfelde-West, Tietzenweg 21.

RIEDEL, H., Dipl.-Ing. (Körting u. Mathiesen A. G.), Leipzig W 35, Schlageterstr. 136.

ROMPE, R., Dr. phil. (Studiengesellschaft für Elektrische Beleuchtung m. b. H.), Berlin-Charlottenburg 5, Witzlebenstr. 1.

RÜTTENAUER, A., Dr. phil. (Studiengesellschaft für Elektrische Beleuchtung m. b. H.), Berlin-Halensee, Paulsbornerstr. 83 a.

SCHERING, H., Dr. phil. (Zeiß Ikon A. G.), Dresden A 20, Julius-Scholtz-Str. 40.

SCHÖNBORN, H., Dr. phil. (Jenaer Glaswerk Schott u. Gen.), Jena, Otto-Schott-Str. 3.

SEWIG, R., Dr. phil. habil., Dozent an der Technischen Hochschule, Dresden A 24, Zeunerstr. 82.

STEPPACHER, R., Dipl.-Ing., Oberingenieur der Ufa, Berlin-Zehlendorf, Ersteinerstr. 25.

WERNER, M., Dipl.-Ing., Berlin-Charlottenburg, Eichenallee 35.

WIEGAND, K., Dr.-Ing. (Osram G. m. b. H., Komm.-Ges.), Berlin-Hohenneuendorf, Berliner Str. 14.

WITTIG, E., Dipl.-Ing. (Siemens-Schuckert-Werke A. G.), Berlin-Schlachtensee, Rolandstr. 14.

ZEISS, E., Dr. med. habil., Dozent an der Universitäts-Augenklinik, Würzburg, Röntgenring 12.

Inhaltsverzeichnis.

Erster Teil.

A. Einleitung.

D. Lichttechnische Baustoffe.

Zweiter Teil.

E. Entwurf von Eigenschaften von Leuchten.

F. Entwurf von Beleuchtungsanlagen.

G. Raumbeleuchtung.

A. Einleitung.

A 1. Geschichte der Leuchttechnik und Beleuchtungstechnik.

Von

HEINRICH LUX-Berlin.

a) Die Leuchttechnik bis zur Mitte des 19. Jahrhunderts[1].

Wüßte nicht, was sie Besseres erfinden könnten,
Als wenn die Lichter ohne Putzen brennten.
Goethe.

Dieser Stoßseufzer Goethes kennzeichnet den Stand der Lichttechnik an der Wende zum 19. Jahrhundert, und er kennzeichnet zugleich die gesellschaftliche und wirtschaftliche Lage einer Zeit, in der Kerze, Öllampe und Kienspan die gebräuchlichen Leuchtgeräte waren. In technischer Hinsicht waren sie auf dem Standpunkte des primitiven Feuerbrandes, der Urleuchte der Menschheit geblieben. Die Pechfackel als Grundform der Kerze und das öl- oder fettgefüllte Gefäß mit über den Rand hängendem Dochte aus Binsenmark oder irgendeinem Faserstrange als Grundform der Lampe stimmen in der Art der Lichterzeugung mit dem einem Herdfeuer entnommenen Holzscheite durchaus überein.

Die Gründe für diesen Beharrungszustand durch Jahrhunderte der Menschheitsgeschichte hindurch sind leicht zu übersehen, wenn man beachtet, daß alle Fortschritte der Technik immer nur dann gemacht werden oder sich durchzusetzen vermögen, wenn für sie ein dringendes Bedürfnis vorhanden ist. Für die Leuchttechnik entstand ein solches Bedürfnis erst in dem Augenblick, als der Warenbedarf für die europäischen Kolonien nicht mehr durch rein handwerkliche Tagesarbeit gedeckt werden konnte. Der seit der Entdeckung Amerikas und des Seeweges nach Ostindien gewaltig angewachsene Warenbedarf verlangte eine entsprechende Steigerung der Produktivität. Die Maschine trat auf den Plan; zuerst die Spinnmaschine, etwas später der mechanische Webstuhl, die in der Wattschen Dampfmaschine einen stets betriebsbereiten Motor fanden. Zur Bewältigung der geforderten Warenlieferung reichten trotzdem die Tagesstunden nicht mehr aus, die Nacht mußte zu Hilfe genommen werden. Aber

---

[1] Das Buch der Erfindungen und Industrien. **5.** Leipzig u. Berlin: Otto Spamer 1867. BENESCH, L. EDLER VON: Das Beleuchtungswesen vom Mittelalter bis zur Mitte des 19. Jahrhunderts. Wien: Anton Schroll & Co. 1905. — NIEMANN, W. B.: Die Entwicklung der Beleuchtung von den Anfängen bis zu den modernen Beleuchtungsmethoden. In HANS KRAEMER: Der Mensch und die Erde. **7,** 385—468. Berlin: Rich. Bong & Co. 1911. — HEISSNER, W.: Die modernen Beleuchtungsmethoden. In H. KRAEMER: Der Mensch und die Erde. **8,** 1—120. Berlin: Rich. Bong & Co. 1911.

für die gesteigerten Ansprüche an Menge und Güte der Waren, an die Genauigkeit bei der Herstellung der Maschinen selbst genügten die primitiven Leuchtmittel der Alten bei weitem nicht mehr. Auch der mit der Waren-erzeugung parallel anwachsende Verkehr verlangte eine Beleuchtung, die durch Handlaterne und Kienfackel nicht mehr gedeckt werden konnte.

Gegen Ende des 18. Jahrhunderts hatten sich diese Verhältnisse — besonders in England — so stark zugespitzt, daß die Weiterentwicklung der Lampen zum unabweisbaren Bedürfnis wurde.

Entscheidende Verbesserungen der Verbrennungslampen waren die Ein-führung des Glaszylinders zur Regelung der Luftzufuhr und zur Verhinderung des Flackerns durch Quinquet (1765); die Ausbildung des Hohldochtes durch Argand (1786), der — in Verbindung mit einem eingeschnürten Zylinder — die Verbrennungsgeschwindigkeit und damit die Flammentemperatur erhöhte; die verschiedenen Einrichtungen zur Gleichhaltung des Ölniveaus durch Pumpwerke bei der Carcellampe (1800) und der Moderateurlampe, mit Hilfe des Mariotteschen Prinzips bei der Sturzlampe.

Für die Verbesserung des Produktionsprozesses spielten diese Erfindungen trotz ihrer bis in die Gegenwart hineinwirkenden Bedeutung jedoch eine ver-hältnismäßig nur geringfügige Rolle. Weit wichtiger war die Verwendung des schon im 17. Jahrhundert durch die Versuche des Chemikers und Bergingenieurs Becker (* 1635 in Speyer, † 1682 in London) bekannt gewordenen Steinkohlen-gases zu Beleuchtungszwecken. Das entscheidende Verdienst an dessen Ein-führung hatte jedoch erst der braunschweigische Hofrat Winzer aus Znaim, der sich in England Winsor schrieb. Trotz etwas schwindelhafter Aufmachung seiner Gründungen hatte er gerade in dem Augenblick, als ein Bedürfnis zur Lichtlieferung für ausgedehnte Räume, für Straßen und Plätze vorlag, die all-gemeine Aufmerksamkeit auf die Verwendbarkeit des Steinkohlengases hierfür gelenkt. Er erhielt 1804 ein englisches Patent auf seine „Erfindung", obgleich bereits 1798 Murdoch seine und die Werkstätten von James Watt mit Gas beleuchtet hatte. Nachdem der ideenreiche und energische Samuel Clegg in die von Winsor gegründete Chartered Gaslight Coke Cie eingetreten war (1813), wurden rasch hintereinander mehrere Gaswerke in London errichtet.

Die ersten Gasanstalten auf dem Kontinent wurden 1817 in Paris, 1825 in Hannover und Berlin eröffnet. Die Einführung der Gas-Straßenbeleuchtung vollzog sich aber durchaus nicht widerspruchslos, wie mancher kulturgeschichtlich interessante Zeitungsartikel zeigt (z. B. Kölnische Zeitung vom 28. März 1819).

Die Gas-„Lampen" waren zunächst einfache Röhrchen mit enger Bohrung, später mit einem schmalen Spalt als Gasaustrittsöffnungen, aus denen arg zuckende Flammen nach Art der Kerzenflammen, später in Schmetterlings-form, herausbrannten. Gaslaternen mit diesen unwirtschaftlichen und wenig lichtspendenden Brennern waren noch an der Wende des 20. Jahrhunderts aller Orten in Gebrauch. Für die Raumbeleuchtung dienten bei höheren Ansprüchen *Argandbrenner*. Das Leuchtgas brannte bei diesen aus einer großen Zahl im Kreise angeordneter feiner Öffnungen in einer gemeinsamen, nahezu hohl-zylindrischen Flamme heraus, ein Glaszylinder führte die ausreichende Menge Verbrennungsluft der Flamme von innen und von außen zu und verhinderte das Zucken der Flamme.

Bis Ende der 50er Jahre des 19. Jahrhunderts waren Leuchtgas und Pflanzen-öle die hauptsächlichsten lichtspendenden Mittel. Leuchtgas zur Erhellung größerer Räumlichkeiten und zur Straßenbeleuchtung, Öl zum Gebrauch im Hause. Daneben spielten auch noch Kerzen und Wachsstöcke, auf dem Lande sogar noch Kienspäne eine erhebliche Rolle. Öllampen mit Argandbrennern wurden im Berliner Schloß noch Ende der 90er Jahre benutzt und waren sogar noch bis in unsere Tage zur Beleuchtung der Spielsäle in Monte Carlo in Gebrauch; sie galten als beste Sicherung gegen Feuersgefahr, Explosionen und verbrecherische Anschläge während der Spielzeit.

b) Die Leuchttechnik in der zweiten Hälfte des 19. Jahrhunderts.

Die Öllampe verlor ihre wirtschaftliche Bedeutung in dem Augenblicke, als (1859) von Nordamerika her gereinigtes Erdöl *(Petroleum)* in den Verkehr gebracht wurde. Es war billig, ließ sich zur Lichterzeugung mühelos und auch gefahrlos verwenden, nachdem man gelernt hatte, durch fraktionierte Destillation die leichtflüchtigen, feuergefährlichen Verbindungen zu entfernen. Und da es in einem Baumwolldocht leicht in die Höhe steigt, machte auch die Konstruktion brauchbarer Lampen keine Schwierigkeit [1]. Eine von amerikanischem Geiste getragene ausgezeichnete Vertriebsorganisation begünstigte seine rasche Verbreitung über die ganze Erde, und noch heute ist das Petroleum das weitaus am stärksten verbreitete Leuchtmittel, allerdings ausschließlich dort, wo die Gas- und Elektrizitätsversorgung noch nicht hinreicht.

Das elektrische Licht dagegen — heute im Vordergrunde des Interesses stehend — spielte bis zum letzten Viertel des 19. Jahrhunderts noch eine ganz untergeordnete Rolle. Der von DAVY (1808) entdeckte Lichtbogen, der beim Übergange des elektrischen Stroms zwischen zwei Kohlenspitzen entsteht, wurde bis zur Erfindung der dynamo-elektrischen Maschine durch WERNER SIEMENS (1867) nur ganz gelegentlich zu öffentlichen Effektbeleuchtungen und vereinzelt auch zur Befeuerung von Leuchttürmen benützt. Am Anfange der elektrischen Beleuchtung mit Hilfe von Dynamomaschinen steht die Beleuchtung eines Artillerie-Schießplatzes mit Lichtbogen-Scheinwerfern durch SIEMENS (1867). Ebensowenig wurde in dieser Periode die Erwärmung stromdurchflossener Leiter zur Lichterzeugung ausgenutzt.

Auf Grund der von JACQUES THÉNARD und HUMPHRY DAVY am Anfange des 19. Jahrhunderts (1800...1810) gemachten Entdeckung wurde zwar schon 1840 von dem englischen Physiker WILLIAM ROBERT GROVE eine elektrische Lampe mit einer Platinspirale gebaut. Aber diese in indifferenten Gasen durch Stromwärme zum Glühen gebrachte Spirale stellte doch nur einen reinen Laboratoriumsversuch ohne praktische Nachwirkung dar. Das gleiche gilt von den in die Zeit bis 1850 fallenden Versuchen von DE MOLEYNS und PETRIE mit Platin- oder Iridiumdraht. FREDERIC DE MOLEYNS ließ Kohlenpulver über eine glühende Platindrahtspirale rieseln; PETRIE schlug Iridiumdraht in einem luftleeren Raume vor [2]. Auch die nach einem Vorschlage von dem Belgier JOBARD (etwa 1835) durch KING, DE CHANGY, STARR, STAITE, GREENER u. a. durchgeführten Versuche, dünne Kohlenstäbchen im luftleeren Raume durch Stromwärme zum Glühen zu bringen, führten zu keinem praktischen Ergebnisse.

Erst der Deutschamerikaner HEINRICH GOEBEL soll, wie in einem 1893 gegen ALVA EDISON durchgeführten Patentstreite bewiesen wurde, bereits 1846 oder 1854 brauchbare Glühlampen mit Leuchtfäden aus verkohlter Bambusfaser erzeugt und öffentlich gezeigt haben [2]. Von anderer Seite wird jedoch bestritten, daß die im Patentprozesse vorgeführten Goebelglühlampen wirklich aus dieser frühen Zeit stammten [3]. — Alle diese Versuche konnten schon deshalb zu keinem

---

[1] STEPANOW, A. J.: Grundlagen der Lampentheorie. (Deutsch v. Dr. S. AISMANN.) Stuttgart: Ferdinand Enke 1905. — GENTSCH, W.: Die Petroleumlampe und ihre Bestandteile. Berlin: S. Fischer 1895. — VON HÖFER, H.: Das Erdöl und seine Verwandten. Braunschweig: Fr. Vieweg & Sohn 1912.

[2] Blätter für Geschichte der Technik. Heft 2, 44. Wien: Julius Springer 1934.

[3] LEDERER, A.: Die Glühlampe. „Die Lichttechnik", Beilage zu Elektrotechn. u. Maschinenb. **2** (1925) 17. Die Abhandlung gibt einen wertvollen allgemeinen Überblick über die Vorläufer der gebrauchsfähigen Glühlampe.

praktischen Erfolge führen, weil damals die Elektrizität noch nicht in der Lage war, mit anderen Leuchtmitteln in Wettbewerb zu treten. Die Zeit der Erfüllung kam erst mit der Entdeckung des dynamo-elektrischen Prinzipes durch WERNER SIEMENS. Als wirklich brauchbare Hilfsmittel zur Umsetzung von Elektrizität entstanden dann die Differentialbogenlampe von v. HEFNER-ALTENECK (1879) und die von EDISON (1879) [1] fabrikationsreif entwickelte Kohlenfadenlampe: die Bogenlampe als Großlichtquelle und die Glühlampe als Mittel zur Unterteilung des Lichtes bis herunter zu Einheiten, die den Wettbewerb mit dem Gasschnittbrenner, dem Argandbrenner und der Petroleumlampe aufnehmen konnten.

Die Vorführung der Edisonlampe auf der Pariser elektrischen Ausstellung von 1881 steht jedenfalls am Anfang der beispiellos raschen Entwicklung der Leuchttechnik. Sie erstreckte sich sowohl auf die Gastechnik als auch die Elektrotechnik. Mit der elektrischen Bogenlampe von rd. 10 lm/W traten zunächst die Gasregenerativlampe von FRIEDRICH SIEMENS (1879) und die nach unten brennende *Wenham*lampe von 2,5…3,5 lm/W in Wettbewerb [2], und mit dem Gasbrenner (Schnitt- oder Argandbrenner) von 0,15 bzw. 0,21 lm/W [3], rivalisierte die Kohlenfadenlampe von 3,3 lm/W. Obwohl damals der Gaspreis nur $^1/_2…^1/_3$ des Preises für die äquivalente Elektrizitätsmenge betrug, hatte das elektrische Licht wegen der besseren Lichtleistung und aus sachlichen Gründen (Bequemlichkeit, leichtes Zünden, Feuersicherheit, Fehlen von gesundheitsschädlichen Abgasen usw.) einen unverkennbaren Vorzug vor dem Gaslicht, so daß dieses an Boden verlor. In diesem Augenblick entstand dem Gaslicht durch AUER v. WELSBACH ein rettender Helfer. Bei seinem ersten Auftreten im Jahre 1886…1888 in Gestalt des Zirkon-Lanthan-Yttrium-Oxyd-Glühkörpers konnte UPPENBORN im Zentralblatt für Elektrotechnik das Glasglühlicht noch von oben herab abtun: „es eigne sich besonders zum Beleuchten von Leichenhallen …“; aber schon 1891, als die ersten Thor-Cer-Glühkörper erschienen, eroberte es, trotz des lebhaften Gegenkampfes der Elektrotechniker, mit seinen rd. 1,9 lm/W beim stehenden und rd. 2,4 lm/W beim hängenden Brenner in einem ganz unerhörten Siegeszuge die Welt.

Auch der Auerglühkörper hatte seine Vorläufer gehabt. GROLDSWORTHY GUERNEY und THOMAS DRUMMOND hatten (1826/27) Kalkzylinder in einer Knallgasflamme erhitzt zur Lichterzeugung benutzt. ALEXANDER CRUCKSHANKS hatte im Jahre 1839 ein englisches Patent auf Quarz- oder Platinglühkörper erhalten. GILLARD benutzte (1846) Platinnetze an Argandbrennern, in denen Wassergas brannte. CARL v. FRANKENSTEIN verwandte kegelförmige Glühkörper aus einem leichten Gewebe, auf das Schlämmkreide und gebrannte Magnesia aufgetragen war. ROBERT WILH. v. BUNSEN schuf 1850 seinen berühmten Brenner mit innerer Luftzuführung, den CRUCKSHANKS für Platinglühkörper mit Oxydüberzug verwandte. Dieser Gedanke wurde auch von EDISON (1878) wieder aufgenommen. CLAMMOND erfand (1881) aus Magnesiapaste geflochtene Leuchtkörper. OTTO FAHNAHJELM verwandte für Wassergasflammen im Schnittbrenner einen aus Magnesiastäbchen hergestellten Kamm [4].

---

[1] Elektrotechn. Z. **1** (1880) 326 nach H. A. ROWLAND u. F. BARKER: Amer. J. Sci. **19** (1880) April-Nr. — SIEMENS, WILH.: Die Beleuchtung durch Glühlicht. Elektr. Z. **4** (1883) 107. — KÖHLER, W.: Vom DAVYSCHEN Versuch zur elektrischen Glühlampe. Licht u. Lampe **18** (1929) 1231 (mit Patentliteraturnachweis).

[2] LUX, H.: Die öffentliche Beleuchtung von Berlin. 108 u. 112. Berlin: S. Fischer 1896.

[3] LUX, H. (Zit. S. 4, Fußnote 2): S. 99.

[4] BOEHM, C. R.: Das Gasglühlicht. Seine Geschichte, Herstellung und Anwendung. 656 S., 379 Abb. Leipzig: Veit & Co 1905. — GENTSCH, W.: Gasglühlicht. Dessen Geschichte, Wesen und Wirkung. Stuttgart: J. G. Cotta 1895. — TRUCHOT, P.: L'éclairage à incandescence par le gaz. Paris: G. Carré et C. Naud 1899. — FISCHER, H. W.: Der Auerstrumpf. Sammlung chemischer und chemisch-technischer Vorträge **11**, 145—174. Stuttgart: Ferdinand Enke 1906. — STRACHE, H.: Gasbeleuchtung und Gasindustrie. Braunschweig: Fr. Vieweg & Sohn 1913. — BERTELSMANN, W.: Lehrbuch der Leuchtgasindustrie, II. Bd. Die Verwendung des Leuchtgases. Stuttgart: Ferdinand Enke 1911.

Das Problem, den in der Gasflamme glühenden Kohlenstoff durch einen Körper höherer Lichtemission zu ersetzen, bestand also schon lange vor AUER; aber erst AUER brachte die Lösung dank seiner intensiven Beschäftigung mit den seltenen Erden. Und doch ist das glückliche Endergebnis nur dem Zufall zu verdanken gewesen, daß ihm ein mit 1% Cer verunreinigtes Thorium in die Hände gefallen war, das er zunächst für rein angesehen hatte. Die wissenschaftliche Lösung der Auerlichtfrage hat überhaupt erst H. RUBENS gebracht [1].

Gegen Ende des vorigen Jahrhunderts hatte für isolierte Gebäude und kleinere Ortschaften auch die *Azetylenbeleuchtung* [2] eine nicht unbeträchtliche Bedeutung gewonnen, nachdem es 1894 MOISSAN gelungen war, aus Kalk und Kohle im elektrischen Ofen Kalziumkarbid zu erschmelzen. Da zur Erzeugung von Azetylen Kalziumkarbid nur mit Wasser zusammengebracht zu werden braucht, machte auch die Ausbildung brauchbarer Azetylenentwickler keine Schwierigkeiten. Wegen des hohen Kohlenstoffgehaltes muß der offen brennenden Flamme reichlich primäre Verbrennungsluft zugeführt werden. Die Leuchtdichte der offenen Azetylenflamme beträgt 9 sb, ihre Durchschnittstemperatur 2360° K. Auch Azetylenglühlichtbrenner sind konstruiert worden. Wegen der sehr weiten Explosionsgrenzen (2,8...65% Azetylenbeimischung zur Luft) eines Azetylenluftgemisches neigt die Flamme im Bunsenbrenner aber zum Zurückschlagen auf die Brennerdüse.

Gegenwärtig wird Azetylen fast nur noch in Signalgeräten und tragbaren Laternen zur Lichterzeugung gebraucht. Dagegen hat der Azetylensauerstoffbrenner als Schneidebrenner und für die autogene Schweißung seine Bedeutung behalten, weil der Heizwert des Azetylens 13800...14100 cal/m³ beträgt. Das Azetylen wird für diesen Zweck in Stahlflaschen komprimiert. Nach dem Verfahren von CLARIDE und HERZ wird es hierzu in Azeton gelöst und die Stahlflaschen werden mit Kieselgur gefüllt. Ohne diese Vorsichtsmaßnahmen neigt Azetylen schon bei einer Kompression von 2 at zur Zersetzung und Explosion.

Vor dem Weltkriege waren für isolierte Anlagen auch sog. „*Luftgas*erzeuger" [3] vielfach im Gebrauch. In diesen automatisch arbeitenden Apparaten wurde Luft mit Benzindämpfen „karburiert". Das erzeugte „Luftgas" besaß einen Heizwert von 2700...3400 cal/m³. Die Explosionsgrenzen lagen zwischen 34...65% Gasbeimischung zur Luft. Für Glühlichtbeleuchtung brauchten die Luftgas-Bunsenbrenner nur noch eine geringe Beimischung von Primärluft. Der Wirkungsgrad des Luftgas-Glühlichtes betrug rd. 2 lm/W.

Die sprunghafte Entwicklung der Leuchtmittel in den letzten Jahrzehnten des 19. Jahrhunderts darf aber nicht isoliert betrachtet werden, wenn man ein Urteil über den gesamten erzielten Fortschritt gewinnen will. Man muß vielmehr vor allem berücksichtigen, daß die Durchführung einer zweckvollen Beleuchtung erst nach dem Auftreten der vervollkommneten Leuchtmittel möglich geworden war, und daß der Konkurrenzkampf zwischen den einzelnen Leuchtmitteln den Anstoß zur Beantwortung jetzt erst aufgetauchter wissenschaftlicher Fragen gegeben hatte. Hierzu gehörten: Art und Wirkungsgrad des Energieumsatzes bei der Lichterzeugung; die spektrale Zusammensetzung der Lichtquellen; das Verhältnis der Lichtstrahlung zur Gesamtstrahlung der Lichtquellen; die Natur des Lichtes überhaupt. Alles Fragen, die einzeln zwar schon lange vorher Gegenstand der physikalischen Forschung gewesen waren, in ihrem inneren Zusammenhange aber erst im letzten Jahrzehnt des 19. Jahrhunderts untersucht wurden.

---

[1] RUBENS, H.: Über das Emissionsspektrum des Auerstrumpfes. Ann. Physik IV 18 (1905) 725—738.

[2] VOGEL, J. H., N. CARO u. A. LUDWIG: Handbuch für Azetylen. Braunschweig: Fr. Vieweg & Sohn 1904.　　VOGEL, J. H.: Das Azetylen, seine Eigenschaften, seine Herstellung und Verwendung, 2. Aufl. Leipzig: O. Spamer 1923. — H. LUX: Azetylenbeleuchtung. In Lichttechnik, ed. DBG. 198. Berlin u. München: R. Oldenbourg 1921.

[3] Vgl. H. LUX: Die Beleuchtung mit festen und flüssigen Brennstoffen. In Lichttechnik, ed. DBG. 193.

Brodhun, O. Lummer [1], Kurlbaum, E. Pringsheim, H. Rubens, E. Warburg, J. Stefan, L. Boltzmann u. a. m. waren es, die die experimentellen Arbeiten hierzu leisteten, die dann zur theoretischen Ableitung der Strahlungsgesetze durch W. Wien [2] für die sichtbare, durch M. Planck [3] für die Gesamtstrahlung führten. Der Zweck dieser Untersuchungen war es, „wissenschaftliche Grundlagen für eine ökonomische Lichterzeugung" zu schaffen; die wirkliche wissenschaftliche Leistung ging aber weit über diesen Zweck hinaus [4].

Die an die empirisch gewordene „Leuchttechnik" sich anschließende „Beleuchtungstechnik" und die beide Zweige der Technik umfassende wissenschaftliche Lichttechnik werden in ihrem Entwicklungsgange getrennt behandelt (S. 10...12).

c) Die Leuchttechnik in den letzten 40 Jahren.

Die erste auf Grund der Strahlungsgesetze entwickelte Lichtquelle war die Nernstlampe [5] (1897). Der Leuchtkörper besteht aus einem dünnen Stäbchen aus Zirkonoxyd mit 15% Yttererde. Um das Stäbchen leitend zu machen, muß man es vorwärmen. Wegen der negativen Strom-Spannungscharakteristik mußte ihm ein stabilisierender Eisen-Wasserstoffwiderstand vorgeschaltet werden. Die Lichtleistung betrug 6,6 lm/W (ohne Berücksichtigung des Vorschaltwiderstandes 7,2 lm/W [6]. Auch Auer v. Welsbach hatte Versuche gemacht, einen mit Thoroxyd überzogenen Platindraht als Lichtquelle zu benutzen [7], hatte sie aber bald wieder aufgegeben. Auch die Nernstlampe verschwand bald wieder, als die ersten brauchbaren Metallfadenlampen erschienen. Schon Ende der 80er Jahre hatte Auer mit seinen Versuchen begonnen, Osmium als Leuchtkörper zu benutzen, aber erst Anfang 1902 kamen die ersten Osmiumlampen mit nach dem Pasteverfahren hergestellten gespritzten Fäden auf [7]. Anfangs waren die Osmiumlampe nur für maximal 75 V Betriebsspannung herstellbar. Dieser Umstand sowie die große Brüchigkeit der Leuchtfäden behinderten die Verbreitung stark. Das beschränkte Vorkommen von Osmium

---

[1] Lummer, O.: Ziele der Lichttechnik. Elektrotechn. Z. **23** (1902) 787. Sonderabdruck. München u. Berlin: R. Oldenbourg 1902.

[2] Wien, W.: Eine neue Beziehung der Strahlung schwarzer Körper zum zweiten Hauptsatz der Wärmetheorie (Verschiebungsgesetz). Sitzgsber. preuß. Akad. Wiss. 1893, 55—62. — Temperatur und Entropie der Strahlung. Wiedemanns Ann. Physik **52** (1894) 132. — Über die Energieverteilung im Emissionsspektrum des Schwarzen Körpers. Wiedemanns Ann. Physik **58** (1896) 662—669.

[3] Planck, M.: Über eine Verbesserung der Wienschen Spektralgleichung. Verh. dtsch. physik. Ges. **2** (1900) 202—204. — Vorlesungen über die Theorie der Wärmestrahlung, 1. Aufl. Leipzig: Johann Ambrosius Barth 1906. — Über das Gleichgewicht zwischen Oszillatoren, freien Elektronen und strahlender Wärmer. Sitzgsber. preuß. Akad. Wiss. 9. Jan. 1913, 349, 350—363.

[4] Von den zahlreichen zusammenfassenden Arbeiten über diesen Gegenstand seien nur die folgenden genannt: Eddington, A. S.: Das Weltbild der Physik. Braunschweig: Fr. Vieweg & Sohn 1931. — Zimmer, E.: Umsturz im Weltbild der Physik, 3. Aufl. München: Knorr & Hirth GmbH. 1936. — Kühn, A.: Die Materie in Atomen und Sternen. Volksverband der Bücherfreunde. Berlin: Wegweiser-Verlag 1934. — Geiger, H. u. K. Scheel: Handbuch der Physik. **20**. Licht als Wellenbewegung. Berlin: Julius Springer 1928.

[5] Nernst, W.: (Nernstlampe) D.R.P. 104872. Die Nernstsche Glühlampe. Ref. Elektrotechn. Z. **20** (1899) 355—356. Vortrag von O. Bussmann im Elektrotechn. Verein Berlin. Die Nernstlampe. Elektrotechn. Z. **24** (1903) 281—284. — Nernst, W. u. E. Bose: Physik. Z. **1** (1900) 281. — Geiger, H. u. K. Scheel: Handbuch der Physik **19**, 368. Berlin: Julius Springer 1928.

[6] Lux, H.: Wirkungsgrad der gebräuchlichen Lichtquellen. Z. Beleuchtgswes. **13** (1907) 165.

[7] Auer v., Welsbach, C.: (Erinnerungsblatt). Über die Entwicklung der Metallfadenlampen. Blätter für Geschichte der Technik, Heft 2, 44—56. Wien: Julius Springer 1934. (Die erste Patentanmeldung auf die Osmiumlampe datiert vom 15. Jan. 1898.)

hätte überhaupt den Massenkonsum nicht decken können; dennoch hat das Erscheinen der Osmiumlampe die Erfindertätigkeit stark angeregt und befruchtet. Unabhängig von der Osmiumlampe war zunächst von BOLTON und FEUERLEIN die *Tantal*lampe geschaffen worden (1905). Ihr Leuchtkörper war als Draht gezogen; mit Hilfe eines praktischen Drahtgestelles konnten große Längen des Drahtes in einem kleinen Glaskolben untergebracht werden. Auch war es sogleich möglich, Lampen für alle Gebrauchsspannungen herzustellen. Ein Jahr später (1906) erschienen die ersten *Wolfram*lampen von JUST und HANEMANN, deren Leuchtkörper wieder aus gespritzten Fäden bestand; mechanisch ein Rückschritt, weil die Fäden spröde waren und nur in einzelnen Bügeln erzeugt werden konnten, lichttechnisch aber ein enormer Fortschritt, weil wegen der hohen Schmelztemperatur des Wolframs und relativ niedrigen Dampfdruckes die Belastung bis 8 lm/W bei einer praktischen Lebensdauer von rd. 1000 Brennstunden getrieben werden konnte. Bald gelang es jedoch, auch aus Wolfram ziehbare Drähte zu gewinnen: zunächst unter Verwendung eines Hilfsmetalles durch Siemens & Halske (1908, DRP. 232260 und 233885); dann durch langdauernde mechanische Bearbeitung von spröden Sinterstäben in der Hitze durch COOLIDGE von der General Electric Co. (1910; DRP. 269498). Gespritzte Wolframfäden werden trotzdem noch heute verwandt, um aus ihnen sog. Einkristalldraht herzustellen (C. SCHALLER, Jul. Pintsch A.G.)[1].

Die Lichtausbeute ging bei der Wolframdrahtlampe mit entlüftetem Kolben bis auf 10 lm/W herauf.

Der bedeutendste Fortschritt an den Wolframdrahtlampen wurde jedoch durch J. LANGMUIR erzielt (1913), der den Kolben mit indifferenten Gasen (Stickstoff und Argon) füllte und zur Verminderung der Wärmeverluste die Oberfläche des Leuchtkörpers beträchtlich verkleinerte, indem er den Draht zu einer engen Wendel aufwickelte.

Heute werden bei den hauptsächlichen Gebrauchstypen Doppelwendeln und für Projektionslampen sogar Dreifachwendeln hergestellt. Die Lichtausbeute konnte hierdurch bis auf 20 lm/W, bei den größeren Typen bei einer Nutzbrenndauer von 1000 Brennstunden und bei abgekürzter Lebensdauer bis auf 32 lm/W gesteigert werden. Die Leistungsaufnahme der Wolframdrahtlampen bewegt sich zwischen 1...2 W bei den medizinischen Lampen und Taschenlampen, 15...300 W bei den hauptsächlich verwandten Typen, und bis zu 50000 W bei Lampen für Sonderzwecke (Projektion, Leuchtfeuer usw.). Die Lichtleistung liegt zwischen 5 und 10⁶ Lumen. Die letzten Fortschritte: Erzeugung von geraden und gewendelten Langkristalldrähten, von Wolframdraht bis zu einem Durchmesser bis $^1/_{100}$ mm hinunter, Füllung der Lampen mit Krypton, Innenmattierung der Kolben, Herstellung der Lampen in fast vollständig automatischer Arbeit, gehören ganz der Gegenwart an[2].

Die bis zur Jahrhundertwende zu Beleuchtungszwecken verwandten Lichtquellen waren, einschließlich der Reinkohlen-Bogenlampe, durchweg *Temperaturstrahler*. Sie werden so genannt, weil bei ihnen die Lichtleistung wesentlich von der Temperatur des Strahlers abhängt. Sie folgen, abgesehen von dem numerischen Werte der Konstanten den Strahlungsgesetzen des schwarzen Körpers. Seit der Pariser Weltausstellung von 1900 beginnen aber auch die Lumineszenz-Lichtquellen, bei denen Dämpfe oder Gase zum Leuchten angeregt werden, Bedeutung zu gewinnen. Die von BREMER (1899) konstruierten Bogenlampen[3] mit Effektkohlen (mit Metallsalzen getränkte Kohlen), liefern einen leuchtenden Lichtbogen (Flammenbogen), und die Lichtleistung steigt auf das 2,5...4fache der gewöhnlichen Reinkohlenbogenlampen. In der Form der Dia-Carbone-

---

[1] SCHROETER, F.: Der fadenförmige Kristall und seine Anwendung auf die Glühlampe. Elektrotechn. Z. **38** (1917) 516—517.

[2] Vgl. S. 115, 122, außerdem: W. KÖHLER: Lichttechnik. Leipzig: Max Jänecke Verlagsbuchhandlung 1936.

[3] Die Intensivbogenlampe (System HUGO BREMER). Ref. Z. Beleuchtgswes. **6** (1900) 213.

Lampe [1] hat sich die Bogenlampe mit eingeschlossenem Flammenbogen für die Straßenbeleuchtung zu erhalten vermocht. Für photographische Zwecke, insbesondere in graphischen Anstalten, kommen wegen ihrer hohen aktinischen Wirkung in erster Linie Reinkohlenbogenlampen mit eingeschlossenem Lichtbogen in Betracht. Für die Verwendung in Scheinwerfern und Projektionsapparaten spielt die *Beck*bogenlampe (1910), besonders in ihrer Verbesserung durch GEHLHOFF [2] eine besondere Rolle. Durch Überlastung der salzgetränkten Kohlen gelingt es, bei ihr die Leuchtdichte bis auf 126000 sb zu erhöhen.

Eine besondere Stellung nehmen die Metallbogenlampen, insbesondere die mit Quecksilberelektroden, ein. (Die Wolframbogenlampe [3] ist praktisch ein reiner Temperaturstrahler.) Die Quecksilberdampflampe geht auf Versuche von LEO ARONS (1892 und 1896)[4] zurück. Für Beleuchtungszwecke wurde sie zuerst von COOPER HEWITT durchgebildet. Durch Anwendung von geschmolzenem Quarz als Hülle durch KÜCH (1906)[5] gelang es, den Betriebsdruck und damit auch die Lichtausbeute erheblich zu steigern und sie zu einem wirkungsvollen UV-Strahler zu machen.

Die Aronsche Quecksilberdampflampe knüpft an die mit verdünnten Gasen gefüllten Plücker-Geißlerschen Röhren (1854) an, auf sie sind auch sämtliche Gasentladungsröhren zurückzuführen: zunächst die von MOORE-MCFARLAN (1904) [6] benützten Entladungen im Stickstoff (gelbliches Licht) und in Kohlendioxyd (weißes Licht) ferner die Entladungen in Edelgasen. RAMSAY zeigte zuerst (1909) die rot leuchtenden Neonröhren. Neonröhren mit einigen Tropfen Quecksilber lieferten blaugrünes und in gelben Glasröhren grünes Licht (CLAUDE 1910, SKAUPY 1912 [7]). — Grundlegende Arbeiten über die Entladungstheorie lieferten STARK (Theorie der Molisierung und Ionisierung, 1901) und vor allem J. FRANCK und G. HERTZ (Mechanismus des elastischen und unelastischen Stoßes, 1912/13). Die Bedeutung dieser Arbeiten für die Lichttechnik behandelt F. SCHROETER [8], der in einer eigenen Arbeit [9] Theorie und Praxis entscheidend gefördert hat. So ist unter andern auch die viel verwendete Neonglimmlampe

[1] Vorrichtungen zum Klarhalten der Bogenlampenglocken (Ref.) (Tito Livio Carbone). Z. Beleuchtgswes. **16** (1910) 427.

[2] GEHLHOFF, G.: Über Bogenlampen mit erhöhter Flächenhelligkeit. Z. techn. Physik. **1** (1920) 7, **4** (1923) 138.

[3] RÜTTENAUER, A.: Lebensdauer der Wolfram-Bogenlampe in Abhängigkeit von der Leuchtdichte. Licht u. Lampe **14** (1925) 730.

[4] ARONS, L.: Eine einfache Methode, um einen elektrischen Lichtbogen zwischen Quecksilberelektroden zu erzeugen. Verh. dtsch. physik. Ges. **10** (1892) 21. — Eine Quecksilber-Bogenlampe. Z. Beleuchtgswes. **1** (1895) 235—236. — Über den Lichtbogen zwischen Quecksilberelektroden, Amalgamen und Legierungen. Wiedemanns Ann. Physik **58** (1896) 73.

[5] KÜCH, R. u. T. RETSCHINSKY: Photometrische und spektralphotometrische Messungen am Quecksilberlichtbogen bei hohem Dampfdruck. Ann. Physik **20** (1906) 563—583. — Temperaturmessungen im Quecksilberlichtbogen der Quarzlampe. Ann. Physik **22** (1907) 595—608. — Untersuchungen über selektive Absorption im Quecksilberlichtbogen. Ann. Physik **22** (1907) 852—866.

[6] Weißes MOORE-Licht (Ref.): Z. Beleuchtgswes. **18** (1912) 341, **19** (1913) 190, **20** (1914) 50, **21** (1915) 104, **22** (1916) 55, **24** (1918) 80, **25** (1919) 98. — SKAUPY, F.: Neue Lichtquellen. Z. techn. Physik **8** (1927) 558—560. — LAX, E. u. M. PIRANI: Lichttechnik. Im Handbuch der Physik von GEIGER-SCHEEL. **19**, 38. Berlin: Julius Springer 1928.

[7] SKAUPY, F.: Fortschritte auf dem Gebiete der elektrischen Leuchtröhren. Licht u. Lampe **12** (1923) 233—235.

[8] SCHROETER, F.: Über den gegenwärtigen Entwicklungsstand der elektrischen Gas- oder Dampflampen und die Aussichten für ihre Verbesserung. Z. techn. Physik **1** (1920) 109—116, 149—159.

[9] SCHROETER, F.: Lichterzeugung durch angeregte Atome. Z. Physik 1923, 322. Vgl. auch Ref. Z. Beleuchtgswes. **24** (1918) 80, **26** (1920) 41.

(Bildtelegraphie, Tonfilm) von ihm [1], F. Skaupy [2] und H. Ewest [3] entwickelt worden.

Die Theorie und Technik der Entladungsröhren ist dann weiter vor allem durch M. Pirani und seine Mitarbeiter [4] gefördert worden. Zusammenfassende Darstellungen über die elektrischen Leuchtröhren mit Einführung in ihre Theorie brachten W. Köhler und R. Rompe [5] sowie E. Lax [6].

Während die Leuchtröhren anfangs ausschließlich zur Reklamebeleuchtung benutzt wurden, gewinnen sie in der Form der Hochleistungs-Dampflampen immer mehr Boden in der Straßen- und Fabrikbeleuchtung. Hier ist die Einfarbigkeit kein Hinderungsgrund gegen ihre Einführung, dagegen ist der hohe Wirkungsgrad (70 lm/W bei der Natriumlampe; bis 50 lm/W bei der Quecksilberlampe) und die Steigerung der Sehschärfe im einfarbigen Licht für ihre Einführung bestimmend geworden [7]. Wenn es gelingt, mit diesen Hochleistungslampen auch weißes oder wenigstens angenähert weißes Licht zu erzeugen, werden sie auch bei der Innenraumbeleuchtung eine Rolle spielen. Bei der Quecksilberdampflampe ist es vor allem die weitere Erhöhung des Betriebsdruckes, die diesem Ziele näher führt. Mit einer Hochdrucklampe von 300 at Druck ist es C. Bol bei Laboratoriumsversuchen gelungen, nahezu weißes Licht mit einem Wirkungsgrade von etwa 90 lm/W und einer Leuchtdichte von 40 bis 45 000 sb zu erzeugen [8]. — Das zweite Mittel, die Lichtfarbe zu verbessern, besteht in der Mischung des monochromatischen Lichtes mit Glühlampenlicht, und verlustlos, oder sogar den Wirkungsgrad steigernd, durch Verwandlung des kurzwelligen Strahlungsanteils in sichtbares, der Farbe der Hauptlichtquelle komplementäres Licht [9].

---

[1] Schroeter, F.: Eine neue Glimmlampe. Elektrotechn. Z. **40** (1919) 186—188 u. Helios 1927 Nr. 1, 2 u. 3.

[2] Skaupy, F.: Über eine neue Art von Widerständen hoher Ohmzahl (Glimmlampe). Z. techn. Physik **1** (1920) 167—169.. — Einiges über Glimmlampen und über neue Typen derselben. Z. techn. Physik **3** (1922) 61—63.

[3] Ewest, H.: Lichtquellen für Tonfilmaufnahmen. Z. techn. Physik **12** (1931) 645.

[4] Pirani, M.: Fortschritte und Entwicklungsmöglichkeiten auf dem Gebiete der Leuchtröhren. Elektrotechn. Z. **51** (1930) 889. — Technische Verfahren im Lichte der neuzeitlichen Atomvorstellung, Atomphysik und Lichterzeugung. Z. techn. Physik **11** (1930) 482. — Einige physikalische und chemische Probleme der Lichttechnik. Z. angew. Chem. **44** (1931) 395. — Göler, v. u. M. Pirani: Über die Anwendung von Leuchtröhren. Bericht 51 des Internat. Beleuchtungskongresses, England, 1—19. Sept. 1931. Mitteilung aus dem Osram-Konzern. — Krefft, H .u. M. Pirani: Quantitative Messungen im Gesamtspektrum technischer Strahlungslichtquellen. Z. techn. Physik **14** (1935) 393.

[5] Köhler, W. u. R. Rompe: Die elektrischen Leuchtröhren. Braunschweig: Fr. Vieweg & Sohn 1933.

[6] Lax, E.: Neuzeitliche Lichterzeugung mittels Gasentladungsröhren. Deutsches Museum, Abhandlungen und Berichte. **6** Heft 3. Berlin: VDI-Verlag GmbH. 1934.

[7] Krefft, H. u. E. Summerer: Die neuen Quecksilberdampflampen und ihre Anwendung. Licht **4** (1934) 1—5, 23—26, 86—89. — Summerer, E.: Farbiges Licht, Mischlicht und angenähertes künstliches Tageslicht. Licht **5** (1935) 152—154. — Ewest, H.: Die Entwicklung der Natriumlampe. Licht **6** (1936) 243. — Arndt, W.: Sieht man bei farbigem Licht besser? Licht **4** (1934) 64. — Klein, C. G.: Sieht man bei farbigem Licht besser? Licht **4** (1934) 81. — Schneider, L.: Das Sehen bei farbigem Licht. Licht **4** (1934) 122. — Weigel, R. G.: Untersuchungen über die Sehfähigkeit im Natrium und Quecksilberlicht. Licht **5** (1935) 211.

[8] Eine neue Lichtquelle hoher Leistung. Licht **5** (1935) 84. — Das Spektrum der Hochdrucklampe von Bol geben E. Lax, M. Pirani und R. Rompe in ihrer Abhandlung über Die Probleme der technischen Lichterzeugung. Naturwiss. **23** (1935) 396.

[9] Riehl, N. u. P. M. Wolf: Fluoreszierende und phosphoreszierende Stoffe in der Lichttechnik. Licht **6** (1936) 41. — Pirani, M. u. A. Rüttenauer: Lichterzeugung durch Strahlungsumwandlung. Licht **5** (1935) 93, **7** (1937) 1.

d) Die Beleuchtungstechnik.

Die Entwicklung der Beleuchtungstechnik konnte erst einsetzen, als der primitive Stand der Leuchttechnik überwunden war und das Streben nach Verbesserung der künstlichen Lichtquellen zu dem — 1880 allerdings kaum noch bewußten — Zwecke einsetzte, die Werkarbeit durch Verbesserung der Beleuchtung nutzbringender zu gestalten. Diese Behauptung findet ihre Bestätigung durch die Tatsache, daß es zunächst nur rein hygienische Erwägungen des Augenarztes HERMANN COHN waren, die zur Behandlung der Beleuchtungsfragen führten. Sie hatten sich ihm bei den Untersuchungen über die Ursachen der Kurzsichtigkeit aufgedrängt[1]. Zwei Arbeiten[2] aus dem Jahre 1883 leiteten die mehr als ein Jahrzehnt durchgeführten beleuchtungstechnischen Untersuchungen ein[3], die zu der Erfindung von tragbaren Beleuchtungsmessern durch LEONHARD WEBER, zur Formulierung des Begriffs der Beleuchtungsstärke und zur erstmaligen Aufstellung von Minimalforderungen an die notwendige Beleuchtungsstärke bei künstlichem und natürlichem Lichte führten. Selbst der Begriff der „Beleuchtungsgüte" findet schon 1866 eine erste Andeutung in der Forderung, daß bei Tagesbeleuchtung von jedem Arbeitsplatze aus ein bestimmtes Stück Himmel sichtbar sein müsse[4]. Die in die Literatur aller Kulturvölker eingegangenen Zahlen für die erforderliche Minimal-Beleuchtungsstärke haben noch die Leitsätze der Deutschen Beleuchtungstechnischen Gesellschaft vom Jahre 1920 beherrscht, und sie hatten auch die Grundlagen der ersten amerikanischen Beleuchtungskodizes gebildet. Erst Arbeiten von L. SCHNEIDER[5] haben den Anstoß gegeben, die Grundwerte der Beleuchtungsstärke auf physiologischer Grundlage neu zu berechnen.

In weiteren, an diese frühen beleuchtungstechnischen Untersuchungen knüpfenden Arbeiten wurden die Glocken und Schirme (Reflektoren) hinsichtlich ihrer Beleuchtungswirkung[6] und der Beseitigung von Blendung untersucht[7]; es wurde festgestellt, welcher Mindestkontrast bei einer gegebenen Beleuchtungsstärke für die Formerkennbarkeit von Druckschriften notwendig ist[8]; aus den Lichtverteilungskurven wurde die horizontale Beleuchtungsstärke an den Arbeitsplätzen berechnet; Forderungen an die örtliche und zeitliche Gleichmäßigkeit der Beleuchtungsstärke wurden aufgestellt und auch die Schattigkeit wurde schon berücksichtigt. Kurven zur graphischen Ermittlung der Beleuchtungsstärken aus den Lichtverteilungskurven kontruierte LEONHARD WEBER[9]. Mit indizierter Helligkeit bezeichnet L. WEBER die Beleuchtungsstärke in „Meterkerzen" (1 MK = 1 hf. Lux). Die erste zusammenfassende Arbeit

---

[1] LUX, H.: Wandel der Anschauungen über die Entwicklung der Kurzsichtigkeit. Licht 6 (1936) 45—49.

[2] COHN, H.: Die Hygiene des Auges in den Schulen. Wien: Urban & Schwarzenberg 1883. — Das Auge und die künstliche Beleuchtung. Braunschweig: Fr. Vieweg & Sohn 1883. Über künstliche Beleuchtung im Haus. Gartenlaube 1884 Heft 40.

[3] COHN, H.: In memoriam. Breslau: E. Wohlfahrt (E. Morgensterns Buchhandlung) 1908.

[4] COHN, H.: Die Kurzsichtigkeit unter den Schulkindern usw. Deutsche Klinik. 1866 Nr. 7.

[5] SCHNEIDER, L.: Über den Einfluß der Beleuchtung auf die Leistungsfähigkeit des Menschen. Licht u. Lampe 16 (1907) 803.

[6] COHN, H.: Über den Beleuchtungswert der Lampenglocken. Wiesbaden: J. F. Bergmann 1885.

[7] COHN, H.: Neue Lampen und Lampenreflektoren. Breslau. Gewerbebl. 32 (1886) Nr. 6.

[8] COHN, H.: Untersuchungen über die Sehschärfe bei abnehmender Beleuchtung. Arch. Augenheilk. 13 (1884) Heft 2.

[9] WEBER, L.: Kurven zur Berechnung der von künstlichen Lichtquellen indizierten Helligkeit. Berlin: Julius Springer 1884.

über „Die Beleuchtung" [1] rührte gleichfalls von L. WEBER her. In systematischer Darstellung wurden neben den hygienischen Anforderungen die Methoden der Lichtmessung, die Beschaffenheit des natürlichen Lichtes und die künstliche Beleuchtung behandelt. Hier findet sich auch eine Vorausberechnung der Beleuchtungsstärken aus der Lichtverteilungskurve. Die Arbeit WEBERS hat auch heute noch nicht ihre grundlegende Bedeutung verloren.

Was dann um die Jahrhundertwende an Einzelarbeit und organisatorisch geleistet wurde, war schließlich nur Ausbau. Besondere Verdienste hierum erwarb sich vor allem ANDRÉ BLONDEL [2] durch seine Arbeiten über öffentliche Beleuchtung durch Bogenlampen, die aber darüber hinaus eine allgemeine Beleuchtungstheorie brachten: Ableitung der Beleuchtungskurven aus den Lichtverteilungskurven, Darstellung der Beleuchtungsstärken in Isoluxkurven, Entwicklung der Lichtverteilungskurve für eine gleichmäßige Horizontalbeleuchtung, Ausbildung der Holophanglocken und eines Meßgerätes zur direkten Messung des Lichtstromes (Vorläufer der Ulbrichtschen Kugel). Die Untersuchungeg BLONDELS fanden dann praktische Auswertung durch HENRI MARÉCHAL [3] und H. LUX [4]. Die erste eingehende Spezialbehandlung der rein beleuchtungstechnischen Fragen rührt von PAUL HÖGNER [5] her, der theoretisch die Lichtausstrahlung von Flächen bestimmt und aus den so ermittelten Lichtverteilungskurven die auf horizontale und vertikale Flächen entfallenden Beleuchtungsstärken ableitet.

Der Stand der Leucht- und Meßtechnik im ersten Jahrzehnt dieses Jahrhunderts ist in dem Handbuch der elektrischen Beleuchtung von J. HERZOG und CL. FELDMANN festgehalten [6]. Ausgehend von den allgemeinen Anforderungen an eine gute Beleuchtung behandelt L. BLOCH [7] ausführlich die Grundgrößen der Beleuchtungstechnik; Messungen und Berechnung der Lichtstärke; Beurteilung, Messung und Berechnung der Beleuchtung. Benutzten HÖGNER und BLOCH noch die sog. „Punkt für Punktmethode" zur Berechnung der Beleuchtungsstärken, so machen P. HEYCK und P. HÖGNER [8] den entscheidenden Schritt zur „Lichtstrom- bzw. Wirkungsgradmethode", d. h. zur Ermittlung der mittleren Beleuchtungsstärke, gegeben durch das Verhältnis des direkt und indirekt auf die beleuchtete Fläche auftreffenden Lichtstromes zu dieser Fläche. Seitdem ist der von einer Lichtquelle oder einem Leuchtgeräte ausgehende „Lichtstrom" bei der Bewertung von Licht, Lampen und Beleuchtung an erste Stelle gerückt. In einer interessanten und wichtigen Arbeit [9] hatte N. A. HALBERTSMA diese Bedeutung des Lichtstromes schon vorher betont. Diese Gedanken sind auch schon bei der erstmaligen Aufstellung

[1] WEBER, L.: Die Beleuchtung. Abdruck aus dem Handbuch der Hygiene, herausgeg. von TH. WEYL. 4, I. Abt. Jena: Gustav Fischer 1895. (Auch gesondert erschienen.)

[2] BLONDEL, A.: La détermination de l'intensité moyenne sphérique des sources de lumière. Eclairage électr. 2 (1) (1895) 385. Sonderdruck: Paris: George Carré 1895. — L'éclairage public par les lampes à arc. 1. Théorie de l'éclairage public. Publications du journal Le génie civil. Paris 1895. 2. Utilisation, diffusion et distribution de la lumière. Société anonyme de publications périodiques. Paris 1895.

[3] MARÉCHAL, H.: L'éclairage à Paris. Librairie polytechnique. Paris: Baudry et Cie.1894.

[4] LUX, H.: Die öffentliche Beleuchtung von Berlin. Berlin: S. Fischer 1896.

[5] HÖGNER, P.: Lichtstrahlung und Beleuchtung. Braunschweig: Fr. Vieweg & Sohn1906.

[6] HERZOG, J. u. C. FELDMANN: Handbuch der elektrischen Beleuchtung, 3. Aufl. Berlin: Julius Springer 1907.

[7] BLOCH, L.: Grundzüge der Beleuchtungstechnik. Berlin: Julius Springer 1907.

[8] HEYCK, P. u. P. HÖGNER: Projektierung von Beleuchtungsanlagen. Erweiterter Sonderdruck aus Z. Beleuchtgswes. 25 (1919) 22f. Berlin W: M. Krayn 1919.

[9] HALBERTSMA, N. A.: Lichttechnische Studien. Sonderabdruck aus Helios, Fach- und Exportzeitschrift für Elektrotechnik. 1916 Nr. 39f. Herausgeg. von Fa. Dr.-Ing. J. Schneider & Co., Frankfurt a. M.

der Leitsätze der Deutschen Beleuchtungstechnischen Gesellschaft für die Innenbeleuchtung der Gebäude vom Jahre 1919 maßgebend gewesen [1].

Noch einen Schritt weiter in der Messung und Bewertung der Beleuchtung geht W. Arndt [2] in seiner Definition und Messung der *„Raumbeleuchtung"*, die A. Dresler [3] eingehend untersucht. — Das Bedürfnis, die Beleuchtung nicht nur nach dem auf Flächen auffallenden Lichtstrom, sondern nach der „Raumhelligkeit" zu bewerten, hatte schon Leonhard Weber empfunden und ausgesprochen [4].

Schließlich wurde das Gebiet der Beleuchtungstechnik noch durch die Messung und Bewertung der Schattigkeit durch K. Norden [5] erweitert.

A 2. Der wissenschaftliche Unterbau der Lichttechnik.

Von

Heinrich Lux-Berlin.

a) Die Strahlungsgesetze und der schwarze Körper [6].

Streng abgeleitet sind die Strahlungsgesetze zunächst nur für die Temperaturstrahlung des schwarzen Körpers. Von G. Kirchhoff wurde die Beziehung

[1] *Lichttechnik:* Im Auftrage der DBG. herausgeg. von Dr.-Ing. L. Bloch. München u. Berlin: R. Oldenbourg 1921.

[2] Arndt, W.: Raumhelligkeit als neuer Begriff der Beleuchtungstechnik. Licht u. Lampe 17 (1928) 247. — Beleuchtungsstärke oder Raumhelligkeit. Licht u. Lampe 17 (1928) 833. — Neue Grundzüge der Beleuchtungstechnik. Licht u. Lampe 19 (1930) 537. — Beleuchtungswertung mit Hilfe der Raumhelligkeit. Licht u. Lampe 19 (1930) 1092. — Raumbeleuchtungstechnik. Berlin: Union Deutsche Verlagsanstalt 1931.

[3] Dresler, A.: Entwurf und Beurteilung von Beleuchtungsanlagen auf räumlicher Grundlage. Diss. Techn. Hochsch. Berlin 1930. — Beleuchtungswertung mit Hilfe der Raumhelligkeit. Licht u. Lampe 19 (1930) 997. — Vgl. auch H. Lingenfelser: Zur Messung und Beurteilung der räumlichen Beleuchtung. Licht u. Lampe 19 (1930) 619.

[4] Weber, L.: Die Albedo des Luftplanktons. Ann. Physik IV 51 (1916) 427.

[5] Norden, K.: Die Grundlagen der Schattentechnik. Berlin: Union Deutsche Verlagsgesellschaft 1933. (Eine Zusammenfassung der Arbeiten K. Nordens, deren Literaturnachweis in der Buchausgabe enthalten ist.) — Bloch, L.: Ergebnisse von Beleuchtungs- und Schattenmessungen. Licht u. Lampe 12 (1923) 491. — Lingenfelser, H.: Über den diffusen Anteil der Beleuchtung und ihre Schattigkeit. Licht u. Lampe 17 (1928) 313.

[6] Aus der sehr reichen Literatur über die Methoden der Strahlungsmessung und ihrer Ergebnisse seien — neben den Anführungen im Text — hier nur die wichtigsten Veröffentlichungen herausgehoben: Langley, S. P.: The actinic balance. Amer. J. Sci. III. s. 21 (1881) 187. Die erste Konstruktion eines Bolometers. — Lummer, O. u. T. Kurlbaum: Bolometrische Untersuchungen. Wiedemanns Ann. Physik 1892, 204. (Herstellung eines Flächenbolometers, Genauigkeit und Empfindlichkeit.) — Kurlbaum, F.: Notiz über eine Methode zur quantitativen Bestimmung strahlender Wärme. Wiedemanns Ann. Physik 51 (1894) 591. Kontroverse mit K. Ångström (Acta Reg. Soc. Ups. Juni 1893) über die Priorität absoluter bolometrischer Messungen. — Über eine bolometrische Versuchsanordnung für Strahlungen zwischen Körpern von sehr kleiner Temperaturdifferenz und eine Bestimmung der Absorption langer Wellen in Kohlensäure. Wiedemanns Ann. Physik. 61 (1897) 417. — Über eine Methode zur Bestimmung der Strahlung in absolutem Maß und die Strahlung des schwarzen Körpers zwischen 0° und 100°. Wiedemanns Ann. Physik 65 (1898) 746. (Messungen an dampfbeheizten Hohlräumen und Bestimmung der Konstante σ im Stefan-Boltzmannschen Gesetze.) — Lummer, O.: Wissenschaftliche Grundlagen zur ökonomischen Lichterzeugung. Z. Beleuchtgswes. 10 (1904) 1. (Aufbau der Apparatur zur Strahlungs-

zwischen Emission $E_{\lambda T}$ und Absorption $A_{\lambda T}$ eines Körpers im Verhältnis zum Emissionsvermögen $S_{\lambda T}$ des schwarzen Körpers, des Maximalstrahlers, aufgestellt[1]

$$S_{\lambda T} = \frac{E_{\lambda T}}{A_{\lambda T}}.$$

FOUCAULT und ÅNGSTRÖM machten auf Priorität Ansprüche, die jedoch endgültig zurückgewiesen wurden[2].

Die integrale Strahlung des schwarzen Körpers folgt aus dem von STEFAN[3] gefundenen und BOLTZMANN thermodynamisch abgeleiteten Stefan-Boltzmannschen[4] Gesetze. Ist S die durch eine 1 cm² große Fläche einseitig abgestrahlte Energie, T die absolute Temperatur des Strahlers und σ eine (universelle) Konstante, die aus dem Planckschen Strahlungsgesetze folgt, so lautet das Gesetz[5]

$$S = \sigma T^4 \qquad \sigma = (5{,}70 \ldots 5{,}76) \cdot 10^{-12} \, \text{W} \cdot \text{cm}^{-2}.$$

Die Strahlungsenergie der Strahlung des schwarzen Körpers von der absoluten Temperatur in dem Wellenlängengebiet zwischen λ und $\lambda + d\lambda$ wird durch das Plancksche Strahlungsgesetz[6] gegeben

$$S_{\lambda T} = \frac{c_1}{\lambda^5} \Big/ \left[e^{c_2/\lambda T} - 1 \right].$$

Hierin ist e die Basis der natürlichen Logarithmen, c_1 und c_2 sind Naturkonstanten, die mit der Lichtgeschwindigkeit c, dem Planckschen Wirkungsquantum h und der Boltzmannschen Konstante k in der folgenden Beziehung stehen:

$$c_1 = c^2 h \qquad c_2 = h/k \cdot c$$

und die Stefan-Boltzmannsche Konstante

$$\sigma = \frac{2 \pi^5 k^4}{15 \, c^2 h^2}.$$

Für kleine Werte von λT, d. h. klein im Verhältnis zu c_2, geht die Plancksche Beziehung in das schon früher abgeleitete Wiensche Energieverteilungsgesetz[7] über:

$$S_{\lambda T} = c_1 \lambda^{-5} \cdot e^{-c_2/\lambda T}.$$

PLANCK hatte auf Grund der Lummer-Pringsheimschen Messungen der Energieverteilung, die bei den größeren Wellenlängen erhebliche Abweichungen

messung in der Physikalisch-Technischen Reichsanstalt.) — DREISCH, TH.: Bolometer. GEIGER, H. u. K. SCHEEL, Handbuch der Physik, Bd. 19, S. 842. Berlin: Julius Springer 1928. — COBLENTZ, W. W.: Die Konstanten der spektralen Strahlung eines gleichmäßig erhitzten Strahlers, sog. schwarzen Körpers. Z. Beleuchtgswes. 22 (1916) 148. — Constants of spectral radiation of an uniformly heated inclosure, or so called Black Body. Bull. Bur. Stand. 10 (1913) 2.

[1] KIRCHHOFF, G.: Poggendorffs Ann. Physik u. Chem. 109 (1860) 275.

[2] Vgl. A, WÜLLNER: Lehrbuch der Experimentalphysik. 4. Die Lehre von der Strahlung, 5. Aufl., 363. Leipzig: B. G. Teubner 1899.

[3] STEFAN, J.: Über die Beziehung zwischen der Wärmestrahlung und der Temperatur. Sitzgsber. ksl. Akad. Wiss. Wien, Math.-naturwiss. Kl. 79 II (1879) 391—428. — Über die Fortpflanzung der Wärme. Poggendorffs Ann. Physik u. Chem. 125 (1865) (aus dem 47. Band der Sitzgsber. Wien. Akad. vom Autor mitgeteilt).

[4] BOLTZMANN, L: Über eine von Herrn BARTOLI entdeckte Beziehung der Wärmestrahlung zum zweiten Hauptsatze. Wiedemanns Ann. Physik. N. F. 22 (1884) 31.

[5] WARBURG, E. u. C. MÜLLER: Über die Konstante c des Wien-Planckschen Strahlungsgesetzes. Ann. Physik 48 (1915) 410—432. — KUSSMANN, A.: Bestimmung der Konstanten σ des Stefan-Boltzmannschen Gesetzes. Z. Physik 25 (1924) 58—82. (Zusammenfassung der neueren Bestimmungen.)

[6] PLANCK, M.: Verh. dtsch. physik. Ges. 2 (1900) 202—204 und: Vorlesungen über die Theorie der Wärmestrahlung, 5. Aufl., 1923, 157. Leipzig: Johann Ambrosius Barth 1906.

[7] WIEN, M.: Über die Energieverteilung im Emissionsspektrum eines schwarzen Körpers. Wiedemanns Ann. Physik N. F. 58 (1896) 667.

von dem Wienschen Gesetze zeigten, die Energieverteilung noch einmal theoretisch entwickelt, wobei er die ad hoc abgeleitete Quantentheorie zu Hilfe
nahm. Einzelheiten finden sich in der grundlegenden Arbeit von O. Lummer [1]
Die Neubearbeitung dieses Werkes brachte vor allem die „Grenzen der Leuchttechnik", Grenzen, die durch die spektrale Hellempfindlichkeit des Auges gesetzt
sind. Gleichzeitig und unabhängig von Lummer hatte auch A. R. Meyer diese
Beziehungen gefunden [2].

Sowohl aus der Planckschen als auch aus der Wienschen Gleichung folgt,
daß bei jeder Temperatur die Strahlungsintensität $S_{\lambda T}$ bei $\lambda = 0$ und bei $\lambda = \infty$
selbst Null werden muß; bei jeder Isotherme muß demgemäß auch ein Maximum
vorhanden sein. Der Wert für $\lambda_{max} T$ ergibt sich aus der Planckschen Gleichung
für $dS/d\lambda = 0$ zu 0,288 cm°. Die Beziehung

$$\lambda_{max} \cdot T = c^2/4,9651 = 0,288 \text{ cm}°$$

stellt das Wiensche Verschiebungsgesetz dar, das Wien schon 1893 abgeleitet
hatte [3].

Das Wiensche Verschiebungsgesetz läßt sich zur Temperaturbestimmung
von Strahlern benutzen (Methode der Isothermen). Im sichtbaren Gebiete
wird die Temperatur meist nach der Methode der Isochromaten bestimmt,
indem man aus der Planckschen Gleichung das Verhältnis $S_1 : S_2$ bildet. Die
Isochromaten sind gradlinig, solange $\lambda T < 3000$ ist [4].

Der Idealfall der schwarzen Strahlung kommt in der Natur nicht vor. Der
von Lummer und Wien [5] (1895 und 1901) realisierte schwarze Körper ist ein
erhitzter zylindrischer Hohlraum mit geschwärzter, diffus reflektierender
Oberfläche. Bei mehr als 5facher Reflexion und einer Absorption $A = 0,9$
beträgt die Abweichung von der Strahlung des schwarzen Körpers $10^{-4}\%$ [6].
Die Temperatur des Lummer-Kurlbaumschen schwarzen Körpers kann nicht
über 2000° K gesteigert werden. Bei dem von E. Warburg und G. Leithäuser [7]
angegebenen Kohlenrohr-Vakuumofen kann die Temperatur bis auf 2500° K,
bei dem von E. Warburg und C. Müller [8] verbesserten Vakuum-Kohlen-
rohrofen bis auf 3000° K gesteigert werden. Die höchste überhaupt erreichbare
Temperatur dürfte bei 3500° K liegen.

------

[1] Lummer, O.: Die Ziele der Leuchttechnik. Elektrotechn. Z. 23 (1902) 787. Sonderabdruck: München u. Berlin: R. Oldenbourg 1903. Wesentlich erweiterte Neuausgabe
unter dem Titel: Grundlagen, Ziele und Grenzen der Leuchttechnik. München u. Berlin:
R. Oldenbourg 1918.

[2] Meyer, A. R.: (Prioritätssicherung in der Diskussion zum Vortrage von O. Lummer
über Ziele und Grenzen der Leuchttechnik.) Z. Beleuchtgswes. 21 (1915) 124. — Die Grenzen
der Lichterzeugung durch Temperaturstrahlung. Z. Beleuchtgswes. 22 (1916) 133—143.
Elektrotechn. Z. 37 (1913) 142—145; 157—160. Verh. dtsch. phys. Ges. 17 (1915) 384.

[3] Wien, W.: Berl. Ber. 9 II (1893). — Wiedemanns Ann. Physik 52 (1894) 132.

[4] Henning, F.: Die Grundlagen, Methoden und Ergebnisse der Temperaturmessung.
157. Braunschweig: Fr. Vieweg 1915. — Burgess, G. K. u. Le Chatelier: Die Messung
hoher Temperaturen. Übersetzt und ergänzt von G. Leithäuser. Berlin: Julius Springer
1913.

[5] Wien, W. u. O. Lummer: Methode zur Prüfung des Strahlungsgesetzes absolut
schwarzer Körper. Wiedemanns Ann. Physik 56 (1895) 451. — Lummer, O.: Geschichtliches
zur Verwirklichung des schwarzen Körpers. Arch. Math. u. Physik 2 (1901) 164.

[6] Lax, E. u. M. Pirani: In H. Geiger u. K. Scheel: Handbuch der Physik 19, 4.
Berlin: Julius Springer 1928.

[7] Warburg, E. u. G. Leithäuser: Tätigkeitsbericht der P.T.R. Z. Instr. 1910, 119. —
Warburg, E.: Über eine rationelle Lichteinheit. Verh. dtsch. phys. Ges. 19 (1917) 3—10. —
Müller, C.: Über die Lichteinheit. Z. Beleuchtgswes. 28 (1922) 76—81, 89—94.

[8] Lax, E. u. M. Pirani: (Zit. S. 14, Fußn. 6): S. 7.

b) Die Temperaturstrahlung der nichtschwarzen Körper.

Das Emissionsvermögen der in der Lichttechnik gebräuchlichen Strahler weicht von dem des schwarzen Körpers ab. Die Abhängigkeit der Strahlung dieses Körpers von der Temperatur ist zur Zeit noch nicht bekannt. Bei dem nicht schwarzen Körper hängt die Emission auch von der Wellenlänge ab.

Ist die Emission für größere Wellenlängenbereiche gleich oder annähernd gleich, aber quantitativ kleiner als beim schwarzen Körper, so spricht man von einem „*Graustrahler*" [1]; ein solcher ist die Kohle. Ändert sich die Emission mit der Wellenlänge, so spricht man von einem *Selektivstrahler* [2].

Die Strahlung der Graustrahler und der Selektivstrahler im sichtbaren Gebiete wird durch das Verhältnis der „schwarzen" Temperatur zur *Farbtemperatur* [3] (vgl. S. 66) charakterisiert, wobei man unter Farbtemperatur eines Strahlers diejenige Temperatur des schwarzen Körpers versteht, bei der dessen Lichtemission den gleichen Farbton und die gleiche Sättigung hat wie die Strahlung des untersuchten Körpers. Eine eingehende Zusammenfassung der charakteristischen Eigenschaften der für die Lichterzeugung hauptsächlich benutzten Selektivstrahler geben E. LAX und M. PIRANI [4] (vgl. auch Tabelle im Anhang). Die Strahlungseigenschaften der Metalle und anderer nichtschwarzer Strahler sind besonders in den Vereinigten Staaten von Amerika und in Deutschland untersucht worden [5].

---

[1] LUMMER, O. u. E. PRINGSHEIM: Temperaturbestimmung hocherhitzter Körper. Verh. dtsch. physik. Ges. **3** (1901) 36.

[2] LUMMER, O.: Verflüssigung der Kohle. 52. Braunschweig: Fr. Vieweg & Sohn 1914.

[3] DZIOBEK, W.: Allgemeine Photometrie. E. GEHRKE: Handbuch der physikalischen Optik. **1**, 52. Leipzig: Johann Ambrosius Barth 1926.

[4] LAX, E. u. M. PIRANI: (Zit. S. 14, Fußn. 6): S. 36.

[5] HENNING, F.: Die photometrische Helligkeit des schwarzen Körpers und der metallischen Strahler. Jb. Radioaktiv. u. Elektron. **16** (1919) 1. — Über das Emissionsvermögen der Metalle und die Methoden zu dessen Bestimmung. Jb. Radioaktiv. u. Elektron. **17** (1920) 30 (mit reichen Literaturangaben). — ASCHKINASS, E.: Die Wärmestrahlung der Metalle. Ann. Physik **17** (1905) 960. — FOOTE, P. D.: The total emissivity of platinum and the relation between total emissivity and resistivity. J. Washington Acad. Sci. **5** (1915) 1—6. — HAGEN, E. u. H. RUBENS: Über Beziehungen des Reflexions- und Emissionsvermögens der Metalle zu ihrem Leitvermögen. Ann. Physik IV **11** (1903) 873—901. — Emissionsvermögen und elektrisches Leitvermögen der Metallegierungen. Verh. dtsch. physik. Ges. **6** (1904) 128—136. — SKAUPY, F.: Der durchsichtige Selektivstrahler. Z. Physik **12** (1922) 177. — HYDE, E. P.: The synthetic development of radiation laws for metals. Astrophysic. J. **36** (1912) 89—132. — LUMMER, O. u. F. KURLBAUM: Die Gesamtstrahlung des Platins. Verh. dtsch. physik. Ges. **17** (1898) 106—111. — LUMMER, O. u. E. PRINGSHEIM: Die Verteilung der Energie im Spektrum des schwarzen Körpers und des blanken Platins. Verh. dtsch. physik. Ges. **1** (1899) 215. — Über die Strahlung des schwarzen Körpers für lange Wellen. Verh. dtsch. physik. Ges. **2** (1900) 163—180. — PIRANI, M.: Über die Messung der wahren Temperatur von Metallen (WOLFRAM). Verh. dtsch. physik. Ges. **12** (1910) 301—348. — PIRANI, M. u. A. R. MEYER: Über den Zusammenhang zwischen der Temperatur des Fadens und dem Wirtschaftlichkeitsfaktor der Glühlampen (Wolfram). Verh. dtsch. physik. Ges. **14** (1912) 213—222. Berichtigung 681—682. — BIDWELL, CH.: A comparison of actual and black body temperatures. (Silber, Gold, Kupfer, Eisen, Nickel.) Physic. Rev. **3 II** (1914) 439—452. — BURGESS, G. K.: Radiation from Platinum at high temperatures. Bull. Bur. Stand. **1** (1904) 443—447. — The estimation of the temperature of copper by means of optical pyrometer. Bull. Bur. Stand. **6** (1909/10) 111—119. — COBLENTZ, W. W.: Selectiv Radiation from the Nernst Glover. Bull. Bur. of Stand. **4** (1908) 533—551. — Radiation Constants of Metals. (Bestimmungsmethode der Strahlungskonstanten α; ferner α für Kohle, metallisierte Kohle, silizierte Kohle („Helion"), Platin, Osmium, Wolfram, Tantal, Azetylen, Sonne.) Bull. Bur. Stand. **5** (1909) 339—379. — Selective Radiation from various Solids. Bull. Bur. Stand. **6** (1910) 301—319. Vgl. auch Z. Beleuchtgswes. **16** (1910) 233—235, 247—249. (Talk, Magnesiumsilikat, Al O (OH), Al_2SiO_5, Zirkon, Topas, Kohle, Wolfram, Auerglühkörper.) — COBLENTZ, W. W.: Strahlung

c) Physiologische und Psychologische Grundlagen der Lichttechnik.

Während bis zur Jahrhundertwende die Bewertung der Lichtquellen fast ausschließlich auf physikalischer Grundlage erfolgt war, also Lichtstrom, Beleuchtungsstärke und Leuchtdichte im Vordergrund standen, drängten sich mit dem Auftreten von Lichtquellen hoher Leuchtdichte von selbst die Aufgabe auf, Blendung zu verhüten und alle die anderen die Leistungsfähigkeit des Auges beeinflussenden, unter dem Begriffe der *„Beleuchtungsgüte"* [1] zusammengefaßten Erscheinungen: örtliche und zeitliche Gleichmäßigkeit, Helligkeits- und Farbkontrast, Schattigkeit, Wahrnehmungsgeschwindigkeit zu berücksichtigen. Ein reiches Tatsachenmaterial war in den ersten 27 Jahren dieses Jahrhunderts zusammengetragen worden.

Dem vorliegenden Material [2] fehlte aber der innere Zusammenhang und die Einheitlichkeit in den Beobachtungsgrundlagen. Es ist das Verdienst von

der Glühlampen. Z. Beleuchtgswes. 16 (1910) 209. — Burgess, G. K. and P. D. Foote: The Emissivity of Metals and oxides I. Bur. Stand. Sci. 1915 Nr. 224. — Burgess, G. K. and Waltenberg: The Emissivity of Metals and oxides II. Bur. Stand. Sci. 1915 Nr. 242. — Foote, P. D.: The Emissivity of Metals and oxides III. Bur. Stand. Sci. 1915 Nr. 243. — Burgess, G. K. and P. D. Foote: The Emissivity of Metals and oxides IV. Bur. Stand. Sci. 1915 Nr. 249. — Hyde, E. P., F. E. Cady and G. Middlekauff: Selective Emission of incandescent lamps as determined by new photometric methods. Trans. Illum. Engng. Soc. 2 (1909) 334. Deutsch: Z. Beleuchtgswes. 15 (1909) 117. — Langmuir, J.: The melting point of Tungsten. Physic. Rev. 6 (1915) 138. — Stubbs, C. M. and E. M. Prideaux: A spectro-photometric comparison of the emissivity of solid and liquid Gold at high temperatures with that of a full radiator. Proc. Roy. Soc., Lond. 87 (1912) 451—464. — Waidner, C. W. and G. K. Burgess: The Emissivity of Platinum and Palladium. Bull. Bur. Stand. 1 (1904) 189.

[1] Lux, H.: Fabrikbeleuchtung. Vortrag auf der Tagung der DBG. in Frankfurt a. M. 1921. Z. Beleuchtgswes. 26 (1921) 96.

[2] Koenig, A. u. E. Brodhun: Experimentelle Untersuchungen über die psychophysische Fundamentalformel in bezug auf den Gesichtssinn. Sitzgsber. preuß. Akad. Wiss. 1918 I 917—931. — Schroeder, H.: Die zahlenmäßige Beziehung zwischen den physikalischen und physiologischen Helligkeitseinheiten und die Pupillenweite bei verschiedener Helligkeit. Z. Sinnesphysiol. 57 (1926) 195—223. — Borchardt, H.: Beiträge zur Kenntnis der absoluten Schwellenempfindlichkeit der Netzhaut. Z. Sinnesphysiol. 48 (1914) 176—198. — Schjelderup, H. K.: Über eine vom Simultankontrast verschiedene Wechselwirkung der Sehfeldstellen. Z. Sinnesphysiol. 51 (1920) 176—213. — Fröhlich, F.W.: Über die Abhängigkeit der Empfindungszeit und des zeitlichen Verlaufs der Gesichtsempfindung von der Intensität, Dauer und Geschwindigkeit der Belichtung. Z. Sinnesphysiol. 55 (1923) 1—46. — Über die Messung der Empfindungszeit. Z. Sinnesphysiol. 54 (1923) 58—78. — Vogelsang, K.: Über die Abhängigkeit der Empfindungszeit des Gesichtssinnes von der Intensität und Farbe des Reizlichtes. Z. Sinnesphysiol. 57 (1927) 38—58. — Rutenberg, D.: Über die Netzhautreizung durch kurzdauernde Lichtblitze und Lichtlücken. Z. Sinnesphysiol. 48 (1914) 268—284. — Cravath, J. R.: The effectivness of light as influenced by systems and surroundings. Trans. Illum. Engng. Soc. 16 (1911) 782—813. — Ferree, C. E. and G. Rand: The efficiency of the eye under different conditions of lighting. Trans. Illum. Engng. Soc. 10 (1915) 407. — The ocular principle in lighting. Trans. Illum. Engng. Soc. 20 (1925) 270. — Intensity of light and Speed of vision. Trans. Illum. Engng. Soc. 22 (1927) 79. — Cobb, P. W.: The meaning of "Speed of Vision". Trans. Illum. Engng. Soc. 20 (1925) 253. Deutsch: Licht u. Lampe 14 (1925) 695. — Cobb, P. W. and F. K. Moss: Hohe Beleuchtungsstärken und Ermüdungserscheinungen des Auges. Licht u. Lampe 14 (1925) 962. — Amer. Inst. Electr. Engr. 44 (1925) 672. — Black, N. M.: A resumé of the physical, physiological and psychic phases of vision. Trans. Illum. Engng. Soc. 10 (1915) 562. — Troland, L. Th.: Die Helligkeit, ihre Voraussetzungen und Eigenschaften. Z. Beleuchtgswes. 23 (1917) 55. — Trans. Illum. Engng. Soc. 12 (1917). — Nutting, P. G.: Der Einfluß von Helligkeit und Kontrast auf das Sehen. Z. Beleuchtgswes. 23 (1917) 33. — Trans. Illum. Engng. Soc. 11 (1916). — Die Netzhautempfindlichkeiten, soweit sie für den Beleuchtungstechniker in Betracht kommen. Z. Beleuchtgswes. 23 (1917) 112. — Trans. Illum. Engng. Soc. 11 (1916) 1. — Blanchard, J.: The brightness sensibility of the retina. Physic. Rev. 9 (1918) 81. Deutsch: Die Helligkeitsempfindlichkeit der Netzhaut. Z. Beleuchtgswes. 28 (1922) 17. — Karrer, E. u. E. P. T.

L. Schneider [1] gewesen, das zerstreute Material zusammengetragen und. kritisch verarbeitet zu haben. Durch seine Umrechnung der verschiedenen Messungsergebnisse auf einheitlicher Grundlage werden wirkliche Vergleiche und aufschlußreiche Wertungen ermöglicht, und seine Klassifikation der verschiedenen Arten der Augenempfindlichkeiten nach Unterschiedsempfindlichkeit, Formenempfindlichkeit und Wahrnehmungsgeschwindigkeit hat die lichttechnische Beurteilung der Beleuchtungsgüte befruchtet (vgl. S. 16). So ergab sich zum 1. Male eine *physiologische* Begründung der jeweils erforderlichen Beleuchtungsstärken und damit eine Emanzipation von den rein empirisch festgelegten Cohn-Weberschen Mindestwerten, und der bisher ausschließlich hygienischen Wertung der Beleuchtung.

Eine methodische Anwendung brachte bereits L. Schneider [2] selbst in seinen Untersuchungen über die Ansprüche an eine gute Straßenbeleuchtung und dann C. G. Klein [3] der für die Auswertung der Straßenbeleuchtung eine physiologische Bewertungsmethode und eine hierfür bestimmte Apparatur entwickelte.

Der Weg für die Weiterentwicklung der physiologischen und psychologischen Behandlung lichttechnischer Fragen wird durch die programmatischen Vorträge von O. Kroh [4] und St. Krauss [5] gekennzeichnet.

Von den physiologischen Wirkungen des Lichtes auf das Auge kommen für den Lichttechniker neben den allgemeinen Einwirkungen auf den Hellapparat des Auges noch die auf die farbenempfindlichen Empfangsapparate des Auges in Betracht. So ergab sich bei der Beurteilung der Strahlungswirkungen auf das Auge eine Reihe von neuen wichtigen Gesichtspunkten für den Lichttechniker.

Von der Gesamtstrahlung eines Körpers wird nur ein enger Wellenlängenbereich als Licht empfunden, die Grenzen sind individuell verschieden. Nach Saidmann und Dufestel [6] liegt die unterste festgestellte Grenze der *Augenempfindlichkeit* bei $\lambda = 350$ mμ; sie wird auf $^1/_{1000}$ der für $\lambda = 400$ mμ beobachteten geschätzt. Die oberste Grenze liegt nach den Angaben in der älteren Literatur bei 800 mμ, sie ist aber nur in einigen Ausnahmefällen wahrgenommen worden. Neuere Arbeiten haben auch gezeigt, daß unter bestimmten Voraussetzungen das Auge noch sehr weit bis in das ultraviolette Gebiet hinein durch Strahlung

---

Tyndall: Contrast sensibility of eye. Sc. Pap. Bur. Stand. 8. März 1920 Nr. 366. — Luckiesh u. L. L. Holladay: Glare a. Visibility. Trans. Illum. Engng. Soc. **20** (1925) 221. — Licht u. Lampe **14** (1925) 459. — Holladay, L. L.: Action of a lightsource in the field of view in lowering visibility. J. opt. Soc. Amer. **14** (1927) 1—15. — Kohlrausch, A.: Tagessehen, Dämmersehen, Adaptation. Handbuch der normalen und pathologischen Physiologie **12**, 2 (1931) 1499. — Kühl, A.: Physiologische Richtlinien für den Lichtschutz des Auges. Licht u. Lampe **14** (1925) 957. — Stiles, W. S. and B. H. Crawford: Equivalent adaptation levels in localized retinal areas. Sonderdruck aus: The physical and optical societies report of a joint discussion on vision. Juni 1932. Cambridge Univ. Press.

[1] Schneider, L.: Der Einfluß der Beleuchtung auf die Leistungsfähigkeit des Menschen. Licht u. Lampe **16** (1927) 803. (Sonderdruck als Osram Lichtheft A. 1.)

[2] Schneider, L.: Die physiologischen Grundlagen der Straßenbeleuchtung. Elektrotechn. Z. **49** (1928) 1173.

[3] Klein, C. G.: Physiologische Bewertungsmethoden für Straßen- und Verkehrsbeleuchtungsanlagen. Licht u. Lampe **20** (1931) 163.

[4] Kroh, O.: Tübingen. Probleme der physiologischen und psychologischen Optik. Licht u. Lampe **17** (1928) 277, 319.

[5] Krauss, St.: Die psychologischen Grundlagen der Beleuchtungswahrnehmung und die Bedeutung der psychologischen Beleuchtungslehre für die Lichttechnik. Licht u. Lampe **17** (1928) 385. (Zit. S. 17, Fußn. 4 mit einem einleitenden Vortrage von J. Teichmüller über das Bedürfnis der Lichttechnik nach Klärung ihrer nicht physikalischen Grundlagen, auch in einem Sonderdruck. Berlin: Union Deutsche Verlagsanstalt 1929.)

[6] Saidmann u. Dufestel: Zitiert von E. Lax u. H. Pirani in H. Geiger u. K. Scheel: Handbuch der Physik **19**, 842. Berlin: Julius Springer 1928.

zur Lichtempfindlichkeit angeregt werden kann. So stellte C. F. Goodeve Sichtbarkeit der Linie 312,5 fest [1]. Trotzdem wird in der Lichttechnik meist mit den Grenzen 400 mμ...750 mμ gerechnet, da bei diesen Wellenlängen die spektrale Hellempfindlichkeit des helladaptierten Auges bereits auf weniger als 1 Tausendstel der maximalen Hellempfindlichkeit herabgegangen ist. Für die Feststellung des physikalischen Wirkungsgrades ist die Feststellung der oberen Grenze nicht gleichgültig [2].

Innerhalb des Bereiches der sichtbaren Strahlung hat das menschliche Auge eine sehr verschiedene Empfindlichkeit [3]. Das Maximum der Empfindlichkeit liegt bei $\lambda = 555$ mμ, nach der unteren und oberen Grenze der Sichtbarkeit fällt die Empfindlichkeit des Auges stark ab, und zwar nach dem roten Ende des Sprektrums weniger stark als nach dem blauen wegen der leichten Gelb-färbung der Linse. Die spektrale Hellempfindlichkeit des Auges ist von ver-schiedenen Autoren bestimmt worden. Die ersten Einzelbestimmungen rührten von Thürmel [4] und von Hedwig Bender [5] her. Weitere Untersuchungen stammen von P. G. Nutting [6]; E. P. Hyde, W. E. Forsythe und F. E. Cady [7], ferner von H. E. Ives [8] sowie von Gibson und Tyndall [9].

Aus dem vorhandenen Zahlenmaterial hat die *Internationale Beleuchtungs-kommission* (Intern. Commission of Illumination) die wahrscheinlichsten Werte zusammengestellt [10]. Eine Übersicht über die von den angeführten Autoren ermittelten Werte geben E. Lax und M. Pirani [11]. (Bei $\lambda = 650$ mμ ist ein Druckfehler. Es muß 10,7 heißen anstatt 10,9.) — Eine sehr vollständige Tabelle der international festgelegten Werte bringt das Russische Normblatt 8485 von 1. 1. 1936 [12]. Nach Untersuchungen an 50 Versuchspersonen von W. Arndt [13], die von N. T. Fedorow und W. J. Fedorowna [14] bestätigt werden, liegt das Empfindlichkeitsmaximum bei $\lambda = 565$ mμ. Die internationalen Daten sind in einer Tabelle im Anhang zusammengestellt.

[1] Goodeve, C. F.: Vision in Ultra-Violet. Nature (London) 134 (1934) 416—417.

[2] Meyer, A. R.: Wissenschaftliche Grundlagen der Lichterzeugung. In Lichttechnik ed. DBG. 35. München u. Berlin 1921.

[3] Nutting, P. G.: Die optischen Grundlagen der Lichttechnik. J. Inst. Electr. Engr. 59 (1921). — Z. Beleuchtgswes. 28 (1922) 6.

[4] Thürmel, E.: Das Lummer-Pringsheimsche Spektral-Flickerphotometer als optisches Pyrometer. Ann. Physik IV 33 (1910) 1139—1160.

[5] Bender, H.: Untersuchungen am Lummer-Pringsheimschen Spektral-Flickerphoto-meter. Ann. Physik IV 46 (1914) 105—132.

[6] Nutting, P. G.: The visibility of radiation. Trans. Illum. Engng. Soc. 9 (1914) 633, 13 (1918) 108. — Z. Beleuchtgswes. 23 (1917) 23, 112.

[7] Hyde, E. P., W. E. Forsythe and F. E. Cady: The visibility of radiation. Astro-physic. J. 48 (1918) 65—88.

[8] Ives, H. E.: The photometric scale. (Abschn. III. "Relative luminous value of radiant energy of various wave lenght".) J. Franklin Inst. 188 II (1919) 217—235.

[9] Gibson, K. S. and E. P. Tyndall: The visibility of radiant energy. J. opt. Soc. Amer. 7 (1923) 68—69. — Sci. Pap. Bur. Stand. 1923, 475.

[10] Spectrophotometric Report of USA. Progress Committee for 1922—1923. J. opt. Soc. Amer. 10 (1925) 232. Din-Normblatt 5031/32. Berlin: Beuth-Verlag 1936. Die in dem Deutschen Normblatt angegebenen Werte sind von der Internationalen Beleuchtungs-kommission (IBK.) im Jahre 1924 als vorläufige Werte international angenommen worden. 1935 wurde die Definition des Lichtstromes als der primären lichttechnischen Grundgröße ausdrücklich auf die internationale Augenempfindlichkeitskurve bezogen. Vgl. die Tätigkeit der Fachgruppen auf der Tagung der IBK. Licht 5 (1935) 75—77.

[11] Lax, E. u. M. Pirani: Geiger-Scheel Handbuch der Physik 19, 11. Vgl. auch W. Dziobek: Handbuch der physikalischen Optik I, 41. Leipzig: Johann Ambrosius Barth 1926.

[12] Russisches Normblatt OCT 8485.

[13] Arndt, W.: Über neue Beobachtungen beim subjektiven Photometrieren. Licht 6 (1936) 75.

[14] Fedorow, N. T. and W. J. Fedorowna: On the problem of the curve of the spectral sensivity of the eye. C. R. (Doklady) Acad. Sci. URSS. 2 (XI) (1936) Nr. 9 (95) 377—380.

Gemäß der spektralen Hellempfindlichkeitskurve wertet das Auge das Licht der überhaupt sichtbaren Strahlung. Der visuelle Wirkungsgrad einer Lichtquelle muß deshalb auch erheblich hinter dem physikalischen (optischen) Wirkungsgrade zurückbleiben. Der visuelle Wirkungsgrad der sichtbaren schwarzen Strahlung[1] beträgt bei $T = 4250°$ K 39,8% der Gesamtstrahlung; bei rd. 6500° K 14,5%.

Die spektrale Hellempfindlichkeitskurve bezieht sich, wie schon aus der Bezeichnung hervorgeht, auf den Hellempfindungsapparat des Auges, auf die Zäpfchen nach der Kriesschen Duplizitätstheorie[2] (vgl. S. 255). Sinkt die Leuchtdichte des betrachteten Gegenstandes unter 10...^{1}/$_{100}$ asb[3], so versagen die farbenempfindlichen Zäpfchen teilweise ihre Tätigkeit, und es tritt der Dunkelapparat des Auges, die Stäbchen, in Wettstreit, deren Hellempfindlichkeit erheblich größer ist als die der Zäpfchen, mit denen aber keine Farben wahrgenommen werden können. Das Empfindlichkeitsmaximum der Stäbchen liegt zwischen $\lambda = 485...530$ mμ[4].

Bei einer Leuchtdichte über 10 asb übermitteln ausschließlich die Zapfen, unter ^{1}/$_{100}$ asb stets die Stäbchen den Lichteindruck. Der Wettstreit zwischen Stäbchen und Zäpfchen bedingt das nach seinem Entdecker so genannte *Purkinje*-Phänomen[5]. Maßgebend für das Auftreten der Purkinjephänomens[6] ist außer der Leuchtdichte auch der Farbenunterschied. Er macht sich am stärksten zwischen blau und rot geltend[7]. Bei der subjektiven heterochromen Photometrie muß daher auch die Leuchtdichte des Photometerschirmes über 10 asb gehalten werden.

Für die Grenzen der ökonomischen Lichterzeugung ist die Kenntnis des *mechanischen Lichtäquivalentes* von Wichtigkeit (vgl. S. 52 und 61).

Die ersten Versuche seiner Bestimmung gehen auf J. Thomson zurück[8]. Es folgte dann Tumlirz[9], der das Verhältnis der Lichtstrahlung der Hefnerlampe zur Gesamtstrahlung maß. An diesen Messungen wurde von Ångström[10] Kritik geübt und bei seinen Messungen mit dem Pyrheliometer der Wert von 0,102 W zur Erzeugung von 1 HK ermittelt. Umgerechnet auf die mittlere sphärische Lichtstärke der Hefnerlampe ergibt das 0,0776 W/HK$_0$ oder 161,6 lm/W. Sowohl Tumlirz als auch Ångström hatten den rein physikalischen Gesamtbetrag der sichtbaren Strahlung eingesetzt. — In der neueren Literatur wird unter dem mechanischen Lichtäquivalente das Verhältnis der zwischen den Wellenlängen λ und $\lambda \div d\lambda$ ausgestrahlten Lichtmenge zur ausgestrahlten Gesamtenergiemenge beim Maximum der Augenempfindlichkeit verstanden[11],[12]. A. R. Meyer berechnet den Wert des mechanischen Lichtäquivalentes zu 0,0202 W/HK$_0$, entsprechend 622 lm/W[11]. W. Dziobek gibt nach den Messungen von Lummer und Kurlbaum[13], Hyde,

[1] Meyer, A. R. (Zit. S. 18 Fußn. 2): S. 36 u. 37. — Pirani, M. u. E. Summerer: Physikalische Energiebilanz. Technische Ausnutzung unserer Lichtquellen. Lichttechnik (Beilage zu Elektrotechnik und Maschinenbau), Wien **13** (1936) 1.

[2] Kries, J. v.: Die Gesichtsempfindungen und ihre Analyse. Abhandlung zur Physiologie der Gesichtsempfindungen aus dem physiologischen Institut Freiburg i. Br. Leipzig 1897—1902. — Kohlrausch, A.: Tagessehen, Dämmersehen, Adaptation. Handbuch der normalen und pathologischen Physiologie **12** (1931) 1499.

[3] Lax, E. u. M. Pirani (Zit. S. 18 Fußn. 11): S. 10.

[4] Lax, E. u. M. Pirani (Zit. S. 18 Fußn. 11): S. 12.

[5] Purkinje, D. E.: Zur Psychologie der Sinne **2**, 109. Prag 1825.

[6] de Lepinay, M. et A. Nicati: Recherches expérimentales sur le phénomène de Purkinje. J. Physique 1882 (2) Bd. 1.

[7] Brodhun, E.: Inaug.-Diss. Berlin 1887. Vgl. auch L. Weber (Zit. S. 11 Fußn. 1): S. 43 und W. Dziobek (Zit. S. 18 Fußn. 11): S. 38.

[8] Thomson, J.: Das mechanische Äquivalent des Lichts. Poggendorffs Ann. Physik u. Chem. **125** (1865) 348.

[9] Tumlirz, O.: Das mechanische Äquivalent des Lichtes. Wiedemanns Ann. Physik N. F. **38** (1889) 640 aus den Sitzgsber. ksl. Akad. Wiss. Wien, Math.-naturwiss. Kl. **98** Abt. IIa vom 6. Juni 1889. — Wien. Ber. **97** Abt. II (1888) 1625. — Tumlirz, O. u. A. Krug: Wien. Ber. **97** Abt. II (1888) 1521.

[10] Ångström, K.: Das mechanische Äquivalent der Lichteinheit. Physik. Z. **3** (1901/02) 254.

[11] Meyer, A. R.: Lichttechnik ed. DBG. 42. Berlin u. München: R. Oldenbourg 1921.

[12] Dziobek, W.: In E. Gehrkes Handbuch der physikalischen Optik **1**, 40. Leipzig: Johann Ambrosius Barth 1926.

[13] Lummer, O. u. F. Kurlbaum: Über das Fortschreiten der photometrischen Helligkeit mit der Temperatur. Verh. dtsch. physik. Ges. **2** (1900) 89—92.

Forsythe und Cady [1], Ives [2], von Holst und Sharp de Visser [3], Langmuir [4] den wahrscheinlichsten Wert von 0,00133 W/lm oder 752 lm/W an. Der niedrigste und der höchste Wert sind 666,7 bzw. 740 lm/W. Mit den Zahlenwerten der international festgelegten spektralen Hellempfindlichkeitskurve und auf Grund der neuesten Messungen von Krefft und Pirani [5] an der Natriumlinie sowie der Leuchtdichtebestimmungen des schwarzen Körpers beim Platinschmelzpunkte durch Wensel, Roeser, Barbrow und Caldwell [6], Ribaud [7] und des National Phys. Lab. Rep. [7] berechnet E. Lax [8] den Wert des mechanischen Lichtäquivalentes zu $M = 693$ lm/W ($\pm 5\%$).

Über das Fortschreiten der photometrischen Helligkeit (Leuchtdichte) H mit der Temperatur T stellten O. Lummer und F Kurlbaum [9] die Beziehung $H_1/H_2 = (T_1/T_2)^x$ auf, worin der Exponent x asymptotisch dem konstanten Werte 12 zustreben solle. Demgegenüber leitet Ewald Rasch [10] die gesetzmäßige Abhängigkeit der Gesamthelligkeit von der Temperatur leuchtender Körper theoretisch ab, indem er die Differentialgleichung $dH/H = x \cdot dT/T^2$ aufstellt, die ihrem Bau nach mit der *van t'Hoffschen* Gleichung für die Wärmetönung bzw. Dissoziationswärme Ähnlichkeit hat. Er kommt dabei zu dem Ergebnisse, daß x bei sehr hohen Temperaturen Null wird und der Wert $x = 12$ schon bei $T = 2080°$ erreicht wird. In seiner Arbeit über „Die Verflüssigung der Kohle usw." kommt O. Lummer [11] dann selbst schon auf den Wert von $x = 8,5$ bei $T = 2700°$, den er damals als den Endwert annahm, um dann schon 1915 auf Grund von Versuchen von Hagen und Rubens [12] feststellen zu müssen, daß bei $T = 7960$ des schwarzen Körpers $x = 3,45$ wird [13] und die Berechnung von E. Rasch prinzipiell zutrifft.

Eine Zusammenstellung der von Brodhun und Hoffmann [14] gemessenen Leuchtdichten des schwarzen Körpers in Abhängigkeit von der Temperatur bringen E. Lax und M. Pirani [15]. Bei 10000° ist $x = 3,05$. Die Leuchtdichte beträgt dann $B = 1,3 \cdot 10^6$ sb. Nach den letzten Messungsergebnissen gibt E. Lax [16] bei $T = 2728°$ des schwarzen Körpers $B = 1366$ sb an.

---

[1] Hyde, E. P., W. E. Forsythe and F. E. Cady: A new experimental determination of the brightness of a black body, and of the mechanical equivalent of light. Physic. Rev. 10 I (1919) 45—58.

[2] Ives, H. E.: Note on least mechanical equivalent of light. J. opt. Soc. Amer. 9 (1924) 635—638.

[3] von Holst u. Sharp de Visser: Kon. Act. 26 (1917) 513.

[4] Langmuir, J.: Physic. Rev. 7 I (1916) 328.

[5] Krefft, H. u. M. Pirani: Über einen Demonstrationsversuch zur Bestimmung des mechanischen Lichtäquivalents. Z. techn. Physik 13 (1932) 367—369.

[6] Wensel, Roeser, Barbrow u. Caldwell: J. Bur. Stand. 6 (1931) 1106.

[7] Ribaud: Procès Verbaux Comité Internat. des Poids et Mesures. 16 (1933) 26, und 256.

[8] Lax, E.: Der Wert des mechanischen Lichtäquivalents. Licht 5 (1935) 76—77.

[9] Lummer, O. u. F. Kurlbaum: Über das Fortschreiten der photometrischen Helligkeit mit der Temperatur. Verh. dtsch. physik. Ges. 2 (1900) 89—92 (vgl. 187).

[10] Rasch, E.: Die gesetzmäßige Abhängigkeit der photometrischen Gesamthelligkeit von der Temperatur leuchtender Körper. Wiedemanns Ann. Physik IV 14 (1904) 193—203.

[11] Lummer, O.: Verflüssigung der Kohle und Herstellung der Sonnentemperatur. 50. Braunschweig: Fr. Vieweg & Sohn 1914.

[12] Hagen, E. u. W. Rubens: Das Reflexionsvermögen von Metallen und belegten Glasspiegeln. Ann. Physik IV 1 (1900) 352.

[13] Lummer, O. u. H. Kohn: Beziehung zwischen Flächenhelligkeit und Temperatur. Sonderabdruck aus dem Jahresbericht der Schlesischen Gesellschaft für vaterländische Kultur. 4. Breslau: Graß, Barth & Co. (W. Friedrich) 1915.

[14] Brodhun, E. u. F. Hoffmann: Die Gesamthelligkeit des Schwarzen Körpers beim Palladium- und Platinschmelzpunkt und ihre Verwendbarkeit für eine Lichteinheit. Z. Physik 37 (1926) 137—154.

[15] Lax, E. u. M. Pirani: Geiger-Scheel: Handbuch der Physik 19 (1928) 22. Berlin: Julius Springer 1928.

[16] Lax, E.: (Zit. Fußn. 8): S. 77.

Über das Zustandekommen des *Farbeindrucks* sind von YOUNG und HELM-HOLTZ[1] und von KÖNIG und DIETERICI [2] Theorien aufgestellt worden. Bei der Farbbestimmung (Kolorimetrie) wird die Young-Helmholtzsche Theorie zugrunde gelegt. Die Grundlagen der Farbmessung gehen auf H. GRASSMANN [3] zurück. Einen großen Einfluß auf die Farbmessung in der Gegenwart hat W. OSTWALD[4] ausgeübt. Sein Farbatlas ist in Farbenfabriken und industriellen Färbereien, Druckereien usw. in großem Umfange in Gebrauch. Eine kritische Würdigung der Ostwaldschen Farbmetrik haben K. W. F. KOHLRAUSCH [5], R. LUTHER[6], S. ROESCH[7], A. KLUGHARDT[8], M. RICHTER[9] u. a. geliefert. Eine systematische Darstellung des gegenwärtigen Standes der Kolorimetrie mit reichem Literaturnachweis gab W. DZIOBEK[10]. Auf das Farbensehen, die Relativität des Farbeindruckes, die Farbe von Lichtquellen und die Stellung der Ostwaldschen Farbatlas-Farben im Maxwellschem Dreieck gehen E. LAX und M. PIRANI [11] ein. Zur Farbmessung kommen neben dem Spektralphotometer auch trichromatische Methoden zur Anwendung [12]. Neuere, lichttechnisch wichtige Arbeiten über Farbenmetrik von M. RICHTER [13] und A. KLUGHARDT und M. RICHTER [14] enthalten reiche Literaturangaben über das ganze Gebiet·

Vorbereitende Arbeiten für die Normung der Farbmessung durch die Deutsche Lichttechnische Gesellschaft lieferte die Kommission für Kolorimetrie und heterochrome Photometrie der Deutschen Lichttechnischen Gesellschaft in einer Anleitung zur Farbmessung [15]. Im Auftrage der Nachfolgerin dieser Kommission, der Fachgruppe für heterochrome Photometrie und Kolorimetrie, veröffentlichte MANFRED RICHTER Arbeiten über Farbbestimmung

[1] HELMHOLTZ, H. v.: Physiologische Optik, 3. Aufl. **2**, 354.

[2] KÖNIG, A. u. C. DIETERICI: Die Grundvalenzen der einzelnen homogenen Spektralbezirke im Normalspektrum des Sonnenlichtes. Z. Sinnesphysiol. **4** (1892) 241. — Sitzgsber. Berl. Akad. Wiss. 1886, 571. — LAX, E. u. M. PIRANI (Zit. S. 20 Fußn. 15): S. 12. — DZIOBEK, W. (Zit. S. 19 Fußn. 12): S. 45. — RUNGE, IRIS: Zur Farblehre. Z. techn. Physik **8** (1927) 289.

[3] GRASSMANN, H.: Zur Theorie der Farbenmischung. Poggendorffs Ann. Phys. u. Chem. **89** (III, 29) (1853) 69.

[4] OSTWALD, W.: Die Farbenfibel. 1. Aufl. 1916, 4.—5. Aufl. 1920. Leipzig: Unesma GmbH. — Der Farbatlas, etwa 2500 Farben mit Gebrauchsanweisung und Farbbeschreibung. Leipzig: Unesma GmbH. — Die Farblehre. Leipzig: Unesma GmbH. — Beiträge zur Farblehre. Abh. Sächs. Akad. Wiss., Math.-physik. Kl. **34** (1917) 365.

[5] KOHLRAUSCH, F. W. F.: Beiträge zur Farblehre I. I. Farbton und Sättigung der Pigmentfarben. Physik. Z. **21** (1920) 396—403. II. Die Helligkeit der Pigmentfarben. Physik. Z. **21** (1920) 423—426. III. Bemerkungen zur Ostwaldschen Theorie der Pigmentfarben. Physik. Z. **21** (1920) 473—477·

[6] LUTHER, R.: Aus dem Gebiet der Farbreizmetrik. Z. techn. Physik **8** (1927) 540.

[7] ROESCH, S.: Die Kennzeichnung der Farben. Physik. Z. **29** (1928) 83. — Darstellung der Farbenlehre für die Zwecke des Mineralogen. Fortschr. Miner., Kristallogr. u. Petrogr. **13** (1929) 73.

[8] KLUGHARDT, A.: Untersuchungen zur Farblehre. Z. techn. Physik **8** (1927) 299.

[9] KLUGHARDT, A. u. M. RICHTER: Über Farbforschung. Licht **6** (1936) 144.

[10] DZIOBEK, W.: Kolorimetrie. (Zit. S. 19 Fußn. 12): S. 45.

[11] LAX, E. u. M. PIRANI: (Zit. S. 20 Fußn. 15): S. 12, 15, 25, 426, 453.

[12] IVES, H. E.: A Screen Color Meter. J. Franklin Instit. **164** (1907) 47—56, 421—423. — Simultaneous color mesurements of illuminants by trichromatic and monochromatic analysis. J. opt. Soc. Amer. **7** (1923) 263. — NUTTING, P. G.: A method for constructing the natural scale of pure color. Bull. Bur. Stand. **6** (1909) 89—93. — A new precision colorimeter. Bull. Bur. Stand. **9** (1913) 1—5. — GUILD, J.: A trichromatic colorimeter suitable for Standarisation work. Trans. opt. Soc., Lond. **27** Nr. 2 (1925/26) 106—129.

[13] RICHTER, M.: Methodik und Apparatur für psychophysische Untersuchungen zur höheren Farbmetrik. (Reiche Literaturangaben.) Z. Sinnesphysiol. **66** (1935) 67—102.

[14] KLUGHARDT, A. u. M. RICHTER: Experimentelle Bestimmung einer Farbreihe empfindungsgemäß gleicher Sättigung. (Reiche Literaturangaben.) Z. Sinnesphysiol. **66** (1935) 103—136.

[15] *Deutsche Beleuchtungstechnische Gesellschaft:* Komm. für Kolorimetrie und heterochrome Photometrie. Die Farbe. Licht u. Lampe **17** (1928) 421.

nach den neuen internationalen Grundlagen von 1931 [1] und über Farbsättigung [2], während A. DRESLER [3] das Normblatt 5033 der Deutschen Lichttechnischen Gesellschaft erläuterte. Ausführliches über Farbmessungen vgl. S. 297f.

d) Physiologische Wirkungen des Lichtes.

Die Frage des *Sehens bei farbigem Lichte* hat in der lichttechnischen Praxis eine doppelte Bedeutung; einmal handelt es sich um die Reichweite von Signallichtern, Seezeichen usw., das andere Mal um die Wahrnehmbarkeit von Sehdingen. Der erste Punkt ist seit Jahrzehnten von den seefahrenden Nationen untersucht worden. Aus dieser Zeit stammt auch die Feststellung, daß langwelliges Licht leichten Nebel besser durchdringe als kurzwelliges. Der Grund hierfür ist darin zu erblicken, daß in trüben Stoffen kurzwelliges Licht stärker gestreut wird als langwelliges [4]. Auch das Vorhandensein eines Rotfilters in der Netzhaut besonders weitsichtiger Vögel spricht für die bessere Durchdringungsfähigkeit der langwelligen Strahlen [5]. Dichter Nebel, Wolkendecken u. ä. sind jedoch auch für Ultrarot undurchdringlich [6]. Der Grad der spektralen Lichtdurchlässigkeit von Nebel und Dunst wird deshalb auch von verschiedenen Autoren sehr verschieden angegeben [7].

Über die Wahrnehmbarkeit der Sehdinge sind im Zusammenhang mit der Auswertung der monochromatischen Lichtquellen unter Berücksichtigung der verschiedenen Augenempfindlichkeiten neuerdings eingehende Untersuchungen von W. ARNDT [8], C. G. KLEIN [9], R. G. WEIGEL [10], B. J. BOUMA [11] angestellt worden. Von älteren Untersuchungen seien noch die Arbeiten von UPPENBORN [12], Dow [13], H. LUX [14], O. SCHNEIDER [15] und M. LUCKIESH [16] genannt. — Eine Zusammenstellung der wesentlichsten Ergebnisse findet sich in F2.

[1] RICHTER, M.: Farbbestimmungen nach den neuen internationalen Grundlagen von 1931. Licht 4 (1934) 205—208, 231—236.

[2] RICHTER, M.: Farbsättigung. Licht 6 (1936) 69—70, 88—91.

[3] RICHTER, M.: Die Messung und Bewertung von Farben. Licht 6 (1936) 223, 251. — Die Anschaulichkeit der bekannten Methoden zur Bewertung farbigen Lichtes. Licht 6 (1936) 223—226, 251—253. — DRESLER, A.: Die Messung und Bewertung von Farben nach dem neuen DIN-Blatt 5033 der DLTG. Licht 6 (1936) 61—67.

[4] EGGERT, J.: Stand der Infrarophotographie. Veröff. Agfa 3 (1933) 141.

[5] HENNING, H.: Optische Versuche an Vögeln und Schildkröten über die Bedeutung der roten Ölkugeln im Auge. Pflügers Arch. 178 (1920) 91. — BERG, B.: Mit den Zugvögeln nach Afrika. 168. Berlin: Dietr. Reimer 1935.

[6] EGGERT, J. (Zit. S. 22 Fußn. 4): S. 142. Vgl. auch: Grundsätze für Leuchtfeuer und Nebelsignale der deutschen Küsten (Reichsmarineamt Berlin 1904).

[7] KÜLB, W.: Die Schwächung sichtbarer und ultraroter Strahlung durch künstliche Nebel und ihre Wirkung auf die Sicht. Ann. Physik V 11 (1931) 679. — MÜNSTER, C.: Untersuchungen über farbige Scheinwerfer. Z. techn. Physik 14 (1933) 73. — LUCKIESH, M.: Monochromatic light and visual acuity. Electr. Wld., N.Y. 58 (1911) 450—452. — Z. Beleuchtgswes. 18 (1912) 86. — The dependence of visual acuity on the wave-length of light. Electr. Wld., N.Y. 58 (1911) 1252—1254. — BORN, F., W. DZIOBEK u. M. WOLFF: Untersuchungen über die Lichtdurchlässigkeit des Nebels. Z. techn. Physik 14 (1933) 289.

[8] ARNDT, W.: Sieht man bei farbigem Licht besser? Licht 4 (1934) 64. Ausführlicher: Z. techn. Physik 15 (1934) 296. — ARNDT, W. u. A. DRESLER: Über das Sehen bei Natriumdampf- und Glühlampenlicht. Licht 3 (1933) 213.

[9] KLEIN, C. G.: Sieht man bei farbigem Licht besser? Licht 4 (1934) 168.

[10] WEIGEL, R. G.: Untersuchung über die Sehfähigkeit im Natrium- und Quecksilberlicht usw. Licht 5 (1935) 211.

[11] BOUMA, P. J.: Gezichtsscherptemtingen bij diverse lichtsorten. Ingenieur, Haag 49 (1934) 243. Sonderdruck: N. V. Philips, Eindhoven, Holland, Nr. 893. — Contrastrijkheid bij natriumlicht, kwiklicht en wit licht. Ingenieur, Haag 49 (1934) 290. Sonderdruck: N. V. Philips, Eindhoven, Holland, Nr. 905.

[12] UPPENBORN, F.: UPPENBORN-MONASCH' Lehrbuch der Photometrie. 301. Berlin u. München: R. Oldenbourg 1912.

[13] Dow: Color and Visual Acuity. Electr. Wld., N.Y. 54 (1909) 153.

[14] LUX, H.: Lichtfarbe und Sehschärfe. Z. Beleuchtgswes. 27 (1921) 15.

[15] SCHNEIDER, O.: Der Einfluß der Lichtfarbe auf die Leistung des Sehorgans und seine Ermüdung. Karlsruher Dissertation. Frankfurt a. M.: Selbstverlag des Verfassers 1924. Auch Dtsch. opt. Wschr. 1924, 465.

[16] LUCKIESH, M.: Yellow Light. Trans. Illum. Engng. Soc. 10 (1915) 1015.

Sowohl die sichtbaren als auch die nicht sichtbaren Strahlen vermögen das Auge in verschiedenem Grade zu belästigen und bei hoher Intensität auch zu schädigen. Von den belästigenden Wirkungen des Lichtes auf das Auge ist die Blendung am bekanntesten. Blendung tritt immer ein, wenn das Verhältnis zwischen einer unmittelbar auf die Netzhaut einwirkenden Leuchtdichte und der Leuchtdichte, an die das Auge adaptiert war, zu groß ist [1]. Wie aber wird Blendung empfunden? H. Lux [2] nahm als Kriterium der Blendung die auftretenden Nachbilder an, die das eigentliche Netzhautbild in verschiedenem Grade verschleiern. — Eine Beziehung zwischen der Blendungsleuchtdichte und der Adaptationsleuchtdichte stellte J. BLANCHARD [3] empirisch auf: $B = 1700^{0,32}$, worin B die Blendungs- und H die Adaptationsleuchtdichte sind. Diese Beziehung wird auch heute noch als prinzipiell richtig anerkannt [4]. Das Auftreten von Nachbildern als Kriterium für die Blendung wird auch von M. LUCKIESH und L. L. HOLLADAY [5] angenommen. — Die Frage der Blendung, unter besonderer Berücksichtigung der Blendung durch Automobilscheinwerfer, wurde von G. GEHLHOFF und H. SCHERING [6] untersucht. — Auf die verschiedenen Arten der Blendung und ihr physiologisches und physikalisches Wesen geht dann R. G. WEIGEL [7] ebenfalls unter besonderer Berücksichtigung der Blendung durch Automobilscheinwerfer ein. Derselbe Autor behandelt endlich in einer groß angelegten und durch eigene experimentelle Untersuchungen gestützten Arbeit [8] den ganzen Fragenkomplex der Blendung und kommt zu scharfen Definitionen der verschiedenen Arten der Blendung und zu einer mathematisch strengen Definition. Diese Arbeit, in der sich reiche Literaturangaben finden, diente auch als Unterlage für die Abfassung der einschlägigen Abschnitte der „Leitsätze der Deutschen Lichttechnischen Gesellschaft" [9] für Beleuchtung mit künstlichem Licht. — Wichtige Ergebnisse hat C. G. KLEIN [10] bei seinen Untersuchungen über die Beeinträchtigung der Sehleistung durch Blendung erzielt, die bei der Bewertung der Straßenbeleuchtung beachtet werden müssen, z. B. die Tatsache, daß für die Blendung nicht nur die Leuchtdichte zu berücksichtigen ist, sondern vor allem auch der Sehwinkel, unter dem die Lichtquellen erscheinen. Eine Opalglaslampe kann dann stärker blenden als ihr Leuchtkörper allein. — Als bemerkenswerte Untersuchung aus der letzten Zeit sei schließlich noch die Arbeit J. F. SCHOUTEN [11] „Zur Analyse der Blendung" erwähnt, in der vornehmlich die physiologische Seite der Blendung und der Einfluß der Lichtfarbe behandelt werden.

Die Schädigung des Auges durch ultraviolette und ultrarote Strahlen wird eingehend in den ophthalmologischen, physiologischen und hygienischen Arbeiten

---

[1] STOCKHAUSEN, K.: Blendung, ihre Ursachen und Wirkung. Z. Beleuchtgswes. **16** (1910) 29. — SCHANZ, FR. u. K. STOCKHAUSEN: Über Blendung. Graefes Arch. **71** (1909) 175.

[2] LUX, H.: Die erträglichen Helligkeitsunterschiede auf beleuchteten Flächen. Z. Beleuchtgswes. **26** (1920) 128. — Licht und Blendung. Licht u. Lampe **13** (1924) 1.

[3] BLANCHARD, J.: The brightness sensibility of the retina. Physic. Rev. **9** (1918) 81—99. — Die Helligkeitsempfindlichkeit der Netzhaut. Z. Beleuchtgswes. **28** (1922) 17—21; 25—28. — Auch: Dtsch. opt. Wschr. **7** (1921) 936—938, 958—961, 975—978.

[4] ARNDT, W.: Licht u. Lampe **16** (1927) 591. — Licht **3** (1933) 213.

[5] LUCKIESH, M. and L. L. HOLLADAY: Glare and visibility. Trans. Illum. Engng. Soc. **20** (1925) 221—247. — Licht u. Lampe **14** (1925) 459—462. — HOLLADAY, L. L.: The fundamentals of glare and visibility. J. opt. Soc. Amer. **12** (1926) 271.

[6] GELHOFF, G. u. H. SCHERING: Zur Frage der Blendung, insbesondere durch Automobilscheinwerfer. Z. techn. Physik **4** (1923) 321.

[7] WEIGEL, R. G.: Zur Frage der Blendung insbesondere durch Automobilscheinwerfer. Z. techn. Physik **6** (1925) 504.

[8] WEIGEL, R. G.: Grundsätzliches über die Blendung und ihre Definition sowie über ihre Bewertung und Messung. Licht u. Lampe **18** (1929) 995—1000; 1051—1057.

[9] Normblatt DIN 5035. Berlin: Beuth-Verlag 1936.

[10] KLEIN, C. G.: Physiologische Bewertungsmethode für Straßen- und Verkehrsbeleuchtungsanlagen. Charlottenburger Dissertation. Licht u. Lampe **20** (1931) 163—166; 191—196.

[11] SCHOUTEN, J. F.: Proc. Akad. Wetensch. **37** (1934) 506.

über das Auge behandelt; für die Lichttechnik haben sie nur sekundäre Bedeutung. — Die Schädigung durch UV-Strahlung der künstlichen Lichtquellen ist zeitweilig stark überschätzt worden. — Das ging sogar so weit, daß Fr. Schanz[1] und K. Stockhausen [2] allen Ernstes verlangten, selbst die Gasglühlichtzylinder aus einem UV absorbierenden Glase herzustellen und auch die Glasmacher mit Brillen aus solchem Glase auszurüsten [3]. In einer gemeinsamen Sitzung der Deutschen Ophthalmologischen Gesellschaft mit der Deutschen Beleuchtungstechnischen Gesellschaft im Jahre 1921 hat H. Lux den Nachweis zu erbringen versucht [4], daß der Gehalt an UV in den gebräuchlichen künstlichen Lichtquellen, abgesehen von der Quecksilber-Quarzlampe, der Größenordnung nach erheblich geringer ist als bei der Sonnenstrahlung in unseren Breiten, also keinesfalls schädigend auf das Auge einwirken könne; daß dagegen nach den Versuchen von Burge [5] die ultraroten Strahlen in Verbindung mit Lösungen von Kalzium- und Magnesiumsalzen, wie sie in der Tränenflüssigkeit von Arbeitern an Glaswannenöfen vorhanden sind, eine Wirkung auf die Proteine in der Augenlinse ausüben, also als die Ursache des Glasmacherstares anzusehen seien. Einen ähnlichen Standpunkt nehmen auch Vogt und O. Thies [6] ein. Die kurzwellige UV-Strahlung, wie sie insbesondere von der Quecksilberquarzlampe geliefert wird, wirkt ungemein schädigend auf das Auge und in größeren Dosen auf die Epidermis ein [7]. Näheres vgl. K 1.

e) Chemische Wirkungen des Lichtes.

Künstliche Lichtquellen sind schon in der Frühzeit der Photographie benutzt worden. Nach E. Stenger [8], zitiert von O. Reeb [9], ist bereits im Jahre 1840 von Ettinghausen und Berres das Drummonsche Kalklicht zu photographischen Zwecken benutzt worden. Die wichtigsten künstlichen Lichtquellen sind, unter Angabe der Meßmethode, von J. M. Eder [10] auf ihre *Aktinität* untersucht worden. In der Folgezeit haben sich zahlreiche Forscher mit dieser Frage beschäftigt. Genannt seien nur die Namen: H. E. Ives [11], M. Luckiesh [12], S. Dow und W. H.

[1] Schanz, Fr.: Über die Veränderungen und Schädigungen des Auges durch die nicht direkt sichtbaren Lichtstrahlen. Graefes Arch. 86 (1913) 54. — Die Schädigungen der Netzhaut durch UV. Graefes Arch. 106 (1921) 171.

[2] Schanz, Fr. u. K. Stockhausen: Wie schützen wir unsere Augen vor der Einwirkung unserer künstlichen Lichtquellen? Graefes Arch. 69 (1908). — Schutz der Augen gegen die schädigenden Wirkungen kurzwelliger Lichtstrahlen. Z. Augenheilk. 23 (Sonderdruck).

[3] Schanz, F. u. K. Stockhausen: Zur Ätiologie des Glasmacherstars. Graefes Arch. 73 (1910) 553.

[4] Lux, H.: Auge und Belichtung. Dtsch. opt. Wschr. 7 (1921) 621. — Z. Beleuchtgswes. 27 (1921) 118.

[5] Burge, W. E.: Ultra-Violet Radiation and the eye. Trans. Illum. Engng. Soc. 10 (1915) 932. — Amer. J. Physiol. 36 (1916) 335. — Electr. Wld., N.Y. 65 (1915) 912.

[6] Thies, O.: Über den derzeitigen Stand der Erforschung der Strahlenschädigung des Auges. Vortrag auf der 15. Jahrestagung der DBG. Licht u. Lampe 16 (1927) 770.

[7] Voege, W.: Die ultravioletten Strahlen der modernen künstlichen Lichtquellen usw. Berlin: Julius Springer 1910. — Korff-Petersen, A.: Hygiene der Beleuchtung. Lichttechnik ed. DBG. 88. Berlin u. München: R. Oldenbourg 1921. — Reichenbach: Die Beziehungen der Beleuchtungstechnik zur Hygiene. Z. Beleuchtgswes. 24 (1918) 51.

[8] Stenger, E.: Joseph v. Berres und die Frühgeschichte der Photographie in Wien 1840—1841. Photogr. Korresp. 68 (1922) 68—71. Verwend. v. Drummond Kalklicht.

[9] Reeb, O.: Künstliche photographische Lichtquellen. Z. wiss. Photogr. 34 (1935) 77.

[10] Eder, J. M.: Handbuch der Photographie. 1 (3) 615. Halle a. S.: Wilh. Knapp 1912.

[11] Ives, H. E.: Die Verwendung der Photographie für photometrische Probleme. Trans. Illum. Engng. Soc. 7 (1912) 90. — Z. Beleuchtgswes. 18 (1912) 337. — Ives, H. E. u. M. Luckiesh: Ein photographisches Verfahren zur Aufnahme von Intensitätskurven. Electr. Wld., N.Y. 60 (1912) 3. — Z. Beleuchtgswes. 18 (1912) 217.

[12] Luckiesh, M.: Die Anwendung der Halbwattlampen für photographische Portraitaufnahmen. Electr. Wld., N.Y. 64 (1914) 954.

MACKIMEY [1], V. A. CLARKE [2], W. VOEGE [3]. Systematische Untersuchungen über die Aktinität der Lichtquellen aus späterer Zeit stammen von L. BLOCH [4], O. REEB [5] und H. LUX [6]. Bei LUX: Angabe der Meßmethoden und Beschreibung der Apparaturen. Die aktinischen Wirkungen der untersuchten Lichtquellen (luftleere und gasgefüllte Wolframlampe, Lichtbogen zwischen Kohlen- und Wolframelektroden, eingeschlossener Lichtbogen, Effektbogenlampe, Quecksilberdampflicht bei niedrigem und bei hohem Dampfdruck) sind auf die aktinische Wirkung der Hefnerlampe bezogen. — Seitdem sind Normen für die Bestimmung der photographischen Empfindlichkeit (Sensitometrie) aufgestellt worden, die sich auf eine genau definierte Lichtquelle (Vakuumglühlampe von der Farbtemperatur 2360 abs) mit einem bestimmten Flüssigkeitsblaufilter beziehen (DIN 4512) [7] (vgl. S. 124f. und S. 241f.) Dieses Verfahren wird nach dem Normblatt DIN 4519 [8] sinngemäß auch auf die Aktinitätsbestimmung der Lichtquellen übertragen. O. REEB [9], der entscheidenden Anteil an der Durchbildung einer genau definierten Sensitometrie und Aktinometrie genommen hat, kennzeichnet den gegenwärtigen Stand der Aktinometrie und teilt neue Messungen der Aktinität der wichtigsten Lichtquellen mit. In dieser Arbeit sind auch die Gründe dafür angegeben, weshalb die älteren und neueren Messungen miteinander nicht vergleichbar sind.

f) Biologische Wirkungen des Lichtes.

Die seit 1913 aufgekommenen Lichtquellen gestatten es, das natürliche Licht qualitativ und quantitativ zu ersetzen. Hinsichtlich der Gleichmäßigkeit sind sie dem natürlichen Licht sogar weit überlegen. Es lag deshalb nahe, bei der Krankheitsbehandlung von Menschen, bei Züchtungen von Pflanzen und Tieren auch zum Kunstlichte Zuflucht zu nehmen. — Die *Lichttherapie* spielt in der Heilkunde schon von alters her eine große Rolle [10]. Einen guten Überblick über die Grundlagen der Lichttherapie gibt F. SCHANZ [11]. Eine Erklärung für die biochemischen Vorgänge bei der Lichtbehandlung findet sich in den physiologischen und therapeutischen Handbüchern und Zeitschriften, z. B. F. SCHANZ [12], H. WIENER [13], E. WESSELY [14] (vgl. auch K 1).

[1] Dow, J. S. and W. H. MACKIMEY: The value of photography in illuminating engineering. Illum. Engr., Lond. **4** (1911) 529. — Z. Beleuchtgswes. **18** (1912) 217.

[2] CLARKE, V. A.: Die Verwendung der Bogenlampe für photographische Zwecke. Electr. Wld., N.Y. **64** (1914) 954.

[3] VOEGE, W.: Die Halbwattlampe in der Photographie. Z. Beleuchtgswes. **21** (1915) 33.

[4] BLOCH, L.: Lichttechnik. ed. DBG. 523. — Die Aktinität der Nitralampe. Kinotechn. 1928, 317.

[5] REEB, O.: Die Nitralampe im Kinoatelier. Kinotechnik 1928 Heft 12 u. 13.

[6] LUX, H.: Die künstlichen Lichtquellen in der Photographie I und II. Z. Beleuchtgswes. **21** (1915) 55, **23** (1917) 83. — Photogr. Korresp. 1915 Nr. 661, 1917 Nr. 686—687. — Die künstlichen Lichtquellen in der Photographie. In Bd. IV von HAYs Handbuch der wissenschaftlichen und angewandten Photographie (mit weiteren Literaturangaben). Wien: Julius Springer 1929.

[7] REEB, O.: Zur Bestimmung der Allgemeinempfindlichkeit photographischer Schichten. Licht **2** (1932) 239.

[8] Die Normblätter 4512 und 4519 sind im Beuth-Verlag, Berlin 1936, erschienen.

[9] REEB, O.: Zur Bewertung des Kunstlichtes in der Photographie (Grundlagen der Aktinität). Licht **5** (1935) 54. — Künstliche photographische Lichtquellen. Z. wiss. Photogr. **34** (1935) 77.

[10] BÖDER: Zur Frage von der Heilkraft des Lichtes. Arb. ksl. Gesdh.amt. **17** (1900).

[11] SCHANZ, F.: Ther. Gegenw., April 1921. Berlin u. Wien: Urban & Schwarzenberg.

[12] SCHANZ, F.: Biochemische Wirkungen des Lichtes. Arch. ges. Physiol. **170** (1918) 646.

[13] WIENER, H.: Der menschliche Eiweiß- und Purinstoffwechsel unter dem Einfluß von UV der Wellenlänge 400—290 mμ. Z. ges. physik. Ther. **29** (1924) 1.

[14] WESSELY, E.: Die Behandlung der Tuberkulose der oberen Luftwege mit künstlichem Sonnenlicht. Mschr. Ohrenheilk. **59** (1925) Heft 11 u. 12.

Die Erythembildung auf der menschlichen Haut infolge von UV-Bestrahlung ist für diese so charakteristisch, daß die Erythemkurve [1] geradezu als Maß für UV-Bestrahlung bestimmter Wellenlänge genommen wird.

Bei den *Zuchtversuchen* kommen zur Zeit nur *Klein*tiere in Betracht, insbesondere künstlich erbrütete Küken, denen künstliches Licht als Ersatz des Tageslichts und als Zusatz zu diesem zugeführt wird. Im allgemeinen wird hierzu das Licht der Nitralampe benutzt, aber auch das Licht der Quecksilber-Quarzlampe und das der Vitaluxlampe, die ein bis $\lambda = 280$ mμ reichendes UV-Spektrum aufweist [2]. Eine umfangreiche Zusammenfassung der in verschiedenen Ländern angestellten Versuche über den Einfluß der Beleuchtung auf die Legetätigkeit der Hühner bringt K. Vogl [3].

Größeren Umfang haben die Anzuchtversuche bei Nutzpflanzen gehabt. Versuche mit Blumen unter Benutzung von Nitralampen in Tiefstrahlern wurden von Ludwigs, L. Schneider, K. Vogl und Weinshausen durchgeführt [4]. Sehr eingehende Versuche unter Benutzung von Neonleuchtröhren, Natrium-leuchten, Nitralampen und Neonglimmlampen machte E. Reinau [5]. Noch nicht abgeschlossen sind die Experimente von R. G. Weigel und O. H. Knoll [6] mit Glühlicht, Bogenlicht, Hg-Licht, Na- und Ne-Licht.

g) Licht und Arbeit.

Für jede Arbeit, bei der das Auge mitwirkt, ist Licht erforderlich. Die erforderliche Beleuchtungsstärke hängt dann von der Art der Arbeit ab. Wird die erforderliche Minimalbeleuchtung unterschritten, so vermindert sich die Güte und die Menge der Leistung. Eine Steigerung der Beleuchtung wesentlich über das Mindestmaß hinaus bewirkt aber durchaus keine proportionale Leistungssteigerung. Von einem bestimmten Punkte an kann daher die Steigerung der Beleuchtungsstärke eine wirtschaftliche Vergeudung sein, wenn nicht die reichliche Beleuchtung das schwer zu fassende Wohlbehagen des Arbeitenden steigert. Die zugleich wirtschaftliche und sozialethische Frage ist sowohl durch systematische Versuche als auch durch psychotechnische Prüfungen behandelt worden.

Eine Klarstellung des Problems wurde zuerst in Amerika vom "United States public health Service" vorgenommen. Eine gründliche Arbeit von L. R. Thomson, L. Schwartz, J. E. Ives und N. P. Bryan [7] ist durch eine ins

[1] Vahle, W. u. A. Rüttenauer: Strahlenther. **34** (1929) 425. — Schulze, R.: Zur biologischen Bewertung von UV-Lampen. Licht **5** (1935) 136. — Hasché, E.: Über Strahlungsmessungen im Erythemgebiet. Licht **4** (1934) 37.

[2] Herbatschek, O.: Versuche zur beschleunigten Kükenaufzucht. Licht u. Lampe **19** (1930) 491. — Froboese, O.: Das Kükenwachstum unter besonderer Berücksichtigung der Osram-Vitaluxlampe. Dtsch. landw. Geflügelztg. **34** (1930) Nr. 10. Sonderdruck: Osram GmbH. Kommandit.-Ges. Vit. 67.

[3] Vogl, K.: Einfluß der Beleuchtung auf die Legetätigkeit der Hühner. Dtsch. landw. Geflügelztg. **32** (1929). Sonderdruck: Osram Lichtheft 4. Osram GmbH.

[4] Ludwigs, L. Schneider, K. Vogl u. Weinshausen: Künstliches Licht im Gewächshause, Sondernummer der Zeitschrift Blumen- u. Pflanzenbau **45** (1930) Dez.-Heft 1—16.

[5] Reinau, E.: Pflanzen und Licht. Licht **4** (1934) 161.

[6] Weigel, R. G. u. O. H. Knoll: Lichtbiologische Beeinflussung der Aufzucht von Gemüsepflanzen. Licht **6** (1936) 219.

[7] Thomson, L. R., L. Schwartz, J. E. Ives u. N. P. Bryan: Studies in illumination: I. The hygienic conditions of illumination in certain post offices, especially relating to visual defects and efficiency. Publ. Health Bull. Nr. 140. Washington 1924. II. Relationship of illumination to ocular efficiency and ocular fatigue among the letter separators. Publ. Health Bull. Nr. 181. Washington 1929.

Einzelne gehende Untersuchung von J. E. IVES [1] mit zahlreichen Literaturangaben ergänzt worden ist.

In Deutschland ist diesem Problem seit den Arbeiten H. COHNS [2] bis in die letzte Gegenwart hinein die größte Aufmerksamkeit gewidmet worden. In den Jahren 1935/36 und 1936/37 ist von der Deutschen Arbeitsfront (Amt für Schönheit der Arbeit) eine großzügige Propaganda für Verbesserung der Beleuchtung unternommen worden. Programmatische Arbeiten vgl. [3].

Praktische Untersuchungen von grundlegender Bedeutung wurden von N. GOLDSTERN und F. PUTNOKY in Webereien angestellt [4]. Die psychotechnischen Methoden stehen im Vordergrunde bei J. TEICHMÜLLER [5] und W. RUFFER [6]. H. J. STROER [7] untersuchte kritisch die älteren Angaben über die erforderliche Beleuchtungsstärke von Arbeitsplätzen und kommt mit neuen Methoden und unter Berücksichtigung der Beleuchtungsstärke, der Beleuchtungsverteilung, der Lichtfarbe und der Stellung der Lampe zum Arbeitsplatz zu wertvollen neuen Ergebnissen.

A 3. Lichttechnische Gesellschaften und ihre Organe.

Von

HEINRICH LUX-Berlin.

a) Die Deutsche Lichttechnische Gesellschaft.

Die Deutsche Lichttechnische Gesellschaft E. V. (DLTG.) wurde im Jahre 1912 unter dem Namen ,,Deutsche Beleuchtungstechnische Gesellschaft E. V.'' (DBG.) gegründet. Diese Gründung entsprach dringenden wissenschaftlichen und technischen Bedürfnissen. Schon in der Zeit, in der die Lichttechnik noch reine

---

[1] IVES, J. E.: Study of the effect of degree of illumination on working speed of letter separators in a post office. Publ. Health Rep. Nr. 973. Washington 1925.

[2] COHN, H.: Lehrbuch der Hygiene des Auges. 366. Wien u. Leipzig: Urban & Schwarzenberg 1892. Vgl. auch S. 10 Fußn. 2, 3, 4 und 6, 7, 8.

[3] HALBERTSMA, N. A.: Fabrikbeleuchtung. München u. Berlin: R. Oldenbourg 1918. — LUX, H.: Gutes Licht — gute Arbeit. Vortrag gehalten im Hause der Elektrotechnik in Leipzig. 2. März 1926. Die Lichttechnik. Beil. zu Elektr. u. Maschinenb. Wien **3** (1926) 61. — WEIGEL, R. G.: Über das Licht als Werkzeug. Vortrag vor der Lichttechn. Ges. Karlsruhe. Licht u. Lampe **15** (1926) 303. — Über die Wirtschaftlichkeit von Leuchtung und Beleuchtung. Vortrag vor dem Verband deutscher Elektrotechniker, Gau Berlin-Brandenburg u. d. Deutschen Lichttechnischen Gesellschaft am 8. Dez. 1936 (noch nicht gedruckt). — KUCKUK, K. H.: Licht und Sehen. Die Grundlagen der guten Beleuchtung. Osram Lichtheft B 6 Berlin Osram GmbH. Komm.-Ges.

[4] GOLDSTERN, N. u. F. PUTNOKY: Die wirtschaftliche Beleuchtung von Webstühlen bei mattem Fadenmaterial. Licht u. Lampe **19** (1930) 1231—1234, 1277—1278, **20** (1931) 5—9, 25—28. Sonderdruck: Osram Lichtheft 11 Osram GmbH. — Der erste Teil der Arbeit unter dem Titel: Arbeitstechnische Untersuchungen über die Erkennbarkeit von Fäden und Fadenfehlern. Sonderdruck: Osram Lichtheft A 4. — GOLDSTERN, N. u. F. PUTNOKY: Die Beleuchtung von Jutewebstühlen. Ind. Psychotechn. **8** (1931) Heft 9. — Wirtschaftlichkeit der Beleuchtung in Seiden und Kunstseidenwebereien. Licht u. Lampe **21** (1932) 347—351, 364—366.

[5] TEICHMÜLLER, J.: Lichttechnik und Psychotechnik. Ind. Psychotechn. **3** (1926) 289.

[6] RUFFER, W.: Leistungssteigerung durch Verstärkung der Beleuchtung. Licht u. Lampe **14** (1925) 111. — Psychotechnische Leistungsprüfungen bei sehr hohen Beleuchtungsstärken. Licht u. Lampe **15** (1926) 487.

[7] STROER, H. J.: Rationalisierung der Arbeitsplatzbeleuchtung, günstigste Flächenhelle und Beleuchtungsverteilung. Ind. Psychotechn. **3** (1926) 289.

Leuchttechnik war, und die Schaffung zweckmäßiger und zugleich auch wirtschaftlicher Lichtquellen im Vordergrunde des Interesses stand, mußten wissenschaftliche Messungen an den Lichtquellen vorgenommen werden.

Darüber hinaus waren diese Messungen für die Gasindustrie von grundlegender Bedeutung. Das Leuchtgas war ursprünglich ausschließlich für die Erzeugung selbstleuchtender Flammen bestimmt, also von Flammen, in denen aus dem Gase abgeschiedener fein verteilter Kohlenstoff zum Glühen gebracht wurde. Der Gehalt des Leuchtgases an schweren Kohlenwasserstoffen bestimmte deshalb seinen Wert, und die Gaserzeugung mußte immer so geleitet werden, daß der günstigste Gehalt an schweren Kohlenwasserstoffen konstant blieb.

Die Kontrolle durch Gasanalysen war hierfür zu schwerfällig, und die an sich wichtige Dauerbestimmung des Heizwertes lieferte keinen Anhalt für die Eignung der Gasflamme zur Lichterzeugung. Einzig maßgebend und technisch leicht durchzuführen war dagegen die Lichtmessung an einer Flamme von bestimmter Höhe, die unter einem vorgeschriebenen Gasdruck eine vorgeschriebene Gasmenge verbrauchte. Mit einem genormten Brenner und einer reproduzierbaren Vergleichslichtquelle konnten dann sogar Leuchtgase verschiedener Gaswerke ihrer Qualität nach miteinander verglichen werden.

Die Fachverbände der Gaserzeuger, vornehmlich in England, in Frankreich und in Deutschland, hatten deshalb schon in der Frühzeit der Gaserzeugung Vorschriften über die Lichtmessung vereinbart. In Deutschland hatte es die Lichtmeßkommission des Vereines von Gas- und Wasserfachmännern übernommen, für die Vereinsmitglieder verbindliche Bestimmungen über die Photometrierung von Gasflammen aufzustellen, die in ihrer Folge für die Gasindustrie außerordentlich fruchtbar gewesen sind.

Mit der Erfindung der elektrischen Glühlampe und deren überaus rascher Entwicklung Ende der 70er und Anfang der 80er Jahre des vorigen Jahrhunderts und infolge des scharfen Konkurrenzkampfes zwischen dem Gaslicht und dem elektrischen Licht wurden die photometrischen Methoden verfeinert. Ein sehr bedeutsamer Schritt in dieser Richtung war die Konstruktion der Amylazetatlampe durch v. Hefner-Alteneck, die im Vergleich zu der durch die Spermazetikerze repräsentierten „Normalkerze" eine verhältnismäßig leicht reproduzierbare Lichteinheit darstellte. Konnte bei der zylindrischen Argandflamme, dem Normal-Einlochbrenner und der elektrischen Kohlenfadenlampe mit einfachem Bügel oder einfacher Schleife noch die in horizontaler Richtung ausgesandte Lichtstärke als brauchbares Vergleichsmaß für die verschiedenartigen Lichtquellen gelten, so war diese Meßart bei dem Bogenlampenlicht ganz ausgeschlossen. Hier mußte die Lichtverteilung in dem ganzen Raum gemessen werden, und die mittlere sphärische oder die mittlere hemisphärische Lichtstärke trat als Vergleichsmaßstab in Erscheinung. Die ersten umfangreichen Messungen in dieser Richtung wurden anläßlich der Frankfurter internationalen Elektrizitätsausstellung im Jahre 1891 durchgeführt [1]. Auf diese Weise drängte sich der *Lichtstrombegriff* von selbst auf; die zu immer größerer Beachtung gelangende zweckvolle Ausbildung der Beleuchtung verschaffte der Beleuchtungsstärke eine über die theoretische Betrachtung weit hinausgehende reale Bedeutung; und schließlich erzwangen die neueren Beleuchtungsmittel; das Auersche Glasglühlicht, das Nernstlicht und vor allem das Bogenlicht eine eingehende Beachtung der Leuchtdichte.

Auf dem internationalen Elektriker-Kongreß in Genf vom Jahre 1896 fanden die in allen Kulturstaaten brennend gewordenen Fragen endlich ihre Klärung durch Beschlüsse über die photometrischen Größen [2]. Der Elektrotechnische Verein Berlin setzte eine besondere Kommission zur endgültigen Festlegung

---

[1] Elektrische Beleuchtungstechnik. In Offizieller Bericht über die Internationale Elektrotechnische Ausstellung in Frankfurt a. M. **2**, 119. Frankfurt a. M.: J. D. Sauerlands Verlag 1894.

[2] Elektrotechn. Z. **17** (1896) 754. Bericht über den Internationalen Elektriker-Kongreß in Genf und die bezüglich der photometrischen Größen gefaßten Beschlüsse.

der photometrischen Größen ein, und in einer Sitzung im Jahre 1897 [1] wurde nach prinzipieller Annahme der Kommissionsvorlage zugleich auch noch angeregt, mit den Gasfachmännern Fühlung zu nehmen, um eine gemeinsame Regelung der schwebenden Fragen herbeizuführen.

Diese Anregung war der erste Schritt auf dem Wege zur Gründung der *Deutschen Beleuchtungstechnischen Gesellschaft.*

Während aber die ganz ähnlich gelagerten Verhältnisse in den Vereinigten Staaten von Amerika schon im Jahre 1906 zur Gründung der Illuminating Engineering Society (vgl. A 4 b, S. 32) geführt hatten, dauerte es in Deutschland doch 6 Jahre länger, ehe der Boden für die Gründung der DBG. vorbereitet war.

Ein besonderes Verdienst an dem endlichen Zustandekommen dieser Gründung gebührt Prof. Dr.-Ing. eh. G. DETTMAR, damals Generalsekretär des Verbandes Deutscher Elektrotechniker. Zunächst wußte er Geh. Hofrat Prof. Dr. H. BUNTE in Karlsruhe für seinen Plan zu gewinnen. Um von vornherein dem Grundgedanken Nachdruck zu verleihen, daß in der neuen Gesellschaft alle Gegensätze zwischen Gastechnik und Elektrotechnik ausgeschaltet und nur die allen Interessenten an der Lichterzeugung und Lichtverwendung gemeinsamen wissenschaftlichen und technischen Fragen das Bindeglied bilden sollten, wandten sich DETTMAR und BUNTE an den damaligen Präsidenten der Physikalisch-Technischen Reichsanstalt, Wirkl. Geh.-Rat Prof. Dr. EMIL WARBURG, der unter den Auspizien der unbestechlichen Wissenschaft die neue Gesellschaft zum Leben bringen sollte. — Der Gedanke war außerordentlich glücklich, denn zu dieser Zeit stand die PTR. noch ganz unter der Gloriole der von ihr ausgegangenen Arbeiten zur Physik der Strahlung von O. LUMMER, E. BRODHUN, F. KURLBAUM, E. PRINGSHEIM, W. WIEN, M. PLANCK, die für die Entwicklung der Lichttechnik von der Empirie zur Wissenschaft von so großer Bedeutung gewesen waren. WARBURG erkannte auch sofort die Bedeutung einer im Geiste von DETTMAR und BUNTE geschaffenen Gesellschaft, und unter Mithilfe seines Mitarbeiters E. LIEBENTHAL wurde sie am 2. November 1912 von 51 hierzu eingeladenen bekannten Lichttechnikern gegründet. Nach Annahme des Satzungsentwurfes wurden zum provisorischen Vorstand die Herren E. WARBURG, E. LIEBENTHAL, H. BUNTE und G. DETTMAR gewählt. Als Zweck der Gesellschaft wurde satzungsmäßig festgelegt: Die Förderung der Beleuchtungstechnik in Theorie und Praxis, insbesondere 1. Zusammenfassung der Bestrebungen der verschiedenen an der Beleuchtungstechnik interessierten Kreise in Deutschland und den Nachbarländern; 2. Vertretung der deutschen beleuchtungstechnischen Interessen im internationalen Verkehr.

Als amtliche Veröffentlichungsorgane wurden zunächst die Elektrotechnische Zeitschrift, die Zeitschrift für das Gas- und Wasserfach und die von Dr. H. LUX begründete Zeitschrift für Beleuchtungswesen gewählt. Von 1920 an war diese alleiniges Publikationsorgan. Als sie infolge der Inflation ihr Erscheinen einstellen mußte, traten 1923 die Zeitschrift „Licht und Lampe" und von 1933 an die Zeitschrift „Das Licht" an ihre Stelle.

Die erste ordentliche und zugleich 1. Jahresversammlung fand am 24. Februar 1913 im Physikalischen Institut der Universität Berlin statt. Die Mitgliederzahl hatte sich seit der Begründung bereits auf 211 erhöht. In den Vorstand wurden gewählt die Herren E. WARBURG, O. LUMMER, FR. HABER, E. LIEBENTHAL, H. KRÜSS, SCHALLER, K. STRECKER. Als weitere Organe der Gesellschaft fungierten der Ausschuß und die Kommissionen für Lichteinheit, Nomenklatur und Meßmethoden, zu der bald noch die Kommission für praktische Beleuchtungsfragen hinzukam.

---

[1] Elektrotechn. Z. **18** (1897) 305.

Kennzeichnend für den Geist, in dem die DBG. von Anfang an arbeitete, sind die Ausführungen E. Warburgs am Schlusse seines Eröffnungsvortrages:

„Es ist mehrfach die Befürchtung geäußert worden, daß es schwer sein werde, die verschiedenen Richtungen der Beleuchtungstechnik zu gemeinsamer Arbeit zu vereinigen. Ich teile diese Befürchtung nicht. Interessengegensätze bestehen in allen menschlichen Gemeinschaften, zwischen den Mitgliedern einer Familie, zwischen den Vertretern der gleichen Berufsklassen, zwischen den verschiedenen Staaten des deutschen Reiches, endlich zwischen den verschiedenen Völkern der Erde, und alles Gute und Große, was diese Gemeinschaften als solche geleistet haben, ist dadurch erreicht, daß man Sonderinteressen höheren Zielen untergeordnet hat. So ist es auch meine Überzeugung, von der ich hoffe, daß die Versammlung sie teilen wird, daß die deutsche Beleuchtungstechnik ihr eigenes Interesse im friedlichen Wettbewerb der Nationen nicht besser wahren kann, als wenn sie, Sonderinteressen beiseite lassend, an großen Zielen gemeinsam arbeitet. Legen wir also beim Eintritt in unsere Gesellschaft die Streitaxt in der Garderobe ab. Wer sie später nicht liegen lassen will, mag sie wieder mit nach Hause nehmen."

In der Zusammensetzung des Ausschusses kam der paritätische Charakter der Gesellschaft voll zum Ausdruck, indem satzungsmäßig von 24 Mitgliedern 6 dem Verband Deutscher Elektrotechniker und 6 dem Deutschen Verein von Gas- und Wasserfachmännern angehören mußten.

Schon von der Gründung an blieb der Wirkungsbereich der Gesellschaft nicht auf die Mitglieder beschränkt. Ihr Ziel war es, auch in weiteren Kreisen Kenntnis vom richtigen Gebrauch des natürlichen und künstlichen Lichtes zu verbreiten. Diesem Ziele dienten besondere Vortragsreihen, deren erste im November 1919 für Architekten, Installateure und Fachleute der Beleuchtungsindustrie bestimmt und von 300 Zuhörern besucht war. Das Programm umfaßte 4 Vorträge über die Grundlagen der Beleuchtungstechnik; elektrische Beleuchtung; Gasbeleuchtung und Ersatzlampen; Praxis der Beleuchtung. — Die Vortragsreihe wurde dann noch in Essen wiederholt. — Die zweite Vortragsreihe fand 1920 in der Technischen Hochschule in Charlottenburg statt und hatte die Ausbildung von Beleuchtungsingenieuren zum Ziel. Es wurden während einer Woche 15 Vorträge gehalten, die sich über das Gesamtgebiet der Lichttechnik erstreckten. Ihre Themata waren:

1. Die heutige Bedeutung der Beleuchtungstechnik. — 2. Wissenschaftliche Grundlagen der Lichterzeugung. — 3. Photometrie. — 4. Hygiene der Beleuchtung. — 5. Elektrische Lampen. — 6. Gaslampen. — 7. Petroleum-, Spiritus-, Benzol- und Azetylenlampen. — 8. Ausbildung von Reflektoren, Armaturen und Beleuchtungskörpern. — 9. Projektierung von Beleuchtungsanlagen, Berechnung der Beleuchtung. — 10. Elektrische Straßenbeleuchtung. — 11. Straßenbeleuchtung mit Gas. — 12. Beleuchtung von Wohnungen und Büros, Verkaufsräumen und Fabriken. — 13. Beleuchtung von Kirchen und Schulen, Festsälen, Theatern. — 14. Beleuchtung von Bahnanlagen und Fahrzeugen. — 15. Scheinwerfer und Projektionsapparate.

Die Vorträge wurden durch Übungen im Laboratorium und im Projektieren von Beleuchtungsanlagen sowie durch eine Reihe von Besichtigungen ergänzt. Gleichzeitig wurde eine Ausstellung der neuesten und wichtigsten Fabrikate der Beleuchtungstechnik in der Technischen Hochschule veranstaltet. Die Vortragsreihe war von über 200 Hörern besucht.

Der Inhalt dieser Vortragsreihe wurde dann in erweiterter Form als Buch unter dem Titel „Lichttechnik"[1] im Auftrag der DBG. herausgegeben.

Eine weitere Vortragsreihe im Jahre 1921 war für das Beleuchtungsgewerbe bestimmt und behandelte das Thema: „Der Lichtträger in Technik und Kunst" in folgenden 6 Vorträgen:

1. Geschichtliche Entwicklung des Lichtträgers. — 2. Lichttechnische Anforderungen. — 3. Das Licht im Raume. — 4. Künstlerische Gestaltung des Lichtträgers. — 5. Qualitätsarbeit am Leuchtgerät. — 6. Mechanisch hergestellte Beleuchtungskörper.

---

[1] Lichttechnik von W. Bertelsmann, L. Bloch, G. Gehlhoff, A. Korff-Petersen, H. Lux, A. R. Meyer, G. R. Mylo, W. Wechmann, W. Wedding. Im Auftrag der DBG. herausgeg. von L. Bloch. München u. Berlin: R. Oldenbourg 1921.

Diese Vortragsreihe wurde gemeinsam mit dem Staatlichen Kunstgewerbemuseum in dessen Hörsaal veranstaltet; die Besucherzahl war etwa 200.

Der wichtigste Schritt in der Aufklärung der Öffentlichkeit über die an eine zweckmäßige Beleuchtung zu stellenden Anforderungen war die im Jahre 1919 erstmalig erfolgte Herausgabe von „Leitsätzen für die Innenbeleuchtung der Gebäude", aus denen allmählich die jetzt als DIN-Normblätter Nr. 5034 und 5035 erschienenen „Leitsätze für Tagesbeleuchtung" und „Leitsätze für Beleuchtung mit künstlichem Licht" sich entwickelt haben. Bei der Aufstellung dieser Leitsätze hatten mitgewirkt:

das Reichsarbeitsministerium — das Preußische Ministerium für Handel und Gewerbe — das ehemalige Preußische Ministerium für Volkswohlfahrt — die Zentrale der Baupolizei Berlin — das hygienische Institut der Universität Berlin — der Ausschuß für wirtschaftliche Fertigung — der Verband der deutschen Berufsgenossenschaften e. V. — der Bund deutscher Architekten e. V.,

ein Zeichen dafür, welches Ansehen die DBG. schon in den ersten 10 Jahren ihres Bestehens gewonnen hatte.

In Verbindung mit der Beleuchtungskommission des VDE. wurden „Regeln zur Bewertung von Licht, Lampen und Beleuchtung" im Jahre 1925 herausgegeben, die in ihrem ersten Teil Definitionen der photometrischen Grundgrößen und Einheiten enthielten. Ein weiterer Ausbau dieser Regeln ist dann in den beiden DIN-Normblättern 5031 (Grundgrößen, Bezeichnungen und Einheiten in der Lichttechnik) und 5032 (Photometrische Bewertung und Messung von Lampen und Beleuchtung) erfolgt.

In ihren Kommissionen arbeitete die DBG Hand in Hand mit dem Verband Deutscher Elektrotechniker und dem Deutschen Verein von Gas- und Wasserfachmännern. Aber auch mit anderen Fachkreisen hat sie Fühlung gesucht und gefunden. Erwähnt seien hier die Augenärzte, mit denen gemeinsam die Fragen der Blendung und der Augenschutzgläser behandelt wurden, ferner die Gewerbeinspektoren, die an den Vortragsreihen und an den Einzelvorträgen über zweckmäßige Beleuchtung von Werkstätten sich lebhaft beteiligten, und schließlich die Beleuchtungskörperfabrikanten, für welche in erster Linie die Vortragsreihe über den Lichtträger vom Jahre 1921 bestimmt war. Auch mit den Fachvereinen der Architekten wurden bereits in den ersten Jahren des Bestehens der DGB. gemeinsame Vortragsabende und Kommissionssitzungen über die zweckmäßige Beleuchtung von Schulräumen veranstaltet. Die Vorträge der weiteren Jahre führten zu einem Zusammenarbeiten der DBG. mit den Organisationen der Technischen Physiker und der Kinotechniker.

Mit dem Jahre 1921 hatte die DBG. begonnen, auswärtige Ortsgruppen sich anzugliedern. Die erste war die im Jahre 1920 in Anlehnung an das Lichttechnische Institut der Technischen Hochschule in Karlsruhe gegründete Südwestdeutsche Lichttechnische Gesellschaft; die zweite bildete sich in Essen unter dem Namen „Lichttechnische Gesellschaft Rheinland-Westfalen". Eine überaus wirkungsvolle Tätigkeit hatte die Lichttechnische Gesellschaft auf der im Jahre 1926 veranstalteten Ausstellung „Gesolei" in Düsseldorf entfaltet. Prof. JOH. TEICHMÜLLER hatte damals unter besonders tätiger Mitwirkung seines damaligen 1. Assistenten Dr. R. G. WEIGEL einen ganzen Pavillon zur Veranschaulichung der technischen und physiologischen Grundlagen der Lichttechnik errichtet. In dem von der DBG. herausgegebenen ersten lichttechnischen Hefte wurde von Dr. TEICHMÜLLER unter dem Titel „Moderne Lichttechnik in Wissenschaft und Praxis" eine eindrucksvolle Darstellung dieser ersten lichttechnischen Ausstellung gegeben.

Den Vorsitz in der DBG. führten nacheinander die Herren: Wirkl. Geh.-Rat Präsident Prof. Dr. E. WARBURG, Geh. Reg.-Rat Prof. Dr. W. WEDDING,

Dr. L. Bloch, W. Wedding, Dir. Dr. h. c. Lempelius, Dir. Dr. A. R. Meyer, Oberregierungsrat W. Dziobek. Vorsitzende des Ausschusses waren nacheinander: Geh. Oberpostrat Dr. R. Strecker, Dir. Dr. K. Norden, Dr. L. Bloch, W. Wedding, A. R. Meyer, W. Dziobek, Obering. L. Schneider.

Im Jahre 1934 fand unter Zugrundelegung des Führerprinzips eine Umorganisation der DBG. statt. Die bestehenden, bisher selbständigen Tochtergesellschaften wurden in Gaugruppen verwandelt, und die Gesellschaft nahm den Namen „Deutsche Lichttechnische Gesellschaft E. V." (DLTG.) an. An Stelle des Vorstandes wurde ein Führerrat eingesetzt; an Stelle der bisherigen Kommissionen wurden Fachgruppenleiter bestellt, die nach ihrer Wahl Mitglieder heranziehen können; außerdem wurde ein Propaganda- und Aufklärungsamt gebildet, das die Aufgabe hat, das Interesse an lichttechnischen Fragen durch aufklärende und belehrende Vorträge und Berichte in der Fach- und Tagespresse in weiteren Kreisen zu wecken und zu beleben. Die Betreuung und Vertretung der Interessen der deutschen Lichttechnik insbesondere in der Internationalen Beleuchtungskommission (IBK.) wurde dem neugeschaffenen Außenamt überwiesen. — Den Vorsitz in der DLTG. führt seit Februar 1934 der Rektor der Technischen Hochschule in Karlsruhe Prof. Dr. R. G. Weigel.

Die Tätigkeit des Propaganda- und Aufklärungsamtes hat sich als überaus fruchtbar erwiesen. Es bestehen gegenwärtig die Gaugruppen: Nord und Mitte (Berlin), Süd (Frankfurt a. M.) mit Ortsgruppen in Karlsruhe und Frankfurt a. M., West (Essen) mit Ortsgruppen in Essen und Köln.

Unter Zusammenarbeit mit dem Amte „Schönheit der Arbeit" wurde im Winterhalbjahr 1935/36 und 1936/37 unter den Aufrufen: „Schone Dein Auge durch besseres Licht" und „Gutes Licht, gute Arbeit" eine erfolgreiche Aufklärungs-Propaganda entfaltet.

Die von der DLTG. vorbereitete und organisierte Tagung der Internationalen Beleuchtungskommission im Juli 1935 wurde besonders von den ausländischen Teilnehmern aus 22 Staaten als voller Erfolg anerkannt.

Das Normenwerk der DLTG. umfaßt gegenwärtig die folgenden Einzelblätter:

DIN 5031 Grundgrößen, Bezeichnungen und Einheiten in der Lichttechnik.
DIN 5032 Photometrische Bewertung und Messung von Lampen und Beleuchtung.
DIN 5033 Bewertung und Messung von Farben.
DIN 5034 Leitsätze für Tagesbeleuchtung.
DIN 5035 Leitsätze für Beleuchtung mit künstlichem Licht.
DIN 5036 Bewertung und Messung von Beleuchtungsgläsern.
DIN 5037 Bewertung von Scheinwerfern.
DIN 4519 Aktinität von Lichtquellen für bildmäßige photographische Aufnahmen.

b) The Illuminating Engineering Society USA.

Die Gründung dieser angesehenen und einflußreichen Gesellschaft fand im Januar 1906 in New York mit ∼ 100 Mitgliedern statt. Als Ziel hatte sich die Gesellschaft gesetzt, die um die Jahrhundertwende neu gewonnenen strahlungstheoretischen und lichttechnischen Erkenntnisse in die Praxis zu übertragen. Als vordringliche Arbeiten[1] wurden genannt: Bestimmung der für die verschiedenen Anwendungszwecke notwendigen Beleuchtungsstärken und die Ermittlung einer Leuchtenanordnung, mit der die besten praktischen und ästhe-

---

[1] Electr. Wld., N. Y. 47 (1906) 138, 140, 553.

tischen Wirkungen erzielt werden könnten. Die erforderlichen Untersuchungen sollten unter Berücksichtigung der Physiologie des Sehens vorgenommen und besonders sollte darauf geachtet werden, Schädigung und Belästigung des Auges durch Blendung zu vermeiden.

Die Gründung der neuen Gesellschaft wurde in den Kreisen der Elektrotechniker lebhaft begrüßt. Es wurde zwar die Frage offen gelassen, ob die reine Lichttechnik sich zu einer selbständigen technischen Disziplin entwickeln oder ein Zweig der Elektrotechnik oder der Gastechnik bleiben würde, aber es wurde besonders hervorgehoben, von wie großer Bedeutung die Propagierung rein lichttechnischer Fragen, ihre wissenschaftliche und technische Vertiefung für den gesamten Produktionsprozeß, für die Einschränkung der Unfallgefahren in den Betrieben und im Verkehr sein müsse, wenn sie von sachkundiger Seite und zielbewußt vor der breitesten Öffentlichkeit erfolge. Unmittelbar nach Begründung der New Yorker Muttergesellschaft wurden Sektionen in Boston, Chikago, Philadelphia errichtet und bis Ende 1906 war die Mitgliederzahl schon auf 563 angewachsen, im Jahre 1922 waren es bereits 1200, gegenwärtig beträgt die Zahl $\sim$ 1800.

Von großer Bedeutung für die rasche Entwicklung der Gesellschaft und das ständige Wachsen ihres Einflusses war die mit der Gesellschaftsgründung verbundene Schaffung einer selbständigen und völlig unabhängigen Zeitschrift, der "Transactions of the Illuminating Engineering Society", die allen lichttechnisch interessierten Kräften auf allen einschlägigen Gebieten ein freies Betätigungsfeld darbot. Die sonst in den verschiedensten Zeitschriften verstreuten Arbeiten und Untersuchungen rein lichttechnischer Fragen auf dem Gebiet der Physiologie, der Psychophysik, die gesunde Mischung von Theorie und Praxis, machten die "Tansactions of the Ill. Eng. Soc." bald zu einem angesehenen Organ, und schon nach wenigen Jahren entwickelten sie sich zur Standard-Zeitschrift des ganzen Fachgebietes. Bis in unsere Zeit hinein haben die "Transactions" diesen ihren hohen Stand zu erhalten gewußt. Dank dieser Zeitschrift, die die Tätigkeit der Ill. Eng. Soc. eindrucksvoll wiederspiegelt, hat sie auch einen starken Einfluß auf die Gesetzgebung der einzelnen Staaten und auf die befreundeten Technischen Organisationen zu gewinnen vermocht.

So wurde der 1921 [1] herausgegebene illustrierte "Code of Lighting-Factories, Mills and other Work-Places" als "American Standard" von dem amerikanischen Ingenieur-Standard Committee anerkannt. Eine Neuausgabe erfolgte im Jahre 1928, eine revidierte Ausgabe 1930 [2].

In dem gleichen Jahre 1921 hatte das Nomenklaturkomitee der Ill. Eng. Soc, einen umfangreichen Vorschlag für Einheiten und Bezeichnungen ausgearbeitet. der im Jahre 1925 [3] angenommen und 1932 [4] neu bearbeitet wurde.

Schon 1918 war ein Code of Lighting School-Buildings erschienen, der 1924 revidiert und 1932 [5] neu bearbeitet wurde. — Ein code of street-lighting wurde 1930 verabschiedet [6].

Im Jahre 1930 [7] erschienen gesellschaftsoffizielle Vorschläge für einen primären Lichtstandard (schwarzer Körper in einem Bade von schmelzendem

---

[1] Trans. Illum. Engng. Soc. **16** (1921) 362—396.
[2] Trans. Illum. Engng. Soc. **23** (1928) 1209—1231; **25** (1930) 607—636.
[3] Trans. Illum. Engng. Soc. **20** (1925) 629—641.
[4] Trans. Illum. Engng. Soc. **28** (1933) 263—279.
[5] Standard of School Lighting with suggested requirements for a School Lighting Code. Trans. Illum. Engng. Soc. **28** (1933) 21—56.
[6] Code of street-lighting. Trans. Illum. Engng. Soc. **26** (1931) 1—36.
[7] Trans. Illum. Engng. Soc. **27** (1932) 748—751.

Platin beim Erstarrungspunkte) an das Advisory Committee on Electricity of the International Committee on Weights and Measures. Die internationale Kerze wird dann durch die Strahlung einer 1,7 mm² großen Fläche senkrecht zur Sehrichtung repräsentiert. Der Aufbau des schwarzen Körpers und des Schmelzgefäßes sowie die hierfür erforderlichen Ansprüche an die Werkstoffe sowie die Ansprüche an die Platinreinheit werden genau definiert.

Auch für die übrigen Sparten der Lichttechnik wurden Regeln und Anweisungen vorbereitet und ausgearbeitet. Hervorgehoben seien hier: "Report of the Ill. Eng. Soc. Subcommittee on the Measurement and Evaluation of Ultraviolet Radiation" [1], sowie "Report of the joint Committee on Illumination Glasses" [2].

Die Illuminating Engeneering Society (USA.) gehört zu den eifrigsten Mitarbeitern der Internationalen Beleuchtungskommission. Sie hat deren 7. Hauptversammlung im Jahre 1928 in Saranac-Inn N.Y. und den damit verbundenen Lichttechnikerkongreß patronisiert und glanzvoll durchgeführt.

c) The Illuminating Engineering Society Großbritannien.

Die Gründung der amerikanischen Ill. Eng. Soc. hatte LEO GASTER, Herausgeber des "Illuminating Engineer", London, den Anstoß gegeben, eine ähnliche Gesellschaft auch in England ins Leben zu rufen. Zu diesem Zwecke erließ er im Juni 1906 [3] unter dem Titel "The Need for the Illuminating Engineer" im Britischen "Electrical Magazine" einen Aufruf zur Gründung einer englischen Lichttechnischen Gesellschaft, in dem er auseinandersetzte, daß eine solche Gesellschaft durch Vorträge und Aussprache erheblich zur Förderung und Verbreitung lichttechnischer Kenntnisse beitragen würde. Eine der Hauptaufgaben der Gesellschaft müßte es sein, die Vorzüge und Nachteile der im Gebrauch befindlichen Leuchtmittel zu untersuchen und den geeigneten Anwendungskreis für jedes festzustellen.

Die Vorbereitungen dauerten aber doch noch bis zum Jahre 1909, bis am 9. Februar 1909 ein offizielles Bankett die Gründung der neuen Gesellschaft beschließen konnte. Und zwar sollte ausdrücklich eine Illuminating Engineering Society, nicht aber eine Society of Illuminating Engineers ins Leben gerufen werden [4]. Die Gründer waren sich also vollkommen klar darüber, daß eine lichttechnische Gesellschaft nur dann Existenzberechtigung haben könne, wenn sie nicht eine Fachschaft von Praktikern auf einem begrenzten Sondergebiet darstelle, sondern darüber hinaus alle diejenigen Kreise umfasse, die am Licht interessiert seien, also außer den Leucht- und Beleuchtungstechnikern auch Physiker, Physiologen, Hygieniker, Ärzte, Architekten, Photographen und sogar auch noch Installateure.

Den Vorsitz der neu gegründeten englischen Gesellschaft übernahm Prof. S. P. THOMPSON; LEON GASTER wurde Geschäfts- und Schriftführer. — Die ausgezeichneten internationalen Beziehungen GASTERs, der mehrere Sprachen vollkommen beherrschte, schufen der Gesellschaft bald Anerkennung, und in der Zeit vor dem Weltkriege gab es wohl keinen der international bekannteren Lichttechniker, der nicht im "Illuminating Engineer" das Wort ergriffen hätte, um Probleme seines Sondergebietes vor einem englischen Publikum zu behandeln.

---

[1] Trans. Illum. Engng. Soc. **28** (1933) 684—691.
[2] Trans. Illum. Engng. Soc. **29** (1934) 677—685.
[3] Electrician **57 II** (1906) 320. — [4] Electrician **68 II** (1909) 285, 858.

Ein sehr glücklicher Gedanke der neuen Gesellschaft war es, eine Aufsatzreihe aus dem Ill. Eng. [1] unter dem Titel "Light and Illumination, their Use and Misuse", als illustrierte Broschüre in großer Auflage zu verbreiten. Die Veröffentlichung fand auch im Auslande großen Anklang und wurde vielfach übersetzt [2]. Es war das wohl die erste große öffentliche Propagandaaktion für die Durchführung einer guten Beleuchtung, deren Auswirkung freilich durch den Weltkrieg gehemmt wurde.

An diese Arbeit schlossen sich Untersuchungen der Beleuchtung in Schulen und Bibliotheken und die Ausarbeitung von Regeln (Standard specification) für die Straßenbeleuchtung an (1913).

Durch ihre planmäßige Tätigkeit gewann die Ill. Eng. Soc. (England) sehr rasch auch offizielle Beziehungen.

Im Jahre 1915 hatte das "Factory Department of Home Office" eine vorläufige Untersuchung der Beleuchtung von Fabriken und Werkstätten veröffentlicht. Hierauf wurde von dem "Department of Scientific and Industrial Research" 1917 ein vorläufiges Komitee eingesetzt, das die verschiedenen besonders wichtigen Fragen der Beleuchtung untersuchen sollte, und 1921 wurde das National Physical Laboratory von dem königlichen "Office of Works" ersucht, in dieser Frage die Führung zu übernehmen. Das schließlich zustande gekommene Komitee setzte sich dann (1923) aus den folgenden Mitgliedern zusammen: C. C. PATTERSON, L. GASTER, H. HARTRIDGE, L. B. W. JOLLEY, J. A. MAC INTYRE, J. HERB. PARSONS, A. ALBAN H. SCOTT, J. S. A. THOMAS, J. W. T. WALSH, D. R. WILSON, alles Lichttechniker und Physiker von hohem Range und der Mehrzahl nach Mitglieder der IES. Im Mai 1926 wurde dann der Aufgabenkreis und das umfangreiche, vom "Illuminating Research Committee" of the "Department of Scientific and Industrial Research" ausgearbeitete Programm veröffentlicht. Die wichtigsten Untersuchungsgegenstände waren: 1. Die Durchlässigkeit verschiedener Fensterglasarten; 2. der Einfluß der Fenstergröße, der Farbe und der Reflexion von Wänden und Decken auf die Tagesbeleuchtung tiefer Räume; 3. der Zusammenhang zwischen Blendung und Wahrnehmbarkeit (visibility) bei der Straßenbeleuchtung; 4. Studium der Blendungsphänomene; 5. der Einfluß flackernden Lichtes auf die Sehfähigkeit; 6. die Wirkung der Beleuchtung auf die Leichtigkeit und Genauigkeit ,mit der feine Arbeiten ausgeführt werden können; Entwurf und Konstruktion von Apparaten zur Messung des Tageslichts in Gebäuden; 8. Bestimmung der mittleren Himmelsleuchtdichte zu verschiedenen Zeiten während des Jahres; 9. Messung der mittleren sphärischen Lichtstärke mit der Ulbrichtschen Kugel.

An der Tagung der Internationalen Beleuchtungskommission im September 1931 in Cambridge und der Vorbereitung der voraufgegangenen Beleuchtungskongresse in verschiedenen englischen Großstädten hat die IES. tatkräftigen Anteil genommen.

Die Tätigkeit der IES. erstreckt sich gegenwärtig hauptsächlich auf die Veranstaltung von Vorträgen und auf die Herausgabe der Zeitschrift "Light and Lighting", die den alten, jetzt im 40. Jahr erscheinenden "Illuminating Engineer" in sich aufgenommen hat. — In der öffentlichen Betätigung erscheint die englische IES. meist als Beraterin der Behörden. —

Weitere Lichttechnische Gesellschaften bestehen dann noch in Argentinien, „Sociedad Argentina de Luminicultura; Frankreich, „Association des Ingénieurs de l'Eclairage", Paris; Holland, „Genootschap voor Verlichtingskunde, te

---

[1] Illum. Engng., London **5** (1912) Dezemberheft.
[2] Licht und Beleuchtung in falscher und richtiger Anwendung. Sonderabdruck: Z. Beleuchtgswes. **20** (1914) 232—237. Verbreitet durch die Berliner städt. Gaswerke.

s'Gravenhage"; Italien, „Associazione Nazionale per lo Sviluppo dell' Illumi-
nazione"; Japan; Österreich, „Österreichisches Beleuchtungstechnisches Komitee
der Internationalen Beleuchtungskommission (ICI.)", Wien; Schweden, eine
eigentliche Lichttechnische Gesellschaft besteht nicht. Die lichttechnischen
Interessen werden von dem Vereine „Svenska Föreningen för Ljuskulatur",
Stockholm, wahrgenommen. In der Tschechoslowakei gibt es keine entsprechende
Lichttechnische Gesellschaft. Die Normung auf dem Gebiete der Lichttechnik
wird von der „Elektrotechnický svas československý" (čsl. Elektrotechnischer
Verband) durchgeführt. Die internationalen Beziehungen besorgt „československý výbor pro osvětlováni" (čsl. Nationales Komitee der IBK.), Prag. Die
Hälfte der Mitglieder wird den Elektrizitätswerken, die andere Hälfte den Gaswerken entnommen, außerdem hat das Komitee die Technischen Hochschulen
und Vertreter der Technischen Ministerien kooptiert.

Die Organisation dieser Gesellschaften entspricht im wesentlichen der der
„Deutschen Beleuchtungstechnischen Gesellschaft", bzw. der Ill. Eng. Soc.
(USA.).

d) Die Internationale Beleuchtungs-
kommission (IBK.).

Die IBK. ist eine zwischenstaatliche Organisation der an der wissenschaftlichen und praktischen Lichttechnik interessierten Kreise fast aller Kulturstaaten. Sie ist aus der „Internationalen Lichtmeßkommission" hervorgegangen,
die anläßlich der Pariser Weltausstellung von 1900 von führenden Gasfach-
leuten Belgiens, Deutschlands, Frankreichs, Großbritanniens, Hollands, Italiens,
Österreich-Ungarns, der Schweiz und der Vereinigten Staaten von Amerika
ins Leben gerufen worden war. Ihr Ziel war die Schaffung einwandfreier Unterlagen für die photometrische Bestimmung der „Leuchtkraft" von Gasbrennern
und Gaslampen.

Bei der sprunghaften Entwicklung der Leuchttechnik um die Jahrhundertwende wurde aber schon auf der ersten Tagung der Internationalen Lichtmeßkommission im Juni 1903 in Zürich erkannt, daß sie den Rahmen ihrer Arbeiten
erheblich weiter stecken müsse, wenn ihre Existenz einen Sinn behalten solle.
Bei der zweiten und dritten Tagung, die 1907 und 1911 gleichfalls in Zürich
stattfanden, vertiefte sich diese Erkenntnis. Die Lichttechnik konnte sich in
der Photometrierung der zahlreichen neuentstandenen Lichtquellen nicht er-
schöpfen; ihre Anwendung zur Beleuchtung von Innenräumen und Straßen
trat in den Vordergrund. Hierfür war die Natur der Lichtquellen von untergeordneter Bedeutung, und es mußten die Wirtschaftlichkeit der Lichterzeugung;
die Unterteilungsmöglichkeit der Lichtquellen; die Leichtigkeit ihrer Unterbringung und Verteilung im Raume; ihre Stetigkeit und die Möglichkeit der
Schattenbeherrschung in den Vordergrund der Untersuchung gestellt werden.
Da für die Beurteilung der Beleuchtungsgüte die physiologischen und psychologischen Vorgänge im Auge und im Gehirn eine größere Rolle spielen als die
physikalische Messung des Lichtes, so verschob sich auch die ganze Basis der
Lichtbewertung.

Um dieser Entwicklung Rechnung zu tragen, wurde daher anläßlich der
vierten Vollversammlung der Internationalen Lichtmeßkommission in Berlin
im August 1913 beschlossen, eine neue Kommission mit erweitertem Aufgaben-
kreise zu schaffen. Sie erhielt bei ihrer Gründung die Bezeichnung: „Internationale Beleuchtungskommission" (IBK.), bzw. "International Commission
on Illumination" (ICI.), bzw. «Commission internationale de l'éclairage» (CIE.).

Die letztere Bezeichnung ist der offizielle Titel, weil die amtlichen Veröffentlichungen in französischer Sprache erscheinen. Bei den Verhandlungen der Kommission sind aber auch deutsch und englisch mit dem Französischen gleichberechtigt.

Aus der Satzung seien die folgenden Bestimmungen angeführt [1]:

„Zweck der Kommission ist, alle Fragen der Beleuchtungstechnik und der ihr nahestehenden Wissenschaften zu untersuchen und durch alle geeigneten Mittel internationale Vereinbarungen über Beleuchtungsfragen herzustellen.

Jedes Land hat nur eine Stimme. Beschlüsse bedürfen einer Majorität von $^4/_5$ der Stimmen der bei der Sitzung vertretenen Staaten.

Wenn möglich. soll jedes Land unter Mitwirkung des nationalen Laboratoriums und der an beleuchtungstechnischen Fragen interessierten Vereine ein nationales Komitee bilden, das die Delegierten zur Internationalen Kommission entsendet. Ausnahmsweise können bedeutende technische Vereine im Einvernehmen mit dem Vorstande des Nationalen Komitees direkte Vertreter delegieren. An Stelle eines nationalen Komitees kann, wie es in Deutschland der Fall ist, eine beleuchtungstechnische Gesellschaft treten. Länder, die nicht wenigstens zwei technische Vereine besitzen, können sich in den Sitzungen der Kommission durch Delegierte der Elektrizitäts- und Gas-Gesellschaften vertreten lassen, sofern der geschäftsführende Ausschuß der Kommission hiermit einverstanden ist. Die so vertretenen Länder haben kein Stimmrecht in Satzungsfragen und dürfen an den Sitzungen des geschäftsführenden Ausschusses nicht teilnehmen.

Organe der Kommission sind: 1. der geschäftsführende Ausschuß, bestehend aus dem Präsidenten, 3 stellvertretenden Präsidenten, dem Ehrensekretär, dem Schatzmeister und 2 Vertreter für jedes Land; 2. der Vorstand, bestehend aus dem Präsidenten, dem Ehrensekretär (unterstützt von einem bezahlten Sekretär) und dem Schatzmeister; 3. die Delegierten der nationalen Komitees oder der technischen Erwerbsgesellschaften.

Zum Präsidenten wurde Herr VAUTIER (Lyon), zum Ehrensekretär Herr PATERSON (London, National Physicial Laboratory) gewählt.‟

Der Weltkrieg unterbrach die Tätigkeit der IBK., und es fand die fünfte Tagung erst im Jahre 1921 in Paris statt, zu der jedoch Deutschland und dessen Alliierte im Weltkrieg nicht eingeladen wurden. An der sechsten Tagung im Jahre 1924 in Genf nahm Deutschland gleichfalls nicht teil, da ihm zugemutet wurde, nur als „Beobachter‟, nicht aber als vollberechtigtes Mitglied anwesend zu sein [2].

Für die siebente Tagung, die 1928 in den Vereinigten Staaten in Amerika stattfinden sollte, war dagegen von dem amerikanischen Komitee eine Aufforderung an Deutschland ergangen, wieder als ordentliches Mitglied an der Tagung teilzunehmen [3]. Die DBG. als offizielle Vertreterin Deutschlands erklärte sich hierzu bereit, und sie beteiligte sich schon an der Tagung des vorbereitenden Exekutivkomitees in Bellaggio im Herbst 1927 und den Beratungen der verschiedenen technischen Komitees.

Durch die Wiederbeteiligung Deutschlands an den Arbeiten der IBK. gewann diese sofort wieder eine erhöhte Bedeutung. Das wurde auch von der Illum. Eng. Soc. (USA.) stark unterstrichen. Sie veranstaltete als Auftakt zur Volltagung der IBK. in Saranak Inn, N. Y., eine Gesellschaftssitzung in Toronto (Kanada).

Auf der siebenten Tagung der IBK. in Saranak Inn vom 22. bis 28. September 1928 waren 12 Staaten vertreten:

Deutschland, Frankreich, Großbritannien, Holland, Japan, Österreich, Schweden, die Schweiz und die Vereinigten Staaten als ordentliche Mitglieder, sowie Australien, Brasilien und Rußland mit „Beobachtern‟.

Dem in Bellaggio neu festgelegten Organisationsplane entsprechend war der Schwerpunkt der Tagung auf die Beratung der einzelnen wissenschaftlichen und technischen Programmpunkte in den hierfür eingesetzten Studienkomitees

---

[1] Elektrotechn. Z. **34** (1913) 1094. — [2] Licht u. Lampe **13** (1924) 366. — [3] Licht u. Lampe **16** (1927) 729.

verlegt [1]. Das Protokoll der Gesamttagung ist unter dem Titel "Proceedings International Congress on Illumination 1928, including Proceedings of 7th Plenary Session International Commission on Illumination" veröffentlicht [2].

Die besondere Bedeutung der siebenten Tagung der IBK. muß in der Festlegung des neuen Organisationsstatutes erblickt werden, das der IBK. eine größere Beweglichkeit und ihren Beschlüssen einen stärkeren Nachdruck sichert. Beachtenswert sind hier die Artikel II und III der neuen Verfassung; der erste bestimmt als Zweck der Kommission „einen Mittelpunkt für die internationale Behandlung aller das Beleuchtungswesen betreffenden Fragen zu bilden, das Studium dieser Fragen durch alle hierfür geeigneten Maßnahmen zu fördern, für den Austausch der Anschauungen und des Erfahrungsmaterials zwischen den verschiedenen Ländern zu sorgen, und internationale Empfehlungen aufzustellen und zu veröffentlichen". Der Artikel III stellt verhältnismäßig strenge Bedingungen für die Erwerbung der Mitgliedschaft an der IBK. auf. Jedes Land, das sich an den Arbeiten der Kommission beteiligen will, muß unter Mitwirkung der Behörden, technischen Gesellschaften und anderen Körperschaften, die sich besonders mit Beleuchtungsfragen befassen, ein nationales Komitee bilden ... In jedem Lande kann nur ein technisches Komitee bestehen ... Ein nationales Komitee, das sich an den Arbeiten der Kommission zu beteiligen wünscht, hat nachzuweisen, daß die in diesem Artikel gestellten Bedingungen erfüllt sind ...

Von Wichtigkeit ist dann noch der Artikel VI der Verfassung. „Die in einer Vollversammlung der Kommission angenommenen Beschlüsse gelten als offizielle Empfehlung der Internationalen Beleuchtungskommission." Diesen „Empfehlungen" wird noch dadurch ein größerer Nachdruck gegeben, daßdas Votum der Vertreter der einzelnen Länder von diesen innerhalb von 4 Monaten widerrufen werden kann. Die Bindung der verschiedenen Länder an einen gefaßten Beschluß wird dadurch besonders wirksam, denn die Nichterhebung des vorgesehenen Widerspruchs bedeutet die ausdrückliche Billigung des Beschlusses.

Die achte Vollversammlung der IBK. fand 1931 in Cambridge statt. Über den Charakter dieser Tagung ist in A 3 c S. 35 berichtet. Sie war von 153 Vertretern der folgenden nationalen Komitees besucht:

Argentinien, Belgien, Deutschland, Frankreich, Großbritannien, Holland, Italien, Japan, Österreich, Polen, Schweden, Schweiz, Tschechoslowakei, Vereinigte Staaten von Amerika. Außerdem waren noch 9 Beobachter (Repräsentanten) aus Kanada, Irland, Neuseeland, Spanien, Südafrika und der USSR. (Union der Sozialistischen Sowjet-Republiken) anwesend. Das ausführliche Protokoll der Plenarversammlung ist veröffentlicht unter dem Titel: Commission Internationale de l'éclairage en succession à la commission internationale de photométrie. 8 ième session. Cambridge Sept. 1931. Recueil des travaux et compte rendu des séances. Publié sous la direction du Bureau Central de Commission The National Physical Laboratory Teddington, Angleterre [3].

Die neunte Tagung der IBK. fand vom 29. Juni bis 10. Juli 1935 in Berlin und in Karlsruhe i. B. statt. An ihr nahmen rd. 250 Vertreter aus den folgenden 19 Staaten teil:

Argentinien, Belgien, Dänemark, Deutschland, Frankreich, Großbritannien, Holland, Irland, Italien, Japan, Norwegen, Österreich, Polen, Schweden, Schweiz, Spanien, Tschechoslowakei, Ungarn und den Vereinigten Staaten von Amerika.

Vorläufige Berichte über diese Tagung brachten die Fachzeitschriften [4]; der amtliche Bericht [5] ist ebenfalls inzwischen erschienen.

---

[1] Licht u. Lampe 18 (1929) 1f.

[2] Published under the direction of Executive Committee ICI Suite 901. 29 West 39th Str. New York. N. Y. USA. 1929.

[3] Cambridge et Univ. Press 1932. Vgl. Licht u. Lampe 20 (1931) S. 283, 367, 383; 21 (1932) S. 6.

[4] Licht 5 (1935) 173—178, 225—232. — Licht u. Lampe 24 (1935) 263, 349, 373.

[5] Commission Internationale de l'Éclairage. 9e session. Recueil des Travaux et Compte Rendu des Séances. Cambridge 1937. University Press.

A 4. Lichttechnische Grundgrößen und Einheiten.

Von

OTTO REEB-Berlin.

Mit 6 Abbildungen.

a) Allgemeines.

Die *Lichttechnik* beschäftigt sich mit der Erzeugung der *Lichtstrahlung* und mit ihrer Verteilung im Raume zur möglichst wirtschaftlichen Erzielung günstiger Sehbedingungen für das menschliche Auge. Im folgenden genügt es, die physikalische Natur der Lichtstrahlung vom Standpunkt der elektromagnetischen Lichttheorie zu betrachten. *Lichtquellen* emittieren physikalische Energie in Form elektrischer Wellen. Ein bestimmter Wellenlängenbereich dieser physikalischen Strahlung (etwa 400...750 mμ[1]) löst beim Auftreffen auf die Netzhaut des Auges einen Reiz aus, der als Helligkeitsempfindung bemerkbar wird.

Selbstleuchter sind solche Lichtquellen, bei denen eine andere Energieform in Lichtstrahlung umgewandelt wird. *Fremdleuchter* sind solche Lichtquellen, bei denen die von anderen Lichtquellen auf ihre Oberfläche auftreffende Lichtstrahlung nach mehr oder weniger großen Verlusten durch Absorption unter Änderung der Strahlungsrichtung weitergestrahlt wird.

Leuchttechnik ist der Teil der Lichttechnik, der sich mit der Erzeugung des Lichtes durch Selbstleuchter beschäftigt. *Beleuchtungstechnik* ist der Teil der Lichttechnik, der die Schaffung möglichst günstiger Sehbedingungen durch geeignete Verteilung der von irgendwelchen Lichtquellen erzeugten Lichtstrahlung im Sehraum zum Ziele hat.

b) Einige physikalische und geometrische Beziehungen.

Die räumliche Ausbreitung der Lichtstrahlung ist durch die Gesetzmäßigkeiten der physikalischen Optik bestimmt. Auf eine Berücksichtigung des Polarisationszustandes, der Beugungs- und Brechungsgesetze kann hier verzichtet werden, da diese Erscheinungen nur bei wenigen lichttechnischen Sonderfragen eine Rolle spielen und auf die Festlegung der lichttechnischen Grundbegriffe keinen Einfluß haben. Den folgenden Ausführungen wird daher nur die Annahme einer geradlinigen Fortpflanzung der Lichtstrahlung in einem homogenen Medium zugrunde gelegt.

In Abb. 1 ist ein von einem Punkte P ausgehendes und durch eine beliebig im Raum gelegene Fläche F begrenztes Strahlenbündel angenommen. Denkt

---

[1] Die Grenzen des sichtbaren Spektralbereiches liegen nicht ganz fest. So haben neuere Arbeiten z. B. gezeigt, daß unter bestimmten Voraussetzungen das Auge noch sehr weit bis in das ultraviolette Gebiet hinein durch Strahlung zur Lichtempfindung angeregt werden kann [s. C. F. GOODEVE: Vision in the Ultra-Violet. Nature, Lond. **134** (1934) 416—417, der Sichtbarkeit der Linie 312,5 mμ festgestellt]. Trotzdem wird in der Lichttechnik meist mit den Grenzen 400...750 mμ gerechnet, da bei diesen Wellenlängen die spektrale Hellempfindlichkeit des helladaptierten Auges bereits auf weniger als 1 Tausendstel der maximalen spektralen Hellempfindlichkeit herabgegangen ist.

man sich nun die Fläche F mit Hilfe der von P nach ihrer Begrenzung hinzielenden Randstrahlen auf beliebige zu P konzentrische Kugeln projiziert, so werden aus den Kugelschalen mit den Radien r_1, $r_2 \ldots r_k$ die Flächen F_1, $F_2 \ldots F_k$ ausgeschnitten. Das Verhältnis der ausgeschnittenen Flächen zu den zugehörigen Kugeloberflächen ist dann konstant:

$$\frac{F_1}{4 \pi r_1^2} = \frac{F_2}{4 \pi r_2^2} = \cdots = \frac{F_k}{4 \pi r_k^2} = \text{const} \tag{1}$$

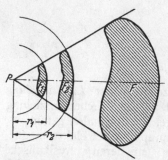

und könnte als Maß für den von der Fläche F aus dem durch P gehenden Strahlenbündel ausgeschnittenen Raumteil gelten. Es ist aber üblich, als Maßstab die hiervon um den Faktor 4π verschiedene Größe

$$\omega = \frac{F_1}{r_1^2} = \frac{F_2}{r_2^2} = \frac{F_k}{r_k^2} \tag{2}$$

zu benutzen. ω wird als „*Raumwinkel*" oder „*räumlicher Winkel*" bezeichnet. Definitionsgemäß ist der Raumwinkel eine dimensionslose Größe.

Abb. 1. Definition des Raumwinkels.

Die Einheit des Raumwinkels ($\omega = 1$) ist der Raumwinkel, bei dem $F_k = r_k^2$ ist; er ist z. B. vorhanden, wenn das Strahlenbündel aus einer Kugel von 1 m Radius eine Fläche von 1 m² ausschneidet [1].

Von Interesse ist der Sonderfall, daß die den Raumwinkel umschließende Mantelfläche ein gerader Kreiskegel mit dem halben Öffnungswinkel α ist. Dann wird, wie die Betrachtung an der Einheitskugel zeigt (Abb. 2)

$$\omega = 2 \pi (1 - \cos \alpha) \tag{2a}$$

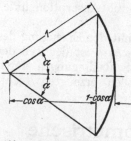

und für $\alpha = 90°$ wird $\omega = 2 \pi$; d. h. der durch eine Ebene als Mantelfläche begrenzte Halbraum besitzt einen Raumwinkel $\omega = 2 \pi$. Der den ganzen Raum umfassende volle Raumwinkel ($\alpha = 180°$) besitzt also die Größe $\omega = 4 \pi$.

Abb. 2. Zur Berechnung des kegelförmigen Raumwinkels.

Denken wir uns einen Raumwinkel mit einer von seiner Spitze ausgehenden Strahlung erfüllt, so ist der durch eine von dem Mantel des Raumwinkels begrenzte Schnittfläche hindurchtretende Strahlungsfluß stets der gleiche, unabhängig davon, wieweit die Schnittfläche von der Spitze des Raumwinkels entfernt ist (zur Erleichterung der Vorstellung denke man sich einen kegelförmigen Raumwinkel und konzentrische Kugelschalen in den Abständen r_1, $r_2 \ldots r_k$ als Schnittflächen ähnlich der Abb. 1). Die Strahlung verteilt sich aber mit zunehmendem Abstande von P auf immer größere Flächen. Die auf die Größe der bestrahlten Fläche bezogene Strahlungsdichte nimmt also immer stärker ab, und zwar proportional dem Quadrate der Entfernung der Fläche von dem Ausgangspunkte der Strahlung ($F_k = \omega \cdot r_k^2$).

Die in der Lichttechnik benutzten Strahlungsquellen besitzen durchweg endlich große leuchtende Flächen. Die von einem endlichen Flächenelement bei Voraussetzung eines auf der ganzen betrachteten Oberfläche gleichen Emissionsvermögens in einer bestimmten Richtung abgegebene Strahlung ist

---

[1] In dieser Beziehung liegt der Grund für die gewählte Raumwinkeldefinition. Die Maßzahl des Raumwinkels ist hierbei identisch mit der Größe der von dem Raumwinkel aus einer Kugel von 1 m Radius ausgeschnittenen Fläche.

proportional der Größe dieses Flächenelementes. Ist die Strahlungsdichte eines leuchtenden Flächenelementes in allen Ausstrahlungsrichtungen konstant, so ist die in einer bestimmten Richtung abgegebene Strahlung proportional dem Querschnitt des in dieser Richtung ausgesandten Strahlenbündels. Ein schräg unter dem Winkel ε gegen die Normale des Flächenelementes df gerichtetes Bündel besitzt den Querschnitt d$q =$ d$f \cdot \cos \varepsilon$ (Abb. 3). Die von einem Flächenelement df unter dem Winkel ε gegen seine Normale in ein kleines Raumwinkelelement dω emittierte Strahlung muß also proportional d$f \cdot \cos \varepsilon \cdot$ dω sein [1]. Der Proportionalitätsfaktor ist die in der betreffenden Ausstrahlungs-

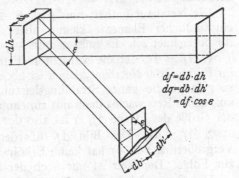

$$df = db \cdot dh$$
$$dq = db \cdot dh'$$
$$= df \cdot \cos \varepsilon$$

Abb. 3. Zur Berechnung der Strahlungsleistung unter verschiedenen Ausstrahlungswinkeln.

richtung vorhandene Strahlungsdichte S_ε; die in das Raumwinkelelement dω abgegebene physikalische Strahlungsleistung ist dann:

$$d^2 N_\varepsilon = S_\varepsilon \cdot \cos \varepsilon \cdot df \cdot d\omega . \tag{3}$$

c) Physiologische Beziehungen.

Die photometrische Meßtechnik bezieht sich bei der Bewertung der Lichtstrahlung auf das Urteil des menschlichen Auges als primären Maßstab. Für das Verständnis der lichttechnischen Grundgrößen und Einheiten ist daher die Kenntnis einiger physiologischer Beziehungen Voraussetzung.

Die Erfahrung des täglichen Lebens lehrt, daß eine mit einer konstant bleibenden Strahlungsleistung bestrahlte Fläche nach einer Betrachtungszeit von n Sekunden nicht n mal so hell erscheint als nach einer Betrachtungszeit von 1 s. Für den Helligkeitseindruck ist also offenbar die Strahlungsleistung ausschlaggebend und nicht die Strahlungsenergie, wie dies bei manchen anderen Strahlungsempfängern (z. B. photographische Schichten) der Fall ist [2]. Daher sind die wichtigsten lichttechnischen Grundgrößen Leistungsgrößen.

In Abb. 4 ist schematisch der optische Vorgang bei dem Betrachten einer weit entfernt liegenden kleinen Fläche Δf durch das Auge dargestellt. Bei den nur sehr geringen Abweichungen der Strahlungsrichtungen von der Flächennormalen kann vereinfachend mit $\varepsilon = 0$; $\cos \varepsilon = 1$ gerechnet werden. Die in den kleinen Raumwinkel $\Delta \omega$ nach der Augenpupille hin eingestrahlte Strahlungsleistung ist dann nach (3) $\Delta N = S \cdot \Delta f \cdot \Delta \omega$. Bezeichnet man den durch Reflexion

---

[1] Die Größe $\int\int$ d$f \cdot \cos \varepsilon \cdot$ dω, die man als ein Maß für die Anzahl der von der Fläche f in den Raumwinkel ω verlaufenden Strahlen auffassen kann, wurde von LABUSSIÈRE (Franz. Akad. Wiss., Sitzg. 6. März 1922) treffend als „geometrischer Strahlenfluß" bezeichnet. In der geometrischen Optik (s. z. B. CZAPSKI-EPPENSTEIN: Grundzüge der Theorie der optischen Instrumente. 3. Aufl. 173. Leipzig 1924) nennt man einen von Lichtstrahlen erfüllten und begrenzten Raum eine „Lichtröhre". Bei dieser Betrachtungsweise ist d$^2 N_\varepsilon$ [Formel (3)] der physikalische Strahlungsfluß, der in einer von dem Flächenelement df unter dem Ausstrahlungswinkel ε verlaufenden „Elementarlichtröhre" vorhanden ist.

[2] Dies gilt nur für die unter normalen Verhältnissen üblichen Beobachtungszeiten. Bei extrem kurzzeitigen Lichtreizen ist auch die Reizdauer von ausschlaggebender Bedeutung für die Helligkeitswahrnehmung.

und Absorption in dem Abbildungsapparat des Auges liegenden Verlustfaktor mit v, so enthält das auf der Netzhaut erzeugte Bild $\varDelta f'$ der Fläche $\varDelta f$ die Strahlungsleistung $\varDelta N' = S \cdot v \cdot \varDelta f \cdot \varDelta \omega$.

Die Netzhaut enthält nun (vgl. S. 253) eine große Anzahl diskreter lichtempfindlicher Elemente kleiner aber endlicher Oberfläche, deren Größe mit $\varDelta e$ bezeichnet sei. Es müssen nun zwei Fälle unterschieden werden:

1. $\varDelta f' \leqq \varDelta e$. Ist die betrachtete Fläche so klein oder so weit entfernt, daß ihr Bild auf der Netzhaut kleiner ist als ein lichtempfindliches Netzhautelement, so gelangt die ganze Strahlungsleistung $S \cdot v \cdot \varDelta f \cdot \varDelta \omega$ auf ein Element. Der ausgeübte Reiz wächst dann mit zunehmender Strahlungsdichte S und wachsender Größe der Fläche $\varDelta f$, er ist also der Strahlungsleistung selbst proportional.

2. $\varDelta f' > \varDelta e$. Das Bild $\varDelta f'$ überdeckt mehrere Netzhautelemente. Eine Vergrößerung von $\varDelta f$ hat keine Erhöhung des Reizes des einzelnen Elementes zur Folge. Der Reiz ist nur noch der Strahlungsdichte S proportional.

Der Grenzwinkel, unter dem die Fläche $\varDelta f$ erscheinen muß, damit ihr Bild gerade ein Netzhautelement bedeckt, ist sehr klein; er beträgt etwa $1'$ [1]. Fall 2

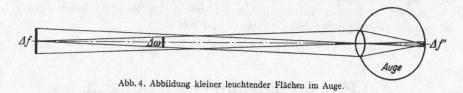

Abb. 4. Abbildung kleiner leuchtender Flächen im Auge.

ist daher der Normalfall in der praktischen Lichttechnik. Fall 1 spielt in anderen Gebieten (z. B. Photometrie der Gestirne) eine wichtige Rolle.

Die Bewertung einer Strahlung durch das Auge ist stark abhängig von der spektralen Zusammensetzung der Strahlung, von der Strahlungsdichte, von der Strahlungsverteilung im ganzen Gesichtsfelde, von dem Bewertungskriterium, von der zeitlichen Vorgeschichte des Auges vor der Beobachtung und auch von den individuellen Eigenschaften des einzelnen Beobachters. Um einen einheitlichen Maßstab in der Lichttechnik sicherzustellen, ist es daher nötig, eine Reihe von willkürlichen Festlegungen über die photometrischen Bewertungsbedingungen zu treffen. Diese Festlegungen werden dann zweckmäßigerweise so gewählt, daß in einem möglichst großen Bereich der lichttechnischen Praxis eine ausreichende Übereinstimmung zwischen der Bewertung nach diesem willkürlichen Maßstabe und dem subjektiven Eindruck des Auges erreicht wird.

Besonders wichtig ist eine Festlegung über die relative Bewertung der Lichtstrahlung verschiedener Spektralbereiche. Um eine möglichst weitgehende Übereinstimmung mit den meisten Arbeitsbedingungen der Praxis zu erhalten, werden die lichttechnischen Grundgrößen auf die spektrale Hellempfindlichkeit des helladaptierten Auges bezogen, und zwar auf eine empirisch gewonnene Augenempfindlichkeitskurve, die international [2] als die spektrale Hellempfind

[1] Siehe z. B. Czapski-Eppenstein: Grundzüge der Theorie der optischen Instrumente. 3. Aufl. 382. Leipzig 1924. — Näheres über Übergänge zwischen den beiden Fällen, die durch die Intensitätsverteilung in den Bildern auf der Netzhaut bedingt sind, siehe z. B. W. Dziobek: Allgemeine Photometrie. 3. Im Handbuch der physikalischen Optik. Leipzig 1926.

[2] Die in dem deutschen Normblatt DIN 5031 angegebenen Werte (s. auch Tabelle im Anhang) sind von der Internationalen Beleuchtungskommission (IBK.) im Jahre 1924 als vorläufige Werte international angenommen worden. Sie gehen auf amerikanische Messungen verschiedener Autoren, die mit einer beträchtlichen Anzahl von Versuchspersonen durchgeführt wurden, zurück. (Gibson and Tyndall: Bur. Stand. Sci. Pap. 1923, 475.) 1935

lichkeit des Normalbeobachters festgelegt ist. Ihre Werte sind in einer Tabelle im Anhang angegeben. Für die spektrale Hellempfindlichkeit wird im folgenden das Zeichen V_λ benutzt.

Die *spektrale Hellempfindlichkeit* (Formelzeichen: V_λ) hat also die folgende Bedeutung: Benötigt man eine bestimmte Strahlungsleistung $N_{\lambda \max}$ bei der Wellenlänge der maximalen spektralen Empfindlichkeit des Auges ($\lambda_{\max}$), um einen bestimmten Helligkeitseindruck zu erreichen, so benötigt man bei irgendeiner anderen Wellenlänge λ die Strahlungsleistung $N_{\lambda \max}/V_\lambda$ zur Erzielung des gleichen Helligkeitseindrucks.

Bei der Beziehung der lichttechnischen Grundgrößen auf ein derartige Hellempfindlichkeitskurve wird stillschweigend die Gültigkeit des sog. *Additionstheorems* vorausgesetzt. Das heißt der von der Strahlung einer aus Anteilen mehrerer Wellenlängengebiete zusammengesetzten Mischfarbe erzeugte Helligkeitseindruck muß gleich sein der Summe der von den einzelnen Teilstrahlungen der verschiedenen Wellenlängenbereiche hervorgerufenen Helligkeitseindrücke. Die Gültigkeit dieses Additionstheorems ist keine Selbstverständlichkeit. Wir verdanken aber die Möglichkeit der Schaffung eines photometrischen Maßstabes unter anderem der Tatsache, daß die experimentelle Erfahrung die Gültigkeit des Additionstheorems bestätigt hat [1].

d) Die lichttechnischen Grundgrößen.

Das Normalblatt DIN 5031 des Deutschen Normenausschusses, das von der Deutschen Lichttechnischen Gesellschaft ausgearbeitet wurde, legt die „Grundgrößen, Bezeichnungen und Einheiten" in der Lichttechnik fest. Die dort gegebenen Definitionen entsprechen größtenteils den international durch die „Internationale Beleuchtungskommission" getroffenen Vereinbarungen [2].

Das deutsche Normblatt enthält zwei Abschnitte:

I. „Vereinfachte Darstellung der lichttechnischen Begriffe" und

II. „Strenge Definition der lichttechnischen Begriffe".

Im Abschnitt I sind die Definitionen wiedergegeben, die sich in der praktischen Lichttechnik historisch herausgebildet haben und die dem Beleuchtungstechniker ohne Benutzung höherer mathematischer Hilfsmittel das notwendige Rüstzeug an die Hand geben. Vom Standpunkt strenger Anforderungen an den logischen Aufbau ist dieses System der Grundgrößen nicht vollkommen einwandfrei [3]. In Teil II des Normblattes wurde dagegen den lichttechnischen Definitionen

---

wurde die Definition des Lichtstroms als der primären lichttechnischen Grundgröße durch die IBK. ausdrücklich auf die internationale Augenempfindlichkeitskurve bezogen. [Siehe auch: Die Tätigkeit der Fachgruppen auf der Tagung der Internationalen Beleuchtungskommission. Licht **5** (1935) 225—226.] Neuerdings sind Bedenken gegen die Richtigkeit der Zahlenwerte dieser Kurve geltend gemacht worden. [ARNDT, W.: Über neue Beobachtungen beim subjektiven Photometrieren. Licht **6** (1936) 75—77. — FEDOROV, N. T. et W. J. FEDOROVA: On the problem of the curve of the spectral sensitivity of the eye. C. R. Acad. Sci. URSS. **2** (1926) 377—380. — DRESLER, A.: Beitrag zur Photometrie farbiger Lichtquellen. Licht **7** (1937) 81—85 und 107—109.

[1] Siehe auch W. DZIOBEK: Allgemeine Photometrie. 43. Im Handbuch der physikalischen Optik. Leipzig 1926. Für den heterochromen Direktvergleich zweifelt A. KOHLRAUSCH die Gültigkeit des Additionstheorems an [Die Gesichtsempfindungen in: Tabulae Biologicue **1** (1925) 316].

[2] Die letzten Tagungen der Internationalen Beleuchtungskommission fanden statt: Paris 1921; Genf 1924; Saranac-Inn 1928; Cambridge 1931; Berlin und Karlsruhe 1935. Die Sitzungsberichte und Beschlüsse sind in den jeweils veröffentlichten «Recueil des travaux et compte rendu des séances» Cambridge, University Press, erschienen.

[3] REEB, O.: Ein auf der Leuchtdichte als Primärgröße aufgebautes System der lichttechnischen Grundgrößen. Licht **5** (1935) 11—13.

eine möglichst strenge und allgemein gültige Formulierung gegeben. Im folgenden werden in einer im wesentlichen dem Aufbau des Abschnittes I des Normblattes entsprechenden Reihenfolge die wichtigsten Grundgrößen zusammengestellt. Dabei werden nebeneinander die strengen und die vereinfachten Definitionen angegeben werden. In der Tabelle im Anhang sind die wichtigsten Grundgrößen und die zugehörigen Einheiten übersichtlich zusammengestellt.

Der *Lichtstrom* (Formelzeichen: Φ) ist in Teil I von DIN 5031 in Übereinstimmung mit den Beschlüssen der Internationalen Beleuchtungskommission folgendermaßen definiert:

„Der Lichtstrom einer Lichtquelle ist die von ihr ausgestrahlte gemäß der international für das helladaptierte Auge festgelegten Kurve der spektralen Hellempfindlichkeit photometrisch bewertete Leistung."

Die von einem Flächenelement df einer Lichtquelle in das Raumwinkelelement $d\omega$ bei der Wellenlänge λ (im Wellenlängenbereich $\lambda \ldots \lambda + d\lambda$) abgegebene Strahlungsleistung ist gemäß (3)

$$d^3 N_{\varepsilon,\lambda} = S_{\varepsilon,\lambda} \cdot \cos \varepsilon \cdot d\lambda \cdot df \cdot d\omega. \tag{4}$$

Nach Einbeziehung der Bewertung gemäß der spektralen Hellempfindlichkeit V_λ muß der Lichtstrom proportional dem Ausdruck $S_{\varepsilon,\lambda} \cdot V_\lambda \cdot \cos \varepsilon \cdot d\lambda \cdot df \cdot d\omega$ sein. Die Größe des Proportionalitätsfaktors, dessen reziproker Wert mit M (mechanisches Lichtäquivalent) bezeichnet wird, ist allein von der (willkürlichen) Festlegung des Grundmaßstabes der lichttechnischen Größen abhängig und wird daher erst weiter unten nach der Besprechung der Einheiten angegeben werden. Nach Einführung dieses Proportionalitätsfaktors kann die Definitionsgleichung für den Lichtstrom geschrieben werden:

$$d^3 \Phi = \frac{1}{M} \cdot S_{\varepsilon,\lambda} \cdot V_\lambda \cdot \cos \varepsilon \cdot d\lambda \cdot df \cdot d\omega \tag{5}$$

oder

$$\Phi = \frac{1}{M} \iiint S_{\varepsilon,\lambda} \cdot V_\lambda \cdot \cos \varepsilon \cdot d\lambda \cdot df \cdot d\omega. \tag{5a}$$

Ist von dem Lichtstrom einer Lichtquelle die Rede, so wird üblicherweise damit der gesamte von dieser Lichtquelle in den vollen Raumwinkel ausgestrahlte Lichtstrom, ihr Gesamtlichtstrom, gemeint. Die in bestimmte Teilraumwinkel abgestrahlten Lichtströme werden als Teillichtströme bezeichnet. Für die von einer Lichtquelle in den unteren bzw. oberen Halbraum abgegebenen Lichtströme sind die Bezeichnungen unterer bzw. oberer halbräumlicher Lichtstrom (Formelzeichen: $\Phi_\cup$ bzw. $\Phi_\cap$) gebräuchlich.

Die *Lichtmenge* (auch Lichtarbeit; Formelzeichen: Q) einer Lichtquelle ist das Produkt aus ihrem Lichtstrom und der Zeit, während der er ausgestrahlt wird

$$Q = \Phi \cdot t. \tag{6}$$

Der Begriff der Lichtmenge, der also das lichttechnische Analogon zur Strahlungsenergie darstellt, ist wegen der leistungsmäßigen Bewertung der Lichtstrahlung durch das Auge in der praktischen Lichttechnik ohne große Bedeutung. Im Falle einer zeitlich nicht konstanten Lichtemission muß die strenge Definition der Lichtmenge benutzt werden:

$$Q = \int \Phi \cdot dt. \tag{6a}$$

Die *Lichtstärke* (Formelzeichen: I) einer Lichtquelle in einer bestimmten Ausstrahlungsrichtung ist das Verhältnis des in dieser Richtung abgestrahlten Lichtstromes zu dem durchstrahlten Raumwinkel (Raumwinkel-Lichtstromdichte).

$$I = \Phi/\omega. \tag{7}$$

Bei endlichen leuchtenden Flächen verläuft die bei einer Lichtmessung auf die photometrische Auffangfläche auftreffende Strahlung nur dann „in einer bestimmten Ausstrahlungsrichtung", wenn die Entfernung der Meßebene von der Lichtquelle groß ist im Verhältnis zu den Abmessungen der Lichtquelle. Der Begriff der Lichtstärke ist also nur für eine im Verhältnis zur Meßentfernung kleine Lichtquelle [1] definiert. Praktisch ist diese kritische Meßentfernung dadurch bestimmt, daß ein in ihr gefundener Lichtstärkewert von einem in einer beliebig größeren Entfernung in der gleichen Ausstrahlungsrichtung gefundenen Wert nicht um mehr abweichen darf, als der photometrischen Meßgenauigkeit entspricht. Aus Gleichung (5a) ergibt sich unter Berücksichtigung der Tatsache, daß die Lichtstärke nur als Grenzwert für eine große Meßentfernung r definiert ist:

$$I = \lim_{r \to \infty} \left(\frac{\mathrm{d}\Phi}{\mathrm{d}\omega} \right) = \lim_{r \to \infty} \left[\frac{1}{M} \int \int S_{\varepsilon,\lambda} \cdot V_\lambda \cdot \cos \varepsilon \cdot \mathrm{d}\lambda \cdot \mathrm{d}f \right]. \qquad (7\,\mathrm{a})$$

Die Ausstrahlungsrichtung wird durch einen Index gekennzeichnet; so wird die senkrecht zur leuchtenden Oberfläche vorhandene Lichtstärke mit $I_\perp$ bezeichnet. In der älteren Literatur ist der Begriff der mittleren räumlichen bzw. mittleren halbräumlichen Lichtstärke verbreitet. Die mittlere räumliche Lichtstärke (I_O) ergibt sich gemäß (7) aus dem Gesamtlichtstrom der Lichtquelle durch Division durch 4π. Entsprechend kann die mittlere untere bzw. obere halbräumliche Lichtstärke ($I_\cup$ bzw. $I_\cap$) aus dem unteren bzw. oberen halbräumlichen Lichtstrom durch Division durch 2π errechnet werden.

Die *Leuchtdichte* (Formelzeichen: B) einer leuchtenden Fläche in einer bestimmten Ausstrahlungsrichtung ist das Verhältnis der in dieser Richtung vorhandenen Lichtstärke zu der scheinbaren Größe der Fläche (senkrechte Projektion der Fläche auf eine zur Ausstrahlungsrichtung senkrechte Ebene).

$$B = \frac{I_\varepsilon}{f \cdot \cos \varepsilon}. \qquad (8)$$

Die Leuchtdichte ist also die auf Ausstrahlungsfläche und Raumwinkel bezogene Lichtstromdichte:

$$B_\varepsilon = \frac{\mathrm{d}I_\varepsilon}{\mathrm{d}f \cdot \cos \varepsilon} = \frac{\mathrm{d}^2\Phi}{\mathrm{d}f \cdot \cos \varepsilon \cdot \mathrm{d}\omega} = \frac{1}{M} \int S_{\varepsilon,\lambda} \cdot V_\lambda \cdot \mathrm{d}\lambda. \qquad (8\,\mathrm{a})$$

Formel (8a) zeigt, daß die Leuchtdichte die photometrisch bewertete Strahlungsdichte ist, die nach Abschnitt c (S. 42) in den meisten Fällen für den Helligkeitseindruck maßgebend ist [2].

Die *Beleuchtungsstärke* (Formelzeichen: E) auf einer Fläche F ist das Verhältnis des auf diese Fläche fallenden Lichtstromes zur Größe der beleuchteten Fläche (Flächen-Lichtstromdichte der Einstrahlung)

$$E = \Phi/F. \qquad (9)$$

---

[1] Hierfür findet man in der Literatur oft die Bezeichnung „punktförmige Lichtquelle". Dieser Ausdruck wird aber für mehrere grundsätzlich verschiedene Begriffe verwendet und führt daher leicht zu Mißverständnissen (s. auch TEICHMÜLLER: Kritische Betrachtungen über die Grundlagen der photometrischen Begriffe und Größen. Elektrotechn. Z. 1917, 296—299, 308—311). Zur Definition der Lichtstärke von Scheinwerfern s. Kapitel I 9 „Seezeichen".

[2] In der Optik ist für die Leuchtdichte vielfach der Ausdruck „Leuchtkraft" in Benutzung. Da dort die Leuchtdichte nicht so sehr als eine Eigenschaft der Lichtquelle, sondern als eine solche des optischen Strahlenganges in Erscheinung tritt, ist es vielleicht zweckmäßig, einem Vorschlag von LIHOTZKY entsprechend den Ausdruck Leuchtdichte für diese Eigenschaft von Lichtquellen und den Ausdruck Leuchtkraft für die entsprechende Eigenschaft des optischen Strahlenganges zu verwenden. In der älteren Literatur findet man für den Begriff der Leuchtdichte häufig die Bezeichnung „Flächenhelle".

Nach der Raumwinkeldefinition (2) wird die Beleuchtungsstärke auf einer senkrecht zur Strahlungsrichtung im Abstand r von der Lichtquelle liegenden Fläche:

$$E = \frac{\Phi}{\omega \cdot r^2} = \frac{I}{r^2}.$$ (9a)

Ein leuchtendes Flächenelement df (Abb. 5) beleuchte ein im Abstand r befindliches Flächenelement dF. Der Ausstrahlungswinkel von df sei ε, der Einfallswinkel auf dF sei i. Dann ist der Raumwinkel, unter dem dF von df aus erscheint: $d\omega = \dfrac{dF \cdot \cos i}{r^2}$ und der Raumwinkel, unter dem df von dF aus erscheint, $d\Omega = \dfrac{df \cdot \cos \varepsilon}{r^2}$. Die Beleuchtungsstärke auf dF ist dann

$$E = \frac{d\Phi}{dF} = \frac{d\Phi \cdot \cos i \cdot d\Omega}{df \cdot \cos \varepsilon \cdot d\omega}$$ (9b)

und nach Berücksichtigung der Gleichungen (5) und (8a)

$$E = \int B_\varepsilon \cdot \cos i \cdot d\Omega.$$ (9c)

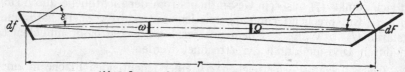

Abb. 5. Leuchtendes und beleuchtetes Flächenelement.

Die *spezifische Lichtausstrahlung* (Formelzeichen: R) einer leuchtenden Fläche f ist das Verhältnis des von dieser Fläche ausgestrahlten Lichtstromes zur Größe der leuchtenden Fläche (Flächenlichtstromdichte der Ausstrahlung).

$$R = \Phi/f.$$ (10)

Aus dem von dem Flächenelement df in das Raumwinkelelement $d\omega$ gelangenden Lichtstrom errechnet sich R nach (5) zu

$$R = \frac{d\Phi}{df} = \frac{1}{M} \int\int S_{\varepsilon,\lambda} \cdot V_\lambda \cdot \cos \varepsilon \cdot d\lambda \cdot d\omega = \int B_\varepsilon \cdot \cos \varepsilon \cdot d\omega.$$ (10a)

Diese Definitionsformeln besitzen vollkommene Analogie zu den entsprechenden Gleichungen für die Beleuchtungsstärke. Beide Grundgrößen, Beleuchtungsstärke und spezifische Lichtausstrahlung, sind dimensionsmäßig gleich. Der Unterschied zwischen diesen beiden Größen ist nur der, daß die spezifische Lichtausstrahlung die Flächenlichtstromdichte der leuchtenden Fläche, die Beleuchtungsstärke aber die der beleuchteten Fläche darstellt.

Die *Punkthelle* (Formelzeichen: P) ist die für den Helligkeitseindruck, der von sehr kleinen Lichtquellen hervorgerufen wird, maßgebende lichttechnische Größe. In Abschnitt c, Fall 1 (Abb. 4) wurde gezeigt, daß bei Lichtquellen, die dem Auge unter einem Betrachtungswinkel von weniger als etwa 1′ erscheinen, der Reiz des Netzhautelementes proportional der von der Lichtquelle in das Auge eingesandten Strahlungsleistung, also proportional dem in das Auge gelangenden Lichtstrom ist. Dieser Lichtstrom ist aber bestimmt durch die Größe der auf der Pupille des Auges erzeugten Beleuchtungsstärke und die Größe der Pupille selbst. Unter der Voraussetzung der Konstanthaltung der Pupillengröße beim photometrischen Vergleich wird daher die von einer sehr kleinen Lichtquelle auf der Augenpupille erzeugte Beleuchtungsstärke als ein Maß für die Punkthelle betrachtet.

Die *Belichtung* (Formelzeichen: L) ist das Produkt aus der auf einer Fläche vorhandenen Beleuchtungsstärke und der Zeit, innerhalb deren die Fläche beleuchtet ist:

$$L = E \cdot t. \tag{11}$$

Die Belichtung ist in einigen lichttechnischen Grenzgebieten von Bedeutung, bei denen Lichtempfänger benutzt werden, die die Strahlung nicht leistungs-, sondern energiemäßig bewerten (z. B. in der Photographie; s. auch Normblatt DIN 4519).

In dem Fall, daß die Beleuchtungsstärke E nicht konstant, sondern eine Funktion der Zeit t ist, muß geschrieben werden:

$$L = \int E \cdot dt. \tag{11a}$$

Die *Reflexion* (Formelzeichen: ϱ) eines Körpers ist das Verhältnis des von dem Körper zurückgestrahlten Lichtstromes $\varPhi_r$ zu dem eingestrahlten Lichtstrom $\varPhi_0$.

$$\varrho = \varPhi_r/\varPhi_0. \tag{12}$$

Man unterscheidet zwischen gerichteter Reflexion (ϱ_r), zerstreuter (diffuser) Reflexion (ϱ_d) [1] und gemischter Reflexion.

Die *Absorption* (Formelzeichen: α) eines Körpers ist das Verhältnis des von dem Körper absorbierten Lichtstromes $\varPhi_a$ zu dem eingestrahlten Lichtstrom $\varPhi_0$.

$$\alpha = \varPhi_a/\varPhi_0. \tag{13}$$

Die *Durchlässigkeit* (Formelzeichen: τ) eines Körpers ist das Verhältnis des von dem Körper durchgelassenen Lichtstromes $\varPhi_d$ zu dem eingestrahlten Lichtstrom $\varPhi_0$.

$$\tau = \varPhi_d/\varPhi_0. \tag{14}$$

Man unterscheidet zwischen gerichteter Durchlässigkeit (τ_r), zerstreuter (diffuser) Durchlässigkeit (τ_d) und gemischter Durchlässigkeit.

In der Photochemie wird der Kehrwert der Durchlässigkeit als „Opazität" (o) bezeichnet:

$$o = 1/\tau.$$

Als „Schwärzung" (S) photographischer Schichten wird der dekadische Logarithmus der Opazität definiert:

$$S = \log o = \log 1/\tau.$$

In der Optik sind entsprechende Größen in Gebrauch, die sich auf den Lichtverlust in optisch klaren Schichten innerhalb der Schicht selbst, also ohne Berücksichtigung von Reflexions- und Streuverlusten beziehen. Es sei $\varPhi_0'$ der (unmittelbar nach dem Eindringen gemessene) in die Schicht eintretende Lichtstrom und $\varPhi_d'$ der (unmittelbar vor dem Austritt gemessene) durchgelassene Lichtstrom, dann ist die „Extinktion" (E) definiert durch: $E = \log \varPhi_0'/\varPhi_d'$ oder: $\varPhi_d'/\varPhi_0' = 10^{-E}$. (Diese und die folgenden Definitionen sind sowohl unter Benutzung dekadischer als auch natürlicher Logarithmen in Gebrauch; dementsprechend unterscheidet man zwischen „dekadischer Extinktion" und „natürlicher Extinktion" usw.)

Ist d die Dicke der durchstrahlten Schicht, so ist $m = E/d$ der „Extinktionsmodul".

Bei Lösungen absorbierender Stoffe in einem nicht absorbierenden Medium ist der Extinktionsmodul der Konzentration (c) proportional: $m = c \cdot e$. Die Stoffkonstante e wird als „molarer Extinktionskoeffizient" bezeichnet (c wird in Mol/Liter angegeben). Es gilt also schließlich:

$$\varPhi_d'/\varPhi_0' = 10^{-m \cdot d} = 10^{-c \cdot e \cdot d}.$$

e) Einheiten.

Die messende Lichttechnik benötigt für die verschiedenen Grundgrößen Meßeinheiten. Diese werden mit Hilfe der sich aus den Definitionen zwischen

---

[1] Für die gestreute Reflexion bei parallelem Lichteinfall findet man gelegentlich noch die Bezeichnung „Albedo".

den verschiedenen Grundgrößen ergebenden Beziehungen von der für *eine* Grundgröße willkürlich festgelegten Primäreinheit abgeleitet.

An eine Lichtquelle, die als *Primärlichteinheit* dienen soll, muß man vor allem die Forderung stellen, daß ihre absolute Strahlungsintensität und ihre relative spektrale Energieverteilung überall und mit größter Genauigkeit reproduzierbar sind.

Als Einheitslampen wurden in den Anfängen der Photometrie verschiedene Arten von Kerzen verwendet, die jedoch wegen ihrer Ungleichmäßigkeit bald durch andere Verbrennungslichtquellen ersetzt wurden [1]. An Versuchen, mit Hilfe von Flammeneinheitslampen eine „absolute" Lichteinheit, d. h. eine Lichtquelle, die irgendwo nach genauen Vorschriften gebaut und benutzt, zu einer überall und jederzeit gleichen Meßgröße führt, herzustellen, hat es nicht gefehlt. Erwähnt sei die nach ihrem Erfinder genannte Carcellampe, die zuerst von Harcourt angegebene Pentanlampe und die von Methven vorgeschlagene älteste Konstruktion einer Leuchtgasnormallampe. Alle diese Lichtquellen erreichten nicht die Genauigkeit der Lichtwerte bei den vorgeschriebenen Brennbedingungen, die die von v. Hefner-Alteneck 1884 erfundene Amylazetatlampe besitzt. Sie repräsentiert noch heute in Deutschland und in einer Reihe anderer Länder (skandinavische Staaten, Österreich) die amtliche Lichteinheit. Auch die Bestrebungen, eine Lichteinheit durch die Emission glühender Körper (Platineinheiten von Violle, Petavel, Lummer, Siemens und Schwendler; Leuchtdichteeinheit des positiven Kraters von Reinkohlebogenlampen, z. B. Abney, Blondel; Strahlung des schwarzen Körpers bei einer bestimmten Temperatur nach Warburg, Ives, Waidner und Burgess) festzulegen, hatten bisher noch nicht zu einem endgültigen Ergebnis geführt. Erst in jüngster Zeit haben die Arbeiten zur Definition einer Lichteinheit durch die Leuchtdichte des schwarzen Körpers beim Erstarrungspunkt des Platins hauptsächlich durch die neueren Arbeiten von Waidner und Burgess [2] die Möglichkeit der Schaffung einer solchen Lichteinheit ergeben. Die einzelnen maßgebenden photometrischen Staatsinstitute haben Vergleichsmessungen an derartigen schwarzen Körpern durchgeführt. Auf Grund der erhaltenen Ergebnisse faßte das Comité International des Poids et Mesures (das ausführende Organ der sog. „Meterkonvention") am 26. 6. 1937 den Beschluß, ab 1. Januar 1940 eine „Neue Kerze" als internationale Lichteinheit einzuführen. Ihr Wert ist dadurch gegeben, daß die Leuchtdichte des schwarzen Körpers bei der Temperatur des erstarrenden Platins (sie liegt mit 2046° K in derselben Größenordnung wie die Farbtemperatur der Hefnerlampe) zu 60 neuen Kerzen je cm² festgesetzt wird. Der Wert dieser neuen Lichteinheit liegt zwischen dem der Hefnerkerze und der weiter unten beschriebenen sog. „internationalen" Kerze; und zwar ist bei der angegebenen Farbtemperatur eine neue Kerze etwa gleich 1,09 Hefnerkerzen und etwa gleich 0,98 „internationalen" Kerzen.

Die zurzeit amtliche deutsche Lichteinheit, die *Hefnerkerze* (Abkürzung HK) wird durch die von der *Hefnerlampe* unter genau vorgeschriebenen Brennbedingungen in horizontaler Richtung erzeugten Lichtstärke dargestellt.[3]

Die Hefnerlampe (Abb. 6) besteht im wesentlichen aus einem Behälter für das Amylazetat, aus einem Dochtrohr aus Neusilber mit einem Innendurchmesser von 8,0 mm und einem Außendurchmesser von 8,3 mm und einem Visier oder

---

[1] Ausführliche Angaben über die historische Entwicklung der Einheitslichtquellen . Liebenthal: Praktische Photometrie. Braunschweig 1907.

[2] Bur. Stand. Res. Pap. 1931 Nr. 325.

[3] Hefnerlampen werden seit 1893 von der Physikalisch-Technischen Reichsanstalt geprüft und beglaubigt.

einem optischen Flammenmesser zur Einstellung der vorgeschriebenen Flammenhöhe von 40 mm. Der Docht muß mit reinem Amylazetat ($C_7H_{14}O_2$) gesättigt sein. Die Arbeitsbedingungen der Lampe müssen sehr genau eingehalten werden. Das Brennen der Lampe ist stark von der Zusammensetzung der Luft abhängig. Die Lampe soll in ruhiger, kohlesäurefreier Luft von 760 mm Druck bei einem Feuchtigkeitsgehalt von 8,8 l auf 1 m³ gebrannt werden. Bei anderen Arbeitsbedingungen (Barometerstand b, Wassergehalt in l/m³ f, Kohlendioxydgehalt in l/m³ g) entspricht die Lichtstärke der Hefnerlampe:

$$[1,000 - 0,0055 (f - 8,8) + 0,00015 (b - 760) - 0,0072 (g - 0,75)] \text{ HK}.$$

Bei Beobachtung der notwendigen Sorgfalt läßt sich der Wert der HK mit einer Genauigkeit von etwa ± 1% reproduzieren.

Da das Arbeiten mit der Hefnerlampe recht umständlich ist, finden in der photometrischen Praxis fast nur noch Sekundärnormallampen (meist gut gealterte Wolframdraht- oder Kohlefadenlampen) Verwendung, die von dem Staatsinstitut an die Primärnormale angeschlossen sind.

In den angelsächsischen Ländern und in Frankreich gilt als Lichtstärkeeinheit die sog. „Internationale Kerze". Sie wird durch einige Sätze von sehr wenig benutzten Kohlefadenlampen, die in den Staatsinstituten von Amerika, England und Frankreich deponiert sind, repräsentiert. Wenn auch der Lichtstärkewert dieser Einheit ursprünglich von der Violleschen Platineinheit abgeleitet wurde (1 internationale Kerze sollte gleich $^1/_{20}$ Violleeinheit sein), so ist er doch heute nur durch die festgelegten Lichtstärkewerte der erwähnten Kohlefadenlampen dargestellt.

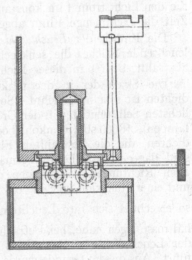

Abb. 6. Die Hefnerlampe.

Bei der Lektüre lichttechnischer Arbeiten anderer Länder muß stets beachtet werden, daß der Wert der internationalen Kerze mit dem der Hefnerkerze nicht übereinstimmt. Auch bei allen in folgendem aus der Lichtstärkeeinheit abgeleiteten anderen lichttechnischen Einheiten muß stets unterschieden werden, ob es sich um Hefnereinheiten oder sog. internationale Einheiten handelt. In allen Fällen, in denen Verwechslungsmöglichkeiten bestehen, ist es ratsam, alle von der Hefnerkerze abgeleiteten Einheiten durch das Vorsetzen eines H klar als Hefnereinheiten zu kennzeichnen.

Bei der ursprünglichen Festlegung der internationalen Kerze war ihr Größenverhältnis zu der Hefnerkerze durch:

$$1 \text{ internationale Kerze} = 1,11 \text{ Hefnerkerzen}$$

gegeben.

Die Verwendung verschiedenartiger photometrischer Meßmethoden bei dem Vergleich von Lampen verschiedener Lichtfarbe hat zur Folge gehabt, daß sich für das Verhältnis internationale Kerze zu Hefnerkerze für Lichtquellen einer von der der Kohlefadenlampen abweichenden Lichtfarbe andere Werte ergaben. Von der Internationalen Beleuchtungskommission wurden im Jahre 1928 für drei verschiedene Lichtfarben die in der Tabelle (im Anhang) angegebenen Umrechnungsfaktoren festgestellt.

Bei der Einführung der neuen Lichteinheit soll durch Vereinbarungen über die Meßmethoden eine einheitliche Bewertung verschiedenfarbiger Lichtquellen sichergestellt werden.

Die im folgenden mitgeteilten lichttechnischen Einheiten sind größtenteils international vereinbart. (Bei Zahlenangaben muß allerdings stets auf den Unterschied zwischen Hefnerkerze und internationaler Kerze geachtet werden.)

Die *Einheit* des *Lichtstroms* ist das *Lumen* (lm). Eine Lichtquelle, die in einem Raumwinkel von der Größe 1 überall gleichmäßig die Lichtstärke 1 HK besitzt, strahlt in diesem Raumwinkel den Lichtstrom von 1 lm aus. Eine Lichtquelle, die in allen Richtungen des Raumes gleichmäßig die Lichtstärke von n HK besäße, würde also einen Gesamtlichtstrom von $4 \pi n$ Hlm ausstrahlen.

Die Einheit der *Lichtmenge* ist die *Lumenstunde* (lmh). Eine Lichtquelle, die den Lichtstrom 1 lm konstant 1 Stunde lang ausgestrahlt hat, hat in dieser Zeit die Lichtmenge 1 lmh abgegeben.

Die Einheit der *Leuchtdichte* ist das *Stilb* (sb). Eine ebene, 1 cm² große leuchtende Fläche, die senkrecht zu ihrer Oberfläche die Lichtstärke 1 HK abstrahlt, besitzt in dieser Richtung die Leuchtdichte 1 sb = 1 HK/cm².

Die Skala der in der praktischen Lichttechnik vorkommenden Leuchtdichten ist sehr ausgedehnt. So liegen z. B. die Leuchtdichten der gebräuchlichsten Selbstleuchter in der Größenordnung von etwa 1000 sb (normale Glühlampen), 18000 sb (Reinkohlebogen) bis 100000 sb (Beckbogen). Die Leuchtdichten, die die bestrahlten Flächen (Fremdleuchter) dem Auge darbieten, sind dagegen größenordnungsmäßig niedriger. Stellt man sich z. B. eine in allen Richtungen vollkommen diffus reflektierende Fläche von 1 m² Größe und einer Reflexion von $\varrho = 0,6$ vor, auf die ein Lichtstrom von 1 lm auftrifft, so errechnet sich ihre Leuchtdichte zu [1]: $B = \dfrac{0,6}{\pi \cdot 10^4} \sim 0,00002\,\text{sb}$. Diese Verhältnisse legen nahe, bei Betrachtungen über Fremdleuchter eine Untereinheit der Leuchtdichte zu benutzen, die in diesem Bereich zu bequemen Zahlen führt. Aus diesem Grunde wurde als Untereinheit in Deutschland [2] das Apostilb (asb) eingeführt. Es ist definiert durch die Beziehung:

$$1\,\text{asb} = \frac{1}{10^4 \cdot \pi}\,\text{sb}.$$

Abweichend hiervon wird in Amerika auch eine andere Einheit der Leuchtdichte, das Lambert, benutzt. Es ist definiert als die Leuchtdichte einer vollkommen diffus mit dem Reflexionsvermögen $\varrho = 1$ reflektierenden Fläche, die mit 1 lm je cm² beleuchtet ist. Es ist also 1 Lambert $= \dfrac{1}{\pi}$ sb. Daneben wird als „praktische" Untereinheit das „Millilambert" ($^1/_{1000}$ Lambert) verwendet.

---

[1] Fällt auf die Fläche der Lichtstrom Φ auf, so wird $\varrho \cdot \Phi$ von der ebenen Fläche in den Halbraum reflektiert. Nach Formel (8a) wird die von der ideal diffusen Fläche f in alle Ausstrahlungswinkel gleichmäßig abgestrahlte Leuchtdichte: $B = \dfrac{\varrho \cdot \mathrm{d}\Phi}{f \cdot \cos \varepsilon \cdot \mathrm{d}\omega}$

oder: $\qquad \Phi = f/\varrho \cdot B \cdot \int \cos \varepsilon \cdot \mathrm{d}\omega.$

Nach (2a) wird aber: $\mathrm{d}\omega = 2\,\pi \cdot \sin \varepsilon \cdot \mathrm{d}\varepsilon$ und folglich

$$\Phi = \frac{\pi \cdot f}{\varrho} \cdot B \cdot \int 2 \cdot \sin \varepsilon \cdot \cos \varepsilon\, \mathrm{d}\varepsilon = \frac{\pi \cdot f}{\varrho} \cdot B\, [\sin^2 \varepsilon]_0^{\pi/2} = \frac{\pi \cdot f}{\varrho} \cdot B$$

oder: $\qquad\qquad\qquad B = \dfrac{\varrho \cdot \Phi}{\pi \cdot f} = \dfrac{\varrho}{\pi} \cdot E.$

[2] Noch nicht international angenommen. Für Überschlagsrechnungen in der praktischen Beleuchtungstechnik ergibt sich für diffus reflektierende Flächen die bequeme Faustformel:

Leuchtdichte in abs = Beleuchtungsstärke in lx × Reflexion der Fläche.

Schließlich ist in Amerika auch noch das „Footlambert" in Gebrauch (Leuchtdichte einer ideal diffus reflektierenden Fläche, die mit 1 lm je Quadratfuß
beleuchtet ist). Es gilt: 1 Footlambert = 1,076 Millilambert. Die Umrechnungsfaktoren zwischen den einzelnen Leuchtdichteeinheiten sind in der Tabelle
(im Anhang) angegeben. Diese Faktoren gelten naturgemäß nur für Umrechnungen von einer Hefnereinheit auf eine andere Hefnereinheit, bzw. von einer
internationalen Einheit auf eine andere internationale Einheit. Bei Übergang
von Hefner- auf internationale Einheiten oder umgekehrt müssen die Werte
der Tabelle (im Anhang) mit berücksichtigt werden.

Die Einheit der *Beleuchtungsstärke* ist das *Lux* (lx). Wird auf eine 1 m²
große Fläche ein Lichtstrom von 1 lm gleichmäßig verteilt, so liegt überall
auf dieser Fläche eine Beleuchtungsstärke von 1 lx. Aus Gleichung (9a) ergibt
sich, daß diese Definition des lx gleichwertig ist mit der folgenden: Eine Lichtquelle, die in einer bestimmten Ausstrahlungsrichtung die Lichtstärke 1 HK
besitzt, erzeugt in dieser Richtung in einer Entfernung von 1 m eine Beleuchtungsstärke von 1 lx.

Auch der Bereich der in der praktischen Lichttechnik auftretenden Beleuchtungsstärken ist so groß, daß es sich als zweckmäßig erwiesen hat, neben
dem Lux, das bei den meisten normalen Beleuchtungsaufgaben benutzt wird,
eine zweite Einheit für höhere Beleuchtungsstärken einzuführen. Man benutzt
bei sehr hohen Beleuchtungsstärken, wie sie z. B. in der Optik bei der Abbildung
von Selbstleuchtern auftreten, den auf 1 cm² fallenden Lichtstrom als Einheit
der Beleuchtungsstärke und bezeichnet diese als 1 Phot (ph):

$$1 \text{ Phot} = \frac{1 \text{ lm}}{1 \text{ cm}^2} = 10^4 \text{ lx}.$$

Das Phot wird infolge der dimensionellen Gleichheit zwischen spezifischer
Lichtausstrahlung und Beleuchtungsstärke auch als Einheit der spezifischen
Lichtausstrahlung benutzt.

In den angelsächsischen Ländern ist die auf den Quadratfuß bezogene
Einheit der Beleuchtungsstärke, das Foot-Candle, sehr gebräuchlich:

$$1 \text{ Foot-Candle} = \frac{1 \text{ lm}}{1 \text{ Quadratfuß}} = 10,764 \text{ lx} = 1,0764 \text{ Milliphot}.$$

Die Umrechnungsfaktoren zwischen den verschiedenen Einheiten der Beleuchtungsstärke sind in einer Tabelle (im Anhang) zusammengestellt. Diese
Faktoren gelten naturgemäß nur für Umrechnungen von einer Hefnereinheit auf
eine andere Hefnereinheit bzw. von einer internationalen Einheit auf eine andere
internationale Einheit.

Die Einheit der *Belichtung* ist die *Luxsekunde* (lxs). Eine Fläche, die mit
einer Beleuchtungsstärke von 1 lx beleuchtet ist, erhält in der Zeit von 1 s die
Belichtung 1 lxs.

f) Die Verbindungsgrößen zwischen Licht-
technik und Physik der Strahlung.

Die in Abschnitt d) definierten lichttechnischen Grundgrößen sind physiologische Größen, zu deren Messung nur die Hellempfindlichkeit des menschlichen
Auges als Kriterium benutzt wird. Die in Abschnitt e) angegebenen Maßeinheiten
der einzelnen Grundgrößen sind daher ebenfalls physiologische Einheiten.
Die bei lichttechnischen Messungen gefundenen Zahlenwerte besagen also nur
etwas über die Bewertung der der Messung unterzogenen Lichtstrahlung durch
das Auge. Sie sagen aber nichts aus über die physikalische Intensität und
Zusammensetzung dieser Strahlung.

Die Brücke zwischen lichttechnischen und physikalischen Größen wird durch das „mechanische Lichtäquivalent" oder das „photometrische Strahlungsäquivalent" geschlagen. Bereits unter c) wurde erwähnt, daß das Auge Licht verschiedener Wellenlängen bei gleicher auftreffender Strahlungsdichte verschieden bewertet und zwar gemäß der empirisch ermittelten spektralen Hellempfindlichkeit V_λ. Die Werte der spektralen Hellempfindlichkeit (Tabelle im Anhang) werden in Bruchteilen der als Bezugswert gleich Eins gesetzten maximalen Hellempfindlichkeit (bei $\lambda = 555$ mμ) angegeben.

Als „*Mechanisches Lichtäquivalent*" (Formelzeichen: M) wird das Verhältnis einer bei der Wellenlänge maximaler Hellempfindlichkeit ($\lambda = 555$ mμ) abgegebenen monochromatischen Strahlungsleistung zu dem von ihr erzeugten Lichtstrom bezeichnet:

$$M = \frac{N_{\lambda = 555}}{\Phi_{\lambda = 555}}. \tag{15}$$

Das mechanische Lichtäquivalent ist also eine Konstante, deren Wert nur durch das Verhältnis der willkürlich festgelegten physikalischen und lichttechnischen Grundeinheiten bestimmt ist. Er beträgt nach neueren Messungen [1] etwa 0,00144 W/lm, sein Kehrwert $1/M = 694$ lm/W.

Als „*Photometrisches Strahlungsäquivalent*" (Formelzeichen: K_λ) einer monochromatischen Strahlung wird das Verhältnis zwischen dem bei der betreffenden Wellenlänge ausgestrahlten Lichtstrom und der ihn erzeugenden Strahlungsleistung bezeichnet.

$$K_\lambda = \Phi_\lambda / N_\lambda. \tag{16}$$

Für $\lambda = 555$ mμ nimmt also K_λ den reziproken Wert des mechanischen Lichtäquivalentes M an. Für alle anderen Wellenlängen unterscheidet sich K_λ von $1/M$ um den Wert der spektralen Hellempfindlichkeit für die betreffende Wellenlänge:

$$K_\lambda = V_\lambda / M. \tag{16a}$$

Das photometrische Strahlungsäquivalent ist ein Maß für die photometrische Wirksamkeit einer monochromatischen Strahlung. Sein Wert wird meist in lm/W angegeben (s. auch Tabelle im Anhang). Er beträgt also für $\lambda = 555$ mμ nach den derzeit bekannten Bestimmungen des mechanischen Lichtäquivalentes etwa 694 lm/W.

Bei einer nicht monochromatischen Strahlung ist der von der spektralen Zusammensetzung abhängige „Visuelle Nutzeffekt" (Formelzeichen: W) das Maß des photometrischen Wirkungsgrades der betreffenden Strahlung [2]. Er ist definiert als das Verhältnis des von der betreffenden Strahlung erzeugten Lichtstromes zu der diesen hervorrufenden physikalischen Strahlungsleistung.

$$W = \frac{\Phi}{N} = \frac{\int K_\lambda \cdot N_\lambda \cdot d\lambda}{\int N_\lambda \cdot d\lambda}. \tag{17}$$

Neben dieser auf die Gesamtstrahlung bezogenen Wirkungsgröße wird gelegentlich noch eine nur auf das von der Hellempfindlichkeitskurve abgegrenzte Spektralgebiet von $400 \ldots 750$ mμ bezogene, der „Visuelle Nutzeffekt der sichtbaren Strahlung" (W_s) benutzt.

$$W_s = \frac{\int_{400}^{750} K_\lambda \cdot N_\lambda \cdot d\lambda}{\int_{400}^{750} N_\lambda \cdot d\lambda}. \tag{18}$$

---

[1] Lax, E.: Der Wert des mechanischen Lichtäquivalents. Licht **5** (1935) 76—77.

[2] Der Begriff des „Visuellen Nutzeffektes" wurde gleichzeitig von A. R. Meyer [Verh. dtsch. physik. Ges. **17** (1915) 384] und Lummer eingeführt. Lummer (Grundlagen, Ziele und Grenzen der Leuchttechnik. 188ff. München 1918) gebrauchte dafür die heute nicht mehr übliche Bezeichnungsweise „Photometrische Ökonomie". Auch die Größe $\frac{\int V_\lambda N_\lambda \, d\lambda}{\int N_\lambda \, d\lambda}$ findet sich in der Literatur als „visueller Nutzeffekt".

Dividiert man W durch W_s, so erhält man eine Größe, die angibt, wie groß der im sichtbaren Gebiet emittierte Anteil der Gesamtstrahlung ist. Sie wird als der „*Optische Nutzeffekt*" (*O*) der betreffenden Strahlung bezeichnet [1].

$$O = \frac{W}{W_s} = \frac{\int\limits_{400}^{750} N_\lambda \cdot d\lambda}{\int\limits_0^\infty N_\lambda \cdot d\lambda}. \tag{19}$$

Der visuelle Nutzeffekt vergleicht die physikalische Strahlungsleistung mit der von ihr erzeugten Lichtleistung ohne Berücksichtigung der bei der Strahlungserzeugung (z. B. durch Wärmeableitung) auftretenden technischen Leistungsverluste. Bei dem praktischen Vergleich der Leistungsfähigkeit verschiedener Lichtquellen müssen aber diese Verluste von der Größe, die den Wirkungsgrad einer Lichtquelle kennzeichnen soll, erfaßt werden.

Die „*Lichtausbeute*" (Formelzeichen: η) einer Lichtquelle ist daher definiert als das Verhältnis der von ihr erzeugten Lichtleistung zu der gesamten von ihr verbrauchten physikalischen Leistung (N).

$$\eta = \Phi/N. \tag{20}$$

Bei elektrischen Lichtquellen wird η in lm/W gemessen [2]. Bei Verbrennungslichtquellen ist es üblich, η in Lumen für die Einheit des Brennstoffverbrauches je Zeiteinheit (am einwandfreisten in lm je cal/s) auszudrücken.

---

[1] LUMMER (zit. S. 206) benutzte hierfür den Ausdruck „Energetische Ökonomie".

[2] Man findet heute noch gelegentlich in der Literatur die früher für den technischen Wirkungsgrad elektrischer Lichtquellen gebräuchliche Größe, den sog. „spezifischen Verbrauch", der in W/HK gemessen wurde.

B. Lichtquellen.

B 1. Tageslicht.

Von

ELLEN LAX·Berlin.

Mit 4 Abbildungen.

a) Sonnenlicht.

Die Zusammensetzung und die Größe der Sonnenstrahlung, die die Erdoberfläche erreicht, wechseln mit dem Sonnenstand und der Bewölkung. An der Grenze der Atmosphäre hat die senkrecht einfallende Strahlung bei mittlerer Sonnenentfernung einen Wert von 1,93 gcal · cm^{-2} · min^{-1} (0,136 W cm^{-2}). Man nennt diese Größe die *Solarkonstante*. Die die Erdoberfläche erreichende Strahlung erreicht höchstens einen um 25% geringeren Wert. Diese Strahlung erstreckte sich, wie die spektrale Zerlegung zeigt, über das Wellenlängenbereich von 295…13500 mµ. Die Intensitätsverteilung entspricht im sichtbaren Gebiete, wenn man von den Stellen, die durch Absorption geschwächt sind, absieht etwa der der Strahlung eines auf 5900° K erhitzten Hohlraumes (vgl. B 2, S. 62 f.). Die Leuchtdichte der Sonne ist etwa 100000—150000 sb.

Der Entstehungsort für die uns von der Sonne zugesandte Strahlung ist die Sonnenphotosphäre. Über dieser lagert eine Schicht von Gasen und Dämpfen, in der die Dichte so gering ist, daß sich die charakteristischen Strahlungseigenschaften der dort vorhandenen Atome bemerkbar auswirken. Die Atome der einzelnen Elemente absorbieren aus der Strahlung alle die Frequenzen, durch die sie angeregt oder ionisiert werden können (vgl. B 2, S. 69 f.). Es sind dies in vielen Fällen nicht die Linien der Resonanzserie des Atomes, sondern, da infolge der hohen Temperatur viele Atome angeregt und andere mit kleiner Ionisationsspannung ein- oder mehrfach ionisiert sind, auch Linien angeregter Atome und Ionen. Die durch die Strahlung angeregten Atome strahlen die aufgenommene Energie kugelsymmetrisch wieder ab, die Energie des gerichteten Strahls wird infolgedessen an den Absorptionsstellen geschwächt. Aus den auf dem helleren Untergrund erscheinenden dunklen Absorptionslinien, die im Sonnenspektrum „Frauenhofersche Linien" genannt werden, lassen sich die in der äußersten Schicht der Sonnenatmosphäre vorhandenen Elemente nachweisen [1]. Zu diesen durch die äußeren Sonnenschichten bedingten Absorptionsstellen kommen die durch die Erdatmosphäre hervorgerufenen. Ganz absorbiert wird durch die sich in 50 km Höhe in der Atmosphäre befindende Ozonschicht das jenseits 2950 Å liegende kurzwellige Gebiet [2]. Im kurzwelligen Ultrarot sind Absorptionsbanden, die von Wasserdampf und Kohlensäure herrühren, terrestrischen Ursprungs. Weiter wird die langwellige Strahlung jenseits

---

[1] Für Angaben über die Zusammensetzung der Sonnenatmosphäre vgl. H. N. RUSELL: On the Composition of the Suns Atmosphere. Astrophys. J. **70** (1929) 11—82, außer den dort genannten Elementen sind jetzt noch P, S, Yb und Cp nachgewiesen.

[2] Nach E. MEYER, M. SCHEIN u. B. STOLL: Über eine neue ultraviolette Sonnenstrahlung. Helv. Acta **7** (1937) 93 läßt sich im UV bei etwa 2250 Å nochmals ein Anstieg der Sonnenstrahlung feststellen (Absorptionslücke zwischen den Ozonbanden und den anschließenden Sauerstoffbanden).

13500 mμ von der Erdatmosphäre vollständig absorbiert[1]. Eine Tabelle (im Anhang) gibt die Lage und Zuordnung der bekanntesten Frauenhoferschen Linien wieder. Wie im Kapitel Lichterzeugung (B 2, S. 77) auseinandergesetzt, streuen Gasmoleküle unter gewissen Verhältnissen eine sie durchsetzende Strahlung. Bei den in der Atmosphäre herrschenden Bedingungen wird diese „Rayleigh"sche Streuung so stark, daß wir einen erheblichen Teil des Tageslichtes vom Himmel zugestrahlt erhalten. Wie hoch der Anteil des Himmelslichtes für verschiedene Sonnenhöhe ist, zeigt z. B. eine Tabelle (im Anhang). Da die Größe der gestreuten Strahlung der 4. Potenz der Schwingungsfrequenz proportional ist, erscheint uns das Himmelslicht blau.

An den kleinen Wasserteilchen der Wolken ist der Lichtstreuungsvorgang wesentlich anders, an ihnen findet durch Reflexion und Beugung eine Richtungsänderung der

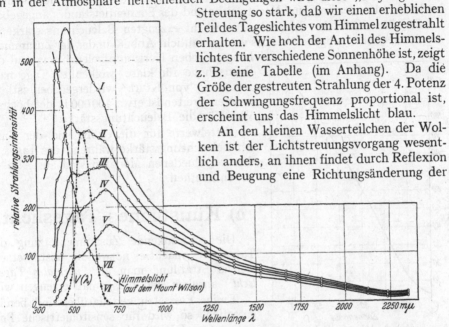

Abb. 7. I Intensitätsverteilung im Sonnenspektrum außerhalb der Atmosphäre. II Intensitätsverteilung bei einem Zenitabstand von 25°. III Intensitätsverteilung bei einem Zenitabstand von 60°. IV Intensitätsverteilung bei einem Zenitabstand von 70,7°. V Intensitätsverteilung bei einem Zenitabstand von 78,7°. VI Hellempfindlichkeit des Auges. VII Intensitätsverteilung des Himmelslichtes nach Messungen auf dem Mount Wilson, Kalifornien. (Nach KIMBALL[3].)

Strahlung statt, die Strahlungszusammensetzung bleibt annähernd erhalten. Sind in der Atmosphäre sehr feine Dunst- und Staubteilchen vorhanden, so tritt eine stärkere Abbeugung des kurzwelligeren Strahlungsteiles auf. Da meist über der Erdoberfläche eine Dunstschicht lagert, ist das Licht der am Horizont stehenden Sonne reich an „roter" Strahlung. Die Farbtemperatur (vgl. B 2, S. 66) des Sonnenlichtes ist 15 min nach Sonnenaufgang nur 1700° K, das Licht hat also eine Farbe wie das Kerzenlicht.

Einen Überblick über die Schwankungen der Farbe des Tageslichtes gibt eine Tabelle (im Anhang), in der die von TAYLOR[2] festgestellten Farbtemperaturen des Tageslichtes bei verschiedenen Wetterverhältnissen wiedergegeben sind. Abb. 7 zeigt die Intensitätsverteilung im Spektrum der Sonnenstrahlung. In Kurve I ist die von ABBOT errechnete Verteilung außerhalb der Atmosphäre in den Kurven II—V die Verteilung bei einem Sonnenabstand vom Zenit von 25°, 60°, 70,7°, 78,7°, wie sie von KIMBALL[3] aus den Werten für die mittlere Durchlässigkeit der Atmosphäre in Washington errechnet wurde, wiedergegeben. Außerdem ist die Intensitätsverteilung für das blaue Himmelslicht und die Hellempfindlichkeitskurve $V(\lambda)$ des Auges eingezeichnet[4].

[1] ADEL, A. u. V. M. SLIPHER: FRAUNHOFERS Spectrum in the Interval from 77000 bis 110000 Å. Astrophys. J. 84 (1936) 354/358.

[2] TAYLOR: The Colour of Daylight. Trans. Ill. Eng. S. 25 (1930) Nr. 2, 154—171.

[3] Zusammenstellung bei KIMBALL: The Distribution of Energy in the Visible Spectrum of Sunlight, Skylight and the Total Daylight, Rec. d. Travaux, Commission Internationale de l'Eclairage, 7. Sec. Saranac Inn. Sept. 1928.

[4] Vgl. für weitere Daten: Handbuch der Astrophysik. Berlin 1933.

b) Dauer der Sonnenbestrahlung auf der Erde; Beleuchtungsstärke.

Nach S. W. Boggs[1] ist in einer Tabelle (im Anhang) die Dauer der Sonnenbestrahlung für geographische Breiten von 60° und 30° zur Zeit des Sonnenhöchststandes, der Tag- und Nachtgleiche und des Sonnentiefstandes angegeben.

Für die Größe der durch das Tageslicht erzeugten Beleuchtungsstärke ist die Sonnenhöhe maßgebend. Dies veranschaulicht Abb. 8, in der der Zusammenhang zwischen Horizontalbeleuchtung und der Sonnenhöhe für klare, wolkenlose Tage nach Rechnung von Kühl[2] wiedergegeben ist. In unseren Breiten ist etwa 100000 lx der höchste Wert für die Beleuchtungsstärke.

Mittelwerte für die Größe und der Gang der Beleuchtungsstärke während des Tages in den verschiedenen Monaten sind aus Abb. 9[2] zu entnehmen.

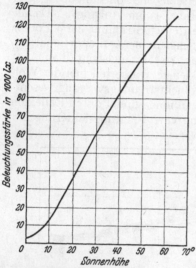

Abb. 8. Abhängigkeit der Horizontalbeleuchtung im Freien von der Sonnenhöhe.

c) Künstliches Tageslicht.

Die schwankende Zusammensetzung des Tageslichts macht es notwendig, festzusetzen, welche Strahlung man als „normales Tageslicht" ansehen und demgemäß erzeugen will.

Einige Festsetzungen darüber sind bereits getroffen, so wird für sensitometrische Prüfungen (vgl. DIN 4512) eine Strahlung, die der der Sonnenstrahlung am Mittag entspricht, vorgeschrieben (s. S. 57).

Ferner hat die Internationale Beleuchtungskommission für Farbprüfungen die Verwendung von Licht, das in seiner Zusammensetzung der Strahlung eines auf 4800° K oder 6000° K erhitzten Hohlraumes entspricht, empfohlen (s. S. 62f.).

In technischen Betrieben, in denen die Farbe der Erzeugnisse geprüft wird, nimmt man die Prüfung vielfach in Räumen mit nach Norden gelegenen Fenstern vor. Bei dieser Lage hat man dann, da selten wolkenloser Himmel vorhanden ist, ein Tageslicht von etwa 6500...7000° K Farbtemperatur.

Sobald es sich, wie in den vorgenannten Fällen um Prüfungen handelt, die je nach der spektralen Verteilung der Strahlung verschieden ausfallen, ist es nötig, stets bei spektralgleichem Licht zu arbeiten, man muß hier das Tageslicht durch ein „physikalisch" gleiches Licht ergänzen. In anderen Fällen ist es jedoch nicht nötig, das Spektrum der als Ersatz für Tageslicht benutzten Lichtquelle vollständig dem des Tageslichtes anzugleichen; z. B. wird es in Räumen, die nicht vollständig vom Tageslicht erhellt werden, zur Vermeidung des unangenehmen Zwielichtes vollständig genügen, für die Zusatzbeleuchtung eine Lichtquelle, deren Lichtfarbe der des Tageslichts entspricht, zu verwenden.

---

[1] Boggs, S. W.: Geograph. Rev. New York **21** (1931) 656—669. Nach Ref. von O. Baschin: Räumliche und zeitliche Verteilung der Helligkeit auf der Erde. Naturwiss. **20** (1932) 23.
[2] Aus H. G. Frühling: Die Beleuchtung von Innenräumen bei Tageslicht. Licht u. Lampe **15** (1926) 863. Vgl. auch W. Kunerth u. R. D. Miller: Visible and Ultraviolet in the Light obtained from the Sun. Trans. Illum. Engng. Soc. **28** (1933) 347—353.

Betrachten wir nun die Möglichkeiten, künstliches Tageslicht herzustellen, so sehen wir, daß es mit einer „einfachen" Lichtquelle nicht möglich ist, ein Licht gleicher spektraler Zusammensetzung wie das Tageslicht herzustellen. Die vorhandenen Lichtquellen, die kontinuierliche Spektren haben (feste Körper als Strahler), lassen eine Erhitzung auf höchstens 3500° K zu. Höhere Temperaturen lassen sich zwar in der Gasentladung erzielen (vgl. B 3, S. 106), die von Gasen ausgesandte Strahlung weicht jedoch stark von der spektralen Zusammensetzung der Strahlung eines Hohlraumes ab.

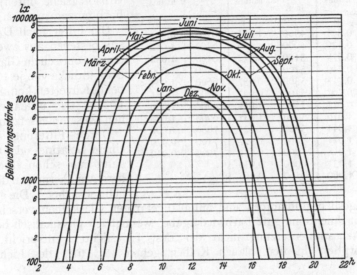

Abb. 9. Täglicher Verlauf der Horizontalbeleuchtung im Freien (Monatsmittel).

Zur Herstellung eines spektralrichtigen Tageslichtes geht man von einer Lichtquelle mit kontinuierlichem Spektrum — einer Glühlampe — aus, und gleicht durch selektive Absorption das Spektrum dem des Tageslichtes an, schwächt also den langwelligen Teil der Strahlung ab. Dazu kann man *Farbenfilter* oder *Rotationsdispersionsfilter* (vgl. C. 2) benutzen. Filterlösungen zur Angleichung der Strahlung von Wolframglühlampen bestimmter Farbtemperatur an Strahlungen des schwarzen Körpers bei Temperaturen zwischen 3000 und 10000° K sind von DAVIS und GIBSON[1] angegeben.

Die genormten Lichtquellen bestehen aus folgenden Kombinationen von Glühlampen und Filtern:

Sensitometerlichtquelle. Die Wolframlampe — sog. Sensitometerlampe — wird auf eine Farbtemperatur (B 2, S. 66) von 2360° K eingestellt und mit folgendem Filter benutzt:

1. 1 cm dicke Schicht einer Lösung aus 3,707 g Kupfersulfat ($CuSO_4 \cdot 5\ H_2O$), 3,707 g Mannit ($C_6H_8(OH)_6$), 30,0 cm³ Pyridin (C_5H_5N) mit destilliertem Wasser auf 1 l aufgefüllt.

2. 1 cm dicke Schicht einer Lösung aus 26,827 g Kobalt-Ammonium-Sulfat ($Co(NH_4)_2(SO_4)_2 \cdot 6\ H_2O$), 27,18 g Kupfersulfat ($CuSO_4 \cdot 5\ H_2O$), 10,0 cm³ Schwefelsäure (spez. Gewicht 1,835) mit destilliertem Wasser auf 1 l aufgefüllt.

Die Annäherung der spektralen Zusammensetzung an die mittlere Sonnenstrahlung ist, wie nachstehende Tabelle zeigt, gut.

---

[1] DAVIS, R. und K. S. GIBSON: Filters for the Reproduction of Sunlight and Daylight and the Determination of Colortemperature. Misc. Public. Bur of Stand. **114** (1931).

Normallichtquelle B nach der Internationalen Beleuchtungskommission. Gasgefüllte Wolframglühlampe, eingestellt auf eine Farbtemperatur von 2848° K, mit vorgesetztem Filter nach DAVIS-GIBSON (Zusammensetzung siehe unten) (erzielte Farbtemperatur etwa 4800° K).

Normallichtquelle C. Glühlampe wie unter *B*, mit vorgesetztem Filter nach DAVIS-GIBSON (siehe unten) (erzielte Farbtemperatur etwa 6000° K).

Die Filter nach DAVIS-GIBSON bestehen aus zwei Küvetten aus optischem Glas für eine Schichtdicke von je 10 mm. In beide Küvetten kommt je eine Lösung der unten angegebenen Zusammensetzung.

Durch Filterung mit nur einem Gelatine- oder Glasfilter kann man schon eine brauchbare Annäherung an das Tageslicht erreichen[1]. Die gebräuchlichen Tageslichtglühlampen sind mit blaugefärbten Glaskolben versehen, man erhält mit ihnen eine gute Farbwiedergabe, wenngleich physikalisch betrachtet die Lichtzusammensetzung nicht der des Tageslichtes entspricht. Durch die Absorption in den blauen Kolben gehen 35...40% des Lichtstromes verloren.

Verhältnis der Intensität der Strahlung der „Sensitometrie Normallichtquelle" zu der der mittleren Sonnenstrahlung am Mittag.

Wellenlänge in Å	Verhältnis	Wellenlänge in Å	Verhältnis	Wellenlänge in Å	Verhältnis
3600	0,304	4900	1,065	6200	0,991
3700	0,426	5000	1,020	6300	1,012
3800	0,579	5100	0,972	6400	1,032
3900	0,749	5200	0,939	6500	1,060
4000	0,715	5300	0,957	6600	1,074
4100	0,767	5400	0,997	6700	1,081
4200	0,871	5500	1,014	6800	1,069
4300	1,016	5600	1,031	6900	1,038
4400	1,044	5700	1,021	7000	1,008
4500	1,021	5800	0,997	7100	0,979
4600	1,018	5900	0,977	7200	0,940
4700	1,031	6000	0,959		
4800	1,060	6100	0,968		

1. Lösung[1]	Lichtquelle B	Lichtquelle C	2. Lösung	Lichtquelle B	Lichtquelle C
Kupfersulfat .	2,452 g	3,412 g	Kobaltammoniumsulfat	21,71 g	30,58 g
Mannit . . .	2,452 g	3,412 g	Kupfersulfat	16,11 g	22,52 g
Pyridin . . .	30,0 cm³	30,0 cm³	Schwefelsäure (spez. Gew. 1,835)	10,0 cm³	10,0 cm³

Die Lösungen werden mit destilliertem Wasser auf 1000,0 cm³ aufgefüllt.

[1] Die Haltbarkeit dieser Lösung ist beschränkt; sie muß nach 2...3 Monaten neu angesetzt werden.

Eine Veränderung der Strahlungszusammensetzung kann man auch durch Anwendung von farbig reflektierenden Flächen erreichen. Bei dieser Art von Farbänderung des Lichtstromes sind die Verluste sehr groß.

Bei Kohlebogenlampen mit Dochtkohlen (vgl. B 6, S. 135 f.) kann man die Leuchtsatzzusätze so abstimmen, daß Flammen- und Kraterlicht zusammen eine Intensitätsverteilung, die der des Tageslichtes annähernd entspricht, zeigen.

Nach Messung von W. C. KALB[2] hat z. B. eine Gleichstromhochintensiv-Bogenlampe mit rotierender positiver Dochtkohle (9...16 mm) und negativer,

---

[1] Für Filter vgl. die Kataloge von Agfa, Kodak usw. Zusammenstellung auch in E. LAX u. M. PIRANI: Künstliches Tages- und Sonnenlicht. Report Nr. 50, Internat. Congress on Illumination, 1931.

[2] KALB, W. C.: Characteristics and Uses of Carbon-Arc. Electr. Engng. **53** (1934) 1173; **56** (1937) 319. — Weitere Angaben GREIDNER, C. E. u. A. C. DOWNES: Physical Characteristics of Sunshine and its Substitutes Trans. Illum. Engng. Soc. **26** (1931) 531.

mit Kupfermantel versehener Kohle (Bogenspannung 45...90 V, Stromstärke 60...190 Amp.), bei der das Licht von der Flamme (30%) und dem Krater ausgesandt wird, eine Farbtemperatur von etwa 5500° K. Abb. 10 zeigt die spektrale Intensitätsverteilung und zum Vergleich die des normalen Sonnenlichtes.

Da Farben im allgemeinen flach verlaufende spektrale Rückwurfkurven haben, lassen sich Farbunterschiede nicht wahrnehmen, wenn man anstatt mit einer Lichtquelle mit kontinuierlichem Spektrum mit einer Lichtquelle mit diskontinuierlichem, aber stark aufgefülltem Spektrum, dessen Intensitätsverlauf dem des kontinuierlichen Spektrums entspricht, beleuchtet. Spektren mit vielen Banden lassen sich, wie in B 2, S. 74 ausgeführt, mit mehratomigen Molekülen

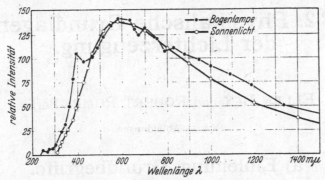

Abb. 10. Intensitätsverteilung im Spektrum einer Gleichstrom-Hochintensivbogenlampe (Durchmesser der positiven Kohle 13,6 mm. Stromstärke 125 Amp., Spannung 80 V) und der Sonne.

erzeugen. Es hat sich vor allem das Spektrum der bei Zersetzung der Kohlensäure in der elektrischen Entladung entstehenden Moleküle als geeignet erwiesen. Das Spektrum zeigt eine Verteilung, deren gemittelter Verlauf einer Farbtemperatur von etwa 6500° K entspricht.

Mit Kohlensäure als Füllung werden zwei verschieden große Tageslichtapparaturen hergestellt. Beschrieben sind diese Lampen in B 9, S. 199f. Die CO_2-Tageslichtlampen werden in manchen Fällen, wenn man den Wechsel im Farbton des Tageslichtes vermeiden will, ausschließlich bei Farbprüfungen verwandt.

Mit Ausnahme der Kohlebogenlampe, die jedoch nur als große Lichtstromeinheiten vorhanden sind, haben die bisher beschriebenen Lichtquellen für künstliches Tageslicht eine schlechte Lichtausbeute, man wird sie also nur im beschränkten Maße anwenden. Mit guter Lichtausbeute lassen sich dagegen Beleuchtungen in Tageslichtfarbe durch Mischungen von Lichtströmen komplementärer Farbtöne herstellen. – In den sog. Mischleuchten sind solche Lichtquellen vereinigt. – Das an langwelliger Strahlung reiche Glühlampenlicht, das uns rötlichgelb erscheint, erhält durch Zumengung des uns bläulich erscheinenden Lichtes der Quecksilberlampe einen weißen Farbton. Ebenso entsteht ein weißes Licht durch Mischung aus dem roten Licht der Neonlampe und dem blauen Licht der Quecksilberlampe. Auf diese Weise erhält man die Tageslichtfarbe am besten bei Mischung des Lichtes einer Quecksilberhochdrucklampe entweder mit dem Licht von Glühlampen im Lichtstromverhältnis 1 : 1, oder mit dem Licht einer Neonentladungsröhre im Verhältnis 5 : 1 [1]. Die Lichtausbeute dieses Mischlichtes ist gut, sie errechnet sich aus der Lichtausbeute der benutzten Lampen (vgl. die Tabelle mit den lichttechnischen Daten im Anhang).

---

[1] SUMMERER, E.: Farbiges Licht, Mischlicht und angenähertes künstliches Tageslicht. Licht 5 (1935) 152. — TAYLOR, A. H. and G. P. KERR: Characteristic of Light from Mercury Lamps Alone and in Combination with Tungsten Lamps. Gen. electr. Rev. 39 (1936) 342.

Eine andere Art von Mischlicht wird mit den Luminophorröhren (vgl. B 10, S. 208 f.) erzeugt. Hier kommt zu der eigentlichen Strahlung der Gasentladung die der Leuchtstoffe, die auf der Glaswand der Röhre oder auf weiteren Hüllen angebracht werden. Da die spektrale Lage der Emissionsgebiete der Luminophore von der Zusammensetzung und der Vorbehandlung der Leuchtstoffe abhängt, kann man sie so auswählen, daß sie eine Strahlung aussenden, deren Farbton jeweils komplementär zu dem der Strahlung des Gasentladungsrohres liegt. Auch auf diese Weise erhält man weißes Licht mit einer guten Lichtausbeute.

B 2. Physikalische Grundlagen der Lichterzeugung.

Von

Ellen Lax und Robert Rompe-Berlin.

Mit 35 Abbildungen.

a) Einleitung. Grundbegriffe.

Einige der Größen, die für die Strahlung und das Verhalten der Körper beim Auftreffen von Strahlung sowie für die Lichterzeugung kennzeichnend sind, seien einleitend aufgeführt.

Als *Licht* empfinden wir elektromagnetische Strahlung der Wellenlängen von $\lambda = 400 - 700$ mµ bzw. der Frequenzen $\nu = 4{,}3 \cdot 10^{14} - 7{,}5 \cdot 10^{14}$, also nur einen sehr schmalen Bereich des Gesamtspektrums der elektromagnetischen Wellen (Abb. 11). Die elektromagnetische Strahlung pflanzt sich im Vakuum mit einer Geschwindigkeit von $2{,}9996 \times 10^{10}$ cm/s fort.

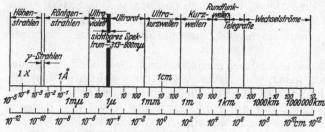

Abb. 11. Einteilung und Wellenlänge der elektromagnetischen Wellen.

Haben wir irgendeine Strahlungsquelle, so ist für die uns zugesandte Strahlung die Größe des Strahlungsflusses durch die Projektion der Begrenzungsfläche der Strahlungsquelle in der Betrachtungsrichtung maßgebend. Messen wir für die von einem endlichen, jedoch kleinen Flächenelement $\Delta\sigma$ in den Raumwinkel $\Delta\omega = \sin\vartheta\,\Delta\vartheta\,\Delta\varphi$ [1] in einer Richtung ϑ, φ in der Zeit Δt ausgesandte Strahlung einen Wert J, so ist dieser gleich $K\sin\vartheta\cos\vartheta\,\Delta\varphi\,\Delta\vartheta\,\Delta\sigma\,\Delta t$; der Proportionalitätsfaktor K ist die „*spezifische Helligkeit*". Der Gesamtstrahlungsfluß durch das ebene Flächenelement ist, falls K von ϑ unabhängig ist $\pi K\,\Delta\sigma\,\Delta t$. K hat die Dimension einer Leistung pro Flächeneinheit, also erg/(cm² · s) = W/cm². Mißt man die Energie nur in einem kleinen Schwingungsbereich $\Delta\nu$, so kann man die Größe gleich $K_\nu\,\Delta\nu\cdot\cos\vartheta\,\Delta\sigma\,\Delta\omega\,\Delta t$ setzen, den Proportionalitätsfaktor K_ν bezeichnet man als Intensität der Strahlung

---

[1] ϑ Winkel zwischen Flächennormale und Ausstrahlungsrichtung.

im Bereich von v bis $v + \varDelta v$. Die Intensität K, hat, da $\varDelta v$ die Dimension 1/s hat, die Dimension erg/(cm² · s). Bezieht man anstatt auf Schwingungszahlen auf Wellenlängen, setzt also die gemessene spektrale Energie der Größe $E_\lambda\, d\lambda \cdot \cos\varphi\, \varDelta\sigma\, \varDelta\omega\, \varDelta t$ gleich, dann hat der Intensitätsfaktor E_λ die Dimension Leistung pro Volumeneinheit. Meist werden die Angaben unter Bezug auf die Wellenlängen gemacht, es wird E_λ dann schlechthin als die „*spektrale Emission*" bezeichnet.

Beim Auffallen der Strahlung auf Körperflächen dringt ein Teil der Strahlung in den Körper ein, und ein Teil wird reflektiert. Ist der Körper für die betreffende Strahlung durchlässig, so tritt ein Teil der eingedrungenen Strahlung auf den anderen Begrenzungsflächen wieder heraus, nachdem hier abermals eine Rückreflexion ins Innere stattgefunden hat. Der Rest der Strahlungsenergie wird absorbiert und oft in Wärmebewegung verwandelt. Wir kennzeichnen das Verhalten der Körper der Strahlung gegenüber durch Angabe des Bruchteils der reflektierten (R), der durchgelassenen (D) und der absorbierten (A) Strahlung und nennen diese Größen das Reflexions-, das Absorptions- und das Durchlässigkeitsvermögen. Es sind Eigenschaften, die sich in einigen Wellenlängengebieten stark mit der Wellenlänge, außerdem mit dem Einfallswinkel sowie mit dem Schwingungszustand der elektromagnetischen Welle ändern. Bezeichnet man mit A die eindringende, mit A' die durchgelassene, mit A_1 die absorbierte Intensität, so ist die Abhängigkeit der Absorption von der Schichtdicke, wie leicht einzusehen ist, durch eine Beziehung $A_1 = A e^{-kd}$ darstellbar[1]. Die durchgelassene Intensität ergibt sich daraus zu $A' = A - A_1 = A\,(1 - e^{-kd})$. Diese Betrachtung der Strahlung vom rein energetischen Standpunkt bedarf noch der Ergänzung in bezug auf die Lichtempfindung. Da unser Auge, wie anfangs erwähnt (vgl. A 4, S. 43 und C 1, S. 253 ... 256), der elektromagnetischen Strahlung gegenüber ein selektiver Empfänger ist mit einer ausgeprägten Erregungskurve, der sog. Hellempfindlichkeit, so ist die Größe der durch gleich große monochromatische Strahlung hervorgerufene Helligkeitseindruck in starkem Maße von der Wellenlänge der Strahlung abhängig. Außer der Größe dieses Helligkeitseindruckes ändert sich noch eine Qualitätseigenschaft, der Farbeindruck (für diesen s. C 4, S. 295 f.) mit der Wellenlänge der Strahlung.

Wir sehen im folgenden vorläufig von dieser Qualitätseigenschaft ab und betrachten nur die „Lichtleistung" der Strahlung. Um die *spezifische Lichtstärke* aus dem Strahlungsfluß zu berechnen, muß man die spektrale Emission $E_\lambda\varDelta\lambda$ mit der Hellempfindlichkeit V_λ multiplizieren. Da Mischungen von Licht verschiedener Farbe dem Auge einen Gesamthelligkeitseindruck vermitteln, der der Summe der einzelnen entspricht (vgl. Kap. A 4), findet man die spezifische Lichtintensität durch Integration von $E_\lambda V_\lambda \varDelta\lambda$ über das Spektrum. Diese spezifische Lichtintensität wird *Leuchtdichte* genannt (Einheit 1 sb = 1 HK/cm²). Der *spezifische Lichtstrom* ergibt sich daraus durch die Integration über den ganzen von der Strahlung durchsetzten Raumwinkel. (Über diese Größen und die weiteren lichttechnischen Größen vgl. A 4, S. 43 f.)

Mechanisches Lichtäquivalent. Das Auge ist für Strahlung des Wellenlängengebietes um 5500 Å am empfindlichsten (vgl. Tabelle im Anhang). 1 W Strahlung ist hier äquivalent einem Lichtstrom von 690 Hlm.

Lichtausbeute. Da das Auge, und dieses noch dazu individuell für jeden einzelnen Beobachter, sowohl die Intensität (Helligkeit) wie die Qualität (Farbe) der Strahlung bewertet, stößt die Beurteilung eines Strahlungsvorganges im Hinblick auf seinen Wert als Lichtquelle auf eine grundsätzliche Schwierigkeit.

---

[1] k ist der Absorptionskoeffizient, d die Schichtdicke in cm.

Eine einigermaßen allgemeingültige Bewertung der Lichtfarbe mit Rücksicht auf ihre psychologische Bedingtheit, hat sich bis heute noch nicht aufstellen lassen. Deshalb beschränkt man sich meist auf die Bewertung der Strahlungsquellen nach ihrer Intensität, d. h. der von ihnen hervorgerufenen Helligkeitsempfindung. Auf Grund des bekannten Verlaufes der spektralen Augenempfindlichkeit läßt sich zunächst für jede Wellenlänge das Verhältnis von Lichtleistung:Strahlungsleistung angeben, welcher „Leuchtwirkungsgrad" oder „visueller Nutzeffekt"[1] genannt wird (vgl. A 4, S. 52). Da, wie bereits erwähnt, die durch Strahlungen verschiedener Wellenlängen hervorgerufenen Helligkeitsempfindungen sich addieren, läßt sich somit für jede Strahlungsquelle, und zwar für kontinuierliche durch Integration, für diskontinuierliche durch Summation, eine optimale Wirtschaftlichkeit angeben, die erreicht würde, wenn die gesamte, der Strahlungsquelle zugeführte Leistung in Strahlung des betreffenden Wellenlängengebietes verwandelt würde. Tatsächlich ist jedoch die Wirtschaftlichkeit, die sog. „Lichtausbeute", die gegeben ist durch den Quotienten Lichtleistung zu der aufgenommenen Leistung, stets kleiner, da die Strahlungserzeugung niemals gänzlich unabhängig von anderen Prozessen verläuft, die einen Teil der Leistung verbrauchen.

b) Gesetze für die Strahlung im thermodynamischen Gleichgewicht[2].

Allgemeine Strahlungsgesetze, die quantitative Vorausberechnung der von einem Körper ausgesandten Strahlung gestatten, lassen sich für den Fall des thermodynamischen Gleichgewichtes aufstellen. Der Zustand des betreffenden Körpers wird dann vollständig durch Angabe seiner Temperatur beschrieben.

Kirchhoffsches Gesetz. Das erste dieser Gesetze ist das von Kirchhoff, es lautet: Die spektrale Emission $e_{\lambda T}$ eines Körpers bei einer bestimmten Temperatur, dividiert durch das Absorptionsvermögen $a_{\lambda T}$ des Körpers, ergibt einen Wert, der nur von der Temperatur abhängt und deshalb für alle Körper gleich ist. $e_{\lambda T}/a_{\lambda T} = E_{\lambda T}$. Die Größe $E_{\lambda T}$ ist die spektrale Emission eines vollständig absorbierenden Körpers ($a_{\lambda T} = 1$)bei der Temperatur T, man nennt diesen den „schwarzen Körper" (Herstellung s. S. 64).

Wien-Plancksches Gesetz. Die weiteren Strahlungsgesetze beschäftigen sich mit der Größe $E_{\lambda T}$. Das Wien-Plancksche Gesetz gibt die Verteilung von $E_{\lambda T}$ im Spektrum bei verschiedenen Temperaturen an. Es ist die Intensität $E_{\lambda T}$ der geradlinig polarisierten Strahlung, die in dem Wellenlängengebiet zwischen λ und $\lambda + d\lambda$ von dem schwarzen Körper bei der Temperatur[3] T ausgestrahlt wird. $(E_{\lambda T})_{\text{pol.}} = \left(\dfrac{c^2 \cdot h}{\lambda^5} \dfrac{1}{e^{c\,h/k\,\lambda\,T} - 1} \right)$, $c^2 h$ wird üblicherweise mit c_1, hc/k mit c_2 bezeichnet[4]. Für die unpolarisierte Strahlung ist

$$E_{\lambda T} = 2 \frac{c_1}{\lambda^5} \frac{1}{e^{c_2/\lambda T} - 1}.$$

---

[1] Meyer, A. R.: Die Grenzen der Lichterzeugung durch Temperaturstrahlung, das sog. mechanische Äquivant des Lichtes und die jetzt gebräuchlichen elektrischen Glühlampen. Z. Beleuchtungswes. **22** (1916) 133.

[2] Ausführliche Darstellung: M. Planck: Theoretische Physik. Bd. 5, Einführung in die Theorie der Wärme. Leipzig 1930. — Joos, G.: Lehrbuch der theoretischen Physik, 2. Aufl. Leipzig 1934.

[3] In absoluter Zählung ° K (° Kelvin).

[4] Das Plancksche Strahlungsgesetz kann im Gebiete tiefer Temperaturen und kleiner Wellenlängen, wo das Produkt λT klein ist, durch das Wiensche Strahlungsgesetz (Wien, 1896) $E_{\lambda T} = 2 c_1/\lambda^5 \, e^{-c_2/\lambda T}$ ersetzt werden. Die Unterschiede der Intensitätswerte, die sich

h, das sog. Plancksche Wirkungsquantum, hat den Wert $6{,}56 \cdot 10^{-34}\,\mathrm{W} \cdot \mathrm{s}^{-2}$. $k =$ Boltzmannkonstante hat den Wert $1{,}371 \cdot 10^{-23}\,\mathrm{Ws/°}$. Die Werte der Konstanten sind nach den neuesten Bestimmungen. $c_1 = 5{,}88 \cdot 10^{-13}\,\mathrm{W} \cdot \mathrm{cm}^2$, $c_2 = 1{,}432\,\mathrm{cm} \cdot \mathrm{Grad}$.

Das Wiensche Verschiebungsgesetz. Diese Funktion $E_{\lambda T}$ ergibt, wie Abb. 12 zeigt, eine Glockenkurve mit steilem Anstieg bei kurzen Wellenlängen und

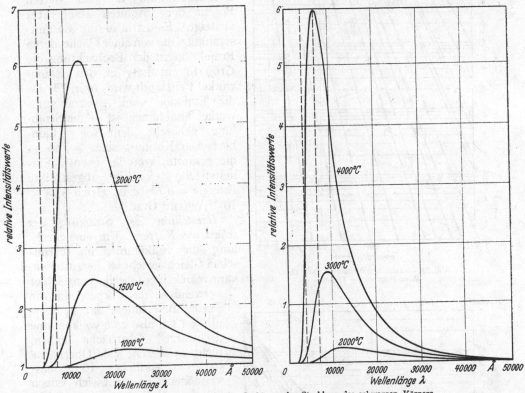

Abb. 12. Intensitätsverteilung im Spektrum der Strahlung des schwarzen Körpers.

allmählichem Abfall nach langen Wellenlängen. Die Differentiation der Gleichung ergibt für den Umkehrpunkt, d. h. für Wellenlänge λ_m, bei der die Intensität der Strahlung den größten Wert hat, die Beziehung

$$\lambda_m \cdot T = 0{,}288\,\mathrm{cm} \cdot \mathrm{Grad}.$$

Man nennt diese Beziehung das „Wiensche Verschiebungsgesetz".

Für die Temperaturabhängigkeit der Intensität im Strahlungsmaximum ergibt sich

$$(E_{\lambda T})_{\mathrm{max}} = 4{,}16 \cdot 10^{-12}\,T^5 \cdot \mathrm{W/cm}^3 \cdot \mathrm{Grad}^5.$$

bei Benutzung des Wienschen Gesetzes an Stelle des Planckschen ergeben, sind aus der Tabelle zu ersehen:

Verhältnis der nach dem Planckschen und nach dem Wienschen Gesetz berechneten Strahlungsintensitäten für verschieden große Werte des Produktes λT.

$\lambda \cdot T$ (λ in cm)	$\dfrac{E_{\lambda T}\,(\text{Planck})}{E_{\lambda T}\,(\text{Wien})}$	$\lambda \cdot T$ (λ in cm)	$\dfrac{E_{\lambda T}\,(\text{Planck})}{E_{\lambda T}\,(\text{Wien})}$
$2 \cdot 10^{-1}$	$1{,}0008$	$4 \cdot 10^{-1}$	$1{,}028$
$3 \cdot 10^{-1}$	$1{,}008$	$5 \cdot 10^{-1}$	$1{,}056$

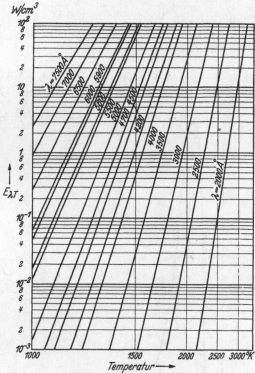

Abb. 13. Strahlungsintensitäten nach dem
Wien-Planckschen Gesetz.

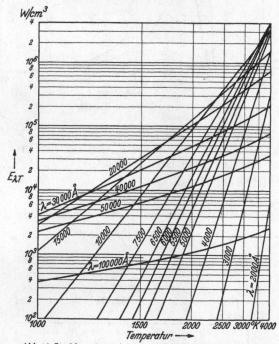

Abb. 14. Strahlungsintensitäten nach dem Wien-Planckschen Gesetz.

Stefan-Boltzmannsches Gesetz. Die Abhängigkeit der Gesamtstrahlung des schwarzen Körpers von der Temperatur ist durch das „Stefan-Boltzmannsche Gesetz" gegeben, das aussagt, daß die Größe der Gesamtstrahlung mit der vierten Potenz der absoluten Temperatur ansteigt. Es ist also die Gesamtstrahlung, die von einer Fläche, deren Projektion in der Beobachtung die Größe 1 cm hat, in den Raumwinkel 1 entsandt wird, $(\sigma/\pi)\,T^4$. Da die Emission vom Ausstrahlungswinkel unabhängig ist — die Strahlung gehorcht dem sog. „Lambertschen Kosinusgesetz" —, so ist die gesamte, von der ebenen Einheitsfläche einseitig abgestrahlte Energie $= \sigma\,T^4$; σ ist gleich $5{,}73 \times 10^{-12}$ W/(cm^2 Grad^4).

Herstellung der Strahlung des schwarzen Körpers. Um eine Strahlung, die vollkommen im thermischen Gleichgewicht ist, herzustellen, kann man keinen Oberflächenstrahler verwenden, da Körper, die die Forderung erfüllen, daß a_λ überall $= 1$ ist, also eine vollkommne „schwarze" Oberfläche haben, nicht existieren; jede Oberfläche hat ein endliches Reflexionsvermögen. Es stellt sich jedoch in einem allseitig von gleichtemperierten Wänden umgebenden Hohlraum infolge der vielfachen Reflexion an den Wänden eine Strahlungsdichte ein, die von den speziellen Eigenschaften der Wand unabhängig ist und demnach der „schwarzen Strahlung" bei der Temperatur der Wand entspricht. Bringt man ein im Verhältnis zu der Hohlraumbegrenzungsfläche kleines Loch in der Wandung an, so tritt hier eine Strahlung, deren Zusammensetzung der Strahlung des schwarzen Körpers entspricht, aus [1].

Leuchtdichte der Strahlung des schwarzen Körpers. Mit Hilfe

---

[1] Für die Herstellung des schwarzen Körpers vgl. F. Kohlrausch: Lehrbuch der praktischen Physik, 17. Aufl. Leipzig und Berlin 1935. — Lax, E. u. M. Pirani: Strahlung

der nach dem Planckschen Strahlungsgesetz errechneten Intensitäten der Strahlung, der Hellempfindlichkeitskurve und dem mechanischen Lichtäquivalent, kann man die Leuchtdichten der Hohlraumstrahlung berechnen nach der Formel

$$\frac{1}{0,00144\,\pi} \cdot \int E_{\lambda T}\, V_{\lambda}\, d\lambda.$$

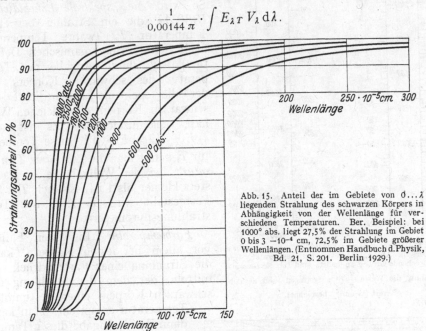

Abb. 15. Anteil der im Gebiete von $0\ldots\lambda$ liegenden Strahlung des schwarzen Körpers in Abhängigkeit von der Wellenlänge für verschiedene Temperaturen. Ber. Beispiel: bei 1000° abs. liegt 27,5% der Strahlung im Gebiet 0 bis $3 -10^{-4}$ cm, 72,5% im Gebiete größerer Wellenlängen. (Entnommen Handbuch d.Physik, Bd. 21, S. 201. Berlin 1929.)

Zahlenwerte für Intensität, Gesamtemission, Leuchtdichte der Hohlraumstrahlung. Im Anhang sind in einer Tabelle Werte von $E_{\lambda T}$ nach dem Wien-Planckschen Strahlungsgesetz angegeben. Die Kurventafeln Abb. 13 und 14 zeigen den Verlauf[1] von $E_{\lambda T}$. In den Kurventafeln 15 und 16 ist aufgetragen, welcher Teil der Gesamtstrahlung bei verschiedenen Temperaturen in dem Wellenlängengebiete $0\ldots\lambda$ abgestrahlt wird. Die Dreifachskalen Abb. 17 geben Gesamtbestrahlung und Leuchtdichte in Abhängigkeit von der Temperatur an. Eine Tabelle (im Anhang) gibt die nach der obigen Formel errechneten Werte für die Leuchtdichte. In Abb. 18 ist aufgetragen, wie sich der Lichtstrom des schwarzen Körpers bei verschiedenen Temperaturen aus den spektralen Lichtströmen zusammensetzt; es ist jeweils abzulesen, wie groß der Lichtstrom, der in das Gebiet von $\lambda = 400$ mµ

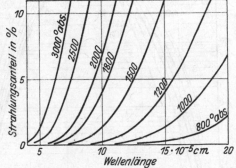

Abb. 16. Vergrößerter Ausschnitt aus Abb. 15.

bis $\lambda = 720$ mµ entfällt, ist.

Für die Gesamtstrahlung des schwarzen Körpers und für seine Strahlung im sichtbaren Gebiet ($\lambda = 400\ldots720$ mµ) ist der visuelle Nutzeffekt in Abhängigkeit von der Temperatur in Abb. 19 und 20 (S. 67) aufgetragen.

und Helligkeitseindruck unter Voraussetzung der definierten Strahlung des schwarzen Körpers, in GEIGER-SCHEEL: Handbuch der Physik, Bd. 19. Berlin 1929.
[1] Vgl. auch: H. STOLL: Ein einfaches Verfahren zur Auswertung der Planckschen Strahlungsgleichung. Z. Techn. Physik **14** (1933) S. 44—46.

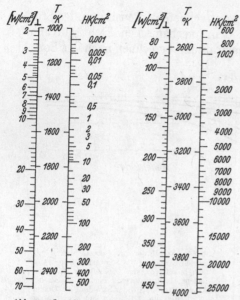

Abb. 17. Strahlungs- und Leuchtdichte des schwarzen Körpers in Abhängigkeit von der Temperatur. Um entsprechende Größen zu haben, sind für die Gesamtstrahlung die Werte $\frac{\sigma}{\pi} T^4$ aufgetragen, und deshalb mit $(W/cm^2)_\perp$ bezeichnet.

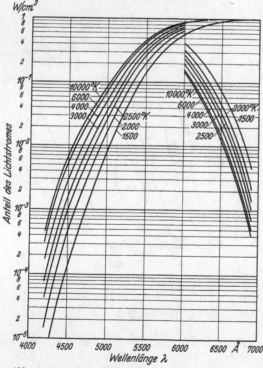

Abb. 18. Anteil des Lichtstromes des schwarzen Körpers, der in den Bereich von 4000...λ und λ...7000 fällt.

Bei einigen optischen Messungen an Lichtquellen wählt man die Strahlung des schwarzen Körpers als Maßstab. So wird die „*spektrale Leuchtdichte*" $E_\lambda V_\lambda \Delta\lambda$, die ein Strahler bei einer Temperatur T_w (wahre Temperatur nach der thermodynamischen Definition) hat, durch Angabe der Temperatur des schwarzen Körpers, bei der die spektrale Leuchtdichte des schwarzen Körpers den gleichen Wert hat, gekennzeichnet. Es ist also $a_\lambda E_{\lambda T_w} d\lambda = E_{\lambda T_s} d\lambda$; diese Temperatur T_s nennt man die „*schwarze Temperatur*" bei der Wellenlänge λ. Da a_λ stets kleiner als 1 ist, ist auch $T_s < T_w$. Festgestellt wird T_s z. B. mit Teilstrahlungspyrometern.

Farbtemperatur. In vielen Fällen, vor allem bei festen Körpern, kann die Strahlung einen Farbeindruck vermitteln, der dem der Strahlung des schwarzen Körpers einer bestimmten Temperatur entspricht. Man kann dann durch Angabe dieser Temperatur des schwarzen Körpers, der „*Farbtemperatur*" T_f, die Lichtfarbe kennzeichnen. Im allgemeinen sagt dies T_f nur etwas über die integrale Wirkung der Strahlung auf das Auge aus und nichts über die Intensitätsverteilung. Bei der Strahlung mancher fester Körper, wie z. B. beim Wolfram, läßt sich jedoch auch aus der Farbtemperatur T_f die Energieverteilung im Spektrum in guter Annäherung entnehmen. Bei allen gasförmigen Strahlern, wie z. B. bei der Kohlensäurelampe, ist ein solcher Schluß nicht möglich.

Bei Strahlern, bei denen das Absorptionsvermögen nach kurzen Wellenlängen ansteigt, ist $T_f > T_w$. Zu diesen gehört das Wolfram, für das die Dreifachskala Abb. 21 die Lage von T_s und T_f zu T_w angibt.

Graue und Selektivstrahler. Es sei hier noch auf die Begriffe grauer Strahler und Selektivstrahler hingewiesen. Unter ersterem versteht man einen Strahler, dessen Absorptionsvermögen innerhalb eines betrachteten Wellenlängenbereiches ein und denselben

Wert hat. Z. B. ist dies bei Kohle im sichtbaren Gebiet der Fall. Alle anderen Strahler, deren Absorptionsvermögen sich also mit der Wellenlänge ändert, werden Selektivstrahler genannt.

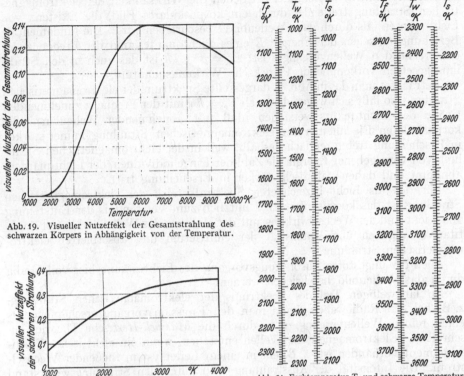

Abb. 19. Visueller Nutzeffekt der Gesamtstrahlung des schwarzen Körpers in Abhängigkeit von der Temperatur.

Abb. 20. Visueller Nutzeffekt der Strahlung des schwarzen Körpers im Bereich von $\lambda = 4100 \ldots \lambda = 7200$ Å in Abhängigkeit von der Temperatur.

Abb. 21. Farbtemperatur T_f und schwarze Temperatur im Rot T_s in Abhängigkeit von der wahren Temperatur T_w für Wolfram nach Angaben von FORSYTHE u. WORTHING: Astrophysic. J. **61** (1925) 146—185

c) Quantenhypothese und elektromagnetische Wellentheorie[1].

Die Herstellung und die Zusammensetzung der schwarzen Strahlung war experimentell vor der thermodynamischen Ableitung der Strahlungsgesetze erforscht. Da die Anwendung der klassischen Theorie zur Ableitung der Gesetzmäßigkeiten für die Wärmestrahlung zu Gesetzen führte, die die gefundene Energieverteilung nicht wiedergaben, führte PLANCK 1905 einen damals ganz neuen Begriff, die „Quantelung" der Strahlung, ein. Er nahm an, daß die Emission der Strahlung nicht kontinuierlich, sondern diskontinuierlich in Energieportionen: „Quanten" erfolgte. Diese Quantelung ergab das oben angeführte, die gemessene Strahlungsverteilung sehr gut darstellende Gesetz.

---

[1] Vgl. PLANCK, M.: Zit. S. 62. — JOOS, G.: Zit. S. 62. — BORN, M.: Optik. Berlin 1933. — JORDAN, P.: Anschauliche Quantentheorie. Berlin 1936. — RUBINOWICZ, A.: Ursprung und Entwicklung der älteren Quantentheorie; in GEIGER-SCHEEL, Handbuch der Physik, Bd. 24/I. Berlin 1933. — SCHÄFER, CL.: Einführung in die Maxwellsche Theorie der Elektrizität und des Magnetismus. Leipzig 1922. — SOMMERFELD, A.: Atombau und Spektrallinien. Braunschweig 1922. — Wellenmechanischer Ergänzungsband. Braunschweig 1929.

Der Weiterausbau der Quantenhypothese führte zur Quantenphysik, durch die ein tiefer, allgemein in der Natur vorkommender Dualismus aufgedeckt wurde, dem auch die elektromagnetische Strahlung unterworfen ist. Es gibt gewisse experimentelle Befunde, bei denen die Wirksamkeit der elektromagnetischen Strahlung treffender durch ein korpuskulares Bild, die Existenz von Lichtquanten, als durch das „Wellenbild" beschrieben wird. Die fundamentale Beziehung zwischen der Energie E eines Lichtquantes und der Frequenz des entsprechenden Wellenvorganges ist: $E_v = h \cdot v$. h ist das auch in den Strahlungsgesetzen vorkommende Plancksche Wirkungsquantum.

Betrachtet man das in Abb. 11 dargestellte Spektrum der elektromagnetischen Strahlung, so läßt sich wegen der nach $E_v = h v$ mit der Frequenz zunehmenden Größe des Lichtquants verstehen, daß mit abnehmender Wellenlänge die korpuskularen Eigenheiten der elektromagnetischen Strahlung immer stärker in Erscheinung treten, einfach deshalb, weil in der elektromagnetischen Strahlung von vorgegebener Energie die Zahl der Einzelindividuen, der Lichtquanten, abnimmt und daher statistisch stärker in Erscheinung tritt.

Für den als Licht bezeichneten Spektralbereich der elektromagnetischen Strahlung ist das korpuskulare Bild nützlich zum Verständnis der Entstehung von Licht und der Wechselwirkung mit der Materie; das Wellenbild liefert quantitative Angaben über Intensität der emittierten und absorbierten elektromagnetischen Strahlung.

Auch der ungestörte Ausbreitungsvorgang des Lichtes kann hier vollständig durch das Wellenbild beschrieben werden.

Im langwelligen Teil des Spektrums der elektromagnetischen Strahlung, z. B. bei den Radiowellen, kann man den Emissionsvorgang erschöpfend als einen reinen Wellenvorgang, d. h. durch die *Maxwell-Hertz*sche Theorie, beschreiben. Elektromagnetische Wellen entstehen, wenn ein elektrisches Wechselmoment vorhanden ist, z. B. ein in einem Leitersystem fließender Wechselstrom. Die Intensität der Ausstrahlung wird durch den Strahlungswiderstand bestimmt; dieser ist am größten für einen sog. elektrischen Dipol: ein gestrecktes Leiterstück. Der Strahlungswiderstand eines Leitersystems ist eine Größe, deren Produkt mit dem Quadrat der Stromstärke eine abgestrahlte Leistung ergibt. Praktisch verwendet man zur Kennzeichnung des Strahlungswiderstandes eine Größe δ, die Strahlungsdämpfung, die angibt, nach wieviel Halbwellen die Amplitude einer angestoßenen Eigenschwingung auf den e-ten Teil abgesunken ist.

Mit abnehmender Wellenlänge treten an die Stelle der elektrischen Leiter und der in ihnen fließenden Wechselströme schwingende elektrische Ladungen. Die Frequenz dieser elektromagnetischen Schwingungen ist mitbestimmt durch das Verhältnis der Ladungen e und der Massen m, an die sie gebunden sind. Die kurzwelligste elektromagnetische Strahlung liefern Elektronen, bei denen das Verhältnis e^2/m den größten in der Natur vorkommenden Wert hat. In das Gebiet der sichtbaren Strahlung fallen Schwingungen von Elektronen, die gebunden in der „Elektronenwolke" der Atome oder Moleküle vorhanden sind oder in einem Kristallgitter wie in Metallen, als „Elekronengas" frei beweglich sind, die also entweder im Feld atomarer Gebilde oder im Gitter- und Atomfeld schwingen. Die Intensität der Ausstrahlung wird auch in diesem Spektralbereich durch eine der Strahlungsdämpfung des Dipols entsprechende Größe gekennzeichnet, die Strahlungsdämpfung des schwingenden Elektrons.

Im Bereich des Lichtes tritt die Quantennatur der elektromagnetischen Strahlung und der Materie bereits insofern in Erscheinung, als man die emittierte Wellenlänge nicht mehr nach der Maxwellschen Theorie aus den Konstanten des Elektrons und des betreffenden Atomfeldes bestimmen kann; es

ist dies nur nach den Methoden der Quantenphysik möglich. Die Quantentheorie liefert auch einen Korrekturwert zu der nach der klassischen Elektronen-
theorie berechneten Strahlungsdämpfung.

Dies ist auch die Ursache dafür, daß man bereits im Bereich der Licht-
wellenlängen die Emission und Absorption der Strahlung von Atomen durch
ein korpuskulares Bild beschreiben kann *(Bohrsches Atommodell)*: Die Emission
einer Frequenz wird nicht als kontinuierlicher, gedämpfter Strahlungsvorgang
der Elektronen beschrieben, sondern als diskontinuierlicher, von der Emission
eines Lichtquantes, $h \cdot v$, begleiteter Übergang des sog. Leuchtelektrons von
einem Zustand des Energieeinhaltes E_2 nach einem solchen des Energieeinhaltes E_1 $(E_2 > E_1)$; wobei durch die Gleichung $(E_2 - E_1) = h \cdot v$ die ausgestrahlte Frequenz gegeben ist. Den nicht harmonischen Eigenschwingungen
des Elektrons werden also in diesem Modell Energiedifferenzen zugeordnet.
Dabei werden den einzelnen Energiewerten stationäre Zustände der Atome
zugeschrieben, in welchen sie eine gewisse endliche Zeit verbleiben können. Die
Rückkehr auf einem Zustand kleinerer Energie erfolgt nach einem statistischen
Gesetz — ähnlich dem Zerfall radioaktiver Stoffe — mit einer von der Zeit
unabhängigen Wahrscheinlichkeit A, so daß auch in diesem quantenhaften
Modell der Lichtemission nach einer einmal erfolgten Anregung einer größeren
Anzahl Atome eine nach einer Exponentialfunktion abnehmende Ausstrahlungs-
leistung auftritt.

d) Optische Eigenschaften isolierter Atome.

Man stellt die im sichtbaren Teil des Spektrums liegenden Eigenschwingungen der Atome durch das Termschema [1] dar, welches sich auf dem *Bohrschen* Atommodell aufbaut. Über dem Grundzustand, dem Term kleinster
Energie, in dem sich bei fehlender äußerer Energiezufuhr die Elektronen der
äußersten Schale befinden, gruppieren sich kolonnenartig die Energiewerte,
auf die das Leuchtelektron bei Energiezufuhr gehoben werden kann. Wie man
aus den Abb. 22 und 23 sieht, sind Übergänge in mehrere Termkolonnen möglich, und zwar wächst ihre Anzahl mit zunehmender Energie gegenüber dem
Grundzustand. Diese Vielheit kommt zustande durch die Wechselwirkung des
Leuchtelektrons mit den restlichen Elektronen des Atoms. In einem bestimmten
Zustand des Atoms ist bei Energiezufuhr dem Leuchtelektron jeweils nur
der Übergang zu einem Term einer bestimmten Kolonne möglich, da jedoch
bei Strahlungsbeobachtungen im Bereiche des Lichtes stets eine Vielheit von
Atomen ($10^{12} \ldots 10^{23}$ pro cm³) betrachtet wird, können im Spektrum sämtliche
möglichen dieser „erlaubten" Übergänge vorkommen.

Wenn bei Energiezufuhr das Leuchtelektron den Grundzustand E_1 verläßt
und in einen Zustand höherer Energie E_2 übergeht, so entspricht diesem „An-
regungsvorgang" eine Energieaufnahme (Absorption) vom Betrage $E_2 - E_1$;
nach der Bohrschen Vorstellung folgt auf den Absorptionsvorgang nach einer
gewissen Verweilzeit τ eine Wiederaussendung der absorbierten Energie in
Form von elektromagnetischer Strahlung, wobei die Frequenz dieser durch
$\frac{E_2 - E_1}{h}$ gegeben ist. Es entspricht also jede Energiedifferenz des Termschemas
einer Absorptions- bzw. Emissionsfrequenz des Atoms. Hierbei ist die Einschränkung zu machen, daß praktisch, d. h. mit größerer Häufigkeit, nur die
Frequenzen auftreten, die dem Übergang von einem Zustand einer Kolonne

---

[1] GROTRIAN, W.: Graphische Darstellung der Spektren von Atomen und Ionen mit
ein, zwei und drei Valenzelektronen. 2 Bde. Struktur und Eigenschaften der Materie,
Bd. 7. Berlin 1928.

zu einem solchen, der einer der beiden benachbarten zugehört, entsprechen.
Man bezeichnet diese Übergänge als „erlaubt" und die, bei denen der Übergang

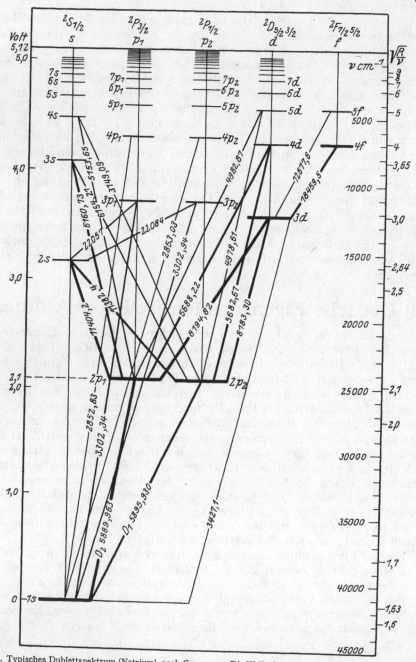

Abb. 22. Typisches Dublettspektrum (Natrium) nach Grotrian. Die Wellenlänge der bei den einzelnen Übergängen emittierten Strahlung ist in Å-Einheiten angegeben. (Entnommen W. Grotrian: Graphische Darstellung der Spektren von Atomen und Ionen mit ein, zwei und drei Valenzelektronen. Berlin 1928.)

innerhalb derselben oder unter Überspringung einer oder mehrerer Term-Kolonnen erfolgt, als „verboten". Erlaubte und verbotene Übergänge ergeben eine verschiedene Lebensdauer der betreffenden Terme: bei erlaubten Übergängen beträgt die Lebensdauer $10^{-7}\ldots10^{-9}$ s bei verbotenen $10^{-1}\ldots10^{-3}$ s [1]. Die „erlaubten" Übergänge benutzt das Elektron, wenn bei der Energieabgabe

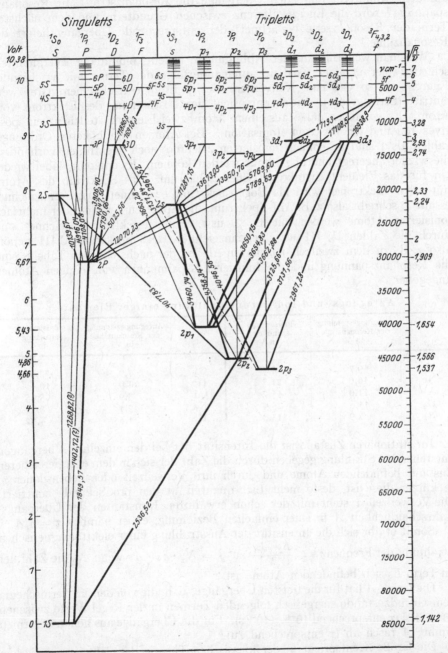

Abb. 23. Typisches Singulett-Triplettspektrum (Quecksilber) nach GROTRIAN. Die Wellenlänge der bei den einzelnen Übergängen emittierten Strahlung ist in Å-Einheiten angegeben. (Entnommen W. GROTRIAN: Graphische Darstellung der Spektren von Atomen und Ionen mit ein, zwei und drei Valenzelektronen. Berlin 1928.)

keine anderen Einflüsse als das Atomfeld wirken. Die „verbotenen" können durch äußere Einflüsse erzwungen werden. Die Spektrallinien, die Übergängen

---

[1] Vgl. z. B.: RUBINOWICZ, A. u. J. BLATON: Die Quadrupolstrahlung. Erg. exakt. Naturwiss. 11 (1932) 166—217.

von den Termen einer bestimmten Kolonne zu ein und demselben Endterm entsprechen, werden zu einer *Serie* zusammengefaßt. Speziell nennt man die auf den Grundterm führenden Übergänge die Resonanzserie. Mit Resonanzspannung[1] wird die Energiedifferenz zwischen Grundterm und dem nächsten Term der Resonanzserie bezeichnet; der entsprechende Übergang liefert die Resonanzlinie.

Wie man weiterhin aus den Abbildungen ersieht, nimmt der Energieunterschied zweier in einer Kolonne aufeinanderfolgender Terme mit wachsender Energie ab, so daß eine Konvergenz der Termfolge nach einem Grenzwert eintritt (Seriengrenze). Dieser entspricht der Lostrennung des Elektrons vom Atom. Es entstehen dabei aus einem Atom zwei Elementarteilchen: ein positives Ion und ein Elektron (Ionisation). Bei Atomen mit höheren Ordnungszahlen als 1 sind im einfach ionisierten Zustand noch Elektronen vorhanden, die wieder angeregt und abgetrennt werden können. Es entsteht dabei wieder ein für das Element charakteristisches Spektrum. Das Spektrum des Atoms mit allen Elektronen wird als Bogenspektrum bezeichnet, man kennzeichnet es mit I, schreibt also z. B. Al I-Spektrum, die Spektren der ein- oder mehrfach ionisierten Atome werden mit 1., 2. usw. Funkenspektrum bezeichnet und durch die Zahlen II, III usw. gekennzeichnet. Das Spektrum Al III gehört also z. B. zu dem zweifach ionisierten Al. In der nachstehenden Tabelle sind die Resonanzspannung und die Ionisierungsspannungen von einigen Atomen angegeben.

Anregungs- und Ionisierungsspannung einiger Elemente.

	Anregungsspannung der Resonanzlinie in V	Ionisierungs- spannung[2] in V		Anregungsspannung der Resonanzlinie in V	Ionisierungs- spannung[2] in V
He	19,7	24,5	O_2	7,9	12,5
Ne	16,6	21,5	Hg	4,9	10,4
A	11,6	15,7	Cd	3,9	5,95
H_2	11,5	15,4	Na	2,1	5,12
N_2	7,9	15,8	K	1,55	4,32

Im stationären Zustand ist die Intensität der bei den einzelnen Übergängen entstehenden Strahlung gegeben durch die Zahl der sich in dem energiereicheren Zustand befindenden Atome und durch ihre Verweilzeit oder Lebensdauer τ; je kürzer diese ist, desto mehr Lichtquanten werden pro Sekunde emittiert. Die Verweilzeit τ steht mit der schon erwähnten Konstanten der Übergangswahrscheinlichkeit A in einer einfachen Beziehung, es ist nämlich $\tau = 1/A$.

Somit ergibt sich die Intensität der Ausstrahlung einer elektromagnetischen Strahlung der Frequenz $v = \dfrac{E_2 - E_1}{h}$ zu $J = N_2 \cdot h v \cdot A$, wenn N_2 die Zahl der im Term E_2 sich befindenden Atome ist.

Die Größe A hat für die tiefsten Übergänge, d. h. die von den im Termschema dem Grundzustande energetisch folgenden Termen in der Regel Werte zwischen $10^9 \ldots 10^7$ (τ entsprechend $10^{-9} \ldots 10^{-7}$ s). Für die Übergänge aus höheren Termen nimmt A rasch ab (τ entsprechend zu)[3].

Die Größe A entspricht in der klassischen Theorie der elektromagnetischen Strahlung der Strahlungsdämpfung, und zwar ist:

$$A = \frac{8 \pi^2}{3 c^3} \frac{e^2}{m} v^2 f = \delta f.$$

---

[1] 1 V entspricht $1,591 \cdot 10^{-19}$ W $\cdot$ s oder $3,81 \cdot 10^{-20}$ cal.
[2] Abtrennung des 1. Leuchtelektrons.
[3] Weitere Daten in Knoll-Ollendorff-Rompe: Gasentladungstabellen. Berlin 1935.

Hierbei wird δ die Strahlungsdämpfung und f die „Oszillatorstärke" des betreffenden Überganges genannt. f ist ein quantenmechanischer Korrekturwert, der nicht ganzzahlig zu sein braucht; er gibt an, wie viele Elektronen pro Atom an der Emission dieses Überganges beteiligt sind. Die nachstehende Tabelle gibt Werte für τ für verschiedene Linien an.

Lebensdauer einiger Anregungszustände.

Atom	Wellenlänge in mμ		Lebensdauer in s
H	121,6		$1,2 \times 10^{-8}$
He	58,4		$4,42 \times 10^{-10}$
Li	670,8		$2,7 \times 10^{-8}$
Na	589,6	589,0	$1,6 \times 10^{-8}$
K	769,9	766,5	$2,7 \times 10^{-8}$
Cs	894,4		$3,8 \times 10^{-8}$
Mg	457,1		$\sim 4 \times 10^{-3}$
Zn	307,6		$\sim 1 \times 10^{-5}$
Cd	326,1		$2,5 \times 10^{-6}$
Tl	535,0		$1,4 \times 10^{-8}$
Hg	253,7		$1,1 \times 10^{-7}$
Hg	184,9		$0,3 \times 10^{-9}$

Abb. 25. Grenzkontinuum der Nebenserie des Kaliums. Grundgas Neon, Dampfdruck 10 mm, Stromdichte 0,5 A/cm² nach H. KREFFT. [Aus Z. Physik 77 (1932) 763.]

Der Emissionsvorgang kann also auch als abklingender Wellenzug aufgefaßt werden; entsprechend der Fourieranalyse eines solchen ist die bei einem Übergang des Leuchtelektrons ausgesandte elektromagnetische Strahlung niemals streng monochromatisch, also keine unendlich schmale Linie im Spektrum, sondern besitzt stets eine endliche Breite[1]. Diese „natürliche" Breite der Linien läßt sich in der Tat auch beobachten, sie beträgt etwa für die gelben D-Linien des Natriums 10^{-11} cm (im Wellenlängenmaß). Die natürliche Breite ist gegeben

Abb. 24. Linienbreite.

durch $\Delta v = 2\,\delta$, und zwar ist Δv als Halbwertbreite definiert, deren Bedeutung aus Abb. 24 hervorgeht. Die natürliche Breite wird im allgemeinen überdeckt von einer auf die thermische Bewegung der Atome zurückgehenden, durch Dopplereffekt zustande kommenden Breite. Diese Dopplerbreite ist bei Zimmertemperatur etwa 100mal größer als die natürliche; sie nimmt mit der Wurzel aus der absoluten Temperatur (T) zu und mit der Wurzel aus der Masse des Atoms (m) ab, nämlich:

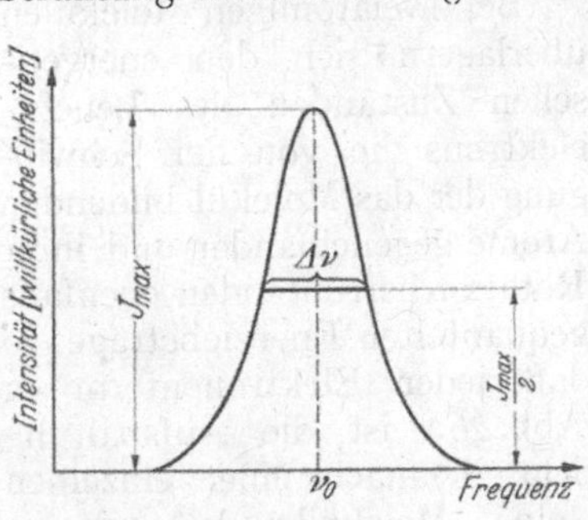

$$\Delta v \text{ (Doppler)} = \frac{4\,\pi\,v_0}{c}\sqrt{\frac{2\,R\,T}{m}}\,.$$

---

[1] Vgl. V. WEISSKOPF: Die Breite der Spektrallinien in Gasen. Physik. Z. **34** (1933) Heft 1, 1—24.

Die Fourieranalyse der Umkehrung des Vorganges der Lostrennung des Leuchtelektrons aus dem Atomverband, also der Wiederanlagerung des fehlenden Elektrons an das Ion, liefert, da das eingefangene Elektron beliebige kinetische Energien besitzen kann, ein kontinuierliches Spektrum, das scharf bei einer Mindestenergie abschneidet, d. h. eine obere Grenzwellenlänge hat, wie in Abb. 25 für die Kaliumnebenserie gezeigt wird. Diese Überlegungen gelten naturgemäß auch für die Absorptionslinien.

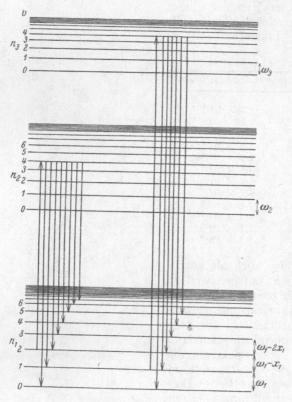

Abb. 26a. Niveauschema für die Erregung von Resonanzspektren in zweiatomigen Dämpfen. (Entnommen aus Pringsheim: Handbuch der Physik, Bd. 23/I, S. 207. Berlin 1933.)

e) Optische Eigenschaften von Molekülen.

Die für die optischen Eigenschaften einzelner Atome kennzeichnenden Größen, wie Energieniveaus und Übergangswahrscheinlichkeiten, behalten ihre grundsätzliche Bedeutung auch für kompliziertere Gebilde bei.

Bei zweiatomigen Molekülen überlagern sich den energetischen Zuständen des Leuchtelektrons die von der Schwingung der das Molekül bildenden Atome gegeneinander und ihrer Rotation herrührenden, ebenfalls gequantelten Energiebeträge, so daß jeder Elektronenterm in eine Vielzahl einzelner Terme zerfällt. In Abb. 26a ist die Aufspaltung schematisch gezeichnet. Im Spektrum entspricht demnach einer einzelnen Atomlinie ein System von sehr vielen Linien, eine „Molekülbande", wie sie

Abb. 26 b. Bandenspektrum des Jodmoleküls. (Entnommen H. Sponer: Molekülspektren, Bd. 2, S. 51, Abb. 16. Berlin 1936.)

z. B. Abb. 26 b zeigt [1]. Dabei sind die Übergangswahrscheinlichkeiten, und damit die Intensitäten, für eine ganze Bande betrachtet, von derselben Größenordnung wie für Atomlinien. Als neue Eigenschaft des Moleküls kommt das Zerfallen in die beiden Atome, die Dissoziation, hinzu. Die Wiedervereinigung liefert ähnlich wie die Rekombination von Elektronen und Ionen

---

[1] Näheres H. Sponer: Molekülspektren und ihre Anwendung auf chemische Probleme. Berlin: Bd. 1, 1935; Bd. 2, 1936. — Weizel, W.: Bandenspektren. Wien-Harms: Handbuch der Experimentalphysik, Erg.-Bd. I. Leipzig 1931.

ein nach langen Wellen hin durch die Dissoziationsenergie begrenztes kontinuierliches Spektrum.

Bei drei- und mehratomigen Molekülen erfolgt eine noch stärkere Überlagerung der verschiedenen energetischen Zustände und der Dissoziationen in die einzelnen Bestandteile, so daß diskontinuierliche Spektren nur vereinzelt beobachtet werden. Eine Ausnahme machen nur Moleküle mit besonders geschütztem Leuchtzentrum (fluoreszenzfähige Moleküle[1], vgl. S. 85).

f) Berücksichtigung der gegenseitigen Wechselwirkung der leuchtfähigen Gebilde.

Eine wirksame Ausschaltung des Einflusses des gleichzeitigen Vorhandenseins sehr vieler leuchtfähiger Gebilde auf die optischen Eigenschaften gelingt nur in stark verdünnten Gasen. Es ist daher verständlich, daß in Flüssigkeiten und festen Körpern gerade die von der Wechselwirkung herrührenden Wirkungen einen überragenden Einfluß auf die optischen Eigenschaften erhalten. (Vergleiche die Angaben über die Molekülzahlen im Kubikzentimeter in Tabelle S. 92/94.)

Die Veränderung der optischen Eigenschaften, die dem Übergang vom einzelnen Elementarteilchen zu einer größeren Anzahl entsprechen, also der Einfluß einer Vielheit von Einzelteilchen, kann am leichtesten übersehen werden bei Gasen, da hier sich ohne weiteres Dichteunterschiede von 10 und mehr Größenordnungen herstellen lassen.

Es sei hier zunächst das Verhalten der Atome eines einatomigen Gases oder Dampfes, etwa des Natriums, beim Auffallen von elektromagnetischer Strahlung untersucht[2].

Die Wechselwirkung zwischen einer einfallenden elektromagnetischen Welle und den Na-Atomen hängt zunächst von der Frequenz der elektromagnetischen Strahlung ab. Wie wir oben gesehen haben, wird, wenn die einfallende Strahlung Frequenzen enthält, die mit erlaubten Übergängen des Leuchtelektrons des Na-Atoms übereinstimmen, der elektromagnetischen Strahlung Energie entzogen (absorbiert) und in Anregungsenergie der Na-Atome verwandelt. Wieviel derartige Absorptionsakte vorkommen, hängt davon ab, wie viele absorptionsfähige Atome für den betreffenden Übergang jeweils zur Verfügung stehen. Es werden also vor allem sämtliche Übergänge, die als tieferen Term den Grundterm des Na-Atoms besitzen, absorbiert, also Übergänge, die der Resonanzserie entsprechen. Ist die Strahlungsdichte der elektromagnetischen Strahlung groß, so daß sich ständig eine merkliche Anzahl Na-Atome in höheren Termen aufhält, so können auch die Übergänge von diesen Termen nach oben in Absorption erscheinen. Bei vorgegebener Strahlungsdichte ϱ ist die Anzahl Z der pro Sekunde vorkommenden Absorptionsakte für einen Übergang $E_1 \to E_2$ gegeben durch: $Z = N_1 \cdot \varrho \cdot B_{12}$, wobei N_1 die Zahl der im Term 1 sich befindenden Atome, B_{12} eine Größe ist, die mit der Übergangswahrscheinlichkeit des Überganges $E_2 \to E_1$, A_{21}, gemäß einer thermodynamischen Betrachtung in der Beziehung steht:

$$B_{12} = A_{12} \frac{c^3}{8 \pi \nu^3}.$$

B_{12} wird dementsprechend die Absorptionswahrscheinlichkeit genannt.

---

[1] TERENIN, A.: La photoluminescence des molécules organiques à l'état gazeux. Rapports sur la Photoluminescence Warschau 1936, 229—253.

[2] Vgl. P. PRINGSHEIM: Anregung von Lichtemission durch Einstrahlung. GEIGER-SCHEEL: Handbuch der Physik, Bd. 23/I. Berlin 1933.

Die von den Na-Atomen absorbierte Energie wird nun reemittiert, und zwar erfolgt die Reemission in der Weise, daß jedes der emittierenden Na-Atome Ausgangspunkt einer elektromagnetischen Kugelwelle wird. Dieses tritt sinnfällig in Erscheinung, wenn die primär einfallende elektromagnetische Strahlung eine ebene Welle, etwa ein scharf gebündelter Strahl, war: Es tritt dann in Richtung der Einfallsebene der elektromagnetischen Strahlung eine Schwächung der Intensität an den Absorptionsstellen des Na-Atoms ein. Enthält z. B. die einfallende Welle alle sichtbaren Frequenzen in etwa gleicher Intensität, so wird die Frequenz der D-Linien ($\lambda = 5890$, 5896 Å) von den Na-Atomen absorbiert. Bei spektraler Zerlegung der durchkommenden ebenen Welle erscheint die Stelle der D-Linien dunkel gegenüber den anderen Teilen des Spektrums. In der äußersten Sonnenschicht führt diese Art der Absorption zu den als Fraunhofersche Linien bekannten Stellen verminderter Strahlung.

Die herausabsorbierte Energie findet sich kugelförmig verteilt wieder, so daß auch senkrecht zu der Einfallsrichtung einer ebenen Primärwelle Strahlung auftritt.

Diese Erscheinung wird mit „Resonanz-Fluoreszenz" des Na-Dampfes bezeichnet. Sie tritt allerdings nur auf, solange die Dichte des absorbierenden Na-Dampfes so klein ist, daß die einzelnen Reemissionsakte als unabhängig voneinander angenommen werden können und die Absorption so gering ist, daß ein merkliches Eindringen der elektromagnetischen Strahlung möglich ist.

Steigert man die Dichte des Na-Dampfes, so klingt die Intensität des Primärstrahls nach dem Eintritt in den Na-Dampf auf immer kürzeren Strecken hin ab. Bei sehr großer Dichte wird schließlich die Eindringtiefe so klein, daß praktisch die gesamte einfallende Intensität in einer dünnen Schicht absorbiert, und von dieser wieder reemittiert wird [1]. Da das reemittierte Licht nur nach der Seite der Begrenzung des Na-Dampfes entweichen kann, erhält man demnach eine vollständige Zurückwerfung des primär einfallenden Strahls, allerdings in einem Raumwinkel von 180°. Man spricht in diesem Falle von „Oberflächenfluoreszenz" des Na-Dampfes; die Erscheinung selbst kann als diffuse Reflexion des Lichtes am Na-Dampf aufgefaßt werden.

Wird schließlich die Dichte des Na-Dampfes so weit erhöht, daß in einem Volumen von der Größe des Wellenlängenkubus einige Tausend Na-Atome vorhanden sind, so tritt eine gänzlich neue Erscheinung auf: Die einfallende Primärwelle zwingt der Reemission der Na-Atome eine geordnete Phase auf, so daß die bisher angenommene unabhängige Emission der einzelnen Atome nicht mehr möglich ist; die Folge davon ist, daß das reemittierte Licht der einzelnen Atome interferiert, wie es von der *Huygens*schen Theorie der interferierenden Elementarwellen gefordert wird. In der Tat beobachtet man in diesem Fall, daß die Reemission der Na-Atome sich in allen Richtungen durch Interferenz vernichtet, bis auf diejenige, die mit der des einfallenden Primärstrahles in der klassischen Reflexionsbeziehung steht. In diesem Falle spricht man von „metallischer" Reflexion des Na-Dampfes.

Bisher sind nur diejenigen Wellenlängen des einfallenden Lichtes in Betracht gezogen, die mit Eigenfrequenzen der Atome übereinstimmen. Es erwächst nun die Frage nach den Wechselwirkungen zwischen elektromagnetischer Strahlung und Atomen außerhalb dieser Frequenzen. Auch dann ist eine Wechselwirkung vorhanden, wenn auch mit einer gegenüber dem Resonanzfall außerordentlich kleinen Intensität: Es führt nämlich jedes Elektron des Atoms erzwungene Schwingungen aus und wird damit selbst zu einem Ausgangspunkt von elektromagnetischer Strahlung der einfallenden Frequenz; auf diese Weise kommt eine „Streuung" des einfallenden Lichtes zustande.

---

[1] Vgl. z. B. P. Pringsheim: Zit. S. 75.

Die Intensität des von den Atomen durch Streuung herausabsorbierten Lichtes ist sehr gering, nimmt allerdings mit der 4. Potenz der Frequenz zu.

Bei kleinen Drucken ist wieder die von den einzelnen Atomen ausgehende Streustrahlung unabhängig, so daß keine Interferenz zustande kommt, und eine gewisse Strahlungsintensität senkrecht zur Einfallsrichtung des Primärstrahles festgestellt werden kann; bei höheren Dichten tritt wiederum Interferenz und daher eine Vernichtung der „ungeordnet" gestreuten Intensität ein; allerdings wird dann infolge der durch die thermodynamischen Schwankungen auftretenden Dichteänderungen die Interferenzfähigkeit des gestreuten Lichtes wieder, und zwar sehr intensiv, gestört, so daß bei höheren Dichten recht beträchtliche Intensitäten im Streulicht auftreten [1]. Diese Streuung ist z. B. die Ursache für das diffuse Himmelslicht bei Tage; die Abhängigkeit der Streuintensität von der 4. Potenz der gestreuten Frequenz bedingt die tiefblaue Farbe des (dunstfreien) Himmels. Von dieser Streuung wohl zu unterscheiden ist die Streuung in einem Nebel, die auf das Vorhandensein sehr kleiner fester oder flüssiger Partikel zurückgeht.

In fast allen Fällen wird nun nicht die gesamte, von den streuenden Elektronen dem primären Strahl entzogene Energie wieder abgestrahlt, es liegt vielmehr in der Wechselwirkung der Elektronen untereinander und mit den Atomen begründet, daß ein Teil der von den Elektronen aufgenommenen Energie in kinetische Energie der Elementarteilchen, in „Wärme", umgesetzt wird. Dieser Anteil wird schlechthin als „absorbierte Energie" bezeichnet. Demnach gilt die Beziehung: Abs. E + gestreute E + durchgelassene E = eingestrahlte E.

g) Temperaturabhängigkeit der optischen Eigenschaften eines Gases.

Wir haben bisher den Übergang der optischen Eigenschaften des Einzelatoms bezw. Moleküls zu denen einer Vielzahl von Einzelindividuen besprochen. Wir müssen jetzt noch, um einen vollständigen Überblick über das Verhalten der Gase zu gewinnen, den Einfluß der Temperatur berücksichtigen. Bekanntlich ist die Temperatur ein Maß für die mittlere Energie des Gases, wobei immer thermisches Gleichgewicht vorausgesetzt wird.

Wie später noch ausführlicher beschrieben wird, sind Atome und Moleküle auch durch Zusammenstöße [2] mit Teilchen, deren kinetische Energie groß ist, anregbar (unelastischer Stoß). Die mittlere kinetische Energie der Moleküle ist erst bei hohen Temperaturen so groß, daß sie zur Anregung von Spektrallinien durch unelastischen Stoß ausreicht. Entsprechend der Maxwellschen Geschwindigkeitsverteilung hat jedoch stets ein Bruchteil der Moleküle eine größere Energie. —

Bruchteil der Atome, der nach dem Maxwellschen Verteilungsgesetz eine kinetische Energie hat, die zur Anregung einer Resonanzlinie bei 5000 Å ausreicht.

Temperatur in ° K	Bruchteil	Temperatur in ° K	Bruchteil
500	$7,1 \cdot 10^{-22}$	2000	$1,35 \cdot 10^{-6}$
1000	$5,7 \cdot 10^{-11}$	5000	$7,5 \cdot 10^{-3}$

Die nebenstehende Tabelle zeigt z. B. wie groß der Bruchteil, dessen kinetische Energie zur Anregung einer Resonanzlinie bei 500 mμ ausreicht, bei verschiedenen Temperaturen ist.

[1] Diese Streuung wurde von Tyndall zuerst beobachtet, von Raleigh wurden die Streuungsgesetze aufgefunden. Der kohärente Teil wird als Raleighstrahlung, der inhärente, der durch Aufnahme oder Abgabe von Schwingungs- oder Rotationsenergiequanten während des Streuprozesses entsteht, wird Ramanstrahlung genannt.

[2] Näheres s. z. B. J. Franck u. P. Jordan: Anregung von Quantensprüngen durch Stöße. Struktur und Eigenschaften der Materie, Bd. 3. Berlin 1926. — Groot, W. de u. F. M. Penning: Anregung von Quantensprüngen durch Stoß. Geiger-Scheel: Handbuch der Physik, Bd. 23/1. Berlin 1933.

Betrachten wir den hochverdünnten Zustand eines einatomigen Gases, in welchem eine Temperatur T herrschen soll. Nach der Thermodynamik sind nicht nur Atome im Grundzustand vorhanden, sondern auch in höheren Zuständen; da das Verhältnis der angeregten Atome in einem Term der Energie E_1 zu der im Grundzustand befindlichen Anzahl durch die Formel $\frac{N_1}{N_0} = Ge^{-E_1/kT}$ gegeben ist und E_1 für das sichtbare Gebiet in der Größenordnung von $4 \cdot 10^{-19}$ W $\cdot$ s, hat der Exponent bei Zimmertemperatur etwa den Wert — 100. Es ist also die Zahl der in einem höheren Elektronenterm befindlichen Atome gegen die im Grundzustand befindlichen zu vernachlässigen. Bei sehr hohen Gastemperaturen, wie sie in Gasentladungen (s. u.) vorkommen, 10 000° und darüber, können dagegen Elektronenterme so stark thermisch angeregt werden, daß eine Absorption aus diesen erfolgen kann. Da die Energiedifferenz bei Übergängen zwischen höheren Termen meistens kleiner als bei Übergängen vom Grundzustand aus sind, erweitert sich also das Absorptionsspektrum des Gases mit wachsender Temperatur nach langen Wellen. Wie im einzelnen der Anstieg der Absorptionen aus dem 1. Resonanzniveau des Na- und des Hg-Atoms bei höheren Temperaturen verläuft, kann man aus Abb. 27 entnehmen. Danach ist für Na bei etwa 9000° K die Zahl der im $3\,^2P$-Zustand (Term, von dem die Resonanzlinie ausgeht) befindlichen Na-Atome gleich der im $3\,^2S_{\frac{1}{2}}$-Zustand (Grundzustand) befindlichen, für Hg ist für den $6\,^3P_1$-Zustand gegenüber dem $6\,^1S_0$-Zustand Gleichheit erst bei etwa 17000° K erreicht.

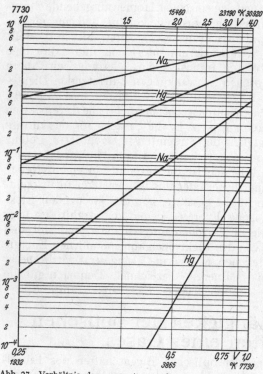

Abb. 27. Verhältnis der angeregten zu dem im Grundzustand befindlichen Atome für Na und Hg in Abhängigkeit von der Temperatur unter Berücksichtigung des Verhältnisses der statischen Gewichte G.

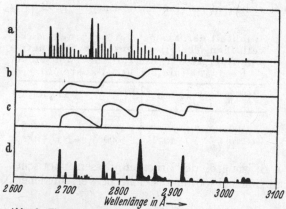

Abb. 28. Fluoreszenzspektrum des Benzols bei Anregung mit dem Spektrum des Quecksilbers im Ultraviolett. a gasförmig; b flüssig; c fest bei 0° C; d fest bei — 180° C.

Etwas anderes ist es bei Molekülen, deren auf die Kernbewegung zurückgehende Energiestufen etwa $^1/_{1000}$mal kleiner sind: hier befinden sich selbst bei Zimmertemperatur eine Anzahl in angeregten Schwingungs- und Rotationszuständen. Bei niedrigen Temperaturen erfolgt dementsprechend bei Atomen die Absorption überwiegend vom Grundzustand aus, bei Molekülen sind dagegen eine Reihe von Zuständen mit annähernd gleichwertiger Besetzungszahl durch Individuen zur Absorption bereit; es entsteht die in Abb. 26 b gezeigte charakteristische Bandenabsorption. Mit abnehmender Temperatur geht die Anzahl der Bandenlinien zurück, schließlich bleibt nur ein linienhaftes Absorptionsspektrum übrig (s. Abb. 28).

h) Energiezufuhr bei Gasen.

Es sei noch kurz auf den Vorgang der Energiezufuhr eingegangen. Bisher war nur die Energiezufuhr bei einem Atom durch Strahlung betrachtet und nur kurz die thermische Anregung gestreift, bei der beim Zusammenstoß die kinetische Fortbewegungsenergie in Anregungsenergie (innere potentielle Energie) verwandelt wird. Es hat sich nun allgemein gezeigt, daß Atome bezw. Moleküle bei Zusammenstoß mit Elementarteilchen, wie Atomen, Molekülen, Elektronen, Ionen, sofern diese eine Relativenergie gegen das gestoßene Teilchen haben, welche nach den mechanischen Gesetzen des Stoßes die Übertragung der Anregungsenergie des Terms erlaubt, angeregt werden. Wie oben gesagt, bezeichnet man diesen Vorgang der Energieübertragung zwischen atomaren Gebilden als unelastische Stöße. Für diese Stöße gelten zunächst die Gesetze der Mechanik, d. h. Energie- und Impulssatz. Aus dem letzteren folgt, daß nur bei Elektronenstoß die Anregung nach Beschleunigung der Elektronen durch Spannungen, die dicht oberhalb der optischen Energie des Terms liegen, beginnt; denn gegenüber der Atommasse ist die Masse des Elektrons sehr klein $m/M \geqq 1/1847$. Bei Anregung durch schwerere Teilchen (z. B. Protonen usw.) setzt die Anregung bei erheblich höheren beschleunigenden Spannungen ein. Die Ausbeute der Anregung durch Stöße ist stets von der Relativgeschwindigkeit abhängig. Man bezeichnet diese Abhängigkeit mit „Anregungsfunktion".

Im Falle des thermischen Gleichgewichtes erfolgt die Anregung bereits bei Temperaturen, bei denen die mittlere kinetische Energie erheblich unter dem Voltäquivalent des Terms liegt. Dies rührt daher, daß, wie schon erwähnt, sich im thermischen Gleichgewicht die Geschwindigkeit der Teilchen nach der sog. *Maxwell*-Funktion bis zu sehr hohen Werten erstreckt. Der energiereiche Ausläufer der Maxwellschen Verteilung ist für die Anregung verantwortlich. Für weitere Einzelheiten vgl. Kap. B 3.

i) Die Ausstrahlung der Gase.

Bei sehr geringen Dichten ist die Ausstrahlung eines Gases gegeben durch die Konzentration der angeregten Atome N_n, die Übergangswahrscheinlichkeiten A_n und die Schichtlänge l in der Beobachtungsrichtung.

$$J = \sum_n N_n A_n h \nu_n l.$$

Unter diesen Bedingungen ist z. B. das Leuchten einer zylindrischen Gassäule in Richtung der Säulenachse intensiver als senkrecht dazu. Dies sei am Beispiel der Neonstrahlung (Abb. 29) gezeigt. Dies gilt allerdings nur solange, als keine Resorption vorhanden ist, d. h. solange die von dem Gas emittierten Quanten nicht im Gas selbst absorbiert werden.

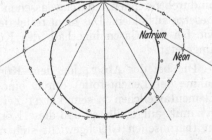
Abb. 29. Polardiagramm für die Lichtstrahlung eines Na- und eines Ne-Rohres.

Für eine Linie, deren Reabsorption nicht zu vernachlässigen ist, steigt die Intensität schwächer als linear mit der Schichtlänge.

Ist schließlich die Reabsorption sehr stark, dann erfolgt die Abstrahlung im wesentlichen von der an die Gefäßwand angrenzenden Schicht des Gases aus. In diesem Falle (z. B. Na-Rohr) ist die Helligkeit der Strahlung von der Schichtlänge unabhängig und gehorcht dem *Lambertschen cos-Gesetz*.

Für den Fall, daß sich thermisches Gleichgewicht im Gase ausbildet, läßt sich (s. S. 78) N_n berechnen, so daß die Ausstrahlung außer von den optischen Konstanten, bei kleiner Dichte A_n und l, nur noch von der Temperatur abhängig wird. Beim Übergang zu höheren Dichten bewirkt die Reabsorption den Übergang zu den *Wien-Planckschen Strahlungsgesetzen*. Die optischen Konstanten, z. B. das Absorptionsvermögen, lassen sich in speziellen Fällen aus dem A_n und l berechnen[1].

In Fällen, wo kein thermisches Gleichgewicht vorhanden ist, kann eine Vorausberechnung der Ausstrahlung nur aus den Elementarprozessen vorgenommen werden (s. Kap. B 3).

k) Optische Eigenschaften fester und flüssiger Körper.

Einfluß der Oberfläche. Feste und flüssige Körper besitzen Teilchendichten, die so erheblich sind, daß für sie fast immer die Verhältnisse maßgebend sind, die bei sehr dichten Gasen geschildert wurden. Dazu kommt, daß sowohl feste wie flüssige Körper wegen der ihnen innewohnenden Kohäsionskräfte imstande sind, Oberflächen zu bilden. Die Oberflächen bestimmen wesentlich das optische Verhalten der festen und flüssigen Körper. Da, wie oben gesagt, es sich hier um optische Eigenschaften handelt, die durch Gesamtheiten von Atomen und Molekülen bestimmt werden, spielen die Eigenschaften dieser eine untergeordnete Rolle, zumindestens in dem uns hier interessierenden Gebiet der sichtbaren Wellenlängen.

Trifft Strahlung auf einen festen Körper oder auf die Oberfläche einer Flüssigkeit auf, so werden genau wie beim Gase Schwingungen angeregt; die Dichte der Moleküle und der enge Verband in diesen Körpern bedingen dabei, daß die Absorptionsstellen sehr vermehrt sind und die einzelnen in den meisten Fällen breite Bänder bilden. Die aufgenommene Schwingungsenergie wird teils zurückgestrahlt, „reflektiert", wobei sich, ähnlich wie wir oben bei sehr dichtem Na-Dampf beschrieben haben, feste Phasenbeziehungen zwischen einfallender und reemittierter Strahlung ausbilden. Aber auch für die eindringende Strahlung gelten ähnliche Phasenbeziehungen, so daß bei dem durch den Körper hindurchtretenden, „durchgelassenen" Lichte sich der Reflexion entsprechende Gesetze ausbilden. Das nicht reflektierte oder durchgelassene Licht wird ebenso wie bei den Gasen innerhalb des Körpers „absorbiert", und meist in Wärme umgesetzt.

Die bei der Absorption dem Körper mitgeteilte Energie wird (mit Ausnahme der Leuchtstoffe) durch eine intensive Wechselwirkung der einzelnen Elementarteilchen in sehr kurzer Zeit „dissipiert", d. h. im Sinne der Thermodynamik aufgeteilt, so daß diese Körper mit sehr großer Annäherung in sich im thermischen Gleichgewicht stehen. Es sind deshalb für die Ausstrahlung der festen und flüssigen Körper die Gesetze der Strahlung im thermischen Gleichgewicht anzuwenden.

---

[1] Siehe z. B. A. C. G. Mitchell u. M. W. Zemansky: Resonance Radiation and Excited Atoms. Cambridge 1934.

Die Eigenstrahlung solcher Körper ist außer von dem Energieinhalt (Temperatur) desselben durch das Absorptionsvermögen gegeben, dieses als Folge des Kirchhoffschen Gesetzes. Reflexions-, Durchlassungs- und Absorptionsvermögen sind von der Wellenlänge abhängig. Im sichtbaren Gebiet bedingt die Wellenlängenabhängigkeit die „Farbigkeit" unserer Umwelt bei Beleuchtung mit einer sich über einen großen Wellenlängenbereich erstreckenden Strahlung, z. B. mit Sonnenlicht. Von farbigen Gegenständen wird also in diesem Falle ein Licht reflektiert, das sich in seiner Zusammensetzung von dem einfallenden unterscheidet. Benutzt man zur Beleuchtung eine monochromatisch strahlende Lichtquelle, z. B. eine Natriumlampe, so haben alle Körper die gleiche Farbe, und zwar die des eingestrahlten Lichtes. Für die Helligkeitsabstufung ist das Reflexionsvermögen für die eingestrahlte Wellenlänge maßgebend.

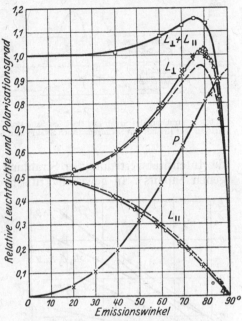

Da bei Reflexion und Durchlassung, wie bereits erwähnt, sich Phasenbeziehungen zwischen den von den angeregten Elektronen ausgehenden Wellen ausbilden, ist die Verteilung der schwingenden Elektronen, die durch die Oberflächenfelder beeinflußt wird, für diese Größen wichtig. Es ist so verständlich, daß die optischen Eigenschaften stark von der Oberflächenbeschaffenheit abhängen.

Abb. 30. Abhängigkeit der relativen Leuchtdichte und der Polarisation der Strahlung vom Emissionswinkel für Wolfram nach Messungen von WORTHING (1926) für das sichtbare Gebiet (————) und ZWIKKER (1927) bei $\lambda = 652\,m\mu$ (————). $L_\perp$ und $L_{||}$ bedeuten die senkrecht bzw. parallel zur Einfallsebene polarisierten Komponenten. P ist der Polarisationsgrad $P = \left(\dfrac{L_\perp - L_{||}}{L_\perp + L_{||}}\right)$. (Entnommen Handbuch der Physik, Bd. 21, S. 201. Berlin 1929.)

Bei rauhen Oberflächen ist die Ausbildung der Phasenbeziehung gestört. Der Anteil der absorbierten, in Wärme umgesetzten Strahlung steigt bei Metallen auf Kosten der reflektierten, bei durchsichtigen Substanzen

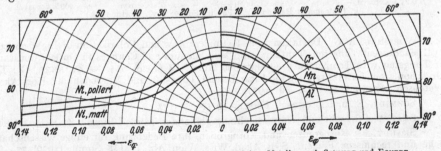

Abb. 31. Richtungsverteilung der Wärmestrahlung einiger Metalle nach SCHMIDT und ECKERT. Aus E. SCHMIDT: Einführung in die technische Thermodynamik, S. 282, Abb. 178. Berlin 1937.

auf Kosten der durchgelassenen Strahlung. Die gerichtete Reflexion und die gerichtete Durchlässigkeit werden außerdem mehr oder minder diffus.

Noch in einer anderen Erscheinung macht sich der Einfluß der abschließenden Oberfläche der Körper bei den optischen Eigenschaften bemerkbar. Die Werte dieser ändern sich, wenn der Winkel zwischen Oberfläche und

Einfallsebene des Strahls geändert wird. Dieses zeigt Abb. 30, in der die Richtungsverteilung der Leuchtdichte bei Wolfram[1], und Abb. 31, in der

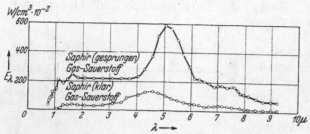

die Richtungsverteilung der Wärmestrahlung von Ni, Al, Mn, Cr[2] wiedergegeben ist. Noch erheblicher werden die Unterschiede der optischen Eigenschaften, wenn bei durchsichtigen Substanzen von dem homogenen Einkristall zu einem aus verpulvertem Material hergestellten Preßkörper übergegangen wird. Abb. 32 zeigt

Abb. 32. Strahlung des Saphirs in einer Gas-Sauerstoffflamme. Klarer Kristall und Kristall mit Sprüngen. (Nach Skaupy und Schmidt-Raps.)

die Intensitätsverteilung der Strahlung eines klaren und eines vielfach gesprungenen Saphirs[3]. In gewissen kritischen Korngrößengebieten ist die Strahlung von Pulvern auch stark von der benutzten Korngröße[4] abhängig. Abb. 33 zeigt dies für Al_2O_3 und MgO.

Es sei noch etwas über die Strahlung von Mischungen aus zwei oder mehreren

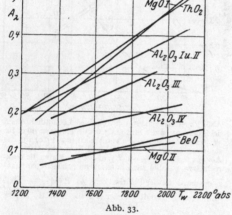

Abb. 33.

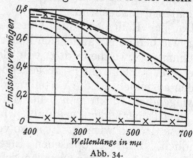

Abb. 34.

Abb. 33. Absorptionsvermögen von Al_2O_3 I, Korngröße 5...20 μ; Al_2O_3 II, Korngröße 2...4 μ; Al_2O_3 III, Korngröße 1...2 μ; Al_2O_3 IV, Korngröße 1/2...1 1/2 μ; MgO I, Korngröße 2...5 μ; MgO II, Korngröße 1/2...1 μ; ThO₂, Korngröße 1...3 μ; BeO, Korngröße 1/2 μ in Anhängigkeit von der Temperatur. (Nach G. Liebmann.)

Abb. 34. Emissionsvermögen im Gebiet der sichtbaren Strahlung von Gasglühlichtstrümpfen mit verschiedenem Cergehalt in Abhängigkeit von der Wellenlänge. — × — × — 100% Thoroxyd, — · — · — · 0,1% Ceroxyd, — · — · · — · 0,25% Ceroxyd, — — — — — 0,75% Ceroxyd, — — × — — × 6% Ceroxyd, ———— 100% Ceroxyd.
(Entnommen Handbuch der Physik, Bd. 19, S. 48. Berlin 1928.)

[1] Worthing, A. G.: Deviation from Lamberts Law and Polarisation of Light emitted by Incandescent Tungsten, Tantalum and Molybdenum and Changes in Optical Constants of Tungsten with Temperature. J. opt. Soc. Amer. **13** (1926) 635. — Zwikker, G.: The Diviation from Lamberts Law for Incandescent Tungsten and Molybdenum. Kon. Akad. Wetensch. Amsterdam, Proc. **30** (1927) 953.

[2] Schmidt, E. u. E. Eckert: Forschg. **6** (1935) 175.

[3] Skaupy, F.: Licht und Wärmestrahlung glühender Oxyde. Physik. Z. **28** (1927) 842.

[4] Skaupy, F.: Korngrenzen und Korngrößen, ihre Bedeutung für einige wissenschaftliche und technische Fragen. S.-B. Akad. Wiss. Wien. Abt. II **138** Suppl. (1929) 72—82. Skaupy, F. u. G. Liebmann: Korngröße und Strahlungseigenschaften nichtmetallischer Körper. Physik. Z. **31** (1930) 373. — Die Temperaturstrahlung von nichtmetallischen Körpern, insbesondere von Oxyden. Z. Elektrochem. **36** (1930) 784. — Liebmann, G.: Die Temperaturstrahlung der ungefärbten Oxyde im Sichtbaren. Z. Physik **63** (1930) 404. — Skaupy, F. u. H. Hoppe: Über Temperatur-, Kristall- und Korngrenzenstrahlung von Oxyden und Oxydgemischen. Helios, Fachz. **38** (1932) 38. — Skaupy, F.: Ultrarotstrahlung von Oxyden und Oxydgemischen. Einfluß der umgebenden Gasatmosphäre (nach Versuchen von G. Ritzow). Vortrag am 1. 7. 32 vor der Physik. Ges. Berlin und der Ges. f. techn. Physik.

Stoffen gesagt, aus denen z. B. der Gasglühlichtstrumpf und der Nernststift bestehen. Vor allem liegen für die Strahlung des Gasglühlichtstrumpfes[1] Untersuchungen vor. Im Gasglühlichtstrumpf sind 0,75...2,5% Ceroxyd dem Grundstoff, der aus Thoroxyd besteht, beigemengt. Das Absorptionsvermögen von Thoroxyd ist gering, das von Ceroxyd, vor allem im sichtbaren Gebiet, hoch

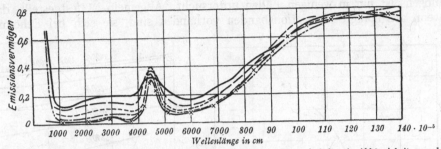

Abb. 35. Emissionsvermögen von Gasglühlichtstrümpfen verschiedenen Ceroxydgehaltes in Abhängigkeit von der Wellenlänge für $\lambda = 5 \cdot 10^{-5}$ bis $\lambda = 140 \cdot 10^{-5}$ cm. ——— 100% Ceroxyd, — — — 20% Ceroxyd, — · — · — 2% Ceroxyd, — · · — · · — 0,75% Ceroxyd, — — — — — 8% Ceroxyd, — × — × — Thoroxyd. (Entnommen Handbuch der Physik, Bd. 19, S. 48. Berlin 1928.)

(vgl. Abb. 35). Wie das Absorptionsvermögen einiger Mischungen ist, zeigen Abb. 34 und 35. Die im Gasglühlichtstrumpf benutzten Mischungen liegen in dem Gebiet, wo sich der Ceroxydzusatz schon stark durch Erhöhung der

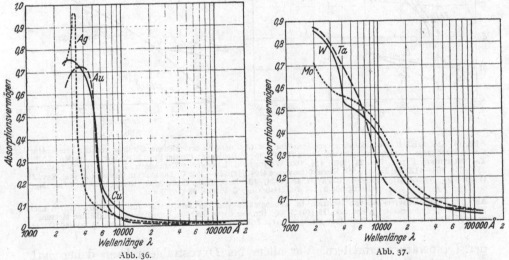

Abb. 36.

Abb. 37.

Abb. 36. Spektrales Absorptionsvermögen von Gold, Silber und Kupfer bei Zimmertemperatur.
Abb. 37. Spektrales Absorptionsvermögen von Wolfram, Molybdän und Tantal bei Zimmertemperatur.

Strahlung im sichtbaren Gebiet bemerkbar macht, wo jedoch die Erhöhung des Absorptionsvermögens im Ultrarot noch gering ist. Die Gesamtstrahlung des Gasglühlichtstrumpfes ist folglich noch nicht stark gegenüber der des reinen Thoroxydskelettes erhöht, und die bei Verbrennung des Leuchtgases im Auerbrenner entstehende Energie reicht aus, den Gasglühlichtstrumpf auf etwa 1900° K zu erhitzen (ein reiner Ceroxydstrumpf würde infolge der größeren Emission schon bei einer Temperatur von etwa 1500° K die gleiche Leistung

---

[1] IVES, H. E., E. T. KINGSBURRY and E. KARRER: Lichtstrahlung von Oxyden. J. Franklin Inst. **186** (1918) 401 u. 624.

abstrahlen, also mit der zur Verfügung stehenden Energie nicht höher erhitzbar sein).

In den Abb. 36...38 sind einige Daten für die Absorptionsvermögen von Metallen und anderen Stoffen angegeben, die in der Lichttechnik wichtig sind[1].

Temperaturabhängigkeit. Die Temperaturabhängigkeit des Absorptionsvermögens ist nur in wenigen Fällen untersucht. Allgemein ist festgestellt, daß, wenn ausgeprägte Absorptionsbanden vorhanden sind, sie sich bei Erhöhung

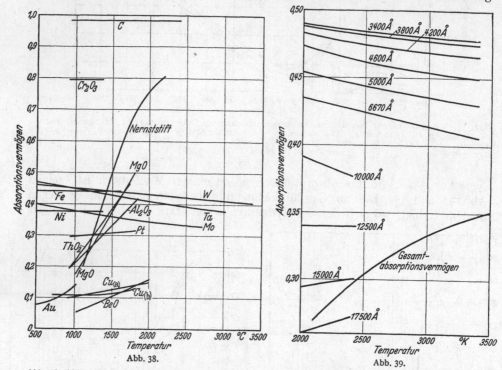

Abb. 38.

Abb. 39.

Abb. 38. Abh ngigkeit des Absorptionsvermögens im Rot ($\lambda = 6500$ Å) verschiedener Strahler von der Temperatur. Cu: a) BURGESS u. WALLENBERG: Physic. Rev. **4** (1914) 546; b) BIDWELL: Physic. Rev. **3** (1914) 439. Au, Mo, Ni, Pt, Ta: WORTHING: Physic. Rev. **28** (1926) 174, 190. W: JONES u. LANGMUIR: Gen. electr. Rev. **30** (1927) 310—319, 354—361, 408—412. Fe: HASE: Arch. Eisenhüttenwes. **4** (1930/31) 261—264. C: PRESCOTT u. HINCKE: Physic. Rev. **31** (1928) 130. Nernststift, WIEGAND: Z. Physik **30** (1924) 40. BeO, ThO₂, Cr₂O₃, Al₂O₃ (Kerngröße 4 ... 20 μ), MgO (Kerngröße 2 ... 5 μ): LIEBMANN: Z. Physik **63** (1930) 404.

Abb. 39. Absorptionsvermögen von Wolfram in Abhängigkeit von der Temperatur für $\lambda = 3400...6670$ Å nach FORSYTHE u. CHRISTISON: J. opt. Soc. **20** (1930) 396, für $\lambda = 10000...17500$ Å nach unveröffentlichten Messungen nach H. KREFFT 1934. Gesamtemissionsvermögen nach FORSYTHE und WORTHING: Astrophysic. J. **61** (1925) 146.

der Temperatur verbreitern. Vor allem bei Oxydstrahlern kann daher evtl. eine starke Verschiebung der Absorptionsbanden im sichtbaren Gebiet auftreten und mithin eine Farbänderung. Bei den „weißen" metallischen Strahlern sind dagegen solche Änderungen nicht beobachtet worden. Abb. 38 zeigt für einige Strahler die Werte des Absorptionsvermögens für $\lambda = 650$ mμ in Abhängigkeit von der Temperatur. Abb. 39 zeigt die Abhängigkeit des Absorptionsvermögens für verschiedene Wellenlängen[2] und für die Gesamtstrahlung bei Wolfram von der Temperatur.

[1] Anmerkung: Es ist allgemein üblich, die Angaben der optischen Eigenschaften immer auf senkrechte Inzidenz zu beziehen, oder aber zu bemerken, daß es Mittelwerte aus allen Richtungen sind.

[2] FORSYTHE, W. E. and A. G. WORTHING: The Properties of Tungsten and the Characteristics of Tungsten Lamps. Astrophysic. J. **61** (1925) 146—185. — ZWIKKER, G.: Physische Eigenschappen van Wolfraam bij hooge temperaturen. Physica **5** (1925) 249.

1) Optische Eigenschaften der Leuchtstoffe[1].

Abgesehen von den Gasen, hatten die bisher behandelten Stoffe das gemeinsame Kennzeichen, daß die von ihnen absorbierte elektromagnetische Strahlung durch die intensive Wechselwirkung der schwingungsfähigen Elektronen mit ihrer Umgebung fast restlos in Wärme umgewandelt wurde. Die auf die Absorption erfolgende Wiederausstrahlung richtete sich deshalb gemäß den Strahlungsgesetzen für thermisches Gleichgewicht nach der Temperatur des Stoffes, die dieser im elektromagnetischen Strahlungsfeld annahm.

Es gibt nun eine Reihe von Stoffen, feste und flüssige, bei denen die schwingungsfähigen Elektronen gegen eine derartige Energiezerstreuung geschützt sind.

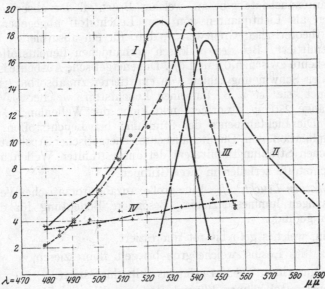

Abb. 40. Eosin in wässeriger Lösung. × Absorptionsspektrum. ⊙ Unkorrigierte Erregungsverteilung bei Erregung mit dem spektral zerlegten Licht einer Nernstlampe. + Erregungsverteilung, bezogen auf gleiche absorbierte Energie. ● Fluoreszenzspektrum. (Nach NICHOLS[2].)

Diese Stoffe können daher bei der Reemission einen abgegrenzten Wellenlängenbereich ausstrahlen, der gleich oder zum mindesten nicht größenordnungsmäßig verschieden ist von dem absorbierten, jedenfalls aber hinsichtlich der Intensität der Ausstrahlung dieser Wellenlängen keinen direkten Zusammenhang mit der Temperatur des betreffenden Körpers aufweist. Diese Stoffe besitzen demnach die Fähigkeit, eine „Fluoreszenzstrahlung" auszusenden, vergleichbar derjenigen von verdünnten Gasen (s. o.). Man bezeichnet solche Stoffe als „Leuchtstoffe" (Luminophore).

Für den Zusammenhang zwischen absorbierter und emittierter Strahlung gilt zunächst die *Stokes*sche Regel:

$$\nu_{abs} \gtreqless \nu_{emitt}$$

einfach als Folge des Energiesatzes; es kommen auch Abweichungen von diesem

---

[1] PRINGSHEIM, P.: Fluoreszenz und Phosphoreszenz im Lichte der neueren Atomtheorie, 3. Aufl. Berlin 1928. — LENARD-SCHMIDT-TOMASCHEK: Phosphoreszenz und Fluoreszenz I. — LENARD-BECKER: Phosphoreszenz und Fluoreszenz II. — WIEN-HARMS: Handbuch der Experimentalphysik, Bd. 23, I. Leipzig 1928.

[2] NICHOLS, E. L.: The absorption of alcoholic solutions of eosin and resorufin. Physic. Rev. 31 (1910) 376. — The specific exciting power of the different wavelengths of the visible spectrum in the case of the fluorescence of eosin and resorufin. Physic. Rev. 31 (1910) 381.

Gesetz vor, und zwar dann, wenn die besonderen Eigenschaften des Stoffes die Reemission von Lichtquanten gestatten, die um den Betrag der mittleren Wärmeenergie des Stoffes größer sind als das absorbierte Quant.

Im allgemeinen liegt jedoch der Schwerpunkt des reemittierten Spektrums langwelliger als der des absorbierten (Abb. 40 zeigt dies am Beispiel des Eosins): Diese Leuchtstoffe können also als Frequenzwandler aufgefaßt werden; diese Eigenschaft ist auch die für die Technik bedeutungsvollste. Sie gestattet z. B. die Umwandlung von ultravioletter Strahlung in sichtbares Licht, oder der der Na-D-Linien in rotes Licht.

Für die Umwandlung der Strahlung durch Leuchtstoffe sind zwei Größen maßgebend: 1. Die Quantenausbeute, 2. die energetische Ausbeute.

Die Quantenausbeute gibt an, welcher Bruchteil der absorbierten Strahlungsquanten als Lichtquanten von dem Leuchtstoff abgegeben wird. Sie besitzt den theoretischen Grenzwert 1, d. h. für ein absorbiertes Quant wird 1 Quant reemittiert. Bei den praktisch vorhandenen Leuchtstoffen liegt die Quantenausbeute zwischen 0,1 und 0,6. Die energetische Ausbeute ist durch das Verhältnis der Schwingungszahlen von emittierter zu absorbierter Strahlung gekennzeichnet; sie ist z. B. für einen Leuchtstoff, welcher U.V.-Strahlung der Wellenlänge 250 mμ absorbiert und Licht der Wellenlänge 500 mμ ausstrahlt, $^1/_2$. Die Lichtausbeute der Strahlung bei Leuchtstoffen ergibt sich durch Multiplikation von Quantenausbeute, energetischer Ausbeute und dem photometrischen Strahlungsäquivalent der ausgestrahlten Wellenlänge.

Die Leuchtstoffe zerfallen in zwei Gruppen.

Die organischen Leuchtstoffe. Eine große Anzahl aromatischer Verbindungen sind in Lösungen lumineszenzfähig. Besondere Bedeutung für die Technik haben bisher gefunden:

Rhodamin, welches gelb bis rot fluoresziert,

Alkalisalze des Eosins, welche grün bis gelb fluoreszieren,

Fluoreszeinnatrium, welches grün bis gelb fluoresziert.

Als Lösungsmittel können Flüssigkeiten, wie Wasser, Glyzerin, genommen werden. In manchen Fällen ändert sich das Fluoreszenzspektrum bei Anwendung verschiedener Lösungsmittel. Die Helligkeit der Fluoreszenz steigert sich oft erheblich mit wachsender Zähigkeit des Lösungsmittels; daher fluoreszieren die eben erwähnten Stoffe besonders gut, wenn sie in zähen Lacken gelöst sind, wie Glyptal, Dorophen u. dgl. [1].

Das Spektrum dieser fluoreszierenden Moleküle besteht aus breiten, kontinuierlichen Banden; Absorptions- und Emisionsgebiete überlappen sich etwas (s. Abb. 40). Die Absorption reicht z. B. bei Rhodamin bis ins Ultraviolett.

Anorganische Leuchtstoffe. Die anorganischen Leuchtstoffe besitzen eine Eigenschaft, die bei organischen nur vereinzelt auftritt: sie haben die Fähigkeit, lange anhaltend nachzuleuchten. Dieses Nachleuchten tritt mit erheblich kleinerer Intensität auf als die eigentliche Fluoreszenz und läßt sich durch Abkühlen verlangsamen, bis zum völligen Verschwinden der Nachleuchthelligkeit; Wiedererwärmen ruft dann reversibel eine Erhöhung der Intensität hervor (ausleuchten). Derselbe Effekt kann auch durch Bestrahlung mit ultrarotem Licht hervorgerufen werden. Die spektrale Lage von Absorptions- und Emissionsbanden läßt keine einfachen Gesetzmäßigkeiten erkennen, wie sie bei den organischen Leuchtstoffen angenommen werden können; vielmehr kann ein und

---

[1] Perrin, F.: Diminution de la polarisation de la fluorescence des solutions résultant du mouvement brownien de rotation. Rapports sur la Photoluminescence Warschau 1936, 335—347.

dieselbe Emissionsbande durch Absorption in mehreren, sich bis in das kurzwellige Schumannultraviolett hinziehenden Banden angeregt werden (vgl.
Abb. 41, die die Erregungs- und Emissionsbanden eines Ca(Cu, Mn)S-Misch-
phosphors zeigt). Die Intensität der Reemission ist stark temperaturabhängig;
bei 150...250° C verlieren im allgemeinen die anorganischen Leuchtstoffe ihre
Lumineszenzfähigkeit. Die größte Bedeutung besitzen die Lenardphosphore:
Mit diesen Namen bezeichnet man die durch Fremdatome aktivierten an-
organischen Phosphore, wie Calciumsulfid aktiviert mit Wismut (Balmainsche
Leuchtfarbe) oder Zinksulfid mit Kupfer aktiviert (Sidotblende). Die Lage
der Emissionsbanden, die Temperaturabhängigkeit der Nachleuchtdauer u. a. m.
ist von der Natur des wirksamen Metalles und des Grundstoffes abhängig. Diese
Leuchtstoffe werden in einem besonderen Abschnitt dieses Buches behandelt.
Zu der Gruppe der anorganischen Phosphore gehören weiter die Uranylsalze,
Platincyanürsalze der seltenen Erden usw.

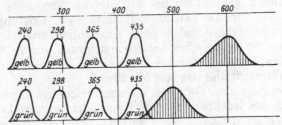

Abb. 41. Erregungs- und Emissionsbanden eines Ca-S (Cu, Mn-) Mischphosphors. (Nach SCHMIDT[1].)

Die anorganischen Leuchtstoffe sind auch durch Stöße von Elektronen,
α-Strahlen usw. anregbar.

Mechanismus des Leuchtvorganges[2]. Bei den fluoreszierenden Stoffen organischer Natur nimmt man einen Leuchtmechanismus einfacher Art, ähnlich
wie etwa in Gasen, an; das leuchtende System steht dabei jedoch in enger
Wechselwirkung mit den Schwingungen der Einzelatome der Moleküle, so daß
nur bei sehr tiefen Temperaturen eine diskrete, bandenhafte Emission entsteht;
bei höheren Temperaturen entstehen kontinuierliche Bänder, deren Breite mit
wachsenden Temperaturen zunimmt.

Bei den anorganischen, kristallinen Lenardleuchtstoffen läßt sich ein einfacher Leuchtvorgang nicht mehr zur Deutung heranziehen. Es scheinen vielmehr zwischen Absorption und Reemission Zwischenprozesse eingeschaltet zu
sein, die für das experimentell beobachtete Verhalten maßgebend sind; so
z. B. für die Temperaturabhängigkeit der Lebensdauer, d. h. des Nachleuchtens,
die ja bei einem einfachen Leuchtmechanismus nicht auftritt, weil in diesem
Falle die Übergangswahrscheinlichkeit konstant ist. Auch aus dem Verlauf
des Abklingens der Lichtemission, die aus einem sehr schnell abklingenden
(Momentanleuchten) und einem langsam anklingenden, stark temperatur-
abhängigen Teil sich zusammensetzt, muß auf komplizierte Mechanismen
geschlossen werden.

[1] SCHMIDT, F.: Zur Kenntnis der Absorptionskantenserien der Phosphore. Ann. Physik
74 (1924) 3 2. — Bandenkanten und Absorptionskantenserien der Erdalkaliphosphore.
Ann. Physik **83** (1927) 213.
[2] LEWSCHIN, W. L.: Recherches sur la décroissance de la luminescence et le mécanisme
d'émission de différentes substances. Rapports sur la Photoluminescence Warschau 1936,
301—317. — TIEDE, E. u. A. SCHLEEDE: Kristallform, Schmelzmittel und tatsächlicher
Schmelzvorgang beim phosphoreszierenden Zinksulfid. Chem. Ber. **53** (1920) 1721. —
SCHLEEDE, A.: Über das Phosphoreszenzzentrum. Z. Physik **18** (1923) 109. — Über den
chemischen Bau der Phosphore. Naturwiss. **14** (1926) 586.

m) Leistungszufuhr und Lichterzeugung bei den einzelnen Lichtquellen.

Wie im vorhergehenden bereits angedeutet, lassen sich zwei Arten der Lichterzeugung unterscheiden: Thermische Leuchten und Lumineszenzleuchten[1]. Unter thermischem Leuchten versteht man diejenigen Fälle einer Lichterzeugung, wo das leuchtende Medium in sich im thermischen Gleichgewicht steht und dementsprechend die Ausstrahlung durch die Angabe einer Temperatur und der optischen Eigenschaften des Mediums gegeben ist.

Da die Leistungszufuhr, wie bereits beschrieben, stets entweder durch Zustrahlung oder durch Stoßprozesse vor sich geht, muß innerhalb des leuchtenden Stoffes eine so intensive Wechselwirkung vorhanden sein, daß die zugeführte Leistung immer nur eine Temperaturerhöhung des ganzen Systems bewirkt. Die Höhe der sich einstellenden Temperatur, die ihrerseits bestimmend ist für die lichttechnischen Eigenschaften des betreffenden Vorganges, hängt ab von dem Verhältnis der für die Leistungsaufnahme bzw. Leistungsabgabe maßgebenden Größen (vgl. die Angaben beim Gasglühlichtstrumpf, S. 83).

Im allgemeinen ist thermisches Leuchten demnach nur in Stoffen höherer Dichte zu erwarten; z. B. in Gasen bei Drucken von 1 at und darüber, in festen Stoffen hoher Wärmeleitfähigkeit wie Metallen.

Alle die lichterzeugenden Vorgänge, bei denen sich *kein* thermisches Gleichgewicht innerhalb des leuchtenden Stoffes ausbildet, werden Lumineszenz genannt. Bei dieser ist demnach die Temperatur des Stoffes zum mindesten nicht direkt für die Ausstrahlung kennzeichnend, so wie wir es oben bereits bei den Leuchtstoffen oder bei der Fluoreszenz des Natriumdampfes gesehen haben. Dieses letztere Beispiel läßt das Zustandekommen der Lumineszenz erkennen.

Die Leistungsaufnahme erfolgt durch Absorption; das Leuchtelektron gibt nach Ablauf der Verweilzeit die absorbierte Energie wieder ab; bei diesem Vorgang steht nur ein „Teil" des Na-Atoms, nämlich das Leuchtelektron, in Wechselwirkung mit der zugeführten Energie, im Falle der Fluoreszenz mit der einfallenden Strahlung, und die Übertragung von Leistung etwa auf Bewegungsenergie der Na-Atome, was gleichbedeutend wäre mit einer Aufheizung des Gases, kommt nur ganz selten vor. Die Verhältnisse liegen ähnlich, wenn die Na-Atome von schnellen Elektronen getroffen werden; die in kinetische Energie des Na-Atoms überführte Leistung ist dabei nach den Gesetzen der Mechanik immer noch sehr klein (1/10000 der gesamten).

Lumineszenz ist nach dem eben Gesagten also ein Vorgang, der immer dann zu erwarten ist, wenn die Wechselwirkung zwischen dem Leuchtelektron und der zugeführten Leistung groß und die Wechselwirkung des Leuchtelektrons mit der Umgebung klein ist; die Leistungsabgabe erfolgt dann lediglich durch Strahlung. Demnach finden Lumineszenzvorgänge außer in verdünnten Gasen nur bei Molekülen, deren Leuchtelektron vor Energiezerstreuung geschützt ist, statt.

Thermisches Leuchten, Energiezufuhr durch Wärmekontakt mit einem hocherhitzten Gase.

Flammen und Gasglühlicht. Durch Oxydation von Kohlenwasserstoffen wird eine Gaszone hoher Temperatur geschaffen (s. Abb. 42, Temperaturverteilung im Querschnitt der Bunsenflamme.). Bei unvollständiger Verbrennung —

---

[1] Krefft, H., M. Pirani u. R. Rompe: Betrachtungen über Strahlungsvorgänge. Techn.-wiss. Abh. Osram-Konz. **2** (1931) 24—32. — Pringsheim, P.: Zwei Bemerkungen über den Unterschied von Lumineszenz- und Temperaturstrahlung. Z. Physik **57** (1929) 739—746.

Mangel an Sauerstoff im Gasgemisch — von kohlenwasserstoffhaltigen Gasen oder Öldämpfen entsteht als Zwischenprodukt freier Kohlenstoff, der sich zu Flöckchen zusammenballt und infolge der hohen Flammentemperatur auch sichtbares Licht ausstrahlt (Petroleumlampe, Fackeln usw.). Durch Einbringen von gasförmigen Stoffen[1], z. B. Na oder festen Stoffen, wie Glühstrumpf, läßt sich die Emission der nichtleuchtenden, mit genügender Mischluft versehenen Flammen im sichtbaren Teil des Spektrums stark erhöhen. Da die in Flammen auftretenden Gastemperaturen im allgemeinen zwischen 1800° und 2000° K liegen und 2500° nicht übersteigen, ist die Lichtausbeute der durch Wärmekontakt in Flammen erhitzten Stoffe begrenzt.

Bogenlicht. Die Temperaturen in Gasentladungen bei Drucken von etwa 1 at und darüber liegen wesentlich höher als die Flammentemperaturen (5000° und mehr). Es lassen sich daher durch Wärmekontakt mit Bogengasen hoch-schmelzende Stoffe auf sehr hohe Temperaturen erhitzen. Meistens wird dabei die zum Leuchten zu bringende Substanz als Anode der Gasentladung ausgebildet. Entsprechend den wesentlich höheren Temperaturen, die lediglich jeweils durch die Schmelzpunkte der eingebrachten hochschmelzenden Stoffe wie W C, TiC oder TaC, begrenzt sind, fallen die lichttechnischen Eigenschaften derartiger Lichtquellen wesentlich günstiger aus.

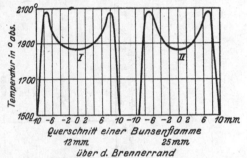

Abb. 42. Temperaturverteilung im Querschnitt einer Bunsenflamme. Nach H. SCHMIDT: Verh. dtsch. physik. Ges. 11 (1909) 87. (Entnommen Handbuch der Physik, Bd. 19, S. 344. Berlin 1928.)

Wärmeerzeugung im leuchtenden Medium. Diese Gruppe kann gegen die vorausgehende dadurch abgegrenzt werden, daß hier das leuchtende Medium gleichzeitig das der Wärmeerzeugung ist. Es ist dies möglich bei Umsetzung elektrischer Energie in Wärme. Ein Beispiel sind die Hochdruckgasentladungen.

Hochdruck-Gasentladungen. Bei Stromleitung in Gasen, bei Drucken von 1 at und darüber wird durch Zusammenstöße der die Stromleitung besorgenden Elektronen mit den Gasmolekülen die Bewegungsenergie der Moleküle so groß, daß sie derjenigen bei Erhitzen auf sehr hohe Temperatur, 5000° K und darüber entspricht[2]. Besitzt das Gas Emissionsgebiete im Sichtbaren, oder werden dem Grundgas Gasatome oder Moleküle zugesetzt, die im sichtbaren Gebiet Emissionsgebiete haben, so kann ein erheblicher Bruchteil der gesamten der Entladung zugeführten Energie in Lichtstrahlung abgegeben werden. Die lichttechnischen Eigenschaften derartiger Entladungen sind dementsprechend günstig (Hg-Hoch-[3] und Höchstdruckentladungen[4], Effektkohlebogen[5]). Die erzielbaren Temperaturen liegen zwischen 5000 und 15000° K.

[1] KONDRATJEW, V.: Lumineszenz der Flammen. Rapports sur la Photoluminescence Warschau 1936, 65—77.

[2] WITTE, H.: Experimentelle Trennung von Temperaturanregung und Feldanregung im elektrischen Lichtbogen. Z. Physik 88 (1934) 415—435.

[3] KREFFT, H.: Strahlungseigenschaften der Entladung in Quecksilberdampf. Techn.-wiss. Abh. Osram-Konzern 4 (1936) 33.

[4] BOL, C.: Een nieuwe Kwiklampe. Ingenieur, Haag 50 (1935) 91, 92. — ELENBAAS, W.: Über die mit den wassergekühlten Quecksilber-Superhochdruckröhren erreichbare Leuchtdichte. Z. techn. Physik 17 (1936) 61. — ROMPE, R. u. W. THOURET: Die Leuchtdichte der Quecksilberentladung bei hohen Drucken. Z. techn. Physik 17 (1936) 377—380.

[5] GEHLHOFF, G.: Über Bogenlampen mit erhöhter Flächenhelligkeit. Z. techn. Physik 1 (1920) 7—16.

Metalldraht-Glühlampen. Bei Stromdurchgang stoßen die im elektrischen Felde beschleunigten Leitungselektronen gegen die Metallatome; durch diese Zusammenstöße wird die dem Felde entnommene Energie in Wärmebewegung umgesetzt. Metalle oder gutleitende Stoffe, wie C oder Nernstmasse, lassen sich so auf hohe Temperaturen bringen. Die Lichtausbeute und Leuchtdichte sind bestimmt durch die optischen Eigenschaften des Stoffes, Materialkonstanten wie Schmelzpunkt und Verdampfungsgeschwindigkeit (s. B 4, S. 110 f.).

Blitzlichtpulver und Blitzlichtlampen. Bei Blitzlichtpulvern wird ein sauerstoffabspaltendes Gemisch mit einem leicht oxydierbaren, in feinverteilter Form vorhandenen Metall (meist Mg) erhitzt. Nach Entzündung verläuft der Verbrennungsvorgang außerordentlich schnell, so daß durch die bei der Oxydation freiwerdende Wärme die Metall- oder Oxydteilchen außerordentlich hoch erhitzt werden (Farbtemperatur des Mg-Lichtes etwa 3700° K).

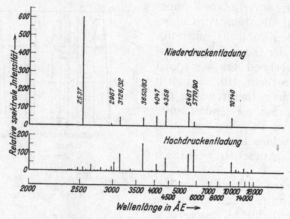

Abb. 43. Energieverteilung im Spektrum der Hg-Hochdruck- und Niederdrucklampe bei gleicher Gesamtstrahlung.

Auch bei den Folienblitzlichtlampen erhitzt die bei Verbrennung der sehr dünnen Aluminiumfolie in stark sauerstoffhaltiger Atmosphäre freiwerdende Oxydationswärme die verbrennende Folie und erzeugt sozusagen eine leuchtende Flamme (vgl. B 13, S. 244 f.).

Lumineszenzvorgänge. Chemilumineszenz. Eine Lumineszenz kann bei einigen chemischen Reaktionen in gasförmiger oder flüssiger Phase beobachtet werden; z. B. in der gasförmigen Phase bei der Reaktion Na + Cl, wobei die freiwerdende Energie zur Anregung eines Na-Atoms dient, oder in flüssiger Phase bei der Lumineszenz des Akridins[1]. Chemilumineszenzen werden auch in Flammen beobachtet.

Ferner gehören auch gewisse Leuchterscheinungen an organischen Gebilden zur Chemilumineszenz; so z. B. die bei leuchtenden Insekten (Luciferin — Luciferase), faulendem Holz, Leuchtbakterien.

Leuchtstoffe (Luminophore). Hierher gehören auch die Leuchtstoffe. Wie bereits unter 1) auseinandergesetzt, werden sie durch Strahlung erregt und dienen dazu, kurzwellige unsichtbare Strahlung in sichtbare umzuformen. Auch die direkte Anregung durch Stöße, wie sie in den Kathodenstrahlröhren benutzt wird, ist als Lumineszenzvorgang aufzufassen.

---

[1] Gleu, K.: Eine neue Chemilumineszenzerscheinung. Angew. Chem. **47** (1934) Nr. 23, 410. — Gleu, K. u. W. Petsch: Die Chemilumineszenz der Dimethyldiacridyliumsalze. Angew. Chem. **48** (1935) Nr. 3, 57—59.

Niederdruck-Gasentladungen[1]. Bei den Niederdruck-Gasentladungen erfolgt die Strahlungsanregung durch unelastische Stöße der Elektronen mit Atomen bzw. Molekülen. Die Elektronen gewinnen die erforderliche kinetische Energie durch Beschleunigung in dem in der Entladung herrschenden elektrischen Feld. Durch das Zusammenwirken der dauernden Beschleunigung der Elektronen und ihrer dauernden Energieverluste durch die anregenden unelastischen Stöße bildet sich eine mittlere Elektronenenergie aus, die von Gasart, Gasdruck, Stromdichte und äußeren Abmessungen der Entladung abhängt und für die Lichterzeugung von besonderer Bedeutung ist. Sämtliche Niederdruck-Gasentladungen besitzen eine sehr gute Strahlungsausbeute; von der der Entladung

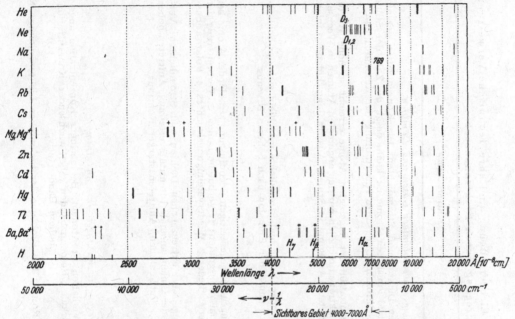

Abb. 44. Wellenlängen der wichtigsten Linien einiger Elemente, die in Gasentladungslampen als Leuchtatome benutzt werden.

zugeführten Energie werden 40...80% in Strahlung abgegeben. Wie groß der Anteil der Strahlung im sichtbaren Spektrum und wie groß die Lichtausbeute wird, hängt von dem Spektrum des Gases ab. Als allgemeine Regel kann festgestellt werden, daß mit wachsender Druck- und Stromstärke sich der Schwerpunkt der Ausstrahlung von kurzen nach langen Wellen hin verschiebt. Um hierfür ein Beispiel zu geben, sind in Abb. 43 die Intensitätsverhältnisse der Quecksilberlinien in der Niederdruck- und Hochdruckentladung wiedergegeben. Einen Überblick über die wichtigsten Linien der Elemente, die als Leuchtatome in Gasentladungslampen benutzt werden, vermittelt Abb. 44.

n) Übersicht über die Möglichkeiten der Lichterzeugung.

Einen Überblick über die Möglichkeiten der Lichterzeugung und über die bisherigen Anwendungen für technische Zwecke gibt die folgende Tabelle. Eine Tabelle im Anhang enthält lichttechnische Daten der hauptsächlichsten Lichtquellen.

[1] Siehe Kap. B 3, S. 95 u. f.

Die Möglichkeiten der Lichterzeugung und ihre technische Verwertung[1].
A. Anregung durch Elektronenstoß.

Atomart	Dichte Moleküle im cm³	Strom-dichte A/cm²	Kennzeichnung	Beispiele für technische Verwertung
			I. Anregung von einatomigen Gasen und Dämpfen.	
1. Na Hg Tl	10^{13} 10^{13} 10^{13}	0,01 bis 0,3	Bei kleinen Dichten und Stromdichten: Die Konzentration der angeregten und ionisierten Atome ist klein, desgl. die Zahl der Stöße mit Elektronen: Ungestörte Ausstrahlung der Resonanzlinie.	Na-Lampe für Straßenbeleuchtung Tl-Spektrallampe Hg-Lampe mit Phosphoren
2. He Ne Ar Kr Xe Hg Cd Zn Mg Cs Rb	$10^{14} \ldots 10^{17}$	0,2 bis 0,8	Die Konzentration der angeregten Atome erreicht so hohe Werte, daß die Elektronen merklich mit den angeregten Atomen in Wechselwirkung treten: Anregung in Stufen, Ausstrahlung höherer Linien.	Hg Ne } Reklameröhren He Ne Cd Zn } Spektrallampen Hg Ne } „Lichtspritzen"
3. Hg He Ca Cs Ce Rb Cererd. Substanzen des Effektbogens	$10^{17} \ldots 10^{19}$	0,5 ... 1	Mit wachsender Dichte und Stromdichte verschiebt sich der Schwerpunkt der Emission nach höheren Niveaus.	Hg-Hochdrucklampe Hg-Spektrallampe
4. Rb Cs K He Mg Zn Ca	$10^{15} \ldots 10^{19}$	etwa 1	Erscheinungen der gegenseitigen Beeinflussung strahlender Atome bei höheren Ionisationsgraden: 1. Verbotene Linien, 2. Verbreiterung der höheren Serienglieder, 3. Wiedervereinigungsleuchten, 4. Polarisationsmoleküle.	Rb-Spektrallampe Cs-Spektrallampe
5. Hg	$10^{20} \ldots 10^{22}$	bis 20 000	Erscheinungen bei extrem hohen Dichten und Stromdichten: Verbreiterung der Linien, anomale Intensitätsverteilung, Auftreten hoher Funkenlinien, Auftreten starker Kontinua.	a) Hohe Gasdichte: Hg-Höchstdrucklampe für hohe Leuchtdichte und Hg-Kapillarlampe b) HoheStromdichte: Stoßentladungslampen für Kinoprojektion
			II. Anregung zweiatomiger Gase und Dämpfe.	
N_2 CO Te_2 J_2	$10^{12} \ldots 10^{19}$	10^{-2} bis 10	Analoges Verhalten zu Atomen: Bei geringer Konzentration angeregter Moleküle „Resonanzbanden", bei wachsender Konzentration höhere Banden usw.	N_2-Lampe Te-Lampe N_2-Lichtspritze

[1] Erweiterte Tabelle aus E. Lax, M. Pirani und R. Rompe: Die Probleme der technischen Lichterzeugung. Naturwiss. **23** (1935) 393.

III. Anregung mehratomiger Moleküle.

Atomart	Dichte Moleküle im cm³	Stromdichte A/cm²	Kennzeichnung	Beispiele für technische Verwertung
CO_2 $TiCl_4$ $ZrCl_4$ C_2H_2 u. a.	$10^{12}\ldots10^{19}$	$10^{-2}\ldots1$	Falls bei Dissoziation einfache (zweiatomige) Moleküle gebildet werden, werden diese angeregt. Sonst wie unter II.	Kohlensäure-Tageslichtlampe

IV. Lichterzeugung infolge Wechselwirkung von schnellen Elektronen mit fester Materie.

Atomart	Dichte Moleküle im cm³	Stromdichte A/cm²	Kennzeichnung	Beispiele für technische Verwertung
Metalle	10^{23}	—	1. Strahlungserzeugung durch Abbremsung von Elektronen.	Röntgenröhren, für sichtbares Licht bisher nicht verwendet
Lenardphosphore	10^{17} (Leuchtsysteme)	—	2. Anregung von besonderen isolierten Leuchtsystemen in kristallinen festen Körpern. (An Stelle von Elektronen können auch schwere Teilchen [α-Teilchen, Protonen u. a.] verwendet werden.)	Phosphoreszenzschirme; radioaktive Leuchtfarben für Kathodenstrahlröhre für Fernsehen und Rundfunk
Rubinphosphore	10^{23} (Grundsubstanz) 10^{19}	—		

B. Elektromagnetische Strahlung im Gleichgewichtszustand (Temperaturgleichgewicht).

Atomart	Dichte Moleküle im cm³	Stromdichte A/cm²	Kennzeichnung	Beispiele für technische Verwertung
Metalle	10^{23}	etwa 600 und mehr	Die Materie emittiert ständig elektromagnetische Strahlung, deren Zusammensetzung durch den Energieinhalt des Körpers (Temperatur) und seine Strahlungseigenschaften gegeben ist. (Theoretisch sind diese für den Idealfall des schwarzen Körpers erfaßbar.)	Wolframglühlampe, Kohlefadenlampe, Krater der Bogenlampe, Nernstlampe. Gasglühlicht, ferner disperse Oxyde bei Blitzlichtpulvern und Folien-Blitzlampen und rußende Flammen (Petroleumlampe). Bogenlampe mit Effektkohlen. Hg-Höchstdrucklampe und Hg-Kapillarlampe. Na-Flamme
Oxyde	10^{23}			
Bogen in Luft . . .	10^{19}			
Hg	10^{19}			
Unterwasser-Funken und -Bogen (H_2O) . .	bis 10^{22}			
Jod . . . von 800° an	10^{23}			
Schwefel . . „ 1000° „				
Natrium . . „ 1000° „				
Selen . . . „ 1000° „				
Tellur . . . „ 1000° „				
u. a.				

C. Chemilumineszenz.

Atomart	Dichte Moleküle im cm³	Stromdichte A/cm²	Kennzeichnung	Beispiele für technische Verwertung
NaCl-Reaktion im gasförmigen Zustand Akridin-Lumineszenz im flüssigen Zustand Leuchtfliege Kristallisationsleuchten im festen Zustand	10^{10}		*Chemilumineszenz*, die bei gewisser chemischer Reaktion freiwerdende Energie wird entweder durch Resonanzübertragung oder durch Partikelstoß auf ein leuchtfähiges System übertragen, 1. bei Reaktionen im Gaszustand: Linien bzw. diskretes Bandenspektrum, 2. bei Reaktionen im flüssigen Zustand: kontinuierliches Bandenspektrum.	Bunsenflamme, Auerbrenner.

D. Anregung durch Strahlung.

Atomart	Dichte Moleküle im cm³	Kennzeichnung	Beispiele für technische Verwertung
		Einstrahlung einer Linie.	
Na, Tl, Hg, usw.	10^{3} $10^{10} \ldots 10^{12}$	Einatomige Gase: *Bei kleinen Dichten:* Abstrahlung der Resonanzlinie im Volumen (schwache Absorption). *Bei großen Dichten:* Oberflächenresonanz an der Auftreffstelle der Strahlung (starke Absorption).	—
S_2, $Te_2 \ldots$ S_2, $J_2 \ldots$	10^{3} $10^{10} \ldots 10^{12}$	Zweiatomige Gase: *Bei kleinen Dichten:* Ausstrahlung der Resonanzserien. *Bei großen Dichten:* Ausstrahlung des Resonanzbandensystems.	
		Einstrahlung eines größeren Spektralbereiches.	
Alle Gase	—	Gase: Ausstrahlung des ganzen Absorptionsspektrums.	
Fluoreszein, Eosin, Rhodamin u. a.	10^{17} des Farbstoffes 10^{22} des Lösungsmittels	Fluoreszierende Flüssigkeiten, Ausstrahlung einer Bande.	Rhodaminfarben
Benzol bei tiefen Temperaturen, Uranylsalze	10^{23}	Feste Körper: Kristalliner Bau: das Leuchtsystem ist besonders geschützt, das Verhalten ist ähnlich dem der Moleküle im Gaszustand bei genügend tiefer Temperatur.	—
Lenardphosphore, Rubin, Calcit, Uranylsalze, Farbstoffphosphore, Anilinfarben	10^{17} Zentren 10^{23} Grundsubstanz	Phosphore: Anregung von eingebauten Fremdatomen, die Energieübertragung ist mit Frequenzänderung verbunden.	Ne- und Hg-Röhren mit Phosphoren, phosphoreszierende Leuchtfarben

B 3. Physikalische Grundlagen der Gasentladung[1].

Von

ELLEN LAX und ROBERT ROMPE-Berlin.

Mit 13 Abbildungen.

a) Erklärung einiger Grundbegriffe.

Mit dem Wort „Gasentladung" bezeichnet man das Auftreten einer elektrischen Leitfähigkeit in gasförmigen Stoffen. Der Unterschied zwischen der elektrischen Leitfähigkeit von Gasen und z. B. der eines Metalles liegt augenfällig in der Tatsache, daß sämtliche Gase unter normalen Bedingungen Isolatoren sind und erst durch Zufuhr von Leistung eine Leitfähigkeit durch Schaffung von frei beweglichen Elektronen erhalten können, während Metalle von sich aus solche besitzen; die Leitfähigkeit des Gases hängt außer von der Größe der zugeführten Leistung noch von der Gasart, dem Gasdruck, den geometrischen Abmessungen des Gefäßes und, falls der Stromtransport nicht vollständig im Gase selbst verläuft, auch noch von der Beschaffenheit der an das Gas angrenzenden Leiter ab.

Die technisch interessierenden Gasentladungen sind zumeist in einen Stromkreis metallischer Leiter eingeschaltet; sie besitzen daher stets mindestens zwei *Elektroden*, die den Übergang der Ladungen aus dem metallischen Teil des Stromkreises in das Gas ermöglichen; diejenige Elektrode, auf welche der positive Strom zufließt, heißt *Kathode*, die andere *Anode*.

Die einer Entladung zugeführte *Leistung* ist gegeben durch die *Stromstärke* und den an der Entladung herrschenden *Spannungsabfall*. Innerhalb der Entladung verteilt sich im allgemeinen die Leistungsaufnahme nicht gleichmäßig, so daß, da die Stromstärke längs der Entladung überall dieselbe ist, die verschiedenen Teile der Entladung eine verschieden große Leitfähigkeit besitzen. Dementsprechend ist der Spannungsabfall pro Längenelement, die elektrische Feldstärke, verschieden. Besonders hohe Werte erreicht die letztere z. B. in den an die Elektroden angrenzenden Schichten des Gases. Man nennt den gesamten Spannungsabfall vor der Kathode: *Kathodenfall*, den entsprechenden vor der Anode: *Anodenfall*. In dem speziellen, aber für die Lichttechnik besonders wichtigen Fall von Gasentladungen in zylindrischen Röhren ist die Leistungsaufnahme pro cm Gasstrecke, sofern man die Verhältnisse an den Elektroden außer acht läßt, konstant und daher auch die Feldstärke längs des Rohres. Man bezeichnet diese allgemein als *Gradient* dieser Gasentladungen (vgl. B 8, S. 156f). Die Verteilung des Potentials und der Feldstärke für ein zylindrisches

---

[1] Zusammenfassende Darstellung: GEIGER-SCHEEL: Handbuch der Physik, Bd. 14: Elektrizitätsbewegung in Gasen. Berlin 1929; Bd. 22, Teil 1: Elektronen, Atome, Ionen; Teil 2: Negative und positive Strahlen. Berlin 1933; Bd. 23, Teil 1: Quantenhafte Ausstrahlung; Teil 2: Röntgenstrahlung. Berlin 1933. — WIEN-HARMS: Handbuch der Experimentalphysik. — TOWNSEND: Glimm-Bogenentladung, Bd. 13/3. Leipzig 1929. — SCHERING: Elektrische Beleuchtung, Bd. 11/3. Leipzig 1931. — KLEMPERER: Einführung in die Elektronik. Berlin: Julius Springer 1933. — SEELIGER, R.: Physik der Gasentladungen. Leipzig 1934. — ENGEL, A. v. u. M. STEENBECK: Elektrische Gasentladung, Bd. 1 u. 2. Berlin 1932, 1934 — KNOLL, M., F. OLLENDORFF u. R. ROMPE: Gasentladungstabellen. Berlin 1935.

Rohr zeigt Abb. 45. In dieser Abbildung sind ferner die Leuchterscheinungen mit den für sie eingebürgerten Benennungen angegeben.

Die von der Entladung verbrauchte Leistung dient zur Aufrechterhaltung der Leitfähigkeit, d. h. zur Bildung und Fortleitung der Elektronen; die hierbei auftretenden Vorgänge im Gas sind jedoch mit der Strahlungserzeugung im Gas aufs engste gekoppelt, so daß von der der Entladung zugeführten Leistung ein großer Teil in Form von Strahlung die Entladung verläßt. Die *Strahlungsausbeute* einer Entladung, definiert durch

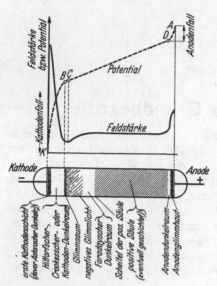

Abb. 45. Lichterscheinungen in einer Glimmentladung.

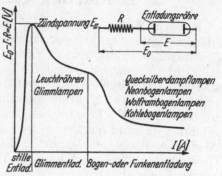

Abb. 46. Charakteristik einer Gasentladung bei Gleichstrom.

den Quotienten: Strahlungsleistung/Gesamtleistung ist recht beträchtlich und liegt bei den uns hier interessierenden Entladungen zwischen 40 und 90% (vgl. B 2, S. 91). Die *Lichtausbeute* (vgl. A 4, S. 53) wird entsprechend angegeben durch: Lichtstrom/Gesamtleistung und hängt im wesentlichen außer

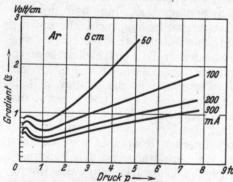

Abb. 47. Gradient in Ar (6 cm Rohrweite) Stromstärke als Parameter. Nach Lompe und Seeliger: Ann. Physik 15 (1932) 300—316. Aus Knoll-Ollendorf-Rompe: Gasentladungstabellen S. 96. Berlin 1935.

von der Strahlungsausbeute noch von der Art des Gases und den übrigen Parametern der Entladung ab.

Die Leitfähigkeit ist von der aufgenommenen Gesamtleistung abhängig. Man bezeichnet die Abhängigkeit des Gesamtspannungsabfalles einer Gasentladung von der Stromstärke als *Charakteristik* oder *Kennlinie*. Diese Gesamtkennlinie setzt sich, wie aus dem oben Gesagten verständlich, aus den voneinander unabhängigen Einzelkennlinien der verschiedenen Teile der Entladung zusammen. In Abb. 46 ist das Schema der vollständigen Charakteristik der Gasentladung gezeigt. Um ein Bild über die Abhängigkeit der Charakteristik vom Druck zu geben, ist in Abb. 47 die Charakteristik eines besonders druckabhängigen Teiles der Entladung, nämlich der positiven Säule (s. S. 106 f.), für Ar mit der Stromstärke als Parameter aufgetragen. Die sowohl bei Glimmentladung (Glimmlampen B 7, S. 149 f.) wie bei einem Teil der sog. Niederdruckgasentladungslampen und der Hochdruckentladungslampen auftretende Form der Kennlinie ist derart, daß mit wachsender Stromstärke die Leitfähigkeit so stark zunimmt, daß die Spannung mit wachsender Stromstärke sinkt: *negative Kennlinie*. Es gibt jedoch viele Fälle, wo die Spannung sich mit der Stromstärke nicht ändert oder sogar ansteigt, *positive Kennlinie*; trotzdem ist immer, im Gegensatz zum Metall, dessen Leitfähigkeit von der Stromstärke unabhängig ist, eine Verbesserung der Leitfähigkeit mit wachsender Stromstärke vorhanden.

Die Kennlinie bedingt die schaltungsmäßige Ausgestaltung des Stromkreises der Entladung. Eine Entladung mit negativer Kennlinie würde, an eine Stromquelle großer Ergiebigkeit angeschlossen, die Neigung haben, durchzugehen, d. h. ihre Leitfähigkeit und damit die Stromstärke unbegrenzt zu vergrößern. Zur Stabilisierung muß ein Widerstand mit positiver Kennlinie (z. B. metallischer Widerstand) in Serie geschaltet werden, dessen Größe so bemessen ist, daß die Gesamtkennlinie positiv wird. Besitzt die Entladung eine positive Charakteristik, so ist ein solcher *Stabilisierungswiderstand* nicht erforderlich.

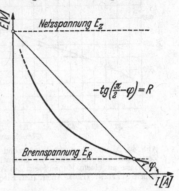

Abb. 48. Graphische Bestimmung der Brennspannung E_k einer Gasentladungsröhre an der Charakteristik und der Widerstandsgeraden.

Bei der Stabilisierung durch einen Vorschaltwiderstand R stellt sich die Stromstärke I so ein, daß $I \cdot R +$ dem durch die Kennlinie für diese Stromstärke I gegebenen Spannungsabfall an der Gasentladung $[E_R = f(I)]$ gerade gleich der Betriebsspannung ist.

Bei gegebener Größe R und Kennlinie kann man diese Stromstärke graphisch bestimmen (Abb. 48).

Bei Wechselstrombetrieb werden anstatt Ohmscher Vorschaltwiderstände, die einen Leistungsverlust von der Größe $(E_Z - E_R) \cdot I$ haben (E_Z Netzspannung, E_R Spannung an der Gasentladung), Drosselspulen verwendet, die die Spannungsdifferenz $E_Z - E_R$ wattlos vernichten. Es entsteht dadurch eine induktive Belastung des Stromkreises, die für den Betrieb (Zündung) der Entladung vorteilhafter ist, und deren Größe gegeben ist durch $\operatorname{tg} \varphi = \dfrac{I \omega L}{E_R}$.

b) Das Zustandekommen der Leitfähigkeit.

Es gibt verschiedene Möglichkeiten, eine Leitfähigkeit in einem Gas hervorzurufen:

Erhitzt man ein Gas auf hohe Temperaturen (2000° und mehr), so tritt eine elektrische Leitfähigkeit des Gases auf (bekannt z. B. als *Flammenleitfähigkeit*)[1]. Diese kann außer durch Erhitzen von außen auch dadurch vorgenommen werden, daß die beiden Elektroden in einen metallisch gut leitenden Kontakt gebracht werden; beim Auseinanderführen der Elektroden wird die Kontaktstelle wegen ihres wachsenden Übergangswiderstandes durch Joulesche Wärme erhitzt, und diese Wärme teilt sich dem Gase mit, so daß nach vollständiger Trennung der Kontakte der Stromtransport durch das Gas getragen wird (*Berührungszündung*).

Eine weitere Möglichkeit besteht in dem Anlegen hoher Spannungen an die Gasentladungselektroden. Es erfolgt dann selbsttätig in sehr kurzer Zeit ein sprunghafter Anstieg der Leitfähigkeit des Gases, die *Durchbruchzündung*[2] der Gasentladung. Die kleinste Spannung, bei der das Leitendwerden eintritt,

---

[1] Näheres siehe z. B. A. Becker: Ionenleitung in Gasen und die elektrischen Eigenschaften der Flamme. Wien-Harms: Handbuch der Experimentalphysik, Bd. 13/I. Leipzig 1929.

[2] Hippel, A. v. u. J. Frank: Der elektrische Durchschlag und die Townsend Theorie. Z. Physik 57 (1929) 696—704. — Rogowski, W.: Durchschlag von Gasen und Raumladung Arch. Elektrotechn. 24 (1930) 679—690.

nennt man *Zündspannung* der Entladung. Diese ist abhängig von Gasart, Gasdruck, Geometrie der Entladung, dann aber auch von der Vorgeschichte des Gases, z. B. davon, ob vor nicht zu langer Zeit, etwa 10^{-3} s, bereits eine Entladung stattgefunden hat: in dem zuletzt erwähnten Fall ist die Zündspannung erheblich kleiner als nach einer längeren, z. B. 1 h dauernden Pause: man unterscheidet daher *Erstzündspannung* und *Wiederzündspannung*[1], wobei letztere mit wachsender Dauer der Strompausen der ersteren zustrebt.

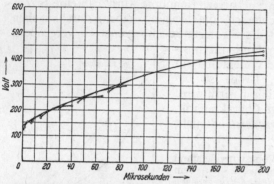

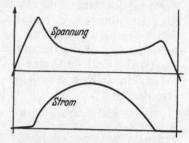

Abb. 49. Abhängigkeit der Wiederzündspannung in Volt von der Zeit nach dem Verlöschen der Gasentladung in Mikrosekunden gemessen an einem Kupferbogen bei Atmosphärendruck in Luft [Nach Slepian: Trans. Amer. Inst. Electr. Engr. **47** (1928) 1398].

Abb. 50. Stromspannung bei Wechselstrom. Verlauf von Strom und Spannung an einer Leuchtröhre bei Wechselstrombetrieb mit Ohmschem Widerstand.

In Abb. 49 wird für einen Kupferbogen der Anstieg der Wiederzündspannung mit der Strompausenzeit gezeigt. Diese Tatsache hat besondere Bedeutung für wechselstromgespeiste Gasentladungen, bei denen nach dem Nulldurchgang des Stromes 2mal in jeder

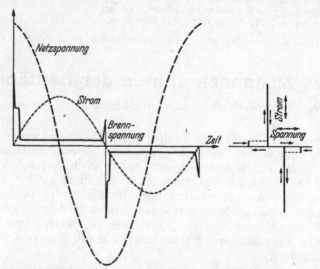

Abb. 51. Stromspannung bei Wechselstrom, Verlauf von Strom und Spannung an einer Leuchtröhre mit kalten Elektroden bei Wechselstrombetrieb mit einer Vorschaltdrossel.

Periode eine Neuzündung der Entladung erforderlich ist. Man sorgt im allgemeinen durch Verwendung von Drosselspulen als Stabilisierungsmittel für eine stark (cos $\varphi = 0,3\ldots0,6$) induktive Belastung des Stromkreises, damit nach Verlöschen der Entladung jeweils eine

---

[1] Ewest, H.: Über Strom-, Spannungs- und Leistungsbestimmung von mit Wechselstrom betriebenen Leuchtröhren. Z. techn. Physik **14** (1933) 478—480 und Techn.-wiss. Abh. Osram-Konz. **3** (1934) 57—60.

beträchtliche, durch die Phasenverschiebung zwischen Strom und Spannung hervorgerufene Spannung an der Röhre auftritt, die die Zündung in der folgenden Halbwelle herbeiführt. Mit wachsender Größe der Induktivität erfolgt die Wiederzündung um so rascher, einmal,

weil die zur Verfügung stehende Spannung sich immer mehr dem Scheitelwert nähert (90° Phasenverschiebung), das andere Mal, weil mit abnehmender stromloser Phase die Wiederzündspannung abnimmt. Der Verlauf von Strom und Spannung an einer wechselstromgespeisten Röhre ist für Betrieb mit Ohmschem Vorschaltwiderstand in Abb. 50, mit Drossel in Abb. 51 und 52 gezeigt. Die durch die stromlose Pause hervorgerufene scheinbare Phasenverschiebung ist besonders stark, bis zu 15°, bei Wechselstromröhren mit Vorschaltwiderstand; bei Verwendung von Drosselspulen ist sie zu vernachlässigen, es bleibt lediglich eine sehr kleine Phasenverschiebung (∼ 5°) zurück, die von der Trägheit des Entladungsmechanismus abhängt.

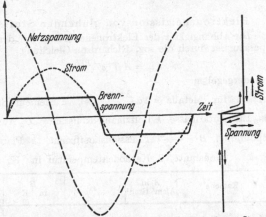

Abb. 52. Stromspannung bei Wechselstrom, Verlauf von Strom und Spannung an einer Leuchtröhre mit Glühelektroden bei Wechselstrombetrieb mit einer Vorschaltdrossel.

c) Der Mechanismus der Entladung an den Elektroden.

Das Zustandekommen der elektrischen Leitfähigkeit eines Gases beruht auf der Ionisation der Gasatome bzw. -moleküle (s. B 2, S. 69 f.). Eine bestimmte Leitfähigkeit ist durch ein bestimmtes Verhältnis der gebildeten Ladungsträger zu dem nichtionisierten Restgas gegeben. Der Stromtransport wird dabei wesentlich durch die Elektronen besorgt, die wegen ihrer sehr viel kleineren Masse höhere Geschwindigkeiten bei gleicher Energie besitzen, als Atomionen. Zum Beispiel verhalten sich die Geschwindigkeiten von H_2^+/Elektron ∼ 1/65; Hg^+/Elektron ∼ 1/635.

Da die Atome die Fähigkeit besitzen, beim Zusammenstoß mit Elektronen in Anregungsstufen (s. B 2, S. 69 f.) Energie aufzunehmen, und diese nach einer kurzen Verweilzeit abstrahlen, ist die Trägererzeugung mit der Abstrahlung gekoppelt.

Die Kathode hat die Aufgabe, durch ständige Lieferung von Elektronen an die Entladung den Übergang des Stromes in das Gas zu ermöglichen. Es bestehen hierzu mehrere Möglichkeiten.

Glühelektrisch. Hocherhitzte feste Körper dampfen Elektronen ab; die heraustretenden Elektronen lagern sich bei Abwesenheit einer äußeren elektrischen Kraft, welche die Elektronen von der Kathode weg beschleunigt, vor dieser an und blockieren durch die von ihnen auf die nachfolgenden Elektronen ausgeübten abstoßenden Kräfte die Elektronenemission *(negative Raumladung)*. In einer Entladung stellt sich deshalb eine bestimmte Konzentration positiver Ionen unmittelbar vor der Kathode ein, die gerade so groß ist, daß die Raumladungskräfte der Elektronen untereinander aufgehoben werden. Durch diese positive Raumladung ϱ wird nach der Poissonschen Gleichung $\left(\dfrac{d^2 V}{d r^2} = -4 \pi \varrho\right)$ eine Spannungsänderung bewirkt, der sog. *Kathodenfall*. Die Größe dieses Kathodenfalles bei thermisch emittierenden Kathoden beträgt 5...20 V und ist auch von der Geometrie der Kathode und etwas vom Druck abhängig. Als Material für thermisch emittierende Kathoden werden entweder hochschmelzende Stoffe, wie Kohle oder Wolfram benutzt oder solche, die sich durch eine besonders hohe Emission bereits bei tiefen Temperaturen auszeichnen. Es sind dies vor allem die Oxyde der Erdalkalien; man faßt alle auf dieser Basis gebauten Kathoden unter dem Namen: *Oxydkathoden* zusammen. Einen Überblick über die Elektronenemission von für Kathoden verwandten Stoffen gibt die nebenstehende Tabelle.

Elektronenemission von glühenden Stoffen[1].

Die Abhängigkeit der Elektronenemission von der Temperatur ist durch die sog. Richardson-Gleichung

$$i_s = A\, T^2 e^{-B/T}$$

wiedergegeben.

A ist für Metalle $= 2\,\alpha\,\dfrac{2\,\pi\,m_0}{h^3} \cdot k^2,$ e Elementarladung, m_0 Elementarmasse, k Boltzmann-Konstante, U_a Austrittsspannung, $B = \dfrac{e\,U_a}{k}$ Emissionskoeffizient, h Plancksche Konstante, T Kathodentemperatur in °K.

Kathode	A in A/cm². Grad²	α	B in °K	U_a in V
Mo	60,2	0,5	$5,15 \cdot 10^4$	4,44
Pt	(17000)	$(1,4 \cdot 10^2)$	$(7,25 \cdot 10^4)$	(6,27)
Ta	60	~0,5	$4,76 \cdot 10^4$	4,07
Th	60	~0,5	$3,89 \cdot 10^4$	3,35
W	60,2	0,5	$5,24 \cdot 10^4$	4,52
BaO	—		$1,15 \cdot 10^4$	0,99
CaO. . . .	—		$2,05 \cdot 10^4$	1,77
Cs-Film auf W .	—		$1,58 \cdot 10^4$	1,36
Th-Film auf W .	3,0	$2,5 \cdot 10^{-2}$	$3,05 \cdot 10^4$	2,63

[1] Nach KNOLL-OLLENDORFF-ROMPE: Gasentladungstabellen, S. 90—91. Berlin 1935.

Autoelektronisch. Bei Anwesenheit sehr hoher Feldstärken an der Oberfläche von Metallen können die Leitungselektronen adiabatisch dem Metall entzogen werden. In Gasentladungen sind derartige Feldstärken möglich durch Konzentration von Raumladungen in kleinen Abständen (z. B. 10 V auf 10^{-5} cm $= 10^6$ V/cm). Derartige Erscheinungen bedingen eine Elektronenauslösung, die äußerlich durch eine starke Zusammenziehung der Entladung an der Kathode, den *Kathodenfleck* gekennzeichnet wird. Sie tritt vor allem bei höheren Drucken (~1 at) auf und ist typisch für stromstarke Entladungen mit Elektroden aus flüssigem Metall, wie z. B. Hg, Na oder niedrigschmelzenden wie Cu, Ag, Fe.

In sehr vielen Fällen ist eine saubere Trennung der Auslösungsvorgänge nicht möglich. Man bezeichnet die Kathoden, deren Emission auf einem der beiden Vorgänge beruht, als *Bogenkathoden*. Das gemeinsame Kennzeichen der Bogenkathoden ist ein niedriger Kathodenfall (5...15 V).

Normaler Kathodenfall in V von verschiedenen Kathodenmaterialien in verschiedenen Gasen und Dämpfen[1].

Kathodenmaterial \ Gas	Wasserstoff	Helium	Neon	Argon	Quecksilber	Stickstoff
Natrium . .	185	80	75	—	—	178
Kalium . .	94	59	68	64	—	170
Kupfer . .	214	177	220	130	447	208
Silber . . .	216	162	150	130	318	233
Gold . . .	247	165	158	130	—	233
Kalzium . .	—	86	86	93	—	157
Strontium .	—	86	—	93	—	157
Barium . .	—	86	—	93	—	157
Molybdän .	—	—	115	—	353	—
Wolfram . .	—	—	125	—	305	—
Platin . . .	276	165	152	131	340	216

[1] Nach V. ENGEL-STEENBECK: Elektrische Gasentladungen, Bd. 2, S. 108. Berlin 1934.

Bei Auftreffen positiver Ionen mit einer gewissen kinetischen Energie (~100 V) werden Elektronen aus Metallen ausgelöst, wobei gelegentlich eine Zerstäubung *(Kathodenzerstäubung)* auftritt. Die auf diese Weise durch *Ionenstoß* zustande kommende Elektronennachlieferung hängt von der Art des Metalls und der des Gases ab, sie wird hauptsächlich bei niedrigen Drucken ($10^{-3}\ldots10$ mm Hg) beobachtet. Sie ist charakterisiert durch die Größe des Kathodenfalles (vgl. vorstehende Tabelle), ferner durch ihre spezifische Ergiebigkeit, die Stromdichte des ausgelösten Elektronenstromes pro cm² Oberfläche. Da bei der normalen Glimmentladung die Stromdichte etwa mit dem Quadrat des Gasdruckes zunimmt, ist für die normale Stromdichte der Quotient aus I/p^2 maßgebend; Werte für diese Größe sind in nachstehender Tabelle angegeben. Überschreitet der Gesamtstrom den durch das Produkt aus Oberfläche und normaler

Normale Stromdichte i_n/p^2 in 10^{-6} A/cm²·mm²Hg von auf Zimmertemperatur befindlichen Kathoden für verschiedene Gase[1].

Material \ Gas	Luft	Sauerstoff	Stickstoff	Wasserstoff	Helium	Neon	Argon	Quecksilber
Kupfer	240	—	—	64	—	—	—	~15
Gold	570	—	—	110	—	—	—	—
Magnesium . .	—	—	—	—	3	5	20	—
Zink	—	—	—	80	—	—	—	—
Aluminium . .	330	—	—	90	—	—	—	4
Eisen	—	—	400	72	2,2	6	160	8
Platin	—	550	380	90	~5	18	150	—

[1] Nach v. ENGEL-STEENBECK: Elektrische Gasentladungen, Bd. 2, S. 104. Berlin 1934.

Stromdichte gegebenen Wert, so tritt eine Erhöhung des Kathodenfalles im Sinne einer positiven Charakteristik auf *(anormaler Kathodenfall)* (vgl. auch S. 97); die hierdurch eintretende Überlastung der Kathode führt entweder zu einer thermischen Emission oder zu einer autoelektronischen Entladung. — Ein äußerliches Kennzeichen dieser Kathoden ist die Ausbildung einer leuchtenden *Glimmschicht*, die zu der Bezeichnung „Glimmentladung" Veranlassung gegeben hat (vgl. Abb. 45).

Die Strahlungseigenschaften des Kathodenbereiches. Die in den der Kathodenoberfläche angrenzenden Gasschichten verbrauchte Leistung = Kathodenfall × Stromstärke wird im wesentlichen in Wärme verwandelt (Erhitzung der Kathode), die entweder, wie bei thermischer Emission, erwünscht ist oder, wie bei den beiden anderen Arten der Elektronenemission, als Nebenerscheinung auftritt. Jedenfalls entfallen auf die Strahlungserzeugung nur wenige Prozent, so daß auch die Lichtausbeute unbeträchtlich ist (Lichtausbeute der Glimmlampen 0,5 Hlm/W). Näheres in B 7, S. 151.

Die Anode. Die Vorgänge an der Anode einer Entladung sind weniger gut durchforscht als die an der Kathode. Es ist anzunehmen, daß sich eine negative Raumladung von Elektronen unmittelbar vor der Anode ausbildet, die einen dem Kathodenfall analogen Spannungsanstieg, den *Anodenfall*, hervorruft. Die Größe des Anodenfalles hängt in wenig übersichtlicher Art von Gasart, -druck, Anodenmaterial und -gestalt ab. Bei höheren Dichten erreicht der Anodenfall erhebliche Werte, die verbrauchte Leistung dient zur Erwärmung der Anode (Kohlebogen, vgl. B 6, S. 134f., Wolframpunktlampen vgl. B 9, S. 202).

d) Der Ladungstransport durch das Volumen der Gasentladung. Der Aufbau der Entladung bei der Zündung.

Bei der Berührungszündung tritt eine Erhitzung der Gasmasse in der Nähe der Trennstelle auf; diese Temperatursteigerung ist gleichbedeutend mit einer Erhöhung der mittleren kinetischen Energie der Gasatome, die somit in zunehmender Zahl die Möglichkeit erhalten, bei Zusammenstößen zu ionisieren (vgl. B 2, S. 72). Es tritt demnach in jedem Gas mit steigender Temperatur eine Leitfähigkeit auf.

Bei dem elektrischen Durchschlag wird das Zustandekommen der Leitfähigkeit vorbereitet durch eine Änderung der Spannungsverteilung zwischen den Elektroden. Diese kommt dadurch zustande, daß zunächst einige wenige, etwa durch Höhen- oder radioaktive Strahlen (bei Atmosphärendruck werden in Bodennähe etwa 2...5 Ionenpaare pro s in einem cm³ gebildet; die Lebensdauer ist so groß, daß etwa 600 positive und 600 negative Ionen pro cm³ vorhanden sind, d. h. etwa jedes $2 \cdot 10^{16}$. Molekül geladen ist) entstandene Elektronen in Richtung zur Anode beschleunigt werden und ionisieren. Da die Elektronen 100...1000mal größere Geschwindigkeiten in einem elektrischen Feld erreichen als die Ionen, werden sämtliche entstehenden Elektronen

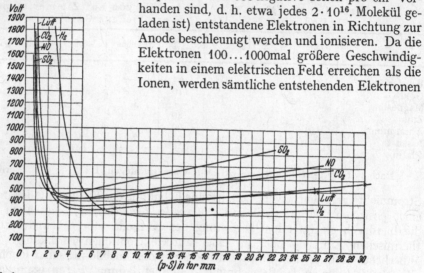

Abb. 53. Funkenspannung in Luft, NO, CO_2, SO_2 und H_2 für ebene Elektroden, in Abhängigkeit vom Druck p und Elektrodenabstand (Schlagweite) S bei Zimmertemperatur nach E. Meyer: Helv. Acta I l (1928) 14. Aus Knoll-Ollendorff-Rompe: Gasentladungstabellen, S. 84. Berlin 1935.

nach der Anode zu abgezogen und hinterlassen eine positive Raumladung, die einen Feldstärkeanstieg nach der Kathode zu erzeugt. Dadurch werden die Beschleunigungs- und Ionisierungsmöglichkeiten der Elektronen in Kathodenrichtung wachsend verbessert usw., bis die Neubildung der Ladungsträger im wesentlichen vor der Kathode erfolgt. Ist die Kathode imstande, auf irgendeine der drei Arten Elektronen zu liefern, so stabilisiert sich die Entladung. Der Aufbau der Entladung läßt sich für geometrisch einfache Bedingungen nach der sog. *Townsend-Rogowskischen Theorie*[1] berechnen. Es wird bei dieser Theorie die Zündung als vollzogen angenommen, wenn jedes, aus der Kathode ausgelöste Elektron auf seinem Wege zur Anode die Schaffung eines „Nachfolgers" sicherstellt.

Um diesen Vorgang des Aufbaues der Entladung zu erzielen, ist das Vorhandensein einer gewissen Mindestfeldstärke erforderlich. Dementsprechend steigt bei gleichbleibendem Gasdruck, Gasart und Elektrodenform die *Durchbruchsspannung* (= Zündspannung) mit dem Elektrodenabstand d. Die Abhängigkeit vom Gasdruck ist bei höherem Druck annähernd linear [Paschen-Gesetz: $p \cdot d$ = const (p Druck, d Elektrodenabstand)]. In Abb. 53 sind Funkenspannungen an ebenen Elektroden in verschiedenen Gasen in Abhängigkeit von $p \cdot d$ gezeigt. Die Elektrodenform ist von Einfluß wegen der durch sie bestimmten Feldverteilung, die Gasart wegen dem Verhältnis der Umsetzung der kinetischen Energie der Elektronen in Termanregung und Ionisation; Gase, bei denen dieses Verhältnis für die Ionisation günstig liegt, haben deshalb unter gleichen Bedingungen niedrige Zündspannungen (Edelgase)[2].

---

[1] Siehe A. v. Engel u. M. Steenbeck: Zit. S. 95.
[2] Franck, J. u. P. Jordan: Anregung von Quantensprüngen durch Stöße. Berlin 1926.

Durch geringe Zusätze von Gasen, deren Ionisationsspannung mit der Anregungsspannung eines Hauptterms des in größerer Menge vorhandenen Gases übereinstimmt,
wird ein Teil der zur Anregung der Terme den Elektronen entzogenen Energie der Bildung
von Ladungsträgern wieder zugeführt und damit die Zündspannung erniedrigt (Ne-Ar,
Ar-Kr...), *Penning-Effekt*[1].

Der Aufbau der Entladung vollzieht sich in sehr kurzer Zeit, bei Atmosphärendruck in
10^{-8} s; diese Zeit nimmt ab mit steigendem Druck. Dem Aufbau der Entladung geht eine
Zeit voraus, deren Dauer wesentlich größer ist, die *Verzögerungszeit.* Sie geht darauf zurück,
daß die Zahl der für das Zustandekommen des Aufbaues nötigen Träger statistischen
Schwankungen unterworfen ist, und daß ferner durch Anwesenheit von elektronegativen
Molekülen oder von elektrostatischen Kräften infolge der Aufladung von Isolatoren die
Absolutzahl dieser Träger so klein werden kann, daß ein Aufbau der Entladung nicht
zustande kommt. Die Verzögerungszeit ist im Gegensatz zur Aufbauzeit von der angelegten
Spannung abhängig, und zwar in dem Sinne, daß sie mit wachsender Spannung abnimmt.
Zur mehr oder weniger völligen Beseitigung der V.Z. benutzt man Einrichtungen, die für
das Vorhandensein einer gewissen Mindestzahl von Ladungsträgern sorgen, z. B. man
bestrahlt die Kathode mit U.V. (Photoelektron) oder man verwendet radioaktive Präparate
oder Hilfsentladungen in den verschiedensten Formen (s. Kap. B 8, S. 183 f.).

Die Aufrechterhaltung der Leitfähigkeit im Volumen der Gasentladung. In
den nicht unmittelbar an Wände oder Elektroden angrenzenden Teilen
einer Entladung — allgemein als *Plasma*[2], speziell für zylindrische Rohre als
positive Säule bezeichnet — findet sich eine gewisse Konzentration von Ionen
und Elektronen vor, welche bei der Zündung geschaffen wurde. Die Vorgänge
in einer stationär brennenden Entladung bewirken, daß die Höhe der Konzentration der Ladungsträger und ihre Geschwindigkeit in Richtung der Feldstärke
eine bestimmte Leitfähigkeit garantiert, die ihrerseits von der Stromstärke
abhängt und im übrigen für die betreffende Entladung kennzeichnend ist. Sie
hängt von den Parametern der Entladung: Geometrie derselben, Gasart, Gasdruck usw. ab.

Man kann das Funktionieren dieses Mechanismus so beschreiben, daß die ständig ver-
lorengehenden Ladungsträger nachgeliefert werden müssen, wobei die Leistungsaufnahme,
d. h. bei konstanter Stromstärke der Gradient, sich so einstellt, daß sowohl die bei der
Vernichtung der Ladungsträger durch Rekombination an der Wand und im Volumen für
die Entladung verlorene Leistung, wie auch sämtliche anderen Möglichkeiten einer Leistungsabgabe, die zwangläufig in der Entladung mit der Bildung neuer Träger verkoppelt sind,
gedeckt werden können. Ein Verständnis dieser Zusammenhänge ermöglicht das Eingehen
auf die Elementarvorgänge.

Wir beschränken uns hierbei auf den stationären Fall, d. h. setzen eine
stabil brennende Entladung voraus.

In einem Volumenelement einer stabil brennenden Entladung befinden sich
stets gleichviel Ionen und Elektronen, so daß man von einer elektrischen
Quasineutralität sprechen kann. Wie bereits gesagt (S. 99), ist wegen des
Massenunterschiedes zwischen Ionen und Elektronen die Lineargeschwindigkeit
der Elektronen stets 2...3 Größenordnungen höher als die der Ionen; die
Elektronen sind deshalb sowohl die Träger der Leitfähigkeit wie überhaupt
der Energienachlieferung. Der Gesamtmechanismus geht nach folgendem in
Abb. 54 dargestellten Schema vor sich. Die Gesamtheit der freien Elektronen
besitzt in der Entladung, und zwar nach Überschreitung gewisser Mindestwerte
von Druck und Stromdichte, die Fähigkeit, sich untereinander in ein sehr
stabiles Gleichgewicht zu setzen. Die Folge davon ist, daß das *Elektronengas*
eine Maxwellsche Geschwindigkeitsverteilung (angenähert) annimmt, so daß
sich seine mittlere Energie durch die Angabe einer formalen „Temperatur" —
Elektronentemperatur T_e angeben läßt (nachfolgende Tabelle).

---

[1] PENNING, F. M. and C. C. ADDINK: The starting potential of the glow discharge in
Ne-Ar mixtures between parallel plates. Physica **1** (1934) 1007—1027.

[2] SEELIGER, R.: Der Mechanismus der positiven Säule in einatomigen Gasen. Zu-
sammenfassender Bericht I und II. Physik. Z. **33** (1932) 278—294, 313—327.

Elektronentemperatur U in Volt und Potentialgradient E in V/cm in der positiven Säule[1].

	Hg			Ne			Ar		
p (tor) . .	$1,9 \cdot 10^{-2}$	$7,3 \cdot 10^{-4}$	$4 \cdot 10^{-5}$	10	1	0,1	10	1	0,1
U_{el} (V)[2] .	1,1	2,3	4,8	2	4	10	1	2	3
E (V/cm) .	0,17	0,063	0,046	3	2	1	2	1	1

[1] Aus R. Seeliger: Einführung in die Physik der Gasentladungen, S. 338. Leipzig 1934.
[2] 1 V entspricht 7722° K.

Die Maxwellsche Geschwindigkeitsverteilung bedingt eine kugelsymmetrische Verteilung der Geschwindigkeitsrichtungen. Es kann also die Geschwindigkeitskomponente

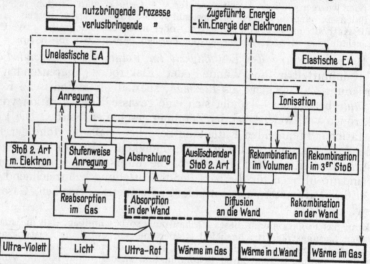

Abb. 54. Schematische Wiedergabe der Strahlungserzeugung in der positiven Säule einer Gasentladung. *EA* Energieabgabe. (Ausgezogene Linien bezeichnen Energie entziehende, gestrichelte Linien Energie rückliefernde Vorgänge. Aus Knoll-Ollendorff-Rompe, S. 100, 12. Berlin 1935.

der Elektronen in Richtung der Feldstärke, die für die Stromleitung in Frage kommt, nach der Gleichung

$$I \cdot \pi r^2 = N_e \cdot v_g \cdot e \tag{1}$$

(N_e Zahl der Elektronen, v_g Geschwindigkeit in Feldrichtung, e Elektronenladung im C.G.S.-System, m Elektronenmasse, v Halbmesser des Rohres, I Stromdichte).

nur sehr klein sein gegenüber der mittleren Geschwindigkeit $\bar{v}_e = 1,5 \cdot 10^4 \sqrt{T_e/m}$; sie ist $\sim 10^{-3}$ bis 10^{-4} mal kleiner. Diese Verhältnisse sind zu erklären aus der Art der Fortbewegung der Elektronen in der Gasentladung: jedes Elektron wechselt bei jedem Zusammenstoß mit einem Atom seine Bewegungsrichtung; es kommt eine Diffusionsbewegung zustande, wobei die Beweglichkeit (β) in Feldrichtung nach Art der Bewegung in einem zähen Medium durch eine der Stokesschen ähnliche Beziehung:

$$\beta = \frac{e \cdot \lambda \cdot 10^7}{\sqrt{3\,k\,T \cdot m}} \tag{2}$$

(Langevinsche Gleichung, λ freie Weglänge, β in cm² V⁻¹ s⁻¹)

gekennzeichnet ist.

Für die Bewegung der Elektronen und Ionen ist ferner noch die durch die sich an den Wänden ausbildenden Wandladungen hervorgerufene Quer-Feldstärke maßgebend, die den Abfluß der Ladungsträger nach der Wand hin regelt. Falls als einzige Ursache der Vernichtung der Ladungsträger diese Wandrekombination angesehen wird, läßt sich die Abhängigkeit des Gradienten vom Druck und Rohrdurchmesser nach der *Schottkyschen Theorie*[1] berechnen.

[1] Siehe z. B. A. v. Engel u. M. Steenbeck: Zit. S. 95.

Vermöge ihrer hohen Lineargeschwindigkeiten sind die Elektronen imstande, in eine Reihe von elementaren Wechselwirkungen mit den Atomen und Ionen des Gases zu treten. Es sind dies:

Die elastischen Stöße. Elektronen von kleinerer Geschwindigkeit, als einer Anregungsstufe bzw. der Ionisation entspricht, erleiden bei Stößen einen Energieverlust entsprechend den Gesetzen des elastischen Stoßes. Der Energieverlust bei einem Stoß ist sehr klein und gleich dem Verhältnis von Masse des Elektrons zur Masse des Atoms, multipliziert mit der kinetischen Energie des Elektrons. Bei höheren Dichten wird dieser Gesamtverlust jedoch recht beträchtlich[1]. Bei kleinen Drucken (< 10 mm) bewirkt dieser Energieverlust der Elektronen eine nicht erwünschte Erwärmung des Gases; bei höheren Drucken bestimmt diese Erwärmung des Gases, die bis zu sehr hohen Temperaturen führen kann ($\sim 10^4$ Grad), das Verhalten der Entladung.

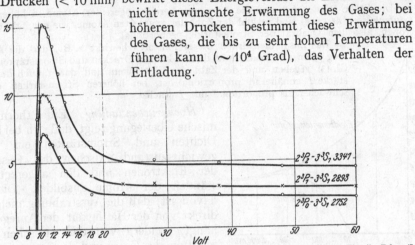

Abb. 55. Anregungsfunktionen einiger Hg-Linien nach SCHAFFERNICHT. (Aus Handbuch der Physik, Bd. 23/I, S. 86. Berlin 1933.)

Unelastische Stöße. Bei Überschreitung der Anregungsenergie erhalten Elektronen die Möglichkeit, durch Stoß ihre kinetische Energie an das Atom zur Anregung des betreffenden Terms abzugeben. Diese Energieverluste der Elektronen richten sich naturgemäß nach der energetischen Höhe des Terms und nach der Häufigkeit der Stöße; letztere hängt außer von der Geschwindigkeit noch von dem *Wirkungsquerschnitt* der Atome bzw. von dessen Abhängigkeit von der Geschwindigkeit *(Anregungsfunktion)* ab[2] (s. Abb. 53). Entsprechend den anregenden Stößen wird bei ionisierenden Stößen von den Elektronen, deren Energie die Ionisierungsenergie übersteigt, den Atomen ein Elektron entrissen. Die Häufigkeit der Ionisierung wächst etwa proportional dem Geschwindigkeitsüberschuß des Elektrons über die Ionisierungsspannung.

Zu den unelastischen Stößen sind auch die Umkehrungen der anregenden bzw. ionisierenden Stöße zu rechnen: die *Stöße zweiter Art* und die *Rekombination im Dreierstoß*. Bei den Stößen zweiter Art wird bei einem Stoß eines Elektrons mit einem angeregten Atom die Anregungsenergie auf das Elektron übertragen, dessen Geschwindigkeit also vergrößert, so daß dieser Vorgang einen anregenden Stoß rückgängig macht. Bei der Rekombination im Dreierstoß wird die Rekombinationsenergie nicht abgestrahlt, sondern auf ein zweites Elektron übertragen, ein ionisierender Stoß also rückgängig gemacht.

Die Zahl N_2 der pro s durch Stöße gebildeten angeregten Atome ist zunächst ein Maß für die Ausstrahlung J der Entladung. Kann jedes angeregte Atom ungehindert ausstrahlen, so ist nach B 2, S. 72

$$I_v = h \cdot v \cdot N_2 \cdot A_v. \tag{3}$$

[1] DRUYVESTEYN, M. J.: Energiebilanz der positiven Säule. Physik. Z. **33** (1932) 822—823. — MOHLER, F. L.: Power Input and Dissipation in the Positive Column of a Caesium Discharge. J. Bur. Stand. **9** (1932) 25—34. — SOMMERMEYER, K.: Die Energiebilanz der positiven Säule. Ann. Physik **13** (1932) 315—336.
[2] Weitere Angaben in KNOLL-OLLENDORF-ROMPE: Gasentladungstabellen. Berlin 1935.

Nun liegt es jedoch in den Betriebsbedingungen der Gasentladung begründet, daß diese einfache Beziehung durch Zusatzglieder ergänzt werden muß, welche das Anwachsen der Intensität begrenzen. Diese Glieder kommen

von der Reabsorption (B 2, S. 79),
von den Stößen zweiter Art,
von der Anregung bereits angeregter Atome in höhere Terme.

Die Reabsorption wird durch die Dichte der absorbierenden Atome bestimmt; für die Reabsorption der Resonanzlinien nimmt sie proportional dem Gasdruck zu; für die Reabsorption von höheren Linien kommt es auf die Besetzungszahlen der höheren Terme an. Da diese von der Häufigkeit der anregenden Stöße abhängt, ist die Reabsorption höherer Linien auch stromstärkeabhängig, da die Zahl der Elektronen nach Gl. (1) von der Stromstärke abhängt.

Die Stöße zweiter Art und die Anregung bereits angeregter Atome in höhere Terme (*stufenweise Anregung*) sind sowohl der Zahl der angeregten Atome, wie der Zahl der Elektronen, also dem Quadrat der Stromstärke, proportional.

Das Zusammenwirken dieser Faktoren bewirkt z. B., daß die Ausstrahlung J_ν einer Resonanzlinie, die bei kleinen Drucken und Stromstärken I durch Gl. (3) gegeben und der Zahl der Elektronen und damit auch der Stromstärke I annähernd proportional ist, bei höheren Stromstärken erheblich schwächer als proportional mit I wächst.

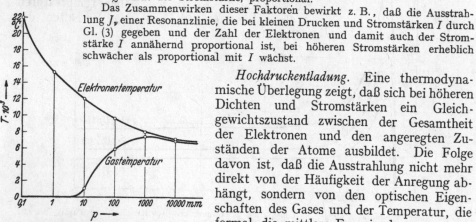

Abb. 56. Schematische Darstellung der Änderung der Elektronen (a) und Gastemperatur (b) in der positiven Säule der Quecksilberentladung in Abhängigkeit vom Druck.

Hochdruckentladung. Eine thermodynamische Überlegung zeigt, daß sich bei höheren Dichten und Stromstärken ein Gleichgewichtszustand zwischen der Gesamtheit der Elektronen und den angeregten Zuständen der Atome ausbildet. Die Folge davon ist, daß die Ausstrahlung nicht mehr direkt von der Häufigkeit der Anregung abhängt, sondern von den optischen Eigenschaften des Gases und der Temperatur, die formal die mittlere Energie der angeregten Atomzustände wiedergibt. Im Grenzfall nähert sich diese *Termtemperatur* der Elektronentemperatur asymptotisch, wobei die Elektronentemperatur selbst absinkt (s. Abb. 56). Mit wachsendem Druck wird durch die stark zunehmenden elastischen Verluste der Elektronen die kinetische Energie der Atome, d. h. die Gastemperatur erhöht. Bei Drucken von 1 at ist die Gastemperatur bereits so hoch, daß sie nur wenige Prozent unter der Elektronentemperatur liegt. Es tritt also bei den sog. *Hochdruck*-Entladungen der Fall ein, daß sich mit ziemlich guter Annäherung ein thermisches Gleichgewicht innerhalb der Entladung ausbildet[1].

Man kann z. B. die Leitfähigkeit der Hochdruckentladung nach Formel (1) und (2) berechnen, wenn man für die Zahl der Elektronen den Wert einsetzt, der sich aus der Gleichung für thermische Ionisierung (Saha-Formel) im Gleichgewichtszustand für die betreffende Elektronentemperatur ergibt. Die Saha-Gleichung lautet

$$p \cdot \frac{x^2}{1 - x^2} = \frac{k^{5/2}}{h^3} (2 \pi m_0)^{3/2} T^{5/2} e^{-\frac{e U_{iw}}{kT}}.$$

---

[1] MANNKOPFF, R.: Anregungsvorgänge und Ionenbewegung im Lichtbogen. Z. Physik **76** (1932) Nr. 5/6 396—406. — Über Elektronendichte und Elektronentemperatur in frei brennenden Lichtbögen. Z. Physik **86** (1933) Nr. 3/4 161—184. — Zur Bestimmung absoluter Temperatur in der Lichtbogensäule. Dtsch. Ges. techn. Physik Gött. **15**, 16. Juni 1935. — ELENBAAS, W.: Die Quecksilberhochdruckentladung. Physica **1** (1934) Nr. 8 673—688. — Ähnlichkeitsgesetze der Hochdruckentladung. Physica **2** (1935) 169—182. — Der Gradient der Überhochdruckentladung in Quecksilber. Physica **4** (1937) 279—281. — WITTE, H.: Experimentelle Trennung von Temperaturanregung und Feldanregung im elektrischen Lichtbogen. Z. Physik **88** (1934) 415—435. — HÖRMANN, H.: Temperaturverteilung und Elektronendichte in frei brennenden Lichtbögen. Z. Physik **97** (1935) 539—572.

Darin ist p der Druck in $W \cdot s/cm^3$, x Dissoziationsgrad (Anzahl der Ionen/Gesamt-zahl der Moleküle), T Temperatur in $°K$, k Boltzmann-Konstante, h Plancksches Wirkungs-quantum, U_{iw} wirksame Ionisierungsspannung.

Mit Hilfe der Saha-Formel sind für Metalldampfentladungen (Hg) in zylindrischen Rohren mit Innendurchmesser d, welche m mg vollständig verdampftes Metall pro cm Rohrlänge enthalten, gewisse gut mit der Erfahrung stimmende Gesetzmäßigkeiten für den Zusammenhang des Gradienten, der Gesamtstrahlung und der Leistung pro cm bei Variation von m und d entwickelt worden [1]. Es gilt:

$$G \approx \frac{L^{1/2} \, m^{7/12}}{d^{1/2} \, (L - A)^{1/3}}$$

G Gradient, L Leistung in W/cm, d Innen-durchmesser, m mg Metall pro cm Länge, A Konstante, für $Hg = 10$.

$$T = 6025 \left(\frac{L}{8,5 + 5,75 \, m} \right)^{0,1}$$

T die Temperatur in der Achse der Ent-ladung.

$$S = f \cdot (L - A)$$

f Konstante für Hg 0,7, S Gesamtstrahlung pro cm Rohrlänge.

Diese Gesetze gelten für höhere Drucke, speziell für Leistungen von 30 W/cm und mehr. Eine Berechnung der Ausstrahlung der Hochdruckentladung aus den Atomkon-stanten ist dagegen nur für den Fall fehlen-der Reabsorption, d. h. sehr dünner leuch-tender Schicht bzw. sehr geringer Konzen-tration der betreffenden Leuchtelektronen möglich, nach der in Kap. B 2 angegebenen Formel:

$$J_\nu = h \cdot \nu \cdot e^{-\frac{h\nu}{kT}} \cdot A_\nu \cdot G,$$

G ist das Verhältnis der statistischen Ge-wichte vom oberen und unteren Term.

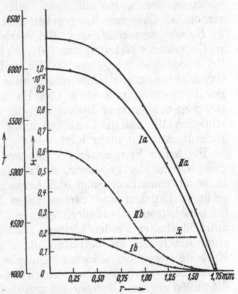

Abb. 57. Werte von Temperatur a und Ionisierungsgrad b in der positiven Säule in Abhängigkeit des Abstandes r von der Mitte des Rohres, nach Hörmann. Aus Z.Physik 97 (1935) 557.

Ist die Reabsorption nicht zu vernachlässigen, so ist eine Berechnung der Emissions-fähigkeit aus den Konstanten der Entladung und denen der Atome im allgemeinen wegen mathematischer Schwierigkeiten nicht möglich. Im Grenzfall bei schwarzer Strahlung innerhalb eines Spektralbereiches erfolgt die Berechnung der Ausstrahlung nach den Gesetzen des schwarzen Körpers (B 2, S. 62 f.).

Ein äußeres Kennzeichen der Hochdruck-Entladungen ist die starke *Ein-schnürung der Entladung*. Diese tritt auf als Folge der Wärmeentwicklung im Volumen der Entladung (elastische Verluste). Es wird hierdurch ein Anstieg der Temperatur nach der Achse der Entladung bewirkt; dieser wirkt sich dahin aus, daß die elektrische Leitfähigkeit in der Nähe der Achse der Entladung sehr viel höher wird als am Rande (s. Saha-Formel S. 106). Die Temperatur-verteilung ist hierbei in erster Näherung parabolisch, mit dem Scheitel in der Achse: dementsprechend steigt die Dichte quadratisch mit der Entfernung von der Achse an. Ein Beispiel für die hieraus resultierende Verteilung des Ioni-sierungsgrades gibt Abb. 57 [2].

Diese radiale Dichteinhomogenität führt in Gasgemischen verschiedener Anregungsspannungen und Ionisationsspannungen bei niedrigen Drucken zu der Erscheinung, daß z. B. in einer Gasentladung bei 1 mm Ne und 10^{-3} mm Hg die Entladung im Innern Rot (Neon) und am Rande Blau (Hg) brennt.

---

[1] ELENBAAS, W.: Zit. S. 106.

[2] HÖRMANN, H.: Zit. S. 106.

e) Einige Sonderfälle.

Axiale Entmischung. In Gemischen von Gasen mit verschiedener Größe der Ionisationsenergie tritt bei Gleichstromentladungen Entmischung auf in Richtung der Achse; die Komponente mit der kleinsten Ionisationsspannung wandert hierbei vor die Kathode *(Kataphorese).* Derartige Entladungen brennen dementsprechend mit verschiedenen Farben, die durch das charakteristische Spektrum der in den einzelnen Teilen der Entladung angereicherten Komponenten des Gasgemisches gegeben sind.

Hochfrequenzentladungen. Bei Betrieb mit Wechselströmen höherer Frequenz als die normale Netzfrequenz (50...80 Hz) treten besondere Erscheinungen auf. Bei Frequenzen von etwa 500 Hz und darüber verschwindet bei Röhren mit Oxydelektroden der Unterschied zwischen Wiederzünd- und Brennspannung. Bei Frequenzen von etwa 5000 Hz und darüber wird eine Proportionalität zwischen momentaner Brennspannung und Stromstärke beobachtet, die darauf schließen läßt, daß die Leitfähigkeit der Entladung so schnell erfolgenden Stromänderungen nicht mehr folgt.

Bei hohen Frequenzen ($> 10^6$) werden die Laufzeiten der Elektronen vergleichbar mit der Frequenz, so daß eine „Pendelung" der Elektronen eintritt. Diese hat einmal zur Folge, daß bei so hohen Frequenzen Entladungen mit sehr geringen Drucken und Stromstärken betrieben werden können, bei welchen bei Gleichstrom oder niederfrequentem Wechselstrom stabile Entladungen nicht aufrechterhalten werden können. Sodann ist es möglich, derartige Entladungen ohne Elektroden zu betreiben, da ein Neuerzeugen der Elektronen an der Kathode wegen der ständigen Umkehr der Elektronen sich erübrigt. Das geschieht z. B. in zylindrischen Rohren mit *kapazitiven Elektroden*, Metallbelegungen, die außen auf den Glasrohren angebracht werden. In Gefäßen geeigneter Form (Kugeln, ringförmige Rohre) lassen sich in sich zurücklaufende Entladungen aufrechterhalten *(Ringentladung)*, bei welchen die in sich geschlossene Strombahn gleichsam die Sekundärwickelung eines Transformators bildet.

B 4. Glühlampen (Eigenschaften, Herstellung).

Von

ELLEN LAX-Berlin.

Mit 11 Abbildungen.

a) Geschichtlicher Rückblick.

Einen Überblick über die Entwicklungsgeschichte der Glühlampen gibt die nachstehende Tabelle. Die lichttechnischen und lampentechnischen Daten der verschiedenen Glühlampen sind in Tabelle S. 109/110 zusammengestellt.

Überblick über die Entwicklungsgeschichte der Glühlampen.

Nr.	Jahr	Erfinder	Lampen	
			Glühkörper	Atmosphäre
Vorläufer der technischen Glühlampe				
1	1840...1860	Grove, de Molleyn, Petrie	Edelmetallfaden	Luft
2	1854	und Göbel	Kohlefaden	Vakuum

Überblick über die Entwicklungsgeschichte der Glühlampen
(Fortsetzung).

Nr.	Jahr	Erfinder	Lampen	
			Glühkörper	Atmosphäre

Technische Glühlampen

Nr.	Jahr	Erfinder	Glühkörper	Atmosphäre
3	1879	Edison u. Sawyer, Man, Maxim, Swan	Kohlefaden	Vakuum
4	1905	Howell u. Whitney	Metallisierte Kohlefäden	,,
5	1897	Nernst	Zirkonoxyd mit 10% Yttererden	Luft
6	1902	Auer v. Welsbach	Osmium	Vakuum
7	1905	Bolton	Tantal	,,
8	1906	Just u. Hanamann	Wolframlampe mit gespritzten Fäden	,,
9	1908	Siemens & Halske	Wolframlampe mit Fäden aus NiW	,,
10	1909	Skaupy	Intensivlampe (Gettereinbringung)	,,
11	1910	Gen. Electr. Comp.	Wolframlampe mit gezogenem Draht	,,
12	1913	AEG. (Mey, Jacoby u. Friederich) u. Langmuir (GEC. Amerika)	Gasgefüllte Wolframlampe mit Wendeldraht	Argonstickstoff
13	1932		Doppelwendellampe	Argonstickstoff
14	1936		,,	Krypton

Zu 1. Nur als Versuche zu bewerten.

Zu 2. Die Kohlefäden bestanden aus verkohlter Bambusfaser, sie brannten in einer entlüfteten Glasglocke. Die Lampen konnten keine allgemeine Verbreitung finden, da damals noch keine billige, allgemein zugängliche elektrische Stromquellen vorhanden waren. Diese wurden erst mit der Erfindung der Dynamomaschine geschaffen.

Zu 5. Die Oxyde sind nur bei höheren Temperaturen von etwa 1000° an leitend, sie mußten deshalb vorgeheizt werden (Anheizwiderstand aus Platindraht mit automatischer Ausschaltvorrichtung). Da der Widerstand des Nernststiftes mit steigender Temperatur sinkt, mußte ein Widerstand (Eisendraht in Wasserstoff) zur Strombegrenzung eingebaut werden.

Zu 6. Die Fäden wurden im Spritzverfahren hergestellt. Die einzelnen haarnadelförmigen Fäden wurden mittels Thoroxydhäkchen, die an kleine Glasstäbchen im Innern der Lampenglocke angesetzt waren, gehaltert. Lampen bis 75 V, die für höhere Spannung erforderlichen dünnen Fäden waren zu zerbrechlich.

Zu 7. Die Tantallampe war die erste Drahtlampe, d. h. eine Lampe mit einem im Ziehprozeß hergestellten Draht. In der Tantallampe wurde erstmalig ein nur auf dem Fuß aufgebautes Traggestell für den Metalldraht benutzt.

Zu 8. Die ersten Wolframlampen hatten gespritzte Fäden.

Zu 9. Das Ausgangsmaterial von Wolframdraht bestand aus einer Nickel-Wolframlegierung, die sich ziehen ließ. Nach Herstellung der Glühkörper wurde das Nickel ausgedampft.

Zu 10. Die Lampen wurden verbessert durch Einführung von chemischen Mitteln zur Bindung der Restgase.

Zu 11. Nach dem Sinterverfahren gezogener Draht (s. Text).

Lichttechnische und lampentechnische Daten der verschiedenen Glühlampen.

Material	Spannung V	Leistungsaufnahme W	Lichtstrom lm	Lichtausbeute lm/W	Betriebstemperatur in °C	Leuchtdichte sb	Dimensionen des Fadens	
							Durchmesser mm	Länge mm
Kohle, unpräpariert	220	55	160	2,93	1850	—	0,090	260
Kohle, präpariert	110	50	160	3,22	1850	75	0,117	206
Metallisierte Kohle	110	35	160	4,6	1930	—	0,07	206

Lichttechnische und lampentechnische Daten der verschiedenen
Glühlampen (Fortsetzung).

Material	Spannung V	Leistungsaufnahme W	Lichtstrom lm	Lichtausbeute lm/W	Betriebstemperatur in °C	Leuchtdichte sb	Dimensionen des Fadens	
							Durchmesser mm	Länge mm
Nernstmasse	110	27	160	5,85	2130	335	0,4	12
Osmium	37	37	250	6,7	2000	—	0,087	280
Tantal	110	25	160	6,28	1970	86	0,0345	554
Wolfram, luftleer (Wendel) . .	110	15	150	10,0	2225	220	0,0236	446
Wolfram, luftleer (Wendel) . .	110	25	270	10,8	2250	250	0,0236	494
Wolfram, gasgefüllt (Doppelwendel)	110	40	480	12,0	2445	660	0,039	512
Wolfram, gasgefüllt	110	500	10100	20,2	2640	1384	0,200	919
Wolfram, gasgefüllt (Projektion)	30	900	24070	26,7	2910	2540	0,624	301

b) Strahlung und Lichtausbeute fester Körper in Abhängigkeit von der Temperatur.

Aus der Entwicklung ist zu sehen, daß jeweils eine neue Lampe herauskam, sobald ein Werkstoff gefunden wurde — bzw. Herstellungsmethoden für einen solchen —, der als Leuchtkörper auf höhere Temperatur erhitzt werden konnte. Erhöhung der Temperatur bedeutet bei den festen Körpern Erhöhung der Lichtausbeute. Bei den einzelnen Werkstoffen ist zwar das Verhältnis des Strahlungsvermögens im sichtbaren Gebiet zu dem im Ultrarot, das die Lichtausbeute bestimmt, bei gleicher wahrer Temperatur verschieden groß; jedoch steigt für alle Strahler die Lichtausbeute mit der Temperatur stark an, etwa mit der 5....6. Potenz. Ein nicht so günstig strahlender Körper, der höhere Temperatur aushält, hat deshalb eine höhere Lichtausbeute als der nur auf niedrigere Temperatur erhitzbare günstige Strahler (vgl. Abb. 58).

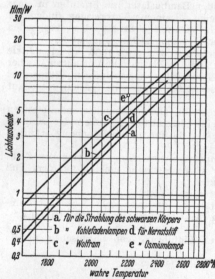

Abb. 58. Strahlung und Lichtausbeute von Nernststift, Kohle, Wolfram, Osmium, schwarzem Körper in Abhängigkeit von der Temperatur.

Das in den heutigen Glühlampen als Leuchtkörper benutzte Wolfram ist unter den Metallen das höchstschmelzende. Kohlenstoff und eine Anzahl von Karbiden, Nitriden und Boriden haben, wie die Tabelle im Anhang zeigt, Schmelzpunkte, die an den des Wolframs heranreichen oder sogar höher sind. Die Versuche, diese hochschmelzenden Stoffe als Leuchtkörper zu benutzen, sind bisher gescheitert. Kohlenstoff, der in den ersten Glühlampen als Leuchtkörper benutzt wurde, hat bei hohen Temperaturen einen etwa 100× größeren Dampfdruck als Wolfram. Infolge der chemischen Reaktionsfähigkeit des Kohlenstoffes ist es schwer, die Verdampfungsgeschwindigkeit durch eine Gasfüllung (vgl. B 4 g, S. 113) wirksam herabzusetzen. Auch bei einem Teil der anderen hochschmelzenden Stoffe treten Schwierigkeiten infolge der hohen Zersetzungsdrucke oder der geringen Festigkeit der Werkstoffe auf.

Als am besten geeigneter höchstschmelzender Stoff erschien das Tantalkarbid. Durch ausgedehnte Versuche [1] ist die Verwendungsmöglichkeit von Tantalkarbid [2] geprüft worden. Die Lichtausbeuten, die mit Tantalkarbidlampen erhalten wurden, reichten an die des Wolframs heran. In den Lampen brannte der Glühkörper bei etwa 3000° C. Die Leuchtdichte war etwas höher als die des Wolframglühkörpers. Die Verdampfungs- bzw. Zersetzungsgeschwindigkeit konnte bei Temperaturen bis etwa 3300° C durch eine Gasfüllung, wie sie in den gasgefüllten Wolframlampen verwandt wird, wirksam herabgesetzt werden. Die mechanischen Eigenschaften, vor allem die geringe Festigkeit, waren jedoch nicht ausreichend, um erschütterungsfeste Leuchtkörper herzustellen.

c) Entwicklung der Wolframglühlampe.

Um von der ersten Wolframglühlampe bis zu dem jetzigen hochwertigen Erzeugnis zu kommen, waren viele Aufgaben zu lösen, es mußten viele neue chemische, physikalische und metallographische Erkenntnisse gewonnen und nutzbringend angewandt werden. Sie führten zur Verbesserung des Vakuums, Vermeidung der Schwärzung, ferner zur Einführung einer Gasatmosphäre zur Verminderung der Verdampfungsgeschwindigkeit, und brachten damit die Möglichkeit, die Lichtausbeute zu steigern (vgl. B 4 g, S. 113). Metallographische Untersuchungen führten schließlich zur Erkenntnis, welche Gefüge formbeständig sind (vgl. B 4 e, S. 112). Vereint mit chemischen und physikalischen Untersuchungen führte dies dann zur Ausarbeitung von Verfahren, die das Entstehen dieses Gefüges in Draht gewährleisten.

d) Bestandteile der Wolframglühlampe.

Bei der eigentlichen Glühlampenfabrikation geht man nicht vom Rohstoff selbst aus; es werden vielmehr Halberzeugnisse, die in Sonderwerken hergestellt werden, angeliefert, und zwar die Glasteile und die einzelnen Metallteile. Mit der Lampenherstellung in einem Betriebe ist jedoch die Herstellung des Wolfram- und Molybdändrahtes vereinigt, weil diese Drähte fast nur als Leuchtkörper und Halter Verwendung finden (vgl. die folgenden Seiten), und es nur in engster Zusammenarbeit mit dem Lampenwerk möglich ist, den Wolframdraht so herzustellen, daß er in jeder Lampentype die gerade erforderlichen Eigenschaften, z. B. besondere Stoßfestigkeit oder hohe Formbeständigkeit, hat. Aus der Glashütte werden die fertigen Glühlampenkolben, Röhren und Stäbe für den Innenaufbau geliefert. Nickeldraht, Kupferdraht, der Einschmelzdraht und die Lampensockel entstammen Metallwerkstätten, die meist nicht organisch mit dem Glühlampenwerk verknüpft sind. Weitere Ausgangsstoffe sind die Gettersubstanzen, die Füllgase, der Sockelkitt und die zum Stempeln und Färben, Mattieren und Verspiegeln benutzten Stoffe.

Die benutzten Werkstoffe müssen bestimmte Bedingungen erfüllen. So muß die Glashülle große Durchlässigkeit für Lichtstrahlen haben, leicht verarbeitbar sein, einen Wärmeausdehnungskoeffizienten haben, der eine luftdichte Einführung von elektrisch gut leitenden Metallen gestattet; das Glas muß ferner nur geringe Mengen Gas bei den Temperaturen, die beim Brennen in der Lampe auftreten, abgeben, geringe elektrische Leitfähigkeit bei hohen Temperaturen haben und wetterfest sein. Von dem für Halter und Elektroden benutzten Metall muß eine geringe Gasabgabe und eine gute Formbeständigkeit verlangt werden.

---

[1] BECKER, K. u. H. EWEST: Die physikalischen und strahlungstechnischen Eigenschaften des Tantalkarbids. Z. techn. Physik 11 (1930) 148—150, 216—220.

[2] Es sei hier noch auf die Herstellung der Tantalkarbidleuchtkörper durch Karburieren des bereits zum Leuchtkörper geformten Tantaldrahtes in einer C-haltigen Atmosphäre hingewiesen.

e) Wolframdrahtherstellung.

Die Drahtbeschaffenheit ist für die „Güte" der Lampe ausschlaggebend.
Wolframmetall läßt sich infolge seines hohen Schmelzpunktes nicht nach
den sonst in der Metalltechnik üblichen Verfahren (Schmelzen und Gießen)
herstellen. Die Fäden für die ersten Glühlampen wurden nach dem Spritzverfahren hergestellt. Dabei wird das mit einem Bindemittel angepastete Metall-
pulver durch eine Düse gespritzt. Durch Erhitzen des Fadens wird dann das
Bindemittel herausgedampft, wobei ein reiner Metallfaden übrig bleibt (noch
jetzt werden nach dem Pintschverfahren [1] Einkristalldrähte so hergestellt).
Dies Herstellungsverfahren ist umständlich. Die Fäden sind außerdem nicht
so gleichmäßig wie gezogener Draht.

Es war deshalb ein großer Fortschritt, als bei der General Electric Co.,
Amerika, das sog. Sinterverfahren zur Herstellung von Wolframmetallstücken
erfunden wurde. Dies „Sinterverfahren" ähnelt mehr den in der Keramik
üblichen Methoden.

Man geht von dem stumpf dunkelgrau aussehenden, durch Reduktion von
Wolframsäure erhaltenen feinen Wolframpulver [2] aus. Aus dem Pulver werden
zunächst in stählernen Preßformen Stäbe gepreßt. Diese Stäbe werden bei
1000...1250° C in einer reduzierenden oder indifferenten Atmosphäre vor-
gesintert. Nach diesem Sintern werden die Wolframstäbe, um sie vollständig
dicht zu machen, auf Temperaturen von über 2000° C, meist durch Joulesche
Wärme, erhitzt. Das entstehende Metall ist vollständig dicht und im allgemeinen
kleinkristallin. Eine Weiterbearbeitung des Metalles ist bei Zimmertemperatur
nicht möglich. Schon bei geringer Verformung entstehen Spannungen, die zu
Spalten- oder Bruchbildung führen. Bei erhöhter Temperatur ist jedoch Wolframmetall bearbeitbar. Die Stäbe werden bis zu Durchmessern von etwa 1 mm
bei Temperaturen von über 1150° C heruntergehämmert. Bei etwas niedrigeren
Temperaturen werden dann die Drähte zuerst im Grobzug und dann im Feinzug
zu immer kleineren Durchmessern heruntergezogen. Wegen der großen Härte
muß man Ziehdüsen aus Wolframkarbid oder für die kleinsten Durchmesser aus
Diamant benutzen (Drahtherstellung bis herab zu Durchmessern von $^1/_{100}$ mm).

f) Kristallgefüge des Wolframglühkörpers.

Das Kristallgefüge des entstehenden Drahtes ist durch das Herstellungsverfahren gegeben. Beim Hämmern und Ziehen werden die Kristalle der Wolfram-
sinterstücke durch plastische Verformung gestreckt. Da das Nachgeben vorzugsweise in den Gleitebenen stattfindet, entsteht beim Arbeitsprozeß annähernd
eine Gleichrichtung der Kristallachsenlage in bezug auf die Drahtachse [3].
Außerdem wird durch die Verformung ein starkes Zusammenhaften der einzelnen
Kristalle in der Ziehrichtung bewirkt; quer dazu ist der Zusammenhang viel
geringer. Man bezeichnet diese Art der Ziehstruktur als Faserstruktur (Abb. 59).
Sie gibt bei Biegebeanspruchung leicht nach; bei sehr starker Deformation
neigen die Drähte zum Aufsplittern.

Beim Erhitzen auf hohe Temperaturen bildet sich in den Drähten aus reinem
Wolfram ein kleinkristallines Gefüge aus. Die Formbeständigkeit dieser rekri-
stallisierten Drähte im glühenden Zustande ist gering. Zum Beispiel verzieht

---

[1] DRP. 291994.
[2] Vgl. z. B. C. J. Smithells: Tungsten. 2. Aufl. London 1936.
[3] Ettisch, M., M. Polanyi u. K. Weissenberg: Faserstruktur hartgezogener Metall-
drähte. Z. Physik. Chem. 99 (1921) 332, 337.

sich ein wendelförmiger Leuchtkörper beim Brennen unter dem Einfluß seines Eigengewichtes.

Um dem Glühkörper Formbeständigkeit bei hohen Temperaturen und Bruchfestigkeit in kaltem Zustande zu geben, versuchte man anfangs die Sammelkristallisation zu verzögern. Man fügte schwer verdampfbare und schwer zersetzliche Oxyde, die nicht zur Bildung von Verbindungen mit Wolfram neigen, vor allem Thoroxyd, hinzu. Aber auch diese Drähte waren, zur Wendel verformt, in der Lampe nicht vollständig formbeständig, sie „hingen durch". Auch Einkristalldrähte, deren Herstellung z. B. nach dem „Pintsch"-Verfahren möglich ist, erwiesen sich häufig als nicht formbeständig.

Abb. 59. Faserstruktur eines gezogenen Wolframdrahtes.

Im Laufe der Entwicklung fand man dann Verfahren, nach denen man den Rekristallisationsprozeß so leiten konnte, daß ein festes Gefüge entsteht. Die Untersuchungen zeigten, daß die Leuchtkörper dann am besten die einmal gegebene Form beibehalten, wenn sich nach der Formgebung im Leuchtkörper ein Kristallgefüge ausbildet, das aus wenigen langen Kristallen besteht, die an den Stellen, wo sie zusammenstoßen, sich weitgehend überlappen, also sozusagen verzahnt sind (Abb. 60). Höchste Formbeständigkeit wird erzielt, wenn beim Kristallisations-

Abb. 60. Stapelkristalldraht.

vorgang die Kristalle unverbogen wachsen [1], d. h. wenn sich die Gitternetzebenen parallel vorschieben und nicht etwa der Krümmung des Drahtes folgen und außerdem die Stoßstellen verzahnt sind. Auch die Bruchfestigkeit ist dann groß. Abb. 61 zeigt eine Wendel mit unverbogenen Kristallen.

In den meisten Fällen wird bei guten Lampen der Leuchtkörper nicht durch mechanischen Bruch zerstört,

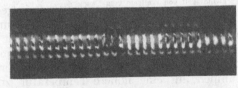

Abb. 61. Wolframwendel mit unverbogenen Kristallen.

sondern durch die allmähliche Verdampfung bei den hohen Brenntemperaturen.

g) Verdampfungsvorgang des Leuchtkörpers im Vakuum und in einer Gasatmosphäre.

Die Verdampfung ist nicht nur für die absolute Lebensdauer maßgebend, sondern auch für die Nutzbrenndauer, d. h. für die Zeit, die eine Glühlampe brennen kann, ohne daß infolge der durch den Metallniederschlag auf der Glocke entstehenden Lichtabsorption eine zu große Lichtabnahme (über 20%) entsteht. Um die Verdampfung und die Zerstäubung, durch die die Lampenglocke geschwärzt wird, in Vakuumlampen zu vermindern, versucht man, die verdampfenden Wolframatome chemisch an solche Substanzen zu binden, mit

[1] DRP. 380931. Siehe auch R. GROSS, F. KOREF u. K. MOERS: Über die beim Anätzen krummflächiger und hohler Metallkristalle auftretenden Körperformen. Z. Physik **22** (1924) 317.

denen farblose, durchsichtige Reaktionsprodukte entstehen (Einbringen von chlor- oder auch sauerstoffabspaltenden Verbindungen); ferner sucht man die Restgase, die im Innern der Glocke bleiben und zu Zerstäubungs- und Abtragungsvorgängen Veranlassung geben, chemisch zu binden. Hierzu werden vor allen Dingen Phosphorverbindungen benutzt. Man bezeichnet alle diese in die Glühlampen eingebrachten chemischen Verbindungen als „Getter" (Fangstoffe).

Die Verdampfung selbst kann durch Einbringen indifferenter Gase in die Glocke herabgesetzt werden. Ist der Leuchtkörper von einem Gase umgeben, so kann ein verdampfendes Molekül nicht, wie im Vakuum, ungehindert vom Leuchtkörper bis zur Glockenwand fliegen, sondern durchschnittlich nur eine kurze Strecke, die freie Weglänge, die von der Gasdichte abhängt, zurücklegen. Dann prallt es auf ein Gasatom auf und wird aus seiner Bahnrichtung abgelenkt.

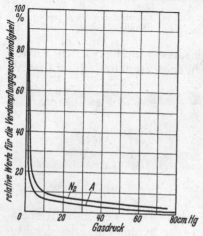

Abb. 62. Abhängigkeit der Verdampfungsgeschwindigkeit von Wolfram vom Druck des Füllgases (N₂ und Ar).

Die Richtungs- und Geschwindigkeitsänderung ist außer von den zufälligen Stoßbedingungen von dem Verhältnis der Atomgewichte der stoßenden Teile abhängig, bei gleichem verdampfenden Werkstoff um so größer, je größer das Atomgewicht des Füllgases ist. Dem ersten Zusammenstoß zwischen Metallatom und Gasatomen folgen weitere. Da bei diesen Zusammenstößen die Entfernung vom Draht gering ist, ist die Wahrscheinlichkeit, daß das Dampfatom auf den Draht zurückgeschleudert wird, groß und damit auch die Wahrscheinlichkeit der Wiederanlagerung. Es erreicht also nur ein Bruchteil der verdampfenden Atome die Wand. Je höher der Gasdruck ist, um so größer ist die Verminderung der Verdampfungsgeschwindigkeit. Die Abhängigkeit der Verdampfungsgeschwindigkeit vom Druck und Molekulargewicht des Füllgases geht aus den in Abb. 62 wiedergegebenen Messungen von Geiss[1] hervor. Die Verminderung der Verdampfungsgeschwindigkeit macht es möglich, den Leuchtkörper bei gleicher Nutzbrenndauer der Lampen auf eine höhere Temperatur zu erhitzen, z. B. bei dünndrähtigen Lampen anstatt auf eine Farbtemperatur von 2360° K auf eine solche von etwa 2560°. Die Lichtleistung der Strahlung wird durch die Temperaturerhöhung so erheblich vermehrt, daß die durch Wärmeabgabe an das Gas entstehenden Verluste bei günstiger Form des Leuchtkörpers überkompensiert werden.

Durch Wärmeleitung des Gases und durch Konvektionsströmung nimmt das Gas Leistung auf, deren Größe bei gleicher Leuchtkörper- und Lampenform von dem Wärmeleitvermögen des Gases abhängt. Da dieses mit steigendem Atomgewicht sinkt, ist der Verlust bei Gasen hohen Atomgewichts geringer. Für die Ausbildung der Strömung im Gase ist, wie bei allen Strömungsvorgängen, die Form des umströmten Körpers und die des Strömungsraumes ausschlaggebend. Es bildet sich um den umströmten Körper eine Gasschicht, in der keine Strömung stattfindet, aus (Langmuirschicht). — Für die Vorgänge in dieser Schicht kann man mit guter Annäherung annehmen, daß durch sie nur mittels Wärmeleitung im Gase Leistung abfließt. — Für die Wärmeverluste durch die Strömung ist demnach nicht die Oberfläche des Leuchtkörpers, sondern die dieser ruhenden Schicht maßgebend. Diese Schicht ist bei den in der Glühlampe vorhandenen Bedingungen etwa 1...2 mm dick, ist also sehr dick im Vergleich zu den in Wolframlampen kleinen Wattverbrauchs benutzten Wolframdrähten (z. B. ist die Drahtdicke bei geradfädigen 15 W/220-V-

[1] Geiss, W.: Zur Entwicklung der Doppelwendellampe. Philips' techn. Rdsch. 1 (1936) Nr. 4, 97—101.

Lampen etwa 15 μ). Bei dünnen Drähten sind deshalb die Konvektionsverluste fast nur von der Länge, nicht von der Dicke der Drähte abhängig.

Das Verhältnis der vom Gas abgeführten Leistung zur Strahlung, die der Drahtoberfläche proportional ist, fällt infolgedessen mit wachsendem Durchmesser. Da die Konvektionsverluste annähernd proportional der Temperatur, die Strahlung bei Metallen etwa mit der 4. . . . 5. Potenz anwächst, fällt außerdem der relative Konvektionsverlust mit steigender Temperatur. Dies erklärt, weshalb erst bei hohen Betriebstemperaturen, wie sie die Wolframlampen haben, die Anwendung der Gasfüllung zur Verbesserung der Lichtausbeute führt. Um einen kurzen dicken Leuchtkörper zu erhalten, wird der Wolframdraht zu einer Wendel gewickelt [1]. Eine noch weitere Verkürzung wird durch eine doppelte Wendelung (Abb. 63) (Doppelwendellampe) erzielt. Bei den in Frage

Abb. 63. Doppelwendel.

kommenden Temperaturen und Abmessungen der Wolframleuchtkörper werden bei Einfachwendellampen bei dem üblichen Füllgas, einer Mischung von Argon (etwa 90%) und Stickstoff, 10...30% der aufgenommenen Leistung durch Wärmeabgabe („Gasverluste") an das Gas verbraucht.

Durch die weitere Verkürzung des Leuchtkörpers bei Doppelwendellampen sinken die Verluste, die erzielten Gewinne der Lichtausbeute [2] sind aus der nachstehenden Tabelle zu ersehen. Eine weitere Verbesserung bringt die Anwendung von Krypton [3] als Füllgas, dessen Atomgewicht doppelt so groß wie das des Argons ist.

Leistungsaufnahme und Lichtstrom von Wolframlampen.

Type (V/W)	Mittlerer Lichtstrom bei gleichem Füllgas		Steigerung etwa %	Mittlerer Lichtstrom, Doppelwendel bei Krypton-gasfüllung	Steigerung %
	Einfach-wendel H-Lumen	Doppel-wendel H-Lumen			
(1)	(2)	(3)	$(4) = (3)/(2) \cdot 100$	(5)	$(6) = (5)/(2) \cdot 100$
220/40	400	480	20	510	27
220/60	690	805	17	—	—
220/75	940	1060	13	—	—
220/100	1380	1510	9	—	—

h) Herstellung der Wolframlampe.

Der Herstellungsgang sowie der Aufbau der Lampen sind durch die Eigenschaften der Werkstoffe wie auch durch wirtschaftliche Überlegungen bedingt. Wie bei jedem Massenerzeugnis muß, um billig herstellen zu können, die Möglichkeit der Anwendung von Maschinen zur Fertigung der Einzelteile und zur Zusammensetzung gegeben sein. An Einzelteilen wird angeliefert:

---

[1] Die Gasfüllungslampe wurde gleichzeitig bei der AEG. in Zusammenarbeit von K. MEY, R. JACOBI und E. FRIEDERICH und in der GEC., Amerika, von LANGMUIR erfunden.

[2] ABSHAGEN, F.: Die Doppelwendellampe für Allgemeinbeleuchtung. Licht 5 (1935) 197.

[3] Die Verdampfungsgeschwindigkeit von Wolfram in Krypton vermindert sich gegenüber der in Argon auf etwa $\frac{1}{2}$ nach Angaben von W. GEISS: Zit. S. 114.

1. Die Wendel. Zur Herstellung dieser wird der gezogene Wolframdraht auf einer Maschine fortlaufend auf einen Kerndraht in Abstand oder dicht gewickelt. Der Kerndraht besteht entweder aus Messing oder Molybdän. Bei Abstandswicklung muß der Zwischenraum zwischen zwei aufeinanderfolgenden Windungen der Wendel immer genau gleich sein. Der Kerndraht mit der darauf gewickelten Wendel wird in vorgeschriebener Länge abgeschnitten; gegebenenfalls thermisch nachbehandelt, dann wird chemisch der Kern herausgelöst. Es sind letzthin auch Vorrichtungen entwickelt, mit denen eine Formung des Drahtes ohne Kerndraht möglich ist[1]. 2. Einzelteile für das Haltergestell: Tellerrohr, Zuleitungsdrähte, Glasstab und Halterdrähte. Bei der Herstellung wird aus den angelieferten Glasröhren je ein Ende auf der mit automatischem Nachschub arbeitenden „Tellerdrehmaschine" mittels eines rotierenden „Aufreibers" umgebörtelt und dann durch eine Schneidevorrichtung Stücke der gewünschten Länge abgeschnitten. Die Zuleitungsdrähte bestehen für Lampen mit kleiner Stromstärke, die entweder in Bleiglas oder in Magnesiaglaskolben eingeschmolzen werden, aus den äußeren Kupferzuleitungen, den inneren Konstantan- oder Nickelelektroden und den Dichtungsdrähten (Nickel-Eisenlegierung mit einem Kupfermantel); für Lampenglocken aus Hartglas, aus Molybdändrähten mit angeschweißten äußeren Kupferzuleitungen. Die Zuleitungsdrähte werden auf einer automatischen Schweißmaschine, welcher die Drähte einzeln zugeführt werden, verschweißt. Das Tellerrohr wird mit den Zuleitungsdrähten, dem Stab und dem Pumpröhrchen in einem Arbeitsgang auf der Fußquetschmaschine vereinigt. Durch sorgfältige Anpassung der Werkstoffe (Ausdehnungskoeffizient, Erweichungsintervalle), durch richtige Abmessungen und durch gute Kühlvorrichtungen wird dafür gesorgt, daß während dieser Arbeitsvorgänge keine Druck- oder Zugspannungen in den Glasstücken hinterbleiben. Der fertige Fuß wird der Haltereinsetzmaschine zugeführt. Der obere Teil des Glasstabes wird dann durch Stichflammen erhitzt und die auf Rollen befindlichen Halterdrähte aus Molybdän eingedrückt. Die Drähte werden dann abgeschnitten und zu Haken gebogen.

Die Wendel und die Gestelle werden nun einer Maschinengruppe zugeführt und in „fließender Fertigung", d. h. in einem Arbeitsgang ohne dazwischenliegende Sammelstellen, weiterverarbeitet.

Die Reihenfolge ist folgende:

Legen der Leuchtwendel in die Ösen.
Einpressen ihrer Enden in die Elektroden.
Aufbringen des sog. Getters.
Einschmelzen in die Glocke, oft verbunden mit Stempelung der Glocke.
Auspumpen der Glocke unter Erhitzung.
Füllung der Glocke mit dem indifferenten Gase.
Abschmelzen am Pumpröhrchen.
Sockeln, d. h. Ankitten des Sockels und Anlöten der Zuführungen.
Stempeln des Sockels.
Hochheizen des Leuchtkörpers.
Verpacken der Lampen.

Es gibt auch schon Maschinen, die das Einsetzen der Halter, das Einlegen der Wendel, Biegen der Halter zu Ösen und das Anschweißen der Wendel in einem Arbeitsgang vornehmen.

Die Verwendung jeder Maschinengruppe beschränkt sich stets auf Herstellung einer Type; die Entwicklung solcher Maschinen ist somit nur für solche Lampen wirtschaftlich, die in großer Anzahl hergestellt werden.

i) Prüfung der Lampen.

Anschließend werden Stichproben aus der Lampenmenge entnommen. Im Kugelphotometer werden diese Lampen daraufhin geprüft, ob sich bei der Nennspannung die vorgeschriebene Lichtausbeute innerhalb zulässiger Grenzen ergibt. Diese Messungen werden vielfach mit Hilfe von Photozellen automatisch ausgeführt[2]. An weiteren Probelampen wird das Verhalten während des

---

[1] Vgl. dafür z. B. S. W.: Lathe for Producing Microscopic Laps and Dies. Machinery **50** (1937) 817.
[2] Vgl. z. B. W. W. Loebe u. C. Samson: Über eine Apparatur zur objektiven Lichtstrommessung mittels photoelektrischer Zelle und anschließend entwickelte Einrichtungen zur selbsttätigen Bestimmung der Lichtausbeute und Sortierung von Glühlampen. Elektrotechn. Z. **52** (1931) 861—866.

Brennens festgestellt. Während man für die Prüfung der Lichtausbeute eine große Menge von Lampen heranziehen kann, ist die Zahl für die wichtigste Prüfung, die der Lebensdauer, begrenzt, denn diese Prüfung kann nur unter Zerstörung des geprüften Einzelstückes stattfinden.

Bei den aus vielen Teilen zusammengesetzten Glühlampen ist eine gewisse Streuung in der Beschaffenheit unvermeidlich. Das Material fällt nie ganz gleichmäßig aus und selbst bei maschineller Herstellung sind kleine Abweichungen in den Abmessungen unvermeidlich. Bei gasgefüllten Lampen zwischen 40 und 100 W, die bei einer gegebenen Spannung brennen, bewirkt eine Längenänderung von 1% eine Änderung der Wattaufnahme von 0,6% und eine Änderung der lm/W von 2,5%[1]. Als weitere Fehler für die Leuchtkörperabmessungen kommen die Änderungen des Abstandes zwischen den Windungen der Wendeln und Änderungen des Kerndrahtdurchmessers in Betracht. Hier z. B. bewirken 4% Zunahme in der Steigung (dies entspricht bei einer 40 W-Lampe etwa einer Abstandsänderung um 0,001 mm) eine Stromaufnahmeänderung von 0,5% und eine Lichtausbeuteänderung[1] von 4%.

Beim Herstellungsgang sind noch Schwankungen in der aufgespritzten Gettermenge möglich. Die Entlüftungspumpen und der Gasfüllungsapparat arbeiten nur mit einer durchschnittlichen Gleichmäßigkeit. Beim Abschmelzen wird je nach der Dicke und Länge der abgeschmolzenen Glasspitze eine etwas verschiedene Gasmenge frei. Zu diesen im Herstellungsgang unvermeidlichen Streuungen treten die eigentlichen Schwankungen der Materialbeschaffenheit, wie kleine lokale Ungleichmäßigkeiten des Drahtquerschnittes, sowie Verschiedenheiten der Glasoberfläche. Die Wasserhaut der Lampenglocke ist je nach der Behandlung und Lagerzeit verschieden zusammengesetzt. Infolgedessen schwanken die von der Glasoberfläche abgegebenen Gasmengen.

Um über die Beschaffenheit einer Lampenserie ein Bild zu erhalten, werden, wie oben gesagt, Lichtausbeute und Lebensdauer an Stichproben geprüft. Die Entnahme und die Bestimmung der Zahl der Stichproben ist durch statistische Überlegungen so festgelegt, daß durch die Prüfung der Mittelwert der Gesamtmenge mit großer Wahrscheinlichkeit erfaßt wird.

Die Prüfungsergebnisse werden statistisch ausgewertet. Streuung und Mittelwert geben ein Maß für die Stetigkeit der Fabrikation. Ein Bild über die Gleichmäßigkeit der Lichtausbeute einer großen Lampenmenge gibt Abb. 64[1].

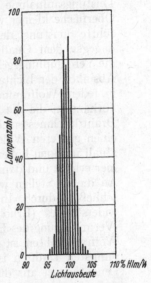

Abb. 64. Ausfall einer Lampenserie in bezug auf Lichtausbeute.

Von den zur Prüfung der Lebensdauer entnommenen Lampen wird zunächst nach kurzer Alterung, d. h. einem kurzzeitigen Brennen mit Überspannung, der Lichtstrom bestimmt. Dann wird die Lebensdauerprüfung entweder bei der Spannung oder bei der Lichtausbeute, für die die Lampen bestimmt sind, vorgenommen. Um den Versuch abzukürzen, wird häufig die Lebensdauer bei einer höheren Lichtausbeute festgestellt und dann aus der vorher bestimmten Abhängigkeit der Lebensdauer von der Lichtausbeute für die Nennbelastung oder -spannung die Lebensdauer errechnet.

k) Lebensdauer und Lichtausbeute.

Für den Zusammenhang zwischen Lebensdauer und Lichtausbeute hat sich ergeben, daß die Lebensdauer der Lampen etwa mit der 6....7. Potenz der Lichtausbeute sinkt.

$$\left(\frac{\text{Lichtausbeute 1}}{\text{Lichtausbeute 2}}\right)^{6,5} = \left(\frac{\text{Lebensdauer 2}}{\text{Lebensdauer 1}}\right).$$

---

[1] CHELIOTI, G. and B. P. DUDDING: Precision in Incandescent-Lamp Manufacture. Int. Illum. Congr. Cambridge 1931.

Wie auf S. 110 erwähnt und in Abb. 58 dargestellt, steigt die Lichtausbeute stark mit der Temperatur an. Mit Erhöhung der Temperatur steigt aber auch die Verdampfungsgeschwindigkeit. Die Verdampfungsgeschwindigkeit des Wolframs ist etwa der Lebensdauer umgekehrt proportional. Beide ändern sich etwa mit der 39. Potenz der Temperatur [1]. Brennt man Lampen an konstanter Spannung, so ist für das Durchbrennen stets eine der unvermeidlichen kleinen Durchmesserschwankungen verantwortlich. Bei einem vollständig gleichmäßig dicken Draht und gleichmäßiger Erhitzung würde der Draht nicht durchbrennen. Infolge der Verdampfung würde vielmehr der gesamte Draht gleichmäßig abgetragen werden. Der dünnere Draht hätte einen größeren Widerstand, die Leistungsaufnahme würde bei gleicher Spannung sinken. Ebenso würde die Oberfläche kleiner werden. Da die durch Strahlung von der Oberfläche abgeführte Leistung dem Durchmesser proportional ist, die Leistungsaufnahme dagegen dem Quadrat des Durchmessers, sinkt die Temperatur des Drahtes, die Verdampfungsgeschwindigkeit verringert sich, und unter immer langsamerem Absinken der Lichtausbeute brennt die Lampe weiter. Wie schon gesagt, sind in jedem Wolframmetall statistisch verteilte kleine Strukturverschiedenheiten vorhanden, die die Festigkeit beeinflussen und beim Ziehen zu geringfügigen Drahtdurchmesserschwankungen führen. Diese dünneren Drahtstellen haben einen größeren Widerstand. Bei gleicher Stromstärke ist also der Spannungsabfall in ihnen höher als in dem übrigen Draht. Dadurch wird die Temperatur hier erhöht und damit der Verdampfungsprozeß an diesen Stellen beschleunigt. An diesen Stellen wird infolgedessen der Draht weiter verjüngt und schmilzt schließlich durch. In gleicher Weise werden sich Ungleichmäßigkeiten des Drahtwiderstandes (Erhöhung an einer Stelle) oder Strahlungsverschiedenheiten (Verminderung des Emissionsvermögens an einer Stelle) auswirken. Bei dünnen Wolframdrähten ist die absolute Größe des Drahtfehlers fast gleich. Bei den dünnsten Drähten ist also der Fehler prozentual größer. Man kann deshalb Leuchtkörper aus dünnen Drähten bei einer vorgegebenen Lebensdauer nicht so hoch erhitzen, wie die Leuchtkörper aus dicken Drähten. Es hat sich gezeigt, daß bei gutem Drahtmaterial in Vakuumlampen ein Durchbrennen des Drahtes im Mittel dann eintritt, wenn infolge der Verdampfung 10 Gew.-% abgetragen sind.

Aus dem Gewichtsverlust von Drähten ausgebrannter Lampen, den Werten der Verdampfungsgeschwindigkeit des Wolframs und der Lebensdauer der Lampen läßt sich der tödliche Drahtfehler berechnen. Nach Angaben von Koref und Plaut ist bei Lampen normaler Lebensdauer bei Drahtdicken von 15...45 μ im Mittel ein Dickenfehler von 0,4 μ vorhanden. Für Lampen besonders langer Lebensdauer errechnen sich Einschnürungen von 0,2 μ, für Lampen besonders niedriger Lebensdauer solche von 0,7 μ. Bei Lampen mit Wolframwendeln wirken außerdem noch Steigungsänderungen auf die Lebensdauer. Die Größe der freistrahlenden Oberfläche wird durch Steigungsunregelmäßigkeiten geändert und damit die Temperatur dieser Stelle. Der Einfluß dieser Änderungen ist jedoch so gering, daß bei Vakuumwendellampen nur bei dickdrähtigen Lampen, bei denen der Durchmesserfehler sich nur in geringem Maße auswirkt, die Wirkung an die der Durchmesserschwankung heranreicht [2].

Auf die Vorgänge in gasgefüllten Lampen sind die vorhergehenden Betrachtungen nicht ohne weiteres übertragbar. Die Abhängigkeit der Lebensdauer von der Lichtausbeute ist zwar annähernd die gleiche, die Zusammenhänge zwischen Lebensdauer und tödlichen Gewichtsverlusten sind jedoch anders,

---

[1] Becker, R.: Lebensdauer und Wolframverdampfung. Z. techn. Physik 6 (1925) 309.
[2] Koref, F. u. H. Plaut: Über die Lebensdauer der luftleeren und gasgefüllten Wendellampen und die Ursachen ihres Durchbrennens. Z. techn. Physik 11 (1930) 515—522.

und zwar sind die tödlichen Gewichtsverluste geringer. Man kann daraus schließen, daß entweder die Art der Abtragung eine andere ist, daß z. B. ein Teil der verdampfenden Teilchen an kälteren Stellen angelagert wird oder daß Fehler, die eine größere Wirkung als die Drahtfehler haben, ausschlaggebend für das Durchbrennen des Drahtes sind. Bei diesen Lampen, deren Draht dicker als der der Vakuumlampen ist, kommt z. B. die Wirkung der Steigungsfehler mehr in Betracht [1].

l) Die wirtschaftlichste Lebensdauer.

Aus der über die ganze Brennzeit gemittelten Lichtausbeute, dem Kilowattstundenpreis, der Lebensdauer und dem Preis der Glühlampe lassen sich die Kosten für eine Lumenstunde berechnen. Da Lebensdauer und Lichtausbeute voneinander abhängig sind, nehmen bei Erhöhung der Lichtausbeute zwar die für die Lumenstunde aufzuwendenden Stromkosten ab, aber der Anteil des Lampenpreises auf die Lumenstunde berechnet nimmt zu. Die Gesamtlichtmenge bei einer Lampe gleichen Lichtstromes wird infolge Sinkens der Nutzbrenndauer kleiner. Es ergibt sich daraus, daß je nach Lampen- und Energiepreis diejenige Belastung, die den günstigsten Gesamtpreis für die Lumenstunde ergibt, verschieden groß ist. Die Auswertung ergibt unter der Annahme, daß die Nutzbrenndauer annähernd der 7. Potenz der Lichtausbeute umgekehrt proportional ist, folgende Abhängigkeit zwischen der wirtschaftlichsten Lebensdauer, dem Kilowattstundenpreis und dem Lampenpreis [2]:

$$\text{Lebensdauer} = \frac{5800}{\text{Wattverbrauch}} \cdot \frac{\text{Lampenpreis}}{\text{Energiepreis}} \, .$$

m) Betriebsdaten der Wolframlampen.

Die Wolframlampen werden nach dem Wattverbrauch gestaffelt (größte Lampe 50 kW Leistungsaufnahme). Lampen kleinen Wattverbrauchs (von 15...100 W) werden in der sog. Einheitsform hergestellt, die innenmattierte Kolben hat. Alle Lampen haben einen wendelförmigen Leuchtkörper, die Gasfüllung wird bei den Typen, bei denen dadurch eine Erhöhung der Lichtausbeute möglich ist, angewendet (z. B. bei den 220 V-Lampen zur Zeit von 40 W an). Änderungen der Betriebsdaten, die durch Schwankung der Netzspannung entstehen, liegen für Lampen normaler Belastung innerhalb folgender Grenzen:

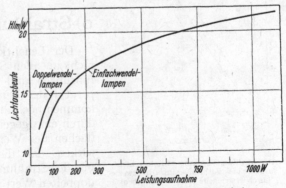

Abb. 65. Hlm/W in Abhängigkeit von Leistungsaufnahme.

bei 1% Spannungserhöhung steigt die Stromstärke	um	0,5...0,6%
„ 1% „ „ der Wattverbrauch	„	1,5...1,6%
„ 1% „ „ Lichtstrom	„	3,4...4%
„ 1% „ sinkt „ spez. Verbrauch	„	2,1...2,4%
„ 1% „ „ die Lebensdauer	„	12...16%.

[1] Vgl. Fußnote 2, S. 118.
[2] Näheres siehe z. B. P. S. Miller: The Qualities of Incandescent Lamps. Electr. Engng. 35 (1936) 516.

Bei einer Vakuumlampe ist die Lebensdauer der 13. Potenz der Spannung umgekehrt proportional. Brennt man also mit etwa 5% Überspannung, so sinkt die Lebensdauer bereits auf die Hälfte.

Wie zur Zeit bei gasgefüllten Lampen (220 V) etwa die Lichtausbeute für verschiedene Leistungsaufnahmen liegt, zeigt Abb. 65. Daten über Lichtstrom und Lichtausbeute der gebräuchlichen Lampen sind in einer Tabelle (im Anhang) enthalten.

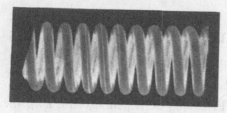

Abb. 66. Bild einer glühenden Wendel.

n) Brennen der Lampen mit Wechselstrom.

Werden Lampen mit Wechselstrom gebrannt, so treten während jeder Periode Temperaturschwankungen auf. Die Temperaturschwankungen sind von der Periodenzahl, der spezifischen Wärme und der Wärmekapazität abhängig. Für im Vakuum glühenden Wolframdraht ist von H. Plaut [1] nach den Corbinoschen Formeln [2] der Unterschied zwischen Maximal- und Minimaltemperatur in Abhängigkeit von der Temperatur und der Drahtdicke für 50periodischen Wechselstrom berechnet. Infolge dieser Temperaturschwankungen treten Lichtstromschwankungen auf, die sich bei dünndrähtigen Lampen und kleiner Periodenzahl des Stromes als „Flimmern" bemerkbar machen. Für 50periodischen Wechselstrom sind die Lichtstromschwankungen bei allen Lampen so geringfügig, daß sie vom Auge nicht mehr wahrgenommen werden, wohl aber bei $16^2/_3$- und 21,5periodischem Bahnstrom, der besondere Maßnahmen zur Beseitigung des Flimmerns nötig macht [3].

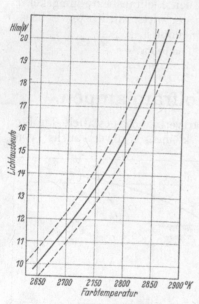

Abb. 67. Zusammenhang zwischen Lichtausbeute und Farbtemperatur (Grenzwerte durch gestrichelte Kurven angegeben).

o) Strahlung der Glühlampen.

Der Leuchtkörper einer Glühlampe strahlt nicht an allen Stellen gleichmäßig. An den Zuführungen und an den Haltern ist die Temperatur des Leuchtkörpers geringer, außerdem kommen noch die Leuchtdichteunterschiede, die durch eine gegenseitige Zustrahlung der Innenflächen der Wendel entstehen, hinzu. Sie bewirken, daß die aus dem Innern herauskommende Strahlung stellenweise bis zum etwa doppelten Wert der äußeren Strahlung ansteigt (Abb. 66 zeigt eine glühende Wendel). Die spektrale Verteilung der aus allen Teilen gemischten Strahlung läßt sich im sichtbaren Gebiet durch Angabe der Farbtemperatur kennzeichnen, d. h. durch

---

[1] Plaut, H.: Über Temperaturschwankungen in wechselstrombelasteten Drähten und ihre Wirkung auf Verdampfung und Rekristallisation. Z. techn. Physik **6** (1925) 313—317.
[2] Corbino, O. M.: Thermische Oszillation wechselstromdurchflossener Lampen mit dünnen Faden und daraus sich ergebende Gleichrichterwirkung infolge der Anwesenheit geradzahliger Oberschwingungen. Physik. Z. **11** (1910) 413.
[3] Liempt, A. M. van u. L. A. de Vriend: Das Flimmern von Glühlampen bei Wechselstrom. Z. Physik **100** (1936) 263—266.

Angabe der Temperatur des Hohlraumstrahlers, bei der Farbgleichheit vorhanden ist (vgl. B 2, S. 66). Abb. 67 zeigt die Farbtemperatur in Abhängigkeit von der Lichtausbeute. Die gestrichelten Grenzkurven umfassen den Streubereich, in den die üblichen Lampen fallen.

Der Verlauf der Strahlung einiger Lampen im Ultrarot ist aus Abb. 68 [1] zu entnehmen. Von 2,5 μ ab fängt der Glaskolben an die Strahlung zu absorbieren, ebenso im Ultraviolett von etwa 0,35 μ ab [2].

p) Energiebilanz bei der Wolframglühlampe.

Zum Schluß sei zusammengestellt, wie und an welchen Stellen die der Lampe zugeführte Leistung abgegeben wird.

2...4 % werden durch Wärmeleitung an die Stromzuführungen und an die Halter abgegeben. Bis zu 33 % werden bei gasgefüllten Lampen durch Wärmeleitung und Konvektionsströmung an das Füllgas abgegeben. Der Rest wird

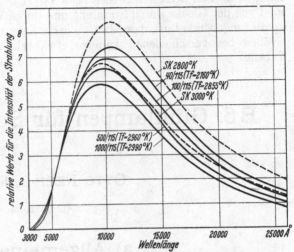

Abb. 68. Relative Werte für die Intensität der Ultrarotstrahlung gasgefüllter Wolframlampen und der Strahlung des schwarzen Körpers. Die Kurven sind dadurch erhalten, daß die Strahlungswerte auf einen gleich großen Lichtstrom umgerechnet wurden. Es wurde also $\int V_\lambda E_\lambda d\lambda$ berechnet und dieser Wert als Bezugsgröße für die weiteren Intensitätswerte benutzt.

vom Wolframdraht abgestrahlt und dringt bis auf die langwellige Ultrarotstrahlung und die kurzwellige Ultraviolettstrahlung in den Außenraum (Glühlampenkolben absorbieren bei 35000 Å etwa 40% und ebensoviel bei etwa

Charakteristische Daten für die Energiebilanz von Wolframlampen.

Lampentype	Halterzahl	Farbtemperatur °K	Lichtausbeute Hlm/W	Strahlung im sichtbaren Gebiet =4100...7200 ÅE in % der aufgenommenen Leistung	End- und Halterverluste in % der aufgenommenen Leistung	Gasverluste in % der aufgenommenen Leistung	Durchlässigkeit der Lampenglocke für Strahlung des Wolframglühkörpers
15/220	7	2390	8,85	4,4	3,5	—	0,89
25/220	7	2510	9,6	4,7	3,5	—	0,90
40/220	6	2665	9,85	4,7	3,5	33	0,91
60/220	7	2725	11,4	5,5	3,5	28	0,91
75/220	7	2755	12,5	6,1	2,8	26	0,91
100/220	7	2740	13,5	6,3	2,8	20	0,91
150/220	7	2785	15,0	7,0	2,8	18	0,92
200/220	7	2790	16,1	7,4	2,8	14	0,92
300/220	5	2845	17,6	8,2	2,2	13	0,92
500/220	5	2855	19,0	8,9	2,2	8	0,92

[1] Nach Angaben von B. T. BARNES u. W. E. FORSYTHE: Spectral Radient Intensities of some Tungsten Filament Incandescent. Lamps J. opt. Soc. Amer. **26** (1936) 313 gezeichnet.

[2] Weitere Literatur über charakteristische Eigenschaften der Wolframglühlampen. FORSYTHE, W. E. and A. G. WORTHING: The Properties of Tungsten and the Characteristics of Tungsten-Lamps. Astrophys. J. **61** (1925) 146. — JONES, H. A. and I. LANGMUIR: The Characteristics of Tungsten Filaments as Functions of Temperature. Gen. Electr. Rev. **30** (1927) 310, 354, 408.

3400 Å, von da ab sinkt nach langen Wellenlängen die Durchlässigkeit langsam, der kurzwellige Abfall ist dagegen steil). Durch das Glas werden etwa 10% der vom Wolframfaden ausgehenden Strahlung absorbiert.

Durch die Absorption der Strahlung und bei gasgefüllten Lampen durch Wärmekontakt mit dem heißen Füllgas erwärmt sich die Glocke (Temperatur bei frei brennenden Vakuumlampen unter 100°, bei frei brennenden gasgefüllten Lampen an den heißesten Stellen etwa 150° C). Diese aufgenommene Leistung wird von der Glocke durch Strahlung und durch Wärmeleitung und Konvektion an die umgebende Luft abgegeben. Wie die Leistungsverteilung auf die einzelnen Größen bei verschiedenen Lampen etwa sein dürfte, zeigt die vorstehende Tabelle.

B 5. Glühlampen für Sonderzwecke.

Von

OTTO REEB-Berlin.

Mit 27 Abbildungen.

a) Allgemeines.

Unter den modernen Lichtquellen hat die Wolframdrahtglühlampe dank ihrer Anpassungsfähigkeit an sehr unterschiedliche lichttechnische Aufgaben eine besonders starke Entwicklung zur Ausbildung von Speziallampen für Sonderzwecke durchgemacht[1]. In dem vorliegenden Abschnitt wird ein Überblick über die verschiedenen Anforderungen gegeben, die an Sonderglühlampen gestellt werden, und über die Hilfsmittel, die zu der Erfüllung dieser Wünsche zur Verfügung stehen.

Die große Anpassungsfähigkeit der Glühlampe beruht im wesentlichen darauf, daß es möglich ist, durch die gegenseitige Abstimmung von Drahtstärke, Drahtlänge und Anordnung des Drahtes in einer bestimmten Leuchtkörperform die elektrische Leistungsaufnahme, die Glühtemperatur des Drahtes und die räumliche Verteilung der Lichtstrahlung innerhalb weiter Grenzen zu beeinflussen. Nachstehende Tabelle zeigt, innerhalb welcher Grenzen die heute für Sonderlampen benutzten Drahtabmessungen sich bewegen.

Grenzbedingung für Leuchtdraht	Leuchtkörperabmessungen			Lampentypen		
	Gewicht g	Durch-messer mm	Länge mm	Leistung W	Spannung V	Bezeichnung
Kleinste Gesamtlänge	$19 \cdot 10^{-6}$	0,018	3,8	0,2	1,5	Zwerglampe
Größte Gesamtlänge, größter Drahtdurchmesser	610	2,5	6000	50000	220	Größte Nitralampe
Kleinster praktisch vorkommender Drahtdurchmesser	$50 \cdot 10^{-6}$	0,011	27,2	0,5	10	Fahrradschluß-lichtlampe

[1] Siehe auch E. LAX u. M. PIRANI: In GEIGER-SCHEELs Handbuch der Physik, S. 400ff. Berlin 1928. — BORN, F. u. O. REEB: Neue Glühlampen im Dienste der Technik und Wissenschaft. Licht u. Lampe H. 15 (1930) 741—745, H. 16 (1930) 789—792. Über Einzelheiten der im Handel erhältlichen Sonderlampentypen siehe auch die Listen der Glühlampenhersteller.

Die Sonderlampen werden — je nachdem, ob die Forderung nach einer möglichsten Konstanz der Lichtwerte über eine lange Brennzeit oder nach einer möglichst intensiven Lichtstrahlung überwiegt — für sehr verschiedene mittlere Lebensdauern hergestellt. In nachstehender Tabelle sind Extremwerte zusammengestellt, die ungefähr das Gebiet der gebräuchlichen Belastungen abgrenzen.

Lampentype	Lichtausbeute etwa lm/W	Farbtemperatur etwa ° K	Mittlere Lebensdauer in Stunden
Telephonlampe 60 V/0,05 A	2	1000	1000
Photometernormallampe 50 V/50 HK . . .	9	2400	über 1000
Kinolampe 15 V/600 W	30	3200	100
Osram-Nitraphotlampe „S"	36	3400	2

Je nach der gewünschten räumlichen Verteilung der Lichtstärke oder je nach der gewünschten Verteilung der Leuchtdichte auf dem Leuchtkörper kann der Leuchtdraht in recht verschiedenen Leuchtkörperformen angeordnet sein. Als Ausgang für die beabsichtigte Anordnung des Leuchtdrahtes kann glatter, einfach oder mehrfach gewendelter Draht verwendet werden. Abb. 69 zeigt

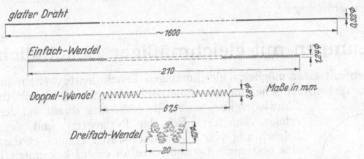

Abb. 69. Der gleiche Leuchtdraht glatt, einfach, doppelt und dreifach gewendelt.

die Abmessungen desselben Drahtes glatt und bei einfacher, doppelter und dreifacher Wendelung. Die am meisten hergestellten Leuchtkörperformen sind geradlinige, bügelförmige, kreisförmige, wellenförmige, zylindrische, Einebenen- und Zweiebenenleuchtkörper.

Die physikalischen Eigenschaften der Lampen können in gewissem Umfange durch die Wahl der Atmosphäre (oder Vakuum), in der der Leuchtkörper brennt, beeinflußt werden.

Auch die Größe und äußere Form der Lampe kann innerhalb gewisser Grenzen dem Verwendungszweck angepaßt werden. Extremwerte der äußeren Abmessungen von Sonderglühlampen gibt Tabelle S. 133.

b) Lampen mit zeitlich konstanter Strahlung.

Für wissenschaftliche Arbeiten, insbesondere in der Photometrie, werden Lichtquellen mit zeitlich konstanter Lichtemission benötigt. In den meisten Fällen genügen normale Lampentypen, wenn sie gealtert sind, d. h. wenn sie bereits einen bestimmten Bruchteil ihrer Soll-Lebensdauer (man rechnet etwa mit 10%) gebrannt haben. Dann besitzen die Lampen im weiteren Verlauf ihrer Brennzeit eine gleichmäßige langsame Lichtabnahme. Je größer die

Anforderung an die Konstanz der Lampe ist, desto schwächer wird man sie beanspruchen, da dann die zeitliche Änderung des Lichtes geringer ist.

Für photometrische Messungen hoher Präzision werden zweckmäßigerweise gut gealterte glattdrähtige Wolframvakuumlampen verwendet. Gasgefüllte Lampen liefern infolge des Einflusses der Konvektion des Füllgases nicht so genau zeitlich gleiche Strahlungswerte wie Vakuumlampen [1]. Abb. 70 stellt eine für Lichtstärkemessungen gebräuchliche Photometerlampentype dar.

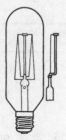

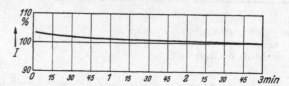

Abb. 70. Photometernormallampe
50 V/50 HK.

Abb. 71. Einbrennvorgang bei einer Photometernormallampe
220 V/100 HK.

Bei jeder Benutzung von Photometerlampen müssen die Lampen einige Minuten bis zur Erreichung des thermischen Gleichgewichtes eingebrannt werden (s. Abb. 71). Die hierzu benötigte Zeit ist von den Konstruktionsdaten der Lampe abhängig.

c) Lampen mit gleichmäßiger Leuchtdichte.

Lampen mit einer möglichst gleichmäßigen Leuchtdichte werden für pyrometrische, spektroskopische und photometrische Zwecke und auch für Tonfilmwiedergabe, soweit die Abbildung direkt auf dem Spalt erfolgt, benötigt. Bei der Pyrometer- und der Spaltbeleuchtung von Spektralapparaten kommt es darauf an, eine bestimmte Leuchtdichte an einem bekannten Teil des Leuchtkörpers vorzufinden. Hierfür finden Wolframbandlampen (Abb. 72) und glattdrähtige Wolframdrahtlampen Verwendung, die, um störende Reflexe zu vermeiden, in Glaskolben besonderer Form eingeschmolzen sind (Abb. 73).

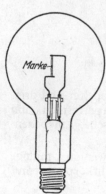

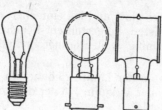

Abb. 72. Bandlampe für
Temperaturmeßzwecke.

Abb. 73. Pyrometerlampen mit konischem
bzw. flachem Glaskolben.

In der Photometrie ist die Verwendung von Opallampen, die eine möglichst gleichmäßige Strahlung in allen Ausstrahlungsrichtungen besitzen, als Zwischennormallampen für die Eichung von Bank- und Kugelphotometern empfohlen worden [2].

---

[1] Infolge der Verschiedenheit der Konvektion besteht bei gasgefüllten Lampen ein Einfluß der Brennlage. In einem außerhalb der Grenzen der Photometriergenauigkeit liegenden Maße sind auch periodische Schwankungen der Lichtintensität bei gasgefüllten Lampen festgestellt worden [Krüger, F.: Periodische Intensitätsschwankungen der Strahlung von gasgefüllten Glühlampen. Z. techn. Physik 10 (1929) 629—634].

[2] Dziobek, W. u. M. Pirani: Normallampen für hohe Farbtemperaturen. Licht u. Lampe 16 (1927) 473—474.

d) Lampen besonders hoher lichttechnischer Werte.

In Anlagen, in denen zur Erzielung hoher Beleuchtungsstärken große Lichtströme benötigt werden, wird man bei häufig oder für längere Zeit benutzten Anlagen aus Gründen der Wirtschaftlichkeit größere Lampeneinheiten normaler Belastung benutzen. So sind beispielsweise in den großen Filmaufnahmeateliers Glühlampen meist in Einheiten von 500…10000 W in Verwendung, die für mittlere Brennzeiten von etwa 300 Stunden gebaut sind. Dagegen wird dort, wo bei nur gelegentlicher kurzzeitiger Benutzung ein Maximum an Lichtleistung bei begrenzter elektrischer Anschlußleistung benötigt wird, mit Glühlampen gearbeitet, die durch höhere Beanspruchung des Drahtes eine hohe Lichtausbeute bei entsprechend kürzerer Brennzeit besitzen. So sind bei Photoamateuren Spezialaufnahmelampen in Verwendung, die bei einer Leistungsaufnahme von 250 W und einer Lichtausbeute von etwa 36 lm/W einen Lichtstrom von etwa 9000 lm bei einer mittleren Lebensdauer von etwa 2 Stunden liefern [1].

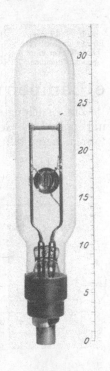

Die in optischen Geräten vorhandene Konzentration der Lichtstrahlung ist durch zwei Faktoren bestimmt: die optische Apertur und die Leuchtdichte der Lichtquelle. Daher wird an Lampen für optische Geräte aller Art als erste Anforderung der Wunsch nach einer möglichst hohen Leuchtdichte gestellt, und zwar ist nicht die Leuchtdichte des Leuchtdrahtes selbst, sondern die mittlere Leuchtdichte der ganzen vom Leuchtdraht umschlossenen Fläche (nutzbare Leuchtdichte) ausschlaggebend. Die hohen Leuchtdichten können hiernach auf zwei Wegen erreicht werden:

1. Hohe Glühdrahttemperatur zur Erzeugung einer hohen Leuchtdichte des Drahtes selbst unter zwangsläufiger Herabsetzung der Lebensdauer. Dickere Drähte vertragen bei gleicher Lebensdauer höhere Temperaturen als dünnere Drähte. Daher geben bei einer bestimmten elektrischen Leistungsaufnahme die dickdrähtigen Lampen für niedrige Spannungen und größere Stromstärke höhere Leuchtdichten als die dünndrähtigeren Lampen für normale Netzspannungen.

Abb. 74.
Kinolampe 15 V/900 W mit eingebautem Hilfsspiegel.

2. Zusammendrängung des Leuchtdrahtes auf eine möglichst kleine Fläche zur Erreichung einer möglichst günstigen mittleren Leuchtdichte.

Auch unter diesem Gesichtspunkt sind „Niedervoltlampen" von Vorteil, da sich ihr verhältnismäßig kurzer dicker Draht besser auf einer kleinen Fläche unterbringen läßt als die längeren Drähte der Netzspannungslampen.

Bei sehr kleinen Spannungen (etwa unterhalb 10 V) werden die Verhältnisse wieder ungünstiger, da dann die Wärmeableitung an den Leuchtkörperenden sich ungünstig im Sinne einer ungleichmäßigen Leuchtdichteverteilung auszuwirken beginnt.

Abb. 74 zeigt als Beispiel einer Starkstrom-Niedervoltlampe eine Osramkinolampe 15 V/900 W, bei der zur Erhöhung der mittleren Leuchtdichte der rückwärtig abgestrahlte Lichtstrom durch einen Metallhohlspiegel in dem Zwischenraum zwischen den Leuchtsäulen konzentriert wird. Meist wird dieses

[1] Siehe auch B 13, S. 243 244.

Spiegelbild des Leuchtkörpers durch einen getrennt angeordneten sphärischen Hilfsspiegel erzeugt. Bei einigen Sonderlampen für Schmalfilmprojektion wird auch versucht, die mittlere Leuchtdichte durch Aufteilung des Leuchtkörpers in zwei hintereinander auf Lücke angeordnete Leuchtkörper zu erhöhen (s. Abb. 75).

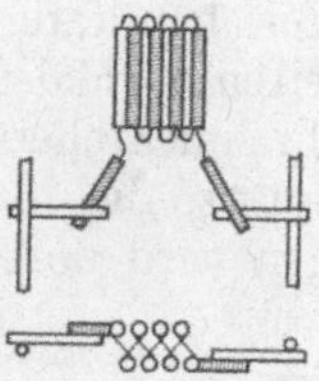

Einen Begriff des Vorteils der Niedervoltlampen zur Erzielung hoher Leuchtdichten gibt nachstehende Tabelle, bei der Lampen ungefähr gleicher Wattzahl und gleicher Soll-Lebensdauer gegenübergestellt sind.

Abb. 75. In zwei Ebenen angeordneter Leuchtkörper einer Schmalfilmlampe.

Lampentype	Leuchtfläche etwa cm²	Temperatur der heißesten Drahtstelle etwa T_s ° K	Leuchtdichte etwa sb
Kinolampe 220 V/500 W	2,1	2600	750
Kinolampe 110 V/500 W	1,1	2700	1200
Kinolampe 15 V/600 W	0,8	2900	2500

e) Lampen mit bestimmten Leuchtkörperformen.

Zur Erzielung einer bestimmten Lichtverteilung, insbesondere in Verbindung mit optischen Geräten, werden Lampen der verschiedensten Leuchtkörperformen hergestellt.

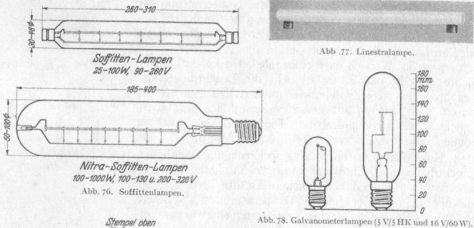

Soffitten-Lampen
25–100 W, 90–260 V

Abb. 77. Linestralampe.

Nitra-Soffitten-Lampen
100–1000 W, 100–130 u. 200–320 V

Abb. 76. Soffittenlampen.

Abb. 78. Galvanometerlampen (5 V/5 HK und 16 V/60 W).

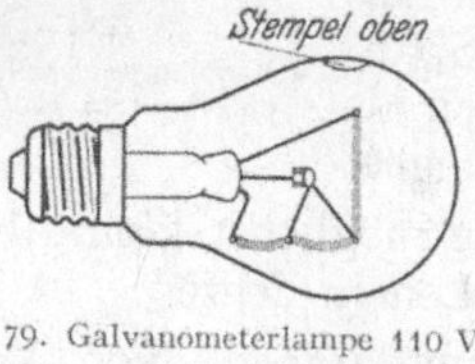

Stempel oben

Abb. 79. Galvanometerlampe 110 V/40 W.

Lampen mit linearen Leuchtkörpern werden z. B. für Schaukästen-, Schaufenster- und Bühnenbeleuchtung benutzt (Abb. 76). Für lichtarchitektonische Zwecke finden die langgestreckten Linestraröhren (Abb. 77) Verwendung (vgl. H 2 c). Für Galvano-

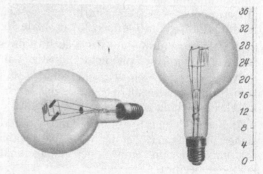

Abb. 80. Projektionslampen für Lichtausstrahlung in Richtung und senkrecht zur Lampenachse.

meter- und Spaltbeleuchtung werden Sonderlampen mit glattem Leuchtdraht und mit gewendeltem linearem Leuchtkörper gebaut (Abb. 78). Interessant

Abb. 81. Scheinwerferlampe 110 V/1000 W mit zickzackförmigem und mit Dreifachwendelleuchtkörper.

ist eine Bauart (Abb. 79), bei der sich ein Teil der langen Wendel durch ihr eigenes Gewicht gerade hängt. Lampen höherer Leistungsaufnahme mit geradlinigem Leuchtkörper finden in Scheinwerfern für ausgesprochene Seitenstreuung, insbesondere bei der Landebahnbeleuchtung, Verwendung [1].

Ebene Leuchtkörper werden meist in optischen Geräten benutzt, bei denen ein Strahlenbündel von nicht allzu großer Öffnung verwendet wird (Linsenkondensatoren, flache Spiegel). Abb. 80 zeigt Beispiele derartiger Lampen.

Leuchtkörper mit zylindrischer Oberfläche finden häufig in Scheinwerfern mit tiefen Spiegeln Anwendung. Verschiedene Ausführungsformen derartiger Lampen zeigt Abb. 81.

Eine Lampe, deren Leuchtfläche der vorhandenen kostspieligen Optik wegen der Oberfläche eines großen Glühstrumpfes angepaßt werden mußte, ist in Abb. 82 dargestellt.

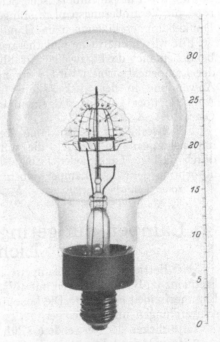

Abb. 82. Glühstrumpflampe 220 V/1000 W.

f) Lampen bestimmter spektraler Emission.

Die spektrale Emission von Glühlampen läßt sich durch Einstellung auf bestimmte Farbtemperatur [2] in gewissen Grenzen verändern. Für photometrische

[1] Siehe auch J 7 j.
[2] Hierbei bedeutet eine bestimmte Farbtemperatur nicht quantitative Übereinstimmung mit dem relativen Verlauf der spektralen Emissionskurve des schwarzen Körpers bei dieser

Zwecke werden unter anderem Wolframvakuumlampen verwendet, die auf die Farbtemperatur von 2000° K bzw. 2360° K eingestellt werden. Die Farbtemperatur gasgefüllter Wolframdrahtlampen beträgt bei einer Lichtausbeute von 10 lm/W etwa 2600° K und bei 33 lm/W etwa 3300° K.

Die Angleichung an andere Lichtfarben erfolgt durch getrennte oder mit dem Lampenkolben verbundene Absorptionsfilter (Buntglaskolben oder aufgebrachte Farbstoffe). So werden Glühlampen mit Blauglaskolben zur Erzeugung einer tageslichtähnlichen Lichtstrahlung hergestellt. Bei diesen Lampen beträgt die Absorption des Blauglases etwa 45%. In der wissenschaftlichen Photographie wird eine „Sensitometernormallampe"[1] verwendet, eine Wolframvakuumlampe, deren Lichtfarbe durch ein Flüssigkeitsfilter mit einer Absorption von 86,5% an die des mittleren Tageslichtes angepaßt ist. In der Farbenmeßtechnik finden als Normallichtquellen gasgefüllte Wolframlampen von einer Farbtemperatur

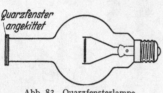

Abb. 83. Quarzfensterlampe.

Quarzfenster angekittet

von 2848° K Verwendung, die durch bestimmte Flüssigkeitsfilter auf Farbtemperaturen von 4800° K bzw. 6500° K gefiltert werden können[2].

In der praktischen Photographie[1] ist die spektrale Emission der Lichtquellen von ausschlaggebender Bedeutung. In der Aufnahmetechnik entscheidet die Lichtfarbe über „Aktinität" und „farbtonrichtige Wiedergabe" auf einer bestimmten Schicht (vgl. B 13, S. 241 ... 242). Bei der Dunkelkammerbeleuchtung ist die „Schleiersicherheit" durch die spektrale Emission der Lampen bestimmt. Für panchromatische Schichten sind grüne, für orthochromatische rote, für Vergrößerungspapiere orange und für normale Kunstlichtpapiere gelbe Dunkelkammerglühlampen im Handel.

Für wissenschaftliche und therapeutische Zwecke werden Lampen benötigt, bei denen auch die kurzwellige Strahlung, die normalerweise von den Glaskolben der Lampen absorbiert wird, verwendet werden kann. Eine hauptsächlich für Anwendung in der Spektroskopie gedachte Lampe mit Quarzfenster zeigt Abb. 83; über Lampen mit einem im langwelligen Ultraviolett durchlässigen Glase, vgl. K 2.

Für Zwecke der Lichtreklame (vgl. H 2b) sind verschiedenfarbige „Illuminationslampen" im Handel, die zum Teil Naturgaskolben besitzen, zum Teil durch farbige Lacke oder farbige Emaille eingefärbte Kolben. Die Lichtabsorption derartiger Lampenkolben ist beträchtlich. Sie beträgt bei:

roten Lampen ungefähr . . . 95%	grünen Lampen ungefähr . . 90%
gelben Lampen ungefähr . . . 50%	blauen Lampen ungefähr . . 98%

g) Lampen mit geringer bzw. großer Trägheit der Lichtemission.

Bei Betrieb von Glühlampen an Wechselstrom, insbesondere geringer Frequenz (z. B. Bahnanlagen mit $16^2/_3$ Hz), wird von der erzeugten Beleuchtung Flimmerfreiheit gefordert. Die Leuchtdichte des Leuchtkörpers folgt den Stromschwankungen um so weniger,

1. je dicker der verwendete Glühdraht ist,
2. je niedriger die maximale Drahttemperatur ist,
3. je geringer die Wärmeableitung durch das Füllgas ist.

Temperatur, sondern nur physiologische Gleichheit des Farbeindruckes beider Strahlungen. [Siehe auch W. Dziobek: Über die Verwendbarkeit der Wolfram-Vakuumlampe zu sensitometrischen Messungen. Z. wiss. Photogr. **31** (1932) 96—102.] Über die spektralen Emissionseigenschaften von Wolfram siehe Abschnitt B 2, S. 80 f.; B 4, S. 110, 121.

[1] Siehe auch B 13, S. 242 und B 5, S. 123—124. — [2] Siehe auch C 4, S. 296 f.

Es werden daher für diese Zwecke als Sonderlampen Vakuumglühlampen verhältnismäßig schwacher Belastung für Stromstärken von etwa 5 A hergestellt. Abb. 84 zeigt vergleichsweise den zeitlichen Verlauf der Lichtemission einer derartigen Sonderlampe und einer normalen Glühlampe gleicher Leistung bei Betrieb an Wechselstrom von $16^2/_3$ Hz.

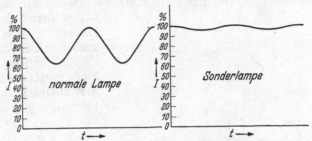

Abb. 84. Zeitliche Lichtemission einer normalen Lampe 220 V/60 W und einer Sonderlampe 12 V/60 W bei Betrieb an Wechselstrom von $16^2/_3$ Hz.

Der subjektive Eindruck des Flimmerns bei einem bestimmten physikalischen Verlauf der zeitlichen Emission ist auch von der absoluten Größe der Gesichtsfeldleuchtdichte abhängig, da die Unterschiedsempfindungsgeschwindigkeit mit zunehmender Leuchtdichte wächst. So liegt z. B. nach Messungen von ARNDT[1] die subjektive Flimmergrenze einer Nitralampe 110 V/ 1000 W bei einer Gesichtsfeldleuchtdichte von etwa 30 asb bei etwa 20 Hz, während der dünnere Leuchtdraht einer Lampe 110 V/60 W bei diesen Bedingungen eine Flimmergrenze von etwa 30 Hz ergibt. Diese Flimmergrenze von 30 Hz wird von der 1000 W-Lampe bei einer Gesichtsfeldleuchtdichte von etwa 750 asb erreicht. Die Abhängigkeit der kritischen Flimmerfrequenz von der Leistungsaufnahme (Drahtdicke) verschiedener Lampen nach den Messungen von ARNDT ist für eine Gesichtsfeldleuchtdichte von 150 asb in Abb. 85 dargestellt.

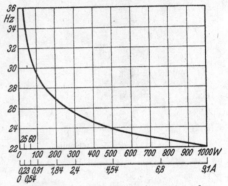

Abb. 85. Abhängigkeit der Flimmerfrequenz von der Leistungsaufnahme verschiedener 110 V-Lampen. (Nach ARNDT.)

Auch für Anwendungsgebiete, bei denen die umgekehrte Forderung gestellt wird, daß nämlich die Lichtemission einer Glühlampe möglichst trägheitsfrei der elektrischen Beanspruchung folgen soll, werden Sonderlampen hergestellt (z. B. für Blinksignale). Nach dem Gesagten wird man hierfür Lampen mit einem gut wärmeableitenden Füllgas verwenden. Um bei einer bestimmten Leistungsaufnahme und gegebener Betriebsspannung zu kleinen Drahtdurchmessern zu gelangen, werden hierfür auch Lampen mit mehreren parallel geschalteten Leuchtdrähten benutzt. Abb. 86 zeigt beispielsweise eine Osram-Blinklampe 6 V/50 W mit 8 parallel geschalteten Leuchtdrähten.

Abb. 86. Blinklampe 6 V/50 W mit 8 parallel geschalteten Leuchtwendeln.

h) Lampen mit mehreren Leuchtdrähten.

Die Unterbringung von mehreren getrennt einschaltbaren Leuchtkörpern in einer Lampe hat sich in einigen Sonderfällen als zweckmäßig erwiesen, vor allem in den Fällen, in denen aus Sicherheitsgründen eine Unterbrechung der Beleuchtung beim Versagen einer Stromquelle

---

[1] Licht **3** (1932) 23.

oder beim Durchbrennen eines Leuchtkörpers vermieden werden muß. So werden für die Geräte zur Beleuchtung von Operationstischen Lampen mit zwei getrennten Leuchtkörpern hergestellt (s. Abb. 87), von denen meistens der eine (für normalen Gebrauch bestimmte) für die Netzspannung bemessen ist, während der andere (Reserveleucht-körper) an eine Batteriespannung anzu-schließen ist.

Ein anderes Anwendungsgebiet für Zweidrahtlampen ist bei der Autoschein-werferbeleuchtung (vgl. J 4) durch die Forderung gegeben, mit demselben Schein-

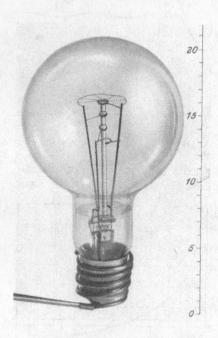

Abb. 87. Operationstischlampe.

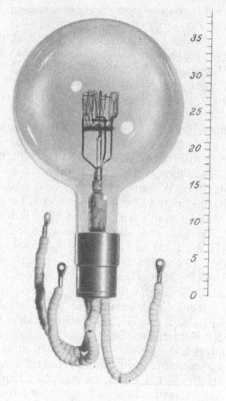

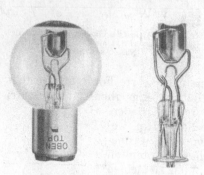

Abb. 88. Die Osram-Biluxlampe für
Automobilscheinwerfer.

Abb. 89. Scheinwerferlampe 3×220 V/3000 W
in Sternschaltung.

werferpaar bei freier Fahrt ein weitreichendes Strahlenbündel mit Hilfe gut fokussierter Leuchtkörper und bei Begegnung mit anderen Wegebenutzern ein abgeblendetes Strahlenbündel zu erhalten, bei dem alle Lichtstrahlen unter der Horizontalen verlaufen. Dieser Forderung hat man durch die Entwicklung von Zweidrahtlampen in der Art der Osram-Biluxlampe[1] (Abb. 88) Rechnung getragen.

Neuerdings hat die stärkere Benutzung von Lampen hoher Leistungsaufnahme in Dreiphasennetzen dazu geführt, Lampen mit drei gleichen Leuchtkörpern zu bauen, um eine gleichmäßige Belastung der drei Phasen sicherzustellen. Abb. 89 zeigt eine Scheinwerferlampe dieser Bauart.

---

[1] Siehe auch J 2.

i) Lampen, die besonderer thermischer Beanspruchung ausgesetzt sind.

Bei starker thermischer Beanspruchung (z. B. Lampen hoher Leistung in kleinen Dimensionen, Lampen in verhältnismäßig engen und nicht besonders gelüfteten Gehäusen) sind vor allem Glaskolben und Sockelkitt gefährdet. Lampen, bei denen sich eine derartige Beanspruchung nicht vermeiden läßt, werden daher mit Hartglaskolben versehen, deren Erweichungstemperatur bei ungefähr 600...700° C liegt, während die normalerweise verwendeten Glasarten Erweichungstemperaturen von etwa 500° C besitzen. Die Ausbeulungen infolge Überhitzung treten zunächst an den Stellen des Kolbens auf, an denen sich die Schwärzung (das beim Brennen der Lampen verdampfende Wolfram) absetzt, da diese Stellen durch die starke Absorption der Strahlung besonders stark aufgeheizt werden.

Zur Vermeidung des Loslösens des Metallsockels von der Lampe infolge des Verzunderns des Kittes bei starker Überhitzung (bei Sockeltemperaturen von mehr als 170°) sind zwei Wege gebräuchlich: Befestigung des Sockels auf dem Kolbenhals mittels eines besonderen Verfahrens mit einer Asbestzwischenschicht oder kittlose Sockelung, bei der der Metallsockel durch eine besondere Formung des Glases auf dem Kolbenhals befestigt wird.

k) Lampen, die starken mechanischen Beanspruchungen ausgesetzt sind.

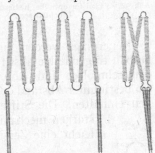

Abb. 90.
Osram - Centralampe.

Bei Lampen, die stoßartigen Erschütterungen ausgesetzt sind (z. B. bei fahrenden Zügen oder bei der Einstellung von Beleuchtungsscheinwerfern im Kinoatelier), wird neben einer geeigneten Vorbehandlung und Halterung des Drahtes versucht, die Leuchtkörperform so aufzubauen, daß die einzelnen Leuchtkörpersäulen bei Stößen möglichst nicht zu einer Berührung gebracht werden können. Abb. 90 zeigt eine derartige Lampe für Allgemeinbeleuchtungszwecke und Abb. 91 den Leuchtkörper einer Projektionslampe, der durch besondere räumliche Anordnung der einzelnen Leuchtsäulen möglichst stoßfest gemacht worden ist.

Sehr gefährlich sind vibrierende Erschütterungen, wie sie z. B. durch die Erschütterungen des laufenden Motors und Triebwerkes bei Schmalfilmprojektoren, durch Hupentöne bei unzweckmäßiger Anordnung der Hupe auf Autoscheinwerferlampen, durch Lautsprecherschwingungen auf die Radioskalenlampen oder auch durch elektromagnetische Wechselfelder auf die Leuchtkörper von Glühlampen übertragen werden können. In derartigen Fällen ist man bemüht, ausgeprägte Eigenfrequenzen des Leuchtkörpers in der Gegend der möglichen Erregerfrequenzen zu vermeiden.

Abb. 91. Leuchtkörper einer Projektionslampe mit einer gegen Erschutterungen weniger empfindlichen Anordnung.

l) Lampen mit genau festgelegtem Leuchtkörperabstand.

Für optische Geräte werden Lampen benötigt, bei denen der Abstand des Leuchtkörpers von dem Lampensockel so genau festgelegt ist, daß beim Einsetzen der Lampe in die Fassung automatisch die richtige Lage des

Leuchtkörpers zur Optik mit genügender Genauigkeit vorhanden ist. Dies wird entweder durch Verwendung von Sockeln erreicht, die auf ein dem genauen Leuchtkörperabstand der einzelnen Lampe entsprechendes Maß abgedreht sind. Oder man benutzt Sockelarten, bei denen in einer optischen Lehre auf die eigentliche auf dem Lampenhals befestigte Sockelhülse ein zusätzliches Sockelelement nachträglich aufgelötet wird, durch das die Lage der Lampe in der Fassung bestimmt ist. Abb. 92 zeigt eine Ausführungsform eines derartigen Sockels.

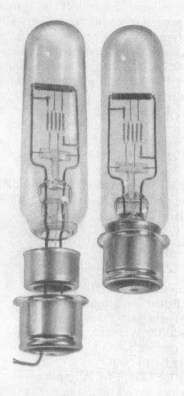

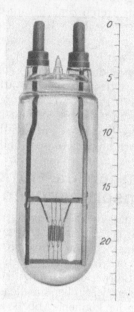

Abb. 92. Sockel für optische Justierung der Lage des Leuchtkörpers.

Abb. 93. Lampe mit angeschmolzenen Metallstiften (sog. „Stiftfuß- oder Bipost-Lampe").

Neuerdings werden auch Lampen hergestellt, bei denen zwei den Innenaufbau tragende Metallstifte unmittelbar in den Fuß der Lampe (Preßglasteller) eingeschmolzen sind (Abb. 93). Bei einer derartigen Herstellungsweise läßt sich ein bestimmter Abstand des Leuchtkörpers von diesen Stiften mit guter Genauigkeit einhalten. Die Stifte dürfen aber beim Einsetzen in die Fassung keinen starken mechanischen Beanspruchungen ausgesetzt werden, da sonst leicht eine Zerstörung der Einschmelzstelle stattfindet.

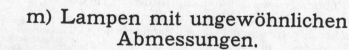

Abb. 94. Zystoskoplampe.

m) Lampen mit ungewöhnlichen Abmessungen.

Insbesondere in der Medizin werden (zur Beleuchtung und Bestrahlung von Körperhöhlen) Lampen kleinster Abmessungen benötigt. Abb. 94 stellt eine Zystoskoplampe für 3 V/0,15 A dar. In Verbindung mit geeigneten optischen Geräten reicht die Lichtstärke derartiger Lampen zur Herstellung von Filmaufnahmen in Körperhöhlen aus [1].

---

[1] Stutzin: Kinemaskopie. Kinotechn. 11 (1929) 350—351.

Um den Größenbereich zu kennzeichnen, innerhalb dessen Sonderglühlampen hergestellt werden, sind in nachstehender Tabelle einige Daten dieser Lampe den entsprechenden einer 50 kW-Lampe gegenübergestellt (s. auch Abb. 95).

	Kleinste Lampe	Größte Lampe
Volt	3	220
Ampere	0,1...0,15	225
Watt	0,4	50 000
Lumen	5	1 100 000
Hlm/W.	12,0	22,0
Kolbendurchmesser .	1,8...2,0 mm	400 mm
Kolbenvolumen . .	0,014 cm³	70 000 cm³
Gewicht der Lampe .	0,065 g	10 500 g
Lebensdauer	etwa 10 Stunden	500 Stunden

≈ 900 mm

Abb. 95. Lampe für 220 V/50 000 W.

n) Lampen für Reihenschaltungen.

Glühlampen werden normalerweise an einer bestimmten Netzspannung in Parallelschaltung gebrannt. Bei einigen Sondergebieten finden aber auch Glühlampen in Reihenschaltung Verwendung (z. B. Straßenbeleuchtung, Lichtreklameanlagen, Christbaumkerzen). Die Anordnung von Glühlampen in Reihenschaltung bleibt auf Sonderfälle beschränkt, da dem Vorteil der einfacheren Installation folgende Nachteile gegenüberstehen:

1. Beim Ausbrennen einer Lampe fällt die ganze Lampenreihe aus.

2. Die fabrikatorische Streuung des elektrischen Widerstandes der einzelnen Lampen bewirkt eine verschiedene Verteilung der Gesamtspannung auf die einzelnen Lampen. Das hat — insbesondere beim Einsetzen einzelner neuer Lampen in eine Reihe — die Überlastung einzelner Lampen zur Folge.

3. Falls Lampen während ihrer gesamten Brenndauer auf konstanten Strom einreguliert werden, haben sie eine kürzere Lebensdauer als bei Brennen an konstanter Spannung. Infolge der Verdampfung des Wolframs während der Brenndauer wird der Leuchtdraht allmählich dünner. Bei konstant gehaltener Spannung sinkt infolge des größer werdenden elektrischen Widerstandes die Querschnittsbelastung (und damit die Temperatur) des Drahtes, bei konstant gehaltener Stromstärke steigt sie.

Zu 1. Dieser Nachteil wird bei einigen für Benutzung in Reihenschaltung bestimmten Sonderlampen (z. B. Illuminationslampen, Christbaumkerzen) durch Einbau sog. Strombrücken vermieden. Derartige Strombrücken, die es in verschiedenen Ausführungsformen gibt, bestehen grundsätzlich aus einem in die Lampe eingebauten, parallel zum Leuchtkörper angeordneten zweiten Stromkreis von zunächst sehr hohem elektrischen Widerstand. Erhält die Lampe infolge des Ausbrennens des Leuchtkörpers an Stelle der anteiligen Lampenspannung der betreffenden Lampenreihe die volle Netzspannung, so wird eine

isolierende Schicht durchschlagen und der Stromdurchgang durch die Lampenreihe wieder hergestellt.

Zu 2. Um eine zu große Streuung der mittleren Lebensdauer von Glühlampen für Reihenschaltungen infolge der gegenseitigen Beeinflussung der
Lampen zu vermeiden, werden für diese Zwecke Sonderlampen hergestellt, die
bei Ausmessung bei dem vorgesehenen Reihenstrom eine verkleinerte Streuung
der elektrischen Werte besitzen. Bei hochwertigen Sonderlampen (z. B. Schmal-
filmkinolampen), die an fest eingestellten Widerständen brennen, empfiehlt
sich ebenfalls die Benutzung derartiger „Stromlampen", da hier die Verhältnisse
grundsätzlich ähnlich liegen.

B 6. Der offen brennende Kohlen-
lichtbogen.

Von

HELMUTH SCHERING-Dresden.

Mit 32 Abbildungen.

a) Allgemeine Charakterisierung.

Unter Bogenentladung versteht man eine Gasentladung, bei der die Kathode
so beschaffen ist, daß sie von sich aus genügend Elektronen aussendet, um die
Entladung aufrecht zu erhalten. Bei der reinen Bogen-
entladung beruht diese Fähigkeit der Kathode auf ihrer
hohen Temperatur, die durch die Entladung selbst ohne
fremde Hilfe aufrecht erhalten wird. Hierdurch unterscheidet sich die reine Bogenentladung von den Bogen-
entladungsformen mit kalter Kathode aus elektronenaus-
sendenden Materialien und solchen mit fremd geheizter
Kathode. Vertreter der reinen Bogenentladung sind der
Lichtbogen zwischen Kohlen, die Wolframbogenlampe und
der Quecksilberlichtbogen. Bei der reinen Bogenentladung
leuchten entweder vorzugsweise die Elektroden (wie bei
dem Lichtbogen zwischen Reinkohlen und der Wolframbogenlampe) oder die Elektroden und die Gase des Ver-
dampfungsraumes (wie bei dem Lichtbogen zwischen
Effektkohlen) oder vorzugsweise die Gase des Verdampfungs-
raumes (wie bei dem Quecksilberlichtbogen).

Abb. 96. Lichtbogen zwi-
schen Reinkohlen + 17
— 14 mm Durchmesser bei
45 A Gleichstrom von der
Seite gesehen.

Die bei der Glimmentladung deutlich zu unterscheiden-
den Teile des Entladungsraumes sind bei dem offen
brennenden Lichtbogen je nach Art der Entladung mehr oder weniger
gut zu erkennen. Gut ausgebildet ist immer das von der hocherhitzten
Spitze der Kathode — dem Brennfleck — ausgehende negative Büschel.
Besonders deutlich ist es beim Becklichtbogen (Lichtbogen zwischen Effektkohlen bei hoher Stromdichte) ausgebildet. Der dunkle Zwischenraum vor
der positiven Säule ist meist nur schwach erkennbar. Beim Beckbogen
ist die positive Säule mit der Anodenschicht zu einem dicht vor und
in dem Krater liegenden helleuchtenden Gaskissen vereinigt. Der Entladungs-

raum ist von einer schwachleuchtenden Aureole umgeben. Nach oben setzt sich die Lichtbogenflamme an. Ihre Ausdehnung ist von der Stromstärke, der Kohlenstellung und von magnetischen Feldern, falls solche zur Beeinflussung des Lichtbogens verwandt werden, stark abhängig.

Die verschiedenen Arten des offen brennenden Kohlenlichtbogens kann man entweder nach der Stromart oder nach der Art der Kohlen, Reinkohlen oder Effektkohlen ordnen. Bei dem Effektkohlenlichtbogen muß man wieder unterscheiden zwischen dem gewöhnlichen Flammenbogen bei Verwendung schwach belasteter Effektkohlen und dem Becklichtbogen zwischen Effektkohlen hoher Querschnittsbelastung. Im folgenden sollen aus diesen verschiedenen Kombinationen nur die in der Praxis vorkommenden Arten behandelt werden: der Lichtbogen zwischen Reinkohlen bei Gleichstrom, der Becklichtbogen bei Gleichstrom und der Flammenbogen bei Wechselstrom.

Die Anwendungsgebiete der Lampen mit offen brennendem Lichtbogen sind die verschiedenen Arten der Projektion insbesondere die Kinoprojektion, Scheinwerfer für Marine- und Heereszwecke und zur Beleuchtung in Kinoateliers, Aufheller für Kinoateliers und Reproduktionslampen.

Abb. 97. Lichtbogen zwischen Beckkohlen + 12 — 9 mm Durchmesser bei 100 A Gleichstrom von der Seite gesehen.

b) Die Elektroden.

Beim **Reinkohlenlichtbogen für Gleichstrom** verwendet man als Anode eine Reindochtkohle, als Kathode eine Homogenkohle oder ebenfalls eine Reindochtkohle. Das Material der Homogenkohlen und der Mäntel der Dochtkohlen ist Ruß, gewonnen aus Steinkohlenteer, Hartpech oder schweren Mineralölen, mit Teer als Bindemittel. Dazu können noch geringe Zusätze zur Beeinflussung der Härte des Mantels kommen. Meist wird noch etwas Borsäure zur Beruhigung des Lichtbogens zugefügt. Für den Docht wird als Bindemittel Kaliwasserglas angegeben. Die Masse des Dochtes ist weicher und leichter verdampfbar als die des Mantels. Der Docht bewirkt so eine stärkere Ionisierung des Lichtbogens. Er bildet bei der negativen Kohle eine gut definierte Ansatzstelle des Bogens und erleichtert bei der positiven Kohle das Einbrennen eines gut ausgebildeten Kraters. Der Docht dient also zur Stabilisierung des Lichtbogens und Erhöhung der Lichtruhe.

Abb. 98. Krater bei Reinkohlen bei 45 A Gleichstrom von vorn gesehen.

Von einer guten Reinkohle verlangt man, daß sie ruhig ohne starke Aschenbildung abbrennt und daß der Krater eine Fläche mit möglichst gleichmäßiger und konstanter Leuchtdichte darstellt. Der Docht darf in der Kraterfläche kaum bemerkbar sein. Irgendwelche dunkleren Löcher besonders zwischen Docht und Mantel dürfen nicht auftreten. Da z. B. bei der Kinoprojektion der Krater auf dem Bildfenster und dieses wieder auf die Wand abgebildet wird, würden sich derartige Ungleichmäßigkeiten sofort störend bemerkbar machen. Diese hohen Anforderungen machen es verständlich, daß in der Auswahl der Grundstoffe bei der Mischung der Kohlenmasse und der weiteren Herstellung der Kohlenstifte, wie Pressen, Brennen usw. überaus große Sorgfalt aufgewendet werden muß.

Die maximale Belastung der positiven Reinkohle beträgt 0,25 A/mm², die der negativen 0,5 A/mm². Bei höheren Stromdichten ist die Neigung zum Zischen so groß, daß ein einwandfreies Arbeiten nicht möglich ist.

Reinkohlen für Projektion.

Die normalen Betriebsverhältnisse sind in der nebenstehenden Tabelle zusammengestellt.

Ampere	Volt	Kohlendurch-messer in mm	
		+	−
10...15	50	10	6
15...20	50	11	7
20...25	50	12	8
25...30	50	13	9
30...35	50	14	10
35...40	55	15	11
40...45	55	16	12
45...50	55	17	13

Bei Angabe der Kohlendurchmesser ist vorausgesetzt, daß positive und negative Kohle mit gleicher Geschwindigkeit vorgeschoben werden. Bei Lampen, in denen die negative Kohle langsamer vorgeschoben wird, muß diese dicker gewählt werden. Nimmt man die negative Kohle 1 mm dicker, so ist das Abbrandverhältnis $+ : -$ und somit auch das Vorschubverhältnis 1,5 : 1.

Bei den oben angegebenen Belastungen brennen beide Kohlen etwa 1 mm je Minute ab. Die Größe des Kraterdurchmessers D und der Kraterfläche F ergeben sich in Abhängigkeit von der Stromstärke i aus folgenden Formeln (Patzeld):

$$D = 1,26 \sqrt{i} \text{ (mm)} \tag{1}$$

$$F = 1,25\, i \text{ (mm}^2\text{)}. \tag{2}$$

Neukirchen beschreibt für Kinoprojektion eine Kohle mit rechteckigem Querschnitt, durch die eine gleichmäßige Ausleuchtung des rechteckigen Bildfensters mit etwas geringeren Verlusten, als bei Rundkohlen erreichbar ist.

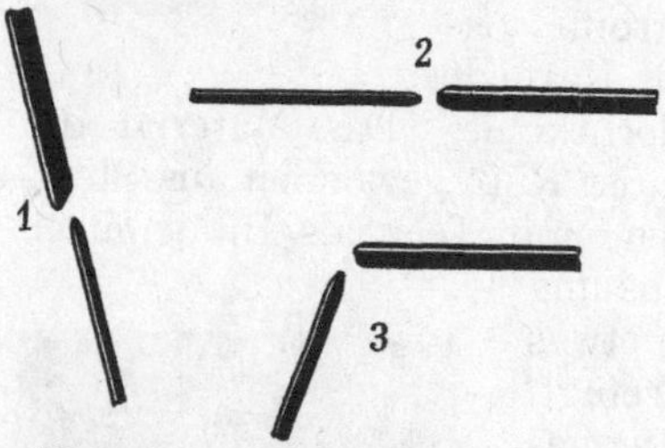

Nach Gretener [1] erreicht man durch Anbringung eines magnetischen Feldes, dessen Achse parallel zur Kohlenachse liegt, bei derartigen Kohlen eine besonders gute Stabilisierung des Lichtbogens und gleichmäßige Ausleuchtung des rechteckigen Kraters.

Die verschiedenen für Reinkohlen verwandten Kohlenstellungen sind aus Abb. 99 angegeben. Stellung 1 war früher bei Projektionslampen sehr gebräuchlich. Jetzt wird meistens die axiale Stellung 2 oder die Winkelstellung 3 angewandt.

Abb. 99. Die verschiedenen gebräuchlichen Kohlenstellungen.

Beckkohle für Gleichstrom. Von den Elektroden des Becklichtbogens ist die Anode immer eine Dochtkohle mit starkem, mit Leuchtzusätzen (meist Cerfluorid) versehenen Docht. Der Dochtdurchmesser ist mindestens gleich der Hälfte des Manteldurchmessers. Die Menge der Leuchtzusätze beträgt 40...60%. Der Mantel besteht im wesentlichen aus den gleichen Bestandteilen wie bei den Reinkohlen. Je nach Höhe der Querschnittsbelastung werden jedoch durch besondere Zusätze und Behandlung verschiedene Härtegrade der Mäntel und Dochte hergestellt. Für besonders hohe Stromstärken verwendet man auch Mäntel aus Graphit. Inwieweit Mantelmaterial, Dochtdurchmesser und Dochtzusammensetzung auf die Leuchtdichte des Kraters einwirken, wird in einem späteren Kapitel behandelt.

Die negative Kohle ist eine Reindochtkohle.

Die Querschnittsbelastung der positiven Kohle beträgt 0,7...1,3 A/mm², die der negativen 1,0...2,3 A/mm².

---

[1] Gretener, E.: Kurzer Überblick über Physik und Technik des Berthon-Siemens-Farbfilm-Verfahrens. Z. techn. Physik 18 (1937) S. 90—98; besonders S. 95.

Bei diesen hohen Querschnittsbelastungen muß man, um ein Glühendwerden der ganzen Kohle zu vermeiden, den Strom entweder durch Schleifkontakte dicht hinter dem Krater zuführen oder die Kohlen zur Erhöhung der Leitfähigkeit mit einem Kupferüberzug versehen. Die Dicke der Verkupferung beträgt 0,05...0,15 mm.

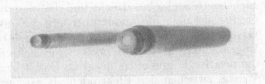

Bei den angegebenen Stromdichten tritt die Erscheinung auf, die man mit Beckeffekt[1] bezeichnet. Der Krater der positiven

Abb. 100. Kraterausbildung der Beckkohle und der normalen Kohle bei 45 A Gleichstrom.

Kohle brennt tief aus (s. Abb. 100). Die Leuchtzusätze verdampfen sehr intensiv. Durch geeignete Stellung der Kohlen zueinander kann man es nun erreichen, daß durch das ebenfalls sehr kräftig ausgebildete negative Büschel diese Dämpfe in und kurz vor dem positiven Krater dicht zusammengedrängt werden (s. Abb. 101 und 97). Dieses Dampfkissen, in dem sich wahrscheinlich auch noch feste Teilchen von Cerkarbid befinden, kommt auf sehr hohe Temperatur und sendet eine intensiv weiße Strahlung aus, die sich der Strahlung des Kratergrundes überlagert. Je höher die Stromdichte ist, desto leichter und auch desto intensiver bildet sich der Beckeffekt aus. Der Stromdichte wird eine obere Grenze gesetzt durch eine allmählich

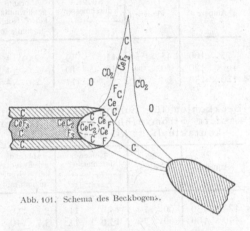

Abb. 101. Schema des Beckbogens.

einsetzende zu starke Unruhe des Lichtes und einen zu starken Verbrauch der Elektroden. Je nach der Belastung kommen bei der positiven Kohle Abbrandgeschwindigkeiten von 2,5 bis zu 8 mm je Minute vor. Die negative Kohle brennt wesentlich langsamer ab, und zwar etwa 1,2...2,5 mm je Minute. Wie sich die Erhöhung der Querschnittsbelastung auf die Abbrandgeschwindigkeit der beiden Kohlen auswirkt, geht aus der Abb. 102 hervor. Die normalen Betriebsverhältnisse für Beckkohlen sind folgende:

Beckkohlen für Kinoprojektion, verkupfert, Stromzuführung durch den Kohlenhalter wie bei normalen Reinkohlen.

Ampere	Volt	Kohlendurchmesser +	Kohlendurchmesser −	Abbrandgeschwindigkeit + Kohle mm/min
30... 40	30...35	6	5	2,5...6
35... 50	30...40	7	6	2,5...6
45... 65	35...45	8	6,5	2,5...6
55... 80	35...45	9	7	2,5...6
75...100	40...55	11	8	2,5...6

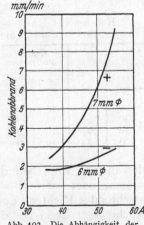

Abb. 102. Die Abhängigkeit der Abbrandgeschwindigkeit von der Stromstärke bei positiven und negativen Beckkohlen.

Die Kohlen werden in stumpfwinkliger oder axialer Stellung gebrannt. Als günstigster Winkel zwischen beiden Kohlen zur Erzielung des Beckeffektes hat

[1] Nach dem Erfinder Heinrich Beck.

sich durch vielseitige Versuche ein solcher von 150…160° ergeben. Bei der axialen Stellung, die man bis etwa 80 A anwenden kann, muß man, um einen konstanten Beckeffekt zu erreichen, ein magnetisches Feld anwenden, das den Lichtbogen nach oben drückt und die Flamme aufrichtet. Das negative Büschel greift sonst über die Anode über und die aus der positiven Kohle austretenden Gase werden nicht konzentriert. Aber auch bei Anwendung dieses magnetischen Bogenrichters muß man noch Stromdichten über 1 A/mm² anwenden, damit die positive Flamme das negative Büschel zurückdrängen kann. Bei kleinerem Winkel zwischen den Elektroden als 150° muß man den magnetischen Bogenrichter so wählen, daß er den Lichtbogen nach unten drückt. Bei geeigneter Kohlenstellung ist es jedoch dann auch schon bei Stromdichten von 0,7 A/mm² möglich, einen stabilen Beckeffekt zu erzielen.

In den nebenstehenden Tabellen sind die Beckkohlen für höhere Stromstärken enthalten, sie werden in stumpfwinkliger Stellung gebrannt. Bei den in der zweiten Tabelle angeführten Kohlen rotiert die Anode während des Betriebes langsam um die eigene Achse. Sie werden in den schweren amerikanischen Lampen verwendet.

Für besonders hohe Leistungen, z. B. für Hintergrundprojektion bei Kinoaufnahmen werden Spezialkohlen mit dickerem Docht und noch härterem Mantelmaterial auch noch mit höheren Stromdichten bis 1,25 A/mm² verwandt.

Beckkohlen für Kinoprojektion, verkupfert, mit härterem Mantel für hohe Stromstärken.

Ampere	Volt	Kohlendurchmesser		Abbrandgeschwindigkeit + Kohle in mm/min
		+	−	
75…100	45…55	11	9	2,0…4
100…120	50…60	12	10	2,0…4
120…130	60…70	13,6	11	2,0…4

Beckkohlen für Kinoprojektion, unverkupfert, Stromzuführung durch Schleifkontakte dicht hinter dem Krater.

Ampere	Volt	Kohlendurchmesser		Abbrandgeschwindigkeit + Kohle in mm/min
		+	−	
120…130	60…70	13,6	11	5 … 6,5
140…160	60…70	13,6	11	3,7…10,8

Auch die Beckkohlen werden in neuerer Zeit für Kinoprojektion mit rechteckigem Querschnitt angeboten.

Gretener[1] beschreibt für eine solche rechteckige Spezialkohle mit sehr dünnem Mantel und starkem Docht eine neue Form des Becklichtbogens, die dadurch erreicht wird, daß die positive Kohle von einem wasserdurchflossenen Kohlenhalterkopf bis dicht hinter dem Brennende umgeben ist, und am Bogen entlang aus den in dem Kopf befindlichen Düsen Luft geblasen wird. Die Bogenflamme verschwindet hierbei, der Krater bildet sich ganz flach als gleichmäßig leuchtendes Rechteck aus, und die Gase der Leuchtzusätze bilden einen weiß leuchtenden Kegel vor dem flachen Krater.

Kohlen für Heeres- und Marinescheinwerfer.

Ampere	Volt	Kohlendurchmesser		Abbrandgeschwindigkeit + Kohle in mm/min
		+	−	
90	66	11	11	5
130	67	14	11	5
150	77	16	13	4
200	83	19	15	3

Wechselstromkohlen. Wechselstrombogenlampen werden in der Projektionstechnik und in Scheinwerfern ihres schlechten Wirkungsgrades wegen nur noch selten verwandt. In der Kinoprojektion kommt noch als großer Nachteil hinzu, daß durch Interferenzerscheinungen zwischen der Wechselstromfrequenz

---

[1] Gretener: Z. techn. Physik **18** (1937) Heft 4 96.

und dem Bildwechsel störende Lichtschwankungen entstehen, die nie ganz zu vermeiden sind.

Wo man die Wechselstromlampen verwendet, wählt man mindestens eine Kohle als eine weißbrennende Effektkohle, um durch die stärkere Ionisation einen längeren und stabileren Lichtbogen zu erhalten. Wird als obere Kohle eine Reindochtkohle genommen, so zieht man besonders bei stumpfwinkliger Stellung eine oben abgeflachte Kohle, Profilkohle, vor, da sonst bei dem kurzen Wechselstrombogen leicht oben eine Spitze stehen bleibt. In den meisten Fällen werden jedoch zwei Effektkohlen verwandt. Als Lichtquelle dient dann neben der der Optik zugewandten Kohlenspitze in hohem Maße auch der zwischen den verhältnismäßig eng zusammenstehenden Kohlen sich bildende hell-bläulich-weiß strahlende Flammenbogen. Mit zwei Effektkohlen brennt man die Wechselstromlampe fast nur in axialer Kohlenstellung. Die Querschnittsbelastung beider Kohlen beträgt etwa 0,25...0,3 A/mm².

Man hat in Amerika in den letzten Jahren versucht, die Verbreitung der Wechselstromlampen zur Kinoprojektion zu erweitern, indem man auch in ihnen Beckkohlen mit sehr hohen Querschnittsbelastungen bis zu 1,6 A/mm² bei Kohlendurchmessern von 5...9 mm brannte. Der Flammenbogen zwischen den Kohlen bildet sich dann ähnlich der Anodenschicht bei Beckeffekt sehr intensiv aus. Man erreicht jedoch nicht die Leuchtdichten wie bei Gleichstrom, so daß z. B. die Lichtausbeute einer solchen Lampe bei 80 A und 8 mm Kohlen einer Gleichstromlampe mit Reindochtkohlen bei 40 A gleichkommt.

c) Die elektrischen Eigenschaften.

Der Reinkohlenbogen bei Gleichstrom. Ein Kennzeichen der Bogenentladung gegenüber der Glimmentladung ist niedrige Spannung und hoher Strom, bedingt durch die heiße Kathode und die große Anzahl der entwickelten Ladungsträger.

Der Spannungsabfall im Lichtbogen ist zusammengesetzt aus dem Anodengefälle, dem Spannungsabfall in der Gassäule und dem Kathodengefälle. Das Spannungsgefälle an den Elektroden kann man sich wieder zusammengesetzt denken aus dem Gefälle in den Gasschichten und einer EMK, die an der Elektrodenoberfläche auftritt und die bei der Anode entgegen, bei der Kathode in Richtung der Bogenspannung wirkt.

Bei dem Reinkohlenlichtbogen bei Gleichstrom wurde von W. MATHIESEN [1] bei einer Kohle von 11 mm Durchmesser und 10...20 A (also normaler Belastung) das Anodengefälle zu 39 V und der Kathodenfall zu 8...9 V bestimmt. Durch Messung der

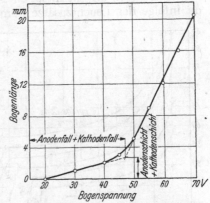

Abb. 103. Zusammenhang zwischen Bogenlänge und Bogenspannung bei konstanter Stromstärke von 10 A. -|- Reindochtkohle 11 mm Durchmesser, — Homogenkohle 10 mm Durchmesser.

Spannung bei von dem Nullwert allmählich wachsender Bogenlänge und konstanter Stromstärke konnte MATHIESEN einen Knick im Verlauf der Spannung feststellen (s. Abb. 103), dessen Lage sowohl den Gesamtwert der beiden Elektrodengefälle zu 47 V wie auch die Gesamtdicke von Anoden- und Kathodenschicht zu 2,6 mm abzulesen gestattet. Oberhalb dieses Knickes kommt dann zu dem Elektrodengefälle der Spannungsabfall in der Gassäule des Bogens hinzu, der dann weniger steil ist und — wie bei einem Ohmschen

[1] MATHIESEN, W.: Untersuchungen über den elektrischen Lichtbogen. Leipzig 1921.

Widerstand — proportional mit der Länge dieser Gassäule zunimmt. Von der Gesamtdicke der Elektrodenschichten kann man 2 mm auf die Anodenschicht

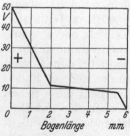

und 0,6 mm auf die Kathodenschicht rechnen, so daß dann das Gesamtspannungsgefälle im Lichtbogen bei der normalen Lichtbogenspannung von 50 V und einer Bogenlänge von 6 mm den in Abb. 104 gezeichneten Verlauf haben würde.

Abb. 104. Verlauf des Spannungs-gefälles im Reinkohlenlichtbogen.

Bei zunehmender Stromstärke und gleichbleibender Bogenlänge stellt Mathiesen sowohl bei dem Anoden- als auch bei dem Kathodengefälle eine Abnahme fest (s. Abb. 105 und 106). Es steht dies im Einklang mit den Untersuchungen von W. H. Ayrton, nach denen auch die Gesamtbogenspannung bei gleichbleibender Bogenlänge mit wachsender Stromstärke abnimmt. Die Charakteristik des Reinkohlenlichtbogens ist also fallend. Den Verlauf der Stromspannungskurven bei verschiedenen Bogenlängen nach Ayrton ist in Abb. 107 dargestellt. Man sieht, daß alle Kurven zu-

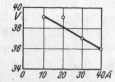

Abb. 105. Verlauf des Anoden-gefälles bei wachsender Strom-stärke und konstanter Bogenlänge = 10 mm. + Reindochtkohle 11 mm Durchmesser, — Homogen-kohle 10 mm Durchmesser.

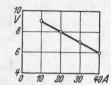

Abb. 106. Verlauf des Kathoden-gefälles bei wachsender Strom-stärke bei konstanter Bogenlänge = 10 mm. + Reindochtkohle 11 mm Durchmesser, — Homogen-kohle 10 mm Durchmesser.

nächst abfallen, plötzlich abknicken und dann waage-recht verlaufen. Die Knick-punkte entsprechen den Stromdichten, oberhalb derer der Lichtbogen zu zischen beginnt. Das Zischen selbst erklärt Mathiesen mit einer ungenügenden Ionisierung

des Lichtbogens. Dem entspricht, daß bei Effektkohlen nie ein Zischen auftritt, da infolge der Leuchtzusätze immer eine genügende Ionisation vorhanden ist.

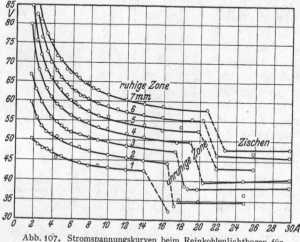

Abb. 107. Stromspannungskurven beim Reinkohlenlichtbogen für verschiedene Bogenlängen. (Nach Ayrton.)

Den Kurvenverlauf ober-halb der Knickpunkte stellt Ayrton durch die Gleichung

$$e = a + b/i \qquad (3)$$

dar, worin a und b Konstan-ten sind, e die Spannung, i den Strom bedeuten.

Setzt man die Bogen-länge l nicht konstant, so erhält man die allgemeine Gleichung für die Kurven-schar

$$e = \alpha + \beta \cdot l + \frac{\gamma + \delta l}{i}, \qquad (4)$$

worin wieder α, β, γ und δ Konstanten sind.

Durch Umwandlung von Gleichung (3) erhält man

$$(e \cdot i) = a i + b. \qquad (5)$$

Die Leistung ist proportional der Stromstärke.

Setzt man in (4) die Stromstärke konstant, so erhält man

$$e = c + d \cdot l, \qquad (6)$$

d. h. die Spannung ist proportional der Bogenlänge. Aus Abb. 103 ist zu ersehen, daß diese Formel jedoch nur für den Teil der Kurve gilt, in dem sich die Gassäule zwischen Kathoden und Anodenschicht richtig ausgebildet hat. c ist dann also angenähert gleich Anodengefälle plus Kathodengefälle.

Der Becklichtbogen bei Gleichstrom. Der Becklichtbogen bei Gleichstrom geht aus dem gewöhnlichen Gleichstromlichtbogen zwischen Effektkohlen hervor, wenn als Leuchtzusatz Cerfluorid im Docht ver-

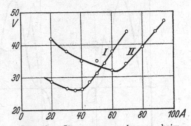

wendet wird. Die Abhängigkeit von Strom und Spannung dieses Lichtbogens bei konstanter Bogenlänge ist in Abb. 108 dargestellt. Man sieht, daß die Charakteristik auch hier zunächst fallend ist. Während jedoch bei dem Reinkohlenlichtbogen von einer bestimmten Stromdichte an die Spannung plötzlich abfällt und der Bogen in den Zischzustand übergeht, steigt beim Beckbogen von einer bestimmten Stromdichte an die Spannung plötzlich stark an und wächst linear mit der Stromstärke. Ein Zischen tritt beim Effektkohlenbogen nicht auf. Die

Abb. 108. Stromspannungskurven beim Beckkohlenlichtbogen. *I* + 8 mm Durchmesser, — 6,5 mm Durchmesser, Bogenlänge 7 mm. *II* + 11 mm Durchmesser, — 8 mm Durchmesser, Bogenlänge 8 mm.

Charakteristik des Becklichtbogens ist also nach dem Knick eine steigende im Gegensatz zu der des Reinkohlenlichtbogens. Das starke Ansteigen der Bogenspannung beruht lediglich auf dem Anstieg des Anodengefälles mit wachsender Stromdichte, also auf der immer stärkeren Ausbildung des Beckeffektes.

Der Beckeffekt in lichttechnischer Hinsicht, also das starke Leuchten der Anodenschicht setzt etwas oberhalb des Knickpunktes ein, sobald das Anodengefälle wieder einen genügend hohen Wert erreicht hat. Er wird immer in-

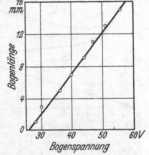

tensiver, je höher die Stromdichte und je steiler das Anodengefälle wird. Untersucht man auch beim Becklichtbogen den Zusammenhang zwischen Bogenlänge und Bogenspannung, so findet man keinen so ausgesprochenen Knick wie bei den Reinkohlen, sondern einen gleichmäßig linearen Anstieg der Spannung mit der Bogenlänge (s. Abb. 109). Während bei der Reinkohle der Spannungsabfall pro Millimeter Bogenlänge in der Bogensäule etwa 1,5 V, in der Anodenschicht dagegen 10 V beträgt, ist hier der Spannungsabfall pro Millimeter über den ganzen Bogen etwa 2,5 V. Es ist allerdings hierbei zu bemerken, daß bei Aufnahme der Kurve für den Becklichtbogen die Bogenlänge bis zum Kraterrand und nicht bis zum Kratergrund gemessen worden ist, so daß also aus der Kurve nicht zu ent-

Abb. 109. Zusammenhang zwischen Bogenlänge und Bogenspannung beim Becklichtbogen bei konstanter Stromstärke = 45 A. + 8 mm Durchmesser, — 6,5 mm Durchmesser.

nehmen ist, ob nicht in der Anodenschicht bei weiterer Annäherung an den Kratergrund das Spannungsgefälle doch noch steiler verläuft.

Der Wechselstromlichtbogen. Beim Wechselstromlichtbogen sind die elektrischen Verhältnisse viel komplizierter als beim Gleichstromlichtbogen. Während man hier einen Gleichgewichtszustand vor sich hat, ändern sich dort Bogenspannung und Stromstärke dauernd entsprechend den Änderungen der äußeren EMK. Bei sinusförmigen Verlauf dieser EMK erhält man beim Wechselstrombogen den in Abb. 110 dargestellten zeitlichen Verlauf von Strom und Spannung. Der eigenartige Verlauf der Spannungskurve erklärt sich folgendermaßen. Wenn die EMK durch Null hindurchgeht, ist der Lichtbogen erloschen. Beim Anwachsen der Spannung fließt zunächst nur ein ganz schwacher Strom, der aufrecht erhalten wird durch die von der noch heißen Kathode ausgesandten Elektronen. Wenn die Spannung einen gewissen Wert erreicht hat, so zündet der Lichtbogen (Zündspitze), der Strom steigt schnell an und die Spannung sinkt entsprechend der fallenden Charakteristik des Lichtbogens. Beim Abnehmen der EMK fällt die Stromstärke dann schnell ab. Dadurch steigt die

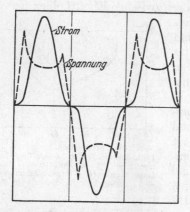

Abb. 110. Zeitlicher Verlauf von Strom und Spannung beim Wechselstrombogen.

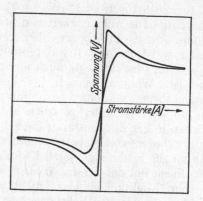

Abb. 111. Dynamische Charakterisierung des Wechselstrombogens.

Spannung noch einmal kurz an, um dann beim Erlöschen des Lichtbogens wieder gleich Null zu werden. Trägt man die zueinander gehörigen Werte in ein Stromspannungsdiagramm auf, so erhält man als sog. dynamische Charakteristik des Wechselstrombogens (Abb. 111) einen den Magnetisierungskurven

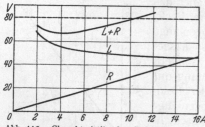

Abb. 112. Charakteristik des Reinkohlenlichtbogens mit Vorschaltwiderstand bei Anschluß an 80 V Umformerspannung. L Lichtbogen allein, R Vorschaltwiderstand, L + R Lichtbogen plus Vorschaltwiderstand.

ähnlichen Verlauf, den man daher auch als Lichtbogenhysteresis bezeichnet. Schaltet man in den Stromkreis eine Drosselspule ein, so verflacht sich die Zündspitze, da infolge der Phasenverschiebung von Strom und Spannung kurz nach dem Durchgang der Stromkurve durch den Nullpunkt die Spannung schon einen genügend hohen Wert hat, um den Bogen zu zünden. Ebenso erhält man bei Verwendung von Effektkohlen einen den Änderungen der äußeren EMK viel ähnlicheren Verlauf von Strom und Spannung, da bei der starken Ionisation des Lichtbogens die Zündung viel leichter wieder eintritt.

Elektrische Vorschaltgeräte. Da die Betriebsspannung des offen brennenden Kohlenlichtbogens 30...55 V beträgt, kann man ihn nicht an die üblichen höheren Netzspannungen direkt anschließen, sondern muß Widerstände, Umformer, Gleichrichter usw. vorschalten. Der Anschluß an eine konstante EMK von der Höhe der Betriebsspannung ist auch bei Reinkohlenbogen nicht möglich, da er infolge seiner fallenden Charakteristik bei der kleinsten Widerstandsvergrößerung des Bogens in sich zusammenfällt. Man kann einen stabilen Lichtbogen erhalten, wenn man an eine höhere Spannung als die Betriebsspannung anschließt und einen Ohmschen Widerstand vorschaltet, der mindestens 20% der Gesamtspannung aufnehmen muß. Da der Widerstand eine steigende Charakteristik hat, so wird die resultierende Charakteristik des Systems Bogen plus Widerstand ebenfalls steigend, wie aus Abb. 112 hervorgeht. Der Bogen brennt dann an dem

Punkt der resultierenden Kurve stabil, an dem die Bogenspannung plus der Spannung am Widerstand gleich der angelegten EMK ist.

Der Beckbogen, der ja eine steigende Charakteristik aufweist, brennt auch bei einer konstanten EMK ohne Vorschaltwiderstand, solange der Beckeffekt ausgebildet ist. Wenn jedoch beim Abbrennen der Kohle der Beckeffekt verschwindet, so erlischt auch hier der Bogen sehr schnell, da seine Charakteristik dann ebenfalls fallend wird (s. Abb. 108).

Wenn auch bei Vorhandensein des Beckeffektes der Lichtbogen bei Widerstandsschwankungen nicht abreißt, so sind solche Schwankungen doch mit starken Stromstärke- und Lichtschwankungen verbunden. Um die Größe dieser Schwankungen herabzusetzen, ist es auch beim Beckbogen günstiger, ihn an eine höhere Netzspannung unter Verwendung eines Vorschaltwiderstandes anzuschließen.

Neuerdings hat man Umformer und Gleichrichter (Röhren- und Trockengleichrichter) mit fallender Charakteristik gebaut. Bei Verwendung solcher Umformer ist es möglich, sowohl den Reinkohlenlichtbogen als auch den Becklichtbogen ohne Verwendung von Vorschaltwiderständen zu brennen. Die fallende Charakteristik der Maschine, bei der bei abnehmender Stromstärke die Spannung ansteigt, verhütet das Abreißen des Lichtbogens bei Reinkohlen und wirkt Stromstärke- und Lichtänderungen beim Beckbogen infolge von Bogenwiderstandsänderungen entgegen. Der Wirkungsgrad solcher Maschinen ist an sich geringer als der Umformer bzw. Gleichrichter mit konstanter Klemmspannung. Der Gesamtwirkungsgrad ist jedoch günstiger als bei Verwendung einer Stromquelle mit höherer Netzspannung und Widerstand infolge der Verluste im Vorschaltwiderstand.

d) Die thermischen Verhältnisse des Lichtbogens.

Die wahre Temperatur des positiven Kraters im Reinkohlenlichtbogen beträgt nach LUMMER 4200° K[1].

Über die Temperatur im Lichtbogen hat MATHIESEN[2] eingehende Untersuchungen vorgenommen. Er fand den in Abb. 113 dargestellten Verlauf der Bogentemperatur. Man sieht, daß die Temperatur der

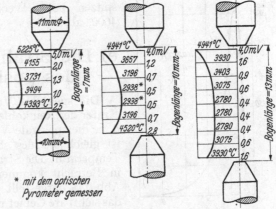

Abb. 113. Temperaturverlauf im Reinkohlenlichtbogen.
(Nach MATHIESEN.)

anodischen Schicht noch wesentlich höher liegt als die des Kraters selbst. Die Werte stellen allerdings obere Grenzwerte dar, da sie durch Umrechnung von Messungen der Gesamtstrahlung mittels eines Thermoelementes (vgl. die rechts angeschriebenen Millivolt) auf Grund einer Pyrometermessung an einer eingeführten Kohlensonde nach der Strahlungsformel für den schwarzen Körper $E = \sigma \cdot T^4$ berechnet worden sind. Immerhin ergab eine weitere pyrometrische Messung an einer Kohlensonde etwa 2 mm vor dem positiven Krater die Kratertemperatur. Da jedoch noch ein beträchtlicher Anstieg der Temperatur bei noch größerer

[1] LUMMER, O.: Leuchttechnik. S. 168. München-Berlin: R. Oldenbourg 1918.
[2] MATHIESEN, W.: Siehe S. 139, Fußn. 1.

Annäherung an die Anode festgestellt worden ist, so ist es sicher, daß die Temperaturen der Anodenschicht noch höher sein müssen, als die Kratertemperatur selbst[1]. Weiter stellte Mathiesen fest, daß die Temperatur der Anodenschicht bei steigender Stromdichte noch weiter stark ansteigt, während die Anodentemperatur selbst konstant bleibt (s. Abb. 114). Auch hier stellen

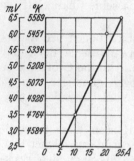

Abb. 114. Anstieg der Temperatur der Anodenschicht mit der Stromdichte. (Nach Mathiesen.) + Reindochtkohle 11 mm Durchmesser, — Homogenkohle 10 mm Durchmesser.

die Temperaturen Grenzwerte dar, die wie oben beschrieben, aus Messungen der Gesamtstrahlung ermittelt worden sind. Der Anstieg der Temperatur ist jedoch zweifellos vorhanden. In bezug auf die Gesamtstrahlung der Anodenschicht finden wir also hier bei dem Reinkohlenlichtbogen ein ähnliches Verhalten wie bei dem Becklichtbogen, nur daß die Erscheinung hier nicht sichtbar wird.

Die Temperatur des Kratergrundes beim Becklichtbogen ist der beim Reinkohlenlichtbogen gleich. Die Temperatur des leuchtenden Gaskissens wird derjenigen der Anodenschicht beim Reinkohlenlichtbogen entsprechen. Ebenso ist jedenfalls der starke Anstieg der Temperatur der Gasschicht vor dem Krater mit der Stromdichte vorhanden. Es ist sogar anzunehmen, daß beim Beckbogen die Temperatur noch stärker ansteigt, da mit dem Anwachsen der Stromstärke hier auch das Spannungsgefälle in der Anodenschicht noch wächst. Dem steilen Anstieg der Temperatur entspricht die starke Zunahme der Strahlungsdichte.

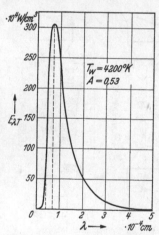

Abb. 115. Die spektrale Energieverteilung der Strahlung des Reinkohlenkraters.

Die mittlere wahre Temperatur der Kohlenspitzen beim Wechselstrombogen beträgt etwa 4000° abs.

e) Die Strahlungseigenschaften des positiven Kraters.

Die spektrale Verteilung der Strahlung. Der Krater der Reinkohle strahlt wie ein grauer Körper, d. h. die spektrale Verteilung bzw. seine Lichtfarbe ist gleich der des schwarzen Körpers bei gleicher Temperatur. Die Strahlungsverteilung für das ganze in Betracht kommende Wellenlängengebiet ist in Abb. 115 dargestellt. Ein Teil dieser Kurve ist für das sichtbare Gebiet und die demselben benachbarten Wellenlängen nochmals in Abb. 116 aufgezeichnet und gestrichelt die Strahlungsverteilung für weißes Licht (Tageslicht, schwarzer Körper 4800°K) mit eingezeichnet. Beide Kurven sind auf das gleiche Maximum (= 100) reduziert. Man sieht, daß das Licht des Reinkohlenkraters gegenüber dem rein weißen Licht einen gelblichen Gesamteindruck machen muß.

Die Energieverteilung der Strahlung des Beckkraters ist in Abb. 117 dargestellt. Die Kurve in Abb. 117 wurde von der National Carbon Comp.[2] gefunden,

[1] Ornstein, S.: Proc. Amsterdam 33 (1930) 44 und 34, (1931) 33, 498, 564 fand etwa 6000° K; A. v. Engel u. N. Stenbeck: Wiss. Veröff. Siemens-Konz. 10 (1931) Heft 2, 155 etwa 5000° K als Temperatur des Lichtbogens.

[2] National Projektor Carbons. Ohio 1936.

sie gilt für eine Beckkohle von 13,6 mm Durchmesser bei 125 A. Als Vergleich ist die Kurve für Tageslicht, anscheinend die Kurve des schwarzen Körpers bei 5000° K eingezeichnet. Aus der Darstellung geht hervor, daß das Becklicht gegenüber dem Reinkohlenlicht rein weiß aussehen muß. Man kann die Temperatur von 4800...5000° K als die Farbtemperatur des Beckkraters bezeichnen. Die Farbtemperatur des Reinkohlenkraters ist wegen seiner grauen Strahlung gleich der wahren Temperatur gleich 4200° K.

Die **Leuchtdichte** des Reinkohlenkraters ist kleiner als die des schwarzen Körpers von der gleichen Temperatur, da das Absorptionsvermögen bzw. das Emissionsvermögen kleiner und das Reflexionsvermögen größer ist als das des schwarzen Körpers. Das Absorptionsvermögen der Reinkohle ist nach LUMMER 0,53. Aus dem Absorptionsvermögen und der wahren Temperatur läßt sich diejenige Temperatur des schwarzen Körpers ermitteln, bei der dieser die gleiche Leuchtdichte hat wie der Krater. Diese Temperatur beträgt 3760° K und wird die schwarze Temperatur des Bogenlampenkraters genannt (vgl. B 2, S. 66). Hierbei ist zu beachten, daß die Lichtfarbe des schwarzen Körpers bei dieser Temperatur natürlich mehr ins Rote verschoben ist als die des Kraters. Die Leuchtdichte des Reinkohlenkraters beträgt sowohl nach den Messungen als auch aus der Berechnung nach der schwarzen Temperatur übereinstimmend 18 000 sb.

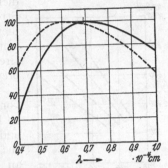

Abb. 116. Die spektrale Energieverteilung der Strahlung des Reinkohlenkraters im sichtbaren Gebiet im Vergleich zur Strahlung des schwarzen Körpers, bei 4800° K (Kurve für den schwarzen Körper gestrichelt).

Die Leuchtdichte kann man in dem Stromdichtenbereich, in dem der Krater einwandfrei ausgebildet ist, praktisch als unabhängig von Kohlendurchmesser

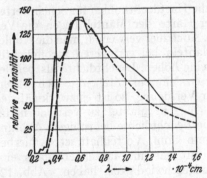

Abb. 117. Die spektrale Energieverteilung der Strahlung des Beckkohlenkraters bei 125 A 80 V. Durchmesser der Pluskohle 13,6 mm.

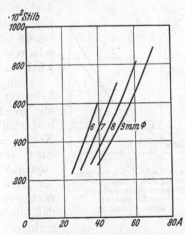

Abb. 118. Leuchtdichte des Beckkraters in Abhängigkeit von der Stromstärke und dem Kohlendurchmesser.

und Stromstärke betrachten. Ein geringes Ansteigen von etwa 10% mit der Stromdichte ist von PODZUS bei starken Stromdichteänderungen beobachtet worden.

Im Gegensatz zu den Verhältnissen bei Reinkohlen ist die Leuchtdichte des Beckkraters sehr stark abhängig von der Stromdichte, da wie schon früher erwähnt, der Beckeffekt sich mit wachsender Stromdichte immer stärker ausbildet.

Außer von der Stromdichte hängt die Leuchtdichte des Beckkraters auch noch vom Durchmesser der Kohle ab, derart, daß dickere Kohlen bei gleicher Stromdichte eine größere Leuchtdichte haben als dünne Kohlen. Abb. 118 zeigt für eine Projektionslampenkohle mit normalem Reinkohlenmantel und weichem Docht von den Durchmessern 6, 7, 8 und 9 mm die Abhängigkeit der Leucht-

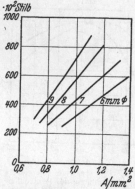

Abb. 119. Leuchtdichte des Beckkraters in Abhängigkeit von der Stromdichte und dem Kohlendurchmesser.

dichte von der Stromstärke und Abb. 119 die von der Stromdichte. Als obere Grenze der Stromstärke ist diejenige genommen, bei der die Abbrandgeschwindigkeit 6 mm pro Minute wird. Hier liegt auch etwa die Grenze bei der diese Kohlensorte noch genügend ruhig brennt.

Schließlich hängt die Leuchtdichte auch noch ab von der Zusammensetzung der Kohle, d. h. dem Gehalt an Leuchtzusätzen im Docht, der Härte des Dochtes und der Härte des Mantels. Der Gehalt an Leuchtzusätzen wird so hoch gewählt, wie es die Anforderungen an die Lichtruhe bei den in Betracht kommenden Querschnittsbelastungen gestatten. Bei Kohlen für Projektionslampen, insbesondere Kinoprojektionslampen sind diese Anforderungen sehr hoch, bei Scheinwerferkohlen nimmt man größere Unruhe in Kauf, um möglichst hohe Leuchtdichte zu erreichen.

Kohlen mit weichem Docht geben ein ruhigeres Licht, vertragen jedoch keine so hohe Querschnittsbelastung wie die Kohlen mit hartem Docht. Sie haben aber bei den geringeren Querschnittsbelastungen eine höhere Leuchtdichte. Die Kohlen mit hartem Docht überholen dann bei den stärkeren Querschnittsbelastungen hinsichtlich der Leuchtdichte die Weichdochtkohlen. Die

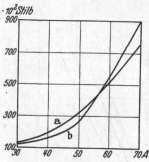

Abb. 120. Leuchtdichte des Beckkraters für zwei Kohlen von verschiedenem Mantelmaterial:
a weicher Mantel;
b härterer Mantel.

Lichtruhe ist jedoch weniger gut. Daß die Abbrandgeschwindigkeit der Hartdochtkohlen geringer ist, wurde schon erwähnt. Gemäß der genannten Eigenschaften benutzt man die Weichdochtkohlen für Projektionszwecke, die Hartdochtkohlen für Scheinwerfer.

Bezüglich der Härte der Mäntel liegen die Verhältnisse ähnlich. Auch hier verwendet man die Kohlen mit weicheren Mänteln bei geringeren Stromdichten und erhält dann eine höhere Leuchtdichte als bei den Kohlen mit harten Mänteln. Stehen jedoch höhere Stromstärken zur Verfügung, so ist es zweckmäßiger, eine Kohle mit hartem Mantel zu verwenden, bei der man dann die Leuchtdichte bei ruhigem Abbrand noch weiter steigern kann. Vorteilhaft ist es hierbei, daß die Kohlen mit hartem Mantel ebenfalls eine geringere Abbrandgeschwindigkeit haben. Abb. 120

zeigt für zwei Kohlen von verschiedener Mantelbeschaffenheit den Gang der Leuchtdichte mit der Stromdichte.

Man sieht, daß die Leuchtdichte der Beckkohlen von sehr vielen verschiedenen Faktoren abhängt und man keine allgemein gültigen Angaben darüber machen kann. Die in den Abb. 118 und 119 angegebenen Leuchtdichten sind, da es sich um Kohlen mit Weichdochten handelt, wohl die höchsten bei diesen Durchmessern und Stromdichten erreichbaren Werte. In der nachstehenden Tabelle sind noch einige Leuchtdichten von Projektionslampenkohlen für höhere Stromstärken mit hartem Mantel sowie von Scheinwerferkohlen mit harten Dochten angegeben.

Leuchtdichten von Beckkohlen.

Projektionslampenkohlen					Scheinwerferkohlen				
Kohlendurchmesser in mm		Stromstärke	Spannung	Leuchtdichte	Kohlendurchmesser in mm		Stromstärke	Spannung	Leuchtdichte
+	−	A	V	sb	+	−	A	V	sb
9	7	75	50	70000	11	11	90	66	78000
10	8	75	50	50000	14	11	130	67	85000
10	8	90	55	77000	16	13	150	77	92000
11	9	80	50	47000	19	15	200	83	100000
11	9	100	60	69000	—	—	—	—	—
12	10	120	65	72000	—	—	—	—	—

Die Leuchtdichte in den Abb. 118, 119 und 120 sind in der Mitte des Kraters gemessen und stellen also Maximalwerte dar. Abb. 121 zeigt den Verlauf der Leuchtdichte längst eines Kraterdurchmessers. Man sieht, daß die Leuchtdichte nach den Rändern zu stark abfällt und dort den Wert der Leuchtdichte der

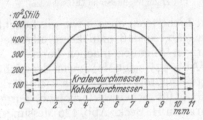

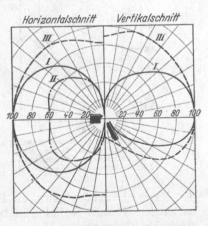

Abb. 121.

Abb. 122.

Abb. 121. Leuchtdichte des Beckkraters quer durch den Krater gemessen. + 11 mm Durchmesser, - - 8 mm Durchmesser bei 80 A Gleichstrom.

Abb. 122. Krater der Becklampe von vorn gesehen.

Reinkohlen erreicht (s. auch Abb. 122). Für die Kinoprojektion, bei der man den Krater auf dem Bildfenster, und dieses wieder auf die Wand abbildet, kann man also nur die Zonen des Kraters bis etwas über die Hälfte des Kohlendurchmessers zur Ausleuchtung verwenden, wenn man eine genügend gleichmäßige Ausleuchtung der Wand erreichen will.

Die Leuchtdichte der Reinkohlen bei Wechselstrom beträgt 12000 sb.

Lichtstärke und Lichtstrom. Die Lichtverteilung des positiven Kraters ist sehr angenähert eine Lambertsche Kugel. Infolge der Abschattung durch die negative Kohle wird diese Kugel deformiert; man erhält dann die in den Abb. 123 und 124 dargestellten Lichtverteilungskurven. Der Unterschied im Gesamtlichtstrom zwischen der axialen und der stumpfwinkligen Kohlenstellung ist unbedeutend. Derjenige der stumpfwinkligen Kohlenstellung ist etwa 15% höher. Nach Messungen von PATZELD kann man den Gesamtlichtstrom Φ

Abb. 123. Lichtverteilung einer Kohlenbogenlampe, stumpfwinklige Kohlenstellung, $I_{max} = 100$ gesetzt. *I* für Gleichstrom (Reinkohlen). *II* für Gleichstrom Mittel aus den Meridianschnitten. *III* für Wechselstrom (Effektkohlen).

(Pluskohle, Minuskohle und Bogenflamme) des die Leistung $N_{(W)}$ aufnehmenden Reinkohlenbogens unabhängig von der Stromstärke $\Phi_{(lm)} = 20\,N_{(W)}$ setzen. Da für die höheren Stromstärken (I) über 25 A die Spannung meist 50 V beträgt, so kann man auch die Regel aufstellen $\Phi_{(lm)} = 1000\,I_{(A)}$. Die horizontalen Lichtstärken des positiven Kraters bei Gleichstrom bei den verschiedenen Stromstärken gehen aus nachstehender Tabelle hervor.

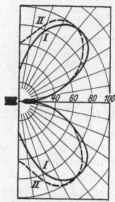

Lichtstärken der Reinkohlen.

Ampere	Volt	Kohlen-durchmesser +	HK horizontal
10	45	9	2200
15	45	10	3700
20	48	11	5300
25	50	12	7000
30	50	14	9000
40	55	16	14000
50	55	18	17000

Abb. 124. Lichtverteilung einer Kohlenbogenlampe, axiale Kohlenstellung. $I_{max} = 100$ gesetzt.
I für Gleichstrom (Reinkohlen).
II für Wechselstrom (Effektkohlen).

Beim Beckbogen hängen Lichtstärke und Lichtstrom ebenso wie die Leuchtdichte sehr von Kohlensorte, Belastung usw. ab, so daß man keine allgemein gültigen Angaben machen kann.

Abb. 125 zeigt Messungen der Lichtverteilung mit Angabe der Lichtstärke in HK für Scheinwerferkohlen, ausgeführt von H. Beck; Abb. 126 Messungen

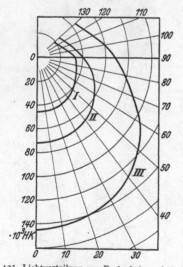

Abb. 125. Lichtverteilung von Beckscheinwerferkohlen.
I Kohlendurchmesser 11 mm, 80 A.
II Kohlendurchmesser 14 mm, 120 A.
III Kohlendurchmesser 16 mm, 150 A.

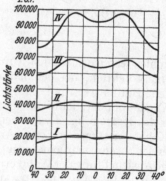

Abb. 126. Lichtverteilung von Beckprojektionslampenkohlen. I Kohlendurchmesser 9 mm, 65 A, 51 V. II Kohlendurchmesser 11 mm, 90 A, 63 V. III Kohlendurchmesser 13,6 mm, 120 A, 72 V. IV Kohlendurchmesser 16 mm, 150 A, 80 V.

der National Carbon Comp. an Projektionslampenkohlen, angegeben in internationalen Kerzen. Auffällig ist bei diesen Messungen der Rückgang der Lichtstärke bei 0°, der bei den Messungen der Scheinwerferkohlen nicht in Erscheinung tritt. Der Gesamtlichtstrom ist wieder proportional der aufgenommenen Leistung, jedoch hängt nach Patzeld der Proportionalitätsfaktor von dem Kohlendurchmesser ab, so daß z. B.

die Leistung für eine   7 mm-Kohle . . . . 55 lm/W
„   „   „   „ 9 mm- „   . . . . 44 „
„   „   „   „ 11 mm- „ . . . . 35 „

beträgt. Der Lichtstrom gilt ebenfalls wieder für Pluskrater, Minuskrater, Bogen und Flamme.

Wenn man den Gesamtlichtstrom in Abhängigkeit von der Stromdichte aufträgt (s. Abb. 127), so erhält man ganz ähnliche Kurven, wie sie für die Leuchtdichte gelten (Abb. 119). Bei der gleichen Stromdichte ist die Leistung der dickeren Kohle wesentlich größer als die der dünneren. Der Grund hierzu ist, wie bereits oben bei Besprechen der Leuchtdichte erwähnt, in der stärkeren Wärmeabfuhr an die Umgebung bei der dünneren Kohle zu suchen.

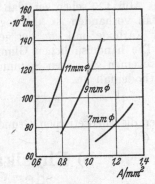

Abb. 127. Gesamtlichtstrom v n Beckkohlen in Abhängigkeit von der Stromdichte für verschiedene Kohlendurchmesser.

B 7. Glimmlampen.

Von

HANS EWEST-Berlin.

Mit 27 Abbildungen.

a) Beschreibung der Glimmentladung.

In einem Glasrohr, gefüllt mit einem Gasdruck von $1/100 \ldots 1/1000$ at und an den beiden Enden mit Stromzuführungen (Elektroden) versehen, bilden sich bei Durchgang der elektrischen Entladung verschiedene Schichten aus (Abb. 128)[1]. Vor der negativen Elektrode (Kathode) bildet sich ein Dunkelraum, dann eine dünne Leuchtschicht, dann wieder ein Dunkelraum (Hittorfscher Dunkelraum), darauf eine helleuchtende Schicht, das *negative Glimmlicht*, dann der Faradaysche Dunkelraum; daran schließt sich wieder ein heller Teil an, die *positive Säule*; vor der positiven Elektrode, der Anode, bildet sich nochmals ein kleiner Dunkelraum. Mißt man (mittels Sonden) die Spannung zwischen benachbarten Punkten in den einzelnen Teilen, so ergibt sich eine Spannungsverteilung nach Abb. 129[1]. Nähert man nun die Anode der Kathode, so schrumpfen nicht etwa alle Teile gleichmäßig zusammen, sondern nur die positive Säule; der Spannungsverlauf in der Nähe der Kathode bleibt derselbe. Lampen, bei denen die Anode bis zum negativen Glimmlicht vorgeschoben ist (in Abb. 128 gestrichelt gezeichnet),

Abb. 128. Die verschiedenen Schichten in einer Gasentladung.

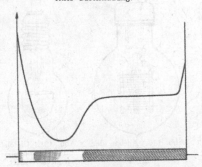

Abb. 129. Spannungsverteilung in einer Gasentladung.

nennt man Glimmlampen. Die Breite der einzelnen Teile der Entladung hängt vom Gasdruck ab; bei den handelsüblichen Glimmlampen entspricht er 5...25 mm Quecksilbersäule, das Glimmlicht ist dann einige Millimeter breit.

---

[1] SEELIGER, R.: Physik der Gasentladungen, 2. Aufl., S. 232. Leipzig 1927.

Aus Abb. 129 sehen wir, daß in der Nähe der Kathode ein starker Spannungsabfall vorhanden ist, der sog. Kathodenfall. Er ist abhängig vom Werkstoff
der Kathode und von der gewählten Gasfüllung.

Die handelsüblichen Glimmlampen sind meist mit Edelgasen gefüllt, weil
diese einen günstigen Spannungsabfall ergeben. Bei Neonfüllung z. B. ist der
Kathodenfall an

Fe	. . . . 153 V	Mg	. . . . 94 V
Al	. . . . 120 V	Na	. . . . 75 V

Über die theoretischen Grundlagen der Gasentladung vgl. B 3, S. 95f.

b) Physikalische Eigenschaften der Glimmentladung.

Die Glimmentladung zeigt einige charakteristische Eigenschaften, die für
Anwendungen der Glimmlampe bedeutungsvoll sind:

1. Die Glimmlampen zeigen eine konstante Spannung, bei der das Glimmlicht einsetzt, die sog. Zündspannung. Vorher findet praktisch kein Stromdurchgang statt und auch keine Leuchterscheinung.

2. Brennen die Lampen, so ist die Spannung an der Lampe, solange die
Kathode nicht vollkommen mit Glimmlicht bedeckt ist, bei bestimmter Elek-
trodenanordnung unabhängig von der Stromstärke (normaler Kathodenfall).
Steigert man die Stromstärke weiter, nachdem die Kathode vollkommen bedeckt
ist, so steigt die Spannung langsam an (anomaler Kathodenfall).

3. Erniedrigt man die Stromstärke, so erlischt die Lampe bei einer ganz
bestimmten Spannung, der Abreißspannung, die ungefähr gleich der Brennspannung ist.

4. Das Glimmlicht bildet sich nur auf der Kathode gleichmäßig aus, an
der Anode ist nur ein kleiner Ansatzpunkt, d. h. das Leuchten der Lampe ist
von der Polarität abhängig.

5. Die Stärke der Lichterscheinung folgt trägheitsfrei bis zu 10^{-5} s den
aufgedrückten Stromschwankungen.

6. Die Strahlung der Entladung ist abhängig von dem
Füllgas. Man kann daher verschiedene Wellenlängenbereiche
durch geeignete Wahl des Füllgases zur Strahlung anregen.

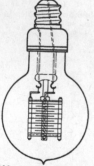

Abb. 130. Aufbau der ersten Glimmlampe für 220 V.

Abb. 131. Gleich-stromglimmlampe früherer Bauart.

c) Entwicklung der Glimm-lampen für allgemeine Beleuchtung.

Die Untersuchung des Kathodenfalls in
Edelgasen setzte bald nach ihrer Entdeckung
ein; die erste Glimmlampe wurde aber erst
in der amerikanischen Patentschrift 1188194
vom 7. Mai 1914 beschrieben. Das darauf
Bezug nehmende deutsche Patent 389830
schützt in seinem Anspruch 1 elektrische
Gaslampen, insbesondere mit Neonfüllung, dadurch gekennzeichnet, daß die
Elektroden so nahe zueinander angeordnet sind, daß die Lampe Abmessungen
gewöhnlicher Glühlampen erhält und auf Grund des durch die geringe Elektroden-
entfernung erreichten niedrigen Entladungspotentials an Lichtnetzen üblicher
Spannung betrieben werden kann. Abb. 130 zeigt die damals vorgeschlagene Form.
Die Bleche sind abwechselnd mit der positiven und negativen Zuleitung verbunden.

Die ersten 1918 veröffentlichten in Deutschland gezeigten Formen beruhen auf dem DRP. 355 288 vom 28. Oktober 1917[1] (Abb. 131); sie ähneln schon stark den jetzt im Handel befindlichen Formen. Weitere ältere und neuere Formen zeigen Abb. 132, 133 und 134, beide für Gleich- und Wechselstrom verwendbar.

Die zuerst hergestellten Glimmlampen waren für 220 V Netzspannung bestimmt, da das Kathodenmetall, wie Eisen, Aluminium oder ähnliche Stoffe, einen Kathodenfall von etwa 120…150 V hat. Lampen für 110 V auf einfache Weise her-zustellen, gelang nach DRP. 414517 dadurch, daß eine dünne Barium-schicht auf die Katho-denoberfläche gebracht wurde. Selbstverständ-lich hätte man auch nach anderen Verfahren Glimmlampen für 110 V Netzspannung herstel-len können, doch er-fordert dies umständliche Verfahren, während eine derartige Lampe billig her-zustellen sein muß. In außerdeutschen Ländern werden die Glimmlampen in ähnlichen Formen hergestellt.

Abb. 132. Gleich- und Wechselstromglimm-lampe früherer Bauart.

Abb. 133. Gleich- und Wechselstromglimm-lampe früherer Bauart.

Abb. 134. Gleich- und Wechselstrom-glimmlampe heutiger Bauart.

d) Elektrische und lichttechnische Daten der handelsüblichen Glimmlampen.

Die oben beschriebenen Lampen sind mit einem Ne-He-Gemisch (rotgelbes Leuchten) gefüllt und für einen Betriebsstrom von 10…15 mA bestimmt; zur Strombegrenzung ist ein Widerstand, meist im Sockel der Lampe, eingebaut. Der Wattverbrauch ist demnach bei 220 V ~ 2…3 W, bei 110 V ~ 1…2 W. Die Lebens-dauer wird mit 2000 h angegeben. Der Licht-strom beträgt nur ~ 1 lm. Für Beleuchtungs-zwecke allgemeiner Art kommen daher Glimm-lampen nicht in Betracht; wohl aber sind sie für Markierungszwecke gut geeignet, da man andere Lampen mit derartig niedrigem Wattverbrauch für normale Netzspannungen nicht herstellen kann. Sie finden Verwendung zur Bezeichnung von Notausgängen, als Richtungsanzeiger, als Krankenstubenbeleuchtung u. ä. Für Signal-zwecke — z. B. auf Schalttafeln — werden noch kleinere Glimmlampen mit einer Leistungs-aufnahme von etwa 0,5…0,05 W je nach Span-nung und Größe gebaut (Abb. 135 und 136). Diese Lampen können, falls z. B. auf einem Schaltbrett mehrere Farben verlangt werden, entweder mit verschiedenen Gasfüllungen angefertigt oder mit sog. Luminophoren versehen werden, die Licht kürzerer Wellenlängen, das ja auch in den Gasentladungslampen enthalten ist, in längerwelliges Licht umformen (vgl. B 10, S. 208 f.). Da die verschiedenen

Abb. 135. Signalglimmlampe.

Abb. 136. Zwerg-glimmlampe für Schalttafeln.

---

[1] SCHRÖTER, F.: Eine neue Glimmlampe. Elektrotechn. Z. **40** (1919) 186—188.

Luminophore je nach ihrer Zusammensetzung und nach Art der erregenden Strahlung verschiedene Farbe geben, können die Glimmlampen auch in verschiedenen Farben leuchtend hergestellt werden. Zum Anregen von Luminophoren außerhalb der Lampen, z. B. von Skalen, dienen die sog. Blauflächenglimmlampen mit Argonstickstofffüllung; ausgenutzt wird dabei das langwellige UV der Lampe.

e) Sonderausführrungen der Glimmlampe für Strahlungszwecke.

Für Sonderzwecke werden neben der Lichtabgabe bei den Glimmlampen die Eigenschaften der Gasentladung ausgenutzt, im besonderen die fast vollkommene Trägheitslosigkeit, mit der die

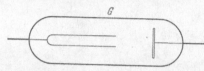

Abb. 137. Glimmlampe für den Gehrckeschen Glimmlichtoszillographen.

Lichterscheinungen dem hindurchfließenden Strom folgen. Erforscht ist das einwandfreie Folgen bis zu 10^5 Wechseln in der Sekunde. Technisch ausgenutzt hat Gehrcke diese Eigenschaften der Glimmentladung in seinem Glimmlichtoszillographen [1]. Die darin benutzten Lampen zeigt Abb. 137.

Je nach der Stärke des zu messenden Stromes bedeckt sich die als Kathode verwandte Elektrode mehr oder weniger mit Glimmlicht; bei Abbildung der Lampe auf einem vorbeigeführten Film oder bei Beobachtung mit rotierendem Spiegel kann man dann die Kurvenform erkennen.

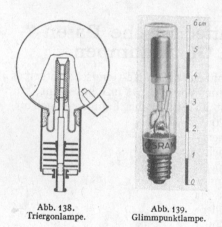

Abb. 138.
Triergonlampe.

Abb. 139.
Glimmpunktlampe.

In neuerer Zeit wird die Eigenschaft der Trägheitslosigkeit verwendet für Tonaufnahmen, indem man die Tonfrequenz dem Strom einer Glimmlampe dadurch aufdrückt, daß man sie in den Anodenkreis der Endröhren einer Verstärkeranordnung legt. Bereits 1920 ist im DRP. 458591 [2] eine solche Lampe angegeben worden (Abb. 138). Neuere Formen derartiger Lampen zeigt Abb. 139 (Glimmpunktlampe) [3], die mit verschiedenen Gasfüllungen geliefert wird. Für Tonfilmaufnahmen wird eine Stickstofffüllung bevorzugt, da Stickstoff im blauen und ultravioletten Teil des Spektrums viele starke Linien hat und die normalen photographischen Emulsionen dafür besonders empfindlich sind. Das Glimmlicht bildet sich im Innern der Kathode aus. Das Glasfenster, durch welches der Lichtstrom austritt, hat nur eine Stärke von etwa $1/100$ mm, so daß auch die ultravioletten Strahlen ungeschwächt hindurchtreten können. Derartige Lampen mit Quecksilberfüllung hat Regener in einem Höhenballon verwendet, um durch Bestimmung der Absorption der ultravioletten Hg-Linie 253,7 mµ Rückschlüsse ziehen zu können auf den Gehalt der Luft an Ozon in größeren Höhen. Auch für Fernsehempfänger mit Spiegelrad sind derartige Lampen verwendbar, während für Spiegelschrauben

[1] Engelhardt, V. u. E. Gehrcke: Die Aufnahme von schwachen Strömen mit dem Glimmlichtoszillographen. Z. techn. Physik **6** (1925) 153, 438; **7** (1926) 146.
[2] Triergonverfahren.
[3] Ewest, H.: Lichtquellen für Tonfilmaufnahmen. Z. techn. Physik **12** (1931) 645—647.

Lampen mit länglichem Schlitz nach Abb. 140 gebraucht werden. Als Füllung werden dabei Neon oder Neonquecksilber verwendet, je nachdem eine mehr rötlichgelbe oder bläuliche Farbe gewünscht wird.

Für Fernsehempfang mittels Nipkowscheibe dient die Lampe nach Abb. 141 (Kathodengröße 40×30 und 40×50 mm, mittlere Stromdichte 1,75 mA/cm², d. h. mittlere Stromstärke ~ 20 und 35 mA bei etwa 180 V an der Lampe). Die Rückseite der Kathode ist mit einer Isolierschicht bedeckt, so daß sich nur auf der Vorderseite das Glimmlicht

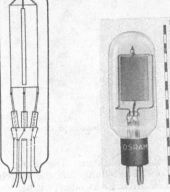
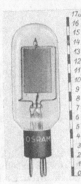
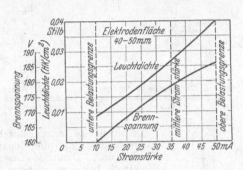

Abb. 140.
Schlitzglimmlampe mit länglichem Schlitz.

Abb. 141.
Fernsehlampe.

Abb. 142.
Leuchtdichte- und Spannungsdiagramm der Fernsehlampe.

entwickeln kann, demnach kein Licht verloren geht. Das Leuchtdichte- und Spannungsdiagramm zeigt Abb. 142. Auch für stroboskopische Zwecke läßt sich die Glimmlampe gut verwenden, z. B. zur Beleuchtung bewegter Teile bei feststehender Glimmlampe oder bei mitbewegter Glimmlampe und Meßgerät; verwandt wird diese Eigenschaft z. B. bei gewissen Konstruktionen direkt zeigender Wellenmesser und Kurzzeitmesser.

f) Glimmlampen in der Schalttechnik [1].

Neben den Anwendungen als Beleuchtungslampe hat die Glimmlampe eine große Verbreitung in der Schalttechnik gewonnen. Im nachfolgenden seien einige Schaltbilder der hauptsächlichsten Anwendungen gegeben, wobei bei

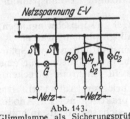

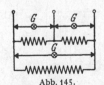

Abb. 143.
Glimmlampe als Sicherungsprüfer.

Abb. 144.
Glimmlampe zur Kontrolle von in Serie geschalteten Verbrauchern.

Abb. 145.
Glimmlampe zur Kontrolle mehrphasiger Netze.

143...149 die Glimmlampe sowohl als Lichtgeber als auch als Schaltelement benutzt wird. Von 150 ab dient die Glimmlampe als reines Schaltungselement, die Lichtabgabe hat höchstens die Bedeutung, daß die Anlage arbeitet.

Glimmlampe als Sicherungsprüfer (Abb. 143).

Glimmlampe zur Kontrolle von in Serie geschalteten Verbrauchern (Abb. 144). Aus dem Brennen der Glimmlampe kann man auf die Belastung der einzelnen Verbraucher schließen.

---

[1] Vgl. auch F. SCHRÖTER: Die Glimmlampe, ein vielseitiges Werkzeug des Elektrikers. „Helios" **33** (1927) 1—5, 9—12, 19—22.

Glimmlampe zur Kontrolle mehrphasiger Netze (Abb. 145). Das Leuchten der einzelnen Glimmlampen läßt Rückschlüsse auf die Belastung der betreffenden Phase zu.

Glimmlampe als Anzeiger, ob Hochspannungsnetz unter Strom steht (Abb. 146).

Glimmlampe zum Anzeigen von Antennenaufladungen (Abb. 147). Lampe leuchtet auf, wenn Antenne zu hohe Spannungen erhält.

Glimmlampe als Polsucher (Abb. 148).

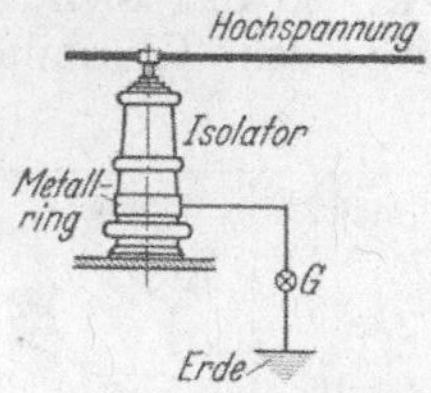

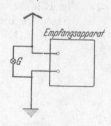

Abb. 146. Glimmlampe als Anzeiger, ob Hochspannungsnetz unter Strom steht.

Abb. 147. Glimmlampe zum Anzeigen von Antennenaufladungen.

Abb. 148. Glimmlampe als Polsucher.

Glimmlampe zum Einstellen in Radioapparaten. Die Länge des Glimmlichtes zeigt die Genauigkeit der Einstellung auf die einzelnen Sender an[1]. Derartige Lampen haben drei Elektroden. Eine vierte Elektrode bei einer weiteren Type dient zum Sperren und Einschalten des Endverstärkerkreises in Abhängigkeit von der Bedeckung der Kathode (Indikatorglimmlampe Abb. 149).

Glimmlampe als Reduktor (Abb. 150). Hinter der Glimmlampe tritt nur

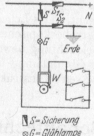

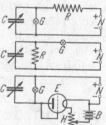

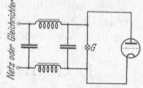

Abb. 149. Indikatorglimmlampe.

Abb. 150. Glimmlampe als Reduktor.

Abb. 151. Glimmlampe als Niederfrequenzerzeuger.

Abb. 152. Glimmlampe zur Konstanthaltung der Anodenspannung.

die Spannung auf, die gleich Netzspannung abzüglich Brennspannung der Glimmlampe ist.

Glimmlampe als Niederfrequenzerzeuger (Kippschwingungen) (Abb. 151). Ähnliche Anordnungen in Oszillographenapparaten.

Glimmlampe zum Konstanthalten von Spannungen (Stabilisator) (Abb. 152 Schaltung für eine Strecke, Abb. 153 Lampe für mehrere Strecken).

Glimmlampe als Gleichrichter (Abb. 154). Die kleinere Elektrode wirkt praktisch nur als Anode, da infolge ihrer Kleinheit sich sehr bald ein hoher anomaler Kathodenfall ausbildet, während die größere Elektrode als Kathode wirkt, da hier der normale Kathodenfall herrscht.

Für Schaltzwecke wurden auch Glimmlampen gebaut, deren Elektroden größere Entfernung voneinander hatten, bei denen ein hoher Unterschied zwischen Zünd- und

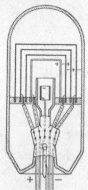

Abb. 153. Stabilisatorröhre für mehrere Strecken.

Abb. 154. Glimmlampe als Gleichrichter.

[1] Pohle, W. u. H. Straehler: Die Glimmlampe als optischer Anzeiger (Indikatorglimmlampe). Elektrotechn. Z. **55** (1934) 295—297.

Brennspannung besteht. Derartige Lampen wurden für Eisenbahnsicherungs-zwecke entwickelt [1]. Für Schaltzwecke sind auch Lampen mit drei Elektroden entwickelt, von denen zwei nahe beieinander, die dritte in größerer Entfernung stand. Die mittlere Elektrode dient als Hilfselektrode zum Einleiten der Zündung.

B 8. Gas- und Metalldampf-Entladungs-lampen.

Von

HERMANN KREFFT, KURT LARCHÉ und MARTIN REGER-Berlin.

Mit 58 Abbildungen.

a) Allgemeiner Überblick über die Entladungslampen.

Wegen der vielseitigen Eigenschaften der Entladung in Gasen und Dämpfen ist die Zahl der vorhandenen Entladungslampentypen außerordentlich groß. Es bestehen auch zahlreiche Anwendungen (besonders bei den Glimmlampen [B 7, S. 149], z. B. Spannungsteiler und Gleichrichter), die aus dem eigent-lichen Gebiet der Lichtquellen herausfallen.

Gegenüber allen anderen Gasentladungsröhren nehmen die Glimmlampen einen besonderen Platz ein, da bei diesen die elektrischen Eigenschaften und die Lichtemission des negativen Glimmlichtes (B 7, S. 149) ausgenutzt werden. Infolgedessen ergibt sich ein für die Glimmlampen eigentümlicher Aufbau. Die Anwendungen sind andere, und die Wirtschaftlichkeit der Lichtemission spielt nicht eine so wichtige Rolle wie bei den übrigen Entladungslampen, bei denen die positive Säule (vgl. B 2 d, S. 101) stets der wesentliche Teil der Ent-ladung ist.

Unter den Lampen für allgemeine Beleuchtung stehen die Natrium- und Quecksilberlampen im Vordergrund, letztere in vielfacher Gestalt bedingt durch die zwei Entladungsformen der Niederdruck- und der Hochdruckentladung und durch die verschiedenen zur Farbverbesserung angewandten Mittel. Das Moore-Licht rechnet man besser zu den wesensverwandten Reklameleucht-röhren, die eine Gruppe für sich mit gänzlich anderen Merkmalen (langgestreckte Form, geringe Leuchtdichte, Farbigkeit, Betrieb an Hochspannung) bilden (vgl. H 2a).

Mit den Lampen für allgemeine Beleuchtung eng verwandt sind die Ent-ladungslampen für Sonderzwecke (vgl. B 9, S. 191). Aus den Quecksilber-Hochdrucklampen für Beleuchtung gingen die Quecksilber-Höchstdrucklampen mit Dampfdrucken bis zu 100 at hervor, mit denen bei zwei verschiedenen Ausführungsformen (wassergekühlte Kapillarlampen und luftgekühlte Höchst-drucklampen) bisher unerreichbar erscheinende Leuchtdichten erzielt und die des hochbelasteten Kohlebogens erreicht wurden. Außer für Bild- und Schein-werfer werden diese Lampen Anwendungen für technische, medizinische und wissenschaftliche Zwecke finden. Erhebliche Leuchtdichten werden auch mit den Wolfram-Bogenlampen erreicht, bei denen die Temperaturstrahlung der

---

[1] LAUB, H.: Signalübertragung auf fahrende Eisenbahnzüge. AEG-Mitt. (1927) 375 bis 380.

durch den Entladungsbogen hocherhitzten Wolframelektroden ausgenutzt wird. Unter den Sonderlampen sind ferner zahlreiche für technische Zwecke besonders ausgebildete Quecksilberlampen zu finden, es seien nur erwähnt die Lampen für Lichtpauserei, Analysenlampen und verschiedene Lampen für Entkeimungs-zwecke (Anwendungen in der Nahrungsmittelindustrie und in der chemischen Industrie). In neuester Zeit wurde der Versuch unternommen, auf der Grund-lage der Hochdruckentladung in Quecksilberdampf eine Strahlungsnormal-Lampe herzustellen, die für die Strahlungsmeßtechnik große Bedeutung erlangen dürfte (vgl. K 2). Zu den Sonderlampen sind auch die Spektrallampen und die Eisenbogenlampen zu zählen, die bei vielen optischen und spektroskopischen Untersuchungen benutzt werden. Ferner gehören zu dieser Gruppe der Ent-ladungslampen noch die Lichtspritzen, die wegen der Steuerbarkeit der Licht-stärke als Tonfilm- und Fernsehlampen Verwendung gefunden haben.

Der überwiegende Teil der medizinischen Strahlungsquellen sind Gas-entladungslampen. Unter diesen stehen wiederum die Quecksilber-Hochdruck-lampen aus Quarzglas an erster Stelle. Die neueren Lampen dieser Art sind aus den Lampen für allgemeine Beleuchtung hervorgegangen, mit denen daher weit-gehende Übereinstimmung besteht.

b) Strahlungseigenschaften und Gradient.

Über den Gradienten, die Lichtausbeute und die spektrale Energieverteilung von Entladungsröhren sind im Schrifttum zahlreiche Angaben vorhanden. Soweit sich diese auf bestimmte Lampentypen beziehen, haben sie hier keine Berücksichtigung gefunden, da die für das Verständnis der technischen Lampen wichtigen allgemeinen Eigenschaften der Entladungen dargestellt werden sollen.

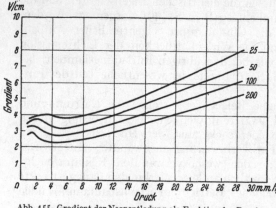

Abb. 155. Gradient der Neonentladung als Funktion des Druckes für 25, 50, 100 und 200 mA Stromstärke. Rohrdurchmesser 1,5 cm. (Nach LOMPE und SEELIGER.)

Es stehen daher solche Unter-suchungen, bei denen die wich-tigsten Größen der Gasentladungs-lampen, nämlich Stromstärke, Gas- oder Dampfdruck, Rohr-durchmesser und Grundgas syste-matisch variiert wurden, im Vor-dergrund. Diese Untersuchungen befassen sich ohne Ausnahme mit der positiven Säule als dem für die Lichtquellen wichtigsten Teil der Gasentladung. Die Angaben über Licht- und Strahlungsaus-beute [1] beziehen sich daher auf die positive Säule ohne Berück-sichtigung der sich an den Elek-troden abspielenden Vorgänge.

Neon. Von den zahlreichen Messungen des *Gradienten* der positiven Neonsäule sind in Abb. 155 einige von LOMPE und SEELIGER [2] ermittelte Kurven, die den Einfluß von Druck und Stromstärke zeigen, dargestellt. Bei der Entladung in Neon hat bisher nur der Druck-bereich von ~ 1...20 mm Hg-Säule technische Bedeutung erlangt. Für die Abhängigkeit vom Rohrdurchmesser gilt die Beziehung, daß der Gradient ungefähr proportional dem reziproken Durchmesser ist.

---

[1] Unter der Strahlungsausbeute verstehen wir die in Watt angegebene abgestrahlte Leistung, bezogen auf 100 W der der Säule zugeführten Leistung.

[2] LOMPE, A. u. R. SEELIGER: Der Gradient der positiven Säule in Edelgasen. Ann. Physik **15** (1932) 300.

Die *Lichtemission* folgt, wie KREFFT und SEITZ[1] feststellten, einfachen Gesetzmäßigkeiten. Wird bei festen Druckwerten die Stromstärke der Entladung variiert, so ergeben sich stets Kurven von der in Abb. 156 dargestellten Art. Die Lichtausbeute durchläuft für jeden Druck bei einer bestimmten Stromstärke ein Maximum. Dabei ist das Produkt von Stromstärke und Druck konstant, und der Gradient hat für alle Maxima den gleichen Wert. Die Strahlungsausbeute des sichtbaren Neonspektrums erreicht bei verschiedenen Rohrdurchmessern Werte von 20 bis 30%. Da der visuelle Nutzeffekt[2] der im Sichtbaren liegenden Neonstrahlung bei den verschiedensten Bedingungen stets 0,21...0,23 beträgt, entsprechen diesen Werten Lichtausbeuten von 30...45 Hlm/W (bezogen auf die Leistungsaufnahme der Säule allein).

Die im Schumann-Ultraviolett liegende Neonstrahlung (Wellenlänge 73,6 und 74,4 mμ), die neuerdings für die Lichterzeugung durch Leuchtstoffe (vgl. B 10, S. 208 f.) Bedeutung erlangt hat, ist bisher durch direkte Strahlungsmessungen nicht erfaßt worden. Ihre Ausbeute läßt sich aber nach SCHÖN[3] auf Grund von Lichtmessungen an Neon-Leuchtstoffröhren abschätzen.

Über die *spektrale Energieverteilung* des sichtbaren Spektrums bei Anregung in der positiven Säule wurden von ELENBAAS[4] und KREFFT und SEITZ[5] Messungen angestellt. Letztere ermittelten für 26 Linien des roten Spektrums die in nebenstehender Tabelle angegebenen Werte der absoluten Ausbeute.

Natrium. Da in den Natriumlampen stets Gemische von Natriumdampf (von sehr geringem Druck, einige 10^{-3} mm Hg) mit Edelgasen, und zwar hauptsächlich Neon (Druck von einigen mm Hg) vorliegen, stehen bei den wenigen vorhandenen Untersuchungen solche Gemische und der Einfluß des Edelgases im Vordergrund. Nach DRUYVESTEYN und

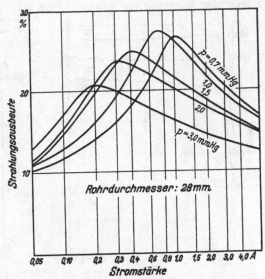

Abb. 156. Strahlungsausbeute der Neonentladung in Prozent der der Säule zugeführten Leistung als Funktion der Stromstärke für verschiedene Gasdrucke. (Nach KREFFT und SEITZ.)

Spektrale Intensitäten und Ausbeuten der positiven Säule in Neon.

Fülldruck: 1 mm Hg-Säule bei Zimmertemperatur.
Rohrdurchmesser: 58 mm.
Mittelwert von drei Messungen bei 1,0, 1,5 und 2,0 A.
Gradient: 0,61 V/cm für das Ausbeutemaximum der Gesamtstrahlung bei 1,1 A.
Gesamtstrahlungsausbeute: 28%.

Wellenlänge mμ	Relative Intensität	Strahlungsausbeute %	Wellenlänge mμ	Relative Intensität	Strahlungsausbeute %
585,2	10,7	0,56	638,3	27,7	1,45
588,2	8,5	0,45	640,2	100,0	5,23
594,4	15,1	0,79	650,6	40,6	2,12
597,5	3,6	0,19	653,3	12,2	0,64
603,0	3,8	0,20	659,9	15,3	0,80
607,4	14,6	0,76	667,8	27,4	1,44
609,6	19,8	1,04	671,7	16,9	0,88
614,3	33,2	1,74	692,9	29,7	1,56
616,4	10,0	0,52	703,2	44,6	2,34
621,7	7,2	0,38	717,4	8,6	0,45
626,6	16,6	0,87	724,5	22,0	1,15
630,5	8,2	0,43	743,9	6,2	0,33
633,4	31,4	1,65	808,2	0,5	0,03

[1] KREFFT, H. u. E. O. SEITZ: Gesetzmäßigkeiten in der Strahlungsemission der positiven Säule der Neonentladung. Z. techn. Physik **15** (1934) 556. — Techn.-wiss. Abh. Osram-Konz. **4** (1936) 41.

[2] Dieser ist gegeben durch das Verhältnis $\dfrac{\Sigma E_\lambda \cdot V_\lambda}{\Sigma E_\lambda}$, E_λ = spektrale Intensität, V_λ = spektrale Hellempfindlichkeit.

[3] SCHÖN, M.: Zur Quantenausbeute von Leuchtstoffen im Schumann-Ultraviolett. Verh. dtsch. physik. Ges. **18** (1937) 8.

[4] ELENBAAS, W.: Intensitätsmessungen an der Neonsäule. Z. Physik **72** (1931) 715.

[5] Vgl. Fußn. 1.

WARMOLTZ[1] wird durch einen Zusatz von Neon zum Natriumdampf der *Gradient* schnell in erheblichem Maße in die Höhe gesetzt, oberhalb eines Neondruckes von 0,5 mm Hg ist aber der Einfluß gering (Abb. 157). Den Einfluß verschiedener Edelgase untersuchten insbesondere KLARFELD und TARASKOV[2], die den Verlauf des Gradienten als Funktion des Natriumdampfdruckes (Temperatur) bei 200 mA angeben (Abb. 158). Entsprechend den Eigenschaften der reinen Edelgase liegt der Gradient

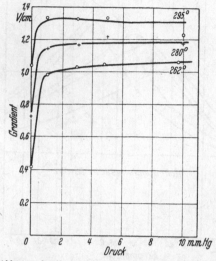

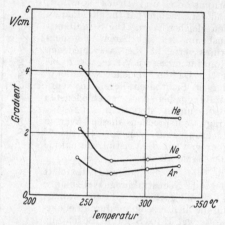

Abb. 157. Gradient der Natriumentladung als Funktion des Druckes eines Neonzusatzes für verschiedene Temperaturen (Dampfdrucke). Rohrdurchmesser 36 mm, Stromstärke 0,2 A. (Nach DRUYVESTEYN und WARMOLTZ.)

Abb. 158. Gradient der Entladung im Gemisch Natrium + Edelgas als Funktion der Temperatur (Dampfdruck). Rohrdurchmesser 18,5 mm, Stromstärke 0,2 A, Edelgasdruck 1 mm Hg-Säule. (Nach KLARFELD und TARASKOV.)

bei Heliumzusatz wesentlich höher als bei Neon und bei Neon höher als bei Argon. Die übliche Betriebstemperatur von Natriumlampen liegt zwischen 250 und 300° C.

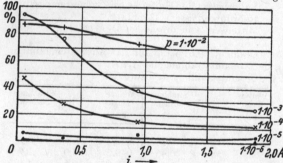

Die *Lichtemission* der positiven Säule in Natriumdampf besitzt die außergewöhnliche, erstmalig von PIRANI[3] und REGER nachgewiesene Eigenschaft, daß elektrische Energie fast verlustfrei in Licht umgesetzt werden kann. Die Ausbeute des Resonanzliniendubletts des Natriumatoms beträgt also in diesem Falle nahezu 100%. Allerdings ist diese hohe Ausbeute an eine für technische Lampen zu geringe Stromdichte gebunden. Mit wachsender Stromdichte fällt aber die Ausbeute, wie die von LAX[4] für verschiedene Dampfdrucke ermittelten Kurven (Abbildung 159) zeigen. Nach anderen Messungen[5], die mit verschiedenen Edelgasen angestellt wurden, liegt die optimale Temperatur für Natriumlampen bei etwa 275° C, wie Abbildung 160 zeigt.

Abb. 159. Strahlungsausbeute der Resonanzlinie bei der positiven Säule in Natriumdampf bei verschiedenen Dampfdrucken p (in mm Hg-Säule) als Funktion der Stromstärke. Rohrdurchmesser 20 mm, Neonzusatz von 7 mm Hg-Säule. (Nach KREFFT, REGER und ROMPE, Messungen von LAX.)

[1] DRUYVESTEYN, M. J. u. N. WARMOLTZ: Energy balance, electron temperature, and voltage gradient in the positive column in mixtures of Na-vapour with Ne, He and Ar. Philos. Mag. **17** (1934) 1.

[2] KLARFELD, B. u. I. TARASKOV: The luminous efficiency of the positive column of a discharge in sodium vapour. Techn. Physics USSR. **3** (1936) 881.

[3] PIRANI, M.: Technische Verfahren im Lichte der neuzeitlichen Atomvorstellung, Atomphysik und Lichterzeugung. Z. techn. Physik **11** (1930) 482.

[4] Nach H. KREFFT, M. REGER u. R. ROMPE: Einige atomphysikalische Probleme der Lichterzeugung in Leuchtröhren. Z. techn. Physik **14** (1933) 242.

[5] Vgl. Fußn. 2.

Für die *spektrale Energieverteilung* einer Natriumlampe geben KREFFT und PIRANI[1] folgende Werte an:

Spektrale Intensitäten einer Natriumlampe.

(Der Natriumdampfdruck beträgt etwa $5 \cdot 10^{-3}$ mm Hg-Säule, die Stromdichte 1 A/cm². Grundgas: Neon von einigen mm Druck.)

Wellenlänge in mμ	Relative Intensität
1140,4 ... 38,2	10
819,5 ... 8,3	19
616,1 ... 5,4	0,3
589,0 ... 9,6	100
568,8 ... 8,3	1,2
515,4 ... 4,9	<0,1
498,3 ... 7,9	<0,2

Quecksilber. Für die Abhängigkeit des *Gradienten* von Dampfdruck, Stromstärke und Rohrdurchmesser gibt ELENBAAS[2] an:

$$G = \frac{C}{D^a \cdot i^b}$$

G = Gradient in V/cm,
D = Rohrdurchmesser in cm,
i = Stromstärke in A.

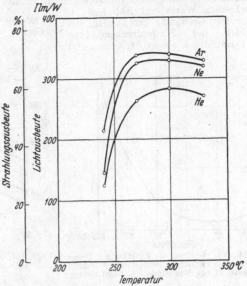

Abb. 160. Strahlungsausbeute (in %) und Lichtausbeute (in Ilm/W) der Natriumentladung bei verschiedenen Edelgaszusätzen als Funktion der Temperatur (Dampfdruck). Rohrdurchmesser 18,5 mm, Stromstärke 0,2 A, Edelgasdruck 1 mm Hg-Säule. (Nach KLARFELD und TARASKOV.)

Die Konstanten a, b und C hängen vom Dampfdruck ab in der in Abb. 161 angegebenen Weise. Bei einer Temperatur von 100° C, der eine Dampfspannung von 0,27 mm Hg entspricht, ist $a = 0,69$; $b = 0,12$ und $C = 1,045$. Die Übereinstimmung mit gemessenen Werten des Gradienten ist,

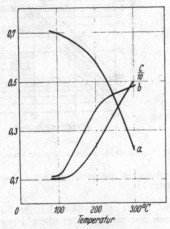

Abb. 161. Werte der Konstanten a, b und C in Abhängigkeit von der Sättigungstemperatur des Hg-Dampfes. (Nach ELENBAAS.)

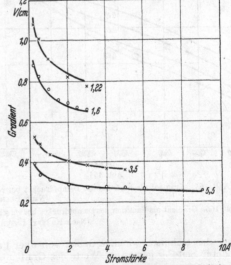

Abb. 162. Gradient als Funktion der Stromstärke bei einem Dampfdruck von 0,27 mm Hg-Säule. Rohrdurchmesser (cm) als Parameter. (Nach ELENBAAS.)

wie aus Abb. 162 hervorgeht, recht gut. Die vorliegende Formel wurde bei Sättigungstemperaturen von 83 ... 300° C, denen Dampfdrucke von 0,1 ... 250 mm entsprechen, geprüft.

---

[1] KREFFT, H. u. M. PIRANI: Quantitative Messungen im Gesamtspektrum technischer Strahlungsquellen. Z. techn. Physik **14** (1933) 393.
[2] ELENBAAS, W.: Der Gradient in der positiven Quecksilbersäule. Z. Physik **78** (1932) 603.

Sie gilt für reinen Quecksilberdampf; bei Anwesenheit von Edelgasen, die in technischen Entladungsröhren stets vorhanden sind, erhält man, wie bei Natriumdampf, etwas verschiedene Werte (vgl. Abb. 158).

Der Gradient, der sich im Bereich der Niederdruckentladung (Dampfdruck etwa 0,01...1 mm Hg)

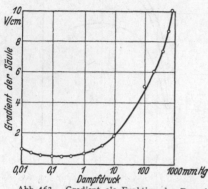

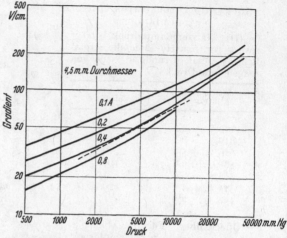

Abb. 163. Gradient als Funktion des Dampfdruckes bei konstanter Stromstärke. Rohrdurchmesser 27 mm, Stromstärke 4 A. (Nach Krefft.)

Abb. 164. Gradient als Funktion des Dampfdruckes bei verschiedenen Stromstärken. Rohrdurchmesser 4,5 mm. (Nach Elenbaas.)

verhältnismäßig wenig ändert und geringe Werte hat, nimmt bei dem Übergang in den Bereich der eingeschnürten Hochdruckentladung rasch zu[1] (vgl. Abb. 163) und erreicht hohe Werte. Von Elenbaas[2] angestellte Messungen erstrecken sich insbesondere

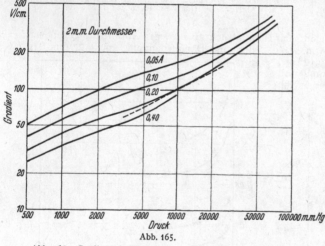

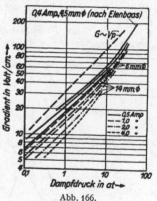

Abb. 165.

Abb. 166.

Abb. 165. Gradient als Funktion des Dampfdruckes bei verschiedenen Stromstärken. Rohrdurchmesser 2 mm. (Nach Elenbaas.)

Abb. 166. Gradient als Funktion des Dampfdruckes bei verschiedenen Stromstärken. Rohrdurchmesser 6 und 14 mm. (Nach Krefft, Larché und Rössler.)

über das technisch wichtige Gebiet von über 1 at bis etwa 100 at (Abb. 164 und 165). Von anderer Seite[3],[4] gemessene Werte des Gradienten stimmen hiermit recht gut überein (vgl.

[1] Krefft, H.: Strahlungseigenschaften der Entladung in Quecksilberdampf, Techn.-wiss. Abh. Osram-Konz. 4 (1936) 33.

[2] Elenbaas, W.: Der Gradient der Quecksilber-Hochdruckentladung als Funktion von Druck, Durchmesser und Stromstärke. Physica 2 (1935) 787.

[3] Krefft, H., K. Larché u. F. Rössler: Spektrale Energieverteilung und Lichtausbeute der Entladung in Quecksilberdampf bei hohen Drucken. Z. techn. Physik 17 (1936) 374.

[4] Rompe, R. u. W. Thouret: Die Leuchtdichte der Quecksilberentladung bei hohen Drucken. Z. techn. Physik 17 (1936) 377.

Abb. 166 und 167). Der Gradient wächst ungefähr proportional der Quadratwurzel aus dem Dampfdruck. Eine sehr allgemeine Gradientenformel für die Hochdruckentladung wurde von ELENBAAS[1] auf theoretischem Wege aufgestellt.

Die *Lichtemission* wurde im systematischen Zusammenhang von KREFFT[2] und von diesem mit LARCHÉ und RÖSSLER[3] untersucht. Danach besitzt die als Funktion des Dampfdruckes bei konstanter Stromstärke gemessene Lichtausbeute (Abb. 168) ein ausgeprägtes Maximum im Niederdruckgebiet bei etwa 0,1 mm Hg. Nach Durchlaufen eines Minimums nimmt die Lichtausbeute mit dem Dampfdruck stetig zu (Hochdruckentladung), wie auch Abb. 169 für hohe Dampfdrucke zeigt. Diese Kurven lassen auch die stets vorhandene Eigenschaft der Hochdruckentladung erkennen, daß die Lichtausbeute mit der Stromstärke zunimmt.

Auch über die im ultravioletten Bereich abgegebene *Strahlung* liegen zusammenhängende Messungen vor[2],[3]. Die Ausbeute der für die Leuchtstoff-Niederdrucklampen wichtigen Resonanzlinie des Quecksilbers $\lambda = 253,7$ mμ (Abb. 170a und b) wurde von RÖSSLER und SCHÖNHERR untersucht[4]. Für die spektrale Energieverteilung der Niederdruckentladung werden folgende Werte angegeben[2]:

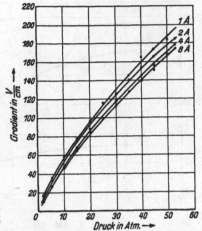

Abb. 167. Gradient als Funktion des Dampfdruckes bei verschiedenen Stromstärken. Kugelförmige Höchstdrucklampe von 30 mm Durchmesser. (Nach ROMPE und THOURET.)

Ausbeute der stärksten Hg-Linien bei der Niederdruckentladung in Quecksilberdampf.

(Rohrdurchmesser 18 mm, Dampfdruck etwa 0,01 mm, Stromdichte 1 A/cm², Grundgas 2 mm Neon.)

Wellenlänge mμ	Ausbeute %	Wellenlänge mμ	Ausbeute %	Wellenlänge mμ	Ausbeute %	Wellenlänge mμ	Ausbeute %	Wellenlänge mμ	Ausbeute %
1014,0	1,27	546,1	2,12	407,8	0,19	365,0/6,3	1,20	296,7	0,29
577,0/9,0	0,71	435,8	2,24	404,7	1,35	312,6/3,2	1,27	253,7	15,8

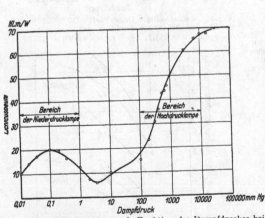

Abb. 168. Lichtausbeute als Funktion des Dampfdruckes bei konstanter Stromstärke von 4 A. Rohrdurchmesser 27 mm. (Nach KREFFT.)

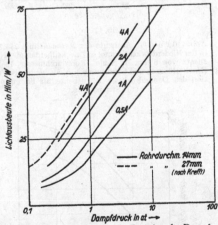

Abb. 169. Lichtausbeute als Funktion des Dampfdruckes bei konstanter Stromstärke. (Nach KREFFT, LARCHÉ und RÖSSLER.)

[1] ELENBAAS, W.: Ähnlichkeitsgesetze der Hochdruckentladung. Physica 2 (1935) 169.
[2] Vgl. Fußn. 1, S. 160.
[3] Vgl. Fußn. 3, S. 160.
[4] RÖSSLER, F. u. F. SCHÖNHERR: Messungen der absoluten Ausbeute der Resonanzlinie 253,7 mμ in der Hg-Niederdruckentladung (nach unveröffentlichten Messungen).

Die bei höheren Drucken (200...800 mm Hg) in verschiedenen Ultraviolett-Bereichen abgestrahlte Leistung des Hochdruckbogens ist in den Abb. 171...173 dargestellt (nach[1]). Auch über höhere Dampfdrucke (bis etwa 20 at) liegen Messungen vor[2].

Messungen der Gesamtstrahlung des Hochdruckbogens wurden von ELENBAAS[3] unternommen. Dabei

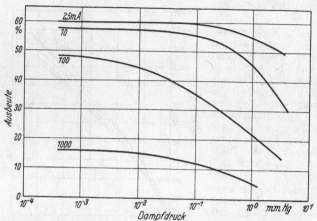

Abb. 170 a.

[1] Vgl. Fußn. 1, S. 160.

[2] Vgl. Fußn. 3, S. 160.

[3] ELENBAAS, W.: Die Gesamtstrahlung der Quecksilber-Hochdruckentladung als Funktion der Leistung, des Durchmessers und des Druckes. Physica 4 (1937) 413.

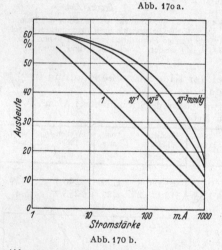

Abb. 170 b.

Abb. 170a und b. Ausbeute der Resonanzlinie 253,7 mμ in der Niederdruckentladung in Quecksilberdampf. Neonzusatz von 6 mm Hg-Säule, Rohrdurchmesser 18 mm. (Nach RÖSSLER und SCHÖNHERR.) a Ausbeute als Funktion des Dampfdruckes. b Ausbeute als Funktion der Stromstärke.

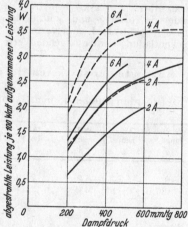

Abb. 171. Kurzwelliges Ultraviolett (230 bis 280 m μ). Strahlungsausbeute als Funktion des Dampfdruckes (—— ohne λ = 253,7, – – – einschließlich λ = 253,7).

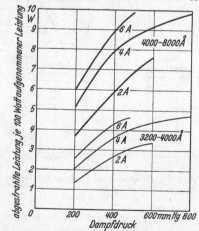

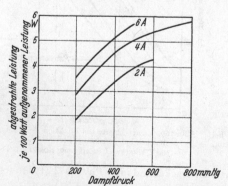

Abb. 172. Mittelwelliges Ultraviolett (280 bis 320 m μ). Strahlungsausbeute als Funktion des Dampfdruckes.

Abb. 173. Langwelliges Ultraviolett (320 bis 400 m μ) und sichtbares Gebiet (400 bis 800 m μ) Strahlungsausbeute als Funktion des Dampfdruckes. (Abb. 171 bis 173 nach KREFFT.)

wurde für die Gesamtstrahlung S folgende Gesetzmäßigkeit gefunden:

$$S = 0{,}72 \, (L - 10) \text{ W}.$$

Darin ist L die pro cm Bogenlänge zugeführte in Watt gemessene Leistung. Die Beziehung gilt allgemein für beliebige Werte des Rohrdurchmessers, des Dampfdruckes und der Stromstärke mit der Einschränkung, daß $L > 20$ W und $p > 10/d$ at ist ($p =$ Dampfdruck, $d =$ Rohrdurchmesser in mm).

Nach Angaben von Krefft[1] und seinen Mitarbeitern[2] besitzt die Hochdruckentladung bei verschiedenen Dampfdrucken die in nebenstehenden Tabellen angegebene Energieverteilung. Hier sind insbesondere die Werte der absoluten Ausbeute der einzelnen Linien angegeben.

Über die *Leuchtdichte* der Hochdruckentladung bei hohen Dampfdrucken liegen zusammenhängende Messungen von Rompe

[1] Vgl. Fußn. 1, S. 160.
[2] Vgl. Fußn. 3, S. 160.
[3] Dampfdruck in mm Hg-Säule.
[4] Wegen Verbreiterung von 253,7 und Überlagerung von 257,8 unsicher.
[5] Wegen Selbstumkehr und Verbreiterung unsicher.

Abgestrahlte Leistung (in W) der Hg-Linien in der Hochdruckentladung für 100 W der Entladung zugeführter Leistung. Mittlere Dampfdrucke.

Wellenlänge mμ	Stromstärke: 4 A			Dampfdruck: 400 mm	
	200 mm[3]	400 mm[3]	800 mm[3]	2 A	6 A
1014,0	0,47	0,83	1,18	0,55	0,99
690,7	0,03	0,05	0,08	0,04	0,07
577,0/9,0	1,38	2,50	3,42	1,55	3,00
546,1	1,50	2,20	2,76	1,95	2,35
491,6	0,02	0,05	0,06	0,02	0,05
435,8	1,32	1,87	2,10	1,55	2,00
407,8	0,10	0,17	0,24	0,13	0,18
404,7	0,77	1,04	1,14	0,86	1,06
390,6	0,02	0,04	0,06	0,03	0,06
365,0/6,3	1,90	3,32	4,30	2,48	3,85
334,1	0,15	0,26	0,37	0,18	0,32
312,6/3,2	1,50	2,25	2,72	1,83	2,50
302,2/2,6	0,59	1,05	1,42	0,72	1,30
296,7	0,38	0,50	0,74	0,34	0,62
292,5	0,04	0,08	0,11	0,05	0,10
289,4	0,11	0,20	0,26	0,15	0,23
280,4	0,20	0,37	0,55	0,22	0,48
275,3	0,07	0,13	0,17	0,08	0,16
269,9	0,08	0,16	0,23	0,10	0,22
265,2	0,44	0,76	0,98	0,50	0,90
264,0	0,06	0,10	0,14	0,07	0,13
260,3	0,03	0,07	0,11	0,05	0,08
257,6[4]	0,03	0,06	0,08	0,03	0,07
253,7[5]	0,72	0,97	0,68	0,68	1,10
248,3	0,22	0,42	0,53	0,21	0,45
246,4	—	0,05	0,09	0,03	0,08
240,0	0,08	0,16	0,21	0,10	0,18
237,8	0,10	0,18	0,23	0,11	0,21
235,2	0,06	0,10	0,12	0,06	0,11

Abgestrahlte Leistung (in W) der Hg-Linien in der Hochdruckentladung für 100 W der Entladung zugeführter Leistung und relative Intensitäten. Hohe Dampfdrucke.

Wellenlänge in mμ	Absolutwerte (in W)				Relative Werte, bezogen auf 365,0/6,3 = 100			
	I	II	III	IV	I	II	III	IV
577,0/9,0	3,42	3,55	4,17	4,21	79,5	74,0	81,5	81,5
546,1	2,76	4,09	5,00	5,76	64,2	85,0	97,8	112,0
435,8	2,10	2,38	3,24	3,60	48,8	49,5	63,4	69,5
404,7	1,14	1,43	1,95	2,23	26,5	29,8	38,2	43,0
365,0/6,3	4,30	4,81	5,11	5,17	100,0	100,0	100,0	100,0
334,1	0,37	0,37	0,45	0,48	8,6	7,7	8,8	9,3
312,6/3,2	2,72	2,72	2,79	2,64	63,2	56,5	54,6	51,0
302,2/2,6	1,42	1,37	1,42	1,20	33,0	28,5	27,8	23,2
296,7	0,74	0,85	0,96	0,90	17,2	17,7	18,8	17,4
292,5	0,11	0,08	0,09	0,07	2,6	1,7	1,7	1,4
289,4	0,26	0,28	0,33	0,30	6,0	5,8	6,5	5,8
280,3/0,5	0,55	0,39	0,40	0,34	12,8	8,1	7,8	6,6
275,3/6,0	0,17	0,14	0,15	0,12	4,0	2,8	2,9	2,4
269,9	0,23	0,15	0,15	0,12	5,3	3,1	2,8	2,2
265,2/5,4	0,98	1,06	0,92	0,69	22,8	22,0	18,0	13,4

	Dampfdruck	Stromstärke	Rohrdurchmesser
I:	800 mm	4 A	27 mm
II:	4000 mm	1,2 A	8 mm
III:	7800 mm	1,2 A	8 mm
IV:	12300 mm	1,2 A	8 mm

und Thouret[1] vor. Die wichtigsten Kurven sind in Abb. 174 dargestellt. Einzelwerte bei sehr hohen Dampfdrucken geben Bol, Elenbaas und de Groot in verschiedenen Veröffentlichungen[2].

Helium, Argon, Zink und Cadmium. Zusammenhängende Messungen liegen nur über den Gradienten der zwei Edelgase vor. Von Lompe und Seeliger[3] wurden die Kurven in Abb. 175 und 176 gemessen.

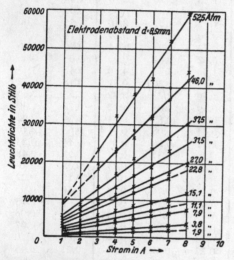

Abb. 174. Leuchtdichte der Entladung in Quecksilberdampf bei hohen Drucken als Funktion der Stromstärke bei festen Druckwerten. (Nach Rompe und Thouret.)

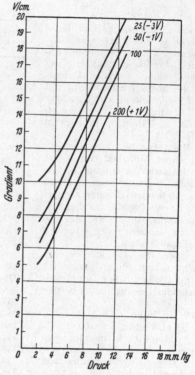

Abb. 175. Gradient der Heliumentladung als Funktion des Druckes für 25, 50, 100 und 200 mA Stromstärke. Rohrdurchmesser 1,5 cm. (Nach Lompe und Seeliger.)

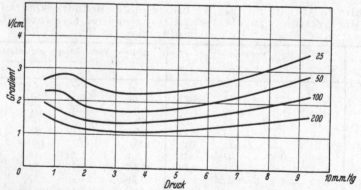

Abb. 176. Gradient der Argonentladung als Funktion des Druckes für 25, 50 100 und 200 mA Stromstärke. Rohrdurchmesser 1,5 cm. (Nach Lompe und Seeliger.)

Über die spektrale Energieverteilung der Niederdruckentladung in den Gemischen Neon + Zink und Neon + Cadmium geben Krefft und Pirani[4] folgende Werte an:

[1] Vgl. Fußn. 4, S. 160.
[2] Elenbaas, W.: Über die mit den wassergekühlten Quecksilber-Super-Hochdruckröhren erreichbare Leuchtdichte. Z. techn. Physik **17** (1936) 61.
[3] Vgl. Fußn. 2, S. 156.
[4] Vgl. Fußn. 1, S. 159.

Spektrale Intensitäten von Zink- und Kadmium-Niederdrucklampen.
(Die Lampen haben eine „Grundfüllung" aus Neon von einigen mm Druck. Der Metall-
dampfdruck ist von der Größenordnung $1 \cdot 10^{-2}$ mm, die Stromdichte 1 A/cm². Durchmesser
15 mm, Material: UV-durchlässiges Hartglas.)

Zink		Zink		Cadmium		Cadmium	
Wellen-länge in mμ	Relative Intensität	Wellen-länge in mμ	Relative Intensität	Wellen-länge in mμ	Relative Intensität	Wellen-länge in mμ	Relative Intensität
307,6	92	472,2	68	326,1	610	480,0	104
328,2	15	481,1	100	340,3	25	508,6	100
330,3	36	636,2	30	346,6/6,8	57	643,8	35
334,5	55	..	—	361,0/1,4	58	1039,5	46
468,0	38			467,8	56		

c) Reklameleuchtröhren.

Aufbau und Eigenschaften der Reklameleuchtröhren. Unter den Gasentladungslichtquellen nehmen die Reklameröhren eine besondere Stellung ein
insofern, als die Ausbildung dieser Röhren weniger nach der Beleuchtungswirkung und Lichtausbeute erfolgte, sondern vor allem nach der Auffälligkeit
und Reklamewirkung. Sie werden fast durchweg an Hochspannung mit Wechselstrom betrieben und bestehen aus längeren Glasröhren, die verschieden gebogen
sein können und an ihren Enden die Elektroden tragen. Als solche dienen kalte
Elektroden, meistens in Form von Metallbechern, die den Rohrdurchmesser
ausfüllen; mitunter sind sie auch aktiviert oder als feste Glühelektroden ausgebildet (vgl. H 2 a).

Die *Farbe* dieser Röhren wird vor allem durch die Gasfüllung (von einigen
mm Hg) und die Beschaffenheit der Rohrwand (farbige oder lumineszierende
Gläser, Leuchtstoffschichten), weniger durch Rohrdurchmesser und Strom-
stärke bestimmt. Dabei liefert Neon ein leuchtendes Rot, Helium ein Gelb,
das Gemisch von Neon und Quecksilberdampf bläuliches Licht, aus dem bei
Verwendung gelben oder braunen Glases Grün wird. Stickstoff ergibt goldgelbes,
Kohlensäure weißes Licht. Röhren mit Quecksilberdampf sowie auch Neon-
röhren können durch Leuchtstoffe (sog. Phosphore oder Luminophore) in der
Farbe geändert und in der Lichtausbeute erheblich verbessert werden (vgl.
B 10, S. 208).

Die *Spannung* und damit die *Wattaufnahme* der Reklameröhren hängt ab
von Länge, Rohrdurchmesser, Stromstärke, Gasart und Gasdruck. Da im
Gegensatz zu den Glühlampen ein Verdampfen und Durchbrennen des lichtspendenden Teiles nicht eintreten kann, die Farbe außerdem nur wenig von
der Stromstärke abhängt, kann man diese in weitem Maße willkürlich ändern
und ist nur durch die bei hohen Stromstärken auftretende starke Erwärmung
der Glaswand beschränkt. Es lassen sich daher keine bestimmten Werte für die
Stromstärke einer Röhre angeben, sondern nur die allgemein üblichen. Die
Spannung V am Rohr setzt sich aus den Elektrodenfällen E und dem Spannungsabfall B in der positiven Säule zusammen. Letzterer ist proportional der Länge b
der Röhre. Der Abfall je Zentimeter wird als Gradient G bezeichnet, so daß also
$V = E + B = E + b \cdot G$ ist, d. h. bei diesen Leuchtröhren ist die Spannung
und damit auch bei gegebener Stromstärke die Wattaufnahme nicht direkt
proportional der Länge, sondern es kommt ein additives Glied, die Elektroden-
fälle, hinzu.

Der *Lichtstrom* hängt ab von Stromstärke, Gasart und Druck, Rohrdurchmesser und Länge. Er ist direkt porportional der Länge.

Die *Lichtausbeute* als Quotient Lichtstrom: Wattaufnahme ist infolge der Nichtproportionalität der Wattaufnahme mit der Länge nicht unabhängig von der Länge, sondern um so größer, je länger die Röhre ist.

Die *Lebensdauer* wird hauptsächlich begrenzt durch eine allmähliche Aufzehrung des Gasinhaltes, die Geschwindigkeit dieses Vorganges hängt ab von der Stromstärke, Rohrvolumen, Gasart und der Art der Elektroden. Bei Röhren mit Edelgasfüllung erstreckt sich durch Wahl geeigneter Elektroden sowie des Fülldruckes und der Stromstärke dieser Vorgang über mehrere tausend Stunden. Bei Röhren mit Stickstoff- oder Kohlensäurefüllung dagegen tritt die Bindung des Gases schon in wenigen Stunden ein, so daß hier durch besondere Vorrichtungen (Mooreventil oder Karbonatstab) das erforderliche Gas nachgeliefert werden muß.

Klarglasleuchtröhren. Im folgenden sind die elektrischen Daten und Werte der Lichtausbeute für die verschiedenen in Reklameleuchtröhren gebräuchlichen Gase zusammengestellt. Die Sicherheit dieser Angaben darf aber nicht überschätzt werden, da die äußeren Bedingungen (Außentemperatur, elektrische Zusatzgeräte und dgl.) die Messungen beeinflussen und im Schrifttum nicht immer angegeben sind.

Neon. Nach Wiegand[1] wurden folgende Werte gemessen:

Rohrdurchmesser	Stromstärke	Elektrodenfälle	Gradient
17 mm	50 mA	150 V	3,5 V/cm
22 mm	50 mA	150 V	3,0 V/cm
13 mm	25 mA	150 V	4,0 V/cm
17 mm	25 mA	150 V	3,6 V/cm

Messungen von E. Rulla und E. Summerer[2] ergaben für Neonröhren von 22 mm Durchmesser und 50 mA Stromstärke

$$E = 100 \text{ V} \qquad G = 3,6 \text{ V/cm und } 0,6 \text{ Hlm/cm.}$$

Bei einer Röhre von 135 cm Länge ergibt sich demnach eine Spannung von 580 V bei 0,05 A Belastung, somit 29 V · A. Die gemessene Leistung betrug 20,5 W, so daß sich ein Verzerrungsfaktor $K = \dfrac{W}{V \cdot A}$ zu 0,71 ergibt. Der Lichtstrom für dieses Rohr beträgt $135 \cdot 0,6 = 80$ Hlm, die Lichtausbeute somit $\dfrac{80 \text{ Hlm}}{20,5 \text{ W}} = 3,9$ Hlm/W.

Nach Angaben von Möbius[3] beträgt bei längeren Röhren der Spannungsabfall (mit Elektrodenverlusten):

bei 10…12 mm Rohrdurchmesser,	15 mA Stromstärke etwa	900 V/m
15 mm	,,	20 mA	,,	,,	720 V/m
18 mm	,,	30 mA	,,	,,	580 V/m
20…22 mm	,,	45 mA	,,	,,	500 V/m
25 mm	,,	60 mA	,,	,,	430 V/m

Messungen der Lichtstärke und Lichtausbeute liegen nur spärlich vor. Skaupy[4] gibt etwa 1 W/HK an bei nicht zu kurzen Röhren, Starck[5] etwa 3…6 Hlm/W.

Helium. Beziehungen zwischen Rohrdurchmesser, Stromstärke und den elektrischen Daten (nach[1]).

Rohrdurchmesser	Stromstärke	Elektrodenfälle	Gradient
17 mm	50 mA	240 V	7,2 V/cm
13 mm	50 mA	240 V	8,6 V/cm

Die Lichtausbeute beträgt etwa 15 W/HK. Starck[5] gibt dafür an 2…3 Hlm/W, auch 7 W/HK wird genannt.

[1] Wiegand, K.: Eigenschaften von Neon-, Helium und Quecksilber-Leuchtröhren (nach unveröffentlichten Messungen).

[2] Rulla, E. u. E. Summerer: Messungen an Leuchtröhren. Licht **8** (1938) erscheint demnächst.

[3] Möbius, P.: Neonleuchtröhren. Leipzig: Hackmeister & Thal 1932.

[4] Skaupy, F.: Fortschritte auf dem Gebiete der technischen Leuchtröhren. Licht u. Lampe **12** (1923) 233.

[5] Starck, W.: Ein weiterer Fortschritt auf dem Gebiet der Leuchtröhrenlichtreklameanlagen. Licht **6** (1936) 3.

Rulla und Summerer[1] messen bei 22 mm Durchmesser und 50 mA etwa 0,7 Hlm/W bei Röhren von 1 m Länge.

Quecksilber. Als Grundgas wird meistens ein Gemisch von Neon und etwas Argon verwendet, dem einige Tropfen Quecksilber beigefügt sind. Spannung und Lichtstrom hängen ab vom Dampfdruck und damit von der Außentemperatur, daher gelten alle Messungen nur für eine (meistens nicht angegebene) Temperatur.

Es wurden folgende elektrische Daten gemessen[2]:

Durchmesser	Stromstärke	Elektrodenfälle	Gradient
17 mm	50 mA	200 V	2,5 V/cm
22 mm	50 mA	200 V	2,1 V/cm
17 mm	25 mA	200 V	2,6 V/cm
13 mm	25 mA	200 V	2,9 V/cm

Lichtausbeute etwa 3...6 Hlm/W[3].

Rulla und Summerer[1] geben folgende Werte für einen Durchmesser von 22 mm an:

Stromstärke	Elektrodenfälle	Gradient	Lichtstrom
50 mA	180 V	2,6 V/cm	0,7 Hlm/cm
500 mA[4]	32 V[4]	1,1 V/cm	5,3 Hlm/cm

Die Ausbeuten für Rohre von 2...2,5 m ergeben sich daraus zu etwa 5,3 Hlm/W bei 50 mA und 11 Hlm/W für 500-mA-Röhren (Verzerrungsfaktor 0,9).

Weitere Messungen sind von Fischer[5] angestellt, der an Röhren von etwa 2,5 m Länge folgende Werte gefunden hat:

	Stromstärke mA	Leistungsaufnahme in W je 1 m	Lichtstrom je m Hlm	Lichtausbeute Hlm/W
22 mm Durchmesser Rohrlänge 2,45 m	15	8...10	21,5	5,3...6,6
	30	24...25	44,1...48,5	4,3...5,6
	60	66...74	86...89,3	2,9...3,3
	86	100	119	2,9
	95	110	125,5	2,8
	118	144	152,5	2,6
15 mm Durchmesser Rohrlänge 2,6 m	15	13...14	35...42	7,0...7,8
	30	33...34	67...84	5,1...6,6
	60	69...80	120...137	3,9...5,2
	80...82	104...112	151...186	3,5...4,6
	100	122...140	180...201	3,4...4,3
	117	150...152	203...238	3,5...4,1
12 mm Durchmesser Rohrlänge 2,05 m	15	14...15	37,4...46	5,5...6,3
	30	33	72...78,1	4,5...4,9
	60	75...76	132...145	3,6...3,9
	80	100	174...186,5	3,6...3,8
	100	122...130	199...223	3,3...3,5
	113	166	259	3,3

Von Fischer[5] wurde auch die Temperaturabhängigkeit der Quecksilber-Leuchtröhren (relativ) gemessen, die in Abb. 177 dargestellt ist für ein Rohr mit einer Stromstärke von 25 mA und einem Grundgas von 75% Neon + 25% Argon.

Die *grünen* Quecksilberröhren unterscheiden sich in den elektrischen Werten nicht von den blauen. Die Lichtwerte sind verschieden, je nach der Farbe und Durchlässigkeit des verwendeten Gelbbraun- oder Grünglases.

Luminophorleuchtröhren. Seit einigen Jahren werden grüne Röhren auch als Luminophor-Leuchtröhren hergestellt, wobei der ultraviolette und teilweise auch blaue Anteil der Quecksilberentladung durch Leuchtstoffe in grünes

---

[1] Vgl. Fußn. 2, S. 166.   [2] Vgl. Fußn. 1, S. 166. — [3] Vgl. Fußn. 3, S. 166.

[4] Oxydelektroden.

[5] Fischer, G.: Lichttechnische Berechnungen und Messungen an Lumophor-Gläsern. Glaswerk G. Fischer, Ilmenau-Thüringen.

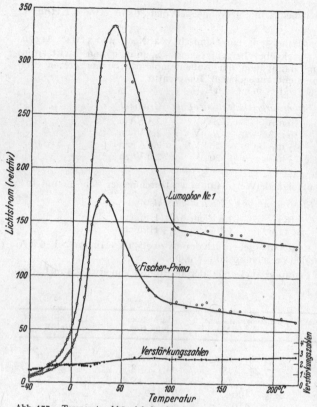

Abb. 177. Temperaturabhängigkeit des Lichtstromes (relativ) einer Quecksilber-Leuchtröhre aus Klarglas (Fischer Prima) und einer Lumophorröhre. (Nach Fischer.)

Licht umgewandelt wird (vgl. B 10, S. 208 f.). Dadurch tritt eine erhebliche Steigerung des Lichtstromes und der Lichtausbeute ein. Je nach der Art der verwendeten Leuchtstoffe kann das ausgestrahlte Licht auch andere Färbungen annehmen, es können heute wohl alle Farben, auch weißes Licht mit Leuchtstoffröhren hergestellt werden. Der Leuchtstoff ist entweder in der Rohrwand — durch die besondere Herstellung des Glases — eingebettet (Fischer-Lumophorgläser) oder haftet als Belag an der Innenseite des Rohres (Ophinag-Luminophorröhren). Die Luminophorröhren sind noch stark in der Entwicklung begriffen, so daß die angegebenen Lichtwerte bald überholt sein dürften.

Zahlreiche Messungen sind von Fischer[1] an Quecksilberröhren mit verschiedenen Lumophorgläsern, Durchmessern und Stromstärken angestellt worden. In den Abb. 178...180 sind einige Werte der Lichtausbeute für verschiedene Gläser in Abhängigkeit von der

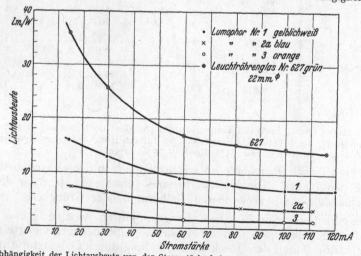

Abb. 178. Abhängigkeit der Lichtausbeute von der Stromstärke bei verschiedenen Lumophorgläsern nach Fischer bei einem Rohrdurchmesser von 22 mm. (Nach Fischer.)

Stromstärke aufgetragen für Röhren von 12, 15 und 22 mm Durchmesser und 200...260 cm Länge. Nach diesen Angaben wird z. B. bei 22 mm Durchmesser und Leuchtröhrenglas 627

[1] Vgl. Fußn. 5, S. 167.

(grünleuchtend) eine Lichtausbeute von 36 Hlm/W erreicht bei einer Stromstärke von 15 mA. Bei höheren Stromstärken sinkt die Lichtausbeute. Die Spektren der Fischerschen Lumophorlampen sind in Abb. 181 wiedergegeben.

Da die lumineszenzerregende Quecksilberstrahlung vom Dampfdruck und damit von der Außentemperatur (vgl. B 8, S. 161) abhängt, ist auch die Lichtstrahlung der Lumineszenzröhren von der Temperatur abhängig. In Abb. 177 sind für lumineszierendes Glas

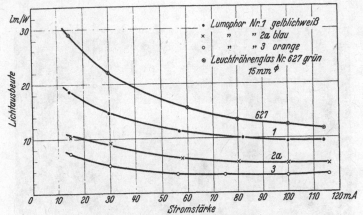

Abb. 179. Abhängigkeit der Lichtausbeute von der Stromstärke bei verschiedenen Lumophorgläsern nach FISCHER bei einem Rohrdurchmesser von 15 mm. (Nach FISCHER.)

(Lumophor 1) die relativen Intensitäten einer Klarglas- und einer Lumophorröhre in Abhängigkeit von der Außentemperatur dargestellt, gleichzeitig ist die durch die Lumineszenz eintretende Verstärkung eingezeichnet.

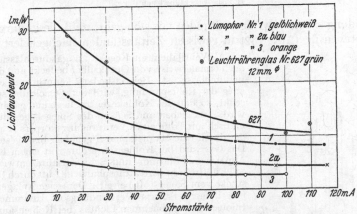

Abb. 180. Abhängigkeit der Lichtausbeute von der Stromstärke bei verschiedenen Lumophorgläsern nach FISCHER bei einem Rohrdurchmesser von 12 mm. (Nach FISCHER.)

RULLA und SUMMERER[1] messen an grünleuchtenden Quecksilberröhren mit Leuchtstoff-Innenschicht der Ophinag bei 22 mm Durchmesser und 50 mA Stromstärke Lichtströme von etwa 4,8 Hlm/cm und Ausbeuten an längeren (2...2,5 m) Röhren von etwa 35 Hlm/W. Bei 500 mA-Röhren (grünleuchtend) beträgt die Ausbeute etwa 19 Hlm/W.

STARCK[2] beschreibt eine Anlage der Ophinag aus grünlichweiß leuchtenden Lumineszenzröhren mit Oxydelektroden, bei der Ausbeuten von etwa 40 Hlm/W erzielt worden sind. Weitere Röhren dieser Art, teilweise mit Oxydelektroden, sind wohl zur Zeit in der Entwicklung (vgl. B 10, S. 208), darunter auch solche mit Neonfüllung[3].

---

[1] Vgl. Fußn. 2, S. 166. — [2] Vgl. Fußn. 5, S. 166.

[3] RÜTTENAUER, A.: Über die Anregung der Luminophore in der Neonentladung. Licht 7 (1937) 1.

Moorelichtleuchtröhren. In erheblich geringerem Umfange werden heute Reklameröhren mit Füllungen aus *unedlen Gasen*, vor allem Stickstoff und Kohlensäure hergestellt. Sie sind bekannt unter dem Namen `Moorelicht-anlagen. Da bei diesen Röhren die Aufzehrung des Gases unter dem Einfluß

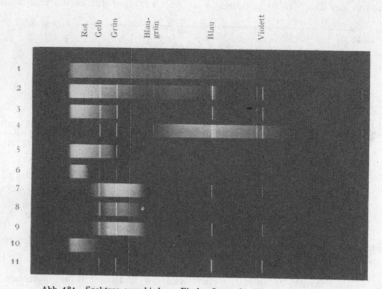

Abb. 181. Spektren verschiedener Fischer-Lumophorröhren. (Nach Fischer.)

1 Sonnenlicht. 2 Lumophor Nr. 1. 3 Lumophor Nr. 8. 4 Lumophor Nr. 2. 5 Lumophor Nr. 3. 6 Lumophor Nr. 4.
7 Lumophor Nr. 5. 8 Lumophor Nr. 9. 9 Leuchtröhrenglas 627. 10 Glühlampenlicht.
11 blaue Quecksilberleuchtröhre.

der Entladung schon in wenigen Stunden vor sich geht, muß dieses durch beson-dere Mooreventile (Abb. 182) in gewissen Zeitabständen nachgeliefert werden.

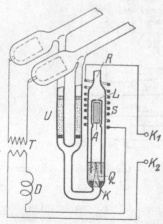

Abb. 182. Moorelichtventil.

Als Ventil dient ein Kegel K aus gasdurchlässiger Kohle, der normalerweise von Quecksilber bedeckt und daher gas-undurchlässig ist. Bei Gasbedarf, kenntlich an einem An-stieg der Rohrspannung, wird der Quecksilberspiegel ge-senkt, so daß der Kohlekegel frei liegt und gasdurchlässig wird. Das Heben und Senken des Spiegels geschieht auto-matisch mit Hilfe eines Verdrängungskörpers A aus Eisen, der durch eine Magnetspule S gehoben bzw. gesenkt wird. Das Gas wird bei Kohlensäureröhren in einem Kippschen Apparat aus Marmor und Schwefelsäure entwickelt, bei Stickstoffröhren wird atmosphärische Luft durch Phosphor-stücke vom Sauerstoff befreit. Derartige Anlagen werden fast immer erst am Verwendungsort zusammengesetzt. Infolge ihres angenehmen Lichtes (bei Kohlensäure-Tages-lichtfarbe, bei Stickstoff goldgelbes Licht) werden diese Röhren mitunter auch für Innenräume benutzt, wobei die geringe Lichtstärke je Meter durch sehr lange Anlagen — bis 60 m — ausgeglichen wird. Nach Angaben der Ophinag be-trägt der Verbrauch bei 45 mm Rohrdurchmesser bei Stick-stoff etwa 4,0 kW für 58 m Rohr, der Lichtstrom ist etwa 500 Hlm/m, die Ausbeute etwa 4 Hlm/W. Bei Kohlensäure-anlagen braucht eine Anlage von 35 m Länge und 45 mm Durchmesser etwa 3,5 kW, der Lichtstrom ist etwa 400 Hlm/m, die Ausbeute etwa 2,4 Hlm/W.

Transportable Kohlensäureanlagen, bei denen die Kohlensäure durch Er-hitzen von Karbonaten nachgeliefert wird, werden in Färbereien usw. als *Tages-lichtapparaturen*[1] benutzt (s. B 9, S. 199).

[1] Starck, W.: Ein neuer Apparat zur Erzeugung künstlichen Tageslichtes. Licht u. Lampe **24** Heft 18 (1935) 435.

d) Natriumlampen.

Aufbau und Wirkungsweise. Natriumlampen sind Gasentladungslampen, deren Lichtausstrahlung ganz oder doch zum größten Teil durch die gelben Linien des Natriums (D-Linien) erfolgt. Das Entladungsrohr ist zu diesem Zweck mit Natriumdampf gefüllt, der durch Elektronenstoß zum Leuchten angeregt wird. Der Dampfdruck des Natriums wird bei allen technischen Lampen dadurch erzeugt, daß das in der Lampe befindliche Metall durch die Wärmeentwicklung in der Gasentladung auf etwa 250...300° C erwärmt und zum Verdampfen gebracht wird. Da im kalten Zustand der Lampe die Dampfspannung des Natriums zu klein ist, um eine Gasentladung zu ermöglichen, enthalten die technischen Lampen eine Grundfüllung von einigen mm Edelgas (meist Neon), das nach dem Zünden die Entladung trägt, durch die das Entladungsrohr aufgeheizt wird. Im Betriebszustand leuchtet infolge der geringeren Anregungsspannung nur noch der Metalldampf, obgleich dessen Anteil unter 1% der Gasfüllung liegt.

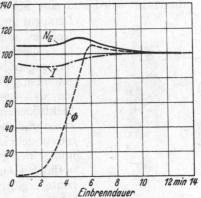

Abb. 183 zeigt die *Anlaufkennlinien*[1] einer Natriumlampe. Während sich die Leistung N_g und die Stromstärke I nur wenig ändern, steigt der Lichtstrom sehr stark an, da die verhältnismäßig lichtarme Neonentladung allmählich in die Natriumentladung übergeht.

Abb. 183. Anlaufkennlinie einer Natriumlampe. N_G gesamte Leistungsaufnahme; I Stromstärke; Φ Lichtstrom. Die Werte der Lampe im Endzustand sind gleich 100% gesetzt. (Nach Lingenfelser und Summerer.)

Entsprechend einer Temperatur von 250...300° C, die wesentlich über der der Hochspannungs-Leuchtröhren liegt, muß auch die Leistungsaufnahme pro cm Rohrlänge höher sein. Die Natriumlampen werden daher mit Stromstärken von 0,6...6 A (je nach der Type) betrieben. Diese Stromstärken lassen sich wirtschaftlich nur mit festen *Glühelektroden* erreichen, deren Aufbau bei den einzelnen Typen verschieden ist. Es ist schließlich möglich geworden, eine *Lebensdauer* von 2000...3000 Brennstunden zu erreichen. Erhebliche Schwierigkeiten bei der Entwicklung der Natriumlampen bereitete die sichere *Zündung*, besonders bei den üblichen Netzspannungen von 220 V. Da die Zündspannung der Gasentladungslampen bei glühenden Elektroden meistens erheblich geringer ist als bei kalten Elektroden, werden besonders bei den älteren Lampentypen die Oxydelektroden durch besondere Hilfsmittel vor dem Zünden der Entladung auf Rotglut gebracht, worauf anschließend die Zündung der Entladung zwischen den hoch erhitzten Elektroden einsetzt. Diese Hilfszündmittel sind je nach der Type verschieden und werden bei jeder Lampentype gesondert beschrieben.

Da Natriumdampf bei der Betriebstemperatur die üblichen technischen Gläser sehr stark angreift und dabei schwärzt oder sogar vollkommen zerstört, mußten für Natriumlampen ganz neuartige *Spezialgläser* geschaffen werden. Die Untersuchungen[2] haben gezeigt, daß diese Gläser frei von leicht reduzierbaren Oxyden, insbesondere von Eisen und Blei, sein müssen sowie nur wenig

---

[1] Lingenfelser, H. u. E. Summerer: Ausgestaltung, Eigenschaften und Betrieb der Entladungslampen. Techn.-wiss. Abh. Osram-Konz. **4** (1936) 15.

[2] Schmidt, R.: Neuere Entwicklung von Sondergläsern auf dem Gebiet der Lichttechnik. Glastechn. Ber. **15** (1937) 80.

Kieselsäure enthalten dürfen, um ohne starke Bräunung dem Angriff des Natriumdampfes über 2000…3000 Stunden standhalten zu können. Ein solches natrium-
dampfbeständiges Glas hat z. B. folgende Zusammensetzung:

$$
\begin{aligned}
SiO_2 &= 25,8\% \\
B_2O_3 &= 49,6\% \\
Al_2O_3 &= 11,0\% \\
Na_2O &= 4,0\% \\
CaO &= 9,6\% \\
\hline
&100,0\%
\end{aligned}
$$

Solche Gläser werden mitunter als Massivgläser, meistens aber als Überfanggläser verwendet, wobei das natriumdampfbeständige Glas in dünner Schicht
entweder schon bei der Herstellung des Röhrenglases mit normalen Gläsern
überfangen wird und eine Schutzschicht bildet oder (bei den amerikanischen
Lampen) in Pulverform auf die Innenwand des fertigen
Kolbens aufgetragen und dann eingebrannt wird.

Größere Verbreitung haben die Natriumlampen durch
ihre gegenüber Glühlampen sehr viel höhere *Lichtausbeute*
gefunden. Die hohe Lichtausbeute ist darauf zurückzuführen, daß (vgl. S. 158) die D-Linien als Resonanzlinien die
Elektronenenergie der Entladung mit sehr gutem Wirkungsgrad (bei kleiner Stromdichte bis zu 90%) in Strahlung
umwandeln können und daß diese hohe Strahlungsausbeute
infolge der günstigen Lage der D-Linien in der Nähe der
optimalen Augenempfindlichkeit auch eine hohe Lichtausbeute ergibt. Dabei nimmt die Lichtausbeute mit wachsendem Dampfdruck (solange dieser nicht zu groß wird) und
sinkender Stromdichte zu (vgl. S. 159). Für jede Lampentype gibt es daher eine bestimmte, günstigste Belastung.
Bei zu geringer Belastung ist zwar die Stromdichte gering,
gleichzeitig aber auch der durch die Stromwärme entwickelte Natriumdampfdruck. Andererseits bedingt zu hohe
Belastung eine der Lichtausbeute abträgliche Stromdichte.
Um einen ausreichenden Dampfdruck bei geringer Stromdichte zu erreichen, sind die Natriumlampen gegen alle
vermeidbaren Wärmeverluste geschützt. Dies kann entweder

Abb. 184. Natriumlampe
für 220 V Betriebsspan-
nung mit festem Wärme-
schutzgefäß. (Nach Lin-
genfelser und Reger.)

dadurch geschehen, daß das Entladungsrohr in einem entlüfteten Kolben
eingeschmolzen ist, wobei zusätzliche Zwischenhüllen die Wärmeverluste noch
mehr herabsetzen, oder dadurch, daß das Rohr in einem unverspiegelten
Dewargefäß brennt.

Wie aus dem Vorhergehenden ersichtlich, besteht die technische Natriumlampe aus dem Glasrohr aus natriumdampfbeständigem Glas, aus den Oxydelektroden, der Wärmeschutzvorrichtung und der Zündeinrichtung, die entweder
fest mit der Lampe verbunden oder außerhalb am Vorschaltgerät untergebracht
sein kann. Die technische Durchbildung ist in Deutschland und im Ausland
verschiedene Wege gegangen, je nach den Forderungen, die man an die Lampen
stellte. Dabei ist infolge der raschen Entwicklung manche Type nur kurze Zeit
hergestellt worden, da Fortschritte in der Erkenntnis und in der Entwicklung
bessere oder einfachere Mittel erschlossen. Solche heute nur noch für Ersatzzwecke hergestellten Typen werden daher nur kurz erwähnt.

220-Voltlampen. Eine 1936 in Deutschland entwickelte, dann auch im Ausland auf dem
Markt erschienene Lampe[1] für normale Netzspannung (220 V Wechselstrom) zeigt Abb. 184.

---

[1] Lingenfelser, H. u. M. Reger: Natriumdampflampen in neuer Form. Elektrotechn. Z. **57** (1936) 1347.

Das Entladungsrohr, das die beiden Oxydelektroden sowie die Zündeinrichtung trägt, ist U-förmig gebogen und zur Wärmeisolation in einem evakuierten Kolben eingeschmolzen. Zur Herabsetzung der Wärmestrahlung ist ein einseitig offener, ovaler Zwischenzylinder eingebaut. Die Lampe wird von einem Goliathsockel getragen. Infolge der gedrängten Bauart und der von der Glühlampe übernommenen Sockelung läßt sich diese Lampe in jede Glühlampenleuchte (nach Vorschaltung einer Drosselspule in der Zuleitung) einschrauben. Die Lampe wird dadurch gezündet, daß sich beim Anlegen der Spannung zwischen der Hauptelektrode E_1 und der Hilfselektrode E_3 eine Glimmentladung ausbildet, deren Stromstärke durch den Widerstand W (etwa 1000 Ω) auf den erforderlichen Wert begrenzt wird. Diese Glimmentladung heizt nun die Elektrode E_1 in einigen Sekunden bis zur Rotglut auf, so daß dann genügend Elektronen emittiert werden und die Glimmentladung in die Bogenentladung umschlägt. Da aber die Stromstärke des Bogens zwischen E_1 und E_3 durch den Widerstand W auf einen sehr kleinen Betrag begrenzt wird, sucht die Entladung, geführt durch die Innenzündstrecken, den Weg geringeren Widerstandes zur anderen Hauptelektrode E_2, d. h. die Röhre zündet. Die Elektrode E_2 wird dann in etwa einer Sekunde durch die Entladung ebenfalls auf Emissionstemperatur gebracht. Während des Betriebes werden die Elektroden durch die Entladung auf Glühtemperatur gehalten. Der Widerstand W ist im Außenkolben der Lampe eingeschmolzen, so daß nach außen hin nur zwei Zuleitungen nötig sind, wodurch die Verwendung eines normalen Glühlampensockels möglich ist. Der im Schaltbild Abb. 185 eingezeichnete Kondensator C (0,1 μF) dient zur Beseitigung etwa auftretender Schwingungen. Die Lampe kann in allen Brennlagen betrieben werden. Lichtausbeute und elektrische Daten dieser in zwei Größen hergestellten Type sind in nachstehender Tabelle aufgeführt:

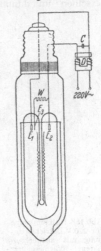

Abb. 185. Schaltung der Natriumlampe für 220 V Betriebsspannung. (Nach LINGENFELSER und REGER.)

Lichtstrom	Leistungs-aufnahme mit Zusatzgerät	Stromstärke	Spannung an der Lampe	Lichtausbeute an der Lampe	Lichtausbeute mit Zusatzgerät
Hlm	W	A	V	Hlm/W	Hlm/W
3300	63	0,9	65	62	52
5500	94	1,2	70	69	59

Die Lebensdauer beträgt 3000 h.

Eine in Deutschland hergestellte Lampe für 220 V Wechselstrom in Soffittenform[1] zeigt Abb. 186. Bei der kleineren Ausführungsform wird die eine Elektrode nicht durch eine Glimmentladung aufgeheizt, sondern durch einen Heiztransformator, dessen Primärwicklung parallel zur Lampe liegt. Bei der größeren Type sind beide Elektroden vorgeheizt. Infolge dieser Schaltung liegt, solange die Röhre noch nicht gezündet hat, die volle Netzspannung

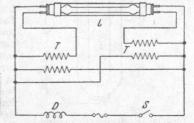

Abb. 186.

Abb. 186. Natriumlampe in Soffittenform für 220 V Betriebsspannung. (Nach LINGENFELSER und REGER.)

Abb. 187. Schaltung der Natriumlampe in Soffittenform. T Heiztransformator, D Drossel, S Schalter, L Lampe. (Nach LINGENFELSER und REGER.)

am Transformator. Nach dem Zünden bricht die Netzspannung auf die Lampenspannung (50...60 V) zusammen, so daß während des Betriebes der Lampe der Heiztransformator

---

[1] LINGENFELSER, H. u. M. REGER: Die Natriumdampflampen und ihre bisherige Anwendung. Licht **3** (1933) 26.

nur etwa $^1/_{10}$ der Anfangsleistung aufnimmt. Dadurch kann dieser sehr klein in den Abmessungen gehalten werden. Diese Type, die als erste Natriumlampe in der Öffentlichkeit erschien[1] und damals eine Ausbeute von etwa 35 Hlm/W (mit Zusatzgerät) bei einer Lebensdauer von etwa 2000 h hatte, ist dann weiter verbessert worden. Die zur Zeit gültigen lichttechnischen und elektrischen Werte sind in nachstehender Tabelle zusammengestellt:

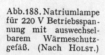

Lichtstrom Hlm	Leistungs-aufnahme mit Zusatzgerät W	Stromstärke A	Spannung an der Lampe V	Lichtausbeute an der Lampe Hlm/W	Lichtausbeute mit Zusatzgerät Hlm/W
3000	68	1,15	50	53,6	44
6000	118	1,8	60	60	51

Die Lebensdauer beträgt 3000 h. Wegen der Soffittenform und der drei bzw. vier Zuführungen sind bei dieser Type Spezialreflektoren mit Spezialfassungen notwendig. Diese Type ist auch in Serienschaltung verwendet worden[2].

Abb. 188. Natriumlampe für 220 V Betriebsspannung mit auswechselbarem Wärmeschutzgefäß. (Nach Holst.)

Eine Natriumlampe für 220 V Wechselspannung wurde auch in Holland[3] entwickelt; sie wird aber heute nur noch für Ersatzzwecke geliefert. Bei dieser Type (Abb. 188) ist das Entladungsrohr zur Erreichung eines gedrängten Aufbaues W-förmig gebogen. Zur Zündung werden beide Glühkathoden durch zwei kleine Heiztransformatoren auf Rotglut gebracht. Infolge der großen Länge des Entladungsrohres ist noch ein „Zündstoß" von etwa 500 V notwendig, der durch einen besonderen Resonanzkreis oder — bei einer späteren Serie — durch eine Zusatzwicklung auf dem Heiztransformator geliefert und dem Entladungsrohr durch eine um das Glasrohr gelegte Schelle kapazitiv zugeführt wird. Als Wärmeschutz dient, wie bei allen in Holland entwicklten Typen, ein auswechselbares nicht verspiegeltes Dewargefäß, das durch den 4-Stift-Sockel der Lampe getragen wird. Die Ausbeute beträgt etwa 45 Hlm/W bei etwa 100 W Gesamtaufnahme.

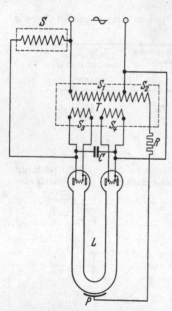

Niedervoltlampen. Da in USA. die für die Zündung von Gasentladungslampen sehr ungünstigen 110-V-Netze überwiegen, außerdem von der Glühlampe her eine Vorliebe für Serienschaltung besteht, wurde von der General Electric Comp.[4] eine Niedervoltlampe für Wechselstrom entwickelt, die in Abb. 190 dargestellt ist. Durch Vergrößerung des Rohrdurchmessers auf 75 mm und Verkürzung des Elektrodenabstandes auf 400 mm wurde die Brennspannung auf nur 24 V bei einer Stromstärke von 6,6 A herabgesetzt. Die Lampen geben etwa 10000 int.lm bei einer Lichtausbeute von etwa 50 int. lm/W (auf die Lampe bezogen). Die Lichtausbeute der Anlage (also mit Zusatzbehör) ist niedriger und hängt von der Schaltung ab, da bei verschiedenen Schaltungen auch die Verluste in den Zubehörteilen verschieden sind. Die Lampen brennen an Niederspannungstransformatoren, die primär in Serie geschaltet sind, oder in Serienschaltung. Als Wärmeschutz dient ein auswechselbares Dewargefäß. Das Entladungsrohr ist mit einem 4-Stift-Sockel versehen, der je zwei Zuführungen zu jeder Elektrode besitzt. Zur Zündung der Lampen werden die freien Zuführungen zu

Abb. 189. Schaltung der Natriumlampe für 220 V mit auswechselbarem Wärmeschutzgefäß. S Drossel, T Heiztransformator mit Wicklungen S_1, S_2 und S_4, S_3 Zusatzwicklung für Zündstoß. C Kondensator zur Vermeidung von Rundfunkstörungen, P Außenelektrode zur Zündung, R hochohmiger Widerstand, L Lampe. (Nach Holst.)

---

[1] Erstmalige Beleuchtung der Ehrenbergstraße in Berlin O 17 durch Natriumlampen im August 1931.

[2] Kircher, W. u. H. Lingenfelser: Eine Firmenschildbeleuchtung mit Natriumdampflampen. Licht **3** (1933) 157.

[3] Holst, G.: Natriumlampen. Ingenieur, Haag **48** (1933) 75.

[4] Eddy, G. A.: Progress in outdoor lighting with sodium vapour lamps, Gen. electr. Rev. **38** (1935) 458. — Electr. Engng. **55** (1936) 1175. — Hibben, G.: Sodiumlamps, Edison Electr. Inst. Bull., Juli 1935, 289.

den Elektroden über einen Bimetallschalter verbunden, so daß der Strom durch die Elektroden fließt und diese zum Glühen bringt. Infolge der Erwärmung öffnet sich der Schalter nach einigen Sekunden selbsttätig, wodurch die Entladung zwischen den jetzt glühenden Elektroden zündet. Bemerkenswert an den amerikanischen Lampen ist das Glas, das nicht von vornherein als Überfangglas hergestellt ist, sondern erst nach der Formgebung durch einen aufgeschmolzenen Überzug aus gemahlenem natriumfesten Glas vor dem Angriff des Natriumdampfes geschützt wird. Die Lampen haben daher das Aussehen eines innenmattierten Kolbens. Für diese Lampen sind besondere Reflektoren für Straßenbeleuchtung durchgebildet worden, die in Abb. 192 abgebildet sind.

Eine Niedervoltlampe für Gleichspannung (Abb. 193) wurde in Holland[1, 2] als erste dort auf den Markt gebrachte Lampe entwickelt, sie ist aber später wieder aufgegeben worden. Hier wurde nicht das Leuchten in der positiven Säule, sondern im negativen Glimmlicht ausgenutzt. Die Glühkathode befand sich in der Mitte eines Kolbens, in wenigen Zentimeter Abstand waren beidseitig zwei Anoden angeordnet. Die Kathode wurde während des Betriebes dauernd durch einen Transformator geheizt, so daß außer der Gleichspannung auch noch Wechselstrom benötigt wurde. Die Brennspannung betrug nur 12 V, die Ausbeute etwa 40…45 Hlm/W an der Lampe. Da als Vorschaltgerät bei Gleichstrom nicht eine Drosselspule mit relativ geringem Verlust benutzt werden konnte, sondern ein wattverzehrender Ohmscher Widerstand benötigt war, wurde teilweise der Ohmsche Widerstand der Zuleitungen zur Stabilisierung der Entladung mitbenutzt.

Lampen für höhere Betriebsspannungen (über 250 V). Um eine besondere Zündeinrichtung zu umgehen, wurde in Holland eine Typenreihe[1, 3] für höhere Spannung (470 V) entwickelt, die auch in Deutschland übernommen wurde (Abb. 195). Bei dieser hohen Spannung tritt eine Zündung der Entladung auch bei kalten Elektroden ein, so daß die Aufheizung der Elektroden wegfallen kann und der Aufbau der Lampe vereinfacht wird. Das Entladungsrohr ist U-förmig gebogen und an einer swansockelähnlichen Fassung befestigt, die gleichzeitig das auswechselbare Dewargefäß trägt. Infolge der Länge der Lampe und der liegenden Brennlage sind Spezialreflektoren notwendig. Die Lampen brennen an Streufeldtransformatoren für

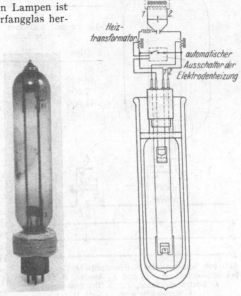

Abb. 190. Abb. 191.

Abb. 190. 10000-Lm-Lampe der GEC., USA., für Niedervolt ohne Wärmeschutzgefäß. (Nach Larché und Reger.)

Abb. 191. Schaltschema der 10000-Lm-Lampe der GEC., USA., für Niedervolt. (Nach Ewest.)

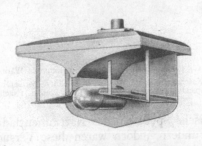

Abb. 192. 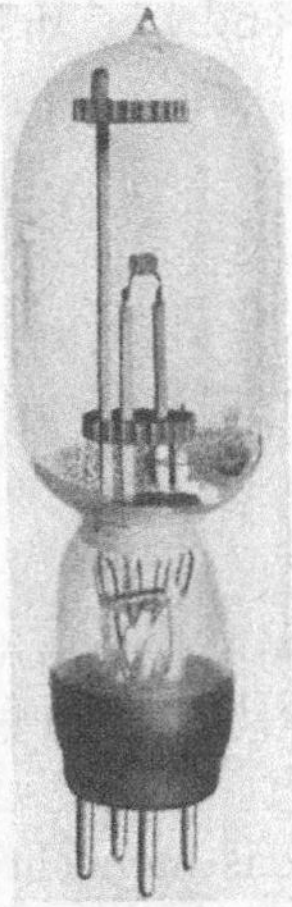 Abb. 193.

Abb. 192. Reflektor für die 10000-Lm-Lampe der GEC., USA., für Niedervolt. (Nach Eddy.)

Abb. 193. Natriumlampe für Gleichstrom mit auswechselbarem Wärmeschutzgefäß. (Nach Holst.)

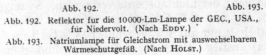

[1] Vgl. Fußn. 3, S. 174.

[2] Werfhorst, B. van de: The development of gas discharge lamps in Europe. Electrochem. Soc. 1934, 335.

[3] Meda-Prospekt der Firma Pintsch, Berlin, v. 1. 5. 35.

470 V, die je nach den Vorschriften für elektrische Anlage in verschiedenen Ländern mit getrennter oder gemeinsamer Wicklung ausgeführt sind. Die elektrischen und licht-technischen Daten sind in nachstehender Tabelle angegeben.

Lichtstrom	Leistungs-aufnahme der Lampe	Strom-stärke	Spannung an der Lampe	Lichtausbeute an der Lampe	Lichtausbeute mit Autotrafo
Hlm	W	A	V	Hlm/W	Hlm/W
4400	60	0,6	110	73	55
7200	85	0,6	160	85	69
11000	135	0,9	165	81	69

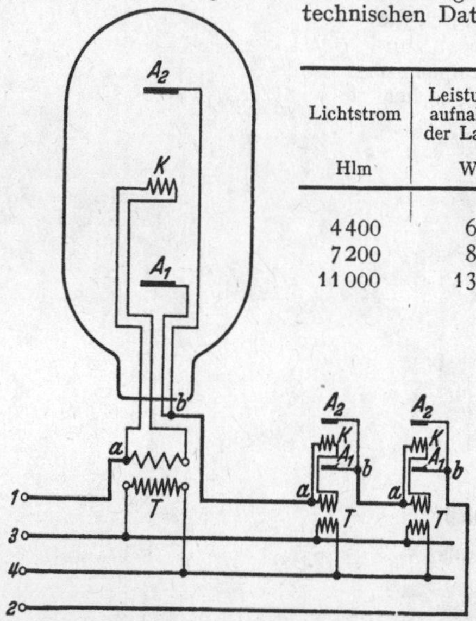

Abb. 194. Schaltung der Natriumlampe für Gleichstrom bei Serienschaltung. A_1 und A_2 Anoden, K Kathode, T Heiztransformator, $1 \ldots 2$ Gleichspannung, $3 \ldots 4$ Wechselspannung. (Nach Holst.)

Die Lichtausbeute an der Lampe ist in-folge der längeren positiven Säule und der dadurch prozentual geringeren Elektroden-verluste etwas höher als bei den Lampen für 220 V. Die 4400- und 7200-Hlm-Lampen haben gleichen Rohrdurchmesser und gleiche Stromstärke und unterscheiden sich nur durch ihre Länge und die Lampenspannung, sie können auch an demselben Streufeldtrans-formator betrieben werden. Bei der 11000-Hlm-Lampe ist der Rohrdurchmesser und auch die Betriebsstromstärke größer. Auch diese Lampen werden mit auswechselbarem Dewargefäß hergestellt.

Farbverbesserung bei Natriumlampen. Bestrebungen, die fast rein mono-chromatische gelbe Lichtfarbe der Natriumlampen dem Glühlampen- oder Tageslicht anzunähern, sind über Laboratoriumsver-suche nicht hinausgekommen. Es ist zwar schon mehrfach vorgeschlagen worden, durch Zusätze von anderen Metallen wie Quecksilber oder Kadmium

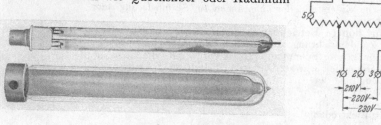

Abb. 195.

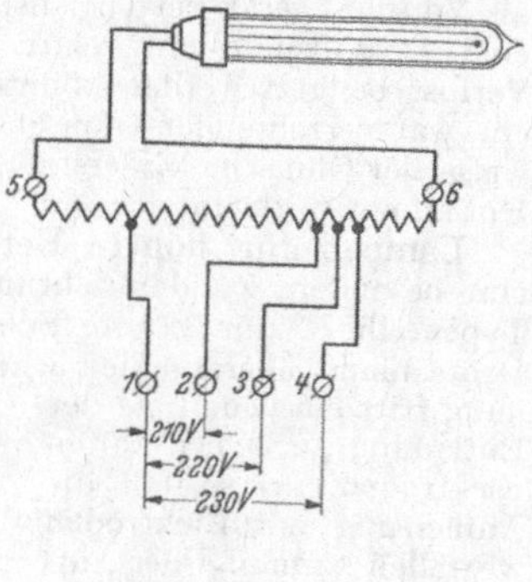

Abb. 196.

Abb. 195. Natriumlampe für 470 V Betriebsspannung mit getrenntem Wärmeschutzgefäß. (Nach Meda-Prospekt.)
Abb. 196. Schaltung der Natriumlampe für 470 V am Streufeldtransformator. 1, 2, 3, 4 Anschlüsse für verschiedene Netzspannungen; 5, 6 Anschlüsse für die Lampe. (Nach Meda-Prospekt.)

das monochromatische Spektrum der Natriumentladung aufzufüllen und damit die Lichtfarbe zu ändern, jedoch waren diese Versuche mit einem erheblichen Rückgang der Lichtausbeute verbunden. So zeigte eine Lampe[1], die mit 7% Na, 48% Hg und 45% Cd gefüllt war, eine Ausbeute von nur 22 Hlm/W, wobei der Rotgehalt nur auf 5% (gegenüber 15% bei Tageslicht und 25% bei Glühlampen-licht) anstieg. Bei den im Handel befindlichen Lampen hat man daher auf jede Zumischung verzichtet.

---

[1] Fonda, G. R.: Sodium Alloy Lamps. J. opt. Soc. Amer. 25 (1935) 412.

e) Quecksilberlampen.

Die Entladung in Quecksilberdampf tritt in ihrer technischen Anwendung als Licht- und Strahlungsquelle in zwei verschiedenen Formen auf, die sich auch äußerlich wesentlich unterscheiden: einmal als langgestreckte Niederdrucklampe, das andere Mal als kurze Hochdrucklampe. Bei den Niederdrucklampen beträgt der Dampfdruck etwa 0,01 ... 1 mm Hg, bei den Hochdrucklampen über 100 mm Hg bis zu zehn und mehr Atmosphären.

Bei der Niederdrucklampe füllt die positive Säule der Entladung den ganzen Querschnitt des Entladungsrohres aus. Der im Druckbereich der Niederdrucklampen nur wenig druckabhängige Gradient (vgl. b, S. 160) erreicht Werte zwischen 0,5 und 1,0 V/cm für normale Stromstärkewerte, so daß die Bogenlänge sehr groß (½ ... 1 m) gemacht werden muß, um die Bogenspannung im Verhältnis zu dem Spannungsabfall an den Elektroden genügend groß zu erhalten, was sowohl aus elektrotechnischen (Leistungsfaktor) als auch wirtschaftlichen Gründen (Lichtausbeute) wichtig ist.

Im Druckgebiet der Hochdruckentladung ist die positive Säule von der Rohrwand abgelöst und bildet einen in der Rohrachse liegenden Entladungsbogen hoher Leuchtdichte. Da der Gradient oberhalb 100 mm Hg mit dem Dampfdruck sehr schnell zu großen Werten ansteigt — von 5 V/cm auf etwa 10 V/cm bei 1 at und über 50 V/cm bei 10 at (vgl. b, S. 160) — liegt die Bogenlänge bei den Hochdrucklampen für normale Netzspannungen je nach Lampentype zwischen 2 und 15 cm, so daß die Hochdrucklampen leicht in eine handliche, gedrungene Form gebracht werden können.

Daß bei der technischen Anwendung der Entladung in Quecksilberdampf für die Lichterzeugung die gleiche scharfe Trennung in Niederdruck- und Hochdruckentladung vorgenommen wurde, wie sie nach entladungsphysikalischen Gesichtspunkten besteht, liegt in dem eigentümlichen Verlauf der Druckabhängigkeit der Lichtausbeute begründet (vgl. b, S. 161, Abb. 168). Im Niederdruckbereich hat die Lichtausbeutekurve bei 0,1 mmHg ein flaches Maximum von rund 20 Hlm/W, durchläuft dann ein tiefes Minimum von etwa 6 Hlm/W bei 3 mmHg und steigt erst wieder im Hochdruckgebiet oberhalb 100 mmHg über den Wert von 20 Hlm/W hinaus schnell zu Werten bis über 60 Hlm/W an. In der Gegend des ersten Maximums werden die Niederdrucklampen betrieben, der steile Anstieg oberhalb 100 mmHg wird bei den Hochdrucklampen ausgenutzt. Über den verschiedenen Anregungsmechanismus bei beiden Entladungsformen (Feldanregung bei Niederdruck, Temperaturanregung bei Hochdruck) (vgl. B 2m, S. 88f.).

Niederdrucklampen mit flüssiger Kathode.

Die erste Quecksilberdampflampe, die im Jahre 1896 von L. ARONS[1] erfunden wurde, war eine Niederdrucklampe mit flüssigen Quecksilberelektroden. Das Entladungsrohr bestand aus Weichglas und war luftleer gepumpt. Die Zündung erfolgte ähnlich wie beim Kohlebogen durch Öffnen eines Stromschlusses zwischen beiden Elektroden, der hier durch Kippen des Brenners hergestellt wurde. Die Lampe war nur für den Betrieb mit Gleichstrom geeignet, weil bei Betrieb mit Wechselstrom für die Wiederzündung des Bogens nach jedem

---

[1] ARONS, L.: Über den Lichtbogen zwischen Quecksilberelektroden, Amalgamen und Legierungen. Wied. Ann. **58** (1896) 73—95. Eine Bogenentladung unter Mitwirkung von Quecksilberdampf wurde zuerst von WAY [Dinglers polytechn. J. **157** (1860) 399] in Luft zwischen Quecksilberelektroden hergestellt.

Richtungswechsel des Stromes Spannungen über 10 kV nötig waren. Die bei jedem Wechselstrombogen auftretende Spannungsspitze beim Wiederzünden hat bei Quecksilberelektroden einen besonders hohen Wert, weil bei diesen der für das Zustandekommen der Bogenentladung notwendige Kathodenansatzpunkt sehr hoher Stromdichte jedesmal wieder neu gebildet werden muß. Erst in der von P. COOPER HEWITT 1903 angegebenen Gleichrichterschaltung konnte der Quecksilberbogen auch mit Wechselstrom betrieben werden[1].

Die technische Durchbildung der Niederdrucklampe mit flüssiger Kathode, sowohl für Gleichstrom als auch für Wechselstrom, gründet sich im wesentlichen auf Arbeiten von COOPER HEWITT in den V.S. Amerika[2]. Die ersten Gleichstromlampen erschienen 1902 auf dem Markt, die Wechselstromlampen 1903. Da die Lichtausbeute dieser Lampen unter Berücksichtigung der Verluste in den Vorschaltmitteln mit etwa 15 Hlm/W gegenüber nur 3...4 Hlm/W der damals verwendeten Kohlefadenlampen recht hoch war, fanden sie besonders in Amerika vielfach Eingang in die Industriebeleuchtung, wo die grünblaue Lichtfarbe der Entladung, in der fast gar keine Rotstrahlung enthalten ist, nicht störte, in vielen Fällen, z. B. in Montagehallen von Maschinenfabriken, manchmal sogar erwünscht war. In Deutschland kamen die Niederdrucklampen dagegen nicht in gleichem Maße zur Anwendung, so daß im folgenden auf diese Lampen nur kurz eingegangen wird.

Gleichstromlampen. Der *Aufbau* der Quecksilberniederdrucklampen (vgl. K 2 b: Ulibrenner) mit flüssiger Kathode hat sich seit dem ersten Erscheinen der Lampen auf dem Markt nicht wesentlich geändert. Die Anode besteht aus einem Eisenzylinder, die Quecksilberkathode befindet sich in dem erweiterten, als Kondensationskammer ausgebildeten, unteren Rohrende. Das Entladungsrohr ist entweder schwach gegen die Waagerechte geneigt oder steht senkrecht, damit das im Rohr kondensierende Quecksilber zur Kathode zurückfließen kann. Der Quecksilber-Dampfdruck wird im Betrieb durch die Temperatur in der Kathodenkammer bestimmt. Das Entladungsrohr besteht aus Bleiglas.

Die *Schaltung* für den Betrieb der Lampe ist in Abb. 197 angegeben (für Gleichstromlampen gilt nur der Stromkreis, der durch die gestrichelte Linie abgegrenzt ist). Um die unvermeidlichen Verluste im Vorschaltwiderstand nach Möglichkeit herabzusetzen, ist die Brennspannung sehr nahe an die Netzspannung herangebracht (z. B. 75 V bei 110 V Netzspannung), man ist dann aber gezwungen, für den stabilen Betrieb eine Beruhigungsdrossel ($\sim 0,4$ Henry) zu verwenden.

Zur *Zündung* des Bogens ist die Bildung des sog. Kathodenfleckes nötig bei gleichzeitiger Ionisierung des Quecksilberdampfes zwischen den Elektroden (Dampfdruck bei Zimmertemperatur 10^{-3} mmHg). Dazu wird ein Induktions-Spannungsstoß von einigen Tausend V Höhe an die Kathode und an eine Außenbelegung der Kathodenkammer gegeben, der durch mechanisches Öffnen eines im Nebenschluß zur Röhre liegenden Quecksilberkippschalters S (vgl. Abb. 197) erzeugt wird[3].

Wechselstromlampen. Quecksilberdampflampen mit flüssigen Elektroden lassen sich mit Wechselstrom normaler Spannung nur in der in Abb. 197 angegebenen Gleichrichterschaltung betreiben[2]. Die in der Kathodenzuleitung liegende Drossel bewirkt eine Phasenverschiebung und Überlappung der Stromkurven der beiden über die zwei Eisenanoden fließenden Teilströme derart, daß der Strom durch die Kathode nicht unterbrochen wird und daher die

[1] COOPER HEWITT, P.: D.R.P. 161808 vom 25. 6. 03.

[2] POLE, I.C.: Die Quarzlampe, ihre Entwicklung und ihr heutiger Stand. Berlin: Julius Springer 1914.

[3] BUTTOLPH, L. J.: The Characteristics of Gaseous Conduction Lamps and Light. Trans. Illum. Engng. Soc. **30** (1935) 147—177.

Wiederzündung bei jedem Polwechsel wegfällt. Die Verluste in dem Vorschalt-gerät sind bei der Gleichrichterschaltung durch den hinzugekommenen Trans-formator größer als bei der normalen Gleichstromschaltung. Die Überlappung der beiden Teilströme hat zur Folge, daß der gesamte Bogenstrom und damit auch der abgestrahlte Lichtstrom nur wenig gewellt ist. Durch die Anwen-dung Ohmscher Vorschaltwiderstände hat der Leistungsfaktor den hohen Wert von 0,9.

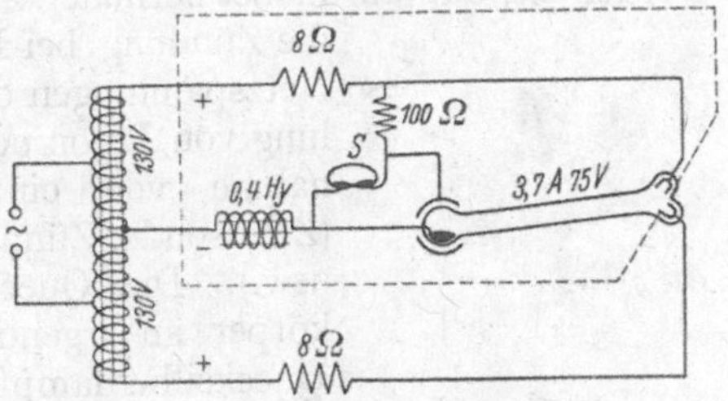

In Abb. 198 ist eine erst 1934 auf den Markt gebrachte Quecksilberniederdrucklampe zu sehen, die zur Vermin-derung der Verluste in einer etwas ab-

Abb. 197. Gleichrichterschaltung für den Wechselstrom-betrieb von Quecksilberniederdrucklampen mit Queck-silberkathode. Der Stromkreis innerhalb der gestrichel-ten Linie gibt die Schaltung für die Gleichstromlampe wieder. (Nach BUTTOLPH[1].)

geänderten Gleichrichterschaltung unter Fortlassung des Transformators be-trieben wird, wobei die Gesamtleistungsaufnahme 200 W beträgt[2].

Die Abmessungen, elektri-schen Daten und die Lichtaus-beutewerte einiger amerikani-scher Gleich- und Wechsel-stromlampen sind in nachste-hender Tabelle aufgeführt[1]. Als Lebensdauer der Lampen werden 6000 h angegeben[3].

Niederdrucklampen mit festen Glühkathoden.

Die Verwendung einer durch den Bogenstrom aufgeheizten mit Erdalkalioxyden aktivier-

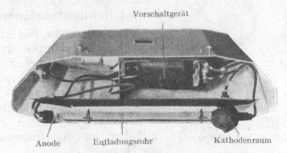

Abb. 198. Eine Quecksilberniederdrucklampe mit Quecksilberkathode in Gleichrichterschaltung mit Vorschaltgerät. Leistungsaufnahme 200 W. (Nach BUTTOLPH[2].) Der Reflektor ist z. T. aufgeschnitten.

ten festen Glühkathode[4] an Stelle der flüssigen Quecksilberkathode beseitigt mit einem Schlage die bei letzterer im Wechselstrombetrieb auftretenden Schwierigkeiten. Die Wiederzündspannung nach jedem Polwechsel ist in diesem

Abmessungen, elektrische Daten und Lichtausbeute einiger amerikanischer Quecksilberniederdrucklampen mit Quecksilberkathoden (Copper Hewitt-Lampen)[1].

| Netz-spannung | Leistungsaufnahme | | Brenn-spannung | Strom-stärke | Licht-ausbeute | Rohr-durchmesser | Rohrlänge | Leistungs-faktor |
| | am Rohr | mit Vor-schaltgerät | | | | | | |
V	W	W	V	A	int. lm/W	mm	cm	
110 =	250	385	70	3,5	16,0	25	125	—
110 ~	275	450	75	3,7	15,0	25	125	0,90
110 ~	175	300	70	2,5	13,5	19	90	0,90
110 ~	150	250	40	3,7	12,0	25	25	0,90

[1] Vgl. Fußn. 3, S. 178.
[2] BUTTOLPH, L. J.: A Small Mercury Rectifier Type of Arc Lamp. Gen. electr. Rev. **37** (1934) 328—329.
[3] BUTTOLPH, L. J.: A Review of Gaseous Conduction Lamps. Trans. Illum. Engng. Soc., **28** (1933) 153—183.
[4] PIRANI, M.: Neue Gasentladungsstrahler. Elektrotechn. Z. **51** (1930) 889—895. — Techn.-wiss. Abh. Osram-Konz. **2** (1931) 33—42.

Falle nur wenig höher als die Brennspannung, weil in der vorangegangenen Halbperiode die Kathode durch den höheren Anodenfall so hoch aufgeheizt worden ist, daß an ihr bei normaler Spannung ein Bogen ansetzen kann. Auch

die Zündung bei Inbetriebnahme gelingt jetzt an normalen Netzspannungen durch Verwendung einer Edelgasgrundfüllung von Argon oder Neon von einigen mmHg und Zuhilfenahme von einfachen zünderleichternden Hilfsmitteln (Zündsonde, Zündstrich innerhalb oder außerhalb der Röhre usw.). Die Quecksilberfüllung befindet sich als Bodenkörper an irgendeiner Stelle der Entladungsröhre. Der Quecksilberdampfdruck steigt von etwa 10^{-3} mmHg bei Zimmertemperatur durch die Erwärmung des Entladungsrohres beim Stromdurchgang auf höhere Werte, die je nach dem Verwendungszweck zwischen 10^{-2} mmHg und 2 mmHg betragen. Da die Anregungsspannungen des Quecksilberatoms niedriger liegen als die von Argon und Neon, wird schon bei diesen Drucken nur ausschließlich das Quecksilber angeregt. Die Verhältnisse liegen also ähnlich wie bei der Natriumdampflampe (vgl. d, S. 171).

Klarglaslampen. Für Allgemeinbeleuchtung sind Quecksilberniederdrucklampen mit Glühelektroden bisher nicht in größerem Maßstabe zur Verwendung gekommen. Der Grund liegt in der relativ niedrigen Lichtausbeute (s. nachstehende Tabelle[1]), insbesondere im Vergleich zu den ebenfalls mit Glühelektroden ausgerüsteten Quecksilberhochdrucklampen, deren Entwicklung sich zeitlich unmittelbar an die Entwicklung der Niederdrucklampen anschloß.

Abb. 199. Quecksilberniederdrucklampe mit Glühelektroden für 220 V, zusammen mit Glühlampen zu einer Leuchte für hygienische Beleuchtung vereint. (Nach Lax und Pirani[2].)

In einigen Fällen ist jedoch die Niederdrucklampe angewendet worden, z. B. in Verbindung mit Glühlampen, wobei bei einer Mischung der Lichtströme beider Lichtquellen im Verhältnis 1 : 1 durch die Ergänzung der im Quecksilberlicht vollständig fehlenden Rotstrahlung von seiten der Glühlampe ein tageslichtähnliches Licht erhalten wird. Wenn außerdem für das Entladungsrohr ein gut UV-durchlässiges Glas gewählt wird, das die biologisch wirksame UV-Strahlung des Quecksilberbogens im mittelwelligen UV-Gebiet zur Wirkung gelangen läßt, dann stellt diese Kombination gleichzeitig einen milden UV-Strahler dar, mit dem eine hygienische Beleuchtung erzielt werden kann. Die Niederdruckröhre kann dabei als Bauelement des Beleuchtungskörpers selbst verwendet werden (s. Abb. 199)[2].

Daten von Quecksilberniederdrucklampen mit Oxydglühelektroden für Beleuchtungszwecke; Netzspannung 220 V[1].

Leistungsaufnahme		Brenn-spannung	Strom-stärke	Lichtstrom	Licht-ausbeute	Rohr-durchmesser	Rohrlänge
der Lampe allein	einschließlich Drosselverlust						
W	W	V	V	Hlm	Hlm/W	mm	mm
54	80	40	1,5	700	8,8	22	500
97	133	55	2,0	1400	11,0	30	1000

Leuchtstofflampen. Wie in B 10, S. 208f., ausführlich beschrieben ist, läßt sich der große Anteil kurzwelliger Strahlung an der Gesamtstrahlung des Nieder-

[1] Pirani, M. u. E. Summerer: Physikalische Energiebilanz — Technische Ausnutzung und Bewertung unserer Lichtquellen. Lichttechn. 13 (1936) 1—8.
[2] Lax, E. u. M. Pirani: Neue Gasentladungslichtquellen und ihre Anwendung. Techn.-wiss. Abh. Osram-Konz. 3 (1934) 6—22.

druckbogens in Quecksilberdampf durch lumineszierende Gläser oder geeignete auf der Innenwand des Entladungsrohres angebrachte Leuchtstoffe mit einem hohen Wirkungsgrad in Licht umwandeln und so für Beleuchtungszwecke nutzbar machen[1, 2].

Es handelt sich dabei im wesentlichen um die Strahlung der Triplett-Resonanzlinie des Quecksilberatoms der Wellenlänge 253,7 mμ. Die von der Resonanzlinie allein abgestrahlte Leistung kann dabei (vgl. b, S. 162) bis zu 50% der vom Bogen aufgenommenen Leistung betragen (gegenüber etwa 2% bei der stärksten sichtbaren Linie 546,1 mμ[3]). Da die Ausbeute dieser Resonanzlinie in gleicher Weise wie bei der sichtbaren Resonanzstrahlung des Natriumdampfes bei Verminderung von Dampfdruck und Stromdichte stark ansteigt, wird die Leistungsaufnahme der Lumineszenz-Leuchtröhren je cm Bogenlänge sehr niedrig gehalten. Sie unterscheiden sich also nur wenig von den für Reklame- und Schmuckbeleuchtung benutzten Hochspannungsleuchtröhren, die gleichfalls

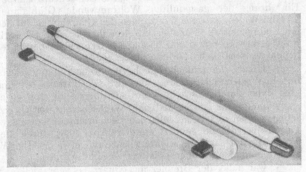

Abb. 200. Versuchs-Leuchtstoffröhren für 220 V Netzspannung. Quecksilberniederdrucklampen mit Glühelektroden, 50 cm lang, 25 W Leistungsaufnahme. (Nach Rüttenauer[4].)

mit Leuchtstoffen versehen werden (s. H 2a). Nur wird bei den für Allgemeinbeleuchtung vorgesehenen Niederdrucklampen die Rohrlänge so bemessen, daß die Lampen ar. den normalen Netzspannungen von 220 V betrieben werden können. Im Laboratorium sind mit Versuchsröhren von 50 und 100 cm Länge, die in ihrem Äußeren den röhrenförmigen Glühlampen (Linestraröhren, Soffittenlampen) gleichen (Abb. 200), Ausbeuten bis zu 40 Hlm/W bei einer weißen tageslichtähnlichen Farbe des Lichtes und 100 Hlm/W bei grüner Lichtfarbe erreicht worden (s. nachstehende Tabelle)[4]. Es lassen sich auch andere Lichtfarben mit Leuchtstoffen herstellen (vgl. B 10, S. 208).

Daten von Versuchs-Quecksilberniederdrucklampen mit Leuchtstoffen für 220 V Netzspannung[4].

Leistungsaufnahme		Brenn-spannung	Strom-stärke	Lichtstrom	Licht-ausbeute	Rohr-durchmesser	Rohr-länge	Licht-farbe
der Lampe allein W	einschließlich Drosselverlust W	V	A	Hlm	Hlm/W	mm	mm	
25	30	60	0,50	1000	33	30	500	weiß
25	28	125	0,25	2800	100	35	1000	grün

Hochdrucklampen (HgH-Lampen).

1904 stellte R. Küch zum ersten Male eine Quecksilber-Niederdrucklampe mit flüssiger Kathode aus Quarzglas her, die für wissenschaftliche und medizinische Zwecke bestimmt war. Beim Experimentieren mit dieser Quarzlampe fanden R. Küch und T. Retschinsky 1906, daß die Lichtausbeute der Entladung bei Erhöhung des Dampfdruckes (durch Belastungserhöhung) zuerst abnahm, dann aber unter gleichzeitigem Einschnüren des Lichtbogens wieder

[1] Fischer, G.: Lichttechnische Berechnungen und Messungen an Lumophor-Gläsern, Ilmenau-Thüringen.

[2] Pirani, M. u. A. Rüttenauer: Lichterzeugung durch Strahlungsumwandlung. Licht 5 (1935) 93—98.

[3] Krefft, H. u. M. Pirani: Quantitative Messungen im Gesamtspektrum technischer Strahlungsquellen. Z. techn. Physik 14 (1933) 393—412.

[4] Rüttenauer, A.: Leuchtstoffe zur Lichterzeugung. Umschau 41 (1937) 340—341.

stark anstieg [1]. Bei einem Druck von 1 at, den man später bei technischen Lampen mit flüssigen Elektroden aus konstruktiven Gründen nicht überschritt, wurden etwa 40 Hlm/W, gemessen am Rohr, erreicht.

Der in der Folgezeit einsetzenden technischen Fortentwicklung der Hochdrucklampe aus Quarzglas diente die vorangegangene Entwicklung bei der Niederdrucklampe weitgehend als Vorbild, da die beiden Formen der Bogenentladung sich hinsichtlich des elektrischen Verhaltens im wesentlichen gleichen [2]. Die Hochdrucklampe aus Quarzglas fand bereits in steigendem Maße Eingang als Beleuchtungslampe, als die im Jahre 1912 erfolgte Einführung der gasgefüllten Wolframwendel-Glühlampe mit Lichtausbeuten bis zu 20 Hlm/W dem weiteren Vordringen der Quarzlampe auf dem Beleuchtungsgebiet zunächst ein Ende bereitete. Für die Unterlegenheit der Hochdrucklampe in der damaligen Gestalt im Wettbewerb mit der Glühlampe waren neben betriebstechnischen Mängeln im wesentlichen wirtschaftliche Gründe maßgebend:

1. konnte der einfache Hochdruckbrenner mit zwei flüssigen Elektroden infolge der hohen Wiederzündspannung nur mit Gleichstrom betrieben werden; die Lichtausbeute ging dabei durch Ohmsche Vorschaltwiderstände von 40 auf etwa 25 Hlm/W zurück;

2. mußte für den Betrieb mit Wechselstrom der Quarzbrenner mit zwei Anoden versehen werden und in der gleichen Gleichrichterschaltung wie die Niederdrucklampen mit Quecksilberkathode benutzt werden (Abb. 197); durch die hinzukommenden Verluste im Transformator sank die Lichtausbeute auf etwa 20 Hlm/W herab, die auch von der gasgefüllten Lampe gleicher Leistung erreicht wurde;

3. war dabei der Brenner aus Quarzglas sehr viel teurer als die Glühlampe;

4. war die Inbetriebnahme der Lampe recht umständlich und erforderte mechanisch bewegte Zusatzapparaturen: sie erfolgte entweder durch Berührung der beiden Quecksilberelektroden durch automatisches Kippen des Brenners oder wie bei der Niederdrucklampe mittels eines Induktions-Spannungsstoßes von einigen Tausend V durch Öffnen eines Quecksilberkippschalters (Abb. 197). Die Verwendung der Hochdrucklampe aus Quarzglas beschränkte sich daher in der Folgezeit auf die Ausnutzung der medizinischen, chemischen und bakteriziden Wirkung der starken UV-Strahlung (vgl. B 9, S. 191, K 2 b, d).

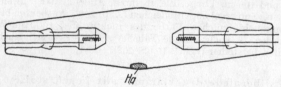

Abb. 201. Erste Quecksilberhochdrucklampe aus Hartglas mit Oxydelektroden. (Nach Pirani [3].)

Die Wiederaufnahme der Entwicklungsarbeiten an der Hochdrucklampe für Beleuchtungszwecke erfolgte in den Jahren 1929—1930 [3]. Sie nahm ihren unmittelbaren Ausgang von den Niederdrucklampen mit Glühelektroden und Edelgasgrundfüllung, die an normalen Netzspannungen zündeten und zum Betrieb mit Wechselstrom nur eine einzige Drossel zur Begrenzung des Stromes nötig hatten. Der Aufbau einer der ersten Versuchs-Hochdruckbrenner dieser Art aus Hartglas ist in Abb. 201 zu sehen [3]. Die fremdgeheizten Oxydelektroden waren in einem die Zerstäubung behindernden Schutzmantel eingebaut. Die Lichtstärke betrug 2400 Hk$_\perp$ bei einer Brennspannung von 30 V und einer Stromstärke von 34 A. Die erste Straßenbeleuchtungsanlage mit ähnlichen Hochdrucklampen ist im September 1931 in der Ehrenbergstraße, Berlin, in Betrieb genommen worden [4]. In Deutschland [5] sowie in England, Holland und den V.S. Amerika ist die technische Durchbildung der neuen Hochdrucklampen in den nächsten Jahren soweit gefördert worden, daß in den Jahren 1932—1933 die ersten in nachstehender Tabelle aufgeführten Lampen auf dem Markt erscheinen konnten. In England kam 1932 die 400-W-Lampe in den Handel, die vorzugsweise in einer besonders dafür entworfenen geschlossenen Laterne betrieben wurde [6]. In Deutschland erschienen Ende 1933 (etwas später als in England infolge des hemmenden Einflusses der vorhergegangenen wirtschaftlichen Krise) gleich drei Lampen zum Verkauf mit 250, 500 und 1000 W Rohrleistung [5]. Die Entwicklung in Holland schloß sich im wesentlichen der in Deutschland und England an, so daß hier drei Lampen

[1] Küch, R. u. T. Retschinsky: Photometrische und spektralphotometrische Messungen am Quecksilberbogen bei hohem Dampfdruck. Ann. Physik **20** (1906) 563—583.

[2] Vgl. Fußn. 2, S. 178.

[3] Pirani, M.: Neue Gasentladungsstrahler. Elektrotechn. Z. **51** (1930) 889—895.

[4] Vgl. Fußn. 2, S. 180.

[5] Krefft, H. u. E. Summerer: Die neuen Quecksilberdampflampen und ihre Anwendung. Licht **4** (1934) 1—5, 23—26, 86—89, 105—108.

[6] Ryde, J. W.: Characteristics of the High-Pressure-Mercury-Vapour Type. Electric. Rev. **113** (1933) 583—584.

(die 1000-W-Lampe nicht) hergestellt wurden[1]. In den V.S. Amerika folgte man England und brachte ebenfalls eine 400-W-Lampe heraus, die in einer geschlossenen Leuchte gebrannt wurde[2].

Übersicht über die ersten auf dem Markt erschienenen Quecksilberhochdrucklampen mit Oxydglühelektroden für Beleuchtungszwecke[3].

| Herstellungsland | Art | Leistungsaufnahme | | Lichtstrom | Lichtausbeute ab Netz |
| | | am Rohr | einschließlich Drossel | | |
		W	W	Hlm	Hlm/W
1. Deutschland	HgH 1000	250	275	10000	36,5
2. Deutschland	HgH 2000	500	550	20000	36,5
3. Deutschland	HgH 5000	1000	1100	50000 int. Lm	45,5 int. Lm/W
4. England	400 W	400	420	16000	38,0
5. Holland	HO	wie unter 1, 2 und 4			
6. V.S. Amerika . . .	H—1	400	425	14000	33,0

Sowohl diese als auch die in der Folgezeit herausgebrachten Lampen gleichen sich im allgemeinen im Aufbau und in den Betriebseigenschaften ziemlich weitgehend, abgesehen von Sonderausführungen, auf die weiter unten näher eingegangen wird.

Aufbau der Hochdrucklampen. Infolge des hohen Gradienten der Hochdruckentladung, der bei technischen Lampen Werte zwischen 6 V/cm bei den großen Einheiten und etwa 50 V/cm bei den kleinen annimmt (s. Tabelle im Anhang), kann der Hochdruckbrenner trotz hoher Leistungsaufnahmen relativ kurz gehalten werden, so daß eine gedrungene, handliche Gestalt der Lampen erreicht wird.

Der *Aufbau* ist in Abb. 202 schematisch dargestellt. Zwei durch den Bogenstrom aufgeheizte Oxydelektroden E_1 und E_2 sind in einem Abstand, der das 3...6fache des Rohrdurchmessers beträgt, in einem Entladungskolben aus Hartglas oder Quarzglas zusammen mit einer Zündsonde Z eingeschmolzen. Die Zündsonde ist in der Nähe der einen Hauptelektrode angebracht und über einen Widerstand W von einigen Tausend Ohm mit der anderen Elektrode verbunden. Der Entladungskolben ist in einen weiteren Außenkolben aus Weich- oder Hartglas eingebaut. Der Außenkolben, entweder ein Röhren- oder ein Kugelkolben dient dazu, einmal den Brenner gegen die Einwirkung der Witterung (Wind, Regen) zu schützen

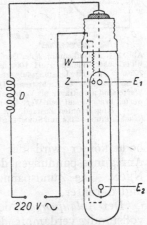

D = Drossel
$E_1 E_2$ = Hauptelektroden
W = Widerstand
Z = Zündelektrode

Abb. 202. Der Aufbau und die Schaltung der Quecksilberhochdrucklampen für Beleuchtungszwecke.

und ferner durch eine gewisse Wärmestauung gegen äußere Temperatureinflüsse weitgehend unempfindlich zu machen. Da der Zündwiderstand W entweder im Außenkolben oder im Sockel untergebracht wird, sind nur zwei Zuführungen zur Lampe nötig, so daß die Lampen mit den üblichen Schraubensockeln versehen und in allen für Glühlampen gebauten Leuchten benutzt werden können.

[1] WERFHORST, G. B. VAN DE: The Development of Gas Discharge Lamps in Europe. Trans. electrochem. Soc. **65** (1934) 335—353.
[2] MAILEY, R. D.: Vapour Conducting Light Sources. Electr. Engng. **53** (1934) 1447.
[3] LARCHÉ, K. u. M. REGER: Technischer Stand der Metalldampflampen für Allgemeinbeleuchtung. Elektrotechn. Z. **58** (1937) 761—763, 790—793.

Die *Elektroden*, die in der Hochdruckentladung infolge des punktförmigen Ansatzes des Bogens einer äußerst scharfen Beanspruchung unterworfen sind, bestehen aus Wolframwendeln, die mit Oxyden, meistens Erdalkalioxyden, aktiviert sind.

Der *Brenner* besteht entweder aus einem für den besonderen Zweck geeigneten quecksilberfesten Hartglas[1] oder aus Quarzglas. Die Erweichungstemperatur dieser Hartgläser liegt sehr hoch, da die Temperatur des Entladungsrohres im Betrieb in den meisten Fällen 500° C übersteigt. Gläser, die diesen Ansprüchen genügen, enthalten verhältnismäßig wenig Kieselsäure (zwischen 50 und 60%) und erhebliche Mengen Aluminiumoxyd (etwa 20%), gehören also in die Gruppe der Tonerdegläser. Die Erweichungstemperaturen dieser Gläser liegen zwischen 700 und 800° C.

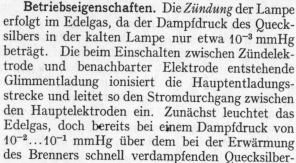

Abb. 203. Anlaufkennlinien der Quecksilberhochdrucklampe HgH 1000 und 2000. N_G gesamte Leistungsaufnahme, I Stromstärke, Φ Lichtstrom. Die Werte sind aufgetragen als Verhältniswerte, bezogen auf den Wert 100 im eingebrannten Zustand. (Nach LINGENFELSER und SUMMERER[2].)

Die *Füllung* des Entladungskolbens besteht wie bei den Niederdrucklampen aus einem Edelgas von einigen mmHg Druck (Argon oder Neon) für die Zündung und einer abgemessenen Quecksilbermenge, die so gewählt ist, daß nach ihrer vollständigen Verdampfung die Dampfdichte einen bestimmten Wert nicht überschreitet.

Betriebseigenschaften. Die *Zündung* der Lampe erfolgt im Edelgas, da der Dampfdruck des Quecksilbers in der kalten Lampe nur etwa 10^{-3} mmHg beträgt. Die beim Einschalten zwischen Zündelektrode und benachbarter Elektrode entstehende Glimmentladung ionisiert die Hauptentladungsstrecke und leitet so den Stromdurchgang zwischen den Hauptelektroden ein. Zunächst leuchtet das Edelgas, doch bereits bei einem Dampfdruck von $10^{-2} \ldots 10^{-1}$ mmHg über dem bei der Erwärmung des Brenners schnell verdampfenden Quecksilberbodenkörper wird der Quecksilberdampf ausschließlich angeregt, weil die Anregungsspannungen des Hg-Atoms niedriger liegen als die von ARGON und NEON. Die Zündspannung der Hochdruckbrenner für 220 V beträgt 180 V und darunter.

Der *Anlaufvorgang* der Lampe, während dessen der Quecksilberbodenkörper vollständig verdampft, dauert einige Minuten. Die Anlaufkennlinien der Stromstärke, der Leistungsaufnahme und des Lichtstromes sind in Abb. 203 zu sehen. Die Spannung am Brenner sinkt nach der Zündung auf einen Wert von etwa 20 V und steigt mit dem Dampfdruck etwas stärker als die Leistungsaufnahme auf den Endwert im Betriebszustand (bei den 220 V Lampen zweckmäßig etwa 110 ... 135 V oder gegebenenfalls auch höher, s. Tabelle im Anhang), der erreicht wird, wenn alles Quecksilber im Brenner verdampft ist. Von diesem Punkt an bleiben also bei konstanter Netzspannung die elektrischen Werte der Lampe vollständig unverändert. Zur Verkürzung der Anlaufzeit ist der Außenkolben mehr oder weniger evakuiert und ferner sind häufig die hinter den Elektroden liegenden Rohrenden von außen metallisch verspiegelt, um das Strahlungsvermögen des Glases herabzusetzen.

Die *Spannungsempfindlichkeit* ist infolge der genauen Bemessung der Quecksilbermenge (Dosierung) relativ gering, wie aus Abb. 204 hervorgeht[2]. Im Bereich

---

[1] SCHMIDT, R.: Neuere Entwicklung von Sondergläsern auf dem Gebiete der Lichttechnik. Glastechn. Ber. **15** (1937) Heft 3.
[2] LINGENFELSER, H. u. E. SUMMERER: Ausgestaltung, Eigenschaften und Betrieb der Entladungslampen. Techn.-wiss. Abh. Osram-Konz. **4** (1936) 15—19.

zwischen 200 und 240 V ändern sich weder die Farbe noch die Lichtausbeute der Lampen merklich. Die Lampen arbeiten einwandfrei bei allen Netzspannungen über 200 V, nur muß die Drossel für die jeweilige Netzspannung auf die vorgeschriebene Betriebsstromstärke eingestellt werden.

Die *Drossel* ist so einzustellen, daß die betreffende Lampe mit der Nennstromstärke betrieben wird. Die Einstellung erfolgt bei Luftspaltregelung durch Veränderung des Luftspaltes, bei angezapften Drosseln durch Anschluß

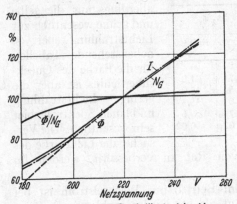

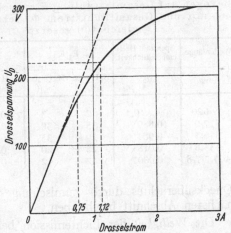

Abb. 204. Kennlinien der Quecksilberhochdrucklampe HgH 2000. Φ/N_G = Lichtausbeute; die anderen Zeichen s. Abb. 203. Die Kurven sind mit einer für 220 V eingestellter Drosselspule aufgenommen. (Nach LINGENFELSER und SUMMERER[1].)

Abb. 205. Beispiel für die Kennlinie einer Vorschaltdrossel für die Quecksilberhochdrucklampe HgQ 300. Kurzschlußstromstärke von 1,12 A bei 220 V Netzspannung.

an die der Netzspannung entsprechenden Klemmen der Drossel. Die Drossel hat hinsichtlich ihrer Kennlinie, deren Verlauf von der Höhe der magnetischen Sättigung des Eisenkernes maßgebend abhängig ist, bestimmten Anforderungen zu genügen, die jeweils von den Fabrikanten der Lampen festgelegt werden. Die Kennlinie einer geeigneten Drossel ist in Abb. 205 dargestellt. Das Verhältnis der Kurzschlußstromstärke der Drossel (bei direktem Anschluß an die Netzklemmen) zur Betriebsstromstärke soll zweckmäßig nicht über den Wert 1,7 gehen, um beim Betrieb der Lampe die

Blindstromausgleich für einige Quecksilberhochdrucklampen. Netzstrom in A für verschiedene Kapazitätswerte in μF für HgH 2000, HgH 1000 und HgHQ 500[1].

Leistungsfaktor	HgH 2000		HgH 1000		HgHQ 500	
cos φ	μF	A	μF	A	μF	A
0,6	0	3,65	0	2,20	2	1,00
0,8	21	2,77	13	1,63	7	0,75
0,9	31	2,46	18	1,46	10	0,65

Anlaufstromstärke kurz nach dem Zünden der Lampen, die ungefähr gleich der Kurzschlußstromstärke ist, nicht zu groß werden zu lassen.

Der Leistungsverbrauch der Drossel liegt bei vorschriftsmäßig bemessenen Drosseln zwischen 5 und 10% der Lampenleistung.

Die *Phasenverschiebung* zwischen Lampenstrom und Netzspannung beruht bei der üblichen Schaltung im wesentlichen auf der Wirkung der Drossel. Der Verlauf der Teilspannungen entspricht dem Oszillogramm in Abb. 206. Der Leistungsfaktor kann durch Parallelschalten von Kondensatoren zum Netz erhöht werden (s. obenstehende Tabelle)[1].

---

[1] Vgl. Fußn. 2, S. 185.

Die Lichtstrahlung. Das *Spektrum* der Hochdruckentladung besteht im Sichtbaren aus vier starken Liniengruppen im gelben, grünen, blauen und violetten Spektralgebiet und einer schwachen kontinuierlichen Strahlung, die sich über den gesamten sichtbaren Bereich erstreckt, es fehlt also im Vergleich zum Tageslicht im wesentlichen nur Rot. Von den vier Liniengruppen trägt allerdings nur die gelbe und grüne wesentlich zur Lichtstrahlung bei (s. nebenstehende Tabelle), für die Farbe des Quecksilberlichtes ist aber die geringe Lichtstrahlung im blauen Spektralgebiet sehr wesentlich. Die Versuche, die Lichtfarbe des Quecksilberlichtes durch Zumischung von Rot zu verbessern, werden im nächsten Abschnitt beschrieben.

Spektrale Strahlungsleistung E_λ und spektraler Lichtstrom Φ_λ der Linien des Spektrums der Quecksilber-Hochdrucklampen Hg H 2000 und Hg Q 500, bezogen auf Gesamtstrahlung E zwischen 650 und 400 mμ und Gesamtlichtstrom Φ, letztere beide gleich 100 gesetzt.

Wellenlänge	Spektrale Hell-empfindlichkeit	E_λ/E		Φ_λ/Φ	
mμ	V_λ	HgH 2000 %	HgQ 500 %	HgH 2000 %	HgQ 500 %
> 620	0,4…0,1	2	3	0,7	1,0
577/9	0,889	35	30	52,5	43,0
546,1	0,984	29	35	46,0	55,3
435,8	0,018	22	20	0,7	0,6
404,7/7,8	0,0007	12	12	0,02	0,02

Die *Welligkeit* der Lichtemission beim Betrieb mit Wechselstrom ist bei Hochdrucklampen viel weniger ausgeprägt als bei Niederdrucklampen. Beim Richtungswechsel des Stromes sinkt der Lichtstrom nicht auf den Wert Null, sondern nur etwa auf ein Drittel des Höchstwertes. Der Höchstwert des Lichtstromes fällt nicht mit dem der Stromstärke zusammen, sondern folgt diesem mit einer Phasenverschiebung von etwa 30°. Beide Erscheinungen finden ihre Deutung in dem thermischen Charakter des Anregungsmechanismus der Hochdruckentladung, dem eine gewisse Trägheit anhaftet (vgl. B 3b, S. 98).

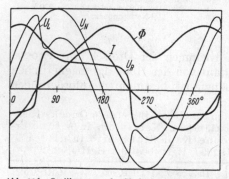

Abb. 206. Oszillogramm des Verlaufes der Netzspannung U_N, der Drosselspannung U_L, der Brennspannung U_R, der Stromstärke I und des Lichtstromes Φ bei einer Quecksilberhochdrucklampe HgQ 500. Netzspannung 230 V; Drosselspannung 180 V; Brennspannung 120 V; Stromstärke 1,2 A; Lichtstrom 5500 Hlm. (Nach Strauch, Stud. Ges. f. elektr. Bel. Osram.)

Die *Lichtabnahme* der Hochdrucklampen beträgt je nach Type nach 2000 h 15…20% als Folge der Zerstäubung der Elektroden und in manchen Fällen der Verfärbung des Glases des Brenners. Die Lebensdauer ist für die in den verschiedenen Ländern hergestellten Lampen nicht ganz einheitlich; für die in Deutschland, Holland und Amerika hergestellten Lampen beträgt sie 2000 h, in England 1500 h.

Der *Lichtstrom* und die *Lichtausbeute* aller im Sommer 1937 auf dem Markt befindlichen Quecksilberhochdrucklampen sind in einer Tabelle (im Anhang) angegeben. Der Lichtstrom der verschiedenen Lampentypen liegt zwischen 3300 und 55000 Hlm, die Lichtausbeute schwankt zwischen 52 Hlm/W für die größte Einheit und 33…40 Hlm/W für die kleinste.

Die mittlere *Leuchtdichte* der Leuchtsäule beträgt je nach Type rund 200…600 sb. Bei den kleinen Quarzlampen, die auch für Allgemeinbeleuchtung Verwendung finden, ist die hohe Leuchtdichte der eingeschnürten Bogenentladung durch Einbau des Brenners in einen innenmattierten Außenkolben auf etwa 50 sb vermindert.

Die *Lichtverteilungskurve* in der Ebene durch die Lampenachse ist in Abb. 207 aufgezeichnet. In der Ebene senkrecht zur Leuchtsäule ist die Lichtverteilung fast kreisförmig.

Eigenschaften verschiedener HgH-Lampentypen. Die ersten Hochdrucklampen (Tabelle S. 183) hatten wegen der verhältnismäßig hohen Leistungsaufnahme (250...1000 W) und entsprechend hohen Lichtströme (10000...50000 Hlm) in größerem Umfange nur dort Verwendung gefunden, wo große Einheiten verlangt wurden und der Mangel an Rotstrahlung nicht allzu störend wirkte: zur Beleuchtung von Straßen, großen Fabrikhallen, Anleuchtung usw. Der Vergleich der Tabelle S. 183 und im Anhang läßt an den besonderen Eigenschaften der neu hinzugekommenen Lampen erkennen, daß die Arbeiten an der Hochdrucklampe in der Zwischenzeit darauf hinausgegangen sind, noch weitere Anwendungsgebiete wie z. B. die Innenraumbeleuchtung, wo Bedarf an Lichtquellen mittleren Lichtstromes und geringer Farbverzerrung besteht, zu erschließen, und zwar

1. durch Entwicklung kleinerer Leistungseinheiten mit fast unverminderter Lichtausbeute,

2. durch Vermehrung der in vielen Fällen nicht ausreichenden Rotstrahlung des Hochdruckbogens[1]. Während die unter 1 genannte Entwicklung mit der 3300 Hlm-Lampe mit Quarzglasbrenner nach kleineren Einheiten hin wohl einen gewissen Abschluß erreicht zu haben scheint, ist das unter 2 genannte Ziel — Verbesserung der Lichtfarbe noch nicht als endgültig gelöst anzusehen, wenn auch die bisherigen Ergebnisse hoffen lassen, daß mit Hilfe von Leuchtstoffen, deren Anwendung in Verbindung mit der Quecksilberniederdrucklampe zu überraschend guten Ergebnissen geführt hat, in absehbarer Zeit für viele Anwendungsgebiete ein praktisch ausreichender Farbausgleich erzielt werden wird.

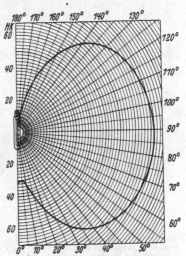

Abb. 207. Die Lichtverteilungskurve der Quecksilberhochdrucklampe HgH 1000 in der Ebene durch die Lampenachse. Die Lichtstärke ist auf einen Lichtstrom von 1000 Hlm bezogen.
(Nach Osram-Liste 52.)

Hartglaslampen großer Leistung. Bei den ersten in den Handel gekommenen Lampentypen (vgl. Tabelle im Anhang) ist auf Grund der Erfahrungen einer mehrjährigen laufenden Herstellung die Lichtausbeute um 10...25% angestiegen. Es werden jetzt mit 250...1000 W-Lampen Ausbeuten zwischen 40 und 50 Hlm/W einschließlich Drosselverlust erreicht. In Abb. 208 sind zwei Hochdrucklampen dieser Art dargestellt.

Hartglaslampen kleiner Leistung. Aus dem in Abb. 169 (vgl. b, S. 161) dargestellten Verlauf der Lichtausbeute in Abhängigkeit von Dampfdruck und Stromstärke ergibt sich, daß die Lichtausbeute mit der beim Übergang zu kleineren Leistungen praktisch nicht vermeidbaren Abnahme der Stromstärke schnell absinkt, daß man aber diesen Abfall durch Anwendung höherer Dampfdrucke ausgleichen kann[2]. Mit der Erhöhung des Dampfdruckes steigt durch die dabei notwendige Verkleinerung der Brennerabmessungen (geringerer Elektrodenabstand wegen des erhöhten Gradienten) die Oberflächenbelastung des Entladungskörpers schnell bis zum Überschreiten der thermischen Widerstandsfähigkeit des für den Entladungskolben verwendeten Werkstoffes an. Durch Verwendung eines besonders harten Glases (Erweichungstemperatur etwa 800° C) und durch geeigneter Formgebung des Entladungskolbens, der bei Verkleinerung außerdem druckfester wird, gelang es zuerst eine 140 W-Lampe mit 2 at und einer Lichtausbeute von 37 Hlm/W, dann eine

---

[1] Vgl. Fußn. 3, S. 183.

[2] KREFFT, H., K. LARCHÉ u. F. RÖSSLER: Spektrale Energieverteilung und Lichtausbeute der Entladung in Quecksilberdampf bei hohen Drucken. Z. techn. Physik 17 (1936) 374—377.

90 W-Lampe mit 3 at und 33 Hlm/W zu entwickeln[1]. Diese beiden Lampen-typen sind in Deutschland im Jahre 1936 auf den Markt gekommen, in England und in Holland wird nur die größere Type hergestellt. Die verkleinerten Abmessungen der Brenner gestatten bei diesen beiden Lampen den Einbau in normale Glühlampenkolben mit 130 und 90 mm Durchmesser (Abb. 209).

Quarzglaslampen kleiner Leistung. Um bei den kleineren Leistungseinheiten, insbesondere bei der 3300 Hlm-Type zu denselben Lichtausbeuten wie bei den großen Lampen zu gelangen, ging man zu noch höheren Dampfdrucken über unter Verwendung von Quarzglas, einem thermisch wider-standsfähigeren Material als Hartglas (Erweichungstemperatur oberhalb 1300° C).

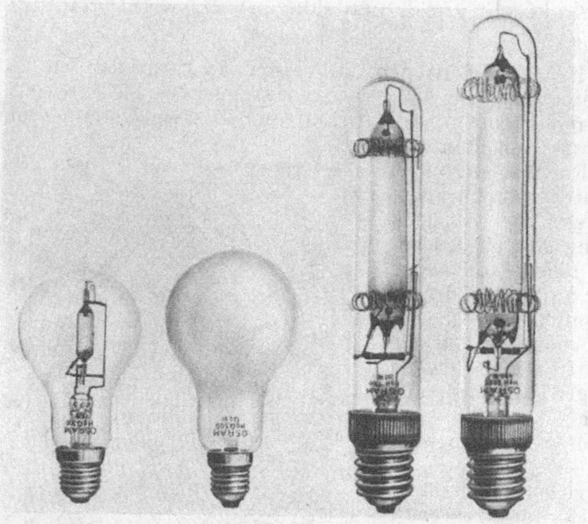

HgQ 300	HgQ 500	HgH 1000	HgH 2000
75 W	120 W	265 W	450 W
3300 Hlm	5500 Hlm	11000 Hlm	22000 Hlm

Abb. 208. Quecksilberhochdrucklampen mit Hartglas- und Quarzglas-brenner. ¹/₄ natürliche Größe. Bei der HgQ 300-Lampe ist der Außen-kolben klar gehalten, um den Innenaufbau sichtbar zu machen.

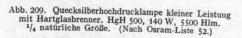

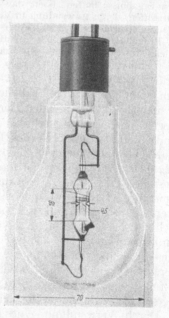

Abb. 209. Quecksilberhochdrucklampe kleiner Leistung mit Hartglasbrenner. HgH 500, 140 W, 5500 Hlm. ¹/₄ natürliche Größe. (Nach Osram-Liste 52.)

Abb. 210. Die Quecksilberhochdrucklampe HP 300, 75 W, 3000 int. Lm, mit 20 at Dampfdruck. ¹/₂ natürliche Größe. (Nach HELLER ².)

[1] LARCHÉ, K.: Neue Quecksilberhochdrucklampen kleiner Leistung für Beleuchtungs- und Bestrahlungszwecke. Z. techn. Physik 18 (1938).

[2] HELLER, G.: Die Quecksilberlampe HP 300. Philips Techn. Rdsch. 1 (1936) 129—134.

Dieser Schritt ist zuerst in Holland gemacht worden[1]. Man hat dabei den Dampfdruck gleich bis 20 at gesteigert und hat bei einer Lampe mit 75 W Rohrleistung (vgl. Abb. 210) 3300 Hlm erreicht. Bei dem angewandten hohen Dampfdruck wird der Gradient so hoch ($\sim$ 100 V/cm), daß die Rohrspannung auf 230 V erhöht werden mußte, so daß diese Lampe nicht mehr an einer Netzspannung von 220 V betrieben werden konnte, sondern einen Streufeldumspanner mit 410 V Leerlaufspannung benötigte, wobei am Gerät 37 Hlm/W erreicht wurden [s. Tabelle 16 (Anhang), Z. 22[2]]. Dem holländischen Vorbild ist man in Amerika gefolgt und hat Anfang 1937 ein ähnliches Muster, ebenfalls mit einem Dampfdruck von 20 at auf den Markt gebracht. Die Lampe hat bei einer Rohrleistung von 85 W einen Anfangslichtstrom von 2975 int. lm; als Lebensdauer werden 500 h angegeben[3].

In Deutschland, wo man von dem Betrieb an normaler Netzspannung von 220 V nicht abgehen wollte, gelang es, eine Quarzlampe mit etwa 10 at Dampfdruck zu entwickeln, die bei 75 W am Rohr ebenfalls 3300 Hlm liefert[4]. Die Brennspannung beträgt 125 V, die Zündspannung etwa 180 V, die Lichtausbeute 44 Hlm/W am Rohr und 40 Hlm/W einschließlich Drosselverlust (8 W). Der Quarzbrenner ist in einem 150 W-Glühlampenkolben (80 mm $\emptyset$) eingebaut, der wie bei den Glühlampen auch innenmattiert ausgeführt wird. In Abb. 208 ist diese Lampe (HgQ 300) mit Klarglaskolben zu sehen. Sie erscheint in Deutschland und auch in Holland sowie in England, hier mit 80 W am Rohr gerade auf dem Markt zusammen mit einer ebenfalls aus Quarzglas gebauten 120 W-Lampe (vgl. Abb. 208) (in England 125 W) mit 5500 Hlm (s. Tabelle im Anhang) (vgl. auch B 9d, S. 203 f.).

HgH-Lampen mit farbverbessertem Licht. Von der großen Zahl von Vorschlägen, die zum Teil auch schon bei den Niederdruck-Quecksilberlampen (Cooper Hewitt-Lampen) und den Quarzlampen mit Quecksilberelektroden versucht worden sind, haben bisher praktische Bedeutung für die Farbverbesserung folgende Verfahren erlangt:

1. Zusatz von Metallen, die leicht verdampfen und in der Entladung rotes Licht geben, z. B. Kadmium, Zink zur Quecksilberfüllung des Brenners;

2. Zumischung von Glühlampenlicht;

3. Umwandlung des ultravioletten Teiles der Strahlung des Quecksilberbogens in Rotstrahlung durch geeignete Leuchtstoffe (Luminophore).

Die Zumischung von Kadmium- und Zinkdampf zum Quecksilberdampf, wie sie bereits von L. ARONS bei der ersten Quecksilberdampfentladung vorgenommen worden ist[5], bringt mit steigendem Kadmium- und Zinkzusatz wohl eine Erhöhung des Rotanteils im Gesamtlicht zustande, jedoch sinkt gleichzeitig die Lichtausbeute der Entladung so stark, daß noch vor dem Erreichen eines dem Tageslicht entsprechenden Rotgehaltes[6] von 15% nur noch die Hälfte der Lichtausbeute bei reinem Quecksilberdampf übrigbleibt[7]. Man hat sich daher in England mit einem viel geringeren Rotgehalt von 2,1...2,3% begnügt, der gerade zur Erkennbarkeit einer roten Körperfarbe ausreicht, wobei man in Kauf

---

[1] BOL, C.: Een nieuwe Kwiklamp. Ingenieur, Haag **50** (1935) 91—92.
[2] Vgl. Fußn. 2, S. 188.
[3] MCKENNA, A. B.: New Developement of the High-Intensity-Mercury Lamps. Electr. J. **33** (1936) 439—443.   [4] Vgl. Fußn. 1, S. 188.   [5] Vgl. Fußn. 1, S. 175.
[6] Unter „Rotgehalt" wird hier der Anteil des hinter einem strengen Rotfilter (RG 1 von Schott oder Wratten Nr. 25) gemessenen Lichtstromes roten Lichtes am gesamten Lichtstrom verstanden[7].
[7] WINCH, G. T. u. E. H. PALMER: A Method of Estimating the Proportion of Red Light Emitted by a Source, with Particular Reference to Gas Discharge Lamps. Illum. Engr., Lond. **27** (1934) 123—124.

nimmt, daß die Lichtausbeute von 42 auf 35 int. lm/W sinkt[1] (s. Tabelle 16 im Anhang, Z. 11).

Besonders bei den neuentwickelten kleinen Einheiten läßt sich die fehlende Rotstrahlung bequem durch Glühlampenlicht ergänzen, ohne daß man dabei auf unerwünscht hohe Lichtströme kommt. Der Rotgehalt des Glühlampenlichtes ist mit 25% gegenüber 15% beim Tageslicht und nur 1...1,5% beim Licht der HgH-Lampe sehr hoch, so daß durch Zumischung von Glühlampenlicht zum HgH-Licht der Rotgehalt des Mischlichtes je nach dem Mischungsverhältnis in weiten Grenzen verändert werden kann, wobei allerdings die Lichtausbeute wieder um so niedriger wird, je größer der Rotgehalt ist. In England hat man die Erzeugung beider Lichtarten mit einer einzigen Lampeneinheit auf die Weise vorgenommen, daß im gleichen Außenkolben in Reihe mit dem HgH-Brenner einen Wolframglühdraht als Vorschaltwiderstand geschaltet wurde[2]. Um eine Überlastung des Glühdrahtes während der Anlaufzeit des Hochdruckbrenners, in der die Bogenspannung noch nicht den Endwert erreicht hat, zu vermeiden, ist ein weiterer Glühdraht in Reihe geschaltet, der nach Erreichen des Betriebszustandes durch einen geeignet angeordneten Bimetallschalter kurzgeschlossen wird (s. Abb. 211). Die Leistungsaufnahme des Entladungsrohres und des Glühdrahtes ist etwa gleich, der Rotgehalt ist mit 7% nur halb so groß wie beim Tageslicht, die Lichtausbeute sinkt bei 500 W an der Lampe auf 25 int. lm/W. Bemerkenswert ist, daß bei dieser Lampe, ähnlich wie bei einer Glühlampe, kein weiteres Vorschaltmittel notwendig ist. Infolge der großen Länge der Lampe ($\sim$ 40 cm) und der räumlich weit getrennten Anordnung der Glühwendel und des HgH-Rohres, die eine genügende Durchmischung des von beiden ausgesandten verschiedenfarbigen Lichtes schwierig gestalten, stellt diese Lampe in der vorliegenden Ausführung keine befriedigende Lösung dar, so daß die Lampe bisher keine Bedeutung erlangt hat.

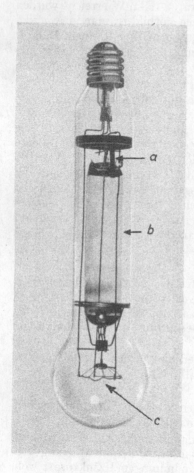

Abb. 211. Quecksilberhochdrucklampe mit vorgeschalteter Glühwendel, 500 W, Lichtausbeute etwa 28 HlmW. *a* Bimetallschalter, *b* Hochdruckbrenner, *c* Glühwendel. $^1/_4$ natürliche Größe.

Nach dem dritten Verfahren hergestellte, d. h. mit Leuchtstoffen versehene Lampen sind bisher noch nicht auf dem Markt erschienen. Jedoch ist die Entwicklung in dieser Richtung schon so weit fortgeschritten, daß neben gelegentlichen Probebeleuchtungen auch eine Versuchs-Straßenbeleuchtung durchgeführt wurde[3]. Der Leuchtstoff wird bei diesen Lampen auf der Innenseite des Außenkolbens aufgebracht. Die Ausnutzung der ultravioletten Strahlung

---

[1] PATERSON, C. C.: Important Developments effected in 1934. Electrician **64** (1935) 98.
[2] Illum. Engr., Lond. **28** (1935) 348, 416.
[3] Neue Krug-Allee in Berlin-Treptow seit Oktober 1936 (Lampen der Type HgQ 500, 120 W).

des Quecksilberbogens wird daher dann besonders vorteilhaft, wenn der Entladungskolben aus dem für Ultraviolett hochdurchlässigen Quarzglase besteht. Es ist so gelungen, durch Wahl geeigneter Leuchtstoffe, den Rotgehalt der HgH-Lampe von 1...1,5% bereits auf 4...6% zu erhöhen, wobei noch eine Zunahme der Lichtausbeute um 5...10% erreicht wird[1, 2].

B 9. Entladungslampen für Sonderzwecke.

Von

HANS EWEST und KURT LARCHÉ-Berlin.

Mit 19 Abbildungen.

Obwohl die Entladung in Gasen und Dämpfen als Licht- und Strahlungsquelle schon seit langem im physikalischen und chemischen Laboratorium bei einer großen Zahl von wissenschaftlichen Arbeiten zum Gegenstand und wichtigen Hilfsmittel der Untersuchungen geworden ist, waren die dabei verwandten Entladungsröhren bis vor einigen Jahren zum größten Teil nur für den besonderen Versuch hergestellt und hatten nur sehr beschränkte Lebensdauern[3]. Erst in den letzten Jahren sind eine Reihe von Entladungslampen aus einem mehr laboratoriumsmäßigen Stadium in das eines technischen Produktes gelangt, und zwar durch Entwicklung von leistungsfähigen Oxydelektroden, von geeigneten Spezialgläsern und von Verfahren zur Reindarstellung von Metallen und Gasen[4, 5, 6]. Diese Lampen finden daher in steigendem Maße Verwendung sowohl für wissenschaftliche als auch für technische Zwecke, und zwar außer für Beleuchtungszwecke (vgl. B 8, S. 155), für Therapiezwecke (vgl. K 2) und Reklamezwecke (vgl. H 2a, H 3a) noch auf folgenden Anwendungsgebieten:

a) für spektroskopische Zwecke;
b) als Licht-, Farb- und Strahlungsnormalen;
c) für Fernseh- und Tonfilmzwecke;
d) für Projektionszwecke;
e) für technische Bestrahlungszwecke.

In der folgenden gedrängten Übersicht über die wichtigsten technischen Entladungsröhren für die angeführten Sonderzwecke wird — außer auf die Wolframpunktlichtlampe — nur auf die Entladungslampen eingegangen, bei denen die positive Säule Strahlungsquelle ist.

---

[1] MEY, K.: Neuere Lichtquellen. 12. Deutscher Physiker- und Mathematikertag, Bad Salzbrunn 1936.

[2] KREFFT, H.: Fortschritte auf dem Gebiet der Quecksilberlampen. Vortrag VDE und Dtsch. Lichttechn. Ges. am 23. 4. 36. Elektrotechn. Z. **57** (1936) 1442.

[3] Eine ausgezeichnete Übersicht über die Eigenschaften und den Verwendungszweck von Strahlungsquellen bis 1928 findet man bei E. LAX und M. PIRANI: Lichttechnik. Handbuch der Physik, Bd. 19. Berlin: Julius Springer 1928.

[4] PIRANI, M.: Neue Gasentladungsstrahler. Elektrotechn. Z. **51** (1930) 889—895. — Techn.-wiss. Abh. Osram-Konz. **2** (1931) 33—42.

[5] LAX, E. u. M. PIRANI: Neue Gasentladungslichtquellen und ihre Anwendung. Techn.-wiss. Abh. Osram-Konz. **3** (1934) 6—22.

[6] PIRANI, M.: Lichttechnik. Physik in regelm. Ber. **2** (1934) 127—140.

a) Entladungslampen für spektroskopische Zwecke.

Für spektroskopische Meßzwecke, wie Wellenlängeneichung, Interferenzspektroskopie, Refraktometrie, Polarimetrie, Photometrie, Herstellung monochromatischer Strahlung usw. werden vornehmlich die Entladungen in Edelgasen, Metalldämpfen und Wasserstoff verwendet, deren Spektren in den Spektralgebieten vom Ultrarot über das Sichtbare bis in das Ultraviolett intensive Linien und Kontinua aufweisen.

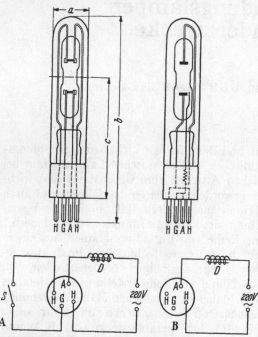

Abb. 212. Aufbau und Schaltung der Spektrallampen von Osram. Durchmesser $a = 30$ mm; Gesamtlänge $b = 200 \pm 5$ mm; Lichtschwerpunktslänge $c = 115 \pm 5$ mm; bei Na-Spektrallampe $b = 165 \pm 5$ mm, $c = 95 \pm 3$ mm. Sockel: Rundfunkröhrensockel Nr. 5871a. Schaltung A für Na-Lampe, Schaltung B für die anderen Spektrallampen. (Aus Liste 46 der Osram G. m. b. H.)

Die dafür zur Verfügung stehenden Entladungslampen zeichnen sich bei einer handlichen und praktischen Ausführungsform durch gute spektrale Reinheit, große Beständigkeit und ausreichende Reproduzierbarkeit aus.

Spektrallampen (Ne, Na, K, Rb, Cs, Zn, Cd, Hg, Tl)[1, 2, 3]. Die Spektrallampen sind kleine Gasentladungslampen mit selbstaufheizenden Oxydglühelektroden ähnlich den größeren Natrium- und Quecksilberdampflampen für Beleuchtungszwecke (vgl. B 8, S. 171). Der Aufbau, die äußeren Abmessungen und die Schaltung sind aus Abb. 212 ersichtlich. Alle Lampen sind für den Betrieb an 220 V Wechselspannung eingerichtet. Die Na-Lampe kann auch an Gleich- und Wechselspannung zwischen 110 und 220 V gebrannt werden. Die Zündung erfolgt bei den Na-Lampen durch kurzzeitige Aufheizung der Elektroden und Öffnen des Schalters S (Schaltung A in Abb. 212), bei den anderen Lampen selbsttätig mittels einer Hilfsentladung zwischen der Zündelektrode und einer Hauptelektrode (Schaltung B). Die Lampen mit Metallfüllung haben zur Zündung eine Edelgasgrundfüllung. Die ungefähren Betriebsdaten sind in nachstehender Tabelle aufgeführt. Die Stromstärke kann in den angegebenen Grenzen je nach den vorliegenden Bedürfnissen verändert werden. Abb. 213 stellt die mit den Spektrallampen erhaltenen Spektrogramme dar. Angaben über die spektrale Energieverteilung der Strahlung der Spektrallampen findet man auf S. 156.

Bei den *K-, Rb- und Cs-Spektrallampen* liegt bei 1 A Betriebsstrom eine reine Niederdruckentladung vor mit einer starken Emission der Hauptserienglieder, deren erste Glieder

---

[1] Reger, M.: Eine neue Natriumlichtquelle mit hoher Leuchtdichte. Z. Instrumentenkde. **51** (1931) 472—476.

[2] Alterthum, H. u. M. Reger: Neue Lichtquellen für wissenschaftliche Zwecke. Licht **3** (1933) 69—73. — Chem. Fabrik **6** (1933) 283—285.

[3] Die Spektrallampen werden von Osram, Berlin O, hergestellt (Liste 46). Eine Na-Lampe für meßtechnische Zwecke wird auch von Philips, Eindhoven (Holland), hergestellt.

Betriebsdaten der Osram-Spektrallampen.

Füllung	Be-zeichnung	Betriebs-strom A	Brenn-spannung V	Lichtstärke		Baustoff	Leuchtende Fläche etwa mm	
				etwa HK	bei A		Höhe	Breite
Neon	Ne	1...2	30...35	6	2,0	Glas	25	10
Zink	Zn	1...3	15...20	2,5	2,5	Glas*	25	10
						Quarz	20	13
Kadmium . . .	Cd	1...3	15...20	3	2,0	Glas*	25	10
						Quarz	20	13
Quecksilber . .	Hg	1...1,5	80...100	250	1,3	Glas*	40	5
(Hochdruck)			100...130	250	1,1	Quarz	20	5
Thallium . . .	Tl	2...3	15... 20	2	3	Glas**	10	7
						Quarz	10	7
Natrium. . . .	Na	=1,2	10... 15	20	1,2	Glas	15	12
		~1,3	10... 15	20	1,3	Glas		
Kalium	K	1...3	7... 10	1	3	Glas	35	13
Rubidium . . .	Rb	1...3	7... 10	2	3	Glas	35	13
Cäsium	Cs	1...3	7... 10	2	3	Glas	35	13

* Durchlässig bis 280 mµ.　　** Durchlässig bis 350 mµ.

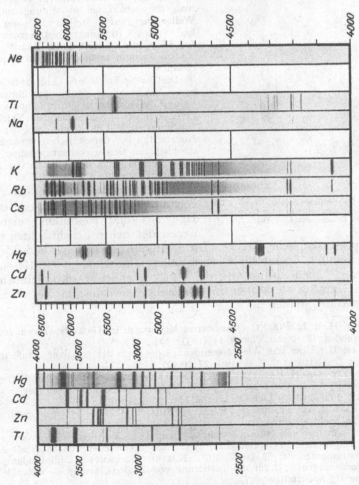

Abb. 213. Spektrogramme der Osram-Spektrallampen. Oben: Spektrallinien über 4000 AE. Unten: Spektrallinien unter 4000 AE. (Aus Liste 46 der Osram G. m. b. H.)

im Ultrarot liegen. Diese Lampen eignen sich also zur Eichung von Ultrarot-Spektrometern bis zu Wellenlängen von 3,6 μ [1]. An der oberen Grenze des Stromstärkebereiches (3 A) treten bei diesen Lampen bereits die Merkmale einer Hochdruckentladung auf: eingeschnürte Säule und starke Emission in den Nebenserien, die hier mit der Aussendung eines ausgeprägten kontinuierlichen Wiedervereinigungsspektrums verbunden ist (s. die Spektrogramme in Abb. 213) [2].

Die *Hg-, Cd-, Zn- und Tl-Spektrallampen* senden auch im Ultraviolett eine große Zahl von intensiven Spektrallinien aus (Abb. 213), so daß sie in drei Ausführungen angefertigt werden: für das Spektralgebiet bis 280 mμ mit einem Entladungsrohr aus einem ultraviolettdurchlässigen Hartglas, bis 250 mμ mit einem Entladungsrohr aus Quarzglas, beide Typen eingebaut in einen Außenkolben aus einem ultraviolettdurchlässigen Weichglas. Um das Spektrum auch noch bis 230 mμ zu erhalten, werden die Quarzlampen in einen mit einem dünnwandigen Fenster an einem Rohransatz versehenen Außenkolben eingebaut. Die Hg-Spektrallampe ist eine kleine Quecksilber-Hochdrucklampe von etwa 100 W Leistungsaufnahme mit einem Dampfdruck von ~2 at und einer Leuchtdichte von etwa 200 sb im Kern der eingeschnürten Säule.

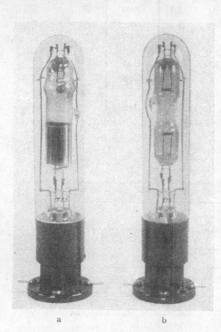

Die Cd-Spektrallampe eignet sich nach Feststellungen von verschiedenen Seiten auch für interferometrische Meßzwecke. Besonders, wenn man die Cd-Lampe an der unteren Grenze des Stromstärkebereiches mit 1 A betreibt, erhält man die rote Linie so störungsfrei, daß die Wellenlänge auf 8 Stellen mit einer Genauigkeit von 5×10^{-8} angegeben werden kann zu 643,84696 mμ [3]. Man kann damit Endmaße bis zu 200 mm Länge direkt in Wellenlängen eichen [4], [5].

Die *Na-Spektrallampe* (Abb. 214) besitzt bei einer leuchtenden Fläche von etwa 10 mal 15 mm² die beachtliche Leuchtdichte von ~10 sb gegenüber etwa 0,2 sb bei den Natrium-Salz-Gasbrennern. Für die Bestimmung der optischen Konstanten bei der optischen Drehung genügt sie höchsten Genauigkeitsansprüchen. Der optische Schwerpunkt liegt in Luft von 20° C und 760 mm Druck bei 589,3 mμ [4].

Abb. 214. Na-Spektrallampe nach M. Reger: a für Gleichstrom, b für Wechselstrom. [Aus Techn.-wiss. Abh. Osram-Konz. **3** (1934).]

Lichtspritzen [6]. Die im Abschnitt c, S. 201 beschriebenen Lichtspritzen mit Hg-, Ne- und He-Füllung eignen sich wegen der hohen Leuchtdichten ebenfalls gut für spektroskopische Zwecke. Die Lichtspritzen sind Niederdrucklampen, die ausgestrahlten Spektrallinien sind daher sehr schmal. Die He- und Hg-Lichtspritzen haben ebenso wie die entsprechenden Spektrallampen starke Linien im Ultrarot, so daß sie für Wellenlängeneichung in diesem Spektralgebiet verwendet werden [1].

---

[1] Krefft, H. u. M. Pirani: Quantitative Messungen im Gesamtspektrum technischer Strahlungsquellen. Z. techn. Physik **14** (1933) 393—412.

[2] Krefft, H.: Über das Wiedervereinigungsspektrum der positiven Säule in Metalldämpfen mit Dublettserien. Z. Physik **77** (1932) 752—773.

[3] Sears, I. E. and H. Barrell: Interferential Comparison of the Red and other Radiations Emitted by a New Cadmium Lamp and the Michelson Lamp. Proc. Roy. Soc., Lond. A **139** (1933) 202—218. — Licht u. Lampe **22** (1933) 335.

[4] Kohlrausch, F.: Praktische Physik, 17. Aufl. 1935, 332—333 (Cd-Spektrallampe); 427—429 (Na-Spektrallampe).

[5] Bis zu Endmaßen von 380 mm kommt man mit einem Krypton-Geißlerrohr unter Kühlung mit flüssiger Luft [Tätigkeit der Physikalisch-Technischen Reichsanstalt im Jahre 1931; Z. Instrumentenkde. **52** (1932) 161. Kösters u. Lampe: Cadmiumlampe]. Für geringe Anforderungen, z. B. für die Justierung von Etalons, genügt in vielen Fällen die Na- oder die Hg-Spektrallampe.

[6] Ewest, H.: Lichtquellen für Tonfilmaufnahmen. Z. techn. Physik **12** (1931) 645—647.

Das Prinzip der Lichtspritze (vgl. c, S. 201) gestattet auch Spektren von Metalldämpfen zu erzeugen, die entweder sehr schwer verdampfbar sind oder die Glaswand stark angreifen. Für spektroskopische Zwecke werden Lichtspritzen mit Magnesium-, Barium- und Lithiumfüllung gebaut[1].

Bei der *Hg-Kapillarlampe* nach HARRIES und HIPPEL[2,3] ist das Leuchtrohr aus Hartglas oder Quarzglas als Kapillare ausgebildet, als Elektroden dient flüssiges Quecksilber (Abb. 215). Am unteren Ende der Kapillare führt ein enger Drosselkanal in ein zu zwei Drittel mit Quecksilber, im übrigen mit Luft gefülltes Ausdehnungsgefäß. Der Dampfdruck im Betrieb wird durch den Luftdruck im Ausdehnungsgefäß gegeben, so daß die Leuchtdichte unabhängig von Netzspannungsschwankungen ist und die Lampe in jeder Lage betrieben werden kann (Abb. 216). Die Zündung erfolgt durch Trennung des Hg-Fadens in der Kapillare mittels elektrischer Heizung. Bei einem Strom von 150 mA und einer Brennspannung von 150 V werden 40 sb erhalten. Die Lampen haben nach Messungen von R. SEWIG und F. MÜLLER[4] im mittleren Drittel der positiven Säule eine konstante und von Schwankungen der Betriebsspannung ziemlich unabhängige Leuchtdichte ($\pm$ 0,4% bei Spannungsschwankungen von $\pm$ 10%).

Abb. 215. Brenner der Hg-Kapillarlampe. [Nach W. HARRIES u. A. v. HIPPEL: Physik. Z. 33 (1932).]

Als Ersatz für den minderguten Pfundschen Eisenbogen (störender Poleffekt) ist für die Herstellung von sekundären Wellenlängennormalen die *Eisen-*

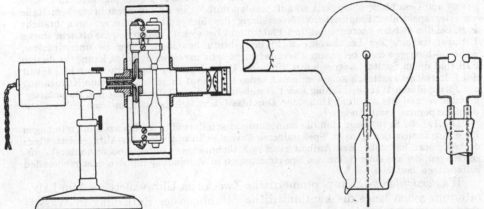

Abb. 216. Eingebaute Hg-Kapillarlampe mit Vorwiderstand und Monochromatfiltervorsatz. [Nach W. HARRIES u. H. v. HIPPEL, Physik. Z. 33 (1932).]

Abb. 217. Eisenbogenlampe nach PIRANI u. ROMPE. [Aus Techn.-wiss. Abh. Osram-Konz. 3 (1934).]

dampf-Edelgaslampe nach PIRANI und ROMPE geeignet[5,6]. Sie enthält zwei Elektroden in geringem Abstand, die aus Eisenpulver mit Zusatz eines Gemisches von Barium-Kalziumoxyd zusammengesintert sind (Abb. 217). Für die Zündung und Aufrechterhaltung der Bogenentladung ist die Lampe mit einem

---

[1] Hersteller: Studiengesellschaft für elektrische Beleuchtung, Osram, Berlin O.

[2] Hersteller: Schott u. Gen., Jena.

[3] HARRIES, W. u. A. v. HIPPEL: Eine neue Quecksilberlampe aus Glas oder Quarz für Laboratorium und Praktikum. Physik. Z. 33 (1932) 81—85.

[4] SEWIG, R.: Objektive Photometrie. Berlin 1935.

[5] PIRANI, M. u. R. ROMPE: Über eine neue Lichtquelle für das Eisenspektrum. Z. techn. Physik 13 (1932) 134—135.

[6] Vgl. Fußn. 5, S. 191.

Edelgas von einigen Millimeter Druck gefüllt. Die Oxydelektroden heizen sich bei normaler Belastung (5 A) auf etwa 1100° C auf, so daß eine genügende Menge Eisen aus den Elektroden in den Entladungskanal hinein verdampft und dort angeregt wird.

Darstellung monochromatischer Strahlung. Aus den Linienspektren der Leuchtröhren lassen sich unter Benutzung geeigneter Filter leicht enge Liniengruppen und in vielen Fällen sogar einzelne Linien aussondern. Die Ausfilterung hinreichend enger Spektralbereiche gelingt um so besser, je weiter die verschiedenen Spektrallinien im Spektrum auseinanderliegen. Am günstigsten verhalten sich Leuchtröhren mit sehr geringen Drucken ($10^{-3} \ldots 10^{-1}$ mm Hg) und Stromdichten (unter 1A/cm²), weil dann vorwiegend nur die Hauptserienglieder ausgestrahlt werden (vgl. B 8, S. 158). In diesem Fall genügt häufig schon ein einziges Filter, das z. B. auf der kurzwelligen Seite der Resonanzlinie die höheren Hauptserienglieder abschneidet. Bei den in diesem Abschnitt angeführten Entladungsröhren liegen solche Verhältnisse bei der Na- und Tl-Lampe vor. Bei höheren Drucken (bis 10 mm Hg) und Stromdichten treten höhere Serienglieder und Glieder der Nebenserien zu beiden Seiten der Resonanzlinien hinzu, so daß die Aussonderung schwieriger wird, dafür stehen mehr Linien zur Verfügung. Man hilft sich hier und in gleicher Weise bei den Spektren der Hochdruckentladung durch Verwendung von zwei und mehr Filtern, deren Durchlässigkeiten zweckmäßig auf beiden Seiten der auszusondernden Liniengruppe scharf abschneiden. Aus den Katalogen der einschlägigen Firmen[1] und aus der Literatur[2, 3, 4, 5] kann man sich für jeden besonderen Fall die günstigsten Filter aussuchen (über Filter s. auch unter D 7, S. 417).

In nachstehender Tabelle ist eine große Zahl ziemlich gleichmäßig über das Spektrum verteilter Linien und Liniengruppen (Spalte 1) angegeben, die sich unter Verwendung von Entladungslampen (überwiegend Spektrallampen, s. Spalte 2) und der in Spalte 3 angegebenen Filtersätzen leicht aussondern lassen. In Spalte 4 ist die ungefähre Durchlässigkeit des Filtersatzes für den Schwerpunkt des Spektralbereiches angegeben.

Die hier angeführten Filtersätze sind natürlich nicht die einzig möglichen, die Auswahl der einzelnen Filter richtet sich nach den Anforderungen, die man an die spektrale Reinheit der durchgelassenen Strahlung stellt, wobei eine stärkere Einengung stets mit einer geringeren Gesamtdurchlässigkeit erkauft werden muß[6]. Sie ist außerdem in starkem Maße von der spektralen Empfindlichkeitsverteilung des Meßgerätes abhängig; man braucht z. B. bei den meisten photographischen Platten und bei vielen Photozellen die oft sehr starke Ultrarotstrahlung der Leuchtröhre nicht erst durch besondere Filter zu unterdrücken, während hingegen diese bei einem Thermoelement sehr ins Gewicht fallen kann. In diesem Fall sind die in Spalte 5 angegebenen Filter zur Unterdrückung der Ultrarotdurchlässigkeit des Filtersatzes zusätzlich anzuwenden. Ebenso ist darauf zu achten, daß eine Erwärmung der Filter (durch Wärmestrahlung usw.) vermieden wird, weil der Verlauf der Durchlässigkeitskurve und die absolute Höhe der Durchlässigkeit sich bei den meisten Filtern mit der Temperatur stark ändern[7].

Die Tabelle S. 197 zeigt, daß die monochromatisch darstellbaren Spektrallinien in engen Zwischenräumen den ganzen Spektralbereich vom Ultrarot bis zum Ultraviolett überdecken. Man hat daher den Aufbau eines sog. technischen „Filtermonochromators" vorgeschlagen, der aus einer Reihe von Spektrallampen in Verbindung mit den dazugehörenden Filtersätzen bestehen soll[8, 9].

Wasserstofflampe. Für photometrische Zwecke im Ultraviolett wird im Laboratorium schon lange die kontinuierliche Strahlung der Entladung in Wasser-

---

[1] *Glasfilter.* Carl Zeiß, Jena: Monochromatfilter. — Jenaer Glaswerk Schott u. Gen.: Jenaer Farb- und Filtergläser. — *Gelatinefilter.* I. G. Farbenindustrie A. G., Berlin: Agfa-Lichtfilter. — E. Kodak Comp.: Wratten Light Filters. — *Flüssigkeitsfilter.* Nach Angaben in Landolt-Börnstein: Physikalisch-chemische Tabellen.

[2] Vgl. Fußn. 1, S. 194.

[3] Vgl. Fußn. 4, S. 195.

[4] Seitz, E. O.: Filter und Filterkombinationen für Strahlungsmessungen mit Photozelle im ultravioletten Spektralgebiet. Licht **3** (1933) 108—110, 128—129.

[5] Krefft, H. u. F. Rössler: Strahlungsmessungen im Ultraviolett mit der Sperrschichtzelle. Z. techn. Physik **17** (1936) 479—481.

[6] Lax, E. u. M. Pirani: Lichtquellen zur Erzeugung von einzelnen Spektrallinien. Unterrichtsbl. Math. u. Naturwiss. **41** (1935) 91—96.

[7] Lutze, H.: Über die Temperaturabhängigkeit der Absorption bei Farbgläsern. Glastechn. Ber. **10** (1932) 374—378.

[8] Vgl. Fußn. 4, S. 195.

[9] Rieck, J.: Beitrag zum Problem der objektiven Messung verschiedenfarbiger Lichtquellen. Licht **5** (1935) 131—132.

stoff verwendet. Technische Entladungsröhren, die dieses Kontinuum intensitätsstark liefern, sind von LAU und von JACOBI angegeben [1,2]. Nach Messungen

Entladungslampen und Filter zur Darstellung einzelner Spektrallinien bzw. enger Liniengruppen.

Wellenlänge bzw. Wellenlängenbereich in mμ	Leuchtröhre	Filter (die durch zwei Buchstaben und eine Zahl gekennzeichneten Filter sind Glasfilter von Schott, Jena, ebenso Filter f; Filter a—e sind Flüssigkeitsfilter**; die Schichtdicke der Filter ist in Klammern angegeben)	Filterdurchlässigkeit für die Linie bzw. Liniengruppe in %	Filter zur zusätzlichen Unterdrückung der Ultrarotstrahlung
253,7	HgN	UG 5 (1 mm) – Chlorgas von 1 at (200 mm)	8	
270…320	HgH	UG 5 (5 mm) + a + b	max. 6	a
295…335	HgH	UG 5 (5 mm) + a + c	max. 16	a
320…355	HgH	UG 5 (5 mm) + a + d	max. 17	e
350…410	HgH	UG 2 (2 mm) + GG 2 (2 mm) + e	max. 38	f***
307,6	Zn	UG 5 (5 mm) + a + b (10 mm)	6	
312,6/3,2	HgH	UG 5 (5 mm) + c	32	e
326,1	Cd	UG 2 (2 mm) + a + c	4	—
334,1	HgH	UG 2 (2 mm) + a + d	6	—
365,0/6,3	HgH	UG 2 (2 mm) + BG 12 (4 mm)	26	e + f
377,6	Tl	UG 2 (2 mm) + GG 2 (2 mm)	40	e + f
404,7	HgH	UG 3 (9 mm) + GG 4 (1,5 mm)	5,5	e + f
435,8	Hg	BG 12 (4 mm) + GG 3 (4 mm)	20	e + f
		Zeiß C	33	e + f
455,5/9,3	Cs*	GG 2 (2 mm) + BG 12 (2 mm)	40	e + f
467,8/80,0 468,0/72,2/81,1	Cd Zn	GG 5 (1 mm) + BG 12 (2 mm)	30	e + f
508,6	Cd	GG 11 (2 mm) + VG 3 (2 mm)	30	e + f
535,0	Tl	Agfa 44	45	e + f
		Agfa 44 + 73	25	e + f
546,1	HgH	BG 11 (20 mm) + OG 1 (1 mm) + BG 18 (3 mm)	42	e + f
		Zeiß B	80	e + f
577,0/9,0	HgH	OG 3 (1 mm) + VG 3 (1 mm) + BG 18 (1 mm)	40	e + f
		Zeiß A	55	e + f
589,0/9,6	Na	OG 3 (1 mm) + VG 3 (1 mm)	22	e + f
		OG 2 (2 mm)	90	e + f
636,2	Zn	RG 1 (2 mm)	94	f
643,8	Cd	RG 1 (2 mm)	95	f
766,5/69,9	K*	UG 2 (2 mm) + BG 17 (6 mm)	4	—
780,0/94,7	Rb*	RG 2 (2 mm) + BG 2 (2 mm) + BG 17 (6 mm)	16	—
852,1/94,3	Cs*	RG 7 (2 mm) + BG 17 (6 mm)	1	—

* Bei geringer Stromstärke (Niederdruck).

** *Flüssigkeitsfilter:*

Nr.	Bezeichnung	Menge pro Liter H_2O	Schichtdicke = lichte Weite der Küvette
a	Nickel-Kobaltsulfat		
	$NiSO_4 \cdot 1\,H_2O$ + ...	303 g	20
	$CoSO_4 \cdot 1\,H_2O$	86,5 g	
b	Pikrinsäure	31,6 mg	20
c	Kaliumchromat K_2CrO_4 . .	150 mg	20
d	Salpetersäure HNO_3	12,6 g (n/5)	20
e	Kupfersulfat $CuSO_4 \cdot 5\,H_2O$.	28,5 g	20

*** f: *Glasfilter* BG 19 (2 mm) von Schott.

[1] LAU, E.: Entladungsrohr für photometrische Messungen, insbesondere im Ultraviolett. Z. Instrumentenkde. **48** (1928) 284—285.

[2] JACOBI, G.: Die Erzeugung hoher Intensität des Wasserstoffkontinuums mit Hilfe einer Glühkathodenröhre. Z. techn. Physik **17** (1936) 382—384.

in der PTR. ist bei der Röhre von Lau [1] die Intensität proportional der Stromstärke und die Konstanz für Meßzwecke genügend [2]. Eine wassergekühlte
Wasserstoffflampe für Hochspannung (3000 V, 750 mA) mit sehr hoher Leuchtdichte wird von Hauff und Buest (Berlin) hergestellt.

b) Entladungslampen als Licht- und Strahlungsnormale.

Die Energieverteilung und die absolute Größe der Strahlungsleistung kann
bei verschiedenen Entladungslampen unter Einhaltung bestimmter Betriebsbedingungen in gewissen Grenzen unabhängig von anderen äußeren Bedingungen (z. B. Temperatur, Stromstärke, Dampfdruck usw.) konstant gehalten
werden. Es ist dann auch zu erreichen, daß die bei der Herstellung einer größeren Zahl von gleichen Entladungslampen unvermeidlichen Schwankungen in den Abmessungen usw. nur einen geringen Einfluß auf die Strahlungseigenschaften haben. In diesen Fällen haben also Entladungslampen große Aussichten, als Normallampen verwendet zu werden. Als Beispiele für die Eignung von Entladungslampen als Strahlungs-

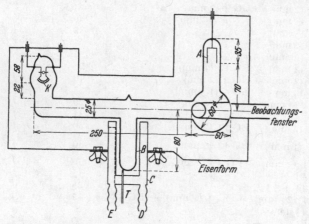

Abb. 218. Aufbau der Natriumnormallampe. *K* Oxydkathode, *A* Anode.
[Nach H. Schmellenmeier, Z. Physik **93** (1935).]

normale werden im folgenden eine Natriumdampfflampe und eine Quecksilberhochdrucklampe angeführt.

Natriumdampflampe als Lichtnormal [3]. Bei dieser Lampe dient die Strahlung
der *D*-Resonanzlinien als Lichtquelle. Der Aufbau der Lampe ist aus Abb. 218
zu ersehen. Das Entladungsrohr wird in einem Ofen betrieben, die Temperatur
der kältesten Stelle durch ein Thermoelement *T* gemessen. Die Beobachtung
erfolgt in Längsrichtung des Rohres, so daß für die Resonanzlinien bei dem
gewählten Dampfdruck von $1 \dots 15 \cdot 10^{-3}$ mm Hg die Leuchtdichte unabhängig
von der Tiefe der Leuchtsäule ist. Der Lichtstrom ändert sich dabei nur

Relative Lichtstärke der Natriumnormallampe in Abhängigkeit
von Dampfdruck und Stromstärke.

Stromstärke A	Dampfdruck mm Hg	Relative Lichtstärke	Stromstärke A	Dampfdruck mm Hg	Relative Lichtstärke
0,8	$3,3 \cdot 10^{-3}$	61,0	0,8	$11 \cdot 10^{-3}$	72,4
1,0	$3,3 \cdot 10^{-3}$	62,0	1,0	$11 \cdot 10^{-3}$	72,8
1,2	$3,3 \cdot 10^{-3}$	62,3	1,2	$11 \cdot 10^{-3}$	72,4
1,5	$3,3 \cdot 10^{-3}$	62,0	1,5	$11 \cdot 10^{-3}$	71,6

[1] Hersteller: Dr. C. Leiss, Berlin-Steglitz.
[2] Bericht über die Tätigkeit der PTR. im Jahre 1935. Physik. Z. **37** (1936) 277—314.
[3] Schmellenmeier, H.: Studien über die Strahlung der Resonanzlinien der Natriumentladung und die Schaffung einer absoluten Lichteinheit. Z. Physik **93** (1935) 705—725.

wenig mit der Dampfdichte und wird ganz unabhängig von der Stromstärke (s. vorstehende Tabelle). Bei mehreren gleichgebauten Röhren stimmte die Lichtstärke bei Einstellung auf gleichen Dampfdruck und gleiche Stromstärke innerhalb ± 2% überein.

Die Quarz-Quecksilberhochdrucklampe als Strahlungsnormal[1]. Diese Lampe stellt ein absolutes Strahlungsnormal im Ultraviolett dar, mit dem man bei Einhaltung der vorgeschriebenen Abmessungen (Rohrdurchmesser, Elektrodenabstand, der Quecksilbermenge und des Zündgasdruckes) stets den gleichen Strahlungsstrom sowohl der absoluten Größe als auch der spektralen Energieverteilung nach herstellen kann. Durch Verwendung einer begrenzten, im Betriebszustand der Lampe vollkommen verdampften Quecksilbermenge (S. 184) ist der Dampfdruck der HgH-Lampe praktisch unabhängig von der Umgebungstemperatur [2, 3]. Die Einstellung auf gleiche Strahlungsleistung beschränkt sich daher nur auf die Einstellung gleicher Leistungsaufnahme der Lampe. Der Aufbau der Lampe ist in K 2 beschrieben und abgebildet [4].

Das Strahlungsnormal soll nicht durch eine einzelne Lampe, sondern durch den Mittelwert über eine größere Anzahl von gleichgebauten Lampen festgelegt sein, wobei die einzelne Lampe noch einer auf diesen Mittelwert bezogenen individuellen Eichung bedarf. Die Konstanz der Lampendaten über eine längere Betriebszeit hinweg ist befriedigend (s. nachstehende Tabelle). Die Strahlungsdaten der einzelnen Lampen streuten im Laufe eines über 200 h geführten Brennversuches für Licht und die Strahlung der Wellenlängen 365,0/6,3 mμ um ± 2%, für Strahlung des Wellenlängenbereiches 280...320 mμ um ± 5%.

Durchschnittliche Streuung der elektrischen Daten und der Strahlungsdaten bei 20 Quecksilberhochdruck-Normallampen.

Lampenspannung	± 1,4%
Lichtstrom	± 1,4%
Strahlungsstrom 365/6,3 mμ	± 1,6%
Strahlungsfluß* 290...330 mμ	± 4,3%
Strahlungsfluß 270...310 mμ	± 4,5%

* Horizontal gemessen.

Tageslicht-Kohlensäurelampe. Von den vielen Möglichkeiten, einzelne oder mehrere Entladungslampen als unveränderliche Bezugslichtquellen für Farbmessungen u. ä. zu verwenden [5, 6], hat nur die Entladung in Kohlensäuregas eine technische Bedeutung als Tageslichtersatzlampe in Färbereien, im Textilhandel usw. erlangt. Eine Bezugslichtquelle für Farbmessungen müßte im Idealfall einen streng kontinuierlichen Intensitätsverlauf im Spektrum besitzen. Da aber die spektrale Reemissionskurve der Farbpigmente ohne Spitzen verläuft, kommt auch eine Entladungslampe mit einem diskontinuierlichen Spektrum in Frage, wenn die Lücken im Spektrum nur genügend eng sind und der Intensitätsverlauf dem eines kontinuierlichen Spektrums, etwa dem des Tageslichts,

---

[1] KREFFT, H., F. RÖSSLER u. A. RÜTTENAUER: Ein neues Strahlungsnormal. Z. techn. Physik **18** (1937) 20—26.

[2] Vgl. Fußn. 1, S. 194.

[3] KREFFT, H. u. E. SUMMERER: Die neuen Quecksilberdampflampen und ihre Anwendung. Licht **4** (1934) 1– 5, 23—26, 86—89, 105—108.

[4] Die Normallampe wird von der Studiengesellschaft für elektrische Beleuchtung, Osram, Berlin O, hergestellt.

[5] GÖLER, V. u. M. PIRANI: Leuchtröhren als photometrische Normallichtquellen. Z. techn. Physik **12** (1931) 142—148.

[6] LAX, E. u. M. PIRANI: Künstliches Tages- und Sonnenlicht. Proc. internat. Illum.-Congr. 1931, 324—356.

entspricht. Ein solches Spektrum liegt bei der Kohlensäurelampe vor, und zwar das linienreiche Bandenspektrum eines mehratomigen Moleküls.

Von den alten Moore-Leuchtröhren [1] unterscheidet sich die jetzt benutzte Kohlensäurelampe durch Verwendung eines Grundgases (Helium), wodurch die Leuchtdichte und Lichtausbeute erhöht wird. Auch die Nachlieferung der im Betrieb sich aufzehrenden Kohlensäurefüllung erfolgt nicht mehr durch einen in Quecksilber tauchenden porösen Kohlekegel, eine Anordnung, die sehr erschütterungsempfindlich ist, sondern durch einen im Entladungsrohr selbst untergebrachten geheizten Karbonatkörper, der Kohlensäure abgibt. Die Farbe der Strahlung der Lampe ist sehr nahe der des schwarzen Körpers von 6500° K [2, 3]. Es werden zwei „Tageslicht"-Apparaturen für Netzanschluß hergestellt, eine größere (TA III), die mit 2000 V Brennspannung bei 0,5 A betrieben wird und ein mäanderförmig gebogenes Rohr von 2 m Länge besitzt und eine kleinere (TA IV, Tischmodell, s. Abb. 219)

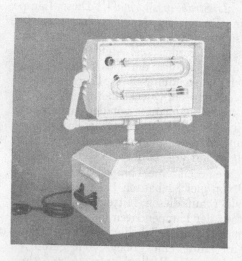

Abb. 219. Osram-„Tageslicht"-Apparat TA IV, 550 W, mit einem Kohlensäure-Entladungsrohr für technische Farbmessungen. [Aus Licht u. Lampe 18 (1935).]

mit 3000 V, 0,15 A, 800...1000 Hlm und einer Rohrlänge von 1 m [4, 5].

c) Entladungslampen für Fernseh- und Tonfilmzwecke.

Die Lichtstärke der positiven Säule und des Glimmlichtes ist in gewissen Grenzen proportional der Stromstärke (vgl. B 2). Die damit gegebene Steuerbarkeit der Lichtquelle muß für Fernseh-, Tonfilm- und ähnliche Zwecke bis zu genügend hohen Frequenzen gehen. Diese Bedingung ist am weitgehendsten bei der Niederdruckentladung erfüllt. Bei dieser ergaben Messungen der Abklingzeit für die Lichtanregung nach Abschalten der angelegten Spannung für das Glimmlicht und die positive Säule Werte von etwa $10^{-7}...10^{-6}$ s, so daß die Lichtstärke einer Stromstärkeänderung praktisch trägheitslos bis 10^5 Hz folgt [6]. Für die Bedürfnisse der Fernsehtechnik sind neben den Glimmlampen (vgl. B 7, S. 152) noch eine Reihe weiterer Entladungslichtquellen entwickelt worden.

Wolframbogenlampe. Die positive Säule der Wolframbogenlampe mit Stickstofffüllung (s. d, S. 202) läßt sich als steuerbare Lichtquelle benutzen. Eine für Tonfilmzwecke bestimmte Wolframbogenlampe für etwa 300 mA ist in Abb. 220 zu sehen [7]. Das von den glühenden Wolframelektroden ausgehende Licht muß natürlich abgeschirmt werden.

[1] Vgl. B 8, S. 170. — [2] Vgl. Fußn. 6, S. 199.
[3] Göler, v. u. M. Pirani: Über die Anwendung von Leuchtröhren. Ber. 51 des Internat. Beleuchtungs-Kongr. England 1931.
[4] Starck, W.: Ein neuer Apparat zur Erzeugung künstlichen Tageslichtes. Licht u. Lampe 18 (1935) 435—437.
[5] Hersteller: Osram, Berlin O.
[6] Rohde, L. u. K. Schnetzler: Eine neue Methode zur Messung des Nachleuchtens von Gasentladungen. Z. techn. Physik 13 (1932) 358—363.
[7] Vgl. Fußn. 6, S. 194.

Lichtspritzen. Speziell für Fernsehzwecke ist unter dem Namen Lichtspritze eine Entladungsröhre mit Oxydelektroden entwickelt worden (für die Verwendung zusammen mit dem Spiegelrad, wobei eine punktförmige Lichtquelle hoher Leuchtdichte verlangt wird[1]). Die geheizte Oxydglühkathode K (Abb. 221) befindet sich in einem bis auf eine Öffnung geschlossenen Metallzylinder, durch die die Entladung den Weg durch ein kurzes Ansatzrohr D zu der außerhalb angebrachten Anode A nimmt. Die mittlere Stromdichte beträgt etwa 100 mA pro Quadratmillimeter. Die Lampen werden für mittlere Ströme zwischen 300 mA und 2 A gebaut[2]. Die erreichten mittleren Leuchtdichten für die verschiedenen Füllgase (Ne, He, Hg) sind aus nachstehender Tabelle zu entnehmen. Die Leuchtdichte ist in einem weiten Bereich eine lineare Funktion der Stromstärke. Dieses Verhalten ist u. a. auf die geringe Abhängigkeit der Brennspannung von der Stromstärke zurückzuführen.

Natrium-Fernsehlampe. Für Fernsehsysteme, die auf der Bildseite mit einer Nipkowscheibe oder einer Spiegelschraube arbeiten und eine große gleichmäßig ausgeleuchtete Bildfläche brauchen, ist die Natrium-Fernsehlampe vorgesehen[1,3,4]. Das U-förmige Entladungsrohr mit normalen Oxydelektroden (Abb. 222) steckt in einem Heizkasten, für den der Heizstrom getrennt von der Lampe dem Netz entnommen wird. Durch Wegfall der Aufheizverluste wird für die Umwandlung der elektrischen Leistung in Licht im Entladungsrohr der außerordentlich hohe Wirkungsgrad von etwa 50% erreicht (s. B 8, S. 158). Bei einem Strom von 100 mA und einer Rohrspannung von 100 V ist die Lichtstärke der nackten Lampe 126 HK, die Leuchtdichte einer von der Lampe gleichmäßig ausgeleuchteten Fläche von 3×4 cm² ist $\sim$ 4 sb.

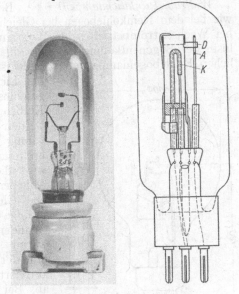

Abb. 220.   Abb. 221.

Abb. 220. Wolframbogenlampe für Tonfilmzwecke. [Aus Z. techn. Physik **12** (1931).]

Abb. 221. Aufbau der Lichtspritze nach H. EWEST. *D* Lichtdüse; *A* Anode; *K* Kathode. [Aus Z. techn. Physik **12** (1931).]

Mittlere Leuchtdichten von Lichtspritzen.

Füllgas	Mittlere Stromstärke A	Brennspannung V	Mittlere Leuchtdichte sb	Farbe
Ne	1	55	22	rot
Ne	2	55	45	rot
He	1	85	25	gelbweiß
Hg	1	70	19	blaugrün

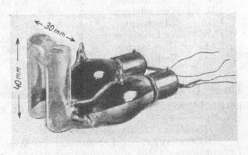

Abb. 222. Natriumlampe für Fernsehzwecke nach H. EWEST. [Aus Fernsehen und Tonfilm **3** (1932).]

---

[1] EWEST, H.: Neuere Entwicklung des Gasentladungslampen für Fernsehzwecke. Fernsehen und Tonfilm **3** (1932) 7—9.
[2] Hersteller: Osram, Berlin O. — [3] SCHUBERT, G.: Die Entwicklung der Natriumdampflampen für Fernsehzwecke. Fernsehen u. Tonfilm **3** (1932) 9—18. — [4] Vgl. Fußn. 5, S. 191.

d) Entladungslampen hoher Leuchtdichte für Projektionszwecke.

Wolfram-Punktlichtlampen[1, 2, 3, 4]. Bei diesen Lampen dient als Lichtquelle wie bei dem Reinkohlebogen bei Gleichstrombetrieb die Anode aus Wolfram, bei Wechselstrombetrieb beide Wolframelektroden, die durch die Anodenverluste der Bogenentladung in Stickstoff aufgeheizt werden. Von der gewöhnlichen Kohlebogenlampe unterscheidet sich die Punktlichtlampe dadurch, daß der Lichtbogen sich in einem luftdicht abgeschlossenen, mit reinem Stickstoff gefüllten Kolben befindet. Die Elektroden aus Wolfram werden daher nicht abgetragen. Die Entladung ist ein Bogen mit flächenhaft ausgebreitetem anodischen Glimmlicht. Gezündet wird die Lampe wie der Kohlebogen durch Abheben der sich berührenden Elektroden. Die Gleichstromlampe hat zwei halbkugelförmige Elektroden, die unter Federdruck aneinander liegen. Nach dem Einschalten erwärmt sich ein im Stiel der Kathode angebrachter Bimetallstreifen und zieht die oxydaktivierte Kathode von der kleineren Anode ab. Bei der Wechselstromlampe liegt eine der beiden gleich großen oxydaktivierten Hauptelektroden gegen eine besondere größere Hilfselektrode an, die sich im Betrieb selbsttätig ausschaltet (Abb. 223). Die Lampen werden für drei Stromstärkewerte: 2 A, 4 A und 7,5 A

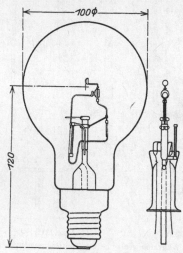

Abb. 223. Osram-Wolfram-Punktlichtlampe für Wechselstrom (Typ 4 W) vor der Zündung.

hergestellt. Der Spannungsabfall beträgt bei allen Lampen etwa 55 V, die erforderliche Betriebsspannung ist mindestens 100 V. Die über längere Betriebszeiten erreichbaren mittleren Leuchtdichten sind in nachstehender Tabelle angegeben.

Lichtstärke und Leuchtdichte der Osram-Punktlichtlampen.

Type	Stromart	Stromstärke A	Maximale Lichtstärke einer Elektrode HK	Durchmesser der leuchtenden Elektrode mm	Leuchtdichte sb	Lebensdauer h
2 G	Gleichstrom	2	150	3,4	1650	300
2 W	Wechselstrom	2	100	2,8	1650	300
4 G	Gleichstrom	4	350	5,2	1650	300
4 W	Wechselstrom	4	200	4,0	1600	300
7,5 G	Gleichstrom	7,5	1000	6 × 8	2100	150
7,5 W	Wechselstrom	7,5	450	5,2	2100	150

Durch Überlastung kann die Leuchtdichte bei allen Lampen auf 2500...3000 sb gebracht werden, die Lebensdauer geht dabei auf etwa 100 h zurück[2].

---

[1] Hersteller: Osram, Berlin O.
[2] Rüttenauer, A.: Lebensdauer der Wolframbogenlampen in Abhängigkeit von der Leuchtdichte. Licht u. Lampe 1 (1925) 730—731.
[3] Skaupy, F.: Der elektrische Lichtbogen zwischen Wolframelektroden und seine technische Anwendung. Elektrotechn. Z. 48 (1927) 1797—1800, 1821—1822. — Techn.-wiss. Abh. Osram-Konz. 1 (1930) 42—48.
[4] Rüttenauer, A. u. A. Fehse: Die Punktlichtlampe, ihre Handhabung und Verwendung. Helios, Lpz. 34 (1928) 461—463.

Die Punktlichtlampen finden in optischen Apparaten überall dort Verwendung, wo es auf eine gleichmäßige Leuchtfläche mittlerer Leuchtdichte ankommt (Mikroskopbeleuchtung, Mikroprojektion, Spaltbeleuchtung).

Schlauchlampen (Niederdrucklampen). Die bei normalen Niederdruckentladungslampen durch Erhöhung der Stromdichte erreichbaren Leuchtdichten sind sehr gering (bis $\sim 20\,$sb), da bald die thermische Grenzbelastung der Glaswand des Entladungsrohres erreicht wird. Durch Einengung der Entladungsbahn in isoliert eingebaute Netzschläuche, Rohre oder Blenden aus Metall (Wolfram) gelangt man zu sehr viel höheren Stromdichten, jedoch kommt man sehr bald in einen Entladungsbereich, wo der größte Teil der Atome entweder

ionisiert oder angeregt ist, so daß die Leuchtdichte nur noch wenig zunehmen kann. So führt eine Steigerung der Stromdichte von 12 auf 800 A/cm² in Neon nur zu einer Erhöhung der Leuchtdichte von 100 auf 600 sb (axial beobachtet) [1].

Quecksilberhochdrucklampen. Zu viel höheren Leuchtdichten gelangt man durch Anwendung höherer Gasdrucke, insbesondere in der stark eingeschnürten Säule der HgH-Entladung (s. B 8, S. 177). Die Leuchtdichte der HgH-Entladung steigt mit dem Dampfdruck und der Stromstärke stark an (Abb. 224) [2–7]. Bei den HgH-Lampen für Allgemeinbeleuchtung (B 8, S. 186) liegen die Leuchtdichten bei Dampfdrucken von 1...10 at zwischen 200 und etwa 1000 sb (Bereich *I*). In einer besonderen Ausführungsform für Projektionszwecke (in wannenförmigen Reflektoren zur Beleuchtung von Landebahnen auf Flugplätzen (s. J 6, werden bei 20 at etwa 1500 sb erreicht. Das luftgekühlte Entladungsrohr besteht aus einem Quarzrohr von 10 mm Innendurch-

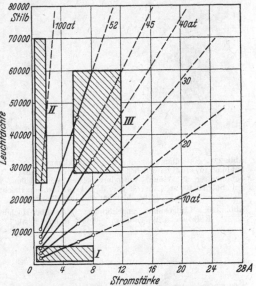

Abb. 224. Leuchtdichte der Quecksilberentladung bei hohen Drucken in Abhängigkeit von Stromstärke und Druck. —— gemessen, ——— extrapolierter Verlauf. Bereich *I*: Quecksilberhochdrucklampen für Allgemeinbeleuchtung. Bereich *II*: Wassergekühlte Kapillarlampen nach C. Bol. Bereich *III*: Luftgekühlte Kugellampen nach R. Rompe und W. Thouret. (Bereich *II* reicht über die hier als Grenze angegebene 70000 sb zu noch höheren Werten, die im Laboratoriumsversuch erreicht wurden.) [Nach R. Rompe u. W. Thouret: Z. techn. Physik **17** (1936).]

messer, die Bogenlänge ist etwa 300 mm, der Lichtstrom 100000 Hlm bei einer Wattaufnahme von 1500 W (1500 V, 1,2 A).

Quecksilberhöchstdrucklampen. Beim Übergang zu sehr hohen Drucken und hohen Stromstärken werden Leuchtdichten zwischen 10^4 und 10^5 sb erhalten (Höchstdrucklampen). Es liegen zwei Ausführungsformen von Quecksilberhöchstdrucklampen vor: mit wassergekühltem und luftgekühltem Entladungsrohr. Bei der von C. Bol [4] angegebenen Höchstdrucklampe mit Quarzkapillare hat das Entladungsröhrchen einen Innendurchmesser kleiner als 3 mm und

---

[1] Vgl. Fußn. 4, S. 191.

[2] Vgl. Fußn. 3, S. 199.

[3] Krefft, H.: Strahlungseigenschaften der Entladung in Quecksilberdampf. Techn.-wiss. Abh. Osram-Konz. **4** (1936) 33—41.

[4] Bol, C.: Een nieuwe Kwiklamp. Ingenieur, Haag **50** (1935) 91—92.

[5] Elenbaas, W.: Ontladingen in Kwiklamp van hoogen Druk. Ingenieur, Haag **50** (1935) 83—90.

[6] Elenbaas, W.: Über die mit den wassergekühlten Quecksilber-Super-Hochdruckröhren erreichbare Leuchtdichte. Z. techn. Physik **17** (1936) 61—63.

[7] Rompe, R. u. W. Thouret: Die Leuchtdichte der Quecksilberentladung bei hohen Drucken. Z. techn. Physik **17** (1936) 377—380.

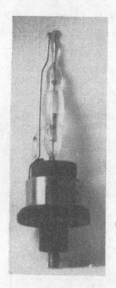 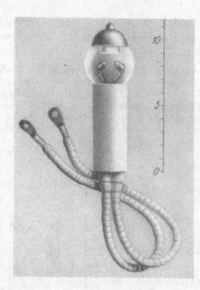

Abb. 225. Entladungsrohr der Höchstdrucklampe nach C. Bol für Wasserkühlung in etwa natürlicher Größe. Elektrodenabstand ~ 12,5 mm, Innendurchmesser 2...3 mm, Außendurchmesser 5 bis 6 mm, Dampfdruck im Betrieb 100 at. [Aus G. J. v. d. Plaats: Die Superhochdrucklampe. Strahlentherapie **56** (1936).]

Abb. 226. Luftgekühlte kugelförmige Quecksilber-Hochdrucklampe nach R. Rompe u. W. Thouret. [Aus Z. techn. Physik **17** (1936).]

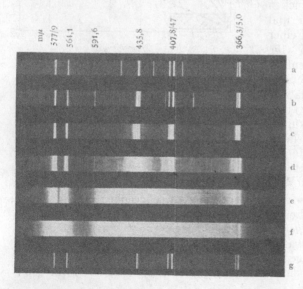

Adb. 227. Spektrum ber Entladung in Quecksilberdampf bei verschiedenen Dampfdrucken. a und g bei Niederdruck (einige mm Hg); b bei Hochdruck (etwa 1 at); c bei Höchstdruck, Luftkühlung, 0,4 A, 120 V/cm, 4,5 mm Rohrdurchmesser; d bei Höchstdruck, Wasserkühlung, 5,6 A, 135 V/cm, 4,5 mm Rohrdurchmesser; e bei Höchstdruck, Wasserkühlung, 1,2 A, 500 V/cm, 2 mm Rohrdurchmesser; f bei Höchstdruck, Wasserkühlung, 1,1 A, 800 V/cm,1 mm Rohrdurchmesser. [Aus W. Ellenbaas, Physica **3** (1936).]

wird mit fließendem Wasser stark gekühlt. Im Laboratorium wurden damit Leuchtdichten bis 180000 sb erreicht [1]; der Dampfdruck betrug dabei etwa 200 at, der Innendurchmesser der Kapillare 1 mm, die Brennspannung 800 V, die Stromstärke 2,1 A, die Leistungsaufnahme 1400 W/cm Rohrlänge. Für längeren Betrieb (100 h) ist eine Lampe mit einem Dampfdruck von etwa 100 at vorgesehen mit folgenden Daten: 550 W, 420 V, 1,5 A, Zündspannung 550 V, 38000 lm, maximale Leuchtdichte 36000 sb, Bogenlänge 12,5 mm, Durchmesser der Leuchtsäule etwa 1 mm (Abbildung 225). Die von Rompe und Thouret [2] angegebene Form mit Luftkühlung besteht aus einem starkwandigen, kugelförmigen Quarzgefäß von etwa 3 cm Durchmesser, in dem zwei Oxydelektroden in etwa 4,5 mm Abstand angeordnet sind (die Leuchtfläche ist 2,5 × 4 mm² groß (Abb. 226). Die Abmessungen des Entladungsgefäßes sind also groß gegen den von der Entladung erfüllten Raum, die Entladungsform ähnelt daher dem des frei brennenden Lichtbogens. Der Dampfdruck beträgt etwa 50 at, die Leistungsaufnahme 500 W, die mittlere Leuchtdichte ~ 30...40000 sb, die horizontale Lichtstärke 5000 HK. Da die Brennspannung infolge des geringen Elektrodenabstandes nur etwa 80 V ist, kann die Lampe an normaler Netzspannung von 220 V betrieben werden. Die Lampen werden für Gleich- und Wechselstrom und mit waagerecht und senkrecht liegender Bogensäule gebaut.

Bei den hohen Dampfdrucken der Höchstdruckentladung wird das Quecksilberspektrum grundlegend verändert (Abb. 227). Die bei normalen Drucken schmalen Spektrallinien (etwa 10^{-3} mμ) erfahren eine Verbreiterung bis zu ~ 50 mμ Breite. Dabei tritt ein starker kontinuierlicher Untergrund besonders im roten Spektralgebiet auf, so daß der im Hochdruckbogen nur geringe Anteil der Rotstrahlung im Höchstdruckbogen um ein mehrfaches höher ist.

Ein Anwendungsgebiet der beschriebenen Hg-Höchstdrucklampen ist die Projektion mit mittlerem Lichtstrombedarf, wo bisher nur der Reinkohlebogen verwendet wird, dem die neuen Lampen infolge ihrer weit höheren Leuchtdichte und ihrer geringen Abmessungen in vielen Fällen überlegen sind.

Die Höchstdrucklampen befinden sich zur Zeit noch mitten im Entwicklungszustand, so daß die angegebenen Werte nur für die bisher bekannt gewordenen Ausführungen gelten.

e) Technische Bestrahlungslampen[1].

Diese dienen als Strahlungsquellen in dem gesamten dem Beleuchtungsgebiet benachbarten Bestrahlungsgebiet. Die von ihnen erzielten Wirkungen sind photochemischer, photobiologischer und photolumineszierender (Fluoreszenz erregender) Art. Die Maxima der spektralen Wirkungskurven aller dieser Vorgänge, insbesondere der bisher technisch ausgenutzten, liegen mit wenigen Ausnahmen (z. B. der im roten Spektralgebiet gelegenen Pflanzenwachstum und Samenkeimung fördernden Wirkung der Bestrahlung) im blauen bis ultravioletten Spektralgebiet. Hier steht außer der Bogenlampe (B 5) im wesentlichen nur noch die Quecksilberdampflampe zur Verfügung, die eine sehr intensive Ultraviolettstrahlung sowohl bei Hochdruck als auch bei Niederdruck aufweist (B 8, S. 161).

Niederdrucklampen. Bei der Hg-Niederdrucklampe wird die hohe Strahlungsausbeute der Resonanzlinie λ 2537 AE ausgenutzt, die bei niedrigen Dampfdrucken und geringen Stromdichten am größten ist (B 8, S. 162). Aus diesem Grund wird die Wattaufnahme der Niederdrucklampen möglichst niedrig gehalten. Die in den V. S. Amerika unter dem Namen „Sterilamp" auf den Markt gebrachten Niederdrucklampen haben bei Rohrlängen von 37 cm, 62 cm und 88 cm und einem Rohrdurchmesser von 12 mm nur 5...7 W Leistungsverbrauch. Das Entladungsrohr besteht aus einem im Ultraviolett hochdurchlässigen Weichglas. Verwendung finden diese Lampen zur Vernichtung der Fäulnisbakterien auf Nahrungsmitteln[2].

Hochdrucklampen aus Quarz. Die bakterientötende Wirkung der kurzwelligen Ultraviolettstrahlung wird für Entkeimung von Flüssigkeiten und Gasen unter Verwendung der normalen medizinischen Hochdruckquarzbrenner ausgenutzt. Ein neuzeitliches Gerät für diesen Zweck ist in Abb. 228 zu sehen. Der Quarzbrenner befindet sich in der Achse der Anordnung und wird von der zu entkeimenden Flüssigkeit (Gas) durch ein Quarzrohr von ~ 50 mm Durchmesser getrennt. Die Bogenlänge beträgt ~ 200 mm, die Leistungsaufnahme des

---

[1] Mit Ausnahme der therapeutischen Lampen (vgl. K 2) und der Bogenlampen (vgl. B 6, S. 134 f.).

[2] McKenna, A. B.: New developments of the Mercury Lamps. Electr. J. **33** (1936) 439—442. — Elektrotechn. Z. **58** (1937) 382.

Brenners ∼ 700 W [1]. Praktische Versuche ergaben, daß z. B. bis zu einer Durchflußgeschwindigkeit von 3 m³/h eine vollständige Entkeimung von Müggelseewasser erreicht wird [2]. Die chemische Wirkung der Ultraviolettbestrahlung der Quarzlampen wird in steigendem Maße noch in folgenden Fällen technisch verwertet: Entkeimung fester Stoffe, z. B. Entmuffen von Getreide; Vitaminisierung von Nahrungsmitteln, z. B. Hefen, Pasten, Milch, Lebertran, Fette; Bleichen von Leinen; künstliches Altern von Farben und Lacken zur Prüfung auf Lichtbeständigkeit; Härten von Lackleder usw. [1,3].

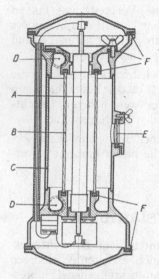

Abb. 228. Durchlaufapparat „Uster" der QLG., Hanau, für Entkeimung von Flüssigkeiten und Gasen mit Quecksilberhochdruck-Quarzbrenner. *A* Quarzbrenner, *B* Quarzmantel, *C* Außenmantel, *D* Wasserzufluß und -abfluß, *E* Schauglas, *F* Gummidichtungen. [Nach E. Jolasse u. F. Lauster: VDI-Z. 80 (1936).]

Hochdrucklampen aus ultraviolettdurchlässigem Hartglas (Pauslampen). Die starke aktinische Wirkung der Strahlung des Quecksilberhochdruckbogens im violetten und nahen ultravioletten Spektralgebiet hat zur Anwendung von Quecksilberhochdrucklampen in der Reproduktions- und Lichtpaustechnik geführt [4]. Da die spektrale Empfindlichkeitsverteilung der meisten Paus- und Reproduktionspapiere in dem Wellenlängenbereich zwischen 440 und 360 mμ die höchsten Werte aufweist, werden die HgH-Brenner aus ultraviolettdurchlässigen Hartgläsern hergestellt, die alle bis etwa 350 mμ gut durchlässig sind. Man verwendet zweckmäßig Gläser mit hohen Erweichungstemperaturen, weil einerseits, um die Pauszeiten zu verringern, hohe Leitungseinheiten verlangt werden, andererseits die Strahlungsausbeute der für die Pauswirkung verantwortlichen Liniengruppen des Quecksilberspektrums 435,8, 404,7/7,8 und 365,0/6,3 mμ mit steigendem Leistungsumsatz in der Säule stark anwächst (B 8, S. 161). In der nachstehenden Tabelle sind die Daten von verschiedenen technischen Pauslampen aufgeführt. Die HgHS 1000 (265 W) entspricht im Aufbau den normalen Quecksilberhochdrucklampen für Beleuchtung, nur wird

Quecksilberhochdrucklampen für Pauszwecke.

Type	Netz-spannung V	Glas	Betriebs-strom A	Bogen-länge mm	Rohr-leistung W	Licht-strom Hlm	Gesamt-leistung W	Hersteller
V 150 . . .	220	Uviolglas v. Schott	1,8	105	175	2700	350*	Quarzlampen-Ges. Hanau
V 900 . . .	220	Uviolglas v. Schott	6,0	550	600	12000	1200*	Quarzlampen-Ges. Hanau
HgHS 1000	220	Hartglas	2,2	120	265	11000	280**	Osram Berlin
HgHS 5000	220	,,	8,0	300	1000	55000	1050**	Osram Berlin
HgHS 8000	380	,,	8,0	430	1500	88000	1600**	Osram Berlin

* Mit Ohmschen Vorschaltwiderstand für Gleich- und Wechselstrom.
** Mit Drossel, nur für Wechselstrom.

[1] Lauster, F.: Technische Anwendungsgebiete der Ultraviolettstrahlung. VDE-Fachber. 8 (1936) 121—123.
[2] Vagades, K. v.: Über Trinkwasserentkeimung durch Quarzlicht. Gas- u. Wasserfach 1935 Nr. 5.
[3] Vgl. Fußn. 3, S. 199.
[4] Vogl, K.: Lichtquellen für photochemische Arbeitsverfahren. Chem. Fabrik 10 (1937) 296—300.

für Brenner und Außenkolben ultraviolettdurchlässiges Sonderglas verwendet. Die übrigen in vorstehenden Tabelle aufgeführten Pauslampen bestehen nur aus dem Entladungsrohr ohne besondere Hülle. Wegen der geringeren spezifischen Belastung der Brenner aus Uviolglas ist bei den Lampen V 150 und V 900 (175 und 600 W) die Strahlungsausbeute im Sichtbaren und langwelligen Ultraviolett geringer als bei den HgHS 1000, 5000, 8000 Hartglaslampen (265, 1000 und 1500 W). In Abb. 229 ist die Hartglaspauslampe HgHS 5000 zu sehen.

Quecksilberhochdrucklampen mit Schwarzglashülle. Die einer großen Zahl von anorganischen und organischen flüssigen und festen Körpern eigentümliche Eigenschaft, bei Bestrahlung mit Licht und insbesondere mit Ultraviolettstrahlung in charakteristischen Farben aufzuleuchten (Photolumineszenz, Fluoreszenz, s. B 10, S. 208; D 7, S. 417 f.), wird technisch für Prüfzwecke (Nachweis von Verunreinigungen, von Änderungen der chemischen Zusammensetzung; Echtheitsprüfung von Farbdrucken usw.) und zur Lichterzeugung für Reklamezwecke ausgenutzt. In beiden Fällen wird die störende sichtbare Strahlung der Ultraviolettstrahlungsquelle durch sog. Schwarzglasfilter, die für das sichtbare Spektralgebiet praktisch undurchlässig und nur im Ultraviolett durchlässig sind (s. D 7, S. 417 f.) unterdrückt, um das schwächere Fluoreszenzlicht nicht zu überstrahlen.

Für die eben genannten Zwecke sind eine Reihe von Geräten entwickelt, bei denen die Quecksilberhochdrucklampe in ein lichtdichtes Gehäuse eingeschlossen ist, das ein Fenster aus einem Schwarzglas zum Austritt der Ultraviolettstrahlung besitzt (z. B. „Analysenquarzlampe" der Quarzlampen-Gesellschaft Hanau, „Ultravisor" der Sendlinger Optische Werke, Berlin u. a.). Daneben sind aber auch besondere Brenner entwickelt worden, bei denen entweder schon das Entladungsrohr aus dem Filter-Schwarzglas besteht oder das

Abb. 229. Quecksilberhochdrucklampe aus ultraviolettdurchlässigem Hartglas für Pauszwecke. (HgHS 5000), Leistungsaufnahme 1000 W, Lichtstrom etwa 55000 Hlm.

Abb. 230. Kleine Quecksilberhochdrucklampe aus Quarzglas in einem Schwarzglas-Außenkolben von 80mm Durchmesser (HgQS 300). Schattenriß auf einem Leuchtstoffschirm, erzeugt durch Ultraviolettstrahlung.

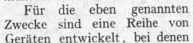

Schwarzglas-Quecksilberhochdrucklampen.

Type	Netzspannung V	Betriebsstrom A	Rohrleistung W	Gesamtleistung W	Hersteller
D 350	220	3	300	600	Quarzlampen-Ges. Hanau
D 900	220	6	600	1200	Quarzlampen-Ges. Hanau
HgHS 1000. .	220	2,2	265	280	Osram, Berlin
HgQS 300 . .	220	0,75	75	84	Osram, Berlin
HgQS 500 . .	220	1,1	120	130	Osram, Berlin

Entladungsrohr aus Quarz- oder Hartglas in einem Außenkolben aus dem Filterglas eingebaut ist. In vorstehender Tabelle sind die Abmessungen und elektrischen Werte solcher Schwarzglaslampen angegeben. Bei den Lampen D 350 und D 900 besteht das Entladungsrohr aus dem Filterglas UG 4 von Schott. Die Lampe HgHS 1000 ist dieselbe Lampe wie in Tabelle S. 206, nur besteht der Außenkolben aus einem Schwarzglas, das in seiner Wirkung ähnlich dem Glas von Schott ist. Die Lampe HgQS 300 besteht wie die HgQ 300-Lampe für Beleuchtungszwecke (S. 188) aus einem kleinen Quarzbrenner, der in einen Glühlampenkolben aus Schwarzglas (80 mm Durchmesser) eingebaut ist (Durchmesser bei der HgQS 500 90 mm). In Abb. 207 ist ein Schattenriß dieser Lampe wiedergegeben[1]. Der spektrale Durchlässigkeitsbereich der verwendeten Schwarzgläser liegt zwischen 400 und ~ 300 mμ mit einem Höchstwert bei etwa 360 mμ.

B 10. Strahlungsumwandlung durch Luminophore.

Von

ALFRED RÜTTENAUER·Berlin.

Mit 3 Abbildungen.

a) Einteilung der Luminophore.

Luminophore sind Stoffe (vgl. D 7, S. 417 f.), die die Eigenschaft besitzen, bei Bestrahlung durch Röntgen-, Kathoden-, Ultraviolett- oder Lichtstrahlen dadurch selbst zu leuchten, daß die aufgenommene Strahlung in Licht umgewandelt wird. Man unterscheidet Phosphore und Fluorophore, je nachdem die Stoffe nach Aufhören der Bestrahlung noch nachleuchten oder sogleich erlöschen. Diese Unterteilung ist einerseits durch das physikalische Verhalten (z. B. bezüglich der lichtelektrischen Leitfähigkeit) bedingt, andererseits durch die bisherige Anwendung in der Technik gerechtfertigt, wo für bestimmte Zwecke nachleuchtende, für andere wieder nicht nachleuchtende Luminophore erforderlich sind. Für die Anwendung der Luminophore in der Lichttechnik erübrigt sich diese Einteilung, da es hier auf die Lichtsumme von Momentan- und Nachleuchten ankommt. Lediglich für die Innenbeleuchtung ist ein Nachleuchten erforderlich, durch das die Dunkelperioden des Wechselstromes so überbrückt werden, daß kein störendes Flimmern entsteht.

b) Übersicht über die Verwendung der Luminophore in der Lichttechnik.

Die in den letzten Jahren entwickelten Gasentladungslampen geben farbiges oder infolge ungenügender Auffüllung des Spektrums nur angenähert physiologisch weißes Licht, so daß eine allgemeine Verwendung der Lampen trotz

---

[1] Diese Abbildung verdanken wir Herrn M. W. MÜLLER der Studiengesellschaft für elektrische Beleuchtung. Als Strahlungsquelle diente eine HgQS 300 mit Schwarzglaskolben, der ultraviolette Schattenriß wurde auf einem Zinksulfid-Leuchtstoffschirm sichtbar gemacht (ähnlich einem Röntgenbild).

der erreichten hohen Lichtausbeuten von 35...70 lm/W behindert ist. Die Hg- und Ne-Lampen verfügen aber über eine große Menge ultravioletter Strahlen, die bisher beleuchtungstechnisch unausgenutzt blieben. Nach den Untersuchungen von M. PIRANI und A. RÜTTENAUER [1] erweisen sich Luminophore der Sulfid-Wolframat-Phosphat- und Silikatgruppen als geeignete Mittel, um die unsichtbare Strahlung der Gasentladungslampen mit hohem Wirkungsgrad in Licht umzuwandeln. Messungen von A. DRESLER [2] ergaben bei Zinksulfidluminophoren quantenmäßig einen Wirkungsgrad von 50...100%. Diese günstige Umwandlung der ultravioletten Strahlung in sichtbare mit Hilfe von Luminophoren kann man dazu benutzen, die Lichtfarbe der Hg-Hoch- und Höchstdrucklampen zu verbessern. Mit Hilfe von Zinksulfidluminophoren gelingt es bereits, einen Rotgehalt zu erzielen, der 40% des Rotgehaltes des Tageslichtes beträgt. Die günstige Strahlungsumwandlung kann aber besonders zur Erhöhung der zwischen 10 und 15 lm/W liegenden Lichtausbeute der Hg-Niederdruck- und Neonlampen herangezogen werden. Hier konnte infolge des größeren Anteiles der UV-Strahlen an der Gesamtstrahlung eine weit vollkommenere Strahlungsumwandlung erzielt werden. Man kann nicht nur jede Art von weißem Licht, Tageslicht, Licht von der Farbe der Glühlampe usw. herstellen, sondern man kann auch das Licht dieser Lampen in jede beliebige andere Lichtfarbe von Blau bis Rot umfärben. Die Lichtausbeuten überragen dabei die Werte der Glühlampe um das 2...8fache bei gleicher Wattaufnahme, so daß also die Voraussetzungen gegeben sind, mit Hilfe der Luminophore die Niederdruckentladung zu einer brauchbaren technischen Lichtquelle zu entwickeln.

c) Anbringung der Luminophore.

Die Luminophore werden in die Umhüllung der Gasentladungslampen gelegt und zwar in der Weise, daß man sie entweder in die Glasmasse der Glaskolben oder Glasröhren selbst einschließt oder auf die Glaswandung aufstäubt. H. FISCHER [3] hat die zur Herstellung phosphoreszierender und fluoreszierender Gläser notwendigen Bedingungen planmäßig untersucht. Er fand, daß zwei Bedingungen erfüllt sein müssen.

1. Der Eisengehalt Fe_2O_3 des Glases darf eine bestimmte Grenze nicht überschreiten. Die Höchstgrenze ist je nach der Art des zu bildenden Glasluminophors verschieden und liegt zwischen 0,04 und 0,4%.

2. Das die Luminophore aktivierende Schwermetall muß der Glasmasse in einem so großen Überschuß zugesetzt werden, daß der sich bildende Luminophor auch so viel Schwermetall aufnehmen kann, um eine Lumineszenz zu erwirken. Für die Herstellung einer brauchbaren technischen Lichtquelle aus einem lumineszierenden Glas als Umhüllung genügt die Eigenschaft der Strahlenumwandlung noch nicht ganz. Die im Glas entstandene Strahlung muß auch möglichst vollkommen nach außen gelangen. Dies gelingt nach G. JÄCKEL [4] und H. FISCHER [5] dadurch, daß man dem Glas einen trübenden Zusatz beimengt oder über das Glas eine Trübschicht als Überfang legt.

[1] PIRANI, M. u. A. RÜTTENAUER: Lichterzeugung durch Strahlungsumwandlung. Licht **5** (1935) 93—98.

[2] DRESLER, A.: Wirkungsgrad und Lichtausbeute von Fluoreszenzproben. Licht **3** (1933) 185—186, 204—206.

[3] FISCHER, H.: Lumophorglas für Leuchtröhren. Glas u. Apparat **15** (1934) 89—90 und Österr. P. 140012. —— [4] DRP. 482048.

[5] FISCHER, H.: Die optischen Verhältnisse bei elektrischen Leuchtröhren mit Wandungen aus lumineszierendem Klarglas ohne und mit Trübglasüberfang. Z. techn. Physik **17** (1936) 337—340.

Für das Aufbringen der Luminophore auf Glas wurden, soweit es sich um Röhren handelt, besondere Verfahren ausgearbeitet. Man unterscheidet zwei Verfahren, das Wälzverfahren für enge und gebogene Röhren, bei dem die Luminophore in die Röhren hineingeschüttet und hindurchgewälzt werden und das Spritzverfahren für weite Röhren und Kolben, bei dem die Luminophore maschinell in die Röhren und Kolben hineingespritzt werden. Zur Ausführung des Wälzverfahrens erhält die Innenwandung der Röhre eine dünne Haut eines Klebstoffes, auf der die sich hineinwälzenden Luminophore hängen bleiben. Der Klebstoff kann später durch Erhitzen wieder entfernt werden [1] oder man läßt ihn durch Zusätze zementbildender Stoffe erstarren [2], so daß die Luminophore anfritten. Beim Spritzverfahren ist ein Klebstoff nicht unbedingt erforderlich. Die aufgebrachten Luminophorschichten sind ideale Trüb- oder Streuschichten und verhindern so, daß die in denselben entstandenen Strahlungen durch totale Reflexion zurückgehalten werden.

d) Strahlungsumwandlung in der positiven Säule der Neonentladung.

Die umzuwandelnde unsichtbare Neonstrahlung der positiven Säule setzt sich aus einer großen Anzahl sehr schwacher Linien zusammen, den höheren Gliedern der Hauptserie, die zwischen den Wellenlängen 380 und 250 mμ liegen. Außerdem besitzt das Neonspektrum im Schumanngebiet die beiden Resonanzlinien 73,6 und 74,4 mμ. Bei den Untersuchungen von A. RÜTTENAUER [3] über die

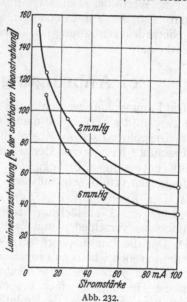

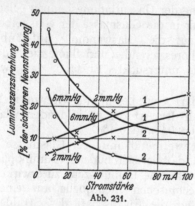

Abb. 231.

Abb. 232.

Abb. 231. Lumineszenzausbeute von Zinksulfid-Neonröhren (Durchmesser innen 20 mm) bei verschiedenen Gasdrucken und Stromstärken.
Kurve 1: Anregung des Luminophors durch UV.   Kurve 2: Anregung des Luminophors durch die Resonanzlinien.
Abb. 232. Lumineszenzausbeute von Zinksilikat-Neonröhren (Durchmesser innen 20 mm) bei verschiedenen Gasdrucken und Stromstärken.

Umwandlung der unsichtbaren Neonstrahlung in sichtbare wurden als Luminophore grünleuchtende Zinksulfid- und grünleuchtende Zinksilikatluminophore

---

[1] DRP. 536980, 583305 und 624758.
[2] Fr. P. 807991 und DRP. 638558.
[3] RÜTTENAUER, A.: Über die Anregung der Phosphore in der Neonentladung. Z. techn. Physik 17 (1936) 384—386. — Über die Anregung der Luminophore in der Neonentladung. Licht 7 (1937) 1—5.

genommen. Die Ergebnisse sind aus den Abb. 231 und 232 zu ersehen. Die Zinksulfide bewirken sowohl eine Umwandlung der UV-Strahlung, als auch der Schumannstrahlung. Der Lichtzuwachs durch die neu entstandene Lumineszenzstrahlung beträgt bei den Stromdichten 0,0015 ... 0,03 A/cm² und günstigstem Gasdruck 2 mm Hg 50 ... 25%. In Röhren mit handelsüblichen Zinksilikatluminophoren ergab sich weder bei Anregung durch Ultraviolett noch durch Strahlung des Schumanngebietes eine meßbare Lumineszenzstrahlung.

Bisher bekannte Zinksilikate anderer Herstellungsart werden durch die unsichtbare Strahlung der Neonentladung ebenfalls nicht erregt. Nur besonders rein hergestellte Zinksilikate, die so beschaffen sind, daß sie durch Elektronen von geringer Geschwindigkeit (8 ... 20 V) erregt werden, vermögen die Schumannstrahlung der Neonentladung umzuwandeln. Der Lichtzuwachs ist bedeutend höher als bei den Zinksulfiden; er liegt zwischen 60 und 150%. Für die praktische ‚Lichttechnik bedeutet die Umwandlung der unsichtbaren Neonstrahlung, daß die Lichtausbeute der Neonröhre mittels Zinksilikatluminophoren verbessert, und sogar die rote Farbe in Gelb bis Gelbgrün umgefärbt werden kann. Der günstigste Anwendungsbereich liegt bei kleinen Stromdichten, er geht bis etwa 0,05 A/cm². Bei höheren Stromdichten wird der Lichtzuwachs immer geringer, er beträgt bei 0,4 A/cm² nur noch 20%.

e) Strahlungsumwandlung in der positiven Säule der Hg-Entladung.

In der positiven Säule der Hg-Entladung ist bei Niederdruck fast das gesamte Ultraviolett in der Resonanzlinie 253,7 mµ vereinigt [1]. Bei höheren Dampfdrucken und Stromstärken wird die Resonanzlinie schwächer und es treten die Linien im mittel- und langwelligen UV stärker hervor. Man muß hier also unterscheiden zwischen der Strahlungsumwandlung bei Hochdruck und Niederdruck. Bei der Hochdruckentladung ist das gesamte UV-Spektrum von 200 ... 400 mµ mit überaus zahlreichen Linien besetzt. Da es keinen Luminophor gibt, der in diesem weiten Gebiet gleichmäßig gut angeregt wird, sind zu

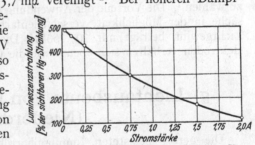

Abb. 233. Lumineszenzausbeute von Zinksilikat-Hg-Röhren (Durchmesser innen 27 mm) bei verschiedenen Stromstärken.

einer wirksamen Strahlungsumwandlung zwei oder mehrere Luminophore erforderlich. Es kommen z. B. Zinksulfidluminophore in Frage, deren Anregungsmaximum zwischen 400 und 300 mµ liegt, und Silikatluminophore, deren Anregungsmaximum im kürzerwelligen UV unter 300 mµ liegt. Bei der Niederdruckentladung, in der die Resonanzlinie die umzuwandelnde Strahlung ist, sind besonders Luminophore geeignet, deren Anregungsmaximum unter 300 mµ liegt, also Silikate, Wolframate, Molybdate, Phosphate usw. Für einen Luminophor mittlerer Leuchtstärke (Zinksilikat, gelbleuchtend) ist in Abb. 233 die Lumineszenzausbeute bei Niederdruck bis zu einer Stromdichte von 0,35 A/cm² angegeben. Der Anwendungsbereich der Luminophore geht in der Hg-Niederdruckentladung sehr viel weiter nach höheren Stromdichten als in der

[1] KREFFT, H. u. M. PIRANI: Quantitative Messungen im Gesamtspektrum technischer Strahlungsquellen. Z. techn. Physik **14** (1933) 393—411.

Neonentladung, da bei 0,35 A/cm² der Lichtzuwachs durch die Luminophore noch über 100% liegt. Man wird im allgemeinen eine Grenze von 0,5 A/cm² nicht überschreiten, weil darüber hinaus die genannten Luminophore infolge der Temperaturerhöhung rasch ihre Leuchtfähigkeit einbüßen. Dieser Anwendungsbereich erlaubt aber im Gegensatz zu den Verhältnissen in der Neonentladung eine noch wirtschaftliche Strahlenumwandlung (mehr HK pro cm Rohrlänge) in weniger ausgedehnten Röhrenformen, die an den üblichen Netzspannungen betrieben werden können. Damit ist der Luminophorniederdruckröhre der Weg zur Allgemeinbeleuchtung offen.

f) Strahlungsumwandlung im negativen Glimmlicht.

In der positiven Säule der Gasentladung ist nur das Gas der niedrigsten Anregungsspannung der Träger der Lichtemission und daher auch der Strahlungsumwandlung. Im negativen Glimmlicht kann dagegen die unsichtbare Strahlung mehrerer Gase und Dämpfe gleichzeitig in Licht umgewandelt werden. In der Glimmlampe (vgl. B 7, S. 149 f.), wo nur das negative Glimmlicht ausgebildet ist (die positive Säule fehlt), kann man z. B. bei der üblichen Neonfüllung zur Verstärkung der Strahlungsumwandlung mittels eines Luminophors eine geringe Menge Quecksilber hinzufügen. So erhält man durch die Farbmischung Neonrot, Hg-Blau und Lumineszenzgrün eines grünleuchtenden Luminophors gelblichweiße Glimmlampen, während eine Leuchtröhre bei dieser Füllung grün leuchten würde. Andererseits muß man zur Herstellung blauer und grüner Luminophor-Hg-Glimmlampen Neon als Zumischung vermeiden, da das Rot des mitleuchtenden Neons stören würde. Als zweites Grundgas ist hier Argon oder Krypton zu wählen [1]. Die Vorteile der Anwendung der Luminophore liegen in der Hauptsache in der Möglichkeit, verschiedenfarbige Glimmlampen herzustellen. Der Lichtgewinn beträgt nur 20...60%. Die Niedervoltglimmlampen mit Oxydelektroden verhalten sich ebenso wie die Glimmlampen mit kalten Elektroden.

g) Lichtausbeute von Luminophorröhren (Niederdruck).

Die gering belasteten Luminophorröhren (0,001...0,05 A/cm²), Hg- und Neonröhren, werden als Reklameleuchtröhren in verschiedensten Ausführungen und Größen für Lichtanlagen hergestellt. Da es bei dieser Verwendungsart keine Röhreneinheiten gibt, erfolgt die lichttechnische Bewertung zweckmäßigerweise durch die Angabe der HK/m. So haben die Hg-Leuchtröhren (Innendurchmesser 20 mm, Belastung 50 mA) 8...9 HK/m, die Neonröhren rd. 15 HK/m. Die Bewertung der Luminophorleuchtröhren erfolgt durch die bei der Strahlungsumwandlung erreichte Lichtverstärkung. Bei den lumineszierenden Gläsern nach H. FISCHER [2] liegt die Verstärkung bei 0,015 A/cm² in Hg zwischen 1,5 und 4,5; bei einigen Gläsern, die gleichzeitig Farbfilter als Überfang besitzen, ist keine Verstärkung vorhanden. Bei den mit Luminophoren bestäubten Röhren liegt die Verstärkung bei obiger Stromdichte zwischen 3,5 und 12 in Hg und zwischen 1,5 und 2,5 in Neon.

---

[1] DRP. 553970 und 619186.
[2] FISCHER, H.: Lichttechnische Berechnungen und Messungen an Lumophorgläsern. Glaswerk Gustav Fischer, Ilmenau (Thür.).

h) Künftige Ausgestaltung der Luminophor-lampen (Niederdruck).

Die künftige Ausgestaltung der Luminophorröhren als Einheiten, also Luminophorlampen, wird sich an die bekannten röhrenförmigen Glühlampen an die Soffittenlampen und Linestraröhren anlehnen. Es werden Lampen von 0,5 bis 1,0 m Länge. Nach den Untersuchungen von A. RÜTTENAUER[1] betragen die Lichtausbeuten für 0,5 m-Röhren, an der Röhre gemessen, für die weißen, blauen und rötlichen Farbtöne 25…35, für die gelben 35…40, für die gelbgrünen 40…50 und die grünen 50…60 lm/W. Bei 1 m-Röhren desselben Durchmessers erhöht sich die Lichtausbeute um rd. 30%. Alle diese Röhren lassen sich im Anschluß an 220 V betreiben. Die Nachleuchtdauer- und -stärke der Luminophore ist so bemessen, daß kein störendes Flimmern auftritt.

i) Lichtausbeute von Quecksilber-Hochdruck-lampen mit Luminophoren.

Bei der Umwandlung der UV-Strahlung der Hochdrucklampen in Licht bezweckt man vornehmlich eine Umwandlung in rotes Licht, um hierdurch ein physiologisch weißes Licht zu erhalten. Bei dieser Art der Umwandlung ergibt sich mit Hilfe der heutigen Luminophore ein Lichtgewinn von 10…20%.

B 11. Gasglühlicht.

Von

ERNST ALBERTS-Berlin.

Mit 20 Abbildungen.

a) Gasglühlicht ohne und mit Glühkörper.

Mehr als 100 Jahre lang – von 1786, als BICKEL in Würzburg sein Laboratorium mit Gas beleuchtete, bis 1892, als AUER V. WELSBACH in Kiel seine ersten Glühlichtbrenner den Gasfachmännern vorführte — wurde Licht aus Leuchtgas in der gleichen Weise erzeugt, wie bei der uralten Kerzenbeleuchtung. Hier wie dort spendet der Kohlenstoff als grauer Strahler in der heißen Flamme sein Licht. Über die geschichtliche Entwicklung der Gasbeleuchtung vgl. A 1.

Die früher verwendeten Gasbrenner waren zunächst Strahlenbrenner, bei denen das Gas aus einer kreisrunden Bohrung strömte und eine der Kerzenflamme ähnliche Flamme ergab, Zweiloch- oder Fischschwanzbrenner mit zwei unter 90° gegeneinander geneigten Löchern mit flacher parabelförmiger Flamme und Schnitt- oder Schmetterlingsbrenner, Fledermausbrenner, die als Austrittsöffnungen einen Schnitt hatten und bei einem Druck von 3 mm WS[2], je nach

---

[1] RÜTTENAUER, A.: Zit. S. 210. — Leuchtstoffe zur Lichterzeugung. Umschau 41 (1937) 340—341.

[2] WS = Wassersäule.

1 mm Wassersäule = $\frac{1}{13,59}$ = 0,0736 Torr.

1 Torr = 13,59 mm Wassersäule.

Beschaffenheit des Leuchtgases und der Brennerart 7...10 l Steinkohlengas für 1 HK verbrauchten. Verwendet wurden Brenner mit einem stündlichen Gasverbrauch von 75 l und 150 l entsprechend 10 und 15 HK. Bei dem Argandbrenner, bei dem das Gas aus kleinen im Kreise stehenden Öffnungen ausströmt und der einen durch einen Glaszylinder geregelten doppelten Luftzug hat, wurden bei einem stündlichen Gasverbrauch von 250 l 30 HK, von 450 l 55 HK erzielt. Durch Zusammenstellen einer Anzahl Brenner, wie überhaupt durch die Anhäufung mehrerer Einzelflammen, dem sog. Intensivbrenner und Regenerativlampen, wurde bei unverhältnismäßig hohem Gasverbrauch, z. B. 1000 l in der Stunde, eine Lichtstärke von 81 HK entwickelt.

Eine wesentliche Verbesserung der Gasbeleuchtung wurde erst erreicht, als Auer v. Welsbach die große Entdeckung machte, nach der die seltenen Erden Zer, Thorium, Lanthan — hoch in Leuchtgasflammen erhitzt — einen bei verhältnismäßig niedrigem Gasverbrauch großen Lichtstrom ausstrahlten.

Die ersten Auerglühkörper hatten einen Gasverbrauch von 4...6 l je HK und Stunde. Sie sind heute so verbessert, daß, je nach der Zusammensetzung des Gases und der Durchbildung der Brenner, der Gasverbrauch zwischen 0,5 l bei Preßgas und 1,0...1,2 l bei Niederdruckgas beträgt.

b) Chemie und Physik der Leuchtgase.

Das normale Gas, wie es heute fast allgemein in Deutschland verwendet wird, ist ein Mischgas mit einem oberen Heizwert (Verbrennungswärme) von 4000...4300 kcal/m³, einer Dichte von nicht mehr als 0,5 (Luft = 1) und einem Gehalt an nicht brennbaren Bestandteilen (Inerten) von nicht mehr als 12%. Tabelle 17 (Anhang) zeigt die Zusammensetzung des reinen Steinkohlengases und des Mischgases:

Das Methan und die schweren Kohlenwasserstoffe C_mH_n sind auf die Hälfte gesunken und das Kohlenoxyd auf mehr als das Doppelte gestiegen. Um die gleichen Wärmeeinheiten wie beim Steinkohlengas zu erreichen, müssen

$$\frac{5160}{3870} = 1,33 \text{ m}^3 \text{ Mischgas verwendet werden.}$$

Da auch die Dichte größer ist, so müssen bei den Leuchten alle Leitungen und Bohrungen entsprechend größere Querschnitte erhalten als bisher. Auch bei gleichbleibender stündlicher Wärmezufuhr, also erhöhtem Gasverbrauch würde ein Sinken der Leuchtdichte des Glühkörpers zu erwarten sein, wenn die Flammentemperatur gleichfalls sinken würde; das ist aber nicht der Fall, wenn, wie bei dem Stadtgas, Wassergas bzw. Wasserstoff oder Kohlenoxyd zugemischt wird, wie Terres und Straube [1] nachgewiesen haben. Die vorgenommenen Versuche zeigen, daß der Lichteffekt im Hängelichtbrenner um so besser wird, je mehr Wassergas bei gleichen Prozenten Erstluft dem Leuchtgas zugemischt wird und weiter, je größer der Prozentsatz des Gesamtluftbedarfs ist, der primär zugesetzt wird. Die Besserung des Lichteffektes mit Zunahme des Wassergasgehaltes in den Leuchtgasmischungen ist auf das mit steigendem Wassergaszusatz kleiner werdende Flammenvolumen zurückzuführen. Daraus geht hervor, daß beim Hängelichtbrenner der Heizwert des Gases in keiner Weise einen Schluß erlaubt auf den Lichteffekt, den das betreffende Gas zu erzeugen vermag. Übrigens ist der Hängelichtbrenner gegen Veränderung im spezifischen Gewicht des Gases sehr unempfindlich.

Da es bei dem Gasglühlicht im wesentlichen auf die Flammentemperatur ankommt, so ergibt auch das heutige, fast allgemein eingeführte Stadtgas bei

---

[1] Terres, E. u. H. Straube: Gasbeschaffenheit und Lichteffekt. Gas- u. Wasserfach **64** (1921) 309—314.

richtiger Durchbildung der Brenner und bei richtigen Größenverhältnissen der Glühkörper eine durchaus zufriedenstellende Beleuchtung gegenüber dem reinen Steinkohlengas.

Bei dem Auerschen Gasglühlicht wird, um eine möglichst hohe Temperatur zu erzielen, als Heizflamme der Bunsenbrenner verwendet, dessen Temperatur zu $\sim 2100°$ K angenommen werden kann. Außer der Temperatur der entleuchteten Heizflamme hängt die Leistungsfähigkeit des Auerschen Glühkörpers von der Temperatur ab, die die eingeführte Leuchtsubstanz, also hier das Zer-Thorium-Skelett, annimmt und weiter von den Strahlungseigenschaften der seltenen Erden.

c) Herstellung der Glühkörper.

Die seltenen Erden werden aus dem Monazitsand gewonnen, der in mächtigen Ablagerungen in Brasilien und Indien vorkommt. Er besteht aus 5% Thorerde, 60...70% Zeriterde und 25% Phosphorsäure.

Die zum Tränken der schlauchförmigen Gestricke für die Glühkörper verwendeten Leuchtsalzlösungen bestehen aus 99% Thoriumnitrat und 1% Zernitrat unter Zusatz ganz geringer Mengen von Härtemitteln, die dem Strumpf eine gewisse Festigkeit verleihen, damit er den Kollodiumüberzug ertragen kann.

Für die Gestricke werden verschiedene Faserstoffe verwendet, Pflanzenfasern und Kunstseide. Als Pflanzenfasern kommen Baumwollfasern, die Fasern des Chinagrases und der Ramie in Betracht. Die größte Rolle spielt die Kunstseide, deren Fäden mit langen Drähten verglichen werden können, die ohne

Glatt 1 Faden   Duplex 2 Fäden   Stern 4 Fäden
Abb. 234. Glühkörper und Gewebearten.

Zellbildung einen zusammenhängenden Körper darstellen. Die aus diesen Fasern gesponnenen Garne werden, je nachdem, ob sie zu Glühkörpern für stehendes oder hängendes Gasglühlicht, für Preßgas oder Niederdruckgas verarbeitet werden sollen, in entsprechender Garnstärke und Strickart als Schläuche gestrickt, und zwar engmaschig für Leuchten, bei denen das Gas unter Druck zu den Glühkörpern geführt wird oder aber in loser Strickart für drucklose Leuchten und für Leuchten für flüssige Brennstoffe (Abb. 234). Die Schlauchstücke werden in die Leuchtsalzmischung hineingelegt und, nachdem sie sich vollgesogen haben, durch Wringmaschinen hindurchgezogen. Sie enthalten nunmehr eine bestimmte Menge Leuchtsalz, etwa je 1...2 g beim Stehlicht- und 0,8 g beim Hängelichtstrumpf. Nachdem sie getrocknet sind, werden sie an Magnesiaringen angebunden und am anderen Ende mit einer sog. Spinne versehen, die man aus ebenfalls mit der Leuchtsalzmischung getränkten Fäden durch sternförmiges Vernähen bildet, um auf diese Weise das röhrenförmige Schlauchstück zu schließen.

Die flachen Strümpfe werden abgebrannt, so daß ein schlaffes Ascheskelett entsteht, das mittels Brennern, denen das Gas mit einem Druck von etwa 1500 mm WS zuströmt, in Form gebrannt und gehärtet wird. Um diesen empfindlichen Glühstrumpf versandfähig zu machen, wird er in eine Kollodiumlösung getaucht, die nach dem Trocknen ein Häutchen aus Zelluloid bildet, das den Strumpf gegen Beschädigungen beim Versand schützt. Die aus Kunstseide gestrickten Schläuche quellen in der Leuchtsalzlösung auf und vergrößern ihren Durchmesser auf das Doppelte. Durch Behandlung der mit den Leuchtsalzen imprägnierten Schläuche mit Ammoniak oder organischen Basen muß die Salpetersäure aus dem Thoriumnitrat entfernt werden. Bei diesem Prozeß wird das Thoriumnitrat in das unlösliche Thoriumhydrat umgewandelt, das sich auf der Faser niederschlägt, und das dabei sich bildende Ammoniumnitrat wird ausgewaschen. Der auf diese Weise hergestellte Strumpf zeigt nach dem Abbrennen eine große Zähigkeit und braucht nicht mit Kollodium behandelt zu werden. Diese so hergestellten flachen, weichen Glühkörper formen und härten sich dann an den Brennern der Leuchten selbst [1].

Während am Anfang der Gasglühlichtbeleuchtung hauptsächlich stehende Glühkörper hergestellt wurden, werden heute für Leuchtgas fast nur noch hängende Glühkörper — und zwar mehr als 90% der überhaupt fabrizierten — verwendet, im wesentlichen entsprechend der heutigen Zusammensetzung des Gases; für Niederdruckgas kleine Glühkörper mit folgenden Abmessungen:

| Gasverbrauch | 50 l/h | Ring Nr. | 1562 | Gewebelänge | 20 mm | Durchmesser | 23 mm |
| ,, | 60 l/h | ,, ,, | 1562 | ,, | 23 mm | ,, | 23 mm |

Die Abmessungen der älteren Glühkörper sind:

Gasverbrauch	100/110 l/h	Ring Nr.	98	Gewebelänge	40 mm	Durchmesser	35 mm
,,	60 l/h	,, ,,	178	,,	28 mm	,,	28 mm
und für 300 HK		,, ,,	497	,,	60 mm	,,	42 mm

d) Prüfung der Glühkörper.

Die Prüfung der Glühkörper erstreckt sich auf Stoßfestigkeit und auf Lichtstärke.

Für die Ermittlung der ersteren verwendet man die verschiedenartigsten Rüttelmaschinen, die teilweise eine senkrechte, teils waagerechte Beanspruchung des Glühkörpers bewirken. Derartige Maschinen wurden von einzelnen Glühkörperfabriken gebaut und zur Prüfung ihrer Erzeugnisse benutzt; irgendwelchen Wert für die Praxis haben sie nicht, da die Wirkung der Rüttelmaschine nicht die Beanspruchung in der Praxis wiedergibt. Größere Gaswerke verlassen sich auf die Fabriken und prüfen lediglich das Verhalten der Glühkörper auf der Straße, d. h. den Verschleiß, indem sie auf Straßen mit gleicher Beanspruchung die Glühkörper hinsichtlich der Lebensdauer beobachten.

Die deutsche Reichsbahn (Ausbesserungsamt Kirchmöser) hat Vorschriften über die Prüfung von Glühkörpern herausgegeben. Für die Reichsbahn war es nicht schwierig, Normen festzulegen, da lediglich drei Hängelichtglühkörperarten in Frage kommen, die mit dem stets gleichen Ölgas gebrannt werden. Die Rüttelmaschinen der Reichsbahn sind ohne Federung, lediglich mit verstellbarem senkrechtem Hub gebaut. Derartige Maschinen für andere Glühkörper zu verwenden, wäre nur möglich sein, wenn die Gaswerke sich dazu verstehen könnten, nur wenige Arten zu benutzen. Solange aber noch die verschiedenartigsten Brenner und Gestricke hergestellt werden, läßt sich keine Norm festlegen, es sei denn, es geschähe für jede Bauart.

Die Art der Prüfung auf Lichtstärke hat zur Voraussetzung, daß die Prüfstelle stets mit gleichbleibendem Gas und gleichem Druck am Brenner arbeitet. Dabei müßte zur Ermittlung des Gasverbrauchs das Volumen auf 0° oder 15°

---

[1] Nach A. GUMPERZ: Das Gas in der deutschen Wirtschaft. Berlin: Hobbing 1929.

feucht festgelegt werden und bei stets gleichen Brennern und Mundstücken der Gesamtlichtstrom ermittelt werden.

Die Messung wird vorgenommen, nachdem der Glühkörper 1 h gebrannt hat. Die Prüfung des Glühkörpers läßt zwei Möglichkeiten zu:

1. Ermittlung des Lichtstromes bei einem vorgeschriebenen Gasverbrauch unter Verwendung einer bei einem bestimmten Druck geeichten Düse.

2. Ermittlung der Höchstlichtstärke bei eingestelltem Gasverbrauch unter Verwendung einer Regeldüse.

Zur Prüfung der Lichtbeständigkeit erfolgt Wiederholung der Messungen nach 100…1000 Brennstunden. Die Messung erfolgt stets unter Verwendung des gleichen Brenners. Zur Erzielung der höchsten Leuchtkraft bei geringstem Gasverbrauch muß der Glühkörper in die heißeste Flammenzone gebracht werden. Dementsprechend sind die Brenner durchgebildet. Da die Lichtstärke mit etwa der 5. Potenz der Temperatur wächst, ist es unbedingt notwendig, zur Beheizung des Glühkörpers einen Brenner zu verwenden, der die möglichst hohe Temperatur ergibt; hierfür wurde der Bunsenbrenner entsprechend durchgebildet.

e) Aufbau der Brenner.

Beim Bunsenbrenner wird dem Leuchtgas vor seinem Austritt aus der Brenneröffnung Erstluft zugeführt, so daß eine vollständige Verbrennung auch der in der leuchtenden Flamme nur glühend gemachten Kohleteilchen eintritt. Die zunächst allgemein gebräuchlichen Stehlichtbrenner sind nach und nach durch Hängelichtbrenner ersetzt worden, weil der Hängelichtbrenner durch die Vorwärmung des Gases nicht nur einen günstigeren Gasverbrauch je HK und Stunde aufweist, sondern weil auch das Licht dorthin gelangt, wo es gebraucht wird, nämlich nach unten. Der Brenner, der als Muster für alle Hängelichtbrennerarten gedient hat, ist der Graetzinbrenner, der nach dem Mannesmann-Patent Nr. 126135 hergestellt wurde, dessen Hauptanspruch wie folgt lautete:

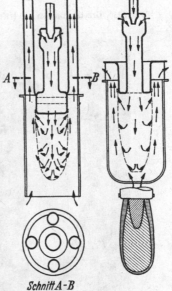

„Verfahren zur Herstellung von Gasglühlicht, dadurch gekennzeichnet, daß man in den Glühstrumpf den mit Luft gemischten gasförmigen Brennstoff in einer nicht den ganzen Querschnitt des Strumpfes ausfüllenden Säule einführt und die der Flamme zugeführte Verbrennungsluft in dem den Glühstrumpf umschließenden Lampenzylinder dem Gasstrom entgegenführt.

Abb. 235 zeigt die hiernach vorgeschlagenen Ausführungsformen, Abb. 236 einen Schnitt durch den heutigen Brenner. Er besteht im wesentlichen aus der Regeldüse, durch die das Gas eintritt, der Luftregelung, durch die die Erst-

Schnitt A–B

Abb. 235. Ausführungsformen nach dem Mannesmann-Patent.

luft zu dem aus der Düse austretenden Gasstrahl geführt wird, dem Düsenrohr mit eingelegtem Strahlrohr, der Gaskammer mit Sieben, dem Mundstück, das in den Glühkörper hineinragt und das Gasluftgemisch in den Glühkörper einführt, und dem Zugglase, das die Zweitluft zu dem Glühkörper bringt und auch zur Abführung der Abgase dient. Der Brenner wird von einem Mantel umgeben, in dem Ablenkbleche eingebaut sind, um die Abgase so abzuleiten, daß sie nicht in die Mischkammer gelangen können. In den meisten Fällen wird der

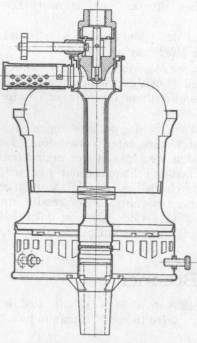

Abb. 236. Graetzin-Brenner 100 HK.

Glühkörper außer mit dem Zugglas noch von einer Glasglocke umgeben, die nicht nur den Zweck hat, Zugluft von dem Glühkörper abzuhalten, sondern auch beim Betriebe des Brenners die Zweitluft vorzuwärmen.

Das Flammenbild, das sich bei richtiger Einregelung der Brenner ergibt, zeigen Abb. 237 (die vorgeregelte Flamme) und 238 (die eingeregelte Flamme nach Abnahme des Glühkörpers). Bei der Vorregelung wird mittels der Gas- und Luftregelung so eingeregelt, daß die Flamme bei einem verhältnismäßig langen grünen Kern von etwa 30...35 mm Länge eine Gesamtlänge von etwa 50...55 mm zeigt. Nach Aufhängen des Glühkörpers erfolgt dann die Nachregelung auf höchste Leuchtkraft nur noch mittels der Luftregelung. Während der Glühkörper bei der vorgeregelten Flamme an seinem Scheitel noch eine deutlich sichtbare Verdunkelung (Abb. 239) aufweist, ergibt sich nach richtiger Zuführung der Erstluft das Glühkörperbild

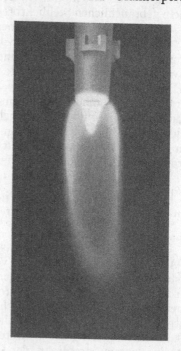

Abb. 237. Vorgeregelte Flamme.   Abb. 238. Eingeregelte Flamme.

Abb. 240, das dadurch entstand, daß durch vorsichtiges Öffnen der Luftregelung soviel Luft zugeführt wird, bis die Verdunkelung am Scheitel des Glühkörpers gerade verschwunden ist. Dann ist auch mit niedrigstem Gasverbrauch die

Höchstleuchtkraft des Glühkörpers erreicht und ebenso eine absolute Sicherheit gegen das Zurückschlagen der Flamme.

Bei der richtigen Zusammensetzung des Gases beträgt der Gasverbrauch für die HK und Stunde 1,2 l. Hergestellt werden die Brenner in drei verschie-

Abb. 239. Glühkörper, vorgeregelt.

Abb. 240. Glühkörper, eingeregelt.

denen Größen, ein 30kerziger, ein 60kerziger und ein 100kerziger. Diese Brenner werden mit großen Glühkörpern ausgerüstet und mit den verschiedensten Ziergläsern versehen, so daß sie als einfache Beleuchtung in untergeordneten Räumen, Küchen usw. unmittelbar aufgehängt werden können oder auch an besonders durchgebildeten Kronleuchtern Verwendung finden. Auch hier ist es notwendig geworden, wegen der Zusammensetzung des heutigen Stadtgases die großen Glühkörper in mehrere kleine aufzulösen und es sind statt des einflammigen Brenners mehrflammige (2…5flammige) entstanden.

Der 2flammige Brenner ergibt bei einem Gasverbrauch von 115 l/h eine untere hemisphärische Helligkeit von 120 HK, der 3flammige bei einem Gasverbrauch von 165 l/h 160…170 HK, der 4flammige bei 220 l/h Gasverbrauch 220 HK und der 5flammige bei 275 l/h Gasverbrauch 280 HK.

Eine besonders glückliche Lösung ist die Kugelleuchte (Abb. 241). Die Messung eines solchen vierflammigen Gruppenbrenners mit spinnelosen Degea-Glühkörpern aus Kunstseide, Sterngewebe, 23,5 mm lang ergab bei einem Stadtgas mit einem unteren Heizwert von 3850 WE,

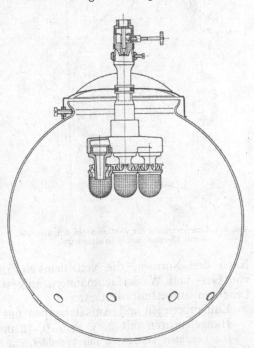

Abb. 241. Vierflammige Kugelleuchte.

einem spezifischen Gewicht von 0,5 und einem Vordruck von 60 mm WS eine untere halbräumliche Lichtstärke von 234 HK mit Klarglaskugel und 154 HK mit Opalglaskugel. Der Gesamtlichtstrom betrug mit Klarglaskugel 2072 lm, mit Opalglaskugel 1708 lm. Der Gasverbrauch, bezogen auf 760 mm WS 150 feucht, betrug 256 l/h und der Lichtstrom für das Liter Gas mit Klarglaskugel 8,09 lm, mit Opalglaskugel 6,67 lm. Die Lichtverteilung zeigt die Abb. 242.

Wenn auch die Gasbeleuchtung von Innenräumen vorwiegend durch elektrische Beleuchtung ersetzt worden ist, so wird doch neuerdings aus Sparsamkeitsgründen vielfach auf sie zurückgegriffen. Im besonderen wird sie, seitdem die erwähnten Kugelleuchten sich Eingang verschafft haben, für kleine Wirtschaften und Läden usw. benutzt.

Die gleichen Bedingungen, die die Herstellung der Gasbrenner für Innenbeleuchtung fordert, treffen auch für die Leuchten für Außenbeleuchtung zu. Nur ist es für diese notwendig, einen besonderen Schutz für Wind und sonstige Witterungseinflüsse vorzusehen. Auch bei den Außenlampen hat sich infolge der Änderung der Gaszusammensetzung die Auflösung der großen Glühkörper in mehrere kleine notwendig gemacht und sich bewährt, so daß für Neuanschaffungen für die Straßenbeleuchtung nur noch die Gruppenbrennerlampen in Betracht kommen, die entweder als Hängelampen oder als Aufsatzlampen ausgeführt werden.

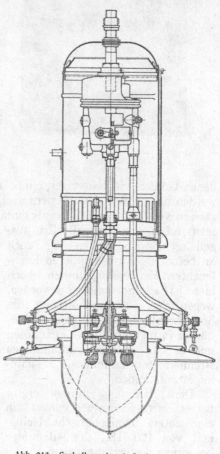

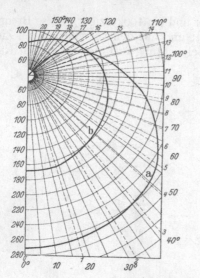

Abb. 242. Lichtverteilung der vierflammigen Kugelleuchte. a mit Klarglas, b mit Opalglaskugel.

Abb. 243. Sechsflammige Außenleuchte mit Fernzünder.

Nach den Normen, die von dem Normenausschuß des Deutschen Vereins von Gas- und Wasserfachmännern aufgestellt sind, sollen nur noch folgende Leuchten aufgestellt werden:

Einbaubrenner und Aufsatzlampen mit 2, 3, 4 und 6 Glühkörpern,
Hängeleuchten mit 2, 3, 4, 6, 9, 12 und 15 Glühkörpern.

Die Leuchten werden so durchgebildet, daß entweder sämtliche Flammen die ganze Nacht brennen oder durch von dem Gaswerk aus zu betätigende Druckfernzünder ein Teil gelöscht werden kann, und zwar soll die Anzahl der Nachtflammen

bei Lampen mit 3 Glühkörpern 1,
„   „   „   4   „   2,
„   „   „   6   „   3,
„   „   „   9   „   3 bzw. 6,
„   „   „ 12   „   4 „ 8,
„   „   „ 15   „   5 „ 10

betragen und die größere Anzahl der Nachtflammen in besonders verkehrsreichen Straßen Verwendung finden.

Bei einer gängigen Ausführungsform von Außenleuchten (Abb. 243) tritt das Gas durch Mischrohre, die mit einer feinfühlig arbeitenden Luftregelung versehen sind, in den gußeisernen Verteilungskörper, der bei den mehrflammigen Lampen eine Kammer für die Nachtflammen und eine für die Abendflammen besitzt. Die für Niederdruckgas bestimmten Leuchten haben im wesentlichen die gleiche Durchbildung, mögen sie nun als Hängeleuchten (Abb. 243) oder als Aufsatzleuchten (Abb. 244) ausgebildet sein.

Um einen möglichst gleichmäßigen Brenndruck zu gewährleisten, empfiehlt es sich besonders in Orten mit stark wechselnden Druckverhältnissen Brenndruckregler in die Leuchten einzubauen, von denen Abb. 245 ein Beispiel zeigt. Die Brenndruckregler können bei einem Vordruck bis zu 500 mm WS auf einen genormten Druck von 30…60 mm WS eingestellt werden.

Abgesehen von der Zündung und Löschung von Hand werden zum Ein- und Ausschalten Fernzünder und Zünduhren benutzt. Die Fernzünder werden durch eine Gasdruckwelle betätigt, indem eine zeitlich kurze Erhöhung des Gasdruckes über dem höchsten Versorgungsdruck im Rohrnetz erzeugt wird. Durch diese Druckwelle, die durch Belastung des Stadtdruckreglers gegeben wird, überträgt die im Fernzünder eingebaute Biegehaut (Membran) ihre Bewegung auf ein Schaltwerk, das die Ventile für den Gaszutritt oder -abschluß öffnet oder schließt.

Der Bamag-Fernzünder (vgl. F 9d) hat eine senkrecht stehende Metallmembrane, die durch Federdruck so belastet wird, daß nur die Druckwelle, die je nach den Verhältnissen 30…40 mm über dem normalen Rohrnetzdruck liegt, den zur Bedienung des Fernzünders notwendigen Hub der Biegehaut herbeiführen kann, nicht aber der schwankende Rohrnetzdruck.

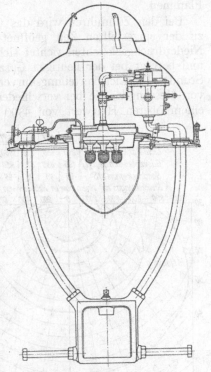

Abb. 244. Aufsatzleuchte.

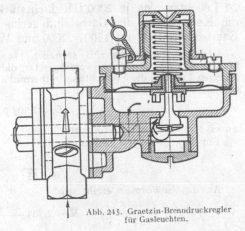

Abb. 245. Graetzin-Brenndruckregler für Gasleuchten.

Eine andere Ausbildung zeigt der Graetzin-Fernzünder, bei dem eine waagerechte Biegehaut vorgesehen ist, die, mit entsprechenden Gewichten belastet, den vom Gaswerk aus gegebenen Druckunterschieden folgt (vgl. F 9d). Die erste Druckwelle zündet bei Eintritt der Dunkelheit sämtliche Flammen, die zweite Druckwelle löscht zu beliebiger Nachtstunde einen Teil der Flammen und die dritte Druckwelle bei Eintritt der Helligkeit am Morgen alle übrigen Flammen.

Bei den Zünduhren wird das Gasventil zwangsläufig durch das Uhrwerk zu der eingestellten Zeit geöffnet oder geschlossen. Der Gasverbrauch der Niederdruckgasleuchten richtet sich nach der Durchbildung der Lampen selbst und beträgt bei der heutigen Gaszusammensetzung 0,9...1 l für die HK und Stunde. Die Lichtverteilungskurven (Abb. 246) zeigen das Ergebnis einer Reihe von Messungen, die bei verschiedenen Leuchtenarten mit einem Stadtgas von einem oberen Heizwert von 4300 WE bei einem Gasdruck von 45 mm WS vorgenommen wurden.

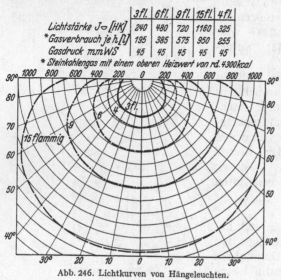

	3fl.	6fl.	9fl.	15fl.	4fl.
Lichtstärke J [HK]	240	480	720	1160	325
*Gasverbrauch je h [l]	195	385	575	950	255
Gasdruck mm WS	45	45	45	45	45

* Steinkohlengas mit einem oberen Heizwert von rd. 4300 kcal

Abb. 246. Lichtkurven von Hängeleuchten.

Die neuesten Niederdruckgasleuchten zeigen das Bestreben, möglichst kurz gebaute Leuchten zu schaffen (vgl. Abb. 247).

Während der Gasverbrauch also bei Niederdruck etwa 1 l für die HK und Stunde beträgt, geht er bei der Verwendung von Gas unter höherem Druck, dem Preßgas, auf 0,6...0,7 l für die HK und Stunde zurück.

Wann die Einführung von Niederdruckgas- oder Preßgasbeleuchtung zu empfehlen ist, ist eine Frage der Wirtschaftlichkeit und der Anlagekosten. Preßgas ist wirtschaftlich und auch beleuchtungstechnisch der Niederdruckgasbeleuchtung vorzuziehen, wenn, je nach dem Gaspreis, etwa 50 Leuchten von je 1000 HK Lichtstärke oder 20 Leuchten von je 2000 HK Lichtstärke gebraucht werden. Die Kosten für die Kompression des Gases sind gering, weil der Kraftbedarf klein ist, um Gas isothermisch auf 1500...2000 mm WS zu bringen.

Ein Kompressor, der z. B. stündlich 144 m³ Gas auf 1600 mm WS verdichten soll, braucht 1,53 PS. Hierbei sei vorausgesetzt, daß der Kompressor gut gekühlt und bei dieser geringen Leistung die Verdichtung isothermisch erfolgt. Es ist für 1 m³ die Kompressorenleistung in mkg

$$L = 2{,}303 \, p \log \frac{p}{p_0}, \tag{1}$$

wobei p in kg/m² einzusetzen ist.

Für V m³ wird die Leistung in PS

$$N = \frac{L \cdot V}{3600 \cdot 75 \cdot \eta} = \frac{L \cdot V}{270000 \cdot \eta}. \tag{2}$$

Aus beiden Formeln ergibt sich

$$N = 2{,}303 \, \frac{V \cdot p \cdot \log p/p_0}{\eta \cdot 270000}. \tag{3}$$

Im vorliegenden Falle wird somit bei $\eta = 0{,}6$

$$N = 2{,}303 \, \frac{144 \cdot (0{,}16 + 1) \cdot 10000 \cdot \log \dfrac{0{,}16 + 1}{1}}{0{,}6 \cdot 270000}$$

$$N = 1{,}53 \text{ PS.}$$

Zur Erzeugung des für den Betrieb der Preßgaslampen erforderlichen erhöhten Druckes des in den Brennern zur Verbrennung gelangenden Gasluftgemisches werden Kompressoren verwendet, die mit direkt gekuppeltem Gasmotor oder Elektromotor oder von einer Transmission aus getrieben werden. Sie saugen aus der Niederdruckgasleitung das Gas an und bringen es auf den erforderlichen Druck, unter dem es dann in die zu den Lampen führenden Leitungen tritt. Ein Umlaufregler sorgt dafür, daß stets nur soviel Preßgas in die Leitungen tritt, als von den Brennern verbraucht wird. Sinkt der Verbrauch, z. B. beim Abschalten von Lampen, so wird das erzeugte Preßgas wieder zur Saugseite

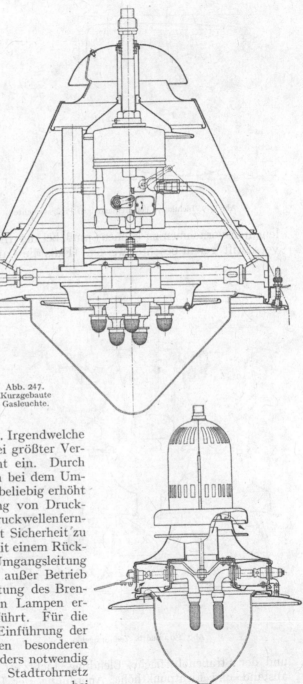

Abb. 247.
Kurzgebaute
Gasleuchte.

des Kompressors zurückgeführt. Irgendwelche Druckschwankungen, selbst bei größter Verbrauchsänderung, treten nicht ein. Durch Auflegen von Gewichten kann bei dem Umlaufregler der Druck jederzeit beliebig erhöht werden, so daß die Erzeugung von Druckwellen zur Betätigung von Druckwellenfernzündern ohne weiteres und mit Sicherheit zu ermöglichen ist. Durch eine mit einem Rückschlagventil ausgerüstete Umgangsleitung wird, wenn der Kompressor außer Betrieb gesetzt ist, das zur Unterhaltung des Brennens der Zündflamme in den Lampen erforderliche Gas diesem zugeführt. Für die Straßenbeleuchtung hat die Einführung der Preßgasbeleuchtung noch den besonderen Vorteil, daß durch die besonders notwendig werdende Preßgasleitung das Stadtrohrnetz entlastet wird. Bei Ferngasversorgung, bei der schon erhöhter Druck in der Leitung vorhanden ist, können die Preßgaslampen

Abb. 248. Dreiflammige Graetzin - Preßgasleuchte.

unmittelbar an die Leitung angeschlossen werden. Auch würde durch eine Preßgasstraßenbeleuchtung die Niederdruckgaslieferung für Koch-, Leucht- und

Heizzwecke in keiner Weise durch Druckwellen beeinflußt werden, wie dies der Fall ist, wenn die Niederdruckgasleuchten durch Druckfernzünder gezündet werden.

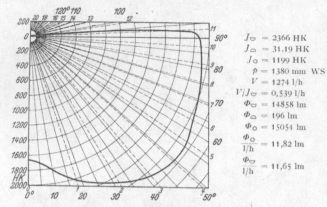

$J_{\ominus}$ = 2366 HK
$J_{\triangle}$ = 31,19 HK
$J_{\circ}$ = 1199 HK
p = 1380 mm WS
V = 1274 l/h
$V/J_{\ominus}$ = 0,539 l/h
$\Phi_{\ominus}$ = 14858 lm
$\Phi_{\triangle}$ = 196 lm
$\Phi_{\circ}$ = 15054 lm
$\frac{\Phi_{\circ}}{l/h}$ = 11,82 lm
$\frac{\Phi_{\ominus}}{l/h}$ = 11,65 lm
HK

Abb. 249. Lichtkurve der dreiflammigen Preßgasleuchte.

Die Lichtverteilung einer 3flammigen Preßgaslampe (Abb. 248) zeigt Abb. 249. Auch diese Lampen werden mit Druckfernzündern gezündet und gelöscht.

Benutzt werden 2- und 3flammige Preßgaslampen von 1000 bis 2000 HK unterer hemisphärischer Lichtstärke.

Um eine einwandfreie Messung der Gasleuchten vornehmen zu können, muß bei der Inbetriebsetzung die Bedienungsvorschrift genau beachtet werden. Falls die Lampen regelbare Düsen besitzen, ist ein etwas höherer Gasverbrauch als der normale einzustellen.

a
Straßenrichtung
Haus-
front
b
bei offener Form hier absprengen

Abb. 250 a und b. Zeiß-Spiegel.

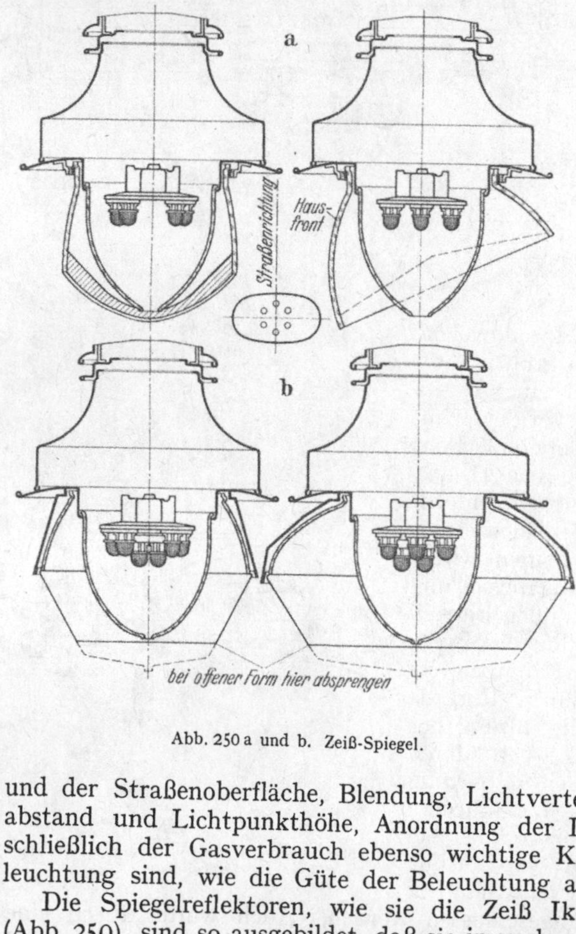

f) Gas-Straßenleuchten.

Das heutige Bestreben, die Verbesserung der Gas-Straßenbeleuchtung, im besonderen die Gleichmäßigkeit durch Spiegel und Gläser, wie Zeiß-Spiegel und Blohmglokken herbeizuführen, hat beachtliche Erfolge erzielt. Wenn auch die Angabe der mittleren und kleinsten Horizontalbeleuchtung als wichtigstes Kennzeichen für eine Straßenbeleuchtungsanlage sehr überschätzt wird, so ist die Gleichmäßigkeit der Beleuchtung doch für eine Verkehrsstraße von außerordentlicher Wichtigkeit, ohne daß eine Reihe anderer Faktoren, wie Leuchtdichte der Brenner und der Straßenoberfläche, Blendung, Lichtverteilung der Leuchten, Mastenabstand und Lichtpunkthöhe, Anordnung der Leuchten an der Straße und schließlich der Gasverbrauch ebenso wichtige Kennzeichen für eine gute Beleuchtung sind, wie die Güte der Beleuchtung auf einer waagerechten Ebene.

Die Spiegelreflektoren, wie sie die Zeiß Ikon A.G. herausgebracht hat (Abb. 250), sind so ausgebildet, daß sie in vorhandene, entsprechend geänderte

Laternen eingesetzt werden können. Der in Abb. 250a dargestellte Spiegel umgreift nach der Hausfassade zu die Lichtquelle sehr weit, nimmt also nach dieser Seite den gesamten über die Waagerechte durch den Lichtpunkt austretenden Lichtstrom auf, um ihn nach dem Fahrdamm und auf die gegenüberliegende Gehwegseite und Häuser zu werfen. Eine andere Spiegeldurchbildung für Anordnung der Leuchten über der Straßenmitte stellt Abb. 250b dar. Der Spiegel leuchtet ein langgestrecktes, rechteckiges Feld in Straßenrichtung aus. Es wird hierdurch ermöglicht, daß auch bei größeren Lampenabständen genügende Gleichmäßigkeit der Beleuchtung erreicht wird.

Eine andere Form, um die Gleichmäßigkeit der Straßenbeleuchtung zu erzielen, stellt die Blohmglocke (Abb. 251, 252) dar. Die Glocke besteht im wesentlichen aus ziemlich dichtem Opalglas, das in der Höhe der Glühkörper durch einen durchsichtigen klaren Glasstreifen von etwa 5 cm Breite unterbrochen wird, durch den das Licht frei ausstrahlen kann. Nach Messungen von VOEGE ergab sich die untere mittlere hemisphärische Lichtstärke wie folgt:

Abb. 251. Blohmglocke (Schott) mit 12 bis 16flammigen Bamag-Gruppenbrenner.

Mit 9 Glühkörpern		Mit 6 Glühkörpern	Mit 3 Glühkörpern
klare Glocke	653 KH	502 HK	228 HK
Blohmglocke	518 HK	397 HK	170 HK

S. auch Lichtverteilungskurven in Abb. 253.

Vergleichende Messungen mit Klarglasglocke, Blohmglocke und Zeißspiegel ergaben bei einer 9flammigen Gasleuchte, die in einer Lichtpunkthöhe von 4,8 m aufgehängt war, folgende Werte:

Die mittlere Beleuchtung ist:

ohne Spiegel . . . 2,83 lx
mit Spiegel . . . . 3,50 lx also +25%
mit Blohmglocke . 1,87 lx also −33,7%

Die minimale Beleuchtung ist:

ohne Spiegel . . . . 0,57 lx
mit Spiegel . . . . . 0,70 lx also +23%
mit Blohmglocke . 0,64 lx also +12%

Die maximale Beleuchtung wurde gemessen:

ohne Spiegel . . . 24,8 lx
mit Spiegel . . . . 23,5 lx also − 5,4%
mit Blohmglocke . 10,2 lx also −58,5%

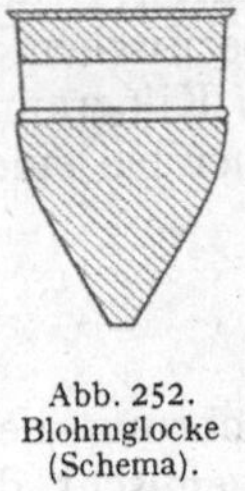

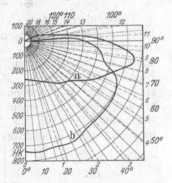

Abb. 252.
Blohmglocke
(Schema).

Abb. 253. Vergleichende Lichtkurven für sechsflammige Leuchte mit Klarglas und Blohmglocke.

Die Gleichmäßigkeit war:

ohne Spiegel . . . . . 1 : 43,60
mit Spiegel . . . . . . 1 : 33,57
mit Blohmglocke . . . . 1 : 16,00.

Durch die Blohmglocke wird die Gleichmäßigkeit stark verbessert, aber diese Verbesserung geht auf Kosten der mittleren Beleuchtung. Die Blendung ist — namentlich in horizontaler Richtung — keineswegs zu vernachlässigen. Durch den Zeißspiegel wird die Gleichmäßigkeit auch merklich verbessert, aber das bei gleichzeitiger Verbesserung der höchsten und niedrigsten Beleuchtung.

Der Lampenabstand sollte bei Verwendung solcher Spiegel und Glocken ein gewisses Maß nicht überschreiten und sollte nicht größer oder nicht wesentlich

größer als 25 m sein, die Lichtpunkthöhe je nach den Leuchtegrößen mindestens 5...6 m.

Bei Überspannungen, also bei Mittelaufhängung der Leuchten über der
Straße, sollte die Lichtpunkthöhe 7...8 m betragen, allerdings erfordert dies
dann eine Bedienung der Leuchten von einer fahrbaren Leiter aus, wenn nicht
Lampen mit besonderer Herablaßvorrichtung ausgerüstet sind. Die Lichtpunkthöhe bei Leuchten mit Klarglasglocke sollte

für 2... 4flammige Leuchten mindestens 3,5 m,
,, 6... 9 ,,   ,,   ,,   4,5 m und
,, 12...15 ,,   ,,   .,   6,5 m

betragen.

Die Lichtmaste für unmittelbare Aufstellung an der Bordschwelle der zu
beleuchtenden Straßen werden in der verschiedensten Form ausgeführt und
aus Gußeisen, Stahlrohr und Beton hergestellt. Diese Lichtmaste werden entweder mit innenliegenden Steigerohren versehen oder können auch gasführend
ausgebildet sein.

Für den Entwurf von Gasbeleuchtungsanlagen gelten in lichttechnischer
Beziehung sinngemäß die gleichen Grundsätze, wie für elektrische Beleuchtung
(vgl. F 4). Dasselbe gilt für die neuerdings besonders in England durchgebildeten und vielfach verwendeten Anleuchtgeräte, bei denen sowohl Preßgas
als auch Niederdruckgas verwendet wird. Das Anleuchtgerät der Fa. C. H.
Kempton & Co. Ltd., London ergibt mit 12 Glühkörpern eine höchste Lichtstärke von 6660 HK bei Anwendung eines versilberten Glasspiegels und 4400 HK
bei einem Reflektor aus emailliertem Eisenblech. Das Leuchtgerät ruht in einem
Arm und kann nach oben um etwa 30° und nach unten um etwa 15° um die
Waagerechte geschwenkt werden. Der Gasverbrauch beträgt 640 l in der Stunde.

g) Andere Leuchtgase.

Außer dem Steinkohlengas sind eine Reihe verschiedener Gasarten zu Beleuchtungszwecken verwendet worden, so das von Blau-Augsburg erfundene
Blaugas, ein Ölgas, aus dem die permanenten Gase (Sumpfgas, Wasserstoff)
schon bei der Gasung in den Retorten möglichst entfernt sind. Es wird in
Stahlflaschen von 2,5...25 kg Inhalt verschickt, nachdem es auf $1/_{400}$ des ursprünglichen Gasvolumens durch Druck verflüssigt ist. 1 kg Blaugas ergibt
etwa 800 l Gas mit einem spezifischem Gewicht von 0,963, einem oberen Heizwert von 12318 WE für das Kilogramm bzw. 15350 WE für 1 m³. Es ergibt
im hängenden Glühlichtbrenner bei einem stündlichen Gasverbrauch von

17 l . . . . 50 HK
29 l . . . . 100 HK
56 l . . . . 250 HK
98 l . . . . 500 HK.

Zur Eisenbahnwagenbeleuchtung diente bis vor wenigen Jahren fast allgemein, rein oder mit Azetylen gemischt, das *Ölgas*, das aus Paraffinölen, Erdölen,
schottischen Schieferölen und verschiedenen Ölen und Fetten hergestellt wurde.
Es ergab in Schnittbrennern bei stündlichem Gasverbrauch von 28 l 12...14 HK.

Die großen Hoffnungen, die auf die Verwendung des *Azetylen* für Beleuch-
tungszwecke gesetzt waren, sind nicht in Erfüllung gegangen, trotzdem das
Azetylen wegen seiner hohen Verbrennungswärme an und für sich sehr für
Beleuchtungszwecke geeignet erschien. Außer für Seezeichen, wofür sich das
Azetylen vorzüglich eignet, weil die Zündung der Hauptflammen durch die
Zündflamme sicher erfolgt, wird das Azetylen noch für Fahrradlaternen und
Zimmerbeleuchtung in kleinem Ausmaße angewendet, ebenso für Arbeitsplatz-
beleuchtung im Freien.

Das Azetylen C_2H_2 entsteht aus Kalziumkarbid, das im elektrischen Ofen, in dem Kalk und Kohle im Verhältnis von 56 : 36 gemischt, durch den elektrischen Strom zusammengeschmolzen wird. Die Karbidbildung geht nach folgender Gleichung vor sich:

$$CaO + 3\,C = CaC_2 + CO.$$

Wird Kalziumkarbid mit Wasser zusammengebracht, so entsteht Azetylen C_2H_2 nach folgender Gleichung:

$$CaC_2 + 2\,H_2O = Ca(OH_2) + C_2H_2.$$

Ein Kilogramm Karbid ergibt theoretisch 348,8 l Azetylengas, das Handelskarbid 300 l Azetylen. Es entflammt bei 480° und liefert in reinem Zustande 14 350 WE/m³. Die höchste Temperatur einer entleuchteten Flamme beträgt 2420°, die der leuchtenden Flamme 1900°.

Der am meisten verwendete Leuchtbrenner besteht aus einem Specksteinkörper nach Art der Fischschwanzbrenner, bei denen im Brennerkopf zwei gegenüberliegende, etwa 90° gegeneinander geneigte Gasaustrittsöffnungen angeordnet sind. Die unter einem Druck von etwa 80 mm WS aufeinandertreffenden Gasstrahlen bilden eine zur Brennerebene senkrecht stehende Flamme, deren Leuchtkraft bei einem stündlichen Gasverbrauch

von 10 l   20 l | 30 l | 40 l
    12 HK   30 HK | 55 HK | 72 HK | ergibt.

Der spezifische Verbrauch beträgt also 0,84...0,55 l/HK · h und geht bei Azetylenglühlicht auf 0,3 l zurück, ergibt also die doppelte Lichtmenge als im Specksteinbrenner; sie wächst mit dem Gasdruck, und zwar

bei 80 mm WS werden mit 14,5 l/h 41 HK (für 1 HK 0,35 l),
bei 100 mm WS werden mit 16 l/h 56 HK (für 1 HK 0,31 l),
bei 120 mm WS werden mit 17 l/h 55 HK (für 1 HK 0,30 l)

erzeugt.

Bei der synthetischen Herstellung von Benzin entstehen große Mengen eines wertvollen Gases aus der Methanreihe, das *Propan* C_3H_8. Seine Eigenschaften sind folgende:

Oberer Heizwert bei 0°	760 mm Hg	24 240 kcal/m³
Oberer Heizwert bei 15°	735 mm Hg	22 220 kcal/m³
Unterer Heizwert bei 0°	760 mm Hg	22 250 kcal/m³
Unterer Heizwert bei 15°	735 mm Hg	20 400 kcal/m³
Oberer Heizwert per kg		12 320 kcal/kg
Unterer Heizwert per kg		11 300 kcal/kg
Kritische Temperatur		97°
Kritischer Druck		46 ata
m³-Gewicht des Gases bei 0°	760 mm Hg	1,97
m³-Gewicht des Gases bei 15°	735 mm Hg	1,81
Gasdichte bezogen auf Luft = 1		1,53
Spezifisches Gewicht der Flüssigkeit bei 15°		0,511
Siedebeginn		—49°
Dampfspannung bei —33°		2,1 ata
Dampfspannung bei —15°		3,6 ata
Dampfspannung bei + 1°		5,8 ata
Dampfspannung bei +12,5°		7,8 ata
Dampfspannung bei +22°		9,9 ata
Dampfspannung bei +53°		18,7 ata
Luftbedarf m³/m³		24

Dieses hochwertige Gas wurde zunächst in Leuna mit unter den Dampfkesseln verbrannt. Da aber immer größere Mengen, im besonderen auch bei der Petroleumgewinnung anfallen, folgte man dem Beispiel Nordamerikas, das Propan in Flaschen zu versenden, um es zu Koch- und Heizzwecken und vor allen Dingen auch zur Beleuchtung zu verwerten an all den Stellen, wo weder Gas noch Elektrizität zur Verfügung steht. Die Versuche, das Propan auch zu Leuchtzwecken zu benutzen, zeitigte so gute Ergebnisse, daß es nicht nur für die Zimmer- und Küchenbeleuchtung, sondern auch für die Hofbeleuchtung und für Seezeichen usw. benutzt wird.

Die für die Beleuchtung verwendeten Brenner sind im wesentlichen den Leuchtgasbrennern entsprechend durchgebildet; da die Propangasflamme blau brennt, so ist die Verwendung von Glühkörpern notwendig. Die Brenner mußten dem höheren Luftbedarf — es sind zur Verbrennung von 1 cm³ Propan 24 cm³ Luft nötig, also fast das Fünffache wie bei Leuchtgas —, den das Propangas zur Verbrennung benötigt, angepaßt werden. Diese Luftmenge läßt sich nur bei einem höheren Niederdruck ansaugen. Es wird daher das Propangas mit einem Druck von mindestens 500 mm WS bis 1000 mm WS zugeführt.

Die Propangasbrenner sind für eine Leistung von 50…100 HK durchgebildet worden und haben einen stündlichen Gasverbrauch von 12 l für den 50kerzigen Brenner und von 25 l für den 100kerzigen Brenner.

Da das Propangas sich bei den bei uns herrschenden Temperaturen mit verhältnismäßig niedrigem Druck verflüssigen läßt, kann es in größerer Menge in Stahlflaschen gefüllt werden. Diese Flaschen ergeben beim Entspannen soviel Gas unter den für die Benutzung geeigneten Drücken, daß ein mittlerer Haushalt wochenlang beleuchten und kochen kann. Die Stahlflasche enthält etwa 15 kg Propan in flüssigem Zustande. 1 kg Propan ergibt 550 l Propangas, die 2970 l Stadtgas entsprechen, so daß in der Flasche eine Menge von etwa 43 m³ Stadtgas enthalten ist. Die Flasche wird durch ein Rohr mit einem Druckregler verbunden, der das Gas auf einen Druck von 500 mm WS bringt und diesen Druck gleichmäßig in die Rohrleitung zu den einzelnen Verbrauchsgeräten leitet. Das Zuleitungsrohr wird unmittelbar an dem Druckregler angeschlossen. Ein Gasmesser wird nicht benötigt, da das Gas in der Flasche abgewogen verkauft wird. Für kleine Haushalte genügt eine Propananlage mit einer Flasche. Um einen ständigen Betrieb aufrechtzuerhalten, ist jedoch eine Zweiflaschenanlage vorzuziehen, so daß bei Leerwerden der einen Flasche durch Umstellen der Ventile die zweite Flasche eingeschaltet werden kann.

B 12. Lampen für flüssige Brennstoffe.

Von

ERNST ALBERTS-Berlin.

Mit 17 Abbildungen.

a) Bedeutung der flüssigen Brennstoffe.

Der Ausbau der Elektrizitätsversorgung hat in den vergangenen Jahren in Deutschland gewaltige Fortschritte gemacht, so daß auch auf dem flachen Lande elektrisches Licht eine Selbstverständlichkeit geworden ist. Nur in ganz entlegenen Einzelhäusern trifft man noch hin und wieder die gute alte Petroleumlampe an. Man vergißt darüber leicht, daß auch heute noch, und wohl auch noch für eine geraume Zukunft dem allergrößten Teil der Menschheit die Segnungen des Lichtes durch die Petroleumlampe geschenkt werden. Selbst in einer so vollständig elektrifizierten, modernen Riesenstadt wie Berlin spielt die Petroleumbeleuchtung eine durchaus nicht unbedeutende Rolle, z. B. auf den Wochenmärkten und im Straßenhandel. Die fast ausschließliche Vorherrschaft, die sie, auf das Ganze gesehen, ausübt, verdankt sie in erster Linie dem wohlgeordneten Gefüge des Weltpetroleumhandels, der seine Ware überallhin zu bringen versteht, wo überhaupt Menschen zu finden sind, sei es in die Eisgefilde Alaskas, sei es in das volkreiche China oder in das Innere Afrikas.

b) Chemie und Physik der flüssigen Brennstoffe.

Das Petroleum (englisch Paraffine, amerikanisch Kerosine) ist *der* flüssige Brennstoff für Beleuchtungszwecke, demgegenüber alle anderen (Benzin, Benzol, Spiritus) nur eine untergeordnete Rolle spielen.

Petroleum ist der zwischen 150° und 300° siedende Teil des in vielen Gebieten der Erde vorkommenden Erdöls. Die heute für die Weltwirtschaft wichtigsten Vorkommen finden sich in den Vereinigten Staaten, Rußland, Galizien, Rumänien, Mesopotamien, Mexiko, Birma und Niederländisch-Indien. Die deutschen Vorkommen in Hannover sind vergleichsweise unbedeutend und bei weitem nicht imstande, unseren Eigenbedarf zu decken. Da der Verbrauch, insbesondere durch das Kraftfahrzeug nach dem Kriege, außerordentlich gestiegen ist, so werden voraussichtlich die Erdölvorräte der Welt in nicht allzulanger Zeit (geschätzt auf ∼40 Jahre) zur Neige gehen. Ob die Auffindung neuer, bisher unbekannter Vorkommen oder eine bessere Nutzbarmachung der bekannten daran etwas ändern kann, ist zweifelhaft. Es ist aber anzunehmen, daß die Verflüssigung der Kohle in nächster Zeit weitere Fortschritte machen wird, so daß man um die Zukunft weder des Kraftwagens noch der Petroleumlampe besorgt zu sein braucht.

Wie oben erwähnt, siedet Leuchtpetroleum zwischen 150° und 300° C. Innerhalb dieser Grenzen ist der Anteil der hoch und niedrig siedenden Bestandteile sehr verschieden je nach der Herkunft des Brennstoffes; besonders reich an hochsiedenden Bestandteilen ist das rumänische und deutsche, an niedrigsiedenden das amerikanische. Das spezifische Gewicht schwankt zwischen 0,79 und 0,82. Der Entflammungspunkt liegt nach der in Deutschland geltenden Vorschrift bei 21°, England schreibt 75° F (22,8° C) vor. Die Verbrennungswärme beträgt 11000 WE/kg.

Benzin (englisch Petrol, amerikanisch Gasoline) dient heute in erster Linie als Kraftfahrzeugbrennstoff. Der Bedarf daran ist so groß, daß vielfach auch die über 150° siedenden Erdölbestandteile durch Aufspaltung (Krackverfahren) zu Benzin verarbeitet werden.

In vielen, dem Kraftverkehr schon weitgehend erschlossenen Ländern (z. B. Amerika) ist Benzin leichter erhältlich als Petroleum und spielt daher auch als Lampenbrennstoff eine verhältnismäßig nicht unbedeutende Rolle, da heute geeignete und zuverlässige Lampen dafür auf dem Markte sind. Die Siedegrenzen liegen bei 80° und 150° C.

Die Verbrennungswärme des Benzins ist nur unwesentlich geringer als die des Petroleums, etwa 10500 WE/kg; da aber Benzin (spezifisches Gewicht durchschnittlich 0,7) spezifisch wesentlich leichter ist als Petroleum, so ist die Wärme und damit auch die Lichtausbeute doch fühlbar geringer, wenn man sie, wie es praktisch allein möglich ist, auf die Raummenge bezieht.

Leichtbenzin oder Gasolin siedet zwischen 40° C und 80° C. Es läßt sich in Dampflampen sehr bequem verwenden, da nur wenig vorgewärmt zu werden braucht; bei entsprechender Bauart des Verdampfers genügt oft schon ein Streichholz. Diesem Vorteil steht aber die hohe Feuergefährlichkeit als schwerwiegender Nachteil gegenüber, so daß es heute nur noch in beschränktem Maße verwendet wird.

Benzol ist im Gegensatz zu den Erdölanteilen — Petroleum, Benzin und Leichtbenzin — von chemisch einheitlichem Aufbau (C_6H_6). Es hat seinen Siedepunkt bei 80,5° C, ein spezifisches Gewicht von 0,88 und eine Verbrennungswärme von 10000 WE/kg. Es ist ein Nebenerzeugnis der Leuchtgasherstellung und hat als Leuchtstoff eine Zeitlang eine gewisse Bedeutung gehabt. Heute wird es, außer in der chemischen Industrie, fast nur noch zur Beimischung zum Kraftfahrbrennstoff verwendet, wozu es sich vorzüglich eignet.

Auch Spiritus ist für die Beleuchtung noch immer ein wichtiger Brennstoff. Er wird nicht nur als Anheizbrennstoff für Petroleum- und Benzingeleuchte in ausgedehntem Maße verwendet, sondern auch als Hauptbrennstoff. Sein Siedepunkt liegt bei 78° C, die Verbrennungswärme beträgt rd. 7000 WE/kg. Hinsichtlich seines Preises steht der Spiritus recht ungünstig da; nichtsdestoweniger wird dem Spiritusglühlicht aber oft genug der Vorzug gegeben, vor dem Petroleumglühlicht wegen der Einfachheit und Billigkeit der Geleuchte und deren besonders geringer Neigung zum Rußen.

· Von den oben aufgezählten Brennstoffen ist das Petroleum bei weitem der wichtigste, es folgt Benzin, während Leichtbenzin und Benzol höchstens in Sonderfällen von Bedeutung sind. Spiritus tritt besonders in den Ländern hervor, in denen die Verwendung durch ein staatliches Monopol (Deutschland, Polen nach deutschem Muster, Holland u. a.) gefördert wird.

Dementsprechend ist auch die Zahl der Lampen- und Brennerbauarten für Petroleum weitaus am größten. Selbst Fachleute dieses Sondergebietes sind heute bei weitem nicht mehr in der Lage, die Unzahl von Bauarten vollständig zu übersehen, die seit dem Erscheinen des Kosmos-Brenners um 1870 das Licht der Welt erblickten und kürzere oder längere Zeit auf dem Markte waren, von den zahllosen Eintagsfliegen und Entwürfen ganz zu schweigen.

Die folgenden Ausführungen beschränken sich auf einige kennzeichnende Vertreter der heute auf dem Weltmarkte befindlichen Baumuster. Es erscheint zweckmäßig, die Bauarten nicht nach dem verwendeten Brennstoff, sondern vielmehr nach ihrer Wirkungsweise zu unterteilen in solche mit selbstleuchtender Flamme, solche mit entleuchteter Dochtflamme und Glühkörper und schließlich solche mit Bunsenbrenner und Glühkörper. Auf diese Weise ist es möglich, die den Bauarten trotz Verschiedenheit des Brennstoffes gemeinsamen technischen Aufgaben und ihre Lösungen im Zusammenhange darzustellen.

c) Brenner mit leuchtender Dochtflamme.

Der einfachste Brenner mit selbstleuchtender Flamme ist der Flachdochtbrenner. Er wird hauptsächlich bei Sturmlaternen für Petroleum verwendet. Einige wenige deutsche Fabriken, z. B. Stübgen-Erfurt und Hermann Nier-Beiersfeld (Sa.) beliefern mit ihren Erzeugnissen fast die ganze Welt, da es ihnen gelungen ist, durch ungewöhnlich vollkommene Herstellungseinrichtungen diese Laternen zu früher nicht für möglich gehaltenen billigen Preisen auf den Markt zu bringen. Die Laterne (Abb. 254) besteht für gewöhnlich aus dem Behälter, dem aus zwei Hälften zusammengesetzten Tragrohr, welches gleichzeitig der Zufuhr im Schornstein vorgewärmter „Sekundärluft" zum Brenner dient, dem Brenner mit der Siebscheibe, die die Glasglocke trägt. Oberhalb der Glasglocke und mit Abstand von ihr angeordnet, befindet sich bei älteren Bauarten ein einfacher Prallteller, während neuere Bauarten zur Erhöhung der Windsicherheit eine besondere Haube besitzen.

Der Brenner derartiger Laternen besitzt eine etwa halbkugelige, geschlitzte Kappe. Die Flammenwurzel befindet sich innerhalb der Kappe und ist auf diese Weise gegen störende Luftströme noch besonders geschützt. Heben und Senken des Baumwolldochtes geschieht ohne Verwendung einer besonderen Dochthülse einfach durch Zahnrädchen, die den Docht gegen die nach unten verlängerte Dochtscheide pressen und dadurch mitnehmen.

Natürlich ist die Lichtausbeute derartiger Lampen nur gering. Ausschlaggebend ist eben nicht die Sparsamkeit im Verbrauch, sondern der niedrige Preis der Laterne selbst.

Etwas verwickelter im Bau des Brenners ist der auch heute noch sehr verbreitete Kosmos-Brenner (Abb. 255).

Die Bauart stammt von der alten, längst eingegangenen Berliner Firma Wild & Wessel und hat heute das stattliche Alter von 67 Jahren erreicht. Das Hauptmerkmal dieses Brenners ist die schlank-kegelförmige Ausbildung der beiden Dochtrohre. Dadurch wird die Verwendung eines rundgelegten Flachdochtes ermöglicht, der am oberen Ende der Dochtrohre diese vollständig ausfüllt, unten dagegen so weit auseinanderklafft, daß ein Lufttor zur Einführung der Luft ins Innere des Innenrohres noch Platz findet. Bemerkenswert ist auch die Einschnürung des Zugzylinders oberhalb des Brenners. Bekanntlich rußt eine gewöhnliche Flamme am ehesten an ihrer Spitze. Hier tritt am leichtesten Luftmangel ein, da die Luft beim Aufsteigen längs der Flamme nicht mehr genügend die Glühzone berührt, so daß die Verbrennung unvollkommen wird. Dem tritt die Einschnürung wirksam entgegen. Ob Wild & Wessel FARADAYS berühmte Lecture on the chemical history of a candle 1862 gekannt haben, ist nebensächlich, jedenfalls ist beim Kosmos-Brenner rein erfahrungsgemäß dem Wesen der Flamme in günstigster Weise Rechnung getragen.

Abb. 254. Sturmlaterne für Petroleum.   Abb. 255. Kosmos-Brenner.   Abb. 256. Matador-Brenner.

Der 14‴ (linige)[1] Kosmos-Brenner verbraucht nach LUX 40 g Petroleum in der Stunde, hat etwa 14 HK waagerechte und 12 HK mittlere räumliche Lichtstärke, also einen Verbrauch von 3,33 g/HK$_0$ · h. Setzt man die Verbrennungswärme des Petroleums mit 11 000 WE/kg an, so ergibt sich ein Verbrauch von 42,3 W auf 1 HK. Diese Zahl ist natürlich für die Praxis zu einem unmittelbaren Vergleich mit durch andere Energiearten betriebenen Lampen völlig unverwendbar (da der Preis der Energie in ihr *nicht* enthalten ist), wohl aber zum Vergleich mit anderen Petroleumgeleuchten.

Einen verbesserten Kosmos-Brenner (Abb. 256) stellt der Brenner mit Brandscheibe dar. Als Beispiel sei der 20‴ (linige) Matador-Brenner von Ehrich & Graetz erwähnt.

---

[1] In den obigen Darlegungen ist bei der Angabe der Brennergrößen mehrmals das Wort „linig" aufgetaucht. Die Linie ist dem französischen Zollmaß entnommen (1‴ ≙ 26 mm), denn die Vorläuferin der Petroleumlampe, die Rüböllampe, stammt aus Frankreich. Die Zahlen (15‴, 20‴ usw.) bezeichnen die Breite des flachgelegten Dochtes, und zwar auch bei Schlauchdochten, wo der Docht natürlich doppelt liegt, wenn seine Breite flachgelegt gemessen wird. Der 15‴-Brenner mit Schlauchdocht entspricht also in der Größe etwa dem 20linigen mit Flachdochtbrenner. Im übrigen ist aber bei der Größenbezeichnung durch Linien besonders bei den Glühlichtbrennern häufig willkürlich verfahren worden, so daß die Linienbezeichnung oft keinen sicheren Anhalt mehr für die Brennergröße bietet.

Durch die Brandscheibe wird die Flamme kugelförmig gespreizt, wobei die Wirkung der Brandscheibe durch eine Ausbauchung im Zylinder noch unterstützt wird. Dieser Brenner, der bereits seit den neunziger Jahren hergestellt wird, hat sich bis heute in der Gunst der Käufer zu behaupten verstanden und ist natürlich ebenso wie der Kosmos-Brenner vielfach nachgeahmt worden.

Sein Verbrauch beträgt 110 g in der Stunde bei einer waagerechten Lichtstärke von 32,2 HK. Der Verbrauch für die HK würde also etwa 35 W betragen.

Ebenfalls mit Brandscheibe sind die Luftzuglampen ausgestattet, ein Beispiel hierfür ist die kleine 10''' Mirador-Lampe der gleichen Firma (Abb. 257).

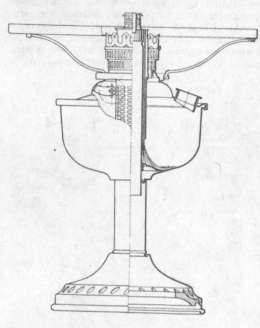

Bei diesen Lampen wird als Docht ein Schlauchdocht verwendet. Das innere Dochtrohr ist durch den Behälter nach unten hindurch geführt. An ihrem Fuß besitzt die Lampe Schlitze für die Zuführung der Luft durch das innere Dochtrohr hindurch und zur Brandscheibe. Diese Art der Luftzufuhr nach innen von unten her ist günstiger als die Zufuhr von der Seite wie beim Kosmos- und Matador-Brenner, man kommt mit etwas kürzeren Zylindern aus. Der verhältnismäßig wenig verbreiterte Flansch der Brandscheibe gestattet die Verwendung eines glatten, d. h. weder gebauchten noch eingeschnürten Zylinders.

Die Lichtstrommessung dieser 10''' Mirador-Lampe, die in der Ulbrichtschen Kugel unter Berücksichtigung des Störungseinflusses der Leuchtkörper vorgenommen wurde, ergab bei einem mittleren Brennstoffverbrauch von 51 g/h ohne Opalglasglocke 143 lm ± 14%. Bei einer Verbrennungswärme des Petroleums von 11 WE/g ergibt sich eine Lichtausbeute von 0,22 lm/W.

Abb. 257. Mirador-Lampe.

Mit Opalglasglocke liefert die Lampe 125 lm ± 14%. Der Wirkungsgrad des Geleuchtes beträgt demnach 87,5%.

Es gibt nur eine einzige Arbeit über die Theorie der Petroleumlampe mit selbstleuchtender, am Docht brennender Flamme: Stepanoff, Grundlagen der Lampentheorie 1896 (russisch), ins Deutsche übersetzt 1906. Aber gerade dieses Werk beweist schlagend, daß der Petroleumlampe auf theoretischem Wege nicht beizukommen ist. Es gibt keine Möglichkeit, sie vorauszuberechnen, sondern ihr Erbauer ist ganz und gar auf Versuche angewiesen. Eine allgemeine Kenntnis der wirkenden physikalischen Kräfte, der Kapillarität des Dochtes, der Flamme und ihrer Wärmewirkungen und schließlich des Saugzuges des Zylinders muß ihm genügen, um durch Abstimmen dieser Kräfte aufeinander das jeweils gewünschte Ergebnis zu erreichen.

d) Brenner mit entleuchteter Dochtflamme und Glühkörper.

Das oben Gesagte gilt im gleichen oder vielleicht sogar in noch erhöhtem Maße für den Petroleumglühlichtbrenner, d. h. den Dochtbrenner mit entleuchteter Flamme und Auer-Glühkörper. Die Flamme dieser Brenner ist blau und hat Ähnlichkeit mit der Flamme des Bunsenbrenners, aber die Art ihrer Erzeugung ist eine gänzlich andere. Eine Dochtblauflamme kommt dadurch zustande, daß der Zone der glühenden Kohlenstoffteilchen einer gewöhnlichen Leucht- flamme Luftströme so zugeführt werden, daß das Glühen nicht eintritt. Daß dabei in der so veränderten Zone in nennenswertem Maße Verbrennung statt- findet, ist trotz der Anwesenheit der genannten Luftströme *nicht* anzunehmen, vielmehr entspricht diese Zone in ihrer grünlichblauen Färbung dem Kern der Bunsenflamme. Die violett gefärbte Verbrennungszone ist außerdem bei der Blauflamme regelmäßig viel größer als die dünne Verbrennungszone der ent- sprechenden Leuchtflamme. Der wesentliche Unterschied zwischen Bunsenflamme und Docht- blauflamme besteht darin, daß eine scharfe Unterscheidung von Erst- und Zweitluft bei der Dochtblauflamme nicht, bei der Bunsen- flamme aber sehr wohl möglich ist.

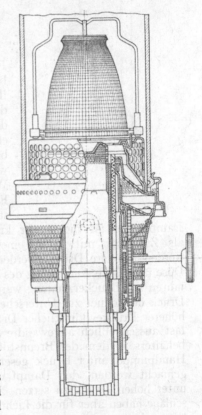

Der Hauptmangel der Petroleumglühlicht- lampe ist das sog. Nachziehen oder Hochkriechen der Flamme. Hierfür ist in erster Linie eine zu starke Erwärmung des äußeren Dochtrohres verantwortlich. Dieses muß so kühl gehalten werden, daß selbst eine nennenswerte *Ver- dunstung* nicht eintreten kann, denn auch da- durch kann schon die Menge der freiwerdenden Petroleumdämpfe das Maß dessen, was durch die Luftströmung noch entleuchtet werden kann, übersteigen. Außerdem ist natürlich ein tadel- los geglätteter Zustand der Dochtbrennfläche unerläßliche Voraussetzung; schon einzelne her- vorstehende winzig kleine Dochtfasern sind die Ursache von gelben Spitzen in der Verbren- nungszone, die, sobald sie den Glühkörper erreichen, dort zur Bildung von Rußflecken Veranlassung geben. Durch diese Rußflecken wird nun aber auch der Luftwiderstand des Glühkörpers erhöht, bzw. die Zugwirkung des Zylinders geschwächt, so daß bei nicht genügend aufmerksamer Wartung der Glühkörper schnell vollständig verrußen kann. Schließlich kann aber auch trotz tadellosen Zustandes der Docht-

Abb. 258. Aladdin-Brenner.

oberfläche und genügend kühl angeordneten Dochtrohres Rußen eintreten, wenn der Docht von vornherein zu hoch ge- schraubt wird, da die Flamme des warmen Brenners bei gleicher Dochtstellung natürlich größer ist als beim Anzünden, wenn der Brenner noch völlig kalt ist.

Beispiele von Glühlichtbrennern und -lampen sind die amerikanischen Aladdin-Brenner (Abb. 258) und die deutsche Esso-Lampe (Abb. 259).

Der Aladdin-Brenner besitzt am oberen Ende des äußeren Dochtrohres einen Flansch, der den Zweck hat, das Brennen der Flamme an der äußeren seitlichen Dochtfläche zu ermöglichen. Damit nun nicht die Dampfzone der Flamme sich auf diesen Flansch legt und ihn zu stark überhitzt, wie es bei älteren Brennern der Fall war, ist der Flansch von einem überhöhten Ring in sehr geringem Abstande umgeben. Durch den Spalt zwischen Flansch und Ring tritt nur soviel Luft hindurch, als zur Verhinderung der Wärmeübertra- gung erforderlich ist. Bemerkenswert sind an diesem Brenner außerdem noch die Ausbil- dung des Glühkörperträgers und der verhältnismäßig kleine Glühkörper. Die Glasbefesti- gung durch Knaggen ist nicht zu empfehlen, sie gibt leicht Veranlassung zum Bruch des Zylinders.

Bei der Esso-Lampe (Abb. 259) ist der Flansch vollständig von dem äußeren Dochtrohr getrennt, so daß die Erwärmung des Flansches nicht auf das Dochtrohr übergreifen kann. Beide Brenner leisten etwa 100 HK waagerecht bei einem Verbrauch von 80 g Petroleum stündlich.

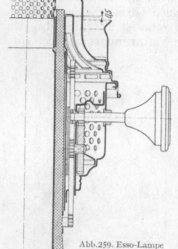

Abb. 259. Esso-Lampe (Brenner).

Für den Aladdin-Brenner wurde eine sphärische Lichtstärke von 74 HK ermittelt. Damit ergibt sich der Einheitsverbrauch zu 13,8 W auf die HK, gegenüber 42,3 W beim Kosmos-Brenner.

e) Bunsenbrenner mit Glühkörper.

Der Bunsenbrenner in seiner gewöhnlichen Form benötigt zu seinem Betrieb Gas von bestimmtem Überdruck. Bei den Geleuchten für flüssige Brennstoffe mit Bunsenbrenner tritt an die Stelle des Gases hinreichend trockener Dampf, der durch Verdampfung des Flüssigbrennstoffes erzeugt wird. Der Dampf muß, um im Bunsenbrenner arbeiten zu können, unter Druck gesetzt werden. Dies geschieht in sehr verschiedener Weise. Die kleinsten Drücke werden durch Erwärmung von an ihrem oberen Ende vollständig umschlossenen Volldochten erzielt. Der Dampfstrahl ist nicht sehr kräftig und ein Teil der benötigten Luft muß als Zweitluft mit Hilfe eines genügend langen Glaszylinders angesaugt werden. Höhere Drücke werden durch Gefälle, also durch eine gegenüber der Düse überhöhte Anordnung des Brennstoffbehälters erreicht. Diese beiden Verfahren zur Druckerzeugung werden gelegentlich als Verfahren mit natürlichem Druck bezeichnet zur Unterscheidung von Verfahren zur Erzeugung wesentlich höherer Drücke (künstlicher Druck). Von diesen ist das einfachste und bisher fast ausschließlich angewandte die Verwendung eines druckfesten Brennstoffbehälters, in dem der Brennstoff durch Hineinpumpen von Luft mittels einer Handpumpe unter Druck gesetzt wird. Es sind schon vielfach Vorschläge gemacht worden, den Dampf ohne die menschliche Arbeit des Aufpumpens unter hohen Druck zu setzen, z. B. von SCOTT-SNELL und LUCAS; diese Vorschläge haben aber für die Lichterzeugung bisher noch keine praktische Bedeutung erlangt.

Um den Brennstoff verdampfen zu können, muß der Verdampfer mindestens bis zur Temperatur des höchsten Siedepunktes des Brennstoffes erwärmt werden. Der Brennstoff selbst darf nicht sogleich dem kalten Verdampfer zugeführt werden, weil der aus der Düse austretende Flüssigkeitsstrahl keine Saugwirkung im Mischrohr hervorruft und wenn er angezündet wird, mit großer stark rußender Flamme brennt, da die in der Zeiteinheit durch die, für dampfförmigen Zustand des Brennstoffes bemessene Düse durchtretende flüssige Brennstoffmenge viel zu groß ist. Bunsengeleuchte für flüssige Brennstoffe weisen daher regelmäßig eine Einrichtung zum Vorwärmen des Verdampfers auf. Die einfachsten Einrichtungen dieser Art sind Schälchen oder Lunten, die mit Spiritus gefüllt und angezündet werden. Derartige Schälchen sind streng genommen nur bei Spirituslampen unbedingt am Platze; für alle anderen Brennstoffe wäre die Vorwärmung mittels des Hauptbrennstoffes an sich vorzuziehen. Aus diesem Grunde sind viele Vorschläge gemacht worden, die darauf hinausliefen, Benzin oder Petroleum zum Zwecke der Vorwärmung des Verdampfers rußfrei zu verbrennen, darüber hinaus aber auch, die Handhabung des Vorwärmungsvorganges zu vereinfachen und womöglich vollständig selbsttätig sich abspielen zu lassen. Am leichtesten ist die Aufgabe für Benzin lösbar. In einem geschlossenen Behälter, in dem Benzin und darüber Luft sich befindet, wird immer die Luft wegen der Verdunstung des Benzins in starkem Maße mit Benzindämpfen angereichert (sog. Karburierung, Luftgas), auch ohne daß es besonderer Einrichtungen zur Förderung dieses Vorganges bedürfte. Die benzingeschwängerte Luft läßt sich in einem geeigneten Brenner ohne weiteres verbrennen.

Auf diesem Grundgedanken beruht eine von der Standard-Licht-Gesellschaft auf den Markt gebrachte Benzinsturmlaterne (Abb. 260).

Natürlich ist das Absinken des Luftdruckes während der Anheizung recht beträchtlich, auch sind besondere Absperrventile für Vorwärmer und Verdampfer erforderlich, die in der richtigen Reihenfolge und nicht zu zeitig betätigt werden müssen. Von der Verwendung von Thermoventilen sowohl für diese Art der Vorwärmung als auch für die gewöhnliche Spiritusvorwärmung ist man schon seit längerer Zeit abgekommen, da es bisher nicht gelungen ist, unter allen Umständen völlig betriebssicher arbeitende Bauarten zu schaffen.

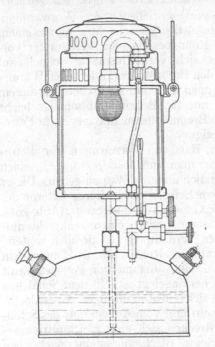

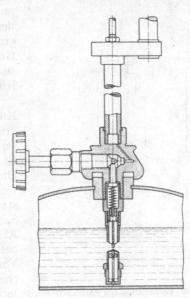

Abb. 260. Benzinsturmlaterne der Standard-Licht-Gesellschaft.

Abb. 261. Coleman-Benzinlaterne.

Dagegen gelang es auf einem anderen Wege, wenigstens für besondere Fälle den Gedanken der völlig selbsttätigen Vorwärmung für mit Druckluft arbeitende Lampen zu verwirklichen.

Eine der diesen Gedanken verkörpernden Benzinlaternen ist die der amerikanischen Coleman-Gesellschaft (Abb. 261).

Sie geht auf die Arbeit des Erfinders MCCUTCHEN zurück. Bei neueren Ausführungen ist das zum Vergaser führende unten offene Steigerohr von einer es ziemlich eng umschließenden oben offenen Hülse umgeben, die an ihrem unteren Ende eine Düse besitzt. Durch geeignete Wahl der Abmessungen der Düse und der Rohre ist es möglich, zunächst ein Gemisch von Brennstoff und Luft in den Verdampfer zu drücken, das als nebelartiger Sprühkegel aus der Düse austritt und nach dem Durchlaufen des Mischrohres im Glühkörper unmittelbar angezündet werden kann. Ist der Verdampfer dann durch den Glühkörper soweit erwärmt, daß er den Brennstoff völlig zu verdampfen imstande ist, so sammelt sich innerhalb der Hülse im Brennstoffbehälter die Flüssigkeit an und bedeckt die Lufteintrittsöffnung. Denn die Dampfmenge, die die Verdampferdüse durchläßt, ist natürlich weit kleiner als die während der Anheizzeit durchgelassene, in dem Brennstoffnebel enthaltene Flüssigkeitsmenge, und diese Dampfmenge kann schon von einem Teilquerschnitt der Steigerohrdüse gedeckt werden, so daß zwangsläufig Brennstoff im unteren Teil der Hülse bleibt und die Luft absperrt.

Eine andere, ebenfalls völlig selbsttätig wirkende Vorwärmeinrichtung ist von Ehrich & Graetz in dem D.R.P. Nr. 556033 angegeben worden (Abb. 262). Bei ihr wird zur Beimischung während der Anheizzeit die in einem Hilfsluftbehälter aufgespeicherte Luft verwendet.

Eine einfachere, nicht selbsttätig wirkende Vorwärmeinrichtung für Benzingeleuchte schuf die amerikanische Acron-Licht-Gesellschaft.

Die Acron-Lampe enthält ein Doppelsitzventil, das gleichzeitig Hauptabsperrventil ist. Im halbgeöffneten Zustande werden Brennstoff und Luft zum Vorwärmen in den Verdampfer gelassen, nach erfolgter Vorwärmung wird das Ventil bis zum Anschlag gedreht, so daß die Luft abgesperrt wird und nur noch Brennstoff an den Vergaser gelangen kann.

Die vorbeschriebenen drei Vorwärmeinrichtungen setzen einen leichten, nuraus einem dünnen Rohr bestehenden Verdampfer voraus, der sich verhältnismäßig schnell auf den für den Brennstoff erforderlichen Wärmegrad bringen läßt und sind schon aus diesem Grunde nur für Benzin und sonstige leicht siedende Brennstoffe, nicht dagegen für Petroleum geeignet.

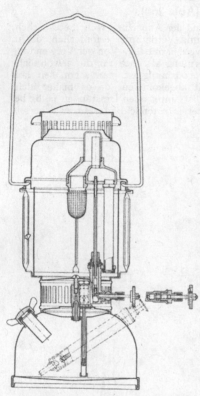

Abb. 262. Benzinlaterne von Ehrich & Graetz.

Abb. 263. Petromax - Sturm - laterne mit Petroleumdocht- vorwärmer.

Beim Bau von Vorwärmern für Petroleum war man zunächst gezwungen, einen grundsätzlich anderen Weg zu gehen. Dieser sei an dem Beispiel einer älteren Laterne der Ehrich & Graetz A.G. aufgezeigt (Abb. 263). Diese Laterne besitzt einen senkrecht aufsteigenden Verdampfer aus ziemlich weitem, starkwandigem Rohr, um den unten ein Schälchen zur Aufnahme von Petroleum mit Abstand herumgelegt ist. In dem Schälchen befindet sich ein ringförmiger Asbestdocht. Vom Innen- und vom Außenrande des Schälchens erstrecken sich zwei gleichmittige gelochte kleine Blechschornsteine nach oben bis etwa zur halben Höhe des Verdampfers. Mit Hilfe dieser Einrichtung kann man eine rußfreie und zur Beheizung des Verdampfers voll ausreichende Flamme erzielen. Immerhin dauert die Vorwärmung etwa ebensolange wie bei der Spiritusflamme, und es kann auch der Anheizbrennstoff nicht unmittelbar aus dem Hauptbehälter entnommen werden, da dieser ja unter Druck gesetzt werden und bis auf die Düse dicht geschlossen sein muß.

Aus diesem Grunde gingen Ehrich & Graetz dazu über, einen Sprühvorwärmer zu entwickeln (D.R.P. 645164), der den Brennstoff unmittelbar aus dem Hauptbehälter entnimmt (Abb. 264).

Auf selbsttätige Wirkungsweise mußte hierbei notgedrungen und in Erkenntnis der Zusammenhänge auch bewußt verzichtet werden. Selbst wenn eine Einleitung des Gemisches in den Verdampfer und seine Verbrennung im Glühkörper, wie bei dem Benzinbrenner, an sich möglich wäre, was *nicht* der Fall ist, so würde die Wirkung der so erhaltenen Flamme auf den Verdampfer, der bei Petroleum nicht nur viel schwerer bemessen werden, sondern außerdem auch noch auf eine viel höhere Temperatur gebracht werden muß, eine viel zu ungünstige sein, und die Vorwärmung würde viel zu lange Zeit beanspruchen. Aus diesem Grunde wurde der Vorwärmer von Ehrich & Graetz so bemessen und angeordnet, daß seine Flamme zwar klein genug ist, um in dem engen Gehäuse einer

Sturmlaterne noch Platz zu finden, aber doch wirksam genug, um den Verdampfer in einem Bruchteil der Zeit auf Betriebswärme zu bringen, die bei Spiritus- oder Petroleumdocht-vorwärmung erforderlich ist. Bemerkenswert an dem Vorwärmer ist die Verwendung eines verhältnismäßig weiten Haarrohres zur Brennstoffzufuhr in den Mischraum. Dadurch wird ein besonders gleichmäßiger Zufluß von Brennstoff und eine gute Mischung er-reicht, die sich auf die Stetigkeit der Flamme sehr günstig aus-wirkt. Innerhalb der vorkommenden Druckschwankungen — durch den Verbrauch des Vorwärmers sinkt selbst natürlich der Druck während der Anheizzeit fühlbar — kann die Flamme zwar ihre Färbung leicht ändern, aber weder abreißen noch rußen.

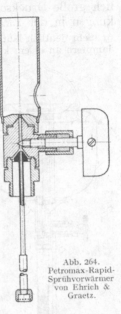

Lampen mit diesem Vorwärmer sind bereits seit 1936 unter dem Namen Petromax-Rapid im Handel und haben sich gut bewährt.

Die Vorwärmer der *Spiritus*-Bunsengeleuchte sind, als Brenner betrachtet, in keiner Weise bemerkenswert; es handelt sich stets um offene Schalen, in denen der Spiritus verbrannt wird. Dagegen verdienen die Einrich-tungen zur Bemessung der Vorwärmmenge und zur selbst-tätigen Überleitung des Anheizzustandes in den Betriebs-zustand eine gewisse Beachtung.

Abb. 264.
Petromax-Rapid-Sprühvorwärmer von Ehrich & Graetz.

Als Beispiel einer selbsttätigen Spirituslampe sei eine etwa 100kerzige Hängelampe von Ehrich & Graetz er-wähnt. Die Lampe (Abb. 265) erzeugt den Druck durch das Gefälle zwischen Behälter und Düse.

Vom Behälter führt ein Rohr abwärts zu einem Hahn, der in der geöffneten Stellung zwei senkrechte gleichlaufende Bohrungen, in der geschlossenen Stellung eine obenliegende Nute zur Wirkung bringt. Durch die Nut wird bei geschlossenem Hahn das vom Behälter kommende Auslaufrohr mit einem dahinterliegenden, nach oben gehenden offenen Rohr verbunden und letzteres daher bis zum Brennstoffspiegel im Behälter mit Spiritus gefüllt. Wird nun der Hahn geöffnet, so entleert das hintere Rohr seinen Inhalt in die An-heizschale, wo er angezündet werden kann, während das vordere Rohr mit dem Verdampfer verbunden wird. Der Brennstoff kann nicht eher aus der Düse treten, als bis er verdampft ist, da der Über-hitzerteil des Verdampfers im Innern der Lampe zunächst bis über den höchstmöglichen Brennstoff-spiegel hinaus nach oben geführt ist.

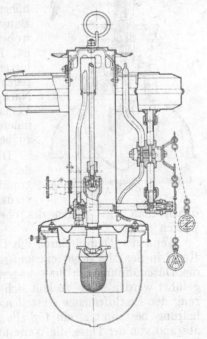

Diese Lampe verdient auch noch aus einem anderen Grunde Beachtung, nämlich, weil an ihr ein sehr wichtiger Teil der bei der Verdampfung des Brennstoffes auftretenden Schwierigkeiten erkennbar wird. In das waagerecht von außen nach innen führende, den eigentlichen Verdampfer bildende Rohr ist bei ihr eine ziemlich dicht um einen Stab gewickelte Rolle aus Metallgewebe eingeführt, die sog. Stopfung. Sie ist bei nach unten gehenden und waagerechten Verdampfern immer, bei schräg nach oben gehenden Ver-dampfern seltener, am wenigsten bei senk-

Abb. 265. Spiritus-Innenlampe.

recht nach oben gehenden Verdampfern anzutreffen. Sie dient nicht etwa, wie vielfach angenommen wird, als Filter, sondern hat vielmehr die Aufgabe, den etwa zuviel entwickelten Dampf sofort wieder zu verflüssigen, damit der

Verdampfungsvorgang stetig verläuft. Besonders die waagerechten Verdampfer neigen in stärkstem Maße zur absatzweisen Dampfentwicklung, wobei natürlich große Druckschwankungen auftreten, die sich als regelmäßige Schwankungen in der Lichtstärke unangenehm bemerkbar machen.

Sehr deutlich läßt sich die Wirkung der Stopfung auch bei nach unten gehenden Verdampfern an einem kleinen Spirituspendel von Ehrich & Graetz erkennen (Abb. 266). Die Stopfung besteht hier, da die Verdampfung erst am unteren Ende des Verdampfers eintritt, aus Baumwolle. Entfernt man die Stopfung und setzt die Lampe mit genügend vorgewärmtem Verdampfer in Betrieb, so steigen eine Zeitlang Dampfbläschen nach oben in den Behälter, wie sich durch die Einfüllöffnung deutlich beobachten läßt. Längere Zeit läßt sich dieser, nur zur Deutlichmachung der Wirkung der Stopfung unternommene Versuch nicht durchführen, da der Verdampfer durch die zu starke Überflutung mit Brennstoff sehr bald abkühlt, so daß unverdampfter Brennstoff aus der Düse zu treten beginnt.

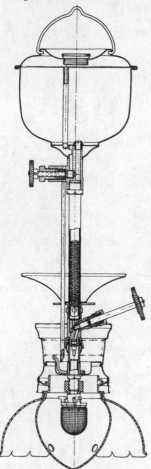

Bei der Verdampfung der Erdölanteile, insbesondere des Petroleums kommt noch eine weitere Schwierigkeit hinzu, nämlich die Ablagerung von Rückständen im Verdampfer und an der Düse. Die Ablagerungen sind teils teerartig, teils kohleartig; die ersteren scheiden sich bei den niedrigeren, die letzteren bei höheren Temperaturen ab. Sehr schädlich ist es auch, wenn die Überhitzung in der Mitte des Überhitzers stärker ist als am Austrittsende, also der Düse. Unzweifelhaft spielt bei der Zersetzung der chemisch verwickelt aufgebauten, höher siedenden Petroleumbestandteile auch der Baustoff des Verdampfers eine bedeutende Rolle, wobei vielleicht eine katalytische Wirkung denkbar ist. Für den Bau der Verdampfer und der Überhitzer haben sich hieraus allgemeine Erfahrungsregeln ergeben, die aber immer der sorgfältigen Nachprüfung durch den Dauerversuch bedürfen. Vergaser, die 1000 Brennstunden ohne gründliche innere Reinigung durchhalten, sind als vorzüglich zu bezeichnen.

Abb. 266. Spirituspendel der Ehrich & Graetz A.G.

Die Bildung von Rückständen ist bei Benzin der Menge nach wesentlich geringer, jedoch gilt grundsätzlich das oben Gesagte auch für Benzinverdampfer, ja sogar für Spiritusverdampfer, bei denen man dies wegen des chemisch einheitlichen Brennstoffes nicht erwarten sollte.

Wenn der Dampf durch die Düse den Verdampfer verläßt, so tritt er als Kegel in das Mischrohr ein und saugt dabei die erforderliche Erstluft an. Da die Düsenöffnung bei ihrer ungewöhnlichen Kleinheit nicht veränderbar ausgeführt werden kann, so läßt sich die höchste Leuchtkraft nur durch Veränderung der Erstluftmenge einstellen. Es ist allerdings möglich, bei genauer Einhaltung bestimmter, ein für alle Male festgelegter Maße für den Mischrohrabstand von der Düse, die Weite und Länge des Mischrohres und gegebenenfalls der Lufteintrittslöcher hinreichende Durchschnittsergebnisse zu erlangen, aber den Bestwert der Lichtstärke für jede einzelne Lampe kann man nur durch die Verwendung von Regeleinrichtungen erreichen. Wie empfindlich die Flamme auf winzige Änderungen der Mischrohrabmessungen antwortet, zeigt das

Schaubild (Abb. 267), eines Versuches, der von Ehrich & Graetz an einer Petroleumdrucklampe bei sonst gleichen Mischrohrabmessungen mit Strahlrohren verschiedener Lichtweite gemacht wurde[1].

Die gebräuchlichen Regeleinrichtungen sind bei den mit niedrigem Druck arbeitenden Spirituslampen den entsprechenden Einrichtungen der Niederdruckgaslampen in vereinfachter Form nachgebildet. Die Innenlampe (Abb. 265) derselben Firma für Spiritus zeigt ein Beispiel dafür.

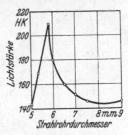

Abb. 267. Lichtstärke in Abhängigkeit vom Strahlrohrdurchmesser.

Für die Luftregelung der Hochdrucklampen gab die Preßluftlampe das Vorbild. Die dort wohl zum ersten Male verwendete Regelzunge hat sich bei den Starklichtlampen und -laternen bei weitem am besten bewährt, sie ist auch das wichtigste Mittel um ein und dieselbe Lampe für Brennstoffe mit verschiedenem Luftbedarf gleich gut geeignet zu machen. Außer der vom Gas- bzw. Dampfstrahl angesaugten Erstluft wird der Flamme regelmäßig auch noch Zweitluft *unmittelbar* zugeführt. Die zu diesem Zweck vorgesehenen Öffnungen müssen bei Außenlampen so angeordnet und bemessen sein, daß sie die Windsicherheit nicht beeinträchtigen. Der Einfluß der Zweitluft auf die Lichtstärke bzw. Ausbeute ist im allgemeinen gering, wenn auch nicht vernachlässigbar. Dagegen ist die Anwesenheit von Zweitluft unerläßlich für das Zustandekommen einer vollständigen Verbrennung, die bei den mit flüssigen Brennstoffen betriebenen Lampen wegen des üblen Geruches der unverbrannten Brennstoffdämpfe besonders wichtig ist.

Hinsichtlich des Baues des Brennermundstückes stehen sich die deutsche und die amerikanische Praxis völlig gegensätzlich gegenüber. Während von den deutschen Firmen fast ausschließlich keramische Mundstücke verwendet werden, bevorzugen die Amerikaner Metallgewebe in Metallfassungen mit feinem Gewinde. Als Grund dafür wird angegeben, daß sich das keramische Mundstück mit seinem notgedrungen gröberem Gewinde bei Erschütterungen leicht lockert, während die feineren Metallgewinde festbrennen. Wenn auch diesem Einwand seine Berechtigung nicht völlig abgesprochen werden kann, so scheint doch die deutsche Praxis den Vorzug zu verdienen, da die Haltbarkeit der keramischen Mundstücke viel größer ist als die der Metallsiebe, die unter dem Einfluß der Flammenhitze sehr schnell unbrauchbar werden. Eine große Bedeutung kommt der richtigen Wahl des Austrittsquerschnittes zu, da von ihr die Sicherheit

Abb. 268. 100 HK-Aida-Sturmlaterne.

des Mundstückes gegen Durchschlagen in erster Linie abhängt. Auch mit Rücksicht auf diesen Punkt ist das keramische Mundstück, wenn richtig bemessen, unbedingt überlegen. Allerdings ist die Neigung zum Durchschlagen bei dem Hauptbrennstoff, dem Petroleum, nicht sehr groß; es neigt zwar eher zum Durchschlagen als Preßgas, wird aber darin von Benzin und besonders Spiritus weit übertroffen.

Von den mit einem Bunsenbrenner ausgerüsteten Lampen für flüssige Brennstoffe haben die sog. Dampfbrenner nur noch so geringe Bedeutung, daß von der Beschreibung einzelner Bauarten abgesehen werden muß. Durch Gefäll druckerzeugende Lampen werden heute nur noch für Spiritus gebaut und

---

[1] Bei der Stoffsammlung war mir HERMANN LAHDE in dankenswerter Weise behilflich.

sind in der Hauptsache bereits oben erwähnt, so daß nur noch einige kennzeichnende Vertreter des Petroleumstarklichtes als Beispiele dargestellt werden.

Die 100 HK Aida-Sturmlaterne der Aida-G. m. b. H., Berlin (Abb. 268) zeigt auf einem
etwa halbkugelförmigen Behälter einen Laternenkorb, der gleichzeitig zur Aufnahme des
Glaszylinders und der Haube dient. Der untere Teil des Verdampfers ist fest mit dem
Behälter verbunden und nimmt eine kleine Kurbel auf, durch deren Zapfen die Reinigungs-
nadelstange getragen wird. Die Reinigung der
Düse erfolgt durch Drehen des kleinen Hand-
rädchens, wobei eine Kerbe am Rande die
Stellung der Nadel von außen sichtbar macht.
Auf einer Stufung an dem oberen, den

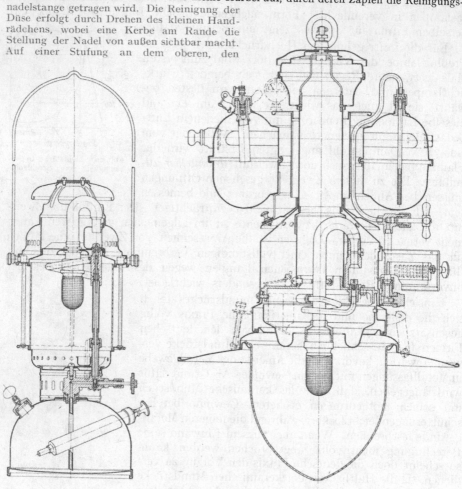

Abb. 269. 300 HK-Petromax-Sturmlaterne.   Abb. 270. 800 HK-Petromax-Außenlampe.

Laternenkorb abschließenden Tragring ruht der Innenschornstein, der das U-förmig gebogene Mischrohr beherbergt. Zwischen Innenschornstein und Haube befindet sich ein
Ringraum, aus dem die Erstluft entnommen wird. Diese Bauart wird in Deutschland bevorzugt, während amerikanische Lampen meist die Erstluft durch ein senkrecht neben
dem Verdampfer aufsteigendes, weites Rohr entnehmen (z. B. auch die Laterne nach
DRP. 556033). Der Austrittsschenkel des Mischrohres trägt die Gaskammer, in die das
Mundstück eingeschraubt ist. Der darin angebundene Glühkörper beheizt das obere Ende
des Verdampfers und die schraubenförmig um ihn herumgehende Überhitzerschleife.

Ähnliche Laternen werden für 200, 300 und 500 HK gebaut. Abb. 269
zeigt einen Schnitt durch eine 300 HK Petromaxlaterne der Ehrich & Graetz
A. G. Das 100 HK-Baumuster ist erst seit einigen Jahren auf dem Markte,
da die besondere Kleinheit der Düsen zunächst als eine unüberwindliche Schwierigkeit angesehen wurde.

Als Beispiel einer großen Außenlampe sei die 800 HK-Petromaxlampe genannt (Abb. 270).

Sie besitzt einen ringförmigen Behälter. Das Absperrventil befindet sich unterhalb des Behälters, obgleich die Brennstoffzuleitung von oben aus dem Behälter austritt, da dies die günstigste, d. h. kühlste Stelle ist. Der Anschluß der Zuleitung ist nicht, wie dies bei der Lage des Ventils am einfachsten wäre, unten, sondern oben, um 1. unten am Behälter Lötstellen zu vermeiden, und 2., um ein Abschrauben des Behälters auch im gefüllten Zustande zu ermöglichen. Der Verdampfer ist waagerecht angeordnet und muß daher an seinem Eingangsende mit einer Stopfung versehen sein. Die Reinigung der Düse erfolgt von außen mittels einer Handnadel. Zu diesem Zwecke ist am Lampengehäuse eine Tür vorgesehen, die auch den Zugang zu der zur Anheizschale führenden Klappe bildet. Ähnliche Lampen werden auch für 200 und 400 HK gebaut.

Die mittlere Lichtstärke für die untere Halbkugel wurde bei einer 200 HK-Lampe zu 238 HK gemessen, wobei der Höchstwert 259 HK betrug. Bei der vorliegenden Bauart des Reflektors kann man etwa 10% Strahlung nach oben rechnen, so daß sich als mittlere räumliche Lichtstärke 131 HK ergeben. Der Verbrauch betrug dabei 70 g stündlich. Daraus erhält man den Einheitsverbrauch zu 6,8 W/HK.

f) Glühkörper.

Bei den Glühkörpern für flüssige Brennstoffe trifft man heute leider womöglich eine noch größere Mannigfaltigkeit an als früher bei denen für Leuchtgas, die (vgl. B 11, S. 234) neuerdings genormt und in ihren Formen vereinfacht sind.

Eine Sonderform bilden die Glühkörper des Petroleum-Docht-Glühlichtes. Sie sind aus besonders weitmaschigem, einfachem Gewebe hergestellt und können nur abgebrannt und vorgeformt verwendet werden. Vielfach, so z. B. beim Aladdin-Glühkörper werden besondere metallische Tragringe verwendet, durch die die Größe der oberen Öffnung dauernd sichergestellt werden soll.

Für Niederdruck-, d. h. Spirituslampen werden ausschließlich vorgeformte Glühkörper, und zwar für Hängelicht mit der vom Graetzin-Brenner übernommenen Dreibeinaufhängung verwendet.

Ähnliche Glühkörper werden auch bei Hochdruckgeleuchten verwendet, und zwar sowohl in Hill- (Multifil) als auch in Doppel- (Duplex) und Einfachgewebe. Im allgemeinen gibt man aber heute für Druckgeleuchte dem selbstformenden Glühkörper, besonders dem kunstseidenen, unbedingt den Vorzug.

B 13. Lichtquellen für photographische Zwecke.

Von

ALBERT DRESLER-Berlin.

Mit 2 Abbildungen.

a) Die photographische Wirksamkeit einer Lichtquelle.

Grundsätzlich ist diejenige Lichtquelle für photographische Zwecke am besten geeignet, die mit dem geringsten Leistungsaufwand die größte photographisch wirksame Strahlungsleistung erzeugt. Die photographische Wirksamkeit ihrerseits ist abhängig von der Übereinstimmung zwischen dem Verlauf der spektralen

Emission der Lichtquelle und der spektralen Empfindlichkeit der photographischen Schicht. Das bedeutet also, daß die photographische Wirksamkeit einer Lichtquelle keine unabhängige Größe ist, sondern nur im Zusammenhang mit der Emulsion angegeben werden kann, deren Schwärzung durch die Lichtquelle herbeigeführt werden soll.

Bei der hier vornehmlich interessierenden Wirksamkeit für bildmäßige, photographische Aufnahmen gibt man nach DIN 4519 (Aktinität von Lichtquellen für bildmäßige photographische Aufnahmen[1]) keine Absolutzahlen für die photographische Wirksamkeit (= Aktinität) einer Lichtquelle an, sondern bezieht diese stets auf die photographische Wirksamkeit der DIN-Sensitometernormallampe, einer Lampe also, deren spektrale Energieverteilung im Hinblick auf die Vorrangstellung des Tageslichtes in der Amateurphotographie angenähert mit der des Tageslichtes übereinstimmt. Die Aktinität einer Lichtquelle für eine bestimmte photographische Emulsion Em ist daher definiert durch das Verhältnis

$$a_{Em} = \frac{\text{Belichtung durch Normallampe}}{\text{Belichtung durch Prüflampe}},$$

die jeweils zur Erzielung der kritischen Schwärzung (0,1 über Schleier) erforderlich sind. Diese so definierte Aktinität einer Lichtquelle kann in zwei Fällen den Wert 1 erreichen, nämlich wenn entweder

1. die spektrale Energieverteilung der zu prüfenden Lampe mit derjenigen der DIN-Sensitometerlampe übereinstimmt oder

2. die spektrale Empfindlichkeit der benutzten photographischen Schicht mit der des helladaptierten normalen menschlichen Auges übereinstimmt.

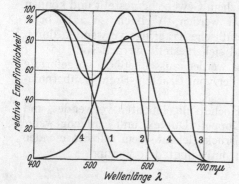

Abb. 271. Spektrale Empfindlichkeitsverteilung 1. einer nichtsensibilisierten Schicht, 2. einer orthochromatischen Schicht, 3. einer panchromatischen Schicht, 4. des menschlichen Auges (V_λ).

Im ersteren Fall ist die Aktinität der Prüflichtquelle unabhängig von der spektralen Empfindlichkeit der verwendeten Schicht, im zweiten Fall hat jede Lichtquelle für diese „ideale Schicht" die Aktinität 1, weil nur eine Schicht dieser spektralen Empfindlichkeit die Leuchtdichteverteilung der aufgenommenen Gegenstände so wiederzugeben vermag, wie sie das Auge bewertet.

Die spektrale Empfindlichkeit der handelsüblichen photographischen Schichten weicht von dieser Idealempfindlichkeit beträchtlich ab. Abb. 271 zeigt die spektralen Empfindlichkeiten dreier charakteristischer viel gebrauchter Schichten:

1. einer unsensibilisierten, vorwiegend blauempfindlichen Schicht,

2. einer sog. orthochromatischen, d. h. einer für grün und gelb sensibilisierten Schicht und

3. einer sog. panchromatischen, d. h. einer für fast den gesamten sichtbaren Spektralbereich sensibilisierten Schicht.

Zum Vergleich ist als Kurve 4 die spektrale Hellempfindlichkeitskurve ebenfalls eingezeichnet worden. Da für alle vier Kurven die Maximalempfindlichkeit willkürlich = 100 gesetzt wurde, gibt die Abb. 271 nur relative Empfindlichkeitswerte und gestattet keine Aussage über die Allgemeinempfindlichkeit der verschiedenen Emulsionen.

---

[1] Vgl. O. Reeb: Zur Bewertung des Kunstlichtes in der Photographie. Licht **5** (1935) 54—58.

Mit Hilfe der Aktinität a_{Em} kann man die photometrisch gewonnenen Daten einer Lichtquelle in aktinische, d. h. photographisch bewertete Zahlen umrechnen. Hat beispielsweise eine Lichtquelle die photometrisch bestimmte Lichtausbeute von 40 Hlm/W und in Verbindung mit der zur Verwendung gelangenden photographischen Schicht eine Aktinität $a_{Em} = 1,5$, so ist die aktinische Lichtausbeute dieser Lichtquelle = 60 akt. Hlm/W. Auf dieselbe Weise lassen sich auch die anderen photometrischen Größen, wie Lichtstärke oder Leuchtdichte, in aktinische Lichtstärke usw. umrechnen.

Über die praktische Durchführung der Bestimmung von a_{Em} vgl. DIN 4519 bzw. REEB (zit. S. 242).

Die für photographische Zwecke benutzbaren *Lichtquellen* lassen sich in zwei Gruppen einteilen, in

1. Lichtquellen für mehrmalige Benutzung, die durch einen während der Benutzung praktisch unveränderlichen Lichtstrom gekennzeichnet sind und

2. Lichtquellen für einmalige Benutzung, die durch einen während der Aufnahme sich verändernden Lichtstrom gekennzeichnet sind.

Zu der ersten Gruppe gehören alle für Beleuchtungszwecke üblichen Lichtquellen, in erster Linie natürlich ihre für photographische Zwecke entwickelten Sonderformen. Zur zweiten Gruppe rechnen die Blitzlichter.

Die wichtigsten Vertreter der ersten Gruppe sind die Bogenlampen und die Glühlampen. Über Bogenlampen vgl. B 6, S. 134f. und E 8.

b) Glühlampen.

In den meisten Ländern sind für photographische Zwecke besondere Glühlampen entwickelt worden, die sich im wesentlichen von der Normalform durch eine auf Kosten der Lebensdauer erhöhte Lichtausbeute auszeichnen.

In Deutschland gibt die Osram-Gesellschaft drei verschiedene Glühlampentypen für photographische Zwecke heraus: die Nitraphotlampen B, K und S. Nebenstehende Tabelle gibt die wichtigsten Daten der drei Typen.

Während die Type B vorzugsweise die Lampe des Berufsphotographen ist, sind die Typen K und S für die besonderen Bedürfnisse der Amateurphotographie entwickelt worden, bei der die Benutzungsdauer eine untergeordnete Rolle gegenüber dem hohen Wirkungsgrad der Lampe spielt.

Ähnliche Lampen werden in England unter der Bezeichnung ,,Photo-Flood-'' [1], in Amerika als ,,Photo-Flood-'' und ,,Photo-Enlarger-'' [2] und in Holland als ,,Photolite-Lampe'' hergestellt.

Daten der Nitraphotlampen.

Type	Leistungs-aufnahme W	Licht-ausbeute Hlm/W	Lebens-dauer Stunden
B	500	~25	~100
K	200	~33	~8
S	250	~38	~2

In der Filmtechnik werden weit größere Lichtströme verlangt, als für die Stehbildherstellung des Berufs- oder Amateurphotographen. Daher werden dort in erster Linie Projektionsglühlampen in Einheiten von 1000...5000 W (vgl. B 5, S. 125 und 131) verwendet.

Bei der Auswahl der verschiedenen Glühlampentypen ist zu beachten, daß die photographische Wirksamkeit der Lampen bei konstanter Betriebsspannung mit steigender Leistungsaufnahme und bei konstanter Leistungsaufnahme mit fallender Betriebsspannung stark zunimmt.

---

[1] Brit. J. Photogr. **79** (1932) 671. — Electr. Engr. **55** (1936) 1111.

[2] FORSYTHE, W. E. and E. M. WATSON: The characteristics of some lamps intended for special services. Gen. electr. Rev. **37** (1934) 251—252.

Unter den in den letzten Jahren entwickelten Gasentladungslampen kommt im allgemeinen nur der Quecksilberdampflampe eine Bedeutung für photographische Zwecke zu, namentlich für Kopieranstalten, da die spektrale Empfindlichkeit handelsüblicher Pauspapiere ihr Maximum im Gebiete der starken Quecksilberlinien 366, 404/7 und 435 mµ hat. Über die verschiedenen Typen der Quecksilberdampflampe vgl. B 8, S. 177 f.

Die nachfolgende Tabelle (nach Angaben von Reeb [1]) vermittelt eine Übersicht über die mit den verschiedenen Lichtquellen erreichbaren Aktinitäten bzw. aktinischen Lichtausbeuten.

Lichtquelle	Licht-ausbeute Hlm/W	Aktinität für			Aktinische Lichtausbeute aktinische Hlm/W		
		blauemp-findliche Schicht	orthochro-matische Schicht	panchro-matische Schicht	blauemp-findliche Schicht	orthochro-matische Schicht	panchro-matische Schicht
Gasgefüllte Glühlampen	20…30	0,6…0,8	0,5…0,6	1,0 [2]	12…24	10…18	25 [2]
Dauerbrandbogenlampe	7,5	8	6,3	—	60	47	—
Hg-Niederdrucklampe .	12…16	3	2	1,5	36…48	24…32	18…24
Hg-Hochdrucklampe .	35…45	1,2…2,7	1,1…1,7	0,9…1,6	42…122	39…77	32…72

c) Blitzlichter.

Die Gruppe der nur einmal verwendbaren Lichtquellen, kurz Blitzlichter genannt, weist trotz der vielen im Handel erhältlichen Sorten im Grunde nur zwei Typen auf, der offen bzw. in Beuteln zur Verbrennung gelangenden Blitzlichtpulver und der im geschlossenen Glaskolben abbrennenden Blitzlichtlampen.

Die Zusammensetzung der Blitzlichtpulver wechselt mit den Fabrikaten, in der Regel besteht das Blitzlicht aus Magnesiumpulver, dem zur Einleitung und Beschleunigung des Verbrennungsprozesses Sauerstoffverbindungen beigemengt werden. Neben Magnesium werden auch Zirkoniumblitze hergestellt. Für die praktische Brauchbarkeit eines Blitzlichtes ist nicht so sehr seine Lichtmenge, als vielmehr seine Rauchlosigkeit, richtiger Raucharmut, entscheidend. Als Beispiel für die Lichtleistung handelsüblicher Blitzlichtpulver seien die photometrisch [3] bestimmten Lichtmengen der Agfa-Kapselblitze angegeben:

$$\left.\begin{array}{l} \text{Kapselblitz } 0 \ \ldots \ldots \ 220\,000 \text{ Hlms} \\ \qquad ,, \qquad 1 \ \ldots \ldots \ 350\,000 \quad ,, \\ \qquad ,, \qquad 2 \ \ldots \ldots \ 600\,000 \quad ,, \end{array}\right\} \pm 10\%.$$

Die Farbtemperatur des Magnesiumbandes bestimmte Dziobek [4] zu 3700 ± 75° K, diejenige der Agfa-Blitzlichter Arens [5] zu 3350° K, ihre totale Brenndauer liegt, photographisch gemessen, zwischen $1/5$ und $1/10$ s [6], die praktisch für den Schwärzungsprozeß wirksame Brenndauer zwischen $1/10$ und $1/20$ s.

Die Blitzlichtlampen bestehen entweder aus einer dünnen Aluminiumfolie (etwa $4 \cdot 10^{-4}$ mm) oder aus einer Aluminium-Magnesiumlegierung in Draht-

---

[1] Reeb, O.: Zit. S. 242 und Künstliche photographische Lichtquellen. Z. wiss. Photogr. 34 (1935) 77—87.

[2] Für Glühlampe von 25 Hlm/W.

[3] Dresler, A.: Die lichttechnischen Eigenschaften von Blitzlichtern. Licht 3 (1933) 47—49.

[4] Dziobek, W.: Die Farbtemperatur des Magnesiumlichtes. Z. wiss. Photogr. 25 (1928) 287—290.

[5] Arens, H.: Aktinische Lichtausbeute, spektrale Zusammensetzung und Verbrennungsvorgang des Magnesiumband- und Blitzlichtes. Wiss. Veröff. Agfa 2 (1931) 38—51.

[6] Fröhlich, A.: Photographische Daten einiger Agfa-Blitzlichtsorten. Wiss. Veröff. Agfa 3 (1933) 303—311.

oder Bandform, die in einem glühlampenähnlichen Kolben in reinem Sauerstoff von etwa 200 Torr zur Verbrennung gebracht wird. Die Zündung erfolgt in den meisten Fällen elektrisch mit Hilfe einer Zündpille; es existieren aber auch einige Verfahren[1], welche die Zündung auf anderem (z. B. mechanischem oder chemischem) Wege durchführen, solche Lampen haben sich bisher nicht einführen lassen, wohl nicht zuletzt deswegen, weil, abgesehen vom Herstellungspreis, die Zuverlässigkeit der elektrischen Zündpille, die mit jeder 4 V-Batterie gezündet werden kann, von den anderen Ausführungen nicht erreicht wird.

Die Lichtleistung der Blitzlichtpulver wird von den Blitzlichtlampen nicht erreicht. Diesem Nachteil kann man zwar durch gleichzeitiges Abbrennen mehrerer Blitzlichtlampen abhelfen, jedoch muß dann die Öffnungszeit des photographischen Verschlusses groß gegenüber den etwas unterschiedlichen Zündzeiten mehrerer gleichzeitig gezündeter Blitzlichtlampen sein. Im allgemeinen genügt eine Verschlußeinstellung auf $1/10$ s, wenn die Betätigung des Verschlusses gleichzeitig mit dem Zünden der Blitzlichtlampen erfolgt, um die gesamte Lichtmenge der Blitzlichter für die Aufnahme wirksam werden zu lassen.

Im Schrifttum finden sich verschiedene Angaben über die Lichtleistung von Blitzlichtlampen; VAN LIEMPT und VRIEND[2] geben für die Philips Photo-Fluxlampen I und II 23 000 bzw. 46 000 int. Lumen-s an, FORSYTHE und EASLEY[3] in ihrer letzten Veröffentlichung für drei amerikanische Blitzlichtlampen 22 000, 40 000 und 180 000 int. Lumen-s. Als praktische Abbrenndauer wird eine Zeit von $1/35 \ldots 1/50$ s angeführt, für die größten amerikanischen Blitzlichtlampen $1/25 \ldots 1/40$ s. Die Farbtemperatur der Blitzlichtlampen beträgt nach REEB[4] 3500° K. Zu demselben Wert kommen FORSYTHE und EASLEY[5], während VAN LIEMPT und VRIEND[6] 4000° K angeben.

Über den Unterschied zwischen Aluminium- und Aluminium-Magnesium-Blitzlichtlampen berichten VAN LIEMPT und VRIEND[7], daß die Verbrennungsgeschwindigkeit des Aluminiums im Sauerstoff geringer ist als die des Magnesiums. In der Lichtfarbe sind beide Lampen gleich. Durch Zusatz des Magnesiums zum Aluminium wird die Zündbarkeit erleichtert und die Blitzzeit herabgesetzt.

Die Aktinität der Blitzlichter ist nach den neuen Bestimmungen des DIN 4519 bisher nur für die Isochromplatte bestimmt worden. REEB[8] fand für den Agfa-Kapselblitz eine Aktinität von 0,5 und für den Vakublitz eine solche von 0,7. Von photographischer Seite ist früher die Aktinität der Blitzlichter mehrfach nach heute überholten Gesichtspunkten bestimmt worden[9, 10], die mit den nach DIN 4519 ermittelten Werten nicht vergleichbar sind.

[1] DRP. 610881 und 629502.

[2] LIEMPT, J. A. M. VAN et J. A. DE VRIEND: La nouvelle lampe éclair „Photoflux". Rev. Opt. théor. instrum. **14** (1935) 18—31.

[3] FORSYTHE, W. E. and M. A. EASLEY: Photographic Effectiveness of the Radiation from a Number of Photographic Sources. J. opt. Soc. Amer. **26** (1936) 310—312.

[4] REEB, O.: Zur Bewertung des Kunstlichtes in der Photographie. Licht **5** (1935) 54—58.

[5] FORSYTHE, W. E. and M. A. EASLEY: Time Intensity Relation and Spectral Distribution of the Radiation of the Photo-Flash-Lamps. J. opt. Soc. Amer. **24** (1934) 195—197.

[6] LIEMPT, J. A. M. VAN u. J. A. DE VRIEND: Eine einfache Methode zur Bestimmung der Farbtemperatur von Blitzlichtern. Z. wiss. Photogr. **34** (1935) 237—240.

[7] LIEMPT, J. A. M. VAN u. J. A. DE VRIEND: Studien über das Aluminium- und Aluminium-Magnesiumlicht. Rec. Trav. chim. Pays-Bas **54** (1935) 239—244.

[8] REEB, O.: Zit. S. 244.

[9] BECK, H. u. J. EGGERT: Eine Methode zur zeitlichen photometrischen Verfolgung des Verbrennungsvorganges von Blitzlicht. Z. wiss. Photogr. **24** (1927) 367—379.

[10] ARENS, H.: Zit. S. 244.

d) Meßverfahren zur Kennzeichnung der Eigenschaften von Blitzlichtern.

Zur Feststellung der verschiedenen Eigenschaften der Blitzlichter sind in den letzten Jahren im Zusammenhang mit der Entwicklung der Blitzlicht-lampen die verschiedensten Meßverfahren veröffentlicht worden, von denen die wichtigsten im folgenden kurz erläutert seien: Die Farbtemperatur von Blitzlichtlampen bestimmten VAN LIEMPT und VRIEND [1] an der Farbwiedergabe der Farbtafel von LAGORIO auf einer panchromatischen Platte mit Hilfe von Lichtquellen bekannter Farbtemperaturen. FORSYTHE und EASLEY [2] bestimmten die Farbtemperatur der Blitzlichtlampen durch Aufnahme der spektralen Energieverteilung (Abb. 272).

Die Lichtzeitkurven, sowie die Lichtmengen verschiedener Blitzlichter bestimmte DRESLER [3] mit Hilfe eines Photoelements. Zur Ermittlung der Licht-

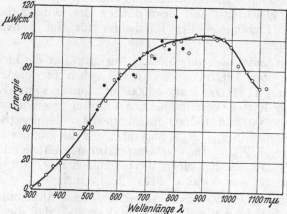

Abb. 272. Energieverteilung des Spektrums einer amerikanischen Blitzlichtlampe in μW/cm². O Quarzmonochromator, ● Glasmonochromator.

zeitkurven wurde das Photoelement an die Schleife eines Oszillographen an-geschlossen, zur Feststellung der Lichtmenge das Blitzlicht in einer Ulbrichtschen Kugel abgebrannt, an deren Meßfenster sich das Photoelement befand, die auf ein in Lumensekunden geeichtes ballistisches Galvanometer arbeitete. Ähnlich verwenden FRÜHLING und VOGL [4] eine an die spektrale Hellempfindlichkeit des Auges angeglichene Photozelle in Verbindung mit Ulbrichtscher Kugel und Oszillograph zur Aufnahme der Lichtzeitkurven von Blitzlichtlampen. Die Fläche des Oszillogramms der Lichtzeitkurven ist dann der Lichtmenge des abge-brannten Vakublitzes proportional.

VAN LIEMPT-VRIEND [5] benutzen an Stelle des Photoelements eine Vakuum-alkalizelle, die mit einem elektrostatischen Voltmeter verbunden ist, dessen Kondensator vor dem Abbrennen des Vakublitzes auf 300 V aufgeladen wird. Der durch das Licht des Vakublitzes erzeugte Photostrom entlädt den Kondensator,

[1] LIEMPT, J. A. M. VAN u. J. A. DE VRIEND: Eine einfache Methode zur Bestimmung der Farbtemperatur von Blitzlichtern. Z. wiss. Photogr. 34 (1935) 237—240.

[2] FORSYTHE, W. E. and M. A. EASLEY: Time Intensity Relation and Spectral Distribu-tion of the Radiation of the Photo-Flash-Lamps. J. opt. Soc. Amer. 24 (1934) 195—197.

[3] DRESLER, A.: Zit. S. 244.

[4] FRÜHLING, H. G. u. K. VOGL: Bewertung elektrischer Blitzlichtquellen. Licht 7 (1937) 39—43.

[5] LIEMPT, J. A. M. VAN u. J. A. DE VRIEND: Die Photoflux, eine Lichtquelle für photo-graphische Momentaufnahmen. Philips techn. Rdsch. 1 (1936) 289—294.

die vom Vakublitz abgegebene Lichtmenge ist proportional dem Spannungsunterschied des elektrostatischen Voltmeters vor und nach der Entladung, sofern die Vakuumzelle mit einer ausreichenden Spannung betrieben wird.

Für die Beurteilung der von den verschiedenen Verfassern angegebenen Zahlen für die Lichtleistung der Blitzlichter ist das Eichverfahren der benutzten Photozellen unter Berücksichtigung ihrer spektralen Empfindlichkeit maßgebend. Eine völlig eindeutige Angabe erhält man nur, wenn man nach strengen photometrischen Gesichtspunkten die *wirkliche* Lichtmenge in Lumensekunden bestimmt und dazu die Aktinität des Blitzes für die jeweils interessierende photographische Schicht nach DIN 4519 ermittelt. Die Photozelle darf also keinesfalls eine spektrale Empfindlichkeit aufweisen, die von der spektralen Hellempfindlichkeit des Auges wesentlich abweicht, sonst ist die Angabe von Lumensekunden mit großen Fehlern behaftet.

BECK und EGGERT [1] entwickelten ein Gerät, mit dem unmittelbar auf der jeweils interessierenden photographischen Schicht die Lichtzeitkurven der verschiedenen Blitzlichter aufgenommen werden können. Dieses Verfahren hat den Vorteil, daß die photographisch wirksame Abbrennzeit des Blitzlichtes unter Bedingungen bestimmt wird, die der praktischen Verwendung des Blitzlichtes verhältnismäßig nahekommen.

FORSYTHE und EASLEY [2] benutzen eine vor einem Spalt vorbeifallende Platte zur Registrierung der Lichtzeitkurven von Blitzlichtern. Als Zeitmaß verwandten sie die Schwingungen eines Kohlenfadens in einem Wechselfeld bestimmter Frequenz.

e) Dunkelkammerlampen.

Zu den Lichtquellen für photographische Zwecke gehören auch die Dunkelkammerlampen. Auch die Strahlungseigenschaften und damit die Wirksamkeit der Dunkelkammerlampen können nur im Zusammenhang mit der spektralen Empfindlichkeit der Schicht betrachtet werden, die sie beleuchten sollen, ohne sie zu schwärzen. Diese Formulierung führt bereits zum Begriff der Güte einer Dunkelkammerlampe. Diejenige Dunkelkammerlampe wird sich für eine Schicht am ehesten eignen, bei der das Verhältnis zwischen dem vom Auge wahrgenommenen Lichtstrom und der für jene Schicht photographisch wirksamen Strahlung ein Maximum (am besten ∞) ist, mathematisch ausgedrückt muß also

$$\frac{\int E_\lambda V_\lambda \, d\lambda}{\int E_\lambda \varphi_\lambda \, d\lambda} \to \infty$$

gehen, wenn V_λ die spektrale Empfindlichkeit des Auges [3] und φ_λ die spektrale Empfindlichkeit der photographischen Schicht ist. Ein Blick auf Abb. 271 zeigt, daß für die nichtsensibilisierte Schicht 1 diese Bedingung leicht erfüllt werden kann. Sobald die Dunkelkammerlampe nur Strahlen von größerer Wellenlänge als 575 mµ aussendet, kann sie, unter normalen Entwicklungsbedingungen, in den praktisch vorkommenden Bearbeitungszeiten keinen Schleier auf der Schicht hervorrufen. Selbst für die orthochromatische Schicht 2 läßt

---

[1] BECK, H. u. J. EGGERT: Zit. S. 245.

[2] FORSYTHE, W. E. and M. A. EASLEY: A falling Plate Flashometer. Rev. Sci. instrum. 2 (1931) 638—643.

[3] Je nach dem dabei erzielten Beleuchtungsniveau wird V_λ entweder die Stäbchenkurve oder die Zäpfchenkurve oder eine Übergangskurve zwischen beiden sein; vgl. A. A. GERSCHUN-D. N. LAZAREW: Die Beleuchtung der „Dunkelräume" in der photochemischen Industrie. Licht 5 (1935) 91—92, 109—111, 192.

sich eine Dunkelkammerlampe höchster Güte noch praktisch verwirklichen. Eine Lampe, deren Strahlung nicht kürzerwellig als 630 mμ ist, wird den an sie für diese orthochromatische Schicht zu stellenden Anforderungen durchaus gerecht. Mit einem richtig abschneidenden Orangefilter läßt sich jede Glühlampe zu einer für die Schicht 1 geeigneten Dunkelkammerlampe machen, ebenso durch ein entsprechend unterhalb 630 mμ vollständig undurchlässiges Rotfilter für die Schicht 2. In beiden Fällen wird der oben angeführte Güteausdruck wirklich ∞. Anders sieht es jedoch mit der panchromatischen Schicht 3 aus. Hier gibt es keinen Spektralbereich, in dem das Auge und Schicht nicht gleichzeitig empfinden. Infolge der sog. „Grünlücke" um 500 mμ, die bei den verschiedenen handelsüblichen panchromatischen Schichten unterschiedlich stark ausgeprägt ist, ergibt sich, daß eine grüngefilterte Glühlampe im allgemeinen den höchsten Wert für die Gütegleichung liefert, der jedoch in keinem Fall auch nur angenähert ∞ wird. Das bedeutet aber, daß man mit der grünen Dunkelkammerlampe für panchromatische Schichten sehr vorsichtig umgehen muß. Es ist dem Photographen ja auch hinreichend bekannt, daß direktes Licht einer solchen grünen Dunkelkammerlampe nie auf die Schicht fallen darf. Viele Photographen ziehen es ja daher auch vor, entweder die Schicht vor der Entwicklung zu desensibilisieren oder ganz im Dunkeln zu entwickeln[1].

---

[1] Vgl. auch O. Reeb: Zum Begriff der „Schleiersicherheit" von Dunkelkammerlampen. Phot. Ind. **35** (1937) 778—780.

C. Lichtmessung.

C1. Bau und Wirkungsweise des menschlichen Auges [1].

Von

ERICH ZEISS-Würzburg.

Mit 13 Abbildungen.

a) Dioptrischer Apparat.

Die Umformung der von fernen Dingpunkten ausgehenden Strahlenbündel zu einem von uns „gesehenen" aufrechten und seitenrichtigen Bild ist an das Zusammenwirken einer Reihe von ineinandergreifenden physikalischen, physiologischen und psychischen Vorgängen gebunden. Diese spielen sich zwischen unserem Auge mit seinem dioptrischen Apparat, der Netzhaut als Lichtaufnahmeorgan (einem vorgeschobenen Gehirnteil), dem Sehnerven als Fortleiter der Lichtreize, bestimmten Gehirnteilen und dem in der Hinterhauptsrinde liegenden Sehzentrum ab. Das Sehen setzt die gleichzeitige Funktion der genannten Teile voraus. Die folgenden Zeilen geben einen kurzgefaßten Abriß der für den Sehakt erforderlichen Organe in ihrem anatomischen Aufbau sowie in ihren physiologischen Grundlagen.

Das Auge ist in einem Fettpolster, geschützt durch den Lid- und Bindehautapparat, in der knöchernen Augenhöhle untergebracht. Dort haben auch die zum Bewegungsapparat gehörenden 6 Augenmuskeln ihren Ursprung, die dem Auge jede gewünschte Blickrichtung geben können.

Wir unterscheiden drei Hauptschichten am Auge: Die äußerste Schicht wird von der durchsichtigen Hornhaut, weiter rückwärts von der bindegewebigen, sehr widerstandsfähigen Lederhaut gebildet, die die äußere solide Hülle des Auges darstellt. In dieser sind die einzelnen Teile des bildentwerfenden dioptrischen Apparates sowie die bildaufnehmenden Teile eingebaut. An die Lederhaut grenzt die Aderhaut an, die ihrerseits durch eine Pigmentschicht von der am weitesten nach innen zu gelegenen Netzhaut getrennt ist.

---

[1] Ausführliche Literaturzusammenstellungen in: SCHIECK-BRÜCKNER: Kurzes Handbuch der Ophthalmologie. Berlin: Julius Springer 1932, darin: HOFE, K. VOM: Die morphologischen Veränderungen der Netzhaut durch Lichtwirkung. 2, 80. — DITTLER, R.: Der Sehpurpur. 2, 93. - Die chemischen Vorgänge in der Netzhaut. 2, 112. — KOHLRAUSCH, A.: Die elektrischen Vorgänge im Sehorgan. 2, 118. — COMBERG, W.: Lichtsinn. 2, 172. — MÜLLER, H. K.: Die Theorien der Adaptation. 2, 366. — DITTLER, R.: Die Physiologie des optischen Raumes. 2, 378. - ERGGELET, H.: Die Refraktion und die Akkommodation mit ihren Störungen. 2, 460. — Weitere ausführliche Literaturzusammenstellungen befinden sich in: KÖNIG, A.: Physiologische Optik. In Handbuch der Experimentalphysik von WIEN-HARMS. 20 Teil 1. Leipzig: Akademische Verlagsgesellschaft 1929. — HOFMANN, F. B.: Die Lehre vom Raumsinn des Auges. In GRAEFE-SAEMISCHs Handbuch der gesamten Augenheilkunde, 2. Aufl. Berlin: Julius Springer 1920 u. 1925.

Der eigentliche lichtbrechende (dioptrische) Apparat des Auges (Abb. 273) besteht aus der Hornhaut, dem Vorderkammerwasser, der Linse und dem Glaskörper, also aus mehreren durchsichtigen optischen Medien mit verschiedenen Brechwerten [1], deren Grenzflächen angenähert kugelförmig sind. Diese „brechenden Medien" sind Bestandteile der physikalischen Leitung der Sehbahn.

Der dioptrische Apparat des Auges ist also einem aus mehreren Teilen (Linsen) zusammengesetzten Photo-Objektiv vergleichbar. In das dioptrische System ist eine, sowohl den Lichtverhältnissen wie Naheinstellungsbedürfnissen

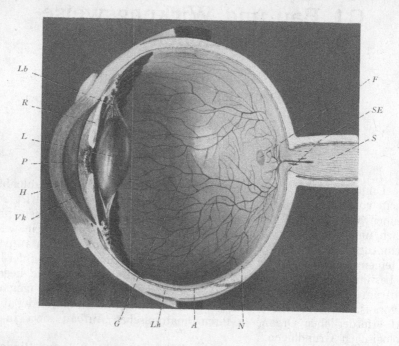

Abb. 273. Sagittalschnitt durch einen Augapfel (etwas schematisiert, die Linse ist nicht durchschnitten). *Lb* Linsen-aufhängebänder, zirkulär um den Linsenrand angeordnet. *R* Regenbogenhaut. *L* Linse. *P* Pupillenloch. *H* Hornhaut. *Vk* Vordere Augenkammer. *G* Innerer, von Glaskörper ausgefüllter Hohlraum des Augapfels. *Lh* Lederhaut. *A* Aderhaut. *N* Netzhaut (dazwischen Pigmentschicht). *S* Sehnerv. *SE* Sehnerveneintritt. *F* Stelle des schärfsten Sehens (Fovea).

entsprechende, sich automatisch regulierende Blende eingeschaltet, die Pupille [2]. Veränderungen des Pupillendurchmessers werden sowohl durch die Leucht-dichte an der Stelle des schärfsten Sehens wie auch an peripheren Netzhaut-teilen ausgelöst. Die Kontraktion der Pupille spielt sich in individuell schwan-kenden Zeiträumen (0,4...0,1 s) ab.

Zu beachten ist dabei der jeweilig herrschende Anpassungszustand des Auges bzw. der Netzhaut an die in der Umgebung des Auges bestehende Beleuchtung. So erzielt eine allmähliche Intensitätssteigerung des Lichtes kaum eine Veränderung des Pupillendurch-messers; steigt die Lichtintensität jedoch rasch an, so tritt bedeutende Pupillenverengerung ein. Das Maß derselben ist außerdem abhängig von der Größe der Netzhautfläche, die die Belichtung empfängt.

---

[1] Die Durchschnittsbrechwerte (nach GULLSTRAND) sind: Hornhaut 1,367 — Kammer-wasser 1,336 — Linsenrinde in der Gegend der Pole 1,386 — Linsenzentrum 1,406 — Glas-körper 1,336.

[2] Um von der Außenwelt ein Bild auf der Netzhaut zu erhalten, würde streng genommen die (zwischen Vorderkammer und Linse eingeschaltete) Pupille — eine Lochblende — entsprechend den Verhältnissen bei einer Lochkamera genügen. Das entstehende Bild würde aber dann sehr lichtschwach sein.

Der gesamte dioptrische Apparat hat nach GULLSTRAND eine Brechkraft von 58,64 dptr (Dioptrien) (Mittelwert). Beim akkommodationslosen Auge — Einstellung für die Ferne (s. unten) — ist der Anteil der Linse mit etwa 12 dptr zu beziffern. Bei größter Akkommodation beträgt die Gesamtbrechkraft rd. 70 dptr.

Bei einem zentrierten optischen System sollten die Krümmungsmittelpunkte aller aneinandergrenzenden gekrümmten Flächen der durchsichtigen Medien auf einer gemeinsamen Geraden, der optischen Achse, gelegen sein. Das ist beim Auge nur angenähert der Fall, denn die spiegelnden Flächen der Augendioptrik sind keineswegs exakte Kugelflächen. Daher ist auch die Lage der Kardinalpunkte im Auge (Brennpunkte, Hauptpunkte und Knotenpunkte eines zusammengesetzten Systems) nicht genau festzusetzen[1]. Der Brechungsindex der Linse (durchschnittlich 1,42) ist nicht in allen ihren Schichten gleich. Die optische Dichte nimmt vielmehr von der Oberfläche der Linse nach dem Kern ständig zu.

„Von der Ferne auf die Nähe eingestellt" wird durch die Veränderung der Lage und des Durchmessers des *einen* Bestandteiles des „Objektivs", nämlich der Linse. Man nennt diesen Vorgang *Akkommodation*. Die Linse ist in einer elastischen, durchsichtigen Hülle aufgehängt an einem im Querschnitt prismatisch erscheinenden Ringmuskel. Erhält dieser einen nervösen Impuls, so verkleinert sich sein Durchmesser, die Aufhängebänder der Linse erschlaffen, der Linsenscheiteldurchmesser nimmt zu und durch Verkleinerung des Krümmungsradius steigt die Linsenbrechkraft. Dadurch wird erreicht, daß nach Wahl die zwischen dem Fernpunkt und dem Nahpunkt des Auges liegenden Sehdinge auf der Netzhaut scharf abgebildet werden. Der Vorgang wird — mit besonderer Berücksichtigung für das Verständnis eines Ingenieurs — am treffendsten durch das von ERGGELET eingeführte Vergleichsbild gekennzeichnet: Das in die *Ferne* blickende Auge mit ausgedehntem, entspannten Ringmuskel und abgeflachter Linse = „Rastauge". Im Gegensatz dazu steht das für die *Nähe* unter Arbeitsleistung, nämlich Kontraktion des Ringmuskels und dadurch bedingter zusätzlicher Wölbung der Linse zum Nahesehen eingestellte „Kraftauge"[2].

Im normalen, entspannten, also nicht akkommodierenden Auge reicht die Brechkraft des dioptrischen Systems hin, um parallel in das Auge einfallende Strahlen auf der Netzhaut zu vereinigen. Ist bei gleichbleibender Leistung der Dioptrik der *Augapfel selbst* zu lang oder zu kurz gebaut, so können parallel einfallende Strahlen nicht mehr auf der Netzhaut vereinigt werden, sondern werden im ersteren Falle bereits vor, im zweiten hinter der Netzhaut gebrochen. Solche Augen sind fehlsichtig; nämlich im ersten Fall kurzsichtig, im zweiten Fall übersichtig. Da sich mit Hilfe der Akkommodation die Brechkraft des dioptrischen Systems steigern läßt, können geringere Grade von Übersichtigkeit (Hyperopie) durch dieses System demnach ohne Korrektionsglas ausgeglichen werden. Beim Langbau des Auges (Myopie) kann ein derartiger optischer Ausgleich durch das Auge selbst nicht erfolgen.

---

[1] Man nimmt mehr oder weniger schematische Durchschnittswerte aus vielen normalen Augen an:

Lage der Kardinalpunkte nach GULLSTRAND:

1. Brennpunkt	17,06 mm vor der Hornhaut		
2. „	24,385 mm hinter der Hornhaut		
1. Hauptpunkt	1,35 mm	„ „ „	
2. „	1,65 mm	„ „ „	
1. Knotenpunkt	7,05 mm	„ „ „	
2. „	7,035 mm	„ „ „	

[2] Diese Fähigkeit verliert die Linse infolge zunehmender Erstarrung im Alter. Der Prozeß, der nach dem 40. Lebensjahr beginnt und nach dem 60. zu einem Stillstand gekommen ist, macht sich dadurch bemerkbar, daß augennahe Sehdinge (z. B. beim Lesen) nicht mehr in der früher für das emmetrope (rechtsichtige) Auge gewohnten Entfernung erkannt werden können und verschwimmen. Durch Vorsetzen eines Sammelglases in Gestalt einer Nah- oder Lesebrille läßt sich die durch die erstarrte Linse nicht mehr herzustellende zusätzliche Brechkraft erreichen, die für die Naheinstellung erforderlich ist.

Die Myopie läßt sich also nur durch Zerstreuungsgläser auskorrigieren, die ins Auge gelangende, aus der Ferne kommende parallele Strahlen bereits vor dem Eintritt ins Auge divergent machen.

Bereits im normalen Auge weicht die Krümmung der Hornhautoberfläche von derjenigen einer Kugel ab. Sie ist meridian-asymmetrisch, besitzt also in verschiedenen Meridianen verschiedene Brechkraft. Von Astigmatismus (Stabsichtigkeit) sprechen wir, wenn die Differenz der Brechkraft in zwei senkrecht aufeinander stehenden Hornhautmeridianen mehr als 1 dptr beträgt.

Astigmatismus ist, sowohl in Kombination mit anderen Brechungsfehlern wie isoliert ein häufiger optischer Fehler des Auges. Er läßt sich durch geeignete Korrektionsgläser, „Zylindergläser", ausgleichen, die konkave oder konvexe Zylinderschliffe darstellen (s. Abb. 274).

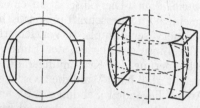

Die Augenmedien sind für Strahlen bis weit ins Ultrarot durchlässig. Vollständige Absorption durch die brechenden Medien findet erst bei einer Wellenlänge von 1400 mµ statt. Vom kurzwelligen Ende des Spektrums lassen Hornhaut und Glaskörper ultraviolette Strahlen bis etwa zur Wellenlänge von 290 mµ durch, die Linse solche von 370 mµ aufwärts, wobei die Grenze der Sichtbarkeit des Spektrums beim normalen menschlichen Auge bei 370...395 mµ liegt.

Abb. 274. Zylinderglas sammelnder und zerstreuender Wirkung (perspektivisch). (Aus v. Rohr-Boegehold, Das Brillenglas als optisches Instrument, 1934.)

Bei linsenlosen Augen, etwa nach der bei der Staroperation erfolgten operativen Entfernung der getrübten Linse steigt die Grenze sogar bis etwa 315 mµ. Im Alter nimmt die Ausdehnung der Sichtbarkeit des Spektrums etwas ab. Die Linse fluoresziert im UV-Licht, sie erscheint weiß. Bei der Wahrnehmung der Grenzbezirke des Spektrums nach der kurzwelligen Seite hin ist zwar bekannt, daß die Sichtbarkeit dennoch nicht durch die Fluoreszenz der Augenmedien bedingt ist. Es ist aber möglich, daß UV-Strahlen in den Stäbchen und Zapfen auf dem Wege der Fluoreszenz in Strahlen größerer Wellenlänge umgewandelt und damit sichtbar werden (Takamine und Takei).

Röntgenstrahlen sollen bei genügender Intensität auch *ohne* Fluoreszenzschirm in gewissem Maße sichtbar sein (Dorn).

Hornhaut und Linse erscheinen vor allem bei jugendlichen Individuen völlig durchsichtig. Das trifft jedoch nur bedingt zu.

Mittels eines auf Hornhaut bzw. auf Linse geworfenen Lichtstrahles[1] sehen wir infolge der kolloiden Eigenschaften dieser brechenden Medien am Ort des Lichtdurchtrittes eine milchige Trübung auftreten (Tyndalleffekt). Nur das normale Kammerwasser ist optisch leer. Die Strukturbestandteile des Hornhaut- und Linsengewebes reflektieren jedoch das durchfallende Licht zum Teil. Es entstehen also an den Durchgangsstellen des Lichtstrahles Streulicht aussendende Gebiete, deren Licht auf die Netzhaut als störendes Licht einwirken kann.

Außerdem reflektieren alle optischen Grenzflächen Licht. So wird also ein einfallender Lichtstrahl auch mehrfach an den gekrümmten spiegelnden Flächen der einzelnen Teile des dioptrischen Apparates (Hornhautvorder- und -hinterfläche und Linsenvorder- und -hinterfläche) zurückgeworfen. Diese reflektierten Lichter sind sehr schwach, so daß ihre Störwirkungen auf der Netzhaut zurücktreten. Sie sind aber im Dunkeln, z. B. bei der Projektion von Filmtiteln, bei sehr aufmerksamer Beobachtung wahrzunehmen. Es kommt also nicht alles Licht, das durch den dioptrischen Apparat des Auges tritt, auf die Netzhaut an. Tscherning wies nach, daß sich ein Lichtstrahl durch Reflexion an den brechenden Oberflächen des Auges in 7 Strahlen auflöst, von denen 4 das Auge wieder verlassen, 3 jedoch die Netzhaut erreichen. Die Strahlen 1...4, entstanden aus Reflexion an den Grenzflächen der Hornhaut und an denen der Linse, sind uns als die *Purkinje*schen Reflexbildchen

---

[1] Mit Hilfe der in die augenärztlichen Untersuchungsinstrumente eingeführten Gullstrandschen Spaltlampe legen wir durch Abbildung eines Spaltes veränderlicher Breite optische Schnitte durch die brechenden Medien des Auges. Die Betrachtung erfolgt durch ein Stereomikroskop.

bekannt. Den Verlust an Helligkeit, den der einfallende Strahl erleidet, gibt folgende Tabelle nach TSCHERNING wieder:

Intensität des einfallenden Strahles 100000
1. Bild 2515
2. ,, ... 22
3. ,, ... 49
4. ,, ... 49
5. ,, und 6. Bild . . . . je 1
7. ,, (nützliches Licht) 97363

Nur 2,6% des einfallenden Lichtes gehen der Netzhaut verloren.

b) Netzhaut und Sehnerv.

Der in den Strahlengang des dioptrischen Apparates eingeschaltete Bild-empfänger ist die Netzhaut, die den vom Glaskörper angefüllten Hohlraum des

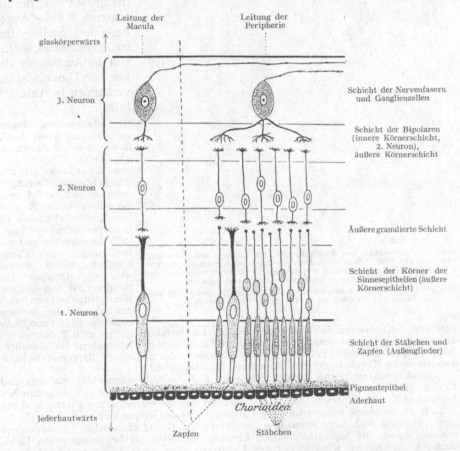

Abb. 275. Schema der Netzhautleitung an der Stelle des schärfsten Sehens (links) und an der Netzhautperipherie (rechts im Bilde). Das Licht ist von oben nach unten fallend zu denken. (Aus SCHIECK, Grundriß der Augenheilkunde, 1936.)

Augapfels auskleidet. Sie wirkt also als Auffangschirm der durch den dioptrischen Apparat gebrochenen, von der Außenwelt kommenden Strahlen. Sie reicht vorne im Auge bis an das Aufhängeorgan der Linse. Die Netzhaut selbst ist eine dünne, fast farblose Membran.

Mikroskopisch können wir an ihr eine Reihe von Schichten unterscheiden, als deren wesentlichste von außen (lederhautwärts) nach innen (glaskörperwärts) zu nennen sind: eine Pigmentschicht, dann die Schicht der Stäbchen und Zapfen (Sinnesepithel), eine

Schicht von bipolaren Nervenzellen und endlich — dem Innern des Auges am nächsten gelegen — eine Schicht der Nervenfasern und Ganglienzellen. Die Stäbchen und Zapfen sind spindelförmig gebaute, dicht aneinanderstehende Elemente, die ihrerseits an Nervenfasern gekoppelt sind. Drei Gruppen solcher Kopplungselemente, Neurons, die etwa mit Relais verglichen werden können, befinden sich in den Schichten der Netzhaut.

Die Stäbchen und Zapfen sind diejenigen nervösen *Netzhautelemente*, die die Lichtreize aufnehmen und weiterleiten. Sie bilden ein über die gesamte Netzhaut verbreitetes, dichtmaschiges Mosaik, in welchem kleinere Gruppen aneinander gelagerter lichtaufnehmender Sinneszellen nur *eine* für die Gruppe gemeinsame Nervenfaser als Leitung für den Lichtreiz nach dem Gehirn besitzen. Nur *eine* Stelle in der Netzhaut, der gelbe Fleck, die am hinteren Pol des Auges liegende Stelle des *schärfsten Sehens*, weicht von der Anordnung ab: hier sind nur Zapfen vorhanden (s. Abb. 275 links).

Jede einzelne Sinneszelle hat an dieser Stelle ihre *eigene* Rückleitung. 13…14000 Zapfen von etwa 4 mμ Dicke mit den dazugehörigen Leitungen befinden sich auf 1 mm² des gelben Fleckes. Sie sind hier länger und dünner als in der peripheren Netzhaut, auch die sonst übergelagerten Körner- und Faserschichten fehlen, ebenso wie der Sehpurpur. Die Netzhaut ist hier grubenförmig eingedellt und durch den Schwund ihrer inneren Schichten auf 0,1 mm Dicke

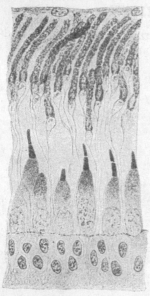

Abb. 276a.

Abb. 276 b.

Abb. 276a. Hellnetzhaut vom Weißfisch. Das Licht hat man sich von unten nach oben (im Bilde) fallend zu denken. Die Zapfen sind gegen die Körnerschicht, also dem Lichte entgegen, vorgestreckt. Die Stäbchen dagegen haben sich vom Lichte weg in die Pigmentschichte zurückgezogen.

Abb. 276b. Dunkelnetzhaut vom Weißfisch. Die umgekehrte Verlagerung von Zapfen und Stäbchen wie in Abb. 276a. (Nach Garten.)

verdünnt. Die von den Sehdingen ausgehenden Lichtstrahlen treffen nach Passieren des dioptrischen Apparates zunächst die Netzhautoberfläche mit Nervenfasern und Ganglienzellen (Kopplungselement 1. Neuron), dann die Schicht des 2. Neurons, dann erst die lichtaufnehmenden Elemente der Stäbchen- und Zapfenschicht.

Es ist durch zahlreiche Versuche erwiesen, daß die Außenglieder der Stäbchen und Zapfen, die also die nach außen liegenden Zellen in der Netzhaut bilden, die eigentlichen lichtaufnehmenden Elemente sind. Im Gegensatz zur photographischen Platte, in deren Schicht die einzelnen lichtempfindlichen Bromsilberkörner suspendiert sind, deren Lichtempfindlichkeit nach einer einmaligen Belichtung auf Grund chemischer Veränderungen erlischt, müssen die lichtaufnehmenden Elemente der Netzhaut bei jedem neuen Lichteindruck zur *erneuten Weiterleitung* des Lichtreizes fähig sein. Das geschieht dadurch, daß die Außenglieder der Stäbchen und Zapfen in eine Pigmentschicht hineinreichen, welche an die Netzhaut angrenzt. Die Rolle dieser Pigmentschicht ist durch zahlreiche Versuche festgestellt; wir wissen, daß bei Belichtung der Netzhaut Pigment in die Zwischenräume zwischen den Stäbchen emporwandert (s. Abb. 276). Jedes einzelne Stäbchen umgibt sich gleichsam mit einer lichtschützenden Pigmenthülle. In der Dämmerung bzw. Dunkelheit zieht die Pigmentschicht sich jedoch von den Stäbchen zurück. Wir vermuten daher, daß die Pigmentepithelzellen den Erzeugungsort für die Regenerationsstoffe darstellen, die die Stäbchen und Zapfen zu immer erneuter Lichtaufnahme befähigen.

Bei niederen Wirbeltieren läßt sich beobachten, daß sich bei Belichtung die Zapfen dem Lichte entgegenstrecken, während die Stäbchen sich in die kristallinische, einem Schilfgeflecht nicht unähnliche Pigmentkörnerschicht zurückziehen. Beim Sehen in der

Dämmerung bzw. Dunkelheit treten die Stäbchen in der Richtung nach dem Innern des Auges zu, während die Zapfen nach der Peripherie zurückweichen.

Man nimmt an, daß Stäbchen und Zapfen Elemente sind, denen die Erfüllung *völlig verschiedener Aufgaben* obliegt und die, den Helligkeitsschwankungen der Außenwelt entsprechend, *abwechselnd* in Tätigkeit treten. (Duplizitätstheorie nach v. KRIES [vgl. F 1 a].) *Der Stäbchenapparat tritt beim Dämmerungs- oder Dunkelsehen in Tätigkeit, der Zapfenapparat schaltet sich beim Tagessehen ein.*

Neben den erwähnten objektiv nachweisbaren Veränderungen einer Netzhaut bei Belichtung sehen wir noch andere Erscheinungen. So wurde in Netzhäuten von Tieren, die der Dunkelheit ausgesetzt gewesen waren, ein *Farbstoff* entdeckt (BOLL, 1876), der der Netzhaut ein purpurnes Aussehen verleiht.

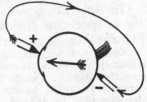

Abb. 277. Bestandstromrichtung im Wirbeltierauge. Der Strom läuft von der Hornhaut nach der Netzhaut. (Nach v. BRÜCKE-GARTEN in SCHIECK-BRÜCKNER, Kurzes Handbuch der Ophthalmologie 2, 120. Berlin: Julius Springer 1932.)

KÜHNE gelang es, die Löslichkeit dieses Farbstoffes (Sehpurpur oder Rhodopsin) in Gallensäuren zu entdecken. Bei Belichtung wird dieser Sehpurpur der Netzhaut gebleicht. Der Sehpurpur, ein äußerst lichtempfindlicher Stoff, findet sich ausschließlich in den Außengliedern der Stäbchen, konnte in den Zapfen jedoch nicht nachgewiesen werden.

Durch Überführung des Sehpurpurs in ein lichtbeständiges Produkt kann man ein Bild des vor dem Auge befindlichen Objektes, z. B. das eines Fensters, auf der Netzhaut fixieren (Optogramm nach KÜHNE). (Zwei Purpurtypen: 1. Absorptionsmaximum der einen in Gelbgrün bei 540 mμ. 2. Absorptionsmaximum in Blaugrün bei 500 mμ.)

Außer den chemischen Veränderungen kennen wir noch andere objektiv nachweisbare Erscheinungen in der Netzhaut bei Belichtung. Es sind nämlich elektrische Spannungsgefälle an der Netzhaut beobachtet worden, die man durch die Entstehung von photochemischen Reaktionen erklären muß (s. Abb. 277).

Abb. 278. Zum Nachweis des blinden Fleckes: Man fixiere mit dem *rechten* Auge das Kreuz und verändere allmählich den Abstand vom Bild. Es wird dann bei etwa 20 cm Abstand der weiße Kreis verschwinden, weil er sich in unserer Netzhaut an der Stelle des Sehnerveneintrittes, d. h. also im blinden Fleck, abbildet.
[Aus HÖBER, Lehrbuch der Physiologie des Menschen. Berlin: Julius Springer 1919 (Abb. 171, S. 435).]

Zum Nachweis verbindet man ein Galvanometer mittels unpolarisierbarer Elektroden mit Hornhaut und hinterem Augenpol. Ein ständig vorhandener Ruhestrom, der von der positiven Hornhaut nach der negativen Netzhaut fließt, erleidet durch Belichtung derselben eine Spannungsänderung. Diese kann bei starken Lichtintensitäten Werte bis 0,01 V erreichen.

Die Ernährung der Netzhaut wird durch Netzhautgefäße, in der innersten, dem Glaskörper des Auges zugewandten Netzhautschicht verlaufend, sowie durch die eigentliche Aderhaut, die 2. Schicht des Auges, gewährleistet, eine schwellkissenartige Anreicherung von dicht miteinander verfilzten Blutgefäßen.

Die aus der Netzhaut zusammenströmenden Nervenleitungen vereinigen sich zum Sehnerven, der an einer etwas nasenwärts von der Stelle des schärfsten

Sehens liegenden Stelle das Auge verläßt. Er tritt als ein aus vielen Einzelleitungen zusammengesetztes Nervenbündel aus dem Auge und läuft durch die mit Fett gepolsterte, knochenbegrenzte Augenhöhle innerhalb des knöchernen Sehnervenkanals in das Schädelinnere. Hier findet eine teilweise Kreuzung der Sehnervenfasern statt. Darnach strahlen die einzelnen Sehnervenfasernbündel unter Einschaltung von Nervenrelais in den Hinterhauptslappen des Gehirnes aus, wo wir die eigentlichen Sehzentren annehmen.

Im Auge ist die Stelle des Sehnerveneintrittes selbst *unempfindlich für Licht.* Ihr entspricht im Gesichtsfeld *der blinde Fleck.* Er liegt etwas außerhalb des Fixierpunktes.

Betrachten wir das Kreuzchen in der Abb. 278 aus 25 cm Entfernung, so verschwindet der Kreis, da er auf unserer Netzhaut in der Stelle des (blinden) Sehnerveneintrittes abgebildet wird. Daß wir ihn beim normalen Sehen nicht wahrnehmen, liegt daran, daß dem Ort des blinden Fleckes des rechten Auges eine normale lichtempfindliche Netzhautstelle des anderen Auges entspricht.

c) Funktionen des Auges.

Von jeder, auch der billigsten Photokamera fordern wir ein scharfes Bild *bis zum Rande* der Platte. Dieser Forderung genügt das Auge nicht [1]. Die Abbildungsschärfe nimmt in Bezirken der Netzhaut, die sich vom hinteren Pol, also der Stelle des schärfsten Sehens entfernen, *sehr stark ab* (s. Abb. 279). was an der asphärischen Krümmung der Hornhautoberfläche und zum Teil der Linse liegt. Das Auge besitzt also eine nur sehr mangelhafte sphärische Korrektion. Dieser Tatsache werden wir uns deswegen kaum bewußt, weil *periphere* Netzhautteile gar nicht in der Lage sind, gröbere, geschweige denn feiner abgestufte Bildunterschiede aufzulösen und differenziert weiterzuleiten. Ausschließlich in dem Bereich der Stelle des schärfsten Sehens — Netzhautgrube, fovea centralis — erzielt das normale rechtsichtige Auge *volle Sehschärfe.* Darunter versteht man, daß zwei Punkte noch getrennt wahrgenommen werden, wenn sie das Auge unter dem Sehwinkel 1′ betrachtet und noch getrennt zu erkennen vermag [2]. Die Abbildungsorte auf der Netzhaut liegen dann 11,4 μ voneinander weg.

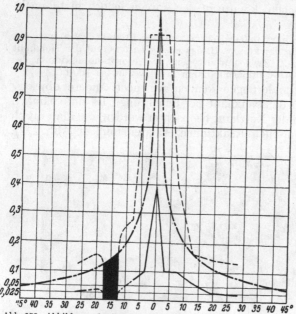

Abb. 279. Abbildungsschärfe auf der Netzhaut. Auf der Ordinate ist die Sehschärfe in Dezimalen, auf der Abszisse der Netzhautort in Graden von der bei 0 zu denkenden Stelle des schärfsten Sehens abgetragen. Schon wenige Grade vom Mittelpunkt entfernt sinkt die Sehschärfe erheblich ab. (— · —) Sehschärfe. (— — —) Erkennen von Bewegungen im Hellen. (———) Erkennen von Bewegungen im Dunkeln. (Nach König.) (Aus H. Rein, Einführung in die Physiologie des Menschen, S. 447, Abb. 356. Berlin: Julius Springer 1936.)

---

[1] „Wenn ein Optiker einem ein so nachlässig konstruiertes Instrument, wie es das Auge darstellt, anzubieten wagte, würde man es mit Protest zurückweisen" (Helmholtz).
[2] Für einen Eintrittspupillendurchmesser von 1 mm und $\lambda = 550$ mμ. Die Augenbrennweite ist dabei mit 17 mm angenommen (nach König, zit. S. 154).

Die Messung der Sehschärfe ist auf dieses „Minimum separbile" aufgebaut (GIRAUD-TEULON), d. h. also die „kleinste Distanz, welche zwei Bildpunkte trennen darf, ohne daß die getrennte Wahrnehmung derselben leidet" (SIEGRIST). Unsere Sehprobentafeln enthalten Buchstaben, deren Strichdicke 1′ beträgt und deren Breite und Höhe der fünffachen Strichbreite entsprechen. Sie sind in Quadrate eingeschrieben, die in der Entfernung, in der sie ein rechtsichtiges Auge erkennen soll, unter einem Winkel von 5′ erscheinen. Die Sehschärfe wird dann durch den Bruch d/D bezeichnet, wobei d den Abstand des Prüflings von der Sehprobentafel, D jedoch die Anzahl in Metern angibt, in der die Balken der Sehprobe (Zahl, Buchstabe, Zeichen) unter dem Winkel 1′ erscheinen [1].

Wenige Grade peripher der Stelle des schärfsten Sehens ist die Sehschärfe ganz wesentlich gesunken; bereits 20° von der Netzhautmitte entfernt genügt sie kaum noch zur Erkennung grober Gegenstände (z. B. von Fingerzählen). Die schlechte Sehschärfe der Netzhautperipherie kommt uns deswegen nicht zum Bewußtsein, weil wir durch ständige Bewegung unseres Auges unsere Visierlinie [2] auf den unsere Aufmerksamkeit erregenden Gegenstand zu richten gewohnt sind. In einem „Augenblick" vollziehen wir diesen Richtungswechsel beim Fixieren.

Das Abtasten einer geraden Linie, etwa des Horizontes oder einer Druckzeile mit unserer Visierlinie geht nicht stetig, sondern sprungweise vor sich. Das wird uns allerdings gar nicht bewußt. Beim Lesen gleitet die Visierlinie nicht, wie man annehmen sollte, auf einer geraden Horizontalen, der Zeile entsprechend, sondern bildet vielmehr aneinander gereihte Treppenfiguren [3].

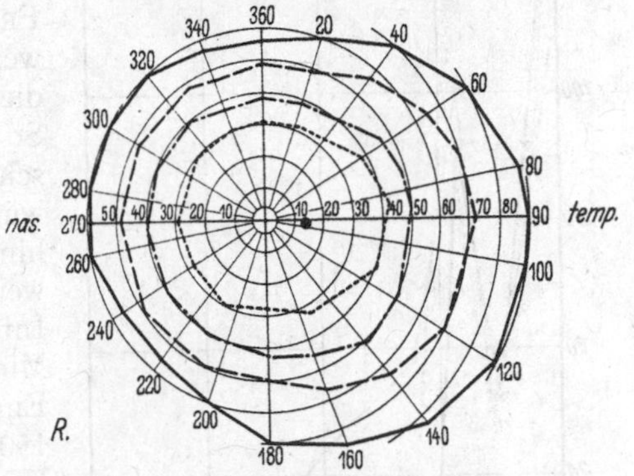

Abb. 280. Gesichtsfeldaußengrenzen eines rechten Auges. Fixierpunkt ist der Mittelpunkt der konzentrierten Kreise. Er entspricht der Stelle des schärfsten Sehens (Netzhautgrube). Im schläfenwärts gerichteten Teil des Gesichtsfeldes, 10—20° vom Fixierpunkt entfernt, befindet sich der „blinde Fleck", der Stelle des Sehnerveneintrittes entsprechend. Die Gesichtsfeldaußengrenzen für Farben sind wesentlich enger als die für weiß. [Aus AXENFELD, Lehrbuch und Atlas der Augenheilkunde (7. Aufl.) S. 146, Abb. 117. S. Fischer 1923.]

Das *Gesichtsfeld* umfaßt alles das, was bei fixierendem Auge gleichzeitig auf der Netzhaut abgebildet wird von der Umgebung und uns zum Bewußtsein kommt (s. Abb. 280).

Das Abbild der Umgebung erscheint kopfstehend und seitenverkehrt auf der Netzhaut. Dem rechten oberen äußeren Quadranten der rechten Netzhaut entspricht, auf die Außenwelt projiziert, der linke untere Quadrant des Gesichtsfeldes. Jeder Punkt der Netzhaut besitzt also einen gewissen Ortswert. Dieser ist in unserem Sehzentrum und unserem Bewußtsein auf Grund der Erfahrung und Gewöhnung festgelegt. „Alle Dinge betrachten wir durch die Brille der Erinnerung." Mit diesem Ausspruch von TSCHERMAK ist die psychische Komponente angedeutet, die unbewußt bei jeder Verwertung der auf unseren Netzhäuten entstehenden Abbildungen einfließt.

Das Auge verfügt nicht über eine einwandfreie chromatische Korrektion (ebensowenig über eine sphärische Korrektion!). Der dioptrische Apparat des Auges hat für homogene Strahlen verschiedener Farbe verschiedene Brennweiten (FRAUNHOFER) [4]. Wegen der mangelhaften chromatischen Korrektion werden farbige Lichter auf *andere* Stellen der Netzhaut hin gebrochen als

---

[1] Die Sehschärfe ist von der Beleuchtungsstärke und von der Farbe des Lichtes (vgl. F 2 b) abhängig.

[2] Die Strahlenrichtung, die nach dem Durchgang durch die Flächenfolge des Auges die Netzhautgrube trifft.

[3] Zahlreiche Autoren haben sich mit der graphischen Registrierung von Augenbewegungen beschäftigt. Derartige Treppenfiguren beim Lesen, erzielt mit seinem pneumatischen Nystagmographen, bildet BUYS ab.

[4] Der Brechkraftunterschied zwischen Licht der Fraunhoferschen Linie D ($\lambda = 589$ mμ) und F ($\lambda = 486$ mμ) beträgt 1 dptr, zwischen C ($\lambda = 656$ mμ) und G ($\lambda = 431$ mμ) sogar durchschnittlich 1,8 dptr.

auf die, in denen sie abgebildet werden würden, wenn sie weiß und nicht farbig wären.

Diese Tatsache läßt sich sehr gut an einem Projektionsschirm beobachten, wenn verschiedenfarbige Testbilder oder Schriften (z. B. Kinoreklametexte) gezeigt werden: Durch Mitwirkung der zu bestimmten Netzhautstellen zugehörigen Ortswerte erscheinen uns die in der Projektionsebene stehenden verschiedenfarbigen Flächen in räumlich getrennten Ebenen, also hintereinander angeordnet.

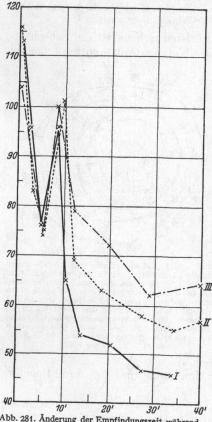

Abb. 281. Änderung der Empfindungszeit während der Dunkeladaptation. Zwischen 7 und 10 min ein „kritisches Stadium", in welchem die Empfindungszeit wieder zunimmt. Darauf starker Abfall. (Nach Kovacs.)

Das Auge spricht *nicht sofort* auf einen Reiz an. Das Anklingen der Erregung braucht eine gewisse Zeit, die mit verschiedenen Meßanordnungen (FICK, EXNER, FRÖHLICH, HAGELHOFF u. a.) gemessen werden kann. Es handelt sich hierbei um die Mitbeteiligung psychischer Vorgänge. So kommen bei derartigen Messungen schwer erfaßbare und einschätzbare Bewußtseins- und Aufmerksamkeitsfaktoren hinzu, worauf eindringlich COMBERG hinweist. Die Empfindungszeit nimmt mit der Intensität des Lichtreizes ab (vgl. F 1 b). Minimale Lichtreize ergeben maximale Empfindungszeiten, die FRÖHLICH zwischen 150 und 1000 m/s liegend messen konnte. Von besonderem Interesse scheinen die Feststellungen von KOVACS zu sein, der bei beginnender Dunkelanpassung (Adaptation) zwischen der 7. und 10. min ein *kritisches Stadium* der Empfindungszeit vorfand (s. Abb. 281).

Die Empfindungszeit verringerte sich nicht stetig mit fortschreitender Dunkeladaptation, sondern stieg an dem obengenannten Zeitpunkt, um danach wieder zu fallen. Gleiche Beobachtungen wurden bei den Adaptationsmessungen am Hertelschen Kugeladaptometer gemacht.

Ebenso wie ein Anklingen eines Lichtreizes zu beobachten ist, braucht eine Netzhaut, die einen (vorübergehenden) Lichtreiz empfangen hat, eine gewisse Zeit zum Abklingen des Reizes. Das beruht auf der Trägheit der Netzhaut. Man glaubt also ein Licht noch zu sehen, nachdem dieses bereits ausgelöscht ist: „Nachbild des Lichtes." Meist entsteht ein positives Nachbild, derart, daß man in der Dunkelheit den Lichtträger, Beleuchtungskörper, Glühlampenfaden oder ähnliches Hell gegen Dunkel weiter zu sehen vermeint. Allmählich kann dann ein negatives Nachbild zum Vorschein kommen, das besonders dann leicht gesehen wird, wenn man gegen eine gleichmäßig beleuchtete Fläche blickt [1]. Ein kurzer Blick in die Sonne mit darauffolgender Betrachtung des Himmels läßt die Sonne als schwarze Scheibe im Gesichtsfeld — unter Umständen minutenlang — erscheinen. Wie angenommen wird, bestehen Beziehungen zwischen den photochemischen Prozessen in der Netzhaut, die vermutlich die Ursache ihrer Trägheit sind, und dem langsamen Abklingen des Belichtungsstromes (vgl. S. 255).

---

[1] Durch angestrengtes längeres Fixieren der Gitterfigur Abb. 285 läßt sich, indem man von der Figur weg an die Wand blickt, ein sehr schönes negatives Nachbild erhalten.

Bei der Besprechung des optischen Apparates sahen wir, daß das Auge die Fähigkeit hat, durch Veränderung der Brechkraft seiner Linse von der Ferne auf die Nähe einzustellen. Die Netzhaut ihrerseits besitzt nun eine weitere, sehr wichtige Eigenschaft. Sie hat das Vermögen, ihre Reizschwelle je nach dem Grade der uns umgebenden Helligkeit zu verändern. Das ist als „zweckmäßige Funktionsbereicherung auf die Wechselbedingungen des rhythmischen Auftretens von Tag, Dämmerung und Nacht hin entstehend zu denken" (LOHMANN). Nicht die gesamte Netzhaut besitzt *einheitlich* die Fähigkeit der Dunkeladaptation. So ist die Netzhautgrube am hinteren Pol des Auges — Fovea centralis —, die das beste Auflösungsvermögen beim Sehen besitzt, peripheren Netzhautteilen gegenüber bei der Dunkeladaptation im Nachteil[1]. Die beste Dunkeladaptation besitzt die Netzhaut in der *Umgebung* der Fovea centralis, die 10…20° peripher von dieser liegt, also *nicht* in der Stelle des schärfsten Sehens selbst (s. Abbildung 282 F und E).

Ein dunkeladaptiertes Auge sieht übrigens praktisch farblos; das Sehen in der Dämmerung ist ein „farbenblindes". Wie bereits beschrieben, verwenden wir beim Sehen unter herabgesetzten Beleuchtungsverhältnissen die Stäbchen. Man schließt daraus, daß nicht in diesen Lichtwahrnehmungselementen, sondern in den für das Sehen bei Helligkeit geschaffenen Zapfen die Fähigkeit der Farbenwahrnehmung verankert ist.

Wie aus den mit dem Hertelschen Kugeladaptometer (s. Abb. 283) gewonnenen Adaptationskurven (s. Abb. 282) hervorgeht, ist unter normalen Umständen nach 30 min Dunkelanpassung bereits eine Reizschwelle der Netzhaut erreicht, in der Lichtreize von 10^{-5} lx noch wahrgenommen werden. Dabei erscheinen Lichter von der Wellenlänge um 530 mμ dem Auge am hellsten. Die relative Spektralempfindlichkeit des dunkeladaptierten Auges ist demnach von der des helladaptierten Auges (vgl. F 1 a), die ihr Maximum bei λ = 555 mμ hat, etwas verschieden.

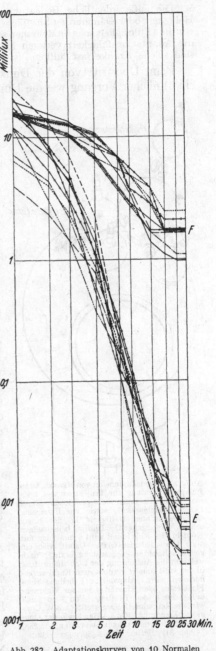

Abb. 282. Adaptationskurven von 10 Normalen (Hertelsches Kugeladaptometer). Die 10 Kurven „E" entsprechen einer Schwellenmessung an Netzhautstellen *außerhalb* der Stelle des schärfsten Sehens, extrafoveal, mit Ringtest. Nach 30 min werden Beleuchtungsstärken noch unter 0,01 Millilux wahrgenommen. Die Kurven „F" entsprechen der Adaptation an der Fovea, der Stelle des schärfsten Sehens, mit Flecktest geprüft. Nach 30 min ist die Empfindlichkeit der Fovea in der Adaptation weit gegenüber derjenigen der peripheren Netzhautteile zurückgeblieben. (Aus HERTEL, Untersuchungen des Lichtsinnes mit einem Kugeladaptometer. Kongreßbericht XIII. Concil. ophthalmolog. 1929, Amsterdam. Bd. 4, S. 47, 48.)

---

[1] DOMINIQUE FRANÇOIS ARAGO (gest. 1853) fand bereits, daß man sehr lichtschwache Sterne am nächtlichen Himmel viel deutlicher erkennen kann, wenn man daran vorbeisieht.

Die außerordentliche Bedeutung der Fähigkeit des Auges, sich an die bestehende Helligkeit oder Dämmerung anzupassen, können wir ganz besonders dann ermessen, wenn wir die Hilflosigkeit solcher Menschen sehen, deren Augen infolge von Netzhauterkrankungen die Adaptationsfähigkeit verloren haben (Hemeralopie). Bei Einbruch der Dämmerung sind solche Kranke fast hilflos.

Beim Übertritt von der Dunkelheit in eine helle Umgebung vollzieht sich ein ähnlicher Vorgang wie die Dunkeladaptation. Die Anpassung an die Helligkeit geht jedoch viel schneller vor sich, denn wir sind bereits in wenigen Minuten helladaptiert. Eine ergänzende Darstellung über die Adaptation des Auges enthält Kapitel F 1 a.

In der Abb. 284[1] sind graue Kreise und ein Doppel-V gleicher Leuchtdichte in Umfelder verschiedener Leuchtdichte eingefügt. In der Umgebung höherer Leuchtdichten, wie sie den hellen Umfeldern entsprechen, erscheinen uns die grauen Kreise dunkel, in den schwarzen Umfeldern dagegen heller zu sein. Das ist die Wirkung des uns auf Schritt und Tritt in unserem täglichen Leben begegnenden „Kontrastes", den Tschermak[2] als „die gegensätzliche Einflußnahme optischer Eindrücke aufeinander" definiert. Da es sich um die gleichzeitige Einwirkung zweier verschiedener Reize nebeneinander handelt, sprechen wir von *Simultankontrast*. Aber nicht bloß der in der Abbildung gezeigte Helligkeitsunterschied der Reize führt zur Wahrnehmung des Simultankontrastes. Noch geläufiger ist uns der bei der Betrachtung eines Farbentones in einem komplementär gefärbten Umfeld entstehende Simultankontrast, der sich in einer Intensivierung der beiden Farbtöne äußert. Es werden jedoch auch „Helligkeit und Farbe eines Lichteindruckes durch einen vorhergegangenen Lichtreiz im Sinne eines Kontrastes beeinflußt: man nennt das Sukzessivkontrast" (Rein). Durch längeres Betrachten einer einfarbigen Fläche läßt sich ein Auge farbig umstimmen. Eine durch ein farbenverstimmtes Auge betrachtete andere Farbe erscheint unter Umständen völlig verändert. Eine ähnliche Erscheinung ist die Entstehung eines komplementär gefärbten Nachbildes, das sich beim Blick auf eine

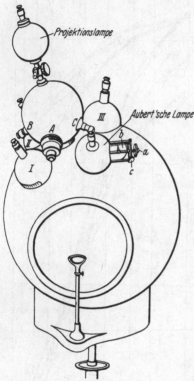

Abb. 283. Kugeladaptometer von Hertel. Oben Lampeneinrichtung zur Projektion von Testmarken in die innen weiß gestrichene Kugel (50 cm Durchmesser), sowie zur Erzeugung der gewünschten Helligkeit in der Kugel selbst. Meßvorgang: Der Prüfling bringt seinen Kopf in die Kugel und wird 5 min lang mit 3000 Lux „helladaptiert". Damit wird ein gleichmäßiger Ausgangszustand erzielt, nach welchem die Ausführung der Lichtsinnprüfung in der vollkommen verdunkelten Kugel vorgenommen wird. Allmähliche Erhellung eines Flecktestes oder Ringtestes bis zur Wahrnehmung durch den Prüfling. Von 3 zu 3 min wird die Reizschwelle festgestellt. (Aus W. Comberg, Lichtsinn. Kurzes Handbuch der Ophthalmologie von Schieck-Brückner, S. 288, Abb. 81. Berlin: Julius Springer 1932.)

weiße Fläche bietet, wenn vorher eine farbige Marke längere Zeit fest fixiert worden war.

Neben dem Simultankontrast spielt der Grenzkontrast eine große Rolle. Die nachstehende Abb. 285 läßt diesen besonders eindringlich hervortreten. An der Kreuzungsstelle der weißen Gitter sieht man bei bewegtem Auge deutlich

---

[1] Nach Hering-Ewald: Grundzüge der Lehre von Lichtsinn. In Graefe-Saemischs Handbuch der Ophthalmologie, Tafel 2.
[2] Tschermak, A.: Licht- und Farbensinn. Handbuch der Physiologie von Bethe-Bergmann 12, II.

eine Verdunklung (verminderten Kontrast). Fixiert man etwa den mittelsten Kreuzungspunkt, so ist die Verdunklung in diesem einen Kreuzungspunkt etwas herabgesetzt.

Unter *Irradiation* verstehen wir eine durch gewisse Überstrahlungseffekte erreichte Erscheinung. Betrachtet man ein Lineal gegen ein helles Licht, so glaubt man an der Stelle des Lichts einen Einschnitt im Lineal zu sehen. Aus dem gleichen Grunde sehen wir eine scheinbare Eindellung des Horizontes gegen die untergehende Sonne. Auf der Irradiation beruht auch die Beobachtung, daß helle Gegenstände auf dunklem Grunde größer, dunkle auf hellem Grunde kleiner erscheinen u. ä. Eine eingehende Darstellung über Kontrast- und Irradiationsfragen verfaßte TSCHERMAK [1].

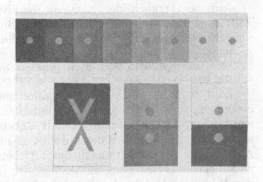

Abb. 284. Ein Beispiel zum Simultankontrast. Auf den Teilbildern sind graue kreisförmige Felder und ein Doppel —, V" — von *untereinander gleicher Leuchtdichte* in Umfeldern *verschiedener Leuchtdichte* dargestellt, um zu zeigen, daß die „Helligkeit" der Felder durch die Leuchtdichte der Umfelder verändert wird (Simultankontrast). (Verkleinerte Wiedergabe aus HERING, Lehre vom Lichtsinn, Tafel II, S. 161.)

Der Blendung muß der Beleuchtungsingenieur ganz besondere Beachtung widmen, da sie bei der Steigerung der Leuchtdichten moderner Lampen und Leuchten eine besondere Rolle spielt.

Blendung entsteht dann, wenn ein Licht hoher Leuchtdichte unsere Netzhaut trifft. Der Lichtreiz veranlaßt uns zu spontanen Abwehrmaßnahmen, krampfhaften Lidschluß und dgl. Es wird angegeben (COMBERG u. a.), daß durch die Hand in Hand mit der Belichtung einhergehende plötzliche Verengerung der Pupille eine „schmerzhafte, reflexbedingte physiologische Auswirkung" eintritt. Die plötzliche Pupillenverengerung kann jedoch nicht die alleinige Ursache für das häufige, an Schmerz grenzende unangenehme Blendungsgefühl sein, das auch dann eintritt, wenn die Pupille durch Arzneimittel erweitert und durch Lähmung ihres Kontraktionsmuskels an der Verengerung gehindert ist.

Lange bevor die als subjektiv unangenehm empfundene Blendung bemerkt wird, setzt bereits eine meist

Abb. 285. Zur Demonstration des Randkontrastes (Nach HERING.)

gleichfalls als Blendung bezeichnete merkliche Herabsetzung der Sehleistung infolge stellenweise übermäßig heller Netzhautbilder ein (vgl. F 1 c).

Neuerdings hat sich KÜHL [2] mit der Frage eingehend beschäftigt und kommt (auf Grund der Messungen von BLANCHARD) zu einer kurvenmäßigen

---

[1] TSCHERMAK: Erg. Physiol. 2 (1903) 726. (Zit. KÖNIG.)
[2] KÜHL: Entwurf einer Theorie des Lichtsinnes (Antrittsvorlesung vom 18. Juni 1936). Zeiss-Nachr. Sonderheft 1, Dez. 1936.

Darstellung der sog. Blendungsgeraden, die eine gesetzmäßige Bindung des Logarithmus der Blendungsleuchtdichte an den Logarithmus der Umfeldleuchtdichte lehrt.

Auf der Trägheit der Netzhaut beruht die Beobachtung, daß in kurzen Zeiträumen hintereinander dargebotene Bilder geringer Phasenverschiebungen von Bewegungen eine „Bewegungsvorstellung" auslösen.

Während die Netzhaut bereits ein neues Bild der Bewegungsphase erhält, ist das Nachbild der vorhergehenden noch nicht ganz geschwunden. (Die Theorie wird umstritten, auf die Einzelpunkte kann hier nicht eingegangen werden.)

Läßt man im Dunklen abwechselnd zwei nebeneinander liegende Lichter aufblitzen, so wird dies als ein sprunghaftes Pendeln ein- und desselben Lichtes empfunden. Dabei hat man nach Bourdon noch den Eindruck „Bewegung", wenn die zeitliche Lücke des Aufblitzens nicht größer als 0,5 sec war und der Abstand der Lichtpunkte nicht unter 1° betrug. Vorbedingung für eine „glatte und lückenlose Bewegungsauffassung" ist (nach Dittler) die Forderung, daß der Bildwechsel, d. h. die diskontinuierliche Darbietung ausgeschnittener Bewegungsphasen, mit passender Geschwindigkeit erfolgt. In der modernen Kinematographie und beim Fernsehen wird von dieser, in ihrer einfachsten Form dargelegten theoretischen Grundlage Gebrauch gemacht.

C 2. Verfahren der visuellen Photometrie.

Von

WALTER DZIOBEK-Berlin-Charlottenburg.

Mit 37 Abbildungen.

a) Allgemeines.

Die *visuelle* Photometrie ist in der letzten Zeit in großem Umfange durch die sog. *objektive* Photometrie ersetzt worden, die auf der Anwendung von Photozellen aller Art beruht.

Die objektive Photometrie (vgl. C 6, S. 338f.) hat gegenüber der visuellen Photometrie den Vorteil bedeutender Zeitersparnis; sie hat weiter den Vorteil, daß sich ihren Methoden die Einstellgenauigkeit weiter treiben läßt, als es das menschliche Auge ermöglicht. Die objektiven Methoden verdienen überall da den Vorzug, wo es sich um die Vergleichung gleichfarbiger Lichter handelt, d. h. vor allem in der Spektralphotometrie, aber auch bei der Vergleichung zweier Lichtquellen zusammengesetzten Lichts, wenn diese Lichtquellen nicht nur dem äußeren Farbeindruck nach, sondern auch ihrer spektralen Energieverteilung nach übereinstimmen. Besitzen jedoch die zu vergleichenden Lichtquellen verschiedene spektrale Energieverteilung, so ist nach wie vor — besonders für Standardmessungen — den subjektiven Methoden der Vorzug zu geben, wenn auch manche Versuche, die Photozelle mit Hilfe von Filtern, wie z. B. beim Dreslerschen Filter (S. 344), dem Auge anzupassen, so weit Erfolg gehabt haben, daß auch hier objektive Methoden mit weit reichender Genauigkeit angewendet werden können.

Daß bei Standardmessungen in den meisten Fällen die subjektiven Methoden den Vorzug verdienen, beruht darauf, daß nach den Definitionen der lichttechnischen Größen „die Bewertung gemäß der für das helladaptierte Auge festgelegten Kurve der spektralrelativen Hellempfindlichkeit" erfolgt. In der Photometrie ist eben das Auge, d. h. der visuelle Eindruck „das Maß der Dinge".

b) Die beiden Hauptmethoden der visuellen Photometrie.

Die Photometer lassen sich in zwei grundsätzlich verschiedene Gruppen einteilen. Das Prinzip, das der ersten dieser beiden Gruppen zugrunde liegt, findet Verwendung bei allen in der Lichttechnik üblichen Leuchtdichtemessern, Beleuchtungsmessern usw., während das zweite Prinzip mehr bei speziellen wissenschaftlichen Untersuchungen, gelegentlich auch in der Lichttechnik, z. B. bei der Bestimmung der Absorption der Luft bei Scheinwerfermessungen oder bei der Messung der Rück-
strahlfähigkeit von Rückstrahlern (vgl. J 8), benutzt wird.

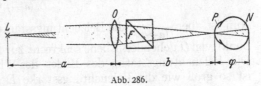

Abb. 286.

Nach dem ersten Prinzip be-
leuchtet eine Lichtquelle eine diffus zerstreuende Fläche, die sog. Photo-
meterauffangfläche; Aufgabe des Photometers ist dann die Bestimmung der Leuchtdichte der Auffangfläche, wobei es gleichgültig ist, ob als Auffangfläche z. B. eine Gipsfläche verwandt und die Leuchtdichte des vom Gipsschirm diffus reflektierten Lichts gemessen wird, oder ob als Auffangfläche eine Trübglasscheibe benutzt und die Leuchtdichte des vom Glas durchgelassenen, diffus zerstreuten Lichts bestimmt wird[1]. Diese Photometer sind im Grunde genommen alle „Leuchtdichtemesser", und wenn in der Praxis eine bestimmte Gruppe von Instrumenten im Gegensatz von den Photometern und Beleuchtungsmessern speziell als „Leuchtdichte-
messer" bezeichnet wird, so nur deshalb, weil ihre mechanische Einrichtung und ihre Handhabungsmöglichkeit sie zur Leuchtdichtemessung von Wänden, Straßenoberflächen usw. besonders geeignet macht. Von der optischen Seite her unterscheiden sich diese Instrumente im Prinzip nicht von den übrigen Photometern. Sie sind optisch dadurch gekennzeichnet, daß das Auge mit oder ohne Optik auf die Auffangfläche bzw. auf die Straße, Wand oder dgl. blickt und die Augenpupille bzw. die Austrittspupille der Optik voll ausgeleuchtet wird, d. h. alle Teile der Pupille werden von Lichtstrahlen, die von der Auffangfläche herkommen, getroffen.

Das zweite Prinzip vermeidet die Benutzung einer lichtzerstreuenden Fläche. Es sei (Abb. 286) L die in größerer Entfernung von dem Photometer befindliche Lichtquelle, deren Lichtstärke gemessen werden soll. Diese Lichtquelle werde durch die Linse O mit der Brennweite f auf der Pupille P des Beobachters abgebildet. Auf dem Wege von der Linse O zur Pupille passiert der Strahlengang das Photometerfeld (meistens einen Würfel, vgl. S. 278). Das Auge des Be-
obachters stellt — unter Umständen mit einer Sehhilfe (Okular) — auf das Photometerfeld ein, so daß sich auf der Netzhaut N ein Bild des photometrischen Feldes befindet. Die Lichtquelle L muß so weit entfernt sein, daß kein Teil des Bildes von L durch die Pupillenbegrenzung abgeschnitten wird.

Es sei I die Lichtstärke von L, F der Teil der Fläche des Feldes, der dem Beobachter im Lichte von L erscheint (vgl. Abb. 286); dieser Teil des Feldes erhält also — bis auf kleinere, hier vernachlässigte Korrekturen — den Lichtstrom $\frac{IF}{a^2}$.

---

[1] An Stelle der Auffangfläche können natürlich auch selbstleuchtende Flächen treten (z. B. das Band einer Wolframbandlampe usw.).

Das Bild der Fläche F nimmt auf der Netzhaut N — wieder bis auf gewisse Korrektionen — die Fläche $\frac{F\varphi^2}{b^2}$ ein, so daß die Beleuchtungsstärke E_N auf der Netzhaut N gemäß der Formel Beleuchtungsstärke $= \frac{\text{Lichtstrom}}{\text{Fläche}}$ (vgl. A 4, S. 45) sich ergibt zu

$$E_N = \frac{\dfrac{I\,F}{a^2}}{\dfrac{F\varphi^2}{b^2}} = \frac{I\,b^2}{a^2\,\varphi^2}. \tag{1}$$

Die Längen a und b sind mit der Brennweite f der Linse O verknüpft durch die bekannte Beziehung $\frac{1}{a} + \frac{1}{b} = \frac{1}{f}$, so daß sich ergibt

$$E_N = \frac{I}{(a-f)^2}\,\frac{f^2}{\varphi^2}. \tag{2}$$

Nun ist aber $\frac{I}{(a-f)^2}$ die Beleuchtungsstärke in einer durch den vorderen Brennpunkt von O gehenden Ebene senkrecht zur Strahlenrichtung, so daß sich ergibt: Die Beleuchtungsstärke des Bildes des Photometerwürfels auf der Netzhaut ist so groß wie die Beleuchtungsstärke E auf dem Photometer [1] multipliziert mit $\frac{f^2}{\varphi^2}$. Die Brennweite φ des Auges ist gegeben; durch die Vergrößerung von f läßt sich die Empfindlichkeit auf das jeweils benötigte Maß steigern.

Für die üblichen Photometer mit diffus zerstreuendem Schirm läßt sich leicht eine entsprechende Beziehung aufstellen. Ist E_S die Beleuchtungsstärke auf dem Photometerschirm, ist ferner ϱ das Reflexionsvermögen des diffus zerstreuenden Schirms — an Stelle von ϱ tritt die Durchlässigkeit τ im Falle der Verwendung von Trübgläsern (vgl. D 1, S. 385) — so ist die Leuchtdichte des Schirmes $\frac{E_S\varrho}{\pi}$. Die Beleuchtungsstärke auf der Netzhaut ist gleich der Leuchtdichte multipliziert mit dem Öffnungswinkel des abbildenden Büschels; letzterer ist $\frac{\frac{\pi}{4}d^2}{\varphi^2}$, wenn mit d der Pupillendurchmesser bezeichnet wird. Mithin ergibt sich die Beleuchtungsstärke E_N auf der Netzhaut zu

$$E_N = E_S\,\frac{\varrho}{4}\,\frac{d^2}{\varphi^2}. \tag{3}$$

Wird ein Photometer ohne diffus zerstreuende Auffangfläche mit der Brennweite $f = 30$ cm zugrunde gelegt, und zum anderen ein Photometer mit diffus zerstreuendem Schirm, dessen Reflexionsvermögen 0,9 beträgt und das die Pupillenöffnung 0,5 cm besitzt, so ergibt sich aus obigen Formeln, daß im ersteren Fall für gleiche Beleuchtungsstärke auf dem Photometer die Beleuchtungsstärke auf der Netzhaut etwa 15 000mal so groß ist als im zweiten.

Bei dieser Sachlage muß es zunächst merkwürdig erscheinen, daß Photometer ohne diffus zerstreuende Auffangfläche nicht allgemein in Gebrauch sind, da sie ja bezüglich der Feldhelligkeiten den Photometern mit Auffangfläche so außerordentlich überlegen sind. Die Gründe hierfür sollen im folgenden erörtert werden, da hierbei für die visuelle Photometrie wichtige Gesichtspunkte berührt werden.

Der Hauptgrund liegt darin, daß die Einstellgenauigkeit eines Photometers mit einem diffus zerstreuenden Schirm bedeutend größer ist als die eines Photometers ohne Schirm.

---

[1] In allen praktisch vorkommenden Fällen wird die Entfernung der Lichtquelle vom Photometer groß gegen die Brennweite f sein.

Eine wirklich genaue Einstellung eines Photometers ist — neben absoluter Gleichmäßigkeit des Feldes — nur dann zu erzielen, wenn die Grenze der beiden Felder restlos verschwindet, so daß auch nicht mehr Andeutungen der Feldgrenze zu erkennen sind — wie es tatsächlich bei erstklassigen Photometern der ersten Art der Fall ist. Zum restlosen Verschwinden der Feldgrenze ist es notwendig, daß die Trennkanten technisch gut ausgeführt sind. Es hat sich aber gezeigt, daß bei solchen Photometern, bei denen die Austrittspupille des Photometers nicht voll ausgeleuchtet ist, wie z. B. bei dem Photometer nach dem Gehlhoff-Schering (vgl. C 5, S. 329), niemals ein vollständiges Verschwinden der Grenzen eintritt, sondern daß diese Grenzen stets als helle bzw. dunkle Linien hervortreten. Die Herabminderung der Einstellgenauigkeit durch diesen Umstand ist beträchtlich, unter ungünstigen Umständen beträgt die Einstellgenauigkeit nur etwa ± 10%.

Daß die Trennungslinie bzw. -linien des Feldes bei dieser Art von Photometern nicht verschwinden, beruht auf den Beugungserscheinungen, die an der Kante des Zwillingsprismas bzw. an den Kanten des Lummer-Brodhunschen Würfels auftreten[1]. Das Studium dieser Beugungserscheinungen führt z. B. zu der Tatsache, daß bei den Photometern, die an Stelle der kreisförmigen Austrittspupille einen Austrittsspalt

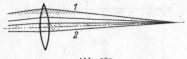

Abb. 287.

besitzen, die Trennlinie des Feldes stets senkrecht zum Austrittsspalt stehen muß.

Eine Unbequemlichkeit der Handhabung von schirmlosen Photometern besteht darin, daß die Lichtquelle genau in der Mitte der Austrittspupille abgebildet werden muß und zu diesem Zwecke besondere Einrichtungen, insbesondere die Möglichkeit der Feinverstellung notwendig sind. Schließlich muß sorgfältig auf vollständige „Schwärze" des hinter der Lichtquelle befindlichen Hintergrundes geachtet werden, um erhebliche Fehler zu vermeiden. Sind die zu messenden Lichtquellen so groß, daß ihr Bild auf der Pupille nicht als unendlich klein angesprochen werden kann, so ist auch der Einfluß des sog. *Stiles-Crawford-Effektes*[2] auf das Resultat zu berücksichtigen. Dieser Effekt, der trotz seiner Bedeutung erst im Jahre 1933 entdeckt worden ist, besteht in folgendem[2].

Bekanntlich ist die Beleuchtungsstärke auf der Mattscheibe eines photographischen Apparats bedingt durch das sog. Öffnungsverhältnis, d. h. durch die Größe $\frac{d}{f}$, wenn mit d der Durchmesser der kreisförmigen Blende[3] und mit f die Brennweite des Objektivs bezeichnet wird. Zwar ist die Blende beim photographischen Apparat aus leicht ersichtlichen Gründen stets zentral, jedoch ist die Beleuchtungsstärke auf der photographischen Schicht von der Lage der Blende unabhängig. Die durch die Lichtbündel *1* und *2* erzeugten Beleuchtungsstärken (Abb. 287) sind gleich groß, wenn nur die *1* und *2* begrenzenden Blenden gleich groß sind; Vorbedingung für die Gültigkeit dieses Satzes ist, daß das abbildende System die sog. Sinusbedingung erfüllt und daß ferner die Verluste durch Reflexion und Absorption in den Fällen *1* und *2* dieselben sind, wie es beim photographischen Objektiv der Fall ist.

Optisch betrachtet ist das menschliche Auge eine photographische Kamera. Dementsprechend müßte das oben Gesagte mit einigen durch den schlechten Korrektionszustand des Auges bedingten Abweichungen auch für das menschliche

---

[1] BRODHUN, E. u. O. SCHÖNROCK: Über den Einfluß der Beugung auf das Verschwinden der Trennungslinie im Gesichtsfeld photometrischer Vergleichsvorrichtungen. Z. Instrumentenkde. 1904, Heft 3, 70—74.

[2] STILES, W. S. u. B. W. CRAWFORD: The luminous efficiency of rays entering the eye pupil at different points. Proc. Roy. Soc., Lond. B 112 (1933).

[3] Genauer: des durch die Vorderlinse entworfenen virtuellen Bildes der Blende.

Auge gelten. Stiles und Crawford haben nun gefunden, daß es im Gegensatz hierzu für den photometrischen Effekt durchaus nicht gleichgültig ist, an welcher Stelle der Pupille das Lichtbündel die Pupille durchsetzt. Abb. 288

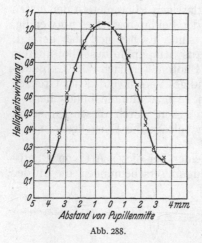

gibt die Änderung der „Helligkeitswirkung" η, wenn ein Lichtbündel gleichbleibenden Querschnitts horizontal über die Pupille wandert. Auf der Abszissenachse ist mit 0 die Pupillenmitte bezeichnet; nach links sind die Entfernungen nach der Nase zu aufgetragen. Die Helligkeitswirkung η für die Pupillenmitte ist gleich 1,00 gesetzt worden. Wie man sieht, ist die Helligkeitswirkung für 3 mm Entfernung von der Pupillenmitte bereits auf 0,5 bzw. 0,3 gesunken. Die Kurve für einen Vertikalschnitt durch die Mitte der Pupille zeigt ähnlichen Charakter.

Abb. 288.

Man kann sich durch eine einfache Anordnung leicht von der Existenz des Effekts überzeugen[1].

In ein Blech werden in 4 mm Entfernung zwei Löcher mit 0,2 mm Durchmesser angebracht. Nach Abb. 289 werden zwei kleine Kästchen, je eine Zwerglampe enthaltend, mit den Trübglasscheiben A und B abgeschlossen, aufgestellt. Die eine Trübglasscheibe wird durch die eine Öffnung hindurch direkt anvisiert,

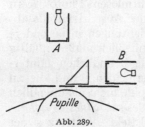

Abb. 289.

die andere durch die zweite Öffnung über ein total reflektierendes Prisma; bei entsprechender Justierung erscheinen die beiden hellen Trübglasscheiben aneinanderstoßend als photometrisches Feld. Werden die beiden Glühlampen nun so einreguliert, daß das Photometerfeld auf Gleichheit eingestellt erscheint, wenn die Pupillenmitte mit der Mitte zwischen den beiden Öffnungen zusammenfällt, so wird die Trübglasscheibe A heller gegen die Trübglasscheibe B, wenn der Kopf vorsichtig nach links bewegt wird und umgekehrt.

Aus den für den Stiles-Crawford-Effekt vorliegenden Daten läßt sich die für diesen Effekt notwendige Korrektion berechnen; die Berechnung ist einfach, wenn die Lichtquelle eine kreisförmige oder doch angenähert kreisförmige Gestalt hat; bei anderen Lichtquellen kann die Korrektionsrechnung umständlich werden. Ist das Bild der Lichtquelle auf der Pupille kleiner als etwa 1 mm, so kann die Korrektion vernachlässigt werden; bei größeren Bildern können die Korrektionen aber sehr erhebliche Werte annehmen.

Die Ursache des Stiles-Crawford-Effektes ist noch nicht aufgeklärt.

c) Methoden der Lichtschwächung in der Photometrie.

Ein optisches Grundgesetz besagt folgendes: Eine Lichtquelle (etwa das Band einer Wolframbandlampe) strahle mit einer gegebenen Leuchtdichte. Es ist dann durch keine noch so verwickelte optische oder sonstige Anordnung möglich, die Lichtstrahlung dieser Lichtquelle dem Auge so darzubieten, daß sie mit größerer Leuchtdichte wahrgenommen wird, als direkt gesehen; im Gegenteil: jede Zwischenschaltung von Linsen, Prismen oder dergleichen bedingt Reflexionsverluste, die 4—5% für jede freie Glasluftfläche betragen; dazu

---

[1] Dziobek, W.: Der Stiles-Crawford-Effekt und seine Bedeutung für die Photometrie. Das Licht **4** (1934) 150—153.

kommen (bei längeren Glaswegen) noch Verluste durch Absorption, Polarisation usw., so daß die „Feldhelligkeiten" im Photometerfeld immer geringer sein müssen als die ursprüngliche Leuchtdichte der Lichtquelle selbst.

Dieses optische Grundgesetz, von dessen Ableitung hier abgesehen werden soll, ist verknüpft mit dem zweiten Hauptsatz der mechanischen Wärmetheorie. Es hat aber in weiterer Betrachtung die wichtige Folge, daß in der Photometrie eine ganze Reihe von „Lichtschwächungsmethoden[1] bekannt sind aber keine „Lichtverstärkungsmethoden". Diese Lichtschwächungsmethoden werden im folgenden besprochen, soweit sie in der Photometrie Verwendung finden.

Das Entfernungsgesetz. Das Entfernungsgesetz besagt folgendes: Die Beleuchtungsstärke auf einem Auffangeschirm, der sich senkrecht zur Ver-

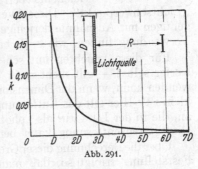

bindungslinie Lichtquelle — Schirm befindet, ist umgekehrt proportional dem Quadrat der Entfernung Lichtquelle — Auffangeschirm. Die Ableitung dieses Gesetzes ist in A 4 (S. 45 f.) gegeben.

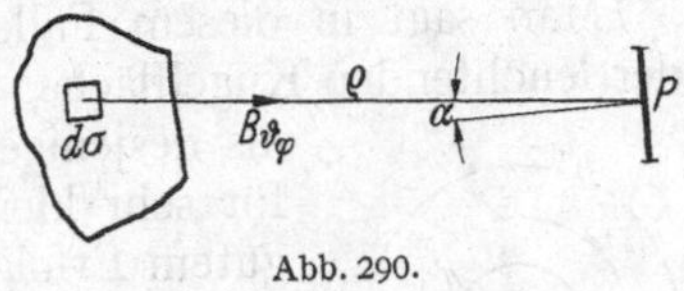

Abb. 290.

Voraussetzung für die Gültigkeit des Entfernungsgesetzes ist, daß die Dimensionen der Lichtquelle gegenüber der Entfernung Lichtquelle — Auffangfläche zu vernachlässigen sind; wann die Dimensionen der Lichtquelle zu vernachlässigen sind, hängt natürlich von der photometrischen Meßgenauigkeit ab, die erzielt werden soll. Arbeitet man mit Entfernungen, die 10...15mal so groß sind als die größte Ausdehnung der Lichtquelle, so gilt das Entfernungsgesetz meist mit genügender Genauigkeit, unter Umständen sind sogar noch kleinere Entfernungen zulässig. Größere Entfernungen als das 15fache der größten Ausdehnung der Lichtquelle sind nur erforderlich bei Lichtquellen mit lichtsammelnder Optik (vgl. E 11 und J 2). Muß im Einzelfalle eine Entscheidung bezüglich der Gültigkeit des Entfernungsgesetzes getroffen werden, so ist eine exakte Berechnung notwendig; in diesem Fall ist die Beleuchtungs-

Abb. 291.

stärke E_P im Punkte P zu berechnen als $E_P = \int\limits_{\sigma} B_{\vartheta\varphi} \frac{\cos\alpha}{\varrho^2} d\sigma$, wobei mit $B_{\vartheta\varphi}$ die Leuchtdichte des Elements $d\sigma$ in der Richtung $d\sigma \rightarrow P$ (diese Richtung gekennzeichnet durch die Koordinaten ϑ, φ), bezeichnet ist (vgl. Abb. 290).

In der Praxis der Lichttechnik wird sich eine solche komplizierte Berechnung fast stets vermeiden lassen; die folgenden Angaben werden stets eine genügend sichere Abschätzung zulassen, ob das Entfernungsgesetz erfüllt ist oder nicht.

Eine kreisförmige ebene Lichtquelle D leuchte mit gleichförmiger Leuchtdichte; die Leuchtdichte sei von der Richtung unabhängig. Es sei in der Entfernung $R = nD$ auf einer parallel zu der leuchtenden Fläche befindlichen Auffangfläche senkrecht über dem Mittelpunkt die Beleuchtungsstärke E gemessen, dann ergibt sich die Lichtstärke der leuchtenden Kreisfläche zu

$$I = E R^2 (1 + k), \tag{4}$$

wobei k aus der Abb. 291 zu entnehmen ist. Man sieht, daß die Korrektion k

---

[1] Eigentlich muß unterschieden werden zwischen „Leuchtdichteschwächungsmethoden" und „Beleuchtungsstärkeschwächungsmethoden". Nur auf erstere (rotierender Sektor, Polarisation usw.) bezieht sich das oben Gesagte, während im Gegensatz zu den „Beleuchtungsstärkeschwächungsmethoden" (Entfernungsgesetz) auch „Beleuchtungsstärkeverstärkungsmethoden" möglich sind; vgl. hierzu den Schluß dieses Abschnittes.

bereits nur etwa $^1/_2\%$ ausmacht, wenn der Auffangschirm sich in einer Entfernung befindet, die das 5fache des Durchmessers der Scheibe beträgt.

Der zweite Satz, der oft gute Dienste leistet, ist folgender: Bei einer gleichmäßig leuchtenden Kugelfläche gilt das Entfernungsgesetz vom Kugelmittelpunkt aus. HALBERTSMA hat diesen Satz auf folgende einfache Weise abgeleitet (Abb. 292). Die leuchtende Kugel K sende den Lichtstrom Φ aus. Auf einer konzentrischen Kugel mit der Oberfläche O_1 und dem Radius r_1 ist die Beleuchtungsstärke E_1, da sie aus Symmetriegründen an allen Stellen der Kugel gleich groß sein muß, gegeben durch $E_1 = \dfrac{\Phi}{O_1} = \dfrac{\Phi}{4\pi r_1^2}$; ebenso ergibt sich $E_2 = \dfrac{\Phi}{4\pi r_2^2}$, oder $\dfrac{E_1}{E_2} = \dfrac{r_2^2}{r_1^2}$.

Man sagt in diesem Falle, der „Lichtschwerpunkt" liege im Mittelpunkt der leuchtenden Kugelfläche. Man hat diesen Begriff des „Lichtschwerpunktes"

Abb. 292.

als desjenigen Punktes, von dem aus in aller Strenge auch für sehr kleine Entfernungen das Entfernungsgesetz gilt, mit gutem Erfolg in der Praxis auch auf solche Fälle übertragen, in denen in aller Strenge ein solcher Punkt gar nicht existiert. Ist man völlig unsicher, wo man den Lichtschwerpunkt eines Geleuchts hinzulegen hat, so messe man die Beleuchtungsstärken in Entfernungen, von denen die eine etwa das 3...5fache und die andere etwa das 20fache der größten Abmessung des Geleuchts beträgt und ermittle aus diesen Messungen den „Lichtschwerpunkt". Dieses Verfahren wird in fast allen praktischen Fällen genügen mit Ausnahme derjenigen Leuchten, bei denen Linsen oder Hohlspiegel Verwendung finden, wie z. B. bei Spiegelleuchten oder Scheinwerfern.

Für diese Leuchten mit scheinwerferartiger Wirkung — auch die Scheinwerfer selbst — gilt nicht mehr der Satz, daß man das Entfernungsgesetz anwenden kann, wenn die Dimension der Lichtquelle gegenüber der Meßentfernung klein ist. Hier gilt das Entfernungsgesetz erst von einer bestimmten Entfernung an, die in der Literatur als „photometrische Grenzentfernung" bezeichnet wird. Diese Grenzentfernung kann berechnet oder experimentell bestimmt werden.

Über die Berechnung dieser Grenzentfernung s. E 11 und J 2; die experimentelle Feststellung erfolgt so, daß man das Auge in die Achse des Strahlenganges bringt und sich von dem Scheinwerfer soweit entfernt, bis der ganze Scheinwerfer gleichmäßig leuchtend erscheint. Es hat sich in der Praxis als zweckmäßig erwiesen, Lichtstärkemessungen an Leuchten mit Scheinwerferwirkung in nicht geringerer Entfernung als der doppelten so ermittelten Grenzentfernung auszuführen.

Selbstverständlich gilt auch bei diesen Leuchten das Entfernungsgesetz von der Leuchte aus gerechnet — im Gegensatz zu teilweise unrichtigen Angaben in der älteren Literatur.

Ist es notwendig, die von Geleuchten mit Scheinwerferwirkung innerhalb der Grenzentfernung erzeugten Beleuchtungsstärken zu ermitteln, so ist auf alle Fälle eine experimentelle Messung der umständlichen und mit Unsicherheiten behafteten Berechnung vorzuziehen.

Der rotierende Sektor. Der das Photometerfeld beleuchtende Lichtstrom passiere auf seinem Wege einen rotierenden Sektor der Form Abb. 293, so daß der Lichtstrom nur während des Passierens der freien Öffnung α ins Auge gelangen kann; die Folge ist ein hell- und dunkelwerden des Feldes. Wird die Umdrehungsgeschwindigkeit des Sektors gesteigert, so geht das Hell-Dunkelwerden in eine Art Flackern über, bis schließlich bei einer bestimmten Umdrehungsfrequenz eine vollständige Verschmelzung eintritt. Die Zahl der Intermittenzen, die zur Erzielung eines kontinuierlichen Helligkeitseindrucks notwendig ist, beträgt nach HELMHOLTZ etwa 24/s für eine weiße, von hellem Lampenlicht beleuchtete Fläche. Im übrigen ist die kritische Frequenz n, bei der eine Verschmelzung stattfindet, von der Leuchtdichte abhängig und kann geradezu zur Messung der Leuchtdichte herangezogen werden; wenn in der Praxis auf diesem Prinzip beruhende Photometer nicht verwendet werden, so liegt das an der Ungenauigkeit dieser Methode.

Ist Verschmelzung erreicht, so ist die Empfindungsstärke dieser so durch periodisch intermittierende Reize erzeugten Helligkeitsempfindung ebenso groß, wie wenn das Auge ohne Zwischenschaltung des Sektors auf ein Feld von der Leuchtdichte $B \dfrac{\alpha}{360}$ blickt; es ist also gleichgültig, ob die das Auge während einer Umdrehungsperiode t treffende Lichtmenge Φt periodisch intermittierend oder gleichmäßig auffällt.

Abb. 293.

Dieses 1834 von TALBOT aufgestellte Gesetz ist durchaus keine Selbstverständlichkeit, sondern es handelt sich um eine eigentümliche Eigenschaft des Gesichtssinnes, die eng mit den psychophysischen Vorgängen beim Sehvorgang verknüpft ist und sicher bei einer späteren quantitativ exakten Aufklärung dieser Vorgänge eine große Rolle spielen wird. Entsprechend der Wichtigkeit dieses Gesetzes in der Photometrie ist es häufig experimentell nachgeprüft und stets bis zur Grenze der photometrischen Meßgenauigkeit bestätigt worden; die letzte dieser Arbeiten behandelt die Gültigkeit des Talbotschen Gesetzes bei den komplizierten Lichtstärke-Zeitkurven, wie sie bei den modernen wechselstrombetriebenen Gasentladungsröhren vorliegen [1].

Die Lichtschwächung durch Entfernungsänderung und die Lichtschwächung durch den rotierenden Sektor haben den Vorteil gemeinsam, daß bei ihnen alle Wellenlängen gleichmäßig geschwächt werden, so daß keine Änderung der Energieverteilung der von der Lichtquelle ausgesandten Strahlung eintritt.

Unverstellbare Sektoren mit einem bestimmten Schwächungsverhältnis bis zu etwa 1 : 50 sind einfach herzustellen. Besser sind die verstellbaren Sektoren, bei denen jedes beliebige Schwächungsverhältnis eingestellt werden kann — bei sehr gut ausgeführter Teilung bis zu einem Schwächungsverhältnis von 1 : 100 —; sie haben aber den Nachteil, daß sie vor jeder Änderung der Öffnung angehalten werden müssen. Zur Vereinfachung des Meßvorganges sind kontinuierlich verstellbare Sektoren entwickelt worden, die während des Rotierens verstellt und ihre Sektorenöffnungen durch geeignete optische Einrichtungen abgelesen werden können. Eine bekannte Form ist die von BRODHUN [2]; andere Konstruktionen stammen von CAMPBELL [3], von GARDINER [3] und von KARRER [4]. Diese Sektoreneinrichtungen stellen jedoch an ihre mechanische Ausführung hohe Anforderungen.

Eine praktische Ausnutzung des Talbotschen Gesetzes bietet die von BRODHUN stammende Form des „rotierenden Sektors", bei dem der Lichtstrahl rotiert, der Sektor mit verstellbarer Öffnung aber feststeht. Das von A kommende

[1] KÖLLNER, H.: Ein Beitrag zur Photometrie periodischer Lichtemissionsvorgänge. Das Licht, Beiblatt Forschg. u. Fortschr. **7** (1937) 55, 75.

[2] BRODHUN, E.: Rotierender Sektor, dessen Winkel während der Rotation verändert und abgelesen werden kann. Z. Instrumentenkde. 1904, Heft 11, 313—317.

[3] Vgl. die Apparatebeschreibung in der Arbeit N. R. CAMPBELL and H. W. B. GARDENER: Photoelectric colour matching. J. sci. Instrum. **2**, Nr 6 (1925) 177—187.

[4] KARRER, E.: A photometric disc variable and directly readable white in rotation, without gears and without auxiliary electrical or optical device. J. opt. Soc. Amer. **8** (1925) 541—543.

Licht wird (Abb. 294) zweimal in jedem der Rhomboeder-Prismen total reflektiert; die beiden Epipede rotieren um die Achse $G\ldots G$.

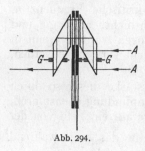

Der feststehende Sektor befindet sich zwischen den beiden Prismen. Der durch die mehrfach vorhandenen Grenzflächen Glas gegen Luft bewirkte Reflexionsverlust kann die Gültigkeit des Talbotschen Gesetzes nicht ändern; der Gang der Absorption im Glase mit der Wellenlänge bzw. der Gang der Reflexionsverluste ist so geringfügig, daß dieser Sektor für das sichtbare Licht als nichtselektiv betrachtet werden kann. Notwendig ist hingegen, daß der Sektor mindestens aus zwei symmetrisch angeordneten Öffnungen besteht, da sonst Fehler dadurch entstehen können, daß die

Abb. 294.

Achse $G\ldots G$, um die das Lichtbündel rotiert, nicht mit der Achse des feststehenden Sektors zusammenfällt.

Tatsächlich zeigt sich bei derartigen photometrischen Einrichtungen mit nichtsymmetrisch angeordneten Öffnungen eine sog. Helligkeitsparallaxe, d. h. die Feldhelligkeit schwankt, wenn die Stellung des Auges an der Austrittspupille des Photometers geändert wird.

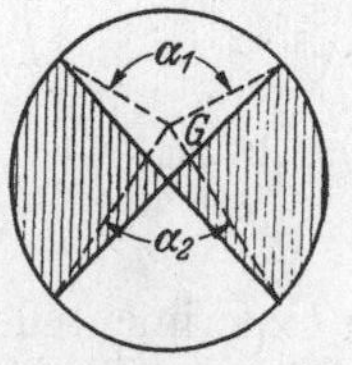

Wie Abb. 295 zeigt, wird dieser Fehler bei symmetrischer Anordnung der Öffnung dadurch kompensiert, daß, wenn z. B. α_1 zu groß geworden ist, α_2 dafür zu klein wird.

Abb. 295.

Lichtschwächung durch absorbierende Filter. Eine viel gebrauchte Schwächungsmethode ist die Einführung eines absorbierenden Mediums in den Strahlengang. Voraussetzung für die Benutzung dieser Methode ist, daß das Schwächungsglas im sichtbaren Gebiet neutralgrau ist, d. h. daß alle Wellenlängen gleichmäßig geschwächt werden. Diese Bedingung ist für stärkere Schwächungen schlecht erfüllbar, und es ist deshalb bei der Präzisionsphotometrie nicht ratsam, mit dieser Methode stärker als 1:10 zu schwächen. Verwendung finden z. B. die Neutralgraugläser der Firma Schott & Gen. (Abb. 296 zeigt den Gang der Durchlässigkeit mit der Wellenlänge eines 0,1 mm starken Glases NG 1)[1],

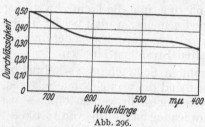

Abb. 296.

ferner in Gelatine eingeschlossener Ruß zwischen zwei Glasplatten oder auch photographische Platten, wenngleich bei diesen auf den Einfluß diffuser Zerstreuung zu achten ist (Callier-Effekt, S. 357).

Soll mit dieser Methode nicht eine konstante, sondern eine veränderbare Schwächung bewirkt werden, so daß photometrische Einstellungen gemacht werden können, so

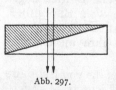

Abb. 297.

sind zwei Methoden möglich. Ist der Querschnitt des Lichtbündels klein, so verwendet man einen Grauglaskeil veränderlicher Dicke, der senkrecht zum Strahlenbündel verschoben wird (vgl. Abb. 297). Zweckmäßig wird auf den Graukeil ein Klarglaskeil K von möglichst demselben Brechungsindex wie der Graukeil aufgekittet, um eine Ablenkung des Strahlenganges zu vermeiden.

---

[1] Die noch vorhandene Selektivität des Glases an den Enden des Spektrums ist wegen der kleinen Werte der Augenempfindlichkeit von geringerer Bedeutung; wesentlich ist, daß das Glas zwischen 500 und 600 mμ konstante Durchlässigkeit besitzt.

Ist hingegen der Querschnitt des zu schwächenden Strahlenbündels größer, so kann mit Vorteil die in Abb. 298 dargestellte Anordnung benutzt werden, bei der durch Verschiebung zweier identischer Graukeile gegeneinander ein ebenes Grauglas veränderbarer Dicke erzeugt wird. Es empfiehlt sich, die Durchlässigkeitswerte derartiger Graukeile nicht aus dem Wert der Durchlässigkeit für 1 mm zu berechnen, sondern derartige Vorrichtungen empirisch zu eichen, da die genaue Herstellung der Keile sehr schwierig ist.

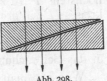

Abb. 298.

Ganz allgemein ist bei Verwendung absorbierender Filter oder Keile darauf zu achten, daß nicht durch Zwischenreflexionen zwischen der Oberfläche des Filters und zu nahe stehenden Flächen der Optik Fehler entstehen.

Lichtschwächung durch Polarisation. Die in der Photometrie am meisten benutzten Anordnungen zur Erzeugung polarisierten Lichts sind das Glan-Thompsonprisma (eine konstruktive Verbesserung des Nicolprismas) und das Wollastonprisma [1].

Die Wirkungsweise des Glan-Thompsonprismas (Abb. 299a) ist folgende. Das auffallende Lichtbündel wird zerlegt in das ordentlich polarisierte Bündel, welches das Snelliussche Brechungsgesetz befolgt, und das außerordentlich polarisierte Bündel. Die beiden Teile des Glan-Thompsonprismas werden mit Kanadabalsam verkittet. Brechungsindex des ordentlichen und des außerordentlichen Strahls und des Kanadabalsams, sowie der Winkel unter dem der ordentliche Strahl auf den Kanadabalsam auffällt, sind so aufeinander abgestimmt, daß der ordentliche Strahl an der Kanadabalsamschicht total reflektiert wird und an der geschwärzten Wand des Tubus, in dem sich der Nicol befindet, vernichtet wird, während der außerordentliche Strahl die Kanadabalsamschicht passiert und auf der anderen Seite des Prismas austritt. Das Glan-Thompsonprisma verwandelt also auffallendes natürliches Licht in linear polarisiertes Licht, dessen Polarisationsebene durch die Orientierung des Prismas gegeben ist. Wird das Glan-Thompsonprisma um den einfallenden Lichtstrahl als Achse gedreht, so dreht sich die Ebene, in der das austretende Bündel linear polarisiert ist.

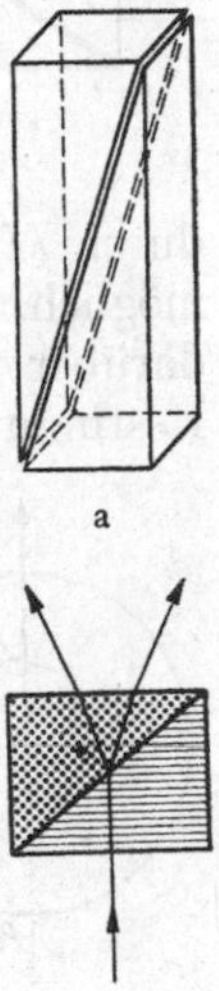

Beim Wollastonprisma (Abb. 299b) wird das auffallende Lichtbündel natürlichen Lichts in zwei Lichtbündel zerlegt, die beide linear polarisiert sind, deren Polarisationsebenen aber senkrecht zueinander stehen.

a

b

Abb. 299 a und b.

Sollen Glan-Thompsonprismen zur Schwächung benutzt werden, so werden zwei derartige Prismen hintereinander angeordnet (vgl. Abb. 300). Das Prisma I verwandelt das natürliche Licht A in linear polarisiertes Licht B [2]; das um $A \ldots B$ drehbar angeordnete Prisma II schwächt das Lichtbündel B, das als Lichtbündel C aus der Anordnung austritt.

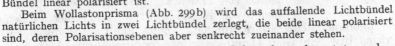

Abb. 300.

Die Schwächung des Bündels B kann bis zur völligen Auslöschung gehen und zwar dann, wenn die Polarisationsebenen von I und II senkrecht zueinander stehen. Ganz allgemein besteht zwischen den Intensitäten I_C und I_B der Bündel C und B die Beziehung

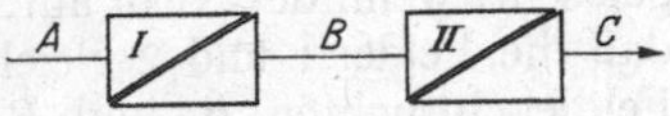

$$I_C = I_B \cos^2 \alpha, \tag{5}$$

wenn mit α der Winkel zwischen den beiden Polarisationsebenen von I und II bezeichnet wird [3].

---

[1] Näheres über den Bau dieser Polarisatoren und über andere, manchmal in der Photometrie zur Erzeugung polarisierten Lichts benutzte Einrichtungen wie das Rochonprisma oder das gewöhnliche Nicolsche Prisma, siehe z. B. MÜLLER-POUILLETS Lehrbuch der Physik, 11. Aufl., Bd. 2, 2. Hälfte, 1. Teil, S. 946—992. Braunschweig: F. Vieweg & Sohn 1929 (E. BUCHWALD, Doppelbrechung).

[2] Dabei geht natürlich das Licht des ordentlichen Strahls verloren.

[3] Die Beziehung $I_C = I_B \cos^2 \alpha$ ergibt für $\alpha = 0°$ $I_C = I_B$; das ist wegen der Reflexions- und Absorptionsverluste in II natürlich nicht richtig. Da aber die prozentualen Reflexions- und Absorptionsverluste des außerordentlichen Strahles von der Orientierung von II

Es besteht also die Möglichkeit beliebiger Schwächung, jedoch ist nicht zu empfehlen, mit dieser Anordnung zu größeren Schwächungen als 1 : 5 bis höchstens 1 : 10 zu gehen, da sonst an die Genauigkeit der Teilung des Teilkreises *II* zu große Anforderungen gestellt werden müssen, vor allem aber Ungenauigkeiten der Nullpunktslage der Teilung und nicht genau parallele Justierung der optischen Achsen von *I* und *II* mit zu großem Betrag als Fehler in das Schwächungsverhältnis eingehen.

Wünscht man größere Schwächungsverhältnisse zu haben, so werden mit Vorteil drei hintereinander befindliche Glan-Thompsonprismen benutzt (Abb. 301). Prisma *I* ist fest, Prisma *I'* und *II'* sind drehbar angeordnet. Durch Drehen von

Abb. 301.

I' in bestimmte feste Stellungen wird eine „Vorschwächung" erzeugt, deren Größe empirisch ein für allemal ermittelt wird, während die eigentliche photometrische Einstellung, wie oben beschrieben, durch *II* erfolgt. Mit dieser wenig Raum beanspruchenden Anordnung ist es möglich mit hinreichender Genauigkeit das Schwächungsverhältnis 1 : 1000 und darüber herzustellen. Für bestimmte Präzisionsmessungen — z. B. bei der Bestimmung der Farbtemperatur nach Priest kann jedoch die Selektivität des Kalkspates infolge des relativ großen Lichtweges nicht vernachlässigt werden, sondern ist in Ansatz zu bringen.

Abb. 302.

Schließlich sei noch der wichtige Fall behandelt, daß die beiden Teile eines photometrischen Feldes (Würfel, Biprisma oder dgl.) Licht aussenden, das in senkrecht zueinander stehenden Richtungen polarisiert ist. Das ist der Fall z. B. bei dem bekannten Polarisationsphotometer von Martens, bei dem Spektralphotometer von König-Martens und einer großen Reihe anderer photometrischer Einrichtungen. Dieses Feld werde durch ein Nicolsches Prisma bzw. ein Glan-Thompsonprisma hindurch beobachtet (vgl. Abb. 302). Der Nullpunkt der Drehskala des Prismas sei so gelegt, daß sie auf 0 bzw. 180° steht, wenn das Feld 1 völlig ausgelöscht ist; Feld 2 ist dann gelöscht, wenn der Nicol auf 90 bzw. 270° steht. Wird der Nicol so eingestellt, daß die Felder 1 und 2 gleich hell sind, so lautet die Beziehung zwischen den Feldleuchtdichten B_1 und B_2

$$\frac{B_1}{B_2} = \text{tg}^2\,\alpha \tag{6}$$

z. B. ist für 45° $B_1 = B_2$. Damit die Beziehung aber auch auf jeden Fall mit genügender Sicherheit erfüllt ist, empfiehlt es sich gegebenenfalls durch Einführung geeigneter anderer Schwächungsmittel in denjenigen Teil des Strahlenganges, der die höhere Leuchtdichte besitzt, dafür Sorge zu tragen, daß α nur zwischen höchstens 20 und 70° variiert (bei Präzisionsmessungen sogar nur zwischen 35 und 55°). Als zu benutzende Schwächungsmittel sind zu empfehlen der rotierende Sektor oder auch ein Grauglas, für das die Abhängigkeit der Durchlässigkeit von der Wellenlänge bekannt ist. Ferner wird zweckmäßigerweise die Einstellung des Nicols in allen vier Quadranten vorgenommen und das Resultat gemittelt, um unvermeidliche Exzentrizitätsfehler zu beseitigen.

---

unabhängig sind, so gilt für zwei Einstellungen von *II* bei den Winkeln α_1 und α_2 die Beziehung $I_{C\alpha_1} : I_{C\alpha_2} = \cos^2 \alpha_1 : \cos^2 \alpha_2$ und nur diese Beziehung wird bei den üblichen Polarisationsphotometern gebraucht.

Lichtschwächung durch Reflexion, Trübglasplatten und Siebe. Man kann die Leuchtdichte eines Strahlenganges dadurch schwächen, daß man das Lichtbündel an einer ebenen Klarglasplatte reflektieren läßt; bei nahezu senkrechter Reflexion ist der Schwächungsfaktor etwa 0,08. Ist der Strahlengang aber nicht geeignet gewählt, so können bei dieser Methode durch geringe, nur durch besondere optische Methoden zu ermittelnde Unebenheiten der Glasplatte bereits Fehler auftreten; da der Schwächungsfaktor der Platte auch durch geringfügige Unsauberkeiten verändert werden kann, so ist diese Methode für Präzisionsmessungen wenig zu empfehlen.

Eine manchmal in der Pyrometrie verwendete Methode besteht in der einmaligen oder mehrmaligen Reflexion an diffus zerstreuenden Oberflächen, einer Methode, die die obigen Nachteile nicht aufweist.

Außerordentlich praktisch ist folgende Methode: Das Licht falle auf die Trübglasplatte *I* auf; die Trübglasplatte *I* beleuchtet die im Abstande *a* befindliche Trübglasplatte *II*, deren abgestrahlte Leuchtdichte *B* gemessen wird. Voraussetzung für die Verwendung dieser Methode ist, daß sowohl *I* wie *II* nur diffus durchlässig sind und keinerlei gerichtete Durchlässigkeit zeigen. Eine noch größere Schwächung läßt sich erzielen, wenn zwischen *I* und *II* ein Sieb angebracht wird, das soviele Öffnungen enthält, daß die Beleuchtungsstärke auf *II* gleichmäßig ist.

Aus den die Trübglasplatten lichttechnisch charakterisierenden Daten, sowie dem Abstand *a* läßt sich der Schwächungsfaktor nur mit großer Unsicherheit berechnen, so daß auf jeden Fall eine experimentelle Bestimmung des Schwächungsfaktors geboten ist; dasselbe gilt für die Siebschwächung.

Auf beiden Methoden kombiniert hat BECHSTEIN eine Schwächungseinrichtung konstruiert, die durch einfache Handgriffe die Schwächungsverhältnisse 1 : 10, 1 : 100, 1 : 1000 und 1 : 10000 einzustellen gestattet. Allerdings ist darauf hinzuweisen, daß die Trübglasschwächung selektiv ist und daher für die farbigen Gasentladungsröhren eine besondere Eichung erfolgen muß.

Lichtschwächung durch Blenden. Eine Lichtschwächung durch Blenden, ähnlich wie sie von der photographischen Kamera her bekannt ist, läßt sich auch in der Photometrie benutzen; z. B. erfolgt die Lichtschwächung beim Pulfrichphotometer durch eine Blende, die auf die Pupille abgebildet wird.

Das Kondensorsystem zur Erhöhung der Beleuchtungsstärke. Es soll im Rahmen des Kapitels noch eine Methode beschrieben werden, die eine Erhöhung der Beleuchtungsstärke auf dem Photometerschirm zum Ziele hat. Ist die Entfernung der Lichtquelle von dem Photometerschirm so groß, daß die Beleuchtungsstärke auf dem Photometerschirm zu gering wird, und läßt sich aus besonderen Gründen die Entfernung nicht verringern, so führt die Anordnung nach Abb. 303 zu

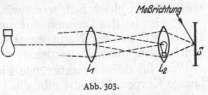

Abb. 303.

einer Vergrößerung der Beleuchtungsstärke auf dem Photometerschirm. An die Stelle des Photometerschirmes tritt die Linse L_1 (Brennweite f_1), die die Lichtquelle in der Linse L_2 abbildet. Die Linse L_2 bilde L_1 auf dem Photometerschirm *S* ab. Ist *E* die Beleuchtungsstärke, die vorhanden wäre, wenn sich der Photometerschirm an der Stelle von L_1 befinden würde und ist *E'* die bei Verwendung der Anordnung tatsächlich vorhandene Beleuchtungsstärke, so besteht die Beziehung

$$E' = E \left(\frac{f_1}{f_2} - 1 \right)^2, \tag{7}$$

so daß sich durch entsprechende Wahl der Brennweiten eine 4...8fache Steigerung der Beleuchtungsstärke auf dem Photometerschirm erzielen läßt; eine Steigerung über das 8fache hinaus ist im allgemeinen nicht möglich, da sonst der gleichmäßig ausgeleuchtete Kreis auf S, der zur Photometrierung benutzt werden kann, zu klein wird.

Diese Möglichkeit der Vergrößerung der Beleuchtungsstärke widerspricht nicht, worauf ausdrücklich hingewiesen sei, dem auf S. 266 unten behandelten Satz von der Konstanz der Leuchtdichte. Die Leuchtdichte der auf den Schirm S auffallenden Strahlung ist (wegen der Glasverluste) sicher kleiner als die Leuchtdichte der von der Lichtquelle abgestrahlten Strahlung; die Beleuchtungsstärke ist aber durch Leuchtdichte und Öffnungswinkel der auffallenden Strahlung bedingt und nur letzterer ist vergrößert worden.

Das Cosinusgesetz. Von Wichtigkeit für viele photometrischen Untersuchungen ist die Frage, in welcher Weise die Leuchtdichte einer leuchtenden Fläche vom Emissionswinkel abhängt. Das Lambertsche Cosinusgesetz sagt darüber aus: Die Leuchtdichte einer strahlenden Oberfläche ist unabhängig vom Ausstrahlungswinkel, oder anders ausgedrückt: Die Lichtstärke eines Oberflächenelements ist proportional dem Cosinus des Winkels, den die Flächennormale mit dem Ausstrahlungswinkel bildet.

Abb. 304.

Das Cosinusgesetz wird von der Erfahrung des täglichen Lebens bestätigt; die Sonne z. B. erscheint uns gleich hell von der Mitte bis zum Rande trotz der Kugelgestalt der Sonne, eine Tatsache, die Lambert zur Aufstellung seines Gesetzes geführt hat. Man hat auch versucht, theoretische Begründungen für das Cosinusgesetz zu geben.

Genaue Messungen an glühenden Metallen haben aber gezeigt, daß das Cosinusgesetz — ausgenommen beim schwarzen Körper — nur näherungsweise erfüllt ist; im allgemeinen kann man es bis zu etwa 40...50° als erfüllt ansehen; darüber hinaus zeigen sich Abweichungen, die je nach Material, Oberflächenbeschaffenheit usw. 10...20% betragen.

Das Lambertsche Gesetz wird aber nicht nur auf Selbstleuchter, sondern auch auf diffus reflektierende Flächen angewendet; z. B. erscheint uns eine weiße Wand gleich hell, wenn wir schräg oder senkrecht auf dieselbe blicken. Auch hier ist das Cosinusgesetz im allgemeinen nur bis zu einem Blickwinkel bis zu 40° mit der Normalen streng erfüllt; darüber hinaus können die Abweichungen erheblich werden.

Was für diffus reflektierende Flächen gesagt ist, gilt auch für diffus durchlässige Körper. Abb. 304 gibt die Leuchtdichte der Vorderseite und der Rückseite einer beiderseitig mattierten Trübglasscheibe, wenn auf die Vorderseite Licht senkrecht auffällt.

Späterhin ist das Cosinusgesetz folgendermaßen erweitert worden. Die Leuchtdichte einer diffus durchlässigen Platte (z. B. Trübglas) in einer bestimmten Ausstrahlungsrichtung ist nur von der Beleuchtungsstärke abhängig, unabhängig dagegen von der Richtung, in der der Lichtstrom einfällt; auch dieses Gesetz gilt im allgemeinen nur bis zu etwa 40°.

Die Abweichungen aber, die die Leuchtdichte einer diffus reflektierenden oder durchlässigen Fläche in einer bestimmten festen Ausstrahlungsrichtung in Abhängigkeit vom Einfallswinkel des beleuchtenden Lichtstroms zeigen, sind

von großer Wichtigkeit für die Messung der Beleuchtungsstärke. Fast alle visuellen Beleuchtungsmesser beruhen auf dem Prinzip, daß die Leuchtdichte einer Testplatte in einer bestimmten Ausstrahlungsrichtung gemessen wird, während der Haupteinfallswinkel des beleuchtenden Lichtes sowohl von der Lage der hauptsächlichsten Lichtquellen wie davon abhängt, in welcher Ebene man die Beleuchtungsstärke

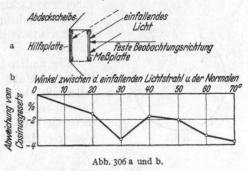

Abb. 306 a und b.

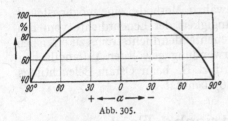

Abb. 305.

zu messen wünscht. Es ist daher wichtig, Auffangflächen zu besitzen, deren Leuchtdichte in bestimmter Richtung unabhängig von der Richtung des einfallenden Lichtstroms ist und nur von der durch den auffallenden Lichtstrom erzeugten Beleuchtungsstärke abhängt.

Wie Abb. 305 zeigt, ist für Trübglas die Leuchtdichte für gleichbleibende Beleuchtungsstärke bis zu höchstens 30° konstant und nimmt dann stark ab. Ein ähnliches Verhalten zeigen auch alle übrigen in Betracht kommenden Materialien. Um dem Abfall der Leuchtdichten vorzubeugen, hat SHARP hinter der eigentlichen Meßplatte noch eine zweite Hilfstrübglasplatte angebracht, die mit der ersten nur durch ein paar Streben verbunden ist (Abb. 306a). Je schräger der Lichteinfall, um so weniger schattet die Meßplatte das auf die Hilfsplatte fallende Licht ab und um so mehr Licht reflektiert also die Hilfsplatte auf die Meßplatte. Der schwarze Abdeckschirm muß so bemessen sein, daß eine Überkompensation vermieden wird. Abb. 306b gibt für eine geeignete derartige Konstruktion die Abweichung von Cosinusgesetz an, wobei das negative Vorzeichen bedeutet, daß der gemessene Wert der Leuchtdichte kleiner ist, als der für nahezu senkrechten Lichteinfall gemessene Wert. Die Kurve ist in der durch Auffallsrichtung und Beobachtungsrichtung (Normale) gelegter Ebene aufgenommen.

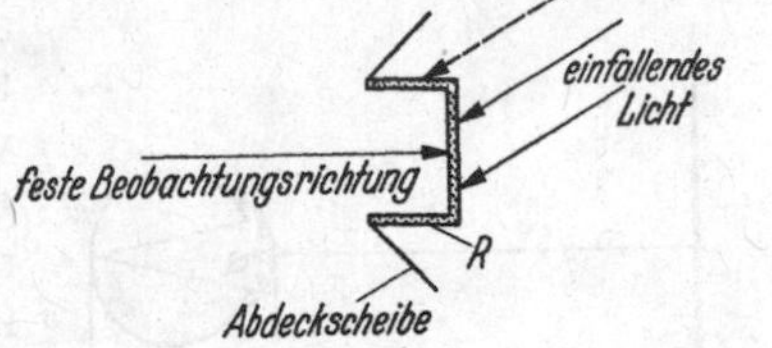

Eine andere Ausführungsform der Sharp-schen Platte zeigt Abb. 307a; bei dieser Ausführungsform erfolgt die Kompensation durch den Mattglasring R. Abb. 307b gibt das Meßergebnis (in derselben Ebene wie bei 306b) an einer derartigen Platte (ausgezogene Kurve); derartig relativ gute Resultate lassen sich aber nur durch längeres Ausprobieren über die günstigsten Abmessungen des Ringes R und des Abdeckschirmes erzielen; die in der Abbildung gestrichelt gezeichnete Kurve gibt das Resultat für einen anderen Ring R.

Abb. 307a und b.

Bechstein benutzt die Ulbrichtsche Kugel als Auffangschirm für Beleuchtungsmessungen. Der Lichtstrom (Abb. 308) fällt durch die Öffnung $A \dots A$ in die Kugel; durch das Photometer wird ein Stück G der Photometerwand anphotometriert; der Schirm S verhindert den direkten Auffall des einfallenden Lichts auf das Stück G der Kugelwand. Diese Einrichtung erfüllt das Cosinusgesetz sehr gut, ist aber etwas lichtschwächer als z. B. die Sharpsche Platte.

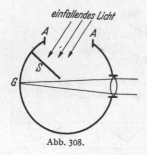

Abb. 308.

Eine andere bewährte Methode, eine möglichst vollkommene Unabhängigkeit der Leuchtdichte vom Einfallswinkel des beleuchtenden Lichtstroms zu erreichen, besteht in der Verwendung gewölbter Auffangflächen; diese Methode wird z. B. beim Osram-Beleuchtungsmesser (vgl. S. 336) benutzt.

d) Das photometrische Feld.

Es sei (Abb. 309) F eine leuchtende Fläche; in der Entfernung a befinde sich das betrachtende Auge. Das physikalische Maß für die subjektive Helligkeitsempfindung, die die Fläche F mit der über F gleichmäßigen Leuchtdichte B_F hervorruft, ist offenbar die Beleuchtungsstärke E_N des Bildes der Fläche F auf der Netzhaut N des Auges [1]. Diese Beleuchtungsstärke ist — abgesehen von den Absorptionsverlusten und einigen anderen Korrektionen — gleich der Leuchtdichte B_F multipliziert mit dem räumlichen Öffnungswinkel des auf die Netzhaut N fallenden Strahlenbüschels; wenn also mit d der Durchmesser der Pupille und mit φ die Brennweite des menschlichen Auges bezeichnet wird, so ist

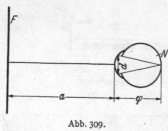

Abb. 309.

$$E_N = \frac{B_F \, \pi \, d^2}{4 \, \varphi^2}. \tag{8}$$

Wie man sieht, kommt die Entfernung a in dieser Beziehung nicht vor; daraus ergibt sich: *Die „Helligkeit" einer leuchtenden Fläche ist unabhängig von der Entfernung des Betrachtenden.*

Bei der Ableitung dieses Satzes ist allerdings formelmäßig der Umstand nicht berücksichtigt worden, daß nicht alle Strahlen senkrecht auf die Netzhaut auffallen, wodurch aber eine Beschränkung der Gültigkeit des obigen Satzes nicht eintritt; ferner tritt auch durch den Stiles-Crawford-Effekt (S. 266) keine Gültigkeitsbeschränkung ein, wohl aber für Betrachtung der Fläche aus sehr kurzen Entfernungen.

Auch durch eine zwischen leuchtender Fläche und Auge befindliche irgendwie geartete Optik tritt — abgesehen von den Reflexionsverlusten — keine Helligkeitsänderung ein. Die Verhältnisse liegen ganz ähnlich wie bei der Photographie, bei der bekanntlich die Belichtungszeit durch das sog. Öffnungsverhältnis $\frac{d}{f}$ unabhängig von der Entfernung des zu photographierenden Gegenstandes bestimmt ist. Aber auch hier müssen bei Aufnahmen sehr naher Gegenstände Korrekturen angebracht werden.

Die visuelle Photometrie vergleicht nun die Leuchtdichten zweier leuchtenden Flächen. Zwei Lichtquellen L_1 und L_2 (vgl. Abb. 310) sollen eine Trübglasscheibe M

---

[1] Die folgenden Betrachtungen gelten nur für Flächen, die unter einem so großen Betrachtungswinkel erscheinen, daß eine Mehrzahl von Netzhautelementen gereizt wird; vgl. auch A 4, S. 42.

beleuchten, wobei die beiden Lichtquellen durch eine schwarze Scheidewand S voneinander getrennt sind. Das Auge des bei B befindlichen Beobachters wird die Verschiedenheit der Leuchtdichten der beiden Teile der Trübglasscheibe M wahrnehmen; es ist aber dem Auge unmöglich, eine quantitative Aussage über den Grad der Verschiedenheit der Leuchtdichten zu machen, und selbst erfahrene Beobachter werden zu sehr verschiedenen Aussagen kommen, wenn sie das Helligkeitsverhältnis zweier Flächen verschiedener Leuchtdichte bestimmen sollen. Das Auge ist nur in der Lage, die Aussage zu machen, daß zwei Flächen „gleich hell" sind, d. h. dieselbe Leuchtdichte besitzen. Die Genauigkeit, mit der diese Feststellung der Gleichheit der Leuchtdichte gemacht werden kann, ist gegeben durch den Schwellenwert der Helligkeitsempfindung des Auges (vgl. F 1).

Arbeitet man mit einem derartigen, mit einfachen Hilfsmitteln herstellbaren Photometer, so wird man finden, daß die Unsicherheit der Einstellung bei weitem den Wert übersteigt, der durch den Schwellenwert der Helligkeitsempfindung des menschlichen Auges bedingt ist. Der Grund hierfür liegt darin, daß die Grenze zwischen den beiden Feldern nicht scharf ist, auch nicht, wenn die Scheidewand S in einer scharfen Schneide auf der Trübglasplatte aufsteht; die in Abschnitt F 1 gegebenen Werte für den Schwellenwert gelten aber nur unter optimalen Beobachtungsbedingungen, zu denen vor allem auch gehört, daß die Trennlinie des photometrischen Feldes in der Gleichheitsstellung restlos verschwindet (vgl. auch S. 265).

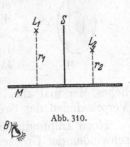

Abb. 310.

Eine weitere bei dem Photometer nach Abb. 310 ebenfalls schlecht erfüllte Anforderung, die an ein gutes photometrisches Feld gestellt werden muß, ist die völlig gleichmäßiger Leuchtdichte über eine Feldhälfte.

Nach Versuchen von Schneider und Kircher [1] ist z. B. bei Trübglastransparenten ein Ungleichförmigkeitsgrad 1 : 2 ohne weiteres zulässig, ohne daß das Auge diese Ungleichförmigkeit wahrnimmt, wenn nur der Gradient der Leuchtdichte klein ist, also scharfe Übergänge vermieden werden. Selbst wenn angenommen wird, daß ein so großer Ungleichförmigkeitsgrad unter den günstigeren Bedingungen eines photometrischen Feldes nicht mehr zulässig ist, so steht doch sicher fest, daß geringfügige allmählich verlaufende Änderungen der Feldleuchtdichte nicht wahrgenommen werden. Sind nun eine oder beide Feldhälften ungleichmäßig hell, so wird das Auge, ohne sich der Ungleichheit bewußt zu werden, auf einen nicht wohl definierten Helligkeitsmittelwert einstellen; die Art der Mittelwertsbildung wird von Einstellung zu Einstellung schwanken, d. h. die Einstellgenauigkeit wird sinken.

Die erste Anordnung, die die obigen beiden Forderungen an ein gutes Feld — Verschwinden der Trennlinie und Gleichmäßigkeit — zu erfüllen suchte, beruht auf dem lange in Gebrauch gewesenen Bunsenschen Fettfleck. Derselbe ist jedoch völlig verdrängt durch den Lummer-Brodhunschen Würfel, der die an ein gutes Photometerfeld zu stellenden Bedingungen gut erfüllt. Das Feld der Mehrzahl der Präzisionsphotometer wird durch den Brodhunschen Würfel erzeugt; außer mit dem Brodhunschen Würfel können noch mit dem sog. Zwillingsprisma und ähnlichen Anordnungen vorzügliche Felder erzeugt werden [2].

[1] Vgl. L. Schneider: Lichttechnik. In Starkstromtechnik. 938. Berlin: Rziha u. Seidener 1930.

[2] Bei der großen Zahl der vorhandenen mehr oder weniger guten Einrichtungen zur Erzeugung photometrischer Felder ist es unmöglich, sie alle zu beschreiben. Ihre Wirkungsweise ist durchweg entweder leichtverständlich oder lehnt sich eng an die des Zwillingsprismas an. Näheres vgl. E. Liebenthal: Praktische Photometrie. 210ff. Braunschweig: F. Vieweg & Sohn 1907.

Der Brodhunsche Würfel (Abb. 311) besteht aus zwei 45°-Prismen, die mit ihren Hypothenusenflächen optisch aufeinandergesprengt sind. In einem der beiden Würfel ist ein kreisrundes Stück der Hypothenusenoberfläche chemisch weggeätzt oder mechanisch abgeschliffen (in der Abbildung schraffiert gezeichnet). Die optische Wirkungsweise des Brodhunschen Würfels ist folgende. Das

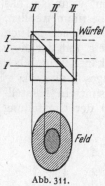

Abb. 311.

Strahlenbündel *I* durchsetzt den Würfel, ohne zum Auge des Beobachters zu gelangen, mit Ausnahme an der Stelle, wo die Kreisfläche weggeätzt ist. Hier tritt Totalreflexion ein und das auf den Würfel akkommodierte Auge sieht die ausgeätzte Kreisfläche im Lichte des Strahlenbüschels *I*, wobei der Kreis perspektivisch zur Ellipse verzerrt wird. Vom Strahlengang *II* gelangt der Teil, der den die Kreisfläche umgebenden Ring durchsetzt, zum Auge des Beobachters (als Ellipsenring wahrgenommen) während der auf die Kreisfläche auftretende Teil des Strahlenganges *II* zur Seite total reflektiert wird. Diese ursprüngliche Form des Lummer-Brodhunschen Würfels unterlag mit der Zeit mehrfachen Abwandlungen; an Stelle der Kreisfläche traten parallele Streifen, Trapeze oder dergleichen; ein wesentliches Merkmal aller Würfel ist, daß bei guter Ausführung ein vollständiges Verschwinden der Grenze eintritt.

Noch empfindlicher als die Einstellung auf Feldgleichheit bzw. auf Verschwinden der Grenzen ist die Methode der Einstellung auf gleichen Kontrast; das meistgebrauchte Kontrastfeld hat das Aussehen der Abb. 312.

Abb. 312.

Die Feldteile I_a und I_b gehören zusammen und erhalten Licht von der einen Auffangfläche, II_a und II_b von der anderen; jedoch ist jeweils I_b um 8% dunkler als I_a und II_b um 8% dunkler als II_a. Ist photometrische Einstellung erfolgt, so hebt sich mithin jedes Trapez um 8% von seiner Umgebung ab, und dieser Kontrast von 8% wird auf der einen Seite vermindert, auf der anderen Seite vergrößert, wenn man aus der Einstellungslage herausgeht. Die Gleichheit des Kontrastes rechts und links ist also das Einstellungskriterium, das sich als besonders brauchbar erweist, wenn, wie meist der Fall, die Farben nicht absolut gleich sind, sondern noch geringfügige Differenzen bestehen (etwa 20...50° Differenz in der Farbtemperatur). Der

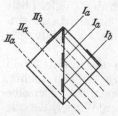

Abb. 313.

mittlere Fehler des Resultats aus 10 derartigen Kontrasteinstellungen beträgt 0,12% und ist bei geübten Beobachtern sehr wenig voneinander verschieden.

Erzeugt wird das Kontrastfeld durch den Kontrastwürfel (Abb. 313). An den schwarz schraffierten Stellen ist die linke Würfelhälfte ausgeätzt. Der Strahlengang und die Felderzeugung sind aus der Abbildung ersichtlich; wie man sieht, durchsetzt das *b*-Strahlenbündel jeweils eine vor der ersten Würfelfläche befindliche Klarglasplatte, die mit dem Würfel nicht in optischem Kontakt steht; die Reflexionsverluste an dieser Platte betragen etwa 8% und erzeugen den Kontrast der Trapezteile zu den anderen zugehörigen Feldteilen.

An Stelle der Klarglasplatten können auch Scheiben aus Neutralgrauglas auf den Würfel aufgekittet werden; die Dicke dieser Scheiben wird so bemessen, daß der Absorptionsverlust in ihnen 2 bis 5% beträgt[1]. Obwohl diese Würfel

---

[1] Konstruktionen mit veränderbarem Kontrast haben sich nicht bewährt. Auch Photometer mit verlaufendem Kontrast sind gebaut worden (Pfund).

mit geringerem Kontrast als 8% noch genauere photometrische Einstellungen gestatten, sind ihrer größeren Einfachheit wegen meist Würfel mit 8% im Gebrauch. Über die Erzeugung eines photometrischen Feldes durch Zwillingsprisma vergleiche die Beschreibung des Photometerkopfes nach BECHSTEIN (C 4, S. 317).

Eine weitere Steigerung der Einstellgenauigkeit ergibt sich, wenn man das Feld durch ein gleichmäßiges Umfeld umgibt, dessen Leuchtdichte etwa gleich groß ist wie die Feldleuchtdichte.

Die Feldleuchtdichte soll wenigstens etwa 5 bis 10 asb betragen; bei der Präzisionsphotometrie elektrischer Glühlampen kann man wegen der Ungültigkeit des Entfernungsgesetzes für kleine Entfernungen und auch wegen der infolge der „Linsenwirkung" des Glaskolbens in geringen Entfernungen besonders schädlichen „Streifen" (auch wegen der Reflexe an der Kolbenhinterwand) diese Werte nicht innehalten; man darf bei Gleichfarbigkeit in diesem Fall bis auf etwa 1 asb heruntergehen. Bei heterochromer Photometrie soll man nach Möglichkeit nicht unter 10 asb gehen. Die Gesichtsfeldgrößen der Photometer betragen 1,5 bis 6°; bei heterochromatischen Messungen sind Photometer mit einem kleinen Feld von 1,5° vorzuziehen (vgl. C 3, S. 286).

e) Messung der Leuchtdichte und der Beleuchtungsstärke.

Die Leuchtdichte wird so gemessen, daß die Fläche, deren Leuchtdichte bestimmt werden soll, durch einen Würfel (oder Zwillingsprisma usw.) hindurch anvisiert und mit einer bekannten Leuchtdichte verglichen wird (Abb. 314). Bei L befindet sich in fester Verbindung mit der Trübglasscheibe M die Vergleichslichtquelle, die auf konstante Stromstärke einreguliert wird; die Trübglasscheibe M durchleuchtet den Würfel mit der bei der Eichung der Apparatur zu ermittelnden konstanten Vergleichsleuchtdichte. Die photometrische Einstellung kann z. B. durch einen (in der Abbildung nicht gezeichneten) Sektor veränderbarer Öffnung erfolgen, der zwischen F und

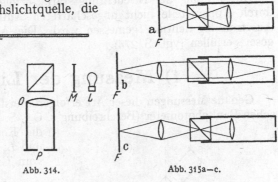

Abb. 314.   Abb. 315a—c.

dem Würfel oder M und dem Würfel rotiert, je nachdem, welche Leuchtdichte die größere ist. Die Linse O hat die Funktion einer schwachen Lupe und ermöglicht dem bei P befindlichen Auge die Einstellung auf den Würfel.

Auf diesem Prinzip, mit den mannigfachsten Abwandlungen in bezug auf die Einzelheiten der Ausführungen, beruhen alle photometrischen Leuchtdichtemesser [1]. Es ist nur noch etwas zu sagen über den Strahlengang, in dem der Würfel durchsetzt wird. Man kann drei Fälle unterscheiden (Abb. 315 a, b, c).

Im Fall a findet gar keine eigentliche Abbildung des Feldes statt. Konstruiert man von der Pupille aus den Strahlengang nach rückwärts, so sieht man, daß kleinere Ungleichheiten von F die Einstellung nicht stören, da jeder Punkt des Würfels in Licht leuchtet, das von einem relativ großen Anteil der Fläche F

---

[1] Hierbei ist von den Pyrometern — auch die Pyrometrie beruht auf Leuchtdichtemessungen — abgesehen worden.

herrührt. Das ist auch der Grund, weshalb dieser Strahlengang z. B. in dem vielbenutzten Bankphotometer von Lummer-Brodhun (vgl. C 5, S. 314) Verwendung findet, da geringfügige Verschmutzungen des Gipsschirmes bei diesem Strahlengang weniger Einfluß haben als z. B. beim Strahlengang nach b.

Im Falle b wird die auszumessende Fläche auf der Pupille des Beobachters abgebildet; der Würfel wird im parallelen Strahlengang durchleuchtet. Dieser Strahlengang wird z. B. bei Messungen an der Ulbrichtschen Kugel benutzt (vgl. Abb. 320 b, c), bei der Aufnahme der Leuchtdichteverteilungskurve diffus reflektierender oder durchlässiger Materialien usw. (wobei zu berücksichtigen ist, daß das Stück der Fläche F, das zur Messung benutzt wird, bei Anvisierung unter schrägen Winkeln elliptisch wird). Welches Stück von F zur Messung benutzt wird, stellt man dadurch fest, daß man die Austrittspupille durch eine Opallampe ausleuchtet und so rückwärts das Bild der Pupille auf F sichtbar macht. Macht man die Pupille spaltförmig, so kann man diesen Strahlengang zur Ausmessung von Spektren, Trübglaskeilen usw. benutzen.

Im Strahlengang c schließlich wird F direkt im photometrischen Feld abgebildet; dieser Strahlengang wurde z. B. von Hartmann in seinem Photometer benutzt.

Es ist nicht notwendig, einen der Strahlengänge a...c streng innezuhalten, da ja die Feldleuchtdichte vom Strahlengang unabhängig ist. Ebenso sind an den optischen Korrektionszustand der benutzten Linsen besondere Anforderungen nicht zu stellen, so daß gewöhnliche Konvex- bzw. Plankonvexgläser im allgemeinen ausreichend sind. Werden kompliziertere Systeme benutzt, so ist darauf zu achten, daß nicht durch die Reflexbilder systematische Fehler entstehen; dies kann z. B. der Fall sein bei der Aufnahme von Leuchtdichteverteilungskurven von Trübgläsern.

Die Messung der Beleuchtungsstärke erfolgt so, daß die Leuchtdichte der durch Apparatteile nicht abgeschatteten Auffangfläche in einer bestimmten Ausstrahlungsrichtung gemessen wird. Die Auffangfläche muß das Cosinusgesetz erfüllen (vgl. S. 274).

f) Messung der Lichtstärke.

Genaue Messungen dieser Art erfolgen meistens mit dem Lummer-Brodhunschen Bankphotometer (Beschreibung s. C 5, S. 315). Sind (Abb. 316) r_1 und r_2 die Entfernungen der Lichtquellen L_1 und L_2 mit den Lichtstärken I_1 und I_2 vom Gipsschirm, so ist

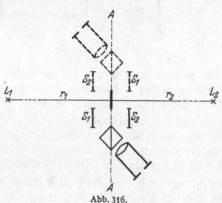

Abb. 316.

$$\frac{I_1}{I_2} = \frac{r_1^2}{r_2^2}. \qquad (9)$$

Diese Beziehung gilt aber nur unter der meist nicht erfüllten Bedingung, daß die „rechte" und „linke" Photometerhälfte bezüglich der Verluste völlig identisch sind. Da aber die beiden Seiten des Gipsschirmes sowie die Spiegel S_1 und S_2 etwas verschiedenes Reflexionsvermögen haben können, da ferner die Reflexe des durch den Würfel gehenden Lichts, das nicht zur Feldhelligkeit beiträgt, und das an den verschiedenen Photometerteilen, auch an dem Gehäuse reflektiert werden kann, ungleich wirken können, so ist die Erfüllung dieser Bedingung niemals sicher; um diesem Umstand Rechnung zu tragen, ist es notwendig, das Photometer um die Achse $A \ldots A$ um 180° zu schwenken, die Einstellung zu wiederholen und das Mittel zu bilden. Es hat sich aber gezeigt, daß verschiedene Beobachter auch bei dieser Methode zu systematisch verschiedenen Resultaten (etwa 1...2% Differenz) kommen können; der Grund liegt in der von Beobachter zu Beobachter verschiedenen „Asymmetrie" der Einstellung, gleichgültig, ob man diese „Asymmetrie" objektiv als durch einen Gang der Empfindlichkeit der Netzhaut oder ähnliche Umstände bedingt ansieht, oder ob es sich nur um einen subjektiven Auffassungsunterschied handelt. Um auch diesem Umstand Rechnung zu tragen, ist es notwendig, das Photometer nicht um die Achse $A \ldots A$, sondern um eine Achse senkrecht zu $A \ldots A$ um 180° zu schwenken und die Einstellungen bei diesen Photometerstellungen 1 und 2 (vgl. Abb. 316) zu mitteln. So gemessene Werte guter Beobachter stimmen bei vollständiger Farbengleichheit bei je zweimal 10 Einstellungen auf 0,1 bis 0,2% überein; die restlichen Abweichungen sind nicht mehr systematisch.

Will man dieses umständliche Verfahren vermeiden, so benutzt man L_2 nur als „Taralichtquelle", d. h. man bringt L_2 und das Photometer in starre Verbindung, so daß r_2 konstant wird — die Einstellung erfolgt also auch immer bei derselben Feldleuchtdichte — und bringt die beiden zu vergleichenden Lichtquellen L_1 und L_1' nacheinander auf die linke Seite (Substitutionsverfahren). Sind die photometrischen Gleichheitseinstellungen r_1 und r_1', diesmal ohne Umlegen des Photometers, erfolgt, so gilt in aller Strenge

$$\frac{I_1}{I_1'} = \frac{r_1^2}{r_1'^2} . \qquad (10)$$

Voraussetzung ist aber, daß beide Einstellungen von demselben Beobachter gemacht werden. Ist z. B. bei Tubusphotometer (vgl. C 5, S. 322) durch einen Beobachter eine Eichung des Photometers erfolgt, so können die Ergebnisse, die ein zweiter Beobachter unter Zugrundelegung dieser Eichung erhält, mit einem systematischen — für die Praxis der Beleuchtungstechnik allerdings nicht ins Gewicht fallenden — Fehler behaftet sein, trotz der großen relativen Einstellgenauigkeit.

Schließlich ist noch auf die Verkürzung des Lichtweges bei Zwischenschaltung von Filtern und auf die Linsenwirkung von Filtern mit nicht völlig planen Oberflächen hinzuweisen.

g) Messung des Lichtstromes.

Die Kennzeichnung einer Lichtquelle erfolgt heute meist nicht mehr durch die Angabe der Lichtstärke in einer bestimmten Ausstrahlungsrichtung, sondern vor allem durch Angabe des gesamten von der Lichtquelle ausgesandten Lichtstromes Φ, der gegeben ist durch

$$\Phi = \int I(\vartheta, \varphi) \, d\omega \qquad (11)$$

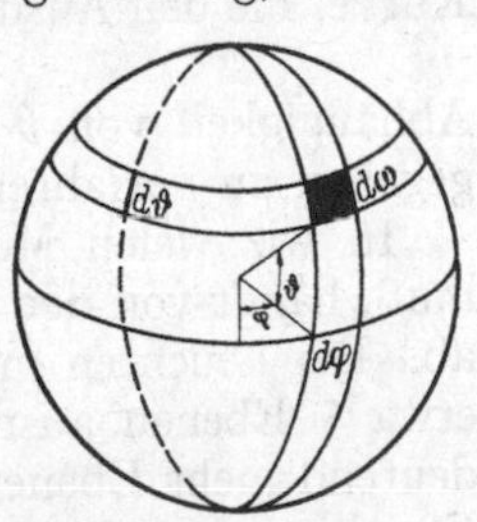

(wegen der Bedeutung der Bezeichnungen s. A 4, S. 44 f.). Praktisch muß also so vorgegangen werden, daß $I(\vartheta, \varphi)$ für eine große Anzahl verschiedener Winkel gemessen und dann das Integral numerisch oder graphisch berechnet wird. Man denke sich um die Lichtquelle als Mittelpunkt eine Kugel gelegt (Abb. 317), deren Oberfläche durch Breitenkreise sowie durch Meridiane nach Art der Erd-

Abb. 317.

oberfläche unterteilt wird. Es entspreche φ der geographischen Länge, ϑ der geographischen Breite, dann ist das Raumwinkelelement $d\omega$ gegeben durch $d\omega = \sin \vartheta \, d\vartheta \, d\varphi$ und

$$\Phi = \int_{\varphi=0}^{\varphi=2\pi} \int_{\vartheta=-\frac{\pi}{2}}^{\vartheta=+\frac{\pi}{2}} I(\vartheta, \varphi) \sin \vartheta \, d\vartheta \, d\varphi . \qquad (12)$$

Die Mehrzahl der Lichtquellen ist achsensymmetrisch, d. h. $I(\vartheta, \varphi)$ ist von φ unabhängig und man erhält

$$\Phi = 2\pi \int\limits_{-\frac{\pi}{2}}^{+\frac{\pi}{2}} I(\vartheta) \sin\vartheta \, \mathrm{d}\vartheta = 2\pi \int\limits_{+\frac{\pi}{2}}^{-\frac{\pi}{2}} I(\vartheta) \, \mathrm{d}(\cos\vartheta). \tag{13}$$

Das obige Integral kann nach dem sog. Rousseaudiagramm ausgewertet werden. Zunächst wird die Lichtverteilungskurve, d. h. $I(\vartheta)$ in Abhängigkeit von ϑ im Polardiagramm aufgetragen (vgl. Abb. 318). Um die Lichtquelle L

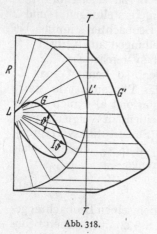

als Mittelpunkt werde ein Kreis mit dem beliebig gewählten Radius R geschlagen; es werde die vertikale Tangente $T\ldots T$ an diesen Kreis gezeichnet. Die Radien des Polardiagramms werden bis zum Schnittpunkt mit dem Kreis verlängert, durch den Schnittpunkt eine Horizontale über $T\ldots T$ hinausgezogen und auf dieser Horizontalen wird die jeweils korrespondierende Lichtstärke von der Tangente $T\ldots T$ aufgetragen. Der Inhalt F der Fläche, die von der so konstruierten Kurve und der Tangente $T\ldots T$ begrenzt wird, ist ein Maß für den von der Lichtquelle ausgesandten Lichtstrom Φ, und zwar ergibt sich Φ in Lumen zu

Abb. 318.

$$\Phi = \frac{2\pi}{R} M F, \tag{14}$$

wenn F in cm², R in cm gemessen sind und M dem Maßstab des Polardiagramms, d. h. die Zahl der Hefnerkerzen für 1 cm der Zeichnung bedeutet. Bei sachgemäßer Durchführung ergibt diese Methode das Integrationsresultat mit einer Genauigkeit von 0,1 bis 0,2%. Ist eine geringere Genauigkeit von einigen Prozent ausreichend, so werden mit Vorteil sog. Lichtstrompapiere benutzt, bei dem man aus der polaren Lichtverteilungskurve durch einfache Addition der Lichtstärkenwerte für einige besonders gekennzeichnete Radien den Lichtstrom erhält (vgl. C 9, S. 378).

Ist die betreffende Lichtquelle nicht achsensymmetrisch, also $I(\vartheta, \varphi)$ von φ abhängig, so muß die Lichtverteilungskurve in mehreren Meridianen aufgenommen und die „mittlere Lichtverteilungskurve" gebildet werden, d. h. diejenige Kurve, die den Ausdruck $\dfrac{I(\vartheta, \varphi_1) + I(\vartheta, \varphi_2) + \ldots + I(\vartheta, \varphi_n)}{n} = \dfrac{1}{n} \sum\limits_n I(\vartheta, \varphi_n)$ in Abhängigkeit von ϑ darstellt. Mit dieser Kurve ist dann wieder wie oben angegeben zu verfahren.

In wie vielen Meridianen die Lichtverteilungskurve aufgenommen werden muß, hängt von der Unsymmetrie der Leuchte und der verlangten Genauigkeit ab. Bei Leuchten mit diffus streuendem Emaillereflektor ist die Aufnahme in etwa 5 Ebenen ausreichend; Spiegelleuchten verlangen die Aufnahme in bedeutend mehr Ebenen; bei der Eichung von Lichtstromnormallampen wird zur Erzielung der notwendigen Genauigkeit in 60 Ebenen gemessen.

Über Apparaturen, die die Aufnahme von Lichtverteilungskurven erleichtern, s. C 5, S. 318.

In allen Fällen, in denen es nur auf den Lichtstrom ankommt und die Kenntnis der Lichtverteilungskurve nicht notwendig ist, ist der Umweg über die Lichtverteilungskurve zu zeitraubend. Man hat daher Photometer konstruiert, die durch besondere optische Vorrichtungen (Spiegel, mechanisch gekoppelte Blenden und dergleichen) die Messung des Lichtstromes in einem

Zuge gestatten. Alle diese Apparaturen sind nicht mehr im Gebrauch, da Messungen mit ihnen leicht mit beträchtlichen systematischen Fehlern behaftet sind; an ihre Stelle ist jetzt allgemein die *Ulbrichtsche Kugel* getreten.

Theorie der Ulbrichtschen Kugel. Die Ulbrichtsche Kugel läßt sich öffnen, um in ihrem Innern die zu messende Lichtquelle unterbringen zu können; sie ist innen mit einem weißen diffus reflektierenden Anstrich versehen; der Anstrich soll das Lambertsche Cosinusgesetz möglichst genau erfüllen. Das Element $d\sigma$ der Kugeloberfläche (vgl. Abb. 319) strahlt auf das Flächenelement $d\sigma'$ den Licht-

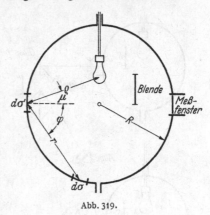

strom $B_\sigma \dfrac{\cos^2 \varphi}{r^2} d\sigma\, d\sigma'$, wenn mit B_σ die Leucht-dichte des Elements $d\sigma$ bezeichnet wird. (Bezüg-lich der Bedeutung von r und φ vgl. Abb. 319.) Da das Cosinusgesetz als erfüllt vorausgesetzt wird, ist B_σ richtungsunabhängig und gleich $E_\sigma \cdot \dfrac{A}{\pi}$, wenn mit E die Beleuchtungsstärke in σ und mit A die über die ganze Kugel gleiche Albedo (Reflexionsvermögen) bezeichnet wird.

Ferner ist $\cos\varphi = \dfrac{r}{2R}$.

Abb. 319.

Jedes Flächenelement erhält Licht von der Lichtquelle und von der gesamten Kugel-wandung. Die von der Lichtquelle in σ erzeugte Beleuchtungsstärke ist $I_{\sigma'} \dfrac{\cos\mu}{\varrho^2}$ (vgl. das Entfernungsgesetz A 4, S. 44 f.), wenn mit $I_{\sigma'}$ die Licht-stärke der Lichtquelle in der Richtung σ' bezeichnet wird. Die von der Kugel-wand in σ' erzeugte Beleuchtungsstärke ist

$$\int\limits_\sigma B_\sigma \frac{\cos^2\varphi}{r^2} d\sigma = \int\limits_\sigma \frac{B_\sigma}{4R^2} d\sigma = \frac{A}{4\pi R^2} \int\limits_\sigma E_\sigma\, d\sigma, \tag{15}$$

wobei das Zeichen $\int\limits_\sigma$ die Integration über die ganze Kugeloberfläche bedeutet. Insgesamt ist also

$$E_{\sigma'} = I_{\sigma'} \frac{\cos\mu}{\varrho^2} + \frac{A}{4\pi R^2} \int\limits_\sigma E_\sigma\, d\sigma. \tag{16}$$

Diese Gleichung werde über σ' integriert

$$\int\limits_{\sigma'} E_{\sigma'} d\sigma' = \int\limits_{\sigma'} I_{\sigma'} \frac{\cos\mu}{\varrho^2} d\sigma' + \frac{A}{4\pi R^2} \int\limits_{\sigma'} d\sigma' \int\limits_\sigma E_\sigma\, d\sigma. \tag{17}$$

Es ist $\int\limits_{\sigma'} I_{\sigma'} \dfrac{\cos\mu}{\varrho^2} d\sigma'$ der gesamte von der Lichtquelle ausgesandte Licht-strom Φ, da $\dfrac{\cos\mu\, d\sigma'}{\varrho^2}$ offenbar der Öffnungswinkel $d\omega$ ist (vgl. A 4, S. 44 f.); ferner ist $\int\limits_\sigma E_{\sigma'} d\sigma' = \int\limits_\sigma E_\sigma\, d\sigma$, da jeweils über die ganze Kugeloberfläche zu integrieren ist; ferner ist $\int d\sigma' = 4\pi R^2$. Man erhält mithin

$$\int\limits_\sigma E_\sigma\, d\sigma = \Phi + A \int\limits_\sigma E_\sigma\, d\sigma$$

oder

$$\int\limits_\sigma E_\sigma\, d\sigma = \frac{\Phi}{1-A}.$$

Durch Einsetzen in (16) ergibt sich

$$E_{\sigma'} = I_{\sigma'} \frac{\cos \mu}{\varrho^2} + \frac{\Phi}{4 \pi R^2} \frac{A}{1-A}.$$

Sieht man also von dem Lichtstrom ab, der von der Lichtquelle direkt auf die Kugelwand fällt, so gilt folgender Satz:

Die Beleuchtungsstärke ist über die ganze Kugel gleich und proportional dem von der Lichtquelle ausgesandten Lichtstrom. Die Beleuchtungsstärke ist dagegen unabhängig von der Lichtstromverteilung und von der Lage der Lampe in der Kugel.

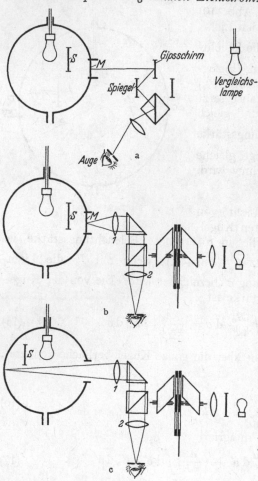

Abb. 320a—c.

Abb. 320a, b, c zeigt schematisch die Anordnungen, die man anwendet, um mit Hilfe der Ulbrichtschen Kugel den Lichtstrom einer Lampe zu bestimmen. Fall a wird bei sehr starken Lichtquellen benutzt, bei ihr dient das Trübglas M als Lichtquelle, dessen Lichtstärke bestimmt wird. Die Messung erfolgt in diesem Falle durch ein auf einer Photometerbank verschiebbares Photometer nach Lummer-Brodhun. Der Schirm S hat stets den Zweck, daß die Trübglasscheibe nur Licht von der Kugelwand, jedoch nicht von der Lichtquelle selbst erhält.

Im Fall b wird bei feststehendem Photometer (am zweckmäßigsten wie in der Abbildung gezeichnet, einem Sektorenphotometer) die Trübglasscheibe M in der Ebene der Austrittspupille des Photometers abgebildet. Da das Bild der Trübglasscheibe größer ist als die Pupillenöffnung, ist die Pupille voll ausgeleuchtet (vgl. S. 263). Es befinden sich Trübglas bzw. Austrittspupille in den Brennpunkten der Linsen 1 bzw. 2, so daß der Würfel im parallelen Strahlengang durchsetzt wird. Es wird also nach dieser Methode nicht die Lichtstärke, sondern die Leuchtdichte der Meßfenstertrübglasscheibe bestimmt. Die Lichtschwächung erfolgt durch einen auf der Seite der Vergleichslampe befindlichen Brodhunschen Sektor. Bei dieser an und für sich sehr empfehlenswerten Methode muß auf stabilen Aufbau der Versuchsanordnung geachtet werden, da geringe Verschiebungen der Linsen 1 und 2 bereits zu Fehlern führen können.

Fall c (Bestimmung der Leuchtdichte der Kugelwand) benutzt dieselbe optische Anordnung wie Fall b; selbstverständlich muß in diesem Fall der Schirm S so versetzt werden, daß nunmehr das dem offenen Fenster gegenüberliegende Stück der Kugelwand kein direktes Licht von der Lichtquelle mehr erhält. Mit dieser Anordnung können noch sehr kleine Lichtströme (1 Lumen in einer Kugel von 2 m Durchmesser) gemessen werden.

Das Gesetz der Unabhängigkeit der Beleuchtungsstärke von der Lichtstromverteilung und der Lage der Lichtquelle in der Kugel gilt *nur* für die Kugel und unter der Voraussetzung, daß der Kugelanstrich das Cosinusgesetz erfüllt. Da letztere Bedingung nur näherungsweise erfüllbar ist, empfiehlt es sich, Normallampe und zu messende Lampe stets an dieselbe Stelle, nicht zu nahe der Kugelwand, am besten in einer Entfernung von $\frac{2}{3}R$ von der Kugelwand zu bringen. Wird z. B. die Eichlampe in der Kugelmitte angebracht und die zu messende Lampe an der Kugelwand (oder umgekehrt), so können Fehler im Resultat bis zu 10% die Folge sein. Der Einfluß verschiedener Lichtverteilungskurven auf das Resultat erreicht nur im extremen Fällen 4%; es empfiehlt sich in diesen Fällen die Lichtquelle in verschiedenen Orientierungen zu messen und das Resultat zu mitteln.

Werden Lichtquellen verschiedener Farbe in der Kugel gemessen, so ist zu berücksichtigen, daß die Albedo (Reflexionsvermögen) des Kugelanstrichs nicht unabhängig von der Wellenlänge ist, sondern einen mehr oder weniger scharfen Gang zeigt. Allgemeine Regeln für diesen Gang lassen sich nicht aufstellen, da er nicht nur von der Zusammensetzung des Anstrichs, sondern auch von dessen Alter abhängt. In Abb. 321 ist der in einem Falle gemessene zeitliche Gang der scheinbaren Veränderung der Farbtemperatur einer Lampe durch den Kugelanstrich dargestellt.

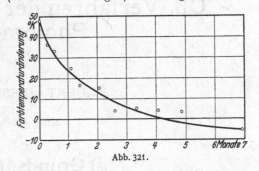
Abb. 321.

Es empfiehlt sich also, im allgemeinen stets Eichlampen derselben spektralen Energieverteilung wie die zu messenden Lampen zu benutzen. Es ist z. B. gefunden worden, daß man bei einer Eichung mit Vakuummetalldrahtlampen (Farbtemperatur etwa 2400° K) für gasgefüllte Lampen (Farbtemperatur etwa 2800° K) 2% zu kleine Werte und für Quecksilberlampen etwa 9% zu kleine Werte erhielt[1].

An Stelle der Kugel sind auch manchmal unter Vernachlässigung der dadurch entstehenden Fehler kubische Hohlräume und dergleichen benutzt worden; dieses Verfahren dürfte nicht zu empfehlen sein.

Bei der Messung von Geleuchten in der Kugel werden die Ergebnisse durch das Geleucht selbst, das seinerseits selbst wieder Lichtstrom reflektiert, gefälscht; diesem „Störeinfluß" kann folgendermaßen Rechnung getragen werden. In der Kugel wird in der Nähe der Kugelwand ungefähr gegenüber dem Meßfenster eine sog. Hilfslampe angebracht und der durch die Hilfslampe erzeugte Photometerausschlag wird bestimmt, einmal wenn sich nur die brennende Hilfslampe in der Kugel befindet (A_1), und zum anderenmal, wenn sich außer der brennenden Hilfslampe noch das nicht brennende Geleucht in der Kugel befindet (A_2). Der Ausdruck $\frac{A_1}{A_2}$ ist ein Maß für den Störeinfluß der Leuchte und der für die Leuchte erhaltene Lichtstrom muß mit $\frac{A_1}{A_2}$ multipliziert werden (vgl. DIN 5032).

Über die Messung von lichttechnischen Materialeigenschaften mit der Ulbrichtkugel vgl. C 7, S. 349 f.

---

[1] BENFORD, FRANK: The integrating factor of the photometric sphere. J. opt. Soc. Amer. **25** (1935) 332—339.

Schließlich sei noch der von der DLTG. empfohlene Kugelanstrich gegeben.

Grundanstrich:

750 g Zinkweiß, 250 g Leinölfirnis, 250 g (bestes weißes) Terpentinöl. (Unter Umständen muß die Mischung mit Terpentinöl zur Streichfähigkeit verdünnt werden.)

Deckanstrich:

500 g Zinkweiß (Marke Rotsiegel [1]) werden in 500 g Wasser verrührt; 20 g Pflanzenleim (Dextrin) werden in 80 g Wasser gelöst. Beide Lösungen werden gut miteinander gemischt. Es empfiehlt sich, die Leimlösung allmählich zuzugießen und zwischendurch die Streichfähigkeit des Anstrichs auszuprobieren. Mit dieser Deckfarbe wird der Hohlraum zweimal gestrichen. Die Farbe kann statt durch Aufstreichen auch im Spritzverfahren aufgebracht werden. Die angegebenen Mengen genügen für eine Fläche von 3 m². Es empfiehlt sich, den Deckanstrich jedes Jahr einmal zu erneuern. Der alte Deckanstrich wird durch Abwaschen mit Wasser entfernt, während der wasserfeste Grundanstrich auf der Unterlage verbleibt.

C 3. Verfahren der heterochromen Photometrie.

Von

ALBERT DRESLER-Berlin.

Mit 1 Abbildung.

a) Grundsätzliches.

Die Messung verschiedenfarbiger Lichtquellen, d. h. der unmittelbare Vergleich zweier verschiedenfarbiger Lichtquellen durch das Auge ist nur möglich, wenn man voraussetzt, daß das Auge eine eindeutige Aussage über die Leuchtdichte eines farbigen Lichteindruckes machen kann, ohne daß die Farbe an sich auf die quantitative Bewertung der Leuchtdichte einen physikalisch oder physiologisch unkontrollierbaren Einfluß ausübt. Außerdem muß man voraussetzen dürfen, daß, wenn beispielsweise ein rotes und ein grünes Licht gleich hell aussehen und das grüne wieder mit einem blauen übereinstimmt, auch rot und blau gleich hell sind. Ebenso muß das Gesetz der Additivität erfüllt sein: erscheinen also ein gelbes und ein blaues Licht gleich hell, ebenso ein grünes und ein rotes, so muß gelbes und grünes Licht zusammen gleich hell sein, wie blaues und rotes zusammen.

Diese Voraussetzungen treffen bei Einhaltung zweier Bedingungen, die erstmalig von Ives [2] in aller Schärfe formuliert worden sind, zu:

1. Das Gesichtsfeld des farbigen Lichteindruckes darf, damit nur die Zapfen angeregt werden, nicht größer als 2° sein (neuere Untersuchungen KOHLRAUSCHs [3] wollen den Winkel auf 1,5° beschränkt wissen).

2. Die Leuchtdichte des farbigen Gesichtsfeldes muß so groß sein, daß Dämmerungssehen (Purkinje-Effekt) auf alle Fälle ausgeschlossen ist. Das ist erreicht, wenn die Gesichtsfeldleuchtdichte 10 asb nicht unterschreitet; auf der

---

[1] Von anderer Seite wird Marke „Grünsiegel" empfohlen, da diese Marke einen noch weniger selektiven Anstrich ergibt.

[2] IVES, H. E.: Studies in the Photometry of Lights of different Colours. Philos. Mag. (6) **24** (1912) 149—188, 352—370, 744—751, 845—853, 853—864.

[3] KOHLRAUSCH, A.: Zur Photometrie farbiger Lichter. Licht **5** (1935) 259—260, 275—279.

anderen Seite darf sie natürlich nicht so hoch sein, daß Blendung des Auges eintritt. Ergänzend zu diesen beiden Voraussetzungen fordert IVES, daß sich um das farbige Gesichtsfeld ein nicht farbiges, möglichst gleich helles, etwa 30° großes Umfeld befindet.

Während bei Einhaltung dieser Bedingungen jedes der im folgenden noch näher zu beschreibenden Verfahren der heterochromen Photometrie — für sich betrachtet — für farbtüchtige Beobachter eindeutige und mehr oder minder gut reproduzierbare Meßergebnisse liefert, stimmen heterochrome Messungen nach den verschiedenen Verfahren keineswegs untereinander ausreichend überein. Mit Rücksicht auf die durch die Entwicklung der Metalldampflampen außerordentlich gestiegene wirtschaftliche Bedeutung der heterochromen Photometrie ist diese Tatsache besonders bedauerlich, die Lösung der Frage nach dem „richtigen" Verfahren auf der anderen Seite um so dringender geworden.

b) Subjektive Verfahren.

Es gibt vier Verfahren der subjektiven heterochromen Photometrie von Bedeutung, diese sind:

Heterochromer Direktvergleich, — Kleinstufenvergleich, — Flimmervergleich, — Filterverfahren.

Daneben verzeichnet das Schrifttum eine Vielzahl anderer Methoden, wie z. B. Sehschärfenmethode[1], Crovaverfahren[2], Pulfrichverfahren[3] u. a. m., welche sämtlich keine große praktische Bedeutung gewonnen haben.

Der heterochrome Direktvergleich besteht, wie die Bezeichnung sagt, im unmittelbaren (direkten) Vergleich der beiden verschiedenfarbigen Lichtquellen mit Hilfe eines normalen Gleichheitsphotometers auf der Photometerbank oder an der Ulbrichtschen Kugel. Der Beobachter muß also unter Einwirkung des vollen Farbkontrastes die beiden verschiedenfarbigen Felder des Photometers auf gleichen Helligkeitseindruck einstellen. Es liegt auf der Hand, daß die Streuung der Einzelergebnisse eines Beobachters um so größer sein muß, je größer die Farbkontraste sind. Die Meßergebnisse mehrerer Beobachter unterscheiden sich zudem im allgemeinen stark, da die Abweichungen in dem Verlauf der spektralen Hellempfindlichkeit der einzelnen Beobachter voll in die Messung eingehen. Jeder Beobachter stellt ja den Eindruck gleicher Helligkeit ausschließlich auf Grund seiner eigenen spektralen Hellempfindlichkeit ein.

Die Kleinstufenmethode verringert die große Streuung der Einzelergebnisse eines Beobachters beim heterochromen Direktvergleich dadurch, daß sie die Überwindung eines gegebenen Farbunterschiedes durch Unterteilung in mehrere Zwischenmessungen erleichtert. Sind beispielsweise eine rote und eine grüne Lichtquelle miteinander zu vergleichen, so stellt man sich, z. B. mit Hilfe geeigneter Farbfilter, eine größere Anzahl von Zwischenlichtquellen her, die es ermöglichen, den Farbsprung rot/grün in mehrere kleinere Stufen zu unterteilen, hier also z. B. rot/orange, orange/gelb und gelb/grün. Durch eine einfache Substitutionsrechnung kann man aus den Zwischenmessungen das Lichtstärkeverhältnis der roten und grünen Lichtquelle ermitteln. Die geringeren Farbunterschiede der einzelnen Stufenmessungen ermöglichen eine leichtere und genauere Einstellung auf gleiche Helligkeit als beim heterochromen Direktvergleich. Die Anwendung der Kleinstufenmethode erfordert aber, wie man

[1] IVES, H. E.: Zit. S. 286.

[2] WALSH, J. W. T.: Photometry. Kapitel über heterochrome Photometrie. London: Constable & Co. 1926.

[3] PULFRICH, C.: Die Stereoskopie im Dienste der Photometrie und Pyrometrie. Berlin: Julius Springer 1923.

sieht, zur Erzielung eines Meßergebnisses einen beträchtlich größeren Aufwand als der Direktvergleich; mit ihm gemein hat sie das Eingehen der unterschiedlichen spektralen Hellempfindlichkeiten mehrerer Beobachter in die Meßergebnisse.

Das Flimmerverfahren arbeitet im Gegensatz zu dem heterochromen Direktvergleich und der Kleinstufenmethode nicht in Anlehnung an die Methodik der isochromen Photometrie, sondern bedient sich zur Erzielung des Eindruckes gleicher Helligkeit im Photometer einer grundsätzlich anderen physiologischen Erscheinung: Werden nämlich zwei Photometerfelder in nicht zu raschem Wechsel abwechselnd von den zu vergleichenden Lichtquellen beleuchtet, so verschwindet das entstehende Flimmern im Gesichtsfeld, bzw. es erreicht einen Kleinstwert in dem Augenblick, in dem beide Seiten des Photometerschirmes gleich stark beleuchtet werden. Dieses Verschwinden des Flimmerns dient als Einstellkriterium [1]. Der große Vorteil des Flimmerverfahrens beruht auf der Tatsache, daß durch den dauernden Wechsel in der Beleuchtung der beiden Photometerhälften im Gesichtsfeld, auch bei großen Farbunterschieden der beiden Lichtquellen eine Mischfarbe entsteht, die Feststellung des Flimmerminimums also bei einer durch die Trägheit des Auges vorgetäuschten Gleichfarbigkeit geschieht. Dadurch werden die Einzelergebnisse eines Beobachters eine wesentlich geringere Streuung als beim Kleinstufen- oder gar beim heterochromen Direktvergleich aufweisen. Andererseits sind die physiologischen Bedingungen der Flimmerphotometrie so verschieden von denen der normalen Gleichheits- bzw. Kontrastphotometrie, daß eine Übereinstimmung in den Meßergebnissen beim Flimmer- und beim Direktvergleich keineswegs vorausgesetzt werden kann. Wir kommen hierauf später noch eingehend zurück. Ebenso wie bei den beiden anderen Verfahren ist jedoch auch beim Flimmerverfahren nicht zu vermeiden, daß die unterschiedlichen spektralen Hellempfindlichkeiten mehrerer Beobachter unmittelbar in das Meßergebnis eingehen.

Das Filterverfahren schließlich unterscheidet sich von den drei anderen Verfahren dadurch, daß es den Farbunterschied zwischen den zu vergleichenden Lichtquellen vor der Messung beseitigt und die eigentliche Messung zu einer möglichst vollständig isochromen Gleichheitseinstellung umbildet. Das geschieht auf folgende Weise: Es sei beispielsweise eine rote Neonlampe zu messen, als Vergleichslichtquelle diene eine normale Photometerglühlampe. Man wählt nun ein Farbfilter, hier also ein orangerotes, das, vor die Glühlampe gesetzt, deren Licht so umfärbt, daß neonfarbiges Licht auf das Photometer fällt. Auf diese Weise ist aus dem verschiedenfarbigen Vergleich: Neon-Glühlampe ein gleichfarbiger: Neon-gefilterte Glühlampe geworden. Zur Auswertung der Messung muß man die Lichtstärke der gefilterten Glühlampe I_f kennen. Diese läßt sich — und das ist das Wesentliche des Filterverfahrens — *berechnen,* wenn man die spektrale Durchlässigkeitskurve $D_\lambda = f(\lambda)$ des verwendeten Filters, die Lichtstärke I der ungefilterten Glühlampe, sowie ihre Farbtemperatur T_f kennt. Die Berechnung geht folgendermaßen vor sich: Auf Grund der Farbtemperatur T_f der Glühlampe errechnet man sich mit Hilfe des Wienschen Gesetzes (vgl. S. 62)

$$E(\lambda, T_f) = 2 C_1 \lambda^{-5} \cdot e^{-\frac{C_2}{\lambda T_f}}$$

die spektrale Energieverteilung der Glühlampe; die Lichtstärke der gefilterten Glühlampe ergibt sich dann zu:

$$I_f = I \cdot \frac{\int E(\lambda, T_f) \cdot D(\lambda) \cdot V(\lambda) \cdot d\lambda}{\int E(\lambda, T_f) \cdot V(\lambda) \cdot d\lambda}.$$

---

[1] Über Konstruktionen von Flimmerphotometern vgl. C 5c, S. 316 f.

In dieser Gleichung bedeutet $V(\lambda)$ die spektrale Hellempfindlichkeit, wie sie international für das normale, helladaptierte Auge festgelegt ist. Man beachte, daß für die rechnerische Ermittlung der Lichtstärke der gefilterten Glühlampe also nicht etwa die Kenntnis der spektralen Hellempfindlichkeit des jeweiligen Beobachters nötig ist; dies kennzeichnet den grundsätzlichen Unterschied und zugleich den außerordentlichen Vorteil des Filterverfahrens gegenüber den drei anderen Verfahren. Die Meßergebnisse mehrerer Beobachter werden von ihrer spezifischen spektralen Hellempfindlichkeit in gewissem Umfang unabhängig gemacht. Wäre „gleichfarbig" gleichbedeutend mit „gleicher spektraler Energieverteilung", so wären die Ergebnisse mehrerer Beobachter vollständig unabhängig von den einzelnen spektralen Hellempfindlichkeiten. Da aber gleichfarbig keineswegs immer — in unserem Beispiel ja auch nicht — mit gleicher Energieverteilung identisch ist, so sind die Meßergebnisse nicht vollständig unabhängig von dem Verlauf der spektralen Hellempfindlichkeit des Beobachters. Der Einfluß der verschiedenen Hellempfindlichkeiten mehrerer Beobachter dürfte aber mindestens eine Größenordnung kleiner sein als bei den übrigen Verfahren. Da es sich außerdem um eine praktisch gleichfarbige Messung handelt, ist auch die Streuung der Einzelergebnisse eines Beobachters auf das auch bei der normalen isochromen Photometrie unvermeidbare Maß herabgesetzt.

c) Übereinstimmung der Verfahren.

Die Frage nach der Übereinstimmung der nach den verschiedenen Verfahren gewonnenen Meßergebnisse wird im Schrifttum sehr unterschiedlich beantwortet. Es handelt sich zunächst um die Frage, wieweit die beiden Verfahren, die unmittelbar auf gleiche Helligkeit einstellen (direkt heterochromer und Kleinstufenvergleich), mit dem Flimmerverfahren übereinstimmen. IVES[1] stellt in grundlegenden Untersuchungen an mehreren Beobachtern fest, daß bei Innehaltung der Grundvoraussetzungen (kleines Gesichtsfeld, ausreichende Gesichtsfeldleuchtdichte) zwischen direktheterochromer und flimmerphotometrischer Messung eine so gute Übereinstimmung besteht, wie sich auf Grund der großen Streuung bei der direkt heterochromen Methode überhaupt erreichen läßt. Zu demselben Ergebnis kommt auch WEIGEL[2] für sein eigenes Auge, während KOHLRAUSCH[3] wieder an mehreren Beobachtern systematische Abweichungen zwischen beiden Verfahren feststellt. In Übereinstimmung mit KOHLRAUSCH findet DRESLER[4] an 9 normal farbtüchtigen Beobachtern, daß flimmerphotometrisch für farbige Lichter, die mit normalem Glühlampenlicht verglichen werden, durchweg niedrigere Werte gemessen werden als direkt heterochrom. Die Abweichungen werden um so größer, je ausgeprägter die Farbunterschiede sind. KOHLRAUSCH folgert hieraus einen Einfluß der Sättigung der Farbe auf den Unterschied zwischen Meßergebnissen beider Verfahren, insbesondere weil er bei den stark gesättigten roten Farben die größten Abweichungen erhält, die um so kleiner werden, je mehr weißes Licht er zumischt; doch ist das gleichzeitige Vorhandensein von Sättigungsdifferenzen und Farbkontrast nach KOHLRAUSCH unerläßliche Voraussetzung für diese Abweichungen. Es liegt nahe, von diesen farbmeßtechnischen Gesichtspunkten zur Klärung der Differenzen abzusehen und sie auf einen unterschiedlichen Verlauf der spektralen Hellempfindlichkeit jedes einzelnen Beobachters für flimmerphotometrischen und gleichheitsphotometrischen

[1] IVES, H. E.: Zit. S. 288.

[2] WEIGEL, R. G.: Zur Photometrie farbiger Lichter. Licht **5** (1935) 15—16, 43—48, 71—72. — [3] KOHLRAUSCH, A.: Zit. S. 288.

[4] DRESLER, A.: Beitrag zur Photometrie farbiger Lichtquellen, insbesondere zur Frage des Verlaufs der spektralen Hellempfindlichkeit. Licht **7** (1937) 81—85, 107—109.

Vergleich zurückzuführen. Kohlrauschs und Dreslers Meßergebnisse würden sich sofort erklären, wenn man annähme, daß die Empfindlichkeit der Zapfen in der Netzhautgrube unter den Bedingungen der Flimmerphotometrie für blau und rot geringer sei, als unter den Bedingungen der Gleichheitsphotometrie. Leider konnte diese anschauliche Vorstellung durch das Experiment nicht bestätigt werden. Es muß vielmehr angenommen werden, daß Sättigungs- und Farbtonunterschiede im Photometergesichtsfeld eine scheinbare Leuchtdichteänderung zur Folge haben. Eine endgültige Entscheidung über diese grundsätzliche Frage wird erst möglich sein, wenn die durch die Untersuchungen Arndts[1] aufgerollte Frage nach der Richtigkeit des Verlaufs der international festgelegten Kurve der spektralen Hellempfindlichkeit durch weitere Arbeiten geklärt sein wird[2].

Eng mit gerade dieser Frage verbunden ist auch die Frage nach der Übereinstimmung der nach dem Filterverfahren erhaltenen Meßergebnisse mit denen der beiden anderen Methoden. Es hat den Anschein, daß die internationale Kurve der spektralen Hellempfindlichkeit infolge ihrer Festlegung auf Grund von Messungen mit zu großem Gesichtsfeld und zu kleiner Gesichtsfeldleuchtdichte einen Verlauf erhalten hat, der bei reinem Zapfensehen gewonnene Messungen nicht richtig vorauszuberechnen gestattet. Ohne die Frage in dieser Weise zu stellen, hat Buckley[3] in seinen eingehenden Untersuchungen über die Brauchbarkeit des Filterverfahrens festgestellt, daß Filter- und Flimmerverfahren übereinstimmende Werte liefern, mit Ausnahme von blauem Ende des Spektrums, in dem Buckley flimmerphotometrisch niedrigere Werte erhält, als mit dem Filterverfahren. Bei direkt heterochromer Messung hat Buckley so unbefriedigende Meßergebnisse erhalten, daß er abschließend nicht in der Lage ist auszusagen, ob das Filterverfahren mit dem direkt heterochromen Vergleich in Übereinstimmung ist oder nicht. Doch berichtet er bei der Diskussion seiner Einzelergebnisse, daß er bei sämtlichen Beobachtern für fast alle Farbfilter (nur zwei Ausnahmen) bei direkt heterochromer Messung höhere Werte erhalten hat, als sich nach dem Filterverfahren, d. h. also nach der IBK.-Kurve, hätten ergeben dürfen. Als Beispiel der praktisch vorkommenden Abweichungen sei eine Tabelle nach Dreslers Messungen angeführt, die Mittelwerte von 9 farbtüchtigen Beobachtern enthält und bei der die nach dem Filterverfahren errechneten Werte in allen Fällen gleich 100 gesetzt wurden. Gemessen wurde die Gesamtdurchlässigkeit je eines Rot-, Gelb-, Grün- und Blaufilters im Lichte einer Wolframvakuumlampe mit einer Farbtemperatur von 2390° K.

Die direktheterochromen Messungen liegen durchweg über den flimmerphotometrisch gewonnenen Werten. Diese wieder liefern im kurzwelligen Teil

---

[1] Arndt, W.: Über neue Beobachtungen beim subjektiven Photometrieren. Licht 6 (1936) 75—77.

[2] Während der Drucklegung durchgeführte, inzwischen veröffentlichte Versuche Dreslers haben gezeigt, daß die Kohlrauschsche Vorstellung von dem „Wirksamkeitsplus" beim direkt heterochromen Vergleich durchaus zu Recht besteht. Infolge der mit dem „Wirksamkeitsplus" verbundenen scheinbaren Leuchtdichteänderung folgt der direkt heterochrome Vergleich dem Additivitätsgesetz auch nicht näherungsweise. Die Abweichungen vom Additivitätsgesetz sind um so größer, je größer die Unterschiede in den Farbtönen und in den Sättigungen der zu vergleichenden Lichter sind. Bei großen Unterschieden kann eine Abweichung von über 100% gemessen werden. Diese scheinbare Leuchtdichteänderung macht sich bei jedem Beobachter bemerkbar, schwankt aber in ihrem Betrage von Beobachter zu Beobachter außerordentlich, ist von einem Beobachter mitunter auch sehr schlecht reproduzierbar und ist bei kleinem Gesichtsfeld größer als bei großem Gesichtsfeld. Der direkt heterochrome Vergleich kann daher nicht mehr als einwandfreies photometrisches Verfahren bezeichnet werden. [Dresler, A.: Über den Einfluß von Farbton und Sättigung auf die Messung verschiedenfarbiger Lichter. Licht 7 (1937) 203—208.]

[3] Buckley, M. H.: Heterochromatic Photometry with Particular Reference to the Photometry of Luminous Discharge Tubes. Illum. Engr., London 27 (1934) 118—122, 148—157.

des Spektrums niedrigere, im langwelligen höhere Werte, als sich aus der international angenommenen spektralen Hellempfindlichkeitskurve ergibt. Auf die

hieraus zu ziehenden Folgerungen über die Richtigkeit dieser Kurve sei auf die zitierte Literaturstelle [1] verwiesen.

Die Frage nach der Übereinstimmung der verschiedenen subjektiven Verfahren der heterochromen Photometrie kann also abschließend kurz wie folgt beantwortet werden: Zwischen gleichheitsphotometrisch und flimmerphotome-

Filter (Schottfilter)	Relative Durchlässigkeit des Filters, bezogen auf Filterverfahren		
	Filterverfahren (berechnet nach der IBK.-Kurve) %	flimmerphotometrisch gemessen	heterochrom. Direktvergleich gemessen
Rot (RG 1,2 mm)	100	94,5	125,9
Gelb (OG 1,1 mm)	100	95,5	132,3
Grün (VG 2,1 mm)	100	104,3	113,5
Blau (BG 14,3 mm)	100	113,0	157,3

trisch gewonnenen Ergebnissen bestehen grundsätzliche Unterschiede, die nach den beiden Enden des sichtbaren Spektrums hin zunehmen. Das Filterverfahren steht, soweit die bisherigen Erfahrungen einen Schluß zulassen, in den Ergebnissen näher an flimmerphotometrischen Messungen, sein besonderer Vorzug besteht in der geringeren Auswirkung individueller Verschiedenheiten in dem Verlauf der spektralen Hellempfindlichkeiten mehrerer Beobachter, sowie in der Zurückführung der heterochromen Meßaufgabe auf eine isochrome Messung, was sich in einer geringen Streuung der Einzelergebnisse auswirkt.

d) Normalbeobachter.

Genau wie die Farbmessung (vgl. C 4, S. 301), setzt auch eine sinnvolle heterochrome Photometrie voraus, daß die zu solchen Messungen herangezogenen Beobachter in den Eigenschaften ihres Sehapparates möglichst gut mit denen des sog. Normalbeobachters übereinstimmen. Unter dem Normalbeobachter versteht man das Auge eines normalen Trichromaten, dessen spektrale Hellempfindlichkeit genau mit der international festgelegten Hellempfindlichkeitskurve übereinstimmt.

Diese Forderung hat zur Folge, daß heterochrome photometrische Messungen nur von normalen Trichromaten durchgeführt werden dürfen. Die Prüfung auf normale Farbempfindlichkeit erfolgt am einfachsten mit den Farbtafeln von STILLING oder ISHIHARA, genauer mit dem Anomaloskop, oder durch Ausmessung der Farbempfindlichkeit mit Hilfe eines trichromatischen Kolorimeters (Einzelheiten vgl. C 4, S. 302). Damit allein ist aber erfahrungsgemäß für die Zwecke der heterochromen Photometrie noch nicht genug getan, denn die spektralen Hellempfindlichkeitskurven mehrerer auf diese Weise sichergestellter normaler Trichromaten weichen nicht unbeträchtlich voneinander ab. Für eine richtige Auswertung der Messungen mehrerer Beobachter ist daher die Berücksichtigung ihrer unterschiedlichen spektralen Hellempfindlichkeiten erforderlich.

IVES [2] hat zu diesem Zweck zunächst für flimmerphotometrische Messungen an Glühlampen verschiedener Farbtemperatur ein einfaches Verfahren vorgeschlagen, das sich nach den neueren Feststellungen von BUCKLEY [3] jedoch nicht für die Messungen an Gasentladungslampen bewährt. IVES nimmt zwei

[1] DRESLER: Zit. S. 289.
[2] IVES, H. E.: Zit. S. 288. — Vgl. auch E. L. CRITTENDEN and P. K. RICHTMYER: An average eye for heterochromatic photometry and a comparison of a flicker and equality of brightness photometer. Bull. Bur. Stand. 14 (1918) 87—113. (Scient. pap. Nr. 299.)
[3] BUCKLEY, M. H.: Zit. S. 290.

Flüssigkeitsfilter, ein gelbes und ein blaues [1] in planparallelen Küvetten, die den Lösungen eine Schichtdicke von genau 10 mm geben. Für das Auge des Normalbeobachters ist das Durchlässigkeitsverhältnis dieser beiden Filter gleich 1. IVES stellte empirisch fest, daß zwischen beliebigen heterochromen Messungen mehrerer Beobachter und ihrem jeweiligen Gelb/Blauverhältnis eine geradlinige Beziehung besteht, auf Grund deren Kenntnis man die Messungen jedes Beobachters korrigieren kann. IVES wies außerdem nach, daß man auch mit sehr wenigen Beobachtern, wenn nur deren mittleres Gelb/Blauverhältnis gleich 1 ist, Ergebnisse erhält, die mit denen des Normalbeobachters gut übereinstimmen. BUCKLEY mußte jedoch, wie gesagt, feststellen, daß das Gelb/Blauverfahren für die krassen Verhältnisse, wie sie bei der Photometrie von Gasentladungslampen mit ihren ausgeprägten Linienspektren vorliegen, versagt; hingegen lieferte es gute Ergebnisse bei der Messung der Durchlässigkeit von farbigen Filtern im Lichte normaler Wolframglühlampen. Diese Feststellungen erklären sich aus der Tatsache, daß das Ivessche Gelb/Blauverhältnis nur in erster Annäherung eine Aussage über den Verlauf der spektralen Hellempfindlichkeit des einzelnen Beobachters machen kann; bei der Messung von Lichtquellen mit kontinuierlichem Spektrum ist diese angenäherte Aussage ausreichend, für die Messungen von Lichtquellen mit Linienspektrum kommt es aber auf den genauen Wert der spektralen Hellempfindlichkeit für die bestimmte (bzw. bestimmten) jeweils emittierte(n) Wellenlänge(n) an, die mit dem Ivesschen Verfahren nicht genau genug erfaßt werden kann.

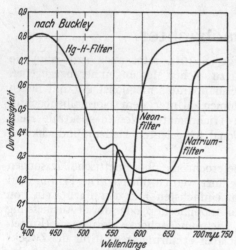

Abb. 322. Durchlässigkeiten der Buckleyfilter für Ne-, Na- und Hg-Lampen.

Daraus folgt aber, daß man zur Erzielung eines mit dem durchschnittlichen Verlauf der spektralen Hellempfindlichkeit übereinstimmenden Meßergebnisses an Gasentladungslampen beim Flimmer- *und* Filterverfahren mehrere farbtüchtige Beobachter verwenden muß.

e) Filter zur Messung von Gasentladungslampen nach dem Filterverfahren.

In der Literatur finden sich mit Rücksicht darauf, daß die Frage der Messung von Gasentladungslampen nach dem Filterverfahren erst einige Jahre akut ist, keine einheitlichen Angaben über die für die Farbangleichung einer Glühlampe an die verschiedenen Gasentladungslichtquellen geeigneten Filter. BUCKLEY[2] gibt für Neon-, Natrium- und Hg-H-Lampen je ein Glasfilter an, deren spektrale Durchlässigkeiten in der Abb. 322 dargestellt sind. Mit Ausnahme des Neonfilters ergaben diese Filter aber keine vollständige Farbangleichung der auf 2360° K eingestellten Wolframlampe an die Gasentladungslampen. BUCKLEY hält aber den verbleibenden

---

[1] Das erstere besteht aus einer Lösung von 72 g reinem Kaliumbichromat in einem Liter destillierten Wassers, das zweite aus einer Lösung von 57 g reinem Kupfersulfat in einem Liter destillierten Wassers.
[2] BUCKLEY, M. H.: Zit. S. 290.

Farbkontrast auf Grund der Aussagen und Messungen von 10 Beobachtern für praktisch bedeutungslos. HELLER [1] gibt folgende Wrattenfilter an:

Diese Filter gelten zur Farbangleichung der Strahlung einer Wolframbandlampe nicht näher bezeichneter Temperatur. Für die Messung der Na-Lampe soll die Farbangleichung sehr befriedigend, für die Hg-H-Lampe jedoch weniger gut sein.

Lichtquelle	Wrattenfilter	
Na-Lampe	23 A + 57	
Hg-H-Lampe	38	+ 51
Grüne Hg-Linie 546 mµ	62	
Gelbe Hg-Linie 577…579 mµ .	61	+ 22

Die Physikalisch-Technische Reichsanstalt benutzt unter Verwendung einer Vergleichsglühlampe von der Farbtemperatur 2000° K die folgenden Glasfilter:

Ne-Lampe: Schottfilter OG 3b, 2,0 mm stark, Durchlässigkeit ∼ 0,3.
Na-Lampe: Schottfilter OG 1, 5,9—6,1 mm stark, Durchlässigkeit ∼ 0,7.
Hg-H-Lampe: Schottfilter BG 1, 0,5, 0,6 oder 0,7 mm stark in Verbindung mit einem Filter aus der Grüntafelschmelze TP 65 der Dicken 1,3, 1,8 oder 2,3 mm. Wegen der unterschiedlichen Farbe der verschiedenen Hg-H-Lampen soll der Beobachter sich aus den 3 Dicken der beiden Filter jeweils die beste Kombination vor der eigentlichen Messung ermitteln. Die Durchlässigkeit der Kombination liegt bei ∼ 0,1.

Das Electric Testing Laboratory [2] in New York schlägt die Verwendung folgender Filter vor:

Neonlampe: Corning-Filter, Seezeichen-Rot Nr. 246, 3 mm oder Schott-Filter OG 3, 2,3 mm oder Corning-Filter, Verkehrssignal-Rot Nr. 245, 3 mm. (Farbtemperatur der Vergleichsglühlampe nicht näher bezeichnet.)
Natriumlampe: Corning-Gelbglas Nr. 351, 1,0 mm oder Schott-Filter OG 2, 1,0 mm bei einer Farbtemperatur der Vergleichsglühlampe von 2800° K. Für eine Farbtemperatur von etwa 2300° K sollen das Schott-Filter OG 2, 1,0 mm und das Corning-Tageslicht-Filter Nr. 590, 1,0 mm hintereinander geschaltet benutzt werden.
Hg-Lampe: Corning Helles Blaugrün-Filter Nr. 428, 2,53 mm oder Corning Signal-Mondscheinweiß-Filter Nr. 557, 3,5 mm und Corning-Noviolglas O, Nr. 306, 2,0 mm für eine Farbtemperatur der Vergleichsglühlampe von 2800° K oder Corning Signal-Mondscheinweiß-Filter Nr. 557, 2,41 mm und Corning-Filter Nr. G 44b, 0,85 mm für eine Farbtemperatur der Vergleichsglühlampe von 2850° K.

f) Objektive Verfahren. (Näheres s. C 6, S. 338 f.)

Die objektive Messung verschiedenfarbiger Lichtquellen, beispielsweise mit Hilfe von Photozellen, setzt voraus, daß die spektrale Empfindlichkeit der Photozelle möglichst gut mit der international festgelegten Hellempfindlichkeitskurve des normalen Auges übereinstimmt. Nur dann ist eine einfache Eichung und in allen Fällen eine richtige Messung durchführbar. Die Anpassung der Photozelle an die normale Hellempfindlichkeit muß um so besser sein, je weniger linienreich das Spektrum der zu messenden Lichtquelle ist. Das nach DRESLER [3] gefilterte Selenphotoelement (Filterphotronelement), dessen Anpassung an die internationale Kurve nicht vollkommen ist, gestattet z. B. zwar die richtige Messung verschieden belasteter Glühlampen, sowie Bogenlampen und Gaslampen; selbst Quecksilberlampen werden richtig gemessen, bei der Messung der Natriumlampe oder anderer ausgesprochen monochromatischer Gasentladungslampen aber können, wie RIECK [4] festgestellt hat, gelegentlich Abweichungen

---

[1] HELLER, G.: Die Photometrie von Metalldampflampen. Phil. techn. Rdsch. 1 (1936) 120—125.
[2] LITTLE, W. F. and R. S. ESTEY: The use of color filters in visual photometry. Trans. Illum. Engng. Soc. 32 (1937) 628—645, 657—664.
[3] DRESLER, A.: Über eine neuartige Filterkombination zur genauen Angleichung der spektralen Empfindlichkeit von Photozellen an die Augenempfindlichkeitskurve. Licht 3 (1933) 41—43.
[4] RIECK, J.: Beitrag zum Problem der objektiven Messung verschiedenfarbiger Lichtquellen. Licht 5 (1935) 131—132.

auftreten. Ähnliches wird auch für andere feste Kombinationsfilter oder Flüssigkeitsfilter gelten (vgl. C 6 f, S. 343f.). Erst eine genaue Anpassung, wie König [1] sie versuchsweise durchgeführt hat, schafft das „künstliche Präzisionsauge", mit dem jede beliebige Lichtquelle in Übereinstimmung mit dem Normalbeobachter gemessen werden kann. Da solche sorgfältig gefilterten Photozellen infolge der durch die Filterung bedingten hohen Lichtverluste verhältnismäßig unempfindlich sind, ist ihre Anwendung auf Laboratoriumsmessungen beschränkt. Mit einem so weitgehenden Ersatz der subjektiven Messung durch die objektive, wie wir es in der normalen isochromen Photometrie in den letzten Jahren erleben, ist in der heterochromen Photometrie vorab nicht zu rechnen, und zwar um so weniger, solange die noch bestehenden Unklarheiten in den subjektiven Verfahren nicht behoben sind, da von einer zweckvollen objektiven Messung erst dann die Rede sein kann, wenn die Bezugsbasis, d. h. also die subjektive Messung, ihrerseits vollkommen eindeutig ist.

C 4. Lichttechnische Farbenlehre und Farbmessung.

Von

Manfred Richter-Berlin.

Mit 9 Abbildungen.

Die Lichttechnik pflegt im allgemeinen von der Qualität der Lichteindrücke auf das menschliche Auge abzusehen und sich nur mit dem Helligkeitsmaß, das im allgemeinen durch Lichtstrom, Leuchtdichte oder Lichtstärke gegeben wird, zu begnügen. Indessen wird in sehr vielen Fällen auch die Qualität, also die *Farbe* des Lichtes selbst und der vom Licht beleuchteten Gegenstände zu berücksichtigen sein. Die Farbenlehre beschäftigt sich nun mit der Frage nach den Gesetzmäßigkeiten, die in der Welt der Farbeneindrücke herrschen, um die Farbwahrnehmungen einordnen und, wenn möglich, auch messend erfassen zu können. Nachstehend werden die Tatsachen und Probleme der Farbenlehre unter dem Blickwinkel der Lichttechnik wenigstens insoweit dargestellt, als sie heute bereits ein praktisches Interesse beanspruchen können. Wir haben heute noch längst nicht alle Zusammenhänge in der Farbenlehre erkannt, und deshalb konnte bisher nur ein kleiner Teil derselben der praktischen Anwendung zugänglich gemacht werden. Der Mangel an zusammenfassenden Darstellungen [2], wiederum durch die Lückenhaftigkeit unserer Kenntnisse verursacht, erschwert noch zusätzlich eine Nutzbarmachung der Farbenlehre.

---

[1] König, H.: Beiträge zum Problem des Vergleichs verschiedenfarbiger Lichtquellen. Helvet. phys. Acta **7** (1934) 433—453.

[2] An zusammenfassenden Darstellungen aus neuerer Zeit sind zu nennen: Schrödinger, E.: Die Gesichtsempfindungen. In Müller-Pouillets Lehrbuch der Physik. 11. Aufl. **2**, 1. Teil, 456—560. Braunschweig: F. Vieweg & Sohn 1926. — Rösch, S.: Darstellung der Farbenlehre für die Zwecke des Mineralogen. Fortschr. Miner., Kristallogr., Petrogr. **13** (1929) 73—234. — Fedorow, N. T.: Der gegenwärtige Stand der Farbmeßkunde (russ.) 8°. 192 S. Moskau 1933. — Hardy, A. C. und Mitarbeiter: Handbook of Colorimetry. 2°. 87 S. Cambridge (Mass.): Inst. of Technology 1936. — Schober, H.: Bericht über Farbenlehre und Farbenmessung. Phys. Z. **38** (1937) 514—555.

a) Einteilung der Farbenerscheinungen.

Alles, was wir in unserer Umgebung erblicken, alle „Sehdinge", besitzen für das normale menschliche Auge eine „Farbe". Im Sinne der Farbenlehre wird der Begriff „Farbe" für die Wahrnehmung des Auges gebraucht, nicht für die färbenden Substanzen.

Es werden „*farbige Lichtquellen*" (Selbstleuchter) von den „*Körperfarben*" (Nichtselbstleuchter) unterschieden. Die letzteren sind nur in Verbindung mit einer sie beleuchtenden Lichtquelle eindeutig bestimmt. (Fluoreszierende Farbstoffe sind bei Erregung mit unsichtbarer Strahlung natürlich als Selbstleuchter zu behandeln; bei Beleuchtung mit sichtbarem Licht, das die Fluoreszenz nicht anregt, haben solche Farbaufstriche den Charakter reiner Körperfarben. Wird aber die fluoreszenzfähige Farbprobe mit sichtbarem und gleichzeitig mit erregendem Licht bestrahlt, dann ergibt sich je nach den Verhältnissen der zurückgeworfenen und der Eigenstrahlung eine Mischfarbe.) Ein *grundsätzlicher* Unterschied zwischen farbiger Lichtquelle und Körperfarbe besteht — abgesehen von der psychologisch verschieden bewerteten Erscheinungsform der Farbe — für die Farbenlehre nicht.

Es werden *bunte* und *unbunte* Farben unterschieden. Die unbunten Farben (Weiß, Grau, Schwarz) bilden eine einfache, stetige Reihe, die vom reinen (idealen) Weiß [1] (Oberfläche mit der Reflexion 1,0 und einer streng dem Lambertschen Gesetz gehorchenden Streuung des zurückgeworfenen Lichtes) über alle Abstufungen des „neutralen" Grau nach dem idealen Schwarz (Oberfläche mit der Reflexion O) läuft. Unbuntes Licht wird stets weiß genannt. Die bunten Farben zeichnen sich vor den unbunten durch das Vorhandensein eines *Farbtons* aus, d. i. die Eigenschaft, die wir mit dem Namen rot, gelb, grün, blau usw. bezeichnen. Die bunten Farben bilden unter konstanten äußeren Sehbedingungen eine dreifache Mannigfaltigkeit. Alle Übergänge zwischen den einzelnen Farben verlaufen stetig. Die unbunten Farben sind als Sonderfall der bunten Farben aufzufassen; sie gliedern sich in das System der bunten Farben daher völlig ein; von jeder unbunten Farbe existiert ein stetiger Übergang zu jeder bunten Farbe hin.

b) Farbwahrnehmung.

Zur Wahrnehmung von Farben ist im normalen Fall erforderlich, daß Lichtstrahlung von der Lichtquelle direkt oder nach Zurückwerfung von einer (oder Durchgang durch eine) Körperfarbe ins Auge gelangt. Für den von dieser Strahlung ausgelösten Farbreiz ist die spektrale Zusammensetzung der Strahlung (die „Lichtfunktion") [2] innerhalb des sichtbaren Spektralgebietes maßgebend. Daher muß sich die Bemühung um die Feststellung der *objektiven* Seite der Farbe auf die Messung der Lichtfunktion richten.

Die spektrale Energieverteilung der den Farbreiz hervorrufenden Strahlung wird auf spektralphotometrischem Wege bestimmt. Handelt es sich um eine Lichtquelle, deren Strahlung so bestimmt werden muß, so ist bei visueller Messung (etwa mit dem Spektralphotometer nach KÖNIG-MARTENS, vgl. C 5, S. 326) wie bei den meisten der angewandten objektiven (lichtelektrischen) Verfahren eine Vergleichslichtquelle bekannter spektraler Energieverteilung erforderlich. Hierzu dienen in erster Linie Wolframglühlampen, von denen sich

---

[1] Als Weiß gilt der Farbeindruck der Strahlung, deren Energie auf alle kleinen Wellenlängenbezirke gleichmäßig verteilt ist (sog. energiegleiches Spektrum) (DIN 5033). Über die Herstellung dieses *Farbeindrucks* vgl. R. DAVIS and K. S. GIBSON: Filters for Producing the Color of the Equal-Energy Stimulus. Bur. Stand. Res. Pap. Nr. 652; J. Res. **12** (1934) 263—267. — Vor der Einführung des jetzigen Bezugssystems galt meist die Strahlung der Farbtemperatur 5000° K als Weiß.

[2] KOHLRAUSCH, K. W. F.: Farbton und Sättigung der Pigmentfarben. Physik. Z. **21** (1920) 396—403.

einige Sonderausführungsformen für wissenschaftliche Zwecke [1] besonders eignen. Diese Lampen werden gewöhnlich auf eine bestimmte *Farbtemperatur* [2] (2360° K oder 2848° K) geeicht; wegen der innerhalb des sichtbaren Gebiets sicher sehr geringen Abweichung der Wolframstrahlung von der des schwarzen Körpers kann man dann die relative spektrale Energieverteilung nach dem Wien-Planckschen Gesetz berechnen oder aus Tabellen entnehmen [3].

Wegen ihrer sehr genau bestimmten spektralen Energieverteilung wird gelegentlich die Hefnerlampe zu solchen Messungen empfohlen; die Unbequemlichkeit ihrer Handhabung und die sehr geringe Strahlungsintensität im blauen Spektralbereich beeinträchtigen aber die Anwendbarkeit. Neuerdings werden auch Gasentladungslampen, speziell Quecksilberhochdrucklampen mit Quarzrohr für diese Zwecke als geeignet angesehen [4].

Weitaus bequemer und viel häufiger durchzuführen sind die spektral-photometrischen Messungen an Körperfarben (Aufstriche, Filter). Denn zur Kennzeichnung der Lichtfunktion solcher Körperfarben genügt die Kenntnis der spektralen Remissionskurve [5] (bzw. Durchlässigkeitskurve) unter der Voraussetzung, daß die Körperfarbe von einem Licht bekannter Energieverteilung beleuchtet wird. Die Remissionskurve ist natürlich der Körperfarbe eigentümlich, also von der auffallenden Strahlung unabhängig. Zur Bestimmung der Remissionskurve ist nur nötig, daß (am besten mittels Substitutionsmethode) die Remission der Farbprobe in den einzelnen engen Spektralbezirken mit der Remission einer ideal weißen Fläche verglichen wird. Da eine solche nicht herstellbar ist, wird meist auf die Remission von Magnesiumoxyd bezogen, das sich durch „Berußen" einer ebenen weißen Unterlage in der Mg-Flamme leicht herstellen läßt. Die Remission einer solchen Probe wird dann gewöhnlich gleich 1,0 gesetzt. Tatsächlich liegt sie etwa bei 0,95 und zeigt bei genügender Reinheit des verwendeten Magnesiums kaum eine Selektivität im Sichtbaren. Gelegentlich wird auch eine mattgeschliffene Suspension von Bariumsulfat in Gelatine als Normalweiß verwendet.

Zur Ermittlung der Lichtfunktion wird bei jeder Wellenlänge der Remissionswert mit der relativen spektralen Energie des beleuchtenden Lichtes multipliziert. Zur Beschränkung der unendlichen Mannigfaltigkeit der Farbreize, die eine Körperfarbe je nach Art des beleuchtenden Lichtes ergeben können, hat man sich für den Regelfall international auf drei „Normalbeleuchtungen" beschränkt [6], für deren Licht der Farbreiz angegeben wird. „Normalbeleuchtung *A*" ist das Licht einer gasgefüllten Glühlampe der Farbtemperatur 2848° K; „Normalbeleuchtung *B*" soll einer Farbtemperatur von rund 4800° K entsprechen; „Normalbeleuchtung *C*" gibt etwa das Licht des blauen Tageshimmels in

---

[1] Vgl. B 5, S. 123 und Liste 53 (Lampen für wissenschaftliche Zwecke) der Osram G. m. b. H. Komm.-Ges., Berlin.

[2] Über die Definition der Farbtemperatur vgl. B 2, S. 66.

[3] Frehafer, M. K. and Ch. L. Snow: Tables and Graphs for Facilitating the Computation of spectral Energy Distribution by Planck's Formula. Misc. Publ. Bur. Stand. 1925 Nr. 56. — Davis, R. and K. S. Gibson: Filters for the Reproduction of Sunlight and Daylight and the Determination of Color Temperature. Misc. Publ. Bur. Stand. 1931 Nr. 114. — Vgl. auch B 1, S. 56 und Tabellen (im Anhang).

[4] Krefft, H., F. Rössler u. A. Rüttenauer: Ein neues Strahlungsnormal. Z. techn. Physik 18 (1937) 20—25, vgl. K 2.

[5] In der Farbmeßtechnik wird an Stelle des Begriffes der Reflexion, die als Lichtstromverhältnis definiert ist (DIN 5031), der Begriff der *Remission* verwendet, die durch das Leuchtdichteverhältnis der Körperfarbe zu der des unter gleichen Beleuchtungsverhältnissen stehenden idealen Weiß gegeben ist. Dabei ist die Lichteinfallsrichtung auf 45° zur Flächennormalen und Beobachtung in Richtung der Flächennormalen festgelegt (DIN 5033).

[6] Vgl. das deutsche Normblatt DIN 5033: Bewertung und Messung von Farben. Nov. 1935. Bearbeitet von der Deutschen Lichttechnischen Gesellschaft. Berlin: Beuth-Verlag.

mittleren Breiten wieder und hat ungefähr die Farbtemperatur 6500° K. Die Normalbeleuchtungen B und C werden durch die gleiche Lichtquelle wie Normalbeleuchtung A erzeugt, jedoch unter Vorsatz je eines Doppelfilters nach DAVIS-GIBSON [1]. Das Doppelfilter besteht aus einer Zwillingsküvette für je 1 cm Flüssigkeitsschicht. Die Lösungen haben folgende Zusammensetzung:

Davis-Gibson-Filter		Beleuchtung B	Beleuchtung C
1. Lösung	Kupfersulfat	2,452 g	3,412 g
	Mannit	2,452 g	3,412 g
	Pyridin	30,0 cm³	30,0 cm³
2. Lösung	Kobaltammoniumsulfat	21,71 g	30,58 g
	Kupfersulfat	16,11 g	22,52 g
	Schwefelsäure (spez. Gew. 1,835)	10,0 cm³	10,0 cm³

Jede der beiden Lösungen wird mit destilliertem Wasser auf 1000,0 cm³ aufgefüllt.

Da durch die Angabe der ungefähren Farbtemperatur bei diesen Normalbeleuchtungen die spektrale Energieverteilung wegen der Eigenschaften der Filter nicht genügend genau zu kennzeichnen ist, sind diese Werte in einer im Anhang befindlichen Tafel [Tabelle (Anh.)] zusammengestellt.

Im einfachsten Fall begnügt man sich mit der Angabe des Farbreizes für *eine* Normalbeleuchtung und wählt dazu, falls keine besonderen Gründe etwas anderes rechtfertigen, die *Normalbeleuchtung B*.

Selbstverständlich hat es keinen Zweck, Körperfarben, die stets mit einer ganz bestimmten Lichtquelle verbunden werden (z. B. Signalgläser), auf eine Normalbeleuchtung zu beziehen. In solchen Fällen muß man natürlich die Energieverteilung der betreffenden Lichtquelle zugrunde legen. Da eine solche oft vorkommende Lichtquelle die Vakuumlampe ($T_f = 2360°$ K) ist, wurden die diesbezüglichen Werte in der Tabellensammlung im Anhang mit aufgenommen. Auch das Licht der Quecksilberhochdrucklampe spielt heute eine Rolle, so daß oftmals Farbberechnungen für diese Lichtquelle nötig sind. Für die Type Hg H 1000 sind die erforderlichen Werte im Tabellenteil zu finden.

c) Additive Farbmischung und Farbmessung.

Die rein physikalischen Zahlenangaben sind indessen ungeeignet zur Beschreibung des Farbreizes, der von dem Licht der betreffenden Lichtfunktion ausgelöst wird. Abgesehen von der Umständlichkeit, die dadurch die Farbkennzeichnung erleiden würde, ist eine solche Darstellung in gewissem Sinne nicht eindeutig. *Es läßt sich nämlich ein und derselbe Farbreiz durch sehr verschiedene Lichtfunktionen erzeugen.* Umgekehrt allerdings ist Eindeutigkeit vorhanden, denn *einer bestimmten Lichtfunktion ist stets ein ganz bestimmter Farbreiz zugeordnet* (der unter den gleichen äußeren Sehbedingungen dann auch die gleiche Farbempfindung auslöst).

Es ist also für eine Farbkennzeichnung notwendig, diesen Tatsachen Rechnung zu tragen, so daß gleichaussehende Farben auch wirklich gleiche Kennzahlen erhalten. Dies wird ermöglicht durch die Kenntnis der *Gesetze der additiven Farbmischung* (auch optische Farbmischung oder Lichtermischung genannt). Diese von H. GRASSMANN [2] aufgestellten Gesetze lauten in der Ausdrucksweise der heutigen Farbenlehre:

1. Für das Ergebnis einer additiven Mischung ist nur das *Aussehen*, nicht die spektrale Zusammensetzung der Komponenten maßgebend. (D. h., zwei spektral verschieden zusammengesetzte, aber gleich aussehende Farben verhalten

---

[1] DAVIS, R. and K. S. GIBSON: Filters for the Reproduction of Sunlight and Daylight and the Determination of Color Temperature. Misc. Publ. Bur. Stand. 1931 Nr. 114.

[2] GRASSMANN, H.: Zur Theorie der Farbenmischung. Poggendorffs Ann. Physik **89** (1853) 69—84.

sich bei additiver Mischung völlig gleich, so daß die eine durch die andere ersetzt werden kann.)

2. Alle Farbmischungen verlaufen stetig.

3. Zur Festlegung eines Farbreizes sind drei Bestimmungsstücke erforderlich.

Diese Gesetze reduzieren also die Zahl der Bestimmungsstücke eines Farbreizes auf drei; dadurch wird gegenüber der physikalischen Kennzeichnung durch die spektrale Strahlungszusammensetzung eine wesentliche Vereinfachung erzielt. Vor allem aber werden gleiche Farbenreize ohne Rücksicht auf ihre spektrale Zusammensetzung auch gleich bewertet. Diese Gesetze ermöglichen also eine *Messung des Farbreizes* auf einfacher Grundlage. Tatsächlich ist es nicht möglich, auf einer anderen Grundlage als der der Grassmannschen Gesetze der additiven Farbmischung eine eindeutige Farbmessung aufzubauen. Deshalb verlangt das deutsche Normblatt DIN 5033: ,,Bewertung und Messung von Farben" ausdrücklich, daß *nur* Meßverfahren angewendet werden, die mit diesen Gesetzen in Einklang stehen.

d) Meßbedingungen.

Die Grassmannschen Gesetze gelten allerdings in aller Strenge nur unter bestimmten einschränkenden Bedingungen. Da das Farbensehen an die Funktion der Netzhautzapfen gebunden ist, müssen diese in *voller* Tätigkeit sein, um den ,,richtigen" Farbreiz zu liefern; außerdem müssen sie *ausschließlich* in Tätigkeit sein, die Stäbchen dürfen also an der Wahrnehmung nicht beteiligt sein. Diesen Zustand des Auges pflegt man als ,,reines Tagessehen" zu bezeichnen; er wird durch eine ausreichende Leuchtdichte des Gesichtsfeldes (Infeld und Umfeld) sichergestellt, die die Grenze von $\sim$ 10 asb nicht unterschreiten soll. Da ferner nur in der *Netzhautgrube* (Fovea centralis) ein stäbchenfreier Bezirk vorhanden ist, so soll lediglich der dort ausgelöste Farbreiz in Betracht gezogen werden. Das führt zu einer Beschränkung der *Gesichtsfeldgröße* bei Farbmessungen; es ist zweckmäßig, die Gesichtsfeldgröße auf 1,5° Durchmesser festzulegen. Da auch die Verteilung der Zäpfchen in der Netzhautgrube konzentrisch zu deren Mitte verschieden ist, so fordert man für die Unterteilung des Gesichtsfeldes im Meßinstrument eine *symmetrische Aufteilung* (am besten in zwei durch senkrechte Trennungslinie unterteilte Hälften) und lehnt eine konzentrische ab. Zur Vermeidung von Beeinflussungen der Gesichtsfeldfarben durch Kontrasterscheinungen wird eine *neutrale Umgebung* des Gesichtsfeldes gefordert. Man wählt meist eine lichtlose Umgebung, wenngleich Untersuchungen ergeben haben, daß eine der Gesichtsfeldleuchtdichte angenähert gleiche neutrale Umfeldleuchtdichte die Einstellung wesentlich genauer macht [1]. Im Interesse einer hohen Einstellgenauigkeit wird gefordert, daß die Messung mit gut ausgeruhtem und nicht farbig umgestimmtem Auge vorgenommen werden (eine farbige Umstimmung ist an sich ohne Einfluß auf die Farbgleichung) [2]. Selbstverständlich gelten die Grassmannschen Gesetze nur, wenn die Gesichtsfeldleuchtdichte noch nicht so hoch ist, daß *Blendung* des Auges eintritt. Und schließlich ist noch darauf hinzuweisen, daß im einzelnen Fall das Mischungsergebnis und daher die Gleichheit zweier verschieden zusammengesetzter Farbreize von der physiologischen Beschaffenheit des beurteilenden Auges, also vom Farbensinn des

---

[1] SCHÖNFELDER, W.: Der Einfluß des Umfeldes auf die Sicherheit der Einstellung von Farbengleichungen. Z. Sinnesphysiol. **63** (1933) 228—251.

[2] NAGEL, W. u. J. v. KRIES: Über den Einfluß von Lichtstärke und Adaptation auf das Sehen des Dichromaten (Grünblinden). Z. Psychol. **12** (1896) 1—38. — Weitere Mitteilungen über die funktionelle Sonderstellung des Netzhautzentrums. Z. Psychol. **23** (1900) 161—186.

Beobachters abhängt. Bei Messungen ist deshalb darauf zu achten, daß nur normale farbentüchtige Beobachter die Messung ausführen.

Die hier aufgeführten einschränkenden Bedingungen für die Gültigkeit der Grassmannschen Gesetze und die daraus folgenden Vorschriften für die Durchführung von Messungen erwecken den Anschein, als ob das ganze Verfahren ein rein willkürliches sei, denn diese Bedingungen entsprechen ja durchaus nicht den Verhältnissen, unter denen wir normalerweise Farben in unserer Umgebung wahrnehmen. Dieser Einwand ist berechtigt, sofern er sich auf die endgültig empfundene Farbe bezieht, denn diese ist je nach Beleuchtungsverhältnissen, Adaptationszustand, Farbenstimmung und Individuum ganz verschieden. Für die *Messung des Farbreizes* hingegen ist er nicht stichhaltig, denn man muß sich eben bewußt bleiben, daß man infolge der vielen Einflüsse die *Farbempfindung* als solche überhaupt nicht messen kann, sondern nur den unter gewissen „normalen" Bedingungen ausgelösten *Farbreiz*. Diese „normalen" Bedingungen müssen bei der Messung innegehalten werden; dann kann man eine Aussage darüber machen, ob zwei *Farbreize* einander gleich sind; diese Gleichheit wird dann auch unter weniger strengen Bedingungen meist noch erhalten bleiben. Zusammen mit der unleugbaren Notwendigkeit, eine Möglichkeit zur zahlenmäßigen Festlegung von Farbreizen zu besitzen, folgt aus dem eben Dargestellten die Berechtigung für ein derartiges Vorgehen. Es ist das Verdienst der Deutschen Lichttechnischen Gesellschaft, durch Herausgabe des Normblattes DIN 5033 den Bedingungen für eine eindeutige Farbmessung allgemeine Geltung verschafft zu haben.

e) Farbgleichung und Farbtafel.

Zur Darstellung des Ergebnisses einer additiven Farbmischung benutzt man entweder die algebraische Form der „Farbgleichung" oder die graphische der „Farbtafel".

In der allgemeinsten Form sagt eine Farbgleichung, aus welchen Komponenten (A, B) ein Farbreiz (F) zusammengesetzt worden ist und welche Beträge (m_1, m_2) der Komponenten A und B dazu erforderlich gewesen sind:

$$F = m_1 A + m_2 B. \tag{1}$$

Die Beträge m_1 und m_2 hängen von den willkürlich gewählten Einheitsmengen von A und B ab; sie sind nicht notwendigerweise etwa in photometrischem Maß zu messen.

In der gleichen Weise kann eine Farbmischung aus mehr als zwei Komponenten dargestellt werden. Auf Grund der Grassmannschen Gesetze läßt sich aber jede Mischung aus beliebig vielen Bestandteilen auf eine Mischung aus nur dreien zurückführen, so daß die allgemeinste Form der Farbgleichung die Form hat:

$$F = m_1 A + m_2 B + m_3 C, \tag{2}$$

wobei allerdings Voraussetzung ist, daß sich zwischen A, B und C allein keine Farbgleichung herstellen läßt, d. h. daß keiner dieser drei Farbreize aus den zwei übrigen durch additive Mischung erzeugt werden kann.

Als geometrisches Bild der Farbgleichung läßt sich die Vektordarstellung verwenden, doch wird hiervon nur selten Gebrauch gemacht. Fast ausschließlich verwendet man an Stelle einer derartigen räumlichen Darstellung (unter bewußtem Verzicht auf eine Dimension) die „*Farbtafel*", in der man die Mischungs*verhältnisse* in folgender Weise wiedergibt:

Zwei zu mischenden Farbreizen wird je ein Punkt in der Farbtafel zugeordnet; alle Mischungen aus diesen beiden Farbreizen liegen dann auf der geraden Verbindungslinie beider Punkte. Eine bestimmte Mischung $F = m_1 A + m_2 B$ liegt dann so, daß $m_1 \cdot a_1 = m_2 \cdot a_2$ ist, wo a_1 und a_2 die Abstände des Punktes F von A bzw. B sind (Schwerpunktskonstruktion!). Einem neu hinzutretenden Farbreiz C, der nicht aus A und B mischbar ist, kann dann jeder beliebige Punkt in der Ebene, ausgenommen ein Punkt der Geraden durch A und B, zugewiesen werden. Nach Festlegung eines dritten Farbpunktes und der Einheitsmengen ist für alle herstellbaren bzw. denkbaren Mischungsverhältnisse dieser drei Farbreize und damit für alle Farbreize überhaupt der Farbpunkt eindeutig bestimmt, was im Einklang mit den Grassmannschen Gesetzen steht. Alle Farbreize, die durch Mischung von A, B und C erzeugt werden können, haben ihren Farbort innerhalb des Dreiecks $A B C$ je nach dem Verhältnis der „Gewichte" m_1, m_2, m_3.

Die Farbreize A, B, C, als deren Mischung alle anderen Farbreize beschrieben werden, heißen die „*Eichreize*" des „*Systems*".

Aber auch alle anderen Farbreize, die nicht direkt aus A, B und C ermischt werden können, lassen sich zu diesen Farbreizen in Beziehung setzen. Läßt sich eine Farbgleichung der Form (2) nicht aufstellen, dann kann man stets eine Farbmischung auffinden, wo Gleichheit zwischen der Mischung aus einem zu messenden Farbreiz G mit einem (in seltenen Fällen zweien) der Farbreize A, B und C und einer bestimmten Mischung aus den anderen beiden (bzw. einem bestimmten Betrag der dritten) festgestellt werden kann. In Gleichungsform lautet das entweder

$$G + m_4 A = m_5 B + m_6 C \tag{3a}$$

oder

$$H + m_7 A + m_8 B = m_7 C . \tag{3b}$$

Die Beziehungen für die Farbreize G und H lauten dann bzw.:

$$G = m_5 B + m_6 C - m_4 A \tag{4a}$$

$$H = m_9 C - m_7 A - m_8 B . \tag{4b}$$

(Man bezeichnet eine derartige Beziehung als „uneigentliche Farbmischung".)

In der Farbtafel liegen alle Farbreize, die in der Farbgleichung negative Koeffizienten der Eichreize besitzen, also nur durch „uneigentliche" Farbmischung mit den Eichreizen zu verknüpfen sind, außerhalb des Dreiecks $A B C$. Sie werden auf Grund der Tatsache eingetragen, daß die Ergebnisse der eigentlichen Farbmischungen auf beiden Seiten der Gleichungen (3a) und (3b) den gleichen Farbpunkt besitzen müssen, da sie ja gleich aussehen.

f) Spektrumseichung.

In dieser Weise kann man nun auch die Farborte der *monochromatischen Lichter* (Spektralreize) bestimmen; sie umschließen Dreieck $A B C$, wenn A, B, C beliebige reelle Farbreize sind.

Andererseits kann man jeden Farbreiz, solange er nicht selbst durch eine monochromatische Strahlung erzeugt ist, als additive Mischung aller physikalisch in ihm enthaltenen Spektralstrahlungen ansehen. Kennt man also die Eichwerte der Spektralreize bezüglich eines bestimmten Eichreiztripels, so kann man für jeden Farbreiz aus den Eichwerten der Spektralfarbenreize die Eichwerte für den Farbreiz bestimmen, wenn man die physikalische spektrale Zusammensetzung des Farbreizes ermittelt hat.

Man verwendet in der Praxis als Eichreize nun Farbreize, die alle reellen Farbreize (einschließlich der Spektralreize) durch positive Eichreizbeträge auszudrücken gestatten. Diese Eichreize lassen sich dann allerdings nicht herstellen, sondern nur rechnerisch bestimmen. Für diese gedachten Eichreize berechnet man die Eichwerte der Spektralreize und damit die Eichwerte der daraus zusammengesetzten Farbreize.

Die Farbtafel wird dann gewöhnlich so angelegt, daß man die Farbpunkte der Eichfarben als Eckpunkte eines gleichseitigen Dreiecks nimmt, wobei man die Einheiten so wählt, daß der Weißpunkt im Dreiecksmittelpunkt liegt. Dann nimmt die Farbtafel die bekannte Gestalt des Farbdreiecks an (Maxwell-Helmholtzsches Dreieck).

Die Bestimmung der Eichwerte des Spektrums ist wiederholt durchgeführt worden (Maxwell, König und Dieterici, Abney, Guild, Wright, Hamilton und FREEMAN, KOHLRAUSCH, FEDOROW) [1]; zur Zeit sind international die Werte von GUILD und WRIGHT in bestimmter Umrechnung durch Beschluß der Internationalen Beleuchtungskommission (IBK.) in Gebrauch; sie sind in das Normblatt DIN 5033 aufgenommen und als „Normalreizkurven" bezeichnet. Die Werte für das energiegleiche Spektrum finden sich im Tabellenanhang dieses Handbuches; ihren Verlauf zeigt die Abb. 323. Über die praktische Anwendung dieser Tabellen für die Farbmessung ist im Abschnitt „Spektralverfahren" Näheres gegeben. Die Farbtafel gemäß diesen Eichwerten zeigt Abb. 324, in die auch die Farborte der Strahlungen des schwarzen Körpers eingetragen sind.

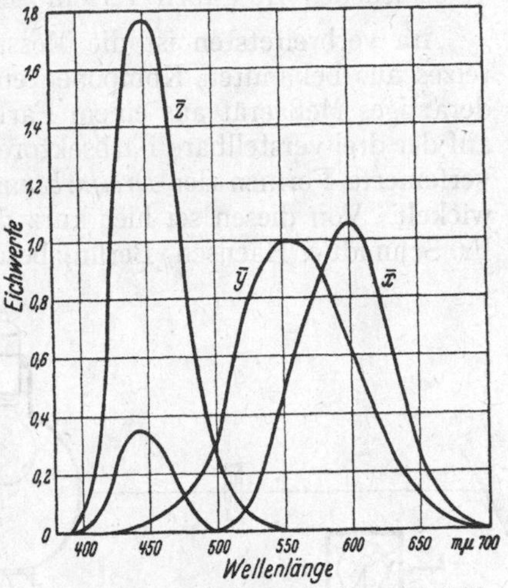

Der Beobachter, dem diese durch eine Anzahl von Versuchspersonen bestimmten mittleren „Normalreizkurven" zugehörig gedacht werden, wird als der „Normal-Beobachter" bezeichnet.

Man unterscheidet drei grundsätzliche Gruppen von Meßverfahren:

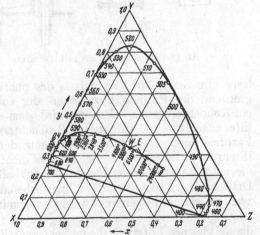

Abb. 323. Normalreiz-Kurven für das energiegleiche Spektrum.

1. das Gleichheitsverfahren, — 2. das Spektralverfahren — und 3. das Helligkeitsverfahren.

g) Gleichheitsverfahren.

Das einfachste Meßverfahren besteht darin, daß man zu dem gegebenen Farbreiz einen anderen gleichen aus einer bereits ausgemessenen *Mustersammlung* aussucht. Geeignete Farbsammlungen bestehen zwar (OSTWALD, MUNSELL, RIDGWAY, BAUMANN-PRASE [2]), doch ist leider keine

[1] MAXWELL, J. C.: On the Theory of compound Colours and the Relations of the Colours of the Spectrum. Proc. Roy. Soc., Lond. **10** (1860) 404—409, 484—486. — KÖNIG, A. u. C. DIETERICI: Die Grundempfindungen im normalen und abnormalen Farbensystem und ihre Intensitätsverteilung im Spektrum. Z. Psychol. **4** (1892) 241—347. — ABNEY, W.: The numerical Registration of Colours. Proc. Roy. Soc., Lond. **49** (1891) 227—233. — GUILD, J.: The colorimetric Properties of the Spektrum. Philos. Trans. Roy. Soc., Lond. A **230** (1931) 149—187. — WRIGHT, W. D.: A Redetermination of the trichromatic Coefficients of the Spectrum. Trans. opt. Soc., Lond. **30** (1928/29) 141—164. HAMILTON, W. F. and E. FREEMAN: Trichromatic Functions of the average Eye. J. opt. Soc. Amer. **22** (1932) 369—387. — KOHLRAUSCH, A.: Tagessehen, Dämmersehen, Adaptation. In Handbuch der normalen und pathologischen Physiologie **12**, 2. Teil. 1499—1594. Berlin: Julius Springer 1931. — FEDOROW, N. T. u. W. J. FEDOROWA: Untersuchungen über das Farbensehen (russ.). Bull. Acad. Sci. USSR., math.-naturwiss. Kl. **1935**, 1431—1450.

Abb. 324. Farbtafel. Darin eingetragen die Farborte der Strahlungen des schwarzen Körpers bei verschiedenen Temperaturen. WE = Weißpunkt = Ort des energiegleichen Spektrums. Farbreiz = Dreiecksmittelpunkt.

[2] RIDGWAY, R.: Color Standards and Color Nomenclature. Baltimore: Hoen & Co. 1912. — MUNSELL, A. H.: Atlas of the Munsell Color System. Boston 1915. — OSTWALD, W.:

dieser Sammlungen nach dem gültigen Maßsystem ausgemessen. Dazu kommt, daß die Proben nicht unbegrenzt haltbar sind und außerdem mitunter bei verschiedenen Ausgaben verschieden ausgefallen sein können.

Am verbreitetsten ist die Messung durch Erzeugung eines gleichen Farbreizes aus bekannten Komponenten. In seiner primitivsten Form besteht ein derartiges Meßgerät aus einem Farbkreisel, d. i. eine rasch rotierende Scheibe, auf der drei verstellbare Farbsektoren angebracht sind. Daraus haben sich dann verfeinerte Formen der *Dreifarbenmeßgeräte* (trichromatische Kolorimeter) entwickelt. Von diesen sei hier kurz das Gerät von Bechstein [1] (hergestellt von Fr. Schmidt & Haensch, Berlin) beschrieben, das eine verbesserte Konstruktion des ursprünglichen Kolorimeters von Guild [2] (hergestellt von A. Hilger Ltd., London) darstellt. Abb. 325 zeigt ein Schema des Bechsteinschen Farbmeßgerätes. Die Lichtquelle G, in einer weißen Hohlkugel untergebracht, beleuchtet drei Paare von Farbfiltern F, die durch die Schieber S meßbar abgedeckt werden können; vor diesen befindet sich der rasch rotierende Prismensatz P, der nach dem Prinzip des Farbkreisels im Gesichtsfeld L die Mischfarbe aus den Filtereinstellungen sichtbar werden läßt. Durch das Fernrohr A werden die mit den Triebknöpfen bewirkten Schiebereinstellungen abge-

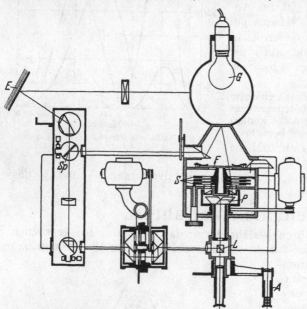

Abb. 325. Dreifarben-Meßgerät nach Bechstein.

lesen. Im Gesichtsfeld ist mittels des photometrischen Kontaktes L scharf angrenzend der Prüfling E zu sehen, der von der gleichen Lichtquelle G durch ein Kondensorsystem beleuchtet wird, dem erforderlichenfalls ein Davis-Gibson-filter zugefügt wird. Aufgabe des Beobachters ist es nun, diesen von E ausgelösten Farbreiz durch eine additive Mischung der drei Farbreize der Apparatefilter (Eichreize) nachzuahmen. Gelingt dies nicht ohne weiteres (wenn nämlich der zu messende Farbreiz in der Farbtafel außerhalb des von den Eichreizen gebildeten Dreiecks liegt), so muß der Prüflingsfarbe additiv ein gewisser Betrag eines oder zweier Eichreize beigemischt werden, was mit Hilfe des über Sp geleiteten Strahlenganges geschieht; denn dieses abgezweigte Licht passiert eine Revolverscheibe, die die gleichen Filter wie die im Sektorenteil des Apparates trägt. Die Platte Sp ist eine ebene Glasplatte, die von dem darauf auftreffenden Licht einen Bruchteil in den Prüflingsstrahlengang spiegelt und dieses dem von E eintretenden Licht beimischt. Zur Erleichterung der Einstellung befindet sich im Prüflings-

---

Farbnormen-Atlas. 3. Aufl. Leipzig: Unesma 1926. — Baumann, P.: Neue Farbtonkarte, System Prase. Aue i. Sa. 1927.
[1] Vgl. E. Lax u. M. Pirani: Künstliches Tages- und Sonnenlicht. Proc. Int. Illum. Congr. Sheffield 1931, 324—356.
[2] Guild, J.: A trichromatic Colorimeter suitable for Standardisation Work. Trans. opt. Soc. Lond. 27 (1925/26) 106—129.

strahlengang noch ein Brodhun-Sektorenschwächungseinrichtung, die die Leuchtdichte der einen Gesichtsfeldhälfte ohne Farbänderung herabzusetzen gestattet.

Man liest als Ergebnis der Einstellung an einem solchen Instrument drei Werte R', G', B' ab, die bereits eine eindeutige Farbkennzeichnung für den internen Gebrauch liefern können, sobald die subjektiven Einflüsse des Beobachters durch Eichung eliminiert sind [1]. Sollen die Meßwerte jedoch mit anderen Stellen ausgetauscht werden, so ist die Bezugnahme auf das genormte Maßsystem unerläßlich. Dazu muß das Gerät geeicht werden.

Diese Eichung nimmt man zweckmäßig in zwei Stufen vor [1]. Erstens eicht man (oder läßt es von einer dazu gut eingerichteten Stelle, z. B. der Physikalisch-Technischen Reichsanstalt, tun) die drei im Instrument erzeugten Farbreize nach dem nachstehend beschriebenen Spektralverfahren. Man erhält dann für die drei Eichreize des Gerätes solche Eichgleichungen:

$$\left.\begin{array}{l} 100\,R = a_1 X + a_2 Y + a_3 Z \\ 100\,G = b_1 X + b_2 Y + b_3 Z \\ 100\,B = c_1 X + c_2 Y + c_3 Z \end{array}\right\} \tag{5}$$

Darin bedeutet die Zahl 100 auf der linken Seite, daß die Werte für je hundert Skalenteile der Eichreizeinstellung, also für volle Filteröffnung gelten. X, Y, Z sind die Normalreize. Dieser objektiven Eichung, die nur in größeren Abständen wiederholt zu werden braucht, hat sich eine „tägliche Eichung" anzuschließen, die die tatsächlichen Ablesungen R', G', B' des Beobachters auf die der objektiven Eichung zugrunde liegenden Ablesungen R, G, B des „Normalbeobachters" reduziert. Mit diesen reduzierten Ablesungen geht man dann in die aus Gleichung (5) hervorgegangenen Umrechnungsgleichungen (6) ein und erhält aus diesen die gesuchten Normalreizbeträge X, Y, Z für den gemessenen Farbreiz:

$$\left.\begin{array}{l} X = a_1 R + b_1 G + c_1 B \\ Y = a_2 R + b_2 G + c_2 B \\ Z = a_3 R + b_3 G + c_3 B \end{array}\right\} \tag{6}$$

Prinzipiell in der gleichen Weise sind natürlich auch die Ergebnisse zu behandeln, die mit anderen additiv nach dem Gleichheitsverfahren arbeitenden Farbmeßgeräten erhalten werden. Übersichten über die verschiedenen Geräte und Verfahren finden sich in [2].

In Abb. 326 ist ein erst kürzlich von RICHTER[3] entwickeltes Dreifarben-Meßgerät im Schema wiedergegeben. Es unterscheidet sich von den üblichen vor allem dadurch, daß zur Nachmischung des zu messenden Farbreizes nicht drei *feste* Eichreize (z. B. Rot, Grün, Blau) verwen-

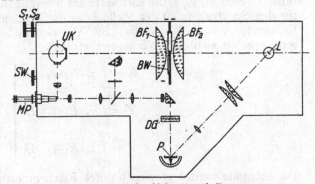

Abb. 326. Dreifarben-Meßgerät nach RICHTER.

L Lichtquelle, *BF*₁, *BF*₂ Blendenschieber für Farbfilter, *BW* Blendenschieber für Weißfilter, *UK* Ulbrichtsche Kugel, $S_1 S_2$ Stellschrauben für Blendenschieber, *MP* Martens-Photometer, *P* Prüfling, *DG* Davis-Gibson-Filter.

det werden, sondern daß jeweils zwei sehr reinfarbige bunte Eichreize in Form von Glasfiltern so ausgewählt werden, daß zur Messung die Farbton des Prüflings zwischen den Farbtönen der Eichreize liegt. Als dritter, nicht auswechselbarer

---

[1] SMITH, T. and J. GUILD: The C.I.E. Colorimetric Standards and their Use. Trans. opt. Soc. Lond. **33** (1931/32) 73—130.
[2] Vgl. z. B. M. RICHTER: Die Technik der Farbmessung. Licht **4** (1934) 101—105, 125—127. — Eine ältere, von rein praktischen Gesichtspunkten ausgehende Zusammenstellung gab P. KRAIS: Über die industrielle Verwertbarkeit der bis heute vorhandenen Verfahren und Systeme der Messung und Benennung von Farbtönen. Z. angew. Chem. **27** (1914) 25—38. [3] Elektrotechn. Z. **58** (1937) 1013 — DRGM. Nr. 1423035.

Eichreiz dient Weiß. Durch diese Maßnahmen wird eine tägliche Eichung überflüssig gemacht, die Einstellgenauigkeit wird erhöht, und die Messungen werden von individuellen Schwankungen des Farbensinnes unabhängiger als bei den üblichen Geräten. — Die gleiche Lichtquelle L (Farbtemperatur 2848° K), die zusammen mit den Farbfiltern die Eichreize liefert, beleuchtet in normgemäßer Weise den Prüfling P, der in der einen Gesichtsfeldhälfte des Martens-Photometers MP gesehen wird. Zur Farbmessung an einer Lichtquelle wird die von L auf P fallende Strahlung abgeblendet; durch ein eingesetztes Reflexionsprisma wird das Licht der zu messenden Lichtquelle auf die MgO-Platte geworfen, die an die Stelle von P gebracht wird. — Ist ein Prüfling zu reinfarbig, als daß sein Farbreiz durch direkte Mischung der Eichreize in der Ulbrichtschen Kugel UK erzeugt werden kann, so wird ihm über das eingezeichnete Reflexionsprisma und eine Klarglasplatte Weißreiz zugemischt. Der Übergang von der Weißzumischung in die Kugel UK zur Weißbeimischung zum Prüflingsfarbreiz erfolgt stetig und unter Betätigung der gleichen Stellschraube SW.

h) Spektralverfahren.

Dies ist zwar das umständlichste, jedoch bei sauberem physikalischen Arbeiten am Spektralphotometer das genaueste Verfahren. Es beruht auf dem Gedanken, jeden Farbreiz als additive Mischung aller beteiligten Spektralreize aufzufassen. Das setzt voraus, daß für jeden Spektralreiz die Eichung bezüglich der drei Normalreize durchgeführt ist. Ferner setzt es die Kenntnis der spektralen Energieverteilung im Licht des Farbreizes, also die Kenntnis der Lichtfunktion voraus. Diese wird spektralphotometrisch bestimmt; handelt es sich um eine Körperfarbe, dann wird deren spektrale Remission bzw. Durchlässigkeit ε_λ gemessen und mit der Energieverteilung E_λ des beleuchtenden Lichtes multipliziert. Sind $\bar{x}_\lambda, \bar{y}_\lambda, \bar{z}_\lambda$ die Eichwerte des (energiegleichen) Spektrums, dann sind für den Spektralreiz an der Stelle λ bei der gegebenen Lichtfunktion $E_\lambda \cdot \varepsilon_\lambda$ die Eichwerte $X = \bar{x}_\lambda \cdot E_\lambda \cdot \varepsilon_\lambda$ usw. Für die Gesamtheit der beteiligten Spektralreize ergeben sich die „Normalreizbeträge"

$$\left.\begin{aligned}
X &= \int_{380}^{720} \bar{x}_\lambda \cdot E_\lambda \cdot \varepsilon_\lambda \cdot \mathrm{d}\lambda \\
Y &= \int_{380}^{720} \bar{y}_\lambda \cdot E_\lambda \cdot \varepsilon_\lambda \cdot \mathrm{d}\lambda \\
Z &= \int_{380}^{720} \bar{z}_\lambda \cdot E_\lambda \cdot \varepsilon_\lambda \cdot \mathrm{d}\lambda
\end{aligned}\right\} \tag{7}$$

Die Integrale werden graphisch durch Flächenmessung oder nach der Simpsonschen Regel bestimmt.

Zur Rechnungsvereinfachung sind für die genormten Beleuchtungen, die „Normalbeleuchtungen A, B, C", die Produkte $\bar{x}_\lambda \cdot E_\lambda$ usw. vorgerechnet und im Tabellenteil aufgeführt (Tabelle im Anhang). Außerdem ist das auch für die häufig vorkommende Energieverteilung der Farbtemperatur $T_f = 2360°$ K (Tabelle im Anhang) und für die Strahlung der Quecksilberhochdrucklampe, Type Hg H 1000 (Tabelle im Anhang) durchgeführt und im Tabellenteil zusammengestellt.

Diese Tabellen sind so eingerichtet, daß das Integral Y gleich die Gesamtremission bzw. Gesamtdurchlässigkeit wiedergibt. Das ist ermöglicht durch die Wahl der Normalreize, die so gelegt sind, daß die spektrale Eichreizkurve $\bar{y}_\lambda$ mit der internationalen spektralen Hellempfindlichkeitskurve identisch ist.

i) Helligkeitsverfahren.

Hierbei wird die Messung des Farbreizes in der Weise ausgeführt, daß der zu messende Prüfling durch drei bestimmte Filter hindurch photometriert wird. Diese Filter müssen, um die Meßmethode in Übereinstimmung mit den Gesetzen der additiven Farbmischung zu halten, einen ganz bestimmten Verlauf der spektralen Durchlässigkeitskurve besitzen [1]. Es muß nämlich bei jeder Wellenlänge die sog. „Lutherbedingung" eingehalten sein, nach der sich die Durchlässigkeit ε_λ bestimmt zu

$$\varepsilon_\lambda = c \cdot \frac{x_\lambda}{V_\lambda} \tag{8}$$

für das Filter, das zur Messung des Normalreizbetrages X benutzt werden soll; Entsprechendes gilt für die anderen beiden Filter. c ist eine willkürliche Konstante, deren Wert durch Eichung bestimmt wird, x_λ ist der Normalreizbetrag der Wellenlänge λ im energiegleichen Spektrum und V_λ ist die spektrale Hellempfindlichkeit des Auges an dieser Stelle des Spektrums.

Da es erfahrungsgemäß schwierig ist, Filter herzustellen, die dieser Bedingung streng genügen, ist die Feststellung wichtig, daß jedes dieser Filter durch mehrere Teilfilter ersetzt werden kann [2], die die Bedingung

$$\varepsilon_\lambda = k \sum_t a_t \varepsilon_{t\lambda} \tag{9}$$

erfüllen müssen. t ist die Kennzahl des Teilfilters, a_t sind die wellenlängenunabhängigen Teilfilterfaktoren, die durch Eichung zu bestimmen sind.

Die Aufteilung der Filter in Teilfilter, die engere spektrale Durchlaßgebiete besitzen, bringt einen weiteren Vorteil mit sich. Bei sehr breiten Spektralgebieten der Filterdurchlässigkeit wird die Messung stark heterochrom, auch wenn, wie es meistens geschieht, nicht nur der zu messende Farbreiz durch das Meßfilter gesehen wird, sondern gleichzeitig auch die Vergleichsstrahlung (das ist prinzipiell nicht erforderlich, aber oft bequem; dadurch werden nur die Eichfaktoren der Filter beeinflußt). Bei engen Durchlaßgebieten wird aber eine bessere Farbangleichung beider Gesichtsfeldhälften erzielt, was die Messung sehr erleichtert. Wie M. SCHMIDT [2] gezeigt hat, läßt sich aber auch die Farbanpassung dadurch erzielen, daß man — analog zum Filterverfahren der heterochromen Photometrie (C 3, S. 288) — auf der Seite des Vergleichsreizes Farbausgleichsfilter verwendet.

Das Helligkeitsverfahren ist ursprünglich in der Form des *Blochschen Farbmeßverfahrens* [3] bekannt geworden; doch entsprechen die von BLOCH *willkürlich* gewählten Filter nicht der strengen Bedingung, die LUTHER zuerst erkannt hat.

Das Helligkeitsverfahren bildet gleichzeitig die Grundlage für objektive Farbmessung; setzt man in die Lutherbedingung (8) an Stelle der spektralen Hellempfindlichkeit V_λ des Auges die relative spektrale Empfindlichkeit Z_λ des objektiven Strahlungsempfängers (z. B. einer Sperrschichtzelle), so erhält man die erforderlichen Durchlässigkeitskurven für die Meßanordnung. Auch hier ist natürlich eine Zerlegung in Teilfilter möglich.

---

[1] LUTHER, R.: Aus dem Gebiete der Farbreizmetrik. Z. techn. Physik 8 (1927) 540—558. Vgl. auch M. RICHTER: Zur Farbmessung nach dem Helligkeitsverfahren. Licht 7 (1937) 90—93.

[2] SCHMIDT, M.: Ein verbessertes Farbenmeßverfahren. Diss. Dresden 1935.

[3] BLOCH, L.: Die Kennzeichnung der Farbe des Lichtes. Elektrotechn. Z. 34 (1913) 1306—1311.

k) Abgeleitete Kennzahlen.

Da die nach einem der drei beschriebenen Verfahren gewonnenen Normalreizbeträge nur dem gänzlich Eingearbeiteten eine genügende Vorstellung vom Aussehen des Farbreizes vermitteln, so verwendet man sie im allgemeinen sehr selten.

Man zieht daher die graphische Darstellung des Farbreizes durch einen Punkt in der Farbtafel vor. Damit verliert man zwar eine Kennzahl für die Leuchtdichte, die man erforderlichenfalls gesondert angibt (bei Körperfarben als Remission oder Durchlässigkeit), aber gewinnt durch die Orientierung zu den bekannten Punkten der Spektralfarben eine gewisse Anschaulichkeit. Die Koordinaten („Normalreizanteile") zur Eintragung in die Farbtafel berechnen sich zu

$$x = \frac{X}{X+Y+Z}, \; y = \frac{Y}{X+Y+Z}, \; z = \frac{Z}{X+Y+Z}. \tag{10}$$

Die Summe $x + y + z$ ergibt also 1, so daß zwei dieser Koordinaten zur Eintragung in die Farbtafel genügen.

Da weiterhin — wie schon GRASSMANN [1] festgestellt hat — jeder Farbreiz als Mischung von Weißreiz mit reinem Spektralreiz aufgefaßt werden kann, läßt sich aus der Farbtafel (oder mit Hilfe geeigneter Tabellen) für jeden Farbreiz angeben:

1. welcher Spektralreiz als gedachte Komponente in Frage kommt und

2. in welchem Verhältnis Spektralreiz und Weißreiz gemischt werden müßten, um den gegebenen Farbreiz zu ergeben. Die erste Zahl liefert eine sehr gebräuchliche Kennzahl des *Farbtones*, nämlich die *farbtongleiche Wellenlänge* λ_f. Bei Purpurfarben wird die *gegen*farbige Wellenlänge angegeben. Die zweite Zahl liefert ein Maß für den *Sättigungsgrad*. Die farbtongleiche Wellenlänge findet man, indem man den Farbpunkt F mit dem Weißpunkt W verbindet und die Gerade über F hinaus bis zum Schnittpunkt S mit dem Spektralfarbenzug verbindet. Die dem Punkt S zugehörige Wellenlänge ist die gesuchte farbtongleiche Wellenlänge λ_f. Die Sättigung wird in verschiedenem Maß angegeben. Hier sei nur auf die üblichste Art hingewiesen, die als *spektraler Farbanteil* σ bezeichnet wird. Sie wird am einfachsten ebenfalls aus der Farbtafel als Streckenverhältnis $FW : SW$ ermittelt. Aus den Normalreizanteilen y des Farbreizes, y_s des farbtongleichen Spektralreizes und y_w des Weißreizes läßt sich σ errechnen:

$$\sigma = \frac{y - y_w}{y_s - y_w}. \tag{11}$$

Die *spektrale Farbdichte* p (ein vor allem in Amerika gebräuchliches Maß für die Sättigung) errechnet sich aus diesen Normalreizanteilen zu

$$p = \frac{y_s \, (y - y_w)}{y \, (y_s - y_w)}. \tag{12}$$

Für die *Berechnung* einer *Farbtonkennzahl* aus den Normalreizanteilen hat KLUGHARDT [2] ein Verfahren angegeben, das von RICHTER [3] in etwas abgeänderter Form für das DIN-System erneut vorgeschlagen worden ist. Der Vorteil einer solchen Farbtonkennzeichnung liegt einmal in der Bequemlichkeit, weil es keine graphischen oder tabellarischen Hilfsmittel erfordert; vor allem aber ermöglicht sie die zusammenhängende Darstellung von Farbtonfunktionen über den gesamten Farbkreis hinweg, während bei Kennzeichnung des Farbtons durch die farbtongleiche Wellenlänge die Purpurfarben nicht unmittelbar in die Darstellung einbezogen werden können (meist werden sie deshalb einfach unterdrückt!).

[1] Siehe Fußn. 2, S. 297.

[2] KLUGHARDT A.: Untersuchungen zur Farbenlehre. Z. techn. Physik 8 (1927) 299—307,
10 (1929) 101—103.

[3] RICHTER, M.: Zur Kennzeichnung des Farbtons. Licht 5 (1935) 124—125.

1) Empfindungsgemäße Farbordnung.

Keine der bis jetzt bekannten Farbmaßzahlen vermögen direkt ein der Empfindung entsprechendes Maß zu liefern. Daher sind Bestrebungen verständlich, die auf die Aufstellung eines empfindungsgemäßen Maßsystemes hinzielen [1]. Allerdings sind bisher nur Anfänge dazu gemacht. JUDD [2] hat den Versuch unternommen, der Farbtafel eine solche Gestalt zu geben, daß gleiche Strecken darin auch gleichen Empfindungsunterschieden der Farbreize, die durch die Endpunkte der Strecken dargestellt und die außerdem gleich hell sind, entsprechen

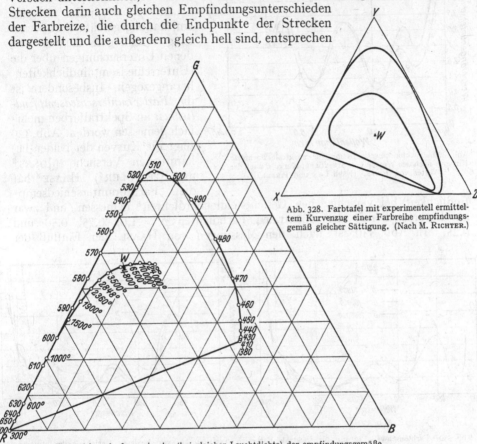

Abb. 328. Farbtafel mit experimentell ermitteltem Kurvenzug einer Farbreihe empfindungsgemäß gleicher Sättigung. (Nach M. RICHTER.)

Abb. 327. Farbtafel nach JUDD, in der (bei gleicher Leuchtdichte) der empfindungsgemäße Unterschied zweier Farbreize proportional der Entfernung ihrer Farborte sein soll.

(Abb. 327). KLUGHARDT und RICHTER [3] haben experimentell solche Farbreize aufgesucht, die bei gleicher Leuchtdichte als gleich gesättigt empfunden werden (Abb. 328).

Einen groß angelegten Versuch, ein empfindungsgemäßes Farbordnungssystem empirisch aufzubauen, hat OSTWALD unternommen. Doch auch dieses System befriedigt bei weitem nicht die an ein solches System zu stellenden Forderungen. Völlig abzulehnen ist sein Meßverfahren, das auf subtraktiver Farbmischung beruht, ohne — wie es beim Helligkeitsverfahren der Fall ist — dabei mit den Gesetzen der additiven Farbmischung in Einklang zu sein. Das

---

[1] Vgl. A. KLUGHARDT u. M. RICHTER: Über Farbforschung. Licht 6 (1936) 144—145.

[2] JUDD, D. B.: A Maxwell Triangle yielding uniform Chromaticity Scales. J. opt. Soc. Amer. 25 (1935) 24—35.

[3] KLUGHARDT, A. u. M. RICHTER: Experimentelle Bestimmung einer Farbreihe empfindungsgemäß gleicher Sättigung. Z. Sinnesphysiol. 66 (1935) 103—136. — RICHTER, M.: Farbensättigung. Licht 6 (1936) 69—70, 88—91.

Verfahren liefert infolgedessen keine eindeutigen Werte und ist deshalb als Meßverfahren unmöglich [1]. Es kommt hinzu, daß die Ostwaldsche Meßtechnik nur für Körperfarben ausgearbeitet ist. Die *theoretischen* Bestimmungsstücke

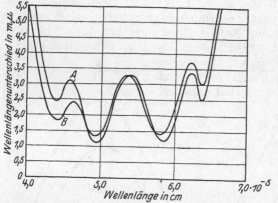

Abb. 329. Farbtonschwelle in mμ für spektrale Farbreize. Kurve *A* nach den Werten von STEINDLER, Kurve *B* nach den Werten von JONES. (Nach LAX und PIRANI.)

des Ostwaldschen Systems *(Farb-ton, Weißanteil, Schwarzanteil)* sind indessen mit den üblichen Meßzahlen verknüpfbar [2].

Als Anhaltspunkt für eine empfindungsgemäße Farbbewertung werden gern die verschiedenen Untersuchungen über die Unterschiedsempfindlichkeiten herangezogen. Insbesondere ist die *Farbtonunterschiedsempfindlichkeit* an Spektralfarben mehrfach gemessen worden. Abb. 329 zeigt die Kurven der beiden bekanntesten Versuche (JONES [3] und STEINDLER [4]). HAASE [5] hat die Farbtonunterschiedsemp-findlichkeit bei verschiedenen Gesichtsfeldleuchtdichten [6] gemessen, und zwar an Farbreizen mit den spektralen Farbdichten $p = 1,0$, 0,75, 0,50 und 0,25. In Abb. 330 ist nach den Messungen von HAASE der Einfluß der

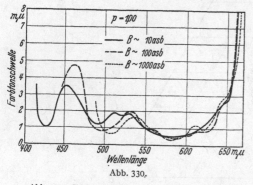

Abb. 330.

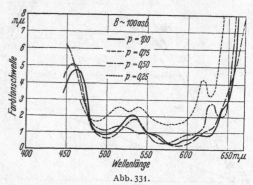

Abb. 331.

Abb. 330. Farbtonschwelle in mμ für spektrale Farbreize ($p = 1,00$) bei verschiedener Gesichtsfeldleuchtdichte. (Nach den Messungen von G. HAASE.)

Abb. 331. Farbtonschwelle in mμ für Farbreize verschiedener spektraler Farbdichte bei konstanter Leuchtdichte ($B \sim 100$ asb). (Nach den Messungen von G. HAASE.)

---

[1] Eine ausführliche Kritik geben A. KLUGHARDT und M. RICHTER: Über die Gültigkeit des Ordnungsprinzipes und der Farbenmeßtechnik nach OSTWALD. 8°. 40 S. Berlin: Elsner 1933.

[2] LUTHER, R.: Aus dem Gebiete der Farbreizmetrik. Z. techn. Physik **8** (1927) 540—558. MIESCHER, K.: Über das Vollfarbensystem. Z. techn. Physik **11** (1930) 233—239. — RICHTER, M.: Die Transformation der trichromatischen Koordinaten einer Farbe auf Ostwaldkoeffizienten. Z. techn. Physik **12** (1931) 582—587.

[3] JONES, L. A.: The fundamental Scale of pure Hue and retinal Sensibility to Hue Differences. J. opt. Soc. Amer. **1** (1917) 63—77.

[4] STEINDLER, O.: Die Farbenempfindlichkeit des normalen und farbenblinden Auges. S.-B. Wien. Akad. Wiss. IIa **115** (1906) 39—62.

[5] HAASE, G.: Bestimmung der Farbtonempfindlichkeit des menschlichen Auges bei verschiedenen Helligkeiten und Sättigungen. Ann. Physik (5. F.) **20** (1934) 75—105.

[6] Die von HAASE (s. Fußn. 5) genannten Gesichtsfeldleuchtdichten sind jeweils um die Hälfte zu klein angegeben, wie aus der dort gegebenen Ableitung ersichtlich ist.

Leuchtdichte auf die Farbtonschwelle für spektrale Farbreize ($p = 1,00$) dargestellt; in Abb. 331 ist dagegen die Abhängigkeit der Farbtonschwelle von der spektralen Farbdichte bei konstanter Gesichtsfeldleuchtdichte ($B \sim 100$ asb) wiedergegeben. Bei allen bisher bekannten Messungen der Farbton-Unterschiedsempfindlichkeit ist diese indessen nicht rein zur Beobachtung gelangt, weil die *empfindungsgemäße* Sättigung der Spektralreize untereinander und auch der Farbreize anderer gleicher spektraler Farbdichte[1] verschieden ist. Dadurch werden Fehler in die Untersuchungen hineingetragen, die sich in einer Verkleinerung der Schwellenwerte dort auswirken, wo neben Farbtondifferenzen auch noch Sättigungs- oder Helligkeitsunterschiede bestehen. Theoretisch hat SCHRÖDINGER[2] versucht, die Verhältnisse der *„höheren Farbenmetrik"*, zu der alle Fragen des empfindungsgemäßen Farbmaßes gehören, aus den Begriffen der „niederen Farbenmetrik" (auch „Farbreizmetrik" genannt), die lediglich die Grassmannschen Sätze als Grundlage hat, und der Young-Helmholtzschen Theorie (s. u.) abzuleiten und formelmäßig darzustellen. Als allgemeines Maß für den empfindungsgemäßen Abstand eines Farbreizes ($x_1\, x_2\, x_3$) von einem zweiten ($x_1'\, x_2'\, x_3'$) gibt SCHRÖDINGER die Größe s an:

$$s = \int ds = \sqrt{\left(\ln \frac{h}{h'}\right)^2 + 4\left(\text{arc}\cos \frac{\alpha\sqrt{x_1\,x_1'} + \beta\sqrt{x_2\,x_2'} + \gamma\sqrt{x_3\,x_3'}}{\sqrt{h\,h'}}\right)^2}. \qquad (13)$$

[Darin ist $h = \alpha\,x_1 + \beta\,x_2 + \gamma\,x_3$ (Entsprechendes gilt für h'); α, β, γ sind die sog. Helligkeitskoeffizienten des Systems, mit denen die drei Grundreize (s. u.) $x_1,\, x_2,\, x_3$ zu multiplizieren sind, um als Summe die Helligkeit des Farbreizes $x_1\, x_2\, x_3$, zu ergeben.] Größere Versuche, die Gültigkeit dieser Formel nachzuweisen, sind bisher noch nicht durchgeführt worden.

m) Theorien des physiologischen Farbwahrnehmungsvorganges.

Unabhängig von der Gültigkeit der Gesetze der additiven Farbmischung steht die Frage, wie der Farbwahrnehmungsvorgang biologisch zu deuten sei. Da der anatomische Befund des Auges und der Nervenbahn keine Handhabe für die Entscheidung dieser Frage bietet, sind wir bis heute auf Vermutungen angewiesen. Als feststehend hat zu gelten, daß sich das Auge unter den Bedingungen, die für die Gültigkeit der Grassmannschen Gesetze festgestellt worden sind, so verhält, *als ob sich im Auge drei verschiedene Strahlungsempfänger mit verschiedener spektraler Empfindlichkeit befänden.* Man hat aber an Zapfen, die man mit großer Sicherheit als Vermittler der farbigen Empfindung anspricht, für eine solche Dreiteilung bisher keinen anatomischen Nachweis entdecken können. Die Theorie von YOUNG-HELMHOLTZ[3] nimmt trotzdem einen derartigen Mechanismus der Farbwahrnehmung an. Aus den Eichkurven des Spektrums lassen sich unter der Annahme, daß partielle Farbenblindheit als Ausfall eines der drei Mechanismen zu deuten sei, die spektralen Empfindlichkeitskurven der drei hypothetischen Strahlungsempfänger ableiten. Dies liefert die sog. „Grundreizkurven" (früher oft „Grundempfindungskurven" oder

---

[1] Wie KLUGHARDT und RICHTER (zit. S. 307, Fußn. 3) festgestellt haben.

[2] SCHRÖDINGER, E.: Grundlinien einer Theorie der Farbenmetrik im Tagessehen. Ann. Phys. (4. F.) **63** (1920) 397—456, 481—520.

[3] HELMHOLTZ, H. v.: Handbuch der physiologischen Optik. 2. Aufl. 8°. XIX, 1334 S. Hamburg u. Leipzig: Voß 1896. — Die 3. Auflage (in drei Bänden 1909—1911 besorgt von GULLSTRAND, NAGEL und v. KRIES) weist viele Streichungen und Zusätze aus der Feder der Herausgeber auf.

„Grunderregungskurven" genannt), die erstmalig von KÖNIG und DIETERICI [1] in dieser Form bestimmt worden sind. Erst neuerdings haben FEDOROW und FEDOROWA [2] an künstlich für kurze Zeit partiell farbenblind gemachten Augen (durch starke Ermüdung mit Spektrallicht) solche Kurven neu bestimmt.

Aus den Eichwerten des Spektrums lassen sich aber ebensogut auch Kurven ableiten, die der antagonistischen Theorie HERINGs entsprechen. HERING [3] nimmt drei gegenläufige photochemische Prozesse an: einen Gelb-Blauprozeß, einen Rot-Grünprozeß und einen Weiß-Schwarzprozeß. Im Gegensatz zur Young-Helmholtzschen Theorie versucht er mit seiner Theorie die Kontrasterscheinungen und die psychologischen Momente des Farbensehens zu erfassen. Indessen sind auch die chemischen Substanzen, die diesen Prozessen entsprechen müßten, bisher nicht nachzuweisen gewesen. Auch diese Theorie ist daher nur als Hypothese anzusehen.

Die Zonentheorie (v. KRIES) [4] versucht eine Brücke zwischen beiden Theorien zu schlagen, indem sie den Vorgang der Farbwahrnehmung im peripheren Organ, in der Netzhaut selbst als Dreikomponentenvorgang deutet, während die psychologische Gruppierung der Farbempfindung im zentralen Organ (Nervenbahn, Gehirn) vor sich gehen soll. Der Nachweis, daß die Heringsche und die Helmholtzsche Theorie mit der Tatsache der Spektrumseichung vereinbar ist, und daß aus diesen Werten die der Heringschen Theorie entsprechenden Kurven abzuleiten sind, ist mehrfach [5] erbracht worden.

Von den vielen anderen Theorien über die Farbwahrnehmung verdient die biogenetische Theorie von LADD-FRANKLIN [6] und die reichlich verwickelte, daher unwahrscheinliche Theorie von G. E. MÜLLER [7] erwähnt zu werden. Neuerdings versucht der Psychologe E. JAENSCH [8] auf Beobachtungen der eidetischen Erscheinungen zu neuen Anschauungen zu gelangen.

n) Farbensinn-Prüfung.

Entsprechend den verschiedenen Theorien des Farbensehens sind auch die Anschauungen über die Natur der Farbensinnstörungen verschieden. Da die Helmholtzsche Theorie diese Erscheinungen zwangloser erklärt, beruht die heute übliche Einteilung trotz des Widerstandes mancher Augenärzte und Sinnesphysiologen auf dieser Hypothese. Abgesehen von der *totalen Farbenblindheit*, die als reines Stäbchensehen mit der entsprechenden spektralen Hellempfindlichkeit anzusprechen ist, kennen wir drei Formen *partieller Farben-*

---

[1] KÖNIG, A. u. C. DIETERICI: Die Grundempfindungen im normalen und abnormalen Farbensystem und ihre Intensitätsverteilung im Spektrum. Z. Psychol. **4** (1892) 241—347.
[2] FEDOROW, N. T. u. W. J. FEDOROWA: Untersuchungen über das Farbensehen (russ.). Bull. Acad. Sci. USSR., Math.-naturwiss. Kl. 1935 1431—1450.
[3] HERING, E.: Grundzüge der Lehre vom Lichtsinn. In GRAEFE-SAEMISCHS Handbuch der gesamten Augenheilkunde **3**. Berlin: Julius Springer 1920.
[4] KRIES, J. v.: In HELMHOLTZ: Handbuch der physiologischen Optik. 3. Aufl. **2** 359. Hamburg u. Leipzig: Voß 1911.
[5] LUTHER, R.: Aus dem Gebiete der Farbreizmetrik. Z. techn. Physik **8** (1927) 540—558. BRÜCKNER, A.: Zur Frage der Eichung von Farbensystemen. Z. Sinnesphysiol. **58** (1927) 322—362. — SCHRÖDINGER, E.: Über das Verhältnis der Vierfarben- zur Dreifarbentheorie. S.-B. Wien. Akad. Wiss. IIa **134** (1925) 471—490. — SCHOUTEN, J. F.: Grundlagen einer quantitativen Vierfarbentheorie. Proc. Akad. Wetensch. Amsterd. (Sect. of Sci.) **38** (1935) 590—603.
[6] LADD-FRANKLIN, CHR.: Colour and Colour Theories. 8°. XV, 287 S. London: Kegan Paul & Co. 1929.
[7] MÜLLER, G. E.: Über die Farbenempfindungen. (= Erg.-Bd. 17/18 zur Z. Sinnesphysiol.) 8°. XVIII, 647 S. Leipzig: Johann Ambrosius Barth 1930/31.
[8] JAENSCH, E. R.: Über die Grundfragen der Farbenpsychologie. 8°. XII, 470 S. Leipzig: Johann Ambrosius Barth 1930.

blindheit, die als Protanopie, Deuteranopie und Tritanopie (fälschlich Rotblind-heit, Grünblindheit und Blaublindheit genannt) bezeichnet werden. Sie werden jetzt so gedeutet, daß bei den damit behafteten Individuen je zwei Grundreiz-kurven identisch geworden sind. Zwischen der partiellen Farbenblindheit und dem normalen Farbensehen bestehen Übergangsformen [1], die sog. Anomalien, die als Verschiebung einer der drei Grundreizkurven in Richtung zu einer anderen gedeutet wird. Tatsächlich besitzt jede Form der Farbensinnstörung eine andere spektrale Hellempfindlichkeitskurve als der Normale, wie erst kürzlich FEDOROW [2] erneut nachgewiesen hat. Im übrigen ist das Schrifttum über die Farbensinn-störungen außerordentlich groß; es sei indessen hier nur auf das Buch von OLOFF-PODESTÀ [3], auf den Artikel von KOELLNER [4] und den Aufsatz von J. SCHMIDT [5] hingewiesen, wo sich gute Übersichten über das Wesen der Farbensinnstörungen finden. Über die *Verbreitung* der Farbensinnstörungen werden sehr verschiedene Zahlen mitgeteilt [6]; es werden bis etwa 20% bei den Männern, aber nur 4% bei Frauen mit Einschluß der leichten Fälle angegeben.

Für die Praxis haben nun die *Verfahren* zur Ermittlung der Farben-untüchtigen Bedeutung. Zwei Methoden werden heute in erster Linie angewendet: Erstens die sog. *pseudoisochromatischen Tafeln* (STILLING [7]), die Farben neben-einander darbieten, deren Unterschied für gewisse Typen der Farbenuntüchtigen ganz oder wenigstens um einen beträchtlichen Betrag verschwindet. Diese Farben werden meist in Form von Punkttafeln dargeboten, in denen Zahlen oder Buchstaben in den Verwechslungsfarben angeordnet sind, so daß der Farben-untüchtige diese Zeichen nicht lesen kann. Auch der umgekehrte Vorgang wird benutzt, daß nämlich gewisse, für den Normalen geringe Farbunterschiede dem Farbuntüchtigen verstärkt erscheinen. Besonders beliebt sind heute die Tafeln von ISHIHARA [8], die zum Teil so ausgeführt sind, daß beide, der Normale wie der Farbuntüchtige, in den Tafeln Zahlen lesen, wodurch ihre Sicherheit gestärkt wird. Aber diese Zahlen sind für beide verschieden; so zeigt z. B. eine Tafel der Ishiharasammlung für den Normalen eine „74", für den Dichromaten und anomalen Trichromaten aber eine „21". Über die vielseitige Verwendbarkeit dieser Tafeln berichtet I. SCHMIDT [9]. Als zweite Methode, meist zur Vervoll-ständigung der Voruntersuchung mit den Tafeln angewandt, dient die Unter-suchung mit einem einfachen Farbmischgerät, dem sog. *Nagelschen Anomaloskop* [10], bei dem der zu Untersuchende eine Farbgleichung zwischen Na-Gelb ($\lambda = 589$ mμ) einerseits und eine Mischung von Li-Rot ($\lambda = 671$ mμ) und Tl-Grün ($\lambda = 535$ mμ) einzustellen hat. Diese Probe erlaubt eine sehr genaue Diagnostik über den Typ der Farbensinnstörung, da bereits schwach Anomale Einstellungen liefern, die vom Normalem bei weitem nicht als Gleichung anerkannt werden. Ähnliche

---

[1] Ob *alle* Übergangsformen wirklich existieren, ist zur Zeit noch nicht nachgewiesen.

[2] Siehe Fußn. 2, S. 310.

[3] OLOFF, H. u. H. PODESTÀ: Die Funktionsprüfungen des Auges. 8°. VI, 199 S. Berlin: Julius Springer 1937.

[4] KOELLNER, H.: Die Abweichungen des Farbensinnes. In Handbuch der normalen und pathologischen Physiologie 12, 1, 502—535. Berlin: Julius Springer 1929.

[5] SCHMIDT, I.: Der gegenwärtige Stand unserer Kenntnisse von den Störungen des Farbensinnes und die Farbensinnprüfungen bei der Luftfahrt (unter Berücksichtigung des Auslandes). Luftfahrtmed. 1 (1936) 53—68.

[6] Vgl. M. RICHTER: Die Erkennung der Farbenuntüchtigkeit im industriellen Betrieb. Farbenchemiker 4 (1933) 369—373.

[7] STILLING, J.: Pseudo-isochromatische Tafeln. 19. Aufl. (herausgeg. von HERTEL). Leipzig: Georg Thieme 1934.

[8] ISHIHARA, S.: Tests for Colour Blindness. 5th Ed. Tokio: Kanehara 1925.

[9] SCHMIDT, I.: Untersuchungen über die Verwendbarkeit der Ishiharatafeln zur Differen-tialdiagnose von Farbensinnstörungen. Klin. Mbl. Augenheilk. 96 (1936) 289—306.

[10] NAGEL, W.: Zwei Apparate für die augenärztliche Funktionsprüfung. Z. Augenheilk. 17 (1907) 201—222.

Abweichungen, allerdings nicht ganz so kraß, liefert der Farbuntüchtige an den gebräuchlichen Dreifarbenmeßgeräten, doch sind diese zu Farbensinnprüfungen bisher nicht systematisch herangezogen worden.

o) Farbwirkung von Lichtquellen.

Den Lichttechniker interessiert mit dem Aufkommen farbiger Lichtquellen in steigendem Maße die Frage, wie sich in einfacher Weise die Wirkung des farbigen Lichtes auf die Umgebung kennzeichnen läßt. Da es sich um einen Vorgang handelt, der als *subtraktive Farbmischung* anzusehen ist, können die einfachen Farbreizmaßzahlen nichts hierüber aussagen, sondern lediglich die Angabe der spektralen Energieverteilung und die Kenntnis der spektralen Remissions- und Durchlässigkeitseigenschaften der von diesem Licht beleuchteten Körperfarben können exakte Aussagen erlauben.

Dieses Verfahren ist für die Praxis wegen der Umständlichkeit der Messung und des Mangels an Anschaulichkeit ungeeignet. Man sucht daher nach vereinfachenden Methoden. Unter diesen ist die Angabe der Farbverzerrung einer Anzahl von geeigneten Standardfarben im Lichte der zu kennzeichnenden Lichtquelle gegenüber dem Aussehen bei einer Normalbeleuchtung die einwandfreieste. RICHTER[1] schlägt Farbmessung an einer gewissen Anzahl besonders geeigneter Farbgläser vor, während BOUMA[2] eine große Zahl Ostwaldscher Farbkarten im Lichte der zu prüfenden Lichtquelle und im Lichte einer Normallichtquelle nebeneinander unmittelbar vergleichen und dem Grad der Ähnlichkeit bzw. der Farbverzerrung Noten erteilen will.

Ein anderer Vorschlag beruht auf dem Gedanken der abgekürzten Spektralphotometrie und will die Energiebeträge bzw. die Lichtstromanteile in verschiedenen Spektralgebieten zur Kennzeichnung verwenden. Nach BOUMA[2] sind dazu acht Spektrumsteile zu verwenden, während nach dem Vorschlag von RICHTER[1] aus dem Spektrum vier aneinandergrenzende Gebiete durch Filter herausgegriffen und lichtelektrisch gemessen werden sollen; die erhaltenen willkürlichen Maßzahlen sollen dann auf einen bestimmten (willkürlichen) Lichtstrom bezogen werden. Zur Erhöhung der Anschaulichkeit und zur Eliminierung kleiner Unterschiede, die durch geringe Differenzen in den an verschiedenen Orten verwendeten Meßanordnungen entstehen, werden dann diese bezogenen Zahlen in Vielfachen von den Maßzahlen ausgedrückt, die eine Normallichtquelle [farbmeßtechnische Normalbeleuchtung B (DIN 5033)] unter gleichen Meßbedingungen liefert.

Die Bestrebungen auf diesem Gebiet sind indessen bei weitem noch nicht abgeschlossen, als daß auf eine allgemein anerkannte Meßmethode hier Bezug genommen werden könnte. Die Entwicklung scheint aber in der eben beschriebenen Richtung zu verlaufen.

C 5. Visuelle Photometer.

Von

HEINRICH KORTE-Berlin-Charlottenburg.

Mit 46 Abbildungen.

Für den Helligkeitseindruck, den eine selbstleuchtende oder Fremdlicht reflektierende Fläche im Auge hervorruft, sind die Pupillengröße und die Leuchtdichte der Fläche maßgebend. Das Auge ist nicht in der Lage, verschieden große Leuchtdichten messend in Beziehung zueinander zu setzen oder gar Leuchtdichten zu schätzen. Deshalb sind alle für genaue Messungen[3] verwendbaren visuellen Photometer — vom ältesten bis zum modernsten —

---

[1] RICHTER, M.: Die Anschaulichkeit der bekannten Methoden zur Bewertung farbigen Lichtes. Licht **6** (1936) 223—226, 251—253.

[2] BOUMA, P. J.: Die Farbenwiedergabe bei Verwendung verschiedener „weißer" Lichtquellen. Philips' techn. Rdsch. **2** (1937) 1—7.

[3] Eine Ausnahme stellen die visuellen Belichtungsmesser für photographische Zwecke (vgl. S. 366 f.) dar, die aus der Kontrastschwelle eine rohe Schätzung der mittleren Leuchtdichten ermöglichen.

darauf abgestellt, das Auge nur entscheiden zu lassen, ob zwei Leuchtdichten, die dem Auge im Gesichtsfeld dargeboten werden, gleich sind oder nicht. Über die Anforderungen, die an ein gutes Gesichtsfeld zu stellen sind, s. S. 276f. Um mit Hilfe des Auges photometrisch messen zu können, ist es nötig, die Beleuchtungsstärke, die ein Auffangeschirm von einer Lichtquelle erhält, meßbar zu verändern. Die verschiedenen Lösungen dieses Problems haben zu verschiedenen Typen von Photometern geführt.

a) Ältere Photometer.

Die einfachste und daher am frühesten verwendete Art, die Leuchtdichte einer beleuchteten Fläche zu verändern, ist die Anwendung des Entfernungsgesetzes (s. S. 267).

Die ersten brauchbaren Photometer wurden gebaut von BOUGER (1729), LAMBERT (1760), RITCHIE (1826) und BUNSEN (1879).

Bougers Photometer bestand im wesentlichen nur aus einem weißen Auffangeschirm AB (Abb. 332), der durch einen zweiten Schirm CD in zwei Teile geteilt wurde. Die Abschnitte BC und AC wurden von je einer Lichtquelle L_1 und L_2 beleuchtet. Der Beobachter betrachtete den Auffangeschirm aus der Richtung CD. Durch Entfernungsänderung einer der Lichtquellen vom Schirm AB wurde dann auf gleiche Leuchtdichte der Teile BC und AC eingestellt.

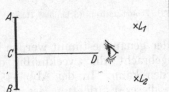 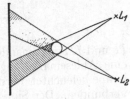

Abb. 332. Photometer von BOUGER, Schema.

Abb. 333. Photometer von LAMBERT, Schema.

Das Photometer von LAMBERT sah ähnlich aus. Es wurden die beiden Schatten, die ein durch zwei Lichtquellen L_1 und L_2 beleuchteter Stab wirft, als Vergleichsfelder benutzt (Abb. 333). Dabei war darauf zu achten, daß die beiden Lichtquellen die Schatten (jede den von der anderen herrührenden) senkrecht oder zumindest unter gleichen Winkeln anstrahlten. Durch Änderung der Entfernung Lichtquelle—Schirm wurden wieder beide Schatten auf gleiche Helligkeit gebracht.

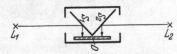

Abb. 334. Photometer von RITCHIE, Schema.

Besser war schon das Photometer von RITCHIE (Abb. 334). Zwei schräg gestellte Spiegel warfen den Lichtstrom von zwei Lichtquellen L_1 und L_2 auf die entsprechenden Hälften eines diffus durchlässigen Schirms. An Stelle von Spiegel und Schirm wurde bald ein Gipskeil verwendet, der dann direkt angesehen wurde. Dieses Photometer gestattete bereits die Verwendung einer optischen Bank.

Einen weiteren Fortschritt bedeutete das Fettfleckphotometer von BUNSEN. Es wurde die Tatsache benutzt, daß ein Fettfleck in einem Bogen weißen Papiers nahezu verschwindet, wenn auf beiden Seiten des Bogens die gleiche Beleuchtungsstärke herrscht.

Erst durch den Photometerwürfel von LUMMER und BRODHUN (s. S. 278) wurde die Photometrie auf eine exakte Grundlage gestellt.

b) Photometeraufsätze für den Direktvergleich.

Die im folgenden beschriebenen Photometeraufsätze, bei denen während der Messung die Entfernung Lichtquelle—Photometer geändert werden muß[1], benötigen eine Photometerbank (Abb. 335), die im wesentlichen aus einer oder zwei in zweckmäßiger Höhe montierten Laufschienen besteht. Auf die Schienen ist eine Millimeterteilung graviert, so daß die Entfernungen der auf den Schienen verschiebbaren Lichtquellen und Photometer tragenden Wagen *I*,

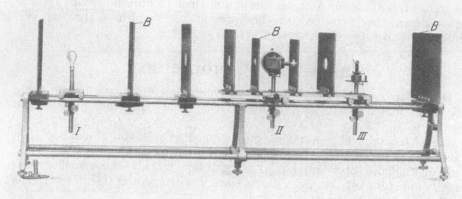

Abb. 335. Photometerbank (Schmidt & Haensch, Berlin), Ansicht.

II und *III* voneinander genau bestimmt werden können. An jedem Wagen ist eine Ablesemarke angebracht, die zweckmäßig durch eine angebaute Ablese-lampe beleuchtet werden kann. In der Abb. 335 sind Wagen *II* und *III* fest verbunden. Der Sinn dieser Einrichtung ist auf S. 315 erläutert. Durch die in der Abb. 335 sichtbaren Ab-blendschirme *B* wird Fremd-licht vom Photometer fern-gehalten. Es hat sich gezeigt, daß es in der Photometrie

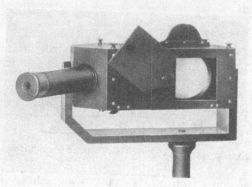

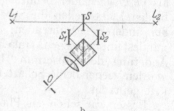

Abb. 336a und b. Photometeraufsatz nach Lummer-Brodhun (Schmidt & Haensch, Berlin), a Ansicht, b Schema.

nur einen wirksamen Schutz gegen störendes Fremdlicht gibt, und das sind Abblendschirme. Ihre reichliche Verwendung kann nicht dringend genug empfohlen werden. Geschwärzte Flächen, etwa Rohre um den Strahlengang, reflektieren auch bei noch so guter Mattierung so viel Licht, daß sein Einfluß zu erheblichen Fehlern führen kann.

Der Photometeraufsatz nach Lummer-Brodhun[2] ist in Abb. 336a in An-sicht in Abb. 336b schematisch dargestellt. Die beiden zu vergleichenden Licht-

---

[1] Grundsätzlich können sie allerdings auch mit Schwächungsvorrichtungen anderer Art (z. B. rotierender Sektor) zu einem Photometer kombiniert werden.

[2] Lummer, O. u. E. Brodhun: Über ein neues Photometer. Z. Instrumentenkde. **9** (1889) 41—50.

quellen seien L_1 und L_2, ihre Lichtstärken I_1 und I_2. Das Licht fällt bezüglich auf die beiden Seiten eines diffus reflektierenden Schirms (Gipsschirm) S. Das Auge des Beobachters sieht vom Okular O über den Lummer-Brodhun-Würfel (vgl. S. 278, Abb. 311) und die Spiegel S_1 und S_2 auf die beiden Gipsschirmseiten. Es sei besonders darauf hingewiesen, daß „Sehen auf" in diesem Falle wie auch in allen entsprechenden Fällen nicht Scharfsehen bedeutet. Das Auge ist vielmehr auf das Photometerfeld (Prismenwürfel) scharf eingestellt. Trotzdem sieht der Beobachter den Gipsschirm, er sieht ihn nur nicht scharf. Durch Verschieben des Photometers zwischen den Lichtquellen (auf der Photometerbank) wird auf gleichen Kontrast oder wenn die herausnehmbaren Kontrastplättchen (vgl. S. 278, Abb. 313) entfernt sind, auf Gleichheit der Leuchtdichten der Felder eingestellt. Die beiden Gipsschirmseiten erhalten dann die gleiche Beleuchtungsstärke. Es ist also $\frac{I_1}{a_1^2} = \frac{I_2}{a_2^2}$, wenn a_1 bzw. a_2 die eingestellten Abstände der Lichtquellen vom Photometer sind. Ist eine Lichtstärke bekannt, kann die andere errechnet werden. Um die Verschiedenheiten im Reflexionsvermögen der Gipsschirmseiten oder sonstige Asymmetrien des Photometers auszugleichen, ist das Gehäuse um seine Längsachse drehbar und kann um 180° umgeschlagen werden. Die in beiden Stellungen erhaltenen Entfernungen a_i werden gemittelt.

Für den praktischen Gebrauch ist es vorteilhaft, eine Lichtquelle, etwa L_1 mit dem Photometeraufsatz fest zu verbinden und immer auf gleicher Lichtstärke zu halten oder aber L_2 (bzw. L_1) und den Photometeraufsatz fest eingestellt zu lassen und nur L_1

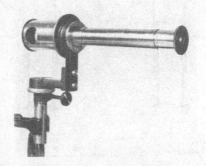

Abb. 337. Photometeraufsatz nach BECHSTEIN, Ansicht.

(bzw. L_2) bei der Messung zu verschieben [1]. Dann ist die Beleuchtungsstärke auf der jeweils zugekehrten Gipsschirmseite immer konstant und allein aus der Entfernung a_2 (etwa mit Hilfe einmal zu rechnender Tabellen) ist die Lichtstärke I_2 zu ermitteln. Es ist: $\frac{I_1}{a_1^2} = C$; $I_2 = C \cdot a_2^2$.

Oft wird L_1 (fest mit dem Photometer verbunden) nur als Hilfslichtquelle benutzt, und an die Stelle von L_2 werden nacheinander Normallampen und zu messende Lampen gesetzt. Bei dieser Methode (Substitutionsmethode) fallen alle Einflüsse der Apparatur heraus, weil Normallampen und zu messende Lampen — im folgenden X-Lampen genannt — unter genau gleichen Bedingungen gemessen werden.

Der Photometeraufsatz nach BECHSTEIN (Abb. 337) besitzt keinen Lummer-Brodhun-Würfel. An seine Stelle treten zwei gekreuzte Zwillingsprismen Z_1 und Z_2 (Abb. 338a und 338b). Mit ihrer Hilfe wird die Pupille über die beiden Umlenkprismen U_1 und U_2 auf die beiden Seiten des Gipsschirms G abgebildet. Vom Okular sieht der Beobachter also auch hier auf die beiden Seiten des von L_1 und L_2 beleuchteten Schirms. Das Zwillingsprisma Z_1 bewirkt, daß die Lichtstrahlen der rechten Hälfte des abbildenden Öffnungskegels (Abb. 338a) nach links abgelenkt werden und über die linke Hälfte der Linse L in das Prisma U_1 gelangt. Für die andere Hälfte des Abbildungskegels gilt das entsprechende. Durch das zweite Zwillingsprisma, das gegenüber dem ersten um 90° gedreht

---

[1] Zu diesem Zweck ist bei manchen Photometerbänken ein vom Ort des Beobachters bequem verstellbarer Schnurzug für die bewegliche Lichtquelle vorgesehen.

ist, wird eine Kreuzung der Strahlen erzielt (Abb. 338b). Das untere linke Viertel des Abbildungskegels wird auf das obere linke Viertel der Linse L geleitet und umgekehrt. Es gelangen also auf jedes Viertel der Linse L die Strahlen, die durch die entsprechenden Viertel der Zwillingsprismen gehen. Hinter L sind sich schräg gegenüberstehend zwei herausnehmbare Kontrastplättchen K angebracht, so daß ein Gesichtsfeld, wie Abb. 338c zeigt, entsteht. Der Meßvorgang ist genau der gleiche wie beim Photometerkopf nach LUMMER-BRODHUN.

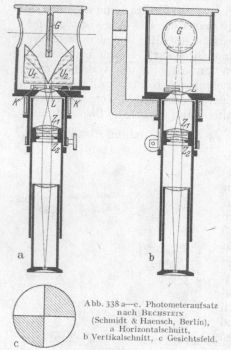

Es sei noch besonders hervorgehoben, daß dieses Photometer ein sehr gutes Gesichtsfeld hat. Die Trennungslinien im Feld verschwinden bei Einstellung auf Gleichheit vollständig, wenn die Lichtquellen L_1 und L_2 gleichfarbig sind.

Eine zweite Ausführung dieses Photometers ist mit Kontrastplättchen ausgerüstet, deren Kontrast nur etwa 4% beträgt gegenüber 8% bei normalen Kontrastplättchen. Dadurch wird die Einstellgenauigkeit erhöht.

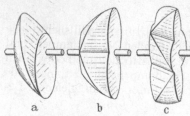

Abb. 338 a—c. Photometeraufsatz nach BECHSTEIN (Schmidt & Haensch, Berlin), a Horizontalschnitt, b Vertikalschnitt, c Gesichtsfeld.

c) Flimmerphotometer.

Ebenfalls nur auf der optischen Bank verwendbar sind die im folgenden beschriebenen *Flimmerphotometer*. Bei dieser Photometerart werden die von den beiden zu vergleichenden Lichtquellen beleuchteten Flächen nicht gleichzeitig, sondern abwechselnd kurz hintereinander dem Auge dargeboten. Sind beide Flächen gleich hell, so tritt kein Flimmern auf. Die Tatsache, daß bei nacheinander dargebotenen verschiedenfarbigen Flächen das Farbflimmern schneller verschwindet als das Helligkeitsflimmern, macht den Vergleich verschiedenfarbiger Lichtquellen mit Flimmerphotometern möglich. Die Flimmerfrequenz ist in jedem einzelnen Falle so zu wählen, daß bei ungefähr gleicher Helligkeit das Farbflimmern gerade verschwindet und der Eindruck einer einheitlichen Mischfarbe entsteht. Das tritt bei verschiedenen Beobachtern bei verschiedenen Flimmerfrequenzen ein. Nun verschiebt man auf der optischen Bank so lange bis auch das Helligkeitsflimmern verschwindet, dann ist die Beleuchtungsstärke auf beiden Seiten des verwendeten Auffangeschirms die gleiche, es gilt also die Beziehung $\frac{I_1}{a_1^2} = \frac{I_2}{a_2^2}$. Zu hohe Flimmerfrequenz verringert die Einstellgenauigkeit.

Abb. 339. Flimmerkörper. (E. LIEBENTHAL, Praktische Photometrie.)

Es sei noch bemerkt, daß bei Verwendung von Flimmerphotometern systematische Abweichungen von den Resultaten auftreten können, die mit Photometern zur Einstellung auf Gleichheit oder gleichen Kontrast gewonnen sind. Die Gründe dafür sind physiologischer Natur [1].

---

[1] Vgl. z. B. A. DRESLER: Fußn. 4, S. 289.

Die bei den ältesten Flimmerphotometern (Rood, Kreiss) benutzten Flimmer-körper sind in Abb. 339 dargestellt. Sieht man senkrecht zur Rotationsachse auf den Gipskörper und wird er in Richtung der Achse angestrahlt, so wird abwechselnd das Gesichtsfeld von L_1 und L_2 beleuchtet.

Das Flimmerphotometer nach BECHSTEIN[1], eine neuere und sehr bewährte Konstruktion zeigt Abb. 340. Wie beim oben beschriebenen Photo-meteraufsatz nach BECHSTEIN sieht der Beobachter über zwei Umlenkprismen P_1 und P_2 (Abb. 341 a) auf die beiden Seiten eines Gipsschirms. Daß beide Seiten angesehen wer-den, bewirkt die in Abb. 341 b

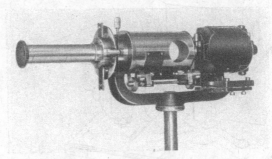

Abb. 340. Flimmerphotometer nach BECHSTEIN (Schmidt & Haensch, Berlin), Ansicht.

vergrößert gezeichnete Kombination Doppelkeil-Linse. Durch den mittleren Keil K_1 sieht der Beobachter über das Prisma P_1 auf die linke Gipsschirm-seite, durch den Keil K_2 über P_2 auf die rechte. Es entsteht ein Gesichts-feld, wie es Abb. 341 c zeigt. Rotiert nun die Kombination Doppelkeil-Linse, so vertauschen K_1 und K_2 fortgesetzt ihre Aufgabe, d. h. das Innere — und auch das Äußere — des Gesichtsfeldes erhält abwech-selnd Licht von der linken und der rechten Gipsschirmseite. Es entstehen zwei um 180° verschobene Flimmerphänomene, die sich gegenseitig verstärken und so die Einstell-genauigkeit beträchtlich heben. Es sind zwei Flimmerphänomene, weil das Innere und das Äußere des Gesichtsfeldes allein schon ein Flimmern hervorrufen würde. Durch eine einsteckbare Blende kann mit nur einem einzigen Flimmerphänomen und entsprechend kleinerem Gesichtsfeld beob-achtet werden.

Zum Antrieb ist ein in der Verlängerung der Drehachse sitzender kleiner Elektromotor mit regelbarer Umdrehungszahl vorgesehen. Auch dieses Photometer kann zum Ausgleich von Unsymmetrien umgelegt werden.

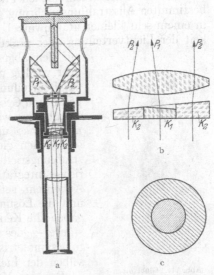

Abb. 341 a—c. Flimmerphotometer nach BECH-STEIN (Schmidt & Haensch, Berlin), Aufbau.

Das Flimmerphotometer nach GUILD (Abb. 342 und 343) zeichnet sich durch seine Einfachheit aus. Der Lichtstrom der einen Lichtquelle beleuchtet den Schirm S_1, der der anderen den Schirm S_2. Die Form von S_2 geht aus der Abb. 343 hervor. Vom Okular O sieht der Beobachter ohne irgendeine Optik auf S_1, wenn S_2 so steht, daß er den Blick freigibt, und auf S_2, wenn eine Seite der durch einen Motor mit regelbarer Umdrehungszahl an-getriebenen Sektorscheibe vor dem Okular steht. S_1 und S_2 werden unter

---

[1] BECHSTEIN, W.: Flimmerphotometer mit zwei in der Phase verschobenen Flimmer-phänomenen. Z. Instrumentenkde. **16** (1906) 249.

demselben Winkel angesehen (45°) und angestrahlt (0°). Das Okular ist von einem als Umfeld dienenden Hohlkörper umgeben, der gleichmäßig mit veränderbarer Helligkeit ausgeleuchtet werden kann. Über Umfeldbeleuchtungen s. S. 279.

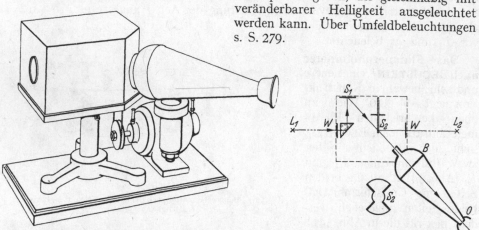

Abb. 342. Flimmerphotometer von GUILD (A. Hilger, London), Ansicht.

Abb. 343. Flimmerphotometer nach GUILD (A. Hilger, London), Schema.

d) Apparate zur Messung der Lichtverteilung.

Mit den bisher beschriebenen Photometern können nur Lichtstärken in einer bestimmten Ausstrahlungsrichtung gemessen werden; also die Lichtstromdichte in einem sehr kleinen Raumwinkel. Daraus läßt sich wegen der Unregelmäßigkeit der Lichtverteilung aller praktisch verwendeten Lichtquellen kein Schluß auf den abgestrahlten Gesamtlichtstrom ziehen. Es ist aber wichtig zur Charakterisierung einer Lichtquelle und zur Beurteilung ihrer Wirtschaftlichkeit, den von ihr ausgesandten Gesamtlichtstrom zu kennen. Ein Weg zu seiner Ermittlung wären sehr viele Messungen auf der Photometerbank, und zwar müßte man die Lichtstärke in sehr vielen gleichmäßig über den Raum verteilten Ausstrahlungsrichtungen messen. Dann kann durch numerische Integration der Gesamtlichtstrom gefunden werden. Außerdem setzt die exakte Berechnung von Leuchten und die Lösung zahlreicher beleuchtungstechnischer Aufgaben die Kenntnis der räumlichen Verteilung der Lichtstärke — des Lichtverteilungskörpers — bzw. bei rotationssymmetrischen Lampen eines Meridianschnittes desselben der Lichtverteilungskurve — voraus.

Abb. 344. Glühlampenwender (Schmidt & Haensch, Berlin), Ansicht.

Bei der Messung muß die Lichtquelle gedreht werden, ohne daß sich ihre Entfernung vom Photometer ändert. Ein Glühlampenwender, der das gestattet, ist in Abb. 344 dargestellt. Es ist dabei unumgänglich, daß die Brennlage der Lampe dauernd geändert wird, was besonders bei Wendeldrahtglühlampen als bedenklich anzusehen ist. Bei Gasglühlicht ist eine Änderung der Brennlage überhaupt unmöglich.

Der Doppelspiegelapparat nach BRODHUN-MARTENS, der diesen Nachteil vermeidet, ist in Abb. 345 dargestellt. Mit Hilfe der beiden Spiegel S_1 und S_2 wird der seitlich — etwa senkrecht — zur Photometerbank abgestrahlte Lichtstrom in die Richtung der Photometerbankachse gelenkt. Die Spiegelkombination ist um die Achse Lampe-Photometer drehbar. Das gestattet zusammen

mit der völlig unbedenk-
lichen Drehung der Lam-
pe um ihre Vertikalachse,
den Lichtstrom aus allen
Ausstrahlungsrichtungen
in das Photometer zu
lenken.

Die beiden Spiegel
müssen neben der rich-
tigen Justierung zwei
Forderungen erfüllen. Sie
müssen groß genug sein,
damit keine Vignettie-
rung der Lichtquelle ein-
tritt, und sie müssen sehr
gut plan sein. Sind sie
leicht gekrümmt, so kann
eine Art Hohlspiegel-
abbildung der Lichtquelle
eintreten, die das Ent-
fernungsgesetz und so-
mit die Meßergebnisse fälscht. Beide
Forderungen sind ziemlich schwer zusammen zu erfüllen.

Abb. 345. Doppelspiegelapparat nach Brodhun-Martens
(Schmidt & Haensch, Berlin), Ansicht.

Eine Weiterentwicklung der Apparatur (Brodhun), bei der die oben gestellten Bedingungen leichter erfüllbar
sind, zeigt Abb. 346. Der Spiegelarm A
ist so lang gemacht worden, daß ohne
Vignettierung Lichtquellen großer Ausdehnungen mit einem nicht zu großen
Spiegel gemessen werden können. Der
zweite Spiegel ist ersetzt worden durch
ein Umlenkprisma U, weil Prismen unempfindlicher und leichter einwandfrei
herstellbar sind. Da das Prisma schon
etwa 5 m von der Lichtquelle entfernt
ist und dicht vor dem Auffangschirm des
benutzten Photometers steht, braucht es
nicht sehr groß zu sein. Als Meßinstrument für den Lichtstrom muß eines der
weiter unten beschriebenen Photometer
verwendet werden.

Der Meßvorgang ist etwa folgender.
Der Spiegelarm wird von 0° bis 180° —
von Vertikale zu Vertikale — in Abständen von 5° zu 5° eingestellt, in jeder
Stellung dreht man die Lampe um ihre
Vertikalachse um 360°, und zwar je
nach der erforderlichen Genauigkeit und
Unregelmäßigkeit der Lichtverteilung
in 20...60 Unterteilungen. Der Gesamtlichtstrom wird dann durch numerische

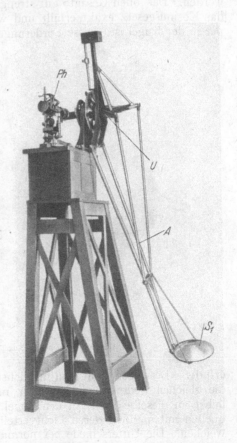

Abb. 346. Spiegelapparat nach Brodhun
(Schmidt & Haensch, Berlin), Ansicht.

Integration ermittelt. Zur Eichung der Einrichtung ist nur erforderlich, eine bekannte Lichtstärke in einer Ausstrahlungsrichtung zu messen. Das Verfahren ist sehr exakt, aber auch zeitraubend.

e) Die Ulbrichtsche Kugel.

Eine prinzipiell andere bewährte Methode zur Bestimmung des Gesamtlichtstromes hat Ulbricht[1] angegeben. Es stelle Abb. 347 eine Kugel dar, die

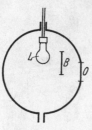

Abb. 347.

innen geweißt ist, und zwar genüge der Anstrich dem Lambertschen Kosinusgesetz. In der Kugel soll die Lichtquelle L mit dem Gesamtlichtstrom Φ hängen. Eine Wandstelle z. B. bei O werde durch einen Abblendschirm B vor direktem Licht von L geschützt. Die Öffnung O erhält also nur Licht, das mindestens einmal von der Wand reflektiert ist. Dann ist die Beleuchtungsstärke E, die O von der Gesamtinnenfläche erhält, proportional dem von L ausgestrahlten Gesamtlichtstrom (Näheres s. S. 283). Dabei kann die Lichtverteilung von L ganz beliebig sein. Es ist also $E = C \cdot \Phi$. Die Konstante hängt von den Abmessungen und Eigenschaften der Kugel ab. Sie wird mit einem Normal bestimmt. Ist C bekannt, so kann Φ aus E ermittelt werden. Das oben Gesagte gilt streng genommen nur, wenn der Innenanstrich das Kosinusgesetz exakt erfüllt und wenn kein Schatten werfender Fremdkörper in der Kugel ist. Diese Forderungen sind in der Praxis nur angenähert zu

Abb. 348. Ulbrichtsche Kugel (A. Pfeiffer, Wetzlar), Ansicht.

erfüllen. Deswegen stellt man möglichst bei der Normallampe und der X-Lampe die gleichen Bedingungen her, d. h. man hängt sie beide nacheinander möglichst an dieselbe Stelle in der Kugel. Außerdem vergleicht man nur Lichtquellen miteinander, deren Lichtverteilungen nicht zu extrem voneinander abweichen. Die Unterschiede bei normalen Glühlampen sind unbedenklich, wie

---

[1] Ulbricht: Die Bestimmung der mittleren Lichtstärke mit einer Messung. Elektrotechn. Z. **21** (1900) 595—597.

Versuche gezeigt haben. Zur Verringerung des störenden Einflusses von Fremdkörpern (Abblendschirm, Aufhängevorrichtung) verwendet man im Laboratorium möglichst große Kugeln (Durchmesser 1—3 m) (Abb. 348 und 349). Wichtig ist außerdem, daß das Licht des Normals und der X-Lampe von gleicher spektraler Zusammensetzung ist — gleiche Farbe hat — weil sonst durch die Selektivität der Reflexion des Innenanstrichs der Kugel Fehler entstehen. Sie liegen z. B. bei einem Farbsprung von der Vakuummetalldrahtlampe zur gasgefüllten Wendeldrahtlampe erheblich über der Grenze der photometrischen Meßgenauigkeit.

Die Messung der Beleuchtungstärke E bei O geschieht dadurch, daß an der angegebenen Stelle in die Kugelwandung eine Milchglasscheibe eingesetzt und deren Leuchtdichte von außen photometriert wird. Ist die Intensität sehr groß, so kann dazu eine Photometerbank mit einem der beschriebenen Photometeraufsätze verwendet werden (s. Abb. 348). Die Milchglasscheibe wird dann als Lichtquelle benutzt. Im allgemeinen wird aber (wie auch beim Spiegelapparat nach BRODHUN) eines der nach

Abb. 349. Ulbrichtsche Kugel (Schmidt & Haensch, Berlin), Ansicht.

folgend beschriebenen Photometer zum Messen verwendet. Der Meßgang ist folgender. Zuerst wird mit Normallampen geeicht. Dann werden einige X-Lampen gemessen. Am Schluß der Serie wird wieder geeicht, um zu sehen, ob keine Änderungen an der Apparatur eingetreten sind.

Über die Messung von lichttechnischen Materialeigenschaften mit der Ulbricht-Kugel vgl. C 7, S. 348 f.

f) Photometer mit eingebauten Schwächungseinrichtungen (transportable Photometer).

Die im folgenden beschriebenen Photometer benötigen keine Photometerbank, sondern sie enthalten eine eingebaute Schwächungseinrichtung, mit deren Hilfe ein Vergleichslichtstrom dem zu messenden X-Lichtstrom angeglichen wird. Bei allen diesen Photometern wird nach der Substitutionsmethode gearbeitet. Die Vergleichslichtquelle im Photometer ist nur Hilfslichtquelle und es werden nacheinander Normallichtströme und X-Lichtströme photometriert. Alle Instrumente sind so eingerichtet, daß die Vergleichsseite bezüglich ihrer photometrischen, elektrischen und mechanischen Eigenschaften sehr konstant ist. Die Eichung mit einem Normal braucht bei sachgemäßer Behandlung nur in längeren Zeitabschnitten wiederholt zu werden. Einfachere, für technische Zwecke bestimmte Photometer (s. Abb. 376) bekommen eine

Luxskala, die im allgemeinen nur bei Durchbrennen der Vergleichslampe nachgeeicht werden muß.

Das in Abb. 350 dargestellte **Tubusphotometer** ist von WEBER[1] konstruiert
und von BECHSTEIN verbessert worden. Der Vergleichslichtstrom wird von der

eingebauten Vergleichslampe Abb. 351a geliefert
und beleuchtet die im Meßtubus Tm verschiebbare Milchglasplatte M_1. Die Leuchtdichte auf
M_1 ist umgekehrt proportional dem Quadrat
ihres Abstandes r von der Vergleichslampe VL
(Entfernungsgesetz). Damit keine Reflexionen
an den Tubuswänden das Entfernungsgesetz
fälschen ist M_1 durch Blenden B geschützt. Die
Stellung von M_1 wird an einer Skala abgelesen.
Es ist leicht einzusehen, daß der Glühfaden

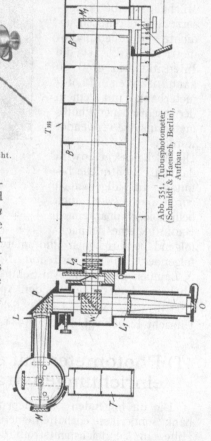

Abb. 351. Tubusphotometer (Schmidt & Haensch, Berlin), Aufbau.

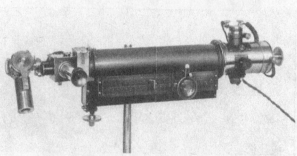

Abb. 350. Tubusphotometer (Schmidt & Haensch, Berlin), Ansicht.

der Vergleichslampe immer mit dem Anfangspunkt der Skala zusammenfallen muß. Es wird
deshalb der Glühkörper auf eine Mattscheibe Ma
abgebildet, auf der durch ein Kreuz die Stelle
markiert ist, wo das Bild der Fadenmitte stehen
muß. Der X-Lichtstrom beleuchtet die Milchglasscheibe M am Kopf des Photometers. Das
durchgehende Licht wird photometriert. Die
Okularpupille O wird durch die Okularlupe L_1
und die Linse L über den Photometerwürfel W
auf M abgebildet, nicht aber auf M_1, denn sonst
würde sich beim Bewegen von M_1 die Größe
des ,,angesehenen'' Flecks entsprechend dem
Öffnungsverhältnis der Abbildung verändern.
Das muß nach Möglichkeit vermieden werden,
weil sonst kleine Unregelmäßigkeiten in Glas,
die kleine Helligkeitsschwankungen bedingen,
die Meßergebnisse beeinflussen können. Man hat

durch eine geeignete Optik L_2 das Pupillenbild auf der Vergleichsseite sehr
weit hinter M_1 gelegt.

Das Photometer kann, wie alle in diesem Abschnitt beschriebenen Instrumente, zur Messung von Lichtstärken und Beleuchtungsstärken benutzt werden.

---

[1] WEBER, L.: Eine neue Montierung des Milchglasplattenphotometers. Z. Instrumentenkde.
11 (1891).

Zu Lichtstärkemessungen wird vor M der Abblendetubus T gestellt, der Fremdlicht fernhält. Beleuchtungsstärken werden mit freistehender Milchglasplatte gemessen, damit das Licht von allen Seiten Zutritt hat. Um M in jedem Falle senkrecht zum einfallenden Licht stellen zu können, ist das Kniestück mit dem Umlenkprisma P um die Achse Pupille—Würfel drehbar.

Das Photometer hat einen sehr großen Meßbereich. Denn sowohl die Vergleichsseite als auch die X-Seite kann durch geeignete Einrichtungen, z. B. geeichte Graugläser, Siebe, Milchglasscheiben in weitem Umfang dekadisch geschwächt werden. Innerhalb der Zehnerstufen geschieht die Angleichung durch die Bewegung von M_1, wodurch gerade im Verhältnis 1 : 10 verändert werden kann. Der Meßvorgang ist folgender. Durch Verschieben von M_1 stellt der Beobachter auf gleichen Kontrast oder auf Gleichheit im Feld ein (vgl. S. 278). Es ergäbe sich bei einer Beleuchtungsstärkemessung der Abstand r_1 auf der Skala. Dann ist $E = C/r_1^2$. Die Konstante C, die vom Photometer und der Vergleichslampe abhängt, wird durch Eichung bestimmt.

Das Sektorphotometer nach BRODHUN[1] ist in Abb. 352 abgebildet. Das Licht der Vergleichslampe L (Abb. 353) beleuchtet die Milchglasscheibe M_1. Es wird durch eine Linse parallel gerichtet und dann durch zwei Rhomboederprismen R_1 und R_2 U-förmig geführt. Zwischen den beiden Prismen befindet sich der feststehende symmetrische Sektor S mit veränderbarer Öffnung. Wenn die beiden starr verbundenen Prismen um die Achse a umlaufen, dann überstreicht das von der Vergleichslichtquelle ausgehende Bündel den Sektor und wird im Verhältnis der Sektoröffnungen geschwächt (Talbotsches Gesetz s. S. 269).

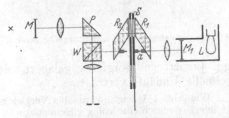

Abb. 352. Sektorenphotometer nach BRODHUN (Schmidt & Haensch, Berlin), Ansicht.

Der Sektor kann bis zu 90° geöffnet werden. Der Vergleichslichtstrom wird also bei laufendem Sektor auch bei voller Sektoröffnung im Verhältnis 1 : 2 vorgeschwächt. Diese Schwächung bleibt im folgenden immer unberücksichtigt. Zur bequemeren Rechnung ist der Winkel von 90° in hundert Teile unterteilt worden. Bei mechanisch

Abb. 353. Sektorenphotometer nach BRODHUN, Schema.

guter Ausführung der Sektoreinrichtung kann der — 1 : 2 vorgeschwächte — Vergleichslichtstrom bis zur Auslöschung geschwächt werden. Es ist jedoch ratsam, die Meßbedingungen stets so zu wählen, daß die Sektoröffnung nicht kleiner wird als 10°. Sonst können die Ablesefehler prozentual zu sehr ins Gewicht fallen. Zur Ablesung der Einstellung ist eine aus Einstellupe und Skalenbeleuchtung bestehende Einrichtung E vorhanden. Um den Meßbereich

---

[1] BRODHUN, E.: Meßbare Lichtschwächung durch rotierende Prismen und ruhenden Sektor. Z. Instrumentenkde. **27** (1907) 14.

des Instrumentes zu vergrößern, sind auf der Vergleichs- und der X-Seite des Würfels Schieber mit geeichten verschieden dichten Graugläsern vorgesehen.

Der X-Lichtstrom beleuchtet die Milchglasplatte M, die über ein Umlenkprisma P, das in einem schwenkbaren Tubus sitzt, vom Okular über den Prismenwürfel W angesehen wird. Das Gesichtsfeld hat je nach der Art des eingebauten Photometerwürfels die bekannte Trapezform oder die einfachere in 4 Quadranten unterteilte Form, wie sie Abb. 338c auf S. 316 zeigt.

Die Erfahrung hat gezeigt, daß beim Trapezfeld das Auge das Feld sprungweise abtastet und daß dadurch bei Sektorschwächung ein eigentümliches Zucken im Felde auftritt. Diese Erscheinung wird bei einem in 4 Quadranten geteilten Gesichtsfeld nicht beobachtet.

Es ist deshalb im allgemeinen ratsam, bei Sektorphotometern ein möglichst einfaches Gesichtsfeld zu wählen. Über die Verwendung und den Meßgang ist auf S. 325 einiges gesagt.

Das Sektorphotometer nach BECH-STEIN[1] (Abb. 354) ist aus dem oben beschriebenen Brodhunschen Instrument entstanden. Es unterscheidet sich von ihm unter anderem durch die Art, wie das Vergleichslicht über den Sektor geführt wird. In Abb. 355 stelle L_k eine Keillinse dar, die die Okularpupille (nicht gezeichnet) durch den Prismenwürfel in der Ebene des Sektors S abbildet. Durch den Keilwinkel von L_k wird die Abbildung exzentrisch. Die beiden Linsen am Sektor lenken die abbildenden Licht-

Abb. 354. Sektorenphotometer nach BECHSTEIN (Schmidt & Haensch, Berlin), Ansicht.

strahlen auf die Vergleichstrübglasscheibe M_1. Die Strahlen treffen also nicht zentral, sondern von der Seite her auf. Rotiert die Keillinse, so überstreicht das Pupillenbild den Sektor und der Vergleichslichtstrom wird im Verhältnis der Sektoröffnungen geschwächt. Diese Methode, das Vergleichslicht zu lenken, ist mechanisch leichter ausführbar als die beim vorigen Photometer, weil die Brodhunschen Prismen

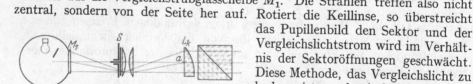

Abb. 355. Sektorenphotometer nach BECHSTEIN, Schema.

gut justiert und sorgfältig gelagert sein müssen, damit die Einrichtung auch schnelle Umläufe verträgt.

Wie Abb. 355 zeigt, wird das Vergleichslicht durch eine kleine Ulbrichtsche Kugel geliefert, wodurch eine völlig gleichmäßige Beleuchtung der Milchglasscheibe erreicht wird. Das ist nötig, weil der Beobachter, der mit dem Strahlengang der Pupillenabbildung blickt, die Milchglasscheibe schräg von einem umlaufenden Punkt aus ansieht. Ist nun die räumliche Verteilung des von der Milchglasscheibe ausgehenden Lichtes nicht ganz symmetrisch (und das kann eintreten, wenn die Lichtquelle nicht genau senkrecht hinter dem Mittelpunkt der Scheibe steht), so schwächt der Sektor nicht mehr proportional seiner Öffnung. Diese Fehlermöglichkeit ist durch die Ulbrichtsche Kugel ausgeschaltet.

Der X-Lichtstrom tritt wie oben über eine Milchglasscheibe in das Photometer. Bezüglich des Feldes gilt das gleiche wie bei der vorher beschriebenen Ausführung. Es sei noch erwähnt, daß (auch bei der Brodhunschen Konstruk-

---

[1] BECHSTEIN, W.: Photometer mit proportionaler Teilung und dezimal erweitertem Meßbereich. Z. Instrumentenkde. **27** (1907) 178.

tion) an Stelle der wegschlagbaren Kontrastplättchen mit einem Kontrast von 8%, festeingebaute mit einem Kontrast von etwa 3,5% angebracht werden können. Dadurch erhöht sich die Einstellgenauigkeit (s. S. 278). Wie bei der Brodhunschen Aus-
führung kann der Meßbereich durch Graugläser usw. dekadisch erweitert werden, z. B. können vor der Lichtaustrittsöffnung der Kugel, die das Vergleichslicht liefert, mittels einer Revolverblende zwei Graugläser, die auf $^1/_{10}$ bzw. $^1/_{100}$ schwächen, in den Vergleichsstrahlengang gestellt werden.

Die Anwendungsgebiete sind für das Brod-
hunsche und für das Bechsteinsche Photometer dieselben. Es können alle photometrischen Mes-
sungen ausgeführt werden. Wie Lichtstärke und Beleuchtungsstärke zu messen sind, ist klar. Es ergebe die Lichtstärkemessung bei einer Lampe die Sektoröffnung α, dann ist $I = C \cdot \alpha \cdot R^2$ ($R =$ Entfernung in Metern der Lichtquelle von der Milchglasscheibe M der X-Seite des Photometers). C ist die Photometerkonstante, die durch Eichung ermittelt wird. In C sind auch die Ein-
flüsse aller Graugläser usw. enthalten. Werden die Schwächungsmittel dekadisch verändert, ändert sich auch C (dekadisch). Zur Messung sehr kleiner

Abb. 356. Polarisationsphotometer nach MARTENS (Schmidt & Haensch, Berlin), Ansicht.

Leuchtdichten oder Lichtstärken bildet man die leuchtende Fläche oder die Lichtquelle nach Entfernen von M in der Okularpupille ab (sog. „Maxwellsche Methode"). So kann man z. B. die Leuchtdichte von Luminophoren messen. Die Eichung muß dann natürlich unter genau denselben Bedingungen erfolgen. Es sei noch darauf hingewiesen, daß bei Leuchtdichtemessungen die Pupille vom X-Lichtstrom voll ausgeleuchtet werden muß (s. S. 279 und 280). Die beiden Photometer werden hauptsächlich für sehr genaue Messungen in Laboratorien verwendet.

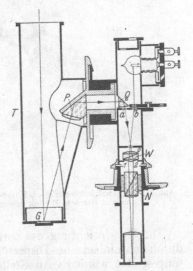

Bei dem **Polarisationsphotometer nach MARTENS**[1] (Abb. 356) wird die Schwächung, die polarisiertes Licht durch ein Analysatorprisma erfährt, benutzt, um zwei Lichtströme miteinander zu vergleichen, und zwar wird hierbei sowohl der Vergleichs- wie auch der X-Lichtstrom verändert. Das Vergleichslicht wird wie immer von der Vergleichslampe (diesmal ohne zwischengeschaltete Milchglasscheibe) geliefert und tritt durch die Öffnung b (Abb. 357) in den eigentlichen Meßteil des Photometers. Der X-Lichtstrom, der über die Umlenkprismen P und Q von dem Auffange-

Abb. 357. Polarisationsphotometer nach MARTENS (Schmidt & Haensch, Berlin), Aufbau.

schirm G kommt, tritt durch a in den Meßteil ein. Von nun an werden beide Lichtströme gleich behandelt. Das Wollastonprisma W spaltet das Licht in zwei senkrecht zueinander polarisierte

---

[1] MARTENS, F. F.: Ein neues tragbares Photometer für weißes Licht. Verh. dtsch. physik. Ges. **5** (1903) 149--156.

Komponenten auf. Die Abbildung der Öffnungen *a* und *b* in die Ebene der Okularpupille, die durch die eingebauten Linsen geschieht, ergibt also je zwei Bilder von *a* und *b*. Auf *W* ist das Zwillingsprisma 1/2 aufgekittet, das durch seine Keilwinkel eine nochmalige Teilung der abbildenden Öffnungskegel bewirkt. Es sind in der Okularebene also von *a* und *b* je vier Bilder vorhanden. Die Stellung und Neigung der Dachflächen 1/2 des Zwillingsprismas sind nun so gewählt, daß zwei Bilder, und zwar zwei solche, deren Licht senkrecht zueinander schwingt, in der Pupille übereinanderfallen. Die sechs anderen werden vom Augendeckel aufgefangen. Zwischen dem Wollastonprisma und der Okularpupille steht der Analysatornicol *N*, von dessen Stellung die Schwächung der beiden Lichtströme abhängt. Der Beobachter akkommodiert mit Hilfe der Okularlupe auf die beiden Flächen 1/2 des Zwillingsprismas, die als Gesichtsfeld dienen. Es kann also im Gesichtsfeld nur auf Gleichheit, nicht auf gleichen Kontrast eingestellt werden. Damit die Trennungslinie (die Dachkante) bei Feldgleichheit gut verschwindet, ist die Abbildung so eingerichtet, daß die Bilder von *a* und *b* die Pupille vollständig ausfüllen. Das Photometer wird so, wie es in Abb. 357 dargestellt ist, zur Messung von Lichtstärken verwendet. Der in der Vertikalebene schwenkbare Tubus *T* schirmt die Gipsplatte *G* gegen Fremdlicht ab. Zur Messung von Beleuchtungsstärken wird *G* durch ein Milchglas ersetzt und das durchgehende Licht photometriert. Das offene Ende von *T* wird in diesem Falle abgeschlossen.

Der Anfangspunkt der im positiven Drehsinn laufenden Gradeinteilung am Analysator sei so gelegt, daß bei $\alpha = 0°$ und $\alpha = 180°$ das *X*-Feld und bei $\alpha = 90°$ bzw. $\alpha = 270°$ das Vergleichsfeld dunkel ist. Bei $\alpha = 45°$, 135°, 225°, 315° werden beide Lichtströme gleich geschwächt. Es ergebe eine Beleuchtungsstärkemessung Gleichheit im Feld, z. B. bei $\alpha = 47°$ (und den entsprechenden Stellen der anderen Quadranten), dann ist die Beleuchtungsstärke auf der Milchglasscheibe gleich $C \cdot \mathrm{tg^2}\, 47°$. *C* muß durch Eichung ermittelt werden. Im vorliegenden Fall gibt *C* an, welche Beleuchtungsstärke auf das Milchglas fallen muß, damit bei $\alpha = 45°$ Gleichheit im Feld herrscht.

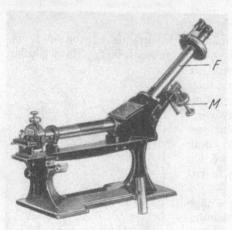

Durch die Analysatordrehung hat man theoretisch einen Meßbereich von $-\infty$ bis $+\infty$ zur Verfügung. Im Interesse der Meßgenauigkeit empfiehlt es sich aber, den einen Lichtstrom gegenüber dem anderen nicht mehr als im Verhältnis 1 : 10 zu schwächen. Deswegen ist auch eine Revolverblende eingebaut mittels der Rauchgläser verschiedener Dichte vor die Öffnung *b* gestellt werden können. Der Meßteil des Photometers wird übrigens in verschiedenen anderen Geräten unverändert verwendet, z. B. in Schwärzungsmessern für photographische Schichten.

Abb. 358. Spektralphotometer nach König-Martens (Schmidt & Haensch, Berlin), Ansicht.

Die Meßeinrichtung des normalen Martensschen Photometers ist von König durch den Einbau eines Dispersionsprismas zu einem *Spektralphotometer* (Abb. 358) umgestaltet worden. An Stelle der Eintrittsöffnungen *a* und *b* treten jetzt (Abb. 359a, b) zwei Spalten *a* und *b*. Die Abbildungen sind dieselben wie im vorigen Abschnitt beschrieben. Der Strahlengang ist nur geknickt durch das Dispersionsprisma *P*. Die 8 Bilder der Eintrittsspalte *a*, *b* sind jetzt ganze Spektren *Sp* (Abb. 359b). Zwei davon liegen wieder übereinander, und zwar so, daß nur Gebiete gleicher Wellenlänge übereinander fallen (Abb. 359a). Die scharfen Spektren werden nicht in der Ebene der Okularpupille entworfen, sondern vor dem Nicol *N* dort, wo der Okularspalt *S* angebracht ist, der einen schmalen Wellenlängenbereich ausblendet. Hinter dem Spalt S durchsetzt das Licht den Analysator N und gelangt in die Okularpupille. Mit der Okularlupe L betrachtet der Beobachter wie oben die beiden Dachflächen des Zwillingsprismas Z. Da von beiden Lichtströmen nur gleiche Wellenlängen in den Okularspalt S gelangen, haben die beiden Gesichtsfeldhälften völlig gleiche Farbe. Die Wellenlänge des Lichtes im Okular wird geändert durch Neigen oder Heben des Okulararmes F mittels der Mikrometerschraube M (Abb. 358). Aus der Abb. 359b ist zu ersehen, daß dabei die Farbe des Lichtes im Spalt S geändert wird. Die Neigung von F (Stellung der Mikrometerschraube) wird in Abhängigkeit von der Wellenlänge mit Hilfe bekannter Linienspektren geeicht. Bei festen Eingangsspalten und festem Okularspalt ist das von S durchgelassene Frequenzgebiet wegen der verschiedenen Dispersion im Roten größer als im Blauen.

Zur Beleuchtung der Spalte a und b mit dem Vergleichs- und dem X-Lichtstrom dient eine optische Einrichtung, die das Licht einer Wendel in zwei räumlich genügend weit voneinander getrennten Strahlengängen I und II auf die Spalte führt (Abb. 359c). In den Strahlengang I kann dann z. B. ein Filter gestellt werden, dessen spektrale Durchlässigkeit gemessen werden soll. Die Schwächung, die das Filter hervorruft, wird durch die Analysatordrehung ausgeglichen. Es sei ohne Filter Feldgleichheit bei $\alpha = 45°$. Wird das Filter in den Strahlengang I gestellt, so muß der Analysator mehr, als im Schwingrichtung von I gedreht werden, damit das Feld wieder gleich hell erscheint. Das sei der Fall bei $\alpha = 40°$, $140°$, $220°$, $320°$, dann ist die Durchlässigkeit des Filters für die eingestellte Wellenlänge $D = \dfrac{\mathrm{tg}^2\, 40°}{\mathrm{tg}^2\, 45°}$.

Abb. 359 a—c. Spektralphotometer nach König-Martens, Schema.

Es ist auch hier ratsam, nicht stärker zu schwächen, als im Verhältnis 1 : 10. Hat ein Filter — im Strahlengang I — für eine Wellenlänge eine geringere Durchlässigkeit als $1/10$, so pflegt man die Intensität im Strahlengang II mit einem rotierenden Sektor oder mit Graufiltern bekannter spektraler Durchlässigkeit so weit herabzusetzen, daß wieder bei α-Werten von ungefähr 45° Feldgleichheit herrscht.

Um im Rot und Blau, wo das Auge schon unempfindlicher ist (s. F 1), den Einfluß von Streulicht aus anderen Spektralgebieten auszuschalten, beobachtet man vorteilhaft durch Rot- bzw. Blaugläser, die das Streulicht absorbieren. Besonderer Wert ist auf gute Justierung aller Teile zu legen.

Das Polaphot[1]. Das dritte der hier angeführten Polarisationsphotometer, das Polaphot (Abb. 360), unterscheidet sich in der Grundlage seines Aufbaues nur unwesentlich von den schon beschriebenen Ausführungen. Die Öffnungen a und b (Abb. 361a) sind zur bequemeren Handhabung des Instrumentes weiter auseinandergelegt. Das wird erreicht durch den Einbau von zwei Rhomboederprismen R_1 und R_2. Es ist gewissermaßen ein Teil der beim König-Martens beschriebenen Beleuchtungseinrichtung mit in das Photometer hineingenommen. Hinter dem Wollastonprisma W durchsetzt das Licht von a und b erst den Analysatornicol N und dann das Biprisma — beim Martensschen Photometer ist es umgekehrt — um dann in die Pupille P zu gelangen. Ein weiterer Unterschied ist die zur Abbildung benutzte Optik. Es werden aber auch hier a und b in der Pupille abgebildet, nur mit etwas anderen Mitteln. Die Verlegung des Analysators in das Innere des Instrumentes macht eine besondere Ablesevorrichtung nötig. Die Kreisteilung T wird mit dem Ablesemikroskop F

---

[1] Siehe Veröffentlichung der Fa. Carl Zeiß, Jena. Mess. 701.

— über dem Okular — abgelesen. Zwischen Okularlupe L und Biprisma können mittels einer Revolverblende strenge Farbfilter Fi in den Strahlengang gestellt werden.

Der Vergleichs- und der X-Lichtstrom werden von einer besonderen Beleuchtungseinrichtung (Abb. 360 und 361 b) geliefert. Zur Erreichung diffusen Lichtes können in die Lichtaustrittsöffnung der Lampe Mattgläser eingesteckt werden.

Anwendungsgebiete des Polaphots sind Reflexionsvermögens- und Durchlässigkeitsmessungen aller Art. Außerdem können — unter Zuhilfenahme einer an a ansteckbaren Vergleichslichtquelle — auch Lichtstärken, Beleuchtungsstärken und daraus abgeleitete Größen gemessen werden.

Abb. 360. Polaphot (Carl Zeiß, Jena), Ansicht.

Die Einstellung auf Gleichheit im Feld erfolgt durch Analysatordrehung, und zwar durch einen seitlichen Knopf. Es können auch spektrale Durchlässigkeiten farbiger Gläser oder Flüssigkeiten gemessen werden, allerdings nicht so genau wie mit einem Spektralphotometer im eigentlichen Sinn, z. B. dem König-Martens. Man stellt zu diesem Zweck die vorschlagbaren Farbfilter, deren Durchlässigkeitskurven bekannt sind, zwischen Okular und Gesichtsfeld in den Strahlengang und mißt die Durchlässigkeit eines Objektes für den von dem Filter durchgelassenen Spektralbereich. Den gemessenen Wert ordnet man der aus der Filterkurve

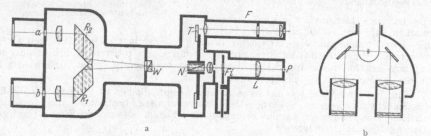

Abb. 361 a und b. a Polaphot (Carl Zeiß, Jena), Schema.

ermittelten Schwerpunktswellenlänge zu. Es sind in der Revolverblende neun geeichte Filter enthalten, die das Spektrum annähernd gleich unterteilen. Zur Messung von Reflexionsvermögen beleuchtet man mit der Photometerlampe (ohne Mattglas) eine Normalfläche und die X-Fläche. Beide photometriert man dann mit dem Polaphot. Durch Vorschlagen der Farbgläser läßt sich analog wie oben das spektrale Reflexionsvermögen bestimmen. Bei sehr dichten (dunklen) Objekten empfiehlt es sich, den Vergleichsstrahlengang entsprechend vorzuschwächen (etwa durch geeichte Graugläser). Für die Messungen von Trübungen u. dgl. sind für das Polaphot besondere Zusatzteile konstruiert.

Das Photometer nach GEHLHOFF-SCHERING[1] (Abb. 362) wird in der Hauptsache benutzt, um sehr ferne Lichtquellen (Sterne, Scheinwerfer u. a.) zu

---

[1] GEHLHOFF, G. u. H. SCHERING: Über ein neues Photometer sehr hoher Empfindlichkeit und einige Anwendungen. Z. techn. Physik **11** (1920).

photometrieren. Die zu messende Lichtquelle wird in der Pupille abgebildet. Das geschieht durch die mit einem Trieb verschiebbare Linse L_1 (Abb. 363), auf die der X-Lichtstrom durch das Umlenkprisma P_1 geleitet wird. Hinter L_1 steht der normale Lummer-Brodhun-Würfel W, durch den hindurch das X-Licht in die Okular-Pupille gelangt. Um das Photometer leichter auf einen Stern richten zu können, läßt sich das X-Licht durch das vorschlagbare Prisma P_3 in ein Einstellfernrohr mit großem Gesichtsfeld lenken. Wird das Fadenkreuz des Fernrohrs mit der Lichtquelle zur Deckung gebracht, so befindet sich das Bild nach dem Wegschlagen von P_3 in der Mitte der Pupille. Zur genaueren Justierung ist das ganze Instrument durch einen Trieb

Abb. 362. Photometer nach GEHLHOFF-SCHERING, Ansicht.

um die Aufhängesäule drehbar. Außerdem kann man das Prisma P_1 um die Achse Pupille—Würfel drehen, ebenfalls mittels Trieb (s. Abb. 363). Das Bild der Lichtquelle, z. B. des Sternes, ist meist sehr klein und wird im allgemeinen die

Pupille nicht ausfüllen, deswegen treten beim Gehlhoff-Schering - Photometer Einstellschwierigkeiten auf. Um sie möglichst herabzusetzen, kann die Okularpupille durch eine Irisblende verkleinert werden.

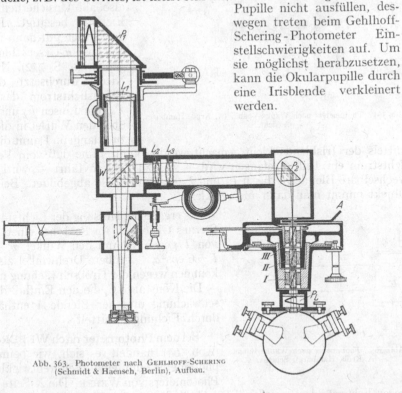

Abb. 363. Photometer nach GEHLHOFF-SCHERING (Schmidt & Haensch, Berlin), Aufbau.

Der Vergleichslichtstrom wird durch eine Trübglasscheibe geliefert, die durch zwei in eine kleine Kugel eingebaute Glühlampen beleuchtet wird. Zwischen Milchglas und Schwächungseinrichtung ist ein Plattenkasten P_L eingebaut, in den Farbgläser eingesteckt werden können. Die Schwächungsvorrichtung, die nur vom Vergleichslichtstrom durchsetzt wird, besteht aus drei hintereinander stehenden Nicols, *I*, *II*, *III*. Nicol *II* steht fest, *I* und *III* sind drehbar. Durch stufenweise Verstellung (Einschnappfedern) von *II* gegenüber *III* wird eine Grobschwächung in dekadischen Stufen erreicht. Diese Schwächung, die das Licht beim Passieren von *II* und *III* erfährt, hängt nur von der Stellung von *II* gegenüber *III* ab und ist vollkommen unabhängig von *I*. Innerhalb der Stufen der Grobschwächung wird durch kontinuierliche Drehung von *I* gegenüber *II* eingestellt. Diese Anordnung der Nicols ist gewählt, um mit hinreichender Genauigkeit große Schwächungen zu ermöglichen. Die Stufen der Grobschwächung werden nämlich nicht durch Berechnung des Drehwinkels gefunden, sondern empirisch ermittelt. Es werden also alle Unsicherheiten durch Eichung beseitigt. Innerhalb der Stufen gilt dann für *I—II* das $\cos^2 \alpha$-Gesetz hinreichend genau (s. S. 272). Nach den Nicols durchsetzt der Vergleichslichtstrom das Prisma P_2, die Linsen L_2 und L_3, um über den Würfel in die Pupille zu gelangen. Damit die Pupille

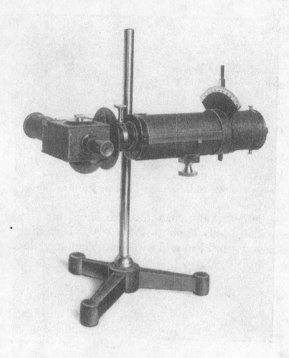

Abb. 364. Photometer nach WEBER-VOEGE (A. Krüß, Hamburg), Ansicht.

mittels der Irisblende klein gemacht werden kann, ohne daß vom Vergleichslichtstrom ein Teil abgefangen wird — was zu Fehlern führt —, wird die auswechselbare Blende *A* durch L_2 und L_3 in der Pupille abgebildet. Bei kleinem Objekt nimmt man dann auch *A* klein.

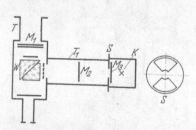

Abb. 365. Photometer nach WEBER-VOEGE (A. Krüß, Hamburg), Schema.

Es ergebe die Messung der Lichtstärke eines Sternes Gleichheit im Feld bei einer Drehung von *I* gegen *II* um den Winkel α; dann ist $I = C \cos^2 \alpha$ — größere Drehwinkel als α = 70° kommen wegen der Grobschwächung nicht vor. — Die Konstante *C*, die den Einfluß der Grobschwächung und der Blende *A* enthält, wird durch Eichung ermittelt.

Bei dem **Photometer nach WEBER-VOEGE** (Abb. 364) handelt es sich, wie beim Tubusphotometer, um eine Weiterentwicklung des Photometers von WEBER. Die *X*-Seite ist nicht wesentlich geändert worden. Die Trübglasscheibe M_1 (Abb. 365) wird vom *X*-Lichtstrom beleuchtet und vom Beobachter über einen Lummer-Brodhun-Würfel *W* angesehen. Der Tubus *T* schirmt M_1 gegen Nebenlicht ab. Als Vergleichslichtquelle dient die Trübglasscheibe M_2, die ebenfalls über den Würfel angesehen wird. M_2 erhält Licht vom Milchglas M_3, das die innen geweißte Vergleichslampenkammer K gegen den Tubus T_1 abschließt. Vor M_3 steht der ruhende Sektor S, dessen Form aus der Abbildung ersichtlich ist.

Bei der Messung wird durch Veränderung der Öffnung von S die Scheibe M_3 mehr oder weniger abgedeckt und so die Leuchtdichte von M_2 verändert. Die Bewegung von M_2 wird nicht zur Messung benutzt, sondern nur zur Anpassung des Photometers an die jeweiligen Meßbedingungen. Der Meßbereich des Instrumentes wird geändert durch Einstecken von Graugläsern hinter M_1 und durch Vorschlagen verschiedener eingebauter Graugläser vor die Vergleichs oder die X-Seite des Würfels.

Das Photometer wird benutzt zur Messung von Lichtstärken und Beleuchtungsstärken. Bei Lichtstärkemessungen wird M_1 durch den Tubus T geschützt. Bei Bestimmungen von Beleuchtungsstärken wird M_1 entfernt und eine Trübglasscheibe M vorn auf den Tubus T gesetzt, die dann die

Abb. 366. Pulfrichphotometer (Carl Zeiß, Jena), Ansicht.

Funktionen von M_1 übernimmt. Es ergebe eine Beleuchtungsstärkemessung die Sektoröffnung $40°$, dann ist $E = C \cdot 40$; C wird bei einer geeigneten Stellung von M_2 durch Eichung bestimmt. Um dieselbe Photometerkonstante auch für Lichtstärkemessungen benutzen zu können, wird die Änderung von C, die durch das Auswechseln der Milchglasscheiben bedingt ist, durch Verschieben von M_2 — zwischen zwei Marken — ausgeglichen.

Das Pulfrichphotometer[1] (auch Stufenphotometer genannt) ähnelt in seinem äußeren (Abb. 366) und seinem inneren Aufbau (Abb. 367) dem Polaphot. Es ist aber etwas einfacher, was durch die hier verwendete Schwächungsart erreicht wurde. Die Öffnungen a und b, die Eintrittspupillen der Objektive Ob, die von den zu vergleichenden Lichtströmen beleuchtet werden, sind in ihrer Größe veränderlich.

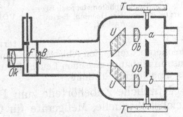

Abb. 367. Pulfrichphotometer (Carl Zeiß, Jena), Schema.

Sie werden von den Objektiven Ob über zwei Umlenkprismen U in der Augenpupille abgebildet. Wie beim Polaphot wird ein Bild von a und eines von b mit Hilfe eines Biprismas B in der Pupille übereinandergelegt. Der Beobachter sieht also wieder die Dachflächen von B, auf die er mit der Okularlupe Ok scharf akkommodiert, im Lichte von a bzw. von b leuchten. Die Veränderung der zu vergleichenden Lichtströme geschieht durch Änderung der Öffnungen a und b mittels zweier Einstelltrommeln T (Abb. 367). Die Wirkung einer Verkleinerung, z. B. von a ist eine Verkleinerung des Bildes von a in der Pupille des Beobachters. Damit wird der Lichtstrom, der das auf der Netzhaut entworfene Bild des entsprechenden Gesichtsfeldteiles beleuchtet,

---

[1] PULFRICH, C.: Über ein den Empfindlichkeitsstufen des Auges tunlichst angepaßtes Photometer. Z. Instrumentenkde. **45** (1925) 35.

vermindert, da das benutzte Öffnungsverhältnis des beobachtenden Auges verkleinert wird. Die Leuchtdichte des Gesichtsfeldes ist proportional der Fläche von *a* bzw. *b*. Sind die Intensitäten der zu vergleichenden Lichtströme sehr verschieden, so sind bei Feldgleichheit auch die Bilder von *a* und *b* in der Pupille verschieden groß. Es können dadurch Korrektionen nötig werden, die durch den Stiles-Crawford-Effekt (s. S. 266) bedingt sind. Zur leichteren Beobachtung kann das Auge fest an das Okular *Ok* angelegt werden. Es ist außerdem ein Augendeckel angebracht, der das nicht beobachtende Auge abdeckt.

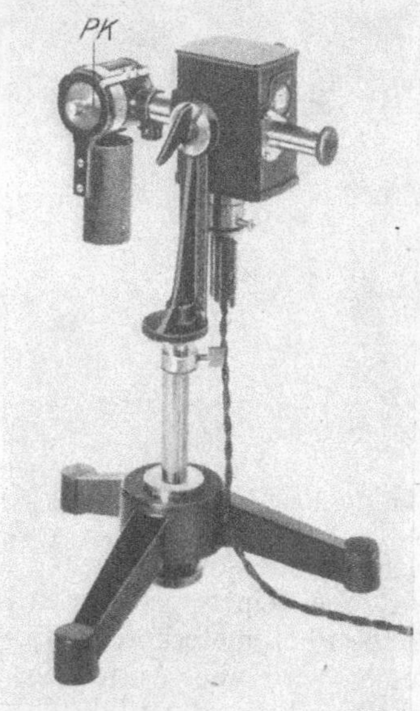

Abb. 368. Taschenphotometer nach Bechstein (Schmidt & Haensch, Berlin), Ansicht.

Zwischen Okular *Ok* und Biprisma *B* ist wie beim Polaphot eine Revolverblende angebracht, mittels der nacheinander neun Farbfilter *F* von rot bis blau in den Strahlengang gestellt werden können.

Zur Erzeugung des Vergleichs- und des *X*-Lichtstromes wird die Beleuchtungseinrichtung (Abb. 361 b) benutzt. Die Anwendungsgebiete des Pulfrich-Photometers sind die gleichen wie beim Polaphot. Es können z. B. Durchlässigkeiten und Reflexionsvermögen bestimmt werden. Da hier das Licht nicht polarisiert wird, sind die Verluste geringer als beim Polaphot, es können daher auch sehr kleine Leuchtdichten, z. B. von radioaktiven Leuchtpräparaten gemessen werden. Es ergebe eine Leuchtdichtemessung, bei der unter Öffnung *a* das Normal und unter *b* das zu messende Präparat liegt, Gleichheit im Feld bei den Trommelstellungen 100 (zu *a*) und 80 (zu *b*), dann ist $B_a : B_b = 100 : 80$. Die Angaben der Meßtrommeln sind proportional den Querschnitten von *a* bzw. *b*.

Die Trommelteilung hat eine quadratische Charakteristik, was einen über das ganze Intervall annähernd gleichen prozentualen Ablesefehler ergibt, und außerdem dem logarithmischen Charakter des Zusammenhangs zwischen Leuchtdichte und vom Auge bewertetem Eindruck näher kommt, als eine lineare Teilung.

Nützliche Zubehörteile zum Pulfrich-Photometer sind unter anderem: Vergleichslichtquelle, Meßgeräte für Glanz, Trübung, Kolorimetrie. (Polarisationsphotometer können bei Glanzmessungen gar nicht, bei Reflexionsmessungen nur mit Vorsicht verwendet werden.)

Das Taschenphotometer nach Bechstein (Abb. 368) ist wegen seines handlichen Baues sehr geeignet für Messungen außerhalb des Laboratoriums. Die Vergleichslampe (vgl. Abb. 369a) ist in die innen geweißte Kammer *I* eingebaut. Mit der ebenfalls geweißten Kammer *II* ist *I* durch Blendenlöcher verbunden. Die Vergleichstrübglasscheibe *M* (mit angekittetem Blauglas) schließt die Kammer *II* ab. Die Zwischenwand zwischen *I* und *II* besteht aus zwei kongruenten Lochscheiben *1* und *2* (Abb. 369b), von denen *2* drehbar ist. Durch Drehen von *2* wird die freie Öffnung der Blendenlöcher stetig geändert. Damit ändert sich auch die Leuchtdichte auf *M*. Um eine gleichmäßige Beleuchtung von *M* zuerreichen, sind die Blendenöffnungen so gelegt, daß durch die Mitte der Scheiben *1* und *2 M* vor direktem Licht des Glühfadens geschützt ist.

In die Pupille gelangt der Vergleichslichtstrom über ein Umlenkprisma *P*. Das Prisma und damit auch das Vergleichslicht füllt die Hälfte der als Gesichtsfeld dienenden Blende B aus. Zur regelrechten Ausleuchtung des Vergleichsfeldes muß der M gegenüberliegende Prismenwinkel größer als 45° sein, da sonst die Trennungslinie bei Gleichheit im Feld nicht vollständig verschwindet. Zwischen P und dem Trübglas M kann zur Angleichung der Farbe des Vergleichslichtes an das Tageslicht ein weiteres Blauglas eingeschaltet werden.

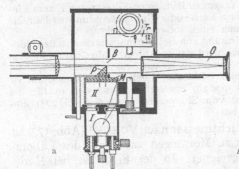
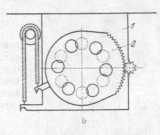

Abb. 369 a und b. a Taschenphotometer nach BECHSTEIN
(Schmidt & Haensch, Berlin), Aufbau.

Der X-Lichtstrom füllt die andere Hälfte der Blende B aus, auf die der Beobachter sein Auge mit Hilfe der Okularlupe einstellt. Die Drehung der Scheibe 2 geschieht durch einen Knopf seitlich am Instrument, die Ablesung

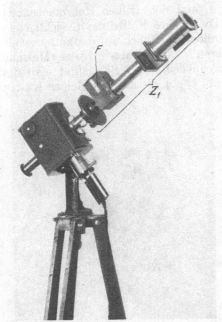
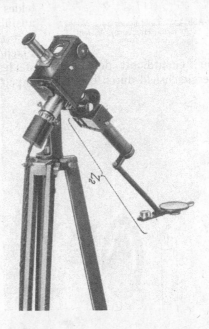
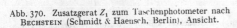

Abb. 370. Zusatzgerät Z_1 zum Taschenphotometer nach
BECHSTEIN (Schmidt & Haensch, Berlin), Ansicht.

Abb. 371. Zusatzgerät Z_2 zum Taschenphotometer nach
BECHSTEIN (Schmidt & Haensch, Berlin), Ansicht.

der Schwächung an einer Trommel Tr über dem Okular O. Die Trommelteilung ist proportional der freien Blendenöffnung zwischen I und II.

Durch entsprechende Zusatzteile wird das Taschenphotometer für alle Lichtmessungen brauchbar. Der Plattenkasten PK in Abb. 368 mit einer Milchglasscheibe und dekadischen Schwächungseinrichtungen wird zur Messung von Lichtstärken und Beleuchtungsstärken in der Vertikalebene verwendet. — Das Zusatzgerät Z_1 in der Abb. 370, mit dessen Hilfe ein Stück einer zu messenden Fläche in der Ebene des Gesichtsfeldes abgebildet wird, wird zu Leuchtdichtemessungen benutzt. Man kann, wenn die Fläche ungleichmäßig hell ist, das Vergleichsfeld mit dem gerade zu messenden Teil auf gleiche Leuchtdichte bringen. Diese Art, Leuchtdichten zu messen, hat gegenüber der Abbildung eines Flächenteils in der Okularpupille den Vorteil, daß keine Fehler durch unvollständige Ausleuchtung der Pupille auftreten können. Andererseits leidet aber bei ungleichmäßig hellen Flächen die Einstellgenauigkeit. Das Zusatzgerät hat, wie die Figur erkennen läßt, einen Filterkasten F zum Einstecken von Farb- oder Graugläsern und es läßt die Verwendung eines rotierenden Sektors zu.

Zur Messung von Beleuchtungsstärken in der Horizontalebene wird das in Abb. 371 abgebildete Zusatzgerät verwendet. Es ist ein Arm mit einer Testplatte, die im Gesichtsfeld abgebildet wird. Dieses Gerät ist besonders deshalb erwähnt worden, weil es für die Benutzung von Sharpschen Platten (s. S. 275) eingerichtet ist.

Der Lichtmesser nach VOEGE [1] (Abb. 372) ist ebenfalls zu Messungen außerhalb des Laboratoriums geeignet. In der Figur ist bei E die Einblicköffnung des Beobachtungsrohres sichtbar, das horizontal durch das Instrument läuft. Etwa in der Mitte des Rohres ist ein weißer gezackter Schirm M (Abb. 373 a und Abb. 373 b) angebracht, der als Vergleichsseite des Gesichtsfeldes dient und den halben Rohrquerschnitt ausfüllt. Die andere Hälfte des Gesichtsfeldes gestattet freien Durchblick auf die zu messende Fläche, deren Leuchtdichte bei der Messung

Abb. 372. Lichtmesser nach VOEGE (A. Krüß, Hamburg), Ansicht.

die Leuchtdichte des Vergleichsfeldes angeglichen wird. Beleuchtet wird das Vergleichsfeld durch eine Glühlampe G (Abb. 373 b), die in einen kleinen Kasten

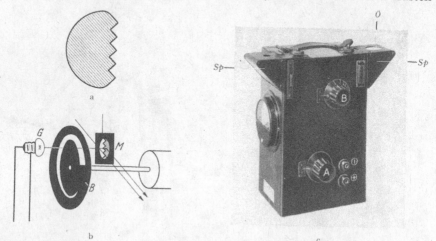

Abb. 373a—c. Zum Lichtmesser nach VOEGE (A. Krüß, Hamburg). a Gezackter Schirm, b Schema der Vergleichsseite, c Spiegelansätze.

eingebaut ist und von einer Taschenlampenbatterie gespeist wird. Die Veränderung der Vergleichshelligkeit geschieht in Grobabstufung durch Veränderung der Spannung, die an der Vergleichslampe liegt (Knopf A in Abb. 372). Zur Einstellung der einzelnen Stufen sind ein Widerstand und ein empfindliches

geeichtes Voltmeter eingebaut. Innerhalb der Meßbereiche, die durch Spannungsregulierung gewonnen sind, wird mit Hilfe einer Ringblende B (s. Abb. 373 b)
eingestellt (Knopf B in Abb. 372). Die Blende B ist vor den Vergleichslampen-
kasten montiert. Mit der Änderung der Belastung der Vergleichslampe ändert
sich auch die Farbe des Vergleichsfeldes. Das Messen mit einer Farbdifferenz
soll aber erleichtert werden durch die gezackte Form des Gesichtsfeldes.
Man stellt auf Verschwimmen
der Zacken ein.

Die primär zu messende Größe
ist die Leuchtdichte einer größeren
Fläche. Man sieht durch das Beobachtungsrohr die Fläche an und
bringt das Vergleichsfeld auf die
gleiche Leuchtdichte. Aus der Einstellung der Vergleichslampenspan-
nung und der Ringblende wird die
Leuchtdichte in sb (Stilb) sofort
abgelesen. Auf der Voltmeterskala
sind an den einzelnen Punkten, die
der Grobeinstellung entsprechen,
nicht die Spannungen an der Vergleichslampe, sondern die durch
Eichung ermittelten Leuchtdichten
des Vergleichsfeldes angegeben, die
bei voller Öffnung der Ringblende
vorhanden sind. Zur Messung von

Abb. 374. Luxmeter nach BECHSTEIN (Schmidt & Haensch, Berlin),
Ansicht.

Beleuchtungsstärken bestimmt man wie bei allen anderen Photometern die Leuchtdichte
eines Schirms bekannter Albedo, der sich dort befindet, wo die Beleuchtungsstärke gemessen werden soll. Als Schirm wird weißes Papier benutzt, das in einen Rahmen
gespannt wird. Damit nicht jedesmal mit der Albedo umgerechnet werden muß, ist eine
zweite Teilung auf dem Voltmeter angebracht, die für den zu verwendenden Schirm in Lux auf dem Schirm geeicht ist.

Das Auslegen des Schirms kann in manchen Fällen unbequem sein,
deshalb sind Spiegelansätze Sp (Abb. 373 c) vorgesehen. Die Öffnung $\ddot{O}$
enthält eine Milchglasscheibe, deren Leuchtdichte im durchgehenden
Licht gemessen wird. Mit diesem Ansatz
kann man natürlich auch Lichtstärken
messen. Beim Befestigen der Spiegelansätze am Gehäuse des Instrumentes
wird ein Widerstand aus dem Volt-
meterkreis genommen, der so gewählt
ist, daß der Lichtverlust durch Spiegel
und Milchglas ausgeglichen wird. Es
sind also dieselben Einstellungen am
Voltmeter zu verwenden. Zur Erweiterung des Meßbereiches (für sehr große
Leuchtdichten) können an der Ausblick-

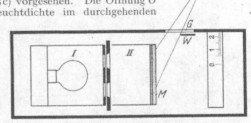

Abb. 375. Luxmeter nach BECHSTEIN, Schema.

öffnung des Beobachtungsrohres mittels eines Schiebers Graugläser bekannter Dichte in
den X-Strahlengang gestellt werden.

Das Luxmeter von BECHSTEIN[1] (Abb. 374) besitzt als Meßeinrichtung dieselben beiden Kammern mit Einstell- und Ablesevorrichtung (Abb. 375) wie das
Taschenphotometer nach BECHSTEIN. Als Stromquelle für die Vergleichslampe
sind zwei Taschenlampenbatterien eingebaut. Zur Einstellung der Stromstärke
für die Vergleichslampe (in Kammer I) ist ein Amperemeter und ein fein verstellbarer Widerstand vorgesehen. Das kreisrunde Gesichtsfeld G in der Mitte
des Instrumentes wird gebildet zur einen Hälfte aus einer Weißfläche W
(Abb. 375), die zum Schutz unter einem Deckglas liegt, und zur anderen Hälfte
aus Klarglas, durch das man auf die darunterliegende Abschlußscheibe M
der Kammer II sieht. Es ist wichtig, daß immer dieselbe Stelle von M zum

---

[1] BECHSTEIN, W.: Ein neuer Beleuchtungsmesser. Licht u. Lampe 1923, Heft 9.

Vergleich herangezogen wird; deshalb ist auf M eine Marke angebracht, die beim Messen stets an der gleichen Stelle im Gesichtsfeld liegen muß. Der Meßbereich wird erweitert, indem man mit einem Schieber an die Stelle der Weißfläche W Grauflächen setzt, deren Reflexionsvermögen $^1/_{10}$ bzw. $^1/_{100}$ von dem der Weißfläche beträgt. Das Gerät wird nur zur Messung von Beleuchtungsstärken benutzt.

Das Luxmeter von OSRAM[1] (Abb. 376) enthält zwei kleine Opalglaskugeln K_1 und K_2 (Abb. 377) als Lichtauffangeflächen für den X- und den Vergleichslichtstrom. Die Lichtauffangefläche L ist eine Kugelkalotte von K_1, die durch die Deckplatte ragt. Es ist eine gekrümmte Fläche L gewählt worden, weil diese das Kosinusgesetz besser erfüllt als ein ebener Auffangeschirm. Das Außenlicht tritt durch die Kalotte in das Innere der Opalglaskugel K_1, wird hier vielfach reflektiert (Ulbrichtsche Kugel) und bringt so eine gleichmäßige Beleuchtung der Kugel zustande. Die Vergleichskugel K_2, ebenfalls aus Opalglas, wird durch die Vergleichslampe beleuchtet, die durch eine eingebaute Taschenlampenbatterie gespeist wird. Der Beobachter sieht durch ein Fenster F, das gegen Fremdlicht durch einen Schirm

Abb. 376. Luxmeter von OSRAM (Licht u. Lampe 1932), Ansicht.

geschützt ist, mittels einer schräg gestellten Glasplatte P auf beide Kugeln. Die Glasplatte dient als Gesichtsfeld. Sie ist in schmale Streifen geteilt, von denen der 1., 3., 5. usw. versilbert, der 2., 4., 6. usw. klar ist. Die versilberten Teile reflektieren das Licht von K_1, die klaren lassen das von K_2 hindurch. Der Beobachter sieht also die Leuchtdichten der beiden Kugeln mehrfach dicht nebeneinander, was die Einstellung erleichtert. Es wird auf möglichstes Verschwinden der Streifen eingestellt.

Abb. 377. Luxmeter von OSRAM (Licht u. Lampe 1932), Aufbau.

Die Veränderung der Leuchtdichte der Vergleichskugel wird dadurch erreicht, daß von der Lichtaustrittsöffnung Of des Vergleichslampengehäuses mehr oder weniger abgedeckt wird. Die Abdeckung erfolgt durch die Wandung eines Zylinders Z, der unten entsprechend abgeschrägt ist, und wird an einer Scheibe Sch reguliert, welche durch einen Schlitz aus dem Gehäuse des Beleuchtungsmessers herausragt. Die Ableseskala Sk, die direkt die Beleuchtungsstärken (Lux) auf der Auffangefläche angibt, ist auf der Einstellscheibe angebracht. Die gewählte Form von Of ermöglicht einen großen Meßbereich, der noch durch ein zwischen P und K_1 einschaltbares Rauchglas um den Faktor 10 vergrößert werden kann. Zur Einstellung der richtigen Stromstärke für die Vergleichslampe sind ein Amperemeter und ein feinverstellbarer Widerstand eingebaut.

---

[1] Der neue Osram-Beleuchtungsmesser. Licht u. Lampe 1932, 183.

g) Einiges über den Gebrauch visueller Photometer.

Für genaue Messungen mit visuellen Photometern sind folgende Hinweise wichtig. Es müssen grundsätzlich Beobachtungs*reihen* gemacht werden, weil Einzeleinstellungen unzuverlässig sind. Zeigen die Einstellungen eine ständig steigende oder ständig fallende Tendenz, so ist die Messung zu verwerfen, weil irgendwo ein instationärer Zustand herrscht. Der Beobachter darf nicht gestört werden durch Lichteindrücke, die nicht zum Photometerfeld gehören, z. B. durch Lampen im Laboratorium (Umfeldbeleuchtung ist etwas anderes, s. S. 279). Beeinträchtigungen der Empfindlichkeit des Auges treten auch ein, wenn das Gesichtsfeld zu hell oder zu dunkel ist (s. S. 279). Bei zu großer Helligkeit wird der Beobachter geblendet, bei sehr dunklem Feld kann die für den photometrischen Messungsvorgang erforderliche Helligkeitsänderung im Vergleichsfeld, um überhaupt sichtbar zu werden, einen erheblichen Prozentsatz der Feldhelligkeit ausmachen. Wird lange Zeit hintereinander beobachtet, so muß darauf geachtet werden, daß das Auge Erholungspausen bekommt. Ermüdungen führen sehr leicht zu systematischen Abweichungen. Sehr vorteilhaft ist es, wenn der Beobachter nicht weiß, was er eingestellt hat, damit er nicht durch unbewußte Absicht die Resultate beeinflußt. Da verschiedene Beobachter bei ein und derselben Messung verschieden einstellen, also ihre Auffassung von Gleichheit oder gleichen Kontrast im Feld verschieden ist, muß jeder Beobachter auch eine Eichung vornehmen, die dann nur für ihn Gültigkeit hat. Im übrigen sei der großen Wichtigkeit wegen wiederholt, daß die reichliche Verwendung von Blenden zum Schutz vor Nebenlicht in der Photometrie dringend nötig ist. Es darf vom Ort des Lichtauffangeschirms aus kein Stück einer reflektierenden Fläche sichtbar sein.

Die hohe Meßgenauigkeit, die sich bei Beachtung aller Vorsichtsmaßregeln mit den besten Photometern erreichen läßt, erfordert eine sehr gute Konstanz der Lichtstärke der für photometrische Messungen benutzten Glühlampen. Es ist dazu nötig, die Spannung (Stromstärke) sehr genau konstant zu halten. Einer Spannungsänderung von 1 % (Stromstärkeänderung von 0,6 %) entspricht je nach Glühlampentyp eine Lichtstärkeänderung von 3...6 %. Die nötige Einstellsicherheit läßt sich mit gewöhnlichen Zeigerinstrumenten nicht erreichen. Man muß daher bei genauesten photometrischen Messungen Kompensationseinrichtungen anwenden.

Es wird dabei der Spannungsabfall längs eines geeignet großen, sehr genau bekannten Widerstandes gegen die EMK. eines Normalelementes, die man ebenfalls genau kennt, kompensiert. Im Kompensationskreis befindet sich als Nullinstrument ein empfindliches Spiegelgalvanometer. Es empfiehlt sich, trotz der größeren Steilheit der Lichtstärke-Stromstärkekurve die Glühlampen auf die Stromstärke einzuregulieren, weil dabei etwaige Übergangswiderstände an Klemmen, Kontakten usw. ohne Einfluß sind.

Vorstehend wurden nur Instrumente aufgeführt, die als vorwiegend benutzt bekannt und augenblicklich auf dem Markt erhältlich sind. Sie beruhen sämtlich auf dem Prinzip der Angleichung zweier Leuchtdichten im Gesichtsfeld. Es gibt noch andere Meßgrundlagen, z. B. die Erkennbarkeit eines Sehzeichens (Sehschärfenmethode). Für praktisch alle photometrischen Messungen werden aber die Photometer, die in einem Gesichtsfeld dem Auge die zu vergleichenden Leuchtdichten darbieten, wegen ihrer weit größeren Einstellgenauigkeit ausschließlich benutzt.

C 6. Objektive Photometrie.

Von

RUDOLF SEWIG-Dresden.

Mit 10 Abbildungen.

Die Verfahren der objektiven Photometrie [1] sind in vielfacher Beziehung denen der subjektiven (visuellen) Photometrie ähnlich; jedoch tritt an Stelle des Auges eine lichtelektrische Zelle (Photozelle oder Photoelement). Da lichtelektrische Zellen nicht nur — wie das Auge — Gleichheit von Leuchtdichten festzustellen vermögen, sondern bei Berücksichtigung der erforderlichen, nachstehend besprochenen Vorsichtsmaßregeln und nach vorhergegangener Eichung an einem den Photostrom messenden Instrument direkt die Beleuchtungsstärken (bzw. aus diesen abgeleiteten lichttechnischen Meßgrößen) abgelesen werden können, kann man in vielen Fällen auf die bei subjektiven Photometern unvermeidlichen Bauelemente — Vergleichslampe und Schwächungsvorrichtung — verzichten. Die meisten objektiven Photometer sind also nicht Nullinstrumente, sondern Ausschlaginstrumente. Für genaue objektiv-photometrische Messungen greift man jedoch häufig auf Anordnungen zurück, die denen der visuellen Photometer ähnlich sind, insbesondere eine von den Eigenschaften der verwendeten lichtelektrischen Zelle unabhängige, absolut eichbare Schwächungsvorrichtung haben. Den Grund dafür, liegt in gewissen, die Meßgenauigkeit einschränkenden Eigenschaften aller bekannten Arten lichtelektrischer Zellen.

a) Photozellen.

Als Photozellen [2] schlechthin bezeichnet man die auf den äußeren lichtelektrischen Effekt beruhenden Zellen, die in einem evakuierten oder mit Edelgas gefüllten Glas- oder Quarzgefäß eine lichtempfindliche Kathode und eine Auffangelektrode (Anode) haben [3]. Die Anzahl der aus der Kathode emittierten Elektronen (lichtelektrischer Primärstrom) ist bei gleicher spektraler Zusammensetzung des Lichts und gleichmäßig ausgeleuchteter Kathodenfläche proportional der Anzahl einfallender Lichtquanten, also dem Lichtstrom. Der in einem äußeren Instrument meßbare Photostrom hängt davon ab, ob alle Primärelektronen die Anode erreichen. Bei Vakuumzellen ist dies erst von einer bestimmten Feldstärke (Sättigungsspannung, durch eine in den äußeren Stromkreis

---

[1] Zusammenfassende Darstellung des gesamten Gebiets in: SEWIG, R.: Objektive Photometrie. Berlin: Julius Springer 1935. Ferner die entsprechenden Blätter des Arch. Techn. Mess.

[2] Zusammenfassende Werke über Photozellen, Photoelemente und die übrigen lichtelektrischen Umformer: FLEISCHER, R. u. H. TEICHMANN: Die lichtelektrische Zelle und ihre Herstellung. Leipzig-Dresden: Theodor Steinkopff 1932. — SIMON, H. u. R. SUHRMANN: Lichtelektrische Zellen und ihre Anwendung. Berlin: Julius Springer 1932. — LANGE, B.: Die Photoelemente und ihre Anwendung, Bd. 1 u. 2. Leipzig: Johann Ambrosius Barth 1936. — GEFFCKEN, H., H. RICHTER u. J. WINKELMANN: Die lichtempfindliche Zelle als technisches Steuerorgan. Berlin: Deutsches Literarisches Institut Schneider 1933. — ANDERSON, J. S.: Photoelectric celes and their applications. London: Verl. der Physical and Optical Societies 1930. — CAMPBELL, N. R. and D. RITCHIE: Photoelectric Celes. London: Pitman & Sons 1929. — ZWORYKIN, V. K. and E. D. WILSON: Photoceles and their applications. New York: J. Wiley & Sons 1930.

[3] Abb. 378 zeigt Maßskizzen einiger handelsüblicher Arten von Photozellen und läßt die Formen des Kolbens und der Elektroden erkennen.

geschaltete Batterie geliefert) der Fall. Bei edelgasgefüllten Zellen nimmt oberhalb einer gewissen Saugspannung infolge der Ionisation des Füllgases der Strom solange zu, bis eine selbständige, durch Licht nicht mehr steuerbare Glimmentladung durchbricht. Die Glimmspannung hängt etwas von der Beleuchtungsstärke ab. Die praktisch anwendbare Saugspannung liegt bei etwa

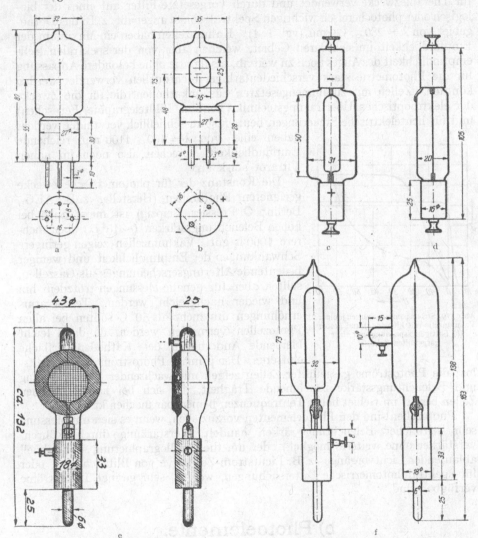

Abb. 378a—f. Maßskizzen gebräuchlicher Photozellen (Fa. O. Pressler, Leipzig).

50...80% der Glimmspannung; der primäre Photostrom kann durch Gasfüllung praktisch auf den 4...10fachen Betrag gesteigert werden. Für photometrische Messungen sollte man aber besser Vakuumzellen nehmen, da sie konstanter sind und die Proportionalität des Sättigungsstromes mit der Beleuchtungsstärke besser erfüllt ist, als die des Gesamtstromes bei gasgefüllten Zellen, namentlich bei hohen Beleuchtungsstärken und Saugspannungen. Abb. 379 zeigt die Stromspannungskennlinien zweier verschiedener Vakuumzellen (a, b) und einer gasgefüllten Zelle (c).

Die spektrale Verteilung der Empfindlichkeit von Photozellen hängt vom Kathodenmaterial (Elektronenaustrittarbeit) ab. Ausschließlich UV-empfindliche Zellen haben z. B. Kathoden aus Magnesium, Kadmium, Natrium, Lithium und werden in Kolben aus Quarz oder UV-durchlässigem Glas eingeschlossen. Solche Zellen werden vielfach zur Messung und Dosierung der UV-Strahlung für Therapiezwecke verwendet und durch vorgesetzte Filter auf eines der biologisch oder photochemisch wichtigen Spektralgebiete angepaßt, z. B. das Dornogebiet von $\lambda = 280 \ldots 320$ mμ (vgl. K 1). Kaliumzellen haben ein Maximum der Empfindlichkeit im sichtbaren Gebiet, weichen aber von der spektralen Hellempfindlichkeit des Auges noch zu weit ab, als daß sie ohne besondere Anpassung für die Photometrie stark verschiedenfarbiger Lichtquellen verwendet werden könnten. Zellen mit zusammengesetzten Cäsiumkathoden, die für die Zwecke der elektrooptischen Übertragungstechnik (Tonfilm, Bildtelegraphie, Fernsehen) und für lichtelektrische Steuerungen heute fast ausschließlich verwendet werden,

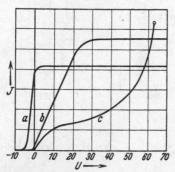

haben eine von $\lambda = 300 \ldots 1100$ mμ reichende Empfindlichkeit, sprechen also noch im nahen Ultrarot stark an.

Die Konstanz der für photometrische Zwecke geeigneten Photozellen (Hersteller z. B. AEG., Berlin; O. Pressler, Leipzig) ist meist auch bei hohen Beleuchtungsstärken ($\sim 10^4$ lx) über mehrere 1000 h gut. Vakuumzellen zeigen geringere Schwankungen der Empfindlichkeit und weniger bedeutende Alterungserscheinungen als Gaszellen, sollten aber für genaue Messungen trotzdem hin und wieder nachgeeicht werden. Temperatur-

Abb. 379. Stromspannungskurven je einer Vakuumzelle mit kleiner (a) und großer (b) Sättigungsspannung und einer gasgefüllten Zelle (c).

erhöhungen um mehr als 50° C sollten bei allen Photozellen vermieden werden, da dann leicht bleibende Änderungen der Kathodenoberfläche eintreten. Der primäre Photostrom ist trägheitslos; die Photoströme gasgefüllter Zellen zeigen mit wachsender Saugspannung und Beleuchtungsstärke zunehmende Trägheit, die sich bei handelsüblichen Zellen bereits im Gebiet hoher Tonfrequenzen bemerkbar machen kann.

Photozellen sind den Photoelementen vorzuziehen, wenn es sich um Messung sehr schwacher Beleuchtungsstärken handelt (Verstärkung durch Röhrenverstärker ohne weiteres möglich) oder um die Oszillographierung sehr schnell ablaufender Lichtvorgänge (z. B. Lichtstrom-Zeitkurve von Blitzlichtern), oder für spektralphotometrische Untersuchungen, wo i. a. sehr geringe Lichtströme verfügbar sind.

b) Photoelemente.

Photoelemente [1] (auch Sperrschichtzellen genannt) bestehen aus einem scheibenförmigen Metallträger (Eisen, Kupfer), einer aufgeschmolzenen oder aufgewachsenen Halbleiterschicht (Selen, Kupferoxydul) und einer dünnen, lichtdurchlässigen metallischen Gegenelektrode (Silber, Platin). Der Photoeffekt kommt durch Absorption der Lichtquanten in der Nähe der einen (meist vorderen) Grenzschicht zwischen Metall und Halbleiter zustande. Praktisch werden nur Selen- und Kupferoxydulphotoelemente verwendet, die erstgenannten

---

[1] Zusammenfassende Literatur s. Fußn. 2, S. 338; über neuere Messungen vgl. L. Bergmann u. R. Pelz: Untersuchungen an Selen-Photoelementen. Z. techn. Physik **18** (1937) 177—191.

in überwiegendem Maße. Photoelemente brauchen keine Saugspannung, sie werden durchweg ohne eine solche betrieben, da sie eine selbständige EMK. liefern. Der innere Widerstand — d. i. der Quotient aus Leerlaufspannung und Kurzschlußstrom — ist kleiner als der von Photozellen. Der Kurzschlußstrom steigt bei Beleuchtungsstärken auf der Oberfläche von ~ 1...10⁴ lx praktisch linear mit der Beleuchtungsstärke an; bei sehr kleinen und sehr hohen Beleuchtungsstärken treten Anomalitäten auf. Der Verlauf der Leerlaufspannung gegen die Beleuchtungsstärke E geht in einem mittleren Bereich (je nach Art der Zellen etwa 3 Größenordnungen von E) logarithmisch, bei geringen und größeren Werten von E flacher. Die maximale Leerlaufspannung hängt etwas von der Lichtfarbe ab und beträgt bei Selenphotoelementen etwa 0,3...0,6 V. Leerlaufspannung und Kurzschlußstrom eines 10 cm² großen Selenphotoelements zeigt Abb. 380.

Die spektrale Empfindlichkeitsverteilung der Kupferoxydulvorderwandelemente ist der spektralen Hellempfindlichkeit des Auges ähnlich, die der Selenelemente reicht nach beiden Enden des Spektrums darüber hinaus. Über Anpassung vgl. f, S. 343 f.

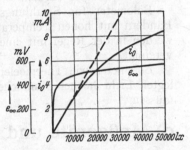

Da die Proportionalität zwischen Photostrom und Beleuchtungsstärke mit zunehmender Gegenspannung (Spannungsabfall am äußeren Widerstand) schlechter wird, darf der äußere Widerstand (Meßinstrument) nicht zu groß gewählt werden, falls man eine lineare Teilung wünscht; er muß um so kleiner sein, je höher die zu messende Beleuchtungsstärke ist. Bei genauen Messungen beobachtet man Trägheitserscheinungen, Ermüdung und Erholung auch bei mittleren Beleuchtungsstärken [1]. Bei hohen Beleuchtungsstärken (~ 10³...10⁴ lx) werden dieselben so stark,

Abb. 380. Leerlaufspannung (e_∞) und Kurzschlußstrom (i_0) eines Selenphotoelements (LANGE) von 10 cm² Oberfläche. (Nach LANGE, Photoelemente, Bd. 1.)

daß man optische Schwächungsmittel vorsehen sollte. Bei sehr geringen Beleuchtungsstärken (Photoströmen von 10⁻⁸ A und darunter entsprechend) treten Proportionalitätsabweichungen und Trägheit, sowie Störungen des Superpositionsgesetzes in verstärktem Maße auf, was namentlich bei empfindlichen und genauen Laboratoriumsmessungen (Spektralphotometrie) zu beachten ist. Die Temperaturabhängigkeit kann bei Selenphotoelementen für einen äußeren Widerstand von ~ 1000 Ω etwa — 0,8...1,5 %/° C betragen; sie ist bei neueren Zellen zum Teil erheblich geringer [2]. Sie hängt von der Herstellungsart ab und ist besonders dann zu berücksichtigen, wenn die Elemente starken Temperaturschwankungen ausgesetzt sind (Betriebsmessungen). Die Frequenzabhängigkeit der Photoelemente ist stärker als die der Photozellen; sie ist größtenteils durch die erhebliche Eigenkapazität bedingt und bereits im Gebiet niederer Tonfrequenzen nicht mehr zu vernachlässigen, was z. B. beim Oszillographieren schnell ablaufender Lichtvorgänge zu beachten ist.

Die vorstehenden Mitteilungen zeigen, daß die Angaben der Hersteller handelsüblicher Beleuchtungsmesser mit Photoelementen immerhin mit einer gewissen Vorsicht aufgenommen werden sollten. Meist ist die Teilung der Instrumente genauer, als der unter den üblichen Fehlereinflüssen mangelhaften Definition der Meßwerte entspricht.

---

[1] Daher ist die Art der Messung auf das Resultat nicht ohne Einfluß. Zuverlässige Werte scheint das Verfahren von KÖNIG zu liefern [vgl. H. KÖNIG: Eigenschaften einer Selen-Sperrschichtzelle bei dem „ballistischen" Meßverfahren. Helvet. phys. Acta 9 (1936) 602—610].

[2] Vgl. Fußn. 1, S. 340.

c) Thermoelemente, Bolometer.

Thermoelemente und Bolometer sind beide ihrer Natur nach von der Wellenlänge der einfallenden Strahlung unabhängig, geben also ein Maß für die Strahlungsleistung, wenigstens solange nicht die Auffangblättchen ein merklich von 100% verschiedenes Absorptionsvermögen haben. Das ist bei geeigneter Schwärzung erst im UV der Fall. Thermoelemente sind daher für genaue Laboratoriumsmessung im spektral zerlegten Licht ein unentbehrliches Hilfsmittel, außerdem zur Eichung anderer Strahlungsempfänger (Photozellen, Photoelemente).

Thermoelemente für Strahlungsmessungen bestehen aus außerordentlich dünnen Drähten oder Bändern von Legierungen, die — wie z. B. Konstantan/ Manganin — möglichst hohe Thermokräfte geben; sie werden als Einzelelemente oder Thermosäulen hergestellt, die in Glasgefäßen mit Glas-, Quarz-, Flußspat-, oder Steinsalzfenster eingeschlossen und oft zur Erzielung höherer Empfindlichkeit evakuiert werden.

Bolometer für Strahlungsmessungen bestehen aus dünnen Drähten oder Bändern mit hohen Temperaturkoeffizient der elektrischen Leitfähigkeit. Sie werden in der Regel mit einer äußeren Hilfsspannung zu Brückenschaltungen vereinigt.

Bolometer wie Thermoelemente verlangen bei Messungen im spektral zerlegten Licht hochempfindliche Galvanometer, die stationär aufgestellt werden müssen.

d) Meßgeräte und Schaltungen für Photozellen [1].

Photozellen stellen Generatoren mit hohem inneren Widerstand dar, sollten also sinngemäß in Verbindung mit Meßinstrumenten von gleichfalls hohem Widerstand gebraucht werden. Hierfür kommt in Betracht:

Für starke Photoströme bzw. Beleuchtungsstärken: direktzeigende Galvanometer mit spitzengelagerten oder an Spannbändern aufgehängtem Rähmchen.

Für mittlere bis schwache Photoströme bzw. Beleuchtungsstärken: Spiegelgalvanometer mit hohem Systemwiderstand (hoher Stromempfindlichkeit) oder die handlichen Lichtmarkengalvanometer (Siemens & Halske, Hartmann & Braun) oder das Multiflexgalvanometer von Lange.

Für sehr schwache Photoströme: Ein- oder Zweifadenelektrometer, die den Spannungsabfall des Photostromes an einem hohen Ableitwiderstand ($10^6 \ldots 10^9 \Omega$) messen; z. B. die Fadenelektrometer von Wulf (Leybold) oder Lutz (Edelmann), Quadrantenelektrometer von Lindemann (Spindler & Hoyer), Compton (Cambridge-Instr. Co.) oder Hoffmann (Leybold). Auch kann man nichtstationäre Elektrometerschaltungen (Entladungsmethode) verwenden.

Für alle Fälle, wo direktzeigende Galvanometer nicht ausreichen: Röhrenverstärker, entweder Gleichstromverstärker mit Dosimeterröhren (Osram-AEG.-Type T 114) zweckmäßig in einer Brückenschaltung mit zwei möglichst gleichen Röhren, oder Wechselstromverstärker mit optischem oder elektrischem Zerhacker oder nichtstationäre Elektrometerröhren-Schaltungen (z. B. Mekapion von Strauss).

e) Meßgeräte und Schaltungen für Photoelemente.

Es werden fast durchweg Drehspulgalvanometer mit Spitzenlagerung oder Bandaufhängung mit mechanischem oder Lichtzeiger benutzt (Siemens & Halske,

---

[1] Zusammenfassende Werke über elektrische Meßgeräte: Werner, O.: Empfindliche Galvanometer. Leipzig: W. de Gruyter 1928. — Palm, A.: Elektrische Meßgeräte und Meßeinrichtungen. Berlin: Julius Springer 1937. — Keinath, G.: Die Technik elektrischer Meßgeräte, 3. Aufl. München: R. Oldenbourg 1928. — Sowie die einschl. Blätter des Arch. Techn. Mess.

Hartmann & Braun, AEG., Ruhstrat, Lange). Zur Registrierung reichen handelsübliche Oszillographenschleifen aus, wenn etwa ~ 5 ... 10 Hlm auf der Zellenoberfläche verfügbar sind. Aufzeichnung langsam veränderlicher Vorgänge ist möglich mit Drehspul-Fallbügelschreibern von nicht zu geringem Widerstand, oder mit Tintenschreibern geringerer Empfindlichkeit in Verbindung mit den Galvanometerstärker von Sell (Siemens & Halske) oder mittels photographischer Registrierung der Ausschläge eines Spiegelgalvanometers.

Die exakten Werte der Leerlaufspannung können mit Elektrometerschaltungen oder Röhrenverstärkern gemessen werden, die des Kurzschlußstromes mit Stromkompensationsschaltungen nach WOOD oder FROMMER [1].

f) Anpassung an gegebene spektrale Kennlinien.

Bei Messungen von unzerlegtem Licht mit Photozellen und Photoelementen muß beachtet werden, daß die spektrale Empfindlichkeitsverteilung der Zellen weder mit derjenigen des menschlichen Auges ($V(\lambda)$-Kurve), noch mit der von unselektiven Strahlungsempfängern (Thermoelemente, Bolometer) übereinstimmt, einen von der Bauart der Zellen (Material, Herstellungsart) abhängigen Verlauf hat und selbst bei Zellen aus der gleichen Fabrikationsserie mehr oder minder große Streuungen aufweist, endlich sogar im Gebrauch gewissen Schwankungen bzw. langsamen Veränderungen unterbrochen ist. Für viele Zwecke, die gerade den Lichttechniker am meisten interessieren, entsteht also die Aufgabe, eine Anpassung der spektralen Empfindlichkeitsverteilung an gewisse vorgegebene Kennlinien, meistens die $V(\lambda)$-Kurve, durchzuführen. Weiter kommen in Frage die Erythemkurve (Dornokurve, vgl. K 1), die Farbreizkurven (C 4 f, S. 301, Tabelle im Anhang), aktinometrische Kurven (B 13, S. 242) und andere Fälle.

Trägt man die Empfindlichkeitskurve der anzupassenden Zelle und die vorgegebene Kurve, beide über der Wellenlänge, auf und bildet die Quotienten der jeweiligen Ordinaten, so ergibt sich die Transmissionskurve des die Angleichung herstellenden Filters. Filter, die mit genügender Genauigkeit eine solche empirisch gefundene Kurve annähern, gibt es im Handel nicht. Hintereinanderschaltung mehrerer passend ausgesuchter Filter mit geeignet abgestimmter Dicke kann bei nicht zu hohen Ansprüchen an Genauigkeit in einzelnen Fällen zum Ziele führen. Für das heute weitaus am meisten verwendete Selenphotoelement ist von VOGLE und GAGE [2] ein Glasfilter entwickelt worden, welches bis auf eine kleine Abweichung bei $\lambda = 460 ... 480$ mμ eine gute Anpassung an die $V(\lambda)$-Kurve bewerkstelligt. Die Meßgenauigkeit wird für Temperaturstrahler auf $\pm 2 ... 3,5\%$ für handelsübliche Selektivstrahler zu $\pm 5\%$ angegeben.

Leichter und genauer ist die Angleichung möglich bei Verwendung von Flüssigkeitsfiltern, von denen man noch mehrere in hintereinander geschalteten Küvetten versehen kann. Die großen Variationsmöglichkeiten (Art des Farbstoffs, Konzentration) und die leichte Mischbarkeit derartiger Filter verbürgen bei einigem Geschick im Aussuchen und Probieren wohl für alle Fälle Erfolg. Nachteile der Flüssigkeitsfilter müssen in der Art ihrer Handhabung, besonders bei transportablen Geräten, in der ziemlich großen Dicke, der meist beschränkten Lichtechtheit und der Temperaturabhängigkeit der spektralen Transmission erblickt werden, Vorteile in der leichten und billigen Herstellung und der Veränderbarkeit bei Veränderung der Eigenschaften der Zellen. Für das

---

[1] Vgl. R. SEWIG: Objektive Photometrie, 34. — Photometrische Messungen mit Photoelementen. Arch. Techn. Mess. V 422—423.

[2] VOGLE and GAGE: Photocell Correction Filter (Bericht). J. sci. Instrum. **13** (1936) 338—339.

Selenphotoelement wurde ein Flüssigkeitsfilter zur Angleichung an die $V(\lambda)$-Kurve von Knoll[1] angegeben.

Unter Umständen lassen sich die für Flüssigkeitsfilter verwendeten Farbstoffe auch als Gelatinefilter gießen. Man gewinnt dadurch den Vorteil der wesentlich bequemeren Handhabung; da derartige Filter billig herzustellen sind, spielt die Frage der Lichtechtheit und Beständigkeit gegenüber atmosphärischen Einflüssen keine große Rolle, da sie von Zeit zu Zeit ersetzt werden können.

Einen anderen Weg der Kombination fester Filter zu einem Filtersatz vorgegebener spektraler Durchlässigkeit hat Dresler[2] eingeschlagen, indem er je ein Schottsches Gelb- und Grünfilter so vor dem Photoelement anordnet, daß die Filter teils einzeln, teils hintereinander geschaltet dessen Oberfläche bedecken. Durch geeignete Wahl der Filter und Ausnutzung der Variationsmöglichkeiten (prozentuale Anteile der drei Filterstreifen) konnte er eine für Messungen von Temperaturstrahlungen befriedigende, für Messung von gewissen Gasentladungslampen allerdings noch etwas verbesserungsbedürftige Anpassung des Selenphotoelements an die $V(\lambda)$-Kurve erzielen. Dies Verfahren ist natürlich grundsätzlich auch für Photozellen einerseits und für andere Spektralkurven andererseits brauchbar, wenn auch bisher hierüber noch keine weiteren Arbeiten vorliegen, ausgenommen solche von König[3], der mehrere Filter hintereinander staffelt. Neuerdings hat Rieck[4] sorgfältige Untersuchungen über solche und ähnliche Filterkombinationen bekannt gegeben.

Ein noch viel zu wenig beachteter Umstand, an dem jede Anpassung durch Filter krankt, ist die Abhängigkeit der Durchlässigkeit von der Einfallsrichtung des Lichtes. Ist d die Dicke eines (durchgefärbten) Glas-, Gelatine- oder Flüssigkeitsfilters, so haben die senkrecht auffallenden Strahlen den Weg d, die streifend einfallenden Strahlen dagegen den Weg $d/\cos\alpha$ zurückzulegen, worin α der Grenzwinkel der Totalreflexion ist. Bei Glas ist: $\alpha \sim 42°$, $1/\cos\alpha \sim 1{,}35$. Da die Transparenz $\tau(\lambda) = 10^{-K(\lambda)d}$ ist, ergibt die vom Einfallswinkel abhängige Weglänge im Filter eine gleichfalls von diesem abhängige Transparenz, die sich insbesondere bei kleinen Werten derselben erheblich bemerkbar machen kann. Daher sollte man für genaue Messungen darauf achten, daß Eichung und Messung stets unter den gleichen Verhältnissen des einfallenden Bündels erfolgen (entweder parallele oder allseitig gleichmäßige Beleuchtung).

Ein für jede Art von Zellen und jede Art von Spektralkurven brauchbarer Weg, der grundsätzlich eine beliebig genaue Anpassung ermöglicht, ist das „künstliche Präzisionsauge" von König[3]. In der Ebene eines Spektrographen, die das auseinandergezogene Spektrum enthält, ist eine Reihe von stäbchenförmigen Blenden mit senkrecht zur Dispersionsrichtung veränderbaren Längen angebracht, welche so eingestellt werden, daß die Schwächung jedes Wellenlängenintervalls den vorgegebenen Wert bekommt. Dem Vorteil einer exakten Anpassung stehen die Nachteile der durch den Monochromator bedingten erheblichen Schwächung des verfügbaren Lichtstromes, also eine geringe Empfindlichkeit, sowie der hohe Preis einer derartigen Anordnung entgegen.

---

[1] Knoll, O. H.: Untersuchungen der Eigenschaften und des Verhaltens von Sperrschichtzellen. Diss. Techn. Hochsch. Karlsruhe 1936. — Licht 5 (1936) 167.

[2] Dresler, A.: Über eine neuartige Filterkombination zur genauen Angleichung der spektralen Empfindlichkeit von Photozellen an die Augenempfindlichkeit. Licht 3 (1933) 41—43.

[3] König, H.: Beiträge zum Problem des Vergleichs verschiedenfarbiger Lichtquellen. Helvet. phys. Acta 7 (1934) 433—453.

[4] Rieck, J.: Über das Filter-Photron-Element als Objektionsphotometer und seine spektrale Empfindlichkeit. Diss. Techn. Hochsch. Berlin 1936. Licht 7 (1937) 115—117, 137—139, 157—160.

g) cos-Abhängigkeit.

Ein mit parallelem Bündel beleuchtetes Photoelement sollte einen Photostrom $i \sim E \cdot \cos\alpha$ geben, wo α den Neigungswinkel des beleuchtenden Bündels gegen das Einfallslot bedeutet. Abweichungen hiervon, die alle Photoelemente zeigen, kommen zustande:

1. Durch die vignettierende Wirkung der ringförmigen Fassung (erst wirksam bei großem Einfallswinkel α, und durch eine flache Fassung weitgehend zu beheben).

2. Zunahme des an der Vorderseite reflektierten Lichts mit wachsendem Einfallswinkel α (verschieden bei nackten und bei lackierten bzw. durch Glas- oder Glimmerplatte geschützten Oberflächen, bei diesem ab 60° erhebliche Zunahme des cos-Fehlers bewirkend).

3. Teilweise Polarisation an der Oberfläche.

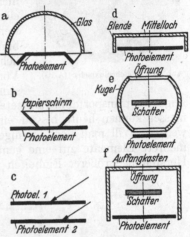

Abb. 381. Einrichtungen zur Verminderung des cos-Fehlers bei Photoelementen. a Nach GOODWIN, b nach SEWIG und VAILLANT, c nach HÖPCKE, d nach BARNARD, e, f nach MOON u. a.

Der cos-Fehler verursacht bei Messungen der Beleuchtungsstärke, herrührend von aus dem ganzen Halbraum einfallendem Lichtstrom, einen mehr oder weniger beträchtlichen Fehler. Verfahren zur Verminderung dieses Fehlers sind verschiedentlich angegeben (Abb. 381 vgl. [1]). BARNARD hat mit halbkugelförmigen Photoelementen, in der Äquatorebene durch Blende mit zentralem Loch abgeschlossen, keine guten Erfahrungen gemacht, bessere GOODWIN mit einem Photoelement in der Form der Abb. 381a mit Trübglashalbkugel. Gute Kompensation des cos-Fehlers liefern die Anordnungen von SEWIG und VAILLANT (b), HÖPCKE (c), BARNARD (d) und zwei in [1] mitgeteilte Konstruktionen (e, f) mit einer Art von Ulbrichtkugeln als Auffänger.

Bestimmungen des „Tageslichtfaktors" in geschlossenen Räumen (vgl. F 1), setzen gleichzeitige Messung der vom Gebäude unbeeinflußten, aus dem Halbraum des Himmels einfallenden Beleuchtungsstärke und der von allen Seiten eingestrahlten Beleuchtungsstärke am Aufpunkt voraus. BARNARD[2] hat hierfür ein Meßgerät angegeben, welches mit einem Photoelement mit kompensiertem cos-Fehler und einem zweiten mit einer Richtblende ausgerüstet ist. Dieses wird auf eine Stelle des Himmels gerichtet und mißt dessen Leuchtdichte, die bei gleichmäßiger Wolkenbedeckung ein leidliches Maß für die ungestörte Beleuchtungsstärke liefert.

Bei Photoelementen oder Photozellen mit Filtervorsatz (vgl. f, S. 344) entsteht ein cos-Fehler der spektralen Empfindlichkeitsverteilung.

h) Lichttechnische Meßinstrumente mit Photoelementen.

Die handelsüblichen, in Lux geteilten Instrumente für Messung der Beleuchtungsstärke unterscheiden sich von den photographischen Belichtungsmessen (vgl. C 8d, S. 372 f.) — von der Teilung abgesehen — im wesentlichen dadurch, daß vor der Zelle keine den Raumwinkel begrenzenden Teile angeordnet

[1] MOON, P., E. CANFIELD, G. G. COUSINS, W. E. FORSYTHE, W. F. LITTLE, G. MILI and R. T. PIERCE: Report of the Committee on Photoelectric Portable Photometers. Trans. Illum. Engng. Soc. **32** (1937) 379—420.
[2] BARNARD, G. P.: Portable Photoelectric Daylight Factor Meter. J. sci. Instrum. **13** (1936) 392—403.

sind, sondern — im Gegenteil — durch flache Fassung alles vermieden wird, was den cos-Fehler vergrößern könnte. Die einfachen Konstruktionen sind in Westentaschenformat gebaut und haben hin und wieder eine annähernd logarithmische Teilung, was durch Verzerrung des Polfeldes der eingebauten Drehspulinstrumente erreicht wird. Abb. 382 zeigt ein derartiges Instrument, bei welchem die Teilung auf

einer im übrigen durchsichtigen, die exponierte Zellenfläche bedeckenden Glasplatte angebracht ist. Für höhere Ansprüche hinsichtlich Genauigkeit und unterer Grenze des Meßbereichs fallen die Instrumente größer aus (z. B. Abb. 383). Die Photoelemente können an das Instrument angesteckt werden, oder sind mit diesem durch ein Kabel verbunden, was für Messungen an schwer zugänglichen Stellen vorzuziehen ist und nebenher den Vorteil bietet, daß nicht der Beobachter durch seinen Kopf die Meßresultate verändert. Direkt

Abb. 382. Taschenluxmeter (AEG).

zeigende, transportable Luxmeter mit einem Photoelement von ∼ 5 cm Durchmesser können heute bis zu einer unteren Meßgrenze von ∼ 1 lx hergestellt werden. Will man noch geringere Beleuchtungsstärken messen, so setzt man mehrere Elemente auf eine gemeinsame Trägerplatte, da die Herstellung größerer Einheiten teuer und schwierig ist.

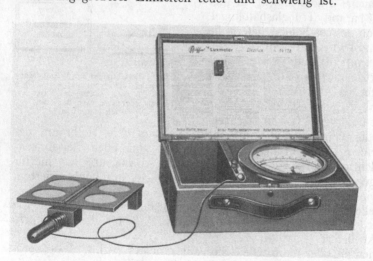

Abb. 383.
Abb. 384.
Abb. 383. Transportabler Beleuchtungsmesser mit vier Photoelementen (Fa. A. Pfeiffer, Wetzlar).
Abb. 384. Beleuchtungsmesser für Raumhelligkeit nach Arndt (Tungsram).

Ein Beleuchtungsmesser mit mehreren Photoelementen, die nach Art eines Polyeders angeordnet sind und von allen Seiten Lichtstrom aufnehmen, dient nach Angaben von Arndt zur Messung der „Raumhelligkeit" (vgl. F 1). Eine von Tungsram hergestellte Ausführungsform zeigt Abb. 384. Zur Messung lichttechnischer Materialeigenschaften (vgl. C 7, S. 348f.) sind zahlreiche photometrische Instrumente mit Photoelementen entwickelt worden, von denen hier nur auf einige den Lichttechniker interessierende hingewiesen wird. Zur Messung des Reflexionsvermögens (hier zu verstehen als Quotient aus in den gesamten Halbraum reflektiertem zum einfallenden Lichtstrom, ohne Berücksichtigung der räumlichen Verteilung und spektralen Zusammensetzung des Reflexlichtes) dient ein einfaches Instrument (Abb. 385), bei welchem ein Photoelement mit

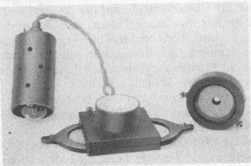

zentralem Loch verwendet wird, durch welches das divergente Lichtbündel einer direkt dahinter angeordneten kleinen Nitralampe hindurchtritt. Das Gerät wird direkt auf die Probe aufgesetzt. Eine andere Konstruktion (Siemens & Halske, Abb. 386) enthält ein schwenkbares Photoelement, welches entweder parallel

Abb. 385. Lichtelektrischer Reflexionsmesser (Tungsram).

über die Probe oder spiegelbildlich zum Einfallsstrahlengang gekippt werden kann. Aus diesen Einzelmessungen können wenigstens relative Werte der ungerichteten (diffusen) und der gerichteten Reflexion ermittelt werden.

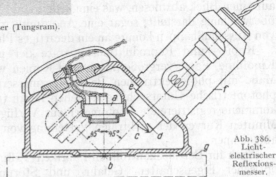

Abb. 386. Lichtelektrischer Reflexionsmesser.

i) Objektive Photometer für Sonderzwecke.

Für eine Reihe von Anwendungen sind photometrische Sonderkonstruktionen geschaffen worden, die sich als nützlich erwiesen haben, und wenigstens erwähnt werden sollen, um die Entwicklungsrichtung dieses Gebietes anzudeuten.

Für Messungen der Lichtstärke, Tragweite und Sichtweite von Scheinwerfern und Lichtsignalen, sowie für andere Zwecke ist erforderlich die Bestimmung der Sicht der bodennahen Atmosphäre. Hierzu dient ein von BERGMANN[1] entwickeltes Gerät, dessen Schaltung Abb. 387 zeigt. Das von der Lampe Q kommende Licht wird durch

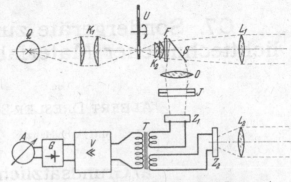

Abb. 387. Lichtelektrischer Sichtmesser. (Nach BERGMANN.)

einen rotierenden Sektor tonfrequent moduliert (um von Einflüssen schwankender äußerer Beleuchtungen, z. B. des Tageslichts, unabhängig zu sein) und über das Objekt L_1 als paralleles Bündel ausgesandt. Das zurückkommende Bündel wird von L_2 auf das Photoelement Z_2 geworfen. Ein abgespaltener

---

[1] BERGMANN, I..: Ein objektiver Sichtmesser. Physik. Z. **35** (1934) 177—179.

Strahlengang enthält zum Ausgleich von Lichtstärkeschwankungen der Lampe das Photoelement Z_1 und kann mittels der Blende J so abgeglichen werden, daß unter bestimmten Verhältnissen von Abstand und Sicht die beiden gegeneinander geschalteten Wechselströme der Photoelemente auf der Ausgangsseite des Transformators T keine resultierende Spannung liefern, und das unter Zwischenschaltung des Verstärkers V und Gleichrichters G angeschlossene Instrument A stromlos ist. Sichtänderungen beeinflussen nur den Strom aus Z_2, geben also einen Ausschlag bei A, Lichtstromänderungen der Lampe wirken sich gleichmäßig auf Z_1 und Z_2 aus und geben keinen Ausschlag.

In der Glühlampenfabrikation hat die lichtelektrische Photometrie die früher allein gebräuchlichen visuellen Methoden fast völlig verdrängt. Sorgfältig durchgearbeitete Instrumente (Osram, Tungsram) [1] erlauben nicht nur den Lichtstrom Φ, sondern auch die Wattaufnahme N und die Lichtausbeute Φ/N auf einen Blick abzulesen, was eine bedeutende Vereinfachung der Fabrikationsüberwachung darstellt; sogar eine Anordnung zum automatischen Aussortieren von Ausschußlampen konnte an ein derartiges Photometer angeschlossen werden.

Kopier- und Reproduktionsapparate der photographischen Industrie für Kinofilme, Papiervergrößerungen und Kopien werden in immer zunehmendem Maße mit photoelektrischen Belichtungsmessern ausgerüstet [2]. Für Spektralphotometrische Untersuchungen stehen heute teils einfache, teils äußerst vollkommene registrierende Photometer zur Verfügung, die selbsttätig in wenigen Minuten Kurven der spektralen Verteilung von Reflexion oder Durchlässigkeit aufzeichnen.

Auch für Betriebskontrolle in Fabriken, Prüfung der Erzeugnisse hinsichtlich optischer Eigenschaften, Gefahr und Störungsmeldung (Rauch, Trübung, Färbung von Indikatoren), finden photoelektrische Photometer einfacherer Art täglich zunehmende Verwendung, ganz zu schweigen von zahlreichen Anwendungen, die nur noch locker mit der Photometrie zusammenhängen (Einschalten und Ausschalten künstlicher Beleuchtung bei einsetzender Dämmerung, Zählung; Sortierung von Gegenständen nach der Farbe). Weitere Beispiele hierzu findet man in den Büchern von Lange [3], Geffcken-Richter-Winkelmann [3] und Sewig [4].

C7. Sondergeräte zur Messung lichttechnischer Materialeigenschaften.

Von

Albert Dresler-Berlin.

Mit 7 Abbildungen.

a) Grundsätzliches.

Die Messung der lichttechnischen Eigenschaften von Materialien bezweckt in erster Linie die Feststellung der drei Größen: *Durchlässigkeit, Reflexion* und *Absorption*. Dabei muß unterschieden werden zwischen der lediglich quantitativen Bestimmung dieser drei Größen und zwischen der Ermittlung spezieller Angaben, wie optisches Verhalten oder spektrale Abhängigkeit.

---

[1] Näheres siehe Sewig (Zit. S. 338, Fußn. 1): S. 162ff. — [2] Näheres siehe Lange (Zit. S. 338, Fußn. 2): Bd. 2, S. 32ff. — [3] Vgl. Fußn. 2. — [4] Vgl. Fußn. 1, S. 338.

Entsprechend den in A 4 d, S. 47 gegebenen Definitionen ist die Durchlässigkeit τ das Verhältnis zwischen durchgelassenem und auffallendem Lichtstrom[1], die Reflexion ϱ das Verhältnis zwischen zurückgeworfenem (reflektiertem) und auffallendem Lichtstrom, und die Absorption α das Verhältnis zwischen absorbiertem (verschlucktem) und auffallendem Lichtstrom.

Zwischen den drei Größen besteht die einfache Beziehung:

$$\tau + \varrho + \alpha = 1 .$$

Im allgemeinen genügt daher die Bestimmung zweier der drei Größen zur Charakterisierung der lichttechnischen Materialeigenschaften.

b) Bestimmung von τ, ϱ und α in der Ulbrichtschen Kugel.

Nach einem wohl zuerst von SHARP und LITTLE [2] angeregtem Verfahren, das fast gleichzeitig auch von ULBRICHT [3] selbst vorgeschlagen worden ist und später von mehreren Forschern [4] benutzt wurde, lassen sich Durchlässigkeit, Reflexion und Absorption eines Materials in einer Ulbrichtschen Kugel bestimmen.

Abb. 388. Bestimmung von τ und ϱ bei gerichtetem Lichteinfall in einer Ulbrichtschen Kugel.

Bei einer derartigen Verwendung der Ulbrichtschen Kugel muß man wegen der Abhängigkeit von τ, ϱ und α vom Lichteinfall grundsätzlich zwischen der Bestimmung der drei Materialkonstanten bei gerichtetem Lichteinfall und derjenigen bei diffusem Lichteinfall unterscheiden. Abb. 388 zeigt die Meßanordnung für gerichteten Lichteinfall. Durch die Öffnung (1) der Ulbrichtschen Kugel fällt von der Lichtquelle (2) herrührendes, durch die Optik (3) parallel gerichtetes Licht auf die der Öffnung (1) gegenüberliegende verschließbare Öffnung (4). Bei (5) befindet sich das Meßfenster der Kugel, das durch einen Schatter (6) von direktem Lichteinfall aus der Richtung der Öffnungen (1) bis (2) geschützt ist. (7) ist eine Hilfslampe nach DIN 5032, die den Einfluß der bei den verschiedenen Messungen unterschiedlichen „Fremdkörper" zu eliminieren gestattet.

Die Messung der Durchlässigkeit einer Probe geschieht durch Feststellung von 4 Beleuchtungsstärken am Meßfenster ($E_1 \ldots E_4$). E_1 wird gemessen bei Lichteinfall von der Lampe (2) durch die Öffnung (1), E_2 unter den gleichen Bedingungen nach Anbringung der Probe vor die Öffnung (1). E_3 erhält man nach Ausschalten der Lampe (2) und Inbetriebnahme der Hilfslampe (7) ohne Probe vor der Öffnung (1), E_4 unter denselben Bedingungen mit der Probe an (1). Die Durchlässigkeit ergibt sich dann aus den beiden Quotienten zu:

$$\tau = \frac{E_2}{E_1} \cdot \frac{E_3}{E_4} \cdot 100\% .$$

---

[1] Auf die in England eingeführte und von der IBK. empfohlene Unterscheidung von „transmission" und „transmittance" sei hingewiesen. Erstere entspricht der deutschen Durchlässigkeit, letztere bedeutet das Verhältnis zwischen durchgelassenem und eindringendem Lichtstrom.

[2] SHARP, C. H. and W. F. LITTLE: Measurement of reflecting factors. Trans. Illum. Engng. Soc. 15 (1920) 802.

[3] ULBRICHT, R.: Das Kugelphotometer als Reflektometer. Z. Beleuchtgswes. 17 (1921) 51—54.

[4] LAX, E., M. PIRANI u. H. SCHÖNBORN: Experimentelle Studien über die optischen Eigenschaften stark getrübter Medien. Licht u. Lampe 17 (1928) 173—176, 209—212. — BLOCH, L.: Verfahren für die Messung der Eigenschaften lichtstreuender Gläser. Rec. Trav. IBK. 1928, 990—1000. — WALDRAM, J. M.: The precise measurement of optical Transmission-, Reflection- and Absorption-Factors. Rec. Trav. IBK. 1928, 1020—1046.

Die Reflexion einer Probe läßt sich nur mit Hilfe einer Eichprobe bekannter Reflexion ermitteln. Für diese Messung kommen erst Eich- und dann Meßprobe an Stelle des Verschlußdeckels (4). Bei Inbetriebnahme der Lampe (2) mißt man dann erst E_1 und anschließend E_2, entsprechend nach Einschaltung der Hilfslampe (7) E_3 und E_4. Die gesuchte Reflexion ist dann:

$$\varrho = \frac{E_2}{E_1} \cdot \frac{E_3}{E_4} \cdot \varrho_{pr},$$

wenn ϱ_{pr} die Reflexion der Eichprobe bedeutet.

Ist die gesamte Kugeloberfläche sehr groß gegen die Fläche der Probe ($<1\%$) bzw. der Öffnung (1), so können in beiden Fällen die Messungen mit der Hilfslampe entfallen, da sich dann E_3 und E_4 innerhalb der erzielbaren photometrischen Meßgenauigkeit nicht voneinander unterschieden werden.

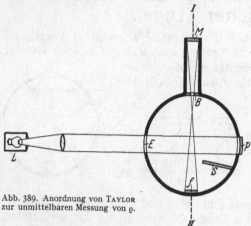

Abb. 389. Anordnung von Taylor zur unmittelbaren Messung von ϱ.

Von Taylor[1] ist eine elegante Anordnung angegeben worden, mit der die Reflexion einer Probe auch ohne Eichprobe bestimmt werden kann. Zu diesem Verfahren ist jedoch eine etwas abgeänderte Kugel notwendig (Abb. 389). Das Meßfenster (M) ist durch einen Halsansatz soweit von der Kugelwandung zurückgezogen, daß man von ihm aus weder die Lichteintrittsöffnung (E), noch die Probe (P) sehen kann. Außerdem beschränkt eine Blende (B) den Blickwinkel vom Meßfenster, wie in die Abbildung eingezeichnet, auf den kleinen Abschnitt (f) der Kugel. Der Schatter (S) ist so eingebaut, daß von (P) kein Licht direkt auf (f) fallen kann. Die Kugel muß um die Achse (I—II) drehbar sein, so daß nach der Drehung das Licht der Lampe (L) durch eine zweite in Abb. 389 nicht gezeichnete Öffnung unmittelbar auf ein Stück der Kugelwand statt auf die zu messende Probe (P) fällt. In diesem Fall ist die Beleuchtungsstärke am Meßfenster proportional $\Phi \cdot \varrho_K$, wenn Φ der einfallende Lichtstrom, ϱ_K die Reflexion der Kugelwandung sind. Nach Drehung der Kugel um 90° in die in der Abb. 389 gezeichnete Lage fällt der Lichtstrom Φ auf die Probe mit der Reflexion ϱ_x. Der Schatter (S) sorgt dafür, daß erst mindestens einmal reflektiertes Licht zum Meßfenster gelangt; dessen Beleuchtungsstärke ist infolgedessen nunmehr proportional $\Phi \cdot \varrho_x \cdot \varrho_K$. Der Quotient beider Beleuchtungsstärken gibt daher unmittelbar die gesuchte Reflexion ϱ_x an. Eine Hilfslampe erübrigt sich, da die Proben sich bei beiden Messungen an der gleichen Stelle befinden.

Die Messung der Absorption in der Anordnung der Abb. 388 geschieht wieder mit Hilfe einer Eichprobe bekannter Absorption. Eichprobe und Meßprobe werden nacheinander mit Hilfe einer geeigneten Haltevorrichtung in die Kugelmitte gebracht und zwar so, daß der Lichteinfall von (2) her senkrecht auf die Probe erfolgt. Man mißt genau wie bei der Bestimmung von τ und ϱ wieder die 4 Beleuchtungsstärken $E_1 \ldots E_4$ am Meßfenster. Auf Grund der Tatsache, daß E_1 proportional dem einfallenden Lichtstrom, verringert um den von der Eichprobe absorbierten Lichtstrom ist, und entsprechend E_2 proportional dem ein-

[1] Taylor, A. H.: The Measurement of Reflection Factors in the Ultraviolet. J. opt. Soc. Amer. 21 (1931) 776—784.

fallenden Lichtstrom, verringert um den von der Meßprobe absorbierten Lichtstrom, ergibt sich die gesuchte Absorption zu:

$$\alpha = 1 - \frac{E_2}{E_1}\,(1 - \alpha_e)\cdot\frac{E_3}{E_4},$$

wenn α_e die Absorption der Eichprobe und E_3 bzw. E_4 die nach Inbetriebnahme der Hilfslampe (7) in beiden Fällen gemessenen Beleuchtungsstärken sind. Für die Notwendigkeit der Messungen von E_3 und E_4 gilt im übrigen das für die Bestimmung von τ und ϱ Gesagte.

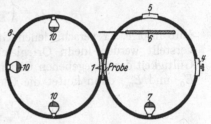

Abb. 390. Bestimmung von τ bei diffusem Lichteinfall.

Zur Bestimmung der Durchlässigkeit eines Materials bei diffusem (allseitigem) Lichteinfall ersetzt man nach Abb. 390 die Lichtquelle (2) mit der Optik (3) durch eine zweite Kugel (8), deren eine Öffnung unmittelbar neben die Öffnung (1) der ersten Kugel kommt. Zur Erzielung einer möglichst gleichmäßigen Beleuchtung auf der Wand der zweiten Kugel erhält diese eine Anzahl die Wand anleuchtender Glühlampen (10). An Stelle der Kugel kann auch eine Halbkugel über die Öffnung (1) gestellt werden. Es ist auch vorgeschlagen worden [1], die Halbkugel aus Opalglas herzustellen und dieses durch eine größere Anzahl dahinter befestigter Glühlampen so gleichmäßig wie nur möglich auszuleuchten. Im übrigen erfolgt die Messung der Durchlässigkeit analog der Bestimmung bei gerichtetem Lichteinfall durch Messung der 4 Beleuchtungsstärken am Meßfenster der Kugel.

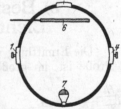

Abb. 391. Bestimmung von ϱ und α bei diffusem Lichteinfall.

Zur Messung der Reflexion und Absorption einer Probe bei allseitigem Lichteinfall verwendet man die Ulbrichtsche Kugel in einer Anordnung gemäß Abb. 391. Man mißt zunächst die Beleuchtungsstärke am Meßfenster (5), wenn der Verschlußdeckel von der Öffnung (4) entfernt ist und die Öffnung eines mit schwarzem Sammet ausgeschlagenen Kastens an seine Stelle gebracht worden ist. Diese Beleuchtungsstärke sei E_0. Zweitens mißt man nach Entfernung des Kastens und Anbringung der Eichprobe mit der Reflexion ϱ_e an die Öffnung (4) E_e und drittens nach Austausch der Eichprobe mit der Meßprobe E_x. E_0 ist proportional dem von der Kugelwandung reflektierten Lichtstrom Φ_w, E_e hingegen proportional der Summe $\Phi_w + \Phi_e$, wenn Φ_e der von der Eichprobe reflektierte Lichtstrom ist. Entsprechend ist E_x proportional $\Phi_w + \Phi_x$. Da Φ_e und Φ_x ihrerseits proportional ϱ_e und ϱ_x sind, folgt daraus, daß

$$\varrho_x = \left(\frac{E_x - E_0}{E_e - E_0}\right)\cdot\frac{E_e}{E_x}\cdot\varrho_e$$

ist, wenn mit dem Verhältnis E_e/E_x in üblicher Weise dem jeweiligen „Wirkungsgrad" der Erzeugung der indirekten Beleuchtung auf der Kugelwandung Rechnung getragen wird.

Die Messung der Absorption einer Probe erfolgt in ganz ähnlicher Weise. Zunächst mißt man E_0 am Meßfenster, wenn sich nur die Haltevorrichtung für Eich- bzw. Meßprobe, aber noch keine Probe in der Kugel befindet. Anschließend mißt man nach Einbringung der Eichprobe, die zweckmäßigerweise dieselbe Oberfläche haben soll wie die Meßprobe, E_e und nach

[1] MacNicholas, H. J.: Absolute methods in Reflectometry. Bur. Stand. J. Res. 1 (1928) 29, R. P. 3, 29—73.

Vertauschung der Eichprobe mit der Meßprobe E_x. Nach einer von Helwig und Pirani [1] gegebenen Ableitung ist:

$$\alpha_x = \left(\frac{E_0 - E_x}{E_0 - E_e}\right) \cdot \frac{E_e}{E_x} \cdot \alpha_e.$$

Sind Eichprobe und Meßprobe nicht gleich groß, so gehen die Oberflächen der beiden Proben O_e bzw. O_x in die Gleichung ein, sie lautet dann:

$$\alpha_x = \left(\frac{E_0 - E_x}{E_0 - E_e}\right) \frac{E_e}{E_x} \cdot \alpha_e \cdot \frac{O_e}{O_x}.$$

Muß infolge der verschiedenen Größe der beiden Proben die Haltevorrichtung verstellt werden (denn Ortsgleichheit ist unbedingte Voraussetzung für die Gültigkeit der angegebenen Gleichung), so erhält man zwei Werte für E_0, einen E_{0e} und E_{0x}, dann lautet die Gleichung für α_x:

$$\alpha_x = \left(\frac{E_{0x} - E_x}{E_{0e} - E_e}\right) \frac{E_{0e}}{E_{0x}} \cdot \frac{E_e}{E_x} \cdot \alpha_e \cdot \frac{O_e}{O_x}.$$

Alle aufgeführten Bestimmungsmethoden für τ, ϱ und α lassen sich selbstverständlich durch subjektive und objektive Beleuchtungsmessungen durchführen. Bei Messung der Materialkonstanten farbiger Proben muß jedoch die Photozelle der spektralen Hellempfindlichkeit des Auges angeglichen sein (vgl. C 6, S. 344). Die Meßergebnisse werden bei objektiver Messung im allgemeinen genauer als bei subjektiver Messung sein. Bei sorgfältiger Beachtung der Konstanz der Lichtquellen während der Messung dürften die Ergebnisse auf mindestens $\pm 2\%$ reproduzierbar sein.

c) Bestimmung von τ und ϱ aus der Lichtverteilungskurve der Probe.

Die Ermittlung von τ und ϱ durch Aufnahme der Lichtverteilungskurve der Probe ist, im großen und ganzen gesehen, wesentlich umständlicher als die unter b) beschriebenen Verfahren, sie hat aber den Vorzug, daß man über die Lichtverteilungskurve ohne Eichprobe zu absoluten Werten von τ und ϱ gelangt und darüber hinaus Aussagen machen kann über die Art von τ und ϱ, also ob und wieviel gerichtet bzw. diffus hindurchgelassen oder reflektiert wird. Abb. 392 zeigt den prinzipiellen Aufbau eines Gerätes zur Aufnahme

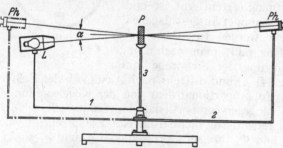

Abb. 392. Schema eines Gerätes zur Aufnahme von Durchlässigkeits- und Reflexions-Lichtverteilungskurven.

solcher Durchlässigkeits- und Reflexions-Lichtverteilungskurven (Indikatrices). Die Probe (P) befindet sich in einem Rahmen, der über den Arm (1) mit der sie beleuchtenden Lichtquelle (L) starr verbunden ist. In der optischen Achse (L)—(P) befindet sich an dem um (P) drehbaren Arm (2) das Photometer (Ph) (z. B. eine Photozelle), welches in der gezeichneten Stellung das von der Probe (P) hindurchgelassene Licht in einer zur Ebene von (P) senkrechten Ebene für den gesamten jeweiligen Ausstrahlungsbereich messen kann. Dreht man den Arm (2) über $+$ oder $-90°$ aus der gezeichneten Stellung hinaus,

[1] Helwig, H. J. u. M. Pirani: Die Messung von Oberflächen auf lichttechnischem Wege. Licht **4** (1934) 177—178, 204.

so kann man in dem anderen Halbraum die Lichtstärkeverteilung der Reflexion[1] aufnehmen.

Die Auswertung der gemessenen Beleuchtungsstärken geschieht in folgender Weise:

1. Messung der Lichtstärke der Lichtquelle (L) in der Richtung (L)—(Ph).

2. Berechnung der von (L) erzeugten Beleuchtungsstärke E_p auf (P) auf Grund der Lichtstärke von (L), gegebenenfalls unter Berücksichtigung der für eine strenge Punktförmigkeit von (L) nicht ausreichenden Entfernung.

3. Berechnung des auf (P) fallenden Lichtstroms aus E_p und der beleuchteten Fläche von (P).

4. Nach Aufnahme der Lichtverteilungskurve für Durchlässigkeit und Reflexion berechnet man aus dem Abstande (P)—(Ph) die Lichtstärke der Probe in den verschiedenen Richtungen, die man in üblicher Weise als Lichtverteilungskurve bzw. im Rousseau-Diagramm darstellt. Dessen Auswertung ergibt den durchgelassenen bzw. reflektierten Lichtstrom.

5. Durch Aufteilung der Fläche des Rousseau-Diagramms gemäß Abb. 393 ergibt sich in erster Annäherung eine Trennung des diffusen von dem gerichteten Lichtstrom. Die schraffierte Dreiecksfläche ist dem diffusen Lichtstrom proportional, da die kreisförmige Lichtverteilungskurve diffuser Beleuchtung im Rousseau-Diagramm zum Dreieck wird.

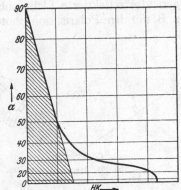

Abb. 393. Trennung von diffusem und gerichtetem Lichtstrom in einem Rousseau-Diagramm.

Für manche Zwecke reicht eine solche einfache Apparatur, die nur mit senkrechtem Lichteinfall auf die Probe arbeitet, und bei der die Lichtverteilungskurve nur in einer Ebene aufgenommen werden kann, nicht aus. Daher sind verschiedene Apparate, zuletzt von WEIGEL und OTT[2] konstruiert worden, die sowohl den Inzidenzwinkel, wie den Winkel zwischen Probe und Photometer über den ganzen Halbraum zu verändern gestatten. Für eine Probe sind dann entsprechend mehr Messungen notwendig, um eine vollständige Aussage über ihr lichttechnisches Verhalten machen zu können.

Zur exakten Trennung der diffusen von der gerichteten Durchlässigkeit einer Probe ist von DZIOBEK[3] ein Verfahren angegeben worden, welches darauf beruht, daß das quadratische Entfernungsgesetz für das diffuse Licht der Probe erst von der Probe ab gilt, während es für das gerichtet hindurchgehende Licht bereits von der Lichtquelle ab gültig ist. Durch entsprechende Auswertung zweier Messungen bei jeweils verschiedenem Abstand zwischen Lichtquelle und Probe bzw. Probe und Photometer erhält man unmittelbar die Koeffizienten für gerichtete und diffuse Durchlässigkeit. Das Verfahren ist sinngemäß auf Reflexionsmessungen anwendbar.

---

[1] Zur Durchführung dieser Reflexionsmessung ist der Winkel α zwischen L—P und Ph unvermeidbar, er ist jedoch durch zweckentsprechende Ausführung der Apparatur so klein wie möglich zu halten.

[2] WEIGEL, R. G. u. W. OTT: Über reflektierende und transmittierende Stoffe und deren Untersuchung, sowie über ein neues Meßgerät hierfür. Z. Instrumentenkde. **51** (1931) 1—19, 61—77.

[3] DZIOBEK, W.: ,,Diffuse" und ,,direkte" Durchlässigkeit und Methoden zur Messung derselben. Z. Physik **46** (1928) 307—313. Vgl. W. DZIOBEK: Vorschläge zur Normung des Beleuchtungsglases. Licht u. Lampe **17** (1928) 121—123.

d) Glanzmessung.

Auf der Messung des gerichteten Anteils des von einer Probe reflektierten Lichtstroms beruhen auch die verschiedenen Verfahren der Glanzmessung, denn „Glanz" ist ja letzten Endes nichts anderes als ein Ausdruck für das Verhältnis zwischen gerichteter und diffuser Reflexion. Eine allgemein anerkannte strenge Definition des „Glanzes" gibt es jedoch nicht. Es gibt im wesentlichen 2 Verfahren der Glanzmessung:

1. mit Hilfe von polarisiertem Licht,
2. mit Hilfe von Reflexionsmessungen.

Bei der ersten Methode (Glanzmesser von KIESER und INGERSOLL [1]) fällt paralleles Licht etwa unter dem Polarisationswinkel auf die auf Glanz zu untersuchende Probe. Während das diffus reflektierte Licht unpolarisiert ist, ist das gerichtet reflektierte Licht polarisiert. Bei einer photometrischen Anordnung, z. B. mit dem Polarisationsphotometer nach KÖNIG-MARTENS, kann das Verhältnis der beiden Komponenten bestimmt werden. Bei dem zweiten Verfahren wird das Verhältnis der bei einem bestimmten Lichteinfallswinkel gerichtet und diffus reflektierten Lichtströme zur Festlegung einer Glanzzahl verwendet (Glanzmesser von Goerz und Askania). Von dem letzteren zeigt Abb. 394 ein Prinzipschema: Das von der Lichtquelle L herrührende, auf den Prüfling P ge-

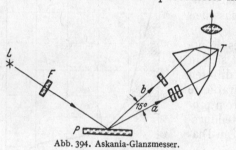

Abb. 394. Askania-Glanzmesser.

langende Licht wird dort mehr oder weniger gerichtet oder diffus reflektiert. Ein Prismensystem sondert zwei um 15° gegeneinander geneigte Teillichtströme a und b aus, welche die durch die Trennlinie T getrennten Gesichtsfeldhälften im Beobachtungsrohr ausleuchten. Der Teillichtstrom a muß einen meßbar veränderlichen Schwächungskeil durchlaufen, der Teillichtstrom b dagegen wird um einen bestimmten festen Betrag geschwächt. Durch Änderung des Schwächungskeiles im Strahlengang von a wird auf gleiche Leuchtdichte in beiden Gesichtsfeldhälften eingestellt. Die Einstellung des Schwächungskeiles nach diesem Abgleich ist abhängig von dem Unterschied in den Teillichtströmen a und b und dient als Maß für den Glanz des Prüflings P. Durch Verstellen der gesamten Beobachtungsvorrichtung kann dieser Lichtstromunterschied unter verschiedenen mittleren Winkeln zum Prüfling P ermittelt werden.

Als Maßzahl für den Glanz schlägt beispielsweise KLUGHARDT [2] eine Zahl $\gamma = \dfrac{B_1 - B}{B_0}$ vor, bei der bedeuten: $B_1 =$ Leuchtdichte der Probe in einem bestimmten Winkel δ gegen die horizontale, $B_0 =$ Leuchtdichte der Probe bei senkrechter Beobachtung und B die Leuchtdichte einer streng diffus reflektierenden Fläche von gleichem B_0, wie die Probe bei Beobachtung unter demselben Winkel δ. Über eine weitere Glanzzahl η vgl. RICHTER [3].

---

[1] INGERSOLL, C. D.: The glarimeter, an instrument for measuring the gloss of paper. J. opt. Soc. Amer. **5** (1921) 213—217.

[2] KLUGHARDT, A.: Über die Bestimmung des Glanzes mit dem Stufenphotometer. Z. techn. Physik **8** (1927) 109—119. — Eine Methode der Glanzmessung nach Einheiten des psychologischen Helligkeitsunterschiedes. Zentr.-Ztg. Opt. Mech. **51** (1930) 90—93.

[3] RICHTER, M.: Eine andere Art der Glanzbestimmung mit dem Stufenphotometer. Zentr.-Ztg. Opt. Mech. **49** (1928) 287—290.

e) Messung der spektralen Durchlässigkeit, Reflexion oder Absorption.

Die unter b) geschilderten Meßverfahren können sinngemäß auch mit monochromatischem Licht verschiedener Wellenlänge durchgeführt werden, man erhält dann Werte für τ, ϱ und α für die einzelnen eingestrahlten Wellenlängen. Zur Vereinfachung des Verfahrens empfiehlt es sich jedoch, für derartige Messungen Kugeln solchen Durchmessers zu nehmen, daß sich die Messungen mit der Hilfslampe erübrigen. Besonders einfach werden die Messungen, wenn man mit Hilfe von Spektrallampen und geeigneter Filter über monochromatische Strahlung von solcher Intensität verfügt, daß einfache objektive photometrische Anordnungen verwendet werden können, anderenfalls müssen Alkalizellen mit angeschlossenem Gleichstromverstärker benutzt werden. Die Messungen sind nicht auf den sichtbaren Spektralbereich beschränkt, sondern können bei Vorhandensein eines geeigneten Kugelanstriches und einer für das UV geeigneten Photozelle auch auf den ultravioletten Strahlungsbereich ausgedehnt werden. Dasselbe gilt sinngemäß bei Verwendung von Thermoelementen im Ultraroten.

Große technische Bedeutung hat die Bestimmung der spektralen Durchlässigkeit von Farbgläsern. Solche Durchlässigkeitsmessungen werden im sichtbaren Gebiet subjektiv mit Hilfe eines Spektralphotometers vom Typ des König-Martens, objektiv mit Photozelle und Monochromator durchgeführt. Die subjektiven Messungen mit dem König-Martens sind erfahrungsgemäß wegen der hohen Lichtverluste innerhalb des Photometers und infolge des Verlaufs der spektralen Hellempfindlichkeit in den Grenzgebieten des sichtbaren Lichtes, insbesondere im Blauen, recht ungenau. Bei objektiven Messungen empfiehlt es sich, zur Erhöhung der Genauigkeit die Auswahl der Photozellen so zu treffen, daß Durchlässigkeitsbereich des Filters und spektrale Empfindlichkeit der Photozelle zusammenpassen. Für Messungen außerhalb des sichtbaren Bereiches können, je nach Bedarf, Photozelle oder Strahlungsthermoelement benutzt werden.

Zu beachten ist, daß man ja bei all solchen Messungen die Durchlässigkeit entsprechend der auf S. 349 gegebenen Definition als Verhältnis zwischen durchgelassenem und auffallendem Lichtstrom bestimmt. Für die Berechnung einer geeigneten Filterdicke mit einer gewünschten Spektraldurchlässigkeit benötigt man aber das Verhältnis zwischen durchgelassenem und eindringendem Lichtstrom, das ist die um die Reflexionsverluste verminderte Durchlässigkeit. Hat man zwei gleiche Filter verschiedener Dicke, so kann man auf Grund der bekannten Dicken und der gemessenen Durchlässigkeitswerte die Reflexionsverluste wie folgt errechnen:

Allgemein gilt für die Filterverluste folgende Gleichung:

$$\Phi_d = \Phi_0 (1 - \varrho)^2 \tau^d$$

$$\text{bzw. } \log \frac{\Phi_d}{\Phi_0} = 2 \log (1 - \varrho) + d \log \tau.$$

Hierin bedeuten: Φ_0 den auftreffenden, Φ_d den hindurchgelassenen Lichtstrom, ϱ die Reflexion an *einer* Fläche, τ die Durchlässigkeit je Millimeter Filterdicke. $\log \tau$ kann bei konstantem einfallendem Lichtstrom durch Differenzbildung bestimmt werden. Da die Reflexionsverluste von der Schichtdicke unabhängig sind, hebt sich das Glied $2 \log (1 - \varrho)$ aus den Differenzgleichungen heraus. In manchen Fällen wird von den Herstellern der Filter (z. B. von Schott & Gen. in Jena) das Verhältnis des nach zweimaliger Reflexion übrigbleibenden Lichtstromes Φ_R zum auffallenden Φ_0 angegeben. In diesem Fall kann man die

Reflexionsverluste mit Hilfe der Gleichung $\Phi_R = \Phi_0 (1 - \varrho)^2$ bestimmen, in der ϱ wieder die Reflexion an einer Fläche des Filters bedeutet. Streng genommen muß die Bestimmung der Reflexion für den ganzen Bereich der Filterdurchlässigkeit in spektral zerlegtem Licht schrittweise vorgenommen werden. In den meisten Fällen wird jedoch die Bestimmung bei einer oder einigen wenigen Wellenlängen ausreichend sein.

C 8. Photometer für photographische Zwecke, Schwärzungs- und Belichtungsmesser.

Von

Wolfgang Petzold-Braunschweig.

Mit 16 Abbildungen.

Noch in den ersten Jahren nach dem Weltkrieg war für die Anwendung der Lichtmeßtechnik auf photographische Aufgaben im wesentlichen nur in der wissenschaftlichen Forschung Raum gegeben. Erst der gewaltige Aufschwung, den die Liebhaberphotographie, die Kinotechnik und damit die photographische Industrie in den letzten 20 Jahren erlebten, stellte diese Anwendung auf eine breitere Grundlage. So erforderte z. B. die photographische Tonaufzeichnung eine eingehende lichtmeßtechnische Überwachung. Sie gab mit den Anlaß, auch die Bildaufzeichnung näher zu untersuchen[1]. Und während der Liebhaber sich früher mit allgemeinen Empfindlichkeitsangaben („rapid", „extrarapid" usw.) und entsprechenden Meßverfahren begnügte, führte der gesteigerte Wettbewerb dazu, die Empfindlichkeit der (Negativ-) Schichten so genau wie möglich zahlenmäßig zu erfassen. Der so erreichten Meßschärfe suchten neue Bauarten von Belichtungsmessern gerecht zu werden, und zwangsläufig entstand der Wunsch, auch andere Eigenschaften der Schicht (z. B. Körnigkeit, Farbwiedergabe, Belichtungsspielraum) oder des Aufnahmelichts (Aktinität[2]) in Zahlen auszudrücken und ähnliche Größen für das Positivbild zu finden. Die wissenschaftlichen Anwendungen der Photographie (Mikro-, Astrophotographie, Spektralanalyse z. B.) suchen daraus Nutzen zu ziehen. Schließlich stellt die Photographie mit unsichtbaren Strahlen Meßaufgaben, die auch an die Grenzgebiete der Lichttechnik führen.

Die hier angedeutete Entwicklung ist durchaus noch nicht abgeschlossen, es sind gerade in Kürze neue Normen für Schichtkennzahlen zu erwarten, die entsprechende Meßgeräte erfordern werden. Es kann daher nur ein Überblick des gegenwärtigen Standes[3] und (in der Hauptsache) der heute handelsüblichen (deutschen) Geräte gegeben werden.

a) Schwärzungsmessung.

Endergebnis des photographischen Vorgangs ist eine aus einzelnen Körnern (Größenordnung: 1 μ) aufgebaute Silberschicht, deren Flächendichte durch die

---

[1] Reeb, O.: Zur Lichttechnik des Projektionsbildes. Licht **7** (1937) 21—23, 45—48.
[2] Festgelegt durch das Normblatt DIN 4519. Berlin SW 19: Beuth-Verlag. Vgl. Abschnitt B 12. — [3] Vgl. Schlußbemerkung S. 374.

verwendete Emulsion, die aufgestrahlte Energie und die chemische Nachbehandlung bestimmt wird. Ihre lichttechnischen Eigenschaften werden entscheidend von denen des Schichtträgers beeinflußt, so daß man zweckmäßig von vornherein zwischen Durchsichts- und Aufsichts- (auch: Papier-) Messungen unterscheidet. Man verwendet aber in beiden Fällen als Maß die Schwärzung S und setzt dafür verschiedene Erklärungen (Definitionen) fest.

Die *(Durchsichts-) Schwärzung S* eines Negativs oder Diapositivs „ist bestimmt durch die Gleichung $S = \lg 1/\tau$. Hierin ist τ definiert als das Verhältnis des durchgelassenen Lichtstroms zu dem auffallenden Lichtstrom[1]."

Wegen des körnigen Aufbaus besitzt die Schicht ein deutliches Streuvermögen, so daß mit dieser Festlegung der Zahlenwert der Schwärzung noch vom Meßverfahren abhängt. Bei Feinmessungen kann die Lichtfarbe und mehrfach reflektiertes Streulicht stören, wesentlich ist aber immer die Größe der Raumwinkel auf der Beleuchtungs- und Empfangsseite. Für den gewöhnlichen Gebrauch zieht man einer genauen Angabe dieser Raumwinkel die Unterscheidung zweier Grenzfälle vor. Sie entsprechen recht gut den beiden Hauptanwendungen: der „Kontaktkopie" und der Projektion. Ist der beleuchtende Raumwinkel sehr klein (Abb. 395), die Empfängerapertur (wie in den meisten Fällen) nicht viel größer, so mißt man die „Schwärzung im parallelen Licht" $S_{\parallel}$. Große Raumwinkel auf der Beleuchtungsseite kann man erhalten, wenn man den Prüfling auf eine Trübglasplatte auflegt (vereinbarte Normalbeleuchtung) oder optische Systeme hoher Apertur verwendet (Mikroskop-

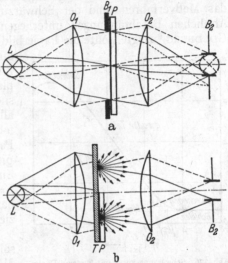

Abb. 395 a und b. a) Schwärzung im parallelen Licht $S_{\parallel}$. Die Lichtquelle L wird durch das Objektiv O_1 ins Unendliche, durch O_2 auf die Aperturblende B_2 abgebildet. Die vom Prüfling seitlich abgestreuten Strahlen (gestrichelt) werden von B_2 nicht mehr aufgenommen. Die Bündelapertur ist übertrieben. Durch Vergrößerung von B_2 (Mikroskopobjektiv) verringert sich die Schwärzung und nähert sich S_+. b) Schwärzung im diffusen Licht S_+. Durch die Trübglasplatte T wird der Lichtstrom auf den ganzen Halbraum verteilt (obere Bildhälfte). B_2 bestimmt den davon aufgenommenen Teillichtstrom. Der Prüfling schwächt dann den Gesamtlichtstrom, ohne daß seine Streuung noch an der Verteilung etwas ändert.

objektiv, -kondensor mit KÖHLERscher Beleuchtung): „Schwärzung im diffusen Licht" S_+, die auch bei Mangel näherer Angaben gemeint ist, wenn nur von Schwärzung S gesprochen wird. $S_{\parallel}$ ist stets größer als S_+ (Callier-Effekt). Das Verhältnis $Q = S_{\parallel}/S_+$ (für $S_+ \approx 0{,}5$), der „Callierquotient", wird von EGGERT und KÜSTER empfohlen zur Bestimmung der Körnigkeit und der sog. photometrischen Konstante (das ist das Verhältnis der Silberflächendichte zu S_+)[2]. Aus der Festlegung des Schwärzungsbegriffs folgt, daß auch der Schichtträger selbst eine endliche Schwärzung aufweisen muß; bei gewissen sensitometrischen Untersuchungen pflegt man sie vom Meßwert abzuziehen, doch empfiehlt sich immer, das anzugeben. Ein Abzug des „Entwicklungsschleiers",

---

[1] Wörtlich nach Normblatt DIN 4512, Negativmaterial für bildmäßige Aufnahmen, Bestimmung der Lichtempfindlichkeit, S. 1, Fußn. 3.

[2] EGGERT, J. und A. KÜSTER: Callierquotient und mittlerer Korndurchmesser entwickelter photographischer Schichten, Veröff. Agfa. **4**, 49—57. Leipzig: S. Hirzel 1935. — Über die sog. photometrische Konstante. Kinotechn. **18** (1936) 381—384. Dazu H. BRANDES: Apparate zur Messung der Körnigkeit entwickelter photographischer Schichten. Veröff. Agfa. **4**, 58—68. Leipzig: S. Hirzel 1935.

der also eine Silberschwärzung darstellt, ist in jedem Falle (etwa durch den Zusatz: über Schleier) zu betonen.

Der Begriff der *Aufsichts- oder Papierschwärzung* S_P ist noch nicht durch Normung festgelegt. Da aber für die Bewertung von Körperfarben die Remission ε als Leuchtdichteverhältnis B/B_0 erklärt ist [1], liegt der Anschluß in der Form $S_P = \lg 1/\varepsilon$ nahe. Die Leuchtdichte wird dabei in Richtung der Flächennormalen gemessen, und unter B_0 versteht man zweckmäßig die Leuchtdichte der unbelichtet ausfixierten Papierprobe. Der Prüfling soll eben sein und unter 45° zur Flächennormalen beleuchtet werden. Man gelangt so zwar zu sauberen Ergebnissen, es hat sich aber gezeigt, daß für die empfindungsgemäße Beurteilung das Meßverfahren (und der Schwärzungsbegriff) nur bedingt brauchbar ist. Ähnlichen Beschränkungen unterliegen ja auch die Farbmeßverfahren. Wie Goldberg [2] zeigte, sollte die Papierbildbeurteilung von der Detailerkennbarkeit

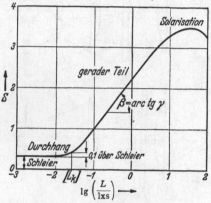

Abb. 396. Schwärzungskurve mit kurzem „Durchhang". Die angegebenen Werte deuten eine Schichtempfindlichkeit von 10/10° DIN an.

ausgehen. Leider ist das von ihm zu diesem Zwecke entwickelte Meßgerät, die Detailplatte [3], nicht mehr zu haben. Neuere Versuche [4], sie zu ersetzen, haben noch keine allgemeine Anerkennung gefunden. Infolgedessen ist auch die Normung der Papierkennzahlen (Empfindlichkeit, Kopierumfang z. B.) noch eine Aufgabe der Zukunft. Man verwendet daher zunächst S_P als Bezugsmaß weiter. Der Zusammenhang mit der Silberflächendichte ist hier ziemlich verwickelt.

Beim Papierbild wie in der Durchsicht soll die Schwärzung einen Ersatz, nach Möglichkeit ein Maß für die aufgestrahlte Energie bieten. Diese läßt sich in den meisten Fällen durch die Belichtung L [5] kennzeichnen. Den Zusammenhang $S(L)$ zeigt die bekannte *Charakteristische* oder *Schwärzungskurve* [6] (Abb. 396), deren Abszisse aus naheliegenden Gründen logarithmisch geteilt ist. Ihr Hauptkennzeichen ist die Neigung $(\operatorname{tg} \beta)$ des geraden Stückes oder der Tangente im Wendepunkt mit der Bezeichnung γ. Die große Anschaulichkeit dieser Darstellung darf aber nicht darüber hinwegtäuschen, daß jede Kurve streng genommen ein Einzelwesen ist, das allgemeine Schlüsse nur mit erheblicher Unschärfe erlaubt. Ihr Verlauf wird in der Hauptsache durch folgende Einflüsse bestimmt: 1. Die Schicht selbst. 2. Die chemische Nachbehandlung (Entwickler, seine Temperatur, Entwicklungszeit, Fixieren, Wässern, Trocknen). 3. Belichtungsart. Es ist nicht gleichgültig, ob eine bestimmte Belichtung durch langdauernde kleine oder kurzzeitig große Beleuchtungsstärke erfolgt (Schwarzschild-Effekt; Abweichung vom Bunsen-Roscoschen Reziprozitätsgesetz), ob sie ununterbrochen einwirkte oder nicht (Intermittenz-

---

[1] Normblatt DIN 5033, Bewertung und Messung von Farben, S. 3.

[2] Goldberg, E.: Der Aufbau des photographischen Bildes, Teil 1: Helligkeitsdetails, 2. Aufl., 64—70. Halle (S): W. Knapp 1925.

[3] Goldberg, E. (Zit. S. 358, Fußn. 2): S. 71, 106—108.

[4] Z. B. Th. Mendelssohn: Tonwiedergabe in der Photographie. Camera 14 (1935/36) 146—150, 260—266; s. a. Phot. Ind. 32 (1934) 974—977, 34 (1936) 1194, 1196, 1381—1384, mit weiteren Schrifttumsangaben.

[5] = Beleuchtungsstärke $E \times$ Zeit t; nach DIN 4519, Aktinität von Lichtquellen f. bildm. photogr. Aufn.

[6] Bei der Untersuchung von Tonfilmen wird sie durch die Durchlässigkeits-Belichtungskurve ersetzt.

effekt). Die spektrale Zusammensetzung des Lichts muß sogar mit ihren unsichtbaren Anteilen berücksichtigt werden. Auch bei scheinbar gleichbleibenden Versuchsbedingungen muß man mit Schwankungen rechnen, da vor allem der Entwickler sich nicht im chemischen Gleichgewicht befindet (Oxydation); veränderliche Schichtdicke und -empfindlichkeit können bei Feinmessungen stören.

Wird der Rückschluß von der Schwärzung auf die Belichtung zum Meßverfahren ausgebaut *(photographische Photometrie)*, muß man auch noch die lichttechnischen Eigenschaften des Meßgeräts (Objektiv, Aufnahmekammer, Spektrograph z. B.) berücksichtigen. Es verwundert daher nicht, wenn sehr oft mit Nullverfahren gearbeitet wird, man also von der gleichen Schwärzung benachbarter Schichtstücke auf gleiche Belichtung schließt.

Über Einzelheiten aller dieser Fragen unterrichten besonders die beiden großen Handbücher [1], die Bände der Knappschen Sammlung [2] und das Buch von v. ANGERER [3].

b) Schwärzungsmesser.

Grundsätzlich kann man Schwärzungen ebenso wie andere Durchlässigkeiten mit den in Abschnitt C 4 und C 6 dieses Handbuchs beschriebenen Geräten messen. Die Gründe für den Bau von Sondergeräten sind jedoch leicht zu finden: Die besondere Art der Silberschwärzung verlangt bei der Messung entweder „diffuses" oder „gerichtetes" Licht, der Meßbereich ist ungewöhnlich groß (S kann Werte von 4...5 erreichen) und das Meßfeld kann sehr kleine Werte haben (Tonfilm). Der angegebene Meßbereich kann nur mit einem einzigen Schwächungsmittel ohne Teilung erfaßt werden, dem (Goldbergschen) *Graukeil*, den man in verschiedenen Ausführungen von Zeiß-Ikon, Dresden-A 21, beziehen kann. Da seine Meßschärfe beschränkt ist, arbeitet man bei Feinmessungen lieber mit Polarisationsschwächung oder mit geeigneten Verfahren der objektiven Photometrie. Nach der vom Gerät zu lösenden Aufgabe unterscheidet man: 1. „gewöhnliche" Schwärzungsmesser (Densitometer, Densograph), 2. Mikrophotometer (zur Auswertung von Spektrallinien, photographischen Tonaufzeichnungen und Sternbildern), zum Teil mit Registriervorrichtung, 3. Papierschwärzungsmesser. In diesem Zusammenhang werden die Kopierbelichtungsmesser mitbesprochen, da sie ebenfalls Schwärzungen zu messen haben.

Der „klassische" *Schwärzungsmesser* von MARTENS [4] ist (mit den von GOLDBERG, CALLIER und BECHSTEIN angegebenen Verbesserungen) noch heute das in Laboratorien und Prüffeldern meistverwendete Feinmeßgerät. F. Schmidt & Haensch, Berlin S 42, bauen ihn in drei Ausführungen, von denen Abb. 397 die einfachste zeigt (MARTENS-GOLDBERG).

Die Niedervoltlampe L beleuchtet unmittelbar die Trübglasplatte S, auf die der Prüfling (Schicht unten) gelegt wird. Im Vergleichsstrahlengang wirkt die mit Magnesia „berußte" Trübglasplatte M als Zweitleuchter. Zur Erweiterung des Meßbereichs können

---

[1] EDER, J. M.: Ausführliches Handbuch der Photographie. Halle (S): W. Knapp, 4 Bände zu je 4 Teilen, insbesondere Bd. 3, Teil 4: Die Sensitometrie, photographische Photometrie und Spektrographie. — HAY, A.: Handbuch der wissenschaftlichen und angewandten Photographie. Berlin: Julius Springer, 8 Bände, insbesondere Bd. 4: Erzeugung und Prüfung lichtempfindlicher Schichten. Lichtquellen. Bd. 5: Die theoretischen Grundlagen der photographischen Prozesse. Bd. 6: Wissenschaftliche Anwendungen der Photographie, in 2 Teilen (u. a. Projektionswesen, Mikro- und Astrophotographie).

[2] Enzyklopädie der Photographie und Kinematographie. Halle (S): W. Knapp. Über 100 Hefte (zum Teil vergriffen).

[3] ANGERER, E. v.: Wissenschaftliche Photographie. Leipzig: Akad. Verlagsges. 1931.

[4] MARTENS, F. F.: Apparat zur Bestimmung der Schwärzung photographischer Platten. Photogr. Korresp. **38** (1901) 528—531.

bei *A* Grauscheiben eingeschaltet werden. Als eigentliches Meßgerät dient der Photometer-kopf von Martens (s. C 5, S. 325) mit Zwillings- oder Halbschattenprisma (Bechstein) als photometrischem Kontakt. Die reelle Austrittspupille (Okularloch) dient als einzige Aperturblende, wie in Abb. 395 schon angedeutet wurde. Der Prüfling muß gleichmäßige Schwärzungsfelder von 2,6 mm Durchmesser aufweisen. Der angewandte Strahlengang verschiebt den Gleichheitspunkt des Photometers nach kleineren Winkelwerten, so daß man einen recht großen Meßbereich erhält. Auf dem Teilkreis sind außer den Winkeln die Schwärzungswerte angegeben, die allerdings bei genauen Messungen nach dem Vorschlag der Hersteller besser nicht verwendet werden. Dann leistet der Rechenschieber von M. Richter (C 9, S. 376) gute Dienste.

Die zweite Ausführung des Geräts unterscheidet sich von der beschriebenen durch einen einstellbaren Augenspalt. Der Gesichtsfelddurchmesser kann so

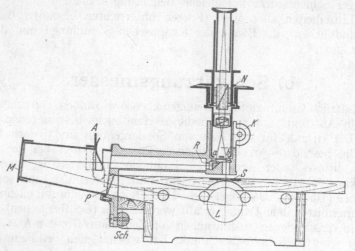

Abb. 397. Schwärzungsmesser nach Martens-Goldberg. Werkphoto Schmidt & Haensch.

auf 0,3 × 3 mm beschränkt werden; die Verbesserung stammt von Callier (Martens-Callier-Goldberg). Bei der dritten Ausführung (Martens-Callier-Bechstein) dient eine Ulbrichtkugel zur Beleuchtung. Hier kann die Trüb-glasplatte durch eine Anordnung aus Linsen und Blenden ersetzt werden. Es wird damit die Bestimmung von $S_{||}$ und des Callierquotienten ermöglicht. Alle drei Ausführungen werden auch mit Filmhaltern geliefert.

Wenn auch der Martensmesser als praktisch frei von Streulicht gelten kann, so ist in Sonderfällen eine geringstmögliche Anzahl von Glas-Luftflächen erwünscht. Diese Überlegungen veranlaßten Jones zum Entwurf eines Fein-messers, der mit rotierenden Sektoren arbeitet [1] und Messungen bis $S = 8$ gestattet. Eine Bestimmung des Callierquotienten ist auch hier möglich. Besonders zu diesem Zwecke erbauten Eggert und Brandes einen Keil-schwärzungsmesser (I. G. Farbenindustrie, DRP. 619543).

Für weniger genaue Messungen eignet sich der *Betriebsschwärzungsmesser* nach Bechstein von F. Schmidt und Haensch [2]. Durch einen Kondensor wird eine Opallampe auf die Trübglasplatte abgebildet, die gleiche Lampe beleuchtet den Vergleichsstrahlengang. Zur Lichtschwächung wird der Kon-densor abgeblendet.

Durch Verschiebung der Lampe zwischen zwei Trübglasplatten gelingt Anselm und Würstlin eine „Umformung" des Abstandsgesetzes mit annähernd

---

[1] Jones, L. A.: An instrument (densitometer) for the measurement of high photo-graphic densities. J. opt. Soc. Amer. **7** (1923) 231—242.
[2] Schmidt, F. u. Haensch: Firmendruckschrift und Photogr. Ind. **32** (1934) 643f.

logarithmischem Charakter. Das an sich für andere Zwecke gedachte Gerät (Hersteller: Hellige, Freiburg) läßt sich so auch für Schwärzungsmessungen verwenden [1].

Ein in England sehr beliebtes Gerät ist der „Densitymeter" von SHEPHERD [2]. Er arbeitet mit Keil, das Gesichtsfeld hat einen Durchmesser von 2 mm.

Zur Ermittlung der Schwärzungskurve sind die genannten Geräte wenig geeignet, da ihnen der Meßtisch fehlt und die punktweise nötigen Messungen sehr ermüden. Diese Aufgabe übernimmt der *Densograph* von E. GOLDBERG in der Ausführung von Zeiß-Ikon, Dresden [3]. Den bemerkenswert einfachen optischen Aufbau zeigt Abb. 398, eine Ansicht des Geräts Abb. 399. Meßkeil und Prüfling lassen sich winkelrecht gegeneinander verschieben, mit dem Keil ist ein Meßtisch gekuppelt. Das darauf gespannte Netzpapier wird so unter einer mit dem Prüfling gekuppelten

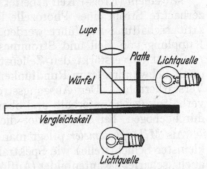

Abb. 398. Strahlengang im Goldberg-Densographen. Werkphoto Zeiß-Ikon Druckschr.

Nadel ausgerichtet und nach erfolgter Einstellung gelocht. Die erreichbare Meßschärfe beträgt 0,2 Schwärzungs- oder logarithmische Einheiten. Das Gesichtsfeld hat einen Durchmesser von 3 mm. Der Meßkeil kann als Kopierkeil verwendet werden (2 × 12 cm), größere Plattenstücke und Papiere sind ebenfalls ausmeßbar.

Gegenüber den visuellen Geräten haben sich *objektive Schwärzungsmesser* noch nicht recht durchsetzen können. Bei einem einfachen Durchlässigkeitsmesser mit Photoelement [4] (Dr. B. Lange, Berlin-Dahlem) wird der Prüfling durch Zwerglampe und matten Reflektor beleuchtet; Photoelement und Lampe sind austauschbar, um die Lage des Prüflings erkennen zu können. Ein Regelwiderstand gestattet den Abgleich des Strommessers auf 100 Skalenteile, so daß unmittelbar Durchlässigkeiten abgelesen werden können.

Carl Zeiß, Jena, liefert ein thermoelektrisches Photometer zu objektiven

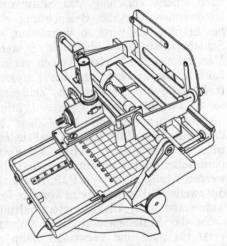

Abb. 399. Goldberg-Densograph.

Messungen auf photographischen Platten, das von KÖNIG [5] beschrieben wird.

In den beiden Strahlengängen befinden sich der Prüfling, den eine Lochblende berührt, und der Meßkeil. Die Lampe wird durch weitgeöffnete Bündel auf den Prüfling (Keil) und weiterhin auf die beiden Lötstellen eines Doppelthermoelements abgebildet. Der

---

[1] ANSELM, F. u. F. WÜRSTLIN: Ein neuer Apparat für photometrische und kolorimetrische Messungen unter Ausnutzung des photometrischen Abstandsgesetzes. Z. techn. Physik **16** (1935) 157—161. Vgl. auch R. SEWIG: Lichtelektrische Meßgeräte für Absorption, Reflexion, Trübung usw. Arch. techn. Messen. J 36-1, Sept. 1935.

[2] SHEPHERD, S.: EDERS Handbuch Bd. 3, Teil 4, S. 484 (vgl. Fußn. 1, S. 359).

[3] GOLDBERG, E. (Zit. S. 358, Fußn. 2): S. 100—105. Firmendruckschrift In 720.

[4] LANGE, B.: Die Photoelemente und ihre Anwendung, 2. Teil, 37—38. Leipzig: Johann Ambrosius Barth 1936.

[5] KÖNIG, A.: Ein thermoelektrisches Photometer zu objektiven Messungen auf photographischen Platten. Zeiß-Nachr. 1, Heft 6 (April 1934) 20—25; Firmendruckschrift Astro 268.

Stromabgleich wird mit dem Schleifengalvanometer von Zeiß festgestellt. Hauptanwendungsgebiet ist die Messung des „photographischen Gesamteindrucks" von Sternbildern, die extrafokal aufgenommen wurden. Die Lochblende kann zur Beschränkung des Meßfelds durch einen Spalt ersetzt werden. Die Lötstellen des Thermoelements sind mit einem Handgriff vertauschbar. Hauptvorzug der Anordnung ist der weitgehende Ausgleich aller inneren Störungen.

Mit einem (Kreis-) Keil arbeitet auch Moss [1]. Der durch einen Unterbrecher zerhackte Strom einer Photozelle kann bequem verstärkt und einer Kompensationsschaltung zugeführt werden. Die Kompensation erfolgt optisch durch Kupplung von Keil und Strommesser.

Miller [2] verstärkt den Zellenstrom mit Hilfe eines Exponentialrohrs, wie es als Schwundregler in Rundfunkempfängern verwandt wird, und eines zweiten Verstärkerrohrs. Der Ausgangsstrom ist für $S = 0,8 \ldots 1,8$ der Schwärzung verhältnisgleich, unterhalb und oberhalb dieses Gebiets ist die Eichkurve leicht durchgebogen, bei $S = 3$ endet die Meßbarkeit.

Als *Mikrophotometer* pflegt man Geräte zu bezeichnen, die zur Ausmessung kleinster Schichtstellen wie Spektrallinien, Sternbilder, Tonaufzeichnungen oder auch „scharfer" Kantenbilder (Auflösungsvermögen) bestimmt sind. Die Aufgabe kann man auf zwei Wegen lösen: Entweder bildet man das zu untersuchende Schichtstück stark vergrößert ab und blendet dann die zu prüfende Stelle heraus oder man beleuchtet nur diese Stelle mit Hilfe einer „Spaltoptik" (Lange, Schmidt und Haensch [3]). Das zweite Verfahren entspricht der bei der Tonwiedergabe gebräuchlichen Lichtführung. Im ersten Falle empfiehlt es sich, nach einem Vorschlag von Schwarzschild und Villiger [4] einen Vorspalt anzuwenden, der die Beleuchtung auf das zu untersuchende Schichtstück beschränkt. Es wird so vermieden, daß Streulicht von stark durchlässigen Schichtstellen das abbildende System trifft und das Meßergebnis fälscht. Man kann dieses Verfahren noch verfeinern durch Anwendung gläserner Spaltbacken, die in einer für den Empfänger unwirksamen Farbe gehalten sind (z. B. grün für Cäsiumzellen; Zeißgeräte [3] und Harrison [5]). Man erleichtert so die visuelle Ausrichtung des Prüflings in objektiven Meßgeräten.

Abgesehen von dem „klassischen" Mikrophotometer von Hartmann (1899), das heute von Askania, Berlin-Friedenau, in zeitgemäßer Ausführung gebaut wird, arbeitet man objektiv. Als *Empfänger* dienen Thermoelemente, Alkaliphotozellen (stets Vakuumzellen) und Photoelemente (s. C 6, S. 338 f.). Photozellen werden häufig in der von P. P. Koch angegebenen Doppelschaltung verwendet: die zweite (Hilfs-) Zelle wird von der Lampe mitbeleuchtet und dient als Ableitwiderstand einer Elektrometerschaltung. Als *Meßgerät* dient bei Photozellen meist das Einfadenelektrometer (Wulff), in Einzelfällen (besonders Amerika) verstärkt man und verwendet dann die üblichen Strommesser. Sharp und Eckweiler erzeugen dabei noch mit einem rotierenden Spiegelsektor Wechselströme [6], die sich besser verstärken lassen.

---

[1] Moss, E. B.: An automatic photo-electric photometer. Proc. phys. Soc., Lond. **46** (1934) 205—213.

[2] Miller, C. W.: A linear photoelectric densitometer. Rev. sci. Instrum. **6** (1935) 125—127. Vgl. auch R. Sewig: Lichtelektrische Schwärzungsmesser. Arch. techn. Messen. J 332-2, Okt. 1935.

[3] Vgl. Tafel S. 364 f.

[4] Schwarzschild, K. u. W. Villiger: On the distribution of brightness of the ultraviolet light on the sun's disk. Astrophysic. J. **23** (1906) 284—305. — Verbesserung des Geräts durch P. P. Koch u. Fr. Goos: Über eine Neukonstruktion des registrierenden Mikrophotometers. Z. Physik **44** (1927) 855—859.

[5] Lichtelektrisches Registrierphotometer; erwähnt in: G. B. Harrison: Current advances in photographic photometry. J. opt. Soc. Amer. **24** (1934) 59—72.

[6] Sharp, C. H. u. H. J. Eckweiler: A photoelectric comparator for precise and rapide measurement of reflection and transmission. J. opt. Soc. Amer. **23** (1933) 246—248.

Ein wesentlicher Bestandteil der meisten Bauarten ist die *Registriervorrichtung*, bei der immer photographische Aufzeichnung gewählt wird. Die Übersetzungsgetriebe weisen sehr verschiedene Bauarten auf[1].

Mikrophotometer sind in erster Linie für das Laboratorium bestimmt. Es sind daher im Schrifttum außerordentlich viele Einzelbauarten erwähnt, auf die einzugehen schon der Zweck dieses Handbuchs verbietet. Auch bei den von Firmen gelieferten Geräten wird gern der Aufbau auf einer Dreikantschiene („optische Bank") gewählt. Einen Überblick der bekanntesten Firmengeräte und ihrer Merkmale findet man in nachstehender Tabelle zusammengestellt. Darüber hinaus seien noch folgende genannt: Um ein Mikroskop für einfache Untersuchungen in ein Mikrophotometer verwandeln zu können, liefert Dr. B. LANGE, Berlin-Dahlem, ein *Spaltokular mit Photoelement*[2], das mit einem passenden Galvanometer verbunden werden kann. Den Schwerpunkt auf die Registrierung legen KULENKAMPFF[3], SMITH und Mitarbeiter[4] (bis 25 cm Meßlänge), WOODWARD und HORNER[5] (Plattentisch steht fest, das ganze Meßgerät wird an der Platte vorbeibewegt). Das Guthnicksche lichtelektrische Photometer[6] ist nur für Astronomen bestimmt, daher in (Stern-) Größenklassen geeicht. Das Verfahren von SEARS[7] fällt vollkommen aus dem bisher gezogenen Rahmen. Um dem in Mikrophotometern immer wieder auffallenden Kontrastrückgang „scharfer" Kanten (gegenüber dem visuellen Eindruck) zu steuern, überlagert er der üblichen Registrierbewegung eine Längsschwingung kleiner Amplitude, die optisch oder mechanisch erzeugt sein kann. Es entsteht so ein bequem verstärkbarer Wechselstrom, der als Maß für den Schwärzungsanstieg dS/dl ($l =$ Plattenweg) dient.

JACQUINOT und MEUNIER[8] berichten über ein Verfahren, wie man bei stetigen Schwärzungsverteilungen den durch die endliche Spaltbreite bedingten Fehler behebt. Zur gleichen Frage bieten die letzten Jahrgänge der Kinotechnik reichen Stoff. Die von KECK an den beiden Zeißgeräten[9] durchgeführten Streulichtmessungen geben einen wertvollen Hinweis für die Durchführung ähnlicher Versuche.

Papierschwärzungen pflegt man auch heute meist visuell zu messen. KIESER[10] verwendete als erster dazu den Photometerkopf von MARTENS. Nach seinen neueren Untersuchungen[11] sind Schwierigkeiten durch polarisiert zurückgeworfenes Licht nicht zu befürchten. Der von E. GOLDBERG[12] entworfene, seinerzeit von der Ica gebaute Schwärzungsmesser folgt ganz dem Kieserschen Vorschlag; er ist heute durch den Densographen[13] weitgehend ersetzt. In allen

---

[1] Vgl. Tabelle S. 364 f. — [2] LANGE, B. (Zit. S. 361, Fußn. 4): S. 39.

[3] KULENKAMPFF, H.: Ein einfaches registrierendes Mikrophotometer. Physik. Z. **36** (1935) 56—59.

[4] SMITH, S., P. A. LEIGHTON and F. C. HENSON: A combined recording microphotometer, densitometer and comparator. Rev. sci. Instrum. **5** (1934) 431—434.

[5] WOODWARD, L. A. and R. G. HORNER: A new type of self-registering microphotometer. J. sci. Instrum. **12** (1935) 17—22.

[6] MEYER, E. J.: Das GUTHNICKsche lichtelektrische Photometer. Z. Instrumentenkde. **55** (1935) 111—116.

[7] SEARS, F. W.: A contrast microphotometer. J. opt. Soc. Amer. **25** (1935) 162—164.

[8] JACQUINOT, P. et M. MEUNIER: La correction des courbes microphotométriques. J. Physique Radium (7) **4** (1933) 570—575.

[9] KECK, P. H.: Streulichtmessungen an lichtelektrischen Mikrophotometern. Zeiß-Nachr. **1** Heft 10 (Jan. 1936) 24—36.

[10] KIESER, K.: Gradation und Schwärzung von Entwicklungspapieren. Eders Jb. **27** (1913) 105—108.

[11] KIESER, K.: Die Verwendbarkeit von Polarisationsphotometern für die Messung der Schwärzung photographischer Papiere. Photogr. Ind. **33** (1935) 536—537.

[12] GOLDBERG, E. (Zit. S. 358, Fußn. 2): S. 65.

[13] Siehe S. 361, Abb. 398 und 399.

Erbauer	Hersteller	Bezeichnung	Bauart und Strahlengang
J. Hartmann	Askania Berlin-Friedenau	subjektives Mikro-photometer	Vorspalt, Schichtbild im Gesichtsfeld
G. Scheibe *	R. Fueß Berlin-Steglitz	thermoelektrisches Photometer	Lampe mit Kondensor Schichtbild auf Haupt-spalt, verkl. Abb. d. Spalts auf Empf., Dreikantschiene
W. J. H. Moll	Kipp und Zonen Delft	thermoelektrisches Registrierphotometer	
P. P. Koch und Fr. Goos	A. Krüß Hamburg	Mikrodensograph	Vorspalt, Schichtbild auf Hauptspalt
Carl Zeiss, Jena **		lichtelektrisches Registrierphotometer	Vorspalt (grünes Glas) Schichtbild auf Haupt-spalt
J. Weiglé ***	Soc. Génévoise Genf	Registrier-Mikrophotometer	Eindrahtlampe verkl. abgeb. auf Schicht Hauptspalt
H. Rosenberg	Askania	Elektro-Mikrophotometer	Vorspalt Blende am Empfänger
O. Kohl	Askania	lichtelektrischer Meßapparat	Vor- und Hauptspalt
Carl Zeiss, Jena **		Spektrallinien-photometer	Köhlersche Beleuchtung Schichtbild auf Hauptspalt
B. Lange ****	Schmidt & Haensch Berlin S 42	lichtelektrisches Mikrophotometer	„Spaltoptik" ohne Schichtabbildung

* Scheibe, G., C. F. Linström u. O. Schnettler: Ein Verfahren zur Steigerung der Genauigkeit in der quantitativen Emissionsspektralanalyse und seine Prüfung. Z. angew. Chem. **44** (1931) 146. Liste 521 von R. Fueß. — ** Keck, P. H. (Zit. S. 363, Fußn. 9): Druckschrift Meß 765 von C. Zeiß. — *** Weiglé, J.: C. R. Séance Soc. phys. de Génève **51** (1934) 15. — **** Lange, B. (Zit. S. 361, Fußn. 4): S. 40—43.

Weitere Quellen sind: Eders Handbuch, **3** Teil 4 (vgl. S. 359, Fußn. 1), 3. Aufl. (1930) 495—508 (zum Teil veraltet). — Sewig, R.: Lichtelektrische Schwärzungsmesser. Arch. techn. Messen. J 333-1, Okt. 1935; vor allem: Besprechung der einzeln erhältlichen Bauteile (Empfänger, Meßgeräte). — Objektive Photometrie, S. 148—156. Berlin: Julius Springer 1935; insbesondere: Objektive Schwärzungsmesser.

Fällen wird der Prüfling unter 45° von zwei Seiten beleuchtet und in Normalenrichtung betrachtet.

Ein neues *Reflexionsdensitometer* (Schmidt & Haensch) beschreibt Bollmann [1].

Lampe, Beobachtungsrohr und Prüfling werden vor einem rotierenden Sektor mit logarithmischer Treppenteilung oder stetiger, entsprechend geformter Berandung zur Einstellung verschoben. Der Sektor ist mit Magnesia zu berußen, er läuft vor einem praktisch

[1] Bollmann, W.: Ein neues Reflexionsdensitometer. Z. wiss. Photogr. **33** (1934) 167—176.

photometer.

Empfänger	Meßgerät	Meßverfahren	Schreibkupplung	Bemerkungen
Auge	Hilfskeil	Eichung des Hilfskeils durch bekannte Schwärzungen	—	2 Größen 7 Plattentische
Thermoelement	Galvanometer		—	
	Moll-Galvanometer	Ausschlag (Durchlässig-keitsmessung)	Zahnradgetriebe mit Wechselrädern	2 Ausführungen
2 Photozellen in Kompensations-spaltung	Einfaden-elektrometer nach WULFF		Kreissektor mit Stahlband; Vergr. 1 × [2, 6, 40×]	2 Ausführungen
Cs-Zelle		Ausschlag oder Abgleich	Parallelogramm mit Stahllineal; Vergr. 1...50× stetig	
K-Zelle	Verstärker Brücke Galvanometer		Stahlband; Vergr. 3...50× in 8 Stufen	Beim Reg. wird das Galvano-meter geschwenkt
2 K-Zellen in Kom-pensationsschal-tung mit Zusatz-graufiltern	Einfaden-elektrometer nach LUTZ-EDELMANN			2 Ausführungen mit 7 Platten-tischen
K-Zelle oder 2 K-Zellen in Kompen-sationsschaltung		Ausschlag (Durchlässig-keitsmessung)		2 Plattentische
Photoelement	Schleifen-galvanometer VON ZEISS			—
	Galvanometer		Synchronmotoren	—

schwarzen Körper (Hohlraum). Leider entspricht die winkelrechte Beleuchtung und die Betrachtung unter 30° zur Beleuchtungsachse nicht der vereinbarungsgemäß auch für Papierprüfung geltenden Norm nach DIN 5033, wie sie oben beschrieben wurde.

Das gleiche gilt für den von LANGE [1] gebauten einfachen Reflexionsmesser mit Photoelement, dagegen entspricht sein Glanzmesser [2] diesen Anforderungen. Hier kann das Photoelement in zwei Stellungen die gerichtete und gestreute Reflexion messen. Man mißt natürlich in beiden Fällen Lichtstrom-, nicht Leuchtdichtenverhältnisse. Daß dieser Unterschied nicht erheblich zu sein braucht, zeigen OWEN und DAVIES [3].

Kopier- und Vergrößerungsbelichtungsmesser dienen in erster Linie den Händlerlaboratorien. Da für die Empfindlichkeit der Papiere noch keine genormten Kennzahlen vorhanden sind, werden die Geräte durchweg an Ort und Stelle durch Probebelichtungen geeicht. Dabei wird entweder der Lampen-strom oder bei objektiven Geräten der Photostrom so abgeglichen, daß das

[1] LANGE, B. (Zit. S. 361, Fußn. 4): S. 55, Abb. 45.
[2] LANGE, B. (Zit. S. 361, Fußn. 4): S. 56—57, Abb. 47, 48.
[3] OWEN, R. E. and E. R. DAVIES: A comparison of reflection densities measured photo-electrically and visually. Photogr. J. **74** (1934) 463—469, 619.

Meßgerät die richtige Belichtungszeit anzeigt. Der Skalenwert des Regel-
widerstands dient dann als Kennzahl für die Papierempfindlichkeit. Der Kopierumfang des Papiers wird auf eine ähnliche Weise durch Schwärzungsmessung
der Negativlichter und -schatten ermittelt, wobei der tatsächliche Wert dieser
Schwärzungen gar nicht ablesbar zu sein braucht. Es handelt sich also um
ausgesprochen „praktische" Geräte, die keinen theoretisch geschulten Bediener
voraussetzen.

Als visuelle Gleichheitsphotometer arbeiten: Die „sehende Kopiermaschine" und für
das Vergrößern ein ähnlich gebautes Gerät der Dürkopp A. G., Bielefeld, und der Vergrößerungsbelichtungsmesser „Beregrand" von H. Berens, Hamburg. Diese Firma stattet
ihre Kopiermaschine mit einem Zusatzgerät (Photoelement und Strommesser) „Beremeter"
aus. Der Ausschlag des Strommessers zeigt hier die Papierempfindlichkeit an, er wird durch
Schwächung der Negativbeleuchtung abgeglichen. Die Belichtungszeit ist dann stets
dieselbe. Das „Mafikometer" von M. Fiedler, Freudenstadt (Schwarzwald) gleicht den
Photostrom gemäß der Papierempfindlichkeit ab; es wird auch für den Anbau an beliebige
Kopier- oder Vergrößerungsgeräte geliefert. Die Skala ist in Belichtungszeiten geeicht.
Ein ähnliches Gerät liefert F. Homrich & Sohn, Altona. Die Agfa hat in ihrem „Serio-
graphen" Kopier- und Meßgerät („Punktometer") zu einer baulichen Einheit verbunden,
an der besonders die große Glasskala des Lichtzeigerstrommessers auffällt.

Für den Liebhaberphotographen ist ein ganz einfaches Hilfsmittel bestimmt,
das Certo, Dresden, seinem Vergrößerungsgerät beigibt. Es benützt die Sehschärfenschwelle des Auges zur Messung und ist wegen der weitgehend gleichmäßigen (Dunkelkammer-) Adaptation recht brauchbar.

Gleichen Bedürfnissen dient das mit Vergleichslichtquelle ausgestattete
Lios-Grandoskop von Dr. W. Schlichter, Freiburg i. Br. Berthelsen[1] verwendet
mit Erfolg beim Mikrophotographieren einen bekannten Belichtungsmesser mit
Photoelement. Diese Anregung ist von der Metrawatt A. G. aufgegriffen worden;
sie liefert einen Sondertubus, der mit ihrem Tempiphot (s. Abschnitt d) verwendet werden kann. Mit Cäsiumzelle und Einröhrenverstärker mikrophotographieren Gross und Johnson[2] (E. E. Free Laboratories, New York).

Auf die in den großen Filmkopieranstalten heute eingeführten lichtelektrischen Meßgeräte kann nur hingewiesen werden, da es sich ausschließlich um Eigenbauten handelt.

c) Belichtungsmessung,
„optische" Belichtungsmesser.

Mit den Kurzbezeichnungen Belichtungsmessung und Belichtungsmesser sei
der Fragenkreis umrissen, der mit der „bildmäßigen" Wiedergabe unserer Umwelt
verbunden ist. Hier werden nur die wesentlichen Erfolge gekennzeichnet, die
bisher erzielt sind. Eine eingehende Darstellung bringt Verf. an anderer
Stelle[3]. Eine ähnliche Zusammenfassung der Grundlagen (anscheinend die
erste dieser Art überhaupt) brachte schon 1933 Goodwin[4]; sie bezieht sich
allerdings nur auf amerikanische Verhältnisse.

Ausgangspunkt jeder Belichtungsmessung ist zwangsläufig die Schicht selbst,
die man „richtig" belichten will. Man wünscht, daß alle im Ding vorhandenen
Leuchtdichtekontraste (Details) auch im Bild (Positiv!) erkennbar seien. Wegen
des großen Belichtungsumfangs der meisten jetzt üblichen Schichten kommt
es dabei fast immer auf „kopierfähige Schatten" an. Auf dieser Grundlage

---

[1] Berthelsen, H.: Objektive Methode zur Bestimmung der genauen Expositionszeit
bei der Mikrophotographie. Z. wiss. Mikrosk. 51 (1935) 383—387.
[2] Gross, L. and C. A. Johnson: A photoelectric exposure meter for photomicrography.
J. Biol. photogr. Assoc. 1 (1933) 172—192.
[3] Petzold, W.: Belichtungsmesser. Ergebnisse der angewandten physikalischen Chemie.
5: Fortschritte der Photographie. Leipzig: Akad. Verl.-Ges. 1937. S. 336—373.
[4] Goodwin jr., W. N.: The Photronic photographic exposure meter. J. Soc. Mot.
Pict. Engr. 20 (1933) 95—118.

wurde das Verfahren zur Empfindlichkeitsbestimmung von Negativschichten für bildmäßige Aufnahmen entwickelt, das im Normblatt DIN 4512 verankert ist. Seine Brauchbarkeit ist inzwischen nicht nur mit wissenschaftlichen Hilfsmitteln bewiesen worden [1], sie hat sich auch in der allgemeinen Anwendung gezeigt. Man ist sogar in letzter Zeit dazu übergegangen, das Anwendungsbereich zu erweitern. Schichten, die der unmittelbaren Prüfung nach DIN 4512 nicht zugänglich sind (Umkehrfilme, Farbenfilme, Infrarotschichten z. B.), gibt man häufig die Kennzeichnung: „Die Empfindlichkeit ist x/10° DIN gleichwertig."

Der Zahlenwert dieser Empfindlichkeit (z. B. $15/10 = 1,5$) gibt die Schwärzung des Meßkeils an, hinter dem im genormten Sensitometer das Empfindlichkeitsmerkmal sich ergab (Negativschwärzung 0,1 über Schleier). Aus dieser *Kennschwärzung* S_k [2] läßt sich nach den in DIN 4512 gegebenen Grundwerten die *Kennbelichtung* L_k [2] errechnen. Es ist:

$$L_k = 0,27 \cdot 10^{-S_k} \text{ (in lxs) [3]}. \tag{1}$$

Theoretisch und praktisch läßt sich zeigen, daß diese Kennbelichtung der Belichtung gleich erachtet werden kann, die bei der Aufnahme noch eben kopierfähige Schatten liefert. Vorauszusetzen ist dabei natürlich, daß auch die Weiterbehandlung der Schicht und die spektrale Zusammensetzung des Aufnahmelichtes einem statistisch ermittelten Normalfall zugehören, den man kurz mit „Mittagssonne — Photohändlerentwicklung" umreißen kann. Jede Abweichung von diesem Normalfall führt zu einer höheren *spezifischen Mindestbelichtung* (nach LUTHER), die aber der Kennbelichtung verhältnisgleich bleibt. Die Erhöhung gibt man als Verlängerungsfaktor oder auch in ° DIN an [4]. Auf diese Weise ist es möglich, die Kennbelichtung L_k als Ausgangspunkt der weiteren Untersuchung zu verwenden; in den Sonderfällen tritt dafür die spezifische Mindestbelichtung ein.

Von dieser muß die in der Aufnahmekammer wirkende (tatsächliche) *Mindestbelichtung* L_0 begrifflich getrennt werden. Bezeichnet man mit $\varkappa$ die Öffnungszahl des Objektivs, mit β' (≤ 0) den Abbildungsmaßstab, mit t die Belichtungszeit (in s) und mit B_0 die in asb gemessene Leuchtdichte der tiefsten Schatten des aufzunehmenden Dings, so kann man

$$L_0 = 0,09 \frac{B_0 \cdot t}{\varkappa^2 (1 - \beta')^2} \text{ lxs} \tag{2}$$

setzen [5]. L_0 ist L_k verhältnisgleich, was durch

$$L_0 = \Lambda L_k \tag{3}$$

angedeutet sei [6]. Für die Bemessung des Faktors Λ sind die Abmaße der in den beiden Formeln verwendeten Größen zu berücksichtigen: 1. L_k darf nach DIN 4512 innerhalb der Laufzeit den doppelten Sollwert erreichen; 2. t und $\varkappa$ werden am Verschluß eingestellt und unterliegen daher gewissen Schwankungen bei der Herstellung und im Gebrauch; 3. bei kleinen Öffnungszahlen $\varkappa$ (großen Blenden) kann die Vignettierung den Faktor 0,09 in (2) verkleinern [5]. Man setzt daher zweckmäßig $\Lambda \approx 4$ mit einem Abmaß von $\pm 0,2$ LE (log. Einheiten; vgl. C 9 a, S. 376), also $\Lambda = 2,5 \ldots 6,3$.

Der recht große Wert des „Sicherheitsfaktors" und seine Schwankung lassen erkennen, daß heute eine Schichtempfindlichkeit nach DIN 4512 wesentlich schärfer bestimmt werden kann als man sie bei Aufnahmen mit handelsüblichen Schichten und Kammern auszunutzen vermag: ein Vorzug aller richtig festgesetzten Normalien.

---

[1] LUTHER, R. u. H. STAUDE: Prüfung der deutschen Norm DIN 4512 an praktischen Aufnahmen. Z. wiss. Photogr. **34** (1935) 40—53. — LUTHER, R.: Sensitometrische Bemerkungen zum DIN-Verfahren. Dresden: Selbstverlag 1935 und Remarques sur la méthode sensitométrique DIN. C. R. IX. Congr. internat. Photogr. Paris, Juli 1935. Paris Ed. Rev. Opt. théor. instrum. 1936, 569—593.

[2] Bezeichnung nach DIN 4519.

[3] Genauer: $0,27 \pm 0,02$; das Ergebnis ist also nur mit 2 Stellen zu verwenden.

[4] So empfiehlt der Deutsche Normenausschuß [DIN-Empfindlichkeit und Feinkornentwicklung. Photogr. Ind. **34** (1936) 1402] bei Feinkornentwicklern den Verlängerungsfaktor 3, mindestens aber 2.

[5] Ausführlich dargestellt von W. PETZOLD: (Zit. S. 366, Fußn. 3).

[6] $\varkappa$ und Λ sind nicht genormt, entsprechen aber den Regeln des Normblattes DIN 1335 (Bezeichnungen in der Technischen Optik).

Aus den Formeln (1), (2) und (3) ergibt sich, daß zur Bestimmung der „richtigen" Belichtung eine *Leuchtdichtemessung* erforderlich ist, an die sich eine verhältnismäßig einfache Umrechnung anschließt. Diese kann nach einiger Übung logarithmisch im Kopf erfolgen (vgl. C 9 a, S. 375) oder einem Rechenstab übertragen werden, wie er sich an den meisten Belichtungsmessern findet. Bei der Messung der Leuchtdichte läßt sich der Einfluß der Dingbeleuchtung durch ihre Aktinität nach DIN 4519 bewerten. Die spektrale Remission des Dings (seine „Eigen"-Farbe) in Verbindung mit der Farbwiedergabe durch die Schicht zu beurteilen, bleibt der Erfahrung des Lichtbildners überlassen; sie zu messen, würde für den allgemeinen Gebrauch eine unnötige Erschwerung bedeuten. Dies gilt ja schon von den für wissenschaftliche Zwecke ausgearbeiteten Verfahren und Geräten zur genauen Leuchtdichtebestimmung, die nur zu Prüfungen gelegentlich hier verwendet werden.

Die tatsächlich angewandten Verfahren begnügen sich meistens, einen dem Bildfeld der Aufnahmekammer annähernd gleichen Raumwinkel im Dingraum abzugrenzen und den von da kommenden Lichtstrom zu messen. Sie ergeben so eine *mittlere Leuchtdichte* B_m, deren Verhältnis zur Mindestleuchtdichte B_0 je nach der Verteilung von Licht und Schatten im Bild stark schwanken kann. Im einzelnen kann man folgende Bestimmungsverfahren nennen:

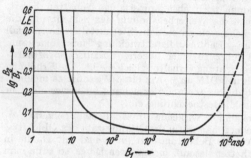

Abb. 400. Kontrastschwelle, dargestellt durch das Verhältnis der eben unterschiedenen Leuchtdichten B_1 und B_2, in Abhängigkeit von B_1 bei fester Adaptation auf 10^4 asb.

1. Statistisches Verfahren. Auf dieser Grundlage beruhen die zahlreichen Belichtungstafeln, von denen die seinerzeit berühmte RHEDEN-Tafel[1] besonders erwähnt sei wegen ihres außergewöhnlich reichen Stoffes. Beim Arbeiten mit Blitzlicht stellen sie sogar das einzige brauchbare Hilfsmittel dar. Man teilt darin die Leuchtdichte nach möglichst vielen Einflußgrößen auf und gibt diesen (logarithmische) Kennzahlen, deren Summe dann ein Maß für die Leuchtdichte ist.

2. Schwärzung von Auskopierpapier. Die Zeit, während der sich ein Auskopierpapier bis zu einem bestimmten Vergleichsfarbton schwärzt, war vor allem für unsensibilisierte Schichten ein brauchbares Maß für den aktinischen Lichtstrom. Das Verfahren leistet heute noch bei der Ultraviolettmessung gute Dienste (vgl. K 3). SCHLICHTER entwickelte daraus vor dem Kriege ein Gerät, in dem zugleich visuell das wichtige Verhältnis B_m/B_0 durch reine Gleichheitsphotometrie bestimmt werden konnte. Aus diesem Grunde sei hier darauf hingewiesen.

3. Kontrastschwelle des Auges. Bei konstanter Adaptation steigt unterhalb einer gewissen Leuchtdichte die Kontrastschwelle des Auges stark an (Abb. 400). Ein im Ding noch erkennbares Schattendetail verschwindet also, wenn man die beiden Leuchtdichten (etwa durch einen Grau- oder Farbkeil) allmählich schwächt. Die notwendige Abschwächung ist dann ein Maß für die Leuchtdichte(n).

Das Verfahren ist in Sonderfällen auch für andere Zwecke angewandt worden[2] und wurde früher in einigen „optischen Belichtungsmessern" verwendet, heute wohl nur noch in dem Irisblendenvorsatz für die Spiegelreflexkammern von Franke & Heidecke, Braunschweig. Seine Genauigkeit ist naturgemäß beschränkt durch die Schwankungen der Adaptation. Immerhin gelingt es nach längerer Übung, die Belichtung mit einem Fehler von etwa ± 0,3 LE (also im Verhältnis 1 : 4) zu ermitteln. Allerdings werden dabei die angezeigten Werte meist mit einem konstanten „persönlichen Faktor" verbessert.

---

[1] RHEDEN, J.: Belichtungstabellen, 37. Aufl. Wien IX, Carl Ueberreuther's Verlag 1937.
[2] WALSH, J. W. T.: Photometry, S. 426—427: Wedge photometer (in stellar photometry). London: Constable 1926. — LUCKIESH, M. and F. K. MOSS: A visual thresholdometer. J. opt. Soc. Amer. **24** (1934) 305—307 (Kontrastmessung). — CRAWFORD, B. H. and W. S. STILES: A brightness difference thresholdometer for the evaluation of the glare from light sources. J. sci. Instrum. **12** (1935) 177—185.

4. Sehschärfenschwelle. Für die Sehschärfenschwelle des Auges gilt grundsätzlich die gleiche Abhängigkeit wie für die Kontrastschwelle. Während aber nach dem vorigen Verfahren die Mindestleuchtdichte selbst beurteilt werden konnte, muß hier ein Sehzeichen durch den Dinglichtstrom beleuchtet werden; es läßt sich also nur die mittlere Leuchtdichte bestimmen. Man sollte daher grundsätzlich eine noch größere Schwankung erwarten. Trotzdem haben sich die entwickelten Geräte gegenüber den Kontrastschwellenmessern vollkommen durchsetzen können; nach privaten Mitteilungen mehrerer Photohändler werden sie heute wiederum von den lichtelektrischen Geräten mehr und mehr verdrängt und nur noch wegen des geringen Preises gelegentlich verkauft. Immerhin ist die Zahl der noch im Handel vorhandenen Gerätebauarten kaum zu übersehen, zumal fast jeder Hersteller mehrere Ausführungen liefert.

Als besonders bekannt seien erwähnt: Die verschiedenen „Bewi" von P. Will, München-Pasing, der „Justophot" der Drem-Gesellschaft, Frankfurt a. M. und die „Lios-Aktino-meter" von Dr. W. Schlichter, Freiburg i. Br. Zur Ergänzung der lichtelektrischen Geräte, die ja bei sehr kleinen Leuchtdichten versagen, wurde von der Drem-Gesellschaft 1936 der „Nottodrem" entwickelt. Eine ausführlichere Behandlung der Geräte dieser Bauart gibt Lange [1].

5. Vergleichslichtquelle. Dieses „natürliche" Meßverfahren hat sich bisher noch nicht einbürgern können, obwohl es das gesamte Meßbereich zu erfassen gestattet. Die von den Laboratoriumsgeräten her bekannte Schwierigkeit, eine konstante Vergleichslichtquelle zu erhalten, scheint der Hauptgrund zu sein. Nach einem Vorschlag von H. Zschau (und R. Luther) [2] genügt jedoch eine mit Unterspannung betriebene Taschenlampe, deren Lichtstärke regelmäßig gegen die recht konstante Leuchtdichte einer Kerze abgeglichen wird, zum Aufbau eines Leuchtdichtemessers für photographische Zwecke. Seine Zuverlässigkeit (Schwankung ± 0,1 LE!) übertrifft alle übrigen Geräte erheblich, die Bedienung erfordert aber wegen des kleinen Meßfeldes eine sehr ruhige Hand. Die recht konstante Leuchtdichte eines gesättigt angeregten Phosphors wird von Schering-Kahlbaum (Chromophot) und Voigtländer (Brillant-Kamera) als Vergleichslichtquelle benützt. Gemessen wird damit die mittlere Leuchtdichte. Der Meßbereich umfaßt etwa 7 LE; leider sind über die Zuverlässigkeit des Geräts keine Zahlen bekannt.

6. Photoelement. Grundsätzlich ist bei der Anwendung eines lichtelektrischen Meßverfahrens eine weit höhere Meßschärfe zu erwarten. Im Wettbewerb mit ihr treten jedoch auch eine Reihe neuer Fehlerquellen auf, unter denen der unvermeidbare endliche Raumwinkel eine besondere Behandlung erfordert (s. weiter unten). Der Temperaturfehler beträgt nach Messungen von Harrison [3] etwa 0,1 LE/20°, kann also besonders bei großer Kälte merklich werden. Konstanz- und Ermüdungsfragen spielen praktisch keine Rolle, soweit sie das Photoelement betreffen. Über die Fehlanzeige bei Licht verschiedener Farbtemperatur bringt Abschnitt d, S. 371 einige Zahlen. Auf eine Anpassung der spektralen Empfindlichkeitsverteilung an die Schichtempfindlichkeitsverteilung kann man verzichten, da diese noch stärker als jene und beiden eine gegenüber dem Auge höhere Blauempfindlichkeit eigen ist. Selektivstrahler (wie Leuchtröhren) lassen dagegen größere Fehler erwarten; Zahlen sind leider noch nicht bekannt geworden. Die Hauptschwierigkeiten liegen bei der Entwicklung geeigneter Meßgeräte. Soll bei einer Ausbeute von 300 μA/lm, einer Aufnahmefläche von 10 cm² und einer Beleuchtungsstärke von 10 lx [4] noch eine sichere Messung möglich sein, so muß der Strom von 3 μA einen Ausschlag von rd. 1° erzeugen; denn nach eigenen Messungen liegt der „Störpegel" der Nullpunktsschwankungen schon aus rein mechanischen Gründen bei etwa 0,5°. Die reihenmäßige Herstellung solcher Geräte, die dazu noch so klein wie möglich und einer ziemlich rauhen Behandlung gewachsen sein sollen (bei einem für den Liebhaberphotographen annehmbaren Preis), ihre Anpassung an das Photoelement und einen meist vorhandenen Widerstand erfordert höchste Sorgfalt und ist ohne Schwankungen von etwa ± 0,15 LE kaum möglich. Die Erfahrungen auf dem Gebiet des Meßgerätebaues sind der Hauptgrund dafür, daß lichtelektrische Belichtungsmesser mit wenigen Ausnahmen von Meßgerätefirmen gebaut und auch vertrieben werden. Der Ausgleich zwischen den verschiedenen Forderungen, die sich nicht gleichzeitig erfüllen lassen, wird nie „vollkommen" erscheinen; ein Gerät mißt kleinere Grenzströme als das andere, das dafür stoßfester oder kleiner oder billiger ist, oder einen größeren Meßbereich hat oder einen kleineren Raumwinkel zur Messung heranzieht. *Es gibt daher auch keinen „besten" Belichtungsmesser, wohl aber vom photographisch-meßtechnischen Standpunkt aus einen „zuverlässigsten", der zugleich ziemlich „unempfindlich" sein wird.*

[1] Lange, B.: Photographische Belichtungsmesser. Arch. Techn. Messen. V 434-4, Januar 1934.
[2] Zschau, H.: Konstruktion eines Leuchtdichtemessers als Belichtungsmesser, vorgetragen 6. Tagg. dtsch. Ges. Photogr. Forschg. Berlin, Juni 1936 (nicht veröffentlicht).
[3] Harrison, G. B.: Photo-electric exposure meters. Photogr. J. **74** (1934) 172.
[4] Durchschnittswerte der untersuchten Geräte.

Eine Anschauung über die *Zuverlässigkeit* gewinnt man durch folgende Überlegung. Ebenso wie man die Lichtstärkeverteilung einer Lichtquelle durch ihre Verteilungsfläche $I(\varphi, \alpha)$ darstellen kann (vgl. C 9 b, S. 377), läßt sich die *Ausbeuteverteilungsfläche* $V(\varphi, \alpha)$ erklären, wobei V in lx/asb gemessen werden soll. Dann erzeugt eine Leuchtdichteverteilung $B(\varphi, \alpha)$ — B in asb gemessen — auf dem Empfänger die Beleuchtungsstärke

$$E_B = \frac{1}{\pi} \int_\Omega B(\varphi, \alpha) \, V(\varphi, \alpha) \, d\omega \text{ in lx}.\tag{4}$$

$$= B_m \int_\Omega \frac{V(\varphi, \alpha) \, d\omega}{\pi}.\tag{5}$$

Sinngemäß ist dabei $V(\varphi = 0) = 1$ zu setzen. Mit Hilfe einer nahezu punktförmigen Normallichtquelle bestimmter Farbtemperatur stellt man sich nun zuerst den Zusammenhang zwischen E_B und dem Ausschlag des Belichtungsmessers für senkrechten Einfall her. Die ihn darstellende Kurve (*E-Kurve*, Abb. 409) wird zweckmäßig auf Logarithmenpapier gezeichnet; als Maß für den Ausschlag sei die Belichtungszeit t für eine bestimmte Öffnungszahl $\varkappa$ (etwa 8) und Schichtempfindlichkeit [$S_k = 1,2$ z. B.; vgl. Gleichung (1) S. 367] gewählt. Führt man nun die Lichtquelle in den Ebenen $\alpha = $ const um den Belichtungsmesser herum, so erhält man die Meridianschnitte durch die Ausbeuteverteilungsfläche *(AV-Fläche)*, die als *AV-Kurven* bezeichnet werden sollen; in den meisten Fällen genügt es, die waagerechte und senkrechte AV-Kurve aufzumessen (Abb. 402 und 406). Man integriert dann über den Halbraum und kann nun nach Formel (5) B_m aus E_B umrechnen. Aus den Formeln (1) ... (3) folgt für $\varkappa = 9$, $\beta' = 0$ und $S_k = 1,5$: $B_0 \cdot t = 8 \, \Lambda$ asbs. Rechnet man nun noch die E-Kurve auf die gleichen Werte $\varkappa = 9$ und $S_k = 1,5$ um und ersetzt E_B durch B_m, so gibt diese über der „Normalzeit" t_{norm} aufgetragene Kurve (*B-Kurve*, Abb. 404) ein Bild über das bei der Eichung des Belichtungsmessers angenommene „Unsicherheits"-Verhältnis B_m/B_0. Aus den Ergebnissen sei vorweggenommen, daß bei den meisten untersuchten Geräten für Λ nur ein Wert von 2 eingesetzt werden durfte, sollte B_m/B_0 nicht unwahrscheinlich klein werden (eine gleichzeitig durchgeführte photographisch-photometrische Prüfung bestätigte das). Aus den AV-Kurven kann man an der Stelle $V = 0,5$ einen Winkel $\Delta \varphi$ entnehmen, der ein Maß für den „Wirksamen Raumwinkel" des Belichtungsmessers zu geben vermag. Die zur längsten (Normal-) Belichtungszeit gehörigen Werte von E_B und B_m, also die unteren Meßgrenzen $E_{B, Gr}$ und $B_{m, Gr}$, geben den Anhalt für die bei dem Gerät erreichte Grenzempfindlichkeit; $E_{B, Gr}$ ist dabei photographisch ohne Belang.

d) Belichtungsmesser auf lichtelektrischer Grundlage.

Da die Entwicklung der Belichtungsmesser noch durchaus im Fluß ist, sollen hier nur die zur Zeit eingeführten Geräte kurz besprochen werden. Man kann sie in vier Gruppen gliedern: 1. Ausschlagsmesser mit selbständiger Rechenhilfe; 2. Ausschlagsmesser mit gekuppelter Rechenhilfe (bewegliche Skala); 3. Belichtungsmesser mit optischem Abgleich des Ausschlags; 4. Belichtungsmesser mit elektrischem Abgleich des Ausschlags. Bei den Geräten der Gruppe 1 und 2 ist der gesamte Leuchtdichteumfang meist auf zwei Meßbereiche verteilt, die entweder elektrisch (Nebenschluß zum Strommesser) oder optisch (Grauscheibe, Verlängerung des Rohrstutzens) erreicht werden. Die Bauarten der Gruppe 3 und 4 vermeiden das, sie gestatten außerdem eine Kupplung des Regelgliedes mit denen des Kameraverschlusses ohne mechanischen Zusammenhang mit dem Strommesser. Da man am Verschluß die Öffnungszahlen und Belichtungszeiten gewöhnlich auf runde Werte einstellt, sind die Skalen meist Stufenskalen in logarithmischer Teilung. Die Stufenbreite wählt man gern zu 0,3 LE entsprechend $3/10°$ DIN Empfindlichkeitsunterschied. Dabei wird leider oft (Electro-Bewi, Sixtus, Amato-Belichtungsmesser, Zeiß-Ikongeräte) die Bezifferung mit gelegentlichen Sprüngen von 0,4 LE (z. B. $1/10 \ldots 1/25 \ldots 1/50$) angebracht, so daß ein zusätzlicher Fehler auftritt, der je nach Länge der Skala 0,2...0,3 LE erreichen kann. Die Hilfsmittel, mit denen eine bestimmte AV-Fläche erreicht wird, sind außerordentlich verschieden. Dabei ist es erwünscht, daß der Einfluß des Himmels im oberen Quadranten soweit wie möglich eingeschränkt wird. Auf eine sehr einfache Weise ist diese Aufgabe beim Picoskop gelöst (Abb. 406) durch Schrägstellung des Photoelements in Verbindung mit einem dazu winkelrechten Spiegel.

Unter allen Belichtungsmessern nimmt das von der Weston Electr. Instr. Corp., Newark, in Verbindung mit der Kodak entwickelte Gerät eine Sonderstellung ein (Abb. 401 zeigt das Modell 617-2 von 1933); es gehört an sich zur Gruppe 1.

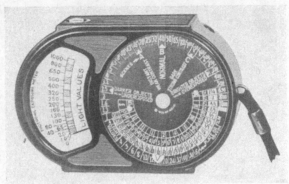

Die Skala zeigt unmittelbar Leuchtdichten in cdl/sq. ft. (1 cdl/sq. ft. = 37,5 ≈ 40 asb); eigene Nachprüfung ergab einen Fehler von + 0,1 LE im unteren Meßbereich (≈ 40...4000 asb). Die AV-Fläche ist drehsymmetrisch (Abb. 402), die Halbwertsbreite $\Delta\varphi$ beträgt nur 36°, $E_{B,Gr}$ 5 lx. $B_{m,Gr} \approx 40$ asb ist daher recht groß[1]. Auf der Rechenuhr beträgt der Skalenschritt 0,1 LE, das Unsicherheitsverhältnis B_m/B_0 ist (nach ausführlicher Gebrauchsanweisung) einstellbar. Die Anzeige bleibt bei den Farbtemperaturen 2360° K, 3000° K und 5000° K (Kunstsonne) bis auf wenige Hundertteile dieselbe.

Abb. 401. Belichtungsmesser 617-2 von WESTON. (Nach SEWIG, Objektive Photometrie. Berlin: Julius Springer 1935.)

Die Schichtempfindlichkeit wird nach eigenem System[2] angegeben; logarithmiert man die eingetragenen Werte, so erhält man DIN-Grade mit einem Sicherheitsfaktor $\Lambda = 1{,}6$[3].

Mit einigem Bedauern muß festgestellt werden, daß die sorgfältige Durchbildung und die unbedingte Zuverlässigkeit dieses Geräts bisher von keinem deutschen Erzeugnis erreicht werden. Dafür ist sein Meßbereich klein (3 LE), das Gewicht recht groß (240 g) und der Preis hoch.

Von den deutschen Geräten zählen zur Gruppe 1: Ombrux und Sixtus (P. Gossen, Erlangen), Electro-Bewi (P. Will, München-Pasing) und Electro-Drem (Drem-Ges., Frankfurt a. M.).

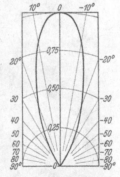

Abb. 402. Belichtungsmesser 617-2 von WESTON. Ausbeuteverteilungskurve, die Fläche ist drehsymmetrisch.

Der Ombrux ($\Delta\varphi \approx 54$, $E_{B,Gr} = 5$ lx, $B_{m,Gr} = 20$ asb) wird zur Zeit von seinem erheblich kleineren Nachfolger Sixtus (Abbildung 403) allmählich verdrängt. Dieser stellt mit $E_{B,Gr} = 1$ lx und $B_{m,Gr} = 2{,}4$ asb bei einem Meßbereich von 4,4 LE heute wohl das „empfindlichste" deutsche Gerät dar[4]. Der gerade Verlauf der B-Kurve (Abb. 404) ist bemerkenswert. Die AV-Fläche ist ebenso wie die des Ombrux nicht drehsymmetrisch, ihre Halbwertsbreite im Mittel $\Delta\varphi \approx 75°$. Bei 3000° K und 5000° K Farbtemperatur sind die Ausschläge gleich, bei 2360° um 0,1 LE geringer; dies kann übrigens für alle untersuchten Geräte gelten. — Electro-Bewi wurde 1936 in einer neuen Bauart herausgebracht (mit Rohrstutzen statt Wabenblende vor dem Photoelement). An der ersten fiel vor allem eine mittlere Halbwertsbreite $\Delta\varphi \approx 50°$

---

[1] Bei dem neueren Modell von 1935 wird $B_{m,Gr}$ zu 10 asb angegeben. Die AV-Kurve konnte nicht festgestellt werden.

[2] GOODWIN, jr., W. N.: Emulsion speed values, Druckschrift der Weston Electr. Instr. Corp., Newark, NY, USA.

[3] Weston versorgt seine Kunden regelmäßig mit Nachrichten über die einzusetzende Empfindlichkeit der Schicht; dabei werden auch deutsche Erzeugnisse und Kunstlichtempfindlichkeiten mit genannt.

[4] Soweit dem Verfasser Zahlen bekannt oder Schlüsse aus der angegebenen längsten Normalzeit berechtigt sind.

auf, die kleinste aller deutschen Geräte. Zahlen für die neue Bauart sind noch nicht bekannt. Der Meßbereich von 3,4 LE läßt sich bei beiden Geräten durch einen eingebauten Sehschärfenbelichtungsmesser (vgl. Abschnitt c) erweitern.

Ombrux und Sixtus sind in Normalbelichtungszeiten, Electro-Bewi und

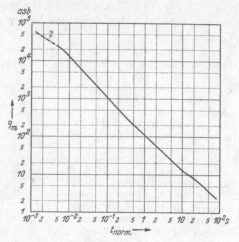

Abb. 403. Sixtus-Belichtungsmesser. Werkphoto P. Gossen, Erlangen.

Abb. 404. B-Kurve eines Sixtus-Belichtungsmessers; $\varkappa = 9$, 15/10° DIN, Farbtemperatur $\approx 5000°$K (Kunstsonne).

Electro-Drem in Skalenteilen geeicht, deren Werte auf einen Rechenschieber in Band- oder Walzenform zu übertragen sind.

Diese Arbeit wird bei den Geräten der Gruppe 2 durch die angekuppelte Rechenhilfe vermieden. Hierzu gehören Photoskop (veraltet) und Picoskop (Excelsior-Werk R. Kiesewetter, Leipzig) und die in ständiger Verbesserung herauskommenden Geräte der Metrawatt A.G., Nürnberg, Tempophot (früher) und Tempiphot.

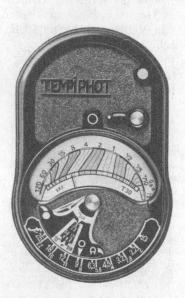

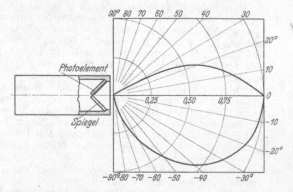

Abb. 405. Tempiphot T 30/100. Werkphoto Metrawatt A.G., Nürnberg.

Abb. 406. Senkrechte AV-Kurve eines Picoskop-Belichtungsmessers. Die Lage von Photoelement und Spiegel ist daneben angedeutet.

Von ihnen weist die neueste Bauart Tempiphot T 30/100 eine verstellbare Wabenblende vor dem Photoelement auf, so daß die Halbwertsbreite der AV-Fläche je nach der Beleuchtung möglichst klein gewählt werden kann (Abb. 405). Im Picoskop ist das Photoelement nach unten geneigt und von einem Spiegel benachbart; es entsteht so eine nach unten verlagerte AV-Fläche (Abb. 406). Damit kann der störende Einfluß des Himmels ohne Abschirmen oder Neigen des Geräts stark eingedämmt werden, zumal gerade dieser Belichtungsmesser sehr neigungsempfindlich ist. Die Grenzwerte sind $E_{B,Gr} = 5$ lx und $B_{m,Gr} = 10$ asb.

In der Gruppe 3 (optische Regelung) ist neben dem früher von Metrawatt gebauten Metraphot die Schmalfilmkamera von Eumig, Wien, zu nennen (Abb. 407).

Abb. 407.   Abb. 408.

Abb. 407. Schmalfilmkamera von Eumig mit gekuppeltem Belichtungsmesser. (Nach B. LANGE, Die Photoelemente und ihre Anwendung, 2. Teil. Leipzig: Johann Ambrosius Barth 1936.)

Abb. 408. Amato-Belichtungsmesser. Werkphoto Kindermann, Berlin-Tempelhof.

Hier wird die Beleuchtungsstärke auf dem Photoelement durch eine vorgesetzte Irisblende meßbar geschwächt, bis der im Sucher sichtbare Zeiger auf einer festen Marke einspielt; die Schichtempfindlichkeit (und die Gangzahl, falls umschaltbar) wird durch einen Regelwiderstand im Stromkreis berücksichtigt. Wesentlich ist die zwangsläufige Kupplung zwischen der Iris und der Objektivblende nach RISSDÖRFER. Gegenüber einer voll selbständigen Regelung

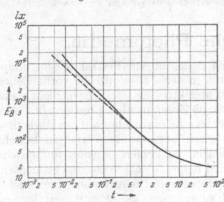

Abb. 409.   Abb. 410.

Abb. 409. Eichkurve eines Amato-Belichtungsmessers. $\varkappa = 9$, 12/10° DIN, Farbtemperatur 3000° K. Bei der Messung wurde $\varkappa$ für $t = 0,5$ s (soweit möglich) abgelesen und dann auf $\varkappa = 9$ umgerechnet. Die von der Rechenuhr des Belichtungsmessers für $\varkappa = 9$ angegebenen Zeiten führen zu der gestrichelten Kurve (vgl. S. 370: Skalenfehler).

Abb. 410. Helios-Belichtungsmesser. (Nach B. LANGE.)

erscheint der Plan einer von Hand eingestellten Kupplung auf den ersten Blick gut, über seine Bewährung im Gebrauch sind Zahlen noch nicht bekannt.

Die Geräte der Gruppe 4 benützen einen mit der Rechenuhr gekuppelten Regelwiderstand zum Stromabgleich. Diese Bauart zeigen der Amato-Belichtungsmesser

[Kindermann, Berlin-Tempelhof (Abb. 408)] und alle Geräte der Zeiß-Ikon, Dresden [Helios (Abb. 410), Contaflex- und Contax III-Belichtungsmesser]; bei diesen werden allerdings die längsten Zeiten durch Ausschlag gemessen.

Alle Belichtungsmesser dieser Gruppe haben eine „durchgebogene" E-Kurve (Abb. 409, Amato-Belichtungsmesser als Beispiel). Die so erzeugte Überhöhung der langen Zeiten ist nach Mitteilung der Hersteller durch die Gebrauchsprüfung veranlaßt worden. Die recht hohen Halbwertsbreiten der AV-Flächen (Amato: im Mittel 78°; Contaflex im Mittel 85° z. B.) lassen auch größere Unsicherheit in der Leuchtdichtebestimmung erwarten. Die Grenzempfindlichkeit ist für Amato und Helios etwa die des Ombrux, während der Contaflexbelichtungsmesser mit $E_{B, Gr} = 2,5$ lx und $B_{m, Gr} = 4$ asb an den Sixtus heranreicht (für Contax III gilt nach den Skalenwerten das gleiche).

Bei der Prüfung einer Reihe verschiedener Belichtungsmesser erkennt man, daß die Gebrauchsanweisung auf das Ergebnis einen wesentlichen Einfluß hat. Im allgemeinen wird dabei immer empfohlen, große oder sehr hell leuchtende Flächen abzuschirmen, und für besonders schwierige Fälle (Gegenlicht) gibt man Verbesserungsfaktoren. Beachtet man diese Hinweise, so gelangt man mit großer Sicherheit zu „richtig" belichteten Aufnahmen. Dabei wirkt der Belichtungsspielraum der Schwarzweiß-Schichten ausgleichend. Die neuen Farbschichten (Kodachrom und Agfacolor = Neu) dagegen verlangen eine Meßschärfe, die auch der lichtelektrische Belichtungsmesser nur dann leisten kann, wenn man besonders sorgfältig arbeitet. Dies gelingt vor allem durch Abtasten des Gegenstandes in kleinen Abständen (Annäherung an die echte Leuchtdichtemessung). In solchen Fällen ist eine kleine Halbwertsbreite der AV-Fläche eine große Hilfe.

Schlußbemerkung: Die Übersicht der Belichtungsmesser wurde am 15. Februar 1937 abgeschlossen, so daß die inzwischen (Leipziger Frühjahrsmesse) neu herausgekommenen Geräte nicht mehr berücksichtigt werden konnten. Es sind:

In Gruppe 1 Electro-Bewi Super (P. Will, München-Pasing), Excelsior (Excelsiorwerk R. Kiesewetter, Leipzig), Rex-Belichtungsmesser (Rex G.m.b.H., München), Dornlei (J. Dorn, Leipzig).

In Gruppe 2 Tempiphot T 30/100 (Metrawatt A.G., Nürnberg). Tempiphot und Electro-Bewi sind Verbesserungen der beschriebenen Geräte gleichen Namens, die anderen neue Bauarten. Für das Vergrößern ist der (lichtelektrische) Majus von P. Gossen, Erlangen, bestimmt.

e) Photographische Photometrie.

Da die photographische Schicht durch Belichtungen (Bestrahlungen) beeinflußt wird, ist sie das gegebene Hilfsmittel in den Fällen, wo die vorhandenen Beleuchtungsstärken zu visuellen oder lichtelektrischen Messungen nicht mehr ausreichen. Über ihre Fehlerquellen wurde im Zusammenhang mit den beschriebenen Meßverfahren schon einiges angedeutet. Es muß daher auf ausführlichere Darstellungen[1] verwiesen werden. Das meist angewandte Verfahren besteht darin, auf die gleiche Schicht einen Meßkeil zu kopieren (wobei auf gleiche spektrale Lichtverteilung bei Aufnahme und Kopie zu achten ist) und gemeinsam zu entwickeln. Besonders geeignet ist die photographische Aufnahme, die Leuchtdichteverteilung großer Flächen schnell zu erfassen; es ist z. B. seit langem üblich, die Beleuchtung von Verkehrswegen, Anstrahlungen und ähnliche Aufgaben für den Lichttechniker so kurz zu beschreiben. Der Rückschluß auf die Leuchtdichte durch Messung der Schwärzung liegt dabei nahe. Allerdings darf nicht vergessen werden, daß jedes photographische Objektiv nach dem Rande

[1] Z. B. L. S. Ornstein, W. J. H. Moll u. H. C. Burger: Objektive Spektralphotometrie. Braunschweig: F. Vieweg & Sohn 1932. — Frerichs, R.: Photographische Spektralphotometrie. Handbuch der Physik von Geiger-Scheel 19 (1928). — Sewig, R.: Objektive Photometrie, S. 145—150. Berlin: Julius Springer 1935. Mit weiteren Schrifttumshinweisen.

zu einen Lichtabfall von 0,4...0,7 LE[1] je nach Bauart und Abblendung aufweist, so daß der Vergleich mit den Schwärzungen der Meßkeilkopie noch nicht auf die tatsächliche Leuchtdichteverteilung im Ding schließen läßt. Die von Waldram[2] und Bloch[3] durchgeführten Untersuchungen lassen anscheinend diese Fehlerquelle unbeachtet. Dagegen sind die anderen Schwierigkeiten derartiger Messungen eingehend behandelt und zum Teil elegant gelöst (z. B. Beachtung der Fluchtperspektive durch Anpassung des Meßfeldes im Mikrophotometer); die Arbeiten stellen so einen wertvollen Beitrag auf diesem Gebiet dar.

C 9. Hilfsmittel für die zeichnerische und rechnerische Auswertung photometrischer Messungen.

Von

Wolfgang Petzold-Braunschweig.

Mit 10 Abbildungen.

Unter der Sammelbezeichnung „Hilfsmittel" sei die Gesamtheit der Verfahren, Formeln, Schaubilddarstellungen und Geräte verstanden, deren Einsatz die Ergebnisse photometrischer Messungen auszuwerten erleichtert. Es liegt daher nahe, sie nicht nach ihrer mathematischen Grundlage, sondern nach der gestellten Aufgabe zu gliedern und die Grenze zwischen Rechnung und Zeichnung, Verfahren und Gerät nicht zu streng zu ziehen.

a) Allgemeine Lichtmessung.

In vielen Fällen legt man Wert darauf, die gewonnenen Meßergebnisse überschlagmäßig zu prüfen, ehe man sie genau auswertet. Aus den weit verbreiteten Taschen- und Hilfsbüchern (z. B. der „Hütte") sind dafür eine Reihe von Verfahren bekannt, die hier nicht im einzelnen aufgezählt werden. An ihrer Stelle sei auf ein Verfahren hingewiesen, das der wissenschaftlichen Photographie entstammt (R. Luther[4]) und trotz seiner Brauchbarkeit noch ziemlich unbekannt ist: *Das Kopfrechnen mit einstelligen Logarithmen.* Setzt man $2^{10} \approx 1000$, also $\lg 2 \approx 0,3$ und rundet die Potenzen passend ab, so erhält man folgende Zuordnung zwischen Logarithmus und Numerus (s. nachstehende Tabelle).

Logarithmus .	0,0	0,1		0,2	0,3	0,4	0,5	0,6	0,7	0,8	0,9	0,95	1,0
Numerus . .	1,0	1,25	(1,3)	1,6	2	2,5	3,2	4	5	6,3	8	9	10,0

Wegen des einfachen Entstehungsgesetzes kann man sich die Tafel jederzeit aufbauen, falls man sie einmal vergäße. Außerdem ist sie als R 10 in DIN 323[5]

---

[1] Bei Weitwinkelobjektiven unter Umständen noch mehr.

[2] Waldram, J. M.: A contouring density comparator. J. sci. Instrum. **13** (1936) 352—357 — berichtet nach Sci. et Ind. (2) **8** (1937) 23—24.

[3] Bloch, A.: The measurement of non-uniform brightness by photographic photometry. J. sci. Instrum. **13** (1936) 358—364 — berichtet nach Sci. et Ind. (2) **8** (1937) 24.

[4] Ostwald, Wi. u. R. Luther: Physiko-Chemische Messungen, S. 55. 5. Aufl. Leipzig: Akad. Verlagsgesellsch. 1930.

[5] Normblatt DIN 323, Dezimalgeometrische Reihen, Beuth-Verlag, Berlin. Die Verwendung der dort festgelegten Abrundungen kann sehr empfohlen werden. In der Reihe R 20 sind die heute üblichen Blendenskalen der Photographie enthalten.

genormt und neuerdings [1] international festgelegt. Es empfiehlt sich, bei vermischtem Gebrauch der Numeri und Logarithmen diese zu kennzeichnen (etwa LE = logarithmische Einheit; im photographischen Schrifttum wird auch °DIN verwendet, das mit LE wesensgleich, aber nach DIN 4512 nur zur Kennzeichnung von Schichtempfindlichkeiten zulässig ist). Hauptanwendungsgebiet für diese Logarithmenrechnung sind Messungen nach dem Abstandsgesetz oder mit Keil und das Arbeiten mit Kontrasten.

Für die zeichnerische Behandlung ähnlicher Aufgaben eignen sich die doppeltlogarithmisch geteilten Netzpapiere von C. Schleicher und Schüll, Düren (Rhld.) [2].

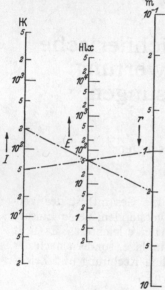

Abb. 411. Aufbau einer Rechentafel für Lichtmessungen auf der Bank (Bezifferung vereinfacht).

Die Auswertung der mit einem *Polarisationsphotometer* gewonnenen Ergebnisse wird durch den *Rechenschieber* von M. Richter [3] sehr erleichtert.

Zunge und Stab tragen „unten" eine lgtg²-Teilung mit dem Bereich 10…80°, die von rechts nach links beziffert ist, um den Ein-Strich-Läufer auf den meist festen Wert φ_0 der Stabteilung einstellen zu können. Der 45°-Wert liegt in der Mitte. Die oberen Skalen enthalten je eine gewöhnliche logarithmische Teilung mit 83⅓ mm Basis und 25 cm Länge, also drei Dekaden. Die Stabbezifferung folgt dem Verhältnis $tg^2\varphi : tg^2\varphi_0$, die Zungenbezifferung seinem Kehrwert. Um an Stelle der so meist ermittelten Durchlässigkeiten oder Remissionen auch Schwärzungen ablesen zu können, trägt die Rückseite der Zunge eine entsprechende Teilung, der Stab eine feste Marke. Eine Hilfsskala auf der Zungenmitte gestattet noch die Einstellung in den selten verwendeten Grenzbereichen von 15…3° und 75…87°. An die Berechnung des tg²-Verhältnisses können auf den oberen Skalen weitere Vervielfachungen anschließen (z. B. mit den Normalreizbeträgen nach DIN 5033 in der Farbmessung).

Wenn es sich um die Auswertung einer großen Zahl gleichartiger Versuchsergebnisse handelt, verdient gewöhnlich die *Rechentafel (Nomogramm)* den Vorzug vor anderen Hilfsmitteln, außer selbsttätigen „Maschinen". Ihr besonderer Wert liegt darin, daß sie sich der einzelnen Aufgabe, ihren Meßbereichen und der geforderten Genauigkeit bestens anpassen läßt und dann die Lösung mit einer bedeutenden Zeitersparnis gestattet. Dafür muß man sie meist selbst herstellen und einige Mühe auf die günstigste Ausführung verwenden. Anleitung dazu findet man in der Schrift von M. Pirani [4] und besonders in der RKW-Veröffentlichung Nr. 23 [5], in der auch die größeren Lehrbücher genannt sind. Anwendungen der Rechentafel auf Fragen der Lichttechnik geben Bloch [6]

[1] Kienzle, O.: Die internationale Vereinheitlichung der Normungszahlen (zu DIN 323), DIN-Mitt. **20** (1937) N 49, N 50.
[2] Liste No. Log. 4 RM, besonders Papier Nr. 369½ mit 50 mm, 365½ und 366½ mit 100 mm Basis.
[3] Richter, M.: Ein Rechenschieber zur Auswertung von Messungen mit dem Polarisationsphotometer. Z. techn. Physik **13** (1932) 493—494. Bezugsquelle: Koch, Huxhold und Hannemann, Hamburg.
[4] Pirani, M.: Graphische Darstellungen in Wissenschaft und Technik. Berlin u. Leipzig: W. de Gruyter, 1914, Sammlung Göschen Nr. 728.
[5] Graphisches Rechnen, Berlin 1928; zu beziehen vom Beuth-Verlag, Berlin SW 19, Bestell-Nr. AWF 222 (RM. 3.—.)
[6] Bloch, L.: Lichttechnische Berechnungen in nomographischer Behandlung. Elektrotechn. Z. **43** (1922) 73—77, 8 Abb.

und K. Hisano [1]. Bloch bringt in der Hauptsache Tafeln vom Funktionstyp $z = k\,x^m\,y^n$, die er als Fluchtlinientafeln mit parallelen Leitern ausführt. Die hier gegebene Tafel (Abb. 411) für Bankphotometrie stellt eine Abwandlung von Blochs Abb. 2 dar; für die starke Verkleinerung wurden die Skalen sehr vereinfacht. Die Urmaße sind: Skala I: 100 mm Basis; Skala E: 50 mm Basis; Skala r: 200 mm Basis.

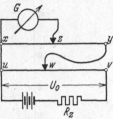

Abb. 412. Elektrische Multiplikation nach R. Sewig [2].

Die gleichen Voraussetzungen, unter denen die Rechentafel einzusetzen sich lohnt, gelten auch für die *elektrische Nachbildung von Rechengrößen*. Wie R. Sewig [2] zeigt, lassen sich geeignete Schaltungen aus den üblichen Bauteilen (Drahtbrücken, Schiebewiderstände, Meßgeräte oder Zähler) zusammenstellen, die in einem lichttechnischen Prüffeld sowieso benötigt werden. Ein Anwendungsbeispiel (Produktbildung) zeigt Abb. 412.

b) Integrationen, Lichtstromermittlung.

In der Lichttechnik erscheinen besonders häufig bestimmte Integrale der Form $\int\limits_{x=a}^{b} V(x)\,f(x)\,dx$, wobei $V(x)$ eine gemessene „Verteilungs"-Funktion, $f(x)$ eine gegebene „Führungs"-Funktion ist. Das Integral läßt sich ersetzen durch:

$$\int\limits_{x=a}^{b} V(x)\,d\left[\int\limits_{z=z_0}^{x} f(z)\,dz\right].$$

Diese Umformung läuft darauf hinaus, $V(x)$ über einer Abszissenteilung aufzutragen, die entsprechend der Funktion $\int\limits_{z_0}^{x} f(z)\,dz$ „verzerrt" und nach x beziffert ist. Die Verzerrung erhält man durch (zeichnerische) Integration von $f(z)$, und man kann dann das gesuchte Integral durch einfache Flächenmessung erhalten. Eine Anwendung findet dieses Verfahren in der Farbreizmetrik, wie zuerst R. Luther [3] gezeigt hat. Auch die verschiedenen Verfahren, aus einer räumlichen Lichtstärkeverteilung den Lichtstrom zu ermitteln, fallen zum großen Teil unter diese allgemeine Integralumformung.

Man pflegt die Lichtstärke I im Polarnetz einzutragen (Länge α, Polabstand φ). Abb. 413 zeigt links einen Meridianschnitt durch den Lichtverteilungskörper. Dabei soll angenommen werden, daß die Lichtquelle drehsymmetrisch strahlt oder diese Kurve schon aus einer Reihe von Meridianschnitten gemittelt ist. Dann ist bekanntlich die Fläche innerhalb zweier Fahrstrahlen φ_1 und φ_2 und der Kurve kein Maß für den Lichtstrom in dem so abgegrenzten Raumwinkel. Man errechnet vielmehr für den Lichtstrom Φ (vgl. C 2, S. 281).

$$\Phi = 2\pi \int\limits_{\varphi_1}^{\varphi_2} I(\varphi)\,\sin\varphi\,d\varphi,$$

$$= 2\pi \int\limits_{\varphi=\varphi_1}^{\varphi_2} I(\varphi)\,d(-\cos\varphi).$$

[1] Hisano, K.: Graphical methods for the calculation of illumination due to surface source. Res. electrotechn. Lab. Tokyo 1933 Nr. 353, 23 S.

[2] Sewig, R.: Durchführung von Rechenaufgaben auf elektrischem Wege. Z. Instrumentenkde. **55** (1935) 34—36.

[3] Luther, R.: Aus dem Gebiete der Farbreizmetrik. Z. techn. Physik **8** (1927) 540 bis 558, insbesondere S. 541 f.

Nach Rousseau (1885) erhält man die „verzerrte" Abszissenteilung durch Projektion der zu den Polabständen gehörenden Umfangspunkte eines Grundkreises auf seinen senkrechten Durchmesser. Über dieser Teilung trägt man

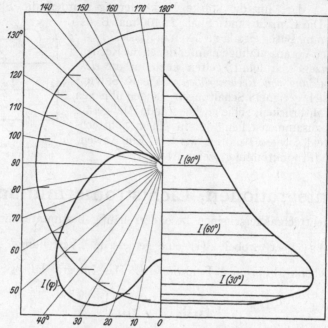

Abb. 413. (links) Lichtstärke I in Abhängigkeit vom Polabstand φ. (rechts) Rousseau-Diagramm zur Lichtstromermittlung.

(Abb. 413, rechts) $I(\varphi)$ auf und erhält so eine dem Lichtstrom verhältnisgleiche Fläche. Ihre Größe kann man durch Auszählen der Netzquadrate, Auswägen, Planimetrieren oder auch weniger genau durch Mitteln über eine Anzahl Ordinaten von gleichem Abstand erhalten.

LIEBENTHAL (1889) trennte von diesem „Rousseau-Diagramm" die Hilfsteilung ab und trug sofort $I(\varphi)$ in ein Netz ein, dessen Abszisse nach $\cos\varphi$ geteilt ist (sog. cos-Papier; Schleicher und Schüll Nr. $379^{1}/_{2}$ und $378^{1}/_{2}$).

RUSSEL (1903)[1] teilte statt dessen die Achse des Schaubilds $I(\varphi)$ in gleiche (6, 8, 10, 20) Teile und berechnete die zugehörigen nach ihm benannten Winkel, deren Werte in nebenstehender Tabelle gegeben sind.

Von Schmidt & Haensch, Berlin, wird ein Polarpapier mit den 20 Russelschen Winkeln geliefert.

Je nach dem Kurvenverlauf wird an Stelle einer Flächenmessung nun über eine geeignete Anzahl der Lichtstärkewerte gemittelt. L. BLOCH[2] verbessert die Messung

Russelsche Winkel für das $I(\varphi)$-Schaubild.

20 Werte	10 Werte	8 Werte	6 Werte
18,2	25,8	29,0	33,6
31,8	45,6	51,3	60,0
41,4	60,0	68,0	80,4
49,5	72,5	82,8	99,6
56,6	84,3	97,2	120,0
63,3	95,7	112,0	146,4
69,5	107,5	128,7	
75,5	120,0	151,0	
81,4	134,4		
87,1	154,2		
92,9			
98,6			
104,5			
110,5			
116,7			
123,4			
130,5			
138,6			
148,2			
161,8			

[1] Berichtet nach J. W. T. WALSH, Photometry, London, Constable and Co., 1926 S. 93.
[2] Lichttechnik, herausgeg. von L. BLOCH, München u. Berlin: R. Oldenbourg 1921; berichtet nach GEHLHOFF: Lehrbuch der technischen Physik, Bd. 2, S. 525. Leipzig: J. A. Barth 1926.

mit 6 Winkeln dadurch, daß er die Werte auf 30°, 60°, 80° usf. abrundet, I (60°) und I (120°) doppelt einführt und das Mittel aus 8 Werten zieht.

Wesentlich umständlicher ist das Summenverfahren von LIEBENTHAL[1] (gleiche Winkel und Vervielfachung von I (φ_n) mit $\sin \varphi_n \Delta \varphi$), das erst durch WOHLAUER[2] umgeformt und so brauchbar wurde. Dieser schreibt statt $\Delta \varphi$ strenger $2 \sin \frac{\Delta \varphi}{2}$ und wählt $\Delta \varphi = 10°$. Dann ergibt sich:

$$\Delta_n \Phi = 4 \pi \sin 5° \cdot I (\varphi_n) \sin \varphi_n$$
$$= 1,095 \, I (\varphi_n) \sin \varphi_n .$$

Da I (φ) $\sin \varphi$ der Achsabstand des Punktes I (φ) ist, wird dem Polarnetz ein rechtwinkliges Netz überlagert, dessen Maßstab gleich den Faktor 1,095 berück-

sichtigt. Die Teillichtströme lassen sich dann mit dem Zirkel abgreifen und addieren. Das Lichtstrom-papier kann von C. Schleicher und Schüll, Düren (Rhld.), bezogen werden (Nr. 403¹/₂).

Das gleiche Summenverfahren führt A. E. KENNELLY[3] rein zeich-nerisch durch. Man teilt (Abb. 414) den Halbkreis in $2\,n + 1$ gleiche Teile (9 · 20° oder 15 · 12°) $\Delta \psi$, schlägt um O einen Bogen $\Delta \varphi$ ($= 20°$) $= \varphi_{n+\frac{1}{2}} - \varphi_{n-\frac{1}{2}}$ mit I (φ_n) $- I$ (90°) — als Radius, daran ansetzend einen weiteren Bogen von $\Delta \varphi$ ($= 20°$) mit I ($\varphi_n + 1 = 70°$) als Radius usf., bis schließlich mit I ($\varphi_1 = 10°$) als Radius der letzte

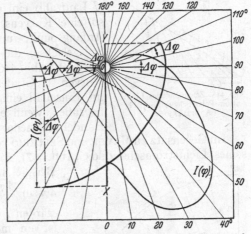

Abb. 414. Ermittlung des Lichtstroms nach A. E. KENNELLY[3].

$\Delta \varphi$-Bogen angesetzt ist. Ebenso verfährt man nach oben. Die Höhendifferenz $\overline{XY}$ ist dann ein Maß für das Integral, denn jeder Teilschritt bringt einen Höhen-gewinn von

$$\Delta h = I (\varphi_n) \left[\cos \varphi_{n-\frac{1}{2}} - \cos \varphi_{n+\frac{1}{2}} \right]$$
$$= 2 \, I (\varphi_n) \sin \varphi_n \sin \frac{\Delta \varphi}{2} ,$$

der bei genügender Verfeinerung als Ersatz des Differentials gelten kann. Für schlanke Kurven (Tiefstrahler, Mattscheibenstreuung) eignet sich das Verfahren weniger, da die feine Unterteilung schnell an die Grenzen der Zeichengenauigkeit führt und gegenüber einem Rousseau-Diagramm keine Zeit mehr gewonnen wird.

Zu einem sehr anschaulichen *Lichtstrom-Polar-Schaubild* gelangt man nach A. SELLERIO[4] durch folgende Überlegung: Das Flächenelement dF einer Polar-kurve r (φ) ist $dF = \frac{1}{2} r^2 d\varphi$. Zeichnet man also eine Polarkurve, in der $r = \sqrt{4 \pi I (\varphi) \sin \varphi}$ ist, so wird der Lichtstrom Φ der Fläche F dieser Polarkurve

[1] LIEBENTHAL, E.: Praktische Photometrie, S. 272f. Braunschweig: F. Vieweg & Sohn 1907. Arch. Techn. Messen V 424—1 August 1935 (R. SEWIG). GEHLHOFF: s. Fußn. 2, S. 378.

[2] WOHLAUER, A. u. H. LINGENFELSER: Ein Lichtstrompapier. Anleitung zu dessen Benutzung. Licht 1 (1931) 287—291.

[3] Berichtet nach WALSH: Zit. S. 378, Fußn. 1, S. 92 u. Abb. 43. — Elektrotechn. u. Maschinenb. 26 (1908) 390. — Elektrotechn. Z. 29 (1908) 844. — Arch. Techn. Messen V 424—1, August 1935.

[4] SELLERIO, A.: Ein photometrisches Diagramm und die Verwendung elastischer Maßstäbe. Z. techn. Physik 15 (1934) 267—269 u. 366.

verhältnisgleich (Abb. 415). $I(\varphi) \sin \varphi$ entnimmt man der Urkurve als Abstand des betreffenden Punktes von der Achse $(C'C)$ (vgl. Abb. 415). Die Umrechnung

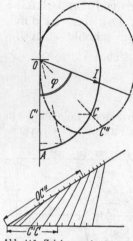

auf die Wurzel kann einer Rechentafel übertragen werden. Sellerio schlägt noch einen zweiten Weg mit Hilfe eines ,,Gummiband-Maßstabs" vor, bei dem aber die Wurzel durch Probieren gefunden werden muß; Einzelheiten wolle man daher im Uraufsatz nachlesen.

Zu dem gleichen flächentreuen Lichtstromschaubild kommt (offenbar unabhängig von Sellerio) E. Meyer[1]. Er ersetzt aber die Umrechnung Sellerios durch eine Änderung des Netzes. An Stelle der Kreise $r = I = $ fest trägt er die Kurven $r = \sqrt{I \sin \varphi}$ (I Laufzahl) ein, die er nach I benummert. Er erhält so eine Kurvenschar mit gemeinsamem Scheitel im Anfangspunkt und der Waagerechten $\varphi = 90°$ als Spiegelachse, die er als Muschelkoordinatenfeld bezeichnet (Abb. 416). Es handelt sich um algebraische Kurven 6. Grades, deren punktweise Aufzeichnung im Einzelfall einige Mühe macht. Daher wäre es zu begrüßen, wenn ein solches Lichtstrompapier bald im Handel erschiene.

Abb. 415. Zeichnung des Lichtstrom-Polar-Schaubilds nach A. Sellerio[2].

Im Gegensatz zu Meyer und Sellerio verzichtet Sewig[3] auf die Flächentreue seines Lichtstromschaubilds (Abb. 417), sondern stellt die (nach Wohlauers[4] Beispiel berechneten) Teillichtströme $\Delta_n \Phi = 4\pi \sin \frac{\Delta \varphi}{2} \cdot I(\varphi_n) \sin \varphi_n$ ebenso wie die Lichtstärken $I(\varphi)$ als Vektoren dar. Das Ergebnis ist ein nicht weniger anschauliches Bild der

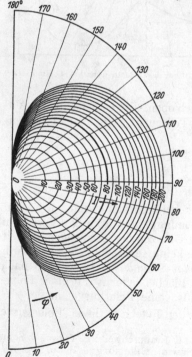

Abb. 416. Muschelkoordinatenfeld nach Meyer[1] zur Ermittlung des flächentreuen Lichtstrom-Polar-Schaubilds.

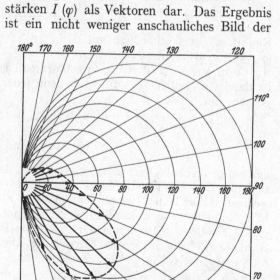

Abb. 417. Kreisnetz nach Sewig[3] zur Darstellung der Teillichtströme als Vektoren.

[1] Meyer, E.: Über zwei praktische Umformungen von Lichtverteilungen. Licht 7 (1937) (im Druck). — [2] Vgl. Fußn. 4, S. 379. — [3] Sewig, R.: Ein Lichtstromdiagramm. Licht 7 (1937) (im Druck). — [4] Wohlauer, A.: Zit. S. 379, Fußn. 2.

Lichtstromverteilung. Als Netzkurven dienen die Kreise $r = a(I) \sin \varphi$ mit $a(I) = 4 \pi I \sin \dfrac{\varDelta \varphi}{2}$ als Durchmesser, deren Scheitel im Anfangspunkt und deren Mitten auf der Waagerechten $\varphi = 90°$ liegen. In $a(I)$ wird $\varDelta \varphi$ geeignet gewählt und die Kreisschar nach I benummert. Der Gesamtlichtstrom entsteht dann durch Aneinanderreihen der „Vektoren" $\varDelta_n \varPhi$. Streng genommen sollten die Vektorspitzen nicht durch eine geschlossene Kurve verbunden werden, sobald ein Maßstab (lm/mm) für r festgelegt ist, da ja dann die Zwischenpunkte mathematisch nicht mehr vorhanden sind. Damit würde gleichzeitig der wesentliche Unterschied gegenüber der Meyerschen Darstellung deutlich, der einen gewissen Nachteil birgt: Handelt es sich um sehr schlanke Kurven, so muß $\varDelta \varphi$ der Genauigkeit wegen kleiner gewählt werden, und damit ändert sich der Maßstab für r. Für solche Zwecke ist aber das nur aus Kreisen und Geraden aufgebaute Netz auch schnell neu entworfen.

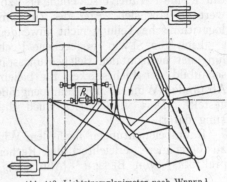

Abb. 418. Lichtstromplanimeter nach WEBER [1].

Vor ihren Vorgängern haben die beiden soeben beschriebenen Verfahren den Vorzug größter Anschaulichkeit, da sie die Lichtstromverteilung polar darstellen. Ihre Bewährung im Gebrauch wird von beiden Verfassern hervorgehoben.

Jede Rechen- oder Zeichenarbeit erspart das *Lichtstromplanimeter* von G. WEBER [1]. $I(\varphi) \sin \varphi$ wird als Achsabstand durch eine Geradführung, $d\varphi$ durch Zahnrad und Drehtisch auf die Meßrolle R übertragen (Abb. 418). Die Genauigkeit des Geräts wird mit 1 % angegeben.

c) Ermittlung der Beleuchtungsstärke.

Soll aus der Lichtverteilungskurve die (Horizontal-) Beleuchtung bestimmt werden, so sind ziemlich langwierige Berechnungen notwendig. Eine Rechentafel für diesen Zweck gibt L. BLOCH [2] an. Von R. TEICHMÜLLER [3] stammt der Vorschlag, das Längen- und Breitennetz einer in gleiche Raumwinkelstücke geteilten Kugel auf eine (waagerechte) Ebene vom Mittelpunkt aus zu projizieren. In dem so entstehenden Polarnetz umfaßt jedes Flächenstück dann einen „Raumwinkelgrad", so daß der zu beleuchtende Grundriß unmittelbar eingezeichnet werden kann. Das Netzpapier ist von Schleicher und Schüll, Düren (Rhld.), zu beziehen.

Ein anschauliches Netz-Schaubild entwirft für den gleichen Zweck MEYER [4]. Mit der Bezeichnung l für die Lichtpunkthöhe, d für den Abstand vom Fußpunkt und den bisher verwandten Zeichen ist die Horizontalbeleuchtung durch eine Leuchte gegeben zu:

$$E_{\text{hor}} = \frac{I(\varphi)}{l^2} \cos^3 \varphi \quad \text{mit} \quad \text{tg}\, \varphi = d/l.$$

Dem $I(\varphi)$-Bild wird daher ein gewöhnliches Netz überlagert, mit den Rechtswerten $d/l = \text{tg}\, \varphi$ und den Hochwerten $l^2 E_{\text{hor}} = I(\varphi) \cos^3 (\text{arc tg}\, d/l)$. Zunächst

---

[1] WEBER, G.: Das Lichtstromplanimeter. Licht **3** (1933) 145—147 (Abb. 3).

[2] BLOCH, L.: Zit. S. 376, Fußn. 6, Abb. 8.

[3] TEICHMÜLLER, R.: Raumwinkel- und Lichtstromkugel, ein Meß- und Hilfsgerät zur Bestimmung von Raumwinkeln, Lichtströmen und Beleuchtungsstärken. Elektrotechn. u. Maschinenb. **36** (1918) 261--263. — [4] MEYER, E.: Zit. S. 380, Fußn. 1.

wird die Funktion cos³ (arctg d/l) gezeichnet (Abb. 419, strichpunktierte Kurve), deren Werte dann mit $I\langle\varphi\rangle$ vervielfacht werden. Die entstandene Kurve — nach Meyer die „Grundbeleuchtung des Geleuchts E_G" — gibt ein anschauliches Bild von der Beleuchtungsverteilung (Abb. 419, ausgezogene Kurve). Darin ist noch die Lichtpunkthöhe l als Laufzahl enthalten, so daß man die endgültigen Größen durch Vervielfachung mit $1/l^2$ (Hochwert) und l (Rechtswert) ermitteln muß. Es wäre zu erwägen, ob logarithmische Teilungen für I und E_G das Verfahren noch vereinfachen könnten; die Vervielfachung mit $1/l^2$ wäre dann durch eine Parallelverschiebung ersetzbar. Auf den Rechtswert d/l läßt sich wegen des Zusammenhangs mit φ die logarithmische Teilung nicht anwenden.

Eine von Sewig[1] angegebene Rechentafel zur Ermittlung der horizontalen Beleuchtungsstärke aus dem Polarschaubild der Lichtstärken für beliebige Aufhängehöhen, Abstände (Winkel) und Lampengrößen ist in J 1 dargestellt. Dort findet sich auch die Benutzungsanweisung dafür.

Raumbeleuchtungen nach dem Wirkungsgradverfahren zu berechnen, erleichtert der Rechenschieber „Elektropraktikus" von Besser[2] (Abb. 420). Die beiden festen

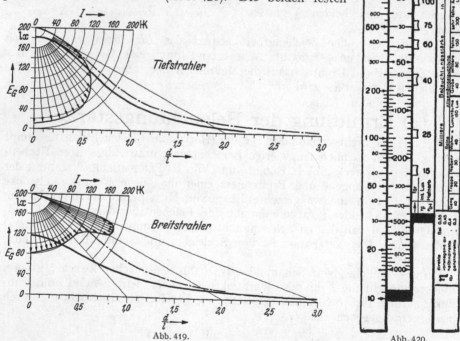

Abb. 419.

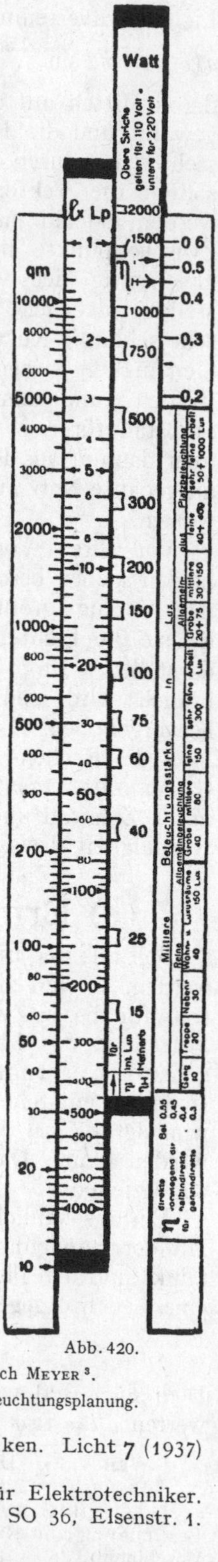

Abb. 420.

Abb. 419. Grundbeleuchtungskurven eines Tief- und eines Breitstrahlers nach Meyer[3].
Abb. 420. Rechenschieber nach Besser[2] für das Wirkungsgradverfahren der Beleuchtungsplanung.

---

[1] Sewig, R.: Nomogramme zur Berechnung von Beleuchtungsstärken. Licht 7 (1937) (im Druck).
[2] Besser, E. u. E. Seehase: Ein neuartiger Rechenschieber für Elektrotechniker. ETZ 52 (1931) 1010—1011. Bezugsquelle: Dr.-Ing. Seehase, Berlin SO 36, Elsenstr. 1.
[3] Vgl. Fußn. 1, S. 380.

Außenteilungen enthalten die Bodenfläche in m² und den Wirkungsgrad, die „linke" Zunge die gewünschte mittlere Beleuchtungsstärke in lx und die erforderliche Lampenzahl, die rechte Zunge die Lampenleistungen in W (D-Lampen für 110 und 220 V) und die beiden η-Bezugspfeile für Rechnungen in internationalen oder Hefnereinheiten. Man übersieht an den Mittenteilungen des eingestellten Stabs sofort die möglichen Wertepaare von Lampenzahl und -leistung. Die Rückseite des Schiebers behandelt ähnlich einfach die rein elektrotechnische Aufgabe „Leitungsquerschnitt und Spannungsverlust". Das kleine, leichte (10 g) und sehr handliche Gerät hat sich nach Mitteilungen des Urhebers sehr gut eingeführt.

Weitere Vorschläge aus neuerer Zeit beschäftigen sich mit den in E 3 und F 5 ausführlich behandelten Fragen. Erwähnt seien daher nur noch die Arbeiten von HELWIG[1], PUTNAM[2] (Anwendung der Rechentafel, insbesondere bei asymmetrischen Leuchten) und der zusammenfassende Bericht von HÖPCKE[3] über die bei der Osram-K.G. entwickelten Hilfsmittel für besondere Aufgaben.

---

[1] HELWIG, H.-J.: Ein neues Lichtstrompapier. Licht 4 (1934) 79, 80.

[2] PUTNAM, R. C.: Graphical illumination computations, Gen. electr. Rev. 36 (1933) 539—544.

[3] HÖPCKE, O.: Neuere Hilfsmittel für den Beleuchtungstechniker. Techn.-wiss. Abhandl. Osram-Konz., Bd. 3, S. 22—27. Berlin: Julius Springer 1934.

D. Lichttechnische Baustoffe.

Von

HERBERT SCHÖNBORN-Jena.

Mit 18 Abbildungen.

Unter der Bezeichnung „Lichttechnische Baustoffe" werden diejenigen Stoffe zusammengefaßt, welche zum Bau von Lichtquellen und Leuchten sowie in der Tagesbeleuchtung verwendet werden und räumlich derartig angeordnet sind, daß sie von einem wesentlichen Anteil des Lichtstroms getroffen werden. Entsprechend ihrer verschiedenartigen lichttechnischen Beschaffenheit werden sie auch den Lichtstrom in sehr verschiedenartiger Weise beeinflussen können. Diese Beeinflussung kann beispielsweise in einer *Richtungsänderung* des Lichtstromes bestehen, wie sie durch Reflexion an spiegelnden bzw. schwach streuenden Flächen, oder durch Brechung z. B. durch Prismengläser hervorgerufen wird. Sie kann in einer *Zerstreuung* des Lichtes bestehen, um die Leuchtdichte der Primärlichtquelle herabzusetzen, wie es durch Matt- und Trübgläser, Gewebe usw. erreicht wird. Schließlich kann durch Farbgläser die *spektrale Zusammensetzung* des Primärlichtes geändert oder durch Ornamentgläser, Gewebe usw. vorzugsweise die *Durchsichtigkeit* herabgesetzt werden. In gewissen Fällen können auch die lichttechnischen Aufgaben weitgehend zurücktreten gegenüber anderen Erfordernissen, welche mehr mechanischer, thermischer oder chemischer Natur sind, wie es z. B. bei den meist klaren Zylindern und Glocken der Verbrennungslichtquellen der Fall ist.

Als lichttechnische Baustoffe im engeren Sinne gelten im allgemeinen diejenigen Stoffe, welche das auffallende Licht zerstreuen. Zu diesen „lichtstreuenden Stoffen" gehören z. B. die lichtstreuenden Gläser, Papier, Cellon, Gewebe und schließlich diffus reflektierende Metalle.

1. Allgemeine lichttechnische Eigenschaften.

a) Durchlässigkeit, Reflexion und Absorption.

Die lichttechnischen Baustoffe sind zunächst gekennzeichnet durch ihre „Durchlässigkeit τ", „Reflexion ϱ" und „Absorption α", das sind diejenigen Anteile des eingestrahlten Lichtstromes, welche von dem Körper hindurchgelassen, reflektiert und absorbiert werden[1]. Diese Größen werden zum Teil verschieden sein, je nachdem das einfallende Licht als paralleles Lichtbündel oder diffus auf den Körper auftrifft.

---

[1] Verfahren zur Bestimmung dieser Größen s. C 7, S. 348 f. Bei lichtstreuenden Stoffen werden diese Messungen am schnellsten und einfachsten mittels einer kleinen Ulbrichtschen Kugel vorgenommen.

Durchlässigkeit und Reflexion können nun „gerichtet", „zerstreut" oder „gemischt" sein[1], wie es in Abb. 421 schematisch dargestellt ist, d. h. bei auffallendem parallelem Licht geht dieses entweder ohne jede Richtungsänderung durch den Körper hindurch (bzw. wird unter dem Reflexionswinkel reflektiert), oder der gesamte hindurchtretende (bzw. reflektierte) Lichtstrom wird gestreut, oder aber es wird nur ein gewisser Teil gestreut, während der Rest ohne Richtungsänderung durch den Körper hindurchtritt (bzw. unter dem Reflexionswinkel zurückgeworfen wird).

Eine weitere Kennzeichnung hat sich demnach auf diese verschiedenen Arten der Durchlässigkeit bzw. Reflexion zu erstrecken, d. h. sowohl die Durchlässigkeit als auch die Reflexion muß in zwei charakteristische Anteile unterteilt werden, 1. in denjenigen Anteil, welcher „gerichtet" durch den Körper hindurchtritt (bzw. unter dem Reflexionswinkel reflektiert wird) und 2. in denjenigen Anteil, welcher von dem Körper „diffus" hindurchgelassen (bzw. reflektiert) wird. Von dem ersten Anteil, der „gerichteten Durchlässigkeit τ_r" (bzw. Reflexion ϱ_r) hängt vorwiegend die Durchsichtigkeit (bzw. Spiegelung) des betreffenden Körpers ab, während der zweite Lichtstromanteil, die „gestreute

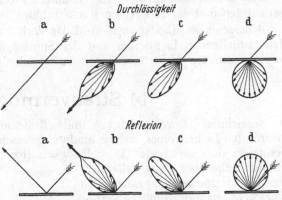

Abb. 421. Verschiedene Arten von Durchlässigkeit und Reflexion. (Indikatrix der Lichtstärke.) a Gerichtet; b gemischt; c zerstreut (kleines Streuvermögen); d zerstreut (vollkommenes Streuvermögen).

Durchlässigkeit τ_d" (bzw. Reflexion ϱ_d), gewissermaßen von dem Körper als einer sekundären Lichtquelle herzukommen scheint und seine Leuchtdichte bestimmt. Da beide Lichtstromanteile auch in Richtung des einfallenden (bzw. gespiegelten) Lichtes definitionsgemäß auseinandergehalten werden müssen, wird als Kennzeichnung für ihre Unterteilung der Ort gewählt, für den nach Durchgang durch den Körper das quadratische Entfernungsgesetz gilt[2]. Bei der praktischen Verwendung wird der primäre Lichtstrom meist senkrecht oder nahezu senkrecht auf den Körper auftreffen, es sind daher die Definitionen zunächst für senkrecht auffallendes weißes Licht aufgestellt worden.

Es gelten folgende Definitionen[3]:

Gerichtete Durchlässigkeit τ_r: „Als gerichtete (direkte) Durchlässigkeit einer planparallelen Platte wird das Verhältnis desjenigen Lichtstromes, für den nach Durchgang durch die Platte weiterhin das Entfernungsgesetz *von der Lichtquelle* aus gilt, zum gesamten auf die Platte auffallenden Lichtstrom bezeichnet."

Zerstreute Durchlässigkeit τ_d. „Als zerstreute (diffuse) Durchlässigkeit einer planparallelen Platte wird das Verhältnis desjenigen Lichtstromes, für den nach Durchgang durch die Platte das Entfernungsgesetz *von jedem Punkt der Oberfläche der Platte* aus gilt, zum gesamten auf die Platte auffallenden Lichtstrom bezeichnet."

---

[1] DIN 5031.

[2] DZIOBEK, W.: „Diffuse" und „direkte" Durchlässigkeit und Methoden zur Messung derselben. Z. Physik **46** (1928) 307—313.

[3] DIN 5036. Licht u. Lampe **18** (1929) 45. — Glastechn. Ber. **7** (1929) 374.

Gesamtdurchlässigkeit τ. „Als Gesamtdurchlässigkeit einer planparallelen Platte wird die Summe der gerichteten und zerstreuten Durchlässigkeit bezeichnet."

Gerichtete Rückstrahlung ϱ_r. „Als gerichtete Rückstrahlung (direkte Reflexion) einer ebenen Fläche wird das Verhältnis desjenigen Lichtstromes, für den nach Reflexion von der Fläche das Entfernungsgesetz *vom Bilde der Lichtquelle aus* gilt, zum gesamten auf die Fläche auffallenden Lichtstrom bezeichnet."

Zerstreute Rückstrahlung ϱ_d. „Als zerstreute Rückstrahlung (diffuse Reflexion) einer ebenen Fläche wird das Verhältnis desjenigen Lichtstromes, für den nach Reflexion an der Fläche das Entfernungsgesetz *von jedem Punkt der Fläche aus* gilt, zum gesamten auf die Fläche auffallenden Lichtstrom bezeichnet."

Gesamtrückstrahlung ϱ. „Als Gesamtrückstrahlung wird die Summe der gerichteten und der zerstreuten Rückstrahlung bezeichnet."

Absorption α. „Die Absorption ist das Verhältnis des Unterschiedes zwischen dem auffallenden Lichtstrom und der Summe des gesamten durchgelassenen und reflektierten Lichtstromes zum auffallenden Lichtstrom."

b) Streuvermögen.

Bezeichnen „Durchlässigkeit" und „Reflexion" nur die *Anteile* des eingestrahlten Lichtstromes, welche hindurchgelassen bzw. reflektiert werden, insbesondere die „zerstreute" Durchlässigkeit (bzw. Reflexion) nur die zerstreut hindurchgelassenen (bzw. reflektierten) Lichtstrom*anteile*, ganz ohne Rücksicht auf ihre räumliche Vertei-

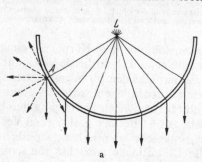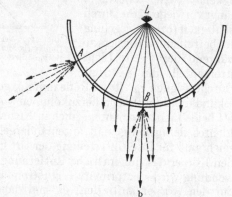

a　　　　　　　　　　　　　　　b

Abb. 422a und b. Ausleuchtung und Leuchtdichteverteilung lichtstreuender Baustoffe verschiedenen Streuvermögens. a Trübglas; b Mattglas.

lung, so muß durch das „*Streuvermögen*" noch weiter angegeben werden, in welcher *Art* diese Lichtstromanteile gestreut werden. Diese Angabe erfolgt am vollkommensten durch die bekannte Indikatrix, d. h. durch die graphische Darstellung der räumlichen[1] Intensitätsverteilung, wobei die aufgetragenen Strecken den betreffenden Intensitäten proportional sind.

Darstellung der Indikatrix. Die Darstellung der Durchlässigkeits- bzw. Reflexionsindikatrix kann sowohl als Lichtstärke- als auch als Leuchtdichteindikatrix, sowohl in einem Polar- als auch in einem rechtwinkligen Koordinatensystem erfolgen. Bezogen wird im allgemeinen auf senkrecht auffallendes weißes Licht. Welcher Darstellungsart in den einzelnen Fällen der Vorzug gegeben wird, richtet sich nach der vorliegenden Aufgabe. Während die Intensitätsverteilung der Strahlung von Lichtquellen in der Regel als Lichtstärkeindikatrix

---

[1] Bei symmetrischer Strahlung in nur einer Ebene.

angegeben wird [1], wählt man bei den lichttechnischen Baustoffen meist die Darstellung der Leuchtdichte, welche hier das entscheidende Merkmal bildet. Für vergleichende Untersuchungen erscheint ihre Darstellung in einem recht-winkligen Koordinatensystem am geeignetsten, da in diesem Falle die Indikatrix eines vollkommen streuenden Baustoffes durch eine gerade Linie dargestellt wird und sich Abweichungen von dieser sowie bestimmte Kurventypen am leichtesten bei dieser Darstellungsart erkennen und kennzeichnen lassen (vgl. Abb. 426 und 427). Für viele praktische Zwecke ist auch die Darstellung der Leuchtdichte in einem Polarkoordinatensystem von Vorteil, z. B. wenn es sich um die Prüfung der Ausleuchtung lichtstreuender Verglasungen oder ähn-liche Aufgaben handelt.

Folgendes Beispiel möge dies erläutern: Eine lichtstreuende Kugelschale S wird durch eine im Kugelmittelpunkt befindliche Lichtquelle L beleuchtet. Zeichnet man (Abb. 422 a, b) an den einzelnen Oberflächenpunkten die Leucht-dichteindikatrix in einem Polarkoordinatensystem ein, so läßt sich sofort die Helligkeitsverteilung der Schale in jeder Beobachtungsrichtung übersehen, da ja die Intensitätspfeile in den einzelnen Ausstrahlungsrichtungen direkt die Leuchtdichten der einzelnen Oberflächenelemente angeben [2]. Besteht die Schale aus einem praktisch vollkommen streuenden Baustoff, z. B. einem guten Trüb-glas (Abb. 422a), so macht sie den Eindruck einer gleichmäßig leuchtenden Scheibe, da die Leuchtdichten aller Oberflächenelemente in der Beobachtungs-richtung gleich groß sind. Besteht der Baustoff dagegen aus einem nur wenig streuenden Mattglas (Abb. 422b), so beobachtet man einen starken Helligkeits-abfall von der Mitte nach den Seiten hin [3]. In diesem Falle ist gewissermaßen noch ein verschwommenes Bild der Lichtquelle sichtbar, der Baustoff gilt als „quasidurchsichtig".

Soll nicht nur die besondere Form der Indikatrix angegeben, sondern Ver-gleiche angestellt oder auch zahlenmäßige Angaben gemacht werden, so muß auf eine bestimmte Einheit, auf die „relative Leuchtdichte 1" bezogen werden. Diese Einheit ist im Schrifttum verschieden definiert worden, was leicht zu Verwechslungen führen kann. Im einen Falle werden die zu vergleichenden Kurven umgerechnet auf gleiche Leuchtdichte in der Ausstrahlungsrichtung 0° (vgl. Abb. 426), d. h. in Richtung des einfallenden Lichtes [4] (wobei bei Vor-handensein einer gerichteten Durchlässigkeit dieser Wert extrapoliert werden muß), und auf diesen Wert als Einheit bezogen. Im anderen Falle werden die Leuchtdichtewerte auf die in allen Ausstrahlungsrichtungen konstante Leucht-dichte eines „idealen Lichtzerstreuers" [5] unter den gleichen Versuchsbedingungen und damit auf die Beleuchtungsstärke am Ort der Platte bezogen [6] (vgl. Abb. 427). Nach dem ersten Verfahren lassen sich verschiedene Kurvenformen gut mitein-ander vergleichen, wogegen das zweite Verfahren den Vorteil besitzt, daß nicht allein die Kurvenformen zur Darstellung kommen, sondern daß aus ihnen auch

---

[1] DIN 5032.

[2] Bei schiefem Lichteinfall, wie bei der Ausleuchtung ebener Scheiben, müssen die ver-schiedenen Entfernungen berücksichtigt und eventuell die Indikatrix für schiefen Licht-einfall zugrunde gelegt werden. Vgl. auch H. G. FRÜHLING: Die Ausleuchtung lichtstreuender Verglasungen. Licht u. Lampe 19 (1930) 79—84.

[3] Der Deutlichkeit halber sind die Intensitätspfeile bei größeren Ausstrahlungswinkeln zu groß gezeichnet, in Wirklichkeit ist das Streuvermögen eines Mattglases noch geringer.

[4] WEIGEL, R. G.: Experimentelle Untersuchungen an lichtstreuenden Gläsern. Glas-techn. Ber. 10 (1932) 307—335.

[5] Unter einem (nicht realisierbaren) „idealen Lichtzerstreuer" wird ein solcher ver-standen, der das gesamte auf ihn fallende Licht ohne Absorptions- und Reflexionsverluste hindurchtreten läßt und dieses dem Lambertschen Cosinusgesetz entsprechend streut.

[6] PIRANI, M., H. SCHÖNBORN u. H. SCHULZ: Über die Lichtzerstreuung bei Gläsern und ihre Messung. Glastechn. Ber. 4 (1926) 81—92.

die absoluten Größen der Leuchtdichten bei bestimmten Beleuchtungsstärken ohne weiteres ermittelt werden können [1], aus ihnen also auch die Durchlässigkeit berechnet werden kann.

Numerische Kennzeichnung. Die Aufnahme der gesamten Indikatrix ist zeitraubend und wird sich mit einfachen Mitteln auch in vielen Fällen gar nicht ausführen lassen, während andererseits in der Praxis das Bedürfnis nach schnell bestimmbaren Zahlenwerten vorhanden ist. Es sind daher verschiedentlich Vorschläge zur zahlenmäßigen Kennzeichnung des Streuvermögens gemacht worden [2], ohne aber eine wirklich befriedigende Lösung zu finden. Als recht geeignet hat sich ein auf die besondere Form der Indikatrix zurückgreifendes Schnellverfahren erwiesen, welches sich schon mit einfachen Laboratoriumseinrichtungen ausführen läßt und nur drei relativ zueinander ausgeführte Leuchtdichtemessungen erfordert. Hiernach ist das Streuvermögen folgendermaßen definiert [3]:

„Unter dem Streuvermögen wird das Verhältnis des Mittelwertes der Leuchtdichten unter 20 und 70° zur Leuchtdichte unter 5° verstanden. Hierbei ist senkrechter Lichteinfall vorausgesetzt."

Die nach diesem Verfahren ermittelten Zahlenwerte können natürlich auch nur einen angenäherten (für die meisten praktischen Zwecke allerdings hinreichenden) Ausdruck für das Streuvermögen verschiedener Baustoffe liefern. Für eine vollkommene Beschreibung der Streueigenschaften wird sich in Sonderfällen die Aufnahme der gesamten Indikatrix kaum vermeiden lassen [4].

c) Einteilung der lichttechnischen Baustoffe.

Zunächst können zwei Hauptgruppen unterschieden werden, je nachdem die Baustoffe bestimmte lichttechnische Aufgaben zu erfüllen haben oder nicht. Bei letzteren sind die im vorigen Abschnitt beschriebenen lichttechnischen Eigenschaften von mehr untergeordneter Bedeutung, wogegen vorwiegend mechanische, thermische und chemische Eigenschaften die praktische Brauchbarkeit bestimmen. Zu dieser Gruppe gehören z. B. im allgemeinen Gläser für Verbrennungslichtquellen, Röhren für Gasentladungslampen usw. Die zur ersten Gruppe gehörenden eigentlichen lichttechnischen Baustoffe können zunächst weiter nach dem Grad ihrer Durchlässigkeit bzw. Reflexion unterteilt

---

[1] Diese Darstellung macht die gleichzeitige Messung einer geeichten Vergleichsplatte bzw. eine Eichung der Meßvorrichtung erforderlich.

[2] Bisher wurde vielfach die Definition nach Halbertsma [Die Streuung (Diffusion) des Lichtes als Mittel zur Verringerung der Flächenhelle künstlicher Lichtquellen. Elektrotechn. Z. **39** (1918) 207—209] benutzt, wonach das Streuvermögen definiert ist als das Verhältnis zwischen dem gestreuten Lichtstrom und dem Lichtstrom der vollkommenen Streuung bei gleicher maximaler Lichtstärke. Diese Definition gibt indessen nur eindeutige Werte, solange das gesamte auffallende Licht gestreut wird. Ist dagegen noch eine gewisse gerichtete Durchlässigkeit vorhanden, so können die Werte von der Meßanordnung abhängig sein (vgl. H. Schönborn: Die Kennzeichnung und Einteilung von Beleuchtungsgläsern. Proc. Int. Illum. Congr. 1931, 361), da hier zwei ganz verschiedenartige Größen miteinander verglichen werden, nämlich der gestreute Lichtstrom und die maximale Lichtstärke. Die neue Definition läßt die Größe des austretenden Lichtstromes unberücksichtigt, da diese bereits durch die „Durchlässigkeit" gegeben ist, und bezieht sich allein auf die Form der Indikatrix. Bei besonderen Kurvenformen können hierbei allerdings auch Werte größer als 1 erhalten werden (vgl. Abb. 427a, Kurve 6).

[3] DIN 5036.

[4] Werden die Messungen nicht nur für senkrecht auffallendes Licht, sondern auch für verschiedene Einfallsrichtungen und Ausstrahlungsebenen vorgenommen, so wird für die Darstellung der Leuchtdichtewerte mit Vorteil die stereographische Projektion gewählt. Van der Held, E. F. M. u. M. Minnaert: Untersuchungen von lichtzerstreuenden Gläsern für Beleuchtungszwecke. Physica **2** (1935) 769—784.

werden. Wir unterscheiden „Transmissionsstoffe" und „Reflexionsstoffe", je nachdem sie auffallendes Licht vorwiegend hindurchlassen oder reflektieren. Die Transmissionsstoffe dürften vorwiegend beim Bau von Beleuchtungskörpern sowie bei der Tageslichtbeleuchtung Verwendung finden, um einen möglichst großen Anteil des auffallenden Lichtstromes mehr oder weniger zerstreut hindurchzulassen. Hierher gehören die lichtstreuenden Gläser, Marmor und Alabaster, ferner Kunststoffe wie Papier und Cellon sowie Gewebe. Zu den Reflexionsstoffen zählen Emails, sehr stark getrübte Trübgläser, Metalle, Spiegel usw. Man könnte aber auch die Größe des Streuvermögens einer Einteilung zugrunde legen und zwischen guten und schlechten Streuern unterscheiden. Zu den guten Streuern zählen die dicht getrübten Trübgläser, Emails, Marmor, Alabaster, getrübte Kunststoffe und die meisten Gewebe, während die Mattgläser und glatte Metalloberflächen schlechte Streuer darstellen. Diese Einteilungen lassen sich indessen nicht streng durchführen, so daß es vorteilhafter erscheint, die für die folgende Behandlung erforderliche Einteilung außer nach lichttechnischen Besonderheiten vorwiegend nach technologischen Gesichtspunkten vorzunehmen. Wir unterteilen in lichtstreuende Gläser, lichtdurchlässige Kunststoffe, Gewebe, vorwiegend reflektierende Baustoffe, Farbfilter (sowie UV-durchlässige und lumineszierende Stoffe) und in Baustoffe ohne besondere lichttechnische Aufgaben.

2. Lichtstreuende Gläser [1].

Die als Baustoffe verwendeten lichtstreuenden Gläser sind in zwei Hauptgruppen zu unterteilen, in die *Trübgläser* und in die *Mattgläser*, welche in ihrem Aufbau und damit in ihrer Wirkungsweise durchaus voneinander verschieden sind und sich auch in ihren lichttechnischen Eigenschaften (wenigstens bei den heute vorliegenden technischen Gläsern) unterscheiden.

a) Trübgläser [2].

Technologie und allgemeine lichttechnische Eigenschaften. Die Trübgläser bestehen aus einem klaren, an und für sich durchsichtigen, meist farblosen Grundglas, in welchem mikroskopisch kleine Teilchen eingebettet sind, deren Brechungsexponent von dem des Grundglases verschieden ist. Die Größe dieser Teilchen, welche sich erst während der Abkühlung im noch zähflüssigen Glase bilden, liegt bei den technischen Trübgläsern etwa zwischen 0,3 und 20 μ. Bei Schmelztemperatur sind die Gläser noch völlig ungetrübt und lassen sich durch sehr schnelles Abschrecken auch als ungetrübtes klares Glas erhalten.

---

[1] Die lichttechnischen Eigenschaften lichtzerstreuender Gläser sind an einer größeren Anzahl verschiedenartiger technischer Glasorten mehrfach gemessen worden. Vgl. z. B. H. SCHÖNBORN: Die optischen Eigenschaften von Trübgläsern und trüben Lösungen. Licht u. Lampe 19 (1930) 399, 447. — PIRANI, M. u. H. SCHÖNBORN: Klassifikation lichtstreuender Gläser. Berichte Nr. 5 und 29 der Fachausschüsse der Deutschen Glastechnischen Gesellschaft, und R. G. WEIGEL: Experimentelle Untersuchungen an lichtstreuenden Gläsern. Glastechn. Ber. 10 (1932) 307—335.

[2] Als Bezeichnung wurden früher Ausdrücke wie Milch-, Bein-, Nebel-, Opal-, Opalin-, Opaleszent-, Alabasterglas und viele andere verwendet, die teils bestimmte lichttechnische Merkmale (aber leider nicht ganz einheitlich) kennzeichneten, teils bloße Phantasienamen waren. Um eindeutige Bezeichnungen herbeizuführen, ist als allgemeine Bezeichnung aller in der Masse getrübten Gläser der Ausdruck „Trübglas" festgelegt worden, wobei eine weitere Unterteilung (s. S. 398) durch 3 sich auf die Durchsichtigkeit beziehende Trübglasklassen vorgenommen worden ist [DIN 5036, ferner L. BLOCH: Kennzeichnung lichtstreuender Gläser. Glastechn. Ber. 7 (1929/30) 374—380].

Glastechnisch können nach der Natur der trübenden Teilchen im wesentlichen zwei Gruppen unterschieden werden[1], zwischen denen im lichttechnischen Sinne aber kein prinzipieller Unterschied besteht. Bei der ersten Gruppe, den „Kalziumphosphat"-Trübgläsern, kommt die Trübungsbildung durch einen Entmischungsvorgang zustande; hier scheidet sich das bei Schmelztemperatur in Lösung befindliche Kalziumphosphat während der Abkühlung infolge Übersättigung in Form kleinster Tröpfchen aus, welche bei mittleren Vergrößerungen bereits gut zu erkennen sind (Abb. 423a). Bei der zweiten Gruppe, den „Fluor"-Trübgläsern, handelt es sich dagegen um einen reinen Kristallisationsvorgang; hier entstehen während der Abkühlung kleine Kristalle von Natrium- und Kalziumfluorid, deren Bildung durch die bekannten Gesetze von Keimbildung und Kristallisationsgeschwindigkeit bestimmt sind. Sie lassen sich in der Regel wegen ihrer Kleinheit nur schwer erkennen und können nur durch geeignete Wärmebehandlung vergrößert und damit sichtbar gemacht werden. Auch hier handelt es sich meist um kleine Sphärolithe, jedoch bilden sich bei geeigneten Temperaturverhältnissen auch andere Kristallformen aus (Abb. 423b). Die Form der Ausscheidungen ist technisch wichtig, da bei ungeeigneter Kristallform die Gläser überaus spröde werden können[2]. Weiter muß in glastechnischer Beziehung ein Unterschied gemacht werden zwischen den

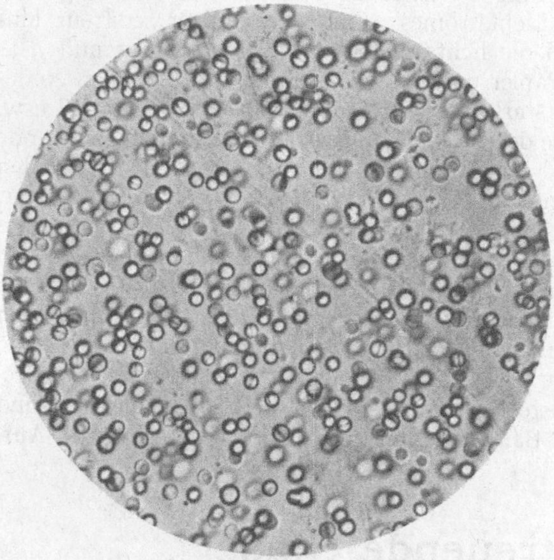

Abb. 423a und b. Mikroaufnahmen von Trübgläsern. a Kalziumphosphattrübglas (normale Trübung); b Fluortrübglas (durch einstündige Behandlung bei 1000° ist die normale Sphärolithentrübung in eine unerwünschte Kristalltrübung verwandelt).

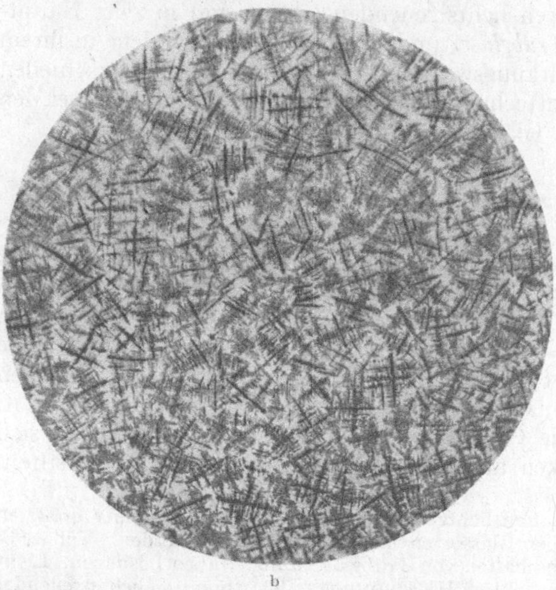

___

[1] Andere Trübungsarten, wie sie z. B. durch im Glase unlösliche Zusätze oder durch feine Bläschen erhalten werden können, sind für Beleuchtungsgläser bisher ohne praktische Bedeutung geblieben.

[2] Gehlhoff, G. and M. Thomas: The brittleness of opal glass. J. Soc. Glass Techn. **11** (1927) 347—362. — Hyslop, J. F.: Opal glass, Crystal growth and impact brittleness: J. Soc. Glass Techn. **11** (1927) 362—374.

„*Massiv*"- und den „*Überfang*"-Trübgläsern. Bei ersteren ist das Glas in seiner ganzen Dicke praktisch gleichmäßig getrübt, während bei den Überfanggläsern nur eine sehr dünne, dafür aber viel stärker getrübte Trübglasschicht vorhanden ist, welche durch eine aufgelegte dickere Klarglasschicht verstärkt, „überfangen" werden muß, um die notwendige mechanische Festigkeit des Baustoffes zu erhalten. In lichttechnischer Beziehung besteht dagegen keinerlei prinzipieller Unterschied, wie er noch zuweilen zugunsten der Überfanggläser gemacht wird[1], ja es hat sich gezeigt, daß die lichttechnisch besten Gläser sogar gerade unter den Massivgläsern zu suchen sind[2]. Ferner ist die chemische Zusammensetzung eines Trübglases kein eindeutiger Maßstab für seine lichttechnischen Eigenschaften, da dieselben durch die Verarbeitungsbedingungen weitgehend beeinflußt werden können.

Die Lichtzerstreuung kommt durch Brechung, Reflexion und Beugung an den im Grundglas eingelagerten kleinen Teilchen zustande (Abb. 424 I). Da jedes Einzelteilchen nach allen Seiten streut, muß bei der vorhandenen sehr großen Teilchenkonzentration eine oft wiederholte Streuung stattfinden, so daß mit steigender Glasdicke auch die Gesamtstreuung des Glases sowie die Reflexion immer weiter zunehmen muß, bis schließlich die Reflexion die Durchlässigkeit übertrifft. Neben diesem sehr starken Dickeneinfluß ist für die Trübgläser weiter charakteristisch, daß unterhalb einer gewissen Trübungsstärke trotz sonst guter Streuung noch eine gerichtete Durchlässigkeit vorhanden sein kann, daß man also gewissermaßen durch die Zwischenräume zwischen den

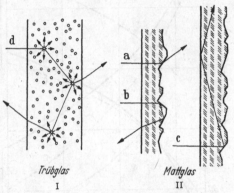

Abb. 424. Lichtzerstreuung in lichtstreuenden Gläsern.
I Trübglas; II Mattglas.

einzelnen Teilchen hindurchsehen kann. Man sieht durch solche Gläser hindurch die Gegenstände völlig scharf und unverzerrt, meist mehr oder weniger rötlich verfärbt, da die langwellige Strahlung eine geringere Abbeugung erfährt als die kurzwellige und das direkt hindurchgehende Licht somit reicher an langwelliger Strahlung ist. Die Stärke der Rotfärbung nimmt mit abnehmender Teilchengröße stark zu[3].

Die einzelnen Trübgläser unterscheiden sich besonders durch die verschiedenen Konzentrationen und Größen der eingelagerten Teilchen. Da es sich weiter bei der Lichtzerstreuung um einen Volumeneffekt handelt, die lichttechnischen Eigenschaften also stark von der Glasdicke abhängen, muß sich in lichttechnischer Beziehung die größte Mannigfaltigkeit von Trübgläsern ergeben, besonders bei den weniger stark getrübten, durchsichtigen Gläsern. Bei den Überfang-Trübgläsern besteht weiter noch eine gewisse Abhängigkeit

---

[1] Das alte Vorurteil ist wahrscheinlich darauf zurückzuführen, daß die sehr stark getrübten und natürlich zum Geleuchtbau ungeeigneten Reflexionsgläser stets massiv gearbeitet sind und deren geringe Lichtdurchlässigkeit unzulässigerweise ganz allgemein auf sämtliche Massivtrübgläser übertragen wird. Gerade die massiv getrübten Kalziumphosphattrübgläser zeichnen sich durch größte Lichtdurchlässigkeit aus.

[2] WEIGEL, R. G.: Die lichttechnischen Eigenschaften des Matt- und Trübglases. Licht 4 (1934) 39.

[3] Die starke Zunahme der gerichteten Durchlässigkeit mit steigender Wellenlänge hat zur Folge, daß Gläser mit sehr kleinen Teilchen und nicht zu starker Trübung im Ultrarot eine gerichtete Durchlässigkeit von über 80% erreichen können, also fast diejenige von Klargläsern, trotzdem sie im Blau praktisch undurchsichtig sind [RYDE, J. W. and D. E. YATES: Opal glasses. J. Soc. Glass Techn. 10 (1926) 274—294].

von der Orientierung des Glases zur Lichtquelle[1], da bei senkrechtem Lichteinfall die Klarglasschicht im einen Falle von parallelem, im anderen dagegen
von dem von der Trübglasschicht gestreuten Licht durchlaufen wird.

Durchlässigkeit. Die für die Durchsichtigkeit maßgebende „Gerichtete"
Durchlässigkeit τ_r kann alle Werte zwischen Null bei einem dicht getrübten
Glase und etwa 92% bei schwächster Trübung, also einem ungetrübten Klarglas
(8% Reflexionsverluste) annehmen. Bei ein und derselben Glasart nimmt sie
mit steigender Glasdicke nach dem bekannten Exponentialgesetz $I = I_0 A\,e^{-qx}$
mit der Dicke ab, wobei I_0 die Intensität des einfallenden, I diejenige des unzer-
streut aus dem Glase austretenden Lichtes, x die Glasdicke, q den Schwächungs-
koeffizienten und A eine durch die Re-

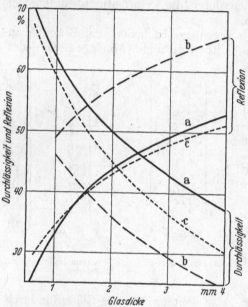

Abb. 425. Abhängigkeit der Gesamtdurchlässigkeit τ und
der Gesamtreflexion ϱ eines Trübglases von der Glasdicke.
a Gutes Trübglas für Beleuchtungskörper; b zu dicht
getrübtes Glas; c zu stark absorbierendes Glas.

flexionsverluste an den Grenzflächen
gegeben Konstante (etwa 0,92) bedeutet. Die Größe q hängt außer
von der Trübungsstärke des Glases
von der Wellenlänge ab. Zu beachten ist, daß schon bei sehr geringen
gerichteten Durchlässigkeiten die
Gläser den Eindruck einer starken
Durchsichtigkeit machen.

Die „Gesamt"-Durchlässigkeit τ
kann alle Werte zwischen 92% bei
einem ungetrübten Glase und nur
wenigen Prozent bei sehr starker Trübung annehmen. Bei ein und derselben Glasart nimmt die Gesamtdurchlässigkeit mit steigender Dicke d
zunächst schnell, dann immer langsamer ab, wie es in Abb. 425 für drei
verschiedene Beleuchtungsgläser dargestellt ist. Die Dickenabhängigkeit
läßt sich in dem für Beleuchtungsgläser praktisch in Frage kommenden Bereich zwischen 1 und 4 mm
recht gut durch die Beziehung $1/\tau =$

$A \cdot d + B$ darstellen[2], wobei A und B für jedes Glas charakteristische Konstanten bedeuten, so daß eine Umrechnung auf andere Glasdicken leicht möglich ist.
Bei den technischen „dicht trüben"[3], also undurchsichtigen Trübgläsern liegt
die Gesamtdurchlässigkeit bei den für Hohlkörper in Frage kommenden mittleren
Glasdicken von 1,5 ... 2 mm bei 40 ... 55%.

Die „gestreute" Durchlässigkeit τ_d ist bei sehr großer Gesamtdurchlässigkeit
nur gering, der Hauptteil des einfallenden Lichtes geht ungestreut durch das
Glas hindurch, die Gläser erscheinen also sehr stark durchsichtig. Während
nun mit zunehmender Glasdicke und Trübung die Gesamtdurchlässigkeit
immer weiter abnimmt, steigt der Anteil des gestreuten Lichtes zunächst an,
um bei geringen Durchsichtigkeiten seinen Höchstwert zu erreichen und bei
weiterer Trübungszunahme wieder abzunehmen. Im allgemeinen dürfte bei den

---

[1] Weigel, R. G.: Vgl. S. 387, Fußn. 4.

[2] Dieser Zusammenhang ist auch an den den Trübgläsern im Aufbau analogen Suspensionen gefunden und theoretisch begründet. Vgl. E. Lax, M. Pirani u. H. Schönborn:
Experimentelle Studien über die optischen Eigenschaften stark getrübter Medien. Tech-
nisch-wissenschaftliche Abhandlungen aus dem Osram-Konzern I (1930) 289—302 und
Licht u. Lampe 17 (1928) 173, 209.

[3] Vgl. S. 398.

technischen Trübgläsern der Höchstwert der gestreuten Durchlässigkeit
bei etwa 50% liegen und nur bei
gewissen Sondergläsern den hohen
Wert von mehr als 60% erreichen[1].

Unter verschiedenartigen Gläsern
besteht keinerlei Gesetzmäßigkeit
zwischen gerichteter (bzw. gestreuter)
Durchlässigkeit und Gesamtdurchlässigkeit, vielmehr sind die mannig-
faltigsten Zusammenhänge vorhanden, so daß verhältnismäßig schlecht
durchlässigen Gläsern mit großen
gerichteten Durchlässigkeiten andere
Gläser gegenüberstehen, welche bei
größerer Gesamtdurchlässigkeit nur
eine ganz geringe gerichtete Durchlässigkeit aufweisen. Beispiele hierfür sind z. B. die Gläser Nr. 8 und 2
in Abb. 427a und Tabelle 27 B (Anh.).

Reflexion. Die Reflexion nimmt
mit steigender Dicke zu und nähert
sich schließlich einem Grenzwert,
der bei den besten Reflexionsgläsern
bei etwa 75% liegen dürfte. Die Reflexionskurven (Dickenabhängigkeit
der Reflexion) stellen im großen und
ganzen das Spiegelbild der Durchlässigkeitskurven dar (Abb. 425).
Eine genaue Übereinstimmung kann
indessen nicht vorhanden sein, da
die Dickenabhängigkeit der Gesamtdurchlässigkeit durch eine lineare
Beziehung zwischen dem reziproken
Wert der Gesamtdurchlässigkeit und
der Dicke, diejenige der Reflexion
dagegen durch eine lineare Beziehung
zwischen den Logarithmen von Reflexion und Dicke gemäß der Gleichung $\log \varrho = A \log d + B$ gegeben
ist, wobei A und B der betreffenden
Glasart charakteristische Konstante
bedeuten.

Absorption. Die Absorption der
Trübgläser hängt sehr stark von
ihrem Reinheitsgrad ab, da die Lichtverluste weniger an den trübenden
Teilchen als vielmehr im Grundglas
entstehen, in welchem das Licht

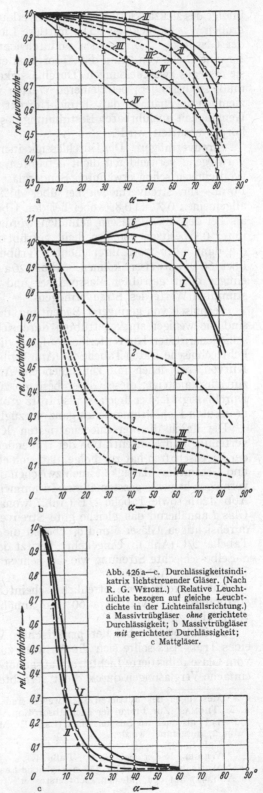

Abb. 426 a—c. Durchlässigkeitsindikatrix lichtstreuender Gläser. (Nach
R. G. WEIGEL.) (Relative Leuchtdichte bezogen auf gleiche Leuchtdichte in der Lichteinfallsrichtung.)
a Massivtrübgläser *ohne* gerichtete
Durchlässigkeit; b Massivtrübgläser
mit gerichteter Durchlässigkeit;
c Mattgläser.

---

[1] Derartig hohe Werte der gestreuten
Durchlässigkeit sind im allgemeinen mit
einem sehr geringen Streuvermögen verbunden. Vgl. Abb. 427a, Kurve 2.

infolge des zickzackförmigen Strahlenverlaufes (Abb. 424 I) einen verhältnismäßig großen Weg zurücklegt. Der mittlere Lichtweg beträgt etwa das 4 ... 8fache der Glasdicke[1]. Bei weißen undurchsichtigen technischen Trübgläsern dürfte für eine Dicke von 2 mm die Absorption etwa zwischen 6 und 12% liegen. Da sie erst aus zwei Messungen (Durchlässigkeit und Reflexion) berechnet werden muß, ist besonders bei kleineren Werten ihre Bestimmung an ebenen Gläsern ziemlich ungenau, so daß sie nicht direkt, sondern besser aus einer mit großer Genauigkeit ausführbaren Bestimmung des Wirkungsgrades geschlossener Hohlkörper ermittelt wird[2].

Streuvermögen. Die Durchlässigkeitsindikatrix der zum Bau von Leuchten vorwiegend verwendeten dicht getrübten, also undurchsichtigen Gläser besitzt (von einigen schon erwähnten Sondergläsern abgesehen) annähernd die gleiche Form. Ihr Streuvermögen bei über 40% Gesamtdurchlässigkeit beträgt im allgemeinen 0,7 ... 0,8, wobei bei den Überfanggläsern geringere Unterschiede als bei den Massivgläsern gefunden wurden[3]. Sehr kleine Streuvermögen bis unter 0,5 besitzen von den dicht getrübten Gläsern nur gewisse Sondergläser, die dann aber trotz ihrer dichten Trübung eine Gesamtdurchlässigkeit von über 60% aufweisen können. Abb. 426a gibt die Durchlässigkeitsindikatrix einiger dicht getrübter Massivgläser und Tabelle 27 A (Anh.) die daraus bestimmten Werte des Streuvermögens.

Technisch von geringerer Bedeutung, dafür aber lichttechnisch interessanter sind die weniger stark getrübten durchsichtigen Gläser. Hier treten die verschiedenartigsten Kurvenformen auf, wie die Abb. 426 b und 427 a zeigen[4], deren lichttechnische Daten Tabelle 27 (Anh.) gibt. Eigenartig sind hierbei diejenigen Kurven, bei denen mit zunehmendem Ausstrahlungswinkel die Leuchtdichte zunächst ansteigt; diese Gläser besitzen zum Teil eine relativ hohe gerichtete Durchlässigkeit; bei ihnen ist also trotz großer Durchsichtigkeit die Streuung des gestreuten Lichtstromanteiles ganz vorzüglich.

Die durch die verschiedenartigsten Kombinationen von Größe, Größenverteilung und Konzentration der trübenden Teilchen bedingte Mannigfaltigkeit der Eigenschaften hat zur Folge, daß sich ebensowenig wie zwischen gerichteter- und Gesamtdurchlässigkeit auch zwischen diesen beiden Größen und dem Streuvermögen keinerlei gesetzmäßiger Zusammenhang angeben läßt. Dies zeigen z. B. Abb. 426b sowie Tabelle 27B (Anh.), wonach schon das ziemlich dicht getrübte Glas *1* annähernd das gleiche gute Streuvermögen besitzt wie die beiden stark durchsichtigen Gläser *5* und *6*, ebenso die Gläser *1* und *5* in Abb. 427a und Tabelle 27C (Anh.). Umgekehrt besitzt das nur schwach durchsichtige Glas *2* dieselbe schlechte Streuung wie das sehr stark durchsichtige Glas *9* [Abb. 427a, Tabelle 27C (Anh.)].

Für das reflektierte Streulicht scheint bei allen Gläsern bis zu einem Ausstrahlungswinkel von etwa 60° ein annähernd vollkommenes Streuvermögen vorhanden zu sein.

Gesichtspunkte bei der praktischen Verwendung. Bei der Verwendung eines Trübglases sollte sich die Auswahl zunächst danach richten, wieweit der vom Glase reflektierte Lichtstrom ausgenutzt werden kann. Handelt es sich um einfache Verglasungen durch dicht getrübte Gläser, bei welchen der vom Glase

---

[1] Messungen des mittleren Lichtweges sind sowohl an Trübgläsern [Gehlhoff, G. u. M. Thomas: Zur Frage der Lichtabsorption von Opalglas. Z. techn. Physik 9 (1928) 172—175] als auch an Suspensionen (Lax, E., M. Pirani u. H. Schönborn: Vgl. S. 392, Fußn. 2) ausgeführt worden.

[2] Vgl. S. 397.

[3] Weigel, R. G.: Vgl. S. 387, Fußn. 4.

[4] Werte bezogen in Abb. 426 auf gleiche Leuchtdichte in der Einstrahlungsrichtung, in Abb. 427 auf den „idealen Lichtzerstreuer" (vgl. S. 387).

reflektierte Lichtstrom überhaupt nicht oder nur unvollkommen ausgenutzt wird, so ist die Gesamtdurchlässigkeit des Glases möglichst groß zu wählen. Geringe Unterschiede in der Absorption sowie im Streuvermögen spielen demgegenüber keine Rolle, nur darf natürlich das Streuvermögen nicht so klein gewählt werden, daß die Ausleuchtung ungleichmäßig wird. Ein Streuvermögen von 0,7 ist für die meisten praktischen Zwecke durchaus hinreichend und es ist zwecklos, mit den Ansprüchen an hohes Streuvermögen zu weit zu gehen, wenn dadurch an Durchlässigkeit eingebüßt wird.

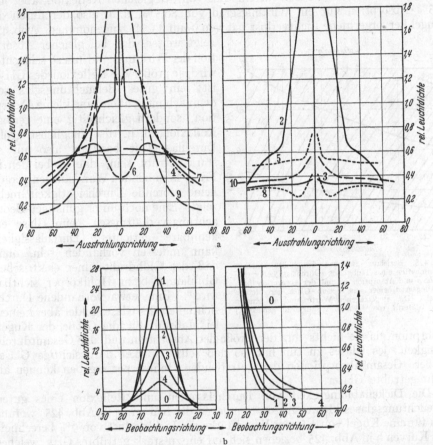

Abb. 427 a und b. Durchlässigkeitsindikatrix lichtstreuender Gläser. (Nach M. PIRANI und H. SCHÖNBORN.) (Relative Leuchtdichte bezogen auf den „idealen Lichtzerstreuer" als Einheit.) a Trübgläser; b Mattgläser.

Kann dagegen der vom Glase reflektierte Lichtstrom voll ausgenutzt werden, wie es z. B. bei Hohlkörpern der Fall ist, so kommt der Absorption des Glases die Hauptbedeutung zu, da sich Unterschiede im Absorptionsvermögen am stärksten auf den Wirkungsgrad des Hohlkörpers auswirken. Für Hohlkörper einfacher Form, z. B. Kugeln, läßt sich der Wirkungsgrad aus den lichttechnischen Daten des Glases mit großer Annäherung berechnen. Unter Berücksichtigung der vielfachen inneren Reflexionen ergibt sich durch Reihenentwicklung für den Wirkungsgrad einer allseitig geschlossenen Kugel der Ausdruck

$$\sigma = \frac{\tau}{1-\varrho} \text{ (bzw. } (1-\sigma) = \frac{\alpha}{1-\varrho} \text{ für die Kugelabsorption), wobei } \tau \text{ die Durchlässig-}$$

keit, ϱ die Reflexion und α die Absorption des Glases bedeuten. Diese theoretisch für vollkommen geschlossene Kugeln geltenden Ausdrücke sind auch für normale

Trübglaskugeln brauchbar, solange die Kugelöffnung klein bleibt im Vergleich zur gesamten Kugeloberfläche[1]. In Abb. 428 ist dieser Zusammenhang zwischen den für senkrecht auffallendes Licht bestimmten lichttechnischen Daten der Gläser (τ, ϱ, α) und den hieraus berechneten Werten des Wirkungsgrades (bzw. Lichtverlustes) der aus diesen Gläsern hergestellten Kugeln dargestellt. Aus dieser Darstellung ist ohne weiteres der sehr starke Einfluß der Absorption des Glases zu erkennen. Während z. B. eine Kugel aus einem Glase mit einer Reflexion von 45% und einer Absorption von nur 5% einen Wirkungsgrad von 91% besitzt, ergibt sich für ein Glas von der gleichen Reflexion, aber mit 7,5% Absorption nur ein Wirkungsgrad von 86,5%, d. h. also der durch die Kugel hervorgerufene Lichtverlust hat von 9 auf 13,5% zugenommen. Abb. 428

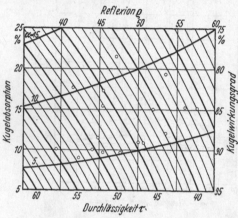

zeigt weiter, daß bei gleicher Absorption der Wirkungsgrad um so schlechter wird, je größer die Reflexion des Glases ist; ein gutes Beleuchtungsglas soll demnach nicht allein eine kleine Absorption, sondern gleichzeitig eine geringe Reflexion, d. h. also möglichst große Durchlässigkeit besitzen, also nur so stark getrübt sein, daß es bei den in Frage kommenden Wandstärken gerade keine störende Durchsichtigkeit mehr zeigt. Eine noch unter günstigen Beobachtungsverhältnissen beim Glase erkennbare gerichtete Durchlässigkeit kann indessen vorhanden sein, ohne daß der Glühdraht einer elektrischen Glühlampe beim Hohlkörper sichtbar wird[2]. Eine etwa vorhandene Durchsichtigkeit des Glases bildet aber keinerlei Maßstab für die Größe der Kugel-

Abb. 428. Beziehung zwischen den lichttechnischen Eigenschaften eines Trübglases (Durchlässigkeit τ, Reflexion ϱ und Absorption α) und der Absorption (bzw. Wirkungsgrad) einer aus diesem Glase hergestellten Kugel. [Die eingetragenen Werte sind an Kugeln (bzw. Gläsern) von 1,5 mm Wandstärke gemessen.]

absorption, da sie nichts mit der Größe der Absorption und der Gesamtdurchlässigkeit des Glases zu tun hat, so daß selbst stärker durchsichtige Gläser größere Gesamtabsorptionen der betreffenden Hohlkörper ergeben können als dicht getrübte Gläser.

Die Dickenabhängigkeit von Durchlässigkeit und Reflexion eines guten Beleuchtungsglases kleiner Absorption geben die Kurven a in Abb. 425, woraus sich für eine Kugel von 1,5 mm Wandstärke ein Lichtverlust von 9% berechnet. Die Kurven b in Abb. 425 beziehen sich auf ein zu stark getrübtes Glas, welches bereits einen Lichtverlust von 12% ergibt, während sich für eine Kugel von 1,5 mm Wandstärke aus dem stärker absorbierenden Glase c bereits ein Lichtverlust von 16,5% berechnet. In Abb. 428 sind die Wirkungsgrade (bzw. Lichtverluste) dicht getrübter Kugeln mit 1,5 mm Wandstärke eingetragen, welche aus den betreffenden Werten von Durchlässigkeit und Reflexion des Glases berechnet

---

[1] Genaue Umrechnung vgl. S. 400.

[2] Es handelt sich bei der Fadensichtbarkeit um ein Kontrastphänomen. Maßgebend ist der Leuchtdichteunterschied zwischen dem durch das Glas hindurchscheinenden Glühdraht und der beleuchteten Trübglasfläche, welcher einen gewissen unteren Grenzwert übersteigen muß, um erkennbar zu sein. Da bei gegebener gerichteter Durchlässigkeit des Glases und damit gegebener Leuchtdichte des durchscheinenden Glühdrahtes die Leuchtdichte der Trübglasfläche sich mit der Lampen- und Kugelgröße ändert, muß auch bei gegebener gerichteter Durchlässigkeit die Fadensichtbarkeit von diesen beiden Größen abhängen. Die Bedingung für das Verschwinden der Fadensichtbarkeit kann auch berechnet werden (vgl. S. 399).

sind und gut mit den an den Kugeln direkt gemessenen Werten übereinstimmen[1]. Die besten Werte ergeben hiernach die Gläser mit kleinen Reflexionen, in Übereinstimmung mit den obigen Ausführungen. Der Lichtverlust handelsüblicher weißer Trübglaskugeln ohne Fadensichtbarkeit liegt etwa zwischen 8 und 20%, doch sind bei schlechten Glasarten und zu starker Wandstärke auch Werte von nahezu 25% gemessen worden. Für Hohlkörper einfacher Form, z. B. Kugeln, ist ferner der Lichtverlust linear von der Dicke der Trübglasschicht abhängig, im Falle von Massivtrübglas also direkt von der Wandstärke des Glases und bei gleicher Kugelgröße vom Kugelgewicht, so daß der Einfluß einer Wandstärkenänderung leicht bestimmt werden kann.

Bei Innenleuchten finden zum Teil auch weniger stark getrübte Gläser Verwendung, wenn ganz bestimmte Effekte erzielt werden sollen. Hier kann unter Umständen auch das Aussehen des Glases bei Tageslicht von Bedeutung sein; während Gläser mit sehr kleinen trübenden Teilchen leicht bläulich reflektieren, sehen solche mit sehr großen Teilchen weißlichgrau, zum Teil „fettig" aus[2].

Trübgläser mit variabler Trübungsstärke. Bei neueren Beleuchtungskörpern aus Trübglas findet man zuweilen die einzelnen Abschnitte verschieden stark getrübt, z. B. eine im Verhältnis zur Seitentrübung wesentlich geringere Trübung der Unterseite, trotzdem der Körper aus nur einem einzigen Stück gefertigt und die Wandstärke praktisch überall die gleiche ist. Es handelt sich hierbei um Trübungsunterschiede, welche entweder bereits bei der Formgebung des Körpers im heißen zähflüssigen Zustande erzielt werden, indem bei Überfangglas durch bestimmte Verfahren die dünne Trübglasschicht verschieden stark gehalten wird. Oder aber es wird (was sich nur bei ganz bestimmten Trübglasarten erreichen läßt), durch eine nachträgliche Wärmebehandlung des fertigen Gegenstandes die Trübung einiger Körperabschnitte erhöht[3].

Farbige Trübgläser. Trübgläser lassen sich natürlich auch farbig herstellen, wobei Massivgläser in der ganzen Masse, von den Überfanggläsern meist nur die sonst helle durchsichtige überfangene Klarglasschicht gefärbt wird, die dünne Trübglasschicht also weiß bleibt. Größte Verbreitung in der Raumbeleuchtung hat heute das als „champagnerfarbig" bezeichnete leicht braungelb gefärbte Trübglas gefunden. Bei Verwendung derartiger Gläser muß man sich aber stets darüber im klaren sein, daß eine Farbwirkung immer nur durch eine Absorption bestimmter Spektralgebiete erzielt werden kann, sich somit stets ein kleinerer Wirkungsgrad gegenüber Leuchten aus weißem Trübglas ergeben muß. Während der Wirkungsgrad weißer Kugelleuchten im allgemeinen zwischen 80 und 90% liegt, dürfte derselbe selbst bei heller gefärbten Gläsern immer unterhalb 70% liegen. Bei offenen Schalen, bei denen nur ein gewisser Anteil des Primärlichtstromes auf das Glas auftrifft, ist der Lichtverlust natürlich geringer.

Mattierung von Trübgläsern. Bei dicht getrübten Gläsern bleiben die Durchlässigkeitseigenschaften (z. B. der Wirkungsgrad geschlossener Hohlkörper) durch eine Mattierung praktisch unverändert. Hier verschwindet nur der Oberflächenglanz, da die spiegelnde Oberflächenreflexion im Betrage von 4%

---

[1] Da die meist kleine Absorption α des Glases, die den größten Einfluß auf den Kugelwirkungsgrad besitzt, sich erst aus der Differenz von Durchlässigkeit und Reflexion ergibt, so müssen sich bereits kleine Meß- und Eichfehler, wie sie bei den zu diesen Messungen meist benutzten kleinen Photometerkugeln auftreten, ziemlich stark auf das Gesamtergebnis auswirken. Führt man aber einen kleinen Korrektionsfaktor ein, so daß der aus diesen so korrigierten Werten von Durchlässigkeit und Reflexion berechnete Wirkungsgrad für irgendeine Glassorte mit dem direkt gemessenen Wirkungsgrad der Kugeln übereinstimmt, so gilt dies auch für die anderen Glassorten.

[2] SCHÖNBORN, H.: Einfluß der Größe der trübenden Teilchen auf die Form der Lichtverteilungskurven von Trübgläsern. Glastechn. Ber. **8** (1930) 280—283.

[3] DRP. 622600, USA. Pat. 1778305.

in eine diffuse Reflexion verwandelt wird. Beeinflußt werden die lichttechnischen Eigenschaften nur bei Trübgläsern mit gerichteter Durchlässigkeit, da der vorher gerichtet hindurchgelassene Lichtstromanteil wie bei Mattgläsern leicht gestreut wird und sich der ursprünglichen Indikatrix diejenige des durch die Mattierung gestreuten Anteils überlagert. Die Änderung der Gesamtdurchlässigkeit ist in den meisten Fällen auch hier zu vernachlässigen.

Klasseneinteilung der Trübgläser. Zur Erleichterung des Verkehrs zwischen Erzeuger und Verbraucher sind die Trübgläser in drei Klassen eingeteilt worden, wobei aus praktischen Erwägungen heraus nur eine Unterteilung nach dem Grade ihrer Durchsichtigkeit vorgenommen worden ist, welche auch in der Praxis das Hauptunterscheidungsmerkmal bildet. Von einer Unterteilung z. B. nach dem Grade der Absorption, also einer Einteilung in „Güte"klassen, ist dagegen Abstand genommen worden. Die 1. Klasse ist hierbei noch weiter in die „Reflexions"- und „Transmissions"gläser unterteilt worden. Es ist folgende Einteilung festgelegt worden[1]:

Klasse I. „Dicht trübe" Gläser ohne merkliche gerichtete Durchlässigkeit.
A. Reflexionsgläser mit höchstens 35% Gesamtdurchlässigkeit.
B. Transmissionsgläser mit über 35% Gesamtdurchlässigkeit.
Klasse II. „Mittel trübe" Gläser mit merklicher gerichteter Durchlässigkeit von höchstens 1%.
Klasse III. „Leicht trübe" Gläser mit gerichteter Durchlässigkeit von über 1%.

Die Grenze zwischen Klasse I und II liegt da, wo eine „merkliche" gerichtete Durchlässigkeit auftritt, so daß in die Klasse I der „dicht trüben" Gläser auch solche eingeordnet werden, bei denen noch eine kleine gerichtete Durchlässigkeit vorhanden ist, die aber keine Sichtbarkeit des Glühfadens zur Folge zu haben braucht[2]. Zur Definition des (sehr geringen) Grenzwertes der gerichteten Durchlässigkeit wurde die Methode des Fadenverschwindens unter genau festgelegten Bedingungen herangezogen und als Kennzeichen einer „merklichen gerichteten Durchlässigkeit" folgendes Verfahren festgelegt[3]:

„Eine Trübglasscheibe hat keine merkliche gerichtete Durchlässigkeit im Sinne der Klasseneinteilung, wenn bei einem Abstand von 40 cm des Beobachters von der Scheibe eine 30 cm hinter der Scheibe liegende Fläche von 10 cm², die in Richtung der Normalen eine Leuchtdichte von 0,1 Stilb aufweist und gegen die dunkle Umgebung scharf abgegrenzt ist, durch eine Scheibe hindurch nicht erkannt werden kann. Die zu prüfende Scheibe sowie die leuchtende Fläche sollen dabei senkrecht zur Blickrichtung liegen."

Kennzeichnung der Trübgläser durch bestimmte Zahlenwerte. Es ist vorgeschlagen worden, Trübgläser durch drei charakteristische Glaskonstanten zu kennzeichnen, welche nach rein theoretischen Gesichtspunkten ausgewählt worden sind[4]. Es sind dies der Gesamtstreukoeffizient q, der Absorptionskoeffizient μ sowie das Produkt $N \cdot B$ aus Teilchenkonzentration N und einem besonderen von Art und Durchmesser der trübenden Teilchen abhängigen Streukoeffizienten B. Aus dem Streukoeffizienten q läßt sich die Wandstärke einer Kugel oder ähnlicher Hohlkörper berechnen, bei welcher die Sichtbarkeit der im Inneren befindlichen Glühlampe gerade verschwindet. Ferner lassen sich

---

[1] Bloch, L.: Kommission für Beleuchtungsglas. Glastechn. Ber. **9** (1931) 354. DIN 5036.
[2] Vgl. S. 396, Fußn. 2.
[3] Dieses Verfahren ist dem einfacher erscheinenden direkten Vorgehen, die Sichtbarkeit eines gewöhnlichen Glühfadens bei bestimmtem Abstand zwischen Lichtquelle, Glas und Beobachter als Kriterium für die Klassenzugehörigkeit zu wählen, vorzuziehen, da hierbei infolge der starken Leuchtdichte des Fadens die Scheibe sehr nahe an den Faden herangebracht werden muß, um ihn zum Verschwinden zu bringen und dadurch der Beobachter leicht geblendet wird.
[4] Ryde, J. W. u. B. S. Cooper: Die Lichtstreuung durch trübe Medien. Proc. Roy. Soc., Lond. (A) **131** (1931) 451, 464. Ferner Proc. Int. Illum. Congr. **1** (1931) 387, 410. Vgl. auch v. Göler: Neue theoretische Arbeiten über die Streuung von Licht in trüben Medien. Glastechn. Ber. **9** (1931) 660—665.

aus den beiden Größen μ und $N \cdot B$ für jede Glasdicke berechnen 1. die Gesamtdurchlässigkeit und Gesamtreflexion sowohl für senkrecht als auch für völlig diffus einfallendes Licht und 2. der Wirkungsgrad einer vollkommen geschlossenen Kugel von gleichmäßiger Wandstärke mit einer im Mittelpunkt befindlichen Lichtquelle.

Der Streu- (Schwächungs-) Koeffizient q bestimmt sich aus der Messung der gerichteten Durchlässigkeit τ_r nach der bekannten Formel [1,2] $\tau_r = A \cdot e^{-qx}$. Die Grenzdicke x_v (in cm) einer Kugel, bei welcher die Fadensichtbarkeit gerade verschwindet, berechnet sich aus dem Ausdruck $(qx)_v = 2{,}3 \left(\log_{10} d^2/W\right) + p$, wobei d der Kugeldurchmesser (in cm), W die Wattzahl der verwendeten Glühlampe und p für Lampen zwischen 40 und 1000 W den Wert 11,0 besitzt [3]. Die Größe $(qx)_v$ ergibt sich ziemlich unabhängig von den in der Praxis verwendeten Lampen und Kugelgrößen zu 12,8. Als Mindestwandstärke ist aus mechanischen Gründen 0,13 cm angenommen.

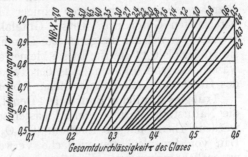

Abb. 429. Zusammenhang zwischen der Größe $NB \cdot X$, dem Kugelwirkungsgrad σ und der Gesamtdurchlässigkeit τ des Glases. (Nach Ryde und Cooper.)

Die beiden Konstanten μ und $N \cdot B$ bestimmen sich aus Messungen von Gesamtdurchlässigkeit und -reflexion von Glasstücken irgendeiner Dicke. Da die zur Berechnung dienenden ursprünglichen Formeln sehr kompliziert sind, sind unter gewissen vereinfachenden Annahmen für einen Brechungsexponenten des Glases von 1,50 Kurvenscharen berechnet worden, nach denen aus den gemessenen Werten von Durchlässigkeit und Reflexion für senkrecht

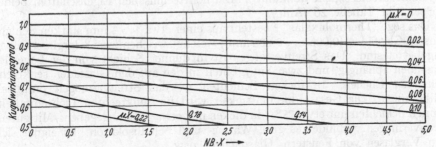

Abb. 430. Zusammenhang zwischen den Größen $\mu \cdot X$, $NB \cdot X$ und dem Kugelwirkungsgrad σ. (Nach Ryde und Cooper.)

auffallendes Licht die charakteristischen Glaskonstanten entnommen werden können [4]. Sind Gesamtdurchlässigkeit τ und Gesamtreflexion ϱ für irgendeine Dicke X gemessen, so ergibt sich aus der Beziehung $\sigma = \dfrac{\tau}{1-\varrho}$ der ideale Wirkungsgrad σ einer allseitig geschlossenen Kugel der Wandstärke X und aus den drei zusammengehörigen Werten von τ, ϱ und X nach Abb. 429 die Größe $N \cdot B$ sowie nach Abb. 430 die Größe μ. Anstatt τ und ϱ kann auch (allerdings weniger

---

[1] Vgl. S. 392.

[2] Bei diesen Messungen ist darauf zu achten, daß die zu vergleichenden Gläser verschiedener Dicke auch von genau gleicher Beschaffenheit sind, da sich bei sonst gleichen Gläsern die Größen der gerichteten Durchlässigkeiten bei nur etwas veränderten Verarbeitungsbedingungen stark ändern können. q muß ferner im monochromatischen Licht gemessen werden. Die dem weißen Licht äquivalente Wellenlänge ist 570 mμ.

[3] Vgl. Fußn. 4.

[4] Ryde, J. W. and B. S. Cooper: The theory and specification of opal diffusing glasses I. J. Soc. Glass Technol. **16** (1932) 408—430.

genau) ϱ und der tatsächliche Wirkungsgrad η an einer normalen Kugel gemessen werden, wobei dann aber erst auf den idealen Wirkungsgrad σ einer geschlossenen Kugel umgerechnet werden muß [1]. Die Größe τ ergibt sich dann aus der Gleichung $\sigma = \dfrac{\tau}{1-\varrho}$. Als Maßstab der Güte eines Glases (Gütefaktor) wird der Wirkungsgrad einer vollkommen geschlossenen Kugel angegeben, deren Wandstärke so bemessen ist, daß die Fadensichtbarkeit gerade verschwindet, wobei aber eine aus mechanischen Gründen geforderte Mindestwandstärke von 0,13 cm vorhanden sein muß [2]. Tabelle 28 (Anh.) gibt die charakteristischen Konstanten einiger Massivtrübgläser sowie den aus ihnen berechneten Gütefaktor. Dieser Gütefaktor ist für eine Wandstärke X_0 berechnet, bei welcher die gerichtete Durchlässigkeit gerade verschwindet, soweit sie größer als 0,13 cm ist; ist sie kleiner als 0,13 cm, so gilt er für diese Grenzwandstärke von 0,13 cm. Aus der Tabelle ergibt sich deutlich die Zunahme des Gütefaktors mit abnehmendem Absorptionskoeffizienten μ.

Trübglas-ähnliche Baustoffe. Den Trübgläsern lichttechnisch ähnlich sind die Naturstoffe Marmor und Alabaster sowie das in neuerer Zeit bekannt gewordene Thermoluxglas. Marmor ($CaCO_3$) und Alabaster ($CaSO_4$) finden beim Bau von Innenleuchten vielfache Verwendung. Ihre Durchlässigkeiten sind wesentlich geringer als diejenigen guter Trübgläser, besonders von Marmor, welches aber durch besondere Präparation erhöht werden kann [3]. Ihr Streuvermögen ist sehr groß. Da diese Stoffe infolge ihrer geringen mechanischen Festigkeit nur in Dicken von mehreren Millimetern verwendbar sind, erscheint ihre Verwendung nur dort empfehlenswert, wo die Größe des Wirkungsgrades gegenüber dekorativen Belangen keine Rolle spielt. Beim Gebrauch sind bei Alabasterschalen zu hohe Temperaturen zu vermeiden, da es bereits bei 66° C einen Teil seines Kristallwassers verliert, wodurch das Gefüge dichter wird und die Lichtdurchlässigkeit abnimmt [4]. Die lichttechnischen Eigenschaften beider Körper gibt Tabelle 26 (Anh.).

Das sog. „Thermoluxglas" [5] besteht aus einer etwa 1...3 mm starken Schicht feinster Glasfäden (0,006 ... 0,002 mm), welche zwischen zwei Klarglasscheiben eingebettet sind. Das Streuvermögen ist in dünner Schicht von der Lage der Glasfäden abhängig, und zwar am größten in den auf den Glasfäden senkrecht stehenden Ebenen. In dicken Schichten ist das Streuvermögen praktisch vollkommen. Die Gesamtdurchlässigkeit wird für senkrechten Lichteinfall in dünnen Schichten mit etwa 75%, in dicken mit etwa 45% angegeben. Mit gutem Streuvermögen verbindet es gute Wärme- und Schallisolation. Es eignet sich zum Verglasen von Fenstern, Glasdächern usw.

b) Mattgläser.

Technologie und allgemeine lichttechnische Eigenschaften. Die „*Mattgläser*" sind gewöhnliche klare Gläser, bei denen eine oder beide Oberflächen

---

[1] Die Umrechnung von dem nach einer Standardmethode (ungesockelte Lampe in Kugelmitte) gemessenen tatsächlichen Wirkungsgrad η und dem idealen Wirkungsgrad σ einer vollkommen geschlossenen Kugel berechnet sich aus der Formel $\eta/\sigma = \dfrac{1-\varrho}{(r-\varrho) + a\,(1-r)}$, wobei $a = s^2\,(\theta/4)$ und ϱ das Reflexionsvermögen des Glases, r dasjenige der Abdeckscheiben und θ den von der Lichtquelle aus gerechneten Öffnungswinkel bedeutet.

[2] Ryde, J. W., B. S. Cooper and W. A. R. Stoyle: The theory and specification of opal diffusing glasses II. J. Soc. Glass Technol. **16** (1932) 430—449.

[3] Summerer, E.: Lichttechnische Baustoffe. Elektrotechn. Z. **51** (1930) 1483—1486.

[4] Rossi: Lichttechnische Eigenschaften des Alabasters. Licht **2** (1932) 109—110.

[5] Polivka, J.: Glas im neuzeitlichen Bauwesen. Glastechn. Ber. **14** (1936) 246—255 und Tchéco Verre **3** (1936) 87, 116.

aufgerauht, mattiert sind und die Lichtzerstreuung durch Brechung an den kleinen verschieden geneigten Oberflächenelementen zustande kommt (Abb. 424 II). Diese Aufrauhung der Oberfläche wird nicht schon bei der Herstellung des Glases selbst, sondern erst später in einem besonderen Arbeitsgang ausgeführt, so daß

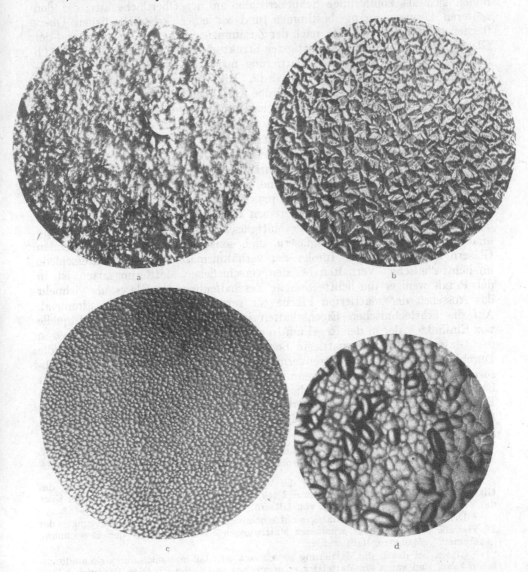

Abb. 431 a—d. Mikroaufnahmen von Mattgläsern. (Nach K. Hesse.) a Sandmatt; b und c Säurematt; d Sandmatt, nachträglich säuremattiert.

auch schon anderweitig bearbeitete Glaskörper, z. B. Einzelteile von Beleuchtungskörpern, nachträglich mattiert werden können.

Die Mattierung kann auf mechanischem oder auf chemischem Wege ausgeführt werden. Bei der mechanischen Mattierung wird die Glasoberfläche entweder durch Schleifen (schleifmatt) oder durch ein Sandstrahlgebläse (sandmatt) aufgerauht, wodurch kleine Glasteilchen mechanisch herausgerissen werden und damit eine zerklüftete, unregelmäßige Oberflächenstruktur entsteht.

Diese Verfahren ergeben im allgemeinen eine ziemlich grobe, unregelmäßige Mattierung (Abb. 431a). Bei der chemischen Mattierung wird die Glasoberfläche mit Ätzbädern behandelt, welche Salze der die Gläser stark angreifenden Flußsäure enthalten. Die beim Lösungsvorgang entstehenden Reaktionsprodukte bilden sich als hohlförmige Schutzkristalle an der Oberfläche aus, die den weiteren Lösungsvorgang bestimmen und zu einer kristallähnlichen Oberflächenstruktur führen[1]. Je nach der Zusammensetzung des Ätzbades und der Glasart können die verschiedenartigsten Strukturen erhalten werden (Abb. 431b und c), wobei die feinkörnige Mattierung meist als „seidenmatt", die etwas gröbere als „säurematt" bezeichnet wird[2]. Mitunter wird auch das durch eine Sandstrahlmattierung erhaltene sehr grobe Korn noch kurz mit der klar ätzenden Flußsäure behandelt, wodurch die scharfen Kanten des Kornes abgerundet werden und sich besondere Effekte erzielen lassen (Abb. 431d).

Bei den Mattgläsern ist im Gegensatz zu den Trübgläsern praktisch niemals eine gerichtete Durchlässigkeit vorhanden, so daß die Mattgläser immer undurchsichtig sind[3] und das gesamte auffallende Licht zerstreuen. Dagegen ist das Streuvermögen nur sehr gering und bereits oberhalb eines Ausstrahlungswinkels von etwa 30° das Streulicht praktisch zu vernachlässigen. Da es sich bei der Lichtzerstreuung um einen reinen Oberflächeneffekt handelt, sind die lichttechnischen Eigenschaften der Mattgläser von der Glasdicke weitgehend unabhängig (wenn von Farbgläsern und sonstigen stärker absorbierenden Gläsern abgesehen wird). Infolge der verhältnismäßig geringen Unterschiede im lichttechnischen Verhalten bei den verschiedenen Mattierungsarten ist in der Praxis weniger die lichttechnische Beschaffenheit des Glases als vielmehr das Aussehen der mattierten Fläche für seine Verwendbarkeit bestimmend. Auf die lichttechnischen Eigenschaften ist die Orientierung zur Lichtquelle von Einfluß[4, 5], der in der Regel um so größer ist, je größer das Streuvermögen des Glases ist. Ist die mattierte Seite der Lichtquelle zugekehrt, so ist die Durchlässigkeit sowie das Streuvermögen größer, die Reflexion und die Absorption dagegen kleiner, als wenn der Lichtquelle die glatte Seite zugekehrt ist. Beim Streuvermögen sind die Unterschiede nur gering, bei den übrigen Eigenschaften bei stärkerer Mattierung aber durchaus zu beachten. Tabelle 29 (Anh.) zeigt diese Unterschiede für vier Gläser verschiedenen Mattierungsgrades.

Die Abhängigkeit von der Orientierung zur Lichtquelle läßt sich leicht durch den verschiedenartigen Verlauf der stark gebrochenen Grenzstrahlen erklären[4]. Fällt nämlich

---

[1] Fenske, E. u. F. Koref: Über die Vorgänge bei der chemischen Mattierung des Glases. Techn. wiss. Abh. Osram-Konz. 2 (1931) 270—276. Ferner L. Honigmann: Über die Vorgänge beim Säuremattieren von Gläsern. Glastechn. Ber. 10 (1932) 154—182.

[2] Diese Bezeichnungen sind aber nicht einheitlich, so daß nach den Festlegungen der DLTG. alle durch Ätzbäder erhaltenen Mattierungen einheitlich unter der Bezeichnung „säurematt" zusammengefaßt werden.

[3] Gläser, bei denen die Mattierung so schwach ist, daß man noch durch sie hindurchsehen kann, sind kaum als Mattgläser anzusprechen und technisch ohne Bedeutung. Die scheinbar vorhandene Durchsichtigkeit, wenn ein Blatt mit Schriftzeichen direkt unter das Glas gelegt wird, beruht nur auf dem geringen Streuvermögen des Glases und dem geringen Abstand; sie verschwindet bereits, wenn die Schrift nur einige Millimeter von der mattierten Fläche entfernt ist. Diese Erscheinung ist auch zur Kennzeichnung des Streuvermögens vorgeschlagen worden, wobei ein Blatt mit feinen Schriftzeichen definierter Größe unter das Glas gelegt und die Entfernung zwischen matter Fläche und Schrift, bei welcher die Schrift unleserlich wird, als Maßstab des Streuvermögens gewählt wird (Yolley, Waldram and Wilson: The Theory and Design of Illuminating Engeneering Equipment. 1930, 257).

[4] Pirani, M. u. H. Schönborn: Über den Lichtverlust in mattierten Gläsern. Licht u. Lampe 15 (1926) 458—460.

[5] Luckiesh-Lellek: Licht u. Arbeit 1926, 48. Berlin: Julius Springer.

das Licht senkrecht auf die *glatte* Seite auf, so kann es auf der gegenüberliegenden mattierten Seite nur dann austreten (Abb. 424, II a), wenn das hier getroffene Oberflächenelement weniger als $\sim 41°$ gegen die ideale Oberfläche geneigt ist (bei einem Brechungsexponenten von $n = 1,53$), andernfalls Totalreflexion eintritt. Ein solcher total reflektierter Lichtstrahl wird nun entweder nochmals total reflektiert werden (Abb. 424, II b) und dann wieder auf der glatten Seite austreten (Erhöhung der Reflexion). Oder aber er wird sehr schräg im Glase verlaufen (Abb. 424, II c) und nochmals an der glatten Seite total reflektiert werden, wodurch sich ein sehr großer Lichtweg im Glase ergibt (Erhöhung der Absorption). Fällt das Licht dagegen senkrecht auf die *mattierte* Seite auf, so findet die Brechung bereits beim Eintritt in das Glas statt und eine Totalreflexion kann an der gegenüberliegenden glatten Seite erst dann eintreten, wenn die Neigung des die Brechung hervorrufenden Oberflächenelementes etwa 80° erreicht. Die Grenzwinkel für die Neigungen der Oberflächenelemente, oberhalb deren Totalreflexion eintritt, betragen demnach im einen Falle 41°, im anderen dagegen 80°; da die großen Neigungen sicher weniger oft vorhanden sein werden als die kleineren, müssen bei senkrechtem Lichteinfall auf die mattierte Seite weniger Totalreflexionen eintreten als im umgekehrten Falle, so daß sich im ersten Falle eine geringere Reflexion und Absorption ergibt. Das sehr schräg im Glase verlaufende und somit stark geschwächte Licht läßt sich bei dickeren Gläsern bei seitlicher Beobachtung leicht sichtbar machen.

Durchlässigkeit, Reflexion und Absorption. Die Durchlässigkeit von Mattgläsern nimmt mit dem Mattierungsgrad ab und schwankt bei guten, d. h. möglichst unverfärbten Gläsern normaler Stärke (1 ... 4 mm) etwa zwischen 80 und 90%, wenn der Lichtquelle die mattierte Seite zugekehrt ist, kann bei umgekehrter Stellung und stärkster Mattierung aber auch bis auf etwa 70% heruntergehen. Die Reflexion wird im Höchstfalle bei stärkster Mattierung 16% kaum übersteigen. Die Absorption hängt außer vom Mattierungsgrad besonders stark von der Reinheit und der Dicke des Glases ab und beträgt bei den gewöhnlichen technischen Gläsern normaler Dicke etwa 3 ... 15%, kann bei dickeren und gewöhnlicheren Gläsern aber auch erheblich höhere Werte annehmen.

Streuvermögen. Das Streuvermögen der Mattgläser ist immer nur sehr klein und die Unterschiede bei den einzelnen Mattierungsarten (verglichen mit den Trübgläsern) nur gering. Die untereinander ähnlichen Formen der Durchlässigkeitsindikatrix werden besonders deutlich, wenn sie auf gleiche maximale Leuchtdichte umgerechnet sind. In Abb. 426c geben die Kurven I die Grenzkurven für die einseitig mit Sandstrahl mattierten Gläser, Kurve II entspricht etwa den Säurematierungen. Die Größe des Streuvermögens ist sehr gering, sie beträgt für diese drei Gläser bzw. 0,11 ... 0,076 ... 0,044. Wählt man bei der Darstellung der Indikatrix dagegen die schon erwähnte zweite Art der Darstellung, indem man die Leuchtdichtewerte auf den „idealen Lichtzerstreuer" bezieht [1], so ist doch deutlich zu erkennen, wie bei gleicher Beleuchtungsstärke des Glases mit steigendem Mattierungsgrad und Streuvermögen die Leuchtdichte bei den größeren Ausstrahlungswinkeln immer weiter zu-, bei den kleineren dagegen abnimmt und somit in Richtung des einfallenden Lichtes doch größere Unterschiede der Leuchtdichte bestehen können (Abb. 427b). Im Vergleich zum Trübglas bleibt das Streuvermögen aber immer nur sehr klein, so daß sich nur eine sehr ungleichmäßige Ausleuchtung durch ein Mattglas erreichen läßt (Abb. 422b); man sieht noch ein verschwommenes Bild der Lichtquelle, die Mattgläser erscheinen „quasidurchsichtig".

Klasseneinteilung der Mattgläser. Von einer Klasseneinteilung nach lichttechnischen Gesichtspunkten ist bei den Mattgläsern Abstand genommen worden, da bei ihnen kein so charakteristisches Unterscheidungsmerkmal vorhanden ist, wie es bei den Trübgläsern das Vorhandensein oder Nichtvorhandensein einer gerichteten Durchlässigkeit darstellt. Für ihre praktische Verwendung ist meist das durch die Art des Mattierungsverfahrens bedingte Aussehen

---

[1] Vgl. S. 387, Fußn. 5.

entscheidend, so daß eine Unterteilung allein nach der Art des Herstellungsverfahrens getroffen worden ist. Wir unterscheiden daher

    1. Sandmatt — 2. Säurematt,

wobei es im Verkehr zwischen Erzeuger und Verbraucher zu empfehlen ist, bestimmte Arten als Muster festzulegen.

Eisgläser. Die „Eisgläser" oder „Eisblumengläser" können den Mattgläsern zugerechnet werden, wobei klare durchsichtige mit mattierten Stellen abwechseln und sehr schöne, den im Winter an kalten Fensterscheiben häufig beobachteten Eisblumen ähnliche Muster erhalten werden können. Die Herstellung solcher Gläser geschieht in der Weise, daß das Glas mattiert und darauf mit einer Leimschicht bestrichen wird, welche beim Erkalten Teile der Glasoberfläche herausreißt. Die besondere Art der Musterung wird weitgehend von der Trocknungsgeschwindigkeit des Leimes bestimmt[1].

Ornamentgläser. Diese Gläser sind ebenfalls den Mattgläsern vergleichbar, indem auch hier die Lichtzerstreuung durch Brechung an einer profilierten (mattierten) Oberfläche zustande kommt, nur daß die einzelnen gegeneinander geneigten Oberflächenelemente nicht wie bei den eigentlichen Mattgläsern von mikroskopischen, sondern von makroskopischen Abmessungen sind. Technologisch besteht ein Unterschied darin, daß die Profilierung bzw. Aufrauhung der Oberfläche nicht durch einen besonderen späteren Arbeitsgang erfolgt, sondern das betreffende Muster dem Glase schon bei seiner Herstellung im heißen, zähflüssigen Zustande durch entsprechend profilierte eiserne Walzen eingepreßt wird. Wie bei den Mattgläsern nimmt die scheinbare Durchsichtigkeit mit zunehmender Entfernung zwischen Glas und Gegenstand schnell ab[2], und zwar um so schneller, je feiner die Profilierung ist. Auch ist die gleiche Abhängigkeit von der Orientierung zur Lichtquelle vorhanden, je nachdem also dieser die glatte oder die profilierte Seite zugekehrt ist. Die verhältnismäßig grobe Profilierung der Ornamentgläser hat zur Folge, daß das von den einzelnen Oberflächenelementen reflektierte bzw. gebrochene Licht einzeln wahrgenommen werden kann, so daß die Leuchtdichte stark ungleichmäßig erscheint und selbst kleine Blendungen vorhanden sein können.

Die lichttechnischen Eigenschaften hängen von der Art der Oberflächenprofilierung, besonders von der Stärke der Neigung der einzelnen Oberflächenelemente ab. Bei flacher Musterung, wie sie beim sog. Kathedralglas oder ähnlichem vorhanden ist, sind die Unterschiede der Durchlässigkeit und Reflexion gegenüber einem Klarglas nur gering, ebenso ist das Streuvermögen klein, trotzdem die Durchsichtigkeit bereits recht gut verhindert wird. Bei stärkerer Profilierung nimmt dann die Durchlässigkeit ab, Reflexion und Absorption immer stärker zu, wobei sich gleichzeitig ein immer steigender Einfluß der Orientierung zur Lichtquelle bemerkbar macht. Die starken Änderungen der lichttechnischen Eigenschaften bei verstärkter Oberflächenprofilierung zeigen sich besonders dann, wenn das Licht senkrecht auf die *glatte* Seite auffällt, während im umgekehrten Falle Durchlässigkeit und Reflexion nur wenig von derjenigen eines Klarglases verschieden sind. Bei längs geriffelten Gläsern ist eine stark unsymmetrische Lichtverteilung vorhanden, diese Gläser streuen vorwiegend nur nach einer Richtung. Bei sehr stark profilierten Riffelgläsern können sich die lichttechnischen Größen mitunter schon bei einer kleinen Änderung der Lichteinfallsrichtung erheblich ändern, aber nur dann, wenn der Lichtquelle die glatte Seite zugekehrt ist. So ergaben sich z. B. bei einem Glase innerhalb nur kleiner Schwankungen um den senkrechten Lichteinfall für die

---

[1] Lehmann, R.: Über Eisblumenglas. Glashütte **66** (1936) 199—203.
[2] Vgl. S. 402, Fußn. 3.

Durchlässigkeit Werte zwischen 44 und 80%, für die Reflexion zwischen 12 und 39%. Tabelle 30 (Anh.) gibt die lichttechnischen Daten einiger Ornamentgläser, deren Muster in Abb. 432 wiedergegeben sind.

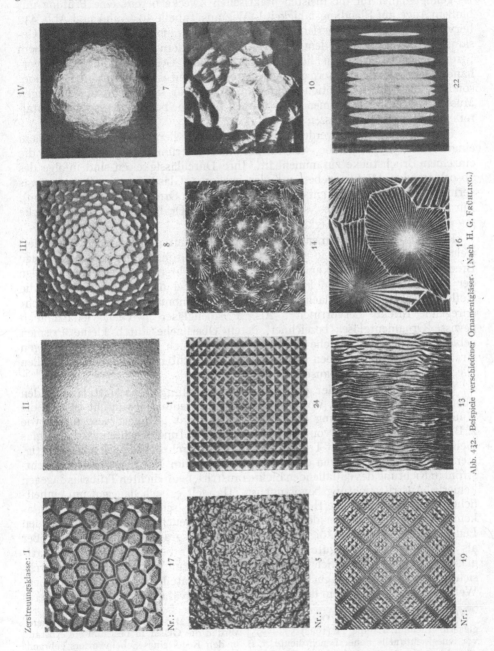

Abb. 432. Beispiele verschiedener Ornamentgläser. (Nach H. G. Frühling.)

Eine Bestimmung des Streuvermögens von Ornamentgläsern nach dem sonst üblichen Verfahren (Aufnahme der Indikatrix bzw. relative Leuchtdichtemessungen unter drei Beobachtungswinkeln[1]) erscheint schwierig, da infolge

[1] Vgl. S. 388.

der groben Musterung eine sehr große Fläche zur Messung herangezogen und wegen der meist sehr stark unsymmetrischen und unregelmäßigen Lichtverteilung die Messungen in einer großen Anzahl von Ebenen vorgenommen werden müßten. Es genügt daher für die meisten praktischen Zwecke bereits eine Prüfung mit bloßem Auge auf Blendungsfähigkeit [1]. Wie aus Tabelle 30 (Anh.) und Abb. 432 hervorgeht, besteht keinerlei gesetzmäßiger Zusammenhang zwischen der Gesamtdurchlässigkeit und dem Streuvermögen, sondern es können bei gleichem Streuvermögen recht erhebliche Unterschiede der Gesamtdurchlässigkeit vorhanden sein. Bei den Gläsern geringer Durchlässigkeit ist nicht nur die Reflexion. sondern auch die Absorption recht groß, und zwar sind es gerade diejenigen Muster, welche tiefe, prismenartige Rippen besitzen, bei denen also viele Totalreflexionen auftreten müssen [2].

Die Ornamentgläser werden auch als *Drahtglas* hergestellt, d. h. mit einem eingebetteten Drahtgewebe, welches bei einer Zertrümmerung der Scheibe die einzelnen Bruchstücke zusammenhält. Ihre Durchlässigkeiten sind infolge des absorbierenden Drahtgewebes und der größeren Glasdicke (6…8 mm) etwas geringer als diejenigen der entsprechenden einfachen Ornamentgläser (3…5 mm). Für ein glatt ausgewalztes, stark durchsichtiges Drahtglas von 7 mm Stärke ergab sich eine Durchlässigkeit von etwa 80%.

Prismengläser. Bei Innenleuchten werden mitunter Glasprismen verwendet, welche als Kristallbehang in größerer Zahl die Lichtquelle umgeben und infolge Brechung und Totalreflexion eine recht gute Lichtstreuung ergeben. Infolge der Größe der brechenden Flächen werden wie bei den Ornamentgläsern die Reflexe der einzelnen Flächen getrennt wahrgenommen und können recht anregende Effekte hervorrufen [3]. Als „Prismengläser" werden vielfach auch gewisse Ornamentgläser bezeichnet, deren Oberfläche durch kleine Prismen gebildet werden und welche daher vorwiegend nach bestimmten Richtungen streuen. Diese Gläser haben dann ähnliche lichtrichtende Aufgaben zu erfüllen wie die reflektierenden Baustoffe (vgl. D 6, S. 413).

Gesichtspunkte bei der praktischen Verwendung. Die Mattgläser finden überall dort Verwendung, wo nur eine geringe Streuung erwünscht ist und die Hauptausstrahlungsrichtung des Lichtstromes nicht geändert werden soll, wie z. B. bei Abschlußgläsern von Spiegelleuchten. Bei Innenleuchten wird Mattglas vielfach in Verbindung mit Trübglas benutzt, wodurch sich die verschiedenartigsten Lichtverteilungskurven erhalten lassen, da beim Mattglas der Hauptlichtstrom in Richtung des einfallenden Lichtes austritt, beim dichten Trübglas dagegen keinerlei Austrittsrichtung bevorzugt ist. Handelt es sich dagegen um einheitliche, allseitig geschlossene Hohlkörper, so bietet das schlecht streuende Mattglas keinerlei Vorteil gegenüber dem Trübglas, da die Leuchtdichte der betreffenden Leuchten sehr ungleichmäßig, der Gesamtwirkungsgrad aber nur wenig größer als bei Trübglas ist, ja gute Trübgläser sich sogar besser als schlechte Mattgläser verhalten. Schließlich dient die Mattierung zur Verhinderung der Durchsichtigkeit, um z. B. bei Leuchten innere Armaturenteile der Sicht zu entziehen. Welche Mattierungsarten in den einzelnen Fällen gewählt werden, ob ein gröberes

---

[1] Nach H. G. Frühling [Die Lichtdurchlässigkeit und Durchsichtigkeit von Ornamentgläsern. Licht u. Lampe 17 (1928) 593—595] werden die Gläser in bestimmtem Abstand vor eine Lichtquelle hoher Leuchtdichte, z. B. in den Kegel eines Scheinwerfers gebracht und durch die hierbei auftretende Blendung gekennzeichnet, welche als Maß der Streufähigkeit gelten kann. Sie lassen sich nach diesem Verfahren in einzelne Zerstreuungsklassen einordnen. In Abb. 432 geben die vier Vertikalreihen steigende Zerstreuungsklassen an, wobei die drei Gläser jeder Reihe nach der Größe ihrer Durchlässigkeit angeordnet sind.

[2] Vgl. S. 402.

[3] Stege, A.: Die Beleuchtung des Deutschen Opernhauses in Berlin. AEG.-Mitt. 1936, 314—316.

Sandmatt, ein feineres Säurematt oder schließlich ein durch eine nachträgliche Säuremattierung transparenter gemachtes Sandmatt, ist wegen der nur geringen Unterschiede im Streuvermögen der verschiedenen Mattierungsarten in lichttechnischer Beziehung von untergeordneter Bedeutung. Entscheidend sind hierbei in erster Linie geschmackliche Gesichtspunkte, d. h. also das bloße Aussehen der matten Fläche. Wird auf einen möglichst großen Wirkungsgrad Wert gelegt, wie es vielfach bei rein technischen Leuchten der Fall ist, so ist bei starken Mattierungen der Lichtquelle die mattierte Seite zuzukehren[1]. Liegt die Möglichkeit leichter Verschmutzung vor, so wird aber stets die glatte Fläche derjenigen Seite zuzukehren sein, welche der Verschmutzung am meisten ausgesetzt ist. Bei Innenleuchten kann die Stellung auch durch geschmackliche Rücksichten bestimmt werden, ob die stumpfe, matte oder aber die durch Reflexe belebte glatte Seite sichtbar ist.

Für Verglasungen, welche durch dahinter befindliche Lichtquellen ausgeleuchtet werden, sind Mattgläser meist ungeeignet, da sie infolge ihres schlechten Streuvermögens nur eine sehr ungleichmäßige Ausleuchtung ergeben (Abb. 422b)[2]. Ebenso läßt sich die Leuchtdichte von Lichtquellen niemals soweit wie durch ein Trübglas herabsetzen, da selbst bei stärkster Mattierung die maximale Leuchtdichte mindestens noch etwa das 20fache derjenigen eines guten Trübglases beträgt.

Ornamentgläsern fällt meist eine doppelte Aufgabe zu: sie sollen sowohl die Durchsichtigkeit verhindern als auch eine größere Gleichmäßigkeit der Beleuchtung herbeiführen. Sie finden daher in ausgedehntem Maße bei der Verglasung von Fenstern oder anderen größeren Flächen Verwendung, da sie wie die Mattgläser bei großer Durchlässigkeit meist nur eine geringe Absorption besitzen, darüber hinaus aber den Vorzug haben, durch ihr Muster und durch die zahlreichen Reflexe und kleinen Blendungen die verglasten Flächen belebter zu gestalten als die in größerer Fläche eintönig wirkenden Mattgläser. Soll vorwiegend die Durchsichtigkeit herabgesetzt werden, so sind die glatteren Muster am Platze, welche die größere Lichtdurchlässigkeit besitzen, zur Erhöhung der Gleichmäßigkeit der Beleuchtung aber nur wenig beitragen. Letztere wird durch stärker gemusterte Ornamentgläser verbessert, besonders stark dann, wenn durch gegenüberliegende Bauten ein Teil des Himmels abgedeckt ist. Bei Prismengläsern genügt hierbei schon eine Anordnung im oberen Teil der Fenster, wobei die Prismen nach aufwärts gerichtet und die glatte Seite nach außen gekehrt sein soll[3]. Durch eine Verschmutzung wird die Durchlässigkeit der Ornamentgläser sehr stark herabgesetzt.

3. Lichtdurchlässige Kunststoffe.

Bei der Innenbeleuchtung, besonders der Heimbeleuchtung, sind heute die lichtstreuenden Gläser zum großen Teil verdrängt worden durch Baustoffe wie Cellon, Pergament, Papier. Sie besitzen den Gläsern gegenüber den Vorteil der Biegsamkeit und Unzerbrechlichkeit und vermitteln auch im allgemeinen einen wärmeren, wohltuenderen Eindruck, dagegen sind sie nicht so lichtecht wie diese. Da diese Stoffe aus dekorativen Gründen meist gefärbt sind, ergeben sie zum Teil erheblich höhere Lichtverluste als die lichtstreuenden Gläser. Indessen wird bei diesen Baustoffen den Durchlässigkeitseigenschaften in der Regel weniger Beachtung geschenkt, da es sich vorwiegend um Stimmungsleuchten

---

[1] Vgl. S. 402. Abhängigkeit der lichttechnischen Eigenschaften von der Stellung zur Lichtquelle. — [2] FRÜHLING, H. G.: Vgl. S. 387, Fußn. 2.
[3] HIGBIE, H. H.: Einfluß des Glases auf die Tageslichtbeleuchtung. Trans. Illum. Engng. Soc. **26** (1931) 219—257.

handelt, die nach anderen Gesichtspunkten beurteilt werden müssen als rein technische Leuchten. Nur sollten diese Baustoffe nicht so dunkel gewählt werden, daß man kaum noch von Beleuchtungskörpern sprechen kann und die betreffenden Leuchten nur noch bloße Dekorationsstücke darstellen.

Papier. Die größte Verwendung in der Heimbeleuchtung finden die sog. „Lampenschirmpapiere". Für diese wird möglichst holzfreies Papier verwendet, das entweder durch Behandlung mit Schwefelsäure pergamentiert, oder aber durch Imprägnierung mit Fetten, Ölen, Wachsen und Lacken transparent gemacht wird[1]. Die Färbung und Musterung wird durch Bedrucken, Prägen oder Bespritzen aufgebracht. Die lichttechnischen Eigenschaften hängen naturgemäß weitgehend von der Art der Papiere, Imprägnierung und Färbung ab und sind dementsprechend sehr stark verschieden.

Weiße Papiere können, ohne durchsichtig zu sein, Durchlässigkeiten bis zu 70% erreichen[1], also die Trübgläser sogar übertreffen. In der Regel liegen die Durchlässigkeiten aber wesentlich tiefer und dürften z. B. bei dünnen weißen Pergamenten 50% selten übersteigen. Die untere Grenze der Absorption liegt bei etwa 10%. Die Reflexion kann bei dickeren weißen Papieren bis zu 80% ansteigen. Durch eine Färbung wird besonders die Durchlässigkeit herabgesetzt, weniger stark die Reflexion, so daß die schon selbst bei ganz leichten Tönungen vorhandenen recht erheblichen Lichtverluste besonders auf Kosten der Durchlässigkeit gehen. Bei den meist nur einseitig bedruckten kräftiger gefärbten Papieren sinkt die Durchlässigkeit auf sehr geringe Werte und ist praktisch davon unabhängig, ob das Licht auf die helle oder auf die gefärbte Seite auftrifft. Dagegen ist die Reflexion beim Auftreffen auf die helle Seite wesentlich (bis zu 4mal) größer als im umgekehrten Falle, die Absorptionen betragen hier etwa 40...50%. Durch sehr starke Ölung wird die Durchlässigkeit eines Papiers sehr stark erhöht, die Reflexion und Absorption herabgesetzt, wobei das Streuvermögen deutlich verschlechtert wird. Das Streuvermögen der Lampenschirmpapiere liegt im allgemeinen zwischen dem der Matt- und Trübgläser und beträgt etwa 0,3...0,7[2]. In Tabelle 31 (Anh.) sind die Grenzwerte der einzelnen lichttechnischen Größen für die verschiedenen Papierarten angegeben, wie sie sich nach Messungen an einer größeren Anzahl von Papieren ergeben haben.

Cellon. Dieser Baustoff stellt ein Zellulosederivat dar, welches sich aus Zelluloseazetat durch Zusatz vom Kampferersatzmitteln in Form dünner Filme oder dichter Massen gewinnen läßt. Es ist im Gegensatz zu Zelluloid nicht feuergefährlich, gegen Feuchtigkeit beständig und wird bei rd. 80° biegsam. Bei erhöhter Temperatur kann es durch Pressen oder Walzen eine Oberflächenbearbeitung erfahren, also auch mattiert werden oder eine den Ornamentgläsern ähnliche Oberflächenstruktur erhalten, ferner kann es durch Zusätze getrübt und gefärbt werden. Für Lampenschirme kommen meist Dicken von 0,2...0,5 mm in Frage. Bei den geprägten ornamentglasähnlichen Mustern findet sich wie bei diesen eine analoge Abhängigkeit der Eigenschaften von der Stellung zur Lichtquelle, d. h. beim Lichteinfall auf die gemusterte Seite eine größere Durchlässigkeit und eine kleinere Reflexion und Absorption als bei umgekehrter Stellung. Die Lichtverluste von Cellon sind stets größer als bei Gläsern und erreichen bei den meist benutzten farbigen Mustern zum Teil recht erhebliche Werte. Tabelle 31 (Anh.) gibt die sich aus einer größeren Meßreihe ergebenden ungefähren Grenzwerte für Dicken von 0,3 mm. Das Streuvermögen des Mattcellons entspricht demjenigen der Mattgläser, dasjenige des Trübcellons dem gut streuender Trübgläser[3].

---

[1] Weigel, R. G.: Über Geleuchtbaustoffe. Licht **4** (1934) 223.
[2] Vgl. Fußn. 1.
[3] Weigel, R. G.: Über Geleuchtbaustoffe. Licht **4** (1934) 201.

Cellophan. Für viele Verwendungszwecke[1] ist auch Cellophan verwendbar, welches aus einer Viskoselösung durch Einbringen in dünner Schicht in eine Fällflüssigkeit erhalten wird. Die Durchlässigkeit des klaren Cellophans ist sehr groß, meist auch seine UV-Durchlässigkeit [2].

4. Gewebe.

Gewebe der verschiedensten Art spielen sowohl in der Tagesbeleuchtung als auch in der künstlichen Beleuchtung eine Rolle. Bei der Tagesbeleuchtung liefern die gröberen Gewebe als Gardinen und Vorhänge einen Schutz gegen Blendung durch Sonnenlicht, erhöhen die Gleichmäßigkeit der Beleuchtung und verhindern das Hineinsehen in Innenräume. Bei der künstlichen Beleuchtung finden besonders die feineren Gewebearten als Lichtzerstreuer beim Bau von Beleuchtungskörpern Verwendung.

Lichttechnische Eigenschaften. Die lichttechnischen Eigenschaften der Gewebe lassen sich ähnlich wie diejenigen der lichtstreuenden Gläser durch die

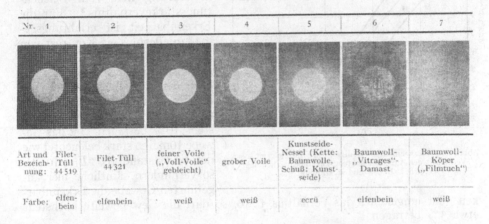

Nr.	1	2	3	4	5	6	7
Art und Bezeichnung:	Filet-Tüll 44 519	Filet-Tüll 44 321	feiner Voile (,,Voll-Voile" gebleicht)	grober Voile	Kunstseide-Nessel (Kette: Baumwolle, Schuß: Kunstseide)	Baumwoll- ,,Vitrages"-Damast	Baumwoll-Köper (,,Filmtuch")
Farbe:	elfenbein	elfenbein	weiß	weiß	ecrü	elfenbein	weiß

Abb. 433. Aussehen und Bezeichnung der Gewebe der Tabelle 32 (Anh.). (Nach L. BLOCH und H. G. FRUHLING.)

Größen ihrer Durchlässigkeit, Reflexion, Absorption und ihres Streuvermögens kennzeichnen. Bei den für Gardinen und Vorhängen benutzten Stoffen hängen diese Größen vorwiegend ab von der ,,Gewebeweite"[3], das ist derjenige Anteil der Gesamtfläche des Gewebes, welcher nicht vom Gewebe bedeckt ist, durch welchen also das Licht frei hindurchtreten kann. Die gerichtete Durchlässigkeit und damit auch die von dieser abhängige Durchsichtigkeit des Gewebes ist dieser Gewebeweite proportional, sie steigt von praktisch Null bis über 60% bei groben weitmaschigen Geweben. Die gestreute Durchlässigkeit nimmt mit abnehmender Gewebeweite zunächst zu, um dann bei den dichteren Geweben wieder abzunehmen [4]. Ebenso entsprechen die Grenzwerte der Gesamtdurchlässigkeit weißer Gewebe von 73 und 22% annähernd den bei lichtstreuenden Gläsern gefundenen Werten. Die Reflexion verläuft etwa umgekehrt wie die Durchlässigkeit. Die Absorption weißer Gewebe ist in allen Fällen nur gering,

---

[1] Weitere Kunststoffe, welche als Ersatz für Fensterglas Verwendung finden, vgl. S. 419.
[2] Vgl. S. 419.
[3] BLOCH, L. u. H. G. FRÜHLING: Die lichttechnische Kennzeichnung von Fenstergardinen und Vorhängen. Licht u. Lampe 21 (1932) 143, 162.
[4] Hier liegt ein ähnliches Verhalten vor wie bei den Trübgläsern, bei denen bei zunehmender Dicke und sonst gleicher Glasart ebenfalls das Maximum des Streulichtes bei kleiner Durchsichtigkeit liegt. Vgl. S. 392.

sie beträgt selbst bei dichtem Gewebe höchstens 10%. Das Streuvermögen ist recht gut und entspricht bei den dichteren Geweben demjenigen guter Trüb-gläser. Für sieben verschieden dichte Gewebetypen sind die lichttechnischen Eigenschaften in Tabelle 32 (Anh.) zusammengestellt, ihr Aussehen [1] zeigt Abb. 433. Die Farbe dieser Gewebe war weiß bis schwach gelblich. Die Eigen-schaften der für Beleuchtungskörper verwendeten leichten, aber dichten Ge-webe gibt Tabelle 33 (Anh.).

Durchsichtigkeit und Erkennbarkeit. Für die Durchsichtigkeit eines Ge-webes und damit für die Erkennbarkeit von hinter Vorhängen befindlicher Gegen-stände ist nicht allein die Größe der gerichteten Durchlässigkeit, also die Gewebe-weite maßgebend, sondern außerdem das Helligkeitsverhältnis von Gewebe und dahinter befindlichem Gegenstand [2], also etwa das Verhältnis von Außen-beleuchtung zur Innenbeleuch-

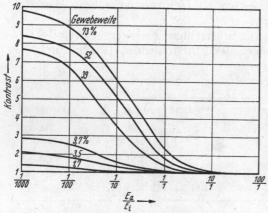

Abb. 434. Wahrnehmbarer Kontrast in Abhängigkeit vom Verhältnis der Außenbeleuchtung zur Innenbeleuchtung. (Nach L. Bloch und H. G. Frühling.)

tung. Abb. 434 gibt für sechs verschiedene Gewebeweiten den gerade noch erkennbaren Kontrast in Abhängigkeit vom Beleuch-tungsstärkeverhältnis [3]. Für die Erkennbarkeit ist erfahrungsge-mäß mindestens ein Kontrast von etwa 1,2 erforderlich. Damit eine Durchsichtigkeit verhindert wird, darf demnach bei gleicher Be-leuchtungsstärke von Gewebe und Gegenstand die Gewebeweite höch-stens 10% betragen. Ist das Ge-webe 10mal so stark beleuchtet wie der Gegenstand ($E_a : E_i = 10 : 1$), so verhindern sämtliche hier an-geführten Gewebe die Erkennbar-keit. Ist umgekehrt das Verhältnis 1 : 10, so darf die Gewebeweite höchstens etwa 3% betragen.

Bemerkungen für die Praxis. Für Vorhänge und Gardinen (sofern sie nicht der Raumverdunkelung dienen sollen), sollten möglichst helle Farben gewählt werden, da diese nur eine sehr geringe Absorption besitzen und infolge ihres hohen Reflexionsvermögens am Tage die Durchsichtigkeit nach innen erschweren und bei künstlicher Beleuchtung die Raumhelligkeit erhöhen. Die Wahl der Gewebeart wird sich nach dem Verwendungszweck richten müssen. Schutz gegen das Hindurchsehen bei Tageslicht geben bereits die weitmaschigen Gewebe mit Gewebeweiten von 40...70%. Schutz gegen Blendung durch Sonnenlicht liefern erst Gewebeweiten unter 5%, wogegen Schutz gegen Durchsichtigkeit bei Dunkelheit erst Gewebeweiten unter 2% ergeben. Für die Gleichmäßigkeit der Raumbeleuchtung ist das Streuvermögen sowie die gerichtete Durchlässigkeit maßgebend. Je dichter der Vorhang, um so gleichmäßiger wird die Beleuchtung, um so stärker wird aber gleichzeitig die Beleuchtungsstärke im Raume herab-gesetzt. Der Einfluß der Gewebeart auf die Gleichmäßigkeit der Raumbeleuch-tung ist bei den durchsichtigen Arten weiter davon abhängig, ob sich der

---

[1] Zwecks Veranschaulichung der Durchsichtigkeit wurde bei den photographischen Aufnahmen eine Opallampe hinter dem Gewebe aufgestellt.

[2] Es handelt sich hier um das gleiche Kontrastphänomen wie bei der Sichtbarkeit des Glühfadens einer elektrischen Glühlampe durch ein Trübglas hindurch. Vgl. S. 396, Fußn. 2.

[3] Der Abstand zwischen Gewebe und Testobjekt betrug 2 m, der Kontrast beider Flächen des Testobjektes war 1 : 10. Gemessen wurde der Kontrast mit einem 1 m vor dem Gewebe befindlichen Unimeter.

betreffende Raum in freier Lage oder in bebauter Straße mit gegenüberliegender Häuserreihe befindet. Nach Modellversuchen [1] wird bei freier Lage die Gleichmäßigkeit der Raumbeleuchtung mit zunehmender Gewebeweite nur wenig erhöht, während bei Vorhandensein gegenüberliegender Häuserfronten eine bedeutende Erhöhung eintritt. Unter eine Gewebeweite von etwa 5...10% sollte man aber keinesfalls heruntergehen, da dann die Zunahme der Gleichmäßigkeit nur noch gering ist, andererseits aber die Gesamthelligkeit erheblich herabgesetzt wird.

Für Beleuchtungskörper werden leichtere, aber ziemlich undurchsichtige Gewebe, besonders Seide verwendet. Farbige Schirme ergeben nur einen sehr geringen Wirkungsgrad, so daß bei den Lampenschirmen mit Vorteil die stärker absorbierenden farbigen Seiden mit einem weißen Futter versehen werden, wodurch die Reflexion beträchtlich erhöht und die Gesamtabsorption herabgesetzt wird. Bei weißen Seidenstoffen ist die Absorption immer nur gering, nimmt auch bei sonst gleichartigen Proben mit steigender Dichte kaum zu, so daß die dichteren Gewebe wegen ihres besseren Streuvermögens den Vorzug verdienen.

5. Die Kennzeichnung lichtstreuender Hohlkörper.

Der Wirkungsgrad lichtstreuender Hohlkörper (z. B. Kugeln) wird im allgemeinen in der Ulbrichtschen Photometerkugel gemessen. Diese Messungen sind aber nicht ganz eindeutig, solange keine Festsetzungen darüber getroffen werden, in welcher Weise die Hohlkörperöffnungen bei den Messungen abzudecken sind. Da nämlich infolge des erheblichen Reflexionsvermögens der meisten lichttechnischen Baustoffe ein großer Anteil des von der Lichtquelle primär ausgesandten Lichtstromes innerhalb eines Hohlkörpers mehrfach reflektiert wird, ehe er nach außen gelangt, muß auch ein Teil des Lichtstromes auf den die Hohlkörperöffnungen abdeckenden Körper fallen (z. B. Schalenhalter, Abdeckspiegel usw.). Der von diesen Körpern reflektierte Teillichtstrom hängt von ihrem Reflexionsvermögen ab, so daß somit der gemessene Gesamtwirkungsgrad des Hohlkörpers nicht allein von den lichttechnischen Eigenschaften des Hohlkörpers, sondern außerdem noch von demjenigen der zusätzlichen Abdeckstoffe abhängt, mithin von Körpern, welche mit dem Hohlkörper selbst nicht das mindeste zu tun haben. Der Einfluß dieser fremden Bestandteile wird um so größer, je größer die Hohlkörperöffnung im Vergleich zur Gesamtoberfläche ist. Die in einigen Ländern geltenden Bestimmungen, Abdeckscheiben von ganz bestimmtem Reflexionsvermögen zu verwenden oder aber die Hohlkörper unter den tatsächlichen Betriebsbedingungen als fertig zusammengebaute Leuchten zu messen, können nicht befriedigen. Es erscheint daher vorteilhafter, den Einfluß der Abdeckscheiben überhaupt auszuschalten, indem man *schwarze* (bzw. bei Messung der „Hohlkörperabsorption" überhaupt keine) Abdeckscheiben verwendet und den von dem Hohlkörper hindurchgelassenen bzw. absorbierten Lichtstrom nicht auf den von der nackten Lampe ausgesandten Gesamtlichtstrom, sondern nur auf denjenigen Anteil bezieht, der auf die Hohlkörperwandungen selbst auftrifft [2]. Die einzelnen „Hohlkörper"eigenschaften, welche somit allein von der Form sowie den lichttechnischen Eigenschaften seines Baustoffes abhängen, werden zum Unterschied von denjenigen ebener Proben durch den Index H gekennzeichnet und sind folgendermaßen definiert [3]:

---

[1] Vgl. S. 409, Fußn. 3.
[2] Eingehender dargestellt bei H. Schönborn: Die Kennzeichnung lichtstreuender Hohlkörper. Sprechsaal **69** (1936) 342—343. — [3] Licht **3** (1933) 83, 102. DIN 5036.

1. Die „*Hohlkörperdurchlässigkeit*" τ_H ist das Verhältnis des nach Durchgang durch die Wandung aus dem Körper austretenden Lichtstromes zu dem den Körper treffenden Lichtstrom einer in Normalstellung befindlichen Lichtquelle.

2. Die „*Hohlkörperreflexion*" ϱ_H ist das Verhältnis des nach der Reflexion an der Wandung aus den Öffnungen des Körpers austretenden Lichtstromes zu dem den Körper treffenden Lichtstrom einer in Normalstellung befindlichen Lichtquelle.

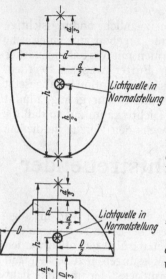

Lichtquelle in Normalstellung

3. Die „*Hohlkörperabsorption*" α_H ergänzt die Summe von Hohlkörperdurchlässigkeit und Hohlkörperreflexion zu 1.

4. Der „*Hohlkörperwirkungsgrad*" η_H ist die Summe von Hohlkörperdurchlässigkeit und Hohlkörperreflexion.

5. Für lichtstreuende Hohlkörper aus Trübglas ist ferner die Klasse anzugeben, zu der sie entsprechend der Klasseneinteilung der Trübgläser[1] gehören. Hierfür sind bei in Normalstellung befindlicher Lichtquelle die drei hellsten Stellen im Ausstrahlungsbereich zwischen 30 und 80° auszuwählen. Ihre Größe ist mit mindestens 10 cm² zu bemessen.

6. Eine Lichtquelle befindet sich (Abb. 435) in „Normalstellung" in bezug auf:

A. Einen lichtstreuenden Hohlkörper mit nur *einer* Öffnung, wenn sie auf der Körperachse liegt, und zwar in der Mitte zwischen:

1. dem Punkt der Achse, der von der Öffnungsfläche den Abstand $^1/_3$ des Öffnungsdurchmessers hat und außerhalb des Körpers liegt, und

2. dem Durchstoßpunkt der Achse durch den Körper.

Abb. 435. „Normalstellung" der Lichtquellen bei der Messung der „Hohlkörper"eigenschaften.

B. Einen lichtstreuenden Hohlkörper mit *zwei* Öffnungen, wenn sie auf der Verbindungslinie der Mittelpunkte der Öffnungen liegt, und zwar in der Mitte zwischen den zwei Punkten dieser Linie, die von den Öffnungsflächen Abstände von $^1/_3$ der entsprechenden Öffnungsdurchmesser haben und außerhalb des Körpers liegen.

Der Gang der Messung und der Berechnung geht aus nachstehender tabellarischer Darstellung hervor.

Bezeichnung	Messung von	Ausgeführt mit
I	Gesamtlichtstrom	nackter Lichtquelle
II	Gesamtlichtstrom minus verschlucktem Lichtstrom	Lichtquelle + Körper
III	durchgelassenem Lichtstrom	Lichtquelle + Körper + schwarzen Abschlußscheiben
IV	auf den Körper auftreffenden Lichtstrom	nackter Lichtquelle + schwarzen Abschlußscheiben

Hieraus berechnet sich:

Hohlkörperdurchlässigkeit $\tau_H = III/IV$,
Hohlkörperabsorption $\alpha_H = (I-II)/IV$,
Hohlkörperreflexion $\varrho_H = 1 - \tau_H - \alpha_H$,
Hohlkörperwirkungsgrad $\eta_H = 1 - \alpha_H$.

---

[1] Vgl. S. 398.

6. Vorwiegend reflektierende und lichtrichtende Baustoffe.

Viele Anwendungsgebiete erfordern Baustoffe, welche einen möglichst großen Anteil des auffallenden Lichtstromes reflektieren, wobei alle Zwischenstufen zwischen einer vollkommen gerichteten und einer praktisch vollkommen diffusen Rückstrahlung erwünscht sind. Vorwiegend gerichtete Rückstrahlung läßt sich durch Reflexion an glatten oder polierten Metalloberflächen sowie durch Brechung an einfachen optischen Systemen (Prismen) erreichen. Weitgehende diffuse Rückstrahlung liefern dichte Trübgläser, Email, Anstriche, mattierte Metalloberflächen sowie dichte Gewebe, während gemischte Rückstrahlung durch leicht matte Metalloberflächen erhalten werden kann.

Lichtstreuende Gläser und Email. Mäßig gute Reflektoren mit diffuser Rückstrahlung (nur 4% spiegelnde Reflexion) bilden sehr stark getrübte Fluortrübgläser, bei denen sich bei genügender Stärke und Trübung Reflexionsvermögen bis zu 75% erzielen lassen. Gebräuchlicher als reines Trübglas ist die bereits in dünner Schicht stark reflektierende Email, welche ein durch Zinnoxyd oder andere unlösliche Zusätze getrübtes Glas darstellt und auf geeignete Metallunterlagen aufgeschmolzen wird [1]. Die Metallkörper selbst werden meist durch Pressen oder Ziehen hergestellt. Die Gesamtreflexion guter weißer Email beträgt etwa 65...75%. Das Streuvermögen ist, wie bei dichten Trübgläsern, ebenfalls sehr gut und beträgt 0,85...0,95. Die der diffusen Rückstrahlung überlagerte spiegelnde Oberflächenreflexion im Betrag von 4% steigt, wie bei allen Gläsern, von etwa 50° Einfallswinkel ab merklich an und erreicht bei 80° Einfallswinkel bereits 40%. Dies ist gegebenenfalls bei der Konstruktion von Emailreflektoren zu beachten.

Metalle. Für viele Zwecke sind Metalle geeigneter, besonders dann, wenn es sich um spiegelnde Reflexion handelt. Das größte Reflexionsvermögen besitzt Silber mit etwa 90%, doch ist seine praktische Verwendung sehr beschränkt, da es an der Luft durch Anlaufen schnell seinen Glanz und damit sein hohes Reflexionsvermögen einbüßt.

Die im Geleuchtbau als Reflektorbaustoffe verwendeten Metalle sind meist Nickel, Chrom, Aluminium, in massiver Form oder als elektrolytisch aufgetragene Deckschichten, mitunter auch Weißblech. Die Reflexionsvermögen einiger Metalle für weißes Licht enthält Tabelle 34 (Anh.), die spektrale Abhängigkeit zeigt Abb. 436. Das größte Reflexionsvermögen von den an Luft beständigeren Metallen besitzen Aluminium und Chrom. Beim Aluminium ist es gelungen, durch geeignete Oberflächenbehandlung das Reflexionsvermögen ganz beträchtlich zu erhöhen [2]. Während sich durch die normalen Polierverfahren Reflexionsvermögen von 65...75% erzielen lassen, die aber im Gebrauch langsam zurückgehen, ließen sich bei einer bestimmten Aluminiumlegierung und einem besonderen Polierverfahren sogar Werte bis zu 89% erhalten. Durch besondere chemische Ätzverfahren lassen sich auch matte Oberflächen hoher Reflexion erhalten mit einem Reflexionsvermögen $\varrho = 81...82\%$ bei $\lambda = 297$ mμ, von

---

[1] Die eigentliche stark reflektierende Deckemail wird meist nicht auf der Metallunterlage direkt aufgeschmolzen, sondern vorher eine Zwischenschicht aufgetragen, um die Haftfähigkeit zu vergrößern. Die Email darf vor dem Auftragen noch nicht ganz durchgeschmolzen sein, sondern wird erst beim Aufbrennvorgang in den endgültigen Glaszustand überführt, wobei die der Fritte zugesetzten Mühlversätze zum Teil ungelöst bleiben und als eingeschlossene Kolloide trübend wirken.

[2] EDWARDS, J. D.: Aluminium for reflectors. Trans. Illum. Engng. Soc. 29 (1934) 351—357.

82...87% im Sichtbaren und von über 90% im Ultrarot. Leider sind diese Oberflächen gegen Feuchtigkeit, Berührung und längere Bestrahlung empfindlich, so daß sie nur vorübergehend in Innenräumen brauchbar sind. Schützende Lackschichten setzen die Reflexion um etwa 10%, normale matte Oxydschichten um 10...20% herab. Durch ein neues elektrolytisches Verfahren [1, 2] lassen sich aber nicht nur matte, sondern auch glänzende Oberflächen hohen Reflexionsvermögens mit dauerhafter Oxydschicht herstellen, welche als „Alzak"-Aluminium bezeichnet werden. Ihr Reflexionsvermögen hängt von der Reinheit des Metalles ab, liegt im Höchstfall bei etwa 85%, bei handelsüblichem Aluminiumblech bei etwa 80%; sie lassen sich gut reinigen und erwiesen sich als durchaus beständig. Die Form der Reflexionsindikatrix hängt stark von der verwendeten Aluminiumart ab, es ergeben sich stark spiegelnde bis zu ziemlich diffusen Reflexionen [3]. Um vorwiegend diffus reflektierende Flächen zu erhalten, muß das Metall vorher geätzt oder matt geschliffen werden.

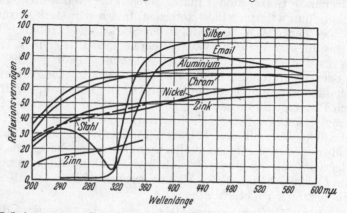

Abb. 436. Reflexionsvermögen polierter Metalle in Abhängigkeit von der Wellenlänge. (Nach M. Luckiesh.)

Bei den Metallen ist die Größe des Reflexionsvermögens nicht allein im Sichtbaren, sondern auch im Ultraviolett von Bedeutung, da bei den für therapeutische Zwecke benutzten UV-Strahlern sich durch geeignete Reflektoren die ausnutzbare Energie beträchtlich erhöhen läßt. Das im Sichtbaren am stärksten reflektierende Silber ist hierfür völlig ungeeignet, da sein Reflexionsvermögen mit abnehmender Wellenlänge stark abfällt und in dem therapeutisch wichtigen Bereich von etwa $\lambda = 280...310$ mμ nur noch geringe Werte besitzt. Am besten verhalten sich hier Chrom und Aluminium mit etwa 70% Reflexionsvermögen, worauf Nickel mit etwa 45% folgt. Das oben erwähnte, nach einem bestimmten Verfahren matt geätzte Aluminium soll sogar bei 297 mμ ein Reflexionsvermögen von 81...82% besitzen. Die spektrale Abhängigkeit des Reflexionsvermögens einiger Metalle gibt Abb. 436 [4].

Glassilberspiegel. Da das sehr hohe Reflexionsvermögen des Silbers a!s freiliegender Baustoff infolge der an der Luft eintretenden Erblindung nicht

---

[1] Vgl. S. 413, Fußn. 2.

[2] Durch einen elektrolytischen Reinigungsprozeß werden zunächst die bei normalen Oxydschichten das Reflexionsvermögen vermindernden Verunreinigungen der Oberflächenschicht entfernt und die Oberfläche stark glänzend gemacht, worauf durch einen weiteren elektrolytischen Prozeß ein ebenfalls glänzender Oxydüberzug erzeugt wird (DRP. 626758, franz. Patent 798956).

[3] Taylor, A. H. and J. D. Edwards: Ultraviolet and light reflecting properties of aluminium. J. opt. Soc. Amer. **21** (1931) 677—684.

[4] Luckiesh, M.: Spectral reflectances of common materials in the ultraviolet region. J. opt. Soc. Amer. **19** (1929) 1—6.

ausgenutzt werden kann, schlägt man bei den Glassilberspiegeln die Silberschicht auf einer Glasoberfläche nieder und schützt sie auf der freiliegenden Seite durch eine elektrolytisch aufgetragene Schicht von Kupfer und durch weitere Schutzschichten von Lack oder aufgespritztem Metall. Das Reflexionsvermögen der Glassilberspiegel hängt außer von der Güte der Versilberung auch von der Reinheit des Glases ab und beträgt etwa 70...85%. Derartige Spiegel finden als Schaufensterschrägstrahler und Scheinwerfer sowie in Verbindung mit lichtstreuenden Baustoffen bei Innenleuchten vielseitige Verwendung. Bei Scheinwerfern müssen in Anbetracht der hohen optischen Anforderungen die Flächen der Glaskörper geschliffen und poliert werden, während bei den gewöhnlichen Strahlern die durch Blasen oder Pressen hergestellten Glaskörper genügen. Bei den Spiegeln für Raumbeleuchtung dürfen die Oberflächen nicht vollkommen glatt, sondern müssen leicht aufgelockert, ornamentiert sein, um das reflektierte Licht etwas zu streuen, andernfalls sich bei Verwendung unmattierter Glühlampen infolge der optisch nicht vollkommen glatten Spiegeloberfläche unschöne Schatten und vom Leuchtkörper der Lampe herrührende störende Reflexbilder auf den angeleuchteten Flächen ergeben würden. Eine Mattierung der Oberfläche an Stelle der Profilierung ist nicht zu empfehlen, da sich hierdurch Lichtverluste von etwa 15...30% ergeben. Im Gebrauch sind die Glas-Silberspiegel vor zu großen Erwärmungen zu schützen, da sonst eine Bräunung und schließlich ein Abblättern des Silberbelages auftritt. Dieser Vorgang ist wahrscheinlich auf eine oberhalb etwa 250° einsetzende Sammelkristallisation in der Silberschicht zurückzuführen[1]. Einen erheblichen Einfluß auf die Spiegeltemperatur besitzt das Strahlungsvermögen der obersten Deckschicht; am günstigsten verhalten sich dunkle Emails oder dunkle Lackschichten[2].

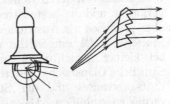

Abb. 437. Lichtrichtung durch Prismengläser. (Nach E. Lax und M. Pirani.)

Prismengläser. Eine Reflexion bzw. Lenkung des Lichtstromes läßt sich mit verhältnismäßig gutem Wirkungsgrad auch durch Brechung oder Totalreflexion an geeignet geformten prismatischen Gläsern erreichen (Abb. 437). Bei der Verglasung von Fenstern werden für derartige Zwecke Ornamentgläser benutzt, deren Oberfläche mit entsprechend geformten kleinen Prismen versehen ist, und welche in beliebigen Abmessungen als Flachglas geliefert werden. Diese können eine gute Aufhellung hinterer dunkler Raumabschnitte ergeben und sind besonders wirksam, wenn durch gegenüberliegende Bauten ein Teil des Himmels verdeckt ist (vgl. S. 407).

Eine bessere Lenkung des Lichtstromes als bei diesen prismatischen Ornamentgläsern läßt sich bei größerer und damit genauerer Ausbildung der Einzelprismen erreichen, wie es z. B. bei den Glasbausteinen für feuerfeste Wände oder bei den Glasbausteinen für Glas-Eisenbetonkonstruktionen der Fall ist. Letztere finden für Glasdächer, Glasböden und Oberlichter Verwendung, wobei die Konstruktion aus einem Betongitterwerk besteht, in dem die runden oder quadratischen Glasbausteine so gefaßt sind, daß sie in den Fugen festgehalten werden. Je nach der Prismenform lassen sich hier die verschiedenartigsten Lichtlenkungen erzielen und vom Tageslicht nicht direkt getroffene dunkle Räume oder Keller aufhellen[3].

---

[1] Liepus, T.: Ein Beitrag zum Studium der Glasversilberung. Glastechn. Ber. 13 (1935) 270—277.
[2] Amer. Patent 1998088.
[3] Beispiele z. B. bei H. Hille: Die Führung des Lichtes. Dtsch. Glaserztg. 43 (1932) 156—161.

Prismatische Gläser finden auch im Geleuchtbau Verwendung (Holophan-gläser), um hier bestimmte Lichtverteilungskurven zu erreichen. Die betreffen-den Glocken werden hierbei durch Pressen hergestellt und die prismatische Glasfläche meist auf der Innenseite angebracht, um die Verschmutzung möglichst zu verhindern. Nach diesem Verfahren können auch leicht asymmetrische Flachstrahler für Straßenbeleuchtung hergestellt werden, welche aus einer äußeren und inneren Glocke bestehen, wobei z. B. durch horizontal in die Innen-glocke eingepreßte Prismen das Licht breitgestrahlt wird, während durch an geeigneten Stellen der Außenglocke eingepreßte vertikal verlaufende Prismen dieses breitgestrahlte Licht in ganz bestimmte Meridianebenen gelenkt wird. Zu den Prismengläsern sind schließlich auch die bekannten Fresnellinsen zu rechnen, welche bei der Befeuerung der Seezeichen und im Luftverkehr ver-wendet werden. Derartige Gläser lassen sich auch mit Erfolg zur gleichmäßigen Ausleuchtung größerer Flächen aus kurzem Abstand verwenden, wenn zur Anbringung der Beleuchtungseinrichtung nur wenig Platz zur Verfügung steht. Da nämlich bei den Prismengläsern der lichtrichtende Teil nicht wie bei den Reflektoren hinter, sondern vor der Lichtquelle angebracht wird, kommen nur geringe Abmessungen in Frage, wodurch auch eine unauffällige Anbringung in Leuchtrinnen ermöglicht wird [1].

Anstriche. Bei der Innenbeleuchtung spielen Anstriche eine hervorragende Rolle, da in vielen Fällen ein großer Teil des von der Lichtquelle ausgesandten Primärlichtes auf Decke und Wände auftrifft und somit die Raumhelligkeit weitgehend von deren Reflexionseigenschaften abhängt. Das größte Reflexions-vermögen und die beste Streuung würden feine weiße Pulver liefern. Um diese aber praktisch als Anstriche verwenden zu können, müssen sie in durchsichtige Stoffe, z. B. Öl, eingebettet werden, wodurch indessen das Streuvermögen und bei kleiner Schichtdicke auch das Reflexionsvermögen herabgesetzt wird [2]. Sämtliche Ölanstriche besitzen den Nachteil, daß sie infolge Einwirkungen des Luftsauerstoffes und der Strahlung nachdunkeln und somit an Reflexions-vermögen einbüßen. Dasselbe trifft auch für die großflächigen diffus reflek-tierenden Rückstrahler zu, bei denen der aus einer Masse aus Gyps und Faser-stoffen hergestellte Körper mit einem Hartlack überzogen wird, in welchem vor dem endgültigen Erhärten feine Glimmer- oder Glassplitter eingebettet werden [3]. Da im Gegensatz zu den Metallen die Anstriche nicht nur bei künst-licher Beleuchtung, sondern bei Innenräumen auch bei der Tagesbeleuchtung als Reflektoren dienen, ist unter Umständen die Abhängigkeit des Reflexions-vermögens von der Farbe des einfallenden Lichtes zu beachten. Bei Glüh-lampenbeleuchtung besitzen die roten und gelben Anstriche ein höheres, die grünen und blauen hingegen ein geringeres Reflexionsvermögen als bei Tages-beleuchtung. Tabelle 36 (Anh.) gibt die Reflexionsvermögen einiger Anstriche.

Gewebe. Als zum Teil recht gute Reflektoren mit vorzüglichem Streu-vermögen gelten auch dichtere Gewebe, wie sie in Innenräumen als Gardinen, Vorhänge oder Wandbespannungen benutzt werden. Die Reflexionsvermögen einiger Gewebearten finden sich z. B. in Tabelle 32 und 33 (Anh.).

---

[1] AEG-Mitt. 1936, 356.

[2] Ein Ölanstrich ist einem Trübglas vergleichbar, da auch hier feinste Teilchen in einem Medium von anderem Brechungsexponenten eingebettet sind. Das Reflexionsvermögen und die Streuung eines Anstriches ist bei einem bestimmten Pulver (z. B. Zinkweiß) um so größer, je stärker sein Brechungsexponent von demjenigen der Einbettungsflüssigkeit, also des Öles, verschieden ist.

[3] Österr. Pat. 143837.

7. Besondere Strahlen absorbierende oder durchlassende sowie lumineszierende Baustoffe[1].

Hierunter seien Baustoffe verstanden, welche in dem für Beleuchtungszwecke in Frage kommenden Wellenlängenbereich ein ungleichförmiges, oder aber in bestimmten Spektralgebieten ein von der Norm abweichendes außergewöhnlich hohes oder geringes Durchlässigkeits- bzw. Reflexionsvermögen besitzen. Im ersten Falle handelt es sich um farbige Baustoffe, besonders durchsichtige Farbfilter, im anderen um die ultraviolett- und ultrarotdurchlässigen oder -absorbierenden bzw. reflektierenden Baustoffe. Schließlich sollen die lumineszierenden Stoffe Erwähnung finden, welche auffallende Strahlung in solche anderer, größerer Wellenlänge verwandeln und in immer steigendem Maße bei Leuchtschildern sowie beim Bau von Gasentladungslampen verwendet werden.

Farbfilter. Die Farbfilter, meist Farbgläser, sollen die Farbe des von der Lichtquelle ausgehenden Primärlichtes in gewünschter Weise ändern. Gekennzeichnet ist ein Farbglas eindeutig durch seine spektrale Durchlässigkeitskurve, der Farbeindruck indessen hängt nicht allein von dieser Durchlässigkeitskurve, sondern außerdem noch von der spektralen Zusammensetzung der verwendeten Lichtquelle ab, so daß sich der Farbeindruck nur in Verbindung mit der Lichtquelle, bei reinen Temperaturstrahlern also mit deren Farbtemperatur angeben läßt [2]. Farbgläser sind im allgemeinen als lichtecht zu betrachten, so daß bei ihrer Verwendung als Vorsatzfilter selbst bei sehr kräftigen Lichtquellen, wie sie z. B. bei der Theater- und Flutlichtbeleuchtung auftreten, kein Ausbleichen zu befürchten ist. Dagegen können sehr hohe Erwärmungen und damit sehr hohe thermisch-mechanische Beanspruchungen auftreten, denen normale Farbgläser in vielen Fällen nicht gewachsen sein werden. Hier können mit Vorteil Gläser aus einer hitzebeständigen Glasart verwendet werden, die heute bereits in allen Farbtönen hergestellt werden können. Bei starken Erwärmungen ist weiter die bei allen Gläsern auftretende reversible Verschiebung der Durchlässigkeitsgrenze nach dem langwelligen Teil des Spektrums zu beachten, welche unter Umständen eine deutliche Änderung des Farbtons, bei Rotgläsern eine erhebliche Herabsetzung der Durchlässigkeit herbeiführen kann [3].

In vielen Fällen werden auch farbige Gelatinefilter mit Vorteil benutzt werden können, welche zwischen Glasplatten eingebettet sind. Eine Reihe von Farbtönen läßt sich als Gelatinefilter gesättigter herstellen als durch einfache Farbgläser, indessen besitzen sie Gläsern gegenüber den Nachteil, bei hohen Beanspruchungen meist nicht lichtecht zu sein. Dasselbe gilt für farbige Lacke, Cellon usw. Außer als zusätzliche Vorsatzfilter finden Farbgläser aber auch direkt als Hülle für Lichtquellen Verwendung; es sei hier nur an rote Dunkelkammerlampen, an Blauglas für Glühlampenkolben und Glassilberspiegel zur Erzeugung des sog. „künstlichen Tageslichtes" oder an Braunglas für Quecksilberdampflampen erinnert, um grünes Licht zu erzeugen.

Ultraviolett-(UV) durchlässige und -reflektierende Baustoffe. Die größte Durchlässigkeit bis weit in das UV hinein besitzt das Quarzglas, das in allen

---

[1] Neuere Schrifttums- und Patentübersicht bei R. Schmidt: Neuere Entwicklung von Sondergläsern auf dem Gebiete der Lichttechnik. Glastechn. Ber. **15** (1937) 89—99.

[2] Vgl. C 4, S. 297.

[3] Bei einem Orangeglas ging die Durchlässigkeit bei 600 mμ von 70% bei Raumtemperatur auf nur 5% bei 210°, und bei einem Rotglas bei 625 mμ von 50% bei Raumtemperatur auf Null bei 220° zurück. [Lütge, H.: Über die Temperaturabhängigkeit der Absorption bei Farbgläsern. Glastechn. Ber. **10** (1932) 374—378.]

Fällen, wo das sehr kurzwellige UV ausgenutzt werden soll, sich bisher durch keinen anderen Baustoff hat ersetzen lassen. Für die meisten Anwendungsgebiete ist aber Quarz zu teuer, läßt sich zu schwer verarbeiten und auch nicht in den meist erforderlichen großen Abmessungen als vollkommen durchsichtiger Baustoff herstellen.

Für viele technische Zwecke werden heute UV-durchlässige Gläser verwendet. Während bei den gewöhnlichen durchsichtigen weißen Gläsern die Durchlässigkeit unterhalb etwa 400 mμ sehr schnell abnimmt, gelingt es durch Verwendung besonders eisen- und titanfreier Rohstoffe und durch besondere Schmelzverfahren, die Grenze der UV-Durchlässigkeit soweit nach kürzeren Wellenlängen hin zu verschieben, daß noch ein größerer Anteil des biologisch wirksamen Wellenlängenbereiches zwischen 313 und 290 mμ [1] hindurchgelassen wird. Bei derartigen Gläsern hat sich die für die Praxis wichtige Erscheinung gezeigt, daß durch Bestrahlung mit kurzwelligem Licht [2] infolge photochemischer Vorgänge eine Alterung, die „Solarisation", eintritt, d. h. die Durchlässigkeit im UV nimmt ab. Diese Abnahme ist besonders stark bei einer Bestrahlung mit dem sehr kurzwelligen Licht der Quarz-Quecksilberlampe, während sie bei Bestrahlung mit Sonnenlicht nur verhältnismäßig gering ist. Die Alterung geht im Dunkeln langsam [3], bei Erhitzung auf höhere Temperaturen schneller zurück [4], die Gläser lassen sich also regenerieren. Ebenso lassen sich die durch eine kurzwellige Bestrahlung mit einer Quarz-Quecksilberlampe stark gealterten Gläser durch Sonnenbestrahlung wieder soweit regenerieren, daß die schließlich erhaltenen Durchlässigkeitswerte etwa denjenigen entsprechen, bis zu denen bei direkter Sonnenbestrahlung der neuen Gläser die Durchlässigkeit abnimmt. Tabelle 39 (Anh.) gibt die mittleren Durchlässigkeitswerte einiger Gläser für eine Wellenlänge von 302 mμ im neuen und im durch Quecksilberlampen- und Sonnenbestrahlung gealterten Zustande [5]. Hiernach hat die Anfangsdurchlässigkeit der betreffenden Gläser keineswegs als Maßstab ihrer Güte zu gelten, da die Durchlässigkeitsabnahme bei den verschiedenen Gläsern verschieden groß ist. Bei den für Tagesbeleuchtung benutzten Gläsern kann auch der durch Bestrahlung mit einer Quecksilberlampe erhaltene Endwert nicht als Kriterium der Güte angesehen werden, sondern hier sind allein die Endzustände bei Sonnenbestrahlung maßgebend. Ebenso ist in solchen Fällen auch die Angabe der Durchlässigkeit für Wellenlängen kleiner als 290 mμ zwecklos, da diese im Sonnenlicht überhaupt nicht mehr vorhanden sind.

Finden die UV-durchlässigen Gläser unter Umständen Verwendung, bei denen eine stärkere Temperaturerhöhung auftritt, so ist wie bei den Farbgläsern die auftretende reversible Verschiebung der Absorptionsbanden zu beachten, wodurch die UV-Durchlässigkeit abnimmt [6].

---

[1] Das Maximum der biologischen Wirksamkeit liegt bei 297 mμ. Der Strahlungsbereich, welcher eine bakterientötende Wirkung besitzt, ist der Erythemkurve nahe verwandt. [Neumark, E.: Ultraviolett-durchlässiges Fensterglas. Dtsch. Z. öffentl. Gesundh.-Pfl. **4** (1928) 98—110.]

[2] Wirksam ist nur Strahlung von Wellenlängen unterhalb 360 mμ. Suhrmann, R. u. F. Breyer: Untersuchungen über UV-durchlässiges Glas. Strahlenther. **40** (1931) 789—794.

[3] Vgl. Fußn. 2.

[4] Sowohl die Solarisation als auch die Regeneration gehorchen einem log-Zeit-Gesetz. Die Regenerationsgeschwindigkeiten steigen mit der Temperatur stark an. [Klemm, A. u. E. Berger: Zur Kinetik der photochemischen Veränderung von Gläsern durch Ultraviolettbestrahlung und ihrer Regeneration durch Erhitzen. Glastechn. Ber. **13** (1935) 349—368.]

[5] U.S. Department of Commerce. Nat. Bur. of Stand. Washington. Letter-Circular LC—429 vom 12. Dez. 1934.

[6] Die Durchlässigkeit betrug z. B. bei 300 mμ bei einem 2 mm starken Uviolglas bei 20° = 63%, bei 158° = 50%, bei 288° = 42% und bei 425° nur noch 34%. [Meyer, S.: Über die Temperaturabhängigkeit der Absorption bei Gläsern im Ultrarot und Ultraviolett. Glastechn. Ber. **14** (1936) 305—321.]

Die UV-durchlässigen Gläser haben in den letzten Jahren als Fenstergläser eine gewisse Bedeutung erlangt, doch ist ihr praktischer Wert zuweilen sehr überschätzt worden. Sie sind sicher von Nutzen, wenn die zu verglasenden Räume dem direkten Sonnenlicht ausgesetzt sind, so bei Liegehallen in Krankenhäusern, Gewächshäusern usw., während bei gegen Norden gelegenen und nur von diffusem Himmelslicht getroffenen Räumen, ganz besonders aber in Großstädten, ein Erfolg recht zweifelhaft erscheint [1] und die Mehrkosten kaum rechtfertigen dürfte. Eine Abnahme der UV-Durchlässigkeit durch auf dem Glase liegenden trockenen, losen Staub ist nur gering, während stark fettiger, schmierender Staub die UV-Durchlässigkeit sehr stark herabsetzt [2].

Neben der UV-Durchlässigkeit erscheint aber auch eine stärkere Durchlässigkeit im kurzwelligen Ultrarot für therapeutische Zwecke von Wichtigkeit [3], so daß die Qualität eines Glases in biologischer Hinsicht nicht ausschließlich nach seiner Durchlässigkeit im UV beurteilt werden sollte. Im allgemeinen lassen die UV-Gläser auch dieses kurzwellige Ultrarot besser hindurch als gewöhnliches Fensterglas, wobei die Durchlässigkeitsabnahme durch Bestrahlung nur gering ist [4].

Neben den Gläsern sind auch andere durchsichtige Baustoffe auf ihre Durchlässigkeit im biologisch wichtigen Spektralbereich sowie auf ihre Alterungsfähigkeit untersucht worden [5]. *Celoglas* (Zelluloseazetat) zeigt einen ähnlichen starken Durchlässigkeitsabfall bei kurzen Wellenlängen wie Gläser. Im frischen Zustande beträgt seine Durchlässigkeit bei 302 mµ etwa 30%, geht aber bei Bestrahlung mit Quecksilberlicht bereits nach einigen Stunden praktisch auf Null zurück. Bei Bestrahlung mit Sonnenlicht ist die Abnahme nur gering, doch tritt durch atmosphärische Einflüsse leicht eine verhältnismäßig schnelle Alterung ein. Günstig verhält sich im allgemeinen *Cellophan*, welches nur wenig altert und somit in manchen Fällen UV-Gläser ersetzen kann. Doch können sich hier zwischen verschiedenen Proben beträchtliche Unterschiede der Durchlässigkeitsgrenze ergeben. Durchlässigkeit in 0,06 mm Stärke bei 302...289 mµ etwa 65% [6], bei 260 mµ werden in einem anderen Falle sogar noch 46...79% gefunden [7]. Große UV-Durchlässigkeit im neuen Zustande zeigt auch *Pollopas*, doch scheint es ebenfalls schnell zu altern.

Außer in der Tagesbeleuchtung für Fensterscheiben finden UV-durchlässige Baustoffe bei der künstlichen Beleuchtung, den sog. UV-Strahlern, z. B. hoch belasteten elektrischen Glühlampen, Verwendung. Soll die sehr kurzwellige Strahlung des Quecksilberbogens ausgenutzt werden, so muß heute immer noch Quarz verwendet werden. Eine gewisse Durchlässigkeit für die kurzwelligere Strahlung bieten die Metaphosphate oder solche Gläser, bei denen die Kieselsäure weitgehend durch Aluminiumorthophosphat ersetzt wird. Auf dieser Grundlage ist es gelungen, ein haltbares und gut zu verarbeitendes Glas zu schmelzen, welches nach seiner Alterung mit einer Quarz-Quecksilberlampe

---

[1] Doch haben auch hier Bestrahlungsversuche mit weißen Mäusen zur Verhütung der Rachitis Erfolge ergeben. [EDDY, W. H.: Biological studies of sunlight filters. Ref. Glastechn. Ber. 11 (1933) 187.]

[2] DORNO, C.: Ultraviolett-durchlässiges Glas. Schweiz. Z. Gesundh.-Pfl. 8 (1928) 210—219.

[3] Das kurzwellige Ultrarot dringt in großen Quantitäten in bedeutende Körpertiefen und wärmt von innen heraus. Gerade die tiefstehende und daher weit ins Zimmer scheinende Winter- und Frühjahrssonne ist reich an dieser Strahlung. (DORNO, C.: Fußn. 2.)

[4] SUHRMANN, R. u F. BREYER: Vgl. S. 418, Fußn. 2.

[5] COBLENTZ, W. W. and R. STAIR: Data on Ultra-violet solar radiation and the solarization of window materials. U S. Departm. of Commerce, Research Paper Nr. 113 (1929) 629 —689.

[6] GILLES, M. E.: Absorption ultraviolette de la cellophan et de tissus et organes végétaux. C. R. Acad. Sci., Paris 202 (1936) 968 –970.

[7] LENZE, F. u. L. METZ: Kunststoffe 19 (1929) 276.

bei 300 mμ noch eine Durchlässigkeit von 66%, bei 280 mμ von 52% und bei 250 mμ noch von 34% aufweisen soll [1]. Infolge seiner höheren thermischen Ausdehnung und seines niederen Erweichungspunktes darf es natürlich nicht so hoch wie Quarzglas beansprucht werden.

Für besondere Zwecke, z. B. die Analysenquarzlampe, sind Vorsatzfilter erforderlich, welche gute Durchlässigkeit für das langwellige UV besitzen, dagegen das sichtbare Spektralgebiet möglichst vollkommen absorbieren. Hierfür ist Schwarzuviolglas geeignet.

Für therapeutische Lichtquellen können mit Vorteil Reflektoren verwendet werden, deren Baustoff sich durch ein besonders gutes Reflexionsvermögen im UV auszeichnet, besonders Aluminium, Chrom und Nickel [2].

Wärmeabsorbierende Gläser. Für gewisse Verwendungszwecke sind Baustoffe erforderlich, welche die dunkle Wärmestrahlung möglichst weitgehend absorbieren, dagegen im Sichtbaren noch stark durchlässig sind. Die Ultrarotabsorption wird durch die etwa zwischen 1 und 1,5 μ liegende Eisenoxydulbande hervorgerufen, die Farbe der Gläser ist meist leicht bläulich bis blaugrün. Ihre Gesamtdurchlässigkeit für die Gesamtstrahlung (mit Ardometer gemessen) hängt stark von der spektralen Energieverteilung der benutzten Lichtquelle ab und kann mit zunehmender Farbtemperatur sowohl steigen als fallen, je nach dem Verlauf der spektralen Durchlässigkeitskurve. Für einige ältere Schottsche wärmeabsorbierende Gläser ergaben sich bei Verwendung einer 500 W Lampe und Glasdicken von 2,5 mm für die Gesamtdurchlässigkeiten (mit Ardometer gemessen) Werte zwischen etwa 13 und 22% bei Durchlässigkeiten im Sichtbaren (mit Photometer gemessen) zwischen etwa 50 und 62%. Bei neueren Schottgläsern lagen die entsprechenden Werte sogar bei 9 (Ardometer) und 74% (Photometer) und bei 20 und 81%. Bei etwas stärker gefärbten technischen wärmeabsorbierenden Drahtgläsern lagen die Durchlässigkeiten bei rd. 10 (Ardometer) und 40...55% (Photometer).

Lumineszierende Baustoffe. Lumineszierende Baustoffe, die „Luminophore", werden durch eine Bestrahlung zur Emission von Strahlung, meist größerer Wellenlänge (Stokessche Regel) angeregt (vgl. B 10, S. 208 f.). Lumineszenzfähig sind außerordentlich zahlreiche organische Stoffe, vor allem aromatische Verbindungen, Farbstoffe. Von den reinen anorganischen Verbindungen lumineszieren nur wenige, in erster Linie eine Gruppe von Salzen des Urans, in fester Form sowie in Lösungen und Gläsern, ferner die Platinzyanüre, Salze der seltenen Erden, Molybdate und Wolframate der Erdalkalien. Technisch wichtig sind heute aber besonders die meist als „Lenard-Phosphore" und „Leuchtfarben" bezeichneten kristallinen Stoffe geworden, welche aus einem an sich nicht fluoreszierenden anorganischen Grundstoff bestehen, der erst durch sehr geringe Zusätze eines gleichfalls an sich nicht fluoreszierenden Stoffes (meist, aber nicht immer, einer Metallverbindung) aktiviert werden. Der Grundstoff besteht hierbei besonders aus den Sulfiden, Seleniden oder Oxyden der Erdalkalimetalle, welche bei höheren Temperaturen mit dem aktivierenden Metall zusammengesintert werden. Ähnlich diesen Erdalkalisulfidphosphoren sind die Borsäurephosphore, bei denen die als Grundstoff dienende Borsäure durch organische Beimengungen aktiviert wird. Die Lenardphosphore besitzen im allgemeinen eine oder mehrere ziemlich diffuse Emissionsbanden, deren spektrale Lage sowohl von der Natur des Grundstoffes als auch von derjenigen des aktivierenden Metalles abhängt. Bei der Emission kann es sich sowohl um Fluoreszenz (d. h. einen Momentanprozeß) handeln als auch um Phosphoreszenz (d. h. einen Dauerprozeß), wobei Nachleuchtdauern von Bruchteilen von Sekunden bis zu Stunden beobachtet werden. In den meisten Fällen wird aber beides gleichzeitig vorhanden sein. Die zur Erregung befähigten Wellenlängengebiete sind für beide Emissionsarten zum Teil verschieden; während die Fluoreszenz einem breiten und verwaschenen Erregungsgebiet entspricht, wird die Phosphoreszenz stets nur durch einige schmale gut definierte Banden hervorgerufen [3].

---

[1] Ende, W.: Über einen neuen Ultraviolettstrahler. Z. techn. Physik **15** (1934) 313—318.

[2] Vgl. S. 413 und Abb. 436.

[3] Eingehende Darstellung der lumineszierenden Stoffe bei P. Pringsheim: Handbuch der Physik von Geiger-Scheel, **23**, Teil 1, 2. Aufl. (1933) 185—322. Kurze Übersicht bei M. Pirani u. A. Rüttenauer: Lichterzeugung durch Strahlungsumwandlung. Licht **5** (1935) 93—98.

Neben die lumineszierenden reinen Salze (z. B. den Uranylverbindungen) und den durch äußerst geringe Fremdmetallspuren aktivierten Stoffen (Lenardphosphore) ist in neuester Zeit eine weitere technisch wichtige Gruppe zum Teil sehr stark lumineszenzfähiger Stoffe getreten, denen ein bestimmter Kristallgitterbau, die sog. Schichtengitterstruktur, gemeinsam ist, und welche somit allein infolge ihres eigenartigen kristallinen Aufbaues lumineszenzfähig sind [1]. Hierzu gehören z. B. einige Halogenide und Hydroxyde zweiwertiger Metalle sowie einige Sulfide, Selenide und Telluride. Sie unterscheiden sich hinsichtlich des aktivierenden Stoffes von den Lenardphosphoren dadurch wesentlich, daß weit höhere Mengen des aktivierenden Halogenides zugegen sein können (bis zu mehreren Prozent). Ein Nachleuchten ist bei dieser Gruppe in keinem Falle beobachtet worden, so daß es sich um reine Fluorophore handelt. Ihre Herstellung ist außer durch Zusammenschmelzen auch durch Eindampfen der gemischten Lösungen oder durch kräftiges Reiben der Bestandteile möglich. Als Beispiele seien genannt: Kadmiumjodid, welches mit Manganchlorid präpariert scharlachrot, mit Bleijodid präpariert goldgelb fluoresziert.

Die Auswahl der Luminophore für die verschiedenen Verwendungszwecke richtet sich zunächst danach, ob das Hauptgewicht auf eine lange Nachleuchtdauer oder aber auf eine Strahlungsumwandlung gelegt wird, d. h. ob der Phosphor vorwiegend als *Lichtspeicher* oder als *Lichtwandler* dienen soll. In zweiter Linie wird die Wahl bestimmt durch die spektrale Lage der anregenden Primärstrahlung und der gewünschten Lumineszenzstrahlung.

Leuchtfarben als Lichtspeicher, also mit langer Nachleuchtdauer kommen z. B. für Luftschutzzwecke in Frage, um in der Dunkelheit nach dem Erlöschen der Lichtquellen als Wegmarkierungen in Form von Schildern oder Leuchtbändern zu dienen. Als hierfür geeignet erwiesen sich ein Strontiumsulfid- und ein Zinksulfidpräparat [2], von denen sich das erste durch eine besonders lange Nachleuchtdauer, das zweite bei einer etwas geringeren Nachleuchtdauer durch eine sehr große Anfangshelligkeit auszeichnet [3]. Beide sind durch Tages- und künstliches Licht anregbar. Wenn die Helligkeit, besonders am Anfang, auch sehr stark abfällt, so wird dieser Abfall vom Auge kaum empfunden, da in demselben Maße, wie die Leuchtfarbe abklingt, sich die Empfindlichkeit des Auges den Sichtverhältnissen anpaßt. Die Farben werden am besten auf Folien oder Metallblechen aufgetragen, die im Freien zum Schutz gegen Feuchtigkeit möglichst durch Glas abgedeckt sein sollen. Bei Auskleidung eines Raumes mit derartigen Folien ist selbst nach vielen Stunden Dunkelheit eine Orientierung noch durchaus möglich.

Als Lichtwandler, also zur Umwandlung in Strahlung anderer Wellenlänge, finden die Luminophore in der Reklame-, Bühnen- und Verkehrsbeleuchtung sowie bei Gasentladungslampen heute vielseitigste Verwendung, wobei die erregende Strahlung meist im Ultraviolett liegt. In der Reklame- und Bühnenbeleuchtung lassen sich mit Leuchtfarben z. B. sehr hübsche Effekte erzielen, wenn diese durch mit Schwarzviolglas abgedeckte UV-Strahler zum Leuchten erregt werden. Es lassen sich haltbare Phosphore für jeden gewünschten Farbton als Farbaufstrich herstellen.

Für Signalschilder im Straßenverkehr eignet sich ein Rhodaminfluoreszenzstoff, welcher durch grüne und gelbe Strahlung zu intensiver roter Fluoreszenz angeregt wird und demnach bei Bestrahlung mit dem Licht der bei der Straßenbeleuchtung in immer steigendem Maße verwendeten Quecksilber- und Natriumdampflampen, welche selbst keine rote Strahlung besitzen, rot aufleuchtet.

Für Reflektoren von Quecksilberdampflampen zur Verbesserung der Lichtfarbe ist ein Zinkkadmiumsulfid enthaltender Phosphor geeignet, der als

[1] KUTZELNIGG, A.: Beziehungen zwischen Lumineszenzvermögen und Gitterbau. I. Schichtengitterkristalle. Z. angew. Chem. **49** (1936) 267—268.
[2] WOLF, P. M. u. N. RIEHL: Nachleuchtende Farben. Gasmaske 1936 Nr. 4.
[3] Hergestellt von der Degea (Auergesellschaft) Berlin unter der Bezeichnung „Permaphan" und „Clarophan".

aktivierendes Schwermetall Kupfer enthält. Er wird besonders durch das lang-wellige UV angeregt und besitzt gleichzeitig, im Gegensatz zu dem früher für diesen Zweck benutzten Rhodaminfarbstoff, ein sehr starkes Reflexionsvermögen im Sichtbaren, besonders im Grün.

Ihr Hauptanwendungsgebiet haben die Luminophore aber bei den Leucht-röhren, besonders bei den Quecksilberdampflampen gefunden, um die UV-Strahlung in sichtbares Licht umzuwandeln, wodurch sowohl die Lichtfarbe verbessert als auch die Lichtausbeute gesteigert werden kann [1]. Für diese Zwecke kommen also Phosphore in Frage, welche einerseits eine Strahlung emittieren, welche den betreffenden Leuchtröhren selbst fehlt, andererseits durch Strahlung eines Wellenlängengebietes angeregt werden, welche in der Leucht-röhre primär stark emittiert wird. Zur Anregung geeignet sind z. B. beim Queck-silberlicht die langwellige UV-Strahlung 254 mμ, beim Neon dagegen die im Schumanngebiet liegenden starken Resonanzlinien des Neons [2]. Die Anbringung

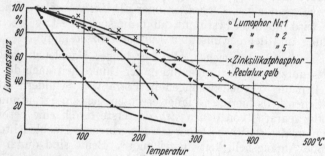

Abb. 438. Temperaturabhängigkeit der Lumineszenz einiger Lumophorgläser. (Nach Fischer.)

der Phosphore erfolgt bei UV-Anregung naturgemäß vorteilhaft auf der Innen-seite der Rohre, wobei die Phosphore unter Benutzung eines geeigneten, in der Wärme oder im Vakuum flüchtigen Bindemittels, z. B. Glyzerin [3], dem zweck-mäßig Borsäure oder deren Modifikationen [4] zugesetzt sind, angebracht werden.

Lumineszierende Stoffe können aber den Gläsern für Lampen und Leucht-röhren auch direkt zugegeben werden, so daß sich ihr späteres Anbringen auf der Oberfläche erübrigt. Bei normalen fluoreszierenden Gläsern (z. B. Uran-gläsern) erscheint es zweckmäßig, das Glas gleichzeitig zu trüben, um den Licht-weg der anregenden Primärstrahlung im Glase und damit die Anregungsmöglich-keiten zu erhöhen und die durch Totalreflexionen an der Oberfläche entstehenden Verluste der Lumineszenzstrahlung herabzusetzen [5]. Auch Lenardphosphore sind bei geeigneten Herstellungsverfahren im Glase fluoreszenzfähig [6], wobei die durch Totalreflexion an der Oberfläche entstehenden Verluste der Fluoreszenz-strahlung durch eine nichtfluoreszierende Trübglasüberfangschicht herabgesetzt werden können [7].

Für Leuchtröhren bestimmte stark fluoreszierende Gläser sind unter der Bezeichnung „Lumophorgläser" im Handel [8]. Die einzelnen Sorten unterscheiden

[1] Vgl. B 10 S. 208 f., sowie M. Pirani u. A. Rüttenauer: Lichterzeugung durch Strah-lungsumwandlung. Licht 5 (1935) 93—98.
[2] Rüttenauer, A.: Über die Anregung der Phosphore in der Neonentladung. Physik. Z. 37 (1936) 810—813. — [3] Koch: DRP. 536980. — [4] Koch: DRP. 583305.
[5] Jaeckel, G.: DRP. 482048. — [6] Fischer, H.: DRP. 607090.
[7] Fischer, H.: Die optischen Verhältnisse bei elektrischen Leuchtröhren mit Wandungen aus lumineszierendem Klarglas ohne und mit Trübglasüberfang. Z. techn. Physik 17 (1936) 337—340.
[8] Glaswerk Gustav Fischer, Ilmenau: Lichttechnische Berechnungen und Messungen an Lumophorgläsern. Selbstverlag 1936.

sich durch ihre verschiedenen spektralen Erregungs- und Ausstrahlungsgebiete und leuchten bei Quecksilberdampffüllung unter den normalen Erregungsbedingungen gelblich-weiß, bräunlich-weiß, orange, blau oder grün. Da ihr Haupterregungsgebiet zwischen etwa 230 und 290 mμ liegt und weiter ihre Lumineszenz mit steigender Temperatur abnimmt, sind diese Gläser vorzugsweise für Quecksilberniederdrucklampen bestimmt. Abb. 438 zeigt die Temperaturabhängigkeit der Lumineszenz einiger Lumophorgläser sowie eines Phosphors bei Erregung mit UV-Strahlung. Während der Bestrahlung treten gewisse Ermüdungserscheinungen auf. In den ersten 2 Stunden sinkt die Lumineszenz auf etwa 70% ihres anfänglichen Wertes ab, worauf sie annähernd konstant bleibt. Nach Aufhören der Bestrahlung geht die Ermüdung wieder etwas zurück, durch Erhitzen auf 400° C kann unter Umständen sogar 95% der ursprünglichen Lumineszenzfähigkeit wieder erreicht werden. Da sich bei Leuchtröhren auch die Brennbedingungen mit der Temperatur ändern, hängt die Farbe und Helligkeit der fertigen Leuchtröhren aus Lumophorglas von mehreren Faktoren ab. Es ergibt sich hier ein sehr ausgeprägter Höchstwert der Lichtausstrahlung zwischen 25 und 50°.

Außer durch sichtbare und UV-Strahlung lassen sich Phosphore auch durch Röntgenstrahlen, Kathoden- und α-Strahlen zur Emission anregen. Diese Erregungsarten finden vorwiegend bei physikalisch-technischen Apparaten Verwendung und sind in der reinen Lichttechnik von geringerer Bedeutung, so daß hier nur kurz auf sie hingewiesen sei. In der Röntgentechnik sind bei den Röntgenschirmen die früher allgemein benutzten Bariumplatinzyanüre durch viel leistungsfähigere Zinksulfide ersetzt worden, während für die der Röntgenphotographie dienenden Verstärkerfolien Kalziumwolframat benutzt wird. Für Fernsehapparate sind nicht-nachleuchtende, durch Kathodenstrahlen anregbare Zinksulfide geeignet. Leuchtfarben, welche durch Mischung eines durch α-Strahlen hocherregbaren Zinksulfides mit einer radioaktiven Substanz hergestellt werden, sind von äußerer Bestrahlung unabhängig; ihre Herstellung ist aber viel zu teuer, als daß sie als allgemeine Leuchtfarben Verwendung finden könnten. Sie eignen sich aber vortrefflich zur Herstellung selbstleuchtender Flächen kleiner Abmessungen, wie Leuchtpunkte auf Zifferblättern, Schaltern usw.

8. Baustoffe ohne bestimmte lichttechnische Aufgaben.

Gläser für Verbrennungslichtquellen. Bei den Verbrennungslichtquellen, welche in ihren heutigen Bauarten vorwiegend Glühstrümpfe als Lichtspender verwenden, bilden die die Glühkörper umgebenden Zylinder oder Glocken einen technisch notwendigen Bestandteil der ganzen Leuchte. Ihre Aufgabe besteht in erster Linie in einem Schutz gegen äußere störende Luftströmungen und einer geeigneten Führung der Verbrennungsluft und der Abgase, wogegen lichttechnische Aufgaben, wie Zerstreuung oder Lenkung des ausgesandten Lichtstromes erst in zweiter Linie zu erfüllen sind. Verlangt wird von diesen Baustoffen eine befriedigende Widerstandsfähigkeit gegenüber den im Betrieb auftretenden Beanspruchungen. Diese sind besonders thermischer Natur, da der den Glühstrumpf meist eng umschließende Zylinder starken Temperaturunterschieden ausgesetzt ist, besonders dann, wenn die Temperaturverteilung plötzlich stark geändert wird, wie es beispielsweise beim Zünden oder Löschen der Lampen der Fall ist, oder wenn bei kleinen Verletzungen des Glühstrumpfes durch eine intensive, meist kaum erkennbare Stichflamme eine starke örtliche Überhitzung des Glases hervorgerufen wird. Ebenso können die stark erhitzten Glocken bei der Gasstraßenbeleuchtung oder bei den Benzinglühlichtsturmlaternen durch plötzlich einsetzenden Regen sehr stark abgeschreckt werden. Derartig hohen thermischen Beanspruchungen sind nur thermisch resistente Sondergläser auf die Dauer gewachsen [1]. Neben thermischer Festigkeit wird auch eine gewisse chemische Haltbarkeit verlangt, da chemisch schlechte Gläser durch die heißen Flammengase allmählich zersetzt werden und eine matte, unansehnliche Oberfläche erhalten.

Lichttechnische Aufgaben fallen diesen Beleuchtungsgläsern erst in zweiter Linie zu. Soll eine Lichtzerstreuung vorhanden sein, so können die Gläser auch mattiert werden, ja es gibt auch Trübgläser aus thermisch widerstandsfähigen Glasarten.

Gläser für Gasentladungslampen. Bei den Gasentladungslampen findet zwischen zwei Elektroden eine elektrische Glimm- oder Bogenentladung statt, welche von einem Glaskörper eingeschlossen ist (vgl. B 8, S. 155 f.). Sind solche Röhren sehr hoch belastet, wie z. B. bei Quecksilberhochdrucklampen, so müssen Gläser mit hohem Erweichungspunkt verwendet werden, andernfalls eine Erweichung und damit leicht ein späteres Springen der Gläser die Folge sein kann. In vielen Fällen muß Rücksicht auf das Einschmelzmaterial genommen werden, bei Wolfram- oder Molybdänzuführungen z. B. müssen auch Gläser mit entsprechend kleinen Ausdehnungskoeffizienten verwendet werden. Bei den Quecksilberdampf- und besonders den Natriumdampflampen werden gewöhnliche Glasarten durch die heißen Metalldämpfe stark angegriffen, wodurch eine Schwärzung bzw. Braunfärbung des Glases und damit eine erhebliche Abnahme der Lichtdurchlässigkeit eintritt. In diesen Fällen müssen Sondergläser verwendet werden, welche bei den Quecksilberlampen möglichst arm bzw. frei von Alkali, bei den Natriumdampflampen dagegen möglichst frei von Kieselsäure sein sollen [2]. Auf eine lichttechnische Beeinflussung der Primärstrahlung der Gasentladungslampen durch Farbgläser oder fluoreszierende Stoffe wurde in D 7 hingewiesen.

Sicherheitsgläser. Als „Sicherheitsgläser" werden klare, durchsichtige Baustoffe bezeichnet, welche gewöhnlichen Gläsern gegenüber eine stark verminderte Splitterwirkung aufweisen und daher die gewöhnlichen Fenstergläser dort ersetzen können, wo starke mechanische Beanspruchungen vorliegen und die gefährlichen Splitterwirkungen beim Bruch vermieden werden sollen. Sie finden also besonders bei der Verglasung von Kraftfahrzeugen, Flugzeugen usw. Verwendung.

Im Kraftfahrzeugbau sind die mehrschichtigen eigentlichen „Sicherheitsgläser" am verbreitetsten, bei denen zwei Glasscheiben durch eine zwischen ihnen liegende organische durchsichtige Zwischenschicht fest miteinander verbunden sind, welche bei der Zerstörung Stoßenergie auffängt und entstehende Glassplitter festhält [3]. Bei Temperaturen unter 0° C nimmt die Splittersicherheit allerdings ab. Als Zwischenschicht wird in der Mehrzahl der Fälle Zelluloid benutzt, nach neueren Verfahren auch die Zelluloidseele noch in andere organische Polymerisationskörper eingeschlossen. Eine früher allmählich zunehmende Verfärbung durch Licht und Wärme ist heute weitgehend vermieden.

Als Sicherheitsgläser gelten auch die „vorgespannten" Gläser (meist fälschlich als „gehärtete" Gläser oder „Hartglas" bezeichnet), bei denen dem Glase durch schnelle Abkühlung von Temperaturen oberhalb des Erweichungspunktes starke

---

[1] Für die Größe der thermischen Widerstandsfähigkeit ist in erster Linie die Größe des thermischen Ausdehnungskoeffizienten maßgebend, welcher bei den gewöhnlichen Gläsern etwa $8 - 9 \cdot 10^{-6}$, bei den guten thermisch resistenten Gläsern aber nur etwa $3,7 \cdot 10^{-6}$ beträgt. [Schönborn, H.: Allgemeine Verfahren zur Bestimmung der Wärmefestigkeit der Glasmasse. Glastechn. Ber. **15** (1937) 57—70.]

[2] Zusammenstellung bei R. Schmidt: Vgl. S. 417, Fußn. 1.

[3] Vgl. F. Ohl: Stand und Entwicklung des Sicherheitsglases. Glastechn. Ber. **12** (1934) 50—53.

Spannungen erteilt werden. Hierdurch wird einerseits die mechanische Widerstandsfähigkeit ganz erheblich vergrößert, während sich andererseits bei gewaltsamer Zerstörung keine gefährlichen Glassplitter bilden, sondern das Glas in viele, kaum erbsengroße Teilchen zerfällt, die keine nennenswerten Verletzungen verursachen können.

Weiter finden, besonders im Flugzeugbau, organische Kunststoffe Verwendung, welche bei normalen Temperaturen keinerlei Splitterwirkung zeigen und auch wesentlich leichter sind als Glas. Bei tiefen Temperaturen gehen sie aber ebenfalls in den spröden, splitternden Zustand über[1]. Neben dem früher benutzten Cellon und Pollopas ist das „Plexiglas"[2] bekannt, welches zwar noch nicht die Oberflächenhärte des Glases besitzt, aber eine hohe Bruchfestigkeit und Wetterfestigkeit aufweist, glasklar ist, sich nicht im Licht verfärbt und bei 75...125° C formbar ist.

Als Sicherheitsgläser können schließlich auch die *Drahtgläser* gelten, bei denen ein Drahtgewebe eingebettet ist, welches bei einer Zertrümmerung der Scheibe die Bruchstücke zusammenhält. In gewissen Fällen ist die Verwendung von Drahtglas aus Sicherheitsgründen polizeilich vorgeschrieben.

---

[1] EITEL, W.: Die Eigenschaften von Silikatgläsern im Vergleich zu glasklaren Kunststoffen. Glastechn. Ber. 15 (1937) 137—141.
[2] Rdsch. techn. Arbeit Nr. 43 (1936) 2.

E. Entwurf und Eigenschaften von Leuchten.

E 1. Einteilung der Leuchten.

Von

RUDOLF SEWIG-Dresden.

Mit 2 Abbildungen.

Die große Mannigfaltigkeit der von der Industrie entwickelten und für alle möglichen Zwecke angebotenen Leuchten kann nach verschiedenen Gesichtspunkten eingeteilt werden, wovon einige Gruppierungen hier durchgeführt wurden: nach der Energiequelle der Lampe, nach deren Lichtverteilung, nach dem vorgesehenen Grad der Beteiligung von Decken und Wänden an der Beleuchtungsaufgabe, nach den verwendeten optischen Mitteln und Baustoffen, soweit sie für die Aufgabe der Lichtverteilung maßgebend sind, sowie nach der mechanischen Ausführung (Widerstandsfähigkeit der Leuchte gegen schädliche Einflüsse). Welche dieser Einteilungen für praktische Zwecke, etwa den Entwurf von Katalogen, zugrunde zu legen sei, ergibt sich meist aus Gründen der Zweckmäßigkeit.

a) Energieform der Lichtquelle.

Bei den geschichtlich ältesten Lichtquellen — Kienspan, Fackel, Kerze usw. — kannte man überhaupt noch keine Leuchte, d. h. kein Mittel zur zweckmäßigen Verteilung des Lichtstroms der Lichtquelle: sie waren Freistrahler.

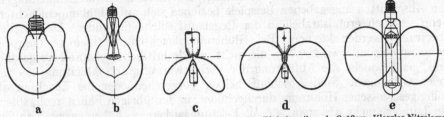

Abb. 439 a—e. Lichtverteilungskurven. a Matte Glühlampe der Einheitsreihe. b Größere Klarglas-Nitralampe. c Bogen mit Homogenkohlen. d Effektbogen (Flammenbogen). e Quecksilber-Hochdrucklampe.

Hinsichtlich der Energieform haben wir zunächst Leuchten für **gasförmige und flüssige Brennstoffe** (vgl. B 11, S. 213, B 12, S. 228); Vorratsbehälter oder — und — Leitungen bilden baulich wichtige Teile der Leuchte. Die Durchbildung der lichtverteilenden Mittel ist in vielen Fällen (Petroleum-, Benzinlampen, vielfach auch Gasglühlicht) noch sehr primitiv. Gelegentlich wird auf eine Armatur überhaupt verzichtet (Azetylenfackeln für Baubeleuchtung), in anderen Fällen besteht der Lichtverteiler aus einem einfachen tiefgedrückten Spiegel. Da — besonders bei transportablen Leuchten, Handlampen u. ä. — die Abmessungen der leuchtenden Fläche, die meist eine geringe Leuchtdichte aufweist, im Verhältnis zu denen des Spiegels ziemlich groß sind, ist eine vernünftige Lichtrichtung nur in beschränktem Umfang zu erreichen; aber man kann meist wenigstens die Blendung herabsetzen. Beim Gasglühlicht dagegen beginnen sich rationelle Leuchtenformen durchzusetzen, z. B. die Kleinschen Spiegelleuchten von Zeiß-Ikon und die Blohm-Glocke von Schott (Abb. 251...253, S. 225). Sorgfalt ist beim Entwurf auf Leitungen zum Be- und Entlüften zu verwenden; diese führen gelegentlich sogar zu besonderen konstruktiven Maßnahmen (z. B. die Sekundärluft-Zuleitungen, die bei Sturmlaternen gleichzeitig als Träger ausgebildet sind, Abb. 254, S. 231).

Kohlebogen. Bei Kohlebogenlampen müssen wir unterscheiden zwischen drei hauptsächlichen Anwendungsgebieten: Straßenbeleuchtung, Lichtpauserei, Projektion. In den ersten beiden Fällen haben die Konstruktionen der Lampen und Leuchten eine gewisse Ähnlichkeit (vgl. E 8): automatisch regulierende Uhrwerke, parallel dicht nebeneinander oder gegenüberstehende Kohlen sowie — abgesehen von einem Emailleschirm und einer zur Verringerung der Blendung vorgesehenen Mattglasglocke keine weiteren optischen Mittel. Da der Kohlebogen mit in einer Achse angeordneten Kohlen (vgl. Abb. 439c, d) bereits einigermaßen die Lichtverteilung hat, die für Straßenbeleuchtung angestrebt wird (Breitstrahlung), ist für diesen Zweck die Verwendung weiterer optischer Mittel weniger wichtig. — Bei der Projektion handelt es sich stets um die Herstellung eines parallelen Lichtbündels (vgl. E 9, 10), zu welchem Zweck heute fast ausschließlich Spiegelkondensoren angewendet werden, entweder allein oder in Kombination mit Sammellinsen; seltener werden Projektionsbogenlampen ausschließlich mit Linsenkondensoren benutzt. An derartige Leuchten werden optisch sehr hohe Anforderungen gestellt, die wegen der hohen Leuchtdichte und geringen Ausdehnung des Kohlebogens auch in guter Näherung erfüllt werden können.

Glühlampen. Am vielgestaltigsten, besten durchgebildet und am meisten verbreitet sind Leuchten für elektrische Glühlampen. Moderne unmattierte Glühlampen mit gewendelten Drähten haben große Leuchtdichten und kleine Leuchtkörperabmessungen, erfordern also einerseits den Einbau in Leuchten zur Herabsetzung der Blendung und ermöglichen andererseits aus den gleichen Gründen eine ökonomische Lichtverteilung. Die meisten der in den nachfolgenden Abschnitten angegebenen Beispiele beziehen sich auf Glühlampenleuchten, wenn sie auch grundsätzlich in der Regel auf solche für andere Lichtquellen übertragen werden können. Bei Glühlampenleuchten für kleinere Lampeneinheiten (bis zu etwa 200 W), die nicht gerade luftdicht gekapselt ausgeführt sind, genügt meist die Abführung der Verlustwärme durch Ableitung aus den freien Öffnungen. Sind Abschlußscheiben vorgesehen oder die Leuchten als völlig geschlossener Hohlraum durchgebildet, in den übrigen Fällen auch, sofern die Lampen mehr als etwa 200 W Leistungsaufnahme haben, werden in der Fassung Luftlöcher oder — und — Strahlungsschirme vorgesehen, um übermäßige Erwärmung der oben liegenden Sockel, Fassungsteile und Leitungen zu vermeiden; über derartige konstruktive Maßnahmen vgl. E 5, 6, S. 474f. Bei völlig luftdicht abgeschlossenen Leuchten ist beim Entwurf der notwendigerweise höheren Betriebstemperatur Rechnung zu tragen.

Gasentladungslampen. Von diesen haben sich für allgemeine Beleuchtungsaufgaben besonders die Quecksilber-Hochdrucklampe und die Natriumlampe durchgesetzt (vgl. B 8, S. 171f.; E 7), beides walzenförmige Lampen mit kleinem Durchmesser und beträchtlicher Länge. Zur rationellen Verteilung ihres Lichtstroms (Abb. 439e) sind grundsätzlich andere Leuchtenkonstruktionen am Platze als für Glühlampen (vgl. E 3, S. 438f.), wenn auch in Einzelfällen vorhandene Typen befriedigende Ergebnisse liefern können. Für breitstrahlende Leuchten günstig ist die vertikale Anordnung, wie sie für Quecksilberhochdrucklampen üblich ist, in Anbetracht der vorwiegend senkrecht zu deren Achse abgestrahlten Lichtströme. Die Wärmeabfuhr erfordert etwa die gleichen Maßnahmen wie bei Glühlampen gleicher Leistungsaufnahme. Im Interesse bequemer Schaltung und (besonders bei Natriumlampen) der Ersparnis von Leitungen baut man die bei Gasentladungslampen nötigen Vorschaltdrosseln gern in einen über der Leuchte angeordneten Behälter.

b) Lichtverteilung.

Ist der Lichtverteilungskörper einer Leuchte vorwiegend oder ausschließlich durch den der Lichtquelle selbst bestimmt, also zusätzliche lichtrichtende Mittel nicht vorgesehen, so spricht man von einem **Freistrahler.** Nur in seltenen Fällen (Bogenlampen) ergibt sich hierbei eine zweckentsprechende Lichtstromverteilung. Für Glühlampen und Gasglühlicht sind Freistrahler als eine primitive, überholte Entwicklungsstufe anzusehen, und ihre Vertreter sollten baldigst ausgemerzt werden, da sie auch durchweg stark blenden.

Ist die lichttechnische Aufgabe eine andere, als die gleichmäßige Ausleuchtung einer Fläche (Straßen-, Raumbeleuchtung), also etwa vorwiegend dekorativer Art oder als Blickfang gedacht (Lichtarchitektur, vgl. F 7 usw., Lichtreklame, vgl. H usw.), so spielen Wirkungsgrad und Blendfreiheit eine untergeordnete Rolle. In solchen Fällen können Leuchten ohne zusätzliche lichtverteilende Mittel durchaus am Platze sein, z. B. Linestraröhren für vorwiegend dekorative Zwecke, Gas- oder Metalldampfleuchtröhren zur Lichtreklame.

Die meisten beleuchtungstechnischen Aufgaben laufen auf die gleichmäßige Ausleuchtung einer mehr oder minder ausgedehnten Fläche f hinaus, wobei auch im allgemeinen deren Abstand a von der Leuchte gegeben ist. Nach dem Verhältnis f/a bestimmt sich der Typ der Lichtverteilung der zu verwendenden Leuchte. Ist f/a^2, der Raumwinkel also, auf den der Lichtstrom möglichst gleichmäßig zu verteilen ist, klein, so benötigt man **Tiefstrahler;** bei größeren Raumwinkeln kommen **Breitstrahler** in Betracht. Gleichzeitig wachsen die Anforderungen hinsichtlich Anpassung der Lichtverteilungskurve an eine vorgegebene Gestalt, die sich aus der angestrebten Beleuchtungsstärkeverteilung ergibt und meist den Charakter der bekannten $\cos^3$-Kurve hat (vgl. E 2, S. 436). Breitstrahler mit extrem weit ausladenden Flügeln der Lichtstärkeverteilungskurve werden auch als **Schirmstrahler** bezeichnet.

Eine besondere Klasse von Leuchten mit möglichst exakt festzulegender Lichtverteilung bilden die **asymmetrischen Leuchten,** welche die Aufgabe haben, ausgedehnte Felder von in verschiedenen Richtungen stark verschiedenen Dimensionen (im allgemeinen langgestreckte Rechtecke) möglichst gleichmäßig auszuleuchten. Hierzu gehören die Langfeldleuchten für Straßen und Geleiszüge und die Mehrrichtungsleuchten für Straßenkreuzungen und -einmündungen. Solche Aufgaben sind in rationeller Weise konstruktiv wesentlich schwieriger zu lösen als der bisher behandelte rotationssymmetrische Fall (vgl. auch E 3). Wegen der nichtrotationssymmetrischen Spiegelflächen sind solche Leuchten auch meist teurer als andere.

Der Vollständigkeit halber müssen wir auch noch auf die **Scheinwerfer** und die ihnen baulich ähnlichen Anleuchtgeräte hinweisen, die als Tiefstrahler mit extrem starker Bündelung (kleinster Raumwinkel) anzusprechen sind.

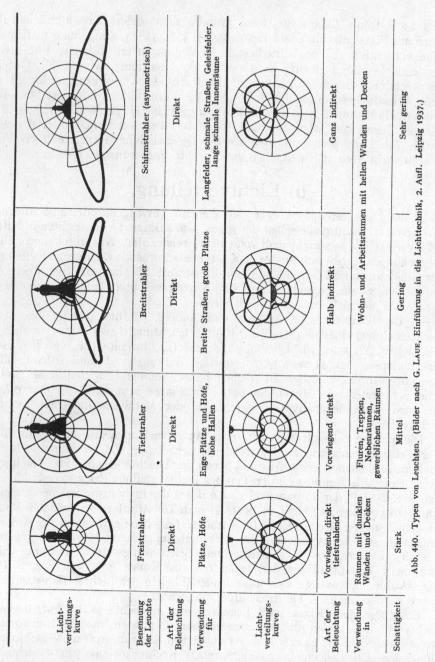

Lichtverteilungskurve							
Benennung der Leuchte	Freistrahler	Tiefstrahler	Breitstrahler	Schirmstrahler (asymmetrisch)			
Art der Beleuchtung	Direkt	Direkt	Direkt	Direkt			
Verwendung für	Plätze, Höfe	Enge Plätze und Höfe, hohe Hallen	Breite Straßen, große Plätze	Langfelder, schmale Straßen, Geleisfelder, lange schmale Innenräume			

Lichtverteilungskurve							
Art der Beleuchtung	Vorwiegend direkt tiefstrahlend	Vorwiegend direkt	Halb indirekt	Ganz indirekt			
Verwendung in	Räumen mit dunklen Wänden und Decken	Fluren, Treppen, Nebenräumen, gewerblichen Räumen	Wohn- und Arbeitsräumen mit hellen Wänden und Decken				
Schattigkeit	Stark	Mittel	Gering	Sehr gering			

Abb. 440. Typen von Leuchten. (Bilder nach G. Laue, Einführung in die Lichttechnik, 2. Aufl. Leipzig 1937.)

c) Beteiligung der Raumbegrenzungsflächen.

Exakte Forderungen hinsichtlich der Lichtverteilung lassen sich nur stellen und erfüllen, wenn die Beleuchtung direkt ist, also Reflexionen an Bauteilen (Decken, Wänden) keinen merklichen Beitrag zu der Beleuchtungsstärke auf der Bezugsfläche liefern, was bei Außenbeleuchtung stets angenommen werden kann. Bei Allgemeinbeleuchtung von Innenräumen [1] sind Wände und Decken

---

[1] Ausgenommen die reine Arbeitsplatzbeleuchtung sowie die Allgemeinbeleuchtung von großen Hallen u. dgl.

mehr oder minder maßgebend für Stärke und Gleichmäßigkeit der Beleuchtungsverteilung, sowie für den erzielbaren lichttechnischen Wirkungsgrad. Da deren Gestalt und Reflexionsvermögen innerhalb weiter Grenzen verschieden ist, kommt es auf eine exakte Festlegung der Lichtverteilung von Leuchten für Innenraum-Allgemeinbeleuchtung weniger an, als auf deren grundsätzlichen Typ, der den Umständen entsprechend zu wählen ist. In der Regel ist die Gestalt des Raumes (Seitenverhältnis für sich und in Beziehung zur Höhe) sowie das Reflexionsvermögen der Wand- und Deckenanstriche wichtiger als geringe Unterschiede in der Lichtverteilung der in Frage kommenden Leuchten und müssen dementsprechend als ausschlaggebend in den Entwurf derartiger Anlagen mit einbezogen werden (vgl. F 4; F 5). Bei dunklen und — oder — weit entfernten Wänden bzw. Decken ist ganz oder vorwiegend direkte Beleuchtung vorzuziehen, bei helleren Farben mehr oder weniger indirekte. Je größer der Anteil des mindestens einmal an Wänden oder Decke reflektierten und gestreuten Lichtstroms ist, um so gleichmäßiger und schattenärmer wird die Beleuchtung, um so geringer allerdings der lichttechnische Wirkungsgrad. Abb. 440 zeigt die wichtigsten Typen von Leuchten für Außen- und Innenbeleuchtung mit ihren Lichtverteilungskurven und Angaben über Verwendungszweck und Schattigkeit der damit erzielten Beleuchtung. Einige praktische Beispiele von Allgemeinbeleuchtung finden sich in G 2.

d) Optische Mittel und lichttechnische Baustoffe.

Beim einfachsten Typ einer Leuchte, dem Freistrahler, verzichtet man auf die Verwendung besonderer optischer Mittel zur Verteilung des Lichtstroms. Strebt man einen hohen beleuchtungstechnischen Wirkungsgrad (vgl. E 2, S. 435 f.) an, so kommt bei Zweckleuchten — abgesehen von den oben erwähnten Ausnahmen — um lichtrichtende optische Mittel nicht herum. Zum Entwurf derartiger Bauteile können die Erscheinungen der Spiegelung und Brechung benutzt werden, zur Herabsetzung der Blendung außerdem die Streuung an diffus reflektierenden und durchlässigen Baustoffen.

Bei den **Spiegelleuchten**, die meist mit den durch große Beständigkeit und hohes Reflexionsvermögen ausgezeichneten Glas-Silber-Spiegeln ausgerüstet sind, seltener mit hochglanzpolierten, korrosionsfesten Metallspiegeln, läßt man — wenn dies mit Hinblick auf Blendung möglich ist, lichtstreuende Baustoffe fort. Gelegentlich sind Ringe oder Abschlußscheiben aus seidenmatten Gläsern vorgesehen; nur bei den mehr nach dekorativen Gesichtspunkten gestalteten Leuchten für Innenräume wird in erheblicherem Maße Trübglas mit starker Streuung als Baustoff verwendet. Die Spiegelleuchten sind — anschließend an die Arbeit von WISKOTT — namentlich von C. G. KLEIN und seinen Mitarbeitern zu einem hohen Grad von Vollkommenheit entwickelt und für die verschiedensten Zwecke durchgebildet worden und zeichnen sich durch hohen Beleuchtungswirkungsgrad und lichttechnisch vorbildliche Konstruktion aus.

Leuchten mit **prismatischen Gläsern** (Lichtrichtung durch Brechung und Totalreflexion), die besonders in England und Amerika beliebt, bei uns in letzter Zeit etwas aus der Mode gekommen sind, sind z. B. die sog. „Holophanegläser“. Auch bei diesen ist eine exakte Lichtstromrichtung möglich und in einzelnen Fällen auch durchgeführt. Sie sind ebenfalls ziemlich teuer und neigen bei offener Bauweise zum Verschmutzen.

Leuchten mit **diffus reflektierenden** Schirmen zur Lichtrichtung sind die meist tiefstrahlerähnlichen Werkplatz- und Innenraumleuchten mit Reflektoren aus Emaille oder auf Metall bzw. Preßstoff aufgespritzten diffus reflektierenden Metallschichten. Auch diffus durchlässige Baustoffe (Trübgläser) können

— richtig eingesetzt — eine zweckmäßige Lichtstromrichtung mit geringer Blendung vereinigen, wenn an die Form der Lichtverteilungskurven keine strengen Anforderungen gestellt werden. Anordnung vertikaler oder steil geneigter Trübglasflächen begünstigt die seitliche Abstrahlung; Beispiele hierfür sind die Blohm-Glocke (Abb. 251...253, S. 225) und die Sistrah-Leuchten (Abb. 514, S. 480).

e) Mechanische Ausführung.

Hierzu interessiert besonders die Eignung der Leuchten, den atmosphärischen Einflüssen und der Feuchtigkeit zu widerstehen. Für **Innenräume** werden meist Hohlkörper verwendet, die entweder ganz geschlossen oder nach unten (gelegentlich auch nach oben) offen sind. Um Absetzen von Staub, Schmutz und Insektenleichen zu verringern, ist es günstig, die seitlichen äußeren Flächen möglichst steil zu stellen. Für stärkerer Verstaubung ausgesetzte Räume (Eisenbahnanlagen, Betriebe mit Stein- oder Kohlenstaub) werden besonders **staubdichte** Leuchten gebaut, die mit ganz geschlossener, staubdicht anliegender Glocke ausgerüstet sind. Besondere Anforderungen hinsichtlich solcher Abdichtungen gelten für explosionsgefährdete Räume (Bergwerke, vgl. G 6, chemische Betriebe usw.). Hier müssen die Leuchten nicht nur staubdicht, sondern **gasdicht** sein, was nicht nur für die Gestaltung der Dichtung zwischen Glocke und Armatur, sondern auch für die Einführung der Kabel und evtl. vorhandene Schalter zu berücksichtigen ist. **Spritzwasserdicht** werden Leuchten für Badezimmer, Waschküchen, Schwimmbäder und feuchte Innenräume anderer Art ausgeführt, sowie Leuchten, die im Freien während des Betriebs mit ihrer Hauptstrahlungsrichtung seitlich oder nach oben gerichtet anzubringen sind, z. B. Anstrahler, Scheinwerfer u. ä. Gelegentlich kommt auch der Fall vor, daß Leuchten während des Betriebs unter Wasser liegen, z. B. bei Beleuchtung von Schwimmbädern, Leuchtfontänen, Unterwasserscheinwerfern u. ä., die infolgedessen eine **druckwasserdichte** Ausführung verlangen. Explosionssichere und druckwasserdichte Leuchten müssen besonders stark dimensionierte Glasteile bekommen, die mechanischen Beanspruchungen, Stößen, in höherem Maße gewachsen sind als in Fällen, wo die Zerstörung der äußeren Hülle nicht durch Explosion oder Kurzschlüsse Menschenleben gefährden oder großen Sachschaden anrichten kann.

E 2. Wirtschaftlichkeit von Leuchten und Beleuchtungsanlagen.

Von

RUDOLF SEWIG-Dresden.

Mit 4 Abbildungen.

Die Wirtschaftlichkeit einer Leuchte ist nicht durch eine einzige Zahl zu kennzeichnen, wie etwa die Lichtausbeute einer Lampe. Unter verschiedenen Gesichtspunkten betrachtet, kann eine Leuchte mit einem geringeren Geleuchtwirkungsgrad (vgl. a) eine wirtschaftlichere Lösung eines Beleuchtungsproblems ergeben, als eine solche mit höherem Geleuchtwirkungsgrad. Beleuchtungstechnische Aufgaben können in den seltensten Fällen ohne Berücksichtigung sekundärer Faktoren (z. B. Einflüsse umgebender Bauteile, Blendung) gelöst werden, welche für die erreichbare Sehleistung maßgebend sind. Ist die Sehaufgabe einfach und eindeutig festgelegt und bestehen Möglichkeiten zur experimentellen Messung und rechnerischen Bewertung der Sehleistung, so könnte man daran denken, den Quotienten aus Sehleistung und installierter (etwa elektrischer) Leistung als für die Wirtschaftlichkeit maßgebende Zahl anzusehen. Derart eindeutige Verhältnisse liegen aber nicht immer vor. Für Straßenbeleuchtungsanlagen hat KLEIN [1] ein Verfahren zur experimentellen Bestimmung und ein Nomogramm (vgl. F 1, J 1) zu deren Auswertung angegeben; für Autoscheinwerfer lassen sich ähnliche Bewertungsgrundlagen etwa aus den Untersuchungen von BORN und WOLFF [2] (vgl. J 2) herleiten. In anderen Fällen (Beleuchtung von Innenräumen und Arbeitsplätzen) sind die Verhältnisse ungleich komplizierter und noch nicht in entsprechender Weise zahlenmäßig erfaßt. Daher müssen wir uns darauf beschränken, nachstehend die wichtigsten für die Kennzeichnung der Wirtschaftlichkeit von Leuchten und Beleuchtungsanlagen maßgebenden Punkte aufzuzeigen.

a) Wirkungsgrad einer betriebsmäßigen Lampenausrüstung und Hohlkörperwirkungsgrad.

Der Wirkungsgrad einer betriebsmäßigen Lampenausrüstung (vgl. DIN 5032, S. 4; 2 γ) ist durch den Quotienten aus den Lichtströmen der betriebsmäßigen Lampenausrüstung und der nackten Lampe (ohne Ausrüstung, das ist ohne Leuchte) gegeben und wird durch zwei Messungen in der Ulbrichtschen Kugel (und zwei weitere zur Eliminierung des Einflusses der Leuchte auf die Messung) ermittelt. Er wird um so geringer ausfallen, je größer der Anteil des von den Bauteilen der Leuchte absorbierten Lichts ist und stellt insofern ein Kennzeichen für deren Wirkungsgrad dar.

Für Leuchten mit Hohlkörpern aus lichtstreuenden Gläsern ist in DIN 5036 (S. 1, II) der Begriff des Hohlkörperwirkungsgrades definiert als Summe von Hohlkörperdurchlässigkeit und Hohlkörperreflexion, wobei diese wiederum folgendermaßen definiert sind.

„Hohlkörperdurchlässigkeit ist das Verhältnis des nach Durchgang durch die Wandung aus dem Körper austretenden Lichtstroms zu dem den Körper treffenden Lichtstrom einer in Normalstellung befindlichen Lichtquelle."

„Hohlkörperreflexion ist das Verhältnis des nach Reflexion an der Wandung aus den Öffnungen des Körpers austretenden Lichtstroms zu dem den Körper treffenden Lichtstrom einer in Normalstellung befindlichen Lichtquelle."

Daselbst sind (III) auch Anleitungen für die Messung dieser Werte angegeben. Nach den Definitionen des DIN-Blattes 5032 kommt der Wirkungsgrad einer betriebsmäßigen „Lampenausrüstung", die nur die nackte Lampe selbst enthält, also nicht in einer lichtverteilenden oder streuenden Leuchte untergebracht ist, zu 1 (100%) heraus. Schon daraus sieht man, daß dieser Geleuchtwirkungsgrad keineswegs die einzige oder auch nur die maßgeblichste Zahl ist, um Güte und Wirtschaftlichkeit einer Leuchte zu kennzeichnen. Es gibt lediglich ein Maß dafür, welcher Aufwand an Lichtleistung (Lichtstrom) bei einer vorhandenen Leuchte zur Lösung einer lichttechnischen Aufgabe (Blendungsverminderung, geeignete Lichtverteilung) verbraucht wird. Von zwei Leuchten gleicher relativer Lichtverteilung und gleich starker Blendwirkung wird allerdings diejenige vorzuziehen sein, die den größeren Geleuchtwirkungsgrad hat.

[1] KLEIN, C. G.: Beschreibung eines neuen Sehleistungs-Prüfapparates. Proc. Int. Illuminat. Congr. Edinburgh 1931, S. 56—75.

[2] BORN, F. u. M. WOLFF: Blendungsversuche an Automobil-Scheinwerfern. Licht 2 (1932) 154—156.

Bei handelsüblichen Leuchten liegt dieser Wirkungsgrad zwischen ~ 0,7 und 0,95.` Diese Grenzen entsprechen etwa einer dichten, ganz geschlossenen Trübglasglocke und einer hochwertigen Spiegelleuchte.

b) Wirtschaftlichkeit von Einzel- und Mehrfachleuchten.

Bei Glühlampen für normale Netzspannungen (110…220 V) ist die Lichtausbeute (Φ/N, lm/W) bei den Typen höherer Leistungsaufnahme erheblich größer als bei den kleineren. Hinsichtlich des Lichtstroms ergeben demzufolge z. B. fünf Stück 40-W-Lampen der Einheitsreihe einen um mehr als die Hälfte geringeren Lichtstrom als eine Nitralampe gleicher Leistung (Abb. 441). In bezug auf Stromverbrauch, Anschaffungs- und Ersatzkosten, ist es also erheblich günstiger, wenige große an Stelle zahlreicher kleinerer Einheiten zu verwenden, wenigstens dann, wenn dieselben in einer Leuchte zusammengefaßt sind. In lichtwirtschaftlicher Beziehung sind z. B. die kronleuchterähnlichen Wohnraumleuchten mit mehreren Einzellampen den Leuchten mit nur einer

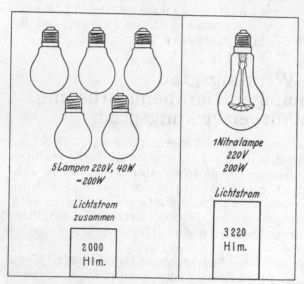

Abb. 441. Vergleich der Lichtströme von mehreren kleinen und einer großen Glühlampe.

entsprechend größeren Lampe erheblich unterlegen. Hinzu kommt, daß eine um so bessere Anpassung des Lichtverteilungskörpers einer Leuchte an einen gegebenen Zweck möglich ist, je kleiner die Ausdehnung der leuchtenden Fläche im Vergleich zu der der lichtrichtenden Leuchte ist, wobei die entsprechend größer ausgeführten hochwertigen Einzelleuchten gegenüber solchen mit Aufteilung in mehrere kleinere Einheiten entsprechend besser abscheiden. Daß man bei Wohnraumbeleuchtung auf solche anscheinend nicht verzichten kann, dürfte ein Zeichen einer überalterten Geschmacksrichtung sein, die noch in der Zeit des Kerzen-Kronleuchters wurzelt.

So schnell die Frage „Einzel- und Mehrfachleuchte" für die meisten Aufgaben der Beleuchtung kleinerer Innenräume entschieden ist, so sorgfältige Abwägung erfordert sie für Großraum- und Außenbeleuchtung. An dem Grundsatz, im Interesse der Wirtschaftlichkeit möglichst wenige, mit starken Lampen bestückte Leuchten vorzusehen, halten wir natürlich fest. Darunter darf aber nicht die Qualität der Beleuchtung leiden (vgl. F 5), insbesondere Gleichmäßigkeit und Blendungsfreiheit. Ein Kompromiß hinsichtlich der Größe der Einheiten ergibt sich hieraus und aus der bei größeren Feldern unvermeidlich größeren Ungleichmäßigkeit der Vertikalkomponente der Beleuchtungsstärke, deren Bedeutung man zwar kennt, die man aber noch nicht in ähnlichen Regeln festgelegt hat wie die horizontale.

Eine verhältnismäßig große Anzahl von Lampen setzt man meist für die indirekte Beleuchtung großer Flächen von hinten (vgl. F 7, G 3, H 4) ein, z. B. von Transparenten, Leuchtkästen, leuchtenden Decken). Daß derartige Aufgaben unter Einsatz geeigneter, großflächiger, spiegelnd oder matt reflektierender Elemente auch mit Einzelleuchten lösbar sind, ohne Verzicht, unter Umständen unter Gewinn an Gleichmäßigkeit, zeigen die Gegenüberstellungen der Abb. 442 und 443. Man kann sogar (Abb. 443 b, nach LYON[1]) die Lichtverteilung derartiger großflächiger Leuchten im Sinne einer leicht-gerichteten Breitstrahlung beeinflussen. Abgesehen davon rentieren sich solche Konstruktionen schon durch die erheblich geringeren Kosten für Ersatz und Wartung.

Sehr sorgfältig sollte von Fall zu Fall geprüft werden, ob das gelegentlich von Großverbrauchern (z. B. Verkehrsunternehmen) geäußerte Bedenken der erhöhten Lagerhaltungskosten, welches gegen die Verwendung verschiedener, für individuelle

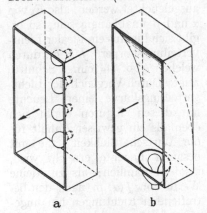

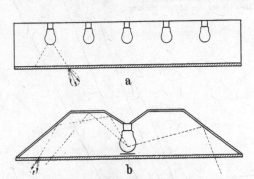

Abb. 442 a und b. Ausleuchtung eines Transparents durch a mehrere Einzellampen, b eine Leuchte und Zusatzreflektor.

Abb. 443 a und b. Ausleuchtung einer großflächigen Deckenleuchte mit Trübglas-Abschlußscheibe durch a Einzellampen, b eine Lampe und Reflektor.

Zwecke am besten geeigneter Lampentypen geltend gemacht wird, gegenüber den angeführten wirtschaftlichen Gründen stichhaltig ist.

Einige Ausnahmen gibt es, wo heute noch für Zweckbeleuchtungsanlagen Leuchten mit mehreren Lampen hergestellt werden müssen. Einmal bei der Gasbeleuchtung (Gruppenbrenner, vgl. B 11, S. 219f.), weil man nicht genügend große Einheiten herstellen kann, und zum anderen beim Mischlicht (Metalldampf- und Glühlampen), weil man eine im ganzen ausgeleuchteten Feld gleichmäßige Mischfarbe herstellen will. In beiden Fällen lassen sich die bei Einzelleuchten möglichen günstigsten Formen des Lichtverteilungskörpers nicht erzielen.

c) Wirtschaftlichkeit hinsichtlich der Lichtverteilung.

Auf S. 433 wurde bereits darauf hingewiesen, daß die Wirtschaftlichkeit in bezug auf das erzielte Ergebnis der Beleuchtungsanlage gewertet werden muß. Nehmen wir — zunächst ohne Berücksichtigung anderer wichtiger Faktoren — als Ziel etwa einer Straßenbeleuchtung die Herstellung einer gleichmäßigen Horizontalbeleuchtung bei gegebenen Aufhängehöhen und Abständen der Leuchten an, so wird eine Leuchte mit geeigneter Breitstrahler-Charakteristik

[1] LYON, J. A. M.: Luminous surfaces for architectural lighting. Trans. Illum. Engng. Soc. **32** (1937) 723–733.

(also weit ausladenden Flügeln der Lichtverteilungskurve, vgl. Abb. 440, S. 430) unter Umständen auch dann als wirtschaftlicher gegenüber einer anderen mit weniger geeignetem Lichtverteilungskörper anzusprechen sein, wenn ihr Geleuchtwirkungsgrad um etliche % niedriger liegt.

Anders ausgedrückt: teilen wir den Lichtverteilungskörper einer Leuchte in Meridianebenen mit der Neigung β gegen die Vertikale, die Schnitte in jeder dieser Ebenen nach dem Winkel α gegen eine Hauptrichtung auf, so ist die horizontale Beleuchtungsstärke[1]:

$$E_h = \frac{J(\alpha, \beta)}{h^2} \cdot \cos^3 \alpha \cdot \cos^3 \beta.$$

Soll das ganze Feld gleichmäßig ausgeleuchtet werden, also E_h von α und β unabhängig sein, so ergibt sich hieraus ein idealer Lichtverteilungskörper[2] $J(\alpha, \beta)$, durch welchen Abb. 444 einige Schnitte zeigt. Durch Vergleich der Lichtverteilungskurve einer Leuchte mit diesen Figuren ergibt sich ebenfalls ein gewisser Anhalt für die Wirtschaftlichkeit, die mit besagter Leuchte erreicht wird, insofern nämlich, als zu kleine Werte von $J(\alpha, \beta)$ nach den betreffenden Richtungen hin ungenügende Ausstrahlung, zu große einen unnötigen Überschuß an Lichtleistung bedeuten. Ein exakter Wertmaßstab ist aus diesen Überlegungen bisher nicht abgeleitet worden.

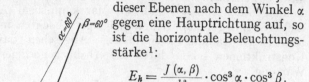

Abb. 444. Schnitte durch den Idealkörper der Lichtverteilung.

Ungleichmäßige Beleuchtung ist unwirtschaftlich, da sie die Sehleistung ungünstig beeinflußt. Am nachteiligsten sind Einzelstellen extrem hoher Leuchtdichte (in der Regel die Lampe selbst, auch helle Reflexstreifen auf nassem Asphalt. Blendung ist eines der schwerstwiegenden Momente, die die Wirtschaftlichkeit von Beleuchtungsanlagen herabdrücken können.

d) Wirtschaftlichkeit unter Einbeziehung leuchtender Flächen.

Bei Außenbeleuchtungsanlagen haben wir in der Regel rein direkte Beleuchtung, d. h. die an irgendeinem Punkt herrschende Beleuchtungsstärke rührt ausschließlich von den Leuchten selbst her. Ähnlich liegen die Verhältnisse bei Innenräumen von großer Höhe und Fläche (z. B. Fabrikhallen) und bei der

[1] Mühlig, R.: Meßapparat für asymmetrische Leuchten. Licht **6** (1936) 23—25, 49—52.

[2] Sewig, R.: Wege zum Ausbau der Gas-Straßenbeleuchtung. Gas- u. Wasserfach **80** (1937) 393—403.

Beleuchtung von Arbeitsplätzen. Bei den übrigen Raumbeleuchtungen ist in der Regel der Anteil des sekundären, an Decken und — oder — Wänden reflektierten Lichtstroms maßgebend an der Beleuchtung beteiligt.

In dem Maße, wie der Konstrukteur diesen Einfluß bewußt in die Planung der Beleuchtungsanlage einbezieht, also in fortschreitendem Maße von der direkten Beleuchtung zur halbindirekten oder völlig indirekten Beleuchtung übergeht, spielen Reflexionsvermögen der Decken und Wände sowie die geometrischen Verhältnisse des Raums (Länge, Breite, Höhe) in das Projekt hinein und üben maßgebenden Einfluß auf den Gesamtwirkungsgrad aus. Als solcher kann gelten das Verhältnis von Nutzlichtstrom (beleuchtete Fläche × Beleuchtungsstärke, 1 m über dem Fußboden gemessen) zum aufgewendeten Lichtstrom der Leuchte (oder auch der Lampen selbst). Diese Zahlen, die der Planung von Beleuchtungsanlagen nach der „Wirkungsgradmethode" zugrunde liegen, ordnen sich je nach Art der Beleuchtung (direkt bzw. mehr oder weniger indirekt), dem Reflexionsvermögen der Bauteile und den geometrischen Verhältnissen der Räume etwa zwischen 6 und 60% ein [vgl. Tabelle 55 (Anh.)].

Der stets geringere Wirkungsgrad halb- oder vollindirekter Anlagen kann — abgesehen von rein dekorativen Belangen — dann gerechtfertigt sein, wenn die Vorteile größerer Gleichmäßigkeit und geringerer Schattigkeit der Beleuchtung zu einer Verbesserung der Sehleistung oder Verringerung der Ermüdung gegenüber direkten Anlagen mit an sich höherem Wirkungsgrad führen. Hier — wie überall in der Beleuchtungstechnik — zeigt sich, daß hohe Beleuchtungsstärken nicht das allein Wesentliche sind.

e) Andere, für die Wirtschaftlichkeit maßgebende Faktoren.

Wir müssen bei der Beurteilung der Wirtschaftlichkeit einer Beleuchtungsanlage nicht nur die rein lichttechnischen Verhältnisse berücksichtigen, sondern auch die — sogar in den meisten Fällen — an erster Stelle stehende Kostenfrage. Häufig wird von lichttechnisch mustergültig geplanten Beleuchtungsanlagen aus finanziellen Gründen dies oder jenes abgestrichen. In der Regel geht es um Stärke und Gleichmäßigkeit der Beleuchtung im Verhältnis zu den *Anlagekosten*; diese hängen wiederum von den örtlichen Verhältnissen (bauliche Veränderungen, Arbeitslöhne, Installationskosten) und schließlich von den Kosten der Leuchten ab. Wenn es sich um Erstellung neuer Anlagen handelt — und in fast allen anderen Fällen — entnimmt man aus der Kalkulation, daß die Kosten der Leuchte gegenüber denen der baulichen Anlagen und der Installation von untergeordneter Bedeutung sind. Man spart also am völlig falschen Ort, wenn man die Gesamtkosten der Anlage durch Einsatz minderwertiger, vergleichsweise etwas billigerer Leuchten herabdrücken will.

Es gibt noch eine Reihe von Faktoren, welche die Wirtschaftlichkeit einer Beleuchtungsanlage maßgebend beeinflussen, und die aus den durch den *Betrieb* gegebenen Verhältnissen resultieren. *Tariffragen* können eine große Rolle spielen und z. B. die Frage — Gas oder elektrisch — entscheiden. Hohe Stromtarife lassen die Verwendung von Mischlicht (Nitralampen und Gasentladungslampen in einer Leuchte) oder auch — falls die Farbe nicht stört — von diesen allein ratsam erscheinen, da Metalldampflampen eine merklich höhere Lichtausbeute haben als Glühlampen. Auch die Wirtschaftlichkeit der Glühlampen hinsichtlich *Lampenersatz* ist in gewissem Maße mit Tariffragen gekoppelt (starke Zunahme des Lichtstroms und Abnahme der Lebensdauer mit wachsender Betriebsspannung). Hiermit wieder zusammen hängt die Frage der Spannungsschwankungen im Netz und evtl. deren *Regelung*.

Starke Netzspannungsschwankungen — entstehend durch schlechte Spannungshaltung des Lieferwerks oder, namentlich bei stark verzweigten Netzen, durch Lastschwankungen, Leitungen ungenügenden Querschnitts, zu kleine Transformatoren — lassen verschiedene Maßnahmen zu:

1. Auslegung der Lampen für etwas niedrigere Spannung, damit Lichtverlust bzw. höherer Stromverbrauch.
2. Auslegung der Lampen für Normalspannung, erhöhter Ersatz derselben.
3. Neuinstallation mit genügendem Querschnitt.
4. Ausregelung des Netzes durch geeignet verteilte, automatische, verlustarme Regler (Regeltransformatoren, -drosseln).

In einem gut geregelten, spannungskonstanten Netz besteht die Möglichkeit, die Nennspannung der Glühlampen bei niedrigen Tarifen — wo also der Lampenersatz eine erhebliche Rolle im Vergleich zu den Stromkosten spielt — etwas niedriger zu wählen als die Netzspannung, und damit deren Lebensdauer zu vergrößern, bei hohen Tarifen entsprechend gleich oder höher.

Der Ersatz der Leuchten selbst braucht im allgemeinen nicht in Betracht gezogen werden, da dieselben infolge guter mechanischer Ausführung praktisch unbeschränkte Lebensdauer haben. Bei Außenbeleuchtungsanlagen und in starker Feuchtigkeit und chemischen Einflüssen unterliegenden Räumen muß dagegen hin und wieder für neuen *Anstrich* von Leuchten und Anlagen gesorgt werden, in der Regel ebenfalls ein ziemlich unwichtiger Beitrag zu den *Unterhaltungskosten*. Wichtig und möglicherweise die Wirtschaftlichkeit beeinflussend ist die gute *Zugänglichkeit* der Leuchten für periodische Reinigung und Lampenersatz. Man sollte ihr allerdings nicht so großen Wert beimessen, daß man etwa bei der Straßenbeleuchtung nur deswegen eine lichttechnisch weniger günstige, niedrige Aufhängehöhe wählt, weil hohe Masten schwerer zugänglich sind und evtl. eine mechanische Leiter erfordern.

Die Wirtschaftlichkeit jeder Beleuchtungsanlage wird stark durch die *Verschmutzung* beeinträchtigt, nicht allein der Leuchten selbst, sondern auch sekundär leuchtender Flächen. Sie äußert sich in einer Herabsetzung der Beleuchtungsstärken und, besonders bedenklich in Gefahrenzonen (vgl. J 1; J 10), in der Verminderung von Kontrasten. Zur dauernden Aufrechterhaltung eines guten Wirkungsgrades müssen daher nicht nur die Leuchten selbst genügend häufig gereinigt werden, sondern auch helle Anstriche vorgesehen, abgewaschen bzw. erneuert werden, Momente, die für die Wirtschaftlichkeit einer Beleuchtungsanlage eine entscheidende Rolle spielen können.

E 3. Verfahren des Entwurfes von Leuchten, insbesondere von Spiegelleuchten.

Von

WILHELM HAGEMANN-Berlin.

Mit 48 Abbildungen.

a) Zweck der Leuchten. Bauelemente.

Die Beleuchtungstechnik als größtes und für die Anwendung des Lichtes bedeutendstes Teilgebiet der gesamten Lichttechnik hat durch die physiologischen und psychologischen Erkenntnisse über das Sehen und deren allgemeine Verbreitung die an die Leuchten gestellten Forderungen außerordentlich gesteigert und dadurch ihrer Entwicklung einen gewaltigen Auftrieb gegeben. Die Armatur von einstmals, deren hauptsächlichste Aufgabe es war, die Lichtquelle zu schützen, hat der Leuchte Platz machen müssen, die an erster Stelle dem Schutz des menschlichen Auges bei der Arbeit dient, darüber hinaus aber auch dem Raum ein freundliches Aussehen geben soll. Die vielseitigen Forderungen, die an die Beleuchtungstechnik gestellt werden, geben dem Leuchtenkonstrukteur immer neue Aufgaben, und er muß die ihm zur Verfügung stehenden Mittel gründlich kennen, um sie zweckentsprechend und wirtschaftlich lösen zu können.

Die Verwendungszwecke der Leuchten sollen hier nur kurz erwähnt werden, um eine Übersicht über ihre Vielseitigkeit zu geben (vgl. E 1, S. 427; E 5, S. 473; E 6, S. 482). Die Raumbeleuchtung erfordert Leuchten für die verschiedenen Beleuchtungsarten: direkte, vorwiegend direkte, halb-indirekte und indirekte Beleuchtung. Infolge der Verschiedenartigkeit der Räume ist für jede dieser Beleuchtungsarten stets eine größere Anzahl von Konstruktionen erforderlich, bei denen außer der Lichtwirkung auch die äußere Form zu berücksichtigen ist. Die Arbeitsplatzbeleuchtung als reine Zweckbeleuchtung kann formale Gesichtspunkte weitgehend vernachlässigen, erfordert jedoch eine vielseitige Anpassung an die besonderen, hier auftretenden Sehaufgaben. Die Schaufensterbeleuchtung hat nach vielen Versuchen zu einer einheitlicheren Ausbildung der Leuchten geführt, deren Form ebenfalls hinter rein lichttechnischen Forderungen zurücktreten kann. Eine Sonderstellung nehmen die Leuchten für Außenbeleuchtung ein, da von ihnen gute lichttechnische Eigenschaften, Rücksichtnahme auf die Form und eine der Verwendung im Freien standhaltende Konstruktion verlangt werden.

Die folgenden Ausführungen über den Entwurf von Leuchten erstrecken sich nur auf die lichttechnischen Bauelemente; hiermit soll nicht gesagt werden, daß die äußere Formgebung vollständig hinter den lichttechnischen Erfordernissen zurückstehen soll. Es wird fast stets möglich sein, beides zu vereinigen, wenn nur auf der Seite derjenigen, die die Form beurteilen, das nötige Verständnis für die lichttechnischen Gegebenheiten vorhanden ist. Für die Fälle, bei denen sich eine solche Anpassung nicht erreichen läßt, gibt es genügend Möglichkeiten, die für die Beleuchtung notwendigen Geräte durch Umkleidungen usw. zu verbergen.

Die lichttechnischen Bauelemente der Leuchten können wie folgt gegliedert werden:

1. Reflektoren ohne jede Durchlässigkeit mit diffuser, vorwiegend diffuser, vorwiegend gerichteter oder exakt gerichteter Reflexion, z. B. Emaillereflektoren (diffus), aluminiumgespritzte Reflektoren (vorwiegend diffus), halbblanke Reflektoren und Glassilberspiegel mit leicht streuender Glasoberfläche (vorwiegend gerichtet), blanke Metallreflektoren und Glassilberspiegel (exakt gerichtet).

2. Teilweise lichtdurchlässige Reflektoren, deren Reflexion diffus oder vorwiegend diffus und deren Durchlässigkeit im allgemeinen diffus ist, z. B. mattierte Opalglasreflektoren, Reflektoren aus Stoff, Papier und ähnliche (diffus), blanke Opalglasreflektoren (vorwiegend diffus).

3. Reflektoren mit gerichteter Reflexion durch total reflektierende Prismen, z. B. katadioptrische Reflektoren.

4. Glocken und Abschlußgläser mit gerichteter Durchlässigkeit ohne Ablenkung, z. B. Klarglasglocken und klare Abschlußgläser.

5. Glocken und Abschlußgläser mit gerichteter Durchlässigkeit und Ablenkung, z. B. Diopterglocken, Prismengläser, Riefengläser.

6. Glocken und Abschlußgläser mit vorwiegend gerichteter und geringer diffuser Durchlässigkeit, z. B. Glasglocken und Abschlußgläser aus leicht geätztem Klarglas, feuerpoliertem Glas und ähnlichen Gläsern.

7. Glocken und Abschlußgläser mit vorwiegend diffuser und geringer gerichteter Durchlässigkeit, wie z. B. leicht opalüberfangene Gläser, Mattgläser usw.

8. Glocken und Abschlußgläser mit vollkommen diffuser Durchlässigkeit, z. B. Opalgläser, Opalüberfanggläser, Cellon u. ä.

Da über die lichttechnischen Eigenschaften der für Reflektoren, Glocken und Abschlußgläser benutzten Stoffe in D 2...4 (S. 389f.) die erforderlichen Angaben zu finden sind, soll im folgenden nur die Ausbildung der Reflektoren, Glocken und Abschlußgläser und ihre praktische Verwendung beim Entwurf von Leuchten behandelt werden.

b) Emaillereflektoren.

Der Emaillereflektor (Reflexionsvermögen der Emaille auf einer Planfläche etwa 75%) wird, obgleich sein Reflexionsvermögen nicht an erster Stelle steht, im Leuchtenbau sehr viel verwendet. Die Ursachen dafür liegen nur zum Teil auf lichttechnischem Gebiet. Von Vorteil für viele Anwendungszwecke ist seine diffuse Reflexion, die die Blendungsgefahr durch reflektiertes Licht stark herabsetzt und die Anwendung streuender Gläser überflüssig macht. Seine diffuse Reflexion bewirkt außerdem eine gleichmäßige Beleuchtung in dem Sinne, daß keine störenden Schlieren in dem beleuchteten Feld auftreten. Eine Grundbedingung bei seiner Verwendung ist, daß er die Lichtquelle genügend tief umfaßt, also den direkten Einblick in die Lichtquelle wenigstens in den gewohnten Blickrichtungen unmöglich macht, es sei denn, daß die Lichtquelle, soweit sie frei aus der Reflektoröffnung ausstrahlen kann, durch streuende Mittel der Leuchtdichte des Reflektors angepaßt wird. Seine große Verbreitung hat der Emaillereflektor durch die einfache und billige Herstellung gefunden, zumal er ohne jeden äußeren Schutz verwendet werden kann, da durch die Emaillierung seiner Außenfläche eine ausreichende Korrosionssicherheit gewährleistet ist. Besonders in rauhen Betrieben und in der Außenbeleuchtung hat er Eingang gefunden, an erster Stelle bei der Eisenbahn, wo er unter der Bezeichnung „Schirmleuchte" für Gleisbeleuchtung und Bahnhofsbeleuchtung allgemein eingeführt ist. In Erkenntnis der Blendungsgefahr durch nicht genügend tief im Reflektor befindliche Glühlampen ist der zugelassene Winkel für die Freiausstrahlung der Glühlampe auf 160° festgelegt worden, jedoch ist man im praktischen Gebrauch bereits wesentlich unter diesem Winkel geblieben, da er nur bei sehr großen Aufhängehöhen ausreichend ist und auch dann noch Blendung beim Pendeln im Winde verursachen kann. Kleinere Ausstrahlungswinkel und damit größere Sicherheit gegen Blendung müssen allerdings mit einer Verringerung der Leuchtenabstände erkauft werden, wenn eine genügend gute Gleichmäßigkeit der Beleuchtung gewahrt bleiben soll. Hier zeigt sich ein Nachteil des Emaillereflektors: infolge seiner diffusen Rückstrahlung ist es nicht möglich, seine Lichtverteilungskurve derartig zu gestalten, daß eine ausreichende Verstärkung in Richtung auf den äußeren Rand des beleuchteten Feldes zu eintritt. Wenn auch die Emailleoberfläche in neuem Zustand eine gewisse gerichtete Rückstrahlung (etwa 10%) aufweist, die bei geeigneter Formgebung des Reflektors eine meßbare Verstärkung ergibt, so verschwindet im Betrieb diese Verstärkung nach kurzer Zeit. Man wird also in der Praxis immer nur mit einer Lichtverteilung rechnen können, die sich aus der Lichtverteilung der Glühlampe innerhalb des mehr oder weniger großen Winkels ihrer Freiausstrahlung und der Lichtverteilung des nur diffus reflektierenden Emaillereflektors zusammensetzt, wobei dann die Formgebung des Reflektors keine nennenswerte Rolle mehr spielt. Die Gründe dafür sollen im folgenden an Hand der besonderen lichttechnischen Eigenschaften der streuenden Reflektoren gegeben werden.

Die diffuse Reflexion an einer planen, streuend rückstrahlenden Oberfläche ist in Abb. 445 dargestellt. Die Rückstrahlung des vom Punkt L ausgehenden und in den Punkt A der Fläche eingestrahlten Lichtes erfolgt bei vollkommen diffuser Reflexion in den Raumwinkel $\omega = 2\pi$ (Flächenwinkel $\alpha = 180°$), wobei es gleichgültig ist, aus welcher Richtung innerhalb des Raumwinkels ω das Licht in den Punkt A eingestrahlt wird. Die Lichtverteilungs-kurve des rückgestrahlten Lichtes ist ein Kreis (sog. Lambertscher Kreis), der die rückstrahlende Fläche im Punkt A berührt und dessen auf der reflektierenden Fläche senkrecht stehender Durchmesser gleich I_{max} ist. Die Lichtstärken I_α in den anderen Richtungen ergeben sich aus der Gleichung für die Lambertsche Rückstrahlung (Cosinus-Gesetz):

Abb. 445. Reflexion an einer diffus reflektierenden Oberfläche.

$$I_\alpha = I_{max} \cdot \cos\alpha. \tag{1}$$

Im Lichtstromdiagramm (Rousseau-Diagramm) entspricht der Lambertschen Lichtverteilungskurve ein rechtwinkliges Dreieck mit der Basis 2π und der Höhe I_{max}. Der Flächeninhalt dieses Dreieckes entspricht dann dem reflektierten Lichtstrom Φ_R:

$$\Phi_R = \frac{2\pi \cdot I_{max}}{2} = \pi \cdot I_{max}. \tag{2}$$

Bezeichnet man allgemein den einfallenden Licht-strom mit Φ_E und den rückgestrahlten Lichtstrom mit Φ_R, so ist das Reflexionsvermögen R:

$$R = \Phi_R / \Phi_E. \tag{3}$$

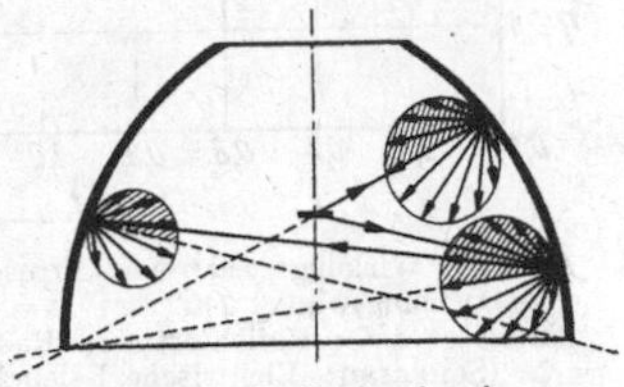

Abb. 446. Reflexion in einem Emaillereflektor.

Für den Fall diffuser Reflexion ist dann das Re-flexionsvermögen:

$$R = \frac{\pi \cdot I_{max}}{\Phi_E}. \tag{4}$$

(Man bezeichnet R für die diffuse Reflexion auch mit „Albedo".)

Dieses Reflexionsvermögen einer planen Oberfläche aus diffus reflektierendem Material (z. B. Emaille) ist nicht dem Wirkungsgrad eines Reflektors aus dem gleichen Material gleichzu-setzen, da, wie Abb. 446 er-kennen läßt, ein Teil des ge-streut rückgestrahlten Lich-tes wieder in den Reflektor eingestrahlt wird und dort nochmals den dem Refle-xionsvermögen entsprechen-den Verlust erleidet. Da auch diese zweite Reflexion wieder eine streuende ist, erfolgt auch bei ihr eine teil-weise Wiedereinstrahlung in den Reflektor und so fort. Man spricht daher beim Re-flektor mit streuender Ober-fläche von wiederholter Re-flexion, die zu einem Wir-kungsgrad für das vom Re-flektor ausgestrahlte Licht führt, der stets geringer ist als das Reflexionsvermögen des den Reflektor bildenden

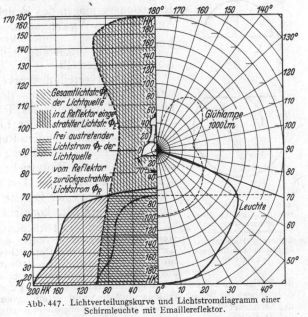

Abb. 447. Lichtverteilungskurve und Lichtstromdiagramm einer Schirmleuchte mit Emaillereflektor.

Materials. Dieser durch die wiederholte Reflexion im streuenden Reflektor entstehende Lichtverlust wird naturgemäß umso größer, je tiefer der Reflektor ist.

Abb. 447 stellt die Lichtverteilung und das Lichtstromdiagramm eines Emaillereflektors dar. Der Gesamtlichtstrom der Glühlampe ist Φ_L, der in den Reflektor eingestrahlte Lichtstrom Φ_E, der frei aus dem Reflektor austretende Lichtstrom der Lichtquelle Φ_F und der vom Reflektor ausgestrahlte Lichtstrom Φ_R. Der Verlust V im Reflektor ist demnach:

$$V = \Phi_E - \Phi_R. \tag{5}$$

Bezeichnet man den Wirkungsgrad der Leuchte mit η, so ist:

$$\eta = \frac{\Phi_L - V}{\Phi_L}. \tag{6}$$

Das Verhältnis des vom Reflektor ausgestrahlten Lichtstromes zu dem in den Reflektor eingestrahlten Lichtstrom bezeichnet man mit „Reflexionsfähigkeit des Reflektors η_R", wobei hervor-

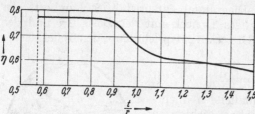

zuheben ist, daß η_R ebensowenig gleichbedeutend mit dem Reflexionsvermögen R des Reflektormaterials wie mit dem Wirkungsgrad η der Leuchte ist.

$$\eta_R = \Phi_R/\Phi_E. \tag{7}$$

Abb. 448. Wirkungsgrad η eines diffusen kugelförmigen Reflektors vom Öffnungswinkel 240° bei $R = 0,7$ als Funktion des Verhältnisses t/r = Reflektortiefe: Radius der Reflektoröffnung. (Schering: Elektrische Beleuchtung, Handbuch der Experimentalphysik von Wien und Harms.)

Da im Wirkungsgrad der Leuchte η der frei aus der Reflektoröffnung austretende Lichtstrom der Lichtquelle, der keine Verluste erleidet, enthalten ist, hat η stets einen höheren Wert als die Reflexionsfähigkeit des Reflektors η_R und kann auch einen höheren Wert als das gegenüber η_R höhere Reflexionsvermögen R des Reflektormaterials annehmen, nämlich wenn die Freiausstrahlung der Lichtquelle verhältnismäßig groß ist. Für einen streuenden Reflektor in Form einer Kugelkalotte mit einem Öffnungswinkel von 240° und einem Reflexionsvermögen des Reflektormaterials $R = 0,7$ ist die Änderung des Wirkungsgrades η in Abhängigkeit von dem Verhältnis $\dfrac{t}{r} = \dfrac{\text{Reflektortiefe}}{\text{Radius der Reflektoröffnung}}$ in Kurventafel Abb. 448 dargestellt.

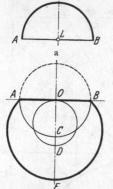

Abb. 449 a und b. Konstruktion der Lichtverteilungskurve eines halbkugelförmigen diffusen Reflektors. (Halbertsma: Lichttechnische Studien. Leipzig 1916.)

Die Lichtverteilungskurve des streuenden Reflektors setzt sich zusammen aus der Lichtverteilungskurve der Lichtquelle innerhalb des Raumwinkels, in den sie frei ausstrahlen kann, und der Lichtverteilungskurve des Reflektors, die bei streuendem Reflektormaterial, z. B. Emaille, eine Lambertsche Kreiskurve ist. Nimmt man an, daß die Lichtquelle in alle Raumrichtungen die gleiche Lichtstärke ausstrahlt (kugelförmige Lichtquelle), so kann die Lichtverteilungskurve einer Leuchte mit Emaillereflektor, wie in Abb. 449 dargestellt, konstruiert werden.

Der Kreis um den Mittelpunkt O des Polarkoordinatensystems stellt die Lichtverteilungskurve der Glühlampe mit der konstanten Lichtstärke I_L, der den Punkt O berührende Kreis die Lichtverteilungskurve des streuenden Reflektors dar. Es ist der einfache Fall angenommen, daß sich die Lichtquelle L in der Öffnungsebene $A\,B$ des Reflektors befindet. Die Freiausstrahlung der Lichtquelle erstreckt sich also über 180°, d. h. innerhalb dieses Winkels muß die Lichtverteilungskurve des Reflektors um die Werte der Lichtverteilungskurve der Lichtquelle vergrößert werden. Es ist also die Lichtstärke $O\,D$ des Reflektors um die Lichtstärke $O\,C$ der Lichtquelle zu vergrößern. Da die Lichtstärke der Lichtquelle als konstant angenommen worden ist, so ist in allen Richtungen von $0\ldots90°$ die konstante Strecke $O\,C$ zu der Lichtverteilungskurve des Reflektors hinzuzufügen. Es ergibt sich $A\,F\,B$ als Lichtverteilungskurve der Leuchte.

Das Lichtstromdiagramm eines Emaillereflektors, wie er der Lichtverteilung in Abb. 449 zugrunde liegt, also mit 180° Öffnungswinkel, setzt sich aus dem Lichtstrom der Lichtquelle und dem des Reflektors in der Weise zusammen, wie es Abb. 450 darstellt. Abb. 451 zeigt ein Lichtstromdiagramm, das auf Grund der Messung der Lichtverteilung einer Leuchte mit Emaillereflektor gezeichnet ist, also praktischen Verhältnissen entspricht. Die Kurve *A B C D* ist das Diagramm der nackten Lichtquelle (Glühlampe), die Kurve *E F I D* das Diagramm der Leuchte. Die Fläche, die von *A B C D* umschlossen ist, entspricht dem Gesamtlichtstrom der nackten Glühlampe, die von *E F I D* umschlossene Fläche dem Lichtstrom der Leuchte. Diese Fläche setzt sich zusammen aus dem frei ausgestrahlten Lichtstrom der Glühlampe (von *E F C D* umschlossene Fläche) und dem vom Reflektor kommenden Lichtstrom (von *F H I C M* umschlossene Fläche). Will man das Diagramm des Reflektors allein, ohne die Freiausstrahlung der Glühlampe, erhalten, so muß man die Werte der Kurve *E F H I D* der Leuchte um die Werte der Kurve *E F M C D* der Freiausstrahlung der Glühlampe verringern, z. B. *K L* um *K M* verkürzen. Es ergibt sich dann die Kurve *E P Q N*, die nahe bei der Geraden *O N* liegt. *O N* entspricht dem Lambertschen Kreis (vgl. *G K* der Abb. 450). Die verhältnismäßig große Abweichung bei *Q* entspricht dem spiegelnden Anteil des vom Reflektor zurückgestrahlten Lichtes. Man sieht jetzt

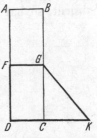

Abb. 450. Konstruktion des Lichtstromdiagramms des diffusen Reflektors Abbildung 449. (*A B C D* Lichtstrom der Lichtquelle, *C D F G* Freiausstrahlung der Lichtquelle, *C G K* Ausstrahlung des Reflektors, *D F G K* Gesamtausstrahlung der Leuchte.) (HALBERTSMA: Lichttechnische Studien. Leipzig 1916.)

im Lichtstromdiagramm deutlich, daß dieser gespiegelte Anteil nur sehr gering ist und praktisch vernachlässigt werden kann, insbesondere da er sich nach einiger Betriebszeit der Leuchte noch weiter verringert. Die Fläche *E P Q N D* entspricht dem vom Reflektor kommenden Lichtstrom Φ_R, dessen Größe sich nach Gleichung (7) ergibt zu $\Phi_R = \Phi_E \cdot \eta_R$, worin Φ_E der in den Reflektor eingestrahlte Lichtstrom (entsprechend Fläche *A B F E*) und η_R die Reflexionsfähigkeit des Reflektors ist. Man kann also, wenn die Lichtverteilungskurve der Lichtquelle und deren Lage zur Reflektoröffnung bekannt sind, leicht das Lichtstromdiagramm und damit die Lichtverteilung einer Emailleleuchte im voraus konstruieren, wenn man für η_R Werte von 0,6...0,75 je nach der Reflektortiefe (siehe Kurve Abb. 448) wählt. Es wurde bereits erwähnt, daß der Wirkungsgrad der Leuchte η [Gleichung (6)] infolge der Freiausstrahlung der Lichtquelle stets größer als die Reflexionsfähigkeit η_R [Gleichung (7)] des Reflektors ist.

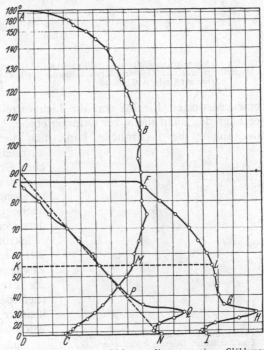

Abb. 451. Gemessenes Lichtstromdiagramm einer Glühlampe und eines Emaillereflektors mit geringer spiegelnder Reflexion. (HALBERTSMA: Lichttechnische Studien. Leipzig 1916.)

Da die Lichtverteilung des Emaillereflektors allein, ohne die Freiausstrahlung der Lichtquelle, immer annähernd kreisförmig (Lambertscher Kreis) ist, wenn man von der geringen, im Neuzustand vorhandenen spiegelnden Reflexion absieht, so hat eine Änderung der Formgebung des Emaillereflektors keinen

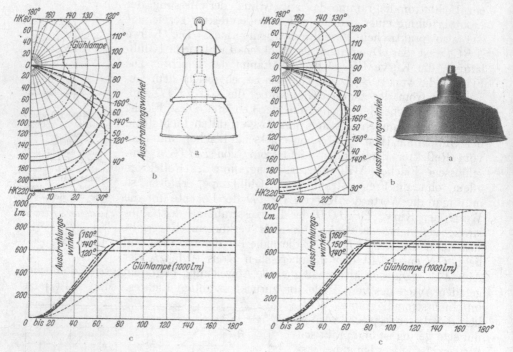

Abb. 452a—c. Schirmleuchte mit tiefem Emaillereflektor, Lichtverteilungskurve und Lichtstromkurve. (Siemens-Schuckert-Werke A. G., Berlin.)

Abb. 453a—c. Werkstattleuchte mit flachem Emaillereflektor, Lichtverteilungskurve und Lichtstromkurve. (Siemens-Schuckert-Werke A. G., Berlin.)

bemerkenswerten Einfluß auf die Lichtverteilung. Lediglich durch Änderung der Lage der Lichtquelle zur Öffnungsebene, also durch die Änderung der Freiausstrahlung der Lichtquelle, kann man die Lichtverteilung der Leuchte in ausreichendem Maße verändern. In welchen Grenzen das möglich ist, ist bereits weiter oben im Hinblick auf die Vermeidung von Blendung durch die Lichtquelle gesagt worden. Daß man trotzdem verschiedene Formen von Emaillereflektoren entwickelt hat, hat seine Ursache hauptsächlich in rein praktischen Erwägungen, die meist durch die Größe der Freiausstrahlung bestimmt werden (tiefe paraboloidähnliche Reflektoren für kleinere, flache Reflektoren für größere Ausstrahlungswinkel).

Abb. 454. Schirmleuchte mit tiefem, asymmetrischem Emaillereflektor. (Körting & Mathiesen A. G., Leipzig-Leutzsch.)

Einige Beispiele von Leuchten mit verschieden gestalteten Emaillereflektoren sind in den Abb. 452...457 dargestellt. Abb. 452 zeigt eine sog. „Schirmleuchte" mit paraboloidförmigem Emaillereflektor, wie sie unter anderem bei der Eisenbahn viel verwendet wird. Durch Verstellung der Glühlampe sind Ausstrahlungswinkel von 120...160° einstellbar. Abb. 453 zeigt eine Werkstattleuchte mit Emaillereflektor, bei dem Ausstrahlungswinkel von 140...160° einstellbar sind. Für die größeren Ausstrahlungswinkel ist es erforderlich, zur Vermeidung der Blendung mattierte Glühlampen zu verwenden. Abb. 454...456 sind Leuchten mit Emaillereflektoren asymmetrischer Form, bei denen infolge der verschieden großen Ausstrahlungswinkel durch die Freiausstrahlung der Lichtquelle von der Kreisform abweichende beleuchtete Felder erzeugt werden. Die Leuchte Abb. 454 dient zur Beleuchtung von Gleisen, Abb. 455 zur Schrankenbeleuchtung und Abb. 456 für Schilder u. dgl.

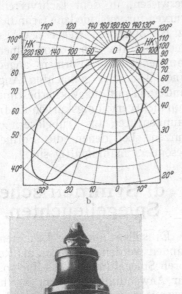

Abb. 455a und b. Schrankenleuchte mit asymmetrischem Emaillereflektor, Lichtverteilungskurve. (Dr.-Ing. Schneider & Co., Frankfurt a. M.)

Abb. 456. Seitenstrahler mit Emaillereflektor. (Körting & Mathiesen A.G., Leipzig-Leutzsch.)

c) Trübglas-reflektoren.

Für die Straßenbeleuchtung verwendet man häufig an Stelle der Emaillereflektoren *Glasglocken aus Trübglas*, um die Hausfassaden aufzuhellen (Abb. 457 und 458). Die Reflektorwirkung derartiger Glocken,

Abb. 457a—c. Außenleuchte mit Opalglaszylinder, Lichtverteilungskurve und Lichtstromkurve. (Siemens-Schuckert-Werke A. G, Berlin..)

meist aus Opalüberfangglas, unterscheidet sich dadurch von der der Emaillereflektoren, daß das Reflexionsvermögen etwa 0,5...0,6, je nach Dichte der Opalüberfangschicht, beträgt (dichter Überfang hat das höhere Reflexionsvermögen). Die Lichtverteilung der Leuchte setzt sich zusammen aus der Freiausstrahlung der Lichtquelle in Ausstrahlungswinkeln von 120...140° (je nach den Forderungen der Blendfreiheit), aus dem an der Innenseite der Glocke reflektierten Licht (Kurve hierfür der Lambertsche Kreis, der wieder durch die etwa 10% betragende Spiegelung etwas deformiert wird), und aus dem von der Glocke durchgelassenen Licht. Die Durchlässigkeit des Opalüberfangglases beträgt 0,3...0,4 je nach Dichte der Opalüberfangschicht (dichter Überfang hat die geringere Durchlässigkeit). Die Lichtverteilung des von der Glocke durchgelassenen Lichtes hängt im Gegensatz zu der durch die Reflexion an der Innenseite der Glocke hervorgerufenen Lichtverteilung (Lambertscher Kreis) von der Formgebung der Glocke ab. Hierzu wird auf das Buch von HALBERTSMA[1]

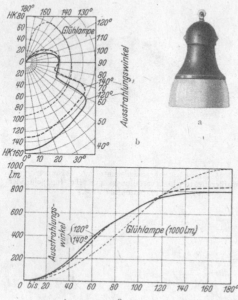

verwiesen, in dem Lichtverteilungskurven für verschiedene Grundformen (z. B. Zylinder, Kegel usw.) sowie auch für aus den Grundformen zusammengesetzte Formen angegeben sind. Die dort gemachten Angaben sind auch gut zur Vorherbestimmung von Lichtverteilungskurven für Innenraumleuchten aus Trübgläsern zu benutzen, bei denen die Formen ja besonders mannigfaltig sind.

Abb. 458 a—c. Außenleuchte mit Opalglasschirm, Lichtverteilungskurve und Lichtstromkurve. (Siemens-SchuckertWerke A. G., Berlin.)

d) Symmetrische Spiegelleuchten.

Es sollen nun die Leuchten behandelt werden, bei denen als Reflektoren Spiegel (meist Glassilberspiegel) zur Anwendung kommen. Sie haben gegenüber dem streuenden Reflektor, also z. B. dem Emaillereflektor, die Vorteile des höheren Reflexionsvermögens (0,85...0,9 je nach Güte des Glases und der Verspiegelung) und der exakten Reflexion, die es gestattet, wiederholte Reflexion im Reflektor zu vermeiden. Abb. 459 zeigt die exakte Reflexion an einer spiegelnden Fläche. Das Grundgesetz für die Spiegelung ist, daß einfallender und reflektierter Strahl gleiche Winkel mit der Senkrechten (Normalen) auf der Spiegelfläche im Auftreffpunkt bilden und ferner einfallender Strahl, Normale und

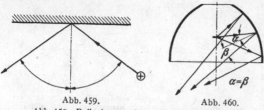

reflektierter Strahl in einer Ebene liegen. Dieses Gesetz für die exakte Reflexion ermöglicht nun, Spiegelreflektoren zu konstruieren, die das Licht einer Lichtquelle exakt in bestimmte Richtungen lenken. Der Vorteil für die Anwendung der Spiegelreflektoren für Leuchten ist dadurch gegeben, und er bleibt auch noch erhalten, wenn eine nach

Abb. 459.   Abb. 460.
Abb. 459. Reflexion an einer spiegelnden Oberfläche.
Abb. 460. Reflexion in einem Spiegelreflektor.

trägliche in gewissen Grenzen bleibende Streuung des vom Spiegel reflektierten Lichtes (leicht mattiertes Glas, nicht etwa Trübglas) vorgenommen wird. Das ist in vielen Fällen nötig, da sonst unter Umständen in den Richtungen, in die das exakt reflektierte Licht gestrahlt wird, unerträgliche Blendungserscheinungen auftreten würden. Das liegt daran, daß der Spiegel im Gegensatz zum Emaillereflektor an den Stellen, die jeweils das Licht in die

[1] HALBERTSMA, N. A.: Lichttechnische Studien. Leipzig 1916.

Richtung auf das Auge zu reflektieren, annähernd die gleiche Leuchtdichte hat wie die Lichtquelle selbst (Schwächung nur 0,85...0,9 entsprechend dem Reflexionsvermögen des Spiegels). Befindet sich das Auge außerhalb der Strahlung des Spiegels, so erscheint ihm allerdings der Spiegel vollständig dunkel, so daß also bei geeigneter Blickrichtung, die nicht mit der Lichtrichtung zusammenfällt, eine vollständige Blendungsfreiheit erreicht werden kann, und Streugläser vollständig überflüssig werden, ja sogar durch ihr Selbstleuchten die ursprüngliche Blendungsfreiheit wieder stören.

Es soll nun zunächst ein Verfahren zur Ermittlung der Lichtverteilung von rotationssymmetrischen *Spiegelreflektoren* angegeben werden. Das Verfahren setzt eine punktförmige Lichtquelle voraus. Die praktisch stets von der Punktform abweichenden Lichtquellen finden aber insofern Berücksichtigung, als die durch ihre Form bedingte Lichtverteilungskurve zugrunde gelegt wird.

In der Abb. 461 ist ein Element R_1R_2 eines Spiegelreflektors im Schnitt einer Meridianebene (Ebene durch die Rotationsachse) dargestellt. Die Rotationsachse ist MP, die punktförmige Lichtquelle L (Konstruktionspunkt des Spiegels). Die von L ausgehenden Strahlen LR_1 und LR_2 begrenzen einen Teillichtstrom der Lichtquelle L innerhalb eines Raumwinkels, der durch Rotation des Flächenwinkels R_1LR_2 um die Achse MP entsteht und auf einer um L als Mittelpunkt gedachten Kugel der Zone K_1K_2 entspricht. Der Teillichtstrom im Winkel R_1LR_2 ist dann durch die Größe der Fläche der Kugelzone K_1K_2 bestimmt. Im Meridianschnitt der Abb. 461 ist links von der Rotationsachse MP des Spiegelreflektors das durch die Lichtverteilung der Lichtquelle gegebene Lichtstromdiagramm eingetragen. Die Fläche dieses Diagramms ist $MNOP$ und entspricht dem Gesamtlichtstrom der Lichtquelle.

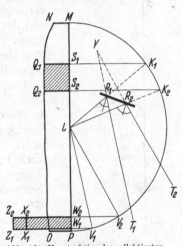

Abb. 461. Konstruktion des reflektierten Lichtstromes für ein planes Spiegelreflektorelement. (HALBERTSMA: Z. techn. Physik 1925.)

Aus diesem Gesamtlichtstrom wird nun der der Fläche $Q_1S_1Q_2S_2$ entsprechende Teillichtstrom von dem Spiegelstück R_1R_2 aufgefangen und in eine von seiner ursprünglichen Richtung abweichende Richtung reflektiert. Nach dem Reflexionsgesetz am Spiegel wird der Lichtstrahl LR_1 in die Richtung R_1T_1 und LR_2 in die Richtung R_2T_2 reflektiert. Der reflektierte Teillichtstrom durchstrahlt jetzt einen Raum, der zwischen den beiden Kegelmänteln liegt, die durch Rotation von R_1T_1 und R_2T_2 um die Achse MP entstehen. Der durch die rückwärtige Verlängerung der Strahlen R_1T_1 und R_2T_2 entstehende Schnittpunkt ist Y (= scheinbarer Ursprung der Strahlen, vgl. E 11). Für einen in genügend großer Entfernung vom Spiegelreflektor befindlichen Beobachter kann der scheinbare Ursprung Y der reflektierten Strahlung als mit dem Lichtpunkt L zusammenfallend angenommen werden (auch beim Photometrieren macht man ja diese Annahme, vorausgesetzt, daß die Photometrierentfernung groß genug ist (E 11, J 2). Verlegt man dementsprechend den Punkt Y in den Punkt L, und verschiebt man damit die Strahlen YT_1 und YT_2 parallel, so schneiden diese Strahlen auf der Kugel eine Zone aus, die im Meridianschnitt der Abbildung durch V_1 und V_2 begrenzt wird. Man hat damit den dem reflektierten Lichtbündel zugehörigen Raumwinkel. Es zeigt sich, daß der Raumwinkel durch die Reflexion am Spiegel kleiner geworden ist und zwar im Verhältnis $W_1W_2 : S_1S_2$. Dementsprechend ist aber die Raumwinkellichtstromdichte, d. h.

die Lichtstärke größer geworden. Man findet die Lichtstärke im reflektierten Raumwinkel, wenn man über der Basis $W_1 W_2$ ein Rechteck zeichnet, dessen Fläche gleich der Fläche $S_1 S_2 Q_1 Q_2$ ist. Das Rechteck sei $W_1 W_2 Z_1 Z_2$. Da die Höhe des Rechteckes im Lichtstromdiagramm ein Maßstab für die Lichtstärke ist, so erkennt man, daß sich die Lichtstärke nach der Reflexion mehr als verdoppelt hat. Das trifft nun allerdings nicht ganz zu, da ein Lichtstromverlust am Spiegel eintritt, der sich als Verkleinerung der Rechteckfläche $W_1 W_2 Z_1 Z_2$ auf beispielsweise die Fläche $W_1 W_2 X_1 X_2$ darstellt, so daß sich die Lichtstärke des reflektierten Lichtes zu der der Lichtquelle wie $W_1 X_1 : S_1 Q_1$ verhält.

Ähnlich wie beim Emaillereflektor muß nun noch die Lichtstärke der aus der Reflektoröffnung frei ausstrahlenden Lichtquelle addiert werden. Im Diagramm bedeutet das, daß das Rechteck $W_1 W_2 X_1 X_2$ verlängert werden muß um das Rechteck, das von $W_1 W_2$ und der Kurve ON der Lichtquelle begrenzt ist. Setzt man dieses Verfahren für weitere Reflektorstücke fort, so kann man die Lichtstromkurve und damit die Lichtverteilungskurve für die gesamte Reflektorfläche bestimmen.

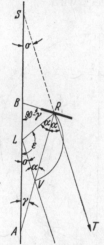

Für den praktischen Gebrauch dieses Verfahrens ist noch die im folgenden beschriebene Änderung zweckmäßig, da die erforderliche Parallelverschiebung der reflektierten Strahlen in den Lichtpunkt zu umständlich ist. In Abb. 462 ist R das Reflektorstück bzw. eine Tangentialfläche an einen Punkt des gekrümmten Reflektors, deren Richtung (Tangentenrichtung im Punkt R) durch RB bzw. RA (Normale im Punkt R) gegeben ist, die die Winkel $(90° - \gamma)$ bzw. γ mit der Reflektorachse bilden. Auf dieser Normalen liegt auch der Krümmungsmittelpunkt des betrachteten

Abb. 462. Konstruktion des Reflexionswinkels für ein planes Spiegelreflektorelement.(HALBERTSMA: Z. techn. Physik 1925.)

Reflektorelementes. Anstatt nun den Winkel des reflektierten Strahles gegen die Normale ART gleich dem Einfallswinkel ARL (α) zu machen, zeichnet man um L als Mittelpunkt einen Kreisbogen vom Radius LR bis zum Schnittpunkt V mit der Normalen RA. Durch diesen Schnittpunkt V und den Punkt L ist dann die Richtung LV des reflektierten Strahles bestimmt (Beweis: $\sphericalangle LVR$ gleich $\sphericalangle LRV$ im gleichschenkligen Dreieck und $\sphericalangle LVR$ gleich $\sphericalangle VRT$ als Wechselwinkel an den Parallelen LV und RT).

Abb. 463 zeigt die Konstruktion des Lichtstromdiagramms eines Hohlspiegels nach dem beschriebenen Verfahren. Der Spiegel hat als Meridiankurve einen Kreis mit dem Mittelpunkt M. Er umfaßt $7/12$ des gesamten Lichtstromes der Lichtquelle L, also die Rechteckfläche von $\Phi_{1,\,2} - \Phi_{7,\,8}$, während der Lichtstrom $\Phi_{9,\,13}$ aus der Reflektoröffnung frei ausstrahlt. Die Krümmungsradien für die Konstruktionspunkte $1 \ldots 8$ gehen vom Punkt M aus. Beim Zeichnen der Kreisbögen von 2 zu 2', 3 zu 3' usw. zeigt sich, daß die Reihenfolge der reflektierten Strahlen $L - 2''$, $L - 3''$, $L - 4''$ usw. unregelmäßig ist, woraus eine Überschneidung der reflektierten Strahlen einzelner Zonen des Spiegels folgt. So fällt der reflektierte Teillichtstrom, der zu $I_{2,\,3}$ gehört, zum Teil mit dem Lichtstrom zu $I_{7,\,8}$ zusammen, zum Teil auch mit dem Lichtstrom zu $I_{6,\,7}$. Zwischen je zwei horizontalen Linien (Raumwinkel) des Lichtstromdiagramms des Reflektors gehören also jeweils zwei vertikale Linien (Lichtstärke), die addiert werden müssen. Das Lichtstromdiagramm zeigt, daß der Spiegelreflektor ein ausgeprägtes Lichtstärkemaximum $I_{4,\,5}$ hat und daß die Lichtstärke dann sehr schnell auf die der nackten Lichtquelle abfällt.

Um das beschriebene Verfahren auch rechnerisch durchführen zu können, ist es erforderlich, die Beziehungen zwischen den Winkeln der von der Lichtquelle ausgehenden Strahlen und den Winkeln der reflektierten Strahlen gegen die Reflektorachse festzustellen. An Hand der Abb. 462 ergibt sich folgendes: In dem Dreieck SRL ist $(180° - 2\alpha) + \sigma + (180° - \varepsilon) = 180°$, also $2\alpha = \sigma + (180° - \varepsilon)$, in dem Dreieck SRA ist $(180° - \alpha) + \sigma + \gamma = 180°$, also $\alpha = \sigma + \gamma$. Daraus ergibt sich:

$$\sigma = (180° - \varepsilon) - 2\gamma. \tag{8}$$

Man kann diese Gleichung auch wie folgt schreiben:

$$\sigma = 2(90° - \gamma) - \varepsilon. \tag{9}$$

Der Winkel σ des reflektierten Strahles gegen die Reflektorachse kann also als Differenz zweier Winkel berechnet werden, wenn man den Winkel ε des einfallenden Strahles gegen die Achse und den Winkel $(90° - \gamma)$ der Tangente an die Reflektorkurve bzw. den Winkel γ der Normalen (= dem Krümmungsradius) gegen die Reflektorachse kennt.

Das beschriebene Verfahren zur Bestimmung der Lichtverteilung eines gegebenen Reflektors kann nun durch Umkehrung der Reihenfolge des Vorgehens zur Konstruktion eines Spiegelreflektors für eine verlangte Lichtverteilung verwendet werden.

An Hand der Abb. 464 soll die Konstruktion eines Spiegelreflektors für eine gegebene

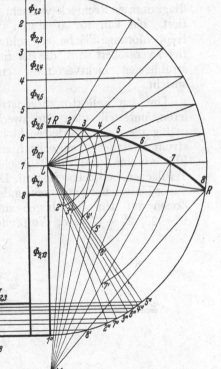

Abb. 463. Konstruktion des Lichtstromdiagramms für einen sphärischen Spiegelreflektor. (HALBERTSMA: Z. techn. Physik 1925.)

Lichtverteilung erläutert werden. Das Verfahren soll der Einfachheit halber zu einem einfachen kegelförmigen Reflektor führen. Bekannt sind die Lichtverteilung der zur Verwendung kommenden Glühlampe und die verlangte Lichtverteilung des Reflektors. Die Lichtquelle L soll eine kreisförmige Lichtverteilung ($I = \text{const}$) haben, die Lichtverteilung des Reflektors soll tiefstrahlend sein, wie sie im Polardiagramm (rechts in der Abbildung) stark ausgezogen eingetragen ist. Die treppenförmige Darstellung der Lichtverteilung an Stelle einer kontinuierlich verlaufenden Lichtverteilungskurve ist gewählt, um das Prinzip besser erläutern zu können. Die Lichtverteilungskurve läßt erkennen, daß nach oben, etwa zwischen 130 und 180°, das Licht der Lichtquelle frei ausstrahlen soll (Lichtverteilungskurve kreisförmig). Bei 130° geht die Lichtstärke auf 0 zurück, und erst zwischen 90 und 40° ist wieder eine Freiausstrahlung der Lichtquelle vorhanden. Von 40...0° (senkrecht nach unten) kommt zu der Freiausstrahlung der Lichtquelle aus der unteren Reflektoröffnung eine nach der Achse hin zunehmende Lichtverstärkung hinzu. Man geht nun wie folgt vor:

Es wird zunächst das Lichtstromdiagramm der Lichtquelle gezeichnet, das infolge der kreisförmig angenommenen Lichtverteilung ein Rechteck (weit schraffiert gekennzeichnet) mit der Basis 2π und der Höhe I_0 (= der Lichtstärke der Lichtquelle) ergibt. Das mit den Bezeichnungen $\Phi_{1,2}\,\Phi_{2,3}$ usw. versehene Flächenstück ist aus im folgenden erläuterten Gründen nicht mitschraffiert. Dann wird die gegebene Lichtverteilung des Reflektors in das ihr entsprechende Lichtstromdiagramm umgewandelt. Da nach oben zwischen 180 und 130° die Lichtquelle frei ausstrahlt, deckt sich das entsprechende Lichtstromdiagramm mit dem der Lichtquelle (oberes weitschraffiertes Rechteck). Innerhalb des Winkels von 130...90° ist die Lichtstärke gleich 0, also ist auch kein Lichtstrom vorhanden (nicht schraffiertes Flächenstück). Von 90...40°

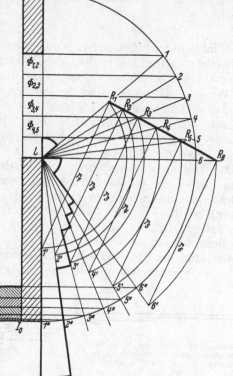

strahlt die Glühlampe wieder frei aus, es entsteht also im Lichtstromdiagramm ein Rechteck (weitschraffiert), das von 40...0° durch die treppenförmige Fläche (eng schraffiert) vergrößert wird, die der tiefstrahlenden Lichtverteilung entspricht.

Um den Reflektor zu konstruieren, unterteilt man nun zweckmäßig die den reflektierten Lichtstrom darstellende, eng schraffierte Fläche in eine Anzahl inhaltsgleicher Teilflächen, beispielsweise fünf. Die dieser Unterteilung entsprechenden Zonen auf dem Kreisbogen sind $1''-2''$, $2''-3''$ usw. Verbindet

Abb. 464. Konstruktion eines Spiegelreflektors für eine gegebene Lichtverteilungskurve. (Halbertsma: Z. techn. Physik 1925.)

man die Randpunkte $1''$, $2''$, $3''$ usw. dieser Zonen mit dem Punkt L (Ort der Lichtquelle), so erhält man die Flächenwinkel, deren entsprechende Raumwinkel die fünf gleichgroßen Teillichtströme vom Reflektor erhalten müssen, um die verlangte Lichtverteilung zu erzielen. Diese Lichtströme müssen dem Lichtstrom der Lichtquelle entnommen werden, und zwar steht dafür nur der Lichtstrom zur Verfügung, den die Lichtquelle zwischen 90 und 130° ausstrahlt und der der nicht schraffierten Fläche des Lichtstromdiagramms der Lichtquelle entspricht. Da die fünf Teillichtströme gleich groß gewählt worden sind, muß diese Fläche ebenfalls in fünf inhaltsgleiche Teilflächen $\Phi_{1,2}$, $\Phi_{2,3}$ usw. unterteilt werden. Die dieser Unterteilung entsprechenden Zonen auf dem Kreisbogen sind $1-2$, $2-3$ usw. Verbindet man die Randpunkte 1, 2, 3 usw. dieser Zonen mit dem Punkt L (Lichtquelle), so erhält man die Flächenwinkel, deren entsprechende Raumwinkel fünf gleiche Teillichtströme der Lichtquelle enthalten, die durch den zu konstruierenden Reflektor in die oben bereits angegebenen fünf Raumwinkel umgelenkt werden sollen.

Die Konstruktion des Reflektors geschieht nun in der durch die Abb. 462 erläuterten Weise wie folgt: Man wählt als Anfangspunkt des Reflektors (richtiger seines Meridianschnittes) einen Punkt auf dem Strahl $L-1$, z. B. R_1 und zeichnet mit dem Radius $L R_1$ einen Kreisbogen um L als Mittelpunkt. Dieser Kreisbogen schneidet den Strahl $L-1''$ im Punkt $1'$. Dann ist die Verbindungslinie R_1-1' die Normale zur Reflektoroberfläche im Punkt R_1 des Reflektors, d. h. die Reflektorfläche selbst steht im Punkt R_1 senkrecht zu R_1-1'. Bringt man nun das so gefundene Teilstück des Meridianschnittes des Reflektors zum Schnitt mit dem nächsten Strahl $L-2$ im Punkt R_2 und wiederholt die Konstruktion in diesem Punkt, so erhält man ein weiteres Teilstück usw. Ist die verlangte Lichtverteilung derart gestaltet, daß die einzelnen Teilstücke des Reflektors nicht die gleiche Neigung erhalten, so entsteht ein gebrochener Meridianschnitt des Reflektors, der dann durch eine Kurve derartig ersetzt wird, daß sie die durch die Konstruktion erhaltenen geraden Teilstücke tangiert. Je weiter man die ursprüngliche Unterteilung des der verlangten Lichtverteilungskurve entsprechenden Lichtstromdiagramms treibt, um so kürzere Teilstücke des Reflektors erhält man. Das ist insbesondere bei stark gekrümmten Reflektoren zweckmäßig, da dann der erhaltene gebrochene Meridianschnitt erheblich genauer durch eine Kurve ersetzt werden kann. Zu bemerken ist noch zu Abb. 464, daß die Fläche des Diagramms des reflektierten Lichtstromes (eng schraffiert) stets kleiner gewählt werden!muß als die Teilfläche des Diagramms des Lichtstromes, der vom Reflektor aufgefangen wird ($\Phi_{1,2}$ $\Phi_{2,3}$ usw.), und zwar entspricht diese Verminderung dem Lichtverlust des Reflektors, der bei Glassilberspiegeln mit $10\ldots15\%$ angenommen werden kann.

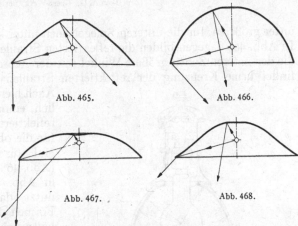

Abb. 465.   Abb. 466.

Abb. 467.   Abb. 468.

Abb. 465—468. Grundformen für Spiegelreflektoren. (C. G. Klein, E. u. M.: Lichttechn. 1931, Heft 4.)

Die Anwendung der Spiegelreflektoren für Innen- und Außenleuchten führt zu einer großen Zahl verschiedener Reflektorformen, je nach der Art der Lichtverteilung, die für bestimmte Beleuchtungszwecke erforderlich ist. Ist eine bestimmte Beleuchtungsaufgabe gegeben, z. B. eine direkte Beleuchtung mit einem bestimmten Abfall der Beleuchtungsstärke auf der Gebrauchsebene, so errechnet man zunächst aus der verlangten Beleuchtungskurve (Kurve für E_{hor}) und für die gegebene Lichtpunkthöhe über der Gebrauchsebene (h) die zur Erzielung der geforderten Beleuchtung notwendigen Lichtstärken (I_α) in Winkeln $\alpha = 0, 10, 20, 30°$ usw., oder auch in feinerer Unterteilung, nach der Gleichung:

$$I_\alpha = \frac{E_{\text{hor}} \cdot h^2}{\cos^3 \alpha}. \tag{10}$$

Man erhält damit die der verlangten Beleuchtungskurve entsprechende Lichtverteilungskurve und kann nun über das Lichtstromdiagramm nach dem beschriebenen Verfahren den Spiegelreflektor für diese Lichtverteilungskurve unter Zugrundelegung der Lichtverteilung der zur Verwendung kommenden Lichtquelle konstruieren.

Abb. 465...468 zeigen vier verschiedene Grundformen von Spiegelreflektoren für eine bestimmte Lichtverteilung. Abb. 465 und 466 zeigen die Meridiankurven von Spiegeln, bei denen die reflektierten Strahlen die Spiegelachse (Rotationsachse) kreuzen, und zwar in Abb. 465 für die obere Spiegelzone

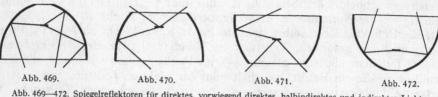

Abb. 469.   Abb. 470.   Abb. 471.   Abb. 472.

Abb. 469—472. Spiegelreflektoren für direktes, vorwiegend direktes, halbindirektes und indirektes Licht.
(Zeiß Ikon A. G., Goerz-Werk, Berlin.)

unter größeren, für die unteren Spiegelzonen unter kleineren Winkeln zur Achse. In Abb. 466 dagegen bilden die reflektierten Strahlen der oberen Zonen kleinere, die der unteren Zonen größere Winkel mit der Achse. In den Abb. 467 und 468 findet keine Kreuzung der reflektierten Strahlen mit der Spiegelachse statt.

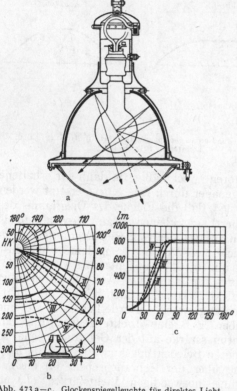

Abb. 473 a—c. Glockenspiegelleuchte für direktes Licht, breitstrahlend. Lichtverteilungskurven und Lichtstromkurven für drei verschiedene Glühlampeneinstellungen.
(Zeiß Ikon A. G., Goerz-Werk, Berlin.)

Auch hier sind wieder zwei Fälle möglich, einmal die größeren Winkel der reflektierten Strahlen gegen die Achse für die oberen (Abb. 467), das andere Mal für die unteren Spiegelzonen (Abb. 468). Am häufigsten wird die in Abb. 466 dargestellte Form benutzt, da sie im Gegensatz zu den Formen der Abb. 467 und 468 zu verhältnismäßig kleinen Abmessungen der Reflektoren führt und gegenüber der Form der Abb. 465 den Vorteil hat, daß die reflektierten Strahlen besser an der Lichtquelle vorbeigeführt werden können.

Die verschiedenartigen Verwendungszwecke derartiger Spiegelreflektoren zeigen die Abb. 469 ... 472. Abb. 469 stellt das Konstruktionsprinzip eines Spiegels für direkte Beleuchtung dar. Das in den Spiegel eingestrahlte Licht wird fast vollständig (ausgenommen die obersten Spiegelzonen) nach einmaliger Reflexion nach unten ausgestrahlt, ohne den Glühlampenkolben zu durchdringen, so daß Lichtverluste lediglich durch die Reflexion am Spiegel selbst auftreten. Die Reflexionsfähigkeit η_R [vgl. Gl. (7)] eines solchen Spiegelreflektors hat also annähernd den gleichen Wert wie das Reflexionsvermögen des Spiegelmaterials. Abb. 470 stellt einen Spiegel für vorwiegend direktes Licht dar. Hier ist eine Unterteilung des Lichtstromes der Glühlampe in der Art vorgenommen, daß ein kleinerer Teil durch eine obere Spiegelöffnung frei austreten kann (zur geringen Aufhellung der Decken und Wände), während der weitaus größere Teil des Lichtstromes vom Spiegel nach unten (auf die Gebrauchsebene) reflektiert wird. Abb. 471 zeigt einen Spiegel für halbindirektes Licht, bei dem der größte Teil des Lichtes durch den Spiegel nach oben (an Decke und obere Wandflächen) reflektiert wird, während ein kleinerer Teil nach unten frei ausstrahlt. Abb. 472 zeigt einen Spiegel für indirektes Licht, bei dem alles Licht nach oben (an die Decke und die oberen Wandflächen) reflektiert wird. Je nach der Formgebung der Meridiankurve

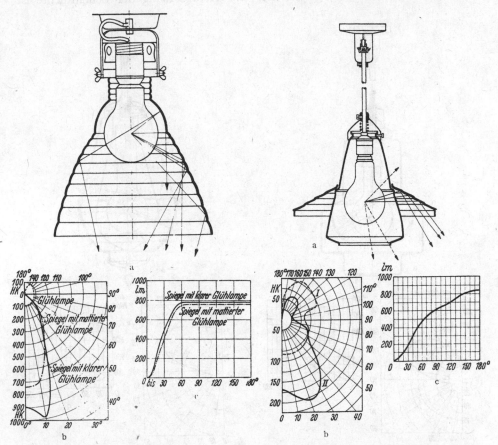

Abb. 474a—c. Kugelzonen-Spiegelleuchte für direktes Licht, tiefstrahlend. Lichtverteilungskurve und Lichtstromkurve. (Zeiß Ikon A. G., Goerz-Werk, Berlin.)

Abb. 475a—c. Stufenspiegelleuchte für vorwiegend direktes Licht. Lichtverteilungskurve und Lichtstromkurve. (Zeiß Ikon A. G., Goerz-Werk, Berlin.)

des Spiegels kann eine stärker breitstrahlende oder stärker konzentrierte Lichtverteilung erreicht werden entsprechend der verlangten Beleuchtungsverteilung.

Ausführungsarten von Leuchten mit Spiegelreflektoren der verschiedenen Formen sind mit ihren Lichtverteilungskurven in den Abb. 473...477 gezeigt. Die Außenleuchte in Abb. 473 enthält einen breitstrahlenden, die Schaufensterleuchte in Abb. 474 einen konzentriert strahlenden Spiegel für direktes Licht (vgl. Abb. 469). Bei dem letzteren ist eine Unterteilung in der Weise vorgenommen, daß das Licht der Glühlampe im oberen Halbraum von einem Kugelspiegel (Öffnungswinkel 180°, Lichtquelle im Mittelpunkt) aufgefangen wird und sich so nach der Reflexion wieder am Ort der Lichtquelle vereinigt, um von dort aus gemeinsam mit dem Licht des unteren Halbraumes der Lichtquelle auf den tiefen Parabolspiegel (Brennpunkt in der Lichtquelle) zu gelangen,

von dem es mit starker Konzentration nach unten reflektiert wird. Die Ringzonen der Spiegeloberfläche haben den Zweck, das Licht etwas zu streuen,
um Abbildungen des Leuchtsystems auf der beleuchteten Fläche (helle Ringe,
Schlieren) zu verwischen. Abb. 475 zeigt eine Leuchte mit Spiegel für vorwiegend direktes Licht. Hier ist eine Spiegelkonstruktion nach Abb. 468
gewählt und die Lichtstromunterteilung in der Weise vorgenommen, wie es in
Abb. 470 schematisch dargestellt ist. Zur Herabsetzung der Leuchtdichte ist

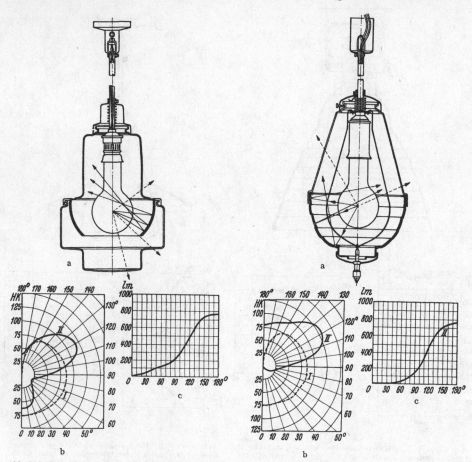

Abb. 476 a—c. Zonenspiegelleuchte für halbindirektes
Licht. Lichtverteilungskurve und Lichtstromkurve.
(Zeiß Ikon A.G., Goerz-Werk, Berlin.)

Abb. 477 a—c. Glockenspiegelleuchte für indirektes Licht.
Lichtverteilungskurve und Lichtstromkurve.
(Zeiß Ikon A.G., Goerz-Werk, Berlin.)

zwischen Lichtquelle und Spiegel ein Mattglaskörper eingeschaltet. Abb. 476
zeigt eine Leuchte mit Spiegel für halbindirektes Licht. Die Unterteilung des
Lichtstromes der Glühlampe entspricht dem Schema Abb. 471. Auch hier sind
Streugläser verwendet, die jedoch im Gegensatz zu der Leuchte Abb. 475 in den
Strahlengang des reflektierten Lichtes eingeschaltet sind. Abb. 477 zeigt eine
Leuchte mit Spiegel für indirektes Licht, entsprechend dem Schema Abb. 472.
Der Spiegel ist für starke Breitstrahlung konstruiert, um eine möglichst gleich-
mäßige Deckenausleuchtung auch bei großen Leuchtenabständen zu erhalten.
Auch bei diesem Reflektor ist, obgleich die Lichtquelle durch den Spiegel nach
unten abgeschirmt ist, das Einschalten eines Streumittels (leicht geätzte Glocke)
erforderlich, und zwar zu dem Zweck, Schlieren zu vermeiden, die auf der weißen

Decke besonders auffällig in Erscheinung treten würden. Infolge des Selbstleuchtens dieser streuenden Glocke muß eine, wenn auch geringe, Schattigkeit mit in Kauf genommen werden.

e) Asymmetrische Spiegelleuchten.

Die bisher beschriebenen und dargestellten Spiegelreflektoren sind Rotationskörper, sog. axialsymmetrische Spiegel, d. h. sie haben in allen Schnitten durch die Achse (Meridianschnitte) die gleiche Kurve (Meridiankurve) und in Schnitten senkrecht zur Achse Kreise. Das von ihnen beleuchtete Feld ist daher ebenfalls axialsymmetrisch, also kreisrund. Zur Lösung bestimmter Beleuchtungsaufgaben, insbesondere auf dem Gebiet der Straßenbeleuchtung, sind in neuerer Zeit Spiegelreflektoren entwickelt worden, die eine asymmetrische Form haben und nicht mehr ein kreisrundes, sondern ein längliches beleuchtetes Feld erzeugen. Es ist leicht einzusehen, daß man mit derartigen Reflektoren auf Straßen von nicht zu

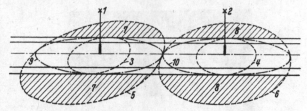

Abb. 478. Beleuchtete Felder einer symmetrisch- und einer asymmetrischstrahlenden Spiegelleuchte und ihre Lage auf der Straße.

großer Breite eine höhere und gleichmäßigere Beleuchtung erzielen kann als mit einem axialsymmetrischen Reflektor, dessen kreisrundes beleuchtetes Feld nur zu einem Teil auf der Straße liegen würde, wie Abb. 478 schematisch zeigt.

1 und 2 sind zwei Lichtpunkte über der Mitte einer Landstraße, 3 und 4 zwei von axialsymmetrischen Reflektoren beleuchtete kreisrunde Felder, die innerhalb der Straßenbegrenzung liegen, so daß der gesamte Lichtstrom auf die Straße gestrahlt wird. Die Lichtpunktabstände dürften in diesem Fall nicht größer als die Straßenbreite sein, wenn sich die beleuchteten Kreise berühren sollen. Wählt man aber bei größerem Lichtpunktabstand, wie z. B. in der Abb. 478, die beleuchteten Kreisfelder so groß, daß sie sich berühren (Kreise 5 und 6), so liegen die Teilflächen 7 und 8 außerhalb der Straße, und der hierhin gestrahlte Lichtstrom geht für die Straße verloren. Wählt man nun für diesen Lichtpunktabstand geeignete asymmetrische Reflektoren, die die sich berührenden, ovalen Felder 9 und 10 beleuchten, so kommt der gesamte ausgestrahlte Lichtstrom wieder auf die Straße. Man kann jetzt also Lichtpunktabstände wählen, die wesentlich größer als die Straßenbreite sind, je nachdem, wie ausgeprägt die asymmetrische Strahlung ist. Eine Grenze ist allerdings dadurch gesetzt, daß zur Vermeidung von Blendung keine zu großen Ausstrahlungswinkel in Straßenrichtung zugelassen werden dürfen (vgl. das auf S. 440 darüber Gesagte).

Die einfachste Form eines asymmetrischen Spiegelreflektors zur Beleuchtung eines länglichen Feldes ist in Abb. 479 gezeigt. Er entsteht durch Rotation einer Parabel um eine Achse, die senkrecht zur Parabolachse steht und durch den Brennpunkt der Parabel hindurchgeht. Der so gebildete Hohlkörper hat ungefähr Eiform. Obgleich er einen Rotationskörper darstellt, muß er doch als asymmetrischer Reflektor angesehen werden, da Meridianschnitte durch seine optische Achse, die hier im Gegensatz zum symmetrischen Spiegel nicht mit der Rotationsachse zusammenfällt sondern senkrecht zu ihr steht, ganz verschiedene Meridiankurven ergeben, z. B. in Richtung der größten Lichtausstrahlung einen Kreis, quer dazu eine Parabel. Dieser eiförmige Hohlkörper ist in der Praxis in der Weise verwendet worden, daß seine obere Hälfte verspiegelt, seine untere Hälfte leicht mattiert wurde. Die Einführung der Glühlampe geschah von einer Seite. Die Lichtverteilung und damit die Gestalt der beleuchteten Fläche ist bestimmt durch die beiden charakteristischen Schnittkurven geringster Streuung (Parabel) und größter Streuung (Kreis). Der Ausstrahlungswinkel in der Längsschnittebene ist gleich der Streuung der Parabel, hervorgerufen durch die Ausdehnung der Lichtquelle (vgl. E 11, S. 544), der Ausstrahlungswinkel in der Querschnittebene (Kreiskurve) beträgt etwa 180°, da nur die obere Hälfte des Hohlkörpers verspiegelt ist. Ein kleinerer Ausstrahlungswinkel in diesem Schnitt, der sog. Hauptausstrahlungsebene (ihre Richtung fällt mit der Straßenrichtung zusammen), ist bei diesem Spiegel nur dadurch zu erreichen, daß die Lichtquelle aus dem Mittelpunkt des Kreises etwas nach oben verschoben wird, denn eine Weiterführung der Verspiegelung über den Halbkreis hinaus nach unten würde zur Wiedereinstrahlung des reflektierten Lichtes in die gegenüberliegende Spiegelfläche führen. Da hierdurch die durch die Kreiskurve gegebene gleichbleibende Lichtstärke in der Hauptausstrahlungsebene nur wenig

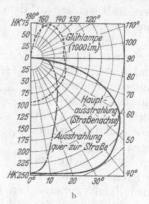

Abb. 479a und b. a Ovalspiegelleuchte zur Beleuchtung eines länglichen Feldes. b Lichtverteilungskurven in zwei senkrecht zueinander stehenden Ebenen. (Zeiß Ikon A. G., Goerz-Werk, Berlin.)

geändert, insbesondere keine wesentlich größere Breitstrahlung erreicht werden konnte, wurden verbesserte Konstruktionen entwickelt, bei denen man die Form des Rotationskörpers verließ und an Stelle der kreisförmigen Querschnittkurve eine Kurve wählte, die aus Gründen der Abblendung kleinere Ausstrahlungswinkel in der Hauptausstrahlungsebene zuließ und gleichzeitig in dieser Ebene eine starke Breitstrahlung erzeugte.

Der so entstandene asymmetrische Spiegelreflektor, allgemein mit „Ovalspiegel" bezeichnet, ist in Abb. 480 in Verbindung mit einer Straßenleuchte im Längsschnitt links und Querschnitt rechts dargestellt. Seine charakteristischen Lichtverteilungskurven in diesen beiden Ebenen sind mit *II* (Querschnittebene = Hauptausstrahlungsebene in Straßenrichtung) und *III* (Längsschnittebene quer zur Straßenrichtung) bezeichnet. Kurve *I* ist die Lichtverteilungskurve der Glühlampe. Über die Konstruktion dieses Spiegels, dessen Oberfläche eine Hüllfläche darstellt, soll an Hand schematischer Bilder einiges Grundsätzliche gesagt werden.

In Abb. 481 ist eine Straße dargestellt, die aus einer bestimmten Höhe durch einen Ovalspiegel beleuchtet werden soll. Man denkt sich zunächst ein Rotationsparaboloid 1, in dessen Brennpunkt die Lichtquelle angeordnet ist, mit seiner Achse 2 schräg auf die Straßenoberfläche gerichtet, wobei die Paraboloidachse in einer Ebene liegen soll, die auf der Mittelachse der Straße senkrecht zu deren Oberfläche steht. Dieses Paraboloid würde bei punktförmiger Lichtquelle ein paralleles Lichtbündel 3 mit kreisförmigem Querschnitt erzeugen. Auf der Straße beleuchtet dieses parallele Bündel infolge seines schrägen Auftreffens ein elliptisches Feld 4. Durch die Ausdehnung der Lichtquelle tritt eine Streuung β

(Lichtkegel 5) ein, die das gegenüber 4 größere ellyptische Feld 5 beleuchtet. Die Größe dieser Streuung β bestimmt, wenn man zunächst von dem streuenden Abschlußglas der Leuchte absieht, die Breite des beleuchteten Feldes in *der* Entfernung vom Spiegel, die durch die Neigung der Achse 2 gegeben ist. Durch bestimmte Wahl der Leuchtsystemgröße und der Brennweite des Paraboloids

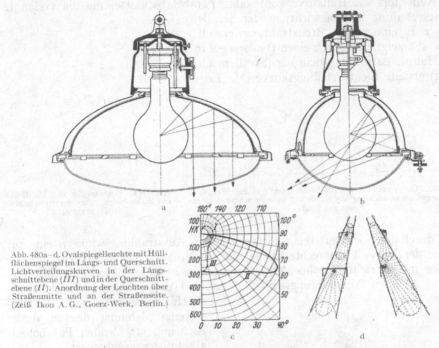

Abb. 480a–d. Ovalspiegelleuchte mit Hüllflächenspiegel im Längs- und Querschnitt. Lichtverteilungskurven in der Längsschnittebene (*III*) und in der Querschnittebene (*II*). Anordnung der Leuchten über Straßenmitte und an der Straßenseite. (Zeiß Ikon A.G., Goerz-Werk, Berlin.)

kann man die Größe der Streuung β vorausbestimmen (vgl. E 11, S. 445). Man denkt sich nun ein weiteres Paraboloid, dessen Brennpunkt ebenfalls in der Lichtquelle liegt, also ebenfalls die Streuung β hat, dessen Achse jedoch steiler als die Achse 2 auf die Straßenachse gerichtet ist. Dieses Paraboloid würde ein

elliptisches Feld beleuchten, das dem Fußpunkt der Leuchte näher liegt und dessen Länge und Breite etwas geringer sind als bei 5 infolge des geringeren Abstandes des bestrahlten Teiles der Straßenoberfläche vom Reflektor. Betrachtet man so weitere Paraboloide, deren Achsen immer kleinere Winkel mit

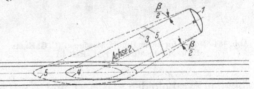

Abb. 481. Konstruktionsprinzip des Hüllflächenspiegels aus Paraboloiden als Erzeugende der Hüllfläche.

dem Lot vom Lichtpunkt auf die Straße bilden, so erhält man ein längliches beleuchtetes Feld, dessen Breite (kleine Ellipsenachse) ständig geringer wird und unter dem Lichtpunkt ein Minimum erreicht, um dann nach der anderen Seite wieder zu wachsen (die Begrenzungskurven des so entstehenden Feldes sind Hyperbeln). Schneidet man jetzt aus diesen einzelnen konfokalen Paraboloiden Streifen heraus und setzt sie aneinander, so erhält man einen Spiegel, dessen Oberfläche in der Schnittebene senkrecht zur Straße (Ebene der Zeichnung) eine gebrochene Kurve ist. Wählt man die Ausschnitte aus den einzelnen Paraboloiden genügend schmal, so kann man die gebrochene Kurve leicht durch eine stetige Kurve ersetzen, die mit „Leitkurve" bezeichnet werden soll.

Wendet man zur Konstruktion dieser Leitkurve das an früherer Stelle für
Rotationsspiegel beschriebene Verfahren an, wobei man allerdings berücksichtigen muß, daß den verschiedenen Ausstrahlungswinkeln des reflektierten Lichtes
keine Kreisringzonen wie im Lichtstromdiagramm, sondern Abschnitte des
länglichen beleuchteten Feldes zugehören, so findet man die Form der Leitkurve
des Reflektors als Hüllkurve konfokaler Parabelabschnitte, die die verlangte
Lichtverteilung in Längsrichtung der Straße,
also z. B. eine starke Breitstrahlung, erzielt.
Abb. 482 zeigt eine durch einen Ovalspiegel in
der Hauptausstrahlungsrichtung (Straßenrichtung) erzielte Lichtverteilungskurve (1). Legt

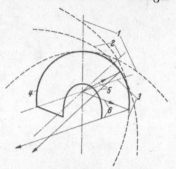

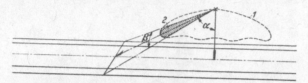

Abb. 482. Lichtverteilung des Hüllflächenspiegels in der Hauptausstrahlungsebene in Richtung der Straße und in einer schrägen Ebene
quer zur Straße.

Abb. 483. Konstruktion der Hüllfläche
aus Paraboloiden. (Aus der Patentschrift
DRP. 5202834.)

man durch den Lichtverteilungskörper z. B. im Ausstrahlungswinkel α eine zur
Ebene der Kurve 1 senkrechte Ebene, die durch den Lichtpunkt geht und die
Straße in Querrichtung schneidet, so erhält man in dieser Ebene eine Lichtverteilung 2, deren Ausstrahlungswinkel β ist und der Streuung entspricht, die
durch Brennweite und Leucht-
systemausdehnung des in dieser
Richtung strahlenden Paraboloid-
abschnittes gegeben ist.

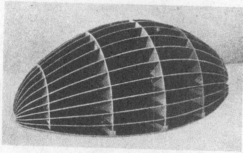

Abb. 484. Modell für einen Hüllflächenspiegel. (C. G. KLEIN,
E. u. M.: Lichttechn. 1931, Heft 4.)

Weitere Untersuchungen derartiger Spiegelreflektoren ergaben,
daß die Spiegeloberfläche mathematisch genau definiert werden
kann, und zwar als Hüllfläche
von Rotationsflächen, deren erzeugende Kurven z. B. Parabeln, Hyperbeln usw. sein können. Abb. 483
zeigt einen Querschnitt (Leitkurve 4) durch einen derartigen
Spiegel, dessen Hüllfläche aus kon-
fokalen Paraboloiden z. B. 1, 2 und 3 mit den entsprechenden eingezeichneten
Achsen gebildet ist. 5 bzw. 6 sind die einfallenden und reflektierten Strahlen
für die Paraboloide 2 und 3. In der Abbildung ist die Hüllfläche in der Weise
gebildet, daß sie von den erzeugenden Paraboloiden umhüllt wird (innere Hüllfläche). Eine weitere Konstruktion ist möglich, bei der die erzeugenden Rotationsflächen von der Hüllfläche umschlossen werden (äußere Hüllfläche). Man
kann auch in bestimmten Zonen, z. B. den oberen Scheitelzonen des Spiegels,
von den Paraboloiden übergehen auf Hyperboloide, um durch die so erzeugte
größere Streuung quer zur Straße überall die gleiche Breite des beleuchteten
Feldes zu erzielen. Die Konstruktion eines solchen Hüllflächenspiegels für eine
verlangte Lichtverteilung sowohl in Längs- als auch in Querrichtung der Straße
erfordert eine genaue mathematische Durchrechnung und ein erhebliches Maß
von Zeichenarbeit. Hat man genügend Schnitte durch die Hüllfläche festgelegt,

so kann man zur Herstellung eines Modelles schreiten, wie es in Abb. 484 gezeigt ist.

Abb. 482 hat gezeigt, daß der Ovalspiegel in der Ebene quer zur Straße (Ausstrahlungswinkel β) eine Lichtverteilung (2) hat, die durch die Erzeugenden, z. B. Paraboloide, bestimmt ist, die die größte Lichtstärke in ihren auf die Straßenmitte gerichteten Achsen haben, so daß die Straßenmitte die höchste Beleuchtungsstärke erhält (s. Lichtverteilungskurve in der Hauptausstrahlungsebene Abb. 480). Eine Weiterentwicklung des Ovalspiegels stellt der in Abb. 485 schematisch gezeichnete zusammengesetzte Hüllflächenspiegel dar. Die seiner Konstruktion zugrunde liegende Aufgabe ist, eine Straße so zu beleuchten, daß nicht die Straßenmitte, sondern die Mitten der beiden Fahrbahnen die höchste Beleuchtung erhalten. Dieser Spiegel ist zusammengesetzt aus drei Abschnitten A, B und C von Hüllflächen der vorher beschriebenen Art, deren

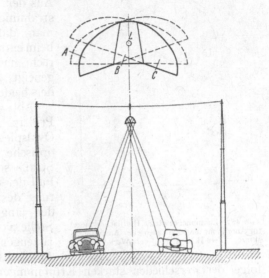

Abb. 485. Konstruktionsprinzip des zusammengesetzten Hüllflächenspiegels für Aufhängung über Straßenmitte. Anordnungsskizze. (Aus der Patentschrift DRP. 617846.)

Brennpunkte in der Lichtquelle L zusammenfallen. Der links befindliche Abschnitt A ist einem (gestrichelt vervollständigten) Ovalspiegel entnommen, dessen optische Achse schräg auf die Mitte der rechten Fahrbahn gerichtet ist. Die Achsen der erzeugenden Paraboloide bzw. Hyperboloide (letztere in der Scheitelzone) treffen also sämtlich auf die Mittellinie der rechten Fahrbahn. Entsprechend ist der Abschnitt C mit seiner optischen Achse auf die Mitte der linken Fahrbahn gerichtet. Das die beiden Abschnitte verbindende Glied gehört einem Ovalspiegel an, der die normale Lage mit senkrechter Achse hat. Es entstehen so auf der Fahrbahn drei nebeneinander liegende längliche beleuchtete Felder, die sich bei geeigneter Wahl der Querstreuung der drei zugrunde gelegten Hüllflächenspiegel etwas überdecken, so daß eine Beleuchtungskurve quer zur Straße entsteht, die in der Straßenmitte geringere Beleuchtungsstärken und über den Mitten der

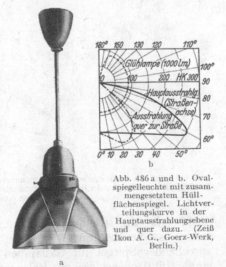

Abb. 486 a und b. Ovalspiegelleuchte mit zusammengesetztem Hüllflächenspiegel. Lichtverteilungskurve in der Hauptausstrahlungsebene und quer dazu. (Zeiß Ikon A. G., Goerz-Werk, Berlin.)

beiden Fahrbahnen die höchsten Beleuchtungsstärken aufweist. Je nach Neigung und Größe der Abschnitte A und C im Verhältnis zu B läßt sich die Beleuchtungsverteilung quer zur Straße der jeweiligen Straßenbreite bzw. Lichtpunkthöhe anpassen. Ein nach diesem Verfahren ausgeführter Spiegelreflektor für eine Glühlampenleuchte ist in Abb. 486 gezeigt.

Man erkennt hier deutlich die Abschnitte der zugrunde gelegten Ovalspiegel. Um eine ebene Öffnung zu erhalten, ist der Glaskörper über die Spiegelabschnitte hinaus nach unten verlängert und hier leicht mattiert, so daß eine geringe Aufstreuung des Lichtes erfolgt. Aus der Lichtverteilungskurve für die Ausstrahlungsebene quer zur Straße erkennt man, daß das Lichtmaximum nicht, wie beim einfachen Ovalspiegel (Abb. 480), senkrecht nach unten, sondern unter etwa 25° geneigt, also in Richtung auf die Mitten der beiden Fahrbahnen, liegt.

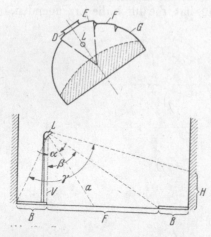

Abb. 487 zeigt einen nach dem gleichen Prinzip konstruierten zusammengesetzten Ovalspiegel für seitliche Anordnung. Seine optische Achse a ist im Querschnitt der Straße schräg angenommen. Da in diesem Fall der obere Abschnitt $F G$ zur Beleuchtung des der Leuchte am nächsten liegenden, länglichen Leuchtfeldes dient, sind an Stelle von Paraboloiden Hyperboloide als Erzeugende für die Scheitelzonen dieses Abschnittes verwendet worden, so daß in-

Abb. 487. Zusammengesetzter Hüllflächenspiegel für Anordnung an der Straßenseite. Anordnungsskizze. (Zeiß Ikon A.G., Goerz-Werk, Berlin.)

folge der verschieden starken Krümmungen im Querschnitt des Körpers in dessen Längsschnitt (Zeichenebene) Absätze zwischen E, F und G entstehen. Eine mit diesem Ovalspiegel für seitliche Anordnung ausgerüstete Straßenleuchte für Glühlampen ist in Abb. 488 gezeigt. Die ausgezogene Lichtverteilungskurve (links für Klarglaslampe, rechts für mattierte Lampe) gilt für die Längsrichtung

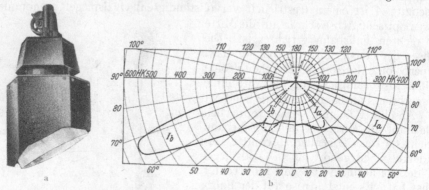

Abb. 488 a und b. Ovalspiegelleuchte mit zusammengesetztem Hüllflächenspiegel fur seitliche Anordnung auf der Straße. Lichtverteilung in der Hauptausstrahlungsrichtung und quer dazu, $I a$ mit mattierter, $I b$ mit klarer Lampe. (Zeiß Ikon A. G., Goerz-Werk, Berlin.)

der Straße, die strichpunktierte für die Querrichtung. Bei der ausgezogenen Kurve ist die Richtung 0° schräg, auf die Straßenmitte, gerichtet. Ein entsprechender Spiegel für Gaslampen ist in Abb. 489 gezeigt. Abb. 490 zeigt einen Hüllflächenspiegel zur Beleuchtung eines länglichen Leuchtfeldes, dessen Gesamtform nicht mehr oval, sondern so weit dem Kreis angenähert ist, daß er in einem runden Gehäuse verwendet werden kann. Jede der Ringzonen (1, 9, 14) gehört einer Hüllfläche an, die ein längliches Leuchtfeld erzeugt. Um eine annähernd runde Gesamtform zu erhalten, sind die einzelnen Leuchtfelder nicht mehr parallel zur Straßenrichtung, sondern zentral (e) gelegt, so daß eine Überschneidung der Bündel der einzelnen Zonen eintritt (d).

Die Anwendung von zwei Ovalspiegeln in einem gemeinsamen Gehäuse zeigt die sog. Doppelovalspiegel-Leuchte Abb. 491. Da die von den beiden Spiegeln beleuchteten länglichen Felder aufeinander liegen (s. die Lichtverteilungskurven für die einzelnen Spiegel), kann man bei dieser Leuchte, die vor allem in der Straßenbeleuchtung Verwendung findet, eine Verringerung der Beleuchtung, z. B. auf die Hälfte (Halbschaltung für die Nachtstunden) ohne Änderung der Gleichmäßigkeit der Beleuchtung vornehmen. Ferner kann die Doppelovalspiegel-Leuchte als Mischlichtleuchte (z. B. Quecksilberdampflampe und Glühlampe) verwendet werden. Man erreicht damit, daß an allen Stellen des beleuchteten Feldes annähernd die gleiche Lichtmischung vorhanden ist.

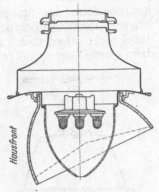

Abb. 489. Ovalspiegelreflektor für seitliche Anordnung an Gaslampen für Straßenbeleuchtung. Schnitt quer zur Straße. (W. HAGEMANN: Licht 1934 Nr. 1.)

Die beschriebenen Spiegelreflektoren werden ausschließlich als Glassilberspiegel hergestellt, deren Glaskörper in Eisenformen entweder drehend (bei

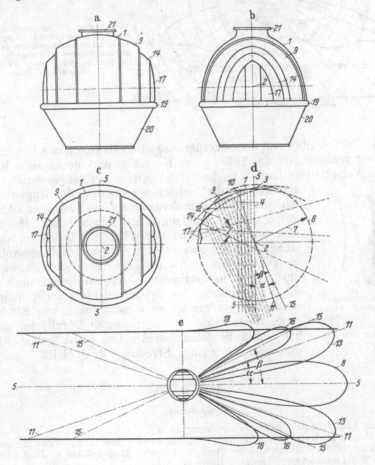

Abb. 490 a—e. Hullflächenspiegel mit dem Kreis angenäherter Grundrißform. Ansicht (a), Schnitt (b), Aufsicht (c), Konstruktionsprinzip (d), Anordnungsskizze (e). (Aus der Patentschrift DRP. 692536.)

Rotationsform des Spiegels) oder fest (bei asymmetrischer Form) geblasen werden. Eine Nachbearbeitung der Glasoberfläche hinsichtlich ihrer Form ist dabei nicht erforderlich. Die Außenseite des Glaskörpers 1 (Abb. 492) erhält dann einen Überzug aus reinem Silber (2), der das hohe Reflexionsvermögen von

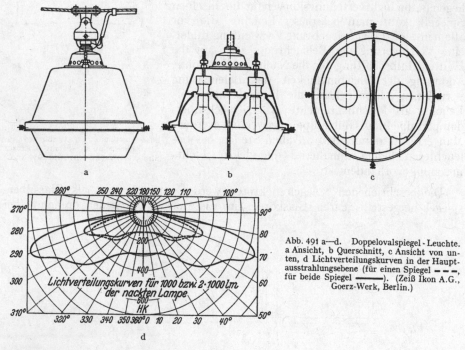

a　　　　　　　　b　　　　　　　　c

d

Abb. 491 a—d. Doppelovalspiegel - Leuchte. a Ansicht, b Querschnitt, c Ansicht von unten, d Lichtverteilungskurven in der Hauptausstrahlungsebene (für einen Spiegel – – –, für beide Spiegel ———). (Zeiß Ikon A.G., Goerz-Werk, Berlin.)

etwa 85...90% ergibt. Auf den Silberüberzug wird galvanisch eine Kupferschicht (3) niedergeschlagen, die das Silber gegen Korrosion und mechanische Einflüsse schützt. Verschiedene Lacke (4), die durch Spritzen auf die Kupferschicht auf-

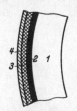

Abb. 492. Herstellung des Glassilberspiegels. 1 Glaskörper, 2 Silberschicht, 3 Kupferschicht, 4 Lackschicht. (Zeiß Ikon A.G., Goerz-Werk, Berlin.)

getragen werden, schützen wiederum die Kupferhaut vor schädlichen, insbesondere chemischen Einflüssen. Als Streumittel zur Herabsetzung der Leuchtdichte des Spiegels und zur Verwaschung der scharfen Übergänge von Licht zu Schatten am oberen Rand der Ausstrahlungswinkel wird im allgemeinen mattiertes Glas verwendet, dessen Streuung jedoch in bestimmten Grenzen liegen muß, damit die Richtwirkung des Spiegelreflektors nicht aufgehoben wird. Man verwendet zu diesem Zweck eine Sandmattierung, deren rauhe, stark streuende Oberfläche nachträglich durch Flußsäure wieder fast blank geätzt wird, so daß nur eine geringe Streuung übrig bleibt.

Literatur.

Allgemeines.

BLOCH, L.: Lichttechnik. Berlin: Oldenbourg 1921.
CADY, F. E. and H. B. DATES: Illuminating Engineering. New York: Wilny & Sons 1928.
HALBERTSMA, N. A.: Lichttechnische Studien. Leipzig: Hochmeister u. Thal 1916.
KÖHLER, W.: Lichttechnik. Leipzig: Jaenecke 1936.
LOTZ, W.: Licht und Beleuchtung. Berlin: Reckendorf 1928.
Société pour le perfectionement de l'Eclairage, Paris, Nr. 2, Reflecteurs et Diffuseurs.
WIEN u. HARMS: Handbuch der Experimentalphysik 11, Teil 3, Schering.

Leuchtenbaustoffe.

DIN 5036: Bewertung und Messung von Beleuchtungsgläsern.
I. G. Beleuchtungsglas und Nutzbeleuchtung. Licht u. Lampe 1930 Heft 1, 31—33.
SUMMERER, E.: Lichttechnische Baustoffe. Elektrotechn. Z. 2 (1930) Nr. 43, 1483—1486. Licht u. Lampe 1932 Heft 5, 67.
TAYLOR, A. H.: Reflexion von Porzellan, Emaille und verschiedenen Metallen. Licht u. Lampe 1929 Heft 5, 274. — J. Franklin. Inst. 1928 Nr. 4, 567—568.
VOTH, A.: Opalüberfang- und Opalinglas. Licht u. Lampe 1932 Heft 3, 39—40.
WEIGEL, R. G.: Experimentelle Untersuchungen an lichttechnischen Gläsern. Licht u. Lampe 1932 Nr. 25, 379—380; Nr. 26, 395—397.
WEIGEL, R. G.: Über Geleuchtbaustoffe. Licht 1934 Heft 10, 201—203; Heft 11, 222—224.

Leuchtenbau.

DAHLINGER, H. u. K. HÖRR: Über die lichttechnischen Grundlagen des Leuchtenbaues. Licht u. Lampe 1936 Heft 8, 197—199; Heft 9, 221.
HAEGELE, F.: Der moderne Beleuchtungskörper im Raum und seine Abhängigkeit von der modernen Lichttechnik. Licht 1934 Heft 9, 167—170.
HARTINGER, H.: Der Reflektor und sein Wirkungsgrad. Z. techn. Physik 1925 Nr. 10, 498—500.
LAUE, G.: Über den Bau von Geleuchten, insbesondere aus lichtstreuenden Baustoffen. Licht 1931 Heft 5, 137.
MEYER, E.: Zum Problem der Leuchtkörpergestaltung. Licht u. Lampe 1931 Nr. 17, 259.

Spiegelleuchten.

HALBERTSMA, N. A.: Die Vorausbestimmung der Lichtverteilungskurve eines spiegelnden Reflektors. Z. techn. Physik 1925 Nr. 10, 501—504.
KLEIN, C. G.: Über den Bau von Geleuchten, insbesondere von spiegelnden Reflektoren. E. u. M. Lichttechn. 1931 Heft 4, 39—40.
KRAATZ, J.: Die Gestaltung der Leuchte. Licht u. Lampe 1936 Heft 8, 217—220; Heft 10, 237—239.

Straßenleuchten.

BUSQUET, R.: Straßenbeleuchtung mit neuzeitlichen elektrischen Geräten. Génie civ. 1933, 9. — Licht u. Lampe 1933 Nr. 16, 400.
GROHER, H.: Leuchtgeräte für Gasentladungslampen. Licht u. Lampe 1936 Heft 18, 439—442.
PAHL, A.: Spiegelleuchten für Natriumdampflampen. Licht 1936 Nr. 2, 27—29.
STEGE, A.: Leuchten für die Quecksilberdampflampe Hg H 500. Licht 1936 Heft 11, 226—229.

Glühlampen in Leuchten.

KÖHLER, W.: Das Leben der elektrischen Glühlampe. Licht u. Lampe 1930 Heft 1, 22—26.
SCHMELZLE, B.: Das Verhalten von Glühlampen in geschlossenen Geleuchten. Licht u. Lampe 1929 Nr. 23, 1300—1302.

Elektrotechnische Leuchtenausrüstung.

SCHWEIGHÄUSER, F.: Feuerpolizeiliche Bestimmungen in bezug auf die Beleuchtung. Licht u. Lampe 1935 Nr. 23, 555—557.
V.D.E.: Vorschriften nebst Ausführungsregeln für die Errichtung von Starkstromanlagen mit Betriebsspannungen unter 1000 V.
V.D.E.: Vorschriften für Leuchten in schlagwettergefährlichen Räumen.
WITTIG, E.: Materialgüte und Gefahrlosigkeit von Beleuchtungsanlagen. Licht 1931 Heft 15, 365—368.
WITTIG, E: Erhöhte Sicherheit für ortsbewegliche Leuchtgeräte. Licht u. Lampe 1932 Heft 15, 237—238.

Photometrie von Leuchten.

ARNDT, W.: Über Messungen der Eigenschaften lichtstreuender Hohlgläser. Licht 1933 Heft 4, 73—76.
DIN 5032: Photometrische Bewertung und Messung von Lampen und Beleuchtung.
POHLE, W.: Die Leuchtdichte technischer Leuchten. Elektrotechn. Z. 1932 Heft 15, 353—357.
SCHNEIDER, L.: Ein Beitrag zur Kennzeichnung der Lichtstromverteilung. Proc. of the Intern. Ill. Congr. 1932, 494—509.
WETZEL, I.: Studien zur Verteilung des Lichtstromes durch Leuchten. Rev. gén. Électr. 1928, 975. — Lichttechn. 1929, 131. — Die Klassifikation von Beleuchtungskörpern. Illum. Engr. 1930 Heft 11, 260. Licht u. Lampe 1933 Heft 2, 32.

Leuchten mit Prismengläsern.

.....: Beleuchtung großer Flächen mit Prismengläsern. Licht u. Lampe 1936 Nr. 25, 607.
English, S.: Neuere Fortschritte in der Herstellung von Prismengläsern für Beleuchtungs-
    zwecke. Licht 1931 Heft 12, 293—295.

Luftschutz-Leuchten.

Schneider, I. I.: Verkehrsbeleuchtung und Luftschutz. Licht 1936 Nr. 9, 188—190.
Schneider, I. I.: Innenbeleuchtung und Luftschutz. Licht 1936 Nr. 10, 216—217.

Gas-Leuchten.

Bertelsmann, W.: Über das Beleuchtungsglas für Gaslicht. Licht u. Lampe 1930 Heft 1, 21.
Gumpertz, A.: Der Glühstrumpf als Lichtquelle. Licht 1933 Heft 3, 58.
Hagemann, W.: Neue Probleme der Beleuchtung von Straßen und Autobahnen. Licht
    1934 Heft 1, 7—9.
Scholz-Frick, M.: Flüssiggas (Propan, Butan u. a.). Licht u. Lampe 1936 Heft 24, 582—584.
Voege: Die Blohm-Glocke. Licht 1935 Heft 2, 22—25.

E 4. Berechnung brechender und streuender Teile.

Von

Franz Krautschneider-Dresden.

Mit 11 Abbildungen.

Zur richtigen Verteilung des von einer Lichtquelle gelieferten Lichtstromes finden neben regelmäßig oder diffus spiegelnden bzw. streuenden Flächen sehr häufig auch Elemente Anwendung, die mit Hilfe einer regelmäßigen Brechung in optisch homogenen Körpern — oder einer unregelmäßigen in optisch inhomogenen — die Lichtstrahlen in die gewünschte Richtung lenken.

In dem folgenden Kapitel werden die Berechnungsmethoden regelmäßig brechender, optisch gleichmäßiger Körper soweit dargestellt, als dies für lichttechnische Zwecke erforderlich erscheint. In den allermeisten Fällen wird es sich dabei um die Berechnung von Prismen und Linsen und von aus solchen Einzelelementen zusammengesetzten Körpern, vorwiegend Scheiben, handeln, die — meist durch Spiegel — gerichtetes Licht streuen oder zerstreutes richten sollen.

a) Geometrisch-optische Grundlagen.

Zugrunde liegt allen diesen Berechnungen das Snelliussche Brechungsgesetz, das mit Hilfe geometrischer Beziehungen auf den einzelnen Fall angewendet wird.

Der einfachste Fall ist die Brechung an einer ebenen Fläche beim Übergang des Lichtes von Luft in Glas oder umgekehrt. Dabei wird die Geschwindigkeit des Lichtes geändert und dadurch bei schrägem Einfall die Fortpflanzungsrichtung. Die Geschwindigkeitsänderung ist durch Werkstoffeigenschaften bedingt und durch den Brechungsindex n gegeben, der das reziproke Verhältnis der Lichtgeschwindigkeit in dem betreffenden Stoff zu derjenigen im leeren Raum, praktisch genügend genau in Luft, angibt, welche gleich eins gesetzt ist.

Für das fast ausschließlich für die hier in Frage kommenden Zwecke verwendete Silikatglas sei der Brechungsindex mit n_g bezeichnet; er beträgt je nach der Herstellungsart etwa 1,52...1,53, kann für die meisten Berechnungen genügend genau mit $1,5 = 3/2$ gesetzt werden; ein genauerer Mittelwert ist 1,523.

Der Einfallswinkel i eines Lichtstrahles auf eine Fläche wird im folgenden stets zu dem im Einfallspunkte auf die Fläche errichteten Lot gemessen ($i = 0°$ senkrechter, $i = 90°$ streifender Einfall) (Abb. 493); dabei wird ein einen endlichen Raumwinkel einnehmender Lichtstrom in einzelne, dicht nebeneinanderliegende gerade Lichtstrahlen zerlegt gedacht, die als Lote auf die Wellenfläche angesehen werden können. Da weiterhin eine räumliche Betrachtung eines solchen Lichtstromes zu sehr schwierigen und komplizierten mathematischen Entwicklungen führt, sollen für die Berechnungsbeispiele nur solche Strahlenscharen herausgegriffen werden, die in einer — bevorzugt gewählten — Ebene verlaufen, und dadurch meist einfachen geometrischen Entwicklungen zugänglich sind, wobei trotzdem eine genügende Übersicht über den Strahlenverlauf gewahrt bleibt.

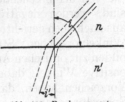

Abb. 493. Brechungsgesetz.

Beim Übergang eines Strahles aus einem Stoff mit dem Brechungsindex n an einem als eben gedachten Flächenelement in einen solchen mit dem Index n' bestimmt das Brechungsgesetz:

$$n \cdot \sin i = n' \cdot \sin i';$$

der Winkel i' bestimmt dabei die Richtung des gebrochenen Strahles, zusammen mit der Bedingung, daß der Strahl vor und nach der Brechung in der gleichen Ebene verläuft:

$$\sin i' = \frac{n}{n'} \cdot \sin i;$$

i ist durch die geometrischen Beziehungen zwischen Anordnung und Gestalt der brechenden Fläche und der Lichtquelle gegeben, wobei als Lichtquelle auch ein von einem Spiegelsystem oder von brechenden Flächen (-elementen) entworfenes reelles oder virtuelles Bild einer solchen dienen kann. Der Ort der Lichtquelle oder die Orientierung des einfallenden Strahles soll in Zukunft stets durch den Schnittpunkt des Strahles mit dem Flächenlot oder einer besonderen Bezugsachse (als Schnittweite schlechthin bezeichnet) oder aber bei einem Strahlenbündel, das einen gemeinsamen Ursprungspunkt besitzt, durch

Abb. 494. Strahlenverlauf bei Brechung an einer ebenen Fläche.

die Länge und Richtung des Mittelstrahles (Hauptstrahles) gegeben werden.

An einer ebenen Fläche gelten dann folgende Beziehungen (Abb. 494):

$$\operatorname{tg} i = h/s; \quad \operatorname{tg} i' = h/s',$$

daraus ergibt sich die Schnittweite s' unter Berücksichtigung des Brechungsgesetzes zu

$$s' = 1/n \sqrt{n'^2 s^2 + (n'^2 - n^2) h^2},$$

oder wenn h gegen s sehr klein ist (bei einem gegen das Flächenlot oder einen Hauptstrahl wenig geöffneten Bündel):

$$s' = n'/n \cdot s.$$

In den meisten Fällen handelt es sich um Brechung an Glasflächen in Luft; für letztere kann $n = 1$ gesetzt werden; die Ausdrücke vereinfachen sich dann in:

(Luft—Glas) $\quad s' = \sqrt{n_g^2 (s^2 + h^2) - h^2}$

(Glas—Luft) $\quad s' = 1/n_g \sqrt{s^2 - (n_g^2 - 1) n^2}.$

Im letzteren Falle ist die Wurzel nur reell, wenn

$$h \lessgtr \pm \frac{s}{\sqrt{n_g^2 - 1}}.$$

Wird diese Grenze überschritten, so kann der gebrochene Strahl nicht mehr aus dem Glase austreten; er wird dann zurückgeworfen, genau so, als ob die brechende Fläche verspiegelt wäre (Totalreflexion).

Bei diesen und allen folgenden Ausdrücken sind die Vorzeichen mit großer Sorgfalt zu berücksichtigen; sie sollen wie folgt festgesetzt werden: Längen, die von der brechenden Fläche aus dem einfallenden Licht entgegen gerichtet sind, werden negativ; Einfallhöhen sind vom Flächenlot (optischer Achse) aus nach oben gerichtet positiv, nach unten negativ; daraus ergeben sich auch die Winkelvorzeichen: Strahlen, die im ersten und dritten Quadranten verlaufen, bilden zur optischen Achse oder zum Flächenlot negative, im zweiten und vierten positive Winkel; dabei ist besonders zu beachten, daß i und i' stets gleiche Vorzeichen haben, da n_g niemals negativ werden kann. (Nur im Falle einer Spiegelung kann $n = -1$ gesetzt werden.) Es sei auch darauf hingewiesen, daß n_g einen Mittelwert darstellt und in Wahrheit für jede Wellenlänge anders ist; es tritt also eine Farbenzerstreuung bei jeder Brechung auf, die praktisch aber meist — nicht immer! — vernachlässigt werden kann.

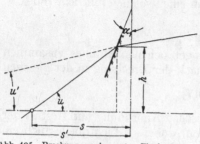

Abb. 495. Brechung an der ersten Fläche eines Prismas.

Zur Verfolgung des Strahlenverlaufes durch ein System von zwei oder mehreren brechenden Flächen muß ein Bezugssystem eingeführt werden, am besten in Form einer „optischen Achse", die zweckmäßig zu legen ist: bei Rotationskörpern in die Rotationsachse, bei symmetrischen in die Symmetrieachse. Die Richtung eines Strahles wird dann angegeben als Tangente des Winkels u, den der Strahl mit dieser Achse einschließt (Richtungstangente). Dabei wird die Winkelgröße u nach der Brechung analog dem Winkel i' mit u' bezeichnet, bei mehreren Flächen außerdem mit Indexzahlen in der Reihenfolge der Flächen. Es ergibt sich dann die Richtungstangente aus Abb. 495:

$$\operatorname{tg} u = h/s; \quad \operatorname{tg} u' = \frac{n \cdot h}{\sqrt{(n's)^2 + (n'^2 - n^2)h^2}}$$

u und u' sind gleich i und i'; die Spezialfälle von Glasflächen in Luft führen zu den gleichen Ausdrücken wie für i und i'.

Für die Brechung an zwei Flächen, einmal Luft-Glas, dann Glas-Luft, die den praktisch am meisten vorkommenden Fall darstellt, ist zu beachten, daß die Stellung der beiden Flächen zueinander noch nicht den Winkel der Ablenkung des Lichtstrahles infolge der Brechung eindeutig bestimmt, denn dieser ist ja nach dem Brechungsgesetz auch von dem Einfalls- und Austrittswinkel abhängig. Er ist $i - i'$, ist für $i = 0$ ebenfalls 0 und nimmt mit wachsendem i zu bis er für $i = 90°$ sein Maximum erreicht; daraus ist die Lehre zu ziehen, daß eine gegebene Ablenkung mit kleinstmöglicher Schrägstellung zweier Flächen dann erreicht wird, wenn der Einfalls- oder der Austrittswinkel bei einer Fläche möglichst nahe an einen Rechten kommt, und daß die Ablenkung ein Minimum wird, wenn beide Winkel gleich sind. Es wird sich stets empfehlen, den Einfallswinkel an der Luft-Glas-Fläche groß und den Austrittswinkel an der Glas-Luft-Fläche klein zu wählen; dadurch werden ungewollte Totalreflexionen leichter vermieden als umgekehrt.

Diese Abhängigkeit des Ablenkungswinkels von dem Strahleneinfall und -austritt zwingt zur Festlegung einer Bezugslinie, die zweckmäßig senkrecht zur optischen Achse gelegt wird (obwohl letztere an und für sich bereits genügen könnte). Sie unterteilt den brechenden Winkel α (den Winkel, welchen die brechenden Flächen oder bei gekrümmten Flächen die Tangentialebenen in den brechenden Punkten einschließen) in zwei Teile, α_1 und α_2 (Abb. 495 u. 496). Die Aufgabenstellung wird praktisch meist so lauten, daß die Richtung des Strahles vor dem Eintritt in das Glaselement und nach dem Austritt aus demselben gegeben ist, damit auch der gesamte Winkel, um welchen der Strahl durch das Element abgelenkt werden soll. Aus glastechnischen Gründen muß weiterhin meist gefordert werden, daß die brechenden Winkel so klein als möglich bleiben, damit die Unterteilung wegen der sonst unzulässigen Dickenunterschiede nicht gar zu fein zu werden braucht, was die Formen verteuert. Es muß also mit einem großen Einfalls- oder manchmal auch Austrittswinkel gearbeitet werden. Die Berechnung beginnt dabei am besten von der der Lichtquelle zunächst liegenden Fläche aus und schreitet mit der Reihenfolge der Brechungen fort.

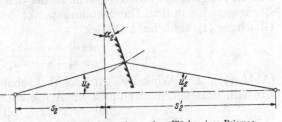

Abb. 496. Brechung an der zweiten Fläche eines Prismas.

b) Prismatische Flächen.

Als erstes Beispiel werde ein von ebenen Flächen begrenzter prismatischer Glaskörper betrachtet. Zunächst sei vorausgesetzt, daß ein auf die Mitte der ersten Fläche treffender Lichtstrahl zu der optischen Achse, die als Orientierungslinie dient, den Winkel u' nach der Brechung bilden soll (Abb. 495); dabei wird angenommen, daß die betrachtete Ebene, in der alle Strahlen und Bezugslinien verlaufen, zur brechenden Fläche senkrecht steht. Dann gilt:

$$\operatorname{tg} \alpha_1 = -\frac{\sin u_1 - n \cdot \sin u_1'}{\cos u_1 - n \cdot \cos u_1'}, \tag{1}$$

wenn der Brechungsindex vor der Brechung $= 1$ ist (Luft-Glas z. B.). Der Winkel α_1 erscheint gleich als Tangente, also als das Steigungsverhältnis der Flächenneigung gegenüber der Senkrechten auf die Bezugslinie. Der Winkel u_1 kann dabei wie in Abb. 494 durch die Schnittweite auf der Bezugslinie und die Einfallshöhe h gegeben sein; es gelten dann auch die dort angegebenen Beziehungen. Der Winkel u_1' wird in vielen Fällen bereits durch gewisse herstellungstechnische Rücksichten bereits im voraus bestimmt sein. Soll z. B. eine Fläche des Körpers eine glatt durchgehende Ebene sein, die senkrecht zur Bezugslinie steht und der Lichtstrahl nach dem Austritt aus dem Glaskörper parallel zu dieser verlaufen, dann ist dadurch u_1' bestimmt; er wird gleich Null. In diesem Falle ändert sich der oben angegebene Ausdruck für $\operatorname{tg} \alpha_1$ in:

$$\operatorname{tg} \alpha_1 = -\frac{\sin u_1}{\cos u_1 - n} \tag{2}$$

(α_1 und u_1 sind negativ, $\sin u_1$ daher ebenfalls, während $\cos u_1$ positiv bleibt, solange der Strahlengang in den gleichen Quadranten verläuft wie in Abb. 495). Die Grenze für eine solche Anordnung ist bezüglich der Einfallshöhe h dadurch gegeben, daß α_1 mit wachsendem h ebenfalls wächst, damit aber auch i; dieses kann höchstens den Wert von $-90°$ erreichen. Sowie α_1 den Wert $(-90° - u_1)$ erreicht hat, ist die Gültigkeit der Formel (1) aufgehoben. In diesem Falle kann u_1' nicht mehr Null werden; um trotzdem zum Ziele zu kommen, bleibt nichts anderes übrig, als von einem bestimmten h-Wert an (eben von dem an, bei dem diese Grenze erreicht ist) auf die achsensenkrechte Ebene für die zweite

Fläche zu verzichten und an deren Stelle eine zweite brechende Fläche zu setzen, wozu meist Kegel-, Kugel- oder torische Flächen in Frage kommen. Der höchstzulässige Wert von α_1 ist meist schon durch die Einfallshöhe und die Schnittweite bestimmt, denn

$$\operatorname{tg} u_1 = h/s \quad \text{und} \quad \alpha_1 = -90° - u_1.$$

Der Wert von u_1', welcher der Berechnung der Neigung der zweiten Fläche zugrunde gelegt werden muß, errechnet sich am einfachsten aus der Beziehung:

$$\sin(\alpha_1 + u_1') = \frac{1}{n} \cdot \sin(\alpha_1 + u_1).$$

Für die Neigung der zweiten Fläche zu der den einen Schenkel von α_1 bildenden Bezugsgeraden in dem Durchstoßungspunkt des Lichtstrahles gilt dann der der Gleichung (1) ähnliche Ausdruck:

$$\operatorname{tg} \alpha_2 = -\frac{\sin u_2' - n \cdot \sin u_1'}{\cos u_2' - n \cdot \cos u_1'}; \quad (u_1' = u_2) \tag{3}$$

(Abb. 496). Der Winkel u_2' wird positiv, sobald der Strahl nach dem Austritt aus dem Glaselement der optischen Achse zustrebt, wenn also z. B. ein reelles Bild entstehen soll; desgleichen wird α_2 positiv, wenn er sich nach der dem einfallenden Licht abgewendeten Seite der Bezugsgeraden öffnet.

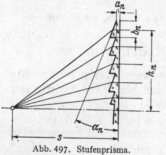

Abb. 497. Stufenprisma.

Die Grenze, bei welcher die Totalreflexion beginnt, ist erreicht, wenn sich aus (3) ein α_2 ergibt, das zusammen mit u_2' gleich oder größer als 90° wird.

Die wichtigste Anwendung der vorstehend entwickelten Ausdrücke ist die Berechnung von Stufenprismen und von Rotationskörpern, wie sie entstehen, wenn die Schnittfläche eines Stufenprismas um eine Achse rotiert (Abb. 497).

Als Beispiel einer solchen Berechnung sei angenommen, daß die Austrittsfläche eine achsensenkrechte Ebene darstellt, ferner daß eine Lichtquelle in der Entfernung der Schnittweite s von den Prismeneintrittsflächen entfernt ist. In diesem Falle ist es auch bequemer, den Richtungswinkel des einfallenden Strahles zur Achse (u_1) durch die Schnittweiten und die Einfallshöhen zu bestimmen, ebenso die Tangente des brechenden Winkels α_1 durch das Verhältnis der Höhe der einzelnen Prismenstufen zu deren Breite (a/b). Aus dem Ausdruck (2) ergibt sich dann:

$$\frac{a}{b} = \frac{-h}{n\sqrt{h^2 + s^2} - s}. \tag{4}$$

Die Höhen a sind durch glastechnische Forderungen begrenzt, damit auch die Breiten b; daraus ergeben sich die einzelnen Höhen h_n und die Unterteilung der Gesamtöffnung des Stufenprismas. Die Größe a/b ist dabei $\operatorname{tg} \alpha_1$, letzterer Winkel bestimmt schließlich wieder wie oben die Grenzen, für welche der Einfallswinkel i den Höchstwert von 90° erreicht. Hinsichtlich der Vorzeichen gilt wie oben, daß b und h positiv, a und s negativ gesetzt werden müssen, wenn erstere von der Achse nach oben gemessen sind, letztere dem einfallenden Licht entgegengerichtet erscheinen.

Bei den vorstehenden Entwicklungen ist stillschweigend bis jetzt vorausgesetzt worden, daß die Lichtquelle punktförmig ist. Bei einem endlichen Durchmesser p der Lichtquelle, wobei die Projektion desselben auf eine zum Lichtstrahl senkrechte Ebene maßgebend ist (Abb. 498) und vorausgesetzt, daß die Prismenfläche eben ist oder die Erzeugende bei Rotationsflächen eine Gerade darstellt, ist die durch die endliche Größe der Lichtquelle gegebene natürliche Streuung in der betrachteten Ebene, ausgedrückt durch den Winkel δ_L:

$$\delta_L = \frac{p}{\sqrt{h^2 + s^2}} .$$

Unter den gleichen Voraussetzungen wird aber eine gewisse Streuung auch noch dadurch bewirkt, daß der Winkel α_1 auch von der Einfallshöhe h abhängig ist und nur für eine schmale Zone des einzelnen Prismenteiles genau achsenparalleles Licht liefert, nicht aber für die benachbarten. Die dadurch hervorgerufene Streuung ist:

$$\delta_P = \frac{\cos u_1}{n \cdot \sqrt{h^2 + s^2}} (b - a \operatorname{tg} u_1),$$

wenn das Lichtbündel eine gegen die Schnittweite s kleine Öffnung besitzt.

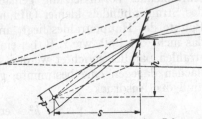

Abb. 498. Natürliche Streuung eines Prismas.

c) Sphärische Flächen. Stufenlinsen.

Eine genaue Berücksichtigung der gegenseitigen Abhängigkeit von α_1 und h, also eine Beseitigung dieser Streuung, verlangt ein Abgehen von den ebenen Prismenflächen bzw. der erzeugenden Geraden; in erster Annäherung wird diese Aufgabe bereits von Kugel- bzw. torischen Flächen gelöst. Aus dem Stufenprisma wird dabei die in vielen Anwendungsgebieten gebrauchte Stufenlinse (Fresnel-Linse).

Nach KÖNIG sind für Kugelflächen die Beziehungen zwischen den Konstanten des Hauptstrahles, der Krümmung und den Schnittweiten s_H gemessen auf dem Hauptstrahl vor und nach der Brechung durch folgenden Ausdruck gegeben:

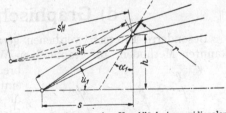

Abb. 499. Brechung an einer Kugelfläche im meridionalen Schnitt.

$$\frac{n'}{s_H'} = \frac{n}{s_H} + \frac{1}{r} \cdot (n' \cos i' - n \cos i) \quad (4a)$$

Unter der Annahme des Überganges aus Luft in Medium mit dem Brechungsindex n und unter Benutzung der durch Abb. 499 dargestellten Bezeichnungen läßt sich dieser Ausdruck in eine Form bringen, die nur die bisher gebrauchten Größen, die teils unabhängige Variable darstellen, teils abhängige, aus den vorstehenden Ausdrücken sich ergebende, enthält. Als Unbekannte wird der Krümmungsradius der Kugelfläche bzw. der Erzeugenden in den meisten Fällen auftreten:

$$r - \sqrt{h^2 + s^2} \cdot [n \cos \alpha_1 - \cos(u_1 + \alpha_1)]. \quad (5)$$

Der Radius der Krümmung ist demnach von h abhängig, und zwar in der Weise, daß er mit zunehmenden h wächst.

Bei der Berechnung einer solchen Stufenlinse hat man demnach den Weg einzuschlagen, daß zunächst ein Stufenprisma ermittelt wird, das in bezug auf Unterteilung die glastechnischen Anforderungen erfüllt und von dem jede Prismenzone optisch für sich in bezug auf den Hauptstrahl die ablenkende Wirkung besitzt, die verlangt wird; zum Schluß werden dann für jede einzelne Zone (das h wird stets auf die Mitte bezogen) die notwendigen Krümmungen ermittelt; es sei aber besonders darauf hingewiesen, daß der Ausdruck (5) nur für den Fall achsenparallelen Strahlenganges nach der Brechung gilt.

Wird nach der Brechung eine endliche Schnittweite s'_H auf dem Hauptstrahl gefordert, dann erweitert sich der Ausdruck (5) für den allgemeinen Fall einer Brechung zwischen den Medien von dem Index n und n' folgendermaßen:

$$r = [n' \cdot \cos\alpha - n \cdot \cos(u + \alpha)] \, \frac{\sqrt{(h^2 + s'^2)(h^2 + s^2)}}{n'\sqrt{h^2 + s^2} - n\sqrt{h^2 + s'^2}}, \qquad (6)$$

dabei ist allerdings noch die in den meisten Fällen ohnedies gegebene einschränkende Voraussetzung gemacht, daß der gemeinsame Ursprungspunkt des Strahlenbündels kleiner Öffnung auch nach der Brechung auf demjenigen Punkte des Hauptstrahles liegt, an dem er die optische Achse schneidet. Ist das nicht der Fall, wie z. B. bei einer Stufenlinse, bei welcher zwar die Hauptstrahlen parallel gerichtet werden sollen, die Krümmung der einzelnen Zonenflächen dagegen eine bestimmte, gewollte Streuung hervorbringen soll, dann muß der Ausdruck:

$$\sqrt{s'^2 + h^2} \qquad \text{ersetzt werden durch } s'_H;$$

letztere Schnittweite bestimmt die Streuung, denn diese ist:

$$\delta = \frac{-s'_H}{(b \cdot \cos u')}.$$

Erforderlichenfalls muß natürlich eine etwa noch nachfolgende Brechung bei der Bemessung der Streuung berücksichtigt werden, damit dann zum Schluß der richtige Wert erzielt wird. Der Ausdruck (4a) gibt die dazu notwendigen Beziehungen.

d) Graphische Methoden.

Besonderes Interesse verdienen gerade für lichttechnische Zwecke die bekannten Methoden, auf graphischem Wege den Verlauf eines Lichtstrahles an brechenden Flächen zu verfolgen. Als die einfachste ist diejenige von Reusch[1] wohl die gebräuchlichste: Soll der Verlauf eines Strahles vor und nach der Brechung an einer ebenen Fläche (oder an einem als eben gedachten Flächenelement einer gekrümmten) bestimmt werden, so schlägt man um den Schnittpunkt O (Abb. 500) des einfallenden Strahles mit der brechenden Fläche zwei Kreise mit den Radien $a \cdot n$ und $a \cdot n'$ (a bedeutet dabei eine beliebige Konstante); der erste Kreis schneidet den einfallenden Strahl im Punkte R, durch den ein Lot auf die Fortsetzung der

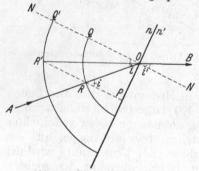

Abb. 500. Graphische Ermittlung des Strahlenverlaufes.

brechenden Fläche gefällt wird, das den zweiten Kreis im Punkte R' schneidet; die Verbindungslinie $R'O$ ergibt dann die Richtung des gebrochenen Strahles. Diese Konstruktion ist übrigens auch für Spiegelungen verwendbar. n wird in diesem Falle gleich Eins und n' gleich — 1. Der Kreis vom Radius a wird nach der anderen Seite der nunmehr spiegelnden Fläche hin verlängert und das Lot durch den Punkt R auf der anderen Seite ebenfalls zum Schnitt mit dem Kreis gebracht, wobei die Verbindungslinie dieses Punktes mit O die Richtung des gespiegelten Strahles bestimmt.

[1] Reusch, E.: Die Lehre von der Brechung und Farbenzerstreuung des Lichtes. Pogg. Ann. 117 (1862) 241—262.

Auch die Umkehrung zur Bestimmung der Richtung der brechenden Fläche bei gegebener Strahlenrichtung vor und nach der Brechung ergibt sich ohne weiteres: der Schnittpunkt der beiden Strahlen O dient als Mittelpunkt für die beiden Kreise, worauf die beiden Punkte R und R' erhalten werden; das durch O gehende Lot auf die Verbindungslinie beider ist dann die Richtung der brechenden Fläche bzw. der Flächentangente im Punkte O.

Mit Hilfe dieser Methode kann in einfacher Weise die Konstruktion eines Stufenprismas graphisch aufgebaut werden.

e) Systeme sehr großer Öffnung.

Für Systeme sehr großer Öffnung, bei denen im Falle einer Unterteilung nur derjenigen Flächen, die der Lichtquelle zugewandt sind, die Grenzen der Totalreflexion (s. o.) überschritten werden, sind zwei Auswege möglich:

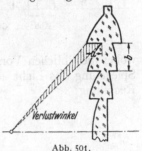

Abb. 501.

1. Die der Lichtquelle abgewendete Fläche wird ebenfalls prismatisch ausgebildet und übernimmt auf diese Weise einen Teil der Strahlenablenkung, so daß die Einfallswinkel an der ersten Fläche verkleinert werden können; für die Berechnung dienen die Ausdrücke (1) und (3); (Abb. 501). In der Lichtausnutzung ist eine derartige Lösung jedoch um so weniger wirtschaftlich, je größer die Öffnung wird, denn der auf die Stirnflächen a entfallende (Verlust-)Anteil wird mit zunehmendem u immer größer.

Viel zweckmäßiger ist es daher

2. die Totalreflexion zur Wirkung heranzuziehen, so daß die brechenden Flächen in spiegelnde übergehen, die eine fast beliebige Strahlenablenkung ermöglichen. Die Richtung der Flächen a ist schon durch das Erfordernis gegeben, daß diese zur optischen Achse leicht schräg (etwa $5\ldots10°$) verlaufen müssen, damit der Preßstempel herausgezogen werden kann; sie müssen also Kegelflächen sein.

Die Richtung des Hauptstrahles nach dem Eintritt in das Reflexionsprisma kann in der oben angegebenen Weise leicht graphisch ermittelt werden; für die Berechnung dienen die Ausdrücke:

$$\sin i' = n/n' \cdot \sin(u + \alpha)$$

und
$$u' = \alpha - i'.$$

Die Neigung der Fläche im Reflexionspunkte wird dann entweder graphisch ermittelt unter Anwendung der Reuschschen Konstruktion für Spiegelung, wie oben beschrieben, oder auch rechnerisch, nach folgenden Beziehungen:

$$\alpha_1 = -(90° + \tfrac{1}{2}u + \tfrac{1}{2}u')$$

oder für $u' = 0$
$$\alpha_1 = -(90° + \tfrac{1}{2}u).$$

Die Verwendung der auf diese Weise zu ermittelnden Gürtelspiegel in den äußeren Zonen ermöglicht eine sehr große Steigerung der wirksamen Öffnung.

Die natürliche Streuung eines solchen Gürtelspiegels, die durch die Ausdehnung des Leuchtkörpers verursacht wird, läßt sich in der oben für Linsenzonen beschriebenen Weise genau so ermitteln, desgleichen die Streuung, die entsteht, wenn die spiegelnden Flächen Kegelflächen sind.

Sollen die spiegelnden Flächen gleichzeitig eine zonenweise Abbildung der Strahlen herstellen, die in den Ebenen verlaufen, welche die optische Achse enthalten, dann müssen die Spiegelflächen keine Gerade mehr als Erzeugende aufweisen, sondern eine Kurve. Liegen die Schnittpunkte der Strahlen vor der

Brechung auf der optischen Achse, dann wird jede Zone einen Teil eines Rotationsparaboloides bilden müssen, dessen Achse mit der optischen Achse und dessen Brennpunkt mit dem Schnittpunkt der Strahlen zusammenfällt und von dem ein Durchmesser (auf die Mitte der betreffenden Zone bezogen) gegeben ist, ferner die Richtung der Tangente im Reflexionspunkt, alles unter der Voraussetzung, daß nach der Reflexion der Strahlengang achsenparallel sein soll.

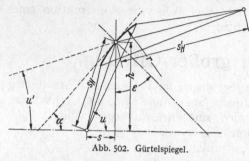

Abb. 502. Gürtelspiegel.

Meist liegt aber, schon wegen der Brechung an der Glaseintrittsfläche, der Fall etwas komplizierter. Der einfachste Weg ist dann wohl der, die einzelne Zone als Kugelfläche von kleiner Öffnung aufzufassen. Nach den Beziehungen aus Abb. 502 ist:

$$r = 2\,s_H\,s_H' \frac{\cos(\varepsilon + \gamma)}{s_H - s_H'},$$

darin ist

$$\operatorname{tg}\gamma = s/h \quad \text{und} \quad \varepsilon = -90° - a,$$

wobei die üblichen Vorzeichen zu beachten sind. Für den Fall, daß durch die Spiegelung das Licht achsenparallel gerichtet werden soll, vereinfacht sich die Rechnung:

$$r = -2\,s_H \cdot \cos(\varepsilon + \gamma)\;.$$

f) Streuscheiben.

Die andere große Gruppe der Anwendung lichtbrechender Mittel ist die zur Herstellung der Streuung eines Lichtbündels, das zunächst meist, wenigstens

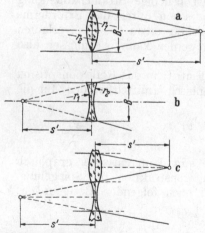

Abb. 503. Streuscheiben aus Linsenelementen.

annähernd, parallel gerichtet ist. Hier sind vor allem die Abschlußscheiben von Spiegelleuchten zu nennen, welche das von rotationssymmetrischen Spiegeln hergestellte, meist ziemlich parallele Lichtbündel in eine dem jeweiligen Zweck entsprechende unsymmetrische Verteilung bringen sollen, z. B. Scheinwerfer für Kraftfahrzeugbeleuchtung (Kurvenlichter), für Anstrahlungen u. dgl.

Dabei wird meist, der gleichmäßigeren Verteilung wegen, so vorgegangen, daß die Abschlußscheiben in einzelne Elemente zerlegt werden, von denen jedes den auf ihn entfallenden Teil des Lichtstromes in den ganzen Bereich des gewünschten Winkels streut, so daß die einzelnen Lichtbündel sich gegenseitig überdecken und so etwaige kleine Fehler unschädlich machen. Die Unsymmetrie entsteht durch die verschiedene Wirkung von zylindrischen Glaskörpern, meist Zylinderlinsen, einmal in der Achsenebene, und einmal senkrecht dazu. Die Feinheit der Scheibenunterteilung in die einzelnen Linsenelemente wird durch die verlangte Streuung bestimmt, die ihrerseits für die Krümmungen der Elementflächen maßgebend ist und damit für die Dickenunterschiede, die wieder durch glastechnische Rücksichten begrenzt sind.

Die von einem Element gelieferte Streuung ist:

$$\delta = B/s' \quad \text{(vgl. Abb. 503)};$$

s' kann positiv sein, dann hat das Linsenelement sammelnde Wirkung und erzeugt ein reelles Bild (punktförmig bei sphärischer, linienförmig bei zylindrischer Linse) Abb. 503a, oder aber negativ, dann wird durch das zerstreuende Element nur ein entsprechendes virtuelles Bild erzeugt (Abb. 503 b). Wird eine Scheibe nur aus einer Art von Elementen zusammengesetzt, so entstehen bei genauer Durchführung scharfe Kanten (als erhabene Kanten oder als kantige Rinnen), welche sowohl glastechnisch als auch wegen der Verschmutzungsgefahr ungünstig wirken. Deshalb werden meist beide Arten von Linsen nebeneinander benutzt, derart, daß die Krümmungen beim Übergang von einer Art zur anderen Wendepunkte besitzen (Abb. 503 c).

Unter Beachtung der für die Vorzeichen getroffenen Regelung ist die Berechnung der einzelnen Krümmungen nach folgenden Formeln möglich:

$$\delta = B\,(n_g - 1)\,(\varrho_1 - \varrho_2)$$
$$\varrho_1 = 1/r_1; \quad \varrho_2 = 1/r_2.$$

Die Krümmung der einen Fläche der Linsenelemente kann frei gewählt werden; in vielen Fällen wird die eine Fläche vorteilhaft eine Ebene sein. Bei stärkeren Linsenwirkungen wird die Krümmung zweckmäßig auf beide Flächen gleichmäßig verteilt; manchmal wird auch eine natürliche Krümmung durch Wölbung der ganzen Scheibe vorhanden sein, die mitbenutzt werden kann. Ist eine Krümmung gegeben, dann errechnet sich die zweite:

$$\varrho_2 = \varrho_1 - \frac{\delta}{B\,(n-1)}.$$

Bei diesen Ausdrücken ist δ für sammelnde Linsenelemente positiv, für zerstreuende negativ.

Für prismatische Elemente sind die Berechnungsformeln in (1) und (3) bereits gegeben; für ebensolche mit Zylinderlinsenwirkung in (5) und (6).

E 5. Leuchten für Raumbeleuchtung.

Von

Gustav Laue-Leipzig.

Mit 17 Abbildungen.

Unter Leuchten für Raumbeleuchtung sind hier Leuchten verstanden, die im Gegensatz zu Arbeitsplatzleuchten einen großen Raum, sei es Innenraum (Büro, Werkstatt u. ä.) oder Außenraum (Straße, Eisenbahngleisfeld u. ä.) ausleuchten. Es werden im wesentlichen „Zweckleuchten", also nach ihrer lichttechnischen Bestimmung gebaute Leuchten, berücksichtigt und die „Zierleuchten", die nur geschmackliche Wünsche erfüllen, gelegentlich erwähnt.

Heyck und Högner haben 1919[1] eine Einteilung der Raumleuchten gegeben, die nach der Art der Lichtverteilung sieben Leuchtenarten unterschied, und zwar Leuchten für 1. vorwiegend direktes Licht, 2. direktes Licht, 3. direktes Licht, tiefstrahlend, 4. direktes Licht, breitstrahlend, 5. diffuses Licht, vorwiegend tiefstrahlend, 6. halbindirektes Licht, 7. ganzindirektes Licht.

Die Begriffe „direkt", „vorwiegend direkt" usw. sind so zu verstehen, daß eine Leuchte für direktes Licht ihr Licht direkt auf Bodenfläche und Wände, kein Licht dagegen an die Decke wirft. Eine weitere, besondere Beeinflussung

---

[1] Heyck, P. u. P. Högner: Z. Beleuchtungswes. **25** (1919) 22.

der Lichtverteilungskurve ist dabei nicht vorhanden, wie sie aber z. B. bei einer Leuchte für breitstrahlendes Licht stattfindet, das ja auch direktes Licht

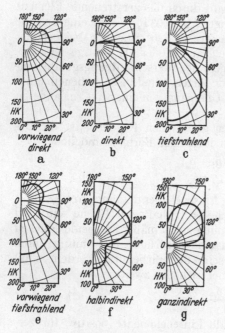

ist, wenn es nicht noch nach oben zu ausgestrahlt wird. „Vorwiegend direktes Licht" gibt eine Leuchte, die einen Teil ihres Lichtes auch noch nach oben über die Waagerechte aussendet. Alle diese verschiedenen Leuchtenarten sind am besten gekennzeichnet durch die Lichtverteilungskurven, wie sie in Abb. 504 a—g dargestellt sind.

Abb. 504 a—g. Einteilung der Raumleuchten nach der Lichtverteilung. Nach Heyck u. Högner.

Vor einigen Jahren hat L. Schneider[1], ausgehend von einer Anregung der Internationalen Beleuchtungskommission, einen neuen Vorschlag zu einer genaueren Einteilung gemacht, der die einzelnen Leuchtenarten auch nach ihrer Lichtverteilung, aber nach der prozentualen Lichtstromverteilung in die vier Raumwinkelzonen gliedert: $0°\ldots60°$; $60°\ldots90°$; $90°\ldots120°$; $120°\ldots180°$. Diese Einteilung ist exakter. Sie ist aber noch nicht endgültig durchgearbeitet.

Für die hier nachstehende Übersicht ist die Einteilung von Raumleuchten nach der Bauart ihrer Lichtverteiler — durchscheinend und undurchscheinend — gegebener.

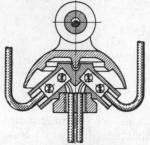

Abb. 505. Klemmenhaube (Kandem).

a) Hauptbauteile.

Aufhängung und Leitungsanschluß. Die Aufhängung der Außenleuchten geschieht meist mit Hilfe einer Porzellanaufhängerolle oder einer Anschraubmuffe von $^3/_8''$ oder $^1/_2''$ Rohrgewinde. Beide Befestigungsteile sind oben am Kopf der Leuchte angebracht. In die Porzellanrolle greift ein Aufhängehaken ein. Mit der Muffe wird die Leuchte an das Anschraubende eines Auslegers, eines Mastes oder einer Leitungskupplung angeschraubt. Zum Leitungsanschluß sind bei der Ausführung mit Aufhängerolle meist unter einer kleinen Haube auf dem Kopf der Leuchte in Porzellan eingebettete Anschlußklemmen vorgesehen, die mit der Fassung der Leuchte verbunden sind (Abb. 505). Bei Muffenanschluß wird meist der Leitungsdraht durch die Muffe hindurch direkt zur Fassung geführt oder es sind in dem abnehmbaren Kopf der Leuchte ebenfalls besondere Anschlußklemmen eingebaut.

Innenleuchten wurden früher meist mit — oft in Zierform geprägten — Ketten, jetzt werden sie mit Hilfe von Pendelrohren von $10\ldots16$ mm Durchmesser aufgehängt, an deren oberem Ende eine die Anschlußstelle verdeckende

---

[1] Schneider, L.: Licht u. Lampe (1931) 384.

Deckenrosette („Baldachin") sitzt. In das Pendelrohr sind die Leitungsdrähte eingezogen, sie ragen oben aus dem Pendelrohr einige Zentimeter frei heraus mit isolierten, verzinnten Enden. Zur Leitungsverbindung wird dann die „Lüsterklemme" benutzt, die von der „Rosette" verdeckt wird. Andere Innenleuchten (Deckenleuchten) werden unmittelbar an die Decke oder an die Wand (Wandleuchten) geschraubt. Das Pendelrohr trägt unten die Fassung, die als Edisonfassung (E 27) mit einem 10 oder 13 mm Gewinde oder als Goliathfassung (E 40) mit 16 mm oder $^3/_8''$ Rohrgewinde auf das entsprechend starke Pendelrohr aufgeschraubt ist. Die Sicherung gegen Verdrehung der Fassung geschieht nicht mehr wie früher durch eine seitliche Madenschraube am Fassungsnippel, sondern gemäß den VDE.-Vorschriften durch eine Sicherung vom Innern des Fassungsdomes her, sei es durch ein schräg von innen her sich gegen das Gewinde drückendes oder ein die geschlitzte Nippelmutter spreizendes Schräubchen oder durch eine Gegenmutter. Besondere Sorgfalt ist auf eine gute Entgratung dieser Einführungsstelle in die Fassung zu legen, damit die Drahtisolierung nicht abgescheuert und vielleicht ein Körperschluß hervorgerufen wird.

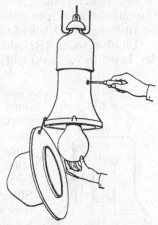

Abb. 506. Aufsatz einer Außenleuchte mit aufgeklapptem Reflektor und Glocke. Betätigung der Fassungsverstellung (Kandem).

Aufsatz und Gehäuse. Der Kopf der Leuchte, auf dem die Aufhänge- und Leitungsanschlußeinrichtung sitzt, umhüllt meist die Fassung und hält an seinem unteren Rand den Reflektor oder die Glocke. Er wird mit „Aufsatz" oder „Gehäuse" bezeichnet, bei Außenleuchten vielfach aus Eisen- oder Leichtmetallguß oder Stahlblech (Abb. 506), bei Innenleuchten aus Messing-, Stahl-, Leichtmetallblech (Abb. 507) oder aus Porzellan oder Preßstoff hergestellt. Das Gehäuse der Außenleuchten ist durchweg mit einem meist dunklen Rostschutzlack lackiert, bei Stahlblech manchmal auch emailliert; die Innenleuchtenmetallaufsätze sind vernickelt oder verchromt, hochglanzpoliert oder matt geschliffen oder sonstwie galvanisch gefärbt oder auch teilweise mit bunten Farben lackiert. Die Preßstoffgehäuse lassen sich in fast allen Farben, einfarbig und auch verschiedenfarbig gefleckt, herstellen. Die Porzellanaufsätze sind meist weiß oder elfenbeinfarbig glasiert. Die Blechgehäuse werden durchweg im Ziehverfahren hergestellt, bei Blechstärken von ungefähr 0,5...0,75 mm.

Abb. 507. Aufsatz mit Deckenrosette einer Innenleuchte (Kandem).

Die Formgebung der Gehäuse entspricht dem technischen Zweck des Haltens und Tragens, einer möglichst geringen Ablagerung von Staub und bei Außenleuchten von Schnee und Regen, also möglichst steile Wandungen. Die Größe richtet sich nicht nur nach den zu umhüllenden und zu tragenden Teilen, sondern auch nach der abzuleitenden Wärme der Lichtquelle. Einem ansprechenden Aussehen ist dabei Rechnung zu tragen.

Fassung und Fassungsverstellung. Die Fassung muß der starken Beanspruchung, besonders bei Leuchten für hohe Besteckungen, gewachsen sein und immer einen zuverlässigen Kontakt, nicht nur für die Lampe, sondern auch für die Anschlußdrähte, geben. Den VDE.-Bestimmungen entsprechend kommen nur berührungssichere Fassungen in Frage. Metallfassungen haben den Vorteil der besseren Wärmeableitung und Festigkeit, Porzellanfassungen den der größeren Witterungsbeständigkeit. Isolierstoff-Fassungen sind für größere Bestekkungen, z. B. für Glühlampen über 300 W, noch nicht wärmebeständig genug.

Viele Leuchten sind mit einer Verstelleinrichtung für die Fassung ausgerüstet (Abb. 506 und 508), die die lichttechnisch beste Lage der Lichtquelle in der Leuchte auch bei Verwendung verschieden großer Glühlampen und Gasentladungslampen ermöglicht. Meist sichert eine seitlich aus dem Gehäuse herausstehende Druckschraube die richtige Lage der Fassung.

Lichtverteiler (Reflektor und Glocke). Der lichttechnisch wichtigste Teil der Leuchte ist der Lichtverteiler, der Reflektor oder die Glocke.

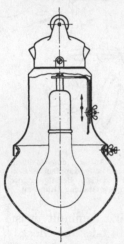

Emaille-, Trübglas-, Preßstoff- und Spiegelreflektoren aus Metall oder versilbertem Glas schützen gegen Blendung und lenken je nach ihren Formen das Licht in die gewünschten Richtungen. „Flache" Reflektoren haben mehr tiefstrahlende, „tiefe" Reflektoren mehr breitstrahlende Lichtverteilung. Preßstoffreflektoren spritzt man innen mit einer Aluminiumbronze; die — stets rückseitig versilberten — Glassilberspiegel haben über dem Silberbelag einen galvanischen Kupferüberzug und darüber einen Decklack, meist Aluminiumlack. Glocken und Schalen aus Trüb- oder Mattglas, aus Preßstoff oder pergament- und lederartigen Kunststoffen verteilen das Licht blendungsfrei. Die erstgenannten „Reflektoren" sind meist unten offen, die „Glocken" häufig unten geschlossen. Der Wirkungsgrad der Leuchten (das Verhältnis des aus der Leuchte austretenden Lichtstromes

Abb. 508. Fassungsverstell-Einrichtung.

zu dem Lichtstrom der nackten Lichtquelle) ist im wesentlichen bestimmt durch die Art und Form der Reflektoren und Glocken und durch die Lage der Lichtquelle in diesen. Je mehr das Licht in eine bestimmte Richtung gezwängt wird, um so geringer ist meist der Wirkungsgrad. Trotzdem kann eine Leuchte, die ihr Licht nur in bestimmte Richtungen aussendet und einen nicht sehr hohen Wirkungsgrad hat, einer Leuchte mit höherem Wirkungsgrad sehr überlegen sein, da sie eben das Licht dahin lenkt, wo es gebraucht wird. Deshalb ist eine Leuchte nie allein nach ihrem Wirkungsgrad zu beurteilen, sondern es ist immer die Lichtverteilung dabei zu berücksichtigen. Ein hoher Leuchtenwirkungsgrad ist z. B. 80%; unter 50% wird keine lichttechnisch durchgebildete Raumleuchte aufweisen.

Die Reflektoren und Glocken sollen in ihrer Größe und Form so ausgebildet sein, daß sie eine möglichst geringe Leuchtdichte haben, um nicht zu blenden. Sie sollen wenig Staubablagerungsmöglichkeit geben und sich leicht reinigen lassen. Dazu müssen sie bequem vom Aufsatz abgenommen oder aus dem Gehäuse herausgenommen werden können. Eine sichere Festhaltung ist besonders bei Außenleuchten wichtig. Weitverbreitet ist die Festhaltung durch drei Schrauben am Aufsatz, die in einen Halsrand des Reflektors eingreifen und am besten durch Gegenmuttern gesichert sind. Diese Halteschrauben müssen natürlich gut lösbar sein, sie dürfen nicht festrosten. Diese Schrauben bestehen deshalb meist aus vernickeltem Messing und werden in Stahlblechaußenleuchten am besten in Kupfergewindebüchsen geführt.

b) Raumleuchten mit nichtdurchscheinendem Lichtverteiler.

Die am meisten benutzte Raumleuchte ist der „Tiefstrahler" mit **Emaille-Reflektor** (Abb. 509). In Werkstätten aller Art, in Hallen und Höfen, auf Bahnhöfen und Gleisfeldern wird diese wirtschaftliche Leuchte benutzt. Je nach dem Ausstrahlungswinkel hat sie einen Wirkungsgrad von ungefähr 60...75%. Leichte Reinigungsmöglichkeit, einfache Bedienung, einfache Bauart, Dauerhaftigkeit des Reflektors und verhältnismäßig niedriger Preis anderen Raumleuchten gegenüber sprechen für sie. Für feuchte Räume sind Tiefstrahler mit Porzellanaufsatz und abdichtender Gewindeglocke üblich. Für Räume mit leicht entzündbarem Staub (z. B. Holzstaub, Braun-

kohlenstaub) ist der Reflektor mit einem Abschluß-glas versehen, das leicht mattiert auch noch zur Blendungsbeseitigung beiträgt. Im allgemeinen hat der lichttechnisch richtige Tiefstrahler keine zusätzlichen Mittel zur Vermeidung der Blendung nötig, da sein die Glühlampe gehörig umgreifender Reflektor genügend schützt (zu verwerfen sind die flachen, kegelförmigen Schirme) und die Leuchte als Raumleuchte oben im Raum außerhalb der normalen Blickrichtung hängt.

Raumleuchten mit **Metallreflektoren** sind nicht sehr verbreitet, denn die in Frage kommenden Metalle, Aluminium und nichtrostender Stahl, haben gegenüber dem Vorteil der Unzerbrechlich-keit den Nachteil, daß ihre Reflexion mit der Zeit nachläßt und ein Wiederaufpolieren nötig macht.

Abb. 509. Tiefstrahler (Kandem).

Leuchten mit Reflektoren aus nichtrostendem Stahl mit breitstrahlender Lichtverteilung sind besonders für Straßenbeleuchtung gebaut. Zur Blendungsmilderung, die infolge der nach der Breitstrahlungs-richtung zu stark zusammengefaßten Strahlung nötig ist, wird ein mattierter Glasring benutzt, der den unteren Reflektorrand umgibt.

Für Innenraumleuchten baut man große, flache Aluminiumschirme (Groß-flächenleuchten), die matt gebeizt oder gebürstet dem Geschmack einer „neuen Sachlichkeit" entsprechen.

Glassilberspiegel-Raumleuchten für Innen- und Außen-gebrauch verwerten die hohe Reflexion des Silbers und nutzen die gerichtete Reflexion der blanken Silberschicht zur Lenkung der Lichtverteilung für die verschiedenen Beleuchtungszwecke aus. Der Wirkungsgrad ist meist hoch. Wo er niedriger ist, ist zu berücksichtigen, daß, wie schon auf S. 476 betont, der Wirkungsgrad allein kein Maßstab für die Güte einer Leuchte ist, sondern die zweckmäßige Lichtverteilung den Hauptwert hat, und gerade der Glassilberspiegel läßt ja die verschiedensten Lichtverteilungen zu. Die Glassilberspiegel der Innenraum-

Abb. 510.
Schaufenster-
Schrägstrahler mit
Glassilberspiegel
(Kandem).

leuchten sind oft ohne Umhüllung, haben also außen meist ein durch den Schutzlack bestimmtes aluminiumbronzefarbiges Aussehen, z. B. Schaufensterleuchten (Abb. 510). Gerade für die Schaufenster-Ausleuchtung hat sich die Glassilberspiegel-Leuchte durchweg eingeführt, da sie ein kräftiges, kontrastreiches Licht in richtiger, der Schaufensterwand und der Bodenfläche angepaßter Lichtverteilung gibt.

Für allgemeine Innenräume muß das stark gerichtete Licht des Glassilber-spiegels durch streuende Mittel, wie Mattglas, wieder etwas gemildert werden, um Blendung zu vermeiden. Deshalb haben die meisten Glassilberspiegel-Innen-raumleuchten streuende Abschluß- oder Umhüllungsgläser, die in ihrer Form-gebung verschiedensten Geschmacksrichtungen Rechnung tragen.

Recht günstig ist der Glassilberspiegel für die für manche Zwecke (z. B. Sitzungsräume) beliebten Innenleuchten für ganzindirektes Licht (Abb. 511). Man formt den sich nach oben öffnenden Spiegel so, da er sein Licht breit an der Raumdecke verteilt, so daß möglichst die ganze Decke zum Zweitleuchter gemacht wird und den Raum schattenfrei aufhellt.

Für Werkstätten und Hallen werden die Glassilberspiegel sowohl tief- wie breitstrahlend hergestellt. Bei diesen

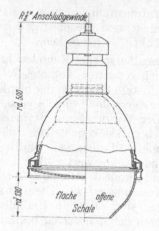

Abb. 511. Leuchte mit Glassilberspiegel für ganzindirektes Licht. Ansicht und Schnitt (Zeiß Ikon).

Abb. 512. Glassilberspiegel-Breitstrahler für Hallen- und Außenbeleuchtung. Ansicht und Schnitt (Zeiß Ikon).

Leuchten ist der Spiegel meist durch eine Blechumhüllung geschützt (Abbildung 512).

Ebenso ist der Glassilberspiegel der Außenleuchten zum Schutz gegen die Witterung durch das Gehäuse geschützt. Unter den Glassilberspiegel-Außenleuchten ist besonders die „Zweirichtungsleuchte" bemerkenswert (Abb. 513).

Der Spiegel dieser Leuchte ist so geformt (länglich, oval, aus einem Stück oder zwei Schalen), daß er das Licht im wesentlichen in zwei Richtungen abgibt, so daß z. B. eine Straße das Hauptlicht der Leuchte in die Straßenrichtung und weniger Licht in die Querrichtung bekommt. So wird das Licht der Lichtquelle am zweckmäßigsten ausgenutzt. Für halbnächtige Schaltung werden Leuchten mit zwei Fassungen, auch für „Mischlicht" benutzt. Immer ist bei den Außenleuchten eine möglichst starke Zusammenfassung des Lichtes in die Breitstrahlungsrichtung erstrebt; deshalb muß auch hier für die Blendungsmilderung ein Mattglas im austretenden Strahlengang vorgesehen werden.

Für alle Glassilberspiegel-Leuchten ist eine recht genaue Einstellung der Lichtquelle nötig, um den zweckmäßigsten Strahlengang bei der Reflexion am Spiegel zu erhalten. Man muß also Vorrichtungen zum Einstellen der Lichtquellen haben, sei es durch Einstellmarke an der Leuchte selbst oder durch zusätzliche Einstell-Lehren oder Visiermaße. Es muß besonders sorgfältig eingestellt werden, denn eine falsch eingestellte Spiegelleuchte verfehlt ihren Zweck. Der meist höhere Preis entspricht dem höheren lichttechnischen Wert dieser Leuchte.

c) Raumleuchten mit durchscheinendem Lichtverteiler.

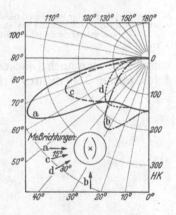

Abb. 513. Glassilberspiegel-Zweirichtungsleuchte (längliche Form) mit Lichtverteilung für 1000 lm (Kandem).

Die Raumleuchten mit durchscheinendem Lichtverteiler haben meist *Trübglasreflektoren* und *Trübglasglocken*. Die Hauptanwendungsgebiete sind Innenräume aller Art und Straßen.

In Innenräumen hat der durchscheinende Lichtverteiler den Vorteil vor dem nichtdurchscheinenden, daß er einen Teil des Lichtes zur Decke austreten läßt. Dadurch wirkt der Raum freundlicher und durch die Rückstrahlung der großen Deckenflächen werden die Schatten aufgehellt. In manchen Werkstätten, in Büros, Gaststätten, Wohnräumen u. ä. sind deshalb diese Art Raumleuchten angebracht, wenn sie auch einen etwas höheren Wattaufwand bedingen als z. B. Tiefstrahler mit undurchsichtigem Reflektor, die alles Licht direkt auf die Arbeitsfläche werfen.

Für Straßenbeleuchtung hat der durchscheinende Lichtverteiler den Vorteil, daß die Häuser reichlich Licht bekommen. Schöne Fassaden werden so „ins rechte Licht gerückt" und das Zurechtfinden wird erleichtert.

Der Wirkungsgrad hängt sehr von der Güte des Glases ab, erreicht aber sogar bei ganz geschlossenen Kugelleuchten aus Qualitätsglas Werte um 80%.

Entweder sind die Glasglocken unten offen (eigentliche Reflektoren) oder ganz geschlossen oder aus zwei Teilen (Glocke und Schale) zusammengesetzt.

Ein Beispiel für zusammengesetzte Glocke und Schale zeigt die Leuchte nach Abb. 514. Sie besteht aus dem großflächigen Reflektor „Os" aus Trübglas,

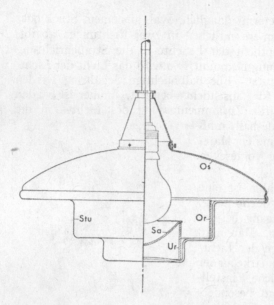

Abb. 514. Innenleuchte für vorwiegend tiefstrahlendes Licht mit zusammengesetztem Lichtverteiler aus oberer flacher Glocke und unterer Stufenschale (Sistrah).

der nach unten durch eine stufenförmige Klarglasglocke „Stu" abgeschlossen ist. Gegen seitliche Blendung schützen die eingesetzten Trübglasringe „Or" und „Ur", welche gleichzeitig eine diffuse Seitenstrahlung ergeben. Die untere, mattierte Abdeckschale „Sa" sorgt für eine milde Zerstreuung des direkt nach unten zu austretenden Lichtes.

Den Verbindungsring zwischen oberer Glocke und unterer Schale vermeiden Bauarten, bei denen Glocke und Schale zusammenhängend geblasen sind. Man stellt auf diese Weise für Innenleuchten Glocken (Reflexglocken) her, deren unterer Teil Trübglas und deren oberer Teil ziemlich helles Trübglas oder Mattglas ist, um eine halbindirekte Lichtwirkung zu erreichen (Abb. 515). Umgekehrt bläst man auch Glocken mit vorwiegend tiefstrahlender Lichtverteilung, deren oberer Teil dichtes Trübglas und deren Boden hell ist (Abb. 516).

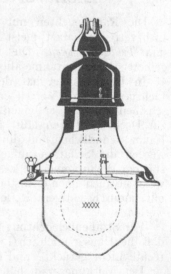

Abb. 515.   Abb. 516.   Abb. 517.

Abb. 515. Innenleuchte für halbindirektes Licht mit Glocke aus einem Stück [unterer Glockenteil dichtes Trübglas, oberer Glockenteil heller (Kandem)].

Abb. 516. Innenleuchte für vorwiegend tiefstrahlendes Licht mit Glocke aus einem Stück [oberer Glockenteil dichtes Trübglas, Boden heller (Kandem)].

Abb. 517. Außenleuchte mit fast geschlossener Trübglasglocke mit Insektenloch (Kandem).

Außenleuchten haben entweder fast geschlossene Glocken mit Insektenloch (Abb. 517) oder offene Glocken in Tiefstrahlreflektorform (Abb. 518), beide aus einem nicht zu dichten Trübglas. Über den Glocken ordnet man noch flache Emaillereflektoren an, die das zu sehr nach oben gehende Licht nach unten werfen sollen. Ihre Wirkung ist meist gering, da sie nur den Lichtstrom aus einem verhältnismäßig kleinen Raumwinkel fassen.

In letzter Zeit hat sich der durchscheinende *Kunststoffreflektor* neben dem Glasreflektor eine gewisse Stellung erobert. Man benutzt sowohl den eigentlichen durchscheinenden Preßstoff auf Harnstoffgrundlage (z. B. Pollopas oder Resopal) als auch pergament- oder lederähnlich aussehende Stoffe in reicher, farbiger und gemusterter und geprägter Abwechslung. Man kann also in geschmacklicher Hinsicht sehr viele Wünsche erfüllen und benutzt diese Möglichkeit für Innenraumleuchten auch in immer größerem Maße (Abb. 519 und 520).

Abb. 518. Außenleuchte mit offener Trübglasglocke in Tiefstrahl-Reflektorform (Kandem).

Die Reflexion und Durchlässigkeit des Kunststoffes ist allerdings ungünstiger als die von Trübglas, aber die geringere Zerbrechlichkeit und die schon

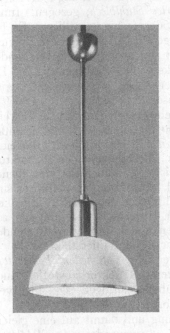

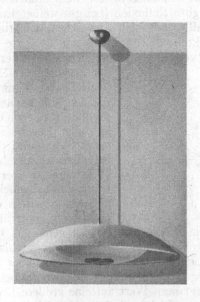

Abb. 519. Innenleuchte mit hellem, durchscheinendem Preßstoffreflektor (Kandem).

Abb. 520. Innenleuchte mit Reflektor aus durchscheinendem, lederähnlichen Kunststoff (Schaco).

erwähnten geschmacklichen Eigenschaften haben dem Kunststoff, der ja, ebenso wie Glas, aus einheimischen Rohstoffen hergestellt wird, die Anwendung für Reflektoren erleichtert.

E 6. Leuchten für Arbeitsplätze.

Von

Gustav Laue-Leipzig.

Mit 15 Abbildungen.

Für die Beleuchtung des Arbeitsplatzes an Werkbank, Maschine, Schreibtisch u. ä. verwendet man „Arbeitsplatzleuchten", die im Gegensatz zu Leuchten für allgemeine Raumbeleuchtung im wesentlichen nur den Arbeitsplatz beleuchten. Ihr Vorteil besteht darin, daß man durch richtige Ausbildung, Anordnung und Einstellung die für den Arbeitsfall zweckmäßigste Lichtverteilung und mit kleiner Besteckung große Beleuchtungsstärke erzielt.

a) Lichttechnische Eigenschaften der Arbeitsplatzleuchten.

Allen Arbeitsplatzleuchten gemeinsam ist ein kleiner, tiefer *Reflektor*, der ein nahes Herangehen an die Arbeitsstelle gestattet, das Licht richtig verteilt und vor Blendung schützt. Durchmesser ungefähr 6...20 cm, Besteckung 15...100 W.

Der häufigste Reflektorbaustoff ist *emailliertes Stahlblech*, gezogen. Innen ist der Emaillereflektor weiß, außen schwarz oder farbig emailliert. Er hat eine gute Reflexion (bei gut weißer Emaille ungefähr 70%), leichte Reinigung (Emaille läßt sich abwaschen, wichtig bei den leicht schmutzig werdenden Leuchten für Werkbänke u. ä.), gute Haltbarkeit und niedrigen Preis. Die Lichtverteilung nähert sich infolge der im wesentlichen zerstreuten Reflexion der des Lambertschen Kreises (Abb. 521).

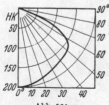

Abb. 521.
Lichtverteilungskurve eines Emaillereflektors (Kandem).

Reflektoren aus weißlichem *Trübglas* werden für Schreibtischleuchten benutzt. Angenehm wirken sie, wenn sie außen dunkler, z. B. grün überfangen sind. Dadurch wird die leicht zu hohe Leuchtdichte des durchscheinenden Reflektors herabgesetzt und doch erreicht, daß auch der umgebende Raum etwas aufgehellt wird. Die Trübglasreflektoren sind billig, müssen aber wegen ihrer leichteren Zerbrechlichkeit behutsam behandelt werden. Ihre Lichtverteilung ist, abgesehen von dem durch den Reflektor hindurchtretenden Lichtstrom, sehr ähnlich der des Emaillereflektors.

Die Zerbrechlichkeit ist gemildert bei Verwendung von *hellem Isolierstoff*, dessen Reflexion aber schlechter ist als die anderer Reflektorbaustoffe. Auch die Lichtdurchlässigkeit ist gegenüber dem Trübglas geringer. Die Lichtverteilung ist sehr ähnlich der der Trübglasreflektoren.

Legt man Wert auf eine größere Breitstrahlung und damit auf eine gleichmäßigere Lichtverteilung über die Arbeitsfläche, so verwendet man *Stahlblechreflektoren*, die innen mit einer *Aluminiumbronze* und außen schwarz oder farbig lackiert sind. Da Aluminiumbronze gemischt, d. h. teilweise zerstreut, teilweise gerichtet reflektiert, so wirft der tiefe, aluminiumlackierte Reflektor mehr Licht in die Breite als der Emaillereflektor (Abb. 522). Diese Reflektoren werden häufig bei Schreibtischleuchten und Reißbrettleuchten benutzt, also bei Arbeiten, bei denen ein Anfassen des Reflektors mit schmutzigen Arbeitshänden nicht zu befürchten ist. Sie sind gut haltbar, lassen sich aber nicht so einfach auswischen wie Emaillereflektoren. Der Aluminiumanstrich ist aber leicht zu erneuern.

Auch Reflektoren aus *lichtundurchlässigem Isolierpreßstoff* werden innen mit Aluminiumbronze versehen und haben bei gleicher Reflektorform die Lichtverteilung wie in Abb. 522. Lackiert man diese Reflektoren innen weiß, so nähert sich die Lichtverteilung der des Emaillereflektors (Abb. 521).

Statt Stahlblech wird häufig das nicht ganz so widerstandsfähige *Leichtmetallblech* verwendet, dem man durch Beizen, Bürsten oder ähnliche Verfahren eine *matte Oberfläche* gibt. Die Lichtverteilung ist ähnlich der der Reflektoren mit Aluminiumbronze (Abb. 522). Die matten Leichtmetallreflektoren sind aber ziemlich empfindlich gegen Schmutz und Anfassen mit feuchten Händen.

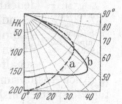

Abb. 522.
Lichtverteilungskurve
eines Emaille- (a) und eines
aluminium-bronzierten (b)
Reflektors (Kandem).

Eine noch größere Breitstrahlung ergeben Reflektoren aus *poliertem Leichtmetallblech*, das gerichtet reflektiert. Diese Reflektoren müssen gut sauber gehalten werden, damit sie ihren Glanz und damit die gerichtete Reflexion nicht verlieren. Nichtrostendes Stahlblech, poliert, wird für Arbeitsplatzleuchten kaum verwendet. Es ist teuer und erfordert besondere Sorgfalt beim Verformen. Die Reflexion ist auch nicht besonders günstig, ungefähr 60%.

Am stärksten wird die Lichtverteilung beeinflußt durch *Glassilberspiegel-Reflektoren*, deren Reflexion ungefähr 85% beträgt. Der Preis dieser Reflektoren ist am höchsten. Die Gefahr der Zerbrechlichkeit wird durch Einbau in Blechgehäuse gemindert. Die Lichtverteilung eines tiefstrahlenden Glassilberspiegels für Arbeitsplatzbeleuchtung zeigt die Abb. 523.

Zur Erzeugung *künstlichen Tageslichtes* setzt man Blauglasfilter vor die Reflektoröffnung, um den zu hohen Gelb- und Rotgehalt der Glühlampenstrahlung zu dämpfen. Man baut auch Reflektoren, die selbst bläulich sind, z. B. Glassilberspiegel aus blauem Glas, vor die dann kein weiteres Glasfilter mehr gesetzt wird. Da aber bei dieser Bauart das direkte Glühlampenlicht ungefiltert austritt, ist die Lichtfarbe nicht so tageslichtähnlich wie bei den Leuchten, die den gesamten Lichtstrom durch vorgesetzte Filter beeinflussen. Man sollte künstliches Tageslicht nur dort anwenden, wo es unbedingt auf gute Farberkennung ankommt. Denn Filterung bedingt immer Lichtverlust, mehr bei vorgesetzten Filtern (dafür große Farbtreue), weniger bei blauen Reflektoren (dafür geringere Farbtreue). Tageslicht-Arbeitsplatz-Reflektoren müssen also verhältnismäßig hoch besteckt werden, nicht unter 75 W, weil sonst die Beleuchtungsstärke

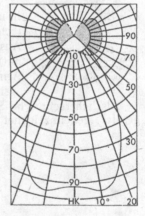

Abb. 523. Lichtverteilungskurve
eines tiefstrahlenden Glassilberspiegels (Zeiß Ikon).

zu gering ist und außerdem das Auge bei geringer Beleuchtungsstärke eine Tageslichttreue nicht anerkennt, da es Tageslicht nur in hohen Beleuchtungsstärken gewohnt ist.

b) Mechanische Ausführung der verschiedenen Arbeitsplatzleuchtenarten.

Die einfachste Arbeitsplatzleuchte ist die *Hängeleuchte*. Ein Reflektor (meist Emaillereflektor) von ungefähr 14...20 cm Durchmesser mit einfacher Aufhängevorrichtung, meist Klemmnippel (Abb. 524). Die Leuchten werden an Pendelschnur oder leichter Gummischlauchleitung aufgehängt, ungefähr in

Augenhöhe über dem Arbeitsplatz. Die Leuchten haben meist Hahnfassung. Statt Klemmnippel sind auch Muffen mit z. B. $^3/_8''$ Anschlußgewinde zum Anschrauben an Pendelrohr vorgesehen, oder Porzellannippel mit Drahtaufhängebügel, der zur VDE.-mäßigen Zugentlastung das Herausholen und Anbinden des Tragseilchens der Pendelschnur verlangt.

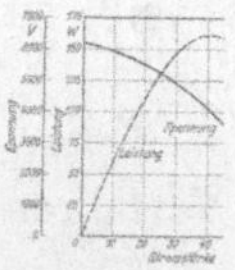

Abb. 524. Arbeitsplatz-Hängeleuchte mit Klemmnippel (Schaco).

Auch mit handgriffartigem Isolierstoffdom werden Hängeleuchten gebaut, entsprechend den VDE.-Bestimmungen über Handleuchter, Maschinenleuchter u. ä. (Abb. 525). Hier sind Hahnfassungen verboten, so daß die Leuchten Fassung ohne Hahn (Schaltung am Wandschalter) oder eingebauten Knebelschalter haben.

Auch Ausführungen mit dichtendem Abschlußgas werden hergestellt, um Feuchtigkeitsspritzer, insbesondere Ölspritzer, von Glühlampe und Fassung fernzuhalten.

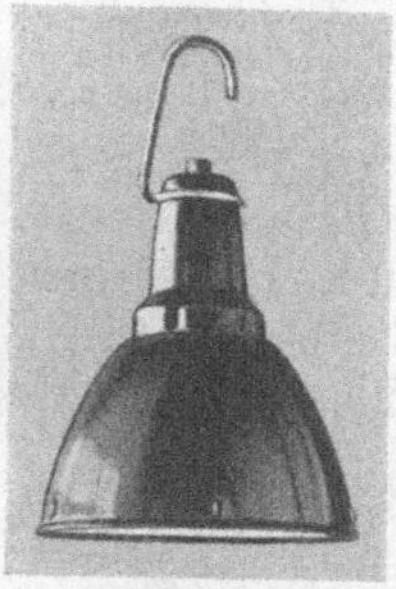

Arbeitsplatz-Hängeleuchten sind auch mit Verstelleinrichtung zu haben, die sowohl Höhen- als auch Seitenverstellung ermöglicht (Abb. 526). Die Leuchte nach Abb. 527 ergibt die seitliche Verstellung des Reflektors durch kalottenförmige Ausbildung des Reflektoroberteils und entsprechende Formgebung des eigentlichen Reflektors, der sich auf dem Oberteil verschieben läßt.

Die Besteckung der Arbeitsplatz-Hängeleuchten beträgt meist 40...75 W.

Arbeitsplatzleuchten für *Schreibtischbeleuchtung* gibt es in unterschiedlichen Bauarten, von denen hier nur die lichttechnisch durchgebildeten behandelt werden und nicht die Ausführungen, die verschiedenen Geschmacksrichtungen mit Seiden- und Phantasieglasschirmen und stilisierten Armen Rechnung tragen, aber eine wirtschaftliche Lichtausnutzung und Lichtverteilung vermissen lassen.

Abb. 525. Arbeitsplatz-Hängeleuchte mit handgriffartigem Isolierstoffdom (Kandem).

Als lichttechnische Schreibtischleuchte hat sich eine Einheitsbauart durchgesetzt, gekennzeichnet durch einen standfesten Fuß, ein zum Vorneigen des Armes dienendes Fußgelenk und ein Reflektorgelenk zwischen Arm und Reflektor, das den Reflektor sowohl neigen als auch zur Seite schwenken läßt (Abb. 528). Eine solche Schreibtischleuchte beleuchtet den Arbeitsplatz auf dem Schreibtisch richtig, im Gegensatz zu einer Leuchte mit festem Arm, die ihren eigenen Fuß und weniger die Arbeitsstelle beleuchtet (Abb. 529).

Es werden meist undurchsichtige Reflektoren verwendet, die blendungsfrei ihr Licht nur auf die Arbeitsstelle geben. Lichttechnisch zu beachten sind aber auch Ausführungen mit durch-

Abb. 526. Verstellbare Arbeitsplatz-Hängeleuchte (Kandem).

Abb. 527. Verstellbare Arbeitsplatz-Hängeleuchte [Kalotten-Leuchte (Kandem)].

scheinendem Reflektor, aus Glas oder Preßstoff. Das Hauptlicht trifft den Arbeitsplatz, das hindurchtretende Licht hellt aber noch die Umgebung auf. Der Reflektor darf nicht zu stark lichtdurchlässig sein, da er sonst als zu helle Lichtquelle dicht vor dem Auge stört. Die Aufhellung der Umgebung hat den Vorteil, daß das Auge beim Aufsehen vom hellen Arbeitsplatz nicht in zu dunkle Raumteile blickt und infolge der Hellanpassung an die höhere Leuchtdichte des Arbeitsplatzes dann schlecht erkennen kann und daß umgekehrt nach Verweilen des Blickes in der zu dunklen Umgebung keine unnötige Augenarbeit durch Wiederanpassung an den helleren Arbeitsplatz geleistet zu werden braucht. Die Anwendung der einen oder anderen Art ist aber nicht nur nach diesen Überlegungen zu beurteilen, sondern auch nach dem psychologischen Gesichtspunkt, daß ein nur auf den Arbeitsplatz konzentriertes Licht manchem Schreibtischarbeiter die Konzentration zur Arbeit erleichtert, so daß er eine geringere Erhellung der Arbeitsplatzumgebung in Kauf nimmt.

Schreibtischleuchten sind meist für eine Besteckung von 15...75 W gebaut, wobei 15...40 W mit Beleuchtungsstärken von 100...500 lx zur Ausleuchtung eines normalen Schreibtisches vollkommen genügen.

Abb. 528. Schreibtischleuchte mit neigbarem Arm und neig- und schwenkbarem Reflektor (Kandem).

Für *Nähmaschinen* hat sich eine besonders kleine Arbeitsplatzleuchtenart durchgesetzt, die, an der Nähmaschine selbst angebracht, der Stichstelle und Umgebung der Nadel die notwendige hohe Beleuchtungstärke gibt. Zwei Reflektorarten werden gebaut, ein kleiner, tiefer Reflektor von ungefähr 6...8 cm Durchmesser mit hängender und ein löffelförmiger mit liegender Glühlampe. Glühlampen für Nähmaschinenleuchten sind 15 und 25 W-Lampen.

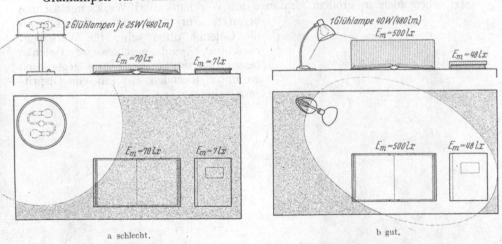

a schlecht.   b gut.

Abb. 529 a und b. Gegenüberstellung einer schlechten und guten Schreibtischleuchte (Tischausleuchtung).

Für Arbeitsplätze an Werkbänken, Karteitischen u. dgl. gibt es „*Ausleger*"-*Leuchten*. Der den neig- und schwenkbaren Reflektor tragende Ausleger ist in der Höhe verstellbar und zur Seite schwenkbar. Bei einigen Ausführungen kann der waagerechte Auslegerarm verkürzt und verlängert werden (Abb. 530). Die Besteckung schwankt wie bei den Hängeleuchten zwischen 40 und 75 W.

Eine sehr verbreitete Arbeitsplatzleuchtenart ist die „*Gelenkleuchte*", die in vielen Bauarten hergestellt wird. Alle Gelenkleuchten haben an den meist röhrenförmigen Tragarmen mehrere Gelenke, um den Reflektor beliebig verstellen zu können (Abb. 531). Häufig ist eine Ausführung mit einem Kugelgelenk an der Fußbefestigung (Tischklemme, Anschraubplatte), daran ein Arm,

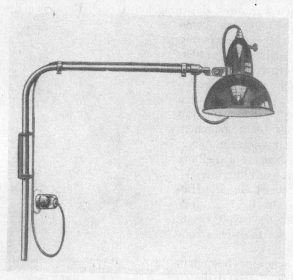

mit dem zweiten Arm durch ein Kniegelenk verbunden, und zwischen zweitem Arm und Refektor ein Gelenk zum Neigen und Schwenken des Reflektors. Die Gelenke sind meist selbsthemmend, auch in der Reibung nachstellbar, um nach längerem Gebrauch ein sicheres Festhalten zu gewährleisten. Die nachstellbaren Gelenke müssen natürlich so durchgebildet sein, daß sie sich beim Bewegen nicht von selbst wieder lösen. Die Gelenke sind entweder offen oder geschlossen. Geschlossene Gelenke, teurer in der Herstellung, sollen so gebaut sein, daß die hindurchgeführte Zuleitung bei Be-

Abb. 530. Auslegerleuchte (Schaco).

wegung nicht durchgescheuert wird, um Körper- und Kurzschluß zu verhindern.

Die Gelenkleuchten wurden zuerst an Reißbrett und Schreibmaschine, jetzt aber auch in großem Umfange an Werkbank und Werkzeugmaschine

benutzt. Für Reißbrett u. dgl. können die Gelenke offen sein, für Werkzeugmaschinen sind geschlossene Gelenke besser, da sie die Zuleitung gegen den gummizerstörenden Einfluß von Ölspritzern schützen.

Abb. 531. Gelenkleuchte (Kandem).

Abb. 532. Kleine Gelenkleuchte zum Anklemmen (Disco).

Die Reflektoren für Reißbrettleuchten sind meist der besseren Breitstrahlung wegen mit Aluminiumbronzebelag versehen, oder aus Leichtmetall hergestellt. Für Werkzeugmaschinen sind Emaillereflektoren besser, der leichteren Reinigung wegen.

Die Gelenkleuchten werden mit verschiedenen Armlängen und verschieden großen Reflektoren ausgerüstet. Eine kleine Bauart zeigt Abb. 532.

Zu den Gelenkleuchten gehören auch die „Scherenleuchten" mit einer „Nürnberger

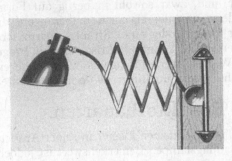 

| Abb. 533. Scherenleuchte (Hala). | Abb. 534. Metallschlauchleuchte (Hala). |

Schere" als Reflektorträger (Abb. 533). Die Leitung wird durch die Schere geführt und muß deren Bewegung mitmachen.

Die Gelenkleuchten werden mit 25...75 W-Lampen besteckt.

Statt als Träger des Reflektors Rohre und für die Beweglichkeit Gelenke zu benutzen, nimmt man auch als Trage- und Verstellmittel *Metallschlauch*. Er besteht aus zwei ineinanderliegenden, eng gewickelten Spiralen aus starkem Stahldraht. Der Metallschlauch muß kräftig und der Reflektor möglichst leicht sein, um den Schlauch nicht zu sehr zu belasten. Zwecks Ersparnis an Metallschlauch und Erhöhung der Stabilität verbindet man den Metallschlauch mit einem Ständerrohr (Abb. 534).

Für Reparaturwerkstätten werden transportable „*Ständerleuchten*" gebaut, die ein Aufstellen der Arbeitsplatzleuchte an den wechselnden Arbeitsstellen gestatten. Der Emaillereflektor ist einstellbar. Eine lange Gummischlauchleitung ermöglicht beliebige Aufstellung (Abb. 535).

Abb. 535. Ständerleuchte (Hellux).

E 7. Leuchten für Gasentladungslampen und Mischlicht.

Von

GUSTAV LAUE-Leipzig.

Mit 11 Abbildungen.

Die in den letzten Jahren immer weiter entwickelten Gasentladungslampen, insbesondere die Natrium- und die Quecksilberlampen, erobern sich durch ihre gegenüber der Glühlampe größere Lichtausbeute und längere Lebensdauer trotz ihres höheren Preises und trotz der Notwendigkeit einer Vorschaltung (Drossel oder Transformator) ein immer größeres Anwendungsgebiet. Auch die durch das einfarbige bzw. aus einzelnen Linien oder Banden bestehende Licht dieser Lichtquellen auftretende Farbenverzerrung ist nicht immer störend und wird durch Zumischung von Glühlampenlicht (Mischlicht) beseitigt. Bei Mischung

von Glühlampen- und Quecksilberlicht im Lichtstromverhältnis von ungefähr
1 : 1 wird sogar auf wirtschaftliche Weise ein gutes künstliches Tageslicht erzielt,
was besonders für den Fall der Bekämpfung von Zwielicht wertvoll ist.

Die Gasentladungslampen verlangen aber Leuchten, deren Aufbau der Eigen-
art der neuen Lichtquellen entspricht, und, zwar sowohl in bezug auf Form,
Lage und Ausdehnung der leuchtenden Gassäule, als auch in bezug auf die
Notwendigkeit der Vorschaltung einer Drossel oder eines Streutransformators.
Die Vorschaltung eines Ohmschen Widerstandes kommt praktisch nicht in Frage,
da fast alle Gasentladungslampen für Wechselstrom durchgebildet sind und ein
Ohmscher Vorschaltwiderstand bei Wechselstrom unnötig große Verluste bedeutet.

a) Leuchten und Reflektorbauarten.

Der Glühdraht einer Glühlampe ist im allgemeinen kleiner in seiner Ausdehnung als die Leuchtsäule einer Gasentladungslampe. Bemerkenswert ist jedoch,
daß die neuesten Quecksilberlampen mit Quarz-Innenkolben (vgl. B 7e, S. 188)
Abmessungen der Leuchtsäulen haben, die kaum mehr größer sind als Glüh-
lampen-Leuchtsysteme gleicher Lichtleistung. Die Lage der Glühlampe in der
Leuchte ist meist so, daß sie mit ihrem Sockel nach oben hängt. Gasentladungs-

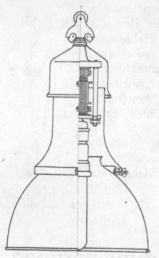

lampen werden ebenfalls in dieser Brennlage benützt (Quecksilberlampe) oder sie liegen waagerecht
(Natriumlampe). Der Lichtverteiler einer Leuchte
für Gasentladungslampen hat diese besondere Form
und Lage zu berücksichtigen. Er wird also z. B. für
die waagerecht liegende Gasentladungslampe eine
muldenähnliche Gestalt haben.

Die längliche Leuchtsäule der Gasentladungslampe hat in liegender, waagerechter Lage eine sich
natürlich ergebende „Zweirichtungsstrahlung". Sie
strahlt wesentlich mehr Licht quer zu ihrer Längs-

Abb. 536. Tiefstrahler mit Emaillereflektor und eingebauter Drosselspule
für Quecksilberlampe (Kandem).

Abb. 537. Leuchte für Natriumlampe mit muldenförmigem
Emaillereflektor (Philips).

achse ab als in Richtung ihrer Längsachse (vgl. Abb. 207, S. 187). Deshalb ist eine
Leuchte mit liegender Gasentladungslampe auch ohne besondere Reflektoraus-
bildung eine Art „Zweirichtungsleuchte", es sei denn, daß die Lampe ganz
von einer Trübglashülle umgeben ist, die, selbstleuchtend, das Licht nach allen
Richtungen annähernd gleichmäßig verteilt.

Als Lichtverteiler spielt der **Emaillereflektor** wie bei den Glühlampen so
auch bei den Gasentladungslampen eine Hauptrolle. Die „Tiefstrahler" für
Außen- und Innenbeleuchtung haben meist innen weiß emaillierte Stahlblechreflektoren symmetrisch-runder Form, die für Gasentladungslampen in hängender Brennlage auch gut geeignet sind (Abb. 536).

Für waagerecht liegende Lampen kommen muldenförmige Emaillereflektoren
in Frage (Abb. 537).

Eine besondere Emaillereflektoranordnung für Gasentladungslampen in hängender Brennlage mit langer, leuchtender Gassäule zeigt Abb. 538.

Auch die üblichen **Trübglasglocken** werden für Straßenleuchten mit Gasentladungslampen ebenso benutzt wie für Glühlampenleuchten.

Der **Glassilberspiegelreflektor** gestattet infolge seiner hohen (ungefähr 85 %) und gerichteten Reflexion eine besonders wirtschaftliche Lichtverteilung. Der Vorteil der gerichteten Reflexion, also der Lichtlenkung und -zusammenfassung in ganz bestimmte Richtungen, ist bei den Gasentladungslampen mit ausgedehnter Lichtsäule nicht voll auszunutzen. Die Streuung infolge der starken

Abb. 538. Leuchte mit zwei tellerförmigen Emaillereflektoren für hangende Quecksilberlampe (General Electric, London)

Abb. 539. Spiegel-Zweirichtungsleuchte mit Glassilberspiegel für waagerecht liegende Natriumlampe (Hellux).

Abweichung der Lichtquelle von der Punktförmigkeit ist groß. Jedoch läßt sich durch entsprechende Formgebung der Spiegel viel erreichen. Abb. 539 zeigt eine Spiegelleuchte für eine Natriumdampflampe in der für die Breitstrahlung günstigen waagerechten Lage, Abb. 540 die Lichtverteilung dieser Leuchte mit

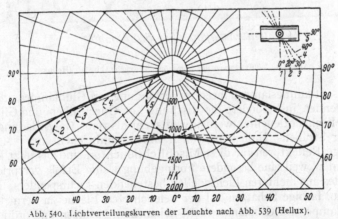

Abb. 540. Lichtverteilungskurven der Leuchte nach Abb. 539 (Hellux).

guter Zweirichtungswirkung. Die Isoluxkurve dieser Leuchte (Abb. 541) läßt die Gleichmäßigkeit der Bodenbeleuchtung beurteilen.

Für **Schaufensterbeleuchtung,** in der der Glassilberspiegel herrscht, ist bei Anwendung der neueren Quecksilber-Hochdrucklampen mit Quarz-Innenkolben, also mit verhältnismäßig kleiner Leuchtsäule, eine besondere, neue Durchbildung der für Glühlampen bewährten Reflektorformen nicht nötig. Um das Quecksilberlicht wärmer zu machen, ordnet man zwischen je zwei Quecksilberleuchten eine Glühlampenleuchte an und erzielt so bei engem Abstand der Leuchten ein gutes Mischlicht ohne störende farbige Schatten.

Auch **Anleuchtgeräte,** wie sie zur Anstrahlung von Häuserfronten, Baumgruppen usw. häufig gebraucht werden (vgl. E 11, F 6), sind ohne wesentliche konstruktive Änderungen für Gasentladungslampen zu benutzen, besonders Emailleanleuchter mit Quecksilberlampen eignen sich sehr gut zu einer Parkausleuchtung, da das grüne Laub durch das grünliche Quecksilberlicht kräftig betont wird. Anleuchtgeräte mit parabolischem Glassilberspiegel, die das Glühlampenlicht konzentriert aussenden, geben bei Besteckung mit Gasentladungslampen naturgemäß wegen der größeren Ausdehnung der leuchtenden Gassäule eine größere Streuung.

Die bei dem jetzigen technischen Stand der Gasentladungslampen in vielen Fällen störende Farbverzerrung dieser Lichtquellen hat zur Folge gehabt, daß

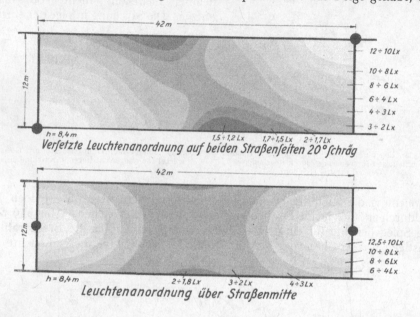

Abb. 541. Isolux-Kurven der Spiegelleuchte nach Abb. 540 (Hellux).

man die Gasentladungslampen meist in Verbindung mit Glühlampen, als „**Mischlicht**", anwendet, insbesondere die Mischung von Quecksilber- und Glühlampenlicht. Die Mischlichtleuchten werden weit mehr als reine Gasentladungsleuchten benutzt, für Straßen-, Hallen- und auch Innenraumbeleuchtung.

Neuartige Reflektoren für diese **Mischlichtleuchten** sind bis jetzt kaum entwickelt worden, weil eine besondere Formgebung wenig Erfolg verspricht wegen der Größe des aus mehreren Lichtquellen bestehenden Lichtspenders. Man muß, um störende, farbige Schatten auf der beleuchteten Fläche zu vermeiden, Gasentladungslampe und Glühlampe dicht nebeneinandersetzen und ordnet deshalb am praktischsten beide Lichtquellen in demselben Reflektor an. Dazu benutzt man die üblichen Emaille-Tiefstrahlreflektoren oder Trübglasglocken (Abb. 542). Bei Innenraumleuchten, bei denen es des guten Aussehens wegen auf eine gleichmäßige Ausleuchtung des Leuchtglases besonders ankommt, muß man dabei darauf achten, daß die Lampen sich nicht in der Lichtausstrahlung so im Wege stehen, daß sie Schatten auf die umhüllende Glasglocke werfen. Man ordnet deshalb die eine bis drei Glühlampen reichlich oberhalb der in der Mitte sitzenden Quecksilberlampe an, so, daß die Glühlampen ihren Schatten nicht mehr auf die Glasglocke, sondern auf den die Leuchte oben abdeckenden Leuchtenaufsatz werfen, wo er nicht sichtbar wird (Abb. 543).

Das **Mischungsverhältnis** vom Glühlampenlichtstrom zum Quecksilberlicht-strom muß, wenn auf gute Farbentreue, z. B. bei Innenraumbeleuchtung, Wert zu legen ist, ungefähr 1 : 1 sein, also sind z. B. in einer Mischlichtleuchte drei Glühlampen je 100 W (3 × 1510 lm = 4530 lm bei 220 V) und eine Quecksilber-lampe zu 150 W (5500 lm) zu verwenden. Für Außenbeleuchtung braucht man nicht so viel Glühlampenlicht zuzumischen. Dort genügt oft ein Licht-stromverhältnis von ungefähr 1 : 2 bis 1 : 3.

Alle unten offenen Reflektoren für Außenleuchten sind so lang zu halten, daß sie die Gasentladungslampe genügend gegen seitlich kommenden Regen

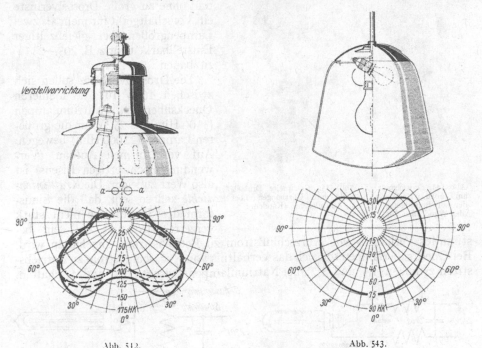

Abb. 542.   Abb. 543.

Abb. 542. Mischlicht-Außenleuchte mit Trubglasglocke und eingebauter Drosselspule und deren Lichtverteilungskurve für 1000 lm (AEG).

———— Achse $a \div a$ } Mischlicht;   —·—·— Achse $a \div a$ } HgH-Licht.
— — — Achse $b \div b$ —··—··— Achse $b \div b$

Abb. 543. Mischlicht-Innenleuchte mit hochgesetzten Glühlampen und deren Lichtverteilungskurve für 1000 lm (AEG).

schützen. Der Reflektorrand soll also etwas über das untere Ende der Gas-entladungslampe übergreifen.

Bei der Anbringung der Leuchten ist darauf zu achten, daß gegebenenfalls die Neigung der Leuchte nicht größer ist als für die Gasentladungslampe gemäß Angabe der Herstellerfirma zulässig.

b) Vorschaltgeräte, Drosseln und Streufeldumspanner.

Zu der eingangs erwähnten, notwendigen, am besten induktiven Vorschaltung werden Drosselspulen oder Drosseltrafos (Streufeldumspanner) benutzt. Für Gasentladungslampen mit einer unter 220 V liegenden Zündspannung kommen bei dem überwiegend vorhandenen Netzbetrieb an 220-V-Wechselstrom Drossel-spulen (Abb. 544), für Lampen mit Zündspannungen über 220 V Streutrafos in Frage. Beide Vorschaltgeräte sollen sich den meist örtlich etwas verschiedenen Netzspannungen anpassen lassen, z. B. ist es praktisch, eine Drosselspule durch

Veränderung der Luftspaltgröße oder durch Anzapfungen der Wicklungen für
205—235 V einstellbar zu machen. Man ist auch bestrebt, ein und dasselbe Vorschaltgerät für z. B. zwei verschieden große Gasentladungslampen durch entsprechende Verstellung brauchbar zu machen. Denn es ist natürlich wichtig, daß

man auch Gasentladungslampen
verschiedener Größe in ein und derselben Leuchte ohne Umbau benutzen kann. Es ist jedoch schwierig,
ohne allzugroßen Materialaufwand
und ohne zu große Drosselverluste
ein Vorschaltgerät für mehr als zwei
Lampengrößen bei gleichzeitiger
Einstellbarkeit für z. B. 205—235 V
zu bauen.

Die **Drosselverluste** sollen sich
zwischen 10 W für die kleineren
Quecksilber- und Natriumlampen
(3300 Hlm) bis 25 W für die größeren Lampen (22000 Hlm) bewegen.
Auf verlustarmen Aufbau (Verwendung hochwertigen Eisens) ist

Abb. 544. Drosselspule
zum Einbau in Mastsockel
oder zur Befestigung an
der Wand (Kandem).

Abb. 545. Gekapselte Drosselspule zum Überhängen über
Außenleuchte (Kandem).

also Wert zu legen. Die *Kraftlinien-*
dichte soll so sein, daß die Sinus-
form der Stromkurve nicht stark
verzerrt wird und daß ein be-

stimmtes Verhältnis von Kurzschlußstrom zu Betriebsstrom eingehalten wird.
Bei Quecksilberlampen soll sich das Verhältnis von Kurzschlußstrom zu Betriebsstrom zwischen 1,3 und 1,7, bei Natriumlampen zwischen 1,0 und 1,1 halten.

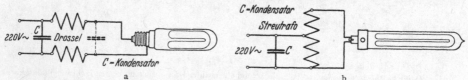

Abb. 546 a und b. Schaltung von Entstörungskondensatoren. a bei Drosselspule, b bei Streutrafo (Pintsch).

Die Vorschaltgeräte werden entweder in die Leuchten eingebaut oder getrennt
montiert. Beim Einbau in Schutzgehäuse oder in die Leuchten ist durch Entlüftung oder genügend große abkühlende Gehäuseoberfläche dafür zu sorgen,
daß die Erwärmung der Wicklungen der Drosselspule oder des Streutrafos
nicht so groß wird, daß die Isolation der Wicklungsdrähte leidet. Beim Einbau
in die Leuchte sitzt das Vorschaltgerät meist oberhalb der Lampe, wird also
nicht nur durch seine eigene Erwärmung (Eisen- und Kupferverluste), sondern
auch durch die Wärme der Gasentladungslampe und bei Mischlichtleuchten
auch noch der Glühlampe erhitzt. Nur bei Innenraumleuchten (Pendelleuchten)
kann man Drosselspule oder Streutrafo entfernt von den Lampen in die Deckenrosette einbauen. Wenn das Vorschaltgerät nicht in die Leuchte eingebaut ist,
so ist es meist entweder in gekapselter Ausführung (Abb. 545) über oder neben
der Leuchte angebracht oder auch nicht gekapselt in Mastsockel oder in Innenräumen an der Wand befestigt.

Rundfunkstörungen, die man manchmal bei Natriumlampen beobachtet
hat, werden durch Unterteilung der Wicklung der Vorschaltung und durch
Entstörungskondensatoren von ungefähr 0,1 µF, die an das Vorschaltgerät
angebaut werden, vermieden (Abb. 546).

E 8. Bogenlampen.

Von

Gustav Laue und Heinrich Riedel-Leipzig.

Mit 43 Abbildungen.

Die historisch erste elektrische Lichtquelle, der Lichtbogen zwischen zwei Elektroden, die Bogenlampe, ist auch heute noch von großer praktischer Bedeutung, obgleich die hochentwickelte Glühlampe sich die größere Verbreitung erobert hat. Wesentlich ist, daß es sich im Lichtbogen wenigstens zum Teil — um eine Lichterzeugung durch

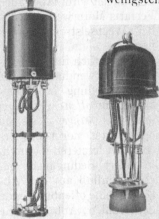

Abb. 547. Abb. 548. Abb. 549.

Abb. 547. Bogenlampe mit übereinanderstehenden Kohlen und offen brennendem Lichtbogen (Kandem).
Abb. 548. Bogenlampe mit schrägstehenden Kohlen (Kandem).
Abb. 549. Projektionsbogenlampe mit winkligstehenden Kohlen (Kandem).

Lumineszenzstrahlung handelt, die eine größere Lichtausbeute liefert als die Temperaturstrahlung des glühenden Wolframdrahtes der Glühlampe.

Unter Bogenlampen im engeren Sinne werden die *Kohlenbogenlampen* verstanden, bei denen der Lichtbogen zwischen zwei Kohleelektroden in Luft übergeht. Die Effektkohlen-Bogenlampen benutzen *Effektkohlen*, Kohlen mit Leuchtsalzbeimischungen, und nützen im stark leuchtenden Bogen besonders den Vorteil der Lumineszenz-Strahlung aus. Die Reinkohlen-Bogenlampen benutzen *Reinkohlen* aus Graphit ohne Leuchtsalzbeimischungen und nutzen neben der Lumineszenzstrahlung ihres weniger leuchtenden Bogens in erster Linie die hohe Leuchtdichte der positiven Kohle, des Kraters, bei Gleichstrom aus. Die beiden Kohleelektroden stehen entweder übereinander (Abb. 547) oder schräg zueinander mit den Brennenden nach unten zu (Abb. 548) oder es steht — besonders bei Projektions- und Scheinwerfer-Bogenlampen — die eine Kohle waagerecht, die andere im Winkel dazu (Abb. 549), oder beide Kohlen waagerecht, bei Bestrahlungsbogenlampen (Abb. 550). Diese verschiedenen *Kohlenstellungen* sind dadurch bedingt, daß die Ruhe des Lichtbogens und die günstigsten Abbrandverhältnisse bei verschiedenen Kohlensorten von der Stellung der Kohlen zueinander abhängen, und dadurch, daß man die Lichtverteilung, mehr nach den Seiten oder mehr nach unten zu, durch die Kohlenstellung beeinflußt.

Nach der Kohlenstellung richtet sich die mechanische Ausbildung des *Regelwerkes*, das meist vollautomatisch die Elektroden dem Abbrand entsprechend nachschiebt. Von den bekannten Hauptstrom-, Nebenschluß- und Differential-Regelwerken haben letztere die größte Bedeutung, weil sie den Nachschub am genauesten regeln. Die meisten Regelwerke der heutigen Bogenlampen besitzen Spulen, die einen Eisenkern mehr oder weniger tief in sich hineinziehen und dessen Bewegung auf die Kohlen übertragen wird. Aber auch Ferraris-Motorwerke werden bei Wechselstrom-Lampen benutzt.

Abb. 550. Bestrahlungsbogenlampe mit waagerecht liegenden Kohlen (Kandem).

Wesentlich für die praktische Verwendung ist die Unterscheidung in Bogenlampen mit *offen brennendem* und mit *eingeschlossenem* Lichtbogen. Bei den ersteren brennt der Lichtbogen unter normalen Bedingungen, d. h. in der umgebenden Luft, während bei den letzteren dadurch, daß man den Bogen in eine Glocke einschließt, besondere Bedingungen geschaffen werden, die einen wesentlichen Einfluß auf den Abbrand der Kohlestifte haben. Abb. 547 zeigt eine offenbrennende Bogenlampe mit übereinanderstehenden Kohlen; Abb. 551 eine bezüglich der Anordnung des Regelwerkes und der Kohlestifte gleichartige Lampe, bei welcher jedoch der Lichtbogen von einer Glasglocke umschlossen ist. Die Glocke dichtet den Lichtbogen gegen die Außenluft ab, allerdings nicht vollkommen. Dies verbietet sich schon aus konstruktiven Gründen mit Rücksicht auf die Durchführung der oberen Kohle. Sie muß ja auf- und abgleiten können. Hierfür ist eine besondere Kohlenführung vorgesehen, in der die Kohle etwas „Luft" hat. Infolge der Abdichtung brennt der Lichtbogen einer solchen Lampe in einem sauerstoffarmen Gasgemisch, und man erreicht dadurch meist einen längeren Bogen, der bei Reinkohlen stark bläulich wird.

Abb. 551. Bogenlampe mit übereinanderstehenden Kohlen und eingeschlossenem Lichtbogen (Kandem).

Die Bogenlampen werden sowohl für Gleich- als auch für Wechselstrom gebaut. Man ist bestrebt, die *Lichtbogenspannung* den üblichen Netzspannungen von 110 bzw. 220 V möglichst so anzugleichen, daß der Betrieb, auch unter Berücksichtigung der zur Beruhigung des Lichtbogens unbedingt notwendigen Vorschaltung, wirtschaftlich ist. Im allgemeinen muß man mit etwa 30% der Netzspannung für die Vorschaltung rechnen. Die offen brennenden Lichtbögen arbeiten bei übereinanderstehenden Kohlen im Mittel mit etwa 40 V, bei Lampen mit schräg zueinander stehenden Kohlen durch die Anordnung eines sog. Sparers und eines elektrisch erregten Bläsers, s. Abb. 548, mit etwa 80 V. Lampen mit eingeschlossenem Lichtbogen, z. B. Lichtpauslampen mit Reinkohlen, kommen bis auf etwa 160 V Lichtbogenspannung, weshalb sie auch vielfach „Hochspannungslampen" genannt werden. Die Beleuchtungsbogenlampen mit eingeschlossenem Bogen und Effektkohlen haben ungefähr 40…43 V Lichtbogenspannung.

Die Lichtbogenspannung bedingt nun die Art, in welcher die einzelnen Lampentypen an die üblichen Netzspannungen von 110 bzw. 220 V angeschlossen werden, wobei stets darauf Rücksicht zu nehmen ist, daß die vorhandene Netzspannung möglichst wirtschaftlich ausgenützt wird. Hieraus ergibt sich, daß man z. B. Lampen mit 40 V bis zu vier in *Serie* bei 220 V bzw. zwei in Serie bei 110 V und 80 V-Lampen zwei in Serie bei 220 V und einzeln bei 110 V schaltet. Die Bogenlampen mit eingeschlossenem Lichtbogen, die 150…160 V Lichtbogenspannung aufweisen, werden bei 220 V natürlich einzeln geschaltet. Bei Gleichstromnetzen von 110 V sind derartige Lampen nicht verwendbar, bei Wechselstrom kann man durch Umspannen der Netzspannung auf eine für die fragliche Lampe einschließlich Vorschaltung sog. „Gebrauchsspannung" den Betrieb ohne weiteres ermöglichen.

Abb. 552. Vorschaltwiderstand für Gleichstrom-Bogenlampen (Kandem).

Zur *Vorschaltung* dient bei Gleichstrom ein *Drahtwiderstand*, gewöhnlich in Walzenform (Abb. 552). Die Widerstandswalze trägt zwei Stellringe, mittels welcher es in bequemer Weise möglich ist, die Lichtbogenspannung für die jeweils vorhandene Netzspannung passend einzustellen. Das Vorschaltgerät kann auch, insbesondere bei Lampen mit geringer Stromstärke, in die Lampe eingebaut werden. Abb. 553 zeigt eine solche Konstruktion, bei welcher die Vorschaltung über dem eigentlichen Regelwerk der Lampe angeordnet ist. Bei Wechselstrom verwendet man gewöhnlich *Drosselspulen* (Abb. 554) (induktive

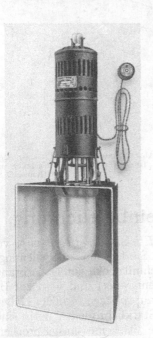

Abb. 553. Bogenlampe mit eingebautem Vorschaltwiderstand, in der oberen Hälfte des Blechgehäuses (Staub und Zimmer).

Abb. 554. Vorschalt-Drosselspule für Wechselstrom-Bogenlampe (Kandem).

Abb. 555. Anlasser für Hochspannungs-Bogenlampe (Kandem).

Widerstände). Damit man auch bei diesen Geräten in der Lage ist, eine, den jeweiligen Netzspannungsverhältnissen entsprechende Einstellung der Lampen vornehmen zu können, werden die Drosselspulen mit einem veränderlichen Luftspalt gebaut, mittels dessen der magnetische Fluß und dadurch auch die Drosselwirkung innerhalb gewisser Grenzen verändert werden kann. Die Lampen mit eingeschlossenem, langem Lichtbogen, wie man sie z. B. für die Lichtpauserei verwendet, können im allgemeinen mit Rücksicht auf eine nicht allzu plötzliche Belastung des Netzes und gute Lichtbogenbildung nicht unmittelbar eingeschaltet werden, weshalb man *Anlasser* verwendet. Abb. 555 zeigt einen solchen Anlasser, wie er gemeinsam mit einem festen Vorschaltwiderstand oder einer Drosselspule üblich ist. Es werden auch sog. *Anlaßdrosselspulen* hergestellt (Abb. 556), bei welchen durch Unterteilung der Wicklung ein allmähliches Einschalten der Lampe ermöglicht wird.

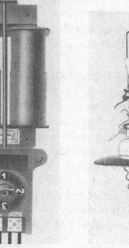
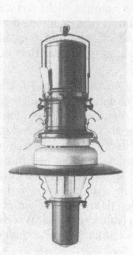
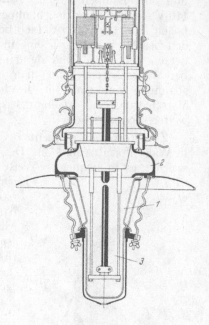

Abb. 556. Anlaßdrosselspule für Hochspannungs-Bogenlampe (Staub und Zimmer).

Abb. 557. Dauerbrand - Effektkohlen - Bogenlampe für Allgemeinbeleuchtung (Kandem).

Abb. 558. Dauerbrand-Effektkohlen-Bogenlampe für Allgemeinbeleuchtung nach Abb. 557 im Schnitt (Kandem).

a) Bogenlampen für Allgemeinbeleuchtung.

Für Allgemeinbeleuchtungszwecke ist allein die *Effektkohlen-Bogenlampe* von Bedeutung, da sie die größte Lichtausbeute hat. Sie ist, um an Bedienungskosten zu sparen, mit Hilfe einer besonderen Einschlußglocke zur Dauerbrandlampe entwickelt worden (ungefähr 100...120 h Brenndauer) und wird zur Beleuchtung großstädtischer Hauptstraßen und Hauptplätze, großer Hallen, Bahnhofsanlagen, überhaupt dort verwendet, wo Starklichtquellen nötig sind. Denn diese Dauerbrand-Effektkohlen-Bogenlampe ist eine ausgesprochene Starklichtquelle für große Lichtleistungen (Abb. 557). Für die Erzeugung kleinerer Lichtströme scheint sie weniger geeignet zu sein, obgleich auch daran gearbeitet wird.

Die Lampe wird sowohl für Gleichstrom als auch für Wechselstrom hergestellt und gibt je nach Größe (Stromstärken 10...30 A) Lichtströme von 11 000...44 000 lm. Die Lichtausbeute beträgt ungefähr 25 lm/W, einschließlich der Verluste in der Vorschaltung.

Diese Lampen werden meist hintereinander (in Reihe) geschaltet, z. B. zu vier an 220 V, denn jede Lampe hat eine Lichtbogenspannung von ungefähr

40…43 V, so daß vier Lampen ≈ 160…170 V und ≈ 50…60 V in der Vorschaltung benötigen.

Abb. 558 zeigt einen Schnitt durch eine Dauerbrand-Effektkohlen-Bogenlampe mit eingeschlossenem Lichtbogen. Damit die einen dichten weißen Niederschlag ergebenden Verbrennungsprodukte der Effektkohlen den Lichtaustritt aus der für die lange Brenndauer (Zurückhaltung des einen zu schnellen Abbrand ergebenden Sauerstoffes der Luft) notwendigen Einschlußglocke nicht hindern, hat diese Glocke einen oberen (2) und einen unteren (3) Kondensraum erhalten. Beide Kondensräume haben wesentlich kühlere Wandungen als der mittlere Lichtaustrittsraum (1), der doppelwandig ausgeführt ist. Infolgedessen schlagen sich die Verbrennungsprodukte nur an den Wandungen der Kondensräume nieder und lassen dem durch (1) austretenden Licht freien Durchgang.

Die Lichtverteilung einer solchen Lampe für Wechselstrom zeigt Abb. 559.

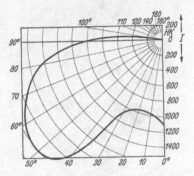

Abb. 559. Lichtverteilung einer Dauerbrand-Effektkohlen-Bogenlampe für Wechselstrom 12 A (Kandem).

b) Bogenlampen für Projektion und Kinoaufnahme.

Projektionsbogenlampen werden mit Gleichstrom betrieben, da der Wechselstrom-Lichtbogen seiner Frequenz entsprechend störende Hell-Dunkel-Schwebungserscheinungen mit der rotierenden Blende des Projektionsapparates

Abb. 560. Projektionsbogenlampe mit Spiegel (Zeiß Ikon).

ergeben kann. Die positive Kohle liegt waagerecht und die negative waagerecht oder winklig dazu. Der positive Krater mit seiner hohen Leuchtdichte (bei Reinkohlen ≈ 20000 sb), bei Hochintensitätskohlen [HI-Kohlen] 40000 sb und höher) soll seinen Lichtstrom möglichst frei in die Optik strahlen. Zur Stabilisierung des Lichtbogens und damit zur Förderung der Lichtruhe benutzt man Blasmagnete. Zur Erhöhung der nutzbaren Lichtleistung werden Glassilberspiegel an die Lampe angebaut (Abb. 560). Die Nachstellung der Kohlen erfolgt entweder von Hand oder durch ein automatisches Regelwerk.

Bogenlampen für Kinoaufnahmezwecke sind entweder Oberlicht-Lampen, in der Bauart ähnlich der in Abb. 548 gezeigten Lampe, oder Aufheller-Lampen, in der Bauart ähnlich den Projektions-Bogenlampen. Auch die Aufnahme-lampen werden überwiegend mit Gleichstrom betrieben. Die Kohlen werden meist von Hand nachgeschoben (Abb. 561). Für größere Stromstärken (bis 300 A-Lampen sind im Gebrauch) werden verkupferte Kohlen benutzt (vgl. G 5).

Abb. 561. Bogenlampe im Kinoaufheller (Kandem).

c) Bogenlampen für die Lichtpauserei.

Je nach Art des Pauspapieres entsteht ein Negativ, d. h. weiße Linien auf farbigem Grund, oder ein Positiv. Die größte Bedeutung hat heute das Ozalidpapier, ein Positiv-Lichtpausverfahren (sog. Diazotypie - Verfahren) erlangt. Die Pausen werden in Ammoniakgas entwickelt, und es entsteht ein aus einem Azofarbstoff bestehendes positives Bild aus meist braunen Linien auf weißem Grund.

Sämtliche Lichtpauspapiere haben die Eigenschaft, im blauen Teil des Spektrums eine besonders hohe Empfindlichkeit aufzuweisen. Man wird also bestrebt sein, für die Belichtung dieser Papiere Lichtquellen zu verwenden, welche viel Blaustrahlen (aktinische Strahlen) aufweisen, und das ist in besonders starkem Maße bei den Bogenlampen mit eingeschlossenem Lichtbogen der Fall.

Je nachdem, ob es sich darum handelt, Lichtpausen in geringer Stückzahl oder wie z. B. bei Industrie-Unternehmungen laufend in größeren Mengen herzustellen, finden die Lichtpausbogenlampen in verschiedenartigster Weise Anwendung. Zunächst gibt es Lampen dieser Art mit einer Stromaufnahme von nur 5...6 A, die also an jede beliebige Steckdose ohne Verlegung einer besonderen, starken Zuleitung angeschlossen werden können. Damit eine gleichmäßige Verteilung des von dem Lichtbogen ausgestrahlten Lichtes erreicht wird, verwendet man besondere Reflektoren, und zwar unterscheidet man solche für Lichtausstrahlung nach unten (Ellipsokop-Reflektor, Abb. 562) und Reflektoren für Lichtausstrahlung nach der Seite (Abb. 563). Der Pausrahmen oder der Lichtpausapparat (Abb. 564) wird entweder liegend unterhalb oder stehend neben der Lampe angeordnet. Das erstere ist allgemein üblich, weil das Arbeiten mit dem Pausgerät in liegender Stellung am bequemsten ist. In der Praxis müssen gewöhnlich Pausen verschiedener Größe hergestellt werden. Die Lampen müssen daher so aufgehängt werden, daß man den Abstand zwischen Reflektor und Pausrahmen leicht verändern kann. Es ist üblich,

Abb. 562. Lichtpausbogenlampe mit Reflektor für Lichtausstrahlung nach unten „Ellipsokop" (Kandem).

die Lampe mittels Winde oder Gegengewicht in der Höhe verstellbar zu montieren (Abb. 565). Gleichzeitig mit der Änderung des Abstandes zwischen Lampe und Rahmen ist auch mit verschieden langen Pauszeiten zu rechnen. Aus der nachstehenden Tabelle

Pauszeiten, Pausflächen usw. einer 6-A-Wechselstrom-Pauslampe mit Ellipsokop-Reflektor.

Abstand von Mitte Lichtbogen bis Pausfläche in cm	Größe der Pausfläche in cm × cm etwa	Belichtungszeit in Minuten etwa	Stromkosten pro Pause in Pfennigen
50	30 × 30	1	0,5
75	50 × 50	$2^1/_4$	1,0
100	60 × 60	$4^1/_2$	2,0
125	70 × 70	$7^1/_2$	3,3
150	100 × 100	15	6,6

geht hervor, wie sich die Belichtungszeiten und die Größe der Pausfläche mit dem Abstand bei einer Lampe für 6 A bei Anschluß an eine Wechselspannung von 220 V mit Ellipsokopreflektor (Lichtausstrahlung nach unten) ändern. Zugrunde gelegt ist dabei eine Tuschzeichnung auf Transparentpapier und als Pausgut Ozalidpapier *M*. Gleichzeitig sind die Stromkosten für eine Lichtpause unter Annahme eines Preises von 20 Pfennigen pro kWh angegeben.

Wenn es sich darum handelt, häufig Pausen von über 1 qm Größe anzufertigen, wird man zweckmäßigerweise eine stärkere Lampe wählen, um nicht allzulange Pauszeiten zu bekommen. Bezüglich der Stromaufnahme dieser Lampen ist folgendes zu beachten: Die Lichtpaus-Bogenlampen sind Hauptstrom-Bogenlampen, universell für Gleich- und Wechselstrom verwendbar. Da nun die Wirksamkeit der Gleichstromlampe unter der Voraussetzung gleicher

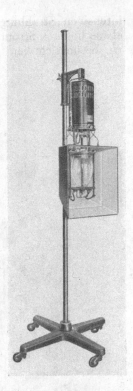

Abb. 563. Lichtpausbogenlampe mit Reflektor für seitliche Lichtausstrahlung und fahrbarem Stativ (Kandem).

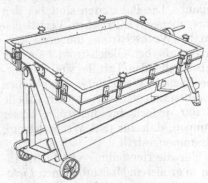

Abb. 564. Pneumatischer Lichtpausapparat (R. Reiß).

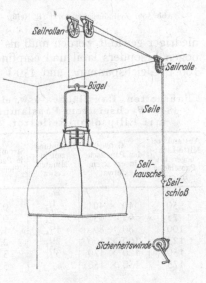

Abb. 565. Aufzugsvorrichtung für Ellipsokop (Kandem).

elektrischer Verhältnisse erheblich größer ist als bei Wechselstrom, was dadurch bedingt wird, daß bei der letzteren Stromart der positive Krater mit seiner

intensiven Strahlung fehlt, werden diese Lampen für Wechselstrom mit einer
etwas höheren Stromstärke als für Gleichstrom eingerichtet. Außerdem ist noch
zu berücksichtigen, daß die Lichtbogenspannung bei Wechselstrom etwas

Abb. 566. Zylinderpausapparat (R. Reiß).

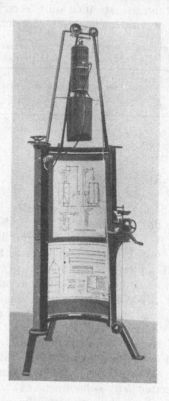

Abb. 567. Halbzylinderpausapparat (R. Werth).

niedriger gewählt werden muß als bei Gleichstrom, da der Wechselstrom-Lichtbogen besonders labil und empfindlich ist. Diese Lampen werden normal für
160 V Gleichspannung und 150 V Wechselspannung und für die Stromstärken
5...6, 6...8, 10...12 und 15...18 A
gebaut. Die Pauszeiten sind bei den
angegebenen elektrischen Verhältnissen bei Wechselstrom um etwa 25%
länger als bei Gleichstrom. In der
nebenstehenden Tabelle sind die entsprechenden Werte unter den gleichen
Voraussetzungen wie in der Tabelle
S. 499, jedoch für die größte dieser
Lampen, d. h. für 18 A Wechselstrom,
zusammengestellt.

Für die Herstellung von Lichtpausen in größerem Maßstab dienen *Licht-
pausapparate* und insbesondere Licht-

**Pauszeiten, Pausflächen usw. einer
18-A-Wechselstrom-Pauslampe
mit Ellipsokop-Reflektor.**

Abstand von Mitte Licht- bogen bis Pausfläche in cm	Größe der Pausfläche in cm × cm etwa	Belichtungs- zeit in Minuten etwa	Stromkosten je Pause in Pfennigen
50	40 × 40	$\frac{1}{4}$	0,3
75	65 × 65	$\frac{3}{4}$	0,7
100	80 × 80	$1\frac{1}{4}$	1,2
125	100 × 100	$2\frac{1}{4}$	2,4
150	120 × 120	$3\frac{1}{4}$	3
175	150 × 150	5	5

pausmaschinen. Die ersteren werden gewöhnlich als sog. Zylinderpausapparate,
und zwar mit einem vollen oder einem halben Zylinder ausgeführt. Sie bestehen
aus halbkreisförmig gebogenen Glasscheiben aus Kristallspiegelglas zum Einlegen der Pausen. Die Pausen werden durch eine Segeltuchdecke angepreßt.

Die mittels einer mechanischen Vorrichtung innerhalb der Scheiben sich auf- und abbewegende Bogenlampe ist von den eingelegten Pausen überall gleichweit entfernt, so daß die einzelnen Pausen gleichmäßig belichtet werden. Derartige Apparate werden für Belichtungsflächen von etwa 2...6 m² hergestellt. Die Pauszeiten liegen je nach Dichte der Originale zwischen 2 und 10 min. Abb. 566 und 567 zeigen verschiedene Ausführungen derartiger Zylinderpausapparate, die allerdings heute keine große Bedeutung mehr haben.

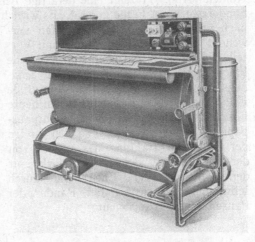

Dagegen werden neuerdings in sehr ausgedehntem Maße *Lichtpausmaschinen* verwendet, bei welchen mittels eines endlosen Bandes das Pauspapier zusammen mit der Originalzeichnung an einer gebogenen Glasscheibe entlanggezogen wird. Während die Papiere über die Glasfläche wandern, findet die Belichtung statt. Abb. 568 zeigt eine derartige Lichtpausmaschine mit einer Leistung von 200 m²

Abb. 568. Lichtpausmaschine mit 2 Lampen für Pausen bis 125 cm Breite (R. Reiß).

Pausen pro Stunde für Zeichnungen bis zu einer Breite von 125 cm. Zur Belichtung dienen zwei Lampen, welche seitlich hin- und herwandernd angeordnet sind. Das Papier läuft von oben nach unten. Der Energieverbrauch beträgt einschließlich des Motors zum Antrieb der Walzen etwa 4...5 kW. Eine in ähnlicher Weise aufgebaute Lichtpausmaschine, die jedoch doppelseitig arbeitet, ist in Abb. 569 dargestellt. Es sind dabei drei Lampen pendelnd angeordnet, und es können mittels einer solchen Maschine in einer Stunde bis zu 400 laufende Meter Pausen hergestellt werden. Entsprechend der Dichte der Originale ist es bei solchen Maschinen möglich, die Geschwindigkeit, mit welcher das Papier an den Lampen vorbeigeführt wird, in weiten Grenzen zu ändern. Dabei ist es sehr

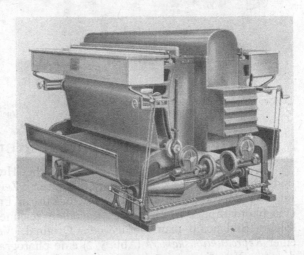

Abb. 569. Doppelseitig arbeitende Lichtpausmaschine mit einer Stundenleistung bis 400 qm Pausen (Meteor).

wichtig, daß das Hin- und Herpendeln der Lampen in einem ganz bestimmten Verhältnis zu der Laufgeschwindigkeit der Pausen steht, damit eine gleichmäßige Belichtung sichergestellt wird.

Einen bezüglich der Anordnung und der Bewegung der Lampen grundsätzlich anderen Aufbau einer Lichtpausmaschine zeigt Abb. 570. Hier werden die beiden Lampen um ihre Längsachse hin- und hergeschwenkt. Dabei finden

Reflektoren Verwendung, die ähnlich ausgeführt sind wie für die Belichtung senkrecht stehender Pausrahmen (vgl. Abb. 563).

Abgesehen von den allgemein üblichen Bogenlampen mit eingeschlossenem Lichtbogen nach Abb. 551 gibt es auch solche mit winklig zueinanderstehenden Kohlen. Abb. 571 zeigt eine derartige Ausführung ohne Reflektor, welche für Sonderzwecke in Frage kommt. Es wird hier die direkte Strahlung des Lichtes nach unten nutzbar gemacht. Man verwendet also diese Lampen dort mit Vorteil, wo es sich darum handelt, kleine Flächen bis etwa 50 × 50 cm in möglichst kurzer Zeit zu belichten. Für große Flächen sind diese Lampen bei den heute üblichen, hoch empfindlichen Lichtpauspapieren weniger geeignet, da sich infolge der direkten Strahlung das Gesetz von der Abnahme der Beleuchtungsstärke mit dem Quadrat der Entfernung durch schwächere Belichtung der Ränder der Pausen bemerkbar macht.

Abb. 570. Lichtpausmaschine mit 2 um ihre Längsachse sich drehenden Lampen (Jerzykowski).

Abb. 571. Lichtpausbogenlampe mit winklig zueinanderstehenden Kohlen (Kandem).

d) Bogenlampen für Reproduktion.

Die „Reproduktionstechnik" betreibt die Herstellung von Druckplatten und Klischees für Plakate, Inserate, illustrierte Zeitschriften usw. Als Ausgang für eine Reproduktion kommt stets ein Bild in Frage, also z. B. ein Gemälde, eine photographische Aufnahme, irgendein zeichnerischer Entwurf u. dgl. Ein solches Bild nennt man Vorlage oder Original. Von diesem Original wird auf einer *Reproduktionskamera* (Abb. 572) eine photographische Aufnahme gemacht, d. h. ein Negativ hergestellt. Zu diesem Zweck ist es erforderlich, das Original in geeigneter Weise zu belichten. Da nun das Tageslicht großen Schwankungen unterliegt und Glühlampen nicht genügend aktinische Strahlen aussenden, verwendet man zur Belichtung des Originales gern Aufnahmebogenlampen.

Von dem bei der Aufnahme gewonnenen Negativ wird eine Kopie auf eine besonders mit einer lichtempfindlichen Schicht präparierte Platte (Zink oder Kupfer usw.), einen Film oder einen Stein (Lithographiestein) hergestellt; das Negativ, Film oder Glasplatte, wird auf die Druckplatte gepreßt und dann belichtet. Hierzu verwendet man Kopierbogenlampen.

Durch das auf die lichtempfindliche Schicht der Druckplatte fallende Licht wird an den lichtdurchlässigen Stellen des Negatives die Schicht gehärtet. Bei der weiteren Behandlung der belichteten Druckplatte werden die nichtbelichteten Teile der Schicht ausgewaschen, während die belichteten (gehärteten) Partien stehenbleiben. Hierauf legt man die Platte in eine ätzende Flüssigkeit, die an den Stellen, an welchen die Schicht abgewaschen

Abb. 572. Reproduktionsapparat (Hoh & Hahne).

wurde, das Metall angreift, an den belichteten Stellen nicht. Auf diese Weise entstehen in der Druckplatte Vertiefungen, die beim Einwalzen der Platte mit Farbe keine solche annehmen, d. h. auch nicht mit drucken. Außer diesem Verfahren (Hochdruck) gibt es auch noch andere, die sich jedoch nur in der Behandlung der Platte unterscheiden. So werden z. B. beim Tiefdruck gerade die Stellen geätzt, die drucken sollen, während beim Flachdruck überhaupt nicht geätzt wird, sondern hier werden die Teile, die nicht drucken sollen, angefeuchtet.

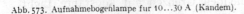

Abb. 573. Aufnahmebogenlampe für 10...30 A (Kandem).　　Abb. 574. Regulierbarer Vorschaltwiderstand für Aufnahmebogenlampen (Kandem).

Grundsätzlich sind zwei Arten von Bogenlampen für die Reproduktionstechnik erforderlich: Aufnahme-Bogenlampen und Kopier-Bogenlampen.

Als *Aufnahme-Bogenlampen* für die Beleuchtung der Originale finden gewöhnlich offenbrennende Bogenlampen mit übereinanderstehenden Kohlen nach Abb. 573 Verwendung. Diese Lampen werden für eine feste Stromstärke (z. B. 25 A) eingerichtet. Mit Rücksicht auf die besonderen Arbeitsbedingungen an der Reproduktionskamera finden jedoch auch Aufnahme-Bogenlampen mit veränderbarer Stromstärke Anwendung. Der Grund dafür ist folgender: Die sog. „Einstellungsarbeiten" des Photographen nehmen unter Umständen verhältnismäßig lange Zeit in Anspruch, wobei eine besonders starke Beleuchtung des Originales nicht erforderlich ist. Für die eigentliche Aufnahme dagegen, die nur einige Sekunden dauert, wird intensives Licht benötigt. Wenn man daher in der Lage ist, diese Lampen z. B. mit 10 bzw. maximal 30 A zu brennen, so kann der Energieverbrauch ganz erheblich herabgedrückt werden. Bei dem üblichen Anschluß von vier Lampen an 220 V Gleichspannung und einer halben Stunde Betrieb werden bei 30 A 3,3 kWh verbraucht. Durch die Umschaltung auf 10 A können ²/₃ dieser Energie eingespart werden, so daß bei ins Gewicht fallenden Stromkosten eine solche Anlage nicht zu unterschätzende wirtschaftliche Vorteile bietet.

Die Aufnahmebogenlampen werden in einem solchen Falle mit einem regulierbaren Vor-

Abb. 575. Aufnahmebogenlampe fur 20 bis 60 A (Kandem).

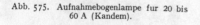

Abb. 576. Fahrbares Stativ mit 2 Aufnahmebogenlampen (Kandem).

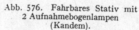

Abb. 577. „Hängerohr" mit 2 Aufnahmebogenlampen (P. Drews).

schaltwiderstand (Abb. 574) verwendet, der es gestattet, die Lampen mit 10, 15...30 A zu brennen. Solche Lampen werden als Nebenschlußlampen gebaut, da diese die Eigenschaft haben, ohne Rücksicht auf die Stromstärke innerhalb der praktisch in Frage kommenden Grenzen auf konstante Lichtbogenspannung zu regulieren. Für kleine Originale bis etwa $40 \times 40\, cm^2$ Fläche genügen zwei Lampen, während für größere Vorlagen vier benutzt werden. Für die Ausleuchtung besonders großer Flächen werden diese Lampen entweder für eine feste Stromstärke von 50 A oder regulierbar für 20...60 A gebaut. Diese Lampen besitzen dann einen entsprechend großen Reflektor (Abb. 575).

Die Aufhängung dieser Lampen erfolgt in der verschiedenartigsten Weise, entweder an Stativen (Abb. 576) oder an sog. Hängerohren (Abb. 577). Abb. 578 zeigt eine Reproduktionskamera zusammen mit den Aufnahme-Bogenlampen, die an Hängerohren montiert sind. Außerdem können die letzteren noch auf einer Stange hin- und herbewegt werden, um den Abstand der Lampen von dem

Original in beliebiger Weise zu verändern. Man hat solche Lampen zur Steigerung der Lichtstärke auch mit zwei Kohlenpaaren hergestellt (Abb. 579).

Als Kohlestifte kommen für offenbrennende Aufnahme-Bogenlampen solche für weißes Licht in Frage, und zwar insbesondere dann, wenn es sich um die

Abb. 578. Reproduktionsapparat mit 4 Aufnahmebogenlampen (P. Drews).

Reproduktion von farbigen Originalen handelt, in welchem Falle durch Vorsetzen entsprechender Filter vor das Objektiv der Aufnahmekamera Farbauszüge hergestellt werden müssen. Das Licht der weißen Effektkohlen kommt in seiner spektralen Zusammensetzung dem Sonnenlicht verhältnismäßig nahe, so daß also alle Farben in diesem Licht enthalten sind. Sofern es sich um die Reproduktion von schwarz-weißen Vorlagen handelt, können für diesen Zweck zur Beleuchtung auch die unter c behandelten Lichtpaus-Bogenlampen mit eingeschlossenem Lichtbogen mit großem Vorteil benutzt werden. Man bedient sich dann dieser Lampen in der Anordnung mit seitlichem Reflektor auf einem Stativ nach Abb. 563. Infolge der sehr starken aktinischen Blaustrahlung dieser Lampen werden außerordentlich kurze Belichtungszeiten erzielt.

Abb. 579. Aufnahmebogenlampe mit 2 Paar Kohlen (P. Drews).

Abgesehen von den Reproduktionsapparaten nach Abb. 578 haben in neuerer Zeit die sog. „Prismaautomaten" große Bedeutung erlangt, welche sich insbesondere durch geringen Platzbedarf auszeichnen, da die Aufnahmefläche nicht senkrecht, sondern waagerecht angeordnet ist. Abb. 580 zeigt eine solche Einrichtung, mittels welcher nicht nur Bildvorlagen reproduziert, sondern auch Gegenstandsaufnahmen hergestellt werden können. Zur Beleuchtung der Aufnahmefläche verwendet man Bogenlampen mit winklig nach unten stehenden Kohlen, ähnlich Abb. 548, die mit einer Glocke aus Trübglas ausgerüstet werden,

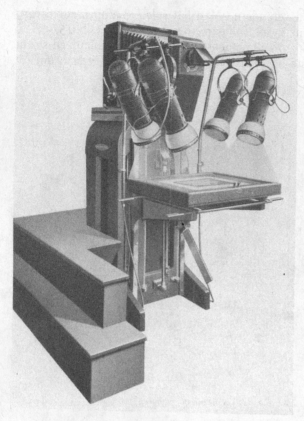

Abb. 580. Prisma-Reproduktionsapparat mit Bogenlampen mit Trübglasglocken (Hoh & Hahne).

so daß eine sehr gleich-
mäßige Lichtverteilung eintritt. Natürlich können auch
die bereits besprochenen
Aufnahme-Bogenlampen für
Prismaautomaten benutzt
werden. Abb. 581 zeigt eine
solche Ausführung.

Für den Kopierprozeß
finden vorzugsweise Bogenlampen mit nach unten zu-
einander winklig stehenden
Kohlen Verwendung, da
die Kopierrahmen gewöhn-
lich horizontal angeordnet
werden, so daß die Belichtung von oben erfolgen muß.
Abb. 582a—c zeigt verschiedene Ausführungen derar-
tiger *Kopier-Bogenlampen*
für die sog. Vertikalkopie.
Durch die Kohlenstellung
wird eine sehr günstige Ausnützung des sowohl vom
Lichtbogen selbst als auch
von den Kohlenkratern ausgehenden Lichtstromes er-
möglicht. Diese Lampen
werden für Stromstärken
von 15, 25 und 35 A bei
einer Lichtbogenspannung
von 45 bzw. 70...80 V hergestellt. Je nach
der Größe der zu belichtenden Fläche werden zwei oder vier Lampen über den Kopierrahmen zur Aufhängung gebracht. Bei
der Herstellung der Kopie spielt die Gleichmäßigkeit des Lichtes eine wesentliche
Rolle, weshalb man unterhalb der Lichtbogen Streuscheiben anordnet. Diese dienen gleichzeitig als Aschefangschalen, da
es sich nicht vermeiden läßt, daß während
des Brennens von den Kohlen Ascheteil-
chen abfallen. Die Aschefangschalen müssen aus einem hochhitzebeständigen Spezialglas hergestellt sein, damit sie der
außerordentlichen Wärmebeanspruchung
durch den Lichtbogen standhalten. Abbildung 583 zeigt eine Belichtungsein-
richtung mit zwei Lampen, jede Lampe
mit besonderer Aschefangschale, Abb. 584
eine solche mit vier Lampen mit gemeinsamer Aschefangscheibe.

Abb. 581. Prisma-Reproduktionsapparat mit Aufnahme-
bogenlampen (Falz & Werner).

Zur Herstellung druckfähiger Platten werden bekanntlich sog. Rasternegative verwendet, bei welchen also das Bild in einzelne Punkte aufgeteilt ist. Je nach Feinheit des Rasters kommen auf 1 qcm Fläche 625...10000 Bildelemente. Mit Rücksicht auf diese Aufteilung des Bildes ist für die Qualität der Wiedergabe eine möglichst genaue Abbildung

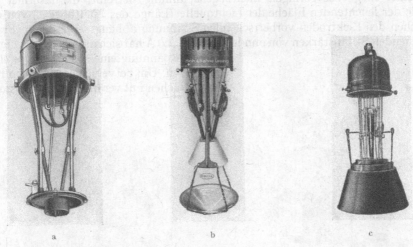

Abb. 582 a—c. 3 verschiedene Bogenlampen für die Vertikalkopie. a, b (Hoh & Hahne), c (Kandem).

jedes einzelnen Rasterpunktes sehr wichtig. Diese hängt nun einmal von einem innigen Kontakt zwischen Rasternegativ und der lichtempfindlichen Schicht der Kopierform bzw. von der Größe der leuchtenden Fläche der Lichtquelle, die zum Kopieren verwendet wird, sowie auch deren Abstand von der Kopierfläche selbst, ab. Die im vorstehenden beschriebenen Kopier-Bogenlampen, welche ein gestreutes Licht liefern, können daher nur

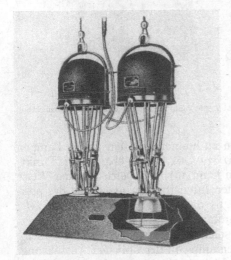

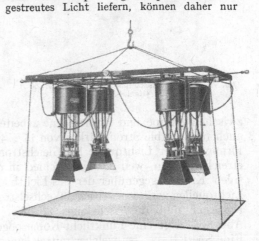

Abb. 583. Kopierbelichtungseinrichtung mit 2 Lampen (Hoh & Hahne).

Abb. 584. Kopierbelichtungseinrichtung mit 4 Lampen (P. Drews).

bei solchen Verfahren in Anwendung kommen, bei welchen die Kopiervorlage fest aufliegt, wie dies bei Hoch- und Tiefdruckformen mit plangeschliffener Oberfläche der Fall ist. Beim Offsetdruck werden angerauhte Zinkplatten, die ein mattes Aussehen (das sog. Korn) aufweisen, verwendet. Um auch bei einer solchen Kopierform, die also gewisse, wenn auch äußerst kleine Unebenheiten in sich trägt, Rasterpunkte mit scharfem Rand zu bekommen, ist es notwendig, eine möglichst punktförmige Lichtquelle für die Kopie vorzusehen, um dadurch eine Unter- bzw. Überstrahlung der Rasterpunkte zu verhindern.

Für solche Zwecke kommen sog. *Punktlicht-Kopierbogenlampen* in Frage, die, wie sich aus dem Vorstehenden ergibt, nur jeweils in Einzelschaltung über einem Kopierrahmen zur Aufhängung kommen dürfen. Die Forderung der Punktförmigkeit der Lichtquelle wird dadurch erfüllt, daß man diese Lampen mit einer möglichst geringen Lichtbogenspannung betreibt, da natürlich die Größe der leuchtenden Fläche der Lichtquelle (Länge des Lichtbogens) von der zwischen den Elektroden vorherrschenden Spannung abhängt. Bei den in Frage kommenden Stromstärken von mindestens 15...60 A hat sich als günstigste Lichtbogenspannung eine solche von ≈ 40 V ergeben. Um bei verschieden großen Kopierflächen mit veränderlichem Abstand

Abb. 585.   Punktlichtkopierbogenlampe für 20...60 A   Abb. 586. Punktlichtkopierbogenlampe mit Brennerkopf-
                    (Kandem).   kühlung (Hoh & Hahne).

zwischen Lampe und Kopierebene arbeiten zu können, werden solche Lampen auch für variable Stromstärken von 15...40 bzw. 20...60 A gebaut. Die Punktförmigkeit der Lichtquelle bei Gleichstrom kann nicht in befriedigender Weise erreicht werden, weil der Unterschied in der Intensität der Strahlung des positiven Kraters gegenüber der des Lichtbogens dazu führt, daß sozusagen zwei Lichtquellen wirksam werden. Wechselstromlampen sind hierfür besser geeignet. Natürlich muß die Aschefangschale bei solchen Lampen aus Klarglas sein. Abb. 585 zeigt eine Punktlicht-Kopierbogenlampe in der üblichen Ausführung. Eine Spezialtype, bei welcher mittels eines kleinen Ventilators der Brennerkopf der Lampe gekühlt wird, ist in Abb. 586 dargestellt.

Für die Belichtung senkrecht stehender Kopierrahmen kommen Bogenlampen mit übereinanderstehenden Kohlen in Frage, und zwar entweder in der Art wie die auf S. 503, Abb. 573, besprochenen Aufnahme-Bogenlampen. Eine solche Kopieranlage zeigt Abb. 587. Die Reflektoren dieser Lampen sind so ausgebildet, daß das Licht nach zwei Seiten austreten kann, um gleichzeitig zwei einander gegenüberstehende Rahmen zu belichten. Um etwaige Unregelmäßigkeiten in der Glasplatte des Kopierrahmens (Bläschen, Schlieren) nicht in Erscheinung treten zu lassen, werden diese Lampen bewegt. Man kann natürlich für solche im Tiefdruck übliche Kopieranlagen auch einfache offen-

Abb. 587. Kopieranlage mit 4 horizontal beweglichen Bogenlampen (Hoh & Hahne).

brennende Bogenlampen mit übereinanderstehenden Kohlen verwenden, bei welchen das Regelwerk nicht wie bei den Aufnahme-Bogenlampen in der gleichen

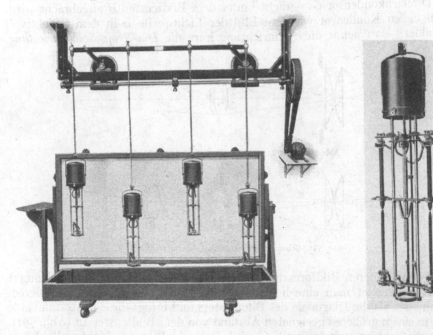

Abb. 588. Kopieranlage mit 4 kreisformig beweglichen Bogenlampen (P. Drews).   Abb. 589. Zwillingskopier-
bogenlampe (Kandem).

Höhe wie die Kohlen, sondern oberhalb dieser angeordnet ist, wie dies Abb. 588 zeigt. Auch sog. Zwillings-Kopierbogenlampen nach Abb. 589, bei welchen zwei Lichtbogen durch ein Regelwerk gesteuert werden, finden für die Belichtung senkrecht stehender Kopierrahmen Verwendung.

E 9. Lichtwirtschaftlicher Teil der Projektionstechnik.

Von

HELMUTH SCHERING·Dresden.

Mit 6 Abbildungen.

a) Beschreibung der verschiedenen Projektionsarten.

Man unterscheidet Projektionseinrichtungen für durchsichtige und undurchsichtige Bilder.

Durchsichtsprojektion. Die Projektionseinrichtungen für durchsichtige Bilder zerfallen wieder in zwei Klassen, je nach dem Größenverhältnis zwischen lichtsammelnder Optik und projiziertem Bildformat.

Für die Projektion von Diapositiven, bei denen das Normalformat jetzt mit $8,5 \times 10$ cm (freie Öffnung $7,3 \times 8,8$) festgesetzt worden ist, wird im allgemeinen die Projektionseinrichtung, wie in Abb. 590 dargestellt, so gewählt, daß der Durchmesser der lichtsammelnden Optik etwas größer ist als die Diagonale des Bildfensters und die lichtsammelnde Optik — und zwar ein Doppel- oder Dreifachkondensor C — dicht hinter dem Bildfenster B angebracht wird. Durch diesen Kondensor wird ein Bild der Lichtquelle L in dem Objektiv O abgebildet. Man nennt diese Einrichtung kurz die *Dia-Projektionseinrichtung.*

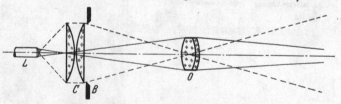

Abb. 590. Schema einer Dia-Projektionseinrichtung.

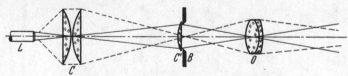

Abb. 591. Schema einer Kino-Projektionseinrichtung.

Bei den kleineren Bildformaten, die bei der Projektion von Filmen benutzt werden, verwendet man eine lichtsammelnde Optik von wesentlich größerem Durchmesser als die Diagonale des Bildfensters und bringt diese lichtsammelnde Optik in einem größeren geeigneten Abstand von dem Bildfenster an (Abb. 591). Durch die lichtsammelnde Optik C wird dann ein Bild der Lichtquelle L auf dem Bildfenster B entworfen. Die Lichtstrahlen gehen hinter dem Bildfenster wieder auseinander und werden dann von dem Objektiv O aufgenommen. In dem Bildfenster kann eine Feldlinse C' angebracht werden, die die lichtsammelnde Optik in dem Objektiv verkleinert abbildet, wodurch eine gleichmäßigere Ausleuchtung, besonders in den Ecken des Bildes, erreicht wird. Man nennt diese Projektionseinrichtung kurz *Kino-Projektionseinrichtung.*

Während bei der Dia-Projektionseinrichtung als lichtsammelnde Optik ausschließlich Kondensoren verwendet werden, verwendet man für die Kinoprojektion neuerdings fast nur noch Hohlspiegel. Wird durch einen Spiegel allein das Licht auf dem Bildfenster konzentriert (Abb. 592), so verwendet man bei einfachen Lampen Kugelspiegel, bei Lampen höherer Lichtleistung besonders korrigierte Spiegel, die entweder unter Vermeidung der sphärischen Aberration von dem Kugelspiegel abgeleitet werden oder als Grundform das Ellipsoid haben.

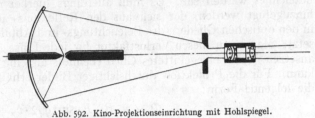

Abb. 592. Kino-Projektionseinrichtung mit Hohlspiegel.

Eine andere Anordnung ist die, daß die Lichtstrahlen zunächst durch einen Spiegel parallel gerichtet werden und dann durch einen einfachen Kondensor konzentriert werden. Bei dieser Anordnung verwendet man Parabolspiegel (s. Abb. 593). Der Vorteil dieser Einrichtung der kondensorlosen

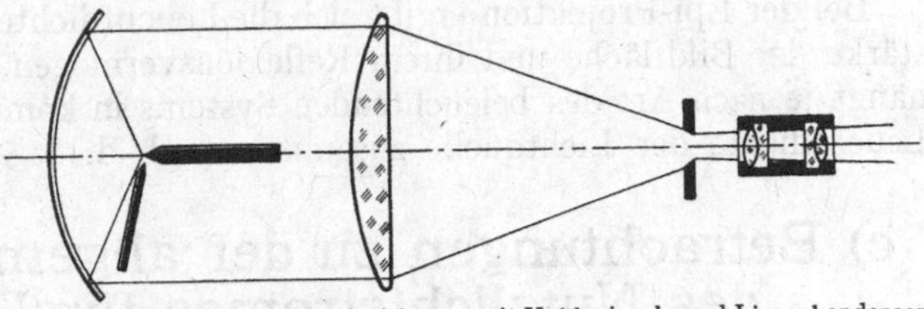

Abb. 593. Kino-Projektionseinrichtung mit Hohlspiegel- und Linsenkondensor.

Einrichtung gegenüber ist der, daß man eine größere bildseitige Apertur der Beleuchtungseinrichtung erreichen, also auch Objektive von größerem Öffnungswinkel ausleuchten kann, da man hinsichtlich der Annäherung des Kondensors an das Bildfenster nicht wie bei der kondensorlosen Einrichtung durch die zwischen Spiegel und Bildfenster befindliche Lampe behindert ist.

Aufsichtsprojektion (Epi-Projektion). Bei der Projektion undurchsichtiger Bilder kommt es lediglich darauf an, durch irgendwelche Einrichtungen ein Bildfeld möglichst intensiv zu beleuchten. Man verwendet heute meist Anordnungen, wie sie schematisch in Abb. 594 dargestellt sind, bei der die Bildfläche durch eine oder mehrere Glühlampen beleuchtet wird, und das nach rückwärts fallende Licht noch durch Hohlspiegel auf der Bildfläche konzentriert wird. Das Objektiv wird meist waagrecht angeordnet, und durch

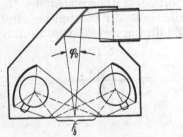

Abb. 594. Schema einer Aufsichtsprojektionseinrichtung.

einen unter 45° geneigten Oberflächenspiegel werden die von der Bildfläche ausgehenden Strahlen in das Objektiv geleitet.

b) Der Nutzlichtstrom bei der Projektion.

Bei der Projektion wird eine gleichmäßig leuchtende Fläche durch ein Objektiv auf der Projektionswand abgebildet. Die Frage nach dem Nutzlichtstrom d. h. nach dem Lichtstrom, der von dem Objektiv aufgenommen wird, läßt sich also zurückführen auf das Problem, den Lichtstrom einer gleichmäßig leuchtenden Fläche in einem bestimmten Raumwinkel (dem Öffnungswinkel des Objektives) zu finden. Die bekannte Formel für diesen Lichtstrom lautet:

$$\Phi_n = \pi \cdot B \cdot F \cdot \sin^2 \varphi/2. \tag{1}$$

Hierin bedeutet B die Leuchtdichte der Bildfläche, F die Größe der Bildfläche in cm², φ den Öffnungswinkel des abbildenden Objektives bzw. — wenn das

Objektiv nicht ganz von Licht ausgefüllt ist — den Winkel nach dem Rande des Lichtbündelquerschnittes im Objektiv.

Für die Projektion durchsichtiger Bilder ist die Leuchtdichte des Kondensors, der bei der Dia-Projektion dicht hinter dem Bildfenster liegt, sowie die Leuchtdichte des Bildes der Lichtquelle, das bei der Kinoprojektion das Bildfenster ausfüllt, gleich der Leuchtdichte der Lichtquelle selbst, die mit B_L bezeichnet werden soll. Es muß allerdings hierbei noch ein Verlustfaktor v hinzugefügt werden, der sich aus den Reflexions- und Absorptionsverlusten in den optischen Gliedern des Beleuchtungs- und Abbildungssystems zusammensetzt. Man kann diesen Verlustfaktor für jede Linse oder jeden Spiegel zu 0,9 ansetzen, wobei ein gekittetes Glied ebenfalls als eine Linse genommen werden kann. Für die Projektion durchsichtiger Bilder erhält dann die Gleichung (1) die folgende Form:

$$\Phi_n = \pi \cdot B_L \cdot F \cdot \sin^2 \varphi/2 \cdot v. \tag{2}$$

Bei der Epi-Projektion ergibt sich die Leuchtdichte B aus der Beleuchtungsstärke der Bildfläche und ihrem Reflexionsvermögen. Die Beleuchtungsstärke hängt je nach Art des beleuchtenden Systems in komplizierterer Weise mit der Leuchtdichte der Lichtquelle zusammen (vgl. d, S. 514).

c) Betrachtungen zu der allgemeinen Formel des Nutzlichtstromes für Projektion durchsichtiger Bilder.

Aus der Gleichung (2) geht hervor, daß die Größe des Nutzlichtstromes in der Hauptsache von drei Bestimmungsgrößen beeinflußt wird: der Leuchtdichte der Lichtquelle, dem Bildformat und dem Öffnungswinkel des Objektives. Damit Änderungen einer dieser Bestimmungsgrößen sich auch als proportionale Änderungen des Nutzlichtstromes auswirken, sind Forderungen an die Größe der Lichtquelle selbst zu stellen, die im folgenden besprochen werden. Zu diesem Zwecke wird in Abb. 595 schematisch der Strahlengang bei der Projektion durchsichtiger Bilder nochmals dargestellt. Die Flächen der Lichtquelle, des Kondensors und des Bildes der Lichtquelle sind mit F_L,

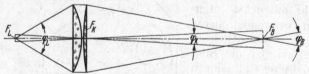

Abb. 595. Schema einer Projektionseinrichtung für Durchsichtsprojektion.

F_K, F_B und die von diesen Ebenen ausgehenden Öffnungswinkel der Strahlenbündel mit φ_L, φ_K und φ_B bezeichnet. Bei der Dia-Projektion liegt bei F_K das Bild, bei F_B das Objektiv; bei der Kinoprojektion bei F_B das Bild, das Objektiv muß man sich in Richtung der Lichtstrahlen hinter dem Bildfenster denken, so daß es die unter dem Winkel φ_B aus dem Bildfenster austretenden Strahlen aufnimmt. Die verschiedenen Größen hängen folgendermaßen zusammen:

$$F_L \cdot \sin^2 \varphi_L/2 = F_K \cdot \sin^2 \varphi_K/2 = F_B \cdot \sin^2 \varphi_B/2. \tag{3}$$

Diese Gleichung läßt sich geometrisch ableiten, sie geht jedoch schon aus der Überlegung hervor, daß die von den drei Flächen ausgehenden Lichtströme und ebenso die Leuchtdichten dieser drei Flächen gleich sind.

Einfluß der Leuchtdichte. Zum Verständnis des Einflusses der Leuchtdichte wandelt man zweckmäßig unter Benutzung der Gleichung (3) die Gleichung (2) folgendermaßen um:

$$\Phi_n = \pi \cdot B_L \cdot F_L \cdot \sin^2 \varphi_L/2 \cdot v \cdot v' \tag{4}$$

v' bedeutet einen Verlustfaktor infolge Abdeckung des Bildes der Lichtquelle F_B bzw. der Kondensorfläche F_K durch das Bildfenster von Format F.

Man sieht, daß der Lichtstrom nicht nur von der Leuchtdichte, sondern auch von der Flächengröße der Lichtquelle abhängt. Eine Vergrößerung der Leuchtdichte bringt also nur dann eine Vergrößerung des Nutzlichtstromes, wenn die Fläche der Lichtquelle gleich groß bleibt oder größer wird, d. h. wie zu erwarten, nur bei Vergrößerung der aufgewandten Energie. Der oft gehörte Satz, daß zur Projektion eine punktförmige Lichtquelle das beste sei, gibt also zu Mißverständnissen Anlaß. Eine Vergrößerung der Leuchtdichte auf Kosten der Flächengröße der Lichtquelle, also eine einfache Zusammenziehung, bringt keine Vorteile.

Die Größe der Lichtquelle hat jedoch auch eine obere Grenze. Diese obere Grenze wird um so eher erreicht, je größer φ_L ist; denn das Produkt $F_L \cdot \sin^2 \varphi_L / 2$ ist ja für den Lichtstrom maßgebend. Für ein bestimmtes φ_L wird die obere Grenze von F_L bestimmt durch die Größe des Objektivöffnungsverhältnisses, das angewandt werden kann und durch das Bildformat. Bei der Dia-Projektion richtet sich die Fläche des Kondensors F_K nach der Größe des Bildformates, und φ_K ist der Öffnungswinkel des Objektives. Bei der Kinoprojektion wird die Fläche des Lichtquellenbildes F_B durch das Bildformat bestimmt, und φ_B ist der Objektivöffnungswinkel. Aus der Gleichung (3) ergibt sich

$$F_L = \overset{\text{Dia}}{F_K \frac{\sin^2 \dfrac{\varphi_K}{2}}{\sin^2 \dfrac{\varphi_L}{2}}} = \overset{\text{Kino}}{F_B \frac{\sin^2 \dfrac{\varphi_B}{2}}{\sin^2 \dfrac{\varphi_L}{2}}}$$

Hierdurch ist die obengenannte Abhängigkeit der Größe der Bildfläche von Bildformat und Öffnungswinkel gegeben; je größer das Bildformat und je größer das Öffnungsverhältnis des Objektives ist, desto größer kann auch die Lichtquelle sein.

Aus diesen Betrachtungen ergeben sich noch folgende Beziehungen:

Einfluß des Bildformates. Vergrößern des Bildformates hat, wenn die anderen Bestimmungsgrößen der Formel (2) und der Öffnungswinkel des Kondensors konstant bleiben, nur dann eine Vergrößerung der Bildhelligkeit zur Folge, wenn gleichzeitig die Lichtquelle vergrößert wird, also auch wieder die aufgewendete Energie wächst. Steigt dabei die Kondensoröffnung, so muß auch die Objektivöffnung wachsen.

Einfluß des Objektivöffnungsverhältnisses. Auch hier kann der Satz aufgestellt werden, daß ein Steigern des Öffnungsverhältnisses des Objektives mit einer Vergrößerung der Lichtquelle verbunden sein muß, wenn bei sonst gleichen Verhältnissen der Nutzlichtstrom anwachsen soll.

Einfluß des Kondensoröffnungswinkels. Die Änderung des Kondensoröffnungswinkels allein ist auf den Lichtstrom ohne Einfluß. Soll bei gleichbleibender Lichtquellengröße bei Vergrößerung des Kondensoröffnungswinkels der Nutzlichtstrom steigen, so muß entweder der Öffnungswinkel des Objektives oder das Bildformat vergrößert werden. Durch Steigern des Öffnungswinkels des Kondensors kann man jedoch erreichen, daß bei sonst gleichbleibenden Verhältnissen mit kleineren Lichtquellen der gleiche Lichtstrom erzielt wird. Der Kondensoröffnungswinkel ist also maßgebend für die Wirtschaftlichkeit der Einrichtung.

Wirkungsgrad bei der Durchsichtsprojektion. Unter dem optischen Wirkungsgrad versteht man das Verhältnis des Nutzlichtstromes zu dem Lichtstrom der Lampe selbst. Nimmt man als Lichtquelle eine einseitig strahlende Fläche an, so gilt für den Lichtstrom der Lichtquelle folgende Formel:

$$\Phi_L = \pi \cdot B_L \cdot F_L. \tag{6}$$

Die Division der Gleichung (2) : (6) ergibt für den Wirkungsgrad folgenden Ausdruck:

$$\eta = F/F_L \cdot \sin^2 \varphi/2 \cdot v. \tag{7}$$

Mit φ ist der Öffnungswinkel des Objektives bezeichnet. Er ist bei der Dia-Projektion gleich φ_K, bei der Kinoprojektion gleich φ_B. Man kann also nach (3) statt des Ausdruckes $1/F_L \cdot \sin \varphi/2$ bei der Dia-Projektion schreiben: $1/F_K \cdot \sin^2 \varphi_L/2$ bei der Kinoprojektion: $1/F_B \cdot \sin^2 \varphi_L/2$,
so daß man für den Wirkungsgrad für die Dia-Projektion den Ausdruck

$$\eta = F/F_K \sin^2 \varphi_L/2 \cdot v \tag{8}$$

für die Kinoprojektion den Ausdruck

$$\eta = F/F_B \sin^2 \varphi_L/2 \cdot v \tag{9}$$

bekommt.

Die Gleichungen besagen, daß der Wirkungsgrad abhängig ist von dem Öffnungswinkel des Kondensors und dem Verlust, der durch die Abdeckung des Kondensors bzw. des Bildes der Lichtquelle durch das Bildfenster entsteht.

Zusammenfassung. Zusammenfassend kann man also gültig für die Projektion durchsichtiger Bilder sagen: bei gleichem Kondensoröffnungswinkel wird durch Steigern einer der drei Bestimmungsgrößen, Leuchtdichte, Bildformat oder Öffnungswinkel des Objektives nur bei gleichzeitiger Steigerung der zugeführten Energie (Temperaturerhöhung bei gleichbleibender Flächengröße der Lichtquelle oder Vergrößerung der Lichtquellenfläche) der Nutzlichtstrom erhöht. Durch Vergrößern des Kondensoröffnungswinkels steigert sich die Wirtschaftlichkeit der Einrichtung. Es kann entweder mit der gleichen Lichtquelle ein größerer Nutzlichtstrom erreicht werden, wenn gleichzeitig Bildformat oder Öffnungswinkel des Objektives mit steigen, oder man kann bei sonst gleichbleibendem Verhältnis mit einer kleineren Lichtquelle, also geringerem Energieaufwand, den gleichen Lichtstrom erreichen.

Die Wirtschaftlichkeit kann weiterhin vergrößert werden durch möglichste Vermeidung von Reflexions- und Absorptionsverlusten und durch möglichst knappe Ausleuchtung des Bildformates.

d) Betrachtungen zu der allgemeinen Formel des Nutzlichtstromes für die Aufsichtsprojektion.

Um aus der allgemeinen Gleichung (1) den Nutzlichtstrom für die Aufsichtsprojektion zu erhalten, muß ebenfalls noch ein Verlustfaktor v hinzugefügt werden, der von den Reflexions- und Absorptionsverlusten im Objektiv und dem Spiegel abhängig ist.

Will man statt der Leuchtdichte der Fläche die Beleuchtungsstärke als Bestimmungsgröße für den Lichtstrom erhalten, kann man folgendermaßen verfahren.

Der Gesamtlichtstrom, den die beleuchtete Fläche ausstrahlt, ist gleich dem Lichtstrom, der auf die Fläche eingestrahlt wird, multipliziert mit dem Reflexionsvermögen, so daß man folgende Gleichung aufstellen kann:

$$\pi \cdot B \cdot F = E \cdot F \cdot \varrho \cdot 10^{-4}. \tag{10}$$

Hierin bedeutet B die Leuchtdichte, E die Beleuchtungsstärke, ϱ das Reflexionsvermögen und F die Größe der Fläche in cm² gemessen.

Für den Nutzlichtstrom erhält man also unter Berücksichtigung dieser Gleichung folgende Formel:

$$\Phi_n = E \cdot F \cdot \sin^2 \varphi/2 \cdot \varrho \cdot v \cdot 10^{-4}. \tag{11}$$

Die Beleuchtungsstärke der Fläche hängt ganz von der Art der zur Beleuchtung verwendeten Einrichtungen ab, so daß hier keine allgemein gültigen Angaben gemacht werden können. Der Wirkungsgrad bei der Epi-Projektion ergibt sich zu

$$\eta = \sin^2 \varphi/2 \cdot \varrho \cdot v \cdot \eta' \tag{12}$$

worin η' den Wirkungsgrad der zur Beleuchtung verwendeten optischen Einrichtung bedeutet.

e) Zahlenangaben über Nutzlichtströme und Wirkungsgrad.

Kinoprojektion. Für die in der allgemeinen Gleichung (2) vorkommenden Bestimmungsgrößen gelten bei der Kinoprojektion folgende Zahlenwerte:
Bei dem *Format* unterscheidet man zwischen

Schmalfilmformat . . . . $7{,}15 \cdot 9{,}6 = 69 \text{ mm}^2$,
dem alten Normalformat für Stummfilm $17{,}5 \cdot 23{,}5 = 410 \text{ mm}^2$ und
dem neuen Normalformat für Tonfilm . $15{,}2 \cdot 20{,}9 = 316 \text{ mm}^2$.

Das alte Tonformat $17{,}5 \cdot 20{,}9 \text{ mm}^2$ verschwindet immer mehr, da das Seitenverhältnis zu sehr von dem gewohnten Verhältnis $3:4$ abweicht.

Die *Leuchtdichte* der bei der Kinoprojektion verwendeten Lichtquellen ist in der Tabelle 40 (Anh.) enthalten.

Das *Öffnungsverhältnis* der Objektive bei Schmalfilm wird bis zu $1:1{,}4$ gewählt. Bei Normalfilm geht man über $1:1{,}9$ nicht hinaus. Der Grund hierfür ist, daß der Normalfilm bei der Projektion nicht so ruhig im Fenster liegt wie der an sich schon stabilere Schmalfilm und daher bei der Projektion des Normalfilms ein Objektiv von größerer Tiefenschärfe erforderlich ist. Der Maximalwert des $\sin^2 \varphi/2$ wird daher bei Schmalfilm $0{,}128$, bei Normalfilm $0{,}069$.

Der *Verlustfaktor* v ist je nach der verwendeten Optik verschieden. Für Schmalfilm dient als Kondensor ein Linsensystem von meist drei Linsen. Das Objektiv hat, bedingt durch das große Öffnungsverhältnis, vier von Luft begrenzte Linsen bzw. Linsenkombinationen. Da der Verlustfaktor für einen Glaskörper in Luft $0{,}9$ beträgt, so wird er also für Schmalfilmprojektion $0{,}9^7 = 0{,}475$. Bei Normalfilmprojektion mit Glühlampen bedient man sich eines Dreifachkondensors und eines Objektives mit drei Linsen gegen Luft, so daß $v = 0{,}9^6 = 0{,}53$ wird. Bei Normalfilm mit Bogenlampen verwendet man bei Ausleuchtung der Objektive vom großen Öffnungsverhältnis einen Hohlspiegel mit Einfachkondensor nach Abb. 593 und ein Objektiv mit zwei Linsenkombinationen in Luft, erhält also einen Verlustfaktor von $v = 0{,}9^4 = 0{,}65$.

Bei der Kinoprojektion kommt noch eine weitere Verlustquelle hinzu, die in der Umlaufblende besteht. Diese Umlaufblende ist nötig, um den Zug des Films abzudecken; sie besteht bei Normalfilm aus zwei Abdecksektoren von je $90°$, bei Schmalfilm aus drei Abdecksektoren von je $60°$. Der Verlust durch die Umlaufblende beträgt also 50%.

Bei Einsetzung dieser Werte erhält man die Zahlenangaben der Tabelle 41 (Anh.) für die maximal erreichbaren Nutzlichtströme.

Bei Normalfilmprojektion mit Glühlampen wird, da es sich meist um Vortragsapparate handelt, zur Herabsetzung der Bildfenstertemperatur und Brandgefahr eine Wasserküvette eingeschaltet, wodurch die Lichtströme um etwa

25% herabgesetzt werden. Bei Schmalfilm ist diese Vorsichtsmaßnahme nicht nötig, da zu den Schmalfilmen unverbrennbares Material verwandt wird.

Bei der *Glühlampenprojektion* ist die Berechnung des *Wirkungsgrades* aus der Formel (9) nicht ohne weiteres möglich. Man kann bei Projektion mit Glühlampen das Lichtquellenbild nicht direkt auf dem Bildfenster abbilden, da sonst die Leuchtwendelkonturen sichtbar werden. Es hängt nun von dem Aufbau der Lampe bzw. der Art des Kondensors ab, inwieweit man durch unscharfe Abbildung den Lichtfleck auf dem Bildfenster vergrößern muß, um gleichmäßige Bildausleuchtung zu erhalten. Außerdem ist die Glühlampe keine einseitig strahlende Fläche, wie sie bei der Aufstellung der Formel des Wirkungsgrades angenommen war. Durch Verwendung eines Hilfsspiegels kommt man allerdings dieser Form des Strahlers sehr nahe, muß jedoch einen von der Art des Hilfsspiegels abhängigen Verlustfaktor noch einsetzen. Durch Vergleich der für die angeführten Lampen bekannten Lumenwerte mit den Werten des Nutzlichtstromes *ergibt sich bei Schmalfilmprojektion ein Wirkungsgrad von 1,5...2%, bei Normalfilmprojektion von altem Format von 2...3% und bei neuem Tonformat von 1,5...2,5%.*

Bei Verwendung von Bogenlampen läßt sich der *Wirkungsgrad* genügend genau aus der angegebenen Formel errechnen. Der Krater der Bogenlampe stellt mit sehr großer Annäherung eine einseitig strahlende Fläche dar, und man kann ihn auch wegen seiner gleichmäßigen Leuchtdichte direkt auf dem Bildfenster abbilden. Der Verlustfaktor bei dieser Abbildung, der in der Abdeckung des Kraterbildes durch das Bildformat entsteht, beträgt im Mittel etwa 0,4. Bei einem halben Öffnungswinkel des Spiegels von 60°, einem Verlustfaktor $v = 0,65$ und einem Verlust durch die Umlaufblende von 0,5 erhält man einen *Wirkungsgrad von 9...10%*.

Berechnet man die Wirkungsgrade aus den Lichtstromwerten, so erhält man etwa dieselben Zahlen. Zur Ausleuchtung des Normalformates $17,5 \times 23,5$ und eines Objektives vom Öffnungsverhältnis 1 : 1,9 benötigt man einen Kraterdurchmesser von 11 mm. Das bedeutet bei Reinkohlen eine Stromstärke von 45 A, bei Beck-Kohlen eine solche von 120 A.

Bei Reinkohlen beträgt der Gesamtlichtstrom $20 \cdot$ Wattzahl $= 1000 \cdot$ Stromstärke $= 45000$ lm (Bogenspannung $= 50$ V).

bei Beck-Kohlen $30 \cdot$ Wattzahl $= 1500 \cdot$ Stromstärke $= 220000$ lm (Bogenspannung $= 60$ V).

Im Vergleich mit den Werten für die Nutzlichtströme erhält man ebenfalls einen Wirkungsgrad von $\sim 10\%$.

Dia-Projektion. Das Normalformat für die Dia-Projektion beträgt $8,5 \times 10$ cm². Die freie Öffnung des Bildes ist mit $7,3 \times 8,8 = 64$ cm² normiert.

Als Lichtquellen kommen bei der Dia-Projektion in der Hauptsache Projektionsglühlampen, seltener Bogenlampen in Frage, von den Projektionsglühlampen die Typen, die in der Tabelle 41 (Anh.) unter Glühlampen für Normalfilm aufgeführt worden sind, mit Ausnahme der Lampe für 900 W 15 V. An schwächeren Glühlampen wird für die Dia-Projektion noch die 500 W-Lampe für 110 V mit einer Leuchtdichte von 1900 sb mit Hilfsspiegel bzw. 250 W 110 V mit einer Leuchtdichte von 950 sb mit Hilfsspiegel verwendet.

Von Bogenlampen wird meist die Reinkohlenlampe verwendet. Während Beck-Kohlen bei der Dia-Projektion nur für ganz besondere Zwecke in Anwendung kommen.

Die Objektive haben fast immer einen Durchmesser von 62,5 mm. Die gebräuchlichsten Brennweiten sind 400...600 mm. Das Öffnungsverhältnis schwankt für diese Brennweiten von 1 : 7...1:10 und beträgt für die mittlere Brennweite von $f = 500$ mm 1 : 8,5. Mit diesem Wert soll im folgenden gerechnet werden.

Da bei Dia-Projektion meist ein dreifacher Kondensor und ein Objektiv mit 3 Linsengliedern gegen Luft verwendet wird, beträgt der Verlustfaktor $v = 0{,}9^6 = 0{,}53$. Es ergeben sich unter Einsetzung dieser Werte in die allgemeine Gleichung für den Nutzlichtstrom die in Tabelle 43 (Anh.), wiedergegebenen Werte.

Die höhere Lichtleistung der Dia-Projektionseinrichtung gegenüber der Kinoprojektion insbesondere bei Glühlampen ist dadurch begründet, daß bei der Dia-Projektion keine Umlaufblende, die nochmals 50% des Lichtes absorbiert, verwendet werden muß.

Zur Erzielung der Lichtleistungen mit Bogenlampen muß der Krater einen Durchmesser von 12 mm haben [nach Gleichung (3)], was bei Reinkohlen einer Stromstärke von 55 A, bei Beck-Kohlen einer Stromstärke von etwa 140 A entspricht. Die Anwendung dieser letztgenannten Stromstärke mit dem verhältnismäßig kleinen Kondensor von 115 mm Durchmesser und der entsprechend dem Öffnungswinkel von 70° kleinen Brennweite, läßt sich in der Praxis kaum durchführen, so daß die in der Nutzlichtstromtabelle angegebenen beiden letzten Lichtleistungen sich auf diese Weise kaum erzielen lassen werden.

Der Vorteil des größeren Bildformates bei der Dia-Projektion wird fast ganz dadurch ausgeglichen, daß Objektive von wesentlich geringerem Öffnungsverhältnis verwendet werden als bei der Kinoprojektion.

Den Wirkungsgrad der Dia-Projektion kann man aus der allgemeinen Formel (9) leicht errechnen. Als halben Öffnungswinkel des dreifachen Kondensors kann man maximal 35° annehmen. Der Lichtverlust, der infolge der Ausleuchtung des rechteckigen Bildformates durch einen runden Kondensor entsteht, beträgt 39%, ist also wesentlich geringer als bei der Kinoprojektion. Bei Verwendung von Bogenlampen ergibt sich dann ein Wirkungsgrad von 11%. Bei Verwendung von Glühlampen muß man noch einen weiteren Verlustfaktor einsetzen, der dadurch begründet ist, daß das quadratische bzw. rechteckige Bild der Leuchtfläche durch den runden Objektivquerschnitt in den Ecken beschnitten wird. Dieser Faktor beträgt im günstigsten Falle: $\pi/4 = 0{,}75$. Ein weiterer Verlustfaktor tritt, wie schon erwähnt, bei Glühlampen dadurch ein, daß durch den Hilfsspiegel nur unvollkommen die Leuchtfläche der Glühlampe in eine einseitig strahlende Fläche verwandelt wird. Dieser Faktor beträgt 0,8. Durch Einsetzen dieser beiden weiteren Faktoren verringert sich für Glühlampen der Wirkungsgrad bei der Dia-Projektion auf 6,5%.

Während also bei Verwendung von Glühlampen als Lichtquelle sich der Vorteil des Wegfalles der Umlaufblende auch im Wirkungsgrad ausdrückt, tritt er bei Bogenlampen hier nicht in Erscheinung. Der Grund ist, daß man bei den normalen Dia-Projektoren auch bei Bogenlampen nur dreifache Kondensoren und keine Hohlspiegel wie bei der Kinoprojektion verwendet. Der Öffnungswinkel dieser dreifachen Kondensoren ist, wie aus den angegebenen Zahlen ersichtlich, wesentlich geringer als der Öffnungswinkel der bei der Kinoprojektion verwendeten Hohlspiegel.

Wenn man den Vorteil des Hohlspiegels auch bei der Dia-Projektion ausnutzen will, so müßte man, um den störenden Schatten, der von dem Spiegel liegenden Lampe zu vermeiden, eine Kino-Projektionsanordnung wählen, bei der das Lichtquellenbild in geeigneter Vergrößerung auf dem Bildfenster abgebildet wird.

In dieser Anordnung könnten dann auch mit entsprechend großem Hohlspiegel Beck-Kohlen von 120 und 140 A, deren Anwendung, wie oben erwähnt, mit Kondensoren nicht durchführbar ist, benutzt werden.

Wenn man hierbei die nutzbare Kraterfläche als einen Kreis von 12 cm auf dem Dia-Bild abbildet, so würde man ein Objektiv vom Öffnungsverhältnis 1 : 5 benötigen, um alle von dem Spiegel ausgehenden Strahlen aufzufangen. Man würde dann bei Verwendung der hochbelasteten Beck-Kohlen einen Nutzlichtstrom von 70 000 lm erhalten können.

Selbstverständlich würde man in der Praxis bei einer derartigen Lichtleistung das Dia-Bild durch Gebläse bzw. Küvetten kühlen müssen, wodurch wieder ein Lichtverlust eintritt. Man sieht jedoch, daß mit der Kino-Projektionseinrichtung an sich doch die höchsten Lichtströme erreichbar sind, allerdings bei starker Vergrößerung des Bildformates.

Epi-Projektion. Bei der Epi-Projektion ist das Format der Projektionsfläche 14 × 14 bzw. 16 × 16 cm.

Als Lichtquellen kommen auch hier fast durchweg Projektionsglühlampen in Frage, und zwar in der Hauptsache die Lampen 250 W 110 V und 500 W 110 V.

Bogenlampengeräte werden fast kaum mehr verwendet, da ihre Bedienung komplizierter und die Leistung im Verhältnis zu dem Aufwand nicht wesentlich größer ist als bei Glühlampengeräten.

Die Objektive haben eine Brennweite von 300...600 mm und ein Öffnungsverhältnis von 1 : 3...1 : 4. Der Verlustfaktor, der durch das Objektiv und den Oberflächenspiegel bedingt ist, beträgt $0{,}9^4 = 0{,}63$.

In der Tabelle 44 (Anh.) sind die Nutzlichtströme und Wirkungsgrade der gebräuchlichsten Anordnungen angegeben. Als Objektivöffnungsverhältnis ist 1 : 3,5 gewählt.

Man sieht, daß die Wirkungsgrade äußerst gering sind. Rechnet man den in der Formel (12) enthaltenen Ausdruck $\sin^2 \varphi/2 \cdot \varrho \cdot v$ für ein Öffnungsverhältnis 1 : 3,5 aus, so erhält man 0,12. Dieser Wert, multipliziert mit dem Wirkungsgrad η, der zur Beleuchtung der Bildfläche angewandten optischen Einrichtung, ergibt nach Gleichung (12) den Gesamtwirkungsgrad. Setzt man diesen zu 0,3 an, so sieht man, daß der Wirkungsgrad der Beleuchtungseinrichtung 25 % beträgt, also verhältnismäßig hoch ist (bei Kondensoroptik würde er nur 16% betragen). Der Hauptverlust bei der Aufsichtsprojektion besteht eben darin, daß von der Bildfläche das Licht vollkommen diffus zerstreut wird und nur ein verhältnismäßig geringer Teil vom Objektiv aufgenommen werden kann, während bei der Projektion durchsichtiger Bilder durch die Wahl der Beleuchtungsoptik dafür gesorgt wird, daß alles das Bild durchdringende Licht auch in das Objektiv gelangt.

E 10. Entwurf von Projektionsoptik.

Von

Franz Krautschneider-Dresden.

Mit 9 Abbildungen.

Der Aufbau des Projektionsbildes ist gegeben durch die Anordnung von Bildpunkten verschiedener Beleuchtungsstärke auf einem Aufsichts- oder Durchsichtsschirm. Die Optik hat demnach zwei Aufgaben zu erfüllen: die punktweise Abbildung der Bildvorlage (Objektiv) und die Beleuchtung.

a) Abbildung (Objektiv).

Da einzelne Linsen erhebliche Abbildungsfehler aufweisen, werden als Objektive Systeme, meist aus drei oder vier Linsen bestehend, angewendet.

Der Typ für den einzelnen Fall richtet sich nach den Anforderungen an die Bildgüte (Schärfe, Kontrast) und an die Bildvergrößerung (Glasdiapositive, Normal- und Schmalfilm). Sehr wesentlich ist die von den Beleuchtungsstrahlen benötigte Öffnung. Bei durchsichtigen Bildvorlagen (Dia-Projektion) werden die Beleuchtungsstrahlen in der Objektivöffnung gesammelt; je besser diese Strahlenvereinigung erfolgt, um so kleiner braucht die Öffnung zu sein (entspricht der Abblendung bei einer Photokamera, nur mit dem Unterschied, daß der kleinste Durchmesser des Strahlenbündels die benutzte Öffnung bestimmt und nicht der Durchmesser der Blende, sobald dieser größer ist als die Öffnung des Strahlenbündels). Aus diesem Grunde ist auch eine Abblendung eines Projektionsobjektives solange wirkungslos, als der Blendendurchmesser den Durchmesser des Strahlenbündels übersteigt; geht sie weiter, so wirkt sie wegen der Fehler der Strahlenvereinigung in der Objektivblende auf die einzelnen Bildzonen verschieden. Deshalb kann eine Änderung der Bildhelligkeit nur durch Änderung der Beleuchtungsstärke der Bildvorlage oder durch Filter oder Sektorblenden erfolgen.

Die Anforderungen an die Abbildungsgüte eines Objektives sind demnach abhängig von der Güte der Strahlenvereinigung der Beleuchtungsstrahlen in der Öffnung des Objektives, die ihrerseits durch den Kondensor bestimmt wird, welcher die Aufgabe dieser Strahlenvereinigung zu erfüllen hat. Am größten sind sie, wenn eine solche überhaupt nicht erfolgt, also bei Projektion undurchsichtiger Bildvorlagen (Epi-Projektion). In diesem Falle wird das diffus reflektierte Licht zur Abbildung herangezogen, das sich über einen großen Raumwinkel verteilt. Hier ist die erreichbare Bildhelligkeit der Öffnung des Objektives proportional, die so hoch als möglich gesteigert werden muß, dabei aber in voller Fläche ausgenützt wird. (Eine Abblendung wäre hier möglich.)

Die wesentlichen, praktisch beobachtbaren Abbildungsfehler[1] der Objektive sind folgende:

Farbfehler (farbige Säume an steilen Übergängen von hoher zu niedriger Beleuchtungsstärke);

Öffnungsfehler (sphärische Aberration); (scharfer Bildkern in schleieriger Unschärfe, verringerter Kontrast, keine klar definierte Scharfeinstellung);

Koma (helle, außerhalb der Bildmitte liegende Bildpunkte sind von kometenschweifartigen Verzerrungsfiguren überlagert, deren Gestalt sich bei kleinen Änderungen der Scharfeinstellung stark ändert);

Astigmatismus (radial von der Bildmitte aus verlaufende Linien haben eine andere Scharfeinstellung als senkrecht dazu verlaufende; die Differenz zwischen beiden wächst mit der Entfernung von der Bildmitte);

Bildwölbung (Bildmitte und -rand lassen sich nicht gleichzeitig völlig scharf einstellen; die günstigste Einstellung ist die, bei welcher Mitte und Rand gleich unscharf erscheinen; es bildet sich dann eine Ringzone größter Schärfe aus).

Die vorstehend angeführten Fehler wachsen mit der von den Beleuchtungsstrahlen durchsetzten Objektivöffnung, mit der Bildvergrößerung und (ausgenommen a) und b) mit dem Bildwinkel. (Die Tangente des halben Bildwinkels ist gegeben durch die halbe Bilddiagonale, geteilt durch den Abstand Objektiv—Bildschirm.)

---

[1] ROHR, M. v.: Theorie und Geschichte des photographischen Objektivs, Berlin 1899, Julius Springer und H. JOACHIM: Handbuch der praktischen Kinematographie, 8. Aufl., Bd. 3, Teil, 1. 84—89.

Die Abbildungsgüte eines Objektives ist unter sonst gleichen Bedingungen abhängig von der Güte der Konstruktion, der Linsenzahl, den verwendeten Glassorten und der Genauigkeit der Ausführung, besonders der Flächenpolitur und der Zentrierung. Die größten Anforderungen sind bei photographischen Vergrößerungsgeräten und Kinotheatermaschinen zu erfüllen.

b) Beziehung zwischen Brennweite und Bildgröße.

Läßt man Licht parallel zur optischen Achse durch ein Objektiv fallen, so wird in einem auf der optischen Achse liegenden Punkt (Brennpunkt)

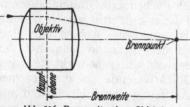

Abb. 596. Brennweite eines Objektives.

vereinigt. Blendet man einen achsennahen Strahl heraus und verlängert man sowohl den einfallenden als auch den austretenden Strahl bis zum gemeinsamen Schnittpunkt, dann ist die durch diesen achsensenkrecht gelegte Ebene die Hauptebene (Abb. 596); der Abstand Hauptebene — Brennpunkt heißt Brennweite; diese ist meist auf den Objektiven angegeben (z. B. $f = 80$ mm,

$F = 30$ cm). Der Durchmesser des Lichtbündels, das in achsenparalleler Richtung durch das Objektiv noch hindurchtreten kann, heißt Öffnung des Objektives und wird in Bruchteilen der Brennweite angegeben (z. B. $f/3,5$). Die hindurchgehende Lichtmenge bei voller Ausnutzung der Öffnung ist proportional dem reziproken Quadrat der im Nenner dieser Angabe stehenden Zahl.

Die Brennweite f des Objektives bestimmt die gegenseitige Lage von Bildvorlage, Bildschirm und Objektiv nach folgender Beziehung (Abb. 597)

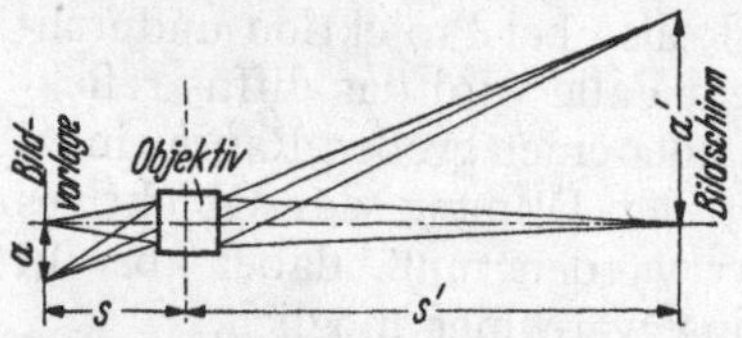

$$1/s' - 1/s = 1/f. \tag{1}$$

Abb. 597. Zur Ableitung der Beziehungen zwischen Abstand, Brennweite und Bildgröße.

Die „Schnittweiten" s und s' zählen hierbei von der zugehörigen Hauptebene des Objektives an; dem einfallenden Licht entgegengerichtete Schnittweiten werden negativ angenommen.

Die Bildvergrößerung v ist:

$$v = a'/a, \tag{2}$$

a' ist die Länge eines Bildrandes des projizierten Bildes, a die des entsprechenden Bildausschnittrandes der Bildvorlage.

Es gilt:

$$v = s'/f - 1; \tag{3}$$

bei gegen f großem s' näherungsweise: $v = s'/f$.

Die für eine gegebene Projektionsentfernung und Bildgröße notwendige Brennweite ist:

$$f = a s'/(a' + a), \tag{4}$$

bei hoher Bildvergrößerung genügend genau: $f = s'/v$.

Aus Abb. 598 können diese Größen in ihrer gegenseitigen Beziehung entnommen werden.

Die Brennweite eines Objektives kann genügend genau bestimmt werden:

aus der Bildvergrößerung v: $f = s'/(v + 1)$,

durch scharfe Abbildung einer Strecke, z. B. des Abstandes zweier Striche, auf einer Mattscheibe, in genau natürlicher Größe; der Abstand Mattscheibe—Abbildung ist dann gleich der vierfachen Brennweite.

Die reziproke Brennweite D (Brechkraft) einer Linse ist gegeben durch die Summe der Einzelbrechkräfte D_1 und D_2, sobald die Dicke gegen die Brennweite klein ist.

$$D_1 = \frac{n-1}{r_1} ; \qquad D_2 = \frac{n-1}{r_2} ; \qquad D = D_1 + D_2. \tag{6}$$

D, D_1 und D_2 werden meist in „Dioptrien" angegeben; dann ist der Krümmungsradius der Fläche r in Metern zu messen. Eine Linse von der Stärke D Dioptrien hat eine Brennweite von $1/D$ Metern. n ist für Kronglas $\sim 1,523$, für hitzebeständige, hoch quarzhaltige Gläser *(Ignalglas)* $\sim 1,485$.

r und damit D werden bei konvexer Glasfläche positiv, bei konkaver Fläche negativ gesetzt. Für Planflächen ist $D = 0$.

Zur Messung von D dient das Sphärometer, meist in Taschenuhrform, das den Radius r aus der Pfeilhöhe bei konstanter Sehnenlänge ermittelt. Es ist meist auf Grund des obenerwähnten Wertes von n direkt in Dioptrien geeicht.

Ist q der halbe Linsendurchmesser, p die Scheitelhöhe einer Fläche vom Radius r, dann gilt:

$$p = r - \sqrt{r^2 - q^2}, \tag{7}$$

wenn $r = 0$ ist auch $p = 0$. Die Dicke d der Linse ist dann gleich der Summe der p zuzüglich der Rand- (bzw. Mitten-) dicke; diese ist je nach Linsendurchmesser und Flächenkrümmung etwa $1 \ldots 4$ mm. Abb. 602 gibt p abhängig vom Linsendurchmesser; r ist dabei $= 1$ gesetzt.

Die Dicke von Kondensorlinsen kann meist nicht mehr vernachlässigt werden.

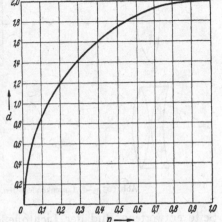

Abb. 602. Abhängigkeit der Pfeilhöhe vom Linsendurchmesser.

Es tritt deshalb an Stelle der Brechkraft D der „Scheitelbrechwert" D_s, der Kehrwert der Schnittweite s' achsennaher Strahlen bei parallelem Lichteinfall (Abb. 601)

$$D_s = \frac{D_1}{1 - \delta D_1} + D_2; \quad \delta = \frac{d}{n}. \tag{8}$$

Die Ausdrücke $6 \ldots 8$ gelten für den achsennahen Bereich des Lichtbündels; infolge des Öffnungsfehlers (s. oben) weichen die Schnittweiten der Randstrahlen ab; das wird praktisch genügend genau berücksichtigt, wenn die Schnittweite Kondensor—Objektiv (s') bei einlinsigem Kondensor etwa vierfach, bei zweilinsigem etwa dreifach, bei dreilinsigem etwa doppelt so hoch angenommen wird wie der Abstand Kondensor—Objektivblende.

Der Scheitelbrechwert D_s eines einlinsigen Kondensors muß sein:

$$D_s = 1/s' - 1/s \quad \text{[Vorzeichen von } s \text{ wie (1)]}. \tag{9}$$

Zur Ermittlung der voraussichtlichen annähernden Dicke d wird die Linse zunächst als dünn angesehen, D_s demnach $= D$ gesetzt. Dabei ist die Wahl der einzelnen Flächenkrümmungen D_1 und D_2 (die Durchbiegung), eine in Abhängigkeit von der anderen, noch frei. Sie wird dadurch bestimmt, daß der Öffnungsfehler der Linse ein Minimum werden soll. Für $n = 1,523$ gilt:

$$D_{1\,min} = 0,875\,D + 0,75 \cdot 1/s \quad (s < 0!)^{[1]} \tag{10}$$

$$D_{2\,min} = D - D_{1\,min}. \tag{11}$$

---

[1] ROHR, M. v.: Die Theorie der optischen Instrumente 1, 1. Aufl., 226.

Aus Abb. 602 oder nach (7) ergibt sich d, damit der Scheitelbrechwert $D_{s\,min}$ der nach (10) und (11) bestimmten Linsen. Dieser wird von dem in (9) geforderten verschieden sein; $D_{1\,min}$ und $D_{2\,min}$ müssen durch Multiplikation mit dem Faktor $D_s/D_{s\,min}$ auf den richtigen Wert reduziert werden (Abb. 603a).

Zweilinsige Kondensoren bestehen meist aus zwei plankonvexen, mit den gewölbten Flächen einander zugekehrten Linsen, die nahe aneinander liegen (Aplanatischer Kondensor, Abb. 603b).

Man rechnet die Schnittweiten zunächst zweckmäßig von der Mitte zwischen beiden Linsen an, bestimmt nach (9) die (auf $d = 0$ bezogene) Brechkraft D des Kondensors. Die Brechkraft einer konvexen Linsenfläche ist dann $\frac{1}{2}D$. Aus Abb. 602 oder (7) wird d bestimmt und damit der Scheitelbrechwert D_s einer Einzellinse, der von $\frac{1}{2}D$ verschieden sein wird; Reduktion wie oben durch Multiplikation mit D/D_s.

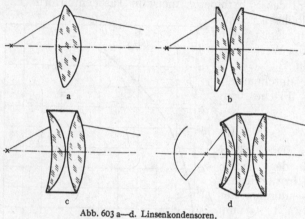

Abb. 603 a—d. Linsenkondensoren.

Eine andere, bisweilen gebräuchliche Form besteht aus einer meniskusförmigen und einer symmetrischen bikonvexen Linse (Abb. 603c). Letztere setzt voraus, daß das durch den Meniskus entworfene Bild der Lichtquelle im gleichen Abstand von der Linse liegt, wie das auf der anderen Seite entworfene Bild der Lichtquelle in der Objektivblende. Beide Schnittweiten werden wegen des Öffnungsfehlers etwa dem doppelten Abstand Objektiv—Bikonvexlinse gleichgesetzt.

Die Berechnung erfolgt zunächst wie beim aplanatischen Kondensor unter Zugrundelegung der eben festgesetzten Schnittweiten. Die Krümmung beider Linsenflächen ist gleich, deshalb ist die Brechkraft einer Fläche gleich der halben Gesamtbrechkraft der Linse. Reduktion auf den Scheitelbrechwert nach Ermittlung der Dicke.

Der Scheitelbrechwert des Meniskus ist durch die Bedingung gegeben, daß von der im Abstand s von dem Meniskus ($s < 0$) liegenden Lichtquelle in dem Abstand s' (< 0) (doppelter Abstand Bikonvexlinse—Objektivblende) ein Bild entworfen werden soll.

Der dazu nötige Scheitelbrechwert D_s ergibt sich aus (9), die Durchbiegung, bestimmt durch die Brechkraft D_1 der der Lampe zugewandten Seite des Meniskus aus (10), D_2 aus (11); der Scheitelbrechwert der so bestimmten Linse aus (8); Reduktion auf den durch (9) geforderten Scheitelbrechwert wie oben.

Durch Aufspaltung der Bikonvexlinse in zwei plankonvexe (in der gleichen Anordnung wie beim aplanatischen Kondensor) entsteht der sehr gebräuchliche *dreilinsige* Kondensor. Auch hier werden die Schnittweiten vor und nach der Brechung durch die beiden Plankonvexlinsen möglichst angeglichen. Die durch Streben nach hoher Lichtausbeute entstehende Forderung, den durch den Kondensor erfaßten Raumwinkel des Lichtstromes groß zu machen, steht damit in gewissem Widerspruch, weil sie verlangt, daß sich die Lichtquelle möglichst nahe der Meniskuslinse befindet. Diese muß dadurch große Brechkräfte und damit starke Flächenkrümmungen erhalten. Deshalb wird meist auf symmetrischen Strahlengang durch den aplanatischen Teil (2 Plankonvex-linsen) des Kondensors verzichtet, die Brechkraft der Meniskuslinse aber so groß als möglich gemacht. Bisweilen verzichtet man auch auf die durch (10) und (11) bestimmte Minimumsform des Öffnungsfehlers und ersetzt den Meniskus durch eine Plankonvexlinse (Abb. 603 d).

Für diese wird oft eine sog. „aplanatische Fläche" verwendet. Sind s_2 und s_2' die Schnittweiten eines achsennahen Strahles vor und nach der Brechung an einer Fläche und tritt der Strahl aus Glas in Luft über, dann ist der Öffnungs-fehler für diese Fläche $= 0$, wenn

$$s_2' = n s_2 \tag{12}$$

ist. Diese „aplanatische Fläche"[1] kann zusammen mit einer Plan- oder einer Konkavfläche verwendet werden, welche der Lichtquelle zugekehrt werden. Im ersteren Falle ist die Schnittweite s_2:

$$s_2 = s_1' - d = n s_1 - d, \tag{13}$$

($s_1 =$ Abstand Lichtquelle — Planfläche = Schnittweite vor der Brechung, s_1' nachher).

Die Brechkraft der aplanatischen Fläche ist dann:

$$D = -\frac{n^2 - 1}{n(n s_1 - d)}. \tag{14}$$

Die Gesamtlinse weist natürlich einen Öffnungsfehler auf, der größer ist als der-jenige der durch (10) bestimmten Minimumsform, weil nur eine Fläche fehlerfrei ist.

Die Auswahl der für einen bestimmten Zweck günstigsten Kondensortype ist von so vielen Faktoren beeinflußt, daß dafür bestimmte Richtlinien nicht gegeben werden können; sie ist in weitestem Maße Erfahrungssache.

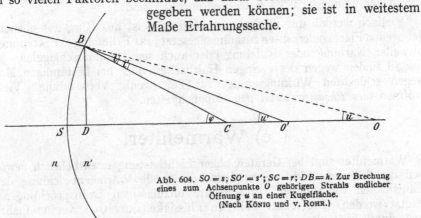

Abb. 604. $SO = s$; $SO' = s'$; $SC = r$; $DB = h$. Zur Brechung eines zum Achsenpunkte O gehörigen Strahls endlicher Öffnung u an einer Kugelfläche. (Nach KÖNIG und v. ROHR.)

In Fällen höchster Anforderungen wird eine trigonometrische Durchrechnung der Randstrahlen erforderlich sein. Dabei ist zu beachten, daß nach den Gepflogen-heiten der geometrischen Optik für solche Fälle Krümmungsradien positiv gezählt werden, wenn sie gegen das einfallende Licht eine Wölbung der Fläche dar-stellen, andernfalls negativ. Unter diesen Voraussetzungen gilt (Abb. 604)[2]:

$$\left.\begin{array}{l} \sin i = \dfrac{s-r}{r}\sin u \\[2mm] \sin i' = n/n' \sin i \\[2mm] u' = u + (i - i') \\[2mm] s' = r\,\dfrac{\sin i'}{\sin u'} + r \\[2mm] s_{\text{folgende Fläche}} = s' - d \quad \text{usw.} \end{array}\right\} \tag{15}$$

[1] ROHR, M. v.: Die Theorie der optischen Instrumente, 225 (1904).
[2] ROHR, M. v.: Die Theorie der optischen Instrumente, 36 ff., Abb. 9 (1904).

Die Berechnung erfolgt unter Benutzung logarithmisch-trigonometrischer Tabellen (dreistellig reicht aus) am besten mit Zentesimalwinkelteilung; in vielen Fällen genügt Rechenschiebergenauigkeit.

Für Planflächen:

$$\left.\begin{aligned} i &= -u \\ u' &= -i' \\ s' &= s\,\frac{\operatorname{tg} u}{\operatorname{tg} u'} \end{aligned}\right\} \tag{16}$$

d) Beleuchtung undurchsichtiger Bildvorlagen (Auflichtbildwerfer).

Für Auflicht- (episkopische) Projektion besteht die Aufgabe der Beleuchtungseinrichtung darin, die Bildvorlage über die volle Fläche des Bildausschnittes gleichmäßig mit hohem Wirkungsgrad frei von regelmäßiger Reflexion zu beleuchten.

Anwendung finden Kondensoren mit divergent austretendem Strahlengang, meist mit konzentrisch um die Lichtquelle liegenden Kugelspiegel. Die Berechnung erfolgt in analoger Weise wie die der Dia-Kondensoren unter Zugrundelegen der hier erforderlichen Schnittweiten, die sich aus einfachen geometrischen Beziehungen zeichnerisch oder rechnerisch ermitteln lassen. Die Gleichmäßigkeit und der Wirkungsgrad werden vielfach durch zusätzliche Spiegel erhöht, die in der mannigfachsten Form gebräuchlich sind.

Vielfach werden nur Spiegel angewendet, meist aus Glas, aus ebenen oder gebogenen Flächenelementen zusammengesetzt; zur Erhöhung der Streuung dient bisweilen Narbung oder Riffelung oder auch sog. Hammerschlagglas. Metallspiegel finden wegen der geringen Haltbarkeit oder bei beständigen Metallen wegen schlechten Wirkungsgrades zur Zeit wenig Verwendung. Vielleicht eröffnen hier *Rhodiumspiegel* neue Möglichkeiten.

e) Wärmefilter.

Wärmefilter sind bei Geräten hoher Lichtleistung unentbehrlich geworden, weil die üblichen Bildvorlagen durch die große Wärmeentwicklung der gebräuchlichen Lichtquellen ohne Schutz unzulässigen Beanspruchungen ausgesetzt werden. Die früher üblichen Flüssigkeitsküvetten werden mehr und mehr durch Filtergläser ersetzt, wobei eine Absorption von etwa 20% des sichtbaren Lichtes in Kauf genommen werden muß. Die Filter werden häufig in mehrere Stücke unterteilt, um die Wärmespannungen herabzusetzen. Schon gewöhnliches Glas hat Wärmeschutzwirkung. Die Kondensorlinsen aus besonderem Filterglas herzustellen, ist wegen der ungleichen Absorption infolge der ungleichmäßigen Linsendicke und wegen der sehr hohen Wärmebeanspruchung nicht üblich.

Lichtquellen für Dia-Projektion sollen möglichst punktförmig sein, denn nur so läßt sich ein enggeschnürtes Lichtbündel in der Objektivöffnung erzeugen. Leistungssteigerung muß auf dem Wege einer Leuchtdichtenerhöhung erfolgen. Die Wiedergabe farbiger Bildvorlagen verlangt ein kontinuierliches, tageslichtähnliches Emissionsspektrum; Abweichungen können durch geeignete Filter ausgeglichen oder verringert werden.

E 11. Anstrahler und Scheinwerfer.

Von

Wilhelm Hagemann-Berlin.

Mit 31 Abbildungen.

a) Allgemeines über Bauweise und Bauelemente.

Schon lange vor der Entwicklung der eigentlichen Anstrahler, anfangs auch „Flutlichtleuchten" genannt, war es bekannt, Gebäude, Denkmäler, Fahnen usw. zu festlichen Gelegenheiten mit Scheinwerfern anzustrahlen, die ursprünglich fast ausschließlich militärischen Zwecken dienten. Als Lichtquelle wurde die Bogenlampe verwendet, deren Krater bei hoher Leuchtdichte infolge seiner geringen Ausdehnung ein enges Lichtbündel ergab, so daß große Objekte nur aus großer Entfernung in vollem Umfange angestrahlt werden konnten. Durch die Entwicklung von Glühlampen hoher Leistung und Leuchtdichte eröffnete sich ein Weg, Anstrahlungen in größerem Umfange durchzuführen, da der Betrieb mit diesen Glühlampen sich wesentlich einfacher gestaltete als mit Bogenlampen und die gegenüber dem Bogenlampenkrater große Ausdehnung der Leuchtsysteme eine für die Anstrahlung zweckmäßige größere Streuung ergab. Die wesentlich geringere Leuchtdichte des Glühfadens und die damit verbundene geringere Lichtstärke im Bündel reichte vollkommen aus, da man jetzt infolge der größeren Streuung die Anstrahlung aus erheblich geringeren Ent-

fernungen vornehmen konnte und durch die einfache Bedienung in der Wahl des Aufstellungsortes freier war. In Anlehnung an Glühlampenleuchten und insbesondere Bühnenbeleuchtungsgeräte wurden besondere Geräte für die Anstrahlung entwickelt, bei denen die optischen Mittel der Scheinwerfer in vereinfachter, billigerer Form in Verbindung mit Glühlampen normaler Bauart verwendet wurden.

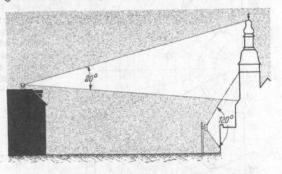

Abb. 605. Anstrahler mit verschieden großen Ausstrahlungswinkeln für Anstrahlung aus größerer und geringer Entfernung. (Firma Körting & Mathiesen, Leipzig-Leutzsch.)

Die dadurch einsetzende starke Verbreitung der Technik des Anstrahlens machte es erforderlich, verschiedenartige Geräte auszuführen, um alle Aufgaben lösen zu können (Abb. 605). Es entstanden so drei Arten von Anstrahlern:

1. Anstrahler mit einem Ausstrahlungswinkel von 100° und darüber für die Anstrahlung von großen Flächen aus geringer Entfernung (Hausfassaden, Reklameflächen usw. aus Entfernungen von wenigen Metern).

2. Anstrahler mit einem Ausstrahlungswinkel von 40...50° für die Anstrahlung aus mittleren Entfernungen etwa bis zu 25 m.

3. Anstrahler mit einem Ausstrahlungswinkel von 10...20° für die Anstrahlung aus größeren Entfernungen, insbesondere für die Anstrahlung von Türmen usw.

Diese drei Arten von Geräten unterscheiden sich prinzipiell nur durch die in ihnen zur Verwendung kommenden Reflektoren, so daß es ohne weiteres möglich ist, ein und dasselbe Gehäuse zu verwenden, wenn der Reflektor auswechselbar ist, wie z. B. bei dem in der Abb. 606 gezeigten Anstrahler. Die mit den verschiedenen zur Verwendung kommenden Spiegelreflektoren erzielten Lichtverteilungskurven sind in den Abb. 607, 608 und 609 dargestellt. Aus der Abb. 609 geht hervor, daß es bei Verwendung von Parabolspiegeln möglich ist, durch Benutzung verschiedenartiger Glühlampen die Streuung und damit die größte Lichtstärke stark zu beeinflussen. Über die Gründe hierfür wird später bei Behandlung der Scheinwerfer näher eingegangen werden.

Bei allen Anstrahlern mit Spiegelreflektor muß die Glühlampe genau in den Punkt eingestellt werden können, der bei der Konstruktion des Reflektors als Ausgangspunkt der Lichtstrahlung zugrunde gelegt worden ist. Liegt dieser Punkt, wie bei dem Gerät nach Abb. 606, für die drei gegeneinander austauschbaren Reflektoren an der gleichen Stelle, und steht die Lampenachse senkrecht zur Reflektorachse, so dient die Verstellung der Lampenfassung lediglich dazu, die verschiedenen zur Verwendung kommenden Glühlampengrößen mit ihren Leuchtsystemen in den Konstruktionspunkt (beim Parabolspiegel in den Brennpunkt) einzustellen. Bei anderen Konstruktionen liegt die Glühlampenachse in der Reflektorachse, und die Fassung ist in der Achsrichtung verstellbar. In solchem Falle ist es

Abb. 606. Spiegelanstrahler mit auswechselbaren Spiegeln für verschieden große Ausstrahlungswinkel. (Firma Zeiß Ikon A.G., Goerz-Werk, Berlin-Zehlendorf.)

zweckmäßig, am Fassungsrohr Kennzeichen für die Einstellung der verschiedenen Glühlampengrößen anzubringen, um so zu verhindern, daß das Leuchtsystem außerhalb des Konstruktionspunktes des Reflektors zu liegen kommt. Reflektoren, die im Gegensatz dazu so entworfen sind, daß eine Verlagerung der Lichtquelle aus dem Konstruktionspunkt vorgesehen ist, um den Ausstrahlungswinkel verändern zu können, werden zweckmäßig mit Anschlägen am Fassungsrohr versehen, um zu verhindern, daß das Leuchtsystem der Glühlampe über die zugelassenen Grenzen der

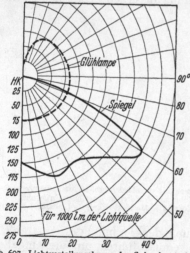

Abb. 607. Lichtverteilungskurve des Spiegelanstrahlers Abb. 606 mit breitstrahlendem Spiegel. Ausstrahlungswinkel 120°. (Firma Zeiß Ikon A.G., Goerz-Werk, Berlin-Zehlendorf.)

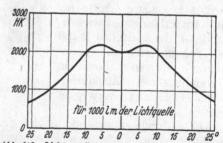

Abb. 608. Lichtverteilungskurve des Spiegelanstrahlers Abb. 606 mit Zonenspiegel. Ausstrahlungswinkel 45°. (Firma Zeiß Ikon A.G., Goerz-Werk, Berlin-Zehlendorf.)

Lichtquellenverlagerung verschoben werden kann. Bei axialer Verstellung ist das ohne Schwierigkeit bei Verwendung von nur *einer* Glühlampengröße leicht zu bewerkstelligen; andernfalls ist die Anordnung der Lampenachse senkrecht zur Reflektorachse und außer der Verstellung in der Lampenachse eine begrenzte Verschiebung der Fassung in Richtung der Reflektorachse zweckmäßiger.

Bei Verwendung von Spezialglühlampen (Scheinwerferlampen, Projektionslampen) ist ferner zu beachten, daß die Anordnung des Leuchtsystems passend zur Stellung der Glühlampe im Reflektor gewählt wird, z. B. Projektionsglühlampe Form B bei Stellung der

Lampenachse senkrecht zur Reflektorachse. Auch auf die zulässigen Neigungen der Speziallampen ist zu achten mit Rücksicht auf die möglichen Schrägstellungen der fast stets schwenkbar gelagerten Anstrahler.

Für die bei Glühlampen hoher Leistung, insbesondere aber bei den Scheinwerfer- und Projektionslampen, auftretenden hohen Temperaturen ist eine genügende, spritzwassersichere Lüftung vorzusehen; besonders dürfen der Lampensockel und die Fassung sich nicht über 200° C erwärmen. Ausreichende Abmessungen des Reflektors und genügend große Durchführungen durch den Reflektor sind erforderlich, um die für ihn zulässigen Temperaturen, besonders über der Glühlampe, nicht zu überschreiten. Anstrahler ohne Lüftung müssen eine genügend große Abstrahloberfläche des Reflektors und Gehäuses, unter Umständen durch Kühlrippen am Gehäuse (Abb. 610), aufweisen.

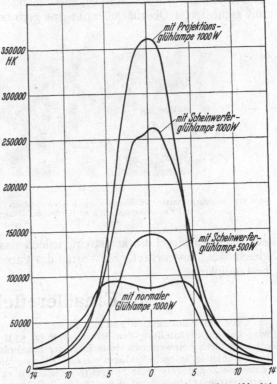

Abb. 609. Lichtverteilungskurve des Spiegelanstrahlers Abb. 606 mit Parabolspiegel. Ausstrahlungswinkel 10...20°, je nach Art der Glühlampe. (Firma Zeiß Ikon A.G., Goerz-Werk, Berlin-Zehlendorf.)

Das vordere Abschlußglas ist bei größeren Anstrahlern aus hitzebeständigem Spezialglas (Indifferentglas oder dergleichen) oder in Streifen mit Bleidichtung auszuführen, insbesondere wenn der Anstrahler in steil nach oben gerichteter Stellung verwendet wird. Farbige Abschlußgläser sollten, wenigstens bei Geräten höherer Leistung, stets so ausgeführt werden. Als Abschlußgläser werden auch Riefengläser zur Vergrößerung der Seiten- oder Höhenstreuung benutzt (vgl. D). Zur Vermeidung der „Schlieren“ im beleuchteten Feld, die bei Spiegelreflektoren durch das Leuchtsystem der Glühlampe oder durch Fehler der Reflektoren, insbesondere bei geblasenen Glassilberspiegeln, verursacht werden und bei der Anstrahlung hellfarbiger Fassaden sehr stören, verwendet man als Abschlußgläser schwach streuende Spezialgläser, z. B. sog. feuerpoliertes oder auch durch Sandstrahlgebläse mattiertes und dann durch Flußsäure wieder blankgeätztes Glas. Die zusätzliche Streuung solcher Gläser vergrößert das eigentliche Streufeld des Anstrahlers nur wenig.

Abb. 610. Spiegelanstrahler, vollständig abgedichtet, Gehäuse mit Kühlrippen. (Firma Körting & Mathiesen, Leipzig-Leutzsch.)

Um die gleiche Wirkung ohne Verwendung derartiger Spezialgläser zu erreichen, werden bei Anstrahlern auch Spiegelreflektoren verwendet, deren verspiegelte Glasoberfläche nicht glatt, sondern mit leichten Wellen oder einem eingeprägten Muster versehen ist, oder auch Facettenspiegel, die aus einer großen Anzahl von Planspiegeln zusammengesetzt sind (Abb. 611). Der Spiegel mit gemusterter Oberfläche ergibt eine geringere zusätzliche Streuung, während

I   II   III

Abb. 611. Ausführungsarten von Parabolspiegeln für Anstrahler. I glatte Oberfläche, II gemusterte Oberfläche, III Facettenspiegel. (Firma Körting & Mathiesen A.G., Leipzig-Leutzsch.)

der Facettenspiegel stärker streut, jedoch das von ihm beleuchtete Feld sehr gleichmäßig ausleuchtet. Ein Vorteil des Facettenspiegels ist seine große Hitzebeständigkeit.

b) Emaillereflektoren.

Über die Konstruktion und die Eigenschaften der Spiegelreflektoren für Anstrahler wird bei der Behandlung der Scheinwerfer (S. 533) berichtet, da sowohl für Anstrahler als auch für Scheinwerfer in erster Linie der Parabolspiegel zur Anwendung kommt. Über breitstrahlende Spiegelreflektoren wie z. B. Ellipsenspiegel, sog. Glockenspiegel, sowie in verschiedene Zonen unterteilte Spiegel (Zonenspiegel) vgl. E 3, S. 446. Die dort angegebenen Verfahren gelten in gleicher Weise für die Reflektoren von Anstrahlern. Unterschiede sind lediglich hinsichtlich der für die Spiegel verwendeten Materialien vorhanden, da für Spiegelleuchten fast ausschließlich Glassilberspiegel benutzt werden, während bei Anstrahlern auch Metallspiegel zur Anwendung kommen. Über die Eigenschaften von Glassilber- und Metallspiegeln vgl. S. 553.

Eine Sonderstellung unter den Reflektoren für Anstrahler nimmt der Emaillereflektor ein, der sich allerdings nur für Geräte eignet, die zu einer Anstrahlung größerer Flächen aus geringer Entfernung dienen (Abb. 612). Er kann also an die Stelle von Anstrahlern mit breitstrahlenden Spiegelreflektoren (Glockenspiegeln) treten, ohne sie ganz ersetzen zu können. Der Emaillereflektor zeichnet sich durch Einfachheit der Herstellung, Unempfindlichkeit gegen Hitze und mechanische Beanspruchung, sowie lange Haltbarkeit aus; er hat jedoch einen geringeren Wirkungsgrad als der Spiegelreflektor und erzeugt bei gleichem Ausstrahlungswinkel nicht bis zum Rande ein so gleichmäßig ausgeleuchtetes Feld wie der entsprechende breitstrahlende Spiegelreflektor. Bei geringem Abstand von der anzustrahlenden Fläche ist daher für gleich große zu beleuchtende Flächen eine größere Anzahl von Anstrahlern mit Emaillereflektor oder ein geringerer Abstand derselben voneinander erforderlich, um die von den breitstrahlenden Spiegelreflektoren erzielte Gleichmäßigkeit zu erreichen. Schlierenbildung tritt im Gegensatz zu Spiegelreflektoren infolge der fast völlig diffusen Reflexion der Emailleoberfläche nicht auf, so daß klare Abschlußgläser verwendet werden können, die den gegenüber Spiegelanstrahlern schlechteren Reflektorwirkungsgrad zum Teil ausgleichen.

Beim Emaillereflektor ist eine exakte Einstellung der Glühlampe nicht erforderlich. Infolge der einfachen Handhabung und der geringen Wartung im Betrieb und nicht zuletzt wegen seines geringeren Preises — das Gehäuse dient gleichzeitig als Reflektor — wird er für Anstrahlungen aus geringerer Entfernung häufig benutzt.

Über die Konstruktion und die Eigenschaften des Emaillereflektors vgl. E 3, S. 440. Hier soll nur darauf hingewiesen werden, daß die Lichtverteilung eines Emaillereflektors, wenn man die nur im neuen Zustand vorhandene, stärkere spiegelnde Reflexion (etwa 10%) vernachlässigt, angenähert der Lambertschen Kreiskurve einer ebenen, vollkommen diffus rückstrahlenden Fläche entspricht, die man sich in der Öffnungsebene des Emaillereflektors befindlich denken kann. Diese Kreiskurve wird innerhalb des freien Ausstrahlungswinkels der Lichtquelle vergrößert durch Hinzufügung der Lichtstärken der Lichtquelle innerhalb dieses Ausstrahlungswinkels. Kennt man den Öffnungswinkel φ des Reflektors und damit den vom Reflektor erfaßten Lichtstrom Φ_E der Glühlampe, so kann man nach Verminderung desselben um etwa 30% Reflektorverlust leicht den diesem Lichtstrom entsprechenden Lambertschen Kreis (Durchmesser $J_{max} = \Phi_E \cdot 0{,}7/\pi$) zeichnen. Zu diesem

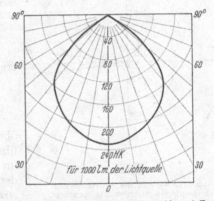

Abb. 612a. Anstrahler mit Emaillereflektor. (Firma Dr.-Ing. Schneider & Co., Frankfurt a. M.)

Abb. 612b. Lichtverteilungskurve des Anstrahlers mit Emaillereflektor (Abb. 612a). Ausstrahlungswinkel 100°. (Firma Dr.-Ing. Schneider & Co., Frankfurt a. M.)

ist dann lediglich innerhalb des Ausstrahlungswinkels der freien Lichtquelle die Lichtverteilung derselben hinzuzufügen. Die Größe des Öffnungswinkels φ und des ihm entsprechenden Raumwinkels ω ist aus den Kurventafeln Abb. 614 und 615 auf S. 534 und 535 sofort abzulesen, wenn der Durchmesser D des Reflektors und der Abstand a der Lichtquelle von der Öffnungsebene des Reflektors bekannt sind. Der Winkel der Freiausstrahlung der Lichtquelle ergibt sich aus φ als Ergänzungswinkel zu 360°. Ein Beispiel für eine derartige Berechnung ist in E 3, S. 442 angegeben.

c) Definitionen. Bewertung von Scheinwerfern.

Hinsichtlich der Theorie der Anstrahler und Scheinwerfer ist zu unterscheiden zwischen der rein lichtstrommäßigen Betrachtungsweise, wie sie in der Lichttechnik allgemein gebräuchlich ist, und der lichttechnisch-optischen Behandlung, die für das Verständnis der Scheinwerfer von besonderer Bedeutung ist. Die lichtstrommäßige Betrachtung wird an den Anfang gestellt und dann versucht, sie in die mehr optische Behandlung, die für den Lichttechniker gewisse Schwierigkeiten bereitet, in möglichst einfacher Form überzuführen.

Man denkt sich einen Spiegelreflektor in dem Mittelpunkt einer Kugel, z. B. der Einheitskugel (Radius 1 m, Oberfläche $4\pi = 12{,}566$ m²) angeordnet und nimmt die Abmessungen des Reflektors im Verhältnis zur Kugel als sehr klein an. Abb. 613 stellt einen größten Schnitt durch diese Kugel dar, die die Achse des Reflektors in horizontaler Lage enthält. Die im Mittelpunkt F angeordnete Lichtquelle, die einen Gesamtlichtstrom $\Phi_L = 1000$ lm bei in allen Richtungen konstanter Lichtstärke $I_L = \dfrac{1000}{4\pi} \sim 80$ HK ausstrahlen soll, strahlt in den Spiegel vom Durchmesser D einen Lichtstrom Φ_S ein, der bestimmt ist durch den *Öffnungswinkel des Spiegels* $FACB = \varphi$, der im Beispiel 180° beträgt. Dem Flächenwinkel $\varphi = 180°$ entspricht ein Raumwinkel $\omega_S = 2\pi$ (räumlicher Öffnungswinkel des Spiegels). Der in den Spiegel eingestrahlte Lichtstrom Φ_S beträgt also 500 lm. Entsprechend den Regeln für die „*Bewertung von Schein-werfern*" (*DIN-Blatt Nr. 5037*, März 1936), die, abgesehen von einigen später angegebenen Einschränkungen, auch für Anstrahler gelten, wird für das Ver-hältnis von Φ_S zu Φ_L der Begriff „*Ausnutzungsgrad des Lichtstromes*" eingeführt,

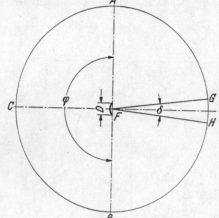

Abb. 613. Wirkung des Anstrahlers und Scheinwerfers, lichtstrommäßig betrachtet.

der im Punkt 7 dieser Regeln wie folgt definiert ist:

„Der Ausnutzungsgrad des Lichtstromes η_L ist das Verhältnis des in die Optik des Schein-werfers eingestrahlten Lichtstromes zum Ge-samtlichtstrom der nackten Lichtquelle."

$$\eta_L = \Phi_S/\Phi_L. \qquad (1)$$

Für das in Abb. 613 gegebene Beispiel ergibt sich auf Grund der Gleichung (1):

$$\eta_L = \frac{500\,\text{lm}}{1000\,\text{lm}} = 0,5.$$

Der Lichtstrom Φ_S wird an der Spiegel-oberfläche reflektiert und in den gegen-über φ kleineren Winkel $GFH = \delta$ ($= 10°$ im Beispiel der Abb. 613) zusammengefaßt, der bei Anstrahlern allgemein mit „*Aus-strahlungswinkel*"; bei Scheinwerfern mit „*Streuwinkel*" des Scheinwerferbündels (mit einer später noch angegebenen Einschränkung) bezeichnet wird. Bei der Reflexion an der Spiegeloberfläche treten Reflexionsverluste auf, die den in die Optik eingestrahlten Lichtstrom um einen durch das Reflexionsvermögen des Spiegels gegebenen Betrag vermindern. Ferner treten Verluste durch das vordere Abschlußglas sowie infolge der Abschattung von Teilen des Bündels (z. B. durch die Lichtquelle und deren Befestigungsteile) auf. Der so ver-minderte Lichtstrom im Scheinwerferbündel sei Φ_B. Für das Verhältnis von Φ_B zu Φ_S wird der Begriff „*Wirkungsgrad der Optik*" eingeführt, der im Punkt 8 der Regeln wie folgt definiert ist:

„Der Wirkungsgrad der Optik η_0 ist das Verhältnis des vom Scheinwerfer ausgestrahlten Gesamtlichtstromes zu dem in die Optik eingestrahlten Lichtstrom."

$$\eta_0 = \Phi_B/\Phi_S. \qquad (2)$$

Im Beispiel soll der Lichtstrom im Scheinwerferbündel $\Phi_B = 393$ lm angenommen werden. Dann ergibt sich auf Grund der Gleichung (2)

$$\eta_0 = \frac{393\,\text{lm}}{500\,\text{lm}} = 0,787.$$

Der Wirkungsgrad der Optik ergibt sich beispielsweise aus folgenden Zahlen:

Reflexionsvermögen des Spiegels . . . . . 0,9 ⎫
Durchlässigkeit des Abschlußglases . . . . 0,92 ⎬ insgesamt 0,787 oder 21,3%.
Abschattung durch die Lichtquelle . . . . 0,95 ⎭

In den Regeln für die Bewertung von Scheinwerfern wird als weiterer Begriff der „*Wirkungsgrad des Scheinwerfers*" eingeführt, der im Punkt 9 wie folgt definiert ist:

„Der Wirkungsgrad des Scheinwerfers η ist das Verhältnis des vom Scheinwerfer ausgestrahlten Gesamtlichtstromes zum Gesamtlichtstrom der nackten Lichtquelle. Er ist das Produkt aus dem Ausnutzungsgrad des Lichtstromes und dem Wirkungsgrad der Optik."

$$\eta = \Phi_B / \Phi_L, \tag{3}$$

$$\eta = \eta_L \cdot \eta_0. \tag{3a}$$

Im Beispiel ergibt sich nach dieser Gleichung (3) bzw. (3a):

$$\eta = \frac{393 \text{ lm}}{1000 \text{ lm}} = 0{,}393.$$

bzw.

$$\eta = 0{,}5 \cdot 0{,}787 = 0{,}393.$$

Als weiterer Begriff wird in den Regeln für die Bewertung von Scheinwerfern die *Haltbarkeit der Optik* eingeführt und in Punkt 10 wie folgt definiert:

„Die Haltbarkeit der Optik eines Scheinwerfers wird gekennzeichnet durch die Veränderung des Wirkungsgrades der Optik im Laufe des Gebrauchs."

Der Wirkungsgrad der Optik ist, wie bereits erwähnt, abhängig von den Verlusten am Spiegel, der vorderen Abschlußscheibe und der Abschattung. Veränderungen im Laufe des Gebrauchs werden nur am Spiegel und eventuell am Abschlußglas eintreten und abhängig sein von der Beständigkeit des Reflexionsvermögens des Spiegels und der Durchlässigkeit des Abschlußglases. Die Haltbarkeit der Optik muß also durch einen Dauerversuch an dem betriebsmäßig ausgerüsteten Gerät ermittelt werden.

Bei den bisher aufgeführten Punkten 8...10 der „Regeln zur Bewertung von Scheinwerfern" ist zu beachten, daß unter dem „Gesamtlichtstrom des Scheinwerfers" nur der Lichtstrom im eigentlichen Scheinwerferbündel und soweit er vom Reflektor kommt, berücksichtigt ist (Bezeichnung Φ_B). Nicht enthalten ist in ihm der Lichtstrom innerhalb und außerhalb des Bündels, der von der Lichtquelle aus der vorderen Scheinwerferöffnung frei austritt, wenn die Lichtquelle nach vorn nicht abgeschirmt ist. Hierbei ist allerdings ein Unterschied zu machen einerseits zwischen den Scheinwerfern einschließlich der ihnen verwandten Anstrahler mit kleinen Ausstrahlungswinkeln (etwa bis 20°) und andererseits den Anstrahlern mit großen Ausstrahlungswinkeln. Bei Scheinwerfern und auch bei den Anstrahlern mit kleinen Ausstrahlungswinkeln, die größere Entfernungen überbrücken sollen, hat das von der Lichtquelle innerhalb des Bündels frei nach vorn austretende Licht gegenüber dem Licht, das vom Reflektor kommt, nur eine untergeordnete Bedeutung für die Wirkung des Gerätes und kann daher praktisch vernachlässigt werden. Das außerhalb des Bündels ausstrahlende Licht der Lichtquelle, das sog. Nebenlicht, geht für die Wirkung vollständig verloren.

Es werden daher sowohl bei Scheinwerfern als auch bei Anstrahlern mit kleinem Ausstrahlungswinkel häufig die Lichtquellen nach vorn abgeschirmt oder zusätzliche Gegenspiegel (Kugelspiegel, verspiegelte Glühlampen) benutzt, die den nicht in den Reflektor eingestrahlten Lichtstrom der Lichtquelle noch für den Spiegel nutzbar machen. Bei großen Scheinwerfern mit Bogenlampen wird das Nebenlicht durch den stark einseitig strahlenden Krater und das tiefe Gehäuse fast vollständig vermieden. Für Anstrahler mit großem Ausstrahlungswinkel gelten die Definitionen der Punkte 8...10 der „Regeln für die Bewertung von Scheinwerfern" nicht mehr, da für diese der Anteil der nach vorn frei austretenden Strahlung der Lichtquelle für die Wirkung Berücksichtigung erfordert. Das trifft insbesondere für Anstrahler mit Emaillereflektor zu. Derartige Geräte dürfen daher nicht mehr als Scheinwerfer angesehen werden, müssen vielmehr nach Art der Leuchten bewertet werden (vgl. E 3).

d) Grundlagen des Entwurfs von Scheinwerfern.

Zu der lichtstrommäßigen Behandlung der Anstrahler und Scheinwerfer sollen einige Kurventafeln (Abb. 614, 615 und 616) eingefügt werden, die die rechnerische Ermittlung der bisher eingeführten Begriffe sehr einfach gestalten und daher für den praktischen Entwurf gut zu verwenden sind. Die in diesen

Tafeln benutzten Ausdrücke und die dafür eingeführten Bezeichnungen sowie deren Beziehungen zueinander sind:

D = Durchmesser der wirksamen Reflektoröffnung (Öffnung des Spiegels),
S = Scheitel des Spiegels,
F = Konstruktionspunkt des Reflektors bzw. Brennpunkt des Parabolspiegels,
x = Tiefe des Reflektors bzw. Pfeilhöhe des Parabolspiegels,
f = Brennweite des Parabolspiegels,
a = Abstand der Lichtquelle von der Öffnungsebene des Reflektors (je nach Lage der Lichtquelle außerhalb oder innerhalb des Spiegels ist beim Parabolspiegel $a = f - x$ oder $a = x - f$),
D_B = Durchmesser des Bündels in gegebener Entfernung e vom Spiegel,
φ = Öffnungswinkel des Reflektors (Flächenwinkel),

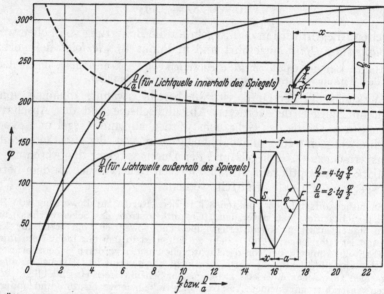

Abb. 614. Öffnungswinkel des Spiegels φ^0 als Funktion des Öffnungsverhältnisses D/f oder des Verhältnisses D/a, wenn a der Abstand der Lichtquelle von der Öffnungsebene des Spiegels ist.

ω_S = räumlicher Öffnungswinkel des Reflektors,
δ = Streuwinkel des Bündels (Flächenwinkel),
ω_B = räumlicher Streuwinkel des Bündels,
Φ_L = Gesamtlichtstrom der Lichtquelle,
Φ_S = in die Optik eingestrahlter Lichtstrom der Lichtquelle,
Φ_B = Lichtstrom im Bündel, soweit er vom Reflektor kommt,
η_L = Ausnutzungsgrad des Lichtstromes der Lichtquelle,
η_0 = Wirkungsgrad der Optik (für die Tafeln gleich 1 gesetzt),
η = Wirkungsgrad des Scheinwerfers.

Zwischen den einzelnen Bezeichnungen bestehen die folgenden Beziehungen, auf Grund derer die Kurventafeln, Abb. 614...616, aufgestellt worden sind:

$$\frac{D}{a} = 2 \operatorname{tg} \frac{\varphi}{2} \quad \text{(hierzu Abb. 614)}. \tag{4}$$

In Abb. 614 ist der Öffnungswinkel φ als Funktion des Verhältnisses D/a direkt abzulesen. Die ausgezogene Kurve D/a gilt für Reflektoren, bei denen die Lichtquelle F außerhalb des Reflektors liegt $(a = f - x)$, die gestrichelte Kurve, wenn die Lichtquelle innerhalb des Reflektors angeordnet ist $(a = x - f)$. Liegt die Lichtquelle in der Öffnungsebene selbst, so ist das Verhältnis $D/a = \infty$ und der Winkel $\varphi = 180°$.

$$\frac{D}{f} = 4 \cdot \operatorname{tg} \frac{\varphi}{4} \quad \text{(hierzu Abb. 614)}. \tag{5}$$

Für das Verhältnis D/f, das *Öffnungsverhältnis des Parabolspiegels*, kann der zugehörige Öffnungswinkel φ des Spiegels aus der gleichen Kurventafel (Abb. 614) mit Hilfe der ausgezogenen Kurve D/f abgelesen werden.

$$\omega_S = 4\,\pi \cdot \sin^2 \frac{\varphi}{4} \quad \text{(hierzu Abb. 615)}. \tag{6}$$

In Abb. 615 ist der vom Reflektor erfaßte Raumwinkel ω_S (ausgezogene Kurve) als Funktion des Öffnungswinkels des Reflektors φ abzulesen. Die φ entsprechenden Öffnungsverhältnisse D/f [nach Gleichung (5)] sind ebenfalls mitangegeben.

$$\eta_L = \frac{\omega_S}{4\,\pi} = \sin^2 \frac{\varphi}{4} \quad \text{(hierzu Abb. 615)}. \tag{7}$$

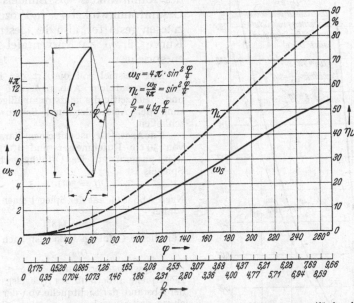

Abb. 615. Vom Spiegel erfaßter Raumwinkel ω_S und Ausnutzungsgrad des Lichtstromes η_L (für kugelförmige Lichtquelle) als Funktion des Öffnungswinkels φ^0 oder des Öffnungsverhältnisses D/f.

In Abb. 615 ist ferner der *Ausnutzungsgrad des Lichtstromes* η_L in % (gestrichelte Kurve) als Funktion des Öffnungswinkels φ bzw. des Öffnungsverhältnisses D/f zu ermitteln, jedoch nur für eine Lichtquelle, die nach allen Raumrichtungen die gleiche Lichtstärke ausstrahlt, also Lichtstrom Φ und Raumwinkel ω proportional sind.

$$\omega_B = 4\,\pi \cdot \sin^2 \frac{\delta}{4} \quad \text{(hierzu Abb. 616)}. \tag{8}$$

Abb. 616 ist für Berechnungen des Scheinwerferbündels bestimmt und gestattet, für bekannte Streuwinkel δ die zugehörigen Raumwinkel ω_B (ausgezogene Kurven) zu ermitteln. Um für Scheinwerfer mit geringem Streuwinkel δ genügend genaue Werte für ω_B zu erhalten, ist für $\delta = 0 \ldots 3°$ eine besondere Kurve mit verzehnfachtem Raumwinkelmaßstab (Kurve $10^{-3} \cdot \omega_B$) eingetragen. Die Werte der Ordinate müssen also für $\delta = 0 \ldots 3°$ durch 1000, für $\delta > 3 \ldots 10°$ durch 100 dividiert werden. Für Streuwinkel $\delta > 10°$ kann Abb. 615 benutzt werden, wenn in dieser sinngemäß φ durch δ und ω_S durch ω_B ersetzt wird. Um den Durchmesser D_B des vom Bündel beleuchteten Feldes in einer bestimmten Entfernung e vom Scheinwerfer zu errechnen, ist in Abb. 616 noch für die einzelnen Streuwinkel δ das Verhältnis

$$\frac{D_B}{e} = \frac{\text{Durchmesser des Bündels}}{\text{Entfernung vom Scheinwerfer}}$$

angegeben. Will man D_B in einer Entfernung e für den Streuwinkel δ ermitteln, so ist e durch die dem Winkel δ zugeordnete Zahl zu dividieren. Die Werte für D_B/e gelten jedoch nur, wenn der Durchmesser D des Spiegels klein gegenüber e ist, da der nicht streuende Teil des Bündels (paralleles Licht) vom Durchmesser D vernachlässigt ist.

$$\frac{\omega_B}{4\pi} = \sin^2\frac{\delta}{4} \quad \text{(hierzu Abb. 616)}. \tag{9}$$

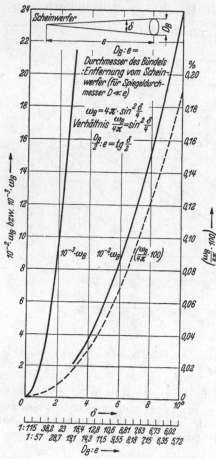

Abb. 616 enthält noch eine (gestrichelte) Kurve $\left(\frac{\omega_B}{4\pi}\cdot 100\right)^{\%}$, die das Verhältnis des Raumwinkels des Bündels ω_B zum Gesamtraumwinkel 4π in Prozenten abzulesen gestattet, also der (gestrichelten) Kurve für η_L in Kurventafel Abb. 615 entspricht.

Ein Beispiel soll die Art der Benutzung der Kurventafeln Abb. 614…616 erläutern und gleichzeitig die lichtstrommäßige Betrachtung der Anstrahler und Scheinwerfer abschließen.

Ein Anstrahler ist mit einem Parabolspiegel von 30 cm Durchmesser und 10 cm Brennweite ausgerüstet. Das Öffnungsverhältnis des Spiegels ist

$$D/f = 30/10 = 3.$$

Nach Abb. 614 hat der Spiegel einen Öffnungswinkel

$$\varphi = 148°.$$

Für diesen Öffnungswinkel ist nach Abb. 614

$$D/a = 7,$$

(laut ausgezogener Kurve, da $\varphi < 180°$, also Lichtquelle außerhalb des Spiegels) und damit der Abstand der Lichtquelle von der Öffnungsebene des Spiegels

$$a = 30/7 = 4,3 \text{ cm}.$$

Nach Abb. 615 ist der dem Öffnungswinkel $\varphi = 148°$ entsprechende vom Spiegel erfaßte Raumwinkel:

$$\omega_S = 4,5$$

und der Ausnutzungsgrad des Lichtstromes (gestrichelte Kurve):

$$\eta_L = 35,2\%.$$

Abb. 616. Raumwinkel ω_B des Scheinwerferbündels und sein Verhältnis zum Gesamtraumwinkel 4π als Funktion des Streuwinkels δ des Bündels.

Beträgt der Lichtstrom der Lichtquelle $\Phi_L = 1000$ lm, so werden also 35,2% desselben in den Spiegel eingestrahlt, d. h. $\Phi_S = 352$ lm. Hier ist, wie bereits erwähnt, eine Lichtquelle angenommen, die in alle Raumrichtungen die gleichen Lichtstärken ausstrahlt, also Proportionalität zwischen Raumwinkel und Lichtstrom besteht. In der Praxis ist das selten der Fall, so daß der Lichtstrom im Raumwinkel ω_S erst durch Multiplikation der mittleren Lichtstärke der Lichtquelle in diesem Raumwinkel mit dem Raumwinkel selbst errechnet werden muß. Der so gefundene Wert des in den Spiegel eingestrahlten Lichtstroms Φ_S, dividiert durch den Gesamtlichtstrom der Lichtquelle Φ_L, ergibt dann den Ausnutzungsgrad η_L. Der Wirkungsgrad eines Scheinwerfers η in % bei $\eta_0 = 100\%$ [also $\eta = \eta_L$ nach Gleichung (3a)] für eine einseitig strahlende Fläche und eine in der Spiegelachse liegende zylindrische Lichtquelle ist im Vergleich zu der nach allen Raumrichtungen gleichmäßig ausstrahlenden Lichtquelle (Kugel) als Funktion von φ oder D/f in Abb. 617 angegeben.

Der Streuwinkel des Bündels sei für den dem Beispiel zugrunde gelegten Anstrahler:

$$\delta = 8°.$$

Seine Ermittlung bei bekannten Abmessungen des Leuchtsystems der Lichtquelle wird auf S. 540 ausführlich behandelt. Nach Abb. 616 entspricht diesem Streuwinkel ein Raumwinkel des Bündels

$$\omega_B = 15,3 \cdot 10^{-2} = 0,153,$$

und sein Verhältnis zum Gesamtraumwinkel $4\,\pi$ ist laut gestrichelter Kurve:

$$\omega_B/4\,\pi = 0,122\,\%.$$

Diese so ermittelten Werte, insbesondere für ω_S, Φ_S und ω_B, geben nun einen interessanten Einblick in die Wirkung des Spiegels als Umformer des Lichtes derartig, daß er den Lichtstrom eines größeren Raumwinkels in einen kleineren Raumwinkel strahlt und damit die Lichtstärke innerhalb des größeren Raumwinkels (Lichtstärke der Lichtquelle) in eine höhere Lichtstärke im kleineren Raumwinkel (Lichtstärke des Schein-

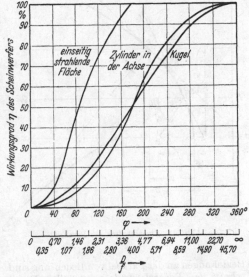

werfers) übersetzt. Symbolisch ausgedrückt sieht der Vorgang der Umformung des Lichtes durch den Spiegel folgendermaßen aus: Nimmt man an, daß sich der Vorgang verlustlos abspielt, also $\eta_0 = 1$ ist, so ist:

$$\Phi_S = \Phi_B. \qquad (10)$$

Die mittlere Lichtstärke der Lichtquelle innerhalb des vom Spiegel erfaßten Raumwinkels ω_S ist:

$$I_S = \Phi_S/\omega_S. \qquad (11)$$

Die mittlere Lichtstärke im Scheinwerferbündel errechnet sich entsprechend aus:

$$I_B = \Phi_B/\omega_B. \qquad (12)$$

Aus den Gleichungen (11) und (12) ergibt sich unter der Benutzung von Gleichung (10), also für den verlustlosen Scheinwerfer, die folgende Beziehung:

$$I_B/I_S = \omega_S/\omega_B. \qquad (13)$$

Abb. 617. Wirkungsgrad des Scheinwerfers η bei $\eta_0 = 1$ für drei verschiedene Formen der Lichtquelle als Funktion des Öffnungswinkels φ^0 oder des Öffnungsverhältnisses D/f.

Diese Gleichung zeigt deutlich die von dem Spiegelreflektor vorgenommene Umformung des Lichtes, denn sie besagt für den verlustlosen Scheinwerfer und Anstrahler: *Die im Bündel vorhandene mittlere Lichtstärke (I_B) verhält sich zu der in den Spiegel eingestrahlten mittleren Lichtstärke (I_S) umgekehrt proportional wie die zugehörigen Raumwinkel.* Für die mittlere Lichtstärke im Bündel I_B gilt also, wenn die Verluste durch den Wirkungsgrad der Optik η_0 bezeichnet werden, die Gleichung:

$$I_B = \frac{I_S \cdot \omega_S \cdot \eta_0}{\omega_B}. \qquad (14)$$

Im Beispiel ergibt sich bei der darin angenommenen gleichmäßig ausstrahlenden Lichtquelle von 1000 lm, also bei einer mittleren Lichtstärke von etwa 80 HK, und einem Wirkungsgrad der Optik $\eta_0 = 0,8$ für die mittlere Lichtstärke im Bündel

$$I_B = \frac{80 \cdot 4,5 \cdot 0,8}{0,153} = 1880\ \mathrm{HK_{mittel}}.$$

Setzt man in Gleichung (14) an Stelle der Raumwinkel die Flächenwinkel, nämlich φ als Öffnungswinkel des Spiegels [nach Gleichung (6)] und δ als Streuwinkel des Bündels [nach Gleichung (8)] ein, so erhält man für die mittlere Lichtstärke im Bündel die Gleichung:

$$I_B = \frac{I_S \cdot \sin^2\dfrac{\varphi}{4} \cdot \eta_0}{\sin^2\dfrac{\delta}{4}}. \qquad (15)$$

Für $x = f$, also für einen Parabolspiegel, dessen Öffnungsebene durch den Brennpunkt geht ($\varphi = 180°$), ist nach Gleichung (19): $D = 4f$. Die *Fläche der Spiegelöffnung* (Kreisfläche mit dem Durchmesser D) ist:

$$\ddot{O} = \frac{\pi \cdot D^2}{4} = 4\,\pi \cdot f \cdot x . \tag{20}$$

Die *Tiefe des Spiegels* (Pfeilhöhe) ist bei einem Durchmesser D der Spiegelöffnung:

$$x = \frac{D^2}{16 f} . \tag{21}$$

Der *Krümmungsradius der Parabel* (Krümmungsradius im Meridianschnitt) in einem Punkt P mit der Abszisse x ist:

$$\varrho = \frac{(p + 2\,x)^{3/2}}{\sqrt{p}} . \tag{22}$$

Die Gleichung der *Evolute der Parabel* (Krümmungsmittelpunktkurve der Parabel) ist:

$$y^2 = \frac{8}{27} \cdot \frac{(x - p)^3}{p} . \tag{23}$$

Ihr Ursprung ($y = 0$) liegt auf der Achse im Abstand p vom Scheitel S bzw. im Abstand f vom Brennpunkt F der Parabel.

Die Eigenschaften der Parabel hinsichtlich ihrer Verwendung als Erzeugende des Parabolspiegels sind folgende:

Alle vom Brennpunkt F ausgehenden Strahlen (z. B. FP in Abb. 618) werden parallel zur Achse reflektiert (PQ) und bilden mit der Normalen (N) die gleichen Winkel ($\alpha = \beta$). An jeden Punkt der Parabel (z. B. P) kann eine Tangente T (senkrecht zu N) gelegt werden. Denkt man sich durch die Tangente T eine spiegelnde Planfläche senkrecht zur Zeichenebene gelegt, und verlängert man den reflektierten Strahl PQ bis zur Leitlinie (Punkt P'), so liegt der scheinbare Ursprung des Strahles PQ in P', da $PF = PP'$ und $FP' \perp T$. Entsprechendes gilt für den Strahl FP_1, der scheinbar von P_1' kommt. Es ist also jedem Punkt der Parabel ein Punkt auf der Leitlinie zugeordnet, der an Stelle des Brennpunktes als Ausgangspunkt der Strahlung angenommen werden kann und dessen Lichtstärke I derjenigen entspricht, die die im Brennpunkt des Parabolspiegels befindliche Lichtquelle hat. Führt man an Stelle der Lichtstärke I der Lichtquelle deren spezifische Lichtstärke oder Leuchtdichte B in *sb* ein, so ergibt sich, daß jeder Punkt der Leitlinie mit der Leuchtdichte der im Brennpunkt befindlichen Lichtquelle, und zwar parallel zur Parabelachse strahlt. Das für den Meridianschnitt in Abb. 618 Gesagte gilt naturgemäß auch für alle anderen Meridianschnitte des Parabolspiegels und damit für die gesamte Spiegeloberfläche.

Der sich hieraus ergebende, für die optische Betrachtung grundlegende Satz lautet:

Der Parabolspiegel strahlt wie eine zu seiner Achse senkrecht stehende, ebene Kreisfläche mit der Leuchtdichte der im Brennpunkt befindlichen Lichtquelle und einem Durchmesser, der gleich der Spiegelöffnung ist. Hat der Parabolspiegel die Öffnung $D = 2y$ (Abb. 618), ist also sein Randpunkt im Meridianschnitt P, und hat die im Brennpunkt F befindliche Lichtquelle die Leuchtdichte B, so strahlt er wie eine mit der Leuchtdichte B strahlende Kreisfläche vom Durchmesser $D = 2y$, die im Meridianschnitt der Abb. 618 durch die Leitlinie L (bis zum Punkt P') dargestellt ist. Die Kreisfläche vom Durchmesser D ist die Projektion (Parallelprojektion) der Spiegeloberfläche in Richtung der Spiegelachse. Aus dem Vorhergehenden ergibt sich die folgende einfache Gleichung für die Lichtstärke I im Bündel eines Parabolspiegels von der Öffnung D in cm, wenn die Leuchtdichte B in *sb* der Lichtquelle bekannt ist:

$$I = B \cdot \frac{\pi D^2}{4} \quad \text{[vgl. Gleichung (20)].} \tag{24}$$

Diese Gleichung enthält eine Annahme, nämlich daß sich alle Strahlen des Bündels an der Stelle der Achse, an der die Lichtstärke gemessen wird, vereinigen, diese Stelle also von jedem Punkt der Spiegeloberfläche Licht erhält. Diese Annahme ist für die Praxis gerechtfertigt, wie im folgenden näher erläutert werden soll.

Bei der bisherigen Betrachtung ist von einer punktförmigen Lichtquelle im Brennpunkt des Parabolspiegels ausgegangen worden, die ein paralleles

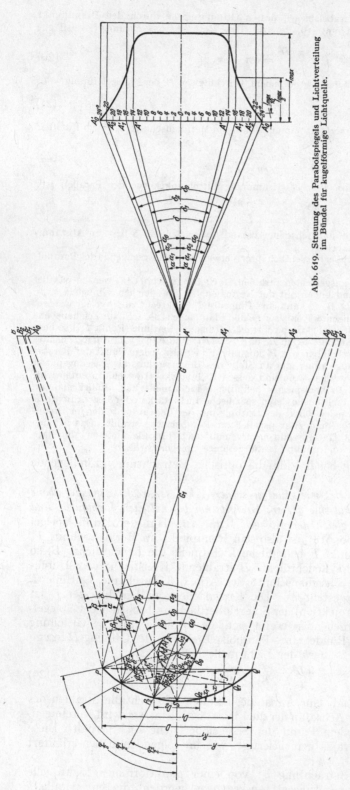

Abb. 619. Streuung des Parabolspiegels und Lichtverteilung im Bündel für kugelförmige Lichtquelle.

Lichtbündel erzeugt. Diese für die mathematische Behandlung der Eigenschaften des Parabolspiegels zweckmäßige Annahme ergibt ein vom Spiegel beleuchtetes Feld von der Größe des Spiegels und mit einer konstanten Beleuchtung auf dem gesamten Feld. Praktisch hat die Lichtquelle stets eine Ausdehnung, so daß in keinem Falle ein paralleles Bündel erzeugt werden kann, sondern stets eine mehr oder weniger starke Streuung auftritt. An Hand der Abb. 619 und 620 wird die Streuung des Parabolspiegels bei einer kugelförmigen Lichtquelle (Abb. 619) und einer Lichtquelle in Form einer Kreisfläche (Abb. 620) erläutert.

Abb. 619 stellt einen Meridianschnitt durch einen Parabolspiegel dar, in dessen Brennpunkt sich eine übertrieben große kugelförmige Lichtquelle befindet. Die Bezeichnungen in der Abbildung haben folgende Bedeutung:

F = Brennpunkt des Parabolspiegels, f = Brennweite des Parabolspiegels, S = Scheitelpunkt des Parabolspiegels, d = Durchmesser der kugelförmigen Lichtquelle, P und Q = Randpunkte des Parabolspiegels, P_1 und Q_1 = Punkte der Spiegeloberfläche im achsensenkrechten Schnitt 1, P_2 und Q_2 = Punkte der Spiegeloberfläche im achsensenkrechten Schnitt 2, R bzw. D = Öffnungsradius bzw. Öffnungsdurchmesser des Parabolspiegels, R_1 bzw. D_1 = Radius bzw. Durchmesser des Parabolspiegels im achsensenkrechten Schnitt 1, R_2 bzw. D_2 = Radius bzw.

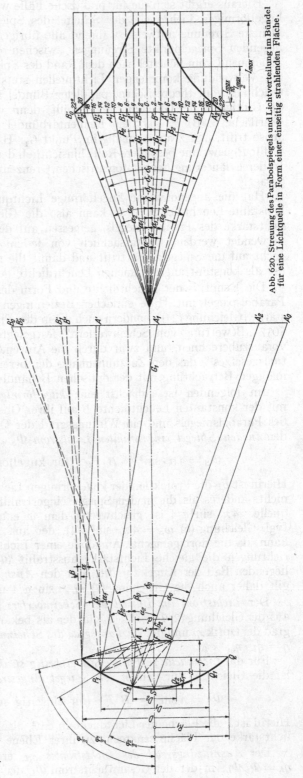

Durchmesser des Parabolspiegels im achsensenkrechten Schnitt 2, x = Pfeilhöhe des Parabolspiegels, x_1 = Pfeilhöhe im achsensenkrechten Schnitt 1, x_2 = Pfeilhöhe im achsensenkrechten Schnitt 2, $\varphi/2$ = halber Öffnungswinkel des Parabolspiegels, $\varphi_1/2$ = halber Öffnungswinkel im achsensenkrechten Schnitt 1, $\varphi_2/2$ = halber Öffnungswinkel im achsensenkrechten Schnitt 2.

Die weiteren Bezeichnungen, die auf die Streuung Bezug nehmen, werden im folgenden erläutert. Alle vom Brennpunkt F ausgehenden Strahlen (strich-punktiert gezeichnet), die in die Punkte P und Q, P_1 und Q_1, P_2 und Q_2 der Spiegeloberfläche einstrahlen, werden in diesen Punkten parallel zur Achse reflektiert (mathematisch-theoretischer Fall). Die Strahlen, die z. B. von den Punkten A und B der Lichtquellenoberfläche kommen und in den Punkt P der Spiegeloberfläche einstrahlen, begrenzen, da die Lichtquelle als kugelförmig angenommen ist, einen Kegel, dessen Spitze im Punkt P liegt. Durch die Reflexion an der Spiegeloberfläche wird die Achse FP dieses Kegels parallel zur Spiegelachse umgelenkt, und die Grenzstrahlen PA' und PB' bilden die gleichen Winkel α und β mit dem achsparallelen Strahl wie die Strahlen AP und BP mit dem Strahl FP. Damit ist die Streuung $\delta = \alpha + \beta$ des Parabolspiegels im Randpunkt P gegeben. Die gleiche Streuung gilt für den Randpunkt Q sowie alle übrigen Punkte des Spiegels, die auf seinem Rand vom Durchmesser D liegen. Es ist ohne weiteres einzusehen, daß der Streuwinkel δ um so kleiner wird, je kleiner der Durchmesser d der Lichtquelle ist. Weiter aber geht aus der Abbildung hervor, daß der Streuwinkel δ_1, der von den Strahlen A_1P_1 und B_1P_1 gebildet wird, also die Streuung im Spiegelpunkt P_1 bestimmt, größer sein muß als δ, da der Punkt P_1 der Lichtquelle, also den Punkten A_1 und B_1, näher liegt. In noch stärkerem Maße trifft das für den Punkt P_2 zu. Der Scheitelpunkt S des Spiegels, für den die Grenzstrahlen der Lichtquelle A_0S und B_0S und der von ihnen eingeschlossene Streuwinkel δ_0 sind, hat die größte Streuung, da er der Lichtquelle am nächsten liegt.

Abb. 620. Streuung des Parabolspiegels und Lichtverteilung im Bündel für eine Lichtquelle in Form einer einseitig strahlenden Fläche.

Hieraus ergibt sich die für praktische Fälle wichtige Tatsache, daß bei einer kugelförmigen Lichtquelle der Scheitel des Spiegels die größte, der Rand die kleinste Streuung aufweist, während alle übrigen zwischen Scheitel und Rand liegenden Spiegelpunkte Streuungen zwischen δ_0 und δ ergeben, und zwar abnehmend vom Scheitel nach dem Rand des Spiegels zu. Da bei den praktisch zur Verwendung kommenden Lichtquellen stets eine Streuung, also eine Abweichung vom theoretischen, parallelen Bündel auftritt, ist die Bedingung für die Gültigkeit der Gleichung (24) erfüllt, denn von jedem Punkt der Spiegeloberfläche, z. B. P_1, geht ein Elementarbündel $A_1' P_1 B_1'$ aus, das die Spiegelachse trifft, und zwar erstmalig im Punkt G_1. Hierbei spielt der Punkt G_1 bzw. G (für P) usw. eine besondere Rolle hinsichtlich der Gültigkeit der Gleichung (24). In der Erläuterung der photometrischen Grenzentfernung wird darüber weiteres gesagt.

Hat die angenommene kugelförmige Lichtquelle auf ihrer Oberfläche die konstante Leuchtdichte B, so kann also die Gleichung (24) für die Maximallichtstärke des Parabolspiegels, gemessen auf der Spiegelachse, ohne weiteres verwendet werden, da tatsächlich von jedem Punkt der Spiegeloberfläche Licht auf die Spiegelachse trifft und damit die gesamte Spiegeloberfläche mit der als konstant angenommenen Leuchtdichte der Lichtquelle dorthin strahlt.

Die Kenntnis der Leuchtdichte und Form der Lichtquelle ermöglicht beim Parabolspiegel mit Hilfe einfacher Beziehungen nicht nur die Maximallichtstärke [Gleichung (24)], sondern auch die in den Punkten 7...10 des DIN-Blattes 5037 „Bewertung von Scheinwerfern" festgelegten Daten eines Scheinwerfers vorauszuberechnen, und zwar durch die Anwendung des „Raumwinkelprojektionsgesetzes", das den Zusammenhang der bereits durchgeführten lichtstrommäßigen Betrachtung mit der optischen Behandlung herstellt (vgl. A 3).

Im folgenden ist zunächst eine *kugelförmige Lichtquelle* (vgl. Abb. 619) mit der konstanten Leuchtdichte B auf ihrer Oberfläche, ein Öffnungswinkel φ des Parabolspiegels und ein Wirkungsgrad der Optik η_0 zugrunde gelegt. Für den *in den Spiegel eingestrahlten Lichtstrom Φ_S* gilt folgende Gleichung:

$$\Phi_S = 4\pi \cdot \sin^2 \frac{\varphi}{4} \cdot B \cdot F_P \quad \text{(für kugelförmige Lichtquelle).} \tag{25}$$

Hierin ist F_P die Projektion der kugelförmigen Lichtquelle in cm², also $B_{sb} \cdot F_{P\,cm^2}$ nichts anderes als die in den Spiegel eingestrahlte Lichtstärke I_{HK} der Lichtquelle. $4\pi \cdot \sin^2 \varphi/4$ ist gleichwertig dem φ entsprechenden Raumwinkel ω_S [vgl. Gleichung (6) $\omega_S = 4\pi \cdot \sin^2 \varphi/4$], der aus Abb. 615 entnommen werden kann, da die dort gemachte Annahme einer Lichtquelle, die nach allen Raumrichtungen die gleiche Lichtstärke ausstrahlt (Φ_S proportional ω_S), im vorliegenden Fall der Kugel zutrifft. Für den *Ausnutzungsgrad des Lichtstroms η_L* gilt daher auch die Gleichung (7) $\eta_L = \sin^2 \varphi/4$ und Abb. 615.

Der *Lichtstrom im Bündel des Scheinwerfers Φ_B* ergibt sich entsprechend aus der Gleichung (2) $\Phi_B = \Phi_S \cdot \eta_0$ für den als bekannt angenommenen Wirkungsgrad der Optik η_0 und der *Wirkungsgrad des Scheinwerfers η* aus der Gleichung (3 a) $\eta = \eta_L \cdot \eta_0$.

Für die *Lichtquelle in Form einer einseitig strahlenden Kreisfläche* (Abb. 620) ist die Gleichung für den *in den Spiegel eingestrahlten Lichtstrom Φ_S*:

$$\Phi_S = \pi \sin^2 \frac{\varphi}{2} \cdot B \cdot F \quad \text{(für einseitig strahlende Fläche).} \tag{26}$$

Hierin ist F die Fläche der Lichtquelle in cm², also $B_{sb} \cdot F_{cm^2} = I_{HK}$ die Maximallichtstärke der Fläche senkrecht zu ihrer Ebene.

Der *Ausnutzungsgrad des Lichtstromes η_L* ergibt sich aus Gleichung (1) $\eta_L = \Phi_S/\Phi_L$, in der der Gesamtlichtstrom Φ_L der einseitig strahlenden flächenförmigen Lichtquelle mit $\pi \cdot B \cdot F$ einzusetzen ist, so daß sich unter Verwendung von Gleichung (26) ergibt:

$$\eta_L = \sin^2 \frac{\varphi}{2} \quad \text{(für einseitig strahlende Fläche).} \tag{27}$$

Der *Lichtstrom im Bündel des Scheinwerfers* Φ_B ergibt sich wieder aus Gleichung (2) $\Phi_B = \Phi_S \cdot \eta_0$ für den bekannten Wirkungsgrad der Optik η_0 und der *Wirkungsgrad des Scheinwerfers* η nach Gleichung (3a) $\eta = \eta_L \cdot \eta_0$ unter Verwendung des aus Gleichung (27) ermittelten Wertes.

Beispiel für kugelförmige Lichtquelle.

Gegeben ein Parabolspiegel vom Durchmesser $D = 30$ cm und einer Brennweite $f = 10$ cm. Die kugelförmige Lichtquelle hat einen Durchmesser $d = 0,36$ cm und eine Leuchtdichte $B = 800$ sb. Der Wirkungsgrad der Optik sei $\eta_0 = 0,8$.

Die *Maximallichtstärke im Bündel* ist nach Gleichung (24):

$$I_{\max} = B \cdot \frac{\pi D^2}{4} \cdot \eta_0 = 450\,000 \text{ HK.}$$

Der *in den Spiegel eingestrahlte Lichtstrom* errechnet sich nach Gleichung (25):

$$\Phi_S = 4\,\pi \cdot \sin^2 \frac{\varphi}{4} \cdot B \cdot F_P.$$

Hierin ist:
$$F_P = \frac{\pi d^2}{4} = 0,1 \text{ cm}^2$$

$$B \cdot F_P = 80 \text{ HK.}$$

Für die kugelförmige Lichtquelle ist nach Gleichung (6) oder Abb. 615 (für das Öffnungsverhältnis $D/f = 3$):

$$4\,\pi \sin^2 \frac{\varphi}{4} = \omega_S = 4,5.$$

Es ergibt sich daraus:
$$\Phi_S = 4,5 \cdot 80 = 360 \text{ lm.}$$

Der *Ausnutzungsgrad des Lichtstroms* ergibt sich nach Gleichung (7) oder Abb. 615 (für $D/f = 3$):

$$\eta_L = 0,36 = 36\% \quad \text{(vgl. hierzu auch Abb. 617).}$$

Der *Lichtstrom im Bündel* ist nach Gleichung (2):
$$\Phi_B = \Phi_S \cdot \eta_0 = 360 \cdot 0,8 = 288 \text{ lm.}$$

Der *Wirkungsgrad des Scheinwerfers* nach Gleichung (3a):
$$\eta = \eta_L \cdot \eta_0 = 0,36 \cdot 0,8 = 0,288 = 28,8\%.$$

Beispiel für eine flächenförmige Lichtquelle.

Gegeben der gleiche Parabolspiegel, jedoch mit einer Lichtquelle in Form einer einseitig strahlenden Kreisfläche mit einem Durchmesser $d = 0,36$ cm und einer Leuchtdichte $B = 800$ sb. Der Wirkungsgrad der Optik sei $\eta_0 = 0,8$. Die *Maximallichtstärke im Bündel* ist nach Gleichung (24) wie im vorigen Beispiel:

$$I_{\max} = 450\,000 \text{ HK.}$$

Der *in den Spiegel eingestrahlte Lichtstrom* errechnet sich nach Gleichung (26):

$$\Phi_S = \pi \cdot \sin^2 \frac{\varphi}{2} \cdot B \cdot F.$$

Hierin ist:
$$F = 0,1 \text{ cm}^2$$

$$B \cdot F = I_{\max} = 80 \text{ HK.}$$

Der Winkel φ ist laut Abb. 614 für das Öffnungsverhältnis $D/f = 3$:

$$\varphi = 148°$$
$$\varphi/2 = 74°.$$

Dann ist:
$$\pi \cdot \sin^2 \frac{\varphi}{2} = \pi \cdot 0,92 = 2,88$$

und
$$\Phi_S = 2,88 \cdot 80 = 230 \text{ lm.}$$

Der *Ausnutzungsgrad des Lichtstroms* ergibt sich nach Gleichung (27):

$$\eta_L = \sin^2 \frac{\varphi}{2} = 0{,}92 = 92\% \qquad \text{(vgl. hierzu Kurventafel Abb. 617).}$$

Der *Lichtstrom im Bündel* ist nach Gleichung (2):

$$\Phi_B = \Phi_S \cdot \eta_0 = 230 \cdot 0{,}8 = 184 \text{ lm.}$$

Der *Wirkungsgrad des Scheinwerfers* nach Gleichung (3a):

$$\eta = \eta_L \cdot \eta_0 = 0{,}92 \cdot 0{,}8 = 0{,}735 = 73{,}5\%.$$

Bei einem Vergleich der Ergebnisse dieser beiden Beispiele für die gleichen Parabolspiegel mit einer kugelförmigen und einer flächenförmigen Lichtquelle vom gleichen Durchmesser und gleicher Leuchtdichte zeigt sich, daß in beiden Fällen die gleiche Maximallichtstärke, jedoch ganz verschiedene Lichtströme im Bündel vorhanden sind. Da der Raumwinkel des Bündels in beiden Fällen infolge gleicher Durchmesser der Lichtquellen ebenfalls gleich groß ist (wie später noch näher erläutert werden soll), so kann der Unterschied in der Wirkung der verschiedenförmigen Lichtquellen sich nur in der verschiedenartigen Lichtverteilung im Bündel auswirken. Die Erläuterung dafür wird im folgenden gegeben.

Die Streuung des Parabolspiegels bei praktisch ausgedehnter Lichtquelle im Brennpunkt ist bereits an Hand der Abb. 619 erläutert worden. Ihre Auswirkung auf die *Lichtverteilung im Bündel* ist in den Abb. 619 und 620 für eine kugelförmige und eine flächenförmige Lichtquelle dargestellt. Die größte Streuung geht in beiden Fällen vom Scheitelpunkt S aus. Der Streuwinkel für S ist mit δ_0 bezeichnet. Dieser Winkel δ_0 als größter Streuwinkel gibt die äußere Begrenzung des Scheinwerferbündels an. In einem Schnitt senkrecht durch das Bündel, der rechts in der Abbildung dargestellt ist, entsprechen dem Winkel δ_0 die Punkte A_0' und B_0'. Die im rechtwinkligen Koordinatensystem aufgetragene Lichtverteilungskurve des Bündels beginnt hier bei einem Winkel von 24° gegen die Achse, so daß die Maximalstreuung $\delta_0 = 48°$ beträgt. Alle anderen Punkte der Spiegeloberfläche, z. B. P_2, P_1 und P, haben geringere Streuungen, und zwar $\delta_2 = 44°$, $\delta_1 = 32°$ und $\delta = 28°$. Betrachtet man nun die Projektion der Gesamtfläche des Spiegels, also eine Kreisfläche mit dem Durchmesser D, so ist nach Gleichung (24) die Maximallichtstärke I_{max} im Bündel gleich dem Produkt aus dieser Fläche und der Leuchtdichte der Lichtquelle, wenn zunächst $\eta_0 = 1$ gesetzt wird. Diese Maximallichtstärke kann nun lediglich in dem Teil des Bündels vorhanden sein, der tatsächlich von der gesamten Spiegeloberfläche Licht erhält, im Fall der Abb. 619 also nur innerhalb des Streuwinkels $\delta = 28°$ (siehe I_{max} der Lichtverteilungskurve). Außerhalb des Streuwinkels δ ist im Bündel nur noch Licht von einem Teil der Gesamtoberfläche des Spiegels vorhanden. Betrachtet man z. B. den Punkt P_1, dem der größere Streuwinkel $\delta_1 = 32°$ zugeordnet ist, so muß außerhalb des Winkels $\delta = 28°$ bis zu $\delta_1 = 32°$ die Lichtstärke in der gleichen Weise abnehmen wie die leuchtende Gesamtfläche des Spiegels (Durchmesser D) abnimmt auf die kleinere Fläche mit dem Durchmesser D_1.

In der Zeichnung ist nun die Projektion der Spiegeloberfläche mit dem Durchmesser D_1 so gewählt, daß sich die Projektion der Gesamtoberfläche (Durchmesser D) zu der der Fläche mit dem Durchmesser D_1 wie 2 : 1 verhält, d. h. daß die Lichtstärke vom Streuwinkel $\delta = 28°$ bis $\delta_1 = 32°$ auf die Hälfte, also auf $I_{max}/2$, abnehmen muß. Ferner ist die Projektion der Spiegeloberfläche mit dem Durchmesser D_2 so gewählt, daß die Fläche dieser Projektion nur $^1/_{10}$ der Gesamtfläche vom Durchmesser D beträgt. Da der zugeordnete Streuwinkel $\delta_2 = 44°$ beträgt, so muß die Lichtstärke bis zum Streuwinkel δ_2 auf $^1/_{10}$ der Maximallichtstärke, also $I_{max}/10$ absinken und schließlich für den Scheitelpunkt S bei $\delta_0 = 48°$ gleich Null werden.

Um diesen Vorgang praktisch zu kennzeichnen, sei auf folgendes hingewiesen: Wenn man einen Parabolspiegel aus größerer Entfernung betrachtet und sich mit dem Auge in der Achse desselben befindet, so leuchtet die gesamte Spiegeloberfläche. Wandert man nun seitlich heraus, so beginnt zunächst der Rand dunkel zu werden, die Dunkelzone verbreitert sich dann mehr und mehr nach der Mitte des Spiegels zu, und schließlich kommt man an einen Punkt, in dem nur noch der Scheitel des Spiegels leuchtet. Man ist dann am Rand des Scheinwerferbündels angelangt. Der Abfall der Lichtstärke von der Spiegelachse bis zum Rand des Bündels geht entsprechend der stetigen Krümmung der Spiegeloberfläche nicht sprunghaft, sondern allmählich vor sich, wie auch die Lichtverteilungskurve der Abb. 619 zeigt.

Für eine Lichtquelle in Form einer einseitig strahlenden Kreisfläche gibt Abb. 620 die Lichtverteilungskurve an. Alle Bezeichnungen in dieser Abbildung entsprechen denen für die kugelförmige Lichtquelle. Als Lichtquelle ist eine Kreisscheibe vom Durchmesser d (gleich dem Kugeldurchmesser in Abb. 619) gewählt, Brennweite f und Spiegeldurchmesser D stimmen mit der Abb. 619 überein. Die Flächen vom Durchmesser D_1 und D_2 sind wieder $^1/_2$ und $^1/_{10}$ der Gesamtfläche mit dem Durchmesser D. Bei gleicher Maximalstreuung und maximaler Lichtstärke ergibt sich für die Lichtquelle in Form einer Fläche jedoch eine gegenüber der Kugelform (Abb. 619) abweichende Lichtverteilung, da die nach dem Rand des Spiegels zu liegenden Punkte P_1 und P eine geringere Streuung ergeben als in Abb. 619. Das hat seine Ursache darin, daß die Projektion der leuchtenden Fläche nach den Randzonen des Spiegels zu kleiner wird, während die Maximalstreuung im Scheitel S durch die volle leuchtende Fläche bestimmt ist und sich nicht von der Streuung bei der kugelförmigen Lichtquelle unterscheidet (vgl. die beiden durchgerechneten Beispiele auf S. 543 und 544).

Die Betrachtungen über die Streuung des Parabolspiegels und die dadurch bedingte Lichtverteilung im Bündel gestatten nun, die Lichtverteilungskurve eines Scheinwerfers im voraus zu ermitteln, wenn seine Öffnung und Brennweite sowie die Größe und Form der Lichtquelle gegeben sind. Man kann einmal graphisch vorgehen, wie aus Abb. 619 und 620 ersichtlich ist. Das macht jedoch zeichnerisch Schwierigkeiten, sobald die Lichtquelle sehr kleine Abmessungen im Verhältnis zur Brennweite hat. In solchem Falle geht man rechnerisch vor. Zu diesem Zweck werden die Streuwinkel für die einzelnen Spiegelpunkte vom Scheitel bis zum Randpunkt mittels trigonometrischer Funktionen ausgedrückt, und zwar in Abhängigkeit vom Radius $r = d/2$ der Lichtquelle und ihrem Abstand von den einzelnen Spiegelpunkten, der zweckmäßig durch die Brennweite f und die den Spiegelpunkten entsprechenden halben Öffnungswinkeln $\varphi/2$ ausgedrückt wird. Mit Bezug auf Abb. 619 und 620 sollen die Gleichungen für die halbe größte Streuung $\delta_0/2$ im Scheitel sowie für die halbe kleinste Streuung $\delta/2$ am Spiegelrand bei kugelförmiger und flächenförmiger Lichtquelle, ferner für eine in der Achse liegende fadenförmige Lichtquelle angegeben werden:

Kugelförmige Lichtquelle (Abb. 619):

$$\sin \frac{\delta}{2} = \frac{r}{f} \cdot \cos^2 \frac{\varphi}{4}, \tag{28}$$

$$\sin \frac{\delta_0}{2} = \frac{r}{f}. \tag{29}$$

Lichtquelle in Form einer Kreisfläche senkrecht zur Achse (Abb. 620):

$$\operatorname{tg} \frac{\delta}{2} = \pm \frac{r}{f} \cdot \cos \frac{\varphi}{2} \cdot \cos^2 \frac{\varphi}{4} \quad (+ \text{ für } \varphi \leqq 180°, - \text{ für } \varphi \geqq 180°), \tag{30}$$

$$\operatorname{tg} \frac{\delta_0}{2} = \frac{r}{f}. \tag{31}$$

Bei diesen Gleichungen ist als Streuwinkel $\delta = 2\alpha$ (vgl. Abb. 620) gesetzt, der kleinere Winkel β also unberücksichtigt geblieben.

Lichtquelle in Form eines Fadens in der Achse:

$$\operatorname{tg} \frac{\delta}{2} = \frac{r}{f} \cdot \sin \frac{\varphi}{2} \cdot \cos^2 \frac{\varphi}{4}. \tag{32}$$

$$\operatorname{tg} \frac{\delta_0}{2} = 0. \tag{33}$$

Die Mitte der fadenförmigen Lichtquelle liegt im Brennpunkt, die halbe Länge des Fadens beträgt r. Für $\varphi = 0°$, also für den Scheitelpunkt, ist $\delta = 0°$, d. h. die maximale Streuung liegt beim Faden im Gegensatz zur Kugel und Fläche nicht in der Scheitelzone des Spiegels.

Es ist noch zu erwähnen, daß mit Hilfe der Gleichungen (28)...(33) die Streuung für alle Punkte des Spiegels ermittelt werden kann, wenn man für sie die Winkel φ und $\varphi/2$ bestimmt, was mit Hilfe der Abb. 614 ohne weiteres möglich ist, wenn man für die Spiegelpunkte die ihnen entsprechenden Öffnungsverhältnisse D/f bildet, worin D gleich dem doppelten Abstand der Spiegelpunkte von der Achse ist.

Die Betrachtungen über die Streuung und Lichtverteilung gestatten nun, einen scheinbaren Widerspruch zwischen der rein lichtstrommäßigen und der optischen Behandlung der Parabolspiegel aufzuklären. In Abb. 621 sind vier Parabolspiegel gleicher Öffnung D, jedoch verschieden großer Brennweite $f_1 \ldots f_4$, im Meridianschnitt dargestellt.

In dem allen vier Spiegeln gemeinsamen Brennpunkt F befindet sich die Lichtquelle (als Kreis eingezeichnet), deren Oberfläche konstante Leuchtdichte haben soll und die daher nach allen Raumrichtungen die gleiche Lichtstärke ausstrahlt. Die Öffnungswinkel der vier Spiegel sind $\varphi_1, \varphi_2, \varphi_3$ und φ_4. Es ist aus der Abbildung ersichtlich, daß in den Spiegel mit der Brennweite f_1 der geringste Lichtstrom, in den Spiegel mit der Brennweite f_4 der größte Lichtstrom einstrahlt, da das Öffnungsverhältnis D/f_1 am kleinsten, D/f_4 am größten ist. Setzt man für alle vier Spiegel die gleichen Reflexionsverluste voraus, so müssen die Lichtströme in den Bündeln der vier Spiegel den entsprechenden eingestrahlten Lichtströmen proportional sein, d. h. das Bündel des Spiegels mit dem kleinen Öffnungsverhältnis D/f_1 muß einen viel geringeren Lichtstrom erhalten als das Bündel des Spiegels mit dem sehr großen Öffnungsverhältnis D/f_4. Trotzdem ist die Maximallichtstärke bei allen vier Spiegeln die gleiche, da sie nach Gleichung (24) das Produkt aus Leuchtdichte der Lichtquelle und Projektion der Spiegeloberfläche ist, die beide für die vier Spiegel übereinstimmen. Eine Erklärung dafür gibt die folgende Betrachtung.

Der Spiegel mit der größten Brennweite f_1 hat die geringste Streuung im Bündel. Sein halber Streuwinkel $\delta_1/2$ im Scheitelpunkt S_1 errechnet sich aus der Gleichung (29) $\sin \frac{\delta_1}{2} = \frac{r}{f_1}$, worin r der Radius der Lichtquelle ist. Der Spiegel mit der kleinsten Brennweite f_4 hat im Gegensatz dazu die viel größere Streuung mit dem halben Streuwinkel $\delta_4/2$ aus $\sin \frac{\delta_4}{2} = \frac{r}{f_4}$ im Scheitelpunkt S_4. Der geringe Lichtstrom im Öffnungswinkel φ_1 wird also in das enge Bündel δ_1 zusammengefaßt und ergibt so eine hohe Lichtstärke, während der große Lichtstrom im Öffnungswinkel φ_4 in das gegenüber δ_1 viel größere Bündel δ_4 reflektiert wird und infolge der Verteilung über den δ_4 entsprechenden großen Raumwinkel keine höhere Maximallichtstärke erreicht.

Anschaulich wird die Wirkung der betrachteten Spiegel gleicher Öffnung und verschieden großer Brennweite, wenn man die Bündel auf einen normal zur Achse aufgestellten Schirm auffängt. In der Abb. 621 sind die Radien der von den Bündeln beleuchteten Kreisflächen mit R_1 bis R_4, entsprechend den Brennweiten f_1 bis f_4, bezeichnet. Photometriert man die einzelnen Felder, von der Achse ausgehend, bis zu ihren Rändern und trägt die gemessenen Beleuchtungsstärkenwerte als Luxgebirge für die einzelnen Spiegel auf, so erkennt man die verschiedenartige Streuung der vier Spiegel deutlich. Die Beleuchtungskurve des Spiegels mit der größten Brennweite f_1 und der kleinsten Streuung δ_1 verliert bis nahe zum Rand des Bündels nur wenig ihres Maximalwertes und fällt dann steil auf den Nullwert ab. Das Luxgebirge erinnert an ein Hochplateau mit steilen Abhängen. Die Ursache dafür ist die annähernd gleich große Streuung aller Punkte der Spiegeloberfläche vom Scheitel bis zum Spiegelrand infolge der geringen Änderung ihres für die Streuung maßgebenden Abstandes vom Brennpunkt (ein Parabolspiegel mit sehr kleinem Öffnungsverhältnis weicht in seiner Meridiankurve nur wenig von einer Kreiskurve ab). Je kleiner die Brennweite wird, um so stärker wird die Streuung und um so ungleichmäßiger die Beleuchtung des Feldes. Die Kurve des Spiegels mit der kleinsten Brennweite f_4 und der größten Streuung δ_4 ergibt eine Beleuchtungskurve, die bereits nahe der Achse vom Maximalwert abfällt und deren Beleuchtungsgebirge einen ausgeprägten Gipfel und langsamen Abfall bis zum Rand aufweist. Die Abstände der Punkte der Spiegeloberfläche vom Brennpunkt sind bei den „tiefen" Parabolspiegeln mit großem Öffnungsverhältnis sehr verschieden groß, so daß infolge der sehr unterschiedlichen Streuungen ein sehr ungleichmäßig ausgeleuchtetes Feld entsteht.

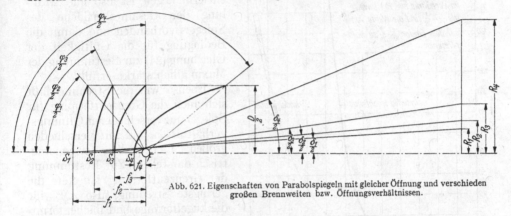

Abb. 621. Eigenschaften von Parabolspiegeln mit gleicher Öffnung und verschieden großen Brennweiten bzw. Öffnungsverhältnissen.

Hieraus ergeben sich die Verwendungszwecke für die Spiegel mit kleinem und großem Öffnungsverhältnis. Sollen mit dem Spiegel große Reichweiten erzielt werden (Groß-Scheinwerfer für Schiffahrt, Luftfahrt usw.), so ist der flache Spiegel mit kleinem Öffnungsverhältnis zweckmäßig, da er ein scharf begrenztes Lichtbündel erzeugt, in dem die Lichtstärke annähernd bis zum Rand nahe an die maximale Lichtstärke herankommt. Tiefe Spiegel mit großem Öffnungsverhältnis werden hauptsächlich für Autoscheinwerfer und Anstrahler benutzt, da bei ihnen ein allmählicher Abfall des Lichtes und die Ausleuchtung größerer Flächen erwünscht ist. Aber auch hier benutzt man für Spezialzwecke flache Spiegel, z. B. in Autozusatzscheinwerfern für große Reichweiten und in Anstrahlern zur Anleuchtung von Türmen usw.

Es soll in diesem Zusammenhang noch besonders darauf hingewiesen werden, daß die gute Ausnutzung des Lichtstroms der Lichtquelle, wie sie z. B. bei Leuchten immer angestrebt werden soll, bei Scheinwerfern und Anstrahlern häufig in den Hintergrund tritt, und anstatt dessen in erster Linie die Maximallichtstärke maßgebend ist, die ja laut Gleichung (24) nicht von der Ausnutzung des Lichtstroms, sondern lediglich von der Leuchtdichte und Spiegelgröße abhängt. Die durch die Streuung bedingte Lichtverteilung im Bündel ist das zweite wichtige Kriterium für den Verwendungszweck des Spiegels.

f) Photometrische Grenzentfernung.

Die photometrische Grenzentfernung (vgl. auch J 2) ist im Zusammenhang mit der Gleichung (24) bereits genannt worden als Bedingung für die Gültigkeit dieser Gleichung. Um die Maximallichtstärke eines Scheinwerfers photometrisch zu erhalten, muß die gesamte Spiegeloberfläche mit der Leuchtdichte der Lichtquelle leuchten. Aus der die Streuung des Parabolspiegels darstellenden Abb. 619 ersieht man, daß das erst in einer Entfernung vom Spiegel, die größer

als die Strecke $S \ldots G$ ist, eintreten kann, da erst im Punkt G das vom Spiegel-
randpunkt P ausgehende Elementarbündel mit der geringsten Streuung δ die
Achse trifft. Würde man beispielsweise im Punkt G_1 die Lichtstärke des Spiegels
messen, so erhielte man nur $I_{max}/2$, da bis zu diesem Punkt nur die Spiegelfläche
mit der Öffnung D_1 und den Randpunkten P_1 und Q_1 leuchtet, dessen Oberfläche,
wie früher bereits angegeben, die Hälfte der Gesamtoberfläche des Spiegels
beträgt. Die Strecke $S \ldots G$ wird als
photometrische Grenzentfernung g
bezeichnet. In allen Punkten der
Achse, die weiter als G vom Spiegel
entfernt liegen, ist also eine Strahlung der Gesamtoberfläche des
Spiegels vorhanden und damit die
Bedingung für die Gültigkeit der
Gleichung (24) zur Bestimmung der
Maximallichtstärke erfüllt.

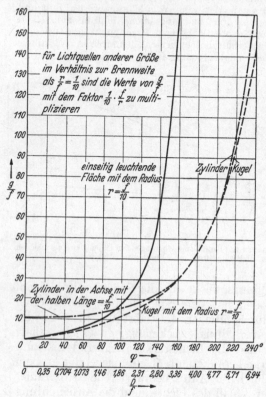

Abb. 622. Verhältnis der photometrischen Grenzentfernung g/f eines Parabolspiegels als Funktion des Öffnungswinkels φ^0 für verschiedene Formen der Lichtquelle. (H. Erfle.)

Ebenso wie die Streuung läßt
sich auch die Grenzentfernung für
Spiegel mit verschiedenen Öffnungsverhältnissen und mit verschieden
großen Lichtquellen trigonometrisch darstellen. Zur Bestimmung
der Grenzentfernung ist stets die
geringste Streuung, also z. B. für
die kugelförmige und flächenförmige Lichtquelle, die Streuung des
Spiegelrandes maßgebend, wie aus
den Abb. 619 und 620 leicht ersichtlich ist. Ist die Größe des
geringsten Streuwinkels am Spiegelrand δ (bzw. $\delta/2$) mit Hilfe der
Gleichungen (28) (kugelförmige
Lichtquelle) oder (30) (flächenförmige Lichtquelle) bereits ermittelt,
so kann die zugehörige Grenzentfernung g aus der folgenden Gleichung errechnet werden:

$$g = \frac{2\,f\,\mathrm{tg}\,\dfrac{\varphi}{4}}{\mathrm{tg}\,\dfrac{\delta}{2}} + f \cdot \mathrm{tg}^2\,\frac{\varphi}{4} \quad \begin{array}{l}\text{(für kugelförmige} \\ \text{und flächenförmige} \\ \text{Lichtquelle).}\end{array} \qquad (34)$$

Für eine Lichtquelle in Form eines in der Achse liegenden Fadens von der halben
Länge r gilt die Gleichung:

$$g = f \cdot \left(\frac{f}{r \cdot \cos^4 \dfrac{\varphi}{4}} + 1 \right) \quad \text{(für fadenförmige Lichtquelle).} \qquad (35)$$

Die Kurventafel Abb. 622 ermöglicht, die Grenzentfernung g für Parabolspiegel
aus dem Verhältnis Grenzentfernung : Brennweite g/f als Funktion ihrer Öffnungsverhältnisse D/f bzw. ihrer Öffnungswinkel φ für die drei genannten Formen
von Lichtquellen zu ermitteln. Die Kurven sind aus der Gleichung (34) mit
Benutzung der Gleichungen (28) und (30) sowie aus der Gleichung (35) errechnet
und gelten für Lichtquellen der verschiedenen Form, deren Radius bzw. halbe

Länge (Fadenform) r sich zur Brennweite f wie 1 : 10 verhält. Ein anderes Verhältnis von r/f erfordert die Multiplikation der Ordinatenwerte mit einem Faktor, der durch den Ausdruck $\dfrac{f}{10\,r}$ erhalten wird.

Die aus den Gleichungen bzw. Kurven für die Grenzentfernung erhaltenen Werte gelten sämtlich für ideale Parabolspiegel ohne Streuung durch Fehler ihrer Oberflächen. Für die Praxis ist es daher nötig, die Messung der Maximallichtstärke aus einer Entfernung vom Spiegel vorzunehmen, die größer als die errechnete Grenzentfernung ist, wenn man es nicht vorzieht, die Grenzentfernung durch Versuch zu ermitteln, d. h. sich so weit vom Spiegel zu entfernen, bis seine gesamte Oberfläche leuchtet (Fernrohrbeobachtung mit stark absorbierenden Rauchgläsern) bzw. das Abstandsgesetz $E = I/r^2$ erfüllt ist.

Auf keinen Fall soll man eine reine Schätzung der Grenzentfernung vornehmen, da sie zu ganz beträchtlichen Irrtümern führen kann. Für das Photometrieren von Scheinwerfern, das außer der Feststellung der maximalen Lichtstärke noch die Ermittlung der Lichtverteilung im Bündel erfordert, ist es insbesondere bei schon nahe der Achse stark abfallenden Lichtstärken zweckmäßig, in der senkrecht zur Achse stehenden Meßebene auf zwei rechtwinklig zueinander stehenden Schnittlinien zu messen, um festzustellen, ob man tatsächlich die Maximallichtstärke erfaßt hat. Die im rechtwinkligen Koordinatensystem aufgetragenen Lichtverteilungskurven für die beiden Meßlinien lassen dann leicht erkennen, wo das Maximum der Lichtstärke zu suchen ist. Beim Photometrieren im Freien aus großen Meßentfernungen, wie sie für Scheinwerfer mit sehr geringer Streuung erforderlich sind, muß die Absorption der Luft während der Messung berücksichtigt werden, was häufig große Schwierigkeiten macht. Es gibt hierfür verschiedene Wege.

g) Luftabsorption.

Man kann die Luftabsorption innerhalb der Meßstrecke annähernd in der Weise bestimmen, daß man den Scheinwerfer aus zwei verschieden großen Entfernungen, die natürlich beide größer als die Grenzentfernung sein müssen, photometriert. Wäre die Luftabsorption nicht vorhanden, so müßten beide erhaltenen Werte gleich groß sein. Die praktisch stets auftretenden Differenzen zwischen den Werten gestatten, die Absorption zu errechnen. Diese Methode hat zwei Fehlerquellen. Einmal kann die Luftabsorption auf der Meßstrecke ungleichmäßig verteilt sein, und zweitens kann die Lichtstärke der Lichtquelle (z. B. bei Bogenlampen oder Gasentladungslampen) zeitlich schwanken, so daß man bei der zweiten Messung eine Differenz gegenüber der ersten erhält, die sich aus der veränderten Luftabsorption und der Änderung der Lichtstärke der Lichtquelle zusammensetzt. Eine andere, genauere Methode, die allerdings meßtechnisch Schwierigkeiten macht, besteht darin, daß man gleichzeitig mit der Messung des Scheinwerfers eine daneben stehende, mit bekannter konstant gehaltener Lichtstärke strahlende Lichtquelle (Glühlampe) photometriert. Um diese aus großer Entfernung genügend genau messen zu können, muß man sich eines Telephotometers bedienen, das an Stelle eines Auffangschirmes eine abbildende Linse enthält. Derartige Photometer werden als Sternphotometer in der Astronomie benutzt. Sowohl die Eichung als auch die Einstellung ist wesentlich schwieriger als bei normalen Photometern und erfordert ein hohes Maß von Übung. Ein dritter Weg zur Bestimmung der Luftabsorption bei nicht allzu großen Meßentfernungen besteht darin, daß man neben dem Scheinwerfer eine große weiße Fläche (Stoffschirm oder dgl.) aufstellt, die man mit einem Anstrahler, besser noch mit einem Projektionsapparat, gleichmäßig anleuchtet, und eine zweite viel kleinere Fläche mit einer kleinen Öffnung in geringer Entfernung vor dem Meßpunkt anordnet. Beobachtet man nun vom Meßort aus mittels eines Fernrohrs die große Fläche durch die Öffnung der kleineren Fläche hindurch, und beleuchtet man die kleine Fläche so, daß ihre

Helligkeit mit der der großen Fläche übereinstimmt, also die Begrenzung der Öffnung verschwindet, so gibt der Unterschied der Leuchtdichten der beiden Flächen ein Maß für die Luftabsorption der Meßstrecke.

h) Weiteres über die Bewertung von Scheinwerfern.

Für die Bewertung von Scheinwerfern gilt das bereits erwähnte DIN-Blatt 5037 (März 1936), dessen Punkte 7...10 bei der lichtstrommäßigen Behandlung eingehend erläutert worden sind. Die übrigen Punkte 1...6, für deren Verständnis auch die optische Betrachtungsweise der Scheinwerfer notwendig war, sollen jetzt aufgeführt werden:

Punkt 1: „Maßgebend für die Bewertung eines Scheinwerfers ist der von ihm ausgestrahlte Gesamtlichtstrom Φ_S, seine größte Lichtstärke I_{max} und seine Lichtverteilung. Dabei sind anzugeben die Art der Lichtquelle und ihre Betriebsverhältnisse."

Der vom Scheinwerfer ausgestrahlte Gesamtlichtstrom ist bereits im Anschluß an die Punkte 7...10 auf S. 533 als Lichtstrom im Bündel Φ_B bezeichnet und als Nutzlichtstrom des Scheinwerfers definiert worden unter Vernachlässigung des frei nach vorn ausstrahlenden Lichtes der Lichtquelle.

Punkt 2: „Die *Verstärkungszahl v eines Scheinwerfers* ist das Verhältnis seiner größten Lichtstärke zur mittleren räumlichen Lichtstärke der nackten Lichtquelle":

$$v = \frac{4\pi \cdot I_{max}}{\Phi_L}. \tag{36}$$

Diese Gleichung enthält die mittlere räumliche Lichtstärke der Lichtquelle in der Form $\frac{\Phi_L}{4\pi}$, worin Φ_L der Gesamtlichtstrom der nackten Lichtquelle ist.

Punkt 3: „Die *Bündelungszahl b eines Scheinwerfers* ist das Verhältnis seiner größten zu seiner mittleren räumlichen Lichtstärke":

$$b = \frac{4\pi \cdot I_{max}}{\Phi_S}. \tag{37}$$

Die Gleichung enthält die mittlere räumliche Lichtstärke des Scheinwerfers in der Form $\frac{\Phi_S}{4\pi}$, worin Φ_S der Lichtstrom im Bündel (im vorangegangenen Φ_B) gleich dem Nutzlichtstrom des Scheinwerfers ist (vgl. das bei Punkt 1 darüber Gesagte).

Punkt 4: „Die *Lichtverteilung eines Scheinwerfers*" in einer durch seine Achse gehenden Ebene wird durch die Lichtstärken dargestellt, die in dieser Ebene in den einzelnen Ausstrahlungsrichtungen vorhanden sind. Sie wird in einem rechtwinkligen Koordinatensystem aufgezeichnet; Abszissen sind die auf den Mittelstrahl bezogenen Ausstrahlungswinkel, Ordinaten die Lichtstärken. Bei Scheinwerfern, deren Lichtverteilung in verschiedenen durch die Achse gelegten Ebenen stark voneinander abweichen, ist die Lichtverteilung für mehrere Ebenen anzugeben."

Die Abb. 619 und 620 geben eine Darstellung einer Lichtverteilungskurve im rechtwinkligen Koordinatensystem, bei der die Lichtverteilung in allen durch die Achse gelegten Ebenen gleich ist.

Punkt 5: „Die *Streuung eines Scheinwerfers*" wird als Halbstreuwinkel und als Zehntelstreuwinkel angegeben. Der Halbstreuwinkel $\delta^{1}/_{2}$ ist derjenige Winkel, innerhalb dessen die Lichtstärke die Hälfte der Höchstlichtstärke übersteigt. Der Zehntelstreuwinkel $\delta^{1}/_{10}$ ist derjenige Winkel, innerhalb dessen die Lichtstärke ein Zehntel der Höchstlichtstärke übersteigt."

Die Abb. 619 und 620 geben auch hierfür die nötige Erläuterung. Die Angabe von Halb- und Zehntelstreuwinkel ist für praktische Zwecke von Bedeutung, z. B. für Leuchtfeuer mit rotierender Optik, bei denen die vom Auge wahrgenommene Blitzdauer nicht vom gesamten Streuwinkel, sondern z. B. vom Halbstreuwinkel abhängt, da die Lichtstärken unterhalb $I_{max}/2$ bzw. $I_{max}/10$ bei gewissen Umdrehungszeiten des Feuers keinen physiologischen Reiz mehr auf das Auge ausüben. Für Groß-Scheinwerfer sind die Werte unterhalb bestimmter Grenzen der Lichtstärke ohne Bedeutung, da sie infolge der Absorption der Atmosphäre schon sehr früh unwirksam werden. Durch die Angabe von $\delta^{1}/_{2}$ und $\delta^{1}/_{10}$ ist ferner die Lichtverteilungskurve im Bündel in großen Zügen bestimmt und damit ein wichtiges Charakteristikum des Scheinwerfers gegeben.

Punkt 6: „Das *Nebenlicht eines Scheinwerfers*" wird gekennzeichnet durch die Lichtverteilung in einer durch die Scheinwerferachse gehenden Ebene, in Ausstrahlungswinkeln, die größer sind als der Zehntelstreuwinkel."

Das Nebenlicht spielt für die Wirksamkeit eines Scheinwerfers, wie aus dem bei Punkt 5 Gesagten bereits hervorgeht, keine Rolle, sondern ist im Gegenteil als störend zu bezeichnen, da es z. B. bei Suchscheinwerfern eine unerwünschte Aufhellung der selten ganz klaren Atmosphäre herbeiführt und die Sicht des in der Nähe des Scheinwerfers befindlichen Beobachters beeinträchtigt. Bei Autoscheinwerfern (vgl. J 2) wirkt sich das Nebenlicht, das hier noch durch das von der Lichtquelle frei nach vorn austretende Licht verstärkt wird, besonders bei Nebel sehr ungünstig aus, da es vor den Augen des Fahrers, direkt in seiner Blickrichtung, ein Aufleuchten des Nebels verursacht und damit für das dunkeladaptierte Auge eine Umfeldblendung hervorruft, die zusammen mit der durch die Absorption des Hauptlichtes verringerten Reichweite des Scheinwerfers ein Erkennen von geringeren Kontrasten unmöglich macht.

Das DIN-Blatt 5037 enthält am Schluß noch folgenden Zusatz: „Weitere Begriffe, die für die Bewertung von Scheinwerfern für bestimmte Sonderzwecke von Bedeutung sein können, wie z. B. Reichweite, Tragweite, Sichtweite, werden einer späteren Festlegung vorbehalten."

Die jetzt gültigen Definitionen der genannten Begriffe sollen kurz angegeben werden:

Unter der *Sichtweite eines Scheinwerfers* S_W versteht man die Entfernung, aus der ein Scheinwerfer vom entfernten Beobachter gerade noch wahrgenommen werden kann. Da diese Entfernung außer von der Leuchtdichte B des Scheinwerfers und dem Sehwinkel, der sich aus Spiegelöffnung und Entfernung des Beobachters ergibt, noch von der Absorption der Atmosphäre und der Helligkeit

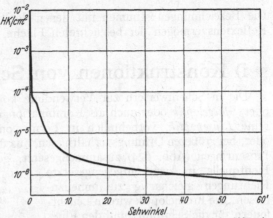

Abb. 623. Reizschwellenwert der Leuchtdichte (sb) in Abhängigkeit vom Sehwinkel (in min) für vollkommen dunkles Umfeld.

des Umfeldes abhängt, so sind nur dann vergleichbare Werte für die Sichtweite verschiedener Scheinwerfer zu erhalten, wenn die Luftabsorption und die Umfeldhelligkeit bekannt sind und der vom Sehwinkel und der Umfeldhelligkeit abhängige Reizschwellenwert der Leuchtdichte festgelegt ist. Bei Annahme eines vollkommen dunklen Umfeldes gilt folgende Beziehung:

$$B_0 = B \cdot A^{S_W}. \tag{38}$$

Hierin ist: S_W = Sichtweite des Scheinwerfers in km,
 A = Absorption einer Luftschicht von 1 km,
 B = Leuchtdichte des Scheinwerfers in sb,
 B_0 = Reizschwellenwert der Leuchtdichte in Abhängigkeit vom Sehwinkel.

Der Reizschwellenwert der Leuchtdichte in sb für vollkommen dunkles Umfeld ist in Abhängigkeit vom Sehwinkel in Minuten aus Abb. 623 zu entnehmen. (Durchmesser des Spiegels : Entfernung = 1 : 57 für 60 min). Der Absorptionsfaktor der Atmosphäre kann sehr verschieden große Werte annehmen, die zwischen 0,9 (klare Frostnacht) und 0,2 (Nebel oder starker Dunst) liegen. Auch ist die Absorption für die verschiedenen Wellenlängen des Lichtes verschieden groß und ändert sich je nach der Art der Lufttrübung (Nebel, Dunst usw.). Messungen hierüber sind bereits in großer Zahl vorgenommen worden, doch ließen sich infolge der Schwierigkeiten, die bei diesen Messungen auftreten, und der ungenügenden Möglichkeit der Festlegung der Trübungsart bisher einheitliche Ergebnisse nicht erzielen (siehe hierzu Literaturangaben).

Unter der *Reichweite eines Scheinwerfers* R_w wird die Entfernung verstanden, in der ein neben dem Scheinwerfer stehender Beobachter einen vom Bündel beleuchteten Gegenstand noch gerade wahrnehmen kann. Da diese Entfernung außer von der Maximallichtstärke des Scheinwerfers noch von der Absorption der Atmosphäre, der Sehwinkelgröße und dem Reflexionsvermögen des beleuchteten Gegenstandes und dem seitlichen Abstand des Beobachters vom Scheinwerfer abhängt, so stellt die Angabe der Reichweite nur dann ein für Scheinwerfer vergleichbares Merkmal dar, wenn alle außer der Maximallichtstärke noch zu berücksichtigenden Faktoren eine allgemeingültige Festlegung erfahren haben, wie sie im DIN-Blatt 5037 anläßlich einer Neuausgabe beabsichtigt ist. Hier soll daher lediglich die Gleichung angegeben werden, die den Zusammenhang der verschiedenen Faktoren aufzeigt:

$$I_{max} = \pi \cdot 10^{10} \frac{B_0 \cdot R_w^2}{\varrho \cdot A^2 R_w}. \tag{39}$$

Die Bezeichnungen stimmen mit denen der Gleichung (38) überein. ϱ ist das Reflexionsvermögen der beleuchteten Fläche, B_0 ergibt sich aus Abb. 623.

i) Konstruktionen von Scheinwerfer-Optik.

Die in Scheinwerfern zur Verwendung kommende Optik kann als *Linsen-* oder *Spiegeloptik* oder auch als Kombination von beiden ausgebildet sein. Die reine *Linsenoptik*, vornehmlich in Form von Fresnellinsen aus dioptrischen oder, bei größeren Öffnungsverhältnissen, aus dioptrischen und katadioptrischen Linsenringen (Abb. 624) zusammengesetzt, gestattet es, den Lichtstrom der Lichtquelle in zwei entgegengesetzte Richtungen gleichartig zusammenzufassen. Die Fresneloptik wird in Leuchtfeuern für die Schiffahrt und den Flugverkehr besonders häufig verwendet (vgl. J 6). Die für die Spiegeloptik angegebenen Berechnungsmethoden, so-

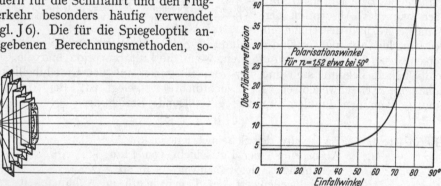

Abb. 624. Fresnellinse aus dioptrischen und katadioptrischen Ringen für Scheinwerfer. (Firma J. Pintsch, K.G., Berlin.)

Abb. 625. Oberflächenreflexion an poliertem Glas als Funktion des Lichteinfallwinkels.

weit sie der lichtstrommäßigen Behandlung angehören, gelten auch für die Linsenoptik. Die Berechnung von I_{max} nach Gleichung (24) kann ebenfalls angewendet werden, jedoch mit der Einschränkung, daß man bei der Fresnellinse nicht eine so gleichmäßig leuchtende Oberfläche erhält wie beim Parabolspiegel infolge der durch die Kanten und Ränder der Ringe und ihre Halterung sich ergebenden Unterbrechungen. An Stelle des Reflexionsvermögens beim Spiegel tritt der Verlust an den Glasoberflächen und im Glase, über den in Abb. 625 sowie E 3, S. 451 Angaben zu finden sind.

Die *Spiegeloptik* findet bei Scheinwerfern fast ausschließlich dort Anwendung, wo das Licht der Lichtquelle in nur eine Richtung konzentriert werden soll, also insbesondere für Suchscheinwerfer, Signalgeräte u. dgl. In diesen Geräten werden vorteilhaft Lichtquellen verwendet, die eine einseitige, auf den Spiegel gerichtete Lichtausstrahlung haben (Bogenlampen); andernfalls benutzt man zusätzliche, gegenüber dem Spiegel angeordnete Kugelspiegel, um den nicht direkt in den Hauptspiegel eingestrahlten Lichtstrom nutzbar zu machen. Man unterscheidet zwischen Oberflächenspiegeln aus Metall und rückseitig verspiegelten Glasreflektoren (Glassilberspiegel). Die *Metallspiegel* sind reine paraboloidische Spiegel, über deren Berechnung alles Nähere gesagt ist. Je nach der Genauigkeit ihrer Meridiankurve und ihrer Oberflächenbeschaffenheit kommen sie dem idealen Parabolspiegel mehr oder weniger nahe. Ihre Präzision hängt stark von dem verwendeten Material und von der Bearbeitung ihrer Oberfläche ab. Sie werden aus dünnem Material (Eisenblech, Messingblech u. dgl.) durch Drücken oder Ziehen, aus stärkerem Material durch Ausdrehen hergestellt. Da die Metallreflektoren Oberflächenspiegel sind, muß die Oberfläche hochglanzpoliert und gegen Korrosion geschützt sein (z. B. Eloxierverfahren bei Aluminium) oder mit einem korrosionsfreien, gut reflektierenden Metallüberzug versehen werden. Man benutzt dazu dünne Schichten aus mechanisch und chemisch schwer angreifbaren Metallen, die galvanisch oder durch elektrisches Zerstäubungsverfahren aufgebracht werden. Angaben über das Reflexionsvermögen der am häufigsten verwendeten Metalle sind in der Tabelle 35 (Anhang) für die einzelnen Wellenlängen und als Mittelwerte für das sichtbare Gebiet zu finden.

Glassilberspiegel unterscheiden sich von Metallspiegeln dadurch, daß ihre reflektierende Oberfläche gegen mechanische Einflüsse durch das Glas hinreichend geschützt ist. Chemische Einwirkungen auf die rückseitige spiegelnde Metallhaut werden durch weitere galvanisch auf diese gebrachte Metallüberzüge (z. B. Kupfer) und Decklacke genügend ferngehalten. Als Spiegelmetall wird am häufigsten reines Silber, neuerdings auch Aluminium, Rhodium und andere Metalle verwendet.

Im Gegensatz zum Metalloberflächenspiegel kann der Glassilberspiegel in optischer Hinsicht nicht als idealer Parabolspiegel gelten, da die an der spiegelnden Rückseite reflektierten Strahlen den Glaskörper zweimal durchdringen müssen. Dadurch tritt eine zweimalige Brechung der Strahlen beim Übergang von Luft in Glas und umgekehrt ein, so daß bei hochwertigen Spiegeln eine Abweichung von der Form des reinen Paraboloids erforderlich ist. Das Schleifen solcher

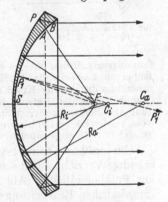

Abb. 626. Manginspiegel.
(Firma J. Pintsch K.G., Berlin.)

Oberflächen macht erhebliche Schwierigkeiten, so daß zunächst auf anderem Wege versucht wurde, der Wirkung des idealen Parabolspiegels nahe zu kommen.

So entstand der Manginspiegel (Abb. 626), ein sphärischer Hohlspiegel, bei dem beide Oberflächen als Kugelflächen mit verschieden großem Radius ausgebildet sind aus der Erfahrung heraus, daß die Kugelfläche sich am einfachsten und genauesten durch Schleifen herstellen läßt. Die Radien der Kugelflächen R_a und R_i und die Lage ihrer Mittelpunkte C_a und C_i sind so gewählt, daß die vom Brennpunkt F kommenden Strahlen annähernd senkrecht auf die innere Kugelfläche (A) fallen und nach der Reflexion an der verspiegelten äußeren Kugelfläche (P) beim Glasaustritt (B) durch Brechung in die gewünschte achsparallele Richtung gelenkt werden. Der Reflex an der vorderen Grenzfläche (etwa 5 % laut Abb. 625) weicht allerdings stark von der Achsrichtung ab (Strahl $F P_1 P_1'$) und erzeugt bei starken Lichtquellen störendes Nebenlicht. Wählt man den Radius der inneren Kugelfläche (R_i) gleich oder nahezu gleich der Brennweite (s. Abb. 626), so kann man diesen Reflex in seinem Schnürpunkt durch die Lichtquelle oder einen besonderen Abschatter unschädlich machen. Der Manginspiegel eignet sich nicht für große Öffnungsverhältnisse (über etwa 2:1) wegen der nach dem Spiegelrand zu schnell anwachsenden Glasdicke und dadurch verursachten Gewichtszunahme sowie der infolge stärkerer Brechung nach dem Rand zu eintretenden Farbenzerstreuung. Wegen der auf einfache Weise zu erreichenden Genauigkeit der Form und Güte der Oberfläche ist er erheblich billiger herzustellen als der Glasparabolspiegel, ohne ihm, wenigstens bei kleineren Öffnungsverhältnissen, in der Wirkung nachzustehen.

Um die Nachteile der großen Randstärke bei größeren Öffnungsverhältnissen zu vermeiden, ohne die vorteilhafte Kugelfläche ganz zu verlieren, wurde der *Sphäroidspiegel* (Abb. 627 und 628) entwickelt. Eine Ausführungsart desselben (Abb. 627) benutzt als äußere Oberfläche eine Kugelfläche (Radius R_a), als innere eine von der Kugelfläche etwas abweichende Fläche, deren Meridiankurve so geformt ist, daß durch die an ihrer Grenzfläche eintretende zweimalige Brechung die achsparallele Strahlenrichtung beim Austritt aus dem Spiegel erreicht wird. Der Reflex an der vorderen Grenzfläche erzeugt zwar auch bei diesem Spiegel ein als Nebenlicht störendes Streulicht, die Glasstärkenunterschiede sind jedoch viel geringer als beim Manginspiegel, so daß man mit diesem Spiegel noch gut

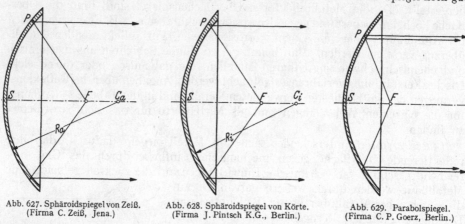

Abb. 627. Sphäroidspiegel von Zeiß.   Abb. 628. Sphäroidspiegel von Körte.   Abb. 629. Parabolspiegel.
(Firma C. Zeiß, Jena.)   (Firma J. Pintsch K.G., Berlin.)   (Firma C. P. Goerz, Berlin.)

Öffnungsverhältnisse bis 3:1 erreicht hat. Abb. 628 zeigt eine schleiftechnisch etwas einfacher zu bearbeitende Ausführungsart des Sphäroidspiegels, bei dem die Kugelfläche innen und die von der Kugel abweichende Fläche außen liegt. Auch hier weicht wie beim Manginspiegel der Reflex an der vorderen Grenzfläche von der achsparallelen Richtung ab. Beide Arten von Sphäroidspiegeln sind also gut dann zu verwenden, wenn das vom Vorderreflex herrührende Nebenlicht nicht stört. In solchen Fällen ist der Sphäroidspiegel für Öffnungsverhältnisse bis etwa 4:1 (bei kleineren Spiegeln) brauchbar.

Um größere Öffnungsverhältnisse zu erreichen, blieb nur noch der vollständige Verzicht auf die einfach zu schleifende Kugelfläche und der Übergang zur Paraboloidfläche (Abb. 629) übrig. Durch die Vervollkommnung der dazu erforderlichen Bearbeitungsmaschinen konnte auch diese Aufgabe gelöst werden. Man erreichte mit dem Parabolspiegel Öffnungsverhältnisse bis 5 : 1 für kleinere (z. B. Autoscheinwerfer), bis 3 : 1 für große Spiegel. Man unterscheidet auch hier verschiedene Ausführungsformen, die von einer weiteren Verbesserung der vorher beschriebenen Spiegel bis nahe an den idealen Parabolspiegel heranführen. Beim Parabolspiegel mit vollkommen gleicher Wandstärke sind die Schwierigkeiten, die durch Vorderreflexe und Brechung an der inneren Grenzfläche entstehen, noch nicht vollständig behoben, insbesondere nicht für große Spiegel infolge der für ihre Größe notwendigen Glasstärke. Die Entwicklung führte vom konfokalen Parabolspiegel, bei dem beide Flächen Paraboloide mit gemeinsamem Brennpunkt sind, über den Spiegel, bei dem Hauptreflex und Vorderreflex durch Deformieren der Flächen zusammenfallen, zu dem Straubelschen Spiegel, bei dem nicht nur Haupt- und Vorderreflexe, sondern auch alle übrigen Reflexe höherer Ordnung mit dem Hauptreflex zusammenfallen, vorausgesetzt natürlich, daß seine Oberfläche ideal nach der zugrunde gelegten Berechnung hergestellt ist. Es ist verständlich, daß bestes optisches

Glas und größte Präzision bei der Ausführung notwendig sind, um diesem Ideal möglichst nahe zu kommen. Daß es gelungen ist, Straubelsche Spiegel bis 2 m Durchmesser bei einem Öffnungsverhältnis von 2,5 : 1 herzustellen und mit derartigen Spiegeln in Scheinwerfern Lichtstärken von 2 Milliarden HK zu erreichen, beweist, wie weit diese Entwicklung fortgeschritten ist (siehe Tabelle 45 im Anhang).

k) Prüfverfahren für Scheinwerferspiegel.

Zur Prüfung von Scheinwerferspiegeln sind verschiedene Methoden entwickelt worden, die, soweit sie bekannt geworden sind, im folgenden beschrieben werden sollen.

Die *Linienbildmethode von* TSCHIKOLEW, die für Spiegel jeder Form, auch für Planspiegel, anwendbar ist, ermöglicht lediglich, Fehler der Spiegelfläche zu erkennen, ohne meßbare Werte über deren Größe anzugeben. Das Verfahren besteht darin, eine Tafel mit engmaschigem, quadratischem Liniennetz, etwas größer als der Spiegel, in einer Entfernung vom 2...3fachen der Brennweite vor dem zu untersuchenden Spiegel aufzustellen und durch eine kleine Öffnung im Durchstoßpunkt der Spiegelachse durch die Tafel das Linienbild im Spiegel zu betrachten. Ist die Netzstruktur im Bilde stellenweise verzerrt, laufen hier also die Linien nicht geradlinig oder in regelmäßiger Kurvenform, so sind an diesen Stellen Fehler der Spiegelfläche vorhanden. Nimmt man das Bild mittels eines in die Tafelöffnung eingesetzten, verzerrungsfreien Weitwinkel-Objektivs photographisch auf, so kann man die Netzbilder verschiedener Spiegel miteinander bzw. mit dem Netzbild eines einwandfreien Spiegels vergleichen. Untersucht man Spiegel mit verschieden großen Brennweiten, so ist auf gleiches Öffnungsverhältnis und gleiche Spiegelvergrößerung zu achten, d. h. die Linientafel muß für jeden Spiegel einen der Brennweite des Spiegels proportionalen Abstand vom Spiegel haben.

Um die Spiegelfehler auch ihrer Größe nach zu bestimmen und eine Trennung zwischen Parabolspiegeln und Spiegeln anderer Kurvenformen zu erhalten, wurde eine *Prüfmethode von der Firma Schuckert* entwickelt. Sie geht von der Bedingung aus, daß bei einem idealen Hohlspiegel alle parallel zur Achse in den Spiegel einfallenden Strahlen in einen Punkt, den Brennpunkt des Spiegels, reflektiert werden müssen. Um ein praktisch paralleles Strahlenbündel in den Spiegel einzustrahlen, wird bei diesem Verfahren eine starke Lichtquelle (Bogenlampe) weit vom Spiegel entfernt aufgestellt und der Spiegel mit seiner Achse genau darauf ausgerichtet. Im Abstand der doppelten Brennweite wird vor dem Spiegel eine runde Blechscheibe von der Größe des Spiegeldurchmessers aufgestellt (Blende), auf der sich kleine runde Öffnungen, auf konzentrischen Kreisen um den Mittelpunkt (Achsdurchstoßpunkt) gelegen, befinden. Um jeweils nur die Öffnungen auf *einen* der konzentrischen Kreise freizugeben, sind sie nicht radial, sondern spiralig angeordnet, und eine zweite Kreisscheibe mit radialen Längsschlitzen von der Breite der Lochdurchmesser wird vor den Öffnungen vorbeigedreht. So lassen sich nacheinander kleine, auf einem konzentrisch um die Achse des Spiegels liegenden Kreis durchtretende, parallele Lichtbündel in die verschiedenen Ringzonen des Spiegels einstrahlen. Diese Bündel müssen sich, wenn der Spiegel genaue Paraboloidform hat, im Brennpunkt vereinigen. Auf einer im Brennpunkt des Spiegels senkrecht zur Achse angeordnete Mattglasscheibe, die durch Feintrieb in Achsrichtung meßbar bewegt werden kann, werden die reflektierten Bündel aufgefangen und durch ein Mikroskop mit langem Tubus beobachtet. Durch Verschieben der Mattscheibe wird der Ort der besten Strahlenvereinigung für jede durch Freigeben der Blendenöffnungen untersuchte Ringzone des Spiegels aufgesucht und dann der Abstand der Mattscheibe vom Spiegelscheitel auf einer genügend fein unterteilten Skala abgelesen. Dieser Abstand entspricht dann jeweils der Brennweite der untersuchten Ringzone. Wäre der Spiegel für eine bestimmte Brennweite ideal ausgeführt, so müßte die beste Strahlenvereinigung für alle Zonen in einem Abstand gleich der Brennweite vorhanden sein. Praktisch liegen sie stets für einige Zonen etwas davor, für andere etwas dahinter. Trägt man die Durchmesser der untersuchten Zonen in einem rechtwinkligen Koordinatensystem als Abszisse, die eingestellten Abstände der Mattscheibe vom Scheitel als Ordinate ein, so erhält man eine Kurve, die mehr oder weniger um die der Sollbrennweite entsprechende horizontale Gerade pendelt. Sind die Ausschläge nach oben und unten annähernd gleichwertig und genügend gering, so kann der Spiegel als brauchbar angesehen werden. Liegt die Kurve stark einseitig über oder unter der Sollinie, so stimmt die Spiegelform im ganzen nicht mit der für die verlangte Brennweite erforderlichen Form überein. Ein guter paraboloidischer Glassilberspiegel von Schuckert mit einem wirksamen Durchmesser von 85 cm und einer Brennweite von 38 cm hat, nach dieser Methode gemessen, Maximalabweichungen von der Brennweite in der Größenordnung von 0,5 mm ergeben.

Eine ähnliche, elegantere Methode ist von P. Wagnet, A. Stampa und J. Dourgnon angegeben worden[1]: Vor dem mit parallelem Bündel angestrahlten, zu prüfenden Spiegel stehen senkrecht zur Achse eine feste Blende mit radialem Schlitz und eine drehbare Blende mit Spiralschlitz. Beim Durchdrehen bewegt sich der Kreuzungspunkt beider Linien in radialer Richtung, wobei die Entfernung von der Achse dem Drehwinkel der Blende proportional ist. Der am Spiegel reflektierte Strahl trifft auf einen Streifen photographischen Papiers, der auf einer kleinen mit der Drehblende verbundenen Trommel aufgespannt ist. Die dem Strahl zugewandte Mantellinie der Trommel fällt mit der Spiegelachse zusammen. Bei einem idealen Parabolspiegel wird so eine gerade Linie auf der Abwicklung des Trommelumfangs geschrieben, andernfalls eine Kurve, aus welcher die Zonenfehler abgelesen werden können.

Ähnlich wie die Schuckertsche Prüfmethode verfährt die *Methode von Salmoiraghi = Goerz*. Sie verwendet an Stelle der weit entfernten Lichtquelle und der Lochblende zwei parallel zur optischen Achse des Spiegels gerichtete und symmetrisch zu ihr angeordnete Kollimatoren, die zwei achsenparallele enge Lichtbündel auf die Spiegeloberfläche richten. Da sie auf einer senkrecht zur Achse stehenden Schiene durch Feintrieb verschiebbar sind, können sie auf alle Zonen des Spiegels gerichtet werden. Die übrige Einrichtung entspricht der beim Schuckertschen Verfahren. Durch einen Drehtisch, auf dem der zu untersuchende Spiegel ruht, kann jede Zone auf ihrem gesamten Umkreis geprüft werden, wobei natürlich Voraussetzung ist, daß optische Achse des Spiegels und Drehachse des Tisches zusammenfallen. Ebenso ist es erforderlich, daß die Achsen der beiden beweglichen Kollimatoren auf ihrem gesamten Weg vom Scheitel bis zum Spiegelrand genau parallel zur Spiegelachse ausgerichtet sind. Da hierbei Schwierigkeiten auftraten, wurde eine Verbesserung dahingehend vorgenommen, daß die Kollimatoren senkrecht zur Spiegelachse gerichtet und ihre Bündel durch zwei auf den Schienen bewegliche Pentagonalprismen um 90° auf den Spiegel umgelenkt wurden.

Die beschriebenen Verfahren zur Prüfung der Spiegel durch Messung ihrer Brennpunktabweichungen haben den Nachteil, daß die Einstellung der besten Strahlenvereinigung durch Beobachtung, also subjektiv vorgenommen werden

---

[1] Vgl. F. Born: Über einige Hilfsmittel bei der Messung von Scheinwerfern. Licht **3** (1933) 245—247.

muß. Die *Spiegelprüfmethode von Zeiß* ersetzt diese subjektiven Verfahren durch ein objektives mit photographischer Aufzeichnung, das noch den Vorteil hat, außer der Brennpunktabweichung weitere Fehler der Spiegel aufzuzeigen und zu messen. Im Gegensatz zu den vorgenannten Verfahren wird bei Zeiß der umgekehrte Strahlengang, also vom Brennpunkt ausgehend, benutzt. Im Brennpunkt des zu untersuchenden Spiegels wird ein Lichtpunkt sehr geringer Abmessungen angeordnet, dessen Strahlung nach der Reflexion am idealen Parabolspiegel parallel zur Spiegelachse gerichtet sein müßte. Neben diesem Lichtpunkt werden noch zwei weitere gleichartige Lichtpunkte angeordnet, die auf einer durch den Brennpunkt gehenden achsensenkrechten Geraden symmetrisch zum Brennpunkt liegen und deren Abstand voneinander der maximalen Kraterausdehnung der später zur Verwendung kommenden Bogenlampe entspricht. Die von den beiden äußeren Lichtpunkten auf den Spiegel treffenden Strahlen werden vom Spiegel nahezu parallel reflektiert. Bezeichnet man den Abstand der beiden äußeren Lichtpunkte mit Δl, so ist durch Δl und f der theoretische Maximalstreuwinkel δ_0 in der Achse gegeben. Da Δl sehr klein gegen f sein soll, gilt angenähert $\delta_0 = \dfrac{\Delta l}{f}$ [vgl. Gleichung (29)]. Von diesem theoretischen Achsen-Streuwinkel weicht der praktisch vorhandene Streuwinkel um einen bestimmten Betrag ab, der durch die Prüfung ermittelt werden soll. Hierzu ist in der Nähe der Brennebene des Spiegels eine Kamera mit langbrennweitigem Objektiv und kleiner Öffnung quer zur Spiegelachse verschiebbar angeordnet. Durch die Kamera werden die drei Lichtpunkte, die durch ein der Objektivöffnung entsprechendes kleines Flächenteil des Spiegels im Unendlichen abgebildet würden, in endlicher Entfernung auf der Mattscheibe abgebildet und nach Scharfeinstellung mit der photographischen Platte aufgenommen, und zwar in einem Maßstab gleich dem Verhältnis von Objektivbrennweite zu Spiegelbrennweite. Bewegt man die Kamera zunächst in Richtung der Verbindungslinie der drei Lichtpunkte von der Spiegelachse bis zum Spiegelrand (entlang eines Durchmessers des Spiegels), so müßte bei einem idealen Parabolspiegel der mittlere, im Brennpunkt des Spiegels liegende Lichtpunkt stets an der gleichen Stelle der Platte abgebildet werden, während die beiden außerhalb des Brennpunktes gelegenen Lichtpunkte von der Spiegelachse nach dem Spiegelrand zu dem Bild des mittleren Punktes näher rücken entsprechend der geringer werdenden Streuung nach dem Spiegelrand zu. Durch die fortlaufende Bewegung der Kamera müßten auf der Platte zwei gerade Striche, gerichtet auf den mittleren Punkt, entstehen. Gibt man gleichzeitig mit der Kamerabewegung der Platte eine Bewegung senkrecht zur ersten, so entsteht für jeden der drei Lichtpunkte eine gerade Linie, wobei die Linien der äußeren beiden Lichtpunkte schräg nach der mittleren Linie zu geneigt sind, sich also der Mittellinie nähern (geringer werdende Streuung nach dem Spiegelrand). Weicht die Spiegeloberfläche von der idealen ab, so treten an Stelle der geraden Linien gekrümmte oder gewellte Linien auf, und Abweichungen von der Geraden geben maßstabgetreu die Fehler des Spiegels an. Weicht der Vorderreflex eines Glassilberspiegels von dem Hauptreflex ab, so werden auch seine Linien aufgenommen, die allerdings infolge der viel geringeren Lichtstärke bedeutend schwächer gezeichnet sind. Ein auf die Platte aufgebrachtes paralleles Liniennetz gestattet dann, die Streuwinkel der einzelnen Spiegelzonen im Meridionalschnitt des Spiegels direkt abzulesen. Stellt man nun die drei Lichtpunkte senkrecht zu ihrer ursprünglichen Richtung ein, so erhält man unter Beibehaltung der Bewegungsrichtung der Kamera (also jetzt quer zur Verbindungslinie der drei Lichtpunkte) das Bild für die Streuwinkel der einzelnen Zonen im Sagittalschnitt des Spiegels. In diesem Fall muß jedoch die Platte bei der

Kamerabewegung eine Bewegung in der gleichen Richtung wie die Kamera haben. Praktisch kommt man mit nur der einen Plattenbewegung quer zur Kamerabewegung aus, wenn man im zweiten Fall ein Reversionsprisma vor das Kameraobjektiv, also in den parallelen Strahlengang, einschaltet. Durch Rotieren des Spiegels um seine Achse kann man die Streuungen im Sagittalschnitt innerhalb der einzelnen Zonen auf dem vollen Spiegelumfang untersuchen.

Eine weitere sehr anschauliche Methode der Spiegelprüfung, die ebenfalls auf objektivem Wege zur zahlenmäßigen Bestimmung der Spiegelfehler führt, ist von Wetthauer angegeben worden. Er benutzt dazu eine ähnliche Anordnung, wie er sie für die Prüfung von Linsen entwickelt hat. Das Prinzip ist das der streifenden Abbildung der sich im Brennpunkt oder seiner Nähe schneidenden Bündel parallel in den Spiegel eingestrahlten Lichtes. Der Aufbau der Prüfeinrichtung ist folgender: Auf einer vor der Spiegelöffnung senkrecht zur Spiegelachse befindlichen Schiene sind an den beiden Enden außerhalb des Spiegelrandes zwei Kollimatoren fest angebracht, die parallele Lichtbündel von im Brennpunkt ihrer Objektive befindlichen beleuchteten Spalten in Richtung der Schiene, also senkrecht zur Spiegelachse strahlen. Zwei auf der Schiene in gleichem Abstand von der Spiegelachse verschiebbar angeordnete Pentagonalprismen bewirken eine exakte Umlenkung der beiden parallelen Bündel um 90° und strahlen sie parallel zur Spiegelachse in den Spiegel ein. Nach der Umlenkung passieren die beiden Bündel eine mit engen Querschlitzen versehene Blende derartig, daß immer nur zwei Schlitze, die symmetrisch zur Spiegelachse und in gleichem Abstand von ihr liegen, von den parallelen Bündeln getroffen werden. Die durch die Schlitze hindurchtretenden parallelen Bündel gelangen auf die zu untersuchende Zone der Spiegeloberfläche und müßten sich nun beim idealen Parabolspiegel nach der Reflexion an seiner Oberfläche in der Spiegelachse, und zwar im Brennpunkt des Spiegels kreuzen, da ihre Einstrahlung in den Spiegel achsparallel erfolgt. Im Brennpunkt ist eine kleine, vollkommen plane photographische Platte (etwa 15 · 15 mm) mit sehr geringer Neigung gegen die die reflektierten Bündel enthaltende Ebene angebracht, die von den Bündeln gerade noch gestreift wird und auf der so die Spaltbilder der Kollimatoren als schmale, scharf begrenzte Lichtstreifen erscheinen. Bewegt man nun durch einen gemeinsamen Feintrieb die beiden Pentagonalprismen auf der Schiene über die der Zahl der zu untersuchenden Spiegelzonen entsprechenden Schlitze der Blende, so erhält man auf der Platte nacheinander die an den einzelnen Spiegelzonen reflektierten Bündel und ihrer Kreuzungspunkte, d. h. die Brennpunkte aller untersuchten Zonen. Da die untersuchten Spiegel stets vom idealen, fehlerfreien Parabolspiegel abweichen, erhält man auf der entwickelten Platte ein Bild, das die Abweichungen der Brennpunkte der einzelnen Zonen voneinander und ihre Lage zur Achse deutlich erkennen läßt. Wird jetzt die kleine Platte in einem bestimmten Maßstab stark vergrößert (s. Abb. 630), so kann man die Abstände der einzelnen Brennpunkte voneinander und von der Achse durch Messung genau ermitteln und auf Grund des bekannten Vergrößerungsmaßstabes ihre wahren Werte errechnen. An Stelle der Messung und Errechnung kann auch ein Toleranzkreis um den Brennpunkt des Spiegels gezeichnet oder aufgelegt werden, dessen Größe durch die Abnahmebedingung für den Spiegel gegeben ist und der die Brennpunkte aller untersuchten Spiegelzonen einschließen muß. Ein besonderer Vorteil der Einrichtung besteht noch darin, daß sie leicht an jeden bereits in eine Fassung oder in ein Gehäuse eingesetzten Spiegel angebracht werden kann, also die Fehler bestimmt, die der Spiegel in seinem Verwendungszustand aufweist.

Zu den beschriebenen Spiegelprüfmethoden soll noch erwähnt werden, daß sie nichts aussagen über die Politur der Spiegeloberfläche, das Reflexionsvermögen der Verspiegelung und die Absorption im Glase. Dazu sind weitere Messungen erforderlich, die auf verschiedene Weise vorgenommen werden können, worüber an anderer Stelle des Buches Näheres gesagt ist. Bei den hochwertigen Spiegeln ist ferner noch zu achten auf Schlierenbildung, Spannungen und Blasen im Glase sowie auf die Haltbarkeit der Verspiegelung insbesondere bei hohen Temperaturen.

1) Geometrische Optik der Spiegel und ihrer Fehler.

Die Spiegelprüfmethoden sind aufgebaut auf der geometrisch-optischen Betrachtungsweise der Spiegel, die für die exakte Durchrechnung und Prüfung hochwertiger Glassilberspiegel angewendet wird. Da die geometrische Optik mit Begriffen und Definitionen arbeitet, die von den in der Lichttechnik gebräuchlichen abweichen, sollen diese, soweit sie die Scheinwerferspiegel betreffen, hier angeführt und kurz erläutert werden (nähere Einzelheiten sind außer in den einschlägigen optischen Fachbüchern in dem Buch von SONNEFELD[1] zu finden). Der

Abb. 630. Vergrößertes Bild des Strahlenganges im Brennpunkt eines Parabolspiegels, aufgenommen nach der Spiegelprüfmethode von WETTHAUER.

Optiker spricht wie bei der Linse auch beim Hohlspiegel von einer *Abbildung* (Bild) der Lichtquelle (Gegenstand, Ding) durch den Spiegel. Die Bedingung für das Zustandekommen einer fehlerfreien Abbildung ist die Wiedervereinigung aller vom Dingpunkt ausgehenden Strahlen im Bildpunkt sowie ihr konstanter Lichtweg. Wird die Länge des Strahles vom Dingpunkt zum Spiegel mit $\mathfrak{S}$, vom Spiegel zum Bildpunkt mit $\mathfrak{S}'$ bezeichnet, so gilt also bei fehlerfreier Abbildung für alle vom Dingpunkt ausgehenden Strahlen die Gleichung:

$$\mathfrak{S} + \mathfrak{S}' = \text{const.} \qquad (40)$$

Ein leicht zu verstehendes Beispiel dafür ist der Kugelspiegel mit Dingpunkt und Bildpunkt im Kugelmittelpunkt (Anwendung als Gegenspiegel bei Anstrahlern und Scheinwerfern), der Ellipsenspiegel mit Dingpunkt im einen und Bildpunkt im zweiten Brennpunkt der Ellipse (Fadenkonstruktion). Die geometrische Optik spricht weiter von der *Vergrößerung* oder dem *Abbildungsmaßstab* und versteht darunter das Verhältnis $\mathfrak{S}' : \mathfrak{S}$. Der Abbildungsmaßstab beim Kugelspiegel bzw. Ellipsenspiegel (entsprechend vorgenannter Lage des Dingpunktes) ist unter der Bedingung der Gültigkeit der Gleichung (40):

$$\mathfrak{S}' : \mathfrak{S} = 1 \quad \text{(Kugelspiegel)}, \qquad (41)$$

$$\mathfrak{S}' : \mathfrak{S} > 0 \quad \text{(Ellipsenspiegel)}. \qquad (42)$$

---

[1] SONNEFELD: „Die Hohlspiegel."

Beim idealen Parabolspiegel ist der Abbildungsmaßstab für das Bild im Brennpunkt, also bei parallelem Lichteinfall (Dingpunkt in unendlicher Entfernung, also $\mathfrak{S} = \infty$):

$$\mathfrak{S}'/\mathfrak{S} = 0. \tag{43}$$

Liegt der Dingpunkt (Lichtquelle) nicht im Unendlichen, sondern im Brennpunkt des Parabolspiegels (umgekehrter Strahlengang), so kann infolge des parallelen Strahlenganges nach der Reflexion keine Strahlenvereinigung im Endlichen zustande kommen. Man spricht daher beim Parabolspiegel von einer Abbildung im Unendlichen. Verschiebt man den Dingpunkt z. B. beim Kugelspiegel auf der Spiegelachse aus dem Kugelmittelpunkt heraus, so tritt „sphärische Aberration oder Längsaberration" (Strahlabweichung) ein. Die Strahlen schneiden sich nach der Reflexion nicht mehr im Mittelpunkt der Kugel, sondern in vielen Punkten längs der Spiegelachse vor oder hinter dem Kugelmittelpunkt. Man spricht in solchem Falle von punktloser Abbildung. Beispiel: Brennfläche oder Kaustik des Kugelspiegels bei unendlich ferner Lichtquelle (Sonne). Auch bei nichtsphärischen Spiegeln, z. B. beim Parabolspiegel, spricht man in der geometrischen Optik von sphärischer oder Längsaberration. Je nach der Lage der Ebene, in der die Untersuchung vorgenommen wird, wird unterschieden zwischen der *sphärischen Aberration in der Meridionalebene*, einer Ebene, die durch die Rotationsachse des Spiegels gelegt wird und seine Meridiankurve z. B. die Parabel enthält, und der *sphärischen Aberration in der Sagittalebene*, einer Ebene, die senkrecht zur Meridionalebene steht und z. B. durch den Brennpunkt der Parabel hindurchgeht. Die Sagittalebene schneidet die Spiegeloberfläche bei Rotationsflächen, z. B. bei der Parabel, in einer Kreiskurve. Die Größe der sphärischen Aberration ist abhängig von der Genauigkeit der Spiegeloberfläche. Beim idealen Parabolspiegel vereinigen sich zwei achsparallele und symmetrisch zur Achse eingestrahlte enge Lichtbündel sowohl in der Meridionalebene als auch in der Sagittalebene im Brennpunkt des Spiegels, d. h. der ideale Parabolspiegel ist aberrationsfrei. Sobald Formfehler der Spiegeloberfläche in irgend einer untersuchten Spiegelzone derart vorhanden sind, daß die Schnittpunkte der in diese Zone eingestrahlten achsenparallelen und achsensymmetrischer Bündel nicht im Brennpunkt, sondern in benachbarten Punkten der Achse liegen, hat der Spiegel sphärische Aberration, deren Größe durch den Abstand der Schnittpunkte vom Brennpunkt bestimmt wird.

Ein weiterer Begriff der geometrischen Optik ist die *Koma-Abweichung*. Während die sphärische Aberration sich auf achsensymmetrische Strahlenbündel bezieht, hat die Komaabweichung schräg zur Achse gerichtete sog. schiefe Bündel zum Gegenstand. Läßt man in den Parabolspiegel parallele Sonnenstrahlen in einer zur Achse geneigten Richtung einfallen, so tritt eine einseitige Verzerrung des Sonnenbildes im Brennpunkt auf in der Weise, daß das Sonnenbild kometenähnliche Gestalt annimmt. Verschiebt man umgekehrt eine im Brennpunkt des Parabolspiegels befindliche Lichtquelle seitlich aus der Spiegelachse heraus, so erhält man ein Bündel, das nicht mehr achsensymmetrisch ist und auf dem Auffangschirm ein elliptisches Feld mit einseitig liegender Maximallichtstärke, also ebenfalls einem Kometen ähnlich, ergibt. Dasselbe tritt ein, wenn die Lichtquelle zwar achsensymmetrisch liegt, aber der Spiegel von der Rotationsform abweicht, also einseitig verdrückt ist.

Von Bedeutung für die geometrisch-optische Behandlung der Spiegel ist weiter die sog. *Sinusbedingung*, aus der der Abbildungsmaßstab für die einzelnen Spiegelzonen abgeleitet werden kann.

Man versteht unter der Sinusbedingung das Sinusverhältnis der Neigungen der Strahlen gegen die Spiegelachse, und es gilt dafür folgende Gleichung:

$$\frac{\mathfrak{S}'}{\mathfrak{S}} = \frac{\sin u}{\sin u'}, \tag{44}$$

worin u die gegen die Spiegelachse vorhandene Neigung des in den Spiegel eintretenden, u' die Neigung des reflektierten Strahls, $\mathfrak{S}$ die Weglänge des eintretenden, $\mathfrak{S}'$ die des reflektierten Strahles bedeuten. Wendet man diese Gleichung für den Parabolspiegel bei achsenparalleler Einstrahlung (Dingpunkt im Unendlichen, $\mathfrak{S} = \infty$) an, so gilt für die Weglänge $\mathfrak{S}'$ vom Spiegel bis zum Bildpunkt:

$$\mathfrak{S}' = \frac{\mathfrak{S} \cdot \sin u}{\sin u'}. \tag{45}$$

Nun gilt trigonometrisch für die Einfallshöhe h der Strahlen (bei Rotationsflächen), die in Abb. 618 z. B. für den Punkt P des Spiegels mit y (Ordinate des Punktes P) bezeichnet ist, die Beziehung:

$$h = \mathfrak{S} \cdot \sin u = \mathfrak{S}' \cdot \sin u' \quad \text{[letztere nach Gleichung (44)]}. \tag{46}$$

Für parallel einfallendes Licht (Dingpunkt im Unendlichen) ist $\mathfrak{S} = \infty$ und damit $u = 0$. Für h ergibt sich laut Gleichung (46) auf der Seite des Dingpunktes der unbestimmte Wert $\infty \cdot 0$, auf der Seite des Bildes $\mathfrak{S}' \cdot \sin u'$. Als Sinusbedingung für den Parabolspiegel gilt demnach:

$$\mathfrak{S}' = \frac{h}{\sin u'}. \tag{47}$$

Ist $u' = 0$ (einfallender Achsstrahl), so ist $\mathfrak{S}' = f$, ist $u = 90°$, so ist $\mathfrak{S}' = 2f$ (Randstrahl bei 180° Spiegelöffnung). Man erkennt aus der Veränderung der Weglänge $\mathfrak{S}'$ die Änderung des Abbildungsmaßstabes vom Scheitel nach dem Spiegelrand zu. Das bedeutet, daß die Abbildung der im Brennpunkt des Parabolspiegels befindlichen Lichtquelle nach dem Rand des Spiegels zu ständig kleiner wird. So erklärt sich die Ungleichmäßigkeit des vom Scheinwerferbündel beleuchteten Feldes, die bereits früher in den Abb. 619 und 620 bei der Erläuterung der Streuung dargestellt worden ist. Je größer die Änderung der Weglänge, d. h. je größer das Öffnungsverhältnis des Parabolspiegels ist, um so größer sind daher die auftretenden Unterschiede des Abbildungsmaßstabes und die Ungleichmäßigkeit des vom Bündel beleuchteten Feldes. Ferner läßt das schnelle Anwachsen von $\mathfrak{S}'$ beim Parabolspiegel auf starke Koma schließen.

m) Herstellung der Glas-Silber-Spiegel.

Die Herstellung der in Scheinwerfern verwendeten hochwertigen Glasspiegel erfordert mehrere zeitlich ausgedehnte Arbeitsgänge auf Maschinen hoher Präzision. Im Gegensatz zu Metallspiegeln

Abb. 631. Vorschleifmaschine für große Scheinwerferspiegel.
(Firma O. Ahlberndt, Berlin.)

können sie daher nicht serienweise im üblichen Sinne hergestellt werden, und ihr Preis ist wesentlich höher. Die einzelnen Arbeitsgänge sind: Herstellung der Glaskörper (Rohlinge), Schleifen und Polieren, Versilberung. Die Rohlinge werden aus gutem optischen Glas hergestellt, das in Platten der erforderlichen Stärke gegossen und glattgewalzt wird. Nach langsamer, Spannungen im Glase verhindernder Kühlung des Glases wird die Platte in die rohe Spiegelform durch nochmaliges Erhitzen und damit Erweichen hineingesenkt, wobei die obere

Glasfläche angenähert eine Parallelfläche zur Senkschale wird. Nach erneuter gleichmäßiger und langsamer Kühlung ist der Rohling zum Schleifprozeß fertig.

Einige Zahlenangaben, wie spezifisches Gewicht, Kohäsionspunkt, Volumen, Oberfläche, optische Eigenschaften des gebräuchlichen Spiegelglases seien angegeben:

Spezifisches Gewicht: 2,45...2,72.
Kohäsionspunkt etwa bei 550° C.
Volumen des Rotationsparaboloids:

$$V = \frac{\pi}{8} \cdot D^2 \cdot x \qquad (48)$$

(x = Pfeilhöhe des Spiegels).

Äußere Oberfläche des Rotationsparaboloids:

$$O = \pi \cdot D \, \frac{(D^2 + 16\,x^2)^{3/2} - D^3}{6 \cdot 16\,x^2}. \qquad (49)$$

Brechungsexponent des Glases: $n_D = 1,522$.

Das Schleifen des Rohlings erfordert allein drei Arbeitsgänge: das Vorschleifen oder Vorfräsen, das Feinschleifen und das Schablonieren. Die hierzu notwendigen Maschinen haben folgende Einrichtungen:

1. eine genau zentrisch laufende Spindel zur Aufnahme der Schleifschale mit dem darauf befestigten

Abb. 632. Schabloniermaschine für große Scheinwerferspiegel.
(Firma O. Ahlberndt, Berlin.)

Spiegel, 2. einen Führungsmechanismus für das Schleifwerkzeug mit Leitkurve und 3. das Schleifwerkzeug mit schnell rotierender Schleifscheibe. Bei der Vorschleif- und Feinschleifmaschine (Abb. 631) wird das Schleifwerkzeug in der Meridianebene des Spiegels, also entlang einer aus Stahl genauestens hergestellten Meridiankurve, bei der Schabloniermaschine (Abb. 632) in zur Spiegelachse parallel verlaufenden Ebenen geführt unter Benutzung der Tatsache, daß die Kurven in solchen Schnitten ebenfalls Parabeln sind, deren Brennweite gleich der der Parabel im Meridianschnitt ist. Das Schablonieren soll durch die geänderte Arbeitsrichtung die beim Schleifen entstandenen spiralig verlaufenden Spuren des Werkzeuges ausgleichen. Als Schleifwerkzeug finden Schmirgelscheiben verschiedener Korngröße Verwendung. Anschließend an das Schleifen erfolgt

Abb. 633. Poliermaschine für große Scheinwerferspiegel.
(Firma O. Ahlberndt, Berlin.)

das Polieren auf besonderen Poliermaschinen (Abb. 633). Das Polierwerkzeug besteht aus einer in einem Kugelgelenk beweglichen Scheibe oder Spindel, an der wieder in Kugelgelenken mehrere Flächen angebracht sind, deren gekrümmte Unterseite mit Filz versehen ist. Durch die Drehung des Spiegels und die hin- und hergehende Bewegung des Werkzeuges ergibt sich eine

Abb. 634. Suchscheinwerfer mit 110 cm Spiegeldurchmesser, von vorn gesehen.
(C. Mattner, Scheinwerfer der deutschen Luftwaffe.)

Abb. 635. Suchscheinwerfer mit 110 cm Spiegeldurchmesser, von hinten gesehen.
(C. Mattner, Scheinwerfer der deutschen Luftwaffe.)

Abb. 634, 635. Scheinwerfer von 110 cm Durchmesser. a Bettung mit Spindeln, b Untersatz, c Drehtisch mit Tragarmen, d Scheinwerfergehäuse, e Leitungsanschlusse, f Steckdose für Übertragungsgeräte, g Übertragungsgerät für
Höhe, h Übertragungsgerät für Seite, i Schleifringkörper für Übertragungsgeräte, k Teilkreis für Seitenrichtung,
l Gradbogen für Höhenrichtung, m Höhenhandrad, n Klemmhebel für Seitenrichtung, o Meßgerät, p Brustlenker,
q Abschlußglas, r Entlüftungskamin, s Lampe, t Spiegel, u Zieldiopter.

ständige Rotation der einzelnen kleinen Polierflächen um ihre Achse und um die Achse des Werkzeuges. Durch Federn oder Gewichte werden die Polierflächen mit ihrer Filzauflage auf die Spiegeloberfläche gedrückt. Als Poliermittel dient feingeschlemmtes Eisenoxyd, sog. Polierrot. Nach dem Polieren findet eine eingehende Säuberung der Spiegeloberfläche und anschließend die Versilberung statt. Eine galvanische Verkupferung der Silberschicht und Aufspritzen von haltbaren Lacken beenden die Fabrikation.

Literatur.

Anstrahler.

L'Éclairage par Projecteurs. Brochure Nr. 11, editée par la Société pour le Perfectionnement de l'Eclairage, Paris.

Scheinwerfer.

Allgemeines.

Bloch, L.: Lichttechnik. München und Berlin: R. Oldenbourg 1921.
Cady, F. E. u. H. B. Dates: Illuminating Enginneering. New York: John Wiley and Sons 1928.
Mast, R.: Grundzüge der Scheinwerfertechnik. Licht u. Lampe 1936, Nr. 5, 123—125.
Mattner, C.: Scheinwerfer der deutschen Luftwaffe. Z. VDI 81 (1937) Nr. 33, 953—956.
Sonnefeld, C. A.: Die Hohlspiegel. Union Deutsche Verlagsgesellschaft 1925/26 (dort weitere Literaturangaben).
Wien, W. u. F. Harms: Handbuch der Experimentalphysik, Bd. XI, 3. Teil, Elektrische Beleuchtung von Dr. H. Schering.

Optik.

Boegehold, H.: Geometrische Optik. 1927.
Ewald, W., H. Schulz u. Weidert: Die optische Werkstatt. 1930.
Gehlhoff, G.: Lehrbuch der technischen Physik, Bd. II, Optik. 1926.
Geiger, H. u. Scheel, K.: Handbuch der Physik, Bd. XVIII, Geometrische Optik. Berlin: Julius Springer 1927.
Halbertsma, N. R.: Über die Beziehungen zwischen Optik und Lichttechnik. Dtsch. opt. Wschr. 1921, Nr. 1, 3ff.
Naumann, H.: Zur Fiktion der punktförmigen Lichtquelle. Zentr.-Ztg. Opt. Mech. 1929, 235—237.
Reeb, O.: Lichttechnische Grundbegriffe. Licht u. Lampe 1930, Nr. 6, 353—358.
Schulz, A. u. K. Radicke: Fremdwörterbuch für die Optik. Verlag der Deutschen optischen Wochenschrift. Weimar.

Spiegeluntersuchung.

D.L.T.G. Kommission für Lichtsignalwesen. Streuung eines Scheinwerfers. Licht 1933, Heft 4, 84.
DIN-Blatt Nr. 5037 (März 1936), Bewertung von Scheinwerfern. Berlin: Beuth-Verlag.
Sonnefeld, C. A.: Fresnels Untersuchungen über den Nutzeffekt von Scheinwerfern. Zentr.-Ztg. Opt. Mech. 1929, 70, 71, 82, 84.
Sonnefeld, C. A.: Über die zulässigen Aberrationen bei Scheinwerferspiegeln. Licht 1935, Heft 3, 58—59.
Waguet, P., A. Stampa u. I. Dourgnon: Reflektorprüfmethode. La Génie civ. 1931, Nr. 1, 20ff.

Photometrieren von Scheinwerfern.

Benford, F.: Der Einfluß der Atmosphäre auf die Strahlung eines starken Scheinwerfers. Gen. electr. Rev. 29 (1926) Nr. 12, 873—879.
Bloch, L.: Die Wahl des Abstandes bei Scheinwerfermessungen. Licht u. Lampe 1932, Heft 1, 4—5.
Blondel, A. u. Ch. Laranchy: Bestimmung und Studium der Helligkeitsverteilung bei der Scheinwerferbeleuchtung. Ann. Physique 1917 (9), Nr. 7, 249—299.
Born, F. u. H. Knauer: Über einige Hilfsmittel bei der Messung von Scheinwerfern. Licht 1933, Heft 12, 245—247.
Erfle, H.: Über das Photometrieren von Scheinwerfern. Z. Beleuchtgswes. 1920, Heft 1, 4—8, 11—13.

EVANS, C. H. S. u. H. C. GIBSON: Eine Laboratoriumsmethode zur Messung des Gesamtlichtstromes eines Lichtstromes schwacher Divergenz. Proc. opt. Convent. Lond. 1926, 407—410.

GEHLHOFF, G.: Über das Photometrieren von Scheinwerfern. Z. Beleuchtgswes. **25** (1919) Heft 7. u. 8, 35ff., Heft 17 u. 18, 83ff.

GEHLHOFF, G. u. H. SCHERING: Über die Abhängigkeit des Reizschwellenwertes des Auges vom Sehwinkel. Z. Beleuchtgswes. **25** (1919) Heft 3. u 4, 17ff.

KLEINSCHMIDT, W.: Betrachtungen über die photometrische Grenzentfernung. Licht 1936, Heft 2, 37—40.

Herstellung von Glassilberspiegeln.

CREMER, F.: Die Fabrikation der Silber- und Quecksilberspiegel oder das Belegen der Spiegel auf chemischem und mechanischem Wege. Wien u. Leipzig 1922.

FRIEDEL: Methoden zur Herstellung fehlerfreier Silberspiegel. Zentr.-Ztg. Opt. Mech. 1925, Nr. 10, 153ff.

FUHRBERG, K.: Kritische Betrachtungen der optischen Verspiegelungen. Zentr.-Ztg. Opt. Mech. 1930, Heft 10 u. 11.

SCHIRMANN, M. A.: Über den Einfluß der Gase im Glas auf lichttechnische Fragen. Licht u. Lampe 1930, Heft 3. 139ff.

ZSCHIMMER: Glas als Werkstoff im Dienste der Lichttechnik. Licht u. Lampe 1923, Heft 14, 317—319.

Glasbearbeitungsmaschinen.

Neuzeitliche Glasbearbeitungsmaschinen. Dtsch. opt. Wschr. 1921, Nr. 50 u. 51, 883ff., 945ff.

SCHUMANN, R.: Neue optische Werkzeugmaschinen. Dtsch. opt. Wschr. 1921, 40ff., 188ff., 447ff.

Scheinwerferbogenlampen.

GEHLHOFF, G.: Bogenlampen mit erhöhter Flächenhelligkeit. Z. techn. Physik 1920, Heft 1, 7, 37.

GERDIEN u. LOTZ: Über eine Lichtquelle von sehr hoher Flächenhelligkeit. Wiss. Veröff. Siemens-Konz. **2** (1922) 489.

PODSZUS: Über Lichtquellen erhöhter Flächenhelligkeit. Elektrotechn. Z. **45** (1924) 523ff.

Entwicklung des Beck-Scheinwerfers. Licht u. Lampe 1922, Heft 22 u. 23, 493, 494.

Durchlässigkeit der Atmosphäre.

ANDERSON, S. H.: Nebeldurchlässigkeit bei verschiedenem Licht. Elektr. Wld. 1932, Nr. 12, 535.

BENNET, M. G.: Spektrale Durchlässigkeit der Luft und Sichtbarkeit künstlicher Lichtquellen. Illum. Engr. 1933. Nr. 3, 75—80.

BORN, F. u. K. FRÄNZ: Über einige Versuche zur zahlenmäßigen Charakterisierung des Nebels. Licht 1933. Heft 11. 225—228.

BORN, F. u. K. FRÄNZ: Über die Streuungseigenschaften des Nebels. Licht 1935, Heft 8, 187—192.

DZIOBEK, W., M. WOLFF u. F. BORN: Untersuchungen über die Lichtdurchlässigkeit des Nebels. Z. techn. Physik 1933, Nr. 7, 289—293.

FOITZIK, L.: Messungen der spektralen Lichtdurchlässigkeit von Naturnebeln mit einem neuen Sichtmesser. Naturwiss. 1934, Nr. 22—24, 384—386.

FOULKE, T. E.: Die Durchlässigkeit der Atmosphäre für Licht bei nebligem Wetter. Trans. Illum. Soc. 1929, 184.

HOLMES, F. M. E. u. B. O'BRIEN: Durchlässigkeit von Nebel und Dunst für Licht. J. opt. Soc. Amer. 1932, Nr. 1, 9ff.

MÜLLER, C., H. THEISSING u. A. KIESSING: Die Durchlässigkeit von Wolken und Nebeln für sichtbare und ultrarote Strahlung. VDI-Z. **76** (1932) Nr. 39, 529ff.

POKOWSKI, G. I.: Beobachtungsergebnisse über die Lichtzerstreuung im Wassernebel. Z. Physik 1927, Nr. 5, 6, 9, 10, 394—403, 769—772.

F. Entwurf von Beleuchtungsanlagen.

F 1. Physiologische Grundlagen.

Von

WILHELM ARNDT-Berlin-Charlottenburg.

Mit 18 Abbildungen.

a) Adaptation des Auges. Zapfen- und Stäbchensehen. Duplizitätstheorie.

Bau und Wirkungsweise der menschlichen Augen sind im Abschnitt C 1, S. 249 f. behandelt. Nur die für die Lichttechnik wichtigsten physiologischen Erscheinungen werden hier zusammengefaßt, um die praktischen Folgerungen, insbesondere für den Entwurf von Beleuchtungsanlagen, daraus ziehen zu können.

Auf der lichtempfindlichen Netzhaut sind zwei Empfängerarten zu unterscheiden, die *Zapfen* und die *Stäbchen*, die aber nicht gleichmäßig auf der Netzhaut verteilt sind. Während die Zapfen sich besonders dicht in der Netzhautmitte (Fovea centralis) befinden, ist in der Netzhautperipherie die Stäbchendichte am größten. In der Netzhautmitte selbst fehlen die Stäbchen ganz. Diesen anatomischen Befund bringt die im wesentlichen durch v. KRIES [1] erklärte „Duplizitätstheorie" in Zusammenhang mit den beiden Arten des Sehens, dem sog. „Tagessehen" und dem „Dämmerungssehen", die daher auch mit „Zapfensehen" bzw. „Stäbchensehen" bezeichnet werden. Die Erfahrung lehrt, daß diese beiden Arten oder Zustände des Sehens je nach *Adaptation* (vgl. auch C 1, S. 253 f.) des Auges bestehen. Die folgende Gegenüberstellung erläutert die Unterschiede der beiden Adaptationszustände des Auges.

	Tagessehen	Dämmerungssehen
Netzhautzustand	*hell*adaptiert	*dunkel*adaptiert
Wirksamkeit der	Zapfen	Stäbchen
Gesichtsfeldleuchtdichte . .	> 10 asb	< 0,01 asb [2]
Pupillendurchmesser	etwa 2 mm bei größter Helligkeit	8…10 mm (Abb. 636)
Absolutempfindlichkeit. . .	verhältnismäßig klein	verhältnismäßig groß α)
Spektralempfindlichkeit . .	V_λ	V_λ' (Abb. 637)
Farbenempfindung	vorhanden β)	nicht vorhanden γ)
Formenempfindlichkeit (Sehschärfe)	verhältnismäßig hoch, jedoch nur in der Netzhautmitte	verhältnismäßig gering, aber gleichmäßig in einem großen Netzhautbereich

[1] HELMHOLTZ, H. v.: Handbuch der physiologischen Optik, 3. Aufl. 2. Leipzig 1911.
[2] KOHLRAUSCH, A.: Zur Photometrie verschiedenfarbiger Lichtquellen. Licht u. Lampe 12 (1923) 555—561.

α) Die Empfindlichkeitssteigerung bei Dunkeladaptation nach voraufgegangener Hell-adaptation läßt sich an der Änderung des Reizschwellenwertes bestimmen, auf den bei Behandlung der „Grundempfindungen" in F 1 b, S. 568 eingegangen wird. Nach diesem Maß steigt die Empfindlichkeit um das Mehr-1000-fache. Starke individuelle Unterschiede sind vorhanden. Die Empfindlichkeit wächst bis 10…30 min Dunkelaufenthalt am stärksten und erreicht dann langsam einen festen Wert. Die Empfindlichkeitszunahme in einstündigem Dunkelaufenthalt nach voraufgegangener Helladaptation nennt man *Adaptationsbreite*.

β) Nur für die Netzhautmitte. Die Netzhautperipherie ist auch bei Helladaptation farbenblind. Die relative spektrale Empfindlichkeit der Randzonen (sog. Peripheriewerte) deckt sich etwa mit der Empfindlichkeitsverteilung V_λ, darf also nicht mit der farblosen Empfindlichkeitsverteilung V_λ' verwechselt werden, die beim Dämmerungssehen als reine Stäbchenwirkung herrscht.

γ) Das schließt nicht aus, daß auch bei vollständiger Dunkeladaptation kleine, den Adaptationszustand nicht merklich ändernde, farbige Lichter von hoher Leuchtdichte auch als farbig empfunden werden (z. B. Farbe der Sterne).

Die Empfindlichkeitssteigerung bei Dunkeladaptation nach voraufgegangener Helladaptation ist für die einzelnen Netzhautzonen verschieden. Die Netzhaut-

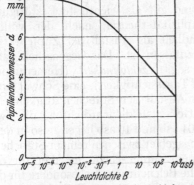

Abb. 636. Pupillendurchmesser d bei verschiedenen Ge-sichtsfeldleuchten B. (Nach Reeves. Aus J.W.T. Walsh, Photometry. London 1926.)

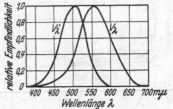

Abb. 637. Relative spektrale Augenempfindlichkeit. V_λ für die Zapfen, V_λ' für die Stäbchen.

mitte in einem Bereich von etwa $1\frac{1}{2}°$ Winkeldurchmesser (Bereich des deut-lichsten Sehens bei Helladaptation!) zeigt die geringste Empfindlichkeits-steigerung, die schon nach kurzer Zeit erreicht wird. Für die hier erforderlichen Adaptationszeiten gilt nach LOSSAGK [1] die in Abb. 638 gezeigte Abhängigkeit vom Kontrast, der hier in Prozenten angegeben ist,

$$z.\ B.\ Kontrast\ 1,018:1…1,8\%$$
$$,,\ \ \ \ \ \ \ \ \ 1,2\ \ \ :1…20\%$$
$$,,\ \ \ \ \ \ \ \ \ 9\ \ \ \ \ :1…800\%.$$

Für etwa 4° Abstand von der Netzhautmitte tritt bei Dunkeladaptation schon eine Empfindlichkeitssteigerung auf das 60fache ein. Die höchste Empfindlich-keitssteigerung weisen die Netzhautzonen zwischen 10° und 20° auf; die Empfind-lichkeitssteigerung der Netzhautrandzonen ist wieder geringer. Bei *Hell*adapta-tion ist im Gegensatz dazu die Netzhaut*mitte* etwa 40mal empfindlicher als die Randzonen. Es sei noch bemerkt, daß es sich bei den Zonenangaben der Netz-haut nicht um Kreis- bzw. Kreisringzonen handelt, sondern um annähernd elliptische Zonen, deren senkrechter Durchmesser kürzer als der waagerechte ist und deren nasen- und schläfenseitige Hälften sich nicht ganz gleichen.

Der auf ein energiegleiches Spektrum bezogenen spektralen Empfindlichkeit der Netzhautmitte V_λ — diese Empfindlichkeit ist im übrigen nach KOHL-RAUSCH [2] nicht unabhängig von der Ermittlungsmethode (vgl. C 3, S. 286 f.) — ist in Abb. 637 der relative Verlauf der spektralen Empfindlichkeit V_λ' bei Dunkel-adaptation gegenübergestellt. Der Höchstwert der Kurve V_λ' liegt etwa bei der Wellenlänge 505 mμ. Die Verschiebung der beiden Kurven gegeneinander läßt

[1] LOSSAGK, H.: Versuche über Adaptationszeiten. Licht **6** (1936) 126—131.
[2] KOHLRAUSCH, A.: Zur Photometrie farbiger Lichter. Licht **5** (1935) 259—260, 275—280.

folgendes erkennen: Beim Vergleichen verschiedenfarbiger Lichter, z. B. eines roten mit einem blauen, die bei Leuchtdichten oberhalb 10 asb als gleich hell angesprochen sein mögen, muß *dann* eine starke Überbewertung des blauen Lichtes gegenüber dem roten auftreten, wenn die Leuchtdichte beider Lichter in objektiv oder energetisch gleicher Weise soweit herabgesetzt wird, daß reines Dämmerungssehen (< 0,01 asb) herrscht. Diese Helligkeitsverschiebung wird als *„Purkinjesches Phänomen"* bezeichnet. Für ein Feld von etwa 1¹⁄₂° Durchmesser um die Netzhautmitte fehlt die Purkinjesche Erscheinung; auch völlig *farbenblinde* Menschen kennen diese Erscheinung nicht. Die Kurve ihrer Spektralempfindlichkeit deckt sich weitgehend bei größten und kleinsten Adaptationsleuchtdichten mit der Stäbchenkurve V'_λ farbtüchtiger Menschen. Dieser Befund gilt als wichtigste Bestätigung der Duplizitätstheorie, nach der völlige Farbblindheit als Ausfall der Zapfentätigkeit aufzufassen ist. Das Gegenstück dazu ist die sog. *Nachtblindheit* (Hemeralopie, wörtlich Tagessichtigkeit), eine Schwächung oder der Ausfall der Stäbchentätigkeit.

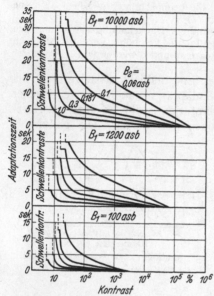

Abb. 638. Adaptationszeiten (s) bei plötzlicher Änderung der Gesichtsfeldleuchtdichte B_1 auf die Leuchtdichte B_2 in Abhängigkeit vom Kontrast eines Prüfobjektes von 1¹⁄₂° Sehwinkelgröße (Netzhautmitte).

Bei Gesichtsfeldleuchtdichten, die zwischen 0,01 asb und 10 asb liegen, also in dem Übergangsgebiet zwischen reinem Stäbchen- und reinem Zapfensehen, die aber für die künstliche Beleuchtung, insbesondere für die Straßenbeleuchtung von Bedeutung sind, vermischt sich das reine Dämmerungssehen allmählich mit dem Tagessehen. Die relative spektrale Empfindlichkeit verschiebt sich hierbei allmählich vom Verlauf der Kurve V'_λ in Abb. 637 in den Verlauf der Kurve V_λ. Die Purkinjesche Erscheinung tritt also für nicht zu kleine Sehobjekte je nach der Gesichtsfeldleuchtdichte mehr oder weniger stark auf [1]. Für die Festlegung der lichttechnischen Grundgrößen (vgl. A 4, S. 43 f.) und für alle photometrischen Fragen (vgl. C 2, S. 262 f.) ist diese Tatsache von entscheidender Bedeutung. Es sei aber nochmals hervorgehoben, daß im Zustand der *Dunkel*adaptation, also bei allen Gesichtsfeldleuchtdichten kleiner als 0,01 asb, stets die *Stäbchen*kurve, im Zustand der *Hell*adaptation, also bei allen Gesichtsfeldleuchtdichten größer als 10 asb, stets die *Zapfen*kurve für den Verlauf der Spektralempfindlichkeit des Auges gültig ist.

b) Die Grundempfindungen.

Zur Bestimmung der Empfindlichkeitssteigerung des Auges bei Dunkeladaptation ist die *Reizschwelle* benutzt und genannt worden. Diese Reizschwelle oder dieser Schwellenwert für Leuchtdichten in absolut dunkler Umgebung, der z. B. für die Sichtbarkeit von Lichtsignalen bei Nacht eine praktische Rolle spielt, ist häufig ermittelt worden [2]. Bei kleinen Sehwinkeln (< 1°) der

---

[1] Rosenberg, G.: Über den Funktionswechsel im Auge. Z. Sinnesphysiol. **59** (1928) 104—127. — Kohlrausch, A.: Handbuch der normalen und pathologischen Physiologie. **12**. Berlin 1931. Kap. Tagessehen, Dämmersehen, Adaptation, insbes. S. 1523—1525.
[2] Hierzu A. König: Physiologische Optik. Handbuch der Experimentalphysik von Wien-Harms. **20** (I) (1929), mit umfassenden Quellenangaben.

Leuchtfläche, die den Schwellenwert hervorruft, und bei direkter Beobachtung gilt die nach Ricco benannte Gesetzmäßigkeit, daß Leuchtdichte B und Fläche f des Lichtreizes gleichwertig sind. Unter diesen Umständen ist also nur die Lichtstärke $I = B \cdot f$ für den Schwellenwert maßgebend bzw. die Beleuchtungsstärke, die von dieser Lichtstärke am Auge erzeugt wird. Im Mittel kann diese Beleuchtungsstärke zu $0,001 \ldots 0,002 \cdot 10^{-6}$ lx angegeben werden [1]. Mit Rücksicht auf die praktischen Sehbedingungen z. B. bei der Küstenbefeuerung (vgl. J 9) hat man dagegen einen Schwellenwert von $0,2 \cdot 10^{-6}$ lx als maßgebend anerkannt [2].

Die Abhängigkeit der Reizschwelle vom Sehwinkel zeigt Abb. 639 für beidäugige Beobachtung. In zentralem, direktem Sehen sind etwa doppelt so hohe Reizleuchtdichten erforderlich, wie für periphere Beobachtung, wenn die Reizfläche etwa 60° exzentrisch liegt [3]. Aber auch die Art der Schwellenermittlung ist nicht ohne Bedeutung. Bei *übermerklicher* Beobachtung, d. h. bei allmählicher Erhöhung der zunächst nicht wahrnehmbaren Reizleuchtdichte bis an die Sichtbarkeitsschwelle, ergeben sich etwa doppelt so hohe Leuchtdichten wie für *untermerkliche* Beobachtung, also bei allmählicher Schwächung der Reizleuchtdichte bis an die Sichtbarkeitsschwelle. Alle diese Angaben gelten für das dunkeladaptierte Auge. Untersuchungen der Reizschwelle bei Helladaptation hat Nutting [4] angestellt. Nach Piper [5] soll beim Dämmerungssehen die Reizschwelle für beidäugiges Sehen niedriger sein als für einäugiges.

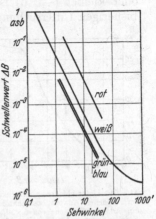

Abb. 639. Schwellenleuchtdichte ΔB in Abhängigkeit vom Sehwinkel der Reizfläche bei übermerklicher Beobachtung und für verschiedene Lichtfarben.

Auch über die Reizschwelle *farbigen* Lichtes liegen viele Untersuchungen vor [6]. Für beidäugige zentrale Beobachtung bei Dunkeladaptation sind neuere Ergebnisse [7] mit blau, grün und rot gefiltertem Glühlampenlicht in Abb. 639 mit eingetragen. Bei gleicher Sehwinkelgröße verhält sich demnach die Schwellenleuchtdichte von blauem zu weißem zu rotem Licht etwa wie $0,3 : 1 : 20$. Die für grünes Licht ermittelten Werte liegen sehr nahe bei denen für blaues Licht. Die deutliche *Farb*empfindung setzt unter den genannten Beobachtungsbedingungen erst bei höheren Leuchtdichten nach einem sog. *farblosen Intervall* ein.

Bei kurzzeitiger *Reizdauer t* gilt nach Blondel und Rey [8] für den Schwellenwert das Gesetz

$$I = I' \, \frac{a + t}{t} \, .$$

I ist die Lichtstärke des kurzzeitigen Reizlichtes, I' diejenige eines gleich gut erkennbaren Dauerlichtes, $a = 0,2$ ein Festwert [9].

Zu einer quantitativen Beurteilung ungleicher Helligkeitseindrücke ist das Auge nicht fähig. Mit der Größe des Helligkeitsunterschiedes zweier Flächen

[1] Arndt, W.: Über die Grenzen der Sichtbarkeit von Lichtern. Licht **5** (1935) 220—223. Über die Unterschiedsempfindlichkeit des Auges. Licht **7** (1937) 101—104.

[2] Born, F.: Die zweite internationale Seezeichenkonferenz. Licht **3** (1933) 195—197.

[3] Borchardt: Z. Sinnesphysiol. **48** (1914) 176.

[4] Nutting: Bur. Stand. Bull. **7** (1911) 235. — [5] Piper: Z. Psychol. **32** (1903) 161.

[6] Hierzu A. König: Physiologische Optik. Handbuch der Experimentalphysik von Wien-Harms. **20** (I) (1929).

[7] Arndt, W.: Über die Unterschiedsempfindlichkeit des Auges. Licht **7** (1937) 101—104.

[8] Blondel, A. and J. Rey: J. Physique Radium I (1911) 530, 643.

[9] Born, F.: Die zweite internationale Seezeichenkonferenz. Licht **3** (1933) 195—197.

nimmt zwar im allgemeinen auch dessen Wahrnehmbarkeit zu; über den Grad des Unterschiedes können aber keine Angaben gemacht werden. Es kann nur festgestellt werden, wann zwei Flächen gleich hell erscheinen. Selbst diese Feststellung begegnet Schwierigkeiten, wenn die Lichtfarben der beiden Flächen verschieden sind. Die Lichtmeßtechnik benutzt zur Überbrückung solcher Schwierigkeiten verschiedene Wege (vgl. C 3, S. 287).

Hat eine Fläche die Leuchtdichte B und ist auf einer unmittelbar benachbarten Fläche mit der Leuchtdichte $B \pm \Delta B$ der Leuchtdichtenunterschied ΔB gerade noch wahrnehmbar, so ist ΔB die *Unterschiedsschwelle* in bezug auf Helligkeit. Bei unscharfer Grenze zwischen den beiden Feldern vergrößert sich die Unterschiedsschwelle erheblich. Ob der Schwellenwert ΔB größer $(+\Delta B)$ oder kleiner $(-\Delta B)$ ist als die Vergleichsleuchtdichte B, scheint nach allen bisherigen Untersuchungen ohne Bedeutung zu sein. Bei starken Leuchtdichteunterschieden dagegen sind andere Ergebnisse zu erwarten bei einem Kontrast hell auf dunklem Grund gegenüber einem Kontrast dunkel auf hellem Grund.

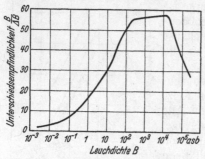

Abb. 640. Unterschiedsempfindlichkeit $B/\Delta B$ bei verschiedenen Adaptationsleuchtdichten B für ein Adaptationsfläche von $6 \times 4^{1}/_{2}°$ und eine Reizfläche von $3 \times 4^{1}/_{2}°$. (Nach Messungen von König und Brodhun.)

Das Verhältnis $B/\Delta B$ wird als *Unterschieds- oder Kontrastempfindlichkeit* bezeichnet. In einem bestimmten Leuchtdichtenbereich ändert sich die Kontrastempfindlichkeit nur unwesentlich mit der Leuchtdichte. Es ist das Gültigkeitsgebiet des *Weber-Fechnerschen Gesetzes*, nach welchem der eben merkliche, d. h. der einen gerade wahrnehmbaren Empfindungsunterschied bewirkende Reizunterschied ΔB einen bestimmten Bruchteil des schon vorhandenen Reizes B ausmacht, $B/\Delta B$ also als konstant angesehen werden kann. Strenge Gültigkeit kommt dem Weber-Fechnerschen Gesetz nicht zu.

Wie Abb. 640 nach den Messungen von König und Brodhun[1] zeigt, ist die angenäherte Konstanz von $B/\Delta B$ in dem Leuchtdichtengebiet zwischen rd. 200 und 20000 asb vorhanden. Das sind Leuchtdichten, die bei Tage im Freien auftreten. Der Wert der Unterschiedsempfindlichkeit in diesem Gebiet wird von verschiedenen Beobachtern verschieden angegeben, etwa zu 60 für die Bedingungen der in Abb. 640 wiedergegebenen Messungen, aber auch zu 100 und mehr. Blanchard[2] erhält einen ähnlichen Verlauf der Unterschiedsempfindlichkeit mit Bestwerten von etwa 600, allerdings unter veränderten Beobachtungsbedingungen und mit einer besonderen, von der Empfindungszeit nicht ganz unabhängigen Beobachtungsmethode.

Alle neueren Untersuchungsergebnisse, die im zentralen Sehen mit beidäugiger Beobachtung gewonnen sind, bestätigen den beschriebenen Verlauf der Unterschiedsempfindlichkeit mit der Gesichtsfeldleuchtdichte. Von merklichem Einfluß ist dabei die Größe der Adaptationsfläche, wie Abb. 641 erkennen läßt[3]. Aber auch die Sehwinkelgröße der Reizfläche mit dem Leuchtdichtenunterschied ΔB

---

[1] König u. Brodhun: Sitzsber. Akad. Wiss. Berlin 1888, 917. Die hier beschriebenen klassischen Untersuchungen sind mit künstlicher Pupille ausgeführt worden. — Schroeder: Die zahlenmäßige Beziehung zwischen den physikalischen und physiologischen Helligkeitseinheiten und der Pupillenweite bei verschiedenen Helligkeiten. Z. Physiol. u. Psychol. **57** (1926) 195. Schroeder hat die Ergebnisse auf Grund seiner eigenen Untersuchungen auf natürliche Pupille umgerechnet.

[2] Blanchard, J.: Physic. Rev. **11** (1918) 81; deutsch: Die Helligkeitsempfindlichkeit der Netzhaut. Z. Beleuchtgswes. **28** (1922) 25—28.

[3] Rieck, J.: Die Bildhelligkeit in der Bildwerftechnik. Licht **6** (1936) 246—249.

zur Grundleuchtdichte spielt eine Rolle. Jedoch tritt hier nur bei Sehwinkeln für ΔB, die kleiner als 1° sind, eine erhebliche Verschlechterung der Unterschiedsempfindlichkeit ein.

Die Bestwerte der Unterschiedsempfindlichkeit stellen sich dann ein, wenn das Umfeld das gesamte Gesichtsfeld ausfüllt (Abb. 641, obere Kurve), wie SCHIELDERUP[1] nachgewiesen und neuerdings durch Untersuchungen von ARNDT[2] bestätigt worden ist, deren Ergebnisse in Abb. 642 dargestellt sind. Hier bezeichnet B die Leuchtdichte eines Grundfeldes von 20 × 20°, während B_{Umfeld} die Leuchtdichte eines äußeren, das Grundfeld umgebenden und das ganze Gesichtsfeld ausfüllenden Gebietes bezeichnet. Ist $B_{Umfeld} \lesssim B$, so verschlechtert sich die Unterschiedsempfindlichkeit im Beobachtungsfeld. Diese ist also dann

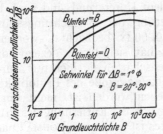

Abb. 641. Unterschiedsempfindlichkeit $B/\Delta B$ bei verschiedenen Grundleuchtdichten B, a eines Grundfeldes von 20×20°; b des gesamten Gesichtsfeldes.

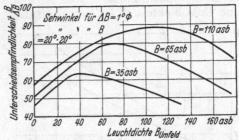

Abb. 642. Unterschiedsempfindlichkeit $B/\Delta B$ in Abhängigkeit von der Leuchtdichte B_{Umfeld} eines äußeren Umfeldes (gesamtes Gesichtsfeld) für verschiedene Leuchtdichten B eines inneren Grundfeldes von 20×20° Sehwinkelgröße. Sehwinkel des Reizfeldes ΔB 1° Durchmesser.

am besten, wenn das ganze Gesichtsfeld ungefähr gleiche Leuchtdichte besitzt, und wenn diese Leuchtdichten etwa zwischen 200 und 20000 asb liegen. Eine sehr wichtige praktische Folgerung für das Entwerfen von Beleuchtungsanlagen ist daraus zu ziehen. Um eine bestmögliche Unterschiedsempfindlichkeit zu gewährleisten, und damit eine elementare Grundempfindung des Auges möglichst günstig zu beeinflussen, muß eine möglichst große *Gleichmäßigkeit* der Leuchtdichten des gesamten Gesichtsfeldes angestrebt werden. Durch Verbesserung der Gleichmäßigkeit der Beleuchtung strebt man im allgemeinen dieser Forderung zunächst zu genügen.

Bei der Unterschiedsempfindlichkeit handelt es sich nur um die Fähigkeit, an der Schwelle liegende Leuchtdichtenunterschiede festzustellen. Die Fähigkeit, auch die genaue *Form* der Leuchtdichtenunterschiede zu erkennen, und damit z. B. die Gestalt von Gegenständen wahrzunehmen, die auf der Netzhaut abgebildet werden, nennt man *Formen- oder Gestaltsempfindlichkeit*[3]. Auch diese Fähigkeit des Auges hängt von allen Einflüssen ab, die schon auf die Unterschiedsempfindlichkeit eingewirkt haben. Hier kommt aber weiter die Größe des Leuchtdichtenkontrastes hinzu, die die Formenempfindlichkeit verändert.

Die *Sehschärfe* kann als meßbarer und bestimmter, optisch-geometrisch vereinbarter Sonderfall der Formenempfindlichkeit gelten. Man benennt als Sehschärfe 1 die Fähigkeit des Auges, zwei Punkte, die im Sehwinkel um eine Bogenminute auseinanderliegen, noch deutlich als getrennte Punkte unterscheiden zu können. Den in der augenärztlichen Praxis üblichen Sehschärfeprüfungen wird ein Kontrast der hier viel benutzten Snellenschen Buchstaben von 1:20...1:30 zugrunde gelegt.

[1] SCHJELDERUP: Z. Sinnesphysiol. **51** (1920) 188.
[2] ARNDT, W.: Über die Unterschiedsempfindlichkeit des Auges. Licht **7** (1937) 101—104.
[3] SCHNEIDER, L.: Der Einfluß der Beleuchtung auf die Leistungsfähigkeit des Menschen. Licht u. Lampe **16** (1927) 803—806, 842—846.

Neuere Untersuchungen über die Sehschärfe sind meist mit Landoltschen Ringen durchgeführt worden, deren Öffnung der Ringdicke gleichgemacht ist[1]. Proben von Landoltschen Ringen als Prüfobjekte für die Sehschärfe zeigt Abb. 643. Mit Vergrößerung des Kontrastes, den das Prüfobjekt zum Unter-

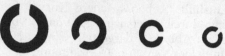

grund aufweist, vergrößert sich die Sehschärfe. Über ihren relativen Verlauf bei Änderung der Leuchtdichte des Untergrundes oder Gesichtsfeldes gibt

Abb. 643. Landoltsche Ringe als Prüfobjekte für die Sehschärfe.

Abb. 644 Aufschluß für zwei verschiedene Kontraste nach Ermittlungen von Arndt[1]. Der Kontrast 1 : 30 entspricht ungefähr dem von schwarzem Druck auf sehr weißem Papier. Steigerungen der Formenempfindlichkeit für sehr feine Prüfobjekte und bei verhältnismäßig dunklem Untergrund sind noch bei

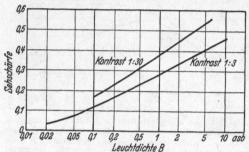

Abb. 644. Sehschärfe in Abhängigkeit von der Adaptationsleuchtdichte B für zwei Kontraste des Prüfobjektes zum Untergrund.

Steigerung der Beleuchtungsstärke bis 10000 lx beobachtet worden[2].

Es hat sich ferner gezeigt, daß die Sehschärfe, die hier nur durch die Seh*winkel*größe des Prüfobjektes angegeben worden ist, nicht unabhängig von der Entfernung des Prüfobjektes ist[3]. Die von Bouma[4] nach den verschiedenen Untersuchungsergebnissen zusammengestellte Abb. 645 zeigt diese Abhängigkeit für das normale Auge. Für Kurzsichtige nimmt die Sehschärfe bei großen

Entfernungen noch stärker ab. Von der hier nur behandelten sog. planiskopischen Sehschärfe[5] ist schließlich noch zu unterscheiden die Tiefenwahrnehmungsschärfe, die bei der Lösung praktischer Sehaufgaben eine Rolle spielen kann[6].

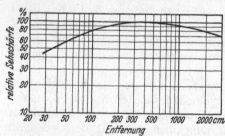

Abb. 645. Relative Sehschärfe (%) in Abhängigkeit von der Entfernung des Prüfobjektes vom Auge.

Bei der Ermittlung der Unterschiedsempfindlichkeit und der Formenempfindlichkeit spielt die *Wahrnehmungszeit* keine Rolle. Für den Sehvorgang beim Erkennen von bewegten Sehdingen und besonders z. B. bei der Verkehrsbeleuchtung ist aber die Sehzeit oder ihr Kehrwert, die Sehgeschwindigkeit, eine Grundempfindlichkeit von größter Bedeutung, wenn in möglichst kurzen Zeiten, also mit größtmöglicher

[1] Arndt, W.: Über das Sehen bei Natriumdampf- und Glühlampenlicht. Licht **3** (1933) 213—215. — Arndt, W. u. A. Dresler: Über das Sehen bei monochromatischem Licht. Licht **3** (1933) 231—233. — Weigel, R. G.: Untersuchungen über die Sehfähigkeit im Natrium- und Quecksilberlicht insbesondere bei der Straßenbeleuchtung. Licht **5** (1935) 211—216.

[2] Ruffer, W.: Über psychotechnische Leistungsprüfungen bei sehr hohen Beleuchtungsstärken. Licht u. Lampe **15** (1926) 487—493.

[3] Freemann, E.: Intensity, area, and distance of visual stimulus. J. opt. Soc. Amer. **22** (1932) 285, 402, 729; **26** (1936) 271—272. — Luckiesh, M. and Moss: J. opt. Soc. Amer. **23** (1933) 25.

[4] Bouma, P. J.: Sehschärfe und Wahrnehmungsgeschwindigkeit bei der Straßenbeleuchtung. Philips techn. Rdsch. **1** (1936) 215—220.

[5] Cobb, P. W. and F. K. Moss: J. Franklin Inst. (1928) 205, 831.

[6] Samsonowa, W.: Die Wirkung verschiedener Faktoren auf die Tiefenwahrnehmung. Licht **6** (1936) 95—97, 118—120.

Empfindungsgeschwindigkeit die Sehdinge wahrgenommen werden sollen. Die Ermittlung von Empfindungszeiten ist schwierig, weil zwischen der eigentlichen Wahrnehmung und der entsprechenden Äußerung immer eine gewisse Zeit verstreicht, die individuell außerordentlich verschieden sein kann. Mit zunehmender Leucht-

dichte eines Lichtreizes nimmt die Empfindungszeit stark ab [1]. Sie ist aber natürlich auch abhängig von der Größe der Reizfläche und der Lage des Reizes auf der Netzhaut. Ferner benötigt ein kurzdauernder „Licht"reiz oder Licht-,,Blitz" in dunklem Umfeld kürzere Wahrnehmungszeiten als unter sonst gleichen Verhältnissen die kurzdauernde Unterbrechung (,,Pause") eines bestehenden Lichtreizes (Abb. 646) [2].

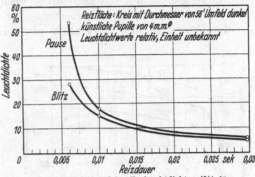

Abb. 646. Relative Schwellenleuchtdichten (%) für kurzdauernde Lichtreize.

Für verschiedene Kontraststufen $\Delta B'$ einer sehr kleinen Reizfläche (Sehwinkel 11') sind neuerdings die Mindestwahrnehmungszeiten von ZIMMERMANN [3] ermittelt worden. Die Mindest- oder kritische Reizzeit soll dem Quotienten $B/\Delta B'$ verhältnisgleich sein, auch an der Unterschiedsschwelle. Das Produkt aus Unterschiedsempfindlichkeit und kritischer Reizgeschwindigkeit nimmt danach den in Abb. 647 gezeigten Verlauf in Abhängigkeit von der Gesichtsfeldleuchtdichte B.

Während zur Feststellung der Unterschiedsschwelle für die Kontrast- oder Unterschiedsempfindlichkeit beliebige lange Zeit zur Verfügung steht, wird eine höhere Schwellenleuchtdichte bei kurzen Darbietungs- oder Reizzeiten erforderlich. Ähnlich wirkt sich die Empfindungszeit auch für die Formenempfindlichkeit aus. Umfangreiche Untersuchungen über die Formenempfin-

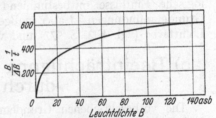

Abb. 647. Unterschiedsempfindungsgeschwindigkeit ($B/\Delta B \cdot 1/t$), in Abhängigkeit von der Gesichtsfeldleuchtdichte (B) bei einer Gesichtsfeldgröße von 19°.

dungszeit bzw. über ihren Kehrwert die Formenempfindungsgeschwindigkeit, oder auch kürzer *Wahrnehmungsgeschwindigkeit* genannt, stammen von FERREE und RAND [4]. Abb. 648 und 649 geben den Verlauf für verschiedene Gesichtsfeldleuchtdichten, verschiedenen Kontrast der Prüfobjekte (Landoltsche Ringe) zur Gesichts- oder Umfeldleuchtdichte und verschiedene Sehwinkelgrößen der Prüfobjekte wieder. Die Wahrnehmungsgeschwindigkeit steigt mit größer werdender Adaptationsleuchtdichte, mit wachsendem Kontrast und bei Vergrößerung des Prüfobjektsehwinkels.

Die hier behandelten Grundempfindungen haben einen Überblick über die Schwellen- oder Grenzwerte bei der Wahrnehmung der Sehdinge gegeben. Bei den Sehaufgaben des täglichen Lebens werden diese Grenzwerte nicht unter- bzw. überschritten, sondern viele Beanspruchungen des Auges werden günstiger

[1] FRÖHLICH: Z. Sinnesphysiol. **54** (1922) 58, **55** (1923) 1. — VOGELSANG: Z. Sinnesphysiol. **58** (1926) 38. — Abb. 646 nach L. SCHNEIDER: Der Einfluß der Beleuchtung auf die Leistungsfähigkeit des Menschen. Licht u. Lampe **16** (1927) 803—806, 842—846.

[2] RUTENBERG: Z. Sinnesphysiol. **48** (1914) 268.

[3] ZIMMERMANN, K. F.: Lichttechnische Untersuchungen über Lichtbildprojektion. Licht **6** (1936) 78--80, 115—118, 138—140.

[4] FERREE u. RAND: Beleuchtungsstärke und Sehgeschwindigkeit. Trans. Illum. Engng. Soc. **22** (1927) 79.

sein als die für die Schwellenwerte ermittelten Bedingungen. Aus dem Verhalten der Grundempfindungen lassen sich daher nicht *unmittelbar* die für den Entwurf von Beleuchtungsanlagen irgendwelcher Art erforderlichen Leuchtdichten oder gar Beleuchtungsstärken herleiten. Sondern mit den Grundempfindungen ist nur das elementare Verhalten des Auges beschrieben, das als *Grundlage* dienen soll für die Klärung aller ungleich verwickelteren Sehaufgaben in der Praxis, für die nicht allein physiologische, sondern sogar noch psycho-

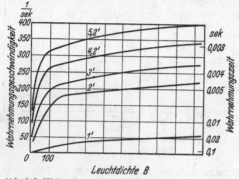

Abb. 648. Wahrnehmungsgeschwindigkeit (1/s) in Abhängigkeit von der Gesichtsfeldleuchtdichte (*B*) für verschieden große Prüfobjekte mit einem Kontrast von 1 : 26.

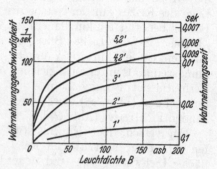

Abb. 649. Wahrnehmungsgeschwindigkeit (1/s) in Abhängigkeit von der Gesichtsfeldleuchtdichte (*B*) für verschieden große Prüfobjekte mit einem Kontrast von 1 : 4.

logische Einflüsse mitbestimmend sind. Das physiologische Verhalten der Grundempfindungen ist aber maßgebend für die Betrachtung der Einflüsse von Lichtfarbe (vgl. F 2, S. 577) und von Blendung.

c) Beeinträchtigung der Grundempfindungen durch Blendung.

Die vorbeschriebenen Grundempfindungen des Auges können durch das Auftreten von Blendungserscheinungen wesentlich beeinflußt werden. Zu unterscheiden sind dabei verschiedene Arten der Blendung, die nach WEIGEL[1] allgemein als Beeinträchtigung der Grundempfindlichkeiten durch absolut oder relativ zu hohe Leuchtdichten angesehen werden muß. *Absolute Blendung* ist bei höchsten Leuchtdichten, von etwa 20 sb an, stets vorhanden. Sie läßt sich durch Änderung irgendwelcher Nebenumstände (Adaptation, Umfeldleuchtdichte) nicht überwinden. Sie ist, strenggenommen, nur ein erhöhter Grad der *relativen Blendung*, die von größerer Bedeutung für die praktische Lichttechnik ist, und die auftritt bei zu hohen Leuchtdichten*kontrasten* in den einzelnen Teilen des Gesichtsfeldes. Wesentlicher ist der Unterschied zwischen der *Direkt-* oder *Infeldblendung* und der *Indirekt-* oder *Umfeldblendung*, je nachdem, ob die blendende Leuchtdichte auf zentrale oder periphere Teile der Netzhaut einwirkt. Ältere Versuche, Blendung durch das Auftreten von Nachbildern festzustellen[2], oder durch andere rein gefühlsmäßige Angaben zu beschreiben[3] und weitere Definitionen, wie Schleierblendung, blindmachende Blendung u. dgl.[4] seien hier nur erwähnt. Die Herabsetzung der Grundempfindlichkeiten während

---

[1] WEIGEL, R. G.: Grundsätzliches über die Blendung und ihre Definition sowie über ihre Messung und Bewertung. Licht u. Lampe **18** (1929) 995—1000, 1051—1057.

[2] LUX, H.: Die erträglichen Helligkeitsunterschiede auf beleuchteten Flächen. Z. Beleuchtgswes. **26** (1920) 128—132.

[3] LUCKIESH, M. u. L. L. HOLLODAY: Blendung und Wahrnehmbarkeit. Trans. Illum. Engng. Soc. **20** (1925) 221—247; deutsch: Licht u. Lampe **14** (1925) 459—461, 496—500.

[4] HOLLODAY, L.: Grundsätzliches über Blendung und Sichtbarkeit. J. opt. Soc. Amer. **12** (1926) 271, **14** (1927) 1. — BORDONI, M.: Electrotechnica **11** (1925) Heft 25.

des Vorhandenseins blendender Lichtquellen hat für die praktische Beleuchtungs-technik größere Bedeutung als der nachwirkende Einfluß von Blendung *(Suk-zessivblendung)*, bei dem naturgemäß die Zeit eine Rolle spielt, während der ein Nachbild der Blendlichtquelle sichtbar ist bzw. die bis zur vollen Leistungs-fähigkeit des Auges nach voraufgegangener Blendung verstreicht.

Beachtenswert ist die Tatsache, daß zwei verschiedene Untersuchungsreihen, nämlich die Untersuchungen von BLANCHARD [1] und die von LUCKIESH und HOLLODAY [2], bei denen die Infeld- oder Direktblendung nur gefühlsmäßig beurteilt worden ist, übereinstimmende Ergebnisse geliefert haben, die in Abb. 650 (durch die ausgezogene Gerade) dargestellt sind, und die als obere Grenze der relativen Infeldblendung gelten können. Im mittleren Bereich der Adaptationsleuchtdich-ten H (asb) läßt sich diese obere Grenze für die Blendungsleuchtdichte B (sb) nach den genannten Untersuchungen durch die Bezie-hung ausdrücken:

$$B \text{ (sb)} = 0{,}26 \sqrt[3]{H \text{ (asb)}^3}.$$

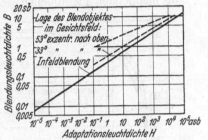

Abb. 650. Blendungsleuchtdichte B (sb) für verschiedene Adaptationsleuchtdichten H (asb) bei Infeldblendung und bei exzentrischer Lage des Blendobjektes im Gesichtsfeld.

Genauere Untersuchungen ergänzen und bestätigen in gewisser Weise diese Blendungs-beziehung. So sind in Abb. 650 mit den ge-strichelten Linien die oberen Grenzen der Blen-dungsleuchtdichte in Abhängigkeit von der Adaptationsleuchtdichte für exzentrische Abbildung der Blendleuchtdichte auf der Netzhaut eingetragen nach den Ermittlungen von WEIGEL [4], und zwar für Blend-lichtquellen oberhalb der Blickrichtung. Die Blendung unter den gleichen Blick-winkeln seitlich oder unterhalb der Blickrichtung ist wieder stärker. Als Maß oder *Grad der Blendung* ist die Beziehung $\dfrac{\varphi_g - \varphi_0}{\varphi_g} \cdot 100$ (%) gewählt worden, wobei φ_0 den mittleren Fehler einer Reihe von Einstellungen der *Unterschieds-schwelle* ohne Blendung, φ_g den entsprechenden mittleren Einstellfehler bei Vorhandensein einer störenden Blendleuchtdichte bedeutet. Aus den Ermitt-lungen WEIGELS, die allerdings nur mit einer kleinen Versuchspersonenzahl gewonnen sind, werden in Abb. 651 und 652 einige Beispiele gegeben für die Unterschiedsempfindlichkeitsminderung durch Indirekt- oder Umfeldblendung. Das in Abb. 651 erkennbare Knie a der Kurven ist dabei kennzeichnend für die Darstellung in Abb. 650. Unterhalb des Kurvenknies sinkt die Blendungs-wirkung stark ab. Die letztgenannten Ermittlungen lassen schon deutlich die verschiedenen Grade der Blendung erkennen. Man wird daher nicht fehlgehen, wenn man den aus Abb. 642 (S. 571) erkennbaren verschiedenen Einfluß von Infeld- und Umfeldleuchtdichte auf die Unterschiedsempfindlichkeit unter diesem Gesichtspunkt als eine Blendungswirkung deutet. Allerdings handelt es sich hierbei nur um einen sehr geringen Grad der Blendung.

[1] BLANCHARD, J.: Die Helligkeitsempfindlichkeit der Netzhaut. Physic. Rev. 11 (1918) 81—99; deutsch: Z. Beleuchtgswes. 28 (1922) 25—28.

[2] Vgl. Fußn. [3] S. 574.

[3] ARNDT, W.: Über die Güte von Beleuchtungsanlagen. Licht u. Lampe 16 (1927) 589—592, 625—628, 662—665, 697—700.

[4] WEIGEL, R. G.: Grundsätzliches über die Blendung und ihre Definition sowie über ihre Messung und Bewertung. Licht u. Lampe 18 (1929) 995—1000, 1051—1057.) — Der Einfluß der Blendung auf die Unterschiedsempfindlichkeit ist auch untersucht worden von W. S. STILES: Glare and visibility in artificially lighted streets. Illum. Engr., N. Y. 22 (1929) 195—199. - - The nature and effects of glare. Illum. Engr., N. Y. 22 (1929) 304—312. The evaluation of glare in street-lighting installations. Illum. Engr., N. Y. 24 (1931) 162—166, 187—189.

In grundsätzlich ähnlicher Art wie die Unterschiedsempfindlichkeit wird auch die Formenempfindlichkeit (Sehschärfe) durch Blendung beeinträchtigt [1]. Die vielen hier mitwirkenden Veränderlichen haben aber dazu gezwungen, die Blendungserscheinungen meist nur für einzelne, praktisch bedingte Sonderfälle zu untersuchen, vornehmlich die Blendung durch Kraftfahrzeugscheinwerfer [2]. Die Herabsetzung der Wahrnehmungsgeschwindigkeit durch Blendung hat KLEIN[3] eindringlich untersucht mit besonderer Berücksichtigung der Verkehrsbeleuchtung.

Für ein Testobjekt von 1° Sehwinkelgröße mit einem Kontrast zum Umfeld von 1 : 1,5 sind die Untersuchungsergebnisse in Abb. 653 zusammengestellt. Unter der für die Straßenbeleuchtung meist zutreffenden Voraussetzung, daß die blendenden Lichtquellen sich senkrecht oder annähernd senkrecht über der

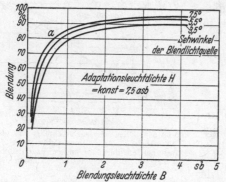

Blickrichtung befinden, ist der Nebendarstellung in der rechten unteren Ecke von Abb. 653 bei bekannter

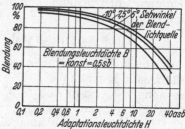

Abb. 651. Blendung (%) in Abhängigkeit von der Blendungsleuchtdichte B (sb) verschieden großer Blendobjekte (Sehwinkel 3,5°, 5,5° und 7,5°) für eine Adaptationsleuchtdichte H = 7,5 asb. Lage der Blendobjekte 33° oberhalb der Blickrichtung.

Abb. 652. Blendung (%) in Abhängigkeit von der Adaptationsleuchtdichte H (asb) für die Blendungsleuchtdichte B = 0,5 sb verschieden großer Blendobjekte (Sehwinkel 5°, 7,5° und 10°). Lage der Blendobjekte 33° oberhalb der Blickrichtung.

Aufhängehöhe über Augpunkt und für den jeweiligen *Blendwinkel* (hier der Winkel zwischen der Senkrechten durch den Augpunkt und der Linie Augpunkt—Blendlichtquelle) die Entfernung r zu entnehmen. Für diese Entfernung enthält die unmittelbar darüber befindliche Nebendarstellung bei bekanntem Durchmesser der blendenden Leuchte deren *Sehwinkel*größe (min). In der Hauptdarstellung trägt die senkrechte Ordinatenachse nach oben und nach unten und die waagerechte Achse nach links die Werte für die Leuchtdichte (sb) der blendenden Leuchte, die als bekannt vorausgesetzt wird. Ausgehend von dem Leuchtdichtenwert auf der senkrecht nach unten gerichteten Achse und seinem Schnittpunkt mit der Sehwinkelgröße der Blendlichtquelle im linken unteren Quadranten wird dieser Punkt senkrecht in den linken oberen Quadranten projiziert bis zum Schnittpunkt mit der jeweiligen Blendwinkellinie. Von hier geht man waagerecht in den rechten oberen Quadranten bis zum Schnittpunkt mit der Kurve für die jeweilige Adaptationsleuchtdichte (asb). Dieser Punkt liegt senkrecht über der zu ermittelnden Wahrnehmungsgeschwindigkeit. Der Blendungseinfluß auf die Wahrnehmungsgeschwindigkeit bei den für die Straßenbeleuchtung wichtigsten Adaptationsleuchtdichten bei verschiedenen Blendwinkeln und Sehwinkelgrößen der Blendungsquelle ist dieser Darstellung also zu entnehmen.

[1] ARNDT, W.: Über das Sehen bei Natriumdampf- und Glühlampenlicht. Licht 3 (1933) 213—215.

[2] BORN, F. u. M. WOLFF: Blendungsversuche an Automobilscheinwerfern. Licht 2 (1932) 154—166. — SEWIG, R.: Beleuchtung der Kennzeichen von Kraftfahrzeugen und Blendung durch das rote Schlußlicht. Licht 6 (1936) 15—20. — WEIGEL, R. G. u. O. H. KNOLL: Untersuchungen über die Blendung von Kraftfahrzeugscheinwerfern. Licht 6 (1936) 157—160, 221—222: 7 (1937) 17—20, 187—196.

[3] KLEIN, C. G.: Psychologische Bewertungsmethode für Straßen- und Verkehrsbeleuchtung. Licht u. Lampe 20 (1931) 163—166, 191—196.

Alle Untersuchungen über die Beeinträchtigung der Grundempfindlichkeiten durch Blendung haben die Erkenntnis gebracht, daß der störende Einfluß am größten ist bei der Direkt- oder Infeldblendung, daß dieser Einfluß weniger stark bei exzentrischer Lage der Blendlichtquelle ist, und hier wiederum am geringsten bei exzentrischer Lage *oberhalb* der Blickrichtung. Die Blendungsempfindlichkeit

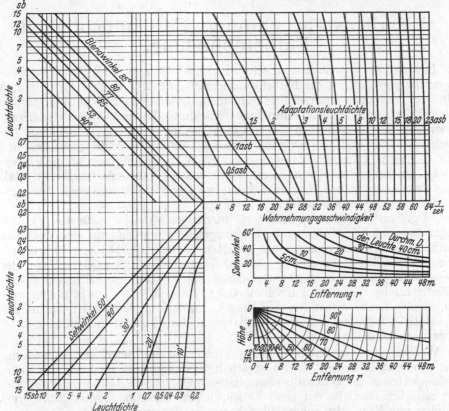

Abb. 653. Blendungseinfluß auf die Wahrnehmungsgeschwindigkeit. (Nach C. G. KLEIN.)

der einzelnen Netzhautzonen ist also verschieden. Die Blendung ist von der Adaptations- oder Grundleuchtdichte des Gesichtsfeldes abhängig (Relativblendung) und weiter von der Leuchtdichte und von der Sehwinkelgröße der blendenden Lichtquelle.

F 2. Sehen bei farbigem Licht.

Von

WILHELM ARNDT-Berlin-Charlottenburg.

Mit 4 Abbildungen.

Die verhältnismäßig günstige Energieumwandlung in Licht bei den neuzeitlichen Gas- und Dampfentladungslampen mit Glühelektroden (vgl. B 8, S. 155 f.), insbesondere bei den Natriumdampflampen und den Quecksilberdampf-Hochdrucklampen, hat die Verwendung dieser Entladungslampen zur Beleuchtung (z. B. Arbeitsbeleuchtung, Verkehrsbeleuchtung) gefördert. Diese Lichtquellen mit Linienspektrum geben aber farbiges Licht, das sich mehr oder weniger stark von dem „natürlichen" weißen Licht unterscheidet. Ausgesprochen farbige Lichtquellen haben zunächst nur in der Lichtsignaltechnik und bei der Werbung mit Licht eine Rolle gespielt. Erst mit der neueren Einführung farbiger Lichtquellen für Beleuchtungszwecke haben daher alle Fragen an Bedeutung gewonnen, die das Sehen bei farbigem Licht betreffen.

a) Farbenwahrnehmung, Farbentüchtigkeit, Farbempfindung.

In einfarbigem, monochromatischem Licht, wie es praktisch z. B. die Natriumdampflampe liefert, ist die Farbenwahrnehmung einer in weißem Licht bunten Umwelt vollständig ausgeschaltet. Im monochromatischen Licht sind nur die Leuchtdichtenunterschiede wahrnehmbar, die durch das verschiedene Reflexionsvermögen der beobachteten Gegenstände für die wirksame Wellenlänge des Lichtes bedingt sind. Naturgemäß kann auch dieser Leuchtdichtenunterschied der Gegenstände in monochromatischem Licht ein anderer sein als in weißem Licht. Es ist nur eine psychologisch begründete Transformation, wenn z. B. eine Zeitung im gelben Natriumlicht als weiß bezeichnet wird, weil Zeitungspapier eben gewöhnlich weiß ist.

Zu gelbem Natriumlicht muß z. B. mindestens 50%, in ungünstigen Fällen sogar etwa 100% Glühlampenlicht hinzugemischt werden, um eine deutliche Farbenwahrnehmung reiner, stark gesättigter Pigmentfarben hervorzurufen [1]. Die individuellen Unterschiede sind dabei außerordentlich groß und von der *Farbentüchtigkeit* der Beobachter abhängig, die — von den Fällen einer vollständigen oder teilweisen Farbblindheit ganz abgesehen — noch in sehr verschiedenem Grade vorhanden sein kann [2]. Einfache praktische Hilfsmittel zur qualitativen Prüfung auf Farbentüchtigkeit sind die Farbtafeln nach STILLING [3] oder nach ISHIHARA [4], vgl. C 3, S. 291.

Während physiologisch die Farbenwahrnehmung der Umwelt bei Beleuchtung mit monochromatischem Licht ausgeschaltet ist, tritt z. B. im Licht des Mehrlinienspektrums der Quecksilberdampflampen eine starke *Farbenverzerrung* auf, die natürlich ebenfalls mit einer Leuchtdichtenverzerrung bunter Stoffe verbunden sein kann. In Sonderfällen kann die Betonung einzelner Farben im Lichte polychromatischer Lichtquellen — wie z. B. im Quecksilberdampflicht die frische Grünfärbung von Laub — erwünscht sein.

Neben den großen interindividuellen Unterschieden in der Farbenwahrnehmung treten auch erhebliche intraindividuelle Verschiedenheiten auf. Der gleiche Farbreiz löst nicht stets die gleiche *Farbempfindung* im Menschen aus; diese ist vom jeweiligen physischen Zustand des Menschen abhängig. Auch tritt eine partielle *Ermüdung* des Auges für einen länger dauernden Lichtreiz einer bestimmten Farbe auf, die sich dann durch eine verhältnismäßig starke Überempfindlichkeit für Licht anderer Farbe bemerkbar macht. Die Farbempfindung ist aber nicht allein physiologisch begründbar, obwohl man hier durch die verschiedenartigsten Untersuchungen Aufschlüsse zu bekommen versucht hat, wie z. B. durch Messungen der Nervenanspannung bei Lesen in farbigem Licht [5]

---

[1] SEELIGER, R. u. H. WULFHEKEL: Über Farbwahrnehmung bei Natriumbeleuchtung. Licht **5** (1935) 129—130.
[2] SCHMIDT, I.: Über Farbentüchtigkeit und normales Farbensystem. Licht **5** (1935) 73—76, 99—102. Mit ausführlicher Schrifttumsangabe.
[3] Stillings pseudo-isochromatische Tafeln. 19. Aufl. Leipzig: Georg Thieme 1936.
[4] ISHIHARA, S.: Tests for colour-blindness. 7. Aufl. Kanehara-Tokio (Japan) 1936.
[5] LUCKIESH, M. and F. K. Moss: Seeing in Sodium-Vapor Light. J. opt. Soc. Amer. **24** (1934) 5—13.

oder durch vergleichende Messungen der Pupillenfläche (bei Natriumlicht im Mittel 9% größer als bei Glühlampenlicht) [1] oder durch die Bestimmung der Aktionsströme der Netzhaut [2] (vgl. C 1, S. 255). Auch psychische, stimmungsmäßige Einflüsse wirken bei der Farbempfindung mit und erschweren die Aufstellung allgemeingültiger Regeln.

b) Einfluß der Lichtfarbe auf die Grundempfindungen.

Das Verhalten des Auges bei verschiedenfarbigem Licht an der *absoluten Reizschwelle* ist in F 1, S. 569, behandelt. Daß an dieser Reizschwelle ein roter Lichtreiz den etwa 70fachen Betrag photometrisch definierter Leuchtdichte erfordert wie ein blauer Lichtreiz gleicher Sehwinkelgröße, ist für das vollständig dunkeladaptierte Auge durch das Auftreten der Purkinjeschen Erscheinung erklärt, allerdings nur dann, wenn man hierbei parazentrale Beobachtung voraussetzt.

Die *Unterschieds-* oder *Kontrastempfindlichkeit* bei verschiedenfarbigem Licht haben neuerdings KLEIN [3], WEIGEL [4] u. a. [5] untersucht. Für Natriumlicht, Quecksilberdampflicht und Glühlampenlicht hat sich im Adaptations-Leuchtdichtenbereich zwischen 40 asb und etwa 0,05 asb kein unterschiedliches Verhalten der Kontrastempfindlichkeit innerhalb der Ermittlungsgenauigkeit feststellen lassen. Auch nach älteren Untersuchungsergebnissen [6] setzt ein deutlich erkennbarer Unterschied erst bei sehr kleinen Adaptationsleuchtdichten ein. Die Unterschiedsempfindlichkeit bei verschiedenen Lichtfarben nähert sich dann aber etwa dem Verhalten, das an der absoluten Reizschwelle ermittelt und bereits oben genannt worden ist.

Erheblichen Einfluß hat die Lichtfarbe auf die *Formenempfindlichkeit*. Eine ganze Reihe neuerer Untersuchungen hat diesen Einfluß bestätigen können [7]. Für den ophthalmologisch bestimmten Fall der Formenempfindlichkeit, die *Sehschärfe*, zeigt Abb. 654 den Verlauf bei verschiedenen Gesichtsfeldleuchtdichten mit einem Kontrast des Testobjektes (Landoltsche Ringe) zur Gesichtsfeldleuchtdichte von 1 : 3 für einige technische Lichtquellen verschiedener Farbe nach Ermittlungen von ARNDT und DRESLER. Es zeigt sich, daß für den die praktische Beleuchtungstechnik besonders interessierenden Leuchtdichtenbereich zwischen etwa 0,1 und 10 asb zur Erzielung gleicher Sehschärfe z. B. für Glühlampenlicht eine fast doppelt so hohe Leuchtdichte erforderlich ist wie für Natriumlicht. Auch bei anderen Kontrasten des Testobjektes zu seiner

---

[1] Siehe Fußn. 5, S. 578.

[2] SACHS, E.: Die Aktionsströme des menschlichen Auges, ihre Beziehung zu Reiz und Empfindung. Klin. Wschr. 1929, 136—137.

[3] KLEIN, C. G.: Natriumdampflicht für Straßenbeleuchtung. Licht u. Lampe 23 (1934) 168—169. — Sieht man bei farbigem Licht besser? Licht 4 (1934) 81—83.

[4] WEIGEL, R. G.: Untersuchungen über die Sehfähigkeit im Natrium- und Quecksilberlicht insbesondere bei der Straßenbeleuchtung. Licht 5 (1935) 211—216.

[5] STILES, W. S. and CRAWFORD: Proc. roy. Soc. B 113 (1933) 496, 116 (1934) 55.

[6] KÖNIG u. BRODHUN: Die Helligkeitsempfindlichkeit der Netzhaut. Sitzgsber. Akad. Wiss. Berlin 1888. 917. — BLANCHARD, J.: Physic. Rev. 11 (1918) 81; deutsch: Z. Beleuchtgswes. 28 (1922) 25—28.

[7] ARNDT, W.: Über das Sehen bei Natriumdampf- und Glühlampenlicht. Licht 3 (1933) 213—215. — ARNDT, W. u. A. DRESLER: Über das Sehen bei monochromatischem Licht. Licht 3 (1933) 231—233. — GROOT, W. DE u. G. HOLST: Demonstratieproef over den invloed van de chromatische aberratie van het oog op de Gezichtsscherpte. Physica 13 (1933) 231—235. — LUCKIESH, M. and F. K. Moss: J. Franklin Inst. 215 (1933) 401. — WEIGEL, R. G.: Untersuchungen über die Sehfähigkeit im Natrium- und Quecksilberlicht insbesondere bei der Straßenbeleuchtung. Licht 5 (1935) 211—216.

Umgebung zeigt sich ein annähernd gleiches relatives Verhalten der Sehschärfe bei verschiedenfarbigem Licht.

Bezeichnet man mit f das Verhältnis der zur Erzielung gleicher Sehschärfe erforderlichen Leuchtdichte weißen (Glühlampen-)Lichtes zu der Leuchtdichte

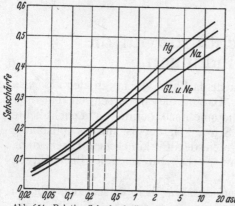

Abb. 654. Relative Sehschärfe (bei einem Kontrast des Testobjektes zur Gesichtsfeldleuchtdichte von 1 : 3) in Abhängigkeit von der Gesichtsfeldleuchtdichte (asb) für Quecksilberdampf-Hochdruck-, Natrium-, Neon- und Glühlampenlicht.

monochromatischen Lichtes im sichtbaren Spektrum, so zeigt Abb. 655 nach einer Zusammenstellung von Bouma[1], daß die Sehschärfe im gelben Licht am größten ist. Allerdings gilt diese Abhängigkeit nur für Gesichtsfeldleuchtdichten von etwa 0,5 asb an aufwärts. Bei extrem kleinen Leuchtdichten wird die Sehschärfe bei blauem, kurzwelligem Licht relativ zur Sehschärfe bei anderen Lichtfarben immer günstiger.

Die verhältnismäßig hohe Sehschärfe bei gelbem Licht wird meist damit begründet, daß das Auge auf gelb auch bei weißem Licht *akkommodiert*. Die nach Abb. 655 verhältnismäßig geringe Sehschärfe bei kurzwelligem Licht ist damit durch Akkommodationsschwierigkeiten begründet, die z. B. bei Licht der blauen Quecksilberlinie (436 mµ) auch festgestellt werden konnten[2]. Maßgebend für den Verlauf der Sehschärfe bei verschiedenen Lichtfarben können weniger die Abbildungsfehler des Auges (chromatische Aberration) sein, sondern mehr die Wellenlänge des Lichtes und die Pupillendurchmesser, wie Schober und Jung auch rechnerisch nachzuweisen versucht haben[3].

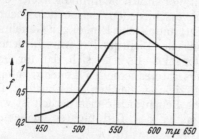

Abb. 655. Verhältnis f der zur Erzielung gleicher Sehschärfe erforderlichen Leuchtdichten von weißem zu monochromatischem Licht, gekennzeichnet durch die Wellenlänge.

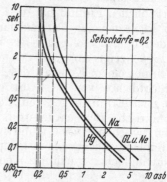

Abb. 656. Wahrnehmungszeit (s) für die Sehschärfe 0,2 (vgl. Abb. 654) in Abhängigkeit von der Gesichtsfeldleuchtdichte (asb) für Quecksilberdampf-Hochdruck-, Natrium-, Neon- und Glühlampenlicht bei Beobachtung ruhender Sehdinge.

Über das Verhalten der *Wahrnehmungszeit* und damit auch über ihren Kehrwert, die *Formenempfindungsgeschwindigkeit* gibt Abb. 656 Aufschluß, das als Ergänzung zu Abb. 654 aufzufassen ist. Die Wahrnehmungszeit ist hier für eine bestimmte Sehschärfe (0,2 aus Abb. 654) dargestellt in Abhängigkeit von der

[1] Bouma, P. J.: Sehschärfe und Wahrnehmungsgeschwindigkeit bei der Straßenbeleuchtung. Philips techn. Rdsch. 1 (1936) 215—220.

[2] Arndt, W.: Sieht man bei farbigem Licht besser? Z. techn. Physik 15 (1934) 296—301.

[3] Schober, H. u. H. Jung: Die Ursachen der verschiedenen Sehschärfe des menschlichen Auges bei weißem und farbigem Licht. Z. techn. Physik 17 (1936) 84—93.

Gesichtsfeldleuchtdichte [1]. Die gestrichelt angedeuteten Ordinaten für große Sehzeiten (etwa 10 s) entsprechen den auch in Abb. 654 besonders angedeuteten Werten für die reine Sehschärfe, bei deren Ermittlung beliebig lange Zeit zur Verfügung gestanden hat. Die Darstellung gilt für die Wahrnehmungszeit *ruhender* Testobjekte, die kurzzeitig der Beobachtung freigegeben worden sind. Für sich *bewegende* Testobjekte hat WEIGEL (Abb. 657) ein etwas anderes Verhalten der Wahrnehmungsgeschwindigkeit gefunden [2]. Insbesondere ist bemerkenswert, daß hier das polychromatische Quecksilberlicht sogar noch ungünstiger ist als weißes Glühlampen-

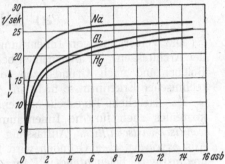

licht. Es spielt also wahrscheinlich bei bewegten Sehdingen in farbigem Licht die verschiedene Abklingdauer des Netzhautbildes eine ausschlaggebende Rolle. Im monochromatischen Natriumlicht sind aber nach allen bisherigen Beobachtungen [3] bessere Formenempfindungsgeschwindigkeiten als für weißes Licht festgestellt worden.

Auch über das Verhalten des Auges gegen *Blendung* bei verschiedenen Lichtfarben liegen Untersuchungen vor [4]. Sowohl auf die Unterschiedsempfindlichkeit wie auf die Formenempfindlichkeit üben blendende Lichtquellen verschiedener Farbe

Abb. 657. Wahrnehmungsgeschwindigkeit v (1/s) bei Beobachtung bewegter Sehdinge mit einem Kontrast von etwa 1 : 2 zur Gesichtsfeldleuchtdichte (asb) für Quecksilber-, Natrium- und Glühlampenlicht.

keinen anderen Einfluß aus, als weißes Licht unter sonst gleichen Bedingungen. Das Auftreten von Blendungserscheinungen ist also von der Lichtfarbe unabhängig.

c) Atmosphärische Durchlässigkeit für verschiedenfarbiges Licht.

Die Sichtbarkeit farbiger Lichtquellen bei verschiedener Beschaffenheit der Atmosphäre und damit die spektrale Durchlässigkeit von Nebel und Dunst sind Gegenstand zahlreicher Untersuchungen gewesen [5]. Eindeutige Ergebnisse liegen nur über die Durchlässigkeit der dunstigen Atmosphäre vor, die für langwelliges und ultrarotes Licht eine relativ viel höhere Selektivität besitzt als für kurzwelliges Licht. Über die spektrale Durchlässigkeit des Nebels gehen die einzelnen Untersuchungsergebnisse stark auseinander. Die verschiedene Molekularbeschaffenheit der Nebelarten läßt allgemeingültige Angaben nicht zu.

---

[1] ARNDT, W. u. A. DRESLER: Über das Sehen bei monochromatischem Licht. Licht 3 (1933) 231—233.

[2] WEIGEL, R. G.: Untersuchungen über die Sehfähigkeit im Natrium- und Quecksilberlicht insbesondere bei der Straßenbeleuchtung. Licht 5 (1935) 211—216.

[3] Siehe auch M. LUCKIESH: J. opt. Soc. Amer. 24 (1934) 6.

[4] ARNDT, W.: Über das Sehen bei Natriumdampf- und Glühlampenlicht. Licht 3 (1933) 213—215. - LUCKIESH, M., HOLLODAY and TAYLOR: J. opt. Soc. Amer. 11 (1925) 311.

[5] KÜLB, W.: Die Schwächung sichtbarer und ultraroter Strahlung durch künstliche Nebel und ihre Wirkung auf die Sicht. Ann. Physik 11 (1931) 679—726. — ANDERSON, S. H.: Electr. Wld., N. Y. 99 (1932) 535. — KOBAYANI, A. and D. NUKIYAMA: Proc. physik.-math. Soc. Jap. 14 (1932) 168. — HOLMES, F. and BR. O'BRIEN: J. opt. Soc. Amer. 22 (1932) 9. — BENNETT, M. G.: Illum. Engr., N. Y. 26 (1933) 75. — MÜNSTER, C.: Untersuchungen über farbige Automobilscheinwerfer. Z. techn. Physik 14 (1933) 73—81. — BORN, F., W. DZIOBEK u. M. WOLFF: Untersuchungen über die Lichtdurchlässigkeit des Nebels. Z. techn. Physik 14 (1933) 289—293. — BORN, F. u. K. FRÄNZ: Über die Streuungseigenschaften des Nebels. Licht 5 (1935) 187—192.

F3. Tageslicht (Grundlagen des Entwurfs).

Von

WILHELM ARNDT-Berlin-Charlottenburg.

Mit 9 Abbildungen.

a) Allgemeines.

Die Versorgung von Innenräumen mit natürlichem Tageslicht ist Aufgabe der Architekten. Im allgemeinen behandelt das Baufach Fragen der natürlichen Beleuchtung nach Grundsätzen, die dem derzeitigen Stande beleuchtungstechnischer Erkenntnisse nicht in allen Punkten gerecht werden.

Das natürliche Tageslicht mit seiner Lichtstromfülle im Freien steht scheinbar kostenlos auch für die Innenraumbeleuchtung zur Verfügung, so daß eine *technisch-wirtschaftliche* Auffassung hier als wenig maßgebend gelten mag. Aus *psychologischen* Gründen wird ferner auch in einem durch Tageslicht nur ungünstig zu beleuchtenden Raum nicht auf die natürliche Beleuchtung verzichtet werden, selbst wenn eine Beleuchtung mit künstlichem Licht allein die wirtschaftlichere wäre [1]. Die gültigen Bauordnungen und polizeilichen Bauvorschriften enthalten schließlich auch die Forderung, daß die Lichteinlaßöffnungen eine hinreichende Tagesbeleuchtung gewähren müssen. Theoretisch wäre damit auch *optisch-physiologischen* Gesichtspunkten genügt, wenn die hier maßgebliche, anerkannte Regel der Baukunst stichhaltig begründet wäre. Praktisch wird aber bislang im Bauwesen des In- und Auslandes nur nach einer Faustregel verfahren, die besagt, daß die Fensterfläche etwa $^1/_5 \dots ^1/_{10}$ der Fußbodenfläche betragen soll. Diese Faustregel ohne Rücksicht auf Lage und Form der Fenster, Lage, Form und Beschaffenheit des Raumes und damit ohne Rücksicht auf die entsprechenden beleuchtungstechnischen Einflüsse ist völlig unzureichend [2].

Für die hygienische und optisch-physiologische Beurteilung der hinreichenden Tageslichtversorgung ist die *Güte* der Beleuchtung maßgebend. Grundsätzlich gelten also für die Beurteilung von Beleuchtungsanlagen mit natürlichem und mit künstlichem Licht (vgl. F 4, S. 590) die gleichen Gesichtspunkte. Als wichtigster Bewertungsbestandteil der Beleuchtungsgüte wird die Beleuchtungsstärke angesehen.

b) Lichtgüte und Tageslichtquotient.

Unter den älteren Untersuchungen über das erforderliche Maß der Tagesbeleuchtung ist zuerst von WEBER [3] bei seinen Messungen erkannt worden, daß die *Beleuchtungsstärke* als solche bei der erheblichen Veränderlichkeit des natürlichen Tageslichts nur bedingte Bedeutung besitzt. Die sog. *„Lichtgüte"*

---

[1] LUCKIESH, M. and L. HOLLODAY: Trans. Illum. Engng. Soc. **18** (1923) 119. — LUCKIESH, M.-LELLEK: Licht und Arbeit. Berlin: Julius Springer 1926.

[2] BÜNING, W. u. W. ARNDT: Tageslicht im Hochbau. (Die Ermittlung der Fenstergrößen.) 3. Beih. zur Bauwelt. 1—32. Berlin 1935. — THOMAS, G. W.: The Status of Natural Lighting in Modern Building Codes. Trans. Illum. Engng. Soc. **27** (1932) 289—307. — Hier sei bemerkt, daß über alle Fragen der Tagesbeleuchtung neben dem deutschen das amerikanische Fachschrifttum (insbesondere die Trans. Illum. Engng. Soc.) die wichtigsten Arbeiten enthält.

[3] WEBER, L.: Z. Hyg. **79** (1915) 525. — Intensitätsmessungen des diffusen Tageslichtes. Ann. Physik u. Chemie **26** (1885) 374—389.

der Fenster muß daher in irgendeiner Form auf die jeweiligen Verhältnisse der natürlichen Lichtquelle selbst bezogen werden und kann nur so sinnvoll sein. Man hat die „Lichtgüte" als Verhältnis der Beleuchtungsstärke irgendeines Platzes zur Leuchtdichte des von diesem Platz aus sichtbaren Stückes des Himmelsgewölbes gesetzt [1]. Man hat sie als Verhältnis der Platzbeleuchtungsstärke zur Vertikalbeleuchtungsstärke in der Fensterfläche gesetzt [2]. Am gebräuchlichsten aber dürfte der Begriff des „*Tageslichtquotienten*" sein [3], der neuerdings allgemein als Verhältnis der Horizontalbeleuchtungsstärke eines Innenraumplatzes zu der außen bei freiem Horizont herrschenden Horizontalbeleuchtungsstärke angesehen wird (Abb. 658) [4].

Es ist also der Tageslichtquotient

$$T = \frac{\text{Horizontalbeleuchtungsstärke innen}}{\text{Horizontalbeleuchtungsstärke außen}}$$
$$\times 100 \, (\%).$$

Im älteren Schrifttum hat der Tageslichtquotient bisweilen andere Bedeutung. Die heute übliche Form des Tageslichtquotienten kennzeichnet nicht bedingungslos und eindeutig die „Lichtgüte". Erst bei Voraussetzung einer gleichmäßigen Leuchtdichteverteilung über das ganze Himmelsgewölbe ist T eindeutig. Diese Voraussetzung wird aber bei allen neueren *Berechnungsverfahren* gemacht, um überhaupt vergleichsfähige Angaben über die Tages-

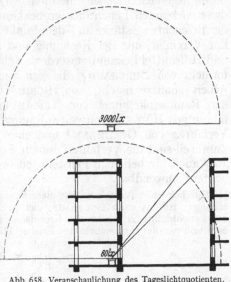

Abb. 658. Veranschaulichung des Tageslichtquotienten.

beleuchtung zu bekommen. Daß diese Voraussetzung bei praktischen *Messungen* durchaus nicht zuzutreffen braucht, ist zu beachten.

c) Berechnungsverfahren.

Für die Berechnung der Beleuchtungsstärke an einem Raumpunkt, der Tageslicht durch Fenster erhält, sind nur die Verfahren mit Erfolg anwendbar, die für großflächige Lichtquellen allgemein gelten. Meistens wird nach dem „Raumwinkelprojektionsgesetz" (durch Abb. 659 erläutert) verfahren.

Das *vollkommen diffus* leuchtende Flächenelement dF' mit der Leuchtdichte B erzeugt an einem anderen Flächenelement im Punkte P eine Beleuchtungsstärke

$$dE = B \cdot dF \cdot \cos i.$$

Zur Ermittlung dieser Beleuchtungsstärke denkt man sich um P eine Einheitskugel (Halbmesser $r = 1$ m) gelegt, auf der das leuchtende Flächenelement dF' ein Element dF bildet. Diese aus der Einheitskugel ausgeschnittene Fläche dF stellt

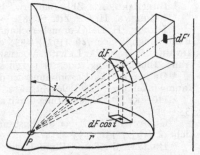

Abb. 659. Erläuterung des Raumwinkelprojektionsgesetzes.

---

[1] Vgl. Fußn. 3, S. 582.
[2] LIESE, W.: Zur Kritik des Tageslichtquotienten. Gesdh.-Ing. **59** (1936) 277—286.
[3] FRÜHLING, H. G.: Die Beleuchtung von Innenräumen durch richtiges Tageslicht. Diss. Berlin 1928. In dieser Arbeit findet sich auch ein umfassendes Verzeichnis des Schrifttums bis 1927.
[4] Normblatt DIN 5035 der Deutschen Lichttechnischen Gesellschaft (DLTG.).

dann den Raumwinkel $d\omega$ dar, den die Leuchtfläche dF' von P aus gesehen umfaßt. Die Projektion dieses Raumwinkels auf die Ebene, in der das beleuchtete Flächenelement in P liegt, ist $dF \cdot \cos i$.

Zur Berechnung der Beleuchtungsstärke in Lux ist B in HK/m² einzusetzen. Als Grenzfall ergibt sich die Gesamtbeleuchtungsstärke im Freien bei gleichmäßiger Leuchtdichte B der gesamten Himmelshalbkugel zu $E = B \cdot \pi$, da die Projektion der Halbkugel ($\omega = 2\pi$) auf die Grundfläche gleich π ist.

Die gesamte Horizontalbeleuchtung an irgendeiner Stelle im Raum setzt sich aus der Summe der Teilwirkungen zusammen, die sämtliche über dieser Stelle liegenden Flächen mit ihren wirksamen Leuchtdichten erzeugen. Wenn diese wirksamen Leuchtdichten bekannt sind, ist die rechnerische Bestimmung der Beleuchtungsstärke an jedem Punkt zwar möglich, aber äußerst umständlich. Zur Vereinfachung der Rechnung sind eine ganze Reihe graphischer Verfahren und Hilfsmittel bekannt geworden. Neben den wichtigsten älteren Berechnungsformeln von Burchard [1], die sich auch Frühling [2] in seiner grundlegenden Arbeit zunutze macht, von Higbie [3] und von Ondracek [4] unter Benutzung der Raumwinkelkugel von Teichmüller sind verbesserte graphische Verfahren von Höpcke [5] mit einem Raumwinkelprojektionspapier, ein vereinfachtes Verfahren von Goldmann [6] und eine Reihe anderer [7] vorgeschlagen worden. Zum Teil sind die Verfahren nur für Fenster in senkrechten Wänden, zum Teil aber auch für beliebige Fensterarten und die verschiedensten Arten von Oberlichtern anwendbar.

Ein bequemes Verfahren zur Berechnung der Beleuchtung, die große Leuchtflächen erzeugen, ist das nach Goldmann, das an Burchards Vorschläge anknüpft. Eine mit der Leuchtdichte B leuchtende Kreisfläche (Halbmesser r), deren Mittelpunkt senkrecht über und parallel zur beleuchteten Fläche (Abstand h) liegt, erzeugt die Beleuchtungsstärke

$$E = \frac{r^2}{r^2 + h^2} \cdot \pi \cdot B \text{ lx} \quad [B \text{ in HK/m}^2]$$

bzw. $E = \dfrac{r^2}{r^2 + h^2} B$ lx $[B$ in asb].

Hierin kann der Quotient $\dfrac{r^2}{r^2 + h^2} = k$ alle Werte zwischen 0 und 1 annehmen. Da nur das Verhältnis $r : h = r'$ für die Beleuchtungsberechnung wichtig ist, wird $k = \dfrac{r'^2}{1 + r'^2}$. Läßt man k in arithmetischer Reihe z. B. 0,04; 0,08; 0,12...1,00, also mit $n_1 = 25$ Gliedern wachsen, dann liefern alle so entstehenden Kreisringe oder Zonen den gleichen Beleuchtungsstärkenanteil. Teilt man diese Schar von mittelpunktsgleichen Zonen noch gleichmäßig durch n_2 (z. B. 40) Halbmesser, so entsteht eine Einteilung für ein Raumwinkel-

[1] Burchard, A.: Zbl. Bauverw. **39** (1919) 38, 597.

[2] Frühling, H. G.: Zit. S. 583.

[3] Higbie, H. H.: Vorausberechnung von Tageslicht bei vertikalen Fenstern. Trans. Illum. Engng. Soc. **20** (1925) 433; deutsch: Licht u. Lampe **15** (1926) 518—521. — Higbie, H. H. u. A. Lewin: Vorausberechnung von Tageslicht bei schrägen Fenstern. Trans. Illum. Engng. Soc. **21** (1926) 273; deutsch: Licht u. Lampe **15** (1926) 521—523.

[4] Ondracek, I.: Bestimmung der diffusen Beleuchtung mit Hilfe der Teichmüllerschen Raumwinkelkugel. Z. Beleuchtgswes. **18** (1922) 64—68.

[5] Höpcke, O.: Beleuchtung durch ausgedehnte Leuchtflächen. Licht **2** (1932) 113—116, 133—135.

[6] Goldmann, M.: Über die Bestimmung der Beleuchtung durch großflächige Leuchter. Licht **2** (1932) 136, 153—154.

[7] Bull, H. S.: Trans. Illum. Engng. Soc. **23** (1928) 547. — Higbie, H. H. u. W. Turner-Szymanowski: Berechnung der Tagesbeleuchtung. Trans. Illum. Engng. Soc. **25** (1930) 213. — Higbie, H. H. and A. D. Moore: Prediction of natural illumination in interiors and on walls of buildings. Proc. intern. Illum. Engng. Congr. Lond. 1932, 1149—1166. — Stevenson, A. C.: On the mathematical and graphical determination of direct daylight factors. Proc. intern. Illum. Engng. Congr. Lond. 1932, 1167—1219. — Meyer, E.: Ein Nomogramm für Raumbeleuchtung mit Tageslicht. Licht **4** (1934) 19—23. — Daniljuk, A.: Ein neues graphisches Verfahren zur Berechnung der natürlichen Beleuchtung von Räumen mit rechteckigen Lichtöffnungen. Licht **4** (1934) 241—243.

projektionspapier, die Abb. 660 in einem Quadranten zeigt für den eingezeichneten Abstand h. Jedes Feld der Einteilung liefert den gleichen Beleuchtungsanteil. Eine beliebige, maßstabgerecht in das Blatt eingezeichnete Leuchtfläche mit der Leuchtdichte B erzeugt an einer Stelle, die im Abstand h unter dem Mittelpunkt der Teilung zu denken ist, die

Beleuchtungsstärke $E = \dfrac{z}{n_1 \cdot n_2} \cdot B$,

wenn die Leuchtfläche z Teile des im Bild $n_1 \cdot n_2 = 1000$-teiligen Hilfsblattes einnimmt und B in asb angegeben wird.

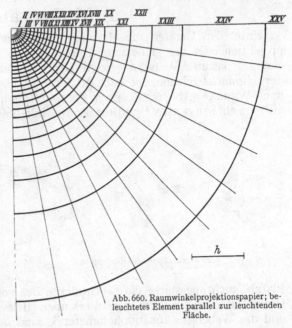

Während so die Beleuchtung von horizontalen Leuchtflächen (z. B. Oberlichtern) bestimmt werden kann, läßt sich in einem sinngemäß abgewandelten Hilfsblatt auch die Beleuchtung durch vertikale Leuchtflächen (z. B. Fenster) ermitteln, d. h. wenn die Leuchtfläche senkrecht zur Ebene des beleuchteten Elementes liegt. Projiziert man nämlich die Einteilung nach Abb. 660 rückwärts auf eine Kugel, so entsprechen den Kreisen mit dem Halbmesser r' Breitenkreise von der Breite φ (tg $\varphi = r'$), und den n_2-Halbmessern aus Abbildung 660 Längenkreise gleichen Abstandes. So entsteht ein Hilfsblatt gemäß Abb. 661 für den eingezeichneten Abstand h. Die Scheitel der Hyperbeln haben den Abstand $a = h \cdot$ tg $(\pi/2 - \varphi)$ von der Äqua-

Abb. 660. Raumwinkelprojektionspapier; beleuchtetes Element parallel zur leuchtenden Fläche.

torialgeraden. Für die hier gewählte Einteilung der Raumwinkelprojektionspapiere sind die Werte von k, r' und φ in der Tabelle 50 (Anh.) zusammengestellt.

Alle diese Verfahren werden aber praktisch nur zur Berechnung des Beleuchtungsanteils verwendet, den die Leuchtdichte des Himmelsgewölbes unmittelbar an beliebigen Stellen im Raum erzeugt. Denn wenn das Raumwinkelprojektionsgesetz und jedes andere mit ihm in Einklang stehende Ermittlungsverfahren für die Beleuchtungsstärke auch auf jede beliebige vollkommen diffus leuchtende Fläche anwendbar ist, so fehlt doch bei diesen anderen Leuchtflächen (z. B. den Fenstern)

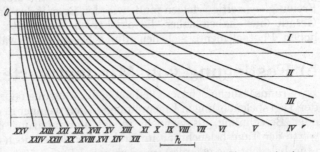

Abb. 661. Raumwinkelprojektionspapier; beleuchtetes Element senkrecht zur leuchtenden Fläche.

gegenüberliegende Häuserwände oder die Wandflächen des Raumes selbst) die Kenntnis ihrer Leuchtdichte. Diese Leuchtdichte ist ja erst mittelbar von der Selbst- oder Eigenleuchtdichte des Himmelsgewölbes abhängig. Die Berechnungsverfahren beschränken sich daher in der Regel auf die Bestimmung des unmittelbaren Beleuchtungsstärkenanteils, den das von einem bestimmten Platz aus sichtbare Himmelsstück an diesem Platz erzeugt. Dann ist — bei bestimmter Leuchtdichte des Himmelsgewölbes — nur die Raumwinkelprojektion des sichtbaren Himmelsstückes für die Beleuchtungsstärke maßgebend. Für diese Bestimmungsgröße ist daher auch die Bezeichnung „reduzierter" oder „projizierter Raumwinkel" in das Schrifttum eingegangen.

Die Wirkung des von den Innenraumwandungen wie von den Außenwänden der Nachbarbauten und sonstigen Begrenzungsflächen reflektierten Lichtes wird dabei nur als erwünschter Zuschlag angesehen.

d) Meßgeräte.

Unter den Geräten zur *Messung des Raumwinkels* bzw. der Raumwinkelprojektion oder des „reduzierten (projizierten)" Raumwinkels seien besonders genannt das in Abb. 662 a gezeigte Gerät (Öffnungswinkelmesser) nach KRÜSS, der Himmelsflächenmesser nach MORITZ[1] (Abb. 662b), der Raumwinkelmesser nach WEBER[2] (Abb. 662c), nach PLEIER[3] (photographisch), ebenso neuerdings auch nach STEVENSON[4] und die Raumwinkelkugel nach TEICHMÜLLER[5]. Alle

Abb. 662. Raumwinkelmeßgeräte.

diese Meßgeräte haben allgemeine praktische Anwendung über einzelne Pionierarbeiten hinaus kaum erlangt, obwohl sie ziemlich genaue und verhältnismäßig einfach auszuführende Messungen gestatten. Auch die auf WEBERs Anregung entstandenen *Beleuchtungsmesser*, die gleichzeitig mit der Platzbeleuchtungsstärke die Leuchtdichte des von diesem Platz aus sichtbaren Himmelsflächenstückes zu messen erlauben (Beleuchtungsprüfer nach THORNER[6] und das Webersche Relativphotometer[7]), sind heute wohl kaum noch in praktischem Gebrauch. Die Messung der Beleuchtungsstärke in Innenräumen bei Tageslicht ist selbstverständlich mit jeder Art von Beleuchtungsmesser durchzuführen. Eine besondere Schwierigkeit besteht ja nur darin, daß die Messung auf den jeweiligen, stark veränderlichen Zustand der im Freien herrschenden Beleuchtung bezogen werden muß, daß also eine Messung der Beleuchtung im Freien gleichzeitig erfolgen muß, wie der Begriff des Tageslichtquotienten zeigt. Gerade hier haben daher die objektiven Meßgeräte, insbesondere die handlichen Photoelemente sich neuerdings besonders bewährt[8].

e) Festlegung von Mindestwerten. „Leitsätze."

Grundsätzliche Schwierigkeiten bei der Messung oder auch bei der Berechnung der Tagesbeleuchtung in Innenräumen liegen weniger in der Methode der Messung oder Berechnung, als vielmehr in der Vereinbarung über diejenigen Mindestwerte der Tagesbeleuchtung im Freien, bei denen noch eine hinreichende Innenraumbeleuchtung gefordert werden soll. Die größte und praktisch wichtigste Bedeutung kommt also der Frage zu, bei welcher Mindesttagesbeleuchtung im Freien eine physiologisch und hygienisch erforderliche Beleuchtungsstärke im

---

[1] MORITZ, M.: Klin. Jb. **14** (1905) 103.

[2] WEBER, L.: Z. Instrumentenkde. 1908, 129.

[3] PLEIER, F.: Z. österr. Ing.- u. Arch.-Ver. 1908 Nr. 2.

[4] STEVENSON, A. C.: On the mathematical and graphical determination of direct daylight factors. Proc. intern. Illum. Engng. Congr. Lond. 1932, 1167—1219.

[5] TEICHMÜLLER, J.: Meßgeräte und Meßverfahren. Elektrotechn. u. Maschinenb. **36** (1918) 261. — Elektrotechn. Z. **39** (1918) 368.

[6] THORNER, W.: Hyg. Rdsch. **14** (1904) 871.

[7] WEBER, L.: Schriften des naturwissenschaftlichen Vereins für Schleswig-Holstein. **15** Heft 1.

[8] LIESE, W.: Zur Kritik des Tageslichtquotienten. Gesdh.-Ing. **59** (1936) 277—286.

Innenraum noch erzielt werden soll, bzw. welcher Tageslichtquotient bezogen auf eine Mindesttagesbeleuchtung im Freien dem Entwurf von Lichteinlaßöffnungen zugrunde gelegt werden soll. Besonders eingehend hat sich bisher FRÜHLING [1] mit dieser Frage befaßt. Auf seine Zusammenstellungen über den mittleren täglichen Verlauf der Horizontalbeleuchtungsstärke im Freien (vgl. B 1, S. 56 f.) greifen alle späteren Arbeiten zurück.

So ist in den deutschen „Leitsätzen für Tagesbeleuchtung" [2] nach diesen lichtklimatischen Ermittlungen eine Außenbeleuchtungsstärke $E_a = 3000$ lx als Mindesttagesbeleuchtung angenommen worden, mit der für die geographische Breite Norddeutschlands im Dezembermittel noch um 9 Uhr 15 Minuten bzw. 14 Uhr 45 Minuten zu rechnen ist. Es sei erwähnt, daß trotz zweifellos nicht besserer lichtklimatischer Verhältnisse England in ähnlichen „Leitsätzen" eine Außenbeleuchtungsstärke $E_a = 5000$ lx, Rußland dagegen $E_a = 2000 \ldots 3000$ lx zugrunde legt [3].

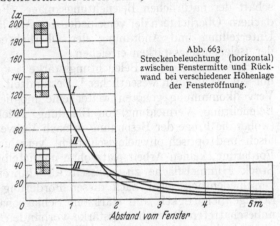

Abb. 663.
Streckenbeleuchtung (horizontal) zwischen Fenstermitte und Rückwand bei verschiedener Höhenlage der Fensteröffnung.

Die für eine Horizontalbeleuchtungsstärke im Freien $E_a = 3000$ lx nach den deutschen „Leitsätzen für Tagesbeleuchtung" geforderte Horizontalbeleuchtungsstärke E_h am Arbeitsplatz im Innenraum sind in Tabelle 49 (Anh.) für die verschiedenen Arbeitsarten zusammengestellt. Die Tabelle zeigt außerdem die entsprechenden Tageslichtquotienten $T = E_h/E_a$ und zum Vergleich, die bei künstlicher Beleuchtung geforderten Beleuchtungsstärken.

Es ist notwendig, den Tageslichtquotienten für einen bestimmten Raumplatz (in den genannten Leitsätzen der Arbeitsplatz) anzugeben [4], weil bei dem starken Beleuchtungsstärkenabfall, insbesondere bei Fenstern in einer Raumwand, keine andere Angabe eindeutig ist. In Abb. 663 ist dieser abfallende Verlauf der Beleuchtungsstärke mit dem Abstand vom Fenster für verschiedene Fensterlagen dargestellt nach Messungen von FRÜHLING [5], der aber seine Ermittlungen nach der Wirkungsgradmethode noch auf die *mittlere* Horizontalbeleuchtungsstärke E_m im Raum abstellt. In Anlehnung an das bei künstlicher Beleuchtung übliche Verfahren bezeichnet er dabei das Verhältnis des Nutzlichtstromes in der Meßebene zum Lichtstrom, der durch die Fensterfläche eintritt, als Wirkungsgrad η.

Die ungünstige Verteilung der Beleuchtung in Räumen mit Seitenfenstern läßt sich unter Umständen, die Abb. 663 veranschaulicht, beleuchtungstechnisch zwar etwas verbessern, doch nicht vollständig ausgleichen. Da die oberen Fensterteile beleuchtungstechnisch besonders wirksam sind, muß der Abstand

---

[1] FRÜHLING, H. G.: Die Beleuchtung von Innenräumen durch richtiges Tageslicht. Diss. Berlin 1928. In dieser Arbeit findet sich auch ein umfassendes Verzeichnis des Schrifttums bis 1927. [2] Normblatt DIN 5035 der DLTG.

[3] SUMMERER, E.: Die Beleuchtung von Schulen. Licht 2 (1932) 24—28. — Leitsätze über die Beleuchtung von Schulen. Licht 2 (1932) 87—89. — ZELENKOW, W.: Vorläufige Leitsätze für die Tagesbeleuchtung von Arbeitsräumen industrieller Gebäude in der UdSSR. Licht 4 (1934) 66—70.

[4] LUX, H.: Grundsätzliches zu den Leitsätzen für Tagesbeleuchtung. Licht 3 (1933) 51—57, 81—83. [5] FRÜHLING, H. G.: Siehe oben!

der Fensteroberkante (Fenstersturz) von der Raumdecke so klein wie möglich gehalten werden, muß ferner die lichtverschlechternde Wirkung jeglicher Vorbauten (Erker u. dgl.) beachtet werden. Diese Erkenntnisse, ebenso wie die Vorteile einer hellen Raumausstattung werden im neuzeitlichen Bauwesen mehr und mehr gewürdigt [1]. Schließlich dürfen auch die verschiedenen beleuchtungstechnischen Einflüsse und Eigenschaften aller Arten lichtstreuender Gläser und die der Fenstervorhänge und Gardinen [2] nicht unberücksichtigt bleiben. Näheres hierüber vgl. D 4, S. 209. Im übrigen aber erkennt der Architekt in der stets verhältnismäßig ungünstigen Beleuchtungsverteilung in Stockwerkbauten mit Seitenfenstern keinen Mangel, sondern nur eine bezeichnende Eigenschaft der natürlichen Beleuchtungsanlage. Für Eingeschoßbauten mit Glasdächern, Oberlichtern der verschiedensten Art, läßt sich dagegen durch geeignete Unterteilung und Anordnung der Oberlichter vollständige Gleichmäßigkeit der Beleuchtungsstärken erreichen.

Eine hinreichende Beleuchtungsstärke ist, wie schon eingangs erwähnt, nur ein, wenn auch wesentlicher [3], Bestandteil der Beleuchtungsgüte. Zu ihrer Vervollkommnung gehören weiter eine möglichst große Gleichmäßigkeit der Beleuchtung, Vermeidung von Blendung, Rücksicht auf direktes Sonnenlicht (wobei die Frage der Besonnung je nach Verwendungszweck der Räume hygienisch und optisch-physiologisch recht verschiedene Beurteilung findet [4]), die Forderung, keinen Arbeitsplatz ohne unmittelbare Ausblickmöglichkeit auf ein Stück Himmelsfläche zu belassen (die hinreichende Arbeitsbeleuchtung ist verschiedentlich sogar nach dieser Forderung allein beurteilt worden), eine richtige Schattigkeit (im stärksten Schlagschatten soll mindestens 20% der unbeschatteten Beleuchtungsstärke vorhanden sein) und dergleichen physiopsychologisch und menschenkundlich bedingte Forderungen (vgl. F 1, S. 566). Einzelheiten sind den „Leitsätzen für Tagesbeleuchtung" der DLTG. und ihrer Erläuterungen (Normblatt DIN 5035) zu entnehmen.

f) Für hinreichende Beleuchtung erforderliche Fenstergrößen.

Der Festlegung einer Außenbeleuchtungsstärke von 3000 lx als Kleinstwert, für den die Arbeitsbeleuchtung im Innenraum noch ausreichend sein soll, liegt die Erfahrungstatsache zugrunde, daß hierbei unter normalen, mittleren Arbeits- und Wohnraumverhältnissen und bei bauüblichen Fenstern solcher Räume an den Arbeitsplätzen ein ausreichender Absolutwert der Beleuchtungsstärke vorhanden ist [5]. Denn darüber, ob die Beleuchtung zur Arbeitsverrichtung ausreicht, kann nur der absolute Betrag der am Arbeitsplatz vorhandenen Beleuchtungsstärke entscheidend sein, der Tageslichtquotient aber nur dann, wenn die Mindestbeleuchtungsstärke im Freien, die den erforderlichen Absolutwert der Beleuchtungsstärke am Arbeitsplatz im Raum noch erzeugen soll, vereinbart ist und hierbei eine gleichmäßige Verteilung der Leuchtdichte über das ganze Himmelsgewölbe vorausgesetzt wird.

[1] Tischer, K. H.: Grundlagen für die Messung und Vorausberechnung der Tagesbeleuchtung von Innenräumen. Licht u. Lampe 15 (1926) 895—902. — Tischer, K. H. u. H. G. Frühling: Bauwelt 22 (1931) Nr. 2.

[2] Bloch, L. u. H. G. Frühling: Die lichttechnische Kennzeichnung von Fenstergardinen und Vorhängen. Licht u. Lampe 21 (1932) 143—146, 162—164.

[3] Liese, W.: Zur Kritik des Tageslichtquotienten. Gesdh.-Ing. 59 (1936) 277—286.

[4] Hierzu sei auf das Sonderschrifttum verwiesen, z. B. H. Reichenbach: In Weyls Handbuch der Hygiene. 4. Leipzig 1914. — Korff, A.-Petersen: Hygienische Anforderungen an die Tagesbeleuchtung. Licht u. Lampe 15 (1926) 718—721.

[5] Waldram, P. J.: The provision of adequate daylight in building regulations. Proc. intern. Illum. Engng. Congr. Lond. 1932, 1117—1219.

Nach den Empfehlungen der internationalen Beleuchtungskommission (Cambridge 1932) soll ein Tageslichtquotient ·von 0,2%, d. h. also eine Beleuchtungsstärke am Arbeitsplatz von 6 lx bei einer Außenbeleuchtungsstärke von 3000 lx oder eine Beleuchtungsstärke am Arbeitsplatz von 10 lx bei einer Außenbeleuchtungsstärke von 5000 lx, als ausreichend gelten. Diese Werte werden allerdings als zu gering bezeichnet [1]. Es hat sich aber andererseits gezeigt, daß die in den deutschen „Leitsätzen für Tagesbeleuchtung" geforderten Werte [Tabelle 49 (Anh.)] zu bautechnisch ausführbaren Fensterabmessungen nur dann führen, wenn man den Arbeitsplatz in unmittelbare Fensternähe bringt. BÜNING und ARNDT [2] legen daher ihren Arbeiten einen Tageslichtquotienten von 1,33 % (40 lx bei $E_a = 3000$ lx) für einen fensternahen Raumpunkt (1,20 m von der Außenkante der Fensteröffnung entfernt) zugrunde. Gleichzeitig aber fordern sie auch für einen fensterfernen Punkt (an der Raumrückwand) noch einen Tageslichtquotienten von 0,1 % (Abb. 664). Erfahrungsgemäß sollen diese Werte für Wohnräume ausreichende Beleuchtung ergeben. Die beiden geforderten Grenzwerte sichern überdies eine gewisse *Gleichmäßigkeit* der Beleuchtung im Raum. Die für diese beiden Tageslichtquotienten erforderlichen Fensterabmessungen nach Höhe h und Breite b sind aus Kurventafeln zu entnehmen. Diese

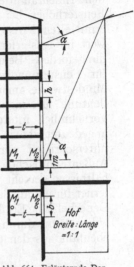

Abb. 664. Erläuternde Darstellung zur Ermittlung der erforderlichen Fensterabmessungen nach Abb. 665 und 666.

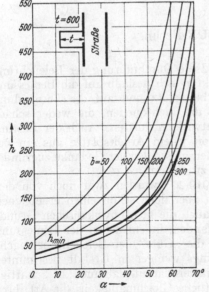

Abb. 665. Schaubild zur Ermittlung der erforderlichen Fensterabmessungen eines 6 m tiefen Raumes bei verschiedener Stockwerklage an einer Straße.

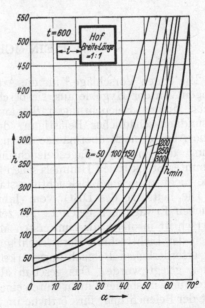

Abb. 666. Schaubild zur Ermittlung der erforderlichen Fensterabmessungen eines 6 m tiefen Raumes bei verschiedener Stockwerklage an einem Hof mit quadratischem Grundriß.

---

[1] MÖLLER, CH. G.: Daylight illumination and town planning. Proc. intern. Illum. Engng. Congr. Lond. 1932, 1136—1148.

[2] BÜNING, W. u. W. ARNDT: Tageslicht im Hochbau. (Die Ermittlung der Fenstergrößen.) 3. Beih. zur Bauwelt, 1—32. Berlin 1935. — ARNDT, W.: Das Licht im Gebäude. Licht **5** (1935) 113—118.

Tafeln sind zusammengestellt nach praktischen Modellmessungen, die sich für diesen Zweck schon öfter bewährt haben [1]. Die Tafeln, von denen die Abb. 665 und 666 Beispiele zeigen, enthalten für verschiedene Außenraumformen, verschiedene Innenraumtiefen und für alle Stockwerklagen der Räume die erforderlichen Fensterhöhen bei verschiedenen Fensterbreiten (vgl. auch Abb. 664). Die so ermittelten Fensterabmessungen gewährleisten den geforderten Beleuchtungswert im fensterfernen Raumpunkt. Die stark gezeichnete Kurve h_{min} gilt für die geforderte Beleuchtung in Fensternähe, bildet daher jeweils die Grenzkurve für Fenstermindesthöhen, wie überhaupt die ermittelten Fenstergrößen als Mindestwerte anzusprechen sind. Diese Unterlagen haben ihre besondere Bedeutung für ungünstige Raumlagen, die aber den entwerfenden Architekten vornehmlich interessieren. Fensterhöhen unter 0,8 m sind daher nur noch angedeutet, da sie für Wohnräume schon aus architektonischen Gründen nicht unterschritten werden. Den Tafelangaben liegt ein Reflexionsvermögen der Außenraumflächen von 15% zugrunde, das im Mittel allen praktischen Verhältnissen gerecht wird. Die den Tafeln zu entnehmenden Fensterhöhen gelten ferner für ein mittleres Reflexionsvermögen der Innenraumwandungen von 50%. Der erhebliche Einfluß anderer Raumausstattungen auf die erforderlichen Fensterhöhen kann durch eine einfache Umrechnungszahl berücksichtigt werden, die ebenfalls aus den praktischen Modelluntersuchungen ermittelt worden ist.

F 4. Die Leitsätze für die künstliche Beleuchtung.

Von

Heinrich Lux-Berlin.

Die ersten Vorschläge [2] für die Art und die Durchführung der Beleuchtung gingen von der Hygiene aus, sie beschränkten sich deshalb auf die Bemessung einer Minimal-Beleuchtungsstärke am Arbeitsplatz und auf die Vermeidung gesundheitsschädlicher Belästigung durch die Lichtquellen, die weder schädliche Abgase, noch übermäßige Wärme entwickeln durften. Auch der Bestimmung, daß man bei Tagesbeleuchtung von jedem Arbeitsplatze aus ein bestimmtes Stück freien Himmels sehen können müsse, lag der Gedanke zugrunde, eine nicht zu geringe Beleuchtungsstärke zu sichern.

Die Leitsätze des DBG. vom Jahre 1919/20 [3] wurden zwar noch von den gleichen Erwägungen geleitet. Sie zeigten aber doch schon einen erheblichen Fortschritt insofern, als zum ersten Male auch die nichtphysikalischen Grundlagen der Lichttechnik Berücksichtigung fanden, indem neben der Bemessung der erforderlichen Beleuchtungsstärke auf die „Güte" der Beleuchtung Nachdruck gelegt wurde. Das geschah allerdings weniger in Gestalt bestimmter Forderungen, sondern mehr durch einen Hinweis darauf, daß auch die Schattigkeit der Beleuchtung, ihre örtliche und zeitliche Gleichmäßigkeit, die Art ihrer Verteilung und vor allem die Blendungsfreiheit berücksichtigt werden mußten.

Die 1923 erschienenen „Leitsätze für die Beleuchtung im Freien" und die „Leitsätze für die Beleuchtung von Fabriken und anderen gewerblichen

---

[1] Yamanti, Z. and K. Hisano: Photo-electric measurements of daylight illumination by the use of a model room. Proc. intern. Illum. Engng. Congr. Lond. 1932, 1246—1256.

[2] Cohn, H.: Die Hygiene des Auges in den Schulen. Wien: Urban & Schwarzenberg 1883.

[3] Z. Beleuchtungswes. **25** (1919) 105; **26** (1920) 1.

Arbeitsstätten" vom Jahre 1924 bewegten sich noch im gleichen Gleise[1], und auch die den Leitsätzen beigegebenen Erläuterungen waren mehr „praktische Winke" für den lichttechnisch unerfahrenen Architekten, Betriebsingenieur und Installateur, wie eine brauchbare Beleuchtungsanlage einzurichten sei, als eine Begründung der für „gutes Sehen" zu erfüllenden Bedingungen nichtphysikalischen Charakters.

Der entscheidende Schritt in dieser Richtung wurde erst mit den Leitsätzen der DBG. vom Jahre 1931 gemacht, die im Jahre 1935 von der DLTG. unverändert als Deutsche Norm DIN 5035 herausgegeben wurden. — Äußerlich markiert sich das schon dadurch, daß in den neuen Leitsätzen auch die „erforderlichen Beleuchtungsstärken" unter die Faktoren eingereiht wurden, die die „Güte der Beleuchtung" bestimmen, während vordem der erforderlichen Beleuchtungsstärke selbständige und bevorzugte Bedeutung eingeräumt worden war. Es heißt jetzt in der Einleitung der Leitsätze: „Um eine gute Beleuchtung zu erhalten, sind Beleuchtungsstärke, Schattigkeit, örtliche und zeitliche Gleichmäßigkeit, Leuchtdichte der Leuchtgeräte und Lichtfarbe den Ansprüchen der zu verrichtenden Arbeit, der Betriebssicherheit, dem Verwendungszweck und der Verkehrssicherheit anzupassen. Die künstliche Beleuchtung muß aber nicht nur den Anforderungen der Zweckmäßigkeit, sondern auch denen der Gesundheit, Schönheit und Wirtschaftlichkeit entsprechen."

Damit ist wenigstens versucht worden, den in den letzten Jahrzehnten gewonnenen Erkenntnissen auf dem physiologischen Gebiet des Sehens und dem psychologischen des bewußten Wahrnehmens Rechnung zu tragen. Der letzte Punkt ist in den vorliegenden Leitsätzen allerdings noch kaum angedeutet. Die Fragen der *Beleuchtungswahrnehmung* — und zwar einmal unabhängig und das zweite Mal abhängig von der Farbwahrnehmung —, der *Transformation der Sehdinge*[2] in ihren Beziehungen zwischen Nachbild, Anschauungsbild und Vorstellungsbild, der *Farbenkonstanz*, des *Glanzes* usw. sind zwar schon eingehend studiert, für die Wertung der Beleuchtung aber bisher kaum angeschnitten worden[3]. Dagegen ist das Gewicht der einzelnen Faktoren, die in *physiologischer* Beziehung die Güte der Beleuchtung bestimmen, in den Leitsätzen der DLTG schon einigermaßen gewertet.

Wir sind zwar bei der der physikalischen Messung allein zugänglichen Beleuchtungsstärke ausschließlich auf die Entscheidung des Auges angewiesen, die durch das Zentimeter-Gramm-Sekunden-System noch immer nicht beeinflußt ist, aber wir können heute doch schon sagen, daß das Auge — wenigstens bei der Vergleichung gleichfarbiger Lichter — nur die Rolle eines Nullinstrumentes spielt, bei dem die individuellen physiologischen Unterschiede ausgeschaltet sind. Damit ist denn auch in diesem Falle und bei geringem Farbensprung die Brücke zu rein objektiven physikalischen Meßmethoden geschlagen. Das gewährt bei der Beurteilung der Beleuchtung schon ein erheblich größeres Gefühl der Sicherheit als es noch vor etwa 20 Jahren vorhanden war.

Dazu sind in den letzten 20 Jahren durch zahlreiche physiologische Untersuchungen[4] so viele erkenntnistheoretische Ergebnisse gezeitigt worden, daß sich die komplizierten Vorgänge beim Sehen und Erkennen in ein wohlbegründetes, der praktischen Beleuchtung zugute kommendes System zusammenfassen

[1] Licht u. Lampe **12** (1923) 207, 561; **13** (1924) 255; **14** (1925) 767.

[2] TEICHMÜLLER, J.: Die Transformation der Sehdinge und die Kulturbedeutung der elektrischen Glühlampe. Elektrotechn. Z. **49** (1928) 493—496.

[3] KROH, O.: Probleme der physiologischen und psychologischen Optik. Licht u. Lampe **17** (1928) 277, 319. — KRAUSS, ST.: Die psychologischen Grundlagen der Beleuchtungswahrnehmung und die Bedeutung der psychologischen Beleuchtungslehre für die Lichttechnik. Licht u. Lampe **17** (1928) 385 (zusammen mit einem einleitenden Vortrage von JOH. TEICHMÜLLER über das Bedürfnis der Lichttechnik nach Klärung ihrer nichtphysikalischen Grundlagen als Sonderausgabe unter dem Titel: Die physiologischen und psychologischen Grundlagen der Lichttechnik und ihre Ziele. Berlin: Union Deutsche Verlagsanstalt 1929). [4] Vgl. S. 16 u. ff.

lassen. Vor allem ermöglichen es diese Ergebnisse, die erforderlichen *Beleuchtungsstärken* mit einer weit größeren Sicherheit zu bemessen, als das noch vor etwa 10 Jahren der Fall war, und sie ermöglichen zugleich die Emanzipation von den rein empirisch festgelegten Cohn-Weberschen Grundwerten.

Der hierbei verfolgte Gedankengang ist in den Erläuterungen zu den Leitsätzen in einigen knappen Sätzen zum Ausdruck gebracht worden. Es heißt dort:

„Die Fähigkeit, Kontraste und die Form von Gegenständen zu erkennen, die Geschwindigkeit der Empfindung, und damit die Leistungsfähigkeit des Auges, wachsen mit zunehmender Leuchtdichte der Gegenstände im Gesichtsfeld. Entsprechend den Anforderungen, die z. B. ein bestimmter Arbeitsvorgang an die Komponenten des Sehens (Unterschieds- und Formempfindlichkeit, Empfindungsgeschwindigkeit) stellt, ist eine bestimmte Leuchtdichte der gesehenen Gegenstände erforderlich. Die Leuchtdichte eines beleuchteten Gegenstandes hängt von der Beleuchtungsstärke und seiner Reflexion oder Durchlässigkeit ab. Zur Erzielung gleicher Leuchtdichten für Flächen mit geringer Reflexion höhere Beleuchtungsstärken erforderlich als für Flächen höherer Reflexion. Auch für das Erkennen von geringen Kontrasten sind höhere Beleuchtungsstärken erforderlich als für größere Kontraste. Das gleiche gilt auch für die gesehene Größe (Größe des Netzhautbildes) der Gegenstände und der auf ihnen zu beobachtenden Einzelheiten: Je kleiner diese sind, um so größer sind die Anforderungen an die Beleuchtungsstärke. Deshalb sind für die verschiedenen Arbeiten und die verschiedenen Materialien sehr verschiedene Beleuchtungsstärken erforderlich. Die in den Leitsätzen angegebenen Zahlen können also nur als Durchschnittswerte für die üblichen Fälle der Arbeitsarten und der zu beleuchtenden Räume usw. (im allgemeinen unter Voraussetzung einer mittleren Reflexion von 40...60% des Arbeitsgutes oder der Arbeitsflächen) gelten. In ungünstigen Fällen, also da, wo die Reflexion klein und dazu noch die Kontraste gering sind (z. B. Nähen von schwarzem Stoff mit schwarzem Faden), wo Wände, Decken und Einrichtungsgegenstände eine geringe Reflexion aufweisen, und wo auch die Möglichkeit der Kontrastbildung durch Schatten erschwert ist, muß die Beleuchtungsstärke noch über die empfohlenen Werte hinaus erhöht werden.

Als Anhalt kann ganz allgemein die Forderung gelten, daß für Arbeitsbeleuchtung die zu erzeugende Lichtdichte in der Größenordnung von 50...200 asb liegt. Die erforderliche Beleuchtungsstärke ergibt sich dann durch Division der Leuchtdichte durch die Reflexion.

Sinngemäß gelten diese Überlegungen für die Beleuchtung des Arbeitsgutes auch für die Beleuchtung des Raumes, die bei einem gegebenen Raume durch die Art und Anordnung der Leuchtgeräte sowie durch die Art der Raumausstattung beeinflußt werden kann.“

Bei der Bemessung der Beleuchtungsstärken hat sich die DLTG. auf die Horizontalbeleuchtung beschränkt, obwohl der Helligkeitseindruck, den der ganze Raum hervorruft, für die Beurteilung der Beleuchtungsgüte von mindest gleicher Bedeutung ist wie die Horizontalbeleuchtung. Diese Beschränkung mußte aber erfolgen, weil zur Zeit noch kein einwandfreies Verfahren bekannt worden ist, das die Leuchtdichteverteilung im ganzen Raum mit ähnlicher Leichtigkeit zu messen gestattet wie die Horizontalbeleuchtung[1].

Unter Zugrundelegung der angeführten Erwägungen gelangt man für die notwendigen Beleuchtungsstärken zu ganz erheblich höheren Werten, als sie bisher für ausreichend erachtet worden waren. Die gegebenen Zahlenwerte sind nach den verschiedenen Arbeitsarten (grobe, mittelfeine, feine und sehr feine Arbeiten) unterteilt worden, und außerdem ist noch eine Gliederung nach der Beleuchtungsart, ob Allgemeinbeleuchtung oder Arbeitsplatzbeleuchtung mit ergänzender Allgemeinbeleuchtung gewählt wird, vorgenommen. Reine Arbeitsplatzbeleuchtung ohne zusätzliche Beleuchtung des ganzen Raumes wird in den Leitsätzen prinzipiell verworfen. Die angegebenen Zahlenwerte beziehen sich auf die mittleren Beleuchtungsstärken auf einer Ebene in 1 m Höhe über dem Fußboden oder auf der Arbeitsfläche selbst; es wird aber auch noch der zulässige Mindestwert an der ungünstigst beleuchteten Stelle angeführt.

Wird in bestimmten Fällen Arbeitsplatzbeleuchtung bevorzugt, bei der auf einer eng begrenzten Fläche leicht und in wirtschaftlicher Weise erheblich

---

[1] Vgl. Fußn. 2 u. 3, S. 12.

höhere Beleuchtungsstärken erzeugt werden können als bei reiner Allgemeinbeleuchtung, so braucht die immer vorzusehende ergänzende Allgemeinbeleuchtung nur so stark zu sein, wie es für die Betriebssicherheit und die Orientierung
im Raume ausreicht, und wie sie vorhanden sein muß, um Adaptationsschwie-
rigkeiten des Auges und Kontrastblendung durch die Leuchtdichte des Arbeitsplatzes zu vermeiden.

Sieht man von den gerade noch zulässigen Mindestwerten der mittleren Beleuchtungsstärke ab, so stuft sich bei reiner Allgemeinbeleuchtung die notwendige mittlere Beleuchtungsstärke zwischen 40 lx bei grober Arbeit bis 300 lx bei sehr feiner Arbeit ab, wobei
an der ungünstigsten Stelle 10 bzw. 100 lx vorhanden sein müssen. Kommt Arbeitsplatzbeleuchtung mit zusätzlicher Allgemeinbeleuchtung in Betracht, so soll auf dem
Arbeitsplatze bei grober Arbeit 50...100, bei sehr feiner 1000...3000 lx geliefert werden;
die mittlere Beleuchtungsstärke der zusätzlichen Allgemeinbeleuchtung hat dann 20 bzw.
50 lx zu betragen, und an den ungünstigsten Stellen darf die Beleuchtungsstärke nicht
unter 10 bzw. 30 lx herabsinken. Für mittelfeine und feine Arbeit sind passende Zwischenstufen für die Beleuchtungsstärke eingesetzt.

Die aufgeführten Zahlenwerte gelten sowohl für gewerbliche Betriebe aller
Art als auch für Büros, Schulen, Theater, Kirchen usw., also für alle Räume,
in denen irgendeine Arbeit geleistet wird. Für reine Aufenthalts- und Wohnräume genügen dann niedrigere Werte, die nach der Art der gestellten Ansprüche gegliedert und gesondert aufgeführt sind.

Von großer Wichtigkeit sind dann noch die notwendigen Beleuchtungsstärken für die verschiedenen Verkehrsanlagen. Hier spielt neben der mittleren Beleuchtungsstärke in der Meßebene noch die Beleuchtungsstärke an der
ungünstigsten Stelle eine entscheidende Rolle. Die hierfür erforderlichen Werte
sind deshalb in den Leitsätzen ganz besonders betont worden.

Einen erheblichen Fortschritt in der Kennzeichnung der Beleuchtungsgüte
haben die Leitsätze durch die Einführung des Schattigkeitsbegriffes gemacht.
Es wird zum ersten Male für jede Beleuchtung eine bestimmte *Schattigkeit*
gefordert; denn das Erkennen der Körperlichkeit von Gegenständen wird
durch solche Leuchtdichtekontraste wesentlich unterstützt, die nicht durch
Reflexionsunterschiede, sondern durch Eigenschatten, Körperschattierung und
Schlagschatten hervorgerufen werden.

Unter *Schattigkeit* wird der Quotient aus der abgeschatteten und der ohne Abschattung vorhandenen Beleuchtungsstärke verstanden, wenn für eine Stelle einer Fläche, die
von mehreren Lichtquellen beleuchtet ist, *eine* Lichtquelle abgeschattet ist, wobei der
von ihr direkt gelieferte Anteil der Beleuchtung ausfällt und die Beleuchtung durch die
anderen nicht abgeschatteten Lichtquellen übrigbleibt. Hieraus ergeben sich dann die
Forderungen, daß an jeder Arbeitsstelle mindestens 20% der Beleuchtungsstärke von *gerichtetem* Lichtstrom herrühren müsse (Schattigkeit 0,2), und daß bei wichtigen Verkehrs-
und Arbeitsflächen die in den betriebsmäßigen Schlagschatten vorhandene Beleuchtungsstärke mindestens 20% der ohne Abschattung an dieser Stelle vorhandenen Beleuchtungsstärke betragen müsse (Schattigkeit 0,8). Außerdem ergeben sich noch bestimmte Forderungen hinsichtlich der Ausdehnung und Unterteilung der Lichtquellen und der Anordnung direkt strahlender Lichtquellen.

Durch die Einführung des Begriffes der Schattigkeit ist es demnach gelungen,
die bisher nur gefühlsmäßig getroffene Wahl der Leuchtgeräte und deren Anordnung durch sachliche Erwägungen zu begründen und hierfür Normen aufzustellen.

Für die Forderung der *örtlichen Gleichmäßigkeit der Beleuchtung* können —
mangels ausreichenden Beobachtungsmateriales — noch keine zahlenmäßigen
Bestimmungen eingesetzt werden. Es wird Aufgabe der Forschung sein, die
zulässigen Leuchtdichteunterschiede auf beleuchteten Flächen experimentell,
eventl. unter Zuhilfenahme psychotechnischer Methoden zu bestimmen, so daß
auch dieser die Beleuchtungsgüte bestimmende Faktor zahlenmäßig festgesetzt
werden kann. Die Voraussetzungen, die für derartige Untersuchungen gelten
müssen, sind in den Erläuterungen zu den Leitsätzen formuliert.

Diese Frage spielt eine erhebliche Rolle bei Verkehrsunfällen, bei denen Neuadaptation des Auges erfolgt. Die Abhängigkeit der Wahrnehmungsgeschwindigkeit vom Adaptationszustande des Auges und vor allem von der Adaptationsänderung ist auch schon untersucht worden [1], die Ergebnisse bedürfen zwar der Nachprüfung, sie können aber bei einer Neubearbeitung der Leitsätze nicht übergangen werden.

Die Herstellung einer *zeitlich gleichmäßigen Beleuchtung* machte zwar im Jahre 1930 keine Schwierigkeiten mehr, und die Klagen verstummten in dem Maße, in dem von der Eigenerzeugung der Elektrizität zum Anschluß an die großen Überlandzentralen übergegangen wurde, aber die Forderung nach zeitlicher Gleichmäßigkeit der Beleuchtung durfte deshalb doch nicht gestrichen werden, damit den Gewerbeaufsichtsbehörden nicht die Handhabe entzogen würde, gegebenenfalls einschreiten zu können.

In sehr eingehender Weise wurde in den neuen Leitsätzen das Kapitel der *Blendung* behandelt, und zwar werden nicht so sehr die Schädigungen durch Blendung betont, sondern die durch sie bewirkte physiologische Beeinträchtigung des Deutlichsehens. Die eigentlichen Vorschriften gehen ins einzelne und sind gegenüber den älteren Vorschriften erheblich verschärft worden. Anstatt der 0,75 sb als Blendungsgrenze der alten Leitsätze sind 0,2 sb bei Arbeitsplatz-Leuchtgeräten, und anstatt 5 sb sind 0,3 sb bei Leuchtgeräten für die Allgemeinbeleuchtung als Grenzwerte eingesetzt worden.

Bei den Leuchtgeräten für die Außenbeleuchtung dagegen wurde die früher zulässige Grenze von 5 sb auf nur 2 sb herabgesetzt. Es war den Bearbeitern der Leitsätze zwar vollständig klar, daß diese Leuchtdichte noch viel zu hoch sei, wenn man die Adaptationsleuchtdichten auf den Straßenflächen berücksichtigt, die wegen der geringen Reflexion der Straßendecken selbst bei gut beleuchteten Straßen und Plätzen so gering sind, daß bei Leuchtdichten von 2 sb unbedingt Blendung eintreten muß. Die Bearbeiter der Leitsätze waren aber trotzdem gezwungen, diese Konzession zu machen, weil es 1930 für die Außenbeleuchtung noch keine praktischen Leuchtgeräte gab, deren maximale Leuchtdichte unter 2 sb lag, und weil selbst bei gut gebauten Tiefstrahlern in die nicht direkt hineingeblickt werden kann, die von nassem Asphalt oder anderen nassen Pflaster gespiegelten Bilder der Lampen eine ganz erheblich höhere Leuchtdichte als 2 sb aufweisen.

Die Forderung, daß bei Leuchtgeräten für Außenbeleuchtung die Leuchtdichte im Ausstrahlungsbereiche zwischen 60 und 90° (gezählt von den Vertikalen nach unten als Nullachse) 2 sb nicht übersteigen dürfe, war deshalb schon sehr schwer zu erfüllen. Sie bedeutet, daß alle offenen Lampen einschließlich der Gasglühlichtbrenner, auf den Index gesetzt sind, und sie bedeutet weiter, daß die Fabrikanten von Leuchtgeräten vor die Aufgabe gestellt sind, bei deren Herstellung ganz neue Wege einzuschlagen. Um hier überhaupt einen Fortschritt anbahnen zu können, durften die Leitsätze deshalb auch nicht von vorneherein aussichtslose und utopische Forderungen aufstellen. Die Grenze von 2 sb dagegen erschien gerade noch als erfüllbar, und wenn sie durchgesetzt werden konnte, bedeutete das einen beträchtlichen Gewinn im Vergleich zu den bisherigen Zuständen.

Die inzwischen zur Einführung gekommenen Leuchtröhren, ferner die Beleuchtung von Einbahnstraßen mit Leuchtgeräten, in die man nicht direkt hineinblicken kann, haben allmählich der Kompromißgrenze von 2 sb den Boden entzogen, so daß man für die Straßenbeleuchtung keine Ausnahmen gegenüber den Anforderungen für die Innenraumbeleuchtung mehr zuzulassen brauchte.

---

[1] Lossagk, H.: Versuche über Adaptationszeiten. Licht **6** (1936) 126—131 (zusammen mit Untersuchungen über optische Gefahrwahrnehmung usw. als Sonderausgabe unter dem Titel: Sinnestäuschung und Verkehrsunfall. Berlin: Franckhsche Verlagshandlung 1937).

Die Erläuterungen der Leitsätze zum Kapitel der Blendung bringen grundsätzliche Ausführungen über das Wesen der Blendung, und sie lenken die Aufmerksamkeit auf voneinander verschiedene Arten der Blendung, die als Infeld- und Umfeldblendung bezeichnet werden. Infeldblendung wird durch im Gesichtsfelde befindliche Lichtquellen, deren Spiegelbilder oder beleuchtete Flächen erzeugt, während Umfeldblendung durch Leuchtgeräte oder ausgedehnte leuchtende Flächen am Rande des Gesichtsfeldes hervorgerufen werden kann.

Beachtenswert ist dann noch der Hinweis auf die *Lichtfarbe*, auf die Verwendung von Leuchtgeräten für künstliches Tageslicht und auf die Nützlichkeit monochromatischen Lichtes bei gewissen sehr feinen Arbeiten. — Auch die Frage des Zwielichtes wird berührt [1].

Den Beschluß der Leitsätze machen die *Forderungen an die Wirtschaftlichkeit*, an die Art der Anlage, an die Betriebsart und die Instandhaltung. Wenn diese Forderungen anscheinend reine Selbstverständlichkeiten enthalten, so ist ihre Formulierung doch dringend notwendig, weil die Erfahrung zeigt, wie sehr diese Forderungen in der Praxis vernachlässigt werden, und wie dringend notwendig es ist, daß schon bei der Planung einer Beleuchtungsanlage fachmännische Beratung eintritt, um dem erstrebten Ideale einer wirklich guten Beleuchtung mit einem Mindestaufwande an Mitteln nahezukommen.

Es liegt in der Natur der Sache, daß Leitsätze — ebenso wie Gesetze — schon im Veralten begriffen sind, wenn sie in die Öffentlichkeit treten, denn beide sind der in Formeln gebrachte Niederschlag allgemein anerkannter Erfahrungstatsachen. Aber diese allgemeine Anerkennung beansprucht Zeit. Der Eingeweihte wird deshalb immer den Eindruck haben, daß die Formulierung bestimmter Forderungen der fortschreitenden Entwicklung nachhinkt.

Dieses Bewußtsein haben auch die Verfasser der Leitsätze der DBG. vom Jahre 1931 gehabt, als sie den Niederschlag einer Arbeit von nahezu 3 Jahren zur Veröffentlichung brachten. Und trotzdem können sie auch heute noch mit Befriedigung auf ihre Arbeit zurückschauen, die in ihrer Tendenz und ihrem Aufbau noch durchaus nicht veraltet ist und nur der Korrekturen an Einzelheiten bedarf.

F 5. Grundlinien der Planung von Raumbeleuchtungsanlagen.

Von

WILHELM HAGEMANN-Berlin.

Mit 15 Abbildungen.

a) Allgemeine Gesichtspunkte für die Planung nach den Leitsätzen der Deutschen Lichttechnischen Gesellschaft.

Die Leitsätze für die Beleuchtung mit künstlichem Licht (vgl. F 4, S. 590f.) stellen eine Anzahl von Forderungen an Güte, Wirtschaftlichkeit, Anlage, Betrieb und Instandhaltung einer Beleuchtungseinrichtung, die zum großen

[1] Lux, H.: Ergänzung und Ersatz des Tageslichtes durch künstliches Licht, in „Die Tagesbeleuchtung von Innenräumen". Berlin: Union Deutsche Verlagsanstalt. Berlin 1927. — Jaeckel, G.: Sendlinger optische Glaswerke GmbH. Einrichtung „zum Beleuchten von Wohn- und Arbeitsräumen gleichzeitig mit künstlichem und Tageslicht". DRP. 6186919.

Teil bereits bei der Planung der Anlage beachtet werden müssen. Dazu ist es notwendig, daß dem die Beleuchtungsanlage entwerfenden Ingenieur ausreichende Entwurfsunterlagen zur Verfügung stehen.

Da die Benutzer von Beleuchtungsanlagen im allgemeinen keine Fachleute auf beleuchtungstechnischem Gebiet sind, kann man von ihnen erschöpfende Angaben für die Planung nicht erwarten, und es ist daher zunächst Aufgabe des Beleuchtungsingenieurs, seine Fragen so geschickt und eindeutig zu stellen,

---

Erst das Beleuchtungsprojekt,
dann erst die Leitungsanlage.

Erforderliche Unterlagen für Beleuchtungsprojekte:

1. Stromart, Netzspannung, Periodenzahl.
2. Maßstäbliche Grundrisse mit Angabe der Raumhöhe oder mit Aufriß. (Maßstab nicht vergessen!)
3. Art der Decke, ob weiß, ob glatt, sonst Unterzüge und Oberlichter im Grundriß und Aufriß eingezeichnet. Höhe der Unterzüge.
4. Farbe der Wandflächen; Fenster, Glaswände usw. eingezeichnet.
5. Art der Arbeit in jedem Raum; möglichst Arbeitsplätze und Arbeitsmaschinen mit Benennung eingezeichnet. (Sehr wichtig!)
   Dazu möglichst die Stellung des Arbeiters.
   U. U. Aufrißskizzen der Arbeitsmaschinen, insbesondere, wenn Seitenbeleuchtung an bestimmten Stellen erforderlich ist.
6. Kräne, Transmissionen, Heizungs- und Entlüftungsschächte, frei im Raum hängende Rohrleitungen und andere in Betracht kommende Einrichtungen eingezeichnet.
7. Besondere allgemeine oder lokale Anforderungen an die Beleuchtung, z. B. „hier nur Ablegeplatz", oder „hier besonders gute Beleuchtung", am besten in die Zeichnung eingetragen.
   Ob der Raum Feuchtigkeit, Gase oder brennbaren Staub enthält; ob behördliche Vorschriften zu beachten sind.

Je ausführlicher und klarer diese Angaben sind, desto schneller und besser kann das Beleuchtungsprojekt gemacht werden.

Abb. 667. Fragebogen für die Planung einer Beleuchtungsanlage.

---

daß auch der Laie sie in der gewünschten Form beantworten muß. Ein vorgedruckter *Fragebogen* ist zweckmäßig, für den ein Muster in Abb. 667 dargestellt ist. Noch so gute Pläne, Beschreibungen und sonstige Unterlagen von seiten des Bestellers können jedoch eine *Besichtigung* der örtlichen Verhältnisse durch den Beleuchtungsingenieur nicht ersetzen. Derartige Besichtigungen an Ort und Stelle, verbunden mit einer Rücksprache über die besonderen Wünsche und über die technischen Möglichkeiten ihrer Erfüllung, ersparen viel Schreibarbeit und spätere Reklamationen und sind nicht nur von Vorteil für den Benutzer der Anlage, sondern auch für den entwerfenden Ingenieur, dessen Erfahrungsschatz durch kein anderes Mittel besser bereichert werden kann. Die Anforderungen, die an die Beleuchtung z. B. für Arbeitsverrichtungen gestellt werden müssen, sind fast so mannigfaltig wie die Art der Arbeitsverrichtungen selbst, und man kann diese Anforderungen in vielen

Fällen erst dann richtig erkennen und berücksichtigen, wenn man sich selbst an den Arbeitsplatz stellt, die Arbeit verrichtet und dabei die Sehaufgaben kennenlernt. Hierin liegt auch der Grund dafür, daß nicht „Vorschriften" sondern nur „*Leitsätze*" für die Beleuchtung mit künstlichem Licht herausgegeben worden sind, die ausdrücklich nur allgemeine Richtlinien geben wollen. Wieweit die darin aufgeführten Gesichtspunkte einer guten Beleuchtung bereits für die Entwurfsarbeit richtunggebend sind, wird im folgenden dargelegt, wobei die Einteilung, die in den Leitsätzen vorgenommen ist, beibehalten werden soll.

Beleuchtungsstärke. Bei Beschränkung auf die Horizontalbeleuchtung auf der Gebrauchsebene (1 m über Boden) bzw. auf der Arbeitsfläche können für den Entwurf die zu der jeweiligen Arbeitsverrichtung notwendigen Werte der Beleuchtungsstärke sowohl für die Allgemeinbeleuchtung als auch für evtl. erforderliche Einzelplatzbeleuchtung den Leitsätzen (vgl. F 4, S. 590; Tabelle 46...48 im Anhang) entnommen werden. Erfahrungen sowie Versuche im Laboratorium oder an Ort und Stelle werden die Werte in besonderen Fällen ergänzen müssen. Notwendige Beleuchtungsstärken auf anderen Arbeitsflächen als der horizontalen Gebrauchsebene, z. B. auf schrägen oder senkrechten Flächen, verlangen besondere Berechnungen, die später dargelegt werden. Um die aufzuwendende Lichtleistung (lm) bzw. die erforderliche elektrische Leistung (Watt) zur Erreichung der für die jeweilige Arbeitsverrichtung notwendigen Beleuchtungsstärke auf der Gebrauchsebene vorauszuberechnen, sind verschiedene Verfahren rechnerischer und graphischer Art entwickelt worden, die diesen Teil der Entwurfsarbeit verhältnismäßig einfach gestalten, vorausgesetzt, daß außer den Raumabmessungen genügende Unterlagen über Raumgestaltung und Art der Innenauskleidung vorhanden sind.

Schattigkeit. Über die erforderliche Schattigkeit sind in den Leitsätzen nur allgemeinere Angaben gemacht. Die Bestimmung der hinsichtlich Schattigkeit zu stellenden Anforderungen und die Vorausberechnung der Schattigkeit gehören zu den schwierigsten Aufgaben des entwerfenden Ingenieurs. Gute Kenntnisse der bei den Arbeitsverrichtungen auftretenden Sehaufgaben, evtl. durch eigene Betätigung am Arbeitsplatz oder auch durch Nachahmung der Arbeitsvorgänge im Laboratorium sowie die Berücksichtigung der Anordnung der Arbeitsplätze und der Ausgestaltung der Räume sind hierzu notwendig. Während die Größe der Beleuchtungsstärke durch entsprechende Wahl der Glühlampengröße auch bei ungünstigen Raumverhältnissen den Anforderungen angepaßt oder nachträglich zu geringe Beleuchtungsstärke durch Erhöhung der Glühlampenstärke verbessert werden kann, ist eine Anpassung an die Raumverhältnisse bezüglich der erforderlichen Schattigkeit der Beleuchtung bzw. eine nachträgliche Änderung der Schattigkeit nur schwer durchzuführen. Da auch die Vorausberechnung der Schattigkeit Schwierigkeiten macht und infolge ihrer Abhängigkeit von den häufig nicht mehr abzuändernden Raumverhältnissen (Farbe der Decke und Wände) und Platzanordnungen weitere Erschwerungen hinzukommen, ist es verständlich, daß sehr viele Beleuchtungsanlagen, insbesondere für Arbeitsbeleuchtung, hinsichtlich der Schattigkeit noch sehr mangelhaft sind. Leider fehlt in den Fragen der Raumauskleidung und Arbeitsplatzanordnung noch häufig die hierzu notwendige Mitarbeit und Anpassung von Architekt und Betriebsorganisation. Soweit die Schattigkeit durch die Verwendung der verschiedenen Beleuchtungsarten (direkt, vorwiegend direkt, halbindirekt und indirekt) und die Lichtpunktanordnung zu beeinflussen ist, wird darauf in c, S. 600 eingegangen. Eine zahlenmäßige Vorausberechnung der Schattigkeit ist bis zu einem gewissen Grade von Genauigkeit durch ein besonderes später beschriebenes Verfahren möglich.

Örtliche Gleichmäßigkeit. Die Anforderungen an die örtliche Gleichmäßigkeit der Beleuchtung können im allgemeinen ohne Berücksichtigung der besonderen Arbeitsverrichtungen festgelegt werden. Zur Erreichung günstiger Adaptation des Auges ist stets eine möglichst gute Gleichmäßigkeit nicht nur auf der Gebrauchsebene, sondern auch auf Wänden und Decke anzustreben. Auch nebeneinanderliegende Räume müssen eine möglichst gute Gleichmäßigkeit untereinander haben. Die Gleichmäßigkeit der Beleuchtung kann beim Entwurf durch die Wahl der Beleuchtungsart und durch die Anordnung der Lichtpunkte beeinflußt werden. Sie ist weitgehend abhängig von der Gestalt und Innenauskleidung des Raumes und steht daher in vielen Beziehungen zu der vorher behandelten Frage der Schattigkeit. Für die Planung macht die Erzielung einer bestimmten Gleichmäßigkeit keine besonderen Schwierigkeiten, wenn nicht die Raumverhältnisse (z. B. dunkle Raumauskleidung) den lichttechnischen Anforderungen direkt entgegenstehen. Über Berechnungsverfahren vgl. S. 617.

Zeitliche Gleichmäßigkeit. Zeitliche Schwankungen der Beleuchtungsstärke, wie sie bei allen mit Wechselstrom betriebenen Lichtquellen, insbesondere bei Gesamtladungslampen, auftreten, machen sich nur bei schnell bewegten Teilen durch den stroboskopischen Effekt bemerkbar. Sie sind bei der Planung lediglich in Sonderfällen zu berücksichtigen.

Blendung. Bei der Planung von Beleuchtungsanlagen ist sowohl auf die Direktblendung durch Lichtquellen und Leuchten als auch auf die Reflexblendung durch zu helle im Blickfeld befindliche Flächen oder durch spiegelnd reflektierende Flächen des Arbeitsgutes zu achten. Die Gefahr einer Direktblendung ist bei der Raumbeleuchtung in neuester Zeit etwas in den Hintergrund getreten, da die modernen Leuchten durch die Verwendung streuender Gläser, tiefer Reflektoren usw. kaum noch direkte Blendungserscheinungen hervorrufen; nur hinsichtlich ihrer Anordnung, insbesondere bei direkter und vorwiegend direkter Beleuchtung, sind gewisse Grundsätze, von denen später noch die Rede sein soll, zu beachten. Große Beachtung erfordert die Reflexblendung, die bei jeder in anderen Beziehungen noch so guten Anlage auftreten kann, wenn die Raumauskleidung, Inneneinrichtung oder das Arbeitsgut selbst mehr oder weniger glänzende Oberflächen aufweisen. Genaue Kenntnis örtlicher Verhältnisse vor dem Entwurf ist dringend notwendig, um diese Mängel von vornherein auszuschalten, da nachträgliche Verbesserungen oft mit erheblichen Schwierigkeiten verbunden sind. Bestimmte allgemeingültige Verfahren zur Vermeidung von Indirektblendung gibt es nicht, sondern sie sind von Fall zu Fall in einer später beschriebenen Weise zu berücksichtigen. Auf Blendung durch zu große Beleuchtungsstärkeunterschiede, wozu Infeld- und Umfeldblendung gehören, ist später noch hingewiesen (vgl. S. 600).

Die Lichtfarbe. Die Lichtfarbe ist nur in Sonderfällen zu berücksichtigen, z. B. wenn genaue Farbunterscheidung (Angleichung an das Tageslicht) erforderlich ist oder gleichzeitig Tages- und künstliche Beleuchtung im Raum vorhanden sind (vgl. auch F 2, S. 577f.).

Wirtschaftlichkeit. Gute und richtige Beleuchtung ist, gemessen am Arbeitsertrag, immer wirtschaftlich. Daher muß die Wirtschaftlichkeit einer Anlage stets im Zusammenhang mit ihrer Auswirkung auf die Förderung der Arbeit und das Wohlbefinden der arbeitenden Menschen betrachtet werden und ist in Zahlen nur schwer auszudrücken (vgl. auch E 2, S. 432f.).

Betrieb und Instandhaltung. Hier sind Spannung, Reinigung der Leuchten, der Decke und der Wände zu beachten. Bei der Planung ist hierfür zweckmäßig ein Sicherheitsfaktor zu verwenden, der von vornherein eine bestimmte Abnahme der Beleuchtungsstärke nach längerer Benutzung der Anlage berücksichtigt.

b) Behandlung des Entwurfs.

Es liege eine Anfrage vor nach der Beleuchtung eines Büroraumes, dessen Größe und Höhe sowie Lage der Fenster aus einem beigefügten Plan Abb. 668 zu entnehmen sind. Die Anordnung der Arbeitstische und Plätze sowie der Büromaschinen, Regale usw. ist in dem Grundriß eingetragen, die Farbe von Wänden und Decke ist angegeben. Man erkennt zunächst, daß die Arbeitsplätze zum größten Teil für günstigsten Tageslichteinfall angeordnet sind, also sich fast ausschließlich rechts von den Fenstern befinden. Für einige Plätze liegen die Fenster rechts, was am Tage bei der großen Diffusität der Tageslichtbeleuchtung, insbesondere bei weißer Decke und hellem Wandanstrich, nicht nachteilig ist. Die Lichtpunkte liegen noch nicht fest bzw. können geändert werden.

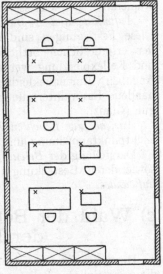

Abb. 668. Grundriß eines Büroraums mit eingetragener Möblierung.

Diese Angaben sind fast immer zu erhalten. Es fehlen jedoch sehr häufig nähere Angaben über das Arbeitsgut, z. B. über die Farbe des benutzten Papiers, seine Reflexionseigenschaften (Glanz), über die Art der Schrift, ob Bleistift, Kopierstift oder Tinte. Diese Angaben sind wichtig für die Bestimmung der erforderlichen Höhe der Beleuchtungsstärke und für die Vermeidung von Reflexblendung, z. B. bei Kopierstift. Da die Beleuchtungsstärke durch Verwendung größerer Glühlampen (evtl. nur für einige Arbeitsplätze) noch nachträglich erhöht werden kann, soll zunächst auf diese häufig fehlenden Angaben kein so großer Wert gelegt werden. Indirektblendung auf dem Arbeitsgut soll nach Möglichkeit gar nicht auftreten können, ihre Vermeidung wird also auch ohne diese Angaben beachtet werden müssen, was durch die Kenntnis der Lage der Arbeitsplätze möglich ist.

Der entwerfende Ingenieur geht nun in folgender Reihenfolge an die Entwurfsarbeit:

Wahl der Beleuchtungsart: direkte, vorwiegend direkte, halbindirekte oder indirekte Allgemeinbeleuchtung, evtl. auch Einzelplatzbeleuchtung für bestimmte Arbeitsplätze. Aus dieser Wahl ergeben sich bei Berücksichtigung der Innenauskleidung die Schattigkeit und die örtliche Gleichmäßigkeit. Von den früher genannten Angaben des Bestellers benötigt er dazu folgende: Art der Arbeitsverrichtung (hier Büroarbeit, Schreiben, Lesen, Maschinenschreiben, Kartothek lesen), Abmessungen des Raumes einschließlich seiner Höhe, Innenauskleidung (Farbe von Decke und Wänden, Fries), Anordnung der Arbeitsplätze.

Bestimmung der erforderlichen Beleuchtungsstärke zunächst auf der Gebrauchsebene (Tischoberflächen). Hieraus ergibt sich unter Berücksichtigung der gewählten Beleuchtungsart die Größe des aufzuwendenden Lichtstroms und damit der elektrischen Leistung. Die erforderlichen Werte für die Beleuchtungsstärke auf der Gebrauchsebene werden den Leitsätzen (im vorliegenden Fall unter „Büroarbeit" = feine Arbeit, vgl. Tabelle im Anhang) entnommen. Es wird dort unterschieden nach „Reiner Allgemeinbeleuchtung" und „Arbeitsplatzbeleuchtung + Allgemeinbeleuchtung". Man soll stets versuchen, mit reiner Allgemeinbeleuchtung auszukommen, da sie vom physiologischen Standpunkt aus die besten Resultate ergibt (günstige Adaptationsverhältnisse, gute örtliche Gleichmäßigkeit und damit gute Übersichtlichkeit im Raum, Wirtschaftlichkeit). Einzelplatzbeleuchtung an einigen Arbeitsplätzen ist manchmal angebracht, an allen Plätzen (jedoch immer in Verbindung mit einer, wenn auch geringeren, Allgemeinbeleuchtung) in nicht zu umgehenden Fällen, z. B. bei Forderung sehr hoher Beleuchtungsstärken auf den Arbeitsplätzen, zur Vermeidung von Reflexblendung usw. Benötigt werden für die Bestimmung der Höhe der Beleuchtungsstärke folgende Angaben: Art der Arbeitsverrichtung (hier Büroarbeit) und möglichst auch Kennzeichnung des Arbeitsgutes, (Papierfarbe, ungünstigster Fall) und der Art der Schrift (Tinte, Kopierstift, Kopien lesen usw.).

Aufteilung und Anordnung der Lichtpunkte und Aufhängehöhe der Leuchten. Diese Festlegungen sind abhängig von der gewählten Beleuchtungsart und der erforderlichen örtlichen Gleichmäßigkeit. Schattigkeit, Direktblendung und Reflexblendung werden hierdurch beeinflußt. Erforderlich sind folgende Angaben: Innenauskleidung des Raumes, Arbeitsplatzanordnung, evtl. vorhandene Raumunterteilung, Ausbildung der Decke (Unterzüge usw.), Arbeitsgut (Glanz).

Auswahl der Leuchtentypen auf Grund der gewählten Beleuchtungsart, der Lichtpunktanordnung und der notwendigen Glühlampengrößen.

Darstellung der *Beleuchtungswerte*, Eintragung der *Lichtpunkte* und Leuchten sowie deren Besteckung in den Plan, Angabe des erforderlichen *Leistungsaufwandes*.

c) Wahl der Beleuchtungsart und Bestimmung der Beleuchtungsstärke.

Diese für die Güte der Beleuchtung wichtigsten Teile der Planung, die für die Schattigkeit, örtliche Gleichmäßigkeit und für die beste Verrichtung der Arbeit von ausschlaggebender Bedeutung sind, erfordern eine eingehende Darstellung, die auch für das Verständnis der im Anschluß daran angegebenen Projektierungsverfahren notwendig ist. Die Schattigkeit steht in engster Beziehung zur allgemeinen Raumbeleuchtung, wobei unter „allgemeiner Raumbeleuchtung" sowohl die Beleuchtung auf der Gebrauchsebene als auch auf allen den Raum umgebenden Flächen (Decken, Wände usw.) zu verstehen ist. Besonders muß darauf hingewiesen werden, daß die Beleuchtung der raumbegrenzenden Flächen (Decke, Wände) für die *Schattigkeit* im Raum und insbesondere auf den Arbeitsplätzen und nicht zuletzt auch für das Wohlbefinden genau so wichtig ist wie die horizontale Beleuchtungsstärke auf der Gebrauchsebene. Auch für die örtliche Gleichmäßigkeit, die sich ja aus physiologischen Gründen nicht nur auf die Gebrauchsebene, sondern auch auf alle den Raum begrenzenden Flächen beziehen muß, ist die Kenntnis der Beleuchtung der raumbegrenzenden Flächen von Bedeutung; ist es doch so, daß im beleuchteten Raum Decke und Wände meist heller erscheinen als die Gebrauchsebene oder der Fußboden, weil Decke und Wände das Licht im allgemeinen wesentlich besser reflektieren als die Oberfläche der Arbeitsplätze und des Fußbodens. Physiologisch betrachtet ist also die Horizontalbeleuchtung auf der Gebrauchsebene für die Beurteilung einer *Raumbeleuchtung* häufig von geringerer Bedeutung. Für die *Arbeitsplatzbeleuchtung* aber hat die Horizontalbeleuchtung erst durch das Zusammenwirken mit der Beleuchtung der Raumumgrenzung Wichtigkeit, da hierdurch eine günstige Adaptation geschaffen wird sowie die Schattigkeit am Arbeitsplatz bedingt ist.

Es geht hieraus hervor, daß es für die Planung einer Raumbeleuchtung nicht genügt, die Horizontalbeleuchtung allein zugrunde zu legen, sondern gleichfalls die Beleuchtung der Raumbegrenzung zu berücksichtigen und damit die Schattigkeit am Arbeitsplatz maßgebend zu beeinflussen. Da die Wahl der Beleuchtungsart bestimmend ist für die allgemeine Raumbeleuchtung in obenerwähntem Sinne und damit auch für die Güte (Schattigkeit) der Beleuchtung am Arbeitsplatz, wird dieser Teil der Planung besonders eingehend beschrieben. Hierzu fügen wir zunächst eine grundsätzliche Betrachtung über den Weg ein, den das Licht im Raum von der Lichtquelle zum Arbeitsplatz macht, und betrachten zu diesem Zweck schematisch den einfachsten Fall einer Innenraumbeleuchtung.

Weg des Lichtes im Raum. Denkt man sich einen geschlossenen Raum in Form eines Würfels, dessen Boden die Gebrauchsebene darstellen soll, und in dessen Mitte eine Leuchte hängt, so kann man sich den von der Leuchte ausgehenden Lichtstrom in folgende drei Teile zerlegt denken:

1. *direkt* auf die Gebrauchsebene gestrahlter Lichtstromanteil (direkter oder punktförmiger Lichtstromanteil),

2. auf die *Wände* gestrahlter Lichtstromanteil ⎱ indirekter oder groß-
3. auf die *Decke* gestrahlter Lichtstromanteil ⎰ flächiger Lichtstromanteil.

(Bei großflächigen Leuchten ist bis zu einem gewissen Grade der direkte Lichtstromanteil dem indirekten oder großflächigen Anteil gleichzusetzen.)

Zu 1. Der direkte Lichtstromanteil kommt ohne Verluste auf die Gebrauchsebene und erzeugt auf ihr eine bestimmte Beleuchtungsstärke von einer Gleichmäßigkeit, die von der Lichtpunkthöhe über der Gebrauchsebene und der Lichtverteilung der Leuchte in den verschiedenen Richtungen auf die Gebrauchsebene abhängt. Dieser direkte Lichtstromanteil ist dadurch gekennzeichnet, daß er zunächst bei Berücksichtigung nur einer Lichtquelle im Raum starke Schattigkeit hervorruft. Da er verlustlos auf die Gebrauchsebene gelangt, ist die durch ihn erzielte Beleuchtung am wirtschaftlichsten hinsichtlich der erzielten Größe der Beleuchtungsstärke auf der Gebrauchsebene. Die starke Schattigkeit ist ein Nachteil, da sie sich fast stets auf die Güte der Beleuchtung ungünstig auswirkt, so daß hierdurch die soeben erwähnte Wirtschaftlichkeit wieder aufgehoben wird. Die starke Schattigkeit wird gemildert oder kann fast ganz aufgehoben werden durch die von dem großflächigen Lichtstromanteil auf der Gebrauchsebene erzeugte Beleuchtung oder durch Verwendung einer großen Anzahl von Lichtpunkten, im letzteren Fall jedoch nur sehr bedingt, wie in f, S. 619 näher beschrieben wird.

Zu 2. Der auf die Wände gestrahlte Lichtstromanteil der Leuchte wird zunächst von diesen je nach der Größe ihres Reflexionsvermögens zum Teil reflektiert, zum Teil absorbiert. Der reflektierte Anteil zerfällt in zwei Teile, von denen der eine unmittelbar auf die Gebrauchsebene gelangt, während der andere erst nach mehrfacher Reflexion an Wänden und Decke auf die Gebrauchsebene kommt. Der sich hier abspielende Vorgang kann mit der Strahlung innerhalb einer Ulbricht-Kugel verglichen werden, bei der eine Kalotte im unteren Teil die Gebrauchsfläche bzw. den Boden darstellt. Es ist ohne weiteres einzusehen, daß der von der Lichtquelle auf die Wände aufgestrahlte Lichtstromanteil sowohl bei der ersten Reflexion als auch bei den weiteren vielfachen Reflexionen auf seinem Wege bis zur Gebrauchsebene Verluste erleidet. Die durch ihn erzielte Beleuchtung auf der Gebrauchsebene ist also vom wirtschaftlichen Standpunkt aus betrachtet zunächst ungünstig zu beurteilen. Sein Vorteil liegt jedoch darin, daß die durch ihn erzeugte Beleuchtung stark diffusen Charakter hat, also der nachteiligen Schattigkeit des punktförmigen Beleuchtungsanteiles entgegenwirkt, ferner die örtliche Gleichmäßigkeit erhöht und durch die Aufhellung der Wände und der Decke die Adaptation des Auges günstig beeinflußt.

Zu 3. Der auf die Decke gestrahlte Lichtstromanteil der Leuchte verhält sich ähnlich wie der auf die Wände gestrahlte. Es tritt hier zunächst der durch das Reflexionsvermögen der Decke gegebene Verlust auf. Wieder kommt ein Teil des von der Decke zurückgestrahlten Lichtstromes unmittelbar auf die Gebrauchsebene, der übrige Teil macht den vielfachen Umweg über die Wände und auch nochmals über die Decke. Auch dieser Lichtstromanteil ist also für die Gebrauchsebene unwirtschaftlich ausgenutzt, doch gilt für die durch ihn erzeugte Beleuchtung das gleiche wie für den Wandanteil, nämlich stark diffuser Charakter, Erhöhung der örtlichen Gleichmäßigkeit sowie Verbesserung der Adaptation.

Aus dieser Betrachtung ergibt sich, daß die Beleuchtung auf der Gebrauchsebene außer ihrer Größe (in lx) noch eine bestimmte Qualität besitzt, die abhängig ist von dem Verhältnis des Wertes des direkten oder punktförmigen zu dem des indirekten oder großflächigen Lichtstromanteiles, wenn zunächst von der Lichtrichtung abgesehen wird (vgl. hierzu f, S. 619). Dieses die Qualität der Beleuchtung auf der Gebrauchsebene bestimmende Verhältnis ist gekennzeichnet durch die Schattigkeit, wobei zu beachten ist, daß bei Raumbeleuchtungen mit indirektem Lichtstromanteil die Schattigkeit an den einzelnen Arbeitsplätzen auf der Gebrauchsebene verschieden ist je nach der Lage der Plätze zur Leuchte bzw. zu den Wänden. Daß trotzdem bei verschiedenen Beleuchtungsarten (z. B. vorwiegend direkt, halbindirekt, indirekt) allgemein von einer für sie charakteristischen Schattigkeit gesprochen wird, also eine mittlere Schattigkeit auf der gesamten Gebrauchsebene angenommen wird, beruht auf praktischen Erwägungen, da in sehr vielen Fällen die Verteilung der Arbeitsplätze beim Entwurf der Anlage noch nicht festliegt, also auch die Schattigkeit an den einzelnen Plätzen nicht im voraus angegeben werden kann. Keinen Wert hat die Angabe der mittleren Schattigkeit bei geringem großflächigem Lichtstromanteil, z. B. bei direkter Beleuchtung, da hier die Schattigkeit auf den einzelnen Arbeitsplätzen außerordentlich verschieden sein kann (vgl. hierzu e, S. 618). Die folgenden Angaben über die Definition der Schattigkeit sind zum Verständnis einer später beschriebenen Entwurfsmethode erforderlich.

Schattigkeit. Wird zwischen eine Lichtquelle und die von ihr beleuchtete Fläche ein undurchsichtiger Körper gebracht, so entsteht ein Schatten (Schlagschatten). Sind mehrere Lichtquellen A, B, C vorhanden, die auf dem betrachteten Flächenstück die Beleuchtungen E_a, E_b und E_c ergeben, deren Summe E sein soll, so ist in dem Schatten, der z. B. durch die Lichtquelle A bedingt ist, nur noch die Beleuchtung $E - E_a$ vorhanden, die als „Aufhellung" des Schattens bezeichnet wird:

$$Aufhellung:\ E - E_a. \tag{1}$$

Ähnlich wie E_a als Beleuchtung von der Lichtquelle A definiert ist, wird nun der Schatten als abgeschirmte Beleuchtung (fehlende Beleuchtung) $- E_a$ angesehen und mit „Beschattung" (eigentlich negative „Beleuchtung") bezeichnet:

$$Beschattung:\ - E_a. \tag{2}$$

Als „Schattigkeit" wird der Quotient $- E_a/E$, meist auch nur E_a/E bezeichnet:

$$Schattigkeit:\ - E_a/E \quad \text{oder} \quad E_a/E, \tag{3}$$

als „Aufhellungsquotient" der Quotient $\dfrac{E - E_a}{E}$:

$$Aufhellungsquotient:\ \frac{E - E_a}{E}. \tag{4}$$

Da der Begriff der Schattigkeit bei mehr als einer Lichtquelle auf die von den einzelnen Lichtquellen erzeugten Teilbeleuchtungen (z. B. E_a) bezogen ist, so wird er exakter als „Teilschattigkeit" bezeichnet. Wird die Schattigkeit auf alle Teilbeleuchtungen E_t, also auf $\Sigma E_a + E_b + E_c$ usw. bezogen, so spricht man von der „Gesamtschattigkeit" $\dfrac{\overset{n}{\underset{a}{\Sigma}} E_t}{E}$:

$$Gesamtschattigkeit:\ \frac{\overset{n}{\underset{a}{\Sigma}} E_t}{E}. \tag{5}$$

Zum besseren Verständnis ein *Beispiel:* Die Gesamtbeleuchtungsstärke betrage $E = 80$ lx, erzeugt durch drei Lichtquellen mit den Teilbeleuchtungen $E_a = 20$ lx, $E_b = 50$ lx und $E_c = 10$ lx. Bei Abschattung der Lichtquelle A mit $E_a = 20$ lx (Beschattung $- E_a = - 20$ lx) ist die Schattigkeit nach (3) $E_a/E = 20/80 = 0,25$, bei Abschattung der Lichtquellen A und B ($E_a = 20$ lx, $E_b = 50$ lx) die Schattigkeit $\dfrac{E_a + E_b}{E} = \dfrac{20 + 50}{80} = 0,875$ usw. Diese

Schattigkeit von 0,875 ist naturgemäß nur in dem Teil des Schattens vorhanden, der tatsächlich von keiner der beiden Lichtquellen A und B Licht erhält, wo also die durch A und B bedingten Schatten übereinanderfallen. Außerhalb dieser Stelle ist die Schattigkeit geringer, und zwar beträgt sie für den durch die Lichtquelle A bedingten Schatten 0,25, durch die Lichtquelle B bedingten $\dfrac{50\,\mathrm{lx}}{80\,\mathrm{lx}} = 0{,}625$ (die Summe ist wieder 0,875).

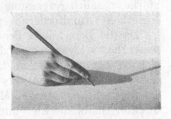

Häufig interessiert außer der nur qualitativen Verhältniszahl für die Schattigkeit noch die Höhe der Beleuchtungsstärke innerhalb der Schatten, also die ,,Aufhellung''. Sie ist für den von der Lichtquelle A bedingten Schatten $E - E_a = 80 - 20 = 60$ lx, für den von den Lichtquellen A und B bedingten Schatten $E - (E_a + E_b) = 80 - (20 + 50) = 10$ lx, das ist die Beleuchtungsstärke von der dritten Lichtquelle C. Der ,,Aufhellungsquotient'' im von A bedingten Schatten ist $\dfrac{E - E_a}{E} = \dfrac{80 - 20}{80} = 0{,}75$ ($=$ Differenz der ,,Schattigkeit'' gegen 1), im von A und B bedingten Schatten $\dfrac{E - (E_a + E_b)}{E} = \dfrac{80 - (20 + 50)}{80} = 0{,}125$.

Abb. 669. Kernschatten der Hand bei einer direkt strahlenden Lichtquelle. (WITTIG: Beleuchtung von Büroräumen.)

Weitere Begriffe der Schattentechnik sind folgende: *Kernschatten* ist der Schlagschatten, in dem die Beschattung $- E_a$ von der Lichtquelle A, durch die er bedingt ist, gleich der Beleuchtungsstärke E_a von dieser Lichtquelle ist, also der in bezug auf die Lichtquelle A die Beleuchtung Null hat. Er ist bei punktförmiger oder annähernd punktförmiger Lichtquelle gekennzeichnet durch eine scharfe Begrenzung seines Randes. Fallen alle Schatten (von allen Lichtquellen) zu einem Teil übereinander, so ist in dem Teil, in dem sich die Schatten überdecken, ein Kernschatten in bezug auf alle vorhandenen Lichtquellen. Vom Kernschatten unterschieden ist der ,,*Halbschatten*'',

Abb. 670. Kernschatten der Hand bei zwei direkt strahlenden Lichtquellen. (WITTIG: Beleuchtung von Büroräumen.)

der entsteht, wenn die Lichtquelle eine größere Ausdehnung hat, wenn also der Schatten an seinen Rändern noch Licht von Teilen der ausgedehnten Lichtquelle erhält. Seine Ränder sind daher im Gegensatz zum Kernschatten nicht scharf begrenzt. Man bezeichnet den Halbschatten daher auch als ,,weichen Schatten''.

Aus der Gleichung (3) für die Schattigkeit E_a/E geht hervor, daß sie zwischen dem Wert 1, bei vollkommen fehlender Beleuchtung im Schatten ($E_a = E$), und dem Wert 0, bei vollkommen schattenfreier Beleuchtung ($E_a = 0$), liegen kann. Der im ersten Teil des Beispiels (nur eine Lichtquelle, nämlich A, bedingt den Schatten) angegebene Wert von 0,25 läßt eine nur geringe Schattigkeit erkennen, die z. B. für Büros ohne weiteres zugelassen werden kann (bei der Beleuchtung von $80 - 20 = 60$ lx im Schatten kann man auf weißem Papier

Abb. 671. Halbschatten (weicher Schatten) der Hand bei großflächiger Lichtquelle. (WITTIG: Beleuchtung von Büroräumen.)

noch gut lesen und schreiben). Als zugelassener Höchstwert der Schattigkeit wird in den Leitsätzen für künstliche Beleuchtung der Wert von 0,8 für Arbeitsflächen angegeben. Es ist zu betonen, daß man stets so weit wie irgend möglich unter diesem Wert bleiben soll. Ist das infolge unabänderlicher Raumverhältnisse, z. B. bei dunkler Raumauskleidung, nicht möglich, so ist auf günstige Lage der Schatten besonders zu achten (vgl. hierzu f, S. 619). Vollkommenes Fehlen von Schatten, also die Schattigkeit Null, ist praktisch nicht zu erzielen und aus physiologischen und psychologischen Gründen (Erkennbarkeit von

Gegenständen, Plastik usw.) auch nicht erstrebenswert. Daher ist in den Leitsätzen auch ein Mindestwert von 0,2 für die Schattigkeit angegeben. Dieser Grenzwert kann aber in sehr vielen Fällen ohne Nachteil angewendet werden. Stets gilt jedoch für die Schattigkeit dasselbe wie für die Höhe der Beleuchtungsstärke, nämlich Anpassung an die jeweilige Arbeitsverrichtung und die physiologischen Grundforderungen des guten Sehens und Erkennens.

Da die Berechnung der Schattigkeit im Rahmen der Beleuchtungsplanung wesentlich schwieriger als die Errechnung der Beleuchtungsstärke ist, hat man sich bei der praktischen Planung damit geholfen, bestimmte *Beleuchtungsarten* festzulegen, die durch verschieden große Schattigkeit gekennzeichnet sind.

Beleuchtungsarten. Man unterscheidet zwischen direkter, vorwiegend direkter, halbindirekter und indirekter Beleuchtung und verbindet mit diesen Begriffen lose umgrenzte Schattigkeitsstufen der Beleuchtung sowohl im gesamten Raum als insbesondere auf der Gebrauchsebene. Bei Voraussetzung annähernd gleichartiger, und zwar heller Raumauskleidungen, wie sie in Arbeitsräumen stets zweckmäßig sind, besteht so bei der Planung die Möglichkeit, wenigstens annähernd die erforderlichen Schattigkeitsgrade zu erreichen, die den einzelnen Beleuchtungsarten als charakteristisch zugeordnet sind.

Da für diese vier Beleuchtungsarten Grundtypen von Leuchten entwickelt worden sind, die sich durch ihre Lichtverteilungskurven voneinander unterscheiden, ist für die Planung so praktisch die Möglichkeit geschaffen, durch die Wahl bestimmter Leuchtentypen die verlangte Schattigkeit annähernd vorauszubestimmen, allerdings nur unter der Voraussetzung, daß die Innenauskleidung des Raumes den normalen Bedingungen entspricht. Ist das nicht der Fall, sind z. B. die Wände verhältnismäßig dunkel gehalten, so können große Fehler entstehen, da unter diesen Umständen z. B. die normalerweise geringe Schattigkeit erzeugende halbindirekte Beleuchtung infolge des zu geringen großflächigen Anteiles der Leuchtung qualitativ mangelhaft werden muß. Ist in solchen Fällen noch die Raumhöhe im Verhältnis zur Raumbreite groß, so können Beleuchtungsverhältnisse eintreten, die infolge zu großer Schattigkeit unbrauchbar sind. In diesen Fällen, die durchaus nicht selten sind, muß man zu genaueren Methoden greifen, um die Schattigkeit vorauszuberechnen.

Es gibt hierfür verschiedene Verfahren, doch werden sie wenig angewendet, und zwar nicht nur, weil sie für die praktische Planung nicht einfach genug sind, sondern weil häufig die Berechnung der Beleuchtungsstärke auf der Gebrauchsebene zu sehr in den Vordergrund der Planung gestellt wird. Hierfür gibt es einfache Berechnungs- und graphische Verfahren, die auch die Raumauskleidung mit in Rechnung setzen und dabei eine verhältnismäßig große Genauigkeit für die Vorausbestimmung der Beleuchtungsstärke auf der Gebrauchsebene zulassen. Leider sagen diese Verfahren für die Schattigkeit der Beleuchtung nicht mehr aus als durch die Beleuchtungsarten in groben Zügen darüber bekannt ist. Es bleibt dem Planungsingenieur überlassen, die Einflüsse der verschiedenen Raumauskleidungen auf die Schattigkeit auf Grund seiner praktischen Erfahrungen abzuschätzen, was nicht immer leicht ist. Anzustreben ist aber stets die Anwendung von Verfahren, die es ermöglichen, für die verschiedenartigsten Räume sowohl die Beleuchtungsstärke auf der Gebrauchsebene als auch gleichzeitig die Schattigkeit genügend genau vorauszubestimmen. Das Prinzip eines solchen Verfahrens wird in e, S. 613 angegeben; zunächst legen wir die einfachen Verfahren dar, angefangen mit den Faustformeln. Gerade die Faustformeln sollen aber nur Behelfsmittel sein, wenn es einmal ganz eilig zugeht. Nie soll sich der Beleuchtungsingenieur dazu verleiten lassen, durch ihre Anwendung und die damit erzielte Schnelligkeit einer Planung zeigen zu wollen, wie gut er sein Gebiet beherrscht, denn das führt insbesondere bei Laien nur zu der Meinung, daß die Beleuchtungstechnik sehr einfach ist und alle an sie gestellten Aufgaben lösen kann, auch wenn die gegebenen Raumverhältnisse noch so ungünstig sind, abgesehen davon, daß Mißerfolge häufig sind.

d) Wirkungsgradverfahren.

Unter dem Wirkungsgradverfahren versteht man eine Projektierungsmethode, die von dem durch die Lichtquelle ausgestrahlten Lichtstrom ausgeht und mit Hilfe eines zur Reduktion desselben benutzten Wirkungsgrades zur Berechnung der mittleren Horizontalbeleuchtung auf der Gebrauchsebene dient.

Gegründet ist das Verfahren auf Wirkungsgradzahlen, die in einer großen Anzahl von künstlich beleuchteten Räumen durch Messung des von den Lichtquellen ausgestrahlten Lichtstromes und der damit erzielten mittleren Horizontalbeleuchtung festgestellt worden sind. Die mittlere Horizontalbeleuchtung wurde dabei als Mittelwert aus den an vielen Punkten der Gebrauchsebene gemessenen Horizontalbeleuchtungsstärken gebildet und durch Multiplikation mit der Flächengröße der Gebrauchsebene (in m²) umgerechnet in den auf diese Ebene auftreffenden Lichtstrom, den sog. „Nutzlichtstrom" ($\Phi_N = E_{\text{lx}_{\text{mittel}}} \cdot F_{\text{m}^2}$). Dann wurde der Lichtstrom gemessen, den die im Raum befindlichen Lichtquellen (z. B. Glühlampen) bei der während der Beleuchtungsmessung an den Lampen vorhanden gewesenen Spannung ausstrahlen (mit Hilfe der Ulbrichtschen Kugel). Werden diese so gefundenen Lichtstromwerte, also der gesamte von den Lichtquellen ausgestrahlte Lichtstrom und der Nutzlichtstrom auf der Gebrauchsebene, zueinander in Beziehung gesetzt, so erhält man den Wirkungsgrad der Raumbeleuchtungsanlage. Der Wirkungsgrad setzt sich demnach zusammen aus dem Wirkungsgrad der Leuchte und dem des Raumes.

Die Messungen zur Ermittlung der Wirkungsgrade sind für die vier verschiedenen Beleuchtungsarten (direkt, vorwiegend direkt, halbindirekt und indirekt) durchgeführt worden, und zwar in Räumen mit verschiedener Raumauskleidung, z. B. bei hellen Decken und hellen Wänden, hellen Decken und dunklen Wänden usw. Die bei den Messungen benutzten Leuchten waren naturgemäß sehr verschieden, entsprachen jedoch jeweils dem Zweck der zu erzielenden Beleuchtungsart.

Da die Wirkungsgrade der Leuchten, wie sie von der Industrie entwickelt worden sind, nicht erheblich voneinander abweichen und auch ihre charakteristischen Lichtverteilungen nicht sehr verschieden sind, werden bei der Wirkungsgradmethode sowohl die Abweichungen des Leuchtenwirkungsgrades als auch die der Lichtverteilung unberücksichtigt gelassen. Auch die Raumgestalt und Lichtpunktanordnung sind bei diesem Verfahren nicht besonders in Rechnung gesetzt worden. Als Varianten enthält es also lediglich die verschiedenen Beleuchtungsarten und die Farbe von Decke und Wänden, die im allgemeinen in drei Stufen, hell, mittelhell und dunkel unterteilt wird.

Die Gleichung, die bei dem Wirkungsgradverfahren zur Anwendung kommt, lautet in ihrer einfachsten Form:

$$\Phi_L = \frac{E_m \cdot F}{\eta} . \tag{6}$$

Φ_L der in den Lichtquellen aufzuwendende Lichtstrom (in lm),
E_m die erforderliche Horizontalbeleuchtungsstärke auf der Gebrauchsebene (in lx),
F die Flächengröße der Gebrauchsebene (in m²),
η der Wirkungsgrad der Beleuchtungsanlage (Raumwirkungsgrad + Leuchtenwirkungsgrad).

Mit Hilfe der Angaben über den Zweck, dem der zu beleuchtende Raum dienen soll, und die Art der darin zu verrichtenden Arbeiten ist die hierfür erforderliche mittlere Beleuchtungsstärke E_m den Tabellen der Leitsätze (Tabelle im Anhang) zu entnehmen. Die Flächengröße F der Gebrauchsebene wird im allgemeinen gleich der Grundfläche des zu beleuchtenden Raumes gesetzt und der Grundrißzeichnung entnommen. Das Produkt aus $E_m \cdot F$ ergibt so den erforderlichen Nutzlichtstrom Φ_N. Durch Division desselben durch den Wirkungsgrad η der Anlage, der stets kleiner als 1 ist, erhält man den gegenüber dem Nutzlichtstrom höheren Wert des an den Lichtquellen aufzuwendenden Lichtstromes Φ_L. An Hand der von den Glühlampenfabriken herausgegebenen Listen über die Lichtströme (lm) der Glühlampen verschiedenen Wattverbrauchs oder mittels der Zahlen über ihre Lichtausbeute (lm/W) kann die aufzuwendende elektrische Leistung (W) errechnet werden.

Um bei Anwendung dieses Verfahrens den passenden Wert für den Wirkungsgrad zu finden, ist es zunächst erforderlich, die richtige Wahl der für den gegebenen Raum und die Arbeitsverrichtung günstigsten Beleuchtungsart zu treffen. Diese Wahl erfordert praktische Erfahrungen über die zweckentsprechende Verwendung der verschiedenen Beleuchtungsarten hinsichtlich der Bestimmung des Raumes und der Art der Arbeitsverrichtungen sowie der Innenauskleidung.

Zahlenwerte für die Schattigkeit und örtliche Gleichmäßigkeit liefert dieses Verfahren nicht, sondern lediglich Zahlen für die mittlere Horizontalbeleuchtung. Wenn auch die Innenauskleidung des Raumes, also die Farbe von Decke und Wänden, im Wirkungsgrad eine gewisse Berücksichtigung findet, dann doch nur insoweit, als dadurch die Größe der Horizontalbeleuchtung beeinflußt wird. Die für die Güte der Beleuchtung wesentliche Schattigkeit und auch die Gleichmäßigkeit wird also allein durch die Wahl der Beleuchtungsart bestimmt. Das setzt voraus, daß der planende Ingenieur nicht nur praktische Erfahrungen hinsichtlich der zweckentsprechenden Verwendung der Beleuchtungsarten hat, sondern auch den Einfluß der verschiedenen Farbe von Decke und Wänden auf die Wirkung der Beleuchtungsart hinsichtlich der Schattigkeit abschätzen kann.

Hiermit soll gesagt werden, daß das Wirkungsgradverfahren bei der Planung hochwertiger Beleuchtungsanlagen, also insbesondere solcher für schwierigere Sehaufgaben bei der Arbeitsverrichtung, nur von sehr erfahrenen Beleuchtungsingenieuren angewendet werden sollte, und auch nur dann, wenn die Raumverhältnisse und die Innenauskleidung keine außergewöhnlichen Beleuchtungswirkungen erwarten lassen. Ist z. B. die Decke eines Raumes verhältnismäßig dunkel und sind die Wände mit hohen Regalen versehen, so wird auch der erfahrene Ingenieur zu genaueren Methoden greifen, um Fehlschläge zu vermeiden. In vielen Fällen aber ist die Wirkungsgradmethode zur schnellen und überschlägigen Beleuchtungsberechnung brauchbar und liefert trotz der in ihr enthaltenen Schematisierung praktisch ausreichende Ergebnisse, so daß diese Methode in der Industrie heute noch fast ausschließlich zur Anwendung gelangt. Die für ihre Durchführung erforderlichen Hilfsmittel sind im folgenden zusammengestellt und beschrieben, sowie durch Beispiele erläutert.

Die diesbezügliche Tabelle (1) im Anhang enthält eine Zusammenstellung von Wirkungsgradzahlen, die durch eine große Zahl von Messungen an vorhandenen Anlagen gefunden worden sind. Der Tabelle ist ein konstanter Wirkungsgrad der Leuchten von 80% zugrunde gelegt, der den tatsächlichen Verhältnissen sehr nahe kommt, wie Messungen an zahlreichen neuzeitlichen Leuchten für die verschiedenen Beleuchtungsarten ergeben haben. Die Wirkungsgradzahlen sind gruppiert nach den fünf Beleuchtungsarten: direkte, vorwiegend direkte, halbindirekte und indirekte Beleuchtung sowie indirekte Beleuchtung aus

Hohlkehlen. Ferner ist unterschieden zwischen Räumen mit heller Decke und mittelhellen Wänden sowie mittelheller Decke und dunklen Wänden. Die Raumgestalt ist berücksichtigt durch das Verhältnis von Raumbreite zu Lichtpunkthöhe über der Gebrauchsebene bei direkter und vorwiegend direkter Beleuchtung und durch das Verhältnis von Raumbreite zu Deckenhöhe über der Gebrauchsebene bei halbindirekter und indirekter Beleuchtung sowie bei Beleuchtung aus Hohlkehlen.

Dieser Unterschied in der Art der Höhenangabe ergibt sich daraus, daß bei direkter und vorwiegend direkter Beleuchtung eine Änderung der Lichtpunkthöhe, bei halbindirekter und indirekter Beleuchtung eine Änderung der Deckenhöhe von maßgebendem Einfluß auf die erzielte Horizontalbeleuchtung auf der Gebrauchsebene ist.

Es ist zweckmäßig, einen Zuschlag zu dem nach dem Wirkungsgradverfahren errechneten aufzuwendenden Lichtstrom zu machen zur Berücksichtigung der Lichtverluste, die bei jeder längere Zeit in Betrieb befindlichen Beleuchtungsanlage durch Nachlassen des Lichtstromes der Glühlampen, Verstaubung der Leuchten und Dunklerwerden der Decke und der Wände eintreten. Man wird hier Zuschläge von 10...30% (Gebrauchsfaktor 1,1...1,3) machen müssen, je nach der verwendeten Beleuchtungsart (bei direkter Beleuchtung den kleineren, bei vorwiegend direkter und halbindirekter einen mittleren und bei indirekter Beleuchtung den größten Zuschlag).

Um aus dem so gefundenen aufzuwendenden Lichtstrom die erforderlichen Glühlampengrößen und damit die notwendige elektrische Leistung zu ermitteln, ist ferner im Anhang eine Tabelle für die Lichtstromwerte und Lichtausbeute der Glühlampen von 15...2000 W beigefügt. Um diese Tabelle richtig anwenden zu können, ist es erforderlich, die Aufteilung des ermittelten aufzuwendenden Gesamtlichtstromes auf die einzelnen Lichtpunkte vorzunehmen, denn, wie die Spalte der Lichtausbeute der einzelnen Glühlampen erkennen läßt, ist es nicht gleichgültig, ob man 12 Lampen von je 150 W (27 400 lm) oder 6 Lampen von je 300 W (31 500 lm) verwendet (vgl. auch E 2, S. 434, Abb. 441). Zu dieser Festlegung ist jedoch die Bestimmung der Lichtpunktabstände erforderlich. Bei normalen Fällen gibt es dafür Regeln, die einmal ein bestimmtes Verhältnis von Lichtpunkthöhe über Gebrauchsebene zum Lichtpunktabstand (für direkt und vorwiegend direkt strahlende Leuchten) und ein bestimmtes Verhältnis von Abstand Lichtpunkt—Decke zum Lichtpunktabstand (für halbindirekt und indirekt strahlende Leuchten) empfehlen. Diese Werte sind in einer Tabelle (2) im Anhang angegeben, ihre Gültigkeit ist jedoch insbesondere bei Leuchten für direkte und vorwiegend direkte Beleuchtung sehr beschränkt; daher ist es zweckmäßig, bei überschlägigen Berechnungen des erforderlichen elektrischen Leistungsaufwandes für eine Beleuchtungsanlage, z. B. zur rechtzeitigen Berechnung des Querschnittes der zu verlegenden Steigeleitungen, zunächst von der Aufteilung des Lichtstromes abzusehen und mit Hilfe einer angenommenen mittleren Lichtausbeute von 15 lm/W (Lichtausbeute der bei Innenraumbeleuchtungen sehr häufig verwendeten 150-W-Lampe für 220 V) die erforderliche elektrische Leistung zu berechnen, d. h. also, den gefundenen Wert des gesamten aufzuwendenden Lichtstromes durch 15 zu dividieren. Unter Zugrundelegung einer Lichtausbeute von 15 lm/W ergibt sich die folgende einfache Faustformel für die Berechnung der aufzuwendenden elektrischen Leistung:

$$\text{Watt} = \frac{E_m \cdot F}{15 \cdot \eta}, \tag{7}$$

in der E_m den Leitsätzen, F dem Grundrißplan und η der obenerwähnten Tabelle zu entnehmen sind. Näheres über zweckmäßige Abstände der Lichtpunkte voneinander und ihre Verteilung im Raum s. f, S. 619.

Beispiel für die Berechnung einer Schulklassenbeleuchtungsanlage nach dem Wirkungsgradverfahren.

Der Klassenraum hat 8 m Länge und 5 m Breite ($F = 40$ m² Grundfläche) bei 3,5 m Höhe. Die Decke ist weiß, die Wände hellfarbig gestrichen. Die Netzspannung beträgt 220 V. Lese- und Schreibarbeit fällt unter die Rubrik „Feine Arbeit", für die in den Leitsätzen (DIN-Blatt 5035, Tabelle im Anhang) eine mittlere Allgemeinbeleuchtung von $E_m = 150$ lx empfohlen wird. Da die Arbeitsplätze über den gesamten Raum verteilt sind und Schreibarbeit geringe Schattigkeit erfordert, wird als Beleuchtungsart halbindirekte Beleuchtung gewählt, deren Anwendung auch hinsichtlich der Innenauskleidung des Raumes (weiße Decke und helle Wände) nichts entgegensteht.

Nach der Tabelle (1) „Beleuchtungs-Wirkungsgrade" ist für halbindirekte Beleuchtung bei heller Decke und mittelhellen Wänden und bei dem Raumverhältnis (Gebrauchsebene 1 m über Boden)

$$\frac{\text{Raumbreite}}{\text{Deckenhöhe über Gebrauchsebene}} = \frac{5}{2,5} = 2$$

der Beleuchtungswirkungsgrad $\eta = 0,31$ (Mittelwert aus 0,27 und 0,35 der Tabelle). Es wird zunächst mit Hilfe der Gleichung (7) annäherungsweise die aufzuwendende elektrische Leistung N berechnet:

$$N = \frac{150 \cdot 40}{15 \cdot 0,31} = 1290 \text{ W}.$$

Nach Tabelle (2) „Leuchtenanordnung" wählt man für halbindirekte Beleuchtung als Lichtpunktabstand das 2,5fache des Abstandes der Leuchten von der Decke. Da der Abstand von der Decke bei halbindirekten Leuchten etwa 1 m betragen muß, um eine genügend gleichmäßige Deckenbeleuchtung zu erzielen, erhält man einen Lichtpunktabstand von 2,5 m. Der rechteckige Grundriß von 5 × 8 m läßt 6 Leuchten in 2 Reihen als zweckmäßig erscheinen. Für die aufzuwendende Leistung von 1290 W ergeben sich 6 Lampen von je 200 W gleich 1200 W. Die fehlenden 90 W werden ausgeglichen durch die höhere Lichtausbeute von 16,5 lm/W der 200-W-Lampen für 220 V gegenüber der Lichtausbeute von 15 lm/W, die der Gleichung (7)

zugrunde gelegt ist, da sich bei 16,5 lm/W nur eine aufzuwendende Leistung von $\dfrac{150 \cdot 40}{16,5 \cdot 0,31} =$ 1170 W ergibt.

Das Beispiel zeigt, daß die errechnete Leistung nicht ganz übereinstimmt mit der Leistung, die mit den handelsüblichen Glühlampen erreicht werden kann, da diese nicht für jede beliebige Leistung, sondern nur in verhältnismäßig großen Abstufungen zu erhalten sind. Im Beispiel beträgt die Differenz nach der Korrektur 30 W, und zwar im Sinne einer Erhöhung der installierten Leistung gegenüber der berechneten. Kleine Abweichungen, insbesondere wenn sie eine höhere Leistung und damit höhere Beleuchtungsstärken ergeben, können unberücksichtigt bleiben. Sind große Abweichungen nach der einen oder anderen Seite vorhanden, so ist zu überlegen, ob man nicht eine andere Lichtpunktanordnung und damit eine größere oder geringere Leuchtenanzahl mit kleineren oder größeren Glühlampen wählt, um den Sollwert der Leistung eher zu erreichen. Bei vorwiegend direkter, halbindirekter und insbesondere indirekter Beleuchtung ist ein höherer Wert der installierten Leistung gegenüber dem errechneten häufig angebracht, um die bei diesen Beleuchtungsarten stärker auftretenden Verstaubungseinflüsse während des Betriebes auszugleichen.

Man kann die Aufgabe auch mit Hilfe der Gleichung (6) durch Errechnung des aufzuwendenden Lichtstromes lösen und dann nach Wahl der Leuchtenanordnung und Leuchtenanzahl die erforderlichen Glühlampengrößen und den Gesamtstromverbrauch ermitteln. Dieser Weg führt zu den gleichen Ergebnissen, hat jedoch den, wenn auch nicht erheblichen, Nachteil, daß die in weiten Grenzen liegenden Zahlenwerte der Glühlampenlichtströme in die Rechnung eingehen, während bei Verwendung der Gleichung (7) nur die in engen Grenzen liegenden Werte der Lichtausbeute auftreten (bei Allgemeinbeleuchtung von Innenräumen z. B. zwischen 14 und 20 lm/W für Glühlampen von 75...750 W). Die Gleichung (7) gibt daher dem erfahrenen Lichtingenieur die Handhabe, ohne jede Hilfsmittel an Ort und Stelle den Stromverbrauch einer Anlage zu ermitteln, da er aus Erfahrung die erforderliche Beleuchtungsstärke und die zweckmäßige Beleuchtungsart angeben und auch den Beleuchtungswirkungs- grad abschätzen kann. Nach Feststellung der Größe des Grundrisses findet er schnell mit Hilfe des Rechenschiebers die erforderliche elektrische Leistung bei Verwendung von 100...150-W-Lampen. Kommen andere Glühlampen in Frage, so genügt ein geringer Zuschlag (für kleinere Glühlampen) bzw. ein Abschlag (für größere Lampen). Bei der Projektierung von Anlagen für das Ausland gilt die Gleichung (7) ebenfalls, jedoch mit der Abwandlung, daß die Lichtausbeute von 15 lm/W für die 300-W-Lampe gilt, da im Ausland der Licht- strom von der internationalen Kerze abgeleitet ist und daher einen anderen Absolutwert hat.

Die einfache Berechnung nach der Wirkungsgradmethode, wie sie durch die Gleichungen (6) bzw. (7) gekennzeichnet ist, hat zur Ausbildung von sog. *Beleuchtungsrechenschiebern* geführt, die in der Hand von erfahrenen Be- leuchtungsingenieuren eine schnelle Ermittlung der erforderlichen Größe und Anzahl der Glühlampen ermöglichen. Es ist hervorzuheben, daß derartige Rechenschieber nur Hilfsmittel für die reine Rechenarbeit sind, und daß vor ihrer Benutzung der Wirkungsgrad der Anlage bereits bestimmt sein muß. Auch die Größe der Glühlampen läßt sich nicht ohne vorherige Festlegung der günstigsten Lichtpunktanordnung und damit der Anzahl der Lichtpunkte berechnen. Da die Endwerte für verschiedene Wirkungsgrade und eine ver- schieden große Anzahl von Lichtpunkten auf dem Rechenschieber schnell übersehen werden können, erleichtert er die Festlegung der Werte, die sich nicht durch reine Rechnung erfassen lassen (vgl. S. 610). Bekannt geworden sind die Beleuchtungsrechenschieber von Höpcke und Summerer und von Besser. Beide enthalten außer den Skalen für die Faktoren der Gleichung (6), nämlich Raumgröße (F), mittlere Beleuchtungsstärke (E_m), Anzahl und Größe der Glühlampen (Φ) und Wirkungsgrad (η) noch Tabellen für die erforderlichen Beleuchtungsstärken, wie sie in den „Leitsätzen für künstliche Beleuchtung" empfohlen sind, sowie kurze Angaben über Wirkungsgrade für die verschiedenen Beleuchtungsarten bei verschiedenartiger Raumauskleidung [vgl.Tabelle(1) im An- hang]. Der Rechenschieber von Besser, der in sehr geschickter Weise denVorteil der Verwendung von zwei beweglichen Zungen benutzt, hat auf seiner Rückseite fünf weitere zur Leitungsberechnung dienende Skalen: Leitungslänge, Strom- stärke, Spannungsverlust, Leitungsquerschnitt, cos φ (vgl. C 9, S. 381, Abb. 420). Eine Anzahl lichttechnischer Firmen hat eigene Beleuchtungsrechenschieber herausgebracht, die zusätzlich für die verschiedenen Beleuchtungsarten die ent- sprechenden Leuchtentypen angeben.

Ein weiteres Hilfsmittel zur Erleichterung der Planungsarbeit ist die Dar- stellung in Form von *Berechnungstafeln*. Aus einer großen Zahl solcher Tafeln soll eine als Beispiel in der Abb. 672 gezeigt werden.

Sie ist entworfen für vorwiegend direkte Beleuchtung unter Zugrundelegung eines Wirkungsgrades $\eta = 0,6$ und gilt für Räume mit weißer Decke und hellen Wänden. Als Abszisse ist nicht die Gesamtfläche des Raumes aufgetragen, sondern die Einheit der Fläche (m²) je Lichtpunkt, d. h. die Anzahl der Lichtpunkte muß vor Benutzung der Tafel fest- gelegt werden. Man dividiert dann zunächst die Gesamtfläche des Raumes durch die gewählte Lichtpunktzahl, sucht den gefundenen Wert auf der Abszisse auf und geht senkrecht nach oben bis zu der schrägen Linie, die rechts oben mit dem Wert der geforderten mittleren Beleuchtungsstärke in lx bzw. mit der Art des Raumes oder der Arbeit bezeichnet ist. Von dem so gefundenen Schnittpunkt aus geht man waagerecht nach links und findet die erforderliche Glühlampengröße in W je Lichtpunkt. Erreicht man keine der angegebenen, im Handel befindlichen Glühlampen, so muß man entweder eine etwas höhere Beleuchtungs- stärke wählen oder die Anzahl der Lichtpunkte, soweit möglich, verändern.

Das bisher behandelte Wirkungsgradverfahren stützt sich auf Erfahrungs- werte für den Raumwirkungsgrad bei verschiedenen Beleuchtungsarten. Es ist leicht einzusehen, daß diese Werte um so weniger mit Sicherheit verwendet werden dürfen, je größer der indirekte oder großflächige Anteil der Beleuchtung ist, da seine Größe allein von der Reflexionsfähigkeit der Innenauskleidung des Raumes und von den Raumproportionen abhängt.

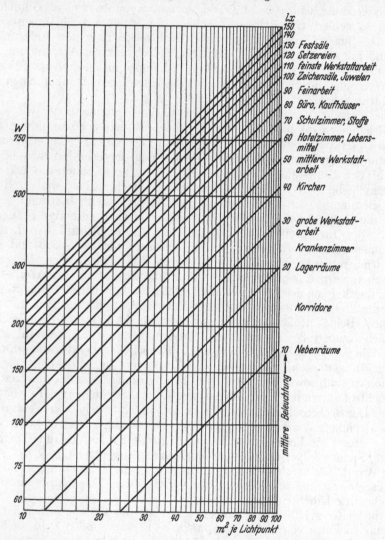

Abb. 672. Beleuchtungsberechnungstafel für vorwiegend direkte Beleuchtung bei einem Beleuchtungswirkungsgrad $\eta = 0,6$. (Zeiß Ikon AG., Goerz-Werk.)

Die Tabelle (1) für die Beleuchtungs-Wirkungsgrade (Anhang), die zwei Arten von Raumauskleidungen, nämlich helle Decke und mittelhelle Wände oder mittelhelle Decke und dunkle Wände, berücksichtigt, ergibt bereits bei vorwiegend direktem Licht, also einem verhältnismäßig geringen indirekten Beleuchtungsanteil, Unterschiede im Wirkungsgrad von z. B. 0,33 ... 0,23 (bei Raumbreite zu Aufhängehöhe = 2,5).

Die dem gleichen Raumverhältnis entsprechenden Wirkungsgrade für indirekte Beleuchtung liegen noch wesentlich weiter auseinander, nämlich 0,23 und 0,12. Es ist also, insbesondere bei stark von normalen Verhältnissen abweichenden Raumauskleidungen, nicht zu umgehen, den Wirkungsgrad rechnerisch zu ermitteln, auch wenn dadurch die Einfachheit und Schnelligkeit des bisher beschriebenen Planungsverfahrens verlorengehen.

e) Ein Verfahren zur Bestimmung des Wirkungsgrades einer Raumbeleuchtung.

Ein solches Verfahren, das gleichzeitig genauere Aussagen über die zu erwartende Schattigkeit macht, soll an Hand einiger Abbildungen erläutert werden.

Abb. 673 stellt den Querschnitt durch einen Raum dar, dessen Grundfläche zunächst als quadratisch angenommen wird. Der Raum sei beleuchtet durch eine in seiner Mitte nahe der Decke angebrachte Leuchte z. B. für vorwiegend direktes Licht. Man zeichnet zunächst vom Lichtpunkt aus die Begrenzungsstrahlen für den direkt auf den Boden (bzw. die Gebrauchsebene) gelangenden Lichtstromanteil. Dieser Strahl liege z. B. 40° gegen die Vertikale durch den Lichtpunkt (strichpunktiert gezeichnet) geneigt. Ein weiterer Strahl vom Lichtpunkt nach der oberen Ecke des Raumes gibt die Begren-

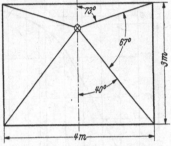

Abb. 673. Lichtstromaufteilung im Raumquerschnitt.

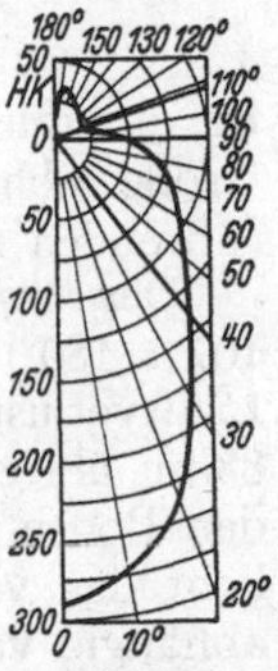

zung des auf die Wand gerichteten Lichtstromanteiles an. Er soll einen Winkel von $40 + 67 = 107°$ gegen die Vertikale durch die Lichtquelle bilden. Dieser Strahl und die Vertikale nach oben (180°) durch die Lichtquelle ergeben dann die Begrenzung des auf die Decke gestrahlten Lichtstromanteiles. Für die so erhaltenen drei Winkel von 0...40° (direktes Licht), 40...107° (auf die Wand gestrahltes Licht) und 107...180° (auf die Decke gestrahltes Licht) ermittelt man die Lichtströme aus der Lichtverteilungskurve der zur Verwendung kommenden Leuchte entweder durch das Rousseau-Diagramm oder auf rechnerischem Wege (vgl. C 9, S. 377, Abb. 413...418). Abb. 674 stellt die Lichtverteilungskurve einer Leuchte für vorwiegend direktes Licht, aufgetragen für eine Lichtquelle von 1000 lm Lichtstrom, dar. Die dieser Lichtverteilungskurve entsprechende Lichtstromkurve, aufgetragen als Lichtstromsummenkurve in rechtwinkligen Koordinaten (Abszisse: Winkel gegen die Vertikale nach unten, Ordinate: Lichtstrom), ist in Abb. 675 angegeben. Man findet für die drei Winkel folgende Lichtströme der Leuchte:

$$0...40°: 290 \text{ lm}, \quad 40...107°: 760 - 290 = 470 \text{ lm},$$
$$107...180°: 870 - 760 = 110 \text{ lm}.$$

Abb. 674. Lichtverteilungskurve einer vorwiegend direkt strahlenden Leuchte (für 1000 lm der nackten Lichtquelle. (Zeiß Ikon AG., Goerz-Werk.)

Da eine Lichtquelle von 1000 lm zugrunde gelegt worden ist, kann man diese Teillichtströme in Prozenten des aufgewendeten Lichtstromes angeben und erhält: direktes Licht: 29%, Wandlicht: 47%, Deckenlicht: 11%. Die Summe dieser Prozentzahlen, also 87%, gibt der Wirkungsgrad der Leuchte an. Die gefundenen Teillichtströme sollen nun einzeln auf ihrem Wege zum Boden bzw. zur Gebrauchsebene verfolgt werden.

Der *direkte Lichtstromanteil* von 290 lm im Winkel von 0...40° gelangt ohne Verluste auf den Boden bzw. die Gebrauchsebene und erzeugt dort eine mittlere Horizontalbeleuchtungsstärke, die durch die Gleichung lm/m² errechnet wird und deren Gleichmäßigkeit durch punktweise Berechnung ermittelt werden kann. Dieser direkte Lichtstromanteil bedingt starke Schattigkeit in Form von Kernschatten bei geringer oder Halbschatten bei größerer Ausdehnung der Leuchte (vgl. c, S. 602 und 603).

Der *auf die Wand gestrahlte Lichtstromanteil* von 470 lm im Winkel von 40...107° erleidet zunächst den durch den Anstrich der Wände bedingten Lichtverlust, dessen Größe durch Messung des Reflexionsvermögens des Anstriches [s. Tabelle (3) im Anhang] oder durch Vergleich mit einer mit Reflexionszahlen versehenen Farbenskala ermittelt

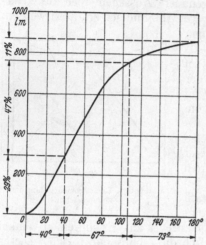

Abb. 675. Lichtstromkurve der vorwiegend direkt strahlenden Leuchtenach Abb. 674 (für 1000 lm der nackten Lichtquelle). (Zeiß Ikon AG., Goerz-Werk.)

werden kann. Er betrage beispielsweise $R_W = 0,5$, so daß nach der ersten Wandreflexion ein Lichtstrom von 235 lm übrigbleibt. Da dieser Lichtstrom nur zu einem Teil auf den Boden bzw. die Gebrauchsebene gelangt, zum anderen Teil auf die Decke und die Wände zurückstrahlt, tritt zu dem Verlust von 50% ein weiterer Verlust, der abhängig ist vom Reflexionsvermögen der Wände und der Decke sowie von den Proportionen des Raumes, d. h. dem Verhältnis von Raumbreite zu Raumhöhe. Dieser Raumwirkungsgrad des Wandlichtes soll mit η_W bezeichnet werden und einen Wert von 30% haben, also $\eta_W = 0,3$, so daß nunmehr nur noch ein Lichtstrom von $235 \cdot 0,3 = 70,5$ lm den Boden bzw. die Gebrauchsebene erreicht. Da dieser Lichtstrom von großen Flächen (Wandflächen und Decke) kommt,

ist die durch ihn bedingte Schattigkeit gering und bewirkt eine von seiner Größe abhängige Aufhellung der von dem direkten Lichtstromanteil herrührenden starken Schatten (vgl. c, S. 601 und 602).

Der *auf die Decke aufgestrahlte Lichtstromanteil* (110 lm im Winkel von 107...180°) erleidet zunächst den durch den Anstrich der Decke bedingten Lichtverlust. Er betrage z. B. $R_D = 0,8$, so daß nur noch ein Lichtstrom von 88 lm übrigbleibt. Dieser Lichtstrom kommt wieder nur zum Teil direkt auf den Boden bzw. die Gebrauchsebene. Der andere Teil macht wie beim Wandlicht den vielfachen Umweg über Wände und Decke und ist daher ebenfalls abhängig vom Reflexionsvermögen derselben sowie von den Proportionen des Raumes. Dieser Raumwirkungsgrad des Deckenlichtes sei $\eta_D = 0,4$. Der auf den Boden bzw. die Gebrauchsebene gelangende Lichtstrom beträgt also nur noch $88 \cdot 0,4 = 35,2$ lm. Auch dieser großflächige Lichtstromanteil ist durch geringe Schattigkeit gekennzeichnet und hat eine weitere Aufhellung der von dem direkten Lichtstromanteil bedingten Schatten zur Folge (vgl. c, S. 601 und 602).

Faßt man nun die großflächigen Lichtstromanteile des Wand- und Deckenlichtes zusammen (also $70,5 + 35,2 = 105,7$ lm), und dividiert man diesen Wert durch die Fläche des Raumes, z. B. $4 \times 4 = 16$ m², so erhält man eine mittlere Beleuchtung von 6,6 lx_m als indirekten oder großflächigen Beleuchtungsanteil. Hinzu kommt der direkte Beleuchtungsanteil, dessen Größe sich aus 290 lm und der Fläche von 16 m² zu 18,1 lx_m ergibt, so daß man insgesamt eine mittlere Horizontalbeleuchtung von $6,6 + 18,1 = 24,7$ lx_m erhält. Er entspricht einem Nutzlichtstrom von $105,7 + 290 = 404,7$ lm, also einem Wirkungsgrad der Beleuchtung von 40,47%, da der aufgewendete Lichtstrom der Lichtquelle 1000 lm beträgt.

Die entsprechenden Zahlen für einen praktischen Fall bei Verwendung einer 150-W-Lampe mit 2280 lm (Faktor 2,28) sind: mittlere Gesamtbeleuchtung: $24,7 \times 2,28 = 56,2$ lx$_m$, direkter Beleuchtungsanteil: $18,1 \times 2,28 = 41,3$ lx$_m$, großflächiger Beleuchtungsanteil: $6,6 \times 2,28 = 14,9$ lx$_m$.

Schattigkeit. Aus den Zahlen für die mittlere Gesamtbeleuchtung, den direkten und den indirekten oder großflächigen Beleuchtungsanteil kann man folgendes über die zu erwartende Schattigkeit auf der Gebrauchsebene aussagen: Angenommen, der direkte Beleuchtungsanteil von 41,3 lx$_m$ ist vollkommen gleichmäßig über die Fläche verteilt, dann ist für ihn die Beschattung an jeder Stelle der Gebrauchsebene $E_a = 41,3$ [s. Gleichung (2)], die Schattigkeit $E_a/E = 1$ [s. Gleichung (3)], sie hat also den höchsten möglichen Wert. Nimmt man an, daß auch der großflächige Beleuchtungsanteil gleichmäßig über die Fläche verteilt ist, so ist die durch ihn bewirkte Aufhellung $E - E_a = 56,2 - 41,3 = 14,9$ [Gleichung (1)], die Schattigkeit $E_a/E = 41,3 : 56,2 = 0,73$ [Gleichung (3)] und der Aufhellungsquotient $\frac{E - E_a}{E} = 14,9 : 56,2 = 0,27$ [Gleichung (4)]. Man sieht aus dieser Berechnung, daß die Schattigkeit der Beleuchtungsanlage noch erheblich ist (0,73) und nahe an den in den Leitsätzen für künstliche Beleuchtung zugelassenen Wert von 0,8 herankommt. Bedenkt man noch, daß die Aufhellung nur den Absolutwert von 14,9 lx ergibt, so ist die Beleuchtung, obgleich die Beleuchtungsstärke z. B. für grobe Arbeiten ausreichend ist, doch hinsichtlich der Schattigkeit nicht als gut anzusprechen. Berücksichtigt man ferner, daß zumindestens der direkte Beleuchtungsanteil selten gleichmäßig über die gesamte Gebrauchsebene verteilt ist, sondern unter und in der Nähe der Leuchte wesentlich höhere Werte als 56,2 lx (Mittelwert) annehmen kann, wodurch die Schattigkeit an diesen Stellen wesentlich größer wird, so ist die Anlage als schlecht abzulehnen.

Man sieht bereits, daß dieses gegenüber dem einfachen Wirkungsgradverfahren umständlichere Verfahren insbesondere dadurch, daß es Aufschlüsse über die zu erwartende Schattigkeit ergibt, in vielen Fällen vorteilhaft zu verwenden ist und eine viel größere Sicherheit bei der Planungsarbeit bietet. Um die Arbeit nach diesem Verfahren zu erleichtern, sind die einzelnen Arbeitsgänge in graphischer Darstellung zu einer Tafel (Abb. 680, S. 616) zusammengezogen worden, die die Rechnung auf ein Mindestmaß beschränkt, und es ist zu wünschen, daß damit auch dieses Verfahren neben dem für alle einfachen Fälle genügenden Verfahren mit geschätztem Wirkungsgrad zur Einführung kommt. Vorher jedoch noch einige Angaben über die Ermittlung der in der Tafel enthaltenen Raumwirkungsgrade η_W und η_D für verschiedene Reflexionsvermögen von Decke und Wänden und verschiedene Raumproportionen.

Diese Werte sind auf Grund exakter Laboratoriumsmessungen an einem von C. G. KLEIN angegebenen Raummodell ermittelt worden. Diesem Modell liegt das folgende Prinzip zugrunde: anstatt in einem Raummodell eine Leuchte aufzuhängen, die bestimmte Lichtstromanteile auf die Wände und die Decke strahlt, wobei Farbe von Wänden und Decke sowie die Raumproportionen variiert werden können, sind unter Weglassung der Leuchte Wände und Decke aus Trübglas hergestellt und können von außen gleichmäßig beleuchtet werden. Beleuchtet man nur die Wände, so entspricht der von ihnen auf der Innenseite des Raummodells austretende Lichtstrom dem von den Wänden erstmalig reflektierten Lichtstrom. Versieht man nun die nichtbeleuchtete Decke des Raummodells mit verschiedenen Anstrichen (verschiedenfarbige Papierschablonen) und verändert ferner die Proportionen des Raumes durch Verschieben der Decke, so erhält man an der unteren Öffnung des Raummodells (= Boden oder Gebrauchsebene) verschieden große Nutzlichtströme (bzw. mittlere Beleuchtungsstärken durch Division der Lichtströme durch die Fläche der unteren Öffnung),

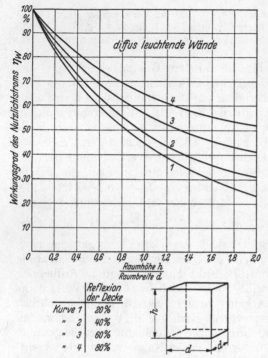

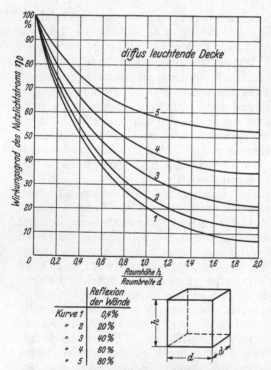

	Reflexion der Decke
Kurve 1	20%
" 2	40%
" 3	60%
" 4	80%

Abb. 676. Raumwirkungsgrad bei leuchtenden Wänden als Funktion der Raumproportionen (Raumhöhe : Raumbreite) für verschiedene Deckenreflexion.

	Reflexion der Wände
Kurve 1	0,4%
" 2	20%
" 3	40%
" 4	60%
" 5	80%

Abb. 677. Raumwirkungsgrad bei leuchtender Decke als Funktion der Raumproportionen (Raumhöhe : Raumbreite) für verschiedene Wandreflexion.

die durch Aufsetzen des Raummodells auf die obere Öffnung einer Ulbrichtkugel gemessen worden sind. Verfährt man entsprechend mit der Decke, d. h. beleuchtet man die aus Trübglas gebildete Decke gleichmäßig von außen und variiert ihre Höhe und die Reflexionseigenschaften der Wände, so erhält man wiederum eine Anzahl von Werten für den Nutzlichtstrom. Diese Werte für die leuchtenden Wände und die leuchtende Decke bei verschiedenen Raumverhältnissen (Höhe : Breite) sind in der Kurventafel Abb. 676 für das Wandlicht und in Abb. 677 für das Deckenlicht als Funktion des Verhältnisses Raumhöhe : Raumbreite aufgetragen, und zwar für Reflexionsvermögen der Wände $R_W = 0{,}004$; 0,2; 0,4; 0,6; 0,8 und der Decke $R_D = 0{,}2$; 0,4; 0,6; 0,8. Unter Zugrundelegung dieser Kurven ist die Projektierungstafel Abb. 680, S.616 entstanden, die an Hand eines Beispieles erläutert werden soll.

Beispiel. Ein Raum von $4 \times 4 = 16\,\mathrm{m^2}$ Grundfläche und einer Höhe von $H = 3$ m über der Gebrauchsebene (= Meßebene 1 m über Boden) mit mittelhellen Wänden vom Reflexionsvermögen $R_W = 0{,}4$ und weißer Decke vom Reflexionsvermögen $R_D = 0{,}8$ soll I. mit einer Leuchte für vorwiegend direktes Licht, II. mit einer Leuchte für indirektes Licht beleuchtet werden. Die Leuchten sollen so aufgehängt sein, daß die Lichtpunkthöhe über die Gebrauchsebene $h_L = 2$ m, der Lichtpunktabstand von der Decke $h_D = 1$ m beträgt. Die Lichtverteilungskurve und die Lichtstromkurve für die vorwiegend direkt strahlende Leuchte sind in Abb. 678, für die indirekte strahlende Leuchte in Abb. 679 dargestellt. Die Tabelle 4 (Anhang) dient zur rechnerischen Ermittlung der Lichtstromkurve aus der Lichtverteilungskurve. Die Faktoren f_ω der Tabelle entsprechen den Raumwinkeln von $0 \ldots 5°$, $5 \ldots 10°$ usw. bzw. von $0 \ldots 10°$, $10 \ldots 20°$ usw. Man findet den Lichtstrom z. B. im Winkel von $0 \ldots 10°$, indem man die mittlere Lichtstärke innerhalb dieses Winkels mit dem Faktor f_ω $0 \ldots 10°$ gleich 0,0985 multipliziert. Diesen Lichtstromwert trägt man in ein rechtwinkliges Koordinatensystem (Lichtstromdiagramm) bei 10° (Abszisse) im Maßstab des als Ordinate aufgetragenen Lichtstromes auf. Man sucht dann die mittlere Lichtstärke innerhalb des Winkels von 10...20° und multipliziert sie mit f_ω 10...20° gleich 0,2835 und addiert den so gefundenen Lichtstromwert zu dem für den Winkel 0...10° gefundenen.

Diese Summe der beiden Teillichtströme trägt man bei 20° in das Lichtstromdiagramm ein usw. Man erhält so eine Kurve, deren Lichtstromendwert (für 180°) den Wirkungsgrad der Leuchte angibt, z. B. 84 % (Abb. 678), da der Gesamtlichtstrom der Leuchte 840 lm bei 1000 lm der Lichtquelle beträgt.

In der Projektierungstafel Abb. 680 sind die auf diese Weise ermittelten Lichtstromkurven anstatt im rechtwinkligen Diagramm im Polardiagramm eingetragen, und zwar ausgezogen (I) die

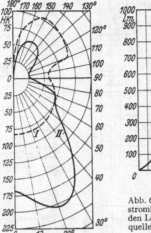

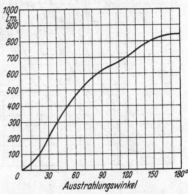

Abb. 678. Lichtverteilungskurve und Lichtstromkurve einer vorwiegend direkt strahlenden Leuchte (fur 1000 lm der nackten Lichtquelle, Kurve 1). (Zeiß IkonAG., Goerz-Werk.)

Lichtstromkurve für die vorwiegend direkt strahlende Leuchte (Abb. 678), gestrichelt (II) für die indirekt strahlende Leuchte (Abb. 679). Die Lichtverteilungskurven sind entsprechend unterschieden. Aus diesen polaren Lichtstromkurven lassen sich nun leicht der direkte, der auf die Wände gestrahlte

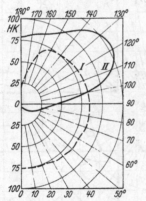

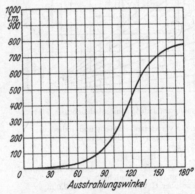

Abb. 679. Lichtverteilungskurve und Lichtstromkurve einer indirekt strahlenden Leuchte (für 1000 lm der nackten Lichtquelle. Kurve 1). (Zeiß Ikon AG., Goerz-Werk.)

und der auf die Decke gestrahlte Lichtstromanteil ermitteln, wenn die Lichtpunkthöhe über Meßebene h_L und die Raumbreite festliegen. Die stark ausgezogenen Linien in der Tafel 680 geben den Weg an, wie man für die vorwiegend direkt strahlende Leuchte (I) vorgehen muß. Die stark gestrichelten Linien gelten entsprechend für die indirekte strahlende Leuchte (II). Die Zahlen neben den Kreisen und die Pfeile geben an, welchen Weg man gehen muß, um die Lichtstromanteile zu finden. Um den Nutzfaktor η_W für das Wandlicht und η_D für das Deckenlicht zu finden, geht man von der oben rechts befindlichen Tafel aus und schreitet erst nach links, dann nach unten und schließlich nach rechts vor, entlang der stark ausgezogenen Linie für das Wandlicht, entlang der strichpunktierten Linie für das Deckenlicht. Hierbei ist darauf zu achten, daß man den Nutzfaktor für das Wandlicht nur dann richtig findet, wenn man in der links oben befindlichen

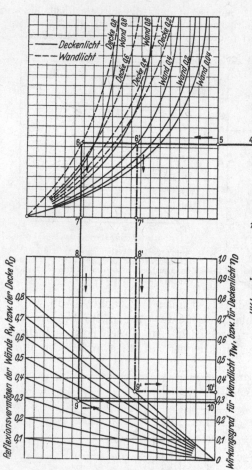

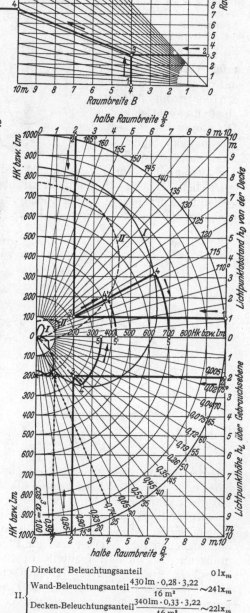

Abb. 680. Planungstafel für Allgemeinbeleuchtung, Platz-
beleuchtung und Schattigkeit (mit zwei eingetragenen
Beispielen für vorwiegend direkte und indirekte
Beleuchtung). (W. Hagemann.)

Beispiel.

Raumabmessungen: Länge $L = 4$ m, Breite $B = 4$ m,
  Höhe $H = 3{,}0$ m über Gebrauchsebene,
Lichtpunkthöhe über Gebrauchsebene $h_L = 2{,}0$ m,
Lichtpunktabstand von Decke $h_D = 1{,}0$ m,
Reflexionsvermögen der Wände $R_W = 0{,}4$, der Decke
  $R_D = 0{,}8$,

  I. *Leuchte für vorwiegend direktes Licht (Kurve —),*
 II. *Leuchte für indirektes Licht (Kurve --).*

		I	II
1.	Direkter Lichtstromanteil	345 lm	0 lm
2.	Auf die Wände gestrahlt		
		700 — 345 = 355 lm	430 m
3.	Auf die Decke gestrahlt		
		840 — 700 = 140 lm	340 lm

Zu 2. Wirkungsgrad für das Wandlicht $= \eta_W = 0{,}28$.
Zu 3. Wirkungsgrad für das Deckenlicht $\eta_D = 0{,}33$.
Für 200-W-Lampe (3220 lm) und Bodenfläche $4 \times 4 = 16$ m².

I. $\left\{\begin{array}{l} \text{Direkter Beleuchtungsanteil } \dfrac{345\,\text{lm} \cdot 3{,}22}{16\,\text{m}^2} \sim 70\,\text{lx}_m \\[2mm] \text{Wand-Beleuchtungsanteil} \dfrac{355\,\text{lm} \cdot 0{,}28 \cdot 3{,}22}{16\,\text{m}^2} \sim 20\,\text{lx}_m \\[2mm] \text{Decken-Beleuchtungsanteil} \dfrac{140\,\text{lm} \cdot 0{,}33 \cdot 3{,}22}{16\,\text{m}^2} \sim 91\,\text{lx}_m \\[2mm] \text{also bei vorwiegend direktem Licht: } E_m = 99\,\text{lx}_m \end{array}\right.$

II. $\left\{\begin{array}{l} \text{Direkter Beleuchtungsanteil} \qquad\qquad 0\,\text{lx}_m \\[2mm] \text{Wand-Beleuchtungsanteil} \dfrac{430\,\text{lm} \cdot 0{,}28 \cdot 3{,}22}{16\,\text{m}^2} \sim 24\,\text{lx}_m \\[2mm] \text{Decken-Beleuchtungsanteil} \dfrac{340\,\text{lm} \cdot 0{,}33 \cdot 3{,}22}{16\,\text{m}^2} \sim 22\,\text{lx}_m \\[2mm] \text{bei indirektem Licht } E_m = 46\,\text{lx}_m \end{array}\right.$

Tafel die horizontale Linie bis zur gestrichelt gezeichneten Kurve für die gegebene Deckenreflexion und die von da ausgehende senkrechte Linie in der links unten befindlichen Tafel bis zu der Geraden der gegebenen Wandreflexion zieht. Bei der Ermittlung des Nutzfaktors für das Deckenlicht geht man links oben bis zur Kurve für die gegebene Wandreflexion und von dort aus (strichpunktierte Linie) links unten bis zur Geraden der gegebenen Deckenreflexion. Auch hier geben die Zahlen neben den Kreisen und die Pfeile den Weg an. Das Beispiel ist auf der Tafel Abb. 680 durchgerechnet und ergibt bei Verwendung einer 200-W-Lampe von 3220 lm (Umrechnungsfaktor 3,22) für die vorwiegend direkte Beleuchtung eine mittlere Beleuchtung von $E_m = 99$ lx bei $E_a = 70$ lx direktem Beleuchtungsanteil, für die indirekte Beleuchtung eine mittlere Beleuchtung von $E_m = 46$ lx ohne direkten Beleuchtungsanteil. Will man über die Schattigkeit bei der vorwiegend direkten Beleuchtung Angaben machen, so rechnet man wie folgt:

Beschattung: $E_a = 70$ (lx) [nach Gleichung (2)],

Schattigkeit: $E_a/E = 70:99 = 0,71$ [nach Gleichung (3)],

Aufhellung: $E - E_a = 99 - 70 = 29$ lx [nach Gleichung (1)],

Aufhellungsquotient: $\dfrac{E - E_a}{E} = \dfrac{99 - 70}{99} = 0,29$ [nach Gleichung (4)].

Horizontale Beleuchtungsstärke am Arbeitsplatz. Da der Charakter der Lichtverteilungskurve der vorwiegend direkt strahlenden Leuchte (Abb. 678) auf starke Ungleichmäßigkeit des direkten Beleuchtungsanteiles schließen läßt, ist es zweckmäßig, für einzelne Arbeitsplätze die durch das direkt von der Leuchte kommende Licht erzeugten horizontalen Beleuchtungsstärken E_h zu ermitteln. Man bedient sich dabei der punktweisen Berechnungsmethode nach der Gleichung:

$$E_h = I_\alpha \cdot \cos^3 \alpha / h^2. \qquad (8)$$

In dieser Gleichung ist I_α die Lichtstärke, die von der Leuchte in einem Winkel α ausgestrahlt wird, der gegeben ist durch den horizontalen Abstand a des Arbeitsplatzes vom Leuchtenfußpunkt und die Lichtpunkthöhe h über der Horizontalebene, in der der Arbeitsplatz liegt (Gebrauchs- oder Meßebene). Die Gleichung dafür ist:

$$\operatorname{tg} \alpha = a/h \quad \text{(s. Tabelle 5 im Anhang).} \qquad (9)$$

Die Errechnung des Winkels α nach dieser Gleichung erübrigt sich durch die Benutzung der Tafel Abb. 680, die in folgender Weise α direkt abzulesen gestattet. Will man z. B. bei der Leuchte für vorwiegend direktes Licht (ausgezogene Lichtverteilungskurve) die durch das direkte Licht erzeugte Beleuchtungsstärke an einem Arbeitsplatz in $a = 1$ m Entfernung vom Leuchtenfußpunkt ermitteln, so findet man zunächst den Winkel, indem man vom Teilstrich 1 m der unteren Teilung senkrecht nach oben geht (punktierte Linie) bis zur waagerechten Linie (punktiert) vom Teilstrich $h = 2$ m, wenn die Lichtpunkthöhe über der Gebrauchsebene wie in dem auf der Tafel durchgeführten Beispiel 2 m beträgt. Durch den Schnittpunkt dieser beiden (punktierten) Linien ist der Winkel $\alpha \sim 25°$ (radial verlaufende punktierte Linie) bestimmt. Um nun mittels der Gleichung (8) die Horizontalbeleuchtungsstärke E_h am Arbeitsplatz zu errechnen, entnimmt man der Lichtverteilungskurve (ausgezogen) die Lichtstärke im Winkel α, die den Wert $I_\alpha = 200$ HK (für 1000 lm der Lichtquelle) hat. Den Wert für $\cos^3 \alpha = 0,74$ entnimmt man ebenfalls der Tafel und erhält nach Gleichung (8): $E_h = \dfrac{200 \cdot 0,74}{2^2} = 37$ lx. Bei Verwendung einer 200-W-Lampe (3220 lm) ergibt sich $E_h = 37 \times 3,22 = 119$ lx. Die mittlere Beleuchtung, die durch den direkten Lichtstromanteil auf der gesamten Gebrauchsebene erzeugt wurde, betrug $E_m = 70$ lx$_m$ (s. direkter Beleuchtungsanteil im Beispiel I der Tafel). Man erkennt daraus, daß die Beleuchtung vom direkten Lichtstromanteil ziemlich ungleichmäßig verteilt ist und kann nun die Schattigkeit, die für eine als gleichmäßig verteilt angenommene Beleuchtung mit 0,71 errechnet wurde, für den untersuchten Arbeitsplatz genauer ermitteln. Sie beträgt $\frac{E_h}{E} = \frac{119}{119 + 29} = \frac{119}{148} = 0,8$. Hierbei ist der großflächige Beleuchtungsanteil (Wand- und Deckenbeleuchtungsanteil) von 29 lx (s. Beispiel der Tafel) als gleichmäßig über die gesamte Gebrauchsebene verteilt angenommen, was im allgemeinen zutreffend ist. Die Schattigkeit von 0,8, die der Beschattung von 119 (lx) und der Aufhellung von 29 lx entspricht, ist bereits als sehr ungünstig anzusehen, insbesondere wenn die Leuchte eine verhältnismäßig geringe Ausdehnung hat und dadurch ein Kernschatten (vgl. S. 603, Abb. 669) entsteht, an dessen Rändern eine Beleuchtungsstärke von 119 + 29 = 148 lx außerhalb des Schattens und eine Beleuchtungsstärke von nur 29 lx im Schatten unmittelbar nebeneinander liegen.

Vertikale Beleuchtungsstärke am Arbeitsplatz. Um an dem untersuchten Arbeitsplatz außer der Horizontalbeleuchtung E_h auch die Vertikalbeleuchtung E_v, die durch das direkt von der Leuchte kommende Licht erzeugt wird, zu berechnen, benutzt man die Gleichung

$$E_v = E_h \cdot \operatorname{tg} \alpha. \tag{10}$$

Zur Bestimmung von $\operatorname{tg} \alpha$ dient die Gleichung (9) und die Tangens-Tabelle [Tabelle (5) im Anhang]. Für das Beispiel ergibt sich $E_v = 119 \cdot \operatorname{tg} 25° = 119 \cdot 0,466 \sim 55$ lx. Dazu kommt noch ein in diesem Falle geringer Wert von dem großflächigen Beleuchtungsanteil.

Anwendung des Verfahrens auf beliebige Räume. Zu dem beschriebenen Verfahren und der Tafel Abb. 680 ist noch folgendes zu sagen: Sind mehrere Leuchten von gleicher Ausstrahlungscharakteristik im Raum vorhanden, so benutzt man die Tafel in der Weise, daß man nur eine Leuchte, in der Raummitte hängend, annimmt, die eine mit allen im Raum vorhandenen Leuchten übereinstimmende Lichtverteilung hat, und für diese eine Leuchte das Verfahren in der oben beschriebenen Weise durchführt. Man muß dann allerdings darauf achten, bei der Umrechnung des auf 1000 lm bezogenen Lichtstromes, der für die Lichtquelle dieser einen Leuchte gilt, den Faktor einzusetzen, der sich aus der Summe der Lichtströme aller im Raum verwendeten Lichtquellen ergibt. Weicht der Raum stark vom quadratischen Querschnitt ab, so ergibt das Verfahren angenäherte Werte, wenn man es einmal für die Raumbreite, ein zweites Mal für die Raumlänge durchführt, d. h. die Raumlänge L an Stelle der Raumbreite B einsetzt. Man erhält dann für das Wandlicht zwei verschieden große Nutzwirkungsgrade η_{WB} (B = Raumbreite) und η_{WL} (L = Raumlänge), und entsprechend für das Deckenlicht η_{DB} und η_{DL}. Aus diesen Werten bildet man einen mittleren Wert nach den Gleichungen:

$$\eta_W = \tfrac{1}{3}(2\,\eta_{WB} + \eta_{WL}) \quad \text{(Wandlicht)}, \tag{11}$$

$$\eta_D = \tfrac{1}{3}(2\,\eta_{DB} + \eta_{DL}) \quad \text{(Deckenlicht)}. \tag{12}$$

Zur Berechnung der Lichtstromanteile (direkter-, Wand- und Deckenanteil) aus dem Polardiagramm der Tafel, Abb. 680, geht man entsprechend vor (einmal $B/2$ = halbe Raumbreite, dann $B/2$ = halbe Raumlänge) und bildet aus den gefundenen Werten jeweils den arithmetischen Mittelwert. Bei Raumgrößen, die die in der Tafel angegebenen Maße überschreiten, verkleinert man alle Abmessungen (Raumbreite, Raumhöhe, Lichtpunkthöhe über Gebrauchsebene und Lichtpunktabstand von der Decke) im gleichen Maßstab, muß dann aber darauf achten, bei der Errechnung der mittleren Beleuchtung die wahre Größe der Gebrauchsebene (in m²) einzusetzen.

Gebrauchsfaktor. Der Wirkungsgrad der Raumbeleuchtung, der sich aus einem der beschriebenen Verfahren ergibt, berücksichtigt noch nicht die beim Gebrauch der Beleuchtungsanlage eintretende Abnahme der Beleuchtungsstärke als Folge der Alterung der Glühlampen und der Verschmutzung der Leuchten und der Raumauskleidung. Er ist daher noch mit einem Gebrauchsfaktor $f_g < 1$ zu multiplizieren, dessen Wert mit Rücksicht auf die Verwendungsart des Raumes usw. angenommen werden muß. Man wird in normalen Fällen, also für Räume ohne besonders starke Verstaubung, mit einem Faktor von 0,85...0,75 je nach Beleuchtungsart auskommen, wenn man eine Lichtabnahme der Glühlampen von 20% nach 1000 h Brenndauer und einen Verlust durch Verschmutzung von 5...15% annimmt. Der größere Verlust ist stets für die halbindirekten und indirekten Leuchten einzusetzen, da bei ihnen die Lichtaustrittsflächen der Verstaubung stärker ausgesetzt sind als bei direkten und vorwiegend direkten Leuchten.

f) Aufteilung und Anordnung der Lichtpunkte im Raum.

Diese erfordert die Kenntnis der Lage der Arbeitsplätze und der Art des Arbeitsgutes, wenn eine direkte oder vorwiegend direkte Beleuchtungsart geplant ist. Bei halbindirekter Beleuchtung ist bezüglich der Lage der Arbeitsplätze eine gewisse Freiheit möglich, doch ist auch hier auf Glanz bei blankem Arbeitsgut zu achten, da die sich darin spiegelnde Leuchtdichte der Leuchtenschalen im allgemeinen noch zu hohe Werte besitzt. Volle Freiheit in der Anordnung der Arbeitsplätze ist nur bei indirekter Beleuchtung vorhanden. Bei direkter Beleuchtung mit ihrer großen Schattigkeit kann eine für das Arbeiten ausreichende Beleuchtungsgüte auf mehreren Wegen erreicht werden. Man kann eine große Zahl von direkt strahlenden Leuchten in großer Höhe, möglichst direkt unter der Decke, anbringen und so die von den einzelnen Leuchten herrührenden Schatten aufhellen. Es tritt dann an jedem Arbeitsplatz ein Mehrfachschatten (s. S. 603, Abb. 670) auf, der sich aus ebensoviel Ein

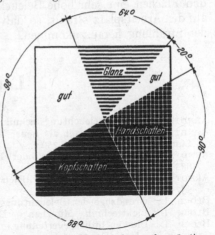

Abb. 681. Lage der günstigen und ungünstigen Raumbereiche (Winkel in der Horizontalebene) für direkt strahlendes Licht. (Zeiß Ikon A. G., Goerz-Werk.)

fachschatten zusammensetzt wie Lichtpunkte im Raum vorhanden sind. Nur an den Stellen, wo alle Schatten übereinanderfallen, ist die Beleuchtung gleich Null. Man muß also durch große Aufhängehöhe der Leuchten dafür sorgen, daß diese Stellen möglichst klein werden, oder die Leuchten so um den Arbeitsplatz verteilen, daß er von möglichst vielen Seiten annähernd gleich große Beleuchtungsstärken erhält (z. B. Operationstischbeleuchtung). Wird ein Arbeitsplatz nur von einer Leuchte beleuchtet, so muß genauestens auf ihre Anordnung zum Arbeitsplatz geachtet werden.

Abb. 681 gibt für Schreibarbeiten die Winkel (mit „gut" bezeichnet) an, aus denen das Licht auf den Arbeitsplatz einfallen darf (vgl. auch G 1, S. 675 f). Die übrigen Lichteinfallsrichtungen verursachen Kopfschatten, Handschatten oder Glanz. Man ersieht aus dieser Darstellung, daß es in Büros nicht möglich ist, mit direkter Beleuchtung auszukommen, wenn man nicht zur Einzelplatzbeleuchtung übergeht, bei der man die erforderlichen Lichtrichtungen für jeden Arbeitsplatz gesondert erreichen kann. Bei vorwiegend direkter

Beleuchtung liegen die Verhältnisse günstiger, jedoch auch nur dann, wenn die Wände und die Decke sehr hell gehalten sind. Anzustreben ist stets eine linksseitliche Lage der Lichtpunkte zu den Arbeitsplätzen, also z. B. die erste Lichtpunktreihe nahe der Fensterwand (s. S. 599, Abb. 668). Hierbei ist es zweckmäßig, in dieser Reihe größere Glühlampen zu verwenden, um im gesamten Raum einen Beleuchtungsabfall von der Fensterwand nach innen zu erhalten, da im allgemeinen die Arbeitsplätze mit Rücksicht auf diesen Lichtabfall, der auch bei Tage vorhanden ist, angeordnet sind.

Bei halbindirekter Beleuchtung ist die Gefahr, durch falsche Schatten ungünstige Beleuchtungsverhältnisse zu erhalten, bedeutend geringer, da alle auftretenden Schatten als Halbschatten auftreten und ihre Aufhellung durch die großflächige Strahlung von Wänden und Decken genügend groß ist. Auch hier soll man aber an den Arbeitsplätzen, die sich in der Nähe der Leuchten befinden, auf günstigen Lichteinfall achten, besonders wenn die Leuchten ziemlich tief hängen müssen, um eine genügend gleichmäßige Beleuchtung der Deckenfläche zu erreichen.

Bei indirekter Beleuchtung ist eine Rücksichtnahme auf die Lage der Arbeitsplätze nicht erforderlich. Die Leuchten werden zweckmäßig so angeordnet, daß die Deckenfläche möglichst gleichmäßig beleuchtet wird. Die Lichtpunktabstände sind also abhängig vom Abstand der Leuchten von der Decke und sollen um so größer gewählt werden, je höher der Raum ist. Glanz auf blanken Oberflächen, z. B. glänzendem Papier, kann bei indirekter Beleuchtung leicht auftreten, da die Deckenfläche im Verhältnis zu den übrigen raumbegrenzenden Flächen eine sehr hohe Beleuchtungsstärke hat und aus allen Richtungen auf den Arbeitsplatz strahlt, so daß es nicht möglich ist, aus dem Glanzbereich der Strahlung herauszukommen.

Literatur.

Allgemeines.

Arndt, W.: Raumbeleuchtungstechnik. Berlin: Union Deutsche Verlagsgesellschaft.
Arndt, W.: Raumhelligkeit als neuer Grundbegriff der Beleuchtungstechnik. Licht u. Lampe 1928, Nr. 7, 247—250.
Arndt, W.: Beleuchtungsstärke oder Raumhelligkeit. Licht u. Lampe 1928, Nr. 23, 833—836.
Arndt, W.: Neue Grundzüge der Beleuchtungstechnik. Licht u. Lampe 1930, Heft 10, 537—538.
Bloch, L.: Grundzüge der Beleuchtungstechnik. Berlin 1907.
Bloch, L.: Lichttechnik. München u. Berlin, Oldenbourg, 1921.
Bloch, L.: Die Leuchtdichteverteilung im Raum. Licht u. Lampe 1930, Heft 13, 663—666.
Cady, F. E., H. B. Dates: Illuminating Engineering. New York: Wilny a. Sons 1928.
Halbertsma, N. A.: Winke für die Projektierung elektrischer Beleuchtungsanlagen.
Halbertsma, N. A.: Fabrikbeleuchtung. München u. Berlin 1918.
Herzog, Feldmann: Handbuch der elektrischen Beleuchtung. Berlin 1907.
Heyck, P., Högner: Projektierung von Beleuchtungsanlagen. Berlin 1919.
Högner: Lichtstrahlung und Beleuchtung. Braunschweig 1906.
Jolly, Waldram, Wilson: Theorie und Grundriß der Beleuchtungstechnik.
Kircher, L. Schneider: Was kostet schlechte Beleuchtung? Licht 1930, Nr. 1, 7—9.
Leitsätze der Deutschen Beleuchtungstechnischen Gesellschaft für die Beleuchtung mit künstlichem Licht. Berlin 1931.
Lingenfelser, H.: Über den diffusen Anteil der Beleuchtung und ihre Schattigkeit. Licht u. Lampe 1928, Nr. 9, 313—318.
Lingenfelser, H.: Zur Messung und Beurteilung der räumlichen Beleuchtung. Licht u. Lampe 1930, Nr. 12, 619—623.
Lux, H.: Die erträglichen Helligkeitsunterschiede auf beleuchteten Flächen. Z. Beleuchtgswes. 1920, Nr. 19/20, 128—132.
Monasch: Elektrische Beleuchtung. Leipzig 1910.
Ondracek, J.: Die Vorausberechnung der Allgemeinbeleuchtung nach einem physiologischen Gesichtspunkt. E. u. M. Lichttechn. 1930, Nr. 5, 49—52.
Projets d'Éclairage. Société pour le Perfectionnement de l'Éclairage. Paris, Heft 4.

SCHNEIDER, L.: Physiologische Betrachtungen zur Beurteilung von Beleuchtungsanlagen. Licht u. Lampe 1924, Nr. 14—16, 367—370, 397—398, 425—428.

SCHNEIDER, L.: Einfluß der Beleuchtung auf die Leistungsfähigkeit des Menschen. Licht u. Lampe 1927, 803.

TEICHMÜLLER, J.: Die Güte der Beleuchtung. Licht u. Lampe 1924, Nr. 19, 526—528.

WEIGEL, R. G.: Über das Licht als Werkzeug und über die Wirtschaftlichkeit von Leuchtung und Beleuchtung. Licht u. Lampe 1926, 303.

WIEN, W., F. HARMS: Handbuch der Experimentalphysik, Bd. 11, Teil 3. — SCHERING: Elektrische Beleuchtung. Leipzig 1931.

WITTIG, E.: Licht und Leistung. Licht 1930, Nr. 2, 43—45.

Wirkungsgradmethode.

COHU, M., I. DOURGNON: Le coefficient d'utilisation d'un espace clos et sa prédetermination dans les projets d'éclairage. Rev. gén. Électr. 1927, Nr. 21, 531—539.

DOURGNON, J.: Nouvelle méthode de prédetermination des coefficients d'utilisation dans les projets d'éclairage d'espaces clos. Rev. gén. Électr. 1928, Nr. 23, 271—277.

DOURGNON, J.: Definition et calcul des grandeurs caractéristiques de l'éclairage d'un espace clos. Rev. gén. Électr. 1933, Nr. 33, 579—584.

FRÄNZ, K.: Zur exakten Berechnung von Beleuchtungsstärken. Licht 1934, H. 1, 17—18.

GOUFFÉ, A.: Utilisation pour les calculs d'éclairage interieur d'un abaque établi pour les projets d'éclairage public. J. Usin. Gaz. 1932, Nr. 56, 574—577.

GRIX, W., V. KOWAL: Beitrag zur Projektierung von Raumbeleuchtungsanlagen nach der Wirkungsgradmethode. Elektrotechn. Z. 1927, Nr. 24, 826—830.

HARRISON, W., A. ANDERSON: Illumination efficiences as determined in an experimental room. Trans. Illum. Engng. Soc. 1916, Nr. 11, 67—91.

HARRISON, W., A. ANDERSON: Coefficients of utilization. Trans. Illum. Engng. Soc. 1920, Nr. 15, 97—123.

HASENKÄMPER: Untersuchungen über den Wirkungsgrad der Beleuchtung von Innenräumen. Z. techn. Physik 1924, Nr. 8, 355.

HELLMANN, H.: Die Bewertung von Beleuchtungsanlagen auf meßtechnischer Grundlage. Diss. T. H. Berlin 1929.

HÖPCKE, O.: Ein Vorführgerät über den Raumwirkungsgrad. Licht 1935, Heft 12, 266—269.

MEYER, E.: Ein Weg zur Berechnung des Wirkungsgrades für künstliche Raumbeleuchtung. Licht u. Lampe 1935, Nr. 8, 9, 197—199, 219—221.

OGLOBIN, N.: Annäherungsmethoden zur Berechnung und Beurteilung von Beleuchtungsanlagen. Licht u. Lampe 1929, Nr. 14, 15, 745—747, 799—803.

TEICHMÜLLER, J.: Das lichttechnische Institut der Badischen Technischen Hochschule in Karlsruhe. Z. Beleuchtgswes. 1922, Heft 9/10, 52—53.

TEICHMÜLLER, J.: Raummodell zur photometrischen Untersuchung von Innenräumen. Z. techn. Physik 1924, Nr. 8, 349—355.

ULBRICHT, R.: Beitrag zur Theorie der Raumbeleuchtung. Elektrotechn. Z. 1922, Nr. 41, 1262—1265.

WETZEL, J.: Étude du rendement des reflecteurs et diffuseurs. Rev. l'Élairage Lux, 1930, 136—138.

Raumwinkelmethode.

BURCHARD, A.: Raumwinkelmethode für Beleuchtungsberechnungen. Zbl. Bauverw. 1919, 38 u. 397.

GOLDMANN, M.: Über die Bestimmung der Beleuchtung durch großflächige Leuchten. Licht 1932, Nr. 7—8, 136, 153—154.

HÖPCKE, O.: Raumwinkelpapiere als Hilfsmittel für die Bestimmung der Beleuchtung durch großflächige Leuchten. Licht 1932, Nr. 6—7, 113—116, 132—135.

LANSINGH, V. R.: Raumwinkelkugel. Trans. Illum. Engng. Soc. 1920, Nr. 2, 124. E. u. M. Lichttechn. 1920, 599.

LINGENFELSER, H., A. A. WOHLAUER: Zonenlichtstromermittlungen aus Lichtverteilungskurven, auch für asymmetrisch strahlende Leuchten. Licht 1931, Nr. 11, 287—291.

LINGENFELSER, H., A. A. WOHLAUER: Ein Lichtstrompapier. Anleitung zu dessen Benutzung. Licht 1931, Nr. 11, 287—291.

ONDRACEK, J.: Raumwinkelverfahren. E. u. M. Lichttechn. 1920, 273 u. 595.

ONDRACEK, J.: Bestimmung der diffusen Beleuchtung mit Hilfe der Teichmüllerschen Raumwinkelkugel. Z. Beleuchtgswes. 1922, Nr. 9, 10, 64—68.

ONDRACEK, J.: Graphische Ermittlung der von großflächigen Lichtquellen hervorgerufenen Beleuchtung. E. u. M. Lichttechn. 1931, Nr. 6, 49—52.

TEICHMÜLLER, J.: Raumwinkel- und Lichtstromkugel. J. Gasbeleuchtg. 1918, Nr. 20 229—235.

WEBER, A.: Raumwinkelmesser. Z. Instrumentenkde. 1884, 343.

Weigel, R. G.: Über die Projektierung der Beleuchtung nach dem Ondracekschen Verfahren. Licht u. Lampe 1924, Nr. 6, 141—142.
Wohlauer, A. A.: Lichtstrompapier. Schleicher und Schüll, Düren/Rhld.
Wohlauer, A. A.: Über einige Anwendungen des Lichtstrompapiers in der Beleuchtungstechnik. Licht u. Lampe 1923, Nr. 3, 4, 60—62, 84—86.

Nomogramme, Berechnungstafeln und Rechenschieber.

Bertelsmann, W.: Rechentafeln für Beleuchtungstechniker. Stuttgart 1910.
Besser, E.: Ein neuer Rechenschieber für Beleuchtungs- und Leitungsberechnungen. Licht 1930, Nr. 6, 157—160.
Bloch, L.: Lichttechnische Berechnungen in nomographischer Behandlungsweise. Elektrotechn. Z. 1922, Nr. 3, 73—77.
Höpcke, O., E. Summerer: Ein Rechenschieber zur Beleuchtungsberechnung. Licht u. Lampe 1930, Nr. 24, 1183—1185.
Meyer, E.: Eine beleuchtungstechnische Rechentafel. Licht u. Lampe 1936, Nr. 24, 584.

Schattentechnik.

Bloch, L.: Ergebnisse von Beleuchtungs- und Schattenmessungen. Licht u. Lampe 1923, Nr. 22, 491—492.
Meyer, E.: Schattigkeitsberechnungen. Licht u. Lampe 1937, 162—164.
Norden, K.: Die Grundlagen der Schattentechnik. Berlin: Union Deutsche Verlagsgesellschaft.
Norden, K.: Doppelschatten. Berlin: Union Deutsche Verlagsgesellschaft.
Norden, K.: Schattentechnik: Z. Beleuchtgswes. 1920, Nr. 9, 73—77.
Norden, K.: Schattentechnik. Z. Beleuchtgswes. 1921, Nr. 21, 22, 109.
Norden, K.: Neue Wege und Ziele der Schattenmessung. Licht u. Lampe 1923, Nr. 21, 470—472.
Norden, K.: Über Gleichmäßigkeit der Beleuchtung. Licht u. Lampe 1932, Nr. 15, 231—233.
Ondracek, J.: Schattigkeit und Beleuchtungsberechnung. Licht 1937, Nr. 5/6, 97—99, 117—119.
Teichmüller, J.: Gestaltung durch Schattenwirkung in der Lichtarchitektur. Licht 1930, Nr. 6, 168—170.

Arbeitsplatzbeleuchtung.

Beutell, A. W.: Eine Methode zur Berechnung der für die einzelnen Arbeitsarten notwendigen Beleuchtungsstärken. Illum. Eng. 1934, Nr. 1.
Code of Lighting Factories, Mills and other Work Places. Illum. Eng. Soc. 1930.
Folker, J.: Die elektrische Beleuchtung von Büroräumen. Licht u. Lampe 1934, Nr. 7, 187—189.
Goldstern, N., E. Putnoky: Richtlinien für die Beleuchtung von Webstühlen. Licht 1931, Nr. 13, 325—329.
Groher, H.: Über die Einzelbeleuchtung von Werkzeugmaschinen. Licht u. Lampe 1935, Nr. 24, 25, 577—578, 598—600.
Hecht, M.: Zweckmäßige Beleuchtung elektrischer Meßgeräte. Licht 1937, Nr. 6, 8, 149—150.
Kircher, W.: Besonderheiten der Beleuchtung bei der Arbeit. Licht 1931, Nr. 15, 371—373.
Kircher, W.: Anpassung der Beleuchtung an den Arbeitsvorgang. Licht 1934, Heft 10, 185—190.
Kircher, W., E. Summerer: Zweckmäßige Beleuchtung zur Prüfung polierter Baustoffe. Licht 1932, Nr. 10, 185—188.
Kolbenstvedt, N.: Blendungsvermeidung erhöht die Sortierungeschwindigkeit in einer Papierfabrik. Licht 1931, Nr. 5, 121—122.
K. W.: Zweckmäßige Arbeitsplatzbeleuchtung. Licht u. Lampe 1935, Nr. 12, 281—283.
L'Éclairage des Magasins, Ateliers, Bureaux et Écoles. Société pour le Perfectonnement de l'Éclairage, Paris. Heft 5, 6, 8.
Lingenfelser, H.: Licht und Bild. Licht 1931, Nr. 10, 248—251.
Nilsson, G.: Über Bedingungen für qualitative fehlerfreie Beleuchtung von Schreibtisch und Schreibmaschine. Licht 1934, Nr. 3, 44—48.
Ströer, H. J.: Rationalisierung der Arbeitsplatzbeleuchtung. Industrielle Psychotechn. 1926, 289.

Hilfsmittel.

Knoll, O.: Zur Messung des Reflexionsvermögens von Wandbekleidungen. Licht 1935, Nr. 3, 4, 5, 69—70, 89—91, 111—112.
Knoll, O., R. G. Weigel: Über eine Reflexionsskala zur einfachen und raschen Bestimmung von Reflexionsvermögen. Licht 1930, Nr. 2, 3, 60—62, 85—87.
Teichmüller, J.: Über ein Meßgerät und Meßverfahren zur Bestimmung des Reflexionsvermögens von Anstrichen und Tapeten. Licht u. Lampe 1928, Nr. 3, 84.

F 6. Flutlichtanstrahlung.

Von

Arno Pahl-Berlin.

Mit 10 Abbildungen.

Unter „Flutlicht" versteht man im allgemeinen die Zusammenfassung großer Lichtquelleneinheiten auf Masten, Türmen usw. zur Beleuchtung ausgedehnter Flächen. Geläufig ist auch die Bezeichnung „Anstrahlung". — Diese Beleuchtungsart wird angewandt zur Hervorhebung von Bauwerken, Fahnen- und Baumgruppen bei Nacht, für Sportplatzanlagen, Tagbau-Bergwerke, Steinbrüche, Freiluftumspannstationen u. a. m. Von größerer Bedeutung in lichttechnischer Hinsicht sind namentlich die beiden ersten Anwendungsgebiete, die in folgendem behandelt werden sollen. Die Ausführungen sind sinngemäß auch auf die übrigen Flutlicht-Beleuchtungsaufgaben anzuwenden (vgl. auch J 8; J 10).

a) Die Anstrahlung von Bauwerken (Fassadenanstrahlung).

Beleuchtete Denkmäler, Kirchen usw. sind aus dem heutigen Stadtbild nicht mehr fortzudenken. Hat man doch erkannt, daß die wirkungsvolle Anstrahlung repräsentativer Bauwerke zur Belebung des Straßenbildes und zur Hebung des Fremdenverkehrs beiträgt. — Bei der Beleuchtung von Bauwerken sind jedoch eine Reihe künstlerischer und vor allem lichttechnischer Gesichtspunkte zu beachten. — Es muß dafür gesorgt werden, daß die Architektur des Bauwerkes durch richtige Abstimmung von Licht und Schatten gut zur Geltung kommt. Durch schräge, einseitige Beleuchtung ist es möglich, Ornamente plastischer hervorzuheben, wobei aber eine Verzerrung der Architektur durch zu harte und lange Schatten vermieden werden muß. Verschieden starke Beleuchtung einzelner Gebäudeteile z. B. von Giebeln, Türmen u. a. kann auch einfacheren Bauwerken zu einer sehr interessanten Wirkung verhelfen. Nicht zuletzt besteht die Möglichkeit, mit farbigem Licht z. B. Anstrahlung patinierter Kupferdächer oder Baumkronen mittels Quecksilberdampflampen gesteigerte Beleuchtungswirkungen zu erzielen. — Die Anstrahlung von Bauwerken ist nach folgenden Gesichtspunkten durchzuführen.

Um das Straßenbild nicht zu stören, sollen die *Lichtquellen* möglichst unsichtbar angeordnet werden. Hierzu stehen oft gegenüberliegende Gebäude zur Verfügung. Andere Anordnungspunkte sind Straßenbeleuchtungs-, Straßenbahn- oder Fahnenmaste. In vielen Fällen ist es notwendig, besondere Maste aufzustellen. Wenn sich diese an hervortretenden Stellen des Straßenbildes befinden, soll auch ihrer architektonischen Ausbildung entsprechende Sorgfalt gewidmet werden. — Bei der Anstrahlung von Bauwerken ergeben sich sehr verschiedene Leuchtentfernungen und Leuchtrichtungen. Deshalb muß überlegt werden, welche Leuchtgeräte und Lichtquellen zur wirtschaftlichen Überbrückung dieser Entfernungen geeignet sind.

Es stehen eine große Anzahl Geräte für die Lösung aller Flutlichtaufgaben zur Verfügung (vgl. E 11, S. 527 f.). Für geringe Leuchtentfernungen bis etwa 20 m sind *Lichtfluter* mit breitstrahlendem Emailreflektor oder Geräte mit breitstrahlendem Spiegelreflektor geeignet. Diese Leuchten haben eine Streuung von $2 \cdot 45° \ldots 2 \cdot 60°$, wobei es aber möglich ist, die Streuung durch andere Einstellung der Lichtquellen im Reflektor etwas zu verkleinern oder zu vergrößern. Breitstrahlende Lichtfluter sind mit normalen Nitralampen oder auch Quecksilberdampflampen zu versehen. — Für große Leuchtentfernungen kom-

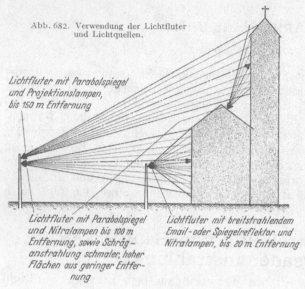

Abb. 682. Verwendung der Lichtfluter und Lichtquellen.

Lichtfluter mit Parabolspiegel und Projektionslampen, bis 150 m Entfernung

Lichtfluter mit Parabolspiegel und Nitralampen bis 100 m Entfernung, sowie Schräganstrahlung schmaler, hoher Flächen aus geringer Entfernung

Lichtfluter mit breitstrahlendem Email- oder Spiegelreflektor und Nitralampen, bis 20 m Entfernung

men Lichtfluter mit engstrahlenden Parabolspiegelreflektoren zur Verwendung. Es gibt Geräte mit flachen und tiefen Spiegeln. Leuchten mit tiefem Spiegelreflektor ermöglichen eine wirtschaftlichere Anstrahlung, weil sie mehr Lichtstrom in den Hauptlichtkegel konzentrieren.

Die Größe der überbrückbaren Leuchtentfernung ist bei Spiegellichtflutern auch von der Art der Lichtquelle abhängig. Nitralampen mit größerem Leuchtkörper ergeben in Parabolspiegelgeräten eine Streuung (I max $\div$ $\frac{1}{2}$ I max) von etwa $2 \cdot 10° \ldots 2 \cdot 15°$ und sind

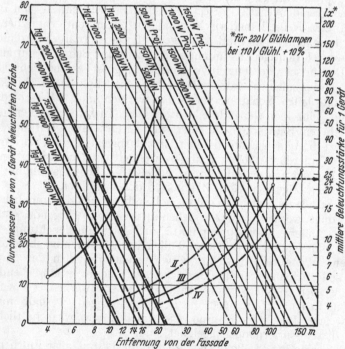

Abb. 683. Projektierungstafel für Flutlichtanlagen (A. PAHL). Kurve *I*: Für Lichtfluter mit breitstrahlendem Emailreflektor mit Nitra- (N) oder Quecksilberdampflampen (HgH). Kurve *II*: Für Lichtfluter mit flachem Parabolspiegel für HgH-Lampen. Kurve *III*: Für Lichtfluter mit flachem Parabolspiegel für Nitra-Lampen. Kurve *IV*: Für Lichtfluter mit flachem Parabolspiegel für Projektionslampen.

für Entfernungen bis 100 m geeignet. Für Entfernungen über 100 ... 150 m und mehr sind Projektions- oder Scheinwerferlampen zu benutzen, die infolge ihres zusammengedrängten Leuchtsystems einen intensiveren Lichtkegel von etwa $2 \cdot 6° \ldots 2 \cdot 8°$ Streuung ergeben. Quecksilberdampflampen, die eine ziemlich ausgedehnte Leuchtsäule haben, sollten in Spiegellichtflutern nicht für größere Entfernungen als 60 m verwendet werden.

Aus Abb. 682 geht die Anwendung der einzelnen Lichtfluterarten und Lichtquellen im Prinzip hervor.

Die für eine wirksame Anleuchtung *erforderliche Beleuchtungsstärke* von Bauwerken richtet sich nach der Farbe bzw. dem Rückstrahlungsvermögen der zu beleuchtenden Fläche und nach der Helligkeit der Umgebung. Je hellfarbiger eine Fläche ist, desto größer wird der Anteil des reflektierten Lichtes und desto weniger Lichtstrom genügt zur Hervorhebung der Fläche. Sehr starke Umgebungshelligkeit erfordert eine erhebliche Steigerung der Leuchtdichte auf der anzuleuchtenden Fläche. In der Tabelle 57 (Anh.) sind die bei den verschiedenen Verhältnissen erforderlichen Beleuchtungsstärken angegeben.

Abb. 684. Züricher Großmünster im Flutlicht (SSW).

Da bei solchen Beleuchtungsaufgaben die Anstrahlungsentfernungen und Leuchtrichtungen sehr verschieden sind, ist eine genaue *Berechnung* verhältnismäßig umständlich. Bei schräger Anstrahlung liegen die Verhältnisse anders als bei senkrechter. Für die Praxis ausreichend ist die Projektierungstafel Abb. 683, die für senkrechte oder annähernd senkrechte Anstrahlung gilt. In Sonderfällen wird man das Verfahren zur punktweisen Berechnung von Beleuchtungsstärken anwenden müssen. — Die Projektierungstafel ist folgendermaßen zu benutzen: Bei einer Leuchtentfernung von z. B. 8 m und Benutzung eines Lichtfluters mit breitstrahlendem Emailreflektor geht man von der Waagerechten bei 8 m senkrecht nach oben bis zur stark ausgezogenen Kurve I und von hier aus waagerecht nach links bis zur Vertikalen, auf der als Flächendurchmesser 22 m abgelesen werden. Vom vorher gefundenen Schnittpunkt der Senkrechten mit der Kurve I weiter nach oben gehend, z. B. bis zu der von links oben nach rechts unten führenden Linie für 1000 W-Nitralampen (1000 W-N) wird in der Höhe dieses Schnittpunktes auf der Vertikalen rechts eine mittlere Beleuchtungsstärke von 24 lx festgestellt. Die übrigen Kurven und entsprechend gezeichneten Linien für verschiedene Lichtfluter- und Lichtquellenarten sind sinngemäß anzuwenden.

Abb. 684 zeigt die hervorragende Wirkung eines Bauwerkes im Flutlicht.

b) Die Beleuchtung von Sportplatzanlagen[1].

Die Beleuchtung von Sportplätzen ist ein Sondergebiet der Anwendung von Flutlicht. Neben ästhetischen Fragen hinsichtlich Anordnung der Lichtquellen

---

[1] PAHL, A.: Die künstliche Beleuchtung großer Sportplatzanlagen. Licht u. Lampe **22** (1933) 552—555.

spielen hier rein lichttechnische Gesichtspunkte die Hauptrolle. Der Zweck einer Sportplatzbeleuchtung ist nur dann erfüllt, wenn es möglich ist, sportliche

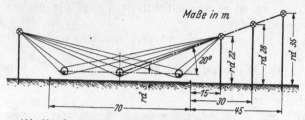

Abb. 685. Leuchtrichtung und Höhenanordnung der Scheinwerfer.

Veranstaltungen aller Art bei Nacht ebenso einwandfrei durchzuführen wie bei Tage. Die Projektierung einer solchen Beleuchtung erfordert genaue Kenntnis der Eigenarten der verschiedenen Sportarten. Es muß dafür gesorgt werden, daß die Sportgeräte gut erkannt werden können, daß sich die Sportler z. B. beim Fußballspiel gegenseitig deutlich sehen und daß es schließlich den Zuschauern möglich ist, die Einzelheiten der vorgeführten Sportarten einwandfrei zu verfolgen. — An eine Sportplatzbeleuchtung sind folgende Anforderungen zu stellen.

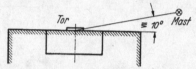

Abb. 686. Scheinwerferanordnung zum Tor.

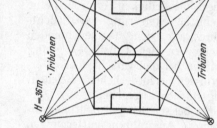

Abb. 687. Scheinwerferanordnung im Grundriß.

Es wurde festgestellt, daß bei einer mittleren *Beleuchtungsstärke* von etwa 60 lx nicht wesentlich mehr Spielfehler auftreten als bei Tage. Dies trifft allerdings nur dann zu, wenn sich die Spieler durch einige Übungsspiele an die

Abb. 688. Scheinwerfergruppen auf der Pressetribüne (Reichssportfeld) (SSW).

Beleuchtungsverhältnisse gewöhnt haben. Empfehlenswert sind jedoch Horizontalbeleuchtungsstärken von 80 ... 100 lx. Von großer Bedeutung ist allerdings auch die *Vertikalbeleuchtung*, die bei der im allgemeinen durchgeführten Beleuchtung von Punkten außerhalb des eigentlichen Platzes und der sich ergebenden flachen Leuchtrichtung immer wesentlich höher ausfällt, als die Horizontalbeleuchtung. Im White City Stadion in London wurde bei einer mittleren

Horizontalbeleuchtung von 60 lx eine mittlere Vertikalbeleuchtung von 170 lx gemessen.

Nach den Erfahrungen bei der Beleuchtung von Sportplätzen durch Scheinwerfer, die außerhalb der Spielfläche angeordnet sind, ist die Erzielung eines

Abb. 689. Scheinwerfergruppen auf der Pressetribüne (Reichssportfeld) (SSW).

Lichteinfallwinkels von 20 ... 25° gegen die Horizontalebene zweckmäßig. Der angegebene Lichteinfallswinkel erfordert je nach Abstand der Lichtpunkte vom Spielfeld, der sich z. B. durch Anordnung der Scheinwerfer auf Tribünen

ergibt, verschiedene Lichtpunkthöhen (Abb. 685). Um ein gutes gegenseitiges Erkennen der Spieler dicht vor dem Tor zu ermöglichen, ist ferner eine Anordnung der Lichtquellen außerhalb der Torlinie nach Abb. 686 vorzusehen. Für die *Gesamtanordnung* der Lichtpunkte

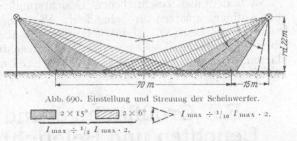

Abb. 690. Einstellung und Streuung der Scheinwerfer.

gilt Abb. 687. Es genügen im allgemeinen vier Leuchtengruppen gegenüber den Ecken des Sportplatzes. Man kann auch mehr Gruppen vorsehen, z. B. auf jeder Seite drei, also zusammen sechs Gruppen, wie sie auch für das Olympia-stadion auf dem Reichssportfeld in Berlin gewählt wurden (Abb. 688 und 689)[1].

Ebenso wie bei der Fassadenanstrahlung ergeben sich auch bei der Beleuchtung von Sportplätzen sehr verschiedene Leuchtentfernungen. Zur Erzielung einer gleichmäßigen Beleuchtung der ganzen Spielfläche sind bei geringerem Abstand der Lichtpunkte von der Spielfeldgrenze für die seitlichen Flächen Scheinwerfer mit Nitralampen für eine Streuung von etwa 2 · 15° = 30° erforderlich, während die Spielfeldmitte durch Scheinwerfer mit Projektionslampen für einen Streu-winkel von etwa 2 · 6° = 12° zu beleuchten sind (Abb. 690). Geeignete Leucht-geräte sind in den Abb. 606 ... 612 dargestellt.

---

[1] Kolbe, A. u. W. Tüngethal: Die Beleuchtungsanlagen der Dietrich-Eckart-Bühne und der Deutschen Kampfbahn. Licht **9** (1936) 190—193.

Die Durchführung verschiedener Beleuchtungsanlagen auf Sportplätzen, insbesondere großer Stadionanlagen, und die nachträgliche Messung der mittleren Horizontalbeleuchtung hat eine sehr einfache *Bestimmung des Energieaufwandes* ergeben. Die verlangte mittlere Beleuchtungsstärke mit 1,5 multipliziert, ergibt die zu installierende Leistung in kW. Z. B. würde zur Erzielung einer

Abb. 691. Scheinwerferbeleuchtung des Sportplatzes Union St. Gilloise in Brüssel (SSW).

mittleren Horizontalbeleuchtungsstärke von 80 lx ein Energieaufwand von $80 \cdot 1,5 = 120$ kW erforderlich sein. Diese Berechnungsart gilt für Glühlampengrößen von $1000 \ldots 2000$ W und die übliche Spielfeldgröße von $70 \cdot 105$ m. Abb. 691 zeigt die Wirkung einer Scheinwerferbeleuchtung auf einem Sportplatz.

Nach den hier beschriebenen Gesichtspunkten ist auch die Beleuchtung von Aufmarschplätzen zu behandeln. Nur sind entsprechend geringere Beleuchtungsstärken $(20 \ldots 30$ lx$)$ vorzusehen. Außerdem braucht auf einen bestimmten Lichteinfall nicht in dem Maße geachtet zu werden, wie bei Sportplätzen. Es ist aber notwendig, die Möglichkeit der stärkeren Beleuchtung von Fahnengruppen u. a. vorzusehen.

F 7. Großflächige und dekorative Leuchten und Beleuchtungsanlagen, Entwurf und Eigenschaften derselben, Einbeziehung von Gebäudeteilen (Vouten, Glasdecken usw.).

Von

Arno Pahl-Berlin.

Mit 22 Abbildungen.

Großflächige Leuchten und Beleuchtungsanlagen werden vor allem für repräsentative Räume, wie Theater, Festsäle, Sitzungssäle, Gaststätten usw. verwendet. Sie haben dort nicht nur beleuchtungstechnische, sondern in hohem

Maße auch *dekorative* Aufgaben zu erfüllen. Die Entstehung dieser Beleuchtungsarten ist der verständnisvollen Zusammenarbeit von Beleuchtungstechnikern und Architekten zu danken.

Die wichtigsten großflächigen Beleuchtungsarten sind:

1. Indirekte Beleuchtung aus Gesimsen (Voutenbeleuchtung).

2. Durchleuchtung lichtstreuender Gläser (Glasdeckenbeleuchtung).

Bei diesen Beleuchtungsarten werden die Lichtquellen — vom Boden des Raumes aus unsichtbar — in Gesimsen, Hohlkehlen oder hinter lichtstreuenden Gläsern angeordnet. Der Lichtstrom der Lichtquellen wird nicht direkt auf die Gebrauchsebene (Boden) gestrahlt, sondern zunächst auf Raumflächen oder Streugläser, die durch Rückstrahlung oder Durchlassung des auftreffenden Lichtstromes die Gebrauchsbeleuchtung hervorrufen. Man bezeichnet diese leuchtenden Flächen deshalb als „*Zweitleuchter*".

Durch die unsichtbare Anordnung der Lichtquellen wird direkte *Blendung* und durch Verteilung des Lichtstromes auf große Flächen auch indirekte Blendung völlig vermieden.

Großflächige Beleuchtungsanlagen ergeben, ebenso wie die übliche Indirektbeleuchtung durch größere Einzelleuchten, eine sehr *schattenarme* Beleuchtungswirkung. Dieser Mangel an Schatten kann aber z. B. in einem Festsaal die Stimmung beeinträchtigen, weil das plastische Erkennen erschwert wird. Deshalb ist es von Fall zu Fall notwendig, zusätzlich einige direkt wirkende Leuchten, z. B. als Wandleuchten, vorzusehen. Diese erhöhen nicht nur die Schattigkeit, sondern rufen auch durch ihre meist höhere Leuchtdichte auf festlicher Kleidung oder Schmuck erwünschte Lichtreflexe hervor, die zur Belebung beitragen.

Großflächige Beleuchtungsanlagen können nur dann ihren dekorativen Zweck erfüllen, wenn die leuchtenden Flächen eine *gleichmäßige Leuchtdichte* aufweisen. Ungleichmäßige Verteilung der Leuchtdichten, d. h. unregelmäßig helle und dunkle Zonen, sind unbedingt zu vermeiden. Oft ist aber aus baulichen Gründen mit den zur Verfügung stehenden technischen Mitteln eine gleichmäßige Leuchtdichte nicht zu erreichen und man muß damit rechnen, daß die Leuchtdichte bei indirekter Beleuchtung aus Gesimsen mit steigender Entfernung von den Lichtquellen sehr stark abnimmt. In solchen Fällen empfiehlt es sich, die sehr hellen Zonen von den dunkleren durch farbige Anstriche oder durch abgesetzte Deckenausführung zu trennen. Eine gleichmäßig wirkende Deckenbeleuchtung kann auch dadurch erreicht werden, daß die Zonen hoher Leuchtdichte einen dunkelfarbigen und die Zonen geringerer Leuchtdichte einen helleren Anstrich (zweckmäßig verlaufend) bekommen. Aus wirtschaftlichen Gründen muß aber im allgemeinen von diesem Verfahren abgeraten werden, da durch das geringere Reflexionsvermögen hohe Verluste entstehen können. — Bei Durchleuchtung lichtstreuender Glasdecken ist die Erzielung gleichmäßiger Leuchtdichte durch entsprechende Vermehrung der Lichtquellen meistens einfacher.

Von besonderer Bedeutung für die Durchführung großflächiger Beleuchtungsanlagen ist die *Wirtschaftlichkeit*. — Für indirekte Beleuchtung aus Gesimsen werden oft unnötig kleine Lichtquelleneinheiten in großer Anzahl vorgesehen. Kleine Glühlampen haben aber eine wesentlich geringere Lichtausbeute als größere. Z. B. ergeben fünf Glühlampen je 40 W, die zusammen 200 W verbrauchen, einen Lichtstrom von 2400 lm, während eine Glühlampe von 200 W 3320 lm, also 34% mehr Lichtstrom ausstrahlt. Man wird deshalb bestrebt sein müssen, möglichst große Glühlampeneinheiten zu verwenden.

In Gesims oder Hohlkehle entstehen weitere Lichtverluste. Diese werden um so größer, je weitgehender die Lichtquellen abgeschirmt sein müssen, damit sie vom Boden des Raumes aus unsichtbar bleiben.

Der aus dem Gesims austretende Lichtstrom wird nun gegen die Raumdecke gestrahlt, die niemals alles Licht reflektiert. Z. B. kann bei neuem Weißanstrich nur mit einer Reflexion von 70…80% gerechnet werden.

Schließlich gelangt der von der Deckenfläche reflektierte Lichtstrom nicht verlustlos auf die Gebrauchsebene. Infolge zerstreuter Rückstrahlung wird ein Teil des Deckenlichtes auf die Raumwände gestrahlt, die es teilweise reflektieren usw. Es entstehen also mehrfache Reflexionsverluste, die um so größer werden, je höher der Raum im Verhältnis zu seiner Breite ist und je dunkelfarbiger die lichtauffangenden Flächen gestrichen sind. Welchen Einfluß die Reflexion der Wände auf den Wirkungsgrad des von der Raumdecke zurückgestrahlten Lichtstromes haben kann, zeigt Abb. 692[1]. Bei einem Verhältnis von Raumbreite zu Höhe = 2 und hellgrauen Wänden mit einer Reflexion von 36% sinkt der Wirkungsgrad einer gleichmäßig leuchtenden Decke um etwa 45%.

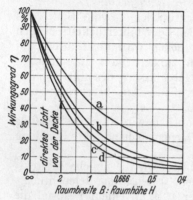

Abb. 692. Wirkungsgrad gleichmäßig leuchtender Deckenflächen. Reflexion der Wände. a $R = 70\%$ (mattweiß); b $R = 36\%$ (matthellgrau); c $R = 14\%$ (matt-dunkelgrau); d $R = 4,5\%$ (matt-schwarz).

Ähnlich liegen die Verhältnisse bei Durchleuchtung von Glasdecken. Hier ist es aber meistens möglich, größere Lichtquellen in Reflektoren in größerer Höhe über der Glasdecke aufzuhängen, so daß man mit einer verhältnismäßig geringen Zahl wirtschaftlicher Lichtquellen arbeiten kann. Hinsichtlich des Wirkungsgrades in Abhängigkeit von den Raummaßen und der Wandreflexion gilt ebenfalls das oben Gesagte.

Aus allen diesen Gründen muß bei der Projektierung großflächiger Beleuchtungsanlagen besonders sorgfältig verfahren werden.

a) Anordnung von Gesimsen (Hohlkehlen).

Die Anordnung der Gesimse für den unsichtbaren Einbau der Lichtquellen ist meistens sehr stark von architektonischen Gesichtspunkten abhängig. Es muß dabei berücksichtigt werden, ob die zu beleuchtenden Flächen eine sehr gleichmäßig wirkende Leuchtdichte aufweisen sollen oder eine gewisse Ungleichmäßigkeit zugelassen werden kann. Zur Erzielung einer für das Auge

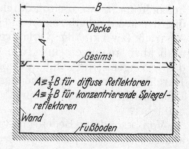

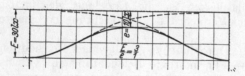

Abb. 693. Für das Auge gleichmäßig erscheinende Leuchtdichten.   Abb. 694. Anordnung der Gesimse.

gleichmäßigen Leuchtdichte kann das Verhältnis der größten Leuchtdichte, die immer in der Nähe der Lichtquellen vorhanden ist, zur geringsten Leuchtdichte 3 : 1 betragen (Abb. 693). Welche Gleichmäßigkeit unter gegebenen Verhältnissen erzielbar ist, richtet sich nach dem Abstand der Lichtquellen von der Decke im Verhältnis zur Raumbreite und nach den für die Lichtquellen ver-

---

[1] Pahl, A.: Der Wirkungsgrad selbstleuchtender Flächen. Licht 11 (1935) 241.

wendeten Reflektoren. Beim Einbau normaler Glühlampen in diffuse Reflektoren (Emailreflektoren oder entsprechende Ausführung des Gesimses) soll der Abstand der Lichtquellen von der Decke $\lessgtr$ $1/_3$ der Raumbreite B betragen[1] (Abb. 694). In diesem Falle erscheint die Decke zunächst in der Breite gleichmäßig beleuchtet. Wenn der Abstand des Gesimses von der Decke aus baulichen Gründen geringer sein muß, sind zur Erzielung einer gleichmäßigen Leuchtdichte andere Reflektoren erforderlich und zwar solche, die mehr Lichtstrom auf die Fläche in größerer Entfernung vom Gesims strahlen. Dies erreicht man mit lichtkonzentrierenden Spiegelreflektoren (Parabolische Spiegel), bei denen der Gesimsabstand A von der Decke bis auf etwa $1/_8$ der Raumbreite B verringert werden kann (Abb. 694). Bei Spiegelreflektoren muß die günstige Lichtkegeleinstellung auf die Decke durch Versuche ermittelt werden. Die Größe dieser Reflektoren setzt entsprechend große Gesimse voraus.

b) Verteilung der Lichtquellen oder Leuchten in Gesims oder Hohlkehle.

Wichtig ist nicht nur die Gleichmäßigkeit der Leuchtdichte bezogen auf die Breite der Deckenfläche, sondern auch die Gleichmäßigkeit an der Wand dicht über dem Gesims. Um hier Lichtflecken zu vermeiden, soll die Entfernung der Lichtquellen voneinander im Verhältnis zu ihrem Abstand von der Wand bestimmte Maße nicht überschreiten. Bei Verwendung diffuser Reflektoren in Rinnenform oder bei Ausbildung des Gesimses als Reflektor soll die Entfernung der Lichtquellen voneinander nicht mehr als den 1,5fachen Abstand von der Wand betragen. Die häufig verwendeten Röhrenlampen (Soffittenlampen) wird man, da sie vor allem für sehr kleine Hohlkehlen in Frage kommen, dicht nebeneinander in Reihe anordnen. Dasselbe gilt auch für Rinnenspiegel mit fächerartiger Lichtverteilung, bei denen das direkte Glühlampenlicht dicht über dem Spiegel an der aufsteigenden Wand ansetzt. — Größere Entfernungen sind dagegen bei Spiegelreflektoren möglich, die durch ihre tiefe Form direkten Lichtansatz an der Wand verhindern. Eine Aufhellung der Wandfläche über dem Gesims muß hier durch reflektiertes Licht vom inneren Gesimsrand erfolgen können. Durch die Abschirmung der Leuchten gegen Sicht von unten fängt das Gesims immer etwas Licht auf, das aber nutzbringend verwertet wird. Aus diesen Gründen kann bei lichtkonzentrierenden Spiegelreflektoren die Entfernung voneinander bis zu etwa 0,7 m betragen. Da aber die Gesimsausbildung noch eine gewisse Rolle spielt, ist es immer zweckmäßig, die günstigste Verteilung durch praktische Versuche zu ermitteln.

c) Ausbildung von Gesimsen und Vouten.

Nach Festlegung der Gesimsanordnung unter Berücksichtigung der ausgewählten Reflektoren ist das Gesims zu konstruieren. Zunächst muß jedoch die Einstellung der Lichtkegelachsen ermittelt werden. Im allgemeinen empfiehlt es sich, die Lichtkegelachsen oder die größten Lichtstärken auf die gegenüberliegende Seite der von einer Lichtpunktreihe zu beleuchtenden Fläche zu richten.

Um die Gesimshöhe zu bestimmen, ist zunächst die für den Beschauer ungünstigste Blickrichtung festzustellen (Abb. 695). Man wird die Blickrichtung etwas ungünstiger annehmen, um noch einen gewissen Spielraum in der Reflektoreinstellung nach oben zu behalten. Um ein möglichst kleines Gesims zu bekommen, könnte man daran denken, mit dem Gesims auf der ungünstigsten

---

[1] SUMMERER, E.: Das künstliche Licht in der Baukunst. Osram-Lichtheft 2, 14—15.

Blicklinie entlang dicht an die Reflektoren heranzugehen. In diesem Falle würde aber eine beträchtliche Lichtmenge und insbesondere ein Teil des Fernlichtes bei Spiegelreflektoren abgeschirmt werden. Es ist deshalb notwendig, der Gesimsausladung auch die Lichtverteilung der Reflektoren zugrunde zu legen. Zur guten Lichtausnutzung soll die Gesimsausladung so bemessen sein, daß der Hauptlichtkegel, der einen Winkelbereich von I_{max} bis $1/2\ I_{max}$ umfaßt, sich auswirken kann. Das über diesen Streubereich hinaus in das Gesims strahlende Licht genügt in den meisten Fällen zur Aufhellung der Wandfläche über dem Gesims. Es ist natürlich notwendig, die für die Reflexion in Betracht

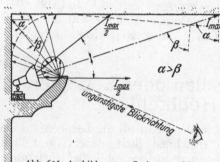

Abb. 695. Ausbildung von Gesimsen und Vouten.

kommende Gesimsinnenfläche gut weiß zu streichen. Auch die Lage dieser Gesimsfläche hat eine gewisse Bedeutung, da das Maximum des reflektierten Lichtes senkrecht zur Fläche abgestrahlt wird. Es ist dafür zu sorgen, daß das Lichtmaximum in die von Wand und Decke gebildete Ecke gestrahlt wird. Zur Verbesserung der Beleuchtung dieser Raumecke empfiehlt sich noch die Herstellung einer sog. Voute in Form eines Viertelkreises oder einer ähnlichen Krümmung, durch die Wand und Decke ineinander übergehen. Von Fall zu Fall wird es auch möglich sein, die Decke zum einfallenden Licht günstiger zu neigen, wie es in Abb. 695 ebenfalls angedeutet ist. Man erkennt, daß der Einfallswinkel α des Lichtes bei waagerechter Decke größer, also ungünstiger ist, als der Winkel β bei geneigter Decke. Je mehr sich der Einfallswinkel der Normalen zur Fläche nähert, desto größer wird die Beleuchtungsstärke. Dadurch kann eine noch gleichmäßigere Deckenwirkung erreicht werden. Eine Neigung der Decke wird nur möglich sein, wenn z. B. schmale Deckenstreifen ringsherum intensiv leuchten sollen.

d) Beschaffenheit der reflektierenden Flächen.

Die beleuchteten Flächen müssen aus allen Betrachtungsrichtungen gleichartig wirken. Man erreicht dies durch einen stumpfen Anstrich, der möglichst vollkommen zerstreut reflektiert, d. h. keinen oder nur einen sehr geringen Oberflächenglanz besitzt. Glänzender Anstrich, z. B. mit weißer Ölfarbe, ist ungeeignet, weil sich die Lichtquellen in der Oberfläche spiegeln und als Reflexpunkte oder -streifen sichtbar werden. Je nach Betrachtungswinkel würde sich die Lage der spiegelnden Zonen ändern und immer einen anderen Raumeindruck hervorrufen.

Ferner müssen die angeleuchteten Flächen vollkommen eben sein, weil besonders bei flacher Anstrahlung Wellen in der Oberfläche, die man sonst nicht sieht, deutlich in Erscheinung treten.

e) Ausführungsarten indirekter Großflächenbeleuchtung.

Es ist nicht immer erwünscht, die Deckenfläche in ihrer ganzen Ausdehnung zu beleuchten. Vielfach wird die Decke in leuchtende Streifen oder Ausschnitte von rechteckiger oder Kreisform unterteilt. Besondere Wirkungen können noch dadurch erzielt werden, daß man in die Decke eingelassene Leuchtstreifen mit Ziergittern abdeckt, die sich silhouettenartig vom hellen Hintergrund abheben (Abb. 696). Angewandt wird auch eine Deckenausführung nach Abb. 697. Hier sind die Reflektoren in der Mitte kreisförmig angeordnet und sternförmig nach außen gerichtet. Die Leuchten werden durch einen gemeinsamen Teller abgedeckt. Der Teller kann in seiner Mitte eine Öffnung für die Anordnung einer größeren direkten Leuchte erhalten, die durch Streugläser (Mattglas) abgedeckt ist. Auf diese Weise kann die Wirtschaftlichkeit der Beleuchtungsanlage erheblich gesteigert werden, ohne den Charakter der Anlage merkenswert zu verändern. Schließlich ist es möglich, auch eine zweckmäßige Mischung

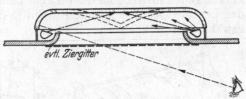

Abb. 696. Deckenaussparung mit Ziergitter.

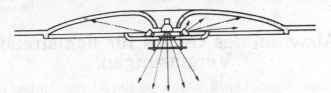

Abb. 697. Indirekte mit direkter Beleuchtung.

von indirektem und direktem Licht zur Erzeugung genügender Schatten und einer gewissen Brillanz der Beleuchtung zu bewirken.

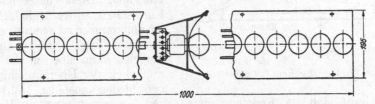

Abb. 698. Gesimsleuchte mit Aluminiumreflektor (SSW).

Vielfach wird eine verschiedenfarbige Indirektbeleuchtung verlangt. Um bei jeder Lichtfarbe eine gleich gute Wirkung zu erzielen, muß jeweils die gleiche

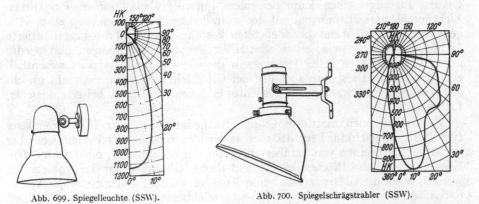

Abb. 699. Spiegelleuchte (SSW).   Abb. 700. Spiegelschrägstrahler (SSW).

Anzahl Lichtquellen vorgesehen werden, wobei die Anordnung jeder Leuchtengruppe für sich den gemachten Angaben entsprechen muß.

Einige der wichtigsten Leuchten für indirekte Beleuchtung aus Gesimsen sind in den Abb. 698 ... 702 dargestellt. Die entsprechenden Lichtverteilungskurven gelten für 1000 lm der nackten Lampe. Für die unsymmetrisch strahlenden Leuchten wurden nur die Kurven in den Hauptebenen gewählt (Schrägstrahler, Spiegelrinne).

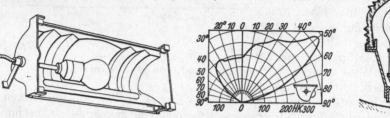

Abb. 701. Rinnenspiegel (Zeiß Ikon).

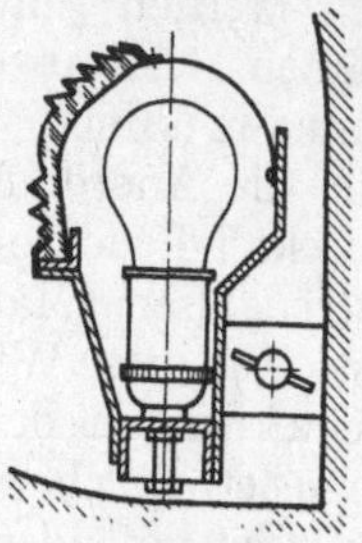

Abb. 702.
Prismenleuchte (AEG).

f) Auswahl des Glases für lichtstreuende Verglasungen.

Für Glasdecken, die durch künstliche Beleuchtung mittels darüber angeordneter Lichtquellen eine gleichmäßige Leuchtdichte erhalten sollen, sind nur Trübgläser geeignet. Man unterscheidet (vgl. D 2) Gläser, die in der

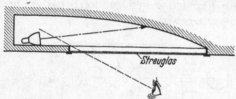

Abb. 703. Leuchtfläche mit Hilfsreflektor.

Masse leicht getrübt sind und Gläser mit einer Trübglasschicht (Opalüberfangglas). Diese Gläser haben die Eigenschaft, auftreffende Lichtstrahlen vollkommen zu zerstreuen und in ihrer Richtung aufzulösen. Opalüberfangglas kann aber in der Gleichmäßigkeit der Überfangschicht sehr verschieden ausfallen. Mit Rücksicht darauf, daß zur Erzielung einer guten Gesamtwirkung ein Hindurchscheinen der Lichtquellen unbedingt vermieden werden muß, ist es zweckmäßig, größere Glasscheiben vor dem Einbau auf die lichttechnischen Eigenschaften zu prüfen. Eine Untersuchung ist auch notwendig, um genaue Berechnungsunterlagen zu erhalten. Wichtig ist vor allem die Durchlässigkeit des Glases. Im allgemeinen kann bei einem guten Trübglas mit einer mittleren Lichtdurchlässigkeit, bezogen auf den auffallenden Lichtstrom, von etwa 55% gerechnet werden. Wenn die Möglichkeit besteht, das vom Trübglas reflektierte Licht, z. B. durch weiß gestrichene Hilfsreflektoren aufzufangen und wieder auf das Trübglas zu reflektieren, kann die Gesamtdurchlässigkeit wesentlich erhöht werden. Dies wäre aber nur bei Glasflächen möglich, die nicht gleichzeitig für den Durchgang des Tageslichtes bestimmt sind (z. B. bei geschlossenen Lichtkästen).

Es können auch mattierte Gläser, Kathedralgläser oder Riffelstreugläser (vgl. D 2 b, S. 400 f.) für Leuchtflächen verwendet werden. Hierbei läßt sich aber ein Hindurchscheinen von darüber angeordneten Lichtquellen nicht vermeiden. Gleichmäßige Leuchtflächen können mit diesen Glasarten nur dann geschaffen werden, wenn die Gläser indirekt ausgeleuchtet werden, und zwar in der Weise, daß man über den Scheiben zerstreut reflektierende Hilfsflächen anordnet, die durch Lichtquellen außerhalb der Scheiben gleichmäßig beleuchtet werden (Abb. 703). Man kann ein- oder zweiseitige Beleuchtung wählen. Bei großer Breite der zu beleuchtenden Flächen ist Neigung und Krümmung der Hilfsreflektoren zweckmäßig. Kathedral- oder Riffelgläser können, abgesehen von der großflächigen Wirkung, eine gewisse Belebung der Flächen durch Lichtbrechungen innerhalb der Gläser bewirken. In wirtschaftlicher Hinsicht besteht zwischen direkt beleuchteten Trübglasdecken und indirekt beleuchteten Matt- oder Kathedralgläsern kein wesentlicher Unterschied.

g) Anordnung der Lichtquellen oder Leuchten in lichtstreuenden Verglasungen.

Für die Beleuchtung von Glasdecken wird man selbstverständlich Reflektoren wählen, die einen möglichst großen Teil des Lichtstromes der Lichtquellen auf die Verglasung strahlen. Hierfür sind flache oder tiefe Emailreflektoren oder Glockenspiegel mit einem Ausstrahlungswinkel von etwa $2 \cdot 70°$ geeignet. Zur gleichmäßigen Beleuchtung der Glasdecke sollten die Leuchten entsprechend Abb. 704 verteilt werden. Der Abstand der Leuchten voneinander soll die 1,5fache Höhe über der Glasdecke nicht überschreiten. Aus Sicherheitsgründen ist jedoch ein Leuchtenabstand gleich der 1,3fachen Höhe zweckmäßig. Man ersieht

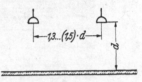

Abb 704. Gleichmäßige Beleuchtung von Opalüberfangglas.

daraus, daß bei Ausnutzung der größten Lichtpunkthöhe über der Verglasung eine entsprechend geringe Anzahl Lichtquellen erforderlich wird und größere, wirtschaftliche Glühlampen verwendet werden können. Vielfach ist die Lichtpunkthöhe trotz genügendem Raum durch die Konstruktion des Oberlichtes begrenzt. Es kann nämlich der Fall eintreten, daß durch Beleuchtung der Dachkonstruktion von oben Schatten auf die Verglasung fallen. In solchen Fällen ist die Lichtpunkthöhe so zu wählen, daß die äußersten Strahlen der Reflektoren unterhalb der Dachkonstruktion (Dachbinder) vorbei auf die Glasdecke strahlen können.

In Gaststätten kann für Tanzflächen auch eine farbige Effektbeleuchtung verlangt werden, so daß Gruppen von Reflektoren mit verschiedenen Farbfiltern erforderlich sind. Die einzelnen Gruppen sollen möglichst dicht zusammengerückt werden, damit bei Schaltung der einzelnen Lichtfarben der gleiche Beleuchtungscharakter erhalten bleibt (Abb. 705).

Es ist nicht immer notwendig, Glasdecken durch senkrecht darüber aufgehängte Reflektoren zu beleuchten. Aus Gründen bequemer Leuchtenbedienung wird oft auch Beleuchtung von den Seiten vorgeschlagen, wobei die Lichtquellen an den Wänden des Raumes zwischen Glasdecke und Oberlicht befestigt werden. Um bei dieser Beleuchtungsart eine gleichmäßige Leuchtdichte der Glasdecke zu erreichen, sind Spiegelschrägstrahler mit engem Lichtkegel zu benutzen. Hierbei muß die größte Lichtstärke auf die Glasflächen in größerer Entfernung von den Leuchten gerichtet werden. Nach Abb. 706 ist es möglich, auf die Weise Glasflächen von einer Länge gleich der 2,5 ... 3,5fachen Höhe d der Reflektoren über der Decke gleichmäßig auszuleuchten[1]. Der Abstand der Leuchten voneinander soll auch hier die 1,5fache Höhe d nicht überschreiten. Hinderlich für die einseitige Beleuchtung sind jedoch die Streben der Glasdeckenkonstruktion. Es können Strebenschatten entstehen, die durch Leuchten auf der anderen Seite der Glasdecke nicht aufgehellt werden können. Da diese Schatten aber bei gleichartiger Leuchtenanordnung und Einstellung symmetrisch sind, brauchen sie nicht unbedingt störend in Erscheinung zu treten.

---

[1] Stöckel, H.: Das Ausleuchten von Glasdecken. Spiegellichtbl. 11 (1932) 10—14.

Zu beachten sind ferner die Aufhängeeisen, wie sie bei größeren Glasdecken vorhanden sind. Infolge schräger Leuchtrichtung entstehen sog. Schattenspinnen, die die Deckenwirkung stören.

Abb. 705. Leuchtengruppe über Glasdecke (SSW).

Ebenso wie bei indirekten Beleuchtungsanlagen aus Gesimsen strahlen beleuchtete Glasdecken einen beträchtlichen Teil des Lichtstromes nach den Seiten gegen die Raumwände. Dadurch wird je nach Raumverhältnis und

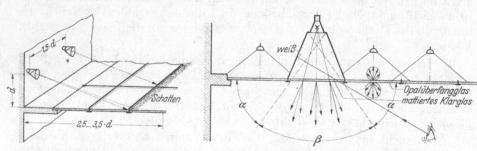

Abb. 706. Seitliche Glasdeckenbeleuchtung.

Abb. 707. Verbesserung der Wirtschaftlichkeit durch Mattglasausschnitte.

Reflexion der Wände der Beleuchtungswirkungsgrad mehr oder weniger beeinträchtigt. Um die Wirtschaftlichkeit zu verbessern, wird vorgeschlagen, an einzelnen Stellen der Glasdecke die Trübglasscheiben durch lichtdurchlässigere Mattscheiben zu ersetzen und darüber Tiefstrahler mit größeren Glühlampeneinheiten anzuordnen (Abb. 707). Diese haben die Aufgabe, dem Raum die Hauptbeleuchtung zu geben, während die Glasdecke sonst nur so stark beleuchtet zu werden braucht, daß die gewünschte Raumwirkung gewahrt bleibt. Es läßt sich bei dieser Beleuchtungsart aber nicht vermeiden, daß die Mattglasscheiben durch ihr graues Aussehen und ihre geringere selbstleuchtende Wirkung bei Tage und bei künstlicher Beleuchtung sich deutlich abheben. Zur Vermeidung von Leuchtdichteungleichmäßigkeiten auf den daneben befindlichen Trübglasscheiben muß die Lichtausstrahlung der Tiefstrahler durch Abschirmvorrichtungen auf die Mattglasscheiben begrenzt werden. Die Innenflächen der

Abschirmungen sind gut weiß zu streichen. Eine gewisse Bedeutung haben diese Abschirmungen noch hinsichtlich der Scheibenwirkung. Wenn dafür gesorgt wird, daß unter normalen Blickwinkeln durch die Mattscheibe die hellbeleuchtete Abschirmung sichtbar ist und nicht die Lichtquelle selbst, kann ein besserer

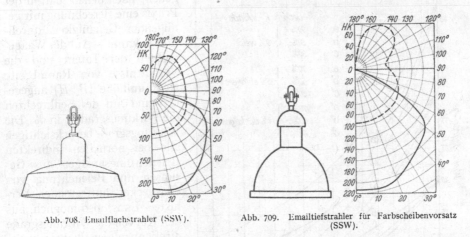

Abb. 708. Emailflachstrahler (SSW).   Abb. 709. Emailtiefstrahler für Farbscheibenvorsatz (SSW).

Ausgleich in der Wirkung der Trüb- und Mattgläser erzielt werden. Es empfiehlt sich, je nach Art des zu beleuchtenden Raumes einen normalen Blickwinkel festzulegen und die Leuchten außerhalb dieses Winkels anzuordnen.

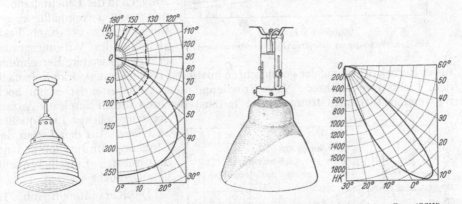

Abb. 710. Spiegeltiefstrahler (Zeiß Ikon).   Abb. 711. Spiegelleuchte mit mattierter Zone (SSW).

Einige Leuchten für die Beleuchtung von Glasdecken zeigen die Abb. 708...711 (Lichtverteilungskurven für 1000 lm). Für schräge Leuchtrichtung von den Seiten ist auch die Spiegelleuchte Abb. 700 geeignet.

h) Berechnung großflächiger Beleuchtungsanlagen.

Als Berechnungsgrundlage dienen die Kurven über den Wirkungsgrad leuchtender Flächen in Abhängigkeit von den Raumverhältnissen und der Wandreflexion (Abb. 692). Der Wirkungsgrad kann aber noch durch viele andere Faktoren beeinflußt werden und zwar durch Fensterflächen ohne Vorhänge, Lage der leuchtenden Flächen (in Raummitte oder an den Seiten),

Raumverengungen durch Emporen usw. Diese Verhältnisse wurden genau untersucht, jedoch würde es zu weit führen, näher darauf einzugehen[1]. Deshalb werden in den Abb. 712 und 713 mittlere Wirkungsgrade für verschiedene Reflexion der

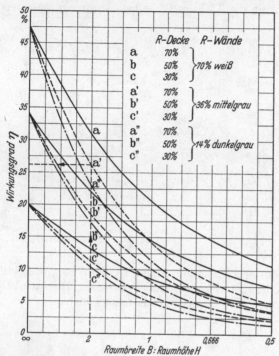

Decke bzw. der Wände angegeben, nach denen man in der Praxis eine Berechnung mit genügender Genauigkeit durchführen kann. — Auf der Waagerechten der Tafeln sind die Verhältnisse von Raumbreite zu Raumhöhe $(B : H)$ angegeben und auf der Senkrechten die Wirkungsgrade η in %. Die Wirkungsgrade berücksichtigen alle bei normalen indirekten Beleuchtungsanlagen aus Gesimsen und Beleuchtung von Glasdecken auftretenden Verluste. Es ist also möglich, aus den Kurven die Wirkungsgrade direkt abzulesen, wobei vorausgesetzt werden muß, daß lichttechnisch gute Leuchten Verwendung finden und daß die Anlagen in der Leuchtenanordnung usw. zweckmäßig ausgeführt werden. — Nach Feststellung des Wirkungsgrades erfolgt die weitere Berechnung

Abb. 712. Wirkungsgrad indirekter Großflächenbeleuchtung.

unter Berücksichtigung der gewünschten mittleren Beleuchtungsstärke in lx nach dem Lichtstromverfahren. Nach Erledigung aller Vorarbeiten ist es nur noch notwendig, den Lichtstromaufwand festzustellen und diesen durch die Anzahl

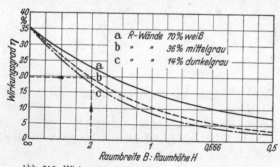

der vorgesehenen Lichtquellen zu teilen. Aus den Listen der Glühlampenfirmen kann dann die richtige Einzellichtquelle herausgesucht werden.

Die Kurventafeln Abb. 712 und 713 gelten für quadratische Räume. Bei rechteckigen Räumen ist die Bodenfläche in eine Fläche gleicher Seitenlänge umzuwandeln und das Verhältnis der Seitenlänge zur Raumhöhe zu ermitteln.

Abb. 713. Wirkungsgrad beleuchteter Opalüberfangglasdecken.

Bei sehr engen Hohlkehlen, die nur mit Glühlampen ohne Reflektoren ausgerüstet werden können, sowie schmalen, in die Decke eingelassenen Leuchtstreifen können die Verluste wesentlich höher ausfallen. Es ist in solchen Fällen zweckmäßig, die aus Kurventafel Abb. 712 ersichtlichen η-Werte um etwa 20% zu verringern, also mit 0,8 zu multiplizieren.

---

[1] Pahl, A.: Der Wirkungsgrad selbstleuchtender Flächen. Licht **10** (1935) 223—225, **11** (1935) 241—243, **12** (1935) 269—272.

F 8. Stromversorgung und Regelung, Fernsteuerung und Automatik.

Von

Rudolf Kell-Hamburg.

Mit 10 Abbildungen.

a) Stromversorgung.

Stromart. Die Stromversorgung elektrischer Verkehrsbeleuchtungsanlagen kann sowohl mit Gleichstrom als auch mit Wechselstrom erfolgen. Sie ist von der Stromart des vorhandenen allgemeinen Versorgungsnetzes abhängig.

Gleichstrom ist nur auf nicht zu große Entfernungen geeignet. Die Stromverteilung erfolgt in Zwei-, Drei- und Mehrleiteranlagen. Mehrleiteranlagen sind wegen der Ersparnis an Leitungsmaterial bei gleicher Spannung an der Lampe oder gegen Erde vorteilhaft. Ältere Anlagen haben noch Zweileitersystem mit einer Spannung von 110 V bei kleinen Entfernungen und 220 V bei größeren Entfernungen. In neueren Gleichstromanlagen ist das Dreileitersystem mit $2 \times 110 = 220$ V bzw. $2 \times 220 = 440$ V mit Nulleiter eingeführt.

Drehstrom dient zur Übertragung großer Energiemengen auf große Entfernungen, also für Beleuchtungsanlagen in größeren Ortschaften. Die Stromverteilung erfolgt im Vierleitersystem, bei geringen Entfernungen unmittelbar mit der Gebrauchsspannung von 380/220 V, bei ausgedehnten Anlagen mit Spannungen von 2000...6000 V. Diese Hochspannungsverteilungsnetze speisen im Stadtgebiet verteilte Wandlerstellen, die dann die engeren Gebiete mit Drehstrom von 380/220 V versorgen.

Bei Drehstrom ist in Deutschland[1] eine Frequenz von 50 Hz üblich. Eine Wechselspannung mit einer Frequenz wesentlich unter 50 Hz ist für Beleuchtungsanlagen ungeeignet. Das menschliche Auge empfindet die Schwankungen der Lichtintensität bei der geringen Frequenz als unangenehm und ermüdend. Anlagen mit einer Frequenz von $16^2/_3$ Hz, die in der Energieversorgung der elektrischen Bahnen die Regel bilden, sind deshalb für Beleuchtungszwecke nur mit Vorbehalt zu verwenden. Eine befriedigende Beleuchtung ist u. a. durch Reihenschaltung von Lampen geringerer Spannung zu erreichen (vgl. auch J 5).

Anordnung der Beleuchtungsanlage im Rahmen des Versorgungsnetzes. Die Stromversorgung der einzelnen Leuchten einer Beleuchtungsanlage ist auf zweierlei Weise möglich.

1. Jede Leuchte wird an das allgemeine Niederspannungs-Versorgungsnetz direkt angeschlossen. In diesem Falle ist für jede Leuchte eine besondere Schaltstelle erforderlich. Durch diese Anordnung wird die Verlegung eines Versorgungsnetzes für die Beleuchtungsanlage erspart.

2. Es wird neben dem allgemeinen Versorgungsnetz ein Beleuchtungsnetz verlegt. An dieses Netz dürfen dann außer den Leuchten der öffentlichen Straßenbeleuchtung und der in den Straßen vorhandenen beleuchteten Verkehrzeichen keine anderen Stromverbraucher angeschlossen werden. Die Leuchten werden gebietsweise zu Gruppen mit einer Schaltstelle zusammengefaßt. Die Größe der einzelnen Schaltgebiete ist so zu wählen, daß der Spannungabfall in den an jede Schaltstelle angeschlossenen Strecken das zulässige Maß

---

[1] In Amerika 60 Hz.

nicht überschreitet. Die Schaltstellen werden am zweckmäßigsten in den im Stadtgebiet verteilten Wandlerstellen oder in besonderen Schaltschränken untergebracht.

b) Regelung.

Regelung der Spannung. Die Regelung der Spannung im allgemeinen Versorgungsnetz und mithin auch in den an dieses angeschlossenen Beleuchtungsnetzen erfolgt zunächst durch die Regelung der Stromerzeuger.

Bei ausgedehnten Netzen mit örtlich und zeitlich stark schwankender Belastung reicht die Generatorregelung nicht aus, um schädliche Über- bzw. Unterspannungen auszugleichen. Andere Maßnahmen sind ferner nötig, wo infolge gestiegenen Leistungsbedarfes der vorhandene Leiterquerschnitt nicht mehr ausreicht, oder wo infolge einer Vergrößerung des versorgten Gebietes die erforderlichen Leitungslängen einen zu großen Spannungsabfall bedingen. In solchen und ähnlichen Fällen werden heute in dauernd zunehmendem Maße Regeltransformatoren eingebaut.

Der gegebene Ort für den Einsatz sind die Umspannstationen von Mittel- auf Niederspannung, gleichviel ob diese als Freiluftstationen, auf Masten oder in größeren Betrieben (Fabriken) untergebracht sind. Zu den bekannten Bauarten der Schubtrafos und der mittels Relais von der geregelten Seite her gesteuerten Anzapftrafos führt sich neuerdings der relaislose Relo-Netzregler ein, von dem Abb. 714 die Prinzipschaltung einer 3-phasigen Ausführung für 50 A Durchgangsstrom zeigt.

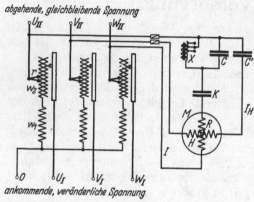

abgehende, gleichbleibende Spannung

ankommende, veränderliche Spannung

Abb. 714. Relo-Netzregler (AEG), Schema.

In Abb. 714 kommt die veränderliche Spannung bei $U_I V_I W_I$ an und durchfließt die Erregerwicklungen W_1 und die Regelwicklungen W_2. Die von diesen erforderliche Wicklungszahl wird durch Rollenabnehmer abgegriffen, deren Stellung durch den Motor M verstellt wird. An einem festen Wicklungspunkt wird die konstant zu haltende Spannung $U_{II} V_{II} W_{II}$ über die Widerstände r abgenommen. Je nachdem die Rollen über oder unter der Anzapfung liegen, wird die Ausgangsspannung herauf- oder herabgeregelt. Der den Regler betätigende zweiphasige Induktionsmotor M mit Kurzschlußläufer ist über eine Resonanzschaltung von Drosseln und Kondensatoren an die zu regelnde Spannung gelegt. Die Schaltung wirkt — was nicht im einzelnen erörtert werden soll — in der Weise, daß der Motor bei Über- oder Unterschreitung des eingestellten Sollwertes nach der einen bzw. anderen Richtung anläuft und die Rollen der Stromzuführung zu den Regelwicklungen dem Sinn und Betrag der Abweichung entsprechend verstellt.

Regelung der Beleuchtung durch Schaltung. Die künstliche Beleuchtung von Verkehrsanlagen ist erforderlich:

im Winterhalbjahr von $\frac{1}{2}$ h nach Sonnenuntergang bis $\frac{1}{2}$ h vor Sonnenaufgang;

im Sommerhalbjahr von $\frac{3}{4}$ h nach Sonnenuntergang bis $\frac{3}{4}$ h vor Sonnenaufgang.

Diese Zeiten gelten für Mitteldeutschland. In Süddeutschland ist die künstliche Beleuchtung etwas früher ein- und etwas später auszuschalten; in Norddeutschland umgekehrt. Auf die besonderen meteorologischen Verhältnisse (Nebel, starke Bewölkung, Unwetter usw.) ist Rücksicht zu nehmen. Nach diesen Richtlinien ist für jeden Ort ein besonderer Brennkalender aufzustellen.

In den meisten Städten ist die sog. ganznächtige und halbnächtige Beleuchtung eingeführt. Durch Löschen der halbnächtigen Lampen um Mitternacht werden wesentliche Ersparnisse an Stromkosten erzielt. Sind in der Anlage nur einfache Leuchten vorhanden, so muß etwa jede zweite Lampe gelöscht werden, wodurch allerdings die örtliche Gleichmäßigkeit der Beleuchtung erheblich verschlechtert wird. Bei Doppelleuchten wird in jeder Leuchte je eine Lampe abgeschaltet, so daß die örtliche Gleichmäßigkeit erhalten bleibt.

Die Schaltung selbst kann erfolgen:

durch Handschaltung, besonders in kleineren Orten. Um die Schaltung möglichst kurzfristig durchführen zu können, ist zahlreiches Bedienungspersonal erforderlich;

durch Schaltuhren, wobei jede Schaltstelle eine eigene Schaltuhr erhalten muß;

durch Gasdruckwellenschalter, wenn im Ort neben der elektrischen Beleuchtung noch Gasbeleuchtung vorhanden ist. Die Gasdruckwellenschaltung ist in F 9d, S. 656f. eingehend beschrieben;

durch elektrische Fernsteuerung, die jede gewünschte Schaltung von einer Zentrale aus zuläßt und eine schlagartige Schaltung gewährleistet.

c) Fernsteuerung.

Die gesamte Straßenbeleuchtung muß von einer Stelle aus geschaltet werden können, und zwar aus folgenden Gründen:

weil durch eine Fernschaltung erhebliche Bedienungs- und Überwachungskosten erspart werden,

weil durch Fernsteuerung jede gewünschte Schaltung zu beliebiger Zeit sofort durchgeführt werden kann. Nur dann kann die für den Luftschutz gestellte Bedingung erfüllt werden, bei Fliegergefahr das ganze gefährdete Gebiet schlagartig zu verdunkeln.

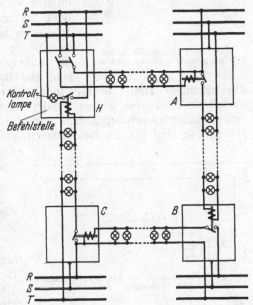

Abb. 715. Schaltung eines über die Speiseleitungen gesteuerten Beleuchtungsnetzes.

Mit Fernschaltung oder Fernsteuerung der elektrischen Straßenbeleuchtung wird ein Verfahren bezeichnet, das die Schaltung der Beleuchtung durch Geben von Steuerbefehlen über Steuerleitungen oder direkt über das Versorgungsnetz gestattet. Bei einer Fernsteuerung sind also Steuer- oder Befehlsstelle und Schaltstelle nicht identisch.

Fernsteuerung ohne Benutzung von Steuerleitungen. Ein Verfahren, das sich gelegentlich erfolgreich anwenden läßt und den Übergang zwischen einem eigenen Beleuchtungsnetz und einer über das allgemeine Verbrauchernetz ferngesteuerte Anlage bildet, sei als *Streckenfortschaltung* bezeichnet (Abb. 715). Hierbei wird die erste Lampengruppe durch einen Schalter oder ein Schütz in der Befehlsstelle ein- und ausgeschaltet, am Ende der Lampenstrecke ist die Spule desjenigen Schützes angeschlossen, das die nächste Strecke unter Spannung setzt, so daß auch deren Lampen leuchten. Es sei bemerkt, daß die neue Strecke ohne weitere von einem anderen Niederspannungsnetz gespeist sein kann. Diese Fortschaltung kann man beliebig weiterführen. Wenn man die einzelnen Strecken so führt, daß sie sich schließlich zu einem Ring schließen, ist damit zugleich die Rückmeldung gegeben, die aussagt, daß sämtliche Lampenstrecken eingeschaltet bzw. daß mindestens eine Lampenstrecke nicht eingeschaltet ist. Steuerleitungen sind bei dieser Anordnung nur die kurzen Zuleitungen zur Schützspule von der vorhergehenden Strecke. Dieser Schaltung haftet der Nachteil an, daß bei Spannungslosigkeit einer Strecke alle folgenden Strecken ebenfalls spannungslos werden.

Abb. 716. Frequenzrelais für das Telenergverfahren (SSW.), Ansicht.

Beim Telenergverfahren werden durch einen besonderen Tonfrequenzgenerator (Geber) Spannungen verschiedener Periodenzahl erzeugt und dem vorhandenen Verteilungsnetz aufgedrückt. In diesem Netz sind für jedes Schaltorgan Frequenzrelais (Empfänger) (Abb. 716) vorgesehen, die auf gewisse Sendefrequenzen abgestimmt sind. Bei einer bestimmten, sich der Netzspannung überlagernden Tonfrequenzspannung sprechen diese Frequenzrelais an und vermitteln die beabsichtigten Schaltvorgänge. Ist z. B. die Bedingung gestellt, eine Straßenbeleuchtungsanlage mit Ganznacht- und Halbnachtlampen zu steuern, so sind hierfür drei Steuerfrequenzen erforderlich, entsprechend den drei geforderten Zuständen der Beleuchtung:

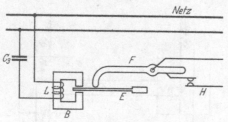

Abb. 717. Frequenzrelais für das Telenergverfahren (Schema).

1. sämtliche Lampenarten ein,

2. Halbnachtlampen aus, Ganznachtlampen ein,

3. alle Lampen aus.

Die im Netz vorhandenen Schaltorgane sind mit Frequenzrelais ausgerüstet, die auf bestimmte, zwischen 300 und 600 Hz liegenden Frequenzen ansprechen und so den Schaltvorgang einleiten. Der Aufbau eines solchen in Abb. 716 gezeigten Relais ist aus Abb. 717 ersichtlich.

Zwischen den Polen eines lamellierten Eisenkerns B mit der Spule L schwingt ähnlich den Zungen eines Frequenzmessers die eine oder die andere von zwei Zungen E, die ihrerseits je einen Schalthammer F betätigen und damit einen Kontakt H ein- oder ausschalten. Die Teile $E—F—H$, die den eigentlichen Schaltmechanismus bilden, sind der Übersichtlichkeit halber in der Abbildung nur einmal gezeichnet. Die Wicklung L des lamellierten Eisenkerns B liegt unter Zwischenschaltung eines Kondensators C_3, der nur die tonfrequenten Ströme durchläßt, am Netz. Die Zungen der beiden Schaltmechanismen $E—F—H$ sind auf verschiedene Frequenzen abgestimmt, der eine besorgt die Ein- und der andere die Abschaltung des zu betätigenden Apparates (Relais, Schütz).

Wie zuvor erwähnt, sind für das angegebene Beispiel der Straßenbeleuchtung drei verschiedene Steuerfrequenzen erforderlich. Bei der Steuerfrequenz 1 gerät in sämtlichen Telenergrelais diejenige Stahlfeder in Resonanz, die ein Schließen des Relaiskontaktes bewirkt. Dadurch werden die Spulen sämtlicher Schütze erregt und die Schütze selbst eingeschaltet. Hierbei ist es ohne weiteres möglich, die Reihenfolge der Schaltungen zu ändern; man kann also erst die Ganznachtlampen und später die Halbnachtlampen abschalten. Diese Eigenschaft des Telenergsystems wird z. B. dann als vorteilhaft empfunden, wenn man eine Lampenart zum Zwecke einer gleichmäßigen Abnutzung abwechselnd als Ganznachtlampen (lange Benutzungsdauer) und Halbnachtlampen (kurze Benutzungsdauer) verwenden will. Die Anwendung des Telenergverfahrens zur Steuerung der Beleuchtung wird besonders dann zu erwägen sein, wenn in einem Versorgungsgebiet noch andere Steueraufgaben zu erfüllen sind, z. B. Steuerung von Luftschutzsirenen. Die Telenergrelais lassen sich wegen ihres einfachen Aufbaues in wirtschaftlicher Weise in großer Zahl verwenden, so daß das Telenergverfahren selbst um so wirtschaftlicher wird, je mehr Schaltstellen zu steuern sind. Im Gegensatz zu später zu behandelnden Steuerverfahren kann ein Befehl ohne weiteres mehrmals gegeben werden, was z. B. erforderlich sein kann, wenn Teile des Versorgungsnetzes irrtümlich abgeschaltet wurden und wieder in Betrieb genommen werden sollen. Es ist zu beachten, daß beim Telenergverfahren zwar die Befehle an alle Stellen des Netzes gegeben werden, daß die Ausführung der Befehle aber nicht überwacht wird.

Bei dem *Transkommandoverfahren* werden kurzzeitige Spannungsabsenkungen in einem Leiter (Phase) des Drehstromsystems hervorgerufen. Diese Spannungsabsenkungen lassen sich nur dann verhältnismäßig einfach und ohne Zuhilfenahme von Steueradern bewerkstelligen, wenn das gesamte Versorgungsnetz, in dem die Beleuchtungsanlage gesteuert wird, von einer Seite elektrische Energie erhält (gespeist wird). In diesem Fall wird in die Speiseleitung, also hochspannungsseitig, in eine Phase ein Unterbrechungsschnellschalter eingebaut. Wird dieser geöffnet und sofort wieder geschlossen, so entsteht in dem ganzen dahinterliegenden Netz zunächst hochspannungsseitig eine Stromunterbrechung, verbunden mit einer weichen Spannungsabsenkung von etwa $1/_{20}$ s Dauer. Diese Spannungsabsenkung überträgt sich über sämtliche Transformatoren hinweg auf das Niederspannungsnetz. Zur Durchgabe eines Befehls sind drei Spannungsabsenkungen erforderlich. Auf diese Spannungsabsenkungen spricht das Empfangsgerät in folgender Weise an: Bei der ersten ankommenden Welle läuft ein kleiner Synchronmotor an (Startimpuls). Die zweite Spannungsabsenkung erfolgt in einem zeitlich wählbaren Abstand von der ersten Spannungsabsenkung und bereitet den Schaltvorgang vor. Dem Zeitabstand zwischen der ersten und der zweiten Spannungsabsenkung (z. B. 1, 2 oder mehr Sekunden) entspricht ein ganz bestimmter zugeordneter Schaltbefehl. Die dritte Spannungsabsenkung führt schließlich das Kommando, das vorbereitet wurde, aus. Kommt die dritte Spannungsabsenkung nicht genau im richtigen Zeitabstand zu der ersten Absenkung, so führen die Empfangsgeräte den Schaltbefehl nicht aus. Das Empfangsgerät enthält eine Quecksilberkipppröhre mit zwei oder drei Einschmelzungen für 10 A bei 220 V. Die Anwendung des Transkommandoverfahrens hat zur Voraussetzung, daß Motoren nur in beschränktem Maße im Netz vorhanden sind, weil diese trotz Unterbrechung der Hauptspeiseleitungen in einer Phase die Spannung hochhalten. Zu beachten ist, daß spannungsempfindliche Verbraucher nicht an die gesteuerte Phase angeschlossen werden dürfen. Der Vorgang der Befehlsgabe im praktischen Fernsteuerbetrieb ist ganz ähnlich wie beim Telenergverfahren. So wie dort jedem Relais zwei Frequenzen zugeordnet sind, sind beim Transkommando-Empfangsgerät zwei Zwischenzeiten erforderlich. Das dort angegebene Beispiel der Straßenbeleuchtung gilt fast wörtlich auch für das Transkommandoverfahren.

Fernsteuerung unter Benutzung von Steueradern. Eine *einfache Fernsteuerung mit Überwachung* entsprechend zeigt Abb. 718. Vorausgesetzt ist das Vorhandensein von Wechselspannung sowohl an der Befehlsstelle als an der

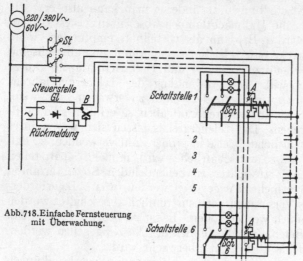

Schaltstelle; hingegen ist nicht erforderlich, daß die Wechselspannung, welche an den Schaltstellen zur Verfügung steht, aus demselben Versorgungsnetz herrührt. Für die Durchführung der Steuerung und Überwachung ist ein vieradriges Fernsteuerkabel vorgesehen, das Betriebswechselspannung bis zu 60 V zuläßt, so daß ein Zwischentransformator benötigt wird.

Abb. 718. Einfache Fernsteuerung mit Überwachung.

Das Schaltbild ist für die gemeinsame Bedienung von sechs entlegenen Schaltstellen entworfen, die sämtlich an ein gemeinsames Fernsteuerkabel angeschlossen sind und eine Schaltstellengruppe bilden.

Für jede solche Schaltstellengruppe wird in der Steuerstelle ein zweipoliger Befehlsschalter *St* eingebaut. Dieser dient dazu, die Steuerbefehle zum Zu- und Abschalten der Lampenstromkreise zu erteilen. Im Schaltbild ist der Betätigungsschalter in seiner „Aus"-Stellung dargestellt. Die Steuerung selbst erfolgt über zwei gemeinsame Steueradern, die zu allen Schaltstellen führen und durch Betätigen des Steuerschalters auf „Ein" von der Steuerstelle her an die Betätigungshilfsspannung angeschlossen werden. Die Betätigungshilfsspannung beträgt bis zu 60 V, damit normale Fernsprechkabel verwendet werden können. Durch die Hilfsspannung werden in den einzelnen Schaltstellen die Spulen der Schaltorgane in den Beleuchtungsstromkreisen unmittelbar erregt. Die Schalter schließen; die Beleuchtung wird damit unter Spannung gesetzt. Voraussetzung für diese einfache Lösung ist, daß als Schaltorgane in den Schaltstellen solche mit geringster Eigenaufnahme ihrer Betätigungsspule gewählt werden. Die eigene Aufnahme darf nur wenige W betragen, da-

Abb. 719. Fernsperrschalter (SSW.).

mit eine Fernbedienung nach diesem Plan wenigstens über 2 km Entfernungen möglich ist. Im vorliegenden Fall sind als Schaltorgane in den Schaltstellen Fernsperrschalter (Abb. 719) in Aussicht genommen, die, nur für Betätigen durch Wechselstrom durchgebildet, als Antrieb für die Kontaktbetätigung einen asynchronen Kleinmotor mit geringstem Verbrauch besitzen. Dem Schaltbild liegt die Annahme zugrunde, daß in den Schaltstellen nur zweipolige Schaltorgane benötigt werden. Es besteht selbstverständlich auch die Möglichkeit, in jeder Schaltstelle verschiedene derartige Schalter anzuordnen.

Überwacht werden die Schalterstellungen, nicht das Leuchten der Lampen. Jedem Schalter sind Abhängigkeitskontakte A zugeordnet, die bei geschlossenem Schalter kurzgeschlossen und bei geöffnetem Schalter durch einen Widerstand überbrückt werden. Sämtliche Abhängigkeitskontakte liegen in einer Schleife, die von der Befehls- und Überwachungsstelle ausgeht und dorthin zurückkehrt. Der Schleifenwiderstand hat seinen höchsten Wert, wenn sämtliche Schalter geöffnet sind und seinen niedrigsten Wert, wenn sämtliche Schalter geschlossen

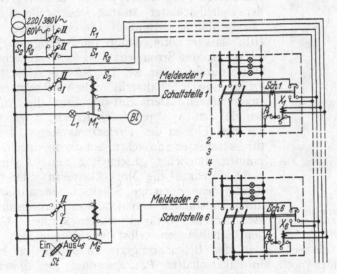

Abb. 720. Fernsteuerung mit Rückmeldung.

sind. Dieser Widerstand wird von einem Kreuzspulgerät B, das über einen Gleichrichter Gl erregt wird, gemessen. Die Stellung des Zeigers am Kreuzspulgerät gibt demgemäß die Zahl der Schalter, welche eingeschaltet sind, an. Die normalen Stellungen des Zeigers bezeichnen die beiden störungsfreien Zustände sämtliche Schalter „Aus" bzw. „Ein". Werden als Schaltorgane statt der Fernsperrschalter Schütze verwendet, so sind an den Schaltstellen wegen der größeren Leistungsaufnahme der Schützspulen Zwischenrelais erforderlich, die über die Steuerleitung erregt werden und die Schützspulen an Netzspannung legen.

Fernsteuerung einer Beleuchtungsanlage unter Zuhilfenahme von Steuerleitungen. Rückmeldung durch Phasenwechselschaltung. Vorausgesetzt ist, daß die Beleuchtungsanlage mit Wechselstrom gespeist wird, und daß die Steuerung von einer Befehlsstelle aus für sämtliche Schaltstellen gemeinsam über ein Steuerkabel erfolgt, d. h. es soll sämtlichen Schaltorganen gleichzeitig das „Ein"- bzw. das „Aus"-Kommando gegeben werden. Die Überwachung der Schalterstellung erfolgt für jede Schaltstelle getrennt nach einer Phasenwechselschaltung mit Blinklicht.

Das Schaltbild (Abb. 720) ist für eine Gruppe von sechs Schaltstellen entworfen, die über ein gemeinsames Fernsteuerkabel, das als Meldekabel für 60 V ausgelegt ist, bedient werden. Entsprechend den sechs Schaltstellen besitzt das Fernsteuerkabel 6 + 4 Adern. In der Steuerstelle ist ein gemeinsamer Befehlsschalter St eingebaut. Für sechs Schaltstellen muß dieser Schalter insgesamt acht Umschaltpakete besitzen. Der Betätigungsschalter dient dazu, alle Lampenstromkreise an den angeschlossenen Schaltstellen zuzuschalten oder die Lampenstromkreise durch Betätigen auf „Aus" auch abzuschalten. Der Betätigungsschalter ist im Schaltbild in seiner „Aus"-Stellung dargestellt. Die Steuerung sämtlicher angeschlossener Schütze in den einzelnen Schaltstellen erfolgt über zwei gemeinsame Steueradern, die durch Betätigen des Steuerschalters auf „Ein" von der Steuerstelle her an die Phasen R und S der Betätigungshilfsspannung angeschlossen werden. Dadurch werden in den einzelnen Schaltstellen die Hilfsrelais $X_1 \ldots X_6$ erregt und über ihre Hilfskontakte

Abb. 721. Hilfsrelais zur
Fernsteuerung (SSW). Ansicht.

die Schütze $Sch_1 \ldots Sch_6$ an Spannung gelegt. Die Hilfsrelais (Abb. 721) und die Schütze bleiben erregt, solange der Befehlsschalter an der Steuerstelle sich in seiner „Ein"-Stellung befindet. Die Anwendung besonderer Hilfsrelais ist nötig, damit die Betätigung der Schütze mit geringstem Strombedarf der fernzusteuernden Stromkreise durchführbar ist. Die Schütze selbst werden nur örtlich in jeder Schaltstelle an die Wechselstromspannung angeschlossen. Dem Entwurf liegt die Annahme zugrunde, daß von jeder Schaltstelle, angeschlossen an die drei Phasen des Drehstromsystems, drei Beleuchtungsstromkreise ausgehen, auf die die einzelnen Straßenlampen möglichst gleichmäßig verteilt sind. Es besteht durchaus die Möglichkeit, in jeder Schaltstelle verschiedene derartige Schaltschütze anzuordnen, die unter Umständen von demselben gemeinsamen Steuerzwischenrelais betätigt werden können. Um auch in den Schaltstellen selbst unabhängig von der Fernbedienung die Schütze in den Beleuchtungskreisen steuern zu können, ist jedem Schütz noch ein Paketschalter P_1 zugeordnet; bei dieser örtlichen Betätigung ist darauf zu achten, daß vor Verlassen einer Schaltstelle dieser Paketschalter wieder in seine „Aus"-Stellung gebracht werden muß, damit die Steuerung wieder ausschließlich den Befehlen von der Steuerstelle her nachkommt.

Die Stellungmeldung erfolgt für sämtliche Schaltstellen über die beiden Adern R_2 bzw. S_2 des Kabels und eine zusätzliche Meldeader für jede Schaltstelle. An Hand des Schaltbildes erläutert, gehen die Meldungen wie folgt vor sich: Sämtliche Schalter und Steuerorgane sind in ihrer geöffneten bzw. in ihrer „Aus"-Stellung dargestellt. Die „Aus"-Meldung für alle Schalter an der Steuerstelle kommt zustande über die gemeinsame Ader R_2, den Ruhehilfskontakt beispielsweise des Schützes Sch_1, die Spule eines Melderelais M_1, der Schaltstelle 1 zugeordnet, über einen Umschaltkontakt des Betätigungsschalters St an der Steuerstelle. Da bei Anstehen des „Aus"-Befehls am Betätigungsschalter in der Steuerstelle das der Schaltstelle 1 im Befehlsschalter zugeordnete Schaltpaket die Verbindung mit der Meldephase S_2 herstellt, ist der Meldestromkreis für das Melderelais M_1 geschlossen, das Relais also erregt. Der Arbeitskontakt im Stromkreis der Meldelampe L_1 ist mithin geschlossen, die Lampe leuchtet in ruhigem Licht, ein Zeichen dafür, daß die Einstellung des Kommandoschalters auf „Aus" für diese Schaltstelle mit der Stellung des Schützes in der Schaltstelle 1 übereinstimmt. Angenommen, das Schütz Sch_6 in der Schaltstelle 6 schaltet aus, ohne daß an der Steuerstelle der „Aus"-Befehlt erteilt ist, so wird in der Schaltstelle 6 der Ruhehilfskontakt des Schützes geschlossen und dadurch dort die Meldeader 6 an die Meldephase R_2 angeschlossen. Der Stromkreis führt nun von dieser Meldephase R_2 über die Meldeader zur

Spule des Melderelais M_6 in der Steuerstelle zu dem im Kommandoschalter der Schaltstelle 6 zugeordneten Meldepaket, und — da dieses sich in der „Ein"-Stellung befindet — dort zur Phase R_2. Das Melderelais M_6 liegt nunmehr nicht an Spannung, sein Anker fällt ab. Der Ruhekontakt M_6 schließt sich und legt die Meldelampe L_6 an die Blinkstromquelle Bl. Es erscheint mithin jetzt für die Schaltstelle 6 die Blinkmeldung, ein Zeichen dafür, daß die Stellung des Kommandoschalters St für diese Schaltstelle *nicht* übereinstimmt mit der Schaltlage des Schützes Sch_6 in der Schaltstelle 6, letzten Endes also eine Meldung dafür, daß in der Schaltstelle 6 die Lampenstromkreise nicht angeschlossen sind.

Bei den beiden vorhergehenden Beispielen der Fernsteuerung wurde neben der Steuerung eine Rückmeldung vorgesehen. Häufig ist beim Entwurf einer Beleuchtungsanlage die Forderung gestellt, bei dem Steuerverfahren mit möglichst wenig Steueradern auszukommen. Auch bei Verzicht auf eine Rückmeldung ist die Wirtschaftlichkeit des Telenerg- bzw. des Transkommandoverfahrens oft deshalb nicht gegeben, weil die Beleuchtungsanlage zu wenig umfangreich und die Zahl der neben der Steuerung der Beleuchtung zu erfüllenden Aufgaben zu gering ist. Es ist bei Straßenbeleuchtungsanlagen meist die Aufgabe gestellt, zwischen Ganznacht- und Halbnachtlampen sowie Lampen zur Sicherung des Verkehrs zu unterscheiden. Zur Lösung dieser Aufgabe stehen oft die Prüfadern der verlegten Niederspannungskabel zu Steuerzwecken zur Verfügung. Wenn eine Beleuchtungsanlage mit Drehstrom gespeist wird, und der Nulleiter überall zur Verfügung steht, genügt eine Ader, um die verlangten Schaltzustände der Beleuchtungsanlage zu bewirken, und zwar ist dies mit Hilfe sog. *Fortschaltrelais* möglich.

Zur Steuerung von drei Lampenarten muß das Relais drei Kontakte haben. Zunächst seien sämtliche Kontakte geschlossen, dann sind sowohl Ganznacht-, wie Halbnacht- und Richtlampen eingeschaltet, weil ihre zugehörigen Schütze über die Relaiskontakte erregt werden. Die Steuerung der Relais wird durch Impulse vorgenommen. Bei einem Impuls zieht der Anker des Relais an und bewirkt eine Viertelumdrehung einer Nockenwelle, deren Nocken die Kontakte betätigen. Bei jedem folgenden Impuls macht die Nockenwelle eine weitere Vierteldrehung. Nach vier Impulsen bzw. nach vier Viertelumdrehungen der Nockenwelle ist die ursprüngliche Stellung der Nocken wieder erreicht. Die Nocken sind so durchgebildet, daß in der Ausgangsstellung sämtliche Kontakte geschlossen sind, so daß die Schütze der Ganznacht-, Halbnacht- und Verkehrslampen erregt sind. Nach dem ersten Impuls wird durch den zugehörigen Schaltnocken die Erregung des Halbnachtschützes unterbrochen, nach dem nächsten Impuls fällt auch das Ganznachtschütz ab, und nach dem dritten Impuls fällt schließlich auch das Schütz für die Verkehrslampen ab, weil der Schaltnocken die Erregung des Schützes unterbricht. Nach dem vierten Impuls sind sämtliche Relaiskontakte überbrückt, womit die drei Lampenarten wieder eingeschaltet werden. Der Fernsteuerung mit Fortschaltrelais, die recht verbreitet ist, haftet der Mangel an, daß ein Befehl, der nur teilweise durchkam, nicht wiederholt werden darf, weil ja diejenigen Relais, die den Befehl schon ausgeführt hatten, bei einem neuerlichen Impuls schon den nächsten Befehl ausführen würden. Wenn die im Netz eingebauten Relais nicht mehr in ihrer Stellung übereinstimmen, ist es also nicht möglich, diese Übereinstimmung von der Zentrale her zu erreichen.

Eindrahtverfahren. Es sind sowohl bei Gleichstrom als bei Wechselstrom Steuerverfahren bekannt, bei denen für die Steuerung eines Schaltorgans und die Rückmeldung neben den Leitungen des Versorgungsnetzes nur eine Ader je Schaltstelle erforderlich ist. Hierbei ist vorausgesetzt, daß die Spannung, die an den einzelnen Schaltstellen zur Verfügung steht, dieselbe ist wie in der Befehlsstelle. Als Beispiel sei hier die Eindrahtsteuerung bei Drehstrom behandelt. Der grundsätzliche Aufbau der Befehlsstelle und der Schaltstelle geht aus dem Schaltbild Abb. 722 hervor. Wird der „Ein"-Druckknopf in der Befehlsstelle gedrückt, wenn das Kipprelais K der Schaltstelle sich in der gezeichneten „Aus"-Stellung befindet, so wird die Phase T mit der Steuerleitung verbunden; damit wird an die „Ein"-Spule des Kipprelais die verkettete Spannung RT gelegt. Das Kipprelais K wird umgeworfen und er-

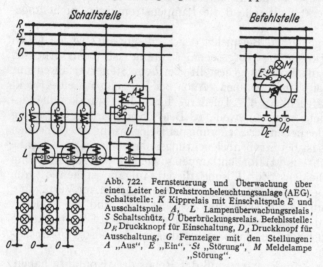

hält die Stellung „Ein", wodurch die Schütze S erregt werden und ihrerseits einschalten. Über einen Abhängigkeitskontakt des Kipprelais, die geschlossenen Kontakte der Stromwächter L und die „Aus"-Spule des Kipprelais wird die Steuerleitung in der Schaltstelle an die Phase T gelegt. Solange der „Ein"-Druckknopf gedrückt bleibt, ist die „Aus"-Spule nicht erregt, nach Öffnen des „Ein"-Druckknopfes

Abb. 722. Fernsteuerung und Überwachung über einen Leiter bei Drehstrombeleuchtungsanlage (AEG). Schaltstelle: K Kipprelais mit Einschaltspule E und Ausschaltspule A, L Lampenüberwachungsrelais, S Schaltschütz, $Ü$ Überbrückungsrelais. Befehlsstelle: D_E Druckknopf für Einschaltung, D_A Druckknopf für Ausschaltung, G Fernzeiger mit den Stellungen: A „Aus", E „Ein", St „Störung", M Meldelampe „Störung".

liegt jedoch Phasenspannung an der „Aus"-Spule des Relais, die aber nicht ausreicht, das Kipprelais zu betätigen. Erst wenn das „Aus"-Kommando gegeben wird, erhält die Auslösespule die zur Betätigung erforderliche verkettete Spannung. Das Überbrückungsrelais $Ü$ ist vorgesehen, um auch in Störungsfällen das „Aus"-Kommando geben zu können; denn es muß dafür gesorgt werden, daß der „Aus"-Befehl durchgeführt wird, auch wenn ein Stromwächter seinen Kontakt unterbrochen hat. Ebenso wie das Kipprelais darf das Überbrückungsrelais noch nicht bei Phasenspannung, sondern erst bei verketteter Spannung ansprechen, weil sonst die Stromüberwachung hinfällig wird. In den bisher geschilderten Fernsteuerverfahren war als Rückmeldung äußerstenfalls die Stellung der Schaltorgane gemeldet. Hier erfolgt die Überwachung der Beleuchtungsanlage durch Stromwächter, die so empfindlich ausgelegt sein können, daß sie ihren Kontakt schon dann unterbrechen, wenn 2% der Lampen, die brennen sollen, erloschen sind. Immerhin wird man mit Stromschwankungen rechnen müssen, die durch Spannungsänderungen bedingt sind, weshalb man die Empfindlichkeit der Stromwächter nicht zu hoch wählen sollte. Wie angegeben, liegt die Steuerader nach dem Einschalten der Schaltorgane und nach dem Ansprechen der Stromwächter in der Schaltstelle über die „Aus"-Spule des Kipprelais an der Phase T. Damit erhält der Fernzeiger G die Phasenspannung T (vermindert um den Spannungsabfall in der „Aus"-Spule des Kipprelais), so daß er die Stellung „Ein" annimmt. Fällt ein Stromwächter ab, solange das Kipprelais die Stellung „Ein" hat, dann zeigt der Fernzeiger die Stellung „Störung". Wird nun das „Aus"-Kommando gegeben, so kippt das Kipprelais in die Stellung „Aus", wodurch der Fernzeiger über die „Ein"-Spule des Kipprelais die Phasenspannung R erhält und seinerseits die Stellung „Aus" anzeigt. Der Fernzeiger zeigt die Stellung „Störung" unabhängig vom Kipprelais und den Stromwächtern auch dann,

wenn die Steuerleitung unterbrochen ist. Bisher wurde bei der Eindrahtsteuerung vorausgesetzt, daß nur eine Lampenart zu steuern ist. Es läßt sich
mit nur einem Draht neben den Leitern des durchgezogenen Versorgungsnetzes
auch die Aufgabe erfüllen, zwei Lampenarten, z. B. Ganznacht- und Halbnachtlampen zu steuern, wobei ebenfalls noch Meldungen über die Steuerleitung
gegeben werden können. Allerdings wächst die Zahl der zur Steuerung und
Meldung erforderlichen Relais erheblich an.

Für die Steuerung einer Beleuchtungsanlage und deren Überwachung kommt
auch das *Wählerverfahren* in Frage, das zur Fernbedienung und Überwachung
von Schalteinheiten benutzt wird. Zwischen Befehlsstelle und Schaltstelle
ist ein Aderpaar oder ein gleichwertiger Verbindungsweg (Frequenzkanal)
erforderlich. Das Verfahren benutzt normale Relais und Wähler der Selbst-
anschlußtechnik, also vielfach erprobte Bauelemente. Eine Fernsteuerung nach
dem Wählerverfahren hat gegenüber anderen Verfahren den Vorteil, daß sie
weite Entfernungen zu überbrücken gestattet. Das Verfahren wird um so
wirtschaftlicher, je höher die Zahl der in einer Station zu erfüllenden Aufgaben ist.

Das eigentliche *Telenergverfahren* erfordert keine Steuerleitungen. Es sind
Fälle denkbar, in denen die notwendige Leistung des Telenergsenders erheblich
geringer gewählt werden kann, wenn statt der Leitungen des Versorgungsnetzes eine zweiadrige Steuerleitung die Telenergströme zur Erregung der
Telenergrelais führt.

Im Anschluß an die geschilderten Fernsteuerverfahren sei noch ein Verfahren der *Einzelüberwachung* erwähnt, das bei Feuermeldenetzen bekannt ist,
häufig zur Überwachung von Schalterstellungen benutzt und auch für Beleuchtungsanlagen angewandt wird. Jeder Lampe ist ein sog. Melder zugeordnet,
der bei Versagen der Glühlampe durch ein Laufwerk einen Kontakt in bestimmter
Weise öffnet und schließt. Bis zu 100 Melder lassen sich so zusammenfassen,
daß ihre Kontakte in Reihe liegen und eine Ruhestromschleife bilden. Spricht
ein Melder an, weil eine Glühlampe erlischt, so gibt der Melder über eine
ablaufende Typenscheibe bestimmte Telegraphenzeichen an die Überwachungsstelle. Aus den ankommenden Telegraphenzeichen ist zu ersehen, welche Lampe
gestört ist.

d) Automatik.

Bei den unter c) geschilderten Fernsteuerverfahren wird der Befehl für das
Ein- und Ausschalten der Beleuchtungsanlage oder deren Teile durch Betätigen
eines Befehlsschalters oder Drücken eines Druckknopfes von Hand gegeben.
Es ist verhältnismäßig einfach, solche ferngesteuerten Beleuchtungsanlagen zu
automatisieren[1]. Sofern es sich darum handelt, zu bestimmten Zeiten zu schalten,
wird man Schaltuhren verwenden, während man Lichtrelais dann benutzen wird,
wenn die Beleuchtungsanlage in Abhängigkeit von den herrschenden Lichtverhältnissen geschaltet werden soll.

Schaltuhren. Für eine vollselbsttätige Steuerung müssen Schaltuhren verwendet werden, die ein Aufziehen von Hand nicht erfordern. Grundsätzlich
kann als Antrieb der Schaltuhr ein Uhrensynchronmotor benutzt werden oder
ein Pendel- bzw. Unruheuhrwerk, das von Zeit zu Zeit selbsttätig durch einen
kleinen Motor aufgezogen wird. Der Antrieb durch Uhrensynchronmotor hat

---

[1] Vgl. auch H. GEFFCKEN, H. RICHTER u. J. WINCKELMANN: Die lichtempfindliche
Zelle als technisches Steuerorgan. Insbesondere S. 232f. Berlin: Deutsches Literarisches
Institut J. Schneider 1933.

den Nachteil, daß durch Fortfall der Antriebsspannung eine Verschiebung der Schaltzeiten erfolgt. Im übrigen arbeiten die Schaltuhren ähnlich wie eine normale Zeituhr mit dem Unterschied, daß bei ihnen das Zifferblatt, Zeitscheibe genannt, umläuft. Auf der Zeitscheibe sind Einstellhebel oder Einstellstifte an den Zeitpunkten angebracht, zu denen eine Schaltung ausgelöst werden soll. Bei den Schaltuhren mit astronomischer Zeitscheibe verstellen sich die Ein- und Ausschaltzeiten selbsttätig nach den Sonnenaufgangs- oder Untergangszeiten oder nach einem bestimmten Brennkalender.

Abb. 723. Lichtrelais zum automatischen Ein- und Ausschalten (S & H), Ansicht.

Lichtrelais. Ein Lichtrelais (Abb. *733*) ist ein Gerät, das unter Einwirkung des Lichtes selbsttätig irgendwelche elektrischen Schaltvorgänge auslöst. Es eignet sich besonders als Schalteinrichtung für die Straßenbeleuchtung, da es ohne Rücksicht auf einen bestimmten Zeitpunkt nur in Abhängigkeit von der tatsächlich herrschenden Helligkeit arbeitet. Jede Lichtverschwendung durch zu frühes Einschalten, aber auch jede Gefahr fehlender Beleuchtung bei vorzeitig einsetzender Dunkelheit läßt sich auf diese Weise vermeiden.

Der Hauptbestandteil des Lichtrelais ist die hochempfindliche Photozelle, die gegen Temperatureinflüsse und starke Lichteinwirkungen äußerst widerstandsfähig sein muß. Mit geeigneten Verstärkereinrichtungen können von den schwachen Photozellenströmen die Schaltorgane der Beleuchtung gesteuert werden.

Übliche Werte für das Ein- und Ausschalten sind: Einschalthelligkeit 8 lx, Ausschalthelligkeit 1 lx.

Man kann die beiden Helligkeiten so verschieden wählen, weil das menschliche Auge morgens ausgeruht und dunkeladaptiert ist und bei bedeutend geringerer Helligkeit das gleiche Sehvermögen wie abends hat.

Literatur.

Gellinek, Kunow: Die Fernmeldung und Fernregistrierung von Schaltvorgängen. Siemens-Z. 1932, 370—377.

Jacob, Heyl: Vorbedingungen und Anwendungsmöglichkeiten der „Transkommando"-Fernschaltung in Drehstromnetzen. Elektr.-Wirtsch. 1937, 398—403.

Kessler: Die ferngesteuerte und fernüberwachte elektrische Straßen- und Verkehrsbeleuchtung der Stadt Essen. Elektr.-Wirtsch. 1928, 327—335.

Laue: Der Wiederaufbau der Straßenbeleuchtung in Bremen. Elektr.-Wirtsch. 1927, 357—365.

Megede, z.: Die Überlagerung größerer Hochspannungsnetze mittels des Telenerg-Systems. Siemens-Z. 1933, 165—169. — Überlagerung von Mittelfrequenzströmen zum Fernsteuern von Verbrauchs- und Tarifapparaten (Telenerg-System). VDE-Fachber. 1934, 33—35. — Die Telenerganlage des Elektrizitätswerkes Potsdam zum Fernschalten der Straßenbeleuchtung und von Verbrauchern. Siemens-Z. 1936, 101—106.

Rasch: Steuerung und Überwachung von elektrischen Beleuchtungsanlagen. Elektr.-Wirtsch. 1933, 376—380.

Richter-Rethwisch: Einrichtungen zur Steuerung und Überwachung elektrischer Straßenbeleuchtungsanlagen. AEG-Mitt. 1930, 290—294.

Wessel: Aufbau neuzeitlicher Straßenbeleuchtungsanlagen. AEG-Mitt. 1936, 389—394.

F 9. Gasversorgung.

Von

ALFRED BECKMANN-Hamburg.

Mit 16 Abbildungen.

a) Gaswirtschaft.

Das Gas, einer der wichtigsten Energieträger der deutschen Wirtschaft, wird in Gaswerken und Kokereien erzeugt. Erstere befinden sich in Deutschland zum größten Teil im Besitz der Städte bzw. Gemeinden, während die Kokereien fast ausschließlich von Erwerbsgesellschaften betrieben werden. In der Betriebsweise unterscheiden sich beide kaum voneinander. Bei den Gaswerken pflegt man das Gas als Hauptprodukt und den Koks als Nebenprodukt, bei den Kokereien umgekehrt den Koks als Hauptprodukt und das Gas als Nebenprodukt zu betrachten. Diese Auffassung trifft aber nur bedingt zu. Wenn auch die Gaswerke ihr Hauptaugenmerk auf die Erzeugung von vielem und gutem Gas lenken müssen, so haben sie doch der Forderung der Verbraucherschaft nach der Erzeugung von gutem Koks mehr als früher Rechnung zu tragen. Infolge des ständigen Bedarfs der Industrie an Gas haben sich die Kokereien zu Gaslieferanten größten Ausmaßes entwickelt und sehen sich so gezwungen, auch diesem Erzeugnis die für den Vertrieb notwendige Beachtung zu schenken. Aus der 56. Gasstatistik, die 997 Gaswerke erfaßt, ergeben sich folgende Daten:

Gasbezug, -erzeugung	3192 Millionen cbm	
Gasverkauf	2857 ,,	,,
Für die Gas-Straßenbeleuchtung wurden		
davon aufgewendet	296 ,,	,,

Die Zahl der in Betrieb befindlichen Leuchten beträgt rund 480000. Aus diesen Zahlen ist deutlich zu ersehen, einen wie großen Anteil (rund 10%) die Gas-Straßenbeleuchtung an der Gasabgabe hat. Es kommt letzterer aber auch eine sehr große wirtschaftliche Bedeutung hinsichtlich des Betriebes der Gaserzeugungsanlagen zu. Die ausgesprochene Winterspitze der Gasabgabe früherer Jahre ist völlig verschwunden. Infolge der zunehmenden Verwendung des Gases für Koch- und Gewerbezwecke hat sich auf diesem Gebiet ein größerer Sommerverbrauch gegenüber dem Winter herausgestellt. Der Mehrverbrauch im Winter für die Straßenbeleuchtung bietet einen willkommenen Ausgleich, so daß die Belastung der Erzeugungsanlagen das ganze Jahr hindurch fast gleichmäßig ist. Aus diesem Grunde ist das Gasfach weiterhin an der Erhaltung und dem Ausbau der Gas-Straßenbeleuchtung interessiert; ganz abgesehen davon, daß mit dem gesteigerten Gasabsatz eine vermehrte Erzeugung der ja für unsere Volkswirtschaft so wichtigen Nebenprodukte, wie Benzol, Teer, Ammoniak neben dem Koks, verbunden ist.

b) Erzeugung und Eigenschaften des Steinkohlengases.

Es gibt zweierlei Verfahren, die *hauptsächlich* angewendet werden, Gas zu erzeugen, und zwar entweder auf dem Wege der Entgasung oder der Vergasung. Unter *Entgasung* versteht man die Abspaltung brennbarer Gase aus festen Brennstoffen beim Erhitzen unter Luftabschluß. *Vergasen* heißt die Umwandlung fester oder flüssiger Brennstoffe in der Wärme in Gase unter Zuhilfenahme der Zersetzung der Luft, Wasserdampf u. a.[1]

Die *Entgasung* ist das ältere Verfahren und wurde anfangs ausschließlich von den Gaswerken und Kokereien geübt. Die dazu benötigten Entgasungsöfen weisen je nach der Bauart wesentliche Unterschiede ihrer Konstruktion auf. Die luftdicht abgeschlossenen Entgasungsräume bestehen aus Retorten oder Kammern, die entweder waagerecht, senkrecht oder schräge angeordnet sind.

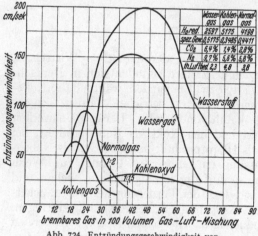

	Wasser-gas	Kohlen-gas	Normal-gas
H.o red.	2597	5175	4198
spez.Gew.	0,5175	0,3485	0,4411
CO₂	6,4%	1,4%	2,8%
N₂	9,7%	5,6%	5,8%
th.Luftbed.	2,3	4,8	3,8

Abb. 724. Entzündungsgeschwindigkeit von Gas-Luft-Gemischen.

Die Anordnung ist in jedem Falle das entscheidende Merkmal des betreffenden Ofentyps. Mehr und mehr hat man, besonders in großen Werken, die Retorten als verhältnismäßig kleine Entgasungsräume verlassen und sich den Öfen mit Kammern zugewendet. In Kokereien werden fast ausschließlich Öfen mit horizontalen Kammern mit einem Fassungsvermögen von 10...25 Tonnen, und in Gaswerken für die Großgaserzeugung Schrägkammeröfen mit einem Fassungsvermögen von 6...9 Tonnen verwendet.

Die Beheizung der Entgasungsräume erfolgt durch Generatorgas, welches in Einzel- oder Zentralgeneratoren erzeugt wird. Besonders in Gaswerksbetrieben ist man vielfach dazu übergegangen, für die Beheizung sog. Starkgas, das ist ein Teil des in den Entgasungsräumen erzeugten Gases, zu benutzen.

Die Entgasung stellt ein Veredelungsverfahren dar. Die Wärmeenergie der entgasten Rohstoffe wird bis auf etwa 10...12% in den Veredelungsbestandteilen wiedergewonnen. Die verloren gegangene Energie wird zur Erwärmung der Entgasungsräume benötigt. Die Entgasung ist also ein Verfahren, welches — verglichen mit der unmittelbaren Verfeuerung der Brennstoffe — die volkswirtschaftlich günstigste Ausnutzung der Rohstoffe gewährleistet. Das durch den Entgasungsvorgang gewonnene Gas wird durch geeignete Apparaturen von Teer, Ammoniak und Benzol sowie von den Schwefelverbindungen befreit.

Für die *Vergasung* wird im allgemeinen im Gaswerksbetrieb Koks benutzt. Derselbe wird in hoher Schicht in einen Schachtofen eingefüllt und unten entzündet. Die für die Verbrennung notwendige Luft wird von unten eingeleitet, und zwar im Wechsel mit Wasserdampf. Das dabei entstehende Produkt ist das Wassergas[2]. Das *Wassergas*, welches heizwertärmer ist als das durch Entgasung entstehende Kohlengas, wird mit diesem gemischt und so ein Mischgas erzeugt, welches gleichbleibenden *Heizwert* und gleichbleibende *Eigenschaften* hat. Es ist das sog. Normgas, wie es allgemein heute in Deutschland verwendet werden soll[3]. Das *Normgas* wird wie folgt gekennzeichnet:

Es soll ein Mischgas mit einem oberen Heizwert von 4000...4300 kcal/m³ abgegeben werden. Dieser Heizwert soll durch Zusatz brennbarer Gase zum reinen Kohlengas aus der Entgasung und nicht durch übermäßige Beimischung von stickstoff- und kohlensäurereichen Gasen (Rauchgas, Generatorgas) erreicht werden. Dichte unter 0,5 (Luft = 1). Inerte (Kohlensäure + Stickstoff) unter 12%.

---

[1] Siehe Hütte: Des Ingenieurs Taschenbuch Bd. 4.
[2] Vgl. Muhlert u. Drews: Technische Gase.
[3] Gas- u. Wasserfach 1933, S. 153.

Die meisten deutschen Gaswerke vertreiben ein Gas von 4200 kcal pro Kubikmeter oberem Heizwert. Mit der Festlegung des Heizwertes und des spezifischen Gewichtes eines Gases ist aber noch nicht die Art des Verbrennungsablaufes gekennzeichnet, die für den Bau der Geräte, in denen das Gas verbrannt werden soll, wichtig ist. Die Brenneigenschaften werden vorläufig noch durch die *Entzündungsgeschwindigkeit* und durch den Luftbedarf bestimmt. In Abb. 724 ist die Entzündungsgeschwindigkeit von Gas-Luft-Gemischen dargestellt. Es zeigt sich, daß das Normgas eine wesentlich höhere Entzündungsgeschwindigkeit hat als das reine Kohlengas, allerdings eine geringere als das Wassergas. Der Wassergaszusatz hat neben dem genannten Vorteil noch denjenigen der erhöhten Flammentemperatur. Das wirkt sich bei der Verwendung der Glühkörper als Temperaturstrahler in der Gasbeleuchtung besonders wertvoll aus.

Früher beurteilte man ein Gas nach der Anzahl der Hefner-Kerzen, die man auf dem Wege des Photometrierens festgestellt hat. Die damals unerläßliche Photometerbank ist völlig ersetzt worden durch das *Kalorimeter*. Aber nicht nur ein gleichbleibender Heizwert und eine gleichbleibende Gasbeschaffenheit gewährleisten eine gute und gleichmäßige Versorgung, sondern ebenso wichtig ist die Herbeiführung eines möglichst gleichbleibenden Gasdrucks an den Stellen der Verwendung des Gases. Letzteres ist zu erreichen durch die Gestaltung der Rohrnetze und durch die Regelung des Gasdruckes.

c) Rohrnetz, Masten, Überspannungen.

Das *Rohrnetz* dient der Verteilung des Gases im Straßennetz der Städte und Gemeinden und stellt somit die Verbindung zwischen den Stätten der Erzeugung des Gases und den Verbrauchern dar. Wie aus den vorstehend angeführten statistischen Angaben hervorgeht, ist für die meisten Städte und Gemeinden die Straßenbeleuchtung mit durchschnittlich 10% der gesamten Gasabgabe einer der wichtigsten Gasabnehmer. Bei der Planung und Ausdehnung der Rohrnetze ist diesem Umstande Rechnung zu tragen, da die gesamte mit Niederdruck versorgte Gas-Straßenbeleuchtung keine besonderen Rohrnetze erfordert. Der dafür nötige Gasverbrauch ist bei der Berechnung der Rohrdurchmesser zu berücksichtigen. Man wird dabei einen Leistungsaufschlag, der der technischen und wirtschaftlichen Entwicklung von einem oder zwei Jahrzehnten entspricht, machen. Niederdrucknetze werden mit einem Druck von 60...120 mm WS betrieben.

Das *Material* der Rohrnetze besteht entweder aus Gußrohren oder aus Stahlrohren. Die *Gußrohre* werden bis zu 600 mm Durchmesser heute als Schleudergußrohre mit einer größeren Gleichmäßigkeit der Wandstärke und höheren Festigkeiten, als es bei Sandgußrohren der Fall ist, hergestellt. Gegen äußere Einflüsse werden sie mit einem Teer-Bitumenanstrich versehen. Gegenüber der früheren Stemm-Muffenverbindung verwendet man bei den Durchmessern bis zu der genannten Größe heute Schraubmuffen, die eine schnelle und anpassungsfähige Verlegung ermöglichen.

Stahlrohre bis zu 500 mm Durchmesser werden im allgemeinen als nahtlose, zu einem geringeren Teil als geschweißte Rohre verwendet. Über das genannte Maß hinaus bedient man sich wassergasgeschweißter Rohre. Da Stahlrohre wesentlich empfindlicher gegen äußere Einflüsse (Humussäure und sonstige aggressive Bestandteile des Bodens) sind, ist besonderes Augenmerk auf ihren Schutz zu legen. Man verwendet heute dafür allgemein eine Wollfilzisolierung, die in heißes Bitumen eingetaucht um die Rohre gewickelt wird. Bei größeren Durchmessern wählt man zwei Lagen, die kreuzweise gewickelt werden. Die Stahlrohre zeichnen sich durch besondere Anpassungsfähigkeit an das Gelände aus, indem sie an Ort und Stelle den Verhältnissen entsprechend gerichtet, gebogen oder mit geschweißten Formstücken versehen werden können. Auch die Abzweige für die Verbrauchsstellen, beispielsweise für die einzelnen Lichtmaste der Straßenbeleuchtung, können durch Aufschweißen von Stutzen erzielt werden. Beim Gußrohr bewirkt man derartiges durch besondere Formstücke. Stutzen für kleinere Abmessungen werden mittels Gewinde unmittelbar in die Wandungen eingeschraubt. Für größere Abmessungen bedient man sich geteilter Überschieber mit Abzweigstutzen oder besonderer Abzweigformstücke.

Die *Zuleitungen zu den Lichtmasten* der Straßenbeleuchtung werden möglichst aus starkwandigen nahtlosen Gewinderohren (Dampfrohren), die ebenfalls gegen äußere Einflüsse mit einem Bitumenschutz versehen sind, hergestellt. Zur Bewehrung des Bitumenschutzes benötigt man entweder Wollfilzpappe oder einen gazeförmigen Pflanzenfaserstoff.

Abgesehen von den erwähnten Schraubmuffen mit Gummiringdichtung, die sowohl für Gußrohre als auch für Stahlrohre benutzt werden, kommen ebenfalls für beide die Stemmuffenverbindungen in Frage. Dazu bediente man sich als Dichtmaterial, abgesehen vom Teerstrick, im allgemeinen der Bleiwolle oder des Riffelbleies. Als Austauschstoff für das Blei verwendet man heute Aluminiumwolle oder Sinterit.

Stahlrohre werden in den meisten Fällen durch Schweißung miteinander verbunden, und zwar durch die normale Schweißmuffenverbindung mit ihren Abarten oder durch die Klöppermuffen, die entlastete Schweißungen aufweisen.

Die einzelnen Rohrstränge eines Niederdruck-Rohrnetzes werden mit Luft unter einem Druck bis zu 1 atü geprüft. Die Rohrverbindungen werden dabei mit einer Lösung von Seife oder Nekal bestrichen. Undichtheiten zeigen sich durch Blasenbildung. Nur absolut zuverlässig und dicht hergestellte Rohrleitungen können in Betrieb genommen werden. Sollen höhere Drücke als normal, beispielsweise in Förder- oder Preßgasleitungen verwendet werden, so geht man mit dem Prüfdruck entsprechend höher (5...25 atü).

Hinsichtlich des Einbaues der einzelnen Leitungen in den Straßen wird man sich dem fast allerorts eingeführten *Einbauschema* unterwerfen, d. h. Verteilungsleitungen, die der unmittelbaren Versorgung der Gasabnehmer dienen, werden möglichst beiderseitig in den Gehbahnen so eingeordnet, wie es die Reihenfolge mit anderen Leitungen (Elektrizität, Wasser, Post, Feuermelder usw.) vorschreibt. Die Reihenfolge wird örtlich von den Bauämtern der betreffenden Städte und Gemeinden den besonderen Verhältnissen dieser Orte entsprechend angeordnet. Abb. 725 gibt ein Beispiel einer großstädtischen Straße wieder. Das deutsche Normblatt DIN 1998 enthält Richtlinien für die Einordnung und Behandlung der Gas-, Wasser-, Kabel- und sonstigen Leitungen und Einbauten bei der Planung öffentlicher Straßen.

Aus dieser Abbildung ist gleichzeitig die Anordnung der *Lichtmasten* für die Straßenbeleuchtung zu ersehen. Ihr Abstand von der Bordsteinkante muß 60...80 cm sein, um Beschädigungen durch Fahrzeuge zu vermeiden. Die Lichtmasten bestehen aus Gußeisen oder (heute fast ausschließlich) aus Stahlrohren. Erstere werden im allgemeinen zweiteilig hergestellt, und zwar aus einem gußeisernen Erdbock und einem gußeisernen Schaft. Beide sind durch 4...6 Schrauben miteinander verbunden. In dem hohlen Schaft befindet sich eine schmiedeeiserne Steigeleitung, die außen gegen Rostbildung zu schützen ist.

Der Anschluß an die Zuleitung im Erdreich wird neuerdings mit Hilfe eines Staubsackes, d. i. eine Erweiterung des unteren Teiles der Steigeleitung, an die 30...40 cm vom unteren Ende gemessen die Zuleitung im rechten Winkel anschließt, bewirkt. In dem Staubsack scheiden sich die Kondensate und staubförmigen Bestandteile des Gases ab. Damit werden Verstopfungen der Brenner vermieden. Der Erdbock und der im Erdboden sich befindende Teil des Lichtmastes wird durch einfachen Teeranstrich gegen äußere Einflüsse geschützt.

Einfacher sind die Lichtmasten aus Stahl, und zwar entweder aus einem konischen Rohr oder aus sich nach oben hin verjüngenden zylindrischen Rohren. Bei größeren Ausführungen wird der untere Teil des Schaftes durch ein Mantelrohr geschützt. Ein besonderer Erdbock ist in den wenigsten Fällen vorgesehen. Das untere Ende des Schaftes erhält eine viereckige Grundplatte, die gegebenenfalls nach oben durch Streben von den Ecken aus abgestützt ist. Der im Boden befindliche Teil des Lichtmastes ist gegen Korrosion durch einen in heißes Bitumen eingetauchte Bewicklung zu schützen, die 10...15 cm über dem Erdboden

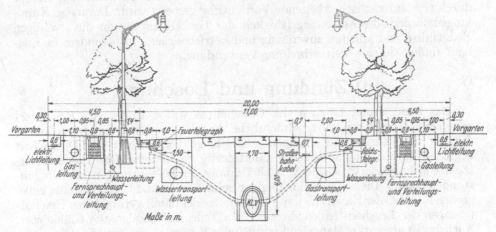

Abb. 725. Querschnitt durch eine Großstadt-Straße.

herausragt. Der Anstrich des Schaftes soll möglichst unauffällig und widerstandsfähig gegen Verwitterung und mechanische Einflüsse sein. Diese Lichtmasten haben im allgemeinen keine besonderen Steigeleitungen im Innern, sondern sind gasführend, was den Vorteil einer stark verminderten Gasgeschwindigkeit gegenüber derjenigen in der verhältnismäßig engen Steigeleitung hat. Dabei fallen Kondensate und Staub im Schaft aus.

Die Höhe der Lichtmasten richtet sich nach den jeweiligen Bedürfnissen. Im allgemeinen geht man nicht über Lichtpunkthöhen von 6 m, da die Bedienbarkeit der Lampen durch zu schwere Leitern schwierig wird. Ihrer Verwendung entsprechend richtet man sie ohne Ausleger für Aufsatzlampen und mit Ausleger für Ansatz- und Hängelampen ein. Ausladungen bis zu 2,5 m haben sich bewährt. Es ist jedoch darauf zu achten, daß die Lampen dabei nicht in das freie Durchfahrtsprofil der Straße hineinragen, damit Beschädigungen durch Fahrzeuge vermieden werden. Der Abstand der Lichtmasten richtet sich nach den Anforderungen, die an die Beleuchtung zu stellen sind. Im allgemeinen verwendet man doppelreihige Anordnung zu beiden Seiten der Straße im Zickzackverband.

Wenn sich Lichtmasten nicht verwenden lassen, greift man zu *Wandarmen*, die an den Häusern angebracht werden. Die Steigeleitung ist in solchen Fällen ebenso zu behandeln, wie bei gußeisernen Masten. Die Ausleger der Wandarme können sich den jeweiligen Verhältnissen entsprechend in ihrer Form den architektonischen Bedürfnissen anpassen und sind geeignet für die Verwendung von Aufsatz-, Ansatz- und Hängelampen. Ihre Ausladung beträgt bis zu 3 m.

Für Mittelbeleuchtung verwendet man *Überspannungen*, und zwar herablaßbare mit einer Gaszuführung durch Gelenkrohre oder feste mit unauffälliger Zuleitung aus Aluminium- oder Kupferrohr von 19 mm Durchmesser. Letztere

kann unmittelbar mit dem Trageseil verbunden werden. An Hauswänden hochge-
führte Aluminiumrohre müssen mit Rücksicht auf die Korrosionsgefahr auf Stiel-
schellen verlegt werden. Näheres über die Gas-Straßenbeleuchtung ist aus dem Be-
leuchtungsheft des Deutschen Vereins von Gas- und Wasserfachmännern zu ersehen.

Bei Lichtpunkthöhen von Masten und Überspannungen, die mit Rücksicht
auf die Unhandlichkeit die Verwendung von Leitern nicht zulassen, oder wo
aus Verkehrsrücksichten fahrbare Leitern nicht angebracht sind, geht man
zum Einbau von *Kupplungen* über. Die Lampen sind mit Hilfe von Seil und
Winde herablaßbar. Beim Anziehen des Seiles wird eine Kupplung als besonderes
Bauelement zwischen Lampe und Mast bzw. Gaszuführungsleitung gelöst.
Sie ist so beschaffen, daß im Augenblick der Lösung der Gaszutritt zur Lampe
durch eine automatisch arbeitende Vorrichtung gesperrt wird. Derartige Kupplungen fördern die Anpassungsfähigkeit der Gasbeleuchtung an die jeweiligen
Bedürfnisse und arbeiten zuverlässig und betriebssicher. Insbesondere in Eng-
land finden sie eine weitverbreitete Verwendung.

d) Zündung und Löschung.

Das Zünden und Löschen der Gasleuchten wurde früher von *Hand* vorgenommen. Dazu war eine beträchtliche Anzahl von Laternenwärtern nötig,
die mit dem Zünden der Lampen schon lange vor Eintritt der Dunkelheit
beginnen mußten, um rechtzeitig damit fertig zu werden. Das Löschen ver-
zögerte sich dementsprechend je nach Umfang der Beleuchtung in die Morgen-
stunden hinein. Diese Ungleichmäßigkeit beim Zünden und Löschen stellte einen
großen Nachteil der Handbedienung dar. Infolge der damit verbundenen Erschütterungen der Leuchten leiden die einzelnen Teile, insbesondere die Glühkörper.
Auch das ist als starker Mangel hinsichtlich der Kosten zu erwägen. Eine derartige
Handbedienung ist nicht in der Lage, der Forderung des Luftschutzes nach
schlagartiger Verdunkelung ganzer Ortschaften zu entsprechen. Es sollte daher
keine Stadt mehr geben, in der ein derartig unzulängliches Verfahren geübt wird.

Eine Möglichkeit, gleichzeitig das Zünden und Löschen aller Straßenleuchten
zu erreichen, besteht in der Verwendung von *Zünduhren*. Bei entsprechender
Einstellung der Zeit für Zünden und Löschen bewirkt ein Uhrwerk das Öffnen
bzw. Schließen der Gaszuführung. Das Aufziehen der Uhr, die Kontrolle der
Übereinstimmung mit der Normalzeit sowie das Einstellen, den Angaben des
Brennkalenders entsprechend, stellen Nachteile gegenüber dem vollautomatischen
Wellenzünder dar. Immerhin gibt es Fälle, wo die Druckverhältnisse des Rohrnetzes die Einführung von Druckwellenzündern nicht zulassen. Solche besonders
gearteten Fälle sind der Verwendung von Zünduhren vorbehalten. Sie gestatten
nicht das im Rahmen des Luftschutzes geforderte schlagartige Verlöschen
sämtlicher Lampen.

Die zur Zeit beste Lösung stellt die Zündung mittels *Druckwelle* dar. Obgleich die Gas-Straßenbeleuchtung an das allen Zwecken der Gasversorgung
allgemein dienende Rohrnetz angeschlossen ist, besteht doch die Möglichkeit
der vollautomatischen Schaltung von einer Zentrale aus. Die Druckwellen-
schaltung besteht im Prinzip darin, daß vom Gaswerk oder vom Speisepunkt
des Rohrnetzes aus eine plötzliche Steigerung des normalen Druckes um 30
bis 40 mm, eventuell auch höher, vorgenommen wird. Je nach Ausdehnung
des Rohrnetzes bleibt diese Druckerhöhung 5...10 min stehen (s. Abb. 726).
Die Fernzünder in den einzelnen Leuchten sprechen auf diese Druckerhöhung
hin an und öffnen bzw. schließen die Gaszuführung. Dieser Vorgang erfordert
demnach kein zusätzliches Eingreifen des Laternenwärters in den Zünd- oder
Löschvorgang. Dieser hat lediglich die Aufgabe, den richtig erfolgten Zünd-

oder Löschvorgang zu kontrollieren bzw. bei Versagern einzugreifen. Letztere betragen im allgemeinen 1...2% je Schaltvorgang. Es ist besonders wichtig, daß die Druckwelle sich in jeder Leuchte hinreichend auswirkt, so daß ein möglichst großer Druckunterschied zum Auslösen des Schaltvorganges im Fernzünder zur Verfügung steht. Es hängt von den Abmessungen und von der Sauberkeit (Staub und Kondensat) des Rohrnetzes ab, ob die Druckwelle überall in ausreichendem Maße zur Wirkung kommt.

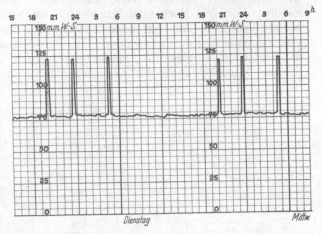

Abb. 726. Druckwellen.

Man unterscheidet bei der *Druckwellenzündung* das *Zwei- und Dreiwellenprinzip.* Bei dem ersteren wird durch die gemäß dem Brennkalender gegebene erste Druckwelle die Gaszufuhr zur Leuchte geöffnet, während die zweite Welle am Morgen die Gaszufuhr absperrt und so die Lampe zum Verlöschen bringt. Die Zündung selbst wird durch die dauernd brennende Zündflamme bewirkt. Bei der Dreiwellenschaltung dagegen wird zwischen der Zünd- und Löschwelle eine dritte Welle gegeben, die sog. Mittelwelle. Diese Mittelwelle bewirkt in den besonders für diesen Zweck gebauten Leuchten das Verlöschen eines Teiles der Glühkörper. Es ist somit bei der Dreiwellenschaltung möglich, in den Abendstunden eine dem Verkehr entsprechende Beleuchtung durchzuführen, während diese etwa ab 23 Uhr wegen des geringeren Verkehrs während der Nacht verringert wird. Eine andere Möglichkeit besteht noch darin, daß nicht ein Teil der Glühkörper durch

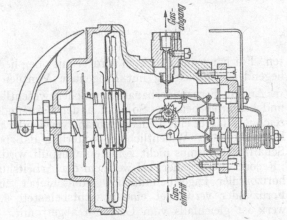

Abb. 727. Bamag-Fernzünder.

die Mittelwelle gelöscht wird, sondern daß etwa jede zweite Leuchte völlig gelöscht wird, so daß die Nachtbeleuchtung mit der Hälfte der Straßen-Leuchten betrieben wird.

In der Abb. 727 ist einer der gebräuchlichsten *Fernzünder* dargestellt, wie ihn die Bamag-Meguin liefert. In einem gußeisernen Gehäuse befindet sich die aus drei geformten Messingtellern gasdicht zusammengesetzte Metallmembrane, die mit einem Bakelitüberzug zum Schutze gegen chemische Einflüsse des Gases versehen ist. Diese Metallmembrane hat gegenüber den üblichen Leder- und Stoffmembranen große Vorteile. Die Membrane wird von dem Hebel entsprechend einer Skala auf dem Gehäuse durch Anziehen der Belastungsfeder belastet, so daß sie bei dem durch die Druckwelle erzeugten Druck in Tätigkeit treten kann.

Die Bewegung der Membrane wird durch eine Spindel auf ein hinter dem Schalt-
werkrahmen liegendes Nockenrädchen übertragen. Die Teilung des Nocken-
rädchens bestimmt die Schaltfolge des Fernzünders. Beim Dreiwellensystem
(AN-Schaltung) sind zwei verschiedene Nockenrädchen nebeneinander vorhanden. Von dem Nockenrädchen werden die Schaltwellen gesteuert und die
beiden Ventile in den Gasausgangsleitungen geöffnet oder geschlossen. Der
Gaseingang erfolgt dabei von unten. Bei dem Bamag-Fernzünder befindet sich
das Schaltwerk im Gas. Ein Handhebel ermöglicht das direkte Öffnen der Ventile zur Handbetätigung der Leuchte. Damit unbeabsichtigte kurze Druck-
stöße die Arbeitsmembran
nicht beeinflussen, befindet sich in der als Ver-
bindung des Luftraumes
hinter der Membrane mit
der Atmosphäre dienenden
hohlen Zeigerachse eine
Glaskapillare geringen
Durchmessers. Die Mem-
brane kann nur dann den
vollen Hub ausführen,
wenn genügend Luft durch
die Kapillare aus dem
Luftraum herausgedrückt
ist. Dazu ist jedoch eine
Dauer der Druckerhöhung
von mindestens 2...3 min
erforderlich. Der abgebildete Fernzünder dient zum
Einbau in stehende Leuch-

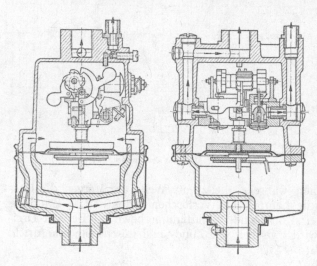

Abb. 728. Graetzin-Fernzünder.

ten. Für hängende Leuchten wird er mit oben liegendem Gaseingang und unten
liegendem Gasausgang mit hängenden Ventilen gebaut.

Andere Fernzünderbauarten weichen wesentlich von dem hier abgebildeten
und beschriebenen ab. So ist u. a. der Fernzünder „Meteor" dadurch gekennzeichnet, daß er eine Ledermembrane verwendet und an Stelle der Ventile Gas-
hähne benutzt. Wesentlich ist weiterhin, daß beim „Meteor"-Fernzünder der
Schaltmechanismus nicht vom Gas umspült wird. Ein anderes Beispiel ist der
„Record"-Fernzünder, bei welchem der Arbeitshub der Membrane auf einen in
horizontaler Lage befindlichen Drehschieber übertragen wird. Auch dieser
Fernzünder verwendet eine gewichtsbelastete Ledermembrane. Das Schaltwerk ist gleichfalls vom Gasraum abgetrennt.

Eine andere Ausbildung zeigt der Graetzinfernzünder, bei dem eine waagerechte Biegehaut vorgesehen ist, die, mit entsprechenden Gewichten belastet, den
vom Gaswerk aus gegebenen Druckunterschieden folgt (Abb. 728). Die erste
Druckwelle zündet bei Eintritt der Dunkelheit sämtliche Flammen, die zweite
Druckwelle löscht zu beliebiger Nachtstunde einen Teil der Flammen und die
dritte Druckwelle bei Eintritt der Helligkeit am Morgen alle übrigen Flammen.

Naturgemäß hängt die Güte der automatischen Betätigung der Leuchten
mittels Druckwellen in hohem Maße von den Eigenschaften der Fernzünder
ab. An sie sind dementsprechend folgende Anforderungen zu stellen:

1. Die Membrane muß bei möglichst geringer Druckerhöhung ansprechen, jedoch nur,
wenn diese während einigen Minuten wirksam ist.

2. Geringe Schwankungen des Druckes im Rohrnetz dürfen im Fernzünder keine Betätigung des Schaltmechanismus hervorrufen.

3. Erschütterungen des Lichtträgers dürfen gleichfalls nicht die Auslösung des Schaltmechanismus herbeiführen.

4. Der Fernzünder muß von kräftiger Bauart und unempfindlich gegen äußere Einflüsse sein.

5. Die Zündflamme darf durch den Fernzünder nicht beeinflußt werden.

6. Bei Versagern muß die Bedienung der Leuchte von Hand möglich sein.

7. Der Fernzünder muß leicht einstellbar sein.

Wie schon auf S. 653 erwähnt, ist eine gute Gasversorgung u. a. abhängig von einem möglichst gleichbleibenden Gasdruck an den Stellen der Verwendung des Gases. Das trifft im besonderen Maße auch für die Straßenbeleuchtung zu. Es kann nicht erwartet werden, daß eine Lampe mit *Regeldüse*, die auf einen gewissen Druck eingeregelt ist, unter Einwirkung erheblicher Schwankungen desselben nicht in ihren Brenneigenschaften beeinflußt wird. Bei einem den Anforderungen entsprechend bemessenen Rohrnetz werden sich diese Schwankungen innerhalb vertretbarer Grenzen halten. Für solche Fälle können die Regeldüsen ersetzt werden durch Festdüsen. Ehe man aber zu dieser Änderung schreitet, sollte eine eingehende Kontrolle des Druckes vorgenommen werden. Vorübergehend läßt sich das durch Verwendung von Laternendruckschreibern erreichen, die unmittelbar an bzw. in die Lampen eingebaut werden können und ein Druckbild entweder von wenigen Stunden oder 24 h je nach der Schaltung schreiben. Die Druckbilder geben einen genauen Verlauf des Gasdruckes in dem betreffenden Rohrstrang, an den die Lichtmasten angeschlossen sind. Eine laufende Kontrolle erzielt man durch die Verwendung von Druckschreibern mit 7tägiger Laufzeit, die feste Einbaustellen an verschiedenen Orten des Gasrohrnetzes haben. Will man trotz erheblicher Druckschwankungen doch mit Rücksicht auf die Einfachheit der Bedienung Festdüsen verwenden, so ist der Einbau von Laternendruckreglern, die später beschrieben werden, unerläßlich. Das trifft in besonderem Maße zu an Orten, die mehr oder weniger große *Geländehöhenunterschiede* aufweisen. Der Einfluß letzterer errechnet sich wie folgt:

$$x = \pm z\,G\,(1 - s)$$

$x =$ Druckunterschied in mm

$z =$ Höhenunterschied in m

$G =$ Gewicht eines m³ Luft = 1,293 bei 0° und 760 mm Hg

$s =$ spez. Gewicht des Gases.

Unter normalen Verhältnissen errechnet sich der Druckunterschied also auf rd. 0,65 mm pro Meter.

Es gibt Fälle, wo die zentrale Schaltung von Lampen durch Fernzünder o. dgl. nicht am Platze ist. Ein einfaches Mittel der Bedienung von Hand vom Boden aus ist die *pneumatische Betätigung*. Man kam damit dem Bestreben nach, auch für die Raumbeleuchtung ein bequemeres Zünden und Löschen zu ermöglichen. Namentlich bei hohen Räumen und der Verwendung von nach unten geschlossenen, hängenden Leuchten ist die Handbedienung der Leuchte unbequem. Für solche Fälle haben die Askania-Werke die Luftdruckfernzündung für hängende Leuchten gebaut. Bei diesem befindet sich über dem Brenner ein in einem Kolben aufgehängtes Absperrventil. Der Raum über dem Kolben steht durch ein dünnes Kupferrohr mit einer als Wandschalter ausgebildeten Luftpumpe in Verbindung. Wird der Druckknopf dieses Schalters herausgezogen, dann entsteht durch die Bewegung der an einer Membrane befestigten Platte in der Schieberkapsel ein Unterdruck in der dünnen Luftleitung. Dadurch wird der Kolben angehoben, und das die Gaszufuhr absperrende Ventil von seinem Sitz abgehoben. Wird der Druckknopf entgegengesetzt in den Schalter hineingedrückt, dann bewirkt der auf den Kolben ausgeübte Überdruck ein Anpressen des Ventils auf seinen Sitz und damit die Absperrung der Gaszufuhr. Bei Gruppenbrennerlampen benutzt man an Stelle des Ventiles einen Kolbenschieber. Die pneumatische Zündung ist betriebssicher und gestattet eine bequeme Bedienung der Gasleuchte. Besonders in England gibt es andere Ausführungen von Zündvorrichtungen für die Raumbeleuchtung, die sich sehr bewährt haben.

Ein besonderes Gebiet der Gas-Straßenbeleuchtung bildet die *Preßgas-beleuchtung*. Für sie ist ein besonderes Rohrnetz notwendig. Zur Erzeugung des

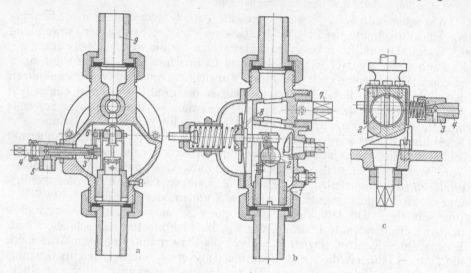

Abb. 729. Graetzin-Preßdruckfernzünder (Schema).

erforderlichen Druckes des in den Leuchten zur Verbrennung gelangenden Gas-luftgemisches werden Preßgaskompressoren verwendet, die das aus der Nieder-druckleitung angesaugte Gas von 70...100 mm WS auf den Gebrauchsdruck von

Abb. 730. Graetzin-Preßgas-fernzünder (Ansicht).

1200...1800 mm WS bringen. Ein Umlaufregler, mit dem jeder Kompressor versehen ist, sorgt dafür, daß stets nur soviel Preßgas in die Leitung gelangt, wie an den Ver-brauchsstellen, also den Leuchten, entnommen wird. Der jeweils nötige Betriebsdruck wird durch Belastung des Umlaufreglers mit Gewichten eingestellt. Abb. 730 gibt einen Preßgasfernzünder wieder. Er wird verwendet, wenn die Preßgaslampe von einer Zentrale aus gezündet werden soll und wenn die Leitung bei Tage unter Nieder-druck und bei Nacht unter Preßgasdruck stehen soll. Die Erhöhung des Druckes von Niederdruck bei Tage auf Preßgasdruck bei Eintritt der Dunkelheit betätigt die Membrane in den Fernzündern und gibt den Weg des Gases durch ein Kugelventil frei nach den Brennern. Gleichzeitig drosselt sie ganz oder teilweise die Gas-zuführung zu der Zündflamme. Diese brennt also gar nicht oder stark gedrosselt während der Nachtstunden, wenn die Lampe brennt. Bei Tagesanbruch wird der Druck in dem Preßgasrohr-netz wieder ermäßigt. Die gespannte Membrane gibt nach, schließt die Gas-zuführung zu den Brennern und gibt den Weg zur Zündflamme wieder frei, die sich an den verlöschenden Glühkörpern von neuem entzündet und so am Tage weiter brennt. Durch Geben einer zweiten Druckstufe können Preßgaslampen auch so eingerichtet werden, daß ein Teil der Glühkörper etwa um Mitternacht erlischt. Die Fernzünder müssen dann selbstverständlich danach eingerichtet sein.

Im einzelnen ist die Wirkungsweise dieses Zünders (Abb. 729) folgende: Das Gas tritt bei 9 ein, fließt nach Öffnen des Hahnes 7 zu dem eigentlichen Ventil 2 und tritt bei geöffnetem Ventil bei 2 zur Leuchte, sobald die unter Federdruck stehende Biegehaut 8 das Ventil 2 geöffnet hat. Das für die Zündflamme notwendige Gas tritt durch das Hahnküken 4 in das bei 5 eingeschraubte Zündrohr. Bei diesem Hahnküken wird das Hahngehäuse 3 durch den am Ventilkörper angeordneten Hebel 6 gedreht. Bei dem Tagesdruck, also Niederdruck, steht das Hahngehäuse 3 über der kleinen Bohrung im Küken 4. Sobald nun der Preßgasdruck gegeben wird, dreht sich das Hahngehäuse 3 unter Einwirkung des Hebels 6 und schließt die Bohrung fast vollständig ab. Durch den erhöhten Druck gelangt aber noch genügend Gas zu der Zündflamme, die unter dem Preßgasdruck sich vergrößert. Nach vollständigem Öffnen des Ventils 2 ist das zur Zündflamme fließende Preßgas dann vollständig abgesperrt. Geht am Morgen zum Löschen der Flammen der Preßgasdruck zurück, so entzündet sich die Zündflamme wieder an den langsam verlöschenden Glühkörpern und das Hahngehäuse 3 hat dann den Zutritt des Niederdruckgases zur Zündflammenleitung wieder freigegeben. Der Hahn 7 dient dazu, die Zufuhr des Gases bei etwaigem notwendigen Nachsehen des Zünders oder bei Vornahme von Reparaturen in der Lampe vollständig abschließen zu können.

e) Druckregelung.

Die Erzeugungsstätten (Gaswerke oder Kokereien) speisen die zu versorgenden Ortsnetze entweder unmittelbar mit Niederdruck oder mittelbar durch unter erhöhtem Druck stehende Fernleitungen. Im ersteren Falle genügt es, den durch die Gasbehälter auf den Werken erzeugten Druck auf einen den Bedürfnissen entsprechenden Ortsnetzdruck herunterzuregeln. Bei Ferngasversorgungen wird das Gas in *Kompressoranlagen* auf einen mehr oder weniger hohen Druck gebracht, um an den einzelnen Anzapfstellen der Fernleitungen in besonderen Regleranlagen wieder heruntergeregelt zu werden. Derartige Leitungen, die unter erhöhtem Druck stehen, können auch als Ring- oder Sternleitungen in großen Städten dazu benutzt werden, das Niederdruckortsnetz durch einzelne Speisepunkte über Reglerstationen zu versorgen. Zu diesem Mittel greift man auch in Städten, die größere Geländeunterschiede (s. S. 666) aufweisen,

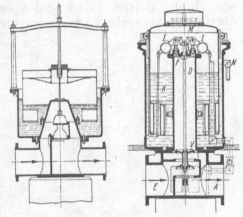

Abb. 731. Nasse Gewichtsregler.

um bei geteilten Ortsnetzen die gewünschten Druckverhältnisse zu erzielen.

Bei der unmittelbaren Versorgung aus den Erzeugungsstätten werden vielfach *nasse Gewichtsregler* gebraucht, wie sie die Abb. 731 zeigt. Links ist eine einfache Konstruktion mit einem hängenden Doppelsitzventil dargestellt, welches in einer Schwimmerglocke hängt. Letztere taucht mit ihrem offenen Ende in einen Behälter, der mit Wasser gefüllt ist, und erhält ihren Auftrieb durch Gas, welches von der Regleraustrittsseite durch eine Verbindung unter die Glocke gelangt. Fällt der Druck durch Gasentnahme auf der Regleraustrittsseite ab, so senkt sich die Glocke; das Ventil wird geöffnet. Steigt der Druck an, so schließt sich das Ventil wieder. Der Druck wird eingestellt durch eine Gewichtsbelastung der Glocke. Er kann also nur innerhalb geringer Grenzen schwanken, nur soviel, daß die Reglerbewegung eingeleitet wird. Die Belastung kann verschiedener Art sein. Entweder legt man gußeiserne Gewichte in Form von geschlitzten Ringen um die obere Führungsstange oder man bildet den oberen Teil der Glocke als Behälter aus, der mit Wasser oder Quecksilber gefüllt wird.

Die für die Betätigung der Fernzünder notwendige Druckerhöhung in Gestalt
der Druckwellen wird durch Vermehrung der Belastung der Glocke entweder
durch Auflegen von Gewichten oder durch Zufüllen von Wasser bzw. Quecksilber bewirkt. Durch Entlastung der Glocke ermäßigt sich der Druck; die Druckwelle ist damit beendet.

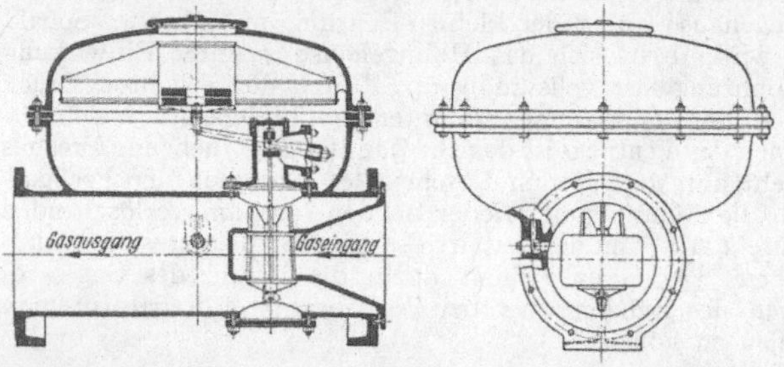

In Abb. 731 ist rechts
eine Konstruktion wieder-
gegeben, bei welcher das
Gewicht von Ventil und
Kegel durch Gegengewichte
ausgeglichen und die Rei-
bung in den Gelenken in-
folgedessen auf das äußerste
verringert wird. Um ein
Ecken der Glocke zu ver-
meiden, ist sie in Rollen
geführt.

Abb. 732. Membranregler mit Hebelübersetzung und auswechselbarem
Ventilsitz.

Bei den *Membranreglern* ist die Glocke ersetzt durch eine Ledermembran,
die entweder unmittelbar oder durch eine Hebelübertragung mit dem Regler-
ventil verbunden ist. Letzteres kann einsitzig oder doppelsitzig ausgebildet
sein. In den meisten Fällen werden Regler mit Doppelsitzventil und Hebelübertragung verwendet. Die Austrittsseite ist mit dem Raum unter der Membran verbunden, so daß
der geregelte Druck letz-
tere beeinflußt. Sinkt er
unter ein gewisses Maß,
dann fällt die Membran
und öffnet das Ventil.
Steigt der Druck, so
hebt sie sich und schließt
letzteres. Die Belastung
geschieht hier durch
Gußringe. In dersel-
ben Form, wie bei den
nassen Reglern, voll-
zieht sich auch hier der
Vorgang der Wellen-
gebung. Ein derartiger
Regler ist in Abb. 732
dargestellt.

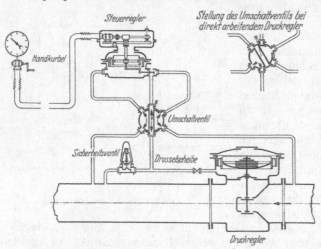

Abb. 733. Elektrisch ferngesteuerter Membran-Stadtdruckregler.

Membranregler ha-
ben den Vorzug, daß sie fast ohne jede Wartung ihre Arbeit verrichten, und
insbesondere im Winter für Heizung kaum gesorgt werden braucht, da das
Einfrieren von Wasser nicht zu befürchten ist. Sie haben wesentlich geringere
Gewichte als die nassen Regler und benötigen weniger Raum.

Es gibt Fälle, wo man sich die besondere Bedienung zur Zeit der Wellengebung für die Straßenbeleuchtung sparen will. Der Vorgang wird dann von
einer Stelle aus eingeleitet, die in mehr oder weniger großer Entfernung von dem
Aufstellungsort des Reglers entfernt liegt und ständig Personal insbesondere
für andere Zwecke aufweist. Der *ferngesteuerte Membran-Stadtdruckregler*,
wie er in Abb. 733 dargestellt ist, dient diesen Zwecken. Im Gegensatz zu den
bisher beschriebenen Reglern wird die Arbeitsmembran über einen Steuerregler von dem Vordruck beeinflußt. Der Steuerregler arbeitet mit dem geregelten

Hinterdruck und steuert den Vordruck. Ein Sicherheitsventil sorgt dafür, daß der Druck unter der Arbeitsmembran nicht über ein erträgliches Maß wächst. Soll nun eine Druckwelle zum Zünden der Straßenbeleuchtung gegeben werden, so betätigt man die Handkurbel eines Stromerzeugers, der, wie oben gesagt, in mehr oder weniger großer Entfernung vom Aufstellungsort der Regleranlage untergebracht ist. Der Stromerzeuger ist synchron geschaltet mit einem Motor im Steuerregler. Es wird dadurch ein Laufgewicht in Bewegung gesetzt, welches auf die Membran des Steuerreglers einwirkt. Durch diese zusätzliche Be-lastung wird der Zutritt des regeln-den Vordruckes zum Druckregler mehr oder weniger — unter Um-ständen ganz — abgeschnitten. Es wirkt die Gewichtsbelastung der Arbeitsmembran und öffnet das Doppelsitzventil des Reglers, so daß ein Druckanstieg nach der Nieder-druckseite bewirkt wird. Letzterer kann durch ein Manometer am Hand-kurbelapparat kontrolliert werden. Die Höhe der Druckwelle wird be-grenzt durch den Vorschub des Lauf-gewichtes am Steuerregler. Hat die Druckwelle die eingestellte Höhe er-reicht, so wird der Steuerregler be-einflußt. Dadurch kommt wieder der Druck unter der Arbeitsmembran zur Wirkung. Das Umschaltventil wird dann betätigt, wenn die Fern-beeinflussung mit dem Steuerregler außer Betrieb gesetzt werden soll.

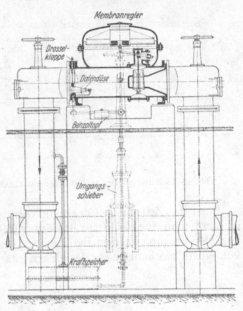

Abb. 734. Dalén-Regler.

In der Fernversorgung oder bei Hochdruckring- und Sternleitungen mit einzelnen Speisepunkten verwendet man ausschließlich Reglerstationen mit Membranreglern. Solche Regler, die sich ganz allein überlassen sind, können nicht, wie solche auf den Werken, den jeweiligen Gasabgabeverhältnissen ent-sprechend von Hand be- oder entlastet werden. Diesem Mangel begegnet man durch den Einbau einer *Dalén-* oder *Venturi-Einrichtung*, wie sie in Abb. 734 wiedergegeben ist. Tritt eine größere Gasabgabe ein, so entsteht in der Daléndüse bzw. im Venturirohr eine größere Geschwindigkeit als normal, die in der Ver-bindungsleitung zwischen jener und dem Raum unter der Arbeitsmembran des Reglers einen Unterdruck erzeugt. Der normale Gleichgewichtszustand im Regler wird dadurch gestört. Es tritt eine größere Gasmenge durch den Regler in das Versorgungsgebiet. Um eine störende Stoßwirkung zu vermeiden, ist in die Leitung ein Kraftspeicher eingeschaltet. Ist das erhöhte Bedürfnis nach Gas im Niederdruckortsnetz befriedigt, so tritt der alte Zustand wieder ein. Die Düse wird wieder wirkungslos.

Um Anlagen der vorgeschriebenen Art durch den Einbau einer *Wellengebe-einrichtung* für die Straßenbeleuchtung nutzbar zu machen, geht man wie folgt vor: Abb. 735 gibt eine Einrichtung wieder, die mit einer Zeituhr und einem Steuerregler (oben rechts) ausgestattet ist. Die Zeituhr löst zur eingestellten Zeit ein Ventil aus, welches in dem Steuerregler den Zutritt des Gases von der Hochdruckseite des Arbeitsreglers freigibt; es drückt durch die dargestellten Leitungen nach der Niederdruckseite. In dem Strahlapparat, welcher den

Abzweig nach dem unter der Arbeitsmembran befindlichen Reglerraum herstellt, wird in letzterem ein Unterdruck erzeugt, welcher durch Sinken der Arbeitsmembran ein Öffnen des Reglerventils und damit einen erhöhten Gasdurchtritt bewirkt. Der dadurch auf der Niederdruckseite erzeugte Druckanstieg (Zünd- bzw. Löschwelle) wird in seiner Höhe begrenzt durch den kleinen Begrenzungsregler, welcher sich über dem Arbeitsregler befindet. Dieser drosselt die Geschwindigkeit im Strahlapparat. Die Zeit der Welle wird durch das links am Steuerregler befindliche Nadelventil eingestellt. Es läßt je nach Einstellung in mehr oder weniger langer Zeitdauer das Gas unter der Steuermembran ab, wodurch ein Schließen des Gaszutritts von der Hochdruckseite bewirkt wird.

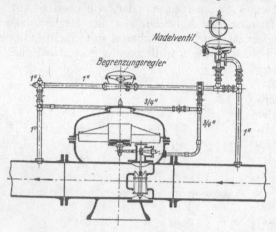

Abb. 735. [Selbsttätiger Druckwellen-Geber mit Zeituhr.

Statt der Zeituhr, bei der man von dem Aufziehen des Uhrwerks abhängig ist, kann man eine *elektrische Auslösung* wählen, wie sie in Abb. 736 wiedergegeben ist. Der Vorgang ist derselbe wie eben beschrieben. Will man die Abhängigkeit von einem mechanischen oder elektrischen Mittel ganz beseitigen, so kann man die Zündwelle im Niederdrucknetz durch wellenförmige Druckerhöhung in den Hochdruckleitungen bewirken und bedient sich einer Einrichtung, wie sie die Abb. 737 zeigt. Die Gaseingangsleitung zum Regler ist durch eine enge Leitung über einen Steuerregler mit der Gasausgangsstelle verbunden. Der Teil zwischen dieser und dem Steuerregler enthält eine Strahldüse, die über einen Benzoltopf mit dem Raum unter der

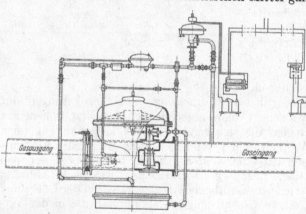

Abb. 736. Druckwellen-Geber mit elektrischer Auslösung vom Gaswerk aus.

Membran des Arbeitsreglers verbunden ist. Das Benzol soll den Ansatz von Naphthalin in der Strahldüse oder in der engen Rohrleitung verhindern. Bei normalem Vordruck hält der Steuerregler durch Federspannung das Steuerventil geschlossen. Bei Erhöhung des Vordruckes hebt sich das Steuerventil durch die gespannte Membran bei Überwindung der Federkraft. Es kann Gas durchströmen, welches durch die Strahldüse einen Unterdruck unter der Arbeitsmembran erzeugt. Das Ventil des Arbeitsreglers öffnet sich und läßt Gas für eine Druckwelle durch, welche in ihrer Höhe dadurch begrenzt wird, daß der Druckanstieg sich durch die dünn gezeichnete Verbindungsleitung vom Gasausgang nach dem Raum über der Membran im Steuerregler mitteilt. Die Dauer der Welle ist abhängig von der Dauer der Druckerhöhung auf der Hochdruckseite. Diese Einrichtung setzt voraus, daß in dem Hochdrucknetz, an das der Regler angeschlossen ist, keine nennenswerten Druckschwankungen auftreten.

Es kann nun noch ein vierter Fall eintreten, daß in dem betreffenden Niederdrucknetz von irgendeiner Stelle aus Zünd- und Löschwellen gegeben werden, die mit Rücksicht auf die Widerstände in den Rohrleitungen gewisse Bezirke nicht in voller Höhe erreichen. Es ist deshalb erwünscht, in geeigneter Weise durch Zuschuß die Wellen so zu erhöhen, daß sie in den Fernzündern der Straßenlampen wirksam werden. In diesem Falle wird die Wirkung des Steuerreglers ausgelöst durch die unzulängliche Welle im Niederdrucknetz, die auf die Gasaustrittsseite des Arbeitsreglers wirkt. Der Vorgang ist ähnlich wie bei der vorherigen Darstellung.

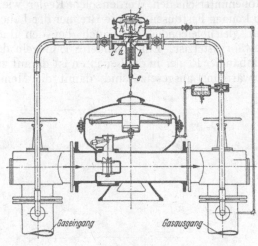

Abb. 737. Druckwellen-Geber für hohe Vordruckwelle.

Wo mit Rücksicht auf die installierten Gasgeräte, die Wirkung der Gasdruckwellen in gesonderten Teilen des Ortsnetzes oder bei einzelnen Gasabnehmern unerwünscht ist, verwendet man ebenfalls Membranregler als Trennregler. Sie bilden das trennende Glied zwischen Ortsnetzen mit und ohne Zünd- und Löschwellen. Abb. 738 zeigt eine Grube, in die ein derartiger Regler eingebaut ist. Um die Wirkungsweise genau kontrollieren zu können, schließt man beide Reglerseiten je an einen Druckschreiber. In diesem Falle wurden 7-Tageschreiber verwendet, wie sie bereits früher erwähnt wurden. Die Wirkung solcher Anlage zeigen die Druckdiagramme der Abb. 739.

Ein anderes Mittel, die Einwirkung des erhöhten Druckes bei der Gebung von Zünd-

Abb. 738. Siebentage-Druckschreiber für Trennregler.

und Löschwellen auf die Brenner zu beseitigen, ist durch die Verwendung von *Gerätereglern* gegeben. Solche werden auch in der Straßenbeleuchtung verwendet. Sie dienen gleichzeitig zur Regelung des Gasdruckes, wo durch die Eigenart des Ortsnetzes bedingt starke Unterschiede in den einzelnen Versorgungsgebieten auftreten. Dieses ist meistens der Fall in Städten mit großen Höhenunterschieden. Werden solche Regler, wie Abb. 738, S. 665 angibt, eingebaut, so können Festdüsen für die Brenner der Leuchten verwendet werden, wodurch ein gleichbleibender Verbrauch bei den Leuchten des Versorgungsgebietes gewährleistet ist. Ein besonderes Einregeln der Brenner fällt dann fort. Beim Einbau der Regler in die Leuchten ist darauf zu achten, daß sie nicht zu starker Erwärmung ausgesetzt sind, damit die Membranen nicht leiden.

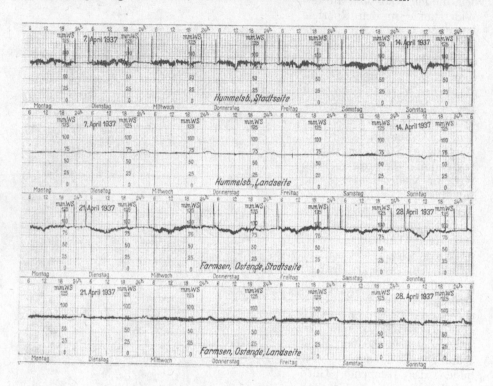

Abb. 739. Druckdiagramm vor und hinter dem Trennregler.

Im vorstehenden ist auf das Wesen der Zünd- und Löschwellen in der Gas-Straßenbeleuchtung eingegangen. Es sind Wege gewiesen, den vielfältigen Anforderungen in technischer Hinsicht zu entsprechen. Die Praxis hat bewiesen, daß die Einrichtungen sicher, gut und vor allem wirtschaftlich arbeiten. Das ist besonders bei den Erörterungen der eingeschränkten Beleuchtung und Verdunkelungen im Rahmen des *Luftschutzes* zum Ausdruck gekommen. Die wiederholten Übungen haben gezeigt, daß eine Stadt mit 30000 Gasleuchten in der Lage war, dieselben in 45 sec durch Wellengebung zum Verlöschen zu bringen. Es waren etwa 1% Versager festzustellen, die aber in Kürze beseitigt werden konnten. Damit ist der Forderung nach schlagartiger Verdunkelung entsprochen worden. Die Richtlinien sehen eine Zeit von 2…3 min für diesen Vorgang vor. Auch die Umstellung einer Gas-Straßenbeleuchtung auf eingeschränkte Beleuchtung oder die Bereitstellung von mit Gas betriebenen Richtlampen im Falle der Verdunkelung ist verhältnismäßig einfach durchzuführen. Der Vorzug der Gas-Straßenbeleuchtung ist bei allen zur Erörterung stehenden Fragen (abgesehen vom Preßgas) immer wieder die Unabhängigkeit von einem besonderen Leitungsnetz.

G. Raumbeleuchtung.

G 1. Beleuchtung von Arbeits- und Schulräumen.

Von

ERNST WITTIG-Berlin-Schlachtensee.

Mit 15 Abbildungen.

a) Beleuchtung gewerblicher Räume.

Die Anforderungen an die Beleuchtung können bei den verschiedensten Zweigen des Handwerks und Gewerbes recht unterschiedlicher Art sein, nicht nur hinsichtlich der Beleuchtungsstärke, sondern auch im Hinblick auf Schattigkeit, Spiegelung, Leuchtdichte und Lichtfarbe. Die Beleuchtung kann, wenn sie der Arbeit nicht angepaßt ist, störend und hinderlich wirken; ist sie auf die Erfordernisse der Arbeitstätigkeit abgestimmt, so fördert und erleichtert sie die Arbeit ungemein. Insofern wird gute Beleuchtung mit Recht einem guten Werkzeug gleichgestellt.

Im vorliegenden Rahmen lassen sich die mannigfaltigen Erfordernisse der einzelnen Gewerbezweige und die Mittel, mit denen man ihnen gerecht wird, nicht ausführlich behandeln. Schon hinsichtlich der Wahl der Beleuchtungsstärke kommen alle in den Leitsätzen der DLTG aufgeführten Gruppen vor, angefangen vom Schmied, der bei grober Arbeit nur geringe Beleuchtungsstärke braucht, bis zum Lithographen oder Uhrmacher, dessen feinste Arbeit auch die stärkste Beleuchtung erforderlich macht. Dabei ist wieder zu unterscheiden zwischen Berufen, deren Tätigkeit sich im allgemeinen über den ganzen Arbeitsraum erstreckt (z. B. Schmied, Tapezierer, Friseur), so daß hierbei vorwiegend Raumbeleuchtung nötig ist, und solchen Gewerbezweigen, deren Arbeit sich vorwiegend auf einen eng begrenzten Platz beschränkt (z. B. Uhrmacher, Goldarbeiter, Drucker, Buchbinder), die daher vorzügliche Arbeitsplatzbeleuchtung bei mäßiger zusätzlicher Raumbeleuchtung gebrauchen.

Die richtige Wahl der geeigneten Beleuchtungsart hinsichtlich Gleichmäßigkeit und Schattigkeit ist ebenso nur nach eingehender Prüfung der Arbeitstätigkeit bzw. der Beschaffenheit des Arbeitsgutes möglich. Danach richtet es sich, ob vorwiegend direkte, schattige Beleuchtung mit geringerer Gleichmäßigkeit oder halbindirekte gleichmäßige Beleuchtung mit ausgeglichenen Schatten zu bevorzugen ist. Beim Schmied z. B. ist schattige Beleuchtung zum leichteren Erkennen der geformten Werkstücke vorteilhaft. Hier ist daher vorwiegend direkte Beleuchtung angebracht, wobei die Leuchte bei Anordnung über dem Amboß die Hauptarbeitsstelle am stärksten beleuchtet. Halbindirekte, schwachschattige Beleuchtung ist dagegen z. B. für den Friseur oder die Wäschebügelanstalt angebracht, da bei deren Arbeit Schatten stören würden.

Für manche Arbeiten ist die Beseitigung von Spiegelbildern der Lichtquellen im Arbeitsgut notwendig, z. B. beim Zurichten des Satzes in der Druckerei oder beim Gravieren polierter Metallflächen. In anderen Berufen dagegen kann die Arbeit erst im gespiegelten Licht genau und mühelos vorgenommen werden, wie beim Glasschleifer, der bei sehr flachem Lichteinfall die zwischen Schleifstein und Glasscheibe sich bildende Wasserblase durch Lichtbrechung und Spiegelung wahrnehmen und so den Fortgang seiner Arbeit genau beobachten kann [1]. Auch der Glaser ist durch Ausnutzung der Spiegelung der Lichtquelle in der Lage, bei ganz bestimmter Anordnung von Blickrichtung, Glasplatte und Leuchte Fehler des Glases (Blasen, Risse, Ziehstreifen) genau und mühelos wahrzunehmen [2] (Abb. 740).

Im allgemeinen spielt die Lichtfarbe für den Ablauf der Arbeit keine entscheidende Rolle, zumal bei den nicht allzu krassen Farbunterschieden zwischen Tages- und Glühlampenlicht. Ein spürbarer Einfluß auf das Auge ist erst bei ausgesprochen farbigem Licht nachweisbar [3]. Künstliches Tageslicht ist jedoch in denjenigen Gewerbezweigen nötig, in denen Farben abgemustert werden, z. B. in der Kürschnerei, wo zu vorhandenem Pelzwerk in der Farbe genau passende Stücke auszusuchen sind. Auch der Drucker braucht zum Anpassen der richtigen Farbe beim Mehrfarbendruck einwandfreie Tageslichtfarbe.

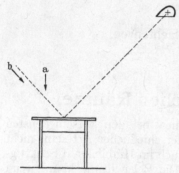

Abb. 740. Beleuchtungseinrichtung zur Prüfung von Spiegelglas. a Blickrichtung zur Feststellung schlechter Politur, b Blickrichtung zur Feststellung von Blasen, Knoten und Kratzern. (Aus Licht 1932.)

Schon aus diesen wenigen Beispielen geht die Mannigfaltigkeit der Beleuchtungsanordnung bei den einzelnen Gewerbearten hervor. Es ist kaum möglich, hierfür eingehende Regeln aufzustellen. Man muß vielmehr die Arbeitsbedingungen jedes Gewerbes genau beobachten und dann erst auf die anzuwendende Beleuchtungsart schließen. Bei schwierigen Arbeiten ist unter Umständen die Durchführung von Versuchen notwendig.

Bei den meisten Handwerks- und Gewerbezweigen läßt sich mit den handelsüblichen Leuchtgeräten die der Arbeit angepaßte Beleuchtung schaffen. Allerdings wird in manchen Fällen besonderes Augenmerk auf die mechanische Ausführung (Werkstoff, Abdichtung gegen Spritzwasser, Staub u. dgl.) zu richten sein. In die Backstube des Bäckers gehören staubgeschützte, in den Werkraum des Fleischers feuchtigkeitsgeschützte Leuchten, deren Werkstoff mit Rücksicht auf die aus hygienischen Gründen erforderliche feuchte Reinigung am besten aus Porzellan, Majolika u. a. besteht. Auch in der staubigen Werkstatt des Tischlers und Tapezierers eignen sich staubdichte oder staubgeschützte Leuchtgeräte für die Raumbeleuchtung, wobei den Bauarten mit lichtstreuenden Gläsern der Vorzug zu geben ist.

Gewerbe, deren Arbeitstätigkeit vorwiegend auf einen oder mehrere örtlich begrenzte Arbeitsplätze beschränkt bleibt (z. B. Schuhmacher, Schneider, Sattler, Kürschner, Schlosser, Klempner), brauchen an diesen ausreichende Platzbeleuchtung durch handelsübliche Werkplatzleuchten, z. B. mit tiefem emaillierten Schirm, der den Lichtstrom auf eine begrenzte Arbeitsfläche sammelt und das Auge vor Blendung schützt. Bei beweglicher Anbringung am Zug-

---

[1] Kircher, W.: Besonderheiten der Beleuchtung bei der Arbeit. Licht 1 (1931) 371—373.
[2] Kircher, W. u. E. Summerer: Zweckmäßige Beleuchtung zur Prüfung polierter Baustoffe. Licht 2 (1932) 185—188.
[3] Arndt, W. u. A. Dresler: Über das Sehen bei monochromatischem Licht. Licht 3 (1933) 231—233, vgl. auch F 2, S. 577 f.

pendel oder Gelenkarm kann die Beleuchtungsstärke durch Heranführen zum bzw. Entfernen vom Arbeitsstück je nach Bedarf gesteigert oder verringert werden.

Solche Werkplatzleuchten sind auch dann notwendig, wenn der Arbeitsplatz mit Rücksicht auf gutes Tageslicht so angeordnet ist, daß er bei abendlicher Beleuchtung zur Raumbeleuchtung ungünstig liegt, so daß z. B. der eigene Schatten des Arbeitenden auf das Werkstück fällt, sowie für die Arbeit an der Werkzeugmaschine (Drehbank, Bohrmaschine, Blechschere u. dgl.), wie sie Schlosser, Klempner u. a. für ihre Arbeit benutzen.

Bei Arbeiten, die nicht an einen bestimmten Platz gebunden sind, aber doch starke örtliche Beleuchtung brauchen, behilft man sich mit Handleuchten. Ihre Mängel, wie unzureichende Entblendung und fehlende Aufhängemöglichkeit, lassen sich durch Benutzung sog. Ständerleuchten beseitigen, die, am Stativ nach Höhe und Seite beliebig einstellbar, eine kleine Platzleuchte

Abb. 741. Ständerleuchte in einer Automobilreparaturwerkstatt (Werkphoto).

mit tiefem Schirm tragen (Abb. 741). Bei Aufstellung neben dem Arbeitsplatz, beispielsweise in der Kraftwagenreparaturwerkstatt, leisten sie bessere Dienste als Handleuchten, zumal beide Hände für die Arbeit frei bleiben.

Derartige Beleuchtungseinrichtungen gleichen den in Fabriken verwendeten (G 1, b).

b) Beleuchtung von Fabriken.

Die Wichtigkeit und Notwendigkeit guter Beleuchtung im Fabrikbetrieb ist dadurch anerkannt und unterstrichen, daß die Leitsätze der DLTG für die Beleuchtung mit künstlichem Licht unter der Bezeichnung DIN 5035 in das Normenwerk der Deutschen Industrie übernommen worden sind (vgl. F 4, S. 590 f.). Ähnliche Richtlinien sind für amerikanische Betriebe im "Code of Lighting Faktories, Mills and all other Work Places"[1] gegeben.

Der Einfluß guter wie schlechter Beleuchtung auf Menge und Güte der Arbeit, auf den Gesundheitszustand des Arbeiters, auf Unfallgefährdung ist im industriellen Betrieb am ehesten merkbar und läßt sich hierbei verhältnismäßig leicht nachweisen. Die Industrie verfolgt schon seit langem günstige und ungünstige Einwirkungen auf Leistung und Arbeitsgüte messend, so daß es nahe lag, diese Messungen auch auf die Beleuchtung auszudehnen. So liegen denn gerade hier eine große Anzahl eingehender Untersuchungen vor. Dabei ergibt sich folgendes Bild:

Im allgemeinen ist der Nachweis einer Leistungssteigerung in Abhängigkeit von der Beleuchtungsstärke bei den verschiedensten Industriezweigen zu erbringen, sofern die einfachsten Regeln der Beleuchtungstechnik (Beseitigung

---

[1] Code of Lighting Factories, Mills and all other Work Places. Trans. Illum. Engng. Soc. **23** (1928) 1209—1230.

von Blendung, störenden Schatten, Herstellung günstigen Lichteinfalls) beachtet werden. Die Leistungssteigerung ist selbstredend um so größer, je unzureichender die anfänglich vorhandene Beleuchtung ist.

So wurde in einem Druckereibetrieb (Abb. 742) bei Steigerung der Beleuchtungsstärke von 20 lx auf 300 lx eine Verbesserung der Setzleistung um 30 %[1], in einer Juteweberei unter ähnlichen Voraussetzungen eine Leistungserhöhung um etwa 13 %[2] festgestellt. Ähnliche Untersuchungsergebnisse liegen verschiedentlich vor[3], wobei zum Teil auf die Verbesserung der Tagesbeleuchtung durch zusätzliche künstliche Beleuchtung, wie auch auf die Wirtschaftlichkeit derartiger Verbesserungen der Beleuchtungsanlage eingegangen wird.

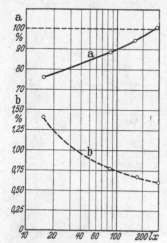

Abb. 742. Verbesserung der Setzleistung bei gesteigerter Beleuchtungsstärke. a Anzahl der gesetzten Buchstaben in % der Leistung bei Tageslicht. b Setzfehler in %, bezogen auf a. (Aus Siemens-Z. 1929.)

Auch die Frage der Gütesteigerung ist in diesen Untersuchungen eingehend behandelt worden.

Bei der Untersuchung in einer Setzerei wurden bei ursprünglicher Beleuchtung (20 lx) 1,4 % Setzfehler bezogen auf die Zahl der gesetzten Lettern gezählt. Sie gingen bei 300 lx auf 0,6 % der gesetzten Buchstaben, also um 57 % zurück. Ähnlich wurde bei einer Untersuchung in einer Seidenweberei[4] ein Rückgang der Fehlerstellen (Regulierstellen) im gewebten Stoff um 84 % gegenüber der anfänglich unzureichenden Beleuchtung nachgewiesen, womit natürlich eine erhebliche Gütesteigerung der Ware erzielt wurde.

Bei den angeführten Untersuchungen ließ sich die Wirtschaftlichkeit der gesteigerten Beleuchtung nachweisen. Dabei ergab sich, daß die Resultierende aus Mehrkosten für größere Beleuchtungsstärke und Mehrertrag für erhöhte Leistung und bessere Ware bei einer bestimmten Beleuchtungsstärke ihren Höchstwert erreicht und dann wieder fällt. Diese Beleuchtungsstärke ist die wirtschaftlich beste. Bei weiterer Steigerung erst wird die Beleuchtung unwirtschaftlich[5].

Bei diesen Wirtschaftlichkeitsuntersuchungen blieben andere Momente unberücksichtigt, obgleich auch Fragen der Gesunderhaltung und der Unfallverhütung bei der Erörterung der Vorteile verbesserter Beleuchtung gerade in Industrieanlagen mitzusprechen haben. Deshalb ist den Abhandlungen, die sich mit der Verringerung von Betriebsunfällen befassen, besondere Bedeutung beizumessen. Im Untertage-Bergbau ist bei dem Übergang von den alten Karbidlampen des Bergmannes auf die elektrische Beleuchtung vor Ort die Verbesserung der Beleuchtungsverhältnisse besonders auffallend und der günstige Einfluß auf die Zahl der Betriebsunfälle daher gut nachweisbar[6,7,8] (vgl. G 6, S. 734).

Die Frage, ob Allgemein- oder Platzbeleuchtung vorzuziehen ist, läßt sich für Industriebetriebe nicht allgemein beantworten. Sie hängt von den jeweiligen

[1] Kircher, W. u. L. Schneider: Was kostet schlechte Beleuchtung? Licht 1 (1930) 7—9.

[2] Goldstern, N. u. F. Putnoky: Erfolgskontrolle arbeitstechnischer Beleuchtungsversuche in der Juteweberei. Ind. Psychotechn. 8 (1931) 257—263.

[3] Brainerd, A. A.: When Daylight Needs Help. Electr. Wld., 93 (1929) 888—889.

[4] Goldstern, N. u. F. Putnoky: Die Wirtschaftlichkeit der Beleuchtung in Seiden- und Kunstseidenwebereien. Licht u. Lampe 21 (1932) 364—366, 381—382.

[5] Goldstern, N. u. F. Putnoky: Die wirtschaftliche Beleuchtung von Webstühlen bei mattem Fadenmaterial; neue arbeitstechnische Untersuchungen. Licht u. Lampe 20 (1931) 25—28.

[6] Owings, C. W.: Some Mine-Lighting Practices in the United States. Trans. Illum. Engng. Soc. 29 (1934) 47—64.

[7] Gaertner, A. u. L. Schneider: Die Beleuchtung als Mittel zur Rationalisierung im Steinkohlenbergbau. Elektr. im Bergb. 4 (1929) 221—227.

[8] Hiepe, H.: Die Beleuchtung unter Tage im Steinkohlenbergbau und die Häufigkeit der Unfälle. Licht 2 (1932) 83—86.

Betriebsverhältnissen ab. Arbeitsplätze, an die hohe Anforderungen an Arbeitsgenauigkeit, hohe Sehschärfe, Unterscheidung feinster Einzelheiten gestellt werden, sind fast stets mit Werkplatzleuchten auszurüsten. Hierzu rechnen in erster Linie Kontrollplätze, Sortiertische, alle Werkzeugmaschinen, Webstühle usw. Ist die Arbeit nicht an örtlich begrenzte Plätze gebunden, so ist meist gute Allgemeinbeleuchtung geeigneter, die gegebenenfalls durch einzelne zusätzliche Arbeitsplatzleuchten ergänzt wird. Das gilt für Montagehallen, Gießereien, Papierfabriken, chemische Betriebe, Textilwerke usw.

Die Wahl der Raumleuchten wird zu einem erheblichen Teil durch die Bauart des Betriebsraumes beeinflußt. Hallenbauten mit Raumhöhen bis zu 20 m

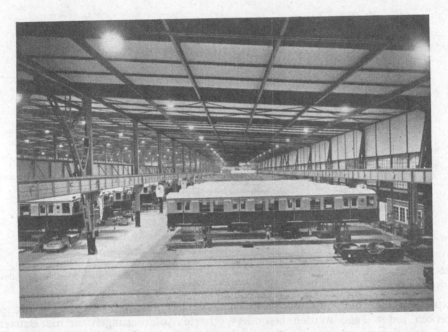

Abb. 743. Hohe Werkshalle, beleuchtet durch Tiefstrahler über der Kranbahn. (Aus Siemens-Z. 1929.)

und mehr (Abb. 743), die von Laufkränen bestrichen werden, lassen sich wirtschaftlich nur durch Tiefstrahler mit stark zusammengedrängtem Lichtkegel beleuchten, da sie über der Kranbahn aufgehängt werden müssen. Sie können bei Bedarf durch seitliche Schirmleuchten unterhalb der Kranbahn unterstützt werden. Zur Aufhebung der Eigenschatten des Laufkranes sind an diesem selbst noch Tiefstrahler vorzusehen.

Für niedrige, weiträumige Hallen (Shedbauten u. dgl.) benutzt man meist Schirmleuchten mit breitem Schirm und verhältnismäßig großem Ausstrahlungswinkel, um zur Schattenminderung gute Überschneidung der einzelnen Lichtkegel zu erhalten. Aus dem gleichen Grund ist die Aufhängehöhe bei größeren Leuchtenabständen nicht zu klein zu halten. Trotzdem ist die Beleuchtung dabei ausgesprochen schattig, die Decke außerdem unbeleuchtet, während die Halle tagsüber bis zum Dach lichtdurchflutet ist.

Um abends eine ähnliche Beleuchtungswirkung zu erzielen, kann man auch in Hallenbauten mit Dachlaternen u. dgl. (Abb. 744), die sonst nur in Werräumen mit gut rückstrahlender Decke (Geschoßbauten) gebräuchlichen Leuchtgeräte mit lichtstreuenden Glasglocken einbauen, muß dafür aber etwas höheren Stromverbrauch in Kauf nehmen. Die gute Lichtdurchflutung des gesamten

Raumes dabei übt auf Auge, Stimmung und Arbeitsfreudigkeit wohltuenden Einfluß aus.

Besondere Betriebsbedingungen haben zur Durchbildung von Leuchten in Sonderbauarten geführt. Staubdichte Leuchten werden in Woll- und Baumwollspinnereien, Braunkohlenbrikettfabriken usw. gebraucht. Ihre äußere Form (steile Glasflächen, steile Gehäusewandung) verhindert auch Ablagerung leicht entzündlicher Staubmengen in dichter Schicht. Spritzwassergeschützte und wasserdichte Leuchten muß man in chemischen Fabriken, Färbereien u. dgl. einbauen [1]. Feuergefährdete Betriebsstätten und rauhe Betriebe der Schwerindustrie verwenden gußgekapselte Leuchten mit kräftigem Schutzkorb. Für

Abb. 744. Textilbetrieb, Allgemeinbeleuchtung durch staubdichte Leuchten mit Glasglocke, die auch die Decke erhellen. (Aus Siemens-Z. 1934.)

explosionsgefährdete Räume und schlagwettergefährdete Betriebe in Bergwerken unter Tage werden besonders scharfe Anforderungen an die Bauart und den Schutz gegen unbefugtes Öffnen der Leuchte gestellt [2]. Die Industrie hat für manche Zwecke die Natrium- und Quecksilberdampflampen in ihre Dienste gestellt, zum Teil mit Rücksicht auf die bedeutende Steigerung der Wirtschaftlichkeit, zum Teil wegen der erhöhten Sehschärfe des Auges (vgl. F 2, S. 577 f.), teilweise aber auch wegen der eigenartigen Lichtfarbe, die feine Farb- oder Materialfehler bzw. -unterschiede deutlicher hervortreten läßt. Quecksilberdampflampen sind in den Lackierwerkstätten der Autoindustrie zur Prüfung der Fehlerfreiheit des Lackes, an Lesebändern zum Aussortieren von Kohle und Erzen (Abb. 745) und für viele andere Sonderzwecke unentbehrlich geworden. Natriumdampflampen leisten bei der Prüfung von Gußstücken, Rohren, bearbeiteten Werkstücken auf Risse und Fehler hervorragende Dienste [3]. In geeigneter Mischung mit Glühlampen erzielt man mit Quecksilberdampflampen eine dem Tageslicht ähnliche Lichtfarbe auf viel wirtschaftlicherem Wege als dies mit Glühlampen durch Ausfiltern des Rotüberschusses mit Blaugläsern möglich ist. Der Anwendungsbereich der gesamten

---

[1] Schmelzle, B.: Beleuchtung in rauhen Betrieben. Elektrotechn. Z. **53** (1932) 561.
[2] Leitsätze für die Errichtung elektrischer Anlagen in explosionsgefährdeten bzw. schlagwettergefährdeten Betriebsstätten und Lagerräumen. VDE. 0165/1935. Elektrotechn. Z. **56** (1935) 361—365 bzw. VDE. 0170/1933. Elektrotechn. Z. **54** (1933) 1222—1226.
[3] Kircher, W.: Prüfung von Werkstoffen durch farbiges Licht der Metalldampflampen. VDE.-Fachber. **8** (1936) 118—121.

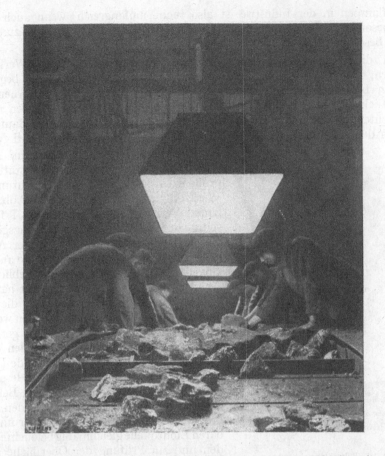

Abb. 745. Leseband eines Steinkohlenbergwerks, beleuchtet mit Quecksilberdampflampen in Leuchten mit rechteckigem Schirm. (Werkphoto.)

Abb. 746. Werkzeugmaschine mit angebauter Werkplatzleuchte. (Aus Anschluß 1936.)

Dampflampen in der Industrie ist also recht umfangreich, wenn auch durch ihre besonderen Betriebseigenschaften (vgl. B 7, S. 171 f., 177 f.), zum Teil etwas beschränkt.

Für die Sonderbeleuchtung bestimmter Arbeitsplätze dienen Werkplatzleuchten, kleine Tiefstrahler an Pendeln, Gelenkarmen u. dgl., die begrenzte Flächen blendungsfrei hell beleuchten. Durch Nähern oder Entfernen vom Werkstück läßt sich der Beleuchtungsstärkebedarf in weiten Grenzen regeln, der Lichteinfall der Arbeit anpassen. Sie werden in verschiedensten Bauformen je nach den Erfordernissen des Arbeitsplatzes für Kontrolltische, Sortierplätze,

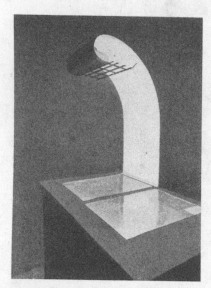

Abb. 747. Beleuchtungseinrichtung zur Oberflächenprüfung blanker Feinbleche. (Aus Licht 1932.)

für Werkbänke, die ungünstig zum Lichte stehen, für feinmechanische Werkstätten, in großem Umfange auch zur Beleuchtung von Werkzeugmaschinen verwendet (Abb. 746), zumal Werkzeugmaschinen bereits z. T. fabrikseitig mit derartigen Beleuchtungsgeräten ausgerüstet werden. Bei organischer Anpassung an die Maschine erleichtert die an- oder eingebaute Leuchte die Arbeit erheblich.

In manchen Fällen können mit handelsüblichen Werkplatzleuchten nicht die günstigsten Lichtverhältnisse geschaffen werden, weil das Licht entweder zu stark gerichtet oder die Leuchtdichte bei spiegelnden Werkstücken zu groß bzw. die leuchtende Fläche zu klein ist. Dann müssen besondere, den Betriebsbedingungen angepaßte Beleuchtungseinrichtungen geschaffen werden, z. B. große Strahlschirme, die von einer unsichtbaren Lichtquelle gleichmäßig beleuchtet werden und zur Prüfung der Oberfläche blank polierter Feinbleche dienen[1] (Abb. 747) oder transparentartig durchleuchtete Opalglasflächen zur Kontrolle von Wäschestücken (Kragen) auf Stoffehler in der Durchsicht, oder eine ähnliche gleichmäßig ausgeleuchtete senkrecht angeordnete Streuglasfläche, wie sie zur Herstellung stets gleichbleibender Beleuchtungsverhältnisse von ganz bestimmter Stärke, Schattigkeit und Lichtrichtung für eine neuartige Satzzurichtmaschine erprobt wurde[2]. Insbesondere bei allen spiegelnden oder durchsichtigen Werkstoffen sind Beleuchtungseinrichtungen notwendig, die auf Grund sorgfältiger Versuche den Bedingungen des Betriebes angepaßt werden müssen, dann aber auch beste Prüfergebnisse zeitigen[3]. Vgl. auch besondere Beleuchtungseinrichtungen für die Prüfung von Lederhäuten[4].

Immer aber ist zu beachten, daß die mäßige Allgemeinbeleuchtung des Raumes nicht fehlen darf, da starke Helligkeitsunterschiede zwischen Hauptblickfeld und Umgebung das Auge stören und schädigen.

---

[1] KIRCHER, W.: Besonderheiten der Beleuchtung bei der Arbeit. Licht 1 (1931) 371—373.

[2] KIRCHER, W.: Anpassung der Beleuchtung an den Arbeitsvorgang. Licht 4 (1934) 185—190.

[3] KETCH, J. M., W. STURROCK, K. STALCY: Special Lighting Applications for Industrial Processes. Trans. Illum. Engng. Soc. 28 (1933) 57—81.

[4] ERNST: Beleuchtungstechnische Erkenntnisse bei der Prüfung von Lederhäuten. Licht 7 (1937) 51—52.

c) Bürobeleuchtung.

Büroräume können entweder reine Allgemeinbeleuchtung oder Einzelbeleuchtung der Schreibtische mit zusätzlicher Raumbeleuchtung erhalten. Für die Allgemeinbeleuchtung spricht der Fortfall beweglicher Zuleitungen zu Schreibtischleuchten und die überall ungefähr gleiche Leuchtdichte des Blickfeldes, die günstige Sehbedingungen schafft, sowie der Vorteil der gleichmäßig guten Ausleuchtung der ganzen Schreibtischfläche. Anhänger der Einzelbeleuchtung der Schreibtische betonen dagegen die Unabhängigkeit der Aufstellung der Büromöbel von der Leuchtenanordnung und die für jeden Angestellten beliebige, günstigste Aufstellung der Tischleuchte derart, daß die Schreibfläche weder Spiegelung noch Schatten zeigt.

Die Vorbedingungen für die Unterstützung der Büroarbeit durch die Beleuchtungsanlage sind teilweise von der Art der Tätigkeit abhängig. So ist die erforderliche Beleuchtungsstärke, die für gewöhnliche Lese- und Schreibarbeit nach den Leitsätzen der DLTG im Mittel 150 lx (Mindestwert 75 lx) betragen soll, für die Bedienung von Büromaschinen (Schreib-, Buchungs-, Adressiermaschinen) wegen der größeren Arbeitsgeschwindigkeit, in Konstruktions- und Zeichenbüros wegen der erforderlichen höheren Arbeitsgenauigkeit nicht ausreichend. Auch in Büroräumen, in denen auf farbigen Formblättern mit Blei- oder Kopierstift geschrieben wird, sind höhere Beleuchtungsstärken erforderlich, weil der geringere Kontrast zwischen Schrift und Papier die Formenempfindungsgeschwindigkeit des Auges (vgl. F 1, S. 566) beeinträchtigt und dieser Mangel bei geringem Kontrast durch gesteigerte Beleuchtungsstärke ausgeglichen werden muß. Zur Erzielung gleicher Sehleistung ist z. B. bei Bleistiftschrift etwa eine 2,5fach größere Beleuchtungsstärke als bei Druck erforderlich [1], weil der Kontrast zwischen Schrift und Papier viel geringer ist als zwischen Druck und Papier. Ebenso hat man bei Bemessung ausreichender Beleuchtungsstärken z. B. im Reklamebüro darauf Rücksicht zu nehmen, daß Zeichnungen, Bilder, photographische Platten zu prüfen, Farbproben abzustimmen und ähnliche, genaues und müheloses Erkennen feiner Einzelheiten bedingende Arbeiten auszuführen sind. Tabelle 54 (Anh.) gibt Zahlenwerte der für den Entwurf von Bürobeleuchtungen wichtigen Kontraste.

Für die Erreichung der wünschenswerten Gleichmäßigkeit ist die Beleuchtungsart und die Verteilung der Leuchten im Büroraum von Bedeutung. Bei halbindirekter und indirekter Beleuchtungsart ist die Beleuchtung im allgemeinen gleichmäßiger als bei vorwiegend direkter Beleuchtung. Bei letzterer kann man aber durch Wahl geringerer Leuchtenabstände bzw. größerer Aufhängehöhe meist ebenfalls die notwendige Gleichmäßigkeit erzielen. Die halbindirekte und indirekte Beleuchtungsart dagegen setzt helle, möglichst weiße Decke und ausreichenden Abstand der Leuchten von der Decke voraus.

Zu beachten ist die Schattenbildung durch Körper, Kopf oder Hand des schreibenden Angestellten. Bei indirekter Beleuchtung treten Schatten praktisch nicht auf. Bei vorwiegend direkter wie auch bei halbindirekter Beleuchtung muß dagegen die Schattenrichtung beachtet werden, obwohl bei letzterer Beleuchtungsart die Schatten meist gut aufgehellt sind. Aus diesem Grunde sollte bei Ausarbeitung des Beleuchtungsplanes, der stets vor dem Installationsplan aufzustellen ist, der Möblierungsplan berücksichtigt werden. Die Richtung der auftretenden Schatten ist bekanntlich von der gegenseitigen Stellung von Leuchte und Arbeitsplatz bzw. Schreibtisch abhängig.

---

[1] ARNOLD, A. G.: Die elektrische Beleuchtung, eine Rationalisierungsaufgabe. Organisation **32** (1930) 469—474.

Nicht minder wichtig ist die Vorsorge dafür, daß sich die Leuchten nicht im glatten Papier oder der Schrift von Blei- oder Kopierstift widerspiegeln bzw. solche auftretenden Spiegelungen beim Schreiben und Lesen nicht stören

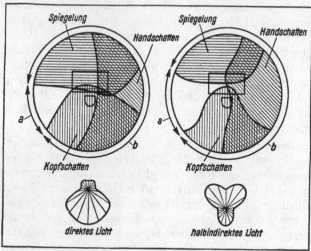

Abb. 748. *a* Günstige und *b* ungünstige Zonen für die Anordnung der Leuchte zum Schreibtisch unter Berücksichtigung von Kopf- und Handschatten und Spiegelung bei direkter und halbindirekter Beleuchtung. (Nach J. Folcker.)

können. Es lassen sich natürlich durch verständige Wahl des Schreibgerätes — mattes Papier, matt schreibende Kopierstifte, tintenschreibende Geräte — Spiegelungserscheinungen von vornherein beseitigen. Kann man aber mit der schrifttechnischen Beseitigung solcher Mängel nicht rechnen, so muß man beleuchtungstechnisch für Abhilfe sorgen. Bei auftretender Spiegelung z. B. spielt die Lage von Schreibtisch und Leuchte zueinander und

die Neigung des Tisches die Hauptrolle, sofern vorwiegend direkte oder halbindirekte Beleuchtungsart vorgesehen wird. (Bei indirekter Beleuchtung dagegen kann störende Spiegelung kaum auftreten.) Im allgemeinen wird man also bei

der Planung der Beleuchtungsanlage auf die spätere Anordnung der Schreibtische und Arbeitsplätze Rücksicht nehmen müssen.

Nach den Untersuchungen von Folcker [1] ist der beste Platz für die Anordnung der Raumleuchten etwa über der linken vorderen Ecke des Schreibtisches (Abb. 748). An allen anderen Stellen wird eine Raumleuchte für vorwiegend direkte oder halbindirekte Beleuchtung dadurch zu Störungen Anlaß bieten, daß auf der Schreib- oder Arbeitsfläche Schatten von Kopf oder Hand oder auch Spiegelungserscheinungen auftreten. Nun besteht die Möglichkeit für eine solche Anordnung der Leuchte wohl im Einzelzimmer. Wenn aber im Bürosaal eine große Anzahl von Schreibtischen steht, so läßt sich bei der heute meist üblichen Aufstellung der Schreibtische kaum die bezeichnete Forderung berücksichtigen. Die gegenläufige Schreibtischanordnung hat nicht nur am Tage Nachteile, weil ein Teil der Arbeitsplätze ihr Tageslicht von rechts bekommt, auch abends läßt sich eine für alle Plätze befriedigende Raumbeleuchtung höchstens nur mit indirekter Be-

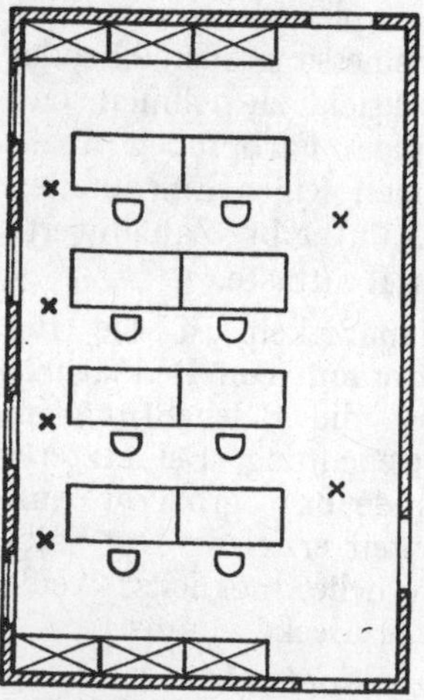

Abb. 749. Büro mit günstiger Schreibtischstellung. Bevorzugte Lichtrichtung von links durch Leuchten für vorwiegend direktes Licht nahe den Fenstern beseitigt Spiegelungserscheinungen. (Aus Siemens-Z. 1936.)

leuchtungsart schaffen. (Abb. 749) empfohlen [2]. Hierbei haben bei Tage alle Schreibtische richtigen

[1] Folcker, J.: Die elektrische Beleuchtung von Büroräumen. Licht u. Lampe **23** (1934) 187—189.
[2] Wittig, E.: Beleuchtung von Büroräumen. Siemens-Z. **16** (1936) 191—200.

Lichteinfall von links. Aber auch bei künstlicher Allgemeinbeleuchtung lassen sich störende Schatten und Spiegelblendung auf dem Schreibpapier vermeiden, sofern jeweils über der linken vorderen Ecke des am weitesten links stehenden Schreibtisches eine geeignete Leuchte für vorwiegend direktes oder für halbindirektes Licht vorgesehen wird. Für mäßige Aufhellung der Raumtiefe kann dann noch durch eine zweite Reihe von Leuchten für halbindirektes Licht gesorgt werden, wobei jedoch durch Bestückung mit kleineren Lampen darauf zu achten ist, daß der Einfluß der linken Leuchtenreihe überwiegt.

Wird aus Platzgründen von der gleichgerichteten Schreibtischaufstellung kein Gebrauch gemacht, so kann bei einem Block von vier oder sechs Schreibtischen, die gegenläufig stehen, mit halbindirekter Beleuchtungsart noch eine einigermaßen befriedigende Lösung erreicht werden, wenn die Leuchten in der Diagonale versetzt (Abb. 750), also über der für jede Schreibtischreihe am weitesten links liegenden vorderen Schreibtischecke aufgehängt werden. Leichte Schatten und Spiegelung lassen sich hierbei allerdings nicht mit Bestimmtheit vermeiden. Die Aufstellung einer ungeraden Anzahl von Schreibtischen (drei oder fünf) im Block ist bei vorwiegend direkter oder halbindirekter Beleuchtung zu vermeiden, da der dritte Tisch wegen der gänzlich abweichenden Richtung keine brauchbaren Beleuchtungsverhältnisse erhalten kann. In solchem Fall kann brauchbare Raumbeleuchtung lediglich durch indirekte Beleuchtungsart geschaffen werden, bei der man von der gegenseitigen Anordnung von Leuchten und Schreibtischen deshalb ziemlich unabhängig ist, weil indirekte Beleuchtung praktisch schattenfrei ist und keinen Anlaß zu störender Spiegelung gibt.

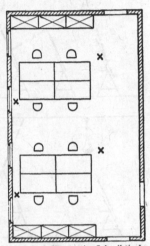

Abb. 750. Ungünstige Schreibtischstellung, Leuchten für halbindirektes Licht geben schwache Schatten und keine Spiegelung. (Aus Siemens-Z. 1936.)

Im allgemeinen ist für Büroräume die reine Allgemeinbeleuchtung schon deshalb zu bevorzugen, weil das überall etwa gleich große Helligkeitsniveau die für das Auge günstigsten Sehbedingungen schafft. Es kommen aber auch Fälle vor, bei denen reine Raumbeleuchtung nicht anwendbar ist. In Schalterhallen mit Oberlicht z. B. fehlt die zur Erzielung der Lichtzerstreuung notwendige helle Decke, in Büroräumen mit willkürlich aufgestellten, z. B. gegen die Wand gerichteten Arbeitsplätzen können selbst bei indirekter Beleuchtung nicht immer für jeden, auch noch so ungünstig gelegenen Platz ausreichende Beleuchtungsverhältnisse gewährleistet werden. Auch wenn die Lage der Büromöbel bzw. Arbeitsplätze nicht von Anfang an genau festliegt oder häufigerem Wechsel unterliegt, kann man Zweifel hegen, ob reine Allgemeinbeleuchtung ausreicht. In solchen Fällen ist der Platzbeleuchtung durch Schreibtischleuchten der Vorzug zu geben, die ebenfalls auf der linken Seite des Schreibtisches aufzustellen sind, um geeigneten Lichteinfall zu erhalten.

Wichtig ist aber dabei, daß auch die zusätzliche Raumbeleuchtung in ausreichender Stärke nach den Leitsätzen der DLTG vorgesehen wird. Wenn nicht besondere Verhältnisse mitsprechen, brauchen hieran allerdings nicht die gleichen Ansprüche hinsichtlich Lichtrichtungssinn, Schattigkeit, Gleichmäßigkeit wie bei reiner Allgemeinbeleuchtung gestellt zu werden. Sie hat vielmehr die Aufgabe, die übergroßen Leuchtdichteunterschiede zwischen Arbeitsfläche und Raum auf ein für das Auge annehmbares Maß zurückzuführen.

Platzbeleuchtung mit zusätzlicher Raumbeleuchtung ist für alle Büromaschinen (Schreib-, Rechen-, Buchungsmaschinen u. dgl.) erforderlich, weil hier vorwiegend Vertikalbeleuchtung für Stenogramm und Maschinenschrift, die beide meist auf einer senkrechten Fläche zu lesen sind, benötigt wird, weil ferner das Stenogramm (in Bleistift auf gelblichem Papier) geringe Kontraste aufweist und die Arbeitsgeschwindigkeit, wie bei allen maschinellen Arbeiten, gesteigert ist und damit erhöhte Beleuchtungsanforderungen erwachsen [1].

Auch in Konstruktionsbüros mit stehenden Reißbrettern kommt man praktisch nicht mit reiner Allgemeinbeleuchtung durch, sondern tut gut, jedes Reißbrett mit geeigneten Reißbrettleuchten auszurüsten. Bei halbindirekter wie auch indirekter Beleuchtungsart kann für die Beleuchtung der Zeichenfläche nur ein Teil des von der Decke rückgestrahlten Lichtstromes nutzbar gemacht werden, denn die hinter dem Reißbrett gelegene Deckenfläche bleibt dafür unwirksam. Andere Teile der wirksamen Deckenfläche werden wieder durch hochstehende Reißbretter abgeschattet. Infolgedessen (Abb. 751) wird die erzielte Vertikalkomponente einer reinen Allgemeinbeleuchtung auf der Reißbrettfläche bei feineren und feinsten Zeichenarbeiten als unzureichend empfunden.

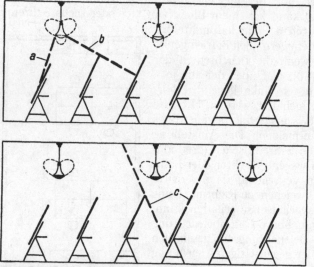

Abb. 751. Nachteile halbindirekter und indirekter Raumbeleuchtung im Zeichensaal mit stehenden Reißbrettern. Einzelbeleuchtung jedes Reißbrettes ist notwendig. (Aus Siemens-Z. 1936.) *a* flacher Lichteinfall bei halbindirekter Beleuchtung, *b* Schattenbildung bei halbindirekter Beleuchtung, *c* kleine wirksame Deckenfläche bei indirekter Beleuchtung.

Mit Arbeitsplatzleuchten lassen sich auch ohne übermäßigen Stromaufwand örtliche Beleuchtungsstärken von mehreren tausend Lux erzeugen, wie sie bei besonders schwierigen Arbeiten, z. B. dem Durchpausen einer schwachen Bleistiftskizze oder einer älteren, verblaßten Blaupause notwendig sind.

Nach den vorliegenden Untersuchungen spielen geringe Unterschiede der Lichtfarbe, wie sie zwischen Tageslicht und Glühlampenlicht vorhanden sind, für die Sehleistung des menschlichen Auges keine Rolle (vgl. F 2, S. 577). Es liegt also im allgemeinen keine zwingende Notwendigkeit vor, für Büroräume u. dgl. eine dem Tageslicht ähnliche Lichtfarbe zu bervorzugen. Die Herstellung sog. künstlichen Tageslichtes durch blaugefärbte Glühlampen oder Leuchten aus blaugefärbtem Glas (Tageslichtglühlampen, Tageslichtleuchten), ist mit beträchtlichen Lichtverlusten verbunden. Neuerdings besteht allerdings die Möglichkeit, durch Mischung von Quecksilberdampflampen- mit Glühlampenlicht auf wirtschaftlichere Weise tageslichtähnliche Lichtfarbe zu erzeugen.

Künstliches Tageslicht für Büroräume lediglich deshalb einzuführen, um während der kurzen Dämmerungszeit Zwielicht zu vermeiden, wäre verfehlt. Es ist besser, das Tageslicht durch Fenstervorhänge auszuschließen und den ganzen Raum künstlich zu beleuchten, sobald die ungünstig gelegenen Arbeitsplätze nicht mehr ausreichendes Tageslicht haben. Die Ausrüstung mit künst-

---

[1] ARNOLD, A. G.: Die elektrische Bürobeleuchtung, eine Rationalisierungsaufgabe. Organisation **32** (1930) 469—474.

lichem Tageslicht ist allerdings dann gerechtfertigt, wenn Büroräume infolge baulicher Mängel dauernd unzureichendes Tageslicht erhalten. Man muß jedoch dabei berücksichtigen, daß bei Leuchten mit blaugefärbten Gläsern bei den üblichen Beleuchtungsstärken leicht der Eindruck des fahlen Lichtes entsteht, der erst bei erhöhter Beleuchtungsstärke verschwindet.

Zur Aufrechterhaltung der bei der Planung und Erstellung der Beleuchtungsanlage vorgesehenen Beleuchtungsverhältnisse ist laufende Wartung von erheblicher Bedeutung. Dazu gehört nicht nur der Ersatz der Glühlampen nach etwa 1000 Brennstunden, sondern auch regelmäßige Reinigung der Leuchtgeräte vornehmlich bei halbindirekter und indirekter Beleuchtungsart und zeitweise Erneuerung des weißen Deckenanstrichs, da von dessen Rückstrahlungsvermögen die Beleuchtungsstärke der Arbeitsplätze zu einem beträchtlichen Teil abhängt.

d) Schulbeleuchtung.

Der Beleuchtung von Schulräumen wurde seit langem erhebliche Aufmerksamkeit in Fachkreisen gewidmet, zumal diese Fragen in die Aufgaben der Hygiene hineinspielen. Ob Kurzsichtigkeit auf schlechte Beleuchtung zurückzuführen ist oder ob die Veranlagung dazu vererbt wird, mag dahingestellt bleiben (vgl. F 1, S. 566 f.). Sicher ist jedenfalls, daß zur gesunden Entwicklung des Auges im Kindesalter gute Beleuchtung in der Schule beitragen kann. Besondere Leitsätze ausschließlich für die Beleuchtung von Schulen oder behördliche Vorschriften hierfür bestehen in Deutschland nicht. Für die Beleuchtung der Unterrichtsräume sind vielmehr die Leitsätze der DLTG (vgl. F 4, S. 590 f.) maßgebend. Dagegen sind in Amerika und England besondere Leitsätze für die Beleuchtung von Schulen ausgearbeitet worden, die zum Teil zu behördlichen Vorschriften erhoben worden sind. Außerdem wurden von der IBK unter Berücksichtigung der amerikanischen [1] bzw. englischen Leitsätze [2] Beleuchtungsstärkeforderungen angenommen. Sie sind als Minimalbeleuchtungsstärken festgelegt, deren Überschreitung im Interesse der Leistungsfähigkeit, des Wohlbefindens und der Augenschonung der Schüler oder Studenten empfohlen wird (vgl. nachstehende Tabelle).

Raumart	Mindestbeleuchtungsstärke nach den Leitsätzen von			
	IBK	DLTG	Amerika	England
Nähräume	100 lx	150 lx (300) [3]	120 lx (180) [3]	80 lx
Zeichensäle	100 lx	150 lx (300)	120 lx (180)	80 lx
Räume für feine Arbeiten	100 lx	150 lx (300)	120 lx (180)	80 lx
Klassenzimmer, Studierräume . .	80 lx	75 lx (150)	95 lx (145)	50 lx
Bibliotheken	80 lx	75 lx (150)	95 lx (145)	50 lx
Laboratorien	80 lx	75 lx (150)	95 lx (145)	
Hörsäle, Versammlungsräume . .	30 lx	40 lx (80)	35 lx (60)	30 lx
Flure, Treppen	20 lx	10 lx (30)	25 lx (50)	10 lx
Durchgänge	20 lx	10 lx (30)	25 lx (50)	10 lx
Toiletten	20 lx	10 lx (30)	25 lx (50)	

In den amerikanischen und englischen Leitsätzen sind auch über die Anordnung der Leuchten im Klassenzimmer sowie über den erforderlichen Leistungsaufwand allgemeine Angaben gemacht bzw. Zahlen genannt. Eingehender hat man sich an anderer Stelle mit der Frage der Leuchtenart und -anordnung

---

[1] Standards of Scool Lighting. Trans. Illum. Engng. Soc. **28** (1933) 21—56.
[2] SUMMERER, E.: Die Beleuchtung von Schulen. Licht **2** (1932) 24—28.
[3] Die eingeklammerten Zahlen sind die erwünschten Beleuchtungsstärken.

im Klassenzimmer befaßt[1]. Dort scheint im Klassenzimmer normaler Größe ($6 \cdot 8$ m²) die halbindirekte Beleuchtung durch vier Leuchten mit je 100 W am besten zu befriedigen, obwohl nur 51 lx als mittlere Beleuchtungsstärke gemessen wurden. Eine andere Anordnung, Kombination von zwei Leuchten für vorwiegend direktes Licht mit je 100 W und zwei Leuchten für halbindirektes Licht mit je 150 W ergab eine mittlere Beleuchtungsstärke von 74 lx, würde also gerade noch den deutschen Mindestforderungen genügen.

Die gleiche Kombination von direkter und halbindirekter Beleuchtung wurde schon früher an anderer Stelle [2] vorgeschlagen, ausgehend von der Erwägung, daß bei künstlicher Beleuchtung möglichst gleichartige Lichtverhältnisse geschaffen werden müssen, wie am Tage. Bei der meist angewandten halbindirekten Beleuchtung ist die Schattigkeit zwar gering, aber bei einer von der Tageswirkung abweichenden Licht- bzw. Schattenrichtung, wie sie sich bei Anbringung der Leuchten in der Raummitte zwangsläufig ergibt, keineswegs befriedigend.

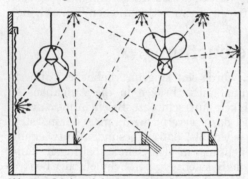

Abb. 752. Schulraumbeleuchtung durch Leuchten für vorwiegend direktes Licht nahe dem Fenster, für halbindirektes Licht in der zweiten Leuchtenreihe: Bevorzugte Lichtrichtung von links ohne störende Spiegelung.
(Aus Zbl. Bauverw. 1932.)

Die besondere Eigenart von Schulräumen ist durch die Anordnung aller Plätze in einer Richtung und die Lage der Fenster auf der linken Seite gekennzeichnet. Jeder Platz bekommt sein Licht am Tage also von links, so daß die Arbeitsfläche frei von Hand- oder Körperschatten ist. Der Versuch, diesen Lichteinfall durch Anordnung von Leuchten mit stark gerichtetem Licht zwischen den Fenstern nachzuahmen[3], zeitigte kein befriedigendes Ergebnis. Die erhoffte Wirkung war der Tageswirkung wenig ähnlich, weil hierbei kleine Leuchtflächen von großer Leuchtdichte benutzt wurden, während am Tage große Flächen geringerer Leuchtdichte zur Verfügung stehen.

Der Tageswirkung kommen die anderweitig [4] vorgeschlagenen „Kunstfenster" bedeutend näher. Ihrer weiteren Verbreitung für Schulbeleuchtung stehen allerdings die höheren Anlage-, Betriebs- und Unterhaltungskosten im Wege, so daß derartige Beleuchtungseinrichtungen in der Praxis keinen Eingang gefunden haben.

Dagegen kommt die vorerwähnte gemischte Anordnung von Leuchten für vorwiegend direkte und für halbindirekte Beleuchtung der gekennzeichneten Aufgabe mit einfachen Mitteln recht nahe. Werden bei zweireihiger Anordnung (Abb. 752) die nahe der Fensterseite befindlichen Leuchten für vorwiegend direkte Beleuchtung gewählt und in geringem Abstand von der Wand aufgehängt, die zweite Reihe mit solchen für halbindirekte Beleuchtung etwa im zweiten Drittel der Raumtiefe angebracht, so erreicht man ein Überwiegen des Lichteinfalls von links bei guter Aufhellung der entstehenden Schatten, also eine der Tageswirkung nahekommende Beleuchtungsverteilung und -richtung.

---

[1] Folcker, J.: Die elektrische Beleuchtung in Schulen. Licht u. Lampe **22** (1933) 311—313.

[2] Wittig, E.: Beleuchtungsanlagen in Unterrichtsräumen. Zbl. Bauverw. **52** (1932) 199—202.

[3] Förster, F. A.: Die künstliche Beleuchtung von Schulen und höheren Lehranstalten. Zbl. Bauverw. **49** (1929) 184—187.

[4] Arndt, W.: Raumbeleuchtungstechnik, 1. Aufl. Berlin: Union Deutsche Verlagsgesellschaft 1931.

Auch die auf glattem Schreibpapier leicht auftretende Spiegelblendung kann unterdrückt werden, wenn man die Leuchten nicht über der Schulbank, sondern seitlich davon, also über dem Zwischengang aufhängt. Der gespiegelte Lichtstrahl fällt dann nicht in die Blickrichtung des Schülers, sondern geht unschädlich daran vorbei. Die zur Erzielung der verlangten Beleuchtungsstärken notwendigen Glühlampen für einen Klassenraum normaler Größe von etwa $6 \cdot 9 \, m^2$ sind in nachstehender Tabelle zusammengestellt:

Beleuchtungsart	Stromaufwand im Normalklassenzimmer zur Erzielung einer Beleuchtungsstärke nach DIN 5035	
	für Mindestwert	für empfohlenen Wert
Halbindirekte Beleuchtung.	$4 \cdot 150$ W	$4 \cdot 300$ W
Gemischte Beleuchtung	$2 \cdot 150 + 2 \cdot 100$ W	$2 \cdot 300 + 2 \cdot 200$ W

Die Notwendigkeit der Sonderbeleuchtung von Wandtafeln in Schulräumen ist in den amerikanischen, nicht jedoch in den englischen Leitsätzen erwähnt. Auch in Deutschland wird diese Forderung neuerdings anerkannt[1] und bei der Einrichtung von Schulbeleuchtungsanlagen berücksichtigt. Sie folgt aus der Erkenntnis, daß die neu gestrichene oder feucht abgewischte Wandtafel die hellen Raumleuchten zurückspiegelt. Die Richtung der gespiegelten, nur teilweise zerstreuten Lichtstrahlen fällt in die Blickrichtung der Schüler, so daß Kreideschrift oder Zeichen an der Wandtafel überstrahlt werden. Deshalb sucht man die Spiegelung durch besondere Beleuchtung der Wandtafel zu überdecken oder zu mildern (Abb. 753). Hierfür eignen sich einseitig abgeschirmte Spiegelleuchten, deren Lichteinfall so steil gerichtet sein muß, daß ihr Spiegelbild auch von der vordersten Schulbank aus nicht wahrgenommen werden kann. Sie müssen also verhältnismäßig nahe der Tafelwand und möglichst hoch angebracht werden. Die Sonderbeleuchtung der Tafel hat außerdem den Vorteil, daß die Schriftzeichen

Abb. 753. Sonderbeleuchtung der Wandtafel durch Spiegelleuchten, nach vorn abgeschirmt. (Aus Elektrotechn. Anz. 1934.)

---

[1] WITTIG, E.: Schulbeleuchtung. Elektrotechn. Anz. **51** (1934) 903—905.

auch auf den entfernteren Schulbänken bzw. Sitzplätzen deutlicher sichtbar werden.

Ebenso ist in Klassenräumen und Hörsälen, in denen physikalische, chemische und andere Versuche vorgeführt werden, eine starke Sonderbeleuchtung der Experimentiertische erforderlich, um auch Schülern und Studierenden mit geringer Sehschärfe die Möglichkeit zu geben, den Ablauf des Versuches mühelos zu verfolgen. Hierfür eignen sich gleichfalls Spiegelleuchten, die so anzuordnen

Abb. 754. Der Hörsaal des Physikalischen Institutes der Technischen Hochschule Berlin.
[Aus Licht 2 (1932).]

sind, daß der Versuchsaufbau von der Zuschauerseite aus von oben her stark beleuchtet wird. Da der nachträgliche Einbau solcher Leuchtgeräte sich nicht leicht harmonisch in den Raum einfügt, ist zu empfehlen, gleich bei der Planung des Baues auf die verdeckte Anordnung solcher Spiegelleuchten an geeigneter Stelle Rücksicht zu nehmen. Eine gute Lösung dieser Art zeigt der neue Physikalische Hörsaal der Technischen Hochschule Berlin (Abb. 754), bei dem übrigens außer den Experimentiertischen auch der Raum durch Spiegelleuchten beleuchtet wird, die zur Blendungsbeseitigung in die Zwischendecke versenkt worden sind [1].

Für die Vorführung schwacher Leuchterscheinungen oder von Lichtbildern und Filmen muß der Saal oder Unterrichtsraum verdunkelt werden können. Abgesehen von der Anordnung lichtundurchlässiger Fenstervorhänge wird man auch die Beleuchtungsanlage durch Vorschaltwiderstände oder — verlustlos — über Regeltransformatoren allmählich abschalten, um dem Auge die für die Umadaptation von Hell auf Dunkel notwendige Zeit zu lassen.

---

[1] STEGE, A.: Die Beleuchtungsanlage des neuen Physikalischen Hörsaales der Technischen Hochschule Berlin. Licht 2 (1932) 46—47.

G 2. Beleuchtung von Wohnräumen.

Von

KURT LACKNER-Berlin-Siemensstadt.

Mit 7 Abbildungen.

a) Aufgaben der Wohnraumbeleuchtung.

Die Umgebung ist ausschlaggebend für die innere Stimmung der Menschen. Obwohl man bestrebt ist, die Arbeitsstätten so zu gestalten, daß der Aufenthalt dort den Schaffenden nicht zu notwendigem Zwang wird, sondern eine gewisse Freude an der Arbeit und über die Arbeitsstätte erweckt, so können dabei doch nur allgemeine Gesichtspunkte ausschlaggebend sein, während die individuelle Veranlagung und Stimmung naturgemäß weder berücksichtigt werden kann noch soll. Anpassung an das persönliche Empfinden des einzelnen und günstige Beeinflussung des Seelenlebens und der gesunden Widerstandskraft ist vorwiegend Aufgabe des Wohnraums. Abgesehen von wenigen Gesichtspunkten ist deshalb die Aufstellung allgemein gültiger Regeln für die Gestaltung und Ausstattung der Wohnräume nicht möglich, um so weniger, als dabei Fragen des persönlichen Geschmacks und Einkommens eine besondere Rolle spielen. Aber gleichgültig, ob es sich um eine einfache Wohnküche oder eine mit den ausgesuchtesten Schöpfungen praktisch-künstlerischer Wohnraumtechnik ausgestattete Zwölfzimmerwohnung handelt, in jedem Falle ist harmonische Übereinstimmung aller die Gesamteinrichtung bestimmenden Teile notwendig, wenn das Ganze den gestellten Anforderungen genügen soll.

Aus diesem Grund sind auch alle Mittel, welche nach dem Aufhören der natürlichen Tagesbeleuchtung zur Erhellung der Wohnräume beitragen sollen, in bezug auf Gestaltung und Anwendung harmonisch und unauffällig in den Rahmen der Einrichtung einzugliedern. Die Beleuchtung darf keinesfalls zum Selbstzweck werden; sie hat neben der Aufgabe, den Räumen genügende Helligkeit zu spenden, ganz besonders den dem einzelnen Raum eigenen und seinem Verwendungszweck entsprechenden Stimmungsgehalt wirksam zu unterstützen, ohne aufdringlich zu wirken.

Die Aufgabe des beratenden Lichtingenieurs sowohl als des Konstrukteurs ist durch diese Forderungen sehr erschwert, weil jede neu herantretende Aufgabe sich grundsätzlich von der anderen unterscheiden wird; andererseits aber auch dadurch, daß auf die oft nicht klar dargelegten Wünsche und Empfindungen des zu Beratenden größte Rücksicht genommen werden muß. Es darf auch nicht vergessen werden, daß für viele Menschen einzelne Zimmer der Wohnung zugleich als Arbeitsstätte dienen.

Die ungeheure Anzahl verschiedenartiger Verhältnisse, wie wir sie bei Wohnräumen finden, läßt die Festlegung von Normen und Richtlinien, nach denen alle Fälle systematisch erfaßt werden können, nicht zu. Auch beleuchtungstechnisch sind sehr vielgestaltige Aufgaben zu lösen. Zum Wohngebäude gehören sowohl der Vorplatz oder Vorgarten, die Eingänge und Treppen, Garage und Schuppen, Keller und Speicher, als auch der Garten und die Terrassen. Auf die vielseitigen Verwendungszwecke der Innenräume wird auf S. 687 eingegangen.

b) Tageslicht — künstliches Licht.

Völlig verschiedene Aufgaben erwachsen dem Lichtingenieur für die Beleuchtung durch Tageslicht und durch künstliches Licht. Die Beleuchtung durch Tageslicht ist in F 3, S. 582 f. behandelt; es wird deshalb hier nur kurz darauf eingegangen.

Rein gefühlsmäßig wählt man unter mehreren gleichartigen Wohnungen die hellste und sonnigste aus, in der richtigen Erkenntnis, daß diese Voraussetzungen nicht nur gutes Sehen gewährleisten, sondern vor allem auf den Gemütszustand wohltätig einwirken. Diese eigentlich so selbstverständliche Tatsache, daß viel Licht, wie wir es an sonnigen Tagen erleben dürfen, nicht nur die Menschen, sondern alle Lebewesen günstig beeinflußt und somit eine unersetzliche Quelle der Lebenskraft für alle darstellt, wird leider in sehr vielen Fällen, wo das fehlende natürliche Licht ersetzt werden muß, aus Unkenntnis oder falscher Sparsamkeit unbeachtet gelassen. Gewiß, die Sonne können wir nicht ersetzen; dennoch ist es möglich, einen großen Teil der Vorteile natürlichen Lichtes auch durch künstliche Beleuchtung zu erreichen. Das künstliche Licht gestattet sogar eine beliebige, dem Verwendungszweck und dem persönlichen Wunsch entsprechende Aufteilung des Raumes. Die bei Tageslicht, auch bei günstiger Fensteranordnung, mit der Tiefe des Zimmers sehr stark abnehmende Helligkeit bedingt einseitige Verlegung der Plätze, an denen gearbeitet oder gelesen werden soll, nach den Fenstern hin, wobei manche Unannehmlichkeit mit in Kauf genommen werden muß. Im Gegensatz dazu erlaubt das künstliche Licht eine vielseitige Aufteilung der Räume und damit volle Ausnützung aller durch Gestalt und Einrichtung gegebenen Möglichkeiten. Allerdings darf dabei nicht der Fehler begangen werden, durch eine einzige, oft überhaupt unzweckmäßige Leuchte allen Anforderungen zugleich gerecht werden zu wollen (vgl. S. 689).

c) Leitsätze der DLTG. für die Beleuchtung von Wohnräumen[1].

Es ist nicht die Aufgabe der Beleuchtungstechnik, die bei Tageslichtbeleuchtung herrschenden Verhältnisse auf das künstliche Licht zu übertragen. Die Natur stellt uns nicht nur in hellen Sommermittagsstunden, sondern auch an trüben Wintertagen ganz gewaltige Lichtmengen zur Verfügung. Und dennoch klagen wir an Tagen, wo die Beleuchtungsstärke im Freien noch 5000 lx, im Zimmer am Fenster etwa 1000 lx und in der Zimmermitte immerhin noch etwa 100 lx beträgt, über „mangelhafte" Beleuchtung. Wie oft dagegen muten wir unseren Augen unter künstlicher Beleuchtung zu, bei weit geringerer Helligkeit zumindest feine Arbeiten, wie sie Lesen und Schreiben darstellen, manchmal sogar sehr feine Arbeiten zu leisten. So sehr wir uns darüber freuen müssen, daß unsere Augen uns bei so großen Beleuchtungsstärkeschwankungen nicht im Stich lassen, sondern mit kaum feststellbaren Unterschieden fast unermüdlich die stetig wechselnden Eindrücke aufnehmen, so liegt doch gerade in der Tatsache, daß die Augen eine ihnen zugemutete Überanstrengung nicht sofort melden, eine große Gefahr. Die meisten Menschen sind heute noch nicht in der Lage, subjektiv zu beurteilen, ob eine gewisse Beleuchtungsstärke für die von ihnen ausgeführte Tätigkeit gut bzw. ausreichend ist oder nicht. Oft werden deshalb Beschwerden, Arbeitsfehler u. dgl. auf allgemeine körperliche Ermüdung zurückgeführt, während der Grund nur in unzureichender Beleuchtung zu suchen ist.

---

[1] Vgl. F 3, S. 586.

Die DLTG. gibt in ihren Leitsätzen (vgl. F 4, S. 590) Richtlinien dafür an, wie unter Berücksichtigung des Verwendungszweckes die künstliche Beleuchtung von Innenräumen und Verkehrswegen zu gestalten ist. Die für Wohnräume nötigen Mindestwerte für die mittlere Beleuchtungsstärke sind zusammen mit den empfohlenen Werten in Tabelle 47 (Anh.) wiedergegeben. Diese Werte gelten nur für Allgemeinbeleuchtung. Für feine und sehr feine Arbeiten ist in den meisten Fällen zusätzliche Arbeitsplatzbeleuchtung notwendig. Hier gelten sinngemäß auch in Wohnräumen die für die Beleuchtung von Arbeitsplätzen aufgestellten Leitsätze.

Aus den Richtlinien für Aufenthalts- und Wohnräume geht hervor, daß vor allem für gleichmäßige Verteilung der Beleuchtung im Raum Sorge getragen werden muß; die Gleichmäßigkeit soll sich mindestens in den Grenzen von $1:3\ldots1:4$ halten.

d) Raumauskleidungen, Leuchtenbaustoffe.

Die bei gleichem Energieaufwand erzielbare mittlere Horizontalbeleuchtungsstärke ist, vor allem bei teilweiser oder ganz indirekter Beleuchtung, stark von dem Reflexionsvermögen der Raumauskleidung und der im Raum aufgestellten Gegenstände abhängig. Die in den Leitsätzen angegebenen Werte gelten für ein mittleres Reflexionsvermögen der Raumauskleidung von $40\ldots60\%$. — Eine genaue Berechnung der gesamten Reflexion ist schon bei verhältnismäßig einfach ausgestatteten Räumen kaum möglich, aber auch nicht erforderlich. In den meisten Fällen genügt die Berücksichtigung der größeren Flächenanteile. Im Mittel kann dabei für normale Wohnräume der Anteil der Decke und des Fußbodens mit je 20% der gesamten Raumfläche eingesetzt werden. Der obere Teil der Wände, welcher meistens hell gehalten wird, nimmt $15\ldots20\%$ ein, wenn die Höhe dieses helleren Bandes $1/4\ldots1/3$ der Raumhöhe beträgt. Die restlichen $40\ldots45\%$ sind auf die übrigen Teile der Wand bzw. die davor befindlichen Gegenstände zu verteilen. In diesem Zusammenhang interessieren die Werte für das Reflexionsvermögen verschiedener Tapeten und von Farben, wie sie für Wandanstriche verwendet werden, bzw. als Körperfarben der im Raum vorhandenen Gegenstände in Erscheinung treten und bei der Bestimmung des mittleren Reflexionsvermögens eingesetzt werden müssen.

Nach Messungen von KNOLL liegt das Reflexionsvermögen von Tapeten im allgemeinen zwischen 5 und 40%, Tabelle $36\ldots38$ (Anh.). Mit einem höheren Reflexionsvermögen von Tapeten wird man, vor allem unter Berücksichtigung der Verstaubung, nur selten zu rechnen haben, etwa, wenn es sich um silberfarbige Ausführung handelt. Über das Reflexionsvermögen verschiedener Farbaufstriche vgl. D 6, S. 416. Diese Werte gelten zugleich für einfarbige Tapeten. Der große Wert einer streng weißen Decke geht daraus hervor. Während die weiße Farbe ein Reflexionsvermögen von über 80% besitzt, fällt dieses bei hellgelbem Anstrich auf $\sim65\%$ ab. Das Reflexionsvermögen roter und blauer Farben ist noch wesentlich geringer. Beim Einbau naturholzfarbener Decken und Wandverkleidungen muß darauf besonders geachtet werden, wenn der Raum nicht einen trüben und düsteren Eindruck machen soll. Bei künstlicher Beleuchtung kommen allerdings infolge des großen Gelbanteils des Glühlampenspektrums die gelben und braunen Töne verhältnismäßig gut zur Geltung; andererseits bewirkt der Überschuß an Gelb eine unwillkommene Dämpfung der anderen Farben. Man hat durch Zumischung gewisser seltener Erden zum normalen Glas eine Reduktion der überschüssigen Gelbausstrahlung der Glühlampe auf ein normales Maß und damit zugleich eine Verbesserung des Aussehens der übrigen Körperfarben erreicht.

Über die wichtigsten, für die Wohnraumleuchten in Frage kommenden Baustoffe: Gewebe, Preßstoffe, Gläser, Metalle usw. vgl. D 2, 3, 4, 6, S. 389f.

Zu den wichtigsten Bedingungen, welche beim Bau von Leuchten zu beachten sind, nämlich die Herabsetzung der blendenden Leuchtdichte der Glühlampen und die zweckentsprechende Formung des Lichtstroms, treten bei der Gestaltung von Wohnraumleuchten psychologische und ästhetische Forderungen und Fragen des Geschmacks und der Mode hinzu. Keineswegs dürfen die beiden letztgenannten Punkte aber allein ausschlaggebend sein, weil der Lichtträger in erster Linie gute Beleuchtung erzeugen soll. Es ist Aufgabe des künstlerischen Schöpfers, die reine Zweckform so zu umkleiden, daß die lichttechnischen Eigenschaften erhalten bleiben und die Leuchte dennoch unaufdringlich die einheitliche Gestaltung des Raumes unterstützt.

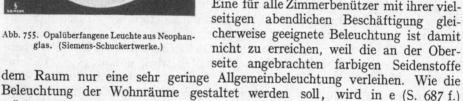

Abb. 755. Opalüberfangene Leuchte aus Neophanglas. (Siemens-Schuckertwerke.)

Diese Forderungen werden selten erfüllt. In zahlreiche Falten gelegte und zudem leicht verstaubende Seidenstoffe sind dazu ungeeignet. Da Seidenstoffe im allgemeinen gute Streuwirkung besitzen und zur Herabsetzung der blendenden Leuchtdichte gut geeignet sind, werden sie für Wohnzimmerbeleuchtung oft verwendet; es ist dabei auf möglichst faltenlose Anordnung zu achten. Eine für alle Zimmerbenützer mit ihrer vielseitigen abendlichen Beschäftigung gleicherweise geeignete Beleuchtung ist damit nicht zu erreichen, weil die an der Oberseite angebrachten farbigen Seidenstoffe dem Raum nur eine sehr geringe Allgemeinbeleuchtung verleihen. Wie die Beleuchtung der Wohnräume gestaltet werden soll, wird in e (S. 687 f.) erörtert.

Die Tatsache, daß die *Farben* im Licht der Glühlampen ein anderes Aussehen haben, als bei Tageslicht, ist bekannt. Die Glühlampe enthält zwar alle Farben des Spektrums, jedoch überwiegt der Anteil der gelben Farbe, für welche das menschliche Auge zudem fast seine größte Spektralempfindlichkeit besitzt, gegenüber dem Anteil der übrigen Spektralfarben. Darunter leidet bei Glühlampenlicht der satte Ton vor allem der roten und blauen Farben; der Überfluß an aufgestrahltem Gelb läßt sie matt und stumpf, gewissermaßen unrein, erscheinen. Diesen für das Aussehen der übrigen Körperfarben ungünstigen Überfluß an gelber Strahlung der Glühlampe kann man durch Verwendung von Neophanglas[1] soweit herabmindern, daß die Körperfarben auch im Glühlampenlicht ein sattes, kräftiges und leuchtendes Aussehen bekommen. Neophanglas läßt alle Spektralfarben ungehindert hindurch; lediglich gelbe Strahlung wird in eingeschränktem Maße hindurchgelassen. Der damit verbundene Lichtverlust gegenüber gewöhnlichem Opalüberfangglas beträgt etwa 15% (gefärbte Opalgläser 50...70%). Mit der Verbesserung des Aussehens der Körperfarben (auch die menschliche Hautfarbe bekommt ein frisches, gesundes Aussehen) sind zahlenmäßig nicht erfaßbare psychologische Auswirkungen verbunden. Um jedoch jedem Irrtum vorzubeugen, sei noch gesagt, daß durch Verwendung von Neophanglasleuchten kein „Tageslicht" erzeugt werden kann, da mit

---

[1] Neophanglas (Hersteller: Auer Ges., Berlin) enthält geringe Prozente von Oxyden seltener Erdmetalle aus der Cer-Gruppe, hauptsächlich Neodymoxyd. Innenraumleuchten aus opalüberfangenem Neophanglas werden von der Firma Siemens-Schuckertwerke A. G., Berlin-Siemensstadt, hergestellt.

Ausnahme der Dämpfung der allzugroßen gelben Strahlung an der spektralen Zusammensetzung des Glühlampenlichts, welche von der des Tageslichts erheblich abweicht, nichts geändert wird.

e) Die Beleuchtung der einzelnen Räume.

Es wurde schon erwähnt, daß durch den Bau der Wohnungen tagsüber häufig eine Verlegung der feineren Arbeiten nach den Fenstern zu bedingt ist, weil die Helligkeit an der den Fenstern entgegengesetzten Zimmerseite dafür nicht ausreicht. Somit kann tagsüber selten der ganze zur Verfügung stehende Raum praktisch ausgenutzt werden. Die künstliche Beleuchtung gibt uns diese Möglichkeit. Allerdings findet man in vielen Wohnungen Winkel, welche aus Mangel an irgendeiner Beleuchtungsmöglichkeit Tag und Nacht im Dunkel liegen und dabei unausgenützt bleiben, gemieden werden oder höchstens als Ablagestätte für Gerümpel und Unrat dienen. Je ausgedehnter eine Wohnstätte ist, desto zahlreicher sind auch diese dunklen Winkel. Gut beleuchten heißt also nicht nur einzelne Räume in eine Fülle von Licht tauchen, sondern bedeutet vor allem: *überall* beleuchten, um möglichst gute Raumausnützung zu gewährleisten. Damit soll natürlich nicht gesagt sein, daß alle Leuchten zugleich brennen sollen.

Die Wohnraumbeleuchtung hat aber noch andere Aufgaben als die, die Dunkelheit zu vertreiben; sie soll die Räume sowohl zweckmäßig aufgliedern, als auch vor allem die Möglichkeit zu behaglicher, individueller Gestaltung bieten, um alle Aufgaben, wie sie in der Einleitung dargelegt wurden, voll ausfüllen zu können. Dabei dürfen aber die Mittel nicht Selbstzweck werden, sondern müssen sich harmonisch in die Räume eingliedern. Diese Forderung ist um so wichtiger, als die Wohnraumleuchten auch bei Tag einen Teil der Einrichtung darstellen und gerade dann nicht als notwendiges Übel erscheinen dürfen, sondern einen Schmuck für die Räume bilden sollen.

Unter Berücksichtigung dieser hauptsächlichen Richtlinien ist zu unterscheiden zwischen solchen Räumen, welche nur wirtschaftlichen Zwecken dienen, wie Küche, Speisekammer, Keller, Speicher, Badezimmer, Bügelzimmer, Waschküche u. dgl., und den eigentlichen Wohnräumen. Dabei ist besondere Sorgfalt auf die Beleuchtung solcher Räume zu legen, welche doppelte Zwecke zu erfüllen haben, z. B. Wohnküchen und Dielen.

Für die Beleuchtung der *Wirtschaftsräume* werden meistens reine Zweckleuchten aus Opalüberfangglas mit Porzellanschalenhalter verwendet; bei normalen Raumhöhen (bis etwa 3,50 m) können diese an der Decke angebracht werden. Grundform ist immer noch die Kugel, jedoch findet man häufig den Übergang zu flachen Schalen ohne sichtbare Halterung („Nurglasleuchten") und zu anderen Körperformen. Diese Leuchten sind im allgemeinen vollkommen geschlossen, blendungsfrei und vor Verstaubung geschützt; für feuchte Räume ist wasserdichte Ausführung und Zuleitung zu verwenden (Anthygronleitung z. B. im Bad und in der Waschküche). Sind die Räume höher, so empfiehlt es sich, vor allem in der Küche Pendel mit geschlossenen Opalglasglocken aufzuhängen. Keinesfalls darf eine nackte Glühlampe oder ein offener flacher Porzellan- oder Blechschirm verwendet werden. Wo einzelne Arbeitsplätze gegen die Wände zu angeordnet sind, ist Sonderbeleuchtung erforderlich. In der Küche genügt eine blendungsfreie Wandleuchte aus Porzellan mit geschlossenem Opalüberfangglas über dem Herd oder dem Spültisch. Auch die Sonderbeleuchtung von Spiegeln im Bad, im Korridor und im Schlafzimmer gehört hierher. Eine Leuchte über dem Spiegel läßt die unteren Gesichtsteile im Schatten, ist also unzweckmäßig; erforderlich ist auf jeder Seite des Spiegels

eine am besten längliche Leuchte, z. B. Leuchten in Röhren- oder Kastenform,
Wandarme oder opalüberfangene blendungsfreie Linestraröhren[1].

Als *Nebenräume der Küche* sind die Speisekammer und in gewissem Sinne
der Keller zu bezeichnen. Diese Räume dienen zur Aufbewahrung von Nahrungs-

a   b

Abb. 756 a und b. Küche. a Eine unabgeschirmte Glühlampe in der Mitte der Küche reicht nicht aus; starker
Schatten am Herd und an der Spüle; Speisekammer dunkel. b Gute Allgemeinbeleuchtung durch blendungsfreie
Opalglasleuchte; Sonderbeleuchtung am Herd und an der Spüle; auch die Speisekammer erhält eine kleine Leuchte
so daß verderbende Lebensmittel rechtzeitig erkannt werden.

a   b

Abb. 757a und b. Badezimmer. a Durch die spärliche Beleuchtung wird das Waschen und Rasieren erschwert; der
schlecht beleuchtete Raum trägt auch nicht zur Erheiterung bei. b Spiegelbeleuchtung erfordert beiderseits des
Spiegels je eine blendungsfreie Leuchte, damit beide Gesichtshälften hell sind und störende Schatten vermieden
werden. Eine Opalleuchte an der Decke dient zur Allgemeinbeleuchtung des Raumes.

mitteln, welche zum Schutz vor Verderb einer beständigen Überwachung
bedürfen. Diese ist aber infolge kleiner Fenster in diesen Räumen meistens
schon am Tage erschwert. Eine gute Beleuchtung durch einfache Leuchten ist
unbedingt erforderlich, damit das Auge als Prüfer für den Gütezustand der
gelagerten Waren auftreten kann und diese Aufgabe nicht der Nase überlassen
muß, welche zu spät den schon begonnenen Verderb anzeigt. Nicht nur im Keller,

---

[1] Herstellerfirma: Osram, G. m. b. H., Berlin (vgl. H 2c).

sondern auch auf dem Trockenboden und Speicher ist das Hantieren mit offenem Licht der Feuersgefahr wegen verboten und auch lästig.

Es ist eigentlich fast selbstverständlich, daß auch *Treppen, Hauseingänge* und Treppenvorplätze Beleuchtung erhalten sollen. Bei einzelstehenden Häusern

a   b

Abb. 758a und b. Wohnküche. a Die einzige Leuchte an der Decke genügt nicht; die Arbeit im eigenen Schatten ist erschwert, der Gesamteindruck unbehaglich, da eine Aufteilung des Raumes in Arbeits- und Wohnraum fehlt. b Die Hängeleuchte über dem Tisch trennt den zum Wohnen bestimmten Teil des Raumes deutlich von der eigentlichen Küche; eine Leuchte über dem Herd erleichtert die Arbeit der Hausfrau.

a   b

Abb. 759a und b. Wohnzimmer. a Die Leuchte über der Tischmitte reicht nicht aus zur Anfertigung von Handarbeiten und zwingt zu anstrengender Haltung beim Lesen. Das übrige Zimmer liegt im Dunkel. b Die Hauptleuchte soll den ganzen Raum erhellen: zur Anteilung des Raumes sind die Ständerleuchten, Schreibtischleuchten u. a. geeignet.

ist eine Hof- oder Vorgartenbeleuchtung, die auch im Haus eingeschaltet werden kann, unerläßlich, nicht nur zum erleichterten Auffinden des Weges und der Hausnummer, sondern auch einerseits zum Schutz gegen Einbrecher (bei verdächtigen Geräuschen genügt Einschalten der Hofbeleuchtung, um Übersicht zu schaffen und meistens die Verbrecher zu vertreiben) — und andererseits, besonders in der Form von Kandelaberleuchten, zur Verschönerung des Gartens und zur Hervorhebung der Architektur des Hauses.

Der Raum der Wohnung, welcher zuerst betreten wird, hat den ersten günstigen Eindruck beim Besucher zu erwecken; er muß freundlich, hell, einladend wirken. Farbanstrich, Ausstattung und Beleuchtung müssen sich gut ergänzen. Meistens wird es der *Korridor* sein, der sich oft raumartig verbreitert und dann zur *Diele* gestaltet werden kann. Beim Ausbau zur Diele muß auch der Lichtträger angepaßt werden; an Stelle der schlicht zweckmäßigen Opalglasleuchte kann eine Schmuckleuchte treten, die durch zwei ähnlich gestaltete Leuchten am Spiegel ergänzt wird.

Die Diele ist also im Gegensatz zu dem nur als Durchgang dienenden Korridor bereits als Wohnraum anzusprechen. Ähnlich liegen in kleinen Wohnungen die Verhältnisse bei der sog. *Wohnküche*. Ein

Abb. 760. Wohnraumleuchte aus lichtstreuendem Diffunamaterial. (Schanzenbach & Co.)

Raum, welcher sowohl zur Verrichtung häuslicher Angelegenheiten, als auch zugleich zum Wohnen dient, kann sehr wohl behaglich und wohnlich gestaltet werden. Und hier, wo es sich um beschränkte Raumverhältnisse handelt, ist eine Trennung der verschiedenen Zwecken dienenden Teile des Raumes fast nur durch das Licht möglich. Völlig unzureichend und dem Sinn der Wohnküche entgegengesetzt ist, eine einzige Leuchte für den ganzen Raum zu verwenden. So verschieden der Verwendungszweck ist, so vielseitig muß die Beleuchtung sein. In den als Küche benützten Teil gehört die geschlossene Opalglas-Zweckleuchte an der Decke oder besser an der Wand über Herd und Spültisch. Über dem Wohntisch hängt eine einfache Schirmleuchte aus Stoff oder Pergament, welche genügend Licht zum Lesen und Schreiben spendet, blendungsfrei ist und den oberen Teil des Raumes in ein mildes warmes Licht taucht.

Die vielgestaltige, stimmungs- und verwendungsbedingte Aufteilung der *Wohnräume* durch das Licht ist eine der vornehmsten Aufgaben des mit der Beleuchtung von Wohnräumen sich beschäftigenden Lichttechnikers. Diese Aufgabe ist jedoch nicht mit einer einzigen in der Raummitte angebrachten Leuchte zu lösen. Die lichttechnischen Raumgestaltungsmöglichkeiten sind so vielseitig und außerdem durch die jeweiligen Umstände bedingt, daß auf dem hier zur Verfügung stehenden Raum nur einige Richtlinien gegeben werden können.

Beleuchtungskörper für Wohnräume sollen in erster Linie Lichtspender sein; aus den verschiedenen Anforderungen ergibt sich der Bau der Leuchten, welcher wieder die Grundlage für die Form und künstlerische Ausgestaltung bildet. Falsch ist der umgekehrte Weg, der Kunstgebilde ohne lichttechnischen Wert schafft, welche dann im Wohnraum ein eigenwilliges Sonderdasein fristen. In der Beschränkung zeigt sich der Meister. Mit einfachen, ungekünstelten Mitteln sowohl lichttechnisch einwandfreie als auch die Schönheit des Raumes unauffällig unterstützende Lichtträger zu schaffen, setzt technisches Können und künstlerische Veranlagung zugleich voraus. Die Einfachheit liegt nicht darin, daß man über die Kugel- und Kegelform nicht hinauskommt! Es ist aber wohl möglich, auch ohne faltenreiche, staubfangende Stoffschirme und 3...5 möglichst scheckige und verschnörkelte darübergesetzte Glocken, aus denen dann noch die ungeschützten Glühlampen herausragen, formschöne und einwandfreie Wohnraumleuchten zu schaffen. Es sei hier nur ein Beispiel von vielen gezeigt (Abb. 760). Dabei entfällt die unwirtschaftliche Aufteilung der Glühlampenleistung in viele kleine Einheiten (vgl. E 2, S. 434). Für die Allgemeinbeleuchtung eines Herrenzimmers kann eine dekorative Krone mit gut lichtstreuenden

tiefen Schalen wohl Verwendung finden, wenn man nicht überhaupt zu neuen Beleuchtungsarten und Leuchtenformen übergehen will. Hier bietet sich für ganz indirekte Beleuchtung
in Verbindung mit Sonderleuchten (z. B. stehende Deckenstrahler), ein weites Anwendungsfeld. Auch als Wand- oder Eckleuchten sind nach oben strahlende Metallschalen gut verwendbar, wenn man z. B. einen Teil des Zimmers als eine Art Lichtinsel herausheben will.
Eine andere Möglichkeit zur individuellen veränderlichen Raumaufteilung bietet die Ständerlampe (Abb. 759b) mit hängendem verstellbarem Schirm. Auch einfache blendungsfreie
Wandleuchten und die schon oben genannten Linestraröhren sind zur Hervorhebung eines
bestimmten Teiles im Gesamtraum geeignet. Sogar der Schreibtisch wird durch eine Sonderleuchte zur Lichtinsel im erhellten Raum, vorausgesetzt, daß die Leuchte den ganzen
Schreibtisch und nicht nur die Fläche unter dem Schirm beleuchtet. An warmen Sommerabenden gestaltet eine Ständerlampe oder Tischlampe den Balkon zu idealem Aufenthalt.
Alle diese Sonderfälle setzen genügende Allgemeinbeleuchtung voraus, damit die Raumwirkung nicht verloren geht, da der Raum ja nur gegliedert werden soll, aber nicht verkleinert, dadurch, daß der größte Teil im Dunkel liegt. Die größere Anstrengung der
Augen durch fortwährendes Umadaptieren ist hinreichend bekannt und besprochen.

Viele Fehler werden bei der Beleuchtung der *Schlaf- und Kinderzimmer*
begangen. Die Allgemeinbeleuchtung darf in beiden Fällen nicht zu gering
gehalten werden. Im Schlafzimmer beherrscht die Ampel fast ausschließlich
das Feld; aber auch andere, z. B. ganz opalüberfangene Leuchten erzielen dieselbe
weiche Beleuchtung. In Abb. 755 ist eine solche Leuchte dargestellt, welche
außerdem aus Neophanglas besteht (vgl. S. 686). Nur selten ist eine Nachttischlampe zum Lesen geeignet — und meistens wird sie dazu benützt. Abgesehen von der unbequemen Körperhaltung ist damit auch eine Schädigung
der Augen verbunden. Soll die Lampe zum Lesen im Bett geeignet sein, so
muß sie am Kopfende des Bettes angebracht werden.

Im Kinderzimmer wirkt eine bemalte Opalglasleuchte gut, auch Leuchten
aus Zellon oder Pergament sind zu gebrauchen, da sie fast unzerbrechlich sind.
Niemals aber sollte ein Kind bei solcher Allgemeinbeleuchtung seine Schulaufgaben machen; zur Schonung der Augen des Kindes ist eine einfache Schreibtischlampe mit festem Metallschirm und genügend heller Glühlampe erforderlich.

f) Stromkosten der Wohnungsbeleuchtung.

Die Beleuchtung ist einer der ersten Punkte, bei denen im Haushalt das
Sparen beginnt, oft sogar in Fällen, wo die Kosten für Beleuchtungsstrom
überhaupt keine Rolle spielen. Diese auch ohne Notwendigkeit in vielen
Familien noch vorhandene Sparsamkeit in bezug auf Beleuchtung mag noch aus
der Zeit der Petroleumlampe herrühren, wo man bei hohen Brennstoffkosten
doch keine befriedigende Helligkeit erzeugen konnte. Damals war die Beleuchtung ein notwendiges Übel — heute ist daraus ein Bau- und Lebenselement
geworden.

In Wirklichkeit betragen die Kosten, welche durch *unzureichende* Beleuchtung
gegenüber der zur Schonung unserer so außerordentlich wertvollen Augen und
zur behaglichen Lebensgestaltung *erforderlichen* Beleuchtung eingespart werden,
nur wenige Pfennige täglich; in jedem Fall weniger, als wir täglich bedenkenlos
für weit belanglosere Dinge auszugeben gewohnt sind. Wenn die Beträge sofort
bei Erhalt der Ware, nämlich beim Verbrauch des Stromes, zu bezahlen wären,
würden sie uns auch nicht hoch vorkommen. Die monatliche Stromabrechnung
läßt den Betrag größer erscheinen. Abb. 761 gibt einen Überblick über monatliche Stromkosten bei verschiedenen Tarifen (Tarife ohne Grundgebühren),
bezogen auf verschieden lange tägliche Brenndauer. Als Einheit wurden
100 W zugrunde gelegt; bei Lampen anderer Leistungsaufnahme ist die entsprechende einfache Umrechnungszahl anzuwenden. Viele Städte gingen zur
Einführung von Grundtarifen über, so daß die tatsächlichen kWh-Preise mit

steigendem Verbrauch sinken und die Preise je kWh selbst (ohne Berücksichtigung der Grundgebühr) wesentlich niedriger sind, als bei Tarifen ohne Grundgebühr.

Diese Maßnahmen sind sehr dazu geeignet, den Verbrauch an Beleuchtungsenergie zu steigern, da die Furcht vor dem Anwachsen der Stromrechnung bei kleinerem kWh-Preis nicht mehr so groß ist. Über den Zusammenhang zwischen Strompreis und durchschnittlichem Arbeitslohn, sowie über den Verbrauch verschieden großer Haushaltungen hat Seeger[1] eingehend berichtet.

Eine Aufgabe des Lichtingenieurs ist Aufklärung über die *Notwendigkeit ausreichender Beleuchtung* und die Möglichkeit günstiger Beeinflussung des Gemütszustandes, der Gesundheit und der Arbeitsbedingungen durch *gute Beleuchtung*. Der Lichtingenieur soll nicht nur handwerksmäßig alle Ansprüche an die Beleuchtung erfüllen, sondern er muß darüber hinaus die psychologischen und künstlerischen Eigenheiten lichttechnischer Gestaltung erfassen und zur Verbesserung der Lebensbedingungen seiner Mitmenschen anwenden können. Dabei muß der mit Beleuchtung von Wohnräumen sich Beschäftigende ein ganz besonderes Einfühlungsvermögen in die individuellen Wünsche der zu Beratenden besitzen; denn bei der Bedeutung, welche dem Einfluß häuslichen Wohlbefindens auf die Kraft und Leistungsfähigkeit der Familienmitglieder zukommt, ruht auf der Arbeit des Lichtingenieurs bei der Mitwirkung an der Heimgestaltung eine große Verantwortung.

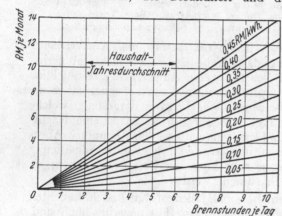

Abb. 761. Monatliche Stromkosten je 100 W bezogen auf tägliche Brennstunden bei Stromtarifen von 0,05...0,45 RM. je kWh.

G 3. Dekorative Beleuchtung, Lichtarchitektur, Theater, Kinos.

Von

Max Werner-Berlin-Charlottenburg.

Mit 14 Abbildungen.

Gutes Sehen und Erkennen und damit produktives Arbeiten sind eine Funktion zweckmäßiger und wirtschaftlicher Beleuchtung. Nur jedem Arbeitsvorgang besonders angepaßte, lichttechnisch einwandfrei durchgebildete Zweckleuchten gewährleisten eine Steigerung der Leistung. In allen Arbeitsräumen, in Werkstatt und Büro dient das „Licht als Werkzeug".

Räume, die der Entspannung und Erholung dienen und dazu bestimmt sind, festliche Stimmung hervorzurufen, stellen andere Forderungen an die Beleuchtung. Die reine Zweckmäßigkeit tritt mehr zurück. Es kommt vor

---

[1] Seeger, B.: Die Stellung der Beleuchtung im Stromverkauf der amerikanischen und der deutschen Elektrizitätswerke. Elektr.-Wirtsch. Nr. 4, 5. Febr. 1937.

allem darauf an, dem Auge ein ästhetisch und gefällig wirkendes Bild zu bieten. Leuchten und Beleuchtung haben sich der künstlerischen Ausstattung des Raumes eng anzugliedern und ihn dekorativ zu beleben. Es kann dann in gewissem Sinne vom „Licht als Schmuck" gesprochen werden.

a) Lichtarchitektur (Licht als Raumgestalter).

Harmonische Verbindung von Lichtträger und Raumornamentik, bewußte Abstimmung und Verteilung von Licht und Schatten vermögen dem zu beleuchtenden Raum eine gewollte Note, ein bestimmtes Gepräge zu geben. Die erzielte Wirkung verdankt ihr Entstehen dem Licht und ist unmittelbar an dieses gebunden. Das Licht ist hier zum Baustein geworden, es leuchtet und gestaltet gleichzeitig den Raum. Ein verbindendes Ineinandergehen von Licht und Architektur zu einem einheitlichen, untrennbaren, künstlerischen Ganzen deutet charakteristisch den Begriff „Lichtarchitektur".

Bereits in vergangenen Jahrhunderten sind gewisse Anzeichen hierfür wahrzunehmen. Denken wir an die Prunkschlösser jener Zeit. Die durch unzählige Reflexlichter erzielte dekorative Wirkung eines mit flackernden Kerzen beleuchteten Spiegelsaales war zweifellos beabsichtigt. Doch die offen brennenden und dadurch nicht ungefährlichen Lichtquellen ließen in der Folge ihre enge Anpassung an die Architektur zur besonderen Gestaltung des Raumes noch nicht zu. Erst die moderne Glühlampe mit ihrem gefahrlosen Licht und ihrer einfachen allseitigen Verwendbarkeit gab dem Baukünstler wie dem Lichttechniker das Mittel, das Licht architektonisch zu verwenden. Durch Erst-, Zweit- und Drittleuchtung kann mit ihrer Hilfe jede gewünschte Beleuchtungswirkung und Lichtstimmung erzielt werden. Leuchtende Punkte und Linien, direkt oder indirekt wirkende Leuchtflächen sind Elemente moderner Lichtbaukunst geworden.

Gebäude und Räume, die vorzugsweise am Tage verwendet werden, bieten naturgemäß wenig oder gar keine Möglichkeit, künstliches Licht in die Architektur einzugliedern.

Anders ist es bei Theatern, Kinos u. dgl., die gerade am Abend bei künstlicher Beleuchtung besonders in Erscheinung treten müssen. Sie sind ein wichtiges Tätigkeitsfeld des Lichtarchitekten. Hier kann moderne Lichttechnik in den verschiedensten Arten und Effekten zur Anwendung kommen. Einige Beispiele dekorativer Lichtarchitektur mögen einen Überblick über die hauptsächlichsten Möglichkeiten der Ausführung geben und zu lichttechnischen Neuschöpfungen anregen.

b) Erstleuchtung (Glühlampen).

Die bei festlichen Anlässen oft gesehene Konturenbeleuchtung durch Verwendung von Glühlampen kann bereits zur Lichtarchitektur gerechnet werden. Plastisch hebt sich das illuminierte Dresdner Opernhaus aus der dunklen Umgebung. Die gut gewählte Umrandung bestimmter Gebäudeteile mit einer Kette von Glühlampen vermag die architektonische Gliederung des Gebäudes geschickt zu betonen. Das schon in seiner Tageswirkung schöne Bauwerk erhält bei künstlichem Licht noch erhöhten Reiz und ein besonderes festliches Gepräge. Die beabsichtigte Wirkung auf den abendlichen Besucher wird in vollstem Maße erreicht (Abb. 762).

„Licht lockt Leute!" In strahlender Helle ladet die Eingangshalle eines Berliner Ufa-Theaters zum Besuch (Abb. 763). Auch hier wird der Effekt durch

Abb. 762. Glühlampen-Illumination.
(Osram-Bilder-Lichtdienst.)

Abb. 763. Beleuchtung einer Kassenhalle durch Glühlampen.
(Osram-Bilder-Lichtdienst.)

Glühlampen erzielt, die in geriffelten Glasröhren angeordnet sind. Um bei derartigen Anlagen der Gefahr der Blendung zu begegnen, dürfen die Glüh-

Abb. 764. Theaterzuschauerraum-Beleuchtung durch Soffittenlampen.
(Osram-Bilder-Lichtdienst.)

Abb. 765. Beleuchtung eines Kinoeinganges durch Linestraröhren.
(Osram-Bilder-Lichtdienst.)

lampen nicht in direkter Blickrichtung angebracht werden. Zweckmäßig wird auch die Leuchtdichte der Lichtquellen durch Verwendung mattierter Glühlampen begrenzt. Durch hellgetönte Decken und Wände bzw. durch Aufhellen der Fassade wird starker Kontrast vermieden und eine harmonische Einheit von Lichtarchitektur und Umfeld geschaffen.

Abb. 764 zeigt die moderne Beleuchtung eines großen Theaterzuschauerraumes. Zahlreiche, in mächtigem Deckenlichtträger angeordnete Soffittenlampen strahlen in festlicher Pracht. Der gesamte Raum ist von Licht durchflutet; die gegebene Beleuchtung für Operettentheater, für freudig gehobene Stimmung!

Ein hervorragendes Lichtbauelement wurde mit der „schmiegsamen Glühlampe", der Linestraröhre geschaffen (vgl. H 2c, S. 766). Sie löste das Problem

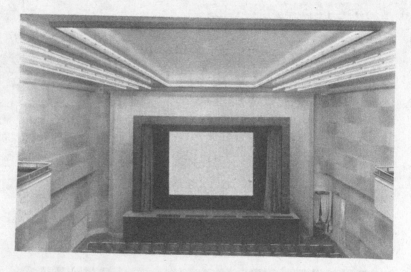

Abb. 766. Zuschauerraum-Beleuchtung durch Linestraröhren.
(Osram-Bilder-Lichtdienst.)

der leuchtenden Linie auf einfachste Art (Abb. 765). Besonders zur dekorativen, lichtarchitektonischen Raumgestaltung eignet sich ihr mildes, blendungsfreies Licht.

Ein zierliches Lichtornament aus gebogenen Linestraröhren beleuchtet in Abb. 765 den Eingang eines Lichtspieltheaters. In ununterbrochener, gerader Leuchtlinie schmiegt sich die schlanke Lampenröhre der schlichten Bauart des Theaterraumes an (Abb. 766). Das vornehm Einfache wird lichtarchitektonisch betont und dekorativ belebt. Licht und Architektur bilden wiederum die Einheit.

Eine neuartige Leuchtwirkung läßt sich durch farbige Linestraröhren erzielen. Auf großflächigen, glatten Decken schaffen sie, künstlerisch aneinandergelegt, farbige Leuchtgemälde, die den Raum schmücken und gleichzeitig blendungsfrei und weichschattig beleuchten.

c) Zweitleuchtung (Lichtstreuende Verglasungen).

Zum strahlenden Punkt der Glühlampe und der leuchtenden Linie der Soffittenlampen und Linestraröhren gesellt sich als drittes Lichtbauelement die leuchtende Fläche. Gleichmäßig angenehm wirkend, vermitteln großflächige

lichtstreuende Verglasungen einen imposanten Eindruck. Ein leuchtendes Dach
von eindringlicher Werbekraft lenkt in Abb. 767 die Blicke der abendlichen

Abb. 767. Kinoeingang mit großflächigem Leuchtdach.
(Osram-Bilder-Lichtdienst.)

Abb. 768. Theatervorhalle mit großflächigen Leuchtsäulen.
(Osram-Bilder-Lichtdienst.)

Passanten auf den Eingang eines Kinos. Belebend kommt dabei die dekorative
Unterteilung der ausgedehnten Leuchtfläche zur Geltung. Eingang, Schaukästen,

Ankündigungen, alles wird durch diese Art moderner Lichtarchitektur ins rechte Licht gestellt.

Abb. 768 gibt einen Blick in eine Theatervorhalle. Säulen und großflächige Opalglasleuchten bilden ein einheitliches Ganzes. Der gesamte Raum ist lichtdurchflutet und gleichmäßig blendungsfrei erhellt.

Auch die in Abb. 769 dargestellte großflächige Deckenleuchte ergibt dieselbe Beleuchtungswirkung. Die runde Form der die Glühlampen abblendenden

Abb. 769. Zuschauerraum mit großflächiger Deckenleuchte.
(Osram-Bilder-Lichtdienst.)

Opalglasscheiben fügt sich passend in den runden Theatersaal. Als zusätzliche Schmuckleuchten ziehen sich die leuchtenden Linien der Linestraröhren den Rängen entlang.

d) Drittleuchtung (Anstrahlungen).

Große durchleuchtete Flächen lichtstreuender Verglasungen und angestrahlte, indirekt wirkende Flächen gleichen sich in ihrem Leuchteffekt. Auch Flutlichtanstrahlungen (vgl. F 6, S. 623 f.) vermögen besondere Wirkungen zu erzielen.

Auf weite Entfernung schon ist die angestrahlte Lichtfassade auf Abb. 770 eine lockende Einladung zum Besuch des Lichtspieltheaters. Die großzügige Lichtarchitektur bildet dabei eine wirksame Umrandung.

Für besondere Lichteffekte können vorteilhaft auch Natriumdampflampen verwendet werden. Sie haben den Vorzug größter Wirtschaftlichkeit. Bei

Anstrahlungen beispielsweise läßt ihr gelbes Licht weiße Plastiken goldfarben in Erscheinung treten (Abb. 771).

Abb. 770. Fassadenbeleuchtung durch Anstrahlung.
(Osram-Bilder-Lichtdienst.)

Abb. 771. Effektbeleuchtung durch Anstrahlung.
(Osram-Bilder-Lichtdienst.)

Schattenarmes und bei mäßiger Leuchtdichte der Leuchtfläche angenehmes, behagliches Licht sind charakteristische Merkmale großflächiger Beleuchtung. Die *indirekte Raumbeleuchtung* eignet sich daher vorteilhaft als Stimmungsbeleuchtung für Theater und Kinos und deren Vorräume. In kelchartigen Erweiterungen der Tragpfeiler eines Erfrischungsraumes verdeckt untergebrachte Glühlampen strahlen in Abb. 772 die Deckenfläche an und geben eine milde stimmungsvolle Beleuchtung. Durch Anordnung tiefstrahlender Leuchten über dem Oberlichtfenster besteht außerdem die Möglichkeit, den darunterliegenden Raumteil durch die Fenster hindurch direkt zu beleuchten. Die Lichtverteilung im gesamten Raume entspricht durch diese Beleuchtungskombination der des natürlichen Tageslichts.

Gebräuchlicher als diese Art indirekter Beleuchtung durch Leuchtsäulen ist die Anordnung der Glühlampen in Gesimsen, die ebenfalls ganz indirekt wirkende Voutenbeleuchtung (vgl. F 7, S. 628 f.). Da die Schattigkeit bei ganz indirekter Beleuchtung jedoch gering ist, andererseits eine gewisse Körperlichkeit und Plastik gewünscht wird, ist es zweckdienlich, zusätzlich Wandleuchten anzubringen, die bei gefälliger Leuchtenform gleichzeitig eine dekorative Belebung des Raumes darstellen. Als Beispiel diene das Foyer des Hamburger Stadttheaters (Abb. 773).

In Abb. 774 wird die großflächige, von zwei Seiten durch verdeckt angeordnete Spiegelleuchten angestrahlte Decke eines Kinotheaters in der Mitte

Abb. 772. Erfrischungsraum mit indirekt wirkenden Leuchtsäulen.
(Osram-Bilder-Lichtdienst.)

Abb. 773. Indirekte Beleuchtung eines Foyers.
(Siemens-Schuckertwerke A.-G.)

von einem schmückenden Leuchtgebilde beherrscht. Die durchbrochene lebhafte
Ornamentik ist rückwärtig angestrahlt und ergibt einen äußerst dekorativen
Silhouetteneffekt.

Abb. 774. Indirekte Beleuchtung eines Zuschauerraumes mit Leuchtornament.
(Siemens-Schuckertwerke A.-G.)

Abb. 775. Indirekte Beleuchtung eines Zuschauerraumes durch Leuchtrinnen.
(Siemens-Schuckertwerke A.-G.)

Auf gleiche Weise läßt sich auch die Bühnenumrahmung beleben. Ein Umschalten auf farbiges Licht vermag den Gesamteindruck noch wesentlich zu heben.

Die Anwendung indirekter Beleuchtung bleibt aber nicht auf große glatte oder gewölbte Decken beschränkt. Wie Abb. 775 zeigt, können auch Lichtstreifen eine interessante Leucht- und Raumwirkung ergeben. Die Ausnützung des Lichts zur Beleuchtung und zur künstlerischen Raumgestaltung ist aber die Forderung moderner Lichtbaukunst.

Die Auswahl der gezeigten Bilder erstreckt sich bewußt auf einfache, gut übersichtliche Beispiele, zumal phantastische, sensationell wirkende Anlagen, die allzusehr auf Effekt eingestellt sind, bald ihren Reiz verlieren und damit nicht mehr gefallen.

e) Beleuchtungsstärke.

Die Wahl der einzelnen Beleuchtungsarten richtet sich nach den an die Beleuchtung in beleuchtungstechnischer und geschmacklicher Richtung gestellten Forderungen.

Die Beleuchtungsstärke ist dem Verwendungszweck des zu beleuchtenden Raumes anzupassen (vgl. F 4, S. 590 f.). Eingangshallen und Kassenräume, die Fenster der Schau- und Lichtspielhäuser, müssen durch hohe Beleuchtungsstärken einladend wirken. Die Wandelgänge, denen die Aufgabe zufällt, die Besucher den Kontakt mit der Vorstellung nicht verlieren zu lassen, müssen behaglich und gleichzeitig repräsentativ beleuchtet werden. Beleuchtungsstärken von 40...50 lx dürften jedoch den Zweck erfüllen. Zur Beleuchtung des Zuschauerraumes dagegen sind Beleuchtungsstärken von 60...80 lx erforderlich. Die Allgemeinbeleuchtung im Raume muß ein leichtes Auffinden des Platzes und ein müheloses Lesen des Programms ermöglichen. Gute Gleichmäßigkeit der Beleuchtung auf sämtlichen Plätzen ist damit eine weitere Forderung.

Alles was die behagliche Lichtstimmung und die Harmonie zwischen Licht und Raum beeinträchtigt, muß vermieden werden. Hierunter fallen vor allem Blendungserscheinungen und störende Schatten. Es ist auch zweckmäßig, bei Beginn und Ende des Spieles das Licht über Regler langsam ab- und einzuschalten, um ein bequemes Anpassen des Auges an die neue Beleuchtung zu ermöglichen.

Künstlerische Höchstleistung auf dem Gebiete der lichtarchitektonischen Beleuchtung, besonders von Theatern und Kinos, kann nur durch enges Zusammenarbeiten des Architekten und Lichttechnikers erreicht werden. Hauptbedingung ist dabei, alle grundsätzlichen Fragen schon beim Projektieren der Anlage eindeutig zu klären. Erst dann können Licht, Raum und Darbietungen in harmonischem Dreiklang zusammenwirken.

G 4. Bühnenbeleuchtung.

Von

Manfred Richter-Berlin.

Mit 30 Abbildungen.

a) Einleitung. Aufgaben.

Die Bühnenbeleuchtung ist ein Gebiet der Lichttechnik, das sich in den Rahmen der übrigen Beleuchtungsaufgaben nicht ohne weiteres einfügen läßt. Denn die Aufgaben der Bühnenbeleuchtung sind ja ganz andere als die der normalen künstlichen Beleuchtung. Zwar muß auch sie die Gegenstände dem Auge sichtbar machen, aber das Auge, das diese Gegenstände sehen soll, befindet sich nicht in dem beleuchteten Raum selbst, sondern ist als „Zuschauer" räumlich ganz und gar von den beleuchteten Dingen entfernt. Das bedeutet aber zunächst psychologisch eine ganze andere Situation. Dem Zuschauer ist ja die Möglichkeit genommen, durch andere Sinnesorgane als das Auge die Beschaffenheit des Bühnenbildes zu erfassen, er kann sie nicht „begreifen" im wörtlichen Sinne[1]. Auch hat im Gegensatz zur normalen Beleuchtung die Bühnenbeleuchtung nicht die Aufgabe, die Einzelheiten der Sehdinge dem Zuschauer sichtbar zu machen; das ist sogar oft unerwünscht, denn der Zuschauer soll solche Einzelheiten gar nicht erkennen können, weil er dann zu deutlich das Material der Bildbestandteile und die durch häufige Benutzung der Dekorationsteile daran aufgetretenen Abnutzungen wahrnehmen würde. Auch lenken Einzelheiten zu sehr von der Hauptsache der Bühne ab, die doch der Schauspieler mit seinem Mienenspiel bleibt. Dieses wiederum muß natürlich so deutlich wie möglich erkennbar sein, damit nicht etwa der Schauspieler zu übertriebener und damit unwahr wirkender Mimik veranlaßt wird.

Neben der Aufgabe, die Vorgänge auf der Bühne und das Bühnenbild sichtbar zu machen, fällt der Bühnenbeleuchtung aber vor allem die künstlerische Stimmungsgebung und Stimmungsanpassung auf der modernen Bühne als Wesentlichstes zu. Denn, mag auch in früherer Zeit die Bühnenbeleuchtung eine reine Beleuchtung, d. h. Sichtbarmachung der Gegenstände und Personen gewesen sein, heute ist das Licht ein ganz besonders wichtiges Mittel der künstlerischen Gestaltung geworden. Daher ist die Beleuchtung der Bühne auch nur zum Teil dem Ermessen des Ingenieurs überlassen, weit mehr wird sie von den Künstlern — dem Spielleiter und dem Bühnenbildner — beeinflußt. Der Ingenieur ist eigentlich nur ausführendes Organ eines fremden Willens, ihm liegt nur die Aufgabe ob, die Wünsche der maßgebenden Künstler mit den ihm gegebenen technischen Hilfsmitteln zu verwirklichen. Das setzt natürlich voraus, daß auch der Bühneningenieur fähig ist, künstlerisch zu arbeiten, wobei dann freilich rein technische Gesichtspunkte völlig zurücktreten müssen.

Aus diesem Grunde aber ist die Bühnenbeleuchtungstechnik rein aus der Praxis heraus entstanden und hat sich — von wenigen Ausnahmen abgesehen — eigene Formen der Leuchten wie auch eigene Gesetze technischer und ästhetischer Art entwickelt. Gewiß sind die Gesetze des Sehens für die Bühne keineswegs aufgehoben. Es mag daher verdienstlich erscheinen, diese Gesetze einmal unter dem Blickwinkel des Bühnensehens zu betrachten und zu versuchen, sie dem Bühneningenieur näher zu bringen[2], und auch dem Bühnenbildner wäre es nützlich, sich einmal damit zu befassen; man kann aber nicht erwarten, daß der Bühneningenieur sich diese Gesetze bewußt dienstbar machen könnte, weil eben die Aufgaben von ganz anderen Standpunkten aus an ihn herangetragen werden.

So wird wohl die Bühnenbeleuchtungstechnik immer mehr oder minder eine empirische Wissenschaft bleiben — um so mehr, als der Bühnenbeleuchter ja stets seine Beleuchtung vorher gründlich ausproben kann und muß, was dem Lichtingenieur sonst nur in den seltensten Fällen möglich sein wird.

Wie sehr die Beleuchtungsverhältnisse auf der Bühne von denen der „Wirklichkeit" abweichen, haben Messungen auf russischen Bühnen gezeigt[3]. Ermöglicht werden diese Abweichungen, die dem Zuschauer keineswegs bewußt werden, durch die Tatsache der „Guckkastenbühne", bei der der Zuschauer im dunklen Hause sitzt und daher erstens auf eine niedere Gesichtsfeldleuchtdichte adaptiert

---

[1] TEICHMÜLLER, J.: Das Licht auf der Bühne. Bühnentechn. Rdsch. 11 (1927) H. 4, 7—9.

[2] WEIGEL, R. G.: Lichttechnik der Bühne. Licht 3 (1933) 147—150, 167—171.

[3] LAZAREV, D. N.: Zum Problem der Bühnenbeleuchtung. Licht 6 (1936) 107—109.

ist und zweitens das Bühnenbild im Kontrast zum dunklen Bühnenrahmen sieht, wodurch der Helligkeitseindruck des Bühnenbildes gesteigert wird. Eine praktische Folgerung aus solcher Erkenntnis ist in der Richtung zu ziehen, daß vor dem Öffnen des Vorhanges, insbesondere vor dunklen Szenen, die Zuschauerraumbeleuchtung allmählich und lange genug vorher eingezogen wird, damit das Auge Zeit hat, sich zu adaptieren. Die Opernaufführung mit ihren bei verdunkeltem Hause gespielten Vorspielen ist in dieser Beziehung dem Schauspiel überlegen, weil letzteres meist ganz kurze Übergänge von hellem zu dunklem Zuschauerraum hat.

Die sehr wichtige Frage nach der Naturtreue der dargebotenen Farben ist für die Bühne bisher noch ununtersucht geblieben, doch steht es fest, daß objektiv die Farben in einer Freilandschaft auf der Bühne ganz andere sind, als uns in der Natur geboten werden. Der wahrheitsgetreue Eindruck — wenigstens dort, wo er auch angestrebt ist — wird uns aber durch die angenäherte Farbenkonstanz ermöglicht, die im Falle der Bühne in erster Linie wohl als Gedächtnisleistung zu betrachten ist, da wir die Farben der dargebotenen Gegenstände aus der Erinnerung von ähnlichen, in der Natur wirklich beobachteten Dingen her kennen. Als geklärt kann man den gesamten Fragenkomplex der Farbenkonstanz ohnehin nicht ansehen. Dadurch verbietet sich vorläufig auch die Anwendung einer Farbenharmonielehre für die Bühne (selbst wenn eine solche sonst schon bestünde [1]), um so mehr, als auf der Bühne wegen des Durcheinanders von additiver und subtraktiver Farbmischung exakte Bestimmungen der Farben aussichtslos erscheinen.

Aus all dem sieht man, daß die Beleuchtungstechnik auf der Bühne theoretischen Regeln schlecht zu unterwerfen ist und mit wissenschaftlichen Hilfsmitteln nicht gemeistert werden kann. Sie ist eben eine Sache der reinen Praxis.

Das mag nicht zuletzt der Grund dafür gewesen sein, warum die Bühneningenieure den Zugang zu ihrem Beruf selbst durch die Einführung von staatlichen Prüfungen gedrosselt haben wollten. Denn da die Prüfungsbestimmungen in Deutschland [2] ausreichende Bühnenpraxis vorschreiben, so wird damit gewährleistet, daß die vielen, nur auf diesem Wege erreichbaren praktischen Kenntnisse der Bühnentechnik und besonders auch der Bühnenbeleuchtungskunst weitergetragen werden und auf ihnen auch weiter aufgebaut wird. Wichtig für jeden Bühneningenieur und für jeden, der ein Projekt für eine Bühnenbeleuchtungsanlage auszuführen hat, sind außer den praktischen Kenntnissen des Bühnenbetriebs noch die der gesetzlichen Vorschriften über die elektrischen Anlagen in Theatern und die einschlägigen VDE.-Bestimmungen. Soweit beides für die Bühnenbeleuchtung in Frage kommt, sind sie in dem bereits erwähnten Buch von Hansing-Unruh [3] zusammengestellt.

Im folgenden werden die in der Praxis üblichen Verfahren der Bühnenbeleuchtung und ihre Hilfsmittel kurz beschrieben. Ebenso wie sich diese Beschreibung nur auf die modernen Geräte beschränkt, ohne auf frühere Entwicklungsstufen einzugehen, findet auch nur die moderne Bildbauweise, das „plastische" Bühnenbild, Berücksichtigung, denn die alte Bauweise mit flachen Kulissen und Soffitten, mit Bögen und Prospekten ist in den letzten Jahrzehnten fast gänzlich von der Bühne verschwunden. Über die Beleuchtung auf solchen Bühnen ist Näheres in älteren Zusammenstellungen zu lesen [4]. Eine ganz ausführliche Zusammenstellung der in den letzten Jahren gebräuchlichen Einrichtungen zur Bühnenbeleuchtung gibt F. Kranich in seinem zweibändigen Werk [5].

---

[1] König, R.: Farbenlehre und Bühnenkunst. Bühnentechn. Rdsch. 9 (1925) H. 5, 7—9.

[2] Vgl. F. Hansing u. W. Unruh: Hilfsbuch der Bühnentechnik. Bd. 1, 58—72. Berlin: Verlag der Genossenschaft Deutscher Bühnenangehöriger 1930.

[3] Hansing-Unruh (Vgl. Fußn. 2): S. 1—58.

[4] Vgl. z. B. A. v. Engel: Beleuchtungseinrichtungen am Theater. Leipzig: Hachmeister & Thal 1916. — Lux, H.: Die Beleuchtung von Schulen, Kirchen, Festsälen und Theatern. In Bloch: Lichttechnik. 414—431. München u. Berlin: R. Oldenbourg 1921.

[5] Kranich, F.: Bühnentechnik der Gegenwart. 2. München u. Berlin: R. Oldenbourg 1933. — Außer in diesem Werk findet man die neuzeitliche Bühnenbeleuchtung in Wort

b) Bühnentechnische Beleuchtungsgeräte.

Die auf der Bühne verwendeten Leuchtenformen haben sich je nach ihrem Verwendungszweck in bestimmten Gruppen entwickelt. Da sind zuerst aus den Bedürfnissen der Kulissenbühne heraus die *Fußlichter*, die *Oberlichter* und die *Seitenlichter* entstanden, die früher die Aufgabe hatten, die Dekorationsteile unmittelbar anzuleuchten und die heute gewissermaßen die Allgemeinbeleuchtung der Spielfläche liefern. Zur Aufhellung des Bühnenbildes an Stellen, wo eine besondere Leuchtdichte gefordert wird oder wo Schatten aufzuhellen sind, dienen die *Versatzlichter*. Die Hervorhebung von Einzelheiten des Spielfeldes, die starke Beleuchtung der Darsteller wird durch tiefstrahlerähnliche *Spielflächenleuchten* und durch geeignete *Bühnenscheinwerfer* erzielt. Diese Beleuchtung wird heute meist ergänzt durch *Vorbühnenscheinwerfer*, die im Zuschauerraum aufgestellt werden. Besondere Effekte werden durch *Effektscheinwerfer* und *Projektionsgeräte* hervorgerufen. Schließlich dienen besondere *Horizontleuchten* der Ausleuchtung des Rund- oder Kuppelhorizontes (Bühnenhimmels), der heute wohl jede größere Bühne umspannt. Eine außerhalb dieser Geräte stehende Gruppe bilden die *Ausstattungsleuchten*, die auf der Bühne selbst gezeigt werden, also beispielsweise Kronleuchter, die zur Dekoration selbst gehören. Da diese Ausstattungsleuchten keine Beleuchtungsaufgabe zu erfüllen haben und ihre Form rein künstlerischen Gesichtspunkten entspringen muß, bleiben sie hier außer Betracht.

Die *Fußlichter*, *Oberlichter* und die fast ganz verschwundenen *Seitenlichter* besitzen im wesentlichen die gleiche Form. Sie bestehen aus einem langgestreckten Körper, der eine Reihe von Glühlampen nebeneinander samt Reflektor trägt. Man unterscheidet dabei zwei Bauarten: die offene und die Kammerbauart. Bei der offenen Bauart befinden sich nebeneinander die Glühlampen in einem Rinnenreflektor. Die Glühlampen selbst sind abwechselnd in verschiedenen Farben gehalten; jede Farbe ist zu einer Gruppe zusammengeschaltet, die sich vom Stellwerk aus getrennt regeln läßt. Der Nachteil dieser Bauart, die zweifellos die einfachere und daher die billigere ist, liegt in der Abschattung des Lichtes, das von jeder Glühlampe ausgeht, durch deren beide Nachbarlampen; auch läßt sich bei dieser Bauart die Farbe der einzelnen Serien nicht verändern, es sei denn, daß man die Glühlampen jeweils gegen anders gefärbte auswechselt. Bei der Kammerbauart besitzt jede Glühlampe ihren eigenen Reflektor, der meist durch eine Farbscheibe abgeschlossen wird. Dadurch ist es möglich, die Farben der Lampenserien im Bedarfsfall einmal anders als normal zu wählen.

Abb. 776 zeigt an einem Schnitt durch eine Bühnenanlage die räumliche Anordnung der verschiedenen Leuchten. In manchem vermittelt die Abb. 777 einen besseren Eindruck von der Verteilung der Leuchten im Bühnenraum. Es ist erkennbar, daß das Fußlicht vorn an der Rampe der Bühne liegt, während die Oberlichter in den verschiedenen „Gassen" hängen. (Gassen heißen die einzelnen Tiefenabschnitte der Spielfläche aus der Zeit der Kulissenbühne her.) In Abb. 778 ist eine Fußrampe der Kammerbauart wiedergegeben. Diese Rampe ist wie die meisten mit normalen Glühlampen bestückt. Es kommen bei der offenen Bauart Lampen bis zu etwa 60. W in Frage, bei der Kammerbauart geht man gelegentlich bis zu 200 W. Neuerdings baut man die Fußrampen zur Vermeidung zu harter Schattenwirkungen auf dem Gesicht der Darsteller

und Bild dargestellt in der AEG.-Druckschrift: Elektrizität im Theater. 1925, und in der Siemens-Druckschrift: Elektrische Anlage in Theatern. 1937. — Auch auf die Kataloge und Prospekte der bühnentechnischen Beleuchtungsfirmen, wie z. B. Reiche & Vogel, Leuchtkunst G. m. b. H., Berlin und W. Hagedorn, Berlin, sei verwiesen.

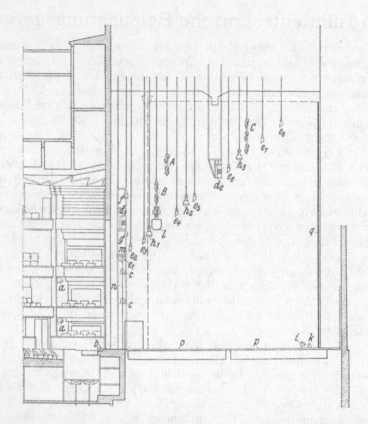

Abb. 776. Schnitt durch eine Bühnenanlage (Theater Pigalle, Paris). *A, B, C* Horizontleuchtengerüste, *a* Vorbühnenscheinwerfer, *b* Fußrampe, *c* Proszeniumscheinwerfer, *d* Horizontscheibenzugleuchten, *e* Oberlichter, *f* Spielflächenscheinwerfer, *g* Brückenscheinwerfer, *h* Spielflächenleuchten, *i* Horizontversatzleuchten, *k* Horizontrampe, *l* Wolkenapparat, *m* Beleuchtungsbrücke, *n* Portalrahmen, *o, p* Bühnenwagen, *q* Rundhorizont (Siemens).

Abb. 777. Bühnenbeleuchtung in der Staatsoper Berlin (AEG).

auch für indirektes Licht, meist in der Art, daß wahlweise direkt oder indirekt beleuchtet werden kann. Eine solche Ausführungsform zeigt die Abb. 779. Bei solchen Rampen werden Lampen bis zu 1000 W verwendet.

Die Oberlichter werden ausschließlich direkt leuchtend gebaut, weil sonst der Wirkungsgrad zu gering werden würde. Im übrigen unterscheiden sie sich von den Fußrampen nur dadurch, daß ihr Licht senkrecht oder schräg nach unten und hinten fällt. Abb. 780 zeigt schematisch den Schnitt durch ein solches Oberlicht, während Abb. 781 eine ähnliche Ausführungsform im Bild wiedergibt. Die Oberlichter sind in ihrer Höhe verstellbar an sog. Zügen angebracht, so daß sie sich je nach der Gestaltung des Bühnenbildes in die zweckmäßigste Lage bringen lassen.

Ganz ähnlich den Fußrampen sind auch die *Versatzrampen* ausgebildet, die

Abb. 778. Fußrampe der Kammerbauart (Siemens).

wahlweise im Bühnenbild nach Bedarf dort aufgestellt werden, wo sie — natürlich verdeckt gegen Sicht vom Zuschauer aus — Dekorationsteile, Personen od. dgl. von unten zusätzlich zu beleuchten haben. Sie sind meist als Pendelstützrampen ausgebildet, d. h. sie sind so aufgestellt, daß sie sich um eine waagerechte Achse schwenken lassen. Andere Versatzstücke, z. B. solche, die den

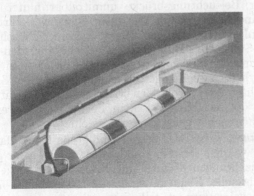

Abb. 779. Fußrampe für direkte und indirekte Beleuchtung (AEG).

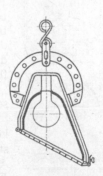

Abb. 780.   Oberlicht schematisch
(Emswerke Breslau).
[Aus Licht 2 (1932).]

Ausblick aus einem Fenster eines auf der Bühne aufgestellten Zimmers bilden, werden mit Versatzständern (Abb. 782) ausgeleuchtet. Die Versatzleuchten sind entweder nur für eine Farbe eingerichtet oder sie besitzen Anschlußmöglichkeit für mehrere Farben (2…5). Dann können diese Versatzlichter auch in Szenen verwendet werden, in denen die Beleuchtung allmählich geändert wird.

Die besonders markanten Stellen des Spielfeldes werden heute ganz allgemein zusätzlich durch *Spielflächenleuchten* stark beleuchtet. Diese Spielflächen-leuchten zeigen alle Übergangsformen vom einfachen Tiefstrahler bis zum Linsenscheinwerfer. In erster Linie sind Spielflächenleuchten der Art gebräuchlich, wie sie Abb. 783 schematisch zeigt. Die Glühlampe hängt darin senkrecht nach unten, ihr Licht wird durch einen guten Spiegel in der Richtung nach unten gelenkt. Das Gehäuse hängt an einem Dekorationszug meist mit mehreren anderen gleichartigen Geräten neben-einander. Solche Reihen von Spielflächenleuchten sind

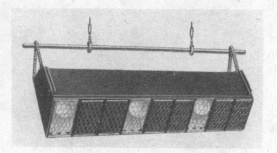

Abb. 781. Oberlicht in Kammerbauart (Hagedorn).

Abb. 782. Mehrfarbiger Versatz-ständer (Siemens).

auf die einzelnen Gassen verteilt; am stärksten ist naturgemäß die erste Gasse damit besetzt.

Die Leuchten können unten durch eine Farbscheibe abgeschlossen werden; manche Ausführungsformen besitzen sogar ein Farbscheibenmagazin, aus dem durch Seilzug vom Stellwerk aus die gewünschte Farb-scheibe hervorgezogen werden kann.

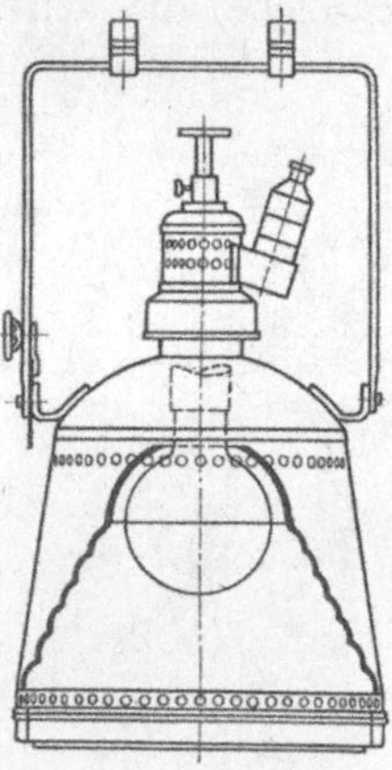

Abb. 783. Spielflächen-leuchte schematisch (Ems-werke Breslau). [Aus Licht **2** (1932).]

Auf der Beleuchtungsbrücke unmittelbar hinter dem Portal befinden sich dann die mehr scheinwerferartigen Spielflächenleuchten, die von Hand oder mechanisch auf bestimmte Stellen des Bühnenbildes gerichtet werden und diese Stellen mehr von vorn als von oben beleuchten, wo-durch natürlich eine günstigere Wirkung als mit den Spiel-flächenleuchten direkt von oben erzielt wird. Auch auf den „Türmen", die seitlich hinter dem Portal stehen, werden solche Bühnenscheinwerfer gern aufgestellt.

Die *Bühnenscheinwerfer* zeigen eine große Mannigfaltig-keit. Teils werden sie mit Glühlampen, teils — für ganz starke Beleuchtungen — auch mit Bogenlampe betrieben. Als lichtrichtendes Element werden teils Paraboloid- oder Ellipsoidspiegel verwendet, teils Sammellinsen, die vorzugs-weise aus Hartglas hergestellt sind. Zur Verstärkung wird bei diesen Geräten meist noch ein Kugelspiegel hinter der Glühlampe angeordnet.

Abb. 784 und 785 zeigen Bühnenscheinwerfer, einen für Bogenlampe mit Spiegel, den anderen für Glühlampe mit Linse und Kugelspiegel.

Soll das Lichtbüschel scharf begrenzt sein, so muß eine optische Abbildung stattfinden. Zu diesem Zweck wird der Scheinwerfer mit einem Projektions-

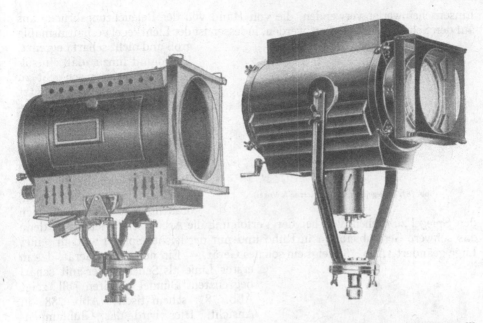

Abb. 784. Scheinwerfer mit Spiegelbogenlampe
(Reiche & Vogel).

Abb. 785. Linsenscheinwerfer für Glühlampe 1500 W
(Reiche & Vogel).

ansatz versehen, der ein Objektiv trägt. Dieses bildet dann die freie Öffnung der Scheinwerferlinse, die jetzt als Kondensor wirkt, bei richtiger Einstellung auf den zu beleuchtenden Gegenstand ab. Bringt man vor die Kondensoröffnung eine Maske oder eine Irisblende, dann kann man das Lichtbüschel beliebig begrenzen, was oft auf der Bühne notwendig ist. Als Gerät kann man dazu eingerichtete Scheinwerfer verwenden, wenn ihnen der Projektionsansatz vorgesetzt wird, oder man nimmt überhaupt einen *Bühnenprojektionsapparat*, der ja auch zu vielen anderen Effekten gebraucht wird.

Abb. 786. Fata chroma-Gerät (Hagedorn).

Diese Projektionsgeräte, auch zum Teil fälschlich als Linsenscheinwerfer bezeichnet, werden sehr vielseitig verwendet. Ein besonderes Gebiet besitzen sie als Verfolgungsscheinwerfer. Hierzu kann man zwar auch einfache

Linsenscheinwerfer verwenden, die von Hand von der Beleuchtungsbrücke aus auf den Schauspieler gerichtet werden, indessen ist der Lichtkegel verhältnismäßig groß und nicht scharf begrenzt. Es kommt hinzu, daß ein solcher Scheinwerfer schlecht zu dirigieren ist. Deshalb benutzt man als Verfolgungsscheinwerfer lieber ein Projektionsgerät mit einstellbarem, scharfem Lichtkegel. Vor das Objektiv setzt man nun einen Planspiegel; um die Richtung der Lichtstrahlen zu ändern,

Abb. 787. Spiegellinsengerät (Reiche & Vogel).

braucht man jetzt nur noch den Spiegel zu drehen, was bei der Verfolgung die Arbeit sehr erleichtert, denn das schwere Gerät bleibt ja in Ruhe und nur der leichte Spiegel wird in seiner Lage geändert. Abb. 786 zeigt ein solches Gerät. — Ein neuartiges Gerät, das in erster Linie als Scheinwerfer mit scharf begrenztem Bündel arbeiten soll, zeigt Abb. 787 schematisch, Abb. 788 in Ansicht. Hier wird das Glühlampenlicht mittels eines Ellipsoidspiegels der abbildenden Linse zugeführt, wodurch der optische Wirkungsgrad günstiger wird.

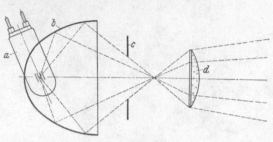

Abb. 788. Spiegellinsengerät, Ansicht (Reiche & Vogel).

Die Projektionsapparate finden heute besondere Anwendung zur Erzeugung von Bühneneffekten und zur Projektion von ganzen Bühnenbildern.

So werden beispielsweise Schneefall, Regen, Wasserwellen, Regenbogen, Feuer durch Projektion sehr naturecht wiedergegeben. Bei Regen oder Schnee läßt man das Lichtbild, das man durch eine in die Diapositivebene gesetzte „Effekttrommel" (Abb. 789) erzeugt und dauernd bewegt, vom Zuschauerraum aus auf einen im Bühnenrahmen, also vor den Darstellern hängenden Schleier fallen, auf dem dann die Lichtpünktchen, die beispielsweise die Illusion der Schneeflocken hervorrufen, helle Bilder erzeugen.

Abb. 789. Effekttrommel (Hagedorn).

Eine besondere Art der Projektionsgeräte bilden die *Wolkenapparate.* In ihrer einfachsten Form sind es auch hier normale Projektoren, in deren Diapositivebene sich Wolkenbilder befinden, die erforderlichenfalls bewegt werden. Das Verfahren reicht aber auf größeren Bühnen nicht aus, weil die Ausmaße des Rundhorizontes zu gewaltig sind, um von einem einzigen Gerät ausgefüllt zu werden. Man hat daher spezielle Wolkenapparate gebaut, die aus einer Anzahl kleinerer Projektoren bestehen. Diese sind um eine gemeinsame vertikale Achse drehbar angeordnet, so daß auf dem Rundhorizont, in dessen Mittelpunkt ungefähr der Wolkenapparat aufgehängt ist, die Wolken in horizontaler Richtung mit beliebiger Geschwindigkeit wandern können. Besonders große Apparate sind mit zwei übereinander liegenden Reihen von Projektoren ausgerüstet, die gegeneinander laufen können und so die (selten geforderten) gegeneinander ziehenden Wolkenschichten wiederzugeben gestatten. Die meisten Wolkenapparate werfen aber ihr Licht über einen Spiegel auf den Horizont. Dadurch wird die Darstellung aufsteigender Wolken ermöglicht, da der Spiegel vor jedem Objektiv um seine waagerechte Achse geschwenkt werden kann. Abb. 790 zeigt einen solchen Wolkenapparat mit einer Reihe von Projektionssystemen. Als Lichtquelle dient hier eine Glühlampe zu 3000...5000 W.

Eine besondere Gruppe von Leuchten dient der farbigen *Ausleuchtung des Rund-* oder *Kuppelhorizontes*. Dieser soll ja besser als die früheren gemalten Prospekte den Himmel in seinen mannigfaltigen Farbtönungen wiedergeben und die Sicht bei Freilandschaften auf der Bühne naturgemäßer begrenzen. Die hauptsächlich geforderte Farbe ist das Blau - vom zartesten Blaßblau bis zum tiefdunklen Nachtblau.

Abb. 790. Wolkenapparat mit 10 Projektionssystemen (Hagedorn).

In der Zeit des Bogenlichtes verwendete man dieses besonders gern zur Horizontausleuchtung, weil es im Gegensatz zum Glühlampenlicht reich an blauen Strahlen ist. Die Nachteile, die es für den Bühnenbetrieb besitzt, nämlich seine Nichtregelbarkeit

Abb. 791. Eine Horizontbeleuchtungsanlage. Stadttheater Augsburg (AEG).

durch Widerstände, umging man mit dem FORTUNY-Licht. Hierbei fiel das Bogenlicht nicht direkt auf den Horizont, sondern auf weiße oder lebhaft gefärbte Seidenbahnen, die das Licht ihrerseits mehr oder minder diffus zurückstrahlten. Die Seidenbahnen konnten übereinander gezogen werden; da sie in lange Spitzen ausliefen, ließ sich ein sehr fein abgetönter

Farbübergang erzielen. Zur Verdunklung wurden schwarze Samtbahnen vorgezogen. Später verbesserte LINNEBACH den Wirkungsgrad dadurch, daß er einen Teil des Bogenlichtes durch Farbscheiben hindurch direkt auf den Horizont fallen ließ. Diese sinnreiche

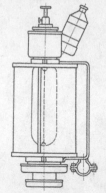

Konstruktion, die noch an so manchem Theater ihren Dienst versieht, ist allerdings heute bei Neuanlagen durch moderne Glühlampen- und Quecksilberdampflampen-Horizontleuchten verdrängt, da sie die mannigfachen Nachteile des Bogenlichtes nicht besitzen.

Abb. 791 zeigt eine kleinere Horizontleuchtenbatterie. Man sieht darin zwei verschiedene Typen von Horizontleuchten. Zunächst die Ovalleuchten, von denen Abb. 792 eine einzelne zeigt. Sie enthalten eine 1000 W-Nitrasoffittenlampe oder Kinolampe und besitzen eine unveränderlich befestigte, meist blaue Farbscheibe. Denn diese Leuchten dienen fast ausschließlich der Erzeugung eines genügend hellen blauen Himmels. Da der Gehalt an blauen Strahlen bei der Glühlampe nicht besonders hoch sein kann, müssen eine genügende Anzahl von blauen Leuchten vorgesehen werden, um die nötige Helligkeit zu erreichen.

Abb. 792. Horizont-ovalleuchte für Nitrasoffittenlampe 1000 W (Emswerke Breslau). [Aus Licht 2 (1932).]

Für 1500 W-Lampen ist jetzt neuerdings eine Kegelhorizontlaterne (Abb. 793 und 794) entwickelt worden, die im wesentlichen die gleichen Aufgaben wie die Ovalleuchte zu erfüllen hat.

Die zweite Art von Horizontleuchten ist in Abb. 795 wiedergegeben. Sie ist zur Horizontbeleuchtung in verschiedenen Farben bestimmt; denn außer Blau

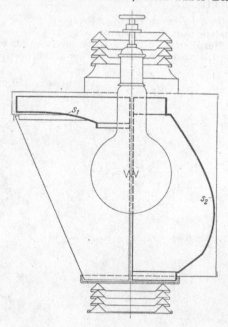

Abb. 793. Kegelhorizontleuchte für Glühlampe 1500W (Reiche & Vogel).

Abb. 794. Schnitt durch die Kegelhorizontlampe (Reiche & Vogel). s_1, s_2 Spiegel.

werden gelegentlich auch Grün, Gelb, Rot und deren Mischungen gefordert. Da alle diese Farben bei weitem nicht soviel Lampeneinheiten erfordern, wie gerade Blau, so genügt es, wenn eine Anzahl Lampen mit Farbwechseleinrichtung versehen ist. Bei blauer Himmelsbeleuchtung werden sie natürlich mit blauer Farbscheibe ebenfalls mit eingesetzt. Die Farbscheibensteuerung wird mittels

Seilzug oder elektromotorisch vom Stellwerk aus betätigt. Die Lampen sind meist mit einer 3000 W-Lampe oder zwei 1500 W-Lampen bestückt.

Äußerlich ähnlich sind die Horizontleuchten für Quecksilberlicht. Wegen der besonderen damit erreichbaren Farbstimmungen, wegen der großen Licht-

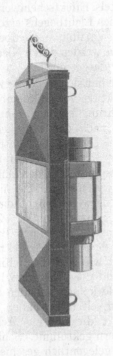

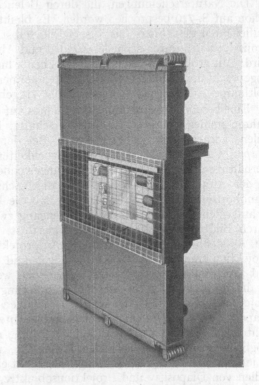

Abb. 795. Horizontseilzugleuchte für Glühlampe 3000 W (AEG).

Abb. 796. Horizontseilzugleuchte für drei Quecksilberhochdrucklampen HgH 5000 (Siemens).

leistung und wegen der günstigen Lichtausbeute der Quecksilberhochdrucklampe eignet sich diese sehr gut zur zusätzlichen Horizontbeleuchtung nach Vorschalten eines passenden Filters. Abb. 796 zeigt ein solches Gerät, in dem drei Lampen HgH 5000 (1000 W) untergebracht sind.

Die unteren Teile des Horizontes lassen sich meist von den verhältnismäßig hoch hängenden Horizontlaternen nicht genügend ausleuchten. Manchmal ist dieser Erscheinung, die eine Art Luftperspektive vortäuscht, nicht unerwünscht, doch in anderen Fällen ist eine intensive Färbung erforderlich, so z. B. bei Morgenröte oder ähnlichen Erscheinungen. Für diesen Fall werden *Versatzleuchten* unterhalb des Horizontes eingesetzt, die für diesen Zweck besonders eingerichtet sind. Sie sind meist mit Nitrasoffittenlampen von 1000 W bestückt (Abb. 797).

Abb. 797. Horizontversatzleuchte für Nitrasoffittenlampe 1000 W (Siemens).

Schließlich sind noch die Geräte zu erwähnen, die die Bühnenbeleuchtung aus dem Zuschauerraum heraus unterstützen. Diese *Vorbühnenleuchten* sind gewöhnlich Linsenscheinwerfer mit vorgebautem Farbscheibenmagazin, das von dem Bühnenstellwerk aus betätigt wird. Die Vorbühnenscheinwerfer werden im Proszenium seitlich und oben, in Seitenlogen oder über dem Kronleuchter des Zuschauerraums angebracht. Sie ergeben eine sehr natürliche Beleuchtung des Bühne; natürlich dürfen sie erst nach Öffnen des Vorhangs eingeschaltet werden.

Die Naturerscheinungen, die durch Beleuchtung nachgeahmt werden, sind schon auf S. 710 besprochen worden. Es bleibt nur noch zu erwähnen, daß das Aufleuchten des *Blitzes* (nicht sein Bild selbst, das mittels Effektscheinwerfers projiziert wird) durch schnelles Zünden und Abreißen eines Lichtbogens erzeugt wird. Mit großem Vorteil benutzt man heute hierfür auch Vacublitze, die überall angebracht und zentral gezündet werden können. — *Sterne* werden durch Niedervoltlampen, die in den Kuppelhorizont eingebaut sind, dargestellt.

Eine besondere Anwendung des Lichtes auf der Bühne hat sich in den letzten Jahren immer stärkeren Eingang verschafft: Die Projektion von Bühnenbildteilen, vornehmlich von Prospekten. Bei der Durchführung solcher *Bühnenbildprojektion* ergeben sich zwei Möglichkeiten, die je nach den räumlichen Verhältnissen der einzelnen Bühnen angewendet werden. Die eine Art besteht in der Aufprojektion auf undurchlässige Schirme oder unmittelbar auf den Rundhorizont. Dazu ist erforderlich, daß die Projektionsgeräte auf der Bühne so aufgestellt werden, daß der Strahlengang zwischen Projektor und Bild nicht durch Bildteile oder Darsteller gehindert ist. Begreiflicherweise macht daher die Aufstellung der Apparate bei Aufprojektion viel Schwierigkeiten. Zur Projektion sind bei kurzen Entfernungen und großem auszuleuchtendem Bildfeld Weitwinkelobjektive nötig; zum Glück werden bei der Bühnenprojektion an die Randschärfe nicht so hohe Anforderungen gestellt wie etwa beim Filmprojektor. Das liegt in der Natur der Dinge; einmal sind die meist gemalten Diapositive selbst so gehalten, daß eine leichte Unschärfe keinen Schaden anrichtet, zum anderen hat man auf der Bühne nur in den seltensten Fällen die Möglichkeiten zu einer normalen Projektion, meist trifft die optische Achse schief auf, oft ist auch die Auffangfläche nicht eben, sondern gekrümmt. Schiefstellen von Diapositiv und Projektionsobjektiv, wie dies gelegentlich geschieht, hebt zwar einen Teil der dadurch entstehenden Verzerrung wieder auf, bringt aber durch die Abbildungsfehler unvermeidlich Unschärfen in das Bild.

Günstiger ist daher die Durchprojektion von hinten auf eine lichtdurchlässige Schirtingwand, die natürlich nur angewandt werden kann, wenn die Hinterbühne genügend Raum bietet. Hier läßt sich dann meist eine senkrechte Projektion durchführen; allerdings muß der Apparat so aufgestellt werden, daß der Zuschauer nicht durch die Schirtingwand hindurch das leuchtende Objektiv als hellen Punkt durchschimmern sieht. Durch ein geeignetes Versatzstück muß von vornherein beim Entwurf des Bühnenbildes darauf Bedacht genommen werden.

Als Projektionsgeräte kommen alle auf der Bühne sonst verwendeten Projektoren in Frage, sofern sie mit einer befriedigend arbeitenden Optik versehen sind. Lichtquellen mit kleinem Leuchtsystem, aber hoher Leuchtdichte sind hierbei am günstigsten. Als Neuestes konnte man auf diesem Gebiet jetzt [1] ein Gerät mit einer Quecksilberüberdrucklampe der Osram G. m. b. H. (Type HgB) sehen, die Kleinheit des Leuchtkörpers mit besonders hoher Leuchtdichte vereinigt.

Die gelegentlich notwendige Projektion von Filmen auf der Bühne ist mit größeren Schwierigkeiten verbunden, weil die Aufstellung des Filmgerätes an die Innehaltung gewisser polizeilicher Sicherheitsvorschriften geknüpft ist, deren Erfüllung aber oft beschwerlich ist. Grundsätzlich gilt für die Filmprojektion das gleiche wie für die Bildprojektion.

---

[1] Auf der Bühnentechnikertagung 1937 in Berlin zeigte die Firma W. Hagedorn ein solches Gerät.

Insonderheit ist bei beiden zu beachten, daß der Projektor gut erschütterungsfrei aufgestellt ist, da bei der starken Vergrößerung jede Bewegung des Diapositives große Bildverschiebungen bewirkt, die natürlich vom Zuschauer nicht unbemerkt bleiben.

Eine Abwandlung des projizierten Bühnenbildes ist die *Schattenprojektion*, die sich großer Beliebtheit erfreut. Sie ist in erster Linie von HASAIT in Dresden ausgebaut worden[1], der damit wohl als erster sehr reizvolle Wirkungen erzielt hat. Eine gewisse Berühmtheit hat das Verfahren durch die Inszenierung der „Zauberflöte" (1922) an der Staatsoper Dresden erlangt. Abb. 798 zeigt ein solches Bühnenbild, Abb. 799 zeigt den zugehörigen Schatten-

Abb. 798. Bühnenbild mit Schattenprojektion nach HASAIT (Zauberflöte, Staatsoper Dresden). Aufnahme: Staatsoper Dresden.

werfer, dessen Flächen zum Teil gänzlich undurchlässig, zum Teil aber in verschiedenem Grade durchlässig sein können, um so verschiedene Schattentiefen zu erzeugen. Die Lichtpartien des Bildes können dabei durch Farbscheiben vor der schattenwerfenden Lichtquelle eingefärbt werden, die Schattentöne erhalten dann an sich schon eine zarte, zur Lichtfarbe gegenfarbige Färbung; sie können aber auch durch zusätzliches Licht eingefärbt werden.

Soll eine solche Szene rasch verwandelt werden oder das Bild der einen Szenerie allmählich sich in das der anderen verändern, dann ordnet man, wie die Abb. 800 zeigt, zwei Schattenwerfer mit je einer Lichtquelle räumlich nebeneinander oder

Abb. 799. Schattenwerfer zu dem in Abb. 798 gezeigten Bühnenbild.

übereinander an. Diese Möglichkeit wird natürlich auch bei der Projektion von Lichtbildern angewandt, besonders wenn man eine Form in eine andere überführen will, beispielsweise, wenn ein Brand in der Ferne gezeigt wird. Da sieht man zuerst das unversehrte Haus, dann werden mittels Effekttrommel Flammen und Rauch darüber projiziert, dann wird die Effektprojektion wieder eingezogen und es erscheint als Lichtbild das leergebrannte Gebälk.

[1] DRP. Nr. 407153 (Kl. 77g) und Nr. 439819 (Kl. 57a). — Vgl. Bühnentechn. Rdsch. **9** (1925) H. 2, 9–10.

Zu erwähnen bleibt noch eine Art der Bühneneffekte, die nur indirekt durch elektrische Beleuchtung hervorgerufen wird. Es ist dies die Verwendung von *Leuchtfarben* zur Darstellung von Erscheinungen aller Art, insbesondere auch zur Erzeugung von Veränderungen an Maske und Kostüm der Darsteller im Verlauf einer Szene. Leuchtfarben sind Stoffe, die unter der Bestrahlung durch sichtbares oder ultraviolettes Licht selbst zur Lichtstrahlung angeregt werden.

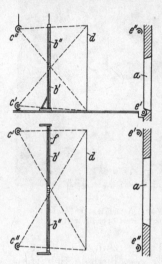

Diese Erscheinung, als Fluoreszenz bekannt, ergibt leuchtende Färbungen, die sich aus der Umgebung der nichtselbstleuchtenden Körperfarben herausheben, wenn sie von Strahlungen getroffen werden, die das Leuchten anzuregen vermögen. Sonst verhalten sie sich wie jede andere Körperfarbe und fallen gar nicht auf. Man kann sie also allmählich hervortreten lassen, wenn man der Beleuchtung nach und nach ultraviolette Strahlen beifügt. Man kann dann die sichtbare Beleuchtung ganz einziehen und nur mit den unsichtbaren oder höchstens ganz dunkelvioletten Anregungsstrahlen die Leuchtfarben zum Leuchten bringen. Dadurch lassen sich gespenstische Erscheinungen sehr wirkungsvoll darstellen. Leuchtfarben gibt es in verschiedensten Farbtönen, so daß alle gewünschten Wirkungen erzielt werden können (vgl. D 7, S. 420 f.). Als Quelle für die unsichtbaren Anregungsstrahlen verwendet man Quecksilberlampen hinter passenden Schwarzglasfiltern; neuerdings stehen dafür Quecksilberhochdrucklampen mit schwarzem Glaskolben (Osram) als besonders geeignete Strahlenquelle zur Verfügung.

Abb. 800. Anordnung der Schattenwerfer nach HASAIT für Verwandlung durch Überblenden.
a Bühnenöffnung, *b* Schattenwerfer, *c* Lichtquellen, *d* Schirtingwand, *e* Sekundärlichtquellen zur Färbung und Aufhellung der Schatten.

c) Regelgeräte und Schaltanlagen auf der Bühne.

Außer den Bühnenleuchten ist der Beleuchtung auf der Bühne die vielseitige Schalt- und Regelmöglichkeit eigentümlich, die durch die besonderen Aufgaben der Bühnenbeleuchtung gefordert wird. Denn es ist ja bekannt, daß eine einmal eingestellte Beleuchtung oft im Verlauf einer einzigen Szene mehrfach stark verändert wird, sei es, um den Ablauf der Tageszeit darzustellen, sei es, um die Stimmung der Beleuchtung dem jeweiligen Teil der Szene anzupassen und so durch eine Art Lichtmalerei das Bühnenwerk in seiner Wirkung zu unterstützen und zu unterstreichen. Eine solche Aufgabe vermag natürlich nur das elektrische Licht zu lösen, da es von allen Beleuchtungsarten allein technisch einfache Regelmöglichkeiten bietet.

Das Organ für die Regelung der Bühnenbeleuchtung ist das *Bühnenstellwerk*. Darunter wird eine Apparatur verstanden, die für die einzelnen Stromkreise einzeln je eine leicht bedienbare und übersichtlich angeordnete Regelvorrichtung enthält. In den allermeisten Fällen besteht diese aus einem Hebel, der längs einer Halbkreisbahn geführt wird und dessen Bewegung mittels Seilzug auf das eigentliche elektrische Steuerorgan übertragen wird. Jeder zu steuernde Stromkreis besitzt seinen Hebel; da auf der Bühne meist in einem Beleuchtungskörper mehrere Stromkreise, nämlich für die einzelnen Farben, verlegt sind, gehören zu jedem Beleuchtungskörper oder wenigstens zu jeder Gruppe (z. B. „1. Oberlicht") soviel Stellhebel, wie Farben vorgesehen sind. Die Zahl der Farben ist verschieden und richtet sich nach den jeweiligen Bühnenverhältnissen. Meist sind drei oder vier, seltener fünf Farben vorgesehen.

Die Stellhebel für jede einzelne Farbe werden in der Regel nebeneinander angeordnet, wobei untereinander die Stellhebel liegen, die zu ein und derselben Gruppe gehören. So entsteht das mehrreihige Stellwerk. Es enthält beispielsweise in der oberen Reihe die weißen, in der zweiten die roten, in der dritten die grünen, in der vierten die blauen Lichter, und zwar so, daß die Hebel für die Fußrampe senkrecht untereinander liegen, ebenso die Hebel aller anderen Beleuchtungsgruppen. Natürlich macht es keine Schwierigkeit, mit dem gleichen Stellwerk auch die einzelnen Farbscheiben an Horizontleuchten, Vorbühnenscheinwerfern u. dgl. zu bedienen. Auch die Seilzüge für mechanische Verdunklung der Leuchten, die vielfach angewendet wird, wo eine Verdunklung durch Spannungsregulierung unmöglich oder wegen der Farbveränderung unzweckmäßig ist, werden an die Hebel des Stellwerks in gleicher Weise angeschlossen.

Abb. 801 zeigt ein solches Stellwerk für vier Farben. Man erkennt die einzelnen Stellhebel, die nach Farben geordnet jeweils auf einer Welle sitzen. Mit dieser Welle können die einzelnen Hebel nach Bedarf gekuppelt werden, so daß diese Hebel gemeinsam durch das an den Seiten des Stellwerks sichtbare Handrad betätigt werden können. Da die Bewegung des Handrades nur verhältnismäßig grob geschehen kann, besitzt jede Welle noch einen Feintrieb, der in der Abb. 801 an den kleinen Handrädern erkennbar ist.

Viele Stellwerke besitzen noch ein gemeinsames Handrad für alle Farben. Diese können dann nach Belieben so damit gekuppelt werden, daß sie alle gleichsinnig oder, was häufiger notwendig sein wird, entgegengesetzt sich drehen; das letztere ist erforderlich, wenn die eine Farbe langsam verlöschen soll, während die andere allmählich hervortreten muß.

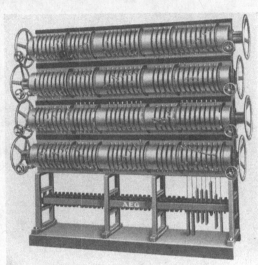

Abb. 801. Vierreihiges Bühnenstellwerk für Handantrieb (Staatsoper Berlin). 4×33 Hebel (AEG).

Die Hebel lassen sich nun meist so mit der Welle kuppeln, daß sie an bestimmter, vorher eingestellter Stelle sich selbsttätig entkuppeln. Oft ist die Konstruktion auch so ausgebildet, daß man außerdem jeden einzelnen Hebel gleichsinnig oder entgegengesetzt zu der Drehrichtung der Farbenwelle laufen lassen kann.

Je größer nun die Beleuchtungsanlage eines Theaters und je umfangreicher damit das Stellwerk wird, um so schwieriger ist es für den Beleuchter, sich den Vorgängen auf der Bühne in dem Maße widmen zu können, wie es die hohe Genauigkeit, mit der heute auf der Bühne gearbeitet wird, erfordert. Seit 1932 ist man daher zu *elektrisch bewegten Stellwerken* übergegangen und hat so eine wesentliche Entlastung der Beleuchter erreicht.

Abb. 802 zeigt ein Bühnenstellwerk für fünf Farben, das mit elektrischem Antrieb versehen ist. Rechts sind die Handräder für Grob- und Feinregulierung von Hand zu sehen, während das links angebrachte Gehäuse die Getriebe für den elektrischen Antrieb der einzelnen Farbenwellen enthält. Das hier abgebildete Stellwerk ist so eingerichtet, daß jede einzelne Welle ihren eigenen Motor besitzt, der entweder auf Grobregulierung oder auf Feintrieb geschaltet werden kann oder auch ganz von der Welle entkuppelt wird. In dem letzteren Falle kann die Welle von Hand bewegt werden. Die Belastung des Antriebsmotors ist ganz verschieden, je nach der Zahl der mit der Welle gekuppelten Hebel; auch muß die Geschwindigkeit der Regulierung in sehr weiten Grenzen gemäß den Eigenheiten der Bühnenerfordernisse geändert werden können. Man benutzt zur Lösung dieser Aufgabe die Leonardschaltung. Für jede Farbenwelle wird ein Generator und ein Motor vorgesehen, deren Ankerstromkreise miteinander in Reihe geschaltet sind. Der Motor wird stets gleichmäßig von einer fremden Stromquelle erregt, während die Generatorerregung durch einen Bühnenwiderstand geregelt wird, dessen Regelhebel gleich mit auf dem Stellwerk angeordnet ist. Die Generatoren für die einzelnen Farbenwellenantriebe sitzen alle auf einer gemeinsamen Welle und werden von einem Drehstrommotor angetrieben. Steht keine gleichmäßige Gleichstromquelle für die Felderregung der Einzelantriebsmotore zur Verfügung, so wird auf die gleiche Welle der Leonardgeneratoren noch eine kleine Erregermaschine hierfür gesetzt. Auf diese Weise ist es also möglich, die Regelgeschwindigkeit in weiten Grenzen und unabhängig von der Belastung einzustellen.

Abb. 802. Fünfreihiges Stellwerk für elektrischen Einzelantrieb (Neues Theater Leipzig). 5×40 Hebel (Siemens).

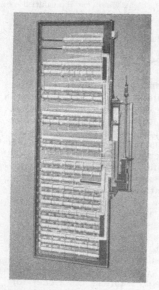

Abb. 803. Bühnenregelwiderstand (Siemens).

Wird kein Wert darauf gelegt, die einzelnen Wellen mit verschiedener Geschwindigkeit laufen zu lassen, so kann man auch Gemeinschaftsantrieb der einzelnen Wellen vorsehen; jede Welle muß dann mit einer Unterkupplung über den Grob- oder Feintrieb mit der Motorwelle verbunden werden können. — Daß die Aufstellung der Motore so gewählt werden muß, daß ihre Erschütterungen und Geräusche das Spiel auf der Bühne nicht im geringsten stören, versteht sich von selbst.

Das Stellwerk ist das Vermittlungsorgan zwischen dem Beleuchter und dem eigentlichen, elektrisch wirksamen Regelgerät. Die Bewegung der Stellhebel wird auf Kontaktschlitten übertragen, die an dem Regelgerät auf- und abgleiten, sofern mit den Stellhebeln nicht Farbscheibenzüge für die Horizontleuchten od. dgl. gekuppelt sind.

Als Regelgerät fand bis vor wenigen Jahren ausschließlich der *Bühnenwiderstand* (Rheostat) Verwendung, also ein Ohmscher Widerstand, genügend fein unterteilt, um eine möglichst stufenlose Regelung der Lampenspannung zu gestatten. Meist wird eine hundertteilige Kontaktbahn angebracht, die erfahrungsgemäß genügt. Abb. 803 zeigt einen solchen Regelwiderstand; für solche Geräte ist der flache Bau kennzeichnend, der gewählt wird, weil möglichst viel Widerstände auf engem Raum zusammengedrängt werden müssen, denn im Theater ist jeder Winkel kostbar und wird ausgenutzt.

Regelwiderstände besitzen für den Bühnenbetrieb eine Reihe von Nachteilen. Zunächst ist die Wärmeentwicklung oft ganz beträchtlich, was besondere
Unterbringung erforderlich macht. Zweitens ist die Regelung nur dann genügend
stufenlos, wenn der betreffende Stromkreis mit der vollen Stromstärke belastet
ist, für den er berechnet ist. Da das in den Stromkreisen der Versatzlichter oder
anderer ortsbeweglicher Leuchten oft nicht der Fall ist, müssen dann Ballastwiderstände zugeschaltet werden. Das bedeutet aber unnütze Vernichtung elektrischer Energie. Schließlich wird bei jedem Regelvorgang an sich schon im
Widerstand elektrische Energie nutzlos
in Wärme verwandelt.

Diese drei Nachteile vermeidet ein
neues Regelverfahren [1], das sich in
den letzten Jahren eingeführt hat.
Nach der Erfindung von BORDONI
(die übrigens von H. MÜLLER vor
mehr als vierzig Jahren durch die Anlagen im Stadttheater Magdeburg und
im Schauspielhaus Dresden vorweggenommen worden ist [2]), wird die für
die gewünschte Lampenhelligkeit erforderliche Spannung an einem Spar-
transformator *(Bühnentransformator)*
abgegriffen, dessen Windungen so ausgebildet sind, daß sie auf einer Seite
gleichzeitig als Kontakte verwendet
werden. Abb. 804 zeigt ein solches
Gerät für zwölf Regelstromkreise. In
der Mitte befindet sich der Kern mit
der Wicklung, rechts und links sind
je sechs Regelschlitten angeordnet.
Dieser Regelschlitten trägt den zur
Unterdrückung der Lokalströme, die

Abb. 804. Bühnenregeltransformator, System Bordoni,
für 12 Regelstromkreise (Siemens).

bei der Kurzschließung zweier benachbarter Windungen durch den Schleif-
kontakt auftreten können, erforderlichen Überbrückungswiderstand.

Der Vorteil dieser Regelart liegt in der praktisch verlustfreien Regelung der Stromkreise; zudem ist sie unabhängig von der Belastung der Stromkreise; Ballastwiderstände
können also entbehrt werden. - - Bei größeren Einheiten sind die Leerlaufverluste des
Transformators allerdings nicht ganz zu vernachlässigen. Um daher in den Fällen, wo nur
ein Teil der Bühnenbeleuchtung gebraucht wird, wie z. B. bei den Proben, nicht die Leerlaufverluste für die ganze Anlage zu haben, stellt man mehrere getrennt schaltbare Bordoni-
Transformatoren auf, wobei man die Stromkreise so verteilt, daß für die Probenbeleuchtung
nur einer der Transformatoren eingeschaltet zu werden braucht.

Freilich kann man sich den Vorteil dieser Regelart nur dort zunutze machen, wo Wechselstrom zur Verfügung steht. Die Bühnen, an denen nur Gleichstrom vorhanden ist, werden
sich wohl auch weiterhin mit der Widerstandsregelung zufrieden geben müssen, sofern
sich nicht die weiter unten beschriebene Regelung durch gittergesteuerte Röhren in größerem
Umfange Eingang verschaffen sollte, oder soweit nicht mechanische Verdunklung in
Frage kommt.

Für Wechselstrom kennt man noch ein anderes, ebenfalls mit nur geringen
Verlusten verbundenes Regelungsverfahren, das man in Amerika mit dem Namen
„*Reactor*" belegt hat. Hierbei wird in den Regelstromkreis eine Drosselspule

[1] JAHN, E.: Praktisch verlustlose Regelung von Bühnenbeleuchtungsanlagen im
Anschluß an Wechselstromnetze. Bühnentechn. Rdsch. 14 (1930) H. 4, 9—12. — PAETOW, V.:
Der Transformator als Bühnenregler. Bühnentechn. Rdsch. 16 (1932) H. 3, 38—41.
[2] MÜLLER, H.: Regulierapparat für Bühnenbeleuchtung bei Anwendung von Wechselstrom. Elektrotechn. Z. 15 (1894) 564—565.

geschaltet, die eine Sättigungswicklung für Gleichstrom trägt. Durch Regelung dieses Gleichstroms wird der scheinbare Widerstand der Drosselspule geändert und dadurch der Strom im Lampenkreis geregelt. Dieses Verfahren teilt übrigens mit der Widerstandsregelung den Nachteil, daß bei nicht voll belasteten Stromkreisen Ballastwiderstände erforderlich sind. Außerdem wird neben dem Wechselstrom noch ein besonderer Gleichstrom zur Drosselsättigung benötigt.

Als neueste Regelart ist in den letzten Jahren diejenige mittels *gittergesteuerter Entladungsröhren* (Thyratron, Stromtor) zu den bisher bekannten getreten [1]. Je nach der Gitterspannung wird die effektive Wechselspannung hinter der Röhre, also an den Lampen, verändert. Dadurch kommt man mit ganz geringen Steuerleistungen zu erheblichen gesteuerten Stromstärken. Das aber vereinfacht die Stellwerksanlage so, daß kein solch großer mechanischer Aufwand mehr erforderlich ist, wie er oben geschildert worden ist, sondern daß kleine Schalter an die Stelle des Hebelsystems treten können. Dadurch ist es möglich, mehrere Regelstellen einzurichten, die einander untergeordnet sind und an verschiedenen Stellen untergebracht werden können. Auch wäre es denkbar [2], die Regeltafel beweglich zu gestalten und auf diese Weise sie an verschiedenen Stellen nach Bedarf unterzubringen, z. B. bei den Proben im Zuschauerraum. Die Vorteile dieser neuen Regelart werden sicher in nächster Zeit zu einer umfangreicheren Verwendung als bisher führen. Ob sie sich indessen allgemein einführen wird, bleibt abzuwarten.

Neben der eigentlichen Regelvorrichtung ist für die Verwendbarkeit und Vielseitigkeit einer Bühnenbeleuchtungsanlage auch die *Schaltanlage* von Bedeutung.

Zunächst ist bei kleineren Stellwerken die Umschaltung des Regelgerätes auf verschiedene Farben zur Ersparnis von Regelhebeln vorgesehen. Dieser Umschalter ist entweder als Kurbelschalter ausgebildet, oder man benutzt Stöpselumschalter. Ferner ist die Wahl der Hauptschalter für Effektschaltungen wesentlich; meist wird ein ferngesteuerter Hauptschalter für alle über den Regelapparat gehenden Leitungen sowie für jede Farbe ein besonderer Hauptschalter vorgesehen. Im übrigen wird jeder einzelne Stromkreis ausschaltbar gemacht und selbstverständlich abgesichert. Schalter und Sicherung liegen bei Widerstandsregelung vor dem Regelgerät, bei Transformatorregelung kann die Absicherung und Abschaltung erst hinter dem Transformator erfolgen. In neueren Anlagen trachtet man in der Beleuchterloge nur die zur Bedienung unbedingt erforderlichen Schaltelemente aufzunehmen, also neben dem Regelstellwerk die Hauptschalter, Farbenschalter, Farbenwähler und Einzelschalter für die Stromkreise. Alles andere verlegt man möglichst in andere Räume, zumal ja Regelwiderstände oder Bordonitransformatoren ohnehin anderweitig untergebracht sind. Bei großen Anlagen wird die Schaltung der Einzelstromkreise durch Schaltschütze vorgenommen, die gleichfalls in unmittelbarer Nähe der Regeltransformatoren aufgestellt werden [3].

Für größere Theater ist eine *Notstromanlage* von großer Bedeutung. Denn meist wird der normalerweise benötigte Strom dem öffentlichen Leitungsnetz entnommen; versagt diese Stromlieferung jedoch einmal plötzlich, was sich ja bei ausgedehnten Netzen wohl niemals vermeiden lassen wird, dann müßte die Vorstellung unterbrochen werden, was außer schwerer wirtschaftlicher Schädigung auch gelegentlich Anlaß zu Panik im Zuschauerraum geben kann, wenn auch die vorgeschriebene Notbeleuchtung, die ja unabhängig vom Netz sein

[1] Vgl. F. HANSING u. R. ROSS: Die neuerbaute städtische Oper in Chicago. Bühnentechn. Rdsch. **14** (1930) Heft 2, 7—10. — JAHN, E.: Lichtregelung durch Stromtore oder durch Regeltransformatoren System Bordoni? Bühnentechn. Rdsch. **16** (1932) Heft 1, 3—6. — TREBESIUS, E.: Neue Möglichkeiten in der Elektrotechnik durch die Thyratronröhre. Bühnentechn. Rdsch. **16** (1932) Heft 1, 8—9. — DWORECK, O. u. A. STEGE: Eine neuartige Steuerung von Buntlichtanlagen. Licht **3** (1933) 94—97.

[2] UNRUH, W.: Neuere Probleme der Bühnenbeleuchtungstechnik. Bühnentechn. Rdsch. **16** (1932) Heft 1, 6—7.

[3] Ausführliches über die Schaltanlagen findet man in der genannten Siemens-Druckschrift: Elektrische Anlagen in Theatern. 90—100 (vgl. Fußn. [5], S. 704 und 705).

muß, eine völlige Finsternis vermeidet. Sofern die größeren Bühnen nicht eigene Stromerzeugungsanlagen dauernd in Betrieb haben, sondern sich des öffentlichen Leitungsnetzes bedienen, verfügen sie meist jetzt aus diesen Gründen über eine Notstromanlage, die, wenn sie ihren Zweck voll erfüllen soll, automatisch beim Ausbleiben der Netzspannung sich einschalten muß. Eine der modernsten

Abb. 805. Diesel-Notstromsatz 250 PS eff., 170 kVA, 130 V Drehstrom (Siemens).

Anlagen dieser Art ist im Deutschen Opernhaus in Berlin-Charlottenburg eingebaut. Abb. 805 zeigt den Notstromsatz, der von einer selbstanlaufenden Dieselmaschine mit einem Drehstromgenerator (130 V, 170 kVA) gebildet wird [1].

G 5. Filmaufnahmebeleuchtung.

Von

RICHARD STEPPACHER-Neubabelsberg bei Berlin.

Mit 13 Abbildungen.

a) Aus der Geschichte des Films.

Das Jahr 1889 brachte für die Kinotechnik zwei bedeutende Ereignisse, die erste Filmaußenaufnahme, welche der Mitarbeiter EDISONs, W. K. LAURIE DICKSON herstellte, und den Bau des ersten Filmateliers durch denselben.

DICKSON schreibt darüber [2]: ,,Der Gegenstand unserer ersten Außenaufnahme waren tanzende und ringende Bären, die wir Anfang 1889 im offenen Hof von Edisons Laboratorium machten..." Weiter schreibt DICKSON über das erste Aufnahmeatelier: ,,Dieses Atelier war 18 × 20 Fuß groß und hatte ein verschiebbares Glasdach, damit die Sonne ungehindert hineinscheinen konnte."

---

[1] Vgl. W. KÜLTZAU, A. KOLBE u. P. MÜLLER: Stromversorgung und -verteilung im Deutschen Opernhaus. Elektrotechn. Z. **57** (1936) 547—553.
[2] DICKSON: J. Soc. Motion Picture Engr. **21** (Dez. 1933) Nr. 6.

An anderen Orten, so auch in Berlin, wurden etwa von dem Jahre 1897 ab Filmaufnahmen hergestellt. Soweit es sich nicht um Freilichtaufnahmen handelte, dienten die Glasateliers der Portraitphotographen als Aufnahmeraum. Hauptlichtquelle war das Tageslicht. Es wurde durch die einfachen Leuchtgeräte, deren sich der Photograph in damaliger Zeit bediente, unterstützt. Die Aufnahmen waren daher sowohl von der Witterung als auch von dem Stand der Sonne abhängig. Erst mit der regelmäßigen Aufnahme von Spielfilmen gewinnt das Kunstlicht an Bedeutung.

Unter Verwendung des leistungsfähigen Kohlelichtbogens bringt erstmalig im Jahre 1904 die Firma Jupiter Spezialleuchten für Filmaufnahmen auf den Markt. Das Jahr 1909 bescherte dem Filmatelier die Niederdruck-Quecksilberdampflampe von Cooper Hewitt. Dem Atelierscheinwerfer mit Parabolspiegel folgte 1920 der erste *Aufheller*. Die Glühlampenleuchte findet seit 1925 allgemeine Verwendung. Diese Daten sind einige Hauptmerkpunkte aus einer Vielzahl von Ausführungsformen.

b) Emulsion und Optik, und deren Einfluß auf die Aufnahmebeleuchtung.

Der größte Teil eines Spielfilms entsteht im Aufnahmeatelier unter ausschließlicher Verwendung von Kunstlicht. Kleinere Abschnitte des Films werden auf dem Freigelände des Atelierbetriebes oder auf Reisen aufgenommen. Auch bei diesen Außenaufnahmen wird das Kunstlicht oft als Zusatzlichtquelle verwandt. Alle Aufnahmen eines Spielfilms benötigen daher also eine entsprechende umfangreiche und vielseitige Beleuchtungsanlage, bestehend aus Stromerzeugung, Schaltanlage und Beleuchtungskörpern.

Abb. 806. Schnitt durch ein Kinoaufnahmeobjektiv   (Astro-Ges., Berlin-Neukölln).

Die Aufgabe der Filmaufnahmebeleuchtung besteht darin, für das zur Aufnahme benutzte Negativfilmmaterial die geeignete Lichtmenge wirtschaftlich herzustellen. Das Negativfilmmaterial ist daher in erster Linie maßgebend für die Wahl der Lichtquelle und für die Menge des aufzuwendenden Lichtes. Seit dem Jahre 1926 werden Spielfilme ausschließlich auf panchromatischem Filmmaterial aufgenommen, an dessen Vervollkommnung in bezug auf Empfindlichkeit, Gradation und Sensibilisierung fortgesetzt gearbeitet wird. Die Errungenschaften auf dem Gebiete der Linsenoptik, insbesondere die Erhöhung der Lichtstärke, sind ebenfalls für die Filmaufnahmetechnik von großer Bedeutung. Mit Rücksicht auf diese und andere optischen Eigenschaften wie z. B. die zu gering werdende Tiefenschärfe, werden im allgemeinen Spielfilmaufnahmen mit Objektiven von einer größten Lichtstärke von 1:2,3; 1:2,0 und 1:1,18 hergestellt. Ein Objektivtyp, welcher in verschiedenen europäischen Ländern gern gebraucht wird, ist ein Anastigmat, das aus vier freistehenden Linsen besteht (Abb. 806). Die gebräuchlichen Brennweiten sind 28, 35, 40, 50 und 75 mm, wovon die kleineren Brennweiten bis 50 mm wegen der größeren Tiefenschärfe bevorzugt werden. Die Wahl eines Objektivtyps wird neben den optischen Eigenschaften auch von geschmacklichen und künstlerischen Gesichtspunkten beeinflußt. Die vorstehend genannten Objektive sind sog. Weichzeichner. Sie vermeiden Härten in der Zeichnung und fördern daher die Natürlichkeit und den Stimmungsgehalt des Bildes.

Die Aufnahmekamera der Stummfilmzeit war eine geräuschvoll arbeitende Maschine. Zur Geräuschdämpfung bei der Tonfilmaufnahme werden alle Erfahrungen der Getriebe- und Schalltechnik verwertet.

Durch die Erhöhung der Bildzahl bei der Tonfilmaufnahme von 16 auf 24 Bilder pro Sekunde wird die Belichtungszeit herabgesetzt. Die modernen Kamerakonstruktionen gleichen diesen Verlust durch die Vergrößerung der umlaufenden Blende von früher 145° auf 180° aus. Die nachstehende Tabelle zeigt die Schwärzungen der Emulsion in Abhängigkeit von der jeweiligen Blendenöffnung.

Öffnungswinkel	Schwärzung	Öffnungswinkel	Schwärzung
180°	1,00	60°	0,670
157°	0,958	45°	0,585
145°	0,932	30°	0,50
120°	0,878	15°	0,41
90°	0,788	0°	0,33

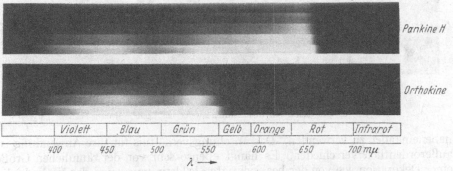

Abb. 807. Spektrogramme von panchromatischen und orthochromatischen Filmen (Aufnahme AGFA).

Die ursprünglich zu Tonfilmaufnahmen benötigte größere Lichtmenge konnte durch die technische Vervollkommnung von Emulsionen, Optik und Kamera soweit reduziert werden, daß sie heute geringer ist als zur Stummfilmzeit.

Neben der in wirtschaftlicher Hinsicht wichtigen Frage der benötigten Lichtmenge ist die künstlerische Qualität des Filmbildes von überragender Bedeutung. Während die orthochromatische *Emulsion* wegen ihrer geringen Empfindlichkeit für rot, orange und gelb diese Farbwerte entstellt wiedergab, kann mit panchromatischen Emulsionen bei richtiger Wahl der Lichtquellen eine in den Farbwerten wirklichkeitsgetreue Aufnahme hergestellt werden. Zur Zeit des orthochromatischen Films war eine der Hauptlichtquellen die Niederdruck-Quecksilberdampflampe; denn sie sendet ihre Hauptstrahlungsenergie im blauen und violetten Teil des Spektrums aus. Zur Aufnahme mit panchromatischen Emulsionen mußte der blaue und violette Anteil der Strahlung vermindert und die übrigen Bereiche des Spektrums, also rot, orange und gelb, durch andere Lichtquellen ergänzt werden. Die Quecksilberdampflampe wurde von der Glühlampe verdrängt.

Die Spektrogramme (Abb. 807) zeigen den Fortschritt eines panchromatischen gegenüber einem orthochromatischen Negativmaterial. Die Spektrogramme sind mit mehreren abgestuften Belichtungszeiten aufgenommen worden.

Die spektrale Empfindlichkeitskurve beispielsweise von dem Pankine-Negativ-Agfafilm ist bei einer Atelierbeleuchtung, welche aus Glühlampen und Effektlichtbogenlampen besteht, der visuellen Helligkeitskurve schon sehr angeglichen. Daher ist dieses Negativmaterial auch für Aufnahmen bei Tageslicht zu verwenden. Zur Dämpfung von blauen Strahlen kann ein Gelbgrün- oder Gelbfilter eingeschaltet werden. Ferner wird diese Emulsion auch zur Herstellung von Farbauszügen für die Aufnahme von *Farbfilmen* verwendet.

c) Lichtquellen und Hilfsmittel.

Die Lichtquellen für die Atelieraufnahmebeleuchtung sind also sowohl in bezug auf Lichtausbeute als auch nach spektralen Rücksichten zu wählen. Effektlichtbogen und Glühlampe entsprechen gleichermaßen diesen Bedingungen. Daher hat es sich als zweckmäßig erwiesen, beide Lichtquellen gleichzeitig und

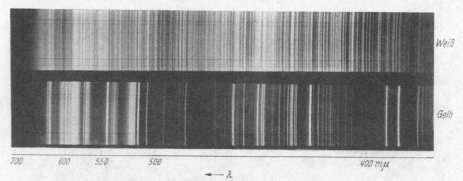

Abb. 808. Spektrogramme von Kohlenstiften „weiß" und „gelb" (Siemens-Plania).

nebeneinander zu verwenden. Das Mischungsverhältnis für ihre Anwendung ist außerordentlich verschieden. Es hängt ebenso sehr von der räumlichen Größe einer Dekoration wie von der beabsichtigten Bildstimmung und der Methode des Kameramannes ab. Angaben von Zahlenwerten sind daher nicht möglich. Im allgemeinen steigt der Anteil der Kohlelichtbogenleuchten mit der Größe einer Dekoration. Der Lichtbogen (vgl. B 6, S. 134f.) verdankt seine Anwendung zur Ausleuchtung von Filmdekorationen seiner hohen Leuchtdichte und Lichtstärke, wodurch Einzellichtquellen größter Leistung hergestellt werden können.

In den für Filmaufnahmezwecke benutzten *Kohlelichtbogen*leuchten werden Spezialausführungen von *Kohlenstiften* verwendet. Die Effektkohlenstifte müssen folgende Forderung erfüllen: ruhiger Abbrand bei verschiedenen Belastungen, mechanische Festigkeit und Anpassung des Dochtmaterials an die Filmemulsion. Der geräuschlose, ruhige Abbrand ist besonders wichtig, weil das geringste Geräusch von dem empfindlichen Mikrophon aufgenommen und als Störung auf dem Tonfilmstreifen registriert wird.

Der Reinkohlelichtbogen wird nur noch wenig bei der Aufnahmebeleuchtung angewandt. Daß er gelegentlich zu Farbfilmaufnahmen herangezogen wird, verdankt er seiner auch bei verschiedenen Belastungen gleichbleibenden Lichtfarbe. Mit einer Lichtausbeute von nur 8...13 lm/W ist er dem Effektlichtbogen mit 25...35 lm/W erheblich unterlegen.

Nach der Art der Metallsalzdochte der Kohlenstifte unterscheidet man die Sorten „weiß" und „gelb". Die Sorte „weiß" wird allgemein angewandt. Sind in einer Dekoration viele blaue und weiße Farbtöne enthalten, so können durch die Verwendung von Gelbkohlen, welche einen geringeren Anteil an blaueren Strahlen aussenden, die Kontraste abgeschwächt werden. Das ist besonders bei Aufnahmen in Originalräumen und -gebäuden der Fall, auf deren Gestaltung der Filmarchitekt keinen Einfluß hat; während er im Atelierbau nur photographisch günstige Farbtöne anwendet. Abb. 808 zeigt die Spektrogramme dieser Kohlensorten.

Die Brennruhe des Effektlichtbogens ist von der Beschaffenheit des Dochtmaterials, der Verkupferung und der Wahl des richtigen Querschnittes abhängig. Bei einer Lichtbogenspannung von 55...60 V und einer Lichtbogenlänge von 20...25 mm, haben sich die nachstehenden Kohledurchmesser bewährt.

Da mit zunehmender Belastung der Kohle die Leuchtdichte des Kraters rasch ansteigt (vgl. B 6, S. 145) und die vergasten Metallsalzteile noch zusätzlich an der Lichtausstrahlung beteiligt sind, beträgt die Lichtausbeute des Effektlichtbogens etwa 25...35 lm/W. Bei der Steigerung der Stromdichte von etwa 0,2 A/mm² auf etwa 1 A/mm² entsteht der Beckeffekt. Die Leuchtdichte der Effektkohle steigt dann bis zum 6fachen Wert derjenigen des Reinkohlelichtbogens an. Derartige *Hochintensitätslampen* werden bei Farbfilmaufnahmen verwandt, weil durch die hohe Leuchtdichte des Kraters eine dem Sonnenspektrum ähnliche Strahlung erzeugt wird. Um einen gleich

Verkupferte Gleichstromkohle.		
Stromstärke Amp.	Durchmesser in mm	
	positiv	negativ
40... 60	10	8
60... 80	14	10
80...100	16	11
100...120	18	12
120...150	22	14
150...175	25	15
175...200	30	18
200...250	34	20

mäßigen und ruhigen Abbrand des hochbelasteten, äußerst empfindlichen Lichtbogens zu ermöglichen, werden automatisch zündende und regulierende Beleuchtungsgeräte gebaut.

Entsprechend der mit den Lichtbogen zu erzielenden hohen Lichtleistungen setzt man diese Leuchten zur Atelierbeleuchtung an den Stellen an, wo große Lichtströme benötigt werden, also bei Dekorationen von räumlich großem Ausmaß und zur Erzeugung von kräftigen Lichteffekten.

Die erste Spezial-*Glühlampe für Photozwecke* (vgl. B 12, S. 243; B 5, S. 125) war in Deutschland die Osram-Nitraphotlampe. Diese gasgefüllte Glühlampe wird für eine Leistung von 500 W ausgeführt. Der Kolben ist innen mattiert. Die Lichtausbeute der im Atelier gebräuchlichen Ausführungsform beträgt etwa 26 lm/W. Werden diese Glühlampen mit der vorgeschriebenen Spannung gebrannt, so erreichen sie eine Lebensdauer von etwa 100 h. Gelegentlich, besonders in amerikanischen Ateliers steigert man die Lichtausbeute und Aktinität durch kurzzeitige Erhöhung der Betriebsspannung. Diese Leistungssteigerung geht auf Kosten der Lebensdauer. In extremen Fällen kann sie sich bei einer Lichtausbeute von etwa 38 lm/W auf 2 h vermindern.

Beim Haupttyp der Filmaufnahme-Glühlampe ist der Glühdraht in einer Ebene, senkrecht zur Strahlungsrichtung angeordnet. Diese gasgefüllte, sog. Projektionsglühlampe ist in Größen 1500, 2000, 3000, 5000 und 10000 W in Verwendung (vgl. B 5, S. 125). Ihre Hauptmerkmale sind: kleine Kolben aus Spezialglas, besonders kräftig ausgeführte Drahthalterung und Sonderfassungen. Die Lichtausbeute beträgt je nach Spannung und Größe 26...29 lm/W. Mit Rücksicht auf die Lichtausbeute werden diese Lampen in den Atelierbetrieben nach etwa 100 h ausgewechselt. Zur Erhöhung der Benutzungszeit werden diese Glühlampen auch mit einem *Wolframpulver* geliefert. Dieses entfernt beim Schütteln der Lampe den Belag von der Innenwand des Kolbens.

Die Leuchten haben im Atelier keinen festen Platz. Zur Erleichterung der Umbauarbeit bevorzugt man daher leichte und kleine Ausführungen mit Glühlampen von kleinem Ausmaße. Die kleineren Typen werden auch oft mit zylinderförmigem Kolben ausgerüstet, damit der Leuchtdraht zur Verbesserung des Wirkungsgrades näher an die Spiegeloptik gebracht werden kann. „Um die großen Ströme einwandfrei zu übertragen, haben sich die Lampen mit *Kabel-* und *Stiftsockel* (B 5, S. 130 f., Abb. 89, 93, 95) besonders bewährt. Um ein Durchhängen der Glühdrähte bei Stößen und stark geneigter Brennlage zu verhindern, ist die Drahthalterung dieser Lampen besonders kräftig ausgeführt." Die Anordnung der Projektionsrichtung der Glühdrähte ist je nach dem Verwendungszweck der Leuchten vertikal oder horizontal.

Ein unentbehrlicher Helfer der Atelierbeleuchtung ist das *Schminken* des Darstellers. Der Portraitphotograph kann seine Platten nach den Aufnahmen retuschieren, um Teintfehler und Unschönheiten auszugleichen. Das ist beim Filmstreifen unmöglich. Auch bei Aufnahmen auf panchromatischem Film muß die Deckkraft der Schminke mit herangezogen werden. Im Gegensatz zu den Schminken für orthochromatische Filme haben die Panchromoschminken natürliche Hautfarbentöne.

d) Beleuchtungsgeräte.

Zur Durchführung der Filmaufnahmen sind eine große Anzahl von Beleuchtungsgerätetypen erforderlich. Für ihren Einsatz sind verschiedene Gesichtspunkte maßgebend.

Es ist zu überlegen, ob das Licht ,,hart" (konzentriert) oder ,,weich" (gestreut) sein soll.

Diese Ausdrücke der Ateliersprache beziehen sich auf die Lichtverteilung der Geräte. Der ,,Hartstrahler" ist ein Scheinwerfer, der eine kleine Fläche der Dekoration mit hoher Beleuchtungsstärke beleuchtet, während der ,,Weichstrahler" eine große Fläche gleichmäßig, jedoch mit geringer Beleuchtungsstärke aufhellt.

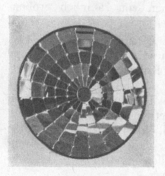

Abb. 809. Aufhellerspiegel.

Für ,,Hartstrahler" werden Parabolspiegel und Linsenoptiken, für ,,Weichstrahler" Aufhellerspiegel, gegossene Streuspiegel, Fresnelsche Linsen und Reflektoren mit verschiedener Oberfläche wie Email und Aluminiumanstrich verwandt.

Die Lichtleistung der Geräte ist vorwiegend vom Betrag der zugeführten elektrischen Energie abhängig. Die Strahlungsrichtung, also die Verwendung eines Gerätes als Waagerecht- oder Senkrechtstrahler wird durch die Ausführung der Stative und die Aufhängevorrichtung gekennzeichnet.

In nachstehender Tabelle sind die Leuchten nach Leistung, Strahlungsart und Verwendungszweck aufgeteilt.

Aus der Gruppe der *Weichstrahler* ist der am meisten gebräuchliche Lampentyp der *Aufheller*. Er ist das Hauptgerät für die Erzeugung des sog. *Allgemeinlichtes* einer Dekoration. Die lichtstreuende Wirkung dieses Scheinwerfers wird durch einen besonderen Spiegel, den Aufhellerspiegel, erreicht. Dieser besteht aus einer großen Anzahl von kleinen, ebenen Spiegelteilchen, welche auf einer parabolisch gewölbten Fläche aufgebaut sind (Abb. 809).

Durch die Verwendung dieses Spiegels erhält das Gerät eine Lichtverteilung, die es ermöglicht, den Dekorationsteil mit größerer Gleichmäßigkeit zu beleuchten, als es durch die Anwendung eines Parabolspiegels möglich wäre.

Das Gerät wird in vier durch den Spiegeldurchmesser gekennzeichneten Größen hergestellt. Bei kleineren bis mittleren Dekorationen, d. h. solchen mit einem Stromaufwand von 2000...4000 A bei einer Spannung von 110 V, verwendet man vorwiegend die Größe von 300, 500 und 700 mm Spiegeldurchmesser. Bei großen und

Energieaufnahme Ampere	Watt	"Weich"strahler	"Hart"strahler	Ausführungsart
60		Lichtbogenaufheller 300 mm Durchmesser *mit Aufhellerspiegel*	Lichtbogenaufheller	auf Stativ
80		500 mm „ „		„ „
160		700 mm „ „	700 mm Durchmesser *mit Parabolspiegel*	„ „ mit Drehkreuz
300		1000 mm „	1000 mm „	„ „ mit Fahrgestell
	500	Glühlampenaufheller 200 mm Durchmesser	Glühlampenaufheller 200 mm Durchmesser *mit Parabolspiegel*	auf Stativ
	2000	300 mm „	300 mm „ „	„ „
	3000	500 mm „	500 mm „ „	„ „
	u. 5000			mit Drehkreuz
	5000 u. 10000	700 mm „	700 mm „ „	auf Stativ
20			Lichtbogenlinsenscheinwerfer 80...115 mm Durchmesser	auf Stativ
80			150 mm Durchmesser	„ „
150			250 mm „	„ „ mit Drehkreuz
240			250 mm „	auf Stativ
	500	Stufenlinsenleuchte 250 mm Durchmesser	Glühlampenlinsenscheinwerfer 100...130 mm Durchmesser	„ „
	2000	350 mm „		„ „
	5000	500 mm „		„ „
125	1000	HI- Flächenleuchte 2×500 W		mit und ohne Stativ
	1500	3×500 W		desgl.
	2000	4×500 W		„ „
	2500	5×500 W		„ „
	7500	15×500 W		
	9000	18×500 W		
	12000	24×500 W		
		Oberlichtdeckenlampe	Projektionslampe	
50 /	4000	Vierlichtdeckenleuchte 4×1000 W		
60...160 / 8...20	2000	Oberlichttiefstrahler 1×2000 W	Hand- und Zugeffekte	Sonderleuchten

Strahlungsrichtung-Angaben (Ausführungsart):
vorwiegend waagerechte Strahlungsrichtung · *waagerechte und senkrechte* Strahlungsrichtung · *senkrechte* Strahlungsrichtung

größten Dekorationen werden zusätzlich Apparate von 1000 mm Durchmesser angewandt. Dieser Leuchtentyp ist ursprünglich mit dem Kohlelichtbogen als Lichtquelle gebaut worden und wurde später auch zur Verwendung bei panchromatischem Filmmaterial als Glühlampenleuchte hergestellt.

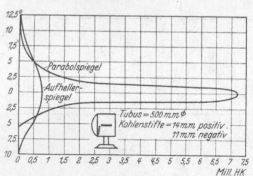

Abb. 810. Lichtverteilungskurve eines Scheinwerfers mit a Parabol- und b Aufhellerspiegel.

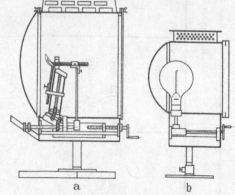

Abb. 811 a und b. a Kohlelichtbogenleuchte, b Glühlampenleuchte.

In baulicher Hinsicht weichen diese scheinwerferartigen Geräte kaum von den Scheinwerfern für andere Verwendungszwecke (vgl. E 11, S. 527 f.) ab. Die Kohlelichtbogenleuchten sind im allgemeinen für Handregulierung eingerichtet,

Abb. 812 a—c. Scheinwerferleuchten mit a 700 mm Spiegeldurchmesser, b 500 mm Spiegeldurchmesser, c 1000 mm Spiegeldurchmesser.

wobei für die Verstellung der positiven Kohle sowie für die gleichzeitige Betätigung dieser Kohlen je eine Bedienungskurbel vorhanden ist. Ein Blasmagnet drängt die Lichtbogenflamme von dem Spiegel ab. Aus Sicherheitsgründen sind die Leuchten durch Schutzscheiben abgeschlossen, außerdem sind auch alle zur Lüftung notwendigen Schlitze und Kanäle gegen das Herausfallen von Kohleteilchen gesichert (Abb. 811 a und b).

Die Verwendung dieser Leuchten ist innerhalb der Dekoration so vielseitig, daß zur richtigen Aufstellung eine Anzahl Aufstell- und Befestigungsvorrichtungen erforderlich sind (Abb. 812 a—c).

Eine größere Gleichmäßigkeit der Lichtverteilung ergeben die sog. Flächenleuchten. Sie bestehen aus einer größeren oder kleineren Anzahl von 500 W z. B. Osram-Nitraphotlampen. Sie werden zu 2...24 Stück in einem Gestell von quadratischer oder rechteckiger Form vereinigt. Die Oberflächen der Reflektoren bestehen aus Email oder haben aluminiumfarbigen Anstrich. Wegen der geringen Tiefenwirkung werden diese Leuchten (Abb. 813) hauptsächlich als Vorderlichtlampen zur Beleuchtung von Darstellern verwandt.

In neuester Zeit ist die Gruppe der Leuchten mit gleichmäßiger Lichtverteilung noch vermehrt

Abb. 813. Flächenleuchte.

worden durch Geräte, welche Fresnelsche Linsen (Zonen- und *Stufenlinsen*) anwenden (Abb. 814a und b.

Diese Leuchten werden sowohl als Lichtbogen als auch als Glühlampenleuchten gebaut, wobei die Ausführung mit Lichtbogen besonders für Farbfilmaufnahmen unter Verwendung von *Hochintensitätslichtbogen*-Regulierwerken bevorzugt wird.

Auch die *Oberlichtlampen* dienen der Erzeugung einer gleichmäßigen Allgemein-

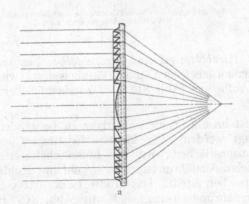

Abb. 814 a und b. Stufenlinse. a Strahlengang, b Ausführung.

beleuchtung. Die Glühlampengeräte, das sind die sog. Vierlichtleuchten (Abb. 815 b) sowie die Flächenleuchten (Abb. 813) mit entsprechender Aufhängevorrichtung, werden bei niedrigen Dekorationshöhen benutzt, während für größere Dekorationshöhen die einzige Lichtbogenoberlichtleuchte, die Excellolampe (Abb. 815 a) in Anwendung ist.

Im allgemeinen ist die Anwendung eines Oberlichtes nur da möglich, wo auch in der Wirklichkeit eine Strahlungsmöglichkeit von oben nach unten besteht. Zur Ausleuchtung von Raumdekorationen dürfen Oberlichtlampen zur Erzeugung von Allgemeinlicht daher nur soweit eingesetzt werden, daß keine unwirklichen Lichter oder Schatten entstehen.

Die bisher beschriebenen Leuchten dienen in der Hauptsache der Herstellung der Allgemeinbeleuchtung. Um kräftige Lichtwirkungen *(Effektwirkungen)* zu

Abb. 815 b.

Abb. 815a und b. Oberlichtleuchte. a Excellobogenlicht, b Vierlichtglühlampenleuchte.

Abb. 815a.

erzeugen, werden *Scheinwerfer mit Parabolspiegel und Linsenoptiken* benutzt. Durch Auswechselung des Aufhellerspiegels gegen einen Parabolspiegel wird das früher beschriebene Gerät des Aufhellers (Abb. 812a—c) zu einem Scheinwerfer für konzentrierte Strahlung.

Der Parabolspiegelscheinwerfer ist im allgemeinen nur dann zu verwenden, wenn große Lichtleistungen verlangt werden. Für kleinere Leistungen und vor allem für sehr kleine Dekorationsflächen wird der Linsenscheinwerfer (Spotlight) benutzt. Er wird in vielen Ausführungsformen sowohl mit Kohlelichtbogen als auch mit Glühlampe hergestellt. Das größte Gerät hat eine Stromaufnahme von 240 A. Ausführungsformen sind aus Abb. 816 zu ersehen.

Neben diesen Geräten ist noch eine große Anzahl von *Sonderbauarten* im Gebrauch. Fast jedes Atelier und jeder Kameramann läßt besondere Leuchten nach eigenen Ideen herstellen. Zu dem Zubehör gehört auch eine Nebenlichtblende. Sie besteht aus stufenförmig angeordneten konzentrischen Ringen und wird vor die Glühlampe der Leuchte gesetzt. Mit dieser Blende kann der

Kameramann eine bestimmte Stelle der Dekoration auch mit dem weitstreuenden Aufhellertyp anleuchten, ohne daß andere Teile der Dekoration vom Nebenlicht getroffen werden.

Abb. 816. Linsenscheinwerfer.

e) Beleuchtungsverfahren.

Es gibt keine allgemeingültigen Regeln oder Formeln, nach denen die Ausleuchtung einer Filmdekoration vorzunehmen ist. Die vielen Versuche, die Aufnahmebeleuchtung auf Grund von *Lichtmessungen* aufzubauen, sind daran gescheitert, daß die Messung zuviel Zeit in Anspruch nimmt und die Lichtmeßgeräte dem besonderen Zweck der Filmaufnahmen noch nicht voll entsprochen haben. Der Kameramann stützt sich daher mit größerer Sicherheit auf seine Erfahrung. Obgleich die Meßgeräte, insbesondere die Photozellenmeßgeräte (vgl. C 8, S. 370f.), sehr vervollkommnet sind, liegt der grundlegende Fehler aller dieser Meßmethoden darin, daß nur ein Mittelwert der Beleuchtungsstärke der Gesamtdekoration angezeigt wird. Auch sind die Anzeigeinstrumente von vielen Zufälligkeiten abhängig, z. B. kann bereits das Nebenlicht eines Beleuchtungsgerätes große Anzeigefehler verursachen. Es wird daher wenigstens bei der Aufnahme des Schwarz-Weißfilms, mit wenig Ausnahmen, ohne Lichtmessung gearbeitet. Bei Farbfilmaufnahmen dagegen wird der Lichtmessung sehr viel Zeit geopfert.

Mit Rücksicht auf die Gradation der Filmemulsionen ist eine Filmdekoration dann richtig ausgeleuchtet, wenn der Schwärzungsumfang des Bildes derart mit der Schwärzungskurve des Materials übereinstimmt, daß die hellste Stelle des Bildes nahe dem Anfang der Schwärzungskurve liegt.

Genau so wichtig wie das Einstellen der Kamera ist das Einrichten der *Aufnahmebeleuchtung.*

Zunächst muß die Dekoration gleichmäßig ausgeleuchtet werden. Die richtige *Allgemeinbeleuchtung* soll zwischen 2000 und 4000 lx betragen. Durch sie sollen alle Teile der Dekoration photographisch sichtbar sein. Stimmung und Charakter gibt die nun vorzunehmende, von den Amerikanern treffend bezeichnete *Modellierbeleuchtung.*

Allgemeinbeleuchtung und Modellierbeleuchtung sollen sich zu einem Gesamteindruck ergänzen. Wenn auch die Methoden der einzelnen Kameraleute entsprechend ihren Erfahrungen und ihrem persönlichen Stil voneinander abweichen, so erfolgt jede Ausleuchtung einer Dekoration doch nach gewissen Grundsätzen.

Abb. 817. Atelierdekoration (UFA-Lehrschau).

Abb. 817 zeigt das Modell einer Dekoration aus der Lehrschau der UFA. Eine Saal- oder Zimmerdekoration, wie hier nach einer Originaldekoration dargestellt, zeigt die Beleuchtungsgeräte, in diesem Falle die Aufheller, ringsherum auf den Dekorationswänden. In der Raummitte erkennt man verschiedene Bündel von Oberlichtlampen, welche vorwiegend die Gruppe der Darsteller beleuchten sollen. Diese Beleuchtungsgeräte werden derartig eingestellt, daß sich die Lichtkreise der einzelnen Leuchten lückenlos aneinanderreihen und eine gleichmäßig beleuchtete Fläche entsteht. Zum Ausgleich der Lichtstärkenunterschiede werden die einzelnen Apparate durch Verstellung des Lichtpunktes „härter" oder „weicher" gemacht.

Bei unserem Beispiel erkennt man einen Teil der Modellierbeleuchtung in dem Effektlicht durch das Fenster. Da in dieser Dekoration auch Szenen bei Abendstimmung spielen, so ist die Modellierbeleuchtung weiter durch das von den Beleuchtungskronen ausgehende Licht charakterisiert.

Durch besondere Lichtwirkungen wie sie, z. B. die Flammen eines Kamin- und Lagerfeuers, einzelne Lichtquellen wie Öllampen und Kerzen hervorrufen, kann die Spielhandlung eindrucksvoll unterstützt werden.

Ebenso kann die Plastik einer Dekoration durch die geschickte Abstimmung der Beleuchtung verstärkt und ein Bildeindruck erzielt werden, der über die wahre Größe einer Dekoration hinwegtäuscht. Die wichtigste und schwierigste Aufgabe der Modellierbeleuchtung besteht darin, den Darsteller in das „richtige Licht" zu setzen. Der Darsteller soll weder geblendet, noch durch die Wärmewirkung der Leuchten allzusehr behindert werden. Wärmeabsorbierende Schutzgläser vor den Leuchten werden nur gelegentlich verwandt.

Dem zur Hervorhebung der Darstellergruppen notwendigen Vorderlicht, wird ein entsprechend abgestimmtes Hinterlicht entgegengesetzt. Bei falsch angesetztem und fehlendem Hinterlicht geht die räumliche Wirkung zwischen Vorder- und Hintergrund verloren.

a　　　　　　　　　　　　　　　b

Abb. 818 a und b.　a Fahraufnahme (UFA), b Kranaufnahme (UFA).

Bei *Fahraufnahmen*, bei welchen die fahrbare Kamera den Darsteller auf seinen Weg durch die Dekoration begleitet, wird ein Teil der Vorderlichtleuchten auf dem Kamerawagen mitgefahren, während die das Hinterlicht erzeugenden Geräte jeweils nach dem Standpunkt des Darstellers nachgerichtet werden. Dasselbe gilt für Aufnahmen mit *Trickgeräten*, z. B. *Atelierkränen* und *Fahrstühlen*.

Bei Innenraumdekorationen ist die *Beleuchtungsstärke* des Vorderlichts etwa 6000...8000 lx. Bei Atelierdekorationen, die eine Landschaft darstellen, sind die Werte erheblich größer und liegen etwa bei 10000...14000 lx.

Filmaufnahmen bei *Tageslicht* außerhalb des Ateliers vollziehen sich in wesentlich einfacherer Form. Die Allgemeinbeleuchtung wird durch das Tageslicht ersetzt. Die Spitzlichter auf Dekorationsteilen und Darsteller liefert die Sonne durch Rückspiegelung von diffus reflektierenden Flächen, *Blenden* genannt, und durch Atelierleuchten, die ihren Strom von fahrbaren Benzin- und Dieselaggregaten erhalten.

f) Stromerzeugung und -verteilung.

Zur Speisung aller dieser Leuchten sind große Strommengen notwendig, die zu ihrer Erzeugung, Weiterleitung und Verteilung umfangreiche und teure Anlagen erfordern.

Da die Atelierbetriebsspannungen im allgemeinen mit Rücksicht auf die Lichtbogenspannung nur 110 V betragen, andererseits aber Ströme von vielen 1000 A übertragen werden müssen, sind große Leitungsquerschnitte erforderlich. Ein mittelgroßes Aufnahmeatelier von etwa 600...1000 m² Bodenfläche benötigt beispielsweise eine Einrichtung für 6000...8000 A Gleichstrom. Bei größeren

Ateliers können die Anforderungen je nach dem Aufnahmeobjekt bis zu 20000 A für eine einzige Aufnahme steigen. Die höchsten Anforderungen stellen die im Atelier aufgebauten Landschaften, welche auf Sonnenlichtstimmung ausgeleuchtet werden müssen.

Da neben den Glühlampenleuchten eine große Anzahl von Lichtbogenleuchten Verwendung finden, sind fast alle Ateliers vorwiegend mit Gleichstrom ausgestattet.

Eine für die Aufnahmen von Tonfilmen wichtige Zusatzeinrichtung zur Stromerzeugungsanlage ist die Glättungseinrichtung. Sie besteht aus Schwingungskreisen, die auf die störenden Oberwellen der Umformer abgestimmt sind und unterdrücken das Singen der Bogenlampenscheinwerfer.

Die Benutzungszeiten der Maschinenanlage liegen außerordentlich niedrig. Daher leisten sich nur wenige Atelierbetriebe eine eigene Stromerzeugungsanlage. Doch hat jeder Atelierbetrieb zur Herstellung des Gleichstroms eine Anzahl rotierender Umformer von verschieden großer Leistung, damit er für alle Belastungsfälle mit dem geringsten Leerlaufstrom arbeiten kann.

Zur Vermeidung großer Spannungsabfälle werden die Umformerstationen in unmittelbarer Nähe der Ateliers errichtet. Die Verteilung auf die verschiedenen Stromkreise erfolgt durch Schalttafeln, welche sowohl in Erdgeschoßhöhe als auch auf den Arbeitsgalerien (Beleuchterbrücken) fest angebracht sind. Von diesen Speisepunkten werden durch flexible Kabel unter Zwischenschaltung transportabler Verteilungstafeln die einzelnen Leuchten gespeist.

Als Schalt- und Steckvorrichtungen werden wegen der großen Leistungsquerschnitte Sonderausführungen benutzt, die den verschiedenen Betriebsverhältnissen in der Konstruktion angepaßt sind.

G 6. Beleuchtung von Bergwerken.

Von

HANS HIEPE-Essen.

Mit 18 Abbildungen.

a) Geschichtliche Entwicklung der Grubenlampen.

Die Lichttechnik in Bergwerken, besonders in Steinkohlenbergwerken, hat sich von jeher langsamer entwickelt als über Tage. Öllampen[1] aus dem alten Pompeji unterschieden sich technisch kaum von der Froschlampe (Abb. 819), mit der noch unsere Großväter im Ruhrkohlenbergbau anfuhren. Seit Pompeji bis zu der Zeit nach 1800, also rund 2000 Jahre, hatte sich lichttechnisch an der Bauart der mit Öl gefüllten Grubenlampen kaum etwas geändert[2]. Den Anstoß zu einer technischen Entwicklung mußte erst die erste größere Schlagwetterexplosion im Jahre 1812 in England geben. Von mancherlei technischen Irrwegen[3, 4], die man zunächst ging, seien nur erwähnt: Die Versuche, Glüh-

---

[1] Sammelwerk: Der Mensch und die Erde. 7. Berlin: Deutsches Verlagshaus Bong & Co. 1911.

[2] WINKELMANN, H.: Die Sammlungen des Bochumer Bergbau-Museums. Bergbau 1931, 447—452.

[3] SCHWARTZ, F.: Entwicklung und gegenwärtiger Stand der Grubenbeleuchtung. Gelsenkirchen: Carl Bertenburg 1914.

[4] FRIEMANN u. WOLF: Geschichte der Grubenlampen. Zwickau: Selbstverlag.

würmchen als Grubenlampe zu verwenden; das Abbrennen der Schlagwetter mit der Fackel durch ausgeloste Wettermänner, auch „Büser" genannt; die Stahlmühle (1765); die Schlagwetterverzehrlampe (um 1880). Erst die Hoffnungslosigkeit aller dieser Versuche veranlaßte den englischen Chemiker DAVY um 1815 zum Bau der ersten Sicherheitslampe mit engmaschigem Drahtnetz und seit 1839 mit Glaszylinder. Sie war noch mit Rüböl gefüllt. Die heute noch in Deutschland übliche Benzinsicherheitslampe mit doppeltem Drahtkorb, Zündvorrichtung und Magnetverschluß wurde 1884 durch K. WOLF eingeführt (Abb. 820). Lichttechnisch waren die Sicherheitslampen ein Rückschritt. Denn Fackel oder Kienspan des Altertums hatten eine Lichtleistung von etwa 50 bis 250 lm, die Froschlampe immerhin von 16 lm bei günstiger Lichtverteilung nach allen Seiten. Die Benzinsicherheitslampe leistet dagegen nur etwa 8 lm, wenn der Glaszylinder

Abb. 819. Froschlampe mit Öl gefüllt. M. 1 : 3,6. Photo: Hiepe.

Abb. 820. Benzinsicherheitslampe. M. 1 : 4. Bild: Seippel.

nicht berußt ist. Das gefahrdrohende Hangende wird durch ihren Drahtkorb beschattet. Sie ist aber heute noch unentbehrlich als Schlagwetteranzeiger (Abb. 821). Man leuchtet bei klein gestellter Flamme das Hangende ab.

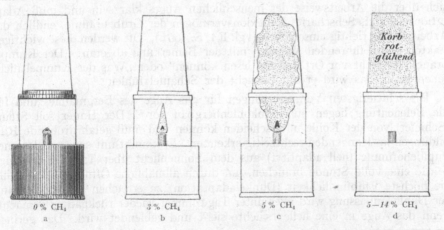

Abb. 821 a—d. Flammenerscheinungen der Benzinlampe in Schlagwettergemischen. Aus HEISE-HERBST, Leitfaden der Bergbaukunde. 3. Aufl. 1932.

Wenn Schlagwetter vorhanden sind, umgibt eine blaue Aureole den gelb leuchtenden Flammenkern. Aus der Größe der Aureole kann man den Schlagwettergehalt schätzen. Bei 4...5% Schlagwettergehalt füllt die Flamme den ganzen Drahtkorb aus. Bei mehr als 14% Methan- (CH_4) -Gehalt erlischt die Lampe, weil der Sauerstoff nicht zur Verbrennung ausreicht. Den Namen

„Sicherheitslampe" trugen die Lampen mit Drahtkorb zu Unrecht. Denn von 1900…1920 hat die Benzinsicherheitslampe in Preußen 420 Schlagwetterexplosionen verursacht [1]. Seit 1921 erzwang daher die deutsche Bergbehörde die Abschaffung der Benzinlampe für den Hauer. Auch in ausländischen Steinkohlenbergwerken sind Benzinlampe und die Zündung von Flammenlampen durch Cermetallreibung verboten. Die Einführung der tragbaren elektrischen Grubenlampen hat hinsichtlich Schlagwettersicherheit einen vollen Erfolg gezeitigt. Aber auch ihre Einführung war nur durch die Schlagwettergefahr veranlaßt. Sie befriedigt auch heute, nach 16jähriger Entwicklung, nicht das Lichtbedürfnis oder etwa gar die Forderung der Schönheit des gut beleuchteten Arbeitsplatzes. Über die Verbreitung von Starkstromleuchten und anderer neuzeitlicher Grubenleuchten in Steinkohlenbergwerken s. G 6d.

In Erz-, Kali-, Salz- und Braunkohlenbergwerken war die lichttechnische Entwicklung weniger gehemmt durch Forderungen der Sicherheit, so daß in diesen Bergwerken Karbidlampen, offene Öllampen, Starkstromleuchten, Flutleuchten und Scheinwerfer je nach der lichttechnischen Zweckmäßigkeit Verwendung finden konnten. Lediglich der leicht zündbare Braunkohlenstaub erforderte Spezialleuchten mit mäßiger Außentemperatur und steil geneigten Außenflächen, auf denen sich der Staub nicht ansammelt. Wenn in Kalibergwerken erdölhaltige Schichten angebohrt oder durch Sprengschüsse angeschossen werden, erfolgen Gasausbrüche großer Plötzlichkeit mit hochexplosiblen Gasmengen. Wo mit dieser Gefahr gerechnet werden muß, sind Benzinsicherheitslampen und schlagwettergeschützte elektrische Grubenleuchten im Gebrauch [2].

b) Wieviel Licht fordert das Auge des Bergmannes?

Wenn man die Brauchbarkeit von Grubenlampen beurteilen will, muß man sich über die Arbeitsweise des menschlichen Auges klar sein und muß Adaptationszustand, Sehschärfe, Reflexionsvermögen der Grubenräume, endlich das Arbeitstempo richtig einschätzen (vgl. F 1, S. 566 f.). Oft werden diese wichtigen Faktoren von führenden Männern mit der Bemerkung abgetan: „Der Kumpel braucht ja nicht vor Ort Zeitung lesen können" oder „Was der Kumpel nicht sehen kann, das wird er am Gewicht der Schaufel fühlen" [3].

Die schwierigsten Voraussetzungen für das Auge des Bergmannes und für die Beleuchtung liegen im Steinkohlenbergbau vor [4]. Der Hauer soll Steine (Schiefer) von der Kohle unterscheiden können und muß gefahrdrohende Rißbildungen im Hangenden rechtzeitig erkennen. Er kommt mit eng geschlossener Pupillenöffnung (hell adaptiert) aus dem Sonnenlicht über Tage. Sein Auge würde eine volle Stunde brauchen, um durch allmähliche Öffnung der Pupille die höchste Empfindlichkeit (Dunkeladaptation) zu erreichen [5]. Der Vorgang der Dunkelanpassung wird aber unter Tage immer wieder rückgängig gemacht, wenn das Auge in eine helle Leuchte sieht und geblendet wird. Das geringe

---

[1] Gaertner, A.: Licht vor Ort. Glückauf 1927, 477—483, 513—525. — Elektr. im Bergb. 1928, 6—13.

[2] Spackeler, G.: Kalibergbaukunde, 250. Halle: Wilhelm Knapp 1925.

[3] Schmidt, R.: Vor Ort gemessene Beleuchtungsstärken im Ruhrbergbau. Elektr. im Bergb. 1933, 14—16.

[4] Hiepe, H.: Wieviel Licht braucht das Bergmannsauge? Diss. Techn. Hochsch. Berlin 1931. Licht 1932, 124—128.

[5] Körfer, K.: Über die Dunkelanpassung des Auges im untertägigen Bergbau. Elektr. im Bergb. 1930, 138—141.

Reflexionsvermögen in Steinkohlenbergwerken bedingt sehr geringe Leuchtdichten. Es reflektieren:

Gemahlener Gesteinsstaub	$\sim 20\%$
Grubenholz	$\sim 10\%$
Schiefergestein im Streckenvortrieb	5...15%
Schieferklaubeberge	3... 8%
Ruhrkohle	1... 5%

Die Leuchtdichte am Kohlenstoß bei Beleuchtung mit tragbarer elektrischer Mannschaftslampe liegt in der Größenordnung von nur 0,015 asb [1]. Die geringen Leuchtdichten und Kontraste bewirken, daß der Steinkohlenhauer meist nur mit einem geringen Bruchteil seiner Sehschärfe sehen kann (vgl. F 1, S. 572). Ein flott arbeitender Mann benötigt 2...3 s für den Wurf einer Schaufel voll Kohlen in die Schüttelrutsche. Vom Auge des Hauers bis zum vordersten Schaufelende beträgt die Entfernung etwa 1,50 m. Der Hauer muß also ein 1,50 m von seinem Auge im Haufwerk liegendes Schieferstück erkennen, um es auslesen zu können. Auf Grund von Versuchen fand HIEPE [2], daß hierzu eine Beleuchtungsstärke von 20 lx erforderlich ist, was mit einer rundstrahlenden Leuchte von 500 lm erreicht werden kann. Die heute üblichen tragbaren, elektrischen Mannschaftslampen, die bei guter Pflege am Anfang der Schicht bis zu 30 lm, bei schlechter Pflege nach 8-stündiger Schicht oft nur 4 lm leisten, genügen also nicht entfernt dem Lichtbedürfnis des Auges des Steinkohlenbergmannes. Lichtmangel und vielleicht auch Blendung sind nach der Meinung in- und ausländischer Augenärzte Ursache der sehr häufigen Berufskrankheit des Steinkohlenbergmannes, des Augenzitterns.

Erschwerend für die Beleuchtung in Steinkohlenbergwerken wirkt sich außerdem die oft geringe Flözmächtigkeit (Ruhrkohlen: Mittelwert 1,20 m) aus. Sie bedingt eine lichttechnisch sehr nachteilige niedrige Aufhängehöhe. Die geringe Höhe beschränkt außerdem die mögliche Lichtleistung. In Flözen des Ruhrbergbaues (1,20 m) haben Leuchten von mehr als 60 W den Nachteil der Blendung und zu starker Heizwirkung.

Sehr viel günstigere Bedingungen für das Auge des Bergmannes und für die Anwendungsmöglichkeit größerer Leuchten liegen besonders im Kali- und Salzbergbau vor, wenn die zu beleuchtenden Räume hoch genug sind und die Wände mit gutem Rückstrahlungsvermögen die Wirkung der Leuchten unterstützen, die Adaptation des Auges erleichtern und die Blendung verringern.

c) In Bergwerken gemessene Beleuchtungsstärken.

Die „Leitsätze der DLTG. (vgl. F 4, S. 590) für die Beleuchtung mit künstlichem Licht" fordern für grobe Arbeit 20 lx. Die Erläuterungen zu diesen Leitsätzen weisen darauf hin, daß bei so geringem Reflexionsvermögen und geringen Kontrasten, wie sie im Bergbau häufig sind, höhere Beleuchtungsstärken notwendig sind. Mit diesen Forderungen müssen die auf den Anmarschwegen und am Arbeitsplatz des Bergmannes gemessenen Beleuchtungsstärken verglichen werden.

KÖRFER [3] hat Bergleute bei der Anfahrt aus dem Tageslicht, durch den Schacht, durch Richtstrecken und Querschläge bis zum Arbeitsplatz mit dem Beleuchtungsmesser begleitet und die gemessenen Beleuchtungsstärken in einer Schaulinie veranschaulicht. Derartige Messungen beweisen einen so hohen Ungleichförmigkeitsgrad der Beleuchtung in Bergwerken, wie er in anderen Arbeitsstätten kaum zu finden ist. Das Auge des Hauers muß sich in wenigen

---

[1] HIEPE, H.: Blendung und Blendungsschutz im Steinkohlenbergbau unter Tage. Elektr. im Bergb. 1932, 259—262, 271—273. [2] Vgl. Fußn. 4, S. 736. [3] Vgl. Fußn. 5, S. 736.

Sekunden umstellen von 50 000 lx im Sonnenlicht auf 0,2 lx im Hauptschacht und in den Strecken unter Tage. Die Dunkelanpassung seines Auges wird immer wieder unterbrochen durch Beleuchtungsspitzen beim Passieren von hell

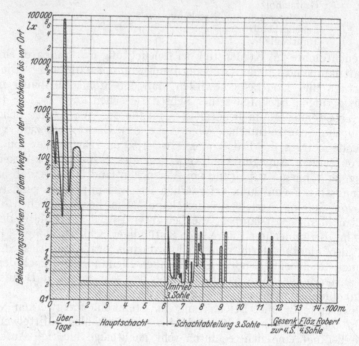

Abb. 822. Beleuchtungsstärken auf dem Wege von der Waschkaue bis vor Ort. (Nach Körfer.)

blendenden Leuchten. Hiepe [1] fand in einem Ruhrkohlenflöz von 1,20 m Mächtigkeit in 1 m Abstand von der Leuchte Werte folgender Größenordnung:

Beleuchtungsstärken 1 m von der Leuchte in einem Ruhrkohlenflöz.

Bei Beleuchtung mit	Am Hangenden lx	Auf dem Liegenden lx	Am Kohlenstoß lx
Starkstromabbauleuchten 60 W . .	9,5	23,5	14,3
Preßlufteinzellampen 35 W.	6...7	11	9,3
Alkalische Mannschaftslampen 3,5 W	0,5	0,5	0,5
Benzinsicherheitslampen	0,2	0,2	0,2

Diese Werte, verglichen mit den Forderungen in den Leitsätzen der DLTG. und berechtigten Wünschen an Schönheit des Arbeitsplatzes, beweisen, daß eine ausreichende Beleuchtung im Steinkohlenbergbau, unter Beachtung aller Forderungen der Unfall- und Schlagwettersicherheit, noch keineswegs als gelöst gelten kann.

d) Eigenschaften und Bauarten von Gruben-lampen und Abbauleuchten [2-11].

Grundsätzlich müssen an tragbare und ortsfeste Grubenleuchten folgende *Anforderungen* gestellt werden, die heute noch nicht immer restlos erfüllt werden:

[1] Hiepe, H.: Beleuchtungsstärken vor Ort. Elektr. im Bergb. 1932, 41—44.
[2] Bertl, E.: Über den Stand der Beleuchtungstechnik im Bergbau unter Tage. Elektrotechn. Z. 1931, 465—468.

1. Unfallsicherheit (Berührungsschutz Spannung führender Teile, Feuersicherheit, Schlagwetterschutz).

2. Narrensicherheit: Unerlaubtes Öffnen, Beschädigung durch rohe oder unvernünftige Behandlung müssen unmöglich sein.

3. Leichtes Gewicht.

4. Betriebssicherheit.

5. Geringe Verschmutzung, gute Reinigungsmöglichkeit.

6. Blendungsschutz.

7. Wirtschaftlichkeit.

8. Gute Lichtleistung und Lichtverteilung.

Die Benzinsicherheitslampe (Abb. 820 und 821) findet man in Deutschland immer seltener als Beleuchtung des Arbeitsplatzes. In gesäubertem Zustand beträgt ihr Lichtstrom 8 lm, die horizontale Lichtstärke etwa bis zu 1 HK, so daß sie als Lichtquelle vollkommen unzureichend ist. Sie ist nur noch unentbehrlich für Aufsichtspersonen, Schießhauer und Wettermänner, die mit ihrer Hilfe die Menge der vorhandenen Schlagwetter feststellen. Sie wird in verschlossenem Zustand gezündet durch Drehen an einem Handgriff und Reibung von Zündmetall (Cereisen).

Über Bauarten und Wirkungsweise *der Karbidlampe* ist in B 11, S. 226 berichtet. Sie ist in allen schlagwetterfreien Bergwerken der unentbehrliche Begleiter von mehr als 100 000 deutschen Bergleuten. Ihre Nachteile für den Bergmann sind:

1. Blendung durch zu hohe Leuchtdichte bei oft dunklem Hintergrund.

2. Häufiges Erlöschen bei scharfem Wetterzug, Sprengschüssen oder einbrechendem Gestein.

3. Berührung der offenen Flamme mit der Hand oder Kleidung, besonders beim Klettern.

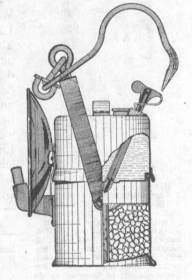

Abb. 823. Karbidlampe im Schnitt.
M. 1 : 3. Bild: Seippel.

Die im Bergbau meist übliche Bauart (Abb. 823) wiegt etwa 1 kg und verbraucht 250 g Karbid in 8 h. Der Karbidverbrauch pro Lampenschicht kostet etwa 10 Pfg. Die Erzeugerfirmen beziffern ihre horizontale Lichtstärke mit etwa 25 HK. Der Bergmann reinigt und füllt seine Karbidlampe selbst. Die Zeche liefert das Karbid dazu.

Tragbare elektrische Mannschaftslampen. Bald nach der Erfindung der Kohlenfadenlampe 1879 versuchte man in England Grubenlampen mit Kohle-

[3] BOHNHOFF, H.: Abbaubeleuchtung. Elektr. im Bergb. 1931, 170—174.

[4] HEISE, F. u. FR. HERBST: Bergbaukde. I, 551, 669. Berlin: Julius Springer 1930.

[5] HIEPE, H.: Grubenlampen. Bergbau 1932, 241—246.

[6] KÖRFER, K.: Mützenlampen. Glückauf 1928, 1456—1459; 1930, 1517—1520. — Güte und Schnelligkeit der Bergeauslesung in Abhängigkeit von der Beleuchtungsstärke. Glückauf 1930, 508—511.

[7] MANYGEL, K.: Das Licht im Untertagebetrieb. Elektr. im Bergb. 1931, 231—235. — Das Licht in Steinkohlengruben unter Tage. Licht 1932, 21—24.

[8] SAUERBREY, E.: Einrichtung und Ausführungsformen der im deutschen Bergbau gebräuchlichen tragbaren elektrischen Grubensicherheitslampen. Elektr. im Bergb. 1931, 21—28.

[9] TRUHEL, K.: Welches ist die günstigste Abbaubeleuchtung? Bergbau 1929, 661—665, 675—677, 693—695.

[10] HIEPE, H.: Was kostet schlechte Beleuchtung im Steinkohlenbergbau? Licht 1932, 140—145.

[11] CABOLET, P.: Die Preßluft-Akku-Verbundlampe. Glückauf 1936, 836—838.

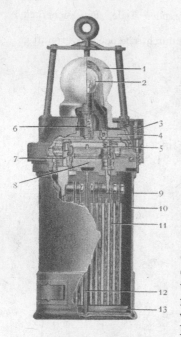

Abb. 824. Mannschafts-Grubenlampe
mit Ni-Cd-Akkumultaor.
M. 1 : 4. Bild: Friemann & Wolf.
1 Kugelglasglocke mit Innenriffelung;
2 Glühlampe mit Bajonettsockel; 3
Magnetverschluß; 4 Kontaktscheibe
mit einvulkanisierten Lamellen;
5 Akkumulatoren-Federpol; 6 Glüh-
lampen-Federpol; 7 Entgasungs-Füll-
verschluß; 8 Abschlußdeckel mit einvulkanisierten Akkumulatorenpolen;
9 Lampentopf mit eingeschweißter
Zwischenwand; 10 Isolierung an der
Topfwand; 11 Elektrodensatz mit
Zwischenisolierungen; 12 Zwischenwand; 13 Hartgummi-Bodenisolierung.

Zinkelementen, die natürlich zu schwer waren [1].
Es folgte die Grubenlampe mit Bleiakkumulator
und Wolframglühlampe. Der Elektrolyt war durch
Zusatz von Wasserglas breiartig verdickt, und dadurch Verletzungen des Bergmannes durch aus-
fließende Säure verhindert. Heute sind in Deutschland etwa 300000 alkalische Mannschaftslampen
(Abb. 8.4) im Gebrauch. Ihr Nickel-Kadmium-
Kalilaugeakkumulator hat im Anfang der Schicht
eine Spannung von 2,6 V (zwei Zellen), am Ende
der Schicht 2...2,2 V. Die Glühlampen (teils
Vakuumlampen mit Bügelfaden, teils gasgefüllte
Wendeldrahtlampen) nehmen Stromstärken von
1,2...1,5 A auf. Eine neue Grubenlampe (2,6 V,
2 A) befindet sich in der Entwicklung. In dieser
neuen Grubenlampe ist der Edisonakkumulator
durch Herabsetzung des Röhrchendurchmessers
der positiven Platten (bisher 7 mm Durchmesser)
und damit Vergrößerung der elektrolytischen Oberfläche auf eine nutzbare Kapazität von 25 Ah ohne
wesentliche Gewichtserhöhung gebracht worden.
Eine fabrikneue Grubenlampe dieser neuen Bauart
leistet etwa 40 lm bei Schichtanfang. Im Ruhrkohlenbergbau werden zur Zeit von den Zechen für
Grubenlampen *mindestens* gefordert:

	Schwere Lampentypen etwa 4,3 kg, 1,5 A	Leichte Lampentypen etwa 4 kg, 1,2 A
Bei Schichtanfang. .	15 lm	12,5 lm
Nach 8 Brennstunden	8 lm	7 lm

Die Grubenlampen im Steinkohlenbergbau bleiben in der Regel Eigentum der Grubenlampenfabrik.

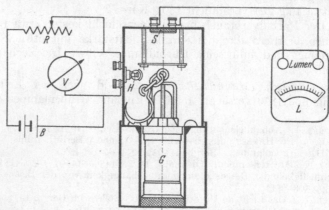

Abb. 825. Lichtmesser für Grubenlampen (DRP.). (Nach HIEPE.)
R Regelwiderstand (0,5...2 Ω, 1 A), V Spannungsmesser (3...6 V), B Akkumulator (4 V), H Hilfslampe, gealtert
(4 V, 1 A), S Photoelement, L Galvanometer für Photostrom.

Mannschaftslampen werden gegen eine Leihgebühr von etwa 7...8 Pfg./Lampen-
schicht in den Lampenstuben von den Grubenlampenfirmen abgegeben. Wenn

[1] Vgl. Fußn. 2, S. 734.

der Akkumulator und die Kontakte nicht gut gepflegt werden, sind versagende oder dunkelbrennende Grubenlampen leider recht häufig. Als Meßgerät für die Kontrolle der Lichtleistung sind die in Abb. 825 dargestellten Lichtmesser im Gebrauch, mit denen schnell und ohne besondere Fachkenntnisse betriebsmäßige Lumenmessungen möglich sind.

Ebenso wie die unten beschriebenen Preßluftlampen sind die Mannschaftslampen teils mit einem geriffelten, zylindrischen, innen mattierten Schutzglas, teils mit Kugellinsenglas ausgerüstet. Die innere Riffelung dieser Gläser verhindert den scharfen Schlagschatten der Stäbe des Lampenkorbes auf dem Arbeitsplatz. Das Kugellinsenglas bewirkt eine Zusammenfassung des Lichtstromes in die Äquatorzone, während das Hangende weniger beleuchtet wird. Die sehr hohe Leuchtdichte der Kugellinsengläser liegt in der Größenordnung von 210 000 asb, so daß die Lampen blenden. Trotzdem wird von den Grubenlampenfabriken die Ausrüstung der Grubenlampen mit blendungmilderndem Trübglas abgelehnt. Während der Hauer in Deutschland durchweg mit Grubenlampen der in Abb. 824 dargestellten

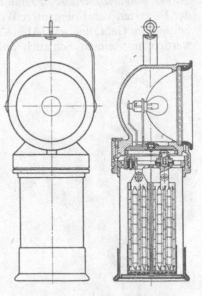

Abb. 826. Stirnlichtlampe (Dominitwerke).

Bauart und ähnlichen arbeitet, findet man bei Handwerkern in den deutschen Steinkohlenbergwerken auch die in Abb. 826 dargestellte *Stirnlichtlampe* und die in Abb. 827 gezeigte *Mützenlampe* [1]. Beide sind in Deutschland nicht sehr häufig, während z. B. im amerikanischen, englischen und japanischen Bergbau die Mützenlampen zu Hunderttausenden in Gebrauch sind. Allerdings sind im Ausland die Kohlenflöze mächtiger als in Deutschland. Die Lichtstärke der Stirnlicht- und Mützenlampen beträgt etwa 12 HK bei Schichtanfang, 7 HK nach 8 Brennstunden. Der Akkumulator der Mützenlampe wird am Leibgurt oder in einer Umhängetasche getragen.

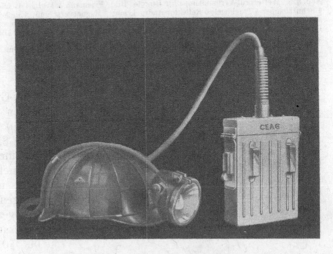

Abb. 827. Mützenlampe mit Nickel-Kadmium-Akkumulator. M. 1 : 6. Bild : CEAG.

Für Beamte in Steinkohlenbergwerken sind leichte Stirnlichtlampen üblich, die neuerdings mit eingebautem Wetterprüfgerät als *Verbundlampen* bezeichnet werden (Abb. 828). Ihr Gewicht beträgt etwa 2,4 kg. Für die Wetterprüfung wird die Glühbirne ausgeschaltet und eine an der Rückseite eingebaute kleine Benzinlampe durch einen

---

[1] KÖRFER, K.: Mützenlampen. Glückauf 1928, 1456—1459 und 1930, 1517—1520.

elektrischen Heizdraht gezündet. Die Schlagwettermenge kann dann ähnlich wie bei der Benzinsicherheitslampe (Abb. 821) nach der Größe der Flammenaureole geschätzt werden.

In Deutschland dürften etwa 10 bis 20000 *magnetelektrische Preßluftlampen* der Bauarten von Friemann & Wolf bzw. Seippel im Gebrauch sein (Abb. 829). Sie werden mit einem Schlauch an die in

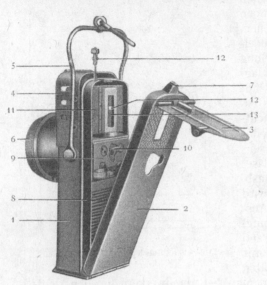

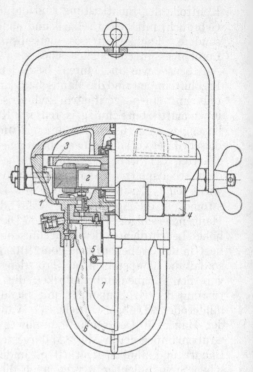

Abb. 828.

Abb. 829.

Abb. 828. Wetterprüf-Verbundlampe für Beamte. Bild: Friemann & Wolf. 1 Gehäuse; 2 Rückwand; 3 Metallspiegel; 4 Schutzhaube; 5 Tragbügel; 6 Reflektor-Andruckring; 7 Magnetverschluß; 8 Nickel-Cadmium-Akkumulator; 9 Brennstoffbehälter, mit Messerkontakten, Glübzündung und Glühlampenfassung; 10 Gemeinsamer Schalthebel für Glühlampe, Dochtstellung und Glühzündung; 11 Sicherheits-Schutzhaube; 12 Fensterwischer; 13 Beobachtungsfenster für CH$_4$-Anzeige

Abb. 829. Magnetelektrische Grubenleuchte mit Preßluftantrieb. Bauart: Friemann & Wolf. 1 6polige Ständerwicklung; 2 6poliger Dauermagnet als Läufer; 3 Preßluftturbinenschaufelrad 7000 U/min; 4 Preßluftanschluß und Druckregler 5 atü; 5 Blasvorrichtung vertreibt Methan, wenn Glühlampe zertrümmert; 6 Schutzglas; 7 Glühlampe 50 W 6 V.

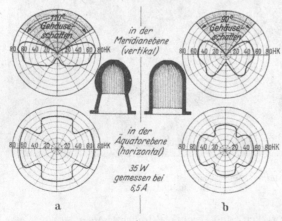

Abb. 830. Lichtverteilung magnetelektrischer Preßluftlampen mit a Kugellinsenglas, b Zylinderglas.

den Gruben überall vorhandenen Preßluftleitungen (etwa 5 atü) angeschlossen. Das in Abb. 829 sichtbare Preßluftturbinenrad läßt einen Dauermagneten innerhalb einer Wicklung mit 6...10000 Umdrehungen umlaufen. Bei einem Luftverbrauch von etwa 6 m³/h angesaugter Luft werden 35 bis 50 W erzeugt. Die Betriebskosten betragen etwa 27 Pfg./Schicht [1, 2]. Weniger häufige größere Lampen erzeugen bis zu 200 W. Abb. 830 zeigt die Lichtverteilung einer

---

[1] Vgl. Fußn. 4, S. 736.
[2] MAERKS: Meßergebnisse an preßluft-elektrischen Einzellampen. Bergbau 1934, 113—115.

35 W-Preßluftlampe für zylindrisches und für Kugellinsenschutzglas. Die Schlagwettersicherheit dieser Lampen ist sehr gut, weil die ausströmende verbrauchte
Preßluft etwa vorhandene Schlagwetter fortbläst. Wenn das Schutzglas zerbricht,
so schaltet sich die Preßluftlampe selbsttätig aus. Gewicht der 50 W-Lampe
6…7 kg.

Eine aussichtsreiche neue Bauart ist die in Abb. 831
gekennzeichnete *Preßluft-Akku-Verbundlampe* [1]. Sie enthält
im unteren Teil des Lampentopfes einen Edisonakkumulator c.
Die Glühlampe d hat einen kleinen Faden für 2,6 V, 0,5 bzw.
1,1 A und eine Wendel für 6 V 15 W. Im oberen Teil werden
durch einen Preßluftturbogenerator b 15 W erzeugt. Der
Hauer trägt auf dem An- und Abmarsch die *Akkuverbund-
lampe* als Akkumulatorlampe. Sobald er am Arbeitsplatz das
Preßluftventil geöffnet hat, schaltet sich selbsttätig der kleine
Faden der Glühlampe aus und die 15 W-Wendel ein. Die
Lampe wiegt 4,2 kg und eignet sich für Arbeitsplätze, an
denen gutes Licht besonders dringend notwendig ist, z. B.
zum Bergeauslesen, an Ladestellen oder an Häspeln. Über die
Betriebskosten liegen noch nicht viele Erfahrungszahlen vor.

Starkstromleuchten [2]. Die für den Bergbau lichttechnisch beste Lösung sind ortsfeste und Abbauleuchten in Bauarten, die der in Abb. 832 wiedergegebenen ähneln und von verschiedenen Firmen mit
und ohne Schlagwetterschutz hergestellt werden. Ihre
Lichtverteilung ist ausgesprochen breitstrahlend und
trägt der oft beschränkten Aufhängehöhe in Bergwerken Rechnung. Opalüberfangene Schutzgläser von
mindestens 6 mm Wandstärke schützen vor Blendung
und sind mechanisch widerstandsfähig gegen die oft
rohe Behandlung.

Im Ruhrkohlenbergbau (vgl. Abb. 833) werden bei 1,20 m
mächtigen Flözen Abbauleuchten mit 60 W-Lampen mit 5 m
Abstand verteilt. Sie werden meist gespeist durch Licht-
transformatoren von etwa 3 kVA. Die Länge eines Stromkreises beträgt oft 300…400 m (Streblänge). Durch die
Schleifenschaltung mit drei stromführenden Adern wird erreicht, daß trotz der großen Leitungslänge jede Glühlampe
gleiche Spannung erhält. Etwa alle 20 m ist in die Leuchten-
kette ein Signalschalter eingebaut, so daß die nötigen Lichtsignale z. B. von der Ladestelle zum Schüttelrutschenmotor
oder bei Betriebsstörungen gegeben werden können. Die
Betriebskosten von Leuchten unter Tage einschließlich An-
schaffung, Abschreibung, anteilige Kosten für Kraftwerk und
Zuleitung, sowie Stromverbrauch (60 W), Ersatzteile und Bedienung liegen bei normalen Verhältnissen in der Größenordnung von 12 Pfg./Schicht. Diese zusätzlichen Betriebskosten werden weitaus aufgewogen durch Mehrförderung,
reinere Kohle und Unfallverminderung.

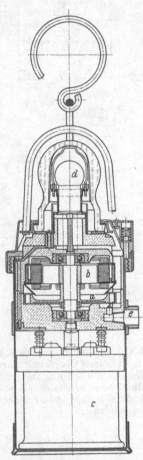

Abb. 831. Preßluft-Akku-Verbundlampe der Firma Friemann & Wolf.
a Preßluftturbine 9000 U/min;
b magnetelektrischer Stromerzeuger 15 W/6 V; c alkalischer Akkumulator 2,6 V 5 Ah; d Glühlampe
mit 2 Leuchtdrähten 1,5 W/2,6 V,
15 W/6 V.

Leider ist oft die Entfernung vom Kraftwerk bis zum Arbeitsplatz so weit,
daß die Zuleitung von Starkstrom an den zu hohen Kosten für die Zuleitungs-
kabel scheitert. Auch sind die Betriebsbedingungen in steil einfallenden, niedrigen Flözen oft so rauh, daß die Schlagwettersicherheit von Abbauleuchten
nicht ganz gesichert ist. Aus diesen Gründen und aus dem Festhalten des
Bergbaues an alten Betriebsmethoden steigt die Anzahl der Starkstromleuchten
nur langsam von Jahr zu Jahr. Diese gleichmäßige Entwicklung bietet andererseits den Vorteil, daß größere Fehlschläge vermieden wurden.

[1] Vgl. Fußn. 11, S. 739.
[2] MANYGEL, K.: Beleuchtung unter Tage. Siemens-Z. 1933, 121—129.

Bei größerer Entfernung vom Transformator wendet man *Preßluftturbogeneratoren* (Abb. 834) an, die eine Kette von Abbauleuchten speisen. Eine *Überdruckleuchte* mit besonders hohe Schlagwettersicherheit zeigt Abb. 835. Durch kleine Stahlkapseln wird der Leuchte neutrales Gas

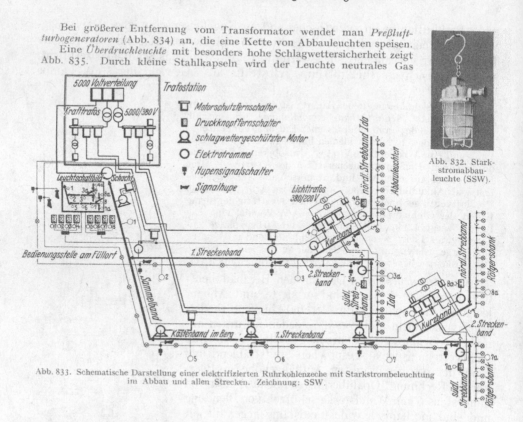

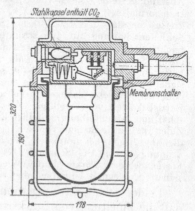

Abb. 832. Starkstromabbauleuchte (SSW).

Abb. 833. Schematische Darstellung einer elektrifizierten Ruhrkohlenzeche mit Starkstrombeleuchtung im Abbau und allen Strecken. Zeichnung: SSW.

(CO_2) zugeführt, das zwischen Schutzglas und Glühlampe einen Gasmantel bildet und durch seinen Überdruck einen Schalter in Einschaltstellung hält. Bei Zerstörung oder Entfernung des Schutzglases schaltet die Überdruckleuchte selbsttätig ab. Explosibles Gas wird durch den neutralen Gasmantel abgeschirmt und kann sich nicht etwa bei Zerstörung der Glühlampe entzünden

Abb. 834. Preßluftturbogenerator 2 kW, 125 V, 4...6 atü.
Bild: AEG

Abb. 835. SSW-Überdruckleuchte (explosionsgeschützt).

In sehr hohen Grubenräumen (Füllörtern, Werkstätten, Wasserhaltungen) sind *Tiefstrahler* mit und ohne Schutzglas üblich, die sich nicht grundsätzlich von solchen in Fabrikräumen unterscheiden.

In Kali-, Salzbergwerken, im Braunkohlentagebau, im Steinkohlenbergbau bei mächtigen Flözen (Oberschlesien) sind *Flutleuchten* und *Scheinwerfer* im

Gebrauch[1-3]. Sie sind je nach der Tiefe des Raumes mit Emaillereflektor für breitere Strahlung (Abb. 836) oder bei sehr großem Abstand mit verspiegeltem Parabolreflektor ausgerüstet und mit Glühlampen oder Scheinwerferlampen bis zu 1000 W bestückt.

Die *Lokomotivscheinwerfer* für Grubenbahnen sind oft noch recht primitiv und nicht etwa zu vergleichen mit der Vollkommenheit neuzeitlicher Automobilscheinwerfer. Soweit nicht bei elektrischen Lokomotiven die Stromquelle vorhanden ist, wird die elektrische Energie in Preßluftturbogeneratoren oder durch Antrieb eines kleinen Generators vom Dieselmotor aus erzeugt.

Erwähnt sei, daß wahrscheinlich das Auslesen von Schieferbergen aus Steinkohle bei Beleuchtung mit *Hg-Dampflampen* sehr erleichtert wird, weil das blaue monochromatische Licht hierzu besonders geeignet scheint (vgl. G 1).

Die Leuchtdichten von Grubenleuchten und Wandflächen in Steinkohlenbergwerken liegen in folgender Größenordnung:

Abb. 836. Flutleuchte für Abbau. Bild: SSW.

Starkstromabbauleuchte 60 W
   mit Opalglas . . . . . . 88000 asb
Preßluftlampe 35 W mit Prismenglas . . . . 500000 asb
Alkalische Mannschaftslampe mit
   Prismenglas . . . . 70000...200000 asb
Benzinsicherheitslampe . . . . 15700 asb
Kohle am Stoß:
   bei 60 W Abbauleuchte . . 0,45 asb
   bei alkalischer Mannschaftslampe . . . . 0,015 asb
   bei Benzinsicherheitslampe . 0,006 asb

Diese Zahlen beweisen, wie stark die tragbare Mannschaftslampe im Vergleich zur Abbauleuchte mit Opalglas blendet[4].

e) Unfallsicherheit.

Lampen in Bergwerken sind denkbar als Unfallursache und als Schutz gegen Unfälle[5]. Durch die Benzinsicherheitslampe sind von 1900...1920 420 Schlagwetterexplosionen verursacht worden. Bei Beschädigung von Starkstromleuchten oder ihres Zubehörs (Leitungen) sind Unfälle denkbar durch Schlagwetterzündung, durch Zündung von Kohlenstaub und durch Berührung Spannung führender Teile. Die wegen dieser Möglichkeiten notwendigen Sicherheitsvorschriften finden sich in den Bergpolizeiverordnungen und in den VDE.-Vorschriften 0118, 0119, 0170.

Schlechte Beleuchtung in Bergwerken ergibt folgende Unfallfaktoren: Lichtmangel, Blendung, falsche Schatten, Ermüdung und mangelnde Aufmerksamkeit, optische Täuschungen, falsche Einschätzung von Entfernungen, Tiefen

[1] STEGE, A.: Beleuchtung von Bagger und Bergwerksbetrieben im Tagebau. AEG-Mitt. 1932, 357—359.
[2] KAHRSTEN, A.: Der Wert elektrischer Beleuchtung im Kalibergbau. Kali 1935, 31.
[3] JUST: Flutleuchten in Bergwerken. Elektr. im Bergb. 1928, 179. - - Flutleuchten im Abbau. Elektr. im Bergb. 1929, 121 - 123.
[4] Vgl. Fußn. 4, S. 736.
[5] HIEPE, H.: Die Beleuchtung unter Tage im Steinkohlenbergbau und die Häufigkeit der Unfälle. Licht 1932, 83—86.

und Geschwindigkeiten. Wie viele Todesfälle, Knochenbrüche, Fußverletzungen unter Tage mögen darauf zurückzuführen sein, daß der Verunglückte Vertiefungen, Schwellen, Weichenhebel nicht sah, weil es dunkel war oder er geblendet wurde?

Wenn man sehr oft ausspricht, daß die Lichttechnik noch in ihren Anfängen stehe, so gilt dies in weit gesteigertem Maße von der Lichttechnik in Bergwerken. Der Lichttechniker und der Bergmann unterschätzen meist die hier noch offenen Möglichkeiten. Man denke immer daran, daß Grubenleuchten meist 8760 Benutzungsstunden im Jahr erreichen, also viel Glühlampen und Betriebsstoff verbrauchen, somit hohen Umsatz für den Verkäufer bedeuten.

Geradezu erschütternd aber ist der Lichtmangel, bei dem der Steinkohlenhauer heute noch meist seinen so schweren Beruf ausüben muß. Hier ist für den Lichttechniker der Zukunft noch eine ganz große und ideale, wenn auch ebenso schwierige Aufgabe gestellt.

G 7. Beleuchtung im Luftschutz.

Von

Johannes Kurth-Berlin.

Mit 23 Abbildungen.

a) Beleuchtungstechnische Fragen des Luftschutzes.

Die technische Entwicklung auf dem Gebiete des Flugzeugbaues führte in den Nachkriegsjahren zur Schaffung einer neuen Waffengattung, die nach Ansicht der Militärsachverständigen in einem Zukunftskriege eine entscheidende Rolle spielen wird. Durch die Möglichkeiten, die in der neuen Waffe des Raumes, der Luftwaffe liegen, tritt eine wesentliche Umgestaltung der Kriegführung ein, der sich zwangsläufig auch die Landesverteidigung anzupassen hat. Im Rahmen der allgemeinen Landesverteidigung wurde daher von den zuständigen amtlichen Stellen der „zivile Luftschutz" ins Leben gerufen mit den Aufgaben, den deutschen Raum und das deutsche Volk gegen die Gefahren der Luftangriffe zu schützen und ihre Wirkungen auf Leben, Wirtschaft und Verkehr zu mildern.

In der kurzen Entwicklungszeit des „zivilen Luftschutzes" konnten bis jetzt nur die wichtigsten organisatorischen und technischen Aufgaben zu einem teilweise sogar erst vorläufigen Abschluß gebracht werden. Die Eigenart der vorliegenden Aufgaben läßt ihre Lösung allein auf Grund theoretischer Überlegungen nicht zu. Umfangreiche und langwierige Versuche und Erprobungen müssen auf fast allen Gebieten des technischen Wissens noch durchgeführt werden, um die erforderlichen Erkenntnisse für die Entwicklung und Ausführung von wirksamen Schutzmaßnahmen zu schaffen.

Wichtige Aufgaben des Luftschutzes sind auch mit beleuchtungstechnischen Problemen eng verknüpft.

Die Verdunkelungsmaßnahmen,

die Fragen der Notbeleuchtung und

die Ausführung von bestimmten „Scheinanlagen" können zweckentsprechend nur unter Berücksichtigung der beleuchtungstechnischen Gesichtspunkte gelöst werden.

Im nachfolgenden sollen diese Aufgaben des Luftschutzes unter Hervorhebung der beleuchtungstechnischen Fragen kurz behandelt werden.

Die zahlreichen Lichtquellen der Ortschaften und der sonstigen beleuchteten Anlagen verursachen einen während der Dunkelheit weithin sichtbaren „Lichtschein" über den menschlichen Ansiedlungen und ermöglichen dem Nachtflieger das Auffinden und Erkennen bestimmter Ziele. Die Aufgabe der Verdunkelung ist es, durch entsprechende Maßnahmen alle aus der Luft wahrnehmbaren Lichterscheinungen zu beseitigen und damit den feindlichen Luftstreitkräften das Zurechtfinden und das Auffinden und Erkennen von Angriffszielen zu erschweren oder gar unmöglich zu machen.

Die von den zuständigen amtlichen Stellen für die Durchführung der Verdunkelungsmaßnahmen gegebenen Richtlinien können wie folgt zusammengefaßt werden [1]:

Die Verdunkelungsmaßnahmen werden auf zwei Verdunkelungsstufen abgestellt:

a) die „eingeschränkte Beleuchtung" und
b) die „Verdunkelung".

Die Aufgabe der *„eingeschränkten Beleuchtung"* ist es, die auffälligen Lichterscheinungen über den menschlichen Ansiedlungen, die den feindlichen Luftstreitkräften beim *Anflug* als Orientierung dienen können, zu beseitigen, die Voraussetzungen für den schlagartigen Einsatz der „Verdunkelung" zu schaffen, die Bevölkerung an verminderte Helligkeiten zu gewöhnen und damit einen weitgehend reibungslosen und störungsfreien Ablauf der „Verdunkelung" zu gewährleisten.

Die *„Verdunkelung"* soll, den feindlichen Luftstreitkräften in ihrem Fluge vorauseilend, sie beiderseits der Flugbahn in einem breiten Streifen begleitend, das ganze im Bereich der Beobachtungsmöglichkeit liegende Gebiet in *völlige* Dunkelheit hüllen und damit den eigentlichen Schutz gegen das Erkennen von Angriffszielen und gegen einen gezielten Bombenabwurf bieten.

Die *„eingeschränkte Beleuchtung"* tritt mit „Aufruf des Luftschutzes", d. h. bei drohender Kriegsgefahr als *dauernder* Verdunkelungszustand in Kraft und endet erst auf besondere Anordnung.

Die „eingeschränkte Beleuchtung" wird dadurch hergestellt, daß

alle überflüssigen oder vermeidbaren Lichtquellen, wie Lichtreklamen, Lichtschilder, Normaluhren, Haltestellensäulen, Schaufensterbeleuchtung, nicht unbedingt benötigte Straßenbeleuchtung u. dgl. mehr, gelöscht werden,

die zur reibungslosen Abwicklung des in den Geschwindigkeiten und im Umfange stark verminderten Verkehrs und zur Durchführung von Arbeiten im Freien *unbedingt* erforderliche Beleuchtung auf das *geringste noch zulässige Maß* eingeschränkt wird,

die im Betrieb bleibenden Außenleuchten gegen Sicht aus der Luft abgeschirmt werden und

die Innenbeleuchtung der Gebäude so abgeblendet wird, *daß Lichterscheinungen aus der Luft nicht wahrnehmbar sind.*

Der Umfang der Einschränkung der Beleuchtung und das noch zulässige Maß ihrer Herabminderung wird von den zuständigen Polizeiorganen unter Beachtung der jeweiligen Verkehrsverhältnisse, der Größe, der Eigenart und des Charakters der Städte und Ortschaften festgelegt. In kleinen Ortschaften und bestimmten Stadtteilen, die aus Verkehrsrücksichten nicht unbedingt beleuchtet werden müssen, wird man auf eine „eingeschränkte Beleuchtung" verzichten können und bereits bei „Aufruf des Luftschutzes" die öffentliche Beleuchtung völlig löschen.

---

[1] BESCHWITZ, Frh. v.: Tarnung, Verdunkelung und Vernebelung. In: Der zivile Luftschutz, herausgeg. von K. KNIPFER u. E. HAMPE. — KNOTHE, H.: Tarnung und Verdunklung als Schutz gegen Luftangriffe. Berlin 1936, Verlag Wilhelm Ernst & Sohn.

Die Minderung der für die Aufrechterhaltung des Verkehrs und für die Durchführung der notwendigen Arbeiten im Freien erforderlichen Beleuchtung erfolgt durch:

Verringerung der Lampenzahl und
Einschränkung der Leuchtwirkung der Leuchten.

Die Einschränkung der Leuchtwirkung der Leuchten kann erfolgen durch:

Spannungsminderung,
Auswechseln der vorhandenen Glühlampen oder Glühkörper,
Vorschalten von Filtern.

An die während der „eingeschränkten Beleuchtung" in Betrieb bleibenden Lampen und deren Abblendevorrichtungen werden folgende Forderungen gestellt:

Lichtstrahlen dürfen oberhalb der Waagerechten nicht austreten.
Die Ausleuchtung der Verkehrsfläche nach unten muß möglichst gleichmäßig verteilt erfolgen.
Starker Lichtschein auf dem Boden unterhalb der Leuchte muß, ebenso wie die Anstrahlung von Wänden usw., in der Umgebung der Leuchten vermieden werden.
Die Leuchten und Abblendevorrichtungen müssen so ausgebildet sein, daß die von der Lichtquelle ausgehenden Lichtstrahlen nicht blenden.

Abblendevorrichtungen für die „eingeschränkte Beleuchtung" müssen in konstruktiver Hinsicht nachfolgenden Forderungen entsprechen:

Die Abblendevorrichtungen müssen sich für möglichst alle gangbaren Lampenkonstruktionen eignen.
Die Bauart der Blenden muß leicht und einfach gehalten werden, dabei hinreichend widerstandsfähig gegen mechanische Beanspruchungen sein.
Lose einzelne Teile der Blenden müssen vermieden werden.
Die Blenden müssen mit Rücksicht auf ihre Verwendbarkeit bei Luftschutzübungen leicht und schnell angebracht und unbeschädigt wieder entfernt werden können.
Zwischen Blende und Leuchte ist ein lichtdichter Abschluß herzustellen.

Die „*Verdunkelung*" wird jeweils nach der Luftlage nur für bestimmte Gebiete (Warngebiete) angeordnet. Besteht die Luftbedrohung des Warngebietes nicht mehr, so wird die „Verdunkelung" aufgehoben und der Zustand der „eingeschränkten Beleuchtung" tritt wieder ein.

Mit Rücksicht auf die großen Geschwindigkeiten der heutigen Flugzeugtypen muß der Einsatz der „Verdunkelung" *schlagartig* erfolgen.

Kann in einer Ortschaft der Übergang von der „eingeschränkten Beleuchtung" zur „Verdunkelung" nicht innerhalb eines Zeitraumes von *längstens einer Minute* durchgeführt werden, so ist damit zu rechnen, daß für diese Ortschaften mit Aufruf des Luftschutzes die „Verdunkelung" als Dauerzustand angeordnet wird.

Bei nächtlichen Luftangriffen wird, wie bereits erwähnt, für das ganze, im Bereich der Beobachtungsmöglichkeit der feindlichen Luftstreitkräfte liegende Gebiet die „Verdunkelung" angeordnet. Für die Gebietsteile, die voraussichtlich Ziele eines Luftangriffes sein werden, wird „Fliegeralarm" befohlen, der die Unterbrechung der Arbeit und des Verkehrs und das Aufsuchen der Schutzräume durch die Bevölkerung nach sich zieht. In den übrigen Teilen des verdunkelten Gebietes geht das Leben seinen gewohnten Gang weiter. Eine Änderung des Beleuchtungszustandes tritt während des Fliegeralarmes nicht ein, nur die Innenbeleuchtung der Gebäude, die bereits so abgeblendet ist, daß keine Lichterscheinungen aus der Luft wahrnehmbar sind, wird von den Insassen der Wohn- und Arbeitsstätten, die die Schutzräume aufsuchen, gelöscht werden.

Die „Verdunkelung" wird erreicht durch:

Sofortiges Löschen der während der „eingeschränkten Beleuchtung" in Betrieb gelassenen Außenbeleuchtung.

Lediglich an den wichtigsten Verkehrs- und Gefahrenpunkten können „Richtlampen" bestehen bleiben.

Leuchten und deren Abblendevorrichtungen für die „Verdunkelung" müssen folgenden Forderungen entsprechen:

Die Leuchten müssen so abgeschirmt werden, daß aus der Luft weder unmittelbare noch mittelbare Lichtstrahlen wahrnehmbar sind.

Bei „Richtlampen" muß das Licht aus einer Entfernung von 300 m noch gut sichtbar sein.

Die Leuchten müssen so ausgebildet werden, daß ihr Licht nicht blendet.

Die Leuchten dürfen weder eine Beleuchtungswirkung noch eine Reflexwirkung erzeugen.

In konstruktiver Hinsicht werden an die Leuchten und deren Abblendevorrichtungen dieselben Forderungen gestellt, wie bei der „eingeschränkten Beleuchtung".

An der Innenbeleuchtung der Gebäude ist bei der „Verdunkelung" nichts mehr zu ändern, da sie für die „eingeschränkte Beleuchtung" bereits so abgeblendet ist, daß keine Lichterscheinungen aus der Luft wahrnehmbar sind.

Die bei der Abblendung der Innenbeleuchtung von Gebäuden durchzuführenden Maßnahmen müssen daher von vornherein den Forderungen der „eingeschränkten Beleuchtung" und der „Verdunkelung" entsprechen.

Dieses Ziel kann erreicht werden durch:

Abblenden der Lichtaustrittsöffnungen der Gebäude durch zweckentsprechende Verdunkelungsvorrichtungen,

Einschränken und Abschirmen der Innenbeleuchtung,

Vereinigung beider Maßnahmen.

Die Einschränkung und Abschirmung der Innenbeleuchtung hat sinngemäß nach den gleichen Gesichtspunkten wie bei den Außenleuchten für die „eingeschränkte Beleuchtung" zu erfolgen.

Die Verkehrsmittelbeleuchtung, die Verkehrszeichen und Feuermelder, die Weichenlampen und Signalkörper der Bahnanlagen, die Lichtzeichen der Wasserstraßen und alle sonstigen Beleuchtungsanlagen dieser Art müssen sich ebenfalls den Anforderungen der „eingeschränkten Beleuchtung" und der „Verdunkelung" anpassen.

Ins einzelne gehende Richtlinien für die Durchführung der Verdunkelungsmaßnahmen lassen sich naturgemäß nicht geben. Die jeweils zweckmäßigsten Lösungen werden sich bei Beachtung der allgemeinen Richtlinien für die Verdunkelung nach sorgfältigster Abwägung der technischen Voraussetzungen und der wirtschaftlichen Gesichtspunkte ergeben. Anregungen für die durchzuführenden technischen Maßnahmen im einzelnen sind von Dr.-Ing. H. KNOTHE[1] auf Grund der Erfahrungen aus zahlreichen Verdunkelungsübungen und praktischen Erprobungen veröffentlicht worden.

Bei einer zusammenfassenden Betrachtung der Maßnahmen für die Verdunkelung im Luftschutz ergeben sich einige besonders interessierende Probleme, die noch einer ergänzenden Behandlung bedürfen.

Die Verdunkelung im Luftschutz hat die Aufgabe, die menschlichen Ansiedlungen durch Beseitigung der Lichterscheinungen der Sicht der feindlichen Luftstreitkräfte bei Nacht zu entziehen. Da die Frage, *welche* Lichterscheinungen bei einer nächtlichen Beobachtung aus der Luft nicht mehr oder noch wahrzunehmen sind, zur Zeit noch nicht eindeutig beantwortet werden kann, mußten die amtlichen Richtlinien *vorerst* ganz allgemein und ohne bestimmte Angaben über das erforderliche Maß der Verdunkelung gehalten werden. Erst nach Abschluß der Versuche, die zur Klarstellung dieser Fragen von den zuständigen

---

[1] KNOTHE, H.: Tarnung und Verdunklung als Schutz gegen Luftangriffe. Berlin 1936, Verlag Wilhelm Ernst & Sohn.

amtlichen Stellen durchgeführt werden, wird es möglich sein, die Vorschriften für die „Verdunkelung" auf eine bestimmte Grundlage zu stellen.

Um den vom Standpunkt der „Verdunkelung" noch zulässigen Beleuchtungswert festlegen zu können, ist es erforderlich, jene Leuchtdichtenwerte von unmittelbar und mittelbar leuchtenden Gegenständen zu kennen, die unter Berücksichtigung aller für die Sichtbarkeit maßgebenden Einflüsse, aus einer bestimmten, nach strategischen Gesichtspunkten festgelegten Beobachtungsentfernung aus der Luft nicht mehr wahrnehmbar sind.

Im Zusammenhang mit diesen grundlegenden Versuchen für den Luftschutz war auch klarzustellen, ob für Zwecke der Verdunkelung farbiges Licht von bestimmtem Farbcharakter hinsichtlich der Sichtbarkeit besondere Vorteile bietet.

Die zu diesem Zweck durchgeführten Versuche haben ergeben, daß bei einem den Verhältnissen im Luftschutz entsprechenden Adaptationszustand des Auges

der Lichtreiz von einem blauen Licht bei *geringerer* Leuchtdichte wahrnehmbar ist als der von einem weißen Licht und

daß die entsprechenden Werte für rotes Licht höher liegen als die für weißes Licht.

Durch dieses Ergebnis wird auch die noch vielfach vorhandene Ansicht, daß blaues Licht für Verdunkelungszwecke besonders geeignet sei, eindeutig entkräftet.

Die Festlegung einer bestimmten Beleuchtungsstärke bzw. Leuchtdichte, die bei der „Verdunkelung" *nicht* überschritten werden darf, ist im Interesse der Landesverteidigung unbedingt notwendig. Für die „eingeschränkte Beleuchtung" einen derartigen Wert festzulegen, wird nicht für erforderlich gehalten, da auf Grund der Erfahrungen bei den Verdunkelungsübungen nicht damit zu rechnen ist, daß bei ordnungsmäßig durchgeführten Verdunkelungsmaßnahmen in Gebäuden und hinreichender Einschränkung und Abblendung der Außenbeleuchtung durch den dann noch rückstrahlenden Lichtstrom eine schädigende Aufhellung der Atmosphäre eintritt.

Die Grenzen für die Einschränkung der öffentlichen Beleuchtung sind andererseits auch durch die Forderung gegeben, daß die zur Abwicklung eines reibungslosen Verkehrs erforderliche Mindestbeleuchtung sichergestellt sein muß. Die hiernach erforderliche Beleuchtung ist nach den örtlichen Bedürfnissen von Fall zu Fall festzulegen.

Bis auf wenige Ausnahmen weist allgemein jede Straßenbeleuchtung eine mehr oder minder große Ungleichmäßigkeit in der Beleuchtung auf. Am Fußpunkt bzw. in der Nähe der Leuchte sind die Beleuchtungsstärken am größten, nehmen mit zunehmendem Abstand von der Leuchte stark ab und erreichen zwischen den Leuchten den Mindestwert. Würde man, um den Zustand der „eingeschränkten Beleuchtung" zu erreichen, die Lampenzahl verringern und die Lichtstärke herabsetzen, so würde man die bereits vorhandene Ungleichmäßigkeit der Beleuchtung stark steigern und beleuchtungstechnisch und verkehrstechnisch ungünstige Verhältnisse schaffen.

Zweifellos würde die gestellte Aufgabe vom beleuchtungstechnischen und verkehrstechnischen Standpunkt am besten dadurch gelöst werden, daß möglichst viele Leuchten in Betrieb bleiben und so eingerichtet werden, daß sie ein nur ganz geringes, aber gleichmäßiges Beleuchtungsniveau ergeben. Je größer die erzielte Gleichmäßigkeit in der Beleuchtung ist, desto geringer könnte die zur Aufrechterhaltung des Verkehrs während der „eingeschränkten Beleuchtung" erforderliche Beleuchtungsstärke bemessen werden.

Die zahllosen Lichtquellen der öffentlichen Beleuchtung einer Ortschaft kennzeichnen für den nächtlichen Beobachter aus der Luft deutlich den Verlauf der Straßenzüge und geben mit einer seltenen Eindringlichkeit das gesamte Stadtbild wieder. Wenn bei der „eingeschränkten Beleuchtung" auf den Straßen ein geringes, aber sehr gleichmäßiges Beleuchtungsniveau hergestellt wird, so würden bei der Beobachtung aus der Luft, vorausgesetzt, daß die Außenleuchten und die Innenbeleuchtung der Gebäude sachgemäß abgeblendet sind, die Straßenzüge in dem dunklen Umfeld als Bänder mit einer höheren Leuchtdichte gut wahrzunehmen sein, und somit könnte das Stadtbild ebenfalls deutlich erkannt werden. Mit Rücksicht darauf, daß während der „eingeschränkten Beleuchtung" unter Umständen auch überraschende Luftangriffe stattfinden können, ist die Schaffung eines Beleuchtungszustandes, der aus der Luft das Stadtbild genau erkennen läßt, unerwünscht. Aus diesem Grunde wird man vom Standpunkt des Luftschutzes lieber die beleuchtungstechnisch und verkehrstechnisch ungünstigeren Verhältnisse in Kauf nehmen und den Zustand der „eingeschränkten Beleuchtung" durch Verringerung der Lampenzahl herbeiführen, da in diesem Fall bei einer Beobachtung aus der Luft eine Verwischung der Straßenführung und des Stadtbildes eintritt, und damit ein weitgehender Schutz gegen das Auffinden und Erkennen von Angriffszielen bei überraschenden Luftangriffen erreicht werden kann.

Die Umstellung der friedensmäßigen Beleuchtung auf die „eingeschränkte Beleuchtung" und auf die „Verdunkelung" wird mit Rücksicht auf die verschiedenen Beleuchtungsarten und Leuchtensysteme, auf die vorhandenen Schaltmöglichkeiten und auf die sonstigen verwickelten technischen Verhältnisse bei größeren Beleuchtungsanlagen häufig mit Schwierigkeiten verbunden sein. Die Frage ist daher berechtigt, ob es nicht möglich ist, die „eingeschränkte Beleuchtung" gleich so zu bemessen, daß sie auch den Forderungen der „Verdunkelung" entspricht. Voraussetzung für eine derartige Regelung, die eine ganz wesentliche Vereinfachung der durchzuführenden technischen Maßnahmen mit sich bringen würde, wäre, daß die für die „Verdunkelung" noch zulässige Beleuchtungsstärke die reibungslose Abwicklung des Verkehrs auch während der „eingeschränkten Beleuchtung" ermöglicht. Nach den bisherigen Erfahrungen wird diese Lösung voraussichtlich nicht durchführbar sein. Genauere Untersuchungen, ob unter Umständen für schienengebundene Verkehrsanlagen diese Regelung möglich ist, könnten allerdings erst nach Festlegung der während der „Verdunkelung" noch zulässigen Beleuchtungsstärke durchgeführt werden.

Die Aufrechterhaltung der industriellen Erzeugung, des wirtschaftlichen Lebens und des Verkehrs sind grundlegende Forderungen des Luftschutzes; die durchzuführenden Maßnahmen bei der Abblendung der Innenbeleuchtung der Gebäude müssen daher einerseits den Anforderungen der Verdunkelung entsprechen, andererseits die uneingeschränkte Weiterführung der Arbeit ermöglichen.

Die Forderungen der Verdunkelung können, wie bereits ausgeführt, durch Abblenden der Lichtaustrittsöffnungen, Einschränken und Abschirmen der Innenbeleuchtung oder durch Vereinigung beider Maßnahmen erfüllt werden. Entscheidend dafür, durch welche der vorgenannten Maßnahmen die Verdunkelung durchgeführt werden kann, ist die Zweckbestimmung und damit der Beleuchtungsbedarf und die bauliche Gestaltung und Beschaffenheit der zu verdunkelnden Räume. Wirtschaftliche Erwägungen und unter Umständen auch konstruktive Gründe werden insbesondere bei industriellen Anlagen für die Durchführung der Verdunkelung durch Maßnahmen an der Innenbeleuchtung sprechen.

Ob auf die Abblendung der Lichtaustrittsöffnungen verzichtet werden kann, ist zur Zeit *nur* durch Versuche feststellbar. Zur Durchführung eines derartigen Versuches ist bei sorgfältigster Beachtung aller betriebstechnischen Gesichtspunkte die für die gesicherte Durchführung der Arbeiten erforderliche Mindesthelligkeit festzulegen. Hierbei wird weitestgehende Beschränkung der Beleuchtung auf die Arbeitsstelle und Einschränkung der übrigen Raumbeleuchtung auf das aus betrieblichen Gründen und zur Vermeidung von Unfällen erforderliche Mindestmaß durchzuführen sein. Alle Lichtquellen sind in ihrer Beleuchtungsstärke soweit angängig herabzusetzen und so abzuschirmen, daß ihre Lichtausstrahlung auf das geringste mögliche Maß beschränkt wird. Eine Ausstrahlung über die Waagerechte· ist zu vermeiden.

Überschreitet nach Durchführung dieser Maßnahmen die an den Lichtaustrittsöffnungen aus der Luft wahrnehmbare Helligkeit (Leuchtdichte) den vom Standpunkt der „Verdunkelung" noch zulässigen Wert, so kann auf die Abblendung der Lichtaustrittsöffnungen *nicht* verzichtet werden.

Die Wirksamkeit der durchgeführten Verdunkelungsmaßnahmen kann zur Zeit nur durch Beobachtung aus der Luft nachgeprüft werden. Nach Festlegung des für die „Verdunkelung" noch zulässigen Beleuchtungswertes wird eine einwandfreie Feststellung durch Messung an den Lichtaustrittsöffnungen in einfacher Weise möglich sein.

Die *Scheinwerfer der Kraftfahrzeuge* müssen ebenso wie die Fahrtlichter aller übrigen Verkehrsmittel den Anforderungen der „Verdunkelung" ebenfalls angepaßt werden. Da es organisatorisch nicht durchführbar ist, daß die unterwegs, insbesondere auf offenen Landstraßen befindlichen Kraftfahrzeuge rechtzeitig Kenntnis von der Anordnung der „Verdunkelung" erhalten, müssen, um den schlagartigen Einsatz der „Verdunkelung" nicht in Frage zu stellen, die Maßnahmen an den Scheinwerfern für die „eingeschränkte Beleuchtung" so beschaffen sein, daß sie auch· den Anforderungen der „Verdunkelung" entsprechen.

Die „Verdunkelung" fordert eine so weitgehende Abschirmung der Leuchten, daß ihr Licht weder unmittelbar noch mittelbar aus der Luft wahrnehmbar ist. Ein Kraftfahrzeugscheinwerfer würde den Anforderungen der „Verdunkelung" daher nur dann entsprechen, wenn sein Licht aus der Luft nicht wahrnehmbar ist, und wenn die durch den Lichtstrom des Scheinwerfers auf der Fahrbahn usw. entstehenden Leuchtdichten den vom Standpunkt der „Verdunkelung" noch zulässigen Wert nicht überschreiten. Andererseits soll durch die abgeschirmten Scheinwerfer eine für die Durchführung des Kraftwagenverkehrs ausreichende Beleuchtung der Fahrbahn erfolgen. Diese Forderungen können gleichzeitig nicht erfüllt werden, da der vom Standpunkt der „Verdunkelung" noch zulässige Beleuchtungswert in ganz anderer Größenordnung liegen wird als die für einen vorsichtigen und in der Geschwindigkeit stark eingeschränkten Kraftwagenverkehr erforderlichen Beleuchtungsstärken.

Der Kraftwagenverkehr muß aber während der „Verdunkelung" auch aus militärischen Gründen unbedingt sichergestellt werden. Es wird daher eine gewisse Lockerung der Forderungen der „Verdunkelung" in diesem Fall nicht zu vermeiden sein.

Die bisher verwendeten Abblendevorrichtungen für Kraftfahrzeugscheinwerfer haben sich *nicht* bewährt [1]. Zur Lösung der Aufgabe sind daher neue Wege zu beschreiten, mit dem Ziele, bei einer möglichst geringen Beeinträchtigung der Belange der „Verdunkelung" die fahrtechnisch günstigsten Beleuchtungsverhältnisse zu schaffen. Die Festlegung der höchstzulässigen Beleuch-

---

[1] Knothe, H.: Tarnung und Verdunklung, S. 41.

tungsstärke und die Angabe der erwünschten Licht- und Beleuchtungsverteilung, bezogen auf die lotrechte und waagerechte Achse des Scheinwerfers, bilden die beleuchtungstechnischen Grundlagen für die Entwicklung von Abblendevorrichtungen für Kraftfahrzeugscheinwerfer. Für die Bestimmung des Höchstwertes der Beleuchtungsstärke, der für die möglichen Fahrgeschwindigkeiten mit ausschlaggebend sein wird, werden die Erwägungen maßgebend sein, in welchem Umfange eine Beeinträchtigung der „Verdunkelung" verantwortet werden kann.

Bestimmte Angaben über die höchstzulässige Beleuchtungsstärke und über die Lichtverteilung liegen noch nicht vor. Anzustreben sein wird, die Lichtausstrahlung der Scheinwerfer so einzuengen, daß der Lichtkegel bei „Fernlicht" erst in einer größeren Entfernung die Fahrbahn berührt. Hierdurch wird erreicht, daß bei einem verhältnismäßig geringen Beleuchtungsniveau und niedrigen Leuchtdichten auf der Fahrbahn, Hindernisse in der Fahrbahn durch die fast waagerechte Führung des Lichtkegels in einer auch für größere Fahrgeschwindigkeiten ausreichenden Entfernung gut beleuchtet werden. Die Seitenstreuung des Scheinwerfers ist ebenfalls so stark einzuschränken, daß die seitlichen Begrenzungen der Fahrbahn auch erst in einer größeren Entfernung angestrahlt werden. Unbedingt zu vermeiden ist, daß die Lichtstrahlen des Scheinwerfers die Straßenwandungen (Häuser, Bäume usw.) bereits in einer geringen Entfernung vom Fahrzeug treffen, da die hierdurch auf den angeleuchteten Gegenständen entstehenden hohen Leuchtdichten bei dem niedrigen allgemeinen Beleuchtungsniveau außerordentlich störend wirken.

Das Sichtbarwerden des Scheinwerferlichtes aus der Luft kann durch zweckentsprechend ausgebildete Abblendkappen, deren Lichtausschnitt mit einem schnabelförmigen Ansatz versehen ist, wirksam verhindert werden.

Bei einer nach vorstehenden allgemeinen Richtlinien ausgebildeten Abblendevorrichtung, die nach „Aufruf des Luftschutzes" *dauernd* an den Scheinwerfern angebracht sein muß, wird bei „Abblendlicht" die Fahrbahn bereits in einer geringeren Entfernung angestrahlt werden als bei „Fernlicht". Es entstehen auf der Fahrbahn daher bei „Abblendlicht" höhere Leuchtdichten als bei „Fernlicht". Während der „Verdunkelung" wird man aus diesem Grunde zweckmäßig allgemein mit „Fernlicht" fahren und auf das „Abblendlicht" nur bei Kurven und in geschlossenen Ortschaften umschalten.

Für die *Beleuchtung der „Schutzräume"* sind die Bestimmungen in Abschnitt VI der vorläufigen Ortsanweisung für den Luftschutz der Zivilbevölkerung maßgebend. Danach dürfen für Schutzräume nur Beleuchtungsmittel verwendet werden, die keinen Sauerstoff verbrauchen. Allgemein wird für diese Zwecke eine elektrische Beleuchtung in Frage kommen. Da aber im Kriegsfall mit Ausfällen in der Stromversorgung gerechnet werden muß, ist für Schutzräume aller Art eine Notbeleuchtung vorzusehen. Für diesen Zweck kommen nur elektrische Beleuchtungskörper in Frage mit Trockenbatterien, Akkumulatoren oder besonderen Stromerzeugern. Die Entwicklung von besonderen Notstromaggregaten für die sehr unterschiedlichen Leistungsbedürfnisse im Schutzraumbau ist von den zuständigen Stellen, auch unter Berücksichtigung der Brennstofffrage, bereits in die Wege geleitet.

Besondere beleuchtungstechnische Anforderungen werden an die Schutzraumbeleuchtung im allgemeinen nicht zu stellen sein. Notbeleuchtungsanlagen, für die die allgemein bekannten Systeme Verwendung finden können, werden überdies beim Versagen des Netzstromes auch für bestimmte industrielle Anlagen erforderlich sein.

Die Abblendung bzw. Verdunkelung von bestimmten, durch den Erzeugungsprozeß bedingten *industriellen Feuererscheinungen*, z. B. bei Hochöfen, Kokereien,

Stahlwerken usw. kann nach dem heutigen Stand der Technik noch nicht vollkommen durchgeführt werden. Die mannigfaltigen Mittel der Beleuchtungstechnik ermöglichen eine täuschende Nachahmung dieser Feuererscheinungen und dadurch eine Irreführung der feindlichen Luftstreitkräfte. Da derartige „Scheinanlagen" naturgemäß in größeren Entfernungen von menschlichen Ansiedlungen errichtet werden müssen, und zweckmäßig nicht ortsgebunden, sondern leicht beweglich einzurichten sind, bedarf die Energiebeschaffung für die Beleuchtung besonders sorgfältiger Überlegung. Die genaue Kenntnis der Lichtwirkung dieser Feuererscheinungen für den Beobachter aus der Luft und der Betriebsvorgänge sind die Grundlagen für die Bestimmung der zu verwendenden beleuchtungstechnischen Mittel.

b) Vorläufige Versuche zur Schaffung von Luftschutzbeleuchtungen.

Nach § 8 des Reichsluftschutzgesetzes vom 26. Juni 1935 (RGB. I, S. 827) bedarf der Vertrieb von Gerät und Mitteln für Zwecke des Luftschutzes der Genehmigung des Reichsministers der Luftfahrt und Oberbefehlshaber der Luftwaffe oder der von ihm bestimmten Stellen. Leuchten und deren Abblendevorrichtungen, die für Zwecke der Verdunkelung Verwendung finden sollen, bedürfen demnach auch einer Vertriebsgenehmigung, die auf Antrag durch die Reichsanstalt für Luftschutz, Berlin SW 29, Friesenstr. 16 erteilt wird.

Aus der Zahl der erteilten Vertriebsgenehmigungen, die im Deutschen Reichs- und Preußischen Staatsanzeiger veröffentlicht werden, ist zu ersehen, daß bisher sich nur sehr wenige mit der Lösung der auf dem Gebiet der Luftschutzbeleuchtung vorliegenden zahlreichen Aufgaben befaßt haben. Diese offensichtlich abwartende Haltung ist darauf zurückzuführen, daß bis zu der vor kurzem erfolgten Veröffentlichung der amtlichen Richtlinien für die Verdunkelung über die Anforderungen an die Beleuchtung im Luftschutz wenig oder gar nichts bekannt geworden ist. In diesem Umstand liegt es auch begründet, daß bei den erteilten Vertriebsgenehmigungen der bei weitem überwiegende Anteil auf behelfsmäßige Lösungsvorschläge entfällt.

Im nachfolgenden wird ein kurzer Überblick über die wesentlichsten, bisher bekannt gewordenen Versuche zur Schaffung von Luftschutzbeleuchtungen gegeben. Da die Auswahl der zur Darstellung kommenden Beispiele unabhängig davon erfolgt ist, ob die Vertriebsgenehmigungen gemäß § 8 des Reichsluftschutzgesetzes erteilt sind, sei besonders darauf hingewiesen, daß durch die Behandlung der einzelnen Vorschläge keineswegs bereits eine Anerkennung der Lösungen ausgesprochen werden soll. Die Brauchbarkeit eines Erzeugnisses für Zwecke des Luftschutzes kann *nur* durch eine Prüfung bei den zuständigen amtlichen Stellen nachgewiesen werden. Dieser Nachweis ist auch die Voraussetzung für die Erteilung der Vertriebsgenehmigung.

Die im vorhergehenden Abschnitt zusammengefaßten Anforderungen der „eingeschränkten Beleuchtung" und der „Verdunkelung" an die Beleuchtung können erfüllt werden:

durch Maßnahmen an den bestehenden Leuchten und
durch besondere, für diese Zwecke entwickelten Luftschutzleuchten.

Naturgemäß wird den Lösungen, die die Verwirklichung der Anforderungen der Verdunkelung durch Maßnahmen an den bestehenden Leuchten erstreben, mit Rücksicht auf die außerordentlich große Zahl der vorhandenen und noch brauchbaren Leuchten *vorerst* größere Bedeutung beizumessen sein. Nicht minder wichtig ist aber auch die Schaffung von neuen Leuchten, die neben der Erfüllung ihrer friedensmäßigen Aufgaben auch für Zwecke des Luftschutzes verwendbar sind, da bei Neuanlagen oder Ersatzbeschaffungen wirtschaftliche und unter Umständen auch organisatorische Gründe in der Regel für die Beschaffung von derartigen Sonderleuchten sprechen werden.

Die verschiedenartigen technischen Voraussetzungen, der unterschiedliche Beleuchtungsbedarf und Verwendungszweck bedingen jeweils andere Lösungen. Vorschläge liegen bereits für folgende Verwendungsgebiete vor:

1. Außenleuchten:
   a) für die „eingeschränkte Beleuchtung", b) für die „Verdunkelung".
2. Innenleuchten:

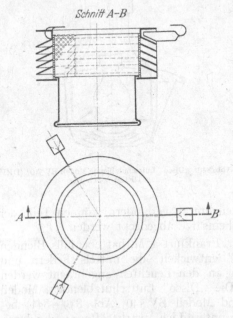

Abb. 837. Fabeg-Jacobi-Blende für die „eingeschränkte Beleuchtung" Type EB 3 [1] (DRGM.), Grundriß und Schnitt.

Abb. 838. Fabeg-Jacobi-Blende für die „eingeschränkte Beleuchtung" Type EB 3 [1] (DRGM.).

a) für Wohn- und Nebenräume, b) für industrielle und gewerbliche Arbeitsplätze, c) für die Ausleuchtung von Verkehrsflächen, d) für allgemeine Raumbeleuchtung.

Die meisten vorhandenen Außenleuchten genügen den Anforderungen der „eingeschränkten Beleuchtung" nicht. Die Forderung, daß eine Lichtausstrahlung über die Waagerechte nicht möglich sein soll, wird an sich von jedem Tief- oder Breitstrahler erfüllt, bei dem die Lichtquelle so angeordnet ist, daß ihre Unterkante sich noch genügend weit oberhalb des Reflektorrandes befindet. Die weiteren Forderungen der „eingeschränkten Beleuchtung" können aber bei den vorhandenen Leuchten in der Regel nur durch besondere Maßnahmen erfüllt werden.

Die Firma Fahrzeugbeleuchtung G. m. b. H., Berlin, hat eine Blende für Außenleuchten — Bauart Fabeg-Jacobi, Type EB 3 — für die „eingeschränkte Beleuchtung" herausgebracht (Abb. 837 und 838). Die Blende besteht aus zwei ineinander schiebbaren Blechzylindern. Der obere ist mit einer Anzahl von Lichtschlitzen versehen, die durch schräggestellte Blechringe so abgedeckt sind, daß eine Lichtausstrahlung über die Waagerechte nicht möglich ist. Der untere Blechzylinder hängt in dem oberen und ist durch einen Boden geschlossen, wodurch eine Strahlung senkrecht nach unten verhindert wird. Da bei der Blende die Lichtschlitze in der Regel hauptsächlich oberhalb der Lichtquelle

---

[1] Vertrieb gem. § 8 des Reichsluftschutzgesetzes genehmigt.

liegen, wird im wesentlichen durch reflektiertes Licht eine gleichmäßige Ausleuchtung der Fahrbahn erreicht. Die Lichtschlitze sind zur Vermeidung der
Blendung mit einem feinen Siebblech abgedeckt. Um das Anstrahlen von

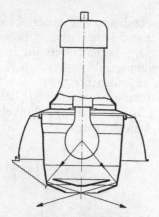

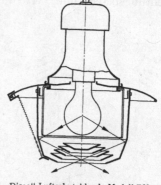

Abb. 839. „Disco" Luftschutzblende Modell Nr. 202 [1]
(DRP. ang. DRGM.), Schnitt.

Abb. 840. „Disco" Luftschutzblende Modell BV 540 [1] (DRP.
ang. DRGM.), Schnitt.

Wänden usw. in der Umgebung der Leuchte zu verhindern, können Teile der
kreisförmigen Lichtschlitze durch Blecheinsätze abgedeckt werden.

Die Firma Dr.-Ing. Schneider & Co., Frankfurt a. M. hat ebenfalls Blenden
für die „eingeschränkte Beleuchtung" entwickelt, die mittels Federn und
Klammern an den Leuchten angebracht werden
können. Die „Disco" Luftschutzblenden, Modell
Nr. 202 und Modell BV 540 (Abb. 839—841) besitzen eine untere Lichtaustrittsöffnung, die durch
einen oder mehrere Blendeneinsätze abgedeckt ist.
Die Blendeneinsätze sind so angeordnet, daß nur
reflektiertes Licht nach außen gelangen kann. Bei
dem üblichen Verhältnis der Aufhängehöhe zum
Leuchtenabstand wird durch die „Disco"-Blende,
infolge der breitstrahlenden Lichtverteilung, eine
sehr gleichmäßige Bodenbeleuchtung erzielt. Die
Lichtausstrahlung nach unerwünschten Richtungen
kann durch Blecheinsätze bei diesen Blenden ebenfalls verhindert werden.

Von den Firmen Siemens-Schuckertwerke A.-G.,
Berlin und Heuer & Wegener, Bruckensen, sind einfache tellerförmige Abblendevorrichtungen für tiefstrahlende Reflektoren entwickelt worden, die eine
unmittelbare Strahlung nach unten verhindern und
so ausgebildet sind, daß durch sie eine breitstrah-

Abb. 841. „Disco" Luftschutzblende
Modell BV 540 [1] (DRP. ang. DRGM.).

lende Lichtverteilung und somit eine möglichst gleichmäßige Bodenbeleuchtung
erzielt wird.

Die Berliner Elektrizitäts-Gesellschaft Otto Speck & Co. hat eine Sonderleuchte, die friedensmäßig und ohne Änderung auch für Zwecke der „eingeschränkten Beleuchtung" Verwendung finden soll, herausgebracht. Die Luftschutzleuchte „Ju 7" (Abb. 842 und 843) ist aus einem normalen Breitstrahler

[1] Vgl. Fußn. 1, S. 757.

entwickelt und zwar derart, daß über dem Reflektor zwei weitere Lichtkammern geschaffen sind. Die Hauptlichtquelle der Leuchte, eine hochkerzige Glühlampe, ist für die friedensmäßige Abendbeleuchtung für die Stunden des stärksten Verkehrs bestimmt, für die Verwendung während der „eingeschränkten Beleuchtung" bzw. für die friedensmäßige Nachtbeleuchtung, sind in den beiden Lichtkammern niedrigkerzige Glühbirnen vorgesehen. Durch Anordnung von

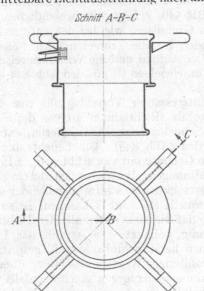

Abb. 842. Luftschutzleuchte „Ju 7" (gesetzlich geschützt), geschlossen.

Abb. 843. Luftschutzleuchte „Ju 7" (gesetzlich geschützt), offen.

kreisförmigen Blecheinsätzen unterhalb der beiden Lichtkammern, wird eine unmittelbare Lichtausstrahlung nach unten verhindert und eine gute Gleichmäßigkeit in der Bodenbeleuchtung erzielt. Zur Durchführung der „eingeschränkten Beleuchtung" ist bei dieser Leuchte daher lediglich die Löschung der hochkerzigen Hauptlichtquelle erforderlich.

Schnitt A–B–C

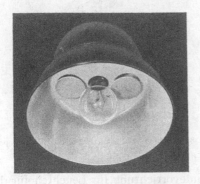

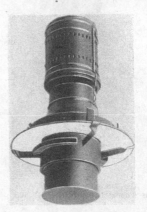

Abb. 844. Fabeg-Jacobi-Blende für „Richtlampen" Type RB 1[1] (DRGM.), Grundriß und Schnitt.

Abb. 845. Fabeg-Jacobi-Blende für „Richtlampen" Type RB 1[1] (DRGM.).

Die Forderungen an Leuchten und deren Abblendevorrichtungen für die „Verdunkelung" lassen sich dahin zusammenfassen, daß „Richtlampen" keine

---

[1] Vertrieb gem. § 8 des Reichsluftschutzgesetzes genehmigt.

Beleuchtungswirkung, sondern lediglich eine Signalwirkung zu erzeugen brauchen und daß sie so abgeschirmt sein müssen, daß ihr Licht weder unmittelbar noch mittelbar aus der Luft wahrnehmbar ist.

Von den Firmen Fahrzeugbeleuchtung G. m. b. H., Berlin und Dr.-Ing. Schneider & Co., Frankfurt a. M. sind

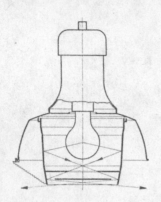

Abb. 846. „Disco" Luftschutzblende für „Richtlampen" Modell BR 540 [1] (DRP. ang. DRGM.), Schnitt.

Abb. 847. „Disco" Luftschutzblende für „Richtlampen" Modell BR 405 [1] (DRP. ang. DRGM.).

Abb. 848. „Richtleuchte" Siemens-Schuckertwerke A.-G. (DRP. ang.).

auch Abblendevorrichtung für Leuchten für die „Verdunkelung" entwickelt worden. Der konstruktive Aufbau der Fabeg-Jacobi-Blende für Richtlampen für 2 bzw. 4 Richtungen, Type RB 1 und RB 2 und der Disco-Blende für Richtlampen, Modell BR 540, erfolgte im wesentlichen auf derselben Grundlage, wie bei den entsprechenden Blenden für die „eingeschränkte Beleuchtung". Der Aufbau und die Wirkungsweise der Blenden im einzelnen ist aus den Abb. 844—847 ersichtlich.

Ein interessanter Vorschlag für eine Sonderleuchte als „Richtlampe" ist von der Firma Siemens-Schuckertwerke A.-G., Berlin, entwikkelt worden (Abb. 848). Die Leuchte besteht aus einem Gehäuse mit vier schlitzartigen Lichtaustrittsöffnungen, die nach oben durch einen innen mattschwarzen Schirm abgeblendet sind. Die Lichtquelle (15...40 W-Lampen) ist so angeordnet, daß sie sich unterhalb der Lichtaustrittsöffnung befindet. Sie strahlt das Licht gegen einen herausnehmbaren weiß gespritzten oder emaillierten Kegeleinsatz (für allseitige Signalwirkung) oder gegen einen ebenfalls weißen Winkelblecheinsatz mit zwei gegenüberliegenden Flächen (für zweiseitige Signalwirkung). Die Einsätze sind so geformt, daß die Leuchtdichte von unten nach oben abnimmt. Die aus großer Entfernung unter flachen Winkeln sichtbaren unteren Flächen der Einsätze haben eine große Leuchtdichte, während die aus geringer Entfernung

---

[1] Vgl. Fußn. 1, S. 759.

und steilerer Blickrichtung sichtbaren Flächen eine geringere Leuchtdichte aufweisen. Infolge dieser Leuchtdichteverteilung ist die Richtleuchte aus allen
Entfernungen gleich gut sichtbar.

Der Einsatz der „Verdunkelung" wird nach
Aufruf des Luftschutzes *wiederholt* und *schlagartig* erfolgen müssen. Mit Rücksicht auf die verschiedenen Beleuchtungssysteme und Schaltungen bei den vorhandenen Beleuchtungsanlagen
wird die Sicherstellung der wiederholten und
schlagartigen Umschaltung von der „eingeschränkten Beleuchtung" zur „Verdunkelung"
häufig außerordentlich schwierig sein. In diesen
Fällen wird die Lösung der Aufgabe durch Anordnung von einfachen Leuchten als Richtlampen, die unabhängig von der vorhandenen
Beleuchtungsanlage betrieben werden können,
möglich sein. Besondere Lösungsvorschläge für
derartige „Richtlampen" liegen noch nicht vor.
Bei zahlreichen Verdunkelungsübungen sind für
diese Zwecke einfache Sturmlaternen, die gegen

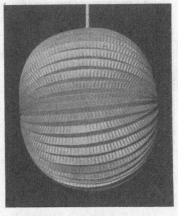

Abb. 849. „Verdunkelungshülle
Ballon Nr. 180 B"[1] (RGM. ang.).

Sicht aus der Luft gut abgeschirmt waren, mit gutem Erfolg verwendet worden.

Für die Abschirmung und Einschränkung der Leuchtwirkung von Innenleuchten für Wohn- und Nebenräume mit geringem Beleuchtungsbedarf, liegen bereits zahlreiche Lösungsvorschläge
vor. Bei weitem überwiegen die Vorschläge, die die Aufgabe
durch Umhüllung der ganzen Leuchte oder der Lichtquelle
allein mit einer lichtundurchlässigen Abblendevorrichtung
aus Papier, Pappe, Cellon, Kunstharzpreßstoff, Metall
usw., die eine Lichtausstrahlung nach unten nur durch
eine, dem Beleuchtungsbedarf entsprechende kleine Lichtaustrittsöffnung ermöglichen, lösen (Abb. 849…854).

Häufig wird auch vorgeschlagen, für Zwecke der Verdunkelung Glühlampen normaler Bauart zu verwenden,

Abb. 850. Schwarz lackierte
Opalglasglocke mit Licht-
austrittsöffnung nach unten.
Dr.-Ing. Schneider & Co.
Frankfurt a. M.

Abb. 851. „Verdunkelungshülle" mit Spiralfederzug und
Asbestberührungsschutz (gesetzlich geschützt). Carl Hanf.
Ohrdruf (Thüringen).

Abb. 852. „Verdunkelungsgerät" Modell BNL[1] (DRP.
ang.). Karl Mittendorf & Co., Göttingen.

die mit einem hitzebeständigen und lichtundurchlässigen Lack- oder Farbüber-
zug versehen sind, in dem eine kreisförmige Aussparung angeordnet ist, die
eine Lichtausstrahlung nach unten nur in einem begrenzten Winkelbereich

[1] Vertrieb gem. § 8 des Reichsluftschutzgesetzes genehmigt.

zuläßt. Die Voraussetzung für die Brauchbarkeit derartiger Vorschläge ist, daß eine frühzeitige Zerstörung der Glühlampen infolge etwaiger Wärmestauung, bedingt durch den lichtundurchlässigen Überzug, nicht eintritt.

Abb. 853. Verdunkelungsglocke „Veduglo"[1] (gesetzlich geschützt). Heuer & Wegener, Brunkensen.

Von der Plechati-Glühlampen-Fabrik m. b. H., Kiel, sind besondere Glühlampen dieser Art von 5...6 W für eine Betriebsspannung von 110 und 220 V in Tropfen- und Pilzform herausgebracht worden. Durch die Verlängerung des Wolframfadens um das Doppelte, wird die Betriebstemperatur des Leuchtfadens gegenüber den normalen Glühlampen um etwa 600° gesenkt und damit der Verbrauch an Watt und der Lichtstrom herabgesetzt. Eine zu große Wärmestauung infolge des Lacküberzuges ist durch die niedrige Temperatur des Glühfadens vermieden worden.

Für die Verwendung in Räumen, in denen keine besonderen Anforderungen an das Sehen gestellt werden, wie z. B. in gewissen Wohnräumen, in Fluren, in Durchgangs- und Abstellräumen usw., werden von Osram besondere „Luftschutz-Lampen"[1] für senkrechte, waagerechte und schräge Brennlage und mit einem Lichtstrom von ∼ 3 Hlm hergestellt. Die Kolben dieser Lampen (s. Abb. 855 a–c) sind, mit Ausnahme einer kreisförmigen Lichtaustrittsöffnung, mit einem wetter- und hitzebeständigen, lichtundurchlässigen Überzug versehen. Um eine Lichtausstrahlung über die Waagerechte zu verhindern, sind die Kolben der Lampen im Bereich der Lichtaustrittsöffnungen vollständig abgeflacht. Die Lampen für waagerechte und schräge Brennlage, die vorwiegend in Wandfassungen verwendet werden, sind mit einem drehbaren Sockel ausgerüstet, um es zu ermöglichen, daß die Lichtaus-

Abb. 854. Verdunkelungskappe „Verdula"[1] (DRGM.). Fritz Müller, Dresden.

trittsöffnung stets nach unten zeigt. Für die Verwendung im Freien werden die Lampen mit einem Lichtstrom bis höchstens 1 Hlm hergestellt. Die Aufhängehöhe muß hierbei mindestens 3 m betragen. Die Osram-Luftschutz-Lampen

Abb. 855 a–c.

werden für alle gebräuchlichen Spannungen hergestellt; die Leistungsaufnahme beträgt etwa 7,5 W.

Die Abschirmung und Einschränkung der Leuchtwirkung von Leuchten kann bei Wechselstrom auch durch Verwendung von sog. Sparlampen wirksam

---

[1] Vgl. Fußn. 1, S. 759.

erreicht werden. Die Sparlampen enthalten einen Umspanner, der eine Glühlampe für Kleinspannung, die bis zu den kleinsten Leistungen hergestellt werden,
speist und an Stelle der üblichen Glüh-
lampen für 110 V oder 220 V in jede
normale Fassung eingeschraubt werden kann. Das AEG-Kleinlicht [1] der
Allgemeinen Elektrizitäts-Gesellschaft,
Berlin, und die „Bruco" Sparleuchte
der Firma Brunnquell & Co., Sonders-
hausen, werden auch mit kleinen
Reflektoren geliefert, die die Lichtausstrahlung nach unten begrenzen, wodurch eine besondere Abschirmung der
Leuchten selbst überflüssig wird.

Abb. 856. Arbeitsplatzleuchte „Fabrilux" Modell V 117
(DRP. ang. DRGM.). Dr.-Ing. Schneider & Co.,
Frankfurt a. M.

In industriellen und gewerblichen
Anlagen, in denen die Verdunkelungsmaßnahmen ohne Abblendung der
Lichtaustrittsöffnungen durchgeführt werden sollen, wird eine weitgehende
Beschränkung der Beleuchtung auf die eigentliche Arbeitsstelle und die Einschränkung der Allgemeinbeleuchtung auf das unumgänglich notwendige Maß
durchzuführen sein.

Als Arbeitsplatzleuchten sind lichtundurchläs-
sige Reflektoren mit möglichst kleinem Durchmesser und großer Beweglichkeit, die den Bedürfnissen entsprechend an die Arbeitsstelle herangebracht werden können, verwendbar. Ein Beispiel
für derartige Leuchten, die von zahlreichen Firmen hergestellt werden, zeigt die Abb. 856. Zur
Vermeidung der Lichtausstrahlung unter einem
flachen Winkel ist die Leuchte mit einer Überwurfblende versehen. Vorhandene Reflektoren mit
größerem Durchmesser können durch Anbringung
von Überwurfblenden, die aus einer der Reflektor-

Abb. 857. „Disco" Überwurfblende
Modell BA 190 (DRGM). Dr.-Ing.
Schneider & Co., Frankfurt a. M.

öffnung entsprechenden Blechscheibe mit zylindrischem Blendeneinsatz bestehen,
der den Lichtkegel einengt und eine Lichtstrahlung unter einem flachen Winkel
verhindert, den Anforderungen des Luftschutzes angepaßt werden (Abb. 857).

Aus betrieblichen Gründen kann eine scharf begrenzte
strichförmige Ausleuchtung von Arbeitsflächen oder Verkehrswegen notwendig werden. Für diese Zwecke sind von
der Firma Dr.-Ing. Schneider & Co., Frankfurt a. M.,
die „Disco"-Blende Modell BS 310 und von der Firma
Körting & Mathiesen A.-G., Leipzig, die „Kandem"
Strichleuchte Nr. 1016 M (Abb. 858) entwickelt worden.

Je nach Aufhängehöhe kann durch Verstellen der
Doppelschlitze bei der Blende bzw. der Blendklappen
bei der Strichleuchte die Breite des Lichtstriches eingestellt werden.

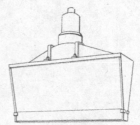

Abb. 858. Kandem-Strichleuchte
Nr. 1016 M (gesetzlich geschützt).
Körting & Mathiesen A.-G.,
Leipzig.

Hinsichtlich der Allgemeinbeleuchtung wird man
den Anforderungen der Verdunkelung in der Regel
durch geeignete Abschirmung und Einschränkung der Leuchtwirkung der vorhandenen Leuchten genügen können.

---

[1] Vgl. Fußn. 1, S. 759.

Für die Allgemeinbeleuchtung von großräumigen Arbeitsstätten wurde von der Firma Dr.-Ing. Schneider & Co., Frankfurt a. M., die „Disco"-BF-Flächenleuchte, die auch als Doppel- und Dreifachflächenleuchte hergestellt wird, entwickelt (Abb. 859). Die Leuchte besteht aus einem ebenen Oberreflektor und einem Unterreflektor, der die beiden Glühlampen bis zu je 60 W aufnimmt. Die große Leuchtfläche der Leuchte ergibt auch auf spiegelnden Einrichtungsstücken geringe Leuchtdichten. Der innere, schwarze Rand des oberen Reflektors begrenzt die Lichtausstrahlung nach den Fenstern und Wänden zu.

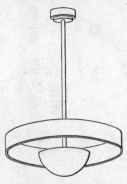

Abb. 859. „Disco"-BF 511-Flächenleuchte (DRP. ang.). Dr.-Ing. Schneider & Co., Frankfurt a. M.

Im vorstehenden sind aus einer größeren Zahl von Vorschlägen für die verschiedensten Verwendungsgebiete im Luftschutz einige charakteristische Beispiele zur Darstellung gekommen. Mit diesem kurzen Querschnitt soll lediglich ein Überblick über die bisher geleistete Arbeit gegeben werden, der geeignet erscheint, den Fachmann auf dieses neue und umfangreiche Tätigkeitsgebiet hinzuweisen und mit ganz besonderer Eindringlichkeit die Richtung anzeigt, in der die Entwicklungsarbeit fortzuschreiten hat. Das Ziel muß hier auch sein, mit geringstem Aufwand und einfachsten Mitteln den größten Erfolg zu erreichen. Die technischen Maßnahmen zur Erfüllung der Forderungen, die der Luftschutz an die Beleuchtung stellt, müssen daher insbesondere mit Rücksicht darauf, daß der Energieversorgung im Kriegsfalle erhöhte Bedeutung zukommt, nicht nur zwecentsprechend sein, sondern zu Lösungen führen, die hinsichtlich der Ausführung und auch der Anwendung die größtmögliche Wirtschaftlichkeit gewährleisten.

H. Lichtreklame.

Von

KURT WIEGAND-Berlin-Hohenneuendorf.

Mit 55 Abbildungen.

1. Allgemeines.

Neben dem Zeitungsinserat ist die Lichtreklame das wichtigste Werbemittel, mit dem sich die moderne Wirtschaft an die Allgemeinheit wendet. Die Lichtreklame unterscheidet sich von allen sonstigen Reklamemitteln grundlegend dadurch, daß sich die einmal gewählte Form und Ausführung für verhältnismäßig lange Zeitabschnitte nicht ändern läßt. Soll also die Wirkung auf den Beschauer über den ersten Augenblickseindruck hinaus anhaltend sein — in der Erinnerung haften — so müssen bei der Planung alle Einflüsse sehr genau beachtet werden, die der gewünschten Anziehungskraft förderlich oder nachteilig werden können.

Eine Lichtreklame muß von den Hauptbetrachtungspunkten aus in ihrer Darstellung leicht und ohne erheblichen Zeitaufwand erkennbar sein. Hieraus ergibt sich, daß mehrzeiliger Text in der Wirkung meist unter schlagwortartigen Hinweisen zurücksteht. Die Größe der Anlage ist zwar durch den zur Verfügung stehenden Raum bedingt, jedoch muß in der wichtigsten Entfernung das Gesamtbild geschlossen auf den Beschauer wirken. Andererseits wird die Buchstabengröße durch die Lesbarkeitsgrenze bestimmt. Aus zahlreichen Versuchen und Beobachtungen in der Praxis hat sich zwischen der Buchstabenhöhe „H" und der Grenzentfernung „E" folgende einfache Beziehung herleiten lassen: $H = E/350$. Wenn man mithin auch erwarten darf, daß ein Schriftzug aus 1 m hohen Buchstaben im allgemeinen noch aus einem Abstand von 350 m gut lesbar ist, so darf doch nicht übersehen werden, daß es sich hier um einen Näherungswert für die Lesbarkeit handelt, der in weiten Grenzen von der Schriftart, der Buchstabenform und der Leuchtdichte im Verhältnis zur Umgebung abhängt. Die größten Weiten für die Lesbarkeit liefert einfache Blockschrift aus großen Buchstaben. Auch die Lichtfarbe ist von Einfluß. Hier ergibt rot die größte, blau die geringste Entfernung. Aber alle farbigen Lichtreklamen steigern die Wirksamkeit durch ihren Farbunterschied gegenüber der Allgemeinbeleuchtung.

Die Verschiedenfarbigkeit ermöglicht es überhaupt erst, an den Hauptverkehrsplätzen zahlreiche Anlagen zu errichten, ohne daß diese sich gegenseitig beeinträchtigen. Neben der Farbänderung trägt auch ein Wechsel im Schriftcharakter zur Unterscheidung verschiedener Anlagen bei.

Immer muß versucht werden, jeder Lichtreklame eine persönliche Note zu geben, wobei aber die Schönheit und Abgeglichenheit der Ausführung nicht vernachlässigt werden darf. Diese Aufgabe ist bei großen Dachreklamen häufig nur schwer zu erfüllen — besonders wenn auch eine gute Tageswirkung den gleichen Gesichtspunkten genügen soll.

Ein weiteres wertvolles Hilfsmittel für die Erhöhung der Anziehungskraft liegt in einer richtig abgestimmten Helligkeit. Dabei lassen sich für die Leuchtdichte schwer Grenzwerte nennen. Die untere Grenze liefert eine Leuchtdichte, welche die leichte Erkennbarkeit aller Einzelheiten der Anlage gerade noch sicherstellt, die obere Grenze eine solche, die jegliche Blendung noch ausschließt. Außerhalb dieser Grenzfälle leidet der Eindruck der Anlage durch verschlechterte Wahrnehmbarkeit.

Die Werbekraft einer Lichtreklame läßt sich weiter dadurch steigern, daß man sie in bestimmten Zeitintervallen ein- und ausschaltet. Bei Schreibschrift läßt man den Schriftzug fortschreitend erscheinen, hierauf eine kurze Zeit vollständig in Betrieb, und läßt diesen Vorgang sich nach einer Dunkelpause wiederholen. Auch Farbwechsel bringt eine Erhöhung der Wirkung. Ferner können — besonders bei Figuren — Bewegungen aller Art durch Schalteffekte in die Anlage hineinkomponiert werden.

Schließlich muß in diesem Zusammenhang auch erwähnt werden, daß die Qualität der Ausführung einen nicht zu unterschätzenden Faktor für die Werbewirkung einer Lichtreklameanlage bildet. Eigenartigerweise prägen sich bei dem Beschauer die Störungen viel stärker ein als der einwandfreie Betrieb. Deswegen müssen bei umfangreichen Anlagen — und besonders bei solchen, die nur schwer zugänglich sind — schon bei der Errichtung Vorkehrungen zur bequemen Instandhaltung getroffen werden.

2. Lichtquellen.

a) Leuchtröhren.

Die „Neonröhren" — wie im Volksmund fälschlicherweise alle für Lichtreklameanlagen benutzten Gasentladungsröhren bezeichnet werden — beherrschen heute fast vollständig dieses Anwendungsgebiet, trotz mancher Mängel gegenüber der Glühlampe, und trotz einer Benutzungsdauer von erst wenig mehr als 10 Jahren. Über das im B 7, 8, S. 150 und 165 Gesagte hinaus wird im folgenden auf einige Umstände hingewiesen, die ihre spezifische Eignung ausmachen.

Die langgestreckten Glasröhren von 10...20 mm Durchmesser lassen sich leicht nach Erhitzung bis zur Glaserweichungstemperatur in die Form der darzustellenden Schriftart und Reklamezeichen biegen. Das Reklamebild entsteht als feiner, leuchtender Linienzug, ohne störende Unterbrechung.

Die Leuchtfarbe aller Reklameröhren weicht von dem Farbton der allgemeinen Beleuchtung so wesentlich ab, daß sie sich schon bei sehr geringer Leuchtdichte gegen ihre Umgebung behaupten. Das Spektrum enthält nur wenige Linien. Die Farbtöne sind äußerst rein und leuchtend. Bei Verwendung verschiedener Gasfüllungen in der gleichen Anlage gibt es praktisch keine Farbzusammenstellungen, die das menschliche Farbempfinden verletzen und somit den Beschauer abstoßen würden. Der Farbton ist unabhängig von der Belastung.

In der letzten Zeit hat sich der Verwendungsbereich der Leuchtröhren noch einmal erheblich dadurch erweitert, daß es möglich wurde, auch einen dem Glühlampenlicht ähnlichen weißen Farbton herzustellen. Zu diesem Zweck wird die Quecksilberentladung zur Anregung von in den Glasfluß eingeschmolzenen oder auf der Innenwand der Röhre in Pulverform aufgebrachten Luminophoren benutzt, wobei das Mischlicht aus Gasentladung und Fluoreszenzleuchten einen weißlichen Farbton hervorruft (vgl. B 10, S. 208 f.).

Auch in der Lebensdauer- und Ersatzfrage nehmen die Reklameleuchtröhren eine bevorzugte Stellung ein. Glühlampen sind gegen Spannungserhöhungen im Netz sehr empfindlich. Eine Überlastung der Leuchtröhren durch Netzschwankungen kann nie in Frage kommen. Der normale Verschleiß infolge Gasaufzehrung vollzieht sich so langsam, daß ein Austausch schadhafter Leuchtrohrsysteme erst nach Jahr und Tag notwendig wird. Die große Systemlänge ist bei Lichtreklameanlagen nur vorteilhaft. In den weitaus meisten Fällen ist es möglich, den Text der Anlage auf eine Systemzahl zurückzuführen, die mit der Anzahl der Buchstaben übereinstimmt. Hierdurch vermindert sich zwangsläufig die Zahl der Störungsstellen gegenüber Glühlampen auf $^1/_{10}$, wenn — wie üblich — je Meter Schriftlänge 6...7 Lampen in Ansatz zu bringen sind, und man bei Leuchtröhren mit einer mittleren Systemlänge von 1,6 m rechnet.

Weiter ist der sehr geringe Energieverbrauch von Vorteil. Man kann bei dem am meisten gebräuchlichen Rohrdurchmesser von 20 mm lichter Weite mit 20...25 W/m rechnen. Das entspricht dem Energiebedarf einer einzigen kleinen Glühlampe; da nun je Meter Textlänge mindestens 6 Lampen benutzt werden müssen, ist die Behauptung berechtigt, daß die Betriebskosten für Leuchtröhrenanlagen nur etwa $^1/_6$ der von Glühlampenschildern ausmachen. Die geringere Lichtstärke ist ausreichend, da die Reklamezeichnung auf eine schmale Lichtlinie zurückgeführt ist und der Farbkontrast die spezifische Belastung weitgehendst herabzusetzen gestattet. Damit entfällt auch die Gefahr der Blendung.

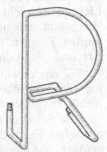

Abb. 860. Leuchtrohrsystem mit Rückführung und Elektroden.

Die direkte Umformung der elektrischen Energie in Licht bewirkt bei den Lichtreklameröhren eine geringfügige Aufheizung der Glasrohroberfläche. Sie beträgt im Mittel ~ 35° C. Dadurch sind die Röhren praktisch unempfindlich gegenüber Witterungseinflüssen aller Art und benötigen keinerlei Schutzabdeckungen.

Als Nachteil müssen die wesentlich höheren Anschaffungskosten gegenüber Glühlampenschildern erwähnt werden. Auch die Ersatzfrage bereitet Schwierigkeiten, da jedes Leuchtrohrsystem genau nach Zeichnung für die betreffende Anlage angefertigt wird — eine Lagerhaltung also ausgeschlossen ist. Die Fracht- und Verpackungskosten sind beträchtlich höher als bei Glühlampen, da das immerhin doch leicht zerbrechliche Leuchtrohrsystem von großen Abmessungen eine kostspielige Versandart in allseitig federnder Aufhängung bedingt. Rückführungen und Elektroden (s. Abb. 860) verursachen eine zusätzliche Leistungsaufnahme, ohne daß diese für die Lichterzeugung in der Anlage direkt ausgenutzt werden kann.

Besonders nachteilig ist, daß die Reklameleuchtröhren nur an Hochspannung betrieben werden können; da die Umformung der normalen Netzspannung nur bei Wechselstrom einfach ist, muß bei Gleichstromnetzen ein besonderer Umformer der Anlage vorgeschaltet werden. Die Umformung der Netzspannung durch besondere Geräte verteuert die Kosten der Anlage um etwa $^1/_3$. Spezialkabel und ein ausreichender Schutz gegen Berührung leitender Teile sind weiterhin für die Anwendung von Leuchtröhren hinderlich.

Im Laufe der Brennzeit wird die Edelgasfüllung von den Elektroden absorbiert. Parallel zur Aufzehrung des Gasinhaltes verläuft ein Anstieg der Zündspannung, so daß die Grenze der Benutzbarkeit bereits erreicht wird, wenn die Zündspannung die ursprünglichen Anschlußwerte zu übersteigen beginnt. Durch kurzzeitige, starke Überlastung können aus den Elektroden und von der

Glaswandung Restgase frei werden, die schon bei geringfügiger Verunreinigung der Edelgasfüllung eine Verfärbung zur Folge haben.

Die blauen Leuchtröhren, deren Farbton der beigegebene Quecksilberdampf herbeiführt, sind in ihrer Lichtstärke wie auch Leuchtfarbe von der Außentemperatur abhängig, wobei allerdings Verfärbungen erst bei Temperaturen unter 0° C eintreten können.

b) Glühlampen.

Reklameschilder mit Glühlampen sind heute zweifellos in der Minderzahl. Diejenigen Anwendungsfälle, welche die Glühlampe aber zur Zeit noch beherrscht, wird sie auch in Zukunft behalten. Dies trifft besonders überall dort zu, wo die Lichtquelle nicht direkt sichtbar sein soll, ferner bei Anlagen, bei denen das Werbebild sich nicht als Strichzeichnung herstellen läßt — wo also mit leuchtenden Flächen gearbeitet werden muß. Hierunter fallen Transparente aller Art und plastische Buchstaben mit breiten Profilen.

Da das Spektrum des glühenden Wolframdrahtes alle Farbtönungen von rot bis blau überdeckt, lassen sich auch Glasbilder durch Glühlampenlicht farbgetreu ausleuchten.

Alle Schalteffekte, die über eine Hell- und Dunkelschaltung oder über den einfachen Farbwechsel hinausgehen, werden regelmäßig mit Glühlampen durchgeführt. Zu diesen Fällen, wo die Glühlampe reklametechnisch der Leuchtröhre überlegen ist, gesellen sich nun noch die vielen anderen Vorteile — wie geringer Anschaffungspreis, die Möglichkeit des Ersatzes an allen Orten und zu jeder Zeit, der Austausch durch Laien, der direkte Anschluß an jedes Netz, einerlei ob Gleich- oder Wechselstrom. Alle Anlagen lassen sich stets als eine einfache Niederspannungsinstallation erstellen, ohne auf besonders für Hochspannung geschultes Personal beim Bau angewiesen zu sein.

Für die normalen Glühlampenanlagen werden Lampen der Einheitsreihe von 15...75 W benutzt, deren Daten in nebenstehender Tabelle vermerkt sind:

Spannung Volt	Leistungsaufnahme in Watt	Lichtstrom etwa Lumen		Abmessungen	
		Hefner	int.	Durchmesser mm	Länge mm
20...165	15	150	135	55	97
170...260		135	115		
20...165	25	270	235	60	105
170...260		240	210		
20...165	40	510	430		115
170...260		400	340		
20...165	60	870	740	65	122
170...260		690	590		
20...165	75	1160	990	70	130
170...260		940	800		

Für kleine Leuchtschilder werden, wenn für die Lampen der Einheitsreihe der Raum nicht mehr ausreicht, häufig auch Illuminationslampen benutzt, die bei Leistungen von 5 W/Lampe als sog. Reihenschaltungs-Illuminationslampen für 14 V Lampenspannung hergestellt werden (vgl. B 5, S. 133).

c) Wolframröhren.

Die Wolframleuchtröhren schlagen in ihrem Aufbau eine Brücke zwischen den Edelgas-Leuchtröhren und den gewöhnlichen Glühlampen. Äußerlich entsprechen sie durch ihr langgestrecktes, beliebig geformtes Glasrohr den Leuchtröhren, als Lichterzeuger sind sie jedoch durchaus Wolframglühlampen, von deren normaler Ausführung sie sich dadurch unterscheiden, daß der Leuchtdraht — von einem biegsamen Gerippe getragen — durch das ganze Rohr geführt ist. Die Rohrenden sind mit geraden Böden versehen, so daß sich zwei benachbarte Wolframröhren ohne Lichtunterbrechung aneinanderreihen lassen. Die Anschlußsockel sind in der Nähe der Rohrenden seitlich angebracht (s. Abb. 861):

Die maximale Rohrlänge je System ist proportional der Anschlußspannung und beträgt bei 220 V 1,00 m. Der Energiebedarf ist auf 1 W/cm abgestimmt, bei 8...9 HLm/W.

Von den Ausführungsformen, welche die Osram G. m. b. H. Komm.-Ges. unter der Bezeichnung „Linestra" listenmäßig führt, sind die in nachstehender Tabelle angegebenen Typen für Lichtreklamezwecke besonders geeignet. Auf sie weitgehendst Rücksicht zu nehmen, erleichtert die Ersatzbeschaffung bei wesentlich geringeren Anschaffungskosten gegenüber Sonderanfertigungen.

Abb. 861. Wolframröhre.

Linestraröhren sollen wie Leuchtröhren stets sichtbar angeordnet werden, weil die weiße oder farbige Opalglashülle lichtstreuende Abdeckmittel überflüssig macht.

Type	Länge mm	Durchmesser mm	Leistungs-aufnahme W	Ausführung
1603	300	30	30	gerade, weißopal
1604	500	30	50	gerade, weißopal
1604	500	30	50	gerade, gelb-, orange- oder rotopal
1104	1000	30	100	gerade, weißopal
1607	500	30	50	gebogen (Viertelkreis), weißopal
1608	500	30	50	gebogen (Achtelkreis), weißopal

3. Leuchtröhrenanlagen.

Man kann die Leuchtröhrenreklameanlagen ihren Hauptbestandteilen nach in vier Grundelemente gliedern:

a) die Leuchtröhren, welche für den Beschauer den Lichtreklameeindruck vermitteln;

b) das elektrische Gerät: In ihm muß die für den Betrieb von Leuchtröhren notwendige Oberspannung erzeugt und die Stromaufnahme entsprechend der Charakteristik der Entladung begrenzt werden;

c) die Schutzkästen, welche den Leuchtröhren als Befestigungsunterlagen dienen, dabei aber als Hauptaufgabe die Hochspannung führenden Teile der Berührung zu entziehen haben, ferner eine Tageswirkung der Anlage hervorrufen sollen;

d) die Installation — teils oberspannungsseitig — teils als normale Verbindung des Netzanschlusses mit den niederspannungsseitigen Anschlüssen der Geräte.

a) Leuchtröhren.

Man verwendet bei den Reklameleuchtröhren ausschließlich Edelgase und erhält *rot* durch Neon, *weißrosa* durch Helium, *blau* durch ein Neon-Argon-Quecksilbergemisch.

Bei der *blauen* Leuchtfarbe wird das Licht vom beigegebenen Quecksilber erzeugt; die Edelgasfüllung dient nur zur Einleitung der Entladung. Der Argonzusatz (10...25%) im Gasgemisch setzt die Zündspannung herab und verhindert eine Umfärbung der Leuchtröhren in *rot*, wenn während der Wintermonate bei niedrigen Außentemperaturen der Quecksilberdampfdruck für die Übernahme der Entladung nicht mehr ausreicht. Der blaugraue Farbton des Argons, welches mit der kleineren Anregungsspannung die Lichtfarbe des Gemisches bei Quecksilberdampfmangel übernimmt, weicht nur geringfügig von der normalen blauen Leuchtfarbe des Quecksilbers ab.

Außer den drei Grundfarben rot, weißrosa und blau lassen sich die Leuchtröhren noch in *gelb* und *grün* herstellen. *Gelb* entsteht bei Heliumfüllung durch Verwendung eines gelben Filterglases, grün bei Quecksilberfüllung durch ein

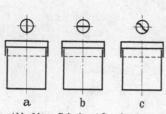

a   b   c

Abb. 862a. Polychrom-Leuchtröhren.

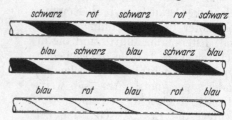

Abb. 862b. Polychrom-Leuchtröhren auf Profilen.

gelbes, braunes oder grünes Filterglas. Alle übrigen Farbtöne bereiten Schwierigkeiten, weil das Spektrum aller Leuchtröhren nur aus wenigen Linien im sichtbaren Gebiet besteht. Selbstverständlich kann man den roten Farbton bei Neonfüllung durch ein rotgefärbtes Glas etwas verändern und den blauen Farbton des Quecksilberlichtes durch blaue Filter.

Durch Gasgemische lassen sich keine Farbveränderungen erzielen, weil — wie am Beispiel der Quecksilberentladung bei Kälteverfärbungen erläutert — stets nur der Gemischanteil mit der niedrigsten Anregungsspannung die Lichtfarbe bestimmt.

Wird jedoch ein Leuchtstoff zusätzlich durch die Gasentladung zur Eigenstrahlung angeregt, so sind zahllose Farbtönungen möglich. Es gibt heute zwei Ausführungsarten dieser Luminophorröhren. Bei der einen ist der Fluoreszenzstoff in der Glasmasse enthalten, bei der anderen ist er pulverförmig als dünne, durchscheinende Schicht auf der Innenwand des Glasrohres aufgetragen. Durch die Luminophorröhren ist es nunmehr möglich, auch ein dem Glühlampenlicht ähnliches „Weiß" zu erzielen. Wegen ihres hohen Anteiles an UV-Strahlung wird bevorzugt die Quecksilberentladung zur Anregung der Luminophore benutzt. Die Verwertung des unsichtbaren UV-Lichtanteiles erhöht den Wirkungsgrad der Lichterzeugung beträchtlich.

Auch Opalglasröhren — teils weiß, teils farbig — haben bei Leuchtröhrenanlagen vielfach Anwendung gefunden. Bei diesen kommt es weniger auf eine Veränderung der Leuchtfarbe an sich an als auf eine Steigerung der Tageswirkung, die bei den durchsichtigen Klarglasröhren nur gering ist.

Schließlich hat man unter dem Namen „Polychromröhren" Leuchtröhren auf den Markt gebracht, die der Länge nach durch eine Zwischenwand in zwei halbkreisförmige Abschnitte geteilt sind und in den beiden Hälften verschiedenartige Edelgasfüllungen aufweisen (Abb. 862a und b):

Dabei kann die Zwischenwand aus Klar-, Filter- oder Schwarzglas bestehen; auch kann sie senkrecht oder parallel zur Schriftebene angeordnet sein. Ferner hat man bei den Polychromröhren durch schraubenförmige Verdrillung der Scheidewand die Reklamewirkung zu steigern versucht. Unter Anwendung von Schalteffekten — indem man hintereinander einmal die eine, beispielsweise rote Entladung, hierauf die andere, z. B. blaue Entladung einschaltet, und schließlich als Mischlicht für eine gewisse Zeit beide Leuchtsäulen wirken läßt — kann man, was Farbenprächtigkeit anbelangt, wohl mit diesen „Polychromröhren" die größten Effekte erzielen.

Meist werden die Lichtreklameanlagen in 22 mm-Rohr ausgeführt. Erst bei Schrifthöhen unter 450 mm greift man zu einem Rohrdurchmesser von 17 mm, um schließlich bei Schaufensterschildern mit sehr kleinen Texten bis auf 13 bzw. 10 mm zurückzugehen. Bei den Leuchtröhren ist man in der Belastungsstromstärke unabhängig vom Glasrohrdurchmesser. Dennoch hat sich eingebürgert, 22 mm-Rohr mit 50...70 mA, 17 mm-Rohr mit 25...30 mA, und die geringsten Rohrstärken mit 10...15 mA zu belasten. Diese Abstufung läßt die Verwendung von zwei verschiedenen Rohrdurchmessern in der gleichen Anlage zu, ohne daß dabei größere Unterschiede in der Helligkeit eintreten.

Die Stromstärke der Reklameröhren ist, soweit Glimmlichtelektroden Verwendung finden, auf etwa 150 mA begrenzt. Hier bereitet bereits die Unterbringung der großen Metallkörper in den Buchstabenkästen Schwierigkeiten. Um die Abmessungen klein zu halten, sind Elektrodenformen entstanden, bei denen der Metallkörper sternförmig, gewellt oder als Spirale aufgewickelt ist. Im allgemeinen gelingt es aber bei den oben angegebenen Stromstärken, mit kleinen Blechzylindern auszukommen, die eine Erweiterung des Rohrdurchmessers an den Elektrodenenden überflüssig machen. In Abb. 863 sind Ausführungsformen von gebräuchlichen Elektroden dargestellt.

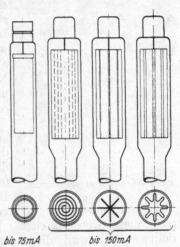

bis 75 mA   bis 150 mA

Abb. 863. Elektroden-Ausführungsformen.

Eine wesentliche Steigerung der Stromstärke ist nur durch Anwendung von Oxydkathoden als Elektroden möglich. Man hat für diese Röhren die Belastung auf 0,3...0,5 A festlegen müssen, um die Gefahr der Blendung zu vermeiden. Oxydkathodenröhren werden bevorzugt an verkehrsreichen Plätzen verwendet bzw. überall dort, wo die Lichtreklameanlagen auch aus größter Entfernung noch eindringlich wirken sollen.

Neben der wesentlichen Steigerung der Lichtstärke wird durch die Oxydkathoden auch die Ökonomie der Lichterzeugung verbessert. Da die Brennspannung der Gasentladung mit zunehmendem Strom stark abfällt (bei 500 mA ungefähr auf den halben Wert von 50 mA), steigt die Leistungsaufnahme geringer an als die Lichtstärke. So kommt es, daß für Oxydkathodenröhren bei 500 mA 100...125 W/m benötigt werden, während für normale Reklameröhren mit Glimmlichtelektroden bei 50 mA die Energieaufnahme 20...25 W/m beträgt.

Herstellungstechnisch ist das Leuchtrohrsystem die Einheit. Seine Länge hängt von der Größe und der Art der Schriftzeichen ab und schwankt in weiten Grenzen zwischen wenigen Zentimetern für Interpunktionszeichen und maximal etwa 2,50 m, um Transport- und Montagebruch einzuschränken. Die Aneinanderreihung der einzelnen Buchstaben zu einem leicht lesbaren Text zwingt — abgesehen von Schreibschrift — zu einer buchstabenweisen Aufteilung. Hierdurch ist die Systemunterteilung einer Anlage meist der willkürlichen Beeinflussung entzogen. Da nun der Energiebedarf eines Leuchtrohrsystemes sich aus zwei Komponenten zusammensetzt — aus der konstanten Umsetzungsarbeit in den Elektroden zur Unterhaltung der Entladung (etwa 8...12 W) und aus dem veränderlichen Aufwand für die eigentliche Lichterzeugung in der positiven Säule — erfordert eine Anlage einen um so höheren Spannungs- und Energiebedarf, je weitgehender die Unterteilung nach Systemen erfolgen muß. Auf diese Tatsachen muß hingewiesen werden, weil vertriebstechnisch die Einheit das Leuchtrohrmeter bildet. Diese Vertriebseinheit ist mit dem Elektrodenverlust sehr verschieden stark belastet — von etwa $\frac{1}{3}$ bei 2,5 m Systemlänge bis zum 4fachen vollen Wert, wenn 1 m Leuchtrohr sich etwa aus 4 Systemen je 0,25 m Länge zusammensetzt. Für die am häufigsten benutzten Schriftarten werden die Rohrlängen der einzelnen Buchstaben des Alphabetes in den Fabrikpreislisten tabellarisch angegeben. Angenähert kann als Durchschnittswert bei einfacher Blockschrift mit der 3fachen Buchstaben- höhe, bei einfacher Schreibschrift mit der 4,5fachen Buchstabenhöhe gerechnet werden. Liegt aber die Ausführung einer Anlage fest, so muß die tatsächliche

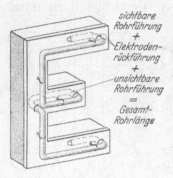

sichtbare
Rohrführung
+
Elektroden-
rückführung
+
unsichtbare
Rohrführung
=
Gesamt-
Rohrlänge

Länge aus der Zeichnung entnommen werden, denn sie bildet eine wichtige Grundlage für die Bemes- sung des elektrischen Gerätes und für die Instal- lation. Bei ihrer Ermittlung darf nicht übersehen werden, daß die wahre Rohrlänge sich nicht nur aus der die Schriftzeichen bildenden sichtbaren Meterzahl zusammensetzt, sondern daß auch alle unsichtbar zu haltenden Verbindungen hinzuzu- rechnen sind (Abb. 864).

Abb. 864. Leuchtrohrbuchstabe mit unsichtbar gehaltener Rückführung.

Zum Betrieb der Reklameleuchtröhren ist man auf hochgespannten Wechselstrom angewiesen, da die übliche Netzspannung zur Einleitung der Zün- dung nicht ausreicht. Die vom VDE. in 0128 bzw. 0128a für Deutschland festgelegte höchstzulässige Betriebsspannung soll 6000 V nicht überschreiten. Meist werden soviel Rohrsysteme in Serie geschaltet, bis ihre Gesamtzündspan- nung diese Grenze erreicht. Da nun aber die Zündspannung nicht eindeutig definiert ist, wird die maximal anschließbare Rohrlänge besser nach der Gesamtbrennspannung der Gruppe festgelegt. Diese läßt sich jederzeit leicht errechnen und auch messen[1]. Bezogen auf 6000 V maximal zulässige Zünd- spannung haben sich als obere Grenze für die Brennspannung ergeben:

3500 V für Neon-Argon-Quecksilber,
3300 V für *Neon*,
3100 V für *Helium*.

Diese Erfahrungswerte berücksichtigen die unvermeidlichen Schwankungen der Netzspannung, den Einfluß der niedrigen Außentemperatur während der Wintermonate bei der Quecksilberent- ladung und auch den mit der Benut- zungszeit langsam sich einstellenden erhöhten Zündspannungsbedarf. Hier- aus lassen sich für die verschiedenen Rohrdurchmesser etwa folgende Höchst- werte für die anschließbare Rohrlänge angeben — unter der Voraussetzung, daß die mittlere Systemlänge nicht unter 1,3 m liegt (vgl. nebenstehende Tabelle).

Maximal anschließbare Rohrlänge in Metern bei 2×3000 bzw. 6000 V Sekundärspannung.

Glasrohr- durchmesser mm	Neon-Argon- *Quecksilber-* entladung	*Neon-* entladung	Helium- entladung
10	5,0	4,0	—
13	7,0	5,0	3,0
17	9,5	6,2	4,2
22	11,0	8,0	—
30	12,5	10,0	—
45	17,0	13,0	—

Aus der Zusammenstellung darf aber nicht gefolgert werden, daß der Spannungsbedarf für kleinere Gruppenlängen verhältnisgleich abnimmt. Zwischen dem Leuchtrohr und den geerdeten

[1] Vgl. B 8, S. 166f.

metallischen Befestigungsunterlagen bildet sich eine kapazitive Kupplung aus, die zünderleichternd wirkt. Je höher das Feldpotential zwischen diesen beiden Teilen ist, um so leichter wird die Entladung von der einen zur anderen Elektrode durch das Rohr gezogen. Den größten Einfluß hat ein geerdeter metallischer Belag auf der Rückseite des Leuchtrohres. Er setzt die anschließbare Rohrlänge um 30...40% herauf. Umgekehrt kann die Zündspannung eines einzelnen Systemes sich bis zu 25% gegenüber dem Verhältniswert aus der Maximalrohrlänge bei 6000 V erhöhen, wenn alle die Einleitung der Entladung erleichternden Einflüsse ausgeschaltet sind. Aus diesem Grunde lassen sich schwer eindeutige Angaben für die Zündspannung per Meter und per Elektrodenpaar machen.

b) Elektrisches Gerät.

Die Spannung von 220 380 V, wie sie im günstigsten Falle den Wechselstromnetzen entnommen werden kann, reicht für die Zündung von Reklameleuchtröhren nicht aus, selbst wenn man mit der Systemlänge unter 0,5 m gehen würde. Man muß deshalb den Anschluß über Transformatoren vornehmen. Eine Lichtreklameanlage wird um so wirtschaftlicher, je höher man die Oberspannung wählt. Die Grenze von 6 kV, wie sie vom VDE. seit 1930 festgelegt ist, hat sich fast zwanglos von selbst herausgebildet. Die notwendigen Abstände innerhalb der Leuchtröhrenschilder steigen mit zunehmender Spannung beträchtlich. Die kabelähnlichen Leitungen, welche mit ihren Anschlußenden die Glas-

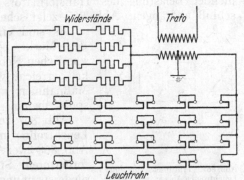

Abb. 865. Prinzipschaltung einer Leuchtröhren-Anlage mit parallel geschalteten Widerständen.

röhren mechanisch belasten, müssen ausreichend elastisch sein. Die Isolatoren dürfen keine Abmessungen haben, die ihre Verwendung in Leuchtröhrenanlagen unmöglich machen. Schließlich liegt bei 6 kV die Grenze, wo einfache Metallhalter zur Befestigung der Röhren auf den geerdeten Buchstabenkästen nicht mehr verwendet werden dürfen, weil sie durch Randentladungen auf die Glasoberfläche einzuwirken beginnen und — durch Verwitterungseinflüsse unterstützt — eine vorzeitige Zerstörung der Leuchtröhren herbeiführen.

Die Festlegung eines bestimmten Höchstwertes für die Nennsekundärspannung der Transformatoren hat andererseits eine weitgehende Normung aller Materialien und Geräte verursacht, was die Ersatzbeschaffung und Auswahl unter den verschiedenen Fabrikaten wesentlich erleichtert.

Die Zusammenstellung für die Meterzahl, welche sich mit 6 kV betreiben läßt (s. S. 770) zeigt, daß die Gefahr zu kleiner Gruppenlängen nicht besteht.

Da bei den verschiedenen Leuchtfarben die Brennspannung möglichst zwischen 3100 und 3500 V liegen soll, muß die Differenz zwischen der Zündspannung 6000 V und der Brennspannung von einem Beruhigungswiderstand übernommen werden. Es kann ein Ohmscher Widerstand sein oder eine Drosselspule. Abb. 865 zeigt die Prinzipschaltung bei Verwendung von Widerständen.

In jeder Gruppe sind fünf Systeme in Reihe geschaltet; vier Gruppen sind über je einen Widerstand mit den Oberspannungsklemmen des Transformators verbunden. Widerstände lassen sich nur bei Röhren mit Quecksilberentladung verwenden; bei reiner Edelgasfüllung — wie Neon oder Helium — müssen

Drosselspulen benutzt werden, weil die Entladung sonst leicht flackern würde. Die Betriebsweise bleibt die gleiche wie in Abb. 865, nur sind die Widerstände durch Drosselspulen ersetzt.

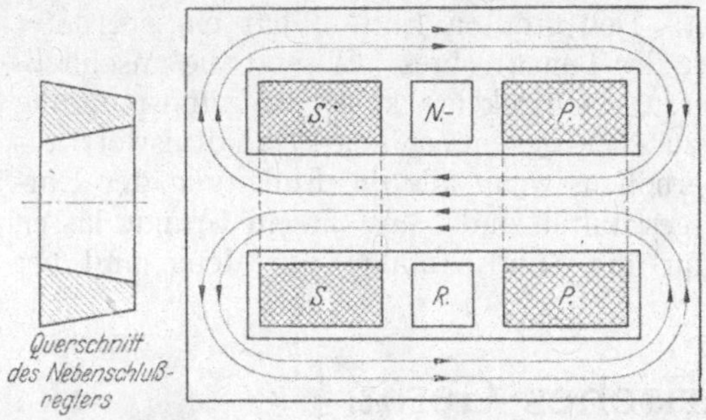

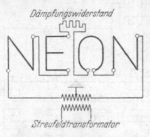

Querschnitt des Nebenschluß-reglers

Abb. 866. Schema eines Streufeldtransformators.

Für die vorerwähnten Schaltungen entsprechen die Transformatoren der allgemein üblichen Bauart — d. h. sie haben einen inneren Spannungsabfall von etwa 5%. Man kann aber im Transformator selbst den Spannungsabfall zwischen Zünd- und Brennspannung hervorrufen. Man muß nur dafür sorgen, daß zwischen der Unter- und der Oberspannungswicklung magnetische Streufelder entstehen, die bei zunehmender Belastung des Transformators den Magnetfluß über einen Nebenschluß abdrängen. Abb. 866 zeigt schematisch einen Streufeldtransformator.

Abb. 867. Prinzipschaltung einer Leuchtröhren-Anlage mit Streufeldtransformator und Dampfungswiderstand.

Es sind eine ganze Reihe Konstruktionen auf dem Markt, bei denen durch Verstellung des magnetischen Nebenschlusses eine gewisse Regulierfähigkeit erreicht wird. In der Wirkung stimmen alle Maßnahmen mit der Einregulierung einer Drosselspule überein.

Abb. 867 zeigt die Schaltung für den Betrieb der Leuchtröhren mit Hilfe eines Streufeldtransformators, Abb. 868 zwei Ausführungsformen von Streufeldtransformatoren. Streufeldtransformatoren lassen sich nur niederspannungsseitig parallelschalten. Abb. 869 zeigt die Änderung der Spannung und Leistung in Abhängigkeit vom Sekundärstrom für einen Streufeldtransformator der am meisten benutzten Type 6000 V, 50 mA, 0,3 kVA.

Nach dem Schaubild sind bei 50 mA 3200 V Klemmenspannung vorhanden — also ungefähr der Wert, der bei Leuchtröhren eingehalten werden muß. Um je nach der Rohrlänge und der verwendeten Leuchtfarbe noch eine Regulierung im geringen Umfange vornehmen zu können, ist der magnetische Nebenschluß mit einer Einstellvorrichtung ausgestattet.

Gegenüber den Parallelschaltungstransformatoren hat der Streufeldtransformator noch einen besonderen Vorteil, der seine bevorzugte Anwendung in Leuchtröhrenanlagen verständlich macht. Wir entnehmen der Abb. 869 nicht nur, daß bei

Abb. 868. Streufeldtransformatoren.

50 mA die Klemmenspannung auf 3000 V zusammengebrochen ist, sondern daß bei einem sekundärseitigen Kurzschluß nur etwa 68 mA Kurzschlußstrom auftreten, und die Leistung gegenüber der Normalbelastung zurückgegangen ist. Dadurch ist es leicht, bei geeigneter Abmessung der Wicklung diese Art von

Streufeldtransformatoren kurzschlußsicher herzustellen und zu verhindern, daß durch Schäden in der Anlage der Transformator zerstört wird. VDE.-gemäß wird diese Bauart als „verkohlungssicher" bezeichnet (gekennzeichnet durch: (v̇) und für diese Streufeldtransformatoren gefordert.

Im allgemeinen werden Leuchtröhrenanlagen bis zu 2 oder 3 Gruppen mit Streufeldtransformatoren betrieben. Erst bei Großanlagen geht man zu Parallelschaltungstransformatoren über, die — wie ein Vergleich mit dem Schaltbild Abb. 865 zeigt — eine wesentliche Ersparnis an Leitungsmaterial mit sich bringen. Nach dem Prinzip der Streufeldtransformatoren hat man nun auch solche entwickelt, die in ihren Abmessungen nur für den Betrieb *eines* Rohr-

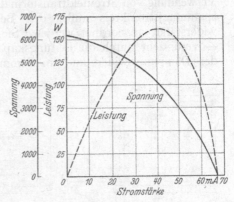

Abb. 869. Charakteristik eines Streufeldtransformators.

systemes berechnet sind. Sie sind dann leicht im Reliefkörper unterzubringen, und die Verlegung einer Hochspannungsleitung wird — abgesehen

von der kurzen Verbindung zwischen den Sekundärklemmen und den Elektroden — überflüssig. Im Handel findet man diese Transformatoren unter der Typenbezeichnung „Einbautransformatoren" (s. Abb. 870). Allgemein ist die Zerlegung des elektrischen Anschlusses in viele Einzeltransformatoren teurer als die Reihenschaltung an 6000 V. Es gibt aber Grenzfälle, wo die Verwendung der Einbautransformatoren Vorteile bringt —

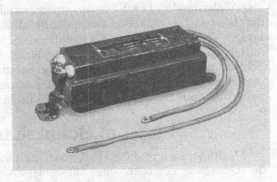

Abb. 870. Einbautransformator.

wie beispielsweise bei Programmanzeigern von Kinotheatern, die häufig ausgewechselt werden, sowie auch überall dort, wo wegen baulicher Schwierigkeiten der gemeinschaftliche Transformator der Anlage einen sehr großen Abstand vom Schild haben würde. Wenn dabei mehr als 30 m Entfernung durchschnittlich zu überbrücken sind, ist eine Anlage mit Einbautransformatoren unter Umständen sogar billiger als eine solche mit Parallel- oder normalen Streufeldtransformatoren.

Abb. 871 zeigt eine Ausführungsform von Hochspannungswiderständen. Die Widerstandswicklung ist mit Abgriffen versehen. Die Abstützung auf zwei Isolatoren sichert ausreichenden Abstand von geerdeten

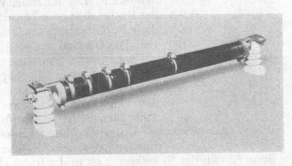

Abb. 871. Hochspannungswiderstand.

Metallteilen. Ist die Entfernung der Transformatoren von den Leuchtröhren mehr als 10 m, und wird der Spannungsabfall mit Drosselspulen oder durch Verwendung von Streufeldtransformatoren hervorgerufen, müssen in dem Hochspannungsstromkreis außer den Belastungswiderständen noch Dämpfungswiderstände angeordnet werden. Sie sollen die hochfrequenten Schwingungen — verursacht durch die Leitungskapazität — abmildern. Abb. 867 zeigt, wie der Dämpfungswiderstand im Stromkreis angeordnet sein muß, wenn seine Wirkung am stärksten sein soll.

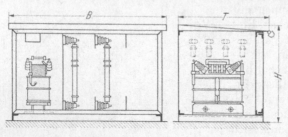

Abb. 872. Schutzkasten mit eingebautem Transformator und Widerständen.

Die Dämpfungswiderstände entsprechen in ihrem Aufbau den Belastungswiderständen — nur ist der Widerstand mit 5000 Ω wesentlich kleiner als der Beruhigungswiderstand.

In der Regel werden die Transformatoren in geschlossenen Räumen aufgestellt, d. h. im Keller, auf dem Boden oder im Laden. Wegen der besseren Übersicht soll das gesamte Gerät in Schutzschränken untergebracht sein. Abb. 872 zeigt eine Ausführung für einen Parallelschaltungstransformator und vier Widerstände. Die Niederspannungsleitung soll beim Öffnen der Schränke durch einen Trennschalter zwangsläufig allpolig unterbrochen werden. Ferner fordert VDE. 0128a einen Verschluß der Schutzschränke, der das Öffnen nur mittels Werkzeugen gestattet, z. B. durch Verschraubung. Auch durch ein Schloß mit Bartschlüssel können die Schutzschränke für die Allgemeinheit unzugänglich gemacht werden. Nicht zulässig sind Verriegelungen durch Vorreiber, die mit Drei- oder Vierkantschlüsseln sich öffnen lassen.

c) Schutzkästen.

Die Elektroden und die Hochspannung führenden Anschlußelemente müssen der Berührung entzogen sein. Infolgedessen werden die Leuchtröhren auf allseitig geschlossenen, kastenförmigen Metallunterlagen befestigt, die der besseren Tageswirkung wegen als plastische Buchstabenkörper oder als bemalte Schildplatten ausgebildet sind. Die Buchstabenkörper werden meist aus Metall hergestellt. Die Materialstärke richtet sich nach der Größe der Buchstaben oder Zeichen. Wie Abb. 873 zeigt, bestehen diese Buchstabenkästen aus einem Unter- und einem Oberteil. Das Oberteil, auf welches die Leuchtröhre aufmontiert ist, wird durch Einziehen eines Zwischenbleches besonders versteift, um dem Glasrohr eine starre Unterlage zu geben. Das Unterteil muß mindestens 6×6 cm Querschnitt haben, damit die vom VDE. vorgeschriebenen Mindestabstände nach allen Seiten vorhanden sind. Falls notwendig, sind die Unterteile durch Einsetzen von Zwischenwänden oder durch umgebörtelte Ränder besonders zu versteifen. Die

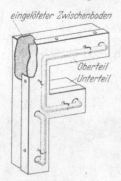

Abb. 873. Reliefbuchstabe.

Form (Profil) der Reliefkörper ist in der Regel rechteckig, jedoch werden häufig auch abgesetzte Kanten oder ein vertiefter Kanal für die Aufnahme des Leuchtrohres vorgesehen. Abb. 874a zeigt übliche Profile im Schnitt. Die Tiefe der Reliefkörper richtet sich nach der Anordnung der Elektroden, welche teils senkrecht nach hinten geführt, teils parallel abgebogen werden (Abb. 874b).

Wenn Einbautransformatoren bei der Anlage verwendet werden, muß bei den Abmessungen der rückwärtigen Abdeckung hierauf Rücksicht genommen werden. Zur Erhöhung der Tageswirkung werden die Buchstabenkörper teils einfarbig, teils mehrfarbig gestrichen und lackiert. Mitunter wird auch eine teilweise Vergoldung vorgesehen.

Schildkästen werden meist bei Firmenzeichen benutzt. Auch bei sehr kleiner Schrifthöhe, wo die Abmessungen von Reliefkörpern nicht mehr die zulässigen Abstände für Berührungsschutz einzuhalten gestatten, muß die darzustellende Lichtreklame auf eine Schildplatte auf-montiert werden. Die Schildplatten werden meist aus Eisen-blech hergestellt. Zur Versteifung werden die Platten auf der Rückseite durch Winkeleisen verstärkt. Bei über 1 m² Fläche muß eine Unterteilung vorgenommen werden. Diese Unterteilung wird häufig bis auf *eine* Schildplatte pro Buchstabe durchgeführt. Hierdurch ist es leicht möglich, jederzeit beliebig auswechselbare Texte zusam-menzustellen (Programmanzei-ger für Theater, Kinos, Waren-häuser, s. Abb. 875).

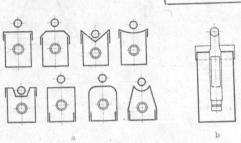

Abb. 874 a und b. Profile für Reliefbuchstaben.

Um die Tageswirkung zu er-höhen, werden die Schildplatten meist dunkel gestrichen, die darzustellenden Buchstaben oder Zeichen dagegen in einer helleren Farbe untermalt. Reklametechnisch besser ist, die Buchstaben flachreliefartig auf die Schildplatten aufzusetzen. Die Schildplatten bilden die Vorderseite der Schildkästen, in deren Innern sich die Elektroden und die Ver-bindungsleitungen befinden. Häufig wird auch in ihnen das zu dem Schild gehörige Gerät untergebracht. In diesem Falle muß allerdings der Schildkasten so ein-gerichtet sein, daß er nur in spannungs-losem Zustand geöffnet werden kann. Dies wird dadurch erreicht, daß beim Öffnen zwangsläufig eine bestimmte Platte zuerst ausgebaut werden muß, die auf ihrer Rückseite einen Trennschalter zum allpoligen Abschalten der Nieder-spannungsseite trägt.

Auf den Reliefkörpern bzw. Schild-platten werden die Leuchtröhren mit Hilfe kleiner, gabelförmiger Halter be-

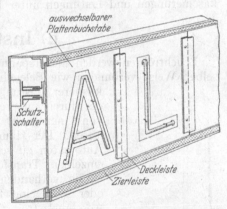

Abb. 875. Schildkasten für Programmanzeiger.

festigt. Man unterscheidet festmontierte und auswechselbare Systeme. Im ersteren Falle ist eine Trennung des Leuchtrohres von der Schildplatte nicht möglich. Es gelingt aber bei dieser Befestigungsart, dem Leuchtrohr den ge-ringsten Abstand von der Metallunterlage zu geben. Auch fällt am Anbringungs-ort jedes Hantieren mit den Röhren fort. Bei der auswechselbaren Befestigung verbleiben die rückwärtigen Verbindungen als Doppelführung auf der Vorder-seite. Für die Elektroden sind entsprechende Einführungsöffnungen in den Metallkörpern vorgesehen. Hierdurch wird der Abstand des Leuchtrohres von der Blechunterlage wesentlich größer, was die Lesbarkeit — besonders unter spitzem Sehwinkel — beeinträchtigt. Man kann nun aber auch bei auswechselbarer Leuchtrohrmontage den Abstand der Röhren von der Metallunterlage klein halten, wenn durch entsprechende Schlitze in der Platte sich das Leuchtrohr von vorn oder hinten oder seitlich einführen läßt. Abb. 876a, b, c erläutert diese drei Möglichkeiten.

Werden die Leuchtröhren direkt auf der Hauswand angebracht, so müssen für die Elektroden kleine Kaschierungen auf oder unter Putz gesetzt werden.

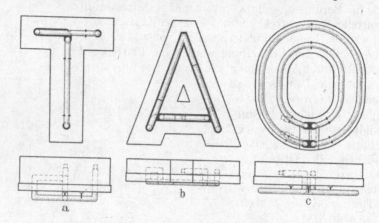

Abb. 876 a—c. Auswechselbare Glasrohrsysteme.

Diese Ausführungsart ist beliebt zur Hervorhebung von Gebäudekonturen und hat eine überraschend gute Nachtwirkung. Auch bei Tage wird die Architektur des Hauses in keiner Weise beeinflußt, besonders wenn es gelingt, die Elektrodenkaschierungen und Leitungen unter Putz zu bringen.

d) Installation.

Leuchtröhren werden niederspannungsseitig mit dem Leitungsnetz in derselben Weise verbunden wie Beleuchtungsanlagen oder elektrische Maschinen kleinerer Leistung. Jede Anlage muß durch einen Schalter, der durch entsprechende Beschriftung zu kennzeichnen ist, von einer leicht zugänglichen Stelle aus sich abschalten lassen. Der Hauptstromkreis ist durch Sicherungen bzw. Automaten zu schützen. Wenn für die Leistungen der einzelnen Transformatoren Abschmelzsicherungen listenmäßig vorhanden sind, soll jeder einzelne Transformator oder sonst eine Transformatorengruppe bis zur kleinsten Abschmelzstromstärke geschützt werden. Die Transformatoren sind so nahe an die Leuchtröhren heranzubringen, wie es die örtlichen Verhältnisse nur irgend gestatten. Hierbei ist weniger die Preisfrage (Verkürzung der Hochspannungsleitung) von Wichtigkeit; vielmehr heben die Hochspannungsleitungen durch die Kapazität ihres geerdeten Metallmantels die Wirkung der Beruhigungswiderstände auf, wodurch bei einfacher Leitungslänge von mehr als 20 m bereits besondere Schutzmaßnahmen für den einwandfreien Betrieb der Leuchtröhrenanlagen notwendig werden. Die Leitungskapazität beträgt bei den üblichen Ausführungen etwa 100 cm/m. Man kann die Wirkung der Leitungskapazität ausschalten, wenn die Hochspannungs-

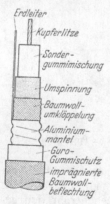

Abb. 877. Hochspannungs-Guroleitung.

Erdleiter
Kupferlitze
Sondergummimischung
Umspinnung
Baumwollumklöppelung
Aluminiummantel
GuroGummischutz
imprägnierte Baumwollbeflechtung

drosselspulen in unmittelbarer Nähe des Leuchtschildes untergebracht sind — also den Leuchtröhren direkt vorgeschaltet werden. Auch durch Dämpfungswiderstände (s. S. 774) läßt sich der schädliche Einfluß der Leitungskapazität abmildern.

Die Sonderleitungen für Leuchtröhrenanlagen müssen mit einer ozonbeständigen Gummimischung versehen sein. Der Kupferquerschnitt ist VDE.-gemäß auf 1,5 mm² festgelegt. Wegen der größeren Biegsamkeit ist Kupferlitze zu verwenden. Der Gummimantel ist meist von einem längs gefalzten, geriffelten Aluminiummantel umgeben, über welchen ein verzinnter, feindrähtiger Erdleiter von gleichfalls 1,5 mm² Querschnitt gelegt ist. Den Abschluß bildet eine chemisch widerstandsfähige Bitumenhülle mit Gespinstummantelung (s. Abbildung 877).

Die Leitung hat 10...12 mm Außendurchmesser. Sie ist für 6 kV Prüfspannung genormt und verdankt ihre große Biegsamkeit bei geringem Gewicht der Riffelung des Metallmantels. Als Verbindungsleitung von Elektrode zu Elektrode innerhalb der Leuchtschilder wird die gleiche Leitung ohne den Aluminiummantel und Bitumenschutz verwendet. Für diese Leitungen sind

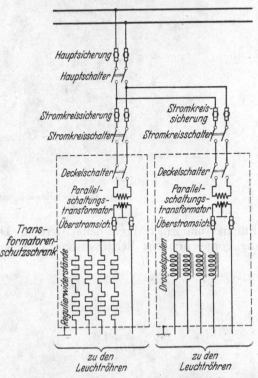

Abb. 878. Schaltschema für eine Leuchtröhren-Anlage.

auch eine Reihe von Armaturen entwickelt worden, wie Einführungsbuchsen usw. Abb. 878 zeigt ein Schaltschema einer Leuchtröhrenanlage, wobei der eine

Abb. 879. Leuchtröhren-Schriftzug „Chasalla".

Parallelschaltungstransformator über Widerstände, der andere über Drosselspulen auf der Oberspannungsseite mit den Leuchtröhren verbunden ist. Alle Metallteile einer Leuchtröhrenanlage sind ausreichend zu erden. Da trotz der kleinen Leistung eine Leuchtröhrenanlage immer als normale Hochspannungsanlage angesprochen werden muß, sind auch die allgemeinen Betriebsvorschriften für Spannungen bis 6 kV zu berücksichtigen. Kann von dem Netz nur Gleichstrom entnommen werden, so muß der Anlage ein Motorgenerator oder

Abb. 880. Leuchtröhren-Schriftzug „Gerson".

Einankerumformer vorgeschaltet werden. Die vorgeschriebene Betriebsstromstärke soll

Abb. 881. Leuchtröhren-Großanlage „Odol".

Die Einregulierung einer Anlage für unter Zwischenschaltung eines Milliamperemeters für jeden Stromkreis besonders erfolgen. Bei Streufeldtransformatoren und Drosselspulen wird die Stromstärke durch Veränderung des Luftspaltes eingestellt, bei den Widerständen durch Auswahl einer geeigneten Anzapfung der mit Abgriffschellen versehenen Widerstandswicklung.

Die nachstehenden Abbildungen sollen einen Eindruck von der Reklamewirkung dieser Leuchtschilder vermitteln:

Bei dem in Abb. 879 gezeigten Schriftzug „Chasalla" handelt es sich um ein Firmenschild in charakteristischer Schreibschrift. Die Leuchtkontur ist einrohrig. Die Gesamtrohrlänge des Schriftzuges beträgt etwa 20 m. Bei blauer Leuchtfarbe, 22 mm Rohrdurchmesser und 50 mA Betriebsstromstärke sind für den Betrieb etwa 400 W erforderlich.

Die Abb. 880 zeigt den Schriftzug „GERSON". Hier mußte auf die vorhandene Architektur der Fassade weitgehendst Rücksicht genommen werden. Die gesamte Anlage stellt eine sehr wirkungsvolle und gut gelungene Ausführung dar. Die Blockbuchstaben haben eine Höhe von etwa 2,5 m. Die Gesamtrohrlänge des Schriftzuges beträgt etwa 65 m. Bei seegrüner Leuchtfarbe, 17 mm Rohrdurchmesser und 50 mA Betriebsstromstärke sind für den Betrieb dieser Anlage etwa 1500 W erforderlich.

Abb. 881 zeigt eine moderne Großanlage, welche in Berlin am Anhalter Bahnhof erstellt wurde. Sie wurde erstmalig gelegentlich der Olympischen Spiele 1936 in Betrieb genommen. Da in erster Linie auf gute Fernsicht Rücksicht zu nehmen war, sind für die Texte „ODOL" „Superluxleuchtröhren" (500 mA, mit Oxydkathoden und Leuchtphosphorschicht auf der Innenwand des Glasrohres) vorgesehen worden. Die senkrechten, blauleuchtenden Konturen von je 20 m Länge zur Beleuchtung des Reklamebildes haben bei 22 mm Rohrdurchmesser eine Belastung von 50 mA.

In nachstehender Tabelle sind einige interessante technische und allgemeine Daten für diese Großanlage wiedergegeben.

	Buchstaben	Konturen	Total
Gas	Neon-Argon + Hg	Neon-Argon + Hg	—
Glas: Farbe	Lumilux: weiß	Klarglas: blau	
Rohrlänge	382 m	788 m	1170 m
Rohrdurchmesser . . .	22 mm	22 mm	—
Stromstärke im Rohr .	500 mA	50 mA	
Transformatoren . . .	32 Trfm.	10 Trfm.	42 Trfm.
	88 kVA	25,2 kVA	113,2 kVA

Leitungen 6 kV (SKUF) . . . . 1350 m	Turmhöhe über Straßenoberfläche . 85 m
Kabelähnliche Leitungen (220 V). 1100 m	Turmhöhe über Dachgarten. . . . 25 m
Stromkreise Oberspannung . . . 110	Turmlänge . . . . 15 m
Systeme für Konturen 412	Turmbreite . . . . 21 m
Systeme für Schrift 216	Gewicht des Stahlskeletts. . . . . 155 t
Buchstabenhöhe . . . . 5,5 m	
Gewicht der Buchstabenkästen je	
Schriftzug „ODOL" 1850 kg	
zusammen . . . . 7400 kg	

4. Glühlampenleuchtschilder, Transparente.

Die Glühlampenleuchtschilder sind zwar von den Leuchtröhren stark zurückgedrängt worden, es gibt aber zahlreiche Anwendungsgebiete, wo ihnen der Vorzug gebührt. Dies sind Anlagen mit Schalteffekten, dann die Transparente, und Anlagen in Stromversorgungsgebieten, die heute noch ein Gleichstromnetz haben.

Der die Tageswirkung vermittelnde Blechbuchstabe hat bei Glühlampenleuchtschildern im Profil meist eine H-Form. In die Brücke, welche die beiden senkrechten Schenkel verbindet, werden die Fassungen so eingesetzt, daß die elektrische Verbindung auf der dem Beschauer abgewendeten Seite erfolgen kann. Die seitliche Abdeckung der Glühlampen hellt den Hintergrund auf und mildert dadurch die Unterschiede in der Leuchtdichte. Wenn weiter mattierte, besprühte oder Opalglaslampen verwendet werden, läßt sich die Auflösung der hellen Lichtpunkte sehr weit treiben. Einen Buchstaben dieser Ausführung zeigt Abb. 882a—f. Da aber die Tageswirkung durch die freiliegenden Lampen sehr leidet, sollten Leuchtschilder dieser Art nur für Dachreklamen — also bei einer Aufhängung in größerer Höhe oder Entfernung — verwendet werden. Wesentlich günstiger ist der Tageseindruck bei einem Profil nach Abb. 882b oder c.

Der Forderung gleich guter Tages- und Abendwirkung entsprechen jedoch nur Buchstabenformen, welche die Lichtquelle dem Auge entziehen. Dabei kann die Abdeckung aus undurchsichtigem oder durchsichtigem Material bestehen. In ersterem Falle tritt das Licht der Glühlampen durch einen 10...15 mm breiten Spalt zwischen der Wand des Leuchtkanals und der Abdeckung heraus. Der Spalt erscheint dadurch selbstleuchtend, und die Außenkante der Buchstaben wird zur eigentlichen, leuchtenden Kontur (Abbildung 882d). Man kann das Lichtband noch breiter halten, wobei nach der Mitte hin die Leuchtstärke nachläßt, wenn man eine dachförmige Abdeckung nach Abb. 882e wählt.

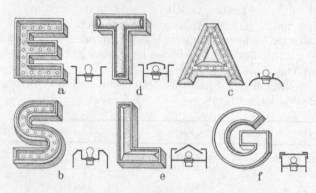

Abb. 882 a—f. Glühlampenbuchstaben mit normalen Profilen.

Wird der Leuchtkanal der einfachsten Ausführung (Abb. 882a) durch weißes oder farbiges Opalüberfangglas bzw. Zellon abgedeckt, so erhält man bei gleich guter Tages- und Nachtwirkung breite Leuchtflächen, ohne daß die der einfachsten Ausführung anhaftenden starken Helligkeitsunterschiede in Kauf genommen werden müssen (Abb. 882f).

Von diesen Grundformen ausgehend, sind für metall- und auch für glasabgedeckte Leuchtbuchstaben zahllose Sonderformen entwickelt worden. Abb. 883 gibt hierfür Ausführungsbeispiele.

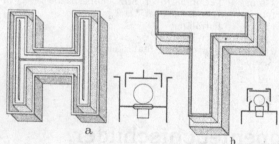

Abb. 883 a und b. Glühlampenbuchstaben mit Sonderprofilen.

Meist kommt es darauf an, das Leuchtband noch weiter zu unterteilen bzw. durch den Farbanstrich der reflektierenden Flächen mehrfarbig zu gestalten.

Die Tiefe der Glühlampenleuchtbuchstaben (Reliefhöhe) wird bestimmt durch die Längenabmessung der Lampe einschließlich Fassung. Bei glasabgedeckten Buchstaben muß jedoch die Lampe von der lichtstreuenden Fläche ausreichend Abstand haben, so daß die Reliefhöhe dieser Buchstaben um 10...20 mm größer wird. Eine gute Gleichmäßigkeit der Leuchtfläche erhält man, wenn der Abstand der Lampen vom Glas die Hälfte des Abstandes der Lampen voneinander ist. In nachstehender Tabelle ist die Zahl der Fassungen in Abhängigkeit von der Buchstabenhöhe in Zentimeter vermerkt, wobei es sich nur um einen Mittelwert handelt, der bei dem Buchstaben „I" unter-, bei „M" und „W" dagegen entsprechend überschritten werden muß.

Profil nach Figur	Buchstabenhöhe in cm	30	40	50	60	70	80	90	100
1 a bis e	Fassungen pro Buchstabe	11	13	17	20	24	28	31	35
1 f und 2 a bis e	Fassungen pro Buchstabe	10	12	14	16	18	20	22	24

Es sind auch Einheitsbuchstaben auf dem Markt, die aus einem innen weiß angestrichenen Kasten bestehen und vorn durch ein weißes oder farbiges Opalüberfangglas abgedeckt sind. Vor dieser Glasplatte — eingeschoben in zwei Falze — befindet sich eine Blechmaske mit dem ausgestanzten Buchstaben. Diese Ausführung wird bevorzugt bei Lichtspiel- und Warenhäusern benutzt, wenn der Wortlaut der Leuchtschrift häufig gewechselt werden soll. Die Abb. 884—886 zeigt einen derartigen Glühstangenbuchstaben in der vorerwähnten Ausführungsform. Für Leuchtbuchstaben mit Opalglasabdeckung, wie auch bei durchleuchteten Schildflächen mit weißer Schrift auf schwarzem oder dunkelfarbigem Untergrund, sollen 1000 bis 4000 asb als Leuchtdichte vorhanden sein.

Abb. 884—886.

Man kann auch die Schrift als dunkle Silhouette vor dem beleuchteten Hintergrund erscheinen lassen. Die Lampen für die Aufhellung des Hintergrundes werden dabei entweder in den Buchstabenprofilen untergebracht oder in einer Hohlkehle am unteren oder oberen Rand der Schildfläche.

Abb. 887a—c sind Ausführungsformen für Silhouettenbuchstaben. Bei der Ausführung 887c ist der Hintergrund nach einer besonderen Schablone leicht gewölbt. Dadurch läßt sich eine gleichmäßige Aufhellung des Hintergrundes durchführen, trotzdem die Lichtquellen nur an der Unterkante der Leuchtfläche angebracht sind. Die Firma *Segal* benutzt bei ihren Leuchtschildern dieser Art die Glühlampenreihe noch zusätzlich zur Ausleuchtung einer Transparentleiste, die nach Bedarf mit Schrift versehen werden kann. Auch das Feld vor dem Schaufenster wird durch den Leuchtstreifen aufgehellt. Die größte Reklamewirkung kommt zustande, wenn der Anstrich der Buchstaben dunkelfarbig, der Hintergrund matt und in hellem Farbton gehalten ist. Keineswegs dürfen in der Oberfläche des Hintergrundes Spiegelungen der Lampen auftreten. Die Abb. 888 und 889 zeigen den hohen Reklamewert der Segal-Leuchtbaldachine (ges. geschützt). Im allgemeinen ist für Schildflächen bei Verwendung von dunkelfarbiger Schrift auf hellem Hintergrund eine Leuchtdichte von 75…400 asb anzustreben.

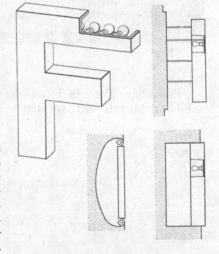

Abb. 887. Silhouettenbuchstabe.

Man kann auch normale Schilder oder beliebige Werbeflächen durch Tief- oder Schrägstrahler anleuchten (Abb. 890). Die angeleuchtete Fläche erscheint dem Auge gleichmäßig hell, wenn der Abstand a der Strahler $\sim 2/_3$ der Schildhöhe h beträgt. Plastisch aufgesetzte Buchstaben erhöhen die Wirkung. Glasschilder oder glänzende Metallflächen neigen zum Spiegeln. Häufig läßt sich durch Schrägstellen des Schildes Abhilfe schaffen. Sicher ist aber der Reflex nur zu vermeiden, wenn das Anleuchten der Fläche von unten her vorgenommen wird. Hierbei ist aber eine wasserdichte

Ausführung der Leuchten Bedingung. Die Wirkung des Schildes hängt vom Farbkontrast zwischen Schrift und Schildfläche ab. Man hat gute Wirkung bei folgenden Farbzusammenstellungen gefunden:

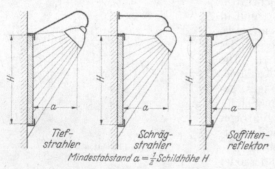

Abb. 888.

Farbe der Schrift	Farbe der Fläche
Weiß	Dunkelblau
Zitronengelb	Purpur
Schwarz	Weiß
Dunkelblau	Hellorange
Zitronengelb	Dunkelblau
Purpur	Weiß
Weiß	Violett
Grün	Dunkelblau
Hellorange	Dunkelblau
Weiß	Hellblau
Zitronengelb	Hellblau
Chromgelb	Hellblau
Weiß	Grüngelb
Schwarz	Blaugrün
Dunkelblau	Gelbgrün

Für Firmenschild-Anleuchtungen soll die Leuchtdichte auf der Schildfläche 60...300 asb betragen, wobei der untere Wert bei dunkler, der obere Wert bei heller Umgebung gilt.

Für die Anleuchtung von Schildern und Großbuchstaben werden neuerdings auch die Metalldampflampen benutzt, wobei die Natriumdampflampen ein reines Gelb, die Quecksilberdampflampen ein bläulichweißes Licht liefern. Der gute Wirkungsgrad der Lichterzeugung einerseits und die hohe Lebensdauer von 3000 bzw. 2000 Stunden sind hierbei besonders vorteilhaft.

Abb. 889.

Besondere Vorteile bietet die Verwendung von Glühlampen in Leuchtschildern überall dort, wo durch Schalteffekte die Reklamewirkung gesteigert werden soll. Das Wechselspiel kann bestehen aus Ein- und Ausschalten des Textes; es kann auch auf ein buchstabenweises Aufleuchten abzielen. Bei Schreibschrift wird die Unterteilung so weit getrieben, daß der Linienzug lampenweise erscheint, als würde er von unsichtbarer Hand geschrieben. Für den Ein- und Auseffekt werden Blinkschalter verschiedenster Art benutzt, bei kleinen Anlagen bis 6 A meist Bimetallschalter (Abb. 891).

Tief-
strahler

Schräg-
strahler

Soffitten-
reflektor

$$\text{Mindestabstand } a = \tfrac{1}{2}\text{Schildhöhe } H$$

Abb. 890. Anstrahlung mittels Schrägstrahler.

Für Buchstabenschalter oder Schreibschrift müssen entsprechend der Zahl der Schaltstellen Kontaktwerke mit Motorantrieb benutzt werden. Die Schaltwalze ist mit Nocken ausgestattet, welche Wolframkontakte oder Quecksilberkippschalter betätigen (Abb. 892).

Zahllos sind die Möglichkeiten des Wechselspiels bei figürlichen Darstellungen. Allgemein bekannt sind die Rakete, welche abgeschossen, rasch aufsteigt und in einem Lichtregen zurückfällt; das Füllen eines Sektglases mit Moussieren des Sektes, der Rauch, der einer Zigarre oder Tabakspfeife entsteigt usw. Auch durch Farbwechsel läßt sich die Reklamewirkung wesentlich steigern. Die Kontaktwerke hierfür sind die gleichen wie für buchstabenweises Schalten. Die Nockenzahl der Schaltwalze entspricht der Anzahl der Farben.

Fast unbegrenzt sind die Möglichkeiten für bewegliche Lichtreklameanlagen bei den Universalleuchtfeldern. Sie bestehen meist aus einem rechteckigen Glühlampentableau mit einer großen Zahl eng beieinander angeordneter Glühlampen, die sämtlich einzeln durch ein Schaltwerk betätigt werden können. Die Kontaktgabe erfolgt durch einen Lochstreifen in ähnlicher Weise, wie bei einem elektrisch gespielten Klavier die Töne angeschlagen werden. Durch entsprechende Lochung des Bandes sind nun alle Arten von Schriften und Bildern möglich. Die Glühlampen sind in kleinen Reflektoren untergebracht, um eine Überstrahlung zu vermeiden.

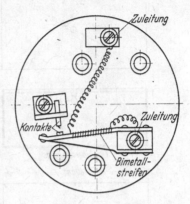

Abb. 891. Blinkschalter.

Eine Abart der Universalleuchtfelder sind die Wanderschriftanlagen. Bei ihnen wird das Lampentableau zu einem schmalen Band von 15...20 m Länge ausgezogen, so daß von dem über das Lampenfeld wandernden Text mehrere Worte gleichzeitig lesbar sind. Durch den Schaltapparat wird die Leuchtschrift von links nach rechts über das Feld hinweggeführt. Auf den Beschauer wird der Eindruck hervorgerufen, daß die Leuchtschrift wandert; in Wirklichkeit aber werden die einzelnen Lampen des Feldes nacheinander in sehr kurzen Intervallen — entsprechend der Form des Buchstabens — ein- und ausgeschaltet. Der Text kann beliebig lang sein und läßt sich auch während des Betriebes jederzeit wechseln. Für jeden einzelnen Buchstaben ist eine Lochkarte vorhanden, die — zu Worten zusammengefügt — schließlich den darzustellenden Text ergeben. Universalleuchtfelder wie auch die Wanderschriftanlagen sind heute nur noch vereinzelt im Betrieb. Ihr Nachteil ist, daß

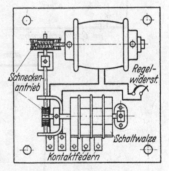

Abb. 892. Kontaktwerk.

der Beschauer zu lange Zeit durch die Betrachtung festgehalten wird. Das Interesse für solche Anlagen ließ sich auch dadurch nicht heben, daß man zwischen den Reklameankündigungen neueste Nachrichten über die Wanderschrift verbreitete. Weiter ist von Nachteil, daß derartige Anlagen eine ständige Bedienung benötigen, und daß die Störungen durch normalen Verschleiß sich nur schwer beseitigen lassen. Leichtes Flimmern und Nachleuchten der Lampen ist fast allen Wanderschriftanlagen, soweit sie heute noch in kleineren Städten in Betrieb sind, eigen.

Die stärkste Verbreitung unter den Lichtreklameanlagen haben durchleuchtete Reklameschilder (Transparente) gefunden. Teils werden sie als Wandschilder einseitig wirkend, teils als Ausstecksschilder nach beiden Seiten leuchtend hergestellt. Als Abdeckung der Lichtquellen werden stark streuende Stoffe, insbesondere Opalüberfangglas, angewendet. Für Innenräume kommen auch

Webestoffe in Frage. Die Schrift wird aufgemalt, oder bei farbigem Opalüberfangglas in die Glasschicht eingeätzt. Auch aufgesetzte Metallbuchstaben werden verwendet. Die Lampenkästen bestehen aus Metall, für geschlossene Räume auch aus Holz. Immer sollen sie innen mattweiß gestrichen sein.

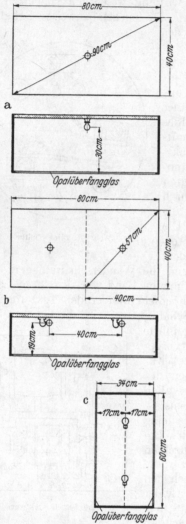

Die gute Wirkung von Transparenten hängt in der Hauptsache von der gleichmäßigen Ausleuchtung der Oberfläche ab. Hierbei braucht der Gleichförmigkeitsgrad nur so weit getrieben werden, daß für das Auge die Unterschiede praktisch nicht mehr auffällig werden. Diese Bedingung wird um so besser erfüllt, je stärker die verwendeten Gläser streuen. Hier ist Opalglas und Opalüberfangglas den mattierten Gläsern überlegen. Bei Opalüberfangglas, wo nur ein Teil der Glasdicke getrübt ist, ist der Lichtverlust nur halb so groß wie bei Opalglas (Milchglas), wo die Glasmasse durchgehend getrübt ist

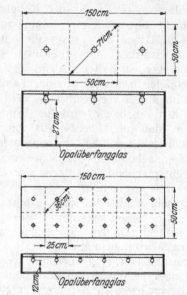

Abb. 893 a—c. Lampenabstände bei Transparent-Ausleuchtungen.

Abb. 894. Verhältnis Lampenabstand : Kastenschrift.

(vgl. D 2, S. 389 f.). Die Gleichmäßigkeit der Ausleuchtung wächst mit der Unterteilung der Lichtquelle und dem Abstand der Lampen von der Transparentfläche. Es hat sich herausgestellt, daß der Abstand der Lampen von der Transparentfläche etwa $1/3$ der Diagonale der jeder Lampe zugeordneten Teilfläche betragen muß (Abb. 893 a—c).

Bei Ausstecksschildern, die also nach beiden Seiten wirken, müssen naturgemäß die Lampen in der Mitte zwischen den beiden Leuchtflächen angebracht sein. Hier gilt als Regel, daß der halbe Abstand der beiden Transparentflächen als Lampenabstand gewählt werden muß (Abb. 893 c). Aus der Größe des Schildes folgt dann weiter die Lampenzahl. Je weiter die Unterteilung der Lichtquelle durchgeführt wird, um so geringer kann die erforderliche Kastentiefe gewählt werden.

Abb. 894 zeigt, welche Veränderungen Kastentiefe und Lampenabstand erfahren durch die Erhöhung der Lampenanzahl. Im Falle *a* sind bei 400 asb anzustrebender Leuchtdichte 3 Lampen je 40 W (Osram D-Lampe 480 HLm) vorzusehen, im Falle *b* 12 Lampen je 15 W (125 HLm).

Wie bei den angeleuchteten Schildern muß auch bei den Transparenten die Reklamewirkung auf Farbgegensätze abgestellt sein. Die Tabelle (S. 782) gilt auch für Transparentschilder, wobei den größten Kontrast die Schwarz-weißschilder ergeben — d. h. schwarze Buchstaben auf weißem Grund, oder weiße Buchstaben auf schwarzem Grund. In der Wahl der Schildform bestehen keinerlei Beschränkungen. Auch bildliche Darstellungen bereiten keine Schwierigkeiten. Bei Verwendung von Glühlampen als Lichtquellen lassen sich alle Farbabstufungen der Glasmalerei für Lichtreklamezwecke mit verwenden. Legt man sich in der Farbwirkung Beschränkung auf, können auch bei den Transparentschildern Metalldampflampen mit gutem Erfolg verwendet werden.

5. Schaufenster.

Die Ausführungsformen von Lichtreklameanlagen für eine Verwendung innerhalb der Schaufenster sind sehr vielseitig. Zunächst seien die Arten erwähnt, welche nur eine dem Verwendungszweck angepaßte Verkleinerung von normalen Leuchtschildern darstellen. Es sind dies kleine Transparente bis zu 1 m² Leuchtfläche, oder Leuchtröhrenschilder von gleichen Ausmaßen in Kastenform bzw. als Reliefschilder. Die Abb. 895 und 896 zeigen Musterbeispiele:

Auch figürliche Darstellungen nach Abb. 897...900 unterscheiden sich von Großanlagen nur durch die Verwendung kleinerer Glasrohrdurchmesser für die Leuchtröhren.

Wo eine Ausführung als Leuchtröhrenschild nicht mehr möglich ist (s. Abb. 901), muß das Glastransparent gewählt werden.

Bei sehr kleinen Glastransparenten gibt man der rückwärtigen Kaschierung eine Paraboloidform (Abb. 902), um mit geringer Lichtleistung und bei Verwendung *einer* Lampe die Fläche gleichmäßig auszuleuchten.

Nur für Schaufensterreklame verwendbar sind die sog. Kantenleuchtschilder. Bei ihnen wird ein in eine Klarglasplatte von etwa 5...6 mm Stärke eingeätzter Text von der Kante der Platte her angeleuchtet. Bei Verwendung von Leuchtröhren wird die Lichtquelle nicht abgedeckt (Abb. 903).

Wenn Glühlampen zur Anstrahlung benutzt werden, muß die Lichtquelle wegen der Blendung kaschiert werden (Abb. 904).

Seit einigen Jahren werden nun kleine Neonschilder für Schaufensterreklame als Dekorationsleuchten hergestellt. Bei ihnen dient die Lichtreklame nur als Blickfang für solche Gegenstände, welche der Aussteller bewußt in den Vordergrund seiner Auslage stellen will. Diese Dekorationsleuchten bestehen stets aus nur einem Leuchtrohrsystem bis maximal 2 m Länge (Abb. 905, 906 und 907). Das Leuchtrohrsystem steht frei im Raum und stützt sich mit den Elektroden in einer Kaschierung ab, die den für den Betrieb notwendigen kleinen Streufeldtransformator enthält und auch alle Hochspannung führenden Teile der Berührung entzieht. Das Gerät kann durch eine Schnur an jede beliebige Wechselstromsteckdose angeschlossen werden. Die Formgebung für das Leuchtrohr ist beliebig und kann allen Wünschen Rechnung tragen. Für die Aufnahme der auszustellenden Gegenstände sind am Rohr oder auf der Kaschierung Stützen oder Glasteller befestigt. Auch lassen sich bei diesen

Dekorationsleuchten in Glasplatten eingeätzte Darstellungen nach Art der Kantenleuchtschilder ausleuchten (Abb. 908).

Abb. 895.

Abb. 896.

Abb. 897.

Abb. 898.

Abb. 899.

Abb. 900.

Gibt man diesen Dekorationsleuchten die Form eines Schriftzuges (Abb. 909), so gelangt man zu der kleinsten Ausführung von Neonleuchtschildern mit Reklametext.

Will man die Buchstabengröße noch weiter verkleinern, so muß man das Kathodenglimmlicht für die Lichterzeugung heranziehen. Abb. 910 zeigt ein

Ausführungsbeispiel für derartige Schaufensterreklamen. In einem Glaskolben von etwa 60...70 mm Durchmesser und einer Länge bis zu 500 mm werden Eisendrähte, die in Form des darzustellenden Textes gebogen sind, so nahe aneinander vorbeigeführt, daß bei 220 V Netzspannung eine Glimmlichtbedeckung der Drähte eintritt, die als Kathoden für eine Entladung der Edelgasfüllung des Kolbens wirken. Der Vorteil dieser Schriftglimmlampen ist, daß sie sich auch mit Gleichstrom betreiben

Abb. 901. Schaufensterschild als Glastransparent.

Abb. 902. Glastransparent mit paraboloidförmiger Rückwand.

Abb. 903. Kastenleuchtschild mit Leuchtrohrumwandung.

Abb. 904. Kastenleuchtschild mit Gluhlampen.

lassen, und daß ihre Energieaufnahme mit 15 W maximal äußerst gering ist. Andererseits ist das Kathodenglimmlicht nicht sehr lichtstark, so daß derartige

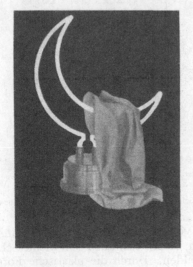

Abb. 905.

Abb. 906.

Schilder hauptsächlich während der späten Nachtstunden, wenn die übrige Schaufensterbeleuchtung bereits ausgeschaltet ist, in Betrieb gehalten werden können bzw. an Stellen aufgehängt sein müssen, wo die Allgemeinbeleuchtung nicht stört.

Abb. 907.

Abb. 908.

Eine sehr billige und doch noch recht wirksame Schaufensterreklame veranschaulicht Abb. 911. Die Schriftzeichen — aus durchsichtiger, meist farbiger Kunstharzmasse gepreßt — werden von einer Lichtquelle von unten her angestrahlt, die für den Beschauer verdeckt in der Abstützungsleiste der Buchstaben ruht. Mit Hilfe derartig

Abb. 910. Text-Glimmlampe.

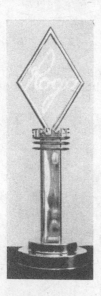

Abb. 909.

Abb. 911. Schaufensterschild mit auswechselbaren Cellonbuchstaben.

kleiner Cellonbuchstaben, die auf eine von hinten oder von den Seiten her angestrahlte Glasplatte aufgeklebt werden, lassen sich auch sehr kleine Schriften noch gut leserlich als Lichtreklame ausbilden. Durch die plastische Form der Kunstharzbuchstaben ist die Wirkung der Anzeigetafel recht geschmackvoll.

Häufig wird bei diesen kleinen Schildern, um die Anziehungskraft zu erhöhen, mit dem An- und Auseffekt gearbeitet. Auch Farbwechsel werden in derartige

Kleinanlagen hineinkomponiert, indem verschiedenfarbige, durchsichtige Bänder zwischen der Lichtquelle und der Transparentfläche beliebig, für den Beschauer verdeckt, bewegt werden.

Schließlich sind auch Lichtreklameanlagen bekannt, bei denen mit fluoreszierenden Flüssigkeiten gefüllte Glasröhren angeleuchtet werden. Wählt man eine leicht verdampfbare Flüssigkeit als Lösungsmittel für den Fluoreszenzstoff, und läßt die Lichtquelle auch gleichzeitig als Heizquelle für die an dem Rohr angebrachten Verdampfer wirken, so steigen in den Buchstaben Gasbläschen auf, die — sich allmählich abkühlend — wieder verschwinden. Das ständige Perlen dieser grell angeleuchteten, aufsteigenden Gase erhöht die Reklamewirkung beträchtlich.

Eigenartig ist aber bei all den vorerwähnten kleinen Sonderausführungen, daß sie, in einer bestimmten Form auf den Markt gebracht, sämtlich nur verhältnismäßig kurze Gebrauchszeit aufweisen. Sobald derartige Schildchen in größerer Zahl vorhanden sind, läßt die Nachfrage rasch wieder nach. Gerade bei Schaufensterreklameanlagen liegt in dem ewig Neuen der Anreiz zum kurzen Verweilen und Hinschauen für das Publikum. Um nicht zu einem ständigen Wechsel gezwungen zu sein, gehen die größeren Unternehmen bei ihren Schaufensterreklameanlagen zu spezifischen Ausführungsformen über, wobei sie besonders Wert auf eine persönliche Note legen, durch Ausführung, Form oder Farbwechsel.

6. Sondergebiete.

Ein Überblick über die verschiedenen Arten der Lichtwerbung würde unvollständig sein, wenn man gewisse Grenzgebiete unerwähnt ließe.

In den Theatern und Lichtspielhäusern werden allabendlich während der Pausen zahllose Reklamehinweise in bunter Reihe auf die Leinwand projiziert. Sowohl die stehenden Bilder als auch der Werbefilm müssen im Grunde genommen als Lichtreklame angesprochen werden.

Aus den großen Theatervorführapparaten sind kleinere Modelle entwickelt worden, bei denen meist das Vorführgerät und die Projektionsfläche schrankartig zusammengefaßt sind, und die nun wegen der geringen Abmessungen zu einer Verwendung innerhalb der Schaufenster geeignet sind. Die einzelnen Bilder sind als endloses Band aneinandergefügt, so daß die Anzeigen sich nach einer gewissen Zeit wiederholen. Auch der Werbefilm ist durch diese Kupplung ohne Unterbrechung vorführbar.

Als Lichtreklameanlagen müssen auch solche Leuchtschilder angesprochen werden, die erst durch Inanspruchnahme einer fremden Lichtquelle ihre Werbekraft entfalten können. Es sind dies Anlagen, bei denen prismatische Rückstrahler — sog. Katzenaugen (vgl. J 8.) — durch die Scheinwerfer vorüberfahrender Kraftwagen hell aufleuchten. Reklameschilder dieser Art sind seit Jahren auf der Avus angebracht, und man beobachtet neuerdings auch auf den neuen Autostraßen Warnungsschilder in dieser Ausführung.

Die Werbewirkung durch das langsame Anschwellen des zurückgestrahlten Lichtes beim Näherkommen eines Wagens darf nicht unterschätzt werden. Mit fortschreitendem Ausbau des Fernstraßennetzes wird die Verbreitung dieser Schilder wachsen, welche keinen Anschluß an eine elektrische Energieversorgung notwendig haben und infolgedessen irgendwohin, entlang der Straße, errichtet werden können.

Gleichfalls ohne Eigenlicht arbeiten die sog. Tageslichtschilder. Bei ihnen wird in einem geriffelten Planspiegel das helle Tageslicht gerichtet und zur Ausleuchtung einer mit dem Werbetext versehenen Transparentscheibe benutzt

(Abb. 912). Sie werden hauptsächlich auf den Dächern der Geschäftswagen für einen Firmenhinweis benutzt, sind aber auch als Aussteckschilder über oder neben dem Ladeneingang in Verwendung. Die Ausführung hat sich von der in Abb. 912 gezeigten Form im Laufe der Zeit dahingehend weiterentwickelt, daß durch geeignete Formgebung der prismatischen Spiegelprägung es heute möglich ist, diese Schilder auch flach herzustellen (s. Abb. 913).

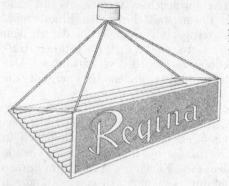

Abb. 912. Tageslichtschild, einseitig leuchtend. Abb. 913. Tageslichtschild, doppelseitig leuchtend.

Daß die moderne Werbung nichts unversucht gelassen hat, um die jüngsten Verkehrsmittel — Flugzeug und Luftschiff — in ihren Dienst zu zwingen, wäre nicht besonders beachtenswert, wenn hierbei nur die bereits erwähnten Formen in Anwendung kämen. Es war aber dem Flugzeug vorbehalten, die in ihren Abmessungen größten Anzeigen schaffen zu können. Ein in der Maschine eingebauter Nebelerzeuger hinterläßt eine sichtbare Spur des vom Flugzeug zurückgelegten Weges. Bei gleichförmiger Luftbewegung, wie sie meist in größeren Höhen herrscht, hält sich die Rauchfahne lange Zeit, ohne zu zerfließen. Der Flugzeugführer wählt seinen Kurs derart, daß diese Nebelfahne den darzustellenden Werbetext freischwebend in der Luft liefert. Die Luftakrobatik, die häufig hierzu erforderlich ist, und das Magische des Erscheinens der Himmelsschrift zwingen die Menschen zum Verweilen und Schauen.

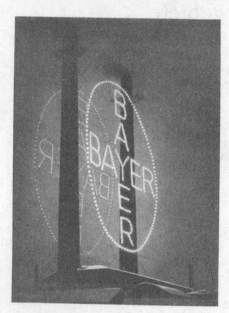

Abb. 914. Glühlampenleuchtschild RWE.

Eine andere Art von Lichtreklameanlagen, die durch ihre gigantischen Ausmaße bemerkenswert sind, bilden die Netzschilder. Zwischen zwei hohen Masten oder Schornsteinen wird ein Drahtseilnetz gespannt, an welchem die Leuchtschrift, die nur aus zahllosen kleinen Glühlampen besteht, befestigt ist. Die geringe Angriffsfläche, welche diese Konstruktion dem Winddruck bietet, gestattet es, den Buchstaben- oder Firmenzeichen Abmessungen von über 50 m Höhe und Breite zu geben. Die Leuchtschilder RWE. (Rheinisch-Westfälisches Elektrizitätswerk) und das Bayerkreuz, welches Abb. 914 zeigt, sind zu Wahrzeichen unseres Rheinisch-Westfälischen Industriebezirkes geworden, so stark ist die Wirkung dieser Reklameanlagen.

Die rasche Entwicklung der HgH-Lampen bis herab zu Lichteinheiten von 3000 Hlm hat in jüngster Zeit der Reklame neue Möglichkeiten eröffnet. Der hohe Anteil der Hg-Entladung an UV-Strahlen wird zur Anregung von mit Leuchtfarben bedruckten Plakaten benutzt. Der sichtbare Teil der Strahlung wird durch einen Schwarz- oder Blauglaskolben, mit dem die Lampen für diesen Zweck bereits fabrikationsmäßig hergestellt werden, abgeschirmt. Die fluoreszierenden Plakate, deren helles Eigenlicht im wirksamen Gegensatz zur dunklen Umgebung steht, weisen auch dadurch noch erhöhte Werbekraft auf, daß diese Art der Lichterzeugung für die Allgemeinheit heute immer noch geheimnisvoll ist.

Eine vollständige Behandlung aller Zweige der Lichtreklame ist nicht möglich. Jahr für Jahr tauchen neue Konstruktionen auf, die von einem bisher nicht beachteten technischen Mittel Gebrauch machen. Meist ist ihnen nur eine kurze Anwendungszeit beschieden. Die wenigen Formen aber, die ihre Zeit überstehen, haben entweder ein die Aufmerksamkeit immer aufs neue fesselndes Moment in ihrer Ausführungsart, oder sie sind — kurz gesagt — schön und zwingen hierdurch den Menschen immer wieder in ihren Bann.

J. Verkehrsbeleuchtung.

J1. Beleuchtung von Straßen und Autobahnen und deren Planung.

Von

WILHELM HAGEMANN-Berlin.

Mit 62 Abbildungen.

Als im Jahre 1931 die „Leitsätze für die Beleuchtung mit künstlichem Licht" in einer Neuauflage erschienen, war man sich dessen wohl bewußt, daß die Angaben über Straßenbeleuchtung einer erheblichen Ergänzung bedurften. Da jedoch ausreichende Unterlagen hierfür noch fehlten, sah man zunächst von einer Erweiterung in dieser Richtung ab; die Entwicklung hat dem Recht gegeben, denn es hat sich inzwischen herausgestellt, daß noch ungeheure Arbeit zu leisten ist, um dieses schwierigste Gebiet der angewandten Beleuchtungstechnik zu erforschen und diese Forschungsarbeit auszuwerten. Daß die schnelle Entwicklung des Automobilverkehrs und der Bau besonderer Kraftwagenstraßen immer neue und schwierigere Aufgaben an die Verkehrsbeleuchtung stellen würde, konnte damals ebensowenig vorausgesehen werden wie die Fragen, die durch die Einführung der Metalldampflampen in der Straßenbeleuchtung auftauchten.

Vor allem sind es drei Dinge, die seitdem einer eingehenden Untersuchung unterzogen wurden: der Einfluß der Straßendecke auf die Beleuchtungswirkung, die physiologischen Zusammenhänge der Wahrnehmbarkeit auf der Straße, insbesondere bei Berücksichtigung der Blendung, und der Einfluß der Lichtfarbe der Metalldampflampen. Dazu kommen die Untersuchungen, die der zunehmende Schnellverkehr insbesondere auf den Autobahnen erforderte, sowie Versuche, unter Berücksichtigung der gewonnenen Erkenntnisse zu einer grundlegend neuen Bewertungsmethode für die Straßenbeleuchtung zu kommen.

Die bisherigen Ergebnisse dieser Forschungsarbeit, die in allen interessierten Ländern betrieben wurde, sind außerordentlich aufschlußreich, aber gleichzeitig für den praktischen Beleuchtungstechniker etwas entmutigend, denn sie haben so zahlreiche Probleme aufgezeigt und die Schwierigkeit ihrer Lösung erkennen lassen, daß es zur Zeit als unmöglich bezeichnet werden muß, endgültiges z. B. über die Planung einer Straßenbeleuchtungsanlage auszusagen, die den Anforderungen des modernen Schnellverkehrs gerecht werden soll. Es wird daher noch einiger Zeit bedürfen, Leitsätze für Straßenbeleuchtung zu schaffen, die Angaben über alle bei der Errichtung von Straßenbeleuchtungsanlagen zu beachtenden Gesichtspunkte enthalten und dem planenden Ingenieur brauchbare zahlenmäßige Unterlagen für den Entwurf einer dem jeweiligen Zweck und den gegebenen Bedingungen angepaßte Straßenleuchtungsanlage geben.

Es kann daher vorerst nur geschildert werden, wie weit die Forschung in die einzelnen Probleme eingedrungen ist und welches die bisherigen Ergebnisse sind; immerhin ist es möglich, an Hand des Überblickes über diese Teilergebnisse bessere Beleuchtungsanlagen zu erreichen, nicht jedoch für jeden Einzelfall anwendbare präzise Methoden anzugeben, die mit Sicherheit die Schaffung einer guten Anlage gewährleisten.

a) Eigenschaften und Einflüsse der Straßendecke.

In den „Leitsätzen für die künstliche Beleuchtung" sind für Straßen und Plätze mit schwachem, mittlerem, starkem und stärkstem Verkehr Angaben gemacht über die Mindest- und empfohlenen Werte der mittleren Beleuchtungsstärke sowie über die Mindest- und empfohlenen Werte der Beleuchtungsstärke der ungünstigsten Stelle. Diese Werte stellen Horizontalbeleuchtungsstärken dar, die in Deutschland in 1 m Höhe über dem Boden, in anderen Ländern auch auf dem Boden selbst oder in geringer Entfernung darüber gemessen werden. Unter der Annahme, daß die Oberfläche der Straße eine vollkommen diffuse Reflexion aufweist, würden diese horizontalen Beleuchtungsstärken in der Tat genügendes zumindest über die Helligkeit der Straße aussagen, jedoch nur unter Berücksichtigung des Reflexionsvermögens dieser diffus reflektierenden Straßendecken.

Gesamtes Reflexionsvermögen der Straßendecken. Dieses Reflexionsvermögen läßt sich unschwer ermitteln, und man könnte die gewonnenen Werte in einfacher Weise für die Praxis anwenden. Leider kann dieser Weg nicht beschritten werden, da alle praktisch zur Verwendung kommenden Straßendecken eine Rückstrahlung aufweisen, die zum Teil weit von der diffusen Reflexion abweicht, so daß die „Helligkeit", die sie auf der Straße dem Auge des Fußgängers oder Autofahrers darbieten, also ihre Leuchtdichte, stark von der Richtung abhängt, aus der sie das Licht von der Lichtquelle erhalten und aus der sie vom Straßenbenutzer betrachtet werden. In der Tabelle 1 (Anhang) ist zunächst das Reflexionsvermögen verschiedener Straßendecken, das in der üblichen Weise durch Aufstrahlen von diffusem Licht in der Ulbricht-Kugel ermittelt ist, angegeben, und zwar für einige Bodenarten und Straßendecken sowohl für den trockenen als auch für den nassen Zustand. Die Zahlen der Tabelle haben nach dem vorher Gesagten praktisch nur eine bedingte Bedeutung, da fast alle aufgeführten Straßendecken eine weit von der diffusen Reflexion abweichende Rückstrahlung haben, die bei nassem Zustand noch verstärkt auftritt, worüber die in den Abb. 930...940 dargestellten Kurven weitere Aufschlüsse geben.

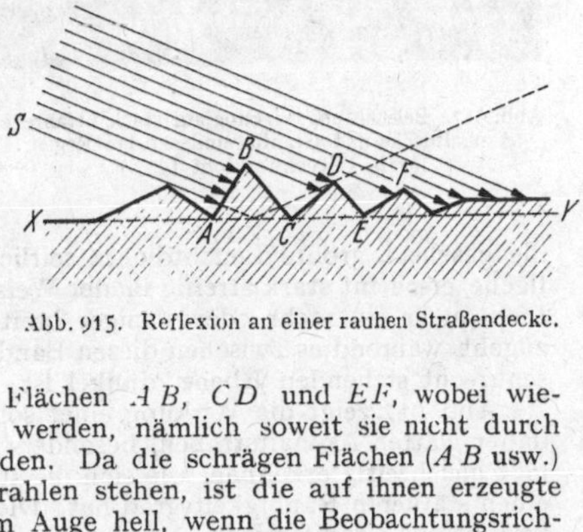

Abb. 915. Reflexion an einer rauhen Straßendecke.

Reflexionscharakteristik der Straßendecke. Betrachtet man einen kleinen Ausschnitt aus einer rauhen Straßendecke, z. B. Beton (Abb. 915), und beleuchtet man diesen Ausschnitt aus schräger Richtung durch ein paralleles Lichtbündel S, so treffen die Strahlen des Bündels nur auf die dem Licht zugewendeten schrägen Flächen AB, CD und EF, wobei wiederum diese Flächen nur zum Teil beleuchtet werden, nämlich soweit sie nicht durch davorliegende schräge Flächen abgeschattet werden. Da die schrägen Flächen (AB usw.) annähernd senkrecht zu den einfallenden Lichtstrahlen stehen, ist die auf ihnen erzeugte Beleuchtungsstärke groß, und sie erscheinen dem Auge hell, wenn die Beobachtungsrichtung von links nach rechts (X — Y) angenommen wird. Die Abschattung von Teilen dieser Flächen, wie z. B. bei CD, spielt praktisch keine große Rolle, wenn man berücksichtigt, daß in der Abbildung nur ein Schnitt gezeigt ist und in anderen dazu parallelen Schnitten die Unregelmäßigkeiten der Oberflächen im allgemeinen nicht unmittelbar voreinander liegen. Betrachtet man nun den Ausschnitt aus entgegengesetzter Richtung $(Y-X)$, so sieht man auf die schrägen Flächen BC, DE usw., die kein direktes Licht von der links befindlichen Lichtquelle erhalten. Die Folge ist, daß die Straßendecke aus dieser Richtung viel dunkler erscheint, da diese Flächen BC, DE usw. nur geringes diffuses Licht

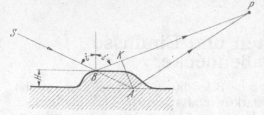

von den gut beleuchteten Flächen A, B usw. erhalten. Würde man den Ausschnitt von oben betrachten, so erhielte man eine mittlere Leuchtdichte, die zwischen den beiden von links und rechts gesehenen liegt, da man gleichzeitig die beleuchteten und die im Schatten liegenden schrägen Flächen wahrnimmt. Diese Betrachtung einer rauhen Straßendecke zeigt bereits, daß die gesehene Leuchtdichte stark von der Beobachtungsrichtung abhängt und

Abb. 916. Reflexion an einer glatten Straßendecke mit sehr kleinen Unebenheiten.

der Wert des gesamten Reflexionsvermögens der Oberfläche, der als Mittelwert aus allen Einstrahlungs- und Beobachtungsrichtungen gemessen ist, kein ausreichendes Kriterium für die tatsächlichen Verhältnisse sein kann.

Abb. 916 stellt einen Schnitt durch eine Oberfläche dar, bei der die Unebenheiten so gering sein sollen, daß sie in der Größenordnung der Wellenlänge des Lichtes liegen. Der einfallende Strahl sei S, der anstatt auf den Punkt A der planen Fläche auf den Punkt B

der Unebenheit von der sehr geringen Höhe H treffen soll. Befindet sich das Auge des Beobachters im Punkt P, so ist der Lichteindruck, den der Beobachter von Punkt B der sehr kleinen Unebenheit erhält, gleich dem Lichteindruck, den er von A erhalten würde, wenn die beiden optischen Weglängen AP und BP sich nur um eine Strecke kleiner als die Wellenlänge des Lichtes unterscheiden. In diesem Fall tritt also spiegelnde Reflexion an der Oberfläche ein, und der reflektierte Strahl BP liegt in der Ebene (in der Abb. 916 die Zeichnungsebene), die durch die Normale in B und den einfallenden Strahl SB bestimmt ist. Die Winkel (i), die der einfallende Strahl und der reflektierte Strahl mit der Normalen in B bilden, sind in diesem Falle gleich groß. Diese Betrachtung zeigt, daß im Gegensatz zu den Reflexionsverhältnissen in Abb. 915 bei einer glatten Straßendecke mit nur sehr geringen Unebenheiten eine vollständig andere Reflexionscharakteristik auftritt, und die Straßendecke dann die größte Leuchtdichte aufweist, wenn Lichtquelle und Beobachter sich auf entgegengesetzten Seiten der betrachteten Stelle befinden. Da die hier auftretende Reflexion hauptsächlich in Richtung der spiegelnden Reflexion vor sich geht, also Lichtquelle, reflektierende Stelle der Straßenoberfläche und Auge des Beobachters in einer Ebene liegen, nimmt

Abb. 917. Beleuchtungswirkung auf stark befahrener Asphaltdecke und Granitsteindecke bei Regen. (v. d. Trappen: Licht 1935.)

die gesehene größte Leuchtdichte seitlich dieser Ebene schnell ab, und die Straßenoberfläche erscheint stark streifig in der Weise, daß von jeder vor dem Beobachter befindlichen Lichtquelle ein mehr oder weniger breites, helles Band in Richtung auf den Beobachter zugeht, während es zwischen diesen Bändern, also außerhalb der auf der Straßenoberfläche senkrecht stehenden Ebene, dunkel ist.

Abb. 917 zeigt die Wirkung einer solchen Reflexion, wie sie auf stark befahrenen und daher glatten Asphaltstraßen, besonders aber im nassen Zustand, auftritt. Die Abbildung läßt gleichzeitig erkennen, wie sich die spiegelnde Reflexion auswirkt, wenn die Oberfläche einen stärkeren Rauhigkeitsgrad hat. Die Straßendecke zwischen den Straßenbahnschienen besteht aus Granitsteinen, bei denen viele kleine Oberflächen mit sehr verschiedenen Neigungen vorhanden sind, so daß Spiegelungen nicht nur in der Ebene senkrecht zur Straßenoberfläche auftreten, sondern auch in dazu geneigten Ebenen, wenn diese durch die Verbindungslinie Lichtquelle—Auge gehen und auf den geneigten Flächen der Granitsteine senkrecht stehen. Die Folge ist ein wesentlich verbreiterter Glanzstreifen, der infolge der vielen dunklen Zwischenräume weniger hell erscheint, obgleich die Leuchtdichte jeder passend geneigten spiegelnden Oberfläche ebenso groß ist wie die der schmalen Glanzstreifen auf dem glatten Asphalt. Das Bild läßt deutlich erkennen, wie ungünstig eine glatte Straßendecke, insbesondere bei Regen, wirkt, da mit Ausnahme der Glanzstreifen die Straßenoberfläche fast vollkommen dunkel erscheint. Da gleichzeitig noch Blendungserscheinungen durch die hohe Leuchtdichte der Glanzstreifen auftreten, wird die Gefahr der spiegelnde Reflexion auf glatten oder nassen Straßendecken noch erheblich vergrößert (vgl. auch S. 801).

Um die Reflexionseigenschaften der verschiedenen, praktisch zur Verwendung kommenden Straßendecken zu ermitteln, ist es erforderlich, *Lichtverteilungskurven* des reflektierten Lichtes zu messen, und zwar für verschiedene Winkel des einfallenden Lichtes innerhalb von 0° bis nahezu 90° gegen die Vertikale, da z. B. bei frei ausstrahlenden Leuchten das Licht sowohl senkrecht (am Fußpunkt der Leuchte) als auch sehr flach (bei großer Entfernung vom Fußpunkt) auftreffen kann. Die Winkel für das reflektierte Licht können demgegenüber stärker begrenzt werden, da die Blickrichtung auf der Straße im allgemeinen horizontal oder nur wenig gegen die Horizontale geneigt ist und die Leuchtdichte in geringen Entfernungen vom Beobachter, also bei stärker geneigter Blickrichtung, wenigstens für den Wagenverkehr keine wesentliche Bedeutung hat.

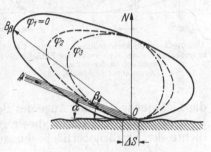

Abb. 918. Leuchtdichteverteilungskurven einer rauhen Oberfläche in verschiedenen Ebenen. (KULEBAKIN: Lichttechn. 1929.)

Die *Meßeinrichtung*, die zur Messung der Reflexionskurve (Indikatrix) benutzt wird, besteht aus einem Objekttisch zur Aufnahme eines Ausschnittes aus der zu untersuchenden Straßendecke (in horizontaler Lage) und zwei auf gegenüberliegenden Seiten daran befestigten Schwenkarmen, von denen der eine eine starke Lichtquelle zur Erzeugung des einfallenden, parallelen Lichtbündels, der zweite das Photometer (zweckmäßig eine Photozelle) trägt. Mittels einer vertikalen Gradeinteilung an jedem der beiden Schwenkarme kann man Einfallswinkel und Blickrichtung (= Photometerrichtung) einstellen. Die Indikatrix in verschiedenen zur Normalen der untersuchten Oberfläche geneigt liegenden Ebenen kann man untersuchen, wenn man das zu untersuchende Oberflächenstück in der Weise verkippt, daß seine Normale aus *der* Ebene herauskommt, in der sich die beiden Schwenkarme bewegen. Die so aufgenommenen Kurven für verschiedene Boden- und Straßenoberflächen können sowohl in polarer als auch in rechtwinkliger Darstellung aufgetragen werden, wobei bezüglich der Anschaulichkeit die polare Darstellung günstiger ist. Die Darstellung in rechtwinkligen Koordinaten ist zweckmäßig, wenn die Kurven sehr spitz verlaufen (spiegelnde Reflexion) und infolgedessen im Polardiagramm keine genügend genaue Darstellung möglich ist.

Abb. 918 zeigt zunächst die Reflexionskurven des Ausschnittes ΔS einer rauhen Oberfläche, bei dem das von der Lichtquelle A kommende parallele Lichtbündel unter dem Winkel α zur Horizontalen einfällt. Die Winkel, in denen die Reflexion gemessen worden ist, sind mit β bezeichnet. Die gemessenen Leuchtdichten in den einzelnen Winkeln β sind durch eine Kurve (Indikatrix) dargestellt, und zwar gilt die ausgezogene Kurve für eine Ebene, die sowohl den einfallenden und reflektierten Strahl als auch die auf der untersuchten Fläche im Punkte O senkrecht stehende Normale N enthält. Diese Kurve gilt also für die Ebene, die senkrecht auf der Straßenoberfläche steht und Lichtquelle sowie Auge des Beobachters enthält (Normalebene). Im gleichen

Diagramm sind zwei weitere Kurven für zu dieser Normalebene geneigte Ebenen gezeichnet, und zwar sind die Neigungswinkel mit φ_2 (gestrichelte Kurve) und φ_3 (strichpunktierte Kurve) bezeichnet. Diese geneigten Ebenen entsprechen also Ebenen auf der Straße, die schräg zur Normalebene stehen, jedoch ebenfalls

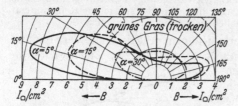

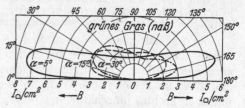

Abb. 919. Leuchtdichteverteilungskurven einer Grasfläche in trockenem Zustand für verschiedene Einfallswinkel (α), gemessen in der Normalebene. (Kulebakin: Lichttechn. 1929.)

Abb. 920. Leuchtdichteverteilungskurven einer Grasfläche in nassem Zustand für verschiedene Einfallswinkel (α), gemessen in der Normalebene. (Kulebakin: Lichttechn. 1929.)

die Lichtquelle und das Auge des Beobachters enthalten. Mit Hilfe der Kurven für eine genügende Anzahl dieser geneigten Ebenen läßt sich also die Leuchtdichte der Straßenoberfläche bis zum Straßenrand ermitteln.

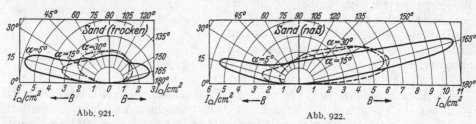

Abb. 921.   Abb. 922.

Abb. 921. Leuchtdichteverteilungskurven einer Sandfläche in trockenem Zustand für verschiedene Einfallswinkel (α), gemessen in der Normalebene. (Kulebakin: Lichttechn. 1929.)

Abb. 922. Leuchtdichteverteilungskurven einer Sandfläche in nassem Zustand für verschiedene Einfallswinkel (α), gemessen in der Normalebene. (Kulebakin: Lichttechn. 1929.)

In den Leuchtdichteverteilungskurven (Abb. 919…924, für Gras, Sand und Tonerde) ist nur die Leuchtdichtekurve für die Normalebene ($\varphi = 0$) dargestellt,

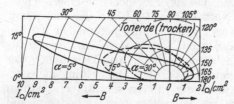

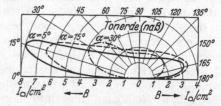

Abb. 923. Leuchtdichteverteilungskurven einer Tonerdefläche in trockenem Zustand für verschiedene Einfallswinkel (α), gemessen in der Normalebene. (Kulebakin: Lichttechn. 1929.)

Abb. 924. Leuchtdichteverteilungskurven einer Tonerdefläche in nassem Zustand für verschiedene Einfallswinkel (α), gemessen in der Normalebene. (Kulebakin: Lichttechn. 1929.)

und zwar für verschiedene Winkel α des einfallenden Lichtes. Die Leuchtdichtewerte sind für diese Kurven so gewählt, daß der gesamte reflektierte Lichtstrom Φ für jede Art der Oberflächen, unabhängig vom Lichteinfallswinkel, den gleichen Wert hat, d. h. die Leuchtdichteeinheit B_{sb} ist gegeben durch die Beziehung

$$B_{\mathrm{sb}} = \frac{\Phi}{2\pi}/\mathrm{cm}^2 = I_\circ/\mathrm{cm}^2, \tag{1}$$

wobei das Reflexionsvermögen für die drei Bodenarten gleich 1 gesetzt worden ist. Die Zahlenwerte für das Reflexionsvermögen sind der Tabelle 1 (Anhang) zu entnehmen. Die Kurven gelten für Einfallswinkel $\alpha = 5°$, $15°$ und $30°$ gegen die Horizontale und bei Einfallsrichtung des Lichtes von links.

Abb. 925 gibt im rechtwinkligen Koordinatensystem noch die Kurven der größten Leuchtdichte B_{max} als Funktion des Einfallswinkels α für die drei untersuchten Bodenarten an.

Die Abb. 919...924 zeigen, daß bei den drei untersuchten Bodenarten im trockenen Zustand die größte Leuchtdichte jeweils annähernd mit der Richtung des einfallenden Lichtes zusammenfällt. Lediglich bei nassem Sand tritt das Gegenteil ein, d. h. es entsteht bis zu einem gewissen Grade spiegelnde Reflexion.

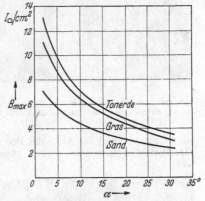

Abb. 925. Kurven der größten Leuchtdichte als Funktion des Einfallswinkels (α) für Tonerde, Gras und Sand in trockenem Zustand, gemessen in der Normalebene.
(KULEBAKIN: Lichttechn. 1929.)

Ein kurzes *Beispiel* soll die Anwendung der Leuchtdichteverteilungskurven Abb. 919...924 zeigen:

Es soll der Lichtstrom bestimmt werden, der auf einer trockenen Sand-Oberfläche von 100 m² bei einer Lichteinfallsrichtung von $\alpha = 5°$ gegen die Horizontale eine Leuchtdichte von 0,314 asb $= 1 \times 10^{-5}$ sb, gesehen unter einem Winkel $\beta = 15°$, erzeugt.

Man benutzt Abb. 921. Die Größe der reflektierten Leuchtdichte unter dem Winkel $\beta = 15°$ beträgt bei einer Lichteinfallsrichtung von $\alpha = 5°$ (ausgezogene Kurve): $B = 5,8\, I_\odot / \mathrm{cm}^2$. Da diese Leuchtdichte $1 \cdot 10^{-5}$ sb betragen soll, ist nach Gleichung (1):

$$B_{sb} = 5,8\, I_\odot / \mathrm{cm}^2 = 1 \cdot 10^{-5}\, \mathrm{sb}.$$

Hieraus läßt sich der von 1 cm² der gegebenen Oberfläche reflektierte Lichtstrom $\Phi_{1\,\mathrm{cm}^2}$ nach Gl. (1) wie folgt finden:

$$\Phi_{1\,\mathrm{cm}^2} = 2\,\pi \cdot I_\odot = 2\,\pi \cdot \frac{1 \cdot 10^{-5}}{5,8} =$$
$$= 1,085 \cdot 10^{-5}\, \mathrm{lm/cm}^2.$$

Da die zu beleuchtende Fläche eine Größe von $100\,\mathrm{m}^2 = 1 \cdot 10^6\,\mathrm{cm}^2$ hat, ist der aufzuwendende Lichtstrom Φ:

$$\Phi = 1,085 \cdot 10^{-5} \cdot 10^6 = 10,85\,\mathrm{lm}.$$

Der Reflexionskoeffizient von trockenem Sand hat laut Tabelle 1 (Anhang) den Wert 0,31. Es ergibt sich also für den erforderlichen einfallenden Lichtstrom Φ_E der Wert:

$$\Phi_E = \frac{10,85}{0,31} = 35\,\mathrm{lm}.$$

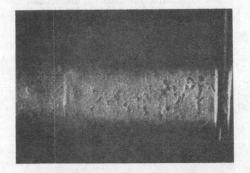

Abb. 926. Oberflächenstruktur von deutschem Hartasphalt, aufgenommen bei flach einfallendem Licht.
(WEIGEL u. SCHLÜSSER: Licht 1935.)

Es sollen nun die Ergebnisse von Messungen (WEIGEL und SCHLÜSSER) an den in Deutschland am häufigsten verwendeten Straßendecken, nämlich Asphaltdecke („Deutscher Hartasphalt"), Teerdecke („Bitugrus"), Betondecke und Pflastersteindecke (Granit) angegeben werden. Die Reflexionsvermögen sind in Tabelle 1 (Anhang) zu finden. Die Oberflächenstruktur dieser Straßendecken ist aus den Abb. 926...929 ersichtlich.

Die Leuchtdichteverteilungskurven der Abb. 930...933 der vier untersuchten Straßendecken sind zunächst nur für die Normalebene senkrecht zur Straßenoberfläche, die durch

Abb. 927. Oberflächenstruktur von Bitugrus (Teerdecke), aufgenommen bei flach einfallendem Licht.
(WEIGEL u. SCHLÜSSER: Licht 1935.)

Abb. 928. Oberflächenstruktur von Beton, aufgenommen bei flach einfallendem Licht.
(WEIGEL u. SCHLÜSSER: Licht 1935.)

die Lichtquelle und das Auge des Beobachters geht, gemessen worden, und zwar für Lichteinfallsrichtungen von $i = 0°$, 60°, 75° und 80°

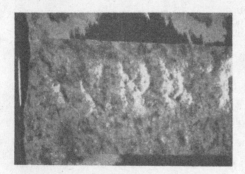

Abb. 929. Oberflächenstruktur von Granitpflaster, aufgenommen bei flach einfallendem Licht.
(WEIGEL u. SCHLÜSSER: Licht 1935.)

gegen die Vertikale (Normale) bei Lichteinfall von rechts (im Gegensatz zu den Kurven der Abb. 919...924). Auch die in logarithmischem Maßstab aufgetragenen Leuchtdichten sind in abweichender Art dargestellt, und zwar in Apostilb (asb), bezogen auf eine vom aufgestrahlten Licht erzeugte konstante Beleuchtungsstärke von 10 lx für alle untersuchten Straßendecken. Eine Umrechnung der Leuchtdichtewerte auf das Reflexionsvermögen 1 wie in den Abb. 919...924 ist nicht vorgenommen, so daß die asb-Werte Absolutwerte für die genannte Beleuchtungsstärke darstellen. In Abb. 930 sind für die vier verschiedenen Straßendecken in trockenem Zustand zunächst die Leuchtdichteverteilungskurven bei senkrechtem Lichteinfall ($i = 0°$) aufgetragen, und zwar gilt die ausgezogene Kurve für Asphalt, die punktierte Kurve für Bitugrus, die strichpunktierte Kurve für Beton und die gestrichelte Kurve für Pflastersteine.

Alle Kurven mit Ausnahme der Asphaltkurve lassen bei dem senkrechten Lichteinfall eine nahezu diffuse Streuung erkennen, bei Asphalt dagegen macht sich bei *steilen* Beob-

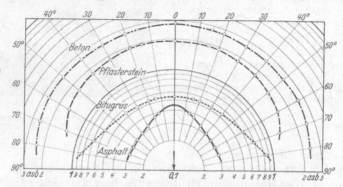

Abb. 930. Leuchtdichteverteilungskurven in der Normalebene für senkrechten Lichteinfall ($i = 0°$) bei trockenem Zustand der Straßendecken (WEIGEL u. SCHLÜSSER: Licht 1935.)

achtungswinkeln bereits eine Zunahme der Leuchtdichte infolge seiner glatten Oberflächenstruktur (s. Abb. 926) bemerkbar. Bei der Teerdecke (Bitugrus) tritt im Gegensatz dazu unter *flachen* Beobachtungswinkeln eine Zunahme der Leuchtdichte ein, was sich daraus erklärt, daß die Grusteilchen in der Hauptsache dachförmig aus der Teerschicht herausragen (vgl. Abb. 927) und daher in horizontaler Richtung größere Flächen darbieten.

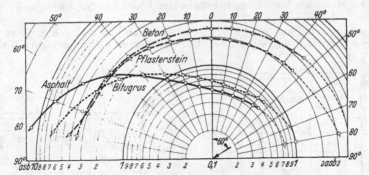

Abb. 931. Leuchtdichteverteilungskurven in der Normalebene für schrägen Lichteinfall ($i = 60°$) bei trockenem Zustand der Straßendecken. (WEIGEL u. SCHLÜSSER: Licht 1935.)

Abb. 931 gibt die Leuchtdichtekurven für die schräge Lichteinfallsrichtung $i = 60°$ (von rechts) wieder. Die Kurven für Beton (—·—) und Pflastersteine (———) haben sich in ihrer Form wenig verändert (Rauhigkeit der Oberfläche) und liegen noch an-

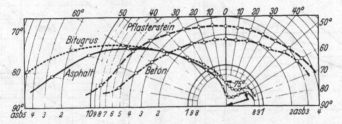

Abb. 932. Leuchtdichteverteilungskurven in der Normalebene für flachen Lichteinfall ($i = 75°$) bei trockenem Zustand der Straßendecken. (WEIGEL u. SCHLÜSSER: Licht 1935.)

nähernd symmetrisch zur Flächennormalen, obgleich schräger Lichteinfall von rechts vorhanden ist. Die Kurven für Asphalt (———) und Bitugrus (·····) zeigen bereits deutlich eine Leuchtdichtezunahme in der dem Lichteinfall entgegengesetzten Richtung, was den

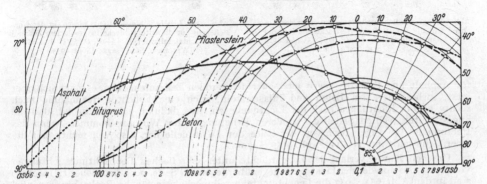

Abb. 933. Leuchtdichteverteilungskurven in der Normalebene für sehr flachen Lichteinfall ($i = 85°$) bei trockenem Zustand der Straßendecken. (WEIGEL u. SCHLÜSSER: Licht 1935.)

Beginn einer, wenn auch geringen, spiegelnden Reflexion anzeigt (vgl. Abb. 916 und das darüber Gesagte). Bei Bitugrus ist hier bereits der Einfluß des glatten und daher stärker spiegelnden Teeruntergrundes festzustellen. Die Kurven der Abb. 932 für den noch flacheren Lichteinfall von $i = 75°$ zeigen die Erscheinungen in verstärktem Maße (Änderung des asb-Maßstabes ist hier zu beachten!). Die Kurven für Asphalt und Bitugrus zeigen eine deutliche Verstärkung der spiegelnden Reflexion in flache Richtungen nach links, also nach der von der Lichtquelle abgewendeten Seite. Die asb-Werte für diese beiden Decken erreichen im Maximum bereits das Mehrfache der Werte für den Lichteinfall $i = 60°$ in Abb. 931.

Bei den Kurven der Abb. 933 (geänderter asb-Maßstab!) für den noch flacheren Einfallswinkel $i = 85°$ ist die Spiegelwirkung bei allen vier Kurven weiter gestiegen. Die Kurven

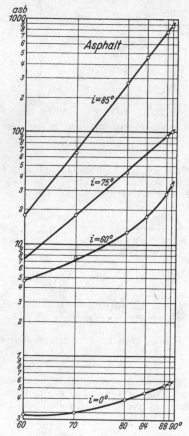

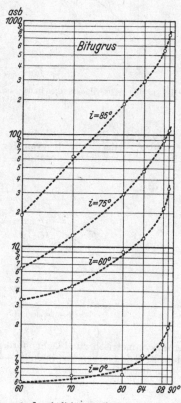

Abb. 934. Leuchtdichteverteilungskurven in der Normalebene für die Asphaltdecke in trockenem Zustand bei Lichteinfallswinkeln $i = 0°$, 60°, 75° und 85°.
(Weigel u. Schlüsser: Licht 1935.)

Abb. 935. Leuchtdichteverteilungskurven in der Normalebene für die Bitugrusdecke in trockenem Zustand bei Lichteinfallswinkeln $i = 0°$, 60°, 75° und 85°.
(Weigel u. Schlüsser: Licht 1935.)

für Asphalt und Bitugrus liegen jetzt zu einem großen Teil aufeinander, es zeigt sich aber jetzt, insbesondere bei Beton und Pflasterstein, auch eine Leuchtdichtezunahme nach rechts, also in Richtungen nach der Lichtquelle zu, was dadurch zu erklären ist, daß die angestrahlten rechten Seiten der größeren Erhebungen zur Wirkung kommen, wenn das Photometer (= Auge) flach von der Seite der Lichtquelle her, also von rechts, auf die Oberfläche gerichtet ist (vgl. Abb. 915, S. 793).

Um den Kurvenverlauf der Leuchtdichte unter sehr flachen Beobachtungsrichtungen von links, also von der der Lichtquelle gegenüberliegenden Seite, noch deutlicher zu machen, sind in den Abb. 934...937 die Leuchtdichteverteilungskurven für die Beobachtungswinkel von 60°...90° noch einmal für die vier Straßendecken in trockenem Zustand aufgetragen und zwar in rechtwinkligem Koordinatensystem, das für die flachen Winkel eine bessere Ablesung der Werte ermöglicht. Die Darstellung ist so gewählt, daß für jede der vier untersuchten Straßendecken eine Kurventafel gezeichnet ist, die die vier Leuchtdichtekurven für den Lichteinfall $i = 0°$, $i = 60°$, $i = 75°$ und $i = 85°$ gegen die Normale enthält. Die Abszisse gibt die Beobachtungswinkel an.

Da die Kurven der Abb. 930...937 Absolutwerte der Leuchtdichte für den gleichen zugrunde gelegten Wert von 10 lx Beleuchtungsstärke des aufgestrahlten Lichtes angeben, also das Reflexionsvermögen der einzelnen Straßendecken in ihnen enthalten ist, erkennt man insbesondere aus den Abb. 930...933, daß z. B. trotz dem höheren Reflexionsvermögen von Beton (30% laut Tabelle 58 im Anhang) gegenüber z. B. dem des Asphalts (8%) bereits bei einem Einfallswinkel von 60° (Abb. 931) die Asphaltdecke heller erscheint als die Betondecke, wenn der Beobachter unter einem Winkel von 60° oder mehr auf die Straßendecke sieht. Bei flacheren Einfallswinkeln als 60°, z. B. 75° und 85° (Abb. 932 und 933) verstärkt sich dieser Eindruck noch erheblich, wie noch genauer aus den Abb. 934

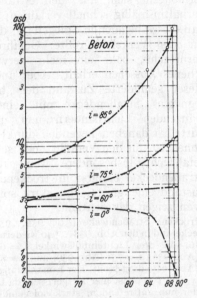

Abb. 936. Leuchtdichteverteilungskurven in der Normalebene für die Betondecke in trockenem Zustand bei Lichteinfallswinkeln $i = 0°$, 60°, 75° und 85°.
(WEIGEL u. SCHLÜSSER: Licht 1935.)

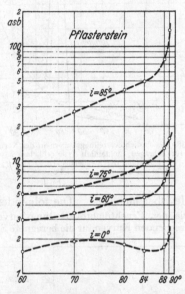

Abb. 937. Leuchtdichteverteilungskurven in der Normalebene für die Pflastersteindecke in trockenem Zustand bei Lichteinfallswinkeln $i = 0°$, 60°, 75° und 85°.
(WEIGEL u. SCHLÜSSER: Licht 1935.)

und 936 hervorgeht, wenn man die entsprechenden Kurven bzw. die Zahlenwerte der Leuchtdichten miteinander vergleicht. *Damit ist der exakte Beweis dafür geliefert, daß weder die Horizontalbeleuchtungsstärke noch die aus ihr mit Hilfe des gesamten Reflexionsvermögens der Straßendecke (Tabelle 58 im Anhang) ermittelte Leuchtdichte einen Aufschluß über die tatsächlichen Helligkeitseindrücke auf der Straße geben, sondern nur die Leuchtdichteverteilungskurven in Zusammenhang mit der Lichtpunktanordnung und mit Berücksichtigung der Beobachtungsrichtung der Straßenbenutzer praktisch brauchbaren Einblick in die zu erzielenden Beleuchtungsverhältnisse ermöglichen.*

Straßendecke bei Regen. Noch viel stärker zeigt sich das, wenn man die beregnete Straßendecke untersucht. Geht man vom krassesten Fall eines starken Platzregens aus, und betrachtet man die Straßendecke kurz nach dem Aufhören dieses Regens, wenn die Unruhe durch die niederfallenden Regentropfen aufgehört hat, so ist wenigstens für kurze Zeit ein blanker Wasserspiegel auf der Straßendecke vorhanden, der von der Horizontalbeleuchtungsstärke so gut wie nichts mehr übrig läßt und statt dessen ein Spiegelbild der Straßenbeleuchtungsanlage auf der Straßenoberfläche zeigt. Leider versagt in diesem Falle auch eine durch Begrenzung der direkten Ausstrahlungswinkel

vorgenommene Abblendung der Straßenleuchten, da die gespiegelten Lichtstrahlen nicht in der Verbindungslinie Leuchte—Auge verlaufen, sondern von

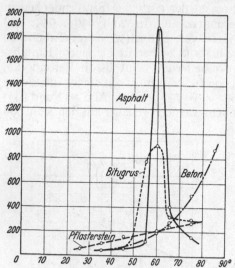

Abb. 938. Leuchtdichteverteilungskurven in der Normal-
ebene für schrägen Lichteinfall (i = 60°) bei nassem
Zustand der Straßendecken.
(WEIGEL u. SCHLÜSSER: Licht 1935.)

einem Punkt der Straßenoberfläche
ins Auge gelangen, der der Lichtquelle
wesentlich näher liegt, von dem
man also steiler von unten in die
Leuchte und deren Lichtquelle hineinsehen kann. Es ist nur gut, daß
derartige Platzregen bei Nacht nicht
allzu häufig auftreten und die Was-
sermengen sich auf den Straßen
verhältnismäßig schnell verlaufen, so
daß dieses blendende Spiegelbild, das
für den Verkehr größte Gefahren
verursacht, bald ein mehr verwa-
schenes Aussehen erhält. Aber auch
dieser gemilderte Zustand der „be-
regneten‟ Straßendecke mit seinen
glänzenden Lichtbändern und unmittelbar daneben liegenden dunklen
Zonen ist für den Verkehr noch sehr
gefährlich, insbesondere wenn die
Straßendecke bereits in trockenem
Zustand eine glatte, also stark spie-

gelnde Oberfläche hat. Die folgenden Kurven zeigen das deutlich.

Die den Leuchtdichteverteilungskurven für trockene Straßendecke (Abb. 931...933)
entsprechenden Kurven für die beregnete Straßendecke sind in den Abb. 938...940 wiederum

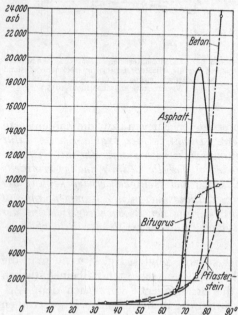

Abb. 939. Leuchtdichteverteilungskurven in der Normalebene für flachen Lichteinfall (i = 75°) bei nassem Zustand
der Straßendecken. (WEIGEL u. SCHLÜSSER: Licht 1935.)

für die drei Lichteinfallswinkel i = 60°
(Abb. 938), i = 75° (Abb. 939) und i = 85°
(Abb. 940) dargestellt. Der Einstrahlungswinkel i = 0° ist hier fortgelassen, da bei
der nun auftretenden, stark spiegelnden
Reflexion diese senkrecht von oben kommenden Strahlen wieder senkrecht nach
oben reflektiert werden und daher außerhalb jeder normalen Beobachtungsrichtung
liegen. In den Kurventafeln Abb. 938...940
sind auf der Abszisse die Beobachtungswinkel und auf der Ordinate die gesehenen
Leuchtdichten in asb aufgetragen. Jede
Kurventafel enthält die vier Kurven für
Asphalt (———), Bitugrus (- - - -), Beton
(— · — ·) und Pflasterstein (— — —).

In Abb. 938 (i = 60°) zeigt sich die
Spiegelung bei Asphalt und Bitugrus
deutlich durch die Kurvenspitzen im
Beobachtungswinkel (= Reflexionswinkel)
von 60°, der gleich dem Einfallswinkel
i = 60° ist, wie es das Spiegelgesetz vorschreibt. Der schräge Abfall z. B. der
Kurve für Asphalt nach steileren (55°) und
flacheren (65°) Beobachtungswinkeln zu
läßt erkennen, daß kein genaues Spiegelbild wie nach einem Platzregen, sondern ein
in der Beobachtungsrichtung verzerrtes
Bild der Lichtquelle, also kein Lichtpunkt,
sondern ein Lichtstreifen gesehen wird,
der in Richtung Fußpunkt der Licht-

quelle — Ort des Beobachters verläuft (vgl. das Bild der nassen Asphaltstraße in Abb. 917).
Die Breite dieser Reflexstreifen hängt einmal von der Ausdehnung der Straßenleuchte

quer zur Straße, weiter aber von den Reflexionseigenschaften der beregneten Straßendecke in solchen Ebenen ab, die geneigt (vgl. Abb. 918) zu *der* Normalebene liegen, in der die dargestellten Kurven aufgenomen sind.

Es wird also für die praktische Anwendung der Leuchtdichtekurven z. B. zur Projektierung notwendig sein, auch in solchen Ebenen die Leuchtdichtekurven zu ermitteln, also einen Leuchtdichteverteilungskörper durch Messung in mehreren, insbesondere wenig gegen die Normalebene geneigten Ebenen aufzunehmen. Einen gewissen Aufschluß über die Leuchtdichteverhältnisse in solchen Ebenen, also über die Breite der Reflexstreifen gibt allerdings schon die Art des Abfalls der Kurve in der Normalebene, da anzunehmen ist, daß bei sehr steilem Abfall derselben, wie beispielsweise für Asphalt, der Reflexstreifen nur geringe Breite haben wird, denn dieser steile Abfall von einer ausgesprochenen Spitze nach unten zeigt an, daß das Spiegelgesetz weitgehend gilt und für dieses ja nicht nur der Einfallswinkel gleich dem Reflexionswinkel ist, sondern auch einfallender Strahl und reflektierter Strahl in einer senkrecht zur reflektierenden Fläche (= Straßenoberfläche) stehenden Ebene liegen. Für Bitugrus sind, wie die Kurve (- - - -) erkennen läßt, die Verhältnisse ähnlich wie bei Asphalt, nur rückt hier der Reflexstreifen etwas näher an den Beobachter heran, und der weniger steile Abfall läßt auf eine größere Breite des Reflexstreifens schließen. Seine Maximal-Leuchtdichte ist geringer als bei Asphalt. Beton (— · —) und Pflastersteindecke (— — —) zeigen einen wesentlich anderen Kurvenverlauf, da ihre Oberfläche einen größeren Rauhigkeitsgrad aufweist, der auch bei beregnetem Zustand noch zur Wirkung kommt. Aber auch Beton zeigt bereits ein Ansteigen der Leuchtdichte bei flachen Beobachtungswinkeln, also einen Glanzeffekt, da seine Unebenheiten verhältnismäßig klein sind und daher bei Beregnung eine stärkere Angleichung an die spiegelnde Fläche eintritt. Dieser Glanz macht sich allerdings erst in größerer Entfernung vom Beobachter bemerkbar (Beobachtungswinkel > 80°), und der allmähliche Abfall der Kurve läßt auf eine größere Breite desselben schließen. Für Pflasterstein gilt ähnliches in noch weiter abgeschwächtem Maße (vgl. die Pflastersteindecke zwischen den Schienen

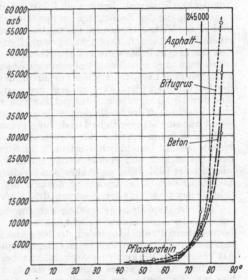

Abb. 940. Leuchtdichteverteilungskurven in der Normalebene für sehr flachen Lichteinfall (*i* = 85°) bei nassem Zustand der Straßendecken.
(WEIGEL u. SCHLÜSSER: Licht 1935.)

in Abb. 917). Sobald die Einfallswinkel flacher werden (Abb. 939 und 940), verstärkt sich die Spiegelung für Asphalt und Bitugrus weiter erheblich. Bei Bitugrus (- - - -) ist keine ausgesprochene Spiegelspitze mehr vorhanden, da das flach einstrahlende Licht (*i* = 75°) sich auf der tiefer liegenden, glatten Teerunterlage nicht mehr so stark auswirken kann. Beton (— · —) zeigt jetzt bereits eine Leuchtdichte, die noch über die des Asphalts hinausgeht, deren Maximum jedoch nicht im Winkel der spiegelnden Reflexion (*i* = 75°), sondern flacher liegt, so daß der stärkste Glanz in verhältnismäßig großer Entfernung vom Beobachter auftritt. Ähnliches trifft für Pflasterstein in verringertem Maße zu. Bei noch flacherer Einstrahlung (*i* = 85°), für die die Kurven der Abb. 940 gelten, tritt eine weitere erhebliche Verstärkung der Leuchtdichten ein, deren Höchstwerte für alle Straßendecken in noch flacheren Beobachtungswinkeln, also in noch größerer Entfernung vom Einstrahlung und hohen Leuchtdichte die starke Reflexblendung durch Autoscheinwerfer fällt, da bei diesen infolge ihrer geringen Höhe über der Straße sehr flache Einfallswinkel und hohe Leuchtdichten in diesen Winkeln vorhanden sind.

Anwendung der Leuchtdichteverteilungskurven.

Es ist bereits nachgewiesen worden, daß die Werte der Horizontalbeleuchtungsstärke auf der Straße und auch die mittels des Reflexionsvermögens der Straßenoberfläche gewonnenen Leuchtdichtewerte praktisch nur eine geringe Bedeutung haben, wenn die Reflexionscharakteristik der Straßendecke von der rein diffusen Reflexion stärker abweicht. Hiermit muß aber in praktischen Fällen stets gerechnet werden, wie die Leuchtdichtekurven für die am meisten verwendeten

Straßendecken gezeigt haben. Durch eine schematische Darstellung soll diese Tatsache an Hand eines einfachen Beispiels erläutert werden.

Abb. 941 zeigt oben einen Vertikalschnitt durch die Achse einer Straße, die durch tiefstrahlende Leuchten mit einem Ausstrahlungswinkel von 120° in Anordnung über Straßenmitte beleuchtet ist. Der Leuchtenabstand ist mit 30 m, die Lichtpunkthöhe über Straßenoberfläche mit 8,5 m angenommen. Die Lichtkegel der einzelnen Leuchten sollen sich nicht überschneiden, sondern in der Mitte zwischen zwei Leuchten gerade berühren. Die Kurve der Horizontalbeleuchtung (E_h in lx) in der Straßenachse ist in der Abbildung schematisch unter dem Straßenlängsschnitt gezeichnet. Der Höchstwert der Horizontal-beleuchtungsstärke soll im Leuchtenfußpunkt, der geringste Wert in der Mitte zwischen zwei Leuchten liegen, und die Gleichmäßigkeit der Beleuchtung wird mit 1 : 40 angenommen. Ein Straßenbenutzer mit 1,50 m Augenhöhe über Straßenoberfläche sieht vom Punkt B aus in die Straße entlang deren Mittelachse. Es sind nun für die vier Straßendecken: Asphalt, Teerdecke (Bitugrus), Beton und Pflasterstein in schematischer Weise die Leuchtdichten angegeben, die der Beobachter auf der übersehenen Strecke von 100 m unter den Leuchten und in der Mitte zwischen zwei Leuchten wahrnimmt. Diese Straßenstrecke erscheint ihm in einem Winkelbereich (Beobachtungswinkel) von 84° 20′ ... 89° 10′ gegen die Vertikale, für den die Leuchtdichtewerte aus den Kurven der Abb. 930 und 931 abgelesen werden können, wenn man die einzelnen Beobachtungswinkel für die Punkte unter den Leuchten und zwischen zwei Leuchten aus der Augenhöhe des Beobachters (1,50 m) und den Entfernungen der betrachteten Punkte (15 m, 30 m usw.) ermittelt. Die so gefundenen Leuchtdichtewerte sind für die Maximalbeleuchtungsstärke von 10 lx unter der Leuchte und 0,25 lx zwischen zwei Leuchten (Gleichmäßigkeit 1 : 40) an den entsprechenden Punkten eingetragen und — da nur eine schematische Darstellung gegeben werden soll — durch Gerade miteinander verbunden. Man erhält so für die verschiedenen Straßendecken einen Überblick über die zu erwartende Leuchtdichteverteilung in Straßenmitte auf einer Strecke von 100 m vor dem Beobachter und ersieht weiter durch Vergleich mit der Horizontalbeleuchtung, ein wie falsches Bild diese gegenüber den wirklichen Verhältnissen, z. B. bei der Asphalt- und Teerdecke bereits bei trockenem Zustand ergibt. Für den nassen Zustand sind die Unterschiede noch viel krasser, wie man den Kurven der Abb. 938 entnehmen kann.

Bei der Asphaltdecke ergeben sich für die Punkte zwischen zwei Leuchten zwei weit voneinander verschiedene Leuchtdichtewerte, von denen der niedrige von der vor dem beobachteten Punkt hängenden, der hohe von den hinter diesem Punkt hängenden Leuchte herrührt (im letzteren Fall bereits Beginn spiegelnder Reflexion, vgl. Abb. 930 und 931). Als besonderes Merkmal der Asphaltdecke bei der gegebenen Leuchtart und Anordnung kann man also folgendes erkennen: von dem Punkt in der Mitte zwischen zwei Leuchten bis zum Fußpunkt der darauffolgenden Leuchte liegt ein Bereich hoher Leuchtdichte mit geringer Änderung ihres Wertes. Hinter dem Leuchtenfußpunkt fällt die Leuchtdichte schnell bis auf verhältnismäßig geringe Werte ab, um dann wieder stark anzusteigen. Die Straßenoberfläche erscheint, wenigstens in ihrem mittleren Teil (in der Umgebung ihrer Achse), sehr ungleichmäßig hell, da an dem Punkt zwischen zwei Leuchten ein plötzlicher Wechsel von einem Leuchtdichtewert von etwa 0,04 asb auf etwa 0,8 asb, also dem Zwanzigfachen, eintritt, während bei der Horizontalbeleuchtung ein allmählicher Abfall bis zu diesem Punkt und anschließend wieder ein langsamer Anstieg erfolgt. Die Höchstwerte, die bei der Horizontalbeleuchtungskurve lediglich unter den Leuchten liegen, rücken also auf der gesamten übersehenen Straßenstrecke in Richtung auf den Beobachter zu, liegen also nicht unter den Leuchten, sondern vor ihnen.

In der Querrichtung der Straße ist die Asphaltdecke dadurch gekennzeichnet, daß die geschilderten Leuchtdichteverhältnisse nur auf einem verhältnismäßig schmalen Streifen auftreten, während außerhalb dieses Streifens eine starke Abnahme der hohen Werte erfolgt, die zwar die krassen Unterschiede verwischt, bei der jedoch mit zunehmendem Abstand von der Mitte die geringen Leuchtdichtewerte sich schnell dem Nullwert nähern. Bei der *Teerdecke* verhalten sich die Leuchtdichtewerte ähnlich wie beim Asphalt, was durch die Ähnlichkeit der Oberflächenstruktur leicht zu erklären ist. Bei der *Beton-und Pflastersteindecke* zeigen sich wesentlich andere Leuchtdichteverhältnisse, da keine schroffen Leuchtdichteunterschiede mehr vorhanden sind. Auch ist hier keine Verschiebung der Höchstwerte in Längsrichtung der Straße wie bei Asphalt und Teer vorhanden. Seitlich der Straßenachse ergeben bei der Beton- und Pflastersteindecke nur einen langsamen Abfall der Leuchtdichte, so daß bei diesen Decken von einer gewissen Ähnlichkeit der Horizontalbeleuchtung- und Leuchtdichteverhältnisse gesprochen werden kann. Das ändert sich allerdings schnell, sobald man größere Ausstrahlungswinkel der Leuchten zuläßt und damit flachere Einstrahlungswinkel erhält, wie aus den Abb. 932 und 933 für $i = 75°$ und $i = 85°$ im Vergleich zu der Abb. 931 für $i = 60°$ zu ersehen ist. Bei Beton- und Granitpflasterdecke ergibt sich ein vollständig anderes Bild, sobald die Straßenoberfläche naß ist, wie der Kurvenverlauf in den Abb. 939 und 940 erkennen läßt.

Für die praktische Projektierung sind die Untersuchungen über die Reflexions-eigenschaften der Straßendecken von großem Wert, da es nunmehr mit Hilfe der Leuchtdichteverteilungskurven, insbesondere, wenn diese außer für die Normalebene noch für geneigte Ebenen und sehr flache Einfalls- und Be-obachtungswinkel hinreichend bekannt sind, möglich ist, einen ungefähren Überblick über den zu erwartenden Helligkeitseindruck der Straße und deren

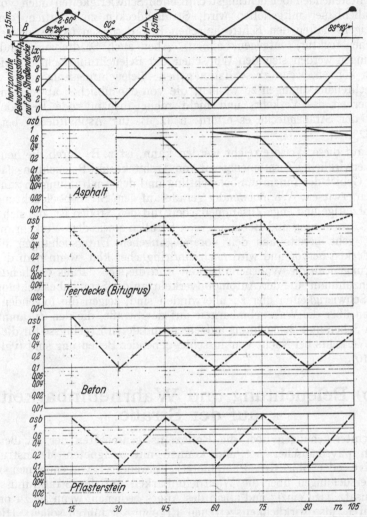

Abb. 941. Schematische Darstellung der Horizontalbeleuchtungs- und Leuchtdichteverteilung in einer mit Tiefstrahlern beleuchteten Straße für verschiedene Straßendecken. (WEIGEL u. SCHLÜSSER: Licht 1935.)

Gleichmäßigkeit in der Längs- und Querrichtung im voraus zu erhalten. Um die damit verbundene Arbeit abzukürzen, genügt es in vielen Fällen, für eine begrenzte Anzahl von Punkten der Straßenoberfläche die zu erwartenden Leuchtdichten zu ermitteln. Welche Punkte hierfür gewählt werden, wird aller-dings zunächst noch Beobachtungen und praktischen Erfahrungen an vor-handenen Straßenbeleuchtungsanlagen bei verschiedenen Straßendecken und Leuchtenanordnungen überlassen bleiben müssen. Es ist aber schon jetzt mit Hilfe der Leuchtdichteverteilungskurven der Straßendecke möglich, sich auch ohne langwierige Berechnung allein durch den Verlauf der Kurven (vor allem in der anschaulicheren polaren Darstellung) einen Überblick über die zu erwartenden Verhältnisse zu verschaffen. Daß die Reflexionseigenschaften der Straßendecken für den Lichttechniker in bezug auf die Entwicklung von Straßenleuchten und geeigneten Anordnungen derselben in der Straße große Bedeutung haben, ist leicht einzusehen, weiterhin aber ist zu wünschen, daß in Anbetracht der durch die Straßendecken, insbesondere mit glatter Oberfläche, entstehenden beleuchtungstechnischen Schwierigkeiten auch von seiten der Straßenbauer mitgeholfen wird, Straßendecken zu schaffen, deren Reflexionseigenschaften den lichttechnischen Erfordernissen (Reflexionsvermögen, Oberflächenstruktur) entgegenkommen. Aber auch Städtebauer und Stadtverwaltungen werden sich den Wünschen der Beleuchtungsfachleute nicht verschließen können, wenn diese dahin gehen, Beleuchtungsanlagen zu schaffen und Leuchtenanordnungen zu wählen, die von den üblichen abweichen, sobald die Sicherheit des Verkehrs und nicht mehr abzuändernde Reflexionseigenschaften der Straßendecke es erfordern (z. B. für Asphaltdecke bei Regen, vgl. S. 825).

Was auf diese Weise erreicht werden kann, ist z. B. durch die heute weitgehend verwirklichte Zusammenarbeit von Architekt und Beleuchtungsfachmann auf dem Gebiet der Innenraumbeleuchtung und der Anstrahlung an zahlreichen Beispielen erwiesen. Wie notwendig gerade auf dem Straßenbeleuchtungsgebiet eine rechtzeitige und enge Zusammenarbeit mit den Stellen ist, die sich mit der Planung, Ausführung und Bebauung von Straßen sowie dem Verkehr auf ihnen befassen, geht bereits aus den vorangegangenen Untersuchungen über die Straßendecken hervor und wird noch eindringlicher klar, wenn man die hohen Anforderungen an die Wahrnehmbarkeit und die sich daraus ergebenden Aufgaben hinzunimmt, die der Automobilverkehr an die Straßenbeleuchtung stellt. Welche Schwierigkeiten hier zu überwinden sind, zeigen die folgenden Untersuchungen über die Wahrnehmbarkeit auf der Straße, die den Zusammenhang zwischen Sehen und Beleuchtung aufzeigen und deren Ergebnisse für die Sicherheit des Verkehrs bei Nacht von ausschlaggebender Bedeutung sind (vgl. hierzu auch J 10).

b) Beleuchtung und Wahrnehmbarkeit auf der Straße.

Die Untersuchungen über die Reflexionseigenschaften der Straßendecken sind rein physikalischer Art und können mit geeigneten Meßinstrumenten (subjektive oder objektive Photometer) einwandfrei vorgenommen werden. Die Untersuchungen über die Wahrnehmbarkeit auf der Straße müssen sich im Gegensatz dazu einzig und allein des Auges bedienen, wenn sie zu praktisch brauchbaren, also wirklichkeitsgetreuen Ergebnissen führen sollen. Hierdurch werden physiologische und weiterhin psychologische Studien notwendig, um zu allgemeingültigen Erkenntnissen und Gesetzen zu kommen, die dann in der praktischen Straßenbeleuchtungstechnik angewendet werden können.

Über den Bau und die Wirkungsweise des Auges ist in C 1, S. 249 f. eingehend berichtet, über die physiologischen Grundlagen des Sehens in F 1, S. 566 f. Hier interessiert an erster Stelle, inwieweit die Ergebnisse dieser Forschungen und Erkenntnisse dazu dienen können, die *Sehverhältnisse auf der künstlich beleuchteten Straße* so zu gestalten, daß die Sicherheit des Verkehrs gewährleistet ist.

Der Autofahrer, dessen Aufmerksamkeit bereits bei Tage, wenn die Wahrnehmungsverhältnisse im allgemeinen sehr gut sind, durch den Straßenverkehr stark in Anspruch genommen ist, wird bei künstlicher Beleuchtung zusätzlich in einem Maße belastet, die zu einer erheblichen Verminderung der Verkehrsgeschwindigkeit und darüber hinaus zu einem starken Anstieg unverschuldeter Verkehrsunfälle führt. Die Beleuchtungsverhältnisse auf der künstlich beleuchteten Straße verändern die Vorgänge, die zwischen Wahrnehmung des Hindernisses und der Muskelreaktion (Bremsen, Ausweichen) liegen, gegenüber der Tagesbeleuchtung zeitlich außerordentlich, und zwar in der Weise, daß der zuerst eintretende Vorgang der Wahrnehmung ein Vielfaches an Zeit erfordert. Diese Wahrnehmungszeit für Hindernisse durch günstige Adaptationsverhältnisse und Schaffung ausreichender Kontraste auf ein Mindestmaß herabzusetzen, ist erste Aufgabe der künstlichen Straßenbeleuchtung. Die weiteren Forderungen, die bereits nicht mehr den Beleuchtungsfachmann allein angehen, sind: Schaffung einer guten Übersichtlichkeit der Straße, zweckentsprechende Einrichtungen zur leichten und verständlichen Organisierung des Verkehrs und nicht zuletzt Verkehrsvorschriften, die auf den Ergebnissen der wissenschaftlichen Untersuchung aufgebaut sind und den Zweck, den sie verfolgen, betonen, damit ihre sinngemäße Anwendung gewährleistet ist.

Es lag nahe, zur Untersuchung der Wahrnehmbarkeit auf der beleuchteten Straße die durch die Verkehrspraxis gegebenen Sehaufgaben möglichst getreu im Laboratorium nachzuahmen, um so zunächst die wissenschaftlichen Grundlagen durch exakte Messungen schaffen zu können. In dieser Richtung hat C. G. KLEIN umfangreiche Messungen mittels eines besonderen dafür entworfenen Prüfapparates vorgenommen und durch zahlreiche Beobachter bestätigen lassen. Die Apparate und ihre Anordnung sollen nur kurz beschrieben werden, da hier vor allem die Meßergebnisse und ihre praktische Anwendung von Bedeutung sind.

Die Versuche sind aufgebaut auf der Erkenntnis, daß drei Dinge für die Wahrnehmbarkeit grundlegend sind: die *Adaptation des Auges*, der *Kontrast zwischen wahrzunehmendem Gegenstand und dessen Umfeld* und die *Blendstörung*, die sich wiederum aus der die Blendung verursachenden Leuchtdichte (sb), aus der scheinbaren Größe der Blendlichtquelle (Sehwinkelgröße) und dem scheinbaren Abstand der Blendlichtquelle vom Gegenstand (Blendwinkel) zusammensetzt. Als Kriterium für alle Untersuchungen wurde die Wahrnehmungsgeschwindigkeit gewählt, d. h. der Zeitunterschied zwischen dem physikalischen Vorhandensein eines Gegenstandes (= Hindernisses) und seiner Wahrnehmung, also die Zeit, die auf der künstlich beleuchteten Straße von ausschlaggebender Bedeutung für die Vermeidung von Unfällen ist.

Umfeld und Gegenstand werden bei den Untersuchungen durch zwei gleichartige Projektionsapparate erzeugt, die dicht nebeneinander in größerer Entfernung von einer 3×4 m² großen Projektionswand aufgestellt sind. Jeder der beiden Projektoren, deren optische Achsen einen sehr spitzen Winkel miteinander bilden und sich in der Mitte der Projektionswand treffen, leuchtet diese gleichmäßig aus. Ein besonders konstruierter Verschluß vor den beiden Projektionsobjektiven gibt stets nur das Licht *eines* Projektors frei, so daß die Projektionswand wechselnd von dem einen oder anderen Projektor beleuchtet wird. Durch einen umschaltbaren Elektromagneten ist es möglich, den Wechsel in sehr kurzer Zeit (bis zu 0,005 s) vorzunehmen. Da die Beleuchtung auf der Wand für beide Projektoren mit Hilfe von zwei geeigneten Blenden auf genau gleiche Werte eingestellt wird, ist der Wechsel, wenn er genügend schnell vor sich geht, nicht erkennbar. In die Bildebene des einen Projektors kann eine Klarglasscheibe eingeschoben werden, auf der ein kleines, durch Belichtung geschwärztes Filmstückchen (Quadrat mit einseitigem, halbrundem Vorsprung) aufgeklebt ist. Je nach Schwärzung bzw. Größe desselben erscheint bei Öffnung dieses Projektors auf der Wand ein scharfes Bild dieses Filmstückchens (Gegenstand) von bestimmter Helligkeit und Größe, das durch Bewegen der Glasscheibe in der Bildebene des Projektors an alle Stellen der Wand projiziert und durch Drehung der Glasscheibe auch in sich verdreht werden kann. Betätigt man nun durch eine von einem Synchronmotor angetriebene Schaltwalze den Verschluß einmalig sehr schnell, so erscheint blitzartig der Gegenstand auf der Projektionswand, sobald der Verschluß für eine sehr kurze Zeit den

Projektor öffnet, in dessen Bildebene sich das Filmstückchen befindet. Durch ein Übersetzungsgetriebe mit kleinen Schaltstufen kann man den Gegenstand in kleinen Stufen von 0,005 s bis zu einigen min auftauchen lassen, wobei vor jedem neuen Auftauchen seine Lage auf der Projektionswand verändert wird. Eine größere Anzahl von Beobachtern, die in mehreren Metern Abstand vor der Wand sitzen, haben nun bei allmählich verlängerter Auftauchzeit des Gegenstandes anzugeben, ob sie ihn gesehen haben und an welcher Stelle der gesamten Wandfläche er sich befand. Eine größere Anzahl Glasscheiben mit Filmstückchen verschiedener Schwärzung (Lichtdurchlässigkeit) und verschiedener Größe können gegeneinander ausgetauscht werden.

Diese Einrichtung gestattet, mit Hilfe der Wahrnehmungszeit (t s) den Einfluß des Kontrastes zwischen Gegenstand und Umfeld und den Einfluß der

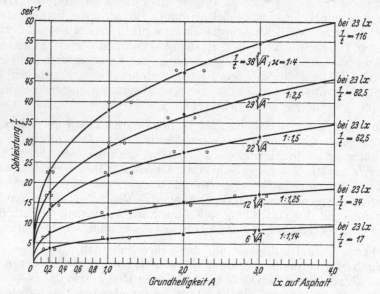

Abb. 942.   Sehleistung als Funktion der Umfeldleuchtdichte (= Grundhelligkeit A) für Kontraste $x = 1:1,14$, $1:1,25$,
1:1,5, 1:2,5 und 1:4 bei 1° Sehwinkel. (C. G. Klein: Licht u. Lampe 1931.)

Abmessungen des Gegenstandes (Sehwinkelgröße) exakt zu untersuchen und ferner den Einfluß der Adaptation des Auges durch Änderung der Wandhelligkeit festzustellen. Da der Gegenstand eine besonders gekennzeichnete Gestalt (einseitiger Vorsprung) hat, kann außer den Reizschwellenwerten (erste Wahrnehmbarkeit) auch die Erkennung der Form studiert werden. Abb. 942 gibt die gefundenen *Wahrnehmungszeiten* für die Reizschwelle [reziprok als $1/t\,(\mathrm{s}^{-1})$ aufgetragen und im folgenden mit „*Sehleistung*" bezeichnet] bei Kontrasten $x = 1:1,14;\ 1:1,25;\ 1:1,5;\ 1:2,5$ und $1:4$ *als Funktion der Horizontalbeleuchtung* (in lx) auf der Straßenoberfläche an, wobei die gesehene Leuchtdichte (Grundhelligkeit A der Projektionswand), die ein Maß für die Adaptation ist, gleich den Abszissenwerten (lx), multipliziert mit dem Faktor 0,21 (dem angenommenen Reflexionsvermögen der Asphaltdecke) ist. Die Abmessungen des Gegentandes und der Abstand der Beobachter von der Projektionswand sind für diese Untersuchung so gewählt worden, daß der Sehwinkel 1° beträgt. Die gefundenen Kurven (Abb. 942) können mit sehr guter Annäherung durch die folgende Gleichung (2) dargestellt werden:

$$1/t = F \cdot \sqrt[3]{A}\,. \tag{2}$$

Hierin ist A die Horizontalbeleuchtungsstärke (lx), der eine Leuchtdichte von $0,21 \cdot A$ (asb) entspricht (s. oben), und F ein im folgenden näher angegebener Faktor für beliebige Kontraste. Diese Gleichung zeigt, daß die

Sehleistung des Auges $[1/t\,(s^{-1})]$ proportional der dritten Wurzel aus der Umfeldhelligkeit ist. Der Einfluß des Kontrastes des Gegenstandes zum Umfeld kennzeichnet sich lediglich durch einen Faktor F, dessen Wert aus der Kurventafel Abb. 943 entnommen werden kann. Auf der Abszisse ist hier das

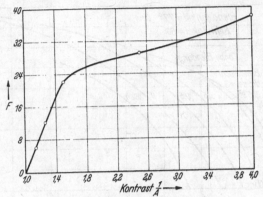

Abb. 943. Faktor F in Gleichung (2) als Funktion des Kontrastes 1/A. (C. G. KLEIN: Licht u. Lampe 1931.)

Verhältnis $1/A$ (= Gegenstandsleuchtdichte : Umfeldleuchtdichte) aufgetragen (z. B. $F = 38$ bei Kontrast 1/4, d. h. das Umfeld ist viermal so hell wie der Gegenstand).

Um nun als weiteren wichtigen Faktor für die Wahrnehmung auf der Straße den *Einfluß der Blendung* zu ermitteln, wurde die Prüfeinrichtung in der Weise erweitert, daß vor der Projektionswand am oberen Rand derselben eine Blendlichtquelle angebracht wurde, deren Leuchtdichte (sb) und Abmessungen (Sehwinkelgröße) meßbar verändert werden

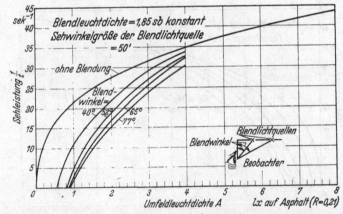

Abb. 944. Sehleistung (für Kontrast 1:1,5) bei Blendstörung als Funktion der Umfeldleuchtdichte für Blendwinkel 40°, 52°, 65° und 77° gegen die Vertikale bei einer Blendleuchtdichte von 1,85 sb und 50′ Sehwinkel der Blendlichtquelle. (C. G. KLEIN: Licht u. Lampe 1931.)

konnten. Ferner war es möglich, die Richtung, aus der die Blendstörung kam (Blendwinkel), zu ändern, wobei der „Blendwinkel" zwischen der Senkrechten am Beobachtungspunkt und der Richtung, aus der die Blendstörung kam, gemessen wurde.

Abb. 944 gibt die gefundenen Kurven für die *Sehleistung ohne Blendung sowie mit Blendung* für Blendwinkel von 40°, 52°, 65° und 77° gegen die Vertikale an. Die Leuchtdichte der Blendlichtquelle ist bei diesem Versuch mit 1,85 sb und ihre Sehwinkelgröße mit 50′ als konstant gewählt worden. Diese Kurven geben also für eine bestimmte Blendstörung bereits einen Teilaufschluß über den Einfluß der Blendung auf die Sehleistung durch Straßenleuchten in verschieden großen Aufhängehöhen bzw. Abständen vom Beobachter an. Abb. 945 zeigt die Abhängigkeit der Sehleistung von den verschiedenen Blendleuchtdichten 0,05 sb; 0,5 sb; 1,85 sb; 6 sb und 13 sb. Hier ist der Blendwinkel mit

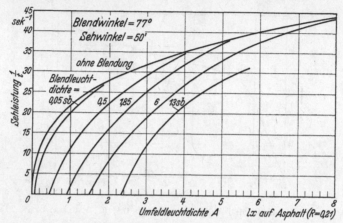

Abb. 945. Sehleistung (für Kontrast 1:1,5) bei Blendstörung als Funktion der Umfeldleuchtdichte für Blendleuchtdichten von 0,05, 0,5, 1,85, 6 und 13 sb bei einem Blendwinkel von 77° gegen die Vertikale und 50′ Sehwinkel der Blendlichtquelle. (C. G. KLEIN: Licht u. Lampe 1931.)

77° gegen die Vertikale und der Sehwinkel der Blendlichtquelle mit 50′ konstant gelassen. Die Kurve ohne Blendstörung ist zum Vergleich eingetragen. Es ist interessant, aus dieser Kurventafel festzustellen, daß die Kurven für die verschiedenen Blendleuchtdichten allmählich in die Kurve ohne Blendstörung

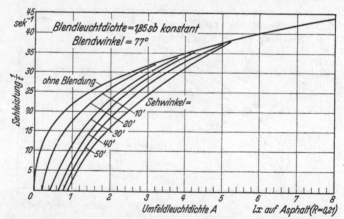

Abb. 946. Sehleistung (für Kontrast 1:1,5) bei Blendstörung als Funktion der Umfeldleuchtdichte für Sehwinkel der Blendlichtquelle von 10′, 20′, 30′, 40′ und 50′ bei einem Blendwinkel von 77° gegen die Vertikale und einer Blendleuchtdichte von 1,85 sb. (C. G. KLEIN: Licht u. Lampe 1931.)

einlaufen, sobald die Umfeldleuchtdichte eine bestimmte Größe erreicht, eine Tatsache, die z. B. beobachtet werden kann, wenn man in einem langen, künstlich beleuchteten Tunnel die Lichtquellen einmal im dunkelsten Teil des Tunnels, einmal in seiner hellen Ein- oder Ausfahrt auf Blendstörung hin betrachtet. Hier zeigt sich bereits ein allerdings heute noch sehr kostspieliger Weg zur Beseitigung der Blendstörung auf der Straße, nämlich eine starke Erhöhung der Umfeldhelligkeit, also des gesamten Niveaus der Straßenbeleuchtung. Wie groß diese Leuchtdichte sein müßte, um die ohne Blendstörung vorhandene Sehleistung zu erhalten, läßt sich aus den Einlaufstellen der Blendstörungskurven in die Kurve ohne Störung ablesen.

In Abb. 946 ist als letztes die *Größe der Blendlichtquelle* verändert, und zwar betragen die untersuchten Sehwinkelgrößen der Lichtquellen 10′, 20′, 30′, 40′ und 50′. Die Kurve der Sehleistung ohne Blendstörung ist wieder eingetragen. Der Blendwinkel der Blendlichtquelle ist mit 77° gegen die Vertikale und die Blendleuchtdichte mit 1,85 sb konstant gelassen. Hier zeigt sich deutlich, daß die Blendstörung nicht allein von der Leuchtdichte, sondern auch von der Größe der blendenden Lichtquelle bzw. Leuchte, richtiger von ihrer Sehwinkelgröße, abhängt, eine wichtige Tatsache, die leicht übersehen wird, weil im allgemeinen mit einer Vergrößerung der Lichtquelle bzw. Leuchte

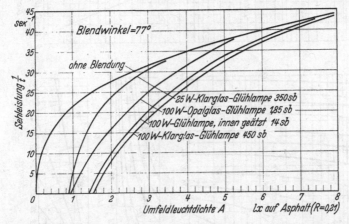

Abb. 947. Sehleistung (für Kontrast 1:1,5) bei Blendstörung als Funktion der Umfeldleuchtdichte für Glühlampen verschiedener Leuchtdichte und Sehwinkelgröße bei einem Blendwinkel von 77° gegen die Vertikale. (C. G. KLEIN: Licht u. Lampe 1931.)

eine Herabsetzung der Leuchtdichte verbunden ist. In Abb. 947, die die gleichen Zusammenhänge wie die Abb. 945 wiedergibt, sind nun die Sehleistungskurven für praktisch verwendete Lichtquellen, nämlich für die 25 W-Klarglasglühlampe (350 sb), 100 W-Opalglasglühlampe (1,85 sb), 100 W-Mattglasglühlampe (14 sb) und 100 W-Klarglasglühlampe (450 sb) eingetragen, wie sie durch Messungen der beschriebenen Art gefunden worden sind. Hier bestätigt sich deutlich das Vorhergesagte, nämlich daß es nicht auf die Leuchtdichte der Lichtquelle allein, sondern auch auf die Sehwinkelgröße ankommt, wie die Lage der Kurve der 25 W-Klarglasglühlampe mit 350 sb und kleinem Sehwinkel und die der 100 W-Opalglasglühlampe mit 1,85 sb und großem Sehwinkel zeigt. Die Sehwinkelgrößen der verschiedenen Lampen waren folgende: Klarglasglühlampe etwa 22′, Mattglaslampe etwa 38′ und Opalglasglühlampe etwa 50′. (Über die genauen Daten und die Verteilung der Leuchtdichte über die gesehene Fläche der Blend-Lichtquellen vgl. die erwähnte Arbeit von C. G. KLEIN.)

Die in den Kurventafeln Abb. 942...947 dargestellten Zusammenhänge lassen sich nun zu einer Tafel Abb. 948 zusammenstellen, die es ermöglicht, bei der *Projektierung einer Straßenbeleuchtungsanlage* im voraus Angaben über den Störeinfluß der Straßenleuchten zu machen, wenn deren Leuchtdichte, Sehwinkelgröße und die Blendwinkel (scheinbare Abstände der Leuchten von dem wahrzunehmenden Gegenstand) bekannt sind und die Umfeldleuchtdichte

der Straßenoberfläche mittels der früher behandelten Leuchtdichteverteilungskurven für die Straßendecke ermittelt worden ist.

In dieser Tafel kann zunächst mittels des Hilfsdiagramms (unten) aus dem horizontalen
Abstand (a_m) des Beobachters vom Leuchtenfußpunkt und der Aufhängehöhe der Leuchte

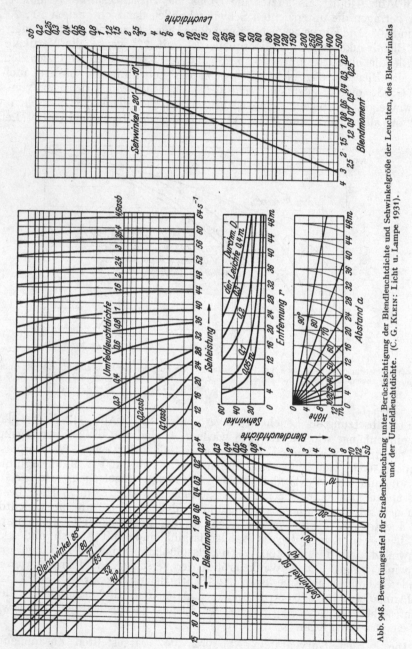

Abb. 948. Bewertungstafel für Straßenbeleuchtung unter Berücksichtigung der Blendleuchtdichte und Sehwinkelgröße der Leuchten, des Blendwinkels und der Umfeldleuchtdichte. (C. G. Klein: Licht u. Lampe 1931).

über der Horizontalen durch die Augenhöhe des Straßenbenutzers (etwa 1,50 m) der Blendwinkel (scheinbarer Abstand der Leuchte vom wahrzunehmenden Gegenstand) abgelesen
werden. Die Kenntnis dieses Blendwinkels gestattet nun zunächst, aus der Lichtverteilungskurve der Straßenleuchte die Lichtstärke zu finden, die in Richtung auf das Auge des
Beobachters gestrahlt wird. Da jedoch nicht die Lichtstärke, sondern die Leuchtdichte

(Blendleuchtdichte) der Leuchte in dieser Richtung sowie ihre scheinbare Größe (Sehwinkelgröße) für die Blendstörung maßgebend sind, muß die Lichtstärke zunächst durch die bekannte Fläche der Straßenleuchte, die sich dem Beobachter darbietet, dividiert oder eine Leuchtdichteverteilungskurve der Leuchte hinzugezogen werden. Die scheinbare Größe (Sehwinkelgröße) dieser Fläche, wie sie vom Beobachter gesehen wird, kann aus dem darüber befindlichen Diagramm in Verbindung mit dem ersten Diagramm gefunden werden, indem man von der Grundlinie dieses Diagramms (Abstand a_m) auf einem Kreisbogen um den Anfangspunkt (0-Punkt) des Diagramms nach oben geht und so die Entfernung r (m) des Auges von der Leuchte ermittelt. Aus dieser Entfernung (r) und der wahren Größe der gesehenen leuchtenden Fläche der Leuchte, die im Diagramm als Zylinderfläche mit einem Durchmesser D eingesetzt ist, findet man auf der Ordinatenachse den zugehörigen Sehwinkel (in min). Jetzt kann man das Hauptdiagramm in folgender Weise benutzen: Man beginnt auf der senkrechten, unteren Achse des Diagramms und geht von der bekannten Leuchtdichte (sb) der Lichtquelle oder Leuchte nach links bis zu der Kurve für den durch das Hilfsdiagramm gefundenen Sehwinkel der leuchtenden Fläche (in min), von dort aus senkrecht nach oben bis zu der schrägen Graden für den Blendwinkel (in Grad), dessen Größe bereits durch das Hilfsdiagramm gefunden wurde. Von dort aus geht man horizontal nach rechts weiter bis zur Kurve der Umfeldleuchtdichte, die im Diagramm mit „asb" bezeichnet ist (errechnet aus „lx auf Asphalt", wobei ein Reflexionsvermögen des Asphalts von 0,21 zugrunde gelegt ist). (Die Kurve 2 asb im Diagramm würde also einer Beleuchtung der Asphaltdecke von $2 : 0,21 \sim 10$ lx entsprechen.) Geht man nun senkrecht nach unten, so findet man die Sehleistung $[1/t\,(s^{-1})]$. Das Diagramm gilt für eine Sehwinkelgröße des Gegenstandes von 1°, der etwa der Größe einer Person in einem Abstand von 30 m vom Beobachter entspricht, also praktischen Verhältnissen auf der Straße wenigstens annähernd gerecht wird. Als Kontrast liegt dem Diagramm der Kontrast 1 : 1,5 zugrunde, der auch bei allen früheren Untersuchungen (Abb. 942...947) benutzt worden ist. Da sich das Hauptdiagramm nur für Leuchtdichten der Blendlichtquellen bis 15 sb benutzen läßt, ist rechts ein weiteres Hilfsdiagramm vorgesehen, das für die bei nackten Lichtquellen auftretenden hohen Leuchtdichten und kleinen Sehwinkel gilt. Aus diesen beiden Faktoren, die neben dem Blendwinkel und der Umfeldhelligkeit die Blendstörung ausmachen, ergibt sich auf der Abszisse ein Wert (in der Tafel mit „Blendmoment" bezeichnet), der nun wieder in das Hauptdiagramm, und zwar auf der linken horizontalen Achse, eingesetzt wird und auf dem Wege über Blendwinkel und Umfeldleuchtdichte die Sehleistung ergibt.

Die Projektierungstafel gestattet nun, verschiedene Leuchten und Beleuchtungsanordnungen auf die bei ihnen erzielte Sehleistung zu untersuchen, und zwar mit Verwendung der früher angegebenen Leuchtdichteverteilungskurven der Straßendecken zur Ermittlung der Umfeldleuchtdichte für einen Kontrast 1 : 1,5. Für andere Kontraste gibt Abb. 943 die Faktoren F an, mit denen die gefundene Sehleistung $1/t$ multipliziert werden muß. Da Abb. 948 für Kontrast 1 : 1,5 gilt und hierfür $F = 22$ ist, muß $1/t$ z. B. bei Kontrast 1 : 1,14 mit $6/22 = 0,27$ multipliziert werden.

Die allgemein gültigen Ergebnisse der beschriebenen Untersuchungen können wie folgt *zusammengefaßt* werden: 1. Für ungestörtes Sehen ist die Sehleistung, ausgedrückt durch den reziproken Wert der Wahrnehmungsgeschwindigkeit $[1/t\,(s^{-1})]$, proportional der dritten Wurzel der Umfeldleuchtdichte (Gl. 2), und der Einfluß des Kontrastes ist gegeben durch einen Faktor (F), der sich aus dem Verhältnis von Gegenstandsleuchtdichte und Umfeldleuchtdichte ergibt (vgl. Kurve Abb. 943). 2. Ungleichmäßig ausgeleuchtete Umfelder ergeben keinen mittleren Adaptationszustand (die Untersuchungen, die zu diesem Ergebnis geführt haben, sind im vorhergehenden nicht aufgeführt; vgl. hierzu die Originalarbeit von C. G. KLEIN). 3. Die Blendstörung wächst mit der Annäherung der Lichtquelle oder Leuchte an die Horizontale (Blendwinkel) bei waagerecht angenommener Blickrichtung bzw. allgemein mit der Annäherung der Lichtquelle an den wahrzunehmenden Gegenstand. 4. Die Blendstörung ist nicht nur von der Leuchtdichte der Lichtquelle oder Leuchte, sondern auch von deren scheinbarer Größe (Sehwinkelgröße) abhängig. 5. Zur Untersuchung der Blendstörung in Straßenbeleuchtungsanlagen genügt es nicht, die Leuchtdichte der Lichtquellen und Leuchten und deren Sehwinkelgröße zu betrachten, sondern diese Faktoren müssen in Zusammenhang mit ihrer Anordnung in der Straße (Blendwinkel) und der von ihnen erreichten Leuchtdichte der Straßendecke (Umfeldleuchtdichte) bewertet werden.

Wendet man die gewonnenen Ergebnisse der Untersuchungen über die Sehleistung für *praktische Fälle* an, so kann man die Sichtverhältnisse auf der Straße für eine bestimmte Anlage durch Kurven darstellen. In Ergänzung der Kurven der Leuchtdichteverteilung auf der Straßendecke, wie sie in Abb. 941 angegeben sind, muß man dann außer den Bodenleuchtdichten noch die Leuchtdichten der wahrzunehmenden Gegenstände auf der Straße, die durch die

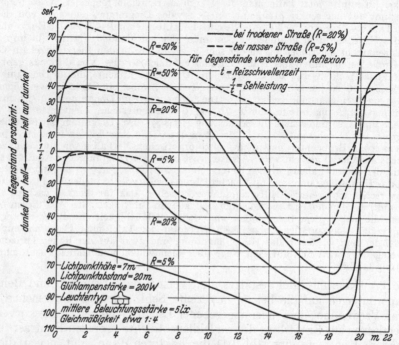

Abb. 949. Sichtverhältnisse auf der Straße (Sehleistung) für Gegenstände verschiedenen Reflexionsvermögens ($R = 5\%$; 20% und 50%) bei trockenem und nassem Zustand der Straßendecke ohne Blendstörung. (Zeiß Ikon A.G. Goerz-Werk, Berlin.)

Vertikalkomponente der Beleuchtung und das Reflexionsvermögen der Gegenstände gegeben sind, berücksichtigen, um auf dem Wege über den Kontrast von Gegenstand zur Straßenoberfläche die Sehleistung zu ermitteln. Abb. 949, darstellend die Sichtverhältnisse auf der trockenen und nassen Straße bei einer gegebenen Beleuchtungsanlage ohne Blendeinfluß, ist folgendermaßen entstanden.

Zu untersuchen ist eine Beleuchtungsanlage mit 7 m Lichtpunkthöhe und 20 m Lichtpunktabstand. Die mit einem unten offenen Opalüberfangglaszylinder ausgerüsteten Leuchten sind mit 200W-Glühlampen besteckt und sollen auf der Fahrbahn eine mittlere Beleuchtungsstärke auf dem Boden von 5 lx bei einer Gleichmäßigkeit von etwa 1 : 4 erzeugen. Die Straßendecke soll aus Granitpflaster mit 20% Reflexionsvermögen bestehen, so daß die mittlere Leuchtdichte auf der Fahrbahn 1 asb beträgt. Der Einfachheit halber ist für das vorliegende Beispiel eine mittlere Leuchtdichte der Straßendecke angenommen worden. Tatsächlich entspricht die Leuchtdichteverteilung, obgleich die Granitdecke verhältnismäßig rauh ist (Abb. 929), nicht der Horizontalbeleuchtungsverteilung, wie aus den Leuchtdichteverteilungskurven für Granitpflaster (Abb. 930...933 und 937) hervorgeht. Für die Kurventafel Abb. 949 werden nun drei verschieden reflektierende Gegenstände (Personen od. dgl.) auf ihrem Wege von dem Punkt unter einer Leuchte (0 m) bis zu dem Punkt unter der nächsten Leuchte (20 m) betrachtet. Aus der Lichtverteilungskurve der verwendeten Leuchte ist die Vertikalbeleuchtungsstärke der Gegenstände (auf der dem Beobachter zugewandten, in der Abb. 949 linken Seite) für jeden Punkt der 20 m langen Strecke errechnet und daraus durch Multiplikation mit den drei Reflexionsvermögen der Gegenstände ($R = 5\%$, 20% und 50%) die Leuchtdichte derselben ermittelt. Der Verlauf der Kurven für die drei Gegenstände bei trockener Straßendecke (ausgezogene Kurven) läßt nun folgendes erkennen.

Unter der Leuchte erhalten die Gegenstände nur eine geringe Vertikalbeleuchtung, die sich infolge ihrer verschieden großen Reflexionsvermögen in bezug auf Kontrastbildung gegen die als gleichmäßig angenommene Leuchtdichte der Straßendecke in der Weise auswirkt, daß der besser reflektierende Gegenstand ($R = 50\%$) hell gegen die dunklere Straßendecke erscheint, während die schlechter reflektierenden Gegenstände ($R = 20\%$ und 5%) sich bereits als dunkle Silhouetten gegen die hellere Straßendecke abheben.

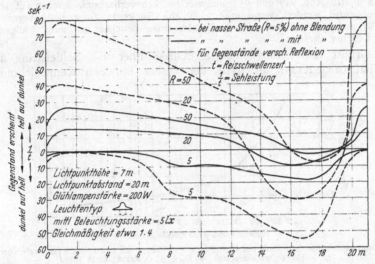

Abb. 950. Sichtverhältnisse auf der Straße (Sehleistung) für Gegenstände verschiedenen Reflexionsvermögens ($R = 5\%$; 20% und 50%) bei nassem Zustand der Straßendecke ohne und mit Blendstörung. (Zeiß Ikon A.G. Goerz-Werk, Berlin.)

Bewegen sich die Gegenstände in Richtung auf den Fußpunkt der nächsten Leuchte weiter, so erhalten sie auf ihrer Rückseite eine höhere Vertikalbeleuchtung bzw. Leuchtdichte, was für den Gegenstand mit $R = 50\%$ eine wesentlich bessere Wahrnehmbarkeit (hell gegen die dunklere Straßenoberfläche) zur Folge hat. Der Gegenstand mit $R = 20\%$ hat dagegen in einem Abstand von 1 bis etwa 3 m eine Leuchtdichte, die mit der der Straßenoberfläche praktisch übereinstimmt. Hier ist also eine Straßenstrecke vorhanden, auf der ein Gegenstand mit dem Reflexionsvermögen $R = 20\%$ nicht mehr gesehen werden kann, da der Kontrast zwischen ihm und der Straßenoberfläche so gering geworden ist, daß er unterhalb der für die Umfeldleuchtdichte geltenden Reizschwelle für die Kontrastwahrnehmung liegt. Für den Ordinatenmaßstab ist die „Sehleistung" [$1/t(\mathrm{s^{-1}})$] an Stelle der Kontraste gewählt worden, d. h. es ist der Einfluß der Umfeldleuchtdichte auf die Kontrastwahrnehmung bereits in den Ordinatenmaßstab enthalten. Der hierfür gültige Zusammenhang zwischen Umfeldleuchtdichte, Kontrastwahrnehmung und Sehleistung ist auf S. 808 erläutert; vgl. auch Gleichung (2), die die Proportionalität mit der dritten Wurzel zwischen Sehleistung [$1/t\,(\mathrm{s^{-1}})$] und Kontrast (A) aufzeigt, sowie die Abb. 942 und 943. Die Kurve für den dritten Gegenstand ($R = 5\%$) liegt weit unten und ergibt daher eine gute Wahrnehmbarkeit in Form einer dunklen Silhouette auf hellerer Straßenoberfläche. Es ist hier vorausgesetzt, daß heller Gegenstand auf hellem Umfeld und dunkler Gegenstand auf hellem Umfeld bei gleichen Kontrasten die gleichen Wahrnehmungszeiten und damit Sehleistungen ergeben. Bei zunehmender Entfernung der Gegenstände von der Leuchte sinken die Vertikalbeleuchtungsstärken schnell, und alle drei Gegenstände bilden dunkle Silhouetten gegen die hellere Straßenoberfläche. Hierbei tritt allerdings für den Gegenstand $R = 50\%$ bei 11 m ebenfalls eine Stelle auf, an der er die gleiche Leuchtdichte wie die Straßenoberfläche hat, also für kurze Zeit nicht mehr wahrnehmbar ist. Für die nasse Straße, deren Reflexionsvermögen mit 5% (Leuchtdichte 0,25 asb) angenommen ist, gelten die entsprechenden gestrichelten Kurven. Da die Straßenoberfläche jetzt nur noch ein Viertel der Leuchtdichte des Bodens aufweist, die Leuchtdichte der Gegenstände jedoch gleich der bei trockener Straße ist, rücken alle drei Kurven höher in den Bereich des Kontrastes Hell gegen Dunkel. Nur die Kurve des Gegenstandes mit $R = 5\%$ liegt noch vollständig im Bereich Dunkel auf Hell.

Abb. 950 zeigt die Sichtverhältnisse für die gleiche Beleuchtungsanlage bei Regen, jedoch mit einer verhältnismäßig geringen Blendstörung durch eine Straßenleuchte (Opalglasleuchte mit 200 W-Glühlampe). Infolge des Blendeinflusses verlängert sich die Wahrnehmungszeit, und damit sinkt die Sehleistung $[1/t \; (\text{s}^{-1})]$ für die gleichen Kontraste gegenüber der Sehleistung ohne Blendung. Da das gleichbedeutend mit einer Veränderung des Sehleistungsmaßstabes wäre, rücken bei Beibehaltung des ursprünglichen Maßstabes alle drei Kurven (gestrichelt) in gleicher Weise auf die Nullinie zu (ausgezogene Kurven). Die Sichtverhältnisse werden also für alle drei Gegenstände gleichartig verschlechtert, und die Wahrnehmungszeiten werden länger, so daß sie für eine rechtzeitige Reaktion u. U. nicht mehr ausreichen, der Gegenstand also entweder zu spät oder gar nicht wahrgenommen wird. Die in den Abb. 949 und 950 analysierten Sichtverhältnisse können auf der Straße leicht beobachtet werden, wenn man z. B. die Rückseite eines hellfarbigen Wagens $(R = 50\%)$ auf seiner Fahrt vom Fußpunkt einer Leuchte bis zum Fußpunkt der nächsten Leuchte verfolgt.

Auf Grund der Untersuchungsergebnisse über die Sehleistung auf der Straße hat C. G. Klein an Stelle der bisher üblichen Kennzeichnung der

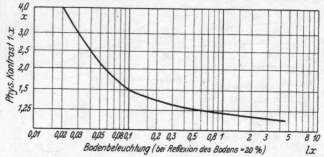

Abb. 951. Kontrast zwischen Gegenstand und Umfeld (1:x) als Funktion der Leuchtdichte der Straßenoberfläche für eine Wahrnehmungszeit von $^1/_{10}$ s. (C. G. Klein: Licht 1931.)

Straßenbeleuchtung nach ihrer mittleren Beleuchtung und Gleichmäßigkeit eine Kennzeichnung nach Gütegraden vorgeschlagen, die auf der Sehleistung in Abhängigkeit von der Leuchtdichte der Straßenoberfläche aufgebaut ist. Seine Gütedefinition lautet folgendermaßen: *Die Güte einer Beleuchtungsanlage wird gekennzeichnet durch den Mindestkontrast, den ein Gegenstand von 1° Sehwinkelgröße zu seinem Umfeld (Straßenoberfläche) aufweisen muß, um in einer bestimmten Zeit — etwa $^1/_{10}$ s für den Autofahrer — sicher wahrgenommen werden zu können.* Oder auch anders ausgedrückt: *Die Güte einer Beleuchtungsanlage wird gekennzeichnet durch die Zeit, die notwendig ist, um einen Gegenstand von 1° Sehwinkelgröße bei einem bestimmten Kontrast zum Umfeld sicher wahrzunehmen.* Die Abb. 951…953 geben eine graphische Darstellung einer solchen Kennzeichnung. Abb. 951 zeigt die Abhängigkeit des Kontrastes von Gegenstand zu Umfeld in Abhängigkeit von der Leuchtdichte der Straßenoberfläche in asb (= lx · 0,2 für $R = 20\%$ der Straßendecke) bei einer zugrunde gelegten Wahrnehmungszeit von $^1/_{10}$ s und unter Voraussetzung gleichmäßiger Beleuchtung. Aus der Kurve ist deutlich ersichtlich, daß bei geringer werdendem Kontrast die Leuchtdichte der Straßenoberfläche schnell anwachsen muß, um in der gleichen Zeit ($^1/_{10}$ s) eine gleich sichere Wahrnehmung zu haben. Abb. 952 zeigt das Prinzip einer Gütegradkennzeichnung, die wie folgt entstanden ist:

Beim Anwachsen der Beleuchtung auf der Straße (Umfeld- oder Adaptationsleuchtdichte) steigert sich die Wahrnehmbarkeit von Kontrasten (Unterschiedsempfindlichkeit) ständig, d. h. das Auge kann einen bestimmten Kontrast in immer kürzer werdender Zeit wahrnehmen. Vergleicht man diese Eigenschaft des Auges mit dem Verhalten der lichtempfindlichen Schicht einer photographischen Platte, die früher nach „Scheiner-Graden", heute

nach „DIN-Graden" bemessen wird (die Erhöhung um 1° Scheiner z. B. bedeutete eine Verkürzung der Belichtungszeit um etwa 30%), so kann man ähnliche Empfindlichkeitsgrade

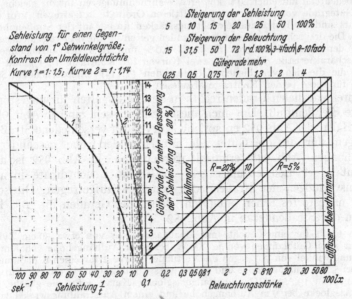

Abb. 952. Gütegradtafel für Straßenbeleuchtung. Sehleistung als Funktion der Beleuchtungsstärke auf der Straßenoberfläche für verschiedene Reflexionsvermögen der Straßendecke (R = 5%, 10% und 20%) und für die Kontraste
1:1.14 und 1:1.5 ohne Blendstörung. (C. G. KLEIN: Licht 1932.)

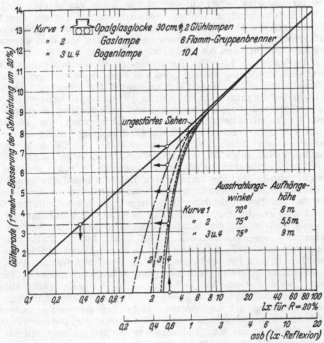

Abb. 953. Gütegradtafel für Straßenbeleuchtung. Gütegrade als Funktion der Beleuchtungsstärke bzw. Leuchtdichte
der Straßenoberfläche ohne Blendung und bei verschiedenen Blendstörungen. (C. G. KLEIN: Licht 1932.)

dem Auge für verschiedene Adaptationsleuchtdichten zuordnen, um die bisher übliche
physikalische Kennzeichnung nach der Beleuchtungsstärke oder Leuchtdichte durch eine

physiologische zu ersetzen. Abb. 952 ist so entwickelt, daß die Stufung der Empfindlichkeit (Wahrnehmungszeit) 20% beträgt, d. h. die Erhöhung der Güte der Anlage um 1 „Grad" ist gleichbedeutend mit einer 20% kürzeren Wahrnehmungszeit für die gleiche Sehaufgabe. Es sind Gütegrade von 1...14 auf der mittleren Ordinate aufgetragen. Auf der Abszisse nach rechts sind die Horizontalbeleuchtungsstärken (in lx) auf der Straßenoberfläche aufgetragen. Die drei schräg verlaufenden Geraden gelten für die drei verschiedene Reflexionsvermögen der Straßendecke von $R = 5\%$, 10% und 20% bei angenommener diffuser Reflexionscharakteristik. Links sind zwei Kurven für Kontraste 1 : 1,5 und 1 : 1,14 eingetragen, die die den verschiedenen Gütegraden (1..14) entsprechenden Sehleistungen $[1/t \ (s^{-1})]$ für diese beiden Kontraste abzulesen gestatten.

Die drei parallelen Graden rechts in der Tafel gelten für ungestörtes Sehen, also ohne Blendeinfluß. Um auch diesen zu erfassen, sind in Abb. 953, die der rechten Hälfte der Abb. 952 entspricht, Kurven für verschiedene Straßenleuchten eingetragen, für die die Gütegrade mit Hilfe der früher geschilderten Blenduntersuchungen (Abb. 948) ermittelt worden sind. In Abb. 952 ist auf der Abszisse außer der Beleuchtungsstärke in lx die Leuchtdichte in asb für ein Reflexionsvermögen der Straßendecke von 20% aufgetragen. Die schräge Gerade für ungestörtes Sehen entspricht daher der Geraden für 20% Reflexionsvermögen der Straßendecke in Abb. 952.

Kurve 1 gilt für eine Leuchte mit Opalglaszylinder von etwa 30 cm Zylinderdurchmesser mit zwei Glühlampen von je 200 W bei einer Aufhängehöhe von 8 m und einem Ausstrahlungswinkel von 70° gegen die Vertikale, Kurve 2 für einen 6 Flammen-Gruppenbrenner bei 5,5 m Aufhängehöhe und einem Ausstrahlungswinkel von 75°, Kurve 3 für eine Bogenlampe von 10 A mit Opalüberfangglasglocke, Kurve 4 für die gleiche Bogenlampe mit Klarglasglocke bei 9 m Aufhängehöhe und einem Ausstrahlungswinkel von 75°. Bei der Berechnung der Kurven wurde die ungünstigste Stellung des Beobachters zur Lichtquelle (Maximallichtstärke der Lichtquelle in Richtung auf das Auge des Beobachters) und eine ungünstige Lage des Gegenstandes zur Lichtquelle, und zwar das Kontrastverhältnis 1 : 1,5 zwischen Leuchtdichte des Bodens und des Gegenstandes, zugrunde gelegt.

Die Kurven für gestörtes Sehen auf der Straße lassen ein starkes Sinken des Gütegrades gegenüber dem ungestörten Sehen, insbesondere für geringe Leuchtdichten der Straßenoberfläche (Umfeldleuchtdichte), erkennen. Bei einer Beleuchtungsstärke von z. B. 3 lx auf einer Straßendecke mit 20% Reflexionsvermögen (rein streuend angenommen), entsprechend einer Leuchtdichte von 0,6 asb, beträgt nach der Tafel der Gütegrad für ungestörtes Sehen (Idealfall) etwa 7,2. Bei der geringsten Blendstörung laut Kurve 1 (Opalglasleuchte) tritt eine Minderung auf 6,2, also um etwa einen Gütegrad ein, d. h. die erforderliche Wahrnehmungszeit verlängert sich gegenüber dem störungsfreien Sehen um etwa 20% für die gleiche Sehaufgabe. Für die Kurve 2 (Gaslampe) beträgt die Verminderung mehr als 2 Grade (Gütegrad 5) für die Kurven 3 und 4 (Bogenlampen) etwa 4 Grade (Gütegrade 3,4 bzw. 3). In dem betrachteten Leuchtdichtebereich von 0,6 asb (= 3 lx auf Straßendecke mit $R = 20\%$) kann demnach die Blendstörung bereits von großem Einfluß auf die physiologisch betrachtete Güte der Anlage sein. Der Gütegrad von etwa 3, der bei den Bogenlampen vorhanden ist, wird bei ungestörtem Sehen schon bei der viel geringeren Leuchtdichte der Straßenoberfläche von 0,06 asb (= 0,3 lx auf der Straßendecke $R = 20\%$) erreicht, also bei $^1/_{10}$ der betrachteten Beleuchtungsstärke von 3 lx. Man muß demnach das Zehnfache der Beleuchtungsstärke bei Vorhandensein der Blendstörung aufwenden, um zu der gleichen Sehleistung zu gelangen, die bei ungestörtem Sehen vorliegt. Andererseits sieht man an der Kurventafel, daß bei einer Leuchtdichte der Straßenoberfläche von 1,6 asb (= 8 lx auf der Straßendecke $R = 20\%$) der Einfluß der Blendung für die betrachteten Anlagen kaum noch merklich ist. Ist das Reflexionsvermögen der Straßendecke geringer (s. Tabelle 1 im Anhang), so ist zur Ausschaltung der Blendstörung noch eine wesentlich höhere Beleuchtungsstärke als 8 lx erforderlich. Da in praktischen Fällen die angenommene streuende Reflexion sehr selten vorhanden ist (siehe das unter „Straßendecken" hierüber Gesagte), und auch die Beleuchtungsverteilung durch die Leuchten im allgemeinen ungleichmäßig ist, so ist eine weitere Steigerung der Beleuchtungsstärke zur Erreichung der ungestörten Sehleistung notwendig, insbesondere, wenn man die am schlechtesten beleuchtete Stelle der Straße zugrunde legt. In praktischen Fällen wird man also stets mit einer Blendstörung rechnen müssen und nur bestrebt sein, diese so gering wie möglich (durch Abschirmung der Leuchten, Wahl der Anordnung, Aufhängehöhe usw.) zu halten, insbesondere, wenn die Reflexion der Straßendecke gering ist bzw. ihre Reflexionseigenschaften derart sind, daß sich dunkle Stellen auf der Straße auftreten. Liegt die Ursache für die Dunkelstellen allerdings in zu großen Lampenabständen oder zu geringen Aufhängehöhen, so daß zwischen zwei Leuchten nur noch eine sehr geringe, praktisch nicht mehr feststellbare Beleuchtung vorhanden ist, so gibt es nur eine Möglichkeit, dem Grenzzustand des ungestörten Sehens nahe zu kommen, indem man die Leuchten gegen das Auge vollständig abschirmt, was praktisch sogar mit Schirmleuchten nur schwer erreichbar ist, da deren Reflektorinnenseite auch in solchem Falle noch eine zu hohe Leuchtdichte haben würde. Hier zeigt sich bereits die Schwierigkeit einer guten, d. h. weitgehend ungestörten Beleuchtung von solchen Straßen, für die wegen ihrer geringeren Verkehrsbedeutung nur wenig Mittel aufgewendet werden sollen (Vorstadtstraßen, Landstraßen), also große Lampenabstände und geringe Aufhängehöhen zur Anwendung kommen. Eine Hilfe zeigt sich hier durch die Eigenkontraste der Gegenstände bzw. durch die Variation des Kontrastes bei wechselndem hellen und dunklen Umfeld (Hintergrund). Innerhalb der Städte ist es jedoch mit den heute zur Verfügung stehenden Mitteln (Leuchten, Anordnungen usw.) durchaus möglich, einen ausreichenden Gütegrad für die Straßenbeleuchtung zu schaffen, und große Schwierigkeiten treten hier nur ein, wenn die Straßendecke sehr dunkel ist und eine sehr glatte Oberfläche hat (stark befahrener Asphalt) oder durch Regen eine stark spiegelnde Reflexion auftritt (vgl. Abb. 917).

c) Entwurf von Straßenbeleuchtungsanlagen.

Um eine Straßenbeleuchtungsanlage in einer Weise zu entwerfen, die dem heutigen Stand der Forschung und der Erkenntnisse entspricht, und die zu einer Anlage führen soll, die den besten mit den zur Verfügung stehenden Mitteln (Lichtquellen, Leuchten) erreichbaren Gütegrad ergibt, wird man etwa in folgender Weise vorgehen müssen:

Zunächst braucht man die Angaben über *Verkehrsbedeutung* und Art der *Straßendecke*, ferner die üblichen Angaben über *Breite* der Straße, getrennt nach Fahrdamm und Bürgersteig, größte mögliche *Aufhängehöhe*, Art der *Bebauung* (Hausfassaden, Vorgärten, Baulücken usw.), Angabe der *Kreuzungsstellen*. Man wird nun in folgender Reihenfolge vorgehen:

Zunächst wählt man eine *Leuchte* aus, deren Lichtausstrahlung für die vorhandene Straßenbreite günstig ist, wobei in erster Linie die Fahrdammbreite maßgebend sein sollte. Man

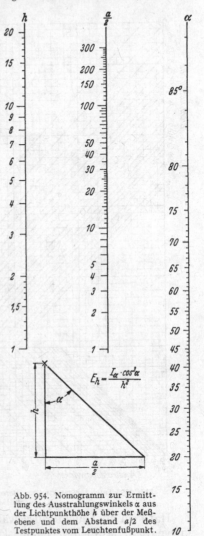

Abb. 954. Nomogramm zur Ermittlung des Ausstrahlungswinkels α aus der Lichtpunkthöhe h über der Meßebene und dem Abstand $a/2$ des Testpunktes vom Leuchtenfußpunkt.

wird für schmalere Straßen Leuchten mit symmetrischem oder asymmetrischem Reflektor verwenden, insbesondere, wenn die Straße nur wenig bebaut ist oder die Art der Hausfassaden eine stärkere Anleuchtung nicht lohnend macht (beim lichtundurchlässigen Reflektor strahlt im allgemeinen auf die Hausfassaden nur geringes Streulicht). Für breitere Straßen wird man symmetrisch strahlende Leuchten verwenden, um die volle Straßenbreite zu beleuchten, oder asymmetrisch strahlende Leuchten in zwei Reihen über der Straße oder an deren Seiten an Masten anordnen. Sollen die Hausfassaden stärker aufgehellt werden (Hauptstraßen, Straßen mit hervorragenden Bauten), so wird man an Stelle von Leuchten mit lichtundurchlässigem Reflektor solche mit Trübglasreflektoren (Opalüberfangglaszylinder oder -schirme) verwenden, wenn man es nicht vorzieht, die Beleuchtung der Straße von der der Fassade zu trennen, d. h. besondere Geräte (z. B. Anstrahler) für die Aufhellung der Fassaden zu verwenden und als Straßenleuchten Leuchten mit lichtundurchlässigen Reflektoren zu wählen, die den Vorteil größerer Wirtschaftlichkeit haben; denn sie gestatten, den größten Teil des Lichtstromes der Lichtquelle auf den Fahrdamm, wo er am nötigsten gebraucht wird, zu lenken.

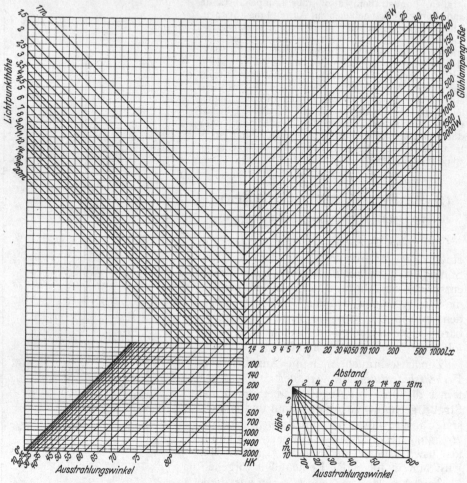

Abb. 955. Tafel zur punktweisen Berechnung der Horizontalbeleuchtungsstärke auf der Straße.
(Zeiß Ikon A.G. Goerz-Werk, Berlin.)

Hat man die Leuchte ausgewählt, so wird man an Hand der Lichtverteilungskurve (bzw. des Lichtverteilungskörpers bei asymmetrisch strahlenden Leuchten) zunächst den *Lampenabstand* für die größte, mögliche Aufhängehöhe (laut Angabe) bestimmen. Hier ist man gezwungen, zunächst eine streuende Reflexion der Straßendecke anzunehmen, um weiterzukommen. Man wird also vorerst die Horizontalbeleuchtung E_h der Fahrbahn für eine Leuchte punktweise nach der Gleichung:

$$E_h = \frac{I_\alpha \cdot \cos^3 \alpha}{h^2} \tag{3}$$

($\cos^3 \alpha$ siehe Tabelle 53 im Anhang, α siehe Nomogramm Abb. 954) oder einer geeigneten Berechnungstafel ermitteln, wie sie z. B. in der Abb. 955 dargestellt ist. Die Hilfstafel rechts unten gibt den Zusammenhang zwischen Lichtpunkthöhe h (m), Abstand des zu untersuchenden Punktes $a/2$ (m) und Ausstrahlungswinkel (α). Mit Hilfe des Winkels α findet man aus der Lichtverteilungskurve

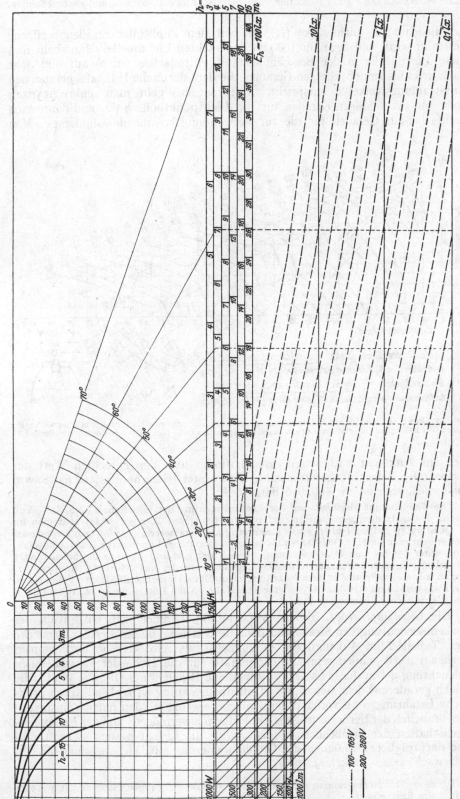

Abb. 956. Tafel zur punktweisen Berechnung der Horizontalbeleuchtungsstärke auf der Straße. (R. Sewig.)
(Siehe Erklärung S. 822).

der Leuchte die Lichtstärke (I_α), die auf den Punkt der Straßenoberfläche gestrahlt wird, und zwar für 1000 lm der nackten Lichtquelle. Man sucht nun diese Lichtstärke in der Berechnungstafel (Mittelachse unten) auf und geht nach links bis zu der schrägen Geraden, die dem durch die Hilfstafel gefundenen Ausstrahlungswinkel α entspricht. Von hier aus geht man senkrecht nach oben bis zur schrägen Geraden für die Lichtpunkthöhe h (m) und dann nach rechts bis zur Geraden für die zur Verwendung kommende Glühlampe. Von

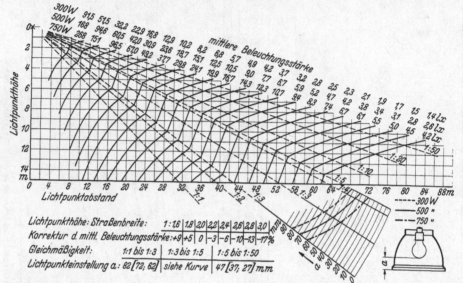

Abb. 957. Berechnungstafel für Straßenbeleuchtung zur Ermittlung der mittleren Horizontalbeleuchtungsstärke und der Gleichmäßigkeit (für eine symmetrisch strahlende Spiegelleuchte). (Zeiß Ikon A.G. Goerz-Werk, Berlin.)

hier aus senkrecht nach unten gehend, findet man den gesuchten Wert der horizontalen Beleuchtungsstärke in lx. Eine weitere Berechnungstafel hat Sewig angegeben. Sie ist in Abb. 956 dargestellt.

Die Tafel beruht gleichfalls auf der Logarithmierung der Gleichung (3), S. 820. Von der im I. Quadranten gezeichneten, auf 1000 lm bezogenen Kurve $I = f(\alpha)$ geht man im II. Quadranten auf log I über, wobei gleichzeitig als Parameter die Aufhängehöhe eingeht. Weiter geht man im III. Quadranten bis zu der verwendeten Lampentype (Faktor $\Phi/1000$), dann unter 45° bis zum IV. Quadranten, wo sich der gesuchte E_h-Wert als Schnittpunkt der gebogenen, dem $\cos^3\alpha$ entsprechenden Leitlinien mit der aus dem I. Quadranten verfolgten α-Linie ergibt und in dem logarithmischen Maßstab rechts abgelesen werden kann. Die Zwischenskalen erlauben für verschiedene Höhen h die Entfernungen in Abhängigkeit von α abzulesen. Näheres vgl. Fußn.[1]

Die *Glühlampengröße*, die zur Verwendung kommen soll, wird nach der Verkehrsbedeutung der Straße und dem Reflexionsvermögen der Straßendecke (vgl. Tabelle 1 im Anhang), die ja zunächst als rein streuend angenommen worden ist, zu wählen sein. Anhaltspunkte für die Höhe der zu wählenden Beleuchtung geben die Leitsätze für künstliche Beleuchtung (F 4, S. 590 f.), die jedoch gerade auf dem Gebiet der Straßenbeleuchtung weitgehend durch praktische Erfahrungen an vorhandenen Anlagen ergänzt werden müssen, insbesondere bezüglich der Berücksichtigung des Reflexionsvermögens und der Reflexionseigenschaften der Straßendecken (man wähle die Leuchten stets so groß, daß eine nachträgliche Erhöhung der Glühlampengröße möglich ist, schon für den Fall wachsenden Verkehrs).

---

[1] Sewig, R.: Nomogramme zur Berechnung von Beleuchtungsstärken. Licht **8** (1938) Heft 3 (im Erscheinen).

Da die Angaben in den Leitsätzen sich auf Mittelwerte neben Mindestwerten beziehen, ist es zweckmäßig, den *Mittelwert* der Straßenbeleuchtung zu berechnen oder mit Hilfe von besonderen Berechnungstafeln zu ermitteln, von denen zwei in den Abb. 957 (für eine Reflektorleuchte mit symmetrisch strahlendem Spiegel laut Abb. 473 in E 3, S. 452) und Abb. 958 (für eine Reflektorleuchte mit asymmetrisch strahlendem Spiegel laut Abb. 480 in E 3, S. 457) gezeigt werden. Diese Tafeln gestatten sowohl die Feststellung der mittleren Beleuchtung als auch der erzielten *Gleichmäßigkeit* für verschiedene

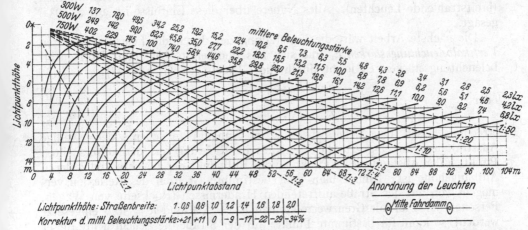

Abb. 958. Berechnungstafel für Straßenbeleuchtung zur Ermittlung der mittleren Horizontalbeleuchtungsstärke und der Gleichmäßigkeit (für eine asymmetrisch strahlende Spiegelleuchte [Ovalspiegel]). (Zeiß Ikon A.G. Goerz-Werk, Berlin.)

Lichtpunktabstände und Aufhängehöhen sowie die Berücksichtigung der Straßenbreite für die mittlere Beleuchtung durch einen Korrekturfaktor. Die Änderung der Gleichmäßigkeit bei Einstellung einer anderen Lichtverteilungskurve durch Verstellen der Glühlampe ist aus Abb. 957 ebenfalls zu entnehmen. Zahlenwerte für den Beleuchtungswirkungsgrad von Straßenleuchten, ausgehend vom Lichtstrom der nackten Glühlampe und bezogen auf den Nutzlichtstrom auf der Straßenoberfläche (= mittlere Beleuchtungsstärke × Oberfläche), können allgemein nicht angegeben werden, da sie nicht nur von der Art der Lichtverteilung (symmetrisch oder asymmetrisch, breitstrahlend oder tiefstrahlend usw.), sondern auch von der Lichtpunkthöhe, Leuchtenanordnung (Aufhängung über Straßenmitte, zweireihig über beiden Fahrbahnhälften, einseitig oder beidseitig an den Bordschwellen usw.) abhängen. Der Beleuchtungswirkungsgrad muß also für jeden Fall besonders ermittelt werden, wozu man sich entweder der Methode der punktweisen Berechnung [Gl.(3)] bzw. Berechnungstafeln Abb. 955 und 956] oder einer Lichtstrommethode (s. B 6) bedient. Es genügt dabei, die Beleuchtungs- bzw. Lichtstromwerte für ein *Flächenstück* der Straße zu ermitteln, wenn die Beleuchtung auf diesem Flächenstück sich auf Grund symmetrischer Leuchtenanordnung stets wiederholt. Bei der Auswahl der Glühlampengröße darf nicht vergessen werden, auf das Reflexionsvermögen der Straßendecke Rücksicht zu nehmen (Tabelle 1 im Anhang).

Hat man so durch Festlegung einer bestimmten Höhe der mittleren Beleuchtungsstärke und einer ausreichenden Gleichmäßigkeit für die ausgewählte Leuchtenart und Aufhängehöhe den zugehörigen Lichtpunktabstand gefunden, so kann man jetzt an den schwierigen Teil der Berücksichtigung der Streucharakteristik der *Straßenoberfläche* gehen, um wenigstens in großen Zügen

zu ersehen, wieweit der tatsächlich eintretende *Helligkeitseindruck* der Straßenoberfläche, d. h. die gesehene Leuchtdichteverteilung den für rein streuende
Reflexion errechneten Bodenbeleuchtungsverhältnissen entspricht. Das ist
besonders wichtig für glatte Straßendecken, z. B. Asphalt und Bitugrus, da
bei diesen starke Abweichungen gegenüber den Horizontalbeleuchtungsverhält-
nissen auftreten; aber auch bei den übrigen, raueren Straßendecken muß
die Kontrolle durchgeführt werden, sobald man Leuchten verwendet, die verhältnismäßig große Ausstrahlungswinkel und damit flache Lichteinfallswinkel
zur Straßendecke aufweisen und in diesen Winkeln größere Lichtstärken besitzen
(breitstrahlende Leuchten). Alles Nähere über diese Einflüsse ist auf S. 793 f.
gesagt.

Die nächste Arbeit wäre die Feststellung der durch die Leuchten erzielten
Vertikalbeleuchtungsstärken E_v, die sich aus den bereits bekannten Horizontalbeleuchtungsstärken E_h leicht durch die Gleichungen (4) oder (5):

$$E_v = E_h \cdot \operatorname{tg} \alpha \tag{4}$$

oder

$$E_v = E_h \cdot a/h \tag{5}$$

errechnen lassen (tg α siehe Tabelle 52 im Anhang), in denen α der jeweilige
Ausstrahlungswinkel gegen die Vertikale in Richtung auf den untersuchten
Punkt, a der Abstand dieses Punktes vom Fußpunkt der Leuchte und h deren
Aufhängehöhe ist. Nimmt man jetzt bestimmte Grenzen des Reflexionsvermögens von auf der Straße auftretenden Hindernissen (Rückseite von Wagen,
Personen usw.) an (als Grenzwerte können $R = 0,5\%$ und $R = 50\%$ eingesetzt
werden), so kann für bestimmte Punkte auf der Straße die Leuchtdichte dieser
Hindernisse ermittelt werden (streuende Rückstrahlung kann hier, wenigstens
für Personen, im allgemeinen angenommen werden). Wie diese Punkte ausgewählt werden, wird von dem vorher gewonnenen Einblick in die Leuchtdichteverhältnisse der Straßendecke abhängen. Daß hierin gewisse Schwierigkeiten liegen, wird zugegeben, doch sind sie an Hand des bereits vorliegenden
Materials und einer gewissen Erfahrung über das Auftreten von gefährlichen
Leuchtdichtestellen auf der Straße wohl zu überwinden. Aus der Leuchtdichte
der Gegenstände und der in Blickrichtung hinter ihnen liegenden Leuchtdichte
der Straßenoberfläche (Umfeldleuchtdichte des Hintergrundes) ergibt sich der
Kontrast, der für die erforderliche Wahrnehmungszeit maßgebend ist. Nimmt
man die zur rechtzeitigen Erkennung des Gegenstandes erforderliche Wahrnehmungszeit, z. B. für Autofahrer (Bremsweg) mit $^1/_{10}$ s an, so gibt Abb. 951
(S. 816) die Beziehungen zwischen dem notwendigen Kontrast als Funktion der
Umfeldleuchtdichte ($= \text{lx} \cdot 0,2$ für 20% Reflexionsvermögen der Straßendecke
das Abb. 951 zugrunde gelegt ist) an. Man kann jetzt durch Verwendung anderer
Leuchtenarten oder auch, wenn nicht zu umgehen, durch Änderung der Leuchtenanordnung Verbesserungen vornehmen, wenn die Kontrastverhältnisse sich als
gefährlich erweisen. Hierbei ist zu bemerken, daß ein Kontrast „dunkler Gegenstand gegen hellen Hintergrund", also ein Silhouetteneffekt, für den Verkehr die
besseren Sichtverhältnisse schafft und daher, soweit möglich, anzustreben ist,
abgesehen davon, daß dabei auch die Adaptation des Auges eine günstigere ist.
Ist das Straßenbeleuchungsniveau und auch die Aufhellung des Straßenraumes
(Straßenbegrenzung usw.) verhältnismäßig hoch, so wird auch der Kontrast
„heller Gegenstand gegen dunkleren Hintergrund" gute Sichtverhältnisse ergeben. Es ist aber stets darauf zu achten, daß, wenn geringe Kontraste auftreten, die Straßenstrecke, auf der sie vorhanden sind, nur kurz ist im Verhältnis zu den Strecken mit gutem Kontrast.

Eine gute Einarbeitung in die heute bereits vorliegenden Erkenntnisse
und vor allem eine durch nichts zu ersetzende *Praxis* wird auch diese die

Kontrastverhältnisse betreffenden Schwierigkeiten überwinden. Es ist in der Tat so, daß der Straßenbeleuchtungsfachmann sich nicht durch theoretisches Studium allein fortbilden kann, sondern nur durch immer neue praktische Beobachtungen auf der Straße, während die Theorie ihm nur dazu verhilft, die Beobachtungen und Versuche auf die wesentlichen Punkte zu lenken und die Ursache der gesehenen Fehler richtig zu erkennen, um Verbesserungsmöglichkeiten zu finden.

Schließlich gehört zu einer vollständigen Planung einer Straßenbeleuchtungsanlage die Kontrolle auf *Blendungsstörung*. Hierzu kann er sich der Abb. 948, die für den Kontrast von $1:1,5$ gilt, bedienen, bei Anstreben einer Wahrnehmungszeit unter $^1/_{10}$s (> 10s^{-1} Sehleistung). Wie sich die aus der Abb. 948 gefundene Sehleistung $[1\,t\,(s^{-1})$, worin t die Wahrnehmungszeit ist], bei anderen Kontrasten ändert, ergibt sich aus der Gleichung (2) bzw. der Abb. 943 für den Faktor F (vgl. S. 813).

Nun gibt es leider noch eine große Schwierigkeit, die bereits einige Male angedeutet worden ist, nämlich die Beleuchtungswirkung der Anlage bei *nassem Zustand der Straße*. Auf S. 794 ist in der Abb. 917 eine Straßenbeleuchtung bei beregneter Straße und teils Asphalt-, teils Granitpflasterdecke gezeigt und beschrieben worden. Für den asphaltierten Teil ergibt sich hier eine katastrophale Änderung der Leuchtdichteverhältnisse des Bodens, und es gibt keine Möglichkeit, diesen Zustand mit den bisher für die Straßenbeleuchtung vorliegenden Mitteln ausreichend zu verbessern. Die hier

Abb. 959. Verbesserung der Sichtverhältnisse auf der Straße bei glatter Straßendecke in nassem Zustand durch große, leuchtende Flächen (vgl. hierzu Abb. 917). (v. D. TRAPPEN: Licht 1935.)

auftretenden Schwierigkeiten sind so groß, daß man ernsthaft auf den Gedanken kommen kann, die Beleuchtung der nassen Straße von der der trockenen zu trennen und so zwei Anlagen zu errichten, von denen jede allein ihren Zweck ganz erfüllt, während andernfalls nur ein mehr oder weniger gutes Kompromiß zustande kommt.

Ein Weg zur Verbesserung der Lichtverhältnisse bei glatter Straßendecke in nassem Zustand ist in Abb. 959 gezeigt, nämlich die Benutzung der spiegelnden Reflexion der Straßenoberfläche zur Spiegelung einer großen, quer über der Straße angebrachten, beleuchteten Fläche. Auch schmale Lichtbänder über der Straße, in ausreichenden Abständen voneinander aufgespannt, würden einen ähnlichen Effekt ergeben. Man könnte auch mit Bändern auskommen, von denen jedes nur über einen Teil der Straßenbreite reicht und die sich hintereinander gestaffelt so aneinander schließen, daß ihre Spiegelbilder die gesamte Straßenbreite überdecken, doch sind diese Lösungen aus leicht einzusehenden Gründen vorerst wenigstens kaum zu verwirklichen. Auch hier aber wird weitere Forschung und Entwicklung zu der so dringend notwendigen Lösung führen. Versuche in dieser Richtung haben bereits zu Teillösungen geführt, worüber auf S. 834 berichtet wird.

Um die Straßenbeleuchtung auch von ihrer guten Seite zu zeigen, werden einige *Abbildungen von modernen Anlagen* gebracht, die bei trockenem Zu-

Abb. 960. Beleuchtung der Bismarckstraße in Berlin. Leuchten mit Opalglaszylinder in Mittelaufhängung. Lichtpunktabstand 30 m, Lichtpunkthöhe 9 m. Quecksilberdampflampen. (Siemens-Schuckert-Werke A.G., Berlin.)

Abb. 961. Beleuchtung einer Ausfallstraße in Breslau. Leuchten mit Opalglaszylinder. Lichtpunktabstand 33 m, Lichtpunkthöhe 7,5 m, Natrumdampflampen Na 300. (Osram KG., Berlin.)

stand der Straße aufgenommen worden sind. Abb. 960 zeigt eine Straße, beleuchtet durch Leuchten mit Opalglasschirmen bei einem Abstand von etwa 30 m und einer Lichtpunkthöhe von 9 m, besteckt mit Quecksilberdampflampen. Die Straßendecke besteht aus Asphalt, der verhältnismäßig großen Glanz aufweist. Die Spiegelung ist im Hintergrund, also bei sehr flacher Blickrichtung, deutlich erkennbar. Die seitliche Ausstrahlung des Opalglasschirmes zeigt sich an der Anstrahlung der Bäume. Abb. 961 zeigt eine Ausfallstraße mit Granitpflaster (rauhere Oberfläche als bei Asphalt), die durch Leuchten mit Opalglaszylinder in 7,5 m Höhe und 33 m Abstand beleuchtet ist. Als Lichtquellen

Abb. 962. Beleuchtung einer Zubringerstraße zur Reichsautobahn in Dresden. Leuchten mit Emaillereflektoren. Lichtpunktabstand 45 m. Lichtpunkthöhe 9 m, Natriumdampflampen 650 Na. (J. Pintsch K.G., Berlin.

dienen Natriumdampflampen. Das Leuchtdichteniveau ist höher als bei Abb. 960, wozu die höhere Reflexion des Granitpflasters gegenüber der Asphaltdecke beiträgt. Die große Zahl der Maste stört etwas, doch könnte man durch eine Längsüberspannung diesen Schönheitsfehler beseitigen. Der Straßenknick im Vordergrund wird durch die Leuchtenreihe schon aus großer Entfernung gut kenntlich.

Abb. 962 zeigt eine Zubringerstraße mit Betondecke, die durch Leuchten mit muldenförmigen Emaillereflektoren in 9 m Höhe und 45 m Abstand von einer Seite her durch Natriumdampflampen beleuchtet ist. Spiegelungserscheinungen treten bei der rauhen Straßendecke nur in sehr geringem Maße auf, so daß die Leuchtdichteverteilung sich nur wenig von der Beleuchtungsstärkeverteilung unterscheidet. Die hohe Reflexion des Betons unterstützt die Wirkung.

Abb. 963 zeigt eine Straßenbeleuchtung durch Reflektorleuchten mit asymmetrischen Spiegeln (zwei Spiegel in einem Gehäuse) in seitlicher Anordnung. Der Lichtpunktabstand beträgt 25 m, die Lichtpunkthöhe 8 m. Da Hausfassaden nicht vorhanden sind, kann der gesamte Lichtstrom auf die Straße, vor allem auf die Fahrbahn, gelenkt werden. Als Lichtquellen sind Glühlampen, 2 × 200 W, verwendet. Die Straßendecke besteht aus Granitpflaster. Die wichtigen Ränder der Straße erhalten bei der seitlichen Anordnung eine erhöhte Beleuchtung.

Abb. 964 zeigt eine Straßenbeleuchtung mit Gaslampen (9flammig), die mit asymmetrischen Spiegelreflektoren ausgerüstet sind. Lichtpunktabstand 50 m

Abb. 963. Beleuchtung der Olympia-Zufahrtstraße in Berlin durch Reflektorleuchten mit asymmetrischen Spiegeln (Doppelovalspiegelleuchten) bei seitlicher Anordnung. Lichtpunktabstand 25 m, Lichtpunkthöhe 8 m, 2 × 200 Watt Glühlampen. (Zeiß Ikon A.G. Goerz-Werk, Berlin.)

Abb. 964. Beleuchtung der Danziger Straße in Berlin durch Gaslampen mit asymmetrischen Spiegelreflektoren in seitlicher Anordnung. Lichtpunktabstand 50 m je Seite versetzt. Lichtpunkthöhe 4,6 m, 9-Flammenbrenner. (Zeiß Ikon A.G. Goerz-Werk, Berlin.)

je Seite, Lichtpunkthöhe 4,6 m. Die bei Gaslampen häufig anzutreffende verhältnismäßig geringe Aufhängehöhe erfordert eine Verstärkung des Lichtes, insbesondere in der Längsrichtung der Straße, wodurch nicht unerhebliche

Schwierigkeiten hinsichtlich der Vermeidung von Blendung entstehen. Der durch geeignete Reflektorform in hohem Maße auf den Fahrdamm gerichtete Lichtstrom wirkt durch die günstigere Adaptation des Auges einer noch vorhandenen Blendstörung entgegen. Die Straßendecke besteht aus Kopfsteinpflaster.

Abb. 965. Auslegermast für zwei Leuchten mit asymmetrischen Spiegelreflektoren einer Brückenbeleuchtungsanlage. (Zeiß Ikon A.G., Goerz-Werk, Berlin).

Die Tagesaufnahme Abb. 965 zeigt die neuzeitliche Form eines Auslegermastes (Beton) auf einer Brücke. Asymmetrisch strahlende Reflektorleuchten sind hier zweckmäßig, da nur die Straßenoberfläche zu beleuchten ist, und alles in andere Richtungen gehende Licht verloren gehen würde.

d) Beleuchtung von Autobahnen.

Die Beleuchtung der Schnellverkehrsstraßen, insbesondere der Autobahnen, ist ein Zweig der Verkehrsbeleuchtung, der über das Versuchsstadium noch nicht hinausgekommen ist; denn die damit an den Fachmann herantretenden neuen Aufgaben waren in der kurzen Zeit, die seit Beginn der Anlage dieser Straßen in Deutschland verstrichen ist, nicht zu lösen. Ein Erfolg ist hier nur durch gründliches Studium der Probleme und beharrlich vorgenommene praktische Versuche zu erwarten, denn erst durch die hierbei gewonnenen Eindrücke

ist es möglich, noch vorhandene Mängel zu erkennen und Schritt für Schritt
zu beseitigen.

Der durch die Anlage der Autobahnen möglich gewordene Schnellverkehr,
der nahe an die Geschwindigkeiten der Schnellzüge herankommt, ohne deren
sichere Schienenführung zur Verfügung zu haben, erfordert für den Autofahrer
bei Nacht beste *Sehsicherheit*, d. h. kürzeste Wahrnehmungszeit sowohl für
Hindernisse auf der Bahn selbst als auch für Markierungen, Verkehrszeichen
u. dgl. an ihren Rändern und Ausfahrten. Soweit von baulicher Seite hierzu
beigetragen werden konnte, ist das Mögliche getan worden: Schlanke, weithin
übersehbare Kurven, zahlreiche durch Rückstrahler gut kenntlich gemachte
Randmarkierungen, Anwendung gut reflektierender Straßendecken (z. B. Beton), Streifen auf der Mitte jeder Fahrbahn usw. Eine ausreichende Beleuchtung der Autobahn durch weitreichende Scheinwerfer am Wagen könnte

Abb. 966. Autobahn-Anschlußstelle. Sicht aus 200 m Entfernung.

also eine genügende Sehsicherheit auch bei Nacht gewährleisten, wenn nicht
Nebel ungünstige Sichtverhältnisse herbeiführt. Schwierigkeiten treten lediglich an den Anschlußstellen (Abb. 966) auf, da bei der starken Konzentration
des Fahrers auf die vor ihm liegende Fahrbahn die durch das Scheinwerferlicht erzeugte Beleuchtung der Ausfahrtmarkierungen allein häufig nicht
ausreicht, die Aufmerksamkeit genügend auf diese Markierungen zu lenken
und insbesondere Einzelheiten derselben, wie Schriften usw. bei der hohen
Geschwindigkeit schnell und sicher zu erkennen. Erschwerend kommt hinzu,
daß die Möglichkeit, sich eine gute Straßenbeleuchtung durch die Scheinwerfer
am Wagen selbst zu schaffen, beschränkt ist infolge des Zwanges, *abzublenden*,
wenn auf der benachbarten Fahrbahn Wagen entgegenkommen. Aus diesem
Grunde erschien es wünschenswert, an den Anschlußstellen der Autobahn
Mittel zu schaffen, die einmal die Aufmerksamkeit des Fahrers stärker auf die
Markierungen lenken, andererseits aber auf der Fahrbahn selbst auch dann
eine gute Sehsicherheit zu schaffen, wenn ein entgegenkommender Wagen zum
Abblenden, also zu einer plötzlichen Verringerung der Sehsicherheit zwingt, zu
der noch die Blendstörung beiträgt, die infolge der Dunkeladaptation des Auges
auf der Autobahn auch bei abgeblendetem Scheinwerferlicht des entgegenkommenden Wagens noch vorhanden ist (insbesondere bei Regen).

Wohl der einzige Weg zur Schaffung einer besseren Sehsicherheit unter
den genannten Bedingungen besteht darin, an den *Anschlußstellen* eine ortsfeste Beleuchtungsanlage einzurichten, die die Beleuchtung der Fahrbahn von

den Scheinwerfern am Wagen unabhängig macht und die Sehsicherheit an
diesen Stellen verbessert, an denen er gezwungen ist, seine Aufmerksamkeit
nicht nur der Fahrbahn, sondern auch Markierungen, Schildern und Ausfahrten
zu widmen; die ortsfeste Anlage müßte gleichzeitig dazu dienen, ihm das Vorhandensein der Ausfahrtstelle bereits aus einer Entfernung kenntlich zu machen,
die außerhalb der Reichweite seiner Scheinwerfer liegt. Die Anwendung der
Mittel, die bei der Straßenbeleuchtung üblich sind, versagen hier weitgehend,
da bei der starken Dunkeladaptation des Auges Leuchtdichten, wie sie bei
den gebräuchlichen Straßenleuchten noch vorhanden sind, ohne hier Blendung
zu verursachen, auf der Autobahn bereits so große Störungen der Wahrnehmbarkeit hervorrufen, daß damit keine bessere Sehsicherheit zu erreichen wäre.
Auch eine vollständige Abschirmung der Lichtquelle sowie der verwendeten
Reflektoren genügt nicht, da bei Regen eine Spiegelung zu hoher Leuchtdichten

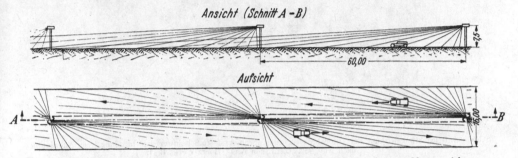

Abb. 967. Autobahnbeleuchtung durch ortsfeste Scheinwerfer in blendungsfreier Anordnung an Masten auf dem
Trennstreifen. Anordnungsskizze (Ansicht und Aufsicht). (Zeiß Ikon A.G., Goerz-Werk, Berlin.)

auf der Autobahndecke nicht zu vermeiden wäre. Mit Erfolg ist versucht
worden, bei der ortsfesten Beleuchtung die Wirkung des Autoscheinwerfers
nachzuahmen, d. h. Licht nur in der Richtung auszustrahlen, die mit der
Fahrtrichtung zusammenfällt, da auf diese Weise jede direkt von der Lichtquelle oder Leuchte oder auf dem Umweg über die nasse Straßendecke herrührende Blendung sicher zu vermeiden ist. Die Entwicklung ging in Erkenntnis
dieser Tatsache daher bald diesen Weg.

Es lag nahe, an Masten befestigte, scheinwerferartige Geräte auf dem mitt-
leren Trennstreifen der Fahrbahnen anzuordnen. Hierzu wurden an jedem
Mast zwei Reflektoren, in entgegengesetzter Richtung strahlend, angebracht,
und jeder Fahrbahn einer derselben zugeordnet. Abb. 967 zeigt die Anordnungsskizze einer solchen Anlage. Die Wirkung dieser Beleuchtungsanlage auf einer
Werksversuchsstraße zeigt Abb. 968. Bei 60 m Lichtpunktabstand und 7,5 m
Lichtpunkthöhe wurde mit 250 W-Scheinwerferlampen (für 24 V) eine gute
Beleuchtung erzielt. Die Abblendung nach der benachbarten Fahrbahn zu
wird durch eine zwischen den Scheinwerfern angebrachte, jalousieartige Blende
erreicht, die etwas schräg zur Straßenrichtung gestellt ist (Abb. 969). Da
die jedem Reflektor gegenüberliegende Abblendkante den gesamten Reflektor
gegen die benachbarte Fahrbahn zu abschirmt, ist vollständige Blendungsfreiheit gewährleistet. Nachteilig war lediglich die Notwendigkeit, auf dem
Trennstreifen Maste aufzustellen, die das Landschaftsbild der Autobahn
beeinträchtigten.

Ein Versuch, die Geräte an Überspannungen zwischen zwei an den äußeren
Rändern der Bahn aufgestellten Masten aufzuhängen, mißlang, da die Länge
der Überspannung keine genügende Stabilität der Geräte und damit Blendungsgefahr beim Schwingen im Winde ergab. Die Versuche gingen daraufhin in der

Richtung weiter, Geräte zu schaffen, die die gleiche Aufgabe bei Anordnung der Leuchten am äußeren Rand der Autobahn erfüllten, d. h. Strahlung nur in der Fahrtrichtung und Blendungsfreiheit. Das Problem wurde hiermit wesentlich schwieriger, da bei der Lichtstrahlung vom äußeren Rand her eine

Abb. 968. Beleuchtungswirkung der Autobahnbeleuchtung durch ortsfeste Scheinwerfer in blendungsfreier Anordnung nach Abb. 967. (Zeiß Ikon A.G., Goerz-Werk, Berlin.)

Abblendung nach der benachbarten Fahrbahn hin mit den bis dahin angewandten Mitteln nicht mehr zu erreichen war. An ihre Stelle traten *optische Geräte*, die eine scharfe Abblendung mit Hilfe einer abbildenden Linse ermöglichten. Diese Entwicklung ging in zwei Richtungen vor sich. Die eine übernahm das

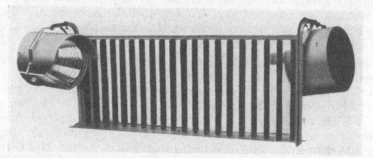

Abb. 969. Scheinwerfergerät mit Blende für ortsfeste Autobahnbeleuchtung nach Abb. 967 und 968. (Zeiß Ikon A.G., Goerz-Werk, Berlin.)

Prinzip der Anordnung der Geräte an Masten in etwa 5 m Höhe, die in Abständen von 50 ... 60 m an den äußeren Rändern der Autobahn aufgestellt wurden, und bei der jedes Gerät ein scharf begrenztes Feld beleuchtete, das die Breite einer Fahrbahn hatte und sich über eine Länge von 100 m und mehr erstreckte. Da sich die einzelnen Felder bei dem Lichtpunktabstand von etwa 60 m genügend überdeckten, wurde eine gute Gleichmäßigkeit der Beleuchtung erzielt. Als Lichtquelle wurde je Gerät eine Scheinwerferlampe von 250 W 24 V verwendet, mit der eine ausreichende Beleuchtung der Fahrbahn erzielt wurde.

Die zweite Lösung mit optischen Geräten ging von dem Gedanken aus, das Aufstellen von Masten ganz zu vermeiden, die Geräte unter Augenhöhe der Autobahnbenutzer anzubringen und sie so auszubilden, daß kein störendes Licht oberhalb einer etwa 1 m über der Straßenoberfläche liegenden Horizontalebene strahlen konnte. Um bei der damit verbundenen flachen Anstrahlung der Straßenoberfläche eine ausreichende Beleuchtungsstärke mit Glühlampen geringer Leistung zu erhalten, wurde eine Optik mit großer Ausnutzung des Lichtstromes der Lichtquelle entwickelt, die in Abb. 970 (oben im Vertikalschnitt, unten im Horizontalschnitt) schematisch dargestellt ist. *1* ist eine kleine, röhrenförmige Glühlampe von 75 W 12 V, die vorn (im Bilde links) von drei kleinen, kurzbrennweitigen Linsen *2*, hinten (im Bilde rechts) von drei den Linsen gegenüberliegenden Kugelspiegeln umgeben ist. Die aus den beiden seitlich angeordneten Linsen aus-

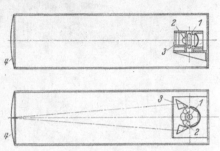

Abb. 970. Scheinwerfer mit Linsenoptik (nach P. MÜLLER) für ortsfeste Autobahnbeleuchtung. Schema der Optik im Vertikal- und Horizontalschnitt. (J. Pintsch K.G., Berlin.)

tretenden Lichtbündel werden durch zwei Umlenkprismen auf die vordere, abbildende Objektivlinse von großer Brennweite *4* gerichtet, durch die auch das Bündel der mittleren Linse hindurchgeht. So wird erreicht, daß die Linse großer Brennweite das um die Glühlampe angeordnete Kondensorsystem in den Außenraum als Lichtstreifen von geringer Höhe und großer Breite abbildet.

Abb. 971. Beleuchtungswirkung der ortsfesten Autobahnbeleuchtung durch Scheinwerfer mit Linsenoptik (nach Abb. 970) an einer Anschlußstelle (Anordnung am äußeren Rand unter Augenhöhe). (J. Pintsch K.G., Berlin.)

Es entsteht so ein flacher Lichtfächer, der nach oben durch eine Blende *3* (infolge Umkehrung bei der optischen Abbildung liegt sie unten) scharf begrenzt ist und die gesamte Breite einer Fahrbahn in der Fahrtrichtung beleuchtet. Die Einstellung der Gerätachse erfolgt in der Weise, daß der Lichtfächer eine geringe Neigung nach unten erhält. Da die erreichte Maximallichtstärke etwa 100000 HK beträgt, konnte ein Lichtpunktabstand von 100 m gewählt werden. Die mit vier solchen Geräten erzielte Beleuchtungswirkung an einer Anschlußstelle der Autobahn zeigt die Abb. 971, ein Gerät in der Ansicht die Abb. 972 (Aufstellhöhe 1,2 m, Länge 1,5 m) und das Kondensorsystem die Abb. 973.

Die Anlage ergibt die gewünschte klare Übersicht über die Fahrbahn bis auf große Entfernungen und erzeugt hohe Vertikalbeleuchtungsstärken auf allen in den Lichtfächer gelangenden Flächen bis zu einer Höhe von etwa 1 m über Straßenoberfläche, so daß Markierungstafeln und Schilder gut zu erkennen sind, insbesondere, wenn sie zusätzlich, wie der Pfeil in der Mitte zeigt, mit Rückstrahlern besetzt sind. Da die Versuche erwiesen, daß bei der Aufstellung der Geräte am äußeren Rand der Autobahn auf der benachbarten Fahrbahn bei nasser Straßendecke störende Blendung durch Spiegelung auf der Straßenoberfläche auftrat (sie ist bei dieser Anordnung durch kein Mittel zu vermeiden), ergab sich die Notwendigkeit, die Geräte auf dem mittleren Trennstreifen aufzustellen. Infolge der damit verbundenen Strahlung von der Bahnmitte nach dem Rand der Autobahn zu ist gleichzeitig mit der Vermeidung der spiegelnden Blendung über die Straßendecke die Möglichkeit gegeben, durch in geringer Entfernung vor den Geräten aufgestellte Flächenblenden, Buschwerk oder dgl. die Lichtaustrittsöffnungen gegen die benachbarte Fahrbahn vollständig abzudecken und die Geräte selbst den Blicken zu entziehen.

Abb. 972. Schweinwerfer mit Linsenoptik (nach P. Müller) für ortsfeste Autobahnbeleuchtung. Ansicht. (J. Pintsch K.G., Berlin.)

Auch hier zeigt sich also, wie schon bei der städtischen Straßenbeleuchtung, daß der Erfolg nicht allein von der Ausbildung geeigneter Geräte, sondern in gleicher Weise von ihrer zweckmäßigen Anordnung abhängt. Da diese durch die Führung und Gestaltung der Straße mitbedingt ist, ergibt sich für den Lichtingenieur die Notwendigkeit, auf dem Gebiet der Verkehrsbeleuchtung mit dem Straßenbaufachmann in ähnlicher Weise zusammenzuarbeiten wie auf dem Gebiet der Innenraumbeleuchtung mit dem Architekten. Die hier erzielten Erfolge lassen erwarten, daß auch die sehr schwierige Aufgabe der Schaffung guter, dem jeweiligen Zweck angepaßter Verkehrsbeleuchtungs-

Abb. 973. Scheinwerfer mit Linsenoptik (nach P. Müller) für ortsfeste Autobahnbeleuchtung. Kondensorsystem. (J. Pintsch K. G., Berlin.)

anlagen gelöst werden wird. Hierzu gehört auch die Verwendung geeigneter Straßendecken, worüber an früherer Stelle bereits eingehend berichtet worden ist.

e) Beleuchtung von Verkehrszeichen und Schildern.

Durch die Schaffung der Autobahnen und infolge der dadurch außerordentlich gesteigerten Verkehrgeschwindigkeit ist auch das Gebiet der Verkehrszeichen und der Beschilderung vor neue Aufgaben gestellt worden. Es hat sich gezeigt, daß trotz günstiger Ausbildung und Aufstellung von Verkehrszeichen, Schildern u. dgl. bei Nacht eine ausreichende Auffälligkeit und Erkennbarkeit durch das Licht am Wagen allein, insbesondere bei Abblendung, nicht immer gegeben ist und Ausfahrten, Ortsnamen u. dgl. unter Umständen erst so spät erkannt werden, daß ein rechtzeitiges Verlassen der Autobahn infolge der hohen Geschwindigkeit nicht mehr möglich ist. Versuche

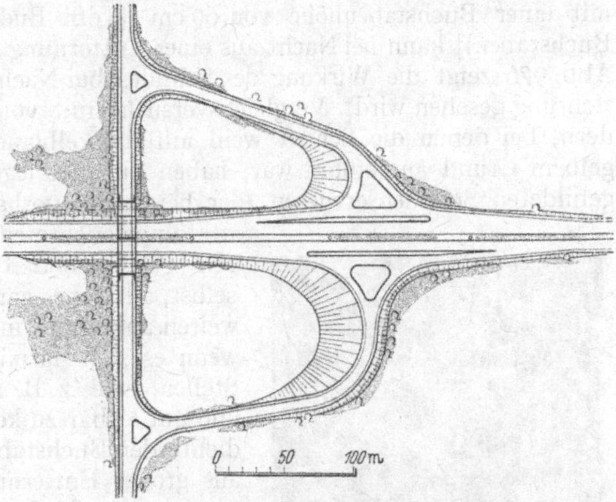

Abb. 974. Autobahnanschlußstelle, Grundriß-Skizze.
(Kurz: Straße 1936.)

mit einer Eigenbeleuchtung der Schilder sind hier mit Erfolg durchgeführt worden. Abb. 974 zeigt eine in ihrer Gestaltung häufig auftretende Anschlußstelle der Autobahn nach einer sie überquerenden Landstraße. Da diese im allgemeinen unbeleuchtet ist, sind bereits an *den* Stellen, wo die Zufahrten zur Autobahn von der Landstraße abzweigen (kleine Dreiecke links), Schilder mit Eigenbeleuchtung zweckmäßig, um die Bedeutung dieser Stellen anzuzeigen und die Beschriftung auch bei Begegnungen und damit verbundener Scheinwerferabblendung rechtzeitig erkennbar zu machen. Ein hier aufgestelltes Schild mit Eigenbeleuchtung zeigt die Abb. 975.

Abb. 975. Sechseck-Transparentschild zur Kennzeichnung der Zufahrtstellen zur Autobahn, beleuchtet durch Propan-Gasleuchte mit Gürtellinse. Tagesaufnahme. (J. Pintsch K.G., Berlin.)

Da an dieser Stelle drei Verkehrsrichtungen gekennzeichnet werden müssen (Autobahn und zwei Richtungen der Reichsstraße), ist als Grundfigur ein Sechseck gewählt, das auf je zwei gegenüberliegenden Seiten die gleichen Bezeichnungen (Ortsnamen) trägt und so aufgestellt ist, daß aus jeder der drei Anfahrtrichtungen nur je zwei Ortsnamen gesehen werden können. Die Schilder sind als Transparentschilder (Opalüberfangglas) ausgeführt und werden von der Mitte des Sechsecks her mittels einer Gürtellinse beleuchtet, wobei ein Teil des Lichtes unterhalb des Schildes frei ausstrahlen kann und den Boden in der Umgebung des Schildes mitbeleuchtet. Als Lichtquelle wird beim Fehlen eines elektrischen Anschlusses ein Glühstrumpf verwendet, der mit Flaschengas (Propan) gespeist wird. Das Ein- und Ausschalten der Beleuchtungsanlage erfolgt selbsttätig durch eine im Flaschenschrank eingebaute Schaltuhr, so daß eine Bedienung nur in Zeiträumen von etwa zwei Monaten (im Sommer etwa drei Monate) zum Auswechseln der Propanflasche erforderlich ist (der Gasverbrauch beträgt etwa 16 l/h). Die leuchtende Schrift [fette bzw. mittelfette DIN-Schrift mit einer Buchstabenhöhe von 60 cm (große Buchstaben) bzw. 40 cm (kleine Buchstaben)] kann bei Nacht aus einer Entfernung bis zu 300 m gelesen werden. Abb. 976 zeigt die Wirkung des Schildes bei Nacht, wie es aus einer Anfahrtrichtung gesehen wird. Vergleichsversuche mit von vorn angeleuchteten Schildern, bei denen die Schrift weiß auf dunkelblauem Grund oder schwarz auf gelbem Grund ausgeführt war, haben die Überlegenheit der transparent ausgebildeten Schilder erwiesen (der bei ihnen vorhandene Kontrast ist infolge des unbeleuchteten Umfeldes der Buchstaben sehr groß), so daß sie auch für die Autobahn selbst, auf der es ganz besonders auf große Sichtweiten ankommt, in hohem Maße geeignet sind, wenn es sich darum handelt, verkehrswichtige Stellen, wie z. B. Anschlußstellen, rechtzeitig und gut lesbar zu kennzeichnen. Da die Leuchtdichte der Buchstaben auch für die Lesbarkeit aus großer Entfernung (250...300 m) nur sehr gering zu sein braucht (an dem Schild der Abb. 976 wurden 4...5 asb gemessen), besteht für das auf der Autobahn dunkel adaptierte Auge keine Gefahr einer Blendstörung. Derartige Schilder, z. B. zur Kennzeichnung von Autobahn-Anschlußstellen, müssen in genügender Entfernung vor der eigentlichen Ausfahrt aufgestellt werden, um dem Fahrer Zeit zur Verringerung seiner Geschwindigkeit bis zur Spurabzweigung zu geben. Infolge der Unabhängigkeit von Versorgungsleitungen durch die Verwendung von Propan-Flaschengas stehen einer solchen Aufstellung keine Schwierigkeiten entgegen. Zur Kennzeichnung der Ausfahrt selbst genügt dann unter Umständen ein angeleuchteter Abzweigpfeil mit Rückstrahlern, wie er in Abb. 971 (in der Mitte vorn) zu erkennen ist, wenn es nicht vorgezogen wird, der Verkehrsbedeutung der Ausfahrt entsprechend eine ortsfeste Beleuchtungsanlage zu errichten, wie sie beispielsweise in dieser Abbildung gezeigt ist.

Abb. 976. Sechseck-Transparentschild zur Kennzeichnung der Zufahrtstellen zur Autobahn, beleuchtet durch Propan-Gasleuchte mit Gürtellinse. Nachtaufnahme. (J. Pintsch K.G., Berlin.)

Eine Beleuchtung der an den Anschlußstellen der Autobahn liegenden Dreiecke (s. Abb. 974, rechts, große Dreiecke) sowie der an ihnen vorbeiführenden Fahrbahnen, auf denen sich hinter dem Dreieck der Verkehr in den beiden Richtungen von und zur Autobahn *ohne* Trennstreifen abwickelt, wird notwendig sein, wenn die Ausfahrt starken Verkehr, insbesondere bei Nacht, aufweist. Die Aufgabe, die eine solche Beleuchtung zu erfüllen hat, ist einmal, dem auf dem Dreieck stationierten Wärter eine Übersicht über das gesamte Gelände der Anschlußstelle zu geben, weiter aber dem Fahrer zu ermöglichen, die hier vorhandenen Kurven mit abgeblendetem Scheinwerferlicht oder mit Parklicht zu durchfahren und so Blendstörungen beim Begegnen zu vermeiden. Wie auf der Autobahn gilt auch hier die Forderung vollständiger Blendungsfreiheit der Leuchten, jedoch werden hier im Gegensatz zur Autobahn selbst Leuchten und Anordnungen zur Anwendung kommen müssen, die dem Zweirichtungsverkehr angepaßt sind.

Literatur.

Allgemeines.

ARNDT, W.: Eine Verbesserungsmöglichkeit der Straßenbeleuchtung. Licht u. Lampe 1935, Nr. 14, 319—320.

ARNDT, W.: Der Stand der Straßenbeleuchtungstechnik. VDI-Z. 1936, Nr. 23.

BLOCH, L.: Lichttechnik. München u. Berlin: R. Oldenbourg 1921.

BLOCH, L. u. E. FRIEDRICH: Straßenbeleuchtung mit Niedervoltlampen in Reihenschaltung. Elektrotechn. Z. 1929, Nr. 44, 1585—1586.

BUTLER, H. E.: Landstraßenbeleuchtung. Gen. electr. Rev. **25** (1922) 465f.

CALDWELL, C. F.: Bericht des Komitees für Straßenbeleuchtung der Amerikanischen Lichttechnischen Gesellschaft 1927. E. u. M. Lichttechn. 1927, Nr. 13, 137—141.

ERB, E.: Straßenbeleuchtung. Broschüre.

FOLCKER, J.: Die neue Straßenbeleuchtung in Stockholm. Licht 1931, Nr. 13, 331f.

GERHARD, O.: Das Licht auf der Straße. Forschungsgesellschaft für Straßenwesen e. V. Berlin-Charlottenburg.

GROHER, H.: Die Kohlenbogenlampe, eine wirtschaftliche Starklichtquelle für Straßen- und Platzbeleuchtung. Licht u. Lampe 1936, Nr. 12, 281—283.

HAGEMANN, W.: Neue Probleme der Beleuchtung von Straßen und Autobahnen. Licht 1934, Nr. 1, 7—9.

HÖLSCHER, E.: Das Problem der Straßenbeleuchtung. Licht 1930, Nr. 1, 14—16.

LINGENFELSER, H.: Ein Modell zur Demonstration und zum Studium der Straßenbeleuchtung. Licht u. Lampe 1930, Nr. 17, 851—852.

LINGENFELSER, H.: Verkehrssicherheit und Beleuchtung. Licht 1932, Nr. 11, 209—211. — Verkehrstechn. 1932, Nr. 24.

LINGENFELSER, H.: Gute Straßenbeleuchtung im Dienste der Verkehrssicherheit. Elektrotechn. Z. **56** (1935), Heft 43, 1167—1169.

LUX, H.: Demonstrationen der Straßenbeleuchtung, Paris. Licht 1934, Nr. 10, 199—200.

MAIER, E.: Die Straßenbeleuchtung in den Vereinigten Staaten von Amerika. Licht 1932, Nr. 12, 228—232.

MEYER, E.: Probleme der Straßenbeleuchtung. Licht u. Lampe 1936, Nr. 16 u. 17, 369—371, 395—398.

OEHLSCHLÄGEL, H.: Moderne elektrische Straßenbeleuchtung. E. u. M. Lichttechn. 1928, Nr. 12.

OEHLSCHLÄGEL, H.: Straßenbeleuchtung und Verkehrssicherheit. Licht u. Lampe 1931, Nr. 17, 259—260.

OVERMANN, H.: Die Praxis der ländlichen Straßenbeleuchtung. Licht 1933, Nr. 6, 113—115.

PAHL, A.: Straßenbeleuchtung. Licht u. Lampe 1935, Nr. 15 u. 17, 352—353, 397—398.

SCHAER, J.: Fortschritte in der Straßenbeleuchtung. Licht 1935, Nr. 7, 154—156.

SCHWEIGHÄUSER, F.: Beleuchtung und Straßenverkehrsordnung. Licht u. Lampe 1936, Nr. 27, 651.

SEELIG, W. A.: Verkehrssicherheit und Straßenbeleuchtung. Licht u. Lampe 1936, Nr. 14, 325—327.

SIMPSON, R.: Gute Straßenbeleuchtung — ein Lebensretter. Trans. Illum. Engng. Soc. 1933, Nr. 8, 651—657. Ref. Licht 1934, Nr. 12, 237—239.

SWEET, A. J.: Grundsätzliches über die Beleuchtung von Landstraßen. Trans. Illum. Engng. Soc. **5** (1936) 481f.

TAUTE: Licht und Beleuchtung in der neuen Berliner Straßenbeleuchtung. Licht u. Lampe 1929, Nr. 4, 192—193.

v. D. TRAPPEN, E.: Die öffentlichen elektrischen Beleuchtungseinrichtungen Berlins. Licht 1931, Nr. 9 u. 10, 232—234, 252—256.

v. D. TRAPPEN, E.: Straßenbeleuchtung von heute unter besonderer Berücksichtigung des Kraftwagenverkehrs. Licht 1935, Nr. 6, 118—121.

v. D. TRAPPEN, E.: Die Straßenbeleuchtung „Unter den Linden". Licht 1936, Nr. 8, 141—143.

VENT, O.: Verkehrsbeleuchtung. Stuttgart: Frankhsche Verlagshandlung 1927.

WESSEL, F.: Aufbau neuzeitlicher Straßenbeleuchtungsanlagen. Licht u. Lampe 1936, Nr. 23, 561—564.

WILSON, G. H.: Moderne elektrische Straßenbeleuchtung. Illum. Engr. 1932, Nr. 11, 292—297.

WISSMANN, W.: Die elektrische Straßenbeleuchtung. Druckschr. der Siemens-Schuckert-Werke A. G. 1928.

WITTIG, E.: Beleuchtung und Straßenverkehr. Verkehrstechn. 1931, Nr. 38.

Einweihung der ersten elektrischen Straßenbeleuchtung in Berlin am 21. Sept. 1882. Ref. Licht 1932, Nr. 9, 178.

Aus der Beleuchtungspraxis Englands. Light and Lighting, England.

L'éclairage des voies publiques. Société pour le Perfectionnement de l'Eclairage, Paris. Brochure Nr. 9.

L'éclairage des Routes. Société pour le Perfectionnement de l'Eclairage, Paris. Brochure Nr. 9a.

Leitsätze für Straßenbeleuchtung.

Association of Public Lighting Engineers. Bericht über die 10. Jahrestagung 1933. Illum. Engr. Okt. 1933.
Association of Public Lighting Engineers. Bericht über die 11. Jahrestagung 1934. Illum. Engr. Okt. 1934.
Association of Public Lighting Engineers. Bericht über die 12. Jahrestagung 1935. Illum. Engr. 1935, 309f. Ref. Lingenfelser: Licht 1936, Nr. 1, 11—13. Ref. Adolph: Licht u. Lampe 1935, Nr. 23, 557—558.
British Engineering Standards Association. British Standard specification for Street Lighting. London 1931, Nr. 307.
D.L.T.G.: Leitsätze für die Beleuchtung mit künstlichem Licht.
Illuminating Engineering Society: Code of Street Lighting. New York, USA. 1930. — Trans. Illum. Engng. Soc. 1931, Nr. 1, 15—38. Ref. E. u. M. Lichttechn. 1931, Nr 3, 29—31.
Internationale Beleuchtungs-Kommission I.B.K.: Grundsätze der Straßenbeleuchtung. Bericht des Komitees für Straßenbeleuchtung. 1928.
I.B.K.: Studienkomitee für Straßenbeleuchtung. Bericht des Sekretariats (Deutsches Komitee). Rec. Trav. chim. Pays-Bas, 8. Sitzung. Cambridge 1931.
I.B.K.: Bericht des Sekratariatskomitees über Straßenbeleuchtung in den einzelnen Ländern. Rec. Trav. chim. Pays-Bas 1931, 29—38.
I.B.K.: Einige beleuchtungstechnische Aussichten für die Straßenbeleuchtung. Rec. Trav. chim. Pays-Bas 1931, 112—140.
I.B.K.: Sitzungsbericht des Komitees für Straßenbeleuchtung. Rec. Trav. chim. Pays-Bas 1931, 178—219.
Illum. Enging. Soc.: Beleuchtungsfortschritte in England. Illum. Engr. Dez. 1934, 390f. Ref. Licht u. Lampe 1935, Nr. 2 u. 3, 30—32, 49—50.

Physiologische Fragen der Straßenbeleuchtung.

Bertling, H.: Die Abhängigkeit der Lichtausbeute von der Leuchtdichte und die Ungültigkeit des Lambertschen Entfernungsgesetzes bei geringen Strahlungsintensitäten. Licht u. Lampe 1934, Nr. 4 u. 5, 82—84, 130—133.
Bertling, H.: Zum Einfluß des Purkinjeschen Phänomens auf lichttechnische Planungen und Messungen. Licht u. Lampe 1936, Nr. 8, 220.
Bouma, P. J.: Einige Bemerkungen über die Begriffe Leuchtdichte und Helligkeit. Licht u. Lampe 1935, Nr. 9, 217—219 (dort auch Literaturangaben).
Gibrat, R.: Die Straßenbeleuchtung und die Wahrnehmbarkeit von Hindernissen. E. u. M. Lichttechn. 1936, 575f., 585f.
Goodell, P. H.: Straßenbeleuchtung und Sehen. Trans. Illum. Engng. Soc. 1935, 49f. —
Klein, C. G.: Physiologische Bewertungsmethode für Straßen- und Verkehrsbeleuchtungsanlagen. Licht u. Lampe 1931, Nr. 10 u. 12, 163—166, 191—196.
Klein, C. G.: Straßenverkehr und Beleuchtung. Verkehrstechn. 1932, Nr. 12.
Klein, C. G.: Beleuchtung und Verkehrssicherheit. Licht 1931/32, Nr. 15 u. 16, 16—18, 381—385.
Krauss, St.: Die physiologischen Grundlagen der Beleuchtungswahrnehmung und die Bedeutung der psychologischen Beleuchtungslehre für die Lichttechnik. Licht u. Lampe 1928, Nr. 11, 385—390 (dort weitere Literatur).
Kroh, O.: Probleme der physiologischen und psychologischen Optik in ihrer Bedeutung für die Lichttechnik. Licht u. Lampe 1928, Nr. 8, 277—279.
Luckiesh, M.: Einfluß des Umfeldes in der modernen Lichttechnik. Electr. Wld, 1931, Nr. 5, 197.
Norden, K.: Über Kulissensehen. Licht 1933, Nr. 7, 134—136.
Norden, K.: Beiträge zur Erkennung räumlicher Formen. Licht 1934, Nr. 4 u. 5, 61—64, 84—86.
Paterson, C. C.: Verbesserungen der Straßenbeleuchtung. Electr. Rev. Juni 1933, 871.
Schaer, J.: Sehfähigkeit und Verkehrsbeleuchtung. Verkehrstechn. 1935, Nr. 15.
Schneider, L.: Die physiologischen Grundlagen der Straßenbeleuchtung. Licht u. Lampe 1928, Nr. 16, 555—559.
Schneider, L.: Lichttechnische Grundgrößen und spezifische Helligkeit. Licht u. Lampe 1935, Nr. 6, 159—160.
Schouten, J. F.: Zur Analyse der Blendung. Proc. Acad. Amsterd. 1934, Nr. 8, 506—516.
Skaupy, F.: Zur Physiologie der künstlichen Lichtquellen. Licht u. Lampe 1934, Nr. 4, 81—82.
Stiles, W. S.: Blendung und Sicht in künstlich beleuchteten Straßen. Illum. Engr. 1929, Nr. 8 u. 9, 195—199, 233—241.
Stiles, W. S.: Die Bewertung der Blendung in Straßenverkehrsanlagen. Illum. Engr., Juli/August 1931, 162—166, 187—189. Ref. Licht u. Lampe 1932, Nr. 11, 164.

WALDRAM, J. M.: Über die Sichtbarkeit von Gegenständen auf künstlich beleuchteten Straßen. Illum. Engr. 1928, Nr. 21, 255. Ref. E. u. M. Lichttechn. 1929, Nr. 7, 74—75.
Vermeidung der Blendung bei Straßenbeleuchtung. Illum. Engr. 1930, Nr. 10, 234f.

Straßenbeleuchtung und Lichtfarbe.

ARNDT, W.: Über das Sehen bei Natriumdampf- und Glühlampenlicht. Licht 1933, Nr. 11, 213—215.
ARNDT, W.: Sieht man bei farbigem Licht besser? Licht 1934, Nr. 3, 64—66.
ARNDT, W. u. A. DRESLER: Über das Sehen bei monochromatischem Licht. Licht 1933, Nr. 12, 231—233.
BOUMA, P. J.: Messungen der Sehschärfe bei verschiedenen Lichtarten. Ingenieur, Haag 1934, 243—246.
KLEIN, C. G.: Sieht man bei farbigem Licht besser? Licht 1934, Nr. 5, 81—83.
KLEIN, C. G.: Natriumdampflicht für Straßenbeleuchtung. Licht u. Lampe 1934, Nr. 6, 168—169.
KLEIN, C. G.: Straßenbeleuchtung durch Na-Lampen. Verkehrstechn. 1934, Nr. 6.
LUCKIESH, M. u. F. K. Moss: Sehschärfe und Natriumlicht. J. Franklin Inst. 1933, Nr. 4, 401—410.
SCHNEIDER, L.: Das Sehen bei farbigem Licht. Licht 1934, Nr. 7 u. 8, 122—125, 143—145. — Licht u. Lampe 1934, 82—84.
SEELIGER, R. u. H. WULFHEKEL: Über Farbwahrnehmung bei Natriumbeleuchtung. Licht 1935, Nr. 6, 129—130.
SKAUPY, F.: Eindrücke beim Besuch der mit Natriumdampflampen beleuchteten Versuchsstrecke in Holland. Licht u. Lampe 1933, Nr. 1, 5—6.
WEIGEL, R. G.: Untersuchungen über die Sehfähigkeit im Natrium- und Quecksilberlicht, insbesondere bei der Straßenbeleuchtung. Licht 1935, Nr. 9 u. 10, 211—216, 237—240.

Straßenbeleuchtung mit Metalldampflampen.

GEHRMANN, E. u. I. RIECK: Praktische Erfahrungen mit Quecksilberdampflampen in der Berliner Straßenbeleuchtung. Licht 1935, Nr. 2, 21—22.
KREFFT, H. u. E. SUMMERER: Die neuen Quecksilberdampflampen und ihre Anwendung. Licht 1934, Nr. 1, 1—5.
LINGENFELSER, H.: Wirkungsweise und Anwendung der Natriumdampflampe. Elektrotechn. Z. 55 (1934) Heft 24, 577—582.
LINGENFELSER, H.: Neuere Großbeleuchtungsanlagen mit Quecksilberdampflampen. Licht u. Lampe 1936, Nr. 20, 494—496.
LINGENFELSER, H. u. M. REGER: Die Natriumdampflampe und ihre bisherige Anwendung. Licht 1933, Nr. 2 u. 3, 26—28, 49—51.
SCHAER, J.: Quecksilberdampflampen für die Beleuchtung von Landstraßen. Verkehrstechn. 1935, Nr. 2.
SCHEUERMANN, H.: Blendungsfreie Autostraßenbeleuchtung mit Natriumdampflampen. Licht u. Lampe 1934, Nr. 8, 206—207.
SEELIG, W. A.: Die Entwicklung der Dampflampen in Deutschland und Amerika. Licht u. Lampe 1936, Nr. 7, 178—179.
SICK, H.: Die Bewährung der Metalldampflampen in der Praxis. Licht u. Lampe 1934, Nr. 21, 499—501.
V. D. TRAPPEN, E.: Metalldampflampen in Berlin. Licht 1936, Nr. 7, 121—124.
HgH-Mischlicht in der Verkehrsbeleuchtung. Licht u. Lampe 1936, Nr. 12, 286.
Neue Straßenbeleuchtungsanlagen mit Metalldampflampen. Licht u. Lampe 1936, Nr. 14, 333.

Autobahn- und Zufahrtstraßenbeleuchtung.

DROEGE, A.: Licht und Schatten auf beleuchteten Schnellverkehrsstraßen. Licht u. Lampe 1936, Nr. 20, 496—499.
FRANGEN, C.: Erfahrungen mit Verkehrsbeleuchtungsanlagen für Kraftwagenstraßen. Licht u. Lampe 1934, Nr. 10, 247.
FRANGEN, C.: Die allgemeinen Anforderungen an Straßenbeleuchtungen. Licht u. Lampe 1935, Nr. 5, 124—125.
KLEIN, C. G.: Nachtverkehr auf Autobahnen. Verkehrstechn. 1934, Nr. 3, 69—71.
KLEIN, C. G.: Beleuchtungsprobleme auf den Reichsautobahnen. Verkehrstechn. 1934, Nr. 9.
KLEIN, C. G.: Die Beleuchtung von Autobahnen. Autobahn 1934, Nr. 2, 62—64.
KLEIN, C. G.: Beleuchtungsversuchsstrecke in Döberitz. Autobahn 1934, Nr. 4, 162.
LINGENFELSER, H.: Beleuchtung von Kraftwagenstraßen. Verkehrstechn. 1930, Nr. 40.
LINGENFELSER, H.: Zur Frage der Beleuchtung von Kraftwagenstraßen. Licht 1931, Nr. 11 u. 12, 269—271, 299—301.

Orthaus, M. G.: Blendungsfreie Beleuchtung von Kraftwagenstraßen. Verkehrstechn. 1936, Nr. 5, 131—134.
Orthaus, M. G.: Die Beleuchtung der Zubringerstraßen der Reichsautobahnen. Verkehrstechn. 1936, Nr. 13, 341—343.
Pahl, A.: Die Beleuchtung der Zubringerstraße Hannover—Reichsautobahn. Licht 1936, Nr. 9, 186—187.
Pahl, A.: Die Beleuchtung der Zufahrtstraßen zu den Reichsautobahnen. Licht u. Lampe 1936, Nr. 12, 280—281.
Schaer, J.: Der heutige Stand der Fernstraßenbeleuchtung. Verkehrstechn. 1934, Nr. 11.
Schaer, J.: Zur Frage der ortsfesten Straßenbeleuchtung. Licht 1934, Nr. 12, 225—228.
Skaupy, F.: Die Lichtausbeute bei stäbchenwirksamer Beleuchtung. Ist letztere für Autostraßen geeignet? Licht u. Lampe 1934, Nr. 24, 562.
Stege, A.: Beleuchtung von Kraftwagenstraßen. Verkehrstechn. 1933, Nr. 20.
Frankreich und die Autostraßenbeleuchtung. Licht u. Lampe 1936, Nr. 7, 179—180.
Landstraßenbeleuchtung. Nordamerikanische Versuche. Verkehrstechn. 1936, Nr. 17, 442.

Elektrische Straßenleuchten.

Bloch, L.: Lichttechnik, München und Berlin: R. Oldenburg 1921.
Busquet, R.: Straßenbeleuchtung mit neuzeitlichen elektrischen Geleuchten. Génie civ. 1933, 9f., 43f.
English, S.: Neuere Fortschritte in der Herstellung von Prismengläsern für Beleuchtungszwecke. Licht 1931, Nr. 12, 293—295.
Groher, H.: Der heutige Stand der Beleuchtungs-Kohlenbogenlampe. Licht 1936, Nr. 5, 85—88.
Groher, H.: Leuchtgeräte für Gasentladungslampen. Licht u. Lampe 1936, Nr. 18, 439—442.
Klein, C. G.: Über den Bau von Geleuchten, insbesondere von spiegelnden Reflektoren. Licht 1930, Nr. 4.
Klein, C. G.: Über den Bau von Spiegelreflektoren. E. u. M. Lichttechn. 1931, Nr. 4, 39—40.
Pahl, A.: Spiegelleuchten für Natriumdampflampen. Licht 1936, Nr. 2, 27—29.
Pohle, W.: Die Leuchtdichte technischer Leuchten. Elektrotechn. Z. 1932, Nr. 15, 353—357.
Stege, A.: Leuchten für die Quecksilberdampflampe HgH 500. Licht 1936, Nr. 11, 226—229.
Metalldampflampen und neue Leuchten für Autostraßen. Licht u. Lampe 1936, Nr. 5, 125—126.

Gasstraßenbeleuchtung.

Beckmann, A. E.: Neuzeitliche Gasaußenbeleuchtung. Licht u. Lampe 1934, Nr. 10, 247.
Beckmann, A. E.: Gasstraßenbeleuchtungen. Licht u. Lampe 1935, Nr. 5, 125.
Bertelsmann, W.: Über die Straßenbeleuchtung mit Gaslicht und elektrischem Licht. Gas- u. Wasserfach 1929, Nr. 51, 1242—1244.
Klein, C. G.: Gasstraßenbeleuchtung. Gas- u. Wasserfach.
Klein, C. G.: Verbesserung für Gasstraßenbeleuchtung. Gas- u. Wasserfach 1934, Nr. 43, 741—744.
Lux, H.: Fortschritte in der Gasbeleuchtung. Licht u. Lampe 1928, Nr. 8, 279—284.
Müller, H.: Stand der Gasstraßenbeleuchtung und ihr Einfluß auf die Wirtschaftlichkeit der Gaswerke. Licht 1935, Nr. 12, 261—266.
Schäfer, F.: Der gegenwärtige Stand der Straßenbeleuchtung durch Gas. Licht 1931, Nr. 12 u. 13, 296—299, 322—324.
Scholz-Frick, M.: Moderne Gestaltung der Gasstraßenbeleuchtung. Licht u. Lampe 1934, Nr. 15, 348—350.
Schuster, F.: Die jüngste Entwicklung der Berliner Gasstraßenbeleuchtung. Licht u. Lampe 1928, Nr. 10, 349—354.
Voege: Die Blohm-Glocke. Licht 1935, Nr. 2, 22—25.
Weydrich, A.: Gasverwendung zur Straßenbeleuchtung. Licht u. Lampe 1934, Nr. 3, 49—51.
Gasstraßenbeleuchtung. Licht u. Lampe 1936, Nr. 12, 285—286.
Gasbeleuchtung in England. Illum. Engr., 1933, 267—270.

Wirtschaftlichkeit der Straßenbeleuchtung.

Lux, H.: Die Kosten der Beleuchtung. Öffentl. Elektr.-Werk 1933, Nr. 9, 168—170. Ref. Licht u. Lampe 1934, Nr. 11, 267—268.
Parker, R.: Ref. L. Bloch: Betriebskosten der Straßenbeleuchtung. Licht u. Lampe 1936, Nr. 6, 157—159.

SEEGER, B.: Die wirtschaftliche Straßenbeleuchtung im Kampf gegen Verkehrsunfälle. Elektr.-Wirtsch. 1936, Nr. 18.

Stromkostenberechnungen. Brennkalender. Licht 1931, Nr. 9, 238.

Messung und Berechnung der Straßenbeleuchtung.

ANDERSSON, E. R.: Methoden zur Bestimmung von Lampenabständen bei Außenbeleuchtungsanlagen. Licht u. Lampe 1933, Nr. 4, 92.

ANDERSSON, E. R.: Bestimmung der Leuchtenentfernung auf Grund des Mittelwertes und des Mindestwertes der Beleuchtung. Licht u. Lampe 1934, Nr. 9, 226—227.

ANDERSSON, E. R.: Ermittlung der transversalen Leuchtenentfernung bei zweireihiger Verteilung der Lichtpunkte. Licht u. Lampe 1934, Nr. 12, 291.

ANDERSSON, E. R.: Polare Beleuchtungskurve. Licht u. Lampe 1936, Nr. 3, 45—47.

ANDERSSON, E. R.: Über die Reziprozität der Lichtstrom- und Beleuchtungskurven. Licht u. Lampe 1936, Nr. 25, 605—606.

BERTELSMANN, W.: Rechentafel für Beleuchtungstechniker. Stuttgart 1910.

BLOCH, L.: Lichttechnische Berechnungen in nomographischer Behandlungsweise. Elektrotechn. Z. 1922, Nr. 3, 73—77. Ref. Licht u. Lampe 1922, Nr. 5, 112—113.

BOJE, A., H. JAECKEL u. F. LEOPOLD: Messung der gesamten elektrischen Straßenbeleuchtung einer Stadt von über 200000 Einwohnern. Licht 1933, Nr. 10, 187—192.

GILBERT, M. S.: Straßenbeleuchtungsberechnung. Electr. Wld, 1927, Nr. 26, 1301—1304.

GOUFFÉ, A.: Berechnung der mittleren Straßenbeleuchtung. Rev. gén. Électr. 24 (1928) 849f.

HELWIG, H.-J.: Ein neues Lichtstrompapier. Licht 1934, Nr. 4, 79—80.

JACOB, E.: Wie erzielt man die beste Gleichmäßigkeit bei der Verkehrsbeleuchtung belebter und breiter Straßen? Licht 1932, Nr. 6, 101—104.

KLEIN, C. G.: Vorführung eines neuen Sehleistungsprüfapparates für Straßenbeleuchtungsanlagen. Licht 1930, Nr. 3.

KLEIN, C. G.: Sehleistungsprüfer für Straßenbeleuchtungsanlagen. Licht 1935, Nr. 7, 134—136.

KULEBAKIN, V. S.: Zur Berechnung der Außenbeleuchtung. E. u. M. Lichttechn. 1929, Nr. 6, 57—60 (auch Straßendecke).

LINGENFELSER, H. u. A. A. WOHLAUER: Ein Lichtstrompapier. Anleitung zu dessen Benutzung. Licht 1931, Nr. 11, 287—291.

MEYER, E.: Zur Berechnung von Horizontalbeleuchtungsdiagrammen. Licht u. Lampe 1932, Nr. 7, 99—102.

MEYER, E.: Ein Nomogramm zur Bestimmung von Außenbeleuchtungen. Licht 1933, Nr. 9, 176—177.

MEYER, E.: Eine beleuchtungstechnische Rechentafel (nach L. BLOCH). Licht u. Lampe 1936, Nr. 24, 584.

MÜHLIG, R.: Meßapparat für asymmetrische Leuchten. Licht 1936, Nr. 2 u. 3, 23—25, 49—52.

NITZSCHE, F.: Diagramm zur vereinfachten Bodenbeleuchtungsberechnung. Licht u. Lampe 1932, Nr. 13, 195—196.

OGLOBIN, N.: Annäherungsmethoden zur Berechnung und Beurteilung von Beleuchtungsanlagen. Licht u. Lampe 1929, Nr. 14 u. 15, 745—747, 799—803.

SCHUSTER, F.: Über die Auswertung von Straßenbeleuchtungsmessungen. Licht u. Lampe 1929, Nr. 7 u. 13, 388—389, 695—696.

WOHLAUER, A. A.: Über einige Anwendungen des Lichtstrompapieres in der Beleuchtungstechnik. Licht u. Lampe 1923, Nr. 3, 60—62.

Straßendecke.

COHU, M.: Premiers résultats des essais effectués par la S. p. l. R. de l'Eclair, pour la détermination des charactéristiques réfléchissantes des divers revêtements utilisés dans les voies publiques. Rev. gén. Électr. 1934, 147f.; 1935, 755—767.

KULEBAKIN, V. S.: Über die Lichtreflexion von den Erddecken. E. u. M. Lichttechn. 1930, Nr. 3, 25—29.

LINGENFELSER, H.: Zur Frage der Beleuchtung von Kraftwagenstraßen. Licht 1931, Nr. 11 u. 12, 269—271, 299—301.

MILLAR, P.: Reflexionseigenschaften der Straßendecken. Transact. Illum. Engng. Soc. 1928, 1051f.

TAYLOR, A. K.: Die Reflexionseigenschaften der Straßenoberfläche. IBK.

WALDRAM, J. M.: Eigenschaften der Straßenoberflächen und deren Einfluß auf die Wirkung der Straßenbeleuchtung. Illum. Engng. 1934, 305f. Ref. Licht u. Lampe 1935, Nr. 7, 178—179.

WEIGEL, R. G., P. SCHLÜSSER: Über die lichttechnischen Eigenschaften von Straßendecken. Licht 1935, Nr. 7 u. 10, 161—166, 237—240.

Besonderes.

Duschnitz, B.: Im Straßenasphalt eingebaute Verkehrssicherungsleuchten. Licht u. Lampe
1933, Nr. 9, 248—249.

Dziobek, W.: Messungen an Rückstrahlern. Z. techn. Physik 1933, Nr. 12, 557—559.

Fredebold: Die Installation elektrischer Straßenbeleuchtungen. Licht u. Lampe 1935,
Nr. 5, 125.

Lang, G.: Beleuchtete Straßentunnels. Licht 1936, Nr. 7, 135—136.

Pichler, F.: Indirekte Straßenbeleuchtung in Innsbrucks Altstadt. Licht 1935, Nr. 1, 5—7.

Rothe, E.: Beleuchtung einer Straßenunterführung mit Natriumdampflicht. Licht 1936,
Nr. 12, 249—251.

Schneider, J. J.: Verkehrsbeleuchtung und Luftschutz. Licht 1936, Nr. 9, 188—190.

Schneider, L.: Beleuchtete Straßentunnels in Paris. Licht 1935, Nr. 4, 81—82.

Schneider, L.: Verbesserung der Straßenbeleuchtung bei glänzender Straßendecke. Licht
1935, Nr. 4, 82—83.

Seidel, F.: Straßenbeleuchtung und Luftschutz. Licht u. Lampe 1936, Nr. 22, 541—542.

v. d. Trappen, E.: Verbesserung der Straßenbeleuchtung bei glänzender Straßendecke.
Licht 1935, Nr. 11, 246—247.

DIN-Norm 275. Hausnummern-Beleuchtung. Licht u. Lampe 1935, Nr. 5, 125.

Straßenbauversuche bei der 2000 km-Fahrt 1934 des Deutschen Automobilklubs. Licht
1935, Nr. 2, 29—31.

Photozellen-Steuereinrichtung von Straßenbeleuchtungsanlagen. E. u. M. Lichttechn.
1932, Nr. 9, 219—220.

J 2. Licht am Fahrzeug. Kraftfahrzeug-scheinwerfer.

Von

Franz Krautschneider-Dresden.

Mit 10 Abbildungen.

a) Anforderungen an Fahrzeugscheinwerfer.

Im Gegensatz zu den schienengebundenen Fahrzeugen, welche sich in besonderen, vor Gefährdung durch andere Verkehrsteilnehmer weitgehend geschützten Fahrbahnen bewegen (mit Ausnahme von Straßenbahnen) müssen Kraftfahrzeuge durch geeignete Beleuchtung des von ihnen benutzten Verkehrsraumes alle wichtigen Einzelheiten und Vorgänge, die zur Entwicklung von Verkehrsgefahren führen können, bei Dunkelheit sichtbar machen, derart, daß sie zur Erhaltung der Verkehrssicherheit vom Fahrer rechtzeitig erkannt werden können. Die Lichtverteilung der Scheinwerferanlage wird bedingt durch die etwa mit dem Quadrat der Geschwindigkeit zunehmende Bremsstrecke und die Bewegungsmöglichkeit des Fahrzeuges auf der Verkehrsfläche. Die Anforderungen an die Güte der Wahrnehmbarkeit auftauchender Gefahren wachsen deshalb ständig mit der zunehmenden Leistung der Fahrzeuge selbst. Die für die Zukunft noch zu erwartende weitere Erhöhung der Sehaufgaben, vor allem durch den Ausbau der Fernstraßen und der Autobahnen, wird durch die damit verbundene Verminderung der Verkehrsgefahren wohl nicht ganz ausgeglichen werden. Die Erfahrung zeigt jedenfalls, daß bei Dunkelheit ein ausreichendes Gefühl der Sicherheit beim Fahrer nur dann vorhanden ist, wenn der Verkehrsraum vor dem Fahrzeuge mindestens auf die gleiche Entfernung ausreichend beleuchtet ist, welche der Bremsstrecke (einschließlich dem in der Reaktionszeit des Fahrers zurückgelegten Wege) entspricht, die der gefahrenen Geschwindigkeit zugeordnet ist.

Daraus ergeben sich bereits die Grundlagen der Lichtverteilung: der Höchstbetrag der Lichtstärke muß in die Achse des Fahrzeuges fallen; sie kann mit zunehmender Krümmung der Bewegungsrichtung und damit zunehmendem seitlichen Winkel abnehmen, weil die noch zu übersehende Sehnenlänge immer geringer wird.

Ist a die Breite der Fahrbahn und R deren Achsen-Krümmungshalbmesser, dann ist, vorausgesetzt, daß Auge und Blickpunkt auf der Fahrbahnmitte liegen und daß die Blicklinie innerhalb der Fahrbahnfläche bleibt, die Sehnenlänge l, die noch übersehen werden kann, etwa:

$$l = 2\sqrt{R \cdot a} \tag{1}$$

und der zugehörige Winkel δ der Blickrichtung gegen die Fahrzeugachse:

$$\sin\delta = \sqrt{a/R}. \tag{2}$$

Bei der Höchstgeschwindigkeit v (in $\mathrm{m \cdot s^{-1}}$), der Bremsverzögerung b (Mindestwert für eine Bremseinrichtung bei Fahrzeugen über 20 km Höchstgeschwindigkeit nach § 41 StVZO.[1]: — 2,5 $\mathrm{m \cdot s^{-2}}$) und der Reaktionszeit des Fahrers T ist die Bremsstrecke S höchstens:

$$S = -\frac{v^2}{2\,b} + v\,T. \tag{3}$$

Die notwendige axiale Mindestlichtstärke $I_{a_{\min}}$ ergibt sich dann zu:

$$I_{a_{\min}} = E_{\min} \cdot S^2\,\mathrm{HK} \approx E_{\min} \cdot \frac{v^4}{4\,b^2}; \tag{4}$$

(die Vernachlässigung des Ausdruckes $v\,T$ erscheint zulässig, weil b bei Abbremsung hoher Geschwindigkeiten infolge des Einflusses des Luftwiderstandes und der starken Bremsung durch den Motor praktisch den gesetzlichen Mindestwert übersteigt).

Sie hängt ab von dem Mindestwert ($E_{\min}$) der Beleuchtungsstärke, der für zuverlässige Gefahrwahrnehmung unter normalen Verhältnissen als nötig erachtet wird; er wird allgemein zu 1 Lx angenommen.

Der Winkelbereich in waagrechter Richtung, innerhalb dessen diese Größe von $I_{a_{\min}}$ vorhanden sein sollte, errechnet sich aus (1) und (2), wenn die Sichtlänge l gleich der Bremsstrecke gesetzt wird. Diesem Grenzkrümmungsradius entspricht der Winkel α, gegeben durch:

$$\sin\delta \approx \delta \approx \frac{4\,a\,b}{v^2}. \tag{5}$$

Außerhalb dieses Bereiches wäre die Mindestlichtstärke $I_{a_{\min}}$:

$$I_{a_{\min}} = 4\,E_{\min}\,\frac{a^2}{\sin^2\delta}. \tag{6}$$

Eine Berücksichtigung der Neigung der zu beleuchtenden Flächen zu der Richtung der einfallenden Lichtstrahlen erscheint im Gegensatz zu Beleuchtungsaufgaben anderer Art nicht erforderlich, weil Lichtquelle und Beobachterauge stets in der gleichen Richtung von der zu beleuchtenden Fläche aus liegen.

Die vertikale Lichtverteilung wird bestimmt durch die Forderung nach gleichmäßiger, heller Fahrbahnbeleuchtung. Der Höchstwert ist durch $I_{a_{\min}}$ gegeben; die für zunehmenden Vertikalwinkel β erforderlichen Lichtstärken I_β, soweit sie unter dem erreichbaren Höchstwert $I_{a_{\min}}$ liegen, müßten dann die Funktion

$$I_\beta = \frac{E \cdot H^2}{\sin^3\beta} \tag{7}$$

erfüllen, wenn gleichmäßige vertikale Beleuchtungsstärke angestrebt wird ($H =$ Anbringungshöhe der Scheinwerfer über der Fahrbahn, $E = E_{\min}$).

[1] Straßenverkehrs-Zulassungs-Ordnung, vgl. J 9, S. 956 f.

Eine Beleuchtung des über der Fahrzeughöhe liegenden Raumes wäre streng genommen nicht nötig, ist aber wünschenswert, einmal wegen der durch Nickschwingungen und Gefällswechsel hervorgerufenen Änderungen in der Lichtverteilung, dann aber auch, weil ein Fehlen der Beleuchtung in dem über dem Fahrzeug liegenden Raum den Eindruck eines tiefliegenden, dunklen Daches erweckt.

Sonderfälle, die weitergehende Anforderungen an die Beleuchtungseinrichtungen stellen, sind im vorstehenden nicht berücksichtigt, dazu gehören z. B. Gefällswechsel und Übergänge aus einer Kurve in die Gerade. Zur Erfüllung der dabei auftretenden Bedingungen sind besondere Einrichtungen geschaffen worden. Außerdem ist bei der Bemessung der Lichtverteilung zu berücksichtigen, daß die Bremsstrecke auf abschüssiger Fahrbahn verlängert wird; ferner muß mit Hindernissen gerechnet werden, die sich außerhalb des durch die Grundforderungen gegebenen Leuchtfeldes befinden und während der Annäherung des Fahrzeuges in dieses hineinbewegen. Auch diese müssen rechtzeitig erkannt werden können, obwohl sie oft sehr schlecht sichtbar sein können (Radfahrer, Tiere); die Erkennung erfolgt meist im extrafovealen Sehen. Günstig wirkt die beim Stäbchensehen größere Lichtempfindlichkeit des extrafovealen Netzhautteiles und dessen geringere Blendempfindlichkeit (vgl. C 1, S. 254 f., F 1, S. 566 f.).

Bei der Konstruktion eines Scheinwerfers wird man darauf bedacht sein müssen, durch eine zweckmäßige Verteilung des verfügbaren Lichtstromes der Erfüllung aller dieser Forderungen so nahe als möglich zu kommen; sie wird zweckmäßig die Art des Fahrzeuges und seines Gebrauches bei Erfüllung sich widersprechender oder gegenseitig behindernder Forderungen berücksichtigen; ein Abstimmen auf den Charakter des vorzugsweise befahrenen Geländes ist mit Rücksicht auf die Einheitlichkeit der Ausführung und auf die große Beweglichkeit der Kraftfahrzeuge praktisch kaum möglich.

Die obere Grenze der Leistungsfähigkeit einer Beleuchtungsanlage ist jedenfalls durch die verfügbare elektrische Leistung und den Wirkungsgrad der lichterzeugenden Einrichtung gegeben. Erstere ist zur Zeit auf 110 W begrenzt, letzterer dürfte mit den zur Zeit üblichen Lichtquellen und optischen Mitteln nicht mehr sehr erheblich gesteigert werden können.

b) Kennzeichnung und Bewertung von Scheinwerfern.

Die Güte eines Scheinwerfers wird in erster Linie bestimmt durch den ausgestrahlten Gesamtlichtstrom Φ, seine größte Lichtstärke I_{max} und die Lichtverteilung. Beim Vergleich müssen Art und Betriebsverhältnisse der Lichtquelle berücksichtigt werden.

Nach DIN 5037 werden zur Bewertung außerdem folgende Merkmale herangezogen:

Verstärkungszahl v (größte Lichtstärke: mittlere räumliche Lichtstärke der nackten Lichtquelle)

$$v = \frac{4\pi I_{max}}{\Phi_L}.$$

Bündelungszahl b: (größte: mittlere räumliche Lichtstärke)

$$b = \frac{4\pi I_{max}}{\Phi_S}.$$

Lichtverteilung (Darstellung in rechtwinkligem Koordinatensystem, $x =$ Winkel z. Mittelstrahl, $y = I$).

Streuung: Halbstreuwinkel $\delta_{\frac{1}{2}}$ innerhalb dessen $I > \frac{1}{2} I_{max}$; Zehntelstreuwinkel $\delta_{1/10}$ innerhalb dessen $I > 1/10 I_{max}$.

Nebenlicht (Lichtverteilung für $\delta > \delta_{1/10}$).

Ausnutzungsgrad des Lichtstromes η_L (in die Optik des Scheinwerfers eingestrahlter Lichtstrom: Gesamtlichtstrom der nackten Lichtquelle).

Wirkungsgrad der Optik η_0 (Lichtstrom des Scheinwerfer: Lichtstrom, der in die Optik eingestrahlt wird).

Wirkungsgrad des Scheinwerfers η (Gesamtlichtstrom des Scheinwerfers: Gesamtlichtstrom der nackten Lichtquelle $= \eta_L \cdot \eta_0$.

Haltbarkeit (Veränderung von η_0 in Abhängigkeit von der Gebrauchsdauer).

Für weitere Merkmalsbegriffe sind bis jetzt keine bestimmten Definitionen festgelegt.

Für die Messung der Lichtstärke eines Scheinwerfers muß eine Mindestentfernung (die photometrische Grenzentfernung) eingehalten werden, die dadurch definiert ist, daß von ihr angefangen das Gesetz der quadratischen Abnahme der Beleuchtungsstärke mit der Entfernung gilt. Nach KLEINSCHMIDT[1] ist für parabolischen Spiegel (Fehlerfreiheit vorausgesetzt) und ohne Abschlußscheibe die Grenzentfernung g:

$$g = f + \frac{(D^2 + 16 f^2)}{128\, d\, f^2}. \tag{8}$$

f Brennweite des Parabolspiegels; d Durchmesser des Leuchtkörpers (dabei ist die Meridianebene des kleinsten Durchmessers d maßgebend); D Durchmesser des Parabolspiegels.

Einschaltung von lichtstreuenden Elementen in den Strahlengang und Fehler des Spiegels (unregelmäßige Reflexion, Abweichung von der Parabel, wellige Oberfläche usw.) verringern die Grenzentfernung.

c) Herstellung der geeigneten Lichtverteilung. Konstruktive Mittel.

Die höchsterreichbare axiale Lichtstärke eines Scheinwerfers würde bei völlig punktförmiger Lichtquelle im Brennpunkt eines fehlerfreien rotationsparaboloidischen Spiegels erzielt werden. Zur Herstellung der praktisch erforderlichen Lichtverteilung wird bei den gebräuchlichen Scheinwerfern meist von dieser Anordnung ausgegangen. Die natürliche Streuung eines solchen Systems ist durch die Abweichung der Leuchtkörperform von der Punktdimension gegeben. Der meridionale und sagittale Divergenzwinkel (ε_m und ε_s Abb. 977) sind:

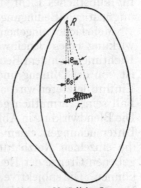

$$\varepsilon_m = d'_m / s_h, \qquad \varepsilon_s = d'_s / s_h.$$

d'_m ist die Projektion der größten Ausdehnung des Leuchtkörpers in Richtung der optischen Achse auf die durch den Hauptstrahl ($F \ldots R$) im Punkte F senkrecht zu diesem gelegte Ebene; d'_s desgleichen, die Leuchtkörperausdehnung jedoch senkrecht zur optischen Achse gerechnet; s_h die Schnittweite des Hauptstrahles ($F \ldots R$) (diese Größen werden am einfachsten graphisch ermittelt).

Abb. 977. Natürliche Streuung eines Scheinwerfers.

Bei kugelförmigem Leuchtkörper ist die Einhüllende aller einzelnen Strahlenbündel ein Kegel, die Abweichungen von dieser Gestalt bedingen eine Erhöhung der Streuung.

Soweit diese durch die Ausdehnungen des Leuchtkörpers allein erzeugt wird, genügt sie bei einem rotationsparaboloidischen Spiegel mit kleiner Lichtquelle im Brennpunkt nicht, um eine den praktischen Erfordernissen Rechnung tragende Lichtverteilung zu erzielen. Es müssen deshalb weitere Streumittel mit brechender Wirkung (Mattierung oder Riffelung des Lampenkolbens,

---

[1] KLEINSCHMIDT: Photometrische Messungen an Automobilscheinwerfern. Diss. Dresden 1935 (dort weitere Literaturangaben).

Abschlußscheiben mit Prismen- oder Linsenelementen) zwischengeschaltet werden; die gleiche Lichtverteilung kann durch Deformationen der Spiegelfläche erreicht werden (elliptische Rotationsparaboloide, zonenweise Zusammensetzung der Spiegelfläche aus einzelnen aneinanderstoßenden Flächenelementen, die aus Flächen verschiedener Gestalt oder verschiedener Brennweite stammen).

Eine andere Richtung, die sich in jüngster Zeit stärker bemerkbar macht, verzichtet überhaupt darauf, durch eine Spiegelfläche allein schon eine annähernd im Unendlichen liegende Abbildung des Leuchtkörpers zu erzeugen, sondern betrachtet Spiegel und als Linsen ausgebildete Abschlußscheiben als ganzes optisches System, mit dem erst durch das Zusammenwirken beider Teile die Abbildung möglich wird; dabei kann ein Zwischenbild des Leuchtkörpers erzeugt werden, oder aber, Spiegel und Linse wirken in zwei getrennten Meridianebenen.

d) Blendung und Abblendung.

Auf jeden Fall darf die Axiallichtstärke nur soweit geschwächt werden, daß sie die in (4) verlangten Mindestwerte wenigstens annähernd noch einhält; demnach steht nur ein durch den Gesamtlichtstrom gegebener Teil für die Ausleuchtung der seitlichen und senkrechten Winkelbereiche (Fahrbahnfläche) zur Verfügung.

Für jede Lichtanlage fordert außerdem der § 50 StVZO.[1]: beim Begegnen muß die Blendung entgegenkommender Verkehrsteilnehmer behoben werden können.

Diese wird dadurch verursacht, daß das menschliche Auge nicht in der Lage ist, einen übermäßig großen Leuchtdichtenunterschied zwischen der Leuchtdichte der Scheinwerfer entgegenkommender Fahrzeuge und derjenigen des von der eigenen Beleuchtungsanlage beleuchteten Vorfeldes zu umfassen; er beträgt unter normalen Verhältnissen nach Lossagk[2] 100000 : 1 und weit mehr für künstliches Licht, bei normalem Tageslicht dagegen bis etwa 12 : 1, unter ungünstigen Bedingungen (Unterführungen) bis etwa 200 : 1.

Mehrfache eingehende Untersuchungen[3] haben ergeben, daß die Blendwirkung eines Scheinwerfers in erster Linie abhängt von der Lichtstärke in Richtung nach dem Beobachterauge, jedoch wahrscheinlich nicht stark abhängig ist von der Öffnung und damit von der spezifischen Leuchtdichte; ein gewisser Einfluß letzterer wird aber doch vermutet; erheblich dürfte er wohl auf keinen Fall sein; vermutlich gelten diese Ergebnisse jedoch nur für kleine Sehwinkel. Die Blendwirkung in Abhängigkeit von der Lichtstärke strebt nach den genannten Untersuchungen einem gewissen Sättigungsgrade zu, vielleicht deshalb, weil die einzelnen Netzhautelemente von einer durch den Adaptationszustand gegebenen Grenze der Reizgröße an eine weitere Erhöhung nicht mehr empfinden können. Die subjektive Herabsetzung der Wahrnehmungsfähigkeit der einzelnen Netzhautteile durch die Blendung ist für die Elemente, welche vom Bilde des Blenders getroffen wurden, am stärksten und nimmt für die Nachbarelemente in einer nicht näher bekannten Funktion ab; sie hört mit dem Wegfall der Blendwirkung nicht sofort auf, sondern klingt ab, um so langsamer, je stärker der Reiz war. Die Blendwirkung nimmt mit der Entfernung, auch bei geringer Luftabsorption, ab. Die Lichtstärke, die noch ohne Blendung ertragen werden kann, wächst mit der Adaptationsleuchtdichte.

---

[1] Vgl. Anm. auf S. 843.

[2] Lossagk: Unfallklärung und -vorbeugung durch lichttechnische Untersuchung. Licht 6 (1936) Nr. 9 182.

[3] Literaturangaben bei: Born: Der Stand der Automobilbeleuchtung. Elektrotechn. Z. 58 Nr. 7, s. auch Weigel u. Knoll: Licht 6 (1936) Nr. 8 f.

Um die Blendung zu beheben, muß die Lichtstärke der Scheinwerfer des Begegners in Richtung nach dem Beobachterauge soweit herabgesetzt werden, daß sie zur Leuchtdichte des Vorfeldes in einem Verhältnis steht, das vom Auge noch verarbeitet werden kann. Ein Zahlenwert für dieses notwendige Verhältnis ist noch nicht gesichert; aus den Untersuchungen kann aber entnommen werden, daß es in der Größenordnung von etwa 100...200 : 1 liegen dürfte.

Zur Erfüllung dieser Bedingung kann einmal die Leuchtdichte des Vorfeldes der Lichtstärke der Blendflächen angepaßt werden, was gegenüber den bisherigen Werten eine erhebliche Erhöhung bedeuten würde; dabei darf aber die Blendlichtstärke nicht mit erhöht werden. Dem sind Grenzen gesetzt, sowohl durch die verfügbare Lichtleistung als auch besonders dadurch, daß infolge unvermeidlicher Lichtstreuung die Blendlichtstärke unter sonst gleichen Bedingungen mit dem Gesamtlichtstrom wächst. Der Raum des Vorfeldes, welcher hohe Lichtstärken verlangt, liegt zudem in unmittelbarer Nähe der Verbindungslinie Scheinwerfer-Begegnerauge; das verlangt einen starken Anstieg der Lichtstärke in sehr kleinem Winkelbereich. Die Steilheit dieses Anstieges ist aber von der mindesterzielbaren Streuung abhängig, welche durch die Dimensionen des Leuchtkörpers in der entsprechenden Richtung, durch die Güte und Genauigkeit des Spiegels und des sonstigen optischen Systems, ferner durch die Lichtströme bedingt ist, welche infolge Reflexion von nicht selbstleuchtenden Bauteilen ausgehen.

Umgekehrt kann auch die Lichtstärke nach dem blendgefährdeten Auge hin herabgesetzt werden, ohne gleichzeitige Verminderung der Beleuchtungsstärke des Vorfeldes; die Problemstellung deckt sich mit der vorigen.

Alle Bemühungen, die Blendung durch geeignete Lichtverteilung zu beheben, setzen voraus, daß die Scheinwerfer unter Berücksichtigung etwaiger Einflüsse durch Wagenbelastung, Nickschwingungen, veränderlichen Reifendruck usw. sehr genau eingestellt und nicht mehr verstellt werden; dieser Punkt wird noch immer viel zu wenig beachtet; eine wirksame Kontrolle ist unerläßlich. Zur Zeit ist ein erschreckend hoher Prozentsatz falsch eingestellter Scheinwerfer zu beobachten.

Ein von diesen Nachteilen freier dritter Weg ist die Verwendung eines Lichtes, das für das blendgefährdete Auge schwach oder nicht sichtbar gemacht werden kann, dagegen für das Fahrerauge beleuchtungswirksam bleibt. Es wird auch dazu nach dem heutigen Stande sichtbares Licht notwendig sein; der Blendschutz wird durch geeignete Filter erreicht. Die Verwirklichung dieser Möglichkeiten ist zur Zeit noch nicht über das Versuchsstadium hinausgekommen, eröffnet aber wertvolle Aussichten mindestens für Autobahnen und Fernverkehrsstraßen. Dennoch wird dadurch die Abblendung durch Lichtverteilung wahrscheinlich nicht in vollem Umfange ersetzt werden können, weil sie an den Gebrauch von Schutzmitteln gebunden ist, welche letztere nicht erfordert. Möglicherweise werden beide Arten der Abblendung nebeneinander in Zukunft verwendet werden.

Die bisher untersuchten Einrichtungen dieser Art arbeiten mit Komplementärfarben oder mit polarisiertem Licht. Erstere haben bis jetzt keine erhebliche Bedeutung gewonnen; die Durchführung birgt erhebliche technische Schwierigkeiten. Letzteres ist an die Möglichkeit gebunden, Polarisatoren in geeigneter Form und Güte billig und haltbar herzustellen. Darin sind in letzter Zeit sehr bemerkenswerte Fortschritte erzielt worden: die Polarisierfolien bestehen in geeigneten, auf einer Trägerschicht liegenden, dichroitischen, künstlich hergestellten Kristallen, entweder in Form einer Einkristallschicht oder einer Schicht sehr kleiner, gleich orientierter Kristalle, die in einer Trägerschicht eingebettet sind.

Einheitlichkeit in der Lage der Polarisationsebenen wird durch eine Neigung von 45° (von rechts oben nach links unten, gesehen vom Fahrersitz aus) erzielt, so daß beim Begegnen die Ebene des Polarisators gegen die des als Analysator dienenden Schutzfilters senkrecht steht. Erwähnt werden muß, daß optische Teile mit inneren Spannungen infolge der dadurch verursachten Drehung der Polarisationsebene die Wirkung verschlechtern (gepreßte Abschlußscheiben).

Die Weißdurchlässigkeit solcher Polarisationsfilter wird für Einkristalle zu etwa 40%, für Kleinkristallfilter zu etwa 28% angegeben[1]. Zwei Filter mit gekreuzten Ebenen weisen nur im Rot, oberhalb etwa 660 mμ, eine restliche Durchlässigkeit auf, die für 750 mμ auf etwa 35% ansteigt.

Versuche, die Blendwirkung von Scheinwerfern durch Farbfilter, in der Regel gelbe, zu vermindern, sind zahlreich, aber noch sehr umstritten. Mehrere Autoren[2] vertreten die Ansicht, daß nicht die Farbfilterung, sondern lediglich die dadurch verursachte Herabsetzung der Lichtstärke nützlich wirkt; damit wird aber gleichzeitig die Beleuchtungsstärke des Vorfeldes vermindert, so daß ein Gewinn bezüglich Fahrsicherheit nicht als erzielt angesehen wird. Andere Autoren wollen dagegen bei gleicher Beleuchtungsstärke eine geringere Blendwirkung gelben Lichtes festgestellt haben; vielleicht lassen sich die Widersprüche durch verschiedene spektrale Empfindlichkeiten der Beobachteraugen erklären. Bei sehr feinem, homogenem Nebel (Dunst) wird kurzwelliges Licht stärker gestreut als langwelliges; der den Begegner und den Fahrer selbst blendende Diffusionslichthof wird in solchen Fällen bei gelbem Licht in etwas geringerem Maße störend in Erscheinung treten als bei weißem Licht.

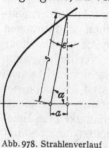

Abb. 978. Strahlenverlauf bei extrafokalem Leuchtkörper.

Der Vollständigkeit halber seien die sehr zahlreichen Versuche erwähnt, durch Abdeckung der oberen Scheinwerferhälfte eine blendfreie Lichtverteilung zu erzielen, die von dem Trugschluß ausgehen, daß das aus dem Scheinwerfer austretende, stets divergente Lichtbündel in einem hinter dem Scheinwerfer liegenden virtuellen Bild der Lichtquelle einen gemeinsamen Ursprungspunkt besitze.

Die Verminderung der Blendleuchtdichte durch Veränderung der Lichtverteilung wird zur Zeit fast ausschließlich dadurch erzielt, daß die Glühlampe mit zwei Leuchtkörpern ausgerüstet ist, welche wechselweise für Fern- und Abblendlicht dienen. Bei letzterem liegt der Leuchtkörper außerhalb des Brennpunktes, meist auf der dem Spiegel abgewandten Seite desselben (vgl. B 5, S. 130), in einem Abstande von etwa 10 mm, so daß die von diesem ausgehenden Lichtstrahlen nach der Spiegelung sämtlich der optischen Achse zustreben. Der Ablenkungswinkel ε gegenüber der Richtung der Strahlen bei im Brennpunkt stehendem Leuchtkörper läßt sich für eine Meridianebene eines Rotationsparaboloides wie folgt berechnen (s. Abb. 978):

$$\varepsilon \approx \frac{a \sin \alpha}{s}$$

dabei ist: $\sin \alpha = y/s$, wenn der Anfangspunkt des Koordinatensystems im Brennpunkt der Parabel liegt, so daß diese der Gleichung:

$$y^2 = 2 p x + p^2$$

folgt. Dann ist auch

$$s = \pm (x + p),$$

so daß sich schließlich ergibt:

$$\varepsilon \approx a \cdot \frac{4 p^2 y}{(y^2 + p^2)^2}.$$

Die größte Ablenkung erfahren diejenigen Strahlen, die durch die Punkte P $\left(x = -p/3,\ y = \pm p/\sqrt{3}\right)$ der Spiegelfläche reflektiert werden.

[1] HAASE: Dichroitische Kristalle und ihre Verwendung für Polarisationsfilter. Zeiß-Nachr. 1936 Heft 2 55f.
[2] Vgl. Anm. 3, S. 846.

Der das Abblendlicht liefernde Leuchtkörper wird dabei durch ein im Innern des Glühlampenkolbens liegendes löffelartiges Blech so abgedeckt, daß nur diejenigen Lichtstrahlen den Spiegel treffen können, deren Ablenkungswinkel ε keine nach oben gerichtete Komponente aufweist. Durch geeignete Gestalt des blanken Abdeckbleches werden dabei die von diesem abgefangenen Lichtstrahlen auch nach oben geworfen und so nutzbar gemacht. Der Leuchtkörper selbst ist meist nach vorn durch einen am Abdeckblech sitzenden Lappen oder durch eine auf dem Glühlampenkolben sitzende undurchsichtige Kappe gegen direkte Sicht abgedeckt (Abb. 88, S. 130).

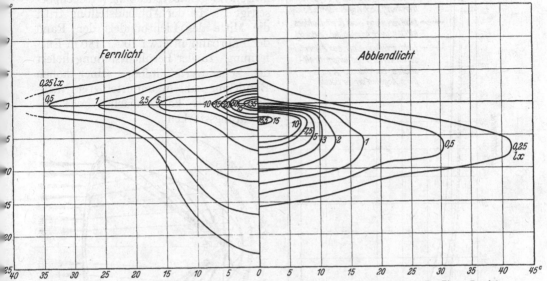

Abb. 979. Beleuchtungsstärkenverteilung einer normalen Scheinwerferanlage. (Nach Angaben der Firma Bosch.)

Bisweilen wird die Glühlampe auch, um die durch die Sockelabschattung entstehenden Verluste zu beschränken, so in den Scheinwerfer eingesetzt, daß der Sockel nach außen und der Kolben dem Spiegel zugewendet ist. In dieser Anordnung liegt dann der Abblendleuchtkörper zwischen Spiegel und dessen Brennpunkt, so daß die Lichtstrahlen von der optischen Achse wegstreben. Dabei darf das Abdeckblech dann nicht den unteren Teil des Spiegels, wie bei der normalen Anordnung, sondern muß den oberen Teil abschatten.

Die Kurven Abb. 979 zeigen die Beleuchtungsstärkenverteilung einer solchen, aus zwei derartigen Scheinwerfern von je 200 mm Spiegeldurchmesser bestehenden Anlage; Lampenleistung sowohl für Fern- als auch Abblendlicht je 35 W; Darstellung in Isoluxlinien, gemessen in 30,5 m Entfernung (Bilux-Abblendung).

Weniger gebräuchlich ist noch die Herabsetzung der Blendleuchtdichte durch Gelbfilter, die bei Abblendung auf elektromagnetischem Wege in den Strahlengang zwischen Lampe und Spiegel eingeschaltet werden (Zeiß-Abblendung). Eine brauchbare Wirkung ist auf diese Weise nur dann zu erzielen, wenn der Scheinwerfer an sich schon eine hohe Bündelungszahl aufweist, so daß der das blendgefährdete Auge treffende Teil des Lichtstromes nicht zu groß ist.

Im Auslande sind noch verschiedentlich Einrichtungen verwendet worden, welche die Richtung der optischen Achse beim Begegnen soweit ändern oder unveränderlich so feststellen, daß der überwiegende Teil des Lichtstromes wenigstens auf gerader Fahrbahn in den Teil des Vorfeldes gelenkt wird, der vom Begegner nicht berührt wird, also nach dem dem eigenen Fahrzeug zunächst liegenden Straßenrande, meist zugleich mit Neigung nach unten.

Dieselbe Wirkung erzielt eine Verstellung nicht des ganzen Scheinwerfers, sondern nur des optischen Systems oder der gegenseitigen Lage einzelner Teile desselben.

Die günstigen Bedingungen auf den Reichsautobahnen (lange Gerade, große Krümmungshalbmesser in waagerechter und senkrechter Richtung, breite Fahrbahnen und großer Abstand zu der dem Gegenverkehr dienenden Fahrbahn) in Verbindungen mit den durch die hohe mögliche Geschwindigkeit bedingten Forderungen nach großer Reichweite sowohl des Fern- als auch des Abblendlichtes haben Konstruktionen mit hoher Bündelungszahl entstehen lassen, bei denen die Spiegel auf elektromagnetischem Wege in der geschilderten Weise gekippt werden (Weitstrahler). Die jeweilige Einstellung ist nur für Rechts- oder Linksverkehr, nicht aber beliebig und wechselweise, verwendbar; in Rechtskurven (bei Rechtsverkehr) ist Blendung möglich, sofern die freie Sicht nach dem Begegner nicht durch dazwischenliegende Abdeckung (Hecken) beseitigt ist. In der Abblendstellung trifft die Mitte des Lichtbündels den Rand der Fahrbahn in etwa 100...150 m Entfernung. In der Fernlichtstellung liefert der Scheinwerfer infolge seiner hohen Bündelungszahl in unmittelbarer Nachbarschaft der Fahrzeugachse hohe Beleuchtungsstärken.

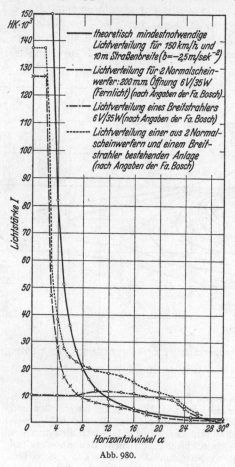

Abb. 980.

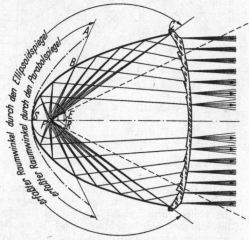

Abb. 981. Ellipsoidspiegel (Notek).

Abb. 980 zeigt (Kurve 1) die nach den eingangs ausgeführten Grundsätzen für 150 km/h und — 2,5 m/s^{-2} Bremsverzögerung berechnete mindestnotwendige Lichtverteilung und im Vergleich dazu die von zwei Normalscheinwerfern von 200 mm Spiegeldurchmesser und mit je 35 W Lampenleistung gelieferte (Kurve 2), die den Grundforderungen gut angepaßt ist.

Gegenüber diesen auf das Rotationsparaboloid aufgebauten Konstruktionen strebt eine andere Form einen höheren Ausnutzungsgrad der Optik an, indem sie diese Flächengestalt des Spiegels verläßt und an ihre Stelle ein Rotationsellipsoid setzt. Ein solches besitzt zwei Brennpunkte und bildet eine punktförmige, in dem einen Brennpunkt liegende Lichtquelle wieder punktförmig im andern ab (Abb. 981). Die größere Tiefe einer solchen Fläche bei gleicher Öffnung umfaßt aber einen größeren Teil des Raumwinkels und damit des Lichtstromes. Dadurch wird das direkt aus dem Scheinwerfer austretende Nebenlicht vermindert und zu einem Teile zur Abbildung durch den Spiegel nutzbar. Durch eine als streuende Stufenlinse gestaltete Abschlußscheibe wird der von den gespiegelten Strahlen erzeugte Brennpunkt im Unendlichen abgebildet und das Licht parallel gerichtet.

Bei dieser Bauweise wird durch die überwiegend kürzeren Schnittweiten *s* der Strahlen vor der Spiegelung gegenüber einer Parabel gleicher Öffnung und Brennweite die Streuung vergrößert, ebenso neuerlich nach Durchstoßen der Stufenlinse. Die axiale Helligkeit eines solchen Scheinwerfers kann deshalb, trotz des höheren Ausnutzungsgrades, nicht höher sein als die eines solchen mit Rotationsparaboloid-Spiegel gleicher Öffnung, was auch theoretisch bedingt ist, wohl dagegen der Teil des Lichtstromes, welcher vom Spiegel erfaßt wird. Die Zweifadenabblendung ist auch bei einem solchen optischen System möglich; dabei muß aber beachtet werden, daß die Randteile des Spiegels gegenüber dem Paraboloid weiter von der Lichtquelle entfernt liegen und die Strahlen in einem spitzeren Winkel zur optischen Achse erhalten. Die Folge davon ist, daß die durch den Wechsel des Leucht-körperortes bedingte Richtungsänderung der Strahlen, die von diesem Spiegelteil ausgehen, geringer ist als beim Paraboloid, während für die mittleren Spiegelzonen gerade das Um-gekehrte eintritt. Die senkrechte Streuung des Lichtbündels wird also bei Abblendung gegenüber dem Paraboloid vergrößert. Dieser Umstand muß bei Einstellung des Fern-lichtbündels berücksichtigt werden.

e) Kurven-, Nebel-, Sucherscheinwerfer und Breitstrahler.

In Sonderfällen treten gegenüber den theoretischen Mindestforderungen an die Lichtverteilung für den Normalfall zusätzliche Aufgaben hervor; der wichtigste und häufigste Fall ist dabei der Übergang aus der Kurve in die

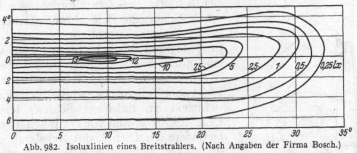

Abb. 982. Isoluxlinien eines Breitstrahlers. (Nach Angaben der Firma Bosch.)

Gerade, welcher eine erhebliche waagrechte Verbreiterung der axialen Höchst-lichtstärke verlangen würde, die bei dem verfügbaren Lichtstrom nicht mehr möglich ist. Hier ist eine Lösung versucht worden, indem die Scheinwerfer drehbar an dem Fahrzeug angebracht und durch die Betätigung des Lenk-rades ihre höchste Lichtstärke in die Richtung strahlen sollten, in welcher die jeweilige Fahrbahn liegt.

Die bewegliche Anbringung wird vermieden durch besondere Zusatzschein-werfer (Kurvenlichter oder Breitstrahler), deren Lichtstärkenhöchstwert nicht in der Richtung der optischen Achse liegt, sondern bei einem Seitenwinkel von etwa 5...15° (Abb. 982); vielfach sind auch keine ausgesprochenen Maxima vorhanden, so daß die Lichtstärke über einen gewissen seitlichen Winkelbereich konstant bleibt, bisweilen ist auch in der Achsenrichtung neben den seitlichen ein mittleres Maximum zu beobachten. Die Kurve 3 (Abb. 980) zeigt die seitliche Licht-verteilung eines solchen Scheinwerfers allein, Kurve 4 derselben Abb. 980 diejenige einer aus 2 Normalscheinwerfern und einer Kurvenlampe bestehenden Anlage.

Die große seitliche Streuung der Breitstrahler wird in den meisten Fällen dadurch erzielt, daß die Spiegelfläche des Scheinwerfers aus mehreren Flächen-elementen zusammengesetzt ist, z. B. aus zwei Rotationsparaboloidhälften, deren Achsen in der waagrechten Ebene einen Winkel bilden; der Zwischen-raum zwischen den beiden Maxima wird durch eine streuende Scheibe aus-gefüllt. An die Stelle von zwei Hälften können auch mehrere Zonen gesetzt werden (Abb. 983). In vielen Fällen wird ein normales Rotationsparaboloid zusammen mit einer Abschlußscheibe verwendet, die in Zylinderlinsenelemente mit senkrechter Achse unterteilt ist, welche nur in waagrechter Richtung streuungsvergrößernd wirken.

Soweit solche Scheinwerfer mit vergrößerter seitlicher Streuung keine Einrichtung zur Abblendung besitzen, was meist auch nicht der Fall ist, muß durch die Strahlenführung dafür gesorgt werden, daß die in den blendgefährlichen Raum ausgestrahlten Lichtstärken so gering sind, daß sie auch im Verein mit den Normalscheinwerfern die durch die gesetzlichen Vorschriften gegebenen Grenzen nicht überschreiten.

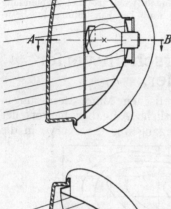
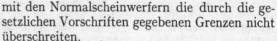

Die Eigenschaften der Breitstrahler sind zum Teil mitbeeinflußt worden von dem Bestreben, sie auch bei Nebel zur Verbesserung der Fahrbahnbeleuchtung heranzuziehen, zum Teil sind für diesen Zweck besondere Nebellichter geschaffen worden. Über den Weg, der zur Lösung der Beleuchtungsfrage bei starkem Nebel beschritten werden muß, die zur Zeit noch nicht befriedigend genannt werden kann, herrscht ziemliche Meinungsverschiedenheit, aus der sich bis jetzt zwei Grundforderungen herausgeschält haben: die Beleuchtungsstärken müssen in der Bodennähe groß, in waagerechter Richtung dagegen möglichst gering sein, weiter ist eine große Seitenstreuung anzustreben. Jede Art von natürlichem Nebel wirft sichtbares Licht zum Teil zurück, so daß sich vor das Gesichtsfeld ein milchiger Schleier legt, dessen Leuchtdichte sowohl von der Beschaffenheit, insbesondere der Dichte, des Nebels als auch von der diesen treffenden Beleuchtungsstärke abhängt. Sobald eine bestimmte Grenze überschritten ist, geht infolge der abnorm kurzen Sichtweite das Richtungsempfinden des Fahrers verloren, so daß er gezwungen ist, geeignete Fahrbahnmerkmale, die in nächster Nähe liegen und noch sichtbar sind, als Richtungsweiser zu verwenden, z. B. den Fahrbahnrand, Straßenbäume, Pflastergrenzen, Wagen- oder Ölspuren, die Fahrbahntrennungslinien der Autobahnen usw.; daraus ergeben sich die erwähnten Grundforderungen.

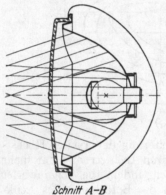

Schnitt A–B

Abb. 983. Dreiteiliger Zonenspiegel eines Breitstrahlers (Riemann).

Die Bestrebungen, eine wirkliche oder vermeintliche Verschiedenheit der spektralen Lichtdurchlässigkeit des Nebels auszunützen, indem bestimmte Spektralbereiche, meist Gelb, aus dem weißen Licht herausgefiltert werden, sind stark umstritten. BORN[1] vertritt die Auffassung, daß der Begriff „Nebel" eine Anzahl von verschiedenen Erscheinungsformen mit verschiedenen Eigenschaften umfaßt, daß aber diejenigen Arten von Nebeln, welche die bekannten Beleuchtungsschwierigkeiten hervorrufen, aus Tröpfchen in der Größenordnung von etwa 0,01 mm bestehen, die wegen ihrer Größe kaum noch selektiv wirken können. Gewisse Erfahrungen aus der Lichtsignaltechnik scheinen diese Auffassung zu bestätigen.

Zum Teil werden sich die Anforderungen an Nebelscheinwerfer mit denen decken, die an das Abblendlicht gestellt werden; vielleicht können auch hier Beleuchtungseinrichtungen mit starkem Lichtstärkenanstieg in einem kleinen

---

[1] Siehe Fußn. 3, S. 846.

senkrechten Winkelbereich, also sehr verminderter natürlicher Streuung in senkrechter Richtung, und wenig Nebenlicht, wie sie z. B. unter Benutzung eines parabolzylindrischen Spiegels denkbar wären, einen Fortschritt bringen.

Für Sonderbeleuchtungsaufgaben von kurzer Dauer können, soweit dadurch nicht andere Wegebenutzer gefährdet werden, Suchscheinwerfer eingesetzt werden, die verhältnismäßig kleinen Lichtstrom, aber hohe Bündelungszahl aufweisen. Sie werden beweglich am Kraftfahrzeug angebracht, meist so, daß sie vom Innenraum aus betätigt und gerichtet werden können, auch wenn der eigentliche Scheinwerfer außerhalb desselben sitzt. Für die Zwecke der Hilfeleistung bei Unfällen oder Störungen, für Polizei- und Feuerwehraufgaben sind ähnliche Einrichtungen höherer Leistung entwickelt worden (Abb. 984).

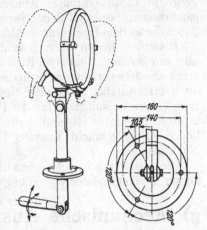

Abb. 984. Großer Suchscheinwerfer mit Innenlenkung (Bosch).

f) Zusätzliche Beleuchtungseinrichtungen am Fahrzeug.

Für Armaturenbeleuchtung im Innern von Fahrzeugen werden in Anpassung an die geringe Adaptationsleuchtdichte des Vorfeldes nur sehr schwache Lichtquellen verwendet, welche die Ableseflächen möglichst gleichmäßig aufhellen. Um die Beleuchtungsstärken genügend herabzudrücken, werden häufig Farbfilter verwendet, die nur Lichtstrahlen durchlassen, für welche die spektrale Empfindlichkeit des Auges gering ist und deren Anteil am Glühlampenlicht klein, ist, meist blaugrün oder blau. Im Interesse geringer Blendung durch die Armaturenbrett - Beleuchtung liegt es, schwarze Zifferblätter mit hellen (weißen) Skalenstrichen und Ziffern zu verwenden, wie auch bei Flugzeug-Bordinstrumenten üblich (vgl. J 7, S. 950).

Zur Kennzeichenbeleuchtung muß dagegen weißes Licht verwendet werden, dessen Stärke und Gleichmäßigkeit nur durch eine Mindestbedingung der Erkennbarkeit festgelegt ist; sie liefert meist auch in Verbindung mit einem Rotfilter das vorgeschriebene Signal-Schlußlicht, dessen Helligkeit in einem bestimmten Verhältnis zur Leuchtdichte des Kennzeichens stehen muß, wenn letzteres nicht infolge auftretender Blendung schwerer erkennbar werden soll. Nach Untersuchungen von SEWIG[1] und Mitarbeitern unter praktisch

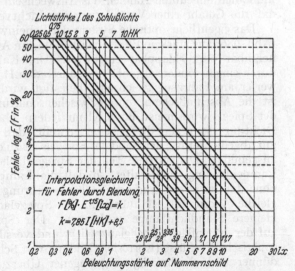

Abb. 985. Blendung durch das Schlußlicht von Kraftfahrzeugen. (Nach SEWIG.)

---

[1] SEWIG, R.: Beleuchtung der Kennzeichen von Kraftfahrzeugen und Blendung durch das rote Schlußlicht. Licht **6** (1936) 15—20.

vorkommenden Sehverhältnissen läßt sich die Beeinträchtigung der Sehleistung infolge der durch das Schlußlicht (Lichtstärke I_{HK}) bewirkten Blendung, ausgedrückt in prozentualen Ablesefehlern ($F_\%$) in Abhängigkeit von der Beleuchtungsstärke auf dem Nummernschild (E_{lx}, Reflexionsvermögen 0,75) durch die in dem Nomogramm Abb. 985 niedergelegten Beziehungen ausdrücken.

Bisweilen finden auch besondere Rückfahrtscheinwerfer Anwendung, die aber nur bei eingeschaltetem Rückwärtsgang brennen dürfen, und einen geringen, stark abwärts gerichteten Lichtstrom aufweisen. Versuche, solche Scheinwerfer auch dazu nutzbar zu machen, einem entgegenkommenden Fahrzeug den hinter dem Wagen befindlichen Teil der Fahrbahn zu beleuchten, der infolge Blendung schlecht erkennbar ist, und so die Sicherheit zu erhöhen, haben keinen wesentlichen Erfolg gebracht, in erster Linie wohl wegen der Gefahr einer Blendung Nachfolgender.

Die sonstigen lichttechnischen Einrichtungen am Fahrzeug (Parklichter, Stopplichter, Winker) müssen vom Standpunkt der Signaltechnik aus betrachtet werden.

g) Mechanische Ausführung der Scheinwerfer.

Die mechanische Ausführung der Scheinwerfer muß Rücksicht nehmen auf die Erfordernisse des praktischen Betriebes: auf Unempfindlichkeit gegen Witterungseinflüsse, insbesondere gegen Feuchtigkeit, ferner gegen Erschütterungen und unbeabsichtigte Verstellung; denn die StVZO. (vgl. Fußn. 1, S. 843) schreiben vor, daß eine nachträgliche Verstellung der Lichtquelle zum optischen System nicht möglich sein darf, sofern eine solche nicht dem Zweck einer regelmäßigen Veränderung der Lichtverteilung, z. B. Abblendung, dient. Schließlich muß auch ungeübten Händen das Auswechseln der Lampen möglich sein, ohne daß die Gefahr einer Veränderung der Lichtverteilung besteht.

Das eigentliche optische System der Scheinwerfer wird in ein festes Gehäuse (Abb. 986) aus starkem Blech (meist Stahl, im Ausland vielfach Messing) herausnehmbar oder -klappbar eingesetzt. Die Kabeleinführung erfolgt entweder durch eine besondere Öffnung oder durch den Haltestutzen, mit dem der Scheinwerfer am Fahrzeug gleichzeitig befestigt wird. In den Deckel des Gehäuses ist die Abschlußscheibe unter Zwischenschaltung einer Abdichtung eingelegt; der Spiegel wird, meist durch Klemmfedern, ebenfalls unter Zwischenlage einer Dichtung, so gegen die Scheibe gepreßt, daß der eingeschlossene Hohlraum gut abgedichtet ist; der Rand des Spiegels ist zu diesem Zwecke zu einem Flansch ausgebildet. Der mittlere Teil der Spiegelfläche ist zu einer herausnehmbaren Lampenfassung umgestaltet, so daß die Lampe ausgewechselt werden kann, ohne daß deswegen eine Gefahr der Berührung der Spiegelfläche besteht; eine gleiche Anordnung ist außerhalb der Spiegelachse, meist unterhalb, für eine kleinere Standlichtlampe vorhanden. Der Spiegel ist aus Blech gedrückt, auf der Innenfläche hochglanzpoliert und versilbert; zum Schutz gegen atmosphärische Einflüsse (Korrosion, Bildung von Schwefelsilber) dient ein glasheller, dünner und gleichmäßig aufgetragener Überzug aus einem Lack, der völlig schwefelfrei sein und beim Trocknen eine glatte, glänzende Oberfläche bilden muß; er ist meist auf Nitrozellulosebasis aufgebaut (Silberzapon). Der Überzug wird auf den rotierenden Spiegel aufgebracht; die Verdünnung des Lackes bestimmt die Dicke der Schicht. Sie ist gegen mechanische Beanspruchung, vor allem gegen Berührung durch die Finger, empfindlich und hält auch eindringender Feuchtigkeit auf die Dauer nicht stand, aber kann, blind geworden, mit Amylazetat abgewaschen und erneuert werden.

Das Material für den Spiegel muß feinporig und dicht sein; um die Güte der Politur zu verbessern, werden vielfach Zwischenüberzüge aus Metallen verwendet, die durch Plattieren oder galvanischen Auftrag die Poren des Grundmetalles schließen und selbst gut polierfähig sind (Cadmium, Kupfer, Nickel).

Aus Glas gefertigte, meist beiderseitig geschliffene und polierte Spiegel, die in hochwertigen Scheinwerfern auch für Kraftfahrzeuge bisweilen angewendet worden sind, werden nach den bekannten Verfahren auf der Rückfläche chemisch versilbert, dann verkupfert und lackiert; sie besitzen höheres Reflexionsvermögen und zeigen nur noch verschwindende unregelmäßige Reflexion. Sie sind auch unempfindlich gegen Berührung, aber, soweit sie geschliffen und poliert werden, viel teurer als gedrückte Metallspiegel; die relative Öffnung bleibt hinter der der Blechspiegel aus herstellungs-

technischen Gründen weit zu-rück; sie beträgt bis zu 4 f gegenüber 5...10 f bei letzteren.

Bei Spiegeln großer rela-tiver Öffnung wird auf die Ausnutzung des nicht mehr von diesem erfaßten Teiles des Lichtstromes, etwa durch Fang-spiegel, welche das Licht in die Lichtquelle und weiter auf den Hauptspiegel zurückwer-fen, oder durch Linsen, meist verzichtet; bei kleiner würde das dadurch entstehende Ne-benlicht einen zu großen Teil des Lichtstromes darstellen.

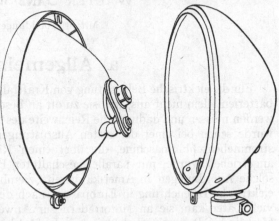

Abb. 986. Scheinwerfergehäuse.

Zur richtigen Verteilung des verfügbaren Lichtstromes wird bei den meisten Konstruktionen auch die Abschlußscheibe herangezogen, die durch Riffelung in einzelne Zonen mit zylindrischen oder torischen Flächen aufgeteilt ist; die brechende Wirkung muß auf das verwendete Spiegelsystem, auch auf die Brenn-weite, abgestimmt sein. Nur dort, wo die Spiegelfläche keine Rotationsfläche ist, sondern durch Abweichungen von dieser Form selbst schon für die nötige Lichtverteilung, vor allem in waagrechter Richtung, sorgt, können ebene oder gewölbte Scheiben ohne wesentliche brechende Wirkung verwendet werden, die durch Biegen oder Senken von Spiegelglasscheiben hergestellt werden. Geringe zusätzliche Streuungen können dabei durch eingeschliffene und polierte Rillen erzielt werden. Kompliziertere Abschlußscheiben werden stets aus Preßglas hergestellt; diese Technik verlangt jedoch, daß auf möglichst geringe Dickenunterschiede Bedacht genommen wird; sonst sind Lunkerungen (unregel-mäßige Einsenkungen der Glasoberfläche infolge Verfließens und Schwindens des Glases in noch weichem Zustande) unvermeidlich, die, wenn sie größeren Umfang annehmen, die Lichtverteilung in unerwünschter Weise ändern können. Bei richtiger Formtemperatur und sorgfältiger Pressung fällt dabei die Ober-fläche der Scheiben schon ziemlich glatt aus, sofern die Innenflächen der Preß-form glatt und sauber sind; für höhere Ansprüche ist ein Überschleifen und Überpolieren der Preßlinge zweckmäßig.

Der mittlere Teil der Abschlußscheiben wird meist mit stärker zerstreuender Wirkung ausgestaltet, um die direkt von der nicht abgedeckten Lichtquelle durch ihn austretenden Lichtstrahlen so zu streuen, daß sie zur Lieferung des bildabrundenden Nebenlichtes herangezogen werden, aber keine erhebliche Blendleuchtdichte mehr hervorrufen können. Der mittlere Teil des Spiegels ist infolge der Abschattung durch die Lampenfassung für das gerichtete Licht wirkungslos, so daß nennenswerte Verluste an diesem nicht auftreten.

J 3. Elektrischer Teil der Lichtversorgung von Fahrzeugen (Lichtmaschinen für Kraftwagen, Motorräder und Fahrräder).

Von

Walter Ganz-Stuttgart.

Mit 21 Abbildungen.

a) Allgemeines.

Für die elektrische Beleuchtung von Kraftfahrzeugen reichen Akkumulatorenbatterien allein nicht aus, weil sie zu oft an besonderen Stromquellen aufgeladen werden müssen und dadurch die Reichweite des Fahrzeugs beschränken. Deshalb wurde schon bei einer der ersten Ausrüstungen in Amerika 1908 eine Gleichstromnebenschlußmaschine, die über einen Riemen vom Fahrzeugmotor aus angetrieben wurde, mit parallel geschalteter Batterie verwendet. 1912 waren solche Anordnungen in Amerika bereits ziemlich verbreitet, während sich die elektrische Beleuchtung in Europa erst nach dem Weltkrieg durchsetzte. Noch viel später kam sie an Motorrädern zur Anwendung, und zwar deshalb, weil hierbei der Preis einer elektrischen Lichtanlage zunächst im Verhältnis zum Gesamtpreis zu hoch wurde.

Wie die Bezeichnung Lichtmaschine sagt, dienten diese Maschinen ursprünglich nur zur Erzeugung des Lichtstromes. Inzwischen hat sich aber, besonders im Kraftwagen, eine Art elektrischer Zentrale herausgebildet, an die außer der Beleuchtung noch die Zündung, die Signalinstrumente und der Anlasser angeschlossen sind, und die in der Mehrzahl aller Fälle aus Lichtmaschine und parallel geschalteter Batterie besteht. Im Laufe der Entwicklung wurde in vielen Fällen, besonders für Motorräder und leichtere Wagen, die Lichtmaschine mit dem Zünder oder mit dem Anlasser oder mit beiden zu einer einzigen Maschine vereinigt und zum Teil so durchgebildet, daß sie sogar das Schwungrad des Motors ganz oder teilweise ersetzt.

Auch für Fahrräder wird heute fast ausschließlich elektrische Beleuchtung angewendet, die zwar teurer, aber sauberer, einfacher und sicherer als die frühere Karbidbeleuchtung ist. Für diese einfachen Anlagen werden Wechselstromerzeuger bevorzugt. Wenn aber auch eine Akkumulatorenbatterie geladen werden soll, wird diese über einen Trockengleichrichter mit der Lichtmaschine verbunden. Hauptsache bei diesen Anlagen ist, daß sie einfach und billig sind. Auch für leichte Motorräder gibt es ähnliche Ausführungen, meistens wird aber auch hier die Lichtmaschine mit Zünder und Schwungrad vereinigt.

b) Anforderungen an die Lichtmaschine.

An die Lichtmaschine eines Kraftfahrzeugs werden viel weitergehende Bedingungen gestellt als an ortsfeste Dynamomaschinen:

1. Die Verbraucher verlangen trotz stark schwankender Drehzahl des antreibenden Fahrzeugmotors eine gleichbleibende Maschinenspannung.

2. Die Akkumulatorenbatterie muß mit einem dem Ladezustand entsprechenden Strom, ausreichend und selbsttätig aufgeladen werden.

3. Die Batterie darf sich nicht über die Lichtmaschine entladen.

4. Öftere Wartung und Überholung der Lichtmaschine soll selbst bei rauhem Betrieb überflüssig sein.

5. Die Lichtmaschine muß in einem sehr großen Drehzahlbereich die volle Leistung abgeben und darf sich selbst bei ungünstigen Kühlungsverhältnissen nur wenig erwärmen.

Die beiden ersten Bedingungen können durch eine geeignete Regelvorrichtung erfüllt werden. Die dritte Forderung hat zur Einführung des selbsttätigen Schalters geführt. Punkt 4 verlangt eine geeignete Ausbildung der besonders beanspruchten Teile, vor allem der Lager, Bürsten und Stromwender, ausreichende Kapselung und sorgfältigen Einbau. Die Erfüllung der fünften Bedingung wird meistens dadurch erleichtert, daß man bei Fahrzeuglichtmaschinen unbedenklich einen verhältnismäßig schlechten Wirkungsgrad zulassen kann, da sich der dazu erforderliche größere Leistungsbedarf am Motor kaum bemerkbar macht.

Die Ansprüche, die an die Wechselstromlichtmaschinen für Fahrräder und leichte Motorräder gestellt werden, sind nicht so groß. Von diesen Maschinen wird eine gleichbleibende Leistung bei veränderlicher Drehzahl verlangt, die Aufladung einer Batterie (über Gleichrichter) kommt nur selten in Frage, und die Wartung ist bei dem einfachen Aufbau ebenfalls einfach. Die Einhaltung einer annähernd gleichbleibenden Leistung kann durch „Selbstregelung" leicht erfüllt werden, da der induktive Widerstand mit der Drehzahl zunimmt.

c) Arbeitsweise der Gleichstromlichtmaschinen.

Die Gleichstromnebenschlußmaschine, die im Fahrzeug mit einer Batterie zusammenarbeiten soll und deren Spannung bei stark wechselnden Drehzahlen gleichbleiben muß, wird mit einem Schalter und einer Regelvorrichtung versehen. Die Verbraucher sind an die Batterie angeschlossen [1], der Schalter schaltet die Lichtmaschine erst zu, wenn ihre Spannung zur Batterieladung ausreicht. Die Regelvorrichtung gleicht den Einfluß der Drehzahlschwankungen auf die Maschinenspannung aus. Die früher angewandte Drehzahlbegrenzung durch Schleifkupplungen genügt nicht und ist heute bedeutungslos, ebenso die Anordnung einer Gegenverbundwicklung. Heute sind nur noch zwei Verfahren gebräuchlich: in Amerika hauptsächlich Stromregelung durch eine dritte Bürste, in Europa vorwiegend Spannungsregelung [2].

Dreibürstenmaschine (Stromregelung durch dritte Bürste). Die Dreibürstenmaschine kann nur in Parallelschaltung mit einer Batterie verwendet werden, die die Klemmenspannung der Lichtmaschine bestimmt. Die Erregerwicklung erhält eine veränderliche Teilspannung, die an der „dritten Bürste" abgenommen wird. Abb. 987 zeigt die Schaltung einer Dreibürstenmaschine mit Selbstschalter.

Bei niederen Drehzahlen sind die Kontakte $Sk1$, $Sk2$ geöffnet, die Lichtmaschine ist von der Batterie und den Verbrauchern getrennt. Sie erregt sich, bis durch die Wirkung der „Spannungswicklung" Se der Schalteranker Sa angezogen wird und die Kontakte schließt („Einschaltspannung" etwa 6,8 V bei 6 V Nennspannung). Jetzt speist die Lichtmaschine die Verbraucher und lädt die Batterie auf. Da der gesamte Maschinenstrom durch die „Stromwicklung" Si fließt, die in gleichem Sinne wie Se gewickelt ist, wird der Schalter bei kleinen Spannungsschwankungen festgehalten. Fällt aber bei sinkender Drehzahl die Spannung merklich unter die der Batterie, dann fließt ein „Rückstrom" von der Batterie zur Lichtmaschine, und die Wicklungen Si und Se wirken gegeneinander. Bei

---

[1] In Europa ist es üblich, die Verbraucher an den Pluspol zu legen, der Minuspol wird mit der Fahrzeugmasse (Rückleitung) verbunden; in Amerika meist umgekehrt.

[2] Geschichtliche Entwicklung und Theorie der Lichtmaschine können hier nicht behandelt werden; siehe hierzu unter anderem: Die elektrische Ausrüstung des Kraftfahrzeugs, Bd. 13 der Automobiltechnischen Bibliothek. Berlin: M. Krayn. 2. Teil: Lichtmaschine und Batterie. SEILER: Elektrische Zündung, Licht und Anlasser. Halle: Wilhelm Knapp.

einem Rückstrom von 3…5 A wird der Schalter geöffnet und so eine Entladung der Batterie über die Lichtmaschine verhindert.

Zum leichteren Verständnis des Regelvorgangs sei zunächst an das Verhalten einer gewöhnlichen, auf eine Batterie geschalteten Gleichstromnebenschlußmaschine erinnert (Darstellung weitgehend vereinfacht): Vom Einschalten an ist ihre Klemmenspannung gleich der der Batterie, der Erregerfluß bleibt also nahezu unverändert. Zur Erfüllung der Grundgleichung $U = E - R_a \cdot I_a = $ konst. muß dann der Ankerstrom I_a ziemlich groß werden oder die EMK E annähernd gleich bleiben, d. h. der resultierende Fluß muß mit wachsender Drehzahl abnehmen. Bekanntlich trifft dies bei einer starken Ankerrückwirkung (Zusammenwirken von Feldverzerrung, Sättigung in den Polschuhen und Verschiebung der neutralen Zone) zu, diese setzt aber einen hohen Ankerstrom I_a voraus. Um eine gleichbleibende Klemmenspannung U zu erhalten, muß also ein mit der Drehzahl wachsender Ankerstrom I_a fließen. Diesen muß in erster Linie die Batterie aufnehmen, weil die Verbraucher nur zeitweilig eingeschaltet sind und dann einen fest bestimmten Strombedarf haben. Bei hohen Drehzahlen nimmt der Strom sehr hohe Werte an und gefährdet dadurch Lichtmaschine und Batterie.

Um den Ankerstrom in erträglichen Grenzen zu halten, legt man bei der Fahrzeuglichtmaschine, der Dreibürstenmaschine, die Erregerwicklung nicht an die volle Maschinenspannung, sondern über die „dritte Bürste" an eine Teilspannung, die mit wachsender Drehzahl und Belastung durch die Verzerrung der Bürstenpotentialkurve (s. Abb. 988) sinkt. Infolgedessen nimmt auch der Erregerfluß ab, und der resultierende Fluß zeigt schon bei einer verhältnismäßig geringen Ankerrückwirkung, also auch geringem Ankerstrom I_a den gewünschten Verlauf.

Die Ankerstromkurve einer Dreibürstenmaschine, also vor allem ihre Ladestromkurve, ist in Abb. 989 dargestellt. Sie steigt vom Einschalten an mit wachsender Drehzahl bis zu einem Höchstwert und fällt dann wieder. Die Maschine erreicht infolgedessen nur in einem gewissen Drehzahlbereich ihre Höchstleistung. Dies hängt stark von der Stellung der dritten Bürste zu den

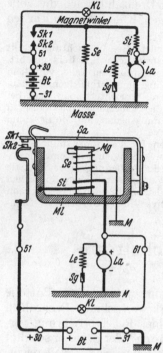

Abb. 987. Schaltung der Dreibürstenmaschine. (Wb. Bosch.) *Bt* Batterie; *Kl* Ladeanzeigelampe; *La* Lichtmaschinenanker; *Le* Erregerwicklung; *M* Masse; *Mg* Magnetkern; *Ml* Magnetwinkel; *Sa* Schalteranker; *Se* Spannungswicklung; *Si* Stromwicklung; *Sg* Sicherung; *Sk* Schalterkontakt.

Hauptbürsten ab, die Maschine ist z. B. gegen schlecht aufliegende Bürsten sehr empfindlich. Weiterhin liegt die Ladestromkurve bei höherer Spannung höher, so daß die voll geladene Batterie einen höheren Strom erhält als die leere[1]. Dieser Nachteil erfordert ein öfteres Nachsehen der Batterie und Nachfüllen von destilliertem Wasser. Um die

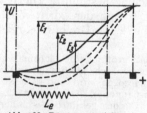

Abb. 988. Bürstenpotentialkurve der Dreibürstenmaschine.

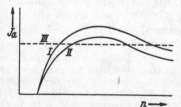

Abb. 989. Ladestromkurven der Dreibürstenmaschine: *I* bei geladener Batterie; *II* bei leerer Batterie; *III* Bedarf der Verbraucher.

Lichtmaschine auf eine günstigste Durchschnittsbelastung, die je nach der Verwendungsweise des Fahrzeugs und der Jahreszeit verschieden ist, einstellen zu können, wird die dritte Bürste vielfach auf dem Stromwender verschiebbar angeordnet, manchmal ist sogar eine Sommer- und Winterstellung angegeben.

Da die Maschinenspannung beim Ausfallen der Batterie oder schon bei geringer Erhöhung des Widerstandes stark ansteigen würde, wird eine Sicherung in den Erregerstromkreis

---

[1] Bei eingeschalteten Verbrauchern erhält die Batterie nur den Überschuß (vgl. Abb. 989) oder wird sogar entladen.

eingesetzt (s. Abb. 987, *Sg*), die beim Überschreiten des normalen Erregerstromes schmilzt und die Maschine stromlos macht. Eine andere Möglichkeit bietet die Verwendung eines Thermostaten, der bei unzulässiger Erhöhung der Maschinentemperatur einen Widerstand in den Erregerstromkreis schaltet. Dies hat gegenüber der Schmelzsicherung den Vorzug, daß die Maschine nicht außer Betrieb gesetzt wird, ist aber teurer.

Lichtmaschine mit Spannungsregelung.

Die Klemmenspannung der Lichtmaschine mit Spannungsregelung wird durch einen elektrischen Schnellregler, der aus dem bekannten Tirrillregler hervorgegangen ist, auf nahezu gleichbleibender Höhe gehalten. Diese Art der Regelung beruht darauf, daß ein Widerstand im Erregerstromkreis periodisch ein- und ausgeschaltet wird. Die innere Schaltung zeigt Abb. 990, die Abhängigkeit der Spannung und des Erregerstroms von der Drehzahl Abb. 991.

Vielfach wird der Selbstschalter mit dem Schnellregler baulich zu einem „Regler-Schalter" vereinigt. Der Schalter arbeitet genau so wie bei der Dreibürstenmaschine.

Vor dem Einsetzen des Regelvorgangs ist der Widerstand *Wd* durch die Reglerkontakte *Rk 1* und *Rk 2* kurzgeschlossen, so daß die Erregerwicklung *Le* an der gesamten Maschinenspannung liegt. Die Spannungswicklung *Re* des Reglers liegt ebenfalls, und zwar dauernd an der jeweiligen Maschinenspannung; durch ihre Wirkung wird beim Überschreiten einer gewissen Spannung der Regleranker *Ra* angezogen, der die Kontakte *Rk 1* und *Rk 2* öffnet. Dadurch wird der Widerstand *Wd* in den Erregerstromkreis eingeschaltet, so daß der Erregerstrom und mit ihm die Spannung sinkt und der Regleranker wieder zurückgeht. Infolgedessen steigt die Spannung wieder an und leitet den Vorgang von neuem ein. Da sich das Öffnen und Schließen der Kontakte in sehr schneller Folge wiederholt, stellt sich ein je nach Drehzahl und Belastung verschiedener mittlerer Erregerstrom ein. In Abb. 992 bedeutet i_1 den Erregerstrom bei dauernd kurzgeschlossenem Widerstand (Höchstwert), i_2 bei dauernd eingeschaltetem Widerstand (Kleinstwert). Er verläuft beim Einschalten des Widerstandes nach der Exponentialkurve *a*, beim Ausschalten nach *b*, sinkt also beispielsweise bei einer Spannungserhöhung von *A* bis *B* bei

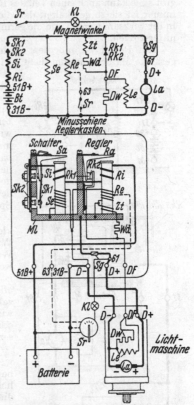

Abb. 990. Schaltung der Lichtmaschine mit Spannungsregelung. (Wb. Bosch.) *Bt* Batterie; *Dw* Dämpferwicklung; *Kl* Ladeanzeigelampe; *La* Anker der Lichtmaschine; *Le* Erregerwicklung; *Ml* Magnetwicklung; *Ra* Regleranker; *Re* Regler-Spannungswicklung; *Ri* Regler-Stromwicklung; *Rk* Reglerkontakt; *Sa* Schalteranker; *Se* Schalter-Spannungswicklung; *Sg* Sicherung; *Si* Schalter-Stromwicklung; *Sk* Schalterkontakt; *Sr* Schaltkasten; *Wd* Widerstand; *Zt* Zitterwicklung.

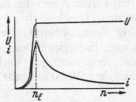

Abb. 991. Spannung und Erregerstrom der Lichtmaschine mit Spannungsregelung. η_K Einschaltdrehzahl.

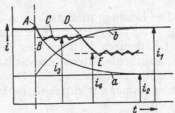

Abb. 992. Zeitlicher Verlauf des Erregerstroms bei Spannungsregelung.

geöffneten Kontakten, steigt wieder bis *C* bei geschlossenen Kontakten usw., so daß sich der mittlere Erregerstrom i_3 einstellt. Bei einer weiteren Spannungserhöhung fällt der Erregerstrom noch mehr von *D* bis *E*; bei *E* setzt der Regelvorgang in ähnlicher Weise wieder ein und führt zu dem mittleren Erregerstrom i_4.

Zur Beschleunigung des Kontaktspiels wird vielfach auf den Magnetkern des Reglers noch eine „Zitterwicklung" Zt aufgebracht, für die es verschiedene Schaltmöglichkeiten gibt. Sie kann auch einen Teil des Regelwiderstandes bilden oder diesen vollständig ersetzen; immer ist sie so geschaltet, daß die beim Regelvorgang auftretenden Differenzspannungen in ihr wirksam werden und die geringen Spannungsänderungen in der Spannungswicklung Re unterstützen.

Am Regler ist außerdem noch eine „Stromwicklung" Ri angeordnet, durch die der gesamte Maschinenstrom fließt. Ri ist so gewickelt, daß die Spannungswicklung Re unter-

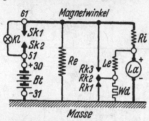

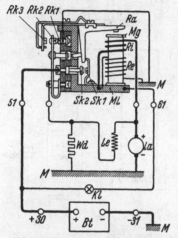

Abb. 993. Schaltung der Lichtmaschine mit einfachem Regler-Schalter. (Wb. Bosch.) Bt Batterie; Kl Ladeanzeigelampe; La Lichtmaschinenanker; Le Erregerwicklung; M Masse; Mg Magnetkern; Ml Magnetwinkel; Ra Anker des Regler-Schalters; Re Spannungswicklung; Ri Stromwicklung; Rk Reglerkontakt; Sk Schalterkontakt; Wd Widerstand.

stützt wird. Dadurch wird erreicht, daß mit zunehmender Stromstärke, also bei eingeschalteten Verbrauchern oder entladener Batterie, der Regler schon bei einer niedrigeren Spannungsstufe zu regeln beginnt. Wenn mit fortschreitender Ladung der Batterie der Ladestrom sinkt, wird wieder auf höhere Spannung geregelt, so daß die Batterie mit Sicherheit voll aufgeladen wird. Der Spannungsregler paßt also die Lichtmaschinenspannung dem Ladezustand der Batterie an, er verhindert dadurch eine Überlastung der Lichtmaschine und ermöglicht eine genügende Ladung der Batterie. Diese Wirkungsweise wird „nachgiebige Spannungsregelung" genannt.

Abb. 993 zeigt einen ähnlichen Regler-Schalter für kleinere Lichtmaschinen, bei dem Magnetkern, Anker und Wicklungen für Regler und Schalter vereinigt sind. An Wirkungsweise ändert sich nichts, außer daß noch ein weiterer Regelvorgang für sehr hohe Drehzahlen vorgesehen ist, damit nicht der ganze Bereich mit dem Widerstand Wd allein beherrscht werden braucht. Bei diesen hohen Drehzahlen wird in ebenfalls sehr schneller Folge die Erregerwicklung durch die Reglerkontakte $Rk\,2$ und $Rk\,3$ periodisch kurzgeschlossen und damit eine wirksame Spannungssenkung erzielt.

Die Lichtmaschine mit Spannungsregelung kann ohne weiteres auch ohne Batterie betrieben werden. Dies kommt hauptsächlich für landwirtschaftliche Schlepper und ähnliche Fahrzeuge in Frage. Der Selbstschalter fällt bei diesen Ausführungen weg, oft auch die Stromwicklung Ri.

Bei Verwendung alkalischer Batterien (sog. Edisonakkumulatoren) muß eine besondere Einrichtung getroffen werden, um den großen Unterschied zwischen Lade- und Entladespannung dieser Batterien zu berücksichtigen. Wie Abb. 990 zeigt, ist die Reglerspannungswicklung Re angezapft, um sie teilweise kurzschließen zu können. Dadurch wird erreicht, daß der Regler auf die zur Ladung erforderliche höhere Spannungsstufe regelt. Da bei dieser aber die Glühlampen durchbrennen würden, wird beim Einschalten der Glühlampen die Kurzschlußleitung wieder unterbrochen.

d) Kenndaten der Gleichstromlichtmaschinen.

Die Leistung muß nach dem Gesamtbedarf der Verbraucher, die zusammen längere Zeit eingeschaltet sein sollen, bemessen werden. Dies sind im allgemeinen die Glühlampen (Scheinwerfer in Fernlichtstellung, Zusatzscheinwerfer, Seitenlaternen, Schlußlaterne und Schaltbrettbeleuchtung), Batteriezünder, Scheibenbeheizung und Radiogerät. Die Signalinstrumente und sonstigen Verbraucher werden immer nur kurzzeitig betätigt und brauchen deshalb nicht berücksichtigt werden [1].

Gebräuchliche Nennleistungen der Lichtmaschine sind für Motorräder 30 und 45 W; für Personenwagen 60, 75, 90, 100 und 130 W; für Lastwagen und Omnibusse 200...1200 W. Nennspannungen sind 6, 12 und 24 V. Auch die Außendurchmesser halten sich an bestimmte Werte (60, 75, 90, 100, 112, 125, 150, 178 und 203,2 mm), da dies für den

---

[1] Der Anlasser, der einen sehr hohen Strom aufnimmt, aber nur kurzzeitig bedient wird, ist für die Bestimmung der Batteriegröße maßgebend.

Anbau an den Fahrzeugmotor wesentlich ist [1]. Die Höchstdrehzahlen der Lichtmaschinen richten sich nach Bauart und Verwendungsweise, sie liegen meist zwischen 2000 und 6000 U/min. Die „Einschaltdrehzahl" (Drehzahl beim Schließen der Schalterkontakte) muß etwa $1/3 \ldots 1/6$ der Höchstdrehzahl sein. (Diese Zahlen sind wichtig für die Wahl des Übersetzungsverhältnisses zwischen Lichtmaschine und Fahrzeugmotor; denn die Mindestdrehzahl bei langsamer Fahrt im direkten Gang muß wenigstens über der Einschaltdrehzahl liegen, da sonst die Batterie nicht geladen wird. Als „Stadtgeschwindigkeit" gilt etwa 25 km/h, für Wagen im ausschließlichen Stadtverkehr sogar nur 20 km/h.)

e) Aufbau der Lichtmaschinen.

Abb. 994 zeigt den einfachsten Aufbau einer Lichtmaschine für Spannungsregelung. Wie bei jeder Gleichstromnebenschlußmaschine trägt das Gehäuse die Feldpole mit der Erregerwicklung und wird von den Lagerplatten an beiden Enden abgeschlossen. Der Anker läuft in Kugellagern. Durch Öffnungen am Umfang der Stromwenderlagerplatte sind Stromwender und Bürsten zugänglich. Diese Öffnungen werden mit einem Schutzband verschlossen, um das Eindringen von Spritzwasser, Staub und Fremdkörpern zu verhindern. Der Regler-Schalter ist in einem auf das Polgehäuse aufgesetzten Reglerkästchen untergebracht, an dem sich auch die beiden Anschlußklemmen befinden.

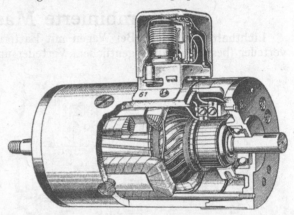

Abb. 994. Lichtmaschine im Schnitt (Wb. Bosch).

Die Feldpole sind meist massiv, sie werden nach dem Aufbringen der Spulen im Polgehäuse festgeschraubt. Die vierpolige Ausführung der Lichtmaschine gestattet im allgemeinen eine bessere Ausnützung, dagegen ist die zweipolige Maschine billiger. Bei kleinen Maschinen, insbesondere dann, wenn es darauf ankommt, den Gehäusedurchmesser klein zu halten, wird nur ein Pol bewickelt, während sich auf der Gegenseite ein Folgepol an einer polschuhförmigen Ausdrehung des Gehäuses ausbildet. Der Anker kann dann exzentrisch zum Polgehäuse gelagert werden (vgl. Abb. 995).

Der Anker besteht aus genuteten Blechen (Dynamoblech), die auf die Welle aufgezogen werden. Bei Handwicklungen werden halbgeschlossene Ankernuten verwendet, damit die Wicklung nicht herausgeschleudert werden kann, bei Schablonenwicklungen wird dies durch Bandagen verhindert. Auch am Stromwender, der ebenfalls auf die Ankerwelle aufgezogen ist, werden die Wickelköpfe von Bandagen gehalten. Die Bürstenhalter werden im Lagerdeckel angeschraubt oder angenietet. Die dritte Bürste bei stromregelnden Lichtmaschinen ist oft verstellbar befestigt.

Die Schalt- und Regelvorrichtungen werden entweder wie auf Abb. 994 in einem Kästchen auf dem Polgehäuse oder innerhalb der Stromwenderlagerplatte angeordnet. Bei sehr großen Lichtmaschinen, oder wenn die Regler besonders erschütterungsfrei befestigt werden sollen, werden sie in einem besonderen Reglerkasten getrennt von der Lichtmaschine untergebracht [2].

f) Einbau und Antrieb der Lichtmaschinen.

Gewöhnlich wird die Lichtmaschine seitlich am Motorblock angeordnet oder unmittelbar in Verlängerung der Kurbelwelle an den Fahrzeugmotor angebaut. Die in Abb. 994 gezeigte Lichtmaschine ist z. B. so ausgebildet, daß sie in einer Einsteckhülse oder mit um das

---

[1] Siehe unter anderem deutsche Normblätter DIN Kr, engl. BESA, frz. BNA, amerik. SAE usw.

[2] Die Ausführung der Regler ist sehr unterschiedlich, es sei deshalb nochmals auf die in Fußn. 2, S. 857 genannten Werke verwiesen.

Polgehäuse gelegten Spannbändern befestigt werden kann. Dazu muß die Außenfläche des Polgehäuses bearbeitet sein. Bei anderen, vor allem amerikanischen Ausführungen, wird das Antriebslager mit einem Anbauflansch zum Anschrauben versehen; bei diesen Maschinen braucht das Polgehäuse nicht bearbeitet werden. Die Lichtmaschine wird vom Fahrzeugmotor aus über Zahnräder unter Zwischenschaltung einer elastischen Kupplung oder über Keilriemen oder Rollenketten angetrieben. Für den Fall, daß der Antriebsriemen nachstellbar sein soll, gibt es noch eine weitere Befestigungsart mit Schwenkarmen, die an beide Lagerplatten angegossen sind und eine Schwenkung der ganzen Maschine gestatten. Vielfach wird die Lichtmaschine in Tandemanordnung mit anderen Geräten, Lüftern, Pumpen, Magnetzündern betrieben, um möglichst mit einem Antrieb für alle an den Motor angebauten Hilfsgeräte auszukommen.

Da die Lichtmaschine vorwiegend durch den Fahrwind gekühlt wird, muß dafür gesorgt werden, daß dieser genügend Zutritt erhält. Wenn dies nicht möglich ist, oder die Maschinen sehr hoch ausgenützt sind, werden Lüfter auf die Ankerwelle gesetzt, oder die Riemenscheibe wird zugleich als Lüfter ausgebildet [1].

g) Kombinierte Maschinen.

Lichtbatteriezünder. Bei Wagen mit Batteriezündung wird oft der Zündverteiler (bestehend aus eigentlichem Verteiler und Unterbrecher, den einzigen

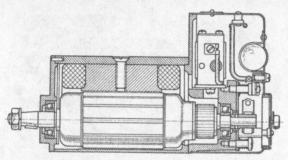

Abb. 995. Lichtbatteriezünder mit einer Welle (Wb. Bosch).

beweglichen Teilen bei dieser Zündungsart) mit der Lichtmaschine vereinigt. Dazu wird meist nur die Kollektorlagerplatte der Lichtmaschine soweit abgeändert, daß sie auch als Träger für den Zündverteiler dient und die Zahnradübersetzung aufnimmt. Bei Einzylindermotoren, also besonders bei Motorrädern, fällt der Verteiler weg, der Unterbrecher kann dann z. B. wie in

Abb. 995 unmittelbar auf die verlängerte Ankerwelle gesetzt werden, bestimmt damit aber die Drehzahl der Lichtmaschine. Um sie schneller laufen zu lassen, wird bei manchen Ausführungen zwischen Ankerwelle und Unterbrecher eine Zahnuntersetzung eingeschaltet.

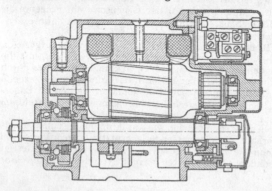

Abb. 996. Lichtbatteriezünder mit zwei Wellen (Wb. Bosch).

Abb. 996 zeigt eine Bauart mit zwei übereinander angeordneten Wellen; die untere, die Unterbrecherwelle, wird unmittelbar vom Motor aus angetrieben, während der Lichtmaschinenanker über eine Zahnradübersetzung eine höhere Drehzahl erhält.

Lichtmagnetzünder. Die größeren Lichtmagnetzünder sind aus dem Zusammenbau von Lichtmaschine und Magnetzünder entstanden. Abb. 997 zeigt eine solche Maschine, bei der ein Magnetzünder mit umlaufenden Magneten fliegend auf die Ankerwelle aufgesetzt ist, sein Verteiler wird über Zahnräder rechtwinklig dazu angetrieben [2]. Dagegen haben sich bei Ein- und Zweizylinder-

[1] Für Lichtmaschinen, die bei Stillstand des Fahrzeugs häufig unter Vollast weiterlaufen müssen, z. B. bei Omnibussen, werden immer Lüfter vorgesehen.

[2] Diese Maschinen werden für Wagen verwendet, kommen aber heute nur noch selten vor.

motoren viele verschiedene Bauarten entwickelt, bei denen sich deutlich das
Bestreben nach Platzersparnis zeigt. Bei der Ausführung nach Abb. 998 ist

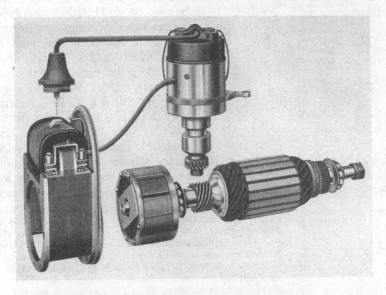

Abb. 997. Lichtmagnetzünder für Wagen (Wb. Bosch).

die Lichtmaschine in den oberen Teil eines Magnetzünders eingefügt, indem der
Stahlmagnet aufgeschnitten und durch das Lichtmaschinengehäuse wieder verbunden ist (Bosch). Bei einer ähnlichen Bauart wird der Lichtteil sogar einfach

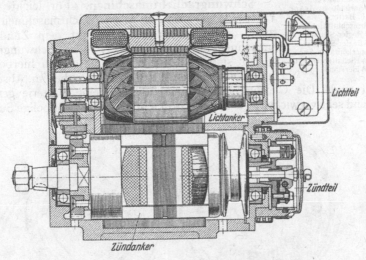

Abb. 998. Motorrad-Lichtmagnetzünder mit zwei Wellen (Wb. Bosch).

in den freien Raum des U-förmigen Magnetbügels eingesetzt (Noris). Der
Lichtanker erhält über Zahnräder eine höhere Drehzahl als der unmittelbar
vom Motor angetriebene Zünderläufer. Für den magnetischen Aufbau der
Lichtmagnetzünder bestehen drei Möglichkeiten: die Magnetkreise des Zünd-
und Lichtteils sind völlig getrennt, parallel oder hintereinander geschaltet.

Lichtanlasser. Die Vereinigung des Anlassers mit der Lichtmaschine verspricht eine große Vereinfachung: man braucht nur eine einzige Gleichstrommaschine, die fest mit dem Motor verbunden ist und lediglich zwei Feldwicklungen benötigt, eine Hauptstromwicklung zum Anlassen und eine Nebenschlußwicklung zum Betrieb als Lichtmaschine; die Einspurvorrichtung des Anlassers und der Antrieb für die Lichtmaschine fallen weg. Andererseits muß aber der Anlasser etwa für die 10fache Leistung der Lichtmaschine und für niedere Drehzahlen bemessen sein, während die Lichtmaschine bei hohen Drehzahlen arbeiten soll. Deshalb muß eine Mittellösung gefunden werden, um zu hohes Gewicht und vor allem den anderen Ausweg, eine umschaltbare Übersetzung, zu vermeiden.

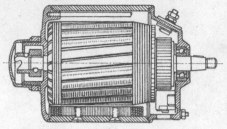

Abb. 999. Lichtanlasser im Schnitt. (Aus ATZ 1933/33, s. Fußn. 1.)

Abb. 999 zeigt den Lichtanlasser der Siemens-Schuckertwerke[1] für unmittelbaren Anbau an die Kurbelwelle (stromwenderseitig). Seine Ankerwelle endet auf der Gegenseite in eine Sicherheitsklaue zum Ansetzen der Handkurbel, um den Motor auch von Hand anwerfen zu können. Die Wirkungsweise geht aus Abb. 1000 hervor: Beim Betätigen des Anlaßschalters *Ar* fließt Strom von der Batterie *Bt* durch den Anker *La* und die Hauptstromwicklung *Ae* und zugleich auch durch die Nebenschlußwicklung *Le*, die Maschine arbeitet als Doppelschlußmotor. Nach dem Anspringen wird die Verbindung wieder aufgehoben und der Lichtanlasser erregt sich als Doppelschlußgenerator. Bei Kleinwagen wird manchmal auch noch der Zündunterbrecher mit dem Lichtanlasser zusammengebaut (z. B. Noris), dies ändert aber nicht viel an Aufbau und Wirkungsweise.

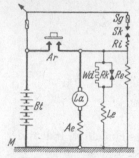

Abb. 1000. Schaltbild des Lichtanlassers.
Ae Hauptstromwicklung; *Ar* Anlaßschalter; *Bt* Batterie; *La* Anker; *Le* Nebenschlußwicklung; *M* Masse; *Re* Regler-Spannungswicklung; *Ri* Regler-Stromwicklung; *Rk* Reglerkontakt; *Sa* Sicherung; *Sk* Schalterkontakt; *Wd* Widerstand.

Schwungradlichtmaschinen. Für leichte Motorräder und Kleinwagen werden Lichtmaschinen bevorzugt, die — immer vereinigt mit dem Zünder und manchmal auch dem Anlasser — im Schwungrad eingebaut sind. Allerdings handelt es sich hierbei meist um Wechselstromlichtmaschinen, die im Abschnitt *l* behandelt sind. Die Gleichstrommaschinen, die auf eine Batterie geschaltet werden, sind sehr verwickelt, wie der von Bosch hergestellte zwölfpolige Schwung-

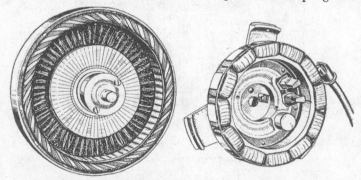

Abb. 1001. Schwunglichtbatteriezünder (Wb. Bosch).

lichtbatteriezünder mit umlaufendem Außenanker, Planstromwender und getrennt angebrachtem Regler-Schalter (Abb. 1001) oder der Schwunglichtanlaß-

---

[1] Nach Praetorius: Automob.-techn. Z. 1933, 33.

zünder mit Innenanker, der auf jedem der 12 Pole eine Haupt- und eine Nebenschlußwicklung trägt (Abb. 1002) und so geschaltet ist, daß er zum Anlassen
als Doppelschlußmotor und zur Licht-
stromerzeugung als Nebenschluß-
generator läuft.

Alle diese Maschinen werden auf
die Kurbelwelle aufgesetzt und mit
dem Motorblock zu einer Einheit verbunden. Ein Nachteil läßt sich dabei
allerdings nicht vermeiden: je mehr
Funktionen vereinigt sind, und je
besser die Maschine in den Motor
hineinkonstruiert ist, desto schlechter
zugänglich werden die einzelnen Teile.

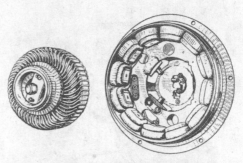

Abb. 1002. Schwunglichtanlaßzünder (Wb. Bosch).

h) Arbeitsweise der Wechselstrom-lichtmaschinen.

Wenn Wechselstromlichtmaschinen für Fahrzeuge verwendet werden,
geschieht das, um die Anlage einfach und billig zu machen. Deshalb müssen
auch, wenn irgend möglich, Regelvorrichtungen wegfallen [1]. Auch ein Selbstschalter, wie er bei Batteriebetrieb für Gleichstrommaschinen verwendet wird,
ist überflüssig, da der Gleichrichter eine Entladung
der Batterie über die Lichtmaschine fast unmöglich macht [2].

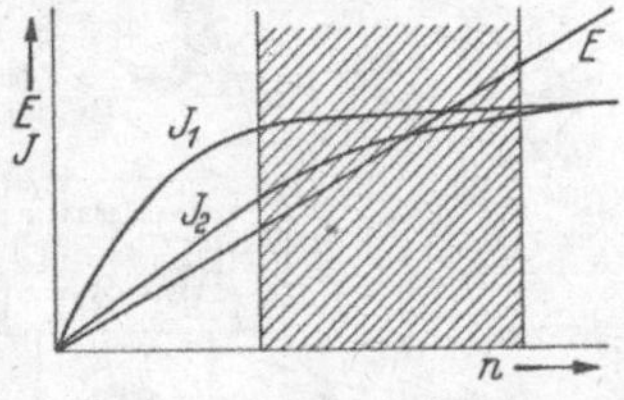

Die Wechselstromlichtmaschine, gleichgültig, ob es
sich um eine Fahrradlichtmaschine oder einen Motorrad-
schwunglichtmagnetzünder handelt, arbeitet unter gleichbleibender Belastung. Die EMK E steigt linear mit der
Drehzahl, wie Abb. 1003 zeigt, während der Strom

$$I = \frac{E}{\sqrt{R^2 + \omega^2 L^2}}$$ nur anfangs ansteigt, dann aber nahezu

Abb. 1003. EMK und Strom der
Wechselstromlichtmaschine.

gleich bleibt, weil bei niederen Drehzahlen ω klein, der

Strom also annähernd $I = \frac{E}{R}$ ist, während bei hohen Drehzahlen ω groß ist und sich der

Einfluß der Drehzahl dann bei $I = \frac{E}{\omega L} = \frac{c_1 \cdot n}{c_2 \cdot n}$ aufhebt.

Man kann so durch entsprechende Wahl der Drehzahl, durch hohe Polzahl oder hohe
Streuung in einem gewissen Bereich einen annähernd gleichbleibenden Strom erhalten.
Dann ist auch bei der vorausgesetzten unveränderten Belastung r die Klemmenspannung
$U = r \cdot I$ konstant; es besteht also keine Gefahr für die Glühlampen, wenn sich die
Belastung wirklich nicht ändert.

i) Kenndaten der Wechselstrom-lichtmaschinen.

Fahrradlichtmaschinen werden für Leistungen von 1,2…3 W gebaut, 3 W ist in Deutschland die gesetzliche Höchstgrenze [3]. Ähnliche Maschinen für Motorfahrräder werden mit
5 W, für leichte Motorräder bis 20 W gebaut. Schwunglichtmagnetzünder haben eine

---

[1] Unter anderem werden gelegentlich Fliehkraftregler verwendet, die bei hoher Drehzahl einen Widerstand vor die Ankerwicklung legen.

[2] In seltenen Fällen werden elektromagnetische Umschalter für Dynamo-Batterie-
betrieb verwendet.

[3] Die Nennleistung muß bei $V = 15$ km/h erreicht werden.

Leistung von 5…30 W im Lichtteil [1]. Heute wird allgemein eine Betriebsspannung von 6 V angewendet, früher wurden Radlichtanlagen vielfach für 4 V gebaut. Die Höchstdrehzahlen liegen bei Radlichtmaschinen meist um 6000 U/min, bei Schwunglichtmagnetzündern um 4000 U/min. Die äußeren Abmessungen hängen, soweit sie nicht bei den Schwunglichtmagnetzündern durch die Schwungmasse gegeben sind, weitgehend von der Wahl des Magnetstahls ab. Durch die Einführung gewisser Kobaltstähle und noch mehr des Alnistahls kann beträchtlich an Raum und Gewicht gespart werden.

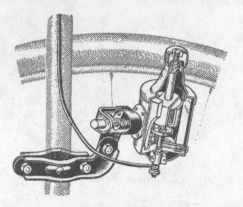

Abb. 1004. Radlichtmaschine mit umlaufender Wicklung (Wb. Bosch).

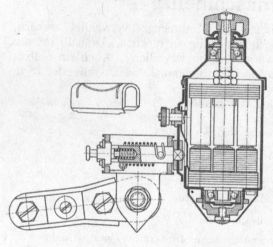

Abb. 1005. Radlichtmaschine mit feststehender Wicklung.

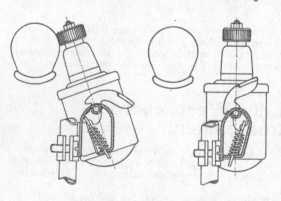

Abb. 1006. Impex-Radlichtmaschine. (Aus Patentschrift DRP. Nr. 593042.)

k) Aufbau der Fahrradlichtmaschinen.

Die Wechselstromlichtmaschinen sind Synchrongeneratoren mit Dauermagneten und werden teils mit umlaufender Wicklung, teils mit umlaufendem Magnet ausgeführt.

Die erste Art hat den Vorzug, daß nur der leichtere Anker umläuft, während der schwerere Magnet feststeht, nachteilig ist der zur Stromabnahme nötige Schleifring. Die Rückleitung führt über Masse. Den Aufbau einer solchen Maschine mit vierpoligem Magnetsystem zeigt Abb. 1004 (Bosch). Der Läufer wird oben von einem Kugellager, unten von einem Gleitlager (Spurlager) gehalten; dieses muß von Zeit zu Zeit geschmiert werden. Der Sternanker wird vom Radreifen aus über eine geriffelte Reibrolle, die auswechselbar auf die Läuferwelle gesetzt ist, angetrieben. Vom Schleifring fließt der Strom über den in einer Isolierbuchse sitzenden Stromabnehmer zum Kabelanschlußbolzen. Andere Bauarten haben einen fliegenden Anker, der oben von einem Doppelgleitlager gehalten wird, das ein zwischen beiden Hälften liegender Filz schmiert. Statt des Schleifrings ist auf das Ende der Ankerwelle nur eine Stromabnehmerkappe gesetzt, die auf einer Kontaktfeder schleift. Abb. 1005 zeigt eine sechspolige Radlichtmaschine mit umlaufendem Magnetsystem (Berko). Feldpole und Anker sind dabei nicht ineinander, sondern übereinander angeordnet. Der Läufer sitzt oben und unten in je einem Kugellager. Bei manchen Anlagen mit mehreren Lampen wird die Ankerwicklung in einzelne

---

[1] Diese Werte richten sich nach der Stärke des Scheinwerfers, hinzu kommen je nach Art der Anlagen noch Schlußlampe und Beiwagenseitenlaterne. Hilfslampe und Horn werden im allgemeinen von einer besonderen Trockenbatterie gespeist.

Kreise unterteilt, an die die Lampen einzeln angeschlossen werden. Dadurch wird verhindert, daß beim Ausfallen eines Teils der Belastung die Spannung ansteigt und die übrigen Lampen gefährdet. Erwähnt sei noch, daß auch der Einbau der Fahrradlichtmaschine in die Radnabe versucht wird. Dies führt aber zu einer umständlichen Übersetzung und ist sehr teuer, der Hauptnachteil ist die schlechte Zugänglichkeit.

Ein wichtiger Bestandteil der Radlichtmaschine ist ihre Einrückvorrichtung. Sie soll von Hand und möglichst auch mit dem Fuß betätigt werden können. Der Lichtmaschinenträger ist deshalb so ausgebildet, daß er eine Schwenkung der Maschine um die mit dem Gehäuse verbundene Drehachse gestattet (s. Abb. 1004). Im ausgerückten Zustand wird die Maschine durch einen Stift festgehalten; dieser rastet beim Eindrücken der Drehachse (mit Hand oder Fuß) aus, und eine Schraubenfeder dreht Drehachse und Maschine, bis die Reibrolle am Reifen anliegt. Beim Zurückschwenken der Lichtmaschine von Hand in die Ruhelage springt der Stift wieder ein. Bei neueren Radlichtmaschinen ist an der Drehachse ein Fußhebel angesetzt, der beim Ausrücken niedergetreten wird. Eine besondere Konstruktion verwendete Impex. Durch den in Abb. 1006 dargestellten Schwingachsenträger wird verhindert, daß die Maschine bei starken Stößen ohne Zutun des Fahrers in die Ruhelage springen kann.

1) Kombinierte Maschinen für Motorräder.

Die für Ein- und Zweizylindermotoren gebräuchlichen Schwunglichtmagnetzünder vereinigen eine Wechselstromlichtmaschine mit einem Magnetzünder und sind zugleich

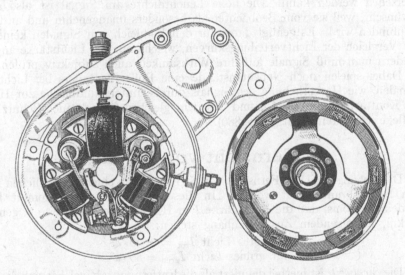

Abb. 1007. Schwunglichtmagnetzünder (Wb. Bosch).

in das Schwungrad eingebaut. Die Magnetpole, meist 2...6, werden in dem auf die Motorwelle aufgesetzten Schwungrad angeordnet, während die Zünd- und Lichtwicklungen, Unterbrecher und Kondensator vom Motorgehäuse getragen werden, also feststehen. Je nach Leistung und Schwungmasse können Licht- und Zündwicklung innerhalb der Pole angeordnet sein, oder die Zündwicklung muß nach außen verlegt werden. Abb. 1007 zeigt einen sechspoligen Schwunglichtmagnetzünder von Bosch (ähnliche Ausführungen stellen auch Lucas u. a. her) mit einer Zünd- und zwei parallel geschalteten Lichtwicklungen, die mitsamt Unterbrecher und Kondensator innerhalb der Pole untergebracht sind. Die drei Anker liegen auf der Sehne und sind magnetisch nicht miteinander verbunden. Die Dauermagnete aus Alnistahl, die mit Hilfe der Polschuhe auf dem Schwungrad festgekeilt sind, haben in diesem Fall eine besonders günstige Bauweise ohne außenliegende Wicklungen gestattet. Es gibt noch zahlreiche andere Ausführungen von Schwunglichtmagnetzündern, auf die nicht näher eingegangen werden kann; ihr Zweck ist immer, eine möglichst weitgehende Vereinigung aller mit dem Motor zusammenhängenden Geräte zu erreichen.

J4. Verkehrslichtsignale.

Von

Georg Jaeckel-Berlin-Zehlendorf.

Mit 25 Abbildungen.

a) Allgemeine Richtlinien für den Bau von Signalen.

In der Lichttechnik besteht die Aufgabe im allgemeinen darin, eine gute Beleuchtung zu schaffen, die schonend ist für die Personen, die von dem Licht getroffen werden. Es genügt also die Feststellung der erzielten Beleuchtungsstärke und die subjektive Beobachtung, daß ein Mensch an der Meßstelle nicht durch die Lichtquellen infolge zu hoher Leuchtdichten gestört wird. Insbesondere gilt das auch für die Beleuchtung durch Automobilscheinwerfer im abgeblendeten Zustande.

Anders ist es bei Lichtsignalen. Hier besteht die Aufgabe gerade darin, die Personen durch das Lichtsignal so zu reizen, daß das Signal auf keinen Fall übersehen werden kann. Die hohe Leuchtdichte am Signal ist also gerade erwünscht, weil sie vom Beobachter als besonders unangenehm und auffallend empfunden wird. Es genügt daher für den Vergleich von Signalen keineswegs der Vergleich der Lichtverteilungskurven, welche nur die Lichtstärke angeben, sondern man muß Signale auf ihre Wirksamkeit auch subjektiv prüfen.

Dabei spielen noch Nebenumstände eine Rolle, besonders bei Lichttagessignalen, wie Hervorhebung des Signals durch Hintergrundbleche zur Hebung des Kontrastes (f, S. 879 f.), und aus dem gleichen Grunde auch Schutz gegen Reflexe von Fremdlicht (f, S. 880).

b) Fernsicht von Signalen.

Die Abhängigkeit der Fernsicht von Signalen ist in einer ausführlichen Arbeit von Bloch[1] untersucht worden. In diesen Untersuchungen kommt Bloch zu dem Ergebnis, daß die Lichtstärke I in HK und die Sichtweite a, gemessen in km, in folgendem Zusammenhang stehen:

$$\text{für rotes Licht } I_{rot} = 20 \cdot a^2$$
$$\text{für grünes Licht } I_{grün} = 80 \cdot a^2.$$

Die *Sichtweite* ist hierbei definiert als die Entfernung, ab welcher sich die Mehrzahl der Beobachter für schwere Erkennbarkeit des Signals ausspricht. Für Sicht bei Nacht genügt $1/_{800}$ dieses Wertes. Die Sicht für gelbes und ungefärbtes Licht wird für ebenso hoch angegeben wie für grünes Licht.

Die von Bloch angegebenen Lichtstärken sind unter optimalen Bedingungen aufgenommen und überraschen daher auch durch den niedrigen Wert. Vielleicht hängt das damit zusammen, daß die Versuchspersonen, mit denen Bloch die Versuchsreihen aufnahm, über den Ort der Aufstellung der Signale unterrichtet waren und nur das Aufleuchten festzustellen brauchten, während in der Praxis doch meistens das Lichtsignal erst gefunden werden muß. Infolgedessen muß es einen erheblich stärkeren Reiz auf das Auge ausüben. Eine weitere Sicherheit für die Signalsicht muß deswegen geschaffen werden, weil ja häufig die Sicht durch Dunst und Nebel gestört wird. Bloch gibt beispielsweise an, daß für

[1] Bloch, L.: Die Sichtbarkeit von Lichtsignalen bei Tage. Licht u. Lampe **16** (1927) 239 und L. Bloch: Die Sichtbarkeit von Lichttagessignalen. Org. Fortschr. Eisenbahnwes. 1931, 99.

dieselbe Lampe bei Tage bei klarem Wetter eine Sichtweite von 700 m gefunden wurde, dagegen bei Nebel eine solche von 175 m. — Bei 200 m Abstand lag die Grenze der Sichtbarkeit für rotes Licht bei 16 HK an Stelle von 0,8 HK bei klarer Luft, für grünes Licht bei 60 HK an Stelle von 3,2 HK bei klarer Luft. Für die 200 m Entfernung ist also die 20fache Lichtstärke zu nehmen zur Überwindung dieses betreffenden Nebels. Es ist selbstverständlich, daß man sich im Eisenbahnbetrieb gegen unsichtiges Wetter schützen muß und daher für Lichttagessignale, die auf etwa 700 m gesehen werden sollen, Lichtstärken von etwa 10000 HK verlangt. Diese Vorsicht ist notwendig, weil ja bei Einschaltung von lichtabsorbierenden oder lichtstreuenden Mitteln die Helligkeit nicht nur mit dem Quadrat der Entfernung abnimmt, sondern außerdem mit einer Exponentialfunktion der Entfernung, d. h., wenn auf einer Weglänge von 100 m das Licht allein infolge Absorption auf die Hälfte verringert wird, so wird es durch eine gleiche Schicht von 200 m Länge auf $^1/_4$, nach weiteren 100 m auf $^1/_8$, nach weiteren 100 m auf $^1/_{16}$ und nach 1000 m durchlaufenem Weg auf $1:2^{10} =$ 1:1024 verringert.

Ausführliche Erhebungen über die Veränderung der Fernsicht innerhalb einer Zeitperiode von mehr als 1 Jahr sind auf Veranlassung des Reichsbahn-Zentralamts gemacht worden, worüber BUDDENBERG[1] ausführlich und BLOCH auszugsweise berichtet. Die Arbeiten zeigen, daß man mit einer modernen guten Signaloptik durchaus die Forderung erfüllen kann, Hauptsignale auch bei Tage durch Lichtsignale darzustellen.

Über die *Abhängigkeit der Fernsicht der Signale von ihrer Größe* hat BLOCH ebenfalls Untersuchungen angestellt und gelangt hierbei zu dem Ergebnis, daß die Sichtweite bei gleicher Lichtstärke mit Erhöhung der Leuchtdichte zunimmt, jedoch nicht wesentlich bei schwarzem Hintergrund. Nun kommen praktisch bei Lichttagessignalen, z. B. Verkehrsampeln, immer störende Einflüsse durch Oberflächenreflexion vor, so daß man das Signallicht niemals gegen einen absolut dunklen Untergrund sieht. Aus diesem Grunde muß man aus den BLOCHschen Untersuchungen den Schluß ziehen, hohe Leuchtdichten bei gleicher Lichtstärke anzustreben. Im übrigen leiden Versuchsreihen über den Einfluß der Leuchtdichte, die man mit ungenügend großen Signalen bei großen Sichtweiten anstellt, leicht an folgendem Fehler:

Das Auflösungsvermögen des menschlichen Auges entspricht ungefähr einer Bogenminute, d. h. Gegenstände, die unter einem kleineren Winkel erscheinen, wirken auf jeden Fall punktförmig, weil sie nur ein einziges lichtempfindliches Element der Netzhaut reizen. Entsprechend diesem Winkel ist das Auflösungsvermögen des Auges ungefähr 1:3500, d. h. in 350 m Abstand werden alle Flächen von weniger als 10 cm Durchmesser nur noch als Punkte gesehen. Für kleinere Signalgrößen kann es also keine Abhängigkeit der Helligkeit von der Leuchtdichte geben und für die 700 m Entfernung, die bisher von der Deutschen Reichsbahn für die Erkennbarkeit von Hauptsignalen gefordert wurde, genügt 20 cm als kleinster Signaldurchmesser; es hätte daher keinen beleuchtungstechnischen Nutzen, das Signal im Durchmesser weiter zu verkleinern. Aus dem Auflösungsvermögen des Auges folgt natürlich auch, daß für große Entfernungen der Signalhintergrund einen gewissen Mindestdurchmesser haben muß, um überhaupt eine wirksame Abgrenzung des Signals zu ermöglichen.

c) Sicht von Signalen außerhalb der Achse.

Man verlangt von jedem Signal auch eine gewisse *Seiten- und Tiefenstreuung* und ist natürlich bestrebt, diese Seiten- und Tiefenstreuung genau den Forderungen der Praxis anzupassen und den Hauptlichtstrom des Signals möglichst für die Fernwirkung zu behalten.

[1] BUDDENBERG: Über Lichtsignale bei der Reichsbahn. Verkehrstechn. Woche 1929, Heft 15.

Nun ergibt sich bei jedem Signal, auch wenn man von allen lichtstreuenden Mitteln Abstand nimmt, eine gewisse unvermeidbare Streuung, die wir als „*natürliche*" *Streuung* bezeichnen wollen und die daher kommt, daß man keine punktförmige, sondern stets räumlich ausgedehnte Lichtquellen besitzt.

In Abb. 1008 ist schematisch ein Signal dargestellt, bestehend aus einer Lichtquelle, die sich über $A - B$ erstreckt und ihren Mittelpunkt in P hat und einer Linse, die sich über $P - Q$ erstreckt und ihren optischen Mittelpunkt in M hat. Der Punkt P befindet sich im Brennpunkt der Linse. Unter der Annahme, daß wir eine ideale Linse vor uns haben, würde eine punktförmige Lichtquelle in P ein paralleles Strahlenbüschel ergeben, so wie es mit den aus-

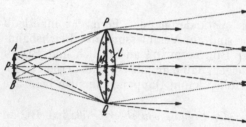

Abb. 1008. Signal mit Linsenoptik (schematisch).

gezogenen Linien angedeutet ist. Die vom Punkt A ausgehenden Lichtstrahlen, die gestrichelt gezeichnet sind, ergeben ebenfalls ein paralleles Lichtbüschel, welches parallel zu dem Strahl AM die Linse verläßt. Ebenso erzeugen die von dem Punkt B der Lichtquelle ausgehenden Strahlen ein paralleles Lichtbüschel, das punktiert gezeichnet ist und parallel zu BM

verläuft. Durch die räumliche Ausdehnung der Lichtquelle vom Durchmesser AB ergibt sich also unter Verwendung der Signallinse L ein Lichtkegel, dessen Öffnung gegeben ist durch das Verhältnis des Lichtquellendurchmessers zur Brennweite der Linse. Wir nennen dieses Verhältnis:

$$\frac{\text{Lichtquellendurchmesser}}{\text{Brennweite der Signaloptik}} = \text{natürliche Streuung}.$$

Zu der gleichen Formel käme man auch bei Verwendung von Hohlspiegeln für Signale. Man muß also bei der Konstruktion eines Signals, das in erster Linie für die Fernsicht bestimmt ist, bestrebt sein, diese natürliche Streuung gering zu halten; daher wird man kleine Lichtquellen verwenden, z. B. Niedervoltlampen oder Propangaslaternen von hoher Leuchtdichte, und im übrigen so große Brennweiten der Signaloptik, wie sie mit dem verfügbaren Platz und den Baukosten des Signals verträglich sind.

Man kann die natürliche Streuung auch benutzen zur Erzielung einer gewissen Seitenstreuung, indem man als Lichtquelle einen langgestreckten, geradlinig verlaufenden Glühfaden oder eine entsprechende Wendel benutzt. Bei horizontaler Lage einer so dimensionierten Lichtquelle hat man dann eine natürliche Seitenstreuung, die erheblich größer ist als die Tiefenstreuung und die unter Umständen für die Sicht in der Kurve genügen kann.

Ausgedehnte Lichtquellen mit geringer Leuchtdichte sind wegen zu großer natürlicher Streuung für ausgesprochene Fernsignale zu verwerfen.

Unter *künstlicher Streuung* wollen wir die mit optischen Mitteln erzielte Vergrößerung der natürlichen Streuung verstehen.

Die sonst zur Lichtstreuung viel verwandte Mattscheibe genügt nicht für Lichtsignale, denn man erhielte mit ihr nur eine symmetrische Streuung um die Achse des Signals, also auch Streuungen nach oben und unter Umständen nach der falschen Seite, während man bei einem Signal ja nur eine Streuung nach unten und meistens nur nach einer Seite benötigt, je nachdem wie die Krümmung der Gleisanlage verläuft und wie das Signal zum Gleis steht.

Bei der Aufstellung der Signale ist das Hauptlicht des Signals stets auf den Fernpunkt auszurichten. Diese so selbstverständliche Maßnahme wird leider oft vergessen, weil manche Techniker aus Ordnungsliebe die Signalachse parallel zu dem Gleisstück ausrichten, an dem es gerade steht, und sich damit gegen die lichttechnischen Voraussetzungen vergehen, die bei der Konstruktion des Signals zugrunde gelegt wurden. Bei einem richtig auf den Fernpunkt ausgerichteten Signal genügt es, einen kleinen Bruchteil des Lichtstromes für die Nahsicht abzuzweigen, weil ja das Signal für die Nähe unter einem größeren Sehwinkel erscheint, und sein Licht auch bei trübem Wetter besser wahrnehmbar ist. Daraus ergibt sich, daß man optisch wohl überlegte Mittel anwenden muß, um die gewünschte künstliche Streuung auf wirtschaftliche Weise zu erhalten.

d) Optische Elemente der Signale.

An *Lichtquellen* werden in der Signaltechnik verwandt:

1. Petroleumlampen verschiedener Größe (Leuchtdichte etwa 0,65 sb).

2. Dauerbrandleuchte mit Spezialbrennöl (Lichtstärke 0,6 HK, Leuchtdichte 0,3 sb, Brenndauer 8 Tage).

3. Azetylenbrenner (Lichtstärke 24 HK, Leuchtdichte 8 sb, Gasfüllung ausreichend für 90 Tage).

4. Propangasleuchte mit Glühstrumpf, Größe 9 × 11 mm (Lichtstärke 16 HK, Leuchtdichte 16 sb, Gasfüllung ausreichend für 15 Tage).

5. Spiraldrahtlampen verschiedener Größe (Leuchtdichte 300...1500 sb und zwar insbesondere Niedervoltlampen, z. B. 12 V 20 W, Wendel 5,4×0,7 mm, Lichtstärke 34 HK, Leuchtdichte 900 sb.

Die Gegenüberstellung zeigt, daß die Petroleumlaternen nur für Nachtsignale brauchbar sind, die Propangasleuchte und die Azetylenlampen ebenfalls nur für Nachtsignale oder für Signale, die nur auf kurze Entfernung sichtbar zu sein brauchen und große Seitenstreuung haben sollen. Für ausgesprochene Fernsignale, die bei Tage sichtbar sein sollen, sog. Lichttagessignale, kommen nur elektrische Lampen als Lichtquelle in Betracht.

Es kommt nun darauf an, den gesamten Lichtstrom, welchen die Lichtquelle aussendet, vermittels der Signaloptik möglichst weitgehend zu erfassen, ferner aber diesen Lichtstrom möglichst nur innerhalb eines bestimmten Raumwinkels auszustrahlen, in dem das Signal gesehen werden soll. Bei dem Wunsche, diese beiden Forderungen zu erfüllen, kommt man oft in Widerspruch. Welchen

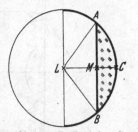

Abb. 1009. Zur Ermittlung des durch die Linse erfaßten Lichtstroms.

Anteil des von der Lichtquelle L ausgehenden Lichtstromes ein optisches System von dem wirksamen Durchmesser AB ausnutzt, kann man sehen, wenn man um L als Mittelpunkt eine Kugel schlägt, die durch die Punkte AB hindurchgeht. Die Abb. 1009 stellt einen Schnitt durch diese Kugel dar. M ist der Schnittpunkt der Achse des optischen Systems mit der Linie AB, C ihr Schnittpunkt mit der Kugel. Die Kugelkalotte, die im Schnitt durch die Linie $ACBM$ angedeutet ist, entspricht dem ausgenutzten Lichtstrom, die ganze Kugel dem Gesamtlichtstrom der Lichtquelle L. Bei gleichmäßiger Ausstrahlung der Lichtquelle nach allen Seiten wäre das Verhältnis von Kugelkalottengröße zu Kugeloberfläche gleich dem Anteil des ausgenutzten Lichtes. Da die Oberfläche der Kalotte $=$ $2 \pi r h$ ist, die Oberfläche der Vollkugel $4 \pi r^2$, wo r der Radius der Kugel und h die Höhe der Kalotte bzw. Kugelzone ist, ist das Verhältnis $h : 2 r$ also in der Figur $MC : 2 \cdot LA$ der Wirkungsgrad der Signaloptik.

Wenn die Lichtquelle nicht gleichmäßig nach allen Richtungen ausstrahlt, muß man zweckmäßig die Lichtverteilungskurve in einem Lichtstromdiagramm (vgl. C 2, S. 282) auftragen und daraus von Fall zu Fall feststellen, welcher

Teil des gesamten Lichtstromes von der nutzbaren Öffnung des optischen Systems erfaßt wird. Soviel ist aber klar, daß man sich niemals durch die Größe des Winkels ALM täuschen lassen darf, sondern stets sein Augenmerk auf das Verhältnis der Strecke $\overline{MC}:\overline{AL}$ richten muß, um überschlagsmäßig die Güte der Ausnutzung abzuschätzen.

Optisch bearbeitete Linsen finden in der Signaltechnik nur da Anwendung, wo es auf eine saubere Abbildung einer kleinen Lichtquelle im Unendlichen

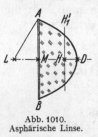

Abb. 1010.
Asphärische Linse.

ankommt, z. B. bei Lichttagessignalen. Dafür genügt aber eine einfache sphärische Linse großer Öffnung nicht, weil sie nach dem Rande zu ansteigende Abweichungen von der Brennweite der Mittelzone aufweist und bereits bei einem Öffnungswinkel von 25° optisch unzulänglich ist.

Wenn man unter Voraussetzung einer punktförmigen Lichtquelle vermittels einer Linse ein wirklich „paralleles" Strahlenbündel haben will, so muß man die Konvexfläche der Linse in ihrem Krümmungsradius nach dem Rande der Linse zu allmählich verändern und gelangt so zur asphärischen Linse, wie sie in Abb. 1010 schematisch dargestellt ist, und zwar ungefähr in den relativen Abmessungen der Vollinse des Siemensschen Lichttagessignals (DRP. 524705 der Fa. Emil Busch A. G.). Ein großer Vorteil dieser Linse von großer Dicke liegt darin, daß die optische Hauptebene H_1', die für die Berechnung der Brennweite maßgebend ist, in $^2/_3$ der Linsendicke die Linsenachse schneidet (bei einem Brechungsindex 1,5). Während der Abstand $\overline{LM}$ der im Brennpunkt befindlichen

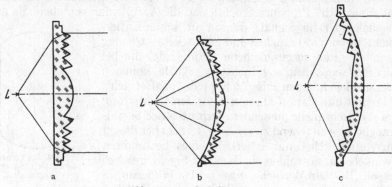

Abb. 1011 a—c. Stufenlinsen.

Lichtquelle von der ihr zugewendeten Linsenfläche bei dem gezeichneten Beispiel 36 mm beträgt, ist die Brennweite $\overline{LH_1} = 74$ mm, also doppelt so groß. Das wirkt sich nun praktisch sehr günstig aus, weil ja nach den oben gemachten Ausführungen die natürliche Streuung abhängig ist von dem Verhältnis Lichtquellendurchmesser: Brennweite (vgl. E 11, S. 533).

An Stelle der optisch bearbeiteten asphärischen Linsen kann man auch *Stufenlinsen* verwenden, sog. Fresnellinsen, von denen Abb. 1011a—c zwei typische Vertreter im Schnitt zeigen. Die Fresnellinsen nach Abb. 1011a und b kehren der Lichtquelle die einfache Fläche zu und haben auf der abgewandten Seite Stufen mit verschiedenem Krümmungsradius als brechende Flächen. Die Fresnellinse nach Abb. 1011c hat eine Kugelfläche auf der der Lichtquelle abgewandten Seite und auf der der Lichtquelle zugewandten Seite Stufen mit verschiedenem Krümmungsradius. Die Linsen nach Abb. 1011a könnte man als eine Abart der in Abb. 1010 gezeichneten Linse auffassen, bei der nur Material gespart ist durch Fortlassung planparalleler Glasschichten; die dicke asphärische Linse ist gewissermaßen auf die Lichtquelle zu zusammengedrückt unter Beibehaltung der brechenden Winkel. Die Fresnellinse nach Abb. 1011c entspricht einer zusammengedrückten Bikonvexlinse, von der die innere Fläche asphärisch ist. Sie ist wegen der größer gewordênen Schnittweite sogar besser als diese in bezug auf natürliche Streuung. Sie hat aber den großen Fehler, daß die Stufenabsätze zwischen je zwei Konvexflächen für die Lichtausnutzung verloren gehen, was etwa 30% Lichtverlust kosten kann. Dieser Lichtverlust wird noch vermehrt dadurch, daß man aus Gründen der Preßtechnik diese Verlustflächen nicht als Zylinderflächen ausbilden kann, sondern ihnen, so wie es gezeichnet ist, eine schwache Neigung zur Achse der Linse geben muß. Zur Verringerung der Verluste verwendet man daher eine Kombination zweier Fresnellinsen nach Abb. 1011 b und c, wie sie in Abb. 1012 gezeichnet ist. Bei dieser Kombination wird erreicht,

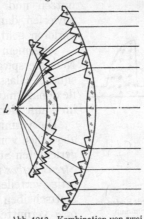 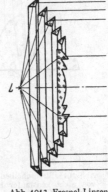

Abb. 1012. Kombination von zwei Stufenlinsen.

Abb. 1013. Fresnel-Linsen mit brechenden und total-reflektierenden Zonen.

daß der von der ersten Meniskuslinse erfaßte Lichtstrom aufgespalten wird in eine Anzahl Lichtbüschel, zwischen denen gerade soviel Abstand bleibt, daß kein Licht auf die schädlichen Stufen der zweiten Linse fällt. Diese Linsenkombination, die von den Corning-Glass-Works herausgebracht wird, ist natürlich nur für einigermaßen punktförmige Lichtquellen mit vollem Erfolg anwendbar.

Bei gepreßten Glaslinsen kann man ähnlich wie bei der Scheinwerferoptik noch zur Ausnutzung großer Öffnungswinkel die *Totalreflexion* an Linsenstufen heranziehen, wie es in Abb. 1013 schematisch gezeigt ist.

Zur Sammlung des Lichtes kann man außer der Linse noch *Hohlspiegel* benutzen zur Parallelrichtung der Lichtstrahlen, und zwar überwiegend Parabolspiegel, in deren Brennpunkt die Lichtquelle steht und deren Verlauf man sich nach der Parabelformel $y^2 = 4fx$ leicht errechnen kann. Man verwendet von der in Abb. 1014 gezeichneten Pa-

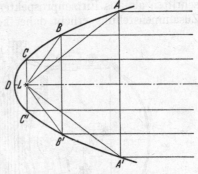

Abb. 1014. Parabolspiegel (Schema).

rabel entweder den Scheitelteil $\widehat{CDC'}$, wobei dann CC' den nutzbaren Durchmesser des Parabolspiegels angibt. Diese Auswahl würde ermöglichen, einen Lichtstrom von 90° Öffnung, gerechnet zur Achse, zu erfassen. Die Fassung der Lichtquelle würde sich in diesem Fall vor dem Spiegel befinden und als Schattenspender wirken. Man kann aber auch tiefe Parabolspiegel verwenden, etwa von der Schnittlinie, wie sie durch die Linie

$\widehat{ABCC'B'A'}$ im Schnitt gekennzeichnet sind. In diesem Falle ist $\overline{AA'}$ der größte nutzbare Durchmesser des Signals, der Parabelscheitel $\widehat{CDC'}$ bliebe ganz oder teilweise offen und könnte die Fassung der Lichtquelle aufnehmen. Der Nachteil der tiefen Parabolspiegel ist aber, daß sie aus ihrer vorderen Öffnung einen großen Teil des Lichtes ungesammelt austreten lassen.

Außer den Parabolspiegeln verwendet man noch *halbkugelförmige Fangspiegel*, in deren Mittelpunkt man die Lichtquelle stellt. In einfachster Weise erreicht man dies, indem man die eine Hälfte des Glühlampenkolbens versilbert.

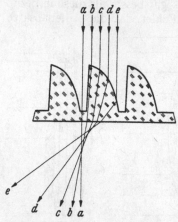

Diese Fangspiegel haben den Zweck zu erfüllen, die rückwärtige Strahlung der Lampe auszunutzen und in die Lichtquelle selbst zurückzuwerfen, damit sie der sammelnden Optik nicht verloren geht.

Allgemein ist es von Vorteil, an Stelle von Neusilberspiegeln oder verchromten Spiegeln versilberte Glasspiegel zu verwenden, da ihr Reflexionsvermögen erheblich höher ist und nicht im Laufe der Zeit nachläßt.

Die vermittels der Linsen oder Hohlspiegel, abgesehen von der natürlichen Streuung, parallel gerichteten Strahlenbündel kann man vermittels *Streuscheiben* in jeder gewünschten Weise andersartig verteilen, entweder vermittels einfacher Mattscheiben gleichmäßig nach allen Seiten, oder vermittels Streuscheiben mit prismatischen Riefen nach bestimmten Seiten. Hierbei kann man jede gewünschte Lichtverteilung erreichen, wenn man die Form der im Querschnitt gezeichneten Streuriefe (Abb. 1015) nicht kreisförmig wählt, sondern als Linie mit stetig verändertem Krümmungsradius.

Abb. 1015. Streuscheiben mit Riefen von nicht konstanter Krümmung.

e) Sonderausführungen von Signalen.

Die große Zahl der vorhandenen Signaltypen kann man weniger aus Zeitschriften als aus Firmenprospekten und Patentschriften ersehen. Die folgende Zusammenstellung erhebt daher keinen Anspruch auf Vollständigkeit, sondern

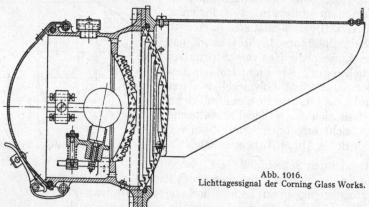

Abb. 1016.
Lichttagessignal der Corning Glass Works.

führt nur einige weitverbreitete Signale auf, die man als grundsätzliche Vertreter bestimmter Gruppen ansprechen kann. In den meisten Fällen genügt hierbei die bildliche Darstellung, aus der man alles Übrige erkennen kann.

Abb. 1016 stellt *Lichttagessignal mit Fresneloptik* dar, wie es überwiegend von den Corning Glass Works (Amerika) hergestellt wird. Die Abbildung ist einer Veröffentlichung von Buddenberg[1] entnommen. Zur Erzielung von Seitenstreuung gibt man den Konvexflächen der äußeren Stufenlinse noch Zylinderriefen, deren Achse senkrecht steht.

---

[1] Buddenberg: Über Lichttagessignale bei der Reichsbahn. Verkehrstechn. Woche 1929, Heft 15—22.

Abb. 1017 zeigt *Siemens-Lichttagessignal* mit Buschoptik. Über die Optik ist oben bereits berichtet worden. Abb. 1017 zeigt, wie die Lampe, die Vollinse und die Streuscheibe neuerdings bei diesem Signal zu einem Ganzen zusammengefaßt werden.

Abb. 1018 zeigt die Seiten- und Tiefenstreuung des Signals mit und ohne Streuscheibe. Die Lichtverteilungskurve zeigt, wie sich bei einer Linse mit sauberer optischer Abbildung die natürliche Streuung auswirkt, die durch das Verhältnis von Glühfadenabmessung (5,4 × 0,7 mm) zu Brennweite (74 mm) gegeben ist. Es ergibt sich daraus bei waagerecht liegendem Glühfaden eine natürliche Seitenstreuung von 4,2° und eine natürliche Tiefenstreuung von 0,5°. Die geringen Abweichungen von diesen Werten sind durch kleine Linsen und Einstellfehler erklärlich, sowie auch durch die Störung durch den Glühlampenkolben.

Abb. 1019 zeigt das *Lichttagessignal der Sendlinger Optischen Glaswerke G. m. b. H.*

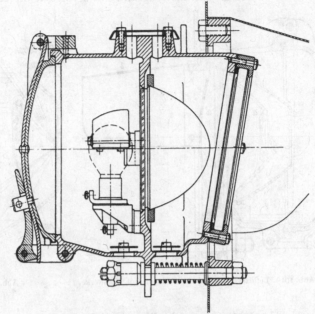

Abb. 1017. Lichttagessignal von Siemens & Halske.

Die Optik dieses Signals besteht aus einer Kombination von Parabolspiegel und Stufenlinse, die zur Vermeidung von Schattenwirkungen durch einen Glaskonus gehalten wird, der mit ihr ein einziges Stück bildet. Diese Optik erfaßt zwar einen größeren Raumwinkel der Ausstrahlung der Lichtquelle (ungefähr doppelt soviel wie die Siemensvollinse), sie hat aber wegen der kurzen Brennweiten eine größere natürliche Streuung und kann natürlich nicht bei der Fortlassung von Streugläsern dieselbe axiale Lichtstärke ergeben wie die optisch bearbeitete Linse. Das Signal ist aber gut geeignet für Kurven.

Bei *Signalen für Wegkreuzungen* kann auf große Fernsicht verzichtet werden. Es genügt Sicht auf etwa 100 m. Dafür muß aber das Signal eine große Seiten- und Tiefenstreuung haben. Man kann daher entweder eine ähnliche Optik wie bei Lichttagessignalen, aber stärker streuende Streuscheiben verwenden und so mehr Licht für die Nähe abzweigen.

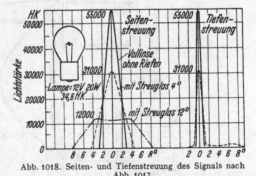

Abb. 1018. Seiten- und Tiefenstreuung des Signals nach Abb. 1017.

Man kann aber auch eine besondere Optik entwickeln und sogar andere Lichtquellen als bei Lichttagessignalen benutzen, weil man ja wegen der großen verlangten Streuung auch unbesorgt eine größere natürliche Streuung zulassen kann, wie sie sich aus der Verwendung von Lichtquellen geringerer Leuchtdichte ergibt. Es werden auch hier nur einige typische Signale für Wegkreuzungen aufgeführt, um Besonderheiten zu zeigen.

Abb. 1020 zeigt das *Warnsignal von Pintsch*[1]. Die Optik besteht ähnlich dem oben erwähnten Lichttagessignal der S.O.G. aus Parabolspiegel und Stufenlinse, dem eine Streuscheibe vorgeschaltet ist. Zur Erzielung einer starken Seitenstreuung ist jedoch die eine Hälfte

---

[1] LÜTGERT: Die selbsttätigen Warnanlagen an Wegübergängen der Deutschen Reichsbahn. Z. ges. Eisenb.-Sicher.-Wes. 1935, Nr. 6—14.

der Stufenlinse umgewandelt in eine Gürtellinse, so daß die Linse in diesem Teil in dem gezeichneten Schnitt keine Sammelwirkung hat, sondern nur in dem dazu senkrechten Schnitt. Durch diese Abänderung wird eine bevorzugte Streuung nach einer Seite erreicht.

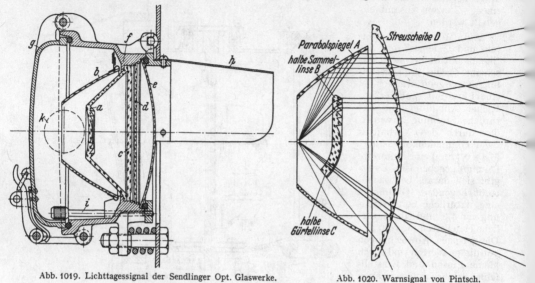

Abb. 1019. Lichttagessignal der Sendlinger Opt. Glaswerke.   Abb. 1020. Warnsignal von Pintsch.

In Abb. 1021 sieht man das *Warnsignal der S.O.G.* Das Signal verwendet einen Parabolspiegel und eine Streuscheibe mit senkrechten Streuriefen auf der Innenseite und waagerechten Streuriefen auf der Außenseite, die beide in ihrem Kurvenlauf so errechnet werden, daß genau die gewünschte Streuung erreicht wird. Die Mitte der Streuscheibe bildet eine

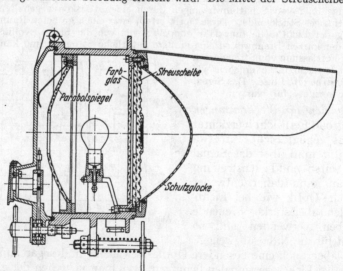

Abb. 1021. Warnsignal der Sendlinger Optischen Glaswerke.

Stufenlinse, in deren Brennpunkt die Lichtquelle steht. Zweck dieser Konstruktion ist, für die Ferne ein ungeschwächtes intensives Licht zu haben, das von einer kleinen Stelle großer Leuchtdichte hervorgerufen wird. Den Verlauf der Lichtverteilungskurve zeigt Abb. 1022, aus der man erkennt, daß bis 50° seitlich vom Hauptlicht die Lichtverteilung praktisch gleichmäßig ist.

Beide erwähnten Signale haben einseitige Streuung, müssen also an der Wegseite aufgestellt werden. Die Anwendung der beiden Signale ist aber nicht auf Kreuzungen von

Straße und Eisenbahn beschränkt, sondern die Signale können auch an Kreuzungen zweier Straßen am Rande des Bürgersteiges aufgestellt werden. Abb. 1023 zeigt eine verbreitete *Azetylenleuchte der Autogen Gasakkumulatoren A.G.* Der Lichtquelle dient ein

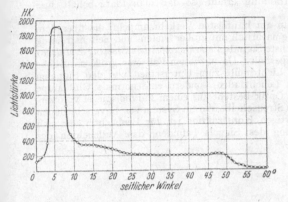

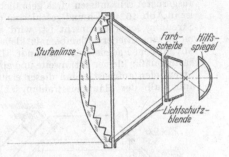

Abb. 1022. Lichtverteilung des Warnsignals nach Abb. 1021.

Abb. 1023. Azetylen-Warnlicht der Aga.

Azetylenbrenner. Die Optik ist eine Stufenlinse von Corning-Glass-Works mit Zylinderriefen auf der Außenseite, welche die an sich schon vorhandene beträchtliche natürliche Streuung, die durch die Größe der Azetylenflamme bedingt ist, noch nach der Seite vergrößern.

Abb. 1024. Verkehrsampel von Siemens & Halske.

Der Vorteil dieser sowie auch anderer Gassignale ist, daß die Signale sich sehr gut zu Blinksignalen eignen und fast momentan auf volle Lichtstärke kommen, sowie die Gaszufuhr vom Sparzustand auf volle Höhe gebracht wird. Typisch für dieses Signal ist auch, daß sich zwischen Lichtquelle und Linse eine Blende befindet, vor die ein Farbglas eingeschaltet werden kann. Das ist deswegen gut möglich, weil die Stufenlinse einen verhältnismäßig kleinen Raumwinkel der Lichtstrahlung erfaßt, so daß man Platz behält zum Auswechseln der Farbgläser.

An Straßenkreuzungen verwendet man am häufigsten Verkehrsampeln, die über dem Mittelpunkt der Kreuzung hängen und die natürlich mit großer Tiefen- und Seitenstreuung ausgerüstet sein müssen. Das gebräuchlichste Signal (*Verkehrsampel von Siemens & Halske*) ist in Abb. 1024 offen und geschlossen dargestellt. Da in diesem Fall eine große natürliche Streuung sogar erwünscht ist, wird als Lichtquelle zum Unterschied von den Signalen nicht eine Niedervoltlampe mit kleinem Leuchtfaden, sondern eine normale Glühlampe mit großem Fadensystem verwandt. Die Optik besteht aus einem Parabolspiegel von verhältnismäßig kleiner Brennweite und einer Streuscheibe, die ein System von 11 verschiedenen Streuriefen aufweist. Sinn dieser eigenartigen Konstruktion ist, für Beobachter, die sich außerhalb der Hauptausstrahlungsrichtung des Signals befinden, das Aufleuchten des

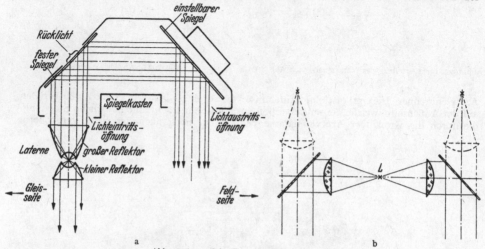

Abb. 1025 a und b. Doppelsignale mit einer Lampe.

Signals erkennbar zu machen durch das intensive Leuchten eines bestimmten Liniensystems das gerade diese Beobachtungsstellen mit Licht versieht. Derartige vereinzelte helle Linien heben sich, wie bereits in der Einleitung bemerkt ist, besser von der gesamten Oberfläche der Streuscheibe ab, als wenn man diese etwa nur gleichmäßig mattiert hätte. Denn es wird ja stets von der Oberfläche der Streuscheibe diffuses Tageslicht reflektiert, welches die Erkennung des Farblichtes erschwert, und hier kann man sich nur durch Erzeugung eines Kontrastes zwischen den hellen farbigen Linien und dem farblos leuchtenden Untergrund helfen.

Im Eisenbahnbetrieb werden einige Signalbilder dargestellt durch zwei gleichzeitig leuchtende Lichtquellen, z. B. Vorsignale. Hier ergibt sich nun die Möglichkeit, das *Doppelsignal mit einer einzigen Lichtquelle* auszurüsten, deren Strahlung nach zwei Seiten ausgenutzt wird unter Verwendung von Spiegeln, sowie es in Abb. 1025 a und b schematisch dargestellt ist.

Bei der Verwendung eines Spiegelbildes einer Lichtquelle zur Signalgebung ist jedoch zu beachten, daß das virtuelle Bild der Lichtquelle, welches in den Figuren punktiert angedeutet ist, verhältnismäßig weit hinter der Lichtaustrittsstelle liegt, so daß die gespiegelte Lichtquelle nur innerhalb eines ziemlich engen Winkelbereichs gesehen werden kann, der gegeben ist durch das Verhältnis: Durchmesser der Lichtaustrittsstelle: Abstand des virtuellen Bildes der Lichtquelle. Man muß daher, wenn man bei einem Doppelsignal eine gute Seiten- oder Tiefensicht verlangt, stets vor die Lichtaustrittsstelle eine geeignete Streuscheibe einschalten.

Blinksignale werden insbesondere bei Kreuzungen von der Eisenbahn mit Straßen verwendet. Die auf S. 876 beschriebenen Warnsignale für Wegkreuzungen werden also durchweg mit Blinkvorrichtungen versehen.

Während nun die mit Azetylen betriebenen Blinksignale beim Blinken dieselbe Lichtstärke erreichen, die sie beim ruhigen Brennen haben, können bei elektrischen Blinksignalen oft ganz enorme Unterschreitungen der Helligkeit gegenüber dem normalen Brennen der Lampe vorkommen, und zwar dann, wenn die Zeitdauer des Blinkens zu kurz, oder wenn der Glühfaden zu stark ist, was ja besonders bei hochkerzigen Niedervoltlampen der Fall ist.

Dies veranschaulichen die Abb. 1026a und b, in denen eine Blinksignallampe auf einem gleichmäßig vorbeigeführten Filmstreifen photographiert wurde und außerdem eine mit Wechselstrom betriebene Neonlampe, um eine Zeitmarke auf dem gleichen

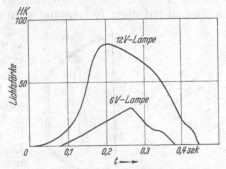

Abb. 1027. Photometrische Auswertung der Lichtblitze nach Abb. 1026a und b.

Streifen zu haben. Derartige Aufnahmen wurden sowohl bei einer 6-V-Lampe wie bei einer 12-V-Lampe gemacht, die beide den gleichen Wattverbrauch und normalerweise die gleiche Lichtstärke hatten. Der Vergleich zeigt augenscheinlich, daß die 6-V-Lampe, welche den stärkeren und daher trägeren Glühfaden hat, bei weitem schwächer und kürzer aufleuchtet als die 12-V-Lampe. Der Helligkeitsverlauf wurde auch noch photometrisch ausgemessen. Das Ergebnis ist in Abb. 1027 dargestellt. Es zeigt sich, daß die 12-V-Lampe nur 80% der Spitzenhelligkeit erreicht, die sie bei Dauerbrand haben würde, die 6-V-Lampe sogar nur 30%. Die Lampen kommen also beim Blinken gar nicht auf ihre volle Lichtstärke. Daß in dem Diagramm die Leuchtzeit etwas länger ist als $\frac{1}{3}$ s, erklärt sich dadurch, daß die Lampen nach dem Ausschalten des Stromes noch nachleuchten. In der Helligkeitskurve wäre als Beginn des Ausschaltens der Lampe die Spitze der Helligkeitskurve anzusehen, während der Einschaltvorgang um $\frac{1}{3}$ s vorzulegen ist.

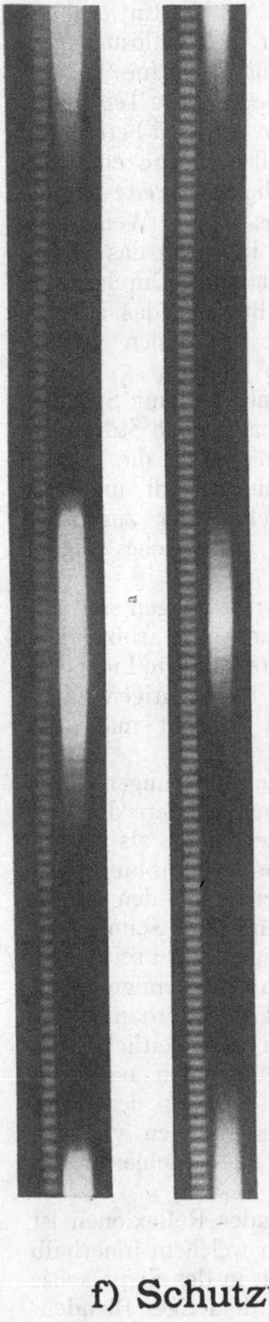

Abb. 1026 a und b. Photographische Registrierung des Helligkeitsverlaufs von blinkenden Glühlampen. Oben (a) 6 V-Lampe. Unten (b) 12 V-Lampe. Zeitmarken: 100 Hz.

f) Schutzvorrichtungen für Signale gegen Störungen.

Wie in b, S. 868 bereits gesagt, kann man die Wirkung eines Lichtsignals heben, indem man es auf einen dunkeln Hintergrund setzt. Man verwendet

daher bei den Signalen sowohl vorgebaute *Schuten*, welche die vorderen licht-
reflektierenden Abschlußteile des Signals vor einfallendem Licht schützen, als
auch *Hintergrundbleche*. Außerdem soll man nach Möglichkeit das Signal günstig
aufstellen, so daß es etwa den Wald, ein dunkles Gebäude oder eine Brücke als
Hintergrund hat und auf keinen Fall gegen den hellen Himmel steht. Die erforderliche Größe des Hintergrundbleches hängt natürlich ab von der Entfernung,
aus der man das Signal betrachtet. Aus dem oben über das Auflösungsvermögen des Auges Gesagten geht hervor, daß ein Körper für uns keine flächen-
hafte Ausdehnung mehr hat, wenn sein Durchmesser nur der 3500ste Teil seines
Abstandes vom Auge ist; d. h. für ein Signal, das aus 350 m Abstand betrachtet
werden soll, muß der dunkle Hintergrund mindestens größer sein als ein Ring
von 10 cm Breite. Bei einem Abstande von 700 m muß die Ringbreite mindestens 20 cm betragen und bei 1050 m Abstand mindestens 30 cm. Wenn man
ein Lichtsignal auf diese Entfernung sichtbar machen wollte, und das Licht-

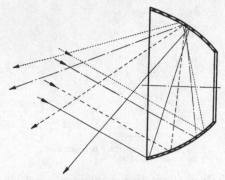

signal hätte selbst einen Durchmesser
von 20 cm, so müßte also das Hinter-
grundblech mindestens einen Durchmesser von 80 cm haben.

Es können ferner bei mit Spiegeln
ausgerüsteten Signalen noch Störungen
dadurch auftreten, daß die Sonne
in das Signal hineinscheint und das
Licht vom Spiegel wieder zurückgeworfen wird und ein falsches Signal
vortäuscht.

Gegen derartige Störungen sind absolut sicher die Signale mit Farbblenden,
bei denen ja jedes reflektierte Licht nur
das Signallicht in der richtigen Farbe

Abb. 1028. Signalphantom durch einfallendes
Sonnenlicht.

verstärken könnte. Bei derartigen Signalkonstruktionen braucht man also
auf *Reflexsicherheit* keine Rücksicht zu nehmen.

Dagegen muß man bei allen übrigen Signalen auf mögliche Störungen durch
einfallendes Sonnenlicht achten. Es verbietet sich daher insbesondere die Verwendung von halbkugelförmigen Fangspiegeln mit der Lichtquelle als Mittelpunkt, die man ja sonst gern verwendet, um die allseitige Ausstrahlung einer
Lampe auszunutzen. Aber es genügt nicht einmal der Verzicht auf den halben
Lichtstrom der Lampe, um eine Störung durch Einstrahlung von Sonnenlicht
zu vermeiden, wie aus der Abb. 1028 hervorgeht, welche zeigt, da bei seitlichem
Lichteinfall eines parallelen Lichtbüschels eine reelle Strahlenvereinigung auf
der gegenüberliegenden Spiegelfläche stattfindet und dort das Vorhandensein
einer Lichtquelle für einen Beobachter vortäuscht, der sich seitlich vom
Signal befindet. Man muß bei der Konstruktion von Signalen entweder
durch subjektive Beobachtungen oder theoretisch die Bildung derartiger
Phantome studieren und entweder durch Vorziehen von Blenden vor das
Signal oder mit anderen Mitteln innerhalb der Signaloptik diese Fehlerquellen
ausschalten.

Ein sehr schönes Mittel zur Beseitigung derartig störender Reflexionen ist
durch das DRGM. Nr. 1272606 von Siemens gegeben, nach welchem innerhalb
des Signals drei ebene Blenden vorgesehen werden, die sich in der Signalachse
schneiden und gegeneinander Winkel von 120° bilden. Ein derartiges Blenden-
system bietet weitgehenden Schutz gegen Reflexe, wie sie in der Abb. 1028
gekennzeichnet sind.

J 5. Lichttechnik im Eisenbahnbetrieb.

Von

Erwin Besser-Dresden.

Mit 23 Abbildungen.

a) Allgemeine Gesichtspunkte.

Bahnanlagen lassen sich nur dann ihrem Sonderzweck entsprechend beleuchten, wenn beim Bau der Anlage selbst die unerläßlichen Voraussetzungen für Herstellung einer sachgemäßen Beleuchtung nicht außer acht gelassen worden sind. Daher muß der Lichttechniker frühzeitig Gelegenheit erhalten oder nehmen, auf alle beim Bau der Anlage und der zugehörigen Einrichtungen Beteiligten einzuwirken, z. B. in Fragen der Gleisabstände, der Gelegenheit zur Anbringung von Leuchten an den lichttechnisch richtigen Stellen, des Anstrichs von Decke, Wand und Fußboden, der Inneneinrichtung, der Blendungs- und Spiegelungsmöglichkeiten. Ziel muß die beste *Gesamt*lösung sein, und diese kann nur durch verständnisvolle Gemeinschaftsarbeit gefunden werden.

Jede Beleuchtungsaufgabe muß aus den Sehaufgaben der einzelnen Bediensteten ermittelt werden. Sie ergeben sich aus der Betriebsaufgabe der betreffenden Anlage. Daher genaue Angaben verlangen, wie sich der Betrieb im einzelnen abwickelt, für Innenanlagen darüber, welchen Zwecken die einzelnen Räume dienen sollen, welche Arbeiten zu verrichten sind, wohin die einzelnen Arbeitsplätze kommen, ob später eine Änderung der Benutzungsweise wahrscheinlich ist.

Im Freien sind wegen Verrußung von vornherein starke Kontraste anzustreben. Ihre Erhaltung kostet meist weniger als die sonst erforderliche, wesentlich stärkere Beleuchtung und erhöht die Sicherheit erheblich (Stolpergefahr).

Lampen im Freien dürfen Lokomotivführer und Stellwerkwärter nicht blenden, auch durch ihre Farbe nicht irreführen. Maste sollen den Überblick möglichst nicht hindern.

Im Freien, in Lokomotivschuppen usw. bei der Wahl der Baustoffe auf Vorhandensein schwefliger Säure Rücksicht nehmen.

Festzustellen ist, welche Lampen stets zusammen gebraucht, also an einen gemeinsamen Schalter gelegt werden können, wer die Lampen braucht und wohin der Schalter muß, damit in Verkehrspausen wirklich abgeschaltet wird. Bedürfnis nach halber Beleuchtung, wie bei Straßenbeleuchtung während der Nacht, besteht bei Außenanlagen weniger. Entsprechend dem Fahrplan wird Beleuchtung meist ganz oder gar nicht gebraucht. In Innenräumen Beleuchtung so einrichten, daß sie bei Abschaltung von Lampen in verkehrsschwachen Stunden mittig bleibt.

Leuchten für Innenräume im Einvernehmen mit dem Erbauer der Architektur und sonstigen Ausstattung anpassen. Modeströmungen darf nicht nachgegeben werden. Bahnanlagen müssen sie überdauern. Man überlege, wie die zur Wahl stehenden Beleuchtungskörper in drei Jahren aussehen werden. Auf die Dauer befriedigt nur das Einfache, Zweckentsprechende. Zu vermeiden sind Ausführungen, die viel Reinigung beanspruchen; sie ist — abgesehen vom Personalmangel — durch den Verkehr und zwischen den Gleisen durch die Wagenbewegung erschwert. Lampen müssen sich rasch und gefahrlos auswechseln lassen.

Vor Verstärkung vorhandener Beleuchtungen prüfe man, ob tatsächlich mangelnde Beleuchtungsstärke schuld ist oder falscher Lichteinfall, Schatten, Schattenlosigkeit, Blendung, Spiegelung, mangelnder Kontrast infolge ungeeigneten Anstriches.

Wirtschaftliche Vergleiche zweier Beleuchtungsanlagen haben nur Sinn, wenn nicht nur verglichen wird, was sie an Kapitaldienst, Strom, Lampenersatz, Wartung, Instandhaltung kosten, sondern auch, was sie bringen. Die Aufwendungen für Beleuchtung machen meist nur einen geringen Bruchteil der *Gesamt*aufwendung für Herstellung, Betrieb und Unterhaltung einer Bahnanlage aus, so daß ihre Erhöhung nicht ins Gewicht fällt. Betragen z. B. für einen Rangierbahnhof die Aufwendungen für Beleuchtung 5% der Gesamtaufwendungen, so wäre, wenn durch Verbesserung der Beleuchtung 5% Leistungssteigerung erzielt werden, bereits ein Mehraufwand für Beleuchtung von 100% wirtschaftlich gerechtfertigt. Auch wo Mehrleistungen infolge besserer Beleuchtung nicht ziffernmäßig angegeben werden können, müssen sie beachtet werden. Sie wirken sich auch aus durch Abnahme der Unfälle (im Rangierbetrieb auch der Fehlläufer), durch gesteigerte Leistung infolge erhöhter Schaffensfreude, durch Werbewirkung beim Publikum und durch die Möglichkeit, kostspielige Bahnhofsumbauten hinauszuschieben. Gleichzeitig wird durch bessere Beleuchtung den berechtigten Forderungen nach Schönheit der Arbeit entsprochen.

b) Gleisbeleuchtung.

Beleuchtungsaufgabe und Beleuchtungsart. Gleisfelder dienen verschiedenen Zwecken: Zugverkehr, Rangierverkehr, Zugbildung, Wagenabstellung, oft mehreren gleichzeitig. Daher Sehaufgabe verschieden. Wegen verschiedenen Standortes auch Sehbedingungen ungleich. Daher erkunde man für jeden Einzelfall sorgfältig die Beleuchtungsaufgabe.

Auf *Haupt*gleisen (*Zug*verkehr) muß der Wärter verantwortlich feststellen können, ob die Fahrstraße für den Zug von Fahrzeugen frei ist. Also für Kontrast zwischen Wagen und Hintergrund sorgen. Für den hochstehenden Stellwerkswärter wird der Wagenumriß durch Dach, Stirnwand und Seitenwand gebildet, der Hintergrund durch das Gleisfeld, eine Wagenreihe oder anderes. Abb. 1029 zeigt für ein Beispiel die Beleuchtung der drei in einer Wagenecke zusammenlaufenden Flächen abhängig von der Stellung des Wagens zwischen

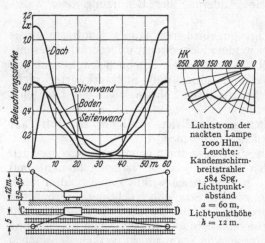

Lichtstrom der nackten Lampe 1000 Hlm. Leuchte: Kandemschirmbreitstrahler 584 Spg, Lichtpunktabstand $a = 60$ m, Lichtpunkthöhe $h = 12$ m.

Abb. 1029. Beleuchtungsstärke auf Boden und Wagen im Gleis $C \ldots D$, erzeugt durch zwei Lampen von 1000 Hlm in einem Schirmbreitstrahler.

zwei Lampen, außerdem die Bodenbeleuchtung. Dementsprechend verschieden sind auch die Leuchtdichten der vier Flächen. Dach, Stirn- und Seitenwand haben an der Umrißfläche je nach Standort des Wagens zum Wärter verschieden großen Anteil. Für den Hintergrund kommt nicht die Leuchtdichte am Standort des Wagens, sondern an der durch die Blickrichtung gegebenen Stelle in Betracht. Da Rückstrahlvermögen der Wagen (mit Ausnahme der wenigen weiß gestrichenen) und des Bodens von gleicher Größenordnung sind, ist mit schwachen Kontrasten — sowohl hell/dunkel als auch dunkel/hell — zu rechnen, letzteres besonders wegen des ungünstigen Verlaufes der Stirnwandbeleuchtung (Abb. 1029).

Diese große Erschwernis für das Sichten der Wagen könnte durch weißen Anstrich der Wagen fast ganz beseitigt werden, trotz allmählicher Verrußung. Abb. 1030 zeigt für gleiche Beleuchtungsstärke den Kontrast links für weiß, rechts für rot gestrichene Wagen, und zwar oben im Neuzustand, unten nach starker Verrußung. Solange man mit den derzeit üblichen Anstrichen, also mit sehr kleinen Kontrasten rechnen muß, wäre es zweckmäßig, einen Kontrast am Fahrzeug selbst zu schaffen, z. B. durch Anbringen weißer Emailbleche an den Pufferbohlen.

Abb. 1030. Kontraste zwischen Wagen und Hintergrund. Links für weiß, rechts fur rot gestrichene Wagen. Oben Neuzustand, unten im Betrieb verrußt.

Abb. 1031 a und b zeigen, wie an wichtigen Stellen unter Umständen künstlicher, heller Hintergrund helfen kann, wenn Gleisabstand zum Aufstellen von Masten fehlt. Rechts vorhandene Mauerpfeiler sind benutzt, um weiße Tafeln aufzustellen, die mit 25 W beleuchtet — vom Stellwerk aus gesehen, eine helle Wand bilden.

Auf *Neben*gleisen sind die Sehaufgaben verschieden für Rangierverkehr, Zugbildung, Wagenabstellung. Beim *Rangier*verkehr müssen Wärter von oben, Rangierer und Hemmschuhleger vom Boden aus erkennen können, ob, in welcher Entfernung

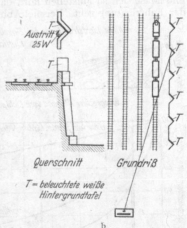

a   b

Abb. 1031 a und b. a Beleuchtete Tafeln als kunstlicher Hintergrund zur Prüfung der Gleisfreiheit durch den Stellwerkswärter. b Desgleichen. Lageplan.

und mit welcher Geschwindigkeit Fahrzeuge anrollen. Wagen dürfen nicht aus dunkler Zone überraschend auftauchen. Lichtkreise müssen sich schon in Wagendachhöhe reichlich überschneiden (gleichmäßige Beleuchtung, breitstrahlende Leuchten, hohe Maste). Je größer die Geschwindigkeit, um so mehr stört Wechsel zwischen Dunkel- und Hellzonen. An Weichenspitzen, wo oft Fahrzeuge wenden, und an Weichengrenzzeichen, wo Fahrzeuge stehen bleiben, ist die Stirnwand gut zu beleuchten ohne den Lokomotiv-

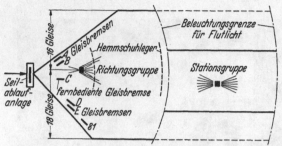

führer zu blenden. Sprunghafte Änderung der Stirnwandbeleuchtung mildern, in breiten Gleisfeldern durch in mehreren Reihen versetzte Anordnung der Lichtpunkte, in schmalen Gleisfeldern durch kleinere Lampen in kürzeren Abständen bei kleinerer Lichtpunkthöhe oder durch Langfeldleuchten (Abb. 1036).

Abb. 1032. Flutlichtbeleuchtung eines Ablaufbahnhofs mit Bremsung durch Gleisbremsen und Hemmschuhe.

Scheinwerfer beleuchtet worden. Kennzeichen dieser sog. Flutlichtbeleuchtung (vgl. auch F 6, S. 623): Das ganze Gleisfeld wird von einem oder wenigen Hochmasten (30…35 m)

Um Kontrastwechsel auf den Stirnflächen ganz zu vermeiden, sind vereinzelt große Rangierfelder durch aus mit Scheinwerfern beleuchtet, deren Zahl, Richtung, Stärke dem Gleisfeld entsprechend gewählt wird. Die auf einem Mast vereinigten Scheinwerfer können aufgefaßt werden als eine Lichtquelle, deren Strahlungskörper man sich selbst dem örtlichen Bedürfnis entsprechend zusammenstellt. Vorteil: In der Lichtrichtung Stirnflächen ständig beleuchtet, sehr gleichmäßige Allgemeinbeleuchtung, gute Adaptierung. Nachteil: In der Gegenrichtung Blendung; außerdem Schatten in den Wagengassen. Daher nur verwendbar, wenn alle Wagen in Bewegung sind, in gleicher Richtung laufen,

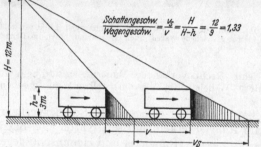

$$\frac{\text{Schattengeschw.}}{\text{Wagengeschw.}} = \frac{v_S}{v} = \frac{H}{H-h} = \frac{12}{9} = 1,33$$

Abb. 1033. Erschwerte Schätzung der Geschwindigkeit und des Bremswegs, wenn Schatten voranläuft.

und Mast sich so aufstellen läßt, daß Lichtrichtung mit der Blickrichtung, aber entgegen der Fahrrichtung geht. Beispiel Abb. 1032. Wagen laufen vom Ablaufberg von links nach rechts; erste Hemmung durch Gleisbremsen A…E, teils örtlich, teils vom Stellwerk aus bedient; zweite und dritte Hemmung hinter dem Hochmast durch Hemmschuhe. Sehbedingungen für Bediener der Gleisbremsen günstig, Licht im Rücken, Wagen laufen mit beleuchteter Stirnwand auf sie zu. Für Hemmschuhleger ungünstig, ständige Blendung durch Scheinwerferlicht; Wagen, deren Geschwindigkeit sie schätzen müssen, laufen mit der Schattenseite auf sie zu (Abb. 1033). Außerdem läuft Schlagschattenspitze im Verhältnis H:(H—h) schneller als der Wagen, macht irre. Die Wagengassen zwischen den Sammelgleisen sind infolge Zusammenfassung der Lichtquellen auf Mast 2 fast alle beschattet, in Krümmungen erst recht. Wo häufig Nebel, ist Flutlicht unbrauchbar; je stärker der Nebel, um so ungünstiger Beleuchtung von einem Punkte aus (Abb. 1034).

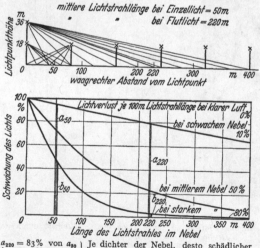

$a_{220} = 83\%$ von a_{50} } Je dichter der Nebel, desto schädlicher
$b_{220} = 7\%$ von b_{50} } große Lichtstrahllängen.
Abb. 1034. Schwächung des Lichts bei Nebel in Abhängigkeit vom Lampenabstand.

Der *Zugbildung* dienende Gleisfelder bedürfen außer ausreichender Bodenbeleuchtung (Stolpergefahr) guter Beleuchtung der Wagen von der Seite zum

Kuppeln der Wagen, der Heiz- und Bremsschläuche, zum Füllen der Gas- und Wasserbehälter, zum Nachsehen der Brems- und Heizeinrichtungen, zum Reinigen der Außenseiten usw. Auf der Bedienungsseite Schatten vermeiden, nötigenfalls mehrere Reihen kleinerer Lampen an Überspannungen.

Abstellgleise bedürfen nur einer Allgemeinbeleuchtung, die für sich abschaltbar sein muß.

Beleuchtungsstärke. Nach den Leitsätzen der DLTG., DIN 5031:

Gleisfelder	Mittlere Beleuchtungsstärke		Beleuchtungsstärke an der ungünstigsten Stelle	
	mindestens lx	empfohlen lx	mindestens lx	empfohlen lx
Mit schwachem Verkehr	0,5	1,5	0,2	0,5
Mit starkem Verkehr	2,0	5,0	0,5	2,0

In großer Entfernung vom Stellwerk Beleuchtung nicht schwächen, weil Wärter Wagen unter kleinerem Sehwinkel sieht, also schwerer erkennen kann. Wichtige Punkte, z. B. Weichenstraßen, Rangierwendepunkte stärker beleuchten. Auf Gleisfeldern mit starkem Rangierverkehr macht sich stärkere Beleuchtung durch größere Rangierleistung (Achsen/Stunde), Minderung der Fehlläufe und Unfälle reichlich bezahlt. Wegen erforderlicher Vertikalbeleuchtung siehe „Beleuchtungsart" (S. 882).

Anordnung der Lichtpunkte. Lichtpunktabstand a 40...80 m, z. B. 60 m, Lichtpunkthöhe h 10...18 m, z. B. 12 m, $h : a = 1 : 4$ bis $1 : 5$. Lichtpunkthöhe von 12 m läßt sich mit Holzstangen mit Eisen- oder Betonfuß erreichen.

Bei der Wahl der Maststandorte im einzelnen beachte man die auf S. 882 angegebenen Gesichtspunkte. Ferner setze man die Maste möglichst nicht in Blickrichtung des Lokomotivführers auf Signale (wegen Abblendung s. S. 886). Kennzeichen, die der Lokomotivführer beachten muß (Wartezeichen, H-Tafeln, Geschwindigkeitsbeschränkungstafeln) sollen von der Gleisbeleuchtung möglichst mit beleuchtet, nicht beschattet werden. Licht- und Leitungsmaste dürfen Ausblick aus Stellwerken nicht hindern. Lampen dürfen nicht ins Stellwerk hineinblenden. Wahl der Maststandorte oft durch ungenügenden Gleisabstand erschwert.

Man gewinnt beim Entwurf rasch ein anschauliches Bild der Lichtverteilung und spart Zeichenarbeit, wenn man Lichtkreise aus Pauspapier ausschneidet und zunächst so lange verschiebt, bis für *alle* Maste ein Platz gefunden ist, und dann erst die Standorte einzeichnet.

Mastschatten durch Aufhängung an Lyrabügeln vermeidbar, Leuchte muß aber herablaßbar sein. Maste mit Ausleger so stellen, daß Bedienung gefahrlos und Mastschatten möglichst nicht in die Gangbahn, sondern quer zum Gleis fällt.

Wo schattenfreie Beleuchtung der Wagengassen erwünscht, aber Gleisabstände ungenügend, Leuchten an Überspannungen nicht pendelnd aufhängen, möglichst nur so hoch, daß Lampen mit gewöhnlicher Bockleiter schnell und gefahrlos gereinigt und ausgewechselt werden können.

Leuchten. Grundsätzlich Schirmleuchten verwenden, um Blendung des Lokomotivführers vorzubeugen.

Unter Schirmleuchte soll hier ihrem Namen entsprechend jede Leuchte verstanden sein, bei der die Lichtquelle so abgeschirmt ist, daß Licht nur bis zu einem bestimmten Öffnungswinkel austreten kann, der sich aus den Abmessungen der Leuchte ergibt. Es soll aber mit dem Begriff Schirmleuchte keine optische Eigenschaft, z. B. der Lichtverteilung verbunden sein, da sich diese nicht aus der Abschirmung allein, sondern aus der Art der verwendeten Lichtquelle und der Leuchte ergibt. In einer Schirmleuchte kann also eine Glühlampe, eine Bogenlampe oder eine Metalldampflampe verwendet sein; sie kann als Tiefstrahler, Breitstrahler oder als Langfeldleuchte usw. wirken.

Öffnungswinkel höchstens $2 \cdot 80° = 160°$, was $h : a = 1 : 5,7$ entspricht. Blendlicht stört am meisten, wenn es für den Führer, während er sich dem Signal von 700 bis auf 100 m nähert, über das Signallicht hinwegwandert (Abb. 1035). In Krümmungen ist dies auch in horizontaler Richtung möglich. Auch Schirmleuchten verhindern nur Direktblendung. Die bleibende, vom Öffnungswinkel unabhängige Indirektblendung durch den Innenrand des Reflektors muß nötigenfalls verhindert werden durch einseitiges Verlängern des Schirmes. Die Leitungskupplung muß dann richtige Stellung der Leuchte erzwingen. Leuchten, auch an Überspannungen, dürfen nicht pendeln können.

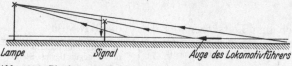

Abb. 1035. Blendung des Lokomotivführers, besonders störend, wenn Blendlichtquelle erst über, dann unter dem Signallicht erscheint.

Zur gleichmäßigen Beleuchtung, besonders der Stirnflächen, sind breitstrahlende Leuchten (Spiegelleuchten) zweckmäßig. Bei kleinem $h : a$ oder bei schmalen Gleisfeldern, z. B. an den Bahnhofsenden, Langfeldspiegelleuchten. Diese, schräg aufgehängt, ermöglichen Beleuchtung von der Seite (Abb. 1036).

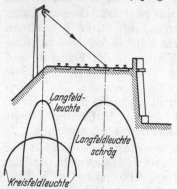

Abb. 1036. Langfeldspiegelleuchte zur Beleuchtung schmaler Gleisflächen ermöglicht diese durch Schrägaufhängung auch bei fehlendem Gleisabstand.

Für Metalldampflampen verwende man Leuchten, die deren Lichtverteilung Rechnung tragen und entsprechend aufzuhängen sind. Direktes Licht darf der Farbe wegen nicht vom Lokomotivführer zu sehen sein. Wo wegen Rangierpausen oft geschaltet werden muß, sind Metalldampflampen wegen Anlaufzeit unbequem.

Schaltung. Gleislampen nach Stellwerksbezirken zusammenfassen und vom Stellwerk aus schalten. Nur solche Lampen an gemeinsamen Schalter, die stets zusammen gebraucht werden.

c) Stellwerksbeleuchtung.

Betriebsaufgabe. Umstellen von Weichen und Signalen, in mechanischen Stellwerken durch Umstellen von Hebeln, in elektrischen durch Drehen von Schaltwalzen. Außerdem sind meist Block- und sonstige elektrische Apparate zu bedienen.

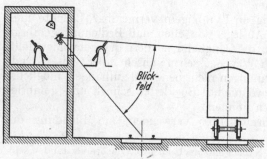

Abb. 1037. Spiegelbilder in einem mechanischen Stellwerk bei Verwendung gewöhnlicher Leuchten.

Sehaufgabe. Im Stellwerk: Lesen der Bezeichnungsschilder, Beobachten der Schauzeichen und Farbscheiben an allen Apparaten. Hierzu bei dunkel adaptiertem Auge etwa 2 lx erforderlich.

Im Gleisbereich: Prüfen der Gleisfreiheit, Verfolgen des Zug- und Wagenverkehrs.

Beleuchtungsaufgabe. Leuchtdichte im Raum möglichst nicht viel größer als im Gleisbereich, um fortgesetzte Adaptierungsarbeit in erträglichen Grenzen zu halten.

Blendung durch Glanzstellen im Raum vermeiden.

Blendung durch Spiegelbilder des Hebelwerks, des Fußbodens und der ganzen Inneneinrichtung sorgfältig vermeiden, die bei Verwendung gewöhnlicher Leuchten symmetrisch zur Fensterscheibe entstehen und den Blick auf die dunkleren Gleise völlig abfangen (Infeldblendung Abb. 1037 und 1038).

Bei *mechanischen* Stellwerken sind alle drei Forderungen dadurch erfüllbar, daß man nur die Schilder beleuchtet, vom ganzen Raum aber, insbesondere von den blanken Teilen des Hebelwerkes selbst alles Licht fernhält [1]. Dies ermöglicht die Zweischlitzleuchte mit linien- oder punktförmiger Lichtquelle. Durch die Zweischlitzleuchte werden Glanzstellen und Spiegelbilder vermieden (Abb. 1039).

Ihre beiden Schlitze o und u sind je für sich einstellbar und bestimmen mit der linienförmigen Lichtquelle zwei Lichtaustrittsebenen, die auf die beiden Reihen von Schildern gerichtet werden können (Abb. 1040). Schirm

Abb. 1038. Spiegelbild des Stellwerks in der Fensterscheibe fängt Blick auf die Gleise ab.

innen schwarz, Lampe unverspiegelt, damit Licht auf Schilder scharf beschränkt bleibt. Zweischlitzleuchten werden nach Aufkommen der Glühlampen der Einheitsreihe mit annähernd punktförmiger Lichtquelle auch für diese ausgeführt. Begrenzung, da Lichtquelle nur annähernd punktförmig, unscharf aber praktisch ausreichend.

Bei *elektrischen* Kraftstellwerken (Klavierform) liegen Schilder und Schauzeichen verstreut und bei Mehrreihenstellwerken (Tischform) füllen sie die ganze Fläche aus, so daß obiger Grundgedanke praktisch nicht durchführbar ist. Also ganzes Stellwerk beleuchten und dunkel und matt ausführen. Begrenzung des Lichtstromes auf das Stellwerk durch tiefe, längliche Schirme. Einfacher und wirksamer ist meist *indirekte* [2] Beleuchtung des ganzen Stellwerkraumes, da wegen der großen Gleichmäßigkeit und Weichheit der Beleuchtung Adaptierung so gut, daß auch hier mit 2 lx auf dem Stellwerk auszukommen ist, vorausgesetzt, daß das gesamte Rauminnere unter etwa 2,50 m Höhe vor allem Fußboden und Wände dunkel und stumpf gehalten werden (Abb. 1041).

Ein neuzeitliches Vierreihenstellwerk zeigt Abb. 1042. Erbauer des Kraftstellwerks muß für geringe Leuchtdichte der Signallämpchen sorgen, die leider unmittelbar neben den Anschriften der Schalter aufleuchten, sowie für mattschwarze Schilder mit weißer Schrift (Abb. 1043). Der Betriebstechniker muß die Anschriften auf wenige Buchstaben beschränken, damit sie groß ausgeführt werden können. Fahrordnung muß er auf mattem Papier mit Maschinenschrift (nicht Handschrift) umdrucken lassen, damit der Wärter mit geringer Beleuchtungsstärke auskommt. Spiegelbilder im Blickfeld auf die Gleise müssen mindestens unter Augenhöhe lichtschwach sein, daher Blockwerke, obwohl im Rücken des Wärters, auch dunkel und matt; für Schalttafel, wenn sie nirgends anders untergebracht werden kann,

[1] DRP. 292018 vom 18. 11. 1913 und E. BESSER: Org. Fortschr. Eisenbahnwes. 1916, Heft 18, 301. — [2] E. BESSER: Org. Fortschr. Eisenbahnwes. 1931, Heft 1/2, 41.

nicht weißen Marmor und weißes Porzellan verwenden. Fahrordnung auf schräger Unterlage von solcher Neigung (vgl. strichpunktierte Linie in Abb. 1042), daß auch der längste Wärter von ihrem Spiegelbild die Schattenseite sieht.

In allen Stellwerken dürfen die für die Beleuchtung des Stellwerkes gegebenen Grundsätze — örtliche Beschränkung des Lichtstromes

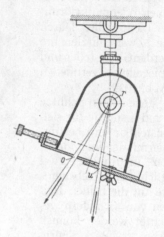

Abb. 1039. Müheloses Erkennen des Gleisbereichs bei Beleuchtung des Stellwerks durch Zweischlitzleuchten.

Abb. 1040. Zweischlitzleuchte mit Röhrenlampe, Querschnitt.

Abb. 1041.

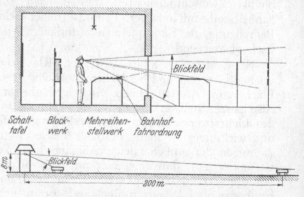

Abb. 1042. Spiegelbilder in einem Mehrreihenstellwerk.

Abb. 1041. Indirekte Beleuchtung eines 20 m langen Stellwerks mit 4 Lampen zu 25 W. Rechts Kraftstellwerk, links Schaltpulte einer Seilablaufanlage.

oder stark gedämpfte Allgemeinbeleuchtung, sowie Vermeiden von Spiegelbildern — nicht durchkreuzt werden durch Nebenbeleuchtungen, die für andere Apparate meist nötig sind. Starke Beleuchtung weißer Bücher ist zweckwidrig. Infolge Dunkeladaptierung des Auges ist mit viel geringerer Beleuchtungsstärke als sonst üblich auszukommen. Für

Fernsprechumschalter, Anrufverzeichnis, Meldeblock, für Morsetisch (nicht poliert) genügen Kleinbeleuchtungen, für Wanduhr eine Sparlampe mit Kleintransformator oder Loch im Schirm der Stellwerksleuchte. Auftragsmelder (Transparent) wegen ihres Spiegelbildes im Fenster über Augenhöhe anbringen, mit geringer Leuchtdichte betreiben, Blockfeldnachahmer und sonstige mit Glas abgedeckte Apparate nicht von vorn, sondern von der Seite beleuchten, damit Spiegelbild der Lampe nicht ins Auge des Wärters gelangen kann. Gleisplan ebenso beleuchten oder neigen. Zugmeldebücher auf schräge Unterlage, um Spiegelbild im Fenster zu verhüten, oder Tisch mit Rück- und Seitenwänden versehen. Fenster des Stellwerkes nicht wesentlich über Mannshöhe, sonst Blendung durch Gleislampen.

Abb. 1043. Spiegelbilder weißer Bezeichnungsschilder hindern die Feststellung der Gleisfreiheit erheblich. Modellaufnahme.

d) Lokomotivbehandlungsanlagen.

Betriebsaufgabe: Versorgen der Lokomotiven mit Kohlen, Wasser und Sand, Drehen, Ausschlacken, Untersuchen, Reinigen, Anfeuern. Da hier mit stärkster Verrußung gerechnet werden muß, ist Erkennen der Arbeitsvorgänge und sicheres Laufen zwischen den Gleisen weniger durch Verstärken

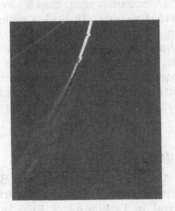

a

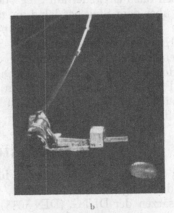

b

Abb. 1044a und b. a Gleissperre mit Schloß mit üblichem Anstrich. b Desgleichen wegen Stolpergefahr weiß gestrichen sowie ein Grenzzeichen. Aufnahme bei gleicher Beleuchtung und Belichtung.

der Beleuchtung, meist nur durch Schaffen und unermüdliches Erhalten von Kontrasten zu erreichen. Häufiges Reinigen der Glocken und Leuchten ist unerläßlich, daher sind wenig große Lampen vielen kleinen vorzuziehen. An Drehscheiben und Lokomotivgruben ist stärkere Beleuchtung ratsam, die jedoch den auf die Drehscheibe fahrenden Lokomotivführer nicht blenden darf. Abdeckungen der Drahtzüge, Stellstangen der Weichen und Gleissperren und sonstige Hindernisse streiche man weiß (Abb. 1044a, b). An Ausschlackgruben senkrechte Flächen zurückstehen lassen, damit kein Schmutzöl mit Asche herunterläuft, weiß anstreichen oder mit weiß glacierten Ziegeln verblenden.

Wasserdichte Beleuchtung in Mauernischen (Abb. 1045). Lampen zum Entladen der Kohlen vom Wagen auf die Hunde so anordnen, daß bei normalem Standort der Wagen der Wagenboden nirgends beschattet wird. Weißer Anstrich der Riegel an der Kippvorrichtung der schwarzen Hunde erleichtert dem Kranführer und Heizer das Bekohlen. Im Lokomotivschuppen Anstrich weiß. Öfteres

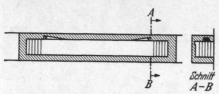

Abb. 1045. Wasserdichte Leuchten in Nischen einer Lokomotivreinigungsgrube.

Erneuern (Bespritzen mit Kalk oder Karbidschlamm mittels Preßluft) ist billiger und wegen viel besserer Adaptierung wirksamer als stärkere Lampen im Rundgang. Schienenenden hinter den Radvorlegern weglassen oder weiß streichen. Leuchten zwischen den Lokomotivständen auf der Lokomotivseite tief zur Beleuchtung der Seitenwände, auf der Tenderseite hoch zur Beleuchtung des Tenders und Führerstands. Für Untersuchungsgruben Steckkontakte. Leuchten im Schuppen spritzwasserdicht.

e) Güteranlagen.

Güterschuppen sind je nach Breite durch eine oder zwei Reihen Lampen zu beleuchten, deren Abstand dem der Binder angepaßt wird. Leuchten nötigenfalls staubgeschützt. Lampen dem wechselnden Betriebsbedürfnis entsprechend in Schaltgruppen zusammenfassen. Sonderbeleuchtung für Waage. Außen über jeder Ladeluke örtlich schaltbare Leuchte zugleich für Längssteg. Lampe an der Treppe zum Steg. Zur Beleuchtung des Wageninneren Handlampen (24 V). Steckdosen dazu entweder am Steg oder an Schaltstangen, die an zwei blanken Drähten über dem Steg pendelnd aufgehängt werden. In beiden Fällen sorgen, daß sich Steckkontakt löst, wenn beim Verschieben von Wagen vergessen wurde, Handlampe herausnehmen. Schmale Ladebühnen mastlos entweder durch Leuchten an Überspannungen oder an langen Auslegern, die über das Güterbodengleis hinwegreichen, beleuchten. Auf Ladestraßen wenig Maste, kräftige Prellsteine. Im Schalterraum gute Allgemeinbeleuchtung und Arbeitsplatzbeleuchtung über den Schaltern und an den Schreibpulten für Personal und Publikum.

f) Bahnsteiganlagen.

Nötig ist: Allgemeinbeleuchtung für Verkehr, Beleuchtung der Bahnsteigkanten, der Wagenwände (Schilder), Trittbretter. Beleuchtungsstärken nach den Leitsätzen der DLTG. (DIN 5035) sind in Tabelle 48, S. 1029 zusammengestellt.

In Hallen installiere man eine Reihe, unter niedrigen Bahnsteigdächern je nach Breite eine oder zwei Reihen von Leuchten. Auf Freibahnsteigen Mastabstand 20...40 m. Mastschatten durch Lyrabügel vermeiden oder quer zum Bahnsteig legen. Bei großer Lichtpunkthöhe sind Langfeldleuchten zweckmäßig, die bei Randbahnsteigen schräg aufgehängt werden.

Zweckmäßig ist Schaltung der Bahnsteiglampen in drei Gruppen. Hauptgruppe für Züge normaler Länge. Zwei kürzere Endgruppen für längere Züge und Züge, die nicht in der Mitte zum Halten kommen. Uhrenbeleuchtung für sich, da meist dauernd benötigt. Leuchten unter Bahnsteigdächern nicht in Blickrichtung auf Zugrichtungsschilder und Uhr. Spiegelung der Bahnsteigleuchten und der Sonne in der Uhr läßt sich durch Schräglegen des Deckglases

vermeiden. Bahnsteigeinbauten wie Büfetts, Zeitungsstände müssen blendungsfrei beleuchtet werden. Beleuchtung von Hinweisschildern und Zugabfahr-
anzeigern von Bahnsteigsperren schattenfrei und blendungsfrei von beiden
Richtungen. Abb. 1046 zeigt eine blendungsfreie Leuchte, bei der der nach unten
gehende Lichtstrom zur Bahnsteig- oder Gangbeleuchtung ausgenutzt wird,
der nach oben gehende indirekt zur Schildbeleuchtung. An Übergangsstellen
von natürlich zu künstlich beleuchteten Gängen und Treppen gehört stärkere
Beleuchtung, für sich schaltbar, da früher benötigt.

Tunnel müssen über Mannshöhe hell sein; unterer Teil ist bei Zugankunft
von Menschen erfüllt. Die Unterseite eiserner Gleisträger sollte weiß ange-
strichen sein. In die Decke eingelassene Lampen sind
zwar blendungsfrei, lassen aber die Decke dunkel.
Für schmale Tunnel großflächige, flache Deckenleuchten, für breite Tunnel großflächige Leuchten
an beiden Seiten, unter Umständen indirekte Beleuchtung, wenn Lampen durch Simse (vgl. F 7,
S. 628 f.) verdeckt angebracht werden können.

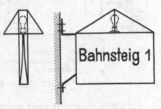

Abb. 1046. Leuchte für Hinweisschilder
und Allgemeinbeleuchtung.

Treppen grundsätzlich so beleuchten, daß sie
treppab gefahrlos begehbar sind. Treppab sieht man
die senkrechten Flächen nicht, kann also das Vor-
handensein einer Stufe und insbesondere den oberen Treppenantritt nur an dem
geringen Leuchtdichteunterschied benachbarter Stufen erkennen. Diese Haupt-
schwierigkeit entfällt, wenn Stufenkanten verbrochen oder abgerundet werden. Ist
dies nicht der Fall, ist Leuchte im Rücken des Absteigenden noch am günstigsten,
weil Stufen bald durch schmalen Schatten erkennbar und Blendung vermieden wird.

g) Wegübergänge.

Übergangsbeleuchtung muß Beobachtung des Verkehrs ermöglichen und
Schrankenstellung aus genügender Entfernung erkennen lassen. An verkehrsreichen Übergängen sind hierfür ge-
trennte Einrichtungen zweckmäßig.
Schranken können dann, da ihre
Beleuchtung nur während Zugfahr-
ten nötig, mit viel stärkeren Lampen und trotzdem billiger beleuchtet
werden. Einschaltung selbsttätig
zu Beginn des Schrankenschließens
durch Quecksilberschalter (sehr zuverlässig). Schrankenleuchten nur
2,5 m hoch, da der von der Schranke
nach vorn abgestrahlte Lichtstrom
möglichst groß sein muß. Er soll
vom ganzen Schrankenbaum ausgehen und ein breites, möglichst in
der Mitte des Baumes liegendes
Maximum haben. Schranke soll beim

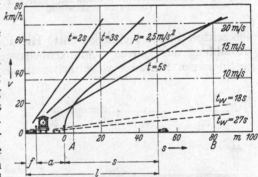

Beispiel: $p = 2,5$ m/s², $f = 5$ m, $a = 15$ m.
Weiterfahren, wenn $v \geqq l/t$ Bremsen, wenn $v \leqq \sqrt{2\,p \cdot s}$.
Abb. 1047. Verhalten des Straßenbenutzers vor
Bahnschranken.

Niederlassen schon frühzeitig in den Lichtkegel treten aus folgenden Gründen.

Es sei (Abb. 1047) v Geschwindigkeit des Fahrzeuges x m vor der Schranke in m/s,
  a Schrankenabstand in m,
  f Fahrzeuglänge in m,
  p erreichbare mittlere Bremsverzögerung in m/s²,
  s Bremsweg für die Geschwindigkeit v in m,
  t die maßgebende Schließzeit in s (vom Augenblick, wo Schranke merkbar in den
Lichtkegel tritt, bis zum Augenblick, wo zweite Schranke Wagendach berührt) (Abb. 1048).

Der Fahrer kann noch vor der Schranke halten, wenn $v^2 \leqq 2\,p\,x$; v muß unter der Bremsparabel liegen.

Der Fahrer kann noch vor dem Zuge kreuzen, wenn $v \geqq \dfrac{f + a + x}{t}$; v muß über dem Zeitstrahl liegen. Die Sicherheit ist um so größer, je länger die Strecke $A\,B$, auf der beides möglich ist. Für A und B ergibt

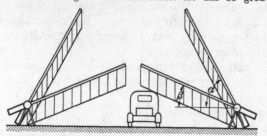

sich $v = p \cdot t \pm \sqrt{p^2 \cdot t^2 - 2\,p\,(f + a)}$.
Also anzustreben: $p \cdot t^2 \gg 2\,a + 2\,f$, d. h.

1. vor allem t groß, Schranke früh in den Lichtkegel treten lassen und langsam schließen.

2. p groß; das letzte Stück vor der Schranke sollte rauhe Fahrbahndecke haben.

3. a klein; Schranken möglichst dicht ans Gleis setzen, bei schräger Kreuzung wenigstens auf der rechten Straßenseite. Hierdurch unter Umständen längere Schranke nötig; muß in Kauf genommen werden.

Beispiel: $\alpha = 60°$, Schranke tritt in den Lichtkegel.
$\beta = 20°$, Schranke beginnt zu sperren.
$t_{\alpha/\beta} = $ maßgebende Schrankenschließzeit.
Abb. 1048. Begriff maßgebende Schließzeit.

4. f klein; Fahrzeuge mit Anhänger an Bahnübergängen müssen besonders vorsichtig fahren.

Bei der Ellmannschrankenbeleuchtung wird der Schrankenbaum von Anfang an voll beleuchtet, da Scheinwerfer am Schrankenbaum selbst angebracht ist. Hierbei empfehlenswert, Straßenbenutzer durch einen waagerecht vor dem Schrankenbaum gespannten Draht zu hindern, den Lichtkegel abzufangen.

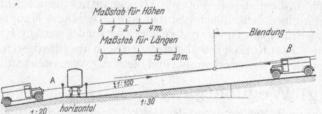

Abb. 1049. Schrankenbeleuchtung durch Blendung unwirksam. Vorschriftsmäßig abgeblendeter Scheinwerfer A blendet den Fahrer B infolge Neigungswechsels am Bahnübergang.

Bei Beleuchtung der Schranke von einem Mast aus läßt sich die Schließzeit merklich vergrößern, wenn der Drahtbehang unten als Fläche ausgebildet wird, da unterer Teil erheblich zeitiger in den Lichtkegel tritt. Hierdurch wird ebenso wie durch flächige Ausbildung des ganzen Schrankenbehanges der Auffälligkeitswert auch der geschlossenen Schranke wesentlich gesteigert. Auf diesem Wege könnte auch vorgebeugt werden, daß ein Kraftfahrer durch den Scheinwerfer eines entgegenkommenden vor der Schranke haltenden Wagens geblendet wird, was, wie Abb. 1049 zeigt, bei Brechpunkten der Straße trotz vorschriftsmäßig abgeblendeten Scheinwerfers möglich ist.

Rückstrahler an Schranken wirken zu spät. Unten angebracht, wo sie zuerst vom Fahrzeugscheinwerfer erfaßt werden, verstauben sie.

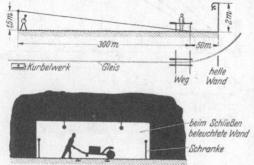

Abb. 1050. Fernbedienung einer Schranke durch künstlichen Hintergrund ermöglicht.

Fernbediente Schranken müssen so beleuchtet sein, daß auch der Bediener Schranke und Straßenverkehr beobachten kann. Das ist durch Verstärkung der Schrankenbeleuchtung kaum zu erreichen, da seine Blickrichtung anders ist als für Straßenbenutzer. Durch künstlichen Hintergrund (Abb. 1050) kann sichere Fernbedienung aus 300 m Entfernung ermöglicht werden. Es genügen zwei Lampen zu 40 W, die nur während des Schließens eingeschaltet zu werden brauchen.

h) Warnlichtanlagen[1].

In Deutschland sind Warnlichtanlagen als der Schranke vollkommen gleichwertig im Sinne der Eisenbahn-Bau- und Betriebsordnung § 18 (3) anerkannt [2], wenn sie den vom Reichsverkehrsministerium herausgegebenen allgemeinen Bedingungen [2] für Warnlichtanlagen entsprechen. Weißes Blinklicht mit 45 Blinken in der Minute bedeutet: Der Übergang ist frei, rotes Blinklicht mit 90 Blinken in der Minute: Halt, der Übergang ist gesperrt. Netzstrom wird durch Trockengleichrichter in Gleichstrom von 14 V verwandelt. Pufferbatterie reicht in Störungsfällen 24 h. Man verwendet bei Tag und Nacht dieselben Lampen (12 V 10 W), für Rotlicht mit Unterspannung gespeist. Blinke werden durch Thermo- oder Motorblinker erzeugt. Hellzeit zu Dunkelzeit für Weißlicht bei elektrischer Beleuchtung 1 : 3 ... 1 : 5, bei Gasbeleuchtung 1 : 7, für Rotlicht 1 : 1 bzw. 1 : 3. Optische Achse jeder Linse ist senkrecht und waagerecht einstellbar, Höhen- und Seitenstreuung den örtlichen Verhältnissen angepaßt. Wenn mehrere Straßen am Übergang zusammenlaufen, ordnet man nötigenfalls mehrere Warnlichtsignale an. Umschaltung geschieht selbsttätig durch den Zug so, daß Warnzeichen auch beim schnellsten Zuge noch 27 (mindestens 18) s vor Ankunft der Zugspitze am Übergang erscheint und Freizeichen wiederkommt, wenn die letzte Achse den Übergang verläßt. Die Warnzeit muß ausreichen, daß auch langsame Fuhrwerke die Bahn noch kreuzen können, falls Rotlicht einsetzt, wenn der Fahrer eben am Warnzeichen vorüber ist.

Obwohl Rotlicht Halt bedeutet, muß der Fahrer, wenn er das Eintreten des Rotlichtes sieht, doch Entschluß fassen, ob er bremsen oder weiterfahren will; denn wenn er beim Einsetzen des Rotlichts nicht mehr genug Bremsweg vor sich hat, würde er unter Umständen auf dem Gleis zum Halten kommen. Der Entschluß ist aber wesentlich leichter als bei der Schranke, da der Fahrer bestimmt weiß, daß er noch mindestens 18 s Zeit hat zum Kreuzen des Gleises (vgl. Zeitstrahl $t_w = 18$ in Abb. 1047, S. 891).

Dicht an Bahnhöfen ist selbsttätige Schaltung oft schwer durchführbar, weil auch Verschiebefahrten berücksichtigt werden müssen und haltende Züge unnötige Warnzeichen verursachen würden.

Das Tragschild der Optik dient gleichzeitig tags als dunkler Hintergrund und soll nachts für den Fall, daß eine Lampe durchbrennt, im Scheinwerferlicht der Kraftwagen aufleuchten, ist daher mit roten Rückstrahlern besetzt. Da das Tragschild bei 2,5 m Lichtpunkthöhe von abgeblendeten Scheinwerfern nicht erfaßt wird, empfiehlt es sich, die Signalmaste weiß zu streichen und unten ein mit Rückstrahlern besetztes Blech anzubringen. Gegen die Bahn ist das Warnlicht nötigenfalls abzublenden, damit Lokomotivführer nicht irregeführt wird.

i) Signale.

In Deutschland sind die Tageszeichen als Formsignale ausgebildet, von den Nachtzeichen die wichtigsten als Farbsignale, die übrigen übereinstimmend mit den Tageszeichen als Formsignale und je nach Wichtigkeit entweder durchleuchtet (z. B. Gleissperrsignale, Weichensignale) oder angestrahlt durch besondere Lampe, Lokomotivlaterne oder die allgemeine Bahnhofsbeleuchtung, oder unbeleuchtet.

---

[1] Ausführliche Beschreibung der bei der Deutschen Reichsbahn bisher üblichen Ausführungsweise: LÜTGERT: Die selbsttätigen Warnanlagen an Wegübergängen bei der Deutschen Reichsbahn. Das Stellwerk. Z. ges. Eisenb.-Sicher.-Wes. 1935 Nr. 6, 8, 10, 12, 13, 14.
[2] Erlaß des Reichs- und Preußischen Verkehrsministeriums vom 30. 12. 35, Reichsverordnungsblatt 1936/1, Ausg. B Kraftfahrwesen Nr. 1.

Die Nachtzeichen für Haupt- und Vorsignale und Deckungsscheibe dürfen mit Genehmigung des Reichsverkehrsministers auch bei Tage als „Lichttagessignale" verwendet werden. Dies geschieht hauptsächlich bei elektrisch betriebenen Bahnen, da die Maste und Fahrdrahtaufhängungen das Erkennen der Formsignale erschweren.

Tageszeichen müssen wegen Beschneiens schon durch ihre Form eindeutig sein. Ihre Farbe dient zur Erhöhung der Wirkung; z. B. Haltscheibe: liegendes Rechteck rot; Vorsignal in Warnstellung: kreisförmige Scheibe orange. Soweit die Eisenbahnsignalordnung [1] die Farbe nicht festlegt, ist sie nach dem Hintergrund zu wählen, z. B. Flügel der Hauptsignale vor Wald, Wiesen, Dächern weiß, vor Himmel rot. Da Hintergrund während der Anfahrt meist wechselt, ist aus Gründen der Einheitlichkeit rot-weiß üblich.

Abb. 1051. Eiserne Brücke erschwert Signalbeobachtung.

Signale sollen grundsätzlich so hoch sein, daß sie sich frühzeitig gegen den Himmel abheben, jedoch wegen Nebel nicht über 12 m. Zeitweise Verdeckung sollte vermieden werden. Daher sind Signale kurz hinter Brücken, Bahnhofshallen oder Bahnsteigdächern oft so niedrig, daß sie von vornherein unter ihnen sichtbar werden. Vor eisernen Brücken können Gitterstäbe Flügelstellung unter 45° vortäuschen (Abb. 1051). Abhilfe durch Anbringen einer schwarzen Fläche an der Brücke als Hintergrund und ganz weißen Flügel.

Wo frühzeitiges Sichten eines Hauptsignals nötig, kann man die Vorderfläche des Mastes mit weiß-roten Emailleblechen besetzen, auch zum Unterschied von Lichtmasten. Vorsignale werden kenntlich gemacht durch rechteckige, weiße Emaillebleche mit schwarzen Diagonalen, außerdem wegen ihrer Wichtigkeit für den Bremsbeginn durch je drei Vorsignalbaken 100, 175 und 250 m davor. Denn wenn infolge Nebels ein Vorsignal erst auf 50 m sichtbar wird, hat der Führer bei 90 km/h nur 2 s Zeit, es zu erfassen. Flügel, Vorsignalscheiben und sonstige dem Lokomotivführer geltende Formsignale stellt man quer zu seiner Blickrichtung, in Krümmungen also quer zur Sehne. Für alle Formsignale ist Emaille wesentlich haltbarer als Ölfarbe, auch abwaschbar. Ölfarbe auf Holz vergilbt sehr schnell, da Bremsstaub sich einkrallt. Spiegelnde Oberflächen sind unzweckmäßig, da Wirkung von peinlicher Einstellung abhängt und durch Ruß und Staub bald verloren geht; lichttechnisch falsch sind sie für Signale, die wie Gleissperr- und Weichensignale nicht nur vom Führer, sondern auch vom Rangierer und Wärter, also aus verschiedenen Richtungen erkannt werden müssen.

Für die Nachtzeichen sind Lichtquellen hoher Lichtstärke und Leuchtdichte in Gebrauch, überwiegend Petroleumlaternen mit Parabolspiegel aus Metall, neuerdings aus Glas-Silber-Spiegel (vgl. J 4, S. 868ff.). Neuerdings führen sich Dauerbrandsignallaternen für Propangas ein. Durch Konzentrierung der Flamme im Brennpunkt des Spiegels ist ausreichende Fernwirkung bei viel geringerem Verbrauch erreicht, so daß die Laternen, obwohl sie auch während des Tages brennen, wirtschaftlich sind, besonders für fernstehende Vorsignale, weil dann lange Wege für tägliche Bedienung wegfallen. Füllung eines Gasbehälters reicht 14 Tage.

---

[1] Reichsgesetzblatt Teil II 1935 Nr. 7. Ausführungsbestimmungen dazu im Signalbuch der Deutschen Reichsbahn. Verlag: Gebr. Jänecke, Hannover.

Dem Wärter wird Brennen der Laternen durch mattweißes Rücklicht angezeigt, auch die Stellung des Signals durch volles und beschränktes Licht (Sternlicht). Das in Signalhöhe erscheinende Rücklicht darf den Führer der Gegenrichtung nicht blenden.

Elektrische Beleuchtung der Haupt- und Vorsignale ist an elektrisch betriebenen Bahnen üblich (Lichttagessignale), sonst wegen hoher Anlagekosten für Kabel und Kabelgräben nur dort eingeführt, wo viele Signale und Weichen dicht beieinander liegen.

Wegen Blendung des Lokomotivführers durch Gleisbeleuchtung s. S. 886. In kritischen Fällen Blendungswinkel durch Grund- und Aufriß für verschiedene Lokomotivorte vor dem Signal ermitteln, Bahnneigung berücksichtigen. Danach Signalhöhe und wenn möglich Standort wählen. Auch Straßenlampen, sogar Petroleumlampen können Erkennen der farbigen Signallichter sehr erschweren, wenn sie zufällig längere Zeit genau in Blickrichtung erscheinen, z. B. Bahnsteiglampen in Vorsignalhöhe. Der Führer muß auch vor Umfeldblendung geschützt sein. Zweckmäßig ist ein Blendschutz an der Feuertür. Beschränkung der Beleuchtung des Führerhauses (wie beim Stellwerk) auf die abzulesenden Instrumente. Diese ohne Messingrand, Blatt schwarz, nur Teilung und Ziffern weiß, eventuell mit Leuchtfarbe. Nicht zu helle, gut abblendete Leuchte für Wasserstand und Fahrplan, da Auge dunkel adaptiert sein muß.

An Vorsignalen müssen beide Lampen gleich hell brennen, sonst geht deren charakteristisches Bild — zwei Lichter schräg übereinander — verloren. Dochte müssen gleich alt sein und dürfen an der Stoßstelle des Rundbrenners keine Stufe haben, Zylinder gleicher Type. Vollkommene Gleichmäßigkeit wird erreicht durch Verwendung nur einer Lampe, deren Lichtstrom zum kleineren Teil auf das eine Signalglas unmittelbar, zum größeren Teil über zwei 45°-Spiegel zum anderen Signalglas geleitet wird (Ulbricht 1897).

Laternen, die Formsignale beleuchten, sind so anzubringen, daß die ganze Fläche beleuchtet und dem Führer nicht durch die Laterne teilweise verdeckt wird.

Lichttagessignale und Warnlichtsignale an Straßenübergängen müssen durch Schuten vor Sonnenspiegelung geschützt sein, besonders wenn sie nicht durch Wechseln der Farbe, sondern durch zeitweises Aufleuchten gegeben werden, z. B. beim Rangieren das Vorrücksignal. Abhilfe durch Jalousieblenden.

Farbige Lichtquellen, z. B. Reklamebeleuchtungen, müssen so abgeblendet sein, daß weder sie noch ihr Spiegelbild in einer Fensterscheibe den Lokomotivführer oder Stellwerkwärter irreführen kann. Farbige Metalldampflampen sind auf Bahngelände nur verwendbar, wenn direkte Strahlen für den Führer abgeschirmt sind. Dies kann auch weit abseits der Bahn nötig werden, wenn in einer Krümmung eine farbige Lampe in der Blickrichtung auf ein Signal steht.

J 6. Seezeichen[1].

Von

Gustav Meyer-Berlin.

Mit 46 Abbildungen.

Während auf hoher See die Gestirne zur Ermittlung des Schiffsortes und der einzuschlagenden Fahrtrichtung dienen, bezeichnen die Seezeichen dem

---

[1] Die Angaben über die Kennungsmittel und den Betrieb der Leuchtfeuer beziehen sich namentlich auf deutsche Verhältnisse. Manche Begriffsbestimmungen sind aus Aufzeichnungen des Schöpfers der deutschen Seezeichentechnik, des Geheimen Oberbaurats Walter Körte, † 1914, entnommen.

Seefahrer an der Küste, an und auf den Strömen den Schiffahrtsweg. Seezeichen im weiteren Sinne wie Wind-, Wink-, Eis-, Strom- und Wasserstandssignale klären den Schiffer über meteorologische und Fahrwasserverhältnisse auf.

a) Allgemeines.

Jedem Seezeichen müssen bestimmte Merkmale eigen sein, damit der Seefahrer es unter Benutzung der Seekarte und nautischer Bücher als ein bestimmtes ausmachen kann.

Tagesmarken (Tagesseezeichen), erkennbar an der Form und Farbe (Anstrich meistens schwarz, rot, weiß oder grün) (Abb. 1052) sind Landmarken (gut auszumachende Gebäude, Bäume, Anhöhen usw. an der Küste und an den Stromufern), Feuerschiffe, Tonnen, Baken, Pricken, Stangen und Leuchttürme. Jedes Feuerschiff und jede Tonne ist außerdem noch durch eine Aufschrift in weißer Farbe (Nummern oder Buchstaben) und erforderlichenfalls

Abb. 1052. Scharhörn-Bake.

Abb. 1053. Spitztonne.

durch ein Toppzeichen (Ball, Kegel, Zylinder, Stundenglas, Raute usw.) gekennzeichnet (Abb. 1053...1055).

Nachtmarken sind ortsfeste Leuchtfeuer (Leuchttürme und Leuchtbaken) oder schwimmende (Feuerschiffe und Leuchttonnen). Jedes Leuchtfeuer ist erkennbar an seiner Kennung, das ist an der Farbe (weiß, rot oder grün, selten orange) oder an dem ihm eigentümlichen Verlauf seiner Lichterscheinung, ob fest oder im Takte scheinend. Man unterscheidet daher weiße und farbige Feuer, Fest- und Taktfeuer.

Scheint das Leuchtfeuer in gleicher Kennung über einen größeren waagerechten Sichtwinkel, so wird es *Kreisfeuer* benannt; zeigt es hingegen in verschiedenen Winkeln je eine bestimmte Kennung, so nennt man es *Sektorenfeuer*. Zur Bezeichnung eines Ansteuerungs- (Ansegelungs-) Punktes dient das *Kreisfeuer*; der hierdurch befeuerte Seeraum ist oft für die Schiffahrt nicht überall benutzbar; hingegen wird das *Sektorenfeuer* häufig zur Abgabe bestimmter, für die Schiffahrt wichtiger Anweisungen verwendet. Das *Leitfeuer* bezeichnet *für sich allein* durch Sektoren verschiedener Kennung (Leit- und Warnungssektoren) ein Fahrwasser, eine Hafeneinfahrt oder führt bei freiem Seeraum zwischen den Untiefen hindurch. *Richtfeuer* bezeichnen zu *zweien oder dreien* durch Deckpeilungen ein Fahrwasser, eine Hafeneinfahrt oder den freien Seeraum zwischen Untiefen; statt eines Oberfeuers oder eines Unterfeuers können auch zwei Ober- oder Unterfeuer von gleicher Höhe, gleicher Lichtstärke und gleicher Kennung benutzt werden. Gleichen Zwecken dient die *Torfeuerkette*, das sind zwei oder mehrere Leuchtfeuerpaare von gleicher Feuerhöhe, Kennung und Lichtstärke, die annähernd gleich weit voneinander entfernt sind und deren Einzelfeuer auf einer Senkrechten zur Achse des Fahrwassers und in gleichen Abständen von derselben liegen. Der Beobachter ist in der Achse des Fahrwassers, wenn der Augstrahl zum Schnittpunkt der von den Steuer- und Backbordfeuern gebildeten Kettenlinien die waagerechten Verbindungslinien der Feuerpaare senkrecht, d. h.

Abb. 1054. Spierentonne.

mittig, schneidet; bildet der Augstrahl zum Schnittpunkte mit den erwähnten waagerechten Linien ungleiche Winkel, d. h. liegen die Schnittpunkte des Augstrahles mit diesen Linien außermittig, so befindet sich der Beobachter außerhalb der Achse. *Quermarkenfeuer* erteilen durch Übergang von einer Kennung in eine andere in einer oder mehreren, die Fahrtrichtung annähernd querenden Peilungen gewisse Anweisungen und bezeichnen auch namentlich die Grenzen des nutbaren Bereiches von Richt- und Leitfeuern (vgl. Abb. 1094). *Zeitweilige Feuer* sind Feuer zur Bezeichnung von Bauwerken während der Ausführung oder zum Ersatz bestehender, aber vorübergehend außer Betrieb gesetzter Feuer; *zeitweise Feuer* sind solche, die nur zu bestimmten Stunden oder bei gewissen Anlässen gezeigt werden. *Wrackfeuer* dienen zur Bezeichnung von Wracks jeder Art.

Abb. 1055. Bakentonne.

Kennungen. Die vorübergehenden Lichterscheinungen, die durch Verdunkelungen oder Wechsel der Farbe des gewöhnlichen weißen oder farbigen Lichtes entstehen, werden Schein, Blink, Blitz genannt[1].

Schein ist die Lichterscheinung zwischen zwei verhältnismäßig kurzen Verdunkelungen oder zwischen zwei Farbenwechseln,

Blink das Aufleuchten aus verhältnismäßig langer Dunkelheit und

Blitz der Blink von weniger als 2 s Dauer.

Es werden folgende Arten der Kennung unterschieden.

---

[1] Vgl. Grundsätze für die Leuchtfeuer und Nebelsignale der deutschen Küsten.

a) *Festfeuer:* weißes oder farbiges Licht von gleichbleibender Stärke und Farbe.

b) *Taktfeuer:* weißes oder farbiges Licht von gleicher Lichtstärke und Farbe taktmäßig aufleuchtend.

α) *Unterbrochenes Feuer:* weiße oder farbige Scheine zwischen Verdunkelungen (Unterbrechungen), und zwar:

Unterbrochenes Feuer mit Einzelunterbrechungen.

Unterbrochenes Feuer mit Gruppen von 2, 3, 4 und 5 Unterbrechungen.

Die Dauer der Unterbrechungen ist keinesfalls länger als die der Scheine, und die Dauer der Scheine zwischen den Dunkelpausen einer Gruppe ist kurz im Verhältnis zu den Scheinen zwischen den Gruppen.

β) *Blinkfeuer:* weiße oder farbige Blinke, und zwar: Blinkfeuer mit Einzelblinken, Blinkfeuer mit Gruppen von 2, 3, 4 und 5 Blinken.

γ) *Blitzfeuer:* weiße oder farbige Blitze, und zwar: Blitzfeuer mit Einzelblitzen, Blitzfeuer mit Gruppen von 2, 3, 4 und 5 Blitzen.

δ) *Funkelfeuer:* weiße oder farbige Blitze, und zwar mindestens 40 in der Minute.

(*Wechselfeuer*, das sind Feuer mit weißen Scheinen, wechselnd mit Scheinen einer anderen Farbe, sowie *Mischfeuer*, das sind Feuer mit allen aus den erwähnten Lichterscheinungen und Farben gebildeten Kennungen, werden nicht mehr gebaut und die vorhandenen umgeändert, da diese Kennungen infolge der verschiedenen Lichtstärken der Lichterscheinungen in der Nähe und in der Ferne sich unterschiedlich auswirken).

Gleichgängige Richtfeuer, die in dem oder den Oberfeuern und in dem oder den Unterfeuern eine Lichterscheinung zu genau der gleichen Zeit zeigen, haben sich wegen ihrer schnellen Ausmachung, besonders in beleuchteten Gegenden, gut bewährt.

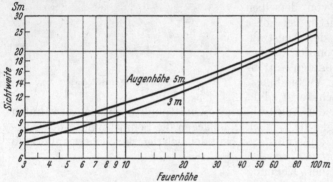

Abb. 1056. Feuerhöhe, Augeshöhe und Sichtweiten.

Die — *geographische* — *Sichtweite* ist die Entfernung, aus der man über den Meeresspiegel hinweg einen in einer bestimmten Höhe über diesem belegenen Gegenstand eben noch erkennen kann. Sie ist also bei Leuchtfeuern abhängig von der Höhe des Feuers, von der Augeshöhe des Beobachters und von der Strahlenbrechung der Luft.

Als Feuerhöhe gilt die Höhe der Lichtquelle, im Tidegebiet über dem gewöhnlichen Hochwasser *(HW)*, sonst über dem mittleren Wasserstande *(MW)*. Zwischen der Feuerhöhe h_1 in Metern, der Augenhöhe h_2 in Metern und der Sichtweite s in Seemeilen (Sm = 1852 m) besteht unter Zugrundelegung eines Strahlenbrechungsbeiwerts $k = 1,08$ die Beziehung

$$s = 2{,}08 \cdot \left(\sqrt{h_1} + \sqrt{h_2} \right).$$

Auf Abb. 1056 ist die — geographische — Sichtweite in Abhängigkeit von der Feuerhöhe und der Augeshöhe für Augeshöhen von 3 m und 5 m dargestellt.

Die — *optische* — *Tragweite* ist die Entfernung, auf der ein Licht von bestimmter Lichtstärke bei Dunkelheit im menschlichen Auge eben noch einen deutlichen Lichteindruck hervorruft. Sie ist also bei Leuchtfeuern abhängig von der Betriebslichtstärke, von dem Schwellenwert der Augenempfindlichkeit und von dem Sichtigkeitsgrad der Luft. Die optische Tragweite kann je nach dem Sichtigkeitsgrad der Luft größer oder kleiner als die geographische Sichtweite oder auch gleich dieser sein.

Betriebslichtstärke. Die durch Messung oder Berechnung ermittelte Lichtstärke I_0 der Leuchte in Hefnerkerzen (HK) erfährt beim Durchgang durch die Verglasung der Laterne einen Absorptionsverlust, der etwa gleich $1/4$ der Lichtstärke zu setzen ist. Die so erhaltene Betriebslichtstärke I ist also

$$I \cong 0{,}75\, I_0 .$$

Rot- bzw. Grünfärbung durch Farbscheiben, wie sie auf Grund von Untersuchungen des Seezeichenversuchsfeldes zur Anwendung gelangen, bewirkt einen Absorptionsverlust von 80 oder 90% der Lichtstärke. Bezeichnet I_r die Betriebslichtstärke für rotes, I_{gn} die für grünes Licht, so ist

$$I_r = 0,2\,I, \quad I_{gn} = 0,1\,I.$$

Bei Blitzfeuern erleidet die Lichtstärke eine scheinbare Lichteinbuße, die in der Blitzeinflußziffer ihre Berücksichtigung findet. Nach Versuchsergebnissen ist gemäß den auf der Seezeichentagung in Paris (Juli 1933) getroffenen Vereinbarungen [1] die Blitzeinflußziffer bis auf weiteres zu

$$p = \frac{t_{max}}{0,2 + t_{max}}$$

anzunehmen, worin t_{max} die größte Blitzdauer in Sekunden darstellt, berechnet nach der für Drehblitzfeuer geltenden Formel $t_{max} = \dfrac{d \cdot T}{2\,\pi \cdot f}$. In dieser Formel bedeuten $d =$ Durchmesser der Lichtquelle, $T =$ Umdrehungszeit der Leuchte in Sekunden und $f =$ Brennweite der Leuchte. Die Betriebslichtstärke eines Blitzfeuers ist also:

$$I_m = p \cdot I.$$

Schwellenwert der Augenempfindlichkeit. Dieser Wert ist, abgesehen von den Seheigenschaften des betreffenden Beobachters, von der Dunkelanpassung des Auges, von dem Sehwinkel, von der Hintergrundhelligkeit und von einer Reihe anderer Umstände abhängig, denen der Beobachter auf See unterworfen ist. Unter Berücksichtigung der erwähnten Umstände ist seine Größe daher auf der Seezeichentagung in Paris statt des bisher üblichen Wertes

$$\varepsilon = 1 \cdot 10^{-7}\ \text{lx, zu } \varepsilon = 2 \cdot 10^{-7}\ \text{lx}$$

vereinbart worden.

Sichtigkeitsgrad der Luft. Dieser Wert ist in dem Sichtwert (Durchschlagsziffer) σ berücksichtigt. Letzterer ist der nach Abzug der Zerstreuungs- und Absorptionsverluste beim Durchlaufen der Längeneinheit $= 1$ Sm verbleibende %-Anteil der Betriebslichtstärke.

Tragweitenformel. Zwischen der Betriebslichtstärke und der — optischen — Tragweite besteht die Beziehung

$$\varepsilon = \frac{I}{1852^2 \cdot t^2} \cdot \sigma^t,$$

worin die Tragweite t in Sm ausgedrückt ist, mithin

$$2 \cdot 10^{-7}\ \text{lx} = \frac{I}{1852^2 \cdot t^2} \cdot \sigma^t, \text{ oder } I = 0,7 \cdot t^2 \cdot \sigma^{-t}.$$

Auf Abb. 1057 ist die Tragweite t in Abhängigkeit von der Betriebslichtstärke I für verschiedene Sichtwerte σ dargestellt.

Nach den erwähnten Grundsätzen gilt als *sichtiges Wetter* ein Zustand der Luft, bei dem der Lichtverlust in 1 Sm nicht mehr als 20% beträgt ($\sigma = 0,8$), als *dunstiges Wetter* ein Zustand, bei dem der Lichtverlust doppelt so groß ist ($\sigma = 0,6$). Die Tragweite bei *sichtigem Wetter* wird *mittlere Tragweite* und die Tragweite bei *dunstigem Wetter* *kleine Tragweite* genannt.

Die Sichtbarkeit eines Leuchtfeuers hängt von der Häufigkeit des Auftretens bestimmter Sichtverhältnisse ab. Über die Häufigkeit der Sichtverhältnisse bei Nacht und damit über die Sichtbarkeit der Leuchtfeuer an den deutschen Küsten können mangels geeigneter Beobachtungen zur Zeit zuverlässige Angaben nicht gemacht werden.

Über die Sicht bei Tage hat die Deutsche Seewarte in Hamburg seit 1928 an verschiedenen Punkten der deutschen Küste Beobachtungen unter

---

[1] Vgl. Compte Rendu des Travaux. Conférence Technique Internationale de Signalisation Maritime. Paris 1933.

Einführung von 10 Sichtstufen ausgeführt (vgl. Abb. 1057). Die Sicht bei Tage ist diejenige Entfernung, in der ein schwarzer Gegenstand von der Albedo = 0 (Albedo = Rückstrahlvermögen) eben noch sichtbar ist. Sie ist abhängig von dem Sichtigkeitsgrad der Luft und dem relativen Schwellenwert, der das Verhältnis des vom Auge gerade noch wahrzunehmenden Helligkeitsunterschiedes zwischen schwarzem Gegenstand und Hintergrund zur Hintergrundshelligkeit ist.

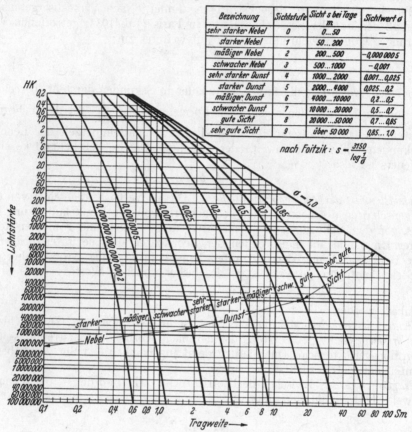

Bezeichnung	Sichtstufe	Sicht s bei Tage m	Sichtwert σ
sehr starker Nebel	0	0...50	—
starker Nebel	1	50...200	—
mäßiger Nebel	2	200...500	−0,000 0005
schwacher Nebel	3	500...1000	−0,001
sehr starker Dunst	4	1000...2000	0,001...0,025
starker Dunst	5	2000...4000	0,025...0,2
mäßiger Dunst	6	4000...10000	0,2...0,5
schwacher Dunst	7	10000...20000	0,5...0,7
gute Sicht	8	20000...50000	0,7...0,85
sehr gute Sicht	9	über 50000	0,85...1,0

nach Foitzik: $s = \dfrac{3150}{\log \frac{1}{\sigma}}$

Abb. 1057. Tragweiten von Leuchtfeuern mit Lichtstärken von 0,2 HK löst 100000000 HK in Abhängigkeit von der Sicht. Reizschwelle $\varepsilon = 2 \cdot 10^{-7}$ lx.

Die Beziehungen zwischen der Sicht bei Tage s in Meter und dem Sichtwert σ sind nach der von Foitzik aufgestellten Formel [1] zu

$$s = \frac{3150}{\log 1/\sigma}$$

ermittelt worden (vgl. Spalten 3 und 4 Abb. 1057).

Jedes *Leuchtfeuer* besteht aus dem Unterbau und der Laterne, die die Lichtquelle, die Leuchte und gegebenenfalls die Kennungsmittel enthält.

b) Lichtquellen.

Als Lichtquellen dienten bis Ende des 18. Jahrhunderts offene Holz- oder Steinkohlenfeuer; später waren Talg- und Wachskerzen sowie Rüböldochtlampen im Gebrauch. Zur Zeit werden Petroleumdochtlampen, Benzol-, Leucht-

[1] Foitzik: Meteorol. Z. 1932, 134.

gas-, Ölgas-, Azetylen- und Flüssiggasglühlichtlampen, luftleere Kohlen- und Metallfadenlampen, gasgefüllte Glühlampen und Bogenlampen verwendet.

Die mehrdochtigen Petroleumlampen (Abb. 1058) sind bereits wegen der großen Bedienungskosten und ständigen Wartung und der geringen Leuchtdichte ausgebaut, auch die eindochtigen werden allmählich durch Glühlampen oder Flüssiggasglühlichtbrenner ersetzt (Abb. 1059). Statt des Ölgases — Heizwert 9000 WE — wird immer mehr Flüssiggas — Heizwert 15 000 WE — verwendet, da dieses bei hoher Betriebssicherheit große Leuchtdichten erzeugt und in tragbaren Stahlflaschen von 100 at Druck mit einem Inhalt von rd. 6500 l entspanntem Gas wirtschaftlich befördert wird. Auch die Benzolglühlichtbrenner (80 mm Durchmesser) (Abb. 1060), die infolge ständiger Wartung große Betriebskosten erfordern, werden ausgebaut, sobald bei weiterem Ausbau der Überlandnetze

Abb. 1058.
Fünfdochtige Petroleumlampe.

Abb. 1059. Flüssig-
gasglühlicht-
Hängebrenner.

oder durch Erzeugung von Eigenstrom mittels Dieseldynamos der Einbau von gasgefüllten Glühlampen möglich ist (Abb. 1061).

Beim Brennen der Bogenlampen (vgl. B 6, S. 134 f.) legt sich, besonders bei den Linsenleuchten, Aschenstaub auf die Oberflächen der Glasringe; bei den Effektbogenlampen entsteht außerdem beim Abbrand infolge der Zusätze zu den Lampenkohlen Flußsäure, die die Politur der Glasringe und der Glasscheiben der Laterne angreift. Eine Verminderung der Betriebslichtstärke tritt ein. Aus diesem Grunde werden auch diese Lampen durch gasgefüllte Glühlampen von hoher Leuchtdichte ersetzt, sofern die Bauart und Kennung der Leuchte ihren Einbau zuläßt und die Betriebslichtstärke nicht wesentlich vermindert wird.

In den deutschen Leuchtfeuern werden demnächst nur noch zwei Arten von Lichtquellen, Flüssiggasglühlichtlampen und gasgefüllte Glühlampen brennen. Sie ergänzen sich auch insofern günstig, als sie annähernd die gleiche spektrale Zusammensetzung haben (rot 60 %, blau

Abb. 1060. Benzolglühlicht-Unterheizungsbrenner.

15 %, grün 25 %) und dadurch bei Verwendung von Farbscheiben einen fast gleichen Farbeindruck erwecken, was bei Verwendung von Flüssiggasglühlichtbrennern als Ersatz für gasgefüllte Glühlampen (vgl. S. 916) günstig ist.

Die an die Lichtquelle der Leuchtfeuer zu stellenden *Anforderungen* stimmen nicht immer mit denen der allgemeinen Beleuchtungstechnik überein.

Es sind erforderlich:

zur Erzeugung größter Lichtstärke in Sammelspiegeln und Linsen größte Leuchtdichte, in Gürtelleuchten größte Leuchtdichte mal Breite der Lichtquelle in Zentimeter (größte

Lichtstärke auf den steigenden Zentimeter der Lichtquelle) möglichst gleichbleibend in dem erforderlichen waagerechten Spannwinkel (Abb. 1062);

zur Schaffung gleicher Streuung in Sammelspiegeln und Linsen eine möglichst der Kugelform angenäherte Form des Leuchtkorbes (Abb. 1063);

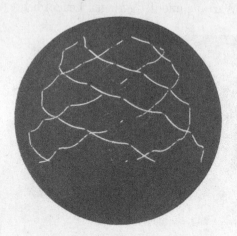

Abb. 1061. Glühstrumpfersatzlampe.

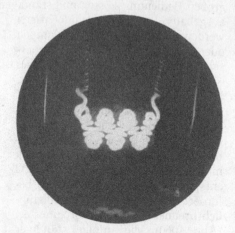

Abb. 1062. Hochleistungsglühlampe Kampen.

⌈zur Erzeugung eines gleichmäßigen Lichtbündels Vermeidung von Dunkelstellen im Leuchtkorb um den Brennpunkt herum;

zur Erzielung der erforderlichen Höhenstreuung (Tauchung) genügende Höhe des Leuchtkorbes, die bei den Lichtquellen für Feuerschiffleuchten zur Erzeugung großer Höhenstreuung möglichst groß sein muß (Abb. 1064);

Abb. 1063. Kohlenfaden-Doppelkonuslampe.

Abb. 1064. Feuerschiffs-Lampe.

zur Erzielung großer Eigenstreuung und daher großer Blitzdauer bei Drehblitzfeuern große Breite des Leuchtkorbes (Abb. 1065), bei Gürtelleuchten für Leitfeuer und Quermarkenfeuer hingegen zur Verkleinerung des unbestimmten Winkels und zur möglichst scharfen Begrenzung des Dunkelwinkels geringe Breite des Leuchtkorbes (Abb. 1066);

zur Erzeugung klarerer Kennungen: Anordnung der Mitte des Glühkorbes in der Mitte des Glaskolbens, um die Bildungen von Spiegelungen am Glaskolben zu verhindern;

zur Erreichung scharfer Kennungen: bei Taktfeuern, d. h. schnelle Erzielung der größten Lichtstärke und schnelles Verlöschen, kurzes An- und Abklingen der Lichtquelle;

zur Ausnutzung der wirksamen Flächen der Leuchte möglichst gleichmäßige, unbehinderte Lichtausbreitung innerhalb des geforderten senkrechten Öffnungswinkels der Leuchte, namentlich bei Gasglühlichtbrennern;

zur Erhöhung der Betriebssicherheit: lange Lebensdauer, auch bei Überspannungen und Erschütterungen, sowie einfache Bedienung;

zur Erzielung geringer Betriebskosten: möglichst geringer Verbrauch an Leistung (Betriebsstoff) je Einheit der Leuchtdichte oder je Einheit der Leuchtdichte mal mittlerer Leuchtkörperbreite und lange Nutzbrenndauer (zulässiger Leuchtstärkenabfall 20%).

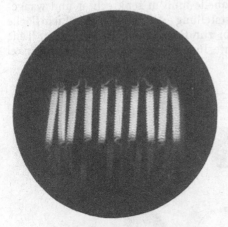

Abb. 1065. Jershöft-Lampe.

Abb. 1066. Dreifachwendeldraht-Lampe.

Zur *Ausnutzung* eines für die Leuchte nicht verwendeten Teiles des Lichtstromes empfiehlt es sich, ihn entweder zur Ausgangsstelle oder in eine neue scheinbare Ausgangsstelle umzukehren, von wo er in beiden Fällen weiteren ablenkenden Mitteln zugeführt wird. Das umkehrende Mittel ist im ersteren Falle der *Kugelspiegel* (Abb. 1067) oder ein ähnlich wirkender, im Rücken der Leuchte aufgestellter Glaskörper *(Rückengläser)* (Abb. 1068), im zweiten Falle der *Ellipsoidspiegel*, in beiden Fällen ein Umdrehungskörper.

Abb. 1067. Streuer, Linse, Lichtquelle mit Kugelspiegel.
Leuchtfeuer Pellworm.

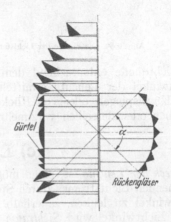

Abb. 1068. Gürtel und Rückengläser.
(Julius Pintsch K.G., Berlin.)

Der Gewinn an Leuchtdichte durch versilberte und vernickelte Kugelspiegel sowie durch Neusilberspiegel beträgt bei Glühlampen je nach der Dichte des Leuchtkorbes 50...80%, bei Glühstrümpfen 10...20%. Bei verchromten

Kugelspiegeln und solchen aus nicht rostendem Nickelstahl ist der Lichtgewinn geringer (40...60%); das Reflexionsvermögen ändert sich aber in den gleichen Zeitabschnitten weniger.

Die *Messung der Lichtstärke* der Lichtquelle muß in senkrechter und waagerechter Richtung bei gleichzeitiger Feststellung der wirkenden Lichtfläche erfolgen, um hieraus die Leuchtdichte (sb) zur Berechnung der einzelnen Teile der Leuchte oder die mittlere Leuchtdichte für den ausgenutzten Raumwinkel

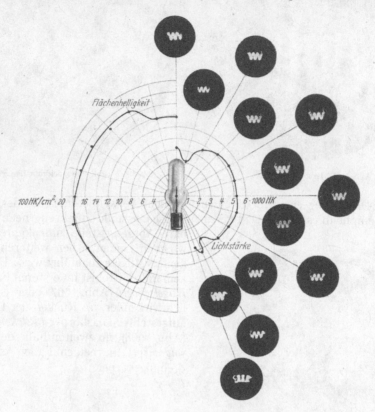

Abb. 1069. Diagramme der Lichtstärke und Flächenhelligkeit der Lampe: Kampen.

der Lichtquelle entsprechend dem senkrechten Öffnungs- und waagerechten Spannwinkel der Leuchte ermitteln zu können (Abb. 1069). Bei Verwendung eines Kugelspiegels oder von Rückengläsern sind die Messungen nach Einbau desselben oder derselben vorzunehmen.

c) Leuchten.

Zweck der Leuchte ist, einen möglichst großen Teil des von der Lichtquelle ausgehenden Lichtstromes durch Spiegelung oder Brechung oder beides in den Raumwinkel zu lenken, innerhalb dessen das Leuchtfeuer sichtbar sein soll. Dieser Lichtwinkel wird *Sichtraum* des Leuchtfeuers, seine Hauptabmessungen werden waagerechtes oder *Kimmsichtfeld* und senkrechtes oder *Höhensichtfeld* genannt. Für das waagerechte Sichtfeld kommen alle Weiten zwischen etwa 1,5° und 360° in Frage, im senkrechten dagegen steigt der Bedarf selten über 3°, selbst wenn außer den örtlichen Verhältnissen unter anderem auch die veränderliche Strahlenbrechung der Luft berücksichtigt wird. Beide Hauptabmessungen sind mithin dem Bedarf nach unabhängig voneinander, und zwar kann die senkrechte im allgemeinen als unveränderlich angesehen werden.

Von den beiden Hauptabmessungen des Raumwinkels, in den der Lichtstrom durch die ablenkenden Mittel der Leuchte eingezwängt wird, das ist der Streukegel, ist deshalb das senkrechte Hauptstreufeld oder *Höhenstreufeld* ebenfalls im großen und ganzen unveränderlich, jedoch darf es nie kleiner sein als das senkrechte Sichtfeld. Dagegen kann das waagerechte Hauptstreufeld oder das *Kimmstreufeld*, wo das Leuchtfeuer durch vorübergehende Lichterscheinungen gekennzeichnet werden soll, oft erheblich kleiner

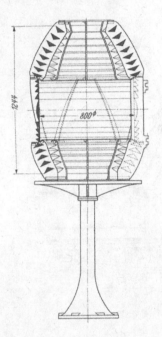

Abb. 1070. Gurtel 400 mm Brennweite. (Julius Pintsch K. G., Berlin.)

Abb. 1071. Zylindrischer Parabelspiegel mit waagerechter Achse. (Julius Pintsch K.G., Berlin.)

als das Sichtfeld sein; denn es liegt immer die Möglichkeit vor, das *Kimmsicht-feld* durch das Kimmstreufeld bestreichen zu lassen, indem man die Leuchte oder eines der ablenkenden Mittel, aus denen sie besteht, um eine senkrechte Achse umlaufen läßt. Im Grenzfalle der Anwendung werden die beiden Hauptstreufelder einander gleich und das einheitlich ablenkende Mittel zum *Umdrehungskörper*, dessen Achse mit der des Streufeldes (Ablenkungsachse) zusammenfällt, d. h. zum *Sammelspiegel* oder *Linse* im ursprünglichen Sinn.

Soll andererseits der Lichtstrom nur in senkrechtem Sinn, in diesem aber möglichst gleichmäßig eingezwängt werden, so wird das ablenkende Mittel zum *Umdrehungskörper mit senkrechter Achse.* Derartige Körper werden nach dem Vorgang der Preußischen Bauverwaltung „*Gürtelleuchte*", „*Gürtelspiegel*" oder „*Gürtel*" genannt, sowohl in Ansehung des gürtelartigen Querschnitts des Streufeldes als auch besonders wegen ihrer mehr oder weniger gürtelartigen Gestalt (Abb. 1070). Die gleiche Wirkung wird durch einen zylindrischen Parabelspiegel mit waagerechter Achse erzielt (Abb. 1071).

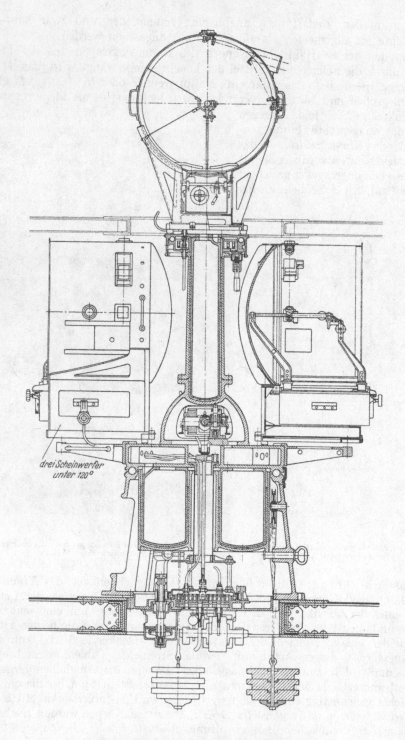

drei Scheinwerfer
unter 120°

Abb. 1072. Leuchtfeuer Helgoland. Glasparabolspiegel.

Einheitliche Mittel, die den Lichtstrom sowohl in senkrechtem wie auch in
waagerechtem Sinne, jedoch in diesem weniger als in jenem, einzwängen, sind

Hohlspiegel, die nicht drehrund sind. Ihre Wirkung ist der des Gürtelspiegels oder Gürtels insofern vergleichbar, als ihr Streufeld in allen gebräuchlichen Fällen von der Gürtelform nicht zu stark abweicht. Meist wird jedoch diese Aufgabe durch Zusammenwirken *zweier* ablenkender Mittel gelöst, von denen das *erste* ein *Umdrehungskörper* (Sammelspiegel, Linse oder Gürtel), das *zweite* ein *prismatischer Körper mit senkrechter Achse* ist (streuende oder verdichtende Vorprismen oder Vorspiegel).

Unter der Bezeichnung „Spiegel" werden zusammengefaßt: *Metallspiegel* und *belegte Glasspiegel*. Diese unterscheiden sich von jenen dadurch, daß neben der Spiegelung im Metall auch noch die Brechung an der oder an den nicht belegten Flächen des Glases ablenkend wird. Bei den belegten Sammelspiegeln unterscheidet man namentlich zwei Arten:

1. Parabolspiegel mit geringer oder annähernd gleichmäßiger Glasstärke (Abb. 1072).

2. Manginsammelspiegel mit verschiedener Glasstärke. Eintritts- und Austrittsfläche sind Kugelflächen.

Alle Glaskörper, die *dioptrisch*, d. h. durch Brechung allein, oder *katadioptrisch*, d. h. durch vollkommene Innenspiegelung, an unbelegter Glasfläche (Totalreflektion) mit oder ohne Brechung an anderen Flächen wirken, werden unter der Bezeichnung *Fresnelgläser* nach dem französischen Physiker FRESNEL († 1827), der sie zuerst gestaltete, oder schlechthin *Gläser* zusammengefaßt (vgl. Abb. 1067, 1068 und 1070).

Baustoffe. Die *Metallspiegel* bestehen aus Kupfer, Neusilber oder Messing, das in dünnen Blechen über die Form gedrückt und mit Silber, Nickel oder Chrom belegt wird. In letzter Zeit werden die Spiegel vielfach aus nicht rostendem Nickelstahl V 2 a hergestellt.

Das für Fresnelringe verwendete Glas besteht wie das Spiegelglas hauptsächlich aus Kieselsäure, Soda und Kalk. Der hohe Kalkgehalt macht es genügend hart und gut polierfähig. Die polierte Oberfläche leidet auch bei häufigem, sachgemäßem Reinigen nicht. Außerdem ist das Glas verhältnismäßig unempfindlich gegen Einwirkungen der Atmosphäre, insbesondere auch gegen die der salzigen Luft an der See. Es läßt sich gut gießen. Dabei ist es weitgehend gleichmäßig und hat eine gute Lichtdurchlässigkeit. Schlieren und Blasen treten nur wenig und in unschädlicher Form auf.

Aufbau der Leuchte. Während beim Metallspiegel einheitliche Profile von 60...180° Ablenkung (z. B. bei Lokomotivlaternen usw.) vorhanden sind, muß bei den dioptrischen (D) und den katadioptrischen (K) Gläsern der Unterschied zwischen der größten und der kleinsten Ablenkung eines Fresnelglases sehr viel kleiner gehalten werden, weil sonst unförmig dicke Gläser nötig wären, deren Guß und Bearbeitung zu schwierig und kostspielig, sowie deren Gewicht und Absorptionsverlust auch zu groß sein würde. Die Fresnelgläser sind daher *gestaffelt*, d. h. in Ringe unterteilt, und zwar bei den deutschen Normen so, daß die mittlere Wegelänge des Lichtes in dioptrischen Gläsern nicht viel über 20 mm, in katadioptrischen Gläsern nicht viel über 60 mm ist. Der Übergang von D- auf K-Gläser liegt sodann, obwohl der *kritische* Winkel bei Verwendung eines Glases von $n = 1,524$ rd. 41° beträgt, am vorteilhaftesten bei etwa 33,5° Ablenkung, weil der Gesamtverlust beider Arten von Gläsern infolge Oberflächenspiegelung, Farbzerlegung und Absorption bei diesem Winkel gleich groß ist. Diese Grenze ist in den deutschen Einheitsprofilen für Linsen und Gürtel gewählt worden.

Bei den D-Gläsern ist die Eintrittsseite eine Gerade, ihre Austrittsseite eine Kurve höherer Ordnung. Da diese bei den kleinen Abmessungen der Ausführung

wegen durch einen Kreisbogen ersetzt wird, treten *Fehlablenkungen* der Lichtstrahlen auf, die bei richtiger Wahl der Abmessungen des Profils und des
Krümmungshalbmessers etwas ausgeglichen werden können (Abb. 1073).

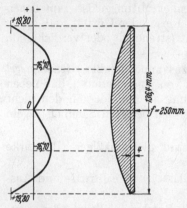

Abb. 1073. Fehlablenkungen. D_0 250 mm.

Bei den K-Gläsern waren früher die Ein-
tritts- und die Austrittsseite gerade, die spiegelnde
Seite konvex; die von Körte vorgeschlagene
konvexe Form für die Eintritts- und Austrittsseite [1] hat zu einer größeren Genauigkeit der K-
Gläser geführt. Beim Aufbau der K-Gläser ist
zu beachten, daß der untere Schenkel des Spannwinkels eines Profils nicht mit dem oberen
Schenkel des Spannwinkels des vorhergehenden
Profils zusammenfällt, sondern ihn um einen
kleinen Winkel (rd. 1° 30′) überdeckt, damit die
Lichtstrahlen des oberen Teiles der Lichtquelle,
namentlich infolge der Abfasungen der Profil-
kanten, nicht ungehindert, d. h. ohne Brechung
und Spiegelung, ins Freie gelangen und dadurch
die Kennung beeinträchtigen können.

Messen der Lichtstärke der Leuchte. Die Messung muß in genügend großem
Abstande von den Leuchten erfolgen, um die von allen ihren Teilen ausgehenden
Lichtstrahlen mit dem Photometer zu erfassen. Es ist zweckmäßig, eine Vergleichslichtquelle, deren Lichtstärke vorher ermittelt wurde, neben der zu
messenden Leuchte aufzustellen und
sie vor Beginn und nach Beendi-
gung der Messungen von dem gleichen Stande aus zu messen, um die
Absorptionsverluste durch die Luft
bei der Ermittlung der Lichtstärke
der Leuchte berücksichtigen zu
können. Alle Leuchten sind nicht
nur waagerecht in der Achse, sondern auch in gekippter Stellung,
über und unter der Waagerechten,
sowie in verschiedenen waagerechten Spannwinkeln zu messen. Es
kann hieraus die günstigste Stellung der Lichtquelle, die Lichtstärke
des Höhen- und Kimmstreufeldes
und die Eigenstreuung der Leuchte
ermittelt werden (Abb. 1074).

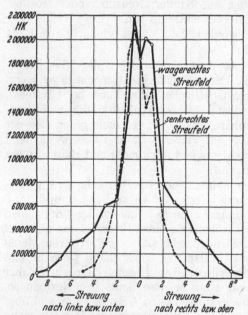

Abb. 1074. Streufelder der Scheinwerferlinse von 250 mm
Brennweite mit Glühlampe 2000 W 75 V.

Berechnung der Leuchte. Die
Lichtstärke der Linsen und Sammel-
spiegels ist $I = \eta \cdot F \cdot i$, die der
Gürtel $I = \eta \cdot h \cdot i \cdot b$. Hierin ist η
der Gütewert der Leuchte, $F =$
Fläche der Linse oder des Sammel-
spiegels, $i =$ Leuchtdichte, $h =$ Höhe des Gürtels und $b =$ Breite der Lichtquelle in Höhe des Brennpunktes. Der Gütewert η umfaßt alle Verluste, die
durch Brechung, Spiegelung und Absorption im Glase oder an der Oberfläche
des Metallspiegels, durch Schlieren und Blasen im Glase sowie durch die Fasen

---

[1] Körte, W.: Int. Schiff.-Kongr. 1902, II. Abt., 4. Mitt.

der Ringe entstehen. Es ist ferner zu beachten, daß die Fläche F bei Linsen sowie die Höhe h bei den Gürteln infolge der Überdeckung der Gläser und der Fasen der Kanten nicht voll wirksam ist, daß die wirksame Breite b der Lichtquelle entsprechend dem cos des senkrechten Öffnungswinkels der Leuchte abnimmt.

Aus zahlreichen Lichtmessungen im Seezeichenversuchsfeld des Reichsverkehrsministeriums sind Gütewerte für Linsen, Sammelspiegel und Gürtel bei Einbau einer dichten oder einer sperrigen Lichtquelle ermittelt worden.

Sammelspiegel, Metall .	Dichte Lichtquelle (Glüh- strumpf- und Dreifach- wendellampe) (vgl. Abb. 1062)	0,6 η	Sperrige Lichtquelle (Centralampe) (Abb. 1075)	0,08 η
Sammelspiegel, Glas . .	desgl.	0,8 η	desgl.	0,1 η
Linse, D-Gläser	,,	0,8 η	,,	0,15 η
Linse, D- und K-Gläser .	,,	0,6 η	,,	0,1 η
Gürtel, D-Gläser . . .	,,	0,85 η	,,	0,4 η
Gürtel, D- und K-Gläser	,,	0,55 η	,,	0,2 η

Man erkennt hieraus, daß der Gütewert der Leuchte nur von Fall zu Fall geschätzt werden kann, wobei auch noch die Ausfälle von Flächen infolge geringer Schleifgenauigkeit zu beachten sind.

Die Verluste bei länger im Betriebe befindlichen Leuchten durch Verschlechterung der Politur und Beschlagen der Flächen sind mit rd. 10% zu bewerten.

Schleifgenauigkeit. Die Anforderungen an die Schleifgenauigkeit der Glasringe sowie an die Innehaltung der Form der Sammelspiegel sind besonders entsprechend der Größe der zu verwendenden Lichtquelle zu wählen. Abweichungen bis zu 40′ von der Sollablenkung sind bei großen Lichtquellen zulässig, bei mittleren Lichtquellen bis zu 25′ und bei kleinen, wie Bogenlampen, bis zu 10′.

Abb. 1075. Centralampe.

Herstellung der Gläser. Das Glas wird in gußeiserne Formen gegossen. Nach dem Entformen werden die Ringe im Kühlofen sachgemäß abgekühlt und dadurch entspannt. Das nun folgende Schleifen und Polieren geschieht auf Sondermaschinen. Durch das Schleifen mit gröberem und feinerem Schmirgel erhält der Ring seine genauen, der Berechnung entsprechenden Abmessungen. Durch Polieren wird der Hochglanz der Flächen erzielt.

Die Kanten der Ringe werden, soweit es zu ihrer Erhaltung notwendig ist, abgefast.

Abnahme der Gläser. Nach waagerechter und gegebenenfalls mittiger Ausrichtung der Glaskörper und Einstellung einer punktförmigen Lichtquelle im Brennpunkt erfolgt oberflächliche Prüfung des Lichtbündels auf einem z. B. 4 m entfernten senkrechten Schirm, auf dem die Sollabmessungen der Leuchte in gleicher Höhenlage zu den zu untersuchenden Glaskörpern aufgetragen sind. Alsdann geschieht die genauere Prüfung durch Feststellung der Richtung einzelner Lichtstrahlen. Der auf den Schirm geworfene Lichtpunkt eines Lichtstrahles, der durch ein Loch einer vor der Austrittsseite aufgestellten Blende hindurchgeht, wird mit der Sollage dieses Loches auf dem Schirm verglichen und hierdurch festgestellt, ob die beobachtete Abweichung unter Berücksichtigung der Fehlablenkungen nach den Bedingungen zulässig ist, bei den D-Gläsern unter Beachtung der Farbzerlegung. Diese Prüfung erfolgt an mehreren Punkten des Glaskörpers in $1/2\ldots1$ cm senkrechtem Abstand voneinander.

Der sachgemäße Einbau der in der Fassung der Leuchte durch Holzkeile befestigten Glasringe ist ebenfalls mit einer punktförmigen Lichtquelle im Brennpunkt nach dem vorstehend angegebenen Verfahren zu prüfen. Geringe Veränderungen der Sollage der Glasringe können den Gütewert der Leuchte verbessern. Nach der Prüfung werden die Ringe mit einer Kittmasse, bestehend aus Bleiglätte und Firnis, eingekittet.

Abb. 1076. Leuchte kardanisch aufgehängt.
(Julius Pintsch K.G., Berlin.)

Aufstellung der Leuchte. Die Leuchten der ortsfesten Feuer sind mit Ausnahme der Aufzugslaternen auf einem Unterbau, meistens einer Säule aufgestellt; sie sind um ihre senkrechte Achse drehbar, um eine genaue Einstellung in dem geforderten Kimmsichtwinkel zu ermöglichen. Zug- und Druckschrauben am Fuße des Unterbaues dienen zur Einstellung des senkrechten Streufeldes (vgl. Abb. 1067).

Die Feuerschiffsleuchten sind kardanisch pendelnd aufgehängt (Abb. 1076). Die Schwingungsdauer ist so zu wählen, daß ein Zusammentreffen ihrer Schwingungen mit denen des Schiffes selbst auch in längeren Zeiträumen möglichst vermieden wird. Die seit mehreren Jahren auf einigen Feuerschiffen im Pendelgewicht eingebaute Quecksilberdämpfung zur schnelleren Rückkehr der Leuchte in ihre lotrechte Ruhelage hat sich gut bewährt.

d) Kennungsmittel.

Farbige Leuchtfeuer werden zur Zeit nicht durch Verwendung farbiger Lichtquellen geschaffen, sondern durch Filterung des weißen Lichtes, durch Einbau von Farbscheiben oder Farbzylindern. Diese Scheiben werden entweder außen an der Leuchte oder innen an der Verglasung der Laterne befestigt; sie sind abnehmbar, damit Leuchte, Verglasung und die Farbscheiben selbst gereinigt werden können. Bei den Sektorenfeuern werden die Farbscheiben an der Verglasung angebracht, um durch Schaffung eines größtmöglichen Abstandes von der Lichtquelle den *unbestimmten* Winkel — das ist der waagerechte Sichtwinkel, in dem infolge der Breite der Lichtquelle durch Mischung des farbigen und weißen Lichtes der Übergang von farbig zu weiß erfolgt — möglichst klein zu halten (Abb. 1077). Bei den Kreisfeuern mit Lichtquellen geringer Wärmeausstrahlung, das ist bei den Petroleumdochtlampen, bei den Gasglühlichtbrennern von kleinem Durchmesser usw., werden Farbzylinder von ausreichender Höhe und Durchmesser über die Lichtquellen gestülpt.

Die Schaffung von Taktfeuern kann bei Kreisfeuern mit feststehender Leuchte durch Verlöschen der Lichtquelle und durch Verdunkelung des Licht- stromes mittels einer um die Lichtquelle oder außen um die Leuchte umlaufender Blende

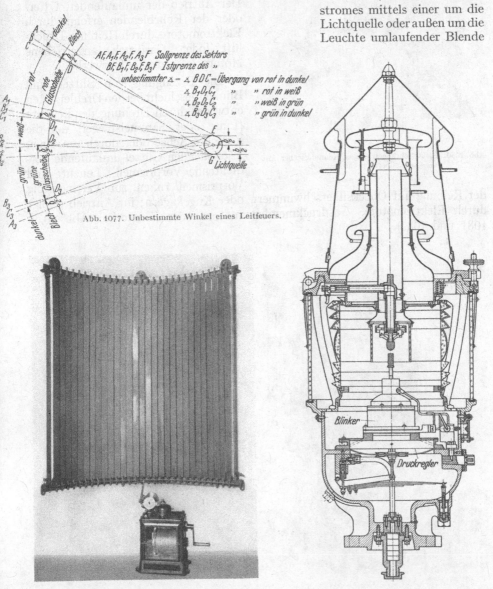

Abb. 1077. Unbestimmte Winkel eines Leitfeuers.

Abb. 1078. Otterblenden durch Uhrwerk angetrieben.
(Julius Pintsch K.G., Berlin.)

Abb. 1079. Laterne einer Leuchttonne.
(Julius Pintsch K.G., Berlin.)

erfolgen, bei den Sektorfeuern durch Otterblenden, die sich um die senk- rechte Achse drehen (Abb. 1078) oder durch Rohrblenden.

Das taktmäßige Verlöschen der Gaslichtquelle erfolgt durch mit Gasdruck be- tätigte Blinker (Abb. 1079), bei denen die Gaszuleitung durch ein Ventil mittels einer Feder in den vorgesehenen Zeiträumen schlagartig geöffnet und geschlossen wird, bei den elektrischen Glühlampen meistens durch Ein- oder Ausschalten des Stromes mittels Quecksilberschaltröhre, die mittels eines Elektromotors angetrieben und zu den vorgesehenen Zeiten gekippt wird (Abb. 1080). Der Antrieb der umlaufenden Otter- oder der Rohrblenden erfolgt durch Elektromotore, durch Heißluft, Druckluft oder Gasdruck angetriebene Motore oder durch Uhrwerke.

Abb. 1080. Elektrisch angetriebener Kennungsgeber mit Quecksilberkippröhrchen.

Die Erzeugung von Blitzen und Blinken geschieht bei den Drehleuchten entweder durch Drehung der Leuchte (Linse oder Sammelspiegel) um die lotrechte Achse oder durch um einen feststehenden Gürtel umlaufende verdichtende Vorprismen. Leuchte und Vorprismen ruhen zur Verringerung der Reibung auf Quecksilberschwimmern oder Kugellagern; ihr Antrieb erfolgt durch Elektromotore, Gasdruckmembranmotore oder Uhrwerke (Abb. 1072, 1081 und 1082).

Abb. 1081. Drehleuchte auf Quecksilberschwimmer mit Bogenlampe. Leuchtfeuer Hörnum. (Julius Pintsch K.G., Berlin.)

Abb. 1082. Leuchte mit drehenden Vorprismen auf Kugellagern. (Julius Pintsch K.G., Berlin.)

Zur Erzeugung der Gleichgängigkeit des Richtfeuers wird bei Verwendung von Flüssiggasglühlichtlampen das Ventil zum Brenner des Oberfeuers durch den Gasdruckblinker des Unterfeuers mittels Schwachstrom gesteuert oder die Ventile aller Brenner des Richtfeuers werden mittels Schwachstrom durch einen ebenfalls hierdurch angetriebenen Kennungsgeber geschaltet. Bei Anschluß an

Überlandstrom werden die parallel geschalteten Glühlampen durch einen elektrisch angetriebenen Kennungsgeber gleichzeitig ein- und ausgeschaltet (vgl. Abb. 1080).

e) Laternen.

Zweck der Laterne ist, Leuchte, Lichtquelle und Zubehör vor Witterungseinflüssen zu schützen und die von der Leuchte ausgehenden Lichtstrahlen durch ihre Verglasung durchzulassen (Abb. 1079 und 1083).

Die Verglasung ist so auszubilden, daß keine Spiegelung von Lichtstrahlen eintritt, da hierdurch die Lichtstärke des Feuers geschwächt und die Kennung des Feuers durch Erzeugung von Irrstrahlen unklar wird. Bei Feuern mit kleinem Kimmsichtfeld, das ist bei feststehenden Linsen und Sammelspiegeln, wird hauptsächlich eine ebene Verglasung verwendet, bei solchen mit großem Sichtfeld eine runde. Zum Fassen der Glasscheibe und zum Tragen des Laternendaches dienen gerade oder schräge Sprossen. Letztere werden bei Neuanlagen fast allgemein verwendet; bei Gürtelleuchten mit schmaler Lichtquelle sind sie notwendig, um das Auftreten von Dunkelwinkeln im Kimmsichtfeld zu vermeiden. Die Höhe der Verglasung ist unter Berücksichtigung des Höhenstreufeldes der Leuchte zu wählen; ihr waagerechter Spannwinkel muß größer als der waagerechte Sichtwinkel des Leuchtfeuers sein.

Die Lüftungseinrichtungen unter und über der Verglasung dienen zur Verhinderung des Beschlagens und der Vereisung der Scheiben sowie zur Zufuhr

Abb. 1083. Gußeiserne Laterne.
(Julius Pintsch, K.G., Berlin.)

von Frischluft für Sauerstoff verbrauchende Lichtquellen, solche im Dachknauf zur Entlüftung, zur Abführung der Abgase. Die unter und über der Verglasung eingebauten Lüftungen sind verschließbar einzurichten, um die Luftzufuhr den Wind- und Temperaturverhältnissen entsprechend regeln zu können. Alle Öffnungen sind mit engmaschigem Gazesieb zu versehen, um das Eindringen von Insekten zu verhindern, die die Glühstrümpfe beschädigen und durch Beschmutzen der Glaskolben und der Verglasung die Lichtstärke der Leuchte schwächen.

Die Innenflächen der Laternen, die Sprossen der Leuchte und die Kennungsmittel sind möglichst mattschwarz anzustreichen, um das Auftreten von Irrstrahlen besonders bei lichtstarken Blitzfeuern zu verhindern.

f) Überwachung des Betriebes.

Bei der großen Bedeutung der meisten Feuer für die Sicherheit der Schiffahrt ist ihr unbedingt sicherer Betrieb, d. h. ein einwandfreies Brennen der Lichtquelle und ein sicheres Arbeiten der Kennungsmittel zur genauen Innehaltung der Kennung erforderlich. Alle diese Leuchtfeuer wurden deshalb in früherer Zeit von Wärtern während der Brennzeit ständig bedient; man nennt sie *gewartete Leuchtfeuer*. Die fortschreitende Verwendung von Dauerlichtquellen, mit Gas oder elektrischem Strom gespeist, die immer mehr vervollkommneten Maßnahmen zur Sicherheit des Betriebes ermöglichten es, eine große Anzahl dieser Leuchtfeuer nicht mehr zu warten, sondern sie zu bewachen. Bei den *bewachten Leuchtfeuern* ist ein Wärter vorhanden, der am Tage den gebrauchs-fähigen Zustand des Feuers prüft, das Zünden und Verlöschen desselben ver-

anlaßt oder beobachtet, während der Brennzeit außer den angeordne-ten mehrmaligen Beobachtungen des ordnungsmäßigen Betriebes seines Feuers sowie der ihm zugewiesenen Nachbarfeuer schlafen kann und bei auftretenden Störungen seines Feuers, die ihm durch Überwa-chungseinrichtungen (Schall- und Sichtsignale) angezeigt werden, nach Anweisung den betriebsfähigen Zu-stand des Feuers wieder herstellt. *Gewartete Leuchtfeuer* sind zur Zeit lediglich die, deren Lichtquellen Bogenlampen und Benzolglühlicht-brenner sind. *Unbewachte Leucht-feuer* sind alle Feuer, die nicht ge-wartet oder bewacht werden; es sind außer den mit Petroleumdochten oder Glühlampen versehenen Feuern von geringerer Bedeutung nament-lich die Leuchttonnen und die in den Strommündungen und den Haf-fen errichteten Leuchtbaken, deren ständige Bewachung nicht möglich

Abb. 1084. Leuchtfeuer: Pagensand-Süd.

ist oder nur unter Aufwendung sehr großer Kosten erfolgen kann (Abb. 1084). Ihre Flüssiggasglühlichtquellen sind im allgemeinen sehr betriebssicher.

Die gute und richtige Wirkung des Leuchtfeuers hängt besonders von der sorgfältigen Ausführung der nachstehenden Arbeiten ab, die von dem Leuchtfeuerwärter, je nachdem es gewartet, bewacht oder unbewacht ist, täglich oder in bestimmten Zeiträumen aus-zuführen sind:

1. Reinigen der Leuchte und der Verglasung der Laternen außen und innen.

2. Richtige Einstellung der Lichtquelle in dem Brennpunkt der Leuchte nach Höhe und Lage entsprechend den Anweisungen mit Hilfe der an der Leuchte angebrachten Prüfeinrichtung (geringe Abweichungen können zur Verminderung der Lichtstärke und zur schädlichen Änderung des Kimmsichtfeldes führen).

3. Nachprüfung der Taktkennung des Leuchtfeuers durch Beobachtung der Wirkung der Kennungsmittel mittels Stoppuhr.

4. Einstellung der Lüftungseinrichtung der Laternen entsprechend den Witterungs-verhältnissen.

Überwachung und Betrieb der Leuchttonnen und der Leuchtbaken in Strömen und in Haffen erfolgt durch die Seezeichendampfer (Abb. 1085); Ergänzung des Gasvorrats, Aus-wechslung der Glühstrümpfe, Reinigen von Laterne und Leuchte, Nachprüfung und erforder-lichenfalls Neueinstellung der Kennung, sowie bei den Leuchttonnen Nachprüfung der Ortslage sind die auszuführenden Arbeiten.

Die elektrischen Feuer der Feuerschiffe werden gewartet; die kardanische Aufhängung, die Auspendelung sowie der Antrieb der Leuchte sind besonders bei schwerem Seegang häufig zu beobachten, damit die Kennung nicht durch Ausfall von Scheinen unklar wird.

Der Seezeichendampfer vermittelt den Verkehr mit dem Heimathafen des Feuerschiffs, ergänzt die Vorräte an Betriebs- und Lebensmitteln und wechselt die Besatzung in regelmäßigen Zeiträumen aus.

Sicherung der Betriebsmittel. Die beiden Hauptbetriebsmittel sind Flüssiggas und elektrischer Strom im Eigenbetriebe erzeugt oder aus Überlandwerken. Das Gas ist in Vorratsbehältern hinreichend aufgespeichert, und die Güte und Reinheit des Gases, von denen die gute und ständige Heizung des Glühstrumpfes abhängt, ist durch ihre Herstellung in der Flüssiggasanstalt auf der Reichswerft Saatsee gewährleistet. Bei einigen bewachten Feuern wird noch die zu Betriebsstörungen führende Verminderung des Gasdruckes in der Zuleitung zum Brenner dem Wärter durch ein Schallsignal angezeigt.

Bei den eigenen Anlagen zur Stromerzeugung ist durch zwei voneinander unabhängige Maschinensätze sowie häufig durch die Aufspeicherung des für die längste Brennzeit erforderlichen Stromes in Sammlern eine ausreichende Betriebssicherheit vorhanden. Diese Sammler werden bei den bewachten Feuern im allgemeinen in den Tagesstunden aufgeladen, damit die Wärter keinen

Abb. 1085. Seezeichendampfer Walter Körte.

Nachtdienst zu leisten haben. Bei den gewarteten Feuern hingegen wird Wach- und Maschinenbetriebsdienst während der Brennstunden ausgeübt.

Die Betriebssicherheit des Feuers bei Anschluß an Überlandwerke ist trotz vorhandener Ringleitung nicht ständig gewährleistet, da Störungen in den häufig längeren oberirdischen Stichleitungen infolge Sturm, Bereifung usw. nicht zu vermeiden sind. Ist es möglich, mittels Flüssiggasglühlichtbrenner die Lichtstärke und Kennung des Feuers gleich der durch die elektrische Glühlampe erzeugten zu machen, so wird als Ersatzbetriebsmittel Flüssiggas gewählt. Gelingt dies nicht, so wird bei Ausfall des Überlandstromes der erforderliche Strom durch Dieseldynamo erzeugt, der nach Stromloswerden der Zuleitung durch einen von einer Batterie gespeisten Anlasser selbsttätig angeworfen wird und in rd. 30 s den erforderlichen Strom liefert. Bei älteren Leuchtfeuern, deren Ersatzanlage ein Benzoldynamo ist, wird nach Stromloswerden der Überlandleitung zuerst der Flüssiggasglühlichtbrenner selbsttätig eingeschaltet und alsdann von dem durch Alarmsignal herbeigerufenen Wärter die Ersatzstromquelle in Betrieb gesetzt.

g) Sicherung des Betriebes.

Wenn auch das Unbrauchbarwerden der *Glühstrümpfe* durch Auftreten von Rissen, Einfallen von Löchern bei den in bestimmten Zeiträumen erfolgenden Überprüfungen im allgemeinen rechtzeitig, vor Eintritt der unzulässigen Verminderung der Lichtstärke, beobachtet werden kann, so ist doch an schwer zugänglichen, wichtigen Gasglühlichtfeuern eine selbsttätig wirkende Brennerwechselvorrichtung eingebaut worden. Bei Beschädigung des Glühstrumpfes wird durch die entstehende Stichflamme ein Metallstreifen geschmolzen und hierdurch ein Gewicht freigegeben, das durch Schnurzug einen Ersatzbrenner in den Brennpunkt bringt (Abb. 1086) und gleichzeitig einen Signalarm an der Laterne betätigt. An seiner Stellung können die vorbeifahrenden Schiffer die erfolgte Einschaltung des Ersatzbrenners erkennen und es der zuständigen Behörde mitteilen. Zur weiteren Sicherheit ist noch ein zweiter Ersatzbrenner vorhanden, der bei plötzlichem Unbrauchbarwerden des ersten Ersatzbrenners sich ebenfalls selbsttätig in den Brennpunkt dreht.

Abb. 1086. Wechselvorrichtung für Flüssiggasbrenner.

Zahlreich und verschiedenartig sind die Wechselvorrichtungen für *elektrische Glühlampen*, je nachdem bei gesicherter Stromlieferung die Glühlampe durchbrennt oder das Verlöschen der Lichtquelle durch Stromausfall veranlaßt wird.

Bei gesicherter Stromlieferung ordnet man bei Leuchten einfacher Bauart zwei gleiche Leuchten mit gleichen Glühlampen übereinander an; beim Durchbrennen der Glühlampe der einen Leuchte wird die andere als Ersatz durch Relaiswirkung selbsttätig eingeschaltet. Bei Leuchten von großer Brennweite wird bei Durchbrennen der Betriebsglühlampe diese selbsttätig mittels eines Gewichtes aus dem Brennpunkt und die Ersatzglühlampe in denselben geschwenkt. Erst in der Endstellung erfolgt das Einschalten der Lampen in den Stromkreis, damit Fehlkennungen des Feuers infolge Brennens der Glühlampe außerhalb des Brennpunktes vermieden werden (Abb. 1067, 1087 und 1088).

Bei Stromausfall oder bei Durchbrennen der Glühlampe wird die Glühlampe durch ein Gewicht selbsttätig aus dem Brennpunkt und eine Flüssiggasglühlicht-

Abb. 1087. Gluhlampenwechselvorrichtung betatigt durch Heizstab. (Julius Pintsch, K.G., Berlin.)

Abb. 1088. Lichtquellenwechselvorrichtung fur Glühlampen.

lampe in denselben gedreht. Kurz vor der Endstellung wird das Ventil der Gasleitung zum Brenner geöffnet, das ausströmende Gas entzündet sich an der ständig brennenden Zündflamme. Bei Wiederkehr des Stromes muß der Wärter die elektrische Glühlampe wieder in den Brennpunkt drehen. Ist die Umschaltung infolge Durchbrennens der Lampe erfolgt, so ist die Rückschaltung erst nach Einbau einer neuen Glühlampe vorzunehmen (Abb. 1089).

Bei elektrischen Feuern von großer Bedeutung sind Lichtquellenwechselvorrichtungen eingebaut worden, bei denen, falls die Umschaltung auf Flüssiggas durch Stromausfall veranlaßt wird, bei Wiederkehr des Stromes das Rückschalten mittels eines Elektromagneten erfolgt. Der Magnet, durch dessen Fall

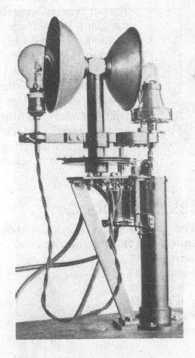
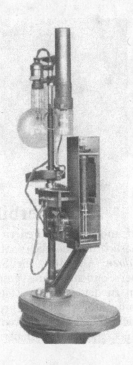

Abb. 1089. Lichtquellenwechselvorrichtung Glühlampe auf Flüssiggasbrenner

Abb. 1090. Lichtquellenwechselvorrichtung. Glühlampe auf Flüssiggasbrenner.

die Umschaltung erfolgte, wird wieder gehoben und die Vorrichtung in der Grundstellung verriegelt (Abb. 1090).

Bei den Gasfeuern ist die Erzeugung der *Kennung* durch Blinker nach langjährigen Erfahrungen hinreichend sicher, falls die Überholung dieser Geräte in den vorgeschriebenen Zeiträumen sachgemäß erfolgt. Auch die durch Gas- oder Luftdruck angetriebenen Motore (Membranmotor, Quecksilberturbine usw.) zum Antrieb von Otter- und Umlaufblenden sowie zur Drehung der Leuchte gewährleisten bei sorgfältiger Unterhaltung einen sicheren Betrieb. Werden jedoch diese Vorrichtungen mittels aus Überlandwerken gespeister Elektromotore angetrieben, so sind Gewichtsuhrwerke bei Ausfall des Stromes als Ersatzantrieb vorgesehen. Beim Versagen des Stromes oder bei einer unzulässigen Verringerung der Umdrehung des Motors wird durch die Einwirkung eines Fliehkraftreglers der Elektromotor selbsttätig ausgekuppelt, das Uhrwerk eingekuppelt und entriegelt (Abb. 1091).

Otterblenden, die zur Erzeugung der Kennungen für die Warnungssektoren des Leitfeuers dienen, müssen sich bei Stillstand des Antriebes selbsttätig schließen, damit in diesen Sektoren infolge Offenstehens der Blenden nicht *festes* Licht gezeigt wird und durch Geben einer, dem Leitsektor (Fahrsektor)

eigentümlichen Kennung dem Schiffer Gefahr bringende Anweisungen gegeben werden.

Bei den bewachten Feuern sind bei allen zur Sicherung des Betriebes vorgesehenen Anlagen Einrichtungen eingebaut, die dem Wärter die eintretende *Veränderung* im Betrieb durch Schallsignale (Wecker, Hupen usw.) und Sichtsignale (Fallklappen usw.) anzeigen. Der Antrieb dieser Vorrichtungen erfolgt durch vom eigentlichen Leuchtfeuerbetrieb unabhängigen Schwachstrom.

Abb. 1091. Drehwerk, Membranmotor-Ersatz, Uhrwerk.

h) Verbilligung des Betriebes.

Auf unbewachten Feuern werden zur Verminderung der Betriebskosten bei den Gaslichtquellen die Ventile in der Brennerzuleitung mittels der *Zünd- und Löschuhren* (Abb. 1092) bei Sonnenuntergang geöffnet und bei Sonnenaufgang geschlossen, bei den Glühlampen zu den gleichen Zeiten der Strom hierdurch ein- und ausgeschaltet. Ihre Verwendung empfiehlt sich nicht bei Glühlichtbrennern von *geringem* Gasverbrauch, da bei Festfeuern der Gasverbrauch der

Abb. 1092. Gas-Schaltuhr für 6 Wochen Gangzeit.
(Julius Pintsch, K.G., Berlin.)

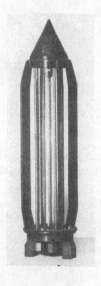

Abb. 1093. Sonnenventil.
(Julius Pintsch, K.G., Berlin.)

erforderlichen Zündflamme annähernd gleich der Gasersparnis der Lichtquelle ist und bei Taktfeuern erfahrungsgemäß ein betriebssicheres Zünden nicht gewährleistet ist.

Die Federuhrwerke mit Stellscheiben zur Einstellung der Zünd- und Löschzeiten haben meistens eine Gangzeit von 6 Wochen; ihre Bedienung, Aufziehen

und Einstellung der Schaltzeiten, erfolgt im allgemeinen spätestens in Zeiträumen von 4 Wochen, in denen eine Prüfung des Leuchtfeuers erfolgen muß.

Gleichem Zwecke dient das von DALEN erfundene *Sonnenventil*, bei dem
durch die infolge Bestrahlung entstehender verschiedener Dehnungen geschwärzter
und blanker Metallstäbe die Gasventile oder Schalter geschlossen und geöffnet
werden (Abb. 1093).

i) Entwerfen von Leuchtfeuern.

Die wichtigste Vorarbeit für das Entwerfen eines Leuchtfeuers ist die Ermittlung der Anforderungen der Schiffahrt (Abb. 1094). Sichtweite, Tragweite und

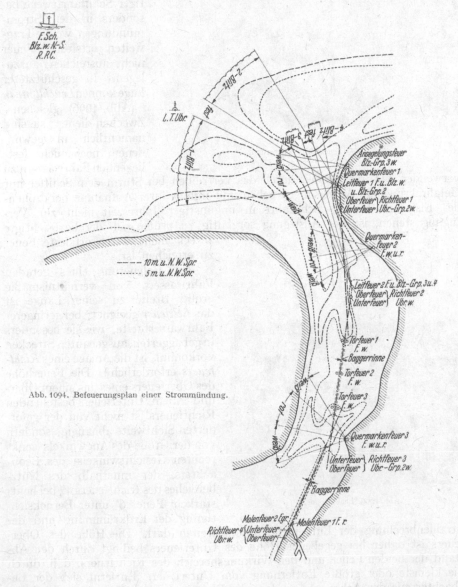

Abb. 1094. Befeuerungsplan einer Strommündung.

Kimmsichtfeld des Feuers werden hierdurch festgelegt; aus ihnen können die
Höhe des Feuers, Lichtstärke und Ausbildung der Leuchte ermittelt werden.

Seine Kennung wird den Grundsätzen entsprechend gewählt. Die Wahl der Lichtquelle, ob Flüssiggasglühlicht oder gasgefüllte Glühlampen, hängt von den örtlichen Verhältnissen, insbesondere von der erforderlichen Leuchtdichte ab. Hiermit sind die Unterlagen zum Entwurf eines Kreisfeuers, sei es Ansegelungs-, Molen-, Ufer- feuer usw. gegeben.

Feuerschiffe (Abb. 1095) sind zum Schutze vor flach ansteigenden Küsten und vor Untiefen auf See, zur Bezeichnung wichtiger Schiffahrtswege besonders in den Strommündungen, wo die Tragweiten ortsfester Feuer nicht ausreichen, auszulegen. In geschützterer Lage können *Leuchttonnen*

Abb. 1095. Feuerschiff Adlergrund.

(Abb. 1096) gleichen Zwecken dienen; sie sind namentlich in gewundenen, noch nicht festliegenden Fahrwassern zu verwenden. Da die Tonnen durch das Vertreiben bei Sturm dem Schiffer nur Gefahr bringende Anweisungen geben und infolge ihrer Aufnahme bei drohender Eisgefahr für die Schiffahrt in ungünstiger Jahreszeit nicht zur Verfügung stehen, ist vor Auslegung sorgfältig zu prüfen, ob der beabsichtigte Zweck nicht durch ortsfeste Feuer zu erreichen ist.

Zur Befeuerung eines geraden Fahrwassers von verhältnismäßig großer Breite zu seiner Länge ist das *Leitfeuer* geeignet; bei geringerer Fahrwasserbreite, wie sie besonders in gebaggerten, ausgebauten Strecken vorkommt, ist die Anlage eines *Richtfeuers* erforderlich [1]. Die Feuerhöhe des Oberfeuers eines aus einem Ober- und einem Unterfeuer bestehenden Richtfeuers ist nicht von der geforderten Sichtweite abhängig, sondern von der Größe des Augwinkels (senkrechten Gesichtswinkels) des Beobachters, der innerhalb des Nutzbereiches des Richtfeuers 4', bei lichtstarkem Feuer 6' unter Berücksichtigung der Erdkrümmung und der Strahlenbrechung der Luft nicht unterschreiten darf. Die Höhe des Oberfeuers ist daher bei gegebener Höhe des Unterfeuers bedingt durch den Abstand der beiden Feuer und den Wirkungsbereich des Richtfeuers, d. h. durch die kleinste oder größte Entfernung vom Unterfeuer. Entfernt sich der Beobachter aus der Achse, so wandern die Feuer aus. Das Unterfeuer erscheint

Abb. 1096. Leuchttonne.

[1] Vgl. Westermann: Bautechn. 1929, 379ff.

schräg unter dem Oberfeuer. Je größer die Entfernung des Beobachters vom Unterfeuer ist, um so größer wird dessen Abstand von der Achse zur Wahrnehmung des Auswanderns sein. Er nimmt hingegen bei Vergrößerung des Abstandes der beiden Feuer voneinander ab. Die Schärfe der Auswanderung, d. h. die Größe des waagerechten Gesichtswinkels ist daher von der Größe des senkrechten Gesichtswinkels abhängig.

Kann der bis zu ∼ 5 Sm reichende Feuerbereich eines Richtfeuers die Hälfte der zu befeuernden geraden Fahrrinne nicht decken, so empfiehlt sich die Verwendung einer Torfeuerkette mit an den beiden Grenzen anschließenden

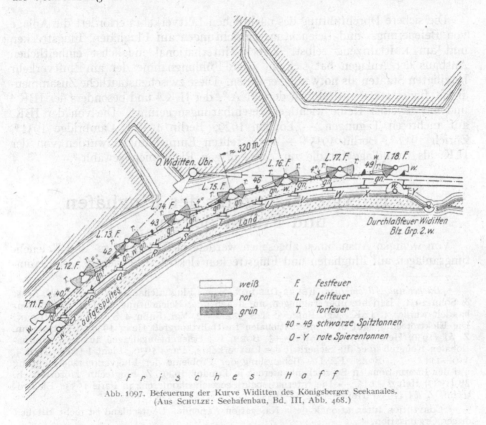

Abb. 1097. Befeuerung der Kurve Widitten des Königsberger Seekanales.
(Aus SCHULZE: Seehafenbau, Bd. III, Abb. 468.)

Richtfeuern. Das erste oder letzte Torfeuerpaar kann als Unterfeuer benutzt werden. Sichtweite, Tragweite und Kimmsichtfeld müssen dem geforderten Nutzungsbereich entsprechen. Die Kennung ist fest weiß zu wählen (vgl. die vorher erwähnte Veröffentlichung WESTERMANN).

Die Befeuerung der Krümmungen kann bei engen Fahrwassern ebenfalls durch Torfeuer erfolgen, die jedoch senkrecht zur Krümmung, d. h. zum Krümmungsmittelpunkt zu richten sind. Eine andere Lösung zeigt die Befeuerung der Kurve Widitten des Königsberger Seekanales (Abb. 1097). Die Leitsektoren von 8 Leitfeuern decken das Fahrwasser; grüne und rote Sektoren warnen vor zu weiter Auswanderung nach Steuer- oder Backbord.

Der Nutzungsbereich der Leitfeuer und Richtfeuer ist durch Quermarken, die meistens aus einem roten oder grünen Warnungssektor und zwei ihn einschließenden weißen Ankündigungssektoren bestehen, zu begrenzen. Das Erscheinen von Weiß oder Grün gibt Anweisung zur Kursänderung, die bei Rotwerden des Feuers beendet sein soll.

J 7. Befeuerung und Beleuchtung im Luftverkehr[1].

Von

Fritz Born-Berlin.

Mit 50 Abbildungen.

Die sichere Durchführung des nächtlichen Luftverkehrs erfordert die Anlage von Befeuerungs- und Beleuchtungseinrichtungen auf Flughäfen, Flugstrecken und am Luftfahrzeug selbst. Zwecks international möglichst einheitlichen Ausbaus der Anlagen hat sich die enge Fühlungnahme der am Luftverkehr beteiligten Staaten als notwendig erwiesen. Diese zwischenstaatliche Zusammenarbeit findet statt im Rahmen der CINA.[2], der ILK.[3] und besonders der IBK.[4] und hat zu einer Reihe wichtiger Vereinbarungen geführt. Die von der IBK. auf mehreren Tagungen — London 1929, Berlin 1930[5], Cambridge 1931[6], Zürich 1932[7], Berlin 1935[8] — aufgestellten Empfehlungen wurden von der ILK. als Grundlage für die zur Zeit gültigen Richtlinien gewählt[9].

a) Energieversorgung der Flughäfen und Flugstrecken.

Von wenigen Ausnahmen abgesehen werden die Befeuerungs- und Beleuchtungsanlagen auf Flughäfen und Flugstrecken elektrisch betrieben. Als Strom-

---

[1] *Bücher und Allgemeines.* Beyer-Desimon, M. v.: Flughafenanlagen. Berlin: W. Ernst & Sohn 1931. Berichte über Tagungen, auf denen über Beleuchtung im Luftverkehr verhandelt wurde: 1. IBK. Vgl. Fußn. 5...8 S. 922. — 2. Vgl. Fußn. 4 S. 942 und F. Born: Die Elektrotechnik auf dem Internationalen Luftfahrtkongreß Haag 1930. Elektrotechn. Z. **51** (1930) Heft 47, 1618—1619. — 3. Born, F.: Beleuchtungsfragen auf dem Internationalen Kongreß über die Sicherheit des Luftverkehrs. Paris 1930. Licht **1** (1930) Heft 4, 110—111. — 4. Born, F.: Die Behandlung der Probleme der Flugverkehrsbeleuchtung auf der Internationalen Seezeichenkonferenz in London 1929. Z. Flugtechn. Motorluftsch. **20** (1929) Heft 23, 615. — Die Internationale Seezeichenkonferenz in Paris 1933. Elektrotechn. Z. **54** (1933) Heft 52, 1254—1255.

[2] Convention Internationale de la Navigation Aérienne. Deutschland ist nicht Mitglied dieser Organisation.

[3] Internationale Luftfahrtkonferenz (offiziell genannt CAI. = Conférence Aéronautique Internationale), bei der Deutschland Mitglied ist. Sie setzt sich zusammen aus den Sachbearbeitern der Regierungen der beteiligten Länder.

[4] Internationale Beleuchtungskommission.

[5] Born, F.: Bericht über die Internationale Tagung des Studienkomitees für Flugverkehrsbeleuchtung. Elektrotechn. Z. **51** (1930) Heft 34, 1202—1203. — Die Flugverkehrstagung der IBK. Licht u. Lampe **19** (1930) Heft 18, 911—913.

[6] Born, F.: Der Internationale Beleuchtungskongreß vom 1. bis 19. Sept. 1931. Elektrotechn. Z. **52** (1931) Heft 45, 1377—1379. — Studienkomitee für Flugverkehrsbeleuchtung. Licht u. Lampe **20** (1931) Heft 25, 371—372.

[7] Born, F.: Die Züricher Tagung des Studienkomitees für Luftverkehrsbeleuchtung der IBK. Elektrotechn. Z. **53** (1932) Heft 47, 1132—1133. — Tagung des Studienkomitees für Luftverkehrsbeleuchtung der IBK. 1932. Licht **2** (1932) Heft 11, 207—209.

[8] Born, F.: Bericht über die Arbeiten der Studienkomitees 26a, 26b, 26c, 26d und 23b der IBK. Licht **5** (1935) Heft 10, 229—231. — Beleuchtung und Befeuerung im Luftverkehr (Empfehlungen 1935). Luftwacht/Luftwissen **2** (1935) Heft 8, 225.

[9] Auf der ILK.-Tagung in Brüssel 1935.

quellen dienen im allgemeinen das Ortsnetz oder in der Nähe vorbeiführende Überlandnetze [1]. Um bei Versagen des Netzstromes den Betrieb aufrecht erhalten zu können, wird auf Flughäfen fast stets, seltener auch auf Flugstrecken, eine Notstromanlage bereitgehalten, die meist von Diesel- oder Benzinmotoren angetrieben wird. Die Umschaltung auf die Notanlage wird in der Regel von Hand, zuweilen aber auch automatisch vorgenommen [2]. In schwach besiedelten Gegenden ohne elektrische Kraftversorgung werden die Flugstreckenfeuer entweder mit Flüssiggas (vgl. B 11, S. 226f.) betrieben oder auch benzinelektrische oder dieselelektrische Anlagen vorgesehen.

Als Betriebsspannungen sind für die in Parallelschaltung betriebenen Lichtquellen die in den einzelnen Ländern üblichen Netzspannungen eingeführt, z. B. in Deutschland 220 und 110 V, vereinzelt auch 55 V, in den Vereinigten Staaten von Amerika (USA.) 230 V und 115 V. Bei Serienschaltung richtet sich die Spannung nach der Zahl der zu speisenden Lichtquellen. Maßgebend ist hierbei ferner, ob die einzelnen Lichtquellen direkt im Stromkreis liegen, oder ob unmittelbar am Orte des Feuers auf die Betriebsspannung der Lichtquelle umgespannt wird.

Die Leitungen zu den verschiedenen Feuern und Leuchten auf dem Flughafen und in seiner Umgebung werden im allgemeinen als Erdkabel verlegt. Auf amerikanischen Häfen werden zuweilen die Leitungen zu einzelnen Hindernisfeuern als Freileitungen ausgeführt. Für Flugstrecken kommen fast nur Freileitungen in Betracht.

Die Bedienung der gesamten Befeuerungs- und Beleuchtungsanlage eines Flughafens erfolgt im allgemeinen von einem zentralen Schaltraum aus. Rückmeldevorrichtungen zeigen an, ob die gewünschten Geräte oder Leuchten in Betrieb sind. Entlegene Flughäfen ohne ständige Wartung, sowie die meisten Flugstreckenfeuer haben Schaltuhren oder eine automatische Schaltvorrichtung, die von einer Photozelle bei Eintritt der Dämmerung betätigt wird. Auch die Einschaltung durch Mikrophone, die auf das Motorengeräusch eines sich nähernden Flugzeuges abgestimmt sind, ist praktisch erprobt worden [3], hat sich aber nicht in größerem Umfange eingeführt [4].

b) Farben im Luftverkehr.

Über die für die farbigen Feuer im Luftverkehr anzuwendenden Farbtöne hat die IBK. 1935 die folgenden Richtlinien aufgestellt: Die Grenzen der Farbeigenschaften in Koordinaten des Farbdreiecks für die im Luftverkehr benutzten Farben Rot, Gelb und Grün sollen die folgenden sein:

Rot für Luftverkehr . . . . . $y \leqq 0,335;\ z \leqq 0,002$
Gelb für Luftverkehr . . . . . $0,460 \geqq y \geqq 0,402;\ z \leqq 0,007$
Grün für Luftverkehr . . . .

	in Europa	in Amerika
y	$\geqq 0,413 - 0,240\,x$	$\geqq 0,390 - 0,170\,x$
x	$\leqq 0,390 - 0,171\,y$	$\leqq 0,440 - 0,320\,y$
x	$\leqq y - 0,170$	$\leqq y - 0,170$

---

[1] DIERBACH, E.: Grundsätzliches über die Hilfseinrichtungen von Flughäfen. Z. VDI **73** (1929) Heft 34, 1189. — Einrichtung und Betrieb der Beleuchtungsanlagen für Flugstrecken und Landungsplätze. Elektrotechn. Z. Fachber. VDE-Jverslg. Kiel 1927, 65—68.

[2] KINSKY, F. K.: Das erste deutsche Flugstreckenfeuer mit selbsttätigem Stromnotsatz. Siemens-Z. **12** (1932) Heft 9, 319—323.

[3] HEBERLEIN, G. E.: Steuerung der Beleuchtung von Hilfslandeplätzen mit Hilfe von Lautsignalvorrichtungen. Aviation 1929, 2070. — Einschaltung der Befeuerungseinrichtungen von Hilfslandeplätzen vom Flugzeug aus. Elektrotechn. Z. **52** (1931) Heft 41, 1282.

[4] Näheres über die Hilfsanlagen von Flughäfen vgl. z. B. bei M. v. BEYER-DESIMON: Flughafenanlagen. Berlin: W. Ernst & Sohn.

Diese Farbkoordinaten entsprechen ungefähr den drei folgenden Wellenlängen und Sättigungsgrenzen [1] unter Zugrundelegung des Schwerpunktes des Farbdreiecks als Weißpunkt:

| | Farbton | | Sättigung nicht geringer als |
	nicht kleiner als	nicht größer als	
Rot für Luftverkehr	0,610 μ	—	99 %
Gelb für Luftverkehr	0,584 μ	0,594 μ	97 %
Grün für Luftverkehr: Europa	0,495 μ	0,545 μ	42 %
Amerika	0,494 μ	0,535 μ	42 %

Die amerikanischen Vorschriften enthalten auch Bestimmungen über ein „Weiß für Luftverkehr", die folgendermaßen lauten:

$$0,350 \leqq x \leqq 0,540; \quad y - y_0 \text{ numerisch } \leqq 0,01,$$

wobei y_0 die y-Koordinate des Planckschen Strahlers ist, für den $x_0 = x$.

Hiernach gelten als „Weiß" alle Farben zwischen dem Licht einer Petroleumflamme und der Mittagssonne, also auch die Farbe von Glühlampenlicht ohne Filtergläser.

Für „Blau für Luftverkehr" sind Festlegungen noch nicht getroffen worden.

c) Ausrüstung der Flughäfen.

Nach einer Empfehlung der IBK. und der ILK. sollen auf einem Flughafen mit Nachtluftverkehr mindestens folgende Befeuerungs- und Beleuchtungseinrichtungen vorhanden sein: Flughafenansteuerungsfeuer, Flughafenhindernisfeuer, Flughafenumrandungsfeuer, Landebahnleuchten und ein beleuchteter Landerichtungsanzeiger oder Landebahnfeuer. Dazu können treten: Einschwebefeuer, Signallichter, Wolkenscheinwerfer, Hallen- und Hallenvorfeldbeleuchtung.

Abb. 1098. Umlaufendes Flughafenansteuerungsfeuer und Flugstreckenhauptfeuer mit Glasparabolspiegel von 50 cm Durchmesser und Sonderglühlampe 55 V 1500 W (vgl. Abb. 1103).

d) Flughafenansteuerungsfeuer.

Ein Ansteuerungsfeuer ist ein starkes Leuchtfeuer auf dem Flughafen oder in seiner Nähe, das zur Auffindung des Flughafens oder eines Hilfslandeplatzes dient [2]. Wenn das Ansteuerungsfeuer nicht in die Nähe des Flughafens gesetzt werden kann, wird in unmittelbarer Nähe des Hafens noch ein schwächeres „Platzfeuer" (s. e, S. 927) vorgesehen. In USA. wird bei großem Abstand zwischen dem Ansteuerungsfeuer oder dem nächsten Flugstreckenfeuer und dem Flughafen ein lichtstarkes, wechselnd grün und weiß blinkendes Feuer mit umlaufender Optik in der Nähe des Hafens aufgestellt.

---

[1] Diese Werte sind Gegenstand einer Nachprüfung durch das Sekretariatskomitee.
[2] Sätze in Kursivdruck sind Begriffsbestimmungen der IBK. oder ILK.

Als Ansteuerungsfeuer dienen umlaufende Scheinwerfer mit Parabolspiegeln (hauptsächlich in Deutschland und USA., Abb. 1098 und 1099), Fresnelschein-werferlinsen (in Deutschland, Frankreich und Holland, Abb. 1100) oder schräg gestellte Fresnelgürtellinsen (in

Abb. 1099. Umlaufendes Flughafenansteuerungsfeuer und Flugstreckenhauptfeuer mit Glasparabolspiegel von 60 cm Durchmesser und Projektionslampe Form B 110 oder 220 V, 1000 oder 1500 W (vgl. Abb. 1104).

Abb. 1100. Zweistrahliges Flughafenansteuerungsfeuer und Flugstreckenhauptfeuer mit umlaufenden Fresnelschein-werferlinsen von 60 cm Durchmesser und Sonderglühlampe 55 V 1500 W (vgl. Abb. 1103) sowie einem Kursfeuerdachlicht.

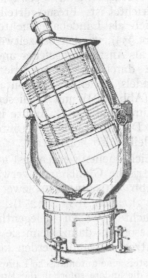

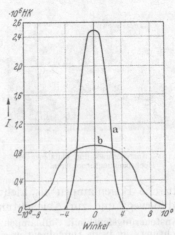

Abb. 1101. Gürtelleuchte für Landebahnbeleuchtung, schräg gestellt, um, in Umdrehung versetzt, als Ansteuerungsfeuer zu dienen.

Abb. 1102. Horizontallichtverteilung einer Leuchte nach Abb. 1099. a ohne Streuer; b mit Streuer.

England, Abb. 1101) oder auch Neonröhren (hauptsächlich in England, selten in Deutschland). Für die Bemessung der Lichtstärke und der Blinkdauer gilt der Grundsatz, daß das Ansteuerungsfeuer auf große Entfernung, vor allem vom nächsten Flugstreckenfeuer aus, sichtbar sein muß [1]. Die Lichtverteilung

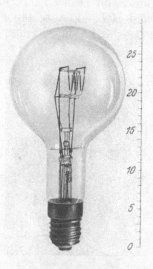

Abb. 1103. Sonderglühlampe 55 V 1500 W in Kugelform für Ansteuerungs- und Flugstreckenhauptfeuer. Brennlage: Sockel unten oder waagerecht und bis 45° aufwärts.

Abb. 1104. Projektionslampe Form B 110 V 1000 W. Brennlage: Sockel oben oder unten.

einer Parabolspiegelleuchte nach Abb. 1099 ist in Abb. 1102 dargestellt [2]. Die Kennung der Ansteuerungsfeuer besteht im allgemeinen aus einem weißen Einzelblink mit einer Wiederkehr von 3...5 s und einer Blinkdauer von 0,1...0,2 s.

Die Scheinwerfer werden so aufgestellt, daß die Höchstlichtstärke etwa 1...2° aufwärts gerichtet ist. Fresnelgürtellinsen, die gewöhnlich als Landebahnleuchten dienen (vgl. j, S. 933), werden bei zeitweiliger Benutzung als Ansteuerungsfeuer um etwa 20° um eine durch die Symmetrieachse des Lichtbündels gehende horizontale Achse gedreht (Abb. 1101) und in dieser Stellung mit 12 Umdrehungen je Minute in Umlauf gesetzt. Die Richtung der größten Lichtstärke bleibt also horizontal.

Abb. 1105. Ansteuerungs- und Platzfeuer aus Hochspannungsneonröhren.

Als Lichtquellen werden fast ausschließlich elektrische Glühlampen verwandt, von denen Abb. 1103 und 1104 zwei Beispiele zeigen (vgl. auch B 5, S. 125 f). Parabolspiegelleuchten haben gelegentlich auch elektrische Bogenlampen als Lichtquellen, besonders dann, wenn sie auch von Hand bewegt und zur Ableuchtung des Platzes verwandt werden können.

Ansteuerungsfeuer mit Glühlampen haben fast stets eine automatische Lampenwechselvorrichtung, die beim Durchbrennen einer Lampe die andere sofort in die Brennstellung bringt und einschaltet.

[1] Empfehlung der IBK. und ILK.
[2] Vgl. die Ausführungen über Tragweite in Abhängigkeit von Lichtstärke und Blinkdauer in J 6, S. 898 und I. Langmuir and F. W. Westendorp: A Study of Light Signals in Aviation and Navigation. Physics 1 (1931) Heft 5, 273—317.

Die Verwendung von Neonröhren als Ansteuerungsfeuer ist stark zurück-
gegangen. Die Feuer bestehen aus Hochspannungsneonröhren von 6...36 m
Länge, die meist in charakteristischer äußerer Form angeordnet werden (Abb. 1105).
Da sie außerdem stets eine besondere Blinkkennung erhalten, bilden sie den
Übergang zu den Platzfeuern.

e) Platzfeuer.

*Ein Platzfeuer ist ein Feuer, das auf dem Flughafen aufgestellt ist und bei
gleichzeitigem Vorhandensein eines Ansteuerungsfeuers zur Angabe der genauen
Lage eines Flughafens dient.* Die Platzfeuer
sollen unter mittleren Witterungsbedingungen[1]
vom Ansteuerungsfeuer oder vom nächsten
Flugstreckenfeuer aus sichtbar sein. Sie werden insbesondere auch dann erforderlich,
wenn bei Vorhandensein mehrerer benachbarter Flughäfen jeder Hafen besonders gekennzeichnet werden muß. In USA. ist als
Farbe für die Platzfeuer Grün vorgeschrieben.

Als Platzfeuer dienen entweder Neonröhren mit Blinkkennung (vgl. d, S. 926)
oder kleine Gürtellinsen mit Vorsatzfiltern,
bei denen die Kennung durch Ein- und Ausschalten der Glühlampen oder durch umlaufende Blenden erfolgt. Sofern eine einfache
Kennung genügt, werden auch umlaufende
Parabolspiegel- oder Fresnellinsenscheinwerfer
mit farbigen Filtern benutzt (Abb. 1106). Die
Scheinwerfer werden ähnlich den Ansteuerungsfeuern um etwa 1 ... 2° aufwärts
gerichtet.

Abb. 1106. Zweistrahliges Platzfeuer mit umlaufenden Parabolspiegeln von 50 cm
Durchmesser und 1000 W-Projektionslampen.

f) Flughafenhindernisfeuer.

*Ein Hindernisfeuer ist ein Leuchtfeuer, das den Flugzeugführer vor Hinder-
nissen warnen soll.* Mit roten [2] festen (nicht blinkenden) Hindernisfeuern müssen
versehen werden alle Hindernisse auf dem Rollfeld und die Hindernisse außerhalb des Rollfeldes, wenn ihre Höhe h über dem nächsten Punkt des Rollfeldes
die Höhe h' überschreitet; h' ist gleich $\frac{1}{20}$ (in USA. $\frac{1}{15}$) des Abstandes zwischen
dem Hindernis und der Rollfeldgrenze, wenn dieser Abstand kleiner ist als
500 m (in USA. keine Grenze), und gleich 25 m, wenn dieser Abstand 500...1000 m
beträgt. Hindernisse in größerem Abstande vom Hafen brauchen nur in Ausnahmefällen befeuert zu werden, es sei denn, daß sie als Flugstreckenhindernisse
gelten (vgl. s, S. 943). Hindernisse von geringerer Höhe als 2 m werden außerhalb des Rollfeldes nicht befeuert.

Bei der Anordnung der Feuer auf den Hindernissen ist zu unterscheiden
zwischen „ausgedehnten", „schlanken" und „besonderen" Hindernissen. Ein
„ausgedehntes" Hindernis ist entweder ein Hindernis von gewisser Größe oder
eine Gruppe benachbarter schlanker Hindernisse. Die Anordnung der Hindernis-

---

[1] Bei einer Durchlässigkeit der Luft von 80%/km.
[2] Bez. der Farbe „Rot" vgl. b, S. 923.

feuer auf „ausgedehnten" Hindernissen soll so erfolgen, daß die scheinbaren Umrisse gekennzeichnet werden. Der horizontale Abstand zweier Hindernisfeuer soll nicht mehr als 50 m (in USA. zur Zeit 90 m, für später vorgesehen 45 m), der vertikale Abstand, von oben angefangen, möglichst genau 30 m betragen. Unterhalb der Höhe der Hindernisfeuer auf benachbarten Hindernissen sind keine Feuer mehr zu setzen. Die Befeuerung „schlanker" Hindernisse kann durch eine einzige Reihe auf der gleichen Vertikalen angeordneter Feuer geschehen, deren Abstand voneinander, von der Spitze angefangen, ebenfalls möglichst genau 30 m betragen soll. Wenn die „besondere" Beschaffenheit des Hindernisses eine derartige Befeuerung unmöglich macht (z. B. bei Funktürmen), so soll ein solches Hindernis

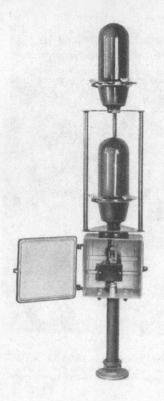

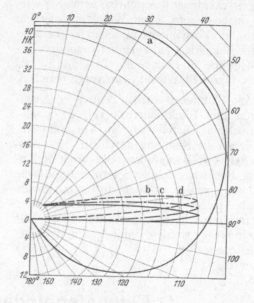

Abb. 1107.   Abb. 1108.

Abb. 1107.   Glühlampenhindernisdoppelfeuer (für die Spitzen von Hindernissen) mit selbsttätigem Umschalter, der das untere Feuer einschaltet, wenn das obere versagt.

Abb.1108. Lichtverteilungskurven eines deutschen Hindernisfeuers mit 200 W-Lampe und opak roter Überglocke (a) und amerikanischer Hindernisfeuer mit Optik (Abb. 1109) bei den Anbringungshöhen 0...15 m (b), 15...30 m (c) und über 30 m (d). Die amerikanischen Kurven (b...d) stellen die vorgeschriebenen Mindestwerte für Parallelschaltungslampen dar. Die entsprechenden Werte für Serienschaltungslampen sind ähnlich, haben aber einen Höchstwert von 60 K.

durch rote[1] Blinkfeuer gekennzeichnet werden, die die horizontale Ausdehnung des Hindernisses und seinen Mittelpunkt deutlich angeben.

Die Feuer auf der Spitze eines Hindernisses müssen gegen Versagen vollkommen gesichert sein. Es empfiehlt sich, entweder zwei Feuer vorzusehen, oder das Feuer mit zwei Lampen auszurüsten oder eine selbsttätige Vorrichtung einzubauen, die ein Ersatzfeuer oder eine Ersatzlampe einschaltet, wenn das ursprüngliche Feuer versagt (Abb. 1107).

Die Lichtstärke eines Flughafenhindernisfeuers in der Horizontalen soll mindestens 6 K, rot gemessen, der gesamte Lichtstrom mindestens 60 lm, rot gemessen, betragen. Der Ausstrahlungswinkel soll sich von 30° (in USA. von 45°) unter der Horizontalen bis zum Zenith in jeder Vertikalebene, in der das Feuer sichtbar sein muß, erstrecken [2].

---

[1] Bez. der Farbe „Rot" vgl. b, S. 923.
[2] Diese Ausführungen (beginnend mit der Begriffsbestimmung) stellen inhaltlich die Anforderungen der ILK. dar.

Als Hindernisfeuer dienen Glühlampenleuchten mit roten Filtergläsern oder Neonröhren. Die in Deutschland üblichen Glühlampenhindernisfeuer haben rote durchsichtige oder opake Überglocken (Lichtverteilung in Abb. 1108a). In England und USA. werden als Glühlampenhindernisfeuer häufig Fresnelgürtel-optiken benutzt (Abb. 1109), die eine Vergrößerung der Lichtstärke in den Winkeln nahe der Horizontalen auf Kosten der Lichtstärke in den zenith-nahen Winkeln bewirken (Abb. 1108b, c, d). Die Richtung größter Lichtstärke ist je nach der Anbringungshöhe des Feuers verschieden.

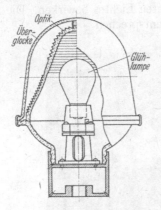

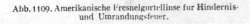

Abb. 1109. Amerikanische Fresnelgürtellinse für Hindernis- und Umrandungsfeuer.

Abb. 1110. Neonhindernisfeuer mit Reserveröhre, die sich beim Ausbrennen der ersten Röhre selbsttätig ein-schaltet. Länge der Leuchtröhren je 2 m, Energiebedarf je 70 W.

Die Neonfeuer haben vorzugsweise Haarnadel- oder M-Form (Abb. 1110), doch sind auch gestreckte Röhren, z. B. zur Kennzeichnung von Kirchtürmen, gebräuchlich. Es werden hauptsächlich Hochspannungsröhren benutzt, jedoch sind auch Netzspannungsröhren mit Glühkathoden mit gutem Erfolge erprobt worden. Versuche mit Neonröhren, die an Hochspannungsleitungen hängend im Spannungsfeld dieser Leitungen aufleuchten und die Hochspannungsleitungen als Hindernis kennzeichnen, wurden in der Schweiz und in Frankreich aus-geführt. Solche Feuer sind aber mit Rücksicht auf die Schwäche der Licht-erscheinung zur Zeit wenig verbreitet.

g) Flughafenumrandungsfeuer.

Ein Umrandungsfeuer ist ein Feuer, das zur genauen Kenntlichmachung der Grenzen des Rollfeldes dient. Wenn Hindernisse die Umrandung bilden, können die Hindernisfeuer gleichzeitig auch Umrandungsfeuer sein. Die Umrandungs-feuer werden in Abständen von möglichst genau 100 m und in höchstens 2 m über dem Boden so aufgestellt, daß während des Fluges die genaue Form des Rollfeldes erkennbar ist. Umrandungsfeuer sollen feste Feuer sein, doch dürfen mit Gas (z. B. Azetylen) betriebene Feuer als Blinkfeuer ausgebildet werden, bei denen die Dauer des Scheins mindestens 0,2 s und die Zahl der Blinke in der Minute 90 sein soll. Die Farbe der Umrandungsfeuer kann weiß oder gelb oder, wenn die Form der Feuer jede Verwechslung mit Hindernisfeuern oder anderen Lichtern auf oder nahe dem Flughafen ausschließt, rot [1] sein. Weiß

[1] Bez. der Farben vgl. b, S. 923.

ist in USA. allgemein üblich, Gelb in Europa eingeführt, mit Ausnahme von Deutschland, wo langgestreckte Neonröhren gebräuchlich sind. In USA. werden rote Umrandungsfeuer an solche Stellen gesetzt, wo das Einschweben besonders gefährlich ist. Die Lichtstärke soll, farbig gemessen, über einen Ausstrahlungswinkel von 5° unter der Horizontalen bis zum Zenith und über alle Azimutwinkel mindestens 6 K, der Lichtstrom, farbig gemessen, mindestens 60 lm betragen.

Optische Mittel zur Beeinflussung der Lichtverteilung werden in Europa, wo nur gelbe durchsichtige oder opake Überglocken benutzt werden, selten angewandt. In USA. werden die Glühlampen in kleine Fresnelgürtellinsen gesetzt (Abb. 1109), die eine Erhöhung der Lichtstärke in horizontnahen Winkeln und eine Herabsetzung des nach oben gerichteten Lichtes bewirken. Die Lichtverteilung soll der in Abb. 1108b gezeigten entsprechen.

Abb. 1111. Neonflughafenumrandungsfeuer in Pfeilform. Rohrlänge 2 m. Energiebedarf 70...120 VA.

Die Glühlampenumrandungsfeuer werden in Parallelschaltung oder in Serienschaltung, meist in zwei oder drei Stromkreisen, betrieben. Die Leistungsaufnahme der Lampen beträgt für die weißen amerikanischen Feuer 15 W, für gelbe und rote Feuer 60...200 W. In Holland haben sich Natriumröhren als Umrandungsfeuer sehr gut bewährt [1].

Die Neonröhren (Abb. 1111) werden neuerdings in Form eines stumpfen Winkels, dessen Spitze in das Innere des Rollfeldes weist, ausgebildet. So erkennt der Flugzeugführer, ob er sich beim Überfliegen der Rollfeldgrenze auf den Flughafen zu oder von ihm fortbewegt. Die Röhren sind, wie die für Hindernisfeuer benutzten, Hochspannungsröhren von 70...180 VA. Die Transformatoren liegen primärseitig meist in Parallelschaltung an einer Ringleitung, die um den gesamten Platz führt. Zuweilen sind sie auch in zwei oder drei einzeln einschaltbare Gruppen unterteilt, wobei jedes zweite oder dritte Feuer zur gleichen Gruppe gehört.

h) Flughafeneinschwebefeuer.

Ein Einschwebefeuer ist ein Feuer, das eine günstige Einschwebestelle kennzeichnet. Einschwebefeuer werden im allgemeinen an Stelle von zwei oder mehreren Umrandungsfeuern angeordnet. Sie können aber auch außerhalb

---

[1] IBK. 1935. Sekretariatsbericht 26a.

des Rollfeldes aufgestellt sein. Die Einschwebefeuer sollen grün [1] und fest sein. Für Anordnung, Höhe, Ausstrahlungswinkel, Lichtstärke, Lichtstrom und Lichtverteilung gelten die gleichen Bestimmungen wie für die Umrandungsfeuer.

Als Lichtquellen dienen allgemein Glühlampen von 60…200 W Leistungsaufnahme, die mit grünen durchsichtigen oder opaken Überglocken versehen sind. In USA. werden die in Abb. 1109 gezeigten Leuchten mit Gürteloptik auch hierfür benutzt. Die Verwendung grün leuchtender Entladungsröhren als Einschwebefeuer ist bisher noch nicht bekannt geworden.

i) Landerichtungsanzeiger[2] und Windsack.

Ein beleuchteter bzw. leuchtender Landerichtungsanzeiger ist eine Vorrichtung zur Angabe der Richtung und, wenn möglich, auch der Stärke des Bodenwindes.

Abb. 1112. Landerichtungsanzeiger mit Quecksilberröhren. Gesamtlänge der Röhren etwa 8 m. Energiebedarf 420 VA.

Landerichtungsanzeiger werden durch den Wind betätigt, so daß ihre Stellung jeweils die Richtung angibt, in der die Landung auszuführen ist. Bei schwachen Winden und bei Windstille soll der Landerichtungsanzeiger sich selbsttätig in die Stellung der für den betreffenden Flughafen günstigsten Landerichtung drehen. Häufig werden Rückmeldeanlagen benutzt, durch die die Stellung des Anzeigers nach der Schaltzentrale übertragen wird.

Die Form des Landerichtungsanzeigers soll die des Buchstabens T sein, dessen Balkenlänge mindestens je 4 m betragen soll. In USA. ist für den Pfeilerbalken mindestens 5,50 m, für den Querbalken mindestens 3,65 m vorgeschrieben.

Die Beleuchtung kann mit Glühlampen, die längs der Balken oder in einer die Balken beleuchtenden Optik angeordnet werden, oder mit Entladungsröhren erfolgen (Abb. 1112).

Als Farbe wird von der ILK. Weiß [1] empfohlen, in USA. ist Grün [1] vorgeschrieben, in Deutschland hat sich weitgehend das Blau [3] der Quecksilberentladungsröhren eingeführt. Das Licht der Landerichtungsanzeiger soll fest sein. Werden jedoch Azetylen oder andere Gase verwandt, so kann das Licht blinken derart, daß der Schein mindestens 1 s dauert und die Wiederkehr

---

[1] Bez. der Farben vgl. b. S. 923.

[2] Diese Bezeichnung wurde 1935 an Stelle des bis dahin gebräuchlichen Ausdrucks „Windanzeiger" eingeführt, weil sei sehr schwachem Wind oder bei Windstille die Stellung des Gerätes die empfohlene oder vorgeschriebene günstigste Landerichtung anzeigen soll.

[3] „Blau für Luftverkehr" ist noch nicht festgelegt.

etwa 30/min beträgt [1].   Neben dem Wind-T wird zuweilen ein Windsack benutzt.

In USA. wird der Windsack bevorzugt, während er sich in Deutschland kaum eingeführt hat. Der Windsack hat die Form eines Kegels oder Kegelstumpfes, der durch eine oder mehrere am Haltemast befestigte Glühlampen beleuchtet wird (Abb. 1113). Der Windsack wird vom Wind derart gerichtet, daß aus seiner Stellung die Windrichtung und angenähert auch die Windstärke erkennbar ist. Zuweilen wird eine mechanische Übertragung der Stellung zur Einschaltung einer je nach der Windstärke verschiedenen Anzahl

Abb. 1113. Windsack mit Beleuchtungs-einrichtung.

Abb. 1114. Windstärkeanzeiger mit automatischer Einschaltung von Soffittenglühlampen.

von Lampen benutzt. Eine andersartige Angabe der Windstärke zeigt Abb. 1114. Hier wird automatisch für je 2 m/s Windgeschwindigkeit eine Soffittenlampe eingeschaltet, so daß aus der Anzahl der eingeschalteten Lampen die ungefähre Windstärke ersichtlich ist.

j) Landebahnleuchten.

Eine Landebahnleuchte ist ein Scheinwerfer oder eine Fächerleuchte, die zur Beleuchtung der Landebahn dient. Alle Flughäfen mit internationalem Luftverkehr sollen mit Landebahnleuchten ausgerüstet werden. Die Landebahnleuchten sollen den je nach der herrschenden Windrichtung zur Landung geeigneten Teil des Rollfeldes derart beleuchten, daß auch ein nicht mit Landescheinwerfern oder Landefackeln ausgerüstetes Flugzeug gefahrlos landen kann [2]. Als beleuchtet gilt derjenige Teil des Rollfeldes, der eine Vertikalbeleuchtungsstärke (senkrecht zum einfallenden Strahl gemessen) von mindestens 2 lx (in Deutschland 3 Hlx) erhält. An keiner Stelle der Fläche soll die Beleuchtungsstärke 25 lx überschreiten. Form und Größe der beleuchteten Fläche sollen

---

[1] Die Bestimmung über blinkende Landerichtungsanzeiger befindet sich nur in den Empfehlungen der IBK., nicht in den Richtlinien der ILK.

[2] Walter, H.: Grundsätzliches über Rollfeldbeleuchtung. Licht u. Lampe **20** (1931) Heft 3, 43—46. — Höpcke, O.: Landebahnbeleuchtung. Licht **5** (1935) Heft 7, 8 u. 9, 144—148, 182—186, 202—204.

derart sein, daß man ihr in jeder zur Landung zugelassenen Richtung ein Rechteck von 600 × 300 m² einschreiben kann [1], dessen lange Seite zur Landerichtung
parallel läuft. Die Landebahnleuchten müssen stets so eingestellt und bedient
werden, daß der Pilot während der Landung nicht geblendet wird, z. B. so,
daß er die Lichtquelle im Rücken oder sehr weit seitlich [2] zur Landerichtung
hat. Aus dem gleichen Grunde soll die obere Grenze des Lichtbündels im
allgemeinen eine Parallelebene zur Landebahn nicht überschreiten [3]. In USA.

Abb. 1115. 5 oder 10 kW-Landebahnleuchte mit Gurteloptik von 500 mm Brennweite und Hindernisdachlicht mit
Kabelanschluß an Ringleitung, als Anhänger, in Leuchtstellung.

wird nach oben ein Abfall der Lichtstärke auf $^1/_{10}$ des Höchstwertes innerhalb 3° gefordert.

Als Landebahnleuchten dienen Gürtellinsen, Zylinderparabolspiegel, Kugelparabolspiegel, Scheinwerferlinsen und Rotationsparabolspiegel, die fast ausschließlich mit Glühlampen betrieben werden. Art und Leuchtkörperform der
Lampen richten sich nach der Optik und nach der gewünschten Wirkung.

Am meisten verbreitet ist die Gürteloptik (Abb. 1115). Der horizontale
Öffnungswinkel der Leuchten richtet sich nach dem gewünschten seitlichen
Streuwinkel, der 90...180° betragen kann und meist bei 120° liegt. Als Licht-
quellen dienen Glühlampen von 5 oder meistens 10 kW Leistungsaufnahme
(Abb. 1116 und 1117). Eine Untersuchung über die zur Erzielung möglichst hoher
Lichtstärken bei geringer Vertikalstreuung günstigste Leuchtkörperform für
Gürtelleuchten ergab eine Form, die der in Abb. 1117 gezeigten ähnelt; jedoch
müßten die Wendelsäulen nach den Enden zu etwas länger, in der Mitte am
kürzesten sein [4]. Diese Form entsprach aber den praktischen Anforderungen
weniger als die Großkernwendel (Abb. 1116), die eine höhere mittlere Leucht-

---

[1] In USA. 900 · 150 m².
[2] In USA. ist ein seitlicher Winkel von mindestens 40° vorgeschrieben, vom Augenblick
des Eintauchens in den beleuchteten Sektor.
[3] Diese Ausführungen, beginnend mit der Begriffsbestimmung, stellen inhaltlich die
Richtlinien der ILK. dar.
[4] IBK. 1935. Sekretariatsbericht 26a, Abb. 7.

dichte aufweist. Die geringe Höhe der Großkernwendel ergibt eine etwas zu schwache Vorfeldbeleuchtung, die aber durch ein von einem Kugelspiegel entworfenes, unmittelbar über der Wendel liegendes Wendelbild in gewünschter Weise erhöht werden kann [1].

Zylinderparabol-(Mulden-) Spiegel sind zuerst in Amerika gebaut und benutzt worden. Seit einiger Zeit werden sie auch in Deutschland und in England hergestellt. Es sind jeweils mehrere Lampen auf der Brennlinie des Spiegels angeordnet. Auf der Leuchte der Abb. 1118 (Lichtverteilung dazu Abb. 1119) sind es 8 Lampen zu je 55 V 3200 W (Abb. 1120); es werden jedoch auch kleinere Einheiten gebaut.

Zylinderparabolspiegel eignen sich, da sie eine Brennlinie besitzen, auch gut als Optik für Quecksilberhochdruck- und -höchstdruckentladungslampen. Da die Lichtfarbe dieser Lampen stark grünlich ist, bieten sie für die Ausleuchtung mit Gras bewachsener Flächen den Vorteil, daß bei der Reflexion an den grünen Grashalmen sehr wenig Licht verlorengeht [2]. Versuche mit solchen Lichtquellen in Deutschland und Holland hatten sehr befriedigende Ergebnisse.

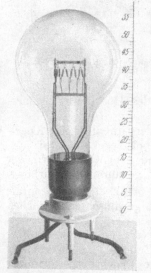

Abb.1116. 55 V 5 kW-Glühlampe für Landebahnleuchten mit Großkernwendelleuchtkörper. Brennlage: Sockel unten.

Eine ähnliche Wirkung haben auch Kugelparabolspiegel („Laminoidspiegel"), deren Horizontalschnitt ein Kreis und deren Vertikalschnitt eine Parabel ist. Solche Leuchten werden besonders in England hergestellt (Abb. 1121) [3].

Scheinwerferlinsen und Rotationsparabolspiegel ergeben eine Fächerwirkung nur durch Vereinigung mehrerer Elemente, durch Benutzung langgestreckter

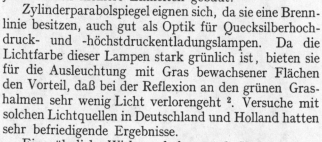

Abb.1117. 110V10 kW-Projektionslampe für Landebahnleuchten mit niedrig gebautem Leuchtkörper. Brennlage: Sockel unten.

Abb. 1118. 26 kW-Landebahnleuchte mit Zylinderparabol- (Mulden-) Spiegel mit 8 Glühlampen der Abb. 1120 und Hindernisdachlichtern, als Anhänger.

[1] Green, H. N.: Neueste Fortschritte in der Flugwege- und Flughafenbeleuchtung. Illum. Engr. Mai 1935, 146—157. Licht u. Lampe 24 (1935) Heft 17 u. 18, 395—397, 437—438.
[2] Kulebakin, V. S.: Über die Lichtreflexion von Erddecken. Lichttechn. (Beilage zu Elektrotechn. u. Maschinenb.) 7 (1930) Heft 3, 25—29.
[3] IBK. 1935. Sekretariatsbericht 26a.

Lichtquellen oder geeigneter Horizontalstreuer (Abschlußscheiben). Den Strahlengang einer Leuchte mit Scheinwerferlinsen stellt Abb. 1122 dar. Da

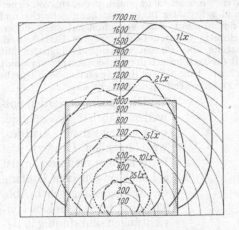

Abb. 1119. Kurven gleicher Senkrechtbeleuchtungsstärken der 26 kW-Landebahnleuchte mit Muldenspiegel.

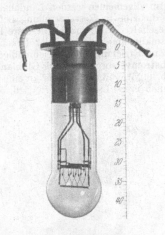

Abb. 1120. 55 V 3,2 kW-Glühlampe für Muldenspiegel mit Großkernwendelleuchtkörper. Brennlage: Sockel oben.

hier über, unter und vor der Lichtquelle eine Fresnellinse von 50 cm Durchmesser angeordnet ist, führt ein solches Element den Namen „Dreifachleuchte".

Das nach oben und unten gestrahlte Licht wird mit Hilfe je eines unter 45° angeordneten Planspiegels ebenfalls horizontal gerichtet. Hinter der

Abb. 1121. 4,5 kW-Landebahnleuchte mit drei Kugelparabol- (Laminoid-) Spiegeln und drei Gluhlampen von je 1,5 kW.

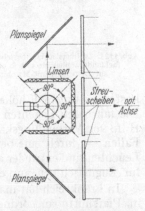

Abb. 1122. Vertikalschnitt durch ein Element der „Dreifachlandebahnleuchte" mit drei Fresnelscheinwerferlinsen.

Lichtquelle — einer Glühlampe 55 V 3000 W mit Großkernwendel — ist ein Kugelspiegel angeordnet, so daß der Lichtstrom gut ausgenutzt wird. Zwei oder mehrere Elemente werden zu Zwillingsleuchten (Abb. 1123, Lichtverteilung Abb. 1124) oder zu Drillingsleuchten vereinigt [1].

[1] LANGEN, W. v.: Neue Landebahnleuchten für Flugplätze. Dtsch. Flughäfen **3** (1935) Heft 4/5, 8—10.

Eine Landebahnleuchte mit Rotationsparabolspiegeln ist in Abb. 1125 dargestellt.

Im allgemeinen werden Landebahnleuchten mit zwei Lichtquellen versehen, von denen sich die eine in Reservestellung befindet und selbsttätig in Brennstellung gebracht und eingeschaltet wird, sobald die erste Lampe durchbrennt. Man verzichtet auf diese Sicherheitsmaßnahme, wenn in der Leuchte gleichzeitig mehrere Glühlampen in Betrieb sind.

Zur Erzielung einer gleichmäßigen Belastung aller Phasen werden auf Flughäfen mit Drehstromversorgung häufig Glühlampen mit dreifach unterteiltem Leuchtkörper verwandt (Abb. 1126), von denen jeder an einer Phase liegt. Eine sichere Reserve stellen beim Durchbrennen eines Leuchtkörperteils die beiden anderen Teile jedoch nicht dar.

Abb. 1123. Zwillingsleuchte, bestehend aus zwei Elementen der Dreifachlandebahnleuchte mit je einer Glühlampe 55 V 3000 W, auf Lastwagen mit Maschinensatz, in Leuchtstellung.

Die Leuchten werden entweder fahrbar ausgebildet oder fest eingebaut. Als Ideal wird in allen Ländern der feste Einbau mehrerer, meist 8 Leuchten auf dem Umfang des Rollfeldes angesehen (Abb. 1125 und 1127). Solche Einrichtungen sind ständig in Bereitschaft, und die Kosten für Wartung und für die Bedienung, die von einer Zentralstelle aus vorgenommen werden kann, sind gering, dagegen sind die Anschaffungs- und Einbaukosten hoch. Derartige Anlagen finden sich in USA., Holland, Frankreich und England. In den übrigen Staaten, die Nachtluftverkehr betreiben, werden mit Rücksicht auf den geringeren Kapitalaufwand fahrbare Geräte bevorzugt, die je nach der Windrichtung an geeigneter Stelle des Flughafens aufgestellt werden. Hier sind die Wartungskosten naturgemäß höher, und die Inbetriebsetzung erfordert eine gewisse Zeit. Die fahrbaren Leuchten werden entweder an eine fest verlegte Ringleitung mit Hilfe von Verbindungskabeln angeschlossen (Abb. 1115) oder — in den meisten Fällen — durch eine benzinelektrische Kraftanlage betrieben (Abb. 1123). Die Leuchten sind entweder auf dem Antriebswagen untergebracht oder als Anhänger für Zugmaschinen ausgebildet (Abb. 1118).

In Frankreich hat man auf dem Flughafen Reims versuchsweise eine Leuchte in Platzmitte angeordnet. Diese Leuchte — zwei übereinander angeordnete Fresnellinsen von 120° Öffnung mit je einer 6 kW-Glühlampe — ist versenkbar und kann durch Fernsteuerung ausgefahren und in die Windrichtung gedreht werden. Die mit dieser Anordnung gemachten Erfahrungen sind bisher nicht bekannt geworden.

Von großer Bedeutung ist die Aufstellungshöhe der Leuchten und die genaue vertikale Ausrichtung des Lichtbündels. Bei geringer Aufstellungshöhe ergeben sich zu kleine Einfallswinkel der Lichtstrahlen, so daß kleine Bodenunebenheiten schon lange Schatten werfen und eine ungleichmäßige Beleuchtung entsteht. Als Regel kann 3...4 m bis zum Lichtpunkt gelten, als Mindestwert, der nur auf sehr ebenen Plätzen angewandt werden kann, 2 m. Auf mehr als 5 m Höhe geht man auch auf wenig ebenen Plätzen nicht, weil die Leuchte

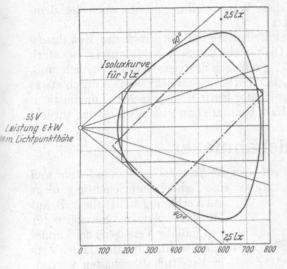

Abb. 1124. Kurven gleicher Senkrechtbeleuchtungsstärken der Zwillingsleuchte nach Abb. 1123.

Abb. 1125. Zwillingsleuchte für festen Einbau aus zwei Rotationsparaboloidscheinwerfern von 90 cm Durchmesser und 50 cm Brennweite und je einer Glühlampe 55 V 5 kW (Abb. 1116).

sonst die Landung zu stark behindert. Die Einstellung des Feuers erfolgt erfahrungsgemäß am günstigsten so, daß der Strahl der höchsten Lichtstärke dort den Boden trifft, wo die als beleuchtet geltende Fläche ihre Grenze hat, also z. B. in Deutschland dort, wo im Axialstrahl noch 3 Hlx vorhanden sind. Diese Entfer-

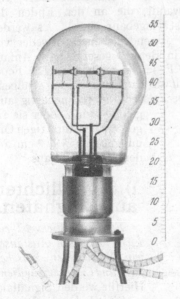

Abb. 1126. Dreiphasenlampe 60 V 10 kW mit drei Großkernwendelleuchtkörpern zum Anschluß an Dreiphasenstrom in Sternschaltung.

Abb. 1127. Schema der Anordnung von 8 fest eingebauten Landebahnleuchten.

nung ergibt sich in Meter, wenn die Lichtstärke in HK gemessen wird, aus

$$r = \sqrt{\frac{I_{max}}{3}}.$$ Da somit die gesamte obere Hälfte des Lichtbündels praktisch

unwirksam ist, bemüht man sich, die Vertikalstreuung des Lichtbündels nach oben möglichst zu verkleinern, insbesondere durch sehr sorgfältige Herstellung der Optik und durch die bereits erwähnte Verringerung der Vertikalabmessungen der Glühlampenleuchtkörper. Auf diese Weise wird gleichzeitig auch die Blendungsgefahr weitgehend herabgesetzt.

Für den Flugbetrieb von größter Bedeutung ist die Frage der Bewährung der Landebahnleuchten im Nebel. Die Gefahr der Schleierbildung ist bei stark diesigem und schon bei verhältnismäßig schwach nebligem Wetter ziemlich groß. Eine gewisse Besserung kann bei solcher Witterung erreicht werden durch etwas stärkere Neigung des Lichtbündels. Häufig greift man jedoch bei ungünstigen Sichtverhältnissen auf die früher vielfach benutzte Landebahnbefeuerung zurück.

k) Landebahnfeuer.

Landebahnfeuer sind Feuer, die auf dem Rollfeld die beste Landestelle und -richtung angeben. Sie werden benutzt, wo eine Landebahnbeleuchtung nicht zur Verfügung steht, also z. B. auf Hilfslandeplätzen. Sie sollen für den Fall des Versagens der Landebahnleuchten auf allen Häfen stets in Bereitschaft gehalten werden.

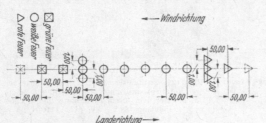

Abb. 1128. Schema der Aufstellung der Landebahnfeuer nach dem Vorschlag der ILK. In einzelnen Ländern (auch in Deutschland) ist das Schema geringfügig geändert.

Als Landebahnfeuer dienen Öl- oder Petroleumlaternen, die nach einem bestimmten Schema auf der Landebahn aufgestellt werden (Abb. 1128). In USA. werden gelegentlich Landebahnfeuer verwandt, die an den Enden der vorgeschriebenen Start- und Landebahnen fest eingebaut sind [1]. Es werden jeweils die für die herrschende Windrichtung passenden Feuer entweder von Hand oder durch eine Windfahne selbsttätig in Betrieb gesetzt. Am Anfang der Landebahn werden grüne, am Ende gelbe Feuer eingeschaltet. Die Feuer sind in den Boden teilweise eingelassen. Damit sie nach den Seiten genügend sichtbar sind, haben sie entweder gewölbte Deckgläser, die prismenartig ausgebildet sind, oder sie ragen mit fensterartigen Öffnungen um 5...7 cm aus dem Boden heraus.

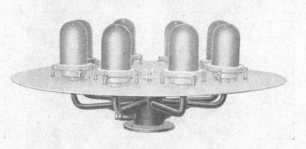

Abb. 1129. Signallichter zur Abgabe von Zeichen an ein Luftfahrzeug.

l) Signallichter auf Flughäfen.

Ein Signallicht ist ein Licht, das zum Austausch von Nachrichten zwischen Erde und Luftfahrzeug dient. Hierfür werden Signalfackeln *(ortsfeste Feuerwerkskörper von bestimmter Farbe zur Signalgebung)*, Leuchtkugeln *(abgeschossene Feuerwerkskörper von bestimmter Farbe zur Signalgebung)* oder auch elektrische Lichtzeichengeber verwandt. Als elektrische Signallichter dienen entweder gruppenweise angeordnete Glühlampen mit roten oder grünen Überglocken (Abb. 1129), mit denen feste oder auch Morsezeichen gegeben werden

---

[1] IBK. 1935. Sekretariatsbericht 26a.

können, oder kleine Scheinwerfer, die in der freien Hand gehalten, und mit denen durch Betätigung einer beweglichen Kalotte Morsezeichen geblinkt werden können.

m) Wolkenscheinwerfer.

Ein Wolkenscheinwerfer ist ein Scheinwerfer, der dazu dient, in Verbindung mit einem Meßgerät die Wolkenhöhe zu messen. Zur Messung der Wolkenhöhe nach Eintritt der Dunkelheit dienen Glühlampenscheinwerfer von 40...60 cm Durchmesser (Abb. 1130) mit einer Glühlampe 12 V 100 W oder 12 V 250 W als Lichtquelle, deren kleiner Leuchtkörper bei der verhältnismäßig großen Brennweite des Spiegels eine hohe Axiallichtstärke und kleine Streuung ergibt. Je nach der Größe des Spiegels und seiner Brennweite erhält man mit einer 250 W-Lampe 3 bis fast 8 Mill. HK. Es entsteht auf der Wolkendecke ein kleiner heller Fleck, der mit einem Peilgerät anvisiert wird. Aus der Winkelhöhe und dem Abstand zwischen Scheinwerfer und Peilgerät ergibt sich mit Hilfe einer Tabelle oder mit direkter Eichung der Winkelskala die Höhe der unteren Wolkendecke.

Abb. 1130. Scheinwerfer zur Messung der Wolkenhöhe. Spiegeldurchmesser 50 cm.

n) Hallen- und Hallenvorfeldbeleuchtung.

Die Überwachungs- und Instandhaltungsarbeiten an den Flugzeugen erfordern eine gute Beleuchtung des Innern der Flugzeughallen. Man verwendet Tief- oder Breitstrahler, die derart angeordnet und ausgerüstet werden, daß sich in Höhe der Arbeitsflächen (1...3 m über dem Boden) eine ausreichende Beleuchtungsstärke ergibt.

Auch vor den Hallen muß auf dem meist betonierten Vorfeld für die dort vorzunehmenden Arbeiten, insbesondere Tanken, Verladen von Fracht und Post usw., eine ausreichende Beleuchtung vorhanden sein. Die Leuchten dürfen nur an den Hallen oder in ihrer unmittelbaren Nähe angeordnet werden, um keine zusätzlichen Hindernisse durch Anbringung von Masten im Vorfeld zu schaffen. Der Einfallswinkel für die Lichtstrahlen wird daher besonders in größerem Abstand von den Leuchten sehr klein; trotzdem darf aber der Pilot eines auf dem Rollfeld befindlichen Flugzeuges nicht geblendet werden. Es muß also für scharfes Abschneiden des Lichtbündels nach oben gesorgt werden. Um dies zu erreichen, werden zuweilen, insbesondere in USA., Leuchten mit Fresneloptik verwandt.

Häufig wird auch Wert gelegt auf eine gute Beleuchtung der Hallenaußenwände, deren deutliche Erkennbarkeit dem Flugzeugführer bei der Landung einen Anhalt für Höhe und Entfernung bietet.

o) Flugstreckenbefeuerung.

Das Netz der befeuerten Flugstrecken ist in Europa, wo Deutschland den Hauptanteil hat, und besonders auch in USA. sehr eng gezogen. Mitte 1936 waren in Deutschland rd. 4000 km Flugstrecken befeuert.

Zur Befeuerung der Flugstrecken gehören Flugstreckenhauptfeuer, Zwischenfeuer, Zusatzfeuer, Ortungsfeuer, Kursfeuer, Leitstrahler und Hindernisfeuer.

p) Flugstreckenhauptfeuer.

*Flugstreckenhauptfeuer sind starke Blinkfeuer, die in größeren Abständen zur
Kennzeichnung der Flugstrecke aufgestellt sind.* Grundsätzlich werden die Feuer
in möglichst gleichem Ab-
stand voneinander auf der
geraden Linie zwischen

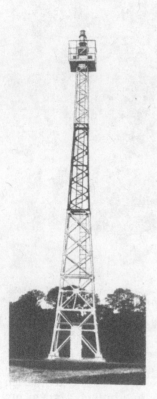

Abb. 1131. Flugstreckenhauptfeuer
auf Gittermast (Flugstrecke
Hannover—Westgrenze).

Abb. 1132. Feuer auf dem Mont Afrique bei Dijon. Höhe des Gebäudes
12 m, Durchmesser 5,5 m. 1 Milliarde K. Größtes Flugfeuer der Welt.

den zu verbindenden Flughäfen aufgestellt, es sei denn, daß Gebirge, große
Industriegebiete, wo wenig Notlandemöglichkeiten vorliegen, militärische Sperr-
gebiete usw. umflogen werden müssen. Die Feuer werden auf Gittermaste
(Abb. 1131) oder Türme gesetzt, die derart im Gelände angeordnet werden,
daß sich eine möglichst große Sichtweite ergibt, z. B. unter Ausnutzung von
Bodenerhebungen.

Für die Bemessung der Lichtstärke gilt der Grundsatz, daß ein Pilot, der
von einem zum nächsten Feuer mit einer größten Kursabweichung von 5°
fliegt, auch unter den ungünstigsten atmosphärischen Bedingungen, bei denen
mit Erdsicht geflogen wird, stets in den Sichtbereich des Feuers kommt [1].

---

[1] Vgl. Fußn. 1, S. 934.

Die bei einer Entfernung r und der Durchlässigkeit a der Luft erforderliche Lichtstärke I ergibt sich aus der Allardschen Formel

$$I = \lambda \cdot \frac{r^2}{a^r},$$

wo λ den Schwellenwert der Augenempfindlichkeit bedeutet[1]. Die für verschiedene Durchlässigkeitswerte errechneten Lichtstärken bei Zugrundelegung eines Schwellenwertes[2] von $\lambda = 0,2$ K auf 1 km zeigt Abb. 1057 in J 6, S. 900[3]. Da für große Abstände der Feuer schon bei guter Durchlässigkeit die erforderlichen Lichtstärken unverhältnismäßig hoch werden, bei zu kleinen Abständen die Unterhaltskosten stark ansteigen, hat sich ein mittlerer Abstand von 35 km als am günstigsten und zweckmäßigsten gezeigt[4]. Riesenfeuer, wie das auf dem Mont Afrique bei Dijon auf der Flugstrecke Paris—Marseille aufgestellte Feuer (Abb. 1132) von 1 Milliarde Kerzen, haben sich als sehr unwirtschaftlich erwiesen.

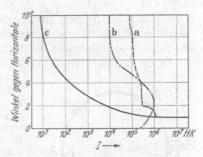

Abb. 1133. Vertikallichtverteilung von Flugstreckenhauptfeuern: a einer englischen Leuchte mit starker Vertikalstreuung; b einer deutschen Leuchte mit einer Glühlampe von 220 V 1500 W; c theoretische Kurve bei 500 m Flugböhe und einer atmosphärischen Durchlässigkeit von 70% je km.

Die Vertikallichtverteilung der Flugstreckenfeuer muß eine gute Sicht auf weite Entfernung, also in flachen Winkeln, und noch genügend Sicht in höheren Vertikalwinkeln gewährleisten. Abb. 1133 zeigt einige charakteristische Lichtverteilungskurven. Die ebenfalls eingetragene theoretische Mindestlichtverteilung[5] verläuft erheblich unter den praktisch vorkommenden Werten, so daß ein Feuer nach dem ersten Auftauchen mit Abnahme der Entfernung immer heller erscheint.

Als Scheinwerfer dienen Parabolspiegel und Scheinwerferlinsen, wie sie auch für Ansteuerungsfeuer üblich sind (vgl. Abb. 1098, 1099 und 1100). In

Abb. 1134. Englische Leuchte mit zwei hintereinander geschalteten Gürtellinsen und einer selbsttätigen Lampenwechselvorrichtung.

[1] Bei Blinkdauern unter 0,7 s ist statt der Lichtstärke der Lichtwert zu setzen (vgl. J 6).

[2] Der Wert von 0,2 K auf 1 km Entfernung wurde auf der Internationalen Seezeichenkonferenz in Paris 1933 für die im Seeverkehr vorhandenen Feuer als untere Empfindungsschwelle des Auges vereinbart. Für die Luftverkehrsfeuer liegt eine solche Vereinbarung nicht vor, aber es ist nicht anzunehmen, daß die im Luftverkehr gültigen Werte von dem Wert 0,2 K auf 1 km wesentlich abweichen.

[3] TOULMIN-SMITH, A. K. and H. N. GREEN: The Range of Air-line Beacons. Aircraft Engng. **3** (1931) Heft 23, 12. — HAMPTON, W. M.: Light Beacons for Night Flying. Aircraft Engng. **2** (1930) 211—213.

[4] NICKEL, E.: Das Leuchtfeuerwesen für den Luftverkehr. Zbl. Bauverw. **51** (1931) Heft 52, 765—768.

[5] BORN, F.: Zur Frage der Vertikallichtverteilung von Flugstreckenfeuern. IBK. Proceedings **2** (1931) 1061—1074. — Z. techn. Physik **12** (1931) Heft 3, 167—178. — GREEN, H. N.: The Light Distribution of Airway Beacons. Illum. Engng. **24** (1931) Heft 2, 39—41.

Deutschland werden zuweilen Vertikalstreuer in die Scheinwerfer eingebaut. In England sind Scheinwerfer in Gebrauch, die aus zwei Gürtellinsenpaaren bestehen (Abb. 1134). Die Linsen jedes Systems stehen sich in einem Winkel von 180° gegenüber, die Achsen der beiden Systeme stehen aufeinander senkrecht [1]. Auf diese Weise ist die Horizontalstreuung in sämtlichen Vertikalwinkeln, in denen Licht ausgestrahlt wird (bis 20° aufwärts), gleich. Der durch Umlauf der Optik bewirkte Blink hat also in allen Höhenwinkeln stets dieselbe Dauer.

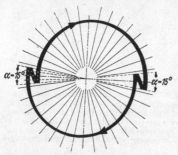

Abb. 1135. Schematische Darstellung der in Schweden eingeführten Umlauf- und Pendelbewegung von Flugstrecken-hauptfeuern.

Die Blinkkennung wird meist durch Umlauf des Scheinwerfers, seltener durch umlaufende Blenden oder Ein- und Ausschalten der Lichtquelle erzielt. Sie ist auf einer Flugstrecke stets die gleiche und besteht im allgemeinen aus einem einfachen Blink von etwa 0,2 s Dauer mit einer Wiederkehr von 4...10 s. Beide Größen sind gegeben durch die Umlaufzeit, die Zahl der gleichzeitig wirkenden Optiken und die Horizontalstreuung des Lichtbündels [2]. Eine sehr eigenartige Blinkkennung, die nicht über den gesamten Horizont gleichmäßig ist, zeigt schematisch Abb. 1135. Der Scheinwerfer führt um die Richtung der Flugstrecke jedesmal eine Pendelbewegung von 7,5° nach jeder Seite der Flugrichtung aus, bevor der Umlauf fortgesetzt wird. Befindet sich der Pilot genau auf der Flugstrecke, so sieht er drei Blinke mit gleichem Abstand, ist er nach links von der Linie abgewichen, so sieht er einen Doppelblink, dem ein einzelner Blink folgt, bei Abweichung nach rechts einen Blink, dem ein Doppelblink folgt. Bei genau 7,5° Abweichung verschmilzt der Doppelblink zu einem langen Blink. Außerhalb des Winkels von 7,5° beiderseits der Flugstrecke erscheint lediglich ein Einzelblink.

q) Flugstreckenzwischenfeuer.

Zwischenfeuer sind schwache Taktfeuer oder feste Feuer, die zwischen Hauptfeuern angeordnet sind. In vielen Ländern, z. B. in Deutschland und USA., werden Zwischenfeuer nicht mehr eingebaut, da die Fälle, daß von einem Hauptfeuer aus das nächste Zwischenfeuer noch sichtbar ist, das nächste Hauptfeuer jedoch nicht, außerordentlich selten sind. Dazu kommt, daß bei etwas unsichtigem Wetter bereits ohne Erdsicht geflogen wird. Benutzt werden Zwischenfeuer noch in Frankreich [3], ferner können sie gemäß einer Empfehlung der IBK. auch überall dort verwandt werden, wo die Bodenbeschaffenheit eine den meteorologischen Bedingungen sich anpassende veränderbare Streckenführung erfordert.

Als Zwischenfeuer dienen meist Neonröhren in Haarnadel- oder M-Form (etwa wie Abb. 1110) [4], seltener kleine Glühlampenscheinwerfer mit umlaufender Optik.

r) Zusatz-, Ortungs- und Kursfeuer, Leitstrahler.

Ein Zusatzfeuer ist ein Feuer, das in unmittelbarer Verbindung mit Haupt- oder Zwischen- oder Ansteuerungsfeuern zur besonderen Kennzeichnung dient. Zusatzfeuer werden bei den Hauptfeuern aufgestellt, an denen die Streckenführung eine Richtungsänderung erfährt, an denen Strecken nach anderen Richtungen abzweigen, oder in deren Nähe sich Hilfslandeplätze befinden. In Deutschland sind ferner sämtliche Hauptfeuer der Nachtstrecke Berlin—Hannover mit Zusatzfeuern ausgerüstet. Die Stellung der Zusatzfeuer zum Hauptfeuer ist so gewählt, daß sie jeweils die Richtung zum nächstgelegenen

---

[1] Vgl. Fußnote 1, S. 934.   [2] Vgl. die Ausführungen über Blinkdauer J 6.
[3] Liste der Luftfahrtleuchtfeuer in Frankreich. Bull. Navig. aér. 1930, 2006—2012.
[4] Born, F. u. H. Straehler: Hochleistungs-Neonröhren und ihre Verwendung im Nachtluftverkehr. 5. Congr. int. Navig. aér. Haag 1 (1930) 21—25.

Flughafen dieser Strecke angeben. Weitere Strecken sollen in gleicher Weise ausgerüstet werden.

Als Zusatzfeuer, die entweder fest oder blinkend ausgeführt werden, sind vorwiegend Neonröhren in Haarnadel- oder M-Form (etwa wie Abb. 1110) in Gebrauch, für blinkende Zusatzfeuer finden auch Glühlampen mit farbigen — meist roten, seltener grünen — Filtern Anwendung.

Ein Ortungsfeuer ist ein Feuer, das zur Bezeichnung eines geographischen Punktes dient, jedoch kein Flugstrecken- oder Flughafenfeuer darstellt. Die Aufstellung von Ortungsfeuern ist nur selten erforderlich, notwendig können sie sein in gebirgigen Gegenden, um z. B. bestimmte Berggipfel eindeutig zu kennzeichnen. Ortungsfeuer müssen also entweder eine Farb- oder eine Blinkkennung oder beide Kennungsarten zugleich aufweisen.

Als Ortungsfeuer dienen kleine Scheinwerfer mit umlaufender Optik und mit Glühlampen als Lichtquellen, die zwecks Kennungsgebung Farbfilter als Vorsatzglas haben, oder auch Neonröhren, die mit Blinkkennung versehen werden.

Ein Kursfeuer ist ein Leuchtfeuer, das längs der Flugstrecke strahlt, so daß es vorzugsweise von Punkten auf oder in der Nähe der Flugstrecke sichtbar ist. Da die Blinkkennung der in den meisten Fällen verwandten gleichförmig umlaufenden Hauptfeuer in allen Richtungen des Horizontes dieselbe ist, ist es zur Erleichterung der Kurshaltung oft wünschenswert, die Richtung der Flugstrecke besonders zu kennzeichnen. Hierfür dienen Kursfeuer, die mit einer bestimmten Kennung in die Richtung der Flugstrecke strahlen (Abb. 1100). Die seitliche Streuung wird derart bemessen, daß die normalerweise vorkommenden Abweichungen vom Kurs für Wetterlagen, bei denen mit Erdsicht geflogen wird, berücksichtigt werden.

Ein Leitstrahler ist ein Feuer mit feststehendem, schmalem Lichtbündel, das eine bestimmte Richtung angibt. Leitstrahler werden aufgestellt, um dem Piloten die Richtung z. B. nach einem Hilfslandeplatz anzuzeigen, besonders, wenn die anzugebende Richtung von der bisherigen Flugrichtung abweicht. Als Leitstrahler werden Glühlampenscheinwerfer mit schmalem Lichtbündel benutzt, das in der stets vorhandenen schwachen Dunstschicht sichtbar ist und in die anzugebende Richtung strahlt.

Richtzeichen sind beleuchtete, zum Teil mit Ortsnamen versehene Pfeile, die dem Piloten die Richtung zu einem Flughafen oder Hilfslandeplatz anzeigen. Solche Richtzeichen sind bisher nur vereinzelt in Gebrauch gekommen.

s) Flugstreckenhindernisfeuer[1].

Zu befeuern sind alle Hindernisse, die den Luftverkehr infolge ihrer Lage oder ihrer Höhe gefährden, insbesondere solche, die sich längs der Flugstrecke oder bis zu einem bestimmten Abstand [2] seitlich davon befinden. Die Unterscheidung nach „ausgedehnten", „schlanken" und „besonderen" Hindernissen wird in der gleichen Weise vorgenommen wie bei den Flughafenhindernissen. Auch die Art der Befeuerung der drei Gattungen ist nahezu dieselbe. Abweichend ist der Vertikalabstand der Feuer, der bei den Flugstreckenhindernissen 50 m betragen soll. Es ist im allgemeinen nicht üblich, unter 60 m Höhe Feuer zu setzen. Die Kennzeichnung „besonderer" Hindernisse ist derart vorzunehmen, daß das Hindernis nicht mit einem Flughafen- oder mit einem Flugstreckenfeuer (Zwischenfeuer) verwechselt werden kann. Dies geschieht z. B. bei Funksendeanlagen auf die Weise, daß die auf dem Umfang der Anlage aufgestellten Feuer

---

[1] Die Begriffsbestimmung ist die gleiche wie die der Flughafenhindernisfeuer (s. Abschn. f).

[2] Für diesen Abstand wird in den Empfehlungen der IBK. Zürich 1932 die Zahl 5 km genannt.

auf gleiche Richtung eingestellt und mit Synchronmotoren auf Gleichgang gehalten werden, so daß der Flugzeugführer sie stets gleichzeitig blinken sieht.

Für die Vorkehrungen gegen das Versagen der Feuer auf der Spitze der Hindernisse sowie für die Farbe gelten die zu den Flughafenhindernissen gemachten Ausführungen.

Die Lichtstärke eines Flugstreckenhindernisfeuers soll in der Horizontalen nicht weniger als 20 K, rot gemessen, und der insgesamt ausgestrahlte Lichtstrom nicht weniger als 60 lm, rot gemessen, betragen. Der Ausstrahlungswinkel soll sich erstrecken von 5° unter der Horizontalen bis zum Zenith in allen Richtungen, in denen das Feuer sichtbar sein muß.

Als Hindernisfeuer dienen die auch für Flughafenhindernisfeuer benutzten Leuchten mit Bevorzugung solcher, die in der Horizontalen eine erhöhte Lichtausstrahlung bewirken.

t) Ausrüstung der Luftfahrzeuge, Stromquellen und Leitungen.

Unter Luftfahrzeugbeleuchtung versteht man die Beleuchtungseinrichtungen an Bord des Luftfahrzeuges. Die Beleuchtung der Luftfahrzeuge soll bestehen aus den Stellungslichtern [1], den Landescheinwerfern und der Beleuchtung der Instrumente. Zusätzlich ist meist vorhanden eine Beleuchtung des Führerraumes, der Fracht-, Betriebs- und Fahrgasträume [2].

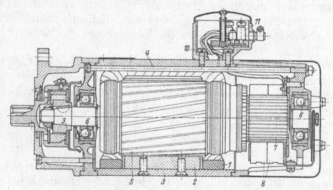

Abb. 1136. Generator für Flugzeuge. 12 V 400 W. *1* Erregerwicklung; *2* Polschuh; *3* Polgehäuse; *4* Befestigungsbolzen; *5* Anker; *6* Kugellager; *7* Kollektor; *8* Schleifkohlen; *9* Elastisches Zwischenglied; *10* Kabelanschlußdose; *11* Anschlußklemmen.

Als Stromquelle (vgl. auch J 3, S. 856) dient meist ein Generator mit Batterie, seltener ohne Batterie, in einigen Ländern zuweilen auch eine Batterie allein. Die Generatoren (Abb. 1136) haben entweder Kraftantrieb vom Motor oder Windantrieb durch eine Luftschraube, deren Blattwinkel sich selbsttätig derart ändert, daß eine konstante Umlaufgeschwindigkeit erzielt wird (Regelpropeller). Infolge des ungünstigeren Gesamtwirkungsgrades wird der Windantrieb in neuerer Zeit nur noch selten angewandt. Auf Luftschiffen kommen nur kraftgetriebene Generatoren ohne Batterie in Betracht.

Die Generatorenleistung beträgt je nach Größe der Anlagen 70...1200 W, in Luftschiffen bis zu 30 kW. (Luftschiff „Hindenburg" hatte zwei 220 V-Generatoren zu je 30 kW und einen 24 V-Generator zu 1,2 kW. Von der erstgenannten Anlage wurden 5,5 kW, von der zweiten 300 W für Beleuchtungszwecke

---

[1] Früher Positionslichter genannt.
[2] Eine eingehende Übersicht über den Stand der Luftfahrzeugbeleuchtung enthält der Sekretariatsbericht 26b zur IBK.-Tagung 1935.

verwandt.) Die Batteriekapazität schwankt in den verschiedenen Ländern und je nach der Größe des Luftfahrzeuges zwischen 7 und 160 Ah, meist liegt sie bei 30…40 Ah. Als normalisierte Nennspannungen gelten in fast allen Ländern 12 und 24 V, selten 6 V, für Luftschiffe 110 und 220 V[1]. Die Regelung der Spannung geschieht fast stets durch selbsttätige Regler (Abb. 1137), die die Betriebsspannung auf etwa 12…15 % über der Nennspannung halten.

Die Leitungen werden, ausgenommen in der Tschechoslowakei, als Doppelleitungen verlegt. Benutzt werden meist Kabel, die weniger leicht brechen als Drähte.

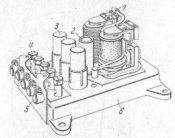

Abb. 1137. Spannungsregler für Flugzeuggeneratoren. 1 Reglerschalter; 2 Widerstand; 3 Entstörkondensatoren; 4 Kabelanschlußklemmen; 5 Rohrschellen zum Festklemmen des Entstörschlauches; 6 Grundplatte.

u) Stellungslichter.

Stellungslichter sind Lichter, die sich am Luftfahrzeug befinden, und die seine Stellung, seine Flugrichtung und möglichst seine Hauptabmessungen nach außen hin kennzeichnen. Von der gesamten in Flugzeugen vorhandenen verhältnismäßig geringen Lichtmaschinen- oder Akkumulatorenleistung können für die Stellungslichter im allgemeinen nicht mehr als 50 W, seltener 75 W, bereitgestellt werden. In Flugzeugen verwendet man für die beiden Seitenlichter meist 20 W-, für das Rücklicht 5 W-Lampen. Diese Beschränkung der zur Verfügung stehenden Leistung erschwert die Erzielung der notwendigen Tragweiten.

Das Internationale Luftfahrtabkommen vom 13. 10. 1919 forderte ein weißes Buglicht mit 8 km, ein grünes Steuerbord-, ein rotes Backbord- und ein weißes Rücklicht mit je 5 km Tragweite. Die Sichtwinkel entsprachen den im Seeverkehr üblichen Werten[2]. In Beschlüssen der CINA. im Jahre 1927 wurde unter Verzicht auf das weiße Buglicht[3] die geforderte Tragweite der beiden Seitenlichter auf 8 km erhöht (Abb. 1138)[4]. Die Erfahrung in allen Ländern hat nun, wie eine Umfrage der IBK. bestätigte, gezeigt, daß die in

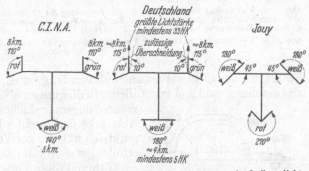

Abb. 1138. Sichtwinkel, Farben und geforderte Tragweiten der Stellungslichter nach den Vorschriften der CINA., dem deutschen Luftverkehrsgesetz und dem Vorschlag des französischen Piloten JOUY.

Benutzung befindlichen Stellungslichter die Tragweitenforderung nicht erfüllen, daß sie also in der Wirkung nicht befriedigen. Eingehende Erörterungen über verschiedene Verbesserungsvorschläge, insbesondere im Rahmen der IBK., haben zu dem Ergebnis geführt, daß die Lichtverteilung zweckmäßig der in den einzelnen

---

[1] HILLIGARDT, E.: Die elektrischen Einrichtungen des Luftschiffes „LZ 129". Elektrotechn. Z. **57** (1936) Heft 13, 354—366.

[2] BORN, F.: Die Stellungslichter der Wasser- und Luftfahrzeuge. Z. Flugtechn. Motorluftsch. **22** (1931) Heft 9 u. 14, 253—255, 428—429.

[3] Das weiße Buglicht mit einem Ausstrahlungswinkel von 220° (in Deutschland 225°) ist nach wie vor notwendig für Seeflugzeuge, solange sie sich mit eigener Kraft auf dem Wasser schwimmend fortbewegen.

[4] Deutsches Luftverkehrsgesetz vom 21. 8. 36. Anlage 2. Reichsgesetzbl. Teil I, Nr. 78, 693—758.

Richtungen vorhandenen Zusammenstoßgefahr entsprechen sollte [1]. Es ergibt sich danach eine geringere Lichtstärke in den seitlichen Winkeln und daher die Möglichkeit, den hier eingesparten Lichtstrom mit optischen Mitteln für die Erhöhung der Lichtstärke nach vorn zu verwerten, ohne den erforderlichen Leistungsbedarf zu erhöhen [2]. Gleichzeitig empfahl die IBK. die

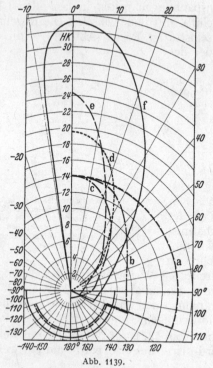

Abb. 1139.

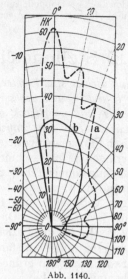

Abb. 1140.

Abb. 1139. Verschiedene Vorschläge für die Lichtverteilung der Stellungslichter. a Pariser Abkommen (CINA.); b Deutscher Vorschlag von 1930 (DVL.); c Englischer Vorschlag von 1931 (H. N. Green); d Amerikanische Vorschriften; e Französischer Vorschlag 1931 (Col. Franck); f Deutscher Vorschlag 1935 (DVL.) und Luftverkehrsgesetz.

Abb. 1140. Lichtverteilung einer Leuchte für Stellungslichter (Kurve a) und die Mindestkurve des RLM. (Kurve b) zum Vergleich.

Festlegung von Lichtstärken an Stelle von Tragweiten, da die Tragweiten schwierig zu bestimmen sind und von äußeren Bedingungen abhängen [3]. Die verschiedenen vorgeschlagenen Lichtverteilungskurven sind in Abb. 1139 dargestellt. Die Forderungen lassen sich praktisch mit der zur Verfügung stehenden Energie erfüllen, wie Abb. 1140 zeigt.

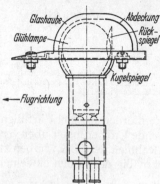

Abb. 1141. Schnitt durch eine Leuchte für Stellungslichter.

Während diese Vorschläge noch sämtlich an der Verwendung farbiger Lichter festhalten, liegen weitere Anregungen vor, die diesen Grundsatz verlassen. Erwähnt sei hier nur das Stellungslichtersystem des französischen Ingenieurs und Piloten Jouy [4], bei dem zwei weiße Vorderlichter und ein rotes Rücklicht

[1] Green, H. N.: The Light Distribution of Navigation Lamps. IBK. Proc. (1931) 2 1104—1109. — Franck, M.: Feux de Position des Avions. IBK. Proc. (1931) 2 1080—1094. IBK. 1935. Sekretariatsbericht 26b.

[2] Born, F.: Die Stellungslichter der Luftfahrzeuge. Licht 2 (1932) Heft 5 u. 6, 97—100, 117—118.

[3] Im deutschen Luftverkehrsgesetz (vgl. Fußn. 4, S. 945) werden in Erkenntnis dieser Tatsache außer den Tragweitenangaben bereits Mindestlichtstärken in den verschiedenen Winkeln festgelegt.

[4] Ing. Pénin: Les feux de Position des Aéronefs. Comité Français de l'Eclairage et du Chauffage. Document 26b — France 201 — Dez. 1935, 1—17.

verwandt werden (Abb. 1138). Die geforderten Tragweiten der Vorderlichter werden bedeutend leichter erreicht, da der Lichtverlust in den Filtern fortfällt; die Tragweite des Rücklichtes ist herabgesetzt. Die Einführung dieses Systems wäre nur unter gleichzeitiger Änderung der Regeln für das gegenseitige Ausweichen zweier sich begegnenden Luftfahrzeuge möglich.

Die Stellungslichter haben im allgemeinen kleine Leuchten mit einem Hilfsspiegel, der einen möglichst großen Teil des in die abgeschatteten Winkel gehenden Lichtstromes noch für die Ausstrahlungswinkel der Lichter nutzbar macht (Abb. 1141. Die meist stromlinienförmig gestaltete Glashaube ist mit farbiger Innenlackierung versehen oder in der Masse gefärbt [1]. Der Einbau der Leuchten geschieht derart, daß die freie Sicht in dem vorgeschriebenen Raum nicht durch Teile des Flugzeuges behindert wird, also für die Seitenlichter an den Flügelenden, für das Buglicht von Wasserflugzeugen vorn unter dem Rumpf, bei Flugbooten an der Spitze des Bootskörpers, für Rücklichter am Heck unter oder über dem Seitensteuer.

Abb. 1142. Landescheinwerfer für Flugzeuge. Durchmesser 360 mm. Glühlampe 24 V 1000 W, ringverspiegelt, seidenmattiert, Axiallichtstärke 1,2 Mill. HK. Zehntelstreuung $6^1/_2°$.

v) Landescheinwerfer.

Ein Landescheinwerfer ist ein Scheinwerfer, der sich an Bord eines Luftfahrzeuges befindet und zur Beleuchtung der Landebahn dient. Insbesondere kommt die Verwendung solcher Scheinwerfer in Betracht bei der Landung auf Plätzen,

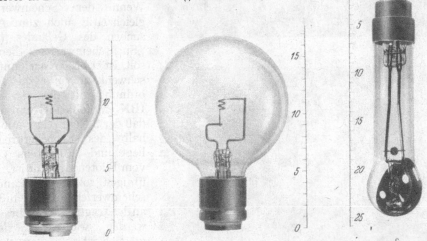

Abb. 1143 a—c. Glühlampen für Flugzeuglandescheinwerfer. a 12 V 250 W, Brennlage: beliebig; b 24 V 400 W, Brennlage: waagerecht oder Sockel unten; c 24 V 1000 W, Brennlage: Sockel oben.

die einen Landebahnscheinwerfer nicht besitzen, sowie bei Notlandungen (vgl. w, S. 949). Der Gesamtlichtstrom im Lichtbündel soll für Verkehrsflugzeuge mindestens 2000, für andere Nachtflugzeuge mindestens 1000 lm betragen, die

[1] Vgl. Abschnitt b, S. 923.

Lichtstärke in der Achse des Lichtbündels 50 000 K nicht unterschreiten [1]. Die Größe der Scheinwerfer schwankt je nach der geforderten Lichtstärke und nach der Größe des Luftfahrzeuges zwischen 200 und 360 mm Durchmesser (Abb. 1142). Als Lichtquellen dienen seidenmattierte, meist ringverspiegelte Glühlampen von 100...400 W, zuweilen auch 1000 W (Abb. 1143). Es werden bei Einstellung auf geringste Streuung (5...7°) Axiallichtstärken bis zu 3,0 Mill. HK erreicht (mit 24 V 1000 W-Lampe in Scheinwerfer von 360 mm Durchmesser).

Die Landescheinwerfer sind entweder an der Unterseite der Tragflächen aufgehängt oder in die Tragfläche eingebaut, oder sie sind herausklappbar eingerichtet (Abb. 1144). Fast stets ist der Reflektor vom Führersitz aus drehbar etwa bis 15° aufwärts und bis 5° (zuweilen bis 25°) abwärts. Wenn der Scheinwerfer gleichzeitig auch zum Absuchen des Geländes (als „Suchscheinwerfer") dienen soll, ist er bis 90° nach unten schwenkbar. Für die Anordnung gilt der von der IBK. empfohlene Grundsatz, daß der Scheinwerfer außerhalb des Propellerkreises liegt und mindestens 3 m vom Piloten entfernt ist. Im übrigen sollen die Landescheinwerfer so weit außen an der Tragfläche angebracht werden, wie es praktisch möglich ist.

Auf Luftschiffen sind besonders große Scheinwerfer erforderlich, die in erster Linie der Beobachtung des Geländes während der Fahrt,

a

b

c

c
Abb. 1144 a—c. Landescheinwerfer am Flugzeug. a fest eingebaut, am Unterflügel hängend; b in die Flügelnase eingebaut; c herausklappbar.

sowie der Bestimmung der Geschwindigkeit und der Abtrift, erst in zweiter Linie als Landescheinwerfer dienen. Das Luftschiff LZ 129 „Hindenburg" führte einen

---

[1] Empfehlung der IBK.-Tagung 1935.

Scheinwerfer, der aus sieben einzelnen Parabolspiegeln von je 400 mm Durchmesser bestand (Abb. 1145). Die Scheinwerfer hatten je eine Lampe von 32 V 600 W als Lichtquelle (Abb. 1146), die hintereinander geschaltet an der Bordnetzspannung von 220 V lagen. Die Lampen waren im Scheinwerfer verstellbar und konnten je nach der Flughöhe auf größere oder kleinere Streuung einreguliert werden. Bei Einstellung aller Lampen auf die Höchstlichtstärke ergab sich zusammen eine Axiallichtstärke von 5,7 Mill. HK.

Abb. 1145. Scheinwerferaggregat aus 7 Scheinwerfern von je 400 mm Durchmesser mit je einer Lampe 32 V 600 W, Abb. 1146, in Serie geschaltet. Luftschiff LZ 129 „Hindenburg".

Abb. 1146. Scheinwerferlampe 32 V 600 W für Zeppelinscheinwerfer (Abb. 1145). Brennlage: Sockel oben.

w) Landefackeln und Fallschirmfackeln.

Eine Landefackel ist ein Feuerwerkskörper an den Enden der Tragflächen zur Beleuchtung des Bodens. Früher wurden in vielen Ländern (z. B. auch in Deutschland) Magnesiumfackeln verwandt. Heute werden sie nur für Notlandungen, in sehr seltenen Fällen auch für regelmäßige Landungen benutzt. Die Landefackeln werden an der Unterseite der Tragflächen angeordnet und elektrisch entzündet. Die Brennzeit beläuft sich auf 0,5…3 min, ihre Lichtstärke je nach der Größe auf 500…20000 K (in allen Richtungen ungefähr gleichmäßig). Wegen ihrer Gefährlichkeit bei Bruchlandungen sind sie in einigen Ländern verboten.

Die IBK. hat mit Rücksicht hierauf 1935 empfohlen, die Fallschirmfackeln [1] *(Feuerwerkskörper mit Fallschirm zur Beleuchtung des Geländes)* in ihrer Verwendungsmöglichkeit bei Notlandungen zu studieren. In einigen Ländern sind Fallschirmfackeln — meist Magnesiumfackeln   schon mit Erfolg in Benutzung. Größere Erfahrungen liegen über ihre Eignung noch nicht vor.

x) Instrumentenbrettbeleuchtung.

Eine Instrumentenleuchte ist eine Leuchte, die an Bord eines Luftfahrzeuges zur Beleuchtung eines oder mehrerer Instrumente dient. Die Beleuchtung der Instrumente bietet insofern gewisse Schwierigkeiten, als die starke

---

[1] Auch Fallschirmleuchtkugeln genannt.

Dunkeladaptation des Piloten die Einhaltung sehr geringer Leuchtdichten erfordert. Daher ist es zweckmäßig, daß alle Teile der Instrumente, das Instrumentenbrett und die beleuchteten Flächen des Führerraumes dunkel gestrichen werden (die IBK. empfiehlt Schwarz). Außerdem soll gemäß den Empfehlungen der IBK. die Beleuchtung nahe benachbarter Instrumente ungefähr gleich und auf dem ganzen mit Teilungen versehenen Teil der Instrumente so gleichmäßig wie möglich sein. Die Beleuchtungsstärke soll ferner durch den Flugzeugführer — etwa mit Hilfe eines Widerstandes — geregelt werden können. Die Anordnung der Instrumentenleuchten soll, soweit möglich, so sein, daß kein von den Abschlußgläsern der Instrumente oder von den Kabinenfenstern reflektiertes Licht für den Flugzeugführer bei normaler Haltung sichtbar ist. Außerdem sollen gemäß Empfehlung der IBK. die hauptsächlichsten Bezifferungen, Buchstaben, Teilungen und Zeiger mit radiophosphoren Stoffen gekennzeichnet werden. Als Lichtquellen dienen Glühlampen von 2...20 W Leistungsaufnahme mit blauen Filtergläsern.

Gute Erfolge hat man in manchen Ländern bereits mit der Anwendung ultravioletter Strahlen und fluoreszierender Beschriftung der Instrumente zu verzeichnen [1]. In diesem Falle dienen Quecksilberglimmlampen („Blauflächenlampen") als Lichtquellen.

Abb. 1147. Lampe für Allgemeinbeleuchtung 220 V 25 W, mit mehrfacher Halterung des Leuchtkörpers, für Luftschiffe.

Zur Anzeige, ob bestimmte Teile der Anlage ordnungsgemäß in Betrieb sind, dienen häufig Merklichter, die entweder durch ihre Anordnung oder ihre Farbe das beabsichtigte Zeichen geben. Zur Übermittlung bestimmter Aufforderungen an die Fluggäste werden ebenfalls Lichtzeichen mit beschrifteten Deckgläsern benutzt.

y) Innenbeleuchtung.

Die Beleuchtung der Fluggast- und Frachträume der Flugzeuge wird meist nach den Grundsätzen der Innenbeleuchtung von Kraftfahrzeugen vorgenommen. Es werden vorzugsweise die auch dort üblichen Deckenleuchten verwandt. Von größerer Bedeutung ist die Beleuchtung der Kabinen, der Aufenthalts- und Betriebsräume auf Luftschiffen [2]. Es werden hier gasdichte Sicherheitsleuchten von besonders leichter Bauart benutzt. Infolge der hellen Ausstattung der Räume werden auch mit verhältnismäßig schwachen Lampen genügende Beleuchtungsstärken erreicht. Zur Erhöhung der Widerstandsfähigkeit gegen Schwingungen, mit deren Auftreten man im Luftschiff rechnen muß, wurden die zur Verwendung kommenden Glühlampen, die infolge der hohen Betriebsspannung von 220 V sehr dünne Leuchtdrähte haben, mit einem verstärkten Innenaufbau (zahlreiche Halter in drei übereinander liegenden Ringen) und in besonders kleinen Abmessungen hergestellt (Abb. 1147).

z) Signallichter auf Luftfahrzeugen.

Zum Austausch von Lichtsignalen mit Bodendienststellen, insbesondere den Flughäfen, dient das Blinken mit dem Landescheinwerfer und das Abschießen von Leuchtkugeln. Der hauptsächliche Nachrichtenverkehr zwischen dem Luftfahrzeug und den Bodendienststellen vollzieht sich jedoch auf dem Funkwege.

---

[1] Umschau **36** (1932) Heft 45, 898.
[2] Höpcke, O.: Die Beleuchtung auf LZ 129 „Hindenburg". Licht **6** (1936) Heft 6, 109—111.

J 8. Rückstrahler.

Von

RUDOLF SEWIG-Dresden.

Mit 10 Abbildungen.

a) Erklärungen und Aufgabe.

Rückstrahler sind Vorrichtungen zur Übermittlung von Signalen, bei denen keine eigene Lichtquelle vorhanden ist und der zwischen Fremdlichtquelle L (Abb. 1148), Rückstrahler R und Beobachter A liegende Winkel (im folgenden durchweg als *Streuwinkel* benannt und mit β bezeichnet) sehr klein ist (praktisch zwischen 0 und $\sim 3°$). Der Rückstrahler hat die Aufgabe, ein unter dem *Einfallswinkel* α gegen seine Achse einfallendes, telezentrisches Bündel praktisch paralleler Strahlen in sich selbst zu reflektieren, wobei der Winkel α erhebliche Beträge annehmen kann.

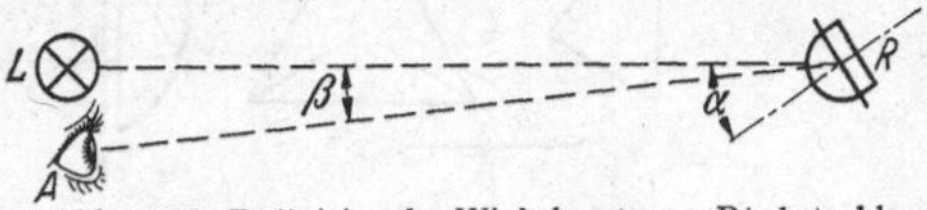

Die Lösung dieser Aufgabe (Autokollimation) gelingt durch Verwendung optischer Systeme, die entweder auf

Abb. 1148. Definition der Winkelwerte von Rückstrahlern. (α Einfallswinkel, β Streuwinkel.)

der Spiegelung an ebenen Flächen beruhen oder lichtbrechende und lichtreflektierende Bauteile (Linsen und Spiegel) in geeigneter Kombination enthalten.

Der Spezialfall $\beta = 0$, $\alpha = 0$ wird in idealer Weise durch einen ebenen Spiegel gelöst. Je größer α ist, um so schwieriger sind i. a. prinzipielle Lösung und exakte Fertigung eines Rückstrahlers.

Abbildungsfehler optischer Systeme (Linsen) und unvermeidliche Ungenauigkeiten und Schwankungen in der Fabrikation bedingen eine gewisse *natürliche Streuung*; dieselbe soll im Interesse guter Beherrschung der optischen Eigenschaften so klein wie möglich gehalten werden. Die vorgeschriebenen β-Werte sollten vielmehr durch Einführung einer optisch genau definierten „*künstlichen Streuung*" erreicht werden.

Rückstrahler werden vor allem als ortsfeste und bewegliche Warnsignale benutzt (an Kraftfahrzeugen, Fahrrädern, Fuhrwerken aller Art, sowie für Warnschilder an Straßen und Wegeübergängen). Ihre optischen Eigenschaften sind in manchen Ländern gesetzlichen Vorschriften unterworfen (vgl. d, S. 955).

b) Bauarten von Rückstrahlern.

Drei unter rechten Winkeln zu einer körperlichen Ecke zusammengesetzte, nach innen spiegelnde Fläche bilden einen *Tripelspiegel*[1] (Zentralspiegel) (Abb. 1149a). Ein telezentrisches Bündel wird nach je einmaliger Reflexion an den drei Flächen nach seinem Ausgangspunkt zurückgeworfen, auch wenn die Einfallsrichtung mit der Achse des Tripelspiegels einen gewissen Winkel α einschließt. Die seit langem für Signalzwecke und Entfernungsmessung verwendeten Ausführungsformen des Tripelspiegels (C. Zeiß-Jena) bestehen aus einem Glasblock mit angeschliffenen Flächen, an denen Totalreflexion eintritt und einer vorderen, als Ein- und Austrittsöffnung dienenden Fläche senkrecht

[1] BECK, A.: Über einige neue Anwendungen ebener Spiegel. Z. Instrumentenkde. 7 (1887) 380—389. · GRUBB. H.: Brit. Pat. 21 856. 1903.

zur Symmetrieachse, wobei die nicht zur Reflexion nötigen Eckflächen (tote Zonen) abgeschnitten sind.

Für Entfernungsmessung ist eine der Flächen um einen kleinen Winkel geneigt angeschliffen, so daß ein- und austretender Strahl um einen definierten Winkel divergieren.

Für technische Rückstrahler (Aga, Fairylite) sind mehrere derartige Tripelspiegel (Würfelecken) in Form kleiner Glaspyramiden zu einem Formstück vereinigt, welches aus weißem oder farbigem Glas durch Pressen hergestellt wird. Diese Rückstrahler brauchen (wegen der Totalreflexion) nicht verspiegelt zu werden. Sie sind flacher und leichter als ein einzelner Tripelspiegel gleicher Öffnung; jedoch ist die natürliche Streuung einem solchen gegenüber um so größer, je kleiner die einzelnen Pyramiden sind.

Eine andere Bauart von Rückstrahlern, die *Domlinse*, die — wie auch andere Konstruktionen von Rückstrahlern — auf dem Prinzip des Fizeauschen Autokollimationsfernrohrs beruht, besteht aus einer dicken Plankonvexlinse mit

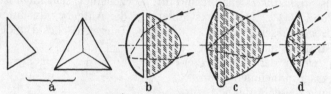

Abb. 1149. Prinzipien von Rückstrahlern. a Tripelspiegel, b Domlinse, c Eichellinse, d Tellerlinse.

großem Öffnungsverhältnis, in deren Brennfläche (konkav zur Linse) ein dieser nachgeformter Spiegel angeordnet ist (Abb. 1149b). Innerhalb eines nicht zu großen Winkels α einfallende Strahlenbüschel werden zu einem reellen Bild auf dem Spiegel vereinigt, dort reflektiert und treten parallel zur Einfallsrichtung wieder aus. Im Interesse geringerer sphärischer Aberration bekommt die Linse die Form eines asphärischen Rotationskörpers. Bei dem starken Öffnungsverhältnis werden trotzdem die Bildfehler so groß, daß bei $\alpha \sim \pm 25 \ldots 30°$ ein starker Abfall der Lichtströme der parallel reflektierten Bündel auftritt. Auch ist wegen Totalreflexionen an den Glasluftflächen bei größeren Winkeln α nur ein Bruchteil der Linsenoberfläche an der Autokollimation beteiligt.

Die Linse kann auch in bikonvexer Form so dick ausgebildet werden, daß die Brennfläche (Kaustik) mit ihrer der Einfallsrichtung abgewandten Begrenzungsfläche zusammenfällt. Dies gibt die *Eichellinse* (Abb. 1149c). Mit größeren Flächen hergestellt, werden solche Linsen unhandlich dick und schwer, weshalb man sie gern in keine Einzelelemente zerlegt und zu einer Platte vereinigt preßt *(Warzenlinsen)*. Der bei richtiger Konstruktion guten optischen Wirkung steht der Nachteil der leichten Verschmutzung der stark profilierten Vorderflächen entgegen.

Während Domlinse, Eichellinse und Warzenlinse ein offensichtlich gemeinsames Abbildungsprinzip befolgen, verwirklicht die von F. Krautschneider angegebene Konstruktion der *Tellerlinse* (Abb. 1149d) ein grundsätzlich abweichendes Prinzip. Sie besteht aus einem Rotationskörper mit einer hinteren, stärker gekrümmten verspiegelten Fläche etwa von der Form eines Rotationsparaboloids und einer ebenen oder schwach gewölbten Vorderfläche, deren Scheitel etwa durch die Brennebene des Paraboloids gelegt ist. Ein einfallendes Bündel parallelen Lichts wird durch Reflexion an der Rückfläche auf der Vorderfläche gesammelt, dort total reflektiert, und kehrt nach einer dritten Reflexion an der Rückfläche parallel zur Einfallsrichtung zurück. Die bis ins einzelne durchgeführte Theorie erlaubt, durch passende Gestaltung von Vorder- und Hinterfläche innerhalb weiter Grenzen vorgegebene Ansprüche hinsichtlich

Streuwinkel β zu erfüllen. Die Tellerlinse ist übrigens der einzige zur Zeit bekannte flache Rückstrahler, der mit nichtunterteiltem optischem System ausgerüstet und daher mit vergleichsweise großer Genauigkeit und geringer natürlicher Streuung hergestellt werden kann.

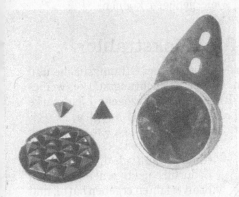

Abb. 1150. Würfelecke.

Abb. 1151. Domlinse.

Abb. 1152. Eichellinse.

Abb. 1153. Warzenlinse.

Abb. 1154. Tellerlinse.

In Abb. 1150...1154 sind die vorstehend beschriebenen Rückstrahler in Ansicht dargestellt.

Außer diesen Bauarten sind einige mehr oder minder unwesentlich von diesen abweichende Konstruktionen im

Abb. 1155. Optisch fehlerhafte Bauarten von Rückstrahlern.

Verkehr, leider aber auch prinzipiell falsche Konstruktionen, die zur Umgebung bestehender gewerblicher Schutzrechte dienen sollen (Abb. 1155). Hierzu gehört z. B. die sog. Kegellinse, die an Stelle der Tripelprismen des Fairylite-

Rückstrahlers kleine Kegel trägt. Es bedarf kaum einer Erwähnung, daß derartige, auf fehlerhaften Überlegungen berührende Konstruktionen, die nur bei praktisch senkrechtem Lichteinfall nennenswert leuchten, den scharfen Prüfvorschriften (vgl. d, S. 955) bei größerem α nie genügen können.

c) Meßanordnungen für Rückstrahler.

Die optische Güte von Rückstrahlern wird (bei gegebener Öffnungsfläche und Farbe) gekennzeichnet durch die auf die Einheit der Beleuchtungsstärke (weißes bzw. schwach gelbliches Licht) am Ort des Rückstrahlers bezogene Lichtstärke (mK/lx) in Abhängigkeit von Einfallswinkel α und Streuwinkel β (vgl. a, S. 951,

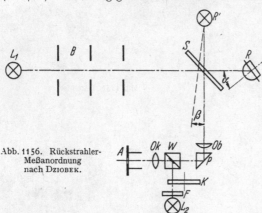

Abb. 1156. Rückstrahler-Meßanordnung nach Dziobek.

Abb. 1148). Nachdem sich durch die verschärften, gesetzlichen Bestimmungen (vgl. d, S. 955) das Bedürfnis nach einem exakten Prüfverfahren ergeben hatte, und das der Astrophotometrie nachgebildete Verfahren des National Physical Laboratory[1] diesen Ansprüchen nicht genügte, hat W. Dziobek[2] das Standard-Prüfverfahren entwickelt, welches bei den behördlichen Rückstrahlermessungen in der Physikalisch-technischen Reichsanstalt angewendet wird (Abb. 1156).

Die Lampe L_1 beleuchtet aus hinreichendem Abstand ($5\ldots8$ m) unter Zwischenschaltung der Streulicht abhaltenden Blenden B den Rückstrahler R, dessen Achse um den Winkel $\pm\,\alpha$ gegen den einfallenden Strahl gedreht werden kann. Um exakt auch aus der Einfallsrichtung photometrieren zu können, ist die planparallele Glasplatte S in den Strahlengang gestellt, die einen Teil des Rückstrahlerlichtstroms in das senkrecht zur Beleuchtungsachse aufgestellte Photometer reflektiert. Dem Beobachter erscheint also ein virtuelles Spiegelbild des Rückstrahlers bei R', um welches das Photometer um den Betrag $\pm\,\beta$ (Streuwinkel) geschwenkt werden kann.

Um das natürlich bei dieser Anordnung ziemlich schwach leuchtende Bild R' photometrieren zu können, wird das in der Astrophotometrie übliche, sog. Maxwell-Verfahren angewendet (vgl. C 2, Abb. 286): R' wird durch die schwachkonvexe Linse Ob (unter Zwischenschaltung eines Umlenkprismas P und des Photometerwürfels W) und die Lupe Ok auf dem Augendeckel A des Photometers (Eintrittspupille des Beobachterauges) scharf abgebildet. Dabei wird W vom parallelen Strahlengang durchsetzt und der photometrische Kontakt des Würfels durch die Okularlupe Ok auf die Netzhaut des auf ∞ akkommodierten Auges abgebildet. Der Strahlengang des Vergleichsfeldes entspringt der Lampe L_2 und passiert bei K eine geeichte Schwächungsvorrichtung (rotierender Sektor, Graukeil) sowie — bei der Messung farbiger Rückstrahler — ein angepaßtes Farbfilter F mit ausgeeichter Durchlässigkeit. Die Eichung der Anordnung[3] ergibt sich von selbst.

---

[1] Report of the National Physical Laboratory, Teddington, 1928, S. 159—161; vgl. Fußn. 2.
[2] Dziobek, W.: Messungen an Rückstrahlern. Z. techn. Physik **14** (1933) 557—559.
[3] Vgl. Fußn. 2.

Die im Prinzip ähnliche Anordnung von SEWIG[1] (Abb. 1157) unterscheidet sich von der vorstehend beschriebenen dadurch, daß an Stelle von L_1 und L_2 eine einzige Lichtquelle L verwendet wird, wodurch Schwankungen in deren Lichtstärke für die Messung außer Einfluß bleiben, infolgedessen auch Überwachung der Lampe und Nacheichung entfallen kann. Für die Einstellung von β wird bei feststehender Lampe ein Hilfsspiegel S_2 verschoben. Um größere Lichtstärken im Photometerfeld zu bekommen, wird dieses direkt durch eine Bohrung B des versilberten Spiegels S_1 anvisiert. Vom Rückstrahler aus betrachtet (Abb. 1157b) erscheint in diesem Spiegel das Bild L' der Lichtquelle (kleine Opallampe). Damit die Beleuchtungsstärke auf R nicht bei kleinem

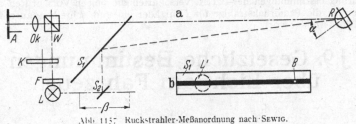

Abb. 1157. Rückstrahler-Meßanordnung nach SEWIG.

Winkel β, wenn also B innerhalb von L' erscheint, um das Verhältnis der Flächen B/L' kleiner wird als bei größerem β, ist auf S_1 ein schwarzer Lackstrich gezogen, der etwa das gleiche Reflexionsvermögen hat, wie die Glasoberfläche am Fenster B. Die übrigen Bauteile sind die gleichen wie bei der Anordnung von DZIOBEK nach Abb. 1156, jedoch wurde die bei der großen Meßentfernung entbehrliche Linse Ob weggelassen.

d) Gesetzliche Bestimmungen über Rückstrahler.

Die ersten, auf eingehenden Messungen beruhenden gesetzlichen Vorschriften über die optischen Eigenschaften von Rückstrahlern finden sich in der deutschen Reichs-Straßenverkehrs-Ordnung mit Ausführungsanweisung vom 28. 5. 1934, 29. 9. 1934 und 16. 5. 1936[2]. Außer anderen, die Anbringung der Rückstrahler an Fahrzeugen verschiedener Art und marschierenden Abteilungen regelnden Vorschriften dieser Verordnung besagt der Zusatz zu § 12, Abs. 1:

(1) Zulässig sind nur amtlich geprüfte Rückstrahler, auf denen das Prüfzeichen sowie Namen und Wohnort des Herstellers (bei Herstellung im Ausland des deutschen Vertreters) angegeben sind. Sie dürfen nicht höher als 50 cm über dem Erdboden angebracht werden und niemals verdeckt sein. Bei Schienenfahrzeugen können Rückstrahler höher und auch rechts angebracht werden. Die wirksame Fläche eines Rückstrahlers darf nicht größer als 20 qcm, bei Straßenbahnwagen nicht größer als 150 qcm sein.

(2) Der Rückstrahler muß weiß oder schwach gelb auffallendes Licht von 1 lx in einem Winkelbereich[3] von 25° zur Mittelsenkrechten seiner Oberfläche mit einer Lichtstärke von mindestens 0,001 HK, in dem Winkelbereich zwischen 25° von mindestens 0,0003 HK zurückwerfen, wenn der Winkel[4] zwischen Lichtquelle, Rückstrahler und Beobachter nicht größer als 2,5° ist. Bauart, Werkstoff und Verarbeitung des Rückstrahlers (auch die Fassung) müssen so beschaffen sein, daß seine Wirkung nicht durch Witterungseinflüsse oder durch die übliche Betriebsbeanspruchung beeinträchtigt wird.

In anderen Ländern sind teils zahlenmäßig geringere Mindestwerte für das Reflexionsvermögen in Abhängigkeit von α und β vorgeschrieben (z. B. England), teils existieren nur allgemeine Vorschriften über die Sichtbarkeit der

---

[1] Bezugsquelle: F. Krautschneider, Dresden-A 16. [2] Vgl. hierzu Anmerkung S. 956. [3] Winkel α in Abb. 1148. S. 951. [4] Winkel β in Abb. 1148, S. 951.

Rückstrahler (z. B. Schweiz). Die neue holländische Verordnung vom 11. 8. 37[1] schreibt vor, daß der Rückstrahler höchstens 51 mm Durchmesser, und für $\alpha = 0°$ mindestens 4 mK/lx, für $\alpha = 0 \ldots 10°$ mindestens 1 mK/lx haben muß; in beiden Fällen ist ein Streuwinkel β zwischen 0 und 1° anzunehmen. Zur Beleuchtung bei der Messung dient eine Glühlampe mit 2750 \ldots 2800° K Farbtemperatur.

Die holländischen Bestimmungen bestimmen ferner, daß der Rückstrahler mit einem Rücklicht vereinigt sein muß, welches bei Bestückung mit einer 0,25 lm aussendenden Lampe axial mindestens 5 mK, bis zu ± 10° mindestens 3 mK Lichtstärke liefern muß.

Anmerkung bei der Korrektur. Die neue Deutsche Straßenverkehrsordnung [2, 3] und die Ausführungsbestimmungen der P.T.R. verschärfen die obigen Vorschriften für $\alpha = 0°$, führen überdies die Pedalrückstrahler für Fahrräder ein und schreiben auch für Kraftfahrzeuge Rückstrahler vor.

J 9. Gesetzliche Bestimmungen über Licht am Fahrzeug.

Von
Rudolf Sewig-Dresden.

Mit 1 Abbildung.

Bis vor wenigen Jahren waren die in den meisten Ländern gültigen gesetzlichen Bestimmungen über Licht am Fahrzeug in lichttechnischer Hinsicht äußerst unzulänglich, indem sie mit verschwommenen und nicht hinreichend erklärten Begriffen und Vorschriften arbeiteten. Die Gesetzgebung jener Zeiten blieb ein gutes Stück hinter den lichttechnischen Erkenntnissen zurück. Einen wesentlichen Schritt vorwärts bedeutete die deutsche Reichsstraßenverkehrsordnung mit Ausführungsanweisungen vom 28. Mai 1934, 29. September 1934 und 16. Mai 1936, die ab 1. Januar 1938 von einer neuen Vorschrift abgelöst wird. Die alte RStVO. ist — was diese Bestimmungen über Licht am Fahrzeug betrifft — in enger Zusammenarbeit zwischen Gesetzgeber und Lichttechniker entstanden und hat erstmalig gezeigt, wie fruchtbar eine derartige Zusammenarbeit sein kann. Da wesentliche Teile der alten Vorschrift in die neuen Verordnungen übernommen worden sind, brauchen wir auf jene nicht mehr im einzelnen einzugehen.

Die neue Straßenverkehrsordnung zerfällt — soweit sie uns hier interessiert — in zwei Teile, die Verordnung über das Verhalten im Straßenverkehr (StVO.) und die Verordnung über die Zulassung von Personen und Fahrzeugen zum Straßenverkehr (StVZO.). Sie wurde erlassen auf Grund des Gesetzes[2] vom 10. August 1937 und tritt in den wesentlichsten Teilen am 1. 1. 1938, in Einzelheiten laut Einführungsbestimmungen noch später, in Kraft. Außer auf die Bestimmungen dieser Verordnung[3] wird im folgenden kurz auf die entsprechenden Bestimmungen anderer Länder, soweit sie lichttechnisch interessant sind, verwiesen.

a) Hauptscheinwerfer und Abblendung.

Die grundlegende Vorschrift (StVO. § 24, Abs. 3) besagt:

In Bewegung befindliche Fahrzeuge müssen bei Dunkelheit oder starkem Nebel Lampen führen, die ihre Fahrbahn beleuchten und andere Verkehrsteilnehmer nicht blenden.

---

[1] Neederlandsche Staatscourant, 1937, Nr. 155, 13./14. August.
[2] Reichsgesetzblatt Teil 1, S. 901—902, Nr. 94, 1937.
[3] Reichsgesetzblatt Teil 1, S. 1179—1254, Nr. 123, 1937.

Ein wesentliches Kennzeichen der alten RStVO., welches von jedem Sachverständigen mit Freude begrüßt wurde, war, daß zwar scharfe und begründete Vorschriften für Reichweite der Scheinwerfer und Güte der Abblendung gegeben, aber dem Konstrukteur weitgehend freie Hand gelassen wurde, *wie* er dies Ziel erreicht. Nur in einem Punkt, nämlich der Begrenzung der von der Scheinwerferlampe aufzunehmenden Leistung, wurde dem Konstrukteur Beschränkungen auferlegt. Diese Maßnahme stellt sich aber bei näherer Betrachtung nicht als Beschränkung, sondern als Erziehung zu lichttechnischen Höchstleistungen heraus, nachdem man Erfahrungen gesammelt hatte, daß bei einwandfreien Bauarten die Vorschriften tatsächlich erreicht und sogar übertroffen werden können.

An diesem gesunden Prinzip hält die neue Verordnung grundsätzlich fest, wenn sie auch (StVZO. § 22, Abs. 3) für Scheinwerfer, auch Zusatzscheinwerfer, Begrenzungslampen, Schluß- und Bremslichter, Glühlampen, Rückstrahler, Fahrtrichtungsanzeiger ... eine amtliche Typenprüfung vorschreibt, welche von einer der physikalisch-technischen Reichsanstalt angegliederten Prüfstelle durchgeführt wird. Derartige Typenprüfungen waren schon früher in Frankreich[1] vorgeschrieben und sind neuerdings auch in Holland eingeführt[2], mit äußerst eingehenden Vorschriften über Bauweise und Eigenschaften der Lampen und Prüfmethodik. Der Sinn der Typenprüfung ist, unbrauchbare und technisch überholte Bauarten durch die zeitliche Begrenzung der Typenzulassung nach und nach auszuschalten und befruchtend auf die Weiterentwicklung zu wirken, daneben die Entlastung der örtlichen Prüfstellen von der Begutachtung neuer Konstruktionen, die heute ein erhebliches Maß von Fachkenntnissen und Meßeinrichtungen erforderlich macht.

Was nun konkret für die Fahrbahnbeleuchtung gefordert und als Grundlage der Typenzulassung angesehen wird, ist im § 50 der StVZO. festgelegt.

1. Für die Beleuchtung der Fahrbahn darf nur weißes oder schwachgelbes Licht verwendet werden.

2. Kraftfahrzeuge müssen mit zwei gleichfarbigen, gleich stark nach vorn leuchtenden Scheinwerfern ausgerüstet sein; bei Krafträdern ist nur ein Scheinwerfer erforderlich; bei Kraftfahrzeugen mit einer Höchstgeschwindigkeit von 8 km je Stunde genügen zwei Lampen ohne Scheinwerferwirkung.

3. Scheinwerfer oder Lampen müssen in gleicher Höhe und in gleichem Abstand von der Fahrzeugmitte angeordnet sein. Die untere Spiegelkante darf nicht höher als 1 m, bei Zugmaschinen in land- und forstwirtschaftlichen Betrieben nicht höher als 1,20 m über der Fahrbahn liegen. Scheinwerfer müssen an den Fahrzeugen so befestigt sein, daß eine unbeabsichtigte Verstellung oder eine Selbstverstellung durch die Beanspruchungen des Betriebs nicht eintreten kann.

4. Die Leistungsaufnahme von Glühlampen in elektrischen Scheinwerfern oder Lampen darf bei der mittleren Betriebsspannung am Sockel der Glühlampe höchstens je 35 W betragen. Durch Riffelung der Scheinwerferspiegel oder -scheiben oder auf andere Weise muß eine Streuung des Lichtes bewirkt werden. Lampenfassungen dürfen nicht zum Spiegel verstellbar sein, wenn die Lampenfassung nicht als Teil einer Abblendvorrichtung vom Führersitz aus verstellt werden kann.

5. Die Scheinwerfer müssen bei Dunkelheit die Fahrbahn so beleuchten (Fernlicht), daß bei Kraftfahrzeugen mit einer Höchstgeschwindigkeit über 30 km je Stunde in einer Entfernung von 100 m, bei anderen Kraftfahrzeugen in einer Entfernung von 25 m vor den Scheinwerfern die Beleuchtungsstärke senkrecht zum auffallenden Licht in 15 cm Höhe über der Fahrbahn mindestens beträgt:

0,25 Lux bei Krafträdern mit einem Hubraum bis 100 ccm,
0,5 Lux bei Krafträdern mit einem Hubraum über 100 ccm,
1,00 Lux bei anderen Kraftfahrzeugen.

---

[1] Ministerielle Erlasse vom 28. Juli 1923 und 10. Oktober 1933. Vgl. O. HÖPCKE: Deutsche und ausländische Vorschriften für das Licht am Kraftwagen. Licht **6** (1936) 150—153, 213—216.
[2] Verordnungen vom 11. August 1937. Vgl. Neederlandsche Staatscourant 1937, Nr. 155 vom 13./14. August 1937.

Die Einschaltung des Fernlichts muß durch eine blau leuchtende Lampe im Blickfeld des Fahrzeugführers angezeigt werden; bei Krafträdern und Zugmaschinen mit offenem Führersitz kann die Einschaltung des Fernlichts durch die Stellung des Schalthebels angezeigt werden.

6. Scheinwerfer müssen so eingerichtet sein, daß sie vom Führersitz aus beide gleichzeitig und gleichmäßig abgeblendet werden können. Die Blendung gilt als behoben (Abblendlicht), wenn sich die Beleuchtungsstärke in einer Entfernung von 25 m vor jedem einzelnen Scheinwerfer auf einer Ebene senkrecht zur Fahrbahn so verteilt, wie aus nachstehendem Schaubild Abb. 1158 ersichtlich ist. Die Messung ist bei stehendem Motor, vollgeladener Batterie und vollbelastetem Fahrzeug vorzunehmen; wird jedoch der Lichtkegel durch die Belastung gesenkt, so ist bei unbelastetem Fahrzeug zu messen.

7. Beobachtungsfenster, auch farbige, in Gehäusen von Beleuchtungsvorrichtungen dürfen nicht so angebracht sein, daß sie mit Fahrtrichtungsanzeigern oder anderen Zeichen verwechselt werden können.

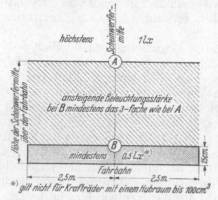

Abb. 1158. Vorschriften der StVZO. für Licht am Kraftfahrzeug.

Die lichttechnisch wesentlichsten Teile hiervon sind in Abs. 5 enthalten und werden durch Abb. 1158 veranschaulicht. Abweichend von der alten RStVO. ist hier keine Sonderbestimmung mehr für eine technisch überholte Form der Abblendung vorgesehen.

In anderen Ländern[1] werden zum Teil in ähnlicher Weise wie bei den deutschen Vorschriften gewisse Eigenheiten der Lichtverteilung des Scheinwerfers bestimmt, die zur Festlegung einer oberen Blendkante führen, z. B. in Frankreich, Tschechoslowakei und den Vereinigten Staaten von Amerika. Die entsprechenden lichttechnischen Daten werden i. a. als Beleuchtungsstärken (Mindestwerte für Fernlicht, Höchstwerte für Abblendlicht) auf einer 25...30 m entfernten Meßebene angegeben, oder auch (amerikanische Vorschrift) durch die höchstzulässige Lichtstärke in bestimmten Richtungen. Die letztgenannte Art der Festlegung ist für die Messung am Fahrzeug selbst (Kontrolle auf der Straße oder bei Vorführungen) weniger günstig, da sie Umrechnungen erfordert. Interessant ist aber, daß die amerikanischen Vorschriften[1], welche drei verschiedene Arten von Scheinwerferlicht kennen (Begegnungslicht, Abblendlicht zum Fahren auf beleuchteten Straßen, Fernlicht) für das Begegnungslicht eine unsymmetrische Lichtverteilung vorschreiben, welche auf der linken Straßenseite die Lichtstärke unter das blendgefährliche Maß herabdrückt, auf der rechten Seite dagegen für die Aufhellung der besonders gefährdenden rechten Wegkante genügend sorgt. Bekanntlich versucht man Ähnliches in Deutschland durch unsymmetrisch zur Fahrzeugachse strahlende bzw. angeordnete Zusatzscheinwerfer zu erreichen.

Die in den letzten Jahren in der Fachwelt viel erörterte Anwendung des polarisierten Lichtes zur restlosen Lösung des Blendproblems (Vergleich J 2, S. 847) ist anscheinend doch noch so weit von der allgemeinen Einführung entfernt, daß sie in den neuen Verordnungen nicht vorgesehen ist.

b) Zusätzliche Scheinwerfer.

Neben den Hauptscheinwerfern, die gleichzeitig die Vorrichtung für Abblendung und — heute fast ausschließlich — auch für das Standlicht (welches gleichzeitig beim Fahren auf gut beleuchteten Straßen benutzt werden kann)

---

[1] Vgl. O. Höpcke, Fußn. 1, S. 957.

enthält, werden häufig zusätzliche Scheinwerfer geführt. Hiervon sind drei Arten zugelassen, die verschiedenen Zwecken dienen: 1. Die Gruppe der Kurvenscheinwerfer, Nebelscheinwerfer, Breitstrahler, Autobahnscheinwerfer u. ä. — 2. Sucherscheinwerfer. — 3. Rückfahrtscheinwerfer.

Von der Gruppe 1 der *Zusatzscheinwerfer* läßt § 52 Abs. 1 der StVZO. nur ein Stück zu (also nicht mehrere derartige Scheinwerfer gleicher oder verschiedener Bauart), beschränkt ferner die zulässige Leistungsaufnahme der Glühlampe auf 35 W und die Beleuchtungsstärke bei einer Entfernung von 25 m senkrecht zur Fahrbahn in Höhe der Mitte (des Schwerpunktes) der Lichtaustrittsfläche und darüber auf höchstens 1 lx. Die Möglichkeit, für verschiedene Zwecke besonders geeignete Spezialscheinwerfer, z. B. einen Breitstrahler für Nebel und Kurven und einen zusätzlichen Scheinwerfer zur Aufhellung der rechten Fahrbahnseite, vorzusehen, die etwa nur abwechselnd, nicht gleichzeitig eingeschaltet werden können, ist durch diese Bestimmung ausgeschlossen. Demzufolge wird die Entwicklung der Zusatzscheinwerfer in der nächsten Zukunft voraussichtlich in die Richtung der Mehrzweckescheinwerfer gehen (wie ja bereits eine gewisse Vereinheitlichung der Eigenschaften der Nebel- und Kurvenscheinwerfer eingetreten ist). Es scheint durchaus nicht ausgeschlossen, daß man aus diesem Grund auch auf unsymmetrische Lichtverteilungskörper kommt, wie sie z. B. in Amerika für Begegnungsscheinwerfer üblich sind und in Deutschland bei gewissen Bauarten in Entwicklung befindlicher Spezialscheinwerfer für die Autobahn benutzt werden. Jedenfalls müssen laut Vorschrift die Zusatzscheinwerfer blendsicher sein; sie dürfen infolgedessen auch mit Abblend- oder Fernscheinwerfern zusammen eingeschaltet werden.

Sucherscheinwerfer sind hinsichtlich der Leistungsaufnahme und der Lichtverteilung keinen gesetzlichen Beschränkungen unterworfen, dürfen aber (§ 33 Abs. 3 der StVO.) nur vorübergehend und nicht zum Beleuchten der Fahrbahn benutzt werden. Das schließt dem Buchstaben nach auch deren Verwendung zur Beleuchtung der unmittelbar vor dem Fahrzeug befindlichen rechten Straßenkante bei starkem Nebel aus. Sucher dürfen aus naheliegenden Gründen (§ 52 Abs. 2 der StVZO.) nur zugleich mit dem Schlußlicht und der Beleuchtung des hinteren Kennzeichens einschaltbar sein.

Für *Rückfahrtscheinwerfer* ist die Beschränkung vorgesehen (§ 52, Abs. 2 der StVZO.), daß sie so geneigt sein müssen, daß die Fahrbahn hinter dem Fahrzeug auf höchstens 10 m beleuchtet wird, und daß sie nur bei eingelegtem Rückwärtsgang eingeschaltet werden können.

Für Zusatzscheinwerfer aller Art besteht (StVZO. § 22, Abs. 3) der Zwang der Typenprüfung in gleicher Weise wie für Hauptscheinwerfer.

c) Signallichter.

Alle unter *a* und *b* nicht beschriebenen Lichter außen am Fahrzeug sind Signallichter, die zu dessen Kennzeichnung nach außen, nicht aber zur Beleuchtung der Fahrbahn dienen. Hierzu gehören Standlichter, Begrenzungslichter, Schluß- und Stopplichter, sowie die Beleuchtung für das Kennzeichen (Nummernschild) und die Fahrtrichtungsanzeiger (Winker).

Nach § 33 Abs. 2 der StVO. können als *Standlicht* die seitlichen Begrenzungslampen verwandt werden. Wenn die Fahrbahn durch andere Lichtquellen hinreichend beleuchtet ist, darf auch mit Standlicht gefahren werden.

Als *Begrenzungslichter* sind (§ 24 Abs. 1 StVO.) vorgeschrieben nach vorn: weiße oder schwach gelbe Laternen; nach hinten: rote Laternen oder rote Rückstrahler.

Ähnliche Vorschriften gelten auch für marschierende Abteilungen (§ 38 der StVO.).

Für Kraftfahrzeuge sind weiterhin (§ 51 StVZO.) vorgeschrieben: gleich starke, gleich hohe, in gleichem Abstand von der Fahrzeugmitte und höchstens 40 cm vom Fahrzeugrand angebrachte Lampen, die höchstens je 10 W aufnehmen. Sind die leuchtenden Flächen nicht mehr als 40 cm vom Fahrzeugrand entfernt, so können die Begrenzungslampen in den Scheinwerfer eingebaut werden (Standlicht). Bei Krafträdern mit Beiwagen muß eine Begrenzungslampe auf der äußeren Seite des Beiwagens angebracht werden.

Rote *Schlußlichter* sind vorgeschrieben (§ 31 Abs. 1 StVO.) für Fahrräder (können auch durch rote Rückstrahler ersetzt werden) und für marschierende Abteilungen (§ 38, Abs. 2 StVO.). Kraftfahrzeuge müssen (§ 53, Abs. 1 StVZO.) zwei rote, gleich stark wirkende Schlußlichter in gleicher Höhe und gleichen Abstand von der Spur führen, die je höchstens 20 cm² leuchtende Fläche haben und keine lichtsammelnden Spiegel oder Linsen haben dürfen (Vermeidung der Blendung); Höhe und gegenseitiger Abstand sind gleichfalls vorgeschrieben.

Kraftfahrzeuge müssen (§ 53, Abs. 2 StVZO.) ein oder zwei *Bremslichter* führen, die gelbrote Farbe haben, bei Tage deutlich aufleuchten und sich bei Dunkelheit gut vom Schlußlicht abheben.

Bezüglich der Beleuchtung des hinteren *Kennzeichens* schreibt § 60, Abs. 3 der StVZO. nur die Lesbarkeit aus 20 bzw. 14 m Entfernung vor; berücksichtigt man den Unterschied zwischen den hierbei in Betracht kommenden Grundempfindungen: Formenempfindlichkeit und Formenempfindungsgeschwindigkeit (vgl. F 1, S. 568 f.) und den Umstand, daß im Gebrauch das Kennzeichen bei schnell bewegtem, nicht nur bei ruhendem Fahrzeug erkennbar sein soll, so erscheint diese Vorschrift unzulänglich[1].

Endlich bestimmt § 54 Abs. 1 der StVZO., daß als *Fahrtrichtungsanzeiger* gelbrot leuchtende Arme auf der Seite des Fahrzeuges erscheinen müssen, nach der abgebogen werden soll. Sie müssen eingeschaltet den Umriß des Fahrzeuges verändern und ausgeschaltet unsichtbar sein.

Besonderen Hinweis verdient der § 22 Abs. 3, der die amtliche *Typenprüfung* außer für Scheinwerfer aller Art auch für Begrenzungslampe, Schluß- und Bremslichter, Glühlampen, Rückstrahler, Fahrtrichtungsanzeiger, amtliche Kennzeichen und ihre Beleuchtung vorschreibt.

Die gesetzlichen Bestimmungen über *Rückstrahler* sind in J 8, S. 955 f. aufgeführt.

d) Fahrradbeleuchtung.

Die lichttechnischen Bestimmungen des § 67 der StVZO. zur Fahrradbeleuchtung besagen:

1. Die Beleuchtung der Fahrbahn nach vorn muß weiß oder schwachgelb sein. Das Licht muß auf 50 m sichtbar sein; es darf nicht blenden. Der Lichtkegel muß so geneigt sein, daß seine Mitte in 10 m Entfernung vor der Lampe nur halb so hoch liegt wie bei seinem Austritt aus der Lampe. Die Lampen müssen am Fahrrad so angebracht sein, daß während der Fahrt ihre Neigung zur Fahrbahn nicht verändert werden kann.

2. Bei elektrischer Fahrradbeleuchtung müssen Spannung und Leistungsaufnahme der Glühlampe mit Spannung und Leistungsabgabe der Lichtmaschine übereinstimmen; auf Maschine und Lampe müssen Spannung und Leistungsabgabe (-aufnahme) angegeben sein. Leistungsaufnahme der Glühlampe und Leistungsabgabe der Lichtmaschine dürfen bei einer Geschwindigkeit des Fahrrades von 15 km je Stunde 3 W nicht übersteigen. Glühlampen müssen mattiert sein.

3. Elektrische Fahrradlampen müssen in einer amtlich genehmigten Bauart ausgeführt sein. Auf den Fahrradlampen muß das amtliche Prüfzeichen angegeben sein.

Weiterhin sind in diesem Paragraphen die Zuständigkeit der PTR. für die Prüfungen und Grundsätze für die Art der Ausführung derselben angegeben.

---

[1] Vgl. auch Fußn. 1, S. 853.

J 10. Fehlwirkung der Beleuchtung als Unfallursache.

Von

Helmut Lossagk-Berlin.

Mit 20 Abbildungen.

a) Wahrnehmungsbedingungen und Störeinflüsse bei künstlicher Beleuchtung.

Aufgabe der Beleuchtungstechnik ist es, das künstlich erzeugte „Licht" so zu gestalten, zu bemessen, zu lenken und zu verteilen, daß dadurch dem menschlichen Auge die Möglichkeit geschaffen wird, seine Funktionen in der besten Weise zu erfüllen. Dadurch treten physiologische Fragen mit in den Vordergrund der Beleuchtungstechnik (vgl. C 1 S. 249f., F 1 S. 566 f.; F 2 S. 577f.).

Die physiologisch günstigsten Grundbedingungen für das menschliche Auge liefert in mehrfacher Beziehung das Tageslicht (vgl. B 1 S. 54f.). Das Tageslicht liefert dem menschlichen Auge ein Blickfeld mit einer, von Ausnahmefällen abgesehen, beachtlich gleichmäßigen mittleren Adaptationsleuchtdichte[1]. Das Verhältnis der mittleren Adaptationsleuchtdichte zur maximalen im Blickfeld befindlichen Leuchtdichte schwankt hier etwa zwischen 1 : 2 bis 1 : 12. Die mittlere Adaptationsleuchtdichte bei Tageslicht liegt dazu in den Bereichen, in denen das Auge seine höchste Helligkeits-Unterschiedsempfindlichkeit erreicht. Als Grenzkontrast[2] kann der Kontrast 1 : 1,018 oder 1,8% Leuchtdichteunterschied angesetzt werden. Dies gilt für Adaptationsleuchtdichten zwischen etwa 200 und 20000 asb. Bei künstlicher Beleuchtung werden diese Adaptationsleuchtdichten schwerlich erzielt[3] (Abb. 1159). Die bei künstlicher Beleuchtung meistens nur erzielte mittlere Adaptationsleuchtdichte erfordert bereits weitaus höhere Grenzkontraste. In Abb. 1159 ist die aufgewendete Horizontalbeleuchtungsstärke als Abszisse aufgetragen, die mittlere Adaptationsleuchtdichte hängt demgemäß von der jeweiligen mittleren Reflexion ab. Bei nassem Wetter und geringer Reflexion erhält man also, wie die Abb. 1159 zeigt, so geringe Adaptationsleuchtdichten, daß mit Grenzkontrasten vom 10…20fachen des Bestwertes gerechnet werden muß.

Weiter ist noch zu bedenken, daß mit geringer Adaptationsleuchtdichte ebenfalls die Sehschärfe sinkt[4], und daß die Empfindungszeit[5] beachtlich ansteigt (Abb. 1160).

---

[1] Arndt, W: Licht u. Lampe 16, 589.

[2] König, A. u. E. Broodhun: Sitzgsber. Akad. Wiss. Berlin II, 917. — König: Ges. Abh. physik. Optik, 116. Leipzig 1903. — Schröder: Z. Sinnesphysiol. 57, 195. — Klein, C. G.: Natriumdampflicht für Straßenbeleuchtung. Licht u. Lampe 23 (1934) 168—169.

[3] Lossagk, H.: Sinnestäuschung und Verkehrsunfall. Berlin: Franckhsche Verlagshandlung 1937.

[4] Korff-Petersen, W.: Münch. med. Wschr. 1919. — Die erforderliche Beleuchtungsstärke. Licht u. Lampe, 1925, Heft 3.

[5] Schneider, I..: Die physiologischen Grundlagen der Straßenbeleuchtung. Elektrotechn. Z. 1928, Heft 32, 1173ff. — Physiologische Betrachtung zur Beurteilung von Beleuchtungsanlagen. Licht u. Lampe 1924, Heft 14ff. — Klein, C. G.: Physiologische Bewertungsmethode für Straßen- und Verkehrsbeleuchtungsanlagen. Licht u. Lampe 1921, Heft 10ff. — Ferre u. Rand: Trans. III Engng. Soc. 22, 79.

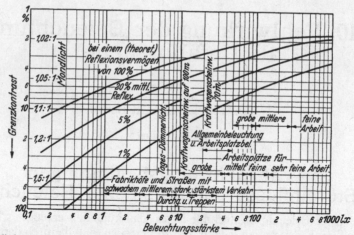

Abb. 1159. Minderung der Kontrast-Empfindlichkeit des menschlichen Auges bei geringer Beleuchtungsstärke. Die Ungleichförmigkeit künstlicher Beleuchtung ist dabei noch nicht einmal berücksichtigt. Weitere mögliche Verschlechterungen durch Blendstörung, Blickzeitbegrenzung usw. sind von Fall zu Fall ebenso wie der Einfluß des Adaptationsverlaufes und interindividueller Unterschiede stets zusätzlich zu beachten.

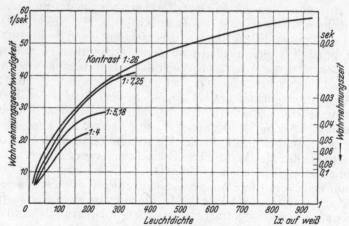

Abb. 1160. Abhängigkeit der Formenempfindungsgeschwindigkeit von der Adaptationsleuchtdichte für gleich großes Objekt und verschiedene Kontraste (Prüfobjekt = Landoltscher Ring von einer Bogenminute Öffnung).

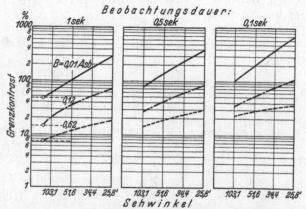

Abb. 1161. Abhängigkeit des Grenzkontrastes von der Beobachtungsdauer, der Sehwinkelgröße des Objektes und der Adaptationsleuchtdichte.

Die Wahrnehmungsgeschwindigkeit ist die im Verkehr wichtigste physiologische Grundempfindung; man denke nur an den Kraftfahrer, dem bei seiner Geschwindigkeit doch zur Erkennung der Einzelheiten der Verkehrslage meist nur Bruchteile einer Sekunde zur Verfügung stehen, da er mit seiner Aufmerksamkeit ein verhältnismäßig großes Blickfeld abtasten muß. Bei geringer Adaptationsleuchtdichte muß daher der Grenzkontrast zusätzlich wachsen, wenn die Empfindungs-

zeit über einen gewissen Maximalwert hinaus nicht vergrößert werden kann[1], wie Abb. 1161 zeigt.

Man muß für eine auf etwa $1/_{10}$ s begrenzte Wahrnehmungszeit, wie sie für den Kraftfahrer in Frage kommt, bei geringen Adaptationsleuchtdichten den mindestens etwa doppelt so großen Grenzkontrast ansetzen wie für ruhige, langandauernde Beobachtung. Der aus Abb. 1159 gefundene jeweilige Grenzkontrast muß also für die Praxis etwa verdoppelt angesetzt werden. Diese Verhältnisse gelten aber auch nur für eine gleichmäßig verteilte mittlere Adaptationsleuchtdichte ohne Blendstörungen oder zusätzliche Belastungen. In Wirklichkeit aber erzeugen die künstlichen Lichtquellen auf der Straße keine auch nur annähernd gleichmäßige Leuchtdichteverteilung im Blickfeld des Verkehrsteilnehmers. Nach ARNDT[2] ist

Abb. 1162. Tarnung eines dunkel gekleideten Menschen bei vollem Tageslicht im Schatten einer Eisenbahnüberführung (vorn an der Weiche).
(Phot. Lossagk[1].)

das Verhältnis der mittleren Adaptationsleuchtdichte zur maximalen Leuchtdichte (Blendleuchtdichte)

für elektrische Lampen in Leuchte mit Opalglasglocken etwa   1 : 20000
für Gasglühlichtlaternen etwa . . . . 1 : 50000
für elektrische Gasfüllungslampen in Klarglasfreistrahlern . . 1 : 8000000

Diese Verhältniszahlen sehen ganz anders aus als die vorher erwähnten durchschnittlichen Werte für Tageslicht von 1 : 2...1 : 12. Selbst unter ungünstigen Verhältnissen, beim Durchfahren langer Unterführungen, vorher mit dem Blick in den hellen Himmel, wird nur ein Verhältnis 1 : 200...1 : 400 gefunden[1] (Abb. 1162). Trotzdem reichten die dort sich darbietenden Kontraste eines Hindernisses — beispielsweise dunkel gekleideter Mensch gebückt 9 m hinter

---

[1] Vgl. Fußn. 3, S. 961.   [2] Vgl. Fußn. 1, S. 961.

Tunneleingang am Erdboden — nicht zur rechtzeitigen Wahrnehmung aus. Hieraus wird ersichtlich, welche störenden Einflüsse künstliche Lichtquellen von verhältnismäßig hoher Leuchtdichte auf die Grundempfindungen des menschlichen Auges haben müssen, wenn sie ungeschützt in das Gesichtsfeld treten.

Das Fernlicht eines Kraftwagenscheinwerfers besitzt eine mittlere Leuchtdichte von $\sim$100...400 sb, abgeblendet etwa 1 sb [1]. Born und Wolff messen die Blendwirkung eines solchen Kraftwagenscheinwerfers als Winkelmaß zwischen Blickrichtung zum Scheinwerfer und zum gerade noch erkannten Testobjekt, wobei Größe, Kontrast und Beleuchtungsstärke des als Testobjekt gewählten *Landoldt*schen Ringes sowie die Beobachtungszeit konstant gehalten wurde. Ihre Versuchsergebnisse klären die verschiedenen Einflüsse der Größe der Scheinwerferleuchtfläche F

$$\text{Blendung} = \sqrt[2,8]{C_1 \cdot F}$$

und der Scheinwerferleuchtdichte B

$$\text{Blendung} = \sqrt[2,4]{C_2 \cdot B}.$$

Die von Born und Wolff gefundenen Größen der Blendungswinkel bei verhältnismäßig hoher Beleuchtungsstärke (62 lx) auf dem Testobjekt bei einem Kontrast von 1:19 zeigen den störenden Blendungseinfluß deutlich genug, ähnlich auch die Untersuchungen von Weigel und Knoll [2].

Die künstliche Beleuchtung der Straße durch Straßenleuchten oder durch Kraftfahrzeugscheinwerfer hellt zwar wahrnehmungsfördernd die Straße auf. Gleichzeitig aber wird und muß die künstliche Beleuchtung durch ihre im Verhältnis zur mittleren Adaptationsleuchtdichte des Auges naturgemäß sehr hohen Eigenleuchtdichten recht beachtliche, die ungestörte Wahrnehmung schmälernde Wirkungen hervorbringen, sobald die hohe Leuchtdichte oder deren gespiegeltes Abbild unmittelbar ins Auge des Verkehrsteilnehmers fällt.

Neben dem „Sehen gegen Blendung", dem Wahrnehmen schwacher Kontraste trotz der die gleichmäßige Adaptation des Auges empfindlich störenden Blendlichtquellen haben wir im Verkehrsleben wegen der Bewegung der Verkehrsteilnehmer auch noch mit einem „Sehen nach Blendung", einem Überwindenmüssen der Blendnachwirkung zu rechnen.

b) Physiologische Beleuchtungsbewertung.

Zur Frage der physiologischen Bewertung von Straßenbeleuchtungsanlagen [3] ist nach den Leitsätzen der D.L.T.G. (vgl. F 4, S. 590 f.) zu berücksichtigen: 1. Beleuchtungsstärke, 2. Schattigkeit, 3. örtliche Gleichmäßigkeit, 4. zeitliche Gleichmäßigkeit, 5. Blendung, 6. Lichtfarbe, 7. Anpassung verschiedener Beleuchtungen aneinander.

Abb. 1163 zeigt die lichttechnischen Daten einer Straßenbeleuchtungsanlage. An Hand dieser Meßzahlen, die sich vorwiegend auf die Beleuchtungsstärke beziehen, kann man sich einen Überblick über die vorgenannten weiteren Punkte schaffen. Die Beurteilung baut also vorwiegend auf der Beleuchtungsstärke auf.

Beleuchtungsstärken sind verhältnismäßig einfach zu messen. Sie können aber für die Auswirkung einer Beleuchtung nur dann von maßgebendem Wert sein, wenn die von ihr erzeugte Wirkung, die Rückleuchtdichte der getroffenen

---

[1] Born, F. u. M. Wolff: Blendungsversuch an Automobilscheinwerfern. Licht 1932, Heft 8.

[2] Weigel, R. G. u. H. O. Knoll: Untersuchungen über die Blendung von Kraftfahrzeugscheinwerfern. Licht 1936, Heft 8, 157; Heft 10, 221.

[3] Vgl. Fußn. 5, S. 961.

Fläche in einem normalen Verhältnis zu ihr steht. Für Arbeitsplätze in Arbeitsräumen hat die Beleuchtungsstärke natürlich eine wesentliche Bedeutung. Die Blickrichtung des Arbeitenden auf die Arbeitsfläche liegt doch meistens in

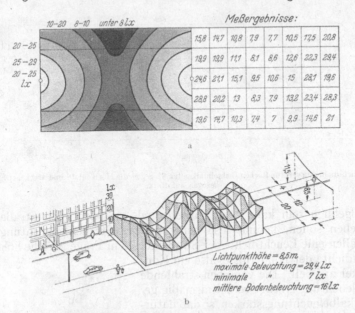

Abb. 1163 a und b. Beispiel der Beleuchtungsstarke-Verteilung einer Straßenbeleuchtungsanlage.

Winkelbereichen von 45…90°, in denen die Reflexion der Arbeitsfläche sich ebenfalls in normalen Werten bewegt.

Anders aber verhält es sich bei der Verkehrs- und Straßenbeleuchtung. Die „Arbeitsfläche", hier also die von den Lampen beleuchtete Straßenoberfläche

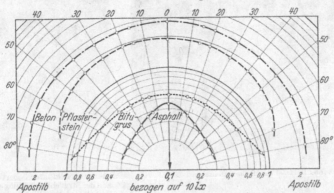

Abb. 1164. Leuchtdichtekurven fur senkrechten Lichteinfall und trockene Straßendecke, bezogen auf 10 lx.

wird vom Verkehrsteilnehmer unter einem wesentlich flacheren Winkel angeblickt. Der Betrachtungswinkel liegt zwischen wenigen Minuten bis einigen Graden. Die Untersuchungen von WEIGEL und SCHLÜSSER [1] zeigen aufschlußreich die Reflexion verschiedener Straßendecken unter den für den Verkehr wichtigen flachen Blickwinkeln (Abb. 1164 und 1165). Ein Blick auf Abb. 1164 und Abb. 1165

---

[1] WEIGEL, K. G. u. D. SCHLÜSSER: Über die lichttechnischen Eigenschaften von Straßendecken. Licht 1935, Heft 7, 161—166; Heft 10, 237—240.

zeigt den großen Unterschied zwischen Beleuchtungsstärke und sich dem Auge des Verkehrsteilnehmers darbietender Leuchtdichte der Straßenoberfläche. Hier wird sofort offensichtlich, daß die Beleuchtungsstärke an und für sich noch

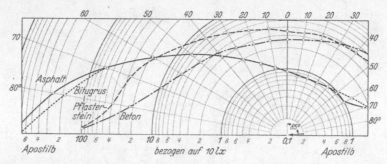

Abb. 1165. Leuchtdichtekurven für flachen Lichteinfall unter 5° gegen die Horizontale und trockener Straßendecke, bezogen auf 10 lx.

nicht maßgeblich sein kann. Als Hintergrund, von dem sich Straßenhindernisse abheben sollen, kommt also bei günstiger Straßenbeleuchtung in den meisten Fällen eine Leuchtdichte der Straßendecke in Frage, welche höher ist als die Leuchtdichte der Hindernisse, also ein Kontrast dunkel auf hell. Die von oben strahlende Straßenbeleuchtung erzeugt verhältnismäßig geringe Vertikalbeleuchtungsstärken, so daß naturgemäß das dem Auge des Verkehrsteilnehmers eine mehr oder minder senkrechte Fläche darbietende Hindernis meist auch nur eine geringe vertikale Rückleuchtdichte aufweisen wird. Bei den

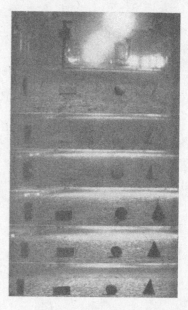

Abb. 1166. Beispiel des Silhouettensehens.

Abb. 1167. Einfluß örtlicher Ungleichförmigkeit der Straßenbeleuchtung auf Wahrnehmbarkeit und Auffälligkeit von Hindernissen auf der Fahrbahn.

heute üblichen und auch in absehbarer Zeit wirtschaftlich tragbaren und erreichbaren Beleuchtungsstärken muß man auf die volle Leistungsfähigkeit des Auges, wie sie bei Tage vorhanden ist, verzichten (vgl. Abb. 1159). Erzielt die Straßenbeleuchtung aber eine genügend helle gleichmäßig zerstreut rückleuchtende Straßendecke für das Auge bzw. die Betrachtungsrichtung des Verkehrsteilnehmers, so kann man von einer guten Beleuchtungswirkung sprechen, die etwaige Hindernisse wie auch den Straßenverlauf sicherlich in gut wahrnehmbarem, ja auffälligem Kontrast gegen die helle Fahrbahndecke aufzeigen wird, also als gut anzusprechen ist. Denn die gute Wirkung der Beleuchtung, das Wahrnehmungsfähigmachen des Straßenverlaufs und etwa auf der Straße befindlicher Hindernisse hängt bei den niedrigen Adaptationsleuchtdichten überwiegend von dem Kontrast ab, in den sie das zu erkennende Hindernis gegen seinen Hinter- oder Untergrund setzt, und nicht etwa von der Beleuchtungsstärke allein.

Die Forderung der DLTG.-Leitsätze gemäß Punkt 1...4 erscheint dann erfüllt, desgleichen Punkt 5, wenn die hohen Leuchtdichten der Lampen gut abgeschirmt sind. Ansätze für eine solche Bewertung von Straßenbeleuchtungen sind bereits vorhanden.

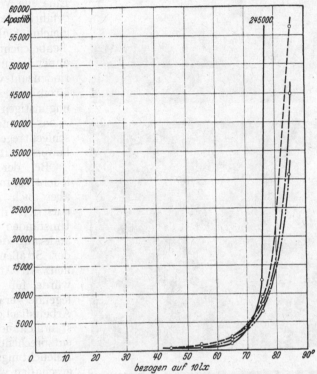

Abb. 1168. Leuchtdichtekurven der beregneten Straßendecke für flachen Lichteinfall von 5° gegen die Horizontale, bezogen auf 10 lx.

Der Sehvorgang auf nächtlicher, künstlich beleuchteter Straße unterscheidet sich wesentlich von dem Sehvorgang bei Tageslicht. Grundlage kann nur das Kontrastsehen sein, d. h. die Möglichkeit, Helligkeitsunterschiede wahrzunehmen. Die Feinheiten der Wahrnehmung — der Photograph würde sagen „Detail-Zeichnung" — fallen größtenteils fort[1]. Das Farbensehen kommt auch schwerlich noch in Betracht. Wahrnehmbar werden eben nur gröbere Helligkeitsunterschiede. Wir sehen sozusagen nur in Schattenrissen oder Silhouetten (Abb. 1166).

Man muß dafür sorgen, daß dann dieses Silhouettensehen wenigstens unter allen Umständen gewahrt bleibt. Den das Silhouettensehen beeinträchtigenden Einfluß einer örtlichen Ungleichmäßigkeit der Straßenbeleuchtung zeigt Abb. 1167.

[1] TRAPPEN, E. VON DER: Straßenbeleuchtung von heute unter besonderer Berücksichtigung des Kraftwagenverkehrs. Licht 1935, Heft 6, 118—121. — LINGENFELSER: Zur Frage der Beleuchtung von Kraftwagenstraßen. Licht 1921, Heft 11, 269—271; Heft 12, 299 bis 301. — Beleuchtung von Kraftwagenstraßen. Verkehrstechn. 1930, Heft 40. — MILLAR, O.: Trans. III Engng. Soc. 1910, 546; 1915, 1931.

a

b

c

Im obersten Teil des Bildes sind die Versuchskörper in der Mitte zwischen zwei benachbarten Lampen auf die Straßendecke niedergelegt. Darunter rücken sie näher an eine Lampe heran, im untersten Teil liegen sie unmittelbar unter der Lampe. Eine die Wahrnehmung gefährdende zeitliche Ungleichmäßigkeit der Straßenbeleuchtung kann außer bei zu geringer Periodenzahl von Wechselstromlampen auch unter ungünstigen Umständen bei ausnahmsweise schlecht regelnden Bogenlampen auftreten.

Bei der Straßenbeleuchtung muß man nun aber auch mit einer je nach der Witterung unter Umständen völligen Veränderung der Reflexion der Straßendecke rechnen. In Arbeitsräumen würde für eine grundlegende Veränderung der Arbeitsfläche selbstverständlich auch eine zweckentsprechend geänderte Beleuchtungseinrichtung geschaffen werden. Von der Straßenbeleuchtung aber verlangt man zur Zeit noch, daß sie in ihrer Anordnung allen wechselnden Verhältnissen gerecht werden soll. Die Bewertung der „Güte" einer Straßenbeleuchtung nach Beleuchtungsstärke

Abb. 1169 a—c. Der Unterschied von Tag und Nacht. Bei Tageslicht gute, nur durch Schlagschattenwirkung teilweise verringerte Wahrnehmbarkeit von Einzelheiten. Nachts bei trokkenem Wetter infolge der Ungleichförmigkeit der Beleuchtung erheblich verminderte Wahrnehmbarkeit, bei nassem Wetter zusätzliche Blendstörungen durch Glanzreflexe auf der Fahrbahn, neben denen die gefährlichen „Tarnungszonen" liegen.

und Gleichmäßigkeit allein würde stillschweigend eine gestreute Reflexion der Straßenfläche voraussetzen. Bei beregneter Straße aber ist diese Voraussetzung hinfällig. Man darf sich nun nicht wundern, wenn damit auch die „Güte" der Straßenbeleuchtung hinfällig wird. Abb. 1168 zeigt, wie besonders auf glatten Asphaltdecken bei beregneter Straße von einer gestreuten Reflexion überhaupt nicht mehr gesprochen werden kann. Man muß hier sogar mit Spiegelglanzspitzen rechnen, deren Leuchtdichte an die Größenordnung der Lampenleuchtdichte heranreichen kann. Die Abb. 1169, 1170 und 1171, welche die Beleuchtungswirkung der gleichen Straßenbeleuchtung auf trockener und auf nasser Straßendecke an der gleichen Stelle und vom gleichen Blickpunkt aus gesehen veranschaulichen, zeigen deutlich, daß bei beregneter Straßendecke von der vorher zur Bewertung benutzten Horizontalbeleuchtungsstärke und ihrer örtlichen Gleichmäßigkeit bedauerlich

a

b

c

Abb. 1170a—c. Beleuchtung am Straßenrand. Die bei trockenem Wetter nachts einigermaßen gewahrte Gleichförmigkeit der Fahrbahnleuchtdichte ist bei nassem Wetter stark gestört. Vergleiche z. B. die Wahrnehmbarkeit der kleinen Säule links am Schienenübergang. Der Vordergrund rechts enthält sogar unmittelbar unter der Straßenecklaterne eine gefährliche breite Tarnungszone, in der es zu einem tödlichen Unfall kam. Bei nassem Wetter ist meistens für die Wahrnehmbarkeit und Auffälligkeit eines unbeleuchteten dunklen Hindernisses nicht die Beleuchtungsstärke an der Unfallstelle, sondern die Glanzstreifenwirkung der viel weiter entfernt in der Blickrichtung stehenden Leuchten maßgebend.

a

b

c

wenig übrigbleibt. Überdies kann die Photographie in ihrem begrenzten Reflexionsspielraum in keiner Weise die wirkliche Blendstörwirkung der Lampenleuchtdichten und ihrer Spiegelbilder wiedergeben. Trotzdem wird hier schon ersichtlich, daß für das Wahrnehmen auf der Straße allein das reine Helligkeitsunterschiedsempfinden — das Erkennen von Hindernissen als Kontrast gegen den Unter- oder Hintergrund — und nicht die Horizontalbeleuchtungsstärke an sich maßgeblich ist. Wesentlich für die Auffälligkeit eines Hindernisses ist die sich dem Auge darbietende Leuchtdichte seines Hinter- oder Untergrundes, von der das Hindernis gegebenenfalls in recht auffälliger Weise Teile als Silhouette verdeckt. Besitzt dagegen der Hintergrund des Hindernisses in Blickrichtung des Verkehrsteilnehmers keine genügende Leuchtdichte, so wird das Hindernis schwerlich einen auffälligen Kontrast darstellen können, ja es wird sehr oft nicht wahrnehmbar sein. Bei regennasser Straße ist es durchaus möglich, daß sich

Abb. 1171 a—c. Beleuchtung über Fahrbahnmitte. Bei trockenem Wetter ist die Fahrbahnleuchtdichte einigermaßen gleichförmig. Bei nassem Wetter versagt diese Beleuchtungsanordnung auf gerader Strecke. Nach der Gefahrenseite zu, nach rechts ergibt sie eine beachtliche Tarnungszone. Hier wäre eine Zick-zack-Aufhängung der Leuchten ein Mittel, um auf einfache Weise den Lampenglanzreflex über die Fahrbahnbreite auszudehnen und die Tarnungszonen zu verringern. (Abb. 1169, 1170, 1171 Phot. Lossagk.)

ein dunkles Hindernis sogar unmittelbar unter der Laterne, wo doch zweifelsfrei die Horizontalbeleuchtungsstärke sicher groß ist, noch tarnen kann, d. h. keinen wahrnehmbaren Kontrast gegen seinen Hintergrund bildet. Für die flachen Betrachtungswinkel bilden sich auf der nassen Straßenfläche glänzende Reflexstreifen, auf welchen Bruchteile der hohen Lampenleuchtdichten mit einer ganz beachtlichen Blendstörwirkung auf das Auge des Betrachters zueilen. Die nicht mit diesen Glanzstreifen belegten Teile der Straßendecke erscheinen völlig dunkel. Es liegen bereits Versuche vor [1], durch Anbringung angeleuchteter, gut reflektierender Flächen die ganze Fahrbahnbreite mit einem solchen Spiegel-glanzstreifen bei Regenwetter zu überziehen, um die Tarnungs-möglichkeit von Hindernissen, die sonst immer gegeben ist, auszu-schließen (Abb. 1172).

Da ja die Straßenbeleuchtung nicht nur dem Fußgänger, sondern auch besonders dem Kraftfahrer dienen soll, so muß man bei der Bewertung ihrer Güte von den ungünstigsten Wahrnehmungsbe-dingungen ausgehen, die infolge des Wetters, der Bewegung und auch des Einflusses der zusätz-lichen Störungen durch die Lichter des entgegenkommenden Verkehrs sich ergeben.

Für die Bewertung der Güte einer ausgeführten Straßenbe-leuchtungsanlage kann also nur die Überprüfung der Sehleistung maßgebend sein, welche durch die Beleuchtung auf der Straße ermög-licht wird. Als Maß der „Seh-sicherheit" auf der Straße kann der Unterschied der beiden Leucht-dichten angesehen werden, bei denen das Hindernis einmal als

Abb. 1172. Beispiel einer Glanzreflexverbreiterung. Der durch das über die Straße gespannte Lichtband erzeugte breite Glanz-streifen auf der Fahrbahn verhindert eine Tarnung selbst unbeleuchteter dunkler Hindernisse.

Kontrast dunkel auf hell, das andere Mal hell auf dunkel vom Auge wahrgenommen wird (Abb. 1173). Je größer die Spanne dieser Leuchtdichten zwischen Hell- und Dunkelsilhouette ist, desto größer ist ja auch die Wahrscheinlichkeit, daß Gegenstände von bestimmter Reflexion bzw. bestimmter Leuchtdichte unge-nügend oder sogar überhaupt nicht gesehen werden können und daß auch die in dem betreffendem Gegenstand etwa selbst vorhandenen Eigenkontraste nicht ausreichen, den Körper wahrnehmbar zu machen. Auf jeden Fall dürfte zum mindesten der Auffälligkeitswert [2] des Hindernisses gleich Null sein.

Anstatt gemessener Horizontalbeleuchtungsstärken sollte daher eine Seh-leistungsprobe unter wirklichkeitstreuen Bedingungen über die Güte der Straßen-beleuchtung Aufschluß geben. Einfache Sehleistungsproben auf der Straße können durch Auslegen oder kurzzeitiges Darbieten von Hindernissen mit

[1] TRAPPEN, E. VON DER: Verbesserung der Straßenbeleuchtung bei glänzender Straßen-decke. Licht 1935, Heft 11, 246—247. SCHNEIDER, L.: Verbesserung der Straßen-beleuchtung bei glänzender Straßendecke. Licht 1935, Heft 4, 82—83.
[2] KLEIN, C. G.: Verkehrstechnik 1932. Sehleistungsprüfer für Straßenbeleuchtungs-anlagen. Licht 1935, Heft 7, 134—136.

a

b

Abb. 1173 a und b. Schematische Darstellung der Tarnungsmöglichkeit. Gleiche Reflexion der Kleidung kann je nach der Stellung des Menschen zur Straßenleuchte und je nach der Witterung alle erdenklichen Kontraststufen gegen den Untergrund bilden.

verschieden einstellbarer Leuchtdichte vorgenommen werden. Genauere Sehlei-stungsproben können ausgeführt werden mit Hilfe der in Abb. 1174 gezeigten Apparatur nach C. G. Klein. Der Beobachter hat beim Versuch normale Blick-richtung in die Straße hinein. Er ist also allen praktisch vorkommenden

Störungen voll ausgesetzt. Mit Hilfe von zwei Planspiegeln S_1 und S_2 wird der zu untersuchende Ausschnitt der Straßenoberfläche in die horizontale Blickrichtung des Beobachters gespiegelt. Die Verspiegelung des Spiegels S_2 ist an einer Stelle ausgespart. Hinter dieser Aussparung liegt das in seiner Leuchtdichte regelbare Vergleichsfeld.

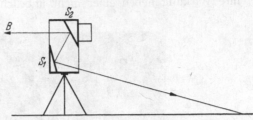

Abb. 1175 stellt die Ansicht eines solchen Sehleistungsprüfers in Blickrichtung des Beobachters dar. Ein vor dem Spiegel angebrachter Momentverschluß gestattet Sehproben mit verkürzter Blickzeit. Da der Beobachter in mittlerer Entfernung von dem Prüfapparat steht, werden die Versuche mit Fernakkommodation ausgeführt. Eine solche Unter-

Abb. 1174. Seh-Leistungsprufer. (Nach KLEIN.) Zur Überprüfung und Messung der Wahrnehmungsbedingungen auf der Straße zwecks Begutachtung der „Güte" und Sicherheit einer Straßenbeleuchtung.

suchung gibt einen weitaus genaueren Überblick über die Wahrnehmungsverhältnisse auf der Straße, also eine reine Beleuchtungsstärkenmessung [1].

Hier hat es auch der Versuchsleiter in der Hand, alle möglichen und auch meist vorhandenen Störeinflüsse zu berücksichtigen und gegebenenfalls in der Versuchsmessung nachzuahmen. Der Kraftfahrer z. B. blickt ja bei Regenwetter erst einmal durch seine vom Wischer mehr oder weniger sauber gehaltene Windschutzscheibe. An den freigewischten Stellen werden weniger Blendstörungsreflexe auftreten als an den nicht vom Wischer bestrichenen Stellen, auf denen sich Regentropfen ansetzen können, die unter Umständen eine nicht zu unterschätzende Sammellinsenwirkung für empfindlich blendende Strahlen ausüben.

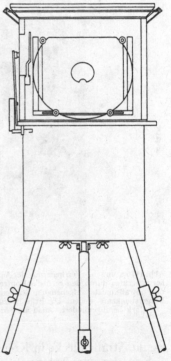

c) Lichttechnik und Verkehrsunfall.

Die künstliche Beleuchtung der Straßen durch Straßenlaternen oder Fahrzeugscheinwerfer soll dem Verkehrsteilnehmer außer der sicheren Erkennung etwa auf der Fahrstraße befindlicher Hindernisse auch das Wahrnehmen des Straßenverlaufs eindeutig ermöglichen. Nächtliche Täuschungen über den Verlauf, z. B. Kurven, Fahrbahnverengerungen, Fahrbahnseitenwechsel usw. dürfen nicht auftreten (Abb. 1176).

Bei gänzlich fehlender Straßenbeleuchtung kann z. B. auf nächtlicher Landstraße auch der Kraftwagenscheinwerferlichtkegel, besonders bei physiologisch ungünstiger Lichtverteilung und

Abb. 1175. Vorderansicht des Sehleistungsprüfers. (Nach KLEIN.)

geringer Breitenstreuung unter ungünstigen Baumabständen eine perspektivische Täuschung für den Fahrer verursachen, indem er ihm die Kurve bis zum letzten Augenblick tarnt und ihm einen geraden Straßenverlauf vortäuscht (Abb. 1177).

Die künstliche Beleuchtung von Straßenkreuzungen verdient besondere Beachtung. Hängt z. B. in einer spärlich beleuchteten Ortschaft über einer Straßen-

[1] Vgl. Fußn. 3, S. 961.

kreuzung in Kreuzungsmitte eine Lampe, so kann ihre Wirkung zum zeitigen guten Erkennen eines etwa aus der Querstraße kommenden Wegebenutzers nur in den seltenen Fällen beitragen, wo sie das querkommende Fahrzeug als auffälligen Schattenkontrast dunkel gegen hell darbietet. Meist aber besteht ihre Wirkung neben einer nicht unbeachtlichen Blendstörung nur darin, daß

Abb. 1176 a und b. Verringerung der Wahrnehmungsmöglichkeit einer nicht zu vermutenden Straßenverengerung, hervorgerufen durch den geringen Kontrast der Bordschwelle und begünstigt durch den Umstand, daß die vorher über Straßenmitte aufgehängten Straßenleuchten in ihrer Fluchtlinie gleichbleibend nunmehr an Masten an der Bürgersteigkante stehen. Die Erkennbarkeit des vordersten Lampenmastes ist für das Auge durch Blendwirkung stark herabgemindert. Auch am Fluchtlinienverlauf der Häuser ist eine bevorstehende Straßenverengung nicht erkennbar (Phot. Lossagk).

sie die Straßendecke in Kreuzungsmitte aufhellt und so den sonst vorwarnenden Schein des dem herannahenden Kraftwagen vorauseilenden Lichtes verwischt, zumal ja wegen dieser „Kreuzungsbeleuchtung" der Kraftwagen abgeblendet fahren wird. Auf unbeleuchteter Kreuzung würde der vorauseilende Lichtschein den aus der Querstraße kommenden Kraftwagen schon zeitig ankündigen. Soll die über der Kreuzung hängende Lampe nur durch Beleuchten der Gehsteigkanten und Bordsteine ein Vorhandensein einer Kreuzung überhaupt anzeigen und dem Verkehrsteilnehmer eine Orientierung ermöglichen, so wäre es in den meisten Fällen sehtechnisch besser, die Lampe durch ein nichtblendendes

Warntransparent „Kreuzung" zu ersetzen. Die Fahrbahnbegrenzung sieht der Kraftfahrer dann schon im Lichte seiner eigenen Scheinwerfer.

Anstatt an Kreuzungen zu versuchen, die aus der Querstraße kommenden Fahrzeuge durch eine auf der Kreuzung hängende Beleuchtung wahrnehmbar und auffällig zu machen, würde eine Hebung des Auffälligkeitswertes durch

Abb. 1177a. Bei Tage. Die Kurve ist deutlich erkennbar.

Abb. 1177b. Bei Nacht im Scheinwerferlicht. Durch die im Scheinwerferstrahl links hell auftauchenden drei Bäume und die Mauer kann leicht der Eindruck einer Fluchtlinie erweckt werden. Die Kurve tarnt sich dann.

eine entsprechende, das Fahrzeug selbst seitlich anstrahlende Fahrzeug-Eigenbeleuchtung leichter und sicherer zum Ziele führen. Die üblichen Scheinwerfer strahlen ihre Lichtbüschel vorwiegend nach vorn. In der Nacht stellt, von der Seite gesehen, ein Kraftwagen und ganz besonders ein Radfahrer meistens nur einen schwarzen Schattenriß dar, der sich gegen seinen Hintergrund recht wenig abheben kann. Durch seitliche Aufhängung, seitlich angestrahlte und rückleuchtende Flächen kann hier Verkehrsunfällen vorgebeugt werden.

Die künstliche Beleuchtung im Verkehrswesen allgemein dient ja nicht nur zur Anleuchtung zu erkennender Straßenteile oder Hindernisse, um sie schnell

und sicher zu bemerken, sondern sie soll auch zur Kennzeichnung des Vorhandenseins und des beabsichtigten Verhaltens der Verkehrsteilnehmer unter sich
dienen. In diesem Anwendungszweige hat die künstliche Beleuchtung den großen
Vorteil, daß sie — ohne Blendstörung hervorrufen zu müssen — eine außerordentliche „Reichweite" aufweisen kann. Will man ein unbeleuchtetes,
schmutziggraues Hindernis auf dunkler Landstraße auf weiter Entfernung im
Lichtstrahl der eigenen Scheinwerfer erkennen, so müssen diese eine Lichtstärke aufweisen, die jeden Entgegenkommenden unbedingt blenden muß. Ist
dagegen das Hindernis durch eine künstliche Eigenbeleuchtung „gesichert", so
kann es mit großer Sicherheit auf weite Entfernung erkannt werden, ohne daß

Abb. 1178. Unzweckmäßige Aufstellung eines Verkehrszeichens verringert oder vernichtet den Auffälligkeitswert
eine Gefahr-Warnung.

diese Eigenbeleuchtung etwa eine solche Lichtstärke aufweisen müßte, daß
dadurch im Straßenverkehr eine Blendwirkung auftreten könnte.

Genauere Untersuchung über Verkehrsunfallursachen [1] zeigen, daß etwa die
Hälfte aller Verkehrsunfälle mit verminderter optischer Gefahrwahrnehmung
ursächlich zusammenhängen. Von diesen Fällen ist etwa ein Drittel rein auf
ungünstige optisch-physiologische Wahrnehmungsbedingungen zurückzuführen,
während zwei Drittel noch zusätzlich mit Aufmerksamkeitsmängeln oder Auf-
merksamkeitsüberlastung zusammenhängen.

Je besser das Wahrnehmen und je auffälliger und eindeutiger die Verkehrs-
oder Gefahrlage erkennbar ist, um so geringer wird die Aufmerksamkeits-
belastung des Verkehrsteilnehmers, um so sicherer der Verkehr.

Werden wichtige Verkehrszeichen so unbedacht gegen die künstliche Beleuchtung aufgestellt, daß sie nur als Silhouette sich darbieten können (Abb. 1178),
so ist ihre richtige Beachtung erschwert oder unmöglich gemacht. Werden
Straßennamenschilder schlecht beleuchtet angebracht, so belasten sie die Aufmerksamkeit des suchenden Kraftfahrers über das notwendige Maß hinaus
und wirken verkehrsgefährdend. Im Stadtverkehr ist bei Anbringung von Licht-
werbeschildern, bei Aufstellung von Feuermelderlampen und ähnlichem stets
vorher genauestens zu überprüfen und zu erwägen, ob durch ihre Wirkung
nicht etwa für den Kraftfahrer ein Blickfang geschaffen wird, der mit dem Verkehr selbst nichts zu tun hat, aber die Aufmerksamkeit des Kraftfahrers unnötig
fesselt, dadurch vom Verkehr selbst ablenkt, ja durch Mißverständnisse und

---

[1] Vgl. Fußn. 3, S. 961.

Verwechslung (beispielsweise bei Verwendung verkehrsampelähnlicher Gestalt und Farbe) zu verkehrshemmenden und gefährdenden Fahrhandlungen Anlaß geben kann. Dies gilt besonders bei völlig unverständlicher, aber häufig zu beobachtender Anbringung solcher den Verkehr selbst nicht betreffender Zeichen ausgerechnet an den verkehrsreichsten Stellen, wo die Aufmerksamkeit des Kraftfahrers schon voll belastet wird und jedes Mehr ein Übel wird.

Für alle Zeichen aber, die den Verkehr selbst betreffen, gilt die Regel: Nicht nur wahrnehmbar, sondern unbedingt sinnfällig, eindeutig und auffällig. Bei Nacht muß dies eben durch künstliche Eigenbeleuchtung der Zeichen (z. B. die Anstrahlung von Eisenbahnschranken) oder durch sinngemäße richtige und unter allen Verkehrsbedingungen unbedingt wirksame Ausnutzung der aufgestrahlten Kraftfahrzeugbeleuchtung erzielt werden (z. B. Warnbaken an Bahnübergängen).

Wenn in der schreienden Lichtfülle großstädtischer Lichtreklame das wichtige Verkehrszeichen „Einbahnstraße" oder das allgemeine Sperrzeichen nur kärglich von dem Licht einer entfernter stehenden und dazu noch blendenden Straßenlaterne beleuchtet wird, so kann man ihm schwerlich den für die Verkehrssicherheit erforderlichen Auffälligkeitswert zusprechen. Wenn an wichtigen Abzweigpunkten breit ausladende gelbrote und rote Leuchtröhrenwerbelichter alles in magischen roten Glanz tauchen und z. B. auch die Glasfensterscheiben der Straßenbahn rot durchglühen, so verschwindet dagegen die Auffälligkeit, ja sogar die Wahrnehmbarkeit der gelbroten Straßenbahnabwinkelampen. Kann und will man nicht die verkehrsstörenden Werbelichter entfernen, so muß man eben zur Hebung des Auffälligkeitswertes des für die Sicherheit des Verkehrs doch äußerst wichtigen Abwinkezeichens schreiten. Man muß seine Leuchtdichte, seine Größe oder seine Ausladung erhöhen, man muß es so auffällig wie möglich anbringen; man kann auch nach altbekannten psychologischen Erfahrungen die Auffälligkeit des Abwinkzeichens dadurch steigern, daß man es pendeln läßt oder daß man es mit zeitlichen Unterbrechungen von etwa einer Sekunde Dauer blinken läßt. Auffällig aber muß es werden, und zwar nur so stark, daß es bei Aufwendung der erforderlichen Aufmerksamkeit richtig wahrgenommen werden kann, sondern so stark, daß es auch durch jede, im Verkehrswesen stets zu erwartende Aufmerksamkeitsablenkung oder Belastung unbedingt sicher hindurchschlägt. Aufgabe des Lichttechnikers ist es, dort, wo im Verkehrswesen mit künstlichen Lichtquellen zur Beleuchtung — um sehen zu können oder um selbst wahrgenommen zu werden — gearbeitet wird, diese Lichtquellen so auszuwählen und zu verwenden, daß das Höchstmaß an Verkehrssicherheit erreicht wird. Etwa die Hälfte aller Verkehrsunfälle steht mit verminderter optisch-physiologischer Wahrnehmung in ursächlichem Zusammenhang.

K. Lichttherapie.

K 1. Medizinische Grundlagen.

Von

HEINRICH PFLEIDERER-Kiel.

Mit 3 Abbildungen.

Die gesundheitsfördernden Wirkungen des Lichtgenusses sind seit dem frühesten Altertum bekannt. Wie konkret die Vorstellungen über die physiologischen Strahlenwirkungen auf den Menschen schon im Altertum waren, geht aus Angaben Herodots hervor, die aus dem Jahre 431 v. Chr. stammen. Bei einer Besichtigung des Schlachtfeldes von Pelusium, wo hundert Jahre vorher Perser und Ägypter gestritten hatten, fand er einen erheblichen Unterschied in der Härte ägyptischer und persischer Schädel, den er auf die persische Sitte der Vermeidung von Sonnenbestrahlungen zurückführt. Hippokrates, der „Vater der Medizin" gibt um dieselbe Zeit in einer recht modernen bioklimatischen Schrift als Indikation für die Lichttherapie allgemeine Schwächezustände an und empfiehlt sie im speziellen zur Behandlung von Skeleterkrankungen, insbesondere von Knochenbrüchen, und zur Wundbehandlung. Nehmen wir die Empfehlung von Oribasius im zweiten vorchristlichen Jahrhundert zur Lichtanwendung bei Muskelschwäche hinzu und berücksichtigen dabei, daß die Diagnose der Blutarmut damals nicht möglich war, so zeigt sich mit aller Deutlichkeit, daß die wesentlichen, heute geltenden Indikationen für die Lichtbehandlung auf ein ehrwürdiges Alter zurückblicken können.

Dagegen sind die Erkenntnisse über das Wesen des Lichtes und über den Wirkungsmodus verhältnismäßig jung und auch noch keineswegs abgerundet. Auf dem Gebiet der medizinischen Lichtforschung wurde in den letzten Jahrzehnten eine ungeheure Arbeit geleistet; trotzdem hat die Zahl der Fragezeichen zugleich mit der Zahl der Erkenntnisse noch zugenommen, weil die Forschung immer mehr die Kompliziertheit der Vorgänge bei den Lichtwirkungen aufdecken konnte. Wenn wir uns die Ursachen der Schwierigkeiten vor Augen halten, so ist es besonders die komplexe Natur des Lichtes, die der Forschung Schwierigkeiten bereitet: die therapeutischen Lichtquellen senden eine spektrale Mischung aus, deren einzelne Energiebeträge ungleich sind und denen eine Vielzahl physiologisch-chemischer Stoffe gegenübersteht, die in das Geschehen der lebenden Zelle eingeordnet sind.

a) Anatomisch-physiologisches über die Haut.

Die Haut hat für den Gesamtorganismus sehr vielfältige Aufgaben zu übernehmen. Neben den spezifischen Sinnesorganen vermittelt sie als umfassende Grenzfläche die meisten Beziehungen zwischen Umwelt und Organismus. Einerseits hat sie Funktionen der Abwehr zu leisten gegenüber mechanischen, chemischen, aktinischen und elektrischen Einwirkungen und hat ferner den Körper vor Austrocknung zu schützen; andererseits ist sie Aufnahmeorgan für wichtige physikalische Reize, die lokale oder — auf dem Nerven- oder Blutweg zum Zentralnervensystem geleitet — allgemeine Reaktionen bewirken. Sie ist auch Aufnahmeorgan für physiologisch wichtige Energien, wie sie besonders auf dem Weg der Strahlung dem Körper zugeführt werden.

Die Haut ist keineswegs ein homogenes Gebilde. Mikroskopisch können wir eine Reihe verschiedener Schichten unterscheiden, deren jede eine besondere Struktur aufweist. Die äußerste Schichtengruppe, die *Epidermis*, ist die eigentliche Deckhaut. Sie besteht aus geschichteten Plattenepithelzellen. Nach außen schließt die Hornhaut (Stratum corneum) den Körper ab. Sie ist im allgemeinen sehr dünn, wenige Hundertstel Millimeter dick, mit Ausnahme von Handteller und Fußsohle, wo Dicken bis zu mehreren Millimetern vorkommen. Die Hornzellen besitzen keinen Zellkern mehr, sie gehören deshalb eigentlich nicht mehr zum lebenden Gewebe. Doch stehen sie noch im Stoffaustausch mit den darunterliegenden Geweben, welche manche Funktionen für sie übernehmen. — Unter der Hornschicht liegt das dünne Stratum lucidum, eine Schicht von besonderem Glanz, der teils durch Lichtbrechung, teils durch Reflexion zustande kommt. Diese Schicht ist mit einer eigenartigen Substanz durchtränkt, dem Eleidin, das eine starke Affinität zu sauren Farbstoffen hat. Die nächste Schicht ist die Keimschicht (Stratum germinativum Malpighii), die im allgemeinen dicker als die Hornschicht ist. Der äußere Teil, die Körnerschicht (Stratum granulosum), produziert den Grundstoff für die Hornsubstanz, der in Form zahlreicher Kügelchen — den Keratohyalinkörnchen — in den Zellen aufgestapelt wird. Hier besteht eine Affinität zu basischen Farbstoffen. Bei der weiteren Entwicklung fließen die Körnchen zusammen und damit erfolgt der Übergang in das Stratum lucidum. — Sodann folgt die Stachel- und Zylinderzellenschicht, die beide noch kein Keratohyalin aufweisen. Diese Schichten sind für die Pigmentierung wichtig, für die besondere Zellen (Melanoblasten) vorhanden sind. Soviel über die Oberhaut, die für den Strahlenschutz wichtig ist. Sie enthält besondere Eiweißkörper, vor allem Zystin, Tyrosin und eisenhaltige Histidinverbindungen, denen eine selektive Strahlenabsorption eigen ist. Die Grundfläche ist nicht eben, sondern als Leistensystem ausgebildet (Rete Malpighii), in dem das Leistensystem der *Lederhaut (Corium, cutis)* verzahnt ist. Dieses letztere besteht aus einzelnen Zapfen (Papillen), die Träger der äußersten Blutgefäße, feiner Haargefäße, ferner von Nervenkörperchen sind. Unter dieser zarten, gut durchbluteten Schicht liegt eine bindegewebige, derbere und blutgefäßärmere Netzschicht, die ebenfalls Pigment enthält. Hier schließt dann weiterhin das Unterhautzellgewebe an, das zumeist reichlichen Fettbestand hat.

b) Hautgefäßsystem.

Das Hautgefäßsystem ist hinsichtlich der Strahlenwirkungen besonders wichtig, da einerseits direkte Wirkungen auf die oberflächlichen Gefäße zustande kommen, die eine Änderung der Gefäßweite und damit des Blutgehaltes zur Folge haben, andererseits die Blutzirkulation in der Haut zur Beseitigung von lokalen Temperatursteigerungen dient, wie sie als Folge energischer Strahlenabsorption auftreten. Durch die Unterhautfettschicht treten in schrägem Verlauf Arterien und Venen hindurch. Diese bilden an der unteren Grenze der Lederhaut ein dichtes Geflecht, das kutane Netz, das viele Verbindungen (Anastomosen) aufweist. Von hier treten zahlreiche Äste in das Corium ein, die sich in zwei unterhalb der Coriumpapillen gelegenen Netzen ausbreiten. In die Papillen steigen senkrechte, feine Blutgefäße auf (Kapillaren), welche die Ernährung der äußersten Schichten der Haut übernehmen. Am lebenden Menschen sind im auffallenden Licht mit Hilfe eines Mikroskopes diese Papillarschlingen deutlich zu sehen[1, 2], in vielen Fällen ist sogar das unter den Papillen gelegene Gefäßnetz einzusehen, da die Oberhaut für sichtbare Strahlen sehr gut durchlässig ist. Allerdings muß dazu die Oberfläche durch Öl optisch eingeebnet werden.

Die Epidermis ist somit gefäßlos, doch ist sie trotzdem durch die zwischen den Zellen der Keimschicht befindliche Gewebsflüssigkeit an die allgemeine Zirkulation der Körperflüssigkeit angeschlossen. Die durch Strahlenwirkung in der Epidermis entstehenden Stoffe brauchen allerdings längere Zeit, um in die tieferen Schichten zu diffundieren.

c) Theorie der biologischen Strahlenwirkung.

Das Grundgesetz jeder Strahlenwirkung besagt, daß ein Lichtstrahl nur dann eine Wirkung hervorbringen kann, wenn er absorbiert wird. Es ist nun seit langem die Tatsache bekannt, daß nicht alle Spektralgebiete bei der Absorption dieselben Wirkungen entfalten. Ein engbegrenztes Gebiet ruft im Auge Farbenempfindungen hervor, deren Qualität sich mit der Wellenlänge ändert, weite Spektralgebiete dagegen sind unsichtbar. Andere Spektralarten entfalten entzündungserregende Wirkungen und es gibt eine große Anzahl physiologisch-chemischer Prozesse, die an bestimmte Spektralgebiete gebunden sind. Man war dadurch ursprünglich zur Annahme ganz spezifischer Eigenschaften der einzelnen Wellenlängen oder wenigstens bestimmter Gruppen gekommen. Wir machen auch heute noch von dieser Vorstellung weitgehend Gebrauch; es ist deshalb erstaunlich, daß die Forschung zu dem Ergebnis gekommen ist, daß es letzten Endes eine solche Wellenlängenspezifität nicht gibt[3]. Es ist sehr wahrscheinlich, daß die Absorption gleicher Strahlenquanten gleiche Wirkungen zur Folge hat, unabhängig von der benutzten Wellenlänge. Dieser Widersinn löst sich sofort auf, wenn wir bedenken, daß die Spezifität nicht in den Strahlen, sondern in der Materie, also in den Strahlenempfängern liegt. Bei verschiedenen Stoffen ist es nicht möglich, in gleicher Weise Lichtquanten verschiedener Wellenlängen zur Absorption zu bringen, da die Absorptionsfähigkeit von der molekularen Struktur abhängig ist. Das trifft in besonderem Maß für die Gewebe des tierischen Körpers zu, die eine ganz außerordentliche Differenzierung aufweisen. Hier ist weiterhin zu bedenken, daß die Strahlen auf dem Weg von der Körperoberfläche in tiefere Bezirke eine Anzahl von Schichten verschiedener Struktur durchlaufen müssen; das bedeutet eine ständige Verschiebung der Strahlenzusammensetzung auf diesem Wege, je nachdem bestimmte Strahlengattungen schneller oder langsamer abgefiltert werden. Die Strahlenwirkung auf eine Körperzelle ist also nicht nur von ihrer eigenen chemischen Struktur abhängig, sondern auch ebenso sehr von der jeder vorgeschalteten Zelle und Gewebsflüssigkeit und endlich von der spektralen Zusammensetzung der Lichtquelle.

Eine andere Frage ist die, wie bei der Absorption eines Lichtquants überhaupt verschiedenartige Wirkungen auftreten können. Die Strahlungsenergie wird dabei in eine andere Energieform übergeführt, am häufigsten in Wärme. Diese Umwandlung ist bei allen Wellenlängen möglich und es ist deshalb nicht

[1] MÜLLER, OTFRIED: Die Kapillaren der menschlichen Körperoberfläche. Stuttgart: Ferdinand Enke 1922.

[2] JAENSCH, W.: Die Hautkapillarmikroskopie. Halle 1929.

[3] ELLINGER, F.: Die biologischen Grundlagen der Strahlenbehandlung. Strahlentherapie 20 (1935).

berechtigt, den Begriff „Wärmestrahlen" für ein bestimmtes Spektralgebiet in Anspruch zu nehmen. Nach der *Dessauer*schen Punktwärmehypothese gehen auch die chemischen Strahlenwirkungen auf Wärmewirkung zurück, indem im kleinsten Raum, innerhalb eines Moleküls beträchtliche punktförmige Temperatursteigerungen entstehen würden, die chemische Reaktionen zur Folge hätten. Doch dürften noch andere Möglichkeiten bestehen, die bei der Lichtabsorption zur „Anregung" von Atomen und Molekülen führen, wodurch diese dann zu Reaktionen befähigt werden, die sonst nur unter bestimmten extremen Bedingungen möglich sind. In diesem Zusammenhang ist zu erwähnen, daß insbesondere viele Fermente eine ausgeprägte Strahlenempfindlichkeit besitzen, die sich auf sehr verschiedene Spektralgebiete beziehen kann. Wir kennen Aktivierung wie auch Zerstörung von Fermenten durch Strahlenwirkung und wir müssen diesen Wirkungen für die Auslösung von oxydativen und reduktiven Prozessen im Organismus die größte Bedeutung beimessen.

d) Strahlenreflexion der Haut.

Nicht der gesamte Betrag an Strahlungsenergie, der von außen an den Körper herangebracht wird, dringt durch die Körperoberfläche hindurch, um dort der Absorption anheim zu fallen. Zum Teil sind es ganz erhebliche Beträge,

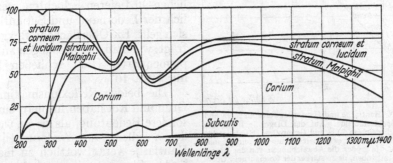

Abb. 1179. Änderung des Strahlungsklimas bei Durchtritt durch die Haut. Die applizierte Intensität jeder Wellenlänge ist 100% gesetzt. Die beiden ein Areal begrenzenden Linien zeigen die in eine Hautschicht einfallenden und die durch diese Schicht hindurchtretenden Intensitäten an. Die Reflexion ist zur Vereinfachung als Oberflächenreflexion eingezeichnet, tatsächlich findet sie zum großen Teil erst im Corium statt (s. Text).

die von der Haut reflektiert werden, Beträge, die je nach Wellenlänge und Hautbeschaffenheit in weiten Grenzen schwanken. Die Verhältnisse der Hautreflexion haben aus verschiedenen Gründen praktisches Interesse. Einmal können die genauesten Messungen der Strahlungsverhältnisse nicht auf physiologische Probleme Anwendung finden, wenn die Höhe des durch Reflexion in Verlust gehenden Betrages nicht bekannt ist. Das gilt besonders für eine exakte Dosierung. Ferner sind die Reflexionseigenschaften der Haut klimatischen Einwirkungen unterworfen; es ist eine interessante Frage, welche Rolle diese Eigenschaften für die Akklimatisation an intensive Einstrahlung spielen. Endlich bedient sich unser Auge (wie auch die Kamera) des von der Haut reflektierten Lichtes. Den Effekt mancher Strahlenwirkungen pflegt man nach optischen Änderungen der Haut zu bemessen.

Abb. 1179 zeigt den Verlauf der Reflexionskurve einer normalen Haut über den wichtigsten Teil des Spektrums. Es ist darauf hinzuweisen, daß die Angaben verschiedener Autoren, wie eine Zusammenstellung von K. BÜTTNER [1] zeigt,

---

[1] BÜTTNER, K.: Über die Wärmestrahlung und die Reflexionseigenschaften der menschlichen Haut. Strahlentherapie **58** (1937).

sehr erheblich voneinander abweichen. Die Reflexkurve beruht auf Messungen von W. SCHULTZE, HARDY und BODE. Es zeigt sich, daß im Ultraviolett die Reflexion sehr gering ist, im therapeutisch wichtigen Bereich um 300 m μ beträgt sie nach HARDY [1], W. SCHULTZE [2] und BÜTTNER nur etwa 1%. Die Ausnützung dieses wichtigen Gebietes ist also sehr gut. Dagegen steigt die Reflexion im Sichtbaren steil an, mit je einem Maximum im Grün und Rot. Gegen das innere Ultrarot wird die Reflexion geringer, hält sich dort im Bereich von etwa 20% und geht im Abstrahlungsgebiet, dem äußeren Ultrarot, auf recht geringe Werte von etwa 4...5% zurück[3]. Noch wenig geklärt ist die Frage, an welchen Schichten der Haut die Reflexion vorwiegend stattfindet. Einen Anhaltspunkt gewinnen wir durch Betrachtung der Durchlässigkeitsverhältnisse der obersten Hautschichten (vgl. S. 984). Diejenigen Strahlen, für welche die Hornschicht wenig durchlässig ist, müssen auch von den oberflächlichsten Schichten reflektiert werden. Im sichtbaren Gebiet, zumal im Grün und Rot, besteht auf Grund der sehr geringen Absorption in der Epidermis die Möglichkeit, daß die Reflexion im wesentlichen an tieferen Schichten, vermutlich der Lederhaut und Subkutis vor sich geht. Die Oberflächenreflexion beträgt, wie man aus Messungen an stark pigmentierter Haut schließen kann, nur etwa 10%.

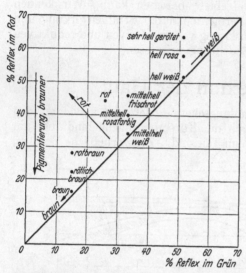

Abb. 1180. Hautfarbe und Hautreflexwerte im roten und grünen Spektralbereich. Auf der Diagonale liegen die Werte mit gleichem Rot- und Grünreflex. Hierbei fehlt jeglicher Roteindruck, es handelt sich um eine reine Braun-Weißskala. Je größer die Abweichung von der Diagonale nach links oben, desto stärker der Roteindruck. Überwiegen des Grünreflexes gegenüber dem Rotreflex kommt normalerweise offenbar nicht vor, höchstens vielleicht bei der grünlichen Gesichtsfarbe bei schwerer Seekrankheit. (Nach Daten von BODE.)

Die beiden Reflexionsmaxima im Grün und Rot haben insofern eine besondere Bedeutung, als sie im wesentlichen allein für Änderungen der Hautfarbe verantwortlich zu machen sind. Sie unterliegen bedeutenden Schwankungen je nach dem Zustand der Blutfülle in den oberflächlichen Hautgefäßen und der Pigmentation.

H. G. BODE [4] hat diese Verhältnisse auf sehr exakte Weise spektralphotometrisch untersucht. Er fand die interessante Tatsache, daß bei geröteter Haut der Roteindruck nicht, wie zu erwarten war, auf einer vermehrten Rotreflexion, sondern auf einer verminderten Grünreflexion beruht. Pigmentation setzt dagegen die Reflexion in beiden Spektralbereichen herab. Abb. 1180 zeigt diese Verhältnisse. Danach hat weiße Haut eine gleichmäßig hohe Reflexion in beiden Gebieten, rein braune Haut eine gleichmäßig niedrige, bei geröteter Haut tritt der Grünanteil zurück. BODE hat darauf eine originelle Methode der objektiven Erythemmessung aufgebaut, die von K. BÜTTNER weiter ausgebaut wurde.

---

[1] HARDY, J. D.: The radiation of heat from the human body. J. clin. Invest. 13 (1934) 605.
[2] SCHULTZE, W.: Über die Reflexion und Absorption der Haut im sichtbaren Spektrum. Strahlentherapie 22 (1926) 38. — Die Reflexion und Absorption der menschlichen Haut im Ultraviolett. Strahlentherapie 35 (1930) 369.
[3] S. Fußnote 1, S. 981.
[4] BODE, H. G.: Über spektralphotometrische Untersuchungen an menschlicher Haut unter besonderer Berücksichtigung der Erythem- und Pigmentierungsmessung. Strahlentherapie 51 (1934) 81.

Diese Methode hat für die Lichtforschung wie für die Praxis der Lichttherapie große Bedeutung. So eindeutig die methodischen Grundlagen sind, so schwierig ist die Deutung der Phänomene und die zahlenmäßige Auswertung. Wir müssen annehmen, daß die Reflexion der beiden Bereiche erst im Corium stattfindet, eine Annahme, die bei der hohen Durchlässigkeit der Epidermisschichten keine Schwierigkeiten bereitet. Eine vermehrte Blutfülle in den Coriumpapillen ändert für den Rotbereich die Reflexion an den darunterliegenden Schichten nicht merkbar, da das Blut ebenfalls eine hohe Durchlässigkeit für diesen Bereich besitzt und sich höchstens an der Rotreflexion beteiligt. Der Grünreflex wird dagegen erheblich vermindert, da das Blut hier stärker absorbiert. Kommt es nun zur Ablagerung von Pigment, das zunächst im Stratum Malpighii, später in der Hornschicht liegt, so wirkt dieses als Filter und schwächt beide Reflexbereiche in gleicher Weise wie ein Rauchglas. Ein auf die Haut fallendes Grünlichtbündel erfährt eine Anzahl von Schwächungen, und zwar 1. durch Oberflächenreflexion (etwa 10...15%), 2. sehr geringe Schwächung durch

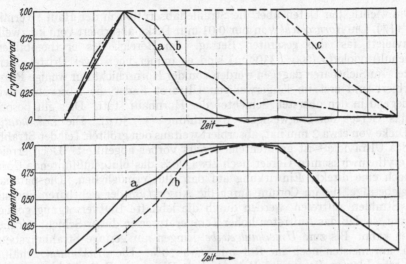

Abb. 1181. Verlauf der Erythem- und Pigmentkurve eines UV-Erythems. Berechnung a nach BODE, b nach PFLEIDERER, c nach Formel $R_{II} - R_{II\ normal}$ (unrichtig).

Absorption in der Epidermis, 3. je nach der Pigmentdichte eine mehr oder weniger starke Schwächung durch Absorption im Pigment, 4. je nach der Blutfülle an der Oberfläche des Corium eine mehr oder weniger starke Schwächung durch Absorption im Blut. Nun dringt vom Rest ein Teil weiter in die tieferen Gewebe ein und wird dort fortschreitend absorbiert, ein erheblicher Teil wird jedoch in den äußeren Schichten des Corium reflektiert und diesem Bündel widerfährt nun rückwärts dasselbe Schicksal. — Der aus der Haut wieder austretende Anteil wird zusammen mit dem Oberflächenreflex gemessen. Für ein Rotlichtbündel gilt dasselbe, nur daß hier der Durchtritt durch die Blutschicht ohne Einfluß bleibt, woraus hervorgeht, daß für Rotlicht das Pigment der einzige Faktor ist, der stärkere Variationen veranlassen kann. Der Grad des Rotreflexes kann somit direkt als Maß für den „Pigmentbedeckungsgrad" gelten. Der Grad des Grünreflexes ist von Pigment und Blutfülle abhängig und wenn somit der Pigmentgrad bekannt ist, kann der Rötungsgrad bzw. der „Blutbedeckungsgrad" errechnet werden.

Wenn man diese Theorie zugrunde legt, erweist sich BODES Berechnungsmethode für die Erythemstärke als nicht stichhaltig. Statt des Bodeschen Rötungsmaßes $\dfrac{R_{II}}{R_I}$ ergibt sich zwangsläufig folgende Formel: Rötungsgrad

$$= \frac{R_{II} - R_I}{R_{II} - R_0},$$ wobei R_{II} Rotreflex, R_I Grünreflex und R_0 Oberflächenreflex

bedeutet, der mit etwa 12% eingesetzt werden kann.

Das Bodesche Dunkelungsmaß $R_I + R_{II}$ hat praktisch wenig Bedeutung. Dafür ist mit Vorteil ein Pigmentmaß einzusetzen, und zwar:

$$\text{Pigmentgrad} = \frac{R_{II\ max} - R_{II}}{R_{II\ max} - R_0}$$

wobei $R_{II\,max}$ den höchsten Rotreflexbetrag bei absolut pigmentfreier Haut bedeutet, den man mit etwa 70% veranschlagen kann. Den Ablauf eines UV-Erythems zeigt Abb. 1181, aus der zugleich die erheblichen Abweichungen durch verschiedene Rechnungsmethoden hervorgeht.

Für die strahlentherapeutische Praxis ist noch der gesamte Reflexbetrag in Wärmeäquivalenten wichtig. Er beträgt für das Sichtbare und innere Ultrarot, wie es im wesentlichen im Sonnenlicht und in der Strahlung von Glühlampen zugeführt wird, im Mittel 35%, bei weißer Haut 40%, bei pigmentierter Haut 30%.

e) Strahlenabsorption in der Haut.

Die wichtigsten Daten über die Strahlenabsorption in der Haut [1] vermittelt Abb. 1179. Die *Hornschicht* von nur 0,03 mm Dicke absorbiert vom kurzwelligen Ultraviolett fast den gesamten Betrag. Im Bereich des erythembildenden Sonnenultravioletts (290...330 mμ) sind es immer noch zwei Drittel oder die Hälfte. Im Sichtbaren dagegen werden von der Hornschicht nur wenige Prozent absorbiert und erst im längerwelligen Ultrarot findet die Absorption wieder vorwiegend in den obersten Schichten der Hornhaut statt. Dies gilt besonders für das Gebiet der langwelligen Abstrahlung (5...50 μ). Die *Lederhaut*, die eine Dicke von etwa 2 mm hat, absorbiert weitaus den größten Teil der Strahlung, nur das Ultraviolett ist größtenteils bereits vorher abgefiltert. Doch erreichen vom erythemwirksamen Gebiet noch etwa 20% das blutgefäßführende Corium, die noch eine direkte Einwirkung auf das Blut ermöglichen. Die namhaften Energiebeträge, die im Corium durch die Absorption der sichtbaren und ultraroten Strahlen auftreten, werden durch die lebhafte Blutversorgung genügend zerstreut, so daß das Auftreten hoher Temperaturen in dieser Schicht vermieden werden kann. Bis zum *Unterhautgewebe* dringen nur geringe Strahlungsbeträge durch, am meisten noch im Rot mit etwa 20%. Die *Muskulatur* erhält nur einen sehr kleinen Betrag im Rot, je nach Dicke der Fettschicht 1...4%. — Berechnet man die Absorptionskoeffizienten für jede einzelne Hautschicht gesondert, so ergibt sich, daß nur geringe Unterschiede bestehen, mit Ausnahme der Hornschicht [1].

f) Wirkungen der Strahlungswärme.

Die Strahlenabsorption in der Haut bewirkt eine lokale Temperaturerhöhung. Da schlecht durchblutete Hautpartien schlechte Wärmeleiter sind, können auf diese Weise erhebliche Temperaturen entstehen, wie Messungen ergeben haben (47,5° in 0,53 mm Tiefe [2]). Jedoch absorbieren die gefäßlosen Partien wenig und sind zudem sehr dünn, so daß hier die Gefahr einer Überhitzung gering ist. Im Unterhautgewebe setzt bei lokalen Temperatursteigerungen eine vermehrte Durchblutung ein, die große Wärmemengen beseitigen kann. Die damit gegebene „konvektive Wärmeleitung" beträgt ungefähr das Zehnfache der „konduktiven" Leitfähigkeit [3,4] und sie spielt auch bei dem normalen Wärmeübergang durch die Haut zumal bei Fettleibigen eine große Rolle, indem die Unterhautfettschicht je nach Bedarf Leitfähigkeitswerte von 0,03 bis

[1] BACHEM, A.: Die Lichtdurchdringung der menschlichen Haut. Strahlentherapie **39** (1930) 30.

[2] SONNE, C.: The mode of action of the universal light bath. 5. Visible and invisible heat rays. Acta med. scand. (Stockh.) **54** (1921) 374.

[3] BÜTTNER, R.: Über den Einfluß der Blutzirkulation auf die Wärmeverfrachtung in der Haut. Strahlentherapie **55** (1936).

[4] PFLEIDERER, H.: Kontaktwärme und Wärmestrahlung. In RAJEWSKY-LAMPERT: Erforschung und Praxis der Wärmebehandlung, S. 41. Dresden: Theodor Steinkopff 1937.

0,30 cal/cm² · grad/cm annehmen kann. Die Wärmeableitung nach außen kann ferner durch Steigerung der Schweißdrüsenproduktion[1] vermehrt werden und zwar durch einen doppelten Effekt: einmal bindet die Wasserverdunstung an der Hautoberfläche ganz erhebliche Wärmemengen (etwa 580 cal/g), wodurch das Temperaturgefälle vergrößert wird und zweitens wird vermutlich infolge der Feuchtedurchtränkung der Hornschicht deren Leitfähigkeit gesteigert.

Die Grenze der Erträglichkeit ist für verschiedene Spektralgebiete nicht dieselbe. Nach C. SONNE[2] liegt sie für sichtbares Licht bei 3,1, für inneres Ultrarot bei 1,8 und für äußeres Ultrarot bei 1,33 cal/cm² · min, nach R. BÜTTNER[3] bei 2,3, bzw. 2,3 bzw. 1,5 absorbierte cal. Die Ursache ist wohl in der Lage der Temperaturnerven zu den Hauptabsorptionsschichten zu suchen, die, wie wir sahen, erhebliche spektrale Unterschiede zeigen. Diese Zahlen gelten natürlich nur für die Bestrahlung engbegrenzter Bezirke. Für die Allgemeinbestrahlung liegen sie wesentlich tiefer und sind stark von den Entwärmungsbedingungen (der „Abkühlungsgröße") und eventuell vom Schwülegrad abhängig, d. h. vom Nutzeffekt der wärmeregulatorischen Maßnahmen[4].

Neben einer direkten Strahlenwirkung ist die Steigerung der Hautdurchblutung ein wesentliches Ziel der Behandlung mit Wärmestrahlen. Der Hautstoffwechsel wird dadurch aktiviert. Die Ausscheidung von Stoffwechselprodukten wie auch von körperfremden Stoffen wird durch die Behandlung mit sichtbarem Licht gefördert, ferner wird der Kohlehydratstoffwechsel verändert und die biologischen Abwehrvorgänge gegen Krankheitserreger und ihre Toxine werden angeregt. Zugleich bedeutet eine intensive Wärmebehandlung jedoch eine erhebliche Belastung für den Blutkreislauf durch eine Mehrbelastung des Herzens. Die zugleich auftretende Blutdrucksenkung kann bei manchen Krankheitszuständen erhebliche Gefahren mit sich bringen. Wie die Ultraviolettbestrahlungen sollten auch Lichtbäder bei Kranken nur nach ärztlicher Anweisung gebraucht werden.

g) Ultraviolett-Wirkungen.

Die ausgesprochene Fähigkeit bestimmter Ultraviolettbezirke, Moleküle anzuregen und somit zu gewissen Reaktionen zu befähigen, erklärt die sehr verschiedenartigen biologischen Wirkungen dieser Strahlen. Zwei große Gruppen von Wirkungen seien hier erwähnt: die Aktivierung der Vitamine von Lipoidcharakter und die auf Eiweißveränderung und Zellschädigung beruhenden Wirkungen. Das ausgedehnte Forschungsgebiet kann hier nur gestreift werden.

Der ungeheure Aufschwung der Ultraviolett-Therapie ist vor allem der Entdeckung der antirachitischen Wirkung zuzuschreiben. HULDSCHINSKY hatte beobachtet, daß Sonnenlichtbehandlung wie auch das stark ultraviolethaltige Licht der Quecksilber-Quarzlampe die englische Krankheit zu heilen imstande ist. WINDAUS ist der Nachweis gelungen, daß es sich dabei um eine Aktivierung des Ergosterins, eines in einer großen Anzahl tierischer und pflanzlicher Produkte vorkommenden Lipoids handelt, die durch einen relativ engbegrenzten Spektralbereich zustande kommt, der zwar im Sonnenlicht enthalten ist, jedoch nur bei hochstehender Sonne (über 20° vom Horizont) genügende Intensität besitzt. Ergosterin ist im Hauttalg und in der Epidermis enthalten; es wird dort durch UV-Strahlen aktiviert. Das entstandene Produkt Vitamin D_2 gelangt durch

---

[1] PFLEIDERER, H.: Meteorophysiologie des Wärmehaushaltes. Dtsch. Ges. inn. Med. 1935.

[2] Vgl. Fußn. 2, S. 784.   [3] Siehe Fußn. 3, S. 784.

[4] PFLEIDERER, H.: Studien über den Wärmehaushalt des Menschen. Z. exper. Med. **90** (1933) Heft 1 u. 2.

Absorption in den Blutkreislauf. Die primäre Wirkung beruht in einer Mobilisierung organischen Phosphors und einer Einschränkung der Ausscheidung desselben. Dadurch kommt es zu einer Vermehrung des Blutkalkes und zur normalen Verknöcherung des Knorpelgewebes. Auch die saure Stoffwechsellage wird dadurch beeinflußt. Diese Wirkungen können so schlagartig einsetzen, daß es infolge überstürzter Kalkbindung zu Krampfanfällen kommt.

Neben der Bildung eines Stoffes, welcher die Blutbildung anregt, treten durch den mit einem — wenn auch geringgradigen — „Sonnenbrand" verbundenen Zellzerfall in der Keimschicht einige Stoffe auf, denen verbreitete Wirkungen im Organismus zuzuschreiben sind. Es handelt sich um Wirkungen auf den Gasstoffwechsel, auf den Eiweiß-, Lipoid-, Kohlehydrat-, Mineral- und Purinstoffwechsel, auf Atmung und Kreislauf, auf innersekretorische Organe, auf das Verdauungssystem usw., Wirkungen, auf deren Schilderung hier verzichtet werden muß. Diese Wirkungen sind offenbar weitgehend dem Auftreten von Histamin und histaminähnlichen „H-Substanzen" zuzuschreiben, die teils auf photochemischem Weg direkt aus dem Eiweißbaustein Histidin, teils im Verlauf langsamen Zellzerfalls entstehen.

h) Erythem, Erythemschutz, Pigment.

Auf diese Weise sind auch die Vorgänge zu erklären, die mit der Entstehung des *Ultravioletterythems*, des Sonnenbrandes auftreten. Der Spektralbereich von 296...330 mμ vermag ohne Wärmewirkung eine nicht flüchtige Hautrötung entzündlichen Charakters hervorzurufen, die erst nach einer Latenzzeit von 1...2 h auftritt. Nach 1...3 Tagen klingt das Erythem ab und geht im allgemeinen in Pigmentierung über. Sonnenerythem und Hg-Lampenerythem verhalten sich unterschiedlich: erstere treten schneller auf, erreichen einen tieferen Farbton und klingen im allgemeinen langsamer ab. Diese Erscheinungen werden heute damit erklärt, daß die wirksamen H-Substanzen in den oberflächlichen, gefäßlosen Epidermisschichten entstehen und daß erst nach der Diffusion bis an die Coriumgefäße ein Erythem auftritt. Bei kürzeren Wellenlängen ist der Diffusionsweg länger (vgl. e, S. 984). Tiefstehende Sonne mit Vorwiegen der längeren Wellen scheint sehr flüchtige Erytheme hervorzurufen [1]. Den Rötungsverlauf zeigt Abb. 1181.

Es ist bekannt, daß vorausgehende Bestrahlungen einen *Erythemschutz* bewirken, daß also eine Gewöhnung an beträchtliche UV-Intensitäten möglich ist. Über den Mechanismus dieser Schutzwirkung ist noch kein sicheres Urteil möglich. Eine Verdickung der Hornschicht spielt sicher eine Rolle. Vielleicht werden infolge einer „Denaturierung" von Eiweißkörpern weniger H-Substanzen gebildet, vielleicht auch treten histaminzerstörende Stoffe in größerer Menge auf. Jedenfalls ist das Pigment nicht — wie oft angenommen wird — der Hauptträger des Schutzes, denn es gibt auch bei pigmentlosen Albinos einen Erythemschutz.

Die Erythemempfindlichkeit ist großen individuellen, konstitutionellen und jahreszeitlichen Schwankungen unterworfen [2]. Ernährung, Menstruation, Schwangerschaft, Krankheitszustände können die Erythemempfindlichkeit erheblich beeinflussen. Offenbar spielen auch noch unbekannte klimatische Einflüsse herein, da für die gesteigerte Erythemwirkung an den Seeküsten noch keine befriedigende Erklärung vorliegt.

---

[1] Büttner, K.: Int. Lichtforschgskongr. Wiesbaden 1936.
[2] Vgl. Fußn. 3, S. 980.

Das während des Abklingens eines Erythems auftretende *Pigment* entsteht sowohl auf fermentativem wie auf photochemischem Weg. Im ersten Fall wird es in der Basalzellenschicht durch das Ferment Dopaoxydase aus Dioxyphenylalanin laufend gebildet und tritt im Verlauf eines Erythems eine Wanderung in die oberflächlichen Hautschichten an. Die Neubildung dieses Melaninpigmentes wird durch UV-Strahlung gefördert. Im zweiten Fall haben wir es mit einer photochemischen Bildung aus Eiweißkörpern (Histidin, Tryptophan, Tyrosin) zu tun.

Die Bedeutung des Pigmentes liegt noch nicht klar. *Eine* Wirkung ist sicher die oberflächliche Abfilterung der sichtbaren und innerultraroten Strahlen, weniger der ultravioletten. Wieweit ihm physiologisch-chemische und therapeutische Wirkungen beizumessen sind, darüber gehen die Meinungen der Heliotherapeuten auseinander. Eine mangelhafte Pigmentierungsfähigkeit wird jedenfalls als ungünstigstes Zeichen betrachtet.

K 2. Therapeutische Bestrahlungslampen.

Von

ALFRED RÜTTENAUER-Berlin.

Mit 14 Abbildungen.

a) Geschichte der Bestrahlungslampen.

Seit alters her wurde die *Sonne als natürliche Bestrahlungsquelle* benutzt. Bei den Griechen und Römern gehörte die Sonnenbestrahlung zur Gesundheitspflege. Im Mittelalter verlor sich die Kenntnis über die Bedeutung der Sonne als Bestrahlungsquelle. Der neueren Zeit blieb es vorbehalten, die Heilwirkung der Sonne neu zu entdecken, technisch auszunützen und auch aufzuklären. FINSEN in Kopenhagen war der erste, dem es in den Jahren 1892...1896 durch Anwendung technischer Mittel gelang, die Heilwirkung der Sonnenbestrahlung verstärkt auszunützen. In großen Hohllinsen, die mit ammoniakalischer Kupfersulfatlösung gefüllt waren, wurde die ultrarote Strahlung absorbiert, und damit die kurzwellige Strahlung angereichert. Eine weitere Anreicherung erreichte er durch wassergekühlte plankonvexe Linsen, die direkt auf die Bestrahlungsflächen gelegt wurden. Durch diese technischen Hilfsmittel war es möglich geworden, die Heilwirkung der Sonnenbestrahlung in einem bis dahin unbekannten Ausmaße auszunützen. Gleichzeitig wurde auch erkannt, daß der kurzwelligen Strahlung der Sonne, dem Ultraviolett, die eigentliche Wirkung zukommt.

FINSEN schuf auch als erster durch Verwendung des elektrischen *Kohlebogenlichtes* die künstliche Bestrahlung, die im Gegensatz zur Sonnenbestrahlung zu jeder Tages- und Jahreszeit zur Verfügung stand. Die Kohlebogenlampe blieb bis zum Jahre 1906 die alleinige UV-Lampe. Erst als es R. KÜCH[1] gelang, die starke ultraviolette Strahlung des *Quecksilberlichtbogens* durch Anwendung von Quarz als Hülle auszunützen, entwickelten sich die Quarz-Quecksilberlampen als UV-Lampen. Rund 20 Jahre lang beschränkte sich die UV-Bestrahlung auf diese beiden Lampenarten. Man versuchte, die UV-Bestrahlung

---

[1] KÜCH, R. u. T. RETSCHINSKI: Photometrische und spektralphotometrische Messungen am Quecksilberbogen bei hohem Dampfdruck. Ann. Physik **20** (1906) 563—583.

bei möglichst vielen Krankheitsarten anzuwenden, was eine Typisierung und Spezialisierung der Lampen und Lampengeräte erforderlich machte. Erst in den letzten 10 Jahren begann hier auf Grund technischer Fortschritte auf dem Gebiete der Lichterzeugung eine Weiterentwicklung. Gleichzeitig konnten neue Bestrahlungslampen geschaffen werden.

Die Quarz-Quecksilberlampen waren von Anfang an in der Bedienung und im Gebrauch einfacher als die Kohlebogenlampen und sind es auch bis heute, trotz großer Verbesserungen der Kohlebogenlampen, geblieben. Die Kohlebogenlampen lassen sich dagegen durch Verwendung verschieden zusammengesetzter Kohlenstifte in einfacherer Weise dem besonderen medizinischen Verwendungszweck anpassen als die Hg-Lampen, deren Spektrum selbst bei großen Unterschieden des Hg-Dampfdruckes nicht grundlegend geändert werden kann. Von der Gesamtstrahlung des Hg-Bogens (Hochdruck) entfallen 10% auf das Gebiet 180...270, 22% auf 270...320, 18% auf 320...400 mμ und 50% auf das sichtbare und ultrarote Gebiet [1]. Die Strahlung der Kohlebogenlampen setzt sich aus der reinen Temperaturstrahlung des Kraters der positiven Elektrode und der Strahlung des im Lichtbogen befindlichen Dampfes zusammen. Man erhält also im spektral zerlegten Licht eine kontinuierliche Grundstrahlung mit überlagerten Einzelbanden. Die Kraterstrahlung wird in erster Linie durch die Betriebstemperatur, also Belastung und Betriebsart, bestimmt, während die Dampfstrahlung durch die Art der Zusätze zu den Kohlen weitgehend beeinflußt werden kann. Im allgemeinen zeichnen sich die Kohlebogenlampen durch eine besonders starke Intensität im langwelligen UV aus. So haben sich für die UV-Bestrahlung zwei Wege herausgebildet, die zwar verschieden, aber völlig gleichberechtigt sind.

b) Entwicklung der Kohlebogen- und Quarz-Hg-Lampen nach den medizinischen Belangen.

Die *Finsenlampe* entstand in Anlehnung an die bei der Sonnenbestrahlung erforderlichen Hilfsmittel der Strahlenabsorption und Konzentration und blieb auch so bei ihrer Weiterentwicklung als Finsen-Reyn-Lampe [2]. Sie besteht aus der eigentlichen offenen Kohlebogenlampe und dem Konzentrationsapparat. Der Kohlebogen brennt mit 20 A bei 50 V Bogenspannung, besitzt schief zueinander stehende Kohlen und eine Differentialregulierung. Das vom positiven Krater ausgehende Licht fällt in den Konzentrationsapparat (Abb. 1182) und von da auf die Bestrahlungsfläche. Hierzu gehören noch die verschiedenartigen Druckapparate, die auf die zu bestrahlenden Hautflächen gelegt werden. Die Finsen-Reyn-Lampe dient nur zur lokalen Bestrahlung. Zur allgemeinen Bestrahlung mehrerer Personen wurden zwei Lampengrößen ausgebildet.

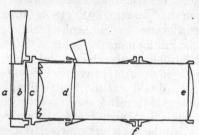

Abb. 1182. Konzentrationsapparat der Finsen-Reyn-Lampe. *a* Quarzplatte; *b, c, d, e* Quarzlinsen. (Nach W. Hausmann und R. Volk: Handbuch der Lichttherapie, 1927.)

Die große Lampe brennt mit 75 A, die kleine mit 20 A, beide bei 55 V Bogenspannung. Die Kohlenstifte bestehen aus Siemens A-Kohle oder Plania-Finsenkohle. Die Dimensionen betragen für die große Lampe: Positive Kohle 31×300 mm Dochtkohle, negative Kohle

---

[1] Krefft, H.: Über die strahlungsphysikalischen Eigenschaften der Entladung in Quecksilberdampf. Z. techn. Physik **15** (1934) 554—556.

[2] Reyn, A.: Die Finsenbehandlung, ihre Grundlage, Technik und Anwendung. Berlin: Herm. Meusser 1913.

22 × 300 mm Dochtkohle und für die kleine Lampe: Positive Kohle 12 × 300 mm Dochtkohle, negative Kohle 8 × 300 mm homogene Kohle. Beide Lampen sind in derselben
Weise konstruiert; in einem Rahmen befinden sich die senkrecht angeordneten Kohlenstifte, darüber auf einer Platte der Regulierungsmechanismus. Dieser sorgt dafür, daß
der Brennpunkt an ein und derselben Stelle bleibt, damit das vom positiven Krater
kommende Licht auch immer in derselben Stärke auf die Bestrahlungsfläche fällt. Für
die Handhabung der Finsenlampen werden besondere Vorschriften ausgegeben.

Das UV-Spektrum der Finsenlampe ist mit dem der Sonne vergleichbar,
kontinuierlich und durch das Auftreten von Cyanbanden besonders intensiv
im langwelligen Teil. Die Finsenlampen haben sich bis heute erhalten; neuerdings werden auch mit Nickelsalzen getränkte
Kohlenstifte benutzt, wodurch zwar eine schnel-
lere aber keineswegs bessere Heilung erzielt wird.

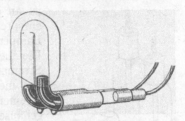

Abb. 1183. Brenner der Kromayerlampe.
(Nach G. STÜMPKE: Die medizinische
Quarzlampe, 3. Aufl.)

Neben der Finsenlampe entstanden *weitere
Kohlebogenlampen*[1] meist geringerer Leistung als
geschlossene und offene Typen. Als geschlossene
Lampen wurden die Aureollampe von Siemens &
Halske und die Heliollampe von *Fritz Kohl*,
Leipzig, hergestellt. Von den offenen Kohlebogenlampen sind das Jupiterlicht, die Ultralux-
und die Mebolithlampe und die Ultrasonne zu
besonderen Bestrahlungslampen ausgebildet worden. Diese Lampen wurden
in Reflektoren eingebaut, zum Teil erhielten sie zur speziellen Verwendung noch
Ansatzstücke. Neben Dochtkohlen wurden Effektkohlen, wie Infrakohlen, Weiß-
lichtkohlen, Dermakohlen, Weißbrandkohlen usw. benutzt, um besondere Spektralbereiche zu verstärken oder zu schwächen. Alle diese Lampen sind heute
nur noch wenig im Gebrauch.

Quecksilberniederdruck-
lampen (Dampfdruck von
einigen Millimetern) in Glas,
wie z. B. der Ulibrenner[2],
konnten sich nicht einführen. Erst die Hochdruck-
lampe in Quarz fand als Bestrahlungslampe Eingang in

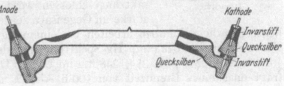

Abb. 1184. Längsschnitt durch den „Quarzquecksilberbrenner"
für Gleichstrom.

die Medizin[3]. Die erste *Quarz-Quecksilberlampe* war nach dem Vorbild der Finsenlampe gebaut und diente zur Lokalbestrahlung. Die von KROMAYER verbesserte
Lampe besteht aus einem ⋒-förmig gekrümmten, luftleeren Röhrchen aus Quarz
mit flüssigem Quecksilber als Elektroden. Durch Zusammen- und wieder Aus-
einanderfließen des Quecksilbers beim Neigen wird die Lampe gezündet. Die
Lampe (Abb. 1183) ist noch von einem etwa 3…4 cm weiten Quarzmantel
umgeben und befindet sich in einem Metallgehäuse. Zwischen dem Metallgehäuse und dem Quarzmantel zirkuliert Kühlwasser, so daß eine Erwärmung
der Außenwand vermieden wird, ohne das eigentliche Leuchtrohr zu stark
abzukühlen. Die Leistungsaufnahme der Lampe beträgt 300…400 W. Die
Kromayerlampe wird von der Quarzlampen-Gesellschaft, Hanau, für den Betrieb
von Gleichstrom und Wechselstrom in zwei Ausführungen hergestellt. Auf Anregung von BACH wurde die Quarz-Hg-Lampe auch zur allgemeinen Bestrahlung ausgebaut. Diese Lampen wurden unter dem Namen „Bach-Höhensonne"

[1] HAUSMANN, W. u. R. VOLK: Handbuch der Lichttherapie. Wien: Julius Springer
1927.

[2] AXMANN, H.: Die Uviollampe und Behandlung mittels ultravioletter Strahlen. Med.
Klin. 1906, 64. -- Eine neue Quecksilberdampflampe. Dtsch. med. Wschr. **1921 II**.

[3] WELLISCH, E.: Die Quarzlampe und ihre medizinische Anwendung. Wien u. Berlin:
Julius Springer 1932.

eingeführt. Die eigentliche Lampe, der sog. Brenner, erhielt für Gleichstrom die in Abb. 1184 im Schnitt gezeigte Gestalt, die in ihren Hauptzügen bis heute erhalten blieb. Als Stromzuführungen dienen aus Invar bestehende Stifte, die in die Quarzwandungen eingeschliffen sind. Zum vakuumdichten Luftabschluß sind die zwischen den Invarstiften befindlichen Hohlräume mit Quecksilber ausgefüllt. Zur Abkühlung und Kondensation des Hg-Dampfes ist das Quarzrohr an den Enden des leuchtenden Teiles etwas erweitert. Hier befinden sich außen Kühlrippen. Eine engere Einschnürung des Brennrohres an der Kathode dient zur Führung des Bogens. Der Brenner für Wechselstrom ist an einem Ende in zwei Schenkel geteilt, im übrigen entsprechend dem Gleichstrombrenner ausgebildet. Die Lampen werden durch Kippen der Brenner gezündet. Die Leistungsaufnahme der Bachlampe liegt je nach Stromart und Netzspannung zwischen 450...700 W. Für den medizinischen Gebrauch befindet sich der Brenner in einem aus zwei Kugelhälften bestehenden Reflektorgehäuse, dessen eine Hälfte verschiebbar ist, so daß man den Strahlenkegel auch abblenden kann. Eine weitere Lampenform für eine Leistungsaufnahme von 700...900 W ist unter dem Namen „Jesionek-Höhensonne" eingeführt worden. Diese Lampe befindet sich in einem kastenförmigen weit offenen Reflektor und dient zur Ganzbestrahlung von mehreren Personen. Außerdem gibt es noch eine kleine Höhensonne von nur 200...300 W

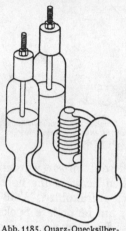

Abb. 1185. Quarz-Quecksilber-Hochdrucklampe nach JAENICKE.

Leistungsaufnahme, die an jedem beliebigen Steckkontakt angeschlossen werden kann, da ihre Anlaufstromstärke im Gegensatz zu den größeren Modellen unter 6 A liegt. Sämtliche Lampen arbeiten bei einem Hg-Dampfdruck von ~ 1 at und geben dabei das bekannte Hg-Spektrum mit den Hauptlinien 365/66, 312/13, 302/03, 297, 280, 265, 254, 248 mμ im UV[1]. Der Strahlungsabfall im UV beträgt nach einer Brennzeit von 500 h $\sim 50\%$ des Anfangswertes.

Für bestimmte Zwecke, wie für zahnärztliche Behandlungen und gewisse Operationen, wurden noch Sonderlampen ausgebildet, z. B. die Dentalhöhensonne, die Stabquarzlampe „Bactophos", die Operationslampe „Laparophos" und die Ultrakontaktlampe. Letztere wird von der österreichischen Quarzwerkstätte, Wien, hergestellt, alle übrigen Lampen von der Quarzlampen-Ges. Hanau. Neuerdings gibt es auch Quarzbestrahlungslampen anderer Firmen, wie Quarzlampen Kwarza der Sanitas-Ges. Bogdandy-Usustra-Quarzlampen, Quarzlampen nach Dr.-Ing. MÜLLER, ferner Brunquell-UV-Lampen, Vita-Quarzlampen, Volksonne Medicus, die amerikanische Quarzlampe Uviarc.

Die *Jaenickelampe* unterscheidet sich von den Lampen mit Kippzündung dadurch, daß sich der Bogen ohne Kippen der Lampe sogleich nach dem Einschalten bildet, und daß sich die Endstromstärke nach etwa 1 min einstellt gegenüber der ungefähr 5 min langen Einbrennzeit der Lampen mit Kippzündung. Dies wird durch eine besondere Form des Brenners erreicht, einem U-förmig gebogenen, vollkommen mit Quecksilber gefüllten Quarzrohr, das mit einem ebenfalls mit Quecksilber gefüllten Heizrohr in Verbindung steht (Abb. 1185). Beim Einschalten erwärmt sich das Quecksilber im Heizrohr und wird durch den entstehenden Quecksilberdampfdruck über das Verbindungsrohr in die beiden Schenkel des eigentlichen Brenners herabgedrückt, so daß es daselbst zu einer Trennung des Quecksilbers und damit zur Entstehung des Lichtbogens kommt. Allmählich wird das Quecksilber weiter in die Polgefäße zurückgedrängt, bis schließlich das ganze Rohr zwischen den Elektroden vom

[1] KREFFT, H.: Über die strahlungsphysikalischen Eigenschaften der Entladung in Quecksilberdampf. Z. techn. Physik **15** (1934) 554.

Lichtbogen erfüllt ist. Die Lampe zeichnet sich durch einen besonders konstanten Ultraviolettstrahlungsstrom aus. Sie wird nur für Gleichstrom hergestellt; zum Anschluß an Wechselstrom ist ein Gleichrichter vorzuschalten. Die Lampe hat nur für spezielle Versuche Anwendung gefunden. Als Bestrahlungslampe konnte sich die Jaenickelampe nicht allgemein einführen, da die Quecksilbergefäße nicht luftdicht abgeschlossen sind.

c) Technische Entwicklung der Kohlebogenlampen.

Die technische Entwicklung der Kohlebogenlampen erfolgt nach zwei Richtungen:

1. Einstellung der Lampe auf die Betriebsdaten, bei denen die UV-Erzeugung im gesamten Ultraviolett oder in Teilgebieten am wirtschaftlichsten ist.

2. Verbesserung des technischen Aufbaues zur Vereinfachung der Bedienung und Wartung.

Planmäßige Untersuchungen über den Einfluß der Stromstärke, Stromart, Bogenspannung, Kohlenstellung, Dochtfüllung der Kohlen auf die *UV-Ausbeute* erfolgten durch W. W. COBLENTZ [1] und G. GOLDHABER [2]. W. W. COBLENTZ untersuchte die in der Praxis angewandten Kohlebogenlampen, während G. GOLDHABER die Gesetzmäßigkeiten des Kohlebogenlichtes unter einfachen, aber immer denselben Bedingungen erforschte. G. GOLDHABER ging von mit Eisen (Eisen B der Gebrüder Siemens) gefüllten Dochtkohlen aus bei Parallelstellung der Kohlen und gegeneinander gerichteten Kohlen. Einen besonders starken Einfluß auf die UV-Ausbeute hat die Stromstärke; bei Verdoppelung derselben ergibt sich eine Steigerung der UV-Intensität auf den $3\ldots3^1/_2$fachen Wert, während sich die Gesamtstrahlung nur verdoppelt. Bei Wechselstrom ist die Steigerung der UV-Intensität etwas größer als bei Gleichstrom. Eine weitere Erhöhung der UV-Intensität erhält man durch Verlängerung des Bogens; bei einer Abstandsverlängerung von 1 cm auf 5 cm erhöht sich die UV-Intensität bei Gleichstrom auf das 3fache, bei Wechselstrom auf das $3^1/_2$fache. Die Stellung der Kohlen beeinflußt nicht die absolute UV-Intensität, wohl aber die relative, da bei Parallelstellung die Gesamtstrahlungsausbeute größer ist als bei gegeneinander gerichteten Kohlen. Von den zur Füllung der Dochte geeigneten Stoffen erhöhen Eisen, Wolfram, Magnesium und Nickel die UV-Ausbeute, die seltenen Erden die Ausbeute der sichtbaren Strahlung. Weitere Untersuchungen über die Gesetzmäßigkeiten der Kohlebogenlampen stammen von V. THORSEN [3] und O. GAERTNER [4].

In dem im Jahre 1913 erschienenen Buch von A. REYN „Die Finsenbehandlung, ihre Grundlage, Technik und Anwendung" sind bereits alle grundlegenden Teile des Aufbaues der *Finsenlampen* angegeben. Bei der Weiterentwicklung durch P. FRANÇOIS [5], E. BRUNNER [6] und insbesondere durch S. LOMHOLT [7]

[1] COBLENTZ, W. W.: Sci. Pap. Bur. Stand. 1926, Nr. 539.

[2] GOLDHABER, G.: Untersuchungen über Intensität der Ultraviolett- und Gesamtstrahlung künstlicher Lichtquellen. Strahlentherapie 34, (1929) 143—156. — Intensität der Ultraviolett- und Gesamtstrahlung des Kohlenbogens in Abhängigkeit von Stromstärke und Bogenlänge. Strahlentherapie 40 (1931) 723—727.

[3] THORSEN, V.: Intensitätsmessungen im Kohlebogen. Strahlentherapie 34 (1929) 46 bis 54, 41 (1931) 647—700.

[4] GAERTNER, O.: Absolute Messung der kurzwelligen, ultravioletten Strahlung des Kohlebogens. Strahlentherapie 42 (1931) 363—372.

[5] FRANÇOIS, P.: Über den Reynschen Apparat (Modell 1930). Strahlentherapie 45 (1932) 25—27.

[6] BRUNNER, E.: Modifikation der Wasserkühlung im Original-Finsenapparat. Strahlentherapie 45 (1932) 28—30.

[7] LOMHOLT, S.: Die moderne Finsenbehandlung. Strahlentherapie 49 (1934) 1—64.

wurden Lampen geschaffen, bei denen eine Vereinfachung der Behandlung durch Automatisierung der Behandlungsapparate und stärkere Ausnützung des Kohlebogenlichtes erzielt wurde. Bei der zur Lokalbestrahlung dienenden, neuen Finsen-Lomholt-Lampe ist die Kohlebogenlampe, Konzentrationsapparat und Druckapparat zu einer Einheit vereinigt, wobei die positive Kohle in der Achse des Konzentrationsapparates angebracht ist. Zur Absorption der ultraroten und eines Teiles der sichtbaren Strahlung wurden als Filterlösungen Kupfersulfat in konzentriertem Ammoniak und eine wässerige Lösung von Kobaltsulfat benutzt. Hierdurch wurde die UV-Strahlung auf 70% des Strahlengemisches angereichert. Für die Allgemeinbestrahlung wurde eine neue automatische Gleichstrombogenlampe, die Universallampe, konstruiert, und zwar mit parallelen Kohlenstiften, so daß man die Strahlung beider Kohlen ausnützen kann. Der Bogen wird mittels eines magnetischen Kraftfeldes nach unten getrieben, wodurch eine weitere Erhöhung der Bogenstrahlung erreicht wird.

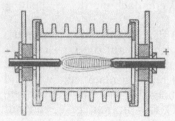

Abb. 1186. Längsschnitt durch die Kandem-Bogenlichtsonne, 6 A Gleichstrom.

Die Kandem-*Bogenlichtsonne*[1,2,3] (Körting und Mathiesen, Leipzig) ist eine völlig neue Konstruktion, abweichend von den bisherigen Lampentypen. Sie ist eine halboffene Flammenbogenlampe. Durch eine besondere Konstruktion des Verbrennungsraumes (Abb. 1186) wird eine verhältnismäßig hohe UV-Ausbeute erzielt. Die Lampe besteht aus einem horizontal angeordneten Metallzylinder, in den zwei gegenüberliegende Kohlenstifte (Effektelektroden) von außen hineinragen. Der Lichtbogen wird innerhalb dieses Zylinders gebildet und unterhalten; aus diesem tritt die Strahlung durch einen Schlitz, etwa in der Länge des Bogens, heraus. Der Lichtbogen ist ein „Hochspannungsbogen" von 110...120 V. Durch den Einschluß in den Zylinder wird die Bogenlänge auf 6...8 cm gebracht und die Abbrennzeit auf 8 h erhöht.

Die Kandemlampe wird in drei Größen für 18, 12 und 6 A hergestellt. Neuerdings ist eine weitere Type mit 60 A hinzugekommen, die als vollautomatische Bestrahlungslampe[4] zur Bestrahlung einer größeren Anzahl von Personen gedacht ist. Bei allen diesen Lampen werden die entstehenden Verbrennungsrückstände in dem mit Kühlrippen versehenen Metallgehäuse kondensiert, so daß die zu bestrahlenden Personen keine Belästigung erfahren.

Die *Albertussonne*[5,6] (Physikalische Werkstätten Albertuswerke, Hannover) kann über einen in das Gerät eingebauten Transformator an jedes Wechselstromnetz angeschlossen werden, ist transportabel und bedarf keiner Wartung. Der offene Kohlebogen brennt mit 20 A bei 45 V Spannung. Die Kohlenstifte stehen spitzwinklig zueinander und werden durch eine von Hand zu bedienende Regelvorrichtung auf stets gleich bleibenden Abstand gehalten. Die Verwendung von Kohlen O, A und B erlauben eine zweckmäßige Unterteilung des Ultravioletts in langwelliges UV, in langwelliges + kürzerwelliges und in kurzwelliges (stärkste biologische Wirkung bezüglich Hauterythem). Die Bestrahlungsfläche ist eine Kreisfläche von einem Durchmesser von 80 cm in 1 m Abstand. Die

[1] Mathiesen, W.: Über eine neue Bestrahlungslampe für die Lichttherapie: Kandem-Bogenlichtsonne. Strahlentherapie 38 (1930) 361—371.

[2] Berger, W.: Neue therapeutische Lichtquellen. Licht 1 (1931) 263—266.

[3] Weigel, R. G. u. O. H. Knoll: Untersuchungen an einer therapeutischen Bogenlampe. Licht 6 (1936) 57—60.

[4] Voigt, A.: Über eine neue Bogenlampe für die Lichttherapie nach Dr. W. Mathiesen. 3. internat. Kongr. Lichtforsch. Wiesbaden 1936.

[5] Wendt, W.: Eine neue künstliche Lichtquelle. Umschau 40 (1936) 851—854.

[6] Boremann, Th.: Die Albertus-Sonne, eine neue Kohlebogenlampe für medizinische Zwecke. 3. internat. Kongr. Lichtforsch. Wiesbaden 1936.

Lampe befindet sich in einem Reflektor, in dem nicht reflektierende, nach dem Scheitel zu breiter werdende Flächenstücke eingebaut sind, um die Bestrahlungsstärke beim Abbrand der Kohlen konstant zu halten. Die Albertussonne wird nur für Wechselstrom, als Tisch- und Stativmodell hergestellt.

Die *Ulvir-Sonne* (Ulvir-Gesellschaft, Berlin) ist eine offene Bogenlampe und kann über einen Widerstand an jedes Gleich- oder Wechselstromnetz angeschlossen werden; der Stromverbrauch beträgt 3,3 A bei rd. 50 V Bogenspannung; die Leistungsaufnahme beträgt ~ 700 W; die Brennstifte bestehen aus einem keramischen Gemisch von Kohle, Cer, Eisen und Zirkon und sind zur Zündung mit einer Kohlenstoffschicht überzogen. Damit der Aufbau der Lampe so einfach wie möglich gehalten werden konnte, ist auf eine Regulierung der Stifte verzichtet worden. Die Stifte können also nur einmal gezündet werden, wozu der Kohlenstoffüberzug gerade ausreicht. Die Brenndauer beträgt etwa $1^1/_2$ h. Der Brenner befindet sich in einem sehr kleinen Reflektor, Durchmesser 95 mm, Tiefe 50 mm, so daß die Bestrahlungsflächen in 0,5...1 m Abstand nur einen Durchmesser von 15...20 cm haben.

d) Technische Entwicklung der Hg-Dampflampen.

Die *Hg-Niederdrucklampen* in Röhrenform haben in Amerika in den Cooper-Hewitt-Hygienic-Lampen, in Deutschland in den Ulilampen[1] und den Ultraleuchtröhren[2,3] eine Weiterentwicklung gefunden. Während die amerikanischen Lampen und die Ulibrenner noch flüssige Quecksilberelektroden hatten, wurden bei den Ultraleuchtröhren erstmalig Oxydelektroden benutzt. Die Ultraleuchtröhre (Abb. 1187) besitzt eine Edelgasfüllung mit einem Tropfen Quecksilber und wird bei gleichzeitiger Heizung der Oxydelektroden durch einen kleinen Unterbrecher automatisch gezündet. In Amerika werden außerdem Niederdrucklampen in Glühlampenform, die G_1-Lampen 2 A 15 V und die G_5-Lampen 5 A 15 V, entwickelt. Nach demselben Prinzip gebaute europäische Lampen, wie die Perihellampe für 45, 150 und 300 W und die Erpeslampe konnten sich in Deutschland nicht einführen. Die Perihelbestrahlungslampe, Wien, ist eine Quecksilberniederdrucklampe mit Oxydelektroden in Glühlampenform. Die Hülle besteht aus einem ultraviolettdurchlässigen Glas. Ebenso wie bei den amerikanischen G-Lampen besteht auch hier das UV-Spektrum im wesentlichen aus der Hg-Resonanzlinie 253,7 mμ, wodurch sich diese Arten von Lampen sehr weit von der Sonnenähnlichkeit entfernen.

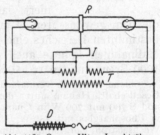

Abb. 1187. Osram - Ultra - Leuchtröhre. Schaltskizze. *R* Röhre; *I* Induktorium; *T* Transformator; *D* Drossel.

Die Weiterentwicklung der Hg-Hochdrucklampen vollzog sich technisch durch Vereinfachung des Lampenaufbaues, physikalisch durch Erweiterung und Vervollständigung des Spektrums und bessere Konstanz der Strahlung.

Die Forschungen auf dem Gebiete der Lichterzeugung[4,5] durch Gasentladungslampen brachten die technische Entwicklung der Wehnelt-*Oxydelektroden*, die zuerst bei den Niederdrucklampen zur Einführung gelangten. Bei der Entwicklung der *Hg-Hochdrucklampe* fanden solche Oxydelektroden auch hier Anwendung. Durch die Einführung von Oxydelektroden in die Hg-Hochdruck-

[1] AXMANN, H.: Zit. 2 S. 989.

[2] DANNMEYER, F. u. A. RÜTTENAUER: Räume künstlichen Sonnenscheins. Beitr. klin. Tbk. **76** (1931) 536—552.   [3] BERGER, W.: Zit. 2 S. 992.

[4] KÖHLER, W. u. R. ROMPE: Die elektrischen Leuchtröhren. Slg. Vieweg Heft 110. Braunschweig 1933.

[5] KREFFT, H.: Strahlungseigenschaften der Entladung in Quecksilberdampf. Techn.-wiss. Abh. Osram-Konz. **4** (1936) 33—41.

bestrahlungslampen [1] ergaben sich gegenüber den bisherigen Typen große Vorteile. Bei Lampen dieser Art ist die Zündung automatisch und unabhängig von der Lage der Lampe. Die bisherige Kippzündung ist nur noch bei den Gleichstrommodellen erhalten geblieben. Eine weitere Vereinfachung ist durch Verwendung eines dem Quarzglas in der Durchlässigkeit sehr ähnlichen, jedoch im Erweichungspunkt sehr viel niedriger liegenden Phosphatglases erreicht worden [2]. Dieses Glas ist wesentlich leichter zu verarbeiten als Quarzglas. Die UV-Durchlässigkeit des Phosphatglases beträgt für 1 mm Dicke bei der Wellenlänge 350 mµ 75%, bei 300 mµ 65% und bei 250 mµ 35%. Da das Phosphatglas einen verhältnismäßig niedrigen Schmelzpunkt hat, mußte allerdings der Hg-Dampfdruck erheblich unter 1 at gehalten werden, so daß die Verwendung begrenzt bleibt.

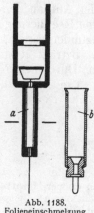

Abb. 1188.
Folieneinschmelzung.
a Einschmelzung;
b Sockel.

Die bisherige komplizierte *Einschmelzung* (Vasenschliff-dichtung) — Einschleifen von Metallstiften und Hg-Abdichtung — konnte durch eine Folieneinschmelzung [3] vereinfacht werden. Als besonders brauchbar erwies sich die Molybdänfolie, die leicht verarbeitet werden kann und innig am Quarz haftet. Abb. 1188 stellt eine derartige Folieneinschmelzung mit zugehöriger Sockelung dar. Die Entwicklung der Oxydelektroden an Stelle der flüssigen Hg-Elektroden brachte auch die Möglichkeit der *Hg-Dosierung*. Die Hg-Lampen erhalten nur soviel Quecksilber, als zur Erzeugung des gewünschten Hg-Dampfdruckes erforderlich ist. Zur vollständigen Verdampfung des Quecksilbers während des Betriebes der Lampe wird die Entladungsröhre so dimensioniert, daß auch die kälteste Stelle über der Temperatur liegt, die dem gewünschten Dampfdruck entspricht. Dadurch wird innerhalb eines bestimmten Bereiches eine Konstanz der Strahlung erreicht. Durch all diese Maßnahmen konnte auch der UV-Abfall verringert werden, er beträgt nach 1000 Brennstunden rd. 50%.

Solche technisch vereinfachte Hg-Bestrahlungslampen werden von der Quarzlampen-Gesellschaft, Hanau, unter der Typenbezeichnung S 300 mit 300 W, S 500 mit 500 W und S 700 mit 700 W in Quarz hergestellt, unter dem Namen „Alpinalampe" eine Lampe in Phosphatglas mit 350 W Leistungsaufnahme. Die S-Typen werden normalerweise für Wechselstrom hergestellt. Zum Anschluß an Gleichstrom ist an Stelle der Drosselspule ein Widerstand vorgesehen, durch den eine um 60% höhere Wattaufnahme bedingt ist. Die Alpinalampe kann beliebig an Wechselstrom und ohne jede Umänderung an Gleichstrom gebrannt werden. Sämtliche Lampen werden in Verbindung mit Reflektoren zu Geräten zusammengestellt. Von der Firma C. H. F. Müller, Hamburg, wird eine ähnliche UV-Lampe unter der Bezeichnung „Biosollampe" hergestellt.

Die ersten Versuche zur Herstellung von *Quecksilber-Kadmiumlampen* stammten von M. Wolfke [4]; die Herstellung von Lampen scheiterten jedoch daran, daß das Quarzglas durch das Kadmium zerstört wurde. Erst in neuerer Zeit gelang es D. Gábor [5], eine brauchbare Quarzkadmiumlampe zu entwickeln. Die Schwierigkeiten der Herstellung der Kadmiumlampe waren sehr viel größer als bei der reinen Hg-Lampe, weil Kadmium schwerer verdampfbar ist als Quecksilber, also die Kadmiumlampe eine höhere Betriebstemperatur erfordert,

[1] Ende, W.: Neue Wege im Quarzlampenbau. Elektrotechn. Z. **55** (1934) 853—857.

[2] Ende, W.: Über einen neuen Ultraviolettstrahler. Z. techn. Physik. **15** (1934) 313—318.

[3] Lauster, Fr.: Die Folieneinschmelzung als Fortschritt im Quarzlampenbau. Elektrotechn. Z. **57** (1936) 517—519.

[4] Wolfke, M.: Über eine neue Metall-Dampflampe mit weißem Licht. Elektrotechn. Z. **33**, (1912) 917—919.

[5] Gábor, D.: Die Quarzkadmiumlampe. Strahlentherapie **40** (1931) 717—722. — Die Siemens-Quarzcadmiumlampe. C. R. 2. Congr. internat. Lumière Copenhague **1932**, 528 bis 537.

ferner weil Kadmium viel unedler ist als Quecksilber und daher die Quarzwände erheblich stärker angreift. Wegen der hohen Temperatur mußte die Kadmiumlampe eine besonders leistungsfähige Einschmelzung erhalten, was durch eine Folieneinschmelzung gelang. Erst anschließend daran wurde bei der Hg-Lampe eine ähnliche Folieneinschmelzung eingeführt. Einen Schnitt durch den Wechselstrombrenner und ein dazugehöriges Schaltbild zeigt Abb. 1189.

Die beiden Folieneinschmelzungen führen zu den als Zündelektroden dienenden Wolframwendeln, die parallel in der Rohrachse in dem Elektrodengefäß liegen. An der Stelle, wo die beiden Glühwendeln zusammentreffen, befindet sich die eigentliche Betriebselektrode. Das Leuchtrohr enthält noch eine an der Quarzwandung liegende Schutzwendel, die die Quarzoberfläche vor dem Angriff des Kadmiums schützen soll. Die Lampe enthält neben Kadmium noch Argon und etwas Quecksilber. Beim Einschalten werden die Glühwendeln mit Hilfe eines Heiztransformators aufgeheizt, wodurch sich zwischen den Enden der Glühwendeln zu-

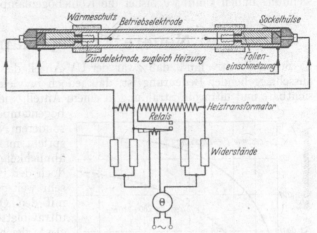

Abb. 1189. Längsschnitt durch die Quarz-Kadmiumlampe für Gleichstrom mit zugehöriger Schaltung.

erst eine schwache Glimmentladung, sodann eine Bogenentladung ausbildet. Sowie die Hauptelektroden hierdurch aufgeheizt sind, wird die Entladung zwischen den Glühwendeln durch ein Relais abgeschaltet. 5 min nach Einschalten hat sich der Kadmiumlichtbogen voll ausgebildet. Die Spannung beträgt 110 V bei 5 A. Ganz entsprechend ist der Gleichstrombrenner aufgebaut. Die Quarzkadmiumlampe wird von Siemens & Halske hergestellt. Die Lampe befindet sich in einem Reflektor; durch Vorschalten verschiedener Filter kann man das Spektrum unterteilen. Das Spektrum ist sehr viel linienreicher als das Hg-Spektrum; besonders das Gebiet zwischen 300 und 350 mμ ist mit starken Linien besetzt.

In den letzten Jahren erfolgten eine Reihe von Untersuchungen[1,2,3] über die Abhängigkeit der *Lichtausbeute des Hg-Bogens* vom Quecksilberdampfdruck unter den verschiedensten Bedingungen. Es wurde teils mit wassergekühlten Kapillarröhrchen, Innendurchmesser nur 1 mm,

Abb. 1190. Quecksilber-Überhochdrucklampe. (Nach C. Bol.)

teils mit luftgekühlten Kugelkölbchen gearbeitet. Die Zuführungsdrähte wurden entweder direkt in Quarzglas oder mit Hilfe eines dafür entwickelten Spezialglases eingeschmolzen. Die Dampfdrucke können bis zu 200 at und die Leuchtdichten bis zu 180000 sb gebracht werden. Von van Wijk[4] wurde eine solche *Überdrucklampe* (Abb. 1190) mit 100 at und Wasserkühlung zu einer Bestrahlungslampe ausgebildet. Infolge

[1] Bol, C., W. Elenbaas and W. de Groot: Ingenieur, Haag 50 (1935) E 83—94.

[2] Elenbaas, W.: Über die mit den wassergekühlten Quecksilber-Superhochdruckröhren erreichbare Leuchtdichte. Z. techn. Physik 17 (1936) 61—63.

[3] Rompe, R. u. W. Thouret: Die Leuchtdichte der Quecksilberentladung bei hohen Drucken. Z. techn. Physik 17 (1936) 377—380.

[4] Wijk, A. van: Die Quecksilberüberhochdrucklampe für medizinische Zwecke. 3. internat. Kongr. Lichtforsch. Wiesbaden 1936.

der enorm großen UV-Intensität eignet sich diese Lampe besonders zu Lokal-
bestrahlungen [1]. Das Spektrum ist im Gegensatz zu den üblichen Quarz-Hg-
Lampen sehr viel kontinuierlicher, das Gebiet unter 270 mµ tritt stark zurück.
Das Kontinuum erstreckt sich bis in das Rot, sogar bis in das Ultrarot. Hierdurch bekommt das Spektrum bei diesen hohen Drucken eine Ähnlichkeit mit
dem der Kohlebogenlampe, so daß die Hg-Höchstdrucklampe auch da Anwendung finden kann, wo bisher die Kohlebogenlampe bevorzugt wurde.

e) Neuere Therapielampen.

Schon FINSEN fand, daß zwar der UV-Anteil der Bestrahlungslampen von
ausschlaggebender Bedeutung ist, daß jedoch in vielen Bestrahlungsfällen die
sichtbare und ultrarote Strahlung in einem Anteil, wie er z. B. bei der Kohlenbogenlampe vorhanden ist, von be-
sonderem Nutzen ist. In diesem Sinne
spricht man auch von der Sonnenähnlichkeit der Strahlung, wobei jedoch der Begriff Sonnenähnlichkeit
sehr weit gefaßt ist. In Verbindung
mit den Quarz-Hg-Lampen, deren
ultraviolette Strahlung energetisch
etwa gleich ist der sichtbaren und
ultraroten, werden vielfach normale
Glühlampen oder Spezialglühlampen,
wie z. B. die Solluxlampen mit zur
Bestrahlung herangezogen. Die *Solluxlampen* werden für Leistungsaufnahmen von 300, 500 und 1000 W
hergestellt, auch als Solluxkleinstrah-
ler von 15 W. Zu besonderen Lokal-
bestrahlungen werden Vorsatzgeräte
angebracht.

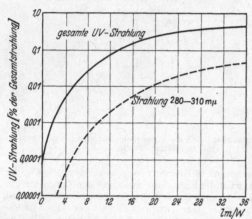

Abb. 1191. Anteil der UV-Strahlung an der Gesamtstrahlung
eines Wolframdrahtes in Abhängigkeit von der Lichtausbeute. [Nach W. W. COBLENTZ: Trans. Illum. Engng. Soc.
23 (1928) 247.]

Soweit in bestimmten Fällen Ultraviolett entbehrlich ist, konnte die *Glühlampe* z. B. die Solluxlampe auch für sich als Bestrahlungslampe Eingang
finden. Die in der Glühlampe vorhandene UV-Strahlung (Abb. 1191) wird
normalerweise von der Glashülle absorbiert. Die Entwicklung ging nun dahin,
den ultravioletten Strahlenanteil in einer einfachen Lampe, wie der Glühlampe, nutzbar zu machen und weiterhin die Glühlampenstrahlung mit
der Strahlung der Hg-Hoch- und Höchstdrucklampen in Lampen von Glühlampenform zu verbinden, um damit gleichzeitig die Einfachheit der Glühlampe zu erhalten.

Die Entwicklung eines ultraviolettdurchlässigen Glases ermöglichte die wirtschaftliche Herstellung einer hochbelasteten Glühlampe mit UV-Strahlung
(Vitaluxlampe) [2,3]. Die Intensität der UV-Strahlung zwischen 320 und 280 mµ
beträgt nach H. KREFFT und M. PIRANI [4] 0,014% der Gesamtstrahlung, nach

[1] PLAATS, G. I. VAN DER: Die Super-Hochdrucklampe. Strahlentherapie **56** (1936)
497—506.
[2] SKAUPY, F.: Die Glühlampe als Ultraviolettquelle. Umschau **32** (1928) 72—75.
[3] RÜTTENAUER, A.: Die ultraviolette Strahlung der Glühlampe, ihre Bedeutung und
Messung mittels Kadmiumzelle und Elektrometer. Licht u. Lampe **18** (1929) 267—271. —
Über die Eigenschaften und den Gebrauch der Ultraviolettglühlampe. Strahlentherapie
32 (1929) 597—605.
[4] KREFFT, H. u. M. PIRANI: Quantitative Messungen im Gesamtspektrum technischer
Strahlungsquellen. Z. techn. Physik **14** (1933) 393—411.

I. Bleibaum [1] 0,012%. Der überwiegende Anteil der Gesamtstrahlung (etwa 90%) entfällt auf das ultrarote Gebiet, die sichtbare Strahlung ist mit rd. 9% an der Gesamtstrahlung beteiligt. Die Brenndauer der Vitaluxlampe beträgt 300 h, sie wird für eine Leistungsaufnahme von 500 W in zwei Ausführungsformen als Tisch- und Stativstrahler hergestellt.

Entsprechende Lampen werden in Amerika unter dem Namen Mazda CX-Lampe für 60 und 500 W, in Frankreich mit der Bezeichnung Mazdasol-Lampe für 40, 60, 300 und 500 W hergestellt. Die Lampen kleiner Wattzahl sind zur Bestrahlung von Aquarien, Kleintieren usw. gedacht.

Abb. 1192. Osram-Solarcalampe (Innenaufbau).

Die *Solarcalampe* [2] der Osram-Ges. und die Sunlightlampe der Gen. Elektr. Co. [3] (Abb. 1192 und 1193) sind Bestrahlungslampen in Glühlampenform mit ultraviolettdurchlässigem Hartglas. Die UV-Durchlässigkeit beträgt bei 1 mm Dicke für die Wellenlänge 300 mμ 65%, für 280 mμ 35% und für 250 mμ weniger als 1%. Die Strahlung der Solarcalampe und ebenso der Sunlightlampe besteht aus der Hg-Strahlung eines zwischen Wolframelektroden brennenden Hg-Lichtbogens und der Temperaturstrahlung der glühenden Wolframelektroden. Die UV-Strahlung von 250...320 beträgt 1%, die UV-Strahlung 320...400 mμ ebenfalls 1% der Gesamtstrahlung [4]. Die Verteilung der sichtbaren und ultraroten Strahlung ist ähnlich wie bei der Glühlampe. Die Lebensdauer dieser Lampe beträgt ebenfalls rd. 300 h. Der Glaskolben schwärzt sich hierbei stärker als es sonst bei Glühlampen der Fall ist. Diese Schwärzung vermindert jedoch die UV-Ausbeute nicht, obwohl der geschwärzte Kolben weniger ultraviolettdurchlässig ist als ein klarer Kolben. Der geschwärzte Kolben absorbiert nämlich gleichzeitig reichlich ultrarote Strahlen, so daß sich die Temperatur des Kolbens und damit auch der Hg-Dampfdruck erhöht. Die hieraus entstandene Steigerung der UV-Erzeugung gleicht die Absorption der UV-Strahlen bei weitem wieder aus. Die Spannung der Lampe beträgt 15 V, es ist also zum Betriebe ein Zusatzgerät erforderlich. Die Zündung erfolgt automatisch durch eine zur Lichtbogenstrecke parallel geschaltete kreisförmige Wolframwendel. Die Solarcalampe nimmt 350 W auf.

Abb. 1193. Lichtbogen der Osram-Solarcalampe (von unten gesehen).

Die Sunlightlampen werden in zwei Größen zu 350 und 120 W unter der Typenbezeichnung S_1- und S_2-Lampen hergestellt. Die Solarcalampe befindet sich in einem hochglanzpolierten Reflektor verschiebbar angeordnet, so daß sich wahlweise kleinere und größere Flächen bestrahlen lassen. Die Sunlightlampen befinden sich in mattierten Aluminiumreflektoren, so daß immer nur eine große Fläche bestrahlt wird. Die Form der Glashülle der Solarcalampe ist abweichend von den üblichen Glühlampenformen länglich gestreckt, wodurch bei Verwendung der Lampe in einem parabolischen Reflektor eine gleichmäßige Bestrahlungsstärke erzielt wird.

[1] Bleibaum, I.: Quantitative Strahlungsmessungen an künstlichen und natürlichen Bestrahlungsquellen. Jena 1936.

[2] Rüttenauer, A.: Die Entwicklung neuer künstlicher Lichtquellen. Strahlentherapie **40** (1931) 709—716. — Techn.-wiss. Abh. Osram-Konz. **2** (1931) 77—82.

[3] Luckiesh, M.: Artificial Sunlight, New York: D. van nostrand company, inc. 1930.

[4] Barnes, B. T.: Spektral distribution of energie ratiated from a new type of tungsten mercury arc. Physic. Rev. **36** (1930) 1468—1475.

Bei den ersten Lampen mit *kombinierter Quecksilber- und Glühlampen-strahlung* mit zwei ineinander befindlichen Kolben, hergestellt von der Philips-Ges. Eindhoven befand sich im Innenkolben eine Hg-Niederdruckentladung, im Außenkolben als Zusatzstrahler und Vorschaltwiderstand eine Wolfram-glühwendel. Beide Kolben bestanden aus ultraviolettdurchlässigem Glas.

In dem DRP. 538782 ist eine weitere Kombinationslampe beschrieben, die im Innen-kolben eine nach dem Prinzip der Solarcalampe gebaute Wolframbogenlampe, im Außen-kolben wiederum eine Wolframwendel hat. Eine solche Lampe bedarf keines der sonst bei den Bestrahlungslampen üblichen Zusatzgerätes, wie Drosselspule oder Transformator. Bei der Weiterentwicklung dieser Art von Lampen trat an Stelle der Wolframbogenlampe eine kleine Quecksilberhochdruckröhre (DRGM. 1279354), die auch durch ein kleines Quarz-Hg-Röhr-chen mit erhöhtem Hg-Dampfdruck ersetzt wer-den kann. Da beide Lampenkolben an einem ge-meinsamen Sockel sind, so stellt eine solche Lampe trotz der getrennten Unterbringung der Hg-Lampe und der Glühlampe ein einheitliches Gerät dar, welches ebenso bequem wie eine Glühlampe be-handelt werden kann, aber als Bestrahlungslampe den Vorteil einer wesentlich höheren UV-Ausbeute hat. Durch Wahl des Verhältnisses der Leistungs-aufnahme von Glühlampe zur Quecksilberlampe hat man es in der Hand, den Anteil der UV-Strah-lung zur Gesamtstrahlung innerhalb der für die Einzellampe bekannten Anteile zu variieren. Diese Art einer kombinierten Lampe auf hoher UV-Ausbeute und größte Einfachheit stellt eine besonders vorteilhafte Weiterentwicklung der Bestrahlungslampen dar.

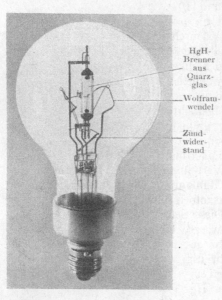

HgH-Brenner aus Quarz-glas

Wolfram-wendel

Zünd-wider-stand

Abb. 1194. Vitalux U-Lampe.

Die Vitalux U-Lampe der Osram-Gesell-schaft ist eine Lampe mit kombinierter Quecksilber- und Glühlampenstrahlung. In einem grauvioletten, ultraviolett-durchläs-sigen Glaskolben befinden sich die Wolfram-wendel und in Serie hierzu die in ein kleines Quarzröhrchen eingeschlossene Hg-Entla-dung (Abb. 1194). Die Leistungsaufnahme beträgt 300W, wovon 75 auf die Hg-Entla-dung und 225 auf die Wolframwendel entfal-len. Die Zündung erfolgt über eine Hilfsentladungsstrecke, die durch eine der Haupt-elektroden und einer dieser in 1 mm Abstand gegenüberstehenden Hilfselektrode gebildet wird. Die Vitalux U-Lampe besitzt nur lang- und mittelwelliges Ultra-violett, da das kurzwellige unter 280 mμ durch die Glashülle absorbiert wird. Das mittelwellige Ultraviolett von 320...280 mμ ist fast ebenso stark wie bei den üblichen Hg-Bestrahlungslampen derselben Leistungsaufnahme. Das Verhältnis der UV-Strahlung 320...280 mμ zur Gesamtstrahlung beträgt rund 1%, bei der Sonne maximal 0,7%. Die Vitalux U-Lampe ist also nicht nur sonnen-stark, sondern auch schon weitgehend sonnenähnlich.

f) Normallampen.

Für die Zwecke der UV-Dosimetrie ist ein UV-Strahlungsnormal erforder-lich, das eine bekannte spektrale Intensitätsverteilung, gemessen in energe-tischem Maß, besitzt, und dessen Strahlung so konstant wie möglich ist. Auf ein solches Strahlungsnormal könnten dann die verschiedenen Bestrahlungs-lampen bezogen werden. Man könnte sogar ein solches UV-Normal ebenso, wie es mit der Hefnerkerze für das sichtbare Gebiet geschehen ist, als UV-Einheit ausbauen. Eine weitere Verwendung bestünde darin, das UV-Normal zur Bestimmung der Durchlässigkeit von optischen Apparaturen zu benutzen. Von F. HOFFMANN und H. WILLENBERG[1] ist als UV-Strahlungsnormal die Wolframbandlampe vorgeschlagen worden. Die Wolframbandlampe ist wohl konstant und sehr gut reproduzierbar, jedoch wegen der geringen Intensität im kurzwelligen Ultraviolett als Bezugslampe ungeeignet. Um die in der Praxis vorhandenen Bestrahlungslampen vergleichen zu können, muß die Bezugslampe etwa von derselben Intensität sein, d. h. es kann nur eine Quecksilberdampflampe sein.

Von H. KREFFT, F. RÖSSLER und A. RÜTTENAUER ist die Quarz-Hg-Hochdrucklampe als UV-Strahlungsnormal ausgebaut worden[2]. Es ist von der

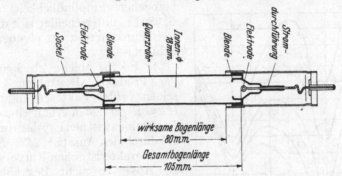

Abb. 1195. Aufbau der Quecksilber-Normallampe. (Nach H. KREFFT, F. RÖSSLER und A. RÜTTENAUER.)

Erkenntnis ausgegangen worden, daß die Strahlungseigenschaften der Hochdruckentladung in Quecksilberdampf durch Dampfdruck und Stromstärke eindeutig festgelegt sind. Bei genauester Festlegung dieser Werte wurde in einer Reihe von Versuchen eine geeignete Bauart der Lampe gefunden, die technisch reproduzierbar war. Die Lampe (Abb. 1195) ist ein zylindrischer Brenner für vertikale Brennlage zum Anschluß an Gleichstrom. Die Zündung erfolgt durch einen Hochspannungsstoß. Die Leistungsaufnahme beträgt 250 W. Die im gesamten Spektrum (240...1000 mμ) abgestrahlte Leistung ist innerhalb von ± 2% reproduzierbar. Da diese Eigenschaft für jede Linie des Quecksilberspektrums zutrifft, ist auch die spektrale Energieverteilung konstant. Für die Bewertung von Bestrahlungslampen ergibt sich durch Verwendung dieses UV-Strahlungsnormals als Vergleichsnormal eine einfache und bequeme Meßmethode.

K 3. Therapiedosismessung.

Von

WOLFGANG PETZOLD[3]-Braunschweig.

Mit 9 Abbildungen.

Die Bestimmung der „richtigen" Dosis bei einer Lichtbehandlung ist eine Grundaufgabe, die besondere Meßverfahren erfordert. Das Verfahren soll schnell und bequem zu einem Werte führen, der innerhalb eines gewissen Toleranz-

[1] HOFFMANN, T. u. H. WILLENBERG: Über Messungen an Temperaturstrahlern im Ultraviolett. Physik. Z. 35 (1934) 1—3. — Das Emissionsvermögen des Wolframs im Ultraviolett bei hohen Temperaturen. Physik. Z. 35 (1934) 713—715.

[2] KREFFT, H., F. RÖSSLER u. A. RÜTTENAUER: Ein neues Strahlungsnormal. Z. techn. Physik. 18 (1937) 20—25.

[3] Herrn A. DRESLER dankt Verf. für die Überlassung einer unveröffentlichten Arbeit über UV-Meßmethoden, die ihm eine wertvolle Hilfe war.

bereichs liegen muß. Die Ähnlichkeit dieser Aufgabe mit der photographischen Belichtungsmessung (vgl. C 8, S. 356 f.) liegt auf der Hand. Man braucht scheinbar nur die dort angewandten Begriffe „Belichtung" und „Beleuchtungsstärke" durch „Bestrahlung" und „Bestrahlungsstärke" zu ersetzen und mit der charakteristischen Kurve des hier in Frage kommenden Empfängers zu arbeiten, um eine ausreichende theoretische Grundlage zu gewinnen. Es zeigt sich aber, daß das nur mit erheblichen Einschränkungen stimmt, vor allem bei der weit in den Vordergrund zu stellenden Erythemdosismessung durch ultraviolettes „Licht" (UV). Abgesehen von dem spektralen Verlauf der auf die Reizschwelle bezogenen Empfindlichkeit (vgl. K 1, S. 980 f.), unterscheidet sich die Haut in zwei Punkten von der photographischen Schicht:

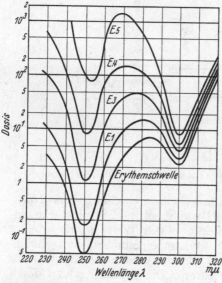

Abb. 1196. Abhängigkeit der einen bestimmten Erythemgrad erzeugenden Dosis von der Wellenlänge. [Nach K. Hausser u. W. Vahle: Die Abhängigkeit des Lichterythems und der Pigmentbildung von der Schwingungszahl (Wellenlänge) der erregenden Strahlung. Strahlentherapie 13 (1921) 41—71.]

1. Es ist nicht gleichgültig, wie das Produkt „Bestrahlung" sich aus seinen beiden Faktoren zusammensetzt $(L' = E' \cdot t)$. Man erhält eine eindeutige Beziehung zwischen Erythem und „Dosis" L'' durch den Ansatz [1]: $L'' = E' \cdot t^{0,7}$. In der charakteristischen Kurve wären also als Abszissen nicht Bestrahlungen L', sondern Dosen L'' (logarithmisch: $\lg L'' = \lg E' + 0,7 \lg t$) aufzutragen.

2. Die Neigung der charakteristischen Kurve ist stark wellenlängenabhängig. Abb. 1196 zeigt diese Abhängigkeit in Form einer Schichtliniendarstellung. Man erkennt daraus z. B., daß eine Bestrahlung mit 250 mμ sehr rasch zu einem erkennbaren Erythem führt, jedoch erst der 1000fache Wert einen mittleren Erythemgrad hervorruft. Bei 300 mμ liegt dafür die Schwellendosis erheblich höher, und schon der 10fache Wert kann Verbrennungserscheinungen bewirken.

Da es keinen Empfänger mit einem ähnlichen Verhalten der charakteristischen Kurve gibt, ist ein der Erythemempfindlichkeit streng angepaßtes Verfahren unmöglich. Man erkennt aber aus Abb. 1196, daß bei der Messung in erster Linie auf das „Dorno"-Gebiet um 300 mμ herum zu achten ist, falls nicht der verwendete Strahler gerade da wenig wirksam ist (z. B. Hg-Niederdrucklampe). Den Strahler kann man nach dem Vorschlag von E. O. Seitz [2] durch seinen „Erythemcharakter" kennzeichnen, worunter das Verhältnis der beiden Dosen zu verstehen ist, die Erythemgrad 4 und die Schwelle hervorrufen. Ist dieser Wert < 10, so handelt es sich um eine „sonnenähnliche" Strahlung mit bevorzugtem Dornogebiet; große Werte dagegen weisen auf das Gebiet um 250 mμ hin.

a) Unmittelbare Reizmessung.

Sobald man mit einem zeitlich einigermaßen konstanten Strahler arbeitet, kann man die angedeuteten Schwierigkeiten weitgehend vermeiden, wenn man

[1] Weyde, E.: Über die Grundlagen eines neuen UV-Meßinstruments. Strahlentherapie 38 (1930) 378—390. — Dieses nach Schwarzschild benannte Gesetz gilt auch für äußerst kurze oder lange Belichtungszeiten in der Photographie, natürlich mit anderen Exponenten.

[2] Seitz, E. O.: Die Kennzeichnung der Ultraviolettstrahlungsquellen durch das Erythem. Dtsch. med. Wschr. 59 (1933) 1358—1360.

(ebenso wie als Photograph) durch Probebestrahlungen den Patienten „eicht". Dieses Verfahren hat leider den Nachteil, eine verhältnismäßig lange Zeit zu beanspruchen, da ja die Reaktion erst nach einigen Stunden einsetzt. Aus dem gleichen Grunde ist sie für Sonnenmessungen nicht brauchbar, es sei denn zur Eichung irgendeines anderen Meßgeräts. Wegen des Schwarzschildfaktors 0,7 sind dabei Probebestrahlungen mit meßbarer Intensitäts- oder Zeitstufung nicht gleichwertig. I. a. wird man dieser den Vorzug geben, da sie dem üblichen Vorgang bei der Heilbestrahlung entspricht und sich leichter durchführen läßt [ein ähnlich bequemes Schwächungsmittel, wie der Graukeil für das sichtbare Gebiet darstellt, existiert nicht — Platinstufenkeile (C. Zeiß) sind sehr teuer].

Ein Erythemsensitometer mit Zeitstufung ist die Sektorentreppe nach V. WUCHERPFENNIG und W. MATHIESEN[1]. Ihren Aufbau zeigt Abb. 1197. Die Grundplatte a enthält in einem Ausschnitt b 8 durch Sprossen abgeteilte Felder c, vor denen sich eine Sektorenscheibe d dreht. Antrieb erfolgt durch Uhrwerk e mit Aufzugknopf f. Die Klappe g gestattet, den Ausschnitt abzudecken. Die Sektorenwinkel verhalten sich wie 1 : 1,2 (0,08 LE[2]), so daß mit einer Aufnahme ein Bestrahlungsverhältnis von rd. 1 : 4 (0,56 LE) überbrückt werden kann. Da im Dornogebiet die Ablesegenauigkeit größer ist, wird auf Wunsch auch eine Sektorscheibe mit 10%ig gestuften Winkeln (0,04 LE), also einem Bestrahlungsbereich von 1 : 2 (0,28 LE) geliefert. Die Umgebung des Gerätes ist natürlich mit einem Tuch vor Strahlung zu schützen. Die Gebrauchsanweisung empfiehlt die Bestimmung der Erythemschwelle, obwohl man grundsätzlich auch unmittelbar den gewünschten Erythemgrad und die entsprechende Bestrahlungszeit ablesen kann. Die Untersuchung des Erythems soll 6...8 h nach der Bestrahlung erfolgen. Läßt man ausnahmsweise 24 h verstreichen, so ist die Schwellenzeit um $1/3$ zu kürzen.

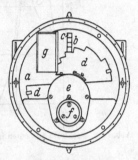

Abb. 1197. Sektorentreppe nach V. WUCHERPFENNIG, Erklärung im Text (Werkphoto).

Den Erythemgrad gibt man meist in willkürlichen Einheiten durch Vergleich mit roten Farbaufstrichen an. E. WEYDE[3] empfiehlt statt dessen ein einfaches Kolorimeter mit rotem Farbkeil, dessen Farbstoffdichte (in g/m², „Hübl"-Dichte) gut reproduzierbar, daher als Maß geeigneter ist.

b) Messung der UV-Strahlung.

Die Messung der von einer UV-Quelle ausgesandten Strahlung ist i. a. Aufgabe des Lichttechnikers oder Physikers, weniger des Arztes (Therapeuten). Es soll daher hier nur kurz über die wichtigsten Verfahren berichtet werden, da sie im wesentlichen eine Erweiterung der in C 6, S. 338 f. behandelten objektiven Photometrie darstellen. Neben den dort erwähnten Empfängern (Thermoelement, Photoelement, photographische Platte) verwendet man hier gern Photozellen mit ausgesprochener UV-Empfindlichkeit. Abb. 1198 zeigt den spektralen Verlauf der Empfindlichkeit einer Natrium-, Kadmium- und der Sonnenlicht-UV-Zelle nach STRAUSS, deren Kathode aus einer Zinklegierung mit im übrigen unbekannten Schwermetallen besteht. Die gelegentlich erwähnte Lithiumzelle hat einen Empfindlichkeitshöchstwert bei 280 mµ, ihre Gesamtausbeute ist im Dornogebiet wesentlich höher als die der Cd-Zelle. Sie

[1] Hersteller: Körting und Mathiesen (Kandem), Leipzig-Leutzsch.
[2] Vgl. C 9, S. 375 f.
[3] WEYDE, E. (Zit. S. 1000, Fußn. 1).

ist jedoch schwierig herzustellen und daher nicht im Handel. — Da die spektrale
Empfindlichkeit der photographischen Platte bis 220 mμ reicht, kann sie hier

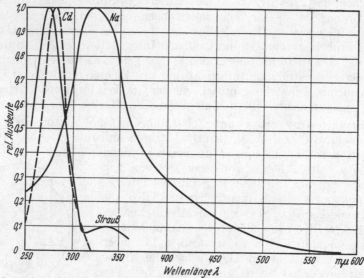

Abb. 1198. Spektrale Ausbeuten in willkürlichem Maß einer Natrium-, Kadmium- und der Sonnenlicht-UV-Zelle von
S. STRAUSS (mitgeteilt von A. DRESLER).

ohne weiteres verwendet werden. Auch besteht die Möglichkeit einer weiter-
gehenden „Sensibilisierung" mit Vaseline (Fluoreszenz) oder der Anwendung
von Schumannplatten.

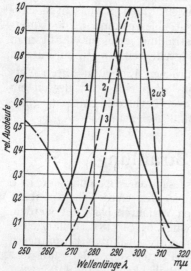

Abb. 1199. Spektrale Ausbeuten einer Kadmiumzelle in Uviolglas nach A. RÜTTENAUER[1]
und einer gefilterten Natriumzelle nach E. O.
SEITZ[2] (vgl. den Text). 1 Cd-Zelle, 2 Na-Zelle,
3 Erythemschwellenkurve.

Alle grundlegenden Untersuchungen erfordern die Kenntnis der spektralen Strahlungsverteilung, deren Bestimmung im UV nichts
wesentlich Neues bringt, so daß auf C 6 und
das dort (S. 338, Fußnote 1) angeführte Schrifttum verwiesen werden kann. In vielen Fällen
genügt es jedoch, das gesamte spektrale Strahlungsbereich verhältnismäßig grob aufzuteilen,
ein Verfahren, das im sichtbaren Gebiet zu angenäherten Farbmessungen gern gewählt wird.
Man verwendet dazu die schon genannten
Empfänger in Verbindung mit geeigneten Filtern. Diesem Gebrauch folgte der II. internationale Kongreß der Gesellschaft für Lichtforschung (Kopenhagen, Sept. 1932) durch Festlegung dreier Filter, mit deren Hilfe das UV
in drei Grundgebiete unterteilt werden kann:
UV-A, 400…315 mμ, mit einem Filter aus
Uviol-Barium-Flintglas; UV-B, 315…280 mμ

[1] RÜTTENAUER, A.: Erfahrungen bei Messungen
mit der Kadmiumzelle. Licht u. Lampe 17 (1928)
840. — Die ultraviolette Strahlung der Glühlampe,
ihre Bedeutung und Messung mittels Kadmiumzelle und Elektrometer. Licht u. Lampe 18
(1929) 267—271. — Techn.-wiss. Abh. Osramkonz. 1 (1930) 69—76.
[2] SEITZ, E. O.: Filter und Filterkombinationen für Strahlungsmessungen mit Photozelle im ultravioletten Spektralgebiet. Strahlentherapie 48 (1933) 578—588. — (Auszug)
Techn.-wiss. Abh. Osramkonz. 4 (1936) 65—68.

(Dorno), mit einem Filter aus Barium-Pyrex-Flintglas; UV-C, < 280 mμ, Filter aus Pyrexquarz. Die Filter sind in Verbindung mit einem Thermoelement zu benutzen und den Staatsinstituten der einzelnen Länder (Deutschland: Institut für Strahlungsforschung, Universität Berlin) als Normen anvertraut.

Durch Auswahl geeigneter Filter kann man die spektrale Ausbeuteverteilung eines Empfängers der Erythemschwellenkurve anpassen. Dies gelingt RÜTTE-NAUER [1] für die Cd-Zelle mit Hilfe eines Uviolglases zwar nicht streng, doch sind damit „richtigere" Dosismessungen gewährleistet als mit der ungefilterten Cd-Zelle. Abb. 1199 zeigt noch die im Dornogebiet ausgezeichnete Übereinstimmung (s. unten) für die Na-Zelle mit folgender Filteranordnung nach E. O. SEITZ [2]:

Schwarzglas (der Sendlinger Optischen Glaswerke) zur Beseitigung des sichtbaren Lichts, allerdings nur unterhalb von 650 mμ, jedoch ist dort die Ausbeute der Na-Zelle Null; ein 5 mm Red-Purple-Corexfilter und eine 14 mm starke Pikrinsäureschicht (Lösung $2 \cdot 10^{-4}$ n). Eine besondere Bedeutung gewinnen diese Anordnungen in Verbindung mit den unter d) zu beschreibenden Meßgeräten.

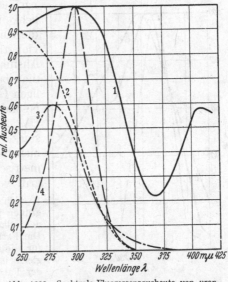

Abb. 1200. Spektrale Fluoreszenzausbeute von uran-, blei- und zinnhaltigem Glas nach A. H. PFUND [4] (vgl. den Text). 1 Uranglas. 2 Bleiglas, 3 Zinnglas, 4 Uranglas mit Bromdampf-Filter.

c) Einfache Dosismesser.

Da UV Fluoreszenz zu erregen vermag, ist hier ein Weg gegeben, mit einfachen visuellen Verfahren der Lichtmessung UV-Dosen zu messen. Nach M. LUCKIESH [3] eignen sich als Empfänger Uran-, Zinn- und Bleiglas, deren spektrale Fluoreszenzausbeute Abb. 1200 zeigt. Von PFUND [4] wurde auf dieser Grundlage ein Leuchtdichtemesser entwickelt, wobei die durch sichtbares Licht hervorgerufene Fluoreszenz des Uranglases mit Hilfe eines Bromdampffilters ausgeschaltet wird (Kurve 4 in Abb. 1200).

Photochemische Umsetzungen sind schon seit langem zur UV-Messung herangezogen worden. Erwähnt seien folgende:

Das *Jodverfahren.* Es stammt (1912) von BERING und H. MEYER und wurde von KELLER verbessert. In einer wäßrigen Jodkalium-Schwefelsäurelösung wird durch die Bestrahlung der entstandene Jodwasserstoff oxydiert, so daß Jod frei wird. Dieses kann dann durch Titration mit Natriumthiosulfat (Indikator: Stärkelösung) bestimmt werden. Eine sehr zweckmäßige Ausführung des Verfahrens in einem Arbeitsgang beschreibt F. BÖDECKER [5]. Mit diesem Verfahren wird hauptsächlich unterhalb von 280 mμ gemessen.

Azetonverfahren. Azeton vermag in wäßriger Lösung durch eine gekoppelte Umsetzung Methylenblau zu bleichen. Wirksam ist dabei eine Strahlung zwischen 200 und 280 (höchstens 325) mμ. Der Bleichvorgang muß kolorimetrisch verfolgt werden. Das von WEBSTER und HILL [6] entwickelte Verfahren ist besonders in England bei klimatologischen Messungen

[1] Vgl. Fußn. 1, S. 1002. [2] Vgl. Fußn. 2, S. 1002.

[3] LUCKIESH, M.: Artificial sunlight (combining radiation for health with light for vision), 191. New York: D. van Nostrand Company (Inc., 250 Fourth Avenue) 1930.

[4] LUCKIESH, M. (Zit. S. 1003, Fußn. 3): S. 205.

[5] BÖDECKER, F.: Beitrag zur Meßmethodik in der Lichttherapie. Strahlentherapie 35 (1930) 549—552.

[6] HILL, L.: Die Messung der biologisch aktiven ultravioletten Strahlen des Sonnenlichts. Strahlentherapie 34 (1929) 117—128.

in Gebrauch. — Friedrich und Bender[1] verwenden ein Azeton-Wassergemisch, das mit einer schweflig-sauren Diamantfuchsinlösung als Indikator versehen wird. Die Messung erfolgt durch kolorimetrischen Vergleich einer bestrahlten mit der unbestrahlten Lösung nach „einer Nacht" Lagerzeit. Das Verfahren ist sehr temperaturempfindlich und hat einen kleinen Meßbereich. Sein Vorzug liegt in der ausgezeichneten Übereinstimmung der Absorptionskurven des Azetons und des Ergosterins (Bildung von Vitamin D). Es ist daher besonders geeignet, verschiedene UV-Strahler in ihrer Brauchbarkeit zur Rachitisbehandlung zu vergleichen.

Das von E. Weyde[2] und W. Frankenburger[3] entwickelte *Dosimeter der I. G. Farben, Oppau*, arbeitet mit dem Leukosulfit des Fuchsins, eines Triphenylmethanfarbstoffs, in schwach schwefligsaurer wäßriger Lösung. Dieses färbt sich bei Bestrahlung mit UV stark rot, die Färbung geht jedoch im Dunkeln nach etwa 15 min wieder zurück. Das Empfindlichkeitsspektrum zeigt Abb. 1201. Darin ist I die Kurve für eine ältere Bauart (mit Kristallviolettleukosulfit), II die Kurve der jetzigen Ausführung, III die Erythemschwellenkurve. Da die Übereinstimmung besonders an der langwelligen Grenze recht gut ist, eignet sich das Gerät besonders für klimatologische Zwecke (Sonnen-UV-Messung). Eine Sonderausführung ist für starke künstliche UV-Strahler bestimmt. Die nicht sehr große Einstellschärfe eines rein kolorimetrischen Farbvergleichs ist durch einen Kunstgriff vermieden:

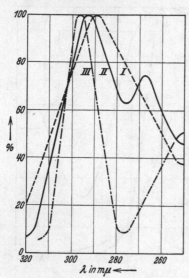

Abb. 1201. Spektrale Empfindlichkeitsverteilung des UV-Dosimeters der I. G. Farben (Erklärung im Text). (Nach R. Sewig: Objektive Photometrie.)

Schaltet man dem röhrenförmigen Geräte einen grünen Farbstufenkeil vor, so läßt sich ein Feld finden, das den eindeutigen Eindruck „grau" erweckt. Die Farbstoffdichte des Meßkeils dient dann als Maß für die Rotfärbung des Fuchsinleukosulfits. Der Abgleich ist von der Farbstimmung des Auges kaum, von der Farbtemperatur der Beleuchtung stark abhängig, so daß durch Zusatzfilter für eine gleichbleibende Beleuchtungsfarbe gesorgt werden muß. Da der Temperaturfehler erheblich ist, muß er durch eine beigegebene Fehlertafel ausgeschaltet werden. Am Gerät ist ein Thermometer angebracht. Das Schrifttum über die Erfahrungen mit diesem Gerät ist sehr zahlreich; eine Reihe von Veröffentlichungen erwähnt Frankenburger[3]. Aus ihnen geht hervor, daß das Gerät bei bioklimatischen und therapeutischen Messungen sich gut bewährt hat.

Zelloidinpapier. L. J. Busse[4] vermißt an den meisten UV-Dosimetern eine Berücksichtigung des kurzwelligen Bereichs um 250 mμ herum, der besonders für die künstlichen Strahler kennzeichnend sei. Er entwarf daher unter bewußter Aufnahme auch der blauen und violetten Strahlen einen UV-Schnellmesser, der von der Quarzlampen-Gesellschaft, Hanau a. M., bezogen werden kann. Als Empfänger dient Zelloidin- (also Auskopier-) Papier, das bis zu einem bestimmten Schwärzungsgrad bestrahlt wird. Zu Vergleichen verschiedener Strahler ist das Gerät nicht bestimmt. Seine Brauchbarkeit in der Therapie hat sich bestätigt, ein Hauptvorzug ist der sehr geringe Preis.

[1] Bender, M.: Über ein neues photochemisches Verfahren zur Messung der Ultraviolettstrahlung. Meteorol. Z. **47** (1930) 285—294.

[2] Weyde, E.: Zit. S. 1000, Fußn. 1.

[3] Frankenburger, W.: Über die neuere Ausgestaltung des UV-Dosimeters. 2. Congr. int. lumière Kopenhagen 1932.

[4] Busse, L. J.: Über Ultraviolettmessungen und Vorschlag eines einfacheren UV-Schnellmessers. Z. physik. Ther. **42** (1932) 29—39.

d) Lichtelektrische Geräte (eigentliche Dosismesser).

Die Verwendung von lichtelektrischen Empfängern bedingt immer eine sorgfältig durchdachte Anordnung des Strommeßkreises. Es sind daher einige Geräte im Handel erschienen oder beschrieben worden, bei denen auf diese Seite besonderer Wert gelegt wurde. Dazu gehören auch zwei Bauarten, die man als eigentliche Dosismesser ansprechen kann, da sie nicht die Bestrahlungsstärke, sondern die Bestrahlung unmittelbar zu messen oder zu zählen gestatten.

Das lichtelektrische *Universalphotometer* nach ELSTER und GEITEL ist von DORNO zu einem Gerät weiterentwickelt worden, das in der Hauptsache zur Messung der Sonnen- und Himmels-(UV)-Strahlung dient. Abb. 1202 zeigt die Ausführung von Günther & Tegetmeyer, Braunschweig. Das Gerät arbeitet mit einer oder zwei Cd-Zellen und Vorsatzfiltern zur Ausblendung bestimmter Spektralbezirke. Gemessen wird mit einem Einfadenelektrometer nach WULF im Entladeverfahren.

Abb. 1202. Lichtelektrisches Universalphotometer nach ELSTER-GEITEL-DORNO von Günther & Tegetmeyer, Braunschweig. (Nach R. SEWIG: Objektive Photometrie.)

Die Brauchbarkeit von *Röhrenverstärkern* in Verbindung mit Photozellen ist von W. W. COBLENTZ und seinen Mitarbeitern mehrfach bewiesen worden. Die letzte dem Verf. bekannte Bauart arbeitet mit Cd-, Na-, Uran- oder Titanzelle und zwei Schirmgitterröhren in Brückenschaltung [1]. Hervorgehoben wird die gute Nullpunktsstabilisierung des Geräts. Die Schrifttumsübersicht weist auf die wichtigsten amerikanischen Arbeiten und einige Geräte hin.

Hanovia Chemical and Manufacturing Co., Newark, N. J., USA., liefert außer einfachen *Geräten mit Photoelement* (Weston Photronic cell), Schwarzglasfilter und Galvanometer auch Bauarten mit hochempfindlichem Fallbügelschreibwerk.

Abb. 1203. Schaltung des Hammerdosimeters der Phys.-techn. Werkstätten, Freiburg i. Br. Nach R. SEWIG: Objektive Photometrie.)

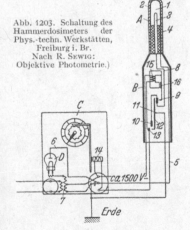

Sobald man Photozellen in einer Lade- oder Entladeschaltung verwendet, ergibt sich die Möglichkeit, durch Einbau von Relais den Vorgang sich regelmäßig wiederholen zu lassen und so ein Zählwerk zu steuern. Davon macht das *Hammerdosimeter* (Abb. 1203) Gebrauch, das ursprünglich mit einer Ionisationskammer zur Röntgendosismessung bestimmt ist, die ohne weiteres durch eine Photozelle ersetzt werden kann. Über diesen „Photowiderstand" werden die Platten des Elektrometers aufgeladen, bis sie einen Kontakt (12, 13) schließen. Der Hilfsstrom betätigt das Zählwerk (14) und das Relais (15). Dadurch werden die Platten entladen, und der Vorgang

---

[1] COBLENTZ, W. W. and R. STAIR: A portable ultraviolet intensity meter. Bur. Stand. J. Res. **12** (1934) 231 237.

wiederholt sich. Das Gerät wird von den Physikalisch-technischen Werkstätten, Freiburg/Br., hergestellt [1].

Ein ähnlicher Grundgedanke führte S. STRAUSS [2] zum Entwurf seines *Mekapions*. Als Relais dient hier ein Dosimeterrohr, dessen Anodenstrom durch das negativ geladene Gitter solange gesperrt ist, bis die Aufladung des Gitterkondensators (Abb. 1204) sich über die Zelle ausgeglichen hat. Der Anodenstrom betätigt dann (praktisch über ein Relais) das Zählwerk und trennt den Primärstrom des Verriegelungstransformators. Der im Sekundärkreis so erzeugte Spannungsstoß läßt das Gitter wieder negativ werden usw. Das Gerät wird vom Laboratorium Strauß, Wien XVII, mit einer großen Zahl von Hilfseinrichtungen für Licht-, UV-, Röntgendosismessung und -registrierung hergestellt. Da kein empfindliches Elektrometer benötigt wird, ist es dem Hammerdosismesser an mechanischer Haltbarkeit überlegen. Seine Brauchbarkeit ist durch mehrere Veröffentlichungen nachgewiesen.

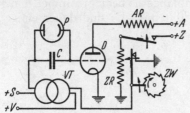

Abb. 1204. Mekapiongrundschaltung. *P* Photozelle, *C* Gitterkondensator, *D* Dosimeterrohr, *AR* Anodenstromrelais, *ZR* Zähl- und Verrieg'ungsstromrelais, *ZW* Zählwerk, *VT* Verrieglungstransformator, +*A* Anodenspannung, +*Z* Zählrelaisspannung, +*S* Saugspannung für Photozelle, +*V* Spannung für den Verrieglungsstrom.

[1] Berichtet nach R. SEWIG: Objektive Photometrie, 48. Berlin: Julius Springer 1935.
[2] STRAUSS, S.: Eine neue Methode der Lichtmessung mittels des Mekapions. Strahlentherapie **28** (1928) 205—210. — Selbsttätige Lichtregistrierungen mit dem Mekapion. Strahlentherapie **40** (1931) 696—700. — Neueres Schrifttum: POLLAK, L. W. u. F. FUCHS: UV-Studien mit dem Licht-Mekapion. Gerlands Beitr. Geophys. **48** (1936) 59—72. — LAUSCHER, FR.: Erfahrungen mit dem Licht-Mekapion. Z. Instrumentenkde. **57** (1937) 215—249.

Tabellen-Anhang.

Verzeichnis der Tabellen.

Optische Lichttechnik.

Beleuchtungstechnik.

Tabelle 1 (A 4). Umrechnungsfaktoren von HK und int. Kerze bei verschiedenen Farbtemperaturen.

Lichtquelle	Farbtemperatur °K	Inter. Kerze / HK
Kohlenfadenlampe	2000	1,11
Wolfram-Vakuum-Lampe	2360	1,145
Gasgefüllte Wolframlampe	2600	1,17

(OTTO REEB.)

Tabelle 2 (A 4). Umrechnungsfaktoren gebräuchlicher Einheiten der Leuchtdichte.

	Stilb	Apostilb	Lambert	Millilambert	Fußlambert
Stilb	1	31416	3,14	3142	2919
Apostilb	0,0000318	1	0,0001	0,1	0,0929
Lambert	0,318	10000	1	1000	929
Millilambert . . .	0,000318	10	0,001	1	0,929
Fußlambert . . .	0,000343	10,764	0,001076	1,0764	1

(OTTO REEB.)

Tabelle 3 (A 4). Umrechnungsfaktoren gebräuchlicher Einheiten der Beleuchtungsstärke.

	Lux	Phot	Milliphot	Foot-Candle
Lux	1	0,0001	0,1	0,0929
Phot	10000	1	1000	929
Milliphot	10	0,001	1	0,929
Foot-Candle	10,764	0,001076	1,0764	1

(OTTO REEB.)

Tabelle 4 (A 4). Spektrale Hellempfindlichkeit $V(\lambda)$ und photometrisches Strahlungsäquivalent $K(\lambda)$.

Wellenlänge λ (in mμ)	Spektrale Hellempfindlichkeit V_λ	Photometrisches Strahlungsäquivalent K_λ	Wellenlänge λ (in mμ)	Spektrale Hellempfindlichkeit V_λ	Photometrisches Strahlungsäquivalent K_λ
400	0,0004	0,278	600	0,631	438
410	0,0012	0,833	610	0,503	349
420	0,0040	2,78	620	0,381	265
430	0,0116	8,06	630	0,265	292
440	0,023	16,0	640	0,175	122
450	0,038	26,4	650	0,107	74,3
460	0,060	41,7	660	0,061	42,4
470	0,091	63,2	670	0,032	22,2
480	0,139	96,5	680	0,017	11,8
490	0,208	144	690	0,0082	5,69
500	0,323	224	700	0,0041	2,85
510	0,503	349	710	0,0021	1,46
520	0,710	493	720	0,00105	0,729
530	0,862	599	730	0,00052	0,361
540	0,954	663	740	0,00025	0,174
550	0,995	691	750	0,00012	0,0833
555	1,000	694	760	0,00006	0,0417
560	0,995	691			
570	0,952	661			
580	0,870	604			
590	0,757	526			

(OTTO REEB.)

Tabelle 5 (A 4). Definitionsgleichungen, Einheiten und Symbole der lichttechnischen Grundgrößen.

Begriff	Bezeichnung	Definitionsgleichung	Einheit
Photometrisch bewertete Strahlungsleistung	Lichtstrom	$\Phi = \dfrac{1}{M} \iiint S_{\varepsilon,\lambda} \cdot V_\lambda \cdot \cos\varepsilon \cdot d\lambda \cdot df \cdot d\omega$	Lumen (lm)
Lichtstrom · Zeit	Lichtmenge (Lichtarbeit)	$Q = \int \Phi \cdot dt$ (vereinfacht: $Q = \Phi \cdot t$)	Lumenstunde (lmh)
Raumwinkel-Lichtstrom-dichte	Lichtstärke	$I = \lim_{r \to \infty} \left(\dfrac{d\Phi}{d\omega}\right)$ $\left(\text{vereinf. } I = \dfrac{\Phi}{\omega}\right)$	Hefnerkerze (HK)
Auf Fläche und Raum-winkel bezogene Licht-stromdichte (photo-metrisch bewertete Strahlungsdichte)	Leucht-dichte	$B = \dfrac{d^2\Phi}{df \cdot \cos\varepsilon \cdot d\omega} = \dfrac{1}{M} \cdot \int S_{\varepsilon,\lambda} \cdot V_\lambda \cdot d\lambda$ (vereinf. $B = I/f \cdot \cos\varepsilon$)	$\begin{cases}\text{Stilb (sb)} = \text{HK/cm}^2 \\ \text{Apostilb(asb)} = \dfrac{1}{\pi \cdot 10^4}\,\text{s}\end{cases}$
Flächen-Lichtstrom-dichte der Einstrahlung	Beleuch-tungsstärke	$E = \dfrac{d\Phi}{dF} = \int B_\varepsilon \cdot \cos i \cdot d\Omega$ (vereinf. $E = \Phi/F = I/r^2$)	$\begin{cases}\text{Lux (lx)} = \text{lm/m}^2 \\ \text{Phot (ph)} = \text{lm/cm}^2\end{cases}$
Flächen-Lichtstrom-dichte der Ausstrahlung	Spezifische Lichtaus-strahlung	$R = \dfrac{d\Phi}{df} = \int B_\varepsilon \cdot \cos\varepsilon \cdot d\omega$ (vereinf. $R = \Phi/f$)	Phot (ph)
Beleuchtungsstärke · Zeit	Belichtung	$L = \int E \cdot dt$ (vereinf. $L = E \cdot t$)	Luxsekunde (lxs)

Hierin bedeuten:

M ein durch die willkürliche Festlegung der lichttechnischen Maßeinheit bestimmter Proportionalitätsfaktor (mechanisches Lichtäquivalent).

$S_{\varepsilon,\lambda}$ physikalische Strahlungsdichte im Wellenlängenbereich $\lambda \ldots \lambda + d\lambda$ unter dem Ausstrahlungswinkel ε gegen die Flächennormale.

V_λ empirisch ermittelte relative spektrale Hellempfindlichkeit des helladaptierten menschlichen Auges.

ε Ausstrahlungswinkel, gegen die Flächennormale gerechnet.
df leuchtendes Flächenelement.
$d\omega$ durchstrahltes Raumwinkelelement der Ausstrahlung.
λ Wellenlänge der Strahlung.
t Strahlungszeit.
r Abstand der beleuchteten Meßebene von der Lichtquelle.
dF beleuchtetes Flächenelement.
$d\Omega$ durchstrahltes Raumwinkelelement der Einstrahlung.
i Einstrahlungswinkel, gegen Flächennormale gerechnet.

(Otto Reeb.)

Tabelle 6 (B 1). Verteilung von Sonnenschein, Dämmerung und Finsternis auf der Erde.

Breite	Sonne	Dämmerung [1]	Finsternis	Breite	Sonne	Dämmerung	Finsternis
Sommersolstitium				Wintersolstitium			
30°	14 h 6 min	3 h 10 min	6 h 44 min	30°	10 h 14 min	2 h 48 min	10 h 58 min
60°	18 h 54 min	5 h 6 min	—	60°	5 h 54 min	5 h 30 min	12 h 36 min
Äquinoktium							
30°	12 h 8 min	2 h 40 min	9 h 12 min				
60°	12 h 14 min	4 h 56 min	6 h 50 min				

(Ellen Lax.)

---

[1] Dämmerung ist astronomisch verstanden, bis die Sonne 18° unter dem Horizont gesunken ist. Aus Naturwiss. **20** (1932) 23. (Daselbst weitere Literaturangaben.)

Tabelle 7 (B 1). Täglicher Gang der Helligkeit in Potsdam nach Angaben der Sternwarte Potsdam vom 3. Mai 1926.

Beleuchtung der horizontalen Fläche in Lux im Frühsommer (1. Juli).

Sonnenhöhe	0	5°	10°	30°	50°	61°	50°	30°	10°
Zeit	3^{43}	4^{29}	5^{06}	7^{22}	9^{39}	0^{03}	14^{27}	16^{45}	19^{01}
Sonne . . .	0	1400	8100	46500	74200	85000	69600	37000	5600
Himmel . .	2800	4000	5200	8000	9400	9800	10300	9500	5200
Gesamt . .	2800	5400	13300	54500	83600	94800	79900	46500	10800

(ELLEN LAX.)

Tabelle 8 (B 1). Mittlere Farbtemperatur des Tageslichtes für verschiedene Tages- und Jahreszeiten und für verschiedene Bewölkung. (Licht, das auf eine horizontale Ebene fällt.)

	April und Mai °K	Juni und Juli °K	Sept. und Okt. °K	Nov., Dez. und Februar °K
Direktes Sonnenlicht allein, 9...15 h . .	5800	5800	5450	5500
Direktes Sonnenlicht, vor 9 und nach 15 h	5400	5600	4900	5000
Sonnenlicht und Licht vom klaren Himmel zwischen 9 und 15 h	6500	6500	6100	6200
Vor 9 und nach 15 h	6100	6200	5900	5700
Sonnenlicht und Licht von nebligem oder mit leichten Wolken bedecktem Himmel	5900	5800	5900	5700
Sonnenlicht und Licht vom Himmel, der 25...75% mit Wolken bedeckt ist .	6450	6700	6250	—
Vollständig wolkenbedeckter Himmel . .	6700	6950	6750	—
Licht von nebligem oder rauchigem Himmel	7500	8510	8400	7700
Licht von klarem, blauem Himmel zwischen 9 und 15 h	26000	14000	12000	12000
Vor 9 und nach 15 h	27000	—	—	12000

Aus TAYLOR: The Colour of Daylight. Trans. Inst. Engr. Shipbuild. Scot. 25 (1930) 156, Nr. 2.

(ELLEN LAX.)

Tabelle 9 (B 1). Frauenhofersche Linien im Sonnenspektrum[1].

Bezeichnung	Wellenlänge mμ	Absorbierendes Element	Bezeichnung	Wellenlänge mμ	Absorbierendes Element
M	372,0084	Fe	H	434,0634	H
L	382,0586	Fe—C	F	486,1527	H
K	393,3825	Ca	E	526,9723	Fe
H	396,8625	Ca	D	589,0186	Na
H	397,0177	H	D	589,6155	Na
H	410,2000	H	C	656,3045	H
G	430,8081	Fe	B	686,7457	A

Starke Banden terrestrischen Ursprungs im nahen Ultrarot bei 760; 920; 1100; 1400; 1800; 2600; 4400 mμ; im Ultraviolett fängt die Ozonabsorption bei 340 mμ an; jenseits 290 mμ praktisch vollständige Absorption.

(ELLEN LAX.)

---

[1] Für weitere Linien s. LANDOLT-BÖRNSTEIN: Physikalisch-chemische Tabellen, Bd. 2, 817—822. Berlin 1923.

Tabelle 10 (B2). Daten der hauptsächlichsten Lichtquellentypen.

Art der Lichtanregung	Lampenart		Farbe	Lichtstrom Hlm	Lichtausbeute Hlm/W*	Leuchtdichte Stilb
Reine Temperaturstrahlung fester Körper	Gasglühlicht bei Gas mit 4200 cal Heizwert		gelblich	214...864	1,26	6
	Glühlampen	Kohlefaden	rötlich	50...500	3,3	71
	Wolframwendeldrahtlampen	luftleer	gelbweiß	70...720	7...12	145...318
		gasgefüllt	gelbweiß	400...1000000	6,7...32	565...3600
Gleichzeitige Temp.-Strahlung eines festen Körpers u.Gasstrahlg. Anteil der Temperaturstrahlung	groß	Wolframbogen	gelbweiß	400...10000	bis 30	2000...3000
		Kohlebogen		5000...18850	7...30	18000
	klein	Beckbogen	weiß	max 600000	10...30	126000
		Solarca (Sunlight)		—	wesentlich U.-V.	—
Reine Gasstrahlung. Strahlung der positiven Säule	Niederdruck Hochspannung	Ne	rot	250 (pro m)	3...6	0,05...0,1
		CO_2	tageslichtähnlich	200...400 (pro m)	1...3	0,05...0,1
	Niederdruck Netzspannung	Ne	rot	je nach Größe	10...15	1...2
		Hg	bläulichweiß	je nach Größe	10...19	1...2
		Na	gelb	3000...6000	40...50	14
	Niederdruck	Hg und Ne mit Leuchtstoffen	farbig oder weiß	je nach Größe	25...100	0,5...3
	Hochdruck	Hg	grünlichweiß	10000...500000	36...50	180
	Höchstdruck	Hg-Kapillarlampe 110 at	weiß	43600	76	20000...40000
		Hg-Kugellampe 45 at		$3000...6000\ HK_\perp$	$6...9\ HK_L/W$	30000...60000
	negatives Glimmlicht	Ne	rötlich	1,5	0,5	0,02...0,03

(ELLEN LAX u. ROBERT ROMPE.)

Tabelle 11 (B2). Leuchtdichte B des schwarzen Körpers in Abhängigkeit von der Temperatur**

T in ° abs.	B in H-sb	T in ° abs.	B in H-sb	T in ° abs.	B in H-sb	T in ° abs.	B in H-sb	T in ° abs.	B in H-sb	T in ° abs.	B in H-sb
1550	1,413	1800	12,58	2000	49,45	2200	152,1	2400	390,4	2650	1044
1600	2,305	1828[1]	15,56	2046,6[2]	65,39	2239[3]	185,4	2450	482,7	2700	1244
1650	3,657	1850	18,18	2050	66,70	2250	195,5	2500	592,9	2727[4]	1362
1700	5,651	1900	25,80	2100	88,90	2300	248,5	2550	720,2	2728	1366
1750	8,524	1950	35,98	2150	117,0	2350	313,0	2600	869,9		

(ELLEN LAX u. ROBERT ROMPE.)

* Einschließlich Zusatzgerät.
** Nach H.T. WENZEL, W.F. ROESNER, L.E. BARROW u. F.R. CALDWELL: J. Bur. Stand. 13 (1934) 161, umgerechnet auf H-sb durch Multiplikation der Werte mit 1,11. -- [1]...[4] Schmelzpunkte: [1] Pd, [2] Pt, [3] Rh, [4] Ir.

Tabelle 12a (B 2). Werte von $E_{\lambda T}$ nach dem Wien-Planckschen Gesetz.

$$E_{\lambda T} = \frac{2\,c_1}{\lambda^5} \cdot \frac{1}{e^{c_2/\lambda T} - 1} \quad . \quad c_1 = 5{,}88 \cdot 10^{-13}\ \mathrm{W \cdot cm^2}. \quad c_2 = 1{,}432\ \mathrm{cm \cdot Grad}.$$

Wellenlänge λ in mμ	Temperatur T in absoluter Zählung				
	1000°	1500°	2000°	2500°	3000°
200	$2{,}952 \cdot 10^{-20}$	$6{,}843 \cdot 10^{-10}$	$1{,}042 \cdot 10^{-4}$	$1{,}341 \cdot 10^{-1}$	$1{,}586 \cdot 10^{1}$
250	$1{,}602 \cdot 10^{-14}$	$3{,}139 \cdot 10^{-6}$	$4{,}394 \cdot 10^{-2}$	$1{,}350 \cdot 10^{1}$	$6{,}150 \cdot 10^{2}$
300	$9{,}012 \cdot 10^{-11}$	$7{,}327 \cdot 10^{-4}$	$2{,}089$	$2{,}472 \cdot 10^{2}$	$5{,}957 \cdot 10^{3}$
350	$3{,}815 \cdot 10^{-8}$	$3{,}196 \cdot 10^{-2}$	$2{,}924 \cdot 10^{1}$	$1{,}749 \cdot 10^{3}$	$2{,}676 \cdot 10^{4}$
400	$3{,}256 \cdot 10^{-6}$	$4{,}958 \cdot 10^{-1}$	$1{,}934 \cdot 10^{2}$	$6{,}939 \cdot 10^{3}$	$7{,}548 \cdot 10^{4}$
450	$9{,}648 \cdot 10^{-5}$	$3{,}901$	$7{,}844 \cdot 10^{2}$	$1{,}890 \cdot 10^{4}$	$1{,}577 \cdot 10^{5}$
500	$1{,}373 \cdot 10^{-3}$	$1{,}922 \cdot 10^{1}$	$2{,}274 \cdot 10^{3}$	$3{,}987 \cdot 10^{4}$	$2{,}691 \cdot 10^{5}$
550	$1{,}152 \cdot 10^{-2}$	$6{,}770 \cdot 10^{1}$	$5{,}190 \cdot 10^{3}$	$7{,}014 \cdot 10^{4}$	$3{,}980 \cdot 10^{5}$
600	$6{,}528 \cdot 10^{-2}$	$1{,}861 \cdot 10^{2}$	$9{,}940 \cdot 10^{3}$	$1{,}081 \cdot 10^{5}$	$5{,}310 \cdot 10^{5}$
650	$2{,}744 \cdot 10^{-1}$	$4{,}242 \cdot 10^{2}$	$1{,}668 \cdot 10^{4}$	$1{,}510 \cdot 10^{5}$	$6{,}564 \cdot 10^{5}$
700	$9{,}137 \cdot 10^{-1}$	$8{,}362 \cdot 10^{2}$	$2{,}530 \cdot 10^{4}$	$1{,}957 \cdot 10^{5}$	$7{,}660 \cdot 10^{5}$
750	$2{,}531$	$1{,}470 \cdot 10^{3}$	$3{,}543 \cdot 10^{4}$	$2{,}392 \cdot 10^{5}$	$8{,}553 \cdot 10^{5}$
1000	$7{,}106 \cdot 10^{1}$	$8{,}408 \cdot 10^{3}$	$9{,}152 \cdot 10^{4}$	$3{,}841 \cdot 10^{5}$	$1{,}003 \cdot 10^{6}$
1500	$1{,}107 \cdot 10^{3}$	$2{,}673 \cdot 10^{4}$	$1{,}321 \cdot 10^{5}$	$3{,}479 \cdot 10^{5}$	$6{,}709 \cdot 10^{5}$
2000	$2{,}860 \cdot 10^{3}$	$3{,}135 \cdot 10^{4}$	$1{,}055 \cdot 10^{5}$	$2{,}225 \cdot 10^{5}$	$3{,}723 \cdot 10^{5}$
3000	$4{,}128 \cdot 10^{3}$	$2{,}097 \cdot 10^{4}$	$4{,}903 \cdot 10^{4}$	$8{,}425 \cdot 10^{4}$	$1{,}239 \cdot 10^{5}$
4000	$3{,}296 \cdot 10^{3}$	$1{,}164 \cdot 10^{4}$	$2{,}303 \cdot 10^{4}$	$3{,}606 \cdot 10^{4}$	$5{,}001 \cdot 10^{4}$
5000	$2{,}278 \cdot 10^{3}$	$6{,}551 \cdot 10^{3}$	$1{,}182 \cdot 10^{4}$	$1{,}756 \cdot 10^{4}$	$2{,}357 \cdot 10^{4}$
10000	$3{,}693 \cdot 10^{2}$	$7{,}365 \cdot 10^{2}$	$1{,}125 \cdot 10^{3}$	$1{,}522 \cdot 10^{3}$	$1{,}924 \cdot 10^{3}$

Werte von λ_{max} siehe Tabelle 12b.

(ELLEN LAX u. ROBERT ROMPE.)

Tabelle 12b (B 2). Werte von $E_{\lambda T}$ nach dem Wien-Planckschen Gesetz.

$$E_{\lambda T} = \frac{2\,c_1}{\lambda^5} \cdot \frac{1}{e^{c_2/\lambda T} - 1} \quad . \quad c_1 = 5{,}88 \cdot 10^{-13}\ \mathrm{W \cdot cm^2}. \quad c_2 = 1{,}432\ \mathrm{cm \cdot Grad}.$$

Wellenlänge λ in mμ	Temperatur T in absoluter Zählung				
	3500°	4000°	6000°	8000°	10000°
200	$4{,}799 \cdot 10^{2}$	$6{,}190 \cdot 10^{3}$	$2{,}415 \cdot 10^{6}$	$4{,}772 \cdot 10^{7}$	$2{,}860 \cdot 10^{8}$
250	$9{,}408 \cdot 10^{3}$	$7{,}277 \cdot 10^{4}$	$8{,}610 \cdot 10^{6}$	$9{,}372 \cdot 10^{7}$	$3{,}934 \cdot 10^{8}$
300	$5{,}783 \cdot 10^{4}$	$3{,}181 \cdot 10^{5}$	$1{,}699 \cdot 10^{7}$	$1{,}244 \cdot 10^{8}$	$4{,}128 \cdot 10^{8}$
350	$1{,}878 \cdot 10^{5}$	$8{,}095 \cdot 10^{5}$	$2{,}451 \cdot 10^{7}$	$1{,}355 \cdot 10^{8}$	$3{,}809 \cdot 10^{8}$
400	$4{,}152 \cdot 10^{5}$	$1{,}491 \cdot 10^{6}$	$2{,}953 \cdot 10^{7}$	$1{,}324 \cdot 10^{8}$	$3{,}296 \cdot 10^{8}$
450	$7{,}179 \cdot 10^{5}$	$2{,}237 \cdot 10^{6}$	$3{,}188 \cdot 10^{7}$	$1{,}217 \cdot 10^{8}$	$2{,}761 \cdot 10^{8}$
500	$1{,}053 \cdot 10^{6}$	$2{,}929 \cdot 10^{6}$	$3{,}210 \cdot 10^{7}$	$1{,}080 \cdot 10^{8}$	$2{,}278 \cdot 10^{8}$
550	$1{,}376 \cdot 10^{6}$	$3{,}489 \cdot 10^{6}$	$3{,}091 \cdot 10^{7}$	$9{,}388 \cdot 10^{7}$	$1{,}869 \cdot 10^{8}$
600	$1{,}656 \cdot 10^{6}$	$3{,}889 \cdot 10^{6}$	$2{,}888 \cdot 10^{7}$	$8{,}070 \cdot 10^{7}$	$1{,}532 \cdot 10^{8}$
650	$1{,}876 \cdot 10^{6}$	$4{,}130 \cdot 10^{6}$	$2{,}647 \cdot 10^{7}$	$6{,}898 \cdot 10^{7}$	$1{,}260 \cdot 10^{8}$
700	$2{,}033 \cdot 10^{6}$	$4{,}234 \cdot 10^{6}$	$2{,}394 \cdot 10^{7}$	$5{,}885 \cdot 10^{7}$	$1{,}040 \cdot 10^{8}$
750	$2{,}129 \cdot 10^{6}$	$4{,}227 \cdot 10^{6}$	$2{,}147 \cdot 10^{7}$	$5{,}021 \cdot 10^{7}$	$8{,}627 \cdot 10^{7}$
1000	$2{,}001 \cdot 10^{6}$	$3{,}375 \cdot 10^{6}$	$1{,}190 \cdot 10^{7}$	$2{,}359 \cdot 10^{7}$	$3{,}693 \cdot 10^{7}$
1500	$1{,}084 \cdot 10^{6}$	$1{,}569 \cdot 10^{6}$	$3{,}955 \cdot 10^{6}$	$6{,}744 \cdot 10^{6}$	$9{,}699 \cdot 10^{6}$
2000	$5{,}461 \cdot 10^{5}$	$7{,}371 \cdot 10^{5}$	$1{,}600 \cdot 10^{6}$	$2{,}541 \cdot 10^{6}$	$3{,}515 \cdot 10^{6}$
3000	$1{,}664 \cdot 10^{5}$	$2{,}107 \cdot 10^{5}$	$3{,}984 \cdot 10^{5}$	$5{,}935 \cdot 10^{5}$	$7{,}916 \cdot 10^{5}$
4000	$6{,}453 \cdot 10^{4}$	$7{,}941 \cdot 10^{4}$	$1{,}408 \cdot 10^{5}$	$2{,}036 \cdot 10^{5}$	$2{,}670 \cdot 10^{5}$
5000	$2{,}973 \cdot 10^{4}$	$3{,}510 \cdot 10^{4}$	$6{,}156 \cdot 10^{4}$	$8{,}749 \cdot 10^{4}$	$1{,}136 \cdot 10^{5}$
10000	$2{,}328 \cdot 10^{3}$	$2{,}734 \cdot 10^{3}$	$4{,}366 \cdot 10^{3}$	$6{,}004 \cdot 10^{3}$	$7{,}644 \cdot 10^{3}$

λ_{max}:

1. 1000°: $\lambda_{max} = 2880$ mμ		6. 3500°: $\lambda_{max} = 824$ mμ
2. 1500°: „ $= 1923$ mμ		7. 4000°: „ $= 721$ mμ
3. 2000°: „ $= 1440$ mμ		8. 6000°: „ $= 480{,}7$ mμ
4. 2500°: „ $= 1154$ mμ		9. 8000°: „ $= 360{,}5$ mμ
5. 3000°: „ $= 961$ mμ		10. 10000°: „ $= 288{,}4$ mμ

(ELLEN LAX u. ROBERT ROMPE.)

Tabelle 13 (B 2). Werte von $E_{\lambda T}$ nach dem Wien-Planckschen Gesetz.

$$E_{\lambda T} = \frac{2\,c_1}{\lambda^5} \cdot \frac{1}{e^{c_2/\lambda T} - 1}, \quad \text{für } \lambda = 400\ldots700\text{ m}\mu, \quad c_1 = 5{,}88 \cdot 10^{-13}\,\text{W} \cdot \text{cm}^2,$$

$$c_2 = 1{,}432\text{ cm} \cdot \text{Grad}$$

Wellenlänge λ in mμ	Temperatur T in absoluter Zählung				
	1000°	1500°	2000°	2500°	3000°
400	$3{,}256 \cdot 10^{-6}$	$4{,}958 \cdot 10^{-1}$	$1{,}934 \cdot 10^{2}$	$6{,}939 \cdot 10^{3}$	$7{,}548 \cdot 10^{4}$
410	$6{,}893 \cdot 10^{-6}$	$7{,}841 \cdot 10^{-1}$	$2{,}646 \cdot 10^{2}$	$8{,}698 \cdot 10^{3}$	$8{,}926 \cdot 10^{4}$
420	$1{,}404 \cdot 10^{-5}$	$1{,}210$	$3{,}555 \cdot 10^{2}$	$1{,}075 \cdot 10^{4}$	$1{,}044 \cdot 10^{5}$
430	$2{,}758 \cdot 10^{-5}$	$1{,}826$	$4{,}699 \cdot 10^{2}$	$1{,}313 \cdot 10^{4}$	$1{,}209 \cdot 10^{5}$
440	$5{,}238 \cdot 10^{-5}$	$2{,}695$	$6{,}116 \cdot 10^{2}$	$1{,}584 \cdot 10^{4}$	$1{,}387 \cdot 10^{5}$
450	$9{,}648 \cdot 10^{-5}$	$3{,}901$	$7{,}844 \cdot 10^{2}$	$1{,}890 \cdot 10^{4}$	$1{,}577 \cdot 10^{5}$
460	$1{,}727 \cdot 10^{-4}$	$5{,}543$	$9{,}933 \cdot 10^{2}$	$2{,}234 \cdot 10^{4}$	$1{,}780 \cdot 10^{5}$
470	$3{,}007 \cdot 10^{-4}$	$7{,}742$	$1{,}242 \cdot 10^{3}$	$2{,}620 \cdot 10^{4}$	$1{,}993 \cdot 10^{5}$
480	$5{,}107 \cdot 10^{-4}$	$1{,}064 \cdot 10^{1}$	$1{,}536 \cdot 10^{3}$	$3{,}033 \cdot 10^{4}$	$2{,}217 \cdot 10^{5}$
490	$8{,}462 \cdot 10^{-4}$	$1{,}439 \cdot 10^{1}$	$1{,}878 \cdot 10^{3}$	$3{,}491 \cdot 10^{4}$	$2{,}449 \cdot 10^{5}$
500	$1{,}373 \cdot 10^{-3}$	$1{,}922 \cdot 10^{1}$	$2{,}274 \cdot 10^{3}$	$3{,}987 \cdot 10^{4}$	$2{,}691 \cdot 10^{5}$
510	$2{,}180 \cdot 10^{-3}$	$2{,}531 \cdot 10^{1}$	$2{,}727 \cdot 10^{3}$	$4{,}521 \cdot 10^{4}$	$2{,}939 \cdot 10^{5}$
520	$3{,}395 \cdot 10^{-3}$	$3{,}292 \cdot 10^{1}$	$3{,}243 \cdot 10^{3}$	$5{,}091 \cdot 10^{4}$	$3{,}193 \cdot 10^{5}$
530	$5{,}190 \cdot 10^{-3}$	$4{,}231 \cdot 10^{1}$	$3{,}822 \cdot 10^{3}$	$5{,}698 \cdot 10^{4}$	$3{,}451 \cdot 10^{5}$
540	$7{,}797 \cdot 10^{-3}$	$5{,}382 \cdot 10^{1}$	$4{,}470 \cdot 10^{3}$	$6{,}340 \cdot 10^{4}$	$3{,}714 \cdot 10^{5}$
550	$1{,}152 \cdot 10^{-2}$	$6{,}771 \cdot 10^{1}$	$5{,}191 \cdot 10^{3}$	$7{,}014 \cdot 10^{4}$	$3{,}980 \cdot 10^{5}$
560	$1{,}676 \cdot 10^{-2}$	$8{,}436 \cdot 10^{1}$	$5{,}985 \cdot 10^{3}$	$7{,}719 \cdot 10^{4}$	$4{,}247 \cdot 10^{5}$
570	$2{,}402 \cdot 10^{-2}$	$1{,}041 \cdot 10^{2}$	$6{,}855 \cdot 10^{3}$	$8{,}454 \cdot 10^{4}$	$4{,}514 \cdot 10^{5}$
580	$3{,}396 \cdot 10^{-2}$	$1{,}274 \cdot 10^{2}$	$7{,}805 \cdot 10^{3}$	$9{,}236 \cdot 10^{4}$	$4{,}781 \cdot 10^{5}$
590	$4{,}739 \cdot 10^{-2}$	$1{,}546 \cdot 10^{2}$	$8{,}833 \cdot 10^{3}$	$1{,}000 \cdot 10^{5}$	$5{,}047 \cdot 10^{5}$
600	$6{,}529 \cdot 10^{-2}$	$1{,}861 \cdot 10^{2}$	$9{,}940 \cdot 10^{3}$	$1{,}081 \cdot 10^{5}$	$5{,}310 \cdot 10^{5}$
610	$8{,}891 \cdot 10^{-2}$	$2{,}225 \cdot 10^{2}$	$1{,}113 \cdot 10^{4}$	$1{,}164 \cdot 10^{5}$	$5{,}570 \cdot 10^{5}$
620	$1{,}196 \cdot 10^{-1}$	$2{,}640 \cdot 10^{2}$	$1{,}240 \cdot 10^{4}$	$1{,}249 \cdot 10^{5}$	$5{,}826 \cdot 10^{5}$
630	$1{,}594 \cdot 10^{-1}$	$3{,}111 \cdot 10^{2}$	$1{,}375 \cdot 10^{4}$	$1{,}334 \cdot 10^{5}$	$6{,}078 \cdot 10^{5}$
640	$2{,}101 \cdot 10^{-1}$	$3{,}644 \cdot 10^{2}$	$1{,}518 \cdot 10^{4}$	$1{,}422 \cdot 10^{5}$	$6{,}323 \cdot 10^{5}$
650	$2{,}744 \cdot 10^{-1}$	$4{,}242 \cdot 10^{2}$	$1{,}669 \cdot 10^{4}$	$1{,}510 \cdot 10^{5}$	$6{,}564 \cdot 10^{5}$
660	$3{,}549 \cdot 10^{-1}$	$4{,}910 \cdot 10^{2}$	$1{,}826 \cdot 10^{4}$	$1{,}599 \cdot 10^{5}$	$6{,}798 \cdot 10^{5}$
670	$4{,}551 \cdot 10^{-1}$	$5{,}652 \cdot 10^{2}$	$1{,}992 \cdot 10^{4}$	$1{,}689 \cdot 10^{5}$	$7{,}034 \cdot 10^{5}$
680	$5{,}787 \cdot 10^{-1}$	$6{,}473 \cdot 10^{2}$	$2{,}164 \cdot 10^{4}$	$1{,}778 \cdot 10^{5}$	$7{,}244 \cdot 10^{5}$
690	$7{,}230 \cdot 10^{-1}$	$7{,}373 \cdot 10^{2}$	$2{,}344 \cdot 10^{4}$	$1{,}867 \cdot 10^{5}$	$7{,}456 \cdot 10^{5}$
700	$9{,}137 \cdot 10^{-1}$	$8{,}362 \cdot 10^{2}$	$2{,}530 \cdot 10^{4}$	$1{,}957 \cdot 10^{5}$	$7{,}660 \cdot 10^{5}$
710	$1{,}135$	$9{,}438 \cdot 10^{2}$	$2{,}721 \cdot 10^{4}$	$2{,}046 \cdot 10^{5}$	$7{,}856 \cdot 10^{5}$
720	$1{,}401$	$1{,}061 \cdot 10^{3}$	$2{,}920 \cdot 10^{4}$	$2{,}134 \cdot 10^{5}$	$8{,}044 \cdot 10^{5}$

(ELLEN LAX u. ROBERT ROMPE.)

Tabelle 14 (B 4). Schmelzpunkte hochschmelzender Stoffe in ° C.

Molybdän	2600°	Wolframkarbid	2860°	Tantalnitrid	3090°
Tantal	3027	Wolframborid	2930	Titankarbid	3140
Rhenium	3170	Titannitrid	2950	Hafniumnitrid	3310
Wolfram	3350	Zirkonnitrid	2990	Niobkarbid	3500
Kohle	etwa 4000	Zirkonborid	3000	Tantalkarbid	3880
Molybdänkarbid	2690	Hafniumborid	3070	Hafniumkarbid	3890

(ELLEN LAX.)

Tabelle 15 (B 4)[1]. Lichtstrom und Lichtausbeute von Glühlampen für 220 V.

Bezeichnung	Leistungs-aufnahme N in W	Mittelwerte für			
		Lichtstrom		Lichtausbeute	
		Hlm	int. Lm	Hlm/W	int. Lm/W
	15	135	115	9	7,7
	25	240	210	9,6	8,4
Einheits-Reihe	40	400	340	10	8,5
	60	690	590	11,5	9,8
	75	940	800	12,5	10,7
	100	1380	1180	13,8	11,8

[1] Die Werte entstammen den Listen 1 (Febr. 37) und 58 (Dez. 36) der Osram K. G. Berlin.

Tabelle 15 (B 4). (Fortsetzung.)

Bezeichnung	Leistungsaufnahme N in W	Mittelwerte für			
		Lichtstrom		Lichtausbeute	
		Hlm	int. Lm	Hlm/W	int. Lm/W
D¹	40	480	410	12,0	10,3
	60	805	690	13,4	11,5
	75	1060	905	14,15	12,1
	100	1510	1290	15,1	12,9
K²	40	525	450	13,1	11,3
	150	2280	1950	15,2	13,0
	200	3220	2750	16,1	13,8
	300	5250	4500	17,5	15,0
Nitra	500	9500	8100	19,0	16,2
	750	15300	13000	20,4	17,3
	1000	21000	18000	21,0	18,0
	1500	34000	29000	22,7	19,3
	2000	41600	35500	20,8	17,8

(Ellen Lax.)

Tabelle 16 (B 8). Abmessungen, elektrische und nichtelektrische Kennzahlen der in Deutschland hergestellten Quecksilberhochdrucklampen für Wechselstrom. Netzspannung 220 V.

Muster	Leistungsaufnahme des Brenners	Leistungsaufnahme einschließlich Drosselverl.	Stromstärke	Brennspannung	Lichtstrom	Maximale Leuchtdichte	Elektrodenabstand	Gradient	Gesamtlänge	Durchmesser des Außenkolbens	Außenkolben: K: Kugelkolben, R: Röhrenkolben
	W	W	A	V	Hlm	sb	mm	V/cm	mm	mm	
								rd.			
HgQ 300	75	83	0,75	125	3300	50³	22	50	145	80	K
HgH 300	90	100	0,93	110	3300	----	40	25	180	90	K
HgH 300	90	100	0,93	110	3300	—	40	25	160	40	R
HgQ 500	120	130	1,1	125	5500	50³	30	35	165	90	K
HgH 500	140	150	1,2	130	5500	----	70	16	233	130	K
HgH 500	140	150	1,2	130	5500	----	70	16	212	40	R
HgH 1000	265	280	2,2	130	11000	200	110	10	285	46	R
HgH 2000	450	475	3,7	130	22000	230	150	7,5	325	50	R
HgH 5000	1000	1050	8,0	135	55000	330	190	6,3	360	43	R

(Hermann Krefft, Kurt Larché, Martin Reger.)

Tabelle 17 (B 8). Die im Jahre 1937 auf dem Markt befindlichen Quecksilber-Hochdrucklampen für Beleuchtungszwecke[4].

Herstellungsland	Muster	Leistungsaufnahme am Rohr (W)	Leistungsaufnahme mit Vorschaltgerät (W)	Lichtstrom (Hlm)	Lichtausbeute (Hlm/W)	Betriebsspannung (V)	Bemerkung
1 Deutschland	HgH 300	90	100	3300	33	220	(s. Abb. 208b)
1a Deutschland	HgQ 300	75	83	3300	40	220	mit Quarzentladungsrohr (s. Abb. 208a)

[1] Doppelwendellampen.
[2] Lampen mit Kryptonfüllung.
[3] Außenkolben innenmattiert.
[4] Aus K. Larché u. M. Reger: Technischer Stand der Metalldampflampen für Allgemeinbeleuchtung. Elektrotechn. Z. **58** (1937) 761.

Tabelle 17 (B 8). (Fortsetzung.)

Herstellungsland	Muster	Leistungsaufnahme am Rohr W	mit Vorschaltgerät W	Lichtstrom Hlm	Lichtausbeute Hlm/W	Betriebsspannung V	Bemerkung
2 Deutschland .	HgH 500	140	150	5 500	37	220	(s. Abb. 208 a)
2a Deutschland .	Hg Q 500	120	130	5 500	42	220	mit Quarzentladungsrohr (s. Abb. 208 b)
3 Deutschland .	HgH 1000	265	280	11 000	39	220	(s. Abb. 208 c)
4 Deutschland .	HgH 2000	450	475	22 000	46	220	(s. Abb. 208 d)
5 Deutschland .	HgH 5000	1000	1050	55 000 int. lm	52 int. lm/W	220	ohne Außenkolben
6 England . . .	80 HP	80	90	3 000	33	220	mit Quarzentladungsrohr
7 England . . .	150 H	150	165	4 800	29	220	
7a England . . .	125 HP	125	135	5 000	37	220	mit Quarzentladungsrohr
8 England . . .	250 H	250	270	9 000	33	220	
8a England . . .	250 H	250	270	8 000	30	110[1]	
9 England . . .	400 H	400	425	18 000	42	220	
9a England . . .	400 H	400	425	16 000	38	110[1]	
10 England . . .	650 H	650	680	32 500	48	220	
11 England . . .	400 W	400	425	14 800	35	220	mit Cd-Zusatz
12 England . . .	„Dual"	500	500	12 500	25	220	mit Glühwendel (s. Abb. 211)
13...21 Holland .	HO	wie unter 2...4, 6...8, 9					
22 Holland . .	HP	75	90	3 000	33	410	mit Quarzentladungsrohr
22a Holland . .	HP	75	84	3 000	36	220	mit Quarzentladungsrohr
23 V.S. Amerika		85	100	2975	30	410	mit Quarzentladungsrohr
24 V.S. Amerika	H—2	250	280	7 500	27	220	ohne Außenkolben
25 V.S. Amerika	H—1	400	425	16 000	38	220	
26 V.S. Amerika	H—1	400	425	16 000	38	110[1]	

(HERMANN KREFFT, KURT LARCHÉ, MARTIM REGER.)

Tabelle 18 (B 11). Eigenschaften von Leuchtgasen.

	Steinkohlengas	Mischgas		Steinkohlengas	Mischgas
Wasserstoff H in Vol.-% . .	49	50	Kohlenoxyd CO	8	18
Methan CH_4 in Vol.-% . . .	34	19	Kohlensäure CO_2	2	5
Schwere Kohlenwasserstoffe			Stickstoff N	3	6
C_2H_4 in Vol.-%	3	2	Heizwert für 1 m³ in WE .	5160	3870
C_6H_6 in Vol.-%	1		Spezifisches Gewicht	0,4	0,5

(ERNST ALBERTS.)

---

[1] Für die in England und in den V.S. Amerika noch sehr verbreitete 110-V-Netzspannung werden in diesen Ländern Quecksilber-Hochdrucklampen für 110 V hergestellt, um den für die üblichen 220-V-Lampen sonst benötigten Streufeld-Umspanner zu vermeiden. Bei den englischen Lampen werden zur Einleitung der Zündung die Elektroden durch Stromdurchgang bei kurzgeschlossenem Entladungsrohr eine kurze Zeit aufgeheizt und dann der Kurzschluß durch Öffnen des als Bimetallschalter ausgebildeten Kurzschlußschalters aufgehoben.

Tabelle 19 (C 4).　Energieverteilung im Spektrum der drei Normalbeleuchtungen und der Strahlung der Farbtemperatur 2360° K.

λ mμ	E_A	E_B	E_C	E_{2360}	λ mμ	E_A	E_B	E_C	E_{2360}
380	9,79	22,40	33,00	4,06	550	92,91	101,00	105,20	89,74
390	12,09	31,30	47,40	5,38	560	100,00	100,00	105,30	100,00
					570	107,18	102,60	102,30	110,68
400	14,71	41,30	63,30	6,99	580	114,44	101,00	97,80	122,06
410	17,68	52,10	80,60	8,94	590	121,73	99,20	93,20	133,78
420	21,00	63,20	98,10	11,29					
430	24,67	73,10	112,40	14,06	600	129,04	98,00	89,70	146,07
440	28,70	80,80	121,50	17,28	610	136,34	98,50	88,40	158,77
					620	143,62	99,70	88,10	171,96
450	33,09	85,40	124,00	21,00	630	150,83	101,00	88,00	185,35
460	37,82	88,30	123,10	25,22	640	157,98	102,20	87,80	199,24
470	42,87	92,00	123,80	30,03					
480	48,25	95,20	123,90	35,37	650	165,03	103,90	88,20	213,36
490	53,91	96,50	120,70	41,32	660	171,96	105,00	87,90	227,83
					670	178,77	104,90	86,30	242,64
500	59,86	94,20	112,10	47,88	680	185,43	103,90	84,00	257,36
510	66,06	90,70	102,30	55,08	690	191,93	101,60	80,20	272,47
520	72,50	89,50	96,90	62,84					
530	79,13	92,20	98,00	71,18	700	198,26	99,10	76,30	287,56
540	85,95	96,90	102,10	80,23	710	204,41	96,20	72,40	302,64
					720	210,36	92,90	68,30	317,87

(MANFRED RICHTER.)

Tabelle 20 (C 4).　Eichwerte des energiegleichen Spektrums.

Normalreizanteile			λ	Normalreizbeträge		
x	y	z	mμ	x	y	z
0,1741	0,0050	0,8209	380	0,0014	0,0000	0,0065
0,1740	0,0050	0,8210	385	0,0022	0,0001	0,0105
0,1738	0,0049	0,8213	390	0,0042	0,0001	0,0201
0,1736	0,0049	0,8215	395	0,0076	0,0002	0,0362
0,1733	0,0048	0,8219	400	0,0143	0,0004	0,0679
0,1730	0,0048	0,8222	405	0,0232	0,0006	0,1102
0,1726	0,0048	0,8226	410	0,0435	0,0012	0,2074
0,1721	0,0048	0,8231	415	0,0776	0,0022	0,3713
0,1714	0,0051	0,8235	420	0,1344	0,0040	0,6456
0,1703	0,0058	0,8239	425	0,2148	0,0073	1,0391
0,1689	0,0069	0,8242	430	0,2839	0,0116	1,3856
0,1669	0,0086	0,8245	435	0,3285	0,0168	1,6230
0,1644	0,0109	0,8247	440	0,3483	0,0230	1,7471
0,1611	0,0138	0,8251	445	0,3481	0,0298	1,7826
0,1566	0,0177	0,8257	450	0,3362	0,0380	1,7721
0,1510	0,0227	0,8263	455	0,3187	0,0480	1,7441
0,1440	0,0297	0,8263	460	0,2908	0,0600	1,6692
0,1355	0,0399	0,8246	465	0,2511	0,0739	1,5281
0,1241	0,0578	0,8181	470	0,1954	0,0910	1,2876
0,1096	0,0868	0,8036	475	0,1421	0,1126	1,0419
0,0913	0,1327	0,7760	480	0,0956	0,1390	0,8130
0,0687	0,2007	0,7306	485	0,0580	0,1693	0,6162
0,0454	0,2950	0,6596	490	0,0320	0,2080	0,4652
0,0235	0,4127	0,5638	495	0,0147	0,2586	0,3533
0,0082	0,5384	0,4534	500	0,0049	0,3230	0,2720
0,0039	0,6548	0,3413	505	0,0024	0,4073	0,2123
0,0139	0,7502	0,2359	510	0,0093	0,5030	0,1582
0,0389	0,8120	0,1491	515	0,0291	0,6082	0,1117
0,0743	0,8338	0,0919	520	0,0633	0,7100	0,0782

Tabelle 20.

Tabelle 20 (C 4). (Fortsetzung.)

Normalreizanteile			λ	Normalreizbeträge		
x	y	z	mμ	$\bar{x}$	$\bar{y}$	$\bar{z}$
0,1142	0,8262	0,0596	525	0,1096	0,7932	0,0573
0,1547	0,8059	0,0394	530	0,1655	0,8620	0,0422
0,1929	0,7816	0,0255	535	0,2257	0,9149	0,0298
0,2296	0,7543	0,0161	540	0,2904	0,9540	0,0203
0,2658	0,7243	0,0099	545	0,3597	0,9803	0,0134
0,3016	0,6923	0,0061	550	0,4334	0,9950	0,0087
0,3373	0,6589	0,0038	555	0,5121	1,0002	0,0057
0,3731	0,6245	0,0024	560	0,5945	0,9950	0,0039
0,4087	0,5896	0,0017	565	0,6784	0,9786	0,0027
0,4441	0,5547	0,0012	570	0,7621	0,9520	0,0021
0,4788	0,5202	0,0010	575	0,8425	0,9154	0,0018
0,5125	0,4866	0,0009	580	0,9163	0,8700	0,0017
0,5448	0,4544	0,0008	585	0,9786	0,8163	0,0014
0,5752	0,4242	0,0006	590	1,0263	0,7570	0,0011
0,6029	0,3965	0,0006	595	1,0567	0,6949	0,0010
0,6270	0,3725	0,0005	600	1,0622	0,6310	0,0008
0,6482	0,3514	0,0004	605	1,0456	0,5668	0,0006
0,6658	0,3340	0,0002	610	1,0026	0,5030	0,0003
0,6801	0,3197	0,0002	615	0,9384	0,4412	0,0002
0,6915	0,3083	0,0002	620	0,8544	0,3810	0,0002
0,7006	0,2993	0,0001	625	0,7514	0,3210	0,0001
0,7079	0,2920	0,0001	630	0,6424	0,2650	0,0000
0,7140	0,2859	0,0001	635	0,5419	0,2170	0,0000
0,7190	0,2809	0,0001	640	0,4479	0,1750	0,0000
0,7230	0,2770	0,0000	645	0,3608	0,1382	0,0000
0,7260	0,2740	0,0000	650	0,2835	0,1070	0,0000
0,7283	0,2717	0,0000	655	0,2187	0,0816	0,0000
0,7300	0,2700	0,0000	660	0,1649	0,0610	0,0000
0,7311	0,2689	0,0000	665	0,1212	0,0446	0,0000
0,7320	0,2680	0,0000	670	0,0874	0,0320	0,0000
0,7327	0,2673	0,0000	675	0,0636	0,0232	0,0000
0,7334	0,2666	0,0000	680	0,0468	0,0170	0,0000
0,7340	0,2660	0,0000	685	0,0329	0,0119	0,0000
0,7344	0,2656	0,0000	690	0,0227	0,0082	0,0000
0,7346	0,2654	0,0000	695	0,0158	0,0057	0,0000
0,7347	0,2653	0,0000	700	0,0114	0,0041	0,0000
0,7347	0,2653	0,0000	705	0,0081	0,0029	0,0000
0,7347	0,2653	0,0000	710	0,0058	0,0021	0,0000
0,7347	0,2653	0,0000	715	0,0041	0,0015	0,0000
0,7347	0,2653	0,0000	720	0,0029	0,0010	0,0000
0,7347	0,2653	0,0000	725	0,0020	0,0007	0,0000
0,7347	0,2653	0,0000	730	0,0014	0,0005	0,0000
0,7347	0,2653	0,0000	735	0,0010	0,0004	0,0000
0,7347	0,2653	0,0000	740	0,0007	0,0003	0,0000
0,7347	0,2653	0,0000	745	0,0005	0,0002	0,0000
0,7347	0,2653	0,0000	750	0,0003	0,0001	0,0000
0,7347	0,2653	0,0000	755	0,0002	0,0001	0,0000
0,7347	0,2653	0,0000	760	0,0002	0,0001	0,0000
0,7347	0,2653	0,0000	765	0,0001	0,0000	0,0000
0,7347	0,2653	0,0000	770	0,0001	0,0000	0,0000
0,7347	0,2653	0,0000	775	0,0000	0,0000	0,0000
0,7347	0,2653	0,0000	780	0,0000	0,0000	0,0000

Integralwerte: 21,3713 : 21,3714 : 21,3715
= 0,333 : 0,333 : 0,333

(MANFRED RICHTER.)

Tabelle 21. 1019

Tabelle 21 (C 4). Eichwerte für das Spektrum der Normalbeleuchtung A.

λ (mμ)	E · x̄	E · ȳ	E · z̄	λ (mμ)	E · x̄	E · ȳ	E · z̄
380	0,0006	0,0000	0,0029	580	4,8594	4,6139	0,0090
385	0,0011	0,0000	0,0053	585	5,3549	4,4668	0,0077
390	0,0024	0,0000	0,0113	590	5,7896	4,2704	0,0062
395	0,0047	0,0001	0,0224	595	6,1493	4,0379	0,0058
400	0,0097	0,0003	0,0463	600	6,3518	3,7733	0,0048
405	0,0174	0,0004	0,0825	605	6,4299	3,4855	0,0037
410	0,0356	0,0010	0,1699	610	6,3346	3,1780	0,0019
415	0,0694	0,0020	0,3319	615	6,0877	2,8622	0,0013
420	0,1308	0,0039	0,6283	620	5,6865	2,5358	0,0013
425	0,2269	0,0077	1,0974	625	5,1267	2,1901	0,0007
430	0,3246	0,0133	1,5840	630	4,4902	1,8523	0,0000
435	0,4055	0,0207	2,0036	635	3,8779	1,5529	0,0000
440	0,4632	0,0306	2,3236	640	3,2791	1,2812	0,0000
445	0,4976	0,0426	2,5484	645	2,7004	1,0344	0,0000
450	0,5155	0,0583	2,7173	650	2,1681	0,8183	0,0000
455	0,5230	0,0788	2,8621	655	1,7078	0,6372	0,0000
460	0,5097	0,1052	2,9254	660	1,3141	0,4861	0,0000
465	0,4690	0,1380	2,8539	665	0,9850	0,3625	0,0000
470	0,3882	0,1808	2,5581	670	0,7241	0,2651	0,0000
475	0,2998	0,2375	2,1979	675	0,5368	0,1958	0,0000
480	0,2138	0,3108	1,8179	680	0,4022	0,1461	0,0000
485	0,1372	0,4004	1,4575	685	0,2877	0,1041	0,0000
490	0,0799	0,5196	1,1622	690	0,2019	0,0729	0,0000
495	0,0387	0,6813	0,9308	695	0,1429	0,0515	0,0000
500	0,0136	0,8960	0,7545	700	0,1047	0,0377	0,0000
505	0,0070	1,1878	0,6191	705	0,0756	0,0271	0,0000
510	0,0285	1,5398	0,4843	710	0,0549	0,0199	0,0000
515	0,0934	1,9518	0,3585	715	0,0394	0,0144	0,0000
520	0,2127	2,3855	0,2627	720	0,0283	0,0097	0,0000
525	0,3849	2,7859	0,2012	725	0,0198	0,0069	0,0000
530	0,6069	3,1609	0,1547	730	0,0140	0,0050	0,0000
535	0,8631	3,4987	0,1140	735	0,0101	0,0041	0,0000
540	1,1567	3,7999	0,0809	740	0,0072	0,0031	0,0000
545	1,4904	4,0618	0,0555	745	0,0052	0,0021	0,0000
550	1,8660	4,2841	0,0375	750	0,0032	0,0010	0,0000
555	2,2887	4,4701	0,0255	755	0,0021	0,0010	0,0000
560	2,7550	4,6110	0,0181	760	0,0021	0,0010	0,0000
565	3,2564	4,6974	0,0130	765	0,0011	0,0000	0,0000
570	3,7853	4,7285	0,0104	770	0,0011	0,0000	0,0000
575	4,3259	4,7002	0,0092	775	0,0000	0,0000	0,0000
580	4,8594	4,6139	0,0090	780	0,0000	0,0000	0,0000

Integralwerte: 109,8472 : 100,0000 : 35,5824
= 0,446 :   0,407 : 0,145

(MANFRED RICHTER.)

Tabelle 22.

Tabelle 22 (C 4). Eichwerte für das Spektrum der Normalbeleuchtung B.

λ (mμ)	E·x̄	E·ȳ	E·z̄	λ (mμ)	E·x̄	E·y	E·z
380	0,0015	0,0000	0,0070	580	4,4218	4,1984	0,0082
385	0,0028	0,0001	0,0135	585	4,6790	3,9030	0,0067
390	0,0063	0,0001	0,0301	590	4,8644	3,5880	0,0052
395	0,0131	0,0003	0,0626	595	4,9701	3,2684	0,0047
400	0,0282	0,0008	0,1340	600	4,9736	2,9546	0,0037
405	0,0517	0,0013	0,2455	605	4,8999	2,6561	0,0028
410	0,1083	0,0030	0,5163	610	4,7185	2,3672	0,0014
415	0,2139	0,0061	1,0236	615	4,4415	2,0882	0,0009
420	0,4058	0,0121	1,9495	620	4,0700	1,8149	0,0009
425	0,7017	0,0238	3,3944	625	3,6031	1,5392	0,0005
430	0,9916	0,0405	4,8394	630	3,1000	1,2788	0,0000
435	1,2134	0,0621	5,9951	635	2,6296	1,0530	0,0000
440	1,3446	0,0888	6,7448	640	2,1871	0,8545	0,0000
445	1,3878	0,1188	7,1067	645	1,7765	0,6804	0,0000
450	1,3718	0,1551	7,2308	650	1,4074	0,5312	0,0000
455	1,3229	0,1993	7,2399	655	1,0929	0,4078	0,0000
460	1,2269	0,2531	7,0422	660	0,8273	0,3060	0,0000
465	1,0807	0,3181	6,5769	665	0,6085	0,2239	0,0000
470	0,8589	0,4000	5,6599	670	0,4381	0,1604	0,0000
475	0,6365	0,5044	4,6670	675	0,3177	0,1159	0,0000
480	0,4348	0,6323	3,6980	680	0,2323	0,0844	0,0000
485	0,2667	0,7784	2,8332	685	0,1617	0,0585	0,0000
490	0,1475	0,9590	2,1449	690	0,1102	0,0398	0,0000
495	0,0672	1,1826	1,6156	695	0,0758	0,0273	0,0000
500	0,0221	1,4538	1,2242	700	0,0540	0,0194	0,0000
505	0,0106	1,7976	0,9370	705	0,0378	0,0135	0,0000
510	0,0403	2,1798	0,6856	710	0,0267	0,0097	0,0000
515	0,1246	2,6052	0,4785	715	0,0185	0,0068	0,0000
520	0,2707	3,0361	0,3344	720	0,0129	0,0044	0,0000
525	0,4735	3,4272	0,2476	725	0,0087	0,0030	0,0000
530	0,7291	3,7973	0,1859	730	0,0060	0,0021	0,0000
535	1,0186	4,1292	0,1345	735	0,0042	0,0017	0,0000
540	1,3445	4,4168	0,0940	740	0,0029	0,0012	0,0000
545	1,7042	4,6445	0,0635	745	0,0020	0,0008	0,0000
550	2,0915	4,8016	0,0420	750	0,0012	0,0004	0,0000
555	2,5006	4,8840	0,0278	755	0,0008	0,0004	0,0000
560	2,9200	4,8872	0,0192	760	0,0008	0,0004	0,0000
565	3,3360	4,8122	0,0133	765	0,0004	0,0000	0,0000
570	3,7359	4,6669	0,0103	770	0,0004	0,0000	0,0000
575	4,1019	4,4568	0,0088	775	0,0000	0,0000	0,0000
580	4,4218	4,1984	0,0082	780	0,0000	0,0000	0,0000

Integralwerte: 99,0930 : 100,0000 : 85,3125
= 0,348 : 0,352 : 0,300

(MANFRED RICHTER.)

Tabelle 23. 1021

Tabelle 23 (C 4). Eichwerte für das Spektrum
der Normalbeleuchtung C.

λ (mμ)	E·x	L·y	E·z	λ (mμ)	E·x	E·ȳ	E·z̄
380	0,0022	0,0000	0,0101	580	4,2084	3,9958	0,0078
385	0,0041	0,0002	0,0197	585	4,3859	3,6585	0,0063
390	0,0093	0,0002	0,0447	590	4,4920	3,3133	0,0048
395	0,0197	0,0005	0,0938	595	4,5265	2,9767	0,0043
400	0,0425	0,0012	0,2018	600	4,4745	2,6581	0,0034
405	0,0782	0,0020	0,3716	605	4,3617	2,3644	0,0025
410	0,1647	0,0045	0,7850	610	4,1622	2,0882	0,0013
415	0,3263	0,0092	1,5611	615	3,8863	1,8272	0,0008
420	0,6192	0,0184	2,9743	620	3,5349	1,5763	0,0008
425	1,0672	0,0363	5,1628	625	3,1074	1,3275	0,0004
430	1,4986	0,0612	7,3139	630	2,6548	1,0952	0,0000
435	1,8165	0,0929	8,9747	635	2,2358	0,8953	0,0000
440	1,9874	0,1312	9,9687	640	1,8468	0,7216	0,0000
445	2,0182	0,1728	10,3351	645	1,4909	0,5711	0,0000
450	1,9578	0,2213	10,3194	650	1,1743	0,4432	0,0000
455	1,8499	0,2786	10,1235	655	0,9058	0,3380	0,0000
460	1,6811	0,3469	9,6497	660	0,6807	0,2518	0,0000
465	1,4539	0,4279	8,8481	665	0,4965	0,1827	0,0000
470	1,1360	0,5291	7,4860	670	0,3542	0,1297	0,0000
475	0,8281	0,6562	6,0719	675	0,2548	0,0929	0,0000
480	0,5563	0,8088	4,7305	680	0,1846	0,0671	0,0000
485	0,3348	0,9773	3,5571	685	0,1270	0,0459	0,0000
490	0,1814	1,1790	2,6369	690	0,0855	0,0309	0,0000
495	0,0807	1,4197	1,9396	695	0,0581	0,0209	0,0000
500	0,0258	1,7004	1,4319	700	0,0408	0,0147	0,0000
505	0,0121	2,0462	1,0665	705	0,0283	0,0101	0,0000
510	0,0447	2,4165	0,7600	710	0,0197	0,0071	0,0000
515	0,1350	2,8223	0,5183	715	0,0136	0,0049	0,0000
520	0,2881	3,2309	0,3559	720	0,0093	0,0032	0,0000
525	0,4982	3,6052	0,2604	725	0,0062	0,0022	0,0000
530	0,7617	3,9671	0,1942	730	0,0042	0,0015	0,0000
535	1,0593	4,2941	0,1399	735	0,0029	0,0012	0,0000
540	1,3924	4,5742	0,0973	740	0,0020	0,0009	0,0000
545	1,7559	4,7853	0,0654	745	0,0014	0,0006	0,0000
550	2,1412	4,9157	0,0430	750	0,0008	0,0003	0,0000
555	2,5414	4,9636	0,0283	755	0,0005	0,0003	0,0000
560	2,9399	4,9204	0,0193	760	0,0005	0,0003	0,0000
565	3,3167	4,7844	0,0132	765	0,0003	0,0000	0,0000
570	3,6613	4,5736	0,0101	770	0,0003	0,0000	0,0000
575	3,9623	4,3051	0,0085	775	0,0000	0,0000	0,0000
580	4,2084	3,9958	0,0078	780	0,0000	0,0000	0,0000

Integralwerte: 98,0705 : 100,0000 : 118,2246
= 0,310 : 0,316 : 0,374

(MANFRED RICHTER.)

Tabelle 24 (C 4). Eichwerte für das Spektrum bei der Farbtemperatur 2360° K.

λ (mμ)	E·x̄	E·ȳ	E·z̄	λ (mμ)	E·x̄	E·ȳ	E·z̄
380	0,0003	0,0000	0,0012	575	4,3707	4,7485	0,0093
385	0,0005	0,0000	0,0022	580	4,9851	4,7328	0,0092
390	0,0010	0,0000	0,0048	585	5,5796	4,6539	0,0080
395	0,0021	0,0001	0,0100	590	6,1197	4,5135	0,0066
				595	6,5901	4,3334	0,0062
400	0,0045	0,0001	0,0212				
405	0,0082	0,0002	0,0391	600	6,9156	4,1078	0,0052
410	0,0173	0,0005	0,0826	605	7,1035	3,8504	0,0041
415	0,0350	0,0010	0,1669	610	7,0951	3,5593	0,0021
420	0,0676	0,0020	0,3249	615	6,9164	3,2515	0,0015
				620	6,5486	2,9200	0,0015
425	0,1213	0,0041	0,5868				
430	0,1779	0,0073	0,8683	625	5,9832	2,5559	0,0008
435	0,2294	0,0117	1,1336	630	5,3071	2,1891	0,0000
440	0,2683	0,0177	1,3456	635	4,6445	1,8598	0,0000
445	0,2970	0,0254	1,5208	640	3,9776	1,5540	0,0000
				645	3,3176	1,2707	0,0000
450	0,3147	0,0356	1,6587				
455	0,3283	0,0494	1,7965	650	2,6961	1,0175	0,0000
460	0,3269	0,0674	1,8764	655	2,1503	0,8023	0,0000
465	0,3091	0,0910	1,8812	660	1,6745	0,6194	0,0000
470	0,2615	0,1218	1,7234	665	1,2707	0,4676	0,0000
				670	0,9452	0,3461	0,0000
475	0,2071	0,1641	1,5186				
480	0,1507	0,2191	1,2817	675	0,7087	0,2585	0,0000
485	0,0965	0,2818	1,0256	680	0,5368	0,1950	0,0000
490	0,0589	0,3831	0,8568	685	0,3885	0,1405	0,0000
495	0,0292	0,5141	0,7023	690	0,2757	0,0996	0,0000
				695	0,1972	0,0711	0,0000
500	0,0105	0,6893	0,5805				
505	0,0055	0,9345	0,4871	700	0,1461	0,0526	0,0000
510	0,0228	1,2348	0,3884	705	0,1065	0,0381	0,0000
515	0,0765	1,5982	0,2935	710	0,0782	0,0283	0,0000
520	0,1773	1,9885	0,2190	715	0,0567	0,0207	0,0000
				720	0,0411	0,0142	0,0000
525	0,3274	2,3689	0,1711				
530	0,5251	2,7346	0,1339	725	0,0290	0,0102	0,0000
535	0,7615	3,0867	0,1006	730	0,0208	0,0074	0,0000
540	1,0385	3,4112	0,0726	735	0,0152	0,0061	0,0000
545	1,3628	3,7137	0,0508	740	0,0110	0,0047	0,0000
				745	0,0086	0,0032	0,0000
550	1,7336	3,9796	0,0348				
555	2,1654	4,2290	0,0241	750	0,0049	0,0016	0,0000
560	2,6498	4,4345	0,0174	755	0,0034	0,0017	0,0000
565	3,1852	4,5943	0,0127	760	0,0034	0,0017	0,0000
570	3,7596	4,6960	0,0104				

Integralwerte: 117,9378 : 100,0000 : 23,0806
= 0,489 : 0,415 : 0,096

(MANFRED RICHTER.)

Tabelle 25 (C 4). Energieverteilung[1] und Eichwerte des Spektrums für die Quecksilber-Hochdrucklampe Type HgH 1000.

λ (mμ)	E_λ	$E_\lambda \cdot \bar{x}_\lambda$	$E_\lambda \cdot \bar{y}_\lambda$	$E_\lambda \cdot \bar{z}_\lambda$	λ (mμ)	E_λ	$E_\lambda \cdot \bar{x}_\lambda$	$E_\lambda \cdot \bar{y}_\lambda$	$E_\lambda \cdot \bar{z}_\lambda$
390,6	1,5	0,0051	0,0001	0,0138	546,1	64,2	16,0007	46,9337	0,5771
404,7	26,5	0,4469	0,0118	2,1143	577,0	35,1	22,7501	23,4280	0,0469
407,8	5,4	0,1388	0,0036	0,6599	579,0	44,0	29,4665	28,7475	0,0556
435,8	49,5	12,2046	0,6472	60,4125	690,7	2,0	0,0322	0,0116	0,0000
491,6	1,3	0,0256	0,2165	0,4147					

Integralwerte: 81,0705 : 100,0000 : 64,2948 = 0,330 : 0,408 : 0,262

(MANFRED RICHTER.)

[1] Nach H. KREFFT u. M. PIRANI: Z. techn. Physik 14 (1933) 393—411.

Tabelle 26 (zu Teil D). Lichtstreuende Beleuchtungsgläser und ähnliche Baustoffe.

	τ %	ϱ %	α %	Dicke mm
Weißes Trübglas (Dicht trüb)				
Grenzwerte technischer Gläser[1]	10...66	30...76	4...28	1,3... 6,2
Gute technische Transmissionsgläser . .	45...55	40...50	4... 6	1,5... 2,0
Weißes Trübglas ($\tau_r < 1\%$)				
Grenzwerte[1]	33...69	17...61	3...21	0,5... 3,3
Gelb getöntes („Champagnerfarbiges") Trüb-				
glas (Dicht trüb)[2]	35...45	35...45	14...30	2,0... 2,5
Klarglas	90...92	etwa 8	1... 3	1,0... 3,0
Mattglas (Grenzwerte[1])				
Sandmatt	70...87	8...15	3...19	1,8... 4,4
Säurematt	75...91	6...11	3...19	1,3... 6,7
Ornamentglas[3]	57...90	7...24	3...21	3,2... 5,9
Marmor[4]				
einseitig poliert	3... 6	50...61	27...47	8,1... 9,3
getränkt	12...40	27...45	11...49	3,1... 4,9
Alabaster, gemasert[4]	17...30	49...67	14...21	11,2...13,4
Alabaster[5]	33...47	43...53	11...16	7,0

(HERBERT SCHÖNBORN.)

Tabelle 27 (zu Teil D). Gerichtete Durchlässigkeit τ_r, Gesamtdurchlässigkeit τ und Streuvermögen verschiedener Trübgläser.

A (zu Abb. 426a)[6].

Nr.	Gesamt-durch-lässigkeit %	Streuvermögen
I	10...20	0,92...0,90
II	20...30	0,90...0,87
III	30...40	0,83...0,77
IV	40...50	0,77...0,68

B (zu Abb. 426b)[6].

Nr.	Gerichtete Durchlässigkeit %	Gesamt-durchlässigkeit %	Streuvermögen
1	0,0082	43,6	0,90
2	0,024	59,9	0,59
3	0,48	61,3	0,33
4	0,745	65,0	0,29
5	2,60	40,4	0,91
6	7,95	57,0	1,00
7	11,05	75,6	0,14

C (zu Abb. 427a)[7].

Nr.	Gerichtete Durchlässigkeit %	Gesamt-durchlässigkeit %	Streuvermögen
1	0,3	58	0,86
2	0,4	68	0,25
3	6,0	40	0,84
4	10,0	76	0,61
5	11,0	56	0,81
6	13,0	69	1,27
7	15,0	75	0,58
8	22,0	49	0,73
9	30,0	80	0,27
10	34,0	65	0,70

(HERBERT SCHÖNBORN.)

[1] WEIGEL, R. G.: Experimentelle Untersuchungen an lichttechnischen Gläsern. Glastechn. Ber. **10** (1932) 307—335.
[2] Bei Überfanggläsern Lichteinfall auf die weiße Trübglasschicht.
[3] FRÜHLING, H. G.: Die Lichtdurchlässigkeit und Durchsichtigkeit von Ornamentgläsern. Licht u. Lampe **17** (1928) 593—595. (Licht fällt auf die glatte Seite auf.)
[4] SUMMERER, E.: Lichttechnische Baustoffe. Elektrotechn. Z. **51** (1930) 1483—1486.
[5] ROSSI: Lichttechnische Eigenschaften des Alabasters. Licht **2** (1932) 109—110.
[6] Nach R. G. WEIGEL: Experimentelle Untersuchungen an lichttechnischen Gläsern. Glastechn. Ber. **10** (1932) 307—335.
[7] Nach H. SCHÖNBORN: Die optischen Eigenschaften von Trübgläsern und trüben Lösungen. Licht u. Lampe **19** (1930) S. 399 u. 447.

Tabelle 28 (zu Teil D). Gütegrad verschiedener Massivtrübgläser.
(Nach J. W. Ryde, B. S. Cooper u. W. A. R. Stoyle.)

Glas	q	μ	$N \cdot B$	X_v (cm)	Wirkungsgrad berechnet für	Gütegrad
A	230	0,18	5,3	0,056	X_0	0,935
B	130	0,25	4,5	0,099	X_0	0,915
C	80	0,21	7,4	0,160	X_v	0,89
D	110	0,20	6,0	0,117	X_0	0,925
F	28	0,37	1,05	0,46	X_v	0,67
G	18	0,44	0,55	0,71	X_v	0,50
H	230	0,13	10,8	0,056	X_0	0,945
J	230	0,18	6,2	0,056	X_0	0,93
K	120	0,40	14,8	0,107	X_0	0,82
L	195	0,62	32,0	0,066	X_0	0,64
M	70	0,21	3,6	0,183	X_v	0,895

q, μ, $N \cdot B$ = charakteristische Glaskonstanten, X_0 = Glasdicke = 0,13 cm, X_v = Glasdicke, bei welcher die gerichtete Durchlässigkeit verschwindet.

(Herbert Schönborn.)

Tabelle 29 (zu Teil D). Einfluß der Stellung der mattierten Seite zur Lichtquelle auf die lichttechnischen Eigenschaften eines Mattglases (senkrechter Lichteinfall). (Nach M. Pirani und H. Schönborn [1].)

Glas	Glatte Seite zur Lichtquelle			Matte Seite zur Lichtquelle			Streuvermögen
	τ	ϱ	α	τ	ϱ	α	(vgl. Abb. 427 b)
I	88,0	7,9	3,8	88,6	7,5	3,5	0,025
II	78,0	12,3	9,1	86,5	8,7	5,5	0,043
III	71,0	15,3	12,6	77,0	13,8	9,0	0,060
IV	69,5	16,2	12,8	83,5	9,8	5,8	0,220

(Herbert Schönborn.)

Tabelle 30 (zu Teil D). Lichttechnische Eigenschaften von Ornamentgläsern [2].
(Nach H. G. Frühling [3].) Vgl. Abb. 432.

Nr.	Glasdicke mm	Durchlässigkeit τ	Reflexion ϱ	Absorption α	Zerstreuungsklasse
17	4,1	83	6,5	10,5	
5	4,8	81	7,6	11,4	I
19	4,2	57	22,0	21,0	
1	3,8	89	7,5	3,5	
24	4,4	85,5	5,7	8,8	II
13	4,8	62,5	23,5	14,0	
8	3,6	88	7,6	4,4	
14	3,9	74	16,5	9,5	III
16	4,4	62	20,0	18,0	
7	3,8	90	6,7	3,3	
10	4,1	89	7,2	3,8	IV
22	3,7	84	7,0	9,0	

(Herbert Schönborn.)

[1] Pirani, M. u. H. Schönborn: Über den Lichtverlust in mattierten Gläsern. Licht u. Lampe 15 (1926) 458—460.
[2] Licht fällt auf die glatte Seite auf.
[3] Frühling, H. G.: Die Lichtdurchlässigkeit und Durchsichtigkeit von Ornamentgläsern. Licht u. Lampe 17 (1928) 593—595.

Tabelle 31 (zu Teil D). **Lichttechnische Eigenschaften von Kunststoffen.**

	Durchlässigkeit %	Reflexion %	Absorption %
Pergament, weiß, dünn	35...55	40...50	10...15
Lampenschirmpapiere			
hell getönt, gut streuend	28...43	40...50	18...37
hell getönt, schlecht streuend	42...50	33...41	13...20
mäßig gefärbt, gut streuend	20...33	37...45	28...37
mäßig gefärbt, schlecht streuend	36...42	30...37	20...30
kräftig gefärbt, gut streuend	10...17	28...40	45...55
kräftig gefärbt, schlecht streuend	30...40	20...30	40...50
Diffuna	30...45	40...50	17...23
Cellon			
weiß, matt.	65...85	10...20	10...20
weiß, trüb	20...45	30...45	15...25
gelb, trüb	30...45	30...40	25...40
hell gefärbt, Moiré	25...45	20...35	15...50
gefärbt und gemustert, matt	40...60	15...20	20...45
gefärbt und gemustert, trüb	25...45	15...35	20...55

(HERBERT SCHÖNBORN.)

Tabelle 32 (zu Teil D). **Lichttechnische Eigenschaften von Gardinen und Vorhängen verschiedener Gewebeweite.** (Nach L. BLOCH u. H. G. FRÜHLING[1].)

Nr.	1	2	3	4	5	6	7
Gewebeweite	62,5	51,0	38,0	25,0	6,0	2,8	0,28
Gerichtete Durchlässigkeit .	61,5	48,5	37,0	21,0	4,8	2,3	0,05
Gestreute Durchlässigkeit .	11,5	17,5	27,0	32,5	38,0	31,5	22,0
Gesamtdurchlässigkeit . . .	73,0	66,0	64,0	53,5	43,0	34,0	22,0
Reflexion	23,5	30,0	32,0	42,0	52,0	60,0	70,0
Absorption	3,5	4,0	4,0	4,5	5,0	6,0	8,0
Streuvermögen	0,26	0,31	0,25	0,23	0,32	0,43	0,85

(HERBERT SCHÖNBORN.)

Tabelle 33 (zu Teil D). **Lichttechnische Eigenschaften von Geweben für Beleuchtungskörper.** (Nach E. SUMMERER[2].)

	Durchlässigkeit		Reflexion		Absorption	
a) *Weiß*						
Baumwolle	57		35		8	
Schirting	28		68		4	
Schirting gestärkt	29		64		7	
Seide, Fabrikat A	60		35		5	
Crepe de Chine B	64		35		1	
Japonseide verschiedener Dicke	61...71		28...38		1	
	ohne	mit Futter	ohne	mit Futter	ohne	mit Futter
b) *Farbige Seide ohne und mit Futter*						
Futterseide, weiß.	60		35		5	
Seide, neugrün	33	23	24	43	43	34
Seide, gelb	54	31	19	42	27	27
Seide, oliv.	33	19	19	42	48	39
Seide, rotgelb	46	27	17	39	37	34
Seide, hellbraun	36	21	17	39	47	40
Seide, lachsfarben	33	19	13	39	54	42
Seide, grün	24	14	13	37	63	49
Seide, weinrot	28	13	9	36	63	51
Seide, grün	25	12	8	37	67	51
Seide violett	20	11	5	33	75	56

(HERBERT SCHÖNBORN.)

[1] BLOCH, L. u. H. G. FRÜHLING: Die lichttechnische Kennzeichnung von Fenstergardinen und Vorhängen. Licht u. Lampe **21** (1932) 143—146 u. 162—164.
[2] SUMMERER, E.: Lichttechnische Baustoffe. Elektrotechnik Z. **51** (1930) 1483—1486.

Tabelle 34 (zu Teil D). Reflexionsvermögen von Gläsern und Metallen
bei senkrechtem Lichteinfall.

Dichtes Trübglas	30...75%	Chrom, poliert	60...70%
Weißes Email	65...75%	Zink, poliert	~55%
Silber, Hochglanz poliert	88...93%	Aluminium, poliert	65...75%
Glassilberspiegel	70...85%	Aluminium „Alzak"	80...85%
Nickel, poliert	53...63%	Aluminium, matt	55...60%
Nickel, matt	48...52%	Weißblech	69%
Stahl	~55%	Weißblech, weißer An-	
Kupfer[1]	48%	strich	76...86%

(HERBERT SCHÖNBORN.)

Tabelle 35 (E 11). Reflexionsvermögen von Spiegelreflektor-Materialien bei
senkrechtem Lichteinfall.

Spiegelmaterial	violett→←—blau——→←—grün—→←gelb→←—orange—→←————rot							Mittelwert für die sichtbare Strahlung
	4200	4500	5000	5500	6000	6500	7000	
Silber (Oberfläche)	86,6	90,5	91,3	92,7	92,6	93,5	94,6	93
Silber (hinter Glas)	84,2	88,1	88,9	90,3	90,2	91,1	92,2	90
Aluminium	88,0	88,5	89,0	89,5	90,0			89
Rhodium	75,0	77,1	78,3	97,1	78,8	80,5	81,0	79
Gold	29,3	33,1	47,0	74,0	84,4	88,9	92,3	70
Chrom	68	70	69	66	64	63	63	66
Nickel	56,6	59,4	60,8	62,6	64,9	65,9	68,8	64
Platin	51,8	54,7	58,4	61,6	64,2	66,5	69,0	62
Kupfer	32,7	37,0	43,7	47,7	71,8	80,0	83,1	60
Stahl	51,9	54,5	54,8	54,9	55,4	55,9	57,6	55
V 2A Stahl (Krupp)	62	64		66,6				

(WILHELM HAGEMANN.)

Tabelle 36 (zu Teil D). Reflexionsvermögen von Anstrichen[2]
für weißes Licht.

Bleiweiß, Ölfarbe	80...85%	Gelb	61...75%
Weißanstrich, neu	82...89%	Gelbbraun	30...46%
Weißanstrich, alt	75...85%	Hellgrün	48...75%
Rötlichgelb	49...66%	Dunkelgrün	11...25%
Elfenbein	73...78%	Hellblau	34...61%
Grau	17...63%	Rosa	36...61%

(HERBERT SCHÖNBORN.)

Tabelle 37 (G 2). Reflexionsvermögen verschiedener Tapeten[3].

Aussehen	Grundfarbe	Art der Musterung	R %
Glänzend	aluminiumbronze	ohne Musterung	64
Stark matt	grau und gelb	gestreift	41
Stark matt	lila	ohne Musterung	30
Stark matt	braun	ohne Musterung	23
Halbmatt (stoffartig)	grau	ohne Musterung	20
Desgleichen	grau	gestreift	16
Matt	lila	stark gemustert	9
Matt	blau	bunt gemustert	9
Matt	blau und braun	gestreift	5

(KURT LACKNER.)

---

[1] Bei $\lambda = 550$ mμ.
[2] LAX, E. u. M. PIRANI: Handbuch der Physik (GEIGER-SCHEEL) 19 (1928) 451.
[3] S. auch Messungen von KNOLL: Licht 5 (1935) 91.

Tabelle 38 (F 5). Reflexionsvermögen von Tapeten und Anstrichen.

Weiß	67...80%	Hellgrün	43...67%
Elfenbein	66...70%	Dunkelgrün	10...22%
Crem	56...72%	Hellblau	31...55%
Strohgelb	55...67%	Hellrot	32...55%
Gelb	44...59%	Dunkelrot	12...27%
Braun	27...41%	Grau	15...57%

(WILHELM HAGEMANN.)

Tabelle 39 (zu Teil D). Mittlere prozentuale Durchlässigkeit von ultraviolett-durchlässigen Gläsern bei 302 mμ[1].

Name	Anzahl der untersuchten Proben	Neu	Nach Bestrahlung mit der Quarz-Quecksilberlampe[2]	Nach Belichtung mit Sonnenlicht		
				bis 5. Okt. 1932	bis 1. Nov. 1934	bestrahlt seit
Brephos	3	68	50	57	56	März 1931
Brephos	3	64	47	54	53	Februar 1932
Corex D	6	67	65	66	66	April 1932
Cosmos	2	72	45	55	55	Mai 1931
Helioglas	4	64	45	52	52	Dez. 1929
Helioglas	2	69	47	56	56	Nov. 1931
Quarzglas	1	92	92	92	92	—
Sunlit	3	72	47	55	55	August 1930
Sunlit	3	68	45	52	52	April 1932
Uviol-Jena	3	58	39	48	48	April 1929
Uviol-Jena	6	69	55	64	64	Mai 1932
Vitaglas	3	63	31	42	41	März 1931
Vitaglas	3	55	29	38	36	April 1932

(HERBERT SCHÖNBORN.)

Tabelle 40 (E 9). Leuchtdichten von Kino-Projektions-Lichtquellen.

Glühlampen für Schmalfilm			Glühlampen für Normalfilm			Bogenlampen	
Watt	Amp.	Stilb (mit Hilfsspiegel)	Watt	Volt	Stilb (mit Hilfsspiegel)	Kohlensorte	Stilb
200	4	1800	1000	110	2500	Reinkohle	18000
375	5	2500	900	30	3600	Beck-Kohle untere Belastungsgrenze	40000
500	5	3500	900	15	4500	Beck-Kohle obere Belastungsgrenze	80000

(HELMUTH SCHERING.)

Tabelle 41 (E 9). Nutzlichtströme bei der Kinoprojektion und Verwendung von Glühlampen bei laufendem Apparat.

Schmalfilm			Normalfilm[3]			
Lampe		Lumen	Lampe		Lumen	
Watt	Amp.		Watt	Volt	altes Stummformat	neues Tonformat
200	4	120	1000	110	550	410
375	5	165	900	30	750	600
500	5	230	900	15[4]	950	750

(HELMUTH SCHERING.)

[1] U. S. Department of Commerce National Bureau of Standards, Washington. Letter Circular LC — 429 vom 12. Dezember 1934.

[2] Bestrahlt 10 h aus 15 cm Abstand.

[3] Wenn eine Wasserküvette verwandt wird (s. Text S. 515) verringern sich die Lichtströme um 25%.

[4] Diese Lampe wird meistens nicht mit Kondensor, sondern mit Hohlspiegel verwendet.

Tabelle 42, 43, 44, 45.

Tabelle 42 (E 9).
Maximalnutzlichtströme bei Kinoprojektion mit Bogenlampen bei laufendem Apparat.

Kohlensorte	Lumen altes Stummformat	Lumen neues Tonformat
Reinkohlen	4300	3400
Beck-Kohlen untere Belastungsgrenze	10000	8000
Beck-Kohlen obere Belastungsgrenze	20000	15000

(HELMUTH SCHERING.)

Tabelle 43 (E 9).
Nutzlichtstrom bei der Dia-Projektion.

Lampe	Nutzlichtstrom in lm
Glühlampe 250 W 110 V . .	350
Glühlampe 500 W 110 V . .	700
Glühlampe 1000 W 110 V . .	950
Glühlampe 900 W 30 V . .	1350
Reinkohlen-Bogenlampe . .	6800
Beck-Lampe, untere Belastungsgrenze . . .	15000
Beck-Lampe, obere Belastungsgrenze . . .	30000

(HELMUTH SCHERING.)

Tabelle 44 (E 9).
Nutzlichtstrom und Wirkungsgrad von Epi-Projektoren.

Lampe W	Lampe V	Bildfläche cm²	Lichtsammelnde Optik	Nutzlichtstrom lm	Wirkungsgrad %
250	110	14×14	Kondensor	9,5	0,16
250	110	14×14	Hohlspiegel	16	0,27
500	110	14×14	Kondensor	23,5	0,18
500	110	14×14	Hohlspiegel	39	0,3
500	110	16×16	Kondensor	25	0,19
500	110	16×16	Hohlspiegel	42	0,32
2×500	110	16×16	Hohlspiegel	65	0,25

(HELMUTH SCHERING.)

Tabelle 45 (E 11). Lichttechnische Daten für Scheinwerfer. (Nach H. SCHERING.)

Lichtquelle	Kohlendurchmesser mm +	−	Äquiv. Durchmesser der Lichtfläche mm	A	V	W	I_{max} Hk	Φ_L 10³ Hlm	B sb	Material	Durchmesser cm	f cm	δ_1 ($I_{max}/2$) Grad	δ_2 ($I_{max}/10$) Grad	Durchmesser des bel. Feldes in 100 m Abstand	I_{max} 10³ Hk	Φ_B Hlm	$4\pi I_{max}\,\frac{v}{\Phi_L}\,10^3\times$	Wirkungsgrad η %
Wolfram-Wendellampe gasgefüllt halb-verspiegelt mattiert			5,5	2	10	20	60	0,38	250	Metall	27,5	4	4	7	15	56	250	1,84	66
klar			7,5	3	12	36	85	0,70	200	Glas	23	3,5	6	9,5	21	30	315	0,54	45
			20	10	110	1100	2000	21	650	,,	35	17,5	7	11	24	600	8400	0,36	40
klar			22	40	60	2,4 (10³ W)	9 (10³ Hk)	64	24 (Hk/mm²)	Metall	100	25	2,5	4	90 (in 1000 m Abstand)	18 (10⁶ Hk)	33 (10³ Hlm)	3,5	52
Reinkohlen-Bogenlampe	23	16	13	60	48	2,9	21	74	180	Glas	60	25	1,6	2,4	43	30	19	51	26
	36,5	14	20	150	75	11,3	54	190	180	,,	110	48	1,4	2,3	42	100	57	6,6	30
	38	16	23	200	80	16	72	260	180	,,	200	96	0,8	1,3	28	350	66	17	26
Goerz-Beck Hochintensitäts-Kohlenbogenlampe	9	8	7	60	60	3,6	22	66	570	,,	60	25	1,0	1,6	35	75	21,5	14,2	33
	16	14	13	150	75	11,25	95	285	750	,,	110	48	1,0	1,6	35	250	70	11	25
	16	14	13	225	90	20	150	450	1150	,,	110	48	1,0	1,6	35	560	160	15,5	35
	18,5	16	15	300	100	30	220	660	1150	,,	200	96	0,75	1,2	26	2000	320	38,0	48

Tabelle 46 (F 4). Beleuchtungsstärken für Arbeitsstätten einschließlich Schulen.

Art der Arbeit	Reine Allgemeinbeleuchtung			Arbeitsplatzbeleuchtung [1] + Allgemeinbeleuchtung		
	Mittlere Beleuchtungsstärke		Beleuchtungsstärke der ungünstigsten Stelle	Arbeitsplatzbeleuchtung	Allgemeinbeleuchtung	
	Mindestwert lx	Empfohlener Wert lx	Mindestwert lx	Beleuchtungsstärke der Arbeitsstelle lx	Mittlere Beleuchtungsstärke lx	Beleuchtungsstärke der ungünstigsten Stelle lx
grob . . .	20	40	10	50... 100	20	10
mittelfein .	40	80	20	100... 300	30	15
fein. . . .	75	150	50	300...1000	40	20
sehr fein .	150	300	100	1000...5000	50	30

(HEINRICH LUX.)

Tabelle 47 (F 4). Beleuchtungsstärken für Aufenthalts- und Wohnräume.
(Die Werte gelten für mittlere Reflexion der Raumauskleidung [40...60%].)

Art der Ansprüche	Reine Allgemeinbeleuchtung		
	Mittlere Beleuchtungsstärke		Beleuchtungsstärke der ungünstigsten Stelle
	Mindestwert lx	Empfohlener Wert lx	Mindestwert lx
niedrig	20	40	10
mittel	40	80	20
hoch	75	150	50

Für Arbeitsplatzbeleuchtung gelten die in Tabelle 46 angegebenen Werte.

(HEINRICH LUX.)

Tabelle 48 (F 4). Beleuchtungsstärken für Verkehrsanlagen.

Art der Anlage	Mittlere Beleuchtungsstärke		Beleuchtungsstärke der ungünstigsten Stelle	
	Mindestwert lx	Empfohlener Wert lx	Mindestwert lx	Empfohlener Wert lx
Straßen und Plätze:				
mit schwachem Verkehr	1	3	0,2	0,5
mit mittlerem Verkehr	3	8	0,5	2
mit starkem Verkehr	8	15	2	4
mit stärkstem Verkehr in Großstädten	15	30	4	8
Durchgänge und Treppen[2]:				
mit schwachem Verkehr	5	15	2	5
mit starkem Verkehr	10	30	5	10
Bahnanlagen:				
Gleisfelder				
mit schwachem Verkehr	0,5	1,5	0,2	0,5
mit starkem Verkehr	2	5	0,5	2
Bahnsteige, Verladestellen, Durchgänge und Treppen[2]:				
mit schwachem Verkehr	5	15	2	5
mit starkem Verkehr	10	30	5	10
Wasserverkehrsanlagen, Kaianlagen, Landestellen, Schleusen:				
mit schwachem Verkehr	1	3	0,3	1
mit starkem Verkehr	5	15	2	5
Fabrikhöfe:				
mit schwachem Verkehr	1	3	0,3	1
mit starkem Verkehr	5	15	2	5

(HEINRICH LUX.)

---

[1] Wegen der im Vergleich zur reinen Allgemeinbeleuchtung höheren Werte vgl. F 4.

[2] Durchgänge und Treppen, die bei Tage ungünstig beleuchtet sind, müssen auch während der Tagesstunden genügend beleuchtet werden. Dies gilt besonders für den Übergang von natürlich beleuchteten Räumen zu künstlich beleuchteten Räumen. Hierfür gelten die oben angegebenen empfohlenen Werte als Mindestforderungen.

Tabelle 49 (F 3). Zusammenstellung der nach den Leitsätzen der Deutschen Lichttechnischen Gesellschaft geforderten Beleuchtungsstärken für Tagesbeleuchtung und künstliche Beleuchtung.

Art der Arbeit	Tagesbeleuchtung		Künstliche Beleuchtung	
			Mittlere Beleuchtungsstärke	
	Lux (lx)	Tageslicht-quotient %	Mindestwert lx	Empfohlener Wert lx
Grob	40	1,33	20	40
Mittelfein	80	2,66	40	80
Fein	150	5	75	150
Sehr fein	300	10	150	300

(WILHELM ARNDT.)

Tabelle 50 (F 3). Unterlagen für den Entwurf eines Raumwinkel-projektionspapiers mit 25 Ringzonen.

Zone	k	r'	φ	Zone	k	r'	φ
I	0,04	0,204	11° 33'	XIV	0,56	1,128	48° 26'
II	0,08	0,295	16° 26'	XV	0,60	1,223	50° 45'
III	0,12	0,396	20° 15'	XVI	0,64	1,332	53° 07'
IV	0,16	0,437	23° 36'	XVII	0,68	1,457	55° 33'
V	0,20	0,500	26° 34'	XVIII	0,72	1,602	58° 02'
VI	0,24	0,562	29° 20'	XIX	0,76	1,778	60° 40'
VII	0,28	0,624	31° 58'	XX	0,80	2,000	63° 26'
VIII	0,32	0,686	34° 27'	XXI	0,84	2,292	66° 24'
IX	0,36	0,750	36° 53'	XXII	0,88	2,708	69° 45'
X	0,40	0,817	39° 15'	XXIII	0,92	3,391	73° 34'
XI	0,44	0,887	41° 34'	XXIV	0,96	4,899	78° 27'
XII	0,48	0,961	43° 52'	XXV	1,00		90° 00'
XIII	0,52	1,041	46° 08'				

(WILHELM ARNDT.)

Tabelle 51 (F 5). Raumwinkel von 5° zu 5° und 10° zu 10°.

Raumwinkel ω	Faktor fω	Faktor fω	Raumwinkel ω	Faktor fω	Faktor fω
0° ... 5°	0,0239	} 0,0985	90 ... 95	0,5476	} 1,0910
5 ... 10	0,0746		95 ... 100	0,5434	
10 ... 15	0,1186	} 0,2835	100 ... 105	0,5351	} 1,0579
15 ... 20	0,1649		105 ... 110	0,5228	
20 ... 25	0,2097	} 0,4628	110 ... 115	0,5064	} 0,9926
25 ... 30	0,2531		115 ... 120	0,4862	
30 ... 35	0,2946	} 0,6283	120 ... 125	0,4623	} 0,8972
35 ... 40	0,3337		125 ... 130	0,4349	
40 ... 45	0,3703	} 0,7744	130 ... 135	0,4041	} 0,7744
45 ... 50	0,4041		135 ... 140	0,3703	
50 ... 55	0,4349	} 0,8972	140 ... 145	0,3337	} 0,6283
55 ... 60	0,4623		145 ... 150	0,2946	
60 ... 65	0,4862	} 0,9926	150 ... 155	0,2531	} 0,4628
65 ... 70	0,5064		155 ... 160	0,2097	
70 ... 75	0,5228	} 1,0579	160 ... 165	0,1649	} 0,2835
75 ... 80	0,5351		165 ... 170	0,1186	
80 ... 85	0,5434	} 1,0910	170 ... 175	0,0746	} 0,0985
85 ... 90	0,5476		175 ... 180	0,0239	

(WILHELM HAGEMANN.)

Tabelle 52 (F 5). tang α für α = 0...90°.

α	tang α	α	tang α	α	tang α	α	tang α
0	0,00000	23	0,42447	46	1,03553	68	2,47509
1	0,01746	24	0,44523	47	1,07237	69	2,60509
2	0,03492	25	0,46631	48	1,11061	70	2,74748
3	0,05241	26	0,48773	49	1,10537	71	2,90421
4	0,06993	27	0,50953	50	1,19175	72	3,07768
5	0,08749	28	0,53171	51	1,23490	73	3,27085
6	0,10510	29	0,55431	52	1,27994	74	3,48741
7	0,12278	30	0,57735	53	1,32704	75	3,73205
8	0,14054	31	0,60086	54	1,37638	76	4,01078
9	0,15838	32	0,62487	55	1,42815	77	4,33148
10	0,17633	33	0,64941	56	1,48256	78	4,70463
11	0,19438	34	0,67451	57	1,53987	79	5,14455
12	0,21256	35	0,70021	58	1,60033	80	5,67128
13	0,23087	36	0,72654	59	1,66428	81	6,31375
14	0,24933	37	0,75355	60	1,73205	82	7,11537
15	0,26795	38	0,78129	61	1,80405	83	8,14435
16	0,28675	39	0,80978	62	1,88073	84	9,51436
17	0,30573	40	0,83910	63	1,96261	85	11,43005
18	0,32492	41	0,86929	64	2,05030	86	14,30067
19	0,34433	42	0,90040	65	2,14451	87	19,08114
20	0,36397	43	0,93252	66	2,24604	88	28,63625
21	0,38386	44	0,96569	67	2,35585	89	57,28996
22	0,40403	45	1,00000				

(WILHELM HAGEMANN.)

Tabelle 53 (J 1). $\cos^3 \alpha = f(\alpha)$.

⊰°	$\cos^3 \alpha$	⊰°	$\cos^3 \alpha$	⊰°	$\cos^3 \alpha$	⊰°	$\cos^3 \alpha$	⊰°	$\cos^3 \alpha$
0	1,0000	19	0,8453	37	0,5094	55	0,1887	73	0,0250
1	0,9995	20	0,8298	38	0,4894	56	0,1709	74	0,0209
2	0,9982	21	0,8137	39	0,4694	57	0,1615	75	0,0173
3	0,9960	22	0,7971	40	0,4496	58	0,1488	76	0,0142
4	0,9927	23	0,7800	41	0,4299	59	0,1366	77	0,0114
5	0,9887	24	0,7624	42	0,4104	60	0,1250	78	0,00898
6	0,9836	25	0,7445	43	0,3912	61	0,1140	79	0,00694
7	0,9780	26	0,7260	44	0,3722	62	0,1035	80	0,00524
8	0,9711	27	0,7074	45	0,3535	63	0,0936	81	0,00383
9	0,9635	28	0,6883	46	0,3352	64	0,0842	82	0,00270
10	0,9551	29	0,6690	47	0,3172	65	0,0755	83	0,00181
11	0,9459	30	0,6495	48	0,2996	66	0,0673	84	0,00114
12	0,9358	31	0,6218	49	0,2824	67	0,0597	85	0,00066
13	0,9250	32	0,6099	50	0,2657	68	0,0526	86	0,00034
14	0,9135	33	0,5858	51	0,2490	69	0,0460	87	0,00014
15	0,9012	34	0,5698	52	0,2334	70	0,0400	88	0,00004
16	0,8882	35	0,5496	53	0,2180	71	0,0345	89	0,000005
17	0,8746	36	0,5295	54	0,2030	72	0,0295	90	0,00000
18	0,8603								

(WILHELM HAGEMANN.)

Tabelle 54 (G 1). Leuchtdichtekontraste.

Schwarze Tusche auf weißem Zeichenpapier	1 : 18
Kopierstift auf Schreibmaschinenpapier	1 : 2
Kopierstift-Kopie, 1. Abzug	1 : 3
Kopierstift-Kopie, 5. Abzug	1 : 2
Tinte auf weißem Schreibpapier	1 : 10
Schwarzer Druck auf gewöhnlichem Zeitungspapier	1 : 14
Bleistiftschrift Nr. 2 auf Zeichenpapier	1 : 3
Bleistiftschrift Nr. 4 auf Zeichenpapier	1 : 2
Schwarze Maschinenschrift auf Schreibmaschinenpapier	1 : 8
Violette Maschinenschrift auf Schreibmaschinenpapier	1 : 8
Maschinenschrift-Kopie, 1. Abzug	1 : 5
Maschinenschrift-Kopie, 5. Abzug	1 : 3
Maschinenschrift-Durchschlag, schwarz	1 : 2
Maschinenschrift-Durchschlag, violett	1 : 2

(ERNST WITTIG.)

Tabelle 55 (F 5). Beleuchtungs-Wirkungsgrade für die Planung der Allgemeinbeleuchtung von Innenräumen (Leuchtenwirkungsgrad 0,8).

Beleuchtungsart:	Direkt		Vorwiegend direkt		Halbindirekt		Indirekt		Indirekt aus Hohlkehlen
Bei dem Verhältnis von Raumbreite zu Aufhängehöhe ist letztere über Meßebene gerechnet	Raumbreite: Lichtpunkthöhe über Gebrauchsebene	Beleuchtungswirkungsgrad	Raumbreite: Aufhängehöhe über Gebrauchsebene	Beleuchtungswirkungsgrad	Raumbreite: Deckenhöhe über Gebrauchsebene	Beleuchtungswirkungsgrad	Raumbreite: Deckenhöhe über Gebrauchsebene	Beleuchtungswirkungsgrad	Beleuchtungswirkungsgrad
Decke hell	1	0,3	1	0,17	0,6	0,14	0,6	0,12	
	1,5	0,45	1,5	0,25	1	0,2	1	0,17	
Wände mittelhell	2,5	0,55	2,5	0,33	1,5	0,27	1,5	0,23	0,15
	4	0,63	4	0,4	2,5	0,35	2,5	0,3	
	8	0,7	8	0,53	5	0,46	5	0,4	
Decke mittelhell	1	0,22	1	0,09	0,6	0,07	0,6	0,07	
	1,5	0,37	1,5	0,16	1	0,13	1	0,09	
Wände dunkel	2,5	0,5	2,5	0,23	1,5	0,17	1,5	0,12	0,1
	4	0,58	4	0,3	2,5	0,24	2,5	0,18	
	8	0,66	8	0,4	5	0,33	5	0,25	

Bei bekanntem, von 0,8 abweichendem Wirkungsgrad der Leuchte sind die Werte mit einem Faktor zu multiplizieren, der sich aus dem Quotienten $\dfrac{\text{bekannter Leuchtenwirkungsgrad}}{0,8}$ errechnet.

(WILHELM HAGEMANN.)

Tabelle 56 (F 5). Leuchtenanordnung für die Allgemeinbeleuchtung von Innenräumen.

Beleuchtungsart	Direkt	Vorwiegend direkt	Halbindirekt	Indirekt
Lichtpunktabstand	1,5…2,5faches der Lichtpunkthöhe über Gebrauchsebene	2…3faches der Lichtpunkthöhe über Gebrauchsebene	2,5…3faches des Lichtpunktabstandes von der Decke	3…4faches des Lichtpunktabstandes von der Decke

(WILHELM HAGEMANN.)

Tabelle 57 (F 6). Erforderliche Beleuchtungsstärken für Anstrahlung von Gebäuden.

Baustoff	Rückstrahlungsvermögen	Beleuchtungsstärke	
		bei geringer	bei starker
		Helligkeit der Umgebung	
	%	lx	lx
Weiß glasierte Ziegel	85	5…10	30… 40
Weißer Marmor	60…65	7…14	40… 50
Heller Mörtel oder Stein	40…50	10…20	50… 70
Mörtel rötlich bis gelb gestrichen .	50	10…20	50… 70
Gelbe Ziegel	35	15…25	75…100
Rote Ziegel	25	20…30	100…120
Dunkler Mörtel oder Stein	25	20…30	100…120
Granit	10…15	30…50	150…200

(ARNO PAHL.)

Tabelle 58 (J 1). Reflexionsvermögen von Bodenarten und Straßendecken in trockenem und nassem Zustand. (Nach KULEBAKIN, LINGENFELSER und WEIGEL-SCHLÜSSER.)

Art des Bodens bzw. der Straßendecke	Reflexionsvermögen nach KULEBAKIN		Reflexionsvermögen nach LINGENFELSER		Reflexionsvermögen nach WEIGEL-SCHLÜSSER	
	trocken	naß	trocken	naß	trocken	naß
Gelber Sand	0,31	0,18				
Lehm	0,15	0,075				
Grünes Gras	0,14	frisch 0,09				
Ackerboden	0,072	0,055				
Beton, rauh, wenig befahren . .			0,37	0,23	0,30	—
Beton, glatt, wenig befahren . .			0,37	0,15		
Granitpflaster, befahren			0,20	—	0,25	—
Kleinpflaster, befahren			0,095			
Stampfasphalt, befahren . . .			0,10	0,05	0,08	—
Stampfasphalt, etwa 30 Jahre alt			0,067	0,045		
Hartgußasphalt, befahren . . .			0,11	0,046		
Walzasphalt, befahren			0,065	0,032		
Topeka (Asphalt mit Splitteinlage), befahren			0,20	—		
Traßmakadam (mit Splitteinwurf)			geschätzt 0,30			
Traßmakadam (ohne Splitteinwurf)			geschätzt 0,30...0,40	—		
Teerstraße, je nach Gesteinseinlage			geschätzt 0,10...0,25	—		
Teerdecke (Bitugrus)					0,08	—

(WILHELM HAGEMANN.)

Tabelle 59 (J 1). Beleuchtung im Freien auf asphaltierter Straße. Adaptationsverhältnisse der Straße bei Tage und bei künstlicher Beleuchtung. (Nach L. SCHNEIDER.)

Art der Beleuchtung und der Leuchten	Mittlere Horizontalbeleuchtungsstärke lx	Mittlere Adaptierungsleuchtdichte asb	Maximale oder Blendungsleuchtdichte asb	Mittlere Adaptierungsleuchtdichte : Blendungsleuchtdichte
Klarer Sonnenschein, unbedeckt (Sonne im Rücken), Juli . . .	11000	2515	9430	1 : 3,75
Halbbedeckt, trocken, September.	8000	1885	14140	1 : 7,5
Regenwetter, nasser Asphalt, September	9500	1257	15700	1 : 12,4
Schnee, sehr dunstiges Wetter, Januar	6000	4710	11000	1 : 2,34
Elektrische Glühlampen in Freistrahlern mit Klarglasglocke .	15	3,14	$25{,}15 \cdot 10^6$	$1 : 8 \cdot 10^6$
Gasglühlicht-Laternen	15	3,14	157000	1 : 50000
Elektrische Glühlampen in Leuchten mit Opalglasglocken . . .	15	3,14	62800	1 : 20000

(WILHELM HAGEMANN.)

Sachverzeichnis.

Objektive Photometrie. Von Priv.-Doz. Dr. phil. **Rudolf Sewig**, Dresden. Mit 140 Textabbildungen. VII, 193 Seiten. 1935.
RM 17.50; gebunden RM 19.—

Lichtelektrische Zellen und ihre Anwendung. Von Dr. **H. Simon**, Berlin, und Professor Dr. **R. Suhrmann**, Breslau. Mit 295 Abbildungen im Text. VII, 373 Seiten. 1932.
RM 33.—; gebunden RM 34.20

Lichtelektrische Erscheinungen. Von Professor **B. Gudden**, Erlangen. (Struktur und Eigenschaften der Materie, Bd. VIII.) Mit 127 Abbildungen. IX, 325 Seiten. 1928.
RM 21.60; gebunden RM 22.68

Geometrische Elektronenoptik. Grundlagen und Anwendungen. Von **E. Brüche** und **O. Scherzer**. Mit einem Titelbild und 403 Abbildungen. XII, 332 Seiten. 1934.
RM 26.—

Lichtbogen-Stromrichter für sehr hohe Spannungen und Leistungen. Von Professor Dr.-Ing. **Erwin Marx**, Braunschweig. Mit 103 Abbildungen im Text. VI, 167 Seiten. 1932.
RM 17.—; gebunden RM 18.50

Werkstoffkunde der Hochvakuumtechnik. Eigenschaften, Verarbeitung und Verwendungstechnik der Werkstoffe für Hochvakuumröhren und gasgefüllte Entladungsgefäße. Von Oberingenieur Dr. phil. **W. Espe** und Dozent Dr.-Ing. **M. Knoll**, Berlin. Mit 405 Textabbildungen und einer mehrfarbigen Tafel. VIII, 383 Seiten. 1936.
Gebunden RM 48.—

Elektrische Gasentladungen, ihre Physik und Technik. Von **A. von Engel** und **M. Steenbeck**.
Erster Band: **Grundgesetze.** Mit 122 Textabbildungen. VII, 248 Seiten. 1932.
RM 24.—; gebunden RM 25.50
Zweiter Band: **Entladungseigenschaften. Technische Anwendungen.** Mit 250 Textabbildungen. VIII, 352 Seiten. 1934. RM 32.—; gebunden RM 33.50

Gasentladungs-Tabellen. Tabellen, Formeln und Kurven zur Physik und Technik der Elektronen und Ionen. Von **M. Knoll, F. Ollendorff** und **R. Rompe** unter Mitarbeit von A. Roggendorf. Mit 196 Textabbildungen. X, 171 Seiten. 1935.
Gebunden RM 29.—

Angewandte Atomphysik. Eine Einführung in die theoretischen Grundlagen. Von Professor Dr. **Rudolf Seeliger**, Greifswald. Mit 175 Textabbildungen. IX, 461 Seiten. 1938.
RM 24.—; gebunden RM 26.—

VERLAG VON JULIUS SPRINGER IN BERLIN

Handbuch der Physik. (Jeder Band ist von zahlreichen Fachgelehrten bearbeitet.)

Herstellung und Messung des Lichts. (Band XIX.) Redigiert von **H. Konen.** Mit 501 Abbildungen. XVIII, 995 Seiten. 1928. RM 77.40; gebunden RM 79.74

Licht als Wellenbewegung. (Band XX.) Redigiert von **H. Konen.** Mit 225 Abbildungen. XV, 967 Seiten. 1928. RM 77.40; gebunden RM 80.10

Licht und Materie. (Band XXI.) Redigiert von **H. Konen.** Mit 386 Abbildungen. XIII, 968 Seiten. 1929. RM 83.70; gebunden RM 86.40

Elektronen, Atome, Ionen. (Band XXII/1.) Redigiert von **H. Geiger.** Zweite Auflage. Mit 163 Abbildungen. VII, 492 Seiten. 1933.
RM 42.—; gebunden RM 44.70

Negative und positive Strahlen. (Band XXII/2.) Redigiert von **H. Geiger.** Zweite Auflage. Mit 345 Abbildungen. V, 364 Seiten. 1933.
RM 32.—; gebunden RM 34.70

Quantenhafte Ausstrahlung. (Band XXIII/1.) Redigiert von **H. Geiger.** Zweite Auflage. Mit 209 Abbildungen. V, 373 Seiten. 1933.
RM 32.—; gebunden RM 34.70

Röntgenstrahlung ausschließlich Röntgenoptik. (Band XXIII/2.) Redigiert von **H. Geiger.** Zweite Auflage. Mit 405 Abbildungen. IX, 541 Seiten. 1933.
RM 54.—; gebunden RM 56.70

VERLAG VON JULIUS SPRINGER IN BERLIN

Handbuch der wissenschaftlichen und angewandten Photographie. Herausgegeben von Dr. **Alfred Hay** †. Weitergeführt von Prof. Dr. **M. v. Rohr,** Jena. Jeder Band ist von Fachgelehrten bearbeitet.

Band I: Das photographische Objektiv. Mit 393 Abbildungen. IX, 399 Seiten. 1932. RM 44.—; gebunden RM 46.80

Band II: Die photographische Kamera und ihr Zubehör. Mit 437 Abbildungen. IX, 590 Seiten. 1931. RM 66.—; gebunden RM 69.—

Band III: Photochemie und photographische Chemikalienkunde. Mit 68 Abbildungen. VII, 296 Seiten. 1929. RM 28.—; gebunden RM 30.80

Band IV: Erzeugung und Prüfung lichtempfindlicher Schichten. Lichtquellen. Mit 126 Abbildungen. VII, 344 Seiten. 1930. RM 36.—; gebunden RM 39.—

Band V: Die theoretischen Grundlagen der photographischen Prozesse. Mit 300 Abbildungen. X, 513 Seiten. 1932. RM 57.—; gebunden RM 59.80

Band VI: Wissenschaftliche Anwendungen der Photographie.
Erster Teil: **Stereophotographie. Astrophotographie. Das Projektionswesen.** Mit 265 Abbildungen im Text und auf 2 Tafeln. VIII, 289 Seiten. 1931.
RM 34.—; gebunden RM 36.80
Zweiter Teil: **Mikrophotographie.** Mit 242 Abbildungen. IX, 432 Seiten. 1933.
RM 48.60; gebunden RM 51.60

Band VII: Photogrammetrie und Luftbildwesen. Mit 271 Abbildungen. VII, 264 Seiten. 1930. RM 28.—; gebunden RM 30.80

Band VIII: Farbenphotographie. Mit 131 Abbildungen und 8 Tafeln. IX, 248 Seiten. 1929. RM 24.—; gebunden RM 26.80

Zu beziehen durch jede Buchhandlung

Printed in the United States
By Bookmasters